简明机械零件设计手册

第2版

主编　吴宗泽　冼健生　杨小明

参编　张卧波　肖如钢　卢颂峰　杨　昭

中国电力出版社

CHINA ELECTRIC POWER PRESS

内 容 提 要

根据我国最新颁布国家标准和产品设计的发展情况，手册第 2 版以机械制图、螺纹连接、滚动轴承、齿轮传动、润滑密封、带传动、常用电动机等为重点，对第 1 版内容进行了全面的修订，更新并充实了大量的标准和技术内容，增加了一些例题，以便读者参考使用。全书共分 21 章，包括：1. 常用数据和资料；2. 机械结构设计标准和规范；3. 机械制图；4. 极限与配合、形状与位置公差和表面结构；5. 常用材料；6. 螺纹和螺纹连接；7. 轴毂连接；8. 销和铆钉连接；9. 滚动轴承；10. 滑动轴承；11. 联轴器、离合器；12. 润滑与密封；13. 齿轮传动；14. 蜗杆传动；15. 螺旋传动；16. 带传动；17. 链传动；18. 减速器；19. 起重零件；20. 弹簧；21. 常用电动机。

本书可供从事机械设计及制造的工程技术人员参考，也可以作为大学本科、研究生机械类专业课程设计、毕业设计、研究、实验及学习参考用书。

图书在版编目（CIP）数据

简明机械零件设计手册/吴宗泽，冼健生，杨小明主编 . —2 版 . —北京：中国电力出版社，2018.10

ISBN 978-7-5198-0133-5

Ⅰ. ①简… Ⅱ. ①吴… ②冼… ③杨… Ⅲ. ①机械元件—机械设计—手册 Ⅳ. ①TH13-62

中国版本图书馆 CIP 数据核字（2016）第 308143 号

出版发行：中国电力出版社
地　　　址：北京市东城区北京站西街 19 号（邮政编码 100005）
网　　　址：http://www.cepp.sgcc.com.cn
责任编辑：周　娟　杨淑玲（010－63412602）
责任校对：黄　蓓　郝军燕　太兴华
装帧设计：王英磊
责任印制：杨晓东

印　　　刷：北京盛通印刷股份有限公司
版　　　次：2018 年 10 月第 2 版
　　　　　　2011 年 1 月第 1 版
印　　　次：2018 年 10 月北京第 2 次印刷
开　　　本：787mm×1092mm　16 开本
印　　　张：60.5
字　　　数：2072 千字
定　　　价：198.00 元（1CD）

第 2 版　前言

本手册第 1 版出版发行以来，受到了广大读者的好评和欢迎，表明本手册的编写指导思想：精选实用内容，采用最新标准，便于参考查用，注意说明解释是完全正确的。

在本手册的此次修订过程中，仍然遵循以上原则，具体做法如下：

1. 更新标准。近年来，大量的与机械设计有关的标准更新，本次修订共更新标准 150 余项。其中第 21 章电动机中引用的标准除直流电动机的 1 个标准外，其余标准全部更新；第 9 章滚动轴承中引用的标准中除圆柱滚子轴承和角接触球轴承以外，其余标准全部更新；螺栓标准更新 2/3，螺母标准更新 1/2，螺钉标准更新 1/3，联轴器标准更新 1/2；胀紧连接套和蜗杆传动标准的体系也有较大变化。

书中有些标准废止了，但为方便读者参考有关信息，本次修订中仍保留了极少部分旧标准相关的内容。

2. 增加新内容。根据使用情况增加了以下内容：国内外常用标准代号；低碳钢硬度及强度换算；用于管路的普通螺纹系列；80°非密封管螺纹；常用汽车变速箱滚动轴承分类及代号；滚动轴承额定热转速计算；联轴器选择计算；管法兰用非金属平垫片；曲线齿同步带传动；圆弧齿同步带传动。

3. 为方便使用，在第 13 章齿轮传动和第 14 章蜗杆传动中增加了设计计算实例。

4. 本手册附带的有关机械零件设计常用工具的光盘内容也做了相应的更新。

参加本手册此次修订的有 卢颂峰 （第 1、2、3、4、11、18 章），冼健生（第 9、10、12、13、14、15、20 章），肖如钢（第 5 章），张卧波（第 16、17 章），杨昭（第 19 章），杨小明（第 21 章），吴宗泽编写其余各章并担任总主编。光盘内容由高志负责编制。

由于编者的水平和能力所限，本手册会有错误或不足之处，敬请读者指正。

编　者
2018 年 8 月

第 1 版　前言

　　机械设计手册是从事机械设计制造工作不可缺少的工具书，目前有许多大型的机械设计手册出版发行。但是，根据我个人的经验和读者的反映，读者要求出版一些精选内容的常用机械设计手册。因此，我们精心编写了这本手册。编写的原则是：

　　1. 提高实用性，精选一般机械设计最常用的标准和资料。

　　2. 尽量采用新的国家标准，我们通过各种条件获取信息，广泛收集最新标准代替已经过时或作废的旧标准。其中 2008 年和 2009 年的新国家标准超过 100 个。例如，焊接坡口的尺寸和形状以及焊缝的标注、极限与配合、圆柱齿轮公差、工字钢、槽钢、角钢等都是 2008 年开始执行的新国家标准，极限与配合、球墨铸铁、铸钢、弹簧等都是 2009 年开始执行的新国家标准。

　　3. 本书注意贯彻国家标准。例如，对基准要素的标注方法（GB/T 1182—2008）、表面粗糙度在图样上的标注（GB/T 131—2006）等。本书的插图都是按新国家标准标注的，可以作为范例，供读者参考。

　　4. 考虑到读者主要是由本手册中查找设计资料，所以以表格为主。在编写时对国家标准进行了加工，如一般用途钢丝绳（GB/T 20118—2006）和主要用途钢丝绳（GB/T 8916—2006）有不少结构和尺寸性能是相同的，我们设法将其有关部分合在一起，不但节省了篇幅，而且便于读者了解这两个标准之间的关系。

　　5. 对一些新国家标准做了必要的说明，以便读者加深对新国家标准的认识和了解。例如，第 5 章表 5-1 中，对于新旧国家标准伸长率的关系做了简明的解释。

　　6. 本书附赠一张光盘，由高志编写，内容为主要机械零件计算程序，供计算使用。

　　参加编写本手册的有卢颂峰（第 1 章、2 章、3 章、4 章、11 章、18 章）、冼健生（第 9 章、10 章、12 章、13 章、14 章、15 章、19 章）、盖雨聆（第 5 章）、米洁（第 6 章）、滕启（第 7 章）、张卧波（第 16 章）、刘芳（第 17 章）、韩硕（第 20 章），吴宗泽编写其余各章并担任主编。

　　由于编者的知识和能力所限，本手册会有错误或不足之处，敬请读者指正。

编　者

2010 年 6 月

目　　录

第 1 章　常用数据和资料

1.1　国内外常用标准代号

国内外常用标准代号见表 1-1 和表 1-2。

表 1-1　　　　　　　　　　　　　国内部分标准代号

标准代号	名　称	标准代号	名　称	标准代号	名　称
GB	国家标准	JB	机械行业标准	TB	铁道行业标准
GB/T	推荐性国家标准	JC	国家建材局标准	TJ	国家工程标准
GBn	国家内部标准	JG	建筑行业标准	WB	物资管理行业标准
GBJ	国家工程建设标准	JJC	国家计量局标准	WM	外经贸行业标准
GJB	国家军用标准	JT	交通行业标准	WS	卫生行业标准
GC	金属切削机床标准	KY	中国科学院标准	YB	黑色冶金行业标准
GJ	工程机械标准	LD	劳动和劳动安全标准	YS	有色冶金行业标准
BB	包装行业标准	LY	林业行业标准	YY	医药行业标准
CB	船舶行业标准	MH	民用航空行业标准	YZ	邮政局行业标准
CH	测绘行业标准	MT	煤炭行业标准	HG	原化学工业部标准
CJ	城市建设行业标准	MZ	民政工业行业标准	FJ	原纺织工业部标准
DL	电力行业标准	NY	农业行业标准	JB/TQ	原机械部石化通用标准
DZ	地质矿业行业标准	QB	轻工行业标准	JB/GQ	原机械部机床工具标准
EJ	核工业行业标准	QC	汽车行业标准	JB/ZQ	原机械部重型矿山标准
FZ	纺织行业标准	QJ	航天工业行业标准	JB/DQ	原机械部电工标准
HB	航空工业行业标准	SB	商业行业标准	NJ	原机械部农机行业标准
HJ	环境保护行业标准	SH	石油化工行业标准	SD	原水利部标准
HS	海关行业标准	SJ	电子行业标准	SY	原石油工业部标准
HY	海洋行业标准	SL	水利行业标准	ZB	原国家行业标准

注：我国台湾省标准代号是 CNS。

表 1-2　　　　　　　　　　　　　国外部分标准代号

标准代号	名　称	标准代号	名　称	标准代号	名　称
ISO	国际标准化组织	API	美国石油学会标准	NEN	荷兰标准
ISA	国际标准协会	ASME	美国机械工程师协会标准	NF	法国国家标准
IEC	国际电工委员会	ASTM	美国材料与试验协会标准	AFNOR	法国标准化协会
BISFA	国际计量局	ACS	美国化学学会	NHS	希腊国家标准
CEE	国际电气设备合格认证委员会	AS	澳大利亚标准	NI	印度尼西亚标准
CIE	国际照明委员会	BS	英国国家标准	NS	挪威标准
IAEA/AIEA	国际原子能机构	BSI	英国标准协会	PS	巴基斯坦标准
IAIA	国际航空运输协会	CAD、CA	罗得西亚、中非标准	PTS	菲律宾标准
IIW	国际焊接学会	CSA	加拿大标准	SABS	南非标准
ITU	国际电信联盟	CSK	朝鲜国家标准	SIS	瑞典标准
OIML	国际法制计量组织	DIN	德国国家标准	SNV	瑞士国家标准
SEMI	国际半导体设备和材料组织	VDI	德国工程师协会	S. S.	新加坡标准

续表

标准代号	名　称	标准代号	名　称	标准代号	名　称
WHO/OMS	世界卫生组织	ELOT	希腊标准	SSS	叙利亚标准
WIPO/OMPI	世界知识产权组织	E.S.	埃及标准	TCVN	越南社会主义共和国标准
EC	欧洲联盟	IS	印度标准	THAI	泰国标准
CEN	欧洲标准化委员会	JIS	日本国家标准	UBS	缅甸联邦标准
EN	欧洲标准	JEM	日本电机工业协会	UNI	意大利标准
CENELEC	欧洲电工标准化委员会	JISM	日本机械工业协会	VCT	蒙古国家标准
ACCSQ	东盟标准与质量协商委员会	KS	韩国标准	ГОCT	苏联标准
ANSI	美国国家标准	MS	马来西亚标准		

注：ISO 的前身为 ISA。

1.2　法定计量单位和单位换算关系

1.2.1　法定计量单位（GB 3100—1993）（见表 1-3～表 1-6）

表 1-3　　　　　　　　　　　　SI　基　本　单　位

量的名称	单位符号	单位名称	量的名称	单位符号	单位名称
长度	m	米	热力学温度	K	开〔尔文〕
质量	kg	千克（公斤）	物质的量	mol	摩〔尔〕
时间	s	秒	发光强度	cd	坎〔德拉〕
电流	A	安〔培〕			

注：1. 圆括号中的名称，是它前面的名称的同义词，下同。
　　2. 方括号中的字，在不致引起混淆、误解的情况下，可以省略。去掉方括号中的字即为其简称。

表 1-4　　　　　　　包括 SI 辅助单位在内的具有专门名称的 SI 导出单位

量　的　名　称	SI 导出单位		
	符　号	名　称	用 SI 基本单位和 SI 导出单位表示
〔平面〕角	rad	弧　度	$1rad=1m \cdot m^{-1}=1$
立体角	sr	球面度	$1sr=1m^2 \cdot m^{-2}=1$
频率	Hz	赫〔兹〕	$1Hz=1s^{-1}$
力	N	牛〔顿〕	$1N=1kg \cdot m \cdot s^{-2}$
压力，压强，应力	Pa	帕〔斯卡〕	$1Pa=1N \cdot m^{-2}$
能〔量〕，功，热量	J	焦〔耳〕	$1J=1N \cdot m$
功率，辐〔射能〕通量	W	瓦〔特〕	$1W=1J \cdot s^{-1}$
电荷〔量〕	C	库〔仑〕	$1C=1A \cdot s$
电压，电动势，电位（电势）	V	伏〔特〕	$1V=1W \cdot A^{-1}$
电容	F	法〔拉〕	$1F=1C \cdot V^{-1}$
电阻	Ω	欧〔姆〕	$1\Omega=1V \cdot A^{-1}$
电导	S	西〔门子〕	$1S=1\Omega^{-1}$
磁通〔量〕	Wb	韦〔伯〕	$1Wb=1V \cdot s$
磁通〔量〕密度、磁感应强度	T	特〔斯拉〕	$1T=1Wb \cdot m^{-2}$
电感	H	亨〔利〕	$1H=1Wb \cdot A^{-1}$
摄氏温度	℃	摄氏度	$1℃=1K$
光通量	lm	流〔明〕	$1lm=1cd \cdot sr$
〔光〕照度	lx	勒〔克斯〕	$1lx=1lm \cdot m^{-2}$
〔放射性〕活度	Bq	贝可〔勒尔〕	$1Bq=1s^{-1}$
吸收剂量	Gy	戈〔瑞〕	$1Gy=1J \cdot kg^{-1}$
剂量当量	Sv	希〔沃特〕	$1Sv=1J \cdot kg^{-1}$

表 1-5 可与 SI 并用的我国法定计量单位

量的名称	单位符号	单位名称	与 SI 单位关系
时间	min	分	$1\text{min}=60\text{s}$
	h	[小] 时	$1\text{h}=60\text{min}=3600\text{s}$
	d	日（天）	$1\text{d}=24\text{h}=86\,400\text{s}$
[平面]角	(°)	度	$1°=(\pi/180)\text{ rad}$
	(′)	[角] 分	$1'=(1/60)°=(\pi/10\,800)\text{ rad}$
	(″)	[角] 秒	$1''=(1/60)'=(\pi/648\,000)\text{ rad}$
体积容积	L (l)	升	$1\text{L}=1\text{dm}^3=10^{-3}\,\text{m}^3$
质量	t	吨	$1\text{t}=10^3\,\text{kg}$
	u	原子质量单位	$1\text{u}\approx1.660\,540\times10^{-27}\,\text{kg}$
旋转速度	r·min^{-1}	转每分	$1\text{r}\cdot\text{min}^{-1}=(1/60)\text{ s}^{-1}$
长度	n mile	海里	$1\text{n mile}=1852\text{m}$（只用于航程）
速度	kn	节	$1\text{kn}=1\text{n mile}\cdot\text{h}^{-1}=(1852/3600)\text{ m}\cdot\text{s}^{-1}$（只用于航行）
能	eV	电子伏	$1\text{eV}\approx1.602\,177\times10^{-19}\,\text{J}$
级差	dB	分贝	
线密度	tex	特 [克斯]	$1\text{tex}=10^{-6}\,\text{kg}\cdot\text{m}^{-1}$
面积	hm^2	公顷	$1\text{hm}^2=10^4\,\text{m}^2$

注：1. 平面角单位度、分、秒的符号，在组合单位中应采用 (°)、(′)、(″) 的形式。例如，不用 °·s^{-1} 而用 (°)·s^{-1}。

2. 升的两个符号属同等地位，可任意选用。

3. 公顷的国际通用符号为 ha。

表 1-6 SI 词头

因 数	符 号	词头名称	因 数	符 号	词头名称
10^{24}	Y	尧 [它]	10^{-1}	d	分
10^{21}	Z	泽 [它]	10^{-2}	c	厘
10^{18}	E	艾 [可萨]	10^{-3}	m	毫
10^{15}	P	拍 [它]	10^{-6}	μ	微
10^{12}	T	太 [拉]	10^{-9}	n	纳 [诺]
10^{9}	G	吉 [咖]	10^{-12}	p	皮 [可]
10^{6}	M	兆	10^{-15}	f	飞 [母托]
10^{3}	k	千	10^{-18}	a	阿 [托]
10^{2}	h	百	10^{-21}	z	仄 [普托]
10^{1}	da	十	10^{-24}	y	幺 [科托]

1.2.2 常用计量单位换算（见表 1-7）

表 1-7 常用计量单位换算系数表

量的名称	法定计量单位		非法定计量单位		换 算 系 数
	名 称	符 号	名 称	符 号	
长度	米 海里	m n mile （1n mile＝1852m）	英尺	ft	$1\text{ft}=0.304\,8\text{m}=304.8\text{mm}$
			英寸	in	$1\text{in}=0.025\,4\text{m}=25.4\text{mm}$
			英里	mile	$1\text{mile}=1609.344\text{m}=1760\text{yd}$
			码	yd	$1\text{yd}=0.914\,4\text{m}=3\text{ft}$
			埃	Å	$1\text{Å}=0.1\text{nm}=10^{-10}\text{m}$
			密耳	mil	$1\text{mil}=25.4\times10^{-6}\text{m}$

续表

量的名称	法定计量单位		非法定计量单位		换 算 系 数
	名 称	符 号	名 称	符 号	
面积	平方米	m^2	公亩 公顷 平方英尺 平方英里	a ha ft^2 $mile^2$	$1a=10^2 m^2$ $1ha=10^4 m^2=15$ 市亩 $1ft^2=0.092\ 903\ 0m^2$ $1mile^2=2.589\ 99\times10^6 m^2$
体积、容积	立方米 升	m^3 L（l） $(1L=10^{-3}m^3)$	立方英尺 英加仑 美加仑	ft^3 UKgal USgal	$1ft^3=0.028\ 316\ 8m^3$ $1UKgal=4.546\ 09dm^3$ $1USgal=3.785\ 41dm^3$
质量	千克（公斤） 吨 原子质量单位	kg t u	磅 英担 英吨 短吨 盎司 盎司（金衡） 米制克拉	lb cwt ton sh ton oz oz	$1lb=0.453\ 592\ 37kg$ $1cwt=50.802\ 3kg$ $1ton=1016.05kg$ $1sh\ ton=907.185kg$ $1oz=28.349\ 5g=1/16lb$ $1oz=31.103\ 5g$ 1 米制克拉 $=2\times10^{-4}kg$
温度	开〔尔文〕 摄氏度	K ℃	华氏度	℉	$℉=\frac{9}{5}K-459.67=\frac{9}{5}℃+32$ $K=℃+273.15=\frac{5}{9}(℉+459.67)$ $℃=K-273.15=\frac{5}{9}(℉-32)$ 表示温度差和温度间隔： $1℃=1K$，$1℉=\frac{5}{9}℃$
速度	米每秒 节 千米每小时 米每分	$m\cdot s^{-1}$ kn $km\cdot h^{-1}$ $m\cdot min^{-1}$	英尺每秒 英里每〔小〕时	$ft\cdot s^{-1}$ $mile\cdot h^{-1}$	$1ft\cdot s^{-1}=0.304\ 8m\cdot s^{-1}$ $1mile\cdot h^{-1}=0.447\ 04m\cdot s^{-1}$ $1kn=0.514\ 444m\cdot s^{-1}$ $1km\cdot h^{-1}=0.277\ 778m\cdot s^{-1}$ $1m\cdot min^{-1}=0.016\ 666\ 7m\cdot s^{-1}$
加速度	米每二次方秒	$m\cdot s^{-2}$	英尺每二次方秒	$ft\cdot s^{-2}$	$1ft\cdot s^{-2}=0.304\ 8m\cdot s^{-2}$
角速度	弧度每秒 转每分	$rad\cdot s^{-1}$ $r\cdot min^{-1}$	度每秒 度每分	$(°)\cdot s^{-1}$ $(°)\cdot min^{-1}$	$1(°)\cdot s^{-1}=0.017\ 45rad\cdot s^{-1}$ $1(°)\cdot min^{-1}=0.000\ 29rad\cdot s^{-1}$ $1r\cdot min^{-1}=(\pi/30)\ rad\cdot s^{-1}$
力，重力	牛〔顿〕	N	达因 千克力 磅力	dyn kgf lbf	$1dyn=10^{-5}N$ $1kgf=9.806\ 65N$ $1lbf=4.448\ 22N$
力矩	牛〔顿〕米	$N\cdot m$	千克力米 磅力英尺	$kgf\cdot m$ $lbf\cdot ft$	$1kgf\cdot m=9.806\ 65N\cdot m$ $1lbf\cdot ft=1.355\ 82N\cdot m$
压力，压强；应力	帕〔斯卡〕	Pa	巴 托（＝毫米汞柱） 毫米水柱 千克力每平方厘米 （工程大气压）	bar Torr（＝mmHg） mmH_2O $kgf\cdot cm^{-2}$ (at)	$1bar=0.1MPa=10^5 Pa$ $1Torr=133.322\ 4Pa$（＝1mmHg） $1mmH_2O=9.806\ 65Pa$ $1kgf\cdot cm^{-2}$ (1at) $=9.806\ 65\times10^4 Pa$

续表

量的名称	法定计量单位		非法定计量单位		换 算 系 数
	名 称	符 号	名 称	符 号	
压力，压强，应力	帕［斯卡］	Pa	标准大气压 磅力每平方英尺	atm lbf·ft^{-2}	1atm=101 325Pa=101.325kPa 1lbf·ft^{-2}=47.880 3Pa
线密度	千克每米 特［克斯］	kg·m^{-1} tex	旦［尼尔］ 磅每英尺	den lb·ft^{-1}	1den=0.111 112×10^{-6}kg·m^{-1} 1lb·ft^{-1}=1.488 16kg·m^{-1}
［质量］密度	千克每立方米	kg·m^{-3}	磅每立方英尺	lb·ft^{-3}	1lb·ft^{-3}=16.018 5kg·m^{-3}
比体积	立方米每千克	m^3·kg^{-1}	立方英尺每磅	ft^3·lb^{-1}	1ft^3·lb^{-1}=0.062 428 0m^3·kg^{-1}
动力黏度	帕［斯卡］秒	Pa·s	泊 厘泊 千克力秒每平方米	P cP kgf·s·m^{-2}	1P=0.1Pa·s 1cP=10^{-3}Pa·s 1kgf·s·m^{-2}=9.806 65Pa·s
运动黏度	二次方米每秒	m^2·s^{-1}	斯［托克斯］ 厘斯［托克斯］	St cSt	1St=10^{-4}m^2·s^{-1} 1cSt=10^{-6}m^2·s^{-1}
质量流量	千克每秒	kg·s^{-1}	磅每秒 磅每［小］时	lb·s^{-1} lb·h^{-1}	1lb·s^{-1}=0.453 592kg·s^{-1} 1lb·h^{-1}=1.259 98×10^{-4}kg·s^{-1}
体积流量	立方米每秒 升每秒	m^3·s^{-1} L·s^{-1}	立方英尺每秒 立方英寸每［小］时	ft^3·s^{-1} in^3·h^{-1}	1ft^3·s^{-1}=0.028 316 8m^3·s^{-1} 1in^3·h^{-1}=4.551 96×10^{-6}L·s^{-1}
能量，功热	焦［耳］ 千瓦小时	J kW·h (1kW·h= 3.6×10^{6}J)	尔格 千克力米 卡 英热单位	erg kgf·m cal Btu	1erg=10^{-7}J 1kgf·m=9.806 65J 1cal=4.186 8J 1Btu=1055.06J
功率	瓦［特］	W	千克力米每秒 马力 英马力 电工马力 卡每秒	kgf·m·s^{-1} Ps（德） HP cal·s^{-1}	1kgf·m·s^{-1}=9.806 65W 1Ps=735.499W=75kgf·m·s^{-1} 1HP=745.7W=550ft·lb·s^{-1} 1电工马力=746W 1cal·s^{-1}=4.186 8W
转动惯量（惯性矩）	千克二次方米	kg·m^2	磅二次方英尺 磅二次方英寸	lb·ft^2 lb·in^2	1lb·ft^2=0.042 140 1kg·m^2 1lb·in^2=2.926 40×10^{-4}kg·m^2
动量	千克米每秒	kg·m·s^{-1}	磅英尺每秒	lb·ft·s^{-1}	1lb·ft·s^{-1}=0.138 255kg·m·s^{-1}
角动量，动量矩	千克二次方米每秒	kg·m^2·s^{-1}	磅二次方英尺每秒	lb·ft^2·s^{-1}	1lb·ft^2·s^{-1}=0.042 140 1kg·m^2·s^{-1}
比热容，比熵	焦［耳］每千克开［尔文］	J·(kg·K)$^{-1}$	千卡每千克开［尔文］ 英热单位每磅华氏度	kcal·(kg·K)$^{-1}$ Btu·(lb·°F)$^{-1}$	1kcal·(kg·K)$^{-1}$=4186.8J·(kg·K)$^{-1}$ 1Btu·(lb·°F)$^{-1}$=4186.8J·(kg·K)$^{-1}$
传热系数	瓦［特］每平方米开［尔文］	W·(m^2·K)$^{-1}$	卡每平方厘米秒开［尔文］ 英热单位每平方英尺［小］时华氏度	cal·(cm^2·s·K)$^{-1}$ Btu·(ft^2·h·°F)$^{-1}$	1cal·(cm^2·s·K)$^{-1}$ =418 68W·(m^2·K)$^{-1}$ 1Btu·(ft^2·h·°F)$^{-1}$ =5.678 26W·(m^2·K)$^{-1}$
热导率（导热系数）	瓦［特］每米开［尔文］	W·(m·K)$^{-1}$	卡每厘米秒开尔文 千卡每米［小］时开［尔文］	cal·(cm·s·K)$^{-1}$ kcal·(m·h·K)$^{-1}$	1cal·(cm·s·K)$^{-1}$ =418.68W·(m·K)$^{-1}$ 1kcal·(m·h·K)$^{-1}$ =1.163W·(m·K)$^{-1}$

1.3 常用材料

1.3.1 黑色金属硬度及强度换算 （见表 1-8）

表 1-8   黑色金属硬度及强度换算 （GB/T 1172—1999）

硬 度								抗拉强度 σ_b/MPa								
洛氏		表面洛氏			维氏	布氏($F/D^2=30$)		碳钢	铬钢	铬钒钢	铬镍钢	铬钼钢	铬镍钼钢	铬锰硅钢	超高强度钢	不锈钢
HRC	HRA	HR15N	HR30N	HR45N	HV	HBS	HBW									
20.0	60.2	68.8	40.7	19.2	226	225		774	742	736	782	747		781		740
20.5	60.4	69.0	41.2	19.8	228	227		784	751	744	787	753		788		749
21.0	60.7	69.3	41.7	20.4	230	229		793	760	753	792	760		794		758
21.5	61.0	69.5	42.2	21.0	233	232		803	769	761	797	767		801		767
22.0	61.2	69.8	42.6	21.5	235	234		813	779	770	803	774		809		777
22.5	61.5	70.0	43.1	22.1	238	237		823	788	779	809	781		816		786
23.0	61.7	70.3	43.6	22.7	241	240		833	798	788	815	789		824		796
23.5	62.0	70.6	44.0	23.3	244	242		843	808	797	822	797		832		806
24.0	62.2	70.8	44.5	23.9	247	245		854	818	807	829	805		840		816
24.5	62.5	71.1	45.0	24.5	250	248		864	828	816	836	813		848		826
25.0	62.8	71.4	45.5	25.1	253	251		875	838	826	843	822		856		837
25.5	63.0	71.6	45.9	25.7	256	254		886	848	837	851	831	850	865		847
26.0	63.3	71.9	46.4	26.3	259	257		897	859	847	859	840	859	874		858
26.5	63.5	72.2	46.9	26.9	262	260		908	870	858	867	850	869	883		868
27.0	63.8	72.4	47.3	27.5	266	263		919	880	869	876	860	879	893		879
27.5	64.0	72.7	47.8	28.1	269	266		930	891	880	885	870	890	902		890
28.0	64.3	73.0	48.3	28.7	273	269		942	902	892	894	880	901	912		901
28.5	64.6	73.3	48.7	29.3	276	273		954	914	903	904	891	912	922		913
29.0	64.8	73.5	49.2	29.9	280	276		965	925	915	914	902	923	933		924
29.5	65.1	73.8	49.7	30.5	284	280		977	937	928	924	913	935	943		936
30.0	65.3	74.1	50.2	31.1	288	283		989	948	940	935	924	947	954		947
30.5	65.6	74.4	50.6	31.7	292	287		1002	960	953	946	936	959	965		959
31.0	65.8	74.7	51.1	32.3	296	291		1014	972	966	957	948	972	977		971
31.5	66.1	74.9	51.6	32.9	300	294		1027	984	980	969	961	985	989		983
32.0	66.4	75.2	52.0	33.5	304	298		1039	996	993	981	974	999	1001		996
32.5	66.6	75.5	52.5	34.1	308	302		1052	1009	1007	994	987	1012	1013		1008
33.0	66.9	75.8	53.0	34.7	313	306		1065	1022	1022	1007	1001	1027	1026		1021
33.5	67.1	76.1	53.4	35.3	317	310		1078	1034	1036	1020	1015	1041	1039		1034
34.0	67.4	76.4	53.9	35.9	321	314		1092	1048	1051	1034	1029	1056	1052		1047
34.5	67.7	76.7	54.4	36.5	326	318		1105	1061	1067	1048	1043	1071	1066		1060
35.0	67.9	77.0	54.8	37.0	331	323		1119	1074	1082	1063	1058	1087	1079		1074
35.5	68.2	77.2	55.3	37.6	335	327		1133	1088	1098	1078	1074	1103	1094		1087
36.0	68.4	77.5	55.8	38.2	340	332		1147	1102	1114	1093	1090	1119	1108		1101
36.5	68.7	77.8	56.2	38.8	345	336		1162	1116	1131	1109	1106	1136	1123		1116
37.0	69.0	78.1	56.7	39.4	350	341		1177	1131	1148	1125	1122	1153	1139		1130
37.5	69.3	78.4	57.2	40.0	355	345		1192	1146	1165	1142	1139	1171	1155		1145
38.0	69.5	78.7	57.6	40.6	360	350		1207	1161	1183	1159	1157	1189	1171		1161
38.5	69.7	79.0	58.1	41.2	365	355		1222	1176	1201	1177	1174	1207	1187	1170	1176
39.0	70.0	79.3	58.6	41.8	371	360		1238	1192	1219	1195	1192	1226	1204	1195	1193
39.5	70.3	79.6	59.0	42.4	376	365		1254	1208	1238	1214	1211	1245	1222	1219	1209
40.0	70.5	79.9	59.5	43.0	381	370	370	1271	1225	1257	1233	1230	1265	1240	1243	1226
40.5	70.8	80.2	60.0	43.6	387	375	375	1288	1242	1276	1252	1249	1285	1258	1267	1244
41.0	71.1	80.5	60.4	44.2	393	380	381	1305	1260	1296	1273	1269	1306	1277	1290	1262
41.5	71.3	80.8	60.9	44.8	398	385	386	1322	1278	1317	1293	1289	1327	1296	1313	1280
42.0	71.6	81.1	61.3	45.4	404	391	392	1340	1296	1337	1314	1310	1348	1316	1336	1299
42.5	71.8	81.4	61.8	45.9	410	396	397	1359	1315	1358	1336	1331	1370	1336	1359	1319
43.0	72.1	81.7	62.3	46.5	416	401	403	1378	1335	1380	1358	1353	1392	1357	1381	1339

续表

硬度								抗拉强度 σ_b/MPa								
洛氏		表面洛氏			维氏	布氏($F/D^2=30$)		碳钢	铬钢	铬钒钢	铬镍钢	铬钼钢	铬镍钼钢	铬锰硅钢	超高强度钢	不锈钢
HRC	HRA	HR15N	HR30N	HR45N	HV	HBS	HBW									
43.5	72.4	82.0	62.7	47.1	422	407	409	1397	1355	1401	1380	1375	1415	1378	1404	1361
44.0	72.6	82.3	63.2	47.7	428	413	415	1417	1376	1424	1404	1397	1439	1400	1427	1383
44.5	72.9	82.6	63.6	48.3	435	418	422	1438	1398	1446	1427	1420	1462	1422	1450	1405
45.0	73.2	82.9	64.1	48.9	441	424	428	1459	1420	1469	1451	1444	1487	1445	1473	1429
45.5	73.4	83.2	64.6	49.5	448	430	435	1481	1444	1493	1476	1468	1512	1469	1496	1453
46.0	73.7	83.5	65.0	50.1	454	436	441	1503	1468	1517	1502	1492	1537	1493	1520	1479
46.5	73.9	83.7	65.5	50.7	461	442	448	1526	1493	1541	1527	1517	1563	1517	1544	1505
47.0	74.2	84.0	65.9	51.2	468	449	455	1550	1519	1566	1554	1542	1589	1543	1569	1533
47.5	74.5	84.3	66.4	51.8	475		463	1575	1546	1591	1581	1568	1616	1569	1594	1562
48.0	74.7	84.6	66.8	52.4	482		470	1600	1574	1617	1608	1595	1643	1595	1620	1592
48.5	75.0	84.9	67.3	53.0	489		478	1626	1603	1643	1636	1622	1671	1623	1646	1623
49.0	75.3	85.2	67.7	53.6	497		486	1653	1633	1670	1665	1649	1699	1651	1674	1655
49.5	75.5	85.5	68.2	54.2	504		494	1681	1665	1697	1695	1677	1728	1679	1702	1689
50.0	75.8	85.7	68.6	54.7	512		502	1710	1698	1724	1724	1706	1758	1709	1731	1725
50.5	76.1	86.0	69.1	55.3	520		510		1732	1752	1755	1735	1788	1739	1761	
51.0	76.3	86.3	69.5	55.9	527		518		1768	1780	1786	1764	1819	1770	1792	
51.5	76.6	86.6	70.0	56.5	535		527		1806	1809	1818	1794	1850	1801	1824	
52.0	76.9	86.8	70.4	57.1	544		535		1845	1839	1850	1825	1881	1834	1857	
52.5	77.1	87.1	70.9	57.6	552		544		1869	1883		1856	1914	1867	1892	
53.0	77.4	87.4	71.3	58.2	561		552		1899	1917		1888	1947	1901	1929	
53.5	77.7	87.6	71.8	58.8	569		561		1930	1951				1936	1966	
54.0	77.9	87.9	72.2	59.4	578		569		1961	1986				1971	2006	
54.5	78.2	88.1	72.6	59.9	587		577		1993	2022				2008	2047	
55.0	78.6	88.4	73.1	60.5	596		585		2026	2058				2045	2090	
55.5	78.7	88.6	73.5	61.1	606		593								2135	
56.0	79.0	88.9	73.9	61.7	615		601								2181	
56.5	79.3	89.1	74.4	62.2	625		608								2230	
57.0	79.5	89.4	74.8	62.8	635		616								2281	
57.5	79.8	89.6	75.2	63.4	645		622								2334	
58.0	80.1	89.8	75.6	63.9	655		628								2390	
58.5	80.3	90.0	76.1	64.5	666		634								2448	
59.0	80.6	90.2	76.5	65.1	676		639								2509	
59.5	80.9	90.4	76.9	65.6	687		643								2572	
60.0	81.2	90.6	77.3	66.2	698		647								2639	
60.5	81.4	90.8	77.7	66.8	710		650									
61.0	81.7	91.0	78.1	67.3	721											
61.5	82.0	91.2	78.6	67.9	733											
62.0	82.2	91.4	79.0	68.4	745											
62.5	82.5	91.5	79.4	69.0	757											
63.0	82.8	91.7	79.8	69.5	770											
63.5	83.1	91.8	80.2	70.1	782											
64.0	83.3	91.9	80.6	70.6	795											
64.5	83.6	92.1	81.0	71.2	809											
65.0	83.9	92.2	81.3	71.7	822											
65.5	84.1				836											
66.0	84.4				850											
66.5	84.7				865											
67.0	85.0				879											
67.5	85.2				894											
68.0	85.5				909											

注：1. 本标准所列换算值是在对主要钢种进行试验的基础上制定的。各钢系的换算值适用于含碳量由低到高的钢种。

2. 本标准所列换算值，只有当试件组织均匀一致时，才有得到较精确的结果，因此应尽量避免各种换算。

1.3.2　低碳钢硬度及强度换算（见表1-9）

表1-9　　　　　　　　低碳钢硬度及强度换算（GB/T 1172—1999）

硬度							抗拉强度 σ_b/MPa	硬度							抗拉强度 σ_b/MPa
洛氏	表面洛氏			维氏	布氏			洛氏	表面洛氏			维氏	布氏		
					HBS								HBS		
HRB	HR15T	HR30T	HR45T	HV	F/D^2=10	F/D^2=30		HRB	HR15T	HR30T	HR45T	HV	F/D^2=10	F/D^2=30	
60.0	80.4	56.1	30.4	105	102		375	80.0	85.9	68.9	51.0	146	133		498
60.5	80.5	56.4	30.9	105	102		377	80.5	86.1	69.2	51.6	148	134		503
61.0	80.7	56.7	31.4	106	103		379	81.0	86.2	69.5	52.1	149	136		508
61.5	80.8	57.1	31.9	107	103		381	81.5	86.3	69.3	52.6	151	137		513
62.0	80.9	57.4	32.4	108	104		382	82.0	86.5	70.2	53.1	152	138		518
62.5	81.1	57.7	32.9	108	104		384	82.5	86.6	70.5	53.6	154	140		523
63.0	81.2	58.0	33.5	109	105		386	83.0	86.8	70.8	54.1	156		152	529
63.5	81.4	58.3	34.0	110	105		388	83.5	86.9	71.1	54.7	157		154	534
64.0	81.5	58.7	34.5	110	106		390	84.0	87.0	71.4	55.2	159		155	540
64.5	81.6	59.0	35.0	111	106		393	84.5	87.2	71.8	55.7	161		156	546
65.0	81.8	59.3	35.5	112	107		395	85.0	87.3	72.1	56.2	163		158	551
65.5	81.9	59.6	36.1	113	107		397	85.5	87.5	72.4	56.7	165		159	557
66.0	82.1	59.9	36.6	14	108		399	86.0	87.6	72.7	57.2	166		161	563
66.5	82.2	60.3	37.1	115	108		402	86.5	87.7	73.0	57.8	168		163	570
67.0	82.3	60.6	37.6	115	109		404	87.0	87.9	73.4	58.3	170		164	576
67.5	82.5	60.9	38.1	116	110		407	87.5	88.0	73.7	58.8	172		166	582
68.0	82.6	61.2	38.6	117	110		409	88.0	88.1	74.0	59.3	174		168	589
68.5	82.7	61.5	39.2	118	111		412	88.5	88.3	74.3	59.8	176		170	596
69.0	82.9	61.9	39.7	119	112		415	89.0	88.4	74.6	60.3	178		172	603
69.5	83.0	62.2	40.2	120	112		418	89.5	88.6	75.0	60.9	180		174	609
70.0	83.2	62.5	40.7	121	113		421	90.0	88.7	75.3	61.4	183		176	617
70.5	83.3	62.8	41.2	122	114		424	90.5	88.8	75.6	61.9	185		178	624
71.0	83.4	63.1	41.7	123	115		427	91.0	89.0	75.9	62.4	187		180	631
71.5	83.6	63.5	42.3	124	115		430	91.5	89.1	76.2	62.9	189		182	639
72.0	83.7	63.8	42.8	125	116		433	92.0	89.3	76.6	63.4	191		184	646
72.5	83.9	64.1	43.3	126	117		437	92.5	89.4	76.9	64.0	194		187	654
73.0	84.0	64.4	43.8	128	118		440	93.0	89.5	77.2	64.5	196		189	662
73.5	84.1	64.7	44.3	129	119		444	93.5	89.7	77.5	65.0	199		192	670
74.0	84.3	65.1	44.8	130	120		447	94.0	89.8	77.8	65.5	201		195	678
74.5	84.4	65.4	45.4	131	121		451	94.5	89.9	78.2	66.0	203		197	686
75.0	84.5	65.7	45.9	132	122		455	95.0	90.1	78.5	66.5	206		200	695
75.5	84.7	66.0	46.4	134	123		459	95.5	90.2	78.8	67.1	208		203	703
76.0	84.8	66.3	46.9	135	124		463	96.0	90.4	79.1	67.6	211		206	712
76.5	85.0	66.6	47.4	136	125		467	96.5	90.5	79.4	68.1	214		209	721
77.0	85.1	67.0	47.9	138	126		471	97.0	90.6	79.8	68.6	216		212	730
77.5	85.2	67.3	48.5	139	127		475	97.5	90.8	80.1	69.1	219		215	739
78.0	85.4	67.6	49.0	140	128		480	98.0	90.9	80.4	69.6	222		218	749
78.5	85.5	67.9	49.5	142	129		484	98.5	91.1	80.7	70.2	225		222	758
79.0	85.7	68.2	50.0	143	130		489	99.0	91.2	81.0	70.7	227		226	768
79.5	85.8	68.6	50.5	145	132		493	99.5	91.3	81.4	71.2	230		229	778
								100.0	91.5	81.7	71.7	233	232		788

注：1. 本标准所列换算值是在对主要钢种进行试验的基础上制定的。本表主要适用于低碳钢。
　　2. 本标准所列换算值，只有当试件组织均匀一致时，才能得到较精确的结果，因此应尽量避免各种换算。

1.3.3 常用材料弹性模量及泊松比 （见表 1-10）

表 1-10 常用材料弹性模量及泊松比

名称	弹性模量 E /GPa	切变模量 G /GPa	泊松比 μ	名称	弹性模量 E /GPa	切变模量 G /GPa	泊松比 μ
灰铸铁	118～126	44.3	0.3	轧制锌	82	31.4	0.27
球墨铸铁	173		0.3	铅	16	6.8	0.42
碳钢,镍铬钢,合金钢	206	79.4	0.3	玻璃	55	1.96	0.25
铸钢	202		0.3	有机玻璃	2.35～29.42		
轧制纯铜	108	39.2	0.31～0.34	橡胶	0.007 8		0.47
冷拔纯铜	127	48.0		电木	1.96～2.94	0.69～2.06	0.35～0.38
轧制磷锡青铜	113	41.2	0.32～0.35	夹布酚醛塑料	3.92～8.83		
冷拔黄铜	89～97	34.3～36.3	0.32～0.42	赛璐珞	1.71～1.89	0.69～0.98	0.4
轧制锰青铜	108	39.2	0.35	尼龙 1010	1.07		
轧制铝	68	25.5～26.5	0.32～0.36	硬聚氯乙烯	3.14～3.92		0.34～0.35
拔制铝线	69			聚四氯乙烯	1.14～1.42		
铸铝青铜	103	41.1	0.3	低压聚乙烯	0.54～0.75		
铸锡青铜	103		0.3	高压聚乙烯	0.147～0.245		
硬铝合金	70	26.5	0.3	混凝土	13.73～39.2	4.9～15.69	0.1～0.18

1.3.4 常用材料的密度 （见表 1-11）

表 1-11 常用材料的密度

材料名称	[质量]密度 /(g/cm³) (t/m³)	材料名称	[质量]密度 /(g/cm³) (t/m³)	材料名称	[质量]密度 /(g/cm³) (t/m³)
碳钢	7.3～7.85	铅	11.37	酚醛层压板	1.3～1.45
铸钢	7.8	锡	7.29	尼龙 6	1.13～1.14
高速钢（含钨9%）	8.3	金	19.32	尼龙 66	1.14～1.15
高速钢（含钨18%）	8.7	银	10.5	尼龙 1010	1.04～1.06
合金钢	7.9	汞	13.55	橡胶夹布传动带	0.8～1.2
镍铬钢	7.9	镁合金	1.74	木材	0.4～0.75
灰铸铁	7.0	硅钢片	7.55～7.8	石灰石	2.4～2.6
白口铸铁	7.55	锡基轴承合金	7.34～7.75	花岗石	2.6～3.0
可锻铸铁	7.3	铅基轴承合金	9.33～10.67	砌砖	1.9～2.3
纯铜	8.9	硬质合金（钨钴）	14.4～14.9	混凝土	1.8～2.45
黄铜	8.4～8.85	硬质合金（钨钴钛）	9.5～12.4	生石灰	1.1
铸造黄铜	8.62	胶木板、纤维板	1.3～1.4	熟石灰、水泥	1.2
锡青铜	8.7～8.9	纯橡胶	0.93	黏土耐火砖	2.10
无锡青铜	7.5～8.2	皮革	0.4～1.2	硅质耐火砖	1.8～1.9
轧制磷青铜,冷拉青铜	8.8	聚氯乙烯	1.35～1.40	镁质耐火砖	2.6
工业用铝,铝镍合金	2.7	聚苯乙烯	0.91	镁铬质耐火砖	2.8
可铸铝合金	2.7	有机玻璃	1.18～1.19	高铬质耐火砖	2.2～2.5
镍	8.9	无填料的电木	1.2	碳化硅	3.10
轧锌	7.1	赛璐珞	1.4		

1.3.5　常用材料线膨胀系数（见表 1-12）

表 1-12　　　　　　　　　　常用材料线膨胀系数（$\times 10^{-6}/℃$）

材料	温度范围/℃								
	20	20～100	20～200	20～300	20～400	20～600	20～700	20～900	70～1000
工程用铜		16.6～17.1	17.1～17.2	17.6	18～18.1	18.6			
黄铜		17.8	18.8	20.9					
青铜		17.6	17.9	18.2					
铸铝合金	18.44～24.5								
铝合金		22.0～24.0	23.4～24.8	24.0～25.9					
碳钢		10.6～12.2	11.3～13	12.1～13.5	12.9～13.9	13.5～14.3	14.7～15		
铬钢		11.2	11.8	12.4	13	13.6			
3Cr13		10.2	11.1	11.6	11.9	12.3	12.8		
1Cr18Ni9Ti		16.6	17	17.2	17.5	17.9	18.6	19.3	
铸铁		8.7～11.1	8.5～11.6	10.1～12.1	11.5～12.7	12.9～13.2			
镍铬合金		14.5							17.6
砖	9.5								
水泥，混凝土	10～14								
胶木，硬橡胶	64～77								
玻璃		4～11.5							
赛璐珞		100							
有机玻璃		130							

1.3.6　常用材料的熔点、热导率及比热容（见表 1-13）

表 1-13　　　　　　　　　　常用材料的熔点、热导率及比热容

名　称	熔　点/℃	热导率 λ/[W/(m·K)]	比热容 c/[kJ/(kg·K)]	名　称	熔　点/℃	热导率 λ/[W/(m·K)]	比热容 c/[kJ/(kg·K)]
灰铸铁	1200	58	0.532	铝	658	204	0.879
碳钢	1460	47～58	0.49	锌	419	110～113	0.38
不锈钢	1450	14	0.51	锡	232	64	0.24
硬质合金	2000	81	0.80	铅	327.4	34.7	0.130
铜	1083	384	0.394	镍	1452	59	0.64
黄铜	950	104.7	0.384	聚氯乙烯		0.16	
青铜	910	64	0.37	聚酰胺		0.31	

注：表中的热导率及比热容数值指 0～100℃范围内。

1.3.7　常用材料极限强度的近似关系（见表 1-14）

表 1-14　　　　　　　　　　常用材料极限强度的近似关系

材料名称	极　限　强　度					
	对称应力疲劳极限			脉动应力疲劳极限		
	拉伸疲劳极限 σ_{-1t}	弯曲疲劳极限 σ_{-1}	扭转疲劳极限 τ_{-1}	拉伸脉动疲劳极限 σ_{ot}	弯曲脉动疲劳极限 σ_0	扭转脉动疲劳极限 τ_0
结构钢	$\approx 0.3R_m$	$\approx 0.43R_m$	$\approx 0.25R_m$	$\approx 1.42\sigma_{-1t}$	$\approx 1.33\sigma_{-1}$	$\approx 1.5\tau_{-1}$
铸　铁	$\approx 0.225R_m$	$\approx 0.45R_m$	$\approx 0.36R_m$	$\approx 1.42\sigma_{-1t}$	$\approx 1.35\sigma_{-1}$	$\approx 1.35\tau_{-1}$
铝合金	$\approx \dfrac{R_m}{6}+73.5\text{MPa}$	$\approx \dfrac{R_m}{6}+73.5\text{MPa}$	$\approx (0.55～0.58)\sigma_{-1}$	$\approx 1.5\sigma_{-1t}$		

1.3.8　机械传动和轴承的效率（见表 1-15）

表 1-15　　　　　　　　　　　　　机械传动和轴承的效率

种　类		效率 η	种　类		效率 η
圆柱齿轮传动	很好跑合的 6 级精度和 7 级精度齿轮传动（油润滑）	0.98～0.99	绳传动	卷筒	0.96
	8 级精度的一般齿轮传动（油润滑）	0.97	丝杠传动	滑动丝杠	0.30～0.60
	9 级精度的齿轮传动（油润滑）	0.96		滚动丝杠	0.85～0.95
	加工齿的开式齿轮传动（脂润滑）	0.94～0.96	复滑轮组	滑动轴承（$i=2\sim6$）	0.90～0.98
	铸造齿的开式齿轮传动	0.90～0.93		滚动轴承（$i=2\sim6$）	0.95～0.99
锥齿轮传动	很好跑合的 6 级和 7 级精度的齿轮传动（油润滑）	0.97～0.98	联轴器	浮动联轴器（十字沟槽联轴器等）	0.97～0.99
	8 级精度的一般齿轮传动（油润滑）	0.94～0.97		齿式联轴器	0.99
	加工齿的开式齿轮传动（脂润滑）	0.92～0.95		弹性联轴器	0.99～0.995
	铸造齿的开式齿轮传动	0.88～0.92		万向联轴器（$\alpha\leqslant3°$）	0.97～0.98
蜗杆传动	自锁蜗杆（油润滑）	0.40～0.45		万向联轴器（$\alpha>3°$）	0.95～0.97
	单头蜗杆（油润滑）	0.70～0.75		梅花形弹性联轴器	0.97～0.98
	双头蜗杆（油润滑）	0.75～0.82	滑动轴承	润滑不良	0.94（一对）
	三头和四头蜗杆（油润滑）	0.80～0.92		润滑正常	0.97（一对）
	环面蜗杆传动（油润滑）	0.85～0.95		润滑特好（压力润滑）	0.98（一对）
带传动	平带无压紧轮的开式传动	0.98		液体摩擦	0.99（一对）
	平带有压紧轮的开式传动	0.97	滚动轴承	球轴承（稀油润滑）	0.99（一对）
	平带交叉传动	0.90		滚子轴承（稀油润滑）	0.98（一对）
	V 带传动	0.96	油池内油的飞溅和密封摩擦		0.95～0.99
	同步齿形带传动	0.96～0.98	减（变）速器[①]	单级圆柱齿轮减速器	0.97～0.98
链轮传动	焊接链	0.93		双级圆柱齿轮减速器	0.95～0.96
	片式关节链	0.95		单级行星圆柱齿轮减速器（NGW 类型负号机构）	0.95～0.98
	滚子链	0.96		单级锥齿轮减速器	0.95～0.96
	齿形链	0.97		双级圆锥-圆柱齿轮减速器	0.94～0.95
摩擦传动	平摩擦轮传动	0.85～0.92		无级变速器	0.92～0.95
	槽摩擦轮传动	0.88～0.90		单级摆线针轮减速器	0.90～0.97
	卷绳轮	0.95		轧机人字齿轮座（滑动轴承）	0.93～0.95
				轧机人字齿轮座（滚动轴承）	0.94～0.96
				轧机主减速器（包括主联轴器和电机联轴器）	0.93～0.96

①　滚动轴承的损耗考虑在内。

1.3.9　常用材料及物体的摩擦因数（见表1-16～表1-18）

表1-16　　　　　　　　　　　　　　　　　　材料的滑动摩擦因数

材料名称	摩擦因数 f				材料名称	摩擦因数 f			
	静摩擦		滑动摩擦			静摩擦		滑动摩擦	
	无润滑剂	有润滑剂	无润滑剂	有润滑剂		无润滑剂	有润滑剂	无润滑剂	有润滑剂
钢-钢	0.15	0.1～0.12	0.15	0.05～0.1	软钢-榆木			0.25	
钢-软钢			0.2	0.1～0.2	铸铁-槲木	0.65		0.3～0.5	0.2
钢-铸铁	0.3		0.18	0.05～0.15	铸铁-榆、杨木			0.4	0.1
钢-青铜	0.15	0.1～0.15	0.15	0.1～0.15	青铜-槲木	0.6		0.3	
软钢-铸铁	0.2		0.18	0.05～0.15	木材-木材	0.4～0.6	0.1	0.2～0.5	0.07～0.15
软钢-青铜	0.2		0.18	0.07～0.15	皮革(外)-槲木	0.6		0.3～0.5	
铸铁-铸铁	0.2	0.18	0.15	0.07～0.12	皮革(内)-槲木	0.4		0.3～0.4	
铸铁-青铜	0.28	0.16	0.15～0.2	0.07～0.15	皮革-铸铁	0.3～0.5	0.15	0.6	0.15
青铜-青铜		0.1	0.2	0.07～0.1	橡皮-铸铁			0.8	0.5
软钢-槲木	0.6	0.12	0.4～0.6	0.1	麻绳-槲木	0.8		0.5	

表1-17　　　　　　　　　　　　　　　　　　物体的摩擦因数

名　称			摩擦因数 f	名　称		摩擦因数 f
滚动轴承	深沟球轴承	径向载荷	0.002	轧辊轴承	滚动轴承	0.002～0.005
		轴向载荷	0.004		层压胶木轴瓦	0.004～0.006
	角接触球轴承	径向载荷	0.003		青铜轴瓦（用于热轧辊）	0.07～0.1
		轴向载荷	0.005		青铜轴瓦（用于冷轧辊）	0.04～0.08
	圆锥滚子轴承	径向载荷	0.008		特殊密封全液体摩擦轴承	0.003～0.005
		轴向载荷	0.2		特殊密封半液体摩擦轴承	0.005～0.01
	调心球轴承		0.001 5	加热炉内	金属在管子或金属条上	0.4～0.6
	圆柱滚子轴承		0.002		金属在炉底砖上	0.6～1
	长圆柱或螺旋滚子轴承		0.006	密封软填料盒中填料与轴的摩擦		0.2
	滚针轴承		0.008	热钢在辊道上摩擦		0.3
	推力球轴承		0.003	冷钢在辊道上摩擦		0.15～0.18
	调心滚子轴承		0.004	制动器普通石棉制动带（无润滑）p=0.2～0.6MPa		0.35～0.48
滑动轴承	液体摩擦		0.001～0.008	离合器装有黄铜丝的压制石棉带 p=0.2～1.2MPa		0.43～0.4
	半液体摩擦		0.008～0.08			
	半干摩擦		0.1～0.5			

表1-18　　　　　　　　　　　　　　　　各种工程用塑料的摩擦因数 f

下试样（塑料）		上试样（钢）		上试样（塑料）		下试样（塑料）		上试样（钢）		上试样（塑料）	
		静摩擦	动摩擦	静摩擦	动摩擦			静摩擦	动摩擦	静摩擦	动摩擦
聚四氟乙烯		0.10	0.05	0.04	0.04	聚碳酸酯		0.60	0.53	—	—
聚全氟乙丙烯		0.25	0.18	—	—	聚苯二甲酸乙二醇酯		0.29	0.28	0.27[①]	0.20[①]
聚乙烯	低密度	0.27	0.26	0.33	0.33	聚酰胺		0.37	0.34	0.42[①]	0.35[①]
	高密度	0.18	0.08～0.12	0.12	0.11	聚三氟氯乙烯		0.45[①]	0.33[①]	0.43[①]	0.32[①]
聚甲醛		0.14	0.13	—	—	聚氯乙烯		0.45[①]	0.40[①]	0.50[①]	0.40[①]

① 黏滑运动。

1.3.10 滚动摩擦力臂（见表 1-19）

表 1-19   滚动摩擦力臂（大约值）

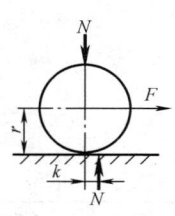

圆柱沿平面滚。滚动阻力矩为

$$M = Nk = Fr$$

k 为滚动摩擦力臂

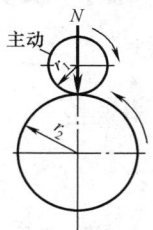

两个具有固定轴线的圆柱，其中主动圆柱以 N 力压另一圆柱，两个圆柱相对滚动。主圆柱上遇到的滚动阻力矩为

$$M = Nk\left(1 + \frac{r_1}{r_2}\right)$$

k 为滚动摩擦力臂

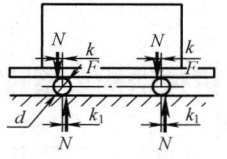

重物压在圆辊支承的平台上移动，每个圆辊承受的载重为 N。克服一个辊子上摩擦阻力所需的牵引力 F

$$F = \frac{N}{d}(k + k_1)$$

k 和 k_1 依次是平台与圆辊之间和圆辊与固定支持物之间的滚动摩擦力臂

摩擦材料	滚动摩擦力臂 k/mm	摩擦材料	滚动摩擦力臂 k/mm
软钢与软钢	0.5	表面淬火车轮与钢轨	
淬火钢与淬火钢	0.1	圆锥形车轮	0.8～1
铸铁与铸铁	0.5	圆柱形车轮	0.5～0.7
木材与钢	0.3～0.4	橡胶轮胎对沥青路面	2.5
木材与木材	0.5～0.8	橡胶轮胎对土路面	10～15

第 2 章　机械结构设计标准和规范

2.1　机械结构要素设计的一般标准和规范

2.1.1　标准尺寸（见表 2-1）

表 2-1　　标准尺寸（直径、长度、高度等）数值系列（GB/T 2822—2005）　（单位：mm）

0.1～1.0 及 1.0～10.0

0.1～1.0 R10	R20	Ra10	Ra20	1.0～10.0 R10	R20	Ra10	Ra20
0.100	0.100	0.10	0.10	1.00	1.00	1.0	1.0
	0.112		0.11		1.12		1.1
0.125	0.125	0.12	0.12	1.25	1.25	1.2	1.2
	0.140		0.14		1.40		1.4
0.160	0.160	0.16	0.16	1.60	1.60	1.6	1.6
	0.180		0.18		1.80		1.8
0.200	0.200	0.20	0.20	2.00	2.00	2.0	2.0
	0.224		0.22		2.24		2.2
0.250	0.250	0.25	0.25	2.50	2.50	2.5	2.5
	0.280		0.28		2.80		2.8
0.315	0.315	0.30	0.30	3.15	3.15	3.0	3.0
	0.355		0.35		3.55		3.5
0.400	0.400	0.40	0.40	4.00	4.00	4.0	4.0
	0.450		0.45		4.50		4.5
0.500	0.500	0.50	0.50	5.00	5.00	5.0	5.0
	0.560		0.55		5.60		5.5
0.630	0.630	0.60	0.60	6.30	6.30	6.0	6.0
	0.710		0.70		7.10		7.0
0.800	0.800	0.80	0.80	8.00	8.00	8.0	8.0
	0.900		0.90		9.00		9.0
1.000	1.000	1.00	1.00	10.00	10.00	10.0	10.0

10～100、100～1000、1000～10 000

10～100 R10	R20	R40	Ra10	Ra20	Ra40	100～1000 R10	R20	R40	Ra10	Ra20	Ra40	1000～10 000 R10	R20	R40
10	10.0		10	10		100	100	100	100	100	100	1000	1000	1000
								106			105			1060
	11.2			11			112	112		110	110		1120	1120
								118			120			1180
12.5	12.5	12.5	12	12	12	125	125	125	125	125	125	1250	1250	1250
		13.2			13			132			130			1320
	14.0	14.0		14	14		140	140		140	140		1400	1400
		15.0			15			150			150			1500
16.0	16.0	16.0	16	16	16	160	160	160	160	160	160	1600	1600	1600
		17.0			17			170			170			1700
	18.0	18.0		18	18		180	180		180	180		1800	1800
		19.0			19			190			190			1900
20.0	20.0	20.0	20	20	20	200	200	200	200	200	200	2000	2000	2000
		21.2			21			212			210			2120
	22.4	22.4		22	22		224	224		220	220		2240	2240
		23.6			24			236			240			2360
25.0	25.0	25.0	25	25	25	250	250	250	250	250	250	2500	2500	2500
		26.5			26			265			260			2650
	28.0	28.0		28	28		280	280		280	280		2800	2800
		30.0			30			300			300			3000
31.5	31.5	31.5	32	32	32	315	315	315	320	320	320	3150	3150	3150
		33.5			34			335			340			3350
	35.5	35.5		36	36		355	355		360	360		3550	3550
		37.5			38			375			380			3750
40.0	40.0	40.0	40	40	40	400	400	400	400	400	400	4000	4000	4000
		42.5			42			425			420			4250
	45.0	45.0		45	45		450	450		450	450		4500	4500
		47.5			48			475			480			4750
50.0	50.0	50.0	50	50	50	500	500	500	500	500	500	5000	5000	5000
		53.0			53			530			530			5300
	56.0	56.0		56	56		560	560		560	560		5600	5600
		60.0			60			600			600			6000
63.0	63.0	63.0	63	63	63	630	630	630	630	630	630	6300	6300	6300
		67.0			67			670			670			6700
	71.0	71.0		71	71		710	710		710	710		7100	7100
		75.0			75			750			750			7500
80.0	80.0	80.0	80	80	80	800	800	800	800	800	800	8000	8000	8000
		85.0			85			850			850			8500
	90.0	90.0		90	90		900	900		900	900		9000	9000
		95.0			95			950			950			9500
100.0	100.0	100.0	100	100	100	1000	1000	1000	1000	1000	1000	10 000	10 000	10 000

注：选择系列及单个尺寸时，应首先在优先系 R 系列按照 R10、R20、R40 的顺序选用。如果必须将数值圆整，可在相应的 Ra 系列（选用优先数化整值系列制定的标准尺寸系列）中选用标准尺寸，其优选顺序为 Ra10、Ra20、Ra40。

2.1.2　机器轴高（见表 2-2）

表 2-2　　　　　　　　　　**机器轴高**（GB/T 12217—2005）　　　　　　　（单位：mm）

轴高 h 基本尺寸系列				轴高 h 基本尺寸系列				轴高 h 基本尺寸系列				轴高 h 基本尺寸系列			
I	II	III	IV	I	II	III	IV	I	II	III	IV	I	II	III	IV
25	25	25	25				75			225	225				670
			26		80	80	80				236			710	710
		28	28				85	250	250	250	250				750
			30			90	90				265		800	800	800
	32	32	32				95				280				850
			34	100	100	100	100				300			900	900
		36	36				105		315	315	315				950
			38			112	112				335	1000	1000	1000	1000
40	40	40	40				118			355	355				1060
			42		125	125	125				375			1120	1120
		45	45				132	400	400	400	400				1180
			48			140	140				425		1250	1250	1250
	50	50	50				150			450	450				1320
			53	160	160	160	160				475			1400	1400
		56	56				170		500	500	500				1500
			60			180	180				530	1600	1600	1600	1600
63	63	63	63				190			560	560				
			67		200	200	200				600				
		71	71				212	630	630	630	630				

轴高 h	轴高的极限偏差		平行度公差		
	电动机、从动机器、减速器等	除电动机以外的主动机器	$L<2.5h$	$2.5h{\leqslant}L{\leqslant}4h$	$L>4h$
25～50	0 −0.4	+0.4 0	0.2	0.3	0.4
>50～250	0 −0.5	+0.5 0	0.25	0.4	0.5
>250～630	0 −1.0	+1.0 0	0.5	0.75	1.0
>630～1000	0 −1.5	+1.5 0	0.75	1.0	1.5
>1000	0 −2.0	+2.0 0	1.0	1.5	2.0

注：1. 机器轴高优先选用第 I 系列数值，如果不能满足需要时，可选用第 II 系列值，尽量不采用第 IV 系列数值。

2. h 不包括安装所用的垫片在内，如果机器需配备绝缘垫片时，其垫片的厚度应包括在内，L 为轴全长。

3. 对于支承平面不在底部的机器，应按轴伸线到机器底部的距离选取极限偏差及平行度公差。

2.1.3 机器轴伸 (见表 2-3~表 2-5)

表 2-3　　　　　　　　　　　　　圆柱形轴伸 (GB/T 1569—2005)　　　　　　　　(单位：mm)

d			L	
公称尺寸		极限偏差	长系列	短系列
6，7		j6	16	
8，9			20	
10，11			23	20
12，14			30	35
16，18，19			40	28
20，22，24			50	36
25，28			60	42
30		k6	80	58
32，35，38				
40，42，45，48，50			110	82
55，56		m6		
60，63，65，70，71，75			140	105
80，85，90，95			170	130
100，110，120，125			210	165
130，140，150			250	200
160，170，180			300	240
190，200，220			350	280
240，250，260			410	330
280，300，320			470	380
340，360，380			550	450
400，420，440，450，460，480，500			650	540
530，560，600，630			800	680

表 2-4　　　　　　　　直径≤220mm 的圆锥形轴伸 (GB/T 1570—2005)　　　　　　(单位：mm)

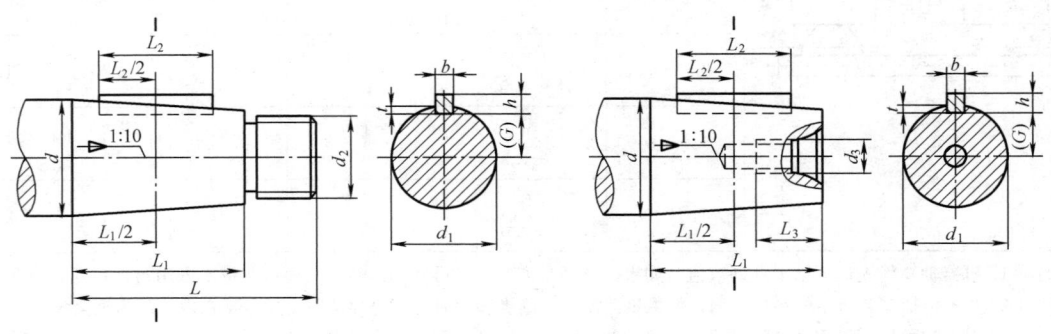

续表

d	b	h	t	长系列					短系列					d_2	d_3	L_3
				L	L_1	L_2	d_1	(G)	L	L_1	L_2	d_1	(G)			
6				16	10	6	5.5							M4		
7							6.5									
8				20	12	8	7.4									
9							8.4							M6		
10				23	15	12	9.25									
11	2	2	1.2				10.25	3.9								
12	2	2	1.2	30	18	16	11.1	4.3						M8×1		
14	3	3	1.8				13.1	4.7							M4	10
16	3	3	1.8	40	28	25	14.6	5.5	28	16	14	15.2	5.8	M10×1.25		
18	4	4	2.5				16.6	5.8				17.2	6.1		M5	13
19	4	4	2.5				17.6	6.3				18.2	6.6			
20	4	4	2.5	50	36	32	18.2	6.6				18.9	6.9			
22	4	4	2.5				20.2	7.6	36	22	20	20.9	7.9	M12×1.25	M6	16
24	5	5	2.5				22.0	8.1				22.9	8.4			
25	5	5	3	60	42	36	22.9	8.4	42	24	22	23.8	8.9	M16×1.5	M8	19
28	5	5	3				25.9	9.9				26.8	10.4			
30	5	5	3				27.1	10.5				28.2	11.1			
32	6	6	3.5	80	58	50	29.1	11.0	58	36	32	30.2	11.6	M20×1.5	M10	22
35	6	6	3.5				32.1	12.5				33.2	13.1			
38	6	6	3.5				35.1	14.0				36.2	14.6			
40	10	8	5				35.9	12.9				37.3	13.6	M24×2	M12	28
42	10	8	5				37.9	13.9				39.3	14.6			
45	12	8	5				40.9	15.4				42.3	16.1	M30×2		
48	12	8	5	110	82	70	43.9	16.9	82	54	50	45.3	17.6		M16	36
50	12	8	5				45.9	17.9				47.3	18.6			
55	14	9	5.5				50.9	19.9				52.3	20.6	M36×3		
56	14	9	5.5				51.9	20.4				53.3	21.1			
60	16	10	6				54.75	21.4				56.5	22.2		M20	42
63	16	10	6				57.75	22.9				59.5	23.7	M42×3		
65	16	10	6	140	105	100	59.75	23.9	105	70	63	61.5	24.7			
70	18	11	7				64.75	25.4				66.5	26.2			
71	18	11	7				65.75	25.9				67.5	26.7	M48×3	M24	50
75	18	11	7				69.75	27.9				71.5	28.7			
80	20	12	7.5	170	130	110	73.5	29.2	130	90	80	75.5	30.2	M56×4		
85	20	12	7.5				78.5	31.7				80.5	32.7			
90	22	14	9				83.5	32.7				85.5	33.7	M64×4		

d	b	h	t	长系列					短系列					d_2	d_3	L_3
				L	L_1	L_2	d_1	(G)	L	L_1	L_2	d_1	(G)			
95	22	14	9	170	130	110	88.5	35.2	130	90	80	90.5	36.2	M64×4		
100	25	14	9				91.75	36.9				94	38	M72×4		
110	25	14	9	210	165	140	101.75	41.9	165	120	110	104	43	M80×4		
120	28	16	10				111.75	45.9				114	47	M90×4		
125	28	16	10				116.75	48.3				119	49.5			
130	28	16	10				120	50				122.5	51.2	M100×4		
140	32	18	11	250	200	180	130	54	200	150	125	132.5	55.2			
150	32	18	11				140	59				142.5	60.2	M110×4		
160	36	20	12				148	62				151	63.5	M125×4		
170	36	20	12	300	240	220	158	67	240	180	160	161	68.5			
180	40	22	13				168	71				171	72.5	M14×6		
190	40	22	13				176	75				179.5	76.7			
200	40	22	13	350	280	250	186	80	280	210	180	189.5	81.7	M160×4		
220	45	25	15				206	88				209.5	89.7			

注：1. ϕ220mm 及以下的圆锥轴伸键槽底面与圆锥轴线平行。

2. 键槽深度 t 可由测量 G 来代替。

3. L_2 可根据需要选取小于表中的数值。

表 2-5 　　　　　　　**直径＞ϕ220mm 的圆锥形轴伸**（GB/T 1570—2005）　　　　（单位：mm）

d	b	h	t	L	L_1	L_2	d_1	d_2
240	50	28	17	410	330	280	223.5	M180×6
250							233.5	
260							243.5	M200×6
280	56	32	20	470	380	320	261	M220×6
300	63						281	
320							301	M250×6
340	70	36	22	550	450	400	317.5	M280×6
360							337.5	
380							357.5	M300×6
400	80	40	25				373	M320×6
420							393	
440							413	M350×6
450	90	45	28	650	540	450	423	
460							433	M380×6
480							453	
500							473	M420×6
530	100	50	31	800	680	500	496	M450×6
560							526	
600							566	M500×6
630							596	M550×6

注：1. 直径 ϕ220mm 以上的圆锥轴伸，键槽底面与圆锥母线平行。

2. L_2 可根据需要选取小于表中的数值。

2.1.4 棱体的角度与斜度系列（见表2-6和表2-7）

表 2-6　　　　　　一般用途棱体的角度与斜度系列（GB/T 4096—2001）

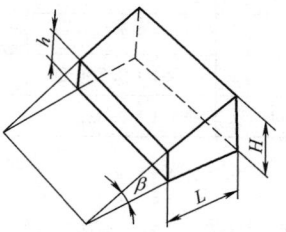

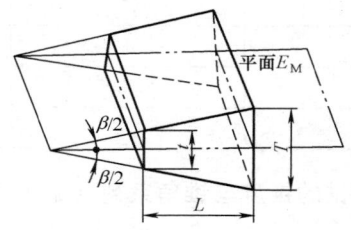

斜度：$S=(H-h)/L$
$S=\tan\beta=1:\cot\beta$

比率：$C_p=(T-t)/L$
$C_p=2\tan\dfrac{\beta}{2}=1:\dfrac{1}{2}\cot\dfrac{\beta}{2}$

棱 体 角				棱体斜度 S	基本值		推 算 值		
系列 1		系列 2							
β	$\beta/2$	β	$\beta/2$		β	S	C_p	S	β
120°	60°				120°		1：0.288 675		
90°	45°				90°		1：0.500 000		
		75°	37°30′		75°		1：0.651 613	1：0.267 949	
60°	30°				60°		1：0.866 025	1：0.577 350	
45°	22°30′				45°		1：1.207 107	1：1.000 000	
		40°	20°		40°		1：1.373 739	1：1.191 754	
30°	15°				30°		1：1.866 025	1：1.732 051	
20°	10°				20°		1：2.835 641	1：2.747 477	
15°	7°30′				15°		1：3.797 877	1：3.732 051	
		10°	5°		10°		1：5.715 026	1：5.671 282	
		8°	4°		8°		1：7.150 333	1：7.115 370	
		7°	3°30′		7°		1：8.174 928	1：8.144 346	
		6°	3°		6°		1：9.540 568	1：9.514 364	
				1：10	1：10				5°42′38.1″
5°	2°30′				5°		1：11.451 883	1：11.430 052	
		4°	2°		4°		1：14.318 127	1：14.300 666	
		3°	1°30′		3°		1：19.094 230	1：19.081 137	
				1：20	1：20				2°51′44.7″
		2°	1°		2°		1：28.644 981	1：28.636 253	
				1：50	1：50				1°8′44.7″
		1°	0°30′		1°		1：57.294 325	1：57.289 962	
				1：100	1：100				34′22.6″
		0°30′	0°15′		0°30′		1：114.590 832	1：114.588 650	
				1：200	1：200				17′11.3″
				1：500	1：500				6′52.5″

注：优先选用系列1，其次选用系列2。

表 2-7 特定用途的棱体 （GB/T 4096—2001）

棱 体 角		推 算 值		用 途
β	$\beta/2$	C_p	S	
108°	54°	1：0.363 271		V 形体
72°	36°	1：0.688 191		
55°	27°30′	1：0.960 491	1：0.700 207	燕尾体
50°	25°	1：1.072 253	1：0.839 100	

2.1.5 圆锥的锥度与锥角系列 （见表 2-8 和表 2-9）

表 2-8 一般用途圆锥的锥度与锥角系列 （GB/T 157—2001）

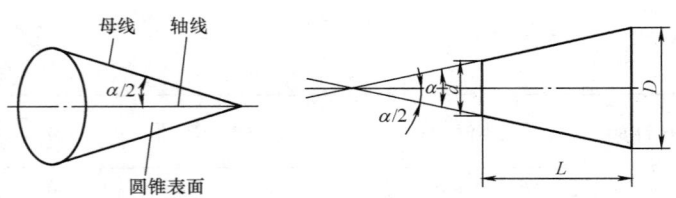

锥度 $C=\dfrac{D-d}{L}$

C 与圆锥角的关系式为

$C=2\tan\dfrac{\alpha}{2}=1：\dfrac{1}{2}\cot\dfrac{\alpha}{2}$

锥度一般用比例或分式形式表示

基本值		推 算 值			应 用 举 例
系列 1	系列 2	圆锥角 α		锥度 C	
			rad		
120°			2.094 395 10	1：0.288 675	螺纹孔的内倒角，节气阀，汽车、拖拉机阀门，填料盒内填料的锥度
90°			1.570 796 33	1：0.500 000	沉头螺钉，沉头及半沉头铆钉头，轴及螺纹的倒角，重型顶尖，重型中心孔，阀的阀销锥体
	75°		1.308 996 94	1：0.651 612	10～13mm 沉头及半沉头铆钉头
60°			1.047 197 55	1：0.866 025	顶尖，中心孔，弹簧夹头，沉头钻
45°			0.785 398 16	1：1.207 106	沉头及半沉头铆钉
30°			0.523 598 78	1：1.866 025	摩擦离合器，弹簧夹头
1：3		18°55′28.719 9″	18.924 644 42°	0.330 297 35	受轴向力的易拆开的结合面，摩擦离合器
	1：4	14°15′0.117 7″	14.250 032 70°	0.248 709 99	
1：5		11°25′16.270 6″	11.421 186 27°	0.199 337 30	受轴向力的结合面，锥形摩擦离合器，磨床主轴
	1：6	9°31′38.220 2″	9.527 283 38°	0.166 282 46	
	1：7	8°10′16.440 8″	8.171 233 56°	0.142 614 93	重型机床顶尖，旋塞
	1：8	7°9′9.607 5″	7.152 668 75°	0.124 837 62	联轴器和轴的结合面
1：10		5°43′29.317 6″	5.724 810 45°	0.099 916 79	受轴向力、横向力和力矩的结合面，电动机及机器的锥形轴伸，主轴承调节套筒
	1：12	4°46′18.797 0″	4.771 888 06°	0.083 285 16	滚动轴承的衬套

基本值		推 算 值			应 用 举 例
系列 1	系列 2	圆锥角 α		锥度 C	
			rad		
	1:15	3°49′5.897 5″	3.818 304 87°	0.066 641 99	受轴向力零件的结合面，主轴齿轮的结合面
1:20		2°51′51.092 5″	2.864 192 37°	0.049 989 59	机床主轴，刀具、刀杆的尾部，锥形铰刀，心轴
1:30		1°54′34.857 0″	1.909 682 51°	0.033 330 25	锥形铰刀、套式铰刀及扩孔钻的刀杆尾部，主轴颈
1:50		1°8′45.158 6″	1.145 877 40°	0.019 999 33	圆锥销，锥形铰刀，量规尾部
1:100		34′22.630 9″	0.572 953 02°	0.009 999 92	受陡振及静变载荷的不需拆开的连接件，楔键，导轨镶条
1:200		17′11.321 9″	0.286 478 30°	0.004 999 99	受陡振及冲击变载荷的不需拆开的连接件，圆锥螺栓，导轨镶条
1:500		6′52.529 5″	0.114 591 52°	0.002 000 00	

注：1. 系列 1 中 120°～1:3 的数值近似按 R10/2 优先数系列，1:5～1:500 按 R10/3 优先数系列（见 GB/T 321）。
2. 优先选用系列 1，其次选用系列 2。

表 2-9 **特定用途的圆锥**（GB/T 157—2001）

基本值	推 算 值				用 途
	圆锥角 α			锥度 C	
			rad		
11°54′			0.20 769 418	1:4.797 451 1	
8°40′			0.15 126 187	1:6.598 441 5	
7°			0.12 217 305	1:8.174 927 7	纺织机械和附件
1:38	1°30′27.708 0″	1.507 696 67°	0.026 314 27		
1:64	0°53′42.822 0″	0.895 228 34°	0.015 624 68		
7:24	16°35′39.444 3″	16.594 290 08°	0.289 625 00	1:3.428 571 4	机床主轴工具配合
1:12.262	4°40′12.151 4″	4.670 042 05°	0.081 507 61		贾各锥度 No.2
1:12.972	4°24′52.903 9″	4.414 695 52°	0.077 050 97		贾各锥度 No.1
1:15.748	3°38′13.442 9″	3.637 067 47°	0.063 478 80		贾各锥度 No.33
6:100	3°26′12.177 6″	3.436 716 00°	0.059 982 01	1:16.666 666 7	医疗设备
1:18.779	3°3′1.207 0″	3.050 335 27°	0.053 238 39		贾各锥度 No.3
1:19.002	3°0′52.395 6″	3.014 554 34°	0.052 613 90		莫氏锥度 No.5
1:19.180	2°59′11.725 8″	2.986 590 50°	0.052 125 84		莫氏锥度 No.6
1:19.212	2°58′53.825 5″	2.981 618 20°	0.052 039 05		莫氏锥度 No.0
1:19.254	2°58′30.421 7″	2.975 117 13°	0.051 925 59		莫氏锥度 No.4
1:19.264	2°58′24.864 4″	2.973 573 43°	0.051 898 65		贾各锥度 No.6
1:19.922	2°52′31.446 3″	2.875 401 76°	0.050 185 23		莫氏锥度 No.3
1:20.020	2°51′40.796 0″	2.861 332 23°	0.049 939 67		莫氏锥度 No.2
1:20.047	2°51′26.928 3″	2.857 480 08°	0.049 872 44		莫氏锥度 No.1
1:20.288	2°49′24.780 2″	2.823 550 06°	0.049 280 25		贾各锥度 No.0

2.1.6 中心孔（见表 2-10）

表 2-10 中心孔（GB/T 145—2001）

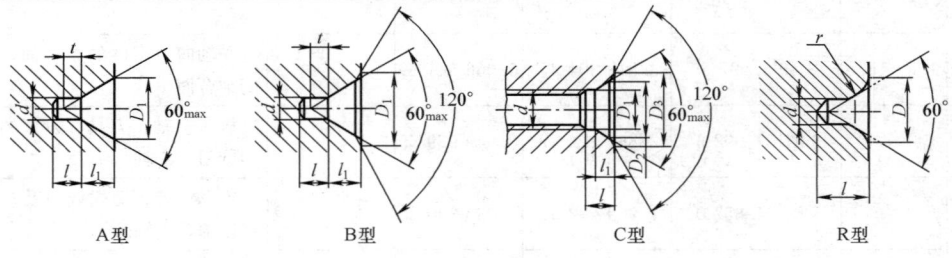

| A型 | B型 | C型 | R型 |

（单位：mm）

d	D_1			l_1（参考）		t（参考）		l_{min}	r		d	D_1	D_2	D_3	l	l_1（参考）	选择中心孔的参考数据		
									max	min							原料端部最小直径 D_0	轴状原料最大直径 D_c	工件最大重量 /t
A型	B、R型	A型	B型	R型	A型	B型	A型	B型	R型				C型						
(0.50)		1.06			0.48		0.5													
(0.63)		1.32			0.60		0.6													
(0.80)		1.70			0.78		0.7													
1.00		2.12	3.15	2.12	0.97	1.27	0.9		2.3	3.15	2.50									
(1.25)		2.65	4.00	2.65	1.21	1.60	1.1		2.8	4.00	3.15									
1.60		3.35	5.00	3.35	1.52	1.99	1.4		3.5	5.00	4.00									
2.00		4.25	6.30	4.25	1.95	2.54	1.8		4.4	6.30	5.00							8	>10~18	0.12
2.50		5.30	8.00	5.30	2.42	3.20	2.2		5.5	8.00	6.30							10	>18~30	0.2
3.15		6.70	10.00	6.70	3.07	4.03	2.8		7.0	10.00	8.00	M3	3.2	5.3	5.8	2.6	1.8	12	>30~50	0.5
4.00		8.50	12.50	8.50	3.90	5.05	3.5		8.9	12.50	10.00	M4	4.3	6.7	7.4	3.2	2.1	15	>50~80	0.8
(5.00)		10.60	16.00	10.60	4.85	6.41	4.4		11.2	16.00	12.50	M5	5.3	8.1	8.8	4.0	2.4	20	>80~120	1
6.30		13.20	18.00	13.20	5.98	7.36	5.5		14.0	20.00	16.00	M6	6.4	9.6	10.5	5.0	2.8	25	>120~180	1.5
(8.00)		17.00	22.40	17.00	7.70	9.36	7.0		17.9	25.00	20.00	M8	8.4	12.2	13.2	6.0	3.3	30	>180~220	2
10.00		21.20	28.00	21.20	9.70	11.66	8.7		22.5	31.5	25.00	M10	10.5	14.9	16.3	7.5	3.8	35	>180~220	2.5
											M12	13.0	18.1	19.8	9.5	4.4	42	>220~260	3
											M16	17.0	23.0	25.3	12.0	5.2	50	>250~300	5
											M20	21.0	28.4	31.3	15.0	6.4	60	>300~360	7
											M24	25.0	34.2	38.0	18.0	8.0	70	>360	10

注：1. 括号内尺寸尽量不用。

2. 选择中心孔的参考数值不属 GB/T 145—2001 内容，仅供参考。中心孔标注见表 3-14。

2.1.7 插齿、滚齿退刀槽（见表 2-11～表 2-13）

表 2-11 插齿空刀槽 （单位：mm）

模数	1.5	2	2.25	2.5	3	4	5	6	7	8	9	10	12	14	16
h_{min}	5	5	6	6	6	6	7	7	7	8	8	8	9	9	9
b_{min}	4	5	6	6	7.5	10.5	13	15	16	19	22	24	28	33	38
r	0.5					1.0									

注：1. 表中模数是指直齿齿轮。

2. 插斜齿轮时，螺旋角 β 越大，相应的 b_{min} 和 h_{min} 也越大。

表 2-12					滚人字齿轮退刀槽						(单位：mm)

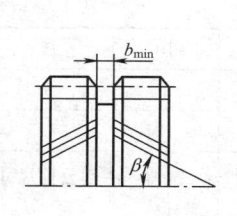

（退刀槽深度由设计者决定）

法向模数 m_n	螺旋角 β				法向模数 m_n	螺旋角 β			
	25°	30°	35°	40°		25°	30°	35°	40°
	b_{min}					b_{min}			
4	46	50	52	54	18	164	175	184	192
5	58	58	62	64	20	185	198	208	218
6	64	66	72	74	22	200	212	224	234
7	70	74	78	82	25	215	230	240	250
8	78	82	86	90	28	238	252	266	278
9	84	90	94	98	30	246	260	276	290
10	94	100	104	108	32	264	270	300	312
12	118	124	130	136	36	284	304	322	335
14	130	138	146	152	40	320	330	350	370
16	148	158	165	174					

表 2-13					滑移齿轮的齿端圆齿和倒角尺寸								(单位：mm)

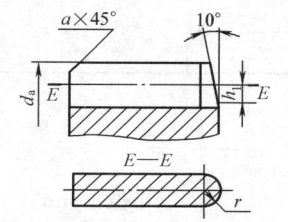

模数 m	1.5	1.75	2	2.25	2.5	3	3.5	4	5	6	8	10
r	1.2	1.4	1.6	1.8	2	2.4	2.8	3.1	3.9	4.7	6.3	7.9
h_1	1.7	2	2.2	2.5	2.8	3.5	4	4.5	5.6	6.7	8.8	11
d_a	≤50		50～80		80～120		120～180		180～260		>260	
a_{max}	2.5		3		4		5		6		8	

2.1.8 刨切、插切越程槽（见表 2-14）

表 2-14		刨切、插切越程槽	(单位：mm)

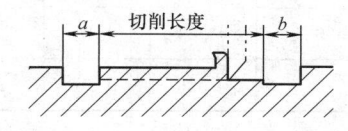

名　称	刨切越程
龙门刨	$a+b=100～200$
牛头刨床、立刨床	$a+b=50～75$
大插床如 STSR1400	50～100
小插床如 B516	10～12

2.1.9 燕尾槽（见表 2-15）

表 2-15					燕　尾　槽						(单位：mm)

A	40～65	50～70	60～90	80～125	100～160	125～200	160～250	200～320	250～400	320～500
B	12	16	20	25	32	40	50	65	80	100
C	1.5～5									
e	1.5		2.0				2.5			
f	2		3				4			
H	8	10	12	16	20	25	32	40	50	65

注：1. "A" 的系列为：40，45，50，55，60，65，70，80，90，100，110，125，140，160，180，200，225，250，280，320，360，400，450，500。

2. "C" 为推荐值。

2.1.10 弧形槽端部半径（见表 2-16）

表 2-16 　　　　　　　　　　　弧形槽端部半径　　　　　　　　　　（单位：mm）

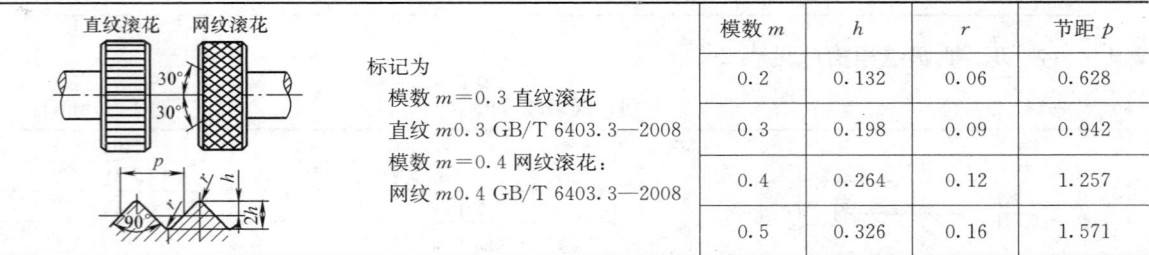

花键槽	铣切深度 H	5	10	12	25
	铣切宽度 B	4	4	5	10
	R	20～30	30～37.5	37.5	55

弧形键槽（摘自半圆键槽铣刀 GB/T 1127—2007）	键公称尺寸 B×d	铣刀 D	键公称尺寸 B×d	铣刀 D	键公称尺寸 B×d	铣刀 D
	1×4	4.5	3×16	16.9	6×22	23.20
	1.5×7	7.5	4×16		6×25	26.50
	2×7		5×16		8×28	29.70
	2×10	10.5	4×19	20.10	10×32	33.90
	2.5×10		5×19			
	3×13	13.5	5×22	23.20		

注：d 是铣削键槽时键槽弧形部分的直径。

2.1.11 滚花（见表 2-17）

表 2-17 　　　　　　　　　　滚花（GB/T 6403.3—2008）　　　　　　　（单位：mm）

	标记为 模数 $m=0.3$ 直纹滚花 直纹 $m0.3$ GB/T 6403.3—2008 模数 $m=0.4$ 网纹滚花： 网纹 $m0.4$ GB/T 6403.3—2008	模数 m	h	r	节距 p
直纹滚花　网纹滚花		0.2	0.132	0.06	0.628
		0.3	0.198	0.09	0.942
		0.4	0.264	0.12	1.257
		0.5	0.326	0.16	1.571

注：1. 表中 $h=0.785m-0.414r$。

2. 滚花前工件表面粗糙度轮廓算术平均偏差 $Ra\leqslant12.5\mu m$。

3. 滚花后工件直径大于滚花前直径，其值 $\Delta\approx(0.8\sim1.6)m$，$m$ 为模数。

2.1.12 分度盘和标尺刻度（见表 2-18）

表 2-18 　　　　　　　　　　　分度盘和标尺刻度　　　　　　　　　　（单位：mm）

刻线类型	L	L_1	L_2	C	e	h	h_1	a
Ⅰ	$2^{+0.2}_{0}$	$3^{+0.2}_{0}$	$4^{+0.3}_{0}$	$0.1^{+0.03}_{0}$		$0.2^{+0.08}_{0}$	$0.15^{+0.03}_{0}$	
Ⅱ	$4^{+0.3}_{0}$	$5^{+0.3}_{0}$	$6^{+0.5}_{0}$	$0.1^{+0.03}_{0}$		$0.2^{+0.08}_{0}$	$0.15^{+0.03}_{0}$	
Ⅲ	$6^{+0.5}_{0}$	$7^{+0.5}_{0}$	$8^{+0.5}_{0}$	$0.2^{+0.03}_{0}$	$0.15\sim1.5$	$0.25^{+0.08}_{0}$	$0.2^{+0.03}_{0}$	$15°\pm10'$
Ⅳ	$8^{+0.5}_{0}$	$9^{+0.5}_{0}$	$10^{+0.5}_{0}$	$0.2^{+0.03}_{0}$		$0.25^{+0.08}_{0}$	$0.2^{+0.03}_{0}$	
Ⅴ	$10^{+0.5}_{0}$	$11^{+0.5}_{0}$	$12^{+0.5}_{0}$	$0.2^{+0.03}_{0}$		$0.25^{+0.08}_{0}$	$0.2^{+0.03}_{0}$	

注：1. 数字可按打印字头型号选用。

2. 尺寸 h_1 在工作图上不必注出。

2.1.13 砂轮越程槽（见表 2-19）

表 2-19 砂轮越程槽（GB/T 6403.5—2008） （单位：mm）

回转面及端面砂轮越程槽的尺寸

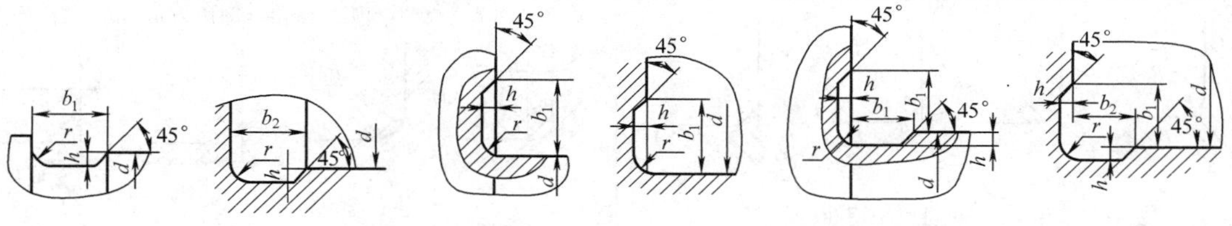

磨外圆　磨内圆　磨外端面　磨内端面　磨外圆及端面　磨内圆及端面

b_1	0.6	1.0	1.6	2.0	3.0	4.0	5.0	8.0	10
b_2	2.0	3.0		4.0		5.0		8.0	10
h	0.1	0.2		0.3	0.4		0.6	0.8	1.2
r	0.2	0.5		0.8	1.0		1.6	2.0	3.0
d		≈10		>10~50		>50~100		>100	

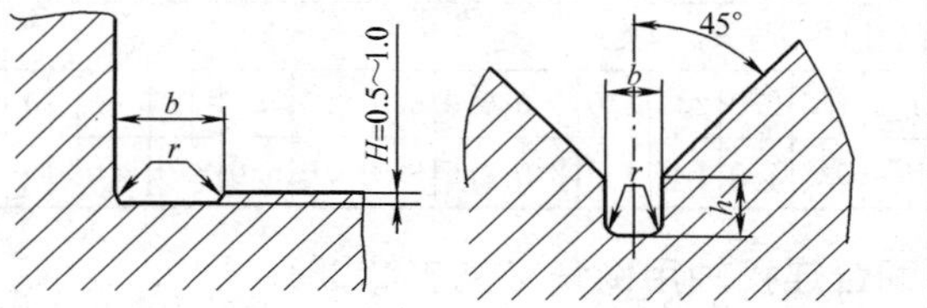

平面砂轮及 V 形砂轮越程槽（左图）

b	2	3	4	5
r	0.5	1.0	1.2	1.6
h	1.6	2.0	2.5	3.0

燕尾导轨砂轮越程槽

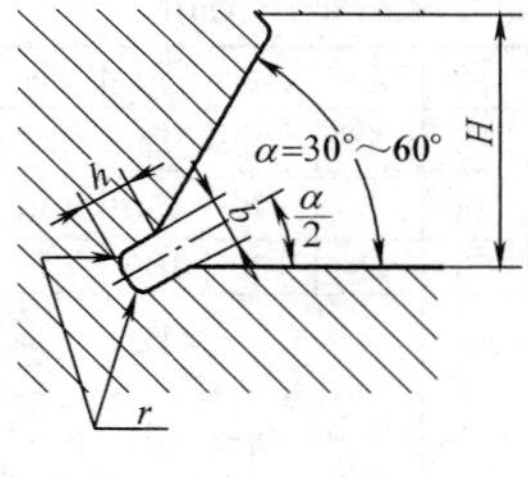

H	≤5	6	8	10	12	16	20	25	32	40	50	63	80
b	1	2		3		4			5			6	
r	0.5			1.0			1.6				2.0		

矩形导轨砂轮越程槽

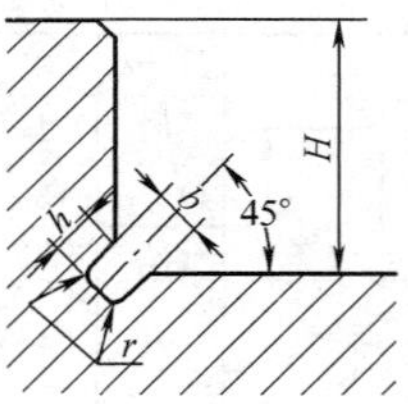

H	8	10	12	16	20	25	32	40	50	63	80	100
b		2				3			5		8	
h		1.6				2.0			3.0		5.0	
r		0.5				1.0					2.0	

2.1.14 齿轮滚刀外径尺寸（见表 2-20）

表 2-20 齿轮滚刀外径尺寸（GB/T 6083—2016） （单位：mm）

模数系列	1	1.25	1.5	1.75	2	2.25	2.5	2.75	3	3.5	4	4.5	5	5.5	6	6.5	7	8	9	10
滚刀外径 D		50	55	55	65	65	70		75	80	85	90	95	100	105	110	115	120	125	130

2.1.15 零件倒圆与倒角（见表 2-21）

表 2-21 零件倒圆与倒角（GB/T 6403.4—2008） （单位：mm）

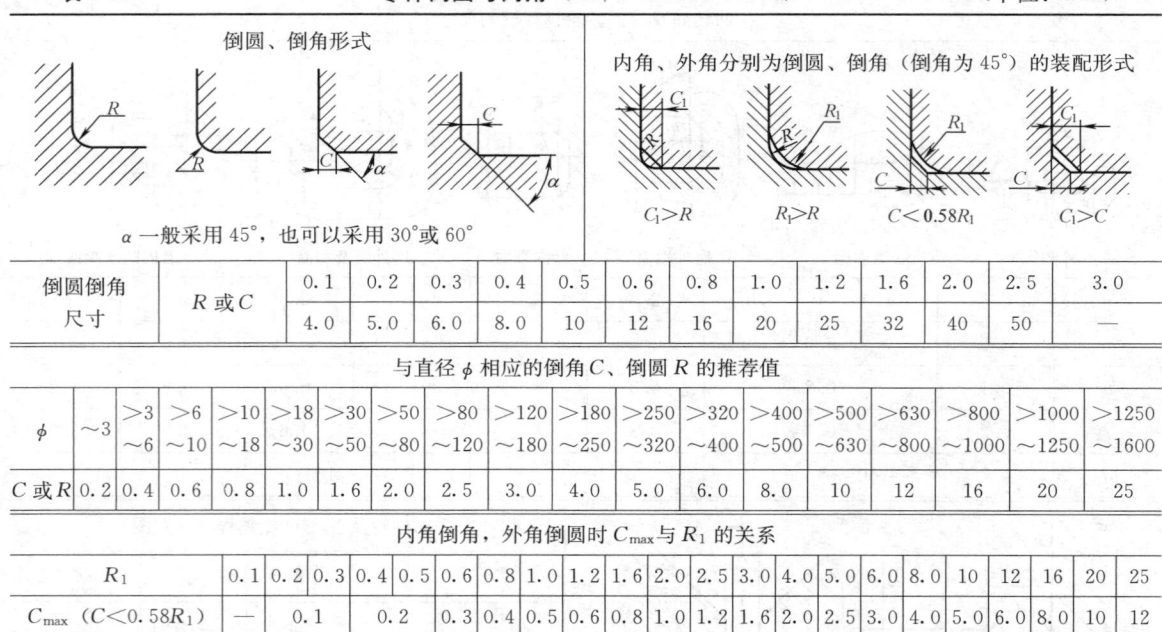

| 倒圆、倒角形式 | 内角、外角分别为倒圆、倒角（倒角为 45°）的装配形式 |

α 一般采用 45°，也可以采用 30° 或 60°

$C_1 > R$ $R_1 > R$ $C < 0.58R_1$ $C_1 > C$

倒圆倒角尺寸	R 或 C	0.1	0.2	0.3	0.4	0.5	0.6	0.8	1.0	1.2	1.6	2.0	2.5	3.0
		4.0	5.0	6.0	8.0	10	12	16	20	25	32	40	50	—

与直径 φ 相应的倒角 C、倒圆 R 的推荐值

φ	~3	>3~6	>6~10	>10~18	>18~30	>30~50	>50~80	>80~120	>120~180	>180~250	>250~320	>320~400	>400~500	>500~630	>630~800	>800~1000	>1000~1250	>1250~1600
C 或 R	0.2	0.4	0.6	0.8	1.0	1.6	2.0	2.5	3.0	4.0	5.0	6.0	8.0	10	12	16	20	25

内角倒角，外角倒圆时 C_{max} 与 R_1 的关系

R_1	0.1	0.2	0.3	0.4	0.5	0.6	0.8	1.0	1.2	1.6	2.0	2.5	3.0	4.0	5.0	6.0	8.0	10	12	16	20	25
C_{max} ($C < 0.58R_1$)	—		0.1		0.2		0.3	0.4	0.5	0.6	0.8	1.0	1.2	1.6	2.0	2.5	3.0	4.0	5.0	6.0	8.0	10	12

2.1.16 圆形零件自由表面过渡圆角半径和静配合连接轴用倒角（见表 2-22）

表 2-22 圆形零件自由表面过渡圆角半径和静配合连接轴用倒角 （单位：mm）

圆角半径	D-d	2	5	8	10	15	20	25	30	35	40	50	55	65	70	90	100
	R	1	2	3	4	5	8	10	12	12	16	16	20	20	25	25	30
	D-d	130	140	170	180	220	230	290	300	360	370	450	460	540	550	650	660
	R	30	40	40	50	50	60	60	80	80	100	100	125	125	160	160	200

静配合连接轴倒角	D	≤10	>10~18	>18~30	>30~50	>50~80	>80~120	>120~180	>180~260	>260~360	>360~500
	a	1	1.5	2	3	5	5	8	10	10	12
	c	0.5	1	1.5	2	2.5	3	4	5	6	8
	α	30°					10°				

注：尺寸 D-d 是表中数值的中间值时，则按较小尺寸来选取 R。例如 D-d=98mm，则按 90 选 R=25mm。

2.1.17 球面半径（见表 2-23）

表 2-23 球面半径系列（GB/T 6403.1—2008） （单位：mm）

系列	1	0.2	0.4	0.6	1.0	1.6	2.5	4.0	6.0	10	16	20
	2	0.3	0.5	0.8	1.2	2.0	3.0	5.0	8.0	12	18	22
	1	25	32	40	50	63	80	100	125	160	200	250
	2	28	36	45	56	71	90	110	140	180	220	280
	1	320	400	500	630	800	1000	1250	1600	2000	2500	3200
	2	360	450	560	710	900	1100	1400	1800	2200	2800	

2.1.18 T形槽和T形槽螺栓头部尺寸
（GB/T 158—1996）（见表2-24～表2-26）

本标准适用于金属切削机床、木工机床、锻压机械及附件、夹具、装置等。其他有T形槽的机械也应参照采用。T形槽和相应螺栓头部尺寸及螺母尺寸见表2-24～表2-26。

一般情况应根据工作台尺寸及使用所要求的T形槽数来选择合适的T形槽间距。T形槽间距 P 应符合表2-25规定。特殊情况时，若需要采用其他间距尺寸，则应符合下列要求：

（1）采用数值大于或小于表中所列T形槽间距 P 的尺寸范围时，应从GB/T 321中的R10系列数值中选取。

（2）采用数值在表中所列T形槽间距 P 尺寸范围内，则应从GB/T 321中的R20系列数值中选取。

应尽可能将T形槽排列成以中间T形槽对称，此时，中央T形槽为基准T形槽。当槽数为偶数时，基准槽应在机床工作台上标明。

表 2-24 T形槽及相应螺栓头部尺寸

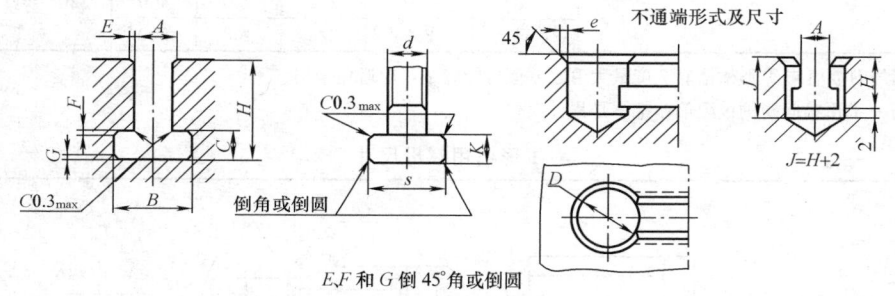

E、F 和 G 倒45°角或倒圆

（单位：mm）

T 形 槽														螺栓头部		
A			B		C		H		E	F	G	D			d	s	K
基本尺寸	极限偏差		最小尺寸	最大尺寸	最小尺寸	最大尺寸	最小尺寸	最大尺寸	最大尺寸	最大尺寸	最大尺寸	基本尺寸	极限偏差	e	最大尺寸	最大尺寸	最大尺寸
	基准槽	固定槽															
5	+0.018 0	+0.12 0	10	11	3.5	4.5	8	10				15	+1 0	0.5	M4	9	3
6			11	12.5	5	6	11	13				16			M5	10	4
8	+0.022 0	+0.15 0	14.5	16	7	8	15	18	1	0.6	1	20		1	M6	13	6
10			16	18	7	8	17	21				22	+1.5 0		M8	15	6
12	+0.027 0	+0.18 0	19	21	9	11	20	25				28			M10	18	7
14			23	25	9	11	23	28			1.6	32			M12	22	8
18			30	32	12	14	30	36	1.6			42		1.5	M16	28	10
22	+0.033 0	+0.21 0	37	40	16	18	38	45		1		50			M20	34	14
28			46	50	20	22	48	56			2.5	62			M24	43	18
36	+0.039 0	+0.25 0	56	60	25	28	61	71				76	+2 0		M30	53	23
42			68	72	32	35	74	85		1.6	4	92		2	M36	64	28
48			80	85	36	40	84	95	2.5			108			M42	75	32
54	+0.046 0	+0.30 0	90	95	40	44	94	106		2	6	122			M48	85	36

注：1. T形槽底部允许有空刀槽，其宽度为 A，深度为 1～2mm。
　　2. T形槽宽度 A 的两侧面的表面粗糙度 Ra 最大允许值：基准槽为 3.2μm，固定槽为 6.3μm，其余为 12.5μm。

表 2-25 T 形槽间距及其极限偏差 （单位：mm）

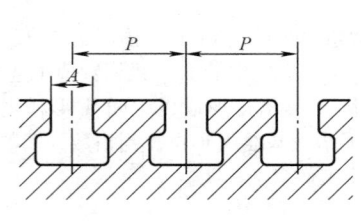

槽宽 A	槽间距 P				槽间距 P	极限偏差
5		20	25	32	20 25	±0.2
6		25	32	40		
8		32	40	50		
10		40	50	63	32～100	±0.3
12	(40)	50	63	80		
14	(50)	63	80	100		
18	(63)	80	100	125	125～250	±0.5
22	(80)	100	125	160		
28	100	125	160	200		
36	125	160	200	250		
42	160	200	250	320	320～500	±0.8
48	200	250	320	400		
54	250	320	400	500		

注：1. 括号内数值与 T 形槽槽底宽度最大值之差值可能较小，应避免采用。

2. 任一 T 形槽间距的极限偏差都不是累计误差。

表 2-26 T 形槽用螺母尺寸

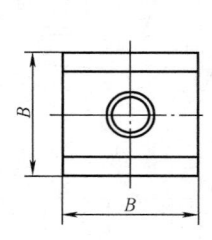 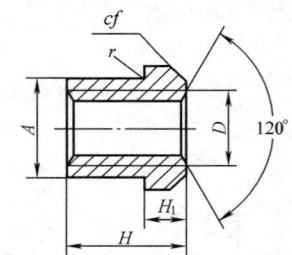

（单位：mm）

T 形槽宽度 A	D 公称尺寸	A 基本尺寸	A 极限偏差	B 基本尺寸	B 极限偏差	H_1 基本尺寸	H_1 极限偏差	H 基本尺寸	H 极限偏差	f 最大尺寸	r 最大尺寸
5	M4	5		9	±0.29	3	±0.2	6.5		1	
6	M5	6	−0.3 −0.5	10		4		8	±0.29		0.3
8	M6	8		13		6	±0.24	10		1.6	
10	M8	10		15	±0.35	6		12			
12	M10	12		18		7		14	±0.35		
14	M12	14	−0.3 −0.6	22	±0.42	8	±0.29	16		2.5	0.4
18	M16	18		23		10		20			
22	M20	22		34	±0.5	14	±0.35	28	±0.42		
28	M24	28		43		18		36		4	0.5
36	M30	36		53		23	±0.42	44	±0.5		
42	M36	42	−0.4 −0.7	64	±0.6	28		52		6	
48	M42	48		75		32	±0.5	60	±0.6		0.8
54	M48	54		85	±0.7	36		70			

注：1. 螺母材料为 45 钢，热处理硬度为 35HRC，并发蓝处理。

2. 螺母表面粗糙度 Ra 最大允许值：基准槽用螺母的 E、F 面为 3.2μm；其余为 6.3μm。

2.2 铸件设计一般规范

2.2.1 铸件最小壁厚和最小铸孔尺寸（见表 2-27～表 2-29）

表 2-27　　　　　　　　　　　铸件最小壁厚（不小于）　　　　　　　　　　（单位：mm）

铸造方法	铸件尺寸	铸钢	灰铸铁	球墨铸铁	可锻铸铁	铝合金	镁合金	铜合金
砂 型	≈200×200	8	6	6	5	3	—	3～5
	>200×200～500×500	10～12	>6～10	12	8	4	3	6～8
	>500×500	15～20	15～20	—	—	6		
金属型	≈70×70	5	4	—	2.5～3.5	2～3	—	3
	>70×70～150×150	—	5		3.5～4.5	4	2.5	4～5
	>150×150	10	6	—		5	—	6～8

注：1. 一般铸造条件下，各种灰铸铁的最小允许壁厚：
HT100，HT150，$\delta=4～6$；HT200，$\delta=6～8$；HT250，$\delta=8～15$；HT300，HT350，$\delta=15$；HT400，$\delta\geqslant20$。

2. 如果有特殊需要，在改善铸造条件下，灰铸铁最小壁厚可达 3mm，可锻铸铁可小于 3mm。

表 2-28　　　　　　　　　　外壁、内壁与肋的厚度

零件重量 /kg	零件最大外形尺寸	外壁厚度	内壁厚度	肋的厚度	零 件 举 例
		mm			
≈5	300	7	6	5	盖，拨叉，杠杆，端盖，轴套
6～10	500	8	7	5	盖，门，轴套，挡板，支架，箱体
11～60	750	10	8	6	盖，箱体，罩，电机支架，溜板箱体，支架，托架，门
61～100	1250	12	10	8	盖，箱体，镗模架，液压缸体，支架，溜板箱体
101～500	1700	14	12	8	油盘，盖，床鞍箱体，带轮，镗模架
501～800	2500	16	14	10	镗模架，箱体，床身，轮缘，盖，滑座
801～1200	3000	18	16	12	小立柱，箱体，滑座，床身，床鞍，油盘

表 2-29　　　　　　　　　　　最小铸孔尺寸　　　　　　　　　　　　（单位：mm）

材料	孔壁厚度	<25		26～50		51～75		76～100		101～150		151～200		201～300		≥301	
	孔的深度	最 小 孔 径															
		加工	铸造	加工	铸造	加工	铸造	加工	铸造	加工	铸造	加工	铸造	加工	铸造	加工	铸造
碳钢与一般合金钢	≤100	75	55	75	55	90	70	100	80	120	100	140	120	160	140	180	160
	101～200	75	55	90	70	100	80	110	90	140	120	160	140	180	160	210	190
	201～400	105	80	115	90	125	100	135	110	165	140	195	170	215	190	255	230
	401～600	125	100	135	110	145	120	165	140	195	170	225	200	255	230	295	270
	601～1000	150	120	160	130	170	140	200	170	230	200	260	230	300	270	340	310
高锰钢	孔壁厚度	<50				51～100				≥101							
	最小孔径	20				30				40							
灰铸铁	大量生产：12～15，成批生产：15～30，小批、单件生产：30～50																

注：1. 不透圆孔最小容许铸造孔直径应比表中值大 20%，矩形或方形孔其短边要大于表中值的 20%，而不透矩形或方形孔则要大 40%。

2. 难加工的金属，如高锰钢铸件等的孔应尽量铸出，而其中需要加工的孔，常用镶铸碳素钢的办法，待铸出后，再在镶铸的碳素钢部分进行加工。

2.2.2 铸造斜度（见表 2-30 和表 2-31）

表 2-30 铸造斜度及过渡斜度

铸　造　斜　度				铸　造　过　渡　斜　度			
	斜度 $b:h$	角度 β	使用范围	铸铁和铸钢件的壁厚 δ	K	h	R
						mm	
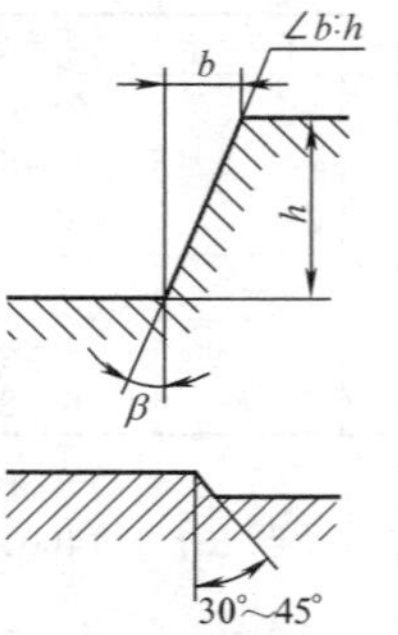	1:5	11°30′	$h<25$mm 的钢和铁铸件	10～15	3	15	
				>15～20	4	20	5
				>20～25	5	25	
	1:10 1:20	5°30′ 3°	$h=25\sim500$mm 时的钢和铁铸件	>25～30	6	30	8
				>30～35	7	35	
				>35～40	8	40	
	1:50	1°	$h>500$mm 时的钢和铁铸件	>40～45	9	45	10
				>45～50	10	50	
				>50～55	11	55	
				>55～60	12	60	
	1:100	30′	有色金属铸件	>60～65	13	65	15
				>65～70	14	70	
				>70～75	15	75	

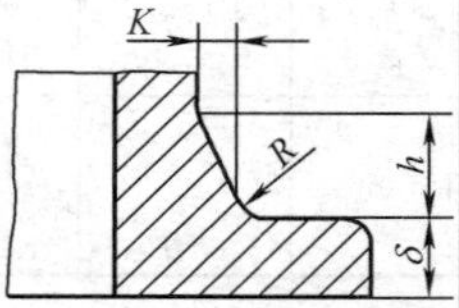

不同壁厚的铸件在转折点处的斜角最大可增大到 30°～45°

适用于减速器箱体，连接管、气缸及其他连接法兰的过渡处

表 2-31 合金铸件内腔的一般铸造斜度

铸造材料	铸件内腔深度/mm						
	≈6	>6～8	>8～10	>10～15	>15～20	>20～30	>30～60
锌合金	2°30′	2°	1°45′	1°30′	1°15′	1°	0°45′
铝合金	4°	3°30′	3°	2°30′	2°	1°30′	1°45′
铜合金	5°	4°	3°30′	3°	2°30′	2°	1°30′

2.2.3 铸造圆角半径（见表 2-32 和表 2-33）

表 2-32 铸造外圆角半径 （单位：mm）

表面的最小边尺寸 P	外圆角半径 R 值					
	外圆角 α					
	≤50°	51°～75°	76°～105°	106°～135°	136°～165°	>165°
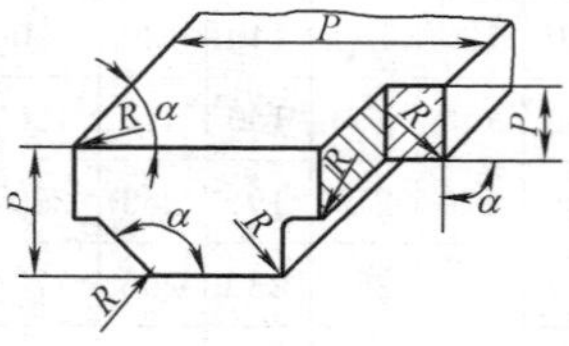 ≤25	2	2	2	4	6	8
>25～60	2	4	4	6	10	16
>60～160	4	4	6	8	16	25
>160～250	4	6	8	12	20	30
>250～400	6	8	10	16	25	40
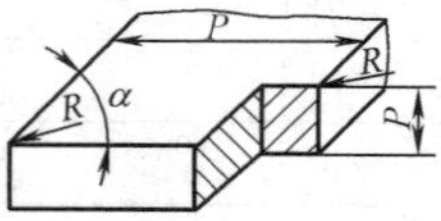 >400～600	6	8	12	20	30	50
>600～1000	8	12	16	25	40	60
>1000～1600	10	16	20	30	50	80
>1600～2500	12	20	25	40	60	100
>2500	16	25	30	50	80	120

注：如果铸件不同部位按上表可选出不同的圆角 R 数值时，应尽量减少或只取一适当的 R 数值，以求统一。

表 2-33 铸造内圆角半径 （单位：mm）

$\frac{a+b}{2}$	内圆角半径 R 值											
	内圆角 α											
	$<50°$		$51°\sim75°$		$76°\sim105°$		$106°\sim135°$		$136°\sim165°$		$>165°$	
	钢	铁	钢	铁	钢	铁	钢	铁	钢	铁	钢	铁
≤8	4	4	4	4	6	4	8	6	16	10	20	16
9~12	4	4	4	4	6	6	10	8	16	12	25	20
13~16	4	4	6	4	8	6	12	10	20	16	30	25
17~20	6	4	8	6	10	8	16	12	25	20	40	30
21~27	6	6	10	8	12	10	20	16	30	25	50	40
28~35	8	6	12	10	16	12	25	20	40	30	60	50
36~45	10	8	16	12	20	16	30	25	50	40	80	60
46~60	12	10	20	16	25	20	35	30	60	50	100	80
61~80	16	12	25	20	30	25	40	35	80	60	120	100
81~110	20	16	25	20	35	30	50	40	100	80	160	120
111~150	20	16	30	25	40	35	60	50	100	80	160	120
151~200	25	20	40	30	50	40	80	60	120	100	200	160
201~250	30	25	50	40	60	50	100	80	160	120	250	200
251~300	40	30	60	50	80	60	120	100	200	160	300	250
≥300	50	40	80	60	100	80	160	120	250	200	400	300

c 和 h 值	b/a	<0.4		$0.5\sim0.65$		$0.66\sim0.8$		>0.8	
	$c\approx$	$0.7(a-b)$		$0.8(a-b)$		$a-b$		—	
	$h\approx$ 钢	$8c$							
	铁	$9c$							

注：对于高锰钢铸件，R 值应比表中数值增大 1.5 倍。

2.2.4 铸件壁厚的过渡与壁的连接形式及其尺寸（见表 2-34 和表 2-35）

表 2-34 壁厚的过渡形式及尺寸 （单位：mm）

图　例	过　渡　尺　寸											
	铸铁	$R\geqslant\left(\frac{1}{3}\sim\frac{1}{2}\right)\left(\frac{a+b}{2}\right)$										
	铸钢 可锻铸铁 非铁合金 ($b\leqslant2a$)	$\frac{a+b}{2}$	<12	$12\sim16$	$16\sim20$	$20\sim27$	$27\sim35$	$35\sim45$	$45\sim60$	$60\sim80$	$80\sim110$	$110\sim150$
		R	6	8	10	12	15	20	25	30	35	40
($b>2a$)	铸铁	$L\geqslant4(b-a)$										
	铸钢	$L\geqslant5(b-a)$										
($b\leqslant1.5a$)		$R\geqslant\dfrac{2a+b}{2}$										
($b>1.5a$)		$L=4(a+b)$										

表 2-35 壁的连接形式及尺寸

连接合理结构	连接尺寸	连接合理结构	连接尺寸
两壁斜向相连	$b = a$, $\alpha < 75°$ $R = \left(\frac{1}{3} \sim \frac{1}{2}\right)a$ $R_1 = R + a$	**两壁垂直相交** 三壁厚相等时	$R \geqslant \left(\frac{1}{3} \sim \frac{1}{2}\right)a$
两壁斜向相连	$b > 1.25a$, 对于铸铁 $h = 4c$ $c = b - a$, 对于铸钢 $h = 5c$ $\alpha < 75°$ $R = \left(\frac{1}{3} \sim \frac{1}{2}\right)\left(\frac{a+b}{2}\right)$ $R_1 = R + b$	两壁垂直相交 壁厚 $b > a$ 时	$a + c \leqslant b$, $c \approx 3\sqrt{b-a}$ 对于铸铁 $h \geqslant 4c$ 对于钢 $h \geqslant 5c$ $R \geqslant \left(\frac{1}{3} \sim \frac{1}{2}\right)\left(\frac{a+b}{2}\right)$
两壁斜向相连	$b \approx 1.25a$, $\alpha < 75°$ $R = \left(\frac{1}{3} \sim \frac{1}{2}\right)\left(\frac{a+b}{2}\right)$ $R_1 = R + b$	两壁垂直相交 壁厚 $b < a$ 时	$b + 2c \leqslant a$, $c \approx 1.5\sqrt{a-b}$ 对于铸铁 $h \geqslant 8c$ 对于钢 $h \geqslant 10c$ $R \geqslant \left(\frac{1}{3} \sim \frac{1}{2}\right)\left(\frac{a+b}{2}\right)$
两壁斜向相连	$b \approx 1.25a$, 对于铸铁 $h \approx 8c$ $c = \frac{b-a}{2}$, 对于铸钢 $h \approx 10c$ $\alpha < 75°$, $R = \left(\frac{1}{3} \sim \frac{1}{2}\right)\left(\frac{a+b}{2}\right)$ $R_1 = \frac{a+b}{2} + R$	**其他** D 与 d 相差不多	$\alpha < 90°$ $r = 1.5d \ (\geqslant 25\text{mm})$ $R = r + d$ 或 $R = 1.5r + d$
两壁垂直相连 两壁厚相等时	$R \geqslant \left(\frac{1}{3} \sim \frac{1}{2}\right)a$ $R_1 \geqslant R + a$	其他 D 比 d 大得多	$\alpha < 90°$ $r = \frac{D+d}{2} \ (\geqslant 25\text{mm})$ $R = r + d$ $R = r + D$
两壁垂直相连 $a < b < 2a$ 时	$R \geqslant \left(\frac{1}{3} \sim \frac{1}{2}\right)\left(\frac{a+b}{2}\right)$ $R_1 \geqslant R + \frac{a+b}{2}$	其他	$L > 3a$
两壁垂直相连 壁厚 $b > 2a$ 时	$a + c \leqslant b$, $c \approx 3\sqrt{b-a}$ 对于铸铁 $h \geqslant 4c$ 对于钢 $h \geqslant 5c$ $R \geqslant \left(\frac{1}{3} \sim \frac{1}{2}\right)\left(\frac{a+b}{2}\right)$ $R_1 \geqslant R + \frac{a+b}{2}$		

注：1. 圆角标准整数系列（单位：mm）：2，4，6，8，10，12，16，20，25，30，35，40，50，60，80，100。
　　2. 当壁厚大于 20mm 时，R 取系数中的小值。

2.2.5　铸件加强肋的尺寸（见表 2-36）

表 2-36　　　　　　　　　　　　　　加强肋的形状和尺寸

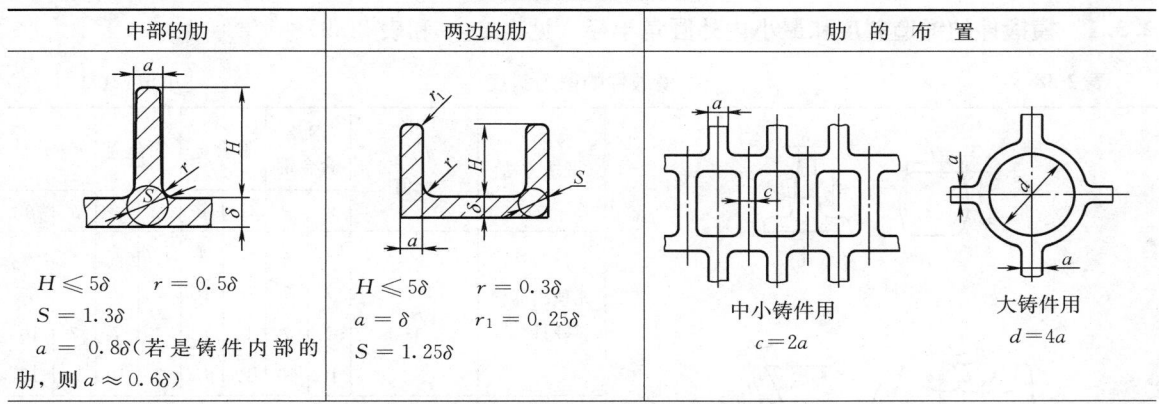

中部的肋	两边的肋	肋 的 布 置
$H \leqslant 5\delta$ $S = 1.3\delta$ $a = 0.8\delta$（若是铸件内部的肋，则 $a \approx 0.6\delta$）	$H \leqslant 5\delta$　　$r = 0.3\delta$ $a = \delta$　　　$r_1 = 0.25\delta$ $S = 1.25\delta$	中小铸件用 $c = 2a$　　　　大铸件用 $d = 4a$

带有肋的截面的铸件尺寸比例

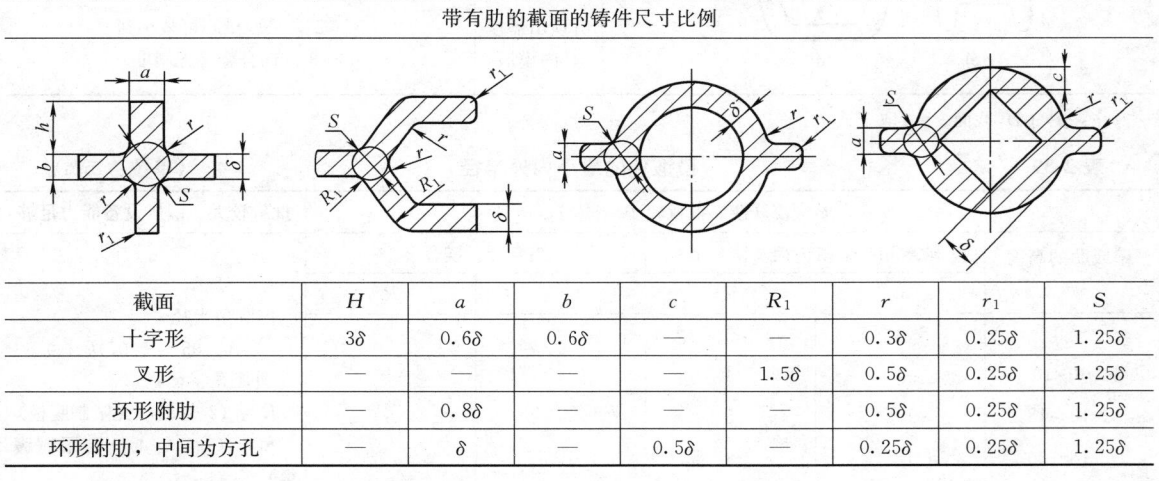

截面	H	a	b	c	R_1	r	r_1	S
十字形	3δ	0.6δ	0.6δ	—	—	0.3δ	0.25δ	1.25δ
叉形	—	—	—	—	1.5δ	0.5δ	0.25δ	1.25δ
环形附肋	—	0.8δ	—	—	—	0.5δ	0.25δ	1.25δ
环形附肋，中间为方孔	—	δ	—	0.5δ	—	0.25δ	0.25δ	1.25δ

2.2.6　压铸件设计的基本参数（见表 2-37）

表 2-37　　　　　　　　　　　　　　压铸件设计的基本参数

合金	壁厚 /mm		最小孔径 /mm	孔深尺寸[1]（孔径的倍数）		螺纹尺寸/mm					齿最小模数	斜　度		线收缩率（%）	加工余量 /mm
	适宜的最小范围	正常范围		不通孔	通孔	最小螺距	最小外径		最大长度[2]			内侧	外侧		
							外螺纹	内螺纹	外螺纹	内螺纹					
锌合金	0.5~2.0	1.5~2.5	0.8	4~6	8~12	0.75	6	10	8	5	0.3	0°45′~2°30′	30′~1°15′	0.4~0.65	0.1~0.7
铝合金	0.8~2.5	2.0~3.5	2.0	3~4	6~8	0.75	8	14	6	4	0.5	1°45′~4°	1°~2°	0.45~0.8	0.1~0.8
镁合金	0.8~2.5	2.0~3.5	1.5	4~5	8~10	0.75	10	14	6	4	0.5	1°45′~4°	1°~2°	0.5~0.8	0.1~0.8
铜合金	0.8~2.5	1.5~3.0	2.5	2~3	3~5	1.0	12	—	6	—	1.5	1°30′~5°	45°~2°30′	0.6~1.0	0.3~1.0

①　指形成孔的型芯在不受弯曲力的情况下。

②　最大长度的数值为螺距的倍数。

2.3 锻件设计一般规范

2.3.1 模锻件的锻造斜度和最小内外圆角半径（见表 2-38 和表 2-39）

表 2-38　　　　　　　　　　　　　模锻件的锻造斜度　　　　　　　　　　　　[单位：(°)]

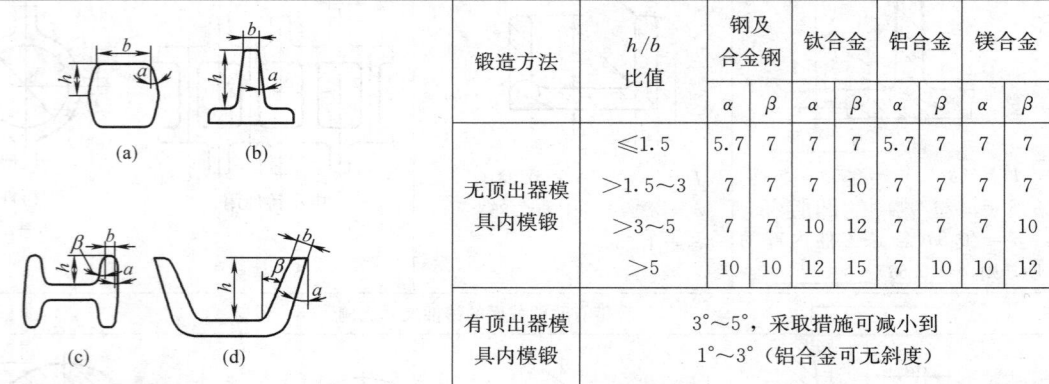

锻造方法	h/b 比值	钢及合金钢		钛合金		铝合金		镁合金	
		α	β	α	β	α	β	α	β
无顶出器模具内模锻	≤1.5	5.7	7	7	7	5.7	7	7	7
	>1.5~3	7	7	7	10	7	7	7	7
	>3~5	7	7	10	12	7	7	7	10
	>5	10	10	12	15	7	7	10	12
有顶出器模具内模锻	3°~5°，采取措施可减小到 1°~3°（铝合金可无斜度）								

注：图（d）截面 $\alpha=\beta$ 取 5°或 7°。

表 2-39　　　　　　　　　　　　模锻件的最小内外半径　　　　　　　　　　　（单位：mm）

壁或肋的高度 h	形状较复杂、批量较小				批量较大、锻压设备能力足够
	碳素和合金结构钢及钛合金		铝合金、镁合金		
	r	R	r	R	内圆角半径 $r=(0.05\sim0.07)h+0.5$ 外圆角半径： $R=(2\sim3)r$（无限制腹板） $R=(2.5\sim4)r$（有限制腹板）
≤6	1	3	1	3	
>6~10	1	4	1	4	
>10~18	1.5	5	1	8	
>18~30	1.5	8	1.5	10	
>30~50	2	10	2	15	
>50~75	4	15	3	20	

注：1. 所列数值适用于无限制腹板，对有限制腹板应适当加大圆角。

　　2. 计算值应圆整到标准系列（单位：mm）：1，1.5，2，2.5，3，3.5，4，5，6，8，10，12，15，20，25，30。

2.3.2 模锻件肋的高宽比和最小距离（见表 2-40 和表 2-41）

表 2-40　　　　　　　　　　　　　模锻件肋的高宽比

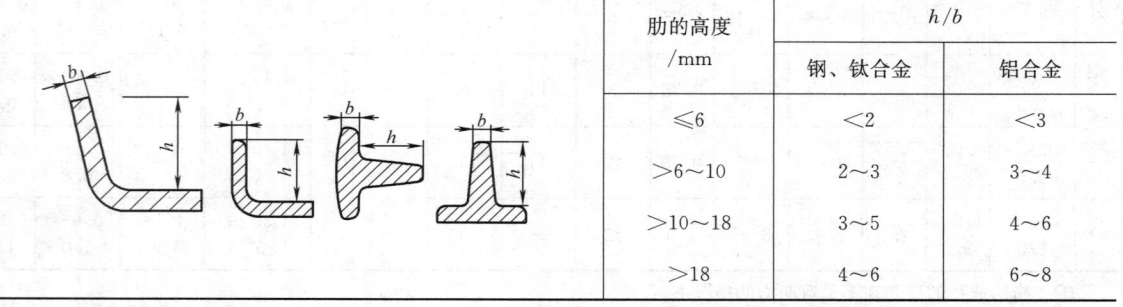

肋的高度 /mm	h/b	
	钢、钛合金	铝合金
≤6	<2	<3
>6~10	2~3	3~4
>10~18	3~5	4~6
>18	4~6	6~8

注：对于钢、钛合金，肋的宽度 b 不小于 3mm；对于铝合金，b 不小于 2mm；对各种材料，b 不小于腹板厚度。

表 2-41 模锻件肋的最小距离

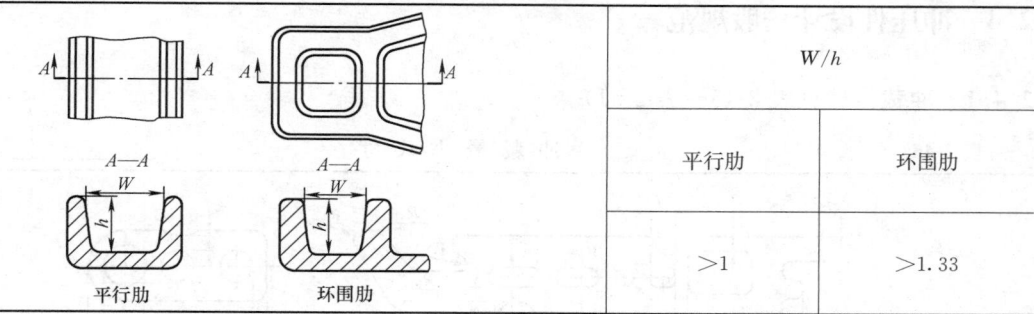

	W/h	
	平行肋	环围肋
	>1	>1.33

2.3.3 模锻件的凹腔和冲孔连皮尺寸（见表 2-42 和表 2-43）

表 2-42 模锻件的凹腔深宽比值的限制

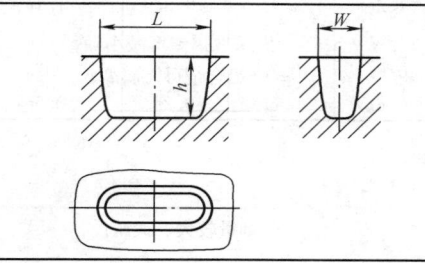

锻件形式	h/W 的最大值			
	铝合金与镁合金		钢与钛合金	
	L=W	L>W	L=W	L>W
有斜度	1	2	1	1.5
无斜度	2	3	—	—

表 2-43 模锻件的冲孔连皮尺寸 （单位：mm）

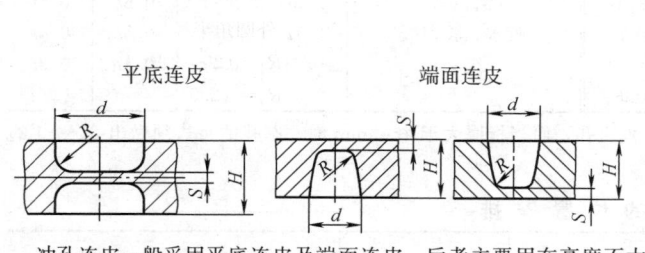

冲孔连皮一般采用平底连皮及端面连皮，后者主要用在高度不大，可用简单的开式套模的模锻件

d	H							
	≤25		>25～50		>50～75		>75～100	
	连皮尺寸							
	S	R	S	R	S	R	S	R
≤50	3	4	4	6	5	8	6	14
		5		8		12		16
>50～70	4	5	5	8	6	10	7	16
		8		10		14		18
>70～100	5	6	6	10	7	12	8	18
		8		12		16		20

注：表中 R 值中，上面数值属平底连皮，下面数值属端面连皮。

2.3.4 锻件腹板上冲孔的限制（见表 2-44）

表 2-44 锻件腹板上冲孔的限制 （单位：mm）

限制条件	铝合金镁合金	钢	钛合金	限制条件	铝合金镁合金	钢	钛合金
冲孔的腹板最小厚度	3	3	6	圆孔之间最小距离	2×腹板厚度		
圆形孔的最小直径	12～25	25	25	非圆形孔的垂直圆角半径	≥6		

2.4 冲压件设计一般规范

2.4.1 冲裁件（见表 2-45～表 2-51）

表 2-45 冲 裁 最 小 尺 寸

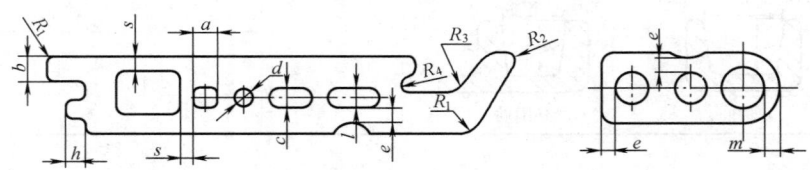

材 料	b	h	a	s、d	c、m	e、l	R_1，R_3 $\alpha \geqslant 90°$	R_2，R_4 $\alpha < 90°$
钢 $R_m > 900$MPa	$1.9t$	$1.6t$	$1.3t$	$1.4t$	$1.2t$	$1.1t$	$0.8t$	$1.1t$
钢 $R_m = 500\sim900$MPa	$1.7t$	$1.4t$	$1.1t$	$1.2t$	$1.0t$	$0.9t$	$0.6t$	$0.9t$
钢 $R_m < 500$MPa	$1.5t$	$1.2t$	$0.9t$	$1.0t$	$0.8t$	$0.7t$	$0.4t$	$0.7t$
黄铜、铜、铝、锌	$1.3t$	$1.0t$	$0.7t$	$0.8t$	$0.6t$	$0.5t$	$0.2t$	$0.5t$

注：1. t 为材料厚度。

2. 若冲裁件结构无特殊要求，应采用大于表中所列数值。

3. 当采用整体凹模时，冲裁件轮廓应避免清角。

表 2-46 最小可冲孔眼的尺寸

材 料	圆孔 直径	方孔 边长	长方孔 短边（径）	长圆孔 长	材 料	圆孔 直径	方孔 边长	长方孔 短边（径）	长圆孔 长
钢 ($R_m > 700$MPa)	$1.5t$	$1.3t$	$1.2t$	$1.1t$	铝、锌	$0.8t$	$0.7t$	$0.6t$	$0.5t$
钢 ($R_m = 500\sim700$MPa)	$1.3t$	$1.2t$	t	$0.9t$	胶木、胶布板	$0.7t$	$0.6t$	$0.5t$	$0.4t$
钢 ($R_m \leqslant 500$MPa)	t	$0.9t$	$0.8t$	$0.7t$	纸板	$0.6t$	$0.5t$	$0.4t$	$0.3t$
黄铜、铜	$0.9t$	$0.8t$	$0.7t$	$0.6t$					

注：表中 t 为板厚。当板厚小于 4mm 时可以冲出垂直孔，而当板厚大于 4～5mm 时，则孔的每边须做出 6°～10° 的斜度。

表 2-47 孔 的 位 置 安 排

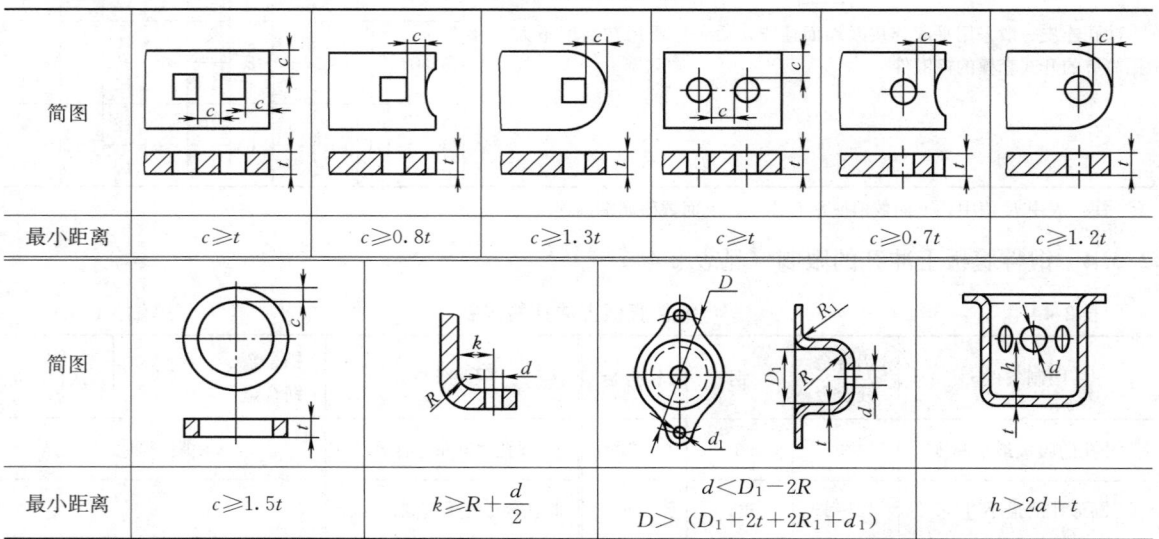

简图						
最小距离	$c \geqslant t$	$c \geqslant 0.8t$	$c \geqslant 1.3t$	$c \geqslant t$	$c \geqslant 0.7t$	$c \geqslant 1.2t$
简图						
最小距离	$c \geqslant 1.5t$	$k \geqslant R + \dfrac{d}{2}$	$d < D_1 - 2R$ $D > (D_1 + 2t + 2R_1 + d_1)$		$h > 2d + t$	

表 2-48　　　　　　　　　　　**冲裁件最小许可宽度与材料的关系**

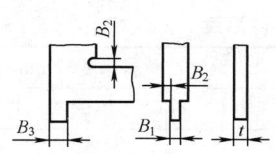

材　料	最　小　值		
	B_1	B_2	B_3
中等硬度的钢	1.25t	0.8t	1.5t
高碳钢和合金钢	1.65t	1.1t	2t
非铁合金	t	0.6t	1.2t

表 2-49　　　　　　　　　**精冲件的最小圆角半径 R_{min}**　　　　　　　（单位：mm）

料厚	工件轮廓角度 α				料厚	工件轮廓角度 α			
	30°	60°	90°	120°		30°	60°	90°	120°
1	0.6	0.25	0.20	0.15	5	2.3	1.1	0.70	0.55
2	1.0	0.5	0.30	0.20	6	2.9	1.4	0.90	0.65
3	1.5	0.75	0.45	0.35	8	3.9	1.9	1.2	0.90
4	2.0	1.0	0.60	0.45	10	5	2.5	1.5	1.00

注：表中为材料抗拉强度低于 450MPa 时的数据。当材料抗拉强度高于 450MPa 时，其数值按比例增大。

表 2-50　　　　　**精冲件最小孔径 d_{min}、孔边距 b_{min} 及孔心距 a_{min} 的极限值**

材料抗拉强度 R_m /MPa	d_{min}	b_{min}	a_{min}
150	(0.3 ～ 0.4)t	(0.25 ～ 0.35)t	(0.2 ～ 0.3)t
300	(0.45 ～ 0.55)t	(0.35 ～ 0.45)t	(0.3 ～ 0.4)t
450	(0.65 ～ 0.7)t	(0.5 ～ 0.55)t	(0.45 ～ 0.5)t
600	(0.85 ～ 0.9)t	(0.7 ～ 0.75)t	(0.6 ～ 0.65)t

注：t—料厚，薄料取上限，厚料取下限。

表 2-51　　　　　　　　**精冲件最小相对槽宽 e_{min}/t**　　　　　　　（单位：mm）

料厚 t	槽　长　l												
	2	4	6	8	10	15	20	40	60	80	100	150	200
1	0.69	0.78	0.82	0.84	0.88	0.94	0.97						
1.5	0.62	0.72	0.75	0.78	0.82	0.87	0.90						
2	0.58	0.67	0.70	0.73	0.77	0.83	0.86	1.00					
3		0.62	0.65	0.68	0.71	0.76	0.79	0.92	0.98				
4		0.60	0.63	0.65	0.68	0.74	0.76	0.88	0.94	0.97	1.00		
5			0.62	0.64	0.67	0.73	0.75	0.86	0.92	0.95	0.97		
8				0.63	0.66	0.71	0.73	0.85	0.90	0.93	0.95	1.00	
10					0.68	0.71	0.80	0.85	0.87	0.88	0.93	0.96	
12						0.70	0.79	0.84	0.86	0.87	0.92	0.95	
15						0.69	0.78	0.83	0.85	0.86	0.9	0.93	

最小槽边距

$f_{min} = (1.1 ～ 1.2)e_{min}$

注：表中为材料抗拉强度低于 450MPa 时的数据。当材料抗拉强度高于 450MPa 时，其数值按比例增大。

2.4.2 拉延伸件（见表 2-52～表 2-55）

表 2-52 箱形零件的圆角半径、法兰边宽度和工件高度

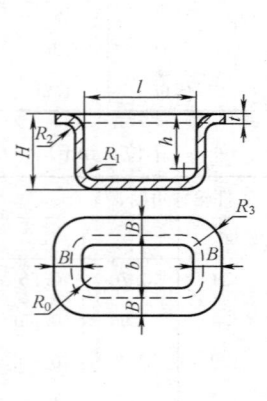

			材料厚度 t/mm		
材料		圆角半径	<0.5	>0.5～3	>3～5
R_1、R_2	软钢	R_1	$(5\sim7)t$	$(3\sim4)t$	$(2\sim3)t$
		R_2	$(5\sim10)t$	$(4\sim6)t$	$(2\sim4)t$
	黄铜	R_1	$(3\sim5)t$	$(2\sim3)t$	$(1.5\sim2.0)t$
		R_2	$(5\sim7)t$	$(3\sim5)t$	$(2\sim4)t$

$\dfrac{H}{R_0}$ 当 $R_0 > 0.14B$ $R_1 \geqslant 1$	材料	比值	
	酸洗钢	4.0～4.5	当 $\dfrac{H}{R_0}$ 需要大于左列数值时，则应采用多次拉深工序
	冷拉钢、铝、黄铜、铜	5.5～6.5	

B	$\leqslant R_2 + (3\sim5)t$
R_3	$\geqslant R_0 + B$

表 2-53 有凸缘筒形件第一次拉延的许可相对高度 h_1/d_1 （单位：mm）

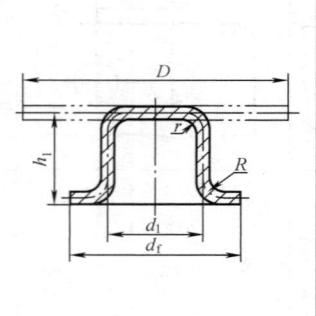

凸缘相对直径 $\dfrac{d_f}{d_1}$	坯料相对厚度 $\dfrac{t}{D}\times100$				
	>0.06～0.2	>0.2～0.5	>0.5～1	>1～1.5	>1.5
$\leqslant1.1$	0.45～0.52	0.50～0.62	0.57～0.70	0.60～0.82	0.75～0.90
>1.1～1.3	0.40～0.47	0.45～0.53	0.50～0.60	0.56～0.72	0.65～0.80
>1.3～1.5	0.35～0.42	0.40～0.48	0.45～0.53	0.50～0.63	0.58～0.70
>1.5～1.8	0.29～0.35	0.34～0.39	0.37～0.44	0.42～0.53	0.48～0.58
>1.8～2	0.25～0.30	0.29～0.34	0.32～0.38	0.36～0.46	0.42～0.51
>2～2.2	0.22～0.20	0.25～0.29	0.27～0.33	0.31～0.40	0.35～0.45
>2.2～2.5	0.17～0.21	0.20～0.23	0.22～0.27	0.25～0.32	0.28～0.35
>2.5～2.8	0.13～0.16	0.15～0.18	0.17～0.21	0.19～0.24	0.22～0.27

注：材料为 08、10 钢。

表 2-54 无凸缘筒形件的许可相对高度 h/d （单位：mm）

拉延次数	坯料相对厚度 $\dfrac{t}{D}\times100$				
	0.1～0.3	0.3～0.6	0.6～1.0	1.0～1.5	1.5～2.0
1	0.45～0.52	0.5～0.62	0.57～0.70	0.65～0.84	0.77～0.94
2	0.83～0.96	0.94～1.13	1.1～1.36	1.32～1.6	1.54～1.88
3	1.3～1.6	1.5～1.9	1.8～2.3	2.2～2.8	2.7～3.5
4	2.0～2.4	2.4～2.9	2.9～3.6	3.5～4.3	4.3～5.6
5	2.7～3.3	3.3～4.1	4.1～5.2	5.1～6.6	6.6～8.9

c— 修边余量

注：1. 适用 08、10 钢。
　　2. 表中大的数值，适用于第一次拉延中有大的圆角半径（$r=8t\sim15t$），小的数值适用于小的圆角半径（$r=4t\sim8t$）。
　　3. D 为加工前毛坯直径。

| 表 2-55 | 有凸缘拉延件的修边余量 $c/2$ | | | （单位：mm） |

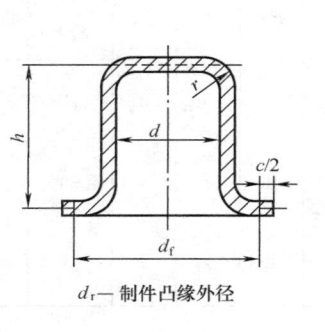

d_τ — 制件凸缘外径

凸缘直径 d_f	凸缘的相对直径 $\frac{d_f}{d}$			
	≈ 1.5	$>1.5\sim2$	$>2\sim2.5$	>2.5
≈ 25	1.8	1.6	1.4	1.2
$25\sim50$	2.5	2	1.8	1.6
$50\sim100$	3.5	3	2.5	2.2
$100\sim150$	4.3	3.6	3	2.5
$150\sim200$	5	4.2	3.5	2.7
$200\sim250$	5.5	4.6	3.8	2.8
>250	6	5	4	3

2.4.3　成形件（见表 2-56～表 2-62）

| 表 2-56 | 内孔一次翻边的参考尺寸 |

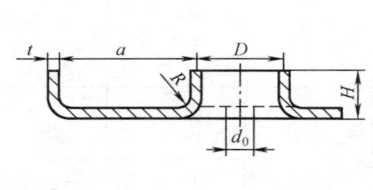

翻边直径（中径）D	根据结构确定
翻边圆角半径 R	$R\geqslant1+1.5t$
翻边系数 K $K=\frac{d_0}{D}$	低碳钢 $K\geqslant0.70$ 黄铜 H62（$t=0.5\sim6$）　$K\geqslant0.68$ 铝（$t=0.5\sim5$）　$K\geqslant0.70$
翻边高度 H	$H=\frac{D}{2}(1-K)+0.43R+0.72t$
翻边孔至外缘的距离 a	$a>(7\sim8)t$

注：1. 若翻边高度较高，一次翻边不能满足要求时，可采用拉深、翻边复合工艺。
　　2. 翻边后孔壁减薄，如变薄量有特殊要求，应予注明。

| 表 2-57 | 缩口时直径缩小的合理比例 |

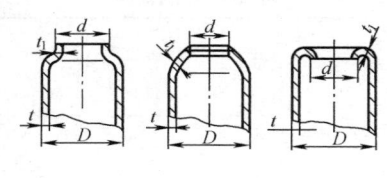
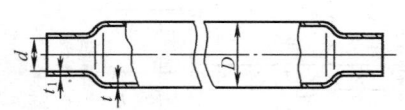

| $\frac{D}{t}\leqslant10$ 时，$d\geqslant0.7D$ |
| $\frac{D}{t}>10$ 时，$d=(1-k)D$ 钢制件：$k=0.1\sim0.15$ 铝制件：$k=0.15\sim0.2$ 箍压部分壁厚将增加 $t_1=t\sqrt{\frac{D}{d}}$ |

| 表 2-58 | 卷 边 直 径 d | | | | （单位：mm） |

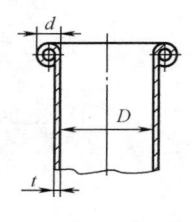

工件直径 D	材料厚度 t				
	0.3	0.5	0.8	1.0	2.0
>50	$\geqslant2.5$	$\geqslant3.0$			
$>50\sim100$	$\geqslant3.0$	$\geqslant4.0$	$\geqslant5.0$		
$>100\sim200$	$\geqslant4.0$	$\geqslant5.0$	$\geqslant6.0$	$\geqslant7.0$	$\geqslant8.0$
>200	$\geqslant5.0$	$\geqslant6.0$	$\geqslant7.0$	$\geqslant8.0$	$\geqslant9.0$

表 2-59　　　　　　　　　　　角部加强肋的参考尺寸　　　　　　　　　　（单位：mm）

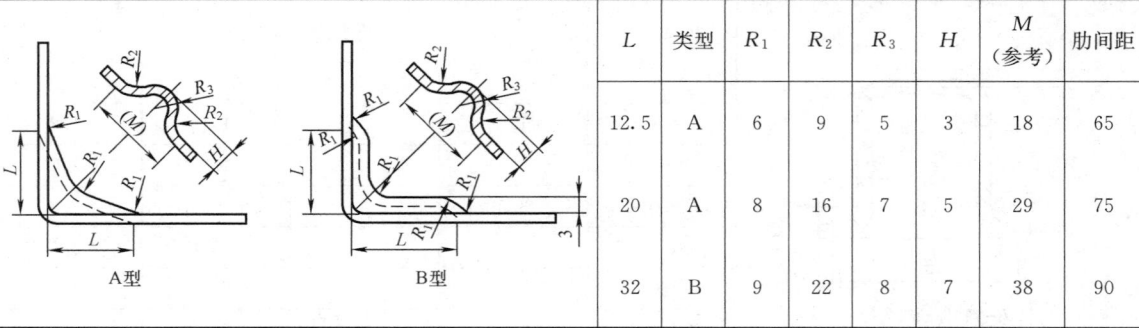

A 型　　　　　B 型

L	类型	R_1	R_2	R_3	H	M（参考）	肋间距
12.5	A	6	9	5	3	18	65
20	A	8	16	7	5	29	75
32	B	9	22	8	7	38	90

表 2-60　　　　　　　　　　　　平面肋的参考尺寸

肋的形式		R	h	B	r	α
半圆肋		$(3 \sim 4)t$	$(2 \sim 3)t$	$(7 \sim 10)t$	$(1 \sim 2)t$	
梯形肋			$(1.5 \sim 2)t$	$\geqslant 3h$	$(0.5 \sim 1.5)t$	$15° \sim 30°$

表 2-61　　加强窝的间距及其
　　　　　　至外缘的距离　　（单位：mm）

D	L	l
6.5	10	6
8.5	13	7.5
10.5	15	9
13	18	11
15	22	13
18	26	16
24	34	20
31	44	26
36	51	30
43	60	35
48	68	40
55	78	45

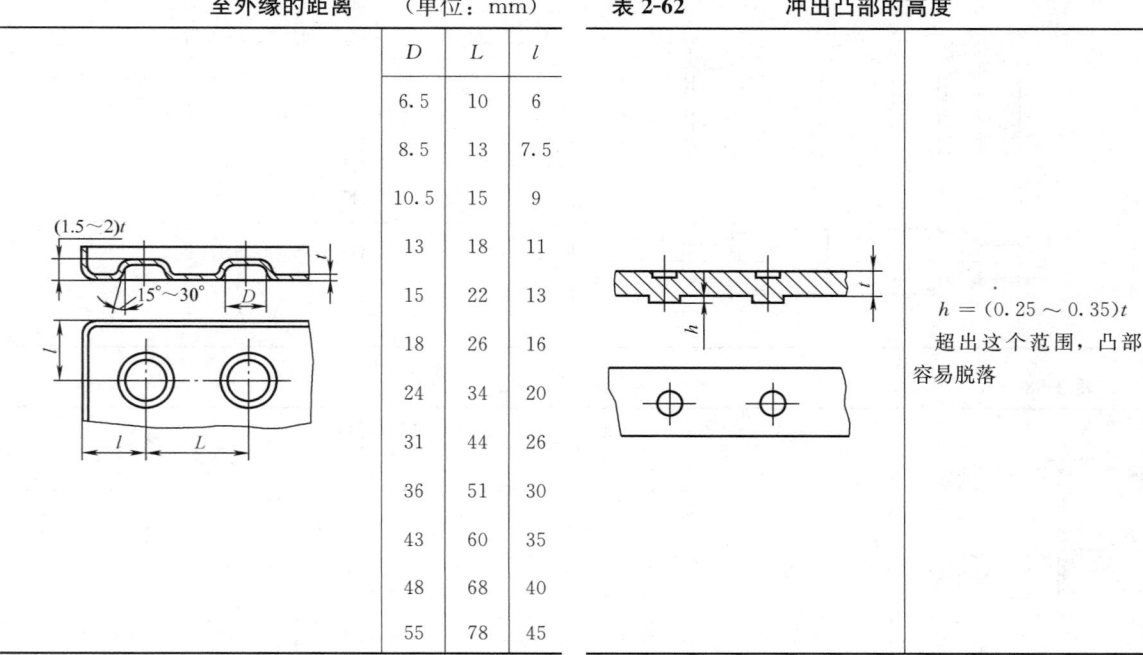

表 2-62　　　　冲出凸部的高度

$h = (0.25 \sim 0.35)t$
超出这个范围，凸部
容易脱落

2.4.4 弯曲件（见表 2-63～表 2-65）

表 2-63　　　　　　　　　　弯曲件最小弯曲半径　　　　　　　　　（单位：mm）

| 材料 | 退火或正火状态 | | 冷作硬化 | | 材料 | 退火或正火状态 | | 冷作硬化 | |
| | 弯曲线位置 | | | | | 弯曲线位置 | | | |
	垂直于轧制方向	平行于轧制方向	垂直于轧制方向	平行于轧制方向		垂直于轧制方向	平行于轧制方向	垂直于轧制方向	平行于轧制方向
08,10,Q215-A	0	0.4t	0.4t	0.8t	铝	0.1	0.3t	0.3t	0.8t
15,20,Q235-A	0.1t	0.5t	0.5t	1.0t	紫铜	0.1	0.3t	1.0t	2.0t
25,30,Q255-A	0.2t	0.6t	0.6t	1.2t	H62 黄铜	0.1	0.3t	0.4t	0.8t
35,40	0.3t	0.8t	0.8t	1.5t	软杜拉铝	1.0t	1.5t	1.5t	2.5t
45,50	0.5t	1.0t	1.0t	1.7t	硬杜拉铝	2.0t	3.0t	3.0t	4.0t
55,50,65Mn	0.7t	1.3t	1.3t	2.0t					

注：1. t—材料厚度（单位：mm）。

　　2. 当弯曲线与轧制纹路成一定角度时，视角度大小可采用中间数值。

　　3. 对冲裁或剪裁后未经退火的窄料，弯曲时应按照冷作硬化的情况选用弯曲半径。

　　4. 在弯曲厚板时（板厚 8mm 以上），弯曲半径应选用较大数值。

表 2-64　　　　　　　　　　弯曲件尾部弯出长度

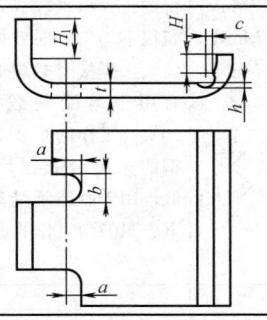

$H_1 > 2t$（弯出零件圆角中心以上的长度）

$H < 2t$

$b > t$

$a < t$

$c = 3 \sim 6\text{mm}$

$h = (0.1 \sim 0.3)t$ 且不小于 3mm

表 2-65　　　　　　　　　　管子最小弯曲半径　　　　　　　　　（单位：mm）

| 硬聚氯乙烯管 | | | 铝管 | | | 紫铜与黄铜管 | | | 焊接钢管 | | | | 无缝钢管 | | | | |
D	壁厚 t	R	D	壁厚 t	R	D	壁厚 t	R	D	壁厚 t	热 R	冷 R	D	壁厚 t	R	D	壁厚 t	R
12.5	2.25	30	6	1	10	5	1	10	13.5		40	80	6	1	15	45	3.5	90
15	2.25	45	8	1	15	6	1	10	17		50	100	8	1	15	57	3.5	110
25	2	60	10	1	15	7	1	15	21.25	2.75	65	130	10	1.5	20	57	4	150
25	2	80	12	1	20	8	1	15	26.75	2.75	80	160	12	1.5	25	76	4	180
32	3	110	14	1	20	10	1	15	33.5	3.25	100	200	14	1.5	30	89	4	220
40	3.5	150	16	1.5	30	12	1	20	42.25	3.25	130	250	14	3	18	108	4	270
51	4	180	20	1.5	30	14	1	20	48	3.5	150	290	16	1.5	30	133	4	340
65	4.5	240	25	1.5	30	15	1	30	60	3.5	180	360	18	1.5	40	159	4.5	450
76	5	330	30	1.5	60	16	1.5	30	75.5	3.75	225	450	18	3	28	159	6	420
90	6	400	40	1.5	60	18	1.5	30	88.5	4	265	530	20	3	40	194	6	500
114	7	500	50	2	100	20	1.5	30	114	4	340	680	22	3	50	219	6	500
140	8	600	60	2	125	24	1.5	40					25	3	50	245	6	600
166	8	800				25	1.5	40					32	3	60	273	8	700
						28	1.5	50					32	3.5	60	325	8	800
						35	1.5	60					38	3	80	371	10	900
						45	1.5	80					38	3.5	70	426	10	1000
						55	2	100					44.5	3	100			

2.5　焊接件结构设计一般规范

2.5.1　金属材料的焊接性和适用的焊接方法
（见表 2-66～表 2-69）

金属材料的焊接性，是指被焊金属材料在采用一定的焊接方法、焊接材料、工艺参数及结构形式的条件下，获得优质焊接接头的可能性和难易程度。同一种金属材料，采用不同的焊接方法及焊接材料（焊条），其焊接性可能有很大差别。因此，在设计时，必须注意焊件结构形状、刚度，焊接材料及其焊接性，并考虑适宜的焊接方法及焊接工艺条件。对于重要焊件，还应进行焊接性试验，确定焊件的材料。

表 2-66　　　　　　　　　　　　　　　常用钢材的焊接性

钢种	评定焊接性的概略指标（质量分数，%）		焊接性	常 用 钢 号	特　　点
	合金元素含量	含碳量			
低碳钢	—	<0.25	良好（Ⅰ）	Q195，Q215，Q235，ZG200-400，ZG230-450，08，10，15，20，15Mn，20Mn	在普通条件下能焊接，环境温度低于 −5℃ 时需预热。板厚大于 20mm，结构刚度大时，需预热并在焊后进行消除应力热处理
低合金钢	1～3	<0.20		Q295，Q345，Q390，Q420，Q460（相关旧牌号有 09MnV，09MnNb，12Mn，18Nb，09MnCuPTi，10MnSiCu，12MnV，12MnPRE，14MnNb，16Mn，16MnRE，10MnPNbRE，15MnV，15MnTi，16MnNb，14MnVTiRE，15MnVN）	沸腾钢是在不完全脱氧情况下获得的，含氧量较高，硫磷等杂质分布很不均匀，时效敏感性及冷脆倾向大，焊接时热裂倾向大，一般不宜用于承受动载或严寒下（−20℃）工作的重要焊接结构。镇静钢的杂质分布很均匀，含氧量较低，用于制造承受动载或低温条件下（−40℃）工作的重要焊接结构
不锈钢	>3	<0.18		0Cr13，0Cr18Ni9，1Cr18Ni9，1Cr18Ni12，0Cr17Ni12Mo2　0Cr18Ni10Ti，1Cr18Ni9Ti，0Cr18Ni12Mo2Ti，1Cr18Ni12Mo2Ti，0Cr18Ni12Mo3Ti，1Cr18Ni12Mo3Ti	
中碳钢	<1	0.25～0.35	一般（Ⅱ）	Q275；30、30Mn；ZG270-500	形成冷裂倾向小，采用适当的焊接规范，可以得到满意的结果。在结构复杂或零件较厚时，必须预热 150℃ 以上，并在焊后进行热处理以消除应力
合金结构钢	<3	<0.3		12CrMo，15CrMo，20CrMo，12Cr1MoV，30Cr，20CrV，20CrMnSi，20CrNiMo	
不锈钢	13～25	≤0.18		1Cr13，Cr25Ti	
中碳钢	<1	0.35～0.45	较差（Ⅲ）	35、40、45；45Mn	一般情况下，有形成裂纹的倾向，焊前应预热，焊后消除应力热处理
合金结构钢	1～3	0.30～0.40		30CrMo，35CrMo，35CrMoV，25Cr2MoVA，40CrNiMoA；　30CrMnSi；　30Mn2，40Mn2，40Cr	
不锈钢	13	0.2		2Cr13	
中、高碳钢	<1	>0.45	不好（Ⅳ）	50、55、60、65、70、75、80、85、50Mn，60Mn	极易形成裂纹，在采用预热条件下能焊接，焊后须消除应力热处理
合金结构钢	1～3	>0.40		45Mn2，50Mn2；50Cr；38CrSi；38CrMoAlA	
不锈钢	13	0.3～0.4		3Cr13，4Cr13	

表 2-67   **常用铸铁的焊接性**

铸铁类别	焊接性		应 用 范 围
	与同类材料比较	与低碳钢比较	
灰铸铁	一般	很困难	电弧焊法 1. 低碳钢焊条：焊缝不经热处理，不能用一般加工方法加工，只能用砂轮打磨，焊缝极易出现裂缝。适用于不需机加工的不重要工件缺陷的焊补。焊缝处只能承受较小的静载荷 2. 铸铁焊条：焊接接头加工性能一般，焊缝易出现裂缝。适用于中、小型零件待加工面和已加工面的较小缺陷的焊补，如小砂眼、小缩孔及小裂缝等 3. 铜焊条：加工性能较差，焊缝抗裂纹性能较好，强度较高，能承受较大静载荷及一定的动载荷，能基本满足紧密性要求。对复杂的、刚度大的工件不宜采用 气焊法 铸铁焊条：加工性能良好，接头具有与母材相近的力学性能与颜色，焊补处刚度大，结构复杂时，易出现裂纹。适用于焊补刚度不大、结构不复杂、待加工尺寸不大的缺陷 热焊法及半热焊法 铸铁焊条：加工性能、紧密性都好，内应力小，不易出现裂纹，接头具有与母材相近的强度。适用于焊后需加工，要承受较大静载荷、动载荷，要求紧密性等的复杂结构。大的缺陷且工件壁较厚时用电弧焊，中小缺陷且工件较薄时用气焊
可锻铸铁			复杂铸件应整体加热，简单零件用焊具局部加热即可。重熔部分易产生白口
球墨铸铁	较差		焊条电弧焊 1. 低碳钢焊条：焊缝极易出现裂纹，加工性能极坏，只用于焊补很不重要的工件 2. 铁镍焊条：加工性能良好，接头力学性能基本可达到与母材相差不大 气焊 焊后不热处理，焊接接头加工性好。适用于接头质量要求较高的中小型缺陷的修补
白口铸铁	不好		硬度高、脆性大、容易产生裂纹、不宜进行焊接

表 2-68   **常用非铁金属的焊接性**

材料类别	焊接性	应 用 范 围
铜	一般	大的、复杂的铜铸件，焊前需预热
黄铜 （Cu-Zn）	良	采用氩弧焊并配以专用焊丝可达到要求的焊接接头。薄的轧制黄铜不需预热，大的复杂构件，厚板需预热。铸造黄铜需全部预热
硅青铜 磷青铜	好	采用氩弧焊并配以专用焊丝可达到要求的焊接接头。主要用于焊补铸件，焊前应预热，焊后应缓慢冷却
锡铝青铜	较差	同硅青铜和磷青铜
纯铝 1060、1050A、1035、1200 铝镁合金，5A03～5A06	较好	要求不高的工件，可用气焊、碳弧焊或焊条电弧焊。要求较高的工件可采用氩气体积分数为 99.9% 的氩弧焊，配以与母材相近的焊丝可达到较好的焊接接头。但所有焊接，在焊前必须用化学或机械方法去除焊处和焊丝表面的氧化膜和油污，焊后必须冲洗
铝锰合金	一般	采用氩弧焊并配以专用焊丝可达到要求的焊接接头
硬铝	较差	采用氩弧焊并配以专用焊丝可达到要求的焊接接头。厚度大于 18mm 易产生裂纹
Al-Zn-Mg-Cu	很难	此材料为高强度铝合金，不适宜焊接

表 2-69　　　　　　　　　　　　　　　　常用材料适用的焊接方法

材料	厚度/mm	焊接方法																			硬钎焊							软钎焊
		焊条电弧焊	埋弧焊	射流过渡	潜弧	脉冲弧	短路电弧	管状焊丝电弧焊	钨极惰性气体保护焊	等离子弧焊	电渣焊	气电焊	电阻焊	闪光焊	气焊	扩散焊	摩擦焊	电子束焊	激光焊	火焰钎焊	炉中钎焊	感应加热钎焊	电阻加热钎焊	浸渍钎焊	红外线钎焊	扩散钎焊	软钎焊
碳钢	<3	*	*				*		*				*	*	*		*	*	*	*	*	*	*	*	*	*	*
	3~6	*	*	*	*	*	*	*	*				*	*	*		*	*	*	*	*	*	*	*	*	*	*
	6~19	*	*	*	*	*		*					*	*	*			*	*	*	*	*				*	*
	>19	*	*	*	*	*					*	*	*	*				*								*	
低合金钢	<3	*	*				*	*	*	*			*	*	*		*	*	*	*	*	*	*	*	*	*	*
	3~6	*	*	*	*	*		*	*				*	*	*	*	*	*	*	*	*	*	*	*	*	*	*
	6~19	*	*	*	*	*		*					*	*	*			*	*	*	*	*				*	*
	>19	*	*	*	*	*					*		*	*				*								*	
不锈钢	<3	*	*				*	*	*	*			*	*	*		*	*	*	*	*	*	*	*	*	*	*
	3~6	*	*	*	*	*		*	*				*	*	*		*	*	*	*	*	*	*	*	*	*	*
	6~19	*	*	*	*	*		*					*	*	*			*	*	*	*	*				*	*
	>19	*	*	*	*	*		*					*	*				*								*	
铸铁	3~6													*												*	
	6~19	*	*	*				*						*						*		*				*	
	>19	*	*	*				*						*												*	
镍和合金	<3	*			*	*			*	*			*	*	*		*	*	*	*	*	*	*			*	*
	3~6	*		*	*	*		*	*				*	*	*	*	*	*	*	*	*	*				*	*
	6~19	*		*	*			*					*	*	*			*	*	*	*					*	
	>19	*		*				*					*	*				*								*	
铝和合金	<3			*					*	*			*	*	*		*	*	*	*	*	*	*	*		*	*
	3~6			*				*	*				*	*	*	*	*	*	*	*	*	*				*	*
	6~19			*				*					*	*	*			*	*	*	*					*	
	>19			*				*			*	*	*	*				*								*	
钛和合金	<3			*				*	*	*			*	*			*	*	*	*	*	*	*			*	*
	3~6			*				*	*				*	*			*	*	*	*	*					*	*
	6~19			*				*					*	*				*		*	*					*	
	>19			*				*					*	*				*								*	
铜和合金	<3			*					*	*			*				*	*	*	*	*	*	*	*		*	*
	3~6			*	*				*				*				*	*	*	*	*	*	*			*	*
	6~19			*					*				*					*	*	*	*					*	
	>19			*					*				*					*								*	
镁和合金	<3			*					*	*			*	*			*	*	*	*	*					*	
	3~6			*					*				*	*			*	*	*	*	*					*	
	6~19			*					*				*	*			*	*	*	*	*					*	
	>19			*					*				*					*								*	
难熔合金	<3			*					*	*			*				*	*	*	*			*		*	*	
	3~6			*					*	*			*					*		*						*	
	6~19			*					*	*			*					*								*	

注：有 * 表示被推荐。

2.5.2 钢材焊接的坡口的形式和尺寸（见表2-70）

表 2-70 气焊、焊条电弧焊、气体保护焊和高能束焊的推荐坡口（GB/T 985.1—2008）（单位：mm）

形式	母材厚度 t	坡口/接头 种类	基本 符号	横截面示意图	坡口尺寸	适用的焊 接方法	焊缝示意图	备注
单面对接焊坡口	$\leqslant 2$	卷边 坡口	八			3 111 141 512		通常不 填加焊 接材料
	$\leqslant 4$	I形 坡口	‖		$b \approx t$	3,111,141		必要时 加衬垫
	$3 \leqslant t \leqslant 8$				$3 \leqslant b \leqslant 8$	13		
					$b \approx t$	141①		
	$\leqslant 15$				$b \leqslant 1②$, 0	52		
	$\leqslant 100$	I形坡口 （带衬垫）				51		
		I形坡口 （带锁底）						
	$3 \leqslant t \leqslant 10$	V形 坡口	V		$40° \leqslant \alpha \leqslant 60°$ $b \leqslant 4$ $c \leqslant 2$	3 111 13 141		必要时 加衬垫
	$8 \leqslant t \leqslant 12$				$6° \leqslant \alpha \leqslant 8°$, $c \leqslant 2$	52②		
	> 16	陡边 坡口	⊔		$5° \leqslant \beta \leqslant 20°$ $5 \leqslant b \leqslant 15$	111 13		带衬垫
	$5 \leqslant t \leqslant 40$	V形坡口 （带钝边）	Y		$\alpha \approx 60°$ $1 \leqslant b \leqslant 4$ $2 \leqslant c \leqslant 4$	111 13 141		
	> 12	U—V形 组合坡口			$60° \leqslant \alpha \leqslant 90°$ $8° \leqslant \beta \leqslant 12°$ $1 \leqslant b \leqslant 3$	111 13 141		$6 \leqslant R \leqslant 9$
	> 12	V—V形 组合坡口			$60° \leqslant \alpha \leqslant 90°$ $10° \leqslant \beta \leqslant 15°$ $2 \leqslant b \leqslant 4$ $c > 2$	111 13 141		

形式	母材厚度 t	坡口/接头种类	基本符号	横截面示意图	坡口尺寸	适用的焊接方法	焊缝示意图	备注
单面对接焊坡口	>12	U 形坡口		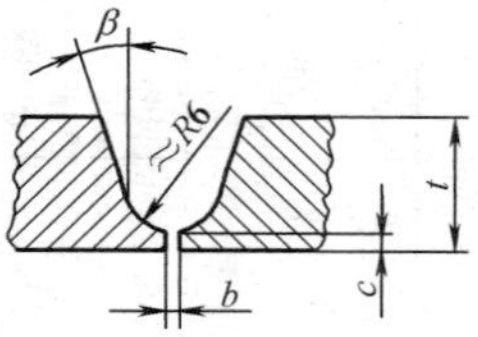	$8°\leqslant\beta\leqslant12°$ $b\leqslant4$ $c\leqslant3$	111 13 141	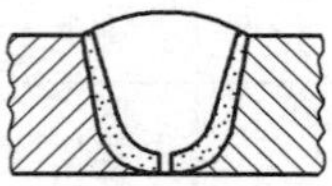	
	$3\leqslant t\leqslant10$	单边 V 形坡口		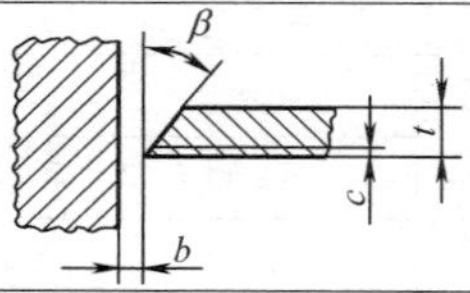	$35°\leqslant\beta\leqslant60°$ $2\leqslant b\leqslant4$ $1\leqslant c\leqslant2$	111 13 141	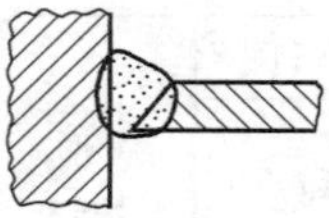	
	>16	单边陡边坡口		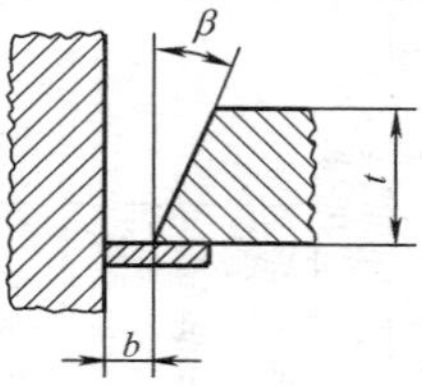	$15°\leqslant\beta\leqslant60°$ $6\leqslant b\leqslant12$	111	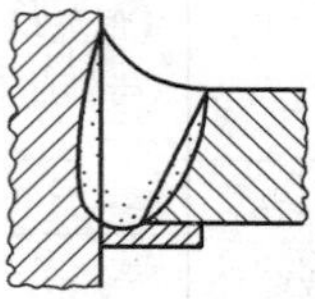	带衬垫
					$15°\leqslant\beta\leqslant60°$ $b\approx12$	13 141		
	>16	J 形坡口		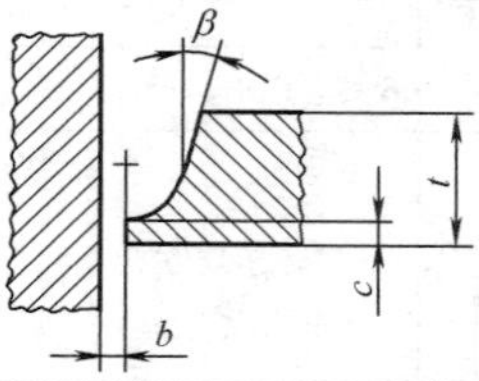	$10°\leqslant\beta\leqslant20°$ $2\leqslant b\leqslant4$ $1\leqslant c\leqslant2$	111 13 141	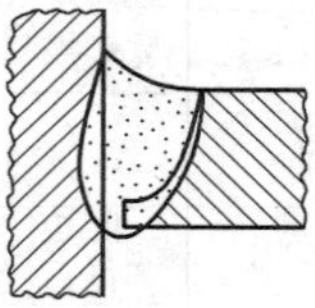	
	$\leqslant15$	T 形接头		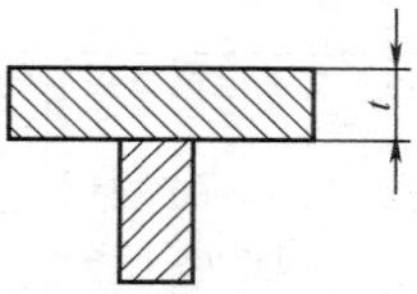		52	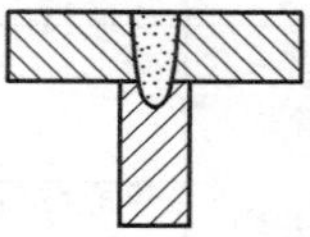	
	$\leqslant100$					51		
	$\leqslant15$			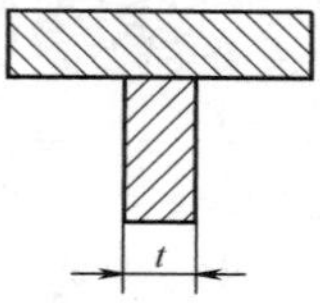		52	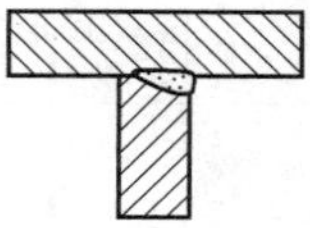	
	$\leqslant100$					51		
双面对接焊坡口	$\leqslant8$	I 形坡口		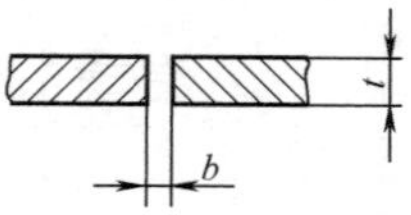	$b\approx t/2$	111 141 13		
	$\leqslant15$				$b=0$	52		
	$3\leqslant t\leqslant40$	V 形坡口		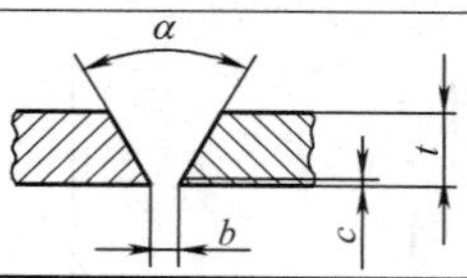	$\alpha\approx60°$, $b\leqslant3$,$c\leqslant2$	111 141	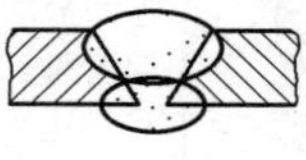	封底
					$40°\leqslant\alpha\leqslant60°$ $b\leqslant3$,$c\leqslant2$	13		

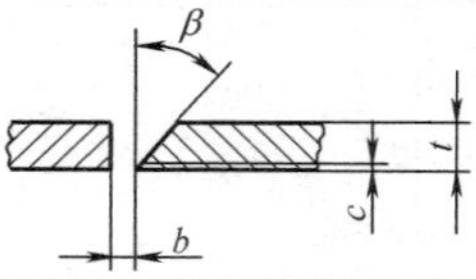

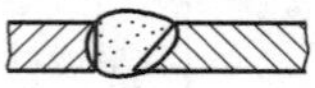

续表

形式	母材厚度 t	坡口/接头种类	基本符号	横截面示意图	坡口尺寸	适用的焊接方法	焊缝示意图	备注
双面对接焊坡口	>10	带钝边V形坡口		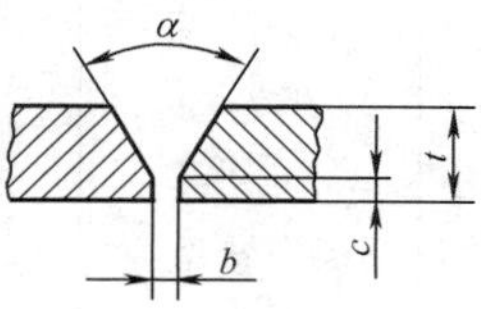	$\alpha\approx60°$ $1\leqslant b\leqslant3$ $2\leqslant c\leqslant4$	111 141	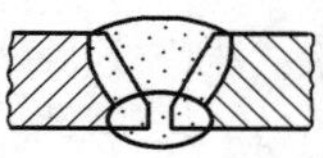	特殊情况下可适用更小的厚度和气保焊方法。注明封底
					$40°\leqslant\alpha\leqslant60°$ $1\leqslant b\leqslant3$ $2\leqslant c\leqslant4$	13		
	>10	双V形坡口（带钝边）		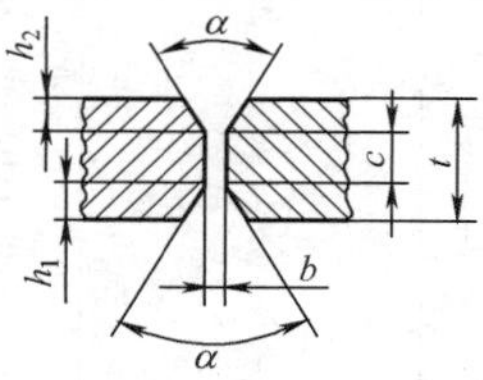	$\alpha\approx60°$　$1\leqslant b\leqslant4$ $2\leqslant c\leqslant6$ $h_1=h_2=\dfrac{t-c}{2}$	111 141	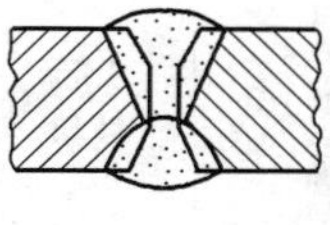	
					$40°\leqslant\alpha\leqslant60°$	13		
	>10	双V形坡口		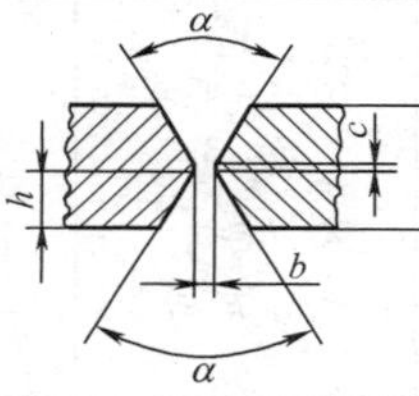	$\alpha\approx60°$ $1\leqslant b\leqslant3$ $c\leqslant2$ $h\approx\dfrac{t}{2}$	111 141	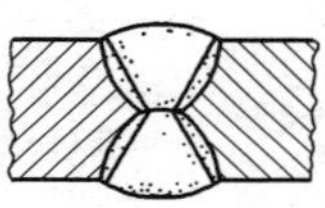	
					$40°\leqslant\alpha\leqslant60°$	13		
		非对称双V形坡口			$\alpha_1\approx60°$ $\alpha_2\approx60°$　$1\leqslant b\leqslant3$ $c\leqslant2$ $40°\leqslant\alpha_1\leqslant60°$　$h\approx\dfrac{t}{3}$ $40°\leqslant\alpha_2\leqslant60°$	111 141 13		
	>12	U形坡口		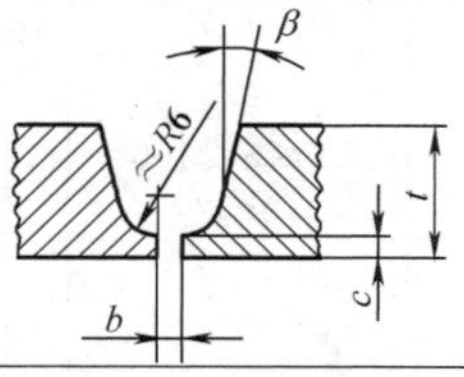	$8°\leqslant\beta\leqslant12°$ $1\leqslant b\leqslant3$ $c\approx5$	111 13	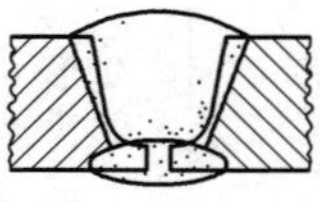	封底
					$8°\leqslant\beta\leqslant12°$ $b\leqslant3$ $c\approx5$	141[①]		
	≥30	双U形坡口		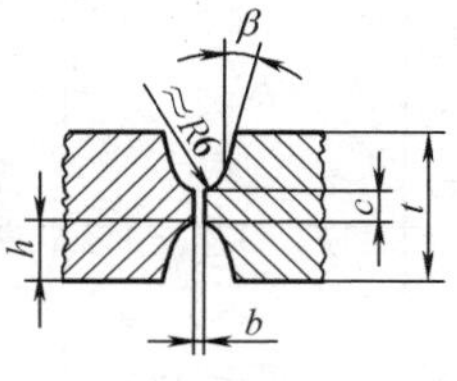	$8°\leqslant\beta\leqslant12°$ $b\leqslant3$ $c\leqslant3$ $h\approx\dfrac{t-c}{2}$	111 13 141[①]	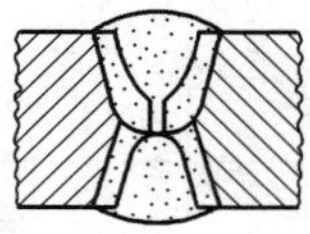	可制成与V形坡口相似的非对称坡口形式
	$3\leqslant t\leqslant30$	单边V形坡口		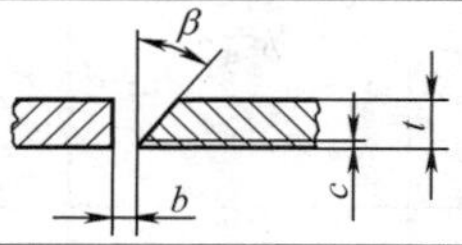	$35°\leqslant\beta\leqslant60°$ $1\leqslant b\leqslant4$ $c\leqslant2$	111 13 141[①]	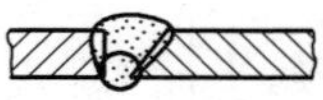	封底
	>10	K形坡口		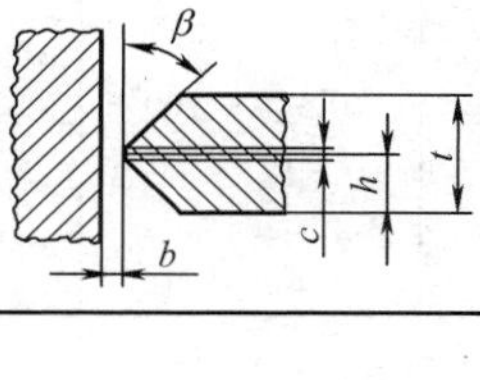	$35°\leqslant\beta\leqslant60°$ $1\leqslant b\leqslant4$ $c\leqslant2$ $h\approx\dfrac{t}{2}$或$\approx\dfrac{t}{3}$	111 13 141[①]	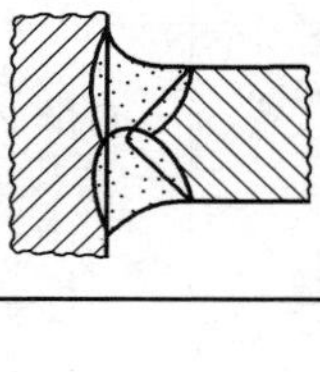	可制成与V形坡口相似的非对称坡口形式

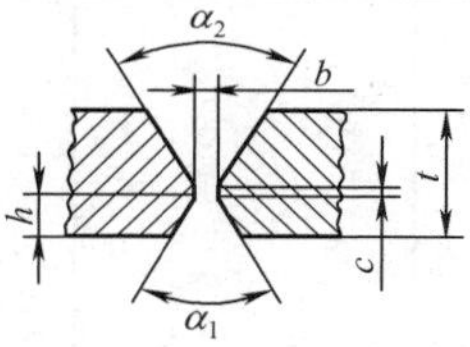

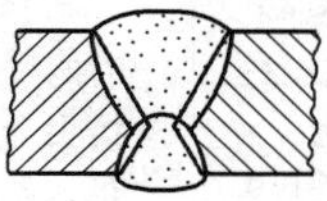

续表

形式	母材厚度 t	坡口/接头种类	基本符号	横截面示意图	坡口尺寸	适用的焊接方法	焊缝示意图	备注
双面对接焊坡口	>10	K形坡口	 K	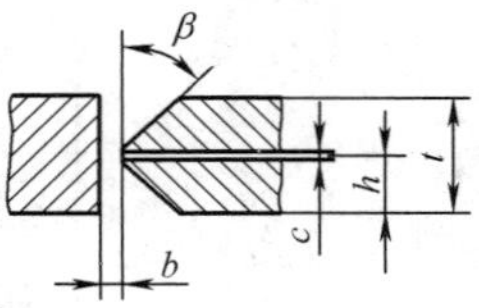	$35°\leqslant\beta\leqslant60°$ $1\leqslant b\leqslant4$ $c\leqslant2$ $h\approx\dfrac{t}{2}$ 或 $\approx\dfrac{3}{t}$	111 13 141①	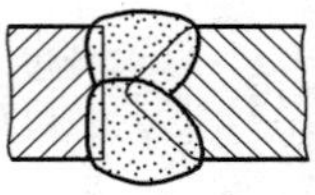	可制成与V形坡口相似的非对称坡口形式
	>16	J形坡口		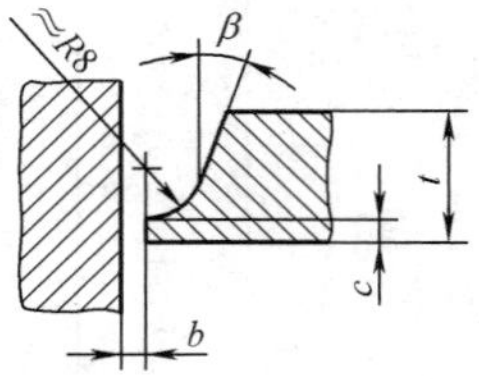	$10°\leqslant\beta\leqslant20°$ $1\leqslant b\leqslant3$ $c\geqslant2$	111 13 141①	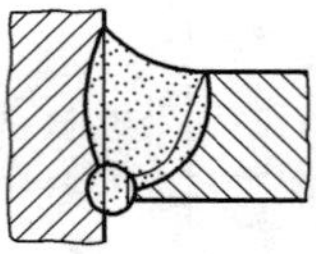	封底
	>30	双J形坡口		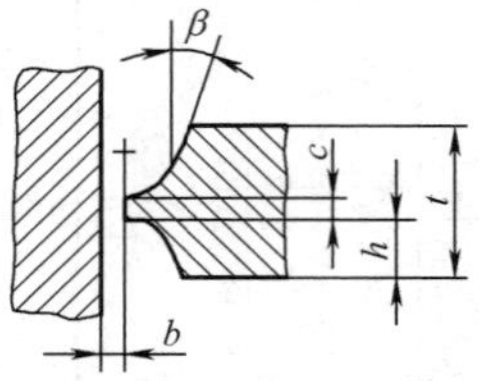	$10°\leqslant\beta\leqslant20°$ $b\leqslant3$ $c\geqslant2,\ h\approx-\dfrac{t-c}{2}$ $c<2,\ h\approx t/2$	111 13 141①	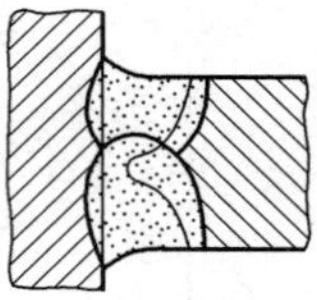	可制成与V形坡口相似的非对称坡口形式
	≤25	T形接头		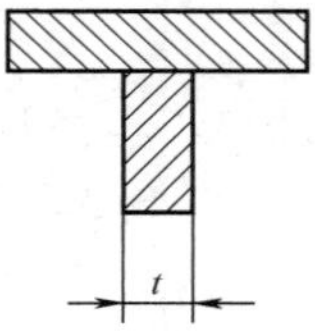		52	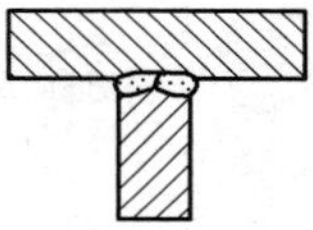	
	≤170					51		
角焊缝的接头形式	$t_1>2$ $t_2>2$	T形接头		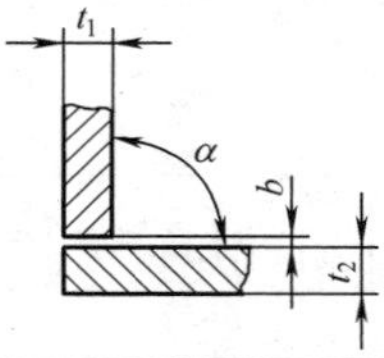	$70°\leqslant\alpha\leqslant100°$ $b\leqslant2$	3 111 13 141		适用的焊接方法不一定适用于整个工件厚度范围的焊接
	$t_1>2$ $t_2>2$	搭接	（单面焊）	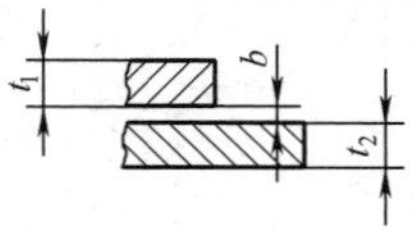	$b\leqslant2$	3 111 13 141	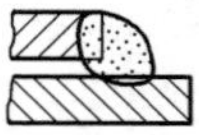	
	$t_1>2$ $t_2>2$	角接		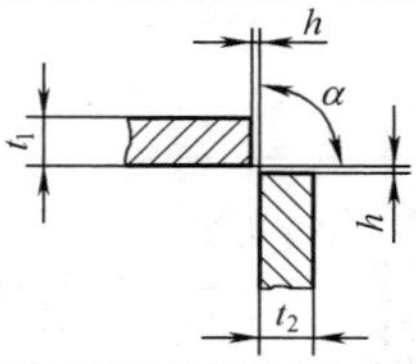	$60°\leqslant\alpha\leqslant120°$ $b\leqslant2$	3 111 13 141		
	$t_1>3$ $t_2>3$	角接	 （双面焊）	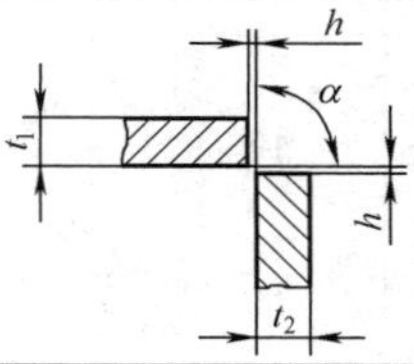	$70°\leqslant\alpha\leqslant100°$ $b\leqslant2$	3 111 13 141		

续表

形式	母材厚度 t	坡口/接头种类	基本符号	横截面示意图	坡口尺寸	适用的焊接方法	焊缝示意图	备注
角焊缝的接头形式	$t_1>2$ $t_2>5$	角接	 ▷ (双面焊)	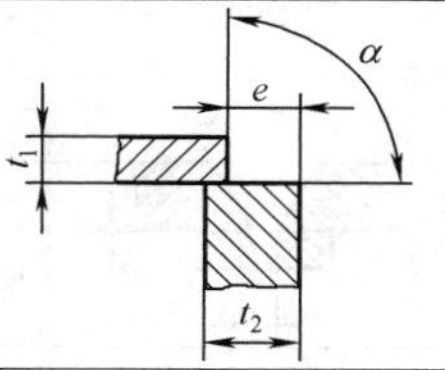	$60°{\leqslant}\alpha{\leqslant}120°$	3 111 13 141	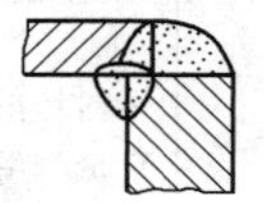	适用的焊接方法不一定适用于整个工件厚度范围的焊接
	$2{\leqslant}t_1{\leqslant}4$ $2{\leqslant}t_2{\leqslant}4$	T形接头		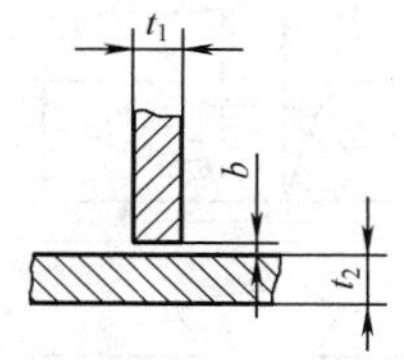	$b{\leqslant}2$	3 111	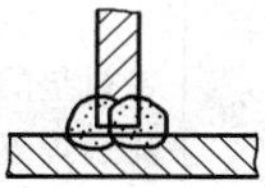	
	$t_1>4$ $t_2>4$					13 141	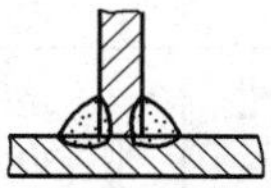	
窄间隙热丝焊坡口	$20{\leqslant}t{\leqslant}150$	U形坡口		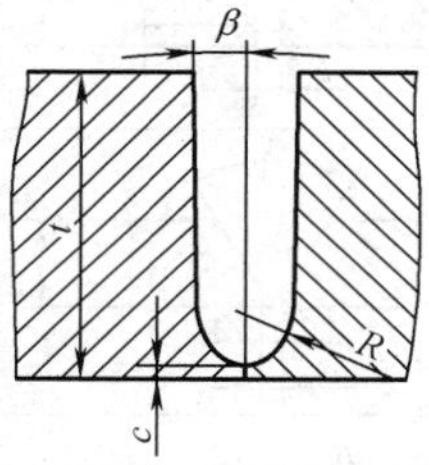	$1°{\leqslant}\beta{\leqslant}1.5°$ $c{\approx}2$	141 (热丝)	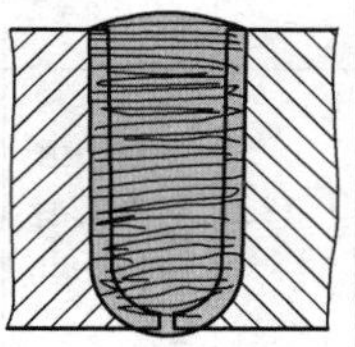	

注：焊接方法代号的意义：3—气焊；13—熔化极气体保护电弧焊；51—电子束焊；52—激光焊；111—焊条电弧焊；141—钨极惰性气体保护焊（TIG）；512—非真空电子束焊。
① 该种焊接方法不一定适用于整个工件厚度范围的焊接。
② 需要添加焊接材料。

2.5.3　非铁金属焊接坡口的形式及尺寸（见表2-71和表2-72）

表2-71　　　　　铝及铝合金气体保护焊的推荐坡口（GB/T 985.3—2008）　　　（单位：mm）

形式	焊缝				坡口形式及尺寸		适用的焊接方法	备注
	工件厚度 t	名称	基本符号	焊缝示意图	横截面示意图	坡口尺寸		
单面对接焊坡口	$t{\leqslant}2$	卷边焊缝	八		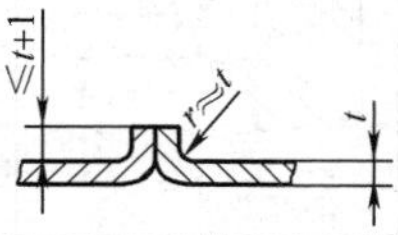		141	
	$t{\leqslant}4$	I形焊缝	‖	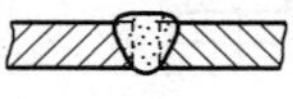	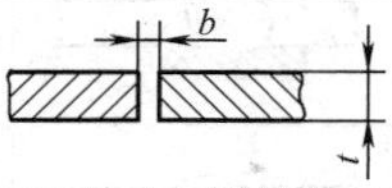	$b{\leqslant}2$	141	建议根部倒角
	$2{\leqslant}t{\leqslant}4$	带衬垫的I形焊缝		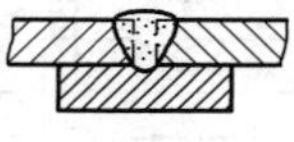	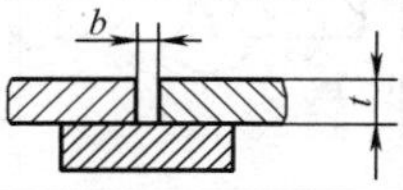	$b{\leqslant}1.5$	131	
	$3{\leqslant}t{\leqslant}5$	V形焊缝	∨	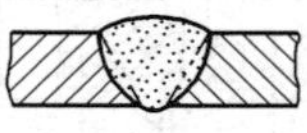	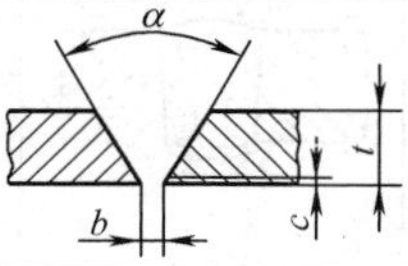	$\alpha{\geqslant}50°$, $b{\leqslant}3$ $c{\leqslant}2$	141	
						$60°{\leqslant}\alpha{\leqslant}90°$ $b{\leqslant}2$, $c{\leqslant}2$	131	

续表

焊缝					坡口形式及尺寸			适用的焊接方法	备注
形式	工件厚度 t	名称	基本符号	焊缝示意图	横截面示意图	坡口尺寸			
单面对接焊坡口	$3 \leqslant t \leqslant 5$	带衬垫的 V 形焊缝	 ∨	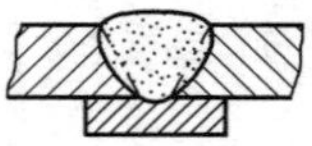	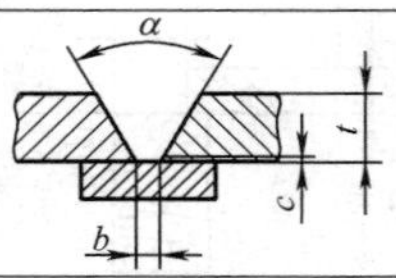	$60° \leqslant \alpha \leqslant 90°$ $b \leqslant 4$ $c \leqslant 2$		131	
	$8 \leqslant t \leqslant 20$	带衬垫的陡边焊缝	∨	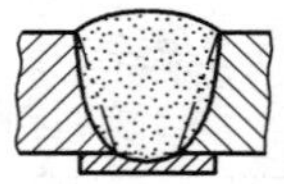	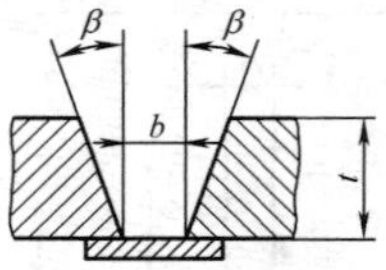	$15° \leqslant \beta \leqslant 20°$ $3 \leqslant b \leqslant 10$		131	
	$3 \leqslant t \leqslant 15$	带钝边 V 形焊缝	Y	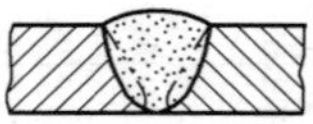	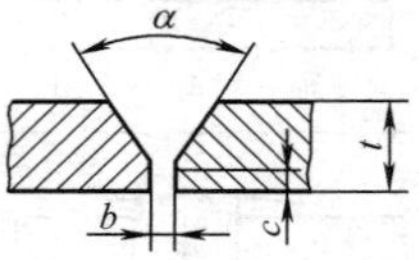	$\alpha \geqslant 50°$ $b \leqslant 2$ $c \leqslant 2$		131 141	
	$6 \leqslant t \leqslant 25$	带钝边 V 形焊缝（带衬垫）		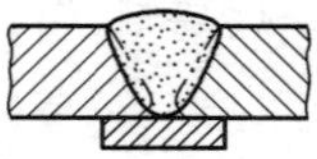	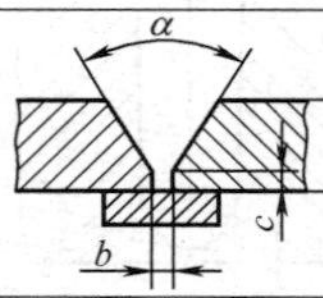	$\alpha \geqslant 50°$ $4 \leqslant b \leqslant 10$ $c = 3$		131	
	板 $t \geqslant 12$ 管 $t \geqslant 5$	带钝边 U 形焊缝	Y			$15° \leqslant \beta \leqslant 20°$ $2 \leqslant c \leqslant 4$ $4 \leqslant r \leqslant 6$ $3 \leqslant f \leqslant 4$ $0 \leqslant e \leqslant 4$	$b \leqslant 2$	141	根部焊道建议采用 TIG 焊(141)
	$5 \leqslant t \leqslant 30$						$1 \leqslant b \leqslant 3$	131	
	$4 \leqslant t \leqslant 10$	单边 V 形焊缝	⟍		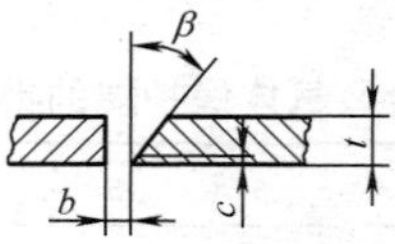	$\beta \geqslant 50°$ $b \leqslant 3$ $c \leqslant 2$		131 141	
	$3 \leqslant t \leqslant 20$	带衬垫单边 V 形焊缝	⟍	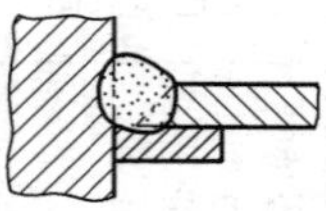 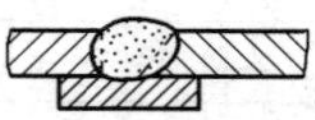	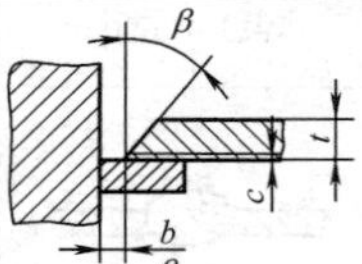 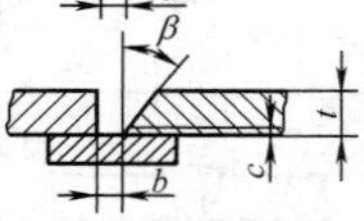	$50° \leqslant \beta \leqslant 70°$ $b \leqslant 6$ $c \leqslant 2$		131 141	
	$2 \leqslant t \leqslant 20$	锁底焊缝			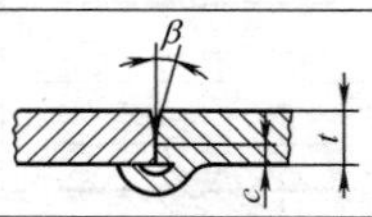	$20° \leqslant \beta \leqslant 40°$ $b \leqslant 3$ $1 \leqslant c \leqslant 3$		131 141	
	$6 \leqslant t \leqslant 40$	锁底焊缝		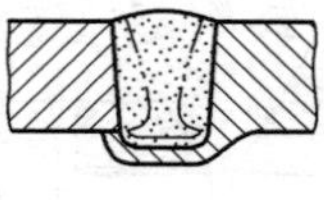	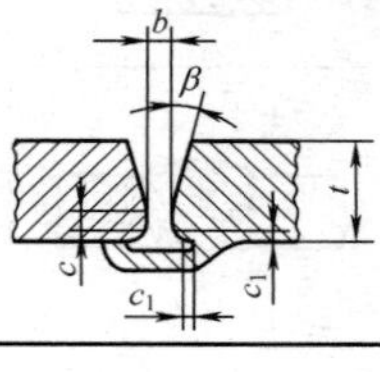	$10° \leqslant \beta \leqslant 20°$ $0 \leqslant b \leqslant 3$ $2 \leqslant c \leqslant 3$ $c_1 \geqslant 1$		131 141	

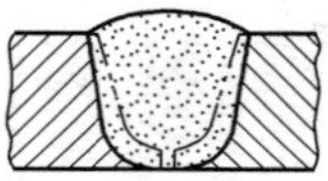

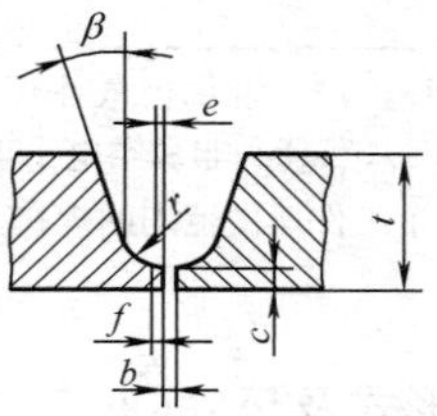

续表

形式	焊缝				坡口形式及尺寸			适用的焊接方法	备注
形式	工件厚度 t	名称	基本符号	焊缝示意图	横截面示意图	坡口尺寸		适用的焊接方法	备注
双面对接焊坡口	$6 \leqslant t \leqslant 20$	I 形焊缝	$\parallel$			$b \leqslant 6$		131 141	
	$6 \leqslant t \leqslant 15$	带钝边 V 形焊缝封底				$\alpha \geqslant 50°$ $b \leqslant 3$ $2 \leqslant c \leqslant 4$		141 131	
	$6 \leqslant t \leqslant 15$	双面 V 形焊缝	$\times$			$\alpha \geqslant 60°$ $b \leqslant 3$ $c \leqslant 2$		141	
	$t > 15$					$\alpha \geqslant 70°$ $b \leqslant 3$ $c \leqslant 2$		131	
	$6 \leqslant t \leqslant 15$	带钝边双面 V 形焊缝				$\alpha \geqslant 50°$ $b \leqslant 3$ $2 \leqslant c \leqslant 4$ $h_1 = h_2$		141	
	$t > 15$					$60° \leqslant \alpha \leqslant 70°$ $b \leqslant 3$ $2 \leqslant c \leqslant 6$ $h_1 = h_2$		131	
	$3 \leqslant t \leqslant 15$	单边 V 形焊缝封底				$\beta \geqslant 50°$ $b \leqslant 3$ $c \leqslant 2$		141 131	
	$t \geqslant 15$	带钝边双面 U 形焊缝				$15° \leqslant \beta \leqslant 20°$ $b \leqslant 3$ $2 \leqslant c \leqslant 4$ $h = 0.5(t - c)$		131	
T 形接头	$t_1 \geqslant 5$	单 V 形焊缝	V			$\beta \geqslant 50°$ $b \leqslant 2$ $c \leqslant 2$ $t_2 \geqslant 5$		141 131	
	$t_1 \geqslant 8$	双 V 形焊缝	K			$\beta \geqslant 50°$ $b \leqslant 2$ $c \leqslant 2$ $t_2 \geqslant 8$		141 131	采用双人双面同时焊接工艺时,坡口尺寸可适当调整

焊 缝					坡口形式及尺寸			适用的焊接方法	备注
形式	工件厚度 t	名称	基本符号	焊缝示意图	横截面示意图	坡口尺寸			
T形接头		单面角焊缝	△			$\alpha = 90°$ $b \leqslant 2$		141 131	
		双面角焊缝	▷			$\alpha = 90°$ $b \leqslant 2$		141 131	

注：1. 焊缝基本符号参见 GB/T 324。

2. 焊接方法代号的意义：131—熔化极惰性气体保护焊（MIG）；141—钨极惰性气体保护焊（TIG）。

表 2-72   **铜及铜合金焊接坡口的形式及尺寸**   （单位：mm）

坡口形式									
坡口尺寸	氧-乙炔气焊	板厚	1～3	3～6	3～6	5～10	10～15		15～25
		间隙 a	1～1.5	1～2	3～4	1～3	2～3		2～3
		钝边 p				1.5～3.0	1.5～3		1～3
		角度 α(°)					60～80		
	手工电弧焊	板厚				5～10			10～20
		间隙 a				0～2			0～2
		钝边 p				1～3			1.5～2
		角度 α(°)				60～70			60～80
	碳弧焊	板厚	3～5		5～10				10～20
		间隙 a	2.0～2.5		2～3	2～2.5			2～2.5
		钝边 p			3～4	1～2			1.5～2
		角度 α(°)			60～80				60～80
	钨极手工氩弧焊	板厚	3			6	12～18		＞24
		间隙 a	0～1.5				0～1.5		
		钝边 p				1.5	1.5～3		
		角度 α(°)				70～80	80～90		
	熔化极自动氩弧焊	板厚	3～4	6		8～10	12		
		间隙 a	1	2.5		1～2	1～2		
		钝边 p				2.5～3.0	2～3		
		角度 α(°)				60～70	70～80		
	埋弧焊	板厚	3～4	5～6		8～10	12～16	21～25	≥20
		间隙 a	1	2.5		2～3	2.5～3	1～3	1～2
		钝边 p				3～4		4	2
		角度 α(°)				60～70	70～80	80	60～65

2.5.4 焊缝符号和标注方法（见表 2-73～表 2-76）

表 2-73 焊缝符号表示法（GB/T 324—2008）

基 本 符 号					
名　称	示　意　图	符号	名　称	示　意　图	符号
卷边焊缝（卷边完全熔化）		八	点焊缝	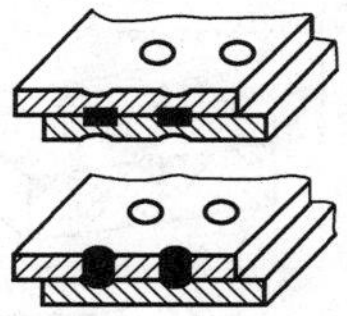	○
I 形焊缝		‖	缝焊缝	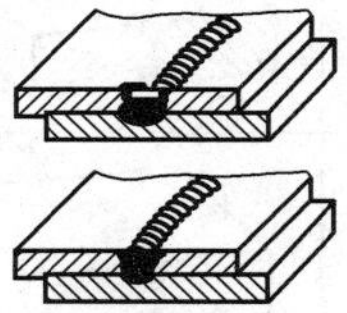	⊖
V 形焊缝		V	陡边 V 形焊缝	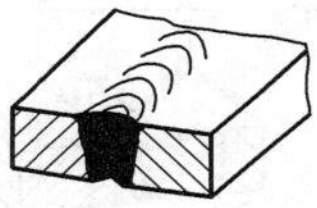	V
单边 V 形焊缝		V	陡边单 V 形焊缝		V
带钝边 V 形焊缝		Y	端焊缝		‖
带钝边单边 V 形焊缝		Y	堆焊缝	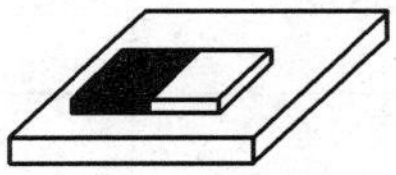	～
带钝边 U 形焊缝		Y	平面连接（钎焊）	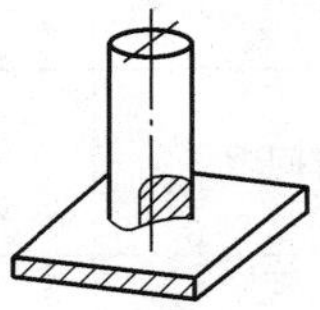 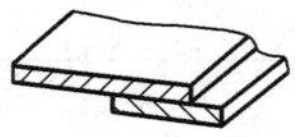	=
带钝边 J 形焊缝		Y			
封底焊缝		⌣	斜面连接（钎焊）		//
角焊缝		◺	折叠连接（钎焊）		⌇
塞焊缝或槽焊缝	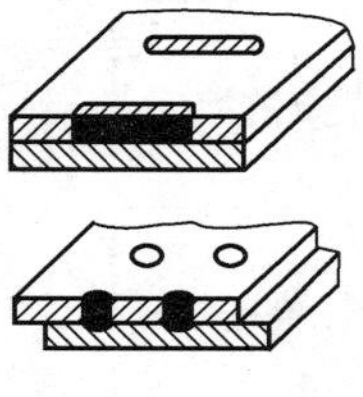	⊓			

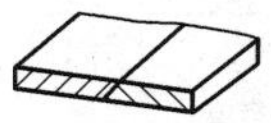

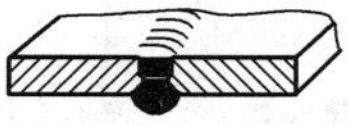

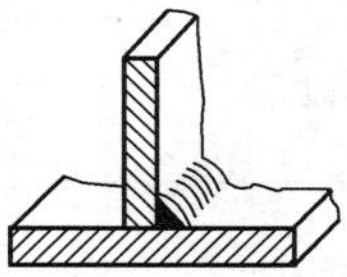

基本符号的组合			补充符号		
名 称	示 意 图	符 号	名 称	符 号	说 明
双面 V 形焊缝（X 焊缝）		╳	平面	──	焊缝表面通常经过加工后平整
双面单 V 形焊缝（K 焊缝）		Κ	凹面	⌣	焊缝表面凹陷
			凸面	⌢	焊缝表面凸起
带钝边的双面 V 形焊缝		⋈	圆滑过渡	 ⎵⌣	焊趾处过渡圆滑
			永久衬垫	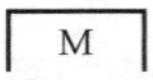 [M]	衬垫永久保留
带钝边的双面单 V 形焊缝		Κ	临时衬垫	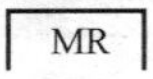 [MR]	衬垫在焊接完成后拆除
			三面焊缝	⊏	三面带焊缝
双面 U 形焊缝		)(	周围缝缝	○	沿着工件周边施焊的焊缝 标注位置为基准线与箭头线的交点处
			现场焊缝	 ◤	在现场焊接的焊缝
			尾 部	 ⟨	可以表示所需的信息

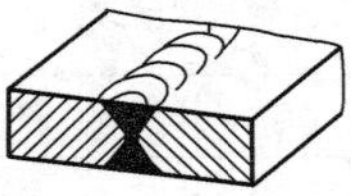

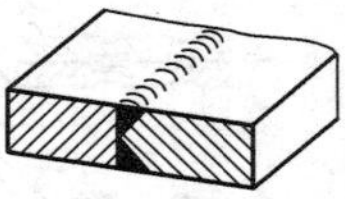

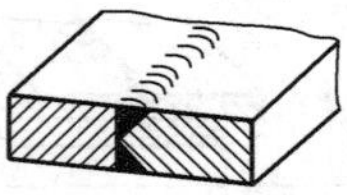

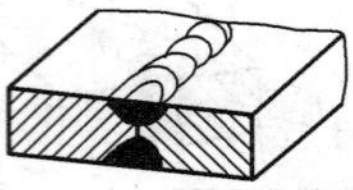

焊缝尺寸符号

符号	名 称	示 意 图	符号	名 称	示 意 图
δ	工件厚度	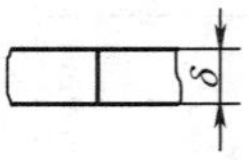	c	焊缝宽度	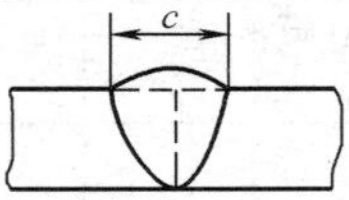
α	坡口角度	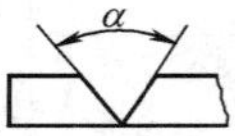	K	焊脚尺寸	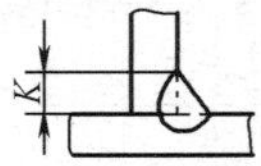
β	坡口面角度	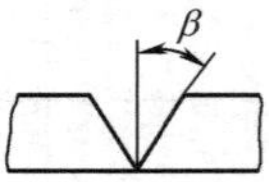	d	定位焊：熔核直径 塞焊：孔径	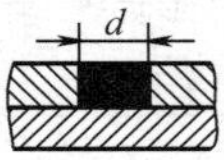
b	根部间隙	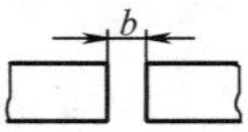	n	焊缝段数	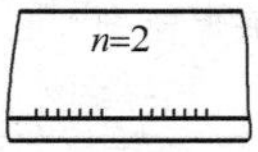
p	钝 边	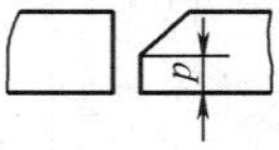	l	焊缝长度	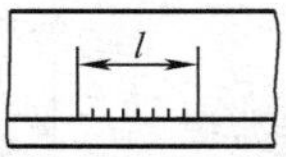
R	根部半径	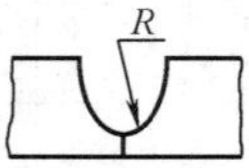	e	焊缝间距	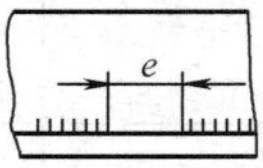
H	坡口深度	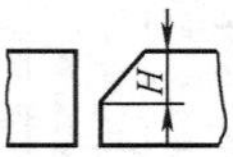	N	相同焊缝数量	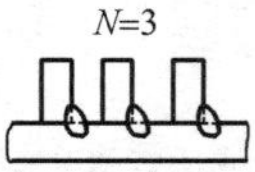
S	焊缝有效厚度	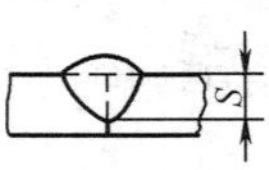	h	余 高	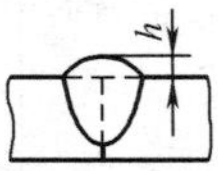

续表

焊缝尺寸符号及其标注位置	
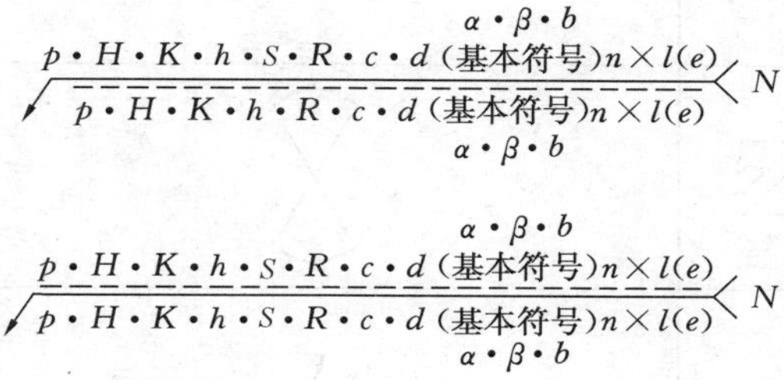α·β·b p·H·K·h·S·R·c·d (基本符号)n×l(e) p·H·K·h·R·c·d (基本符号)n×l(e) α·β·b N α·β·b p·H·K·h·S·R·c·d (基本符号)n×l(e) p·H·K·h·S·R·c·d (基本符号)n×l(e) α·β·b N	标注方法说明 1. 指引线一般由箭头线和两条基准线(一条为实线，另一条为虚线)两部分组成。如果焊缝在接头的箭头侧，则将基本符号标在基准线的实线侧(见表 1-42 中 1)；如果焊缝在接头的非箭头侧，则将基本符号标在基准线的虚线侧(见表 1-42 中 4 下部)；标注对称焊缝及双面焊缝时，可不加虚线(见表 1-42 中 3 及 5 上部) 2. 基本符号左侧标注焊缝横截面上的尺寸，基本符号右侧标注焊缝长度方向尺寸，基本符号的上侧或下侧标注坡口角度、坡口面角度、根部间隙等尺寸 3. 相同焊缝数量符号标在尾部 4. 当标注的尺寸数据较多又不易分辨时，可在数据前面增加相应的尺寸符号

表 2-74　基本符号的应用实例(GB/T 324—2008)

序号	符号	示意图	标 注 示 例
1		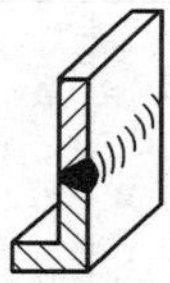	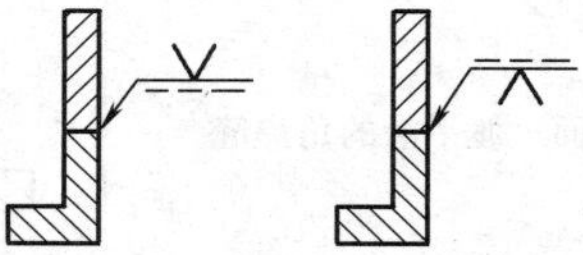
2	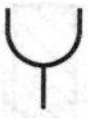	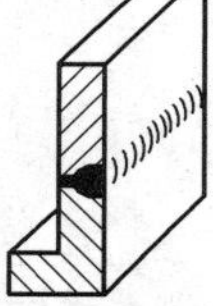	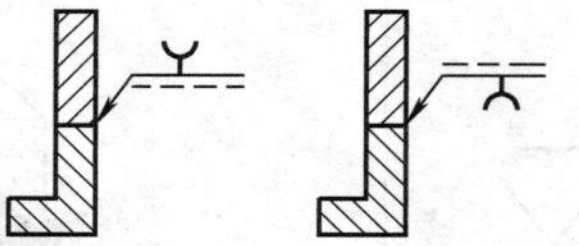
3		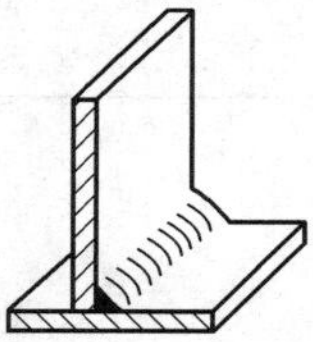	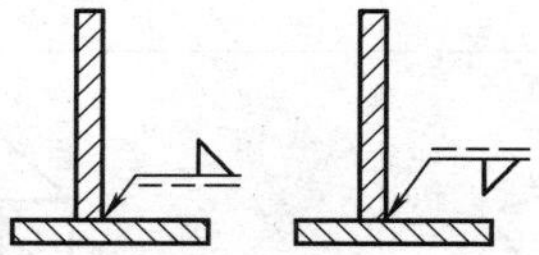
4	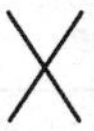	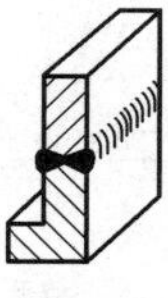	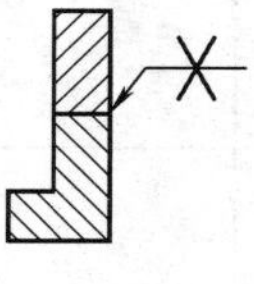
5	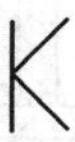	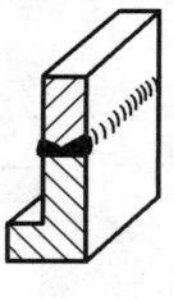	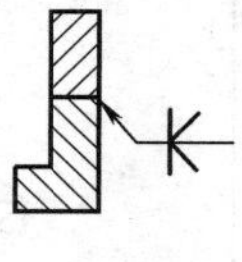

表 2-75　**补充符号的应用和标注示例**(GB/T 324—2008)

	名　称	示意图	符　号
补充符号应用示例	平齐的 V 形焊缝		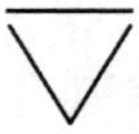
	凸起的双面 V 形焊缝	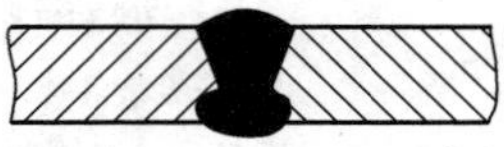	
	凹陷的角焊缝	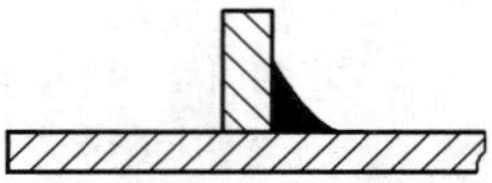	
	平齐的 V 形焊缝和封底焊缝		
	表面过渡平滑的角焊缝	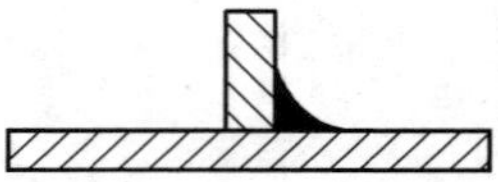	

	符　号	示意图	标注示例
补充符号标注示例		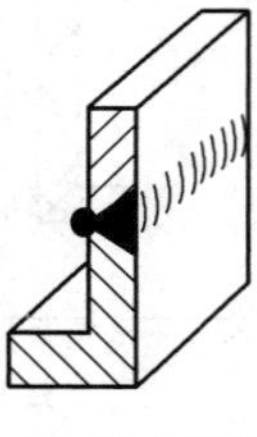	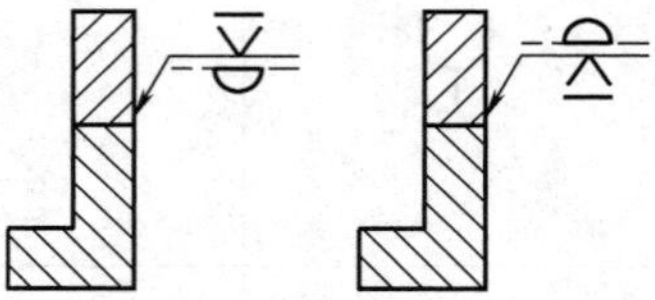
		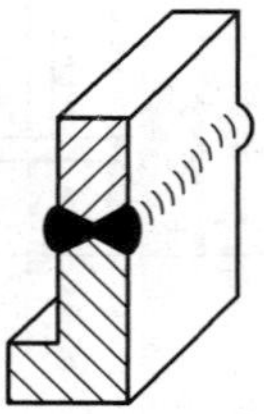	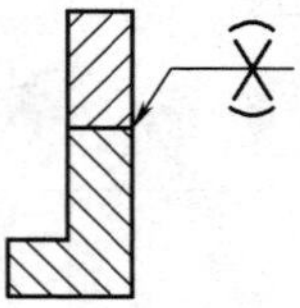
		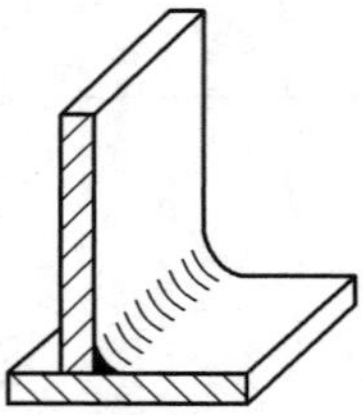	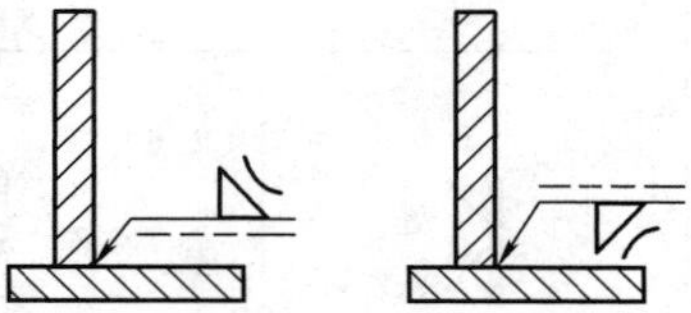

表 2-76　　　　　　　　　　　焊缝尺寸标注的示例(GB/T 324—2008)

序号	名　称	示　意　图	尺寸符号	标注方法
1	对接焊缝	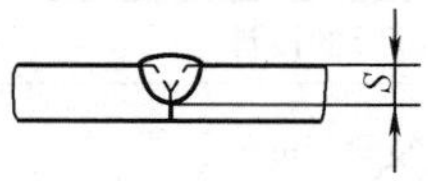	S：焊缝有效厚度	 S S
2	连续角焊缝	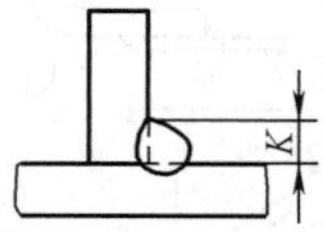	K：焊脚尺寸	 K K
3	断续角焊缝	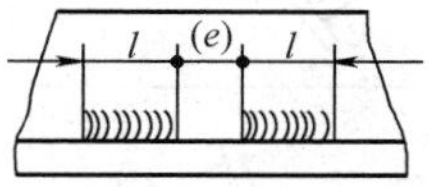	l：焊缝长度 e：间距 n：焊缝段数 K：焊脚尺寸	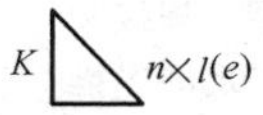 K $n\times l(e)$
4	交错断续角焊缝	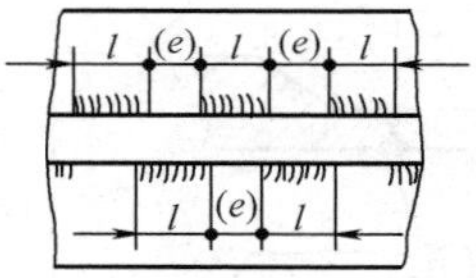	l：焊缝长度 e：间距 n：焊缝段数 K：焊脚尺寸	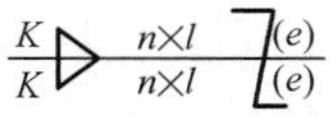 $\dfrac{K}{K}$ $n\times l$ $n\times l$ $\genfrac{}{}{0pt}{}{(e)}{(e)}$
5	塞焊缝或槽焊缝	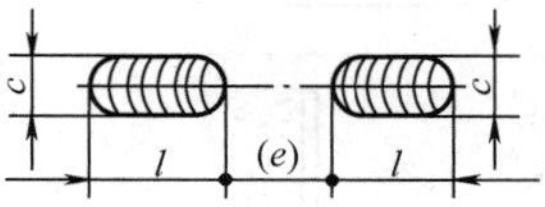	l：焊缝长度 e：间距 n：焊缝段数 c：槽宽	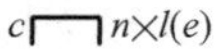 c $n\times l(e)$
5	塞焊缝或槽焊缝	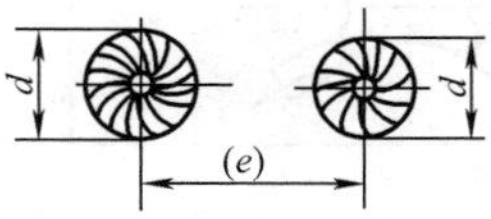	e：间距 n：焊缝段数 d：孔径	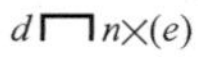 d $n\times(e)$
6	点焊缝	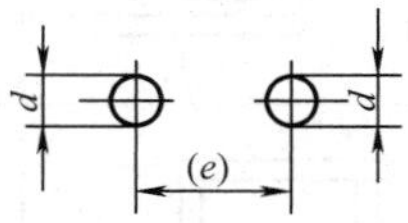	n：焊点数量 e：焊点距 d：熔核直径	 d ◯ $n\times(e)$
7	缝焊缝	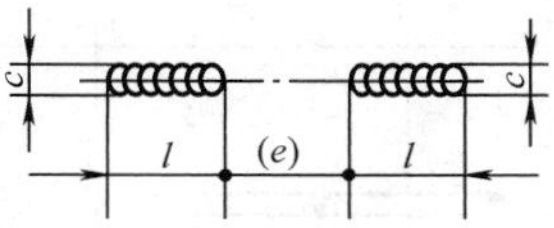	l：焊缝长度 e：间距 n：焊缝段数 c：焊缝宽度	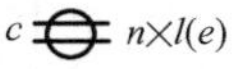 c ⬭ $n\times l(e)$

2.5.5 焊接件结构的设计原则(见表 2-77)

表 2-77 焊接件结构设计的设计原则

设计原则	不好的设计	改进后的设计	说　明
施工方便，焊接和质量检测有足够的操作空间	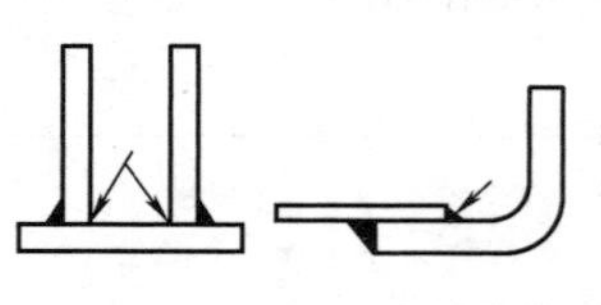	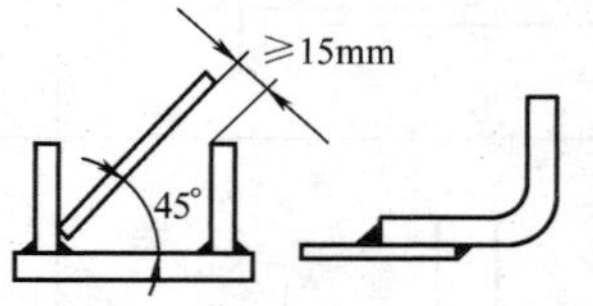	焊条电弧焊要考虑焊条操作空间
	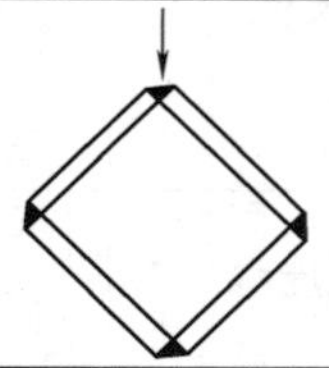	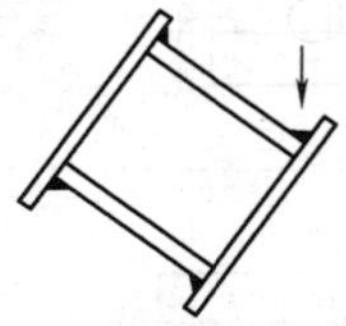	自动焊应考虑接头处便于存放焊剂
	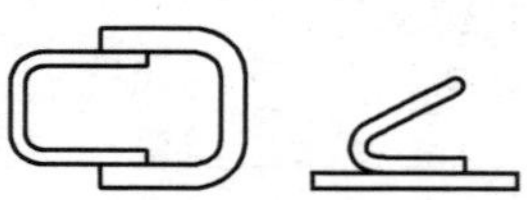	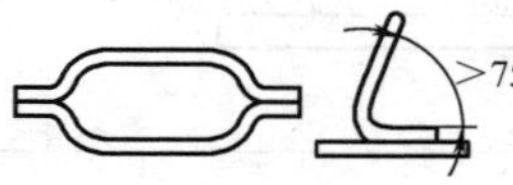	定位焊应考虑电极伸入方便
	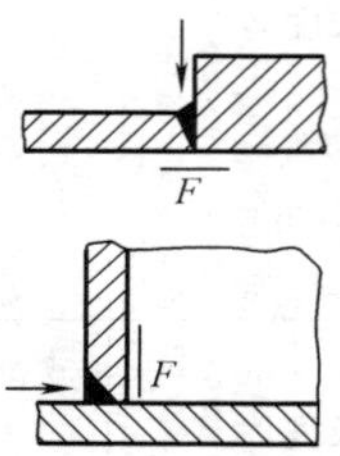	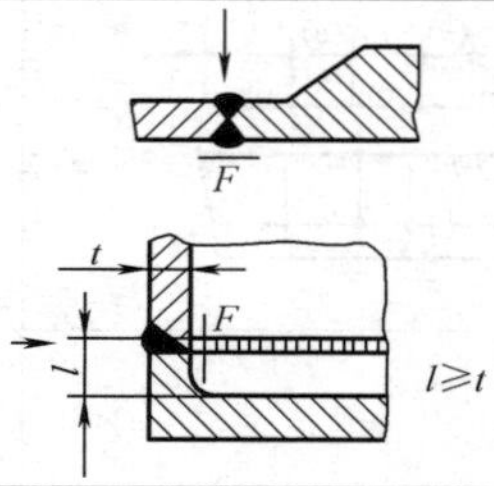	考虑了焊缝适于射线探伤的结构
焊缝位置布置应有利于减少焊接应力与变形	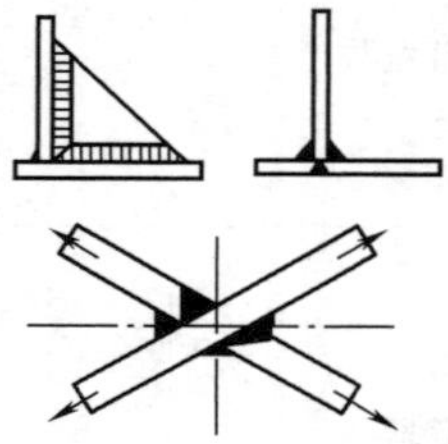	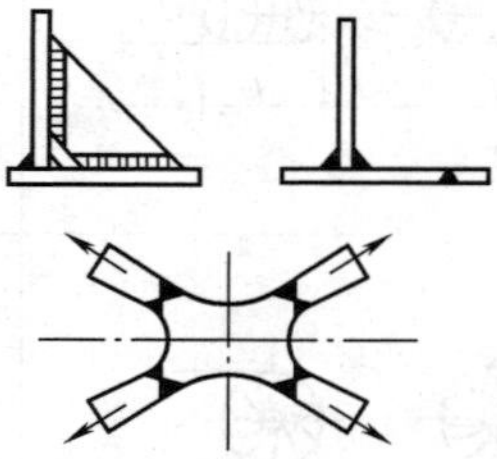	焊缝应避免过分密集或交叉
	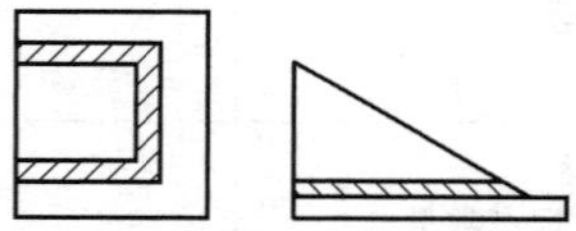	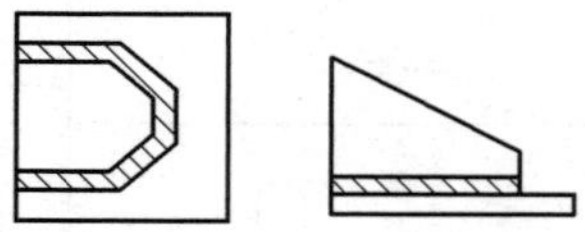	焊接端部应去除锐角
	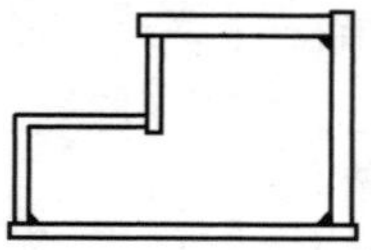	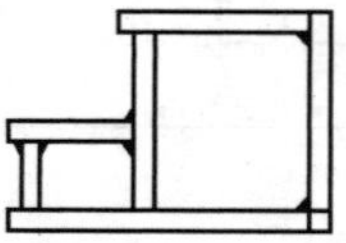	焊接件设计应具有对称性，焊缝布置与焊接顺序也应具有对称性
注意焊缝受力	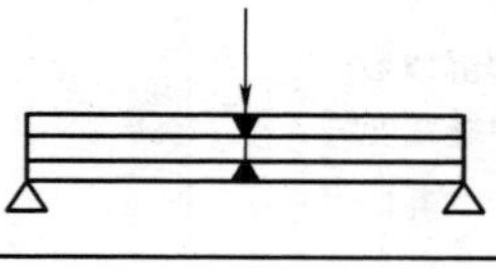	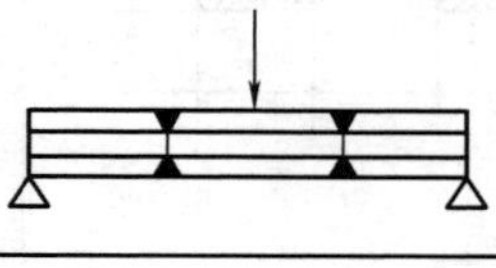	焊缝应避免集中载荷

续表

设计原则	不好的设计	改进后的设计	说　明
注意焊缝受力			注意力的作用方向，尽量避免角焊缝或母材厚度方向受拉伸
	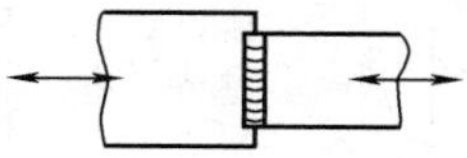	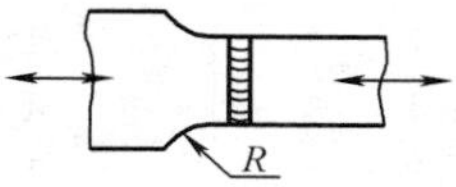	在动载荷作用下，结构断面变化处尽可能不设置焊缝，并使其平缓过渡或做出圆角
减少焊接工作量	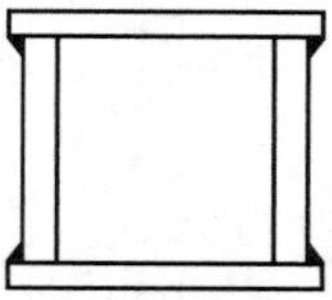		用钢板焊接的零件，先将钢板弯曲成一定形状再进行焊接较好（适当利用型钢和冲压件）
焊缝应避开加工面	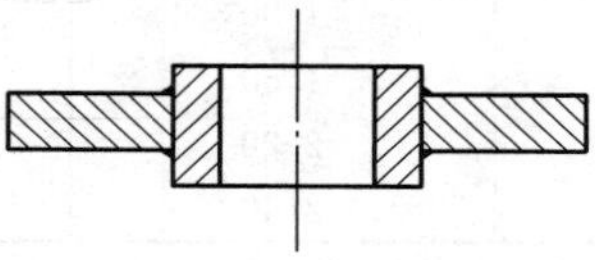	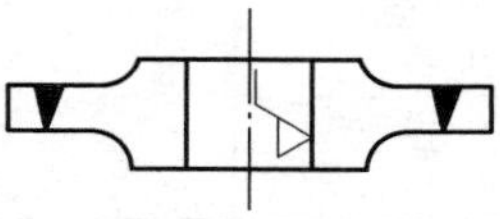	加工面应距焊缝远些
	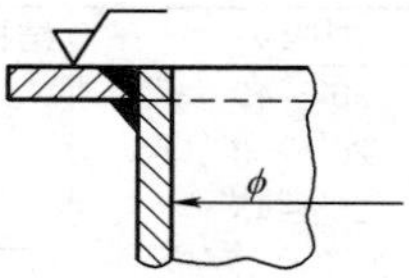	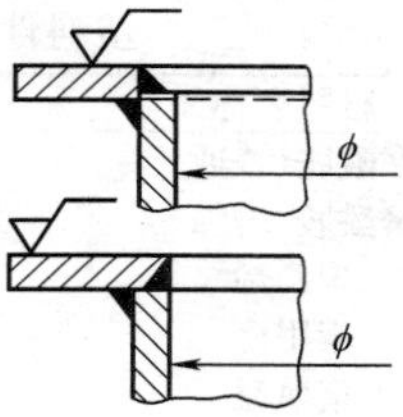	焊缝不应在加工表面上
注意，不同厚度工件焊接	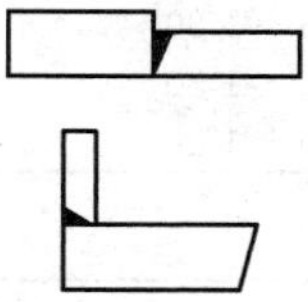	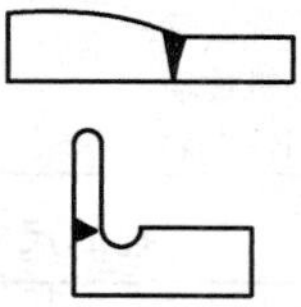	接头应平滑过渡
便于装配定位	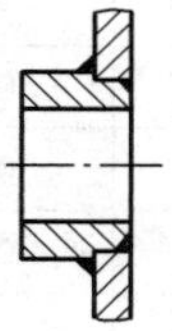	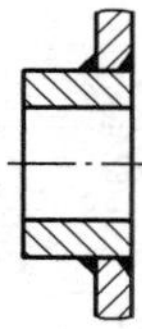	壁板与轴承座连接，在轴承座上加工坡口铰之在壁板上容易；做出止口，便于装配定位
节约原材料	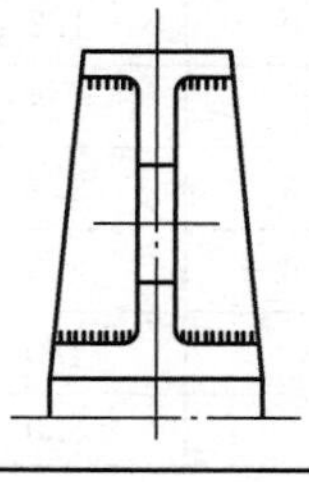	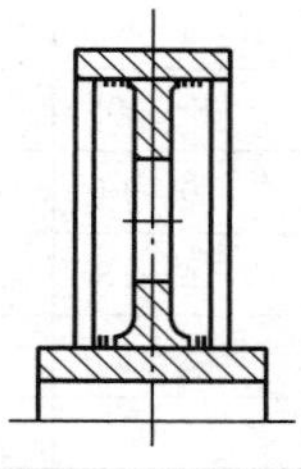	用钢板焊制零件时，尽量使用形状规范板料，以减少下料时产生的边角废料

2.6 塑料件设计一般规范(见表 2-78～表 2-89)

表 2-78　　　　　　　　　　常用热塑性塑料件壁厚推荐值　　　　　　　　　(单位：mm)

材　料	小型件最小壁厚	小型件推荐壁厚	中型件推荐壁厚	大型件推荐壁厚
聚乙烯	0.60	1.25	1.60	2.4～3.2
聚丙烯	0.85	1.45	1.75	2.4～3.2
聚苯乙烯	0.75	1.25	1.60	3.2～5.4
改性聚苯乙烯	0.75	1.25	1.60	3.2～5.4
聚氯乙烯(硬)	1.15	1.60	1.80	3.2～5.8
聚氯乙烯(软)	0.85	1.25	1.50	2.4～3.2
聚酰胺	0.45	0.75	1.50	2.4～3.2
聚甲醛	0.80	1.40	1.60	3.2～5.4
聚苯醚	1.20	1.75	2.50	3.5～6.4
聚碳酸酯	0.95	1.80	2.30	3.0～4.5
聚砜	0.95	1.80	2.30	3.0～4.5
氯化聚醚	0.90	1.35	1.80	2.5～3.4
醋酸纤维素	0.70	1.25	1.90	3.2～4.8
乙基纤维素	0.90	1.25	1.60	2.4～3.2
有机玻璃(372)	0.80	1.50	2.20	4.0～6.5
丙烯酸类	0.70	0.90	2.40	3.0～6.0

表 2-79　　　　　　　　　　　　塑料件脱模斜度

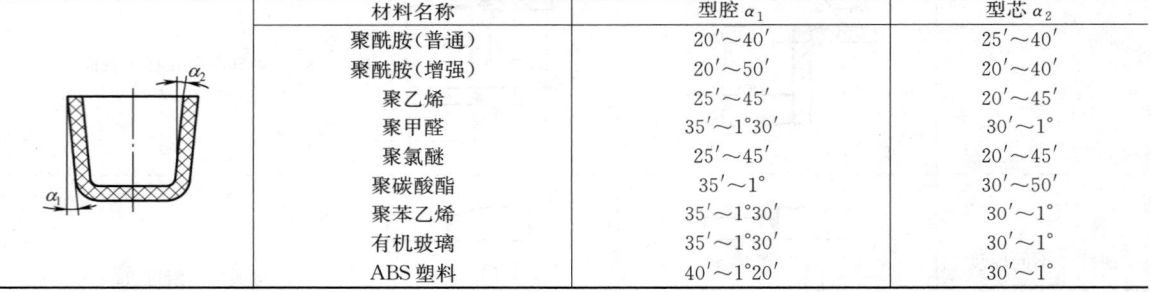

材料名称	型腔 α_1	型芯 α_2
聚酰胺(普通)	20′～40′	25′～40′
聚酰胺(增强)	20′～50′	20′～40′
聚乙烯	25′～45′	20′～45′
聚甲醛	35′～1°30′	30′～1°
聚氯醚	25′～45′	20′～45′
聚碳酸酯	35′～1°	30′～50′
聚苯乙烯	35′～1°30′	30′～1°
有机玻璃	35′～1°30′	30′～1°
ABS 塑料	40′～1°20′	30′～1°

表 2-80　　　　　　　　　　　孔的尺寸关系(最小值)　　　　　　　　　(单位：mm)

当 $b_2 \geqslant 0.3$mm 时，采用 $h_2 \geqslant 3b_2$

孔径 d	孔深与孔径比 h/d		边距尺寸		不通孔的最小厚度 h_1
	制件边孔	制件中孔	b_1	b_2	
≤2	2.0	3.0	0.5	1.0	1.0
>2～3	2.3	3.5	0.8	1.25	1.0
>3～4	2.5	3.8	0.8	1.5	1.2
>4～6	3.0	4.8	1.0	2.0	1.5
>6～8	3.4	5.0	1.2	2.3	2.0
>8～10	3.8	5.5	1.5	2.8	2.5
>10～14	4.6	6.5	2.2	3.8	3.0
>14～18	5.0	7.0	2.5	4.0	3.0
>18～30	—	—	4.0	4.0	4.0
>30	—	—	5.0	5.0	5.0

表 2-81　　　　　　　　螺纹成形部分的退刀尺寸　　　　　　　（单位：mm）

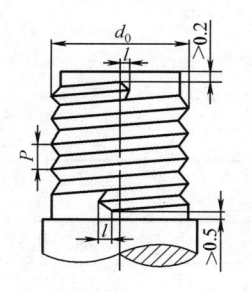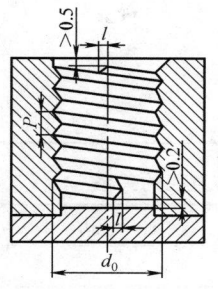

螺纹直径 d_0	螺距 P		
	<0.5	>0.5~1	>1
	退刀尺寸 l		
≤10	1	2	3
>10~20	2	3	4
>20~34	2	4	6
>34~52	3	6	8
>52	3	8	10

表 2-82　　　　　　　　　滚花的推荐尺寸　　　　　　　　（单位：mm）

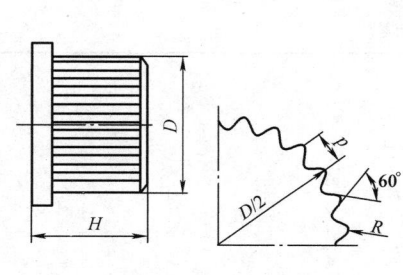

制件直径 D	滚花的距离		$\dfrac{D}{H}$
	齿距 p	半径 R	
≤18	1.2~1.5	0.2~0.3	1
>18~50	1.5~2.5	0.3~0.5	1.2
>50~80	2.5~3.5	0.5~0.7	1.5
>80~120	3.5~4.5	0.7~1	1.5

表 2-83　　　　　　金属嵌件周围及顶部塑料厚度　　　　　　（单位：mm）

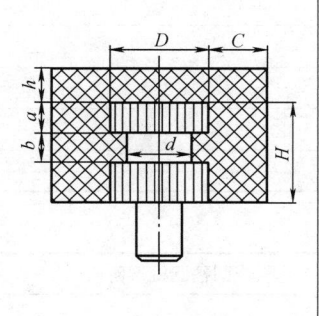

圆柱类嵌件尺寸
$H=D$，$a=0.3H$
$b=0.3H$，$d=0.75D$
在特殊情况下，H 值最大不超过 $2D$

嵌件直径 D	周围最小厚度 C	顶部最小厚度 h
<4	1.5	1.0
>4~8	2.0	1.5
>8~12	3.0	2.0
>12~16	4.0	2.5
>16~25	5.0	3.0

表 2-84　　　　　　　　　塑料件的文字与标志

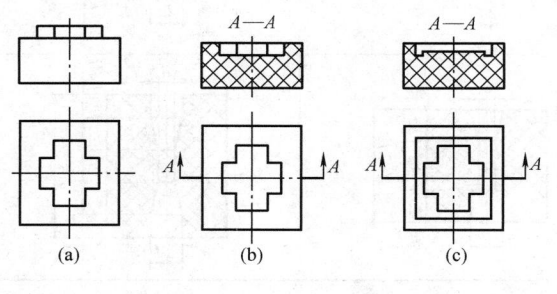

形式	尺寸
(a)凸字	文字或标志的凸出高度一般大于 0.2mm
(b)凹字	线条宽度大于 0.3mm（以 0.8mm 为最佳）
（c）凸字在凹坑内	线条之间相距不小于 0.4mm 脱模斜度在 5°~10°

表 2-85 圆 角 尺 寸

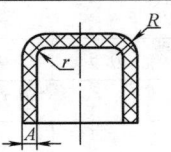

$$R = 1.5A$$
$$r = 0.5A$$

表 2-86 孔深（最大值）与直径的关系

成 形 方 法		通 孔	不 通 孔
压 塑	横 孔	2.5D	<1.5D
	竖 孔	5D	<2.5D
挤塑、注射		10D	(4～5)D

注：D 为孔的直径。

表 2-87 加强肋的尺寸参数

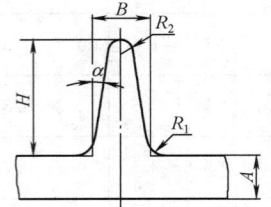

$$B = \frac{A}{2} \qquad \alpha = 2° \sim 5°$$
$$H = 3A$$
$$R_1 = \frac{A}{8}$$
$$R_2 = \frac{A}{4}$$

表 2-88 螺纹孔的尺寸关系（最小值） （单位：mm）

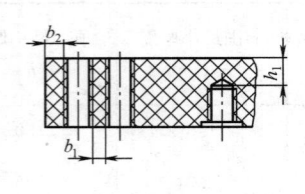

螺纹直径	边距尺寸		不通螺纹孔最小底厚
	b_1	b_2	h_1
≤3	1.3	2.0	2.0
>3～6	2.0	2.5	3.0
>6～10	2.5	3.0	3.8
>10	3.8	4.3	5.0

表 2-89 用成形型芯制出通孔的孔深和孔径

凸模形式	圆锥形阶段	圆柱形阶段	圆柱圆锥形阶段
单边凸模	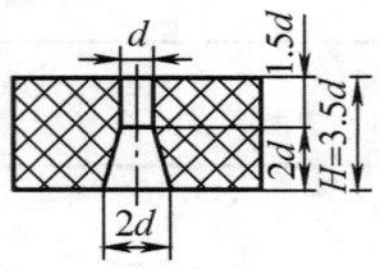	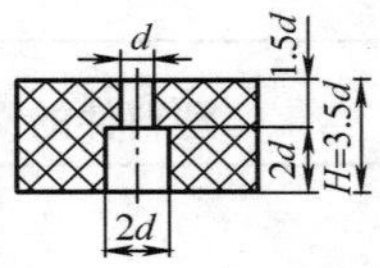	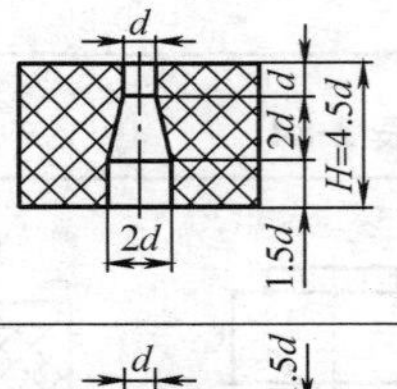
双边凸模	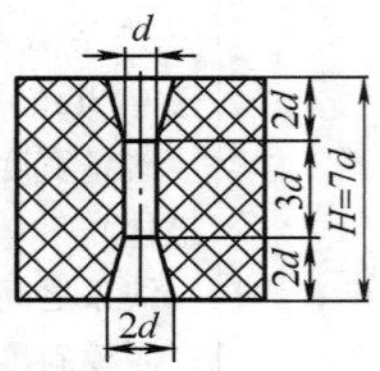	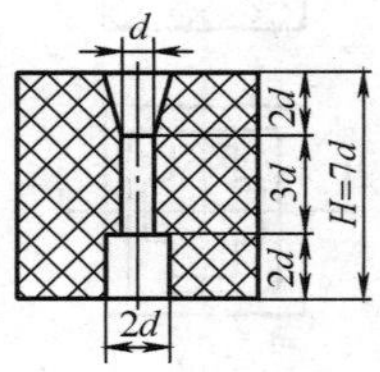	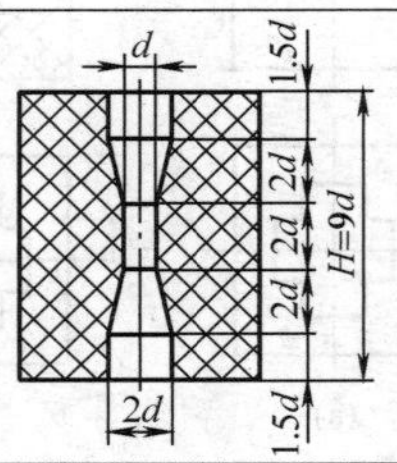

第 3 章 机 械 制 图

3.1 机械制图基本标准

3.1.1 图纸幅面和格式(见表 3-1 和表 3-2)

表 3-1　　　　　　　　图纸幅面和格式(GB/T 14689—2008)

留有装订边的图纸 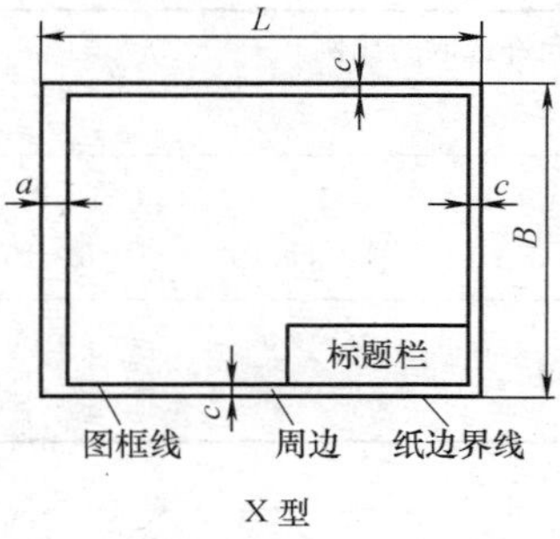	不留装订边的图纸 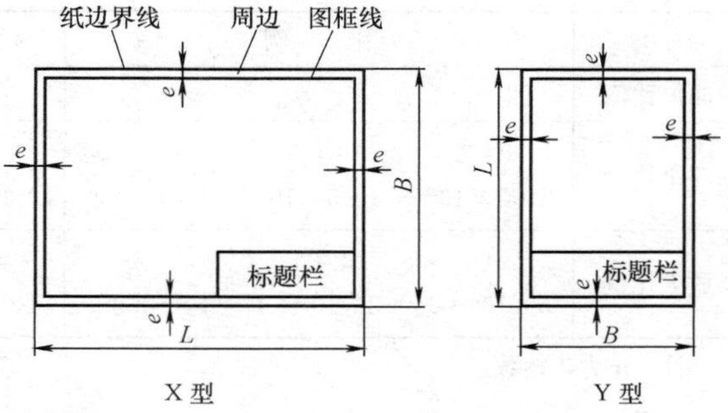

留有装订边的图纸：X 型、Y 型（标注 L、B、a、c；图框线、周边、纸边界线、标题栏）

不留装订边的图纸：X 型、Y 型（标注 纸边界线、周边、图框线、L、B、e；标题栏）

基本幅面(第一选择)					必要时，允许选用的加长幅面						
					第二选择		第三选择				
幅面代号	尺寸 $B \times L$	a	c	e	幅面代号	尺寸 $B \times L$	幅面代号	尺寸 $B \times L$	幅面代号	尺寸 $B \times L$
A0	841×1189			20	A3×3	420×891	A0×2	1189×1682	A3×5	420×1486
A1	594×841	10	10		A3×4	420×1189	A0×3	1189×2523	A3×6	420×1783
					A4×3	297×630	A1×3	841×1783	A3×7	420×2080
A2	420×594	25			A4×4	297×841	A1×4	841×2378	A4×6	297×1261
A3	297×420		5	10	A4×5	297×1051	A2×3	594×1261	A4×7	297×1471
							A2×4	594×1682	A4×8	297×1682
A4	210×297						A2×5	594×2102	A4×9	297×1892

注：加长幅面的图框尺寸，按所选用的基本幅面大一号的图框尺寸确定。例如 A2×3 的图框尺寸，按 A1 的图框尺寸确定，即 e 为 20(或 c 为 10)；对 A3×4 则按 A2 的图框尺寸确定，即 e 为 10(或 c 为 10)。

表 3-2   **图幅分区及对中符号**（GB/T 14689—2008）

| 分区数、分区长度、分区代号和对中符号 | 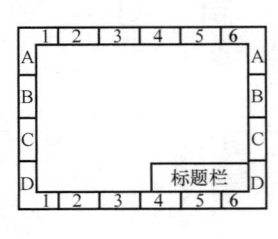 | 1. 图幅分区数目应是偶数，分区线为细实线，每一分区的长度应在 25～75mm 之间选择

2. 分区的编号，沿图的上下方向用大写拉丁字母从上到下顺序编写，沿图的水平方向用阿拉伯数字从左到右顺序编写

3. 分区代号由拉丁字母和阿拉伯数字组合而成，字母在前、数字在后并排地书写，如 B3、C5，当分区代号与图形名称同时标注时，则分区代号写在图形名称后边，中间空一个字母的宽度，如 A　B3；E-E　AT；$\frac{D}{211}$ C5 等

4. 对中符号是从周边画入图框内约 5mm 的一段粗实线 |

3.1.2 图样比例（见表 3-3）

表 3-3   **图样比例**（GB/T 14690—1993）

种类	比 例			必要时，允许选取的比例					
原值比例	1：1								
缩小比例	1：2 $1：2×10^n$	1：5 $1：5×10^n$	1：10 $1：1×10^n$	1：1.5 $1：1.5×10^n$	1：2.5 $1：2.5×10^n$	1：3 $1：3×10^n$	1：4 $1：4×10^n$	1：6 $1：6×10^n$	
放大比例	5：1 $5×10^n：1$	2：1 $2×10^n：1$	1：1 $1×10^n：1$	4：1 $4×10^n：1$	2.5：1 $2.5×10^n：1$				

注：n 为正整数。

3.1.3 标题栏和明细栏（GB/T 10609.1—2008、GB/T 10609.2—2009）（见图 3-1 和图 3-2）

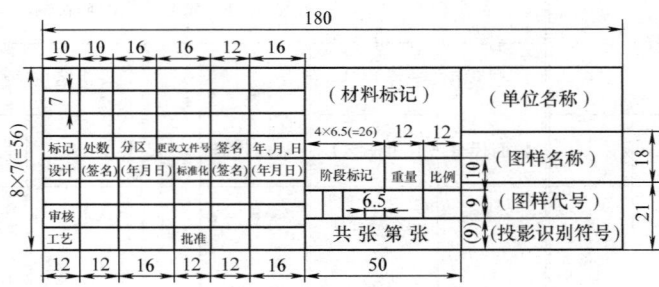

图 3-1　标题栏格式

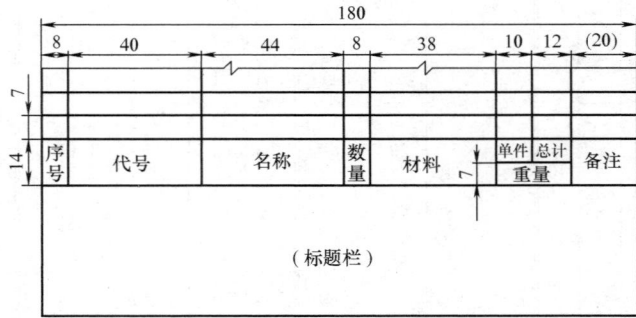

图 3-2　明细栏格式

3.1.4 图线(见表 3-4 和表 3-5)

表 3-4 线型及应用(GB/T 4457.4—2002)

代码 No	线型	一般应用	代码 No	线型	一般应用
01.1	细实线	1. 过渡线	01.2	粗实线	4. 螺纹牙顶线
		2. 尺寸线			5. 螺纹长度终止线
		3. 尺寸界线			6. 齿顶圆(线)
		4. 指引线和基准线			7. 表格图、流程图中的主要表示线
		5. 剖面线			
		6. 重合断面的轮廓线			8. 系统结构线(金属结构工程)
		7. 短中心线			
		8. 螺纹牙底线			9. 模样分型线
		9. 尺寸线的起止线			10. 剖切符号用线
		10. 表示平面的对角线	02.1	细虚线	1. 不可见棱边线
		11. 零件成形前的弯折线			2. 不可见轮廓线
		12. 范围线及分界线	02.2	粗虚线	允许表面处理的表示线,例如:热处理
		13. 重复要素表示线,例如齿轮的齿根线			
		14. 锥形结构的基面位置线	04.1	细点画线	1. 轴线
					2. 对称中心线
		15. 叠片结构位置线,例如变压器叠钢片			3. 分度圆(线)
					4. 孔系分布的中心线
		16. 辅助线			5. 剖切线
		17. 不连续同一表面连线	04.2	粗点画线	限定范围表示线
		18. 成规律分布的相同要素连线	05.1	细双点画线	1. 相邻辅助零件的轮廓线
					2. 可动零件的极限位置的轮廓线
		19. 投射线			
		20. 网格线			3. 重心线
	波浪线	21. 断裂处边界线;视图与剖视图的分界线①			4. 成形前轮廓线
					5. 剖切面前的结构轮廓线
	双折线	22. 断裂处边界线;视图与剖视图的分界线①			6. 轨迹线
					7. 毛坯图中制成品的轮廓线
01.2	粗实线	1. 可见棱边线			8. 特定区域线
					9. 延伸公差带表示线
		2. 可见轮廓线			10. 工艺用结构的轮廓线
		3. 相贯线			11. 中断线

注:在机械图样中采用粗细两种线宽,它们之间的比例为 2:1。应根据图样的类型、尺寸、比例和缩微复制的要求确定。图线组别见表 3-5。

① 在一张图样上一般采用一种线型,即采用波浪线或双折线。

表 3-5   图线宽度和图线组别（GB/T 4457.4—2002）   （单位：mm）

线型组别	与线型代码对应的线型宽度		线型组别	与线型代码对应的线型宽度	
	01.2；02.2；04.2	01.1；02.1；04.1；05.1		01.2；02.2；04.2	01.1；02.1；04.1；05.1
0.25	0.25	0.13	1	1	0.5
0.35	0.35	0.18	1.4	1.4	0.7
0.5①	0.5	0.25	2	2	1
0.7①	0.7	0.35			

① 优先采用的图线组别。

3.1.5 剖面符号（见表 3-6）

表 3-6   各种材料的剖面符号（GB/T 17453—2005 和 GB/T 4457.5—2013）

材料类别	剖面符号	材料类别	剖面符号	材料类别	剖面符号
金属材料（已有规定剖面符号者除外）	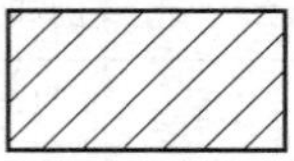	木质胶合板（不分层数）	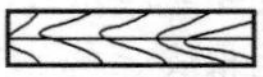	玻璃及供观察用的其他透明材料	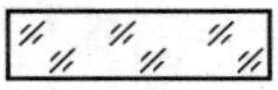
线圈绕组元件	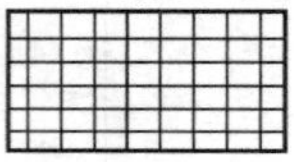	基础周围的泥土		木材 纵剖面	
转子、电枢、变压器和电抗器等的叠钢片	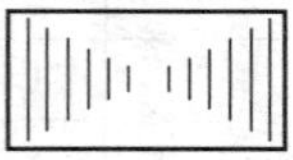	混凝土	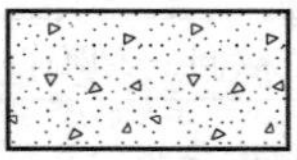	横剖面	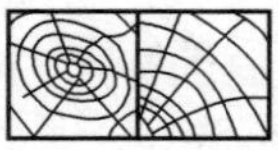
非金属材料（已有规定剖面符号者除外）	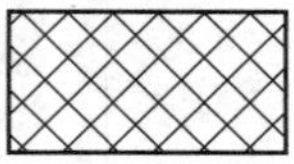	钢筋混凝土	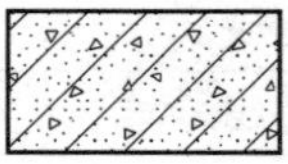	格网（筛网、过滤网等）	
型砂、填砂、粉末冶金、砂轮、陶瓷刀片、硬质合金刀片等	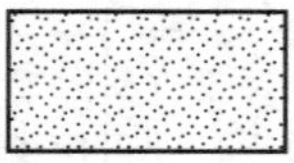	砖	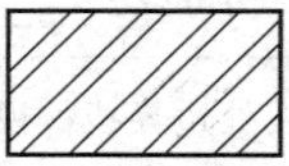	液体	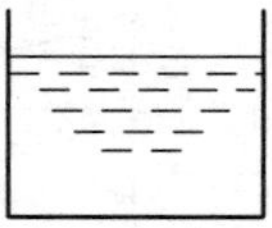

注：1. 剖面符号仅表示材料的类别，材料的名称和代号必须另行标注。

2. 叠钢片的剖面线方向应与束装中的叠钢片的方向一致。

3. 液面用细实线绘制。GB/T 17453—2005《技术制图 图样画法 剖面区域的表示法》规定如下：

(1)不需在剖面区域中表示材料类别时，可采用通用剖面线表示。通用剖面线应以适当角度的细实线绘制，最好与主要轮廓或剖面区域的对称线成45°角，如金属材料的剖面符号通常用作机械制图的通用剖面符号。

(2)若需要在剖面区域中表示材料类别时，应采用特定的剖面符号。GB/T 17453—2005 的规定的剖面符号可供选用。

3.1.6 剖面区域表示法(见表 3-7)

表 3-7 剖面区域表示法(GB/T 17453—2005 和 GB/T 4457.5—2013)

说　明	示　例
剖面线	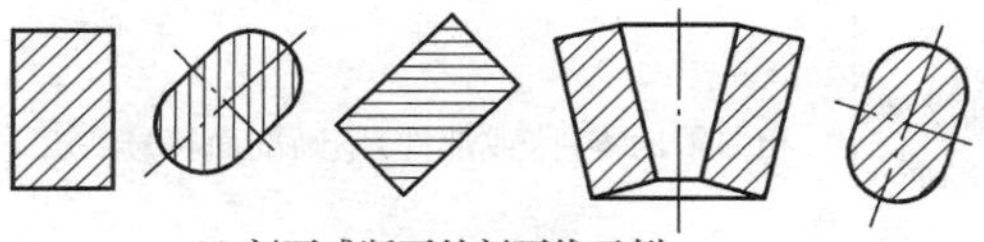 剖面线由 GB/T 4457.4 所指定的细实线来绘制，而且与剖面或断面外面轮廓成对称或相适宜的角度[参考角 45°，见图(a)] 同一个零件相隔的剖面或断面应使用相同的剖面线，相邻零件的剖面线应该用方向不同的间距不同的剖面线[见图(b)] 剖面线的间距应与剖面尺寸的比例相一致，应与 GB/T 17450 所给出最小间距的要求一致 同一个零件的剖面或断面线要平行并列绘制，剖面线要统一[见图(c)]。但沿着剖面或断面的方向偏移可能更清楚一些 在大面积剖切的情况下，剖面线可以局限于一个区域，在这个区域内可使用沿周线的等长剖面线表示[见图(d)] 剖面内可以标注尺寸[见图(e)] (a) 剖面或断面的剖面线示例 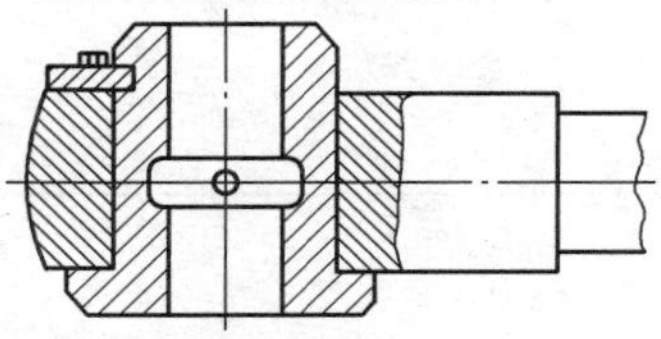 (b) 相邻零件剖面线示例 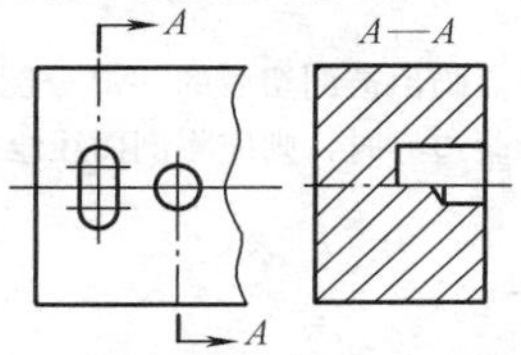 (c) 同一零件偏移的切面或断面 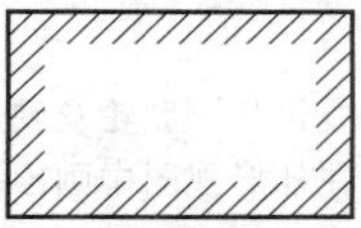 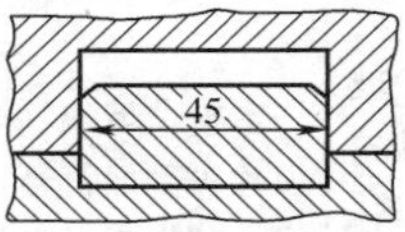 (d) 大面积剖视图　(e) 带有标注的剖面
阴影或调色	阴影可以是一个带点的图案，或者是一个全色[见图(f)] 点的间距根据底纹尺寸按比例选取。如果是一个大的面，阴影可以局限于一个区域。在这个区域内，沿周线画等距线图案[见图(d)] 阴影面或调色面内允许标注 (f) 阴影是带点图案或全色
加粗实轮廓线	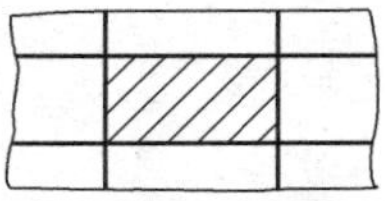 断面或剖面可以用 GB/T 17450《技术制图图线》所规定的加粗实线来强调表示[见图(g)] (g) 剖面边框使用加粗实线型
狭小剖面或相近的狭小剖面	  狭小剖面可以用完全黑色来表示[见图(h)] 这个方法表示实际的几何形状 相近的狭小剖面可以表示成完全黑色，在相邻的剖面之间至少应留下 0.7mm 的间距[见图(i)] 这种方法不表示实际的几何形状 (h) 狭小剖面　(i) 相近的狭小剖面
特殊材料	不同类型的表示方法，用作表示不同的材料。如果有一个特殊材料要表示，这个表示的含义应清楚地在这个图上注明(举例来说，用一个图案或参照一个合适的标准)

续表

说　明		示　例
辅助零件 的剖面	相邻辅助零件(或部件)不画剖面符号	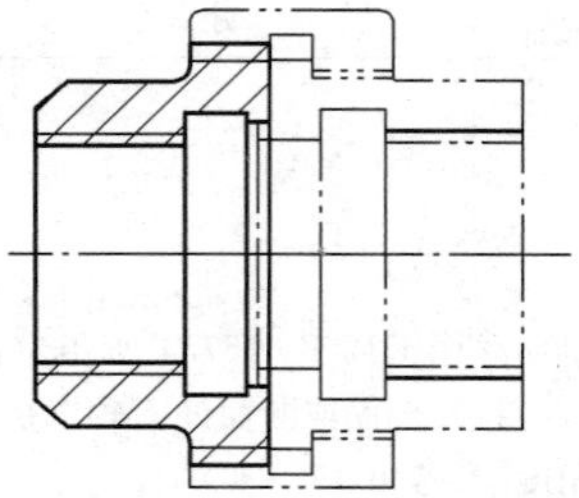
不画出边 界的剖面	如仅需画出被剖切后的一部分图形，其边界又 不画断裂边界时，则应将剖面线绘制整齐	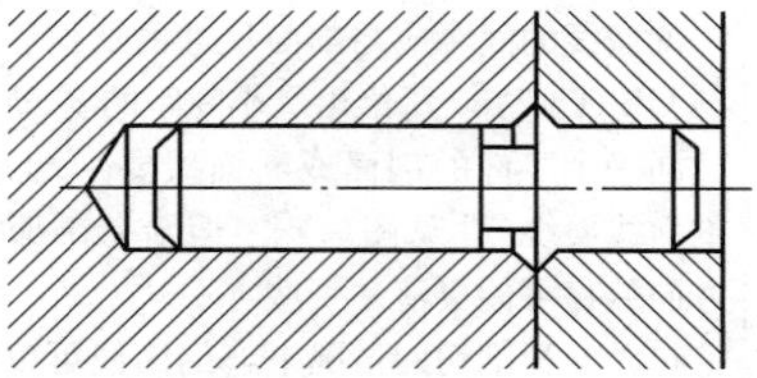
木材、玻 璃、砂轮 等材料 的标示	木材、玻璃、液体、叠钢片、砂轮及硬质合金 刀片等剖面符号，也可在外形视图中画出一部分 或全部作为材料类别的标志	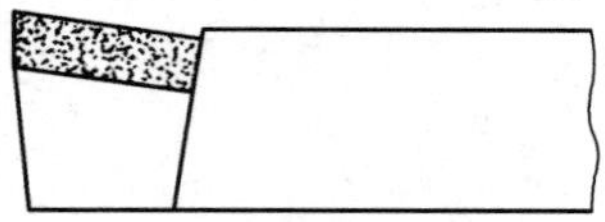
接合件的 剖面画法	当绘制接合件与其他零件的装配图时，如果接 合件中各零件的剖面符号相同，一般可作为一个 整体画出；如果不相同，应分别画出	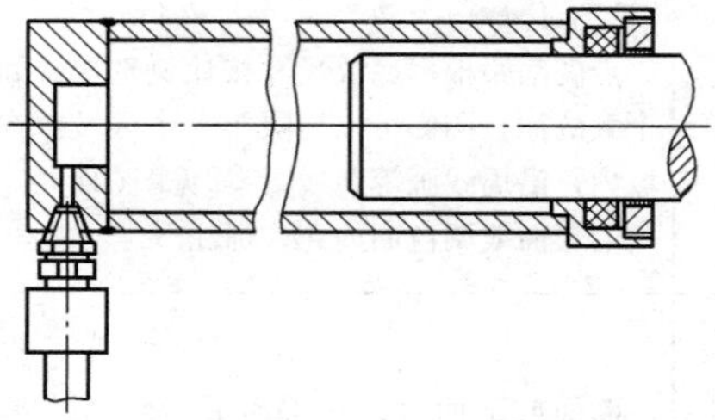
狭小面 积剖面	装配图中狭小面积的剖面可用涂黑代替剖面 符号	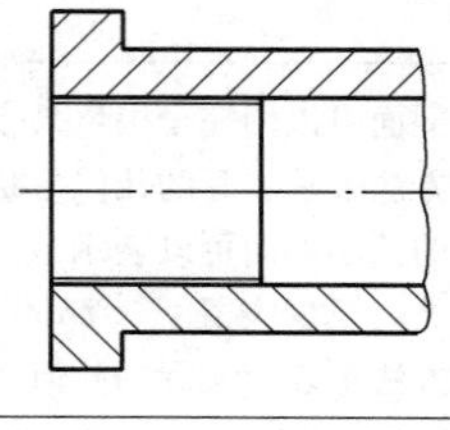
嵌入或粘 贴材料 的剖面	由不同材料嵌入或粘贴在一起的成品，用其中主要材料的剖面符号表示。例如，夹丝玻璃的剖面符号，用 玻璃的剖面符号表示；复合钢板的剖面符号，用钢板的剖面符号表示	

3.2 图样画法规定

3.2.1 投影法(GB/T 14692—2008)(见表 3-8 和表 3-9)

表 3-8 基本视图的投射方向

投射方向		视图名称
方向代号	方　向	
a	自前方投射	主视图或正立面图
b	自上方投射	俯视图或平面图
c	自左方投射	左视图或左侧立面图
d	自右方投射	右视图或右侧立面图
e	自下方投射	仰视图或底面图
f	自后方投射	后视图或背立面图

表 3-9 第一角投影(第一角画法)和第三角投影(第三角画法)

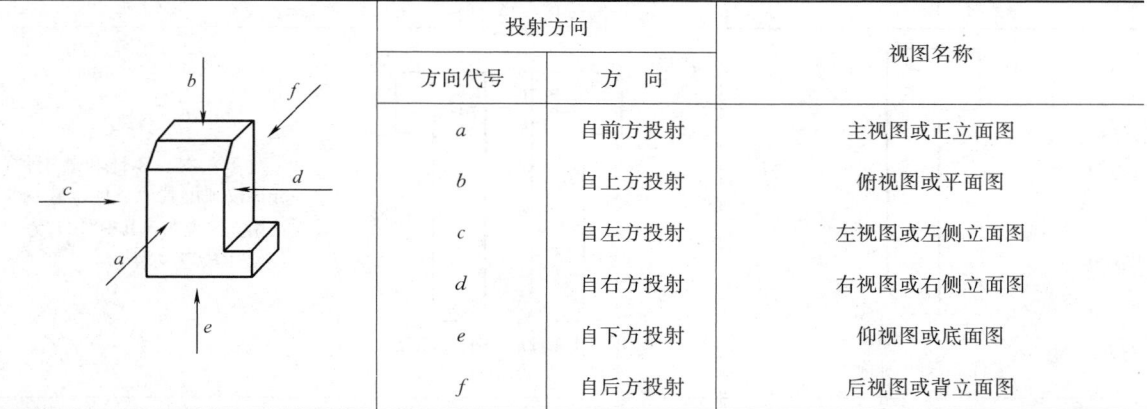

画法	基本投影面的展开方法	基本视图的配置	投影识别符号
第一角画法			
第三角画法			

3. 2. 2　图样简化表示法(见表 3-10)

机械制图的视图、剖视图和断面图等图样画法

参见有关机械制图国标规定。有些图样也可以采用简化表示法,见表 3-10。

表 3-10　　　　　　　　　简化画法(GB/T 16675.1—2012)

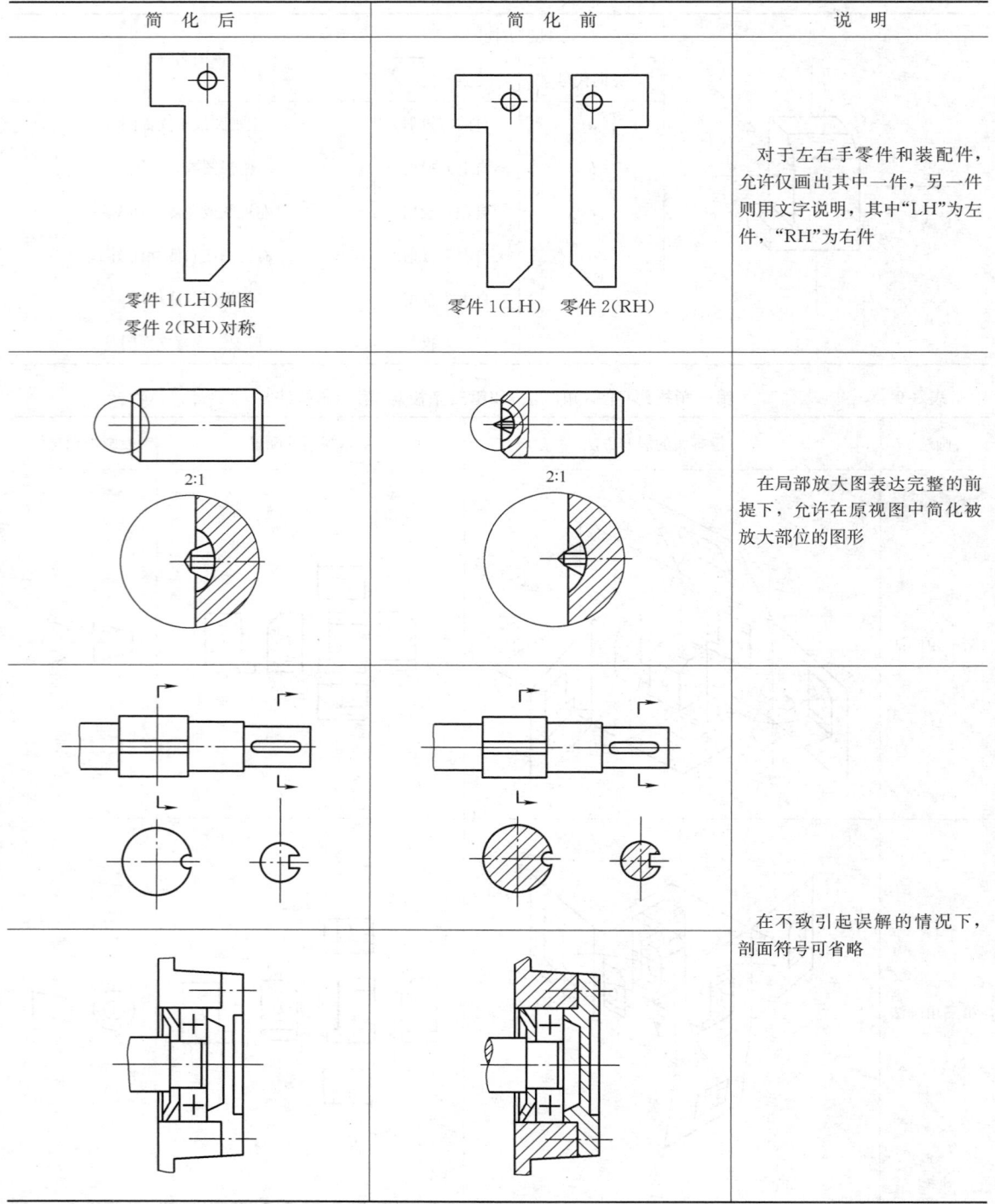

简 化 后	简 化 前	说 明
零件 1(LH)如图 零件 2(RH)对称	零件 1(LH)　　零件 2(RH)	对于左右手零件和装配件,允许仅画出其中一件,另一件则用文字说明,其中"LH"为左件,"RH"为右件
2:1	2:1	在局部放大图表达完整的前提下,允许在原视图中简化被放大部位的图形
		在不致引起误解的情况下,剖面符号可省略

续表

简 化 后	简 化 前	说 明
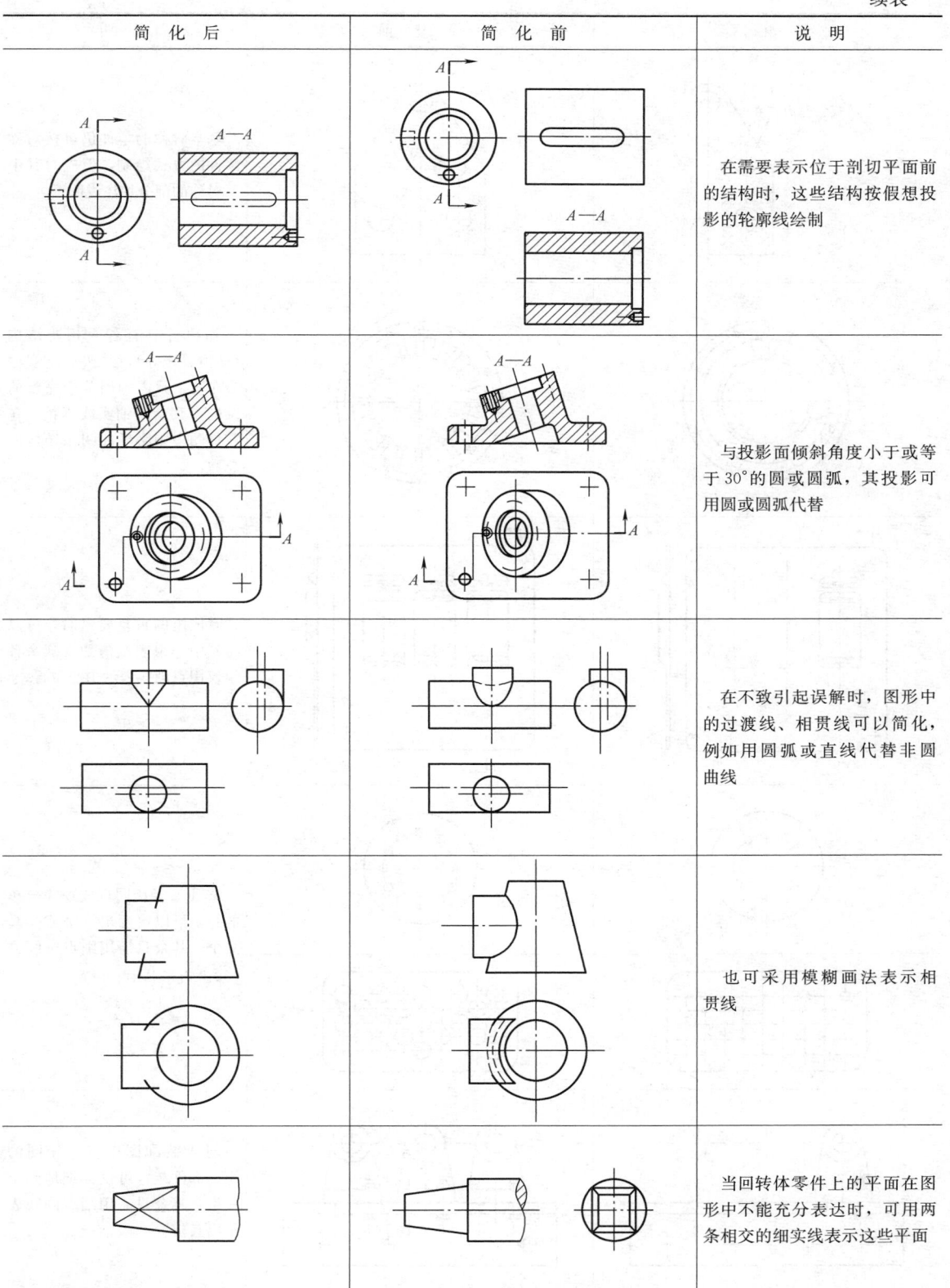		在需要表示位于剖切平面前的结构时，这些结构按假想投影的轮廓线绘制
		与投影面倾斜角度小于或等于30°的圆或圆弧，其投影可用圆或圆弧代替
		在不致引起误解时，图形中的过渡线、相贯线可以简化，例如用圆弧或直线代替非圆曲线
		也可采用模糊画法表示相贯线
		当回转体零件上的平面在图形中不能充分表达时，可用两条相交的细实线表示这些平面

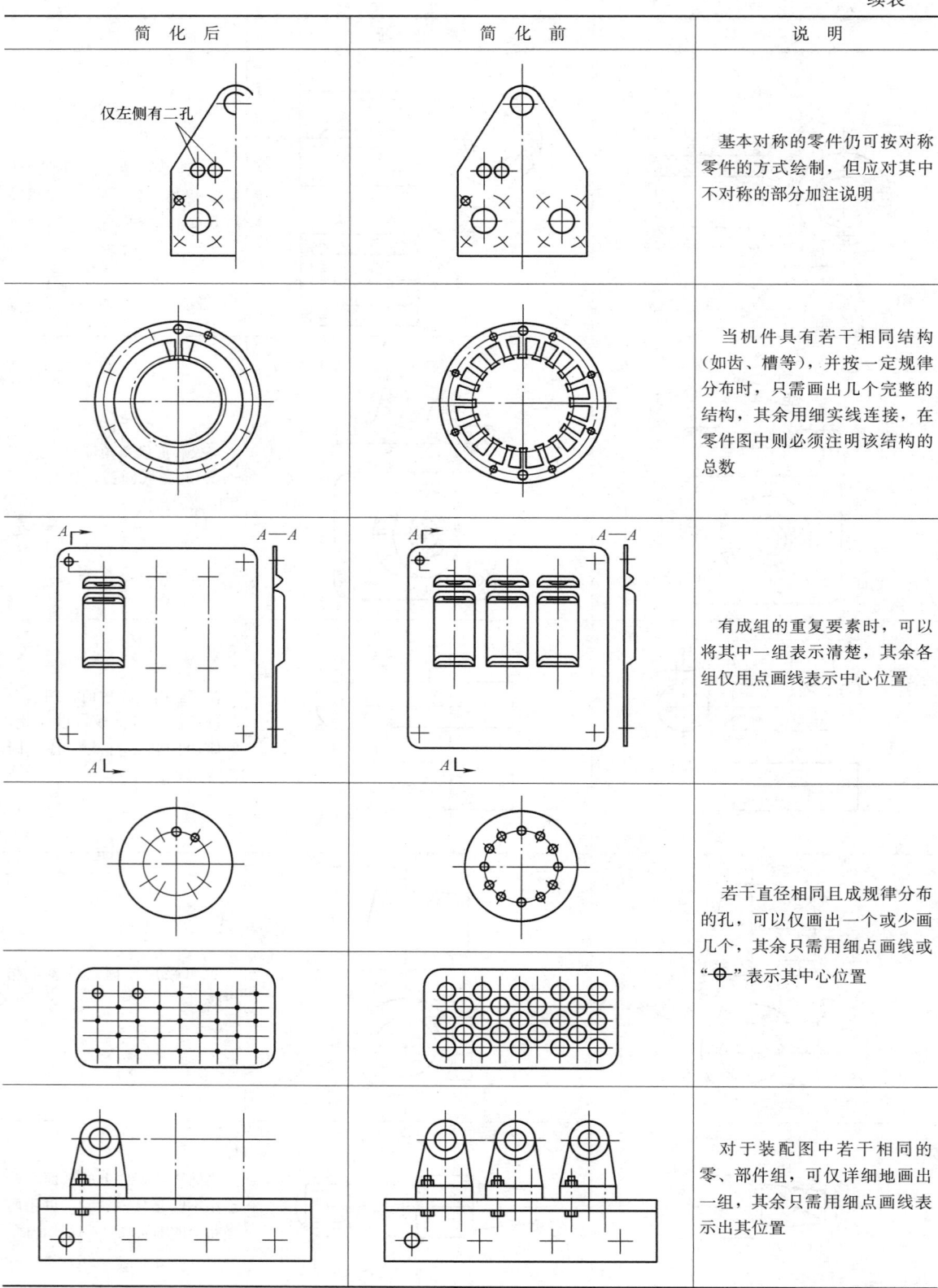

简　化　后	简　化　前	说　明
		基本对称的零件仍可按对称零件的方式绘制，但应对其中不对称的部分加注说明
		当机件具有若干相同结构（如齿、槽等），并按一定规律分布时，只需画出几个完整的结构，其余用细实线连接，在零件图中则必须注明该结构的总数
		有成组的重复要素时，可以将其中一组表示清楚，其余各组仅用点画线表示中心位置
		若干直径相同且成规律分布的孔，可以仅画出一个或少画几个，其余只需用细点画线或"⊕"表示其中心位置
		对于装配图中若干相同的零、部件组，可仅详细地画出一组，其余只需用细点画线表示出其位置

续表

简　化　后	简　化　前	说　明
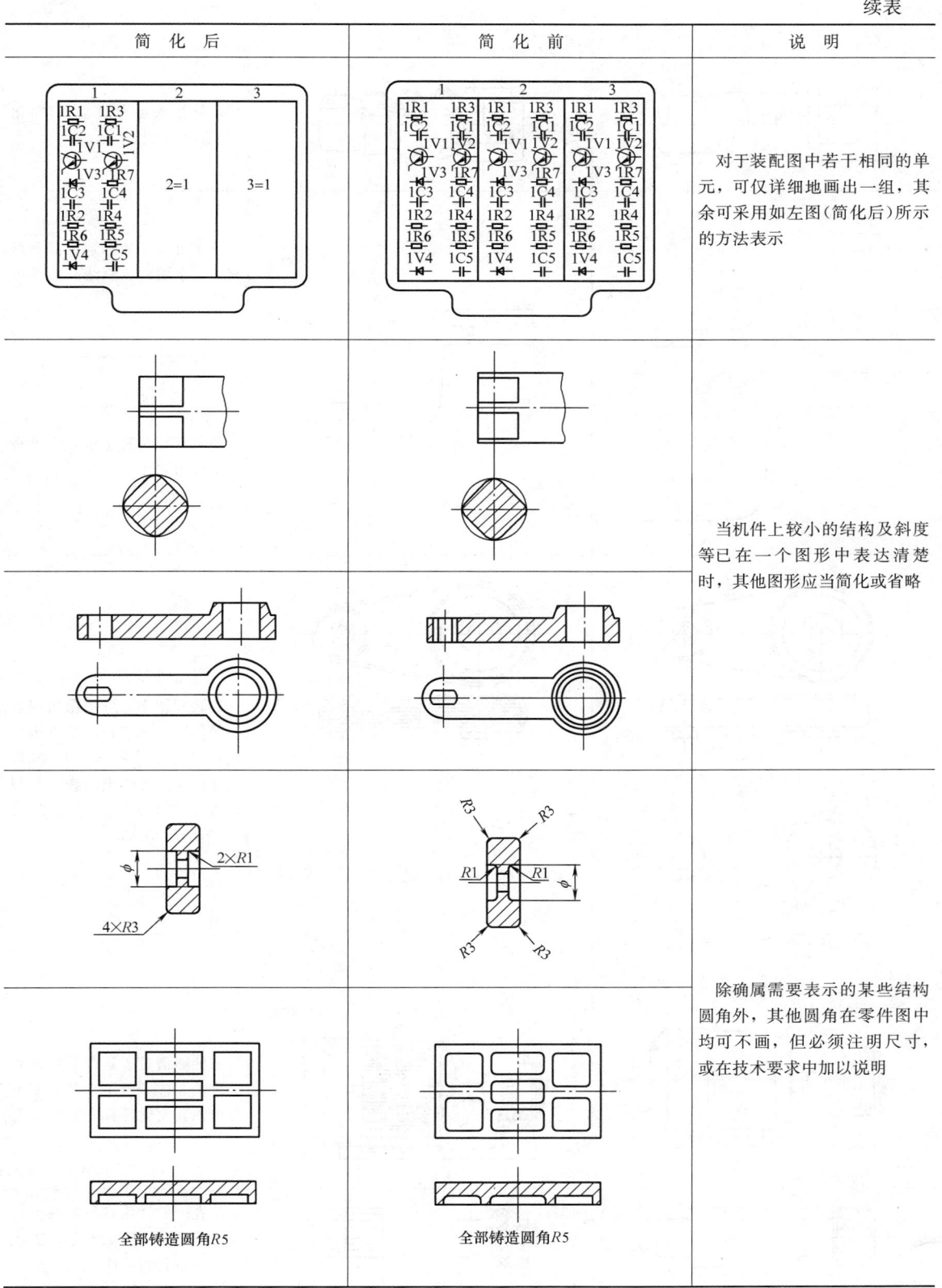		对于装配图中若干相同的单元,可仅详细地画出一组,其余可采用如左图(简化后)所示的方法表示
		当机件上较小的结构及斜度等已在一个图形中表达清楚时,其他图形应当简化或省略
		除确属需要表示的某些结构圆角外,其他圆角在零件图中均可不画,但必须注明尺寸,或在技术要求中加以说明

简 化 后	简 化 前	说 明
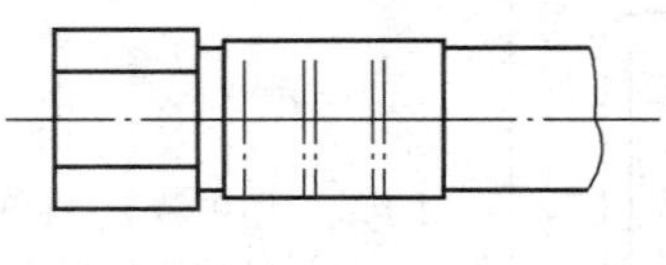	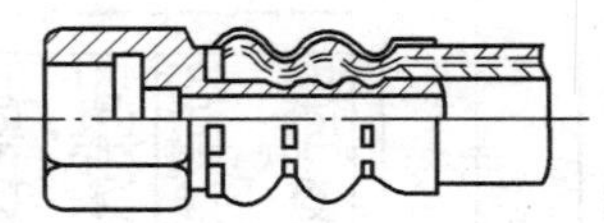	软管接头可参照左图（简化后）所示的方法绘制
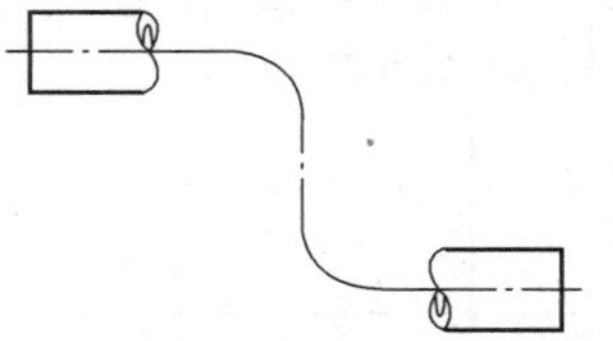	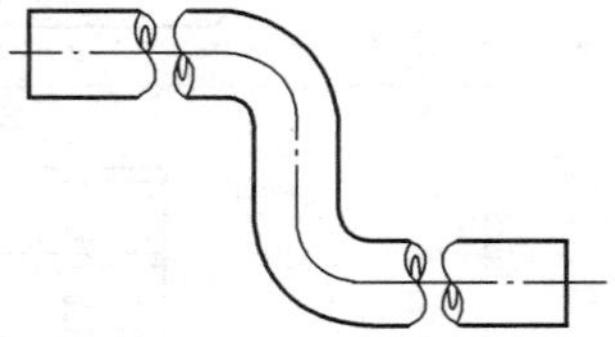	管子可仅在端部画出部分形状，其余用细点画线画出其中心线
		管子可用与管子中心线重合的单根粗实线表示
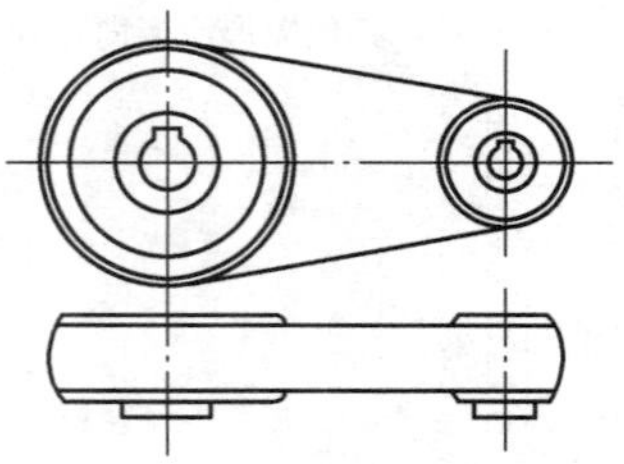	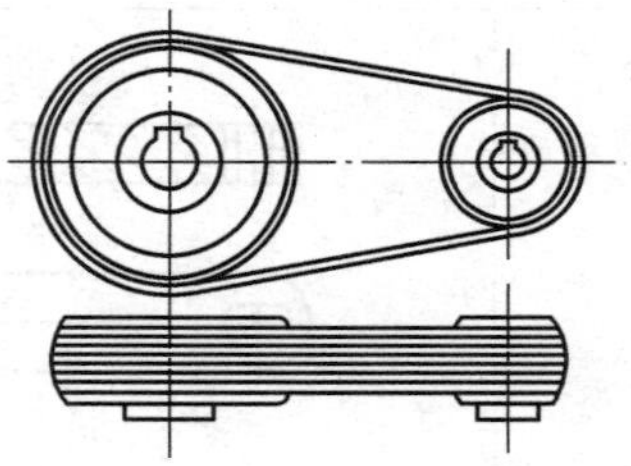	在装配图中，可用粗实线表示带传动中的带；用细点画线表示链传动中的链。必要时，可在粗实线或细点画线上绘制出表示带类型或链类型的符号，见 GB/T 4460
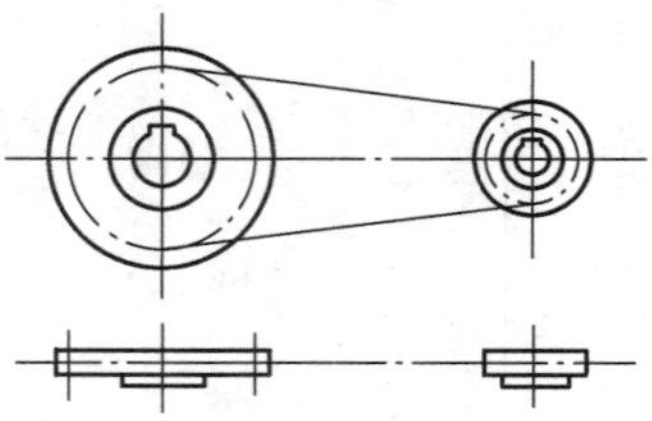	省略	
		在能够清楚表达产品特征和装配关系的条件下，装配图可仅画出其简化后的轮廓
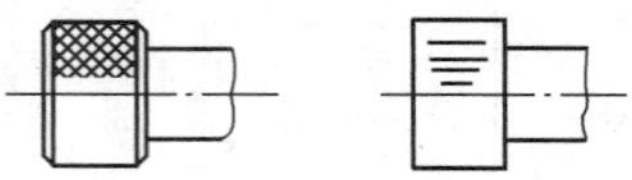	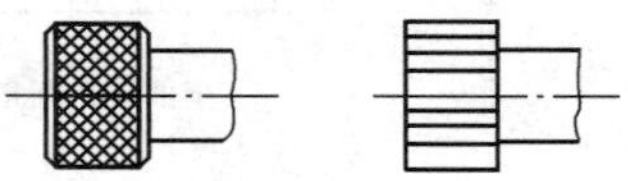	滚花一般采用在轮廓线附近用细实线局部画出的方法表示，也可省略不画

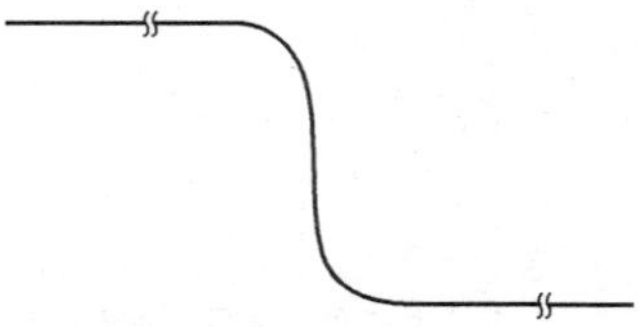

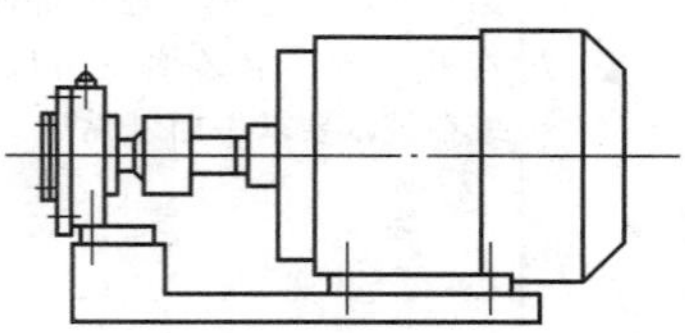

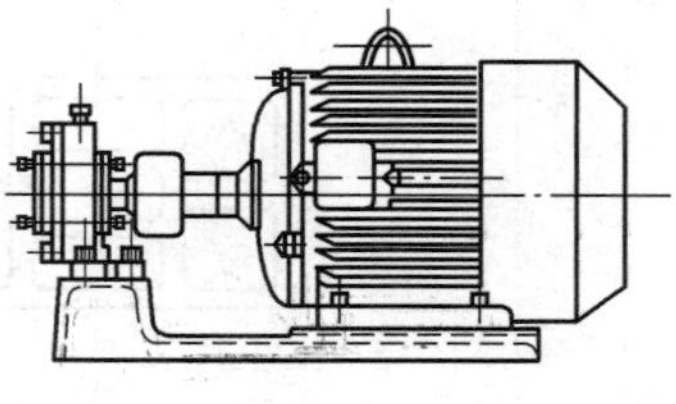

3.3　尺寸注法(见表 3-11～表 3-13)

表 3-11　　　尺寸界线、尺寸线、尺寸数字及标注尺寸的符号(GB/T 4458.4—2003)

尺 寸 界 线	
尺寸界线 一般规定	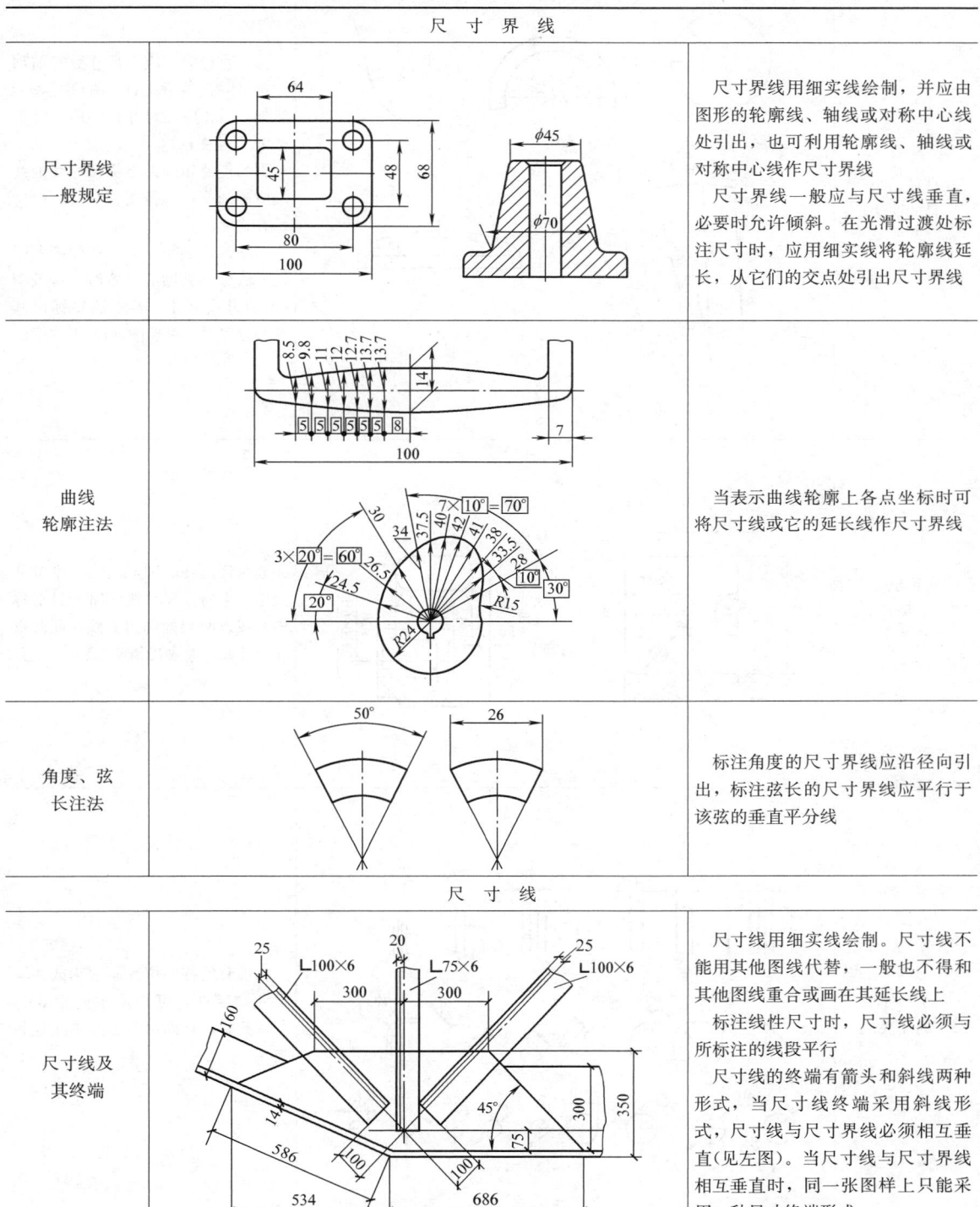尺寸界线用细实线绘制,并应由图形的轮廓线、轴线或对称中心线处引出,也可利用轮廓线、轴线或对称中心线作尺寸界线 尺寸界线一般应与尺寸线垂直,必要时允许倾斜。在光滑过渡处标注尺寸时,应用细实线将轮廓线延长,从它们的交点处引出尺寸界线
曲线 轮廓注法	当表示曲线轮廓上各点坐标时可将尺寸线或它的延长线作尺寸界线
角度、弦 长注法	标注角度的尺寸界线应沿径向引出,标注弦长的尺寸界线应平行于该弦的垂直平分线
尺 寸 线	
尺寸线及 其终端	尺寸线用细实线绘制。尺寸线不能用其他图线代替,一般也不得和其他图线重合或画在其延长线上 标注线性尺寸时,尺寸线必须与所标注的线段平行 尺寸线的终端有箭头和斜线两种形式,当尺寸线终端采用斜线形式,尺寸线与尺寸界线必须相互垂直(见左图)。当尺寸线与尺寸界线相互垂直时,同一张图样上只能采用一种尺寸终端形式

尺　寸　线	
直径、半径的注法	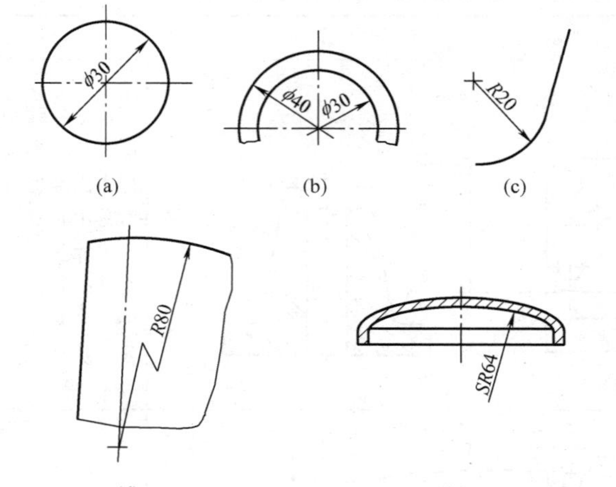 (a)　(b)　(c) (d)　(e)	标注直径时，应在尺寸数字前加注符号"ϕ"[见图(a)、图(b)]，标注半径时，应在尺寸数字前加注符号"R"[见图(c)] 　　圆的直径和圆弧半径尺寸线的终端应画箭头，可按图(a)～图(e)所示方式标注 　　当圆弧的半径过大或在图纸范围内无法标出其圆心位置时，可按图(d)的形式标注。若不需要标出其圆心位置时，可按图(e)的形式标注
对称机件的尺寸线注法	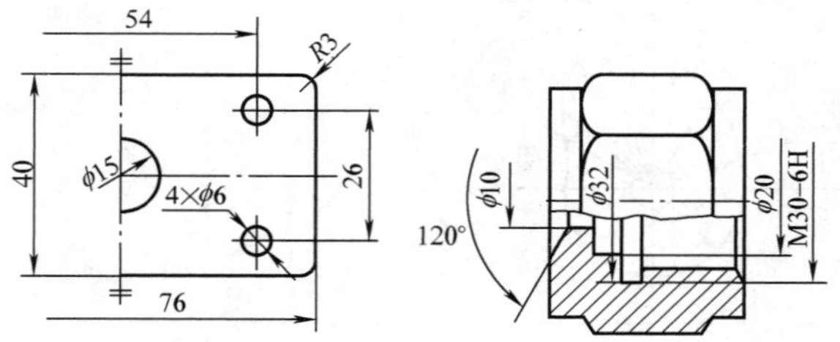	当对称机件的图形只画一半或略大于一半时，尺寸线应略超过对称中心线或断裂处的边界线，此时仅在尺寸线一端画出箭头
小尺寸的注法	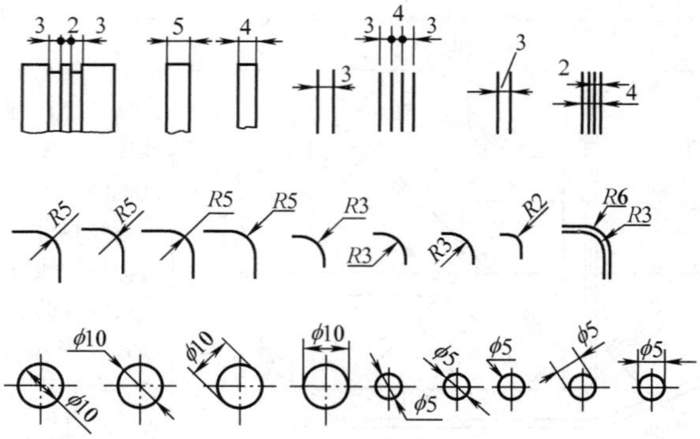	在没有足够的位置画箭头或注写尺寸数字时，可按图示的形式标注，此时，允许用圆点或斜线代替箭头

尺 寸 数 字		
线性尺寸数字的注写位置及方向	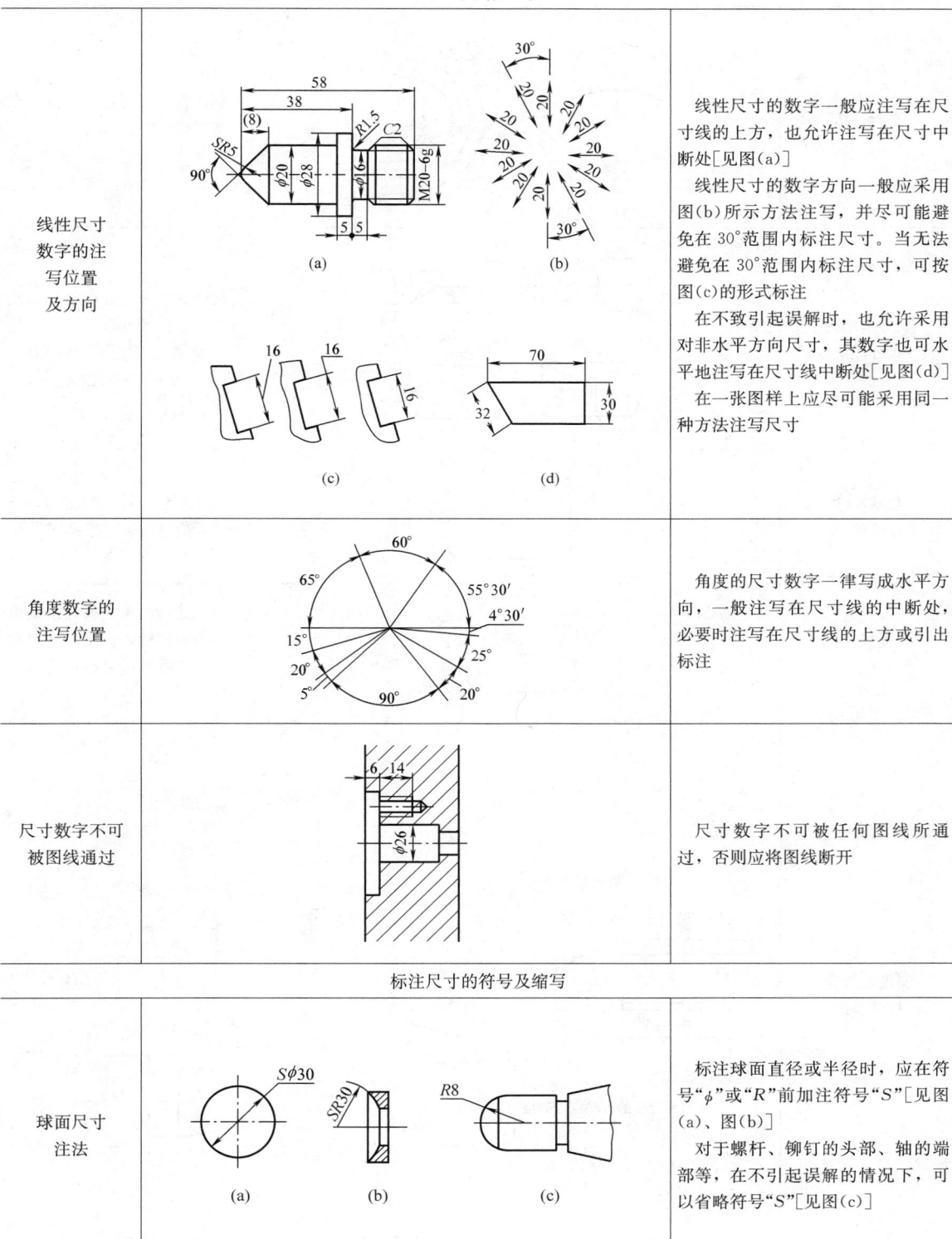	线性尺寸的数字一般应注写在尺寸线的上方，也允许注写在尺寸中断处［见图(a)］ 线性尺寸的数字方向一般应采用图(b)所示方法注写，并尽可能避免在30°范围内标注尺寸。当无法避免在30°范围内标注尺寸，可按图(c)的形式标注 在不致引起误解时，也允许采用对非水平方向尺寸，其数字也可水平地注写在尺寸线中断处［见图(d)］ 在一张图样上应尽可能采用同一种方法注写尺寸
角度数字的注写位置		角度的尺寸数字一律写成水平方向，一般注写在尺寸线的中断处，必要时注写在尺寸线的上方或引出标注
尺寸数字不可被图线通过		尺寸数字不可被任何图线所通过，否则应将图线断开
标注尺寸的符号及缩写		
球面尺寸注法		标注球面直径或半径时，应在符号"φ"或"R"前加注符号"S"［见图(a)、图(b)］ 对于螺杆、铆钉的头部、轴的端部等，在不引起误解的情况下，可以省略符号"S"［见图(c)］

	标注尺寸的符号及缩写	
弧长注法	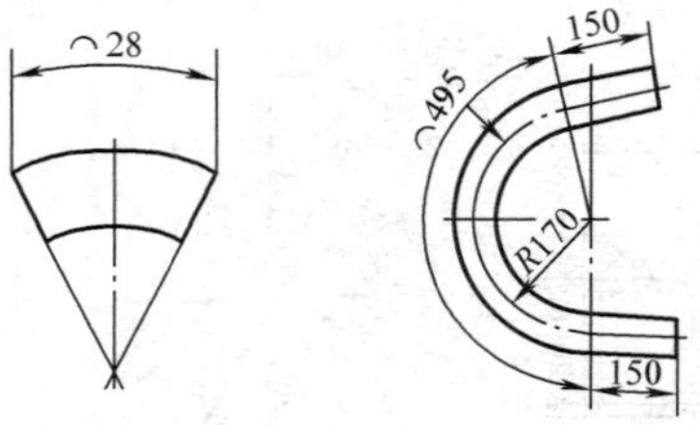	标注弧长，应在尺寸数字左方加注符号"⌒"
正方形结构尺寸注法	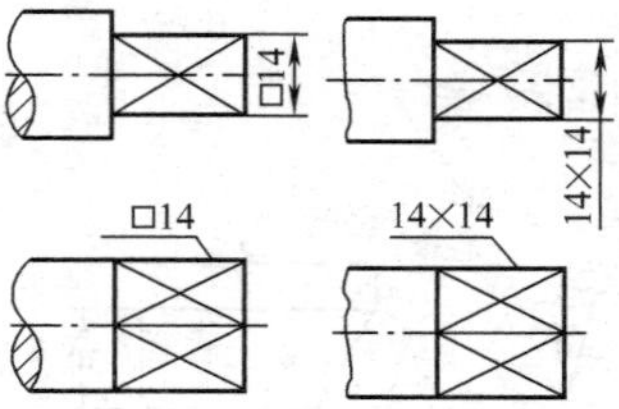	标注剖面为正方形结构的尺寸时，可在正方形边长尺寸数字前加注符号"□"或用"$B \times B$"，B 为正方形的边
板状零件厚度注法	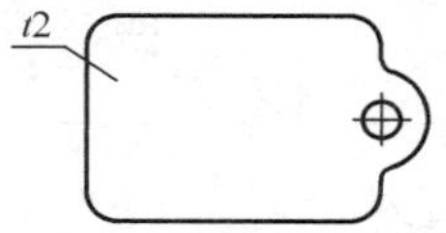	标注板状零件的厚度时，可在尺寸数字前加注符号"t"
半径尺寸有特殊要求注法	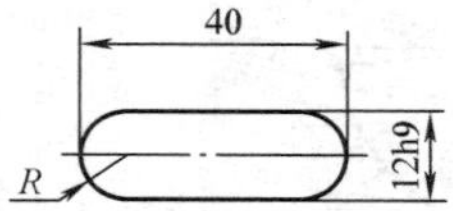	当需要指明半径尺寸由其他尺寸所确定时，应用尺寸线和符号"R"标出，但不要注尺寸数字
斜度、锥度标注方法	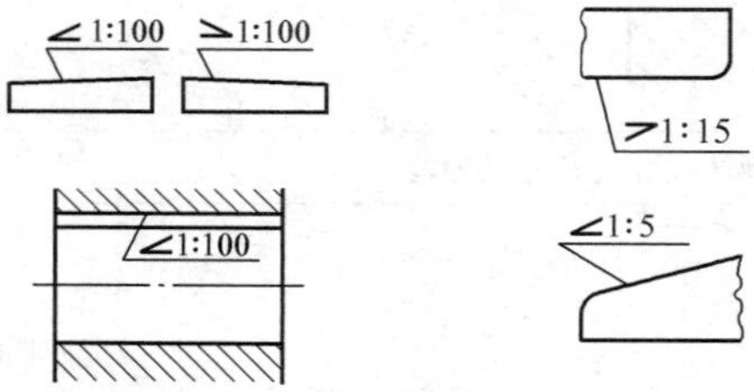	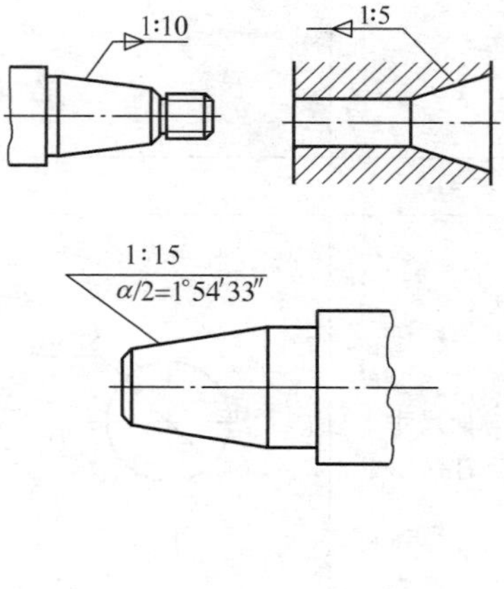

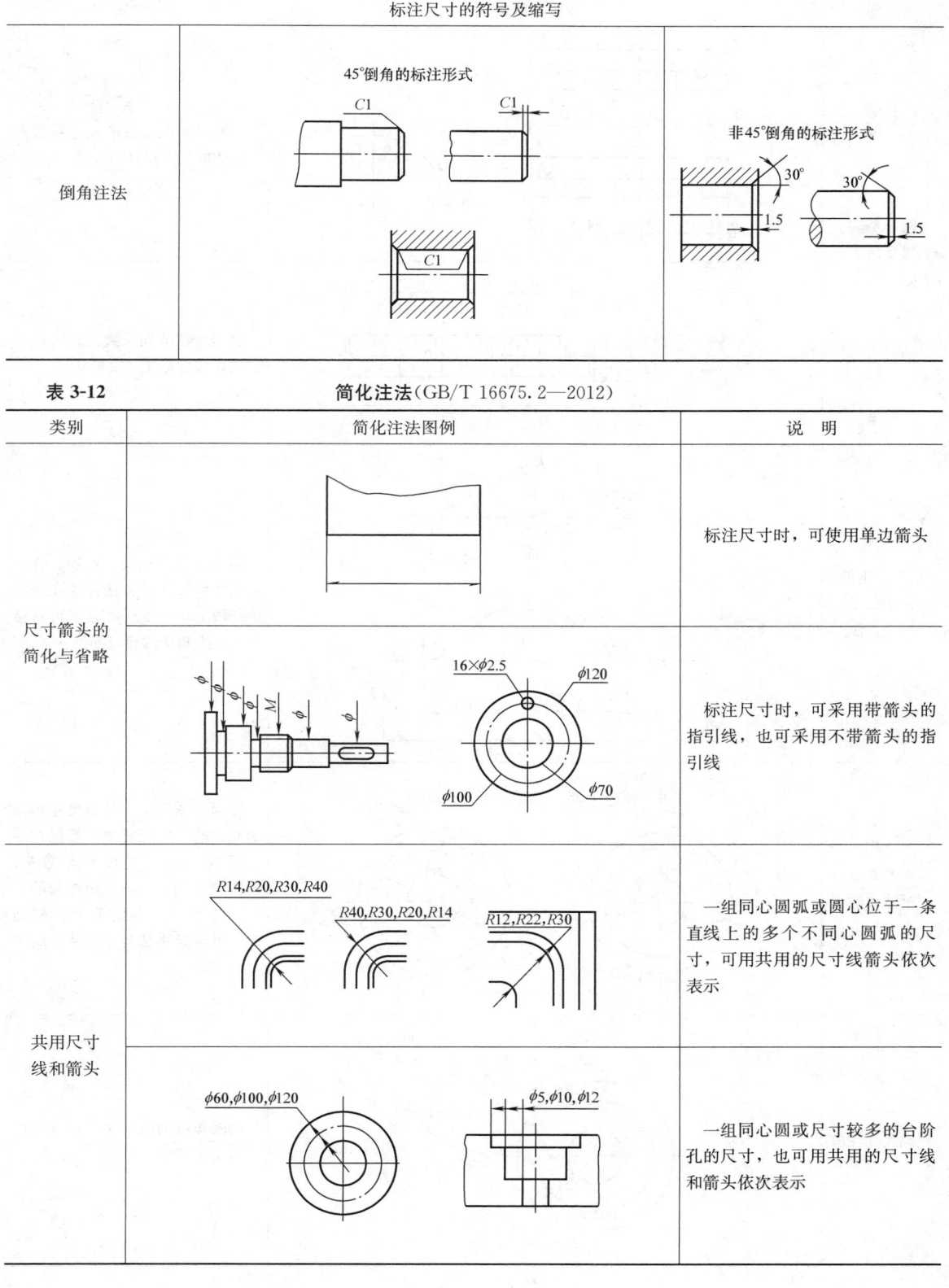

类别	简化注法图例	说　明
尺寸箭头的简化与省略		标注尺寸时,可使用单边箭头
	16×φ2.5　φ120　φ100　φ70	标注尺寸时,可采用带箭头的指引线,也可采用不带箭头的指引线
共用尺寸线和箭头	R14,R20,R30,R40　R40,R30,R20,R14　R12,R22,R30	一组同心圆弧或圆心位于一条直线上的多个不同心圆弧的尺寸,可用共用的尺寸线箭头依次表示
	φ60,φ100,φ120　φ5,φ10,φ12	一组同心圆或尺寸较多的台阶孔的尺寸,也可用共用的尺寸线和箭头依次表示

表 3-12　　　　**简化注法**(GB/T 16675.2—2012)

类别	简化注法图例	说 明
同一基准尺寸注法	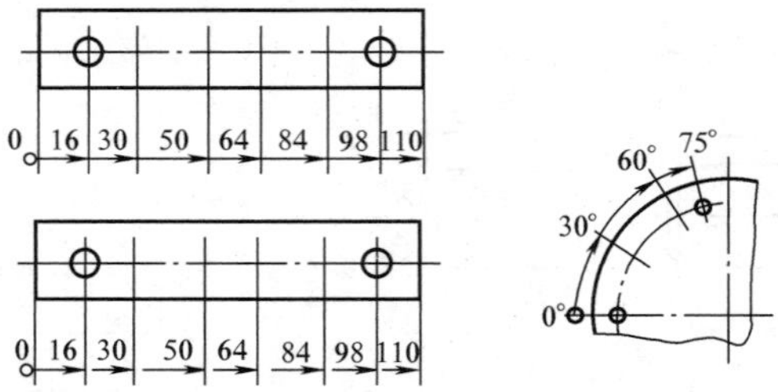	从同一基准出发的尺寸可按左图简化的形式标注
	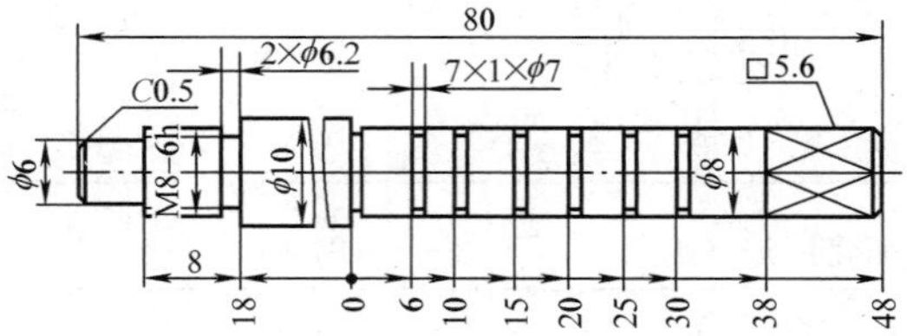	对不连续的同一表面,可用细实线连接后标注一次尺寸
桁架、钢筋管子长度尺寸注法	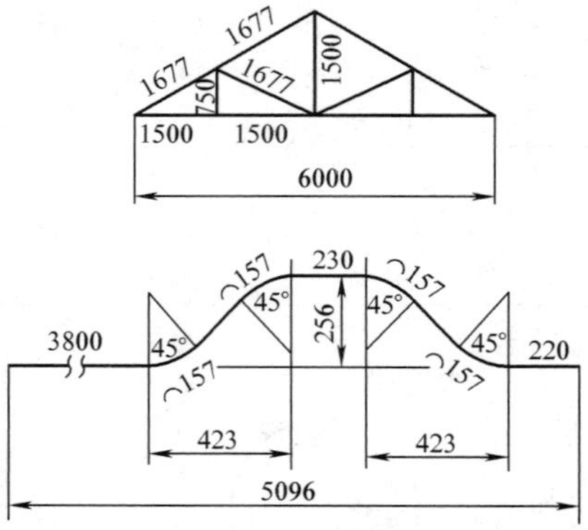	单线图上,桁架、钢筋、管子等的长度尺寸可直接标注在相应的线段上,角度尺寸数字可直接填写在夹角中的相应部位
成组要素定位尺寸注法	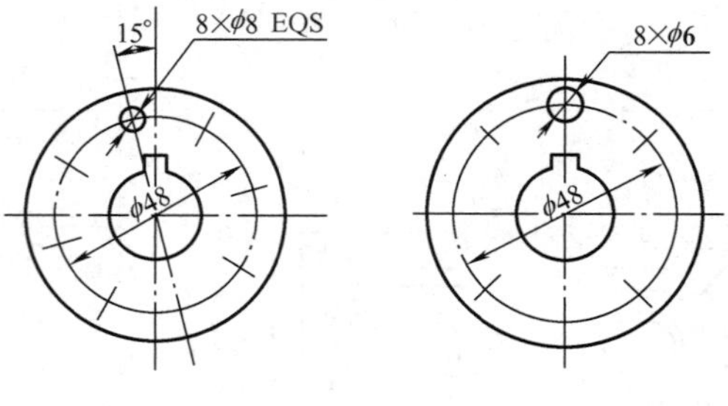	在同一图形中,对于尺寸相同的孔、槽等成组要素,可仅在一个要素上注出其尺寸和数量,EQS 表示均布,当成组要素的定位和分布情况在图形中已明确时,可不标注其角度,并省略缩写词 EQS
链式尺寸注法	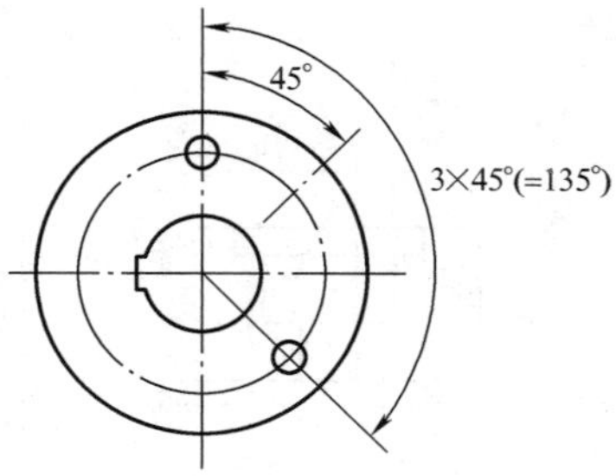	间隔相等的链式尺寸,可采用左图简化注法

续表

类别	简化注法图例	说　明
倒角简化标注	*C*2　　　　2×*C*2	在不致引起误解时，零件图中的倒角可以省略不画，其尺寸也可简化标注 *C* 表示 45°倒角，*C*2＝2×45°，2×*C*2 为两端均为倒角
退刀槽尺寸注法	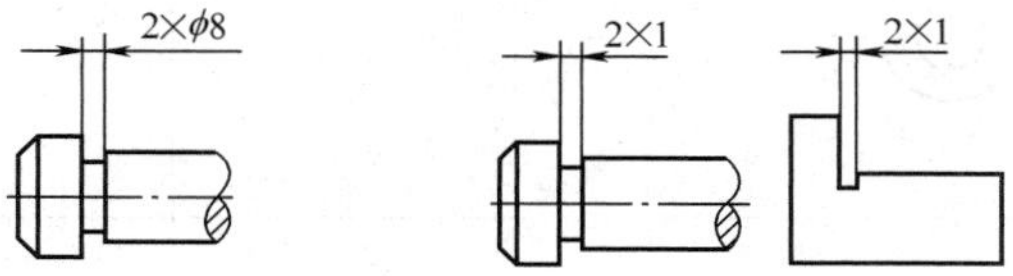 2×ϕ8　　2×1　　2×1	一般的退刀槽可按"槽宽×直径"或"槽宽×槽深"的形式标注
标记或字母注法	3×$\phi 8^{+0.02}_{0}$　2×$\phi 8^{+0.05}_{0}$　3×ϕ9 *A* *B* *C* *B* *B* *A* *C* *A* 3×$\phi 8^{+0.02}_{0}$　2×$\phi 8^{+0.05}_{0}$　3×ϕ9	在同一图形中，如有几种尺寸数值相近而又重复的要素（如孔等）时，可采用标记（如涂色等）或用标注字母的方法来区别
形状相同件注法	250　1600(2500) 2100(3000) $L_1(L_2)$	两个形状相同但尺寸不同的构件或零件，可共用一张图表示，但应将另一件名称和不相同的尺寸列入括号中表示
表格图注法	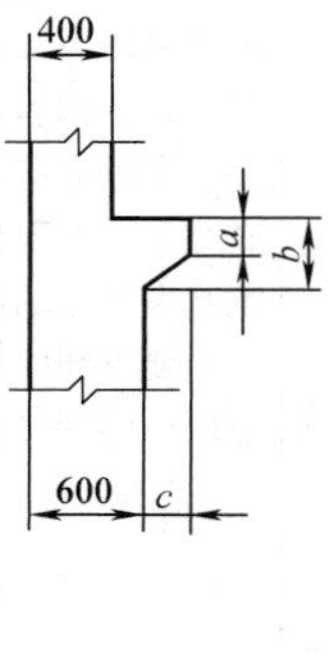 400 *a* *b* 600　*c*	同类型或同系列的零件或构件，可采用表格图绘制

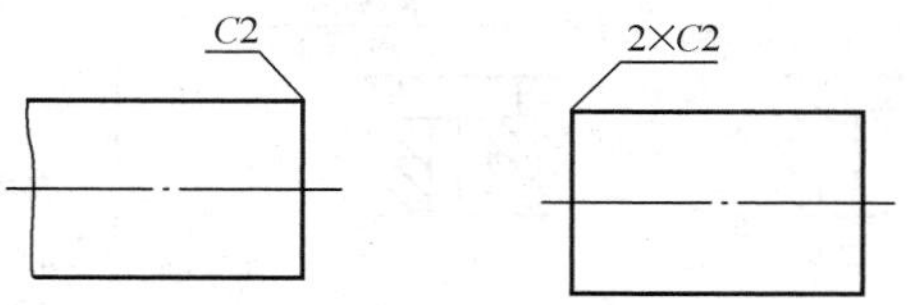

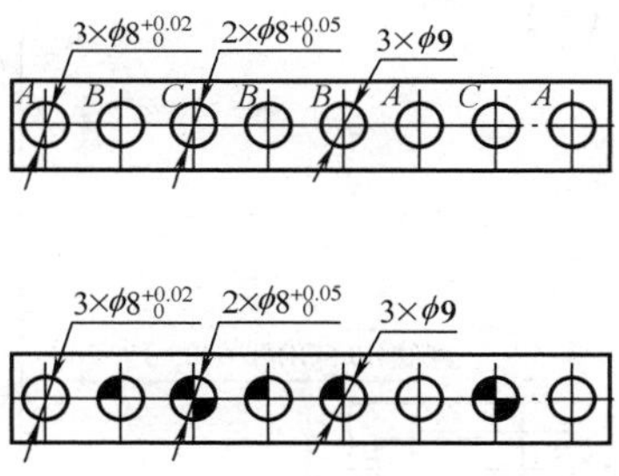

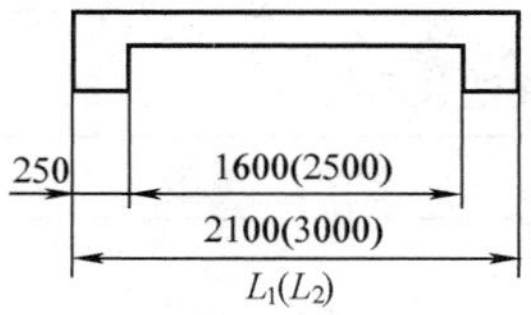

表格图注法（续）

No	*a*	*b*	*c*
Z1	200	400	200
Z2	250	450	200
Z3	200	450	250

续表

类别	简化注法图例	说 明
孔的旁注和符号注法	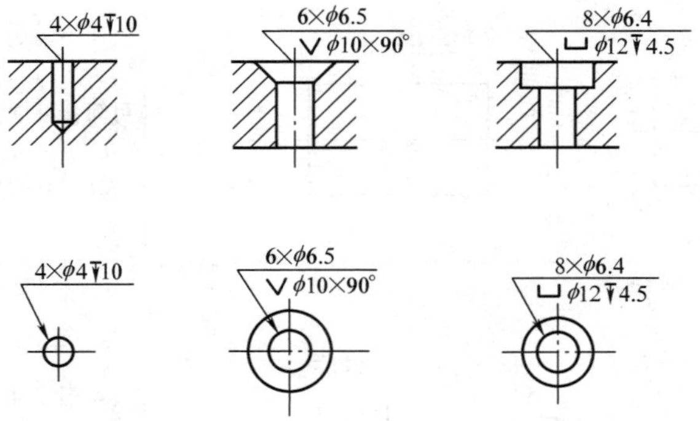 4×φ4▼10　　6×φ6.5 ∨φ10×90°　　8×φ6.4 ⊔φ12▼4.5 4×φ4▼10　　6×φ6.5 ∨φ10×90°　　8×φ6.4 ⊔φ12▼4.5	各类孔可采用旁注和符号相结合的方法标注 ▼表示深度 ∨表示埋头孔 ⊔表示沉孔或锪平
圆锥孔尺寸注法	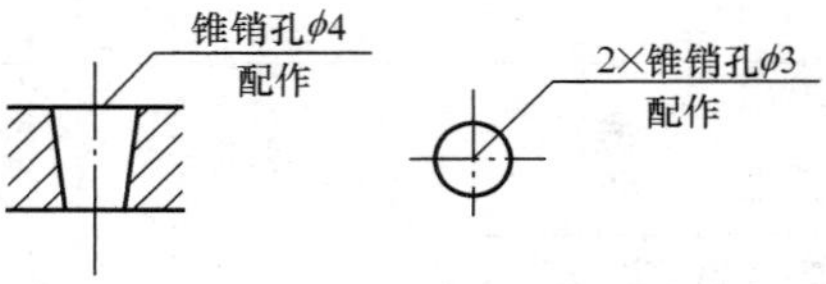 锥销孔φ4 配作　　2×锥销孔φ3 配作	标注圆锥销孔的尺寸时,应按左图的形式引出标注,其中φ4和φ3都是所配的圆锥销的公称直径
滚花注法	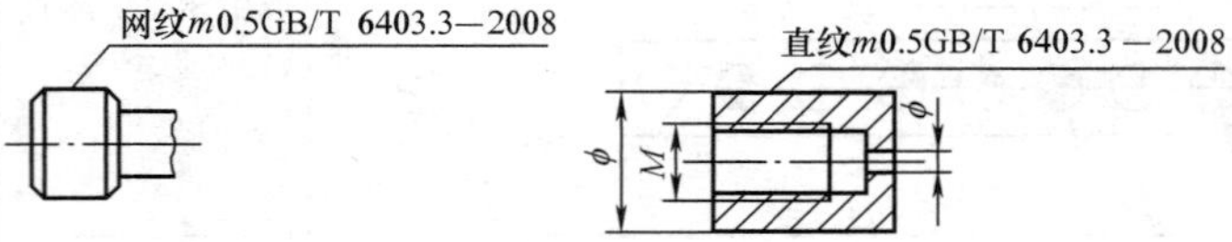 网纹m0.5GB/T 6403.3—2008　　直纹m0.5GB/T 6403.3—2008	滚花可采用左图简化的方法标注(不需要画出表面的网纹或直纹)

表 3-13　　　　**尺寸公差与配合注法**(GB/T 4458.5—2003)

类别	图 例	说 明
线性尺寸的公差标注形式	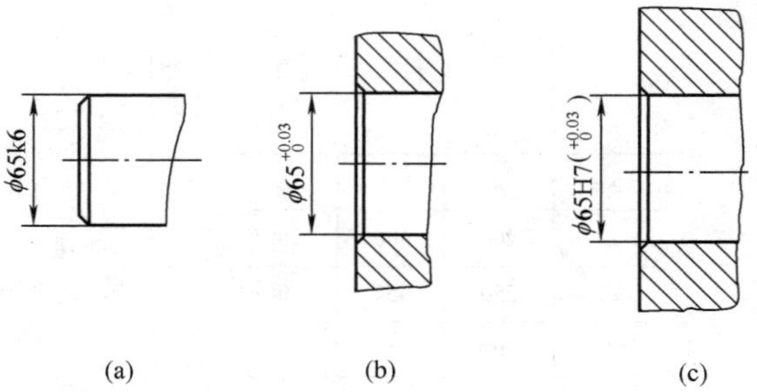 φ65k6　　φ65$^{+0.03}$　　φ65H7($^{+0.03}_{0}$) (a)　　　　(b)　　　　(c)	当采用公差带代号标注线性尺寸的公差时,公差带代号应注在基本尺寸右边[见图(a)] 当采用极限偏差标注线性尺寸公差时,上偏差应注在基本尺寸右上方,下偏差应与基本尺寸注在同一底线上,上下偏差的数字的字号应比基本尺寸的数字小一号[见图(b)] 当要求同时标注公差带代号和相应的极限偏差时,则后者应加圆括号[见图(c)]

类别	图　例	说　明
线性尺寸的公差标注形式	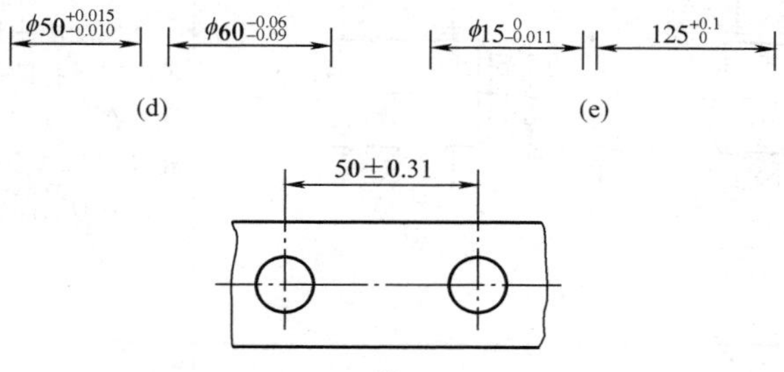 $\phi50^{+0.015}_{-0.010}$　$\phi60^{-0.06}_{-0.09}$　　$\phi15^{0}_{-0.011}$　$125^{+0.1}_{0}$ (d)　　　　　(e) 50 ± 0.31 (f)	当标注极限偏差时，上下偏差的小数点必须对齐，小数点后的位数也必须相同[见图(d)] 　当上偏差或下偏差为"零"时，用数字"0"标出，并与下偏差或上偏差的小数点前的个位数对齐[见图(e)] 　当公差带相对于基本尺寸对称地配置即两个偏差相同时，偏差只需注写一次，并应在偏差与基本尺寸之间注出符号"±"，且两者数字高度相等[见图(f)]
线性尺寸公差的附加符号注法	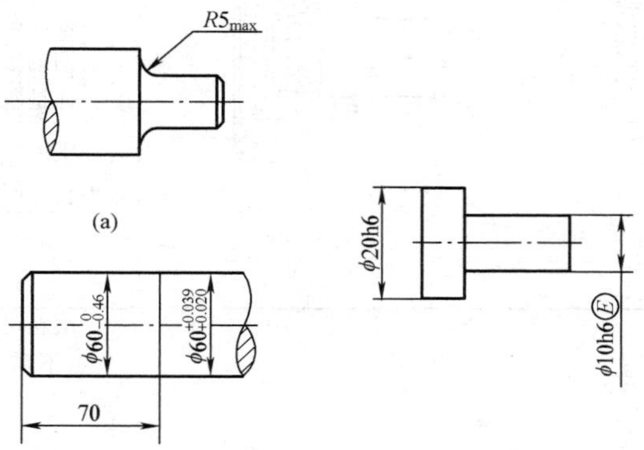 $R5_{max}$ (a) $\phi60^{0}_{-0.46}$　$\phi60^{-0.039}_{-0.020}$ 70 (b)　　(c) $\phi20h6$　$\phi10h6\textcircled{E}$	当尺寸仅需要限制单个方向的极限时，应在该极限尺寸的右边加注符号"max"或"min"（实际尺寸只要不超过这个极限值都符合要求）[见图(a)] 　同一基本尺寸的表面，若具有不同的公差时，应用细实线分开，并分别标注其公差[见图(b)] 　如果要素的尺寸公差和形位公差的关系遵循包容原则时，应在尺寸公差的右边加注符号"⒠"[见图(c)]
角度公差的标注	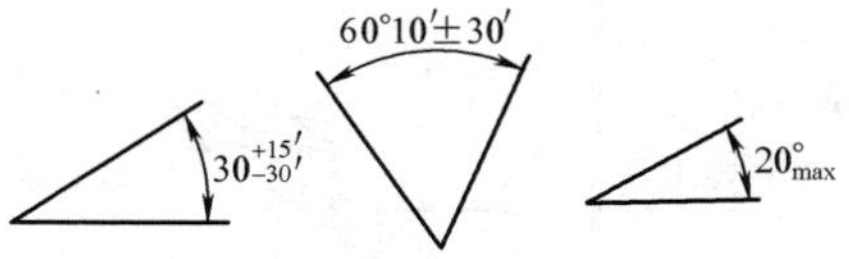 $30^{+15'}_{-30'}$　$60°10'\pm30'$　$20°_{max}$	角度公差标注的基本规则与线性尺寸公差的标注方法相同
标注配合代号	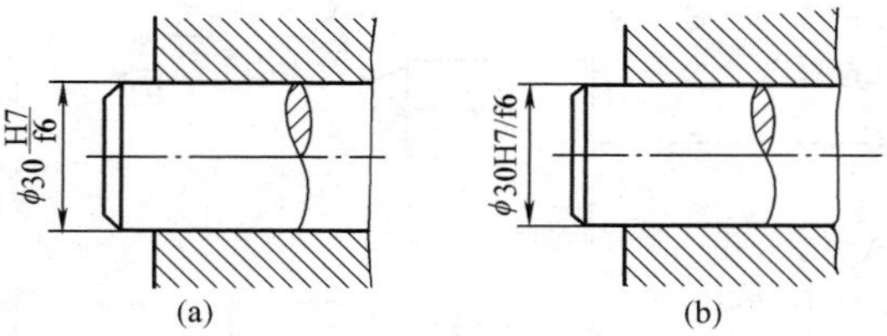 $\phi30\dfrac{H7}{f6}$　$\phi30H7/f6$ (a)　　(b)	在装配图中标注线性尺寸的配合代号时，必须在基本尺寸的右边用分数形式注出，分子为孔的公差代号，分母为轴的公差代号[见图(a)]，必要时也允许按图(b)的形式标注

续表

类别	图 例	说 明
标注配合极限偏差	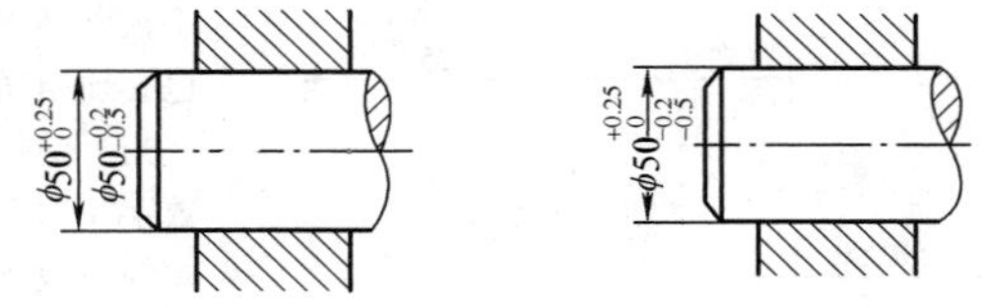 (a)　　　　(b)	在装配图中标注相配零件的极限偏差时，孔的基本尺寸及极限偏差注写在尺寸线上方，轴的基本尺寸和极限偏差注写在尺寸线的下方[见图(a)、图(b)]
特殊的标注形式	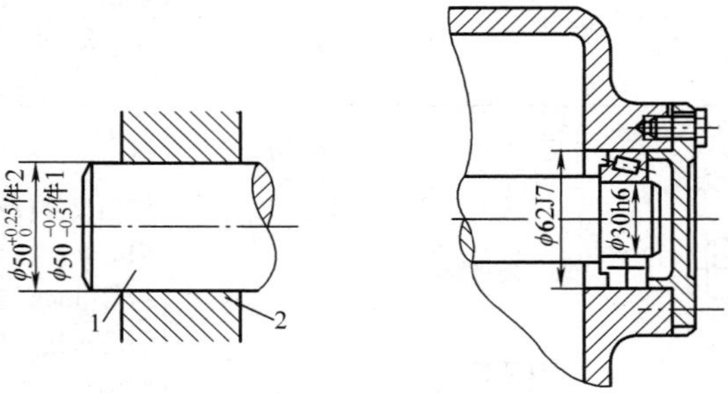 (a)　　　　(b)	当基本尺寸相同的多个轴(孔)与同一孔(轴)相配合而又必须在图外标注其配合时，为了明确各自的配合对象，可在公差带代号或极限偏差之后加注装配件的序号[见图(a)]　标注标准件与零件(轴或孔)的配合要求时，可以仅标注相配零件的公差代号[见图(b)]

3.4　中心孔表示法(见表 3-14)

表 3-14　　　　　　中心孔的符号及标注(GB/T 4459.5—1999)

符号及标注	说 明	符号及标注	说 明
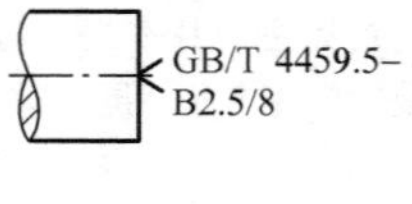 GB/T 4459.5–B2.5/8	采用 B 型中心孔 $D=2.5$，$D_1=8$ 在完工的零件上要求保留中心孔	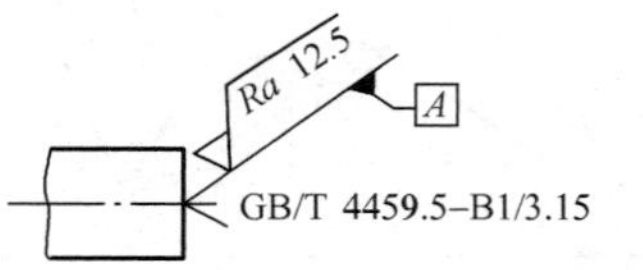 Ra 12.5　A GB/T 4459.5–B1/3.15	以中心孔的轴线为基准时，基准代号的标注 同一轴的两端中心孔相同，可只在其一端标注，但应注出数量，中心孔表面粗糙度代号和以中心孔轴线为基准时，基准代号可在引出线上标出 中心孔尺寸见表 2-6
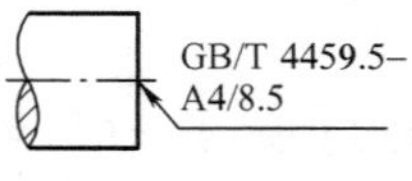 GB/T 4459.5–A4/8.5	采用 A 型中心孔 $D=4$，$D_1=8.5$ 在完工的零件上是否保留中心孔都可以	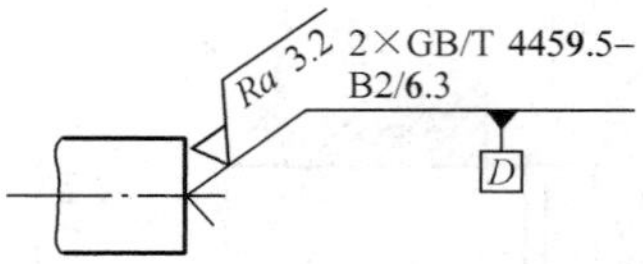 Ra 3.2　2×GB/T 4459.5–B2/6.3　D	
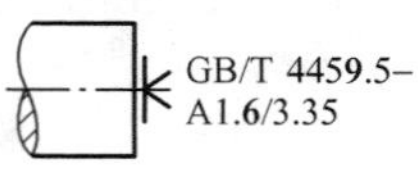 GB/T 4459.5–A1.6/3.35	采用 A 型中心孔 $D=1.6$，$D_1=3.35$ 在完工的零件上不允许保留中心孔	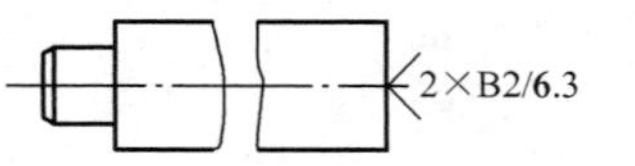 2×B2/6.3	

3.5 常用零件的表示法

3.5.1 螺纹及螺纹紧固件表示法（见表 3-15～表 3-18）

表 3-15 螺纹及螺纹紧固件的画法（GB/T 4459.1—1995）

项 目	画 法 示 例	说 明
外螺纹 内螺纹 的画法	(a) (b) (c) (d)	螺纹的牙顶圆用粗实线表示；牙底圆用细实线表示，在螺杆的倒角或倒圆部分也应画出。在垂直于螺纹轴线的投影面的视图中，表示牙底圆的细实线只画约 3/4 圈，此时螺杆或螺孔上的倒角投影不应画出 [见图(a)] 　有效螺纹的终止界线用粗实线表示 [见图(a)～图(c)] 　当需要表示螺尾时，该部分用与轴线成 30°的细实线绘制 [见图(a)] 　不可见螺纹的所有图线按虚线绘制 [见图(d)] 　无论是外螺纹或内螺纹，在剖视图或剖面图中剖面线都应画到粗实线
内外螺纹 连接的 画法	(e)	以剖视图表示内外螺纹的连接时，其旋合部分应按外螺纹的画法绘制，其余部分仍按各自的画法表示 [见图(e)]
螺纹紧固件 的画法	(f) (g) (h)	在装配图中，剖切平面通过螺杆的轴线时，对于螺柱、螺钉、螺栓、螺母及垫圈等均按未剖切绘制，如图(f)～图(h)，螺纹紧固件的工艺结构，如倒角、退刀槽、缩颈、凸肩等均可省略不画 　不穿通的螺纹孔可不画出钻孔深度，仅按有效螺纹部分的深度画出 [见图(h)]

表 3-16 螺纹及螺纹副的标注方法（GB/T 4459.1—1995）

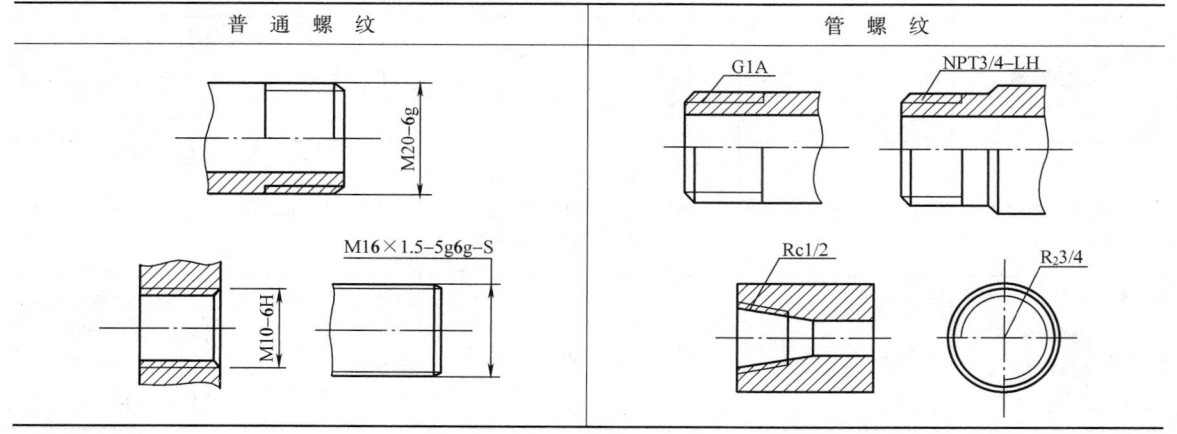

普 通 螺 纹	管 螺 纹

续表

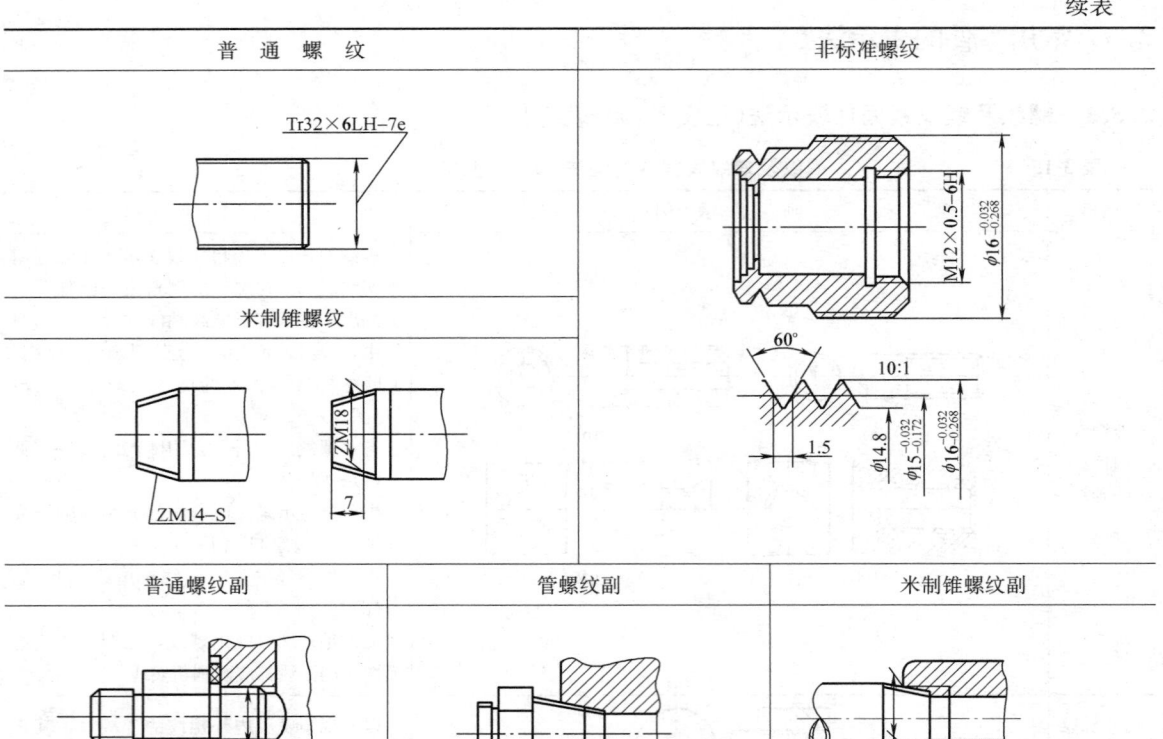

表 3-17			常用螺纹的标记方法(GB/T 4459.1—1995)		
螺纹类别	标准编号	特征代号	标记示例	螺纹副标记示例	附 注
普通螺纹	GB/T 197—2018	M	M10−5g6g−S M20×2LH−6H	M20×2LH−6H/6g	普通螺纹粗牙不注螺距 中等旋合长度不标 N(以下同)
梯形螺纹	GB/T 5796.4—2005	Tr	Tr40×7−7H Tr40×14(P7)LH−7e	Tr36×6−7H/7e	多线螺纹螺距和导程都可照此格式标注
锯齿形螺纹	GB/T 13576.4—2008	B	B40×7−7A B40×14(P7) LH−8c−L	B40×7−7A/7c	
60°圆锥 管螺纹	GB/T 12716—2011	NPT	NPT⅜−LH		内、外螺纹均仅用一种公差带,故不注公差带代号(以下同)

续表

螺纹类别		标准编号	特征代号	标记示例	螺纹副标记示例	附 注
米制锥螺纹		GB/T 1415—2008	ZM	ZM10 M10×1 GB/T 1415 ZM10-S	ZM10/ZM10 M10×1 GB/T 1415 ZM10-S	圆锥内螺纹与圆锥外螺纹配合 圆柱内螺纹与圆锥外螺纹配合 S 为短基距代号，标准基距不注代号（以下同）
非螺纹密封的管螺纹		GB/T 7307—2001	G	G1½A G½-LH	G1½G1½A	外螺纹公差等级分 A 级和 B 级两种，内螺纹公差等级只有一种
用螺纹密封的管螺纹	圆锥外螺纹	GB/T 7306.1—2000 GB/T 7306.2—2000	R_1 或 R_2	$R_1$1½-LH	Rc1½R1 1½	内外螺纹均只有一种公差带
	圆锥内螺纹		Rc	Rc½	Rc1½R1½-LH	
	圆柱内螺纹		Rp	Rp½	Rp1½R1½	
自攻螺钉用螺纹		GB/T 5280—2002	ST	GB/T 5280 ST3.5		使用时，应先制出螺纹底孔（预制孔）
自攻锁紧螺钉用螺纹（粗牙普通螺纹）		GB/T 6559—1986	M	GB/T 6559 M5×20		使用时，应先制出螺纹底孔（预制孔）标记示例中的 20 指螺标长度

表 3-18   **常用紧固件简化画法**（GB/T 4459.1—1995）

形式	简化画法	形式	简化画法	形式	简化画法
六角头（螺栓）	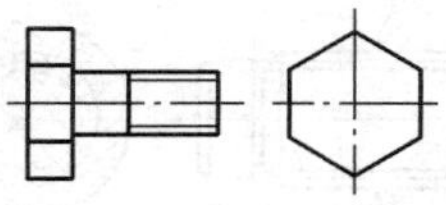	半沉头开槽（螺钉）	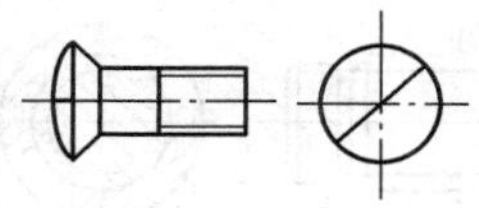	六角（螺母）	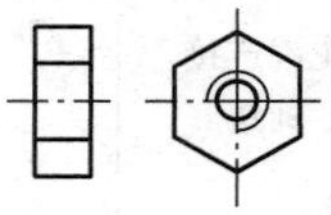
方头（螺栓）	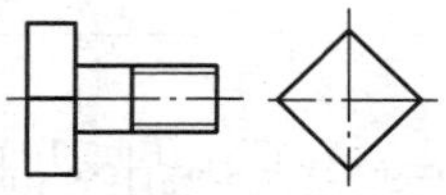	盘头开槽（螺钉）	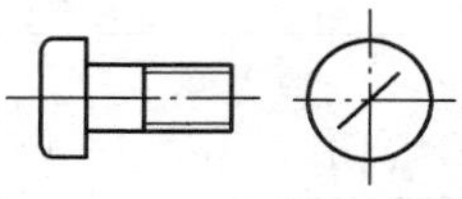	方头（螺母）	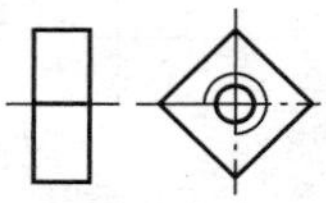
圆柱头内六角（螺钉）	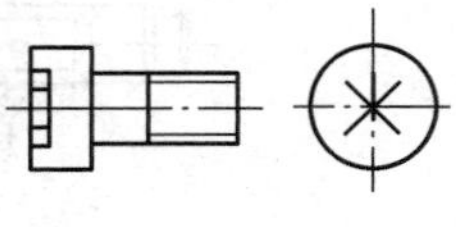	沉头十字槽（螺钉）	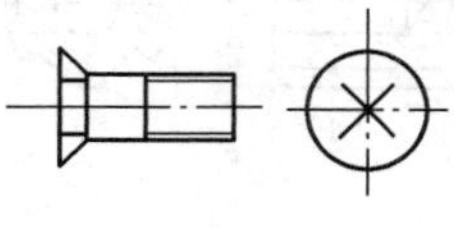	六角开槽（螺母）	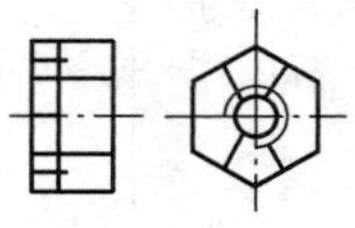
无头内六角（螺钉）	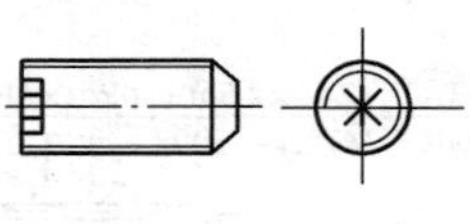	半沉头十字槽（螺钉）	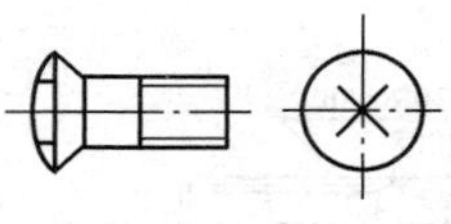	六角法兰面（螺母）	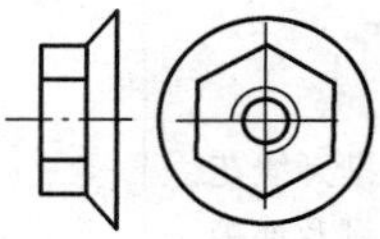
沉头开槽（螺钉）	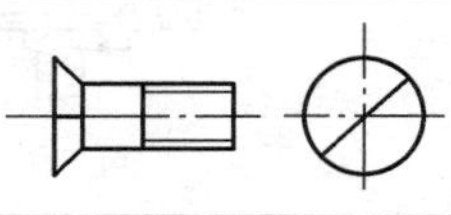	盘头十字槽（螺钉）	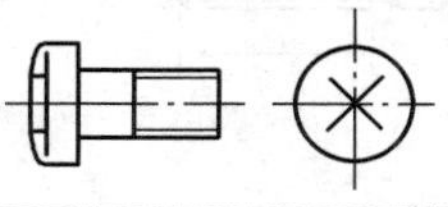	蝶形（螺母）	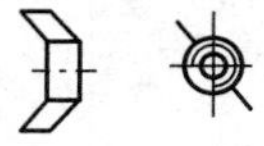

3.5.2 花键表示法(见表 3-19 和表 3-20)

表 3-19 花键画法及其尺寸注法(GB/T 4459.3—2000)

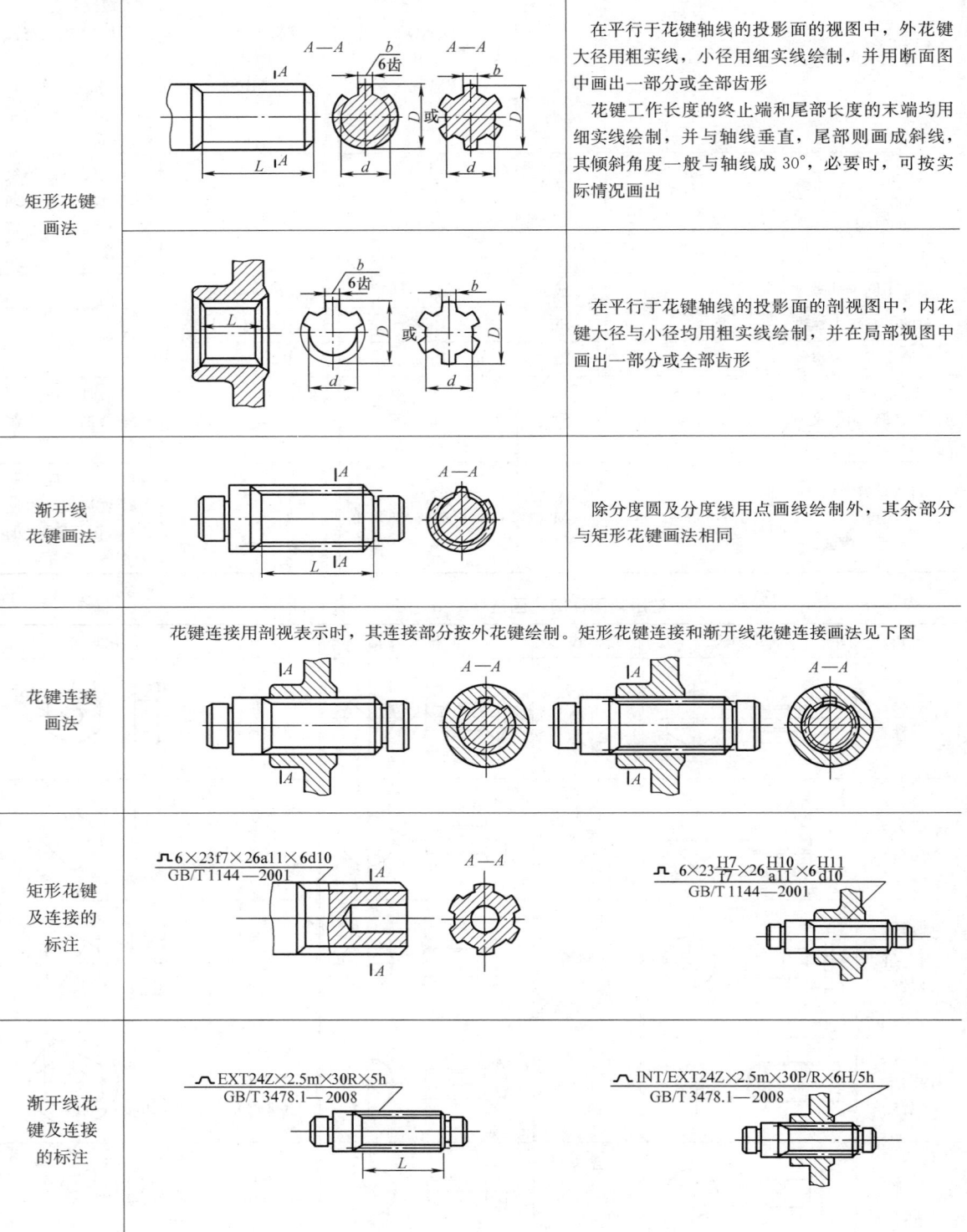

矩形花键画法	在平行于花键轴线的投影面的视图中,外花键大径用粗实线,小径用细实线绘制,并用断面图中画出一部分或全部齿形 花键工作长度的终止端和尾部长度的末端均用细实线绘制,并与轴线垂直,尾部则画成斜线,其倾斜角度一般与轴线成 30°,必要时,可按实际情况画出
	在平行于花键轴线的投影面的剖视图中,内花键大径与小径均用粗实线绘制,并在局部视图中画出一部分或全部齿形
渐开线花键画法	除分度圆及分度线用点画线绘制外,其余部分与矩形花键画法相同
花键连接画法	花键连接用剖视表示时,其连接部分按外花键绘制。矩形花键连接和渐开线花键连接画法见下图
矩形花键及连接的标注	
渐开线花键及连接的标注	

表 3-20　　　　　　　　　　　　**矩形花键、渐开线花键的标记方法**

类别	符号	示 例		标 记 方 法
矩形花键	⊓	花键副，键数 $N=6$、小径 d $=23H7/f7$、大径 $D=26\dfrac{H10}{a11}$、键宽 $B=6\dfrac{H11}{d10}$	花键副	$6\times23\dfrac{H7}{f7}\times26\dfrac{H10}{a11}\times6\dfrac{H11}{d10}$ GB/T 1144—2001
			内花键	$6\times23H7\times26H10\times6H11$ GB/T 1144—2001
			外花键	$6\times23f7\times26a11\times6d10$ GB/T 1144—2001
渐开线花键	⊓	花键副，齿数 24、模数 2.5、30°圆齿根、公差等级为 5 级、配合类别为 H/h	花键副	INT/EXT　$24Z\times2.5m\times30R\times5H/5h$ GB/T 3478.1—2008
			内花键	INT $24Z\times2.5m\times30R\times5H$ GB/T 3478.1—2008
			外花键	EXT $24Z\times2.5m\times30R\times5h$ GB/T 3478.1—2008
		花键副，齿数 24、模数 2.5、内花键为 30°平齿根、公差等级为 6 级、外花键为 30°圆齿根，其公差等级为 5 级、配合类别为 H/h	花键副	INT/EXT　$24Z\times2.5m\times30P/R\times6H/5h$ GB/T 3478.1—2008
			内花键	INT $24Z\times2.5m\times30P\times6H$ GB/T 3478.1—2008
			外花键	EXT $24Z\times2.5m\times30R\times5h$ GB/T 3478.1—2008
		花键副，齿数 24、模数 2.5、37.5°圆齿根、公差等级为 6 级、配合类别为 H/h	花键副	INT/EXT $24Z\times2.5m\times37.5\times6H/6h$ GB/T 3478.1—2008
			内花键	INT $24Z\times2.5m\times37.5\times6H$ GB/T 3478.1—2008
			外花键	EXT $24Z\times2.5m\times37.5\times6h$ GB/T 3478.1—2008
		花键副，齿数 24、模数 2.5、45°圆齿根、内花键公差等级为 6 级、外花键公差等级为 7 级、配合类别为 H/h	花键副	INT/EXT　$24Z\times2.5m\times45\times6H/7h$ GB/T 3478.1—2008
			内花键	INT $24Z\times2.5m\times45\times6H$ GB/T 3478.1—2008
			外花键	EXT $24Z\times2.5m\times45\times7H$ GB/T 3478.1—2008

3.5.3　滚动轴承表示法（见表 3-21 和表 3-22）

表 3-21　　　　　　　　　　**滚动轴承的通用画法**（GB/T 4459.7—2017）

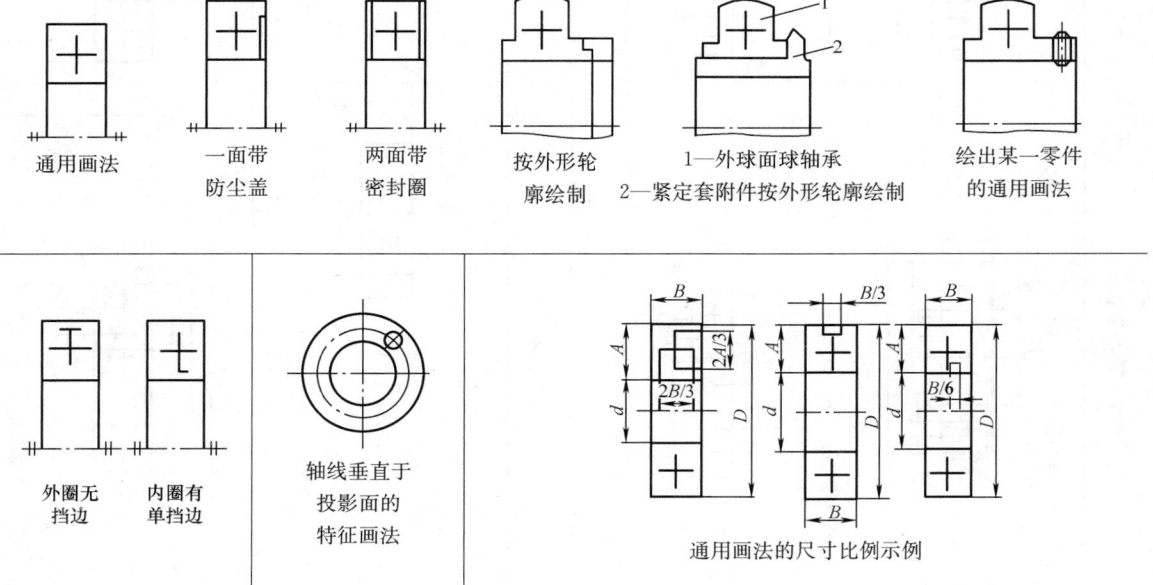

通用画法的尺寸比例示例

表 3-22   滚动轴承特征画法和规定画法的尺寸比例示例(GB/T 4459.7—2017)

类型	特征画法	规定画法	类型	特征画法	规定画法
深沟球轴承	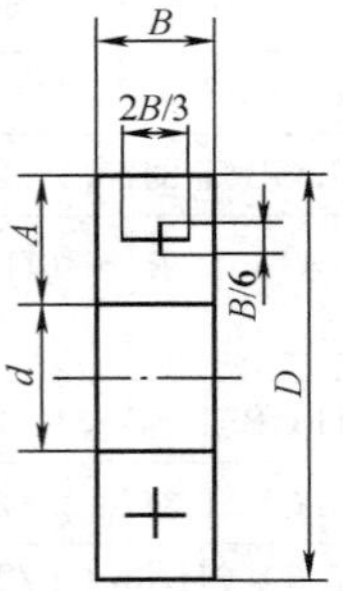	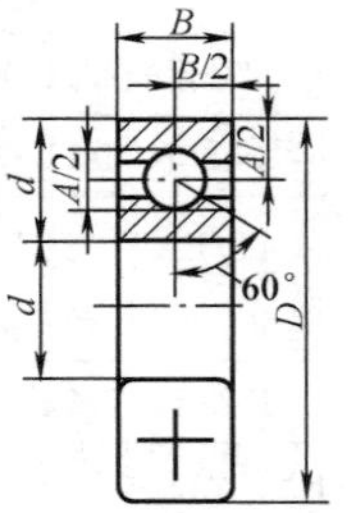	调心球轴承	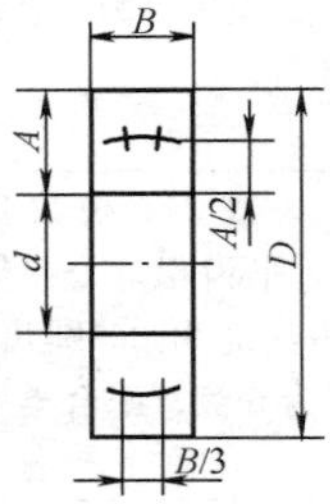	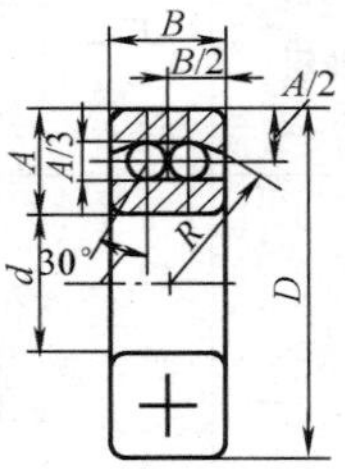
圆柱滚子轴承		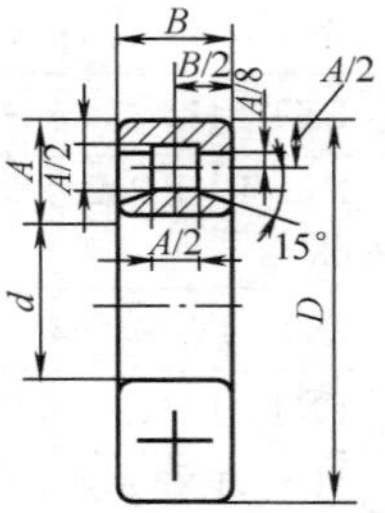	调心滚子轴承		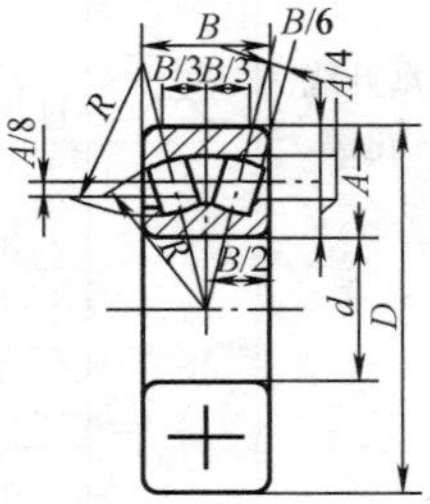
双列圆柱滚子轴承	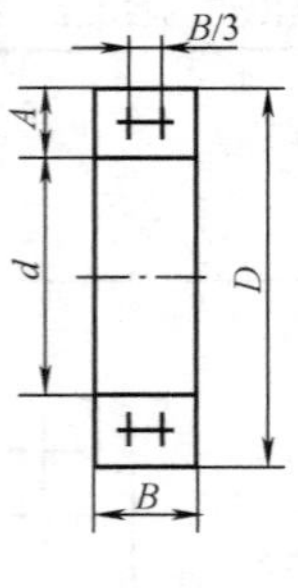	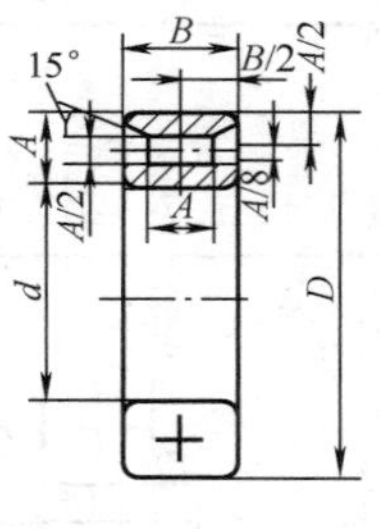	角接触球轴承		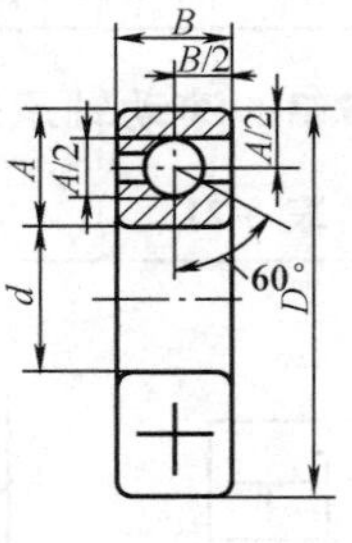
单列调心滚子轴承	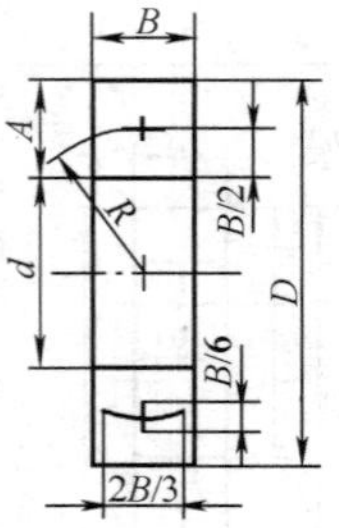	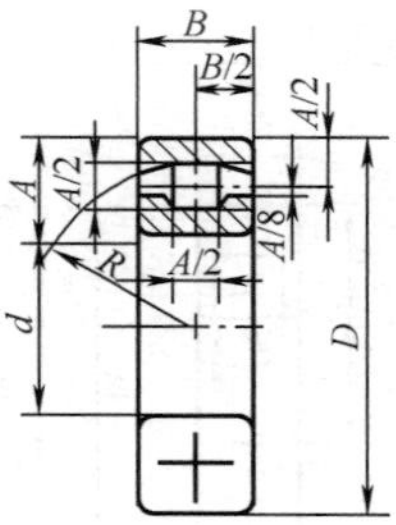	圆锥滚子轴承	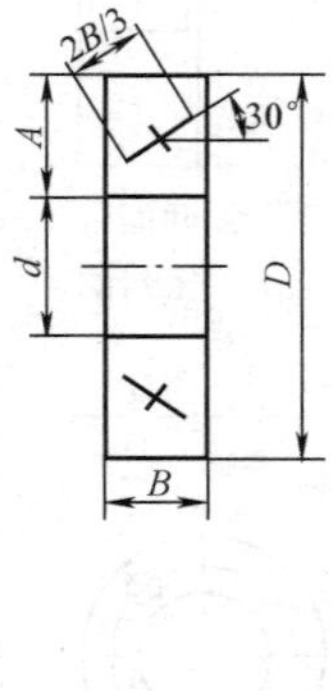	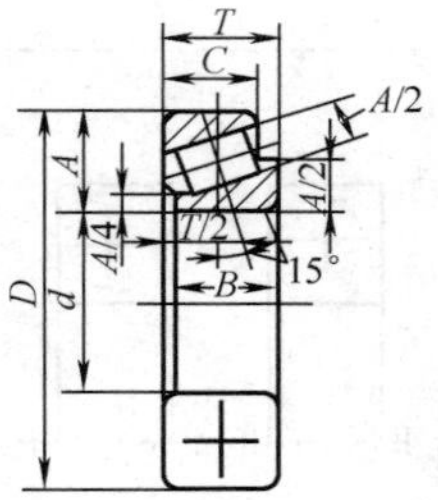

续表

类型	特征画法	规定画法	类型	特征画法	规定画法
双列角接触球轴承	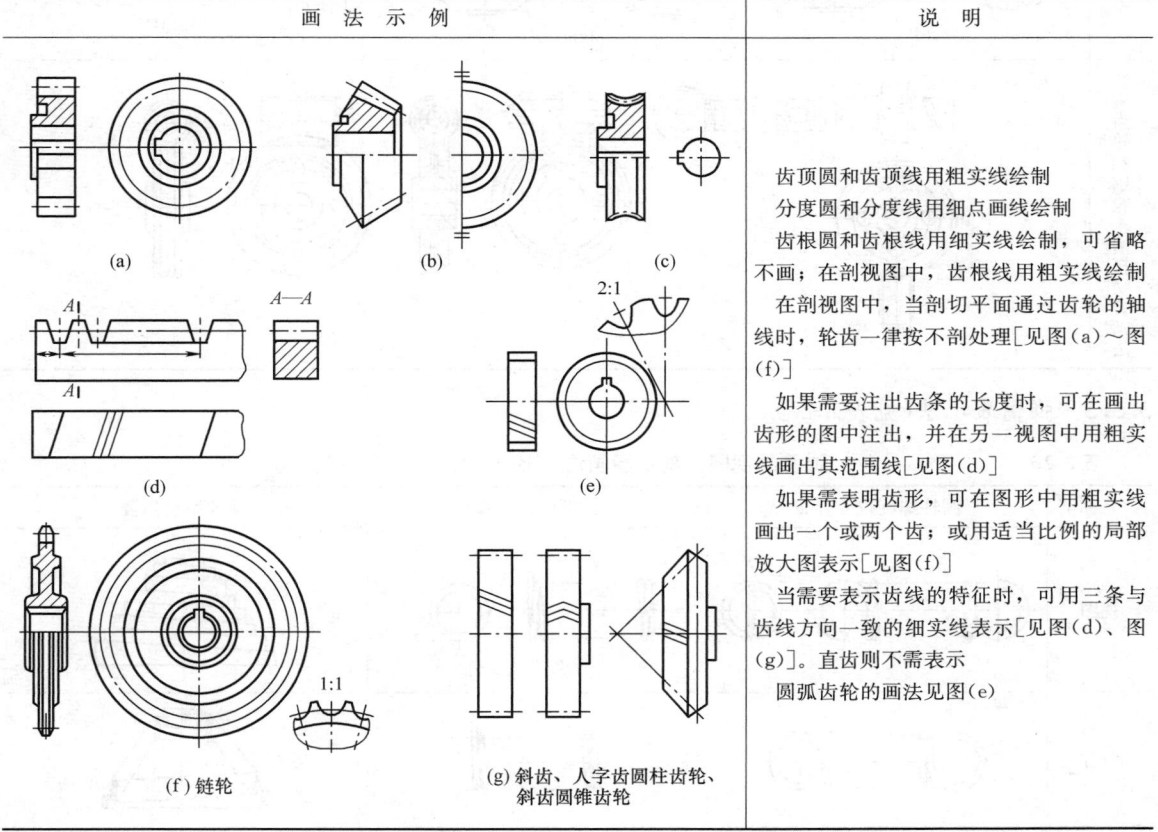		推力球轴承		
四点接触球轴承			双向推力球轴承		

3.5.4 齿轮表示法（见表 3-23 和表 3-24）

表 3-23　　　　齿轮、齿条、蜗杆、蜗轮及链轮画法（GB/T 4459.2—2003）

画 法 示 例	说 明
(a)　(b)　(c) (d)　(e) (f) 链轮　(g) 斜齿、人字齿圆柱齿轮、斜齿圆锥齿轮	齿顶圆和齿顶线用粗实线绘制 分度圆和分度线用细点画线绘制 齿根圆和齿根线用细实线绘制，可省略不画；在剖视图中，齿根线用粗实线绘制 在剖视图中，当剖切平面通过齿轮的轴线时，轮齿一律按不剖处理［见图（a）～图（f）］ 如果需要注出齿条的长度时，可在画出齿形的图中注出，并在另一视图中用粗实线画出其范围线［见图（d）］ 如果需表明齿形，可在图形中用粗实线画出一个或两个齿；或用适当比例的局部放大图表示［见图（f）］ 当需要表示齿线的特征时，可用三条与齿线方向一致的细实线表示［见图（d）、图（g）］。直齿则不需表示 圆弧齿轮的画法见图（e）

表 3-24   齿轮、蜗杆、蜗轮啮合画法（GB/T 4459.2—2003）

项目	画 法 示 例	说 明
圆柱齿轮啮合画法	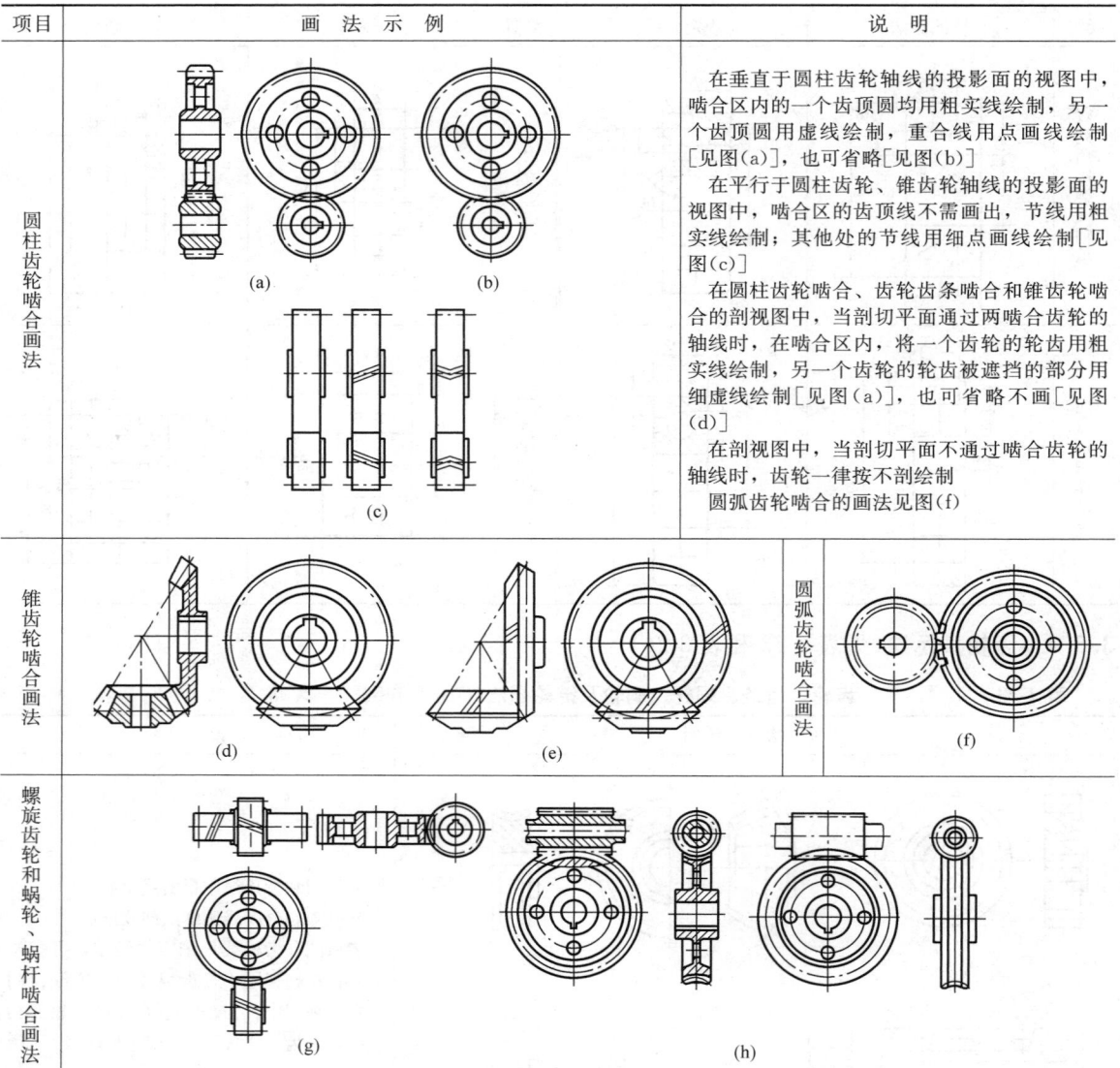	在垂直于圆柱齿轮轴线的投影面的视图中，啮合区内的一个齿顶圆均用粗实线绘制，另一个齿顶圆用虚线绘制，重合线用点画线绘制［见图(a)］，也可省略［见图(b)］ 在平行于圆柱齿轮、锥齿轮轴线的投影面的视图中，啮合区的齿顶线不需画出，节线用粗实线绘制；其他处的节线用细点画线绘制［见图(c)］ 在圆柱齿轮啮合、齿轮齿条啮合和锥齿轮啮合的剖视图中，当剖切平面通过两啮合齿轮的轴线时，在啮合区内，将一个齿轮的轮齿用粗实线绘制，另一个齿轮的轮齿被遮挡的部分用细虚线绘制［见图(a)］，也可省略不画［见图(d)］ 在剖视图中，当剖切平面不通过啮合齿轮的轴线时，齿轮一律按不剖绘制 圆弧齿轮啮合的画法见图(f)
锥齿轮啮合画法		
圆弧齿轮啮合画法		
螺旋齿轮和蜗轮、蜗杆啮合画法		

3.5.5 弹簧表示法（见表 3-25）

表 3-25   弹簧的视图、剖视图画法（GB/T 4459.4—2003）

名称	圆柱螺旋拉伸弹簧	圆柱螺旋扭转弹簧	截锥涡卷弹簧
视图			
剖视图			

续表

名称	圆柱螺旋压缩弹簧	截锥螺旋压缩弹簧
视图		
剖视图		

名称	碟 形 弹 簧	平面涡卷弹簧
视图		
剖视图		

说明	1. 螺旋弹簧均可画成右旋, 对必须保证的旋向要求应在"技术要求"中注明 2. 螺旋压缩弹簧如果要求两端并紧且磨平时, 不论支承圈数多少和末端贴紧情况如何, 均按表中形式绘制, 必要时也可按支承圈的实际结构绘制 3. 有效圈数在四圈以上的螺旋弹簧中间部分可以省略。圆柱螺旋弹簧中间部分省略后, 允许适当缩短图形的长度

装配图中弹簧的画法

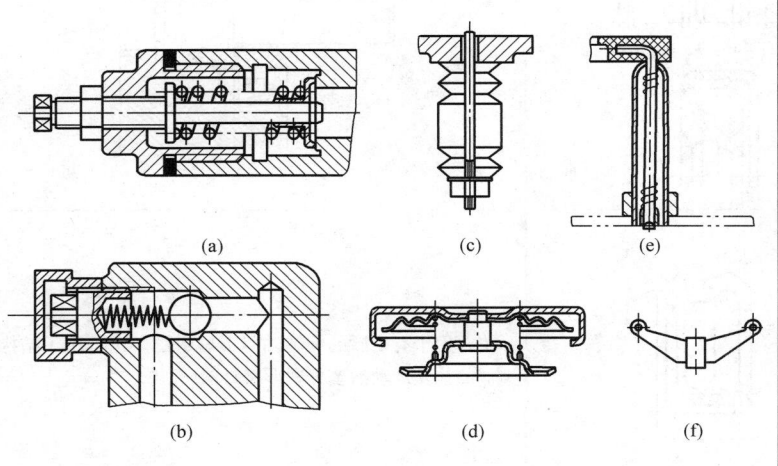

(a)　(c)　(e)

(b)　(d)　(f)

被弹簧挡住的结构一般不画出, 可见部分应从弹簧的外轮廓线或从弹簧钢丝剖面的中心线画起[见图(a)]

型材尺寸较小(直径或厚度在图形上等于或小于 2mm)的螺旋弹簧、碟形弹簧允许用示意图表示[见图(b)、图(c)]。当弹簧被剖切时, 也可用涂黑表示[见图(d)]

被剖切弹簧的截面尺寸在图形上等于或小于 2mm, 并且弹簧内部还有零件, 为了便于表达, 可按图(e)的示意图形式表示

板弹簧允许只画出外形轮廓[见图(f)]

3.5.6 动密封圈表示法(见表 3-26～表 3-28)

表 3-26   旋转轴唇形密封圈的特征画法和规定画法

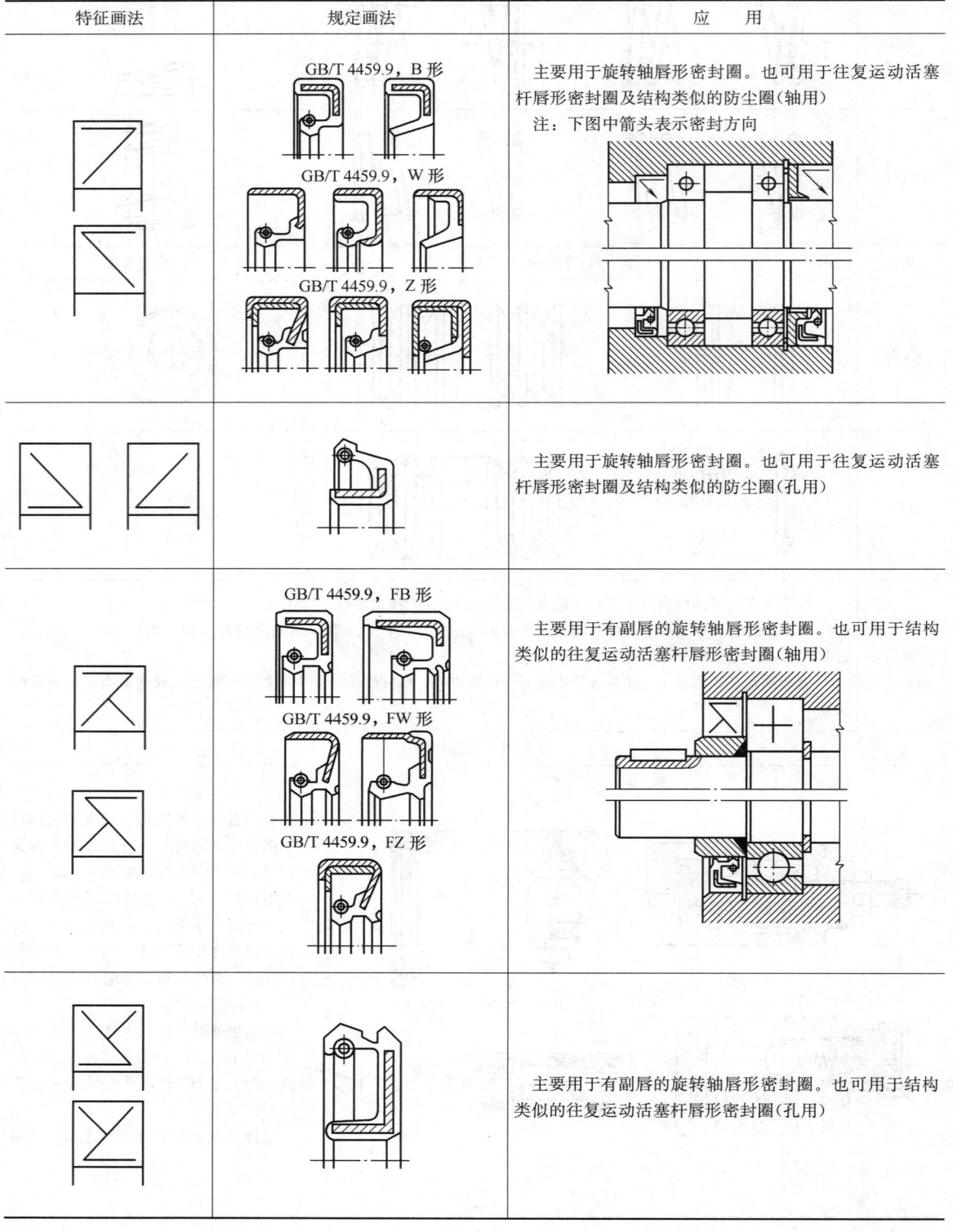

特征画法	规定画法	应 用
	GB/T 4459.9，B 形 GB/T 4459.9，W 形 GB/T 4459.9，Z 形	主要用于旋转轴唇形密封圈。也可用于往复运动活塞杆唇形密封圈及结构类似的防尘圈(轴用) 注：下图中箭头表示密封方向
		主要用于旋转轴唇形密封圈。也可用于往复运动活塞杆唇形密封圈及结构类似的防尘圈(孔用)
	GB/T 4459.9，FB 形 GB/T 4459.9，FW 形 GB/T 4459.9，FZ 形	主要用于有副唇的旋转轴唇形密封圈。也可用于结构类似的往复运动活塞杆唇形密封圈(轴用)
		主要用于有副唇的旋转轴唇形密封圈。也可用于结构类似的往复运动活塞杆唇形密封圈(孔用)

续表

特 征 画 法	规 定 画 法	应 用
		主要用于双向密封旋转轴唇形密封圈。也可用于结构类似的往复运动活塞杆唇形密封圈(轴用)
		主要用于双向密封旋转轴唇形密封圈。也可用于结构类似的往复运动活塞杆唇形密封圈(孔用)

表 3-27   **迷宫式密封的特征画法和规定画法**

特 征 画 法	规 定 画 法	应 用
		非接触密封的迷宫式密封

表 3-28   **往复运动橡胶密封圈的特征画法和规定画法**

特 征 画 法	规 定 画 法	应 用
	JB/T6375,Y 形 GB/T 10708.1,U形 GB/T 10708.1,蕾形	用于 Y 形、U 形及蕾形橡胶密封圈

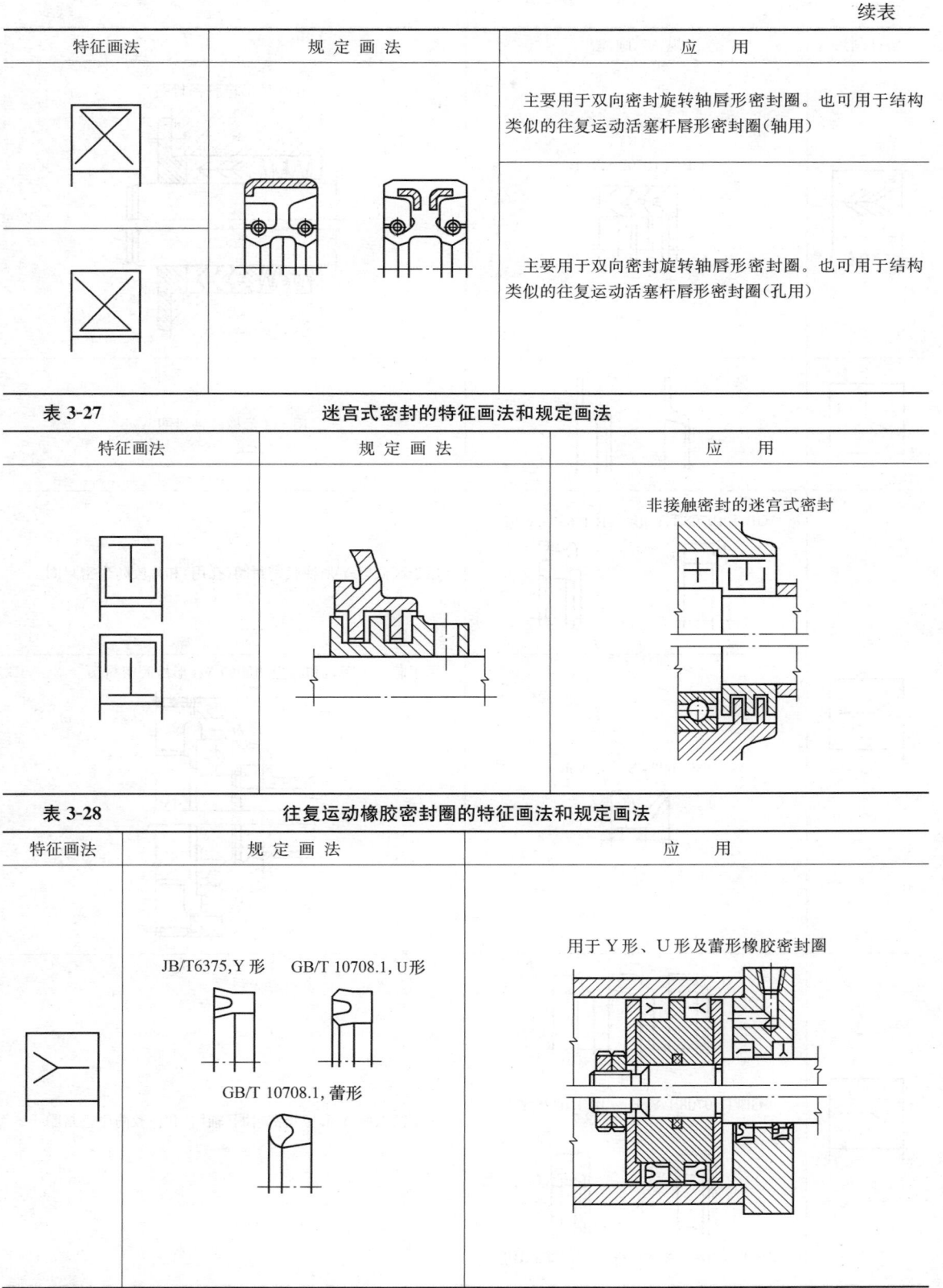

特征画法	规 定 画 法	应 用
	GB/T 10708.1,V 形 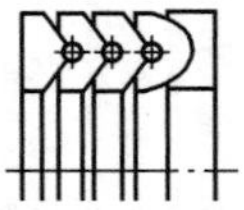	用于 V 形橡胶密封圈 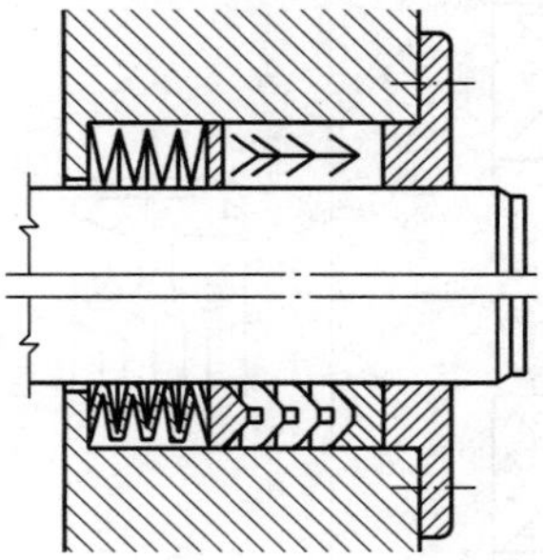
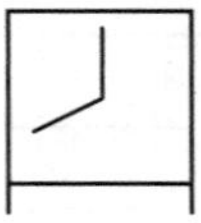	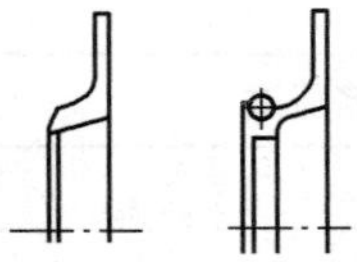	用于 J 形橡胶密封圈
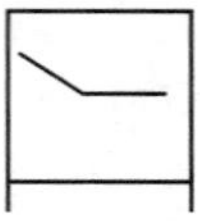	GB/T 10708.1,Y 形　JB/T 6375,Y 形 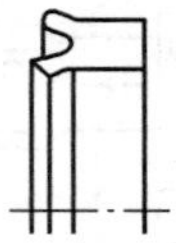 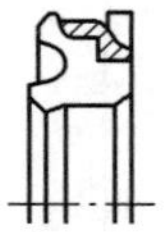	用于高低唇 Y 形橡胶密封圈(孔用)和橡胶防尘密封圈
	JB/T 6994,S 形、A 形 	用于起端面密封和防尘功能的 V_D 形橡胶密封圈 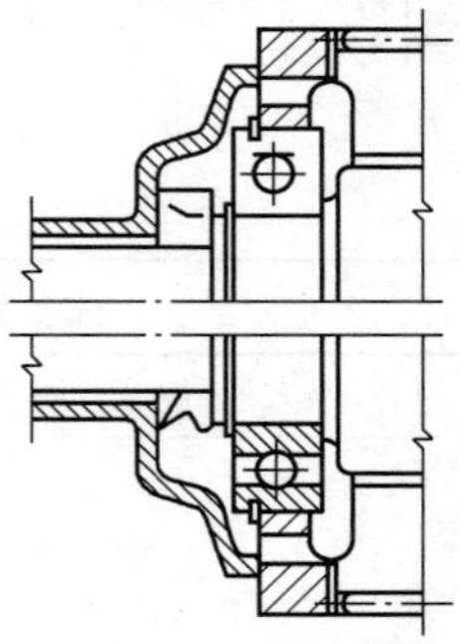
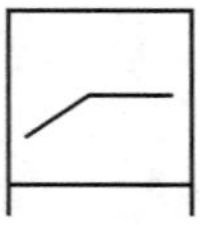	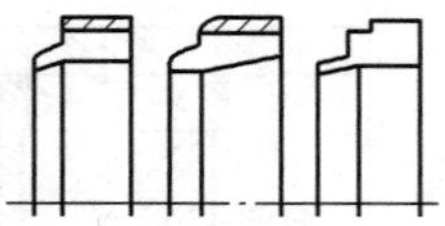 GB/T 10708.1,Y 形　JB/T 6375,Y 形 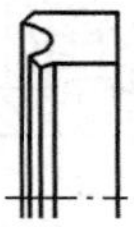 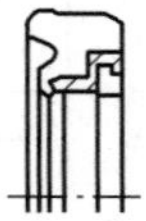 GB/T 10708.3,A 形　GB/T 10708.3,B 形	用于高低唇 Y 形橡胶密封圈(轴用)和橡胶防尘密封圈

续表

特征画法	规 定 画 法	应 用
	 GB/T 10708.3,C 形	用于有双向唇的橡胶防尘密封圈。也可用于结构类似的防尘密封圈(轴用)
		用于有双向唇的橡胶防尘密封圈。也可用于结构类似的防尘密封圈(孔用)
	GB/T 10708.2, 鼓形　　GB/T 10708.2, 山形	用于鼓形橡胶密封圈和山形橡胶密封圈

3.6　机构运动简图图形符号(GB/T 4460—2013)(见表 3-29~表 3-41)

表 3-29　　　　　　　　　　机构构件运动简图图形符号

名称	基本符号	可用符号	名称	基本符号	可用符号
运动轨迹			具有局部反向的单向运动		
运动指向					
中间位置的瞬时停顿			具有局部反向及停留的单向运动		
中间位置的停留			往复运动		
极限位置的停留			直线或回转的往复运动		
局部反向运动			在一个极限位置停留的往复运动		
停止					
单向运动			在两个极限位置停留的往复运动		
直线或曲线的单向运动		○			
具有瞬时停顿的单向运动			在中间位置停留的往复运动		
具有停留的单向运动			运动终止		

表 3-30　构件及其组成部分的连接简图图形符号

名称	基本符号	可用符号或附注	名称	基本符号	可用符号
机架		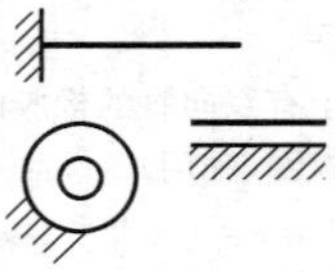	构件组成部分的永久连接		
轴、杆					
组成部分与轴(杆)的固定连接	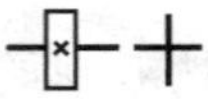		构件组成部分的可调连接		

表 3-31　运 动 副

	名　称	基本符号	可用符号		名　称	基本符号	可用符号
具有一个自由度的运动副	回转副 1. 平面机构 2. 空间机构	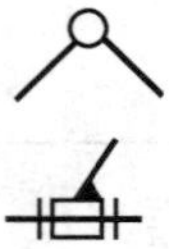	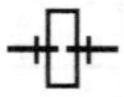	具有两个自由度的运动副	圆柱副		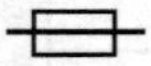
					球销副		
	螺旋副	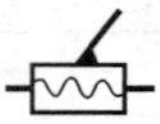		具有三个自由度的运动副	球面副		
					平面副		
	棱柱副 (移动副)		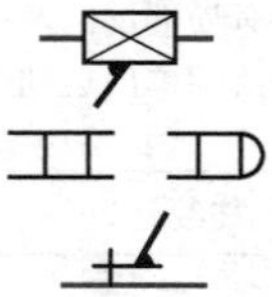	具有四个自由度的运动副:球与圆柱副			
				具有五个自由度的运动副:球与平面副			

表 3-32　多杆构件及其组成

	名称	基本符号	可用符号		名称	基本符号	可用符号
单副元素构件	构件是回转副的一部分 1. 平面机构 2. 空间机构	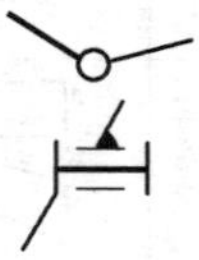		单副元素构件	构件是棱柱副的一部分		
					构件是圆柱副的一部分		
	机架是回转副的一部分 1. 平面机构 2. 空间机构				构件是球面副的一部分	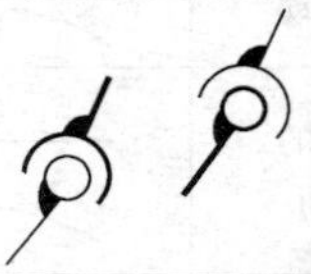	

续表

名称	基本符号	可用符号	名称	基本符号	可用符号
双副元素构件 连接两个回转副的构件			双副元素构件 通用情况		
连杆 1. 平面机构 2. 空间机构			滑块		
曲柄(或摇杆) 1. 平面机构 2. 空间机构			连接回转副与棱柱副的构件 通用情况		
偏心轮			导杆		
连接两个棱柱副的构件			滑块		

名　称	基本符号	可用符号	附　注
三副元素构件			
多副元素构件	符号与双副元素、三副元素构件类似		

示例

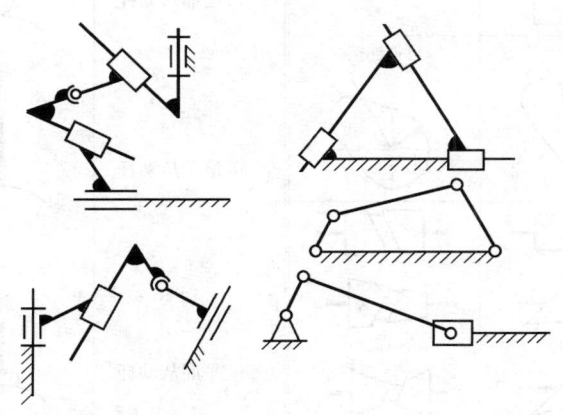

续表

名　称	基本符号	可用符号	附　注

示例

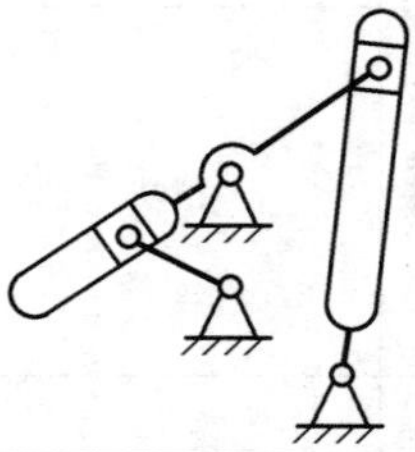

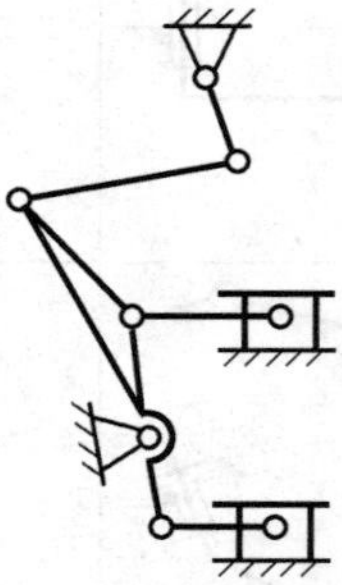

表 3-33			槽轮机构和棘轮机构		
名　称	基本符号	可用符号	名　称	基本符号	可用符号
槽轮机构 一般符号	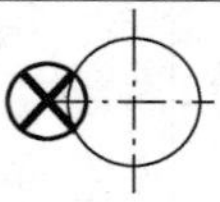		棘轮机构 1. 外啮合		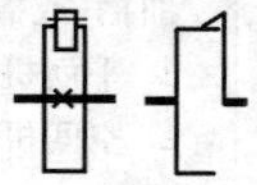
1. 外啮合	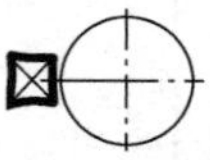	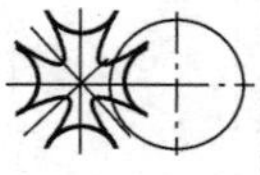	2. 内啮合		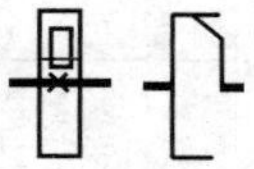
2. 内啮合		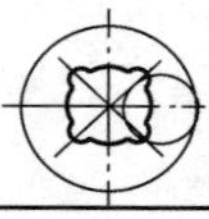	3. 棘齿条啮合	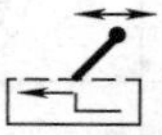	

表 3-34			凸　轮　机　构		
名称	基本符号	可用符号及附注	名称	基本符号	附　注
盘形凸轮	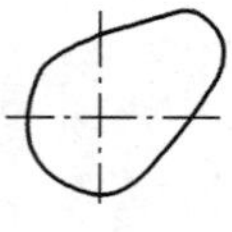	钩槽盘行凸轮 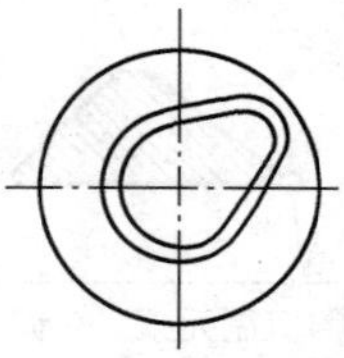	凸轮从动杆 1. 尖顶从动杆		在凸轮副中，凸轮从动杆的符号 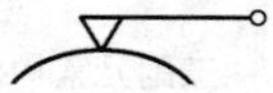
移动凸轮	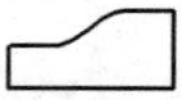		2. 曲面从动杆	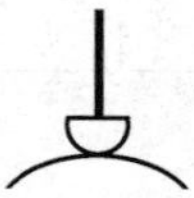	
与杆固接的凸轮	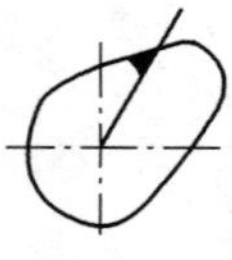	可调连接 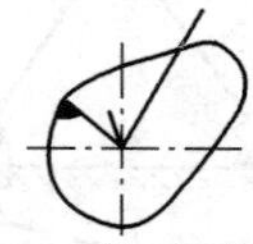	3. 滚子从动杆		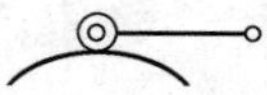
空间凸轮 1. 圆柱凸轮			4. 平底从动杆		
2. 圆锥凸轮					
3. 双曲面凸轮					

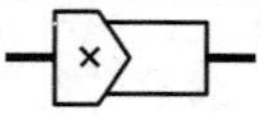

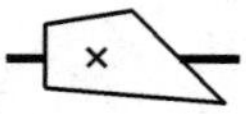

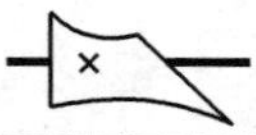

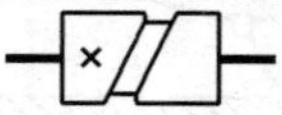

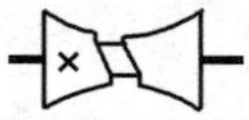

表 3-35 　　　　　　　　　　　齿　轮　机　构

名称	基本符号	可用符号	名称	基本符号	可用符号
齿轮机构齿轮(不指明齿线) 1. 圆柱齿轮 2. 锥齿轮 3. 挠性齿轮			4. 准双曲面齿轮		
齿线符号 1. 圆柱齿轮 (1)直齿 (2)斜齿 (3)人字齿 2. 锥齿轮 (1)直齿 (2)斜齿 (3)弧齿			5. 蜗轮与圆柱蜗杆 6. 蜗轮与球面蜗杆 7. 螺旋齿轮		
齿 轮 传 动 (不指明齿线) 1. 圆柱齿轮 2. 非圆齿轮 3. 锥齿轮			齿条传动 1. 一般表示 2. 蜗线齿条与蜗杆 3. 齿条与蜗杆		
			扇 形 齿 轮传动	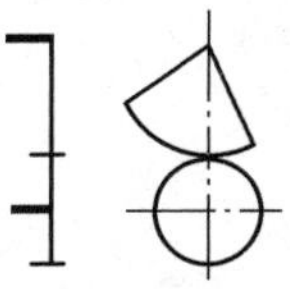	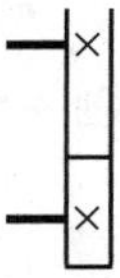

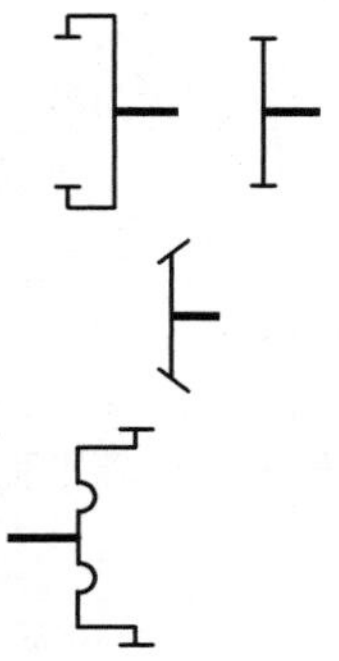

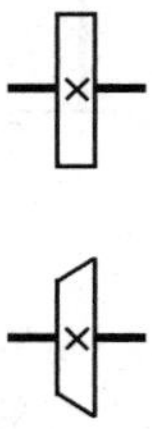

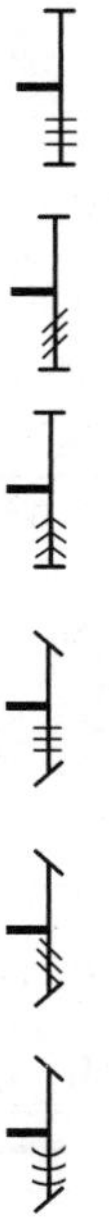

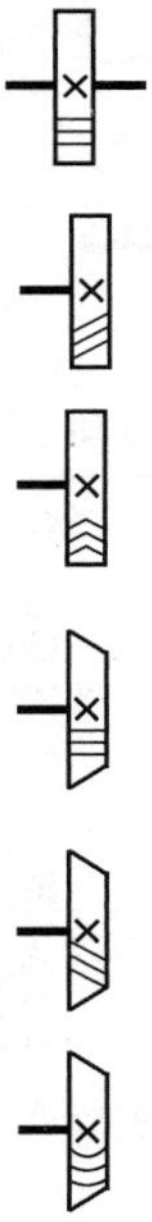

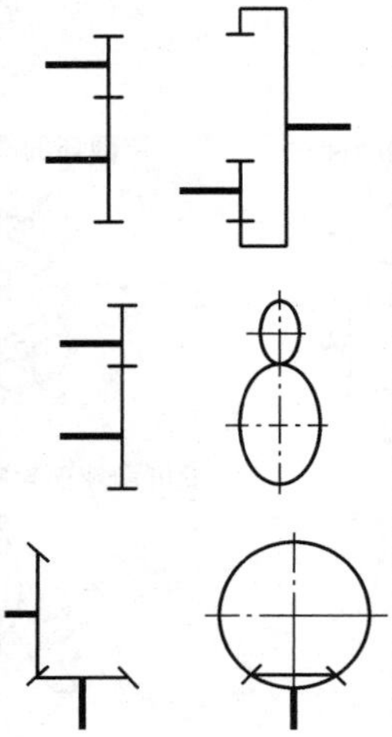

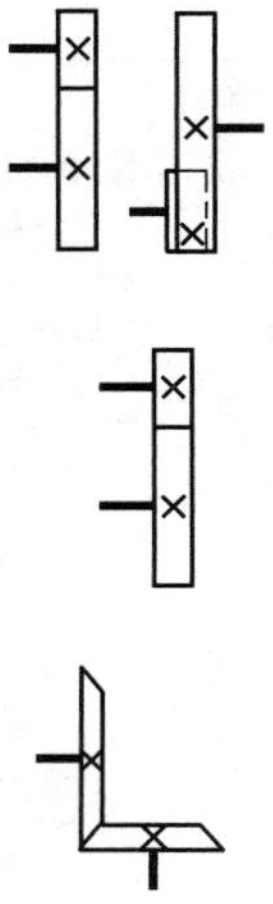

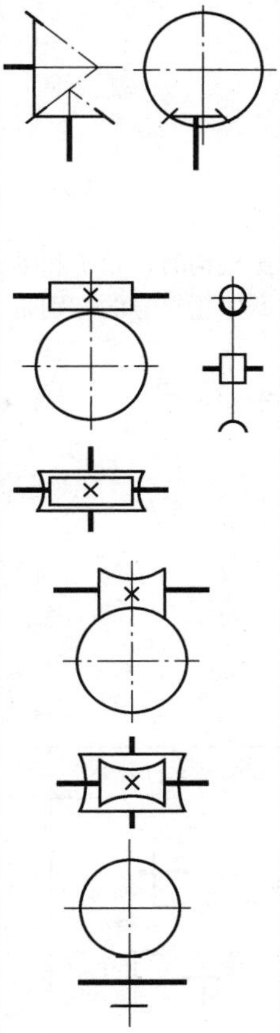

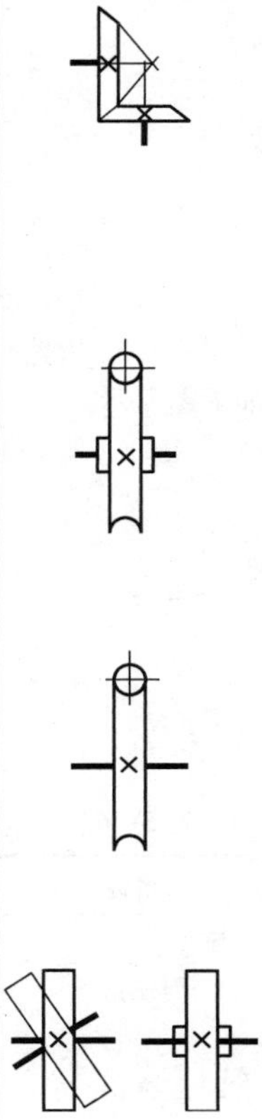

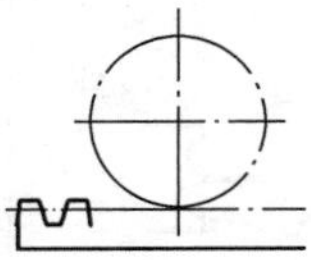

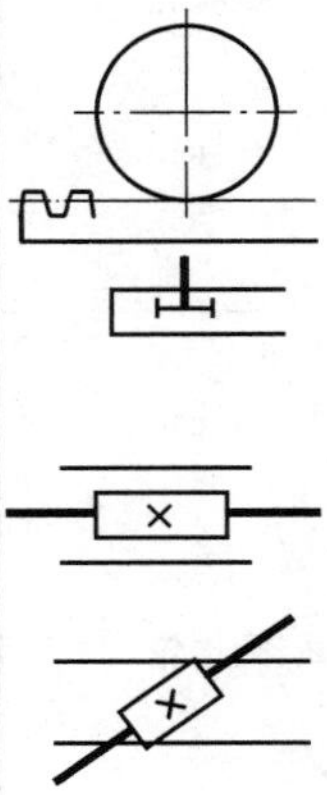

注：1. 若用单线绘制齿轮或摩擦轮，允许在两轮接触处留出空隙，如下图所示。

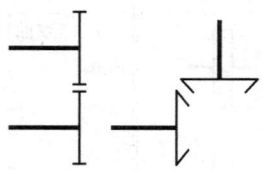

2. 绘制摩擦机构时，轮子和轴固定连接的符号，只需画在一个轮子上。

3. 齿轮和摩擦轮符号的区别是：表示齿圈或摩擦表面的直线相对于表示轮辐平面的直线位置不同，如下图所示。

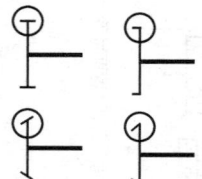

表 3-36　　　　　　　　　　　　摩擦轮和摩擦传动

名称	基本符号	可用符号	名称	基本符号	可用符号
摩擦轮 1. 圆柱轮			4. 可调圆锥轮	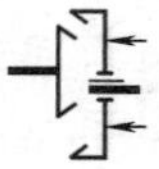	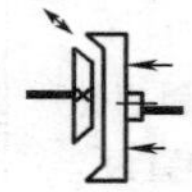
2. 圆锥轮		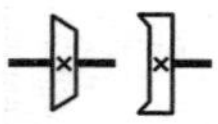			
3. 曲线轮	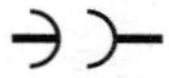	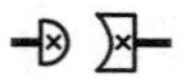	5. 可调冕状轮		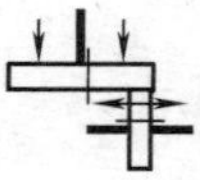
4. 冕状轮		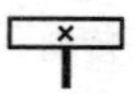			
5. 挠性轮	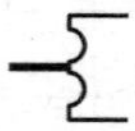				
摩擦传动 1. 圆柱轮	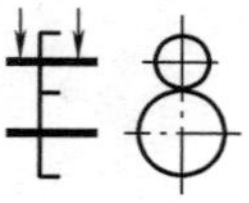	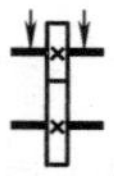	附注 带中间体的可调圆锥轮　　带可调圆环的圆锥轮		
2. 圆锥轮	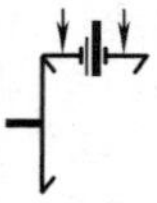				
3. 双曲面轮		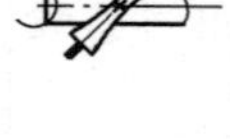	带可调球面轮的圆锥轮		

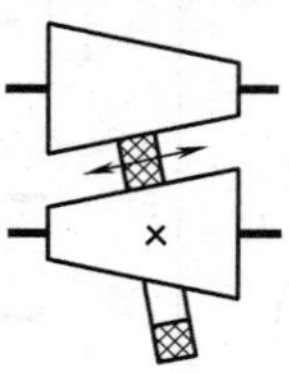

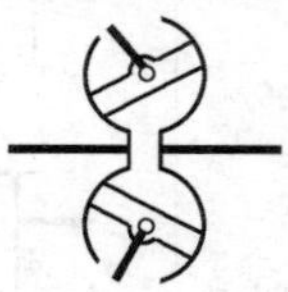

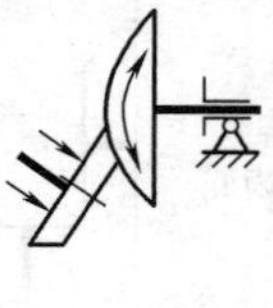

表 3-37　　带传动与链传动

名称	基本符号	附注	名称	基本符号	附注
带传动 一般符号（不指明类型）	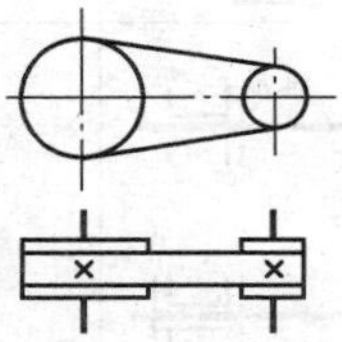 （或） 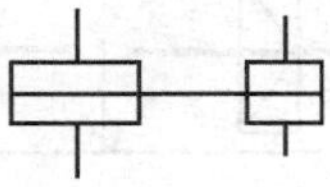	若需指明类型可采用下列符号 V带  ▽ 圆带 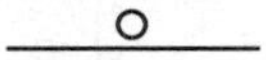 ○ 同步带  平带  — 例：V带传动 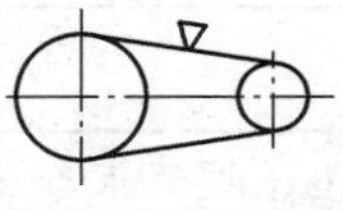	轴上的宝塔轮	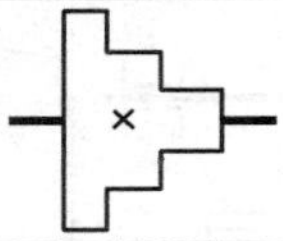	若需指明链条类型，可采用下列符号 环形链 滚子链 齿形链 例：齿形链传动
			链传动 一般符号（不指明类型）	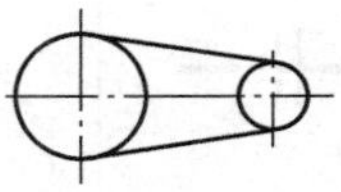 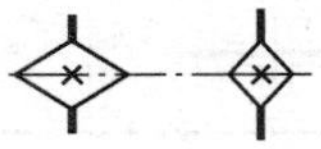	 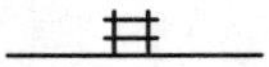  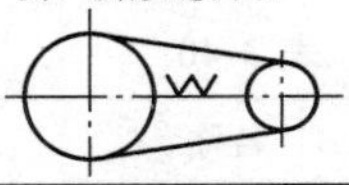

表 3-38　　联轴器、离合器及制动器

名称	基本符号	可用符号	名称	基本符号	可用符号
联轴器 一般符号（不指明类型）			4. 电磁离合器		
固定联轴器			自动离合器一般符号		对于离合器和制动器，当需要表明操纵方式时，可使用下列符号： M—机动的 H—液动的 P—气动的 E—电动的（如电磁） 例：具有气动开关启动的单向摩擦离合器
可移式联轴器			1. 离心摩擦离合器	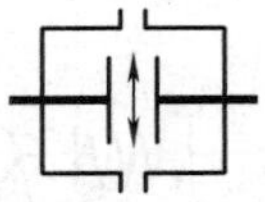	
弹性联轴器			2. 超越离合器		
可控离合器 1. 啮合式离合器			3. 安全离合器 (1)带有易损元件		
(1)单向式			(2)无易损元件	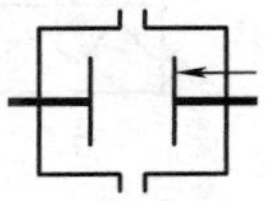	
(2)双向式			制动器——一般符号	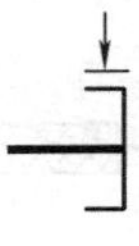	不规定制动器外观
2. 摩擦离合器 (1)单向式					
(2)双向式					
3. 液压离合器 一般符号					

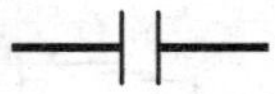

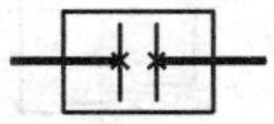

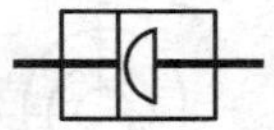

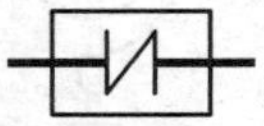

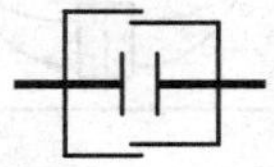

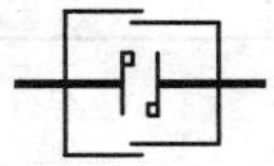

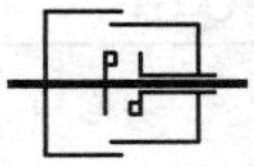

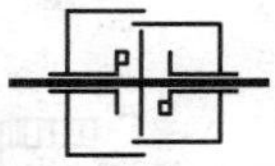

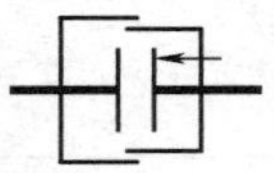

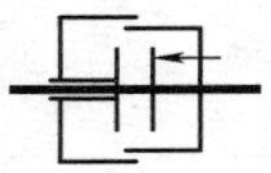

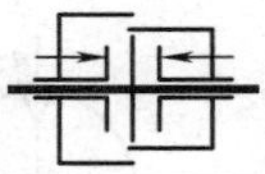

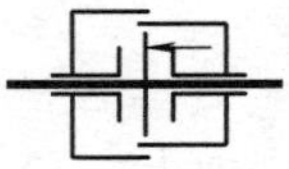

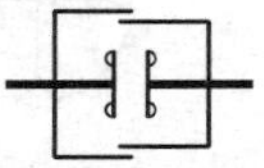

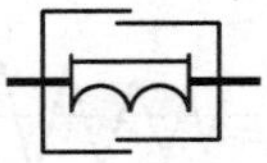

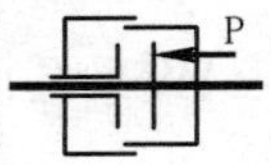

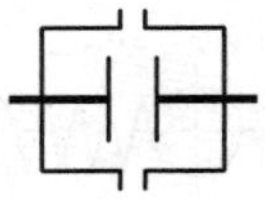

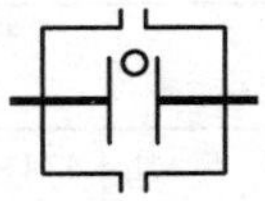

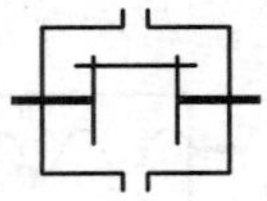

表 3-39   轴   承

名称	基本符号	可用符号	名称	基本符号	可用符号
向心轴承 1. 普通轴承			3. 推力滚动轴承		
2. 滚动轴承			向心推力轴承 1. 单向向心推力 普通轴承		
推力轴承 1. 单向推力普通 轴承			2. 双向向心推力 普通轴承		
2. 双向推力普通 轴承			3. 角接触滚动 轴承		

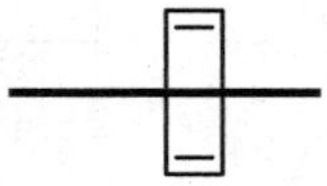

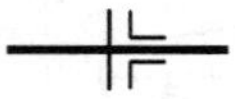

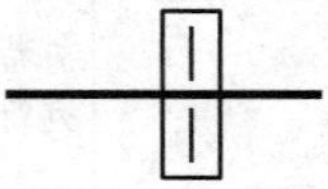

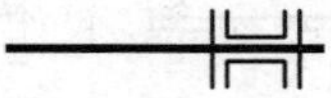

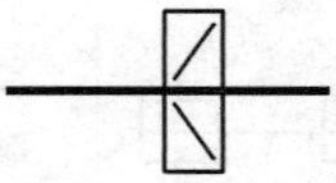

表 3-40   弹   簧

名称	基本符号	附注	名称	基本符号	附注
压缩弹簧	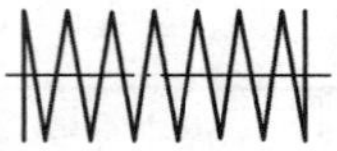 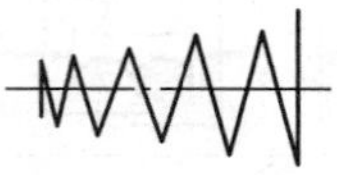	弹簧的符号详见 GB/T 4459.4—2003	碟形弹簧		—
拉伸弹簧			截锥涡卷弹簧		
扭转弹簧			涡卷弹簧		
			板状弹簧	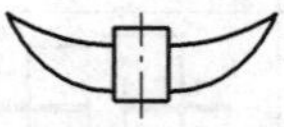	

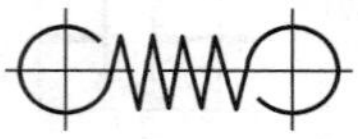

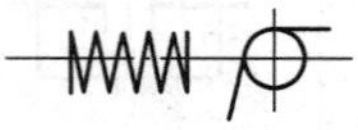

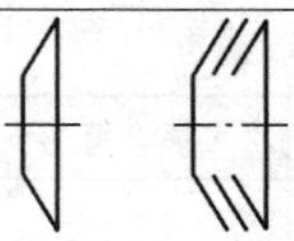

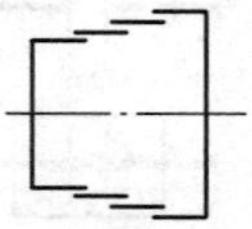

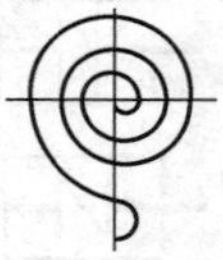

表 3-41   其他机构及其组件

名称	基本符号	可用符号	名称	基本符号	附注
螺杆传动 1. 整体螺母			轴上飞轮		
2. 开合螺母					
3. 滚珠螺母			分度头		n 为分度数
挠性轴	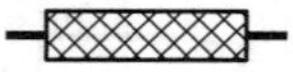	附注 可以只画一部分 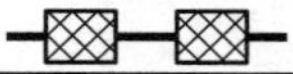 			

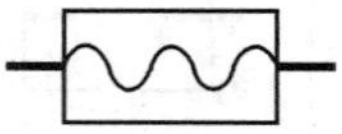

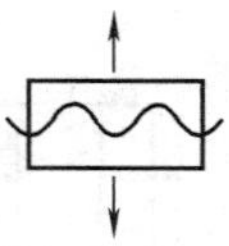

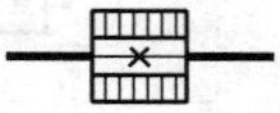

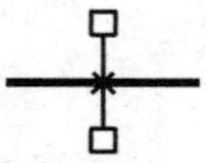

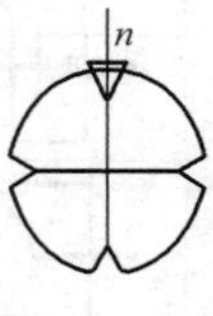

第4章 极限与配合、形状与位置公差和表面结构

4.1 极限与配合

4.1.1 公差、偏差和配合的基本规定

1. 极限尺寸与公差带图

GB/T 1800 中，孔或轴的基本尺寸、最大极限尺寸和最小极限尺寸的关系如图 4-1 所示。在实际使用中，为简化起见常不画出孔或轴，仅用公差带图来表示其基本尺寸、尺寸公差及偏差的关系，如图 4-2 所示。

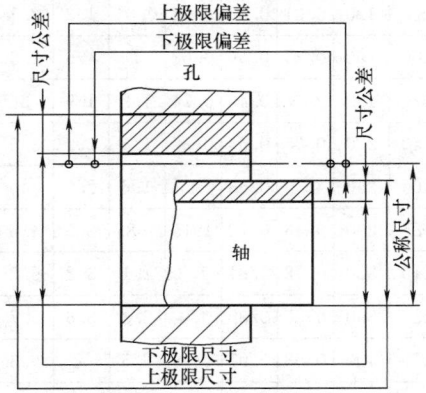

图 4-1 术语图解

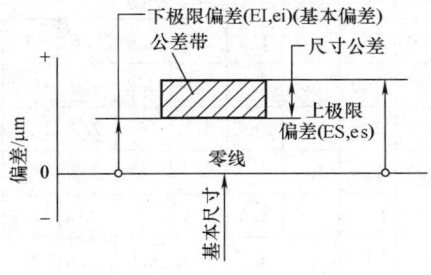

图 4-2 公差带图解

2. 公差与偏差

（1）基本偏差。基本偏差是确定公差带相对零线位置的上极限偏差或下极限偏差，一般为靠近零线的那个极限偏差，如图 4-2 的基本偏差为下极限偏差。基本偏差代号，对孔用大写字母 A，…，ZC 表示；对轴用小写字母 a，…，zc 表示（图 4-3），各 28 个。其中，基本偏差 H 代表基准孔，h 代表基准轴。

（2）上极限偏差代号。上极限偏差的代号，对孔用大写字母"ES"表示，对轴用小写字母"es"表示。

（3）下极限偏差代号。下极限偏差的代号，对孔用大写字母"EI"表示，对轴用小写字母"ei"表示。

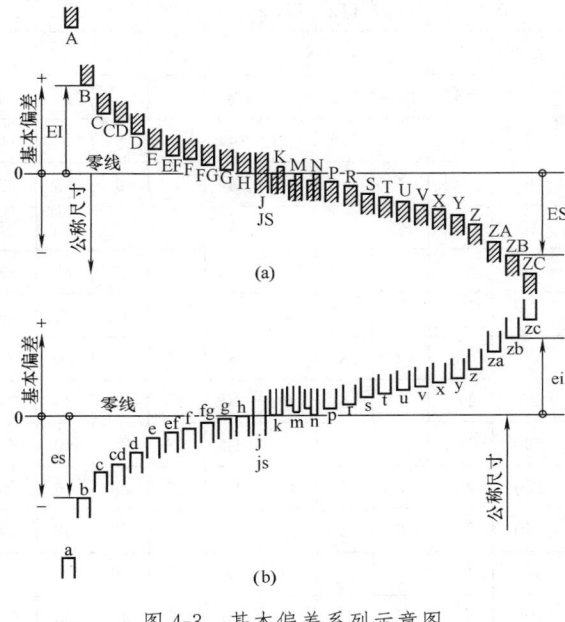

图 4-3 基本偏差系列示意图

（a）孔；（b）轴

（4）标准公差。GB/T 1800 中规定的任一公差称为标准公差。标准公差等级代号用符号 IT 和数字组成，例如：IT7。当其与代表基本偏差的字母一起组成公差带时，省略 IT 字母，如 h7。

标准公差等级分 IT01、IT0、IT1 至 IT18 共 20 级。

3. 公差带、注公差尺寸和配合的表示

（1）公差带的表示。公差带用基本偏差的字母和公差数字表示。

例如：H7 孔公差带；h7 轴公差带。

（2）注公差尺寸的表示。注公差的尺寸用公称尺寸后跟所要求的公差带或（和）对应的偏差值表示。

例如：$32H7$；$80js15$；$100g6$；$100^{-0.012}_{-0.034}$；$100g6(^{-0.012}_{-0.034})$。

（3）配合的表示。配合用相同的公称尺寸后跟孔、轴公差带表示。孔、轴公差带写成分数形式，分子为孔公差带，分母为轴公差带。

例如：$52H7/g6$ 或 $52\dfrac{H7}{g6}$。

4. 配合分类

配合分基孔制配合和基轴制配合。

配合有间隙配合、过渡配合和过盈配合。属于哪一种配合取决于孔、轴公差带的相互关系。

基孔制（基轴制）配合中：

基本偏差 a 至 h（A 至 H）用于间隙配合；

基本偏差 j 至 zc（J 至 ZC）用于过渡配合和过盈配合。

4.1.2　标准公差数值（见表4-1）

表4-1　　　　　　　　　　　标准公差数值（GB/T 1800.1—2009）

公称尺寸 /mm		标准公差等级																	
		IT1	IT2	IT3	IT4	IT5	IT6	IT7	IT8	IT9	IT10	IT11	IT12	IT13	IT14	IT15	IT16	IT17	IT18
大于	至	μm											mm						
—	3	0.8	1.2	2	3	4	6	10	14	25	40	60	0.1	0.14	0.25	0.4	0.6	1	1.4
3	6	1	1.5	2.5	4	5	8	12	18	30	48	75	0.12	0.18	0.3	0.48	0.75	1.2	1.8
6	10	1	1.5	2.5	4	6	9	15	22	36	58	90	0.15	0.22	0.36	0.58	0.9	1.5	2.2
10	18	1.2	2	3	5	8	11	18	27	43	70	110	0.18	0.27	0.43	0.7	1.1	1.8	2.7
18	30	1.5	2.5	4	6	9	13	21	33	52	84	130	0.21	0.33	0.52	0.84	1.3	2.1	3.3
30	50	1.5	2.5	4	7	11	16	25	39	62	100	160	0.25	0.39	0.62	1	1.6	2.5	3.9
50	80	2	3	5	8	13	19	30	46	74	120	190	0.3	0.46	0.74	1.2	1.9	3	4.6
80	120	2.5	4	6	10	15	22	35	54	87	140	220	0.35	0.54	0.87	1.4	2.2	3.5	5.4
120	180	3.5	5	8	12	18	25	40	63	100	160	250	0.4	0.63	1	1.6	2.5	4	6.3
180	250	4.5	7	10	14	20	29	46	72	115	185	290	0.46	0.72	1.15	1.85	2.9	4.6	7.2
250	315	6	8	12	16	23	32	52	81	130	210	320	0.52	0.81	1.3	2.1	3.2	5.2	8.1
315	400	7	9	13	18	25	36	57	89	140	230	360	0.57	0.89	1.4	2.3	3.6	5.7	8.9
400	500	8	10	15	20	27	40	63	97	155	250	400	0.63	0.97	1.55	2.5	4	6.3	9.7
500	630	9	11	16	22	32	44	70	110	175	280	440	0.7	1.1	1.75	2.8	4.4	7	11
630	800	10	13	18	25	36	50	80	125	200	320	500	0.8	1.25	2	3.2	5	8	12.5
800	1000	11	15	21	28	40	56	90	140	230	360	560	0.9	1.4	2.3	3.6	5.6	9	14
1000	1250	13	18	24	33	47	66	105	165	260	420	660	1.05	1.65	2.6	4.2	6.6	10.5	16.5
1250	1600	15	21	29	39	55	78	125	195	310	500	780	1.25	1.95	3.1	5	7.8	12.5	19.5
1600	2000	18	25	35	46	65	92	150	230	370	600	920	1.5	2.3	3.7	6	9.2	15	23
2000	2500	22	30	41	55	78	110	175	280	440	700	1100	1.75	2.8	4.4	7	11	17.5	28
2500	3150	26	36	50	68	96	135	210	330	540	860	1350	2.1	3.3	5.4	8.6	13.5	21	33

注：1. 公称尺寸大于500mm的IT1至IT5的标准公差数值为试行的。

　　2. 公称尺寸小于或等于1mm时，无IT14至IT18。

4.1.3　公差带及其选择

按GB/T 1800.1—2009提供的标准公差和基本偏差，可以得到大量不同大小与位置的公差带，具有非常广泛选用公差带的可能性。从经济性出发，为避免刀具、量具的品种、规格不必要的繁杂，GB/T 1800.1—2009虽对公差带的选择作了限制，但仍然很广，需进一步对公差的选择加以限制，并选用适当的孔与轴公差带以组成配合。

公称尺寸至500mm的孔、轴公差带选择见表4-2。相应的极限偏差见表4-12～表4-25和表4-26～表4-39。选择时，应优先选用圆圈中的公差带，其次选用方框中的公差带，最后选用其他的公差带。

公称尺寸大于500～3150mm的孔、轴公差带见表4-3。相应的极限偏差见表4-13～表4-22和表4-27～表4-36。

表 4-2　　　　　公称尺寸至 **500mm** 的孔、轴公差带（GB/T 1800.1—2009）

孔公差带

```
                                                    H1      Js1
                                                    H2      Js2
                                                    H3      Js3
                                                    H4      Js4  K4  M4
                                        G5  H5      Js5  K5  M5  N5  P5  R5  S5
                            F6  G6  H6  J6  Js6 K6  M6  N6  P6  R6  S6  T6  U6  V6  X6  Y6  Z6
                    D7  E7  F7 (G7)(H7) J7  Js7(K7) M7 (N7)(P7) R7 (S7) T7 (U7) V7  X7  Y7  Z7
            C8  D8  E8 (F8) G8 (H8) J8  Js8 K8  M8  N8  P8  R8  S8  T8  U8  V8  X8  Y8  Z8
    A9  B9  C9 (D9) E9  F9    (H9)    Js9        N9  P9
  A10 B10 C10 D10 E10        H10      Js10
 A11 B11(C11)D11            (H11)     Js11
 A12 B12 C12               H12      Js12
                          H13      Js13
```

轴公差带

```
                                                    h1      js1
                                                    h2      js2
                                                    h3      js3
                                        g4  h4      js4 k4  m4  n4  p4  r4  s4
                            f5  g5  h5  j5  js5 k5  m5  n5  p5  r5  s5  t5  u5  v5  x5
                    e6  f6 (g6)(h6) j6  js6(k6) m6 (n6)(p6) r6 (s6) t6 (u6) v6  x6  y6  z6
            d7  e7 (f7) g7 (h7) j7  js7 k7  m7  n7  p7  r7  s7  t7  u7  v7  x7  y7  z7
        c8  d8  e8  f8  g8  h8      js8 k8  m8  n8  p8  r8  s8  t8  u8  v8  x8  y8  z8
    a9  b9  c9 (d9) e9  f9    (h9)    js9
  a10 b10 c10 d10 e10        h10      js10
 a11 b11(c11)d11            (h11)     js11
 a12 b12 c12               h12      js12
 a13 b13                   h13      js13
```

表 4-3　　　　　公称尺寸大于 **500~3150mm** 的孔、轴公差带（GB/T 1800.1—2009）

孔								轴											
		G6	H6	JS6	K6	M6	N6		g6	h6	js6	k6	m6	n6	p6	r6	s6	t6	u6
	F7	G7	H7	JS7	K7	M7	N7		f7	g7	h7	js7	k7	m7	n7	p7	r7	s7	t7	u7
D8	E8	F8	H8	JS8				d8	e8	f8	h8	js8							
D9	E9	F9	H9	JS9				d9	e9	f9	h9	js9							
D10			H10	JS10				d10			h10	js10							
D11			H11	JS11				d11			h11	js11							
			H12	JS12							h12	js12							

4.1.4 公差与配合的选择

公差与配合的选择包括基准制的选择、配合种类的选择和公差等级的选择。

1. 基准制的选择

（1）一般情况，优先采用基孔制，这样可以减少价格较高的定值刀、量具的品种规格和数量，明显降低生产成本，获得加工制造的良好经济性。基轴制通常仅用于具有明显经济利益的场合，例如，直接用冷拉钢材做轴，不再加工，或同一基本尺寸的各个部分需要装上不同配合的零件等。

（2）与标准件配合时，基准制的选择通常依标准件而定。例如与滚动轴承配合的轴应按基孔制，与滚动轴承外圈配合的孔应按基轴制。

（3）为了满足配合的特殊需要，允许采用任一孔、轴公差组成配合。

2. 公差等级的选择

选择公差等级的原则，是在满足零件使用要求的前提下，尽可能选用较低的公差等级。精度要求应与生产的可能性协调一致，即要采用合理的加工工艺、装配工艺和现有设备。

选择公差精度等级时，既要满足设计要求，又要综合考虑工艺的可能性和经济性。当公称尺寸小于或等于 500mm 时，公差等级在 IT8 以上，推荐孔的精度等比轴低一级组成配合；当精度较低或公称尺寸大于 500mm 时，推荐采用同级孔、轴相配合。各个公差等级的应用范围没有严格划分，表 4-4 可供参考。公差等级与加工方法和加工方法与加工成本的大致关系可参考表 4-5 和表 4-6。

3. 配合的选择

公称尺寸至 500mm 的基孔制优先和常用配合规定于表 4-7，基轴制的优先和常用配合规定于表 4-8。选择时，首先选用表中的优先配合，其次选用常用配合。

选择配合有类比法、计算法和试验法三种方法。

类比法是根据设计零件的使用情况，参照经过生产实践验证的同类机器已有配合的经验资料或国内、外各种手册、技术文件资料中推荐的经验数据来确定配合的方法。按类比法选择配合，要对设计对象和参照对象的功能、结构、材料和使用条件进行充分了解和分析，才能选择适当。

计算法是根据零件的材料、结构和功能要求，按一定的理论和公式，通过计算来确定所需的间隙或过盈量，然后根据计算的间隙或过盈量选择相应配合的方法。

试验法是通过模拟试验和分析选择最佳配合的方法。按试验法选取配合，最为可靠，但周期较长，成本较高，一般只用于特别重要的、关键性配合的选取。

在设计机械产品时，大量的配合都是用类比法确定的。这是最常用和最方便的一种方法，比较经济、可靠。

选择配合时首先根据使用要求确定配合类别、配合公差和配合代号三个方面的问题。若工作时配合件有相对运动，则选择间隙配合，其间隙根据相对运动的速度大小来选择。速度快时，配合的间隙需大些；速度慢，则间隙可小。若要求保持零件间不产生相对运动，则要选用过盈配合。配合件有定位要求的，基本上选用过渡配合。当结合零件间由键、销或螺钉等外加紧固件紧固时，根据情况也可用间隙配合、过渡配合或过盈配合。

表 4-9 为基孔制配合中轴的各种基本偏差的应用，表 4-10 为优先、常用配合特性及应用举例，表 4-11 为按具体情况考虑间隙量或过盈量的修正，供按类比法选择配合时参考。

公称尺寸大于 500～3150mm 的配合一般采用基孔制的同级配合。根据零件制造特点，可采用配制配合。

配制配合是以一个零件的实际尺寸为基数，来配制另一个零件的一种工艺措施。一般用于公差等级较高、单件小批生产的配合零件。

配制配合用代号 MF（Matched Fit）表示。

如先加工件为轴，借用基准轴的代号 h 表示先加工件，则在装配图上标注为

$$\phi 3000 F6/h6 \quad MF$$

如先加工件为孔，借用基准孔的代号 H 表示先加工件，则在装配图上标注为

$$\phi 3000 H6/f6 \quad MF$$

表 4-4	公差等级的应用

应　　用	公　差　等　级　IT																		
	01	0	1	2	3	4	5	6	7	8	9	10	11	12	13	14	15	16	17	18
块　　规																			
量　　规																			

续表

应用	公差等级 IT																		
	01	0	1	2	3	4	5	6	7	8	9	10	11	12	13	14	15	16	17	18
配合尺寸							────													
特别精密零件的配合			────																	
非配合尺寸（大制造公差）														────						
原材料公差										────										

表 4-5　　　　公差等级与加工方法的关系

加工方法	公差等级 IT																	
	01	0	1	2	3	4	5	6	7	8	9	10	11	12	13	14	15	16
研磨	────																	
珩					────													
圆磨、平磨							────											
金刚石车、金刚石镗							────											
拉削							────											
铰孔								────										
车、镗									────									
铣										────								
刨、插												────						
钻孔												────						
滚压、挤压												────						
冲压										────								
压铸													────					
粉末冶金成形								────										
粉末冶金烧结									────									
砂型铸造、气割																	────	
锻造															────			

表 4-6　　　　加工方法和加工成本的关系

尺寸类型	加工方法	精度等级 IT																	
		1	2	3	4	5	6	7	8	9	10	11	12	13	14	15	16	17	18
长度尺寸	普通车削							*	*	*	○	○	○	△	△	△			
	转塔车床车削、自动车削								*	*	○	○	○	△	△				
	铣							*	*	*	○	○	○	△	△				

续表

尺寸类型	加工方法	1	2	3	4	5	6	7	8	9	10	11	12	13	14	15	16	17	18
		精 度 等 级 IT																	
内径尺寸	普通车削						*	*	*	○	○	○	△	△	△				
	转塔车床车削								*	*	○	○	△	△	△				
	自动车削								*	*	○	○	△	△					
	钻										*	*	○	○	△				
	铰、镗							*	*	○	○	△							
	精镗、内圆磨				*	*	○	○	△	△									
	研磨			*	*	○	○	△											
外径尺寸	普通车削						*	*	*	○	○	○	△	△	△				
	转塔车床车削、自动车削								*	*	○	○	△	△	△				
	外圆磨				*	*	○	○	△	△									
	无心磨					*	○	○	○	△	△								

注：△、○、* 表示成本比例为 1：2.5：5。

表 4-7　　　　　　基孔制优先、常用配合（GB/T 1800.1—2009）

基准孔	a	b	c	d	e	f	g	h	js	k	m	n	p	r	s	t	u	v	x	y	z
	轴																				
	间隙配合								过渡配合				过盈配合								
H6						H6/f5	H6/g5	H6/h5	H6/js5	H6/k5	H6/m5	H6/n5	H6/p5	H6/r5	H6/s5	H6/t5					
H7						H7/f6	▼H7/g6	▼H7/h6	H7/js6	▼H7/k6	H7/m6	▼H7/n6	▼H7/p6	H7/r6	▼H7/s6	H7/t6	▼H7/u6	H7/v6	H7/x6	H7/y6	H7/z6
H8					H8/e7	▼H8/f7	H8/g7	▼H8/h7	H8/js7	H8/k7	H8/m7	H8/n7	H8/p7	H8/r7	H8/s7	H8/t7	H8/u7				
				H8/d8	H8/e8	H8/f8		H8/h8													
H9			H9/c9	▼H9/d9	H9/e9	H9/f9		▼H9/h9													
H10			H10/c10	H10/d10				H10/h10													
H11	H11/a11	H11/b11	▼H11/c11	H11/d11				▼H11/h11													
H12		H12/b12						H12/h12													

注：1. H6/n5、H7/p6 在公称尺寸小于或等于 3mm 和 H8/r7 在小于或等于 100mm 时，为过渡配合。

　　2. 标注▼的配合为优先配合。

表 4-8　　基轴制优先、常用配合（GB/T 1800.1—2009）

基准轴	孔																				
	A	B	C	D	E	F	G	H	JS	K	M	N	P	R	S	T	U	V	X	Y	Z
	间隙配合								过渡配合			过盈配合									
h5						$\frac{F6}{h5}$	$\frac{G6}{h5}$	$\frac{H6}{h5}$	$\frac{JS6}{h5}$	$\frac{K6}{h5}$	$\frac{M6}{h5}$	$\frac{N6}{h5}$	$\frac{P6}{h5}$	$\frac{R6}{h5}$	$\frac{S6}{h5}$	$\frac{T6}{h5}$					
h6						$\frac{F7}{h6}$	◤ $\frac{G7}{h6}$	◤ $\frac{H7}{h6}$	$\frac{JS7}{h6}$	◤ $\frac{K7}{h6}$	$\frac{M7}{h6}$	◤ $\frac{N7}{h6}$	◤ $\frac{P7}{h6}$	$\frac{R7}{h6}$	◤ $\frac{S7}{h6}$	$\frac{T7}{h6}$	◤ $\frac{U7}{h6}$				
h7					$\frac{E8}{h7}$	◤ $\frac{F8}{h7}$		◤ $\frac{H8}{h7}$	$\frac{JS8}{h7}$	$\frac{K8}{h7}$	$\frac{M8}{h7}$	$\frac{N8}{h7}$									
h8				$\frac{D8}{h8}$	$\frac{E8}{h8}$	$\frac{F8}{h8}$		$\frac{H8}{h8}$													
h9				◤ $\frac{D9}{h9}$	$\frac{E9}{h9}$	$\frac{F9}{h9}$		◤ $\frac{H9}{h9}$													
h10				$\frac{D10}{h10}$				$\frac{H10}{h10}$													
h11	$\frac{A11}{h11}$	$\frac{B11}{h11}$	◤ $\frac{C11}{h11}$	$\frac{D11}{h11}$				◤ $\frac{H11}{h11}$													
h12		$\frac{B12}{h12}$						$\frac{H12}{h12}$													

注：标注◤的配合为优先配合。

表 4-9　　轴的各种基本偏差及应用

配合种类	基本偏差	配合特性及应用
间隙配合	a、b	可得到特别大的间隙，很少应用
	c	可得到很大的间隙，一般适用于缓慢、较松的动配合。用于工作条件较差（如农业机械）、受力变形较大，或为了便于装配而必须保证有较大的间隙时。推荐配合为 H11/c11，其较高级的配合，如 H8/c7 适用于轴在高温工作的紧密动配合，例如内燃机排气阀和导管
	d	一般用于 IT7～IT11，适用于松的转动配合，如密封盖、滑轮、空转带轮等与轴的配合，也适用于大直径滑动轴承配合，如透平机、球磨机、轧滚成形和重型弯曲机及其他重型机械中的一些滑动支承
	e	多用于 IT7～IT9，通常适用于要求有明显间隙、易于转动的支承配合，如大跨距、多支点支承等。高等级的轴适用于大型、高速、重载支承配合，如涡轮发电机、大型电动机、内燃机、凸轮轴及摇臂支承等
	f	多用于 IT6～IT8 的一般转动配合。当温度影响不大时，广泛用于普通润滑油（或润滑脂）润滑的支承，如齿轮箱、小电动机、泵等的转轴与滑动支承的配合
	g	配合间隙很小，制造成本高，除很轻负荷的精密装置外，不推荐用于转动配合。多用于 IT5～IT7，最适合不回转的精密滑动配合，也用于插销等定位配合，如精密连杆轴承、活塞、滑阀及连杆销等
	h	多用于 IT4～IT11。广泛用于无相对转动的零件，作为一般的定位配合。若没有温度、变形影响，也用于精密滑动配合

配合种类	基本偏差	配 合 特 性 及 应 用
过渡配合	js	为完全对称偏差（±IT/2），平均为稍有间隙的配合，多用于 IT4～IT7，要求间隙比 h 轴小，并允许略有过盈的定位配合，如联轴器，可用手或木槌装配
	k	平均为没有间隙的配合，适用于 IT4～IT7。推荐用于稍有过盈的定位配合，例如为了消除振动用的定位配合，一般用木槌装配
	m	平均为具有小过盈的过渡配合，适用于 IT4～IT7，一般用木槌装配，但在最大过盈时，要求相当的压入力
	n	平均过盈比 m 轴稍大，很少得到间隙，适用 IT4～IT7，用槌或压力机装配，通常推荐用于紧密的组件配合。H6/n5 配合为过盈配合
过盈配合	p	与 H6 孔或 H7 孔配合时是过盈配合，与 H8 孔配合时则为过渡配合。对非铁类零件，为较轻的压入配合，易于拆卸；对钢、铸铁或铜、钢组件装配是标准压入配合
	r	对铁类零件为中等打入配合；对非铁类零件，为轻打入配合，可拆卸。与 H8 孔配合，直径在 100mm 以上时为过盈配合，直径小时为过渡配合
	s	用于钢和铁制零件的永久性和半永久装配，可产生相当大的结合力。当用弹性材料，如轻合金时，配合性质与铁类零件的 p 轴相当，例如用于套环压装在轴上、阀座与机体等的配合。尺寸较大时，为了避免损伤配合表面，需用热胀或冷缩法装配
	t、u、v、x、y、z	过盈量依次增大，一般不推荐采用

表 4-10   **优先、常用配合特性及应用举例**

配合制		装配方法	配合特性及使用条件	应 用 举 例
基孔	基轴			
$\dfrac{H7}{z6}$		温差法	用于承受很大的转矩或变载、冲击、振动载荷处，配合处不加紧固件，材料的许用应力要求很大	中小型交流电机轴壳上绝缘体和接触环，柴油机传动轴壳体和分电器衬套
$\dfrac{H7}{y6}$		特重型压入配合		小轴肩和环
$\dfrac{H7}{x6}$				钢和轻合金或塑料等不同材料的配合，如柴油机销轴与壳体、气缸盖与进气门座等的配合
$\dfrac{H7}{v6}$		压力机或温差	用于传递较大转矩，配合处不加紧固件即可得到十分牢固的连接。材料的许用应力要求较大	偏心压床的块与轴、柴油机销轴与壳体，连杆孔和衬套外径等配合
$\dfrac{H7}{u6}$	$\dfrac{U7}{h6}$	重型压入配合		车轮轮箍与轮芯、联轴器与轴，轧钢设备中的辊子与心轴、拖拉机活塞销和活塞壳、船舵尾轴和衬套等的配合
$\dfrac{H8}{u7}$				蜗轮青铜轮缘与轮芯，安全联轴器销轴与套、螺纹车床蜗杆轴衬和箱体孔等的配合

续表

配合制		装配方法	配合特性及使用条件	应用举例
基孔	基轴			
$\frac{H6}{t5}$	$\frac{T6}{h5}$	压力机或温差	不加紧固件可传递较小的转矩，当材料强度不够时，可用来代替重型压入配合，但需加紧固件	齿轮孔和轴的配合
$\frac{H7}{t6}$	$\frac{T7}{h6}$	中型压入配合		联轴器与轴 含油轴承和轴承座、农业机械中曲柄盘与销轴
$\frac{H8}{t7}$				
$\frac{H6}{s5}$	$\frac{S6}{h5}$			柴油机连杆衬套和轴瓦，主轴承孔和主轴瓦等的配合
$\frac{H7}{s6}$	$\frac{S7}{h6}$			减速器中轴与蜗轮，空压机连杆头与衬套，辊道辊子和轴，大型减速器低速齿轮与轴的配合
$\frac{H8}{s7}$				青铜轮缘与轮芯，轴衬与轴承座、空气钻外壳盖与套筒，安全联轴器销钉和套，压气机活塞销和气缸，拖拉机齿轮泵小齿轮和轴等配合
$\frac{H7}{r6}$	$\frac{R7}{h6}$	轻型压入配合	用于不拆卸的轻型过盈连接，不依靠配合过盈量传递摩擦载荷，传递转矩时要增加紧固件，以及用于以高的定位精度达到部件的刚性及对中性要求	重载齿轮与轴、车床齿轮箱中齿轮与衬套、蜗轮青铜轮缘与轮芯，轴和联轴器，可换铰套与铰模板等的配合
$\frac{H6}{p5}$	$\frac{P6}{h5}$			冲击振动的重载荷的齿轮和轴、压缩机十字销轴和连杆衬套、柴油机缸体上口和主轴瓦，凸轮孔和凸轮轴等配合
$\frac{H7}{p6}$	$\frac{P7}{h6}$			
$\frac{H8}{p7}$		压力机压入	过盈概率 66.8%～93.6%	升降机用蜗轮或带轮的轮缘和轮心，链轮轮缘和轮心，高压循环泵缸和套等的配合
$\frac{H6}{n5}$	$\frac{N6}{h5}$		80%	可换铰套与铰模板、增压器主轴和衬套等的配合
$\frac{H7}{n6}$	$\frac{N7}{h6}$		77.7%～82.4%	爪形联轴器与轴、链轮轮缘与轮心、蜗轮青铜轮缘与轮心、破碎机等振动机械的齿轮和轴的配合。柴油机泵座与泵缸、压缩机连杆衬套和曲轴衬套。圆柱销与销孔的配合
$\frac{H8}{n7}$	$\frac{N8}{h7}$		58.3%～67.6%	安全联轴器销钉和套、高压泵缸和缸套、拖拉机活塞销和活塞毂等的配合
$\frac{H6}{m5}$	$\frac{M6}{h5}$	铜锤打入	过盈概率	压缩机连杆头与衬套、柴油机活塞孔和活塞销的配合
$\frac{H7}{m6}$	$\frac{M7}{h6}$		50%～62.1%	蜗轮青铜轮缘与铸铁轮芯、齿轮孔与轴、定位销与孔的配合
$\frac{H8}{m7}$	$\frac{M8}{h7}$		50%～56%	升降机构中的轴与孔，压缩机十字销轴与座

用于可承受很大转矩、振动及冲击（但需附加紧固件），不经常拆卸的地方。同轴度及配合紧密性较好

用于配合紧密不经常拆卸的地方。当配合长度大于1.5倍直径时，用来代替H7/n6，同轴度好

配合制		装配方法	配合特性及使用条件	应用举例
基孔	基轴			
$\dfrac{H6}{k5}$	$\dfrac{K6}{h5}$	手锤打入	46.2%～49.1%	精密螺纹车床主轴箱体孔和主轴前轴承外圈的配合
$\dfrac{H7}{k6}$	$\dfrac{K7}{h6}$		41.7%～45% （用于受不大的冲击载荷处，同轴度较好，用于常拆卸部位。为广泛采用的一种过渡配合）	机床不滑动齿轮和轴、中型电机轴与联轴器或带轮、减速器蜗轮与轴、齿轮和轴的配合
$\dfrac{H8}{k7}$	$\dfrac{K8}{h7}$		41.7%～51.2%	压缩机连杆孔与十字头销，循环泵活塞与活塞杆
$\dfrac{H6}{js5}$	$\dfrac{JS6}{h5}$	手或木锤装卸	19.2%～21.1%	木工机械中轴与轴承的配合
$\dfrac{H7}{js6}$	$\dfrac{JS7}{h6}$		18.8%～20% （用于频繁拆卸同轴度要求不高的地方，是最松的一种过渡配合，大部分都将得到间隙）	机床变速箱中齿轮和轴、精密仪表中轴和轴承、增压器衬套间的配合
$\dfrac{H8}{js7}$	$\dfrac{JS8}{h7}$		17.4%～20.8%	机床变速箱中齿轮和轴、轴端可卸下的带轮和手轮、电机机座与端盖等的配合
$\dfrac{H6}{h5}$	$\dfrac{H6}{h5}$	加油后用手旋进	配合间隙较小，能较好地对准中心，一般多用于常拆卸或在调整时需移动或转动的连接处，或工作时滑移较慢并要求较好的导向精度的地方，和对同轴度有一定要求通过紧固件传递转矩的固定连接处	剃齿机主轴与剃刀衬套、车床尾座体与套筒、高精度分度盘轴与孔、光学仪器中变焦距系统的孔轴配合
$\dfrac{H7}{h6}$	$\dfrac{H7}{h6}$			机床变速箱的滑移齿轮和轴、离合器与轴、钻床横臂与立柱、风动工具活塞与缸体、往复运动的精导向的压缩机连杆孔和十字头、定心的凸缘与孔的配合
$\dfrac{H8}{h7}$	$\dfrac{H8}{h7}$			
$\dfrac{H8}{h8}$	$\dfrac{H8}{h8}$		间隙定位配合，适用于同轴度要求较低、工作时一般无相对运动的配合及负载不大、无振动、拆卸方便，加键可传递转矩的情况	安全扳手销钉和套、一般齿轮和轴、带轮和轴、螺旋搅拌器叶轮与轴、离合器与轴、操纵件与轴、拨叉和导向轴、滑块和导向轴、减速器油标尺与箱体孔，剖分式滑动轴承壳和轴瓦、电机座和端盖
$\dfrac{H9}{h9}$	$\dfrac{H9}{h9}$			
$\dfrac{H10}{h10}$	$\dfrac{H10}{h10}$			起重机链轮与轴、对开轴瓦与轴承座两侧的配合、连接端盖的定心凸缘、一般的铰接、粗糙机构中拉杆、杠杆等配合
$\dfrac{H11}{h11}$	$\dfrac{H11}{h11}$			
$\dfrac{H6}{g5}$	$\dfrac{G6}{h5}$	手旋进	具有很小间隙，适用于有一定相对运动、运动速度不高并且精密定位的配合，以及运动可能有冲击但又能保证零件同轴度或紧密性的配合	光学分度头主轴与轴承、刨床滑块与滑槽
$\dfrac{H7}{g6}$	$\dfrac{G7}{h6}$			精密机床主轴与轴承、机床传动齿轮与轴、中等精度分度头主轴与轴套、矩形花键定心直径、可换钻套与钻模板、柱塞燃油泵的轴承壳体与销轴、拖拉机连杆衬套与曲轴的配合
$\dfrac{H8}{g7}$				柴油机气缸体与挺杆、手电钻中的配合等

续表

配合制		装配方法	配合特性及使用条件	应 用 举 例
基孔	基轴			
$\dfrac{H6}{f5}$	$\dfrac{F6}{h5}$	手推滑进	具有中等间隙，广泛适用于普通机械中转速不大用普通润滑油或润滑脂润滑的滑动轴承，以及要求在轴上自由转动或移动的配合场合	精密机床中变速箱、进给箱的转动件的配合，或其他重要滑动轴承、高精度齿轮轴承与轴承衬套、柴油机的凸轮轴与衬套孔等的配合
$\dfrac{H7}{f6}$	$\dfrac{F7}{h6}$			爪形离合器与轴、机床中一般轴与滑动轴承，机床夹具、钻模、镗模的导套孔，柴油机机体套孔与气缸套，柱塞与缸体等的配合
$\dfrac{H8}{f7}$	$\dfrac{F8}{h7}$			中等速度、中等载荷的滑动轴承，机床滑移齿轮与轴，蜗杆减速器的轴承端盖与孔，离合器活动爪与轴
$\dfrac{H8}{f8}$	$\dfrac{F8}{h8}$		配合间隙较大，能保证良好润滑，允许在工作中发热，故可用于高转速或大跨度或多支点的轴和轴承以及精度低，同轴度要求不高的在轴上转动零件与轴的配合	滑块与导向槽，控制机构中的一般轴和孔，支承跨距较大或多支承的传动轴和轴承的配合
$\dfrac{H9}{f9}$	$\dfrac{F9}{h9}$			安全联轴器轮毂与套，低精度含油轴承与轴、球体滑动轴承与轴承座及轴，链条张紧轮或传动带导轮与轴，柴油机活塞环与环槽宽等配合
$\dfrac{H8}{e7}$	$\dfrac{E8}{h7}$	手轻推进	配合间隙较大，适用于高转速载荷不大、方向不变的轴与轴承的配合，或虽是中等转速但轴跨度长或三个以上支点的轴与轴承的配合	汽轮发电机、大电动机的高速轴与滑动轴承，风扇电动机的销轴与衬套
$\dfrac{H8}{e8}$	$\dfrac{E8}{h8}$			外圆磨床的主轴与轴承、汽轮发电机轴与轴承、柴油机的凸轮轴与轴承，船用链轮轴、中小型电机轴与轴承、手表中的分轮、时轮轮片与轴承的配合
$\dfrac{H9}{e9}$	$\dfrac{E9}{h9}$		用于精度不高且有较松间隙的转动配合	粗糙机构中衬套与轴承圈、含油轴承与座的配合
$\dfrac{H8}{d8}$	$\dfrac{D8}{h8}$		配合间隙比较大，用于精度不高，高速及负载不高的配合或高温条件下的转动配合，以及由于装配精度不高而引起偏斜的连接	机车车辆轴承、缝纫机梭摆与梭床空压机活塞环与环槽宽度的配合
$\dfrac{H9}{d9}$	$\dfrac{D9}{h9}$			通用机械中的平键连接、柴油机活塞环与环槽宽、空压机活塞与压杆、印染机械中气缸活塞密封环，热工仪表中精度较低的轴与孔、滑动轴承及较松的带轮与轴的配合

表 4-11　　　　　　　　**按具体情况考虑间隙量或过盈量的修正**

具体情况	过盈量	间隙量	具体情况	过盈量	间隙量
材料许用应力小	减	—	旋转速度较高	增	增
经常拆卸	减	—	有轴向运动	—	增
有冲击载荷	增	减	润滑油黏度较大	—	增
工作时孔的温度高于轴的温度	增	减	表面较粗糙	增	减
工作时孔的温度低于轴的温度	减	增	装配精度较高	减	减
配合长度较大	减	增	孔的材料线膨胀系数大于轴的材料	增	减
零件形位误差较大	减	增	孔的材料线膨胀系数小于轴的材料	减	增
装配时可能歪斜	减	增	单件小批生产	减	增

4.1.5　孔、轴的极限偏差（见表 4-12～表 4-39）

孔的极限偏差见表 4-12～表 4-25，轴的极限偏差见表 4-26～表 4-39。

表中有的用双细横线将基本尺寸至 500mm 和基本尺寸大于 500mm 的两者极限偏差数值隔开以示区别。

表 4-12　　　　　孔 A、B 和 C 的极限偏差（GB/T 1800.2—2009）　　　　　（单位：μm）

公称尺寸/mm 大于	至	A 9	10	11	12	13	B 8	9	10	11	12	13	C 8	9	10	11	12	13
—	3	+295/+270	+310/+270	+330/+270	+370/+270	+410/+270	+154/+140	+165/+140	+180/+140	+200/+140	+240/+140	+280/+140	+74/+60	+85/+60	+100/+60	+120/+60	+160/+60	+200/+60
3	6	+300/+270	+318/+270	+345/+270	+390/+270	+450/+270	+158/+140	+170/+140	+188/+140	+215/+140	+260/+140	+320/+140	+88/+70	+100/+70	+118/+70	+145/+70	+190/+70	+250/+70
6	10	+316/+280	+338/+280	+370/+280	+430/+280	+500/+280	+172/+150	+186/+150	+208/+150	+240/+150	+300/+150	+370/+150	+102/+80	+116/+80	+138/+80	+170/+80	+230/+80	+300/+80
10	18	+333/+290	+360/+290	+400/+290	+470/+290	+560/+290	+177/+150	+193/+150	+220/+150	+260/+150	+330/+150	+420/+150	+122/+95	+138/+95	+165/+95	+205/+95	+275/+95	+365/+95
18	30	+352/+300	+384/+300	+430/+300	+510/+300	+630/+300	+193/+160	+212/+160	+244/+160	+290/+160	+370/+160	+490/+160	+143/+110	+162/+110	+194/+110	+240/+110	+320/+110	+440/+110
30	40	+372/+310	+410/+310	+470/+310	+560/+310	+700/+310	+209/+170	+232/+170	+270/+170	+330/+170	+420/+170	+560/+170	+159/+120	+182/+120	+220/+120	+280/+120	+370/+120	+510/+120
40	50	+382/+320	+420/+320	+480/+320	+570/+320	+710/+320	+219/+180	+242/+180	+280/+180	+340/+180	+430/+180	+570/+180	+169/+130	+192/+130	+230/+130	+290/+130	+380/+130	+520/+130
50	65	+414/+340	+460/+340	+530/+340	+640/+340	+800/+340	+236/+190	+264/+190	+310/+190	+380/+190	+490/+190	+650/+190	+186/+140	+214/+140	+260/+140	+330/+140	+440/+140	+600/+140
65	80	+434/+360	+480/+360	+550/+360	+660/+360	+820/+360	+246/+200	+274/+200	+320/+200	+390/+200	+500/+200	+660/+200	+196/+150	+224/+150	+270/+150	+340/+150	+450/+150	+610/+150
80	100	+467/+380	+520/+380	+600/+380	+730/+380	+920/+380	+274/+220	+307/+220	+360/+220	+440/+220	+570/+220	+760/+220	+224/+170	+257/+170	+310/+170	+390/+170	+520/+170	+710/+170
100	120	+497/+410	+550/+410	+630/+410	+760/+410	+950/+410	+294/+240	+327/+240	+380/+240	+460/+240	+590/+240	+780/+240	+234/+180	+267/+180	+320/+180	+400/+180	+530/+180	+720/+180
120	140	+560/+460	+620/+460	+710/+460	+860/+460	+1090/+460	+323/+260	+360/+260	+420/+260	+510/+260	+660/+260	+890/+260	+263/+200	+300/+200	+360/+200	+450/+200	+600/+200	+830/+200
140	160	+620/+520	+680/+520	+770/+520	+920/+520	+1150/+520	+343/+280	+380/+280	+440/+280	+530/+280	+680/+280	+910/+280	+273/+210	+310/+210	+370/+210	+460/+210	+610/+210	+840/+210
160	180	+680/+580	+740/+580	+830/+580	+980/+580	+1210/+580	+373/+310	+410/+310	+470/+310	+560/+310	+710/+310	+940/+310	+293/+230	+330/+230	+390/+230	+480/+230	+630/+230	+860/+230
180	200	+775/+660	+845/+660	+950/+660	+1120/+660	+1380/+660	+412/+340	+455/+340	+525/+340	+630/+340	+800/+340	+1060/+340	+312/+240	+355/+240	+425/+240	+530/+240	+700/+240	+960/+240
200	225	+855/+740	+925/+740	+1030/+740	+1200/+740	+1460/+740	+452/+380	+495/+380	+565/+380	+670/+380	+840/+380	+1100/+380	+332/+260	+375/+260	+445/+260	+550/+260	+720/+260	+980/+260
225	250	+935/+820	+1005/+820	+1110/+820	+1280/+820	+1540/+820	+492/+420	+535/+420	+605/+420	+710/+420	+880/+420	+1140/+420	+352/+280	+395/+280	+465/+280	+570/+280	+740/+280	+1000/+280
250	280	+1050/+920	+1130/+920	+1240/+920	+1440/+920	+1730/+920	+561/+480	+610/+480	+690/+480	+800/+480	+1000/+480	+1290/+480	+381/+300	+430/+300	+510/+300	+620/+300	+820/+300	+1110/+300
280	315	+1180/+1050	+1260/+1050	+1370/+1050	+1570/+1050	+1860/+1050	+621/+540	+670/+540	+750/+540	+860/+540	+1060/+540	+1350/+540	+411/+330	+460/+330	+540/+330	+650/+330	+850/+330	+1140/+330
315	355	+1340/+1200	+1430/+1200	+1560/+1200	+1770/+1200	+2000/+1200	+689/+600	+740/+600	+830/+600	+960/+600	+1170/+600	+1490/+600	+449/+360	+500/+360	+590/+360	+720/+360	+930/+360	+1250/+360
355	400	+1490/+1350	+1580/+1350	+1710/+1350	+1920/+1350	+2240/+1350	+769/+680	+820/+680	+910/+680	+1040/+680	+1250/+680	+1570/+680	+489/+400	+540/+400	+630/+400	+760/+400	+970/+400	+1290/+400
400	450	+1655/+1500	+1750/+1500	+1900/+1500	+2130/+1500	+2470/+1500	+857/+760	+915/+760	+1010/+760	+1160/+760	+1390/+760	+1730/+760	+537/+440	+595/+440	+690/+440	+840/+440	+1070/+440	+1410/+440
450	500	+1805/+1650	+1900/+1650	+2050/+1650	+2280/+1650	+2620/+1650	+937/+840	+995/+840	+1090/+840	+1240/+840	+1470/+840	+1810/+840	+577/+480	+635/+480	+730/+480	+880/+480	+1110/+480	+1450/+480

注：公称尺寸小于 1mm 时，各级的 A 和 B 均不采用。

表 4-13   孔 D 和 E 的极限偏差（GB/T 1800.2—2009）   （单位：μm）

公称尺寸/mm		D								E					
大于	至	6	7	8	9	10	11	12	13	5	6	7	8	9	10
—	3	+26 +20	+30 +20	+34 +20	+45 +20	+60 +20	+80 +20	+120 +20	+160 +20	+18 +14	+20 +14	+24 +14	+28 +14	+39 +14	+54 +14
3	6	+38 +30	+42 +30	+48 +30	+60 +30	+78 +30	+105 +30	+150 +30	+210 +30	+25 +20	+28 +20	+32 +20	+38 +20	+50 +20	+68 +20
6	10	+49 +40	+55 +40	+62 +40	+76 +40	+98 +40	+130 +40	+190 +40	+260 +40	+31 +25	+34 +25	+40 +25	+47 +25	+61 +25	+83 +25
10	18	+61 +50	+68 +50	+77 +50	+93 +50	+120 +50	+160 +50	+230 +50	+320 +50	+40 +32	+43 +32	+50 +32	+59 +32	+75 +32	+102 +32
18	30	+78 +65	+86 +65	+98 +65	+117 +65	+149 +65	+195 +65	+275 +65	+395 +65	+49 +40	+53 +40	+61 +40	+73 +40	+92 +40	+124 +40
30	50	+96 +80	+105 +80	+119 +80	+142 +80	+180 +80	+240 +80	+330 +80	+470 +80	+61 +50	+66 +50	+75 +50	+89 +50	+112 +50	+150 +50
50	80	+119 +100	+130 +100	+146 +100	+174 +100	+220 +100	+290 +100	+400 +100	+560 +100	+73 +60	+79 +60	+90 +60	+106 +60	+134 +60	+180 +60
80	120	+142 +120	+155 +120	+174 +120	+207 +120	+260 +120	+340 +120	+470 +120	+660 +120	+87 +72	+94 +72	+107 +72	+125 +72	+159 +72	+212 +72
120	180	+170 +145	+185 +145	+208 +145	+245 +145	+305 +145	+395 +145	+545 +145	+775 +145	+103 +85	+110 +85	+125 +85	+148 +85	+185 +85	+245 +85
180	250	+199 +170	+216 +170	+242 +170	+285 +170	+355 +170	+460 +170	+630 +170	+890 +170	+120 +100	+129 +100	+146 +100	+172 +100	+215 +100	+285 +100
250	315	+222 +190	+242 +190	+271 +190	+320 +190	+400 +190	+510 +190	+710 +190	+1000 +190	+133 +110	+142 +110	+162 +110	+191 +110	+240 +110	+320 +110
315	400	+246 +210	+267 +210	+299 +210	+350 +210	+440 +210	+570 +210	+780 +210	+1100 +210	+150 +125	+161 +125	+182 +125	+214 +125	+265 +125	+355 +125
400	500	+270 +230	+293 +230	+327 +230	+385 +230	+480 +230	+630 +230	+860 +230	+1200 +230	+162 +135	+175 +135	+198 +135	+232 +135	+290 +135	+385 +135
500	630	+304 +260	+330 +260	+370 +260	+435 +260	+540 +260	+700 +260	+960 +260	+1360 +260		+189 +145	+215 +145	+255 +145	+320 +145	+425 +145
630	800	+340 +290	+370 +290	+415 +290	+490 +290	+610 +290	+790 +290	+1090 +290	+1540 +290		+210 +160	+240 +160	+285 +160	+360 +160	+480 +160
800	1000	+376 +320	+410 +320	+460 +320	+550 +320	+680 +320	+880 +320	+1220 +320	+1720 +320		+226 +170	+260 +170	+310 +170	+400 +170	+530 +170
1000	1250	+416 +350	+455 +350	+515 +350	+610 +350	+770 +350	+1010 +350	+1400 +350	+2000 +350		+261 +195	+300 +195	+360 +195	+455 +195	+615 +195
1250	1600	+468 +390	+515 +390	+585 +390	+700 +390	+890 +390	+1170 +390	+1640 +390	+2340 +390		+298 +220	+345 +220	+415 +220	+530 +220	+720 +220
1600	2000	+522 +430	+580 +430	+660 +430	+800 +430	+1030 +430	+1350 +430	+1930 +430	+2730 +430		+332 +240	+390 +240	+470 +240	+610 +240	+840 +240
2000	2500	+590 +480	+655 +480	+760 +480	+920 +480	+1180 +480	+1580 +480	+2230 +480	+3280 +480		+370 +260	+435 +260	+540 +260	+700 +260	+960 +260
2500	3150	+655 +520	+730 +520	+850 +520	+1060 +520	+1380 +520	+1870 +520	+2620 +520	+3820 +520		+425 +290	+500 +290	+620 +290	+830 +290	+1150 +290

表4-14　　　　　　　　　　**孔F和G的极限偏差**（GB/T 1800.2—2009）　　　　　　（单位：μm）

公称尺寸/mm		F								G							
大于	至	3	4	5	6	7	8	9	10	3	4	5	6	7	8	9	10
—	3	+8 / +6	+9 / +6	+10 / +6	+12 / +6	+16 / +6	+20 / +6	+31 / +6	+46 / +6	+4 / +2	+5 / +2	+6 / +2	+8 / +2	+12 / +2	+16 / +2	+27 / +2	+42 / +2
3	6	+12.5 / +10	+14 / +10	+15 / +10	+18 / +10	+22 / +10	+28 / +10	+40 / +10	+58 / +10	+6.5 / +4	+8 / +4	+9 / +4	+12 / +4	+16 / +4	+22 / +4	+34 / +4	+52 / +4
6	10	+15.5 / +13	+17 / +13	+19 / +13	+22 / +13	+28 / +13	+35 / +13	+49 / +13	+71 / +13	+7.5 / +5	+9 / +5	+11 / +5	+14 / +5	+20 / +5	+27 / +5	+41 / +5	+63 / +5
10	18	+19 / +16	+21 / +16	+24 / +16	+27 / +16	+34 / +16	+43 / +16	+59 / +16	+86 / +16	+9 / +6	+11 / +6	+14 / +6	+17 / +6	+24 / +6	+33 / +6	+49 / +6	+76 / +6
18	30	+24 / +20	+26 / +20	+29 / +20	+33 / +20	+41 / +20	+53 / +20	+72 / +20	+104 / +20	+11 / +7	+13 / +7	+16 / +7	+20 / +7	+28 / +7	+40 / +7	+59 / +7	+91 / +7
30	50	+29 / +25	+32 / +25	+36 / +25	+41 / +25	+50 / +25	+64 / +25	+87 / +25	+125 / +25	+13 / +9	+16 / +9	+20 / +9	+25 / +9	+34 / +9	+48 / +9	+71 / +9	+109 / +9
50	80			+43 / +30	+49 / +30	+60 / +30	+76 / +30	+104 / +30				+23 / +10	+29 / +10	+40 / +10	+56 / +10		
80	120			+51 / +36	+58 / +36	+71 / +36	+90 / +36	+123 / +36				+27 / +12	+34 / +12	+47 / +12	+66 / +12		
120	180			+61 / +43	+68 / +43	+83 / +43	+106 / +43	+143 / +43				+32 / +14	+39 / +14	+54 / +14	+77 / +14		
180	250			+70 / +50	+79 / +50	+96 / +50	+122 / +50	+165 / +50				+35 / +15	+44 / +15	+61 / +15	+87 / +15		
250	315			+79 / +56	+88 / +56	+108 / +56	+137 / +56	+186 / +56				+40 / +17	+49 / +17	+69 / +17	+98 / +17		
315	400			+87 / +62	+98 / +62	+119 / +62	+151 / +62	+202 / +62				+43 / +18	+54 / +18	+75 / +18	+107 / +18		
400	500			+95 / +68	+108 / +68	+131 / +68	+165 / +68	+223 / +68				+47 / +20	+60 / +20	+83 / +20	+117 / +20		
500	630				+120 / +76	+146 / +76	+186 / +76	+251 / +76					+66 / +22	+92 / +22	+132 / +22		
630	800				+130 / +80	+160 / +80	+205 / +80	+280 / +80					+74 / +24	+104 / +24	+149 / +24		
800	1000				+142 / +86	+176 / +86	+226 / +86	+316 / +86					+82 / +26	+116 / +26	+166 / +26		
1000	1250				+164 / +98	+203 / +98	+263 / +98	+358 / +98					+94 / +28	+133 / +28	+193 / +28		
1250	1600				+188 / +110	+235 / +110	+305 / +110	+420 / +110					+108 / +30	+155 / +30	+225 / +30		
1600	2000				+212 / +120	+270 / +120	+350 / +120	+490 / +120					+124 / +32	+182 / +32	+262 / +32		
2000	2500				+240 / +130	+305 / +130	+410 / +130	+570 / +130					+144 / +34	+209 / +34	+314 / +34		
2500	3150				+280 / +145	+355 / +145	+475 / +145	+685 / +145					+173 / +38	+248 / +38	+368 / +38		

表 4-15　　　　　　　　　　　　孔 **H** 的极限偏差（GB/T 1800.2—2009）

公称尺寸/mm		H																
		1	2	3	4	5	6	7	8	9	10	11	12	13	14	15	16	17	18
大于	至	偏　差																	
		μm											mm						
—	3	+0.8 0	+1.2 0	+2 0	+3 0	+4 0	+6 0	+10 0	+14 0	+25 0	+40 0	+60 0	+0.1 0	+0.14 0	+0.25 0	+0.4 0	+0.6 0		
3	6	+1 0	+1.5 0	+2.5 0	+4 0	+5 0	+8 0	+12 0	+18 0	+30 0	+48 0	+75 0	+0.12 0	+0.18 0	+0.3 0	+0.48 0	+0.75 0	+1.2 0	+1.8 0
6	10	+1 0	+1.5 0	+2.5 0	+4 0	+6 0	+9 0	+15 0	+22 0	+36 0	+58 0	+90 0	+0.15 0	+0.22 0	+0.36 0	+0.58 0	+0.9 0	+1.5 0	+2.2 0
10	18	+1.2 0	+2 0	+3 0	+5 0	+8 0	+11 0	+18 0	+27 0	+43 0	+70 0	+110 0	+0.18 0	+0.27 0	+0.43 0	+0.7 0	+1.1 0	+1.8 0	+2.7 0
18	30	+1.5 0	+2.5 0	+4 0	+6 0	+9 0	+13 0	+21 0	+33 0	+52 0	+84 0	+130 0	+0.21 0	+0.33 0	+0.52 0	+0.84 0	+1.3 0	+2.1 0	+3.3 0
30	50	+1.5 0	+2.5 0	+4 0	+7 0	+11 0	+16 0	+25 0	+39 0	+62 0	+100 0	+160 0	+0.25 0	+0.39 0	+0.62 0	+1 0	+1.6 0	+2.5 0	+3.9 0
50	80	+2 0	+3 0	+5 0	+8 0	+13 0	+19 0	+30 0	+46 0	+74 0	+120 0	+190 0	+0.3 0	+0.46 0	+0.74 0	+1.2 0	+1.9 0	+3 0	+4.6 0
80	120	+2.5 0	+4 0	+6 0	+10 0	+15 0	+22 0	+35 0	+54 0	+87 0	+140 0	+220 0	+0.35 0	+0.54 0	+0.87 0	+1.4 0	+2.2 0	+3.5 0	+5.4 0
120	180	+3.5 0	+5 0	+8 0	+12 0	+18 0	+25 0	+40 0	+63 0	+100 0	+160 0	+250 0	+0.4 0	+0.63 0	+1 0	+1.6 0	+2.5 0	+4 0	+6.3 0
180	250	+4.5 0	+7 0	+10 0	+14 0	+20 0	+29 0	+46 0	+72 0	+115 0	+185 0	+290 0	+0.46 0	+0.72 0	+1.15 0	+1.85 0	+2.9 0	+4.6 0	+7.2 0
250	315	+6 0	+8 0	+12 0	+16 0	+23 0	+32 0	+52 0	+81 0	+130 0	+210 0	+320 0	+0.52 0	+0.81 0	+1.3 0	+2.1 0	+3.2 0	+5.2 0	+8.1 0
315	400	+7 0	+9 0	+13 0	+18 0	+25 0	+36 0	+57 0	+89 0	+140 0	+230 0	+360 0	+0.57 0	+0.89 0	+1.4 0	+2.3 0	+3.6 0	+5.7 0	+8.9 0
400	500	+8 0	+10 0	+15 0	+20 0	+27 0	+40 0	+63 0	+97 0	+155 0	+250 0	+400 0	+0.63 0	+0.97 0	+1.55 0	+2.5 0	+4 0	+6.3 0	+9.7 0
500	630	+9 0	+11 0	+16 0	+22 0	+32 0	+44 0	+70 0	+110 0	+175 0	+280 0	+440 0	+0.7 0	+1.1 0	+1.75 0	+2.8 0	+4.4 0	+7 0	+11 0
630	800	+10 0	+13 0	+18 0	+25 0	+36 0	+50 0	+80 0	+125 0	+200 0	+320 0	+500 0	+0.8 0	+1.25 0	+2 0	+3.2 0	+5 0	+8 0	+12.5 0
800	1000	+11 0	+15 0	+21 0	+28 0	+40 0	+56 0	+90 0	+140 0	+230 0	+360 0	+560 0	+0.9 0	+1.4 0	+2.3 0	+3.6 0	+5.6 0	+9 0	+14 0
1000	1250	+13 0	+18 0	+24 0	+33 0	+47 0	+66 0	+105 0	+165 0	+260 0	+420 0	+660 0	+1.05 0	+1.65 0	+2.6 0	+4.2 0	+6.6 0	+10.5 0	+16.5 0
1250	1600	+15 0	+21 0	+29 0	+39 0	+55 0	+78 0	+125 0	+195 0	+310 0	+500 0	+780 0	+1.25 0	+1.95 0	+3.1 0	+5 0	+7.8 0	+12.5 0	+19.5 0
1600	2000	+18 0	+25 0	+35 0	+46 0	+65 0	+92 0	+150 0	+230 0	+370 0	+600 0	+920 0	+1.5 0	+2.3 0	+3.7 0	+6 0	+9.2 0	+15 0	+23 0
2000	2500	+22 0	+30 0	+41 0	+55 0	+78 0	+110 0	+175 0	+280 0	+440 0	+700 0	+1100 0	+1.75 0	+2.8 0	+4.4 0	+7 0	+11 0	+17.5 0	+28 0
2500	3150	+26 0	+36 0	+50 0	+68 0	+96 0	+135 0	+210 0	+330 0	+540 0	+860 0	+1350 0	+2.1 0	+3.3 0	+5.4 0	+8.6 0	+13.5 0	+21 0	+33 0

注：1. IT14 至 IT18 只用于大于 1mm 的公称尺寸。

　　2. 黑框中的数值，即公称尺寸大于 500 至 3150mm，IT1 至 IT5 的偏差值为试用的。

表 4-16　孔 JS 的极限偏差（GB/T 1800.2—2009）

JS　偏　差

公称尺寸/mm		1	2	3	4	5	6	7	8	9	10	11	12	13	14	15	16	17	18
大于	至	μm											mm						
—	3	±0.4	±0.6	±1	±1.5	±2	±3	±5	±7	±12	±20	±30	±0.05	±0.07	±0.125	±0.2	±0.3		
3	6	±0.5	±0.75	±1.25	±2	±2.5	±4	±6	±9	±15	±24	±37	±0.06	±0.09	±0.15	±0.24	±0.375	±0.6	±0.9
6	10	±0.5	±0.75	±1.25	±2	±3	±4.5	±7	±11	±18	±29	±46	±0.075	±0.11	±0.18	±0.29	±0.45	±0.75	±1.1
10	18	±0.6	±1	±1.5	±2.5	±4	±5.5	±9	±13	±21	±36	±55	±0.09	±0.135	±0.215	±0.35	±0.55	±0.9	±1.35
18	30	±0.75	±1.25	±2	±3	±4.5	±6.5	±10	±16	±26	±42	±65	±0.105	±0.165	±0.26	±0.42	±0.65	±1.05	±1.65
30	50	±0.75	±1.25	±2	±3.5	±5.5	±8	±12	±19	±31	±50	±80	±0.125	±0.195	±0.31	±0.5	±0.8	±1.25	±1.95
50	80	±1	±1.5	±2.5	±4	±6.5	±9.5	±15	±23	±37	±60	±95	±0.15	±0.23	±0.37	±0.6	±0.95	±1.5	±2.3
80	120	±1.25	±2	±3	±5	±7.5	±11	±17	±27	±43	±70	±110	±0.175	±0.27	±0.435	±0.7	±1.1	±1.75	±2.7
120	180	±1.75	±2.5	±4	±6	±9	±12.5	±20	±31	±50	±80	±125	±0.2	±0.315	±0.5	±0.8	±1.25	±2	±3.15
180	250	±2.25	±3.5	±5	±7	±10	±14.5	±23	±36	±57	±92	±145	±0.23	±0.36	±0.575	±0.925	±1.45	±2.3	±3.6
250	315	±3	±4	±6	±8	±11.5	±16	±26	±40	±65	±105	±160	±0.28	±0.405	±0.65	±1.05	±1.6	±2.6	±4.05
315	400	±3.5	±4.5	±6.5	±9	±12.5	±18	±28	±44	±70	±115	±180	±0.285	±0.445	±0.7	±1.15	±1.8	±2.85	±4.45
400	500	±4	±5	±7.5	±10	±13.5	±20	±31	±48	±77	±125	±200	±0.315	±0.485	±0.775	±1.25	±2	±3.15	±4.85
500	630	±4.5	±5.5	±8	±11	±16	±22	±35	±55	±87	±140	±220	±0.35	±0.55	±0.875	±1.4	±2.2	±3.5	±5.5
630	800	±5	±6.5	±9	±12.5	±18	±25	±40	±62	±100	±160	±250	±0.4	±0.625	±1	±1.6	±2.5	±4	±6.25
800	1000	±5.5	±7.5	±10.5	±14	±20	±28	±45	±70	±115	±180	±280	±0.45	±0.7	±1.15	±1.8	±2.8	±4.5	±7
1000	1250	±6.5	±9	±12	±16.5	±23.5	±33	±52	±82	±130	±210	±330	±0.525	±0.825	±1.3	±2.1	±3.3	±5.25	±8.25
1250	1600	±7.5	±10.5	±14.5	±19.5	±27.5	±39	±62	±97	±155	±250	±390	±0.625	±0.975	±1.55	±2.5	±3.9	±6.25	±9.75
1600	2000	±9	±12.5	±17.5	±23	±32.5	±46	±75	±115	±185	±300	±460	±0.75	±1.15	±1.85	±3	±4.6	±7.5	±11.5
2000	2500	±11	±15	±20.5	±27.5	±39	±55	±87	±140	±220	±350	±550	±0.875	±1.4	±2.2	±3.5	±5.5	±8.75	±14
2500	3150	±13	±18	±25	±34	±48	±67.5	±105	±165	±270	±430	±675	±1.05	±1.65	±2.7	±4.3	±6.75	±10.5	±16.5

注：1. 为避免相同值的重复，表列值以"±X"给出，可为 ES=+X，EI=−X，例如，$^{+0.23}_{-0.23}$mm。

　　2. IT14 至 IT18 只用于大于 1mm 的公称尺寸。

　　3. 黑框中的数值，即公称尺寸大于 500~3150mm，IT1 至 IT5 的偏差值为试用的。

| 表 4-17 | | | | | | 孔 J 和 K 的极限偏差（GB/T 1800.2—2009） | | | | | | （单位：μm） | |

公称尺寸 /mm		J				K							
大于	至	6	7	8	9	3	4	5	6	7	8	9	10
—	3	+2 −4	+4 −6	+6 +8		0 −2	0 −3	0 −4	0 −6	0 −10	0 −14	0 −25	0 −40
3	6	+5 −3	±6	+10 −8		0 −2.5	+0.5 −3.5	0 −5	+2 −6	+3 −9	+5 −13		
6	10	+5 −4	+8 −7	+12 −10		0 −2.5	+0.5 −3.5	+1 −5	+2 −7	+5 −10	+6 −16		
10	18	+6 −5	+10 −8	+15 −12		0 −3	+1 −4	+2 −6	+2 −9	+6 −12	+8 −19		
18	30	+8 −5	+12 −9	+20 −13		−0.5 −4.5	0 −6	+1 −8	+2 −11	+6 −15	+10 −23		
30	50	+10 −6	+14 −11	+24 −15		−0.5 −4.5	+1 −6	+2 −9	+3 −13	+7 −18	+12 −27		
50	80	+13 −6	+18 −12	+28 −18				+3 −10	+4 −15	+9 −21	+14 −32		
80	120	+16 −6	+22 −13	+34 −20				+2 −13	+4 −18	+10 −25	+16 −38		
120	180	+18 −7	+26 −14	+41 −22				+3 −15	+4 −21	+12 −28	+20 −43		
180	250	+22 −7	+30 −16	+47 −25				+2 −18	+5 −24	+13 −33	+22 −50		
250	315	+25 −7	+36 −16	+55 −26				+3 −20	+5 −27	+16 −36	+25 −56		
315	400	+29 −7	+39 −18	+60 −29				+3 −22	+7 −29	+17 −40	+28 −61		
400	500	+33 −7	+43 −20	+66 −31				+2 −25	+8 −32	+18 −45	+29 −68		
500	630								0 −44	0 −70	0 −110		
630	800								0 −50	0 −80	0 −125		
800	1000								0 −56	0 −90	0 −140		
1000	1250								0 −66	0 −105	0 −165		
1250	1600								0 −78	0 −125	0 −195		
1600	2000								0 −92	0 −150	0 −230		
2000	2500								0 −110	0 −175	0 −280		
2500	3150								0 −135	0 −210	0 −330		

注：1. J9、J10 等公差带对称于零线，其偏差值可见 JS9、JS10 等。

　　2. 公称尺寸大于 3mm 时，大于 IT8 的 K 的偏差值不作规定。

　　3. 公称尺寸为 3～6mm 的 J7 的偏差值与对应尺寸段的 JS7 等值。

表 4-18 　　　　　　　　　　　孔 M 和 N 的极限偏差 （GB/T 1800.2—2009）　　　　　　　（单位：μm）

公称尺寸/mm		M								N								
大于	至	3	4	5	6	7	8	9	10	3	4	5	6	7	8	9	10	11
—	3	−2/−4	−2/−5	−2/−6	−2/−8	−2/−12	−2/−16	−2/−27	−2/−42	−4/−6	−4/−7	−4/−8	−4/−10	−4/−14	−4/−18	−4/−29	−4/−44	−4/−64
3	6	−3/−5.5	−2.5/−6.5	−3/−8	−1/−9	0/−12	+2/−16	−4/−34	−4/−52	−7/−9.5	−6.5/−10.5	−7/−12	−5/−13	−4/−16	−2/−20	0/−30	0/−48	0/−75
6	10	−5/−7.5	−4.5/−8.5	−4/−10	−3/−12	0/−15	+1/−21	−6/−42	−6/−64	−9/−11.5	−8.5/−12.5	−8/−14	−7/−16	−4/−19	−3/−25	0/−36	0/−58	0/−90
10	18	−6/−9	−5/−10	−4/−12	−4/−15	0/−18	+2/−25	−7/−50	−7/−77	−11/−14	−10/−15	−9/−17	−9/−20	−5/−23	−3/−30	0/−43	0/−70	0/−110
18	30	−6.5/−10.5	−6/−12	−5/−14	−4/−17	0/−21	+4/−29	−8/−60	−8/−92	−13.5/−17.5	−13/−19	−12/−21	−11/−24	−7/−28	−3/−36	0/−52	0/−84	0/−130
30	50	−7.5/−11.5	−6/−13	−5/−16	−4/−20	0/−25	+5/−34	−9/−71	−9/−109	−15.5/−19.5	−14/−21	−13/−24	−12/−28	−8/−33	−3/−42	0/−62	0/−100	0/−160
50	80			−6/−19	−5/−24	0/−30	+5/−41					−15/−28	−14/−33	−9/−39	−4/−50	0/−74	0/−120	0/−190
80	120			−8/−23	−6/−28	0/−35	+6/−48					−18/−33	−16/−38	−10/−45	−4/−58	0/−87	0/−140	0/−220
120	180			−9/−27	−8/−33	0/−40	+8/−55					−21/−39	−20/−45	−12/−52	−4/−67	0/−100	0/−160	0/−250
180	250			−11/−31	−8/−37	0/−46	+9/−63					−25/−45	−22/−51	−14/−60	−5/−77	0/−115	0/−185	0/−290
250	315			−13/−36	−9/−41	0/−52	+9/−72					−27/−50	−25/−57	−14/−66	−5/−86	0/−130	0/−210	0/−320
315	400			−14/−39	−10/−46	0/−57	+11/−78					−30/−55	−26/−62	−16/−73	−5/−94	0/−140	0/−230	0/−360
400	500			−16/−43	−10/−50	0/−63	+11/−86					−33/−60	−27/−67	−17/−80	−6/−103	0/−155	0/−250	0/−400
500	630				−26/−70	−26/−96	−26/−136						−44/−88	−44/−114	−44/−154	−44/−219		
630	800				−30/−80	−30/−110	−30/−155						−50/−100	−50/−130	−50/−175	−50/−250		
800	1000				−34/−90	−34/−124	−34/−174						−56/−112	−56/−146	−56/−196	−56/−286		
1000	1250				−40/−106	−40/−145	−40/−205						−66/−132	−66/−171	−66/−231	−66/−326		
1250	1600				−48/−126	−48/−173	−48/−243						−78/−156	−78/−203	−78/−273	−78/−388		
1600	2000				−58/−150	−58/−208	−58/−288						−92/−184	−92/−242	−92/−322	−92/−462		
2000	2500				−68/−178	−68/−243	−68/−348						−110/−220	−110/−285	−110/−390	−110/−550		
2500	3150				−76/−211	−76/−286	−76/−406						−135/−270	−135/−345	−135/−465	−135/−675		

注：公差带 N9、N10 和 N11 只用于大于 1mm 的公称尺寸。

表 4-19　　　　　　　孔 P 的极限偏差（GB/T 1800.2—2009）　　　　　（单位：μm）

公称尺寸 /mm		P							
大于	至	3	4	5	6	7	8	9	10
—	3	−6 −8	−6 −9	−6 −10	−6 −12	−6 −16	−6 −20	−6 −31	−6 −46
3	6	−11 −13.5	−10.5 −14.5	−11 −16	−9 −17	−8 −20	−12 −30	−12 −42	−12 −60
6	10	−14 −16.5	−13.5 −17.5	−13 −19	−12 −21	−9 −24	−15 −37	−15 −51	−15 −73
10	18	−17 −20	−16 −21	−15 −23	−15 −26	−11 −29	−18 −45	−18 −61	−18 −88
18	30	−20.5 −24.5	−20 −26	−19 −28	−18 −31	−14 −35	−22 −55	−22 −74	−22 −106
30	50	−24.5 −28.5	−23 −30	−22 −33	−21 −37	−17 −42	−26 −65	−26 −88	−26 −126
50	80			−27 −40	−26 −45	−21 −51	−32 −78	−32 −106	
80	120			−32 −47	−30 −52	−24 −59	−37 −91	−37 −124	
120	180			−37 −55	−36 −61	−28 −68	−43 −106	−43 −143	
180	250			−44 −64	−41 −70	−33 −79	−50 −122	−50 −165	
250	315			−49 −72	−47 −79	−36 −88	−56 −137	−56 −186	
315	400			−55 −80	−51 −87	−41 −98	−62 −151	−62 −202	
400	500			−61 −88	−55 −95	−45 −108	−68 −165	−68 −223	
500	630				−78 −122	−78 −148	−78 −188	−78 −253	
630	800				−88 −138	−88 −168	−88 −213	−88 −288	
800	1000				−100 −156	−100 −190	−100 −240	−100 −330	
1000	1250				−120 −186	−120 −225	−120 −285	−120 −380	
1250	1600				−140 −218	−140 −265	−140 −335	−140 −450	
1600	2000				−170 −262	−170 −320	−170 −400	−170 −540	
2000	2500				−195 −305	−195 −370	−195 −475	−195 −635	
2500	3150				−240 −375	−240 −450	−240 −570	−240 −780	

表 4-20　　　　　　　　　孔 R 的极限偏差（GB/T 1800.2—2009）　　　　　　　　（单位：μm）

公称尺寸/mm 大于	至	R 3	R 4	R 5	R 6	R 7	R 8	R 9	R 10	公称尺寸/mm 大于	至	R 3	R 4	R 5	R 6	R 7	R 8	R 9	R 10
—	3	−10 −12	−10 −13	−10 −14	−10 −16	−10 −20	−10 −24	−10 −35	−10 −50	355	400			−107 −132	−103 −139	−93 −150	−114 −203		
3	6	−14 −16.5	−13.5 −17.5	−14 −19	−12 −20	−11 −23	−15 −33	−15 −45	−15 −63	400	450			−119 −146	−113 −153	−103 −166	−126 −223		
6	10	−18 −20.5	−17.5 −21.5	−17 −23	−16 −25	−13 −28	−19 −41	−19 −55	−19 −77	450	500			−125 −152	−119 −159	−109 −172	−132 −229		
10	18	−22 −25	−21 −26	−20 −28	−20 −31	−16 −34	−23 −50	−23 −66	−23 −93	500	560				−150 −194	−150 −220	−150 −260		
18	30	−26.5 −30.5	−26 −32	−25 −34	−24 −37	−20 −41	−28 −61	−28 −80	−10 −112	560	630				−155 −199	−155 −225	−155 −265		
30	50	−32.5 −36.5	−31 −38	−30 −14	−29 −45	−25 −50	−34 −73	−34 −96	−34 −134	630	710				−175 −225	−175 −255	−175 −300		
50	65			−36 −49	−35 −54	−30 −60	−41 −87			710	800				−185 −235	−185 −265	−185 −310		
65	80			−38 −51	−37 −56	−32 −62	−43 −89			800	900				−210 −266	−210 −300	−210 −350		
80	100			−46 −61	−44 −66	−38 −73	−51 −105			900	1000				−220 −276	−220 −310	−220 −360		
100	120			−49 −64	−47 −69	−41 −76	−54 −108			1000	1120				−250 −316	−250 −355	−250 −415		
120	140			−57 −75	−56 −81	−48 −88	−63 −126			1120	1250				−260 −326	−260 −365	−260 −425		
140	160			−59 −77	−58 −83	−50 −90	−65 −128			1250	1400				−300 −378	−300 −425	−300 −495		
160	180			−62 −80	−61 −86	−53 −93	−68 −131			1400	1600				−330 −408	−330 −455	−330 −525		
180	200			−71 −91	−68 −97	−60 −106	−77 −149			1600	1800				−370 −462	−370 −520	−370 −600		
200	225			−74 −94	−71 −100	−63 −109	−80 −152			1800	2000				−400 −492	−400 −550	−400 −630		
225	250			−78 −98	−75 −104	−67 −113	−84 −156			2000	2240				−440 −550	−440 −615	−440 −720		
250	280			−87 −110	−85 −117	−74 −126	−94 −175			2240	2500				−460 −570	−460 −635	−460 −740		
280	315			−91 −114	−89 −121	−78 −130	−98 −179			2500	2800				−550 −685	−550 −760	−550 −880		
315	355			−101 −126	−97 −133	−87 −144	−108 −197			2800	3150				−580 −715	−580 −790	−580 −910		

表 4-21　　　　　　　　　孔 S 的极限偏差（GB/T 1800.2—2009）　　　　　（单位：μm）

公称尺寸 /mm		S								公称尺寸 /mm		S							
大于	至	3	4	5	6	7	8	9	10	大于	至	3	4	5	6	7	8	9	10
—	3	−14 −16	−14 −17	−14 −18	−14 −20	−14 −24	−14 −28	−14 −39	−14 −54	355	400			−201 −226	−197 −233	−187 −244	−208 −297	−208 −348	
3	6	−18 −20.5	−17.5 −21.5	−18 −23	−16 −24	−15 −27	−19 −37	−19 −49	−19 −67	400	450			−225 −252	−219 −259	−209 −272	−232 −329	−232 −387	
6	10	−22 −24.5	−21.5 −25.5	−21 −27	−20 −29	−17 −32	−23 −45	−23 −59	−23 −81	450	500			−245 −272	−239 −279	−229 −292	−252 −349	−252 −407	
10	18	−27 −30	−26 −31	−25 −33	−25 −36	−21 −39	−28 −55	−28 −71	−28 −98	500	560				−280 −324	−280 −350	−280 −390		
18	30	−33.5 −37.5	−33 −39	−32 −41	−31 −44	−27 −48	−35 −68	−35 −87	−35 −119	560	630				−310 −354	−310 −380	−310 −420		
30	50	−41.5 −45.5	−40 −47	−39 −50	−38 −54	−34 −59	−43 −82	−43 −105	−43 −143	630	710				−340 −390	−340 −420	−340 −465		
50	65			−48 −61	−47 −66	−42 −72	−53 −99	−53 −127		710	800				−380 −430	−380 −460	−380 −505		
65	80			−54 −67	−53 −72	−48 −78	−59 −105	−59 −133		800	900				−430 −486	−430 −520	−430 −570		
80	100			−66 −81	−64 −86	−58 −93	−71 −125	−71 −158		900	1000				−470 −526	−470 −560	−470 −610		
100	120			−74 −89	−72 −94	−66 −101	−79 −133	−79 −166		1000	1120				−520 −586	−520 −625	−520 −685		
120	140			−86 −104	−85 −110	−77 −117	−92 −155	−92 −192		1120	1250				−580 −646	−580 −685	−580 −745		
140	160			−94 −112	−93 −118	−85 −125	−100 −163	−100 −200		1250	1400				−640 −718	−640 −765	−640 −835		
160	180			−102 −120	−101 −126	−93 −133	−108 −171	−108 −208		1400	1600				−720 −798	−720 −845	−720 −915		
180	200			−116 −136	−113 −142	−105 −151	−122 −194	−122 −237		1600	1800				−820 −912	−820 −970	−820 −1050		
200	225			−124 −144	−121 −150	−113 −159	−130 −202	−130 −245		1800	2000				−920 −1012	−920 −1070	−920 −1150		
225	250			−134 −154	−131 −160	−123 −169	−140 −212	−140 −255		2000	2240				−1000 −1110	−1000 −1175	−1000 −1280		
250	280			−151 −174	−149 −181	−138 −190	−158 −239	−158 −288		2240	2500				−1100 −1210	−1100 −1275	−1100 −1380		
280	315			−163 −186	−161 −193	−150 −202	−170 −251	−170 −300		2500	2800				−1250 −1385	−1250 −1460	−1250 −1580		
315	355			−183 −208	−179 −215	−169 −226	−190 −279	−190 −330		2800	3150				−1400 −1535	−1400 −1610	−1400 −1730		

表 4-22　　　　　　　　**孔 T 和 U 的极限偏差**（GB/T 1800.2—2009）　　　　　　（单位：μm）

公称尺寸/mm		T				U					
大于	至	5	6	7	8	5	6	7	8	9	10
—	3					−18 −22	−18 −24	−18 −28	−18 −32	−18 −43	−18 −58
3	6					−22 −27	−20 −28	−19 −31	−23 −41	−23 −53	−23 −71
6	10					−26 −32	−25 −34	−22 −37	−28 −50	−28 −64	−28 −86
10	18					−30 −38	−30 −41	−26 −44	−33 −60	−33 −76	−33 −103
18	24					−38 −47	−37 −50	−33 −54	−41 −74	−41 −93	−41 −125
24	30	−38 −47	−37 −50	−33 −54	−41 −74	−45 −54	−44 −57	−40 −61	−48 −81	−48 −100	−48 −132
30	40	−44 −55	−43 −59	−39 −64	−48 −87	−56 −67	−55 −71	−51 −76	−60 −99	−60 −122	−60 −160
40	50	−50 −61	−49 −65	−45 −70	−54 −93	−66 −77	−65 −81	−61 −86	−70 −109	−70 −132	−70 −170
50	65		−60 −79	−55 −85	−66 −112		−81 −100	−76 −106	−87 −133	−87 −161	−87 −207
65	80		−69 −88	−64 −94	−75 −121		−96 −115	−91 −121	−102 −148	−102 −176	−102 −222
80	100		−84 −106	−78 −113	−91 −145		−117 −139	−111 −146	−124 −178	−124 −211	−124 −264
100	120		−97 −119	−91 −126	−104 −158		−137 −159	−131 −166	−144 −198	−144 −231	−144 −284
120	140		−155 −140	−107 −147	−122 −185		−163 −188	−155 −195	−170 −233	−170 −270	−170 −330
146	160		−127 −152	−119 −159	−134 −197		−183 −208	−175 −215	−190 −253	−190 −290	−190 −350
160	180		−139 −164	−131 −171	−146 −209		−203 −228	−195 −235	−210 −273	−210 −310	−210 −370
180	200		−157 −186	−149 −195	−166 −238		−227 −256	−219 −265	−236 −308	−236 −351	−236 −421
200	225		−171 −200	−163 −209	−180 −252		−249 −278	−241 −287	−258 −330	−258 −373	−258 −443
225	250		−187 −216	−179 −225	−196 −268		−275 −304	−267 −313	−284 −356	−284 −399	−284 −469
250	280		−209 −241	−198 −250	−218 −299		−306 −338	−295 −347	−315 −396	−315 −445	−315 −525
280	315		−231 −263	−220 −272	−240 −321		−341 −373	−330 −382	−350 −431	−350 −480	−350 −560

续表

公称尺寸/mm		T				U					
大于	至	5	6	7	8	5	6	7	8	9	10
315	355		−257 −293	−247 −304	−268 −357		−379 −415	−369 −426	−390 −479	−390 −530	−390 −620
355	400		−283 −319	−273 −330	−294 −383		−424 −460	−414 −471	−435 −524	−435 −575	−435 −665
400	450		−317 −357	−307 −370	−330 −427		−477 −517	−467 −530	−490 −587	−490 −645	−490 −740
450	500		−347 −387	−337 −400	−360 −457		−527 −567	−517 −580	−540 −637	−540 −695	−540 −790
500	560		−400 −444	−400 −470	−400 −510		−600 −644	−600 −670	−600 −710		
560	630		−450 −494	−450 −520	−450 −560		−660 −704	−660 −730	−660 −770		
630	710		−500 −550	−500 −580	−500 −625		−740 −790	−740 −820	−740 −865		
710	800		−560 −610	−560 −640	−560 −685		−840 −890	−840 −920	−840 −965		
800	900		−620 −676	−620 −710	−620 −760		−940 −996	−940 −1030	−940 −1080		
900	1000		−680 −736	−680 −770	−680 −820		−1050 −1106	−1050 −1140	−1050 −1190		
1000	1120		−780 −846	−780 −885	−780 −945		−1150 −1216	−1150 −1255	−1150 −1315		
1120	1250		−840 −906	−840 −945	−840 −1005		−1300 −1366	−1300 −1405	−1300 −1465		
1250	1400		−960 −1038	−960 −1085	−960 −1155		−1450 −1528	−1450 −1575	−1450 −1645		
1400	1600		−1050 −1128	−1050 −1175	−1050 −1245		−1600 −1678	−1600 −1725	−1600 −1795		
1600	1800		−1200 −1292	−1200 −1360	−1200 −1430		−1850 −1942	−1850 −2000	−1850 −2080		
1800	2000		−1350 −1442	−1350 −1500	−1350 −1580		−2000 −2092	−2000 −2150	−2000 −2230		
2000	2240		−1500 −1610	−1500 −1675	−1500 −1780		−2300 −2410	−2300 −2475	−2300 −2580		
2240	2500		−1650 −1760	−1650 −1825	−1650 −1930		−2500 −2610	−2500 −2675	−2500 −2780		
2500	2800		−1900 −2035	−1900 −2110	−1900 −2230		−2900 −3035	−2900 −3110	−2900 −3230		
2800	3150		−2100 −2235	−2100 −2310	−2100 −2430		−3200 −3335	−3200 −3410	−3200 −3530		

注：公称尺寸至 24mm 的 T5 至 T8 的偏差值未列入表内，建议以 U5 至 U8 代替。如非要 T5 至 T8，则可按 GB/T 1800.1—2009 计算。

表 4-23　　　　　　　　　　孔 V、X 和 Y 的极限偏差（GB/T 1800.2—2009）　　　　　（单位：μm）

公称尺寸/mm		V				X						Y				
大于	至	5	6	7	8	5	6	7	8	9	10	6	7	8	9	10
—	3					−20 −24	−20 −26	−20 −30	−20 −34	−20 −45	−20 −60					
3	6					−27 −32	−25 −33	−24 −36	−28 −46	−28 −58	−28 −76					
6	10					−32 −38	−31 −40	−28 −43	−34 −56	−34 −70	−34 −92					
10	14					−37 −45	−37 −48	−33 −51	−40 −67	−40 −83	−40 −110					
14	18	−36 −44	−36 −47	−32 −50	−39 −66	−42 −50	−42 −53	−38 −56	−45 −72	−45 −88	−45 −115					
18	24	−44 −53	−43 −56	−39 −60	−47 −80	−51 −60	−50 −63	−46 −67	−54 −87	−54 −106	−54 −138	−59 −72	−55 −76	−63 −96	−63 −115	−63 −147
24	30	−52 −61	−51 −64	−47 −68	−55 −88	−61 −70	−60 −73	−56 −77	−64 −97	−64 −116	−64 −148	−71 −84	−67 −88	−75 −108	−75 −127	−75 −159
30	40	−64 −75	−63 −79	−59 −84	−68 −107	−76 −87	−75 −91	−71 −96	−80 −119	−80 −142	−80 −180	−89 −105	−85 −110	−94 −133	−94 −156	−94 −194
40	50	−77 −88	−76 −92	−72 −97	−81 −120	−93 −104	−92 −108	−88 −113	−97 −136	−97 −159	−97 −197	−109 −125	−105 −130	−114 −153	−114 −176	−114 −214
50	65		−96 −115	−91 −121	−102 −148		−116 −135	−111 −141	−122 −168	−122 −196		−138 −157	−133 −163	−144 −190		
65	80		−114 −133	−109 −139	−120 −166		−140 −159	−135 −165	−146 −192	−146 −220		−168 −187	−163 −193	−174 −220		
80	100		−139 −161	−133 −168	−146 −200		−171 −193	−165 −200	−178 −232	−178 −265		−207 −229	−201 −236	−214 −268		
100	120		−165 −187	−159 −194	−172 −226		−203 −225	−197 −232	−210 −264	−210 −297		−247 −269	−241 −276	−254 −308		
120	140		−195 −220	−187 −227	−202 −265		−241 −266	−233 −273	−248 −311	−248 −348		−293 −318	−285 −325	−300 −363		
140	160		−221 −246	−213 −253	−228 −291		−273 −298	−265 −305	−280 −343	−280 −380		−333 −358	−325 −365	−340 −403		
160	180		−245 −270	−237 −277	−252 −315		−303 −328	−295 −335	−310 −373	−310 −410		−373 −398	−365 −405	−380 −443		
180	200		−275 −304	−267 −313	−284 −356		−341 −370	−333 −379	−350 −422	−350 −465		−416 −445	−408 −454	−425 −497		
200	225		−301 −330	−293 −339	−310 −382		−376 −405	−368 −414	−385 −457	−385 −500		−461 −490	−453 −499	−470 −542		
225	250		−331 −360	−323 −369	−340 −412		−416 −445	−408 −454	−425 −497	−425 −540		−511 −540	−503 −549	−520 −592		
250	280		−376 −408	−365 −417	−385 −466		−466 −498	−455 −507	−475 −556	−475 −605		−571 −603	−560 −612	−580 −661		
280	315		−416 −448	−405 −457	−425 −506		−516 −548	−505 −557	−525 −606	−525 −655		−641 −673	−630 −682	−650 −731		
315	355		−464 −500	−454 −511	−475 −564		−579 −615	−569 −626	−590 −679	−590 −730		−719 −755	−709 −766	−730 −819		
355	400		−519 −555	−509 −566	−530 −619		−649 −685	−639 −696	−660 −749	−660 −800		−809 −845	−799 −856	−820 −909		
400	450		−582 −622	−572 −635	−595 −692		−727 −767	−717 −780	−740 −837	−740 −895		−907 −947	−897 −960	−920 −1017		
450	500		−647 −687	−637 −700	−660 −757		−807 −847	−797 −860	−820 −917	−820 −975		−987 −1027	−977 −1040	−1000 −1097		

注：1. 公称尺寸至 14mm 的 V5 至 V8 的偏差值未列入表内，建议以 X5 至 X8 代替。如果非要 V5 至 V8，则可按 GB/T 1800.1—2009 计算。

2. 公称尺寸至 18mm 的 Y6 至 Y10 的偏差值未列入表内，建议以 Z6 至 Z10（见表 4-24）代替。如果非要 Y6 至 Y10，则可按 GB/T 1800.1—2009 计算。

表 4-24　　　　　　　孔 Z 和 ZA 的极限偏差（GB/T 1800.2—2009）　　　　　（单位：μm）

公称尺寸 /mm		Z						ZA					
大于	至	6	7	8	9	10	11	6	7	8	9	10	11
—	3	−26 −32	−26 −36	−26 −40	−26 −51	−26 −66	−26 −86	−32 −38	−32 −42	−32 −46	−32 −57	−32 −72	−32 −92
3	6	−32 −40	−31 −43	−35 −53	−35 −65	−35 −83	−35 −110	−39 −47	−38 −50	−42 −60	−42 −72	−42 −90	−42 −117
6	10	−39 −48	−36 −51	−42 −64	−42 −78	−42 −100	−42 −132	−49 −58	−46 −61	−52 −74	−52 −88	−52 −110	−52 −142
10	14	−47 −58	−43 −61	−50 −77	−50 −93	−50 −120	−50 −160	−61 −72	−57 −75	−64 −91	−64 −107	−64 −134	−64 −174
14	18	−57 −68	−53 −71	−60 −87	−60 −103	−60 −130	−60 −170	−74 −85	−70 −88	−77 −104	−77 −120	−77 −147	−77 −187
18	24	−69 −82	−65 −86	−73 −106	−73 −125	−73 −157	−73 −203	−94 −107	−90 −111	−98 −131	−98 −150	−98 −182	−98 −228
24	30	−84 −97	−80 −101	−88 −121	−88 −140	−88 −172	−88 −218	−114 −127	−110 −131	−118 −151	−118 −170	−118 −202	−118 −248
30	40	−107 −123	−103 −128	−112 −151	−112 −174	−112 −212	−112 −272	−143 −159	−139 −164	−148 −187	−148 −210	−148 −248	−148 −308
40	50	−131 −147	−127 −152	−136 −175	−136 −198	−136 −236	−136 −296	−175 −191	−171 −196	−180 −219	−180 −242	−180 −280	−180 −340
50	65		−161 −191	−172 −218	−172 −246	−172 −292	−172 −362		−215 −245	−226 −272	−226 −300	−226 −346	−226 −416
65	80		−199 −229	−210 −256	−210 −284	−210 −330	−210 −400		−263 −293	−274 −320	−274 −348	−274 −394	−274 −464
80	100		−245 −280	−258 −312	−258 −345	−258 −398	−258 −478		−322 −357	−335 −389	−335 −422	−335 −475	−335 −555
100	120		−297 −332	−310 −364	−310 −397	−310 −450	−310 −530		−387 −422	−400 −454	−400 −487	−400 −540	−400 −620
120	140		−350 −390	−365 −428	−365 −465	−365 −525	−365 −615		−455 −495	−470 −533	−470 −570	−470 −630	−470 −720
140	160		−400 −440	−415 −478	−415 −515	−415 −575	−415 −665		−520 −560	−535 −598	−535 −635	−535 −695	−535 −785
160	180		−450 −490	−465 −528	−465 −565	−465 −625	−465 −715		−585 −625	−600 −663	−600 −700	−600 −760	−600 −850
180	200		−503 −549	−520 −592	−520 −635	−520 −705	−520 −810		−653 −699	−670 −742	−670 −785	−670 −855	−670 −960
200	225		−558 −604	−575 −647	−575 −690	−575 −760	−575 −865		−723 −769	−740 −812	−740 −855	−740 −925	−740 −1030
225	250		−623 −669	−640 −712	−640 −755	−640 −825	−640 −930		−803 −849	−820 −892	−820 −935	−820 −1005	−820 −1110
250	280		−690 −742	−710 −791	−710 −840	−710 −920	−710 −1030		−900 −952	−920 −1001	−920 −1050	−920 −1130	−920 −1240
280	315		−770 −822	−790 −871	−790 −920	−790 −1000	−790 −1110		−980 −1032	−1000 −1081	−1000 −1130	−1000 −1210	−1000 −1320
315	355		−879 −936	−900 −989	−900 −1040	−900 −1130	−900 −1260		−1129 −1186	−1150 −1239	−1150 −1290	−1150 −1380	−1150 −1510
355	400		−979 −1036	−1000 −1089	−1000 −1140	−1000 −1230	−1000 −1360		−1279 −1336	−1300 −1389	−1300 −1440	−1300 −1530	−1300 −1660
400	450		−1077 −1140	−1100 −1197	−1100 −1255	−1100 −1350	−1100 −1500		−1427 −1490	−1450 −1547	−1450 −1605	−1450 −1700	−1450 −1850
450	500		−1227 −1290	−1250 −1347	−1250 −1405	−1250 −1500	−1250 −1650		−1577 −1640	−1600 −1697	−1600 −1755	−1600 −1850	−1600 −2000

表 4-25　　　　　　　　　孔 ZB 和 ZC 的极限偏差（GB/T 1800.2—2009）　　　　　　　（单位：μm）

公称尺寸/mm		ZB					ZC				
大于	至	7	8	9	10	11	7	8	9	10	11
—	3	−40 −50	−40 −54	−40 −65	−40 −80	−40 −100	−60 −70	−60 −74	−60 −85	−60 −100	−60 −120
3	6	−46 −58	−50 −68	−50 −80	50 −98	−50 −125	−76 −88	−80 −98	−80 −110	−80 −128	−80 −155
6	10	−61 −76	−67 −89	−67 −103	−67 −125	−67 −157	−91 −106	−97 −119	−97 −133	−97 −155	−97 −187
10	14	−83 −101	−90 −117	−90 −133	−90 −160	−90 −200	−123 −141	−130 −157	−130 −173	−130 −200	−130 −240
14	18	−101 −119	−108 −135	−108 −151	−108 −178	−108 −218	−143 −161	−150 −177	−150 −193	−150 −220	−150 −260
18	24	−128 −149	−136 −169	−136 −188	−136 −220	−136 −266	−180 −201	−188 −221	−188 −240	−188 −272	−188 −318
24	30	−152 −173	−160 −193	−160 −212	−160 −244	−160 −290	−210 −231	−218 −251	−218 −270	−218 −302	−218 −348
30	40	−191 −216	−200 −239	−200 −262	−200 −300	−200 −360	−265 −290	−274 −313	−274 −336	−274 −374	−274 −434
40	50	−233 −258	−242 −281	−242 −304	−242 −342	−242 −402	−316 −341	−325 −364	−325 −387	−325 −425	−325 −485
50	65	−289 −319	−300 −346	−300 −374	−300 −420	−300 −490	−394 −424	−405 −451	−405 −479	−405 −525	−405 −595
65	80	−349 −379	−360 −406	−360 −434	−360 −480	−360 −550	−469 −499	−480 −526	−480 −554	−480 −600	−480 −670
80	100	−432 −467	−445 −499	−445 −532	−445 −585	−445 −665	−572 −607	−585 −639	−585 −672	−585 −725	−585 −805
100	120	−512 −547	−525 −579	−525 −612	−525 −665	−525 −745	−677 −712	−690 −744	−690 −777	−690 −830	−690 −910
120	140	−605 −645	−620 −683	−620 −720	−620 −780	−620 −870	−785 −825	−800 −863	−800 −900	−800 −960	−800 −1050
140	160	−685 −725	−700 −763	−700 −800	−700 −860	−700 −950	−885 −925	−900 −963	−900 −1000	−900 −1060	−900 −1150
160	180	−765 −805	−780 −843	−780 −880	−780 −940	−780 −1030	−985 −1025	−1000 −1063	−1000 −1100	−1000 −1160	−1000 −1250
180	200	−863 −909	−880 −952	−880 −995	−880 −1065	−880 −1170	−1133 −1179	−1150 −1222	−1150 −1265	−1150 −1335	−1150 −1440
200	225	−943 −989	−960 −1032	−960 −1075	−960 −1145	−960 −1250	−1233 −1279	−1250 −1322	−1250 −1365	−1250 −1435	−1250 −1540
225	250	−1033 −1079	−1050 −1122	−1050 −1165	−1050 −1235	−1050 −1340	−1333 −1379	−1350 −1422	−1350 −1465	−1350 −1535	−1350 −1640
250	280	−1180 −1232	−1200 −1281	−1200 −1330	−1200 −1410	−1200 −1520	−1530 −1582	−1550 −1631	−1550 −1680	−1550 −1760	−1550 −1870
280	315	−1280 −1332	−1300 −1381	−1300 −1430	−1300 −1510	−1300 −1620	−1680 −1732	−1700 −1781	−1700 −1830	−1700 −1910	−1700 −2020
315	355	−1479 −1536	−1500 −1589	−1500 −1640	−1500 −1730	−1500 −1860	−1879 −1936	−1900 −1989	−1900 −2040	−1900 −2130	−1900 −2260
355	400	−1639 −1686	−1650 −1739	−1650 −1790	−1650 −1880	−1650 −2010	−2079 −2136	−2100 −2189	−2100 −2240	−2100 −2330	−2100 −2460
400	450	−1827 −1890	−1850 −1947	−1850 −2005	−1850 −2100	−1850 −2250	−2377 −2440	−2400 −2497	−2400 −2555	−2400 −2650	−2400 −2800
450	500	−2077 −2140	−2100 −2197	−2100 −2255	−2100 −2350	−2100 −2500	−2577 −2640	−2600 −2697	−2600 −2755	−2600 −2850	−2600 −3000

表 4-26　　　　　　　　轴 a、b 和 c 的极限偏差（GB/T 1800.2—2009）　　　　　　（单位：μm）

公称尺寸/mm		a					b						c				
大于	至	9	10	11	12	13	8	9	10	11	12	13	8	9	10	11	12
—	3	−270 −295	−270 −310	−270 −330	−270 −370	−270 −410	−140 −154	−140 −165	−140 −180	−140 −200	−140 −240	−140 −280	−60 −74	−60 −85	−60 −100	−60 −120	−60 −160
3	6	−270 −300	−270 −318	−270 −345	−270 −390	−270 −450	−140 −158	−140 −170	−140 −188	−140 −215	−140 −260	−140 −320	−70 −88	−70 −100	−70 −118	−70 −145	−70 −190
6	10	−280 −316	−280 −338	−280 −370	−280 −430	−280 −500	−150 −172	−150 −186	−150 −208	−150 −240	−150 −300	−150 −370	−80 −102	−80 −116	−80 −138	−80 −170	−80 −230
10	18	−290 −333	−290 −360	−290 −400	−290 −470	−290 −560	−150 −177	−150 −193	−150 −220	−150 −260	−150 −330	−150 −420	−95 −122	−95 −138	−95 −165	−95 −205	−95 −275
18	30	−300 −352	−300 −384	−300 −430	−300 −510	−300 −630	−160 −193	−160 −212	−160 −244	−160 −290	−160 −370	−160 −490	−110 −143	−110 −162	−110 −194	−110 −240	−110 −320
30	40	−310 −372	−310 −410	−310 −470	−310 −560	−310 −700	−170 −209	−170 −232	−170 −270	−170 −330	−170 −420	−170 −560	−120 −159	−120 −182	−120 −220	−120 −280	−120 −370
40	50	−320 −382	−320 −420	−320 −480	−320 −570	−320 −710	−180 −219	−180 −242	−180 −280	−180 −340	−180 −430	−180 −570	−130 −169	−130 −192	−130 −230	−130 −290	−130 −380
50	65	−340 −414	−340 −460	−340 −530	−340 −640	−340 −800	−190 −236	−190 −264	−190 −310	−190 −380	−190 −490	−190 −650	−140 −186	−140 −214	−140 −260	−140 −330	−140 −440
65	80	−360 −434	−360 −480	−360 −550	−360 −660	−360 −820	−200 −246	−200 −274	−200 −320	−200 −390	−200 −500	−200 −660	−150 −196	−150 −224	−150 −270	−150 −340	−150 −450
80	100	−380 −467	−380 −520	−380 −600	−380 −730	−380 −920	−220 −274	−220 −307	−220 −360	−220 −440	−220 −570	−220 −760	−170 −224	−170 −257	−170 −310	−170 −390	−170 −520
100	120	−410 −497	−410 −550	−410 −630	−410 −760	−410 −950	−240 −294	−240 −327	−240 −380	−240 −460	−240 −590	−240 −780	−180 −234	−180 −267	−180 −320	−180 −400	−180 −530
120	140	−460 −560	−460 −620	−460 −710	−460 −860	−460 −1090	−260 −323	−260 −360	−260 −420	−260 −510	−260 −660	−260 −890	−200 −263	−200 −300	−200 −360	−200 −450	−200 −600
140	160	−520 −620	−520 −680	−520 −770	−520 −920	−520 −1150	−280 −343	−280 −380	−280 −440	−280 −530	−280 −680	−280 −910	−210 −273	−210 −310	−210 −370	−210 −460	−210 −610
160	180	−580 −680	−580 −740	−580 −830	−580 −980	−580 −1210	−310 −373	−310 −410	−310 −470	−310 −560	−310 −710	−310 −940	−230 −293	−230 −330	−230 −390	−230 −480	−230 −630
180	200	−660 −775	−660 −845	−660 −950	−660 −1120	−660 −1380	−340 −412	−340 −455	−340 −525	−340 −630	−340 −800	−340 −1060	−240 −312	−240 −355	−240 −425	−240 −530	−240 −700
200	225	−740 −855	−740 −925	−740 −1030	−740 −1200	−740 −1460	−380 −452	−380 −495	−380 −565	−380 −670	−380 −840	−380 −1100	−260 −332	−260 −375	−260 −445	−260 −550	−260 −720
225	250	−820 −935	−820 −1005	−820 −1110	−820 −1280	−820 −1540	−420 −492	−420 −535	−420 −605	−420 −710	−420 −880	−420 −1140	−280 −352	−280 −395	−280 −465	−280 −570	−280 −740
250	280	−920 −1050	−920 −1130	−920 −1240	−920 −1440	−920 −1730	−480 −561	−480 −610	−480 −690	−480 −800	−480 −1000	−480 −1290	−300 −381	−300 −430	−300 −510	−300 −620	−300 −820
280	315	−1050 −1180	−1050 −1260	−1050 −1370	−1050 −1570	−1050 −1860	−540 −621	−540 −670	−540 −750	−540 −860	−540 −1060	−540 −1350	−330 −411	−330 −460	−330 −540	−330 −650	−330 −850
315	355	−1200 −1340	−1200 −1430	−1200 −1560	−1200 −1770	−1200 −2090	−600 −689	−600 −740	−600 −830	−600 −960	−600 −1170	−600 −1490	−360 −449	−360 −500	−360 −590	−360 −720	−360 −930
355	400	−1350 −1490	−1350 −1580	−1350 −1710	−1350 −1920	−1350 −2240	−680 −769	−680 −820	−680 −910	−680 −1040	−680 −1250	−680 −1570	−400 −489	−400 −540	−400 −630	−400 −760	−400 −970
400	450	−1500 −1655	−1500 −1750	−1500 −1900	−1500 −2130	−1500 −2470	−760 −857	−760 −915	−760 −1010	−760 −1160	−760 −1390	−760 −1730	−440 −537	−440 −595	−440 −690	−440 −840	−440 −1070
450	500	−1650 −1805	−1650 −1900	−1650 −2050	−1650 −2280	−1650 −2620	−840 −937	−840 −995	−840 −1090	−840 −1240	−840 −1470	−840 −1810	−480 −577	−480 −635	−480 −730	−480 −880	−480 −1110

注：公称尺寸小于 1mm 时，各级的 a 和 b 均不采用。

表 4-27   **轴 d 和 e 的极限偏差**（GB/T 1800.2—2009）   （单位：μm）

公称尺寸 /mm		d								e					
大于	至	5	6	7	8	9	10	11	12	13	5	6	7	8	9	10
—	3	−20 −24	−20 −26	−20 −30	−20 −34	−20 −45	−20 −60	−20 −80	−20 −120	−20 −160	−14 −18	−14 −20	−14 −24	−14 −28	−14 −39	−14 −54
3	6	−30 −35	−30 −38	−30 −42	−30 −48	−30 −60	−30 −78	−30 −105	−30 −150	−30 −210	−20 −25	−20 −28	−20 −32	−20 −38	−20 −50	−20 −68
6	10	−40 −46	−40 −49	−40 −55	−40 −62	−40 −76	−40 −98	−40 −130	−40 −190	−40 −260	−25 −31	−25 −34	−25 −40	−25 −47	−25 −61	−25 −83
10	18	−50 −58	−50 −61	−50 −68	−50 −77	−50 −93	−50 −120	−50 −160	−50 −230	−50 −320	−32 −40	−32 −43	−32 −50	−32 −59	−32 −75	−32 −102
18	30	−65 −74	−65 −78	−65 −86	−65 −98	−65 −117	−65 −149	−65 −195	−65 −275	−65 −395	−40 −49	−40 −53	−40 −61	−40 −73	−40 −92	−40 −124
30	50	−80 −91	−80 −96	−80 −105	−80 −119	−80 −142	−80 −180	−80 −240	−80 −330	−80 −470	−50 −61	−50 −66	−50 −75	−50 −89	−50 −112	−50 −150
50	80	−100 −113	−100 −119	−100 −130	−100 −146	−100 −174	−100 −220	−100 −290	−100 −400	−100 −560	−60 −73	−60 −79	−60 −90	−60 −106	−60 −134	−60 −180
80	120	−120 −135	−120 −142	−120 −155	−120 −174	−120 −207	−120 −260	−120 −340	−120 −470	−120 −660	−72 −87	−72 −94	−72 −107	−72 −126	−72 −212	−72 −159
120	180	−145 −163	−145 −170	−145 −185	−145 −208	−145 −245	−145 −305	−145 −395	−145 −545	−145 −775	−85 −103	−85 −110	−85 −125	−85 −148	−85 −185	−85 −245
180	250	−170 −190	−170 −199	−170 −216	−170 −242	−170 −285	−170 −355	−170 −460	−170 −630	−170 −890	−100 −120	−100 −129	−100 −146	−100 −172	−100 −215	−100 −285
250	315	−190 −213	−190 −222	−190 −242	−190 −271	−190 −320	−190 −400	−190 −510	−190 −710	−190 −1000	−110 −133	−110 −142	−110 −162	−110 −191	−110 −240	−110 −320
315	400	−210 −235	−210 −246	−210 −267	−210 −299	−210 −350	−210 −440	−210 −570	−210 −780	−210 −1100	−125 −150	−125 −161	−125 −182	−125 −214	−125 −265	−125 −355
400	500	−230 −257	−230 −270	−230 −293	−230 −327	−230 −385	−230 −480	−230 −630	−230 −860	−230 −1200	−135 −162	−135 −175	−135 −198	−135 −232	−135 −290	−135 −385
500	630			−260 −330	−260 −370	−260 −435	−260 −540	−260 −700				−145 −189	−145 −215	−145 −255	−145 −320	−145 −425
630	800			−290 −370	−290 −415	−290 −490	−290 −610	−290 −790				−160 −210	−160 −240	−160 −285	−160 −360	−160 −480
800	1000			−320 −410	−320 −460	−320 −550	−320 −680	−320 −880				−170 −226	−170 −260	−170 −310	−170 −400	−170 −530
1000	1250			−350 −455	−350 −515	−350 −610	−350 −770	−350 −1010				−195 −261	−195 −300	−195 −360	−195 −455	−195 −615
1250	1600			−390 −515	−390 −585	−390 −700	−390 −890	−390 −1170				−220 −298	−220 −345	−220 −415	−220 −530	−220 −720
1600	2000			−430 −580	−430 −660	−430 −800	−430 −1030	−430 −1350				−240 −332	−240 −390	−240 −470	−240 −610	−240 −840
2000	2500			−480 −655	−480 −760	−480 −920	−480 −1180	−480 −1580				−260 −370	−260 −435	−260 −540	−260 −700	−260 −960
2500	3150			−520 −730	−520 −850	−520 −1060	−520 −1380	−520 −1870				−290 −425	−290 −500	−290 −620	−290 −830	−290 −1150

表 4-28　　　　　　　　　轴 f 和 g 的极限偏差 （GB/T 1800.2—2009）　　　　　　　　（单位：μm）

公称尺寸 /mm		f							g						
大于	至	3	4	5	6	7	8	9	10	3	4	5	6	7	8	9	10
—	3	−6 −8	−6 −9	−6 −10	−6 −12	−6 −16	−6 −20	−6 −31	−6 −46	−2 −4	−2 −5	−2 −6	−2 −8	−2 −12	−2 −16	−2 −27	−2 −42
3	6	−10 −12.5	−10 −14	−10 −15	−10 −18	−10 −22	−10 −28	−10 −40	−10 −58	−4 −6.5	−4 −8	−4 −9	−4 −12	−4 −16	−4 −22	−4 −34	−4 −52
6	10	−13 −15.5	−13 −17	−13 −19	−13 −22	−13 −28	−13 −35	−13 −49	−13 −71	−5 −7.5	−5 −9	−5 −11	−5 −14	−5 −20	−5 −27	−5 −41	−5 −63
10	18	−16 −19	−16 −21	−16 −24	−16 −27	−16 −34	−16 −43	−16 −59	−16 −86	−6 −9	−6 −11	−6 −14	−6 −17	−6 −24	−6 −33	−6 −49	−6 −76
18	30	−20 −24	−20 −26	−20 −29	−20 −33	−20 −41	−20 −53	−20 −72	−20 −104	−7 −11	−7 −13	−7 −16	−7 −20	−7 −28	−7 −40	−7 −59	−7 −91
30	50	−25 −29	−25 −32	−25 −36	−25 −41	−25 −50	−25 −64	−25 −87	−25 −125	−9 −13	−9 −16	−9 −20	−9 −25	−9 −34	−9 −48	−9 −71	−9 −109
50	80		−30 −38	−30 −43	−30 −49	−30 −60	−30 −76	−30 −104			−10 −18	−10 −23	−10 −29	−10 −40	−10 −56		
80	120		−36 −46	−36 −51	−36 −58	−36 −71	−36 −90	−36 −123			−12 −22	−12 −27	−12 −34	−12 −47	−12 −66		
120	180		−43 −55	−43 −61	−43 −68	−43 −83	−43 −106	−43 −143			−14 −26	−14 −32	−14 −39	−14 −54	−14 −77		
180	250		−50 −64	−50 −70	−50 −79	−50 −96	−50 −122	−50 −165			−15 −29	−15 −35	−15 −44	−15 −61	−15 −87		
250	315		−56 −72	−56 −79	−56 −88	−56 −108	−56 −137	−56 −185			−17 −33	−17 −40	−17 −49	−17 −69	−17 −98		
315	400		−62 −80	−62 −87	−62 −98	−62 −119	−62 −151	−62 −202			−18 −36	−18 −43	−18 −54	−18 −75	−18 −107		
400	500		−68 −88	−68 −95	−68 −108	−68 −131	−68 −165	−68 −223			−20 −40	−20 −47	−20 −60	−20 −83	−20 −117		
500	630				−76 −120	−76 −146	−76 −186	−76 −251					−22 −66	−22 −92	−22 −132		
630	800				−80 −130	−80 −160	−80 −205	−80 −280					−24 −74	−24 −104	−24 −149		
800	1000				−86 −142	−86 −176	−86 −226	−86 −316					−26 −82	−26 −116	−26 −166		
1000	1250				−98 −164	−98 −203	−98 −263	−98 −358					−28 −94	−28 −133	−28 −193		
1250	1600				−110 −188	−110 −235	−110 −305	−110 −420					−30 −108	−30 −155	−30 −225		
1600	2000				−120 −212	−120 −270	−120 −350	−120 −490					−32 −124	−32 −182	−32 −262		
2000	2500				−130 −240	−130 −305	−130 −410	−130 −570					−34 −144	−34 −209	−34 −314		
2500	3150				−145 −280	−145 −355	−145 −475	−145 −685					−38 −173	−38 −248	−38 −368		

表 4-29　　　　　　　　**轴 h 的极限偏差**（GB/T 1800.2—2009）

公称尺寸 /mm		h																	
大于	至	1	2	3	4	5	6	7	8	9	10	11	12	13	14	15	16	17	18
		偏　　差																	
		μm											mm						
—	3	0 −0.8	0 −1.2	0 −2	0 −3	0 −4	0 −6	0 −10	0 −14	0 −25	0 −40	0 −60	0 −0.1	0 −0.14	0 −0.25	0 −0.4	0 −0.6		
3	6	0 −1	0 −1.5	0 −2.5	0 −4	0 −5	0 −8	0 −12	0 −18	0 −30	0 −48	0 −75	0 −0.12	0 −0.18	0 −0.3	0 −0.48	0 −0.75	0 −1.2	0 −1.8
6	10	0 −1	0 −1.5	0 −2.5	0 −4	0 −6	0 −9	0 −15	0 −22	0 −36	0 −58	0 −90	0 −0.15	0 −0.22	0 −0.36	0 −0.58	0 −0.9	0 −1.5	0 −2.2
10	18	0 −1.2	0 −2	0 −3	0 −5	0 −8	0 −11	0 −18	0 −27	0 −43	0 −70	0 −110	0 −0.18	0 −0.27	0 −0.43	0 −0.7	0 −1.1	0 −1.8	0 −2.7
18	30	0 −1.5	0 −2.5	0 −4	0 −6	0 −9	0 −13	0 −21	0 −33	0 −52	0 −84	0 −130	0 −0.21	0 −0.33	0 −0.52	0 −0.84	0 −1.3	0 −2.1	0 −3.3
30	50	0 −1.5	0 −2.5	0 −4	0 −7	0 −11	0 −16	0 −25	0 −39	0 −62	0 −100	0 −160	0 −0.25	0 −0.39	0 −0.62	0 −1	0 −1.6	0 −2.5	0 −3.9
50	80	0 −2	0 −3	0 −5	0 −8	0 −13	0 −19	0 −30	0 −46	0 −74	0 −120	0 −190	0 −0.3	0 −0.46	0 −0.74	0 −1.2	0 −1.9	0 −3	0 −4.6
80	120	0 −2.5	0 −4	0 −6	0 −10	0 −15	0 −22	0 −35	0 −54	0 −87	0 −140	0 −220	0 −0.35	0 −0.54	0 −0.87	0 −1.4	0 −2.2	0 −3.5	0 −5.4
120	180	0 −3.5	0 −5	0 −8	0 −12	0 −18	0 −25	0 −40	0 −63	0 −100	0 −160	0 −250	0 −0.4	0 −0.63	0 −1	0 −1.6	0 −2.5	0 −4	0 −6.3
180	250	0 −4.5	0 −7	0 −10	0 −14	0 −20	0 −29	0 −46	0 −72	0 −115	0 −185	0 −290	0 −0.46	0 −0.72	0 −1.15	0 −1.85	0 −2.9	0 −4.6	0 −7.2
250	315	0 −6	0 −8	0 −12	0 −16	0 −23	0 −32	0 −52	0 −81	0 −130	0 −210	0 −320	0 −0.52	0 −0.81	0 −1.3	0 −2.1	0 −3.2	0 −5.2	0 −8.1
315	400	0 −7	0 −9	0 −13	0 −18	0 −25	0 −36	0 −57	0 −89	0 −140	0 −230	0 −360	0 −0.57	0 −0.89	0 −1.4	0 −2.3	0 −3.6	0 −5.7	0 −8.9
400	500	0 −8	0 −10	0 −15	0 −20	0 −27	0 −40	0 −63	0 −97	0 −155	0 −250	0 −400	0 −0.63	0 −0.97	0 −1.55	0 −2.5	0 −4	0 −6.3	0 −9.7
500	630	0 −9	0 −11	0 −16	0 −22	0 −32	0 −44	0 −70	0 −110	0 −175	0 −280	0 −440	0 −0.7	0 −1.1	0 −1.75	0 −2.8	0 −4.4	0 −7	0 −11
630	800	0 −10	0 −13	0 −18	0 −25	0 −36	0 −50	0 −80	0 −125	0 −200	0 −320	0 −500	0 −0.8	0 −1.25	0 −2	0 −3.2	0 −5	0 −8	0 −12.5
800	1000	0 −11	0 −15	0 −21	0 −28	0 −40	0 −56	0 −90	0 −140	0 −230	0 −360	0 −560	0 −0.9	0 −1.4	0 −2.3	0 −3.6	0 −5.6	0 −9	0 −14
1000	1250	0 −13	0 −18	0 −24	0 −33	0 −47	0 −66	0 −105	0 −165	0 −260	0 −420	0 −660	0 −1.05	0 −1.65	0 −2.6	0 −4.2	0 −6.6	0 −10.5	0 −16.5
1250	1600	0 −15	0 −21	0 −29	0 −39	0 −55	0 −78	0 −125	0 −195	0 −310	0 −500	0 −780	0 −1.25	0 −1.95	0 −3.1	0 −5	0 −7.8	0 −12.5	0 −19.5
1600	2000	0 −18	0 −25	0 −35	0 −46	0 −65	0 −92	0 −150	0 −230	0 −370	0 −600	0 −920	0 −1.5	0 −2.3	0 −3.7	0 −6	0 −9.2	0 −15	0 −23
2000	2500	0 −22	0 −30	0 −41	0 −55	0 −78	0 −110	0 −175	0 −280	0 −440	0 −700	0 −1100	0 −1.75	0 −2.8	0 −4.4	0 −7	0 −11	0 −17.5	0 −28
2500	3150	0 −26	0 −36	0 −50	0 −68	0 −96	0 −135	0 −210	0 −330	0 −540	0 −860	0 −1350	0 −2.1	0 −3.3	0 −5.4	0 −8.6	0 −13.5	0 −21	0 −33

注：1. IT14 至 IT18 只用于大于 1mm 的公称尺寸。

　　2. 黑框中的数值，即公称尺寸为 500～3150mm，IT1 至 IT5 的偏差值，为试用的。

表4-30

轴 js 的极限偏差（GB/T 1800.2—2009）

公称尺寸/mm		js 偏差																		
大于	至	1	2	3	4	5	6 (μm)	7	8	9	10	11	12	13	14	15 (mm)	16	17	18
—	3	±0.4	±0.6	±1	±1.5	±2	±3	±5	±7	±12	±20	±30	±0.05	±0.07	±0.125	±0.2	±0.3	±0.6	±0.9
3	6	±0.5	±0.75	±1.25	±2	±2.5	±4	±6	±9	±15	±24	±37	±0.06	±0.09	±0.15	±0.24	±0.375	±0.6	±1.1
6	10	±0.5	±0.75	±1.25	±2	±3	±4.5	±7	±11	±18	±29	±46	±0.075	±0.11	±0.18	±0.29	±0.45	±0.75	±1.35
10	18	±0.6	±1	±1.5	±2.5	±4	±5.5	±9	±13	±21	±35	±55	±0.09	±0.135	±0.215	±0.35	±0.55	±0.9	±1.65
18	30	±0.75	±1.25	±2	±3	±4.5	±6.5	±10	±16	±26	±42	±65	±0.105	±0.165	±0.26	±0.42	±0.65	±1.05	±1.95
30	50	±0.75	±1.25	±2	±3.5	±5.5	±8	±12	±19	±31	±50	±80	±0.125	±0.195	±0.31	±0.5	±0.8	±1.25	±2.3
50	80	±1	±1.5	±2.5	±4	±6.5	±9.5	±15	±23	±37	±60	±95	±0.15	±0.23	±0.37	±0.6	±0.95	±1.5	±2.7
80	120	±1.25	±2	±3	±5	±7.5	±11	±17	±27	±43	±70	±110	±0.175	±0.27	±0.435	±0.7	±1.1	±1.75	±3.15
120	180	±1.75	±2.5	±4	±6	±9	±12.5	±20	±31	±50	±80	±125	±0.2	±0.315	±0.5	±0.8	±1.25	±2	±3.6
180	250	±2.25	±3.5	±5	±7	±10	±14.5	±23	±36	±57	±92	±145	±0.23	±0.36	±0.575	±0.925	±1.45	±2.3	±4.05
250	315	±3	±4	±6	±8	±11.5	±16	±26	±40	±65	±105	±160	±0.28	±0.405	±0.65	±1.05	±1.6	±2.6	±4.45
315	400	±3.5	±4.5	±6.5	±9	±12.5	±18	±28	±44	±70	±115	±180	±0.285	±0.445	±0.7	±1.15	±1.8	±2.85	±4.85
400	500	±4	±5	±7.5	±10	±13.5	±20	±31	±48	±77	±125	±200	±0.315	±0.485	±0.775	±1.25	±2	±3.15	±5.5
500	630	±4.5	±5.5	±8	±11	±16	±22	±35	±55	±87	±140	±220	±0.35	±0.55	±0.875	±1.4	±2.2	±3.5	±6.25
630	800	±5	±6.5	±9	±12.5	±18	±25	±40	±62	±100	±160	±250	±0.4	±0.625	±1	±1.6	±2.5	±4	±7
800	1000	±5.5	±7.5	±10.5	±14	±20	±28	±45	±70	±115	±180	±280	±0.45	±0.7	±1.15	±1.8	±2.8	±4.5	±8.25
1000	1250	±6.5	±9	±12	±16.5	±23.5	±33	±52	±82	±130	±210	±330	±0.525	±0.825	±1.3	±2.1	±3.3	±5.25	±9.75
1250	1600	±7.5	±10.5	±14.5	±19.5	±27.5	±39	±62	±97	±155	±250	±390	±0.625	±0.975	±1.55	±2.5	±3.9	±6.25	±11.5
1600	2000	±9	±12.5	±17.5	±23	±32.5	±46	±75	±115	±185	±300	±460	±0.75	±1.15	±1.85	±3	±4.6	±7.5	±14
2000	2500	±11	±15	±20.5	±27.5	±39	±55	±87	±140	±220	±350	±550	±0.875	±1.4	±2.2	±3.5	±5.5	±8.75	±16.5
2500	3150	±13	±18	±25	±34	±48	±67.5	±105	±165	±270	±430	±675	±1.05	±1.65	±2.7	±4.3	±6.75	±10.5	

注：
1. 为避免相同值的重复，表列值以"±X"给出，可为 es=+X，ei=−X，例如，$^{+0.23}_{-0.23}$mm。
2. IT14 至 IT18 只用于大于 1mm 的公称尺寸。
3. 黑框中的数值，即公称尺寸为 500～3150mm，IT1～IT5 的偏差值为试用的。

表 4-31　　　　　　　　轴 j 和 k 的极限偏差（GB/T 1800.2—2009）　　　　　（单位：μm）

公称尺寸/mm 大于	至	j 5	j 6	j 7	j 8	k 3	k 4	k 5	k 6	k 7	k 8	k 9	k 10	k 11	k 12	k 13
—	3	±2	+4 −2	+6 −4	+8 −6	+2 0	+3 0	+4 0	+6 0	+10 0	+14 0	+25 0	+40 0	+60 0	+100 0	+140 0
3	6	+3 −2	+6 −2	+8 −4		+2.5 0	+5 +1	+6 +1	+9 +1	+13 +1	+18 0	+30 0	+48 0	+75 0	+120 0	+180 0
6	10	+4 −2	+7 −2	+10 −5		+2.5 0	+5 +1	+7 +1	+10 +1	+16 +1	+22 0	+36 0	+58 0	+90 0	+150 0	+220 0
10	18	+5 −3	+8 −3	+12 −6		+3 0	+6 +1	+9 +1	+12 +1	+19 +1	+27 0	+43 0	+70 0	+110 0	+180 0	+270 0
18	30	+5 −4	+9 −4	+13 −8		+4 0	+8 +2	+11 +2	+15 +2	+23 +2	+33 0	+52 0	+84 0	+130 0	+210 0	+330 0
30	50	+6 −5	+11 −5	+15 −10		+4 0	+9 +2	+13 +2	+18 +2	+27 +2	+39 0	+62 0	+100 0	+160 0	+250 0	+390 0
50	80	+6 −7	+12 −7	+18 −12			+10 +2	+15 +2	+21 +2	+32 +2	+46 0	+74 0	+120 0	+190 0	+300 0	+460 0
80	120	+6 −9	+13 −9	+20 −15			+13 +3	+18 +3	+25 +3	+38 +3	+54 0	+87 0	+140 0	+220 0	+350 0	+540 0
120	180	+7 −11	+14 −11	+22 −18			+15 +3	+21 +3	+28 +3	+43 +3	+63 0	+100 0	+160 0	+250 0	+400 0	+630 0
180	250	+7 −13	+16 −13	+25 −21			+18 +4	+24 +4	+33 +4	+50 +4	+72 0	+115 0	+185 0	+290 0	+460 0	+720 0
250	315	+7 −16	±16	±26			+20 +4	+27 +4	+36 +4	+56 +4	+81 0	+130 0	+210 0	+320 0	+520 0	+810 0
315	400	+7 −18	±18	+29 −28			+22 +4	+29 +4	+40 +4	+61 +4	+89 0	+140 0	+230 0	+360 0	+570 0	+890 0
400	500	+7 −20	±20	+31 −32			+25 +5	+32 +5	+45 +5	+68 +5	+97 0	+155 0	+250 0	+400 0	+630 0	+970 0
500	630								+44 0	+70 0	+110 0	+175 0	+280 0	+440 0	+700 0	+1100 0
630	800								+50 0	+80 0	+125 0	+200 0	+320 0	+500 0	+800 0	+1250 0
800	1000								+56 0	+90 0	+140 0	+230 0	+360 0	+560 0	+900 0	+1400 0
1000	1250								+66 0	+105 0	+165 0	+260 0	+420 0	+660 0	+1050 0	+1650 0
1250	1600								+78 0	+125 0	+195 0	+310 0	+500 0	+780 0	+1250 0	+1950 0
1600	2000								+92 0	+150 0	+230 0	+370 0	+600 0	+920 0	+1500 0	+2300 0
2000	2500								+110 0	+175 0	+280 0	+440 0	+700 0	+1100 0	+1750 0	+2800 0
2500	3150								+135 0	+210 0	+330 0	+540 0	+860 0	+1350 0	+2100 0	+3300 0

注：j5、j6 和 j7 的某些极限值与 js5、js6 和 js7 一样用"±X"表示。

表 4-32   **轴 m 和 n 的极限偏差**（GB/T 1800.2—2009）   （单位：μm）

公称尺寸 /mm		m							n					
大于	至	3	4	5	6	7	8	9	3	4	5	6	7	8	9
—	3	+4 +2	+5 +2	+6 +2	+8 +2	+12 +2	+16 +2	+27 +2	+6 +4	+7 +4	+8 +4	+10 +4	+14 +4	+18 +4	+29 +4
3	6	+6.5 +4	+8 +4	+9 +4	+12 +4	+16 +4	+22 +4	+34 +4	+10.5 +8	+12 +8	+13 +8	+16 +8	+20 +8	+26 +8	+38 +8
6	10	+8.5 +6	+10 +6	+12 +6	+15 +6	+21 +6	+28 +6	+42 +6	+12.5 +10	+14 +10	+16 +10	+19 +10	+25 +10	+32 +10	+46 +10
10	18	+10 +7	+12 +7	+15 +7	+18 +7	+25 +7	+34 +7	+50 +7	+15 +12	+17 +12	+20 +12	+23 +12	+30 +12	+39 +12	+55 +12
18	30	+12 +8	+14 +8	+17 +8	+21 +8	+29 +8	+41 +8	+60 +8	+19 +15	+21 +15	+24 +15	+28 +15	+37 +15	+48 +15	+67 +15
30	50	+13 +9	+16 +9	+20 +9	+25 +9	+34 +9	+48 +9	+71 +9	+21 +17	+24 +17	+28 +17	+33 +17	+42 +17	+56 +17	+79 +17
50	80		+19 +11	+24 +11	+30 +11	+41 +11				+28 +20	+33 +20	+39 +20	+50 +20		
80	120		+23 +13	+28 +13	+35 +13	+48 +13				+33 +23	+38 +23	+45 +23	+58 +23		
120	180		+27 +15	+33 +15	+40 +15	+55 +15				+39 +27	+45 +27	+52 +27	+67 +27		
180	250		+31 +17	+37 +17	+46 +17	+63 +17				+45 +31	+51 +31	+60 +31	+77 +31		
250	315		+36 +20	+43 +20	+52 +20	+72 +20				+50 +34	+57 +34	+66 +34	+86 +34		
315	400		+39 +21	46 +21	+57 +21	+78 +21				+55 +37	+62 +37	+73 +37	+94 +37		
400	500		+43 +23	+50 +23	+63 +23	+86 +23				+60 +40	+67 +40	+80 +40	+103 +40		
500	630				+70 +26	+96 +26						+88 +44	+114 +44		
630	800				+80 +30	+110 +30						+100 +50	+130 +50		
800	1000				+90 +34	+124 +34						+112 +56	+146 +56		
1000	1250				+106 +40	+145 +40						+132 +66	+171 +66		
1250	1600				+126 +48	+173 +48						+156 +78	+203 +78		
1600	2000				+150 +58	+208 +58						+184 +92	+242 +92		
2000	2500				+178 +68	+243 +68						+220 +110	+285 +110		
2500	3150				+211 +76	+286 +76						+270 +135	+345 +135		

表 4-33 轴 p 的极限偏差（GB/T 1800.2—2009） （单位：μm）

公称尺寸 /mm		p							
大于	至	3	4	5	6	7	8	9	10
—	3	+8 +6	+9 +6	+10 +6	+12 +6	+16 +6	+20 +6	+31 +6	+46 +6
3	6	+14.5 +12	+16 +12	+17 +12	+20 +12	+24 +12	+30 +12	+42 +12	+60 +12
6	10	+17.5 +15	+19 +15	+21 +15	+24 +15	+30 +15	+37 +15	+51 +15	+73 +15
10	18	+21 +18	+23 +18	+26 +18	+29 +18	+36 +18	+45 +18	+61 +18	+88 +18
18	30	+26 +22	+28 +22	+31 +22	+35 +22	+43 +22	+55 +22	+74 +22	+106 +22
30	50	+30 +26	+33 +26	+37 +26	+42 +26	+51 +26	+65 +26	+88 +26	+126 +26
50	80		+40 +32	+45 +32	+51 +32	+62 +32	+78 +32		
80	120		+47 +37	+52 +37	+59 +37	+72 +37	+91 +37		
120	180		+55 +43	+61 +43	+68 +43	+83 +43	+106 +43		
180	250		+64 +50	+70 +50	+79 +50	+96 +50	+122 +50		
250	315		+72 +56	+79 +56	+88 +56	+108 +56	+137 +56		
315	400		+80 +62	+87 +62	+98 +62	+119 +62	+151 +62		
400	500		+88 +68	+95 +68	+108 +68	+131 +68	+165 +68		
500	630				+122 +78	+148 +78	+188 +78		
630	800				+138 +88	+168 +88	+213 +88		
800	1000				+156 +100	190 +100	240 +100		
1000	1250				+186 +120	+225 +120	+285 +120		
1250	1600				+218 +140	+265 +140	+335 +140		
1600	2000				+262 +170	+320 +170	+400 +170		
2000	2500				+305 +195	+370 +195	+475 +195		
2500	3150				+375 +240	+450 +240	+570 +240		

表 4-34　　　　　**轴 r 的极限偏差**（GB/T 1800.2—2009）　　　　（单位：μm）

公称尺寸/mm		r								公称尺寸/mm		r				
大于	至	3	4	5	6	7	8	9	10	大于	至	4	5	6	7	8
—	3	+12 +10	+13 +10	+14 +10	+16 +10	+20 +10	+24 +10	+35 +10	+50 +10	355	400	+132 +114	+139 +114	+150 +114	+171 +114	+203 +114
3	6	+17.5 +15	+19 +15	+20 +15	+23 +15	+27 +15	+33 +15	+45 +15	+63 +15	400	450	+146 +126	+153 +126	+166 +126	+189 +126	+223 +126
6	10	+21.5 +19	+23 +19	+25 +19	+28 +19	+34 +19	+41 +19	+55 +19	+77 +19	450	500	+152 +132	+159 +132	+172 +132	+195 +132	+229 +132
10	18	+26 +23	+28 +23	+31 +23	+34 +23	+41 +23	+50 +23	+66 +23	+93 +23	500	560			+194 +150	+220 +150	+260 +150
18	30	+32 +28	+34 +28	+37 +28	+41 +28	+49 +28	+61 +28	+80 +28	+112 +28	560	630			+199 +155	+225 +155	+265 +155
30	50	+38 +34	+41 +34	+45 +34	+50 +34	+59 +34	+73 +34	+96 +34	+134 +34	630	710			+225 +175	+255 +175	+300 +175
50	65		+49 +41	+54 +41	+60 +41	+71 +41	+87 +41			710	800			+235 +185	+265 +185	+310 +185
65	80		+51 +43	+56 +43	+62 +43	+72 +43	+89 +43			800	900			+266 +210	+300 +210	+350 +210
80	100		+61 +51	+66 +51	+73 +51	+86 +51	+105 +51			900	1000			+276 +220	+310 +220	+360 +220
100	120		+64 +54	+69 +54	+76 +54	+89 +54	+108 +54			1000	1120			+316 +250	+355 +250	+415 +250
120	140		+75 +63	+81 +63	+88 +63	+103 +63	+126 +63			1120	1250			+326 +260	+365 +260	+425 +250
140	160		+77 +65	+83 +65	+90 +65	+105 +65	+128 +65			1250	1400			+378 +300	+425 +300	+495 +300
160	180		+80 +68	+86 +68	+93 +68	+108 +68	+131 +68			1400	1600			+408 +330	+455 +330	+525 +330
180	200		+91 +77	+97 +77	+106 +77	+123 +77	+149 +77			1600	1800			+462 +370	+520 +370	+600 +370
200	225		+94 +80	+100 +80	+109 +80	+126 +80	+152 +80			1800	2000			+492 +400	+550 +400	+630 +400
225	250		+98 +84	+104 +84	+113 +84	+130 +84	+156 +84			2000	2240			+550 +440	+615 +440	+720 +440
250	280		+110 +94	+117 +94	+126 +94	+146 +94	+175 +94			2240	2500			+570 +460	+635 +460	+740 +460
280	315		+114 +98	+121 +98	+130 +98	+150 +98	+179 +98			2500	2800			+685 +550	+760 +550	+880 +550
315	355		+126 +108	+133 +108	+144 +108	+165 +108	+197 +108			2800	3150			+715 +580	+790 +580	+910 +580

表 4-35　　　　　　　　**轴 s 的极限偏差**（GB/T 1800.2—2009）　　　　　（单位：μm）

公称尺寸/mm 大于	至	3	4	5	6	7	8	9	10
—	3	+16 / +14	+17 / +14	+18 / +14	+20 / +14	+24 / +14	+28 / +14	+39 / +14	+54 / +14
3	6	+21.5 / +19	+23 / +19	+24 / +19	+27 / +19	+31 / +19	+37 / +19	+49 / +19	+67 / +19
6	10	+25.5 / +23	+27 / +23	+29 / +23	+32 / +23	+38 / +23	+45 / +23	+59 / +23	+81 / +23
10	18	+31 / +28	+33 / +28	+36 / +28	+39 / +28	+46 / +28	+55 / +28	+71 / +28	+98 / +28
18	30	+39 / +35	+41 / +35	+44 / +35	+48 / +35	+56 / +35	+68 / +35	+87 / +35	+119 / +35
30	50	+47 / +43	+50 / +43	+54 / +43	+59 / +43	+68 / +43	+82 / +43	+105 / +43	+143 / +43
50	65		+61 / +53	+66 / +53	+72 / +53	+83 / +53	+99 / +53	+127 / +53	
65	80		+67 / +59	+72 / +59	+78 / +59	+89 / +59	+105 / +59	+133 / +59	
80	100		+81 / +71	+86 / +71	+93 / +71	+106 / +71	+125 / +71	+158 / +71	
100	120		+89 / +79	+94 / +79	+101 / +79	+114 / +79	+133 / +79	+166 / +79	
120	140		+104 / +92	+110 / +92	+117 / +92	+132 / +92	+155 / +92	+192 / +92	
140	160		+112 / +100	+118 / +100	+125 / +100	+140 / +100	+163 / +100	+200 / +100	
160	180		+120 / +108	+126 / +108	+133 / +108	+148 / +108	+171 / +108	+208 / +108	
180	200		+136 / +122	+142 / +122	+151 / +122	+168 / +122	+194 / +122	+237 / +122	
200	225		+144 / +130	+150 / +130	+159 / +130	+176 / +130	+202 / +130	+245 / +130	
225	250		+154 / +140	+160 / +140	+169 / +140	+186 / +140	+212 / +140	+255 / +140	
250	280		+174 / +158	+181 / +158	+190 / +158	+210 / +158	+239 / +158	+288 / +158	
280	315		+186 / +170	+193 / +170	+202 / +170	+222 / +170	+251 / +170	+300 / +170	
315	355		+208 / +190	+215 / +190	+226 / +190	+247 / +190	+279 / +190	+330 / +190	

公称尺寸/mm 大于	至	4	5	6	7	8	9
355	400	+226 / +208	+233 / +208	+244 / +208	+265 / +208	+297 / +208	+348 / +208
400	450	+252 / +232	+259 / +232	+272 / +232	+295 / +232	+329 / +232	+387 / +232
450	500	+272 / +252	+279 / +252	+292 / +252	+315 / +252	+349 / +252	+407 / +252
500	560			+324 / +280	+350 / +280	+390 / +280	
560	630			+354 / +310	+380 / +310	+420 / +310	
630	710			+390 / +340	+420 / +340	+465 / +340	
710	800			+430 / +380	+460 / +380	+505 / +380	
800	900			+486 / +430	+520 / +430	+570 / +430	
900	1000			+526 / +470	+560 / +470	+610 / +470	
1000	1120			+586 / +520	+625 / +520	+685 / +520	
1120	1250			+646 / +580	+685 / +580	+745 / +580	
1250	1400			+718 / +640	+765 / +640	+835 / +640	
1400	1600			+798 / +720	+845 / +720	+915 / +720	
1600	1800			+912 / +820	+970 / +820	+1050 / +820	
1800	2000			+1012 / +920	+1070 / +920	+1150 / +920	
2000	2240			+1110 / +1000	+1175 / +1000	+1280 / +1000	
2240	2500			+1210 / +1100	+1275 / +1100	+1380 / +1100	
2500	2800			+1385 / +1250	+1460 / +1250	+1580 / +1250	
2800	3150			+1535 / +1400	+1610 / +1400	+1730 / +1400	

表 4-36　　　　　　　　**轴 t 和 u 的极限偏差**（GB/T 1800.2—2009）　　　　　　（单位：μm）

公称尺寸 /mm		t				u				
大于	至	5	6	7	8	5	6	7	8	9
—	3					+22 +18	+24 +18	+28 +18	+32 +18	+43 +18
3	6					+28 +23	+31 +23	+35 +23	+41 +23	+53 +23
6	10					+34 +28	+37 +28	+42 +28	+50 +28	+64 +28
10	18					+41 +33	+44 +33	+51 +33	+60 +33	+76 +33
18	24					+50 +41	+54 +41	+62 +41	+74 +41	+93 +41
24	30	+50 +41	+54 +41	+62 +41	+74 +41	+57 +48	+61 +48	+69 +48	+81 +48	+100 +48
30	40	+59 +48	+64 +48	+73 +48	+87 +48	+71 +60	+76 +60	+85 +60	+99 +60	+122 +60
40	50	+65 +54	+70 +54	+79 +54	+93 +54	+81 +70	+86 +70	+95 +70	+109 +70	+132 +70
50	65	+79 +66	+85 +66	+96 +66	+112 +66	+100 +87	+106 +87	+117 +87	+133 +87	+161 +87
65	80	+88 +75	+94 +75	+105 +75	+121 +75	+115 +102	+121 +102	+132 +102	+148 +102	+176 +102
80	100	+106 +91	+113 +91	+126 +91	+145 +91	+139 +124	+146 +124	+159 +124	+178 +124	+211 +124
100	120	+119 +104	+126 +104	+139 +104	+158 +104	+159 +144	+166 +144	+179 +144	+198 +144	+231 +144
120	140	+140 +122	+147 +122	+162 +122	+185 +122	+188 +170	+195 +170	+210 +170	+233 +170	+270 +170
140	160	+152 +134	+159 +134	+174 +134	+197 +134	+208 +190	+215 +190	+230 +190	+253 +190	+290 +190
160	180	+164 +146	+171 +146	+186 +146	+209 +146	+228 +210	+235 +210	+250 +210	+273 +210	+310 +210
180	200	+186 +166	+195 +166	+212 +166	+238 +166	+256 +236	+265 +236	+282 +236	+308 +236	+351 +236
200	225	+200 +180	+209 +180	+226 +180	+252 +180	+278 +258	+287 +258	+304 +258	+330 +258	+373 +258
225	250	+216 +196	+225 +196	+242 +196	+268 +196	+304 +284	+313 +284	+330 +284	+356 +284	+399 +284
250	280	+241 +218	+250 +218	+270 +218	+299 +218	+338 +315	+347 +315	+367 +315	+396 +315	+445 +315
280	315	+263 +240	+272 +240	+292 +240	+321 +240	+373 +350	+382 +350	+402 +350	+431 +350	+480 +350
315	+355	+293 +268	+304 +268	+325 +268	+357 +268	+415 +390	+426 +390	+447 +390	+479 +390	+530 +390
355	400	+319 +294	+330 +294	+351 +294	+383 +294	+460 +435	+471 +435	+492 +435	+524 +435	+575 +435

续表

公称尺寸/mm		t				u				
大于	至	5	6	7	8	5	6	7	8	9
400	450	+357 +330	+370 +330	+393 +330	+427 +330	+517 +490	+530 +490	+553 +490	+587 +490	+645 +490
450	500	+387 +360	+400 +360	+423 +360	+457 +360	+567 +540	+580 +540	+603 +540	+637 +540	+695 +540
500	560		+444 +400	+470 +400			+644 +600	+670 +600	+710 +600	
560	630		+494 +450	+520 +450			+704 +660	+730 +660	+770 +660	
630	710		+550 +500	+580 +500			+790 +740	+820 +740	+865 +740	
710	800		+610 +560	+640 +560			+890 +840	+920 +840	+965 +840	
800	900		+676 +620	+710 +620			+996 +940	+1030 +940	+1080 +940	
900	1000		+736 +680	+770 +680			+1106 +1050	+1140 +1050	+1190 +1050	
1000	1120		+846 +780	+885 +780			+1216 +1150	+1255 +1150	+1315 +1150	
1120	1250		+906 +840	+945 +840			+1366 +1300	+1405 +1300	+1465 +1300	
1250	1400		+1038 +960	+1085 +960			+1528 +1450	+1575 +1450	+1645 +1450	
1400	1600		+1128 +1050	+1175 +1050			+1678 +1600	+1725 +1600	+1795 +1600	
1600	1800		+1292 +1200	+1350 +1200			+1942 +1850	+2000 +1850	+2080 +1850	
1800	2000		+1442 +1350	+1500 +1350			+2092 +2000	+2150 +2000	+2230 +2000	
2000	2240		+1610 +1500	+1675 +1500			+2410 +2300	+2475 +2300	+2580 +2300	
2240	2500		+1760 +1650	+1825 +1650			+2610 +2500	+2675 +2500	+2780 +2500	
2500	2800		+2035 +1900	+2110 +1900			+3035 +2900	+3110 +2900	+3230 +2900	
2800	3150		+2235 +2100	+2310 +2100			+3335 +3200	+3410 +3200	+3530 +3200	

注：公称尺寸至24mm的t5~t8的偏差值未列入表内，建议以u5~u8代替。如非要t5~t8，则可按GB/T 1800.1—2009计算。

表4-37　　　　　　轴 v、x 和 y 的极限偏差（GB/T 1800.2—2009）　　　　（单位：μm）

公称尺寸/mm		v				x						y				
大于	至	5	6	7	8	5	6	7	8	9	10	6	7	8	9	10
—	3					+24 +20	+26 +20	+30 +20	+34 +20	+45 +20	+60 +20					
3	6					+33 +28	+36 +28	+40 +28	+46 +28	+58 +28	+76 +28					
6	10					+40 +34	+43 +34	+49 +34	+56 +34	+70 +34	+92 +34					

续表

公称尺寸/mm		v				x						y				
大于	至	5	6	7	8	5	6	7	8	9	10	6	7	8	9	10
10	14					+48 +40	+51 +40	+58 +40	+67 +40	+83 +40	+110 +40					
14	18	+47 +39	+50 +39	+57 +39	+66 +39	+53 +45	+56 +45	+63 +45	+72 +45	+88 +45	+115 +45					
18	24	+56 +47	+60 +47	+68 +47	+80 +47	+63 +54	+67 +54	+75 +54	+87 +54	+106 +54	+138 +54	+76 +63	+84 +63	+96 +63	+115 +63	+147 +63
24	30	+64 +55	+68 +55	+76 +55	+88 +55	+73 +64	+77 +64	+85 +64	+97 +64	+116 +64	+148 +64	+88 +75	+96 +75	+108 +75	+127 +75	+159 +75
30	40	+79 +68	+84 +68	+93 +68	+107 +68	+91 +80	+96 +80	+105 +80	+119 +80	+142 +80	+180 +80	+110 +94	+119 +94	+133 +94	+156 +94	+194 +94
40	50	+92 +81	+97 +81	+106 +81	+120 +81	+108 +97	+113 +97	+122 +97	+136 +97	+159 +97	+197 +97	+130 +114	+139 +114	+153 +114	+176 +114	+214 +114
50	65	+115 +102	+121 +102	+132 +102	+148 +102	+135 +122	+141 +122	+152 +122	+168 +122	+196 +122	+242 +122	+163 +144	+174 +144	+190 +144		
65	80	+133 +120	+139 +120	+150 +120	+166 +120	+159 +146	+165 +146	+176 +146	+192 +146	+220 +146	+266 +146	+193 +174	+204 +174	+220 +174		
80	100	+161 +146	+168 +146	+181 +146	+200 +146	+193 +178	+200 +178	+213 +178	+232 +178	+265 +178	+318 +178	+236 +214	+249 +214	+268 +214		
100	120	+187 +172	+194 +172	+207 +172	+226 +172	+225 +210	+232 +210	+245 +210	+264 +210	+297 +210	+350 +210	+276 +254	+289 +254	+308 +254		
120	140	+220 +202	+227 +202	+242 +202	+265 +202	+266 +248	+273 +248	+288 +248	+311 +248	+348 +248	+408 +248	+325 +300	+340 +300	+363 +300		
140	160	+246 +228	+253 +228	+268 +228	+291 +228	+298 +280	+305 +280	+320 +280	+343 +280	+380 +280	+440 +280	+365 +340	+380 +340	+403 +340		
160	180	+270 +252	+277 +252	+292 +252	+315 +252	+328 +310	+335 +310	+350 +310	+373 +310	+410 +310	+470 +310	+405 +380	+420 +380	+443 +380		
180	200	+304 +284	+313 +284	+330 +284	+356 +284	+370 +350	+379 +350	+396 +350	+422 +350	+465 +350	+535 +350	+454 +425	+471 +425	+497 +425		
200	225	+330 +310	+339 +310	+356 +310	+382 +310	+405 +385	+414 +385	+431 +385	+457 +385	+500 +385	+570 +385	+499 +470	+516 +470	+542 +470		
225	250	+360 +340	+369 +340	+386 +340	+412 +340	+445 +425	+454 +425	+471 +425	+497 +425	+540 +425	+610 +425	+549 +520	+566 +520	+592 +520		
250	280	+408 +385	+417 +385	+437 +385	+466 +385	+498 +475	+507 +475	+527 +475	+556 +475	+605 +475	+685 +475	+612 +580	+632 +580	+661 +580		
280	315	+448 +425	+457 +425	+477 +425	+506 +425	+548 +525	+557 +525	+577 +525	+606 +525	+655 +525	+735 +525	+682 +650	+702 +650	+731 +650		
315	355	+500 +475	+511 +475	+532 +475	+564 +475	+615 +590	+626 +590	+647 +590	+679 +590	+730 +590	+820 +590	+766 +730	+787 +730	+819 +730		
355	400	+555 +530	+566 +530	+587 +530	+619 +530	+685 +660	+696 +660	+717 +660	+749 +660	+800 +660	+890 +660	+856 +820	+877 +820	+909 +820		
400	450	+622 +595	+635 +595	+658 +595	+692 +595	+767 +740	+780 +740	+803 +740	+837 +740	+895 +740	+990 +740	+960 +920	+983 +920	+1017 +920		
450	500	+687 +660	+700 +660	+723 +660	+757 +660	+847 +820	+860 +820	+883 +820	+917 +820	+975 +820	+1070 +820	+1040 +1000	+1063 +1000	+1097 +1000		

注：1. 公称尺寸至14mm 的 v5～v8 的偏差值未列入表内,建议以 x5～x8 代替。如非要 v5～v8,则可按 GB/T 1800. 1—2009 计算。

2. 公称尺寸至18mm 的 y6～y10 的偏差值未列入表内,建议以 z6～z10(见表 4-38)代替。如非要 y5～y10,则可按 GB/T 1800. 1— 2009 计算。

表 4-38　　　　　　　　　　**轴 z 和 za 的极限偏差**（GB/T 1800.2—2009）　　　　　（单位：μm）

公称尺寸 /mm		z						za					
大于	至	6	7	8	9	19	11	6	7	8	9	10	11
—	3	+32 +26	+36 +26	+40 +26	+51 +26	+66 +26	+86 +26	+38 +32	+42 +32	+46 +32	+57 +32	+72 +32	+92 +32
3	6	+43 +35	+47 +35	+53 +35	+65 +35	+83 +35	+110 +35	+50 +42	+54 +42	+60 +42	+72 +42	+90 +42	+117 +42
6	10	+51 +42	+57 +42	+64 +42	+78 +42	+100 +42	+132 +42	+61 +52	+67 +52	+74 +52	+88 +52	+110 +52	+142 +52
10	14	+61 +50	+68 +50	+77 +50	+93 +50	+120 +50	+160 +50	+75 +64	+82 +64	+91 +64	+107 +64	+134 +64	+174 +64
14	18	+71 +60	+78 +60	+87 +60	+103 +60	+130 +60	+170 +60	+88 +77	+95 +77	+104 +77	+120 +77	+147 +77	+187 +77
18	24	+86 +73	+94 +73	+106 +73	+125 +73	+157 +73	+203 +73	+111 +98	+119 +98	+131 +98	+150 +98	+182 +98	+228 +98
24	30	+101 +88	+109 +88	+121 +88	+140 +88	+172 +88	+218 +88	+131 +118	+139 +118	+151 +118	+170 +118	+202 +118	+248 +118
30	40	+128 +112	+137 +112	+151 +112	+174 +112	+212 +112	+272 +112	+164 +148	+173 +148	+187 +148	+210 +148	+248 +148	+308 +148
40	50	+152 +136	+161 +136	+175 +136	+198 +136	+236 +136	+296 +136	+196 +180	+205 +180	+219 +180	+242 +180	+280 +180	+340 +180
50	65	+191 +172	+202 +172	+218 +172	+246 +172	+292 +172	+362 +172	+245 +226	+256 +226	+272 +226	+300 +226	+346 +226	+416 +226
65	80	+229 +210	+240 +210	+256 +210	+284 +210	+330 +210	+400 +210	+293 +274	+304 +274	+320 +274	+348 +274	+394 +274	+464 +274
80	100	+280 +258	+293 +258	+312 +258	+345 +258	+398 +258	+478 +258	+357 +335	+370 +335	+389 +335	+422 +335	+475 +335	+555 +335
100	120	+332 +310	+345 +310	+364 +310	+397 +310	+450 +310	+530 +310	+422 +400	+435 +400	+454 +400	+487 +400	+540 +400	+620 +400
120	140	+390 +365	+405 +365	+428 +365	+465 +365	+525 +365	+615 +365	+495 +470	+510 +470	+533 +470	+570 +470	+630 +470	+720 +470
140	160	+440 +415	+455 +415	+478 +415	+515 +415	+575 +415	+665 +415	+560 +535	+575 +535	+598 +535	+635 +535	+695 +535	+785 +535
160	180	+490 +465	+505 +465	+528 +465	+565 +465	+625 +465	+715 +465	+625 +600	+640 +600	+663 +600	+700 +600	+760 +600	+850 +600
180	200	+549 +520	+566 +520	+592 +520	+635 +520	+705 +520	+810 +520	+699 +670	+716 +670	+742 +670	+785 +670	+855 +670	+960 +670
200	225	+604 +575	+621 +575	+647 +575	+690 +575	+760 +575	+865 +575	+769 +740	+786 +740	+812 +740	+855 +740	+925 +740	+1030 +740
225	250	+669 +640	+686 +640	+712 +640	+755 +640	+825 +640	+930 +640	+849 +820	+866 +820	+892 +820	+935 +820	+1005 +820	+1110 +820
250	280	+742 +710	+762 +710	+791 +710	+840 +710	+920 +710	+1030 +710	+952 +920	+972 +920	+1001 +920	+1050 +920	+1130 +920	+1240 +920
280	315	+822 +790	+842 +790	+871 +790	+920 +790	+1000 +790	+1110 +790	+1032 +1000	+1052 +1000	+1081 +1000	+1130 +1000	+1210 +1000	+1320 +1000
315	355	+936 +900	+957 +900	+989 +900	+1040 +900	+1130 +900	+1260 +900	+1186 +1150	+1207 +1150	+1239 +1150	+1290 +1150	+1380 +1150	+1510 +1150
355	400	+1036 +1000	+1057 +1000	+1089 +1000	+1140 +1000	+1230 +1000	+1360 +1000	+1336 +1300	+1357 +1300	+1389 +1300	+1440 +1300	+1530 +1300	+1660 +1300
400	450	+1140 +1100	+1163 +1100	+1197 +1100	+1255 +1100	+1350 +1100	+1500 +1100	+1490 +1450	+1513 +1450	+1547 +1450	+1605 +1450	+1700 +1450	+1850 +1450
450	500	+1290 +1250	+1313 +1250	+1347 +1250	+1405 +1250	+1500 +1250	+1650 +1250	+1640 +1600	+1663 +1600	+1697 +1600	+1755 +1600	+1850 +1600	+2000 +1600

表 4-39　　　　　**轴 zb 和 zc 的极限偏差**（GB/T 1800.2—2009）　　　　（单位：μm）

公称尺寸/mm 大于	至	zb 7	8	9	10	11	zc 7	8	9	10	11
—	3	+50 +40	+54 +40	+65 +40	+80 +40	+100 +40	+70 +60	+74 +60	+85 +60	+100 +60	+120 +60
3	6	+62 +50	+68 +50	+80 +50	+98 +50	+125 +50	+92 +80	+98 +80	+110 +80	+128 +80	+155 +80
6	10	+82 +67	+89 +67	+103 +67	+125 +67	+157 +67	+112 +97	+119 +97	+133 +97	+155 +97	+187 +97
10	14	+108 +90	+117 +90	+133 +90	+160 +90	+200 +90	+148 +130	+157 +130	+173 +130	+200 +130	+240 +130
14	18	+126 +108	+135 +108	+151 +108	+178 +108	+218 +108	+168 +150	+177 +150	+193 +150	+220 +150	+260 +150
18	24	+157 +136	+169 +136	+188 +136	+220 +136	+266 +136	+209 +188	+221 +188	+240 +188	+272 +188	+318 +188
24	30	+181 +160	+193 +160	+212 +160	+244 +160	+290 +160	+239 +218	+251 +218	+270 +218	+302 +218	+348 +218
30	40	+225 +200	+239 +200	+262 +200	+300 +200	+360 +200	+299 +274	+313 +274	+336 +274	+374 +274	+434 +274
40	50	+267 +242	+281 +242	+304 +242	+342 +242	+402 +242	+350 +325	+364 +325	+387 +325	+425 +325	+485 +325
50	65	+330 +300	+346 +300	+374 +300	+420 +300	+490 +300	+435 +405	+451 +405	+479 +405	+525 +405	+595 +405
65	80	+390 +360	+406 +360	+434 +360	+480 +360	+550 +360	+510 +480	+526 +480	+554 +480	+600 +480	+670 +480
80	100	+480 +445	+499 +445	+532 +445	+585 +445	+665 +445	+620 +585	+639 +585	+672 +585	+725 +585	+805 +585
100	120	+560 +525	+579 +525	+612 +525	+665 +525	+745 +525	+725 +690	+744 +690	+777 +690	+830 +690	+910 +690
120	140	+660 +620	+683 +620	+720 +620	+780 +620	+870 +620	+840 +800	+863 +800	+900 +800	+960 +800	+1050 +800
140	160	+740 +700	+763 +700	+800 +700	+860 +700	+950 +700	+940 +900	+963 +900	+1000 +900	+1060 +900	+1150 +900
160	180	+820 +780	+843 +780	+880 +780	+940 +780	+1030 +780	+1040 +1000	+1063 +1000	+1100 +1000	+1160 +1000	+1250 +1000
180	200	+926 +880	+952 +880	+995 +880	+1065 +880	+1170 +880	+1196 +1150	+1222 +1150	+1265 +1150	+1335 +1150	+1440 +1150
200	225	+1006 +960	+1032 +960	+1075 +960	+1145 +960	+1250 +960	+1296 +1250	+1322 +1250	+1365 +1250	+1435 +1250	+1540 +1250
225	250	+1096 +1050	+1122 +1050	+1165 +1050	+1235 +1050	+1340 +1050	+1396 +1350	+1422 +1350	+1465 +1350	+1535 +1350	+1640 +1350
250	280	+1252 +1200	+1281 +1200	+1330 +1200	+1410 +1200	+1520 +1200	+1602 +1550	+1631 +1550	+1680 +1550	+1760 +1550	+1870 +1550
280	315	+1352 +1300	+1381 +1300	+1430 +1300	+1510 +1300	+1620 +1300	+1752 +1700	+1781 +1700	+1830 +1700	+1910 +1700	+2020 +1700
315	355	+1557 +1500	+1589 +1500	+1640 +1500	+1730 +1500	+1860 +1500	+1957 +1900	+1989 +1900	+2040 +1900	+2130 +1900	+2260 +1900
355	400	+1707 +1650	+1739 +1650	+1790 +1650	+1880 +1650	+2010 +1650	+2157 +2100	+2189 +2100	+2240 +2100	+2330 +2100	+2460 +2100
400	450	+1913 +1850	+1947 +1850	+2005 +1850	+2100 +1850	+2250 +1850	+2463 +2400	+2497 +2400	+2555 +2400	+2650 +2400	+2800 +2400
450	500	+2163 +2100	+2197 +2100	+2255 +2100	+2350 +2100	+2500 +2100	+2663 +2600	+2697 +2600	+2755 +2600	+2850 +2600	+3000 +2600

4.1.6　未注公差的线性和角度尺寸的一般公差（GB/T 1804—2000）

一般公差指在车间通常加工条件下可保证的公差。采用一般公差的尺寸，在该尺寸后不需注出其极限偏差数值。

选取图样上未注公差尺寸的一般公差的公差等级时，应考虑通常的车间精度并由相应的技术文件或标准做出具体规定。

对任一单一尺寸，如功能上要求比一般公差更小的公差或允许更大的公差并更为经济时，其相应的极限偏差要在相关的基本尺寸后注出。

由不同类型的工艺（如切削和铸造）分别加工形成的两表面之间的未注公差的尺寸应按规定的两个一般公差数值中的较大值控制。

以角度单位规定的一般公差仅控制表面的线或素线的总方向，不控制它们的形状误差。从实际表面得到的线的总方向是理想几何形状的接触线方向。接触线和实际线之间的最大距离是最小可能值。

一般公差有精密 f、中等 m、粗糙 c、最粗 v4 个公差等级。

线性尺寸、倒圆半径与倒角高度尺寸、角度尺寸的极限偏差数值列于表 4-40，角度尺寸值按角度短边长度确定，对圆锥角按圆锥素线长度确定。

表 4-40 中的一般公差和极限偏差适用于金属切削加工的尺寸，也适用于一般的冲压加工的尺寸。非金属材料和其他工艺方法加工的尺寸可参照采用。它仅适用于下列未注公差的尺寸：

(1) 线性尺寸（例如外尺寸、内尺寸、阶梯尺寸、直径、半径、距离、倒圆半径和倒角高度）。

(2) 角度尺寸，包括通常不注出角度值的角度尺寸，例如直角（90°）。

(3) 机加工组装件的线性和角度尺寸。

不适用于下列尺寸：

(1) 其他一般公差标准涉及的线性和角度尺寸。

(2) 括号内的参考尺寸。

(3) 矩形框格内的理论正确尺寸。

表 4-40　　　　　　　　　　**线性尺寸的一般公差**（GB/T 1804—2000）　　　　　　　　　（单位：mm）

公差等级	线性尺寸的极限偏差数值								倒圆半径与倒角高度尺寸的极限偏差数值			
	基本尺寸分段								基本尺寸分段			
	0.5~3	>3~6	>6~30	>30~120	>120~400	>400~1000	>1000~2000	>2000~4000	0.5~3	>3~6	>6~30	>30
精密 f	±0.05	±0.05	±0.1	±0.15	±0.2	±0.3	±0.5	—	±0.2	±0.5	±1	±2
中等 m	±0.1	±0.1	±0.2	±0.3	±0.5	±0.8	±1.2	±2	±0.2	±0.5	±1	±2
粗糙 c	±0.2	±0.3	±0.5	±0.8	±1.2	±2	±3	±4	±0.4	±1	±2	±4
最粗 v	—	±0.5	±1	±1.5	±2.5	±4	±6	±8	±0.4	±1	±2	±4

分差等级	角度尺寸的极限偏差数值				
	长　度　分　段				
	≤10	>10~50	>50~120	>120~400	>400
精密 f	±1°	±30′	±20′	±10′	±5′
中等 m	±1°	±30′	±20′	±10′	±5′
粗糙 c	±1°30′	±1°	±30′	±15′	±10′
最粗 v	±3°	±2°	±1°	±30′	±20′

注：在图样上，技术文件或标准中的表示方法示例：GB/T 1804—m（表示选用中等级）。

4.1.7 圆锥公差（见表 4-41～表 4-43）

表 4-41 **圆锥公差的项目及给定方法**（GB/T 11334—2005）

公差项目及代号	给定方法	
	一般情况	有较高要求时
圆锥直径公差 T_D 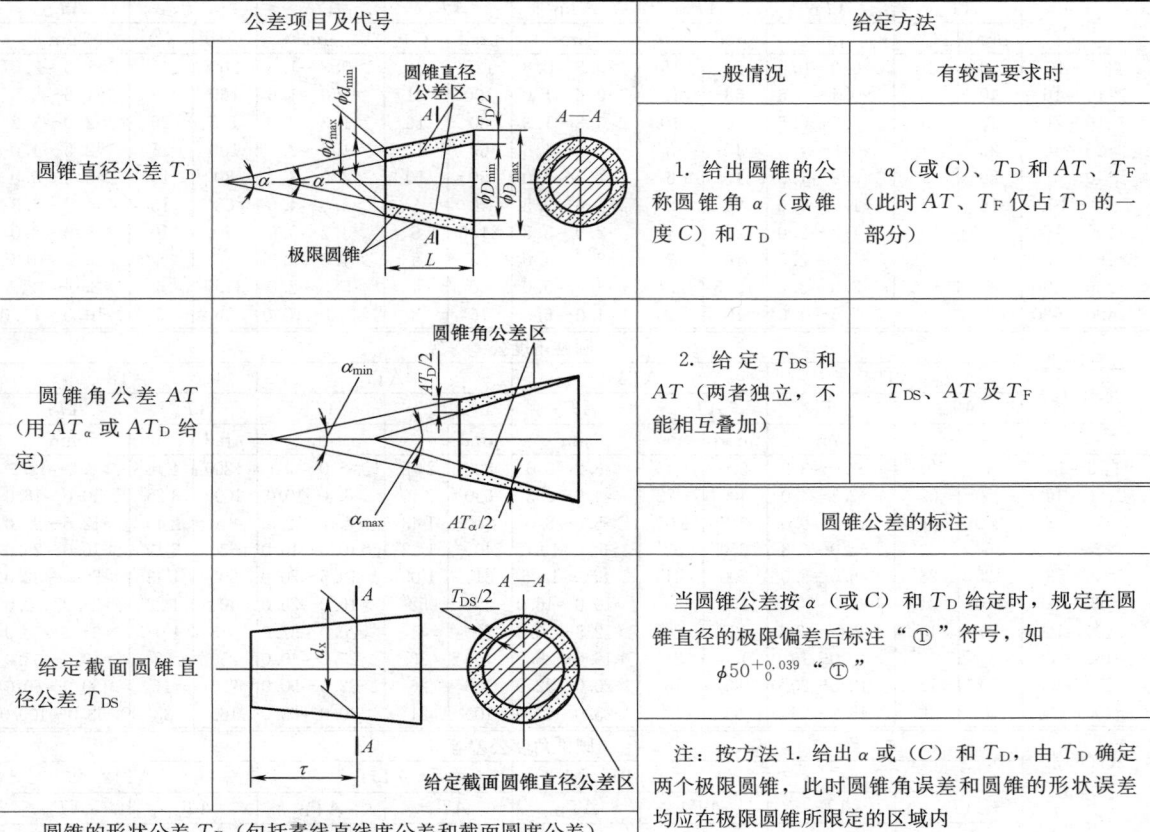	1. 给出圆锥的公称圆锥角 α（或锥度 C）和 T_D	α（或 C）、T_D 和 AT、T_F（此时 AT、T_F 仅占 T_D 的一部分）
圆锥角公差 AT（用 AT_α 或 AT_D 给定）	2. 给定 T_{DS} 和 AT（两者独立，不能相互叠加）	T_{DS}、AT 及 T_F
	圆锥公差的标注	
给定截面圆锥直径公差 T_{DS}	当圆锥公差按 α（或 C）和 T_D 给定时，规定在圆锥直径的极限偏差后标注 "⊤" 符号，如 $\phi 50^{+0.039}_{0}$ "⊤"	
	注：按方法 1. 给出 α 或（C）和 T_D，由 T_D 确定两个极限圆锥，此时圆锥角误差和圆锥的形状误差均应在极限圆锥所限定的区域内	
圆锥的形状公差 T_F（包括素线直线度公差和截面圆度公差）		

圆锥公差的数值及选取：

（1）圆锥直径公差 T_D。它以公称圆锥直径为公称尺寸按 GB/T 1800—2009 规定的标准公差选取，选取的公差数值适用于圆锥长度 L 全长内的所有圆锥直径。公称圆锥直径一般取最大圆锥直径 D 作为公称尺寸选取公差数值。给定截面圆锥直径的公差 T_{DS}，以给定截面圆锥直径 d_x 为公称尺寸按 GB/T 1800—2009 规定的标准公差选取，选取的公差数值仅适用于该给定截面，不适用于圆锥全长。其公差带位置按功能要求确定。对于有配合要求的圆锥，其内、外圆锥的配合形式、配合基准制和公差带按 GB/T 12360—2005《产品几何量技术规范（GPS）圆锥配合》中的有关规定选择。对于无配合要求的圆锥，其内、外圆锥建议选用基本偏差 JS、js，按功能要求确定其公差等级。

（2）圆锥角公差 AT。AT 分 12 个公差等级，用 AT1、AT2、…、AT12 表示，其数值见表 4-42。

按圆锥角公差等级从表 4-42 选取公差值后，依设计和功能要求其极限偏差可按单向取值或双向取值，如 $\alpha + AT$、$\alpha - AT$ 或 $\alpha \pm AT/2$ 等。双向取值可以是对称的，或是不对称的。各公差等级适用范围是：AT1、AT2 用于高精度的锥度量规和角度样板；AT3～AT5 用于锥度量规、角度样板和高精度零件等；AT6～AT8 用于传递大转矩高精度摩擦锥体、工具锥体和锥销等；AT9、AT10 用于中等精度零件，配研前的摩擦锥体等；AT11、AT12 用于低精度零件。

（3）圆锥直径公差 T_D 所能限制的最大圆锥角误差。当给定圆锥直径公差 T_D 后，其两极限圆锥限定了实际圆锥角的最大和最小值分别为 α_{max} 和 α_{min}。表 4-43 列出圆锥长度为 100mm 的圆锥直径公差 T_D 所能控制的最大圆锥角误差 $\Delta\alpha_{max}$。

（4）圆锥形状公差 T_F。一般圆锥形状公差不单独给出。只有当为了满足某一功能的需要，如对有配合要求的圆锥，或对圆锥的形状误差有更高要求时，再给出圆锥的形状公差。其数值应小于圆锥直径公差的 1/2。圆锥素线直线度公差和圆锥截面圆度公差的数值推荐按表 4-42 和表 4-43 选取。

表 4-42　　　　　　　　　　　圆锥角公差数值（GB/T 11334—2005）

公称圆锥长度 L /mm	圆锥角度公差等级											
	AT1			AT2			AT3			AT4		
	AT_α		AT_D	AT_α		AT_D	AT_α		AT_D	AT_α		AT_D
	μrad	(″)	μm	μrad	(″)	μm	μrad	(″)	μm	μrad	(″)	μm
自 6～10	50	10	>0.3～0.5	80	16	>0.5～0.8	125	26	>0.8～1.3	200	41	>1.3～2.0
>10～16	40	8	>0.4～0.6	63	13	>0.6～1.0	100	21	>1.0～1.6	160	33	>1.6～2.5
>16～25	31.5	6	>0.5～0.8	50	10	>0.8～1.3	80	16	>1.3～2.0	125	26	>2.0～3.2
>25～40	25	5	>0.6～1.0	40	8	>1.0～1.6	63	13	>1.6～2.5	100	21	>2.5～4.0
>40～63	20	4	>0.8～1.3	31.5	6	>1.3～2.0	50	10	>2.0～3.2	80	16	>3.2～5.0
>63～100	16	3	>1.0～1.6	25	5	>1.6～2.5	40	8	>2.5～4.0	63	13	>4.0～6.3
>100～160	12.5	2.5	>1.3～2.0	20	4	>2.0～3.2	31.5	6	>3.2～5.0	50	10	>5.0～8.0
>160～250	10	2	>1.6～2.5	16	3	>2.5～4.0	25	5	>4.0～6.3	40	8	>6.3～10.0
>250～400	8	1.5	>2.0～3.2	12.5	2.5	>3.2～5.0	20	4	>5.0～8.0	31.5	6	>8.0～12.5
>400～630	6.3	1	>2.5～4.0	10	2	>4.0～6.3	16	3	>6.3～10.0	25	5	>10.0～16.0

公称圆锥长度 L /mm	圆锥角度公差等级											
	AT5			AT6			AT7			AT8		
	AT_α		AT_D	AT_α		AT_D	AT_α		AT_D	AT_α		AT_D
	μrad		μm	μrad		μm	μrad		μm	μrad		μm
自 6～10	315	1′05″	>2.0～3.2	500	1′43″	>3.2～5.0	800	2′45″	>5.0～8.0	1250	4′18″	>8.0～12.5
>10～16	250	52″	>2.5～4.0	400	1′22″	>4.0～6.3	630	2′10″	>6.3～10.0	1000	3′26″	>10.0～16.0
>16～25	200	41″	>3.2～5.0	315	1′05″	>5.0～8.0	500	1′43″	>8.0～12.5	800	2′45″	>12.5～20.0
>25～40	160	33″	>4.0～6.3	250	52″	>6.3～10.0	400	1′22″	>10.0～16.0	630	2′10″	>16.0～25.0
>40～63	125	26″	>5.0～8.0	200	41″	>8.0～12.5	315	1′05″	>12.5～20.0	500	1′43″	>20.0～32.0
>63～100	100	21″	>6.3～10.0	160	33″	>10.0～16.0	250	52″	>16.0～25.0	400	1′22″	>25.0～40.0
>100～160	80	16″	>8.0～12.5	125	26″	>12.5～20.0	200	41″	>20.0～32.0	315	1′05″	>32.0～50.0
>160～250	63	13″	>10.0～16.0	100	21″	>16.0～25.0	160	33″	>25.0～40.0	250	52″	>40.0～63.0
>250～400	50	10″	>12.5～20.0	80	16″	>20.0～32.0	125	26″	>32.0～50.0	200	41″	>50.0～80.0
>400～630	40	8″	>16.0～25.0	63	13″	>25.0～40.0	100	21″	>40.0～63.0	160	33″	>63.0～100.0

公称圆锥长度 L /mm	圆锥角度公差等级											
	AT9			AT10			AT11			AT12		
	AT_α		AT_D	AT_α		AT_D	AT_α		AT_D	AT_α		AT_D
	μrad		μm	μrad		μm	μrad		μm	μrad		μm
自 6～10	2000	6′52″	>12.5～20	3150	10′49″	>20～32	5000	17′10″	>32～50	8000	27′28″	>50～80
>10～16	1600	5′30″	>16～25	2500	8′35″	>25～40	4000	13′44″	>40～63	6300	21′38″	>63～100
>16～25	1250	4′18″	>20～32	2000	6′52″	>32～50	3150	10′49″	>50～80	5000	17′10″	>80～125
>25～40	1000	3′26″	>25～40	1600	5′30″	>40～63	2500	8′35″	>63～100	4000	13′44″	>100～160
>40～63	800	2′45″	>32～50	1250	4′18″	>50～80	2000	6′52″	>80～125	3150	10′49″	>125～200
>63～100	630	2′10″	>40～63	1000	3′26″	>63～100	1600	5′30″	>100×160	2500	8′35″	>160～250
>100～160	500	1′43″	>50～80	800	2′45″	>80～125	1250	4′18″	>125～200	2000	6′52″	>200～320
>160～250	400	1′22″	>63～100	630	2′10″	>100～160	1000	3′26″	>160～250	1600	5′30″	>250～400
>250～400	315	1′05″	>80～125	500	1′43″	>125～200	800	2′45″	>200～320	1250	4′18″	>320～500
>400～630	250	52″	>100～160	400	1′22″	>160～250	630	2′10″	>250～400	1000	3′26″	>400～630

注：1. 1μrad 等于半径为 1m、弧长为 1μm 所对应的圆心角。1μrad=180×3600″/（π×10⁶）≈0.206 264 8″。

2. AT_α 和 AT_D 的关系式为 $AT_D = AT_\alpha \times L \times 10^{-3}$，式中，$AT_D$ 的单位为 μm；AT_α 的单位为 μrad；L 为圆锥长度，单位为 mm。

3. 本表仅列出每一尺寸段 AT_D 两个范围值，对处于基本圆锥长度 L 尺寸段中间的 AT_D 值则应按注 2 的公式进行计算。其计算结果的尾数按 GB/T 4112～GB/T 4116《单位换算表》的规定进行修约，其有效数应与表中所列该 L 尺寸段的最大范围值位数相同。计算举例

例1　L 为 100mm，选用 AT9，查本表得 AT_α 为 630μrad 或 2′10″；AT_D 为 63μm。

例2　L 为 80mm，选用 AT9，查本表得 AT_α 为 630μrad 或 2′10″，则

$AT_D = AT_\alpha \times L \times 10^{-3} = 630 \times 80 \times 10^{-3}$ μm=50.4μm 按规定修约为 50μm。

4. 本表中数值用于棱体的角度时，以该角短边长度作为 L 选取公差值，而 AT_h 取表中 AT_D 的值。

表 4-43　圆锥直径公差 T_D 所能控制的最大圆锥角误差 $\Delta\alpha_{max}$（GB/T 11334—2005）

公差等级	≤3	>3~6	>6~10	>10~18	>18~30	>30~50	>50~80	>80~120	>120~180	>180~250	>250~315	>315~400	>400~500
	$\Delta\alpha_{max}/\mu rad$												
IT01	3	4	4	5	6	6	8	10	12	20	25	30	40
IT0	5	6	6	8	10	10	12	15	20	30	40	50	60
IT1	8	10	10	12	15	15	20	25	35	45	60	70	80
IT2	12	15	15	20	25	25	30	40	50	70	80	90	100
IT3	20	25	25	30	40	40	50	60	80	100	120	130	150
IT4	30	40	40	50	60	70	80	100	120	140	160	180	200
IT5	40	50	60	80	90	110	130	150	180	200	230	250	270
IT6	60	80	90	110	130	160	190	220	250	290	320	360	400
IT7	100	120	150	180	210	250	300	350	400	460	520	570	630
IT8	140	180	220	270	330	390	460	540	630	720	810	890	970
IT9	250	300	360	430	520	620	740	870	1000	1150	1300	1400	1550
IT10	400	480	580	700	840	1000	1200	1400	1600	1850	2100	2300	2500
IT11	600	750	900	1000	1300	1600	1900	2200	2500	2900	3200	3600	4000
IT12	1000	1200	1500	1800	2100	2500	3000	3500	4000	4600	5200	5700	6300
IT13	1400	1800	2200	2700	3300	3900	4600	5400	6300	7200	8100	8900	9700
IT14	2500	3000	3600	4300	5200	6200	7400	8700	1000	11 500	13 000	14 000	15 500
IT15	4000	4800	5800	7000	8400	10 000	12 000	14 000	16 000	18 500	21 000	23 000	25 000
IT16	6000	7500	9000	11 000	13 000	16 000	19 000	22 000	25 000	29 000	32 000	36 000	40 000
IT17	10 000	12 000	15 000	18 000	21 000	25 000	30 000	35 000	40 000	46 000	52 000	57 000	63 000
IT18	14 000	18 000	22 000	27 000	33 000	39 000	46 000	54 000	63 000	72 000	81 000	89 000	97 000

注：圆锥长度不等于 100mm 时，需将表中的数值乘以 $100/L$，L 的单位为 mm。

4.2　几何公差形状、方向、位置和跳动公差

4.2.1　形状、方向、位置和跳动公差标注（见表 4-44 和表 4-45）

表 4-44　几何公差的几何特征、符号和附加符号（GB/T 1182—2008）

公差类型	几何特征	符号	有无基准	公差类型	几何特征	符号	有无基准
形状公差	直线度	—	无	方向公差	面轮廓度	⌒	有
	平面度	▱		位置公差	位置度	⊕	有或无
	圆度	○			同心度（用于中心点）	◎	
	圆柱度	⌭			同轴度（用于轴线）	◎	
	线轮廓度	⌒			对称度	＝	有
	面轮廓度	⌒			线轮廓度	⌒	
方向公差	平行度	//	有		面轮廓度	⌒	
	垂直度	⊥		跳动公差	圆跳动	↗	
	倾斜度	∠			全跳动	↗↗	
	线轮廓度	⌒					

附加符号

说明	符号	说明	符号
被测要素		自由状态条件（非刚性零件）	Ⓕ
基准要素	$\boxed{A}$ $\boxed{A}$	全周（轮廓）	⌾
基准目标	$\dfrac{\phi2}{A1}$	包容要求	Ⓔ
理论正确尺寸	$\boxed{50}$	公共公差带	CZ
		小径	LD
		大径	MD
延伸公差带	Ⓟ	中径、节径	PD
最大实体要求	Ⓜ	线素	LE
		不凸起	NC
最小实体要求	Ⓛ	任意横截面	ACS

注：如需标注可逆要求，可采用符号 Ⓡ，见 GB/T 16671

表 4-45 形状、方向、位置和跳动公差的图样标注法（GB/T 1182—2008）

项目及说明	图样中的表示方法

1. 公差框格

公差要求注写在划分成两格或多格的矩形框格内。各格自左至右顺序标注以下内容 [见图（a）～图（e）]

——几何特征符号

——公差值，以线性尺寸单位表示的量值。如果公差带为圆形或圆柱形，公差值前应加注符号"ϕ"；如果公差带为圆球形，公差值前应加注符号"$S\phi$"

——基准，用一个字母表示单个基准或用几个字母表示基准体系或公共基准 [见图（b）～图（e）]

当某项公差应用于几个相同要素时，应在公差框格的上方被测要素的尺寸之前注明要素的个数，并在两者之间加上符号"×" [见图（f）和图（g）]

如果需要限制被测要素在公差带内的形状，应在公差框格的下方注明 [见图（h）]

如果需要就某个要素给出几种几何特征的公差，可将一个公差框格放在另一个的下面 [见图（i）]

（a） （b） （c）

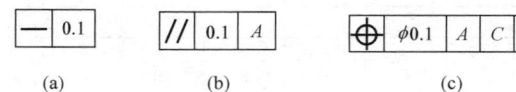
（d） （e）

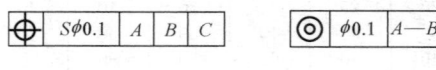
6×
（f）

6×ϕ12±0.02
（g）

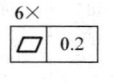
NC
（h）

（i）

2. 被测要素

按下列方式之一用指引线连接被测要素和公差框格。指引线引自框格的任意一侧，终端带一箭头

当公差涉及轮廓线或轮廓面时，箭头指向该要素的轮廓线或其延长线 [应与尺寸线明显错开，见图（a）、图（b）]；箭头也可指向引出线的水平线，引出线引自被测面 [见图（c）]

——当公差涉及要素的中心线、中心面或中心点时，箭头应位于相应尺寸线的延长线上 [见图（d）～图（f）]

需要指明被测要素的形式（是线而不是面）时，应在公差框格附近注明

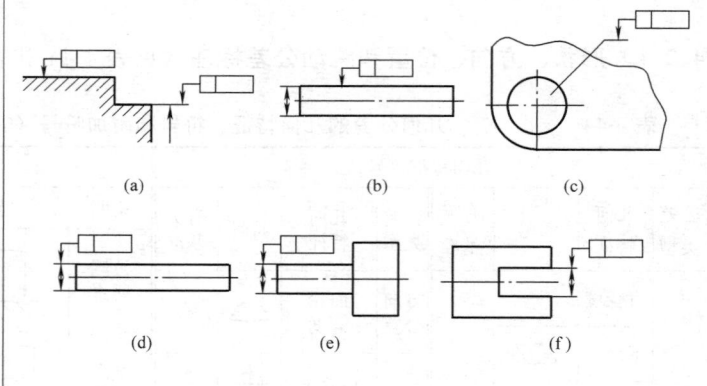
（a） （b） （c）

（d） （e） （f）

3. 公差带

公差带的宽度方向为被测要素的法向 [示例见图（a）和图（b）]。另有说明时除外 [见图（c）和图（d）]

注：指引线箭头的方向不影响对公差的定义。

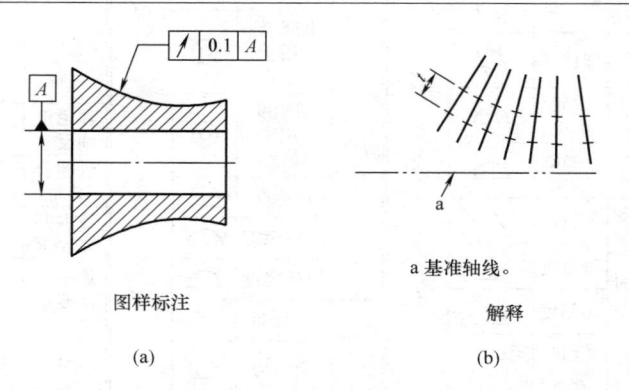

a 基准轴线。

图样标注 解释
（a） （b）

项目及说明	图样中的表示方法

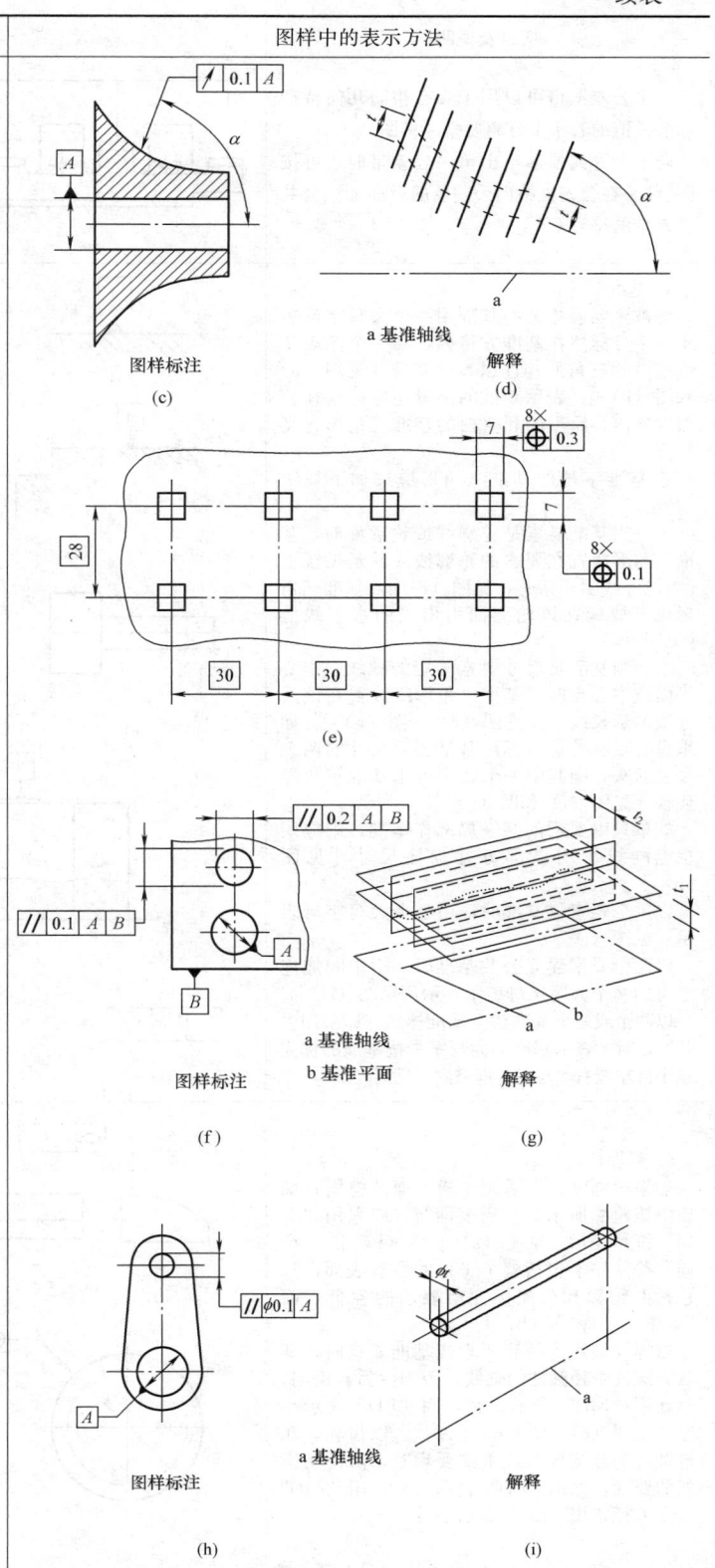

图（c）中 α 角应注出（即使它等于 $90°$）

圆度公差带的宽度应在垂直于公称轴线的平面内确定

当中心点、中心线、中心面在一个方向上给定公差时

——除非另有说明，位置公差带的宽度方向为理论正确尺寸（TED）图框的方向，并按指引线箭头所指互成 $0°$ 或 $90°$〔见图（e）〕

——除非另有说明，方向公差带的宽度方向为指引线箭头方向，与基准成 $0°$ 或 $90°$〔见图（f）和图（g）〕

——除非另有规定，当在同一基准体系中规定两个方向的公差时，它们的公差带是互相垂直的〔见图（f）和图（g）〕

若公差值前面标注符号"ϕ"，公差带为圆柱形〔见图（h）和图（i）〕或圆形；若公差值前面标注符号"$S\phi$"，公差带为圆球形

续表

项目及说明	图样中的表示方法

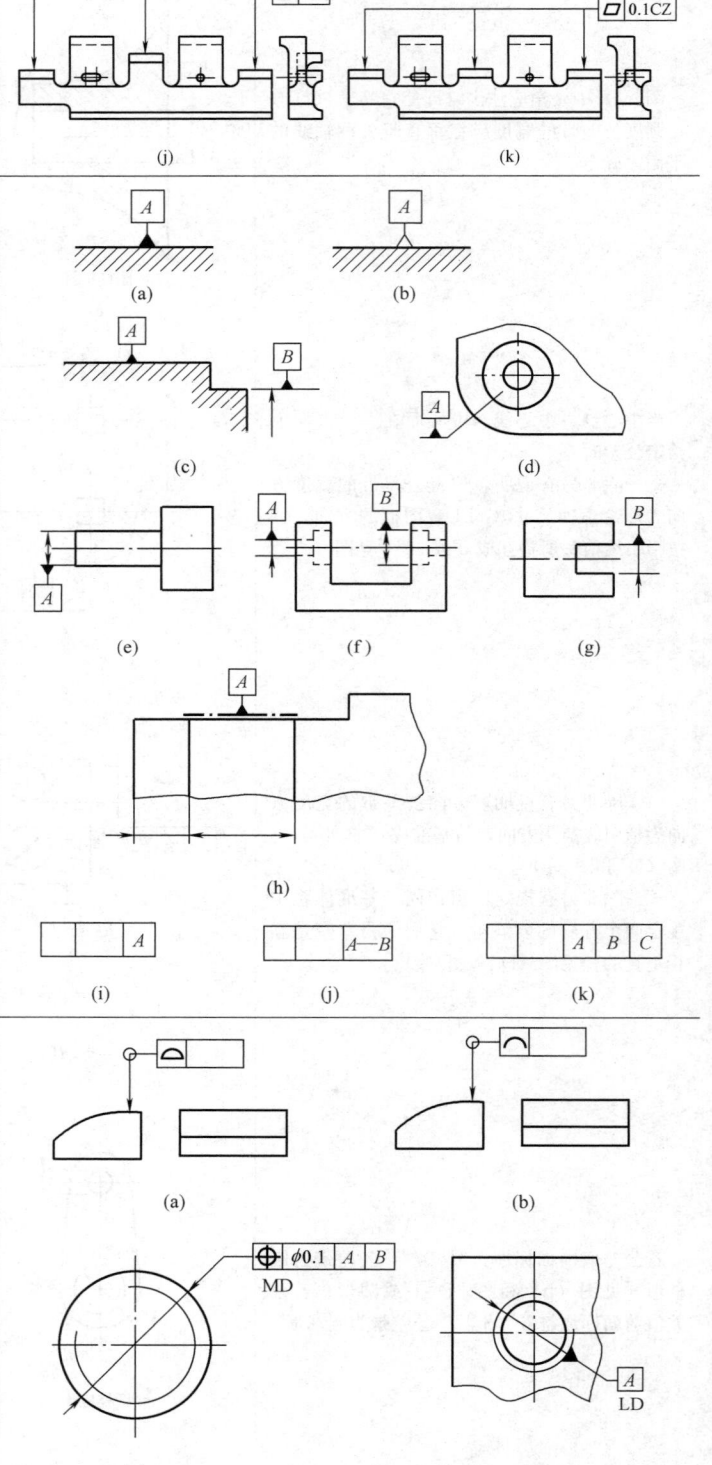

一个公差框格可以用于具有相同几何特征和公差值的若干个分离要素 [见图 (j)]

若干个分离要素给出单一公差带时，可按图 (k) 在公差框格内公差值的后面加注公共公差带的符号 CZ

4. 基准

与被测要素相关的基准用一个大写字母表示。字母标注在基准方格内，与一个涂黑的或空白的三角形相连以表示基准 [见图 (a) 和图 (b)]；表示基准的字母还应标注在公差框格内。涂黑的和空白的基准三角形含义相同

带基准字母的基准三角形应按如下规定放置：

——当基准要素是轮廓线或轮廓面时，基准三角形放置在要素的轮廓线或其延长线上 [与尺寸线明显错开，见图 (c)]；基准三角形也可放置在该轮廓面引出线的水平线上 [见图 (d)]

——当基准是尺寸要素确定的轴线、中心平面或中心点时，基准三角形应放置在该尺寸线的延长线上 [见图 (e) ~ 图 (g)]。如果没有足够的位置标注基准要素尺寸的两个尺寸箭头，则其中一个箭头可用基准三角形代替 [见图 (f) 和图 (g)]

如果只以要素的某一局部作基准，则应用粗点画线示出该部分并加注尺寸 [见图 (h)]

以单个要素作基准时，用一个大写字母表示 [见图 (i)]

以两个要素建立公共基准时，用中间加连字符的两个大写字母表示 [示例见图 (j)]

以两个或三个基准建立基准体系（即采用多基准）时，表示基准的大写字母按基准的优先顺序自左至右填写在各框格内 [见图 (k)]

5. 附加标记

如果轮廓度特征适用于横截面的整周轮廓或由该轮廓所示的整周表面时，应采用"全周"符号表示 [见图 (a) 和图 (b)]。"全周"符号并不包括整个工件的所有表面，只包括由轮廓和公差标注所表示的各个表面 [见图 (a) 和图 (b)]

以螺纹轴线为被测要素或基准要素时，默认为螺纹中径圆柱的轴线，否则应另有说明，例如用"MD"表示大径，用"LD"表示小径 [见图 (c)、图 (d) 示例]。以齿轮、花键轴线为被测要素或基准要素时，需说明所指的要素，如用"PD"表示节径，用"MD"表示大径，用"LD"表示小径

项目及说明	图样中的表示方法
6. 理论正确尺寸 当给出一个或一组要素的位置、方向或轮廓度公差时，分别用来确定其理论正确位置、方向或轮廓的尺寸称为理论正确尺寸（TED） TED 也用于确定基准体系中各基准之间的方向、位置关系 TED 没有公差，并标注在一个方框中〔见图（a）和图（b）示例〕	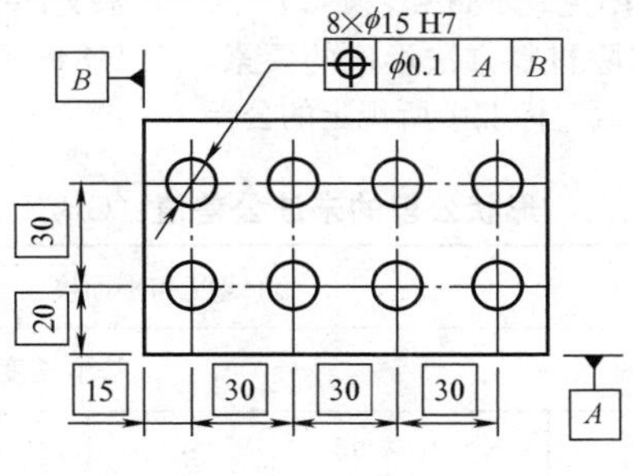 (a) 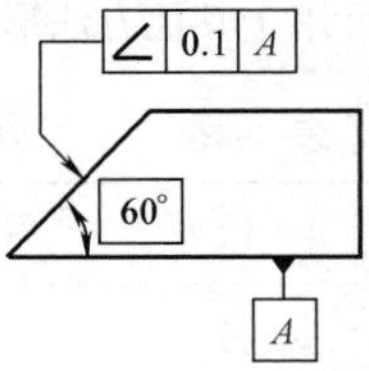　　　　　　　　　　(b)
7. 限定性规定 需要对整个被测要素上任意限定范围标注同样几何特征的公差时，可在公差值的后面加注限定范围的线性尺寸值，并在两者间用斜线隔开〔见图（a）〕。如果标注的是两项或两项以上同样几何特征的公差，可直接在整个要素公差框格的下方放置另一个公差框格〔见图〕（b）。 如果给出的公差仅适用于要素的某一指定局部，应采用粗点画线示出该局部的范围，并加注尺寸〔见图（c）和图（d）〕。详见 GB/T 4457.4	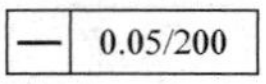 (a) 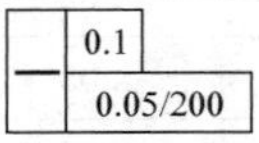　　　　　　　　(b) 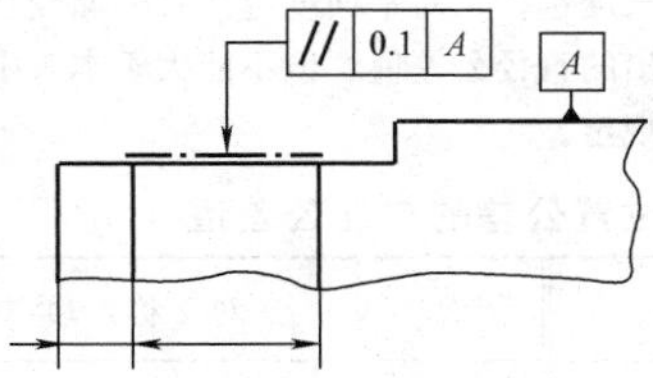 (c) 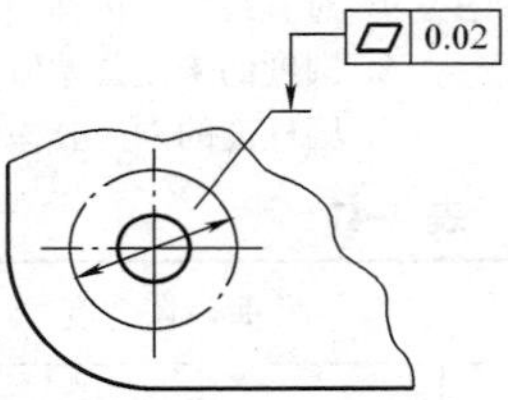　　　　　　　　(d)
8. 延伸公差带 延伸公差带用规范的附加符号 ⑫ 表示（见右图），详见 GB/T 17773	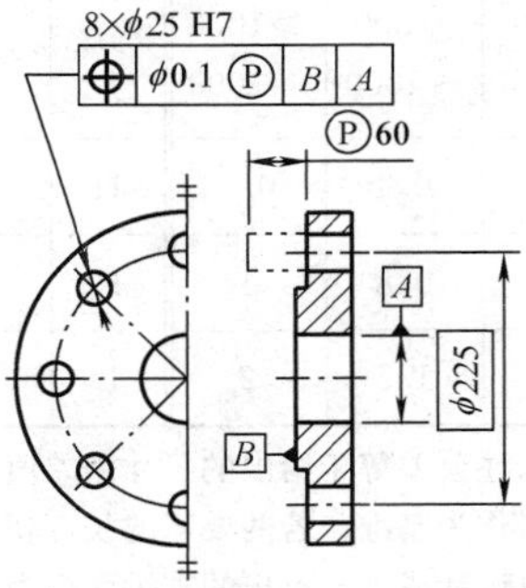
9. 最大实体要求 最大实体要求用规范的附加符号 Ⓜ 表示。该附加符号可根据需要单独或者同时标注在相应公差值和（或）基准字母的后面〔见图（a）~图（c）示例〕，详见 GB/T 16671	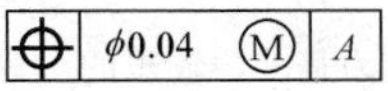 (a) 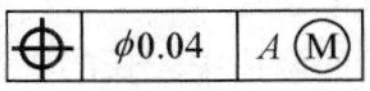　　　　(b) 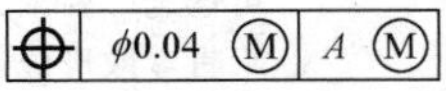　　　　(c)
10. 最小实体要求 最小实体要求用规范的附加符号 Ⓛ 表示。该附加符号可根据需要单独或者同时标注在相应公差值和（或）基准字母的后面〔见图（a）~图（c）示例〕，详见 GB/T 16671	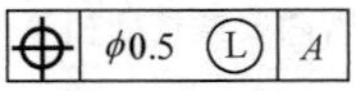 (a) 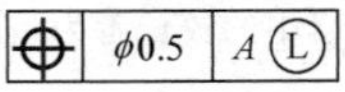　　　　(b) 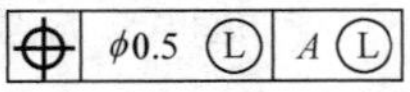　　　　(c)
11. 自由状态下的要求 非刚性零件自由状态下的公差要求应该用在相应公差值的后面加注规范的附加符号 Ⓕ 的方法表示〔见图（a）和图（b）〕，详见 GB/T 16892 注：各附加符号 ⑫、Ⓜ、Ⓛ、Ⓕ 和 CZ，可同时用于同一公差框格中〔见图（c）〕	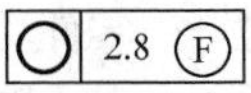 (a) 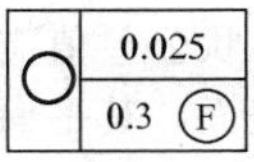　　　　(b) 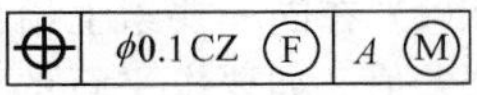　　　　(c)

4.2.2 形状、方向、位置、跳动公差值

1. 形位公差的未注公差值(见表 4-46 和表 4-47)

本标准主要适用于用去除材料方法形成的要素,也可用于其他方法形成的要素。标准中所规定的公差等级考虑了各类工厂的一般制造精度。若采用标准规定的未注公差值,应在标题栏附近或在技术要求、技术文件中注出标准号及公差等级代号,例如:GB/T 1184—K。

表 4-46　　　　　　　**形状公差的未注公差值**(GB/T 1184—1996)　　　　　(单位:mm)

	直线度和平面度					
公差等级	基本长度范围					
	≤10	>10~30	>30~100	>100~300	>300~1000	>1000~3000
H	0.02	0.05	0.1	0.2	0.3	0.4
K	0.05	0.1	0.2	0.4	0.6	0.8
L	0.1	0.2	0.4	0.8	1.2	1.6

注:1. 对直线度应按其相应线的长度选择,对平面度应按其表面较长一侧或圆表面的直径选择。

　　2. 圆度的未注公差值等于给出的直径公差值,但不能大于本表中径向圆跳动值。

　　3. 圆柱度的未注公差值不做规定。

表 4-47　　　　　　　**位置公差的未注公差值**(GB/T 1184—1996)　　　　　(单位:mm)

垂　直　度					对　称　度					圆　跳　动	
公差等级	基本长度范围				公差等级	基本长度范围				公差等级	
	≤100	>100~300	>300~1000	>1000~3000		≤100	>100~300	>300~1000	>1000~3000		
H	0.2	0.3	0.4	0.5	H	0.5				H	0.1
K	0.4	0.6	0.8	1	K	0.6		0.8	1	K	0.2
L	0.6	1	1.5	2	L	0.6	1	1.5	2	L	0.5

注:1. 平行度的未注公差等于给出的尺寸公差值或直线度和平面度未注公差值中的相应公差值取较大者,应取两要素中的较长者作为基准;若两要素的长度相等则可选任一要素为基准。

　　2. 圆跳动应以设计或工艺给出的支承面作为基准,否则应取两要素中较长的一个作为基准,若两要素长度相等则可任选一要素为基准。

　　3. 垂直度取形成直角的两边中较长的一边作为基准,较短的一边作为被测要素,若两边的长度相等则可取其中的任意一边。

　　4. 对称度应取两要素较长者作为基准,较短者作为被测要素,若两要素长度相等则可选任一要素为基准。

　　同轴度的未注公差值未作规定。在极限状况下,同轴度的未注公差值可以和本表规定的径向圆跳动的未注公差值相等。应选两要素中的较长者为基准,若两要素长度相等则可任选一要素为基准。

2. 图样上注出公差值的规定(见表 4-48~表 4-51)

按表 4-48~表 4-51 数系确定要素的公差值,并考虑下列情况:

(1) 在同一要素上给出的形状公差值应小于位置公差值。如要求平行的两个表面,其平面度公差值应小于平行度公差值。

(2) 圆柱形零件的形状公差值(轴线直线度除外)一般情况下应小于其尺寸公差值。

(3) 平行度公差值应小于相应的距离公差值。

对于下列情况,考虑到加工难易程度,在满足零件功能的要求下,适当降低 1~2 级选用:①孔相对于轴;②细长比较大或距离较大的轴或孔;③宽度较大(一般大于 1/2 长度)的零件表面;④线对线和线对面相对于面对面的平行度和垂直度。

表 4-48 　　　　　　　　　直线度、平面度（GB/T 1184—1996）

主参数 *L* 图例

公差等级	主参数 *L*/mm															
	≤10	>10 ~16	>16 ~25	>25 ~40	>40 ~63	>63 ~100	>100 ~160	>160 ~250	>250 ~400	>400 ~630	>630 ~1000	>1000 ~1600	>1600 ~2500	>2500 ~4000	>4000 ~6300	>6300 ~10 000
	公差值 /μm															
1	0.2	0.25	0.3	0.4	0.5	0.6	0.8	1	1.2	1.5	2	2.5	3	4	5	6
2	0.4	0.5	0.6	0.8	1	1.2	1.5	2	2.5	3	4	5	6	8	10	12
3	0.8	1	1.2	1.5	2	2.5	3	4	5	6	8	10	12	15	20	25
4	1.2	1.5	2	2.5	3	4	5	6	8	10	12	15	20	25	30	40
5	2	2.5	3	4	5	6	8	10	12	15	20	25	30	40	50	60
6	3	4	5	6	8	10	12	15	20	25	30	40	50	60	80	100
7	5	6	8	10	12	15	20	25	30	40	50	60	80	100	120	150
8	8	10	12	15	20	25	30	40	50	60	80	100	120	150	200	250
9	12	15	20	25	30	40	50	60	80	100	120	150	200	250	300	400
10	20	25	30	40	50	60	80	100	120	150	200	250	300	400	500	600
11	30	40	50	60	80	100	120	150	250	300	400	500	600	800	1000
12	60	80	100	120	150	200	250	300	400	500	600	800	1000	1200	1500	2000

公差等级	应 用 举 例
1、2	用于精密量具、测量仪器和精度要求极高的精密机械零件，如高精度量规，样板平尺，工具显微镜等精密测量仪器的导轨面，喷油嘴针阀体端面，油泵柱塞套端面等高精度零件
3	用于 0 级及 1 级宽平尺的工作面，1 级样板平尺的工作面，测量仪器圆弧导轨，测量仪器测杆等
4	用于量具、测量仪器和高精度机床的导轨，如 0 级平板，测量仪器的 V 形导轨，高精度平面磨床的 V 形滚动导轨，轴承磨床床身导轨，液压阀芯等
5	用于 1 级平板，2 级宽平尺，平面磨床的纵导轨、垂直导轨、立柱导轨及工作台，液压龙门刨床和转塔车床床身的导轨，柴油机进、排气门导杆
6	用于普通机床导轨面，如普通车床、龙门刨床、滚齿机、自动车床等的床身导轨、立柱导轨，滚齿机、卧式镗床、铣床的工作台及机床主轴箱导轨、柴油机体结合面等
7	用于 2 级平板，0.02 游标卡尺尺身，机床头箱体，摇臂钻床底座工作台，镗床工作台，液压泵泵盖等
8	用于机床传动箱体，挂轮箱体，车床溜板箱体，主轴箱体，柴油机气缸体，连杆分离面，缸盖结合面，汽车发动机缸盖，曲轴箱体等及减速器壳体的结合面
9	用于 3 级平板，机床溜板箱，立钻工作台，螺纹磨床的挂轮架，金相显微镜的载物台，柴油机气缸体，连杆的分离面，缸盖的结合面，阀片，空气压缩机的气缸体，液压管件和法兰的连接面等
10	用于 3 级平板，自动车床床身底面，车床挂轮架，柴油机气缸体，摩托车的曲轴箱体，汽车变速器的壳体，汽车发动机缸盖结合面，阀片，以及辅助机构及手动机械的支承面
11、12	用于易变形的薄片，薄壳零件，如离合器的摩擦片，汽车发动机缸盖的结合面，手动机械支架，机床法兰等

注：应用举例不属本标准内容，仅供参考。

表 4-49　　　　　　　　　　　　　圆度、圆柱度（GB/T 1184—1996）

主参数 d（D）图例

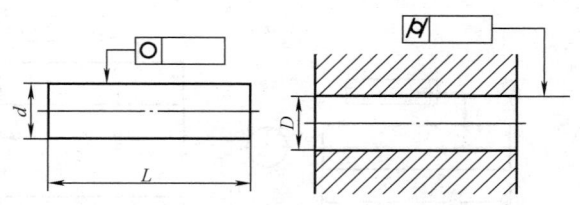

公差等级	主 参 数　d（D）/mm												
	≤3	>3 ~6	>6 ~10	10 ~18	>18 ~30	>30 ~50	>50 ~80	>80 ~120	>120 ~180	>180 ~250	>250 ~315	>315 ~400	>400 ~500
	公 差 值　/μm												
0	0.1	0.1	0.12	0.15	0.2	0.25	0.3	0.4	0.6	0.8	1.0	1.2	1.5
1	0.2	0.2	0.25	0.25	0.3	0.4	0.5	0.6	1	1.2	1.6	2	2.5
2	0.3	0.4	0.4	0.5	0.6	0.6	0.8	1	1.2	2	2.5	3	4
3	0.5	0.6	0.6	0.8	1	1	1.2	1.5	2	3	4	5	6
4	0.8	1	1	1.2	1.5	1.5	2	2.5	3.5	4.5	6	7	8
5	1.2	1.5	1.5	2	2.5	2.5	3	4	5	7	8	9	10
6	2	2.5	2.5	3	4	4	5	6	8	10	12	13	15
7	3	4	4	5	6	7	8	10	12	14	16	18	20
8	4	5	6	8	9	11	13	15	18	20	23	25	27
9	6	8	9	11	13	16	19	22	25	29	32	36	40
10	10	12	15	18	21	25	30	35	40	46	52	57	63
11	14	18	22	27	33	39	46	54	63	72	81	89	97
12	25	30	36	43	52	62	74	87	100	115	130	140	155

公差等级	应 用 举 例
1	高精度量仪主轴，高精度机床主轴，滚动轴承滚珠和滚柱等
2	精密量仪主轴、外套、阀套，高压油泵柱塞及套，纺锭轴承，高速柴油机进、排气门，精密机床主轴轴径，针阀圆柱表面，喷油泵柱塞及柱塞套
3	小工具显微镜套管外圆，高精度外圆磨床轴承，磨床砂轮主轴套筒，喷油嘴针阀体，高精度微型轴承内外圈
4	较精密机床主轴，精密机床主轴箱孔，高压阀门活塞、活塞销、阀体孔，小工具显微镜顶针，高压油泵柱塞，较高精度滚动轴承配合的轴，铣床动力头箱体孔等
5	一般量仪主轴，测杆外圆，陀螺仪轴颈，一般机床主轴，较精密机床主轴箱孔，柴油机、汽油机活塞、活塞销孔，铣床动力头、轴承箱座孔，高压空气压缩机十字头销、活塞，较低精度滚动轴承配合的轴等
6	仪表端盖外圆，一般机床主轴及箱孔，中等压力液压装置工作面（包括泵、压缩机的活塞和气缸），汽车发动机凸轮轴，纺织机锭子，通用减速器轴颈，高速船用发动机曲轴，拖拉机曲轴主轴颈
7	大功率低速柴油机曲轴、活塞、活塞销、连杆、气缸，高速柴油机箱体孔，千斤顶或压力油缸活塞，液压传动系统的分配机构，机车传动轴，水泵及一般减速器轴颈
8	低速发动机、减速器、大功率曲柄轴轴颈，压气机连杆盖、体，拖拉机气缸体、活塞，炼胶机冷铸轴辊，印刷机传墨辊，内燃机曲轴，柴油机机体孔，凸轮轴，拖拉机，小型船用柴油机气缸套
9	空气压缩机缸体，液压传动筒，通用机械杠杆、拉杆与套筒销子，拖拉机活塞环、套筒孔
10	印染机导布辊、绞车、起重机滑动轴承轴颈等

注：应用举例不属本标准内容，仅供参考。

表 4-50   平行度、垂直度、倾斜度（GB/T 1184—1996）

主参数 L、d（D）图例

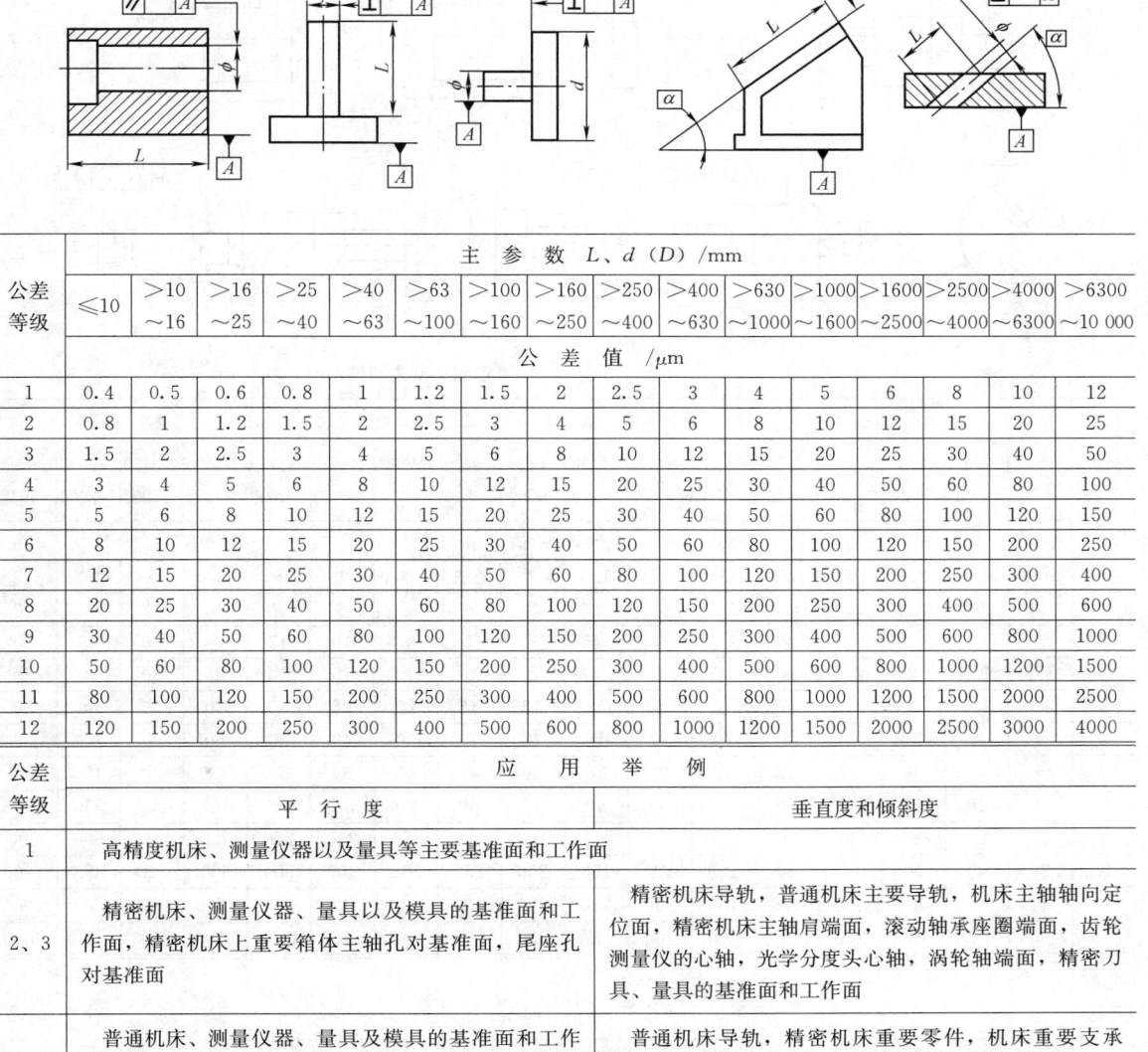

公差等级	主 参 数 L、d（D）/mm														
	≤10	>10 ~16	>16 ~25	>25 ~40	>40 ~63	>63 ~100	>100 ~160	>160 ~250	>250 ~400	>400 ~630	>630 ~1000	>1000 ~1600	>1600 ~2500	>2500 ~4000	>4000 ~6300	>6300 ~10 000
	公差值 /μm														
1	0.4	0.5	0.6	0.8	1	1.2	1.5	2	2.5	3	4	5	6	8	10	12
2	0.8	1	1.2	1.5	2	2.5	3	4	5	6	8	10	12	15	20	25
3	1.5	2	2.5	3	4	5	6	8	10	12	15	20	25	30	40	50
4	3	4	5	6	8	10	12	15	20	25	30	40	50	60	80	100
5	5	6	8	10	12	15	20	25	30	40	50	60	80	100	120	150
6	8	10	12	15	20	25	30	40	50	60	80	100	120	150	200	250
7	12	15	20	25	30	40	50	60	80	100	120	150	200	250	300	400
8	20	25	30	40	50	60	80	100	120	150	200	250	300	400	500	600
9	30	40	50	60	80	100	120	150	200	250	300	400	500	600	800	1000
10	50	60	80	100	120	150	200	250	300	400	500	600	800	1000	1200	1500
11	80	100	120	150	200	250	300	400	500	600	800	1000	1200	1500	2000	2500
12	120	150	200	250	300	400	500	600	800	1000	1200	1500	2000	2500	3000	4000

公差等级	应 用 举 例	
	平 行 度	垂直度和倾斜度
1	高精度机床、测量仪器以及量具等主要基准面和工作面	
2、3	精密机床、测量仪器、量具以及模具的基准面和工作面，精密机床上重要箱体主轴孔对基准面，尾座孔对基准面	精密机床导轨，普通机床主要导轨，机床主轴轴向定位面，精密机床主轴肩端面，滚动轴承座圈端面，齿轮测量仪的心轴，光学分度头心轴，涡轮轴端面，精密刀具、量具的基准面和工作面
4、5	普通机床、测量仪器、量具及模具的基准面和工作面，高精度轴承座圈、端盖、挡圈的端面，机床主轴孔对基准面，重要轴承孔对基准面，床头箱体重要孔间，一般减速器壳体孔，齿轮泵的轴孔端面等	普通机床导轨，精密机床重要零件，机床重要支承面，普通机床主轴偏摆，发动机轴和离合器的凸缘，气缸的支承端面，装/P4、/P5 级轴承的箱体的凸肩，液压传动轴瓦端面，量具、量仪的重要端面
6~8	一般机床零件的工作面或基准，压力机和锻锤的工作面，中等精度钻模的工作面，一般刀、量、模具，机床一般轴承孔对基准面，床头箱一般孔间，变速器箱孔，主轴花键对定心直径，重型机械轴承盖的端面，卷扬机、手动传动装置中的传动轴、气缸轴线	低精度机床主要基准面和工作面，回转工作台端面跳动，一般导轨，主轴箱体孔，刀架，砂轮架及工作台回转中心，机床轴肩、气缸配合面对其轴线，活塞销孔对活塞中心线以及装/P6、/P0 级轴承壳体孔的轴线等
9、10	低精度零件、重型机械滚动轴承端盖，柴油机和煤气发动机的曲轴孔、轴颈等	花键轴轴肩端面、带式运输机法兰盘端面对轴心线，手动卷扬机及传动装置中轴承端面，减速器壳体平面等
11、12	零件的非工作面、卷扬机、运输机上用的减速器壳体平面	农业机械齿轮端面等

注：应用举例不属本标准内容，仅供参考。

表 4-51 同轴度、对称度、圆跳动和全跳动（GB/T 1184—1996）

主参数 d (D)，B，L 图例

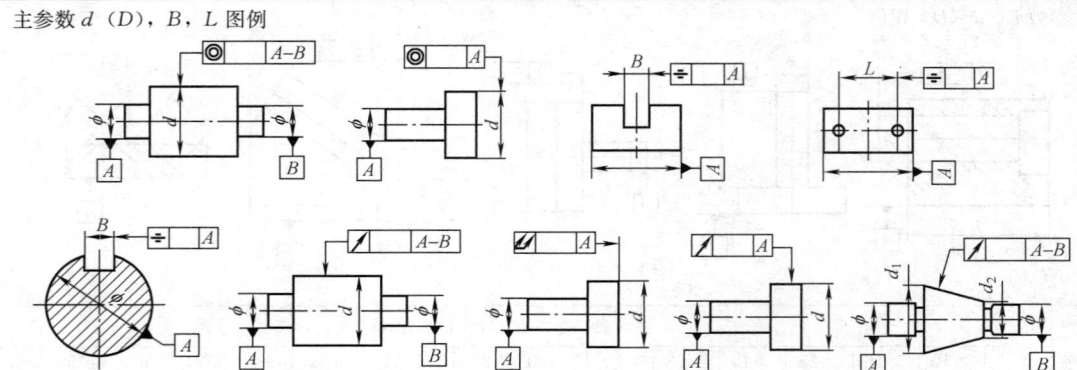

当被测要素为圆锥面时，取 $d = \dfrac{d_1 + d_2}{2}$

公差等级	主 参 数 d (D)、B、L/mm															
	≤1	>1~3	>3~6	6~10	>10~18	>18~30	>30~50	>50~120	>120~250	>250~500	>500~800	>800~1250	>1250~2000	>2000~3150	>3150~5000	>5000~8000	>8000~10 000
	公 差 值 /μm															
1	0.4	0.4	0.5	0.6	0.8	1	1.2	1.5	2	2.5	3	4	5	6	8	10	12
2	0.6	0.6	0.8	1	1.2	1.5	2	2.5	3	4	5	6	8	10	12	15	20
3	1	1	1.2	1.5	2	2.5	3	4	5	6	8	10	12	15	20	25	30
4	1.5	1.5	2	2.5	3	4	5	6	8	10	12	15	20	25	30	40	50
5	2.5	2.5	3	4	5	6	8	10	12	15	20	25	30	40	50	60	80
6	4	4	5	6	8	10	12	15	20	25	30	40	50	60	80	100	120
7	6	6	8	10	12	15	20	25	30	40	50	60	80	100	120	150	200
8	10	10	12	15	20	25	30	40	50	60	80	100	120	150	200	250	300
9	15	20	25	30	40	50	60	80	100	120	150	200	250	300	400	500	600
10	25	40	50	60	80	100	120	150	200	250	300	400	500	600	800	1000	1200
11	40	60	80	100	120	150	200	250	300	400	500	600	800	1000	1200	1500	2000
12	60	120	150	200	250	300	400	500	600	800	1000	1200	1500	2000	2500	3000	4000

公差等级	应 用 举 例
1~4	用于同轴度或旋转精度要求很高的零件，一般需要按尺寸精度公差等级 IT5 级或高于 IT5 级制造的零件。1、2 级用于精密测量仪器的主轴和顶尖，柴油机喷油嘴针阀等；3、4 级用于机床主轴轴颈，砂轮轴轴颈，汽轮机主轴，测量仪器的小齿轮轴，高精度滚动轴承内、外圈等
5~7	应用范围较广的精度等级，用于精度要求比较高、一般按尺寸精度公差等级 IT6 或 IT7 级制造的零件。5 级精度常用在机床轴颈，测量仪器的测量杆，汽轮机主轴，柱塞液压泵转子，高精度滚动轴承外圈，一般精度轴承内圈；7 级精度用于内燃机曲轴，凸轮轴轴颈，水泵轴，齿轮轴，汽车后桥输出轴，电动机转子，/P0 级精度滚动轴承内圈，印刷机传墨辊等
8~10	用于一般精度要求，通常按尺寸精度公差等级 IT9~IT10 级制造的零件。8 级精度用于拖拉机发动机分配轴轴颈，9 级精度以下齿轮轴的配合面，水泵叶轮，离心泵泵体，棉花精梳机前后滚子；9 级精度用于内燃机气缸套配合面，自行车中轴；10 级精度用于摩托车活塞，印染机导布棍，内燃机活塞环槽底径对活塞中心，气缸套外圈对内孔等
11~12	用于无特殊要求，一般按尺寸精度公差等级 IT12 级制造的零件

注：应用举例不属本标准内容，仅供参考。

4.3　表面结构的表示法

4.3.1　概述

表面粗糙度参数及其数值有以下两种常用的表示方法：

（1）轮廓的算术平均偏差 Ra，指在一个取样长度内纵坐标 $Z(x)$ 绝对值的算术平均值，记作 Ra，如图 4-4 所示。

计算公式为　　$Ra = \dfrac{1}{lr}\displaystyle\int_0^{lr} |Z(x)|\,\mathrm{d}x$

近似为　　$Ra = \dfrac{1}{n}\displaystyle\sum_{i=1}^{n} |Z_i(x)|$

Ra 值是用触针式电感轮廓仪测得的，受触针半径和仪器测量原理的限制，适用于 Ra 值在 $0.025 \sim 6.3\,\mu m$ 的表面。

（2）轮廓的最大高度 Rz，指在一个取样长度内，最大轮廓峰高和最大轮廓谷深之和的高度，如图 4-5 所示。

计算公式为　　$Rz = Z_{p\,max} + Z_{v\,max}$

式中，$Z_{p\,max}$ 和 $Z_{v\,max}$ 都取正值。

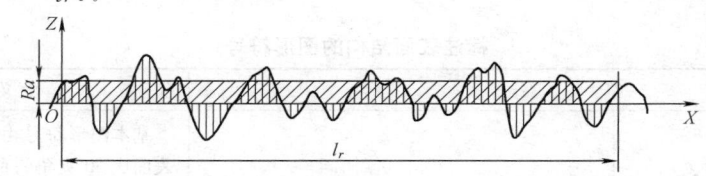

图 4-4　轮廓算术平均偏差

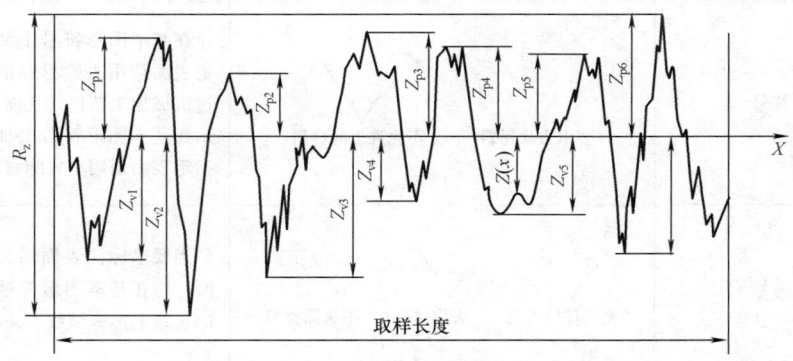

图 4-5　轮廓的最大高度

4.3.2　表面粗糙度参数及其数值（见表 4-52）

表 4-52　　　　　　　　评定表面结构的参数及其数值系列（GB/T 1031—2009）　　　　　　　　（单位：μm）

轮廓的算术平均偏差 Ra 的数值					Ra 的补充系列值				
Ra	0.012	0.2	3.2	50	Ra	0.032	0.50	8.0	—
	0.025	0.4	6.3	100		0.040	0.63	10.0	—
	0.05	0.8	12.5	—		0.063	1.00	16.0	—
	0.1	1.6	25	—		0.080	1.25	20	—
Ra 的补充系列值					轮廓的最大高度 Rz 的数值				
Ra	0.008	0.125	2.0	32	Rz	0.025	0.4	6.3	100	1600
	0.010	0.160	2.5	40		0.05	0.8	12.5	200	—
	0.016	0.25	4.0	63		0.1	1.6	25	400	800
	0.020	0.32	5.0	80		0.2	3.2	50	800	—

续表

		Rz 的补充系列值						Rz 的补充系列值			
Rz	0.032	0.50	8.0	125	—	Rz	0.125	2.0	32	500	—
	0.040	0.63	10.0	160	—		0.160	2.5	40	630	—
	0.063	1.00	16.0	250	—		0.25	4.0	63	1000	—
	0.080	1.25	20	320	—		0.32	5.0	80	1250	—

注：1. 在幅度参数（峰和谷）常用的参数范围内（Ra 为 $0.025 \sim 6.3\mu m$，Rz 为 $0.1 \sim 25\mu m$），推荐优先选用 Ra。
　　2. 根据表面功能和生产的经济合理性，当选用的数值系列不能满足要求时，可选取补充系列值。

4.3.3　表面结构的图形符号、代号及其标注（GB/T 131—2006）（见表 4-53～表 4-58）

表 4-53　　　　　　　　　　　　　标注表面结构的图形符号

符　　号	意义及说明
基本图形符号	 基本图形符号由两条不等长的与标注表面成 60°夹角的直线构成，仅适用于简化代号标注，没有补充说明时不能单独使用
扩展图形符号　　要求去除材料　　不允许去除材料	在基本图形符号上加一短横，表示指定表面是用去除材料的方法获得，如通过机械加工获得的表面　在基本图形符号上加一个圆圈，表示指定表面是用不去除材料方法获得
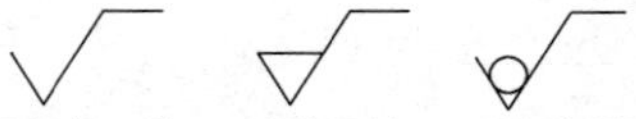 完整图形符号　　允许任何工艺　去除材料　不去除材料	当要求标注表面结构特征的补充信息时，应在基本图形符号和扩展图形符号的长边上加一横线
文本中用文字表达图形符号	在报告和合同的文本中用文字表达完整图形符号时，应用字母分别表示：APA，允许任何工艺；MRR，去除材料；NMR，不去除材料　示例 MRR Ra0.8　Rz1 3.2
完整符号的组成	在完整图形符号中，对表面结构的单一要求和补充要求，应注写在左图所示指定位置 a—注写表面结构的单一要求，标注表面结构参数代号、极限值和传输带（传输带是两个定义的滤波器之间的波长范围，见 GB/T 6062 和 GB/T 1877）或取样长度。为了避免误解，在参数代号和极限值间应插入空格。传输带或取样长度后应有一斜线"/"之后是表面结构参数代号，最后是数值 a、b—注写两个或多个表面结构要求，在位置 a 注写第一个表面结构要求，在位置 b 注写第二个表面结构要求，如果要注写第三个或更多个表面结构要求，图形符号应在垂直方向扩大，以空出足够的空间，扩大图形符号时，a 和 b 的位置随之上移 c—注写加工方法，表面处理、涂层或其他加工工艺要求，如车、磨、镀等 d—注写表面纹理和方向 e—注写加工余量，以毫米为单位给出数值

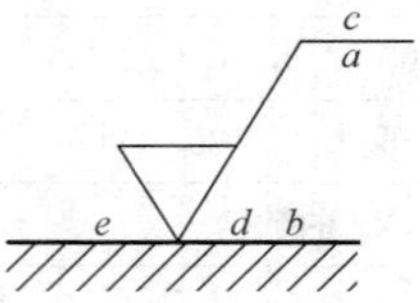

表 4-54 表面结构要求在图样和技术产品文件中的标注

表面结构要求对每一表面一般只标注一次，并尽可能注在相应的尺寸及其公差的同一视图上。除非另有说明，所标注的表面结构要求是对完工零件表面的要求

表面结构符号、代号的标注位置与方向

项　目	图　例	意　义　及　说　明
总的原则	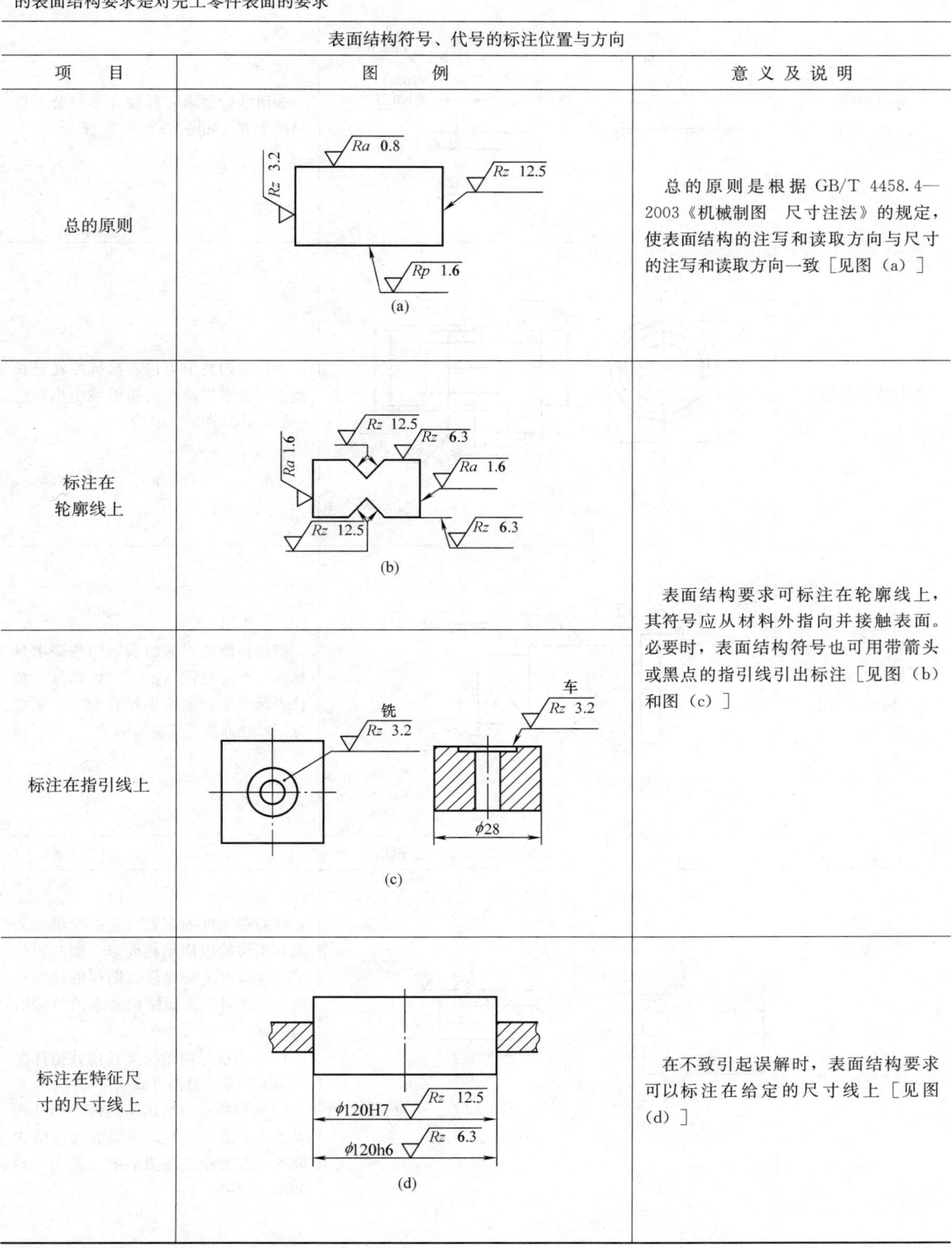	总的原则是根据 GB/T 4458.4—2003《机械制图　尺寸注法》的规定，使表面结构的注写和读取方向与尺寸的注写和读取方向一致〔见图（a）〕
标注在轮廓线上		表面结构要求可标注在轮廓线上，其符号应从材料外指向并接触表面。必要时，表面结构符号也可用带箭头或黑点的指引线引出标注〔见图（b）和图（c）〕
标注在指引线上		
标注在特征尺寸的尺寸线上		在不致引起误解时，表面结构要求可以标注在给定的尺寸线上〔见图（d）〕

项　　目	图　　例	意 义 及 说 明
标注在形位公差的框格上	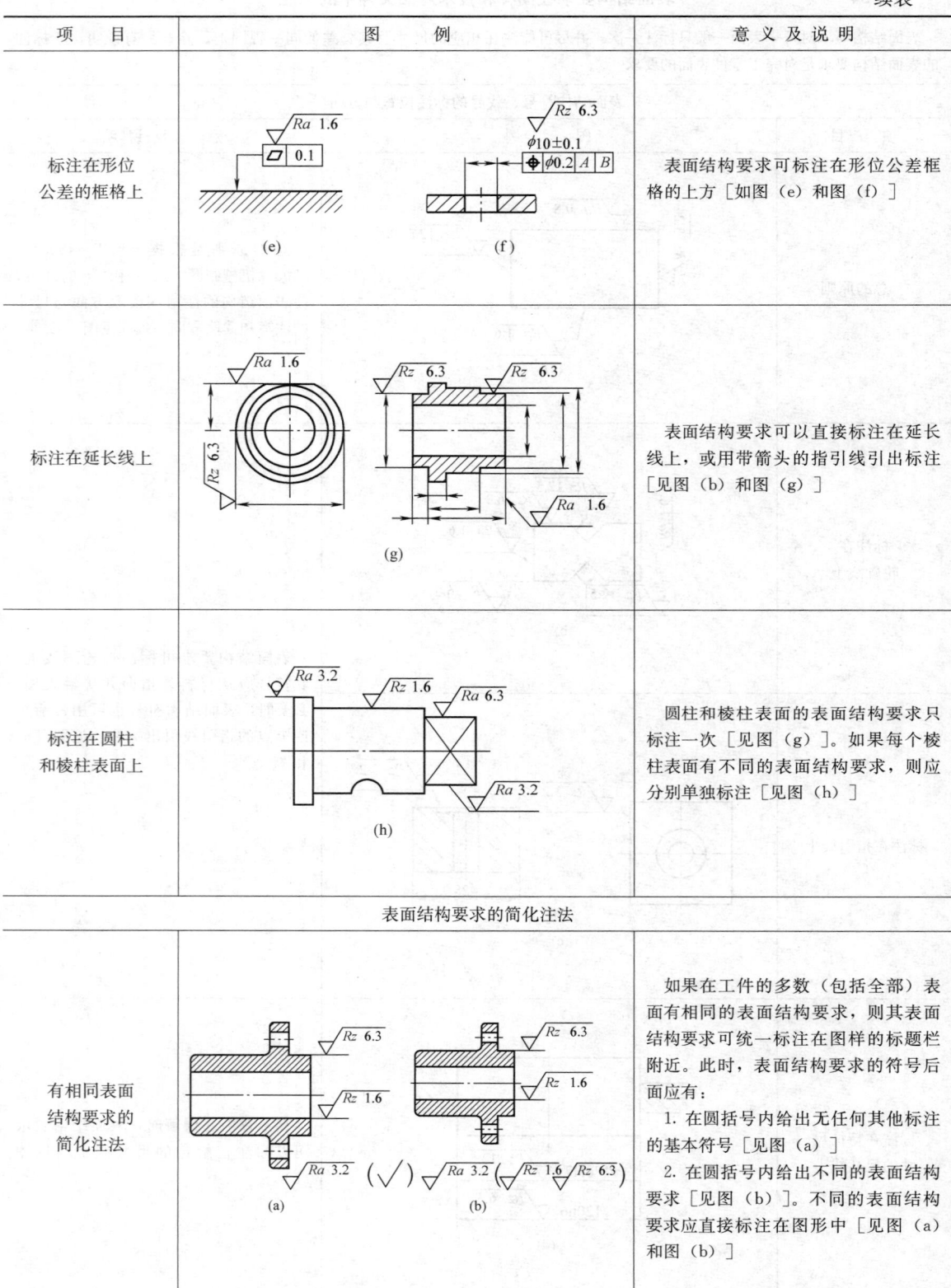	表面结构要求可标注在形位公差框格的上方［如图（e）和图（f）］
标注在延长线上		表面结构要求可以直接标注在延长线上，或用带箭头的指引线引出标注［见图（b）和图（g）］
标注在圆柱和棱柱表面上		圆柱和棱柱表面的表面结构要求只标注一次［见图（g）］。如果每个棱柱表面有不同的表面结构要求，则应分别单独标注［见图（h）］
表面结构要求的简化注法		
有相同表面结构要求的简化注法		如果在工件的多数（包括全部）表面有相同的表面结构要求，则其表面结构要求可统一标注在图样的标题栏附近。此时，表面结构要求的符号后面应有： 　1. 在圆括号内给出无任何其他标注的基本符号［见图（a）］ 　2. 在圆括号内给出不同的表面结构要求［见图（b）］。不同的表面结构要求应直接标注在图形中［见图（a）和图（b）］

续表

项 目	图 例	意 义 及 说 明
多个表面有共同要求的注法 用带字母的完整符号的简化注法	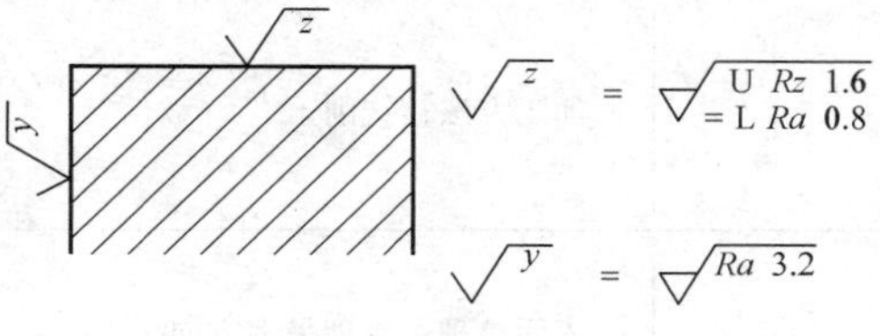 (c)	在图纸空间有限时，可用带字母的完整符号，以等式的形式，在图形或标题栏附近，对有相同表面结构要求的表面进行简化标注［见图（c）］
只用表面结构符号的简化法注	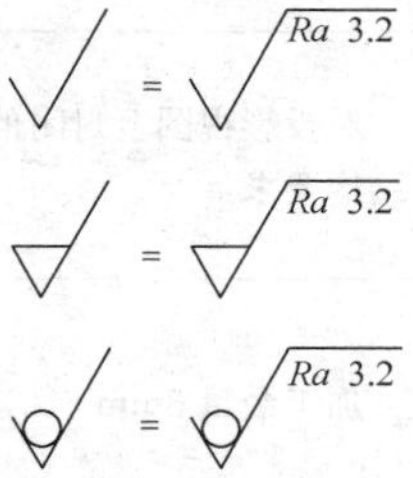 (d)	可用表 4-53 的基本图形符号和扩展图形符号，以等式的形式给出对多个表面共同的表面结构要求［见图（d）］
两种或多种工艺获得的同一表面的注法		
同时给出镀覆前后表面结构要求的注法	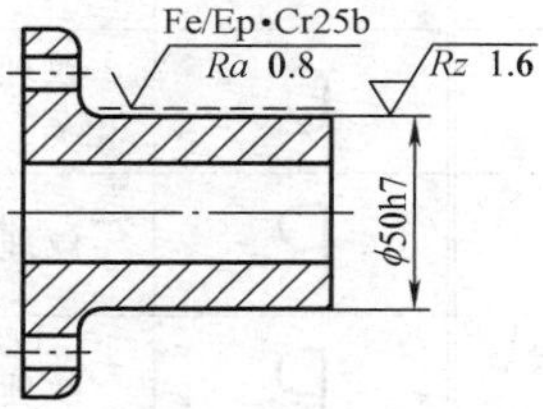	由几种不同的工艺方法获得的同一表面，当需要明确每种工艺方法的表面结构要求时，可按左图进行标注

表 4-55		表面结构代号和补充注释符号的含义

项 目	代 号	含 义/解 释
表面结构代号	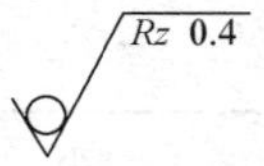 Rz 0.4	表示不允许去除材料，单向上限值，默认传输带，R 轮廓，粗糙度的最大高度 $0.4\mu m$，评定长度为 5 个取样长度（默认），"16%规则"（默认）
	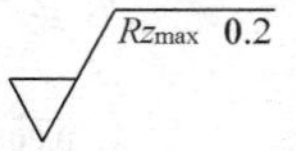 Rzmax 0.2	表示去除材料，单向上限值，默认传输带，R 轮廓，粗糙度最大高度的最大值 $0.2\mu m$，评定长度为 5 个取样长度（默认），"最大规则"
	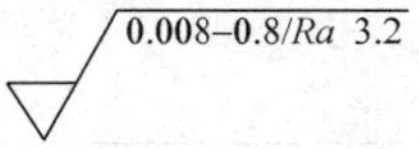 0.008-0.8/Ra 3.2	表示去除材料，单向上限值，传输带 0.008～0.8mm，R 轮廓，算术平均偏差 $3.2\mu m$，评定长度为 5 个取样长度（默认），"16 规则"（默认）
	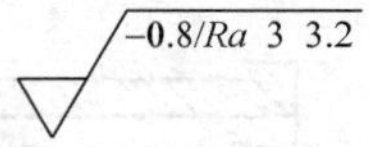 -0.8/Ra 3 3.2	表示去除材料，单向上限值，传输带——根据 GB/T 6062，取样长度 $0.8\mu m$（λ_c 默认 0.002 5mm），R 轮廓，算术平均偏差 $3.2\mu m$，评定长度包含 3 个取样长度，"16%规则"（默认）
	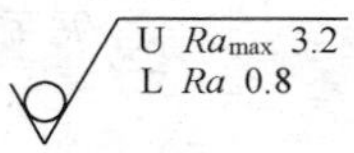 U Ramax 3.2 L Ra 0.8	表示不允许去除材料，双向极限值，两极限值均使用默认传输带，R 轮廓，上限值——算术平均偏差 $3.2\mu m$，评定长度为 5 个取样长度（默认），"最大规则"，下限值——算术平均偏差 $0.8\mu m$，评定长度为 5 个取样长度（默认），"16%规则"（默认）

项　　目	代　　号	含　义/解　释
带有补充注释的符号	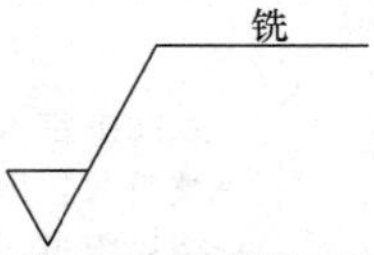 铣	加工方法：铣削
	 M	表面纹理：纹理呈多方向
	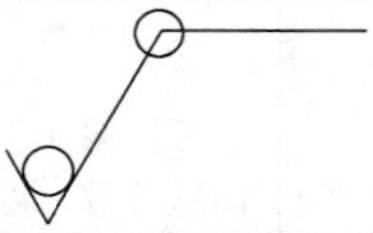 （符号）	对投影视图上封闭的轮廓线所表示的各表面有相同的表面结构要求
	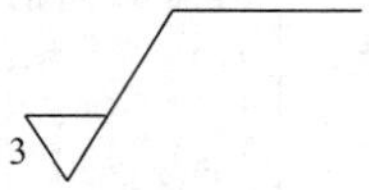 3	加工余量 3mm

表 4-56　　　　　　　　　　　表面纹理符号的解释

符　　号	解　　　　释	符　　号	解　　　　释
=	纹理平行于视图所在的投影面	C	纹理呈近似同心圆且圆心与表面中心相关
⊥	纹理垂直于视图所在的投影面	R	纹理呈近似放射状且与表面圆心相关
X	纹理呈两斜向交叉且与视图所在的投影面相交	P	纹理呈微粒、凸起，无方向
M	纹理呈多方向		

注：如果表面纹理不能清楚地用这些符号表示，必要时，可以在图样上加注说明。

表 4-57　　　　　　　　　　　表面结构要求的标注示例

要　　　　求	示　　　　例
表面粗糙度 双向极限值；上限值为 $Ra=50\mu m$，下限值为 $Ra=6.3\mu m$；均为 "16%规则"（默认）；两个传输带均为 $0.008\sim 4mm$；默认的评定长度为 $5\times 4mm=20mm$；表面纹理呈近似同心圆且圆心与表面中心相关；加工方法为铣削；不会引起争议时，不必加 U 和 L	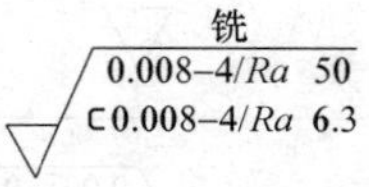 铣 0.008-4/*Ra* 50 C0.008-4/*Ra* 6.3
除一个表面以外，所有的表面粗糙度 单向上限值；$Rz=6.3\mu m$；"16%规则"（默认）；默认传输带；默认评定长度为 $5\times\lambda_c$；表面纹理没有要求；去除材料的工艺 　不同要求的表面的表面粗糙度 单向上限值；$Ra=0.8\mu m$；"16%规则"（默认）；默认传输带；默认评定长度为 $5\times\lambda_c$；表面纹理没有要求；去除材料的工艺	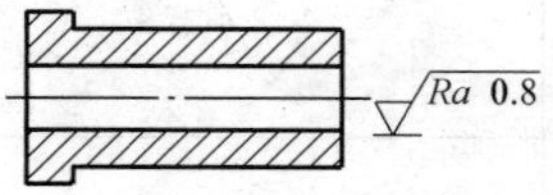 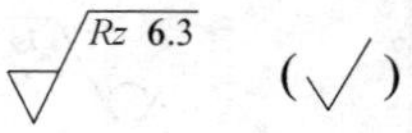 *Ra* 0.8 *Rz* 6.3　（√）

要　　求	示　　例
表面粗糙度 两个单向上限值 　1. $Ra=1.6\mu m$ 时："16％规则"（默认）（GB/T 10610）；默认传输带（GB/T 10610 和 GB/T 6062）；默认评定长度为 $5\times\lambda_c$（GB/T 10610） 　2. $Rz_{max}=6.3\mu m$ 时：最大规则；传输带 $-2.5\mu m$（GB/T 6062）；评定长度默认为 $5\times2.5mm$；表面纹理垂直于视图的投影面；加工方法为磨削	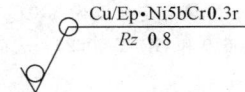
表面粗糙度 　单向上限值；$Rz=0.8\mu m$；"16％规则"（默认）（GB/T 10610）；默认传输带（GB/T 10610 和 GB/T 6062）；默认评定长度为 $5\times\lambda_c$（GB/T 10610）；表面纹理没有要求；表面处理为铜件，镀镍/铬；表面要求对封闭轮廓的所有表面有效	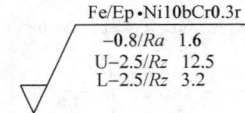
表示粗糙度 单向上限值和一个双向极限值 　1. 单向 $Ra=1.6\mu m$ 时，"16％规则"（默认）（GB/T 10610）；传输带 $-0.8mm$（λ_s 根据 GB/T 6062 确定）；评定长度为 $5\times0.8mm=4mm$（GB/T 10610） 　2. 双向 Rz 时，上限值 $Rz=12.5\mu m$，下限值 $Rz=3.2\mu m$；"16％规则"（默认）；上、下极限传输带均为 $-2.5mm$（λ_s 根据 GB/T 6062 确定）；上、下极极评定长度均为 $5\times2.5mm=12.5mm$（GB/T 10610），即使不会引起争议，也可以标注 U 和 L 符号；表面处理为钢件，镀镍/铬	Fe/Ep·Ni10bCr0.3r $-0.8/Ra$　1.6 $U-2.5/Rz$　12.5 $L-2.5/Rz$　3.2
表面结构和尺寸可以标注在同一尺寸线上 键槽侧壁的表面粗糙度 　一个单向上限值；$Ra=3.2\mu m$；"16％规则"（默认）（GB/T 10610）；默认评定长度（$5\times\lambda_c$）（GB/T 10610）；默认传输带（GB/T 10610 和 GB/T 6062）；表面纹理没有要求；去除材料的工艺 倒角的表面粗糙度 　一个单向上限值；$Ra=6.3\mu m$；"16％规则"（默认）（GB/T 10610）；默认评定长度为 $5\times\lambda_c$（GB/T 10610）；默认传输带（GB/T 10610 和 GB/T 6062）；表面纹理没有要求；去除材料的工艺	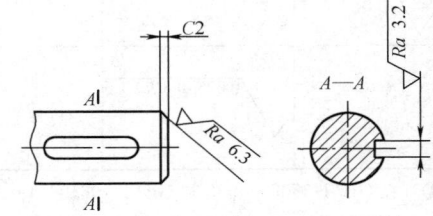

续表

要　　　求	示　　　例
表面结构和尺寸可以一起标注在延长线上或分别标注在轮廓线和尺寸界线上 示例中的三个表面粗糙度要求 单向上限值：分别是 $Ra=1.6\mu m$；$Ra=6.3\mu m$；$Rz=12.5\mu m$；"16％规则"（默认）（GB/T 10610）；默认评定长度为 $5\times\lambda_c$（GB/T 10610）；默认传输带（GB/T 10610 和 GB/T 6062）；表面纹理没有要求；去除材料的工艺	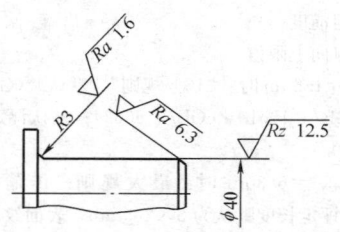
表面结构、尺寸和表面处理的标注：该示例是三个连续的加工工序 第一道工序：单向上限值；$Rz=1.6\mu m$；"16％规则"（默认）（GB/T 10610）；默认评定长度为 $5\times\lambda_c$（GB/T 10610）；默认传输带（GB/T 10610 和 GB/T 6062）；表面纹理没有要求；去除材料的工艺 第二道工序：镀铬，无其他表面结构要求 第三道工序：一个单向上限值，仅对长为 50mm 的圆柱表面有效；$Rz=6.3\mu m$；"16％规则"（默认）（GB/T 10610）；默认评定长度为 $5\times\lambda_c$（GB/T 10610）；默认传输带（GB/T 10610 和 GB/T 6062）；表面纹理没有要求；磨削加工工艺	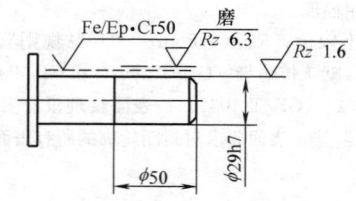

表 4-58　　　　　　　　　　　表面结构要求图形标注的新旧标准对照

GB/T 131—1993①	GB/T 131—2006②	说明主要问题的示例	GB/T 131—1993①	GB/T 131—2006②	说明主要问题的示例
1.6　　1.6	Ra 1.6	Ra 只采用"16％规则"	0.8 / Ry 3.2	−0.8/Rz 6.3	除 Ra 外其他参数及取样长度
Ry 3.2　　Ry 3.2	Rz 3.2	除了 Ra "16％规则"的参数	1.6 / Ry 6.3	Ra 1.6 Rz 6.3	Ra 及其他参数
1.6max	Ramax 1.6	"最大规则"	Ry3.2	Rz 3 6.3	评定长度中的取样长度个数如果不是 5
0.8 / 1.6	−0.8/Ra 1.6	Ra 加取样长度	—③	L Ra 1.6	下限值
—③	0.025−0.8/Ra 1.6	传输带	3.2 / 1.6	U Ra 3.2 L Ra 1.6	上、下限值

①　在 GB/T 3505—1983 和 GB/T 10610—1989 中定义的默认值和规则仅用于参数 Ra、Ry 和 Rz（十点高度）。此外，GB/T 131—1993 中存在参数代号书写不一致问题，标准正文要求参数代号第二个字母标注为下标，但在所有的图表中，第二个字母都是小写，而当时所有的其他表面结构标准都使用下标。

②　新的 Rz 为原 Ry 的定义，原 Ry 的符号不再使用。

③　表示没有该项。

4.3.4 选用表面粗糙度评定参数值的参考图表（见表 4-59～表 4-61）

表 4-59　　　　　　　　　表面粗糙度的表面特征、加工方法及应用举例

表面粗糙度 $Ra/\mu m$	表面形状特征	加工方法	应　用　举　例
50	明显可见刀痕	粗车、镗、钻、刨	粗制后所得到的粗加工面，为表面粗糙度最低的加工面，一般很少采用
25	微见刀痕	粗车、刨、立铣、平铣、钻	粗加工表面比较精确的一级，应用范围很广，一般凡非结合的加工面均用此级粗糙度。如轴端面、倒角、钻孔、齿轮及带轮的侧面，键槽非工作表面，垫圈的接触面，轴承的支承面等
12.5	可见加工痕迹	车、镗、刨、钻、平铣、立铣、锉、粗铰、磨、铣齿	半精加工表面。不重要零件的非配合表面，如支柱、轴、支架、外壳、衬套、盖等的端面；紧固件的自由表面；如螺栓、螺钉，双头螺栓和螺母的表面。不要求定心及配合特性的表面；如用钻头钻的螺栓孔，螺钉孔及铆钉孔等表面固定支承表面，如与螺栓头及铆钉头相接触的表面；带轮、联轴器、凸轮、偏心轮的侧面，平键及键槽的上下面，斜键侧面等
6.3	微见加工痕迹	车、镗、刨、铣、刮 1～2 点/cm²、拉、磨、锉、滚压、铣齿	半精加工表面。和其他零件连接而不是配合表面，如外壳、座加盖、凸耳、端面和扳手及手轮的外圆。要求有定心及配合特性的固定支承表面，如定心的轴肩，键和键槽的工作表面。不重要的紧固螺纹的表面，非传动的梯形螺纹，锯齿形螺纹表面，轴与毡圈摩擦面，燕尾槽的表面
3.2	看不见的加工痕迹	车、镗、刨、铣、铰、拉、磨、滚压、刮 1～2 点/cm²、铣齿	接近于精加工、要求有定心（不精确的定心）及配合特性的固定支承表面，如衬套、轴承和定位销的压入孔。不要求定心及配合特性的活动支承面，如活动关节、花键结合、8 级齿轮齿面、传动螺纹工作表面，低速（30～60r/min）的轴颈 $d<50mm$，楔形键及槽上下面、轴承盖凸肩表面（对中心用）端面内侧面等
1.6	可辨加工痕迹的方向	车、镗、拉、磨、立铣、铰、刮 3～10 点/cm²、磨、滚压	要求保证定心及配合特性的表面，如锥形销和圆柱销的表面；普通与 6 级精度的球轴承的配合面，安装滚动轴承的孔，滚动轴承的轴颈。中速（60～120r/min）转动的轴颈，静连接 IT7 精度公差等级的孔，动连接 IT9 精度公差等级的孔，不要求保证定心及配合特性的活动支承面，如高精度的活动球状接头表面，支承垫圈、套齿叉形件、磨削的轮齿
0.8	微辨加工痕迹的方向	铰、磨、刮 3～10 点/cm²、镗、拉、滚压	要求能长期保持所规定的配合特性的 IT7 的轴和孔的配合表面。高速（120r/min 以上）工作下的轴颈及衬套的工作面。间隙配合中 IT7 精度公差等级的孔，7 级精度大小齿轮工作面，蜗轮齿面（7～8 级精度），滚动轴承轴颈。要求保证定心及配合特性的表面，如滑动轴承轴瓦的工作表面。不要求保证定心及结合特性的活动支承面，如导杆、推杆表面。工作时受反复应力的重要零件，在不破坏配合特性下工作，要求其耐久性和疲劳强度所要求的表面，如：受力螺栓的圆柱表面，曲轴和凸轮轴的工作表面
0.4	不可辨加工痕迹的方向	布轮磨、磨、研磨、超级加工	工作时承受反复应力的重要零件表面，保证零件的疲劳强度，防腐性和耐久性。工作时不破坏配合特性的表面，如轴颈表面、活塞和柱塞表面等；IT5～IT6 精度公差等级配合的表面，3、4、5 级精度齿轮的工作表面，4 级精度滚动轴承配合的轴颈
0.2	暗光泽面	超级加工	工作时承受较大反复应力的重要零件表面，保证零件的疲劳强度、防蚀性及在活动接头工作中的耐久性的一些表面。如活塞销的表面，液压传动用的孔的表面
0.1	亮光泽面	超级加工	精密仪器及附件的摩擦面，量具工作面，块规、高精度测量仪工作面，光学测量仪中的金属镜面
0.05	镜状光泽面		
0.025	雾状镜面		
0.012	镜面		

表 4-60 表面粗糙度值与公差等级、基本尺寸的对应关系

公差等级 IT	基本尺寸/mm	$Ra/\mu m$	$Rz/\mu m$	公差等级 IT	基本尺寸/mm	$Ra/\mu m$	$Rz/\mu m$
2	≤10	0.025~0.040	0.16~0.20	6	≤10	0.20~0.32	1.0~1.6
	>10~50	0.050~0.080	0.25~0.40		>10~80	0.40~0.63	2.0~3.2
	>50~180	0.10~0.16	0.50~0.80		>80~250	0.80~1.25	4.0~6.3
	>180~500	0.20~0.32	1.0~1.6		>250~500	1.6~2.5	8.0~10
3	≤18	0.050~0.080	0.25~0.40	7	≤6	0.40~0.63	2.0~3.2
	>18~50	0.10~0.16	0.50~0.80		>6~50	0.80~1.25	4.0~6.3
	>50~250	0.20~0.32	1.0~1.6		>50~500	1.6~2.5	8.0~10
	>250~500	0.40~0.63	2.0~3.2	8	≤6	0.40~0.63	2.0~3.2
4	≤6	0.050~0.080	0.25~0.40		>6~120	0.80~1.25	4.0~6.3
	>6~50	0.10~0.16	0.50~0.80		>120~500	1.6~2.5	8.0~10
	>50~250	0.20~0.32	1.0~1.6	9	≤10	0.80~1.25	4.0~6.3
	>250~500	0.40~0.63	2.0~3.2		>10~120	1.6~2.5	8.0~10
5	≤6	0.10~0.16	0.50~0.80		>120~500	3.2~5.0	12.5~20
	>60~50	0.20~0.32	1.0~1.6	10	≤10	1.6~2.5	8.0~10
	>50~250	0.40~0.63	2.0~3.2		>10~120	3.2~5.0	12.5~20
	>250~500	0.80~1.25	4.0~6.3		>120~500	6.3~10	25~40

表 4-61 不同加工方法可能达到的表面粗糙度

加 工 方 法		表面粗糙度 $Ra/\mu m$												
		0.012	0.025	0.05	0.10	0.20	0.40	0.80	1.60	3.20	6.30	12.5	25	50	100
砂型、壳型铸造											———————				
金属型铸造									———————————					
离心铸造									———————————					
精密铸造								———————————						
熔模铸造							———————————							
压力铸造							———————————							
热 轧										———————————				
模 锻										———————————				
冷 轧						———————————————————								
挤 压							———————————							
冷 拉							———————————							
刮 削							———————————							
刨 削	粗							———————————						
	精						———————————————							
插 削								———————————						
钻 孔								———————————						
扩 孔	粗								———————————					
	精							———————————						
金刚镗孔					———————————									

表面粗糙度 Ra/μm

加工方法		0.012	0.025	0.05	0.10	0.20	0.40	0.80	1.60	3.20	6.30	12.5	25	50	100
镗孔	粗										■	■	■	■	
	半精						■	■	■						
	精							■	■	■					
铰孔	粗								■	■	■				
	半精						■	■	■						
	精				■	■	■	■	■	■					
拉削	半精						■	■	■	■					
	精				■	■	■	■							
滚铣	粗									■	■	■			
	半精							■	■	■					
	精						■	■	■						
端面铣	粗									■	■	■			
	半精							■	■	■					
	精					■	■	■	■						
金刚车				■	■	■	■								
车外圆	粗									■	■	■			
	半精								■	■	■				
	精					■	■	■	■						
车端面	粗									■	■	■	■		
	半精								■	■	■				
	精						■	■	■	■					
磨外圆	粗					■	■	■	■						
	半精				■	■	■	■							
	精		■	■	■										
磨平面	粗							■	■	■					
	半精				■	■	■	■							
	精			■	■	■	■	■							
珩磨	平面			■	■	■	■	■	■	■					
	圆柱		■	■	■	■	■								
研磨	粗					■	■	■	■						
	半精			■	■	■	■								
	精		■	■	■	■									
抛光	一般				■	■	■	■	■						
	精		■	■	■	■									
滚压抛光				■	■	■	■	■	■	■					
超精加工			■	■	■	■	■	■							
化学磨								■	■	■	■	■	■	■	
电解磨			■	■	■	■	■	■	■	■					
电火花加工								■	■	■	■	■	■	■	

第 5 章 常 用 材 料

5.1 金属材料常用力学性能指标（见表 5-1）

表 5-1   **金属材料常用力学性能指标的说明**

指标名称	单　位	指 标 意 义 说 明
抗拉强度 R_m	MPa	材料拉断前所能承受的最大拉伸载荷 F_b（N）与材料原始截面积 A_0（mm^2）之比，$R_m = F_b/A_0$
抗压强度 R_{mc}	MPa	材料受压力断裂前所能承受的最大压缩载荷 F_{bc}（N）与材料原始截面积 A_0（mm^2）之比，$R_{mc} = F_{bc}/A_0$，主要用于铸铁等低塑性材料
抗弯强度 R_{bb}	MPa	材料受弯曲断裂前所能承受的最大弯曲应力，对于脆性材料，抗弯强度 $R_{bb} = M_{bb}/W_b$。式中：M_{bb}（N·m）为断裂弯矩；W_b（mm^3）为试件截面系数
抗剪强度 τ_b	MPa	剪切断裂前的最大应力。抗剪强度 $\tau = F_s/A_0$。式中：F_s 为剪切前的最大载荷（N）；A_0 为材料原始剪切面积（mm^2）
抗扭强度 τ_m	MPa	杆件受扭剪切断裂前的最大应力。抗扭强度对于塑性较好的钢材 $\tau_m = 3T/4W_p$，对于铸铁等脆性材料 $\tau_m = T_b/W_p$。式中：T_b 为剪切断裂前的最大转矩（N·m）；W_p 为杆件的截面系数（mm^3）
上屈服强度 R_{eH} 下屈服强度 R_{eL}	MPa	在试件拉伸过程中，有一阶段，载荷达到 F_s 时不增加，而变形增加，（以后又继续增加直到断裂）此时的载荷除以材料的原始面积 A_0 称为屈服应力。试样发生屈服而力首次下降前的最高应力称为上屈服强度。在屈服期间，不计初始瞬时效应的最低应力值为下屈服强度。有些材料没有明显的屈服现象，则取非比例延伸率为 0.2% 时的应力，作为规定非比例延伸强度记为 $R_{p0.2}$
弹性模量 E	MPa	试件在拉伸（压缩）试验的弹性变形范围内，应力与应变成正比，其比值即为弹性模量 E，$E = \sigma/\varepsilon$。$\sigma = F/A_0$，$\varepsilon = \Delta l/l_0$。式中：$\Delta l$ 为试件伸长量；l_0 为试件原长度
剪切弹性模量 G	MPa	试件在扭转试验的弹性变形范围内，切应力与切应变成正比，其比值即为剪切弹性模量 G，$G = \tau/\gamma$。式中：τ 为切应力（MPa）；γ 为切应变（比值无单位）
布氏硬度 HBW	MPa	对一定直径的硬质合金球施加试验力 F 压入试件表面，经规定保持时间后，卸除试验力，布氏硬度 = 常数 × 试验力 F/压痕表面积 = $0.102 \times 2F/[\pi D (D - \sqrt{D^2 - d^2})]$。式中：$D$ 为球直径；d 为压痕平均直径

洛氏硬度 HR | 无量纲 | 将金刚石锥或淬硬钢球规定压力压入试件表面，按压痕深度确定试件硬度，共分 9 种，常用的有以下三种：

硬度标尺	硬度符号	压头类型	总试验力	洛氏硬度范围
A	HRA	金刚石圆锥	588.4N	（20～88）HRA
B	HRB	直径 1.587 5mm 钢球	980.7N	（20～100）HRB
C	HRC	金刚石圆锥	1.471kN	（20～70）HRC

指标名称	单位	指标意义说明
维氏硬度 HV	MPa	用夹角为 $136°$ 的金刚石四棱锥压头，计算公式为 $HV = 1.854\ 4 \times 2F/d^2$。式中：$F$ 为总载荷（N）；d 为压痕对角线长度（mm）
断面收缩率 Z	（%）	金属试件被拉断后，其颈缩处的横截面积的最大减缩量与原横截面积的比，用百分数表示。计算公式为 $Z = (S_0 - S_u)/S_0 \%$。式中：S_0 为原横截面积；S_u 为断后最小的横截面积
断后伸长率 A	（%）	$A =$（断后标距 L - 原始标距 L_0）/原始标距 L_0，上式中原始标距为 $L_0 = 5.65\sqrt{S_0}$，S_0 为原始横截面积（相当于直径为 d_0 的圆柱形拉伸试件，$L_0 = 5d_0$）。否则应附以下标说明所使用的比例系数，例如 $L_0 = 11.3\sqrt{S_0}$（相当于 $L_0 = 10d_0$）则用 $A_{11.3}$ 表示断后伸长率。对于非比例试样则以原始标距长度为下标，如 A_{80mm}，表示 $L_0 = 80mm$ 试件的断后伸长率
冲击韧度 α_K	J/cm^2	在摆锤式一次冲击试验机上冲击断标准试件时，所需消耗的功，除以试件断面处的横截面积。按试件的缺口形状为 U 形或 V 形，冲击韧度用 α_{KU} 或 α_{KV} 表示，是材料承受冲击载荷能力的性能指标
冲击吸收能量 KU 或 KV	J	在摆锤式一次冲击试验机上冲击断标准试件时的冲击吸收能量，按试件的缺口形状为 U 形或 V 形，冲击吸收能量用 KU 或 KV 表示，是材料承受冲击载荷能力的性能指标

注：断后伸长率公式来源：对圆截面试件有 $S_0 = \pi d_0^2/4$，由此得 $L_0 = 5d_0 = 5\sqrt{\dfrac{4S_0}{\pi}} = 5.642\sqrt{S_0} \approx 5.65\sqrt{S_0}$。

5.2 钢铁材料（黑色金属）

5.2.1 碳素结构钢和低合金结构钢牌号和性能

1. 碳素结构钢（见表 5-2）

表 5-2 **碳素结构钢的力学性能**（GB/T 700—2006）

牌号	等级	拉伸试验													冲击试验		应用举例
		下屈服强度 R_{eL}/MPa						R_m /MPa	断后伸长率 A(%)						温度 /℃	KU_2 (纵向) /J	
		钢材厚度（直径）/mm							钢材厚度（直径）/mm								
		≤16	>16~40	>40~60	>60~100	>100~150	>150		≤16	>16~40	>40~60	>60~100	>100~150	>150			
		≥							≥							≥	
Q195	—	195	185	—	—	—	—	315~390	33	32	—	—	—	—	—	—	受较轻载荷的零件、冲压件和焊接件
Q215	A	215	205	195	185	175	165	335~410	31	30	29	28	27	26	—	—	垫圈、焊接件和渗碳零件
	B														20	27	
Q235	A	235	225	215	205	195	185	375~460	26	25	24	23	22	21	—	—	金属结构件，焊接件、螺栓、螺母，C、D级用于重要的焊接构件，可作渗碳零件，但心部强度低
	B														20	27	
	C														0		
	D														−20		
Q275	—	275	265	255	245	235	225	490~610	20	19	18	17	16	15	—	—	轴、吊钩等零件，焊接性能尚可

注：1. 钢牌号 Q195 的屈服点仅供参考，不作为交货条件。
2. 进行拉伸试验时，钢板和钢带应取横向试样。伸长率允许比表中的值降低 1%（绝对值）。型钢应取纵向试样。
3. 用沸腾钢轧制各牌号的 B 级钢材，其厚度（直径）一般不大于 25mm。
4. 冲击试样的纵向轴线应平行于轧制方向。

2. 优质碳素结构钢（见表 5-3 和表 5-4）

表 5-3 **优质碳素结构钢的力学性能**（GB/T 699—2015）

牌号	试样毛坯尺寸/mm	推荐热处理/℃			力学性能					钢材交货状态硬度 HBW（10/3000） ≤	
		正火	淬火	回火	R_m /MPa	R_{eL} /MPa	A (%)	Z (%)	KU_2 /J		
					≥					未热处理钢	退火钢
08	25	930			325	195	33	60		131	
10	25	930			335	205	31	55		137	
15	25	920			375	225	27	55		143	

续表

牌号	试样毛坯尺寸/mm	推荐热处理/℃			力学性能					钢材交货状态硬度 HBW (10/3000) ≤	
		正火	淬火	回火	R_m /MPa	R_{eL} /MPa	A (%)	Z (%)	KU_2 /J	未热处理钢	退火钢
					≥						
20	25	910			410	245	25	55		156	
25	25	900	870	600	450	275	23	50	71	170	
30	25	880	860	600	490	295	21	50	63	179	
35	25	870	850	600	530	315	20	45	55	197	
40	25	860	840	600	570	335	19	45	47	217	187
45	25	850	840	600	600	355	16	40	39	229	197
50	25	830	830	600	630	375	14	40	31	241	207
55	25	820	820	600	645	380	13	35		255	217
60	25	810			675	400	12	35		253	229
65	25	810			695	410	10	30		255	229
70	25	790			715	420	9	30		269	229
75	试样		820	480	1080	880	7	30		285	241
80	试样		820	480	1080	930	6	30		285	241
85	试样		820	480	1130	980	6	30		302	255
15Mn	25	920			410	245	26	55		163	
20Mn	25	910			450	275	24	50		197	
25Mn	25	900	870	600	490	295	22	50	71	207	
30Mn	25	880	860	600	540	315	20	45	63	217	187
35Mn	25	870	850	600	560	335	18	45	55	229	197
40Mn	25	860	840	600	590	355	17	45	47	229	207
45Mn	25	850	840	600	620	375	15	40	39	241	217
50Mn	25	830	830	600	645	390	13	40	31	255	217
60Mn	25	810			695	410	11	35		269	229
65Mn	25	830			735	430	9	30		285	229
70Mn	25	790			785	450	8	30		285	229

注：1. 对于直径或厚度小于25mm的钢材，热处理是在与成品截面尺寸相同的试样毛坯上进行。

　　2. 表中所列正火推荐保温时间不少于30min，空冷；淬火推荐保温时间不少于30min，75钢、80钢和85钢油冷，其余钢水冷；回火推荐保温时间不少于1h。

　　3. 表中所列牌号为优质钢，如果是高级优质钢，在牌号后面加"A"如果是特级优质钢，在牌号后加"E"，对于沸腾钢，牌号后面为"F"，对于半镇静钢，牌号后面为"b"。

表 5-4	优质碳素结构钢的特性和用途
牌 号	特 性 和 用 途
08	强度低，塑性、韧性较高，冲击性能好，焊接性能好，用于要求塑性高的零件，如管子、垫片，套筒等
10	强度低、塑性、韧性高，冷压成形好，焊接性能好。用于制造垫片、铆钉、拉杆等
15	塑性、韧性、焊接性能和冷冲性能极好，强度较低。用于受力不大韧性要求较高的零件、渗碳零件、紧固件、如螺栓、化工容器、蒸汽锅炉等
20	冷变形塑性高，板材正火或高温回火后深冲压延性好，用于受力小，要求韧性高的零件，如螺钉、轴套、吊钩等；渗碳，氰化零件
25	特性与 20 钢相似，焊接性能好，无回火脆性倾向。用于制造焊接零件或结构，常用于受应力小的零件如轴、垫圈、螺栓、螺母等
30 35	截面尺寸小时，淬火并回火后，可以获得较好的强度和韧性的综合性能。用于制造螺钉、拉杆、轴、机座等
40	有较高的强度，加工性好，冷变形时塑性中等，焊接性差，焊前须预热，焊后应热处理，多在正火或调质状态下使用。用于制造轴、曲柄销、活塞杆等
45	强度较高，韧性和塑性尚好，焊接性能差，水淬时有形成裂纹倾向，应用广泛。截面小时调直处理，截面较大时正火处理，也可表面淬火。用作齿轮、蜗杆、键、轴、销、曲轴等
50 55	强度高、韧性和塑性较差，焊接性能差，水淬时有形成裂纹倾向，切削性能中等。一般经正火或调质处理。用于制作要求高强度零件
60	强度、硬度和弹性均高，切削性和焊接性差，水淬有裂纹倾向，小零件才能进行淬火，大零件多采用正火。用作轴、弹簧、钢丝绳等
65 70	淬透性差，水淬有裂纹倾向，在淬火、中温回火状态下，用作气门弹簧，弹簧垫圈等。在正火状态下，制造耐磨性要求高的零件，如轴、凸轮、钢丝绳等
75 80 85	强度高，弹性略低于 70 钢，淬透性较差。用作截面小（≤20mm），受力较小的螺旋和板弹簧及耐磨零件
15Mn 20Mn 25Mn	属于高锰低碳渗碳钢，焊接性尚可，淬透性、强度和塑性比 15 钢高。用以制造心部力学性能要求高的渗碳零件，如凸轮轴、齿轮等
30Mn 35Mn	淬透性比相应的碳钢高，冷变形时塑性尚好，切削加工性好，一般在正火状态下使用。用以制造螺栓、螺母、轴等
40Mn	切削加工性好，冷变形时的塑性中等，焊接性不好。用于制造在高应力或变应力下工作的零件，如轴、螺钉等
45Mn	焊接性较差。用作耐磨零件如转轴、心轴、齿轮、螺栓、螺母、花键轴、凸轮轴、曲轴等

牌　号	特　性　和　用　途
50Mn	弹性、强度、硬度高，焊接性差。多在淬火与回火后或正火后应用。用于制造耐磨性要求很高、承受高负荷的热处理零件，如齿轮、齿轮轴、摩擦盘等
60Mn	淬透性较碳素弹簧钢好，脱碳倾向小；易产生淬火裂纹，并有回火脆性。适于制造螺旋弹簧、板簧及冷拔钢丝（$d \leqslant 7$mm）、发条等
65Mn	淬透性较大，脱碳倾向小，易产生淬火裂纹，并有回火脆性。适宜制较大尺寸的各种扁、圆弹簧，发条，切刀、弹簧垫圈等
70Mn	弹簧圈、盘簧、止推环、离合器盘、锁紧圈

3. 低合金高强度结构钢（见表 5-5）

表 5-5　　　　　　　　　**低合金高强度结构钢的力学性能**（GB/T 1591—2018）

牌号	质量等级	拉伸试验								断后伸长率 A（%）				夏比（V 型）冲击试验	
		以下公称厚度（直径，边长）下屈服强度 R_{eL}/MPa						以下公称厚度（直径，边长）抗拉强度 R_m/MPa		公称厚度（直径，边长）				冲击吸收能量 KV_2/J（直径，边长）	
		≤16mm	>16~40mm	>40~63mm	>63~80mm	>80~100mm	>100~150mm	≤100mm	>100~150mm	≤40mm	>40~63mm	>63~100mm	>100~150mm	42~150mm	
Q355	A、B	≥355	≥345	≥335	≥325	≥315	≥295	470~630	450~600	22	22	21	21	34	
	C、D、E														
Q390	A、B、C	≥390	≥380	≥360	≥340	≥340	≥320	490~650	470~620	≥20	≥19	≥19	≥19	34	
	D、E														
Q420	A、B、C	≥420	≥410	≥390	≥370	≥370	≥350	520~680	500~650	≥19	≥19	≥18	≥18	34	
	D、E														
Q460	C、D、E	≥460	≥450	≥430	≥410	≥410	≥390	550~720	530~700	≥17	≥17	≥17	≥17	34	
Q500	C、D、E	≥500	≥490	≥480	≥460	≥450	—	540~770	—	≥17	≥17	≥17	—	0℃	55
														−20℃	47
														−40℃	31
Q550	C、D、E	≥550	≥540	≥530	≥510	≥500	—	590~830	—	≥16	≥16	≥16	—	0℃	55
														−20℃	47
														−40℃	31

注：1. GB/T 1591—2018 适用于一般结构和工程用低合金高强度结构钢钢板、钢带、型钢和钢棒等，钢材的尺寸规格应符合相关产品标准规定。钢材以热轧、正火轧制或正火加回火、热机械轧制（TMCP）或热机械轧制加回火状态交货。

2. 当需方要求时，可做弯曲试验，并应符合 GB/T 1591—2018 的规定。

3. 冲击试验取纵向试样。

4. 质量等级与冲击试验温度的关系：A—常温，B—20℃，C—0℃，D—−20℃，E—−40℃。

4. 高耐候结构钢（见表5-6）

表5-6   高耐候结构钢的力学性能和工艺性能（GB/T 4171—2008）

牌号	拉 伸 试 验									180°弯曲试验 弯心直径 (a 为钢板厚度)			尺寸规格	
	下屈服强度 R_{eL}/MPa ≥				抗拉强度 R_m/MPa	断后伸长率 A(%) ≥							钢板和钢带厚度范围≤/mm	型钢尺寸范围 ≤/mm
	≤16	>16 ~40	>40 ~60	>60		≤16	>16 ~40	>40 ~60	>60	≤6	>6 ~16	>16		
Q295GNH	295	285	—	—	430~560	24	24	—	—	a	$2a$	$3a$	20	40
Q355GNH	355	345	—	—	490~630	22	22	—	—	a	$2a$	$3a$	20	40
Q265GNH	265	—	—	—	≥410	27	—	—	—	a			3.5	—
Q310GNH	310	—	—	—	≥450	26	—	—	—	a			3.5	—

注：1. GB/T 4171—2008 代替 GB/T 4171—2000 高耐候结构钢、GB/T 4172—2000 焊接结构用耐候钢、GB/T 18982—2003 集装箱用耐腐蚀钢板和钢带。

2. 钢的牌号说明：Q355GNHC，Q—屈服强度中"屈"字汉语拼音首位字母；355—下屈服强度下限值（MPa）；GNH—分别为"高"、"耐"和"候"字；C—钢的质量等级，分为 A、B、C、D、E5 个等级。

3. 钢材的冲击试验应符合 GB/T 4171—2008 的规定。

5. 深冲压用钢

深冲压用钢的力学性能见表5-7。

深冲压钢的工艺性能：

（1）弯曲性能。厚度大于 2mm 钢板及钢带应在冷状态下做 180°弯曲试验；其弯心直径 $d=0$，弯曲处不得有裂纹、裂口和分层。

（2）杯突试验。厚度不大于 2mm 的 SC1 钢板及钢带在供货状态下进行杯突试验，杯突值（冲压深度）应符合表5-8 的规定。经过协商并在合同中注明，可用 n、r 值代替杯突值。

表5-7   冷轧低碳钢板及钢带（GB/T 5213—2008）

牌号	屈服强度[1][2] R_{eL} 或 $R_{p0.2}$/MPa ≤	抗拉强度 R_m/MPa	断后伸长率[3][4] A_{80}（%） ($L_0=80mm$，$b=20mm$) ≥	r_{90}值[5] ≥	n_{90}值[5] ≥
DC01	280[6]	270~410	28	—	—
DC03	240	270~370	34	1.3	—
DC04	210	270~350	38	1.6	0.18
DC05	180	270~330	40	1.9	0.20
DC06	170	270~330	41	2.1	0.22
DC07	150	250~310	44	2.5	0.23

[1] 无明显屈服时采用 $R_{p0.2}$，否则采用 R_{eL}。当厚度大于 0.50mm 且不大于 0.70mm 时，屈服强度上限值可以增加 20MPa；当厚度不大于 0.50mm 时，屈服强度上限值可以增加 40MPa。

[2] 经供需双方协商同意，DC01、DC03、DC04 屈服强度的下限值可设定为 140MPa，DC05、DC06 屈服强度的下限值可设定为 120MPa，DC07 屈服强度的下限值可设定为 100MPa。

[3] 试样为 GB/T 228 中的 P6 试样，试样方向为横向。

[4] 当厚度大于 0.50mm 且不大于 0.70mm 时，断后伸长率最小值可以降低 2%（绝对值）；当厚度不大于 0.50mm 时，断后伸长率最小值可以降低 4%（绝对值）。

[5] r_{90}值和 n_{90}值的要求仅适用于厚度不小于 0.50mm 的产品。当厚度大于 2.0mm 时，r_{90}值可降低 0.2。

[6] DC01 的屈服强度上限值的有效期仅为从生产完成之日起 8 天内。

表 5-8　　　　　　　冷轧低碳钢板及钢带的分类（GB/T 5213—2008）

各类钢板的用途		按表面质量分类	
牌　号	用　　途	代　号	级　　别
DC01	一般用	FB	较高级表面
DC03	冲压用	FC	高级表面
DC04	深冲用	FD	超高级表面
DC05	特深冲用	按表面结构分类	
DC06	超深冲用	代　号	表面结构
DC07	特超深冲用	B	光亮表面
		D	麻面

6. 冷镦和冷挤压用钢（见表 5-9～表 5-11）

表 5-9　　非热处理型冷镦和冷挤压用钢热轧状态的力学性能（GB/T 6478—2015）

牌　号	抗拉强度 R_m/MPa ≤	断面收缩率 Z（%）≥	牌　号	抗拉强度 R_m/MPa ≤	断面收缩率 Z（%）≥
ML04Al	440	60	ML15	530	50
ML08Al	470	60	ML20Al	580	45
ML10Al	490	55			
ML15Al	530	50	ML20	580	45

注：钢材一般以热轧状态交货。经供需双方协议，并在合同中注明，也可以退火状态交货。

表 5-10　　　表面硬化型冷镦和冷挤压用钢热轧状态的力学性能（GB/T 6478—2015）

牌　号	规定非比例延伸强度 $R_{p0.2}$/MPa ≥	抗拉强度 R_m/MPa	断后伸长率 A（%）≥	热轧布氏硬度 HBW ≤
ML10Al	250	400～700	15	137
ML15Al	260	450～750	14	143
ML15	260	450～750	14	—
ML20Al	320	520～820	11	156
ML20	320	520～820	11	—
ML20Cr	490	750～1100	9	—

注：1. 直径大于或等于 25mm 的钢材，试样毛坯直径 25mm；直径小于 25mm 的钢材，按钢材实际尺寸。
　　2. 在本表中的力学性能不是交货条件。本表仅作为本标准所列牌号有关力学性能的参考，不能作为采购、设计、开发、生产或其他用途的依据。使用者必须了解实际所能达到的力学性能。

表 5-11　　　　　　调质型冷镦和冷挤压钢的力学性能（GB/T 6478—2015）

牌　号	规定非比例延伸强度 $R_{p0.2}$/MPa ≥	抗拉强度 R_m/MPa ≥	断后伸长率 A（%）≥	断面收缩率 Z（%）≥	热轧布氏硬度 HBW ≤
ML25	275	450	23	50	170
ML30	295	490	21	50	179

续表

牌　号	规定非比例延伸强度 $R_{p0.2}$/MPa ≥	抗拉强度 R_m/MPa ≥	断后伸长率 A（%） ≥	断面收缩率 Z（%） ≥	热轧布氏硬度 HBW ≤
ML35	430	630	17	—	187
ML40	335	570	19	45	217
ML45	355	600	16	40	229
ML15Mn	705	880	9	40	—
ML25Mn	275	450	23	50	170
ML35Cr	630	850	14	—	
ML40Cr	660	900	11	—	
ML30CrMo	785	930	12	50	
ML35CrMo	835	980	12	45	
ML40CrMo	930	1080	12	45	
ML20B	400	550	16		
ML30B	480	630	14		
ML35B	500	650	14		
ML15MnB	930	1130	9	45	
ML20MnB	500	650	14		
ML35MnB	650	800	12		
ML15MnVB	720	900	10	45	207
ML20MnVB	940	1040	9	45	
ML20MnTiB	930	1130	10	45	
ML37CrB	600	750	12	—	

注：1. 直径大于或等于 25mm 的钢材，试样的热处理毛坯直径为 25mm。直径小于 25mm 的钢材，热处理毛坯直径为钢材直径。

2. 在本表中的力学性能不是交货条件。本表仅作为本标准所列牌号有关力学性能的参考，不能作为采购、设计、开发、生产或其他用途的依据。使用者必须了解实际所能达到的力学性能。

5.2.2　合金结构钢（见表 5-12 和表 5-13）

表 5-12　　　　　　　　　合金结构钢的力学性能（GB/T 3077—2015）

钢组	牌　号	试样毛坯尺寸 /mm	热处理					力学性能					钢材退火或高温回火供应状态布氏硬度 HBW100/3000 ≤
			淬　火			回　火		R_m /MPa	R_{eL} /MPa	A （%）	Z （%）	KU_2 /J	
			加热温度/℃		冷却剂	加热温度 /℃	冷却剂						
			第一次淬火	第二次淬火				≥					
Mn	20Mn2	15	850	—	水、油	200	水、空	785	590	10	40	47	187
			880	—	水、油	440	水、空						

钢组	牌号	试样毛坯尺寸/mm	热处理					力学性能					钢材退火或高温回火供应状态布氏硬度 HBW100/3000
			淬火			回火		R_m /MPa	R_{eL} /MPa	A (%)	Z (%)	KU_2 /J	
			加热温度/℃		冷却剂	加热温度/℃	冷却剂						
			第一次淬火	第二次淬火				≥					≤
Mn	30Mn2	25	840	—	水	500	水	785	635	12	45	63	207
	35Mn2	25	840	—	水	500	水	835	685	12	45	55	207
	40Mn2	25	840	—	水、油	540	水	885	735	12	45	55	217
	45Mn2	25	840	—	油	550	水、油	885	735	10	45	47	217
	50Mn2	25	820	—	油	550	水、油	930	785	9	40	39	229
MnV	20MnV	15	880	—	水、油	200	水、空	785	590	10	40	55	187
SiMn	27SiMn	25	920	—	水	450	水、油	980	835	12	40	39	217
	35SiMn	25	900	—	水	570	水、油	885	735	15	45	47	229
	42SiMn	25	880	—	水	590	水	885	735	15	40	47	229
SiMnMoV	20SiMn2MoV	试样	900	—	油	200	水、空	1380	—	10	45	55	269
	25SiMn2MoV	试样	900	—	油	200	水、空	1470	—	10	40	47	269
	37SiMn2MoV	25	870	—	水、油	650	水、空	980	835	12	50	63	269
B	40B	25	840	—	水	550	水	785	635	12	45	55	207
	45B	25	840	—	水	550	水	835	685	12	45	47	217
	50B	20	840	—	油	600	空	785	540	10	45	39	207
MnB	40MnB	25	850	—	油	500	水、油	980	785	10	45	47	207
	45MnB	25	840	—	油	500	水、油	1030	835	9	40	39	217
MnMoB	20MnMoB	15	880	—	油	2000	油、空	1080	885	10	50	55	207
MnVB	15MnVB	15	860	—	油	200	水、空	885	635	10	45	55	207
	20MnVB	15	860	—	油	200	水、空	1080	885	10	45	55	207
	40MnVB	25	850	—	油	520	水、油	980	785	10	45	47	207
MnTiB	20MnTiB	15	860	—	油	200	水、空	1130	930	10	45	55	187
	25MnTiBRE	试样	860	—	油	200	水、空	1380	—	10	40	47	229
Cr	15Cr	15	880	770~820	水、油	180	水、空	685	490	12	45	55	179
	20Cr	15	880	780~820	水、油	200	水、空	835	540	10	40	47	179
	30Cr	25	860	—	油	500	水、油	885	685	11	45	47	187
	35Cr	25	860	—	油	500	水、油	930	735	11	45	47	207
	40Cr	25	850	—	油	520	水、油	980	785	9	45	47	207
	45Cr	25	840	—	油	520	水、油	1030	835	9	40	39	217
	50Cr	25	830	—	油	520	水、油	1080	930	9	40	39	229
CrSi	38CrSi	25	900	—	油	600	水、油	980	835	12	50	55	255

续表

钢组	牌号	试样毛坯尺寸/mm	热处理					力学性能					钢材退火或高温回火供应状态布氏硬度 HBW100/3000 ≤
			淬火			回火		R_m/MPa	R_{eL}/MPa	A(%)	Z(%)	KU_2/J	
			加热温度/℃		冷却剂	加热温度/℃	冷却剂						
			第一次淬火	第二次淬火				≥					
CrMo	12CrMo	30	900	—	空	650	空	410	265	24	60	110	179
	15CrMo	30	900	—	空	650	空	440	295	22	60	94	179
	20CrMo	15	880	—	水、油	500	水、油	885	685	12	50	78	197
	30CrMo	15	880	—	油	540	水、油	930	735	12	50	71	229
	35CrMo	25	850	—	油	550	水、油	980	835	12	45	63	229
	42CrMo	25	850	—	油	560	水、油	1080	930	12	45	63	217
CrMoV	12CrMoV	30	970	—	空	750	空	440	225	22	50	78	241
	35CrMoV	25	900	—	油	630	水、油	1080	930	10	50	71	241
	12Cr1MoV	30	970	—	空	750	空	490	245	22	50	71	179
	25Cr2MoV	25	900	—	油	640	空	930	785	14	55	63	241
	25Cr2Mo1V	25	1040	—	空	700	空	735	590	16	50	47	241
CrMoAl	38CrMoAl	30	940	—	水、油	640	水、油	980	835	14	50	71	229
CrV	40CrV	25	880	—	油	650	水、油	885	735	10	50	71	241
	50CrV	25	850	—	油	500	水、油	1280	1130	10	40	—	255
CrMn	15CrMn	15	880	—	油	200	水、空	785	590	12	50	47	179
	20CrMn	15	850	—	油	200	水、空	930	735	10	45	47	187
	40CrMn	25	840	—	油	550	水、油	980	835	9	45	47	229
CrMnSi	20CrMnSi	25	880	—	油	480	水、油	785	635	12	45	55	207
	25CrMnSi	25	880	—	油	480	水、油	1080	885	10	40	39	217
	30CrMnSi	25	880	—	油	540	水、油	1080	835	10	45	39	229
	35CrMnSiA	试样	加热到880℃，于280~310℃等温淬火					1620	1280	9	40	31	241
		试样	950	890	油	230	空、油						
CrMnMo	20CrMnMo	15	850	—	油	200	水、空	1180	885	10	45	55	217
	40CrMnMo	25	850	—	油	600	水、油	980	785	10	45	63	217
CrMnTi	20CrMnTi	15	880	870	油	200	水、空	1080	850	10	45	55	217
	30CrMnTi	试样	880	850	油	200	水、空	1470	—	9	40	47	229
CrNi	20CrNi	25	850	—	水、油	460	水、油	785	590	10	50	63	197
	40CrNi	25	820	—	油	500	水、油	980	785	10	45	55	241
	45CrNi	25	820	—	油	530	水、油	980	785	10	45	55	255
	50CrNi	25	820	—	油	500	水、油	1080	835	8	40	39	255
	12CrNi2	15	860	780	水、油	200	水、空	785	590	12	50	63	207

钢组	牌号	试样毛坯尺寸/mm	热处理					力学性能					钢材退火或高温回火供应状态布氏硬度 HBW100/3000
			淬火			回火		R_m/MPa	R_{eL}/MPa	A(%)	Z(%)	KU_2/J	
			加热温度/℃		冷却剂	加热温度/℃	冷却剂						
			第一次淬火	第二次淬火				≥					≤
CrNi	12CrNi3	15	860	780	油	200	水、空	930	685	11	50	71	217
	20CrNi3	25	830	—	水、油	480	水、油	930	735	11	55	78	241
	30CrNi3	25	820	—	油	500	水、油	980	785	9	45	63	241
	37CrNi3	25	820	—	油	500	水、油	1130	980	10	50	47	269
	12Cr2Ni4	15	860	780	油	200	水、空	1080	835	10	50	71	269
	20Cr2Ni4	15	880	780	油	200	水、空	1180	1080	10	45	63	269
CrNiMo	20CrNiMo	15	850		油	200	空	980	785	9	40	47	197
	40CrNiMo	25	850		油	600	水、油	980	835	12	55	78	269
CrMnNiMo	18CrMnNiMo	15	830		油	200	空	1180	885	10	45	71	269
CrNiMoV	45CrNiMoV	试样	860		油	460	油	1470	1330	7	35	31	269
CrNiW	18Cr2Ni4W	15	950	850	空	200	水、空	1180	835	10	45	78	269
	25Cr2Ni4W	25	850	—	油	550	水、油	1080	930	11	45	71	269

注:1. 表中所列热处理温度允许调整范围:淬火±15℃,低温回火±20℃,高温回火±50℃。

2. 硼钢在淬火前可先经正火,正火温度应不高于其淬火温度,铬锰钛钢第一次淬火可用正火代替。

3. 拉伸试验时试样不能发现屈服,无法测定屈服强度 R_{eL} 情况下,可以测规定残余延伸强度 $R_{r0.2}$。

4. 硫、磷、铜含量低于下列表中数值,热压力加工用钢铜的质量分数不大于 0.20%。

钢类	P	S	Cu	Cr	Ni	Mo	—
	≤						
优质钢	0.035	0.035	0.30	0.30	0.30	0.15	—
高级优质钢	0.025	0.025	0.25	0.30	0.30	0.10	牌号后加 A
特级优质钢	0.025	0.015	0.25	0.30	0.30	0.10	牌号后加 E

5. 表中所列力学性能适用于截面尺寸不大于 80mm 的钢材。尺寸大于 80～100mm 的钢材,允许其断后伸长率、断面收缩率及冲击吸收功较表中的规定分别降低 1%(绝对值)、5%(绝对值)及 5%;尺寸大于 100～150mm 的钢材,允许其断后伸长率、断面收缩率及冲击吸收功分别降低 2%(绝对值)、10%(绝对值)及 10%;尺寸大于 150～250mm 的钢材,允许其断后伸长率、断面收缩率及冲击吸收功分别降低 3%(绝对值)、15%(绝对值)及 15%。

6. 尺寸大于 80mm 的钢材允许将取样用坯改锻(轧)成截面 70～80mm 后取样。检验结果应符合表中规定。

表 5-13 　　　　　　　　　　 **合金钢的特性及其用途**(对照表 5-12 的数据)

合金钢牌号	特 性 及 其 用 途
20Mn2	截面小时相当于 20Cr 钢,可用于制造渗碳小齿轮、小轴、活塞销、缸套等,渗碳后硬度 54～62HRC
30Mn2	用于制造冷镦的螺栓或截面较大的调质零件
35Mn2	截面小时(≤15mm)与 40Cr 相当,用于制造载重汽车的各种冷墩重要螺栓及小轴等,表面淬火硬度 40～50HRC
40Mn2	直径在 50mm 以下时,可以代替 40Cr,用于制造重要螺栓及零件,一般调质使用

合金钢牌号	特 性 及 其 用 途
45Mn2	强度、耐磨性和淬透性很高，调质后有良好的力学性能，截面尺寸（直径）在 50mm 以下时，可以代替 40Cr，表面淬火硬度 45～55HRC
50Mn2	用于汽车花键轴，重型机械的内齿轮、齿轮轴等零件，截面尺寸（直径）小于 80mm 时，可以代替 45Cr
20MnV	相当于 20CrNi，常作为渗碳钢，还可以用于制造高压容器、冷冲压件等
27SiMn	低淬透性调质钢，调质状态下用于要求高韧性和耐磨性的热冲压件，也可在正火或热轧状态下使用，如拖拉机履带销等
35SiMn	低温冲击韧度要求不太高时可以代替 40Cr 做调质件，耐磨及耐疲劳性较好。适于做轴、齿轮及使用温度在 430℃ 以下的重要紧固件
42SiMn	主要性能与 35SiMn 相同，主要用于制造截面较大需要表面淬火的零件，如齿轮、轴等
20SiMn2MoV 25SiMn2MoV	可以代替调质状态下使用的 35CrMo，35CrNiMoA 等钢材。常用于制造石油机械中的吊环、吊卡等
37SiMn2MoV	有较好的淬透性，综合力学性能好，低温韧性良好，有较高的高温强度，用于制造大型轴、齿轮和高压容器，表面淬火硬度 50～55HRC
40B	淬透性及强度稍高于 40 钢，可用于大截面的调质零件，可以代替 40Cr 用于制造要求不高的小尺寸零件
45B	淬透性、强度、耐磨性稍高于 45 钢，用于制造截面比 45 钢稍大，要求较高的调质件，还可以代替 40Cr 用于制造小尺寸零件
50B	主要用于代替 50Mn 和 50Mn2 制造要求强度高，截面不大的调质零件
40MnB	性能接近 40Cr 常用于制造汽车、拖拉机等中小截面的重要调质零件或截面较大的轴
45MnB	代替 40Cr、45Cr、45Mn2 制造要求耐磨的中小截面的调质件和高频淬火零件
20MnMoB	代替 20CrMnTi 和 12CrNi3A 制造心部强度要求高的中等载荷的汽车、拖拉机零件
15MnVB	淬火后低温回火，制造重要的螺栓，如汽车内燃机的连杆螺栓、气缸盖螺栓等，代替 40Cr 调质件，也可作中等载荷小尺寸的渗碳零件
20MnVB	代替 20CrMnTi、20CrNi 和 20Cr 制造模数较大，载荷较重的中小尺寸渗碳件，如重型机床上的齿轮与轴、汽车后桥齿轮等
40MnVB	调质后综合力学性能优于 40Cr，用于代替 40Cr、42CrMo、40CrNi、42CrNi 制造汽车和机床上的重要调质件，如轴、齿轮等
20MnTiB	代替 20CrMnTi 制造要求较高的渗碳零件，如汽车上面截面较小，中等载荷的齿轮
25MnTiBRE	有较高的弯曲强度，接触疲劳强度，可代替 20CrMnTi、20CrMnMo、20CrMo，广泛用于中等载荷的拖拉机渗碳件，如齿轮、使用性能优于 20CrMnTi
15Cr 20Cr	制造截面尺寸小于 30mm，形状简单，心部的强度和韧性要求较高，要求耐磨的渗碳或氰化零件，如齿轮、凸轮、活塞销等，渗碳表面硬度 56～62HRC
30Cr 35Cr	用于制造磨损及冲击载荷条件下工作的重要零件，如轴、滚子、齿轮及重要的螺栓等

合金钢牌号	特 性 及 其 用 途
40Cr	调质后有良好的综合力学性能，应用广泛，用于轴类零件及曲轴、汽车转向节、连杆、齿轮等，齿面淬火硬度 48～55HRC
45Cr	用于制造拖拉机离合器、齿轮、柴油机连杆、螺栓、推杆等
50Cr	用于制造强度和耐磨性要求高的轴，齿轮、油膜轴承的轴套等
38CrSi	比 40Cr 的淬透性好、低温冲击韧性较高，一般用于制造直径为 30～40mm，强度和耐磨性要求较高的零件，如汽车、拖拉机的轴、齿轮、气阀等
12CrMo	用于蒸汽温度达 510℃的主汽管，管壁温度≤540℃的蛇形管、导管
15CrMo	
20CrMo	强度和韧性较高，在 500℃以下有足够的高温强度，焊接性能好，用于轴、活塞连杆等
30CrMo	调质后有很好的综合力学性能，550℃以下有较高强度，用于制造截面较大的零件，如主轴、高负荷螺栓等，500℃以下受高压的法兰和螺栓，尤其适用于 29MPa，400℃条件下工作的管道与紧固件
35CrMo	强度、韧性、淬透性高，用作大截面齿轮和重型传动轴，汽轮发电机主轴、锅炉上 400℃以下的螺栓、500℃以下的螺母，可代替 40CrNi，表面淬火硬度 40～45HRC
42CrMo	淬透性比 35CrMo 高，调质后有较高的疲劳极限和抗多次冲击能力，低温冲击韧度好。表面淬火硬度 54～60HRC
12CrMoV	用于制造蒸汽温度达 540℃的热力管道、汽轮机隔板等；管壁温度＜570℃的过热蒸汽管等
35CrMoV	用于制造承受高应力的零件，如 500℃以下长期工作的汽轮机转子的叶轮
12Cr1MoV	同 12CrMoV，但抗氧化性与热强度比 12CrMoV 好
25Cr2MoV	汽轮机整体转子套筒、主汽阀、蒸汽温度在 535～550℃的螺母及 530℃以下的螺栓、氮化零件如阀杆、齿轮等
25Cr2Mo1V	蒸汽温度在 565℃的汽轮机前气缸、螺栓、阀杆等
38CrMoAl	高级氮化钢，用于高耐磨性、高疲劳强度、高尺寸精度的氮化零件，如阀杆、阀门、气缸套、橡胶塑料挤压机等，渗氮后表面硬度达 1000～1200HV
40CrV	用于制造重要零件，如曲轴、齿轮、双头螺栓、机车连杆等
50CrV	蒸汽温度＜400℃的重要零件，及负荷大、疲劳强度高的大型弹簧
15CrMn	用于制造齿轮、蜗杆、塑料模具、汽轮机密封轴套等
20CrMn	用于制造无级变速器、摩擦轮、齿轮与轴。性能相当于 20CrNi 钢，热处理后性能比 20Cr 好
40CrMn	用于制造在高速与高弯曲负荷下工作的齿轮轴、齿轮、水泵转子、高压容器螺栓等
20CrMnSi	强度和韧性较高的低碳合金钢，用于制造要求强度较高的焊接件和要求韧性较高的拉力件
25CrMnSi	用于制造重要的焊接件和冲压件
30CrMnSi	淬火、回火后具有很高的强度和韧性，淬透性好，用于在震动负荷下工作的焊接结构和铆接结构，如高压鼓风机叶片，高速高负荷的砂轮轴、齿轮、链轮、离合器等
35CrMnSi	强度比 30CrMnSiA 高许多，而韧性下降不明显，其他特性和 30CrMnSiA 相同，用于制造重负荷、中等转速的高强度零件，如高压鼓风机叶轮、飞机上高强度零件
20CrMnMo	高级渗碳钢，渗碳淬火后具有较高的抗弯强度和耐磨性，良好的低温冲击韧度，用于制造齿轮、凸轮轴、连杆、活塞销等，渗碳表面硬度≥56～62HRC
40CrMnMo	高级调质钢，调质后具有较高综合力学性能，淬透性好，有较高的回火稳定性，适宜制造截面较大的重负荷齿轮、齿轮轴、轴类零件，可代替 40CrNiMo

续表

合金钢牌号	特 性 及 其 用 途
20CrMnTi	用于制造渗碳零件，渗碳淬火后有良好的耐磨性和抗弯强度，有较高的低温冲击韧度，切削加工性能良好，如齿轮、齿轮轴
30CrMnTi	主要用于渗碳钢，强度和淬透性高，冲击韧度略低，用于制造截面在60mm以下、心部强度要求高的重要渗碳零件，如汽车、拖拉机上的主动锥齿轮、蜗杆等
20CrNi	高负荷下工作的重要渗碳件，如齿轮、轴、键、活塞销、花键轴等
40CrNi	调质后有好的综合力学性能，低温冲击韧度高，用于制造轴、齿轮等
45CrNi 50CrNi	性能基本与40CrNi相同，但具有更高的强度和淬透性，可用来制造截面尺寸较大的零件
12CrNi2	适用要求心部韧性高、强度不太高、受力较复杂的中、小型渗碳件、如齿轮、花键轴、活塞销等
12CrNi3	用于制造要求强度高、表面硬度高、韧性高的渗碳件，如齿轮、凸轮轴、万向联轴器十字头、液压泵转子等
20CrNi3	有好的综合力学性能，用于制造高负荷的零件，如齿轮、轴、蜗杆等
30CrNi3	性能基本同上，淬透性较好，用于制造重要的较大截面零件
37CrNi3	用于制造大截面、高负荷、受冲击的重要调质零件
12Cr2Ni4	用于制造截面较大、负荷较高，受变应力的重要渗碳件，如齿轮、蜗杆等
20Cr2Ni4	性能与12Cr2Ni4相近，但强度、韧性及淬透性高，用于制造承受高负荷的渗碳件
20CrNiMo	淬透性与20CrNi相近，可代替12CrNi3制心部韧度要求较高的渗碳件，如矿山牙轮钻头的牙爪与牙轮体
40CrNiMo	调质后有好的综合力学性能，低温冲击韧度很高，中等淬透性，用于锻造机的传动偏心轴、锻压机的曲轴等
45CrNiMoV	强度高，淬透性较高，主要用于制造承受高负荷的零件，如飞机起落架，中小型火箭壳体等
18Cr2Ni4W	渗碳钢，用于制造大截面、高强度而又需要良好韧性和缺口敏感性低的重要渗碳件，如大齿轮、花键轴等
25Cr2Ni4W	有优良的低温冲击韧度及淬透性，用于制造高负荷的调质件，如汽轮机主轴、叶轮等

5.2.3 特殊用途钢

1. 弹簧钢（见表5-14）

表 5-14   **弹簧钢的力学性能与特点应用**（GB/T 1222—2007）

牌 号	热 处 理			力学性能≥					特性和应用
	淬火温度 /℃	冷却剂	回火温度 /℃	R_{eL} /MPa	R_m /MPa	断后伸长率（%）		Z （%）	
						A	$A_{11.3}$		
65	840	油	500	785	980		9	35	在相同表面状态和完全淬透情况下，其疲劳强度不比合金弹簧钢差，价格低，应用广泛，屈强比（R_{eL}/R_m）比合金弹簧钢低，过载能力差，直径大于12～15mm淬透困难
70	830	油	480	835	1030		8	30	
85	820	油	480	980	1130		6	30	

牌 号	热 处 理			力学性能≥					特性和应用
	淬火温度 /℃	冷却剂	回火温度 /℃	R_{eL} /MPa	R_m /MPa	断后伸长率（%）		Z （%）	
						A	$A_{11.3}$		
65Mn	830	油	540	785	980		8	30	强度高，有回火脆性，制作较大尺寸的扁弹簧、坐垫弹簧、弹簧发条、弹簧环、气门簧、冷卷簧
55SiCrA	860	油	450	1300	1450～1750		6	25	可得到良好综合力学性能，用于制作汽车、拖拉机、机车车辆的板簧、螺旋弹簧，工作温度低于250℃的耐热弹簧，高应力的重要弹簧
55SiMnVB	860	油	460	1225	1375		5	30	
60Si2Mn	870	油	480	1180	1275		5	25	
60Si2MnA	870	油	440	1375	1570		5	20	
60Si2CrA	870	油	420	1570	1765	6		20	综合力学性能好，强度高，冲击韧度高，制作高负荷、耐冲击的重要弹簧，工作温度低于250℃的耐热弹簧
60Si2CrVA	850	油	410	1665	1860	6		20	
55CrMnA	830～860	油	460～510	$R_{p0.2}$1080	1225	9[①]		20	淬透性好，综合力学性能好，制作大尺寸断面较重要的弹簧
60CrMnA	830～860	油	460～520	$R_{p0.2}$1080	1225	9[①]		20	
50CrVA	850	油	500	1130	1275	10		40	综合力学性能较高，冲击韧度良好，制作大截面（50mm）高应力螺旋弹簧，工作温度低于300℃的耐热弹簧
60CrMnBA	830～860	油	460～520	$R_{p0.2}$1080	1225	9		20	强度高，淬透性好，疲劳寿命高，屈强比高，回火脆性不敏感，脱碳倾向小
30W4Cr2VA	1050～1100	油	600	1325	1470	7		40	高强度，耐热性好，淬透性高，用于制造锅炉安全阀用弹簧

注：1. 除规定热处理温度上下限外，表中热处理温度允许偏差为：淬火±20℃，回火±50℃。根据需方特殊要求，回火可按±30℃进行。

　　2. 30W4Cr2VA除抗拉强度外，其他性能结果供参考。

　　3. 表中性能适于截面尺寸不大于80mm的钢材。大于80mm的钢材，允许其断后伸长率、收缩率较表中规定分别降低1个单位及5个单位。

2. 滚动轴承钢（见表 5-15）

表 5-15 滚动轴承钢

牌 号		热 处 理			力学性质		特性和应用
		淬火温度 /℃	冷却剂	回火温度 /℃	α_{KU} /(J/cm²)	硬度 HRC	
高碳铬轴承钢 GB/T 18254—2016	GCr15	820~850	油	150			高碳铬轴承钢的代表性钢种，综合性能好，耐磨性好，接触疲劳强度高，但焊接性能差，有回火脆性。用于制造厚度≤12mm，外径≤250mm 的各种滚动轴承套圈，也用于制造机械零件如滚珠导轨、滚珠螺旋等
	GCr15SiMn	820~850	油	150			其淬透性、弹性极限、耐磨性等比 GCr15 高，加工性能稍差，焊接性能不好。用于制造大尺寸的轴承套圈，轴承零件的工作温度低于 180℃，还可以用于制造模具、量具、丝锥等
	GCr15SiMo	840~880	油	150			其淬透性、耐磨性比 GCr15 高，综合性能好，其他性能相近。用于制造大尺寸的轴承套圈、滚动体，还可以用于制造模具、精密量具和要求耐磨性的机械零件
	GCr18Mo	840~880	油	150			其淬透性比 GCr15 高，其他性能相近。用于制造厚度≤20mm 的轴承套圈
高碳铬不锈轴承钢 GB/T 3086—2008	9Cr18	1050~1100	油	150~160		58~62	切削性和冷冲压性能良好，导热性较差。常用于制造在海水、硝酸、化工石油、原子反应堆等环境下工作的滚动轴承，工作温度不超过 250℃，也可用于医用手术刀
	9Cr18Mo	1050~1100	油	150~160		≥58	
渗碳轴承钢 GB/T 3203—2016	G20CrNiMo	880 ±20　790 ±20	油	150~200			须经两次淬火处理（下同）。用于制造汽车、拖拉机受冲击载荷的滚动轴承零件
	G20Cr Ni2Mo	880 ±20　800 ±20	油	150~200			用于制造汽车、拖拉机受冲击载荷的滚动轴承零件
	G20Cr2Ni4	870 ±20　790 ±20	油	150~200			用于制造装置受冲击载荷的特大型轴承或受冲击载荷大、安全性要求高的中小型轴承
	G10Cr Ni3Mo	880 ±20　790 ±20	油	180~200			用于制造受冲击载荷大的中小型轴承
	G20Cr2 Mn2Mo	880 ±20　810 ±20	油	180~200			制造受高冲击载荷的特大型轴承或受冲击载荷大、安全性要求高的中小型轴承
无磁轴承钢	70Mn15CrA 13WMoV					48~50	沉淀硬化奥氏体钢，磁导率低，1.323×10^{-6} H/m 以下，强度和硬度较高

3. 工具钢（见表 5-16a 和表 5-16b）

表 5-16a   **工模具钢（刃具模具用非合金钢）**（GB/T 1299—2014）

牌 号	退火后钢的硬度 HBW ≤	热处理		特 性 和 应 用
		淬火温度及冷却剂 /℃	淬火后硬度 HRC ≤	
T7 T7A	187	800～820 水		淬火、回火之后有较高强度、韧性和相当的硬度、淬透性低、淬火变形大，用于制作受震动载荷，切削能力不高的各种工具，如小尺寸风动工具，木工用的凿和锯，压模、锻模、钳工工具、铆钉冲模、车床顶针、钻头等
T8 T8A	187	780～800 水		经淬火回火处理后，可得较高的硬度和耐磨性，但强度和塑性不高，淬透性低，热硬性低，用于制造切削工作中不变热、硬度和耐磨性较高的工具，如木工铣刀、埋头钻、锪钻、斧、凿、手锯、圆锯片，简单形状的模子、冲头、软金属切削刀具，钳工装配工具，铆钉冲模，虎钳口、弹性垫圈、弹簧片、销子等
T8Mn	187	780～800 水		性能与 T8、T8A 相近，但淬透性较好，可以制造截面较大的工具
T9 T9A	192	760～780 水	62	性能与 T8 相近，用于制作硬度、韧性较高，但不受强烈冲击震动的工具，如锉刀、丝锥、板牙、木工工具、切草机中切割零件，收割机中切割零件
T10 T10A	197	760～780 水		韧性较好、强度较高、耐磨性比 T8、T9 高，但热硬性低、淬透性不高，淬火变形较大，用作刃口锋利稍受冲击的各种工具，如车刀、刨刀、铣刀、切纸刀、冲模、冷镦模、拉丝模具、卡板量具、钻头、丝锥、板牙以及受冲击不大的耐磨零件
T11 T11A	207	760～780 水		具有较好的韧性、耐磨性和较高的强度、硬度，但淬透性低、热硬性差，淬火变形大，用于制造钻头、丝锥、板牙、锉刀、扩孔铰刀、量规、木工工具、手用金属锯条，形状简单的冲头和尺寸不大的冷冲模
T12 T12A	207	760～780 水		具有高硬度、高耐磨性，但韧性较低，热硬性差、淬透性不好，淬火变形大，用于制造冲击小，切削速度不高的各种高硬度工具，如铣刀、车刀、钻头、铰刀、丝锥、板牙、刮刀、刨刀、剃刀、锯片和要求高硬度的机械零件
T13 T13A	217	760～780 水		碳素工具钢中硬度和耐磨性最好的，但韧性差，不能受冲击，用于制造要求高硬度不受冲击的工具，如刮刀、剃刀、拉丝工具、刻锉刀纹的工具、硬石加工用工具，雕刻用工具

表 5-16b   **工模具钢**（GB/T 1299—2014）

类 别	牌 号	交货状态 HBW	试样淬火			特 性 和 应 用
			淬火温度 /℃	冷却剂	HRC ≥	
量具刃具用钢	9SiCr	241～197	820～860	油	62	ϕ45mm～ϕ50mm 的工件在油中可淬透，耐磨性好，热处理变形小，但脱碳倾向较大，适用于切削不剧烈，且变形小的刃具，如板牙、丝锥、钻头、铰刀、拉刀、齿轮铣刀等，还可用作冷冲模、冷轧辊
	8MnSi	≤229	800～820	油	60	韧性、淬透性与耐磨性均优于碳素工具钢，多用作木工凿子、锯条及其他木工工具，小尺寸热锻模与冲头，拔丝模、冷冲模及切削工具
	Cr06	241～187	780～810	水	64	淬火后的硬度和耐磨性都很高，淬透性不好，较脆，多经冷轧成薄钢板后，用于制作剃刀、刀片及外科医疗刀具，也可用作刮刀、刻刀、锉刀等

续表

类　别	牌　号	交货状态 HBW	试样淬火			特性和应用
			淬火温度 /℃	冷却剂	HRC ≥	
量具刃具用钢	Cr2	229～179	830～860	油	62	淬火后的硬度很高，淬火变形不大，高温塑性差，多用于低速、加工材料不很硬的切削刀具，如车刀、插刀、铣刀、铰刀等，还可用作量具、样板、量规、钻套和拉丝模，还可作大尺寸的冷冲模
	9Cr2	217～179	820～850		62	
	W	229～187	800～830	水	62	淬火后的硬度和耐磨性较碳素工具钢好，热处理变形小，水淬不易开裂，多用于工作温度不高、切削速度不大的刀具，如小型麻花钻、丝锥、板牙、铰刀、锯条等
耐冲击工具用钢	4CrW2Si	217～179	860～900	油	53	高温时有较好的强度和硬度，韧性较高，适用于剪切机刀片、冲击振动较大的风动工具、中应力热锻模
	5CrW2Si	255～207	860～900	油	55	特征同4CrW2Si，但在650℃时硬度稍高，用于空气锤工具，铆钉工具、冷冲模、冲孔、穿孔工具（热加工用）热锻模、易熔金属压铸模
	6CrW2Si	285～229	860～900	油	57	特性同5CrW2Si，但在650℃时硬度可达43～45HRC，用于重载荷下工作的冲模、压模、风动凿子等，高温压铸轻合金的顶头、热锻模等
冷作模具钢	Cr12	269～217	950～1000	油	60	高碳高铬钢，具有高强度、高耐磨性和淬透性，淬火变形小，较脆，多用于制造耐磨性能高不承受冲击的模具及加工不硬材料的刃具，如车刀、铰刀、冷冲模、冲头及量规、样板、量具、偏心轮、冷轧辊、钻套和拉丝模等
	Cr12MoV	255～207	950～1000	油	58	淬透性、淬火回火后的强度、韧性比Cr12高，截面为300～400mm以下的工件可完全淬透，耐磨性和塑性也较好、变形小，与Cr12一样其高温塑性差，适用于制作各种铸、锻模具，如各种冲孔凹模，切边模、拉丝模、螺纹搓丝板、标准工具和量具
	9Mn2V	≤229	780～810	油	62	淬透性和耐磨性比碳素工具钢高、淬火后变形小，适用于制作各种变形小、耐磨性高的精密丝杠、磨床主轴、样板、凸轮、块规、量具及丝锥、板牙、铰刀以及压铸轻金属及合金的推入装置
	CrWMn	255～207	800～830	油	62	淬透性、耐磨性高，韧性较好，淬火后的变形比CrMn钢更小，多用于制造长而形状复杂的切削刀具，如拉刀、长铰刀、量规及形状复杂、高精度的冷冲模
	9CrWMn	241～197	800～830	油	62	特性与CrWMn相似，由于含碳量稍低，在碳化物偏析上比CrWMn好些，因而力学性能更好，其应用与CrWMn相同
	Cr4W2MoV	≤269	960～980 1020～1040	油	60	系我国自行研制的冷作模具钢，具有较高的淬透性、淬硬性、良好的力学性能和尺寸稳定性，用于制造冷冲模、冷挤压模、搓丝板等，也可作1.5～6.0mm弹簧板
	6W6Mo5Cr4V	≤269	1180～1200	油	60	是我国自行研制的适合于钢铁材料挤压用的模具钢，具有高强度、高硬度、耐磨性及抗回火稳定性，有良好的综合性能，适用于作冲头、模具

续表

类　别	牌　号	交货状态 HBW	试样淬火			特性和应用
			淬火温度 /℃	冷却剂	HRC ≥	
热作模具钢	5CrMnMo	241～197	820～850	油		不含镍的锤锻模具钢，具有良好的韧性、强度和高耐磨性，对回火脆性不敏感，淬透性好，适用于作中、小型热锻模（边长≤300～400mm）
	5CrNiMo	241～197	830～860	油		特性与5CrMnMo相近，高温下强度、韧性及耐热疲劳性高于5CrMnMo，适用于作形状复杂、冲击负荷重的各种中、大型锤锻模
	3Cr2W8V	≤255	1075～1125	油		为常用的压铸模具钢，有高韧性和良好的导热性，高温下有高硬度、强度，耐热疲劳性良好，淬透性较好，断面厚度≤100mm，适于作高温、高应力但不受冲击的压模，如平锻机上的凸凹模、铜合金挤压模等
	8Cr3	255～207	850～880	油		是一种热顶锻模具钢，淬透性较好，多用于制造冲击载荷不大，500℃以下，磨损条件下的磨具，如热切边模、螺栓及螺钉热顶模
无磁模具钢	7Mn15Cr2Al 3V2WMo	1170～1190 固溶 650～700 时效		水空	45	磁导率应小于 1.01H/m，硬度不小于45HRC
塑料模具钢	3Cr2Mo 3Cr2MnNiMo					

4. 非调质钢

非调质钢（GB/T 15712—2016）是为了节约能源而开发的不需要进行调质处理的钢材。它是在碳素结构钢工合金结构钢中的加入微量的 V、Ti、Nb、N 等元素，进行"微合金化"。用它制造的机械零件，锻造以后控制冷却，即可得到要求的力学性能，直接使用，省去热处理的步骤。国外 30% 以上的汽车零件已经采用非调质钢。国内汽车也使用了大量的非调质钢。我国非调质钢的牌号和化学成分见表5-17，力学性能见表 5-18。

按国家标准 GB/T 15712—2016 的规定，非调质钢材按使用加工方法分为两类：

（1）直接切削加工用非调质机械结构钢 UC 直径或边长不大于 60mm 钢材的力学性能应符合表5-18 的规定，直径不大于 16mm，或边长不大于12mm 的方钢不作冲击试验，直径或边长大于 60mm的钢材力学性能由供需双方协商。

（2）热压力加工用非调质机械结构钢 UHP 根据供需双方要求可检验力学性能及硬度，其试验方法和验收指标由供需双方协商。但直径不小于 60mm的 F12Mn2VBS 钢，应先改锻成直径 30mm 圆径，经 450～650℃回火，其力学性能应符合抗拉强度 R_m ≥685MPa，下屈服强度 R_{eL}≥490MPa，断后伸长率 A≥16%，断面收缩率 Z≥45%。

表 5-17　　　　　　　　非调质钢的化学成分（GB/T 15712—2016）

序号	统一数字代号	牌　号	化学成分（质量分数，%）									
			C	Si	Mn	S	P	V	Cr	Ni	Cu②③	其他③
1	L22358	F35VS	0.32～0.39	0.15～0.35	0.60～1.00	0.035～0.075	≤0.035	0.06～0.13	≤0.30	≤0.30	≤0.30	Mo≤0.05
2	L22408	F40VS	0.37～0.44	0.15～0.35	0.60～1.00	0.035～0.075	≤0.035	0.06～0.13	≤0.30	≤0.30	≤0.30	Mo≤0.05
3	L22468	F45VS①	0.42～0.49	0.15～0.35	0.60～1.00	0.035～0.075	≤0.035	0.06～0.13	≤0.30	≤0.30	≤0.30	Mo≤0.05
4	L22308	F30MnVS	0.26～0.33	0.30～0.60	1.20～1.60	0.035～0.075	≤0.035	0.08～0.15	≤0.30	≤0.30	≤0.30	Mo≤0.05
5	L22378	F35MnVS①	0.32～0.39	0.30～0.60	1.00～1.50	0.035～0.075	≤0.035	0.06～0.13	≤0.30	≤0.30	≤0.30	Mo≤0.05

续表

序号	统一数字代号	牌 号	化学成分（质量分数,%）									
			C	Si	Mn	S	P	V	Cr	Ni	Cu②③	其他③
6	L22388	F38MnVS	0.35~0.42	0.30~0.80	1.20~1.60	0.035~0.075	≤0.035	0.08~0.15	≤0.30	≤0.30	≤0.30	Mo≤0.05
7	L22428	F40MnVS①	0.37~0.44	0.30~0.60	1.00~1.50	0.035~0.075	≤0.035	0.06~0.13	≤0.30	≤0.30	≤0.30	Mo≤0.05
8	L22478	F45MnVS	0.42~0.49	0.30~0.60	1.00~1.50	0.035~0.075	≤0.035	0.06~0.13	≤0.30	≤0.30	≤0.30	Mo≤0.05
9	L22498	F49MnVS	0.44~0.52	0.15~0.60	0.70~1.00	0.035~0.075	≤0.035	0.08~0.15	≤0.30	≤0.30	≤0.30	Mo≤0.05
10	L27128	F12Mn2VBS	0.09~0.16	0.30~0.60	2.20~2.65	0.035~0.075	≤0.035	0.06~0.12	≤0.30	≤0.30	≤0.30	B 0.001~0.004

① 当硫含量只有上限要求时，牌号尾部不加"S"。
② 热压力加工用钢的铜含量不大于 0.20%。
③ 为了保证钢材的力学性能，允许偏差钢中添加氮推荐含氮量为 0.008%~0.020%。

表 5-18　　　　直接切削加工用非调质机械结构钢的力学性能（GB/T 15712—2016）

序号	统一数字代号	牌 号	钢材直径或边长/mm	抗拉强度 R_m/MPa	下屈服强度 R_{eL}/MPa	断后伸长率 A(%)	断面收缩率 Z(%)	冲击吸收功能量 KU_2/J
1	L22358	F35VS	≤40	≥590	≥390	≥18	≥40	≥47
2	L22408	F40VS	≤40	≥640	≥420	≥16	≥35	≥37
3	L22468	F45VS	≤40	≥685	≥440	≥15	≥30	≥35
4	L22308	F3OMnVS①	≤60	≥700	≥450	≥14	≥30	实测
5	L22378	F35MnVS	≤40	≥735	≥460	≥17	≥35	≥37
			>40~60	≥710	≥440	≥15	≥33	≥35
6	L22388	F38MnVS①	≤60	≥800	≥520	≥12	≥25	实测
7	L22428	F40MnVS	≤40	≥785	≥490	≥15	≥33	≥32
			>40~60	≥760	≥470	≥13	≥30	≥28
8	L22478	F45MnVS	≤40	≥835	≥510	≥13	≥28	≥28
			>40~60	≥810	≥490	≥12	≥28	≥25
9	L22498	F49MnVS①	≤60	≥780	≥450	≥8	≥20	实测

① F30MnMS、F38MnVS、F49MnVS 钢的冲击吸收能量报实测数据，不作判定依据。

5.2.4　钢的型材、板材、管材和线材

1. 热轧圆钢和方钢（见表 5-19 和表 5-20）

表 5-19　　　　热轧圆钢、方钢尺寸和重量（GB/T 702—2017）

截面形状	碳钢理论重量（每米长）G/(kg/m)	d 或 a 的尺寸系列/mm
	$G=6.165\times10^{-3}\times d^2$	5.5、6、6.5、7、8、9、10、11、12、13、14、15、16、17、18、19、20、21、22、23、24、25、26、27、28、29、30、31、32、33、34、35、36、38、40、42、45、48、50、53、55、56、58、60、63、65、68、70、75、80、85、90、95、100、105、110、115、120、125、130、140、145、150、155、160、165、170、180、190、200、210、220、230、240、250、260、270、280、290、300、310
	$G=7.85\times10^{-3}\times a^2$	

2. 热轧六角钢和八角钢（见表5-20）

表 5-20　　　　热轧六角钢和八角钢尺寸和允许偏差（GB/T 702—2017）

对边距离 S/mm	允许偏差/mm		
	1级	2级	3级
8、9、10、11、12、13、14、15、16*、17、18*、19、20*	±0.25	±0.35	±0.40
21、22*、23、24、25*、26、27、28*、30*	±0.30	±0.40	±0.50
32*、34*、36*、38*、40*、42、45、48、50	±0.40	±0.50	±0.60
53、56、58、60、63、65、68、70	±0.60	±0.70	±0.80

注：1. 每米长理论重量 G，六角钢 $G = 6.798 \times 10^{-3} S^2/$(kg/m)，八角钢 $G = 6.503 \times 10^{-3} S^2/$(kg/m)，式中，$S$ 的单位为 mm。

　　2. 六角钢规格有全部表列 S 尺寸，八角钢只有带 * 的尺寸。

　　3. 普通钢长度 3～8m，优质钢长度 2～6m。

3. 冷轧圆钢、方钢和六角钢（见表5-21）

表 5-21　　　　冷轧圆钢、方钢和六角钢尺寸（GB/T 905—1994）　　　（单位：mm）

冷轧圆钢直径，方钢对边距	冷轧六角钢对边距
3、3.2、3.5、4、4.5、5、5.5、6、6.5、7、7.5、8、8.5、9、9.5、10、10.5、11、11.5、12、13、14、15、16、17、18、19、20、21、22、24、25、26、28、30、32、34、35、38、40、42、45、48、50、52、56、60、63、67、70、75、80	3、3.2、3.5、4、4.5、5、5.5、6、6.5、7、8、9、10、11、12、13、14、15、16、17、18、19、20、21、22、24、25、26、28、30、32、34、36、38、40、42、45、48、50、52、55、60、65、70、75、80

4. 钢管

(1) 钢管每米长理论重量计算公式

$$G = \pi \times 10^{-3} \gamma \delta (d - \delta)$$

近似计算可用 $G = \pi \times 10^{-3} \gamma d \delta$

式中　G——圆钢管每米长理论重量（kg/m）；

　　　γ——钢管材料密度（kg/dm³）；

　　　d——圆钢外径（mm）；

　　　δ——圆钢管壁厚（mm）。

对碳钢管：

$$G = 24.66 \times 10^{-3} d\delta \qquad (5-1)$$

(2) 无缝钢管的尺寸规格（GB/T 17395—2008）

用于无缝钢管直径和壁厚的通用规格，钢管的外径分为三个系列，第一系列为标准化钢管；第二系列为非标准化为主的钢管；第三系列为特殊用途的钢管。

普通无缝钢管的尺寸规格见表5-22，重量按式(5-1)计算。不锈钢无缝钢管尺寸系列见表5-23。

表 5-22　　　　普通无缝钢管的尺寸规格（GB/T 17395—2008）　　　（单位：mm）

外径			壁厚尺寸	外径			壁厚尺寸
系列1	系列2	系列3		系列1	系列2	系列3	
	6		0.25～2.0	34 (33.7)	32 (31.8)	30	0.40～8.0
	7、8		0.25～2.5 (2.6)				
	9		0.25～2.8			35	0.40～9.0 (8.8)
10 (10.2)	11		0.25～3.5 (3.6)		38、40		0.40～10
13.5	12、13 (12.7)	14	0.25～4.0	42 (42.4)			1.0～10
				48 (48.3)	51	45 (44.5)	1.0～12 (12.5)
					57	54	1.0～14 (14.2)
17 (17.2)	16	18	0.25～5.0	60 (60.3)	63 (65.5)、65、68		1.0～16
	19、20		0.25～6.0				
21 (21.3)		22	0.40～6.0		70		1.0～17 (17.5)
27 (26.9)	25、28	25.4	0.40～7.0 (7.1)			73	1.0～19

续表

外径			壁厚尺寸	外径			壁厚尺寸
系列1	系列2	系列3		系列1	系列2	系列3	
76 (76.1)			1.0~20	219 (219.1)			6.0~55
	77, 80		1.4~20			232, 245 (244.5) 267 (267.4)	6.0~65
	85	83 (82.5)	1.4~22 (22.2)				
89 (88.9)	95		1.4~24	273			6.5 (6.3) ~65
	102 (101.6)		1.4~28	325 (323.9)	209		7.5~65
		108	1.4~30			340 (339.7) 351	8.0~65
114 (114.3)			1.5~30				
	121		1.5~32	356 (355.6) 406 (406.4) 457 508 610	560 (559) 660	377 402 426 450 480 500 530 630	9.0 (8.8) ~ 65
	133		2.5 (2.6) ~36				
140 (139.7)		142 (141.3)	2.9 (3.0) ~36				
	146	152 (152.4)	2.9 (3.0) ~40				
168 (168.3)		159	3.5 (3.6) ~45				
		180 (177.8) 194 (193.7)	3.5 (3.6) ~50				
	203		3.5 (3.6) ~55				

壁厚尺寸系列：0.25、0.30、0.40、0.50、0.60、0.80、1.0、1.2、1.4、1.6、1.8、2.0、2.2 (2.1)、2.5 (2.6)、2.8、2.9 (3.0)、3.2、3.5 (3.6)、4.0、4.5、5.0、5.4 (5.5)、6.0、6.3 (6.5)、7.0 (7.1)、7.5、8.0、8.5、8.8 (9.0)、9.5、10、11、12 (12.5)、13、14 (14.2)、15、16、17 (17.5)、18、19、20、22 (22.2)、24、25、26、28、30、32、34、36、38、40、42、45、48、50、55、60、65

表 5-23		不锈钢无缝钢管尺寸规格（GB/T 17395—2008）				（单位：mm）	

外径			壁厚尺寸	外径			壁厚尺寸
系列1	系列2	系列3		系列1	系列2	系列3	
	6,7,8,9		0.5~1.2	60(60.3)	57,64 (63.5)		1.0~10
10(10.2)	12		0.5~2.0				
13(13.5)	12.7		0.5~3.2	76(76.1)	68,70,73		1.6~12
		14	0.5~3.5	89(88.9), 114(114.3)	95, 102(101.6), 108,127,133	83(82.5)	1.6~14
17(17.2)	16		0.5~4.0				
	19,20	18	0.5~4.5	140(139.7)	146,152, 159		1.6~16
21(21.3)	24	22	0.5~5.0				
27(26.9)	25	25.4	1.0~6.0	168(168.3)			1.6~18
34(33.7)	32(31.8), 38,40	30,35	1.0~6.5			180,194	2.0~18
42(42.4)			1.0~7.5	219(219.1), 273	245		2.0~28
48(48.3)		45(44.5)	1.0~8.5	325(328.9), 356(355.6), 406(406.4)	351,377		2.5~28
	51		1.0~9.0			426	3.2~20

壁厚尺寸系列：0.5、0.6、0.7、0.8、0.9、1.0、1.2、1.4、1.5、1.6、2.0、2.2(2.3)、2.5(2.6)、2.8(2.9)、3.0、3.2、3.5(3.6)、4.0、4.5、5.0、5.5(5.6)、6.0、6.5(6.3)、7.0(7.1)、7.5、8.0、8.5、9.0(8.8)、9.5、10、11、12(12.5)、14(14.2)、15、16、17(17.5)、18、20、22(22.2)、24、25、26、28

注：1. 外径 189~377mm 的各种钢管，没有壁厚为 6mm 规格。

　　2. 括号内尺寸表示相应的英制规格。

（3）结构用无缝钢管（见表 5-24）。

表 5-24a 结构用无缝钢管外径和壁厚的允许偏差 （GB/T 8162—2018）

钢管种类	钢管尺寸		允许偏差
热轧（扩）钢管	直径 D	壁厚 S	±1%D 或±0.5，取其中较大者
冷拔（轧）钢管			±0.75%D 或±0.3，取其中较大者
热轧钢管	$D≤102$		±12.5%S 或±0.4，取其中较大者
	$D>102$	$S/D≤0.05$	±15%S 或±0.4，取其中较大者
		$S/D>0.05～0.10$	±12.5%S 或±0.4，取其中较大者
		$S/D>0.10$	+12.5%S −10%S
热扩钢管			±15%S
冷拔（轧）钢管		$S≤3$	+15%S −10%S 或±0.15，取其中较大者
		$S>3～10$	+12.5%S −10%S
		$S>10$	±10%S

表 5-24b 优质碳素结构钢、低合金高强度结构钢钢管的力学性能 （GB/T 8162—2018）

序 号	牌 号	抗拉强度 R_m /MPa	屈服点 R_{eL}/MPa			断后伸长率 A （%）
			钢管壁厚			
			≤16mm	>16~30mm	>30mm	
			不 小 于			
1	10	335	205	195	185	24
2	20	410	245	235	225	20
3	35	510	305	295	285	17
4	45	590	335	325	315	14
5	Q345	470～630	345	325	295	21

注：1. D 为钢管外径。

2. 压扁试验的平板间距（H）最小值应是钢管壁厚的 5 倍。

表 5-24c 合金钢钢管的力学性能 （GB/T 8162—2018）

序号	牌 号	热 处 理					力学性能			钢管退火或高温回火供应状态布氏硬度 HBW
		淬 火			回 火		抗拉强度 R_m /MPa	屈服点 R_{eL} /MPa	断后伸长率 A （%）	
		温度/℃		冷却剂	温度 /℃	冷却剂				
		第一次淬火	第二次淬火				≥			≤
1	40Mn2	840	—	水、油	540	水、油	885	735	12	217

续表

序号	牌号	热处理					力学性能			钢管退火或高温回火供应状态布氏硬度 HBW
		淬火			回火		抗拉强度 R_m /MPa	屈服点 R_{eL} /MPa	断后伸长率 A （%）	
		温度/℃		冷却剂	温度 /℃	冷却剂				
		第一次淬火	第二次淬火				≥			≤
2	45Mn2	840	—	水、油	550	水、油	885	735	10	217
3	27SiMn	920	—	水	450	水、油	980	835	12	217
4	40MnB	850	—	油	500	水、油	980	785	10	207
5	45MnB	840	—	油	500	水、油	1030	835	9	217
6	20Mn2B	880[②]	—	油	200	水、空	980	785	10	187
7	20Cr	880[②]	800	水、油	200	水、空	835[①]	540[①]	10[①]	179
							785[①]	490[①]	10[①]	179
8	30Cr	860	—	油	500	水、油	885	685	11	187
9	35Cr	860	—	油	500	水、油	930	735	11	207
10	40Cr	850	—	油	520	水、油	980	785	9	207
11	45Cr	840	—	油	520	水、油	1030	835	9	217
12	50Cr	830	—	油	520	水、油	1080	930	9	229
13	38CrSi	900	—	油	600	水、油	980	835	12	255
14	20CrMo	880[②]	—	水、油	500	水、油	885[①]	685[①]	11[①]	197
							845[①]	635[①]	12[①]	197
15	35CrMo	850	—	油	550	水、油	980	835	12	229
16	42CrMo	850	—	油	560	水、油	1080	930	12	217
17	38CrMoAl	940	—	水、油	640	水、油	980[①]	835[①]	12[①]	229
							930[①]	785[①]	14[①]	229
18	50CrVA	860	—	油	500	水、油	1275	1130	10	255
19	20CrMn	850	—	油	200	水、空	930	735	10	187
20	20CrMnSi	880[②]	—	油	480	水、油	785	635	12	207
21	30CrMnSi	880[②]	—	油	520	水、油	1080[①]	885[①]	8[①]	229
							980[①]	835[①]	10[①]	229
22	35CrMnSiA	880[②]	—	油	230	水、空	1620	—	9	229
23	20CrMnTi	880[②]	870	油	200	水、空	1080	835	10	217
24	30CrMnTi	880[②]	850	油	200	水、空	1470	—	9	229
25	12CrNi2	860	780	水、油	200	水、空	785	590	12	207
26	12CrNi3	860	780	油	200	水、空	930	685	11	217
27	12CrNi4	860	780	油	200	水、空	1080	835	10	269
28	40CrNiMoA	850	—	油	600	水、油	980	835	12	269
29	45CrNiMoVA	860	—	油	460	油	1470	1325	7	269

注：1. 表中所列热处理温度允许调整范围：淬火±20℃，低温回火±30℃，高温回火±50℃。

2. 硼钢在淬火前可先正火，铬锰钛钢第一次淬火可用正火代替。

3. 对壁厚不大于5mm的钢管不做布氏硬度试验。

① 可按其中一种数据交货。

② 于280～320℃等温淬火。

（4）输送流体用无缝钢管（见表 5-25）。

表 5-25 **输送流体用无缝钢管的纵向力学性能**
（GB/T 8163—2018）

序号	牌号	抗拉强度 R_m /MPa	下屈服强度 R_{eL}/MPa	断后伸长率 A （%）
		≥		
1	10	335～475	205	24
2	20	410～530	245	20
3	Q345	470～630	345	21

注：钢管应逐根进行液压试验，试验压力按下式计算，最高压力不超过 19MPa。

$$p = \frac{2s[\sigma]}{D}$$

式中　p —— 试验压力（MPa）；
　　　s —— 钢管的公称壁厚（mm）；
　　　D —— 钢管的公称外径（mm）；
　　　$[\sigma]$ —— 允许应力，规定取屈服强度的 60%（MPa）。

在试验压力下，应保证耐压时间不少于 5s，钢管不得出现渗漏现象。

（5）结构用不锈钢无缝钢管（GB/T 14975—2002）和流体输送用不锈钢无缝钢管（见表 5-26 和表 5-27）的允许偏差和力学性能。

（6）低压流体输送用焊接钢管（见表 5-28～表5-30）。

表 5-26 **流体输送用不锈钢无缝钢管外径和壁厚的允许偏差**（GB/T 14976—2012）（单位：mm）

热轧（挤、扩）钢管				冷拔（轧）钢管			
尺　寸		允许偏差		尺　寸		允许偏差	
		普通级 PA	高级 PC			普通级 PA	高级 PC
公称外径 D	68～159	±1.25%D	±1%D	公称外径 D	6～10	±0.20	±0.15
					>10～30	±0.30	±0.20
					>30～50	±0.40	±0.30
					>50～219	±0.85%D	±0.75%D
	>159	±1.5%D			>219	±0.9%D	±0.8%D
公称壁厚 S	<15	+15%S −12.5%S	±12.5%S	公称壁厚 S	≤3	±12%S	±10%S
	≥15	+20%S −15%S			>3	+12.5%S −10%S	±10%S

表 5-27 **推荐热处理制度及钢管力学性能**（GB/T 14975—2012，GB/T 14976—2012）

组织类型	序号	牌　　号	推荐热处理制度	力学性能			密度/（kg/ dm³）
				R_m/MPa	$R_{p0.2}$/MPa	A（%）	
				不小于			
奥氏体型	1	0Cr18Ni9	1010～1150℃,急冷	520	205	35	7.93
	2	1Cr18Ni9	1010～1150℃,急冷	520	205	35	7.90
	3	00Cr19Ni10	1010～1150℃,急冷	480	175	35	7.93
	4	0Cr18Ni10Ti	920～1150℃,急冷	520	205	35	7.95
	5	0Cr18Ni11Nb	980～1150℃,急冷	520	205	35	7.98
	6	0Cr17Ni12Mo2	1010～1150℃,急冷	520	205	35	7.98
	7	00Cr17Ni14Mo2	1010～1150℃,急冷	480	175	35	7.98

续表

组织类型	序号	牌　号	推荐热处理制度	力学性能			密度/(kg/dm³)
				R_m/MPa	$R_{p0.2}$/MPa	A(%)	
				不小于			
奥氏体型	8	0Cr18Ni12Mo2Ti	1000～1100℃，急冷	530	205	35	8.00
	9	1Cr18Ni12Mo2Ti	1000～1100℃，急冷	530	205	35	8.00
	10	0Cr18Ni12Mo3Ti	1000～1100℃，急冷	530	205	35	8.10
	11	1Cr18Ni12Mo3Ti	1000～1100℃，急冷	530	205	35	8.10
	12	1Cr18Ni9Ti	1000～1100℃，急冷	520	205	35	7.90
	13	0Cr19Ni13Mo3	1010～1150℃，急冷	520	205	35	7.98
	14	00Cr19Ni13Mo3	1010～1150℃，急冷	480	175	35	7.98
	15	00Cr18Ni10N	1010～1150℃，急冷	550	245	40	7.90
	16	0Cr19Ni9N	1010～1150℃，急冷	550	275	35	7.90
	17	0Cr19Ni10NbN	1010～1150℃，急冷	685	345	35	7.98
	18	0Cr23Ni13	1030～1150℃，急冷	520	205	40	7.98
	19	0Cr25Ni20	1030～1180℃，急冷	520	205	40	7.98
	20	00Cr17Ni13Mo2N	1010～1150℃，急冷	550	245	40	8.00
	21	0Cr17Ni12Mo2N	1010～1150℃，急冷	550	275	35	7.80
	22	0Cr18Ni12Mo2Cu2	1010～1150℃，急冷	520	205	35	7.98
	23	00Cr18Ni14Mo2Cu2	1010～1150℃，急冷	480	180	35	7.98
铁素体型	24	1Cr17	780～850℃，空冷或缓冷	410	245	20	7.70
马氏体型	25	0Cr13	800～900℃，缓冷或750℃快冷	370	180	22	7.70
奥-铁双相型	26	0Cr26Ni5Mo2	≥950℃，急冷	590	390	18	7.80
	27	00Cr18Ni5Mo3Si2	920～1150℃，急冷	590	390	20	7.98

注：热挤压管的抗拉强度允许降低20MPa。

表 5-28　　　　低压流体输送用焊接钢管的公称口径、
公称外径、公称壁厚（GB/T 3091—2015）　　（单位：mm）

公称口径	公称外径	公称壁厚		公称口径	公称外径	公称壁厚	
		普通钢管	加厚钢管			普通钢管	加厚钢管
6	10.2	2.0	2.5	40	48.3	3.5	4.5
8	13.5	2.5	2.8	50	60.3	3.8	4.5
10	17.2	2.5	2.8	65	76.1	4.0	4.5
15	21.3	2.8	3.5	80	88.9	4.0	5.0
20	26.9	2.8	3.5	100	114.3	4.0	5.0
25	33.7	3.2	4.0	125	139.7	4.0	5.5
32	42.4	3.5	4.0	150	168.3	4.5	6.0

注：1. 公称口径系近似内径的名义尺寸，不表示公称外径减去两个公称壁厚所得的内径。
2. GB/T 3091—2015规定：钢管的外径和壁厚应符合GB/T 21835（见表5-29）的规定。

表 5-29 不锈钢焊接管尺寸 （GB/T 21835—2008） （单位：mm）

外 径			壁 厚
系列 1	系列 2	系列 3	
	8	9.5	0.3～1.2
	10		0.3～1.4
10.2	12，12.7		0.3～2.0
13.5			0.5～3.0
17.2	16，19，20	14，15，18，19.5	0.5～3.5（3.6）
21.3	25	22，25.4	0.5～4.2
26.9	31.8，32	28，30	0.5～4.5（4.6）
33.7	38	35，36	0.5～5.0
42.4，48.3	40	44.5	0.8～5.5（5.6）
60.3，76.1	50.8，57，63.5，70	54，63	0.8～56.0
88.9	101.6	80，82.5，102	1.2～8.0
114.3		108	1.6～8.0
		125，133	1.6～10
139.7			1.6～11
168.3		141.3，154，159，193.7	1.6～12（12.5）
219.1		250	1.6～14（14.2）
273			2.0～14（14.2）
323.9，355.6		377	2.5（2.6）～16
406.4		400	2.5（2.6）～20
		426，450	2.8（2.9）～25
457，508		500，530，550，558.8	2.8（2.9）～28
610，711，813，914，1016，1067，1118	762，1168，	630，669，864，965	3.2～28
1219，1422，1626，1823	1321，1524，1727		

注：1. 壁厚尺寸系列：0.3，0.4，0.5，0.6，0.7，0.8，0.9，1.0，1.2，1.4，1.5，1.6，1.8，2.0，2.2（2.3），2.5（2.6），2.8（2.9），3.0（3.2），3.5（3.6），4.0，4.2，4.5（4.6），4.8，5.0，5.5（5.6），6.0，6.5（6.3），7.0（7.1），7.5（8.0）8.5，9.0（8.8），9.5，10，11，12（12.5），14（14.2），15，16，17（17.5），18，20，22（22.2），24，25，26，28。
2. （ ）内尺寸表示由相应英制规格换算成的公制规格。

表 5-30 低压流体输送焊接钢管的力学性能 （GB/T 3091—2015）

牌 号	下屈服强度 R_{eL}/MPa ≥		抗拉强度 R_m/(N/mm) ≥	断后伸长率 A（%） ≥	
	$t≤16mm$	$t>16mm$		$D≤168.3mm$	$D>168.3mm$
Q195	195	185	315	15	20
Q215A、Q215B	215	205	335		
Q235A、Q235B	235	225	370		
Q275A、Q275B	275	265	410	13	18
Q345A、Q345B	345	325	470		

5. 钢板和钢带（见表 5-31～表 5-34）
碳素钢板理论重量计算公式
$$G = 7.85\delta b$$

式中 G——碳钢板每米长度重量（kg/m）；
δ——钢板厚度（mm）；
b——钢板宽度（m）。

表 5-31　　　　　　　　　锅炉用钢板的力学和工艺性能（GB 713—2014）

牌　号	交货状态	钢板厚度/ mm	拉伸试验			冲击试验		变曲试验
			抗拉强度 R_m/MPa	屈服强度[①] R_{eL}/MPa	断后伸长 率 A（%）	温度/ ℃	V 型冲击能量 KU_2/J	180° $b=2a$
			不小于				不小于	
Q245R	热轧控轧 或正火	3～16	450～520	245	25	0	34	$d=1.5a$
		>16～36		235				
		>36～60		225				
		>60～100	390～510	205	24			$d=2a$
		>100～150	380～500	185				
Q345R		3～16	510～640	345	21	0	41	$d=2a$
		>16～36	500～630	325				$d=3a$
		>36～60	490～620	315				
		>60～100	490～620	305	20			
		>100～150	480～610	285				
		>150～250	470～600	265				
Q370R	正火	10～16	530～630	370	20	-20	47	$d=2a$
		>16～36		360				$d=3a$
		>36～60	520～620	340				
18MnMoNbR	正火加回火	30～60	570～720	400	18	0	47	$d=3a$
		>60～100		390				
13MnNiMoR		30～100	570～720	390	18	0	47	$d=3a$
		>100～150		380				
15CrMoR		6～60	450～590	295	19	20	47	$d=3a$
		>60～100		275				
		>100～200	440～580	255				
14Cr1MoR		6～100	520～680	310	19	20	47	$d=3a$
		>100～200	510～670	300				
12Cr2Mo1R		6～200	520～680	310	19	20	47	$d=3a$
12Cr1MoVR		6～60	440～590	245	19	20	47	$d=3a$
		>60～100	430～580	235				

①　如果屈服现象不明显，屈服强度取 $R_{p0.2}$。

表 5-32　　　　　　　　　锅炉用钢板高温力学性能（GB 713—2014）

牌　号	厚度/mm	试验温度/℃						
		200	250	300	350	400	450	500
		屈服强度[①]R_{eL} 或 $R_{p0.2}$/MPa 不小于						
Q245R	>20～36	186	167	153	139	129	121	
	>36～60	178	161	147	133	123	116	
	>60～100	164	147	135	123	113	106	
	>100～150	150	135	120	110	105	95	
Q345R	>20～36	255	235	215	200	190	180	
	>36～60	240	220	200	185	175	165	
	>60～100	225	205	185	175	165	155	
	>100～150	220	200	180	170	160	150	
	>150～250	215	195	175	165	155	145	
Q370R	>20～36	290	275	260	245	230		
	>36～60	280	265	250	235	220		
18MnMoNbR	36～60	360	355	350	340	310	275	
	>60～100	355	350	345	335	305	270	

续表

牌　号	厚度/mm	试验温度/℃						
		200	250	300	350	400	450	500
		屈服强度①R_{eL}或$R_{p0.2}$/MPa ≥						
13MnNiMoR	30~100	355	350	345	335	305		
	>100~150	345	340	335	325	300		
15CrMoR	>20~60	240	225	210	200	189	179	174
	>60~100	220	210	196	186	176	167	162
	>100~200	210	199	185	175	165	156	150
14Cr1MoR	>20~200	255	245	230	220	210	195	176
12Cr2Mo1R	>20~200	260	255	250	245	240	230	215
12Cr1MoVR	>20~100	200	190	176	167	157	150	142

①　如果屈服现象不明显，屈服强度取$R_{p0.2}$。

表 5-33　　　　低温压力容器用低合金钢板的力学性能（GB 3531—2014）

牌　号	钢板厚度/mm	R_m/MPa	R_{eL}/MPa	A（%）	冷弯试验 $b=2a$ 180°	冲击试验	
				≥		最低温度/℃	冲击吸收能量 KV_2/J≥
16MnDR	6~16	490~620	315	21	$d=2a$	−40	47
	>16~36	470~600	295				
	>36~60	460~590	285		$d=3a$		
	>60~100	450~580	275			−30	
	>100~120	440~570	265				47
15MnNiDR	6~16	490~620	325	20	$d=3a$	−45	60
	>16~36	480~610	315				
	>36~60	470~600	305				
09MnNiDR	6~16	440~570	300	23	$d=2a$	−70	60
	>16~36	430~560	280				
	>36~60	430~560	270				
	>60~120	420~550	260				

表 5-34　　　　不锈钢 冷热 轧钢板的力学性能（GB/T 3280—2015 / 4237—2015）

钢牌号	$R_{p0.2}$/MPa	R_m/MPa	A（%）	硬度 HBW	钢牌号	$R_{p0.2}$/MPa	R_m/MPa	A（%）	硬度 HBW
1Cr17Mn6Ni5N	≥245	≥635	≥40	≤241	0Cr18Ni12Mo2Cu2	≥205	≥520	≥40	≤187
1Cr18Mn8Ni5N	≥245	≥590	≥40	≤207	00Cr18Ni14Mo2Cu2	≥177	≥480	≥40	≤187
2Cr13Mn9Ni4	—	≥635	≥42	—	0Cr18Ni12Mo3Ti	≥205	≥530	≥35	≤187
1Cr17Ni7	≥205	≥520	≥40	≤187	1Cr18Ni12Mo3Ti	≥205	≥530	≥35	≤187
1Cr17Ni8	≥205	≥570	≥45	≤187	0Cr19Ni13Mo3	≥205	≥520	≥40	≤187
1Cr18Ni9	≥205	≥520	≥40	≤187	00Cr19Ni13Mo3	≥177	≥480	≥40	≤187
1Cr18Ni9Si3	≥205	≥520	≥40	≤207	0Cr18Ni16Mo5	≥177	≥480	≥40	≤187
0Cr18Ni9	≥205	≥520	≥40	≤187	0Cr18Ni10Ti	≥205	≥520	≥40	≤187
00Cr19Ni10	≥177	≥480	≥40	≤187	1Cr18Ni9Ti	≥205	≥520	≥40	≤187
0Cr19Ni9N	≥275	≥550	≥35	≤217	0Cr18Ni11Nb	≥205	≥520	≥40	≤187
0Cr19Ni10NbN	≥345	≥685	≥35	≤250	0Cr18Ni13Si4	≥205	≥520	≥40	≤207
00Cr18Ni10N	≥245	≥550	≥40	≤217	00Cr18Ni5Mo3Si2	≥390	≥590	≥20	—
1Cr18Ni12	≥177	≥480	≥40	≤187	1Cr18Ni11Si4AlTi	—	≥715	≥30	—
0Cr23Ni13	≥205	≥520	≥40	≤187	1Cr21Ni5Ti	—	≥635	≥20	—
0Cr25Ni20	≥205	≥520	≥40	≤187	0Cr26Ni5Mo2	≥390	≥590	≥18	≤277
0Cr17Ni12Mo2	≥205	≥520	≥40	≤187	0Cr13Al	≥175	≥410	≥20	≤183
00Cr17Ni14Mo2	≥177	≥480	≥40	≤187	00Cr12	≥190	≥365	≥22	≤183
0Cr17Ni12Mo2N	≥275	≥550	≥35	≤217	1Cr15	≥205	≥450	≥22	≤183
00Cr17Ni13Mo2N	≥245	≥550	≥40	≤217	1Cr17	≥205	≥450	≥22	≤183
0Cr18Ni12Mo2Ti	≥205	≥530	≥35	≤187	00Cr17	≥175	≥365	≥22	≤183
1Cr18Ni12Mo2Ti	≥205	≥530	≥35	≤187	1Cr17Mo	≥205	≥450	≥22	≤183

6. 型钢（见表5-35～表5-38）

表 5-35　　　　　　　　**热轧等边角钢**（GB/T 706—2016）

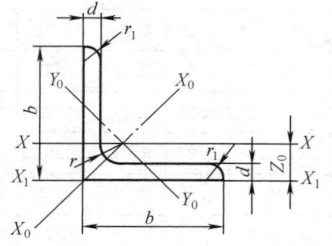

b—边宽度；　　　　　　　　W—截面系数；

d—边厚度；　　　　　　　　I—惯性矩；

r—内圆弧半径；　　　　　　　i—惯性半径；

r_1—边端内圆弧半径，$r_1 = \frac{1}{3}d$；　　Z_0—重心距离

型号	尺寸/mm			截面面积/cm²	理论重量/(kg/m)	外表面积/(m²/m)	参考数值										
							$X-X$			X_0-X_0			Y_0-Y_0			X_1-X_1	Z_0/cm
	b	d	r				I_X/cm⁴	i_X/cm	W_X/cm³	I_{X_0}/cm⁴	i_{X_0}/cm	W_{X_0}/cm³	I_{Y_0}/cm⁴	i_{Y_0}/cm	W_{Y_0}/cm³	I_{X_1}/cm⁴	
2	20	3	3.5	1.132	0.889	0.078	0.40	0.59	0.29	0.63	0.75	0.45	0.17	0.39	0.20	0.81	0.60
		4		1.459	1.145	0.077	0.50	0.58	0.36	0.78	0.73	0.55	0.22	0.38	0.24	1.09	0.64
2.5	25	3		1.432	1.124	0.098	0.82	0.76	0.46	1.29	0.95	0.73	0.34	0.49	0.33	1.57	0.73
		4		1.859	1.459	0.097	1.03	0.74	0.59	1.62	0.93	0.92	0.43	0.48	0.40	2.11	0.76
3	30	3		1.749	1.373	0.117	1.46	0.91	0.68	2.31	1.15	1.09	0.61	0.59	0.51	2.71	0.85
		4		2.276	1.786	0.117	1.84	0.90	0.87	2.92	1.13	1.37	0.77	0.58	0.62	3.63	0.89
3.6	36	3	4.5	2.109	1.656	0.141	2.58	1.11	0.99	4.09	1.39	1.61	1.07	0.71	0.76	4.68	1.00
		4		2.756	2.163	0.141	3.29	1.09	1.28	5.22	1.38	2.05	1.37	0.70	0.93	6.25	1.04
		5		3.382	2.654	0.141	3.95	1.08	1.56	6.24	1.36	2.45	1.65	0.70	1.09	7.84	1.07
4	40	3	5	2.359	1.852	0.157	3.59	1.23	1.23	5.69	1.55	2.01	1.49	0.79	0.96	6.41	1.09
		4		3.086	2.422	0.157	4.60	1.22	1.60	7.29	1.54	2.58	1.91	0.79	1.19	8.56	1.13
		5		3.791	2.976	0.156	5.53	1.21	1.96	8.76	1.52	3.10	2.30	0.78	1.39	10.74	1.17
4.5	45	4		3.486	2.736	0.177	6.65	1.38	2.05	10.56	1.74	4.16	2.75	0.89	1.54	12.18	1.26
		5		4.292	3.369	0.176	8.04	1.37	2.51	12.74	1.72	4.00	3.33	0.88	1.81	15.2	1.30
		6		5.076	3.985	0.176	9.33	1.36	2.95	14.76	1.70	4.64	3.89	0.88	2.06	18.36	1.33
5	50	4	5.5	3.897	3.059	0.197	9.26	1.54	2.56	14.70	1.94	4.16	3.82	0.99	1.96	16.69	1.38
		5		4.803	3.770	0.196	11.21	1.53	3.13	17.79	1.92	5.03	4.64	0.98	2.31	20.90	1.42
		6		5.688	4.465	0.196	13.05	1.52	3.68	20.68	1.91	5.85	5.42	0.98	2.63	25.14	1.46
5.6	56	4	6	4.390	3.446	0.220	13.18	1.73	3.24	20.92	2.18	5.28	5.46	1.11	2.52	23.43	1.53
		5		5.415	4.251	0.220	16.02	1.72	3.97	25.42	2.17	6.42	6.61	1.10	2.98	29.33	1.57
		6		6.420	5.040	0.220	18.69	1.71	11.68	29.66	2.15	7.49	7.73	1.10	3.40	35.26	1.61
6.3	63	5	7	6.143	4.822	0.248	23.17	1.94	5.08	36.77	2.45	8.25	9.57	1.25	3.90	41.73	1.74
		6		7.288	5.721	0.247	27.12	1.93	6.00	43.03	2.43	9.66	11.20	1.24	4.46	50.14	1.78
		8		9.515	7.469	0.247	34.46	1.90	7.75	54.56	2.40	12.25	14.33	1.23	5.47	67.11	1.85
		10		11.657	9.151	0.246	41.09	1.88	9.39	64.85	2.36	14.56	17.33	1.22	6.36	84.31	1.93

型号	尺寸/mm b	尺寸/mm d	尺寸/mm r	截面面积/cm²	理论重量/(kg/m)	外表面积/(m²/m)	X—X I_X/cm⁴	X—X i_X/cm	X—X W_X/cm³	X_0—X_0 I_{X0}/cm⁴	X_0—X_0 i_{X0}/cm	X_0—X_0 W_{X0}/cm³	Y_0—Y_0 I_{Y0}/cm⁴	Y_0—Y_0 i_{Y0}/cm	Y_0—Y_0 W_{Y0}/cm³	X_1—X_1 I_{X1}/cm⁴	Z_0/cm
7	70	5	8	6.875	5.397	0.275	32.21	2.16	6.32	51.08	2.73	10.32	13.34	1.39	4.95	57.21	1.91
		6		8.160	6.406	0.275	37.77	2.15	7.48	59.93	2.71	12.11	15.61	1.38	5.67	68.73	1.95
		7		9.424	7.398	0.275	43.09	2.14	8.59	68.35	2.69	13.81	17.82	1.38	6.34	80.29	1.99
		8		10.667	8.373	0.274	48.17	2.12	9.68	76.37	2.68	15.43	19.98	1.37	6.98	91.92	2.03
7.5	75	6	9	8.797	6.905	0.294	46.95	2.31	8.64	74.38	2.90	14.02	19.51	1.49	6.67	84.55	2.07
		7		10.160	7.976	0.294	53.57	2.30	9.93	84.96	2.89	16.02	22.18	1.48	7.44	98.71	2.11
		8		11.503	9.030	0.294	59.96	2.28	11.20	95.07	2.88	17.93	24.86	1.47	8.19	112.97	2.15
		10		14.126	11.089	0.293	71.98	2.26	13.64	113.92	2.84	21.48	30.05	1.46	9.56	141.71	2.22
8	80	6	9	9.397	7.376	0.314	57.35	2.47	9.87	90.98	3.11	16.08	23.72	1.59	7.65	102.50	2.19
		7		10.860	8.525	0.314	65.58	2.46	11.37	104.07	3.10	18.40	27.09	1.58	8.58	119.70	2.23
		8		12.303	9.658	0.314	73.49	2.44	12.83	116.60	3.08	20.61	30.39	1.57	9.46	136.97	2.27
		10		15.126	11.874	0.313	88.43	2.42	15.64	140.09	3.04	24.76	36.77	1.56	11.08	171.74	2.35
9	90	7	10	12.301	9.656	0.354	94.83	2.78	14.54	150.47	3.50	23.64	39.18	1.78	11.19	170.30	2.48
		8		13.944	10.946	0.353	106.47	2.76	16.42	168.97	3.48	26.55	43.97	1.78	12.35	194.80	2.52
		10		17.167	13.476	0.353	128.58	2.74	20.07	203.90	3.45	32.04	53.26	1.76	14.52	244.07	2.59
		12		20.306	15.940	0.352	149.22	2.71	23.57	236.21	3.41	37.12	62.22	1.75	16.49	293.76	2.67
10	100	6	12	11.932	9.366	0.393	114.95	3.10	15.68	181.98	3.90	25.74	47.92	2.00	12.69	200.07	2.67
		7		13.796	10.830	0.393	131.86	3.09	18.10	208.97	3.89	29.55	54.74	1.99	14.26	233.54	2.71
		8		15.638	12.276	0.393	148.24	3.08	20.47	235.07	3.88	33.24	61.41	1.98	15.75	267.09	2.75
		10		19.261	15.120	0.392	179.51	3.05	25.06	284.68	3.84	40.26	74.35	1.96	18.54	334.48	2.84
		12		22.800	17.898	0.391	208.90	3.03	29.48	330.95	3.81	46.80	86.84	1.95	21.08	402.34	2.91
		14		26.256	20.611	0.391	236.53	3.00	33.73	374.06	3.77	52.90	99.00	1.94	23.44	470.75	2.99
		16		29.627	23.257	0.390	262.53	2.98	37.82	414.16	3.74	58.57	110.89	1.94	25.63	539.80	3.05
11	110	10	12	21.261	16.690	0.432	242.19	3.38	30.60	384.39	4.25	49.42	99.98	2.17	22.91	444.65	3.09
		12		25.200	19.782	0.431	282.55	3.35	36.05	448.17	4.22	57.62	116.93	2.15	26.15	534.60	3.16
		14		29.056	22.809	0.431	320.71	3.32	41.31	508.01	4.18	65.31	133.40	2.14	29.14	625.16	3.24
12.5	125	10	14	24.373	19.133	0.491	361.67	3.85	39.97	573.89	4.85	64.93	149.46	2.48	30.62	651.93	3.45
		12		28.912	22.696	0.491	423.16	3.83	41.17	671.44	4.82	75.96	174.88	2.46	35.03	783.42	3.53
		14		38.367	26.193	0.490	481.65	3.80	54.16	763.73	4.78	86.41	199.57	2.45	39.13	915.61	3.61
14	140	10	14	27.373	21.488	0.551	514.65	4.34	50.58	817.27	5.46	82.56	212.04	2.78	39.20	915.11	
		12		32.512	25.522	0.551	603.68	4.31	59.80	958.79	5.43	96.85	248.57	2.76	45.02	1099.28	
		14		37.567	29.490	0.550	688.81	4.28	68.75	1093.56	5.40	110.47	284.06	2.75	50.45	1284.22	
		16		42.539	33.393	0.549	770.24	4.26	77.46	1221.81	5.36	123.42	318.67	2.74	55.55	1470.07	

注：1. 热轧等边角钢的通常长度 4～19m。
　　2. 轧制钢号，通常为碳素结构钢，力学性能应符合 GB/T 700 或 GB/T 1591。
　　3. 表中标注的圆弧半径 r、r_1 的数据用于孔型设计，不做交货条件。
　　4. 每米长度理论重量（kg/m）＝截面积（cm²）×0.785。

表 5-36 　　　　　热轧不等边角钢（GB/T 706—2016）

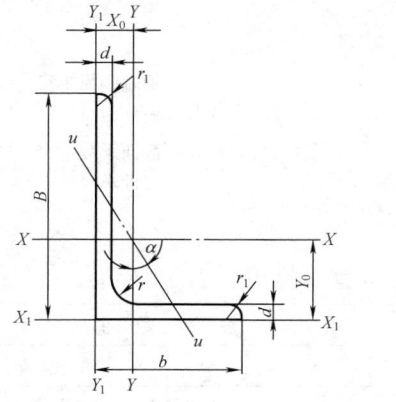

B—长边宽度　　　　　　　W—截面系数
b—短边宽度　　　　　　　I—惯性矩
d—边厚度　　　　　　　　i—惯性半径
r—内圆弧半径　　　　　　X_0—重心距离
r_1—边端内圆弧半径，$r_1=\dfrac{1}{3}d$　　Y_0—重心距离

型号	尺寸 /mm				截面面积 /cm²	参 考 数 值															
						X—X			Y—Y			X₁—X₁		Y₁—Y₁		u—u			
	B	b	d	r		I_X /cm⁴	i_X /cm	W_X /cm³	I_Y /cm⁴	i_Y /cm	W_Y /cm³	I_{X1} /cm⁴	Y_0 /cm	I_{Y1} /cm⁴	X_0 /cm	I_u /cm⁴	i_u /cm	W_u /cm³	$\tan\alpha$
2.5/1.6	25	16	3	3.5	1.162	0.70	0.78	0.43	0.22	0.44	0.19	1.56	0.86	0.43	0.42	0.14	0.34	0.16	0.392
			4		1.499	0.88	0.77	0.55	0.27	0.43	0.24	2.09	0.90	0.59	0.46	0.17	0.34	0.20	0.381
3.2/2	32	20	3		1.492	1.53	1.01	0.72	0.46	0.55	0.30	3.27	1.08	0.82	0.49	0.28	0.43	0.25	0.382
			4		1.939	1.93	1.00	0.93	0.57	0.54	0.39	4.37	1.12	1.12	0.53	0.35	0.42	0.32	0.374
4/2.5	40	25	3	4	1.890	3.08	1.28	1.15	0.93	0.70	0.49	5.39	1.32	1.59	0.59	0.56	0.54	0.40	0.385
			4		2.467	3.93	1.36	1.49	1.18	0.69	0.63	8.53	1.37	2.14	0.63	0.71	0.54	0.52	0.381
4.5/2.8	45	28	3	5	2.149	4.45	1.44	1.47	1.34	0.79	0.62	9.10	1.47	2.23	0.64	0.80	0.61	0.51	0.383
			4		2.806	5.69	1.42	1.91	1.70	0.78	0.80	12.13	1.51	3.00	0.68	1.02	0.60	0.66	0.380
5/3.2	50	32	3	5.5	2.431	6.24	1.60	1.84	2.02	0.91	0.82	12.49	1.60	3.31	0.73	1.20	0.70	0.68	0.404
			4		3.177	8.02	1.59	2.39	2.58	0.90	1.06	16.65	1.65	4.45	0.77	1.53	0.69	0.87	0.402
5.6/3.6	56	36	3	6	2.743	8.88	1.80	2.32	2.92	1.03	1.05	17.54	1.78	4.70	0.80	1.73	0.79	0.87	0.408
			4		3.590	11.45	1.79	3.03	3.76	1.02	1.37	23.39	1.82	6.33	0.85	2.23	0.79	1.13	0.408
			5		4.415	13.86	1.77	3.71	4.49	1.01	1.65	29.25	1.87	7.94	0.88	2.67	0.78	1.36	0.404
6.3/4	63	40	4	7	4.058	16.49	2.02	3.87	5.23	1.14	1.70	33.30	2.04	8.63	0.92	3.12	0.88	1.40	0.398
			5		4.993	20.02	2.00	4.74	6.31	1.12	2.71	41.63	2.08	10.86	0.95	3.76	0.87	1.71	0.396
			6		5.908	23.36	1.96	5.59	7.29	1.11	2.43	49.98	2.12	13.12	0.99	4.34	0.86	1.99	0.393
			7		6.802	26.53	1.98	6.40	8.24	1.10	2.78	58.07	2.15	15.47	1.03	4.97	0.86	2.29	0.389
7/4.5	70	45	4	7.5	4.547	23.17	2.26	4.86	7.55	1.29	2.17	45.92	2.24	12.26	1.02	4.40	0.98	1.77	0.410
			5		5.609	27.95	2.23	5.92	9.13	1.28	2.65	57.10	2.28	15.39	1.06	5.40	0.98	2.19	0.407
			6		6.647	32.54	2.21	6.95	10.62	1.26	3.12	68.35	2.32	18.58	1.09	6.35	0.98	2.59	0.404
			7		7.657	37.22	2.20	8.03	12.01	1.25	3.57	79.99	2.36	21.84	1.13	7.16	0.97	2.94	0.402

注：1. 长度 4～19m。
　　2. 轧制钢号，通常为碳素结构钢，力学性能应符合 GB/T 700 或 GB/T 1591。
　　3. 表中标注的圆弧半径 r、r_1 的数据用于孔型设计，不做交货条件。
　　4. 每米长度理论重量（kg/m）＝截面积（cm²）×0.785。

表 5-37　　　　　　　　　　　　　　热轧工字钢（GB/T 706—2016）

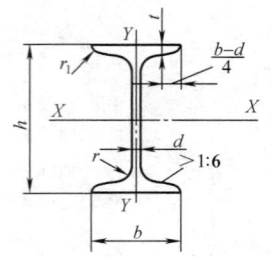

h—高度　　　　　　　　　　　r_1—腿端圆弧半径
b—腿宽度　　　　　　　　　　I—惯性矩
d—腰厚度　　　　　　　　　　W—截面系数
t—平均腿厚度　　　　　　　　i—惯性半径
r—内圆弧半径

型号	尺寸/mm						截面面积/cm²	参 考 数 值					
								X—X			Y—Y		
	h	b	d	t	r	r_1		I_X/cm⁴	W_X/cm³	i_X/cm	I_Y/cm⁴	W_Y/cm³	i_Y/cm
10	100	68	4.5	7.6	6.5	3.3	14.345	245	49.0	4.14	33.0	9.72	1.52
12	120	74	5.0	8.4	7.0	3.5	17.818	436	72.7	4.95	46.9	12.7	1.62
12.6	126	74	5.0	8.4	7.0	3.5	18.118	488	77.5	5.20	46.0	12.7	1.61
14	140	80	5.5	9.1	7.5	3.8	21.516	712	102	5.76	64.4	16.1	1.73
16	160	88	6.0	9.9	8.0	4.0	26.131	1130	141	6.58	93.1	21.2	1.89
18	180	94	6.5	10.7	8.5	4.3	30.756	1600	185	7.36	122	26.0	2.00
20a	200	100	7.0	11.4	9.0	4.5	35.578	23.70	237	8.15	158	31.5	2.12
20b	200	102	9.0	11.4	9.0	4.5	39.578	2500	250	7.96	169	33.1	2.06
22a	220	110	7.5	12.3	9.5	4.8	42.128	3400	309	8.99	225	40.9	2.31
22b	220	112	9.5	12.3	9.5	4.8	46.528	3570	325	8.78	239	42.7	2.27
24a	240	116	8.0	13.0	10.0	5.0	47.741	4570	381	9.77	280	48.4	2.42
24b	240	118	10.0	13.0	10.0	5.0	52.541	4800	400	9.57	297	50.4	2.38
25a	250	116	8.0	13.0	10.0	5.0	48.541	5020	402	10.2	280	48.3	2.40
25b	250	118	10.0	13.0	10.0	5.0	53.541	5280	423	9.94	309	52.4	2.40
27a	270	122	8.5	13.7	10.5	5.3	54.554	6550	485	10.9	345	56.6	2.51
27b	270	124	10.5	13.7	10.5	5.3	59.954	6870	509	10.7	366	58.9	2.47
28a	280	122	8.5	13.7	10.5	5.3	55.404	7110	508	11.3	345	56.6	2.50
28b	280	124	10.5	13.7	10.5	5.3	61.004	7480	534	11.1	379	61.2	2.49
30a	300	126	9.0	14.4	11.0	5.5	61.254	8950	597	12.1	400	63.5	2.55
30b	300	123	11.0	14.4	11.0	5.5	67.254	9400	627	11.8	422	65.9	2.50
30c	300	130	13.0	14.4	11.0	5.5	73.254	9850	657	11.6	445	68.5	2.46
32a	320	130	9.5	15.0	11.5	5.8	67.156	11 100	692	12.8	460	70.8	2.62

续表

型号	尺寸/mm						截面面积/cm²	参考数值					
								X—X			Y—Y		
	h	b	d	t	r	r_1		I_X/cm⁴	W_X/cm³	i_X/cm	I_Y/cm⁴	W_Y/cm³	i_Y/cm
32b	320	132	11.5	15.0	11.5	5.8	73.556	11 500	726	12.6	502	76.0	2.61
32c	320	134	13.5	15.0	11.5	5.8	79.956	12 200	760	12.3	544	81.2	2.61
36a	360	136	10.0	15.8	12.0	6.0	76.480	15 800	875	14.4	552	81.2	2.69
36b	360	138	12.0	15.8	12.0	6.0	83.680	16 500	919	14.1	582	84.3	2.64
36c	360	140	14.0	15.8	12.0	6.0	90.880	17 300	962	13.8	612	87.4	2.60
40a	400	142	10.5	16.5	12.5	6.3	86.112	21 700	1090	15.9	660	93.2	2.77
40b	400	144	12.5	16.5	12.5	6.3	94.112	22 800	1140	15.6	692	96.2	2.71
40c	400	146	14.5	16.5	12.5	6.3	102.112	23 900	1190	15.2	727	99.6	2.65
45a	450	150	11.5	18.0	13.5	6.8	102.446	32 200	1430	17.7	855	114	2.89
45b	450	152	13.5	18.0	13.5	6.8	111.446	33 800	1500	17.4	894	118	2.84
45c	450	154	15.5	18.0	13.5	6.8	120.446	35 300	1570	17.1	938	112	796
50a	500	158	12.0	20.0	14.0	7.0	119.304	46 500	1860	19.7	1120	142	3.07
50b	500	160	14.0	20.0	14.0	7.0	129.304	48 600	1940	19.4	1170	146	3.01
50c	500	162	16.0	20.0	14.0	7.0	139.304	50 600	2080	19.0	1220	151	2.96
55a	550	166	12.5	21.0	14.5	7.3	134.185	62 900	2290	21.6	1370	164	3.19
55b	550	168	14.5	21.0	14.5	7.3	145.185	65 600	2390	21.2	1420	170	3.14
55c	550	170	16.5	21.0	14.5	7.3	156.185	68 400	2490	20.9	1480	175	3.08
56a	560	166	12.5	21.0	14.5	7.3	135.435	65 600	2340	22.0	1370	165	3.18
56b	560	168	14.5	21.0	14.5	7.3	146.635	68 500	2450	21.6	1490	174	3.16
56c	560	170	16.5	21.0	14.5	7.3	157.835	71 400	2550	21.3	1560	183	3.16
63a	630	176	13.0	22.0	15.0	7.5	154.658	93 900	2980	24.5	1700	193	3.31
63b	630	178	15.0	22.0	15.0	7.5	167.258	98 100	3160	24.2	1810	204	3.29
63c	630	180	17.0	22.0	15.0	7.5	179.858	102 000	3300	23.8	1920	214	3.27

注：1. 工字钢的通常长度为5～19m。
2. 轨制钢号，通常为碳素结构钢，力学性能应符合 GB/T 700 或 GB/T 1591。
3. 表中标注的圆弧半径 r、r_1 的数据用于孔型设计，不做交货条件。
4. 每米长度理论重量（kg/m）＝截面积（cm²）×0.785。

表 5-38 热轧槽钢（GB/T 706—2016）

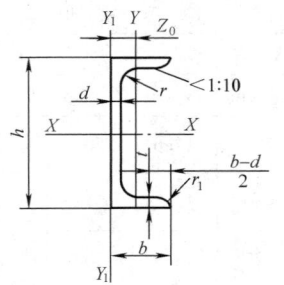

h—高度； r_1—腿端圆弧半径；

b—腿宽度；   I—惯性矩；

d—腰厚度；   W—截面系数；

t—平均腿厚度；   i—惯性半径；

r—内圆弧半径； Z_0—Y—Y 与 Y_1—Y_1 轴线间距离

型号	尺　　　寸/mm						截面面积/cm²	参　　考　　数　　值							
								X—X			Y—Y			Y_1—Y_1	Z_0/cm
	h	b	d	t	r	r_1		W_X/cm³	I_X/cm⁴	i_X/cm	W_Y/cm³	I_Y/cm⁴	i_Y/cm	I_{Y1}/cm⁴	
5	50	37	4.5	7.0	7.0	3.5	6.928	10.4	26.0	1.94	3.55	8.30	1.10	20.9	1.35
6.3	63	40	4.8	7.5	7.5	3.8	8.451	16.1	50.8	2.45	4.50	11.9	1.19	28.4	1.36
8	80	43	5.0	8.0	8.0	4.0	10.248	25.3	101	3.15	5.79	16.6	1.27	37.4	1.43
10	100	48	5.3	8.5	8.5	4.2	12.748	39.7	198	3.95	7.80	25.6	1.41	54.9	1.52
12.6	126	53	5.5	9.0	9.0	4.5	15.692	62.1	391	4.95	10.2	38.0	1.57	77.1	1.59
14a	140	58	6.0	9.5	9.5	4.8	18.516	80.5	654	5.52	13.0	53.2	1.70	107	1.71
14b	140	60	8.0	9.5	9.5	4.8	21.316	87.1	609	5.35	14.1	61.1	1.69	121	1.67
16a	160	63	6.5	10.0	10.0	5.0	21.962	108	866	6.28	16.3	73.3	1.83	144	1.80
16b	160	65	8.5	10.0	10.0	5.0	25.162	117	935	6.10	17.6	83.4	1.82	161	1.75
18a	180	68	7.0	10.5	10.5	5.2	25.699	141	1270	7.04	20.0	98.6	1.96	190	1.88
18b	180	70	9.0	10.5	10.5	5.2	29.299	152	1370	6.84	21.5	111	1.95	210	1.84
20a	200	73	7.0	11.0	11.0	5.5	28.837	178	1780	7.86	24.2	128	2.11	244	2.01
20b	200	75	9.0	11.0	11.0	5.5	32.831	191	1910	7.64	25.9	144	2.09	268	1.95
22a	220	77	7.0	11.5	11.5	5.8	31.846	218	2390	8.67	28.2	158	2.23	298	2.10
22b	220	79	9.0	11.5	11.5	5.8	36.246	234	2570	8.42	30.1	176	2.21	326	2.03
25a	250	78	7.0	12.0	12.0	6.0	34.917	270	3370	9.82	30.6	176	2.24	322	2.07
25b	250	80	9.0	12.0	12.0	6.0	39.917	282	3530	9.41	32.7	196	2.22	353	1.98
25c	250	82	11.0	12.0	12.0	6.0	44.917	295	3690	9.07	35.9	218	2.21	384	1.92
28a	280	82	7.5	12.5	12.5	6.2	40.034	340	4760	10.9	35.7	218	2.33	388	2.10
28b	280	84	9.5	12.5	12.5	6.2	49.634	366	5130	10.6	37.9	242	2.30	428	2.02
28c	280	86	11.5	12.5	12.5	6.2	51.234	393	5500	10.4	40.3	268	2.29	463	1.95
32a	320	88	8.0	14.0	14.0	7.0	48.513	475	7600	12.5	46.5	305	2.50	552	2.24
32b	320	90	10.0	14.0	14.0	7.0	54.913	509	8140	12.2	49.2	336	2.47	593	2.16
32c	320	92	12.0	14.0	14.0	7.0	61.313	543	8690	11.9	52.6	374	2.47	643	2.09
36a	360	96	9.0	16.0	16.0	8.0	60.910	660	11 900	14.0	63.5	455	2.73	818	2.44
36b	360	98	11.0	16.0	16.0	8.0	68.110	703	12 700	13.6	66.9	497	2.70	880	2.37
36c	360	100	13.0	16.0	16.0	8.0	75.310	746	13 400	13.4	70.0	536	2.67	948	2.34
40a	400	100	10.5	18.0	18.0	9.0	75.068	879	11 600	15.3	78.8	592	2.81	1070	2.49
40b	400	102	12.5	18.0	18.0	9.0	83.068	932	18 600	15.0	82.5	640	2.78	1140	2.44
40c	400	104	14.5	18.0	18.0	9.0	91.068	986	19 700	14.7	86.2	688	2.75	1220	2.42

注：1. 槽钢的通常长度为 5～19m。

　　2. 轧制钢号，通常为碳素结构钢。力学性能应符合 GB/T 700 或 GB/T 1591。

　　3. 表中标注的圆弧半径 r、r_1 的数据用于孔型设计，不做交货条件。

　　4. 每米长度理论重量（kg/m）＝截面积(cm²)×0.785。

7. 冷拔异形钢管（GB/T 3094—2012）

表 5-39～表 5-44 给出了几种异形钢管的尺寸、理论重量、物理参数、尺寸允许偏差、材料和力学性能。

表 5-39　　冷拔方形钢管

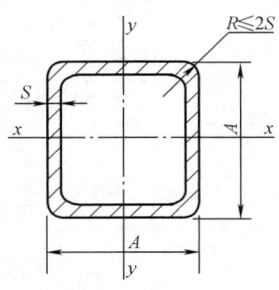

公称尺寸		截面面积	理论重量[①]	惯性矩	截面模数
A	S	F	G	$J_x = J_y$	$W_x = W_y$
mm		cm²	kg/m	cm⁴	cm³
12	0.8	0.347	0.273	0.072	0.119
	1	0.423	0.332	0.084	0.140
14	1	0.503	0.395	0.139	0.199
	1.5	0.711	0.558	0.181	0.259
16	1	0.583	0.458	0.216	0.270
	1.5	0.831	0.653	0.286	0.357
18	1	0.663	0.520	0.315	0.351
	1.5	0.951	0.747	0.424	0.471
	2	1.211	0.951	0.505	0.561
20	1	0.743	0.583	0.442	0.442
	1.5	1.071	0.841	0.601	0.601
	2	1.371	1.076	0.725	0.725
	2.5	1.643	1.290	0.817	0.817
22	1	0.823	0.646	0.599	0.544
	1.5	1.191	0.935	0.822	0.748
	2	1.531	1.202	1.001	0.910
	2.5	1.843	1.447	1.140	1.036
25	1.5	1.371	1.077	1.246	0.997
	2	1.771	1.390	1.535	1.228
	2.5	2.143	1.682	1.770	1.416
	3	2.485	1.951	1.955	1.564
30	2	2.171	1.704	2.797	1.865
	3	3.085	2.422	3.670	2.447
	3.5	3.500	2.747	3.996	2.664
	4	3.885	3.050	4.256	2.837

续表

公称尺寸		截面面积	理论重量[①]	惯性矩	截面模数
A	S	F	G	$J_x = J_y$	$W_x = W_y$
mm		cm²	kg/m	cm⁴	cm³
32	2	2.331	1.830	3.450	2.157
	3	3.325	2.611	4.569	2.856
	3.5	3.780	2.967	4.999	3.124
	4	4.205	3.301	5.351	3.344
35	2	2.571	2.018	4.610	2.634
	3	3.685	2.893	6.176	3.529
	3.5	4.200	3.297	6.799	3.885
	4	4.685	3.678	7.324	4.185
36	2	2.651	2.081	5.048	2.804
	3	3.805	2.987	6.785	3.769
	4	4.845	3.804	8.076	4.487
	5	5.771	4.530	8.975	4.986
40	2	2.971	2.332	7.075	3.537
	3	4.285	3.364	9.622	4.811
	4	5.485	4.306	11.60	5.799
	5	6.571	5.158	13.06	6.532
42	2	3.131	2.458	8.265	3.936
	3	4.525	3.553	11.30	5.380
	4	5.805	4.557	13.69	6.519
	5	6.971	5.472	15.51	7.385
45	2	3.371	2.646	10.29	4.574
	3	4.885	3.835	14.16	6.293
	4	6.285	4.934	17.28	7.679
	5	7.571	5.943	19.72	8.762
50	2	3.771	2.960	14.36	5.743
	3	5.485	4.306	19.94	7.975
	4	7.085	5.562	24.56	9.826
	5	8.571	6.728	28.32	11.33
55	2	4.171	3.274	19.38	7.046
	3	6.085	4.777	27.11	9.857
	4	7.885	6.190	33.66	12.24
	5	9.571	7.513	39.11	14.22
60	3	6.685	5.248	35.82	11.94
	4	8.685	6.818	44.75	14.92
	5	10.57	8.298	52.35	17.45
	6	12.34	9.688	58.72	19.57

续表

公称尺寸		截面面积	理论重量①	惯性矩	截面模数
A	S	F	G	$J_x=J_y$	$W_x=W_y$
mm		cm²	kg/m	cm⁴	cm³
65	3	7.285	5.719	46.22	14.22
	4	9.485	7.446	58.05	17.86
	5	11.57	9.083	68.29	21.01
	6	13.54	10.63	77.03	23.70
70	3	7.885	6.190	58.46	16.70
	4	10.29	8.074	73.76	21.08
	5	12.57	9.868	87.18	24.91
	6	14.74	11.57	98.81	28.23
75	4	11.09	8.702	92.08	24.55
	5	13.57	10.65	109.3	29.14
	6	15.94	12.51	124.4	33.16
	8	19.79	15.54	141.4	37.72
80	4	11.89	9.330	113.2	28.30
	5	14.57	11.44	134.8	33.70
	6	17.14	13.46	154.0	38.49
	8	21.39	16.79	177.2	44.30
90	4	13.49	10.59	164.7	36.59
	5	16.57	13.01	197.2	43.82
	6	19.54	15.34	226.6	50.35
	8	24.59	19.30	265.8	59.06
100	5	18.57	14.58	276.4	55.27
	6	21.94	17.22	319.0	63.80
	8	27.79	21.82	379.8	75.95
	10	33.42	26.24	432.6	86.52
108	5	20.17	15.83	353.1	65.39
	6	23.86	18.73	408.9	75.72
	8	30.35	23.83	491.4	91.00
	10	36.62	28.75	564.3	104.5
120	6	26.74	20.99	573.1	95.51
	8	34.19	26.84	696.8	116.1
	10	41.42	32.52	807.9	134.7
	12	48.12	37.78	897.0	149.5
125	6	27.94	21.93	652.7	104.4
	8	35.79	28.10	797.0	127.5
	10	43.42	34.09	927.2	148.3
	12	50.53	39.67	1033.2	165.3
130	6	29.14	22.88	739.5	113.8
	8	37.39	29.35	906.3	139.4
	10	45.42	35.66	1057.6	162.7
	12	52.93	41.55	1182.5	181.9
140	6	31.54	24.76	935.3	133.6
	8	40.59	31.86	1153.9	164.8
	10	49.42	38.80	1354.1	193.4
	12	57.73	45.32	1522.8	217.5

① 当 $S \leqslant 6mm$ 时，$R=1.5S$，方形钢管理论重量推荐计算公式见式（A.1）；当 $S>6mm$ 时，$R=2S$，方形钢管理论重量推荐计算公式见式（A.2）。

$$G = 0.0157S(2A - 2.8584S) \qquad (A.1)$$
$$G = 0.0157S(2A - 3.2876S) \qquad (A.2)$$

式中　G—方形钢管的理论重量（钢的密度按 7.85kg/dm³），（kg/m）;

A—方形钢管的边长（mm）;

S—方形钢管的公称壁厚（mm）。

表 5-40　　　　　　冷拔矩形钢管

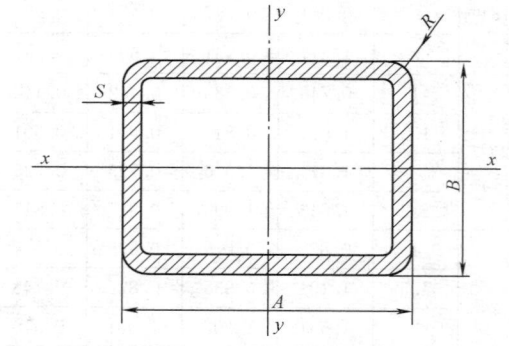

公称尺寸			截面面积	理论重量①	惯性矩		截面模数	
A	B	S	F	G	J_x	J_y	W_x	W_y
mm			cm²	kg/m	cm⁴		cm³	
10	5	0.8	0.203	0.160	0.007	0.022	0.028	0.045
		1	0.243	0.191	0.008	0.025	0.031	0.050
12	6	0.8	0.251	0.197	0.013	0.041	0.044	0.069
		1	0.303	0.238	0.015	0.047	0.050	0.079

续表　　　　　　　　　　　　　　　　　　续表

公称尺寸			截面面积	理论重量①	惯性矩		截面模数		公称尺寸			截面面积	理论重量①	惯性矩		截面模数	
A	B	S	F	G	J_x	J_y	W_x	W_y	A	B	S	F	G	J_x	J_y	W_x	W_y
mm			cm²	kg/m	cm⁴		cm³		mm			cm²	kg/m	cm⁴		cm³	
14	7	1	0.362	1.285	0.026	0.080	0.073	0.115	35	15	1.5	1.371	1.077	0.504	1.969	0.672	1.125
		1.5	0.501	0.394	0.080	0.099	0.229	0.141			2	1.771	1.390	0.607	2.429	0.809	1.388
		2	0.611	0.480	0.031	0.106	0.090	0.151			2.5	2.143	1.682	0.683	2.803	0.911	1.602
	10	1	0.423	0.332	0.062	0.106	0.123	0.151		25	1.5	1.671	1.312	1.661	2.811	1.329	1.606
		1.5	0.591	0.464	0.077	0.134	0.154	0.191			2	2.171	1.704	2.066	3.520	1.652	2.011
		2	0.731	0.574	0.085	0.149	0.169	0.213			2.5	2.642	2.075	2.405	4.126	1.924	2.358
16	8	1	0.423	0.332	0.041	0.126	0.102	0.157	40	11	1.5	1.401	1.100	0.276	2.341	0.501	1.170
		1.5	0.591	0.464	0.050	0.159	0.124	0.199		20	2	2.171	1.704	1.376	4.184	1.376	2.092
		2	0.731	0.574	0.053	0.177	0.133	0.221			2.5	2.642	2.075	1.587	4.903	1.587	2.452
	12	1	0.502	0.395	0.108	0.171	0.180	0.213			3	3.085	2.422	1.756	5.506	1.756	2.753
		1.5	0.711	0.558	0.139	0.222	0.232	0.278		30	2	2.571	2.018	3.582	5.629	2.388	2.815
		2	0.891	0.700	0.158	0.256	0.264	0.319			2.5	3.143	2.467	4.220	6.664	2.813	3.332
18	9	1	0.483	0.379	0.060	0.185	0.134	0.206			3	3.685	2.893	4.768	7.564	3.179	3.782
		1.5	0.681	0.535	0.076	0.240	0.168	0.266	50	25	2	2.771	2.175	2.861	8.595	2.289	3.438
		2	0.851	0.668	0.084	0.273	0.186	0.304			3	3.985	3.129	3.781	11.64	3.025	4.657
	14	1	0.583	0.458	0.173	0.258	0.248	0.286			4	5.085	3.992	4.424	13.96	3.540	5.583
		1.5	0.831	0.653	0.228	0.342	0.326	0.380		40	2	3.371	2.646	8.520	12.05	4.260	4.821
		2	1.051	0.825	0.266	0.402	0.380	0.446			4	6.285	4.934	14.20	20.32	7.101	8.128
20	10	1	0.543	0.426	0.086	0.262	0.172	0.262	60	30	2	3.371	2.646	5.153	15.35	3.435	5.117
		1.5	0.771	0.606	0.110	0.110	0.219	0.110			3	4.885	3.835	6.964	21.18	4.643	7.061
		2	0.971	0.762	0.124	0.400	0.248	0.400			4	6.285	4.934	8.344	25.90	5.562	8.635
	12	1	0.583	0.458	0.132	0.298	0.220	0.298		40	2	3.771	2.960	9.965	18.72	4.983	6.239
		1.5	0.831	0.653	0.172	0.396	0.287	0.396			3	5.485	4.306	13.74	26.06	6.869	8.687
		2	1.051	0.825	0.199	0.465	0.331	0.465			4	7.085	5.562	16.80	32.19	8.402	10.729
25	10	1	0.643	0.505	0.106	0.465	0.213	0.372	70	35	2	3.971	3.117	8.426	24.95	4.815	7.130
		1.5	0.921	0.723	0.137	0.624	0.274	0.499			3	5.785	4.542	11.57	34.87	6.610	9.964
		2	1.171	0.919	0.156	0.740	0.313	0.592			4	7.485	5.876	14.09	43.23	8.051	12.35
	18	1	0.803	0.630	0.417	0.696	0.463	0.557		50	3	6.685	5.248	26.57	44.98	10.63	12.85
		1.5	1.161	0.912	0.567	0.956	0.630	0.765			4	8.685	6.818	33.05	56.32	13.22	16.09
		2	1.491	1.171	0.685	1.164	0.761	0.931			5	10.57	8.298	38.48	66.01	15.39	18.86
30	15	1.5	1.221	0.959	0.435	1.324	0.580	0.883	80	40	3	6.685	5.248	17.85	53.47	8.927	13.37
		2	1.571	1.233	0.521	1.619	0.695	1.079			4	8.685	6.818	22.01	66.95	11.00	16.74
		2.5	1.893	1.486	0.584	1.850	0.779	1.233			5	10.57	8.298	25.40	78.45	12.70	19.61
	20	1.5	1.371	1.007	0.859	1.629	0.859	1.086		60	4	10.29	8.074	57.32	90.07	19.11	22.52
		2	1.771	1.390	1.050	2.012	1.050	1.341									
		2.5	2.143	1.682	1.202	2.324	1.202	1.549									

续表

公称尺寸			截面面积	理论重量①	惯性矩		截面模数	
A	B	S	F	G	J_x	J_y	W_x	W_y
mm			cm²	kg/m	cm⁴		cm³	
80	60	5	12.57	9.868	67.52	106.6	22.51	26.65
		6	14.74	11.57	76.28	121.0	25.43	30.26
90	50	3	7.885	6.190	33.21	83.39	13.28	18.53
		4	10.29	8.074	41.53	105.4	16.61	23.43
		5	12.57	9.868	48.65	124.8	19.46	27.74
	70	4	11.89	9.330	91.21	135.0	26.06	30.01
		5	14.57	11.44	108.3	161.0	30.96	35.78
		6	15.94	12.51	123.5	184.1	35.27	40.92
100	50	3	8.485	6.661	36.53	108.4	14.61	21.67
		4	11.09	8.702	45.78	137.5	18.31	27.50
		5	13.57	10.65	53.73	163.4	21.49	32.69
	80	4	13.49	10.59	136.3	192.8	34.08	38.57
		5	16.57	13.01	163.0	231.0	40.74	46.24
		6	19.54	15.34	186.9	265.9	46.72	53.18
120	60	4	13.49	10.59	82.45	245.6	27.48	40.94
		5	16.57	13.01	97.85	294.6	32.62	49.10
		6	19.54	15.34	111.4	338.9	37.14	56.49
	80	4	15.09	11.84	159.4	229.5	39.86	49.91
		6	21.94	17.22	219.8	417.0	54.95	69.49
		8	27.79	21.82	260.5	495.8	65.12	82.63
140	70	6	23.14	18.17	185.1	558.0	52.88	79.71
		8	29.39	23.07	219.1	665.5	62.59	95.06
		10	35.43	27.81	247.2	761.4	70.62	108.8
	120	6	29.14	22.88	651.1	827.5	108.5	118.2
		8	37.39	29.35	797.3	1014.4	132.9	144.9
		10	45.43	35.66	929.2	1184.7	154.9	169.2
150	75	6	24.94	19.58	231.7	696.2	61.80	92.82
		8	31.79	24.96	276.7	837.4	73.80	111.7
		10	38.43	30.16	314.7	965.0	83.91	128.7
	100	6	27.94	21.93	451.7	851.8	90.35	113.6
		8	35.79	28.10	549.5	1039.3	109.9	138.6
		10	43.43	34.09	635.9	1210.4	127.2	161.4

① 当$S\leqslant6$mm时，$R=1.5S$，矩形钢管理论重量推荐计算公式见式（A.3）；当$S>6$mm时，$R=2S$，矩形钢管理论重量推荐计算公式见式（A.4）。

$$G=0.0157S(A+B-2.8584S) \qquad (A.3)$$
$$G=0.0157S（A+B-3.2876S） \qquad (A.4)$$

式中　G—矩形钢管的理论重量（钢的密度按7.85kg/dm³）（kg/m）；

　　　A、B—矩形钢管的长、宽（mm）；

　　　S—矩形钢管的公称壁厚（mm）。

表 5-41　　冷拔椭圆形钢管

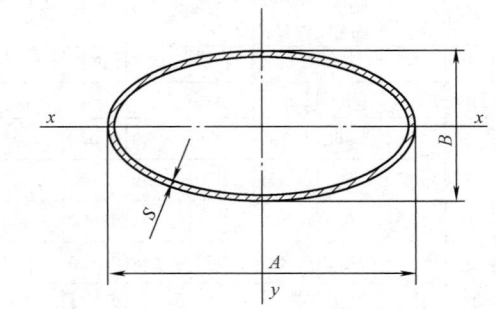

公称尺寸			截面面积	理论重量①	惯性矩		截面模数	
A	B	S	F	G	J_x	J_y	W_x	W_y
mm			cm²	kg/m	cm⁴		cm³	
10	5	0.5	0.110	0.086	0.003	0.011	0.013	0.021
		0.8	0.168	0.132	0.005	0.015	0.018	0.030
		1	0.204	0.160	0.005	0.018	0.021	0.035
	7	0.5	0.126	0.099	0.007	0.013	0.021	0.026
		0.8	0.195	0.152	0.009	0.019	0.030	0.038
		1	0.236	0.185	0.012	0.022	0.034	0.044
12	6	0.5	0.134	0.105	0.006	0.019	0.020	0.031
		0.8	0.206	0.162	0.009	0.028	0.028	0.046
		1.2	0.294	0.231	0.011	0.036	0.036	0.061
	8	0.5	0.149	0.117	0.012	0.022	0.029	0.037
		0.8	0.231	0.182	0.017	0.033	0.042	0.055
		1.2	0.332	0.260	0.022	0.044	0.055	0.073
18	9	0.8	0.319	0.251	0.032	0.101	0.072	0.112
		1.2	0.464	0.364	0.043	0.139	0.096	0.155
		1.5	0.565	0.444	0.049	0.164	0.109	0.182
	12	0.8	0.357	0.280	0.063	0.120	0.104	0.133
		1.2	0.520	0.408	0.086	0.166	0.143	0.185
		1.5	0.636	0.499	0.100	0.197	0.166	0.218
24	8	0.8	0.382	0.300	0.033	0.208	0.081	0.174
		1.2	0.558	0.438	0.043	0.292	0.107	0.243
		1.5	0.683	0.536	0.049	0.346	0.121	0.289
	12	0.8	0.432	0.339	0.081	0.249	0.136	0.208
		1.2	0.633	0.497	0.112	0.352	0.186	0.293
		1.5	0.778	0.610	0.131	0.420	0.218	0.350
30	18	1	0.723	0.567	0.299	0.674	0.333	0.449
		1.5	1.060	0.832	0.416	0.954	0.462	0.636
		2	1.382	1.085	0.514	1.199	0.571	0.800

续表

公称尺寸			截面面积	理论重量①	惯性矩		截面模数	
A	B	S	F	G	J_x	J_y	W_x	W_y
mm			cm²	kg/m	cm⁴		cm³	
34	17	1.5	1.131	0.888	0.410	1.277	0.482	0.751
		2	1.477	1.159	0.505	1.613	0.594	0.949
		2.5	1.806	1.418	0.583	1.909	0.685	1.123
43	32	1.5	1.696	1.332	2.138	3.398	1.336	1.581
		2	2.231	1.751	2.726	4.361	1.704	2.028
		2.5	2.749	2.158	3.259	5.247	2.037	2.440
50	25	1.5	1.696	1.332	1.405	4.278	1.124	1.711
		2	2.231	1.751	1.776	5.498	1.421	2.199
		2.5	2.749	2.158	2.104	6.624	1.683	2.650
55	35	1.5	2.050	1.609	3.243	6.592	1.853	2.397
		2	2.702	2.121	4.157	8.520	2.375	3.098
		2.5	3.338	2.620	4.995	10.32	2.854	3.754
60	30	1.5	2.050	1.609	2.494	7.528	1.663	2.509
		2	2.702	2.121	3.181	9.736	2.120	3.245
		2.5	3.338	2.620	3.802	11.80	2.535	3.934
65	35	1.5	2.286	1.794	3.770	10.02	2.154	3.084
		2	3.016	2.368	4.838	13.00	2.764	4.001
		2.5	3.731	2.929	5.818	15.81	3.325	4.865
70	35	1.5	2.403	1.887	4.036	12.11	2.306	3.460
		2	3.173	2.491	5.181	15.73	2.960	4.495
		2.5	3.927	3.083	6.234	19.16	3.562	5.474
76	38	1.5	2.615	2.053	5.212	15.60	2.743	4.104
		2	3.456	2.713	6.710	20.30	3.532	5.342
		2.5	4.280	3.360	8.099	24.77	4.263	6.519
80	40	1.5	2.757	2.164	6.110	18.25	3.055	4.564
		2	3.644	2.861	7.881	23.79	3.941	5.948
		2.5	4.516	3.545	9.529	29.07	4.765	7.267
84	56	1.5	3.228	2.534	13.33	24.95	4.760	5.942
		2	4.273	3.354	17.34	32.61	6.192	7.765
		2.5	5.301	4.162	21.14	39.95	7.550	9.513
90	40	1.5	2.992	2.349	6.817	24.74	3.409	5.497
		2	3.958	3.107	8.797	32.30	4.399	7.178
		2.5	4.909	3.853	10.64	39.54	5.321	8.787

① 椭圆形钢管理论重量推荐计算公式见式（A.5）

$$G = 0.012\,3S(A + B - 2S) \qquad (A.5)$$

式中　G—椭圆形钢管的理论重量（钢的密度按7.85kg/dm³）（kg/m³）；

　　　A、B—椭圆形钢管的长轴、短轴（mm）；

　　　S—椭圆形钢管的公称壁厚（mm）。

表 5-42　　　冷拔平椭圆形钢管

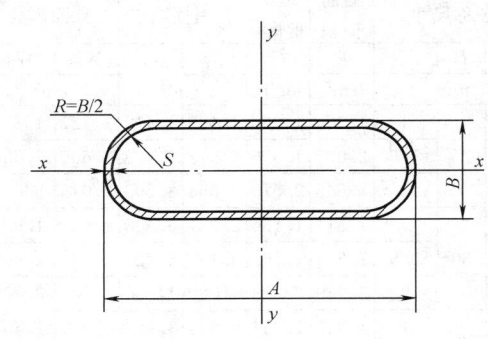

公称尺寸			截面面积	理论重量①	惯性矩		截面模数	
A	B	S	F	G	J_x	J_y	W_x	W_y
mm			cm²	kg/m	cm⁴		cm³	
10	5	0.8	0.186	0.146	0.006	0.007	0.024	0.014
		1	0.226	0.177	0.018	0.021	0.071	0.042
14	7	0.8	0.268	0.210	0.018	0.053	0.053	0.076
		1	0.328	0.258	0.021	0.063	0.061	0.090
18	12	1	0.466	0.365	0.089	0.160	0.149	0.178
		1.5	0.675	0.530	0.120	0.219	0.199	0.244
		2	0.868	0.682	0.142	0.267	0.237	0.297
24	12	1	0.586	0.460	0.126	0.352	0.209	0.293
		1.5	0.855	0.671	0.169	0.491	0.282	0.409
		2	1.108	0.870	0.203	0.609	0.339	0.507
30	15	1	0.740	0.581	0.256	0.706	0.341	0.471
		1.5	1.086	0.853	0.353	1.001	0.470	0.667
		2	1.417	1.112	0.432	1.260	0.576	0.840
35	25	1	0.954	0.749	0.832	1.325	0.666	0.757
		1.5	1.407	1.105	1.182	1.899	0.946	1.085
		2	1.845	1.448	1.493	2.418	1.195	1.382
40	25	1	1.054	0.827	0.976	1.889	0.781	0.944
		1.5	1.557	1.223	1.390	2.719	1.112	1.360
		2	2.045	1.605	1.758	3.479	1.407	1.740
45	15	1	1.040	0.816	0.403	2.137	0.537	0.950
		1.5	1.536	1.206	0.558	3.077	0.745	1.367
		2	2.017	1.583	0.688	3.936	0.917	1.750
50	25	1	1.254	0.984	1.264	3.423	1.011	1.369
		1.5	1.857	1.458	1.804	4.962	1.444	1.985
		2	2.445	1.919	2.289	6.393	1.831	2.557

续表

公称尺寸			截面面积	理论重量①	惯性矩		截面模数	
A	B	S	F	G	J_x	J_y	W_x	W_y
mm			cm²	kg/m	cm⁴		cm³	
55	25	1	1.354	1.063	1.408	4.419	1.127	1.607
		1.5	2.007	1.576	2.012	6.423	1.609	2.336
		2	2.645	2.076	2.554	8.296	2.043	3.017
60	30	1	1.511	1.186	2.221	5.983	1.481	1.994
		1.5	2.243	1.761	3.197	8.723	2.131	2.908
		2	2.959	2.323	4.089	11.30	2.726	3.768
63	10	1	1.343	1.054	0.245	4.927	0.489	1.564
		1.5	1.991	1.563	0.327	7.152	0.655	2.271
		2	2.623	2.059	0.389	9.228	0.778	2.929
70	35	1.5	2.629	2.063	5.167	14.02	2.952	4.006
		2	3.473	2.727	6.649	18.24	3.799	5.213
		2.5	4.303	3.378	8.020	22.25	4.583	6.358
75	35	1.5	2.779	2.181	5.588	16.87	3.193	4.499
		2	3.673	2.884	7.194	21.98	4.111	5.862
		2.5	4.553	3.574	8.682	26.85	4.961	7.160
80	30	1.5	2.843	2.232	4.416	18.98	2.944	4.746
		2	3.759	2.951	5.660	24.75	3.773	6.187
		2.5	4.660	3.658	6.798	30.25	4.532	7.561
85	25	1.5	2.907	2.282	3.256	21.11	2.605	4.967
		2	3.845	3.018	4.145	27.53	3.316	6.478
		2.5	4.767	3.742	4.945	33.66	3.956	7.920
90	30	1.5	3.143	2.467	5.026	26.17	3.351	5.816
		2	4.159	3.265	6.445	34.19	4.297	7.598
		2.5	5.160	4.050	7.746	41.87	5.164	9.305

① 平椭圆形钢管理论重量推荐计算公式见式（A.6）

$$G = 0.015\ 7S(A + 0.570\ 8B - 1.570\ 8S) \quad (A.6)$$

式中　G—椭圆形钢管的理论重量（钢的密度按 7.85kg/dm³）（kg/m）

　　　A、B—平椭圆形钢管的长、宽（mm）；

　　　S—平椭圆形钢管的公称壁厚（mm）。

表 5-43　　冷拔内外六角形钢管

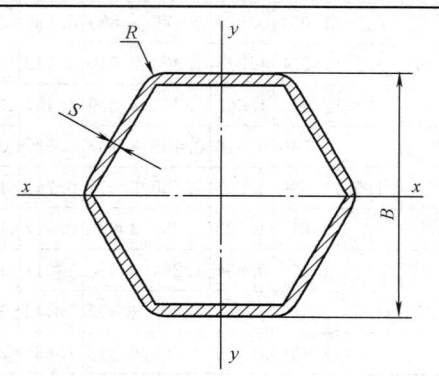

续表

公称尺寸		截面面积	理论重量①	惯性矩	截面模数	
B	S	F	G	$J_x = J_y$	W_x	W_y
mm		cm²	kg/m	cm⁴	cm³	
10	1	0.305	0.240	0.034	0.069	0.060
	1.5	0.427	0.336	0.043	0.087	0.075
	2	0.528	0.415	0.048	0.096	0.084
12	1	0.375	0.294	0.063	0.105	0.091
	1.5	0.531	0.417	0.082	0.136	0.118
	2	0.667	0.524	0.094	0.157	0.136
14	1	0.444	0.348	0.104	0.149	0.129
	1.5	0.635	0.498	0.138	0.198	0.171
	2	0.806	0.632	0.163	0.232	0.201
19	1	0.617	0.484	0.278	0.292	0.253
	1.5	0.895	0.702	0.381	0.401	0.347
	2	1.152	0.904	0.464	0.489	0.423
21	1	0.686	0.539	0.381	0.363	0.314
	2	1.291	1.013	0.649	0.618	0.535
	3	1.813	1.423	0.824	0.785	0.679
27	1	0.894	0.702	0.839	0.622	0.538
	2	1.706	1.339	1.482	1.098	0.951
	3	2.436	1.912	1.958	1.450	1.256
32	2	2.053	1.611	2.566	1.604	1.389
	3	2.956	2.320	3.461	2.163	1.873
	4	3.777	2.965	4.139	2.587	2.240
36	2	2.330	1.829	3.740	2.078	1.799
	3	3.371	2.647	5.107	2.837	2.457
	4	4.331	3.400	6.187	3.437	2.977
41	3	3.891	3.054	7.809	3.809	3.299
	4	5.024	3.944	9.579	4.673	4.046
	5	6.074	4.768	11.00	5.366	4.647
46	3	4.411	3.462	11.33	4.926	4.266
	4	5.716	4.487	14.03	6.100	5.283
	5	6.940	5.448	16.27	7.074	6.126
57	3	5.554	4.360	22.49	7.890	6.833
	4	7.241	5.684	28.26	9.917	8.588
	5	8.845	6.944	33.28	11.68	10.11
65	3	6.385	5.012	34.08	10.48	9.080
	4	8.349	6.554	43.15	13.28	11.50
	5	10.23	8.031	51.20	15.76	13.64
70	3	6.904	5.420	43.03	12.29	10.65
	4	9.042	7.098	54.70	15.63	13.53
	5	11.10	8.711	65.16	18.62	16.12

续表

公称尺寸		截面面积	理论重量[①]	惯性矩	截面模数	
B	S	F	G	$J_x = J_y$	W_x	W_y
mm		cm²	kg/m	cm⁴	cm³	
85	4	11.12	8.730	101.3	23.83	20.64
	5	13.70	10.75	121.7	28.64	24.80
	6	16.19	12.71	140.4	33.03	28.61
95	4	12.51	9.817	143.8	30.27	26.21
	5	15.43	12.11	173.5	36.53	31.63
	6	18.27	14.34	201.0	42.31	36.64
105	4	13.89	10.91	196.7	37.47	32.45
	5	17.16	13.47	238.2	45.38	39.30
	6	20.35	15.97	276.9	52.74	45.68

① 内外六角形钢管理论重量推荐计算公式见式（A.7）：

$$G = 0.027\,19S(B - 1.186\,2S) \qquad (A.7)$$

式中　G—内外六角形钢管的理论重量（按 $R = 1.5S$，钢的密度按 7.85kg/dm³）（kg/m）；

　　　B—内外六角形钢管的对边距离（mm）；

　　　S—内外六角形钢管的公称壁厚（mm）。

表 5-44a　冷拔直角梯形钢管的尺寸、理论重量和物理参数

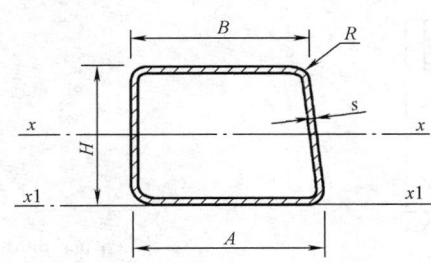

公称尺寸				截面面积	理论重量[①]	惯性矩	截面模数	
A	B	H	S	F	G	J_x	W_{xa}	W_{xb}
mm				cm²	kg/m	cm⁴	cm³	
35	20	35	2	2.312	1.815	3.728	2.344	1.953
	25	30	2	2.191	1.720	2.775	1.959	1.753
	30	25	2	2.076	1.630	1.929	1.584	1.504
45	32	50	2	3.337	2.619	11.64	4.935	4.409
	40	30	1.5	2.051	1.610	2.998	2.039	1.960

续表

公称尺寸				截面面积	理论重量[①]	惯性矩	截面模数	
A	B	H	S	F	G	J_x	W_{xa}	W_{xb}
mm				cm²	kg/m	cm⁴	cm³	
50	35	60	2.2	4.265	3.348	21.09	7.469	6.639
	40	30	1.5	2.138	1.679	3.143	2.176	2.021
		35	1.5	2.287	1.795	4.484	2.661	2.471
	45	30	1.5	2.201	1.728	3.303	2.242	2.164
			2	2.876	2.258	4.167	2.828	2.730
		40	2	3.276	2.572	8.153	4.149	4.006
55	50	40	2	3.476	2.729	8.876	4.510	4.369
60	55	50	1.5	3.099	2.433	12.50	5.075	4.930

① 直角梯形钢管理论重量推荐计算公式见式（A.8）：

$$G = \left\{ S\left[A + B + H + 0.283\,185S + \frac{H}{\sin\alpha} - \frac{2S}{\sin\alpha} - 2S\left(\tan\frac{180° - \alpha}{2} + \tan\frac{\alpha}{2} \right) \right] \right\} 0.007\,85 \qquad (A.8)$$

$$\alpha = \arctan\frac{H}{A - B}$$

式中　G—直角梯形钢管的理论重量（按 $R = 1.5S$，钢的密度按 7.85kg/dm³）（kg/m）；

　　　A—直角梯形钢管的下底（mm）；

　　　B—直角梯形钢管的上底（mm）；

　　　H—直角梯形钢管的高（mm）；

　　　S—直角梯形钢管的公称壁厚（mm）。

表 5-44b　直角梯形钢管的尺寸和允许偏差

（单位：mm）

尺寸			允许偏差	
			普通级	高级
尺寸允许偏差	边长 A、B	≤30	±0.30	±0.20
		>30~50	±0.40	±0.30
		>50~75	±0.80%A、±0.80%B	±0.7%A、±0.7%B
		>75	±1%A、±1%B	±0.8%A、±0.8%B
	壁厚 S	≤1.0	±0.18	±0.12
		>1.0~3.0	+0.15%S −10%S	+12.5%S −10%S
		>3.0	+12.5%S −10%S	±10%S

续表

边凹凸度	边长尺寸	边凹凸度（不大于）	
		普通级	高级
边凹凸度	≤30	0.20	0.10
	>20～50	0.30	0.15
	>50～75	0.8%A、0.8%B	0.5%A、0.5%B
	>75	0.9%A、0.9%B	0.6%A、0.6%B
外角圆半径	壁厚（S）	S≤6　　6＜S≤10　　S＞10	
	外圆角半径（R）	≤2.0S　　≤2.5S　　≤3.0S	
弯曲度	精度等级	弯曲度/(mm/m)	全长（L）弯曲度
	普通级	≤3.0	≤0.3%L
	高级	≤2.0	≤0.2%L
扭转	钢管边长/mm	允许扭转值/(mm/m)	
	＜30		

表 5-44c　直角梯形钢管的力学性能

序号	牌号	质量等级	抗拉强度 R_m /MPa	下屈服强度 R_{eL} /MPa	断后伸长率 A (%)	冲击试验 温度/℃	冲击试验 吸收能量 (KV_2)/J
			不小于				不小于
1	10	—	335	205	24	—	—
2	20	—	410	245	20	—	—
3	35	—	510	305	17	—	—

续表

序号	牌号	质量等级	抗拉强度 R_m /MPa	下屈服强度 R_{eL} /MPa	断后伸长率 A (%)	冲击试验 温度/℃	冲击试验 吸收能量 KV_2/J
			不小于				不小于
4	45	—	590	335	14	—	
5	Q195	—	315～430	195	33	—	
6	Q215	A	335～450	215	30	—	
		B				+20	27
7	Q235	A	370～500	235	25	—	27
		B				+20	
		C				0	
		D				−20	
8	Q345	A	470～630	345	20	—	34
		B				+20	
		C				0	
		D			21	−20	
		E				−40	27
9	Q390	A	490～650	390	18	—	34
		B				+20	
		C				0	
		D			19	−20	
		E				−40	27

8. 钢轨（见表 5-45）

表 5-45　　　起重机用钢轨（YB/T 5055—2014）

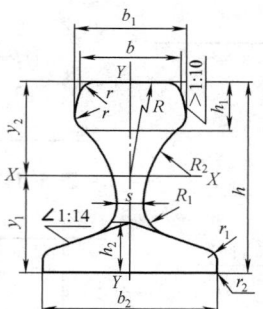

（单位：mm）

型号	轨头宽 b 尺寸	轨头宽 b 公差	b_1	轨底宽 b_2 尺寸	轨底宽 b_2 公差	轨腰厚 s 尺寸	轨腰厚 s 公差	钢轨高 h 尺寸	钢轨高 h 公差	h_1	h_2	R	R_1	R_2	r	r_1	r_2
QU70	70	±1.0	76.5	120	+1.0 −2.0	28	±1.0	120	±0.8	32.5	24	400	23	38	6	6	1.5
QU80	80		87	130		32		130		35	26	400	26	44	8	6	1.5
QU100	100		108	150		38		150		40	30	450	30	50	8	8	2
QU120	120		129	170		44		170		45	35	500	34	56	8	8	2

型号	截面面积 cm²	理论重量 kg/m	质心距离 y_1 cm	质心距离 y_2 cm	惯性矩 I_X cm⁴	惯性矩 I_Y cm⁴	截面系数 $W_1 = \dfrac{I_X}{y_1}$ cm³	截面系数 $W_2 = \dfrac{I_X}{y_2}$ cm³	截面系数 $W_3 = \dfrac{I_Y}{b_2/2}$ cm³
					参　考　数　值				
QU70	67.30	52.80	5.93	6.07	1081.99	327.16	182.46	178.25	54.53
QU80	81.13	63.69	6.43	6.57	1547.40	482.39	240.65	235.53	74.21

续表

型号	截面面积	理论重量	参 考 数 值							
			质心距离		惯性矩		截面系数			
			y_1	y_2	I_X	I_Y	$W_1=\dfrac{I_X}{y_1}$	$W_2=\dfrac{I_X}{y_2}$	$W_3=\dfrac{I_Y}{b_2/2}$
	cm²	kg/m	cm		cm⁴		cm³		
QU100	113.32	88.96	7.60	7.40	2864.73	940.98	376.94	387.13	125.46
QU120	154.44	118.10	8.43	8.57	4923.79	1694.83	584.08	574.54	199.39

注：1. 钢轨的标准长度为 9m、9.5m、10m、10.5m、11m、11.5m、12m、12.5m。

2. 材料：U71Mn。

5.2.5 铸钢牌号和性能

1. 一般工程用铸钢（见表 5-46）

表 5-46 一般工程用铸钢的力学性能（GB/T 11352—2009）

牌号	力学性能≥						特 点	应用举例
	R_{eL}或 $R_{p0.2}$ MPa	R_m /MPa	A (%)	按合同规定				
				Z (%)	KV /J	KU /J		
ZG200-400	200	400	25	40	30	47	低碳铸钢，强度和硬度较低而韧性、塑性较好，焊接性好，铸造性差，导磁、导电性能好	机座、变速箱体、电气吸盘
ZG230-450	230	450	22	32	25	35		轧钢机架、轴承座、箱体、砧座
ZG270-500	270	500	18	25	22	27	中碳铸钢，强度和韧性较高，切削性良好，焊接性能尚可，铸造性能较好	应用广泛，如车轮、水压机工作缸、蒸汽锤气缸、连杆、箱体
ZG310-570	310	570	15	21	15	24		承受重载荷的零件如大齿轮、机架、制动轮、轴
ZG340-640	340	640	10	18	10	16	高碳铸钢，高强度、高硬度、高耐磨性，塑性和韧性较差，焊接和铸造性均差，裂纹敏感性大	起重运输机齿轮、车辆、联轴器

注：1. 表中所列的各牌号性能，适应于厚度为 100mm 以下的铸件，当铸件厚度超过 100mm 时，表中规定的 R_{eL}（$R_{p0.2}$）仅供设计使用。

2. 表中冲击吸收能量 KU 的试样缺口为 2mm。

2. 焊接结构用碳素铸钢（见表 5-47）

表 5-47 焊接结构用碳素铸钢的力学性能（GB/T 7659—2010）

牌 号	拉伸性能			根据合同选择	
	上屈服强度 R_{eH}/ MPa（min）	抗拉强度 R_m/ MPa（min）	断后伸长率 A (%)（min）	断面收缩率 Z (%)≥（min）	冲击吸收能量 KV_2/J（min）
ZG200-400H	200	400	25	40	45
ZG230-450H	230	450	22	35	45
ZG270-480H	270	480	20	35	40
ZG300-500H	300	500	20	21	40
ZG340-550H	340	550	15	21	35

注：当无明显屈服时，测定非比例延伸强度 $R_{p0.2}$。

3. 铸造高锰钢（见表 5-48）

表 5-48 铸造高锰钢的力学性能及应用举例（GB/T 5680—2010）

牌 号	力 学 性 能 ≥			
	R_{eL}/MPa	R_m/MPa	A (%)	KU_2/J
ZG120Mn13	—	685	≥25	118
ZG120Mn13Cr2	≥390	735	≥20	—

4. 大型低合金铸钢（见表 5-49）

表 5-49　　　　　　　　大型低合金钢铸件的力学性能及应用（JB/T 6402—2006）

材料牌号	热处理状态	R_{eH}/MPa ≥	R_m/MPa ≥	A(%) ≥	Z(%) ≥	KU/J ≥	KV/J ≥	HBW ≥	用途举例
ZG20Mn	正火＋回火	285	495	18	30	39	—	145	焊接及流动性良好，作水压机缸、叶片、喷嘴体、阀、弯头等
	调质	300	500~650	24	—		45	150~190	
ZG30Mn	正火＋回火		558	18	30			163	
ZG35Mn	正火＋回火	345	570	12	20	24		—	用于承受摩擦的零件
	调质	415		12	25	27		200~240	
ZG40Mn	正火＋回火	295	640	12	30			163	用于承受摩擦和冲击的零件，如齿轮等
ZG40Mn2	正火＋回火	395	590	20	40	30		179	用于承受摩擦的零件，如齿轮等
	调质	685	835	13	45	35		269~302	
ZG45Mn2	正火＋回火	392	637	15	30			179	用于模块、齿轮等
ZG50Mn2	正火＋回火	445	785	18	37		—	—	用于高强度零件，如齿轮、齿轮缘等
ZG35SiMnMo	正火＋回火	395	640	12	20	24			用于承受负荷较大的零件
	调质	490	690	12	25	27			
ZG35CrMnSi	正火＋回火	345	690	14	30			217	用于承受冲击、摩擦的零件，如齿轮、滚轮等
ZG20MnMo	正火＋回火	295	490	16	—	39		156	用于受压容器，如泵壳等
ZG30Gr1MnMo	正火＋回火	392	686	15	30				用于拉坯和立柱
ZG55CrMnMo	正火＋回火	不规定	不规定	—					有一定的红硬性，用于锻模等
ZG40Cr1	正火＋回火	345	630	18	26			212	用于高强度齿轮
ZG34Cr2Ni2Mo	调质	700	950~1000	12	—		32	240~290	用于特别要求的零件，如锥齿轮、小齿轮、起重机行走轮、轴等
ZG15Cr1Mo	正火＋回火	275	490	20	35	24		140~220	用于汽轮机
ZG20CrMo	正火＋回火	245	460	18	30	30		135~180	用于齿轮、锥齿轮及高压缸零件等
	调质	245	460	18	30	24		—	
ZG35Cr1Mo	正火＋回火	392	588	12	20	23.5			用于齿轮、电炉支承轮轴套、齿圈等
	调质	510	686	12	25	31		201	
ZG42Cr1Mo	正火＋回火	343	569	11	20		30	—	用于承受高负荷零件、齿轮、锥齿轮等
	调质	490	690~830	11				200~250	
ZG50Cr1Mo	调质	520	740~880	11	—			200~260	用于减速器零件、齿轮、小齿轮等
ZG65Mn	正火＋回火	不规定	不规定	—			—	—	用于球磨机衬板等
ZG28NiCrMo	—	420	630	20	40				适用于直径大于 300mm 的齿轮铸件
ZG30NiCrMo	—	590	730	17	35				适用于直径大于 300mm 的齿轮铸件
ZG35NiCrMo	—	660	830	14	30				

注：1. 需方无特殊要求时，KU、KV 由供方任选一种。

2. 需方无特殊要求时，硬度不作验收依据，仅供设计参考。

5.2.6 铸铁牌号和性能

1. 常用铸铁牌号（见表 5-50）

表 5-50 常用铸铁牌号和性能

名　称	代号	特　　点
灰铸铁	HT	占铸铁件的 $85\%\sim90\%$，铸造、切削加工性能好，对切口敏感度小，耐磨性、吸振性好。抗压强度高（比抗拉强度高 3～4 倍）。强度、塑性、韧性都比铸钢低，也低于球墨铸铁。弹性模量 $8\times10^4\sim1.4\times10^5$ MPa 之间，决定于显微组织。壁厚对力学性能影响很大
可锻铸铁	KT	由白口铸铁经退火处理而得。经石墨化退火得到黑心可锻铸铁（KTH）和珠光体可锻铸铁（KTZ）用得较多。很少采用经脱碳退火得到的白心可锻铸铁（KTB）。黑心可锻铸铁比灰铸铁强度高，塑性、韧性好，承受冲击能力强，珠光体可锻铸铁的塑性、韧性比黑心可锻铸铁低，但强度高、耐磨性好，铸造性能比铸钢好但比灰铸铁差，切削性较好。用于制造要求有一定强度及重量不大的薄壁零件
球墨铸铁	QT	抗拉强度可以达到比铸铁、铸钢高，屈服强度与抗拉强度之比，高于铸钢和可锻铸铁。在各种铸铁中，球墨铸铁塑性最好。弹性模量比灰铸铁高，但稍低于钢。冲击韧度低于钢，但远高于灰铸铁，可以满足一般承受动载荷机械零件的要求，因此，在很多情况下球墨铸铁可以代替铸钢或钢。球墨铸铁的疲劳强度接近 45 钢、对缺口敏感性比钢低，所以，用球墨铸铁代替钢制造曲轴等复杂零件是有利的。球墨铸铁耐磨、耐热、耐蚀性较好。钢、球墨铸铁、灰铸铁的减振性之比大致为 $1:1.8:4.3$。球墨铸铁的铸造性能比灰铸铁差，易产生缺陷，切削加工性能较好
耐热铸铁	RT	在高温下具有一定强度和良好的耐热性的合金铸铁。这种铸铁在高温工作时，能抵抗周围气氛对它的腐蚀和铸铁在高温下的体积长大
耐磨铸铁	MT	当铸铁的耐磨性不能满足要求时，在铸铁中加入合金元素提高其耐磨性

2. 灰铸铁和灰铁铁件（见表 5-51 和表 5-52）

表 5-51 灰铸铁的牌号和力学性能
（GB/T 9439—2010）　　　　　　　　　　续表

牌号	铸件壁厚/mm >	铸件壁厚/mm ≤	最小抗拉强度 R_m(min)（强制性值）单铸试棒/MPa	最小抗拉强度 R_m(min)（强制性值）附铸试棒或试块/MPa	铸件本体预期抗拉强度 R_m(min)/MPa
HT100	5	40	100		
HT150	5	10	150		155
HT150	10	20			130
HT150	20	40		120	110
HT150	40	80		110	95
HT150	80	150		100	80
HT150	150	300		90	
HT200	5	10	200		205
HT200	10	20			180
HT200	20	40		170	155
HT200	40	80		150	130
HT200	80	150		140	115
HT200	150	300		130	
HT225	5	10	225		230
HT225	10	20			200
HT225	20	40		190	170
HT225	40	80		170	150
HT225	80	150		155	135
HT225	150	300		145	
HT250	5	10	250		250
HT250	10	20			225
HT250	20	40		210	195
HT250	40	80		190	170
HT250	80	150		170	155
HT250	150	300		160	
HT275	10	20	275		250
HT275	20	40		230	220
HT275	40	80		205	190
HT275	80	150		190	175
HT275	150	300		175	

续表

牌号	铸件壁厚 /mm >	铸件壁厚 /mm ≤	最小抗拉强度 R_m（min）（强制性值）单铸试棒 /MPa	最小抗拉强度 附铸试棒或试块 /MPa	铸件本体预期抗拉强度 R_m(min) /MPa
HT300	10	20	300		270
	20	40		250	240
	40	80		220	210
	80	150		210	195
	150	300			190
HT350	10	20	350		315
	20	40		290	280
	40	80		260	250
	80	150		230	225
	150	300			210

注：1. 当铸件壁厚超过 300mm 时，其力学性能由供需双方商定。

2. 当某牌号的铁液浇注壁厚均匀、形状简单的铸件时，壁厚变化引起抗拉强度的变化，可从本表查出参考数据；当铸件壁厚不均匀，或有型芯时，此表只能给出不同壁厚处大致的抗拉强度值，铸件的设计应根据关键部位的实测值进行。

3. 表中斜体字数值表示指导值，其余抗拉强度值均为强制性值，铸件本体预期抗拉强度值不作为强制性值。

4. 选用灰铸铁牌号可参考表 5-52，此表不属于国家标准内容。

表 5-52   灰铸铁牌号选择参考

灰铸铁牌号	应 用 举 例
HT100	盖、外罩、油盘、手轮、手把、支架等
HT150	端盖、汽轮泵体、轴承座、阀壳、管及管路附件、手轮、一般机床底座、床身及其他复杂零件、滑座、工作台等
HT200 HT225	气缸、齿轮、底架、箱体、飞轮、齿条、衬套、一般机床铸有导轨的床身及中等压力（8MPa 以下）的液压缸、液压泵和阀的壳体等
HT250 HT275	阀壳、液压缸、气缸、联轴器、箱体、齿轮、齿轮箱体、飞轮、衬套、凸轮、轴承座等
HT300 HT350	齿轮、凸轮、车床卡盘、剪床压力机的床身、导板、转塔自动车床；其他重载荷机床铸有导轨的床身、高压液压缸、液压泵和滑阀的壳体等

3. 可锻铸铁件（GB/T 9440—2010）

（1）白心可锻铸铁。

白心可锻铸铁的金相组织取决于断面尺寸，如下所述。图 5-1 给出了金相组织随铸件壁厚的变化趋势。

1）薄断面 = 铁素体（+珠光体+退火石墨）。

2）厚断面，如图 5-1 所示。

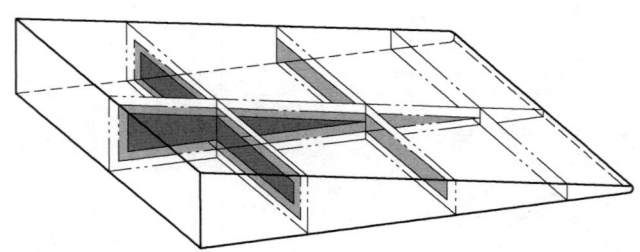

注：□ 表面区域 —铁素体；
▧ 中间区域—珠光体＋铁素体＋退火石墨；
■ 心部区域—珠光体(＋铁素体)＋退火石墨。
括号内表示少量的，也可能有时不存在的组织。

图 5-1   表面区域、中间区域和心部区域的金相组织

白心可锻铸铁的牌号和力学性能应符合表 5-53 的规定。

表 5-53　　　　　　　白心可锻铸铁的力学性能

牌号	试样直径 d/mm	抗拉强度 R_m/MPa(min)	0.2%屈服强度 $R_{p0.2}$/MPa(min)	断后伸长率 A（%）(min)($L_0=3d$)	冲击吸收能量 KV/J	布氏硬度 HBW(max)
KTB 350-04	6	270	—	10	30～80	230
	9	310	—	5		
	12	350	—	4		
	15	360	—	3		
KTB 360-12	6	280	—	16	130～180	200
	9	320	170	15		
	12	360	190	12		
	15	370	200	7		
KTB 400-05	6	300	—	12	40～90	220
	9	360	200	8		
	12	400	220	5		
	15	420	230	4		
KTB 450-07	6	330	—	12	80～130	220
	9	400	230	10		
	12	450	360	7		
	15	480	280	4		
KTB 550-04	6	—	—	—	30～80	250
	9	490	310	5		
	12	550	340	4		
	15	570	350	3		

注：1. 所有级别的白心可锻铸铁均可以焊接。
　　2. 对于小尺寸的试样，很难判断其屈服强度，屈服强度的检测方法和数值由供需双方在签订订单时商定。
　　3. 试样直径同表 5-54 中 a、b。
　　4. 用没有缺口，单铸试样，尺寸 10mm×10mm×55mm。

（2）黑心可锻铸铁。

黑心可锻铸铁和珠光体可锻铸铁的牌号应符合表 5-54 的规定。

表 5-54　　　　　　黑心可锻铸铁和珠光体可锻铸铁的力学性能

牌号	试样直径 $d^{①、②}$/mm	抗拉强度 R_m/MPa（min）	0.2%屈服强度 $R_{p0.2}$/MPa（min）	断后伸长率 A（%）(min)（$L_0=3d$）	冲击吸收能量 KV/J	布氏硬度 HBW
KTH 275-05[③]	12 或 15	275	—	5	—	≤150
KTH 300-06[②]	12 或 15	300	—	6	—	
KTH 330-08	12 或 15	330	—	8	—	
KTH 350-10	12 或 15	350	200	10	90～130	
KTH 370-12	12 或 15	370	—	12	—	
KTZ 450-06	12 或 15	450	270	6	80～120	150～200
KTZ 500-05	12 或 15	500	300	5	—	165～215

续表

牌　号	试样直径 $d^{①、②}$/mm	抗拉强度 R_m/MPa (min)	0.2%屈服强度 $R_{p0.2}$/MPa (min)	断后伸长率 A（%）(min)（$L_0=3d$）	冲击吸收能量 KV/J	布氏硬度 HBW
KTZ 550-04	12 或 15	550	340	4	70～110	180～230
KTZ 660-03	12 或 15	600	390	3	—	195～245
KTZ 650-02④、⑤	12 或 15	650	430	2	60～100	210～260
KTZ 700-02	12 或 15	700	530	2	50～90	240～290
KTZ 800-01④	12 或 15	800	600	1	30～40	270～320

注：冲击试验用没有缺口单铸试件尺寸 10mm×10mm×55mm。

① 如果需方没有明确要求，供方可以任意选取两种试棒直径中的一种。

② 试样直径代表同样壁厚的铸件，如果铸件为薄壁件时，供需双方可以协商选取直径 6mm 或者 9mm 试样。

③ KTH 275-05 和 KTH 300-06 为专门用于保证压力密封性能，而不要求高强度或者高延展性的工作条件的。

④ 油淬加回火。

⑤ 空冷加回火。

4. 蠕墨铸铁（表 5-55 和表 5-56）

表 5-55　　　　　　　　**单铸试样的力学性能**（GB/T 26655—2011）

牌　号	抗拉强度 R_m/MPa (min)	0.2%屈服强度 $R_{p0.2}$/MPa (min)	断后伸长率 A（%）(min)	典型的布氏硬度范围 HBW	主要基体组织
RuT300	300	210	2.0	140～210	铁素体
RuT350	350	245	1.5	160～220	铁素体＋珠光体
RuT400	400	280	1.0	180～240	珠光体＋铁素体
RuT450	450	315	1.0	200～250	珠光体
RuT500	500	350	0.5	220～260	珠光体

注：布氏硬度（指导值）仅供参考。

0.2%屈服强度 $R_{p0.2}$ 一般不作为验收依据。需方有特殊要求时，也可以测定。

表 5-56　　　　　　　　**附铸试样的力学性能**（GB/T 26655—2011）

牌　号	主要壁厚 t/mm	抗拉强度 R_m/MPa (min)	0.2%屈服强度 $R_{p0.2}$/MPa (min)	断后伸长率 A（%）(min)	典型布氏硬度范围 HBW	主要基体组织
RuT300A	t≤12.5	300	210	2.0	140～210	铁素体
	12.5<t≤30	300	210	2.0	140～210	
	30<t≤60	275	195	2.0	140～210	
	60<t≤120	250	175	2.0	140～210	
RuT350A	t≤12.5	350	245	1.5	160～220	铁素体＋珠光体
	12.5<t≤30	350	245	1.5	160～220	
	30<t≤60	325	230	1.5	160～220	
	60<t≤120	300	210	1.5	160～220	
RuT400A	t≤12.5	400	280	1.0	180～240	珠光体＋铁素体
	12.5<t≤30	400	280	1.0	180～240	
	30<t≤60	375	260	1.0	180～240	
	60<t≤120	325	230	1.0	180～240	
RuT450A	t≤12.5	450	315	1.0	200～250	珠光体
	12.5<t≤30	450	315	1.0	200～250	
	30<t≤60	400	280	1.0	200～250	
	60<t≤120	375	260	1.0	200～250	

续表

牌　号	主要壁厚 t/mm	抗拉强度 R_m/MPa（min）	0.2%屈服强度 $R_{p0.2}$/MPa（min）	断后伸长率 A（%）（min）	典型布氏硬度 范围 HBW	主要基体组织
RuT500A	$t\leqslant12.5$	500	330	0.5	220～260	珠光体
	$12.5<t\leqslant30$	500	350	0.5	220～260	
	$30<t\leqslant60$	450	315	0.5	220～260	
	$60<t\leqslant120$	400	280	0.5	220～260	

注：1. 采用附铸试块时，牌号后加字母"A"。

2. 从附铸试样测得的力学性能并不能准确地反映铸件本体的力学性能，但与单铸试棒上测得的值相比更接近于铸件的实际性能值。

3. 力学性能随铸件结构（形状）和冷却条件而变化，随铸件断面厚度增加而相应降低。

4. 布氏硬度值仅供参考。

5. 球墨铸铁（见表 5-57）

表 5-57　　　　**球墨铸铁单铸试件的力学性能及应用**（GB/T 1348—2009）

材料牌号	抗拉强度 R_m/MPa （min）	屈服强度 $R_{p0.2}$/MPa （min）	断后伸长率 A（%） （min）	布氏硬度 HBW	主要基体组织
QT350-22L	350	220	22	≤160	铁素体
QT350-22R	350	220	22	≤160	铁素体
QT350-22	350	220	22	≤160	铁素体
QT400-18L	400	240	18	120～175	铁素体
QT400-18R	400	250	18	120～175	铁素体
QT400-18	400	250	18	120～175	铁素体
QT400-15	400	250	15	120～180	铁素体
QT450-10	450	310	10	160～210	铁素体
QT500-7	500	320	7	170～230	铁素体＋珠光体
QT550-5	550	350	5	180～250	铁素体＋珠光体
QT600-3	600	370	3	190～270	珠光体＋铁素体
QT700-2	700	420	2	225～305	珠光体
QT800-2	800	480	2	245～335	珠光体或索氏体
QT900-2	900	600	2	280～360	回火马氏体或 屈氏体＋索氏体

注：字母"L"表示该牌号有低温（−20℃或−40℃）下的冲击性能要求；字母"R"表示该牌号有室温（23℃）下的冲击性能要求（见下面附表）

附表　　　　V 形缺口单铸试样的冲击吸收能量

牌　号	最小冲击吸收能量/J					
	室温(23±5)℃		低温(−20±2)℃		低温(−40±2)℃	
	三个试样平均值	个别值	三个试样平均值	个别值	三个试样平均值	个别值
QT350-22L	—		—		12	9
QT350-22R	17	14	—		—	
QT400-18L	—		12	9	—	
QT400-18R	14	11	—		—	

注：1. 冲击吸收功是从砂型铸造的铸件或者导热性与砂型相当的铸型中铸造的铸块上测得的。用其他方法生产的铸件的冲击吸收功应满足经双方协商的修正值。这些材料牌号也可用于压力容器。

2. 断后伸长率是从原始标距 $L_0=5d$ 上测得的，d 是试样上原始标距处的直径。

5.3 非铁合金

5.3.1 铜和铜合金

1. 铸造铜合金（见表 5-58～表 5-60）

表 5-58   **铸造铜及铜合金室温力学性能**（GB/T 1176—2013）

序号	合金牌号	铸造方法	室温力学性能，不低于			
			抗拉强度 R_m/MPa	屈服强度 $R_{p0.2}$/MPa	断后伸长率 A(%)	布氏硬度 HBW
1	ZCu99	S	150	40	40	40
2	ZCuSn3Zn8Pb6Ni1	S	175		8	60
		J	215		10	70
3	ZCuSn3Zn11Pb4	S、R	175		8	60
		J	215		10	60
4	ZCuSn5Pb5Zn5	S、J、R	200	90	13	60*
		Li、La	250	100	13	65*
5	ZCuSn10P1	S、R	220	130	3	80*
		J	310	170	2	90*
		Li	330	170	4	90*
		La	360	170	6	90*
6	ZCuSn10Pb5	S	195		10	70
		J	245		10	70
7	ZCuSn10Zn2	S	240	120	12	70*
		J	245	140	6	80*
		Li、La	270	140	7	80*
8	ZCuPb9Sn5	La	230	110	11	60
9	ZCuPb10Sn10	S	180	80	7	65*
		J	220	140	5	70*
		Li、La	220	110	6	70*
10	ZCuPb15Sn8	S	170	80	5	60*
		J	200	100	6	65*
		Li、La	220	100	8	65*
11	ZCuPb17Sn4Zn4	S	150		5	55
		J	175		7	60
12	ZCuPb20Sn5	S	150	60	5	45*
		J	150	70	6	55*
		La	180	80	7	55*
13	ZCuPb30	J				25

序号	合金牌号	铸造方法	室温力学性能，不低于			
			抗拉强度 R_m/MPa	屈服强度 $R_{p0.2}$/MPa	断后伸长率 A(%)	布氏硬度 HBW
14	ZCuAl8Mn13Fe3	S	600	270	15	160
		J	650	280	10	170
15	ZCuAl8Mn13Fe3Ni2	S	645	280	20	160
		J	670	310	18	170
16	ZCuAl8Mn14Fe3Ni2	S	735	280	15	170
17	ZCuAl9Mn2	S、R	390	150	20	85
		J	440	160	20	95
18	ZCuAl8Be1Co1	S	647	280	15	160
19	ZCuAl9Fe4Ni4Mn2	S	630	250	16	160
20	ZCuAl10Fe4Ni4	S	539	200	5	155
		J	588	235	5	166
21	ZCuAl10Fe3	S	490	180	13	100*
		J	540	200	15	110*
		Li、La	540	200	15	110*
22	ZCuAl10Fe3Mn2	S、R	490		15	110
		J	540		20	120
23	ZCuZn38	S	295	95	30	60
		J	295	95	30	70
24	ZCuZn21Al5Fe2Mn2	S	608	275	15	160
25	ZCuZn25Al6Fe3Mn3	S	725	380	10	160*
		J	740	400	7	170*
		Li、La	740	400	7	170*
26	ZCuZn26Al4Fe3Mn3	S	600	300	18	120*
		J	600	300	18	130*
		Li、La	600	300	18	130*
27	ZCuZn31Al2	S、R	295		12	80
		J	390		15	90
28	ZCuZn35Al2Mn2Fe2	S	450	170	20	100*
		J	475	200	18	110*
		Li、La	475	200	18	110*
29	ZCuZn38Mn2Pb2	S	245		10	70
		J	345		18	80
30	ZCuZn40Mn2	S、R	345		20	80
		J	390		25	90
31	ZCuZn40Mn3Fe1	S、R	440		18	100
		J	490		15	110

续表

序号	合金牌号	铸造方法	室温力学性能，不低于			
			抗拉强度 R_m/MPa	屈服强度 $R_{p0.2}$/MPa	断后伸长率 A(%)	布氏硬度 HBW
32	ZCuZn33Pb2	S	180	70	12	50*
33	ZCuZn40Pb2	S、R	220	95	15	80*
		J	280	120	20	90*
34	ZCuZn16Si4	S、R	345	180	15	90
		J	390		20	100
35	ZCuNi10Fe1Mn1	S、J、Li、La	310	170	20	100
36	ZCuNi30Fe1Mn1	S、J、Li、La	415	220	20	140

注：1. 有"＊"符号的数据为参考值。

2. 合金铸造方法：S—砂型铸造，J—金属型铸造，La—连续铸造，Li—离心铸造，R—熔模铸造。

表 5-59　　　　　　　**铸造铜及铜合金的主要特征和应用举例**（GB/T 1176—2013）

序号	合金牌号	主 要 特 征	应 用 举 例
1	ZCu99	很高的导电、传热和延伸性能，在大气、淡水和流动不大的海水中具有良好的耐蚀性；凝固温度范围窄，流动性好，适用于砂型、金属型、连续铸造，适用于氩弧焊接	在黑色金属冶炼中用作高炉风、渣口小套，高炉风、渣中小套，冷却板，冷却壁；电炉炼钢用氧枪喷头、电极夹持器、熔沟；在有色金属冶炼中用作闪速炉冷却用件；大型电机用屏蔽罩、导电连接件；另外还可用于饮用水管道、铜坩埚等
2	ZCuSn3Zn8Pb6Ni1	耐磨性能好，易加工，铸造性能好，气密性能较好，耐腐蚀，可在流动海水下工作	在各种液体燃料以及海水、淡水和蒸汽（≤225℃）中工作的零件，压力不大于 2.5MPa 的阀门和管配件
3	ZCuSn3Zn11Pb4	铸造性能好，易加工，耐腐蚀	海水、淡水、蒸汽中，压力不大于 2.5MPa 的管配件
4	ZCuSn5Pb5Zn5	耐磨性和耐蚀性好，易加工，铸造性能和气密性较好	在较高负荷，中等滑动速度下工作的耐磨、耐腐蚀零件，如轴瓦、衬套、缸套、活塞离合器、泵件压盖以及蜗轮等
5	ZCuSn10P1	硬度高，耐磨性较好，不易产生咬死现象，有较好的铸造性能和切削性能，在大气和淡水中有良好的耐蚀性	可用于高负荷（20MPa 以下）和高滑动速度（8m/s）下工作的耐磨零件，如连杆、衬套、轴瓦、齿轮、蜗轮等
6	ZCuSn10Pb5	耐腐蚀，特别是对稀硫酸、盐酸和脂肪酸具有耐腐蚀作用	结构材料、耐蚀、耐酸的配件以及破碎机衬套、轴瓦
7	ZCuSn10Zn2	耐蚀性、耐磨性和切削加工性能好，铸造性能好，铸件致密性较高，气密性较好	在中等及较高负荷和小滑动速度下工作的重要管配件，以及阀、旋塞、泵体、齿轮、叶轮和蜗轮等
8	ZCuPb10Sn5	润滑性、耐磨性能良好，易切削，可焊性良好，软钎焊性、硬钎焊性均良好，不推荐氧燃烧气焊和各种形式的电弧焊	轴承和轴套，汽车用衬管轴承
9	ZCuPb10Sn10	润滑性能、耐磨性能和耐蚀性能好，适合用作双金属铸造材料	表面压力高，又存在侧压的滑动轴承，如轧辊、车辆用轴承、负荷峰值 60MPa 的受冲击零件，最高峰值达 100MPa 的内燃机双金属轴瓦及活塞销套、摩擦片等

序号	合金牌号	主 要 特 征	应 用 举 例
10	ZCuPb15Sn8	在缺乏润滑剂和用水质润滑剂条件下，滑动性和自润滑性能好，易切削，铸造性能差，对稀硫酸耐蚀性能好	表面压力高，又有侧压力性的轴承，可以用来制造冷轧机的铜冷却管，耐冲击负荷达 50MPa 的零件，内燃机的双金属轴瓦，主要用于最大负荷达 70MPa 的活塞销套，耐酸配件
11	ZCuPb17Sn4Zn4	耐磨性和自润滑性能好，易切削、铸造性能差	一般耐磨件，高滑动速度的轴承等
12	ZCuPb20Sn5	有较高滑动性能，在缺管润滑介质和以水为介质时有特别好的自润滑性能，适用于双金属铸造材料，耐硫酸腐蚀，易切削，铸造性能差	高滑动速度的轴承，以及破碎机、水泵、冷轧机轴承，负荷达 40MPa 的零件，抗腐蚀零件，双金属轴承，负荷达 70MPa 的活塞销套
13	ZCuPb30	有良好的自润滑性，易切削，铸造性能差，易产生比重偏析	要求高滑动速度的双金属轴承、减磨零件等
14	ZCuAl8Mn13Fe1	具有很高的强度和硬度，良好的耐磨性能和铸造性能，合金致密性能高，耐蚀性好，作为耐磨件工作温度不大于 400℃，可以焊接不易	适用于制造重型机械用轴套，以及要求强度高、耐磨、耐压零件，如衬套、法兰、阀体、泵体等
15	ZCuAl8Mn13Fe3Ni2	有很高的力学性能，在大气、淡水和海水中均有良好的耐蚀性，腐蚀疲劳强度高，铸造性能好，合金组织致密，气密性好，可以焊接，不易钎焊	要求强度高耐腐蚀的重要铸件，如船舶螺旋桨、高压阀体、泵体，以及耐压、耐磨零件，如蜗轮、齿轮、法兰、衬套等
16	ZCuAl8Mn14Fe3Ni2	有很高的力学性能，在大气、淡水和海水中具有良好的耐蚀性，腐蚀疲劳强度高，铸造性能好，合金组织致密，气密性好，可以焊接，不易钎焊	要求强度高，耐腐蚀性好的重要铸件，是制造各类船舶螺旋桨的主要材料之一
17	ZCuAl9Mn2	有高的力学性能，在大气、淡水和海水中耐蚀性好，铸造性能好，组织致密，气密性高，耐磨性好，可以焊接，不易钎焊	耐蚀、耐磨零件、形状简单的大型铸件，如衬套、齿轮、蜗轮以及在 250℃ 以下工作的管配件和要求气密性高的铸件，如增压器内气封
18	ZCuAl8Be1Co1	有很高的力学性能，在大气、淡水和海水中具有良好的耐蚀性，腐蚀疲劳强度高，耐空泡腐蚀性能优异，铸造性能好，合金组织致密，可以焊接	要求强度高，耐腐蚀、耐空蚀的重要铸件，主要用于制造小型快艇螺旋桨
19	ZCuAl9Fe4Ni4Mn2	有很高的力学性能，在大气、淡水和海水中耐蚀性好，铸造性能好，在 400℃ 以下具有耐热性，可以热处理，焊接性能好，不易钎焊，铸造性能尚好	要求强度高，耐蚀性好的重要铸件，是制造船舶螺旋桨的主要材料之一，也可用作耐磨和 400℃ 以下工作的零件，如轴承、齿轮、蜗轮、螺帽、法兰、阀体、导向套筒
20	ZCuAl10Fe4Ni4	有很高的力学性能，良好的耐蚀性，高的腐蚀疲劳强度，可以热处理强化，在 400℃ 以下有高的耐热性	高温耐蚀零件，如齿轮、球形座、法兰、阀导管及航空发动机的阀座，抗蚀零件，如轴瓦、蜗杆、酸洗吊钩及酸洗筐、搅拌器等
21	ZCuAl10Fe3	具有高的力学性能，耐磨性和耐蚀性能好，可以焊接，不易钎焊，大型铸件 700℃ 空冷可以防止变脆	要求强度高、耐磨、耐蚀的重型铸件，如轴套、螺母、蜗轮以及 250℃ 以下工作的管配件

续表

序号	合金牌号	主 要 特 征	应 用 举 例
22	ZCuAl10Fe3Mn2	具有高的力学性能和耐磨性，可热处理，高温下耐蚀性和抗氧化性能好，在大气、淡水和海水中耐蚀性好，可以焊接，不易钎焊，大型铸件 700℃空冷可以防止变脆	要求强度高、耐磨、耐蚀的零件，如齿轮、轴承、衬套、管嘴，以及耐热管配件等
23	ZCuZn38	具有优良的铸造性能和较高的力学性能，切削加工性能好，可以焊接，耐蚀性较好，有应力腐蚀开裂倾向	一般结构件和耐蚀零件，如法兰、阀座、支架、手柄和螺母等
24	ZCuZn21Al5Fe2Mn2	有很高的力学性能，铸造性能良好，耐蚀性较好，有应力腐蚀开裂倾向	适用高强、耐磨零件，小型船舶及军辅船螺旋桨
25	ZCuZn25Al6Fe3Mn3	有很高的力学性能，铸造性能良好，耐蚀性较好，有应力腐蚀开裂倾向，可以焊接	适用高强、耐磨零件，如桥梁支撑板、螺母、螺杆、耐磨板、滑块和蜗轮等
26	ZCuZn26Al4Fe3Mn3	有很高的力学性能，铸造性能良好，在空气、淡水和海水中耐蚀性较好，可以焊接	要求强度高、耐蚀零件
27	ZCuZn31Al2	铸造性能良好，在空气、淡水、海水中耐蚀性较好，易切屑，可以焊接	适用于压力铸造，如电机、仪表等压力铸件，以及造船和机械制造业的耐蚀零件
28	ZCuZn35Al2Mn2Fe1	具有高的力学性能和良好的铸造性能，在大气、淡水、海水中有较好的耐蚀性，切削性能好，可以焊接	管路配件和要求不高的耐磨件
29	ZCuZn38Mn2Pb2	有较高的力学性能和耐蚀性，耐磨性较好，切削性能良好	一般用途的结构件，船舶、仪表等使用的外形简单的铸件，如套筒、衬套、轴瓦、滑块等
30	ZCuZn40Mn2	有较高的力学性能和耐蚀性，铸造性能好，受热时组织稳定	在空气、淡水、海水、蒸汽（小于 300℃）和各种液体燃料中工作的零件和阀体、阀杆、泵管接头，以及需要浇注巴氏合金和镀锡零件等
31	ZCuZn40Mn3Fe1	有高的力学性能，良好的铸造性能和切削加工性能，在空气、淡水、海水中耐蚀性能好，有应力腐蚀开裂倾向	耐海水腐蚀的零件，300℃以下工作的管配件，制造船舶螺旋桨等大型铸件
32	ZCuZn33Pb2	结构材料，给水温度为 90℃时抗氧化性能好，电导率约为 $10\sim14MS/m$	煤气和给水设备的壳体，机器制造业，电子技术，精密仪器和光学仪器的部分构件和配件
33	ZCuZn40Pb2	有好的铸造性能和耐磨性，切削加工性能好，耐蚀性较好，在海水中有应力倾向	一般用途的耐磨、耐蚀零件，如轴套、齿轮等
34	ZCuZn16Si4	具有较高的力学性能和良好的耐蚀性，铸造性能好；流动性高，铸件组织致密，气密性好	接触海水工作的管配件以及水泵、叶轮、旋塞和在空气、淡水、油、燃料，以及工作压力 4.5MPa、250℃以下蒸汽中工作的铸件

续表

序号	合金牌号	主 要 特 征	应 用 举 例
35	ZCuNi10Fe1Mn1	具有高的力学性能和良好的耐海水腐蚀性能，铸造性能好，可以焊接	耐海水腐蚀的结构件和压力设备、海水泵、阀和配件
36	ZCuNi30Fe1Mn1	具有高的力学性能和良好的耐海水腐蚀性能，铸造性能好，铸件致密，可以焊接	用于需要抗海水腐蚀的阀、泵体、凸轮和弯管等

铜合金铸件的合金牌号化学成分、力学性能、试件尺寸应符合 GB/T 1176—2013 的规定。

铸件图样的标记按 GB/T 13819—2013《铜及铜合金铸件》规定如下：

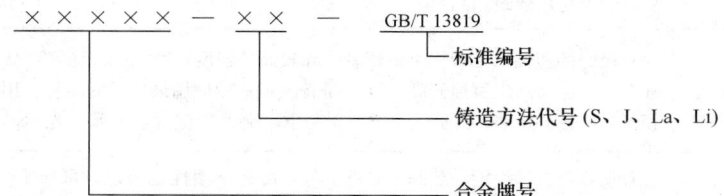

标记示例：5-5-5 铸造锡青铜，砂型铸造，执行标准 GB/T 13819，标记为 ZCuSn5Pb5 Zn5-S-GB/T 13819。

表 5-60　　　　　　压铸铜合金的力学性质及应用（GB/T 15116—1994）

合金牌号	力 学 性 能			特 性 及 用 途
	抗拉强度≥R_m/MPa	断后伸长率≥A（%）	布氏硬度≥HBW5/250/30	
YZCuZn40Pb YT40-1 铅黄铜	300	6	85	塑性、耐磨性、切削性、耐蚀性都好，但强度不高，适用于有一般耐磨要求的零件，如齿轮、轴套等
YZCuZn16Si4 YT16-4 硅黄铜	345	25	85	塑性和耐蚀性好，强度高，铸造性能优良，切削性和耐磨性一般。适于制造在普通腐蚀介质中工作的管件、阀体和形状复杂的铸铜件
YZCuZn30Al3 YT30-3 铝黄铜	400	15	110	耐磨性和强度高，铸造和耐大气腐蚀性能好，切削性能较差，适用于制造在空气中工作的要耐蚀要求的零件
YZCuZn35Al2Mn2Fe TY35-2-21 铝锰铁黄铜	475	3	130	力学性能和铸造性能好。在海水、淡水和空气中有较高的耐腐蚀性，适用于做管路配件和耐磨性要求一般的零件

2. 加工铜和铜合金（见表 5-61～表 5-67）

表 5-61　　　　　　加工铜和铜合金的特性和应用举例

分类	组别	代号	特 性 及 应 用 举 例
加工铜	纯铜	T1 T2	有良好的导电、导热、耐蚀和加工性能，可以焊接和钎焊。含降低导电、导热性的杂质较少，微量的氧对导电、导热和加工等性能影响不大，但易引起"氢病"，不宜在高温（如＞370℃）还原性气氛中加工（退火、焊接等）和使用。用于导电、导热、耐蚀器材。如：电线、电缆、导电螺钉、爆破用雷管、化工用蒸发器、储藏器及各种管道等
		T3	有较好地导电、导热、耐蚀和加工性能，可以焊接和钎焊；但含降低导电、导热性的杂质较多，含氧量更高，更易引起"氢病"，不能在高温还原性气氛中加工、使用。用于一般铜材，如：电气开关、垫圈、垫片、铆钉、管嘴、油管及其他管道等
	磷脱氧铜	TP1 TP2	焊接性能和冷弯性能好，一般无"氢病"倾向，可在还原性气氛中加工、使用，但不宜在氧化性气氛中加工、使用。TP1 的残留磷量比 TP2 少，故其导电、导热性较 TP2 高。主要以管材应用，也可以板、带或棒、线供应。用作汽油或气体输送管、排水管、冷凝管、水雷用管、冷凝器、蒸发器、热交换器、火车厢零件

分类	组别	代号	特 性 及 应 用 举 例
加工黄铜	普通黄铜	H96	强度比纯铜高，但在普通黄铜中它是最低的，导热、导电性好，在大气和淡水中有高的耐蚀性，有良好的塑性，易于冷、热压力加工，易于焊接、锻造和镀锡，无应力腐蚀破裂倾向。在一般机械制造中用作导管、冷凝管、汽车水箱带以及导电零件等
		H90	性能和 H96 相似，但强度较 H96 稍高，可镀金属及涂敷珐琅。供水及排水管、奖章、艺术品、水箱带、双金属片
		H80	强度较高，塑性也较好，在大气、淡水及海水中有较高的耐蚀性。用作造纸网、薄壁管、皱纹管及房屋建筑用品
		H70 H68	有极好的塑性（是黄铜中最佳者）和较高的强度，可加工性能好，易焊接，对一般腐蚀非常安定，但易产生腐蚀开裂。H68 是普通黄铜中应用最广泛的品种。用于制造复杂的冷冲件和深冲件，如散热器外壳、导管、波纹管、弹壳、垫片、雷管、光学仪器零件等
		H63 H62	有良好的力学性能，热态下塑性良好，冷态下塑性也可以，可加工性好，易钎焊和焊接，耐蚀，但易产生腐蚀破裂，此外价格便宜，是应用广泛的普通黄铜品种。用于各种深拉伸和弯折制造的受力零件，如销钉、铆钉、垫圈、螺母、导管、气压表弹簧、筛网、散热器零件、光学仪器零件等
		H59	价格最便宜，强度、硬度高而塑性差，但在热态下仍能很好地承受压力加工，耐蚀性一般，其他性能和 H62 相近。用于一般机器零件、焊接件、热冲及热轧零件
	铅黄铜	HPb63-3	含铅高的铅黄铜，不能热态加工，可加工性极为优良，且有高的减磨性能，其他性能和 HPb59-1 相似。主要用于要求可加工性极高的钟表结构零件及汽车拖拉机零件
		HPb59-1	应用较广的铅黄铜，可加工性好，有良好的力学性能，能承受冷、热压力加工，易钎焊和焊接，对一般腐蚀有良好的稳定性，但有腐蚀破裂倾向。适用于制作各种结构零件，如螺钉、垫片、衬套、螺母、光学仪器零件等
	铝黄铜	HAl67-2.5	在冷态热态下能良好的承受压力加工，耐磨性好，对海水的耐蚀性尚可，对腐蚀破裂敏感，钎焊和镀锡性能不好。用于海船抗蚀零件
		HAl60-1-1	具有高的强度，在大气、淡水和海水中耐蚀性好，但对腐蚀破裂敏感，在热态下压力加工性好，冷态下可塑性低。用作要求耐蚀的结构零件，如齿轮、蜗轮、衬套、轴等
	锰黄铜	HMn58-2	在海水和过热蒸汽、氯化物中有高的耐蚀性，但有腐蚀破裂倾向；力学性能良好，导热导电性能低，易于在热态下进行压力加工，冷态下压力加工性尚可，是应用较广的黄铜品种。用于腐蚀条件下工作的重要零件和弱电流工业用零件
		HMn57-3-1	强度、硬度高，塑性低，只能在热态下进行压力加工；在大气、海水、过热蒸汽中的耐蚀性比一般黄铜好，但有腐蚀破裂倾向。用于制造要求耐腐蚀结构零件
	锡黄铜	HSn70-1	典型的锡黄铜，在大气、蒸汽、油类和海水中有高的耐蚀性，且有良好的力学性能，加工性尚可，易焊接和钎焊，在冷、热状态下压力加工性好，有腐蚀破裂倾向。用于海轮上的耐蚀零件（如冷凝气管），与海水、蒸汽、油类接触的导管，热工设备零件
		HSn62-1	在海水中有高的耐蚀性，有良好的力学性能，冷加工时有冷脆性，只适于热压加工，可加工性好，易焊接和钎焊，但有腐蚀破裂倾向。用作与海水或汽油接触的船舶零件或其他零件
	加砷黄铜	HSn70A	典型的锡黄铜。在大气、蒸汽、油类、海水中有高的耐蚀性。有高的力学性能、可切削性能、冷、热加工性能和焊接性能。有应力腐蚀开裂倾向。加微量 As 可防止脱锌腐蚀。用于海轮上的耐蚀零件，与海水、蒸汽、油类相接触的导管和零件
		H68A	H68 为典型的普通黄铜，为黄铜中塑性最佳者，应用最广。加微量 As 可防止脱锌腐蚀，进一步提高耐蚀性能。用于复杂冷冲件、深冲件、波导管、波纹管、子弹壳等

分类	组别	代号	特性及应用举例
加工青铜	锡青铜	QSn4-3	含锌的锡青铜，有高的耐磨性和弹性，抗磁性良好，能很好地承受热态或冷态压力加工；在硬态下，可加工性好，易焊接和钎焊，在大气、淡水和海水中耐蚀性好。用于制造弹簧及其他弹性元件，化工设备的耐蚀零件、耐磨零件和抗磁零件、造纸工业用的刮刀
		QSn6.5-0.1	磷锡青铜，有高的强度、弹性、耐磨性和抗磁性，在热态和冷态下压力加工性良好，对电火花有较高的抗燃性，可焊接和钎焊，可加工性好，在大气和淡水中耐蚀。用于制造弹簧和导电性好的弹簧接触片，精密仪器中的耐磨零件和抗磁零件，如齿轮、电刷盒、振动片、接触器
	铝青铜	QAl5	为不含其他元素的铝青铜，有较高的强度、弹性和耐磨性，在大气、淡水、海水和某些酸中耐蚀性高，可电焊、气焊，不易钎焊，能很好地在冷态或热态下承受压力加工，不能淬火回火强化。制造弹簧和其他要求耐蚀的弹性元件可作为 QSn6.5-0.4、QSn4-3 和 QSn4-4-4 的代用品
		QAl9-2	含锰的铝青铜，具有高的强度，在大气、淡水和海水中耐蚀性很好，可以电焊和气焊，不易钎焊，在热态和冷态下压力加工性均好。用于高强度耐蚀零件以及在 250℃ 以下蒸汽介质中工作的管配件和海轮上零件
		QAl9-4	为含铁的铝青铜。有高的强度和减摩性，良好的耐蚀性，热态下压力加工性良好，可电焊和气焊，但钎焊性不好，可用作高锡耐磨青铜的代用品。制作在高负荷下工作的抗磨、耐蚀零件，如轴承、轴套、齿轮、蜗轮、阀座等，也用于制作双金属耐磨零件
	铍青铜	QBe2	为含有少量镍的铍青铜，力学、物理、化学综合性能良好。经淬火调质后，具有高的强度、硬度、弹性、耐磨性、疲劳极限和耐热性；同时还具有高的导电性、导热性和耐寒性，无磁性，磁击时无火花，易于焊接和钎焊，在大气、淡水和海水中抗蚀性极好。用于制造各种精密仪表、仪器中的弹簧和弹性元件，各种耐磨零件以及在高速、高压和高温下工作的轴承、衬套，矿山和炼油厂用的冲击不生火花的工具以及各种深冲零件
		QBe1.7 QBe1.9	为含有少量镍、钛的铍青铜，具有和 QBe2 相近的特性，但其优点是：弹性迟滞小、疲劳强度高，温度变化时弹性稳定，性能对时效温度变化的敏感性小，价格较低廉，而强度和硬度比 QBe2 降低甚少。用于制造各种重要用途的弹簧、精密仪表的弹性元件、敏感元件以及承受高变向载荷的弹性元件，可代替 QBe2
加工白铜	普通白铜	B5	为结构白铜，它的强度和耐蚀性都比铜高，无腐蚀破裂倾向。用作船舶耐蚀零件
		B19	为结构铜镍合金，有高的耐蚀性和良好的力学性能，在热态及冷态下压力加工性良好，在高温和低温下仍能保持高的强度和塑性，可加工性不好。用于在蒸汽、淡水和海水中工作的精密仪表零件、金属网和抗化学腐蚀的化工机械零件以及医疗器具、钱币
	铁白铜	BFe10-1-1	为含镍较少的结构铁白铜，和 BFe30-1-1 相比，其强度、硬度较低，但塑性较高，耐蚀性相似。主要用于船舶业代替 BFe30-1-1 制作冷凝器及其他抗蚀零件
		BFe30-1-1	为结构铜镍合金，有良好的力学性能，在海水、淡水和蒸汽中具有高的耐蚀性，但可加工性较差。用于海船制造业中制作高温、高压和高速条件下工作的冷凝器和恒温器的管材
	锰白铜	BMn3-12	为电工铜镍合金，俗称锰铜，特点是有高的电阻率和低的电阻温度系数，电阻长期稳定性高，对铜的热电动势小。广泛用于制造工作温度在 100℃ 以下的电阻仪器以及精密电工测量仪器
		BMn40-1.5	为电工铜镍合金，通常称为康铜，具有几乎不随温度而改变的高电阻率和高的热电动势，耐热性和抗蚀性好，且有高的力学性能和变形能力。为制造热电偶（900℃ 以下）的良好材料，工作温度在 500℃ 以下的加热器（电炉的电阻丝）和变阻器
		BMn43-0.5	为电工铜镍合金，通常称为考铜，它的特点是，在电工铜镍合金中具有最大的温差电动势，并有高的电阻率和很低的电阻温度系数，耐热性和抗蚀性也比 BMn40-1.5 好，同时具有高的力学性能和变形能力。在高温测量中，广泛用作补偿导线和热电偶的负极以及工作温度不超过 600℃ 的电热仪器

分类	组别	代号	特 性 及 应 用 举 例
加工白铜	锌白铜	BZn15-20	为结构铜镍合金，因其外表具有美丽的银白色，俗称德银（本来是中国银），这种合金具有高的强度和耐蚀性，可塑性好，在热态及冷态下均能很好地承受压力加工，可加工性不好，焊接性差，弹性优于 QSn6.5-0.1。用于潮湿条件下和强腐蚀介质中工作的仪表零件以及医疗器械、工业器皿、艺术品、电信工业零件、蒸汽配件和水道配件、日用品及弹簧等

表 5-62　　　　　　　　**铜及铜合金板材的力学性能**（GB/T 2040—2017）

牌　号	状态	拉伸试验			硬度试验	
		厚度 /mm	抗拉强度 R_m/MPa	断后伸长率 $A_{11.3}$(%)	厚度 /mm	维氏硬度 HV
T2、T3 TP1、TP2 TU1、TU2	M20	4～14	≥195	≥30	—	—
	O60	0.3～10	≥205	≥30	≥0.3	≤70
	H01		215～295	≥25		60～95
	H02		245～345	≥8		80～110
	H04		295～395			90～120
	H06		≥350	—		≥110
H95	O60	0.3～10	≥215	≥30	—	—
	H04		≥320	≥3		
H90	O60	0.3～10	≥245	≥35	—	—
	H02		330～440	≥5		
	H04		≥390	≥3		
H85	O60	0.3～10	≥260	≥35	≥0.3	≤85
	H02		305～380	≥15		80～115
	H04		≥350	≥3		≥105
H80	O60	0.3～10	≥265	≥50	—	—
	H04		≥390	≥3		
H70、H68	M20	4～14	≥290	≥40	—	—
H70 H68 H65	O60	0.3～10	≥290	≥40	≥0.3	≤90
	H01		325～410	≥35		85～115
	H02		355～440	≥25		100～130
	H04		410～540	≥10		120～160
	H06		520～620	≥3		150～190
	H08		≥570	—		≥180
H63 H62	M20	4～14	≥290	≥30	—	—
	O60	0.3～10	≥290	≥35	≥0.3	≤95
	H02		350～470	≥20		90～130
	H04		410～630	≥10		125～165
	H06		≥585	≥2.5		≥155
H59	M20	4～14	≥290	≥25	—	—
	O60	0.3～10	≥290	≥10	≥0.3	—
	H04		≥410	≥5		≥130
HPb59-1	M20	4～14	≥370	≥18	—	—
	O60	0.3～10	≥340	≥25	—	—
	H02		390～490	≥12		—
	H04		≥440	≥5		

牌　号	状　态	拉伸试验			硬度试验	
		厚度/mm	抗拉强度 R_m/MPa	断后伸长率 $A_{11.3}$(%)	厚度/mm	维氏硬度 HV
HPb60-2	H04	—	—	—	0.5～2.5	165～190
					2.6～10	—
	H06	—	—	—	0.5～1.0	≥180
HMn58-2	O60	0.3～10	≥380	≥30	—	—
	H02		440～610	≥25		
	H04		≥585	≥3		
HSn62-1	M20	4～14	≥340	≥20	—	—
	O60	0.3～10	≥295	≥35		
	H02		350～400	≥15		
	H04		≥390	≥5		
HMn57-3-1	M20	4～8	≥440	≥10	—	—
HMn55-3-1	M20	4～15	≥490	≥15	—	—
HAl60-1-1	M20	4～15	≥440	≥15	—	—
HAl67-2.5	M20	4～15	≥390	≥15	—	—
HAl66-6-3-2	M20	4～8	≥685	≥3	—	—
HNi65-5	M20	4～15	≥290	≥35	—	—
QAl5	O60	0.4～12	≥275	≥33	—	—
	H04		≥585	≥2.5		
QAl7	H02	0.4～12	585～740	≥10	—	—
	H04		≥635	≥5		
QAl9-2	O60	0.4～12	≥440	≥18	—	—
	H04		≥585	≥5		
QAl9-4	H04	0.4～12	≥585	—	—	—
QSn6.5-0.1	H20	9～14	≥290	≥38	—	—
	O60	0.2～12	≥315	≥40	≥0.2	≤120
	H01	0.2～12	390～510	≥35		110～155
	H02	0.2～12	490～610	≥8		150～190
	H04	0.2～3	590～690	≥5	≥0.2	180～230
		>3～12	540～690	≥5		180～230
	H06	0.2～5	635～720	≥1		200～240
	H08		≥690	—		≥210
QSn6.5-0.4 QSn7-0.2	O60	0.2～12	≥295	≥40	—	—
	H04		540～690	≥8		
	H06		≥665	≥2		
QSn4-3 QSn4-0.3	O60	0.2～12	≥290	≥40	—	—
	H04		540～690	≥3		
	H06		≥635	≥2		

续表

牌　号	状态	拉伸试验			硬度试验	
		厚度 /mm	抗拉强度 R_m/MPa	断后伸长率 $A_{11.3}$(%)	厚度 /mm	维氏硬度 HV
QSn8-0.3	O60	0.2～5	≥345	≥40	≥0.2	≤120
	H01		390～510	≥35		100～160
	H02		490～610	≥20		150～205
	H04		590～705	≥5		180～235
	H06		≥685	—		≥210

表 5-63 　　　　　　　铜及铜合金板材的弯曲试验要求(GB/T 2040—2017)

牌　号	状态	厚度/mm	弯曲角度/(°)	内侧半径
T2、T3、TP1 TP2、TU1、TU2	O60	≤2.0	180	紧密贴合
		>2.0	180	0.5 倍板厚
H96、H90、H80、H70 H68、H65、H62、H63	O60	1.0～10	180	1 倍板厚
	H02		90	1 倍板厚
QSn6.5-0.4、QSn6.5-0.1 QSn4-3、QSn4-0.3、 QSn8-0.3	H04	≥1.0	90	1 倍板厚
	H06		90	2 倍板厚
QSi3-1	H04	≥1.0	90	1 倍板厚
	H06		90	2 倍板厚
BMn40-1.5	O60	≥1.0	180	1 倍板厚
	H04		90	1 倍板厚

表 5-64 　　　　　铜及铜合金拉制管材的室温纵向力学性能(GB/T 1527—2017)

牌　号	状态	公称外径 /mm	抗拉强度 R_m /MPa	断后伸长率(%)	
				$A_{11.3}$	A
			≥		
T2、T3、TP1、TP2	H06	≤3	360	—	—
	H04	≤6	290	—	—
	O60	所有	200		41
	O50	所有	220		40
H95	HR04		320	—	—
	O60		205		42
H68	HR04		420	—	—
	O82		370		18
	O60		280		43
H62	HR04		440	—	—
	O82		370		18
	O60	3～200	300		43
HSn70-1	O82		370		20
	O60		295		40

续表

牌号	状态	公称外径 /mm	抗拉强度 R_m /MPa	断后伸长率(%)	
				$A_{11.3}$	A
				≥	
HSn62-1	O82		370		20
	O60		295		40
BZn15-20	HR04		490		8
	O82		390		20
	O60		295		35

注：仲裁时，伸长率指标以 $A_{11.3}$ 为准。

表 5-65 　　　　　加工铜和铜合金挤制管材的室温纵向力学性能（供参考）

牌号	状态	壁厚 /mm	抗拉强度 R_m /MPa	断后伸长率(%)		布氏硬度 HBW
				$A_{11.3}$	A	
				≥		
T2、T3、TP2	R	5～30	186	35	42	—
H96	R	1.5～42.5	186	35	42	
H62	R	1.5～42.5	295	38	43	
HPb59-1	R	1.5～42.5	390	20	24	
HFe59-1-1	R	1.5～42.5	430	28	31	
QAl9-2	R	3～50	470	15	—	
QAl9-4	R	3～50	490	15	17	110～190
QAl10-3-1.5	R	<20	590	12	14	140～200
		≥20	540	13	15	135～200
QAl10-4-4	R	3～50	635	5	6	170～230

注：1. 仲裁时，伸长率指标以 $A_{11.3}$ 为准。

2. 布氏硬度试验应在合同中注明，才予以进行。

3. TU1、TU2 管材无力学性能要求。

4. 外径大于 200mm 的 QAl9-2、QAl9-4、QAl10-3-1.5 和 QAl10-4-4 管材一般不做拉伸试验，但必须保证。

表 5-66 　　　　　**拉制铜及铜合金管规格**（GB/T 16866—2006）　　　　（单位：mm）

公称外径	公称壁厚															
	0.5	0.75	1.0	(1.25)	1.5	2.0	2.5	3.0	3.5	4.0	4.5	5.0	6.0	7.0	8.0	(9.0)	10.0
3、4、5、6、7	○	○	○	○	○												
8、9、10、11、12、13、14、15	○	○	○	○	○	○	○	○	○								
16、17、18、19、20	○	○	○	○	○	○	○	○	○								
21、22、23、24、25、26、27、28、(29)、30			○		○	○	○	○	○	○	○						
31、32、33、34、35、36、37、38、(39)、40			○		○	○	○	○	○	○	○	○					
(41)、42、(43)、(44)、45、(46)、(47)、48、(49)、50			○		○	○	○	○	○	○	○	○					

公 称 外 径	公 称 壁 厚																
	0.5	0.75	1.0	(1.25)	1.5	2.0	2.5	3.0	3.5	4.0	4.5	5.0	6.0	7.0	8.0	(9.0)	10.0
(52)、54、55、(56)、58、60			○		○	○	○	○	○	○	○	○					
(62)、(64)、65、(66)、68、70						○	○	○	○	○	○	○	○	○	○	○	○
(72)、(74)、75、76、(78)、80						○	○	○	○	○	○	○	○	○	○	○	○
(82)、(84)、85、86、(88)、90、(92)、(94)、96、(98)、100							○	○	○	○	○	○	○	○	○	○	○
105、110、115、120、125、130、135、140、145、150							○	○	○	○	○	○	○	○	○	○	○
155、160、165、170、175、180、185、190、195、200								○	○	○	○	○	○	○	○	○	○
210、220、230、240、250									○	○	○	○	○				
260、270、280、290、300、310、320、330、340、350、360												○	○	○	○		

注：1. "○"表示可供应规格，其中壁厚为 1.25mm 仅供拉制锌白铜管。（　　　）里数据表示不推荐采用的规格。需要其他
规格的产品应由供需双方商定。

2. 拉制管材外形尺寸范围：纯铜管，外径 3～360mm，壁厚 0.5～10.0mm（1.25mm 除外）；
黄铜管，外径 3～200mm，壁厚 0.5～10.0mm（1.25mm 除外）；
锌白铜管，外径 4～40mm，壁厚 0.5～4.0mm。

表 5-67　　　　　　**挤制铜及铜合金管规格**（GB/T 16866—2006）　　　　　（单位：mm）

公称外径	公 称 壁 厚																										
	1.5	2.0	2.5	3.0	3.5	4.0	4.5	5.0	6.0	7.5	9.0	10.0	12.5	15.0	17.5	20.0	22.5	25.0	27.5	30.0	32.5	35.0	37.5	40.0	42.5	45.0	50.0
20、21、22	○	○	○	○		○																					
23、24、25、26	○	○	○	○	○	○																					
27、28、29、30、32		○	○	○	○	○	○																				
34、35、36				○	○	○	○	○																			
34、40、42、44			○		○		○	○	○	○																	
45、(46)、(48)			○	○	○		○	○	○	○																	
50、(52)、(54)、55			○	○	○		○	○	○	○	○	○															
(56)、(58)、60				○	○	○		○	○	○	○																
(62)、(64)、65、68、70					○		○	○	○	○	○	○															
(72)、74、75、(78)、80					○		○	○	○	○	○	○	○	○													
85、90、95、10								○	○	○	○	○	○	○	○												
105、110										○	○	○	○	○													
115、120、125、130										○	○	○	○	○	○	○	○										

续表

公称外径	公称壁厚																										
	1.5	2.0	2.5	3.0	3.5	4.0	4.5	5.0	6.0	7.5	9.0	10.0	12.5	15.0	17.5	20.0	22.5	25.0	27.5	30.0	32.5	35.0	37.5	40.0	42.5	45.0	50.0
135、140、145、150												○	○	○	○	○	○	○	○	○	○	○					
155、160、165、170												○	○	○	○	○	○	○	○	○	○	○	○	○	○		
175、180、185、190、195、200												○	○	○	○	○	○	○	○	○	○	○	○	○	○	○	
(205)、210、(215)、220												○	○	○	○	○	○	○	○	○	○	○	○	○	○	○	
(225)、230、(235)、240、(245)、250												○	○	○				○		○	○	○	○	○	○	○	○
(255)、260、(265)、270、(275)、280												○	○	○		○		○		○							
290、300																○		○		○							

注：1. "○"表示可供规格，( )里数据表示不推荐采用的规格。需要其他规格的产品应由供需双方商定。

　　2. 挤制管材外形尺寸范围：纯铜管，外径 30～300mm，壁厚 5.0～30mm；

　　　　黄铜管，外径 21～280mm，壁厚 1.5～42.5mm；

　　　　铝青铜管，外径 20～250mm，壁厚 3～50mm。

5.3.2 铝和铝合金

1. 铸造铝合金(见表 5-68 和表 5-69)

表 5-68　　　　　　　　　　铸造铝合金的力学性能(GB/T 1173—2013)

合金种类	合金牌号	合金代号	铸造方法	合金状态	力学性能 ≥		
					抗拉强度 R_m/MPa	断后伸长率 A(%)	布氏硬度 HBW
Al-Si合金	ZAlSi7Mg	ZL101	S、J、R、K	F	155	2	50
			S、J、R、K	T2	135	2	45
			JB	T4	185	4	50
			S、R、K	T4	175	4	50
			J、JB	T5	205	2	60
			S、R、K	T5	195	2	60
			SB、RB、KB	T5	195	2	60
			SB、RB、KB	T6	225	1	70
			SB、RB、KB	T7	195	2	60
			SB、RB、KB	T8	155	3	55
	ZAlSi7MgA	ZL101A	S、R、K	T4	195	5	60
			J、JB	T4	225	5	60
			S、R、K	T5	235	4	70
			SB、RB、KB	T5	235	4	70
			J、JB	T5	265	4	70
			SB、RB、KB	T6	275	2	80
			J、JB	T6	295	3	80

合金种类	合金牌号	合金代号	铸造方法	合金状态	力学性能 ≥		
					抗拉强度 R_m/MPa	断后伸长率 A(%)	布氏硬度 HBW
Al-Si合金	ZAlSi12	ZL102	SB、JB、RB、KB	F	145	4	50
			J	F	155	2	50
			SB、JB、RB、KB	T2	135	4	50
			J	T2	145	3	50
	ZAlSi9Mg	ZL104	S、R、J、K	F	150	2	50
			J	T1	200	1.5	65
			SB、RB、KB	T6	230	2	70
			J、JB	T6	240	2	70
	ZAlSi5Cu1Mg	ZL105	S、J、R、K	T1	155	0.5	65
			S、R、K	T5	215	1	70
			J	T5	235	0.5	70
			S、R、K	T6	225	0.5	70
			S、J、R、K	T7	175	1	65
	ZAlSi5Cu1MgA	ZL105A	SB、R、K	T5	275	1	80
			J、JB	T5	295	2	80
	ZAlSi8Cu1Mg	ZL106	SB	F	175	1	70
			JB	T1	195	1.5	70
			SB	T5	235	2	60
			JB	T5	255	2	70
			SB	T6	245	1	80
			JB	T6	265	2	70
			SB	T7	225	2	60
			JB	T7	245	2	60
	ZAlSi7Cu4	ZL107	SB	F	165	2	65
			SB	T6	245	2	90
			J	F	195	2	70
			J	T6	275	2.5	100
	ZAlSi12Cu2Mg1	ZL108	J	T1	195	—	85
			J	T6	255	—	90
	ZAlSi12Cu1Mg1Ni1	ZL100	J	T1	195	0.5	90
			J	T6	245	—	100
	ZAlSi5Cu6Mg	ZL110	S	F	125	—	80
			J	F	155	—	80
			S	T1	145	—	80
			J	T1	165	—	90
	ZAlSi9Cu2Mg	ZL111	J	F	205	1.5	80
			SB	T6	255	1.5	90
			J、JB	T6	315	2	100
	ZAlSi7Mg1A	ZL114A	SB	T5	290	2	85
			J、JB	T5	310	3	95

续表

合金种类	合金牌号	合金代号	铸造方法	合金状态	力学性能 ≥		
					抗拉强度 R_m/MPa	断后伸长率 A(%)	布氏硬度 HBW
Al-Si合金	ZAlSi5Zn1Mg	ZL115	S	T4	225	4	70
			J	T4	275	6	80
			S	T5	275	3.5	90
			J	T5	315	5	100
	ZAlSi8MgBe	ZL116	S	T4	255	4	70
			J	T4	275	6	80
			S	T5	295	2	85
			J	T5	335	4	90
	ZAlSi7Cu2Mg	ZL118	SB、RB	T6	290	1	90
			JB	T6	305	2.5	105
	ZAlCu5Mg	ZL201	S、J、R、K	T4	295	8	70
			S、J、R、K	T5	335	4	90
			S	T7	315	2	80
	ZAlCu5MgA	ZL201A	S、J、R、K	T5	390	8	100
	ZAlCu10	ZL202	S、J	F	104	—	50
			S、J	T6	163	—	100
	ZAlCu4	ZL203	S、R、K	T4	195	6	60
			J	T4	205	6	60
			S、R、K	T5	215	3	70
			J	T5	225	3	70
	ZAlCu5MnCdA	ZL204A	S	T5	440	4	100
	ZAlCu5MnCdVA	ZL205A	S	T5	440	7	100
			S	T6	470	3	120
			S	T7	460	2	110
	ZAlR5Cu3Si2	ZL207	S	T1	165	—	75
			J	T1	175	—	75
Al-Mg合金	ZAlMg10	ZL301	S、J、R	T4	280	9	60
	ZAlMg5Si	ZL303	S、J、R、K	F	143	1	55
	ZAlMg8Zn1	ZL305	S	T4	290	8	90
Al-Zn合金	ZAlZn11Si7	ZL401	S、R、K	T1	195	2	80
			J	T1	245	1.5	90
	ZAlZn6Mg	ZL402	J	T1	235	4	70
			S	T1	220	4	65

注:上表中的铸造方法、合金状态代号说明见下表:

代号	铸造状态	代号	铸造状态
S	砂型铸造	T1	人工时效
J	金属型铸造	T2	退火
R	熔模铸造	T4	固溶处理加自然时效
K	壳型铸造	T5	固溶处理加不完全人工时效
B	变质处理	T6	固溶处理加完全人工时效
F	铸态	T7	固溶处理加稳定化处理
		T8	固溶处理加软化处理

表 5-69   压铸铝合金力学性能

压铸铝合金牌号	合金代号	力学性能（不低于）		
		R_m/MPa	A（%）	HBW 5/250/3
YZAlSi12	YL102	220	2	60
YZAlSi10Mg	YL104	220	2	70
YZAlSi12Cu2	YL108	240	1	90
YZAlSi9Cu4	YL112	240	1	85
YZAlMg5Si1	YL302	220	2	70
YZAlSi1Cu3	YL113	230	1	80
YAlSi17CuMg	YL117	220	<1	—

2. 铝及铝合金的牌号表示（见表 5-70～表 5-72）

纯铝牌号用 1×××四位数字（或符号）代号，第 2 位数字若为 0，表示对杂质不需特别控制，若为 1～9 中的一个整数则表示对一个或多个杂取元素有特殊要求。若为 A 表示原始纯铝，B～Y 表示原始纯铝的改型。第 3、4 位数表示铝的最低质量分数。如 1075 表示对单个杂质无特别要求，铝质量分数最少为 99.75%。

铝合金代号中，第 2 位表示对原始合金的修正，第 3、4 位不同的铝合金。如 2124 与 2024 都是铝铜合金，在铁、硅含量上稍有不同，2024 的铁硅质量分数不大于 0.50%，而 2124 的铁、硅质量分数分别不大于 0.3%及 0.2%。

表 5-70   纯铝及铝合金的牌号表示

数字代号	材料名称
1×××	纯铝（铝质量分数不小于 99.00%）
2×××	以铜为主要合金元素的铝合金
3×××	以锰为主要合金元素的铝合金
4×××	以硅为主要合金元素的铝合金
5×××	以镁为主要合金元素的铝合金
6×××	以镁和硅为主要合金元素，并以 Mg_2Si 相为强化相的铝合金
7×××	以锌为主要合金元素的铝合金
8×××	以其他元素为主要合金元素的铝合金
9×××	备用

表 5-71   原有铝合金代号（GB/T 340—1982）

名称	防锈铝	锻铝	硬铝	超硬铝	特殊铝	硬钎焊铝	纯铝
代号	LF	LD	LY	LC	LT	LQ	L

表 5-72   铝及铝合金新旧牌号对照表（GB/T 3190—2008）

新牌号	旧牌号	新牌号	旧牌号
1A99	原 LG5	4A17	原 LT17
1A97	原 LG4	5A01	原 LF15
1A93	原 LG3	5A02	原 LF2
1A90	原 LG2	5A03	原 LF3
1A85	原 LG1	5A05	原 LF5
1A50	原 LB2	5B05	原 LF10
1A30	原 L4-1	5A06	原 LF6
2A01	原 LY1	5B06	原 LF14
2A02	原 LY2	5A12	原 LF12
2A04	原 LY4	5A13	原 LF13
2A06	原 LY6	5A13	原 LF33
2A10	原 LY10	5A30	原 2103、LF16
2A11	原 LY11	5A41	原 LT41
2B11	原 LY8	5A43	原 LF43
2A12	原 LY12	5A66	原 LT66
2B12	原 LY9	6A01	原 6N01
2A13	原 LY13	6A51	原 651
2A14	原 LD10	6A02	原 LD2
2A16	原 LY16	6B02	原 LD2-1
2B16	原 LY16-1	6A51	原 651
2A17	原 LY17	7A01	原 LB1
2A20	原 LY20	7A03	原 LC3
2A50	原 LD5	7A04	原 LC4
2B50	原 LD6	7A05	曾用 705
2A70	原 LD7	7B05	原 7N01
2A80	原 LD8	7A09	原 LC9
2A90	原 LD9	7A10	原 LC10
3A21	原 LF21	7A15	原 LC15
4A01	原 LT1	7A19	原 LC19
4A11	原 LD11	7D68	原 7A60
4A13	原 LT13	8A06	原 L6

注：1. "原"是指化学成分与新牌号等同，且都符合 GB 3190—1982 规定的旧牌号。

2. 表中 LF、LD 等旧牌号名称参见表 5-62。

3. 铝和铝合金加工产品的尺寸规格和性能（见表 5-73～表 5-75）

表 5-73   铝及铝合金加工产品的主要特性和应用范围

组别	合金代号	主要特点和应用范围
工业纯铝	1060 1050A	有高的塑性、耐酸性、导电性和导热性。但强度低，热处理不能强化，切削性能差，可气焊，氢原子焊和接触焊，不易钎焊。易压力加工、可引伸和弯曲。用于不承载荷，但对塑性、焊接性、耐蚀性、导电性、导热性较高的零件或结构。如垫片、电线保护套管、电缆、电线、线芯等
	1035 8A06	
	1A85、1A90、1A93、1A97、1A99	工业用高纯铝。用于制造各种电解电容器用箔材，以及各种抗酸容器等，已使用多年
	1A30	纯铝，严格控制 Fe、Si，热处理和加工条件要求特殊，具有较窄的抗拉强度范围，主要用于生活航天工业和兵器工业的零件
防锈铝	3A21	Al-Mn 系防锈铝，应用最广。强度不高，不能热处理强化，常用冷加工方法提高力学性能。退火状态下塑性高，冷作硬化时塑性低。用于制造油箱、汽油或润滑油导管，深拉制作的小负荷零件，铆钉等
	5A02	Al-Mg 系防锈铝，强度较高，特别是有较高的疲劳强度，塑性与耐腐蚀性高。热处理不能强化，退火状态下可切削性不良，可抛光。用于焊接油箱，制造汽油和润滑油导管，车辆、船舶的内部装饰等
	5A03	Al-Mg 系防锈铝，性能与 5A02 相似。但焊接性能较好。用于制造在液体下工作的中等强度的焊接件，冷冲压的零件和骨架
	5A05 5B05	Al-Mg 系防锈铝，强度与 5A03 相当，热处理不能强化，退火状态塑性高。耐腐蚀性高。5A05 用于制造在液体中工作的焊接零件，油箱、管道和容器。5B05 用作铆接铝合金和镁合金结构的铆钉。铆钉在退火状态下铆接
	5A06	Al-Mg 系防锈铝，有较高的强度和腐蚀稳定性。气焊和点焊的焊接接头强度为基体强度的 90%～95%，切削性能良好。用于焊接容器、受力零件、飞机蒙皮及骨架零件
	5B06，5B13，5B33	新研制的高 Mg 合金，加入适量的 Ti、Be、Zr 等元素。提高了焊接性能，主要用作焊条线
	5B12	研制的新型高 Mg 合金，中上等强度，用于航天和无线电工业用的原板、型材和棒材
	5A43	低成分的 Al-Mg-Mn 系合金，用于生产冲制品的板材，铝锅、铝盒等
硬铝	2A01	低合金低强度硬铝，铆接铝合金结构用的主要铆钉材料。用于中等强度和工作温度不超过 100℃ 的铆钉。耐蚀性低，铆入前应经过阳极氧化处理再填充氧化膜
	2A02	强度较高的硬铝，常温时强度高，有较高的热强性，属耐热硬铝。塑性高。可热处理强化。耐腐蚀性比 2A70，2A80 好。用于工作温度为 200～300℃ 的涡轮喷气发动机轴向压缩机叶片、高温下工作的模锻件，一般用作主要承力结构材料
	2A04	铆钉合金，有较高的抗剪强度和耐热性，用于制造结构工作温度为 125～250℃ 的铆钉
	2B11	铆钉用合金，有中等抗剪强度，在退火、刚淬火和热态下塑性尚好，可以热处理强化。铆钉必须在淬火后 2h 内铆接。用作中等强度铆钉
	2B12	铆钉用合金，抗剪强度与 2A04 相当，其他性能与 2B11 相似，但铆钉必须在淬火后 20min 内铆接，应用受到限制

续表

组别	合金代号	主要特点和应用范围
硬铝	2A10	铆钉用合金，有较高的抗剪强度，耐蚀性不高，须经过阳极氧化等处理。用于制造工作温度不超过100℃、要求强度较高的铆钉
	2A11	应用最早的硬铝，一般称为标准硬铝。它具有中等强度，在退火、刚淬火和热态下的可塑性尚好，可热处理强化，在淬火或自然时效状态下使用，点焊焊接性良好。用于制造中等强度的零件和构件，空气螺旋桨叶片，局部镦粗的零件，如螺栓、铆钉等。铆钉应在淬火后2h内铆入结构
	2A12	高强度硬铝，可进行热处理强化，在退火和刚淬火条件下塑性中等，点焊焊接性良好。气焊和氩弧焊不良。淬火和冷作硬化后可切削性能尚好，耐蚀性不高。用于制造高负荷零件和构件（不包括冲压件和锻件）如飞机骨架零件、蒙皮、隔框、翼肋、铆钉等150℃以下工作的零件
	2A06	高强度硬铝，压力加工性能和可加工性与2A12相同。可作为150～250℃工作结构的板材。对淬火自然时效后冷作硬化的板材，在200℃长期（>100h）加热的情况下，不宜采用
	2A16	耐热硬铝，常温下强度不太高，在高温下有较高的蠕变强度。合金在热态下有较高的塑性。可热处理强化，点焊、滚焊、氩弧焊焊接性能良好。用于250～350℃下工作的零件，如轴向压缩机叶片、圆盘。板材用于制作容器、气密仓等
	2A17	与2A16成分和性能大致相似，不同的是在室温下的强度和高温（225℃）下的持久强度超过2A16。而2A17的可焊性差，不能焊接。用于300℃以下要求高强度的锻件和冲压件
锻铝	6A02	工业上应用较为广泛的锻铝。具有中等强度（但低于其他锻铝）。易于锻造、冲压。易于点焊和氢原子焊，气焊尚好。用于制造要求高塑性和高耐蚀性的零件，形状复杂的锻件和模锻件。如气冷式发动件的曲轴箱，直升机桨叶
	2A50	高强度锻铝。在热态下有高塑性，易于锻造、冲压；可以热处理强化，在淬火及人工时效后的强度与硬铝相似，工艺性能较好。抗蚀性较好，可切削性能良好，接触焊、点焊性能良好，电弧焊和气焊性能不好。用于制造形状复杂、中等强度的锻件和冲压件，如风扇叶轮、压气机叶轮等
	2B50	高强度锻铝。成分、性能与2A50相近可互相通用，热态下的可塑性比2A50好
	2A70	耐热锻铝。成分与2A80基本相同，但加入微量的钛，含硅较少，热强度较高。可热处理强化，工艺性能比2A80稍好。接触焊性能好，电弧焊、气焊性能差。耐蚀性、可切削性尚好。用于制造内燃机活塞和高温下工作的复杂锻件，如压气机叶轮等
	2A80	耐热锻铝。热态下可塑性稍低，可进行热处理强化，高温强度高，无挤压效应，焊接性能耐蚀性、可切削性及应用同2A70
	2A90	应用较早的耐热锻铝，特性与2A70相近，目前已被热强性很高而且热态下塑性很好的2A70、2A80代替
	2A14	成分与特性有硬铝合金和锻铝合金的特点。用于承受高负荷和形状简单的锻件和模锻件。由于热压加工困难，限制了这种合金的应用
	6070	Al-Mg-Si系合金，相当于美国的6070合金，优点是耐蚀性较好，焊接性良好，可用以制造大型焊接构件
	4A11	Al-Mg-Si系合金，是锻、铸两用合金，主要用于制作蒸汽机活塞和汽缸用材料，热膨胀系数小、抗磨性好

组别	合金代号	主要特点和应用范围
锻 铝	6061 6063	Al-Mg-Si 系合金，与美国 6061、6063 合金相当。是世界通用合金，使用范围广，特别是各种建筑业，现代化的大型高层建筑离不开这两种合金。用于生产门、窗等轻质结构的构件及医疗卫生、办公用具等。也适用于车、船、机械零部件。其耐蚀性好，焊接性能优良，冷加工性较好，强度中等
超 硬 铝	7A03	可以热处理强化，常温时抗剪强度较高，耐蚀性、可切削性尚好，用作受力结构的铆钉。当工作温度在 125℃ 以下时，可代替 2A10
	7A04	最常用的超硬铝，高强度合金。在退火和刚淬火状态塑性中等。可热处理强化。通常在淬火人工时效状态下使用，此时强度比一般硬铝高得多，但塑性较低。点焊焊接性良好。气焊不良，热处理后的切削性良好。用于制造承受高载荷的零件，如飞机的大梁、蒙皮、翼肋、接头、起落架等
	7A09	高强度铝合金，塑性稍优于 7A04，低于 2A12，静疲劳强度，对缺口不敏感等，优于 7A04，用于制造飞机蒙皮和主要受力零件
特殊 铝	4A01	含硅质量分数为 5%，低合金化的二元铝硅合金，机械强度不高，抗蚀性极高，压力加工性能良好，用于作焊条或焊棒，焊接铝合金制件

表 5-74 　　　　　　**圆棒、方棒及六角棒铝材的尺寸和重量**（GB/T 3191—2010）

截面形状	铝棒理论重量（每米长） $G/(\text{kg/m})$	d 或 a 的尺寸系数/mm
○ (圆, a)	$G = K_1 \times 10^{-3} d^2$	5.0、5.5、6.0、6.5、7.0、7.5、8.0、8.5、9.0、9.5、10.0、10.5、11.0、11.5、12.0、13.0、14.0、15.0、16.0、17.0、18.0、19.0、20.0、21.0、22.0、24.0、25.0、26.0、27.0、28.0、30.0、32.0、34.0、35.0、36.0、38.0、40.0、42.0、45.0、46.0、48.0、50.0、
□ (方, a)	$G = K_2 \times 10^{-3} a^2$	51.0、52.0、55.0、58.0、59.0、60.0、62.0、63.0、65.0、70.0、75.0、80.0、85.0、90.0、95.0、100.0、105.0、110.0、115.0、120.0、125.0、130.0、135.0、140.0、145.0、150.0、160.0、170.0、180.0、190.0、200.0、210.0、220.0、230.0、240.0、250.0、260.0、270.0、
⬡ (六角, a)	$G = K_3 \times 10^{-3} a^2$	280.0、290.0、300.0、320.0、330.0、340.0、350.0、360.0、370.0、380.0、390.0、400.0、450.0、480.0、500.0、520.0、550.0、600.0

注：1. 供应长度，直径≤50mm 时，供应长度 1～6m。直径>50mm 时，供应长度 0.5～6m。
　　2. 表中系数 K_1，K_2，K_3 按表 5-75 查得。

表 5-75 　　　　　　**铝材每米长度或每平方米重量 G 计算公式的系数**

铝材牌号	7A04 7A09	6A02 6B02	2A14 2A11	5A02 5A43 5A66	5A03 5083	5A05	5A06	3A21	2A06	2A12	2A16	纯铝	平均值
K_1	2.239	2.120	2.199	2.105	2.098	2.082	2.073	2.145	2.167	2.183	2.230	2.219	2.155
K_2	2.851	2.700	2.800	2.680	2.671	2.651	2.640	2.731	2.760	2.780	2.840	2.711	2.744
K_3	2.469	2.338	2.425	2.321	2.313	2.296	2.286	2.365	2.390	2.407	2.459	2.348	2.376
K_4	8.957	8.482	8.796	8.420	8.391	8.328	8.294	8.580	8.671	8.734	8.922	8.517	8.621

5.4　非金属材料

5.4.1　橡胶

1. 常用橡胶的品种性能和用途

常用橡胶的品种、性能和用途见表 5-76，表中除天然橡胶外，其余都是由石油、煤、天然气制成的合成橡胶。合成橡胶由于来源充沛、价格便宜而得到广泛的应用。

表 5-76　常用橡胶的品种、性能和用途

品种（代号）	性 能 特 点 和 用 途
天然橡胶（NR）	弹性大，抗撕裂和电绝缘性优良，耐磨性和耐寒性好，易与其他材料黏合，综合性能优于多种合成橡胶。缺点是耐氧性和耐臭氧酸差，容易老化变质，耐油性和耐溶蚀性不好，抗酸碱能力低，耐热性差，工作温度不超过 100℃。用于制作轮胎、胶管、胶带、电缆绝缘层
丁苯橡胶（SBR）	产量最大的合成橡胶，耐磨性、耐老化和耐热性超过天然橡胶。缺点是弹性较低，抗屈挠性能差，加工性能差，用于代替天然橡胶制作轮胎、胶管等
顺丁橡胶（BR）	结构与天然橡胶基本一致，弹性与耐磨性优良，耐老化性好，耐低温性优越，发热小，易与金属黏合，缺点是强度较低，抗撕裂性与加工性能差。产量仅次于丁苯橡胶，一般与天然橡胶或丁苯橡胶混用。主要用于制造轮胎运输带和特殊耐寒制品
异戊橡胶（IR）	化学组成，结构与天然橡胶相似，性能也相近。有天然橡胶大部分优点，耐老化性能优于天然橡胶，但弹力和强度较差 加工性能差，成本较高。可代替天然橡胶作胎、胶管、胶带等
氯丁橡胶（CR）	有优良的抗氧、抗臭氧性、不易燃，着火后能自熄，耐油、耐溶剂、耐酸碱，耐老化、气密性好。力学性能不低于天然橡胶。主要缺点是耐寒性差，比重较大，相对成本高，电绝缘性不好，用于重型电缆护套、要求耐油、耐腐蚀的胶管、胶带、化工设备衬里，要求耐燃的地下矿山运输带及垫圈、密封圈、黏结剂等
丁基橡胶（IIR）	耐臭氧、耐老化、耐热性好，可长期工作在 130℃以下，能耐一般强酸和有机溶剂，吸振、阻尼性好，电绝缘性非常好。缺点是弹性不好（现有品种中最差），加工性能差。用作内胎、电线电缆绝缘层，防振制品，耐热运输带等
丁腈橡胶（NBR）	耐汽油和脂肪烃油的能力特别好，仅次于聚硫橡胶、丙烯酸酯橡胶和氟橡胶。耐磨性、耐水性、耐热性及气密性均较好。缺点是强度和弹力较低，耐寒和耐臭氧性能差，电绝缘性不好。用于制造各种耐油制品，如耐油的胶管、密封圈等。也作耐热运输带
乙丙橡胶（EPM）	密度最小（0.865）、成本较低的新品种，化学稳定性很好（仅不耐浓硝酸），耐臭氧、耐老化性能很好，电绝缘性能突出，耐热可达 150℃左右，耐酮脂等极性溶剂，但不耐脂肪烃及芳香烃。缺点是黏着性差、硫化缓慢。用于化工设备衬里、电线电缆包皮、蒸气胶管、汽车配件
硅橡胶（Si）	耐高温可达 300℃，低温可达 −100℃。是目前最好的耐寒、耐高温橡胶。绝缘性优良，缺点是强度低，耐油、溶剂、酸碱性能差，价格较贵。主要用于耐高、低温制品，如胶管、密封件、电缆绝缘层。由于无毒无味，用于食品、医疗
氟橡胶（FPM）	耐高温可达 300℃，耐油性是最好的。不怕酸碱，抗辐射及高真空性能优良，力学性能、电绝缘、耐化学药品腐蚀、耐大气老化等能力都很好，性能全面。缺点是加工性差，价格昂贵，耐寒性差，弹性较低。主要用于飞机、火箭的密封材料、胶管等，少量用于一般工业
聚氨酯橡胶（UR）	在各种橡胶中耐磨性最高。强度、弹性高，耐油性好，耐臭氧、耐老化、气密性等也都很好。缺点是耐湿性较差，耐水和耐碱性不好，耐溶剂性较差。用于制作轮胎及耐油、耐苯零件、垫圈防震制品等。以及要求高耐磨、高强度、耐油的场合

品种（代号）	性 能 特 点 和 用 途	品种（代号）	性 能 特 点 和 用 途
聚丙烯酸酯橡胶（AR）	有良好的耐热、耐油性，可在180℃以下热油中使用。耐老化、耐氧化、耐紫外光线，气密性较好。缺点是耐寒性较差，在水中会膨胀，耐芳香族类溶剂性能差，弹性、耐磨、电绝缘性和加工性能不好。用于制造密封件，耐热油软管，化工衬里等	氯醇橡胶（共聚型 CHC 均聚型 CHR）	耐溶剂、耐水、耐碱、耐老化性能极好。耐热性、耐候性、耐臭氧性、气密性好，抗压缩变形良好，容易加工，便宜。缺点是强度较低、弹性差、电绝缘性较低。用于作胶管、密封件、胶辊、容器衬里等
氯磺化聚乙烯橡胶（CSM）	耐候性高于其他橡胶，耐臭氧和耐老化性能优良。不易燃、耐热、耐溶剂、耐磨、耐酸碱性能较好，电绝缘性尚可。加工性能不好，价格较贵，因而使用不广。用于制造耐油垫圈、电线、电缆包皮和化工衬里	氯化聚乙烯橡胶	性能与氯磺化聚乙烯橡胶相近。其特点是流动性好，容易加工，有优良的耐大气老化性、耐臭氧性和耐电晕性。缺点是弹性差，电绝缘性较低。用于胶管、胶带、胶辊、化工容器衬里等

2. 工业用橡胶板（GB/T 5574—2008）（见表 5-77 和表 5-78）

表 5-77　　　　　　　　　　**工业用橡胶板规格（厚度）**　　　　　　　　（单位：mm）

公称尺寸	0.5	1.0	1.5	2.0	2.5	3.0	4.0	5.0	6.0	8.0	10
偏 差	±0.2	±0.2	±0.2	±0.3	±0.3	±0.3	±0.4	±0.5	±0.5	±0.8	±1.0
公称尺寸	12	14	16	18	20	22	25	30	40	50	
偏 差	±1.2	±1.4	±1.5	±1.5	±1.5	±1.5	±2.0	±2.0	±2.0	±2.0	

注：1. 宽度 500～2000mm±20mm。

　　2. 工业用橡胶板按性能分为以下三类：

类 别	耐 油 性 能	体积变化率 ΔV（%）
A	不耐油	—
B	中等耐油 3 号标准油，100℃×72h	+40～+90
C	耐油 3 号标准油，100℃×72h	−5～+40

表 5-78　　　　　　　　　　　　**工业用橡胶板基本性能**

拉伸强度/MPa	≥3		≥4		≥5		≥7	≥10		≥14		≥17
代 号	03		04		05		07	10		14		17
拉断伸长率（%）	≥100	≥150	≥200	≥250	≥300	≥350	≥400		≥500		≥600	
代 号	1	1.5	2	2.5	3	3.5	4		5		6	
橡胶国际硬度或邵尔 A 硬度	30		40		50		60	70		80		90
代 号	H3		H4		H5		H6	H7		H8		H9
硬度偏差	+5 −4											

代 号	热空气老化性能		指 标
A_r1	热空气老化 70℃×72h	拉伸强度降低率（%）　　　　≤	30
		拉断伸长率降低率（%）　　　≤	40

续表

代 号	热空气老化性能			指 标
A$_r$2	热空气老化 100℃×72h	拉伸强度降低率（%）	≤	20
		拉断伸长率降低率（%）	≤	50

注：工业用橡胶板标记示例：

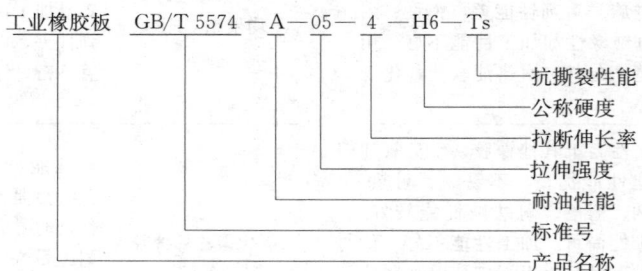

3. 石棉橡胶板（见表5-79～表5-81）

表5-79 石棉橡胶板的牌号、性能规格（GB/T 3985—2008）

牌号	表面颜色	R_m /MPa ≥	密度 /(g/cm²)	压缩率 （%）	回弹率 （%） ≥	蠕变松弛率 （%） ≤	耐热耐压要求		
							温度/℃	蒸气压力/MPa	要求
XB510	墨绿色	21.0			45		500～510	13～14	
XB450		18.0					440～450	11～12	
XB400	紫色	15.0					390～400	8～9	
XB350	红色	12.0	1.6～2.0	7～17	40	50	340～350	7～8	保持30min 不被击穿
XB300		9.0					290～300	4～5	
XB200	灰色	6.0			35		190～200	2～3	
XB150		5.0					140～150	1.5～2	

表5-80 耐油石棉橡胶板等级牌号和推荐使用范围（GB/T 539—2008）

分 类	等级牌号	表面颜色	推荐使用范围
一般工业用 耐油石棉橡胶板	NY510	草绿色	温度510℃以下、压力5MPa以下的油类介质
	NY400	灰褐色	温度400℃以下、压力4MPa以下的油类介质
	NY300	蓝色	温度300℃以下、压力3MPa以下的油类介质
	NY250	绿色	温度250℃以下、压力2.5MPa以下的油类介质
	NY150	暗红色	温度150℃以下、压力1.5MPa以下的油类介质
航空工业用 耐油石棉橡胶板	HNY300	蓝色	温度300℃以下的航空燃油、石油基润滑油及冷气系统的密封垫片

表5-81 耐油石棉橡胶板的物理机械性能（GB/T 539—2008）

项 目		NY10	NY400	NY300	NY250	NY150	HNY300
横向拉伸强度/MPa	≥	18.0	15.0	12.7	11.0	9.0	12.7
压缩率（%）		7～17					
回弹率（%）	≥	50			45	35	50

续表

项　目		NY10	NY400	NY300	NY250	NY150	HNY300
蠕变松弛率（%） ≤		45				—	45
密度/(g/cm³)		\multicolumn{6}{c}{1.6～2.0}					
常温柔软性		\multicolumn{6}{c}{在直径为试样公称厚度12倍的圆棒上弯曲180°，试样不得出现裂纹等破坏迹象}					
浸渍 IRM903 油后性能 149℃，5h	横向拉伸强度/MPa ≥	15.0	12.0	9.0	7.0	5.0	9.0
	增重率（%） ≤	\multicolumn{6}{c}{30}					
	外观变化	\multicolumn{5}{c}{—}					无起泡
浸渍 ASTM 燃料油 B 后性能 21～30℃，5h	增厚率（%）	\multicolumn{4}{c}{0～20}				—	0～20
	浸油后柔软性	\multicolumn{5}{c}{—}					同常温柔软性要求
对金属材料的腐蚀性		\multicolumn{5}{c}{—}					无腐蚀
常温油密封性	介质压力/MPa	18	16	15	10	8	15
	密封要求	\multicolumn{6}{c}{保持 30min，无渗漏}					
氮气泄漏率/[mL/(h·mm)] ≤		\multicolumn{6}{c}{300}					

注：厚度大于 3mm 的耐油石棉橡胶板，不做拉伸强度试验。

4. 橡胶管（见表 5-82）

表 5-82　　　　　　　　压缩空气用橡胶软管（GB/T 1186—2016）

内径/mm				最大工作压力/MPa			
1 型		2 型,3 型		胶管型号			
公称内径	公差	公称内径	公差	1 型	1 型 c 级 2 型 c 级 3 型 c 级	2 型 d 级	2 型 e 级 3 型 e 级
5	±0.5	12.5					
6.3		16	±0.75				
8		20					
12.5	±0.75	25	+1.25	a 级—0.6 b 级—0.8	1.0	1.6	2.5
16		31.5					
20		40					
25	±1.25	50	±1.5				
31.5		63 *					
40	±1.5	80 *	±2				
50		100 *					

注：1. 本标准适用于工作温度在 (−20～45)℃，工作压力在 2.5MPa 以下的工业用压缩空气。

2. 表中标"*"的数值适用于 2 型 c、d 型；3 型 c 级软胶管。

3. 胶管标记示例：

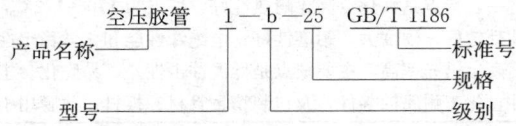

空压胶管　1—b—25　GB/T 1186

5.4.2 塑料的分类、名称和应用（见表 5-83～表 5-85）

表 5-83 常用热固性塑料的特性与用途

名　称	特 性 与 用 途
酚醛塑料 （PF）	力学性能很好，耐热性较高，工作温度可以超过 100℃，在水润滑下摩擦系数很低（0.01～0.03），许用 PV 值很高，电性能优良，抗酸碱腐蚀能力较好，成型简便，价廉。缺点是较脆，耐光性差，加工性差，只能模压。用于制造电器绝缘件、水润滑轴承、轴瓦、带轮、齿轮、摩擦轮等
脲醛塑料	脲醛树脂和填料、颜料和其他添加剂组成，产品以压塑料为主，也可以做成层压制品和浇铸件。有优良的电绝缘性，耐电弧好，硬度高，耐磨、耐弱碱、有机溶剂，透明度好，制品彩色鲜艳，价格低廉，无臭无味，但不耐酸和强碱。缺点是强度、耐水性、耐热性都不及酚醛塑料。用于制造电绝缘件、装饰件和日用品
三聚氰胺 甲醛塑料	性能同上，但耐水、耐热性能较好，耐电弧性能很好，在 20～100℃ 之间性能无变化。使用矿物填料时，可在 150～200℃ 范围内使用。无臭无毒，但价格较贵。用于制造电气绝缘件，要求较高的日用品、餐具、医疗器具等
环氧树脂塑料 （EP）	强度较高，韧性较好，电绝缘性能好，有防水、防霉能力，可在（-80～150）℃下长期工作，在强碱及加热情况下容易被碱分解，脂环型环氧树脂的使用温度可达 200～300℃。用于制造塑料模具、精密量具、机械、仪表和电气构件
有机硅塑料	有机硅树脂与石棉、云母或玻璃纤维等配制而成，耐热性高，可在 180～200℃ 长期工作。耐高压电弧，高频绝缘性好，能耐碱、盐和弱酸不耐强酸和有机溶剂。用作高绝缘件，湿热带地区电机、电气绝缘件、耐热件等
聚邻（间） 苯二甲酸 二丙烯酯塑料 （DAP 或 DAIP）	聚邻苯二甲酸二丙烯酸树脂（DAP）和聚间苯二甲酸二丙烯酯树脂（DAIP）是两种异构体，性能相近，前者应用较多。耐热性较高［DAP 工作温度为（-60～180）℃，DAIP 工作温度为 180～230℃］，电绝缘性优异，耐水、油、酸、碱性优良，可耐强酸、强碱及一切有机溶剂，尺寸稳定性高，工艺性好。缺点是磨损大，成本高。用于制造高速航行器材中的耐高温零件，尺寸稳定性要求高的电子元件，化工设备结构件
聚氨酯塑料	柔韧、耐磨、耐油、耐化学药品、耐辐射、易于成形，但不耐强酸，泡沫聚氨酯的密度小，导热性低，具有优良的弹性、隔热、保温和吸音、防震性能。主要用于泡沫塑料

表 5-84 常用热塑性塑料的特性和用途

名　称	特 性 和 用 途
低密度聚乙烯 （LDPE）	有良好的柔软性、延伸性、电绝缘性和透明性，但机械强度、隔湿性、隔气性、耐溶剂性较差。用作各种薄膜和注射、吹塑制品，如包装袋、建筑及农用薄膜、密封容器、挤出管材（饮水管、排灌管）
高密度聚乙烯 （HDPE）	有较高的刚性和韧性，优良的机械强度和较高的使用温度（80℃），有较好的耐溶剂性、耐蒸汽渗透性和耐环境应力开裂性。用作中空的各种耐腐蚀容器、自行车、汽车零件，硬壁压力管、电线电缆外套管，冷热食品，纺织品的高强度超薄薄膜，以及建筑装饰板等
中密度聚乙烯 （MDPE）	有较好的刚性、良好的成型工艺性和低温特性，其抗拉强度、硬度、耐热性不如 HDPE，但耐应力开裂性和强度长期保持性较好。用作压力管道、各种容器及高速包装用薄膜；还可制造发泡制品
超高分子 量聚乙烯 （UHMW-PE）	除具有一般 HDPE 的性能外，还具有突出的耐磨性、低摩擦系数和自润滑性，耐高温蠕变性和耐低温性（即使在-269℃也可使用）；优良的抗拉强度、极高的冲击韧度，且低温下也不下降；噪声阻尼性好；同时具有卓越的化学稳定性和耐疲劳性；电绝缘性能优良，无毒性 用途十分广泛，主要用于制造耐磨擦抗冲击的机械零件，代替部分钢铁和其他耐磨材料，如用于制造齿轮、轴承、导轨、汽车部件、泥浆泵叶轮、导流板，食品工业中辊筒以及人造关节、体育器械、大型容器、异型管、板材及特种薄膜，在宇航、原子能、船舶、低温工程方面也得到应用
聚丙烯 （PP）	是最轻塑料之一，特点是软化点高、耐热性好，熔点为 170～172℃，连续使用温度高达 110～120℃，抗拉强度和刚性都较好，硬度大，耐磨性好，电绝缘性能和化学稳定性很好，其薄膜阻水阻气性很好且无毒，冲击韧度高、透光率高，主要缺点是低温冲击性差、易脆化。主要用于医疗器具、家用厨房用器具，家电零部件，化工耐腐蚀零件，及包装箱、管材、板材；薄膜用于纺织品和食品包装

名　　称	特　性　和　用　途
聚酰胺 （又称尼龙） （PA）	有尼龙-6、尼龙-66、尼龙1010、尼龙-610、铸型尼龙、芳香尼龙等品种。尼龙坚韧、耐磨、耐疲劳、抗蠕变性优良；耐水浸但吸水性大。PA-6的弹性、冲击韧度较高；PA-66的强度较高、摩擦系数小；PA-610的性能与PA-66相似但吸水性和刚度都较小；PA-1010半透明，吸水性、耐基性好；铸型PA与PA-6相似，但强度和耐磨性均高，吸水性较小；芳香PA的耐热性较高，耐辐射和绝缘性优良。尼龙用于汽车、机械、化工和电气零部件，如轴承、齿轮、凸轮、泵叶轮、高压密封圈、阀座、输油管、储油容器等；铸型PA可制大型机械零件
硬质聚氯乙烯 （PVC）	机械强度较高，化学稳定性及介电性优良，耐油性和抗老化性也较好，易熔接及黏合，价格较低，缺点是使用温度低（在60℃以下），线膨胀系数大，成型加工性不良。制品有管、棒、板、焊条及管件、工业型材和成型各种机械零件，以及用作耐蚀的结构材料或设备衬里材料（代替有色合金、不锈钢和橡胶）及电气绝缘材料
软质聚氯乙烯 （PVC）	抗拉强度、抗弯强度及冲击韧度均较硬质聚氯乙烯低，但破裂伸长率较高，质柔软、耐摩擦、挠曲、弹性良好，吸水性低，易加工成型，有良好的耐寒性和电气性能，化学稳定性强，能制各种鲜艳而透明的制品，缺点是使用温度低，在（-15～55）℃。以制造工业、农业、民用薄膜（雨衣、台布）、人造革和电线、电线包覆等为主，还有各种中空容器及日常生活用品
橡胶改性 聚苯乙烯 （HIPS-A）	有较好的韧性和一定的冲击韧度，透明度优良，化学稳定性、耐水、耐油性能较好，且易于成型。作透明件，如汽车用各种灯罩和电气零件等
橡胶改性 聚苯乙烯 （203A）	有较高的韧性和冲击韧度；耐酸、耐碱性能好，不耐有机溶剂、电气性能优良。透光性好，着色性佳，并易成型。作一般结构零件和透明结构零件以及仪表零件、油浸式多点切换开关、电器仪表外壳等
丙烯腈、 丁二烯苯 乙烯共聚物 （ABS）	具有良好的综合性能，即高的冲击韧度和良好的力学性能，优良的耐热、耐油性能和化学稳定性，易加工成型性，表面光泽性好、无毒、吸水性低易进行涂装、着色和电镀等表面装饰，介电性能良好用途很广，在工业中作一般结构件或耐磨受力传动零件如齿轮、泵叶轮、轴承；电机、仪表及电视机等外壳；建筑行业中的管材、板材；用ABS制成泡沫夹层板可做小轿车车身
聚甲基丙 烯酸甲酯 （PMMA）	最重要的光学塑料，具有优良的综合性能，优异的光学性能，透明性可与光学玻璃媲美，几乎不吸收可见光的全波段光，透光率大于91%，光泽好、轻而强韧，成型加工性良好，耐化学药品性、耐候性好，缺点是表面硬度低易划伤，静电性强，受热吸水易膨胀可作光学透镜及工业透镜、光导纤维、各种透明罩、窗用玻璃、防弹玻璃及高速航空飞机玻璃和文化用品、生产用品
372塑料 （有机玻璃塑料） MMA/S	具有综合优良的物化性能，优良的透明度和光泽度，透光率大于或等于90%，机械强度较高，无色、耐光、耐候，易着色，极易加工成型，缺点是表面硬度不够易擦毛。主要用作透明或不透明的塑料件，如表蒙、光学镜片，各种车灯灯罩、透明管道、仪表零件和各种家庭用品
聚酰亚胺 （PI）	耐热性好、强度高，可在（-240～260）℃下长期使用，短期可在400℃使用，高温下具有突出的介电性能、力学性能、耐辐照性能、耐燃性能、耐磨性能、自润滑性、制品尺寸稳定性好，耐大多数溶剂、油脂等。缺点是冲击强度对缺口敏感性强，易受强碱及浓无机酸的侵蚀，且不易长期浸于水中。适用于高温、高真空条件下作减磨、自润滑零件、高温电机、电器零件
聚砜 （PSU）	有很高的力学性能、绝缘性能和化学稳定性，可在（-100～150）℃长期使用，在高温下能保持常温下所具有的各种力学性能和硬度，蠕变值很小，用PTFE充填后，可作摩擦零件。适用于高温下工作的耐磨受力传动零件，如汽车分速器盖、齿轮以及电绝缘零件等
聚酚氧 （苯氧基树脂）	具有优良的力学性能，高的刚性、硬度和冲击韧度，冲击韧度可与聚碳酸酯相比，良好的延展性和可塑性，突出的尺寸稳定性，在具有油润滑的条件下比聚甲醛、聚碳酸酯还耐磨损、耐蠕变性能、电绝缘性能优异，一般推荐最高使用温度为77℃。适用于精密的形状复杂的耐磨受力传动零件，仪表、计算机、汽车、飞机零件

续表

名　　称	特 性 和 用 途
聚苯醚 （PPO）	在高温下有良好的力学性能，特点是抗拉强度和蠕变性极好，有较高的耐热性［长期使用温度为（－127～120℃）］，吸湿性低，尺寸稳定性强，成型收缩率低，电绝缘性优良，耐高浓度的酸、碱、盐的水溶液，但溶于氯化烃和芳香烃中，在丙酮、苯甲醇、石油中龟裂和膨胀。适于作在高温工作下的耐磨受力传动零件，和耐腐蚀的化工设备与零件，还可代替不锈钢作外科医疗器械
氯化聚醚	耐化学腐蚀性能优异，仅次于聚四氯乙烯，耐腐蚀等级相当于金属镍级，在高温下不耐浓硝酸、浓双氧水和湿氯气，可在 120℃下长期使用，强度、刚性比尼龙、聚甲醛等低、耐磨性优异仅次于聚甲醛，吸水性小，成品收缩率小、尺寸稳定，可用火焰喷镀法涂于金属表面，缺点是低温脆性大。代替有色金属和合金、不锈钢作耐腐蚀设备与零件，作为在腐蚀介质中使用的低速或高速、低负荷的精密耐磨受力传动零件
聚碳酸酯 （PC）	具有突出的耐冲击韧度（为一般热塑性塑料之首）和抗蠕变性能，有很高的耐热性，耐寒性也很好，脆化温度达－100℃，抗弯、抗拉强度与尼龙相当，并有较高的延伸长率和弹性模量，尺寸稳定性好，耐磨性与尼龙相当，有一定抗腐蚀能力，透明度高，但易产生应力开裂。用于制作传递中小载荷的零部件，如齿轮、蜗轮、齿条、凸轮、轴承、螺钉、螺母、离心泵叶轮、阀门、安全帽、需高温消毒的医疗手术器皿、无色透明聚碳酸酯可用于制造飞机、车、船挡风玻璃等
聚甲醛 （POM）	抗拉强度、冲击韧度、刚性、疲劳强度、抗蠕变性能都很高，尺寸稳定性好，吸水性小，摩擦系数小，且有突出的自润滑性、耐磨性和耐化学药品性，价格低于尼龙，缺点是加热易分解。在机械、电器、建筑、仪表等方面广泛用作轴承、齿轮、凸轮、管材、导轨等代替铜、铸锌等有色金属和合金，并可作电动工具外壳，化工、水、煤气的管道和阀门等零部件及食品工业的传送机链片等
聚对苯二甲酸乙二酯 （PETP）	具有很高的力学性能、抗拉强度超过聚甲醛、抗蠕变性能、刚性硬度都胜过多种工程塑料，吸水性小，线胀系数小，尺寸稳定性高，热力学性能和冲击性能很差，耐磨性同聚甲醛和尼龙。主要用于纤维（我国称"涤纶"），少量用于薄膜和工程塑料，薄膜主要用于电气绝缘材料和片基，如电影胶片、磁带、用作耐磨受力传动零件
聚四氟乙烯 （PTFE）	耐高低温性能好，可在（－250～260）℃内长期使用，耐磨性好、静摩擦系数是塑料中最小的，自润滑性电绝缘性优良具有优异的化学稳定性，强酸、强碱、强氧化剂、油脂、酮、醚、醇在高温下对它也不起作用，缺点是力学性能较低，刚性差、有冷流动性、热导率低、热膨胀大，需采用预压烧结法成型加工费用较高。主要用作耐化学腐蚀、耐高温的密封元件，也作输送腐蚀介质的高温管道，耐腐蚀衬里、容器以及轴承、轨道导轨、无油润滑活塞环、密封圈等
聚三氟氯乙烯 （PCTFE）	耐热、电性能和化学稳定性仅次于 PTFE，在 180℃的酸、碱和盐的溶液中亦不溶胀或侵蚀，机械强度、抗蠕变性能、硬度都比 PTFE 好些，长期使用温度为（－190～130）℃，涂层与金属有一定的附着力，其表面坚韧、耐磨、有较高的强度。作耐腐蚀的设备与零件，悬浮液涂于金属表面可作耐腐、电绝缘防潮等涂层
全氟 （乙烯-丙烯） 共聚物 （FEP）	力学性能、代学稳定性、电绝缘性、自润滑性等基本上与 PTFE 相同，可在（－250～200）℃长期使用，突出的优点是冲击韧度高，即使带缺口的试样也冲不断。与 PTFE 同，用于制作要求大批量生产或外形复杂的零件，并可用注射成型代替 PTFE 的冷压烧结成型

表 5-85　　　　　　　　　　　　常用工程塑料选用参考实例

用　途	要　　求	应 用 举 例	材　　料
一般 结构零件	强度和耐热性无特殊要求，一般用来代替钢材或其他材料，但由于批量大，要求有较高的生产率，成本低，有时对外观有一定要求	汽车调节器盖及喇叭后罩壳、电动机罩壳、各种仪表罩壳、盖板、手轮、手柄、油管、管接头、紧固件等	高密度聚乙烯、聚氯乙烯、改性聚苯乙烯（203A，204）、ABS、聚丙烯等，这些材料只承受较低的载荷，可在 60～80℃范围内使用
	同上，并要求有一定的强度	罩壳、支架、盖板、紧固件等	聚甲醛、尼龙 1010

续表

用 途	要 求	应用举例	材 料
透明结构零件	除上述要求外，必须具有良好的透明度	透明罩壳、汽车用各类灯罩、油标、油杯、光学镜片、信号灯、防护玻璃以及透明管道等	改性有机玻璃（372）、改性聚苯乙烯（204）、聚碳酸酯
耐磨受力传动零件	要求有较高的强度、刚性、韧性、耐磨性、耐疲劳性，并有较高的热变形温度、尺寸稳定	轴承、齿轮、齿条、蜗轮、凸轮、辊子、联轴器等	尼龙、MC 尼龙、聚甲醛、聚碳酸酯、聚酚氧、氯化聚醚、线型聚酯等。这类塑料的拉伸强度都在 58.8kPa 以上，使用温度可达 80～120℃
减磨自润滑零件	对机械强度要求往往不高，但运动速度较高，故要求具有低的摩擦系数，优异的耐磨性和自润滑性	活塞环、机械动密封圈、填料、轴承等	聚四氟乙烯、聚四氟乙烯填充的聚甲醛、聚全氟乙丙烯（F-46）等，在小载荷、低速时可采用低压聚乙烯
耐高温结构零件	除耐磨受力传动零件和减磨自润滑零件要求外，还必须具有较高的热变形温度及高温抗蠕变性	高温工作的结构传动零件如汽车分速器盖、轴承、齿轮、活塞环、密封圈、阀门、螺母等	聚砜、聚苯醚、氟塑料（F-4，F-46）、聚苯亚胺、聚苯硫醚，以及各种玻璃纤维增加塑料等，这些材料都可在 150℃ 以上使用
耐腐蚀设备与零件	对酸、碱和有机溶剂等化学药品具有良好的耐腐蚀能力，还具有一定的机械强度	化工容器、管道、阀门、泵、风机、叶轮、搅拌器以及它们的涂层或衬里等	聚四氟乙烯、聚全氟乙丙烯、聚三氯氧乙烯 F-3、氯化聚醚、聚氯乙烯、低压聚乙烯、聚丙烯、酚醛塑料等

第6章 螺纹和螺纹连接

6.1 常用螺纹

6.1.1 普通螺纹

表 6-1 给出紧固件常用的普通螺纹基本尺寸。表 6-2 和表 6-3 给出普通螺纹公差。

表 6-1   紧固件常用的普通螺纹基本尺寸（GB/T 196—2003）

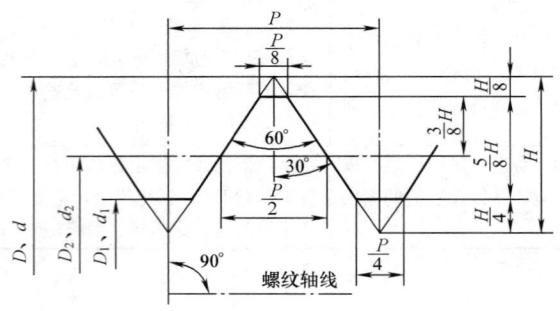

基本尺寸

$$D = d$$

$$D_2 = d_2 = d - 2 \times \frac{3}{8} H = d - 0.649\,52P$$

$$D_1 = d_1 = d - 2 \times \frac{5}{8} H = d - 1.082\,53P$$

$$H = \frac{\sqrt{3}}{2} P = 0.866\,025\,404P$$

公称直径 D, d	螺距 P	中径 D_2 或 d_2	小径 D_1 或 d_1	公称直径 D, d	螺距 P	中径 D_2 或 d_2	小径 D_1 或 d_1
1	0.25	0.838	0.729		1.75	10.863	10.106
1.2	0.25	1.038	0.929	12	1.5	11.026	10.376
(1.4)	0.3	1.205	1.075		1.25	11.188	10.647
1.6	0.35	1.373	1.221	(14)	2	12.701	11.835
2	0.4	1.740	1.567		1.5	11.026	12.376
2.5	0.45	2.208	2.013	16	2	14.701	13.835
3	0.5	2.675	2.459		1.5	15.026	14.376
3.5	(0.6)	3.110	2.850	(18)	2.5	16.376	15.294
4	0.7	3.545	3.242		1.5	17.026	16.376
(4.5)	(0.75)	4.013	3.688		2.5	18.376	17.294
5	0.8	4.480	4.134	20	2	18.701	17.835
6	1	5.350	4.917		1.5	19.026	18.376
8	1.25	7.188	6.647	(22)	2.5	20.376	19.294
	1	7.350	6.917		1.5	21.026	20.376
	1.5	9.026	8.376		3	22.051	20.752
10	1.25	9.188	8.647	24			
	1	9.350	8.917		2	22.701	21.835

续表

公称直径 D，d	螺 距 P	中 径 D_2 或 d_2	小 径 D_1 或 d_1	公称直径 D，d	螺 距 P	中 径 D_2 或 d_2	小 径 D_1 或 d_1
(27)	3	25.051	23.752	(45)	4.5	42.077	40.129
	2	25.701	24.835		3	40.051	39.752
30	3.5	27.727	26.211	48	5	44.752	42.587
	2	28.701	27.835		3	46.051	44.752
(33)	3.5	30.727	29.211	52	5	48.752	46.587
	2	31.701	30.835		4	49.402	47.670
36	4	33.402	31.670	56	5.5	52.428	50.046
	3	34.051	32.752		4	53.402	51.670
39	4	36.402	34.670	(60)	5.5	56.428	54.046
	3	37.051	35.752		4	57.402	55.670
42	4.5	39.077	37.129	64	6	60.103	57.505
	3	40.051	39.752		4	61.402	69.670

注：1. 公称直径和螺距，有括号的是第二系列，尽可能不采用。

　　2. 对于每一种公称直径，黑体字标出的螺距为粗牙螺纹，其余螺距为细牙螺纹。

　　　M14×1.25 仅用于火花塞。

　　　M35×1.5 仅用于滚动轴承锁紧螺母。

表 6-2　　　　　　　**普通螺纹内螺纹优选公差带**（GB/T 197—2018）

精 度	公差带位置 G			公差带位置 H		
	S	N	L	S	N	L
精密				4H	5H	6H
中等	(5G)	**6G**	(7G)	**5H**	6H	**7H**
粗糙		(7G)	(8G)		7H	8H

注：大量生产的紧固件螺纹，推荐采用带方框的公差带。

表 6-3　　　　　　　**外螺纹选用公差带**（GB/T 197—2018）

精 度	公差带位置 e			公差带位置 f			公差带位置 g			公差带位置 h		
	S	N	L	S	N	L	S	N	L	S	N	L
精密	—	—	—	—	—	—		(4g)	(5g4g)	(3h4h)	**4h**	(5h4h)
中等	—	**6e**	(7e6e)		**6f**	—	(5g6g)	6g	(7g6g)	(5h6h)	6h	(7h6h)
粗糙		(8e)	(9e8e)				8g	(9g8g)				

注：大量生产的紧固件螺纹，推荐采用带方框的公差带。

6.1.2 小螺纹（见表 6-4）

（1）螺纹标记。

螺纹用字母"S"及"公称直径"表示。

当螺纹为左旋时，在代号之后加"LH"字。

（2）公差带代号。

1）螺纹公差带代号包括中径公差带和顶径公差带。中径公差带在前，顶径公差带在后。

2）螺纹公差带代号与螺纹代号之间用"-"分开。

3）表示螺纹副时，前面写内螺纹公差带代号，后面写外螺纹公差带代号，中间用斜线"/"分开。

（4）标记示例。

S0.9-5h3

S0.9-4H5

S0.9-3G5/5h3

表 6-4 　　　　　　　　　**小螺纹的直径与螺距系列**（GB/T 15054.1—2018）

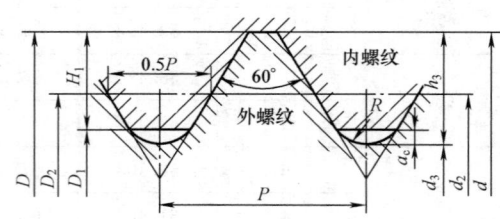

$H_1 = P$

$h_3 = 0.56P$

$a_c = 0.08P$

$R_{max} = 0.2P$

标记示例：

内螺纹　S 0.9-4H5

外螺纹　S 0.9LH-5h3

螺纹副　S 0.9-4H5/5h3

（单位：mm）

| 公称直径 | | 螺距 P | 内、外螺纹中径 $d_2 = D_2$ | 外螺纹小径 d_3 | 内螺纹小径 D_1 | 公称直径 | | 螺距 P | 内、外螺纹中径 $d_2 = D_2$ | 外螺纹小径 d_3 | 内螺纹小径 D_1 |
第一系列	第二系列					第一系列	第二系列				
0.3		0.08	0.248	0.210	0.223		0.7	0.175	0.586	0.504	0.532
	0.35	0.09	0.292	0.249	0.264	0.8		0.2	0.670	0.576	0.608
0.4		0.1	0.335	0.288	0.304		0.9	0.225	0.754	0.648	0.684
	0.45	0.1	0.385	0.338	0.354	1		0.25	0.838	0.720	0.760
0.5		0.125	0.419	0.360	0.380		1.1	0.25	0.938	0.820	0.860
	0.55	0.125	0.469	0.410	0.430		1.2	0.25	1.038	0.920	0.960
0.6		0.15	0.503	0.432	0.456		1.4	0.3	1.205	1.064	1.112

注：内、外小螺纹的优选公差带分别为 4H5 和 5h3。

6.1.3 梯形螺纹（GB/T 5796.1～5796.3—2005）（见表 6-5～表 6-7）

这种梯形螺纹不适用于对传动精度有特殊要求的场合，如机床的丝杠。这类精密梯形螺纹应按 JB/T 2886—2008《机床梯形螺纹丝杠、螺母技术条件》中的有关规定。

表 6-5 　　　　　　　　　　　　　　　梯形螺纹牙型尺寸

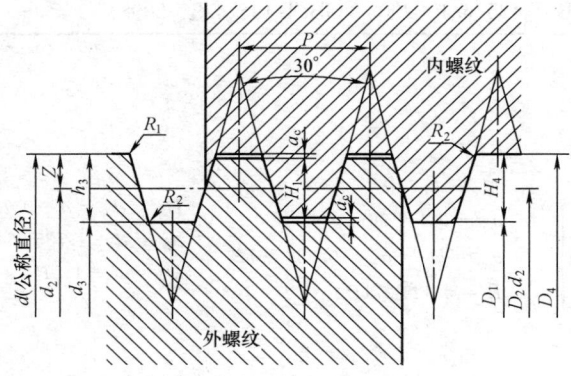

$H_1 = 0.5P$

$h_3 = H_4 = H_1 + a_c$ 　　　　$d_3 = d - 2h_3$

$Z = 0.25P = H_1/2$ 　　　　$D_2 = d_2 = d - 0.5P$

$R_{1max} = 0.5a_c$ 　　　　$D_4 = d + 2a_c$

$R_{2max} = a_c$ 　　　　$D_1 = d - P$

a_c—牙顶间隙

（单位：mm）

公称直径		螺距 P	公称直径		螺距 P	公称直径		螺距 P	公称直径		螺距 P
第一系列	第二系列		第一系列	第二系列		第一系列	第二系列		第一系列	第二系列	
8		1.5	32	30	10,6①,3	70	65	16,10①,4	160	170	28,16*,6
10	9	2①,1.5	36	34		80	75		180		28,18*,8
12	11	3,2①		38	10,7①3		85	18,12①,4	200	190	32,18*,8
	14	3①,2	40	42		90	95		220	210	36,20*,8
16	18	4①,2	44		12,7①3	100	110	20,12①,4		230	36,20*,8
20			48	46	12,8①,3	120	130	22,14①,6	240		36,22*,8
24	22	8,5①,3	52	50	12,8①,3	140		24,14①,6	260	250	40,22*,12
28	26		60	55	14,9①3		150	24,16①,6	280	270	40,24*,12

注：牙顶间隙：$P=1.5$，$a_c=0.15$；$P=2\sim5$，$a_c=0.25$；$P=6\sim12$，$a_c=0.5$；$P=14\sim40$，$a_c=1$。

① 优选用尺寸。

表 6-6 　内、外螺纹优选公差带

（GB/T 5796.4—2005）

精　度	内 螺 纹		外 螺 纹	
	N	L	N	L
中等	7H	8H	7e	8e
粗糙	8H	9H	8c	9c

标记示例：

内螺纹：Tr40×7-7H

外螺纹：Tr40×7-7e

左旋螺纹：Tr40×7　LH-7e

螺纹副：Tr40×7-7H/7e

旋合长度为 L 组的多线螺纹：

　　　　Tr40×14(P7)-8e-L

旋合长度为特殊值：Tr40×7-7e-140

表 6-7 　多线螺纹中径公差修正系数

（GB/T 5796.4—2005）

线　数	2	3	4	≥5
系　数	1.12	1.25	1.4	1.6

6.1.4　锯齿形(3°、30°)螺纹(见表 6-8 和表 6-9)

表 6-8　锯齿形螺纹牙型、直径与螺距系列(GB/T 13576.1—2008，GB/T 13576.2—2008)

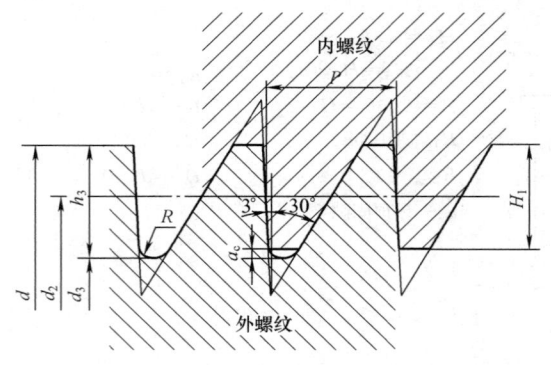

$$H_1 = 0.75P$$
$$a_c = 0.117\ 767P$$
$$h_3 = H_1 + a_c = 0.867\ 767P$$
$$R = 0.124\ 271P$$

$$D_2 = d_2 = d - 0.75P$$
$$d_3 = d - 1.735\ 534P$$
$$D_1 = d - 1.5P$$

公称直径 d 第一系列	公称直径 d 第二系列	螺距 P	公称直径 d 第一系列	公称直径 d 第二系列	公称直径 d 第三系列	螺距 P	公称直径 d 第一系列	公称直径 d 第二系列	螺距 P
10		2①	90	85,95		18,12①,4	240		36,22*,8
12	14	3①, 2	100	110	105	20,12①,4	260	250	40,22*,12
16, 20	18	4①, 2	120	130	115,125	22,14①,6	280	270	40,24*,12
24, 28	22, 26	8, 5①, 3	140		135,145	24,14①,6	300	290	44,24*,12
32, 36	30, 34	10, 6①, 3		150	155	24,16①,6	340	320	44,12
40	38, 42	10, 7①, 3	160	170	165	28,16①,6	380	360,400	12
44		12, 7①, 3			175	28,16①,8	420 460 500	440 480	18
48, 52	46, 50	12, 8①, 3	180			28,18①,8			
60	55	14, 9①, 3	200	190	185,195	32,18①,8	500 580 620	520 560 600 640	24
70, 80	65, 75	16, 10①4	220	210,230		36,20①,8			

　① 表示螺距尺寸为优先选用尺寸。

表 6-9　锯齿形螺纹内、外螺纹选用
公差带(GB/T 13576.4—2008)

精 度	内 螺 纹		外 螺 纹	
	N	L	N	L
中 等	7H	8H	7e	8e
粗 糙	8H	9H	8c	9c

　注：N 代表中等旋合长度；L 代表长旋合长度。

　标记示例：
　内螺纹：B40×7-7H(旋合长度 N 不标注)
　外螺纹：B40×7-7e

左旋外螺纹：B40×7LH-7C(d)(d 表示中径定心)
多线螺纹：B40×14(P7)-8c
旋合长度为特殊需要的螺纹：B40×7-7C-140

6.1.5　55°密封管螺纹(GB/T 7306.1—2000)

1. 设计牙型(见图 6-1)
2. 基本尺寸
螺纹的中径(D_2、d_2)和小径(D_1、d_1)按下列公式计算：

$$d_2 = D_2 = d - 0.640\ 327P$$
$$d_1 = D_1 = d - 1.280\ 654P$$

螺纹的基本尺寸及规格见表 6-10。

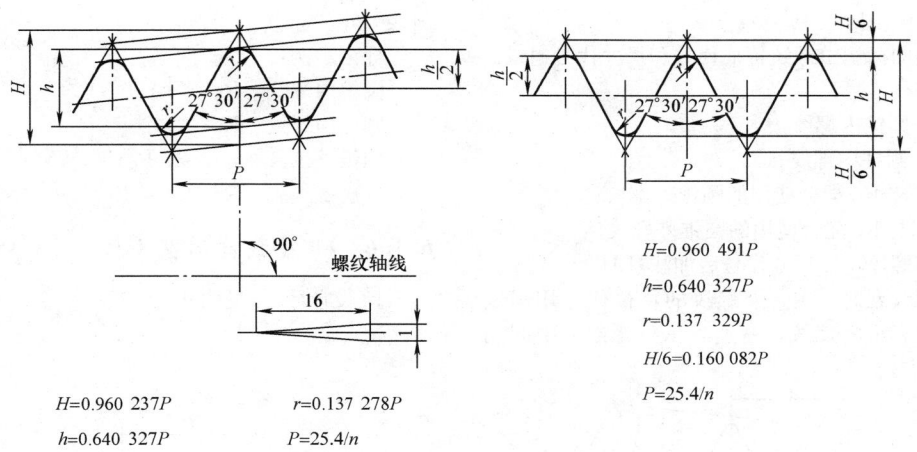

$H=0.960\ 491P$

$h=0.640\ 327P$

$r=0.137\ 329P$

$H/6=0.160\ 082P$

$P=25.4/n$

$H=0.960\ 237P$ $r=0.137\ 278P$

$h=0.640\ 327P$ $P=25.4/n$

圆锥螺纹设计牙型   圆柱内螺纹设计牙型

图 6-1　55°密封管螺纹设计牙型

表 6-10　　　　　　　　螺纹的基本尺寸(GB/T 7306.1—2000)　　　　　（单位：mm）

尺寸代号	每25.4mm内的牙数 n	螺距 P	牙型高度 h	圆弧半径 $r\approx$	基面上的基本直径			基准距离	外螺纹的有效螺纹长度
					大径（基准直径）$d=D$	中径 $d_2=D_2$	小径 $d_1=D_1$		
1/16	28	0.907	0.581	0.125	7.723	7.142	6.561	4.0	6.5
1/8	28	0.907	0.581	0.125	9.728	9.147	8.566	4.0	6.5
1/4	19	1.337	0.856	0.184	13.157	12.301	11.445	6.0	9.7
3/8	19	1.337	0.856	0.184	16.662	15.806	14.950	6.4	10.1
1/2	14	1.814	1.162	0.249	20.955	19.793	18.631	8.2	13.2
3/4	14	1.814	1.162	0.249	26.441	25.279	24.117	9.5	14.5
1	11	2.309	1.479	0.317	33.249	31.770	30.291	10.4	16.8
1¼	11	2.309	1.479	0.317	41.910	40.431	38.952	12.7	19.1
1½	11	2.309	1.479	0.317	47.803	46.324	44.845	12.7	19.1
2	11	2.309	1.479	0.317	59.614	58.135	56.656	15.9	23.4
2½	11	2.309	1.479	0.317	75.184	73.705	72.226	17.5	26.7
3	11	2.309	1.479	0.317	87.884	86.405	84.926	20.6	29.8
4	11	2.309	1.479	0.317	113.030	111.551	110.072	25.4	35.8
5	11	2.309	1.479	0.317	138.430	136.951	135.472	28.6	40.1
6	11	2.309	1.479	0.317	163.830	162.351	160.872	28.6	40.1

3. 连接形式

55°密封管螺纹有两种连接形式。圆锥内螺纹与

圆锥外螺纹形成"锥/锥"配合；圆柱内螺纹与圆锥外螺纹形成"柱/锥"配合。

4. 标记示例

管螺纹的标记由螺纹特征代号和尺寸代号组成。

螺纹特征代号：

Rc——圆锥内螺纹；

Rp——圆柱内螺纹；

R_1——与 Rp 配合使用的圆锥外螺纹；

R_2——与 Rc 配合使用的圆锥外螺纹。

对左旋螺纹，在尺寸代号后加注"LH"。

表示螺纹副时，内、外螺纹的特征代号用斜线分开，左边表示内螺纹，右边表示外螺纹，中间用斜线分开。

标记示例：

圆锥内螺纹　Rc1½；

圆柱内螺纹　Rp1½；

圆锥外螺纹　$R_1$1½，$R_2$1½；

左旋螺纹副　Rc/$R_2$1½-LH，Rp/$R_1$1½-LH。

6.1.6　60°密封管螺纹（GB/T 12716—2011）

1. 设计牙型（见图 6-2）

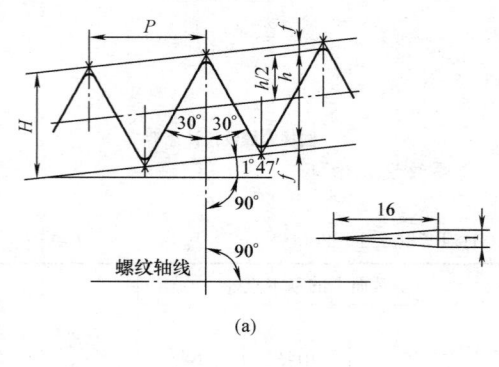

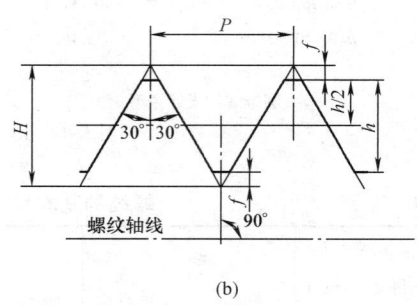

(a)　　　　　　　　　　　　　　　　　　　(b)

$H=0.866025P$　　　$h=0.800000P$　　　$f=0.033P$　　　$P=25.4/n$

圆锥内、外螺纹的牙型　　　　　　　　　　　　圆柱内螺纹的牙型

图 6-2　60°密封管螺纹设计牙型

2. 连接形式

内螺纹有圆锥内螺纹与圆柱内螺纹两种，外螺纹仅有圆锥外螺纹一种。可以组成两种密封形式：圆锥内螺纹与圆锥外螺纹组成锥/锥配合，圆柱内螺纹与圆锥外螺纹组成柱/锥配合。

3. 标记示例

尺寸代号为 3/4 的右旋圆柱内螺纹 NPSC3/4。

尺寸代号为 6 的右旋圆锥内螺纹或圆锥外螺纹 NPT6。

尺寸代号为 14 的左旋圆锥内螺纹或圆锥外螺纹 NPT 14-LH。

4. 圆锥管螺纹的基本尺寸（见表 6-11）

表 6-11　　　　　　　　　**圆锥管螺纹的基本尺寸**（GB/T 12716—2011）

螺纹的尺寸代号	25.4mm 内包含的牙数 n	螺距 P	牙型高度 h	基准平面内的基本直径			基准距离 L_1		装配余量 L_3		外螺纹小端面内的基本小径
				大径 $d=D$	中径 $d_2=D_2$	小径 $d_1=D_1$	圈数	mm	圈数	mm	mm
		mm									
1/16	27	0.941	0.752	7.894	7.142	6.389	4.32	4.064	3	2.822	6.137
1/8	27	0.941	0.752	10.242	9.489	8.737	4.36	4.102	3	2.822	8.481
1/4	18	1.411	1.129	13.616	12.487	11.358	4.10	5.785	3	4.233	10.996
3/8	18	1.411	1.129	17.055	15.926	14.797	4.32	6.096	3	4.233	14.417
1/2	14	1.814	1.451	21.224	19.772	18.321	4.48	8.128	3	5.443	17.813
3/4	14	1.814	1.451	26.569	25.117	23.666	4.75	8.618	3	5.443	23.127

续表

螺纹的尺寸代号	25.4mm 内包含的牙数 n	螺距 P	牙型高度 h	基准平面内的基本直径			基准距离 L_1		装配余量 L_3		外螺纹小端面内的基本小径
				大径 $d=D$	中径 $d_2=D_2$	小径 $d_1=D_1$					
				mm			圈数	mm	圈数	mm	mm
1	11.5	2.209	1.767	33.228	31.461	29.694	4.60	10.160	3	6.626	29.060
1¼	11.5	2.209	1.767	41.985	40.218	38.451	4.83	10.668	3	6.626	37.785
1½	11.5	2.209	1.767	48.054	46.287	44.520	4.83	10.68	3	6.626	43.853
2	11.5	2.209	1.767	60.092	58.325	56.558	5.01	11.065	3	6.626	55.867
2½	8	3.175	2.540	72.699	70.159	67.619	5.46	17.335	2	6.350	66.535
3	8	3.175	2.540	88.608	86.068	83.528	6.13	19.463	2	6.350	82.311
3½	8	3.175	2.540	101.316	98.776	96.236	6.57	20.860	2	6.350	94.932
4	8	3.175	2.540	113.973	111.433	108.893	6.75	21.431	2	6.350	107.554
5	8	3.175	2.540	140.952	138.412	135.872	7.50	23.812	2	6.350	134.384
6	8	3.175	2.540	167.792	165.252	162.712	7.66	24.320	2	6.350	161.191
8	8	3.175	2.540	218.441	215.901	213.361	8.50	26.988	2	6.350	211.673
10	8	3.175	2.540	272.312	269.772	267.232	9.68	30.734	2	6.350	265.311
12	8	3.175	2.540	323.032	320.492	317.952	10.88	34.544	2	6.350	315.793
14	8	3.175	2.540	354.905	352.365	349.825	12.50	39.675	2	6.350	347.345
16	8	3.175	2.540	405.784	403.244	400.704	14.50	46.025	2	6.350	397.828
18	8	3.175	2.540	456.565	454.025	451.485	16.00	50.800	2	6.350	448.310
20	8	3.175	2.540	507.246	504.706	502.166	17.00	53.975	2	6.350	498.793
24	8	3.175	2.540	608.608	606.068	603.528	19.00	60.325	2	6.350	599.758

注：1. 可参照表中第 12 栏数据选择攻螺纹前的麻花钻直径。

2. 螺纹收尾长度（V）为 3.47P。

3. O.D. 是英文管子外径（outside diameter）的缩写。

6.1.7 55°非密封管螺纹（GB/T 7307—2001）

1. 设计牙型（图 6-3）

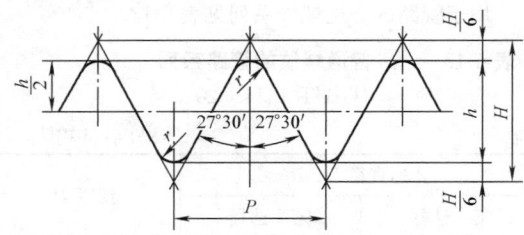

$H=0.960\ 491P$ $h=0.640\ 327P$

$r=0.137\ 329P$ $P=25.4/n$

图 6-3 圆柱螺纹设计牙型

2. 基本尺寸

螺纹的中径（D_2、d_2）和小径（D_1、d_1）按下列公式计算：

$$D_2=d_2=d-0.640\ 327P$$

$$D_1=d_1=d-1.280\ 654P$$

螺纹的基本尺寸及规格见表 6-12。

3. 标记示例

圆柱管螺纹的标记由螺纹特征代号、尺寸代号和公差等级代号组成。

螺纹特征代号为 G。

公差等级代号：对外螺纹分 A、B 两级标记；对内螺纹则不标记。

对左旋螺纹，在公差等级代号后加注"LH"。

表示螺纹副时，仅需标注外螺纹的标记代号。

标记示例：

左旋内螺纹　G1½-LH；

A 级外螺纹　G1½A；

左旋螺纹副　G1½A-LH。

表 6-12　　　　　　　　　　　　螺纹的基本尺寸（GB/T 7307—2001）　　　　　　　　（单位：mm）

尺寸代号	每 25.4mm 内的牙数 n	螺距 P	牙型高度 h	圆弧半径 $r\approx$	基 本 直 径		
					大径 $d=D$	中径 $d_2=D_2$	小径 $d_1=D_1$
1/16	28	0.907	0.581	0.125	7.723	7.142	6.561
1/8	28	0.907	0.581	0.125	9.728	9.147	8.566
1/4	19	1.337	0.856	0.184	13.157	12.301	11.445
3/8	19	1.337	0.856	0.184	16.662	15.806	14.950
1/2	14	1.814	1.162	0.249	20.955	19.793	18.631
5/8	14	1.814	1.162	0.249	22.911	21.749	20.587
3/4	14	1.814	1.162	0.249	26.441	25.279	24.117
7/8	14	1.814	1.162	0.249	30.201	29.039	27.877
1	11	2.309	1.479	0.317	33.249	31.770	30.291
1⅛	11	2.309	1.479	0.317	37.897	36.418	34.939
1¼	11	2.309	1.479	0.317	41.910	40.431	38.952
1½	11	2.309	1.479	0.317	47.803	46.324	44.845
1¾	11	2.309	1.479	0.317	53.746	52.267	50.788
2	11	2.309	1.479	0.317	59.614	58.135	56.656
2¼	11	2.309	1.479	0.317	65.710	64.231	62.752
2½	11	2.309	1.479	0.317	75.184	73.705	72.226
2¾	11	2.309	1.479	0.317	81.534	80.055	78.576
3	11	2.309	1.479	0.317	87.884	86.405	84.926
3½	11	2.309	1.479	0.317	100.330	98.851	97.372
4	11	2.309	1.479	0.317	113.030	111.551	110.072
4½	11	2.309	1.479	0.317	125.730	124.251	122.772
5	11	2.309	1.479	0.317	138.430	136.951	135.472
5½	11	2.309	1.479	0.317	151.130	149.651	148.172
6	11	2.309	1.479	0.317	163.830	162.351	160.872

注：1. 对薄壁管件，此公差适用于平均中径，该中径是测量两个互相垂直直径的算术平均值。

　　2. 外螺纹中径公差分为 A、B 二级，A 级精度高。

6.1.8　用于管路的普通螺纹系列

1. 概述

普通螺纹在机械紧固连接方面使用量最大。由于它具备尺寸系列多、公差等级多和公差带位置多等特点，人们有时也将它用于非螺纹密封的管道上。但使用中要注意：这种做法只能用于不同外界直接发生关系的局部管子上，不可盲目地扩大其使用范围。因为普通螺纹不属于管螺纹行列，这种做法还没有被世界各国普遍地接受。只有管螺纹的刃、量具供应不上或产品批量较少时才用。

我国于 2013 年颁布了 GB/T 1414—2013 普通螺纹管路系列标准。此系列是根据管子尺寸的限制从普通螺纹标准系列（GB/T 193）中选出来的。

2. 系列

用于管路的普通螺纹系列见表 6-13。

表 6-13　　**普通螺纹的管路系列**

（GB/T 1414—2013）

（单位：mm）

公称直径 D、d		螺距 P
第 1 选择	第 2 选择	
8		1
10		1
	14	1.5
16		1.5
	18	1.5

续表

公称直径 D、d		螺距 P
第1选择	第2选择	
20		1.5
	22	2、1.5
24		2
	27	2
30		2
	33	2
	39	3
42		2
48		2
	56	2
	60	2
64		2
	68	2
72		3
	76	2

续表

公称直径 D、d		螺距 P
第1选择	第2选择	
80		2
	85	2
90		3、2
100		3、2
	115	3、2
125		2
140		3、2
	150	2
160		2
	170	3

6.1.9 80°非密封管螺纹（GB/T 29537— 2013）（见表 6-14～表 6-17）

表 6-14   **设计牙型和计算公式**

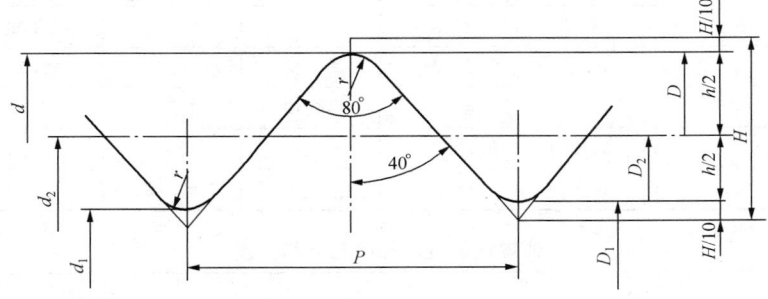

80°圆柱管螺纹的标准系列及其基本尺寸应符合表 6-15 的规定。

螺纹直径可按下列公式计算

$$D=d$$
$$D_2=d_2=d-h=d-0.4767P$$
$$D_1=d_1=d-2h=d-0.9534P$$

表 6-15   **80°圆柱管螺纹的标准系列和基本尺寸**   （单位：mm）

螺纹标记代号	牙数	螺距 P	牙型高度 h	大径 $D=d$	中径 $D_2=d_2$	小径 $D_1=d_1$	圆弧半径 r
Pg7	20	1.27	0.61	12.50	11.89	11.28	0.14
Pg9	18	1.41	0.67	15.20	14.53	13.86	0.15
Pg11	18	1.41	0.67	18.60	17.93	17.26	0.15
Pg13.5	18	1.41	0.67	20.40	19.73	19.06	0.15
Pg16	18	1.41	0.67	22.50	21.83	21.16	0.15
Pg21	16	1.588	0.76	28.30	27.54	26.78	0.17
Pg29	16	1.588	0.76	37.00	36.24	35.48	0.17

续表

螺纹标记低号	牙数	螺距 P	牙型高度 h	大径 $D=d$	中径 $D_2=d_2$	小径 $D_1=d_1$	圆弧半径 r
Pg36	16	1.588	0.76	47.00	46.24	45.48	0.17
Pg42	16	1.588	0.76	54.00	53.24	52.48	0.17
Pg48	16	1.588	0.76	59.30	58.54	57.78	0.17

内螺纹直径的下偏差（EI）和外螺纹直径的上偏差（es）为基本偏差，其基本偏差为零。

内、外螺纹各自吸有一种公差。每种螺纹的大径、中径和小径公差值相同。

内螺纹的直径极限尺寸和公差应符合表 6-16 的规定。外螺纹的直径极限尺寸和公差应符合表 6-17 的规定。

表 6-16　　　　　　　　　　内螺纹的直径极限尺寸和公差　　　　　　　　（单位：mm）

螺纹标记代号	大径 D		中径 D_2		小径 D_1		直径公差 T_D
	min	max	min	max	min	max	
Pg7	12.50	12.65	11.89	12.04	11.28	11.43	0.15
Pg9	15.20	15.35	14.53	14.68	13.86	14.01	0.15
Pg11	18.60	18.75	17.93	18.08	17.26	17.41	0.15
Pg13.5	20.40	20.55	19.73	19.88	19.06	19.21	0.15
Pg16	22.50	22.65	21.83	21.98	21.16	21.31	0.15
Pg21	28.30	28.55	27.54	27.79	26.78	27.03	0.25
Pg29	37.00	37.25	36.24	36.49	35.48	35.73	0.25
Pg36	47.00	47.25	46.24	46.49	45.48	45.73	0.25
Pg42	54.00	54.25	53.24	53.49	52.48	52.73	0.25
Pg48	59.30	59.66	58.54	58.79	57.78	58.03	0.25

表 6-17　　　　　　　　　　外螺纹的直径极限尺寸和公差　　　　　　　　（单位：mm）

螺纹标记代号	大径 d		中径 d_2		小径 d_1		直径公差 T_d
	max	min	max	min	max	min	
Pg7	12.50	12.30	11.89	11.69	11.28	11.08	0.20
Pg9	15.20	15.00	14.53	14.33	13.86	13.66	0.20
Pg11	18.60	18.40	17.93	17.73	17.26	17.06	0.20
Pg13.5	20.40	20.20	19.73	19.53	19.06	18.86	0.20
Pg16	22.50	22.30	21.83	21.68	21.16	20.96	0.20
Pg21	28.30	28.00	27.54	27.24	26.78	26.48	0.30
Pg29	37.00	36.70	36.24	35.94	35.48	35.18	0.30
Pg36	47.00	46.70	46.24	45.94	45.48	45.18	0.30
Pg42	54.00	53.70	53.24	52.94	52.48	52.18	0.30
Pg48	59.30	59.00	58.54	58.24	57.78	57.48	0.30

80°圆柱管螺纹标记应采用表 6-15～表 6-17 内第 1 列所规定的代号。省略螺纹的螺距和公差带内容。对左旋螺纹，应在螺纹尺寸代号后面加注"LH"。用"—"分开螺纹尺寸代号与旋向代号。

示例：
具有标准系列和标准公差的右旋内螺纹或外螺纹：Pg21

6.2 螺纹紧固件的性能等级和常用材料（见表 6-18～表 6-21）

表 6-18   **螺栓、螺钉和螺柱的机械性能等级**（GB/T 3098.1—2010）

机械性能指标		性 能 等 级①										
		4.6	4.8	5.6	5.8	6.8	8.8		9.8	10.9	12.9
							$d{\leqslant}16/mm$	$d{>}16/mm$			
公称抗拉强度 R_m/MPa		400		500		600	800		900	1000	1200
维氏硬度 HV $F{\geqslant}98N$	min	120	130	155	160	190	250	255	290	320	385
	max	220					320	335	360	380	435
布氏硬度 HBW $F{\geqslant}30D^2$	min	114	124	147	152	181	238	242	276	304	366
	max	209				238	304	318	342	361	414
洛氏硬度 HRC	min	—	—	—	—	—	22	23	28	32	39
	max	—	—	—	—	—	32	34	37	39	44
屈服强度 $R_{eL}^②$ 或非比例延伸强度 $R_{p0.2}$	公称	240	—	300	—	—	640	640	720	900	1080
	min	240	—	300	—	—	640	660	720	940	1010
保证应力 S_p	S_p/MPa	225	310	280	380	440	580	600	650	830	970
	S_p/R_{eL} 或 $S_p/R_{p0.2}$	0.94	0.91	0.93	0.90	0.92	0.91	0.91	0.90	0.88	0.88
冲击吸收能量 KV/J	min	—	—	27	—	—	27	27	27	27	—

注：推荐材料：3.6 级—低碳钢；4.6～6.8 级—低碳钢或中碳钢；8.8、9.8 级—低碳合金钢，中碳钢，淬火并回火；
    10.9 级—中碳钢，低、中碳合金钢，合金钢，淬火并回火；12.9 级—合金钢淬火并回火。

① 性能等级小数点前的数字代表材料抗拉强度 R_m 的 1/100，小数点后的数字代表材料的屈服强度（R_{eL}）或非比例延
  伸强度（$R_{p0.2}$）与抗拉强度（R_m）之比的 10 倍（$10R_{eL}/R_m$）。

② 3.6～6.8 级为 R_{eL}，8.8～12.9 级为 $R_{p0.2}$。

表 6-19   **螺母的机械性能等级**（公称高度 ${\geqslant}0.8D$）

螺母性能等级	相配的螺栓、螺钉和螺柱		直 径 范 围/mm	
	性能等级	直径范围/mm	1 型螺母	2 型螺母
4	4.6，4.8	>16	>16	—
5	4.6，4.8	≤16	≤39	—
	5.6，5.8	≤39	≤39	—
6	6.8	≤39	≤39	—
8	8.8	≤39	≤39	—
9	9.8	≤16	—	≤16
10	10.9	≤39	≤39	—
12	12.9	≤39	≤16	≤39

注：螺母性能等级数字等于该等级螺母公称保证应力（MPa）除以 100。

表 6-20 紧定螺钉性能等级的标记（GB/T 3098.3—2016）

性能等级	维氏硬度 HV$_{min}$	材　料	热　处　理
14H	140	碳钢	—
22H	220	碳钢	淬火并回火
33H	330	碳钢	淬火并回火
45H	450	合金铜	淬火并回火

表 6-21 自攻螺钉的主要机械性能和工作性能（GB/T 3098.5—2016）

螺纹规格		ST2.2	ST2.6	ST2.9	ST3.3	ST3.5	ST3.9	ST4.2	ST4.8	ST5.5	ST6.3	ST8
破坏扭矩(min)/(N·m)		0.45	0.90	1.5	2.0	2.7	3.4	4.4	6.3	10.0	13.6	30.5
渗碳层深度/mm	min	0.04			0.05			0.10			0.15	
	max	0.10			0.18			0.23			0.28	
表面硬度		≥450HV0.3										
芯部硬度		ST3.9 及以下：270～370HV5，ST4.2 及以上：270～370HV10										

6.3　螺纹连接的常用标准元件

6.3.1　螺栓（见表 6-22～表 6-43）

表 6-22 粗牙（GB/T 5782—2016）、细牙（GB/T 5785—2016）六角头螺栓

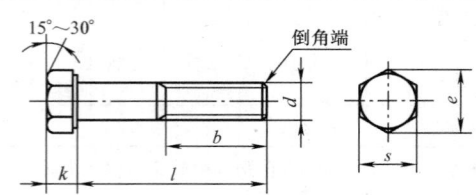

标记示例：

螺纹规格 d＝M12、公称长度 l＝80mm、性能等级为 8.8 级、表面氧化、A 级六角头螺栓的标记

螺栓　GB/T 5782 M12×80

螺纹规格 d＝M12×1.5、公称长度 l＝80mm、细牙螺纹、性能等级为 8.8 级、表面氧化、A 级六角头螺栓的标记

螺栓　GB/T 5785　M12×1.5×80

（单位：mm）

螺纹规格(6g)	d	M3	M4	M5	M6	M8	M10	M12	(M14)	M16
	$d×P$	—	—	—	—	M8×1	M10×1	M12×1.5	(M14×1.5)	M16×1.5
		—	—	—	—	—	(M10×1.25)	(M12×1.25)	—	—
b（参考）	l≤125	12	14	16	18	22	26	30	34	38
	125<l≤200	—	—	—	—	28	32	36	40	44
	l>200	—	—	—	—	41	45	49	57	57
e min	A 级	6.01	7.66	8.79	11.05	14.38	17.77	20.03	23.36	26.75
	B 级	—	—	—	—	14.2	17.59	19.85	22.78	26.17
s	max	5.5	7	8	10	13	16	18	21	24
	min A 级	5.32	6.78	7.78	9.78	12.73	15.73	17.73	20.67	23.67
	min B 级	—	—	—	—	12.57	15.57	17.57	20.16	23.16
k	公称	2	2.8	3.5	4	5.3	6.4	7.5	8.8	10
l[①] 长度范围	A 级	20～30	25～40	25～40	30～60	35～80	40～100	45～120	50～140	55～140
	B 级	—	—	—	—	—	—	—	—	160

续表

螺纹规格 (6g)	d	(M18)	M20	(M22)	M24	(M27)	M30	(M33)	M36
	$d \times P$	(M18×1.5)	(M20×2)	(M22×1.5)	M24×2	(M27×2)	M30×2	(M33×2)	M36×3
		—	M20×1.5	—	—	—	—	—	—
b (参考)	$l \leqslant 125$	42	46	50	54	60	66	72	78
	$125 < l \leqslant 200$	48	52	56	60	66	72	78	84
	$l > 200$	61	65	69	73	79	85	91	97
e min	A级	30.14	33.53	37.72	39.98	—	—	—	—
	B级	29.56	32.95	37.29	39.55	45.2	50.85	55.37	60.79
s	max	27	30	34	36	41	46	50	55
	min A级	26.67	29.67	33.38	35.38	—	—	—	—
	min B级	26.16	29.16	33	35	40	45	49	53.8
k	公称	11.5	12.5	14	15	17	18.7	21	22.5
l[①] 长度范围	A级	60~150	65~150	70~150	80~150	90~150	90~150	100~150	110~150
	B级	160~180	160~200	160~220	160~240	160~260	160~300	160~320	110~360[②]
螺纹规格 (6g)	d	(M39)	M42	(M45)	M48	(M52)	M56	(M60)	M64
	$d \times P$	(M39×3)	M42×3	(M45×3)	M48×3	(M52×4)	M56×4	(M60×4)	M64×4
b (参考)	$l \leqslant 125$	84	—	—	—	—	—	—	—
	$125 < l \leqslant 200$	90	96	102	108	116	124	132	140
	$l > 200$	103	109	115	121	129	137	145	153
e min	B级	66.44	71.3	76.95	82.6	88.25	93.56	99.21	104.86
s	max	60	65	70	75	80	85	90	95
	min B级	58.8	63.1	68.1	73.1	78.1	82.8	87.8	92.8
k	公称	25	26	28	30	33	35	38	40
l[①] 长度范围	B级	130~380	120~400	130~400	140~400	150~400	160~400	180~400	200~400

注：1. 括号内为非优选的螺纹规格，尽可能不采用。
　　2. 表面处理、钢—氧化、镀锌钝化；不锈钢—不经处理。
　　3. 性能等级钢螺栓 M8~M39—8.8，10.9，M42~M64 按协议。
① 长度系列为 20~50（5 进位）、(55)、60、(65)、70~160（10 进位）、180~400（20 进位）。

表 6-23　　　　　　　　　**螺杆带孔六角头螺栓**（GB/T 31.1—2013）

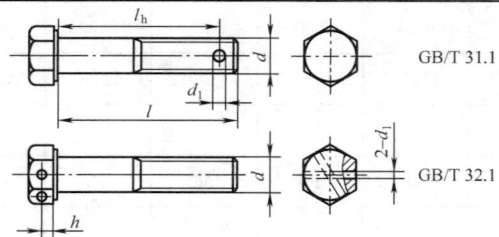

GB/T 31.1

GB/T 32.1

标记示例

螺纹规格 d＝M12、公称长度 l＝80mm、性能等级为 8.8 级、表面氧化、A 级六角头螺杆带孔螺栓的标记

螺栓　GB/T 31.1　M12×80

（单位：mm）

螺纹规格 d（6g）		M6	M8	M10	M12	(M14)	M16	(M18)	M20	(M22)	M24	(M27)	M30	M36	M42	M48
d_1	GB/T 31.1	1.6	2	2.5	3.2			4			5		6.3		8	
min	GB/T 32.1	1.6	2				3						4			
	h	2	2.6	3.2	3.7	4.4	5	5.7	7	7.5	8.5	9.3	11.2	5	13	15
	l 公称	30～60	35～80	40～100	45～120	50～140	55～160	60～180	65～200	70～220	80～240	90～300	90～300	110～300	130～300	140～300
性能	钢	d≤39mm，5.6、8.8、10.9 d＞39mm　按协议												按协议			
等级	不锈钢	A2-70、A4-70								A2-50、A4-50							

注：1. 尽可能不采用括号内的规格。

　　2. 表面处理：钢—氧化，镀锌钝化；不锈钢—不经处理。

l 长度尺寸系列：30、35、40、45、50、（55）、60、（65）、70、80、90、100、110、120、130、140、150、160、180、200、220、240、260、280、300。

表 6-24　　　**细牙螺杆带孔**（GB/T 31.3—1988）、**细牙头部带孔**（GB/T 32.3—1988）**六角头螺栓**

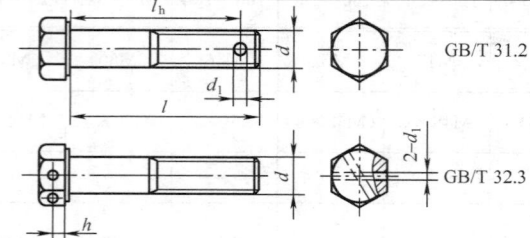

GB/T 31.2

GB/T 32.3

标记示例

螺纹规格 d＝M12×1.5、公称长度 l＝80mm、细牙螺纹、性能等级为 8.8 级、表面氧化、A 级六角头螺杆带孔螺栓的标记

螺栓　GB/T 31.3　M12×1.5×80

（单位：mm）

螺纹规格 $d×p$（6g）		M8×1	M10×1	M12×1.5	(M14×1.5)	M16×1.5	(M18×1.5)	M20×2
d_1	GB/T 31.3	2	2.5		3.2		4	
min	GB/T 32.3	2				3		
	l-l_h	4		5		6		
	$h≈$	2.6	3.2	3.7	4.4	5	5.7	6.2
性能	钢	8.8、10.9						
等级	不锈钢	A2-70						
螺纹规格 $d×p$（6g）		(M22×1.5)	M24×2	(M27×2)	M30×2	M36×3	M42×3	M48×3
d_1	GB/T 31.3	5			6.3		8	
min	GB/T 32.3	3				4		
	l-l_h	7		8	9	10	12	
	$h≈$	7	7.5	8.5	9.3	11.2	13	15
性能	钢	8.8、10.9				按协议		
等级	不锈钢	A2-50						

注：1. 尽可能不采用括号内的规格。

　　2. 其他尺寸见表 6-17。

表 6-25   **粗牙全螺纹六角头螺栓**（GB/T 5783—2016）

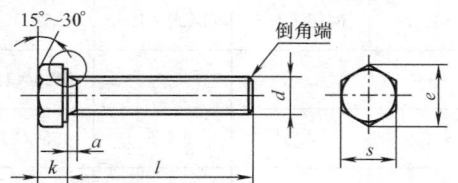

标记示例

螺纹规格 d＝M12、公称长度 l＝80mm、性能等级为 8.8 级、表面氧化、全螺纹、A 级六角头螺栓的标记

螺栓 GB/T 5783 M12×80

（单位：mm）

螺纹规格 d (6g)		M3	M4	M5	M6	M8	M10	M12	(M14)	M16
a max		1.5	2.1	2.4	3	3.75	4.5	5.25	6	6
e min	A 级	6.01	7.66	8.79	11.05	14.38	17.77	20.03	23.36	26.75
s	max	5.5	7	8	10	13	16	18	21	24
	min A 级	5.32	6.78	7.78	9.78	12.73	15.73	17.73	20.67	23.67
k 公称		2	2.8	3.5	4	5.3	6.4	7.5	8.8	10
l[①] A 级		6～30	8～40	10～50	12～60	16～80	20～100	25～120	30～140	30～100
性能等级	钢					8.8、10.9				
	不锈钢					A2-70				

螺纹规格 d (6g)		(M18)	M20	(M22)	M24	(M27)	M30	(M33)	M36
a max		7.5	7.5	7.5	9	9	10.5	10.5	12
d_a max		20.2	22.4	24.4	26.4	30.4	33.4	36.4	39.4
e min	A 级	30.14	33.53	37.72	39.98	—	—	—	—
	B 级	29.56		37.29		45.2	50.85	55.37	60.79
s	max	27	30	34	36	41	46	50	55
	min A 级	26.67	29.67	33.38	35.38	—	—	—	—
	B 级	26.16	—	33	—	40	45	49	53.8
k 公称		11.5	12.5	14	15	17	18.7	21	22.5
l[①] 长度范围 A 级		35～100	40～150	45～150	40～100	55～200	60～200	65～200	70～200
	B 级	160～200	160～200	160～200	—	—	—	—	—
性能等级	钢				8.8、10.9				
	不锈钢	A2-70				A2-50			

螺纹规格 d (6g)		(M39)	M42	(M45)	M48	(M52)	M56	(M60)	M64
a max		12	13.5	13.5	15	15	16.5	16.5	18
e min	B 级	66.44	71.03	76.95	82.6	88.25	93.56	99.21	104.86
s	max	60	65	70	75	80	85	90	95
	B 级	58.8	63.1	68.1	73.1	78.1	82.8	87.8	92.8
k 公称		25	26	28	30	33	35	38	40
l[①] 长度范围 A 级		80～200	80～200	90～200	100～200	100～200	110～200	110～200	120～200
性能等级	钢	8.8、10.9				按协议			
	不锈钢	A2-50							

注：括号内为非优选的螺纹规格。

① 长度系列为 6、8、10、12、16、20～70（5 进位）、70～160（10 进位）、160～200（20 进位）。

表 6-26   **细牙全螺纹六角头螺栓**（GB/T 5786—2016）（图同表 6-20）   （单位：mm）

螺纹规格 $d \times p$ (6g)	M8×1	M10×1	M12×1.5	(M14×1.5)	M16×1.5	(M18×1.5)	(M20×2)
	—	(M10×1.25)	(M12×1.25)	—	—	—	M20×1.5
a max		3	3 (4)[②]	4.5 (4)[②]	4.5	4.5	4.5	4.5 (6)[②]
e min	A 级	14.38	17.77	20.03	23.36	26.75	30.14	33.53
	B 级	14.20	17.59	19.85	22.78	26.17	29.56	32.95
s	max	13	16	18	21	24	27	30
	min A 级	12.73	15.73	17.73	20.67	23.67	26.67	29.67
	min B 级	12.57	15.57	17.57	20.16	23.16	26.16	29.16
k 公称		5.3	6.4	7.5	8.8	10	11.5	12.5
l[①]	A 级	16~90	20~100	25~120	30~140	35~150	35~150	40~150
	B 级	—	—	—	—	160	160~180	160~200
性能等级	钢	5.6、8.8、10.9						
	不锈钢	A2-70、A4-70						

螺纹规格 $d \times p$ (6g)	(M22×1.5)	M24×2	(M27×2)	M30×2	(M33×2)	M36×3	(M39×3)
a max		4.5	6	6	6	6	9	9
e min	A 级	37.72	39.98	—	—	—	—	—
	B 级	37.29	39.55	45.2	50.85	55.37	60.79	66.44
s	max	34	36	41	46	50	55	60
	min A 级	33.38	35.38	—	—	—	—	—
	min B 级	33	35	40	45	49	53.8	58.8
k 公称		14	15	17	18.7	21	22.5	25
l[①] 长度范围	A 级	45~150	40~150	—	—	—	—	—
	B 级	160~220	160~200	55~280	40~220	65~360	40~220	80~380
性能等级	钢	5.6、8.8、10.9						
	不锈钢	A2-70、A4-70、A2-50、A4-50						

续表

螺纹规格 $d \times p$ (6g)	M42×3	(M45×3)	M48×3	(M52×4)	M56×4	(M60×4)	M64×4
a max	9	9	9	12	12	12	12
e min B级	71.3	76.95	82.6	88.25	93.56	99.21	104.86
s max	65	70	75	80	85	90	95
s min B级	63.1	68.1	73.1	78.1	82.8	87.8	92.8
k 公称	26	28	30	33	35	38	40
l[①] 长度范围 B级	90~420	90~440	100~480	100~500	120~500	110~500	130~500
性能等级 钢	按协议						
性能等级 不锈钢	按协议						

注：括号内为非优选的螺纹规格。

标记示例：

螺纹规格 d＝M12×1.5、公称长度 l＝80mm、细牙螺纹、性能等级为8.8级、表面氧化、全螺纹、A级六角头螺栓的标记：

螺栓　GB/T 5786　M12×1.5×80。

① 长度系列为16、20~70（5进位）、70~160（10进位）、180~500（20进位）。

表 6-27　　　　　　　　**B级细杆六角头螺栓**（GB/T 5784—1986）

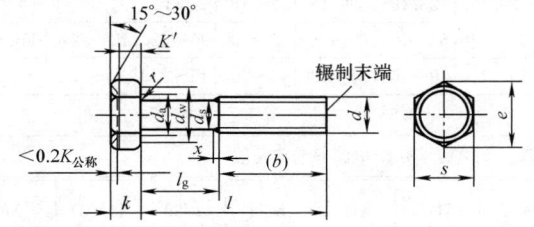

标记示例

螺纹规格 d＝M12、公称长度 l＝80mm、性能等级为5.8级、不经表面处理、B级六角头螺栓的标记

螺栓　GB/T 5784　M12×80

（单位：mm）

螺纹规格 d (6g)		M3	M4	M5	M6	M8	M10	M12	(M14)	M16	M20
b (参考)	$l \leqslant 125$	12	14	16	18	22	26	30	34	38	46
b (参考)	$125 < l \leqslant 200$	—	—	—	—	28	32	36	40	44	52
e min		5.98	7.50	8.63	10.89	14.20	17.59	19.85	22.78	26.17	32.95
s	max	5.5	7	8	10	13	16	18	21	24	30
s	min	5.20	6.64	7.64	9.64	12.57	15.57	17.57	20.16	23.16	29.16
k 公称		2	2.8	3.5	4	5.3	6.4	7.5	8.8	10	12.5
l[①] 长度范围		20~30	20~40	25~50	25~60	30~80	40~100	45~120	50~140	55~150	65~150
性能等级	钢	5.8、6.8、8.8									
性能等级	不锈钢	A2-70									

注：尽可能不采用括号内的规格。

① 长度系列为20~50（5进位）、（55）、60、（65）、70~150（10进位）。

表 6-28　**C 级六角头螺栓（GB/T 5780—2016）和全螺纹六角头螺栓（GB/T 5781—2016）**

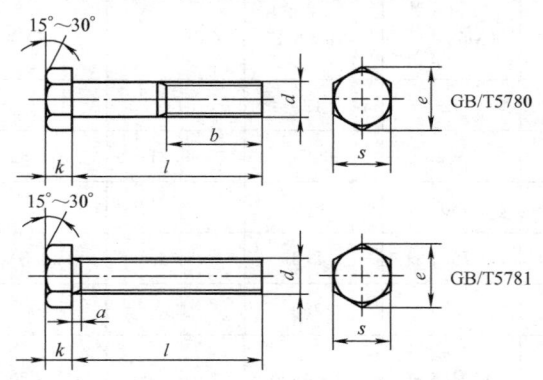

标记示例

螺纹规格 d＝M12、公称长度 l＝80mm、性能等级为 4.8 级、不经表面处理、C 级六角头螺栓的标记

螺栓　GB/T 5780　M12×80

（单位：mm）

螺纹规格 d (8g)		M5	M6	M8	M10	M12	(M14)	M16	(M18)	M20	(M22)	M24	(M27)
b	$l\leqslant125$	16	18	22	26	30	34	38	42	46	50	54	60
	$125<l\leqslant200$	22	24	28	32	36	40	44	48	52	56	60	66
	$l>200$	35	37	41	45	49	53	57	61	65	69	73	79
a　max		2.4	3	4	4.5	5.3	6	6	7.5	7.5	7.5	9	9
e　min		8.63	10.89	14.2	17.59	19.85	22.78	26.17	29.56	32.95	37.29	39.55	45.2
k　公称		3.5	4	5.3	6.4	7.5	8.8	10	11.5	12.5	14	15	17
s	max	8	10	13	16	18	21	24	27	30	34	36	41
	min	7.64	9.64	12.57	15.57	17.57	20.16	23.16	26.16	29.16	33	35	40
l	GB/T 5780	25~50	30~60	40~80	45~100	55~120	60~140	65~160	80~180	65~200	90~220	100~240	110~260
	GB/T 5781	10~50	12~60	16~80	20~100	25~180	30~140	30~160	35~180	40~200	45~220	50~240	55~280
性能等级	钢	4.6、4.8											
表面处理	钢	1. 不经处理　2. 电镀　3. 非电解锌粉覆盖层											

螺纹规格 d (8g)		M30	(M33)	M36	(M39)	M42	(M45)	M48	(M52)	M56	(M60)	M64
b	$l\leqslant125$	66	72	—	—	—	—	—	—	—	—	—
	$125<l\leqslant200$	72	78	84	90	96	102	108	116	—	132	—
	$l>200$	85	91	97	103	109	115	121	129	137	145	153
a　max		10.5	10.5	12	12	13.5	13.5	15	15	16.5	16.5	18
e　min		50.85	55.37	60.79	66.44	72.02	76.95	82.6	88.25	93.56	99.21	104.86
k　公称		18.7	21	22.5	25	—	28	30	33	35	38	40
s	max	46	50	55	60	65	70	75	80	85	90	95
	min	45	49	53.8	58.8	63.8	68.1	73.1	78.1	82.8	87.8	92.8
l[①] 长度范围	GB/T 5780	120~300	130~320	140~360	150~400	180~420	180~440	200~480	200~500	240~500	240~500	260~500
	GB/T 5781	60~300	65~360	70~360	80~400	80~420	90~440	100~480	100~500	110~500	120~500	120~500
性能等级	钢	4.6、4.8				按协议						
表面处理	钢	1. 不经处理　2. 电镀　3. 非电解锌粉覆盖层										

注：尽可能不采用括号内的规格。

① 长度系列为 10、12、16、20~70（5 进位）、70~150（10 进位）、180~500（20 进位）。

表 6-29	六角头加强杆螺栓（GB/T 27—2013）	（单位：mm）

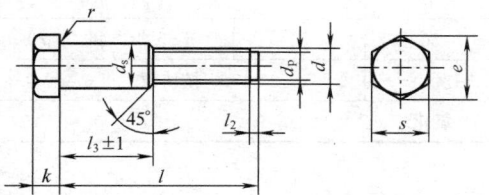

标记示例

螺纹规格 d＝M12、公称长度 l＝80mm、性能等级为 8.8 级、表面氧化、A 级六角头加强杆螺栓的标记

螺栓 GB/T 27 M12×80

d_s 按 m6 制造时应加标记 m6

螺栓 GB/T 27 M12m6×80

螺纹规格 d (6g)			M6	M8	M10	M12	(M14)	M16	(M18)	M20
d_s (h9)		max	7	9	11	13	15	17	19	21
s		max	10	13	16	18	21	24	27	30
	min	A 级	9.78	12.73	15.73	17.73	20.67	23.67	26.67	29.67
		B 级	9.64	12.57	15.57	17.57	20.16	23.16	26.16	29.16
螺纹规格 d (6g)			M6	M8	M10	M12	(M14)	M16	(M18)	M20
k	公称		4	5	6	7	8	9	10	11
d_p			4	5.5	7	8.5	10	12	13	15
t_2			1.5			2		3		4
e	min	A 级	11.05	14.38	17.77	20.03	23.35	26.75	30.14	33.53
		B 级	10.89	14.20	17.59	19.85	22.78	26.17	29.56	32.95
g			2.5				3.5			
l[①]	长度范围		25～65	25～80	30～120	35～180	40～180	45～200	50～200	55～200
$l-l_3$			12	15	18	22	25	28	30	32
性能等级			8.8							
表面处理			氧化							

螺纹规格 d (6g)			(M22)	M24	(M27)	M30	M36	M42	M48
d_s (h9)		max	23	25	28	32	38	44	50
s		max	34	36	41	46	55	65	75
	min	A 级	33.38	35.38	—	—	—	—	—
		B 级	33	35	40	45	53.8	63.8	73.1
k	公称		12	13	15	17	20	23	26
d_p			17	18	21	23	28	33	38
l_2			4		5		6	7	8
e	min	A 级	37.72	39.98	—	—	—	—	—
		B 级	37.29	39.55	45.2	50.82	60.79	72.02	82.60
g			3.5		5				
l[①]	长度范围		6～200	65～200	75～200	80～230	90～300	110～300	120～300

续表

螺纹规格 d (6g)	(M22)	M24	(M27)	M30	M36	M42	M48
$l-l_3$	35	38	42	50	55	65	70
性能等级	8.8				按协议		
表面处理	氧化						

注：尽可能不采用括号内的规格。

① 长度系列（单位为 mm）为 25、(28)、30、(32)、35、(38)、40～50（5 进位）、(55)、60、(65)、70、(75)、80、(85)、90、(95)、100～260（10 进位）、280、300。

表 6-30　　　　六角头螺杆带孔加强杆螺栓（GB/T 28-2013）

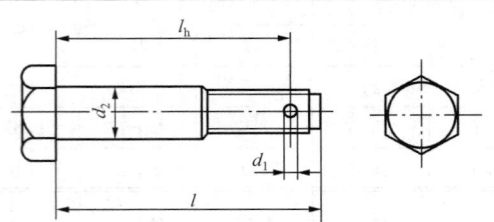

标记示例

螺纹规格 d＝M12，d_s 按 GB/T 27 规定，公称长度 l＝60mm 机械性能等级为 8.8 级，表面氧化处理、产品等级为 A 级的螺杆带 3.2mm 开口销孔的六角头螺杆带孔加强杆螺栓的标记

螺栓 GB/T 28　M12×60

若 d_s 按 m6 制造，其余条件同上时，应标记为

螺栓 GB/T 28　M12m6×60

螺纹规格 d		M6	M8	M10	M12	(M14)	M16	(M18)	M20	(M22)	M24	(M27)	M30	M36	M42	M48
d_1	max	1.85	2.25	2.75	3.5	3.5	4.3	4.3	4.3	5.3	5.3	5.3	6.66	6.66	8.36	8.36
	min	1.6	2	2.5	3.2	3.2	4	4	4	5	5	5	6.3	6.3	8	8
l 公称		25～65	25～80	30～120	35～180	40～180	45～200	50～200	55～200	60～200	65～200	75～200	80～230	90～300	110～300	120～300

长度 l 尺寸系列：25、(28)、30、(32)、35、(38)、40、45、50、(55)、60、(65)、70、(75)、80、(85)、90、(95)、100、110、120、130、140、150、160、170、180、190、200、210、220、230、240、250、260、280、300

注：1. 其余尺寸按 GB/T 27 规定
　　2. 括号内为非优选的规格，尽可能不采用

机械性能	$d≤39$mm，8.8；$d>39$，按协议
表面处理	氧化，如需其他表面处理，应由供需协议

表 6-31a　　　　六角头带槽螺栓（GB/T 29.1—2013）　　　　（单位：mm）

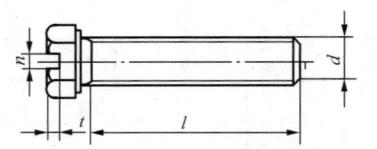

标记示例

螺纹规格 d＝M12、公称长度 l＝80mm、性能等级为 8.8 级、表面氧化、全螺纹、A 级六角头带槽螺栓，标记为

螺栓　GB/T 29.1 M12×80

螺纹规格 d (6g)		M3	M4	M5	M6	M8	M10	M12
n		0.8	1.2	1.2	1.6	2	2.5	3
t 公称		0.7	1	1.2	1.4	1.9	2.4	3
l 公称		6～30	8～40	10～50	12～60	16～80	20～100	25～120
性能等级	钢	5.6、8.8、10.9						
	不锈钢	A2-70、A4-70						
	有色金属	CU2、CU3、CU4						

续表 6-31a

螺纹规格 d		M3	M4	M5	M6	M8	M10	M12
表面处理	钢	氧化：电镀技术要求按 GB/T 5267.1。非电解锌片涂层技术要求按 GB/T 5267.2					如需其他表面处理应由供需协议	
	不锈钢有色金属	简单处理						

注：长度系列（mm）6～12（2 进位），16、20～70（5 进位）、80～120（10 进位）。

表 6-31b   **六角头带十字槽螺栓**（GB/T 29.2—2013）

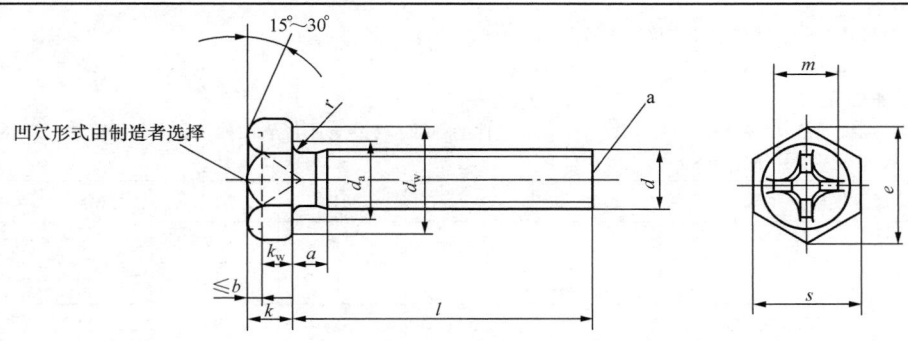

标记示例

螺纹规格 d＝M6、公称长度 l＝40mm、性能等级为 5.8 级，产品等级为 B 级的六角头带十字槽螺栓的标记

螺栓 GB/T 29.2 M6×40   （单位：mm）

螺纹规格 d			M4	M5	M6	M8
a	max		2.1	2.4	3	3.75
d_a	max		4.7	5.7	6.8	9.2
d_w	min		5.7	6.7	8.7	11.4
e	min		7.5	8.53	10.89	14.2
k	公称		2.8	3.5	4	5.3
k_w	min		1.8	2.3	2.6	3.5
r	max		0.2	0.2	0.25	0.4
s	max		7	8	10	13
	min		6.64	7.64	9.64	12.57
十字槽 H 型	槽号	No.	2		3	
	m	参考	4	4.8	6.2	7.2
	插入深度	max	1.93	2.73	2.86	3.86
		min	1.4	2.19	2.31	3.24
l	公称		8～35	8～40	10～50	12～60

长度 l 标准系列：8、10、12、(14)、16、20、25、30、35、40、45、50、(55)、60。

注：尽可能不采用括号内的规格。

机械性能等级	5.8
十字槽	H 型、GB/T 944.1
表面处理	①不经处理；②电镀、技术要求按 GB/T 5267.1；③如需其他表面处理，应由供需协议

表 6-32 沉头方颈螺栓 （GB/T 10—2013）

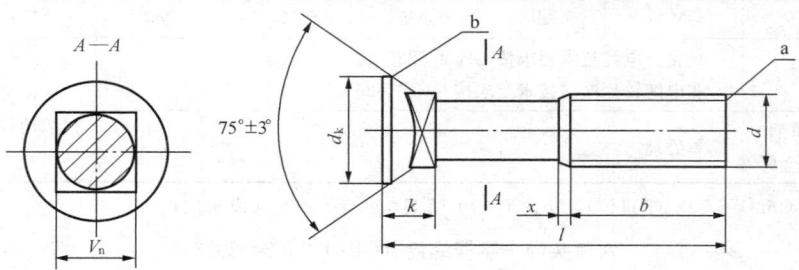

无螺纹部分杆径约等于螺纹中径或螺纹大径

a 辗制末端（GB/T 2）

b 圆的或平的

标记示例：螺纹规格 d＝M12，公称长度 l＝80mm、性能等级 4.8 级、不经表面处理、产品等级为 C 级的沉头方颈螺栓的标记：螺栓 GB/T 10 M12×80

（单位：mm）

螺纹规格 d		M6	M8	M10	M12	M16	M20
P [a]		1	1.25	1.5	1.75	2	2.5
b	$l\leqslant125$	18	22	26	30	38	46
	$125<l\leqslant200$	—	28	32	36	44	52
d_k	max	11.05	14.55	17.55	21.65	28.65	36.80
	min	9.95	13.45	16.45	20.35	27.35	35.2
k	max	6.1	7.25	8.45	11.05	13.05	15.05
	max	5.3	6.35	7.55	9.95	11.95	13.95
V_a	max	6.36	8.36	10.36	12.43	16.43	20.52
	max	5.84	7.8	9.8	11.76	15.76	19.72
x	max	2.5	3.2	3.8	4.3	5	6.3
$l_{公称}$		25～60	25～80	30～100	30～120	45～160	55～200
l 系列		25，30，35，40，45，50，（55），60，（65），70，80，90，100，110，120，130，140，150，160，180，200						

技术条件	材料	螺纹公差	性能等级	表面处理	产品等级
	钢	8g	4.6、4.8	1. 不处理；2. 氧化；3. 如需其他表面处理，应由供需协议	C

注：尽可能不采用括号内的规格。

表 6-33a 圆头带榫螺栓 （GB/T 13—2013）

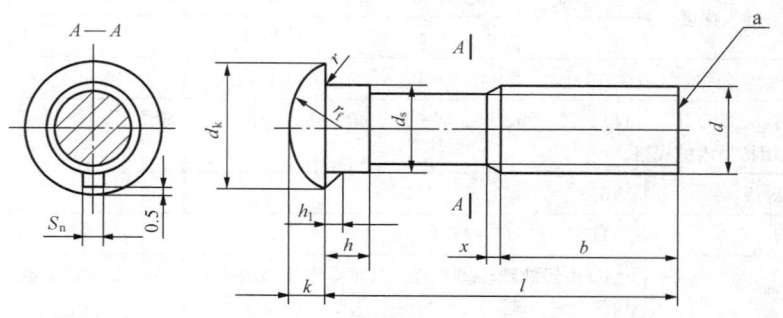

续表

无螺纹部分杆径约等于螺纹中径或螺纹大径

a 辗制末端（GB/T 2）

标记示例：螺纹规格 d＝M12，公称长度 l＝80mm，性能等级 4.8 级、不经表面处理、产品等级为 C 级的圆头带榫螺栓的标记

螺栓 GB/T 13 M12×80

（单位：mm）

螺栓规格 d		M6	M8	M10	M12	(M14)[b]	M16	M20	M24
P^R		1	1.25	1.5	1.75	2	2	2.5	3
b	$l\leqslant125$	18	22	26	30	34	38	46	54
	$125<l\leqslant200$	—	28	32	36	40	44	52	60
d_k	max	12.1	15.1	18.1	22.3	25.3	29.3	35.6	43.6
	min	10.3	13.3	16.3	20.16	23.16	27.16	33	41
S_n	max	2.7	2.7	3.8	3.8	4.8	4.8	4.8	6.3
	min	2.3	2.3	3.2	3.2	4.2	4.2	4.2	5.7
h_1	max	2.7	3.2	3.8	4.3	5.3	5.3	6.3	7.4
	min	2.3	2.8	3.2	3.7	4.7	4.7	5.7	6.6
k	max	4.08	5.28	6.48	8.9	9.9	10.9	13.1	17.1
	min	3.2	4.4	5.6	7.55	8.55	9.55	11.45	15.45
d_s	max	6.48	8.58	10.58	12.7	14.7	16.7	20.84	24.84
	min	5.52	7.42	9.42	11.3	13.3	15.3	19.16	23.16
h min		4	5	6	7	8	9	11	13
r min		0.5	0.5	0.5	0.8	0.8	1	1	1.5
r_f ≈		6	7.5	9	11	13	15	18	22
x max		2.5	3.2	3.8	4.3	5	5	6.3	7.5
l		20～60	20～80	30～100	35～120	35～140	50～160	60～200	80～200

长度 l 系列：20、25、30、35、40、45、50、(55)、60、(65)、70、80、90、100、110、120、130、140、150、160、180、200

机械性能	4.6，4.8
表面处理	1. 不经处理 2. 电镀，要求按 GB/T 5287.1 如需要其他表面处理，应由供需协议

表 6-33b	扁圆头带榫螺栓（GB/T 15—2013）	（单位：mm）

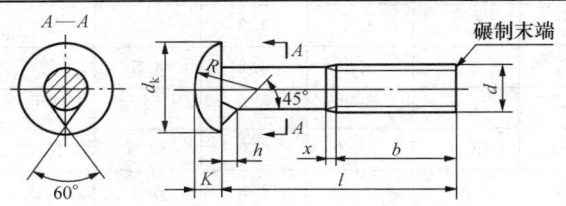

标记示例

螺纹规格 d＝M12、公称长度 l＝80mm、性能等级为 4.8 级、不经表面处理的扁圆头带榫螺栓，标记如下

螺栓 GB/T 15　M12×80

续表

螺纹规格 d（8g）		M6	M8	M10	M12	(M14)	M16	M20	M24
b（参考）	$l \leqslant 125$	18	22	26	30	34	38	46	54
	$125 < l \leqslant 200$		28	32	36	40	44	52	60
d_{kmax}		15.1	19.1	24.3	29.3	33.6	36.6	45.6	53.9
h_{max}		3.5	4.3	5.5	6.7	7.7	8.8	9.9	12
K_{max}		3.48	4.48	5.48	6.48	7.9	8.9	10.9	13.1
R		11	14	18	22		26	32	34
x_{max}		2.5	3.2	3.8	4.3	5		6.3	7.5
$l^{①}$		20~60	20~80	30~100	35~120	35~140	50~160	60~200	80~200
性能等级		4.8							
表面处理		不经处理，电镀技术要求按 GB/T 5267.1，如需其他表面处理应由供需协议							

注：尽可能不采用括号内的规格。

① 长度系列（mm）为 20~50（5 进位）、(55)、60、(65)、70~160（10 进位）、180、200。

表 6-34　　　　　　　　　　　沉头带榫螺栓（GB/T 11—2013）

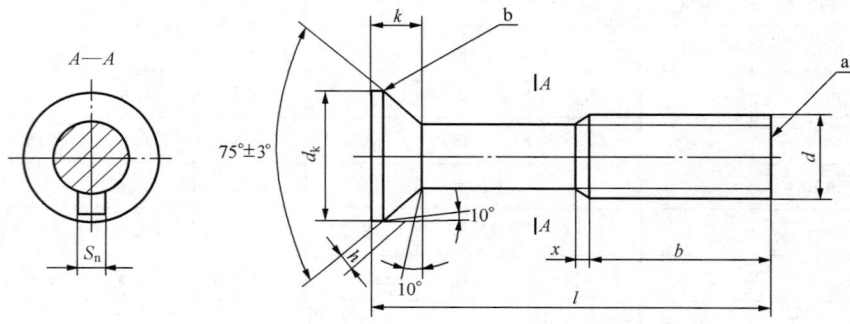

无螺纹部分杆径约等于螺纹中径或螺纹大径

a　辗制末端（GB/T 2）

b　圆的或平的

标记示例：螺纹规格 d＝M12、公称长度 l＝80mm，性能等级为 4.8 级、不经表面处理、产品等级为 C 级的沉头带榫螺栓的标记

螺栓 GB/T 11　M12×80　　　　　　　　　　　　　　　　　　　　　　（单位：mm）

螺纹规格 d		M6	M8	M10	M12	(M14)b	M16	M20	(M22)b	M24
b	$l \leqslant 125$	18	22	26	30	34	38	46	50	54
	$125 < l \leqslant 200$	—	28	32	36	40	44	52	56	60
d_k	max	11.05	14.55	17.55	21.65	24.64	28.65	36.8	40.8	45.8
	min	9.95	13.45	16.45	20.35	23.35	27.35	35.2	39.2	44.2
S_n	max	2.7	2.7	3.8	3.8	4.3	4.8	4.8	6.3	6.3
	min	2.3	2.3	3.2	3.2	3.7	4.2	4.2	5.7	5.7
h	max	1.2	1.6	2.1	2.4	2.9	3.3	4.2	4.5	5
	min	0.8	1.1	1.4	1.6	1.9	2.2	2.8	3	3.3
k	≈	4.1	5.3	6.2	8.5	8.9	10.2	13	14.3	16.5
x	max	2.5	3.2	3.8	4.3	5	5	6.3	6.3	7.5

续表

螺纹规格 d	M6	M8	M10	M12	(M14)[b]	M16	M20	(M22)[b]	M24
l 公称	25～60	30～80	35～100	40～120	45～140	45～160	60～200	65～200	80～200
l 系列	25，30，35，40，45，50，（55），60，（65），70，80，90，100，110，120，130，140，150，160，180，200								

技术条件	材料	螺纹公差	性能等级	表面处理			产品等级
	钢	8g	4.6、4.8	1. 不经处理；2. 电镀；3. 如需其他表面处理，应由供需协议			C

注：尽可能不采用括号内的规格。

表 6-35　　　　　　　　　圆头方颈螺栓（GB/T 12—2013）　　　　　　　　（单位：mm）

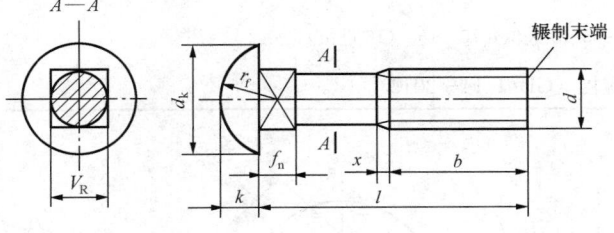

标记示例
螺纹规格 d＝M12、公称长度 l＝80mm、性能等级为 4.8 级、不经表面处理的圆头方颈螺栓的标记：
螺栓 GB/T 12　M12×80

螺纹规格 d（8g）		M6	M8	M10	M12	(M14)	M16	20
b（参考）	l≤125	18	22	26	30	34	38	46
	125＜l≤200	—	28	32	36	40	44	52
d_k　max		13.1	17.1	21.3	25.3	29.3	33.6	41.6
f_n　max		4.4	5.4	6.4	8.45	9.45	10.45	12.55
k　max		4.08	5.28	6.48	8.9	9.9	10.9	13.1
V_R　max		6.3	8.36	10.36	12.43	14.43	16.43	20.82
r_f		7	9	11	13	15	18	22
x　max		2.5	3.2	3.8	4.3	5		6.3
l[①]　长度范围		16～60	16～80	25～100	30～120	40～140	45～160	60～200
性能等级		4.6、4.8						
表面处理		1. 不经处理；2. 电镀；3. 如需其他表面处理、应由供需协议						

注：尽可能不采用括号内的规格。

① 长度系列（单位为 mm）为 16、20～50（5 进位）、（55）、60、（65）、70～160（10 进位）、180、200。

表 6-36　　　　　　　**小半圆头低方颈螺栓 B 级**（GB/T 801—1998）　　　　（单位：mm）

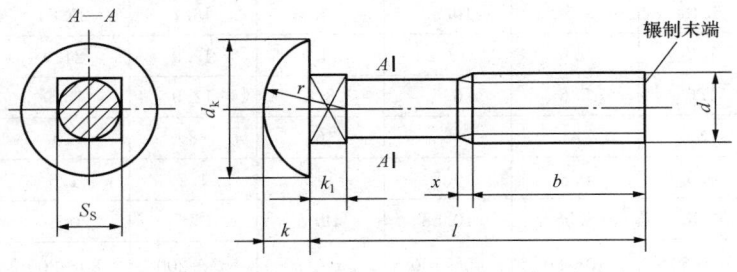

标记示例
螺纹规格 d＝M12、公称长度 l＝80mm、性能等级为 4.8 级、不经表面处理的半圆头低方颈螺栓的标记
螺栓 GB/T 801　M12×80

续表

螺纹规格 d（8g）		M6	M8	M10	M12	M16	M20
b 参考	$l \leqslant 125$	18	22	26	30	38	46
	$125 < l \leqslant 200$	—	—	—	—	44	52
d_k max		14.2	18	22.3	26.6	35	43
k max		3.6	4.8	5.8	6.8	8.9	10.9
s_s max		6.48	8.58	10.58	12.7	16.7	20.84
l① 长度范围		12~60	14~80	20~100	20~120	30~160	35~160
性能等级		4.8、8.8、10.9					
表面处理		1. 不经处理；2. 镀锌钝化；3. 热镀锌					

注：尽可能不采用括号内的规格。

① 长度系列（单位为 mm）为 12、（14）、16、20~65（5 进位）70~160（10 进位）。

表 6-37 扁圆头方颈螺栓（GB/T 14—2013）

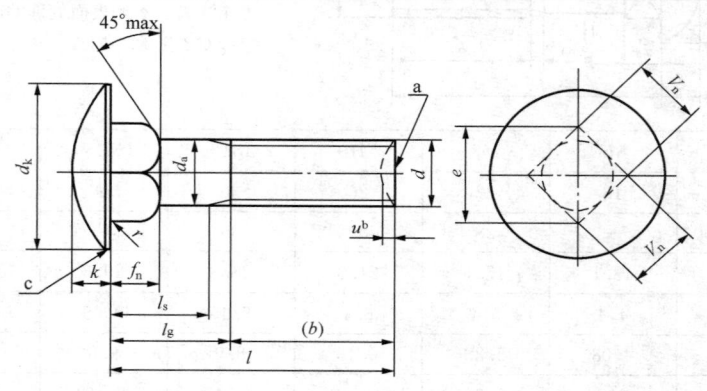

a 辗制末端（GB/T 2）。

b 不完整螺纹的长度 $u \leqslant 2P$。

c 圆的或平的。

标记示例

螺纹规格 d＝M12、公称长度 l＝80mm，性能等级为 4.8 级、不经表面处理产品等级为 C 级的扁圆头方颈螺栓的标记

螺栓 GB/T 14 M12×80

（单位：mm）

螺纹规格 d		M5	M6	M8	M10	M12	M16	M20
b①	$l \leqslant 125$	16	18	22	26	30	38	46
	$125 < l \leqslant 200$	—	—	28	32	36	44	52
	$l > 200$	—	—	—	—	—	57	65
d_k	max＝公称	13	16	20	24	30	38	46
d_s	max	5.48	6.48	8.58	10.58	12.7	16.7	20.84
e②	min	5.9	7.2	9.6	12.2	14.7	19.9	24.9
f_n	max	4.1	4.6	5.6	6.6	8.8	12.9	15.9
k	min	2.5	3	4	5	6	8	10
r	max	0.4	0.5	0.8	0.8	1.2	1.2	1.6
V_a	max	5.48	6.48	8.58	10.58	12.7	16.7	20.84
l	公称	20~50	30~60	40~80	45~100	55~120	65~200	80~200

螺纹规格 d	M5	M6	M8	M10	M12	M16	M20

l 系列：20、25、30、35、40、45、50、（55）、60、（65）、70、80、90、100、110、120、130、140、150、160、180、200③④

① 公称长度 $l \leqslant 70$mm 和螺纹直径 $d \leqslant$ M12 的螺栓，允许制出全螺纹（$l_{g\,max} = f_{n\,max} + 2P$）。
② e_{min} 的测量范围：从支承面起长度等于 $0.8 f_{n\,min}$（$e_{min} = 1.3 V_{n\,min}$）。
③ 公称长度在 200mm 以，采用按 20mm 递增的尺寸。
④ 尽可能不采用括号内的规格。

表 6-38　　　　　　　　　　小方头螺栓（GB/T 35—2013）

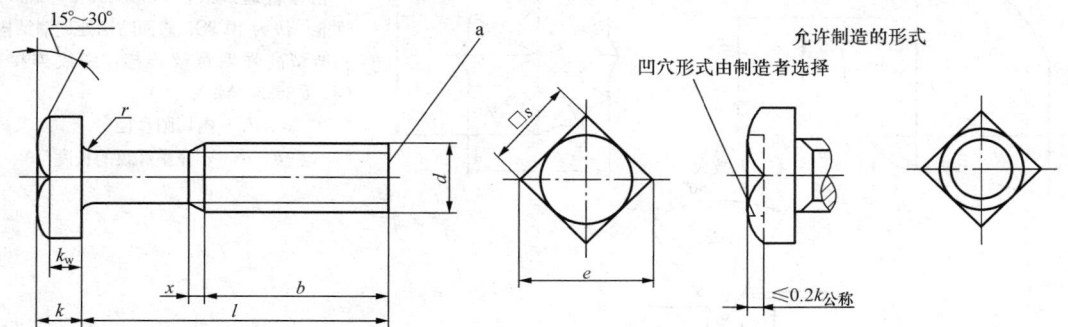

无螺纹部分杆径约等于螺纹中径或螺纹大径。

a 辗制末端（GB/T 2）。

标记示例

螺纹规格 d＝M12、公称长度 l＝80mm、性能等级为 5.8 级、不经表面处理的小方头螺栓的标记：螺栓 GB/T 35　M12×80

（单位：mm）

螺纹规格 d		M5	M6	M8	M10	M12	(M14)	M16	(M18)	M20	(M22)	M24	(M27)	M30	M36	M42	M48
b	$l\leqslant125$	16	18	22	26	30	34	38	42	46	50	54	60	66	78	—	—
	$125<l\leqslant200$	—	—	28	32	36	40	44	48	52	56	60	66	72	84	96	108
	$l>200$	—	—	—	—	—	—	57	61	65	69	73	79	85	97	109	121
e	min	9.93	12.53	16.34	20.24	22.84	26.21	30.11	34.01	37.91	42.9	45.5	52	58.5	69.94	82.03	95.05
k	公称	3.5	4	5	6	7	8	9	10	11	12	13	15	17	20	23	26
	min	3.26	3.76	4.76	5.76	6.71	7.71	8.71	9.71	10.65	11.65	12.65	14.65	16.65	19.58	22.58	25.58
	max	3.74	4.24	5.24	6.24	7.29	8.29	9.29	10.29	11.35	12.35	13.35	15.35	17.35	20.42	23.42	26.42
r	min	0.2	0.25	0.4	0.4	0.6	0.6	0.6	0.8	0.8	0.8	0.8	1	1	1	1.2	1.6
s	max	8	10	13	16	18	21	24	27	30	34	36	41	46	55	65	75
	min	7.64	9.64	12.57	15.57	17.57	20.16	23.16	26.13	26.16	33.35	35	40	45	53.5	63.1	73.1
x	min	2	2.5	3.2	3.8	4.2	5	5	6.3	6.3	6.3	7.5	7.5	8.8	10	11.3	12.5
商品规格 l		20~50	30~60	35~80	40~100	45~120	55~140	55~160	60~180	65~200	70~260	80~240	90~260	90~300	110~300	130~300	140~300
l 系列		20，25，30，35，40，45，50，（55），60，（65），70，80，90，100，110，120，130，140，150，160，180，200，220，240，260，280，300															
技术条件	材料	螺纹公差		性能等级					表面处理								
	钢	6g		$d\leqslant39$ 时：5.8、8.8　$d>39$ 时按协议					1. 不经处理；2. 镀锌钝化								

注：尽可能不采用括号内的规格。它们是非优选的规格。

表 6-39　　　**钢结构用扭剪型高强度螺栓连接副螺栓** (GB/T 3632—2008)　　　　（单位：mm）

螺栓连接副形式

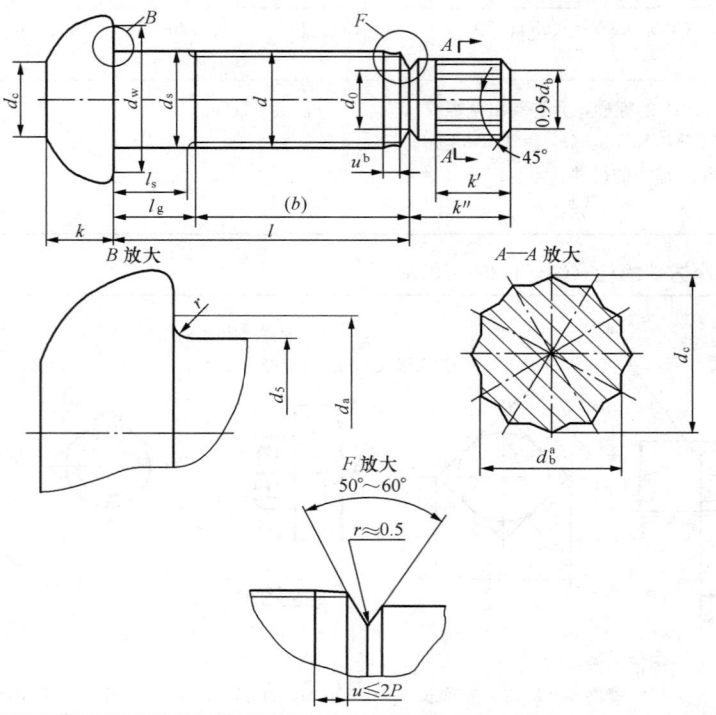

B 放大

A—A 放大

F 放大
50°~60°

$r \approx 0.5$

$u \leqslant 2P$

标记示例

粗牙普通螺纹，$d = $ M20、$l = 100$mm、性能等级为 10.9S、表面防锈处理钢结构用扭剪型高强度螺纹连接：螺纹连接副：GB/T 3632　M20×100

注：a、d_b—内切圆直径

　　b、u—不完整螺纹的长度

螺纹规格 d		M16	M20	(M22)①	M24	(M27)①	M30
P①		2	2.5	2.5	3	3	3.5
d_a　max		18.83	24.4	26.4	28.4	32.84	35.84
d_s	max	16.43	20.52	22.52	24.52	27.84	30.84
	min	15.57	19.48	21.48	23.48	26.16	29.16
d_w　min		27.9	34.5	38.5	41.5	42.8	46.5
d_k　max		30	37	41	44	50	55
k	公称	10	13	14	15	17	19
	max	10.75	13.90	14.90	15.90	17.90	20.05
	min	9.25	12.10	13.10	14.10	16.10	17.95
k'　min		12	14	15	16	17	18
k''　max		17	19	21	23	24	25
r　min		1.2	1.2	1.2	1.6	2.0	2.0
d_0　≈		10.9	13.6	15.1	16.4	18.6	20.6
d_b	公称	11.1	13.9	15.4	16.7	19.0	21.1
	max	11.3	14.1	15.6	16.9	19.3	21.4
	min	11.0	13.8	15.3	16.6	18.7	20.8
d_c　≈		12.8	16.1	17.8	19.3	21.9	24.4
d_e　≈		13	17	18	20	22	24
$\dfrac{(b)}{l}$		$\dfrac{30}{40\sim50}$ $\dfrac{35}{55\sim130}$	$\dfrac{35}{45\sim60}$ $\dfrac{40}{65\sim160}$	$\dfrac{40}{50\sim65}$ $\dfrac{45}{70\sim220}$	$\dfrac{45}{55\sim70}$ $\dfrac{50}{75\sim220}$	$\dfrac{50}{65\sim75}$ $\dfrac{55}{80\sim220}$	$\dfrac{55}{70\sim80}$ $\dfrac{60}{85\sim220}$
l 系列公称		40~100（5 进位），110~200（10 进位），220					

①　括号内的规格为第二选择系列，应优先选用第一系列（不带括号）的规格。

表 6-40   **T 形槽用螺栓**（GB/T 37—1988）

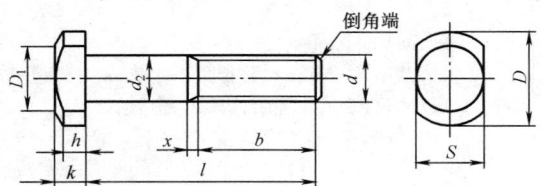

标记示例

  螺纹规格 d＝M12、公称长度 l＝80mm、性能等级为 8.8 级、表面氧化的 T 形槽用螺栓的标记

  螺栓、GB/T 37   M12×80

（单位：mm）

螺纹规格 d (6g)		M5	M6	M8	M10	M12	M16	M20	M24	M30	M36	M42	M48
b (参考)	$l\leqslant125$	16	18	22	26	30	38	46	54	66	78	—	—
	$125<l\leqslant200$	—	—	28	32	36	44	52	60	72	84	96	108
	$l>200$	—	—	—	—	—	57	65	73	85	97	109	121
d_s max		5	6	8	10	12	16	20	24	30	36	42	48
D		12	16	20	25	30	38	46	58	75	85	95	105
k max		4.24	5.24	6.24	7.29	8.89	11.95	14.35	16.35	20.42	24.42	28.42	32.5
h		2.8	3.4	4.1	4.8	6.5	9	10.4	11.8	14.5	18.5	22	26
s 公称		9	12	14	18	22	28	34	44	56	67	76	86
x max		2	2.5	3.2	3.8	4.2	5	6.3	7.5	8.8	10	11.3	12.5
l[①] 长度范围		25~50	30~60	35~80	40~100	45~120	55~160	65~200	80~240	90~300	110~300	130~300	140~300
性能等级	钢	8.8										按协议	
表面处理	钢	1. 氧化 2. 镀锌钝化											

注：尽可能不采用括号内的规格。

① 长度系列为 25~50（5 进位）、（55）、60、（65）、70~160（10 进位）、180~300（20 进位）。

表 6-41   **活节螺栓**（GB/T 798—1988）

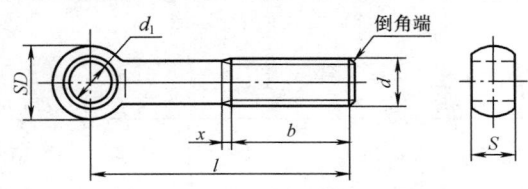

标记示例

  螺纹规格 d＝M12、公称长度 l＝80mm、性能等级为 4.6 级、不经表面处理的活节颈螺栓的标记

  螺栓   GB/T 798   M12×80

（单位：mm）

螺纹规格 d (8g)		M4	M5	M6	M8	M10	M12	M16	M20	M24	M30	M36
d_1 公称		3	4	5	6	8	10	12	16	20	25	30
S 公称		5	6	8	10	12	14	18	22	26	34	40
b		14	16	18	22	26	30	38	52	60	72	84
D		8	10	12	14	18	20	28	34	42	52	64
x max		1.75	2	2.5	3.2	3.8	4.2	5	6.3	7.5	8.8	10
l[①] 长度范围		20~35	25~45	30~55	35~70	40~110	50~130	60~160	70~180	90~260	110~300	130~300
性能等级	钢	4.6、5.6										
表面处理	钢	1. 不经处理 2. 镀锌钝化										

注：尽可能不采用括号内的规格。

① 长度系列为 25~50（5 进位）、（55）、60、（65）、70~160（10 进位）、180~300（20 进位）。

表 6-42   **地脚螺栓**（GB/T 799—1988）

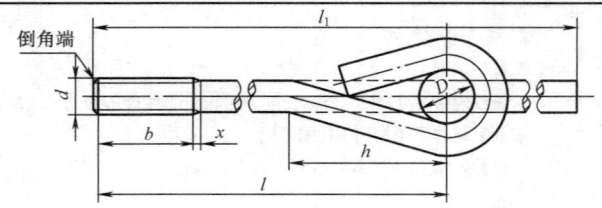

标记示例

螺纹规格 d＝M12、公称长度 l＝400mm、性能等级为 3.6 级、不经表面处理的地脚螺栓的标记

螺栓 GB/T 799 M12×400

（单位：mm）

螺纹规格 d (8g)		M6	M8	M10	M12	M16	M20	M24	M30	M36	M42	M48
b	max	27	31	36	40	50	58	68	80	94	106	118
	min	24	28	32	36	44	52	60	72	84	96	108
D		10		15		20		30		45		60		70
h		41	46	65	82	93	127	139	192	244	261	302
l_1		$l+37$		$l+53$		$l+72$		$l+110$		$l+165$		$l+217$	$l+225$
x	max	2.5	3.2	3.8	4.3	5	6.3	7.5	8.8	10	11.3	12.5
l[①]	长度范围	80～160	120～220	160～300	160～400	220～500	300～630	300～800	400～1000	500～1000	630～1250	630～1500
性能等级	钢	3.6									按协议	
表面处理	钢	1. 不经处理 2. 氧化 3. 镀锌钝化										

① 长度系列为 80、120、160、220、300、400、500、630、800、1000、1250、1500。

表 6-43   **钢网架螺栓球节点用高强度螺栓**（GB/T 16939—2016）

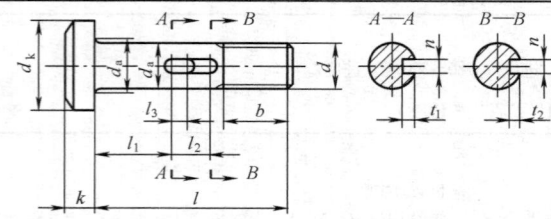

标记示例

螺纹规格 d＝M30、公称长度 l＝98mm、性能等级为 10.9 级、表面氧化的钢网架球节点用高强度螺栓的标记

螺栓 GB/T 16939 M30×98

（单位：mm）

螺纹规格 d (6g)		M12	M14	M16	M20	M24	M27	M30	M36
P		1.75	2	2	2.5	3	3	3.5	4
b	min	15	17	20	25	30	33	37	44
d_k	max	18	21	24	30	36	41	46	55
d_s	min	11.45	13.65	15.65	19.58	23.58	26.58	29.58	35.50
k	nom	6.4	7.5	10	12.5	15	17	18.7	22.5
d_a	max	15.20	17.29	19.20	24.40	28.40	32.40	35.40	42.40
l	nom	50	54	62	73	82	90	98	125
l_1	nom	18		22	24			28	43
l_2	ref	10		13	16	18	20	24	26
n	min	3			5		6		8
t_1	min	2.2			2.7		3.62		4.62
t_2	min	1.7			2.2		2.7		3.62
性能等级		10.9S							
表面处理		氧 化							

续表

螺纹规格 d (6g)	M39	M42	M45	M48	M52	M56×4	M60×4	M64×4
P	4	4.5	4.5	5	5	4	4	4
b min	47	50	55	58	62	66	70	74
d_k max	60	65	70	75	80	90	95	100
d_s min	38.50	41.50	44.50	48.50	52.60	56.60	60.60	64.60
k nom	25	26	28	30	33	35	38	40
d_a max	45.40	48.60	52.60	56.60	62.60	67.00	71.00	75.00
l nom	128	136	145	148	162	172	196	205
l_1 nom	43		48			53		58
l_2 ref	26	30		38		42	57	
n min	8							
t_1 min	4.62							
t_2 min	3.62							
性能等级	M12~M36：10.9S, M39~M85：9.8S							
表面处理	氧 化							

6.3.2 螺柱（见表 6-44～表 6-46）

表 6-44　　双头螺柱 $b_m=1d$（GB/T 897—1988）$b_m=1.25d$（GB/T 898—1988）、
$b_m=1.5d$（GB/T 899—1988）和 $b_m=2d$（GB/T 900—1988）

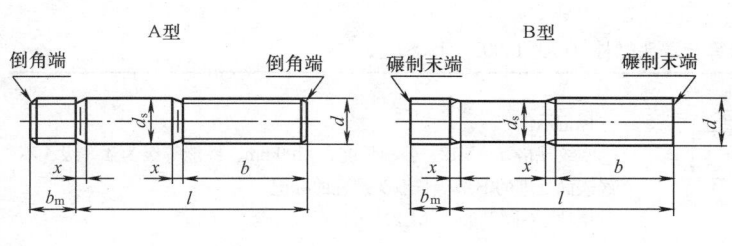

标记示例

两端均为粗牙普通螺纹，$d=10\text{mm}$、$l=50\text{mm}$、性能等级为4.8级、不经表面处理、B型、$b_m=1d$ 的双头螺柱的标记

螺柱　GB/T 897　M10×50

旋入机体一端为过渡配合螺纹的第一种配合，旋入螺母一端为粗牙普通螺纹，$d=10\text{mm}$、$l=50\text{mm}$、性能等级为8.8级、镀锌钝化、B型、$b_m=1d$ 的双头螺柱的标记

螺柱　GB/T 897　GM10-M10×50-8.8-Zn·D

（单位：mm）

螺纹规格 d (6g)		M2	M2.5	M3	M4	5M	M6	M8	M10	M12	(M14)	M16
b_m 公称	GB/T 897					5	6	8	10	12	14	16
	GB/T 898					6	8	10	12	15	18	20
	GB/T 899	3	3.5	4.5	6	8	10	12	15	18	21	24
	GB/T 900	4	5	6	8	10	12	16	20	24	28	32
x max		2.5P										
$\dfrac{l}{b}$ [1] 长度范围		$\frac{12\sim16}{6}$ $\frac{18\sim25}{10}$	$\frac{14\sim18}{8}$ $\frac{20\sim30}{11}$	$\frac{16\sim20}{6}$ $\frac{22\sim40}{12}$	$\frac{16\sim22}{8}$ $\frac{25\sim40}{14}$	$\frac{16\sim22}{10}$ $\frac{25\sim50}{16}$	$\frac{20\sim22}{10}$ $\frac{25\sim30}{14}$ $\frac{32\sim75}{18}$	$\frac{20\sim22}{12}$ $\frac{25\sim30}{16}$ $\frac{32\sim90}{22}$	$\frac{25\sim28}{14}$ $\frac{30\sim38}{16}$ $\frac{40\sim120}{26}$ $\frac{130}{32}$	$\frac{25\sim30}{16}$ $\frac{32\sim40}{20}$ $\frac{45\sim120}{30}$ $\frac{130\sim180}{36}$	$\frac{30\sim35}{18}$ $\frac{38\sim45}{25}$ $\frac{50\sim120}{34}$ $\frac{130\sim180}{40}$	$\frac{30\sim38}{20}$ $\frac{40\sim55}{30}$ $\frac{60\sim120}{38}$ $\frac{130\sim200}{44}$
性能等级	钢	4.8、5.8、6.8、8.8、10.9、12.9										
	不锈钢	A2-50、A2-70										

续表

螺纹规格　d (8g)		(M18)	M20	(M22)	M24	(M27)	M30	(M33)	M36	(M39)	M42	M48
b_m 公称	GB/T 897	18	20	22	24	27	30	33	36	39	42	48
	GB/T 898	22	25	28	30	35	38	41	45	49	52	60
	GB/T 899	27	30	33	36	40	45	49	54	58	63	72
	GB/T 900	36	40	44	48	54	60	66	72	78	84	96
x　max		2.5P										
$\dfrac{l}{b}$ 长度范围		$\dfrac{35\sim40}{22}$ $\dfrac{45\sim60}{35}$ $\dfrac{65\sim120}{42}$ $\dfrac{130\sim200}{48}$	$\dfrac{35\sim40}{25}$ $\dfrac{45\sim65}{35}$ $\dfrac{70\sim120}{46}$ $\dfrac{130\sim200}{52}$	$\dfrac{40\sim45}{30}$ $\dfrac{50\sim70}{40}$ $\dfrac{75\sim120}{50}$ $\dfrac{130\sim200}{56}$	$\dfrac{45\sim50}{30}$ $\dfrac{55\sim75}{45}$ $\dfrac{80\sim120}{54}$ $\dfrac{130\sim200}{60}$	$\dfrac{50\sim60}{35}$ $\dfrac{65\sim85}{50}$ $\dfrac{90\sim120}{60}$ $\dfrac{130\sim200}{66}$	$\dfrac{60\sim65}{40}$ $\dfrac{70\sim90}{50}$ $\dfrac{95\sim120}{66}$ $\dfrac{130\sim200}{72}$ $\dfrac{210\sim250}{85}$	$\dfrac{65\sim70}{45}$ $\dfrac{75\sim95}{60}$ $\dfrac{100\sim120}{72}$ $\dfrac{130\sim200}{78}$ $\dfrac{210\sim300}{91}$	$\dfrac{65\sim75}{45}$ $\dfrac{80\sim110}{60}$ $\dfrac{120}{78}$ $\dfrac{130\sim200}{84}$ $\dfrac{210\sim300}{97}$	$\dfrac{70\sim80}{50}$ $\dfrac{85\sim110}{60}$ $\dfrac{120}{84}$ $\dfrac{130\sim200}{90}$ $\dfrac{210\sim300}{103}$	$\dfrac{70\sim80}{50}$ $\dfrac{85\sim110}{70}$ $\dfrac{120}{90}$ $\dfrac{130\sim200}{96}$ $\dfrac{210\sim300}{109}$	$\dfrac{80\sim90}{60}$ $\dfrac{95\sim10}{80}$ $\dfrac{120}{102}$ $\dfrac{130\sim200}{108}$ $\dfrac{210\sim300}{121}$
性能等级	钢	4.8、5.8、6.8、8.8、10.9、12.9										
	不锈钢	A2-50、A2-70										

注：1. 尽可能不采用括号内的规格。
　　2. 旋入机体端可以采用过渡或过盈配合螺纹：GB/T 897～899：GM、G2M、GB/T 900：GM、G3M、YM。
　　3. 旋入螺母端可以采用细牙螺纹。
① 长度系列为 12、(14)、16、(18)、20、(22)、25、(28)、30、(32)、35、(38)、40、45、50、(55)、60、(65)、70、75、80、85、90、95、100～260（10 进位）、280、300。

表 6-45　B 级等长双头螺柱（GB/T 901—1988）

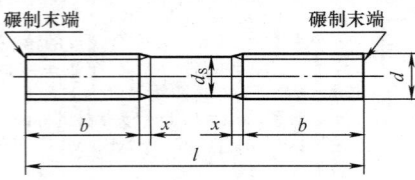

碾制末端　　碾制末端

标记示例

螺纹规格 $d=$ M12、公称长度 $l=$ 100mm、性能等级为 4.8 级、不经表面处理的 B 级等长双头螺柱的标记

螺柱　GB/T 901　M12×100

（单位：mm）

螺纹规格　d (6g)		M2	M2.5	M3	M4	M5	M6	M8	M10	M12	(M14)	M16	(M18)
b		10	11	12	14	16	18	28	32	36	40	44	48
x　max		1.5P											
l① 长度范围		10～60	10～80	12～250	16～300	20～300	25～300	32～300	40～300	50～300	60～300	60～300	60～300
螺纹规格　d (6g)		M20	(M22)	M24	(M27)	M30	(M33)	M36	(M39)	M42	M48	M56	
b		52	56	60	66	72	78	84	89	96	108	124	
x　max		1.5P											
l① 长度范围		70～300	80～300	90～300	100～300	120～400	140～400	140～500	140～500	140～500	150～500	190～500	
性能等级	钢	4.8、5.8、6.8、8.8、10.9、12.9											
	不锈钢	A2-50、A2-70											
表面处理	钢	1. 不经处理　2. 镀锌钝化											
	不锈钢	不经处理											

注：尽可能不采用括号内的规格。
① 长度系列为 10、12、(14)、16、(18)、20、(22)、25、(28)、30、(32)、35、(38)、40、45、50、(55)、60、(65)、70、(75)、80、(85)、90、(95)、100～260（10 进位）、280、300、320、350、380、400、420、450、480、500。

表 6-46   **C 级等长双头螺柱**（GB/T 953—1988）

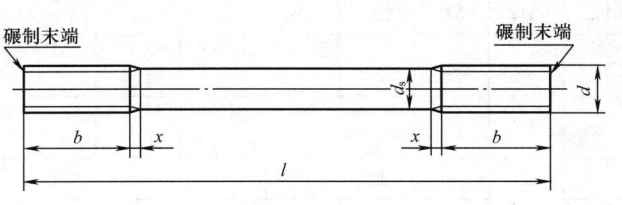

标记示例

螺纹规格 d = M10、公称长度 l = 100mm、螺纹长度 b = 26mm、性能等级为 4.8 级、不经表面处理的 C 级等长双头螺柱的标记

螺柱   GB/T 953   M10×100

需要加长螺纹时，应加标记 Q：

螺柱   GB/T 953   M10×100-Q

（单位：mm）

螺纹规格 d (8g)		M8	M10	M12	(M14)	M16	(M18)	M20	(M22)
b	标准	22	26	30	34	38	42	46	50
	加长	41	45	49	53	57	61	65	69
x max		1.5P							
l[①]长度范围		100～600	100～800	150～1200	150～1200	200～1500	200～1500	260～1500	260～1800
性能等级	钢	4.8, 6.8, 8.8							
表面处理	钢	1. 不经处理 2. 镀锌钝化							
螺纹规格 d (8g)		M24	(M27)	M30	(M33)	M36	(M39)	M42	M48
b	标准	54	60	66	72	78	84	90	102
	加长	72	79	85	91	97	103	109	121
x max		1.5P							
l[①]长度范围		300～1800	300～2000	350～2500	350～2500	350～2500	350～2500	500～2500	500～2500
性能等级	钢	4.8, 6.8, 8.8							
表面处理	钢	1. 不经处理 2. 镀锌钝化							

注：尽可能不采用括号内的规格。

[①] 长度系列为 100～200（10 进位）、220～320（20 进位）、350、380、400、420、450、480、500～1000（50 进位）、1100～2500（100 进位）。

6.3.3 螺母（见表 6-47～表 6-71）

表 6-47   **1 型六角螺母细牙**（GB/T 6171—2016）**1 型六角螺母**（GB/T 6170—2015）

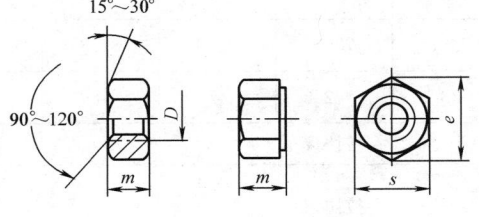

标记示例

螺纹规格 D = M12、性能等级为 8 级、不经表面处理、A 级 1 型六角螺母的标记

螺母   GB/T 6170   M12

（单位：mm）

螺纹规格 (6H)	D	M1.6	M2	M2.5	M3	(M3.5)	M4	M5	M6	M8	M10	M12	(M14)
	$D×P$	—	—	—	—	—	—	—	—	M8×1	M10×1	M12×1.5	(M14×1.5)
		—	—	—	—	—	—	—	—	—	(M10×1.25)	(M12×1.25)	
e min		3.41	4.32	5.45	6.01	6.58	7.66	8.79	11.05	14.38	17.77	20.03	23.37

续表

螺纹规格 (6H)	D	M1.6	M2	M2.5	M3	(M3.5)	M4	M5	M6	M8	M10	M12	(M14)
	$D \times P$	—	—	—	—	—	—	—	—	M8×1	M10×1	M12×1.5	(M14×1.5)
		—	—	—	—	—	—	—	—		(M10×1.25)	(M12×2.5)	—
s	max	3.2	4	5	5.5	6	7	8	10	13	16	18	21
	min	3.02	3.82	4.82	5.32	5.82	6.78	7.78	9.78	12.73	15.73	17.73	20.67
m	max	1.3	1.6	2	2.4	2.8	3.2	4.7	5.2	6.8	8.4	10.8	12.8

性能等级	钢	按协议		6、8、10									
	不锈钢	A2-70、A4-70											
	非铁合金	CU2、CU3、AL4											

螺纹规格 (6H)	D	M16	(M18)	M20	(M22)	M24	(M27)	M30	(M33)	M36
	$D \times P$	M16×1.5	(M18×1.5)	(M20×2)	(M22×1.5)	M24×2	(M27×2)	M30×2	(M33×2)	M36×3
		—	—	M20×1.5	—	—	—	—	—	—
e	min	26.75	29.56	32.95	37.29	39.55	45.2	50.85	55.37	60.79
s	max	24	27	30	34	36	41	46	50	55
	min	23.67	26.16	29.16	33	35	40	45	49	53.8
m	max	14.8	15.8	18	19.4	21.5	23.8	25.6	28.7	31

性能等级	钢	6、8、10								
	不锈钢	A2-70、A4-70					A2-50、A4-50			
	非铁合金	CU2、CU3、AL4								

螺纹规格 (6H)	D	(M39)	M42	(M45)	M48	(M52)	M56	(M60)	M64
	$D \times P$	(M39×3)	M42×3	(M45×3)	M48×3	(M52×4)	M56×4	(M60×4)	M64×4
		—	—	—	—	—	—	—	—
e	min	66.44	72.02	76.95	83.6	88.25	93.56	99.21	104.86
s	max	60	65	70	75	80	85	90	95
	min	58.8	63.1	68.1	73.1	78.1	82.8	87.8	92.8
m	max	33.4	34	36	38	42	45	48	51

性能等级	钢	6、8、10	按协议						
	不锈钢	A2-50、A4-50	按协议						
	非铁合金	CU2、CU3、AL4							
表面处理	钢	1.不经处理　2.镀锌钝化　3.氧化							
	不锈钢	简单处理							
	非铁合金	简单处理							

注：括号内为非优选的螺纹规格。

表 6-48 | **C 级 1 型六角螺母**（GB/T 41—2016）

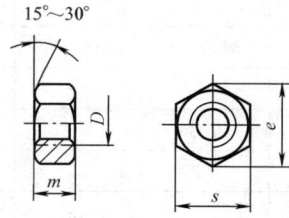

标记示例
螺纹规格 D＝M12、性能等级为 5 级、不经表面处理、C 级的
1 型六角螺母的标记
螺母　GB/T 41　M12

（单位：mm）

螺纹规格 （7H）	D	M5	M6	M8	M10	M12	(M14)	M16	(M18)	M20	(M22)	M24	(M27)
e	min	8.63	10.89	14.20	17.29	19.85	22.78	26.17	29.56	32.95	37.29	39.55	45.2
s	max	8	10	13	16	18	21	24	27	30	34	36	41
	min	7.64	9.64	12.57	15.57	17.57	20.16	23.16	26.16	29.16	33	35	40
m	max	5.6	6.4	7.94	9.54	12.17	13.9	15.9	16.9	19.0	20.2	22.3	24.7
性能等级	钢	5						5					

螺纹规格 （7H）	D	M30	(M33)	M36	(M39)	M42	(M45)	M48	(M52)	M56	(M60)	M64
e	min	50.85	55.37	60.79	66.44	72.02	76.95	82.6	88.25	93.56	99.21	104.86
s	max	46	50	55	60	65	70	75	80	85	90	95
	min	45	49	53.8	58.8	63.1	68.1	73.1	78.1	82.8	87.8	92.8
m	max	26.4	29.5	31.9	34.3	34.9	36.9	38.9	42.9	45.9	48.9	52.4
性能等级	钢	5					按协议					

注：尽可能不采用括号内的规格。

表 6-49 | **A 和 B 级粗牙**（GB/T 6175—2016）、**细牙**（GB/T 6176—2016）**2 型六角螺母**

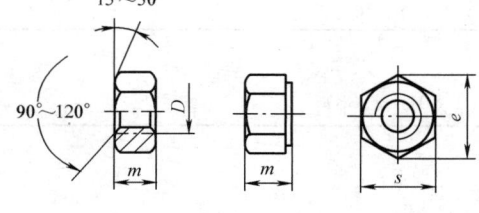

标记示例
螺纹规格 D＝M16、性能等级为 10 级、表面氧
化、A 级 2 型六角螺母的标记
螺母　GB/T 6175　M16

（单位：mm）

螺纹规格 （6H）	D	M5	M6	M8	M10	M12	(M14)	M16	—
	$D×P$	—	—	M8×1	M10×1	M12×1.5	(M14×1.5)	M16×1.5	(M18×1.5)
		—	—	—	(M10×1.25)	(M12×1.25)	—	—	—
e	min	8.79	11.05	14.38	17.77	20.03	23.35	26.75	29.56
s	max	8	10	13	16	18	21	24	27
	min	7.78	9.78	12.73	15.73	17.73	20.67	23.67	26.16
m	max	5.1	5.7	7.5	9.3	12	14.1	16.4	17.6
性能等级	GB/T 6175	10、12							
	GB/T 6176	8、10、12							10

续表

螺纹规格 (6H)	D	M20	—	M24	—	M30	—	M36
	$D \times P$	(M20×2)	(M22×1.5)	M24×2	(M27×2)	M30×2	(M33×2)	M36×3
		M20×1.5	—	—	—	—	—	—
e	min	32.95	37.29	39.55	45.2	50.85	55.37	60.79
s	max	30	34	36	41	46	50	55
	min	29.16	33	35	42	45	49	53.8
m	max	20.3	21.8	23.9	26.7	28.6	32.5	34.7
性能等级	GB/T 6175	10、12						
	GB/T 6176	10						

注：括号内为非优选的螺纹规格。

表 6-50 六角厚螺母（GB/T 56—1988）

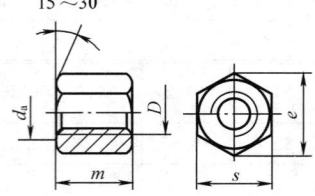

标记示例

螺纹规格 D＝M20、性能等级为 5 级、不经表面处理的六角厚螺母的标记

螺母 GB/T 56 M20

（单位：mm）

螺纹规格 (6H)	D	M16	(M18)	M20	(M22)	M24	(M27)	M30	M36	M42	M48
e	min	26.17	29.56	32.95	37.29	39.55	45.2	50.85	60.79	72.09	82.6
s	max	24	27	30	34	36	41	46	55	65	75
	min	23.16	26.16	29.16	33	35	40	45	53.8	63.1	73.1
m	max	25	28	32	35	38	42	48	55	65	75
性能等级	钢	5、8、10									

注：尽可能不采用括号内的规格。

表 6-51 球面六角螺母（GB/T 804—1988）

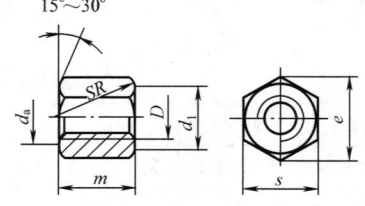

标记示例

螺纹规格 D＝M20、性能等级为 8 级、表面氧化的球面六角螺母的标记

螺母 GB/T 804 M20

（单位：mm）

螺纹规格 (6H)	D	M6	M8	M10	M12	M16	M20	M24	M30	M36	M42	M48
d_a	min	6	8	10	12	16	20	24	30	36	42	48
d_1		7.5	9.5	11.5	14	18	22	26	32	38	44	50
e	min	11.05	14.38	17.77	20.03	26.75	32.95	39.55	50.85	60.79	72.09	82.6
s	max	10	13	16	18	24	30	36	46	55	65	75
	min	9.78	12.73	15.73	17.73	23.67	29.16	35	45	53.8	63.8	73.1

续表

螺纹规格 (6H) D	M6	M8	M10	M12	M16	M20	M24	M30	M36	M42	M48
m　max	10.29	12.35	16.35	20.42	25.42	32.5	38.5	48.5	55.6	65.6	75.6
m'　min	7.77	9.32	12.52	15.66	19.66	25.2	30	38	43.52	51.52	59.52
R	10	12	16	20	25	32	36	40	50	63	70
性能等级　钢	8、10										

注：A 级用于 D≤M16；B 级用于 D＞M16。

表 6-52　**A 和 B 级粗牙**（GB/T 6172.1—2016）、**细牙**（GB/T 6173—2015）**六角薄螺母**

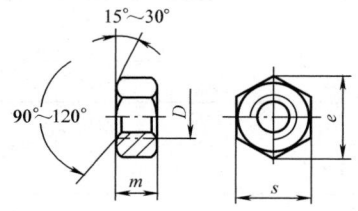

标记示例
螺纹规格 D＝M12、性能等级为 04 级、不经表面处理、A 级
六角薄螺母的标记
螺母　GB/T 6172　M12

（单位：mm）

螺纹 规格 (6H)	D	M1.6	M2	M2.5	M3	M4	M5	M6	M8	M10	M12	(M14)	M16
	$D×P$	—	—	—	—	—	—	—	M8×1	M10×1	M12×1.5	(M14×1.5)	M16×1.5
										(M10×1.25)	(M12×1.25)		
e　min		3.41	4.32	5.45	6.01	7.66	8.79	11.05	14.38	17.77	20.03	23.35	26.75
s	max	3.2	4	5	5.5	7	8	10	13	16	18	21	24
	min	3.02	3.82	4.82	5.32	6.78	7.78	9.78	12.73	15.73	17.73	20.67	23.67
m　max		1	1.2	1.6	1.8	2.2	2.7	3.2	4	5	6	7	8
性能 等级	钢	按协议				04、05							
	不锈钢	A2-035、A4-035											
	非铁合金	CU2、CU3、AL4											

螺纹 规格 (6H)	D	(M18)	M20	(M22)	M24	(M27)	M30	(M33)	M36
	$D×P$	(M18×1.5)	(M20×2)	(M22×1.5)	M24×2	(M27×2)	M30×2	(M33×2)	M36×3
		—	M20×1.5	—	—	—	—	—	—
e　min		29.56	32.95	37.29	39.55	45.2	50.85	55.37	60.79
s	max	27	30	34	36	41	46	50	55
	min	26.16	29.16	33	35	40	45	49	53.8
m　max		9	10	11	12	13.5	15	16.5	18
性能 等级	钢	04、05							
	不锈钢	A2-035、A4-035				A2-025、A4-025			
	非铁合金	CU2、CU3、AL4							

续表

螺纹规格 (6H)	D	(M39)	M42	(M45)	M48	(M52)	M56	(M60)	M64
	$D \times P$	(M39×3)	M42×3	(M45×3)	M48×3	(M52×4)	M56×4	(M60×4)	M64×4
e	min	66.44	72.02	76.95	83.6	88.25	93.56	99.21	104.86
s	max	60	65	70	75	80	85	90	95
	min	58.8	63.1	68.1	73.1	78.1	82.8	87.8	92.9
m	max	19.5	21	22.5	24	26	28	30	32
性能等级	钢	04,05	按协议						
	不锈钢	A2-025、A4-025	按协议						
	非铁合金	CU2、CU3、AL4							

注：括号内为非优选的螺纹规格。

表 6-53　　　　　**B 级无倒角六角薄螺母**（GB 6174—2016）

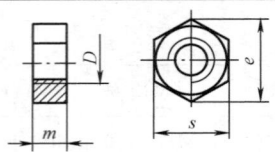

标记示例

螺纹规格 D=M6、性能等级为 110HV30、不经表面处理、B级六角薄螺母的标记

螺母　GB/T 6174　M6

（单位：mm）

螺纹规格 (6H)	D	M1.6	M2	M2.5	M3	(M3.5)	M4	M5	M6	M8	M10
e	min	3.28	4.18	5.31	5.88	6.44	7.50	8.63	10.89	14.20	17.59
s	max	3.2	4	5	5.5	6.0	7	8	10	13	16
	min	2.9	3.7	4.7	5.2	5.7	6.64	7.64	9.64	12.57	15.57
m	max	1	1.2	1.6	1.8	2	2.2	2.7	3.2	4	5
性能等级	钢	硬度≥110HV30									
	非铁合金	CU2、CU3、AL4									

注：尽可能不采用括号内的规格。

表 6-54　　**2 型六角法兰面螺母粗牙、细牙**（GB/T 6177.1—2016 和 GB/T 6177.2—2016）

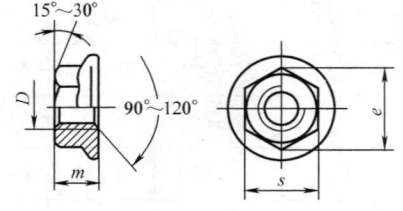

标记示例

螺纹规格 D=M12、性能等级为 10 级、表面氧化、A 级六角法兰面螺母的标记

螺母　GB/T 6177.1　M12

（单位：mm）

螺纹规格 (6H)	D	M5	M6	M8	M10	M12	(M14)	M16	M20
	$D \times P$			M8×1	M10×1.25	M12×1.25	(M14×1.5)	M16×1.5	M20×1.5
				—	(M10×1)	(M12×1.5)			
d_c (min)		11.8	14.2	17.9	21.8	26	29.9	34.5	42.8
e (min)		8.79	11.05	14.38	16.64	20.03	23.36	26.75	32.95

续表

螺纹规格 (6H)	D	M5	M6	M8	M10	M12	(M14)	M16	M20
	$D \times P$			M8×1	M10×1.25	M12×1.25	(M14×1.5)	M16×1.5	M20×1.5
					(M10×1)	(M12×1.5)			
s	max	8	10	13	15	18	21	24	30
	min	7.78	9.78	12.73	14.73	17.73	20.67	23.67	29.16
m	max	5	6	8	10	12	14	16	20
	min	4.7	5.7	7.64	9.64	11.57	13.3	15.3	18.7
性能等级	钢	8～12							
	不锈钢	A2-70							

注：尽可能不采用括号内的规格。

表 6-55　　**A 和 B 级粗牙**（GB/T 6178—1986）、**细牙**（GB/T 9457—1988）**1 型六角开槽螺母**

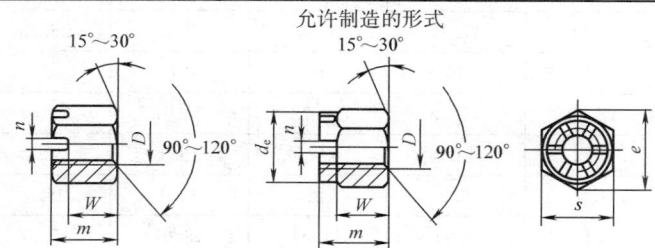

标记示例

螺纹规格 D = M12、性能等级为 8 级、表面氧化、A 级 1 型六角开槽螺母的标记

螺母　GB/T 6178　M12

（单位：mm）

螺纹规格 (6H)	D	M4	M5	M6	M8	M10	M12	(M12)	M16
	$D \times P$	—	—	—	M8×1	M10×1	M12×1.5	(M14×1.5)	M16×1.5
		—	—	—	—	M10×1.25	M12×1.25	—	—
e	min	7.66	8.79	11.05	14.38	17.77	20.03	23.35	26.75
s	max	7	8	10	13	16	18	21	24
	min	6.78	7.78	9.78	12.73	15.73	17.73	20.67	23.67
m	max	5	6.7	7.7	9.8	12.4	15.8	17.8	20.8
W	max	3.2	4.7	5.2	6.8	8.4	10.8	12.8	14.8
	min	2.9	4.4	4.9	6.44	8.04	10.37	12.37	14.37
n	min	1.2	1.4	2	2.5	2.8	3.5	3.5	4.5
d_e		—	—	—	—	—	—	—	—
开口销		1×10	1.2×12	1.6×14	2×16	2.5×20	3.2×22	3.2×26	4×28
性能等级	钢	6、8、10							

螺纹规格 (6H)	D	—	M20		M24		M30		M36
	$D \times P$	(M18×1.5)	M20×2	(M22×1.5)	M24×2	(M27×2)	M30×2	(M33×2)	M36×3
		—	M20×1.5	—	—	—	—	—	—
d_w	min	24.8	27.7	31.4	33.2	38	42.7	46.6	51.1
e	min	29.56	32.95	37.29	39.55	45.2	50.85	55.37	60.79
s	max	27	30	34	36	41	46	50	55
	min	26.16	29.16	33	35	40	45	49	53.8
m	max	21.8	24	27.4	29.5	31.8	34.6	37.7	40
m'	min	12.08	13.52	14.85	16.16	18.37	19.44	22.16	23.52
W	max	15.8	18	19.4	21.5	23.8	25.6	28.7	31
	min	15.1	17.3	18.56	20.66	22.96	24.76	27.86	30
n	min	4.5			5.5		7		
d_e		25	28	30	34	38	42	46	50
开口销		4×32	4×36	5×40		5×45	6.3×50	6.3×60	6.3×65
性能等级	钢	6、8							

注：尽可能不采用括号内的规格。

表 6-56 **A 级和 B 级粗牙**（GB/T 6180—1986）、**细牙**（GB/T 9458—1988）**2 型六角开槽螺母**

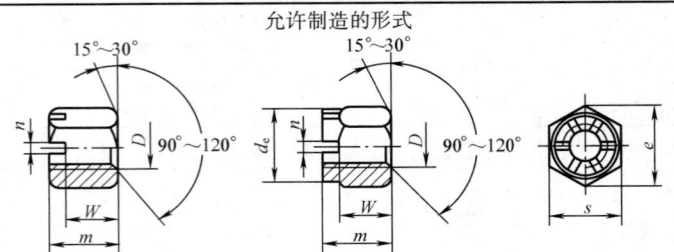

允许制造的形式

标记示例
　螺纹规格 D＝M5、性能等级为 9 级、表面氧化、A 级 2 型六角开槽螺母的标记
　螺母　GB/T 6180　M5
　螺纹规格 D＝M8×1、性能等级为 8 级、表面氧化、A 级 2 型六角开槽细牙螺母的标记
　螺母　GB/T 9458　M8×1

（单位：mm）

螺纹规格 (6H)	D	M5	M6	M8	M10	M12	(M14)	M16
	$D×P$	—	—	M8×1	M10×1	M12×1.5	(M14×1.5)	M16×1.5
		—	—	—	M10×1.25	M12×1.25	—	—
e	min	8.79	11.05	14.38	17.77	20.03	23.36	26.75
s	max	8	10	13	16	18	21	24
	min	7.78	9.78	12.73	15.73	17.73	20.67	23.67
m	max	7.1	8.2	10.5	13.3	17	19.1	22.4
W	max	5.1	5.7	7.5	9.3	12	14.1	16.4
	min	4.8	5.4	7.14	8.94	11.57	13.67	15.97
n	min	1.4	2	2.5	2.8	3.5	3.5	4.5
d_e	max	—	—	—	—	—	—	—
开口销		1.2×12	1.6×14	2×16	2.5×20	3.2×22	3.2×26	4×28
性能等级	GB/T 6180	9、12						
	GB/T 9458	8、10						
表面处理	钢	1. 氧化　2. 不经处理　3. 镀锌钝化						

螺纹规格 (6H)	D	—	M20	—	M24	—	M30	—	M36
	$D×P$	(M18×1.5)	M20×2	(M22×1.5)	M24×2	(M27×2)	M30×2	(M33×2)	M36×3
		—	M20×1.5	—	—	—	—	—	—
e	min	29.56	32.95	37.29	39.55	45.2	50.85	55.37	60.79
s	max	27	30	34	36	41	46	50	55
	min	26.16	29.16	33	35	40	45	49	53.8
m	min	23.6	26.3	29.8	31.9	34.7	37.6	41.5	43.7
W	max	17.6	20.3	21.8	23.9	26.7	28.6	32.5	34.7
	min	16.9	19.46	20.5	23.06	25.4	27.78	30.9	33.7
n	min	4.5		5.5			7		
d_e	max	25	28	30	24	38	42	46	50
开口销		4×32	4×36	5×40		5×45	6.3×50	6.3×60	6.3×65
性能等级	GB/T 6180	9、12							
	GB/T 9458	10							
表面处理	钢	1. 氧化　2. 镀锌钝化							

注：尽可能不采用括号内的规格。

表 6-57   **A 级和 B 级粗牙**（GB/T 6181—1986）、**细牙**（GB/T 9459—1988）**六角开槽薄螺母**

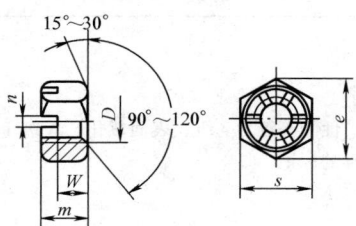

标记示例

螺纹规格 D＝M12、性能等级为 04 级、不经表面处理、A 级六角开槽薄螺母的标记

螺母　GB/T 6181　M12

螺纹规格 D＝M10×1、性能等级为 04 级、不经表面处理、A 级六角开槽细牙薄螺母的标记

螺母　GB/T 9459　M10×1

（单位：mm）

螺纹规格 (6H)	D	M5	M6	M8	M10	M12	(M14)	M16
	$D{\times}P$	—	—	M8×1	M10×1	M12×1.5	(M14×1.5)	M16×1.5
		—	—	—	M10×1.25	M12×1.25	—	—
e	min	8.79	11.05	14.38	17.77	20.03	23.35	26.75
s	max	8	10	13	16	18	21	24
	min	7.78	9.78	12.73	15.73	17.73	20.67	23.67
m	max	5.1	5.7	7.5	9.3	12	14.1	16.4
W	max	3.1	3.2	4.5	5.3	7	9.1	10.4
	min	2.8	2.9	4.2	5	6.64	8.74	9.79
n	min	1.4	2	2.5	2.8	3.5	3.5	4.5
开口销		1.2×12	1.6×14	2×16	2.5×20	3.2×22	3.2×26	4×28
性能等级	钢	04、05						
	不锈钢[①]	A2-50						

螺纹规格 (6H)	D	—	M20	—	M24	—	M30	—	M36
	$D{\times}P$	(M18×1.5)	M20×2	(M22×1.5)	M24×2	(M27×2)	M30×2	(M33×2)	M36×3
		—	M20×1.5	—	—	—	—	—	—
e	min	29.56	32.95	37.29	39.55	45.2	50.85	55.37	60.79
s	max	27	30	34	36	41	46	50	55
	min	26.16	29.16	33	35	40	45	49	53.8
m	max	17.6	20.3	21.8	23.9	26.7	28.6	32.5	34.7
W	max	11.6	14.3	14.8	15.9	18.7	19.6	23.5	25.7
	min	10.9	13.6	14.1	15.2	17.86	18.76	22.66	24.86
n	min	4.5			5.5			7	
开口销		4×32	4×36	5×40		5×45	6.3×50	6.3×60	6.3×65
性能等级	钢	04、05							
	不锈钢[①]	A2-50							

注：尽可能不采用括号内的规格。

①　仅用于 GB/T 6181。

表 6-58　　　**A 和 B 级 1 型非金属嵌件六角锁紧螺母**（GB/T 889.1—2015）
　　　　　　　A 和 B 级 1 型非金属嵌件六角锁紧螺母细牙（GB/T 889.2—2016）

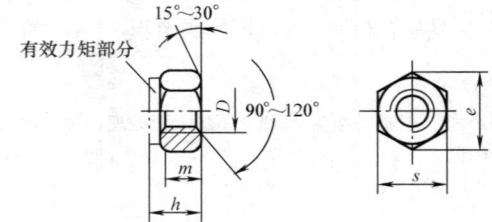

标记示例

螺纹规格 D＝M12、性能等级为 8 级、表面氧化、A 级 1 型非金属嵌件六角锁紧螺母的标记

螺母　GB/T 889.1　M12

（单位：mm）

螺纹规格 （6H）	D	M3	M4	M5	M6	M8	M10	M12	(M14)	M16	M20	M24	M30	M36
	$D \times P$	—	—	—	—	M8×1	M10×1 M10×1.25	M12×1.25 M12×1.5	(M14 ×1.5)	M16 ×1.5	M20 ×1.5	M24 ×2	M30 ×2	M36 ×3
e	min	6.01	7.66	8.79	11.05	14.38	17.77	20.02	23.36	26.75	32.95	39.55	50.85	60.79
s	max	5.5	7	8	10	13	16	18	21	24	30	36	46	55
	min	5.32	6.78	7.78	9.78	12.73	15.73	17.73	20.67	23.67	29.16	35	45	53.8
h	max	4.5	6	6.8	8	9.5	11.9	14.9	17	19.1	22.8	27.1	32.6	38.9
m	min	2.15	2.9	4.4	4.9	6.44	8.04	10.37	12.1	14.1	16.9	20.2	24.3	29.4
性能等级	钢	5、8、10												
表面处理	钢	1. 不经处理　2. 镀锌钝化												

注：1. 尽可能不采用括号内的规格。

　　2. A 级用于 $D \leqslant 16mm$，B 级用于 $D > 16mm$ 的螺母。

表 6-59　　　　　　　**A 和 B 级 1 型全金属六角锁紧螺母**（GB/T 6184—2000）

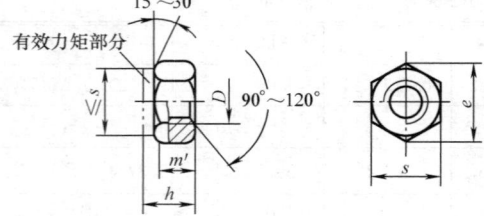

标记示例

螺纹规格 D＝M12、性能等级为 8 级、表面氧化、A 级 1 型全金属六角锁紧螺母的标记

螺母　GB/T 6184　M12

（单位：mm）

螺纹规格 （6H）	D	M5	M6	M8	M10	M12	(M14)	M16	(M18)	M20	(M22)	M24	M30	M36
e	min	8.79	11.05	14.38	17.77	20.03	23.36	26.75	29.56	32.95	37.29	39.55	50.85	60.79
s	max	8	10	13	16	18	21	24	27	30	34	36	46	55
	min	7.78	9.78	12.73	15.73	17.73	20.67	23.67	26.16	29.16	33	35	45	53.8
h	max	5.3	5.9	7.1	9	11.6	13.2	15.2	17	19	21	23	26.9	32.5
	min	4.8	5.4	6.44	8.04	10.37	12.1	14.1	15.01	16.9	18.1	20.2	24.3	29.4
m_w	min	3.52	3.92	5.15	6.43	8.3	9.68	11.28	12.08	13.52	14.5	16.16	19.44	23.52
性能等级	钢	5、8、10												
表面处理	钢	1. 氧化　2. 镀锌钝化												

注：尽可能不采用括号内的规格。

表 6-60　　　**A 和 B 级 2 型非金属嵌件六角锁紧螺母**（GB/T 6182—2016）

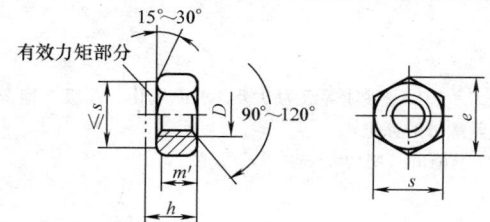

标记示例

螺纹规格 D＝M12、性能等级为 10 级、表面氧化、A 级 2 型全金属嵌件六角锁紧螺母的标记

螺母　GB/T 6182　M12

（单位：mm）

螺纹规格 (6H)	D	M5	M6	M8	M10	M12	(M14)	M16	M20	M24	M30	M36
e	min	8.79	11.05	14.38	17.77	20.03	23.35	26.75	32.95	39.55	50.85	60.79
s	max	8	10	13	16	18	21	24	30	36	46	55
	min	7.78	9.78	12.73	15.73	17.73	20.67	23.67	29.16	35	45	53.8
h	max	7.2	8.5	10.2	12.8	16.1	18.3	20.7	25.1	29.5	35.6	42.6
m	min	4.8	5.4	7.14	8.94	11.57	13.4	15.7	19	22.6	27.3	33.1
性能等级	钢	10、12										
表面处理	钢	1. 氧化　2. 镀锌钝化										

注：尽可能不采用括号内的规格。

表 6-61　　**粗牙**（GB/T 6185.1—2016）**和细牙**（GB/T 6185.2—2016）**2 型全金属锁紧螺母**

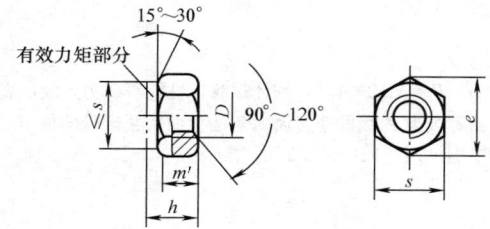

标记示例

螺纹规格 D＝M12、性能等级为 8 级、表面氧化、A 级 2 型全金属六角锁紧螺母的标记

螺母　GB/T 6185.1　M12

（单位：mm）

螺纹规格 (6H)	D	M5	M6	M8	M10	M12	(M14)	M16	M20	M24	M30	M36
	$D \times P$			M8×1	M10×1	M12×1.25	(M14×1.5)	M16×1.5	M20×1.5	M24×2	M30×2	M36×3
					M10×1.25	M12×1.5						
e	min	8.79	11.05	14.38	17.77	20.03	23.35	26.75	32.95	39.55	50.85	60.79
s	max	8	10	13	16	18	21	24	30	36	46	55
	min	7.78	9.78	12.73	15.73	17.73	20.67	23.67	29.16	35	45	53.8
h	max	5.1	6	8	10	12	14.1	16.4	20.3	23.9	30	36
	min	4.8	5.4	7.14	8.94	11.57	13.4	15.7	19	22.6	27.3	33.1
m_w	min	3.52	3.92	5.15	6.43	8.3	9.68	11.28	13.52	16.16	19.44	23.52
性能等级	钢	GB/T 6185.1—5、8、10、12，GB/T 6185.2—8、10、12										
表面处理	钢	1. 氧化　2. 镀锌钝化										

注：尽可能不采用括号内的规格。

表 6-62　　　　　**2 型全金属六角锁紧螺母 9 级**（GB/T 6186—2000）

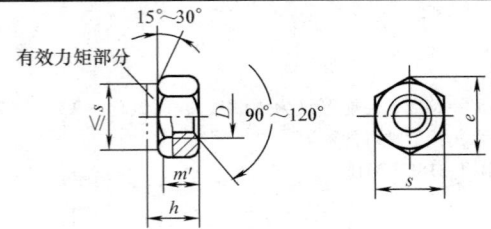

标记示例

　　螺纹规格 D＝M12、性能等级为 9 级、表面氧化、A 级 2 型全金属六角锁紧螺母的标记

　　螺母　GB/T 6186　M12

（单位：mm）

螺纹规格（6H） D		M5	M6	M8	M10	M12	(M14)	M16	M20	M24	M30	M36
e	min	8.79	11.05	14.38	17.77	20.03	23.36	26.75	32.95	39.55	50.85	60.79
s	max	8	10	13	16	18	21	24	30	36	46	55
	min	7.78	9.78	12.73	15.73	17.73	20.67	23.67	29.16	35	45	53.8
h	max	5.3	6.7	8	10.5	13.3	15.4	17.9	21.8	26.4	31.8	38.5
	min	4.8	5.4	7.14	8.94	11.57	13.4	15.7	19	22.6	27.3	33.1
m_w	min	3.84	4.32	5.71	7.15	9.26	10.7	12.6	15.2	18.1	21.8	26.5
性能等级	钢	9										
表面处理	钢	1. 氧化；2. 镀锌钝化										

注：尽可能不采用括号内的规格。

表 6-63　　　　**非金属嵌件粗牙**（GB/T 6183.1—2016）、**细牙**（GB/T 6183.2—2016）
和金属粗牙（GB/T 6187.1—2016）、**细牙**（GB/T 6187.2—2016）**六角法兰面锁紧螺母**

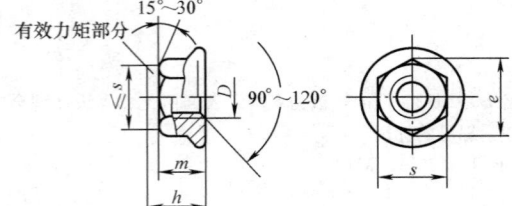

标记示例

　　螺纹规格 $D\times P$＝M12×1.5，细牙螺纹，性能等级为 8 级，表面氧化，产品等级为 A 级的全金属六角法兰面锁紧螺母的标记

　　螺母 GB/T 6187.2　M12×1.5

（单位：mm）

螺纹规格（6H）	D	M5	M6	M8	M10	M12	(M14)	M16	M20
	$D\times P$	—	—	M8×1	M10×1	M12×1.5	(M14×1.5)	M16×1.5	M20×1.5
		—	—	—	M10×1.25	M12×1.25	—	—	—
d_c	min	11.8	14.2	17.9	21.8	26	29.9	34.5	42.8
c	min	1	1.1	1.2	1.5	1.8	2.1	2.4	3
e	min	8.79	11.05	14.38	16.64	20.03	23.36	26.75	32.95
h max	GB/T 6183	7.10	9.10	11.1	13.5	16.1	18.2	20.3	24.8
	GB/T 6187	6.2	7.3	9.4	11.4	13.8	15.9	18.3	22.4
m	min	4.7	5.7	7.64	9.54	11.57	13.3	15.3	18.7
s	max	8	10	13	15	18	21	24	30
	min	7.78	9.78	12.73	14.73	17.73	20.67	23.67	29.16
性能等级	GB/T 6183	GB/T 6183.1—8、10　GB/T 6183.2—6、8、10							
	GB/T 6187	GB/T 6187.1—8、10、12　GB/T 6187.2—6、8、10							
表面处理		1. 氧化；2. 镀锌钝化							

注：尽可能不采用括号内的规格。

表 6-64 钢结构用扭剪型高强度螺栓连接副用螺母（GB/T 3632—2008）

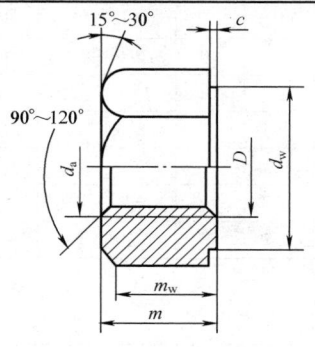
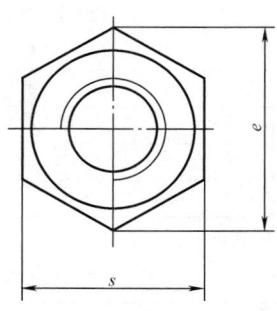

（单位：mm）

螺纹规格 D		M16	M20	(M22)[①]	M24	(M27)[①]	M30
P		2	2.5	2.5	3	3	3.5
d_a	max	17.3	21.6	23.8	25.9	29.1	32.4
	min	16	20	22	24	27	30
d_w	min	24.9	31.4	33.3	38.0	42.8	46.5
e	min	29.56	37.29	39.55	45.20	50.85	55.37
m	max	17.1	20.7	23.6	24.2	27.6	30.7
	min	16.4	19.4	22.3	22.9	26.3	29.1
m_w	min	11.5	13.6	15.6	16.0	18.4	20.4
c	max	0.8	0.8	0.8	0.8	0.8	0.8
	min	0.4	0.4	0.4	0.4	0.4	0.4
s	max	27	34	36	41	46	50
	min	26.16	33	35	40	45	49
支承面对螺纹轴线 的全跳动公差		0.38	0.47	0.50	0.57	0.64	0.70
每 1000 件钢螺母的质量 (ρ=7.85kg/dm³) /≈kg		61.51	118.77	146.59	202.67	288.51	374.01

① 括号内的规格为第二选择系列，应优先选用第一系列（不带括号）的规格。

表 6-65 蝶形螺母 圆翼（GB/T 62.1—2004）

A 型   B 型

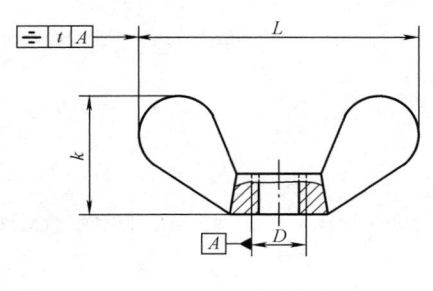
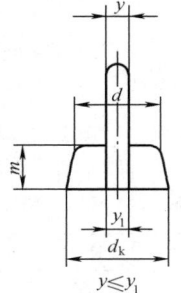
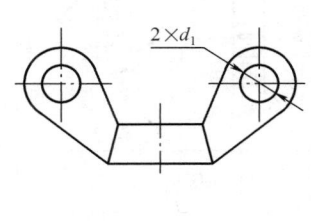

螺纹规格 D	M2	M2.5	M3	M4	M5	M6	M8	M10	M12	(M14)	M16	(M18)	M20	(M22)	M24
d_k	4	5	5	7	8.5	10.5	14	18	22	26	26	30	34	38	43
d≈	3	4	4	6	7	9	12	15	18	22	22	25	28	32	36
L	12	16	16	20	25	32	40	50	60	70	70	80	90	100	112

螺纹规格 D	M2	M2.5	M3	M4	M5	M6	M8	M10	M12	(M14)	M16	(M18)	M20	(M22)	M24
k	6	8	8	10	12	16	20	25	30	35	35	40	45	50	56
m min	2	3	3	4	5	6	8	10	12	14	14	16	18	20	22
y max	2.5	2.5	2.5	3	3.5	4	4.5	5.5	7	8	8	8	9	10	11
y_1 max	3	3	3	4	4.5	5	5.5	6.5	8	9	9	10	11	12	13
d_1 max	2	2.5	3	4	4	5	6	7	8	9	10	10	11	11	12
t max	0.3	0.3	0.4	0.4	0.5	0.5	0.6	0.7	1	1.1	1.2	1.4	1.5	1.6	1.8

注：尽可能不用括号内的规格。

表 6-66 　　　　　　　　　　　　　**环形螺母**（GB/T 63—1988）

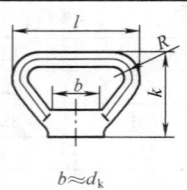 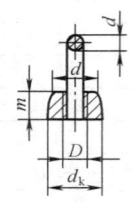

标记示例

螺纹规格 D＝M16、材料 ZCuZn40Mn2、不经表面处理的环形螺母的标记

螺母　GB/T 63　M16

（单位：mm）

螺纹规格 D (6H)	M12	(M14)	M16	(M18)	M20	(M22)	M24
d_k	24		30		36		46
d	20		26		30		38
m	15		18		22		26
k	52		60		72		84
l	66		76		86		98
d_1	10		12		13		14
R	6				8		10
材料	ZCuZn40Mn2						

注：尽可能不采用括号内的规格。

表 6-67 　　　　　　　　　　　　　**C 级方螺母**（GB/T 39—1988）

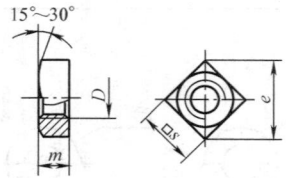

标记示例

螺纹规格 D＝M16、性能等级为 5 级、不经表面处理、C 级方螺母的标记

螺母　GB/T 39　M12

（单位：mm）

螺纹规格 D (7H)		M3	M4	M5	M6	M8	M10	M12	(M14)	M16	(M18)	M20	(M22)	M24
s	max	5.5	7	8	10	13	16	18	21	24	27	30	34	36
	min	5.2	6.64	7.64	9.64	12.57	15.57	17.57	20.16	23.16	26.16	29.16	33	35
m	max	2.4	3.2	4	5	6.5	8	10	11	13	15	16	18	19
	min	1.4	2	2.8	3.8	5	6.5	8.5	9.2	11.2	13.2	14.2	16.2	16.9
e	min	6.76	8.63	9.93	12.53	16.34	20.24	22.84	26.21	30.11	34.01	37.91	42.9	45.5

注：尽可能不采用括号内的规格。

表 6-68　　**端面带孔圆螺母**（GB/T 815—1988）**和侧面带孔圆螺母**（GB/T 816—1988）

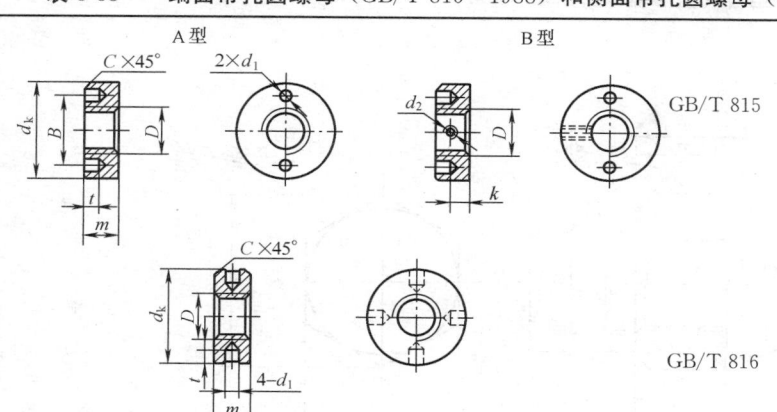

标记示例

螺纹规格 D＝M5、材料为 Q235、不经表面处理的 A 型端面带孔圆螺母的标记

螺母　GB/T 815　M5

（单位：mm）

螺纹规格 D (6H)	M2	M2.5	M3	M4	M5	M6	M8	M10
d_k　max	5.5	7	8	10	12	14	18	22
m　max	2	2.2	2.5	3.5	4.2	5	6.5	8
d_1	1	1.2	1.5		2	2.5	3	3.5
t　GB/T 815	2	2.2	1.5	2	2.5	3	3.5	4
t　GB/T 816	1.2		1.5	2	2.5	3	3.5	4
B	4	5	5.5	7	8	10	13	15
k	1	1.1	1.3	1.8	2.1	2.5	3.3	4
d_2	M1.2	M1.4	M1.4	M2	M2	M2.5	M3	M3
材料	Q235							
表面处理	1. 不经表面处理；2. 氧化；3. 镀锌钝化							

表 6-69　　**带槽圆螺母**（GB/T 817—1988）

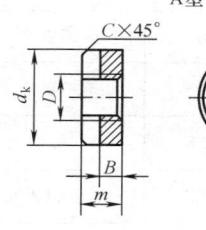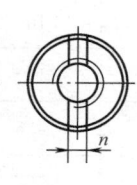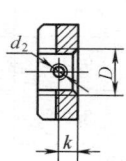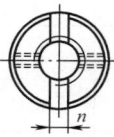

标记示例

螺纹规格 D＝M5、材料为 Q235、不经表面处理的 A 型带槽圆螺母的标记

螺母　GB/T 817　M5

（单位：mm）

螺纹规格 D (6H)	M1.4	M1.6	M2	M2.5	M3	M4	M5	M6	M8	M10	M12
d_k　max	3	4	5	5.5	6	8	10	11	14	18	22
m　max	1.6	2	2.2	2.5	3	3.5	4.2	5	6.5	8	10
B　max	1.1	1.2	1.4	1.6	2	2.5	2.8	3	4	5	6
n　公称	0.4		0.5	0.6	0.8	1	1.2	1.6	2	2.5	3
n　min	0.46		0.56	0.66	0.86	0.96	1.26	1.66	2.06	2.56	3.06
n　max	0.6		0.7	0.8	1	1.31	1.51	1.91	2.31	2.81	3.31
k				1.1	1.3	1.8	2.1	2.5	3.3	4	5
C	0.1			0.2	0.3		0.4		0.5		0.8
d_2					M1.4			M2		M3	M4
材料	Q235										
表面处理	1. 不经表面处理；2. 氧化；3. 镀锌钝化										

表 6-70   **组合式盖形螺母**（GB/T 802.1—2008）

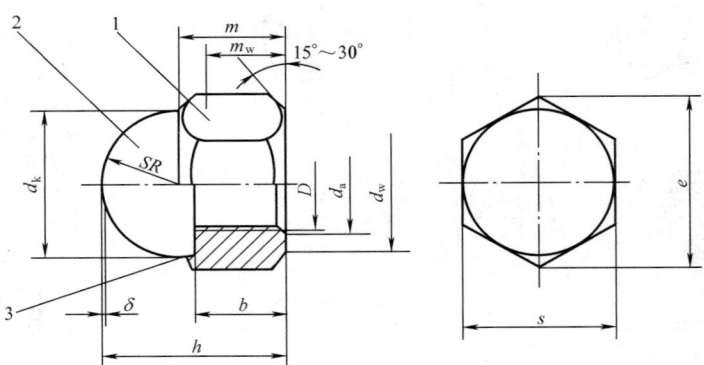

1—螺母体；2—螺母盖；3—铆合部位，形状由制造者任选

（单位：mm）

螺纹规格 $D^{①}$	第 1 系列	M4	M5	M6	M8	M10	M12
	第 2 系列	—	—	—	M8×1	M10×1	M12×1.5
	第 3 系列	—	—	—	—	M10×1.25	M12×1.25
$P^{②}$		0.7	0.8	1	1.25	1.5	1.75
d_a	max	4.6	5.75	6.75	8.75	10.8	13
	min	4	5	6	8	10	12
d_k ≈		6.2	7.2	9.2	13	16	18
d_w min		5.9	6.9	8.9	11.6	14.6	16.6
e min		7.66	8.79	11.05	14.38	17.77	20.03
h max=公称		7	9	11	15	18	22
m ≈		4.5	5.5	6.5	8	10	12
b ≈		2.5	4	5	6	8	10
m_w min		3.6	4.4	5.2	6.4	8	9.6
SR ≈		3.2	3.6	4.6	6.5	8	9
s	公称	7	8	10	13	16	18
	min	6.78	7.78	9.78	12.73	15.73	17.73
δ ≈		0.5	0.5	0.8	0.8	0.8	1

续表

螺纹规格 $D^{①}$	第1系列	(M14)	M16	M (18)	M20	(M22)	M24
	第2系列	(M14×1.5)	M16×1.5	(M18×1.5)	M20×2	(M22×1.5)	M24×2
	第3系列	—	—	(M18×2)	M20×1.5	(M22×2)	M24×2
$P^{②}$		2	2	2.5	2.5	2.5	3
d_a	max	15.1	17.3	19.5	21.6	23.7	25.9
	min	14	16	18	20	22	24
$d_k \approx$		20	22	25	28	30	34
d_w min		19.6	22.5	24.9	27.7	31.4	33.3
e min		23.35	26.75	29.56	32.95	37.29	39.55
h max=公称		24	26	30	35	38	40
$m \approx$		13	15	17	19	21	22
$b \approx$		11	13	14	16	18	19
m_w min		10.4	12	13.6	15.2	16.8	17.6
$SR \approx$		10	11.5	12.5	14	15	17
s	公称	21	24	27	30	34	36
	min	20.67	23.67	26.16	29.16	33	35
$\delta \approx$		1	1	1.2	1.2	1.2	1.2

① 尽可能不采用括号内的规格；按螺纹规格第1至第3系列，依次优先选用。

② P—粗牙螺纹螺距。

表 6-71　　　　　**滚花高螺母**（GB/T 806—1988）**和滚花薄螺母**（GB/T 807—1988）

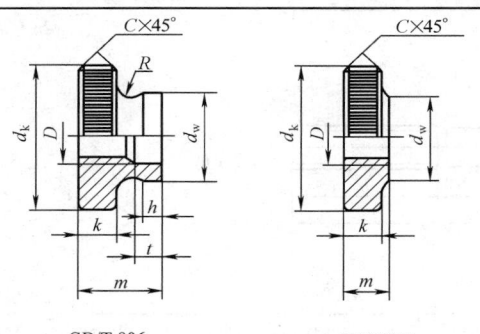

GB/T 806　　　　　GB/T 807

标记示例

螺纹规格 D＝M5、性能等级为 5 级、不经表面处理的滚花高螺母和滚花薄螺母分别标记为

螺母　GB/T 806　M5

螺母　GB/T 807　M5

（单位：mm）

螺纹规格 D (6H)		M1.4	M1.6	M2	M2.5	M3	M4	M5	M6	M8	M10
d_k （滚花前）	max	6	7	8	9	11	12	16	20	24	30
	min	5.78	6.78	7.78	8.78	10.73	11.73	15.73	19.67	23.67	29.67
d_w	max	3.5	4	4.5	5	6	8	10	12	16	20
	min	3.2	3.7	4.2	4.7	5.7	7.64	9.64	11.57	15.57	19.48
C			0.2			0.3		0.5		0.8	
GB/T 806	m max	—	4.7	5	5.5	7	8	10	12	16	20
	k	—	2	2	2.2	2.8	3	4	5	6	8
GB/T 806	t max	—		1.5		2		2.5	3	4	5	6.5
	R min	—		1.25	1.5		2	2.5	3	4	5
	h	—		0.8	1	1.2	1.5	2	2.5	3	3.8
	d_1	—		3.6	3.8	4.4	5.2	6.4	9	11	13	17.5
GB/T 807	m max	2		2.5			3		4	5	6	8
	k	1.5		2			2.5		3.5	4	5	6

6.3.4　螺钉

1. 机器螺钉（见表 6-72～表 6-78）

表 6-72　开槽圆柱头螺钉（GB/T 65—2016）、开槽盘头螺钉（GB/T 67—2016）、
开槽沉头螺钉（GB/T 68—2016）、开槽半沉头螺钉（GB/T 69—2016）

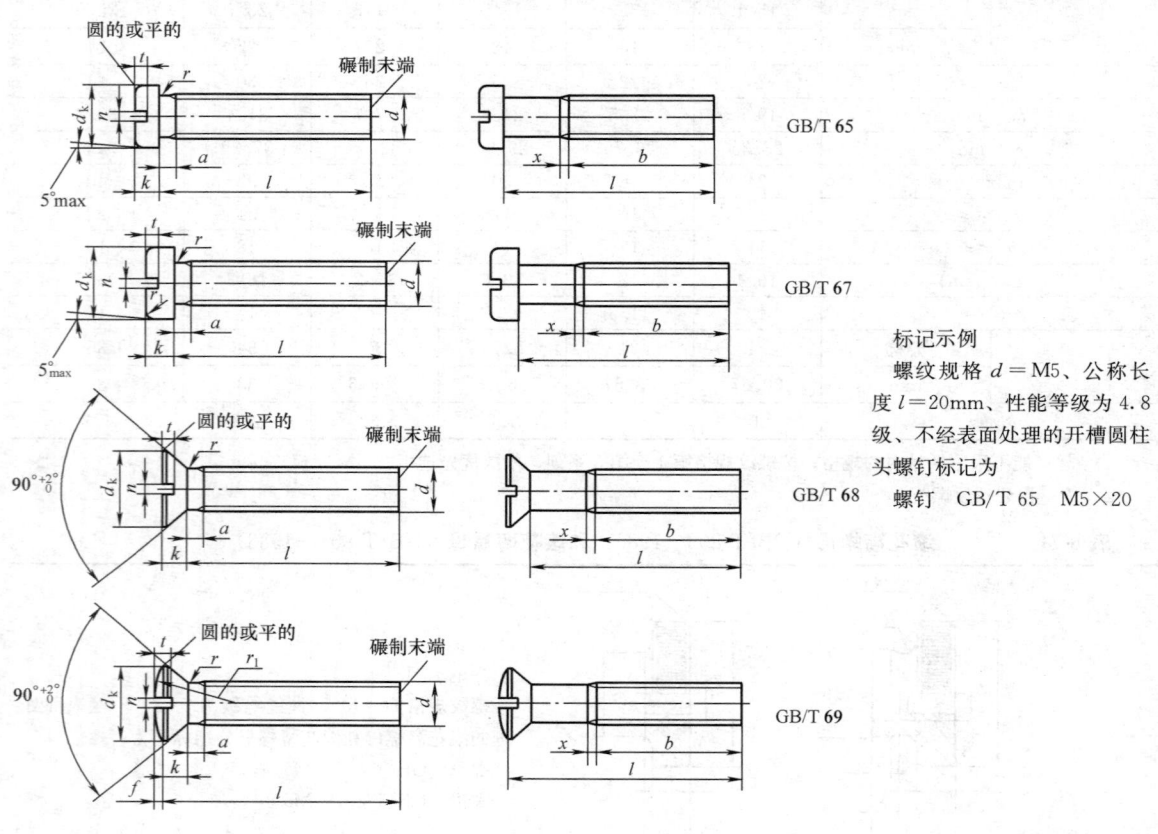

标记示例

螺纹规格 $d =$ M5、公称长度 $l =$ 20mm、性能等级为 4.8 级、不经表面处理的开槽圆柱头螺钉标记为

螺钉　GB/T 65　M5×20

（单位：mm）

螺纹规格 d		M1.6	M2	M2.5	M3	(M3.5)	M4	M5	M6	M8	M10
a　max		0.7	0.8	0.9	1	1.2	1.4	1.6	2	2.5	3
b　min		25				38					
n　公称		0.4	0.5	0.6	0.8	1	1.2	1.2	1.6	2	2.5
x　max		0.9	1	1.1	1.25	1.5	1.75	2	2.5	3.2	3.8
d_k　max	GB/T 65	3.00	3.80	4.50	5.50	6	7	8.5	10	13	16
	GB/T 67	3.2	4	5	5.6	7	8	9.5	12	16	20
	GB/T 68 GB/T 69	3	3.8	4.7	5.5	7.3	8.4	9.3	11.3	15.8	18.3
k　max	GB/T 65	1.10	1.40	1.80	2.00	2.4	2.6	3.3	3.9	5	6
	GB/T 67	1	1.3	1.5	1.8	2.1	2.4	3	3.6	4.8	6
	GB/T 68 GB/T 69	1	1.2	1.5	1.65	2.35	2.7		3.3	4.65	5

续表

螺纹规格　d		M1.6	M2	M2.5	M3	(M3.5)	M4	M5	M6	M8	M10
t　min	GB/T 65	0.45	0.6	0.7	0.85	1	1.1	1.3	1.6	2.2	2.4
	GB/T 67	0.35	0.5	0.6	0.7	0.8	1	1.2	1.4	1.9	2.4
	GB/T 68	0.32	0.4	0.5	0.6	0.9	1	1.1	1.2	1.8	2
	GB/T 69	0.64	0.8	1	1.2	1.4	1.6	2	2.4	3.2	3.8
r　min	GB/T 65 GB/T 67			0.1				0.2	0.25		0.4
r　max	GB/T 68 GB/T 69	0.4	0.5	0.6	0.8	0.9	1	1.3	1.5	2	2.5
r_f　参考	GB/T 67	0.5	0.6	0.8	0.9	1	1.2	1.5	1.8	2.4	3
r_f　≈	GB/T 69	3	4	5	6		9.5	12	16.5	19.5	
w　min	GB/T 69	0.4	0.5	0.6	0.7		1	1.2	1.4	2	2.3
w　min	GB/T 65	0.4	0.5	0.7	0.75	1	1.1	1.3	1.6	2	2.4
	GB/T 67	0.3	0.4	0.5	0.7	0.8	1	1.2	1.4	1.9	2.4
l[1] 长度范围	GB/T 65	2~16	3~20	3~25	4~30	5~35	5~40	6~50	8~60	10~80	12~80
	GB/T 67	2~16	2.5~20	3~25	4~30	5~35	5~40	6~50	8~60	10~80	12~80
	GB/T 68 GB/T 69	2.5~16	3~20	4~25	5~30		6~40	8~50	8~60	10~80	12~80
全螺纹时最大长度			30				GB/T 65—40　GB/T 67~69—45				
性能等级	钢					4.8、5.8					
	不锈钢					A2-50、A2-70					

① 长度系列为 2、2.5、3、4、5、6~12（2 进位）、(14)、16、20~50（5 进位）、(55)、60、(65)、70、(75)、80。

表 6-73　十字槽盘头螺钉（GB/T 818—2016）、十字槽沉头螺钉（GB/T 891.1—2016）、
　　　十字槽半沉头螺钉（GB/T 820—2015）、十字槽圆柱头螺钉（GB/T 822—2016）

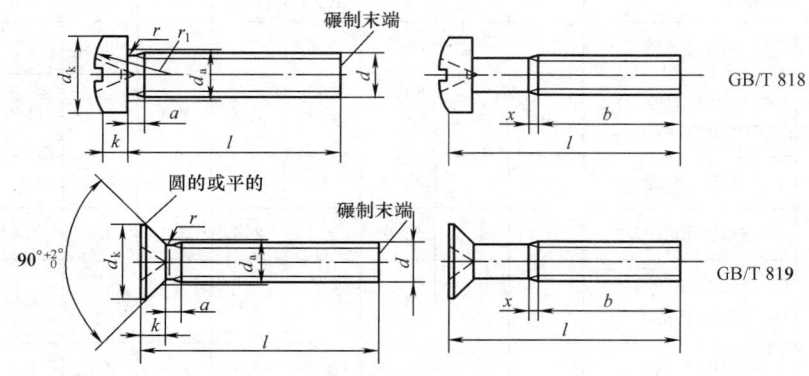

标记示例

螺纹规格 d＝M5，公称长度 l＝20mm，性能等级为 4.8 级，不经表面处理的十字槽盘头螺钉标记为

　螺钉　GB/T 818　M5×20

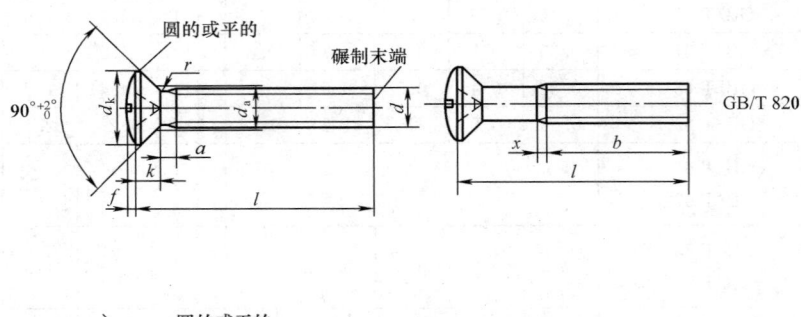

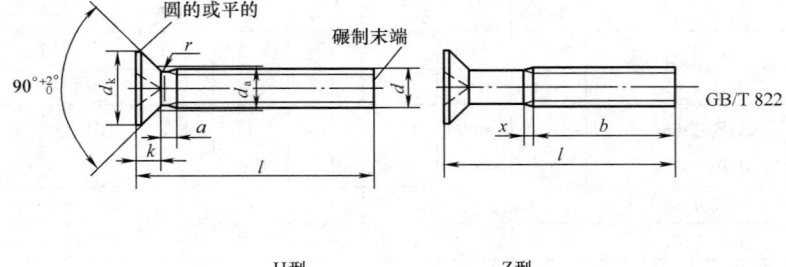

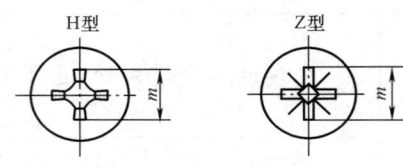

（单位：mm）

螺纹规格 d		M1.6	M2	M2.5	M3	(M3.5)	M4	M5	M6	M8	M10
a	max	0.7	0.8	0.9	1	1.2	1.4	1.6	2	2.5	3
b	min	25				38					
d_a	max	2.0	2.6	3.1	3.6	4.1	4.7	5.7	6.8	9.2	11.2
x	max	0.9	1	1.1	1.25	1.5	1.75	2	2.5	3.2	3.8
d_k max	GB/T 818	3.2	4	5	5.6	7	8	9.5	12	16	20
	GB/T 819.1 GB/T 820	3	3.8	4.7	5.5	7.3	8.4	9.3	11.3	15.8	18.3
	GB/T 822	—	—	4.5	5	6	7	8.5	10	13.0	—
k max	GB/T 818	1.3	1.6	2.1	2.4	2.6	3.1	3.7	4.6	6	7.5
	GB/T 819.1 GB/T 820	1	1.2	1.5	1.65	2.35	2.7		3.3	4.65	5
	GB/T 822	—	—	1.8	2.0	2.4	2.6	3.3	3.9	5	—
r min	GB/T 818	0.1					0.2		0.25	0.4	
	GB/T 822	—	—	0.1			0.2		0.25	0.4	—

续表

螺纹规格 d			M1.6	M2	M2.5	M3	(M3.5)	M4	M5	M6	M8	M10
r max	GB/T 819 GB/T 820		0.4	0.5	0.6	0.8	0.9	1	1.3	1.5	2	2.5
r_f $\approx$	GB/T 818		2.5	3.2	4	5	6	6.5	8	10	13	16
	GB/T 820		3	4	5	6	8.5	9.5		12	16.5	19.5
f	GB/T 820		0.4	0.5	0.6	0.7	0.8	1	1.2	1.4	2	2.3
十字槽	GB/T 818	槽号	0		1		2		3		4	
		H 型插入深度 max	0.95	1.2	1.55	1.8	1.9	2.4	2.9	3.6	4.6	5.8
		H 型插入深度 min	0.7	0.9	1.15	1.4	1.4	1.9	2.4	3.1	4	5.2
		Z 型插入深度 max	0.9	1.2	1.5	1.75	1.93	2.35	2.75	3.5	4.5	5.7
		Z 型插入深度 min	0.65	0.85	1.1	1.35	1.48	1.9	2.3	3.05	4.05	5.25
	GB/T 819.1	槽号	0		1		2		3		4	
		H 型插入深度 max	0.9	1.2	1.8	2.1	2.4	2.6	3.2	3.5	4.6	5.7
		H 型插入深度 min	0.6	0.9	1.4	1.7	1.9	2.1	2.7	3	4	5.1
		Z 型插入深度 max	0.95	1.2	1.75	2	2.2	2.5	3.05	3.45	4.6	5.65
		Z 型插入深度 min	0.7	0.95	1.45	1.6	1.75	2.05	2.6	3	4.15	5.2
	GB/T 820	槽号	0		1		2		3		4	
		H 型插入深度 max	1.2	1.5	1.85	2.2	2.75	3.2	3.4	4	5.25	6
		H 型插入深度 min	0.9	1.2	1.5	1.8	2.25	2.7	2.9	3.5	4.75	5.5
		Z 型插入深度 max	1.2	1.4	1.75	2.1	2.70	3.1	3.35	3.85	5.2	6.05
		Z 型插入深度 min	0.95	1.15	1.5	1.8	2.25	2.65	2.9	3.4	4.75	5.6
	GB/T 822	槽号	—		1		2		3		4	
		H 型插入深度 max	—	—	1.20	0.86	1.15	1.45	2.14	2.25	3.73	—
		H 型插入深度 min			1.62	1.43	1.73	2.03	2.73	2.86	4.36	
l[①] 长度范围			3~16	3~20	3~25	4~30	5~35	5~40	6~50	8~60	10~60	12~60
全螺纹时最大长度	GB/T 818		25	25	25	25	40	40	40	40	40	
	GB/T 819.1 GB/T 820		30				45 45		45			
	GB/T 822		—	—	30	30	40		40			—
性能等级	钢		4.8									
	不锈钢	GB/T 818 GB/T 820	A2-50、A2-70									
		GB/T 822	A2-70									
	非铁合金		CU2、CU3、AL4									

注：尽可能不采用括号内规格。

① 长度系列为 2、2.5、3、4、5、6~16（2 进位）、20~80（5 进位）。GB/T 818 的 M5 长度范围为 6~45。

表 6-74　　　　　　　　　十字槽沉头螺钉（GB/T 819.2—2016）

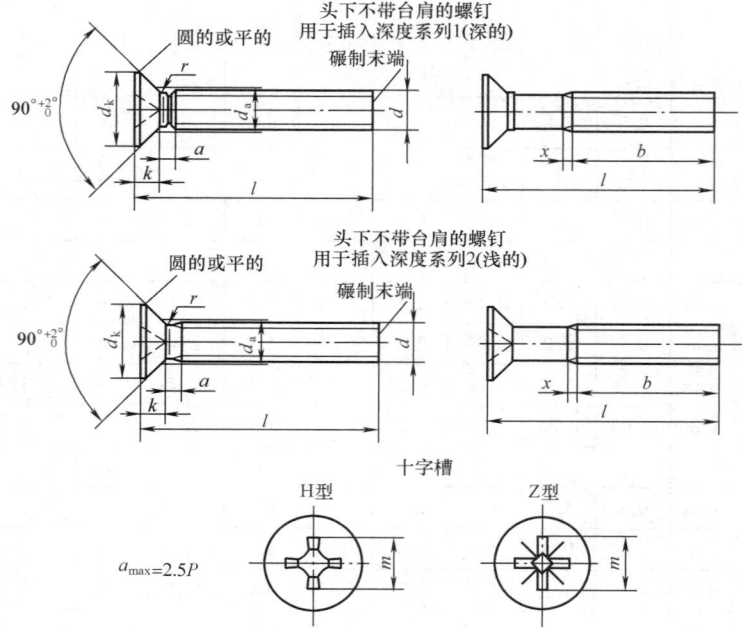

标记示例

螺纹规格 d＝M5、公称长度 l＝20mm、性能等级为 8.8 级、H 型十字槽，其插入深度由制造者任选的系列 1 或系列 2、不经表面处理的十字槽沉头螺钉标记为

螺钉 GB/T 819.2　M5×20

如特殊情况需要指定两个系列之一者，则该系列的数码（如系列 1）应在标记中表示

螺钉　GB/T 819.2　M5×20-H1

（单位：mm）

螺纹规格		d	M2	M2.5	M3	(M3.5)	M4	M5	M6	M8	M10
b		min		25					38		
x		max	1	1.1	1.25	1.5	1.75	2	2.5	3.2	3.8
d_k		max	4.4	5.5	6.3	8.2	9.4	10.4	12.6	17.3	20
k		max	1.2	1.5	1.65	2.35	2.7		3.3	4.65	5
r		max	0.5	0.6	0.8	0.9	1	1.3	1.5	2	2.5
十字槽	系列 1（深的）	槽号	0	1		2			3		4
		H 型插入深度 max	1.2	1.8	2.1	2.4	2.6	3.2	3.5	4.6	5.7
		H 型插入深度 min	0.9	1.4	1.7	1.9	2.1	2.7	3	4	5.1
		Z 型插入深度 max	1.2	1.73	2.01	2.20	2.51	3.05	3.45	4.60	5.64
		Z 型插入深度 min	0.95	1.45	1.76	1.75	2.06	2.60	3.00	4.15	5.19
	系列 2（浅的）	槽号	0	1		2			3		4
		H 型插入深度 max	1.2	1.55	1.8	2.1	2.6	2.8	3.3	4.4	5.3
		H 型插入深度 min	0.9	1.25	1.4	1.6	2.1	2.3	2.8	3.9	4.8
		Z 型插入深度 max	1.2	1.47	1.83	2.05	2.51	2.72	3.18	4.32	5.23
		Z 型插入深度 min	0.95	1.22	1.48	1.61	2.06	2.27	2.73	3.87	4.78
l[①]	长度范围		3～20	3～25	4～30	5～35	5～40	6～50	8～60	10～60	12～60
性能等级	钢						8.8				
	不锈钢						A2-70				
	非铁合金						CU2、CU3				

注：尽可能不采用括号内规格。

① 长度系列为 2、2.5、3、4、5、6～16（2 进位）、20～80（5 进位）。GB/T 818 的 M5 长度范围为 6～45。

表 6-75   **精密机械用十字槽螺钉**（GB/T 13806.1—1992）

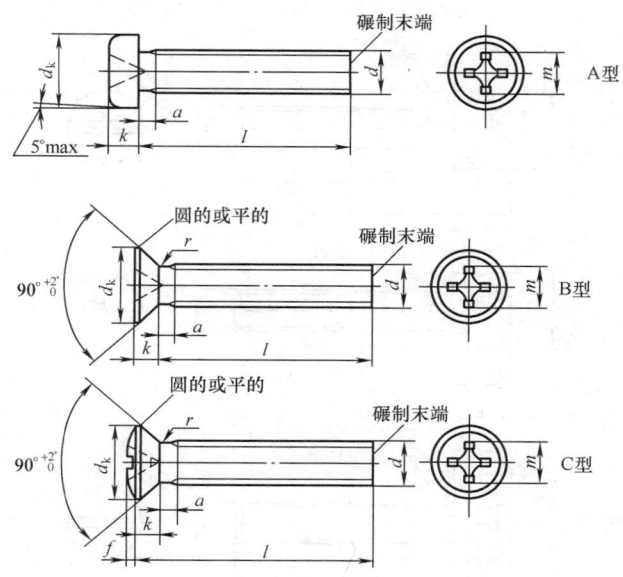

标记示例

螺纹规格 d＝M1.6、公称长度 l＝2.5mm、产品等级为 F 级、不经表面处理、用 Q215 制造的 A 型十字槽圆柱头螺钉记为

螺钉   GB/T 13806.1   M1.6×2.5

产品等级为 A 级，用 H68 制造，B 型，其余同上记为

螺钉   GB/T 13806.1   BM1.6×2.5-AH68

（单位：mm）

螺纹规格 d				M1.2	(M1.4)	M1.6	M2	M2.5	M3
a	max			0.5	0.6	0.7	0.8	0.9	1
d_k	max		A 型	2	2.3	2.6	3	3.8	5
			B 型	2	2.35	2.7	3.1	3.8	5.5
			C 型	2.2	2.5	2.8	3.5	4.3	5.5
k	max		A 型	0.55			0.7	0.9	1.4
			B、C 型	0.7		0.8	0.9	1.1	1.4
	槽 号 No			0				1	
H 型十字槽	插入深度	A 型	min	0.20	0.25	0.28	0.30	0.40	0.85
			max	0.32	0.35	0.40	0.45	0.60	1.10
		B 型	min	0.5		0.6	0.7	0.8	1.1
			max	0.7		0.8	0.9	1.1	1.4
		C 型	min	0.7		0.8	0.9	1.1	1.2
			max	0.9		1.0	1.1	1.4	1.5
$l^{①}$ 长度范围				1.6～4	1.8～5	2～6	2.5～8	3～10	4～10
材料				钢：Q215；铜：H68、HPb59-1；					
表面处理				1. 不经表面处理；2. 氧化；3. 镀锌钝化					

注：尽可能不采用括号内规格。

① 长度系列为 1.6、(1.8)、2、(2.2)、2.5、(2.8)、3、(3.5)、4、(4.5)、5、(5.5)、6、(7)、8、(9)、10。

表 6-76   **开槽带孔球面圆柱头螺钉**（GB/T 832—1988）

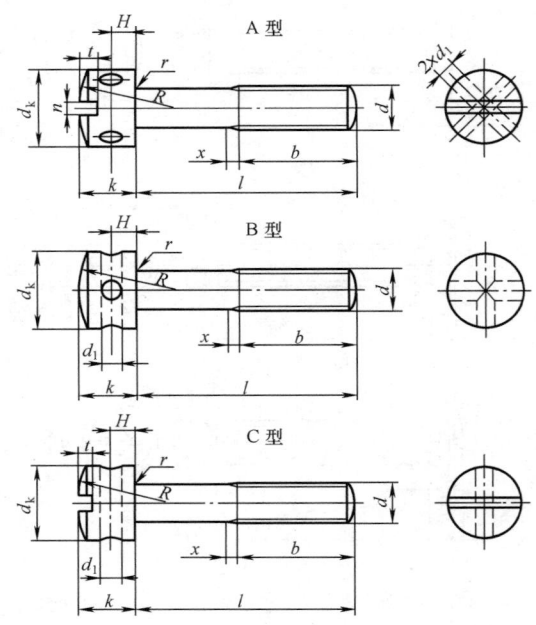

标记示例

螺纹规格 d＝M5、公称长度 l＝20mm、性能等级为 4.8 级、不经表面处理的开槽带孔球面圆柱头螺钉标记为

螺钉 GB/T 832   M5×20

（单位：mm）

螺纹规格 d		M1.6	M2	M2.5	M3	M4	M5	M6	M8	M10
b		15	16	17	18	20	22	24	28	32
d_k max		3	3.5	4.2	5	7	8.5	10	12.5	15
k max		2.6	3	3.6	4	5	6.5	8	10	12.5
n 公称		0.4	0.5	0.6	0.8	1.0	1.2	1.5	2.0	2.5
t min		0.6	0.7	0.9	1.0	1.4	1.7	2.0	2.5	3.0
d_1 min		1.0		1.2	1.5	2.0		3.0		4.0
H 公称		0.9	1.0	1.2	1.5	2.0	2.5	3.0	4.0	5.0
l[①] 长度范围		2.5~16	2.5~20	3~25	4~30	6~40	8~50	10~60	12~60	20~60
全螺纹时最大长度		50								
性能等级	钢	4.8								
	不锈钢	A1-50、C4-50								

① 长度系列为 2.5、3、4、5、6~16（2 进位）、20~60（5 进位）。

表 6-77 开槽大圆柱头螺钉（GB/T 833—1988）
和开槽球面大圆柱头螺钉（GB/T 947—1988）

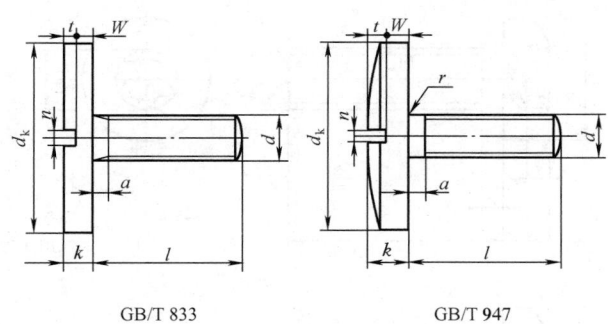

GB/T 833　　　　　　　GB/T 947

标记示例

螺纹规格 d＝M5、公称长度 l＝20mm、性能等级为 4.8 级、不经表面处理的开槽大圆柱头螺钉和开槽大球面圆柱头螺钉分别标记为

螺钉　GB/T 833　M5×20

螺钉　GB/T 947　M5×20

（单位：mm）

螺纹规格 d		M1.6	M2	M2.5	M3	M4	M5	M6	M8	M10
d_k　max		6	7	9	11	14	17	20	25	30
k　max		1.2	1.4	1.8	2	2.8	3.5	4	5	6
a　max		0.7	0.8	0.9	1	1.4	1.6	2	2.5	3
n　公称		0.4	0.5	0.6	0.8	1.0	1.2	1.5	2.0	2.5
t　min		0.6	0.7	0.9	1	1.4	1.7	2.0	2.5	3
W　min		0.26	0.36	0.56	0.66	1.06	1.22	1.3	1.5	1.8
l[①] 长度范围	GB/T 833	2.5～5	3～6	4～8	4～10	5～12	6～14	8～16	10～16	12～20
	GB/T 947	2～5	2.5～6	3～8	4～10	5～12	6～14	8～16	10～16	12～10
性能等级	钢	4.8								
	不锈钢	A1-50、C4-50								
表面处理	钢	1. 不经处理；2. 镀锌钝化								
	不锈钢	不经处理								

① 长度系列为 2.5、3、4、5、6～16（2 进位）、20。

表 6-78 内六角花形盘头螺钉（GB/T 2672—2017）、内六角花形半沉
头螺钉（GB/T 2674—2017）、内六角花形低圆柱头螺钉（GB/T 2671.1—2017）

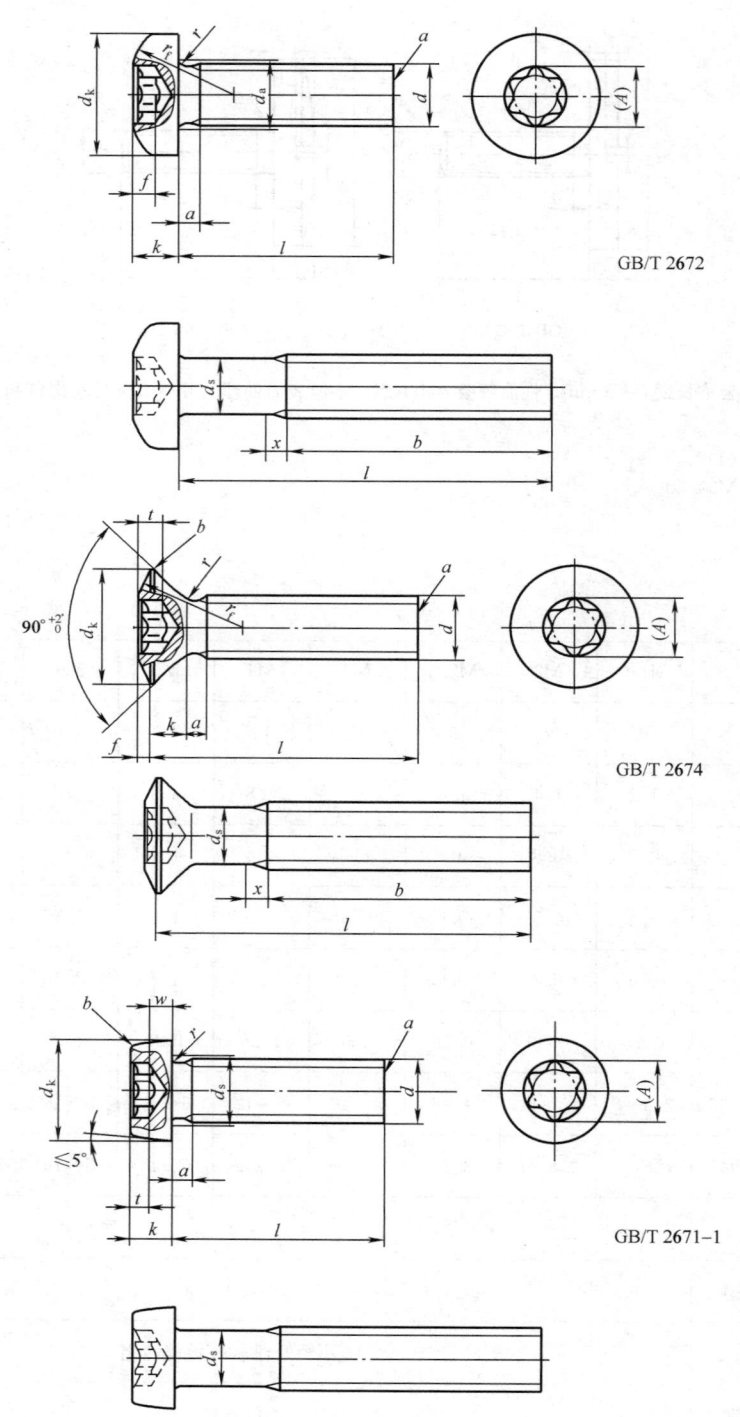

GB/T 2672

GB/T 2674

GB/T 2671–1

螺纹规格 d		M2	M2.5	M3	(M3.5)	M4	M5	M6	M8	M10
螺距 P		0.4	0.45	0.5	0.6	0.7	0.8	1.0	1.25	1.5
a max		0.8	0.9	1.0	1.2	1.4	1.6	2	2.5	3
b min		25	25	25	38	38	38	38	38	38
d_k	GB/T 2672	4.0	5.0	5.6	7.0	8.0	9.5	12	16	20
	GB/T 2674	3.8	4.7	5.5	7.3	8.4	9.3	11.3	15.8	18.3
	GB/T 2671.1	3.8	4.5	5.5	6.0	7.0	8.5	10	13	16
d_a	GB/T 2672	2.6	3.1	3.6	4.1	4.7	5.7	6.8	9.2	11.2
	GB/T 2671.1									
k	GB/T 2672	1.6	2.1	2.4	2.6	3.1	3.7	4.6	6	7.5
	GB/T 2674	1.2	1.5	1.65	2.35	2.7	2.7	3.3	4.65	5
	GB/T 2671.1	1.55	1.85	2.4	2.6	3.1	3.65	4.4	5.8	6.9
r	GB/T 2674	0.5	0.6	0.8	0.9	1.0	1.3	1.5	2.0	2.5
	GB/T 2672	0.1	0.1	0.1	0.1	0.2	0.2	0.25	0.4	0.4
	GB/T 2671.1									
w	GB/T 2671.1	0.5	0.7	0.75	1.0	1.1	1.3	1.6	2	2.4
t	GB/T 2672	0.77	1.04	1.27	1.33	1.66	1.91	2.42	3.18	4.02
	GB/T 2674	0.77	1.04	1.15	1.53	1.80	2.03	2.42	3.31	3.81
	GB/T 2671.1	0.84	0.91	1.27	1.33	1.66	1.91	2.29	3.05	3.43
内六角花形槽号		6	8	10	15	20	25	30	45	50
A（参考值）		1.75	2.4	2.8	3.35	3.95	4.5	5.6	7.95	8.95
l	GB/T 2672	3～20	3～25	4～30	5～35	5～40	6～50	8～60	10～60	12～60
	GB/T 2674									
	GB/T 2671.1	3～20	3～25	4～30	5～35	5～40	6～50	8～60	10～80	12～80

注：长度 l 尺寸系列为 3、4、5、6～12（二进位）(14)、16、20～50（五进位）、(55)、60、(65)、70、(75)、80。

2. 紧定螺钉（见表 6-79～表 6-81）

表 6-79 **开槽锥端紧定螺钉（GB/T 71—1985）、开槽平端紧
定螺钉（GB/T 73—2017）、开槽凹端紧定螺钉
（GB/T 74—1985）、开槽长圆柱端紧定螺钉（GB/T 75—1985）**

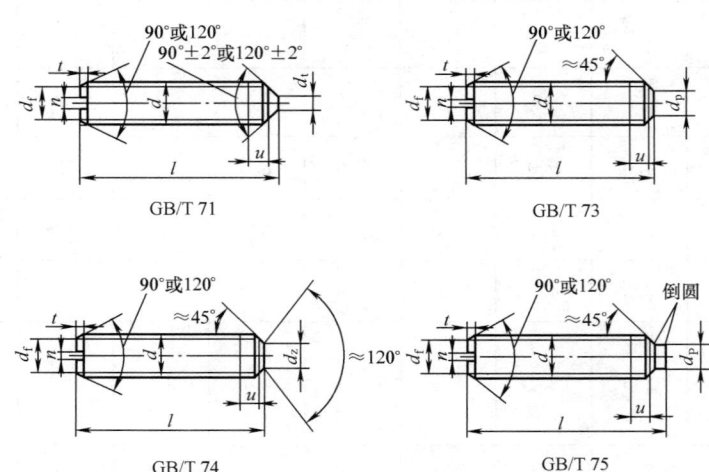

GB/T 71   GB/T 73

GB/T 74   GB/T 75

u（不完整螺纹的长度）$<2P$，P—螺距

标记示例

螺纹规格 d＝M5、公称长度 l＝12mm、性能等级为 14H 级、表面氧化的开槽锥端紧定螺钉标记为

螺钉 GB/T 71 M5×12

（单位：mm）

螺纹规格 d		M1.2	M1.6	M2	M2.5	M3	M4	M5	M6	M8	M10	M12
d_f max		螺纹小径										
d_p max		0.6	0.8	1.0	1.5	2.0	2.5	3.5	4.0	5.5	7.0	8.5
n 公称		0.2	0.25		0.4		0.6	0.8	1	1.2	1.6	2
t	max	0.52	0.74	0.84	0.95	1.05	1.42	1.63	2	2.5	3	3.6
	min	0.4	0.56	0.64	0.72	0.8	1.12	1.28	1.6	2	2.4	2.8
d_t max		0.12	0.16	0.2	0.25	0.3	0.4	0.5	1.5	2	2.5	3
z max		—	1.05	1.25	1.5	1.75	2.25	2.75	3.25	4.3	5.3	6.3
d_z max		—	0.8	1	1.2	1.4	2	2.5	3	5	6	8
长度范围①	GB/T 71	2～6	2～8	3～10	3～12	4～16	6～20	8～25	8～30	10～40	12～50	14～60
	GB/T 73	2～6	2～8	2～10	2.5～12	3～6	4～20	5～25	6～30	8～40	10～50	12～60
	GB/T 74	—	2～8	2.5～10	3～12	3～16	4～20	5～25	6～30	8～40	10～50	12～60
	GB/T 75	—	2.5～8	3～10	4～12	5～16	6～20	8～25	8～30	10～40	12～50	14～60
性能等级	钢	14H、22H										
	不锈钢	A1-50										

① 长度系列为 2、2.5、3、4、5、6～12（2 进位）、（14）、16、20～50（5 进位）、（55）、60。

表 6-80 内六角平端紧定螺钉（GB/T 77—2007）、内六角锥端紧定螺钉
（GB/T 78—2007）、内六角圆柱端紧定螺钉（GB/T 79—2007）、
内六角凹端紧定螺钉（GB/T 80—2007）

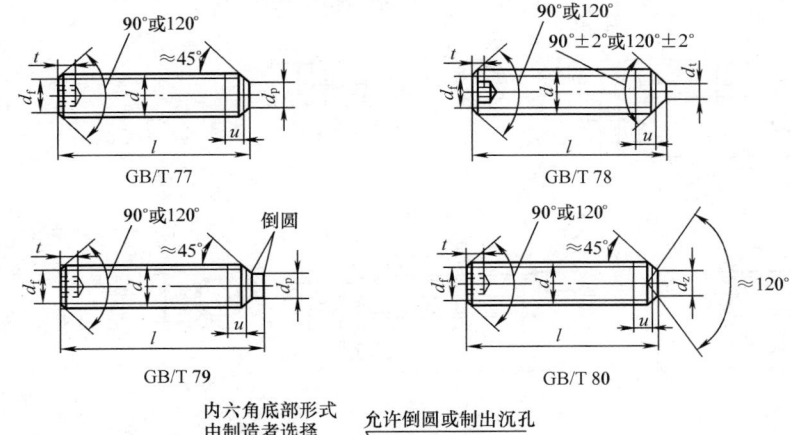

标记示例

螺纹规格 d = M6、公称长度 l=12mm、性能等级为 45H 级、表面氧化的内六角平端紧定螺钉标记为

螺钉 GB/T 77　M6×12

螺纹规格 d = M6、公称长度 l=12mm、性能等级为 45H 级、表面氧化的内六角圆柱端紧定螺钉标记为

螺钉 GB/T 79　M6×12

内六角底部形式由制造者选择

允许倒圆或制出沉孔

u（不完整螺纹的长度）≤2P

（单位：mm）

螺纹规格	d		M1.6	M2	M2.5	M3	M4	M5	M6	M8	M10	M12	M16	M20	M24
d_p	max		0.8	1.0	1.5	2.0	2.5	3.5	4.0	5.5	7.0	8.5	12.0	15.0	18.0
d_f	≈							≈螺纹小径								
e	min		0.809	1.011	1.454	1.733	2.30	2.87	3.44	4.58	5.72	6.86	9.15	11.43	13.72
s	公称		0.7	0.9	1.3	1.5	2.0	2.5	3.0	4.0	5.0	6.0	8.0	10.0	12.0
t min	①		0.7	0.8	1.2	1.2	1.5	2.0	2.0	3.0	4.0	4.8	6.4	8.0	10.0
	②		1.5	1.7	2.0	2.0	2.5	3.0	3.5	5.0	6.0	6.0	10.0	12.0	15.0
z	max	短圆柱端	0.65	0.75	0.88	1.0	1.25	1.5	1.75	2.25	2.75	3.25	4.3	5.3	6.3
		长圆柱端	1.05	1.25	1.5	1.75	2.25	2.75	3.25	4.3	5.3	6.3	8.36	10.36	12.43
	min	短圆柱端	0.4	0.5	0.63	0.75	1.0	1.25	1.5	2.0	2.5	3.0	4.0	5.0	6.0
		长圆柱端	0.8	1.0	1.25	1.5	2.0	2.5	3.0	4.0	5.0	6.0	8.0	10.0	12.0
d_z	max		0.8	1.0	1.2	1.4	2.0	2.5	3.0	5.0	6.0	8.0	10.0	14.0	16.0
d_t	max				0				1.5	2.0	2.5	3.0	4.0	5.0	6.0
l③ 长度范围	GB/T 77		2~8	2~10	2.5~12	3~16	4~20	5~25	6~30	8~40	10~50	12~60	16~60	20~60	25~60
	GB/T 78		2~8	2~10	2.5~12	3~16	4~20	5~25	6~30	8~40	10~50	12~60	16~60	20~60	25~60
	GB/T 79		2~8	2.5~10	3~12	4~16	5~20	6~25	6~30	8~40	10~50	12~60	14~60	20~60	25~60
	GB/T 80		2~8	2~10	2.5~12	3~16	4~20	5~25	6~30	8~40	10~50	12~60	16~20	20~60	25~60
性能等级	钢								45H						
	不锈钢								A1、A2						
	非铁合金							CU2、CU3、AL4								

① 短螺钉的最小扳手啮合深度。

② 长螺钉的最小扳手啮合深度。

③ 长度系列为 2、2.5、3、4、5、6~12（2 进位）、（14）、16、20~50（5 进位）、（55）、60。

表 6-81   方头长圆柱球面端紧定螺钉（GB/T 83—1988）、方头凹端紧定螺钉
（GB/T 84—1988）、方头长圆柱端紧定螺钉（GB/T 85—1988）、
方头短圆柱锥端紧定螺钉（GB/T 86—1988）、方头平端紧定螺钉（GB/T 821—1988）

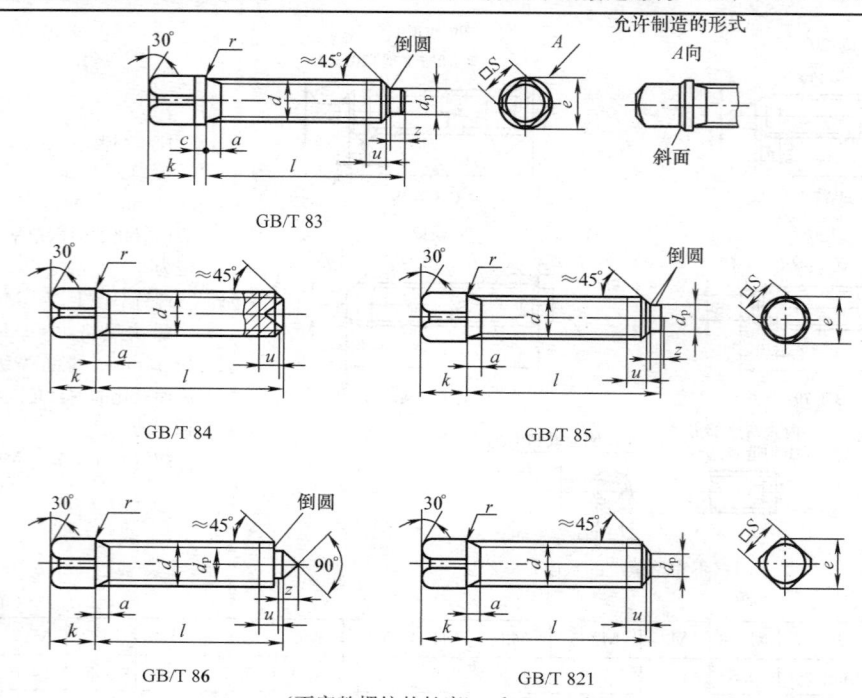

GB/T 83

GB/T 84   GB/T 85

GB/T 86   GB/T 821

u（不完整螺纹的长度）$\leqslant 2P$ $a \leqslant 4P$

标记示例

螺纹规格 $d=$M10、公称长度 $l=$30mm、性能等级为 33H 级、表面氧化的方头长圆柱球面端紧定螺钉、标记为
螺钉 GB/T 83 M10×30

（单位：mm）

螺纹规格 d		M5	M6	M8	M10	M12	M16	M20
d_p max		3.5	4.0	5.5	7.0	8.5	12	15
e min		6	7.3	9.7	12.2	14.7	20.9	27.1
s 公称		5	6	8	10	12	17	22
k 公称	GB/T 83	—	—	9	11	13	18	23
	GB/T 84 GB/T 85 GB/T 86 GB/T 821	5	6	7	8	10	14	18
c ≈		—	—	2	3	3	4	5
z min	GB/T 83			4	5	6	8	10
	GB/T 85	2.5	3	4	5	6	8	10
	GB/T 86	3.5	4	5	6	7	9	11
d_z	max	2.5	3	5	6	7	10	13
	min	2.25	2.75	4.7	5.7	6.64	9.64	12.57
l[①] 长度范围	GB/T 83	—	—	16～40	20～50	25～60	30～80	35～100
	GB/T 84	10～30	12～30	14～40	20～50	25～60	30～80	40～100
	GB/T 85 GB/T 86	12～30	12～30	14～40	20～50	25～60	25～80	40～100
	GB/T 821	8～30	8～30	10～40	12～50	14～60	20～80	40～100
性能等级	钢				33H，45H			
	不锈钢				A1-50，C4-50			

① 长度系列为 8、10、12、(14)、16、20～50 (5 进位)、(55)、60～100 (10 进位)。

3. 内六角圆柱头螺钉（表 6-82～表 6-84），内六角沉头螺钉（见表 6-70）

表 6-82　　　　　　　　　　　内六角圆柱头螺钉（GB/T 70.1—2008）

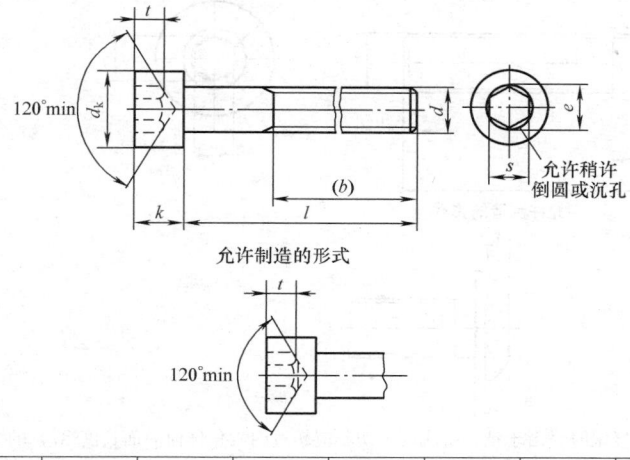

允许制造的形式

（单位：mm）

螺纹规格 d		M1.6	M2	M2.5	M3	M4	M5	M6	M8	M10	M12
b 参考		15	16	17	18	20	22	24	28	32	36
d_k max	光滑	3	3.8	4.5	5.5	7	8.5	10	13	16	18
	滚花	3.14	3.98	4.68	5.68	7.22	8.72	10.22	13.27	16.27	18.27
k max		1.6	2	2.5	3	4	5	6	8	10	12
e min		1.73		2.3	2.87	3.44	4.58	5.72	6.86	9.15	11.43
s 公称		1.5		2	2.5	3	4	5	6	8	10
t min		0.7	1	1.1	1.3	2	2.5	3	4	5	6
l[①] 长度范围		2.5～16	3～20	4～25	5～30	6～40	8～50	10～60	12～80	16～100	20～120
螺纹规格 d		(M14)	M16	M20	M24	M30	M36	M42	M48	M56	M64
b 参考		40	44	52	60	72	84	96	108	124	140
d_k max	光滑	21	24	30	36	45	54	63	72	84	96
	滚花	21.33	24.33	30.33	36.39	45.39	54.46	63.46	72.46	84.54	96.54
k max		14	16	20	24	30	36	42	48	56	64
e min		13.72	16.00	19.44	21.73	25.15	30.85	36.57	41.13	46.83	52.53
s 公称		12	14	17	19	22	27	32	36	41	46
t min		7	8	10	12	15.5	19	24	28	34	38
l[①] 长度范围		25～140	25～160	30～200	40～200	45～200	55～200	60～300	70～300	80～300	90～300
性能 等级	钢	d<3：按协议；3mm≤d≤39mm：8.8，10.9，12.9；d>39：按协议									
	不锈钢	d≤24mm：A2-70，A4-70；24mm<d≤39mm：A2-50，A4-50；d>39mm：按协议									
表面 处理	钢	1. 氧化；2. 镀锌钝化									
	不锈钢	简单处理									

注：尽可能不采用括号内规格。

① 长度系列 2.5、3、4、5、6～12（2 进位）、（14）、16、20～70（5 进位）、80～160（10 进位）、180～300（20 进位）。

表 6-83   **内六角平圆头螺钉** (GB/T 70.2—2015)

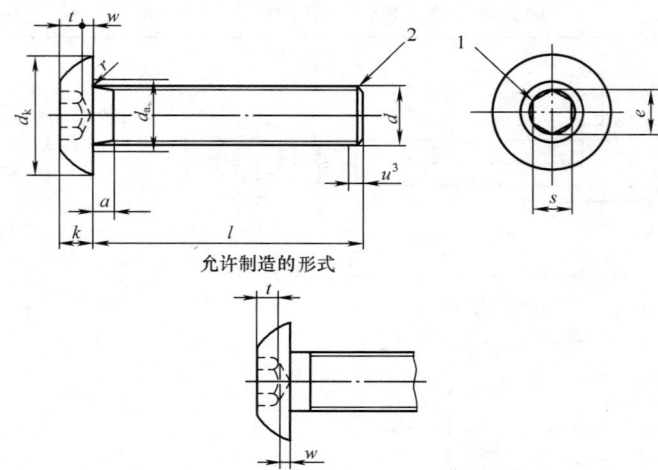

允许制造的形式

注：对切制内六角，当尺寸达到最大极限时，由于钻孔造成的过切不应超过内六角任何一面长度（t）的20%

1—内六角口部允许稍许倒圆或沉孔

2—末端倒角，$d \leqslant M4$ 的为辗制末端，见 GB/T 2

3—不完整螺纹的长度 $u \leqslant 2P$

（单位：mm）

螺纹规格 d		M3	M4	M5	M6	M8	M10	M12	M16
P[①]		0.5	0.7	0.8	1	1.25	1.5	1.75	2
a	max	1.0	1.4	1.6	2	2.50	3.0	3.50	4
	min	0.5	0.7	0.8	1	1.25	1.5	1.75	2
d_a max		3.6	4.7	5.7	6.8	9.2	11.2	14.2	18.2
d_k	max	5.7	7.60	9.50	10.50	14.00	17.50	21.00	28.00
	min	5.4	7.24	9.14	10.07	13.57	17.07	20.48	27.48
e[②] min		2.3	2.87	3.44	4.58	5.72	6.86	9.15	11.43
k	max	1.65	2.20	2.75	3.3	4.4	5.5	6.60	8.80
	min	1.40	1.95	2.50	4.1	4.1	5.2	6.24	8.44
r min		0.1	0.2	0.2	0.25	0.4	0.4	0.6	0.6
s	公称	2	2.5	3	4	5	6	8	10
	max	2.080	2.58	3.080	4.095	5.140	6.140	8.175	10.175
	min	2.020	2.52	3.020	4.020	5.020	6.020	8.025	10.025
t min		1.04	1.3	1.56	2.08	2.6	3.12	4.16	5.2
w min		0.2	0.3	0.38	0.74	1.05	1.45	1.63	2.25
l		6~12	8~16	10~30	10~30	10~40	16~40	16~50	20~50
性能等级		8.8、10.9、12.9							

① P—螺距。

② $e_{min} = 1.14 s_{min}$。

表 6-84 　　　　　　　　内六角沉头螺钉(GB/T 70.3—2008)

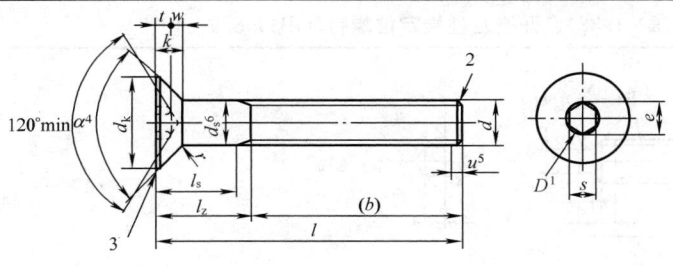

允许制造的形式

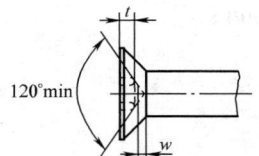

注：对切制内六角，当尺寸达到最大极限时，由于钻孔造成的过切不应超过内六角任何一面长度(t)的 20%

1—内六角口部允许稍许倒圆或沉孔

2—末端倒角，$d \leqslant M4$ 的为辗制末端，见 GB/T 2

3—头部棱边可以是圆的或平的，由制造者任选

4—$\alpha = 90° \sim 92°$

5—不完整螺纹的长度 $u \leqslant 2P$

6—d_a 适用于规定了 $l_{s\,min}$ 数值的产品

(单位：mm)

螺纹规格 d		M3	M4	M5	M6	M8	M10	M12	(M14)[①]	M16	M20
P[②]		0.5	0.7	0.8	1	1.25	1.5	1.75	2	2	2.5
b 参考		18	20	22	24	28	32	36	40	44	52
d_a　max		3.3	4.4	5.5	6.6	8.54	10.62	13.5	15.5	17.5	22
d_k	理论值 max	6.72	8.96	11.20	13.44	17.92	22.40	26.88	30.80	33.60	40.32
	实际值 min	5.54	7.53	9.43	11.34	15.24	19.22	23.12	26.52	29.01	36.05
d_s	max	3.00	4.00	5.00	6.00	8.00	10.00	12.00	14.0	16.00	20.00
	min	2.86	3.82	4.82	5.82	7.78	9.78	11.73	13.73	15.73	19.67
e[③]　min		2.3	2.87	3.44	4.58	5.72	6.86	9.15	11.43	11.43	13.72
k　max		1.86	2.48	3.1	3.72	4.96	6.2	7.44	8.4	8.8	10.16
F[④]　max		0.25	0.25	0.3	0.35	0.4	0.4	0.45	0.5	0.6	0.75
r　min		0.1	0.2	0.2	0.25	0.4	0.4	0.6	0.6	0.6	0.8
s[⑤]	公称	2	2.5	3	4	5	6	8	10	10	12
	max	2.080	2.58	3.080	4.095	5.140	6.140	8.175	10.175	10.175	12.212
	min	2.020	2.52	3.020	4.020	5.020	6.020	8.025	10.025	10.025	12.032
t　min		1.1	1.5	1.9	2.2	3	3.6	4.3	4.5	4.8	5.6
w　min		0.25	0.45	0.66	0.7	1.16	1.62	1.8	1.62	2.2	2.2
l[⑥]		8~30	8~40	8~50	8~60	10~80	12~100	20~100	25~100	30~100	35~100
机械性能等级		8.8、10.9、12.9									

① 尽可能不采用括号内的规格。

② P—螺距。

③ $e_{min} = 1.14 s_{min}$。

④ F 是头部的沉头公差。量规的 F 尺寸公差为：$^{\ 0}_{-0.01}$°

⑤ s 应用综合测量方法进行检验。

⑥ 虚线以上的长度，螺纹制到距头部 $3P$ 以内；虚线以下的长度，l_g 和 l_s 按下式计算：

　$l_{g\,max} = l_{公称} - b$；

　$l_{s\,min} = l_{g\,max} - 5P$。

4. 定位和轴位螺钉(见表 6-85 和表 6-86)

表 6-85   开槽锥端定位螺钉(GB/T 72—1988)、开槽圆柱端定位螺钉(GB/T 829—1988)

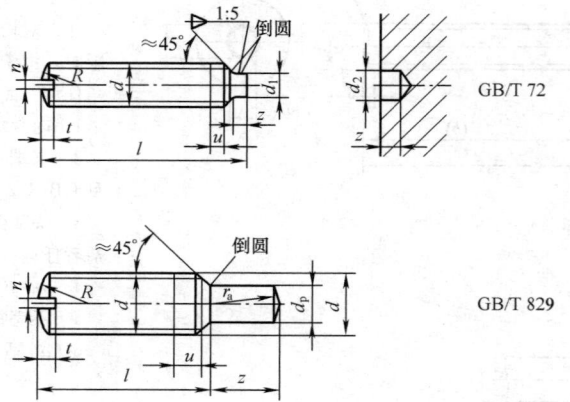

标记示例

螺纹规格 d＝M10、公称长度 l＝20mm、性能等级为 14H 级、不经表面处理的开槽锥端定位螺钉标记为

螺钉   GB/T 72   M10×20

螺纹规格 d＝M5、公称长度 l＝10mm、长度 z＝5mm、性能等级为 14H 级、不经表面处理的开槽圆柱端定位螺钉标记为

螺钉   GB/T 829 M5×10×5

(单位：mm)

螺纹规格 d			M1.6	M2	M2.5	M3	M4	M5	M6	M8	M10	M12
d_p max			0.8	1	1.5	2	2.5	3.0[2]	4	5.5	7.0	8.5
n 公称			0.25			0.4		0.6	0.8	1	1.2	1.6	2
t max			0.74	0.84	0.95	1.05	1.42	1.63	2	2.5	3	3.6
R ≈			1.6	2	2.5	3	4	5	6	8	10	12
d_1 ≈			—			1.7	2.1	2.5	3.4	4.7	6	7.3
d_2(推荐)			—			1.8	2.2	2.6	3.5	5	6.5	8
z	GB/T 72					1.5	2	2.5	3	4	5	6
	GB/T 829	范围	1~1.5	1~2	1.2~2.5	1.5~3	2~4	2.5~5	3~6	4~8	5~10	—
		系列	1, 1.2, 1.5, 2, 2.5, 3, 4, 5, 6, 8, 10									
l[1] 长度范围	GB/T 72		—			4~16	4~20	5~20	6~25	8~35	10~45	12~50
	B/T 829		1.5~3	1.5~4	2~5	2.5~6	3~8	4~10	5~12	6~16	8~20	—
性能等级	钢		14H、33H									
	不锈钢		A1-50、C4-50									

注：尽可能不采用括号内规格。

① 长度系列为 1.5、2、2.5、3、4、5、6~12(2 进位)、(14)、16、20~50(5 进位)。

② 对 M5 螺钉，GB/T 72，d_{pmax}＝3.0；GB/T 829，d_{pmax}＝3.5。

表 6-86　开槽圆柱头轴位螺钉(GB/T 830—1998)、无槽无头轴位螺钉(GB/T 831—1988)、
开槽球面圆柱头轴位螺钉(GB/T 946—1988)

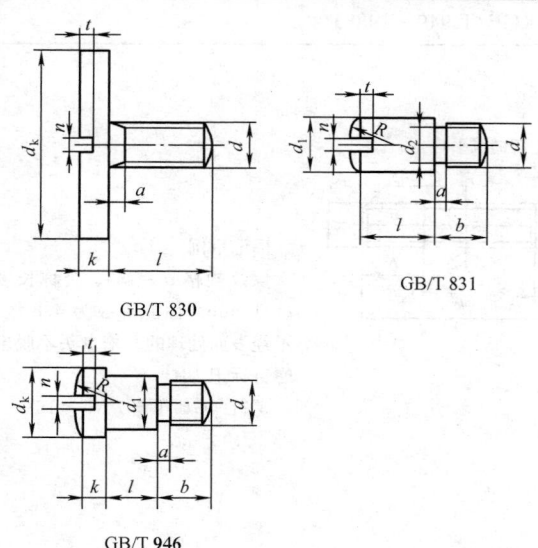

GB/T 830

GB/T 831

GB/T 946

标记示例

螺纹规格 $d=$M5、公称长度 $l=$10mm、性能等级为 4.8 级、不经表面处理的开槽圆柱头轴位螺钉标记为

螺钉　GB/T 830 M5×10

d_1 按 f9 制造时，应加标记 f9

螺钉　GB/T 830 M5f9×10

螺纹规格 $d=$M5、公称长度 $l=$10mm、性能等级为 14H 级、不经表面处理的开槽无头轴位螺钉标记为

螺钉　GB/T 831 M5×10

d_1 按 f9 制造时，应加标记 f9

螺钉　GB/T 831 M5f9×10

(单位：mm)

螺纹规格　d		M1.6	M2	M2.5	M3	M4	M5	M6	M8	M10
b		2.5	3	3.5	4	5	6	8	10	12
$a\approx$		1				1.5		2		3
d_1	max	2.48	2.98	3.47	3.97	4.97	5.97	7.96	9.96	11.95
	min	2.42	2.92	3.395	3.895	4.895	5.895	7.87	9.87	11.84
d_2		1.1	1.4	1.8	2.2	3	3.8	4.5	6.2	7.8
d_k　max		3.5	4	5	6	8	10	12	15	20
k　max	GB/T 830	1.32	1.52	1.82	2.1	2.7	3.2	3.74	5.24	6.24
	GB/T 946	1.2	1.6	1.8	2	2.8	3.5	4	5	6
n　公称	GB/T 830 GB/T 946	0.4	0.5	0.6	0.8	1.2	1.6	2	2.5	
	GB/T 831	0.4	0.5		0.6	0.8		1.2	1.6	2
t　min	GB/T 830	0.35	0.5	0.6	0.7	1	1.2	1.4	1.9	2.4
	GB/T 831 GB/T 946	0.6	0.7	0.9	1	1.4	1.7	2	2.5	3
$R\approx$	GB/T 831	2.5	3	3.5	4	5	6	8	10	12
	GB/T 946	3.5	4	5	6	8	10	12	15	20
l[①]长度范围	GB/T 830 GB/T 946	1~6	1~8		1~10	1~12	1~14	2~16		2~20
	GB/T 831	2~3	2~4	2~5	2.5~6	3~8	4~10	5~12	6~16	6~20
性能等级	钢	GB/T 830、GB/T 946：4.8；GB/T 831：14H								
	不锈钢	A1-50、C4-50								

注：尽可能不采用括号内规格。

① 长度系列为 1、1.2、1.6、2、2.5、3、4、5、6~12 (2 进位)、(14)、16、20。

5. 不脱出螺钉（见表6-87～表6-89）

表6-87 开槽盘头不脱出螺钉（GB/T 837—1988）、开槽沉头不脱出螺钉（GB/T 948—1988）、
开槽半沉头不脱出螺钉（GB/T 949—1988）

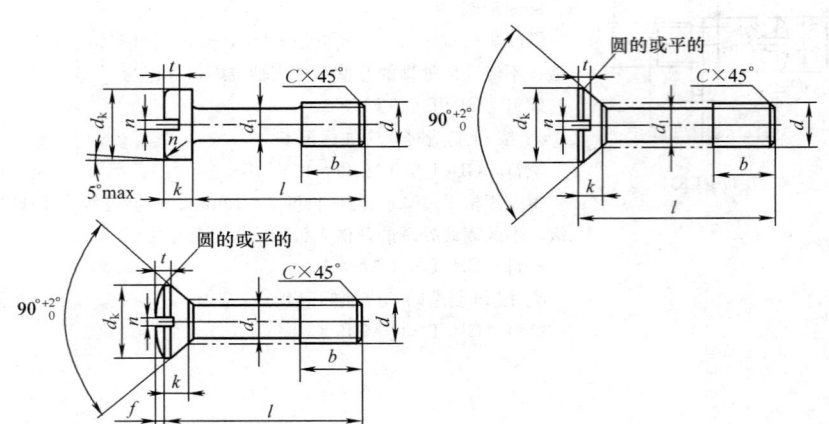

标记示例
螺纹规格 d = M5、公称长度
l = 16mm、性能等级为 4.8 级、
不经表面处理的开槽盘头不脱出
螺钉标记为
螺钉 GB/T 837 M5×16

（单位：mm）

螺纹规格 d		M3	M4	M5	M6	M8	M10
b		4	6	8	10	12	15
d_k max	GB/T 837	5.6	8.0	9.5	12.0	16.0	20.0
	GB/T 948 GB/T 949	6.3	9.4	10.4	12.6	17.3	20.0
k max	GB/T 837	1.8	2.4	3.0	3.6	4.8	6.0
	GB/T 948 GB/T 949	1.65	2.70		3.30	4.65	5.00
n	公称	0.8	1.2		1.6	2.0	2.5
t min	GB/T 837	0.7	1.0	1.2	1.4	1.9	2.4
	GB/T 948	0.6	1.0	1.1	1.2	1.8	2.0
	GB/T 949	1.2	1.6	2.0	2.4	3.2	3.8
d_1 max		2.0	2.8	3.5	4.5	5.5	7.0
l[①] 长度范围		10～25	12～30	14～40	20～50	25～60	30～60
性能等级	钢	4.8					
	不锈钢	A1-50、C4-50					

① 长度系列为 10、12、(14)、16、20～50 (5 进位)、(55)、60。

表 6-88 六角头不脱出螺钉（GB/T 838—1988）

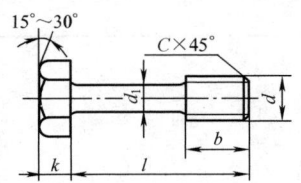 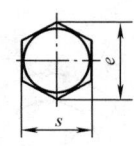

标记示例

螺纹规格 d＝M6、公称长度 l＝20mm、性能等级为 4.8 级、不经表面处理的六角头不脱出螺钉标记为

螺钉　GB/T 838 M6×20

（单位：mm）

螺纹规格 d		M5	M6	M8	M10	M12	M14	M16
b		8	10	12	15	18	20	24
k 公称		3.5	4	5.3	6.4	7.5	8.8	10
s max		8	10	12	16	18	21	24
e min		8.79	11.05	14.38	17.77	20.03	23.35	26.75
d_1 max		3.5	4.5	5.5	7.0	9.0	11.0	12.0
l[1] 长度范围		14～40	20～50	25～65	30～80	30～100	35～100	40～100
性能等级	钢	4.8						
	不锈钢	A1-50、C4-50						

[1] 长度系列为（14）、16、20～50（5进位）、(55)、60 (65)、70、75、80、90、100。

表 6-89 滚花头不脱出螺钉（GB/T 839—1988）

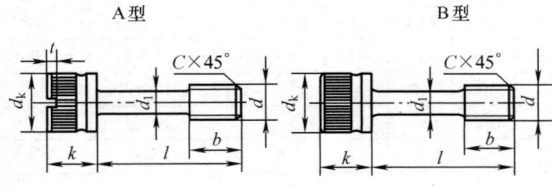

标记示例

螺纹规格 d＝M6、公称长度 l＝20mm、性能等级为 4.8 级、不经表面处理、按 A 型制造的滚花头不脱出螺钉标记为

螺钉　GB/T 839 M6×20

按 B 型制造时，应加标记 B

螺钉　GB/T 839 BM6×20

（单位：mm）

螺纹规格 d		M3	M4	M5	M6	M8	M10
b		4	6	8	10	12	15
d_k（滚花前）max		5	8	9	11	14	17
k max		4.5	6.5	7	10	12	13.5
n 公称		0.8	1.2		1.6	2	2.5
t min		0.7	1.0	1.2	1.4	1.9	2.4
d_1 max		2.0	2.8	3.5	4.5	5.5	7.0
l[1] 长度范围		10～25	12～30	14～40	20～50	25～60	30～60
性能等级	钢	4.8					
	不锈钢	A1-50、C4-50					

[1] 长度系列为 10、12、(14)、16、20～50（5进位）、(55)、60。

6. 吊环螺钉（见表 6-90）

表 6-90　　　　　　　　　　吊环螺钉（GB/T 825—1988）

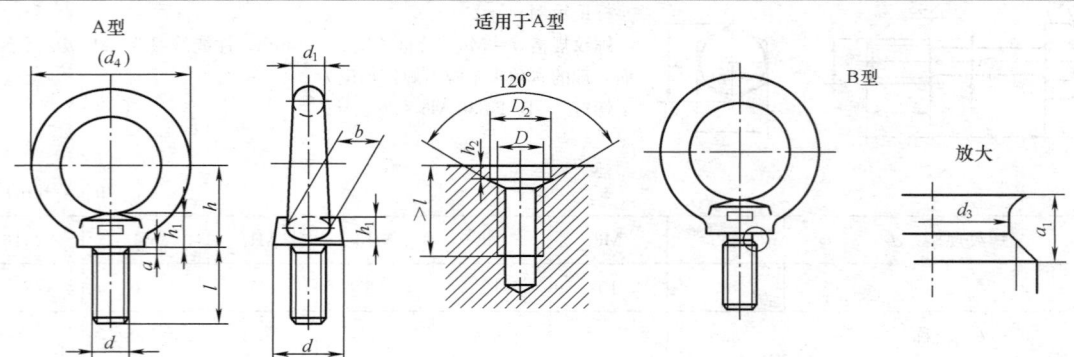

标记示例

螺纹规格 d＝M20、材料为 20 钢、经正火处理、不经表面处理的 A 型吊环螺钉标记为

螺钉　GB/T 825 M20

（单位：mm）

规格 d		M8	M10	M12	M16	M20	M24	M30	M36	M42	M48	M56	M64	M72×6	M80×6	M100×6
d_1	max	9.1	11.1	13.1	15.2	17.4	21.4	25.7	30	34.4	40.7	44.7	51.4	63.8	71.8	79.2
	min	7.6	9.6	11.6	13.6	15.6	19.6	23.5	27.5	31.2	37.4	41.1	46.9	58.8	66.8	73.6
D_1	公称	20	24	28	34	40	48	56	67	80	95	112	125	140	160	200
	min	19	23	27	32.9	38.8	46.8	54.6	65.5	78.1	92.9	109.9	122.3	137	157	196.7
d_2	max	21.1	25.1	29.1	35.2	41.4	49.4	57.7	69	82.4	97.7	114.7	128.4	143.8	163.8	204.2
	min	19.6	23.6	27.6	33.6	69.3	47.6	55.5	66.5	79.2	94.1	111.1	123.9	138.8	158.8	198.6
l 公称		16	20	22	28	35	40	45	55	65	70	80	90	100	115	140
d_2 参考		36	44	52	62	72	88	104	123	144	171	196	221	260	296	350
h		18	22	26	31	36	44	53	63	74	87	100	115	130	150	175
a max		2.5	3	3.5	4	5	6	7	8	9	10	11			12	
a_1 max		3.75	4.5	5.25	6	7.5	9	10.5	12	13.5	15	16.5			18	
b		10	12	14	16	19	24	28	32	38	46	50	58	72	80	88
d_3	公称 max	6	7.7	9.4	13	16.4	19.6	25	30.8	34.6	41	48.3	55.7	63.7	71.7	91.7
	min	5.82	7.48	9.18	12.73	16.13	19.27	24.67	29.91	35.21	40.61	47.91	55.24	63.24	17.24	91.16
D		M8	M10	M12	M16	M20	M24	M30	M36	M42	M48	M56	M64	M72×6	M80×6	M100×6
D_2	公称 min	13	15	17	22	28	32	38	45	52	60	75		85	95	115
	max	13.43	15.43	17.52	22.52	28.52	32.62	38.62	45.62	52.74	60.74	68.74	75.74	85.87	95.87	115.87
h_2	公称 min	2.5	3	3.5	4.5	5	7	8	9.5	10.5	11.5	12.5	13.5		14	
	max	2.9	3.4	3.98	4.98	5.48	7.58	8.58	40.08	11.2	12.2	13.2	14.2		14.7	
单螺钉最大起吊质量 /t		0.16	0.25	0.40	0.63	1	1.6	2.5	4	6.3	8	10	16	20	25	40
材料		20 钢、25 钢														
表面处理		一般不进行表面处理,根据使用要求,可进行镀锌钝化、镀铬,电镀后应立即进行驱氢处理														

7. 滚花螺钉（见表 6-91）

表 6-91　　滚花高头螺钉（GB/T 834—1988）滚花平头螺钉（GB/T 835—1988）

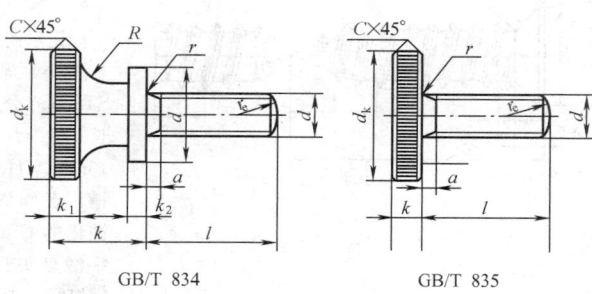

GB/T 834　　　　　GB/T 835

标记示例

螺纹规格 d＝M5、公称长度 l＝20mm、性能等级为 4.8 级、不经表面处理的滚花高头螺钉和滚花平头螺钉分别标记为

螺钉　GB/T 834 M5×20

螺钉　GB/T 835 M5×20

（单位：mm）

螺纹规格　d		M1.6	M2	M2.5	M3	M4	M5	M6	M8	M10
d_k　max		7	8	9	11	12	16	20	24	30
k　max	GB/T 834	4.7	5	5.5	7	8	10	12	16	20
	GB/T 835	2		2.2	2.8	3	4	5	6	8
k_1		2		2.2	2.8	3	4	5	6	8
k_2		0.8		1	1.2	1.5	2	2.5	3	3.8
$R\approx$		1.25			1.5	2	2.5	3	4	5
r　min		0.1				0.2		0.25	0.4	
r_e		2.24	2.8	3.5	4.2	5.6	7	8.4	11.2	14
d_1		4	4.5	5	6	8	10	12	16	20
l[1]　长度范围	GB/T 834	2~8	2.5~10	3~12	4~16	5~16	6~20	8~25	10~30	12~35
	GB/T 835	2~12	4~16	5~16	6~20	8~25	10~25	12~30	16~35	20~45
性能等级	钢	4.8								
	不锈钢	A1-50、C4-50								

①　长度系列为 2、2.5、3、4、5、6、8、10、12、(14)、16、20~45（5进位）。

8. 自攻螺钉（见表 6-92 和表 6-93）

表 6-92   十字槽盘头自攻螺钉（GB/T 845—2017）、十字槽沉头自攻螺钉（GB/T 846—2017）
和十字槽半沉头自攻螺钉（GB/T 847—2017）

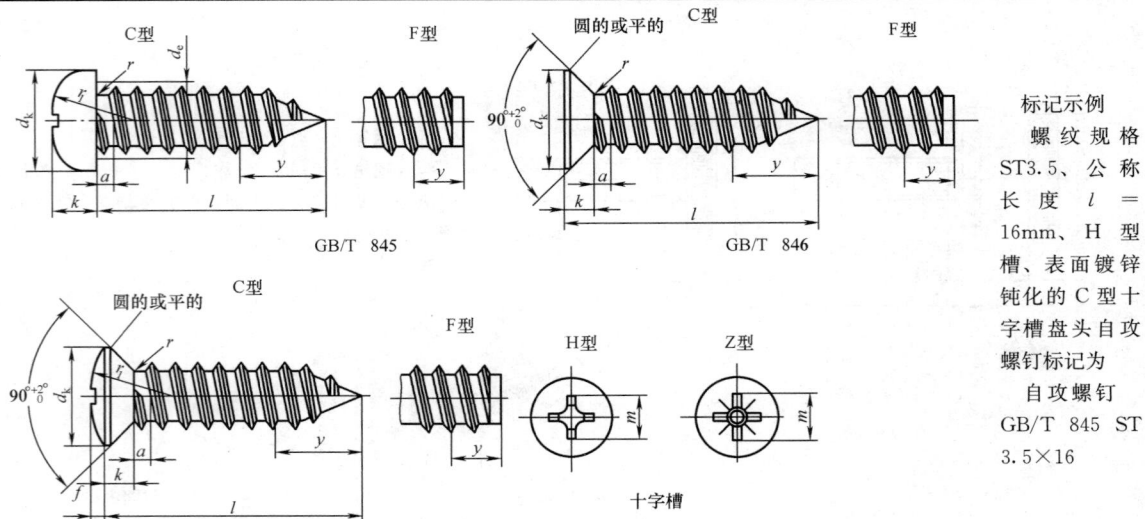

GB/T 845   GB/T 846   GB/T 847   十字槽

标记示例

螺纹规格 ST3.5、公称长度 l = 16mm、H 型槽、表面镀锌钝化的 C 型十字槽盘头自攻螺钉标记为

自攻螺钉 GB/T 845 ST 3.5×16

（单位：mm）

螺纹规格				ST2.2	ST2.9	ST3.5	ST4.2	ST4.8	ST5.5	ST6.3	ST8	ST9.5
螺距 P				0.8	1.1	1.3	1.4	1.6	1.8	1.8	2.1	2.1
a		max		0.8	1.1	1.3	1.4	1.6	1.8	1.8	2.1	2.1
d_k max		GB/T 845		4	5.6	7	8	9.5	11	12	16	20
		GB/T 846 GB/T 847		3.8	5.5	7.3	8.4	9.3	10.3	11.3	15.8	18.3
k max		GB/T 845		1.6	2.4	2.6	3.1	3.7	4	4.6	6	7.5
		GB/T 846 GB/T 847		1.1	1.7	2.35	2.6	2.8	3	3.15	4.65	5.25
y（参考）		C 型		2	2.6	3.2	3.7	4.3	5	6	7.5	8
		F 型		1.6	2.1	2.5	2.8	3.2	3.6	3.6	4.2	4.2
十字槽槽号 No				0	1	1	2	2	3	3	4	4
十字槽插入深度	H 型	GB/T 845	min	0.85	1.4	1.4	1.9	2.4	2.6	3.1	4.15	5.2
			max	1.2	1.8	1.9	2.4	2.9	3.1	3.6	4.7	5.8
	Z 型		min	0.95	1.45	1.5	1.95	2.3	2.55	3.05	4.05	5.25
			max	1.2	1.75	1.9	2.35	2.75	3	3.5	4.5	5.7
	H 型	GB/T 846	min	0.9	1.7	1.9	2.1	2.7	2.8	3	4	5.1
			max	1.2	2.1	2.4	2.6	3.2	3.3	3.5	4.6	5.7
	Z 型		min	0.95	1.6	1.75	2.05	2.6	2.75	3	4.15	5.2
			max	1.2	2	2.2	2.5	3.05	3.2	3.45	4.6	5.56
	H 型	GB/T 847	min	1.2	1.8	2.25	2.7	2.9	2.95	3.5	4.75	5.5
			max	1.5	2.2	2.75	3.2	3.4	3.45	4	5.25	6
	Z 型		min	1.15	1.8	2.25	2.65	2.9	2.95	3.4	4.75	5.6
			max	1.4	2.1	2.7	3.1	3.35	3.4	3.85	5.2	6.05
l[①] 长度范围		GB/T 845		4.5~16	6.5~19	9.5~25	9.5~32	9.5~38	13~38	13~38	16~50	16~50
		GB/T 846 GB/T 847		4.5~16	6.5~19	9.5~25	9.5~32	9.5~32	13~38	13~38	16~50	16~50

① 长度系列：4.5、6.5、9.5、13、16、19、22、25、32、38、45、50。

表 6-93 | 六角头自攻螺钉（GB/T 5285—2017）和十字槽凹穴
六角头自攻螺钉（GB/T 9456—1988）

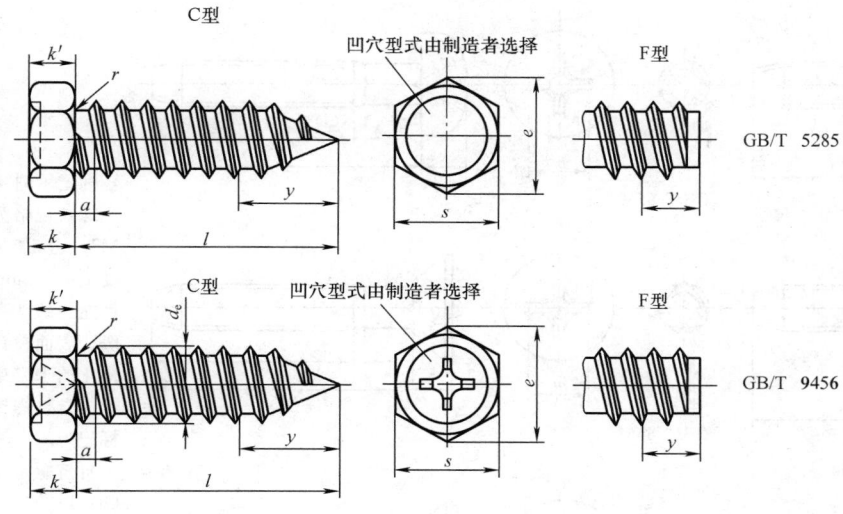

标记示例
螺纹规格 ST3.5、公称长度 $l=16\text{mm}$、表面镀锌钝化的 C 型六角头自攻螺钉标记为
自攻螺钉　GB/T 5285
ST 3.5×16

（单位：mm）

螺 纹 规 格			ST2.2	ST2.9	ST3.5	ST4.2	ST4.8	ST5.5	ST6.3	ST8	ST9.5
螺距 P			0.8	1.1	1.3	1.4	1.6	1.8		2.1	
a	max		0.8	1.1	1.3	1.4	1.6	1.8		2.1	
s	max		3.2	5	5.5	7	8		10	13	16
e	min		3.38	5.4	5.96	7.59	8.71		10.95	14.26	17.62
k	max		1.6	2.3	2.6	3	3.8	4.1	4.7		7.5
十字槽 H 型				1		2			3		
	插入深度	min	—	0.95	0.91	1.40	1.80	—	2.36	3.20	—
		max	—	1.32	1.43	1.90	2.33		2.86	3.86	—
y 参考	C 型		2	2.6	3.2	3.7	4.3	5	6	7.5	8
	F 型		1.6	2.1	2.5	2.8	3.2	3.6		4.2	
$l^{①}$长度范围	GB/T 5285		4.5～16	6.5～19	6.5～22	9.5～25	9.5～32	13～32	13～38	13～50	16～50
	GB/T 9456		—	6.5～19	9.5～22	9.5～25	9.5～32	—	13～38	13～50	—

① 长度系列为 4.5、6.5、9.5、13、16、19、22、25、32、38、45、50。

9. 自挤螺钉（见表 6-94～表 6-96）

表 6-94 十字槽盘头自挤螺钉（GB/T 6560—2014）十字槽沉头自挤
螺钉（GB/T 6561—2014）和十字槽半沉头自挤螺钉（GB/T 6562—2014）

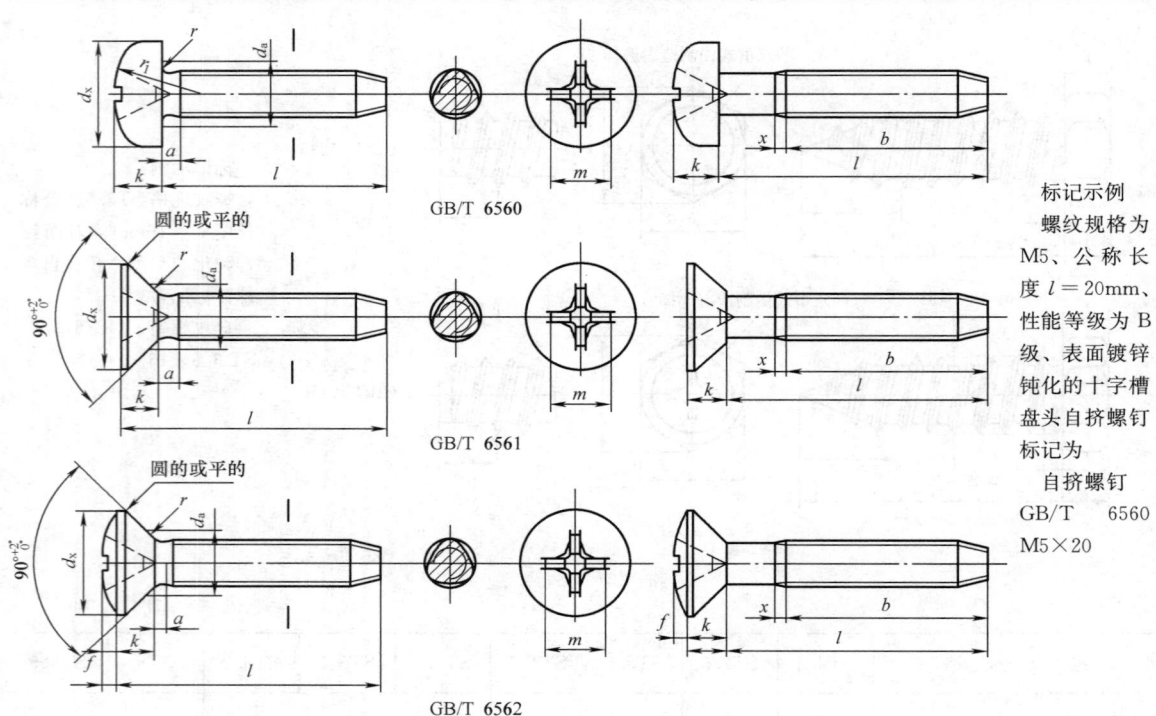

标记示例
螺纹规格为
M5、公称长
度 $l = 20$mm、
性能等级为 B
级、表面镀锌
钝化的十字槽
盘头自挤螺钉
标记为
自挤螺钉
GB/T 6560
M5×20

（单位：mm）

	螺 纹 规 格		M2	M2.5	M3	M4	M5	M6
	a max		0.8	0.9	1	1.4	1.6	2
	b min		10	12	18	24	30	35
	x max		1	1.1	1.25	1.75	2	2.5
d_k max	GB/T 6560		4	5	5.6	8	9.5	12
	GB/T 6561 GB/T 6562		—	4.7	5.5	8.4	9.3	11.3
k max	GB/T 6560		1.6	2.1	2.4	3.1	3.7	4.6
	GB/T 6561 GB/T 6562		—	1.2	1.65	2.7	—	3.3
	十字槽槽号 No		0	1		2		3
十字槽插入深度	H 型	GB/T 6560 min	0.9	1.15	1.4	1.9	2.4	3.1
		GB/T 6560 max	1.2	1.55	1.8	2.4	2.9	3.6
		GB/T 6561 min	—	1.4	1.7	2.4	2.7	3
		GB/T 6561 max	—	1.8	2.1	2.6	3.2	3.5
		GB/T 6562 min	—	1.5	1.8	2.7	2.9	3.5
		GB/T 6562 max	—	1.85	2.2	3.2	3.4	4

螺 纹 规 格		M2	M2.5	M3	M4	M5	M6
全螺纹时 最大长度	GB/T 6560	10	12	16	25	30	35
	GB/T 6561 GB/T 6562	—	12	16	25	30	
l[①] 长度范围	GB/T 6560	4~12	5~16	6~20	8~30	10~35	12~40
	GB/T 6561 GB/T 6562	—	6~16	8~20	10~30	12~35	14~40

注:尽可能不采用括号内规格。

① 长度系列为 4、5、6、8、10、12、(14)、16、20、25、30、35、40。

表 6-95　　　　　　　　六角头自挤螺钉（GB/T 6563—2014）

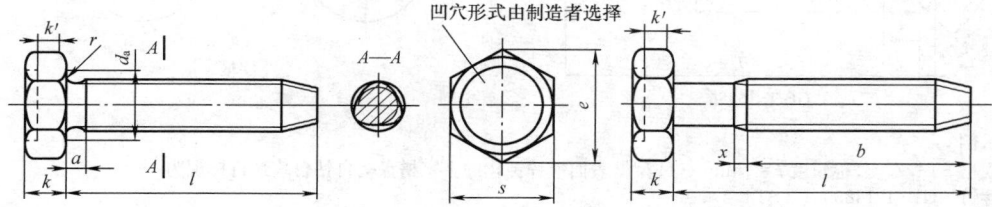

凹穴形式由制造者选择

标记示例

螺纹规格为 M5、公称长度 $l=20$mm、性能等级为 B 级、表面镀锌钝化的六角头自挤螺钉标记为

自攻螺钉　GB/T 6563　M5×20

（单位：mm）

螺 纹 规 格	M5	M6	M8	M10	M12
a　max	2.4	3	3.75	4.5	5.25
b　min	30	35			
s　max	8	10	13	16	18
e　min	8.79	11.05	14.38	17.77	20.03
k　公称	3.5	4	5.3	6.4	7.5
x　max	2	2.5	3.2	3.8	4.4
全螺纹时最大长度	30	35			
l[①] 长度范围	10~50	12~60	16~80	20~80	25~80

注:尽可能不采用括号内规格。

① 长度系列为 10、12、(14)、16、20~50（5 进位）、(55)、60、(65)、70、80。

表 6-96　十字槽盘头自钻自攻螺钉（GB/T 15856.1—2002）、十字槽沉头自钻自攻螺钉（GB/T 15856.2—2002）和十字槽半沉头自钻自攻螺钉（GB/T 15856.3—2002）

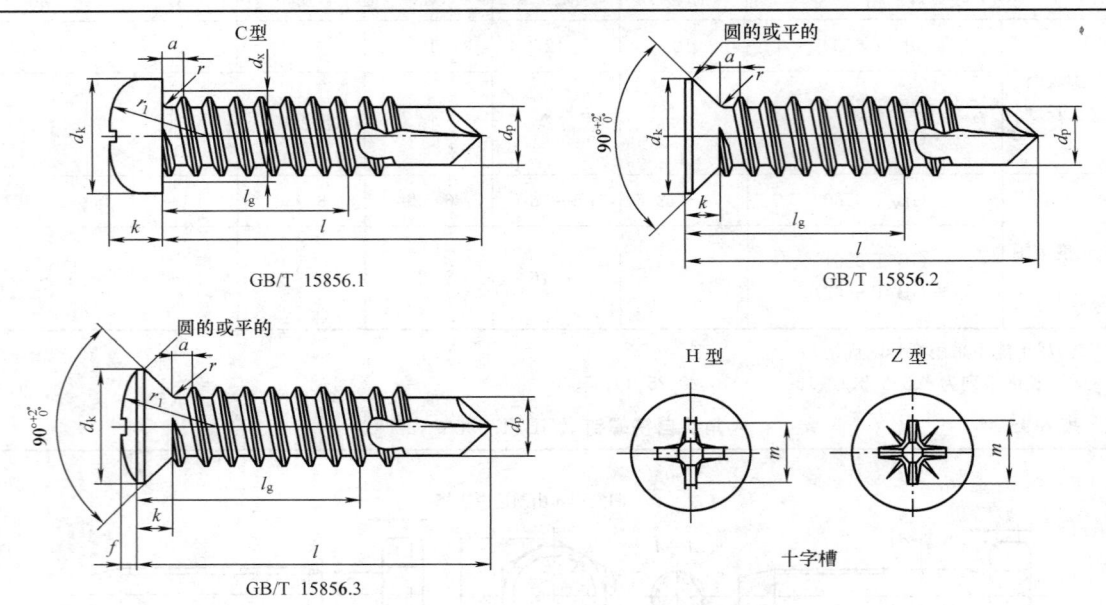

GB/T 15856.1

GB/T 15856.2

GB/T 15856.3

十字槽

标记示例

螺纹规格 ST4.2，公称长度 $l=16$mm、H 型槽表面镀锌钝化的十字槽盘头自钻自攻螺钉标记为

自攻螺钉　GB/T 15856.1　ST4.2×16

（单位：mm）

螺 纹 规 格			ST2.9	ST3.5	ST4.2	ST4.8	ST5.5	ST6.3
螺 距 P			1.1	1.3	1.4	1.6	1.8	
a		max	1.1	1.3	1.4	1.6	1.8	
d_k　max		GB/T 15856.1	5.6	7	8	9.5	11	12
		GB/T 15856.2 GB/T 15856.3	5.5	7.3	8.4	9.3	10.3	11.3
k　max		GB/T 15856.1	2.4	2.6	3.1	3.7	4	4.6
		GB/T 15856.2 GB/T 15856.3	1.7	2.35	2.6	2.8	3	3.15
d_p　≈			2.3	2.8	3.6	4.1	4.8	5.8
十字槽槽号　No			1		2		3	
十字槽插入深度	H 型	GB/T 15856.1 min	1.4		1.9	2.4	2.6	3.1
		max	1.8	1.9	2.4	2.9	3.1	3.6
	Z 型	min	1.45	1.5	1.95	2.3	2.55	3.05
		max	1.75	1.9	2.35	2.75	3	3.5
	H 型	GB/T 15856.2 min	1.7	1.9	2.1	2.7	2.8	3
		max	2.1	2.4	2.6	3.2	3.3	3.5
	Z 型	min	1.6	1.75	2.05	2.6	2.75	3
		max	2	2.2	2.5	3.05	3.2	3.45
	H 型	GB/T 15856.3 min	1.8	2.25	2.7	2.9	2.95	3.5
		max	2.2	2.75	3.2	3.4	3.45	4
	Z 型	min	1.8	2.25	2.65	2.9	2.95	3.4
		max	2.1	2.7	3.1	3.35	3.4	3.85
钻削范围（板厚）		≥	0.7			1.75		2
		≤	1.9	2.25	3	4	5.25	6
l[①]　长度范围			13～19	13～25	13～38	16～50	19～50	

①　长度系列为 13、16、19、22、25、32、38、45、50。

10. 木螺钉（见表 6-97 和表 6-98）

表 6-97　　**开槽圆头木螺钉**（GB/T 99—1986）、**开槽沉头木螺钉**（GB/T 100—1986）

和开槽半沉头木螺钉（GB/T 101—1986）

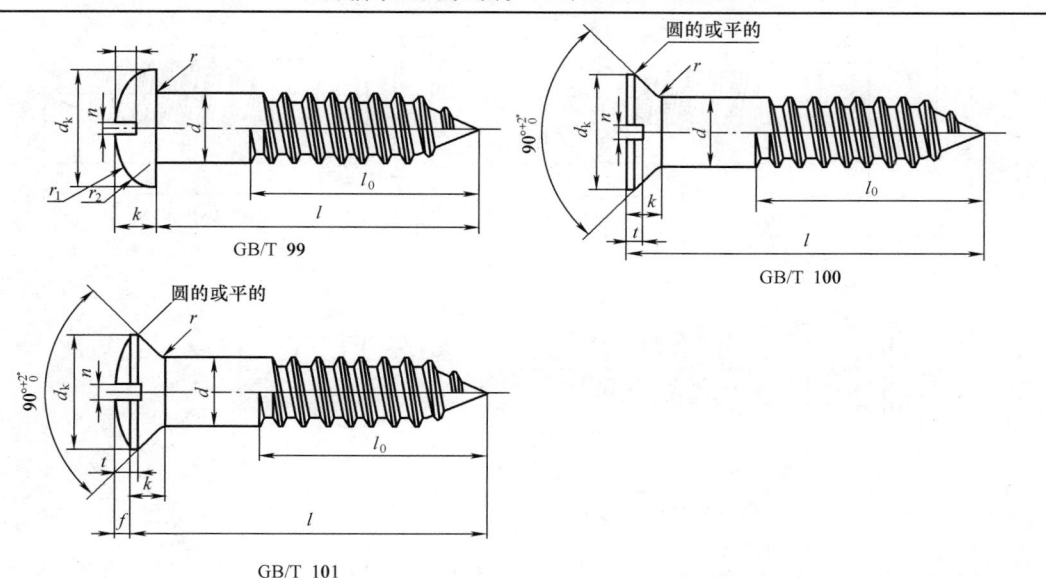

GB/T 99　　　　GB/T 100

GB/T 101

标记示例

公称直径 10mm、长度 100mm、材料为 Q215、不经表面处理的开槽圆头木螺钉标记为

木螺钉　GB/T 99 10×100

（单位：mm）

	d 公称	1.6	2	2.5	3	3.5	4	(4.5)	5	(5.5)	6	(7)	8	10
d_k max	GB/T 99	3.2	3.9	4.63	5.8	6.75	7.65	8.6	9.5	10.5	11.05	13.35	15.2	18.9
	GB/T 100 GB/T 101	3.2	4	5	6	7	8	9	10	11	12	14	16	20
k	GB/T 99	1.4	1.6	1.98	2.37	2.65	2.95	3.25	3.5	3.95	4.34	4.86	5.5	6.8
	GB/T 100 GB/T 101	1	1.2	1.4	1.7	2	2.2	2.7	3	3.2	3.5	4	4.5	5.8
	n 公称	0.4	0.5	0.6	0.8	0.9	1	1.2	1.2	1.4	1.6	1.8	2	2.5
$r_f \approx$	GB/T 99	1.6	2.3	2.6	3.4	4	4.8	5.2	6	6.5	6.8	8.2	9.7	12.1
	GB/T 101	2.8	3.6	4.3	5.5	6.1	7.3	7.9	9.1	9.7	10.9	12.4	14.5	18.2
t min	GB/T 99	0.64	0.70	0.90	1.06	1.26	1.38	1.60	1.90	2.10	2.20	2.34	2.94	3.60
	GB/T 100	0.48	0.58	0.64	0.79	0.95	1.05	1.30	1.46	1.56	1.71	1.95	2.2	2.90
	GB/T 101	0.64	0.74	0.9	1.1	1.36	1.46	1.8	2.0	2.2	2.3	2.8	3.1	4.04
$l^{①}$ 长度范围	GB/T 99	6~12	6~14	6~22	8~25	8~38	12~65	14~80	16~90	22~90	22~120	38~120	65~120
	GB/T 100	6~12	6~16	6~25	8~30	8~40	12~70	16~85	18~100	25~100	25~120	40~120	75~120
	GB/T 101	6~12	6~16	6~25	8~30	8~40	12~70	16~85	18~100	30~100	30~120	40~120	70~120
材料	碳素钢	Q215、Q235												
	铜及铜合金	H62、HPb59-1												

注：尽可能不采用括号内的规格。

① 长度系列为 6~20（2 进位）、(22)、25、30、(32)、35、(38)、40~90（5 进位）、100、120。

表 6-98   十字槽圆头木螺钉（GB/T 950—1986）、十字槽沉头木螺钉（GB/T 951—1986）

和十字槽半沉头木螺钉（GB/T 952—1986）

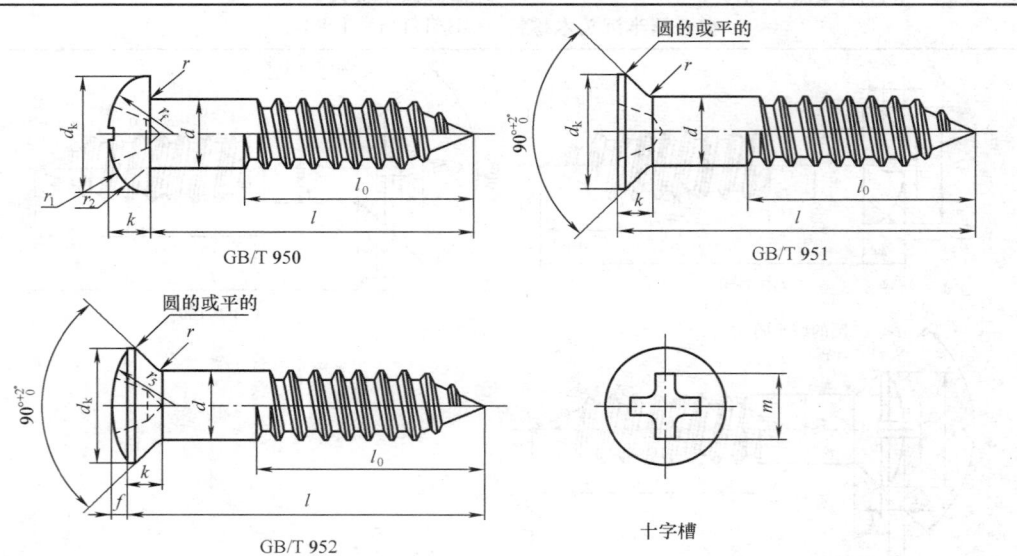

GB/T 950

GB/T 951

GB/T 952

十字槽

标记示例

公称直径 10mm、长度 100mm、材料为 Q215、不经表面处理的十字槽圆头木螺钉标记为

木螺钉   GB/T 950 10×100

（单位：mm）

	d 公称		2	2.5	3	3.5	4	(4.5)	5	(5.5)	6	(7)	8	10
d_k max	GB/T 950		3.9	4.63	5.8	6.75	7.65	8.6	9.5	10.5	11.05	13.35	15.2	18.9
	GB/T 951 GB/T 952		4	5	6	7	8	9	10	11	12	14	16	20
k	GB/T 950		1.6	1.98	2.37	2.65	2.95	3.25	3.5	3.95	4.34	4.86	5.5	6.8
	GB/T 951 GB/T 952		1.2	1.4	1.7	2	2.2	2.7	3	3.2	3.5	4	4.5	5.8
r_f	GB/T 950		2.3	2.6	3.4	4	4.8	5.2	6	6.5	6.8	8.2	9.7	12.1
	GB/T 952		3.6	4.3	5.5	6.1	7.3	7.9	9.1	9.7	10.9	12.4	14.5	18.2
	十字槽槽号		1			2					3			4
十字槽 （H型） 插入 深度	GB/T 950	max	1.32	1.52	1.63	1.83	2.23	2.43	2.63	2.76	3.26	3.56	4.35	5.35
		min	0.9	1.1	1.06	1.25	1.64	1.84	2.04	2.16	2.65	2.93	3.77	4.75
	GB/T 951	max	1.32	1.52	1.73	2.13	2.73	3.13	3.33	3.36	3.96	4.46	4.95	5.95
		min	0.95	1.14	1.20	1.60	2.19	2.58	2.77	2.80	3.39	3.87	4.41	5.39
	GB/T 952	max	1.52	1.72	1.83	2.23	2.83	3.23	3.43	3.46	4.06	4.56	5.15	6.15
		min	1.14	1.34	1.30	1.69	2.28	2.68	2.87	2.90	3.48	3.97	4.60	5.58
l[①]	长度范围		6～16	6～25	8～30	8～40	12～70	16～85	18～100	25～100	25～120	40～120		70～120
材料	碳素钢		Q215、Q235											
	铜及铜合金		H62、HPb59-1											

注：尽可能不采用括号内的规格。

①   公称长度系列为：6～（22）（2 进位）、25、30、（32）、35、（38）、40～90（5 进位）、100、120。

6.3.5 垫圈

1. 平垫圈（见表 6-99～表 6-101）

表 6-99 平垫圈 **A** 级（GB/T 97.1—2002）、平垫圈倒角型 **A** 级
（GB/T 97.2—2002）和小垫圈 **A** 级（GB/T 848—2002）

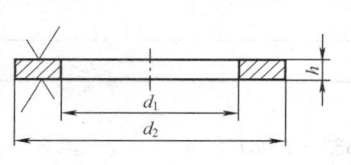 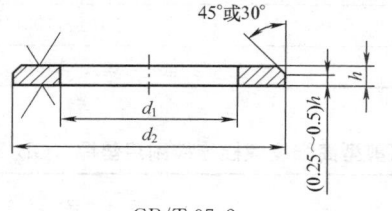

GB/T 97.1、GB/T 848   GB/T 97.2

$\sqrt{}^{1.6}$ 用于 $h\leqslant 3\mathrm{mm}$，$\sqrt{}^{3.2}$ 用于 $3\mathrm{mm}<h\leqslant 6\mathrm{mm}$，$\sqrt{}^{6.3}$ 用于 $h>6\mathrm{mm}$

（单位：mm）

规格（螺纹大径）		1.6	2	2.5	3	4	5	6	8	10	12	(14)	16	20	24	30	36
GB/T 97.1	d_1	1.7	2.2	2.7	3.2	4.3	5.3	6.4	8.4	10.5	13	15	17	21	25	31	37
	d_2	4	5	6	7	9	10	12	16	20	24	28	30	37	44	56	66
	h	0.3			0.5		0.8	1		1.6		2		2.5		3		4		5
GB/T 97.2	d_1	—					5.3	6.4	8.4	10.5	13	15	17	21	25	31	37
	d_2	—					10	12	16	20	24	28	30	37	44	56	66
	h	—					1		1.6		2		2.5		3		4		5
GB/T 848	d_1	1.7	2.2	2.7	3.2	4.3	5.3	6.4	8.4	10.5	13	15	17	21	25	31	37
	d_2	3.5	4.5	5		6	8	9	11	15	18	20	24	28	34	39	50	60
	h	0.3			0.5		0.8	1		1.6		2		2.5		3		4		5
性能等级	钢	200HV、300HV															
	奥氏体不锈钢	A140、A200、A350															

注：括号内为非优选尺寸。

表 6-100 平垫圈 **C** 级（GB/T 95—2002）、大垫圈 **C** 级（GB/T 96.2—2002）
和特大垫圈 **C** 级（GB/T 5287—2002）

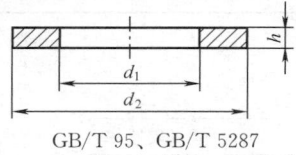 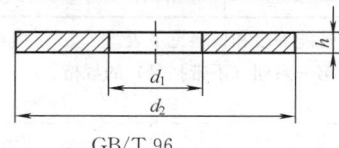

GB/T 95、GB/T 5287   GB/T 96

（单位：mm）

规格（螺纹大径）		3	4	5	6	8	10	12	(14)	16	20	24	30	36
GB/T 95	d_1	3.4	4.5	5.5	6.5	9	11	13.5	15.5	17.5	22	26	33	39
	d_2	7	9	10	12	16	20	24	28	30	37	44	56	66
	h	0.5	0.8	1		1.6		2		2.5		3		4		5
GB/T 96.2	d_1	3.4	4.5	5.5	6.5	9	11	13.5	15.5	17.5	22	26	33	39
	d_2	9	12	15	18	24	30	37	44	50	60	72	92	110
	h	0.8	1	1	1.6	2	2.5		3			4	5	6	8

续表

规格(螺纹大径)		3	4	5	6	8	10	12	(14)	16	20	24	30	36
GB/T 5287	d_1	—	—	5.5	6	6	9	11	13.5	15.5	17.5	22	26	33
	d_2	—	—	18	22	28	34	44	50	56	72	85	105	125
	h	—	—	2		3		4		5		6		8
性能等级	钢	C 级:100HV												
	奥氏体不锈钢	A140												

注：括号内为非优选尺寸。

表 6-101　　钢结构用扭剪型高强度螺栓连接副用垫圈（GB/T 3632—2008）

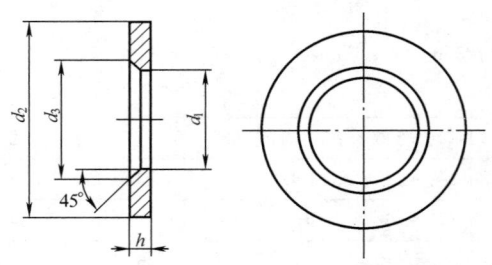

（单位：mm）

规格(螺纹大径)		16	20	(22)[①]	24	(27)[①]	30
d_1	min	17	21	23	25	28	31
	max	17.43	21.52	23.52	25.52	28.52	31.62
d_2	min	31.4	38.4	40.4	45.4	50.1	54.1
	max	33	40	42	47	52	56
h	公称	4.0	4.0	5.0	5.0	5.0	5.0
	min	3.5	3.5	4.5	4.5	4.5	4.5
	max	4.8	4.8	5.8	5.8	5.8	5.8
d_3	min	19.23	24.32	26.32	28.32	32.84	35.84
	max	20.03	25.12	27.12	29.12	33.64	36.64

注：钢结构用扭剪型高强度螺栓连接副各零件的性能等级和材料见下表。
①　括号内的规格为第二选择系列，应优先选用第一系列（不带括号）的规格。

类　别	性能等级	推荐材料	适用规格	有关表号
螺栓	10.9S	20MnTiB ML20MnTiB	≤M24	表 6-25
		35VB 35CrMo	M27、M30	表 6-25
螺母	10H	45、35 ML35	≤M30	表 6-50
垫圈	—	45、35		表 6-87

2. 弹性垫圈（见表 6-102）

表 6-102　　**标准型弹簧垫圈**（GB/T 93—1987）、**轻型弹簧垫圈**

（GB/T 859—1987）**和重型弹簧垫圈**（GB/T 7244—1987）

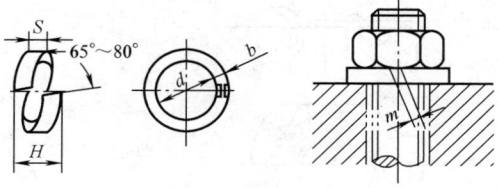

标记示例

　　规格 16mm、材料为 65Mn、表面氧化处理的标准型弹簧垫圈标记为

　　垫圈　GB/T 93 16

（单位：mm）

规格（螺纹大径）			2	2.5	3	4	5	6	8	10	12	(14)	16	(18)
d	min		2.1	2.6	3.1	4.1	5.1	6.1	8.1	10.2	12.2	14.2	16.2	18.2
GB/T 93	S	公称	0.5	0.65	0.8	1.1	1.3	1.6	2.1	2.6	3.1	3.6	4.1	4.5
	b	公称	0.5	0.65	0.8	1.1	1.3	1.6	2.1	2.6	3.1	3.6	4.1	4.5
	S	max	1.25	1.63	2	2.75	3.25	4	5.25	6.5	7.75	9	10.25	11.25
	m	≤	0.25	0.33	0.4	0.55	0.65	0.8	1.05	1.3	1.55	1.8	2.05	2.25
GB/T 859	S	公称	—		0.6	0.8	1.1	1.3	1.6	2	2.5	3	3.2	3.6
	b	公称			1	1.2	1.5	2	2.5	3	3.5	4	4.5	5
	S	max	—		1.5	2	2.75	3.25	4	5	6.25	7.5	8	9
	m	≤			0.3	0.4	0.55	0.65	0.8	1	1.25	1.5	1.6	1.8
GB/T 7244	S	公称	—					1.8	2.4	3	3.5	4.1	4.8	5.3
	b	公称			—			2.6	3.2	3.8	4.3	4.8	5.3	5.8
	S	max			—			4.5	6	7.5	8.75	10.25	12	13.25
	m	≤			—			0.9	1.2	1.5	1.75	2.05	2.4	2.65

规格（螺纹大径）			20	(22)	24	(27)	30	(33)	36	(39)	42	(45)	48
d	min		20.2	22.5	24.5	27.5	30.5	33.5	36.5	39.5	42.5	45.5	48.5
GB/T 93	S	公称	5	5.5	6	6.8	7.5	8.5	9	10	10.5	11	12
	b	公称	5	5.5	6	6.8	7.5	8.5	9	10	10.5	11	12
	S	max	12.5	13.75	15	17	18.75	21.25	22.5	25	26.25	27.5	30
	m	≤	2.5	2.75	3	3.4	3.75	4.25	4.5	5	5.25	5.5	6
GB/T 859	S	公称	4	4.5	5	5.5	6						
	b	公称	5.5	6	7	8	9		—				
	S	max	10	11.25	12.5	13.75	15						
	m	≤	2	2.25	2.5	2.75	3						
GB/T 7244	S	公称	6	6.6	7.1	8	9	9.9	10.8				
	b	公称	6.4	7.2	7.5	8.5	9.3	10.2	11.0		—		
	S	max	15	16.5	17.75	20	22.5	24.75	27				
	m	≤	3	3.3	3.55	7	7.5	7.95	5.4				

3. 止动垫圈（见表 6-103 和表 6-104）

表 6-103 单耳止动垫圈（GB/T 854—1988）和双耳止动垫圈（GB/T 855—1988）

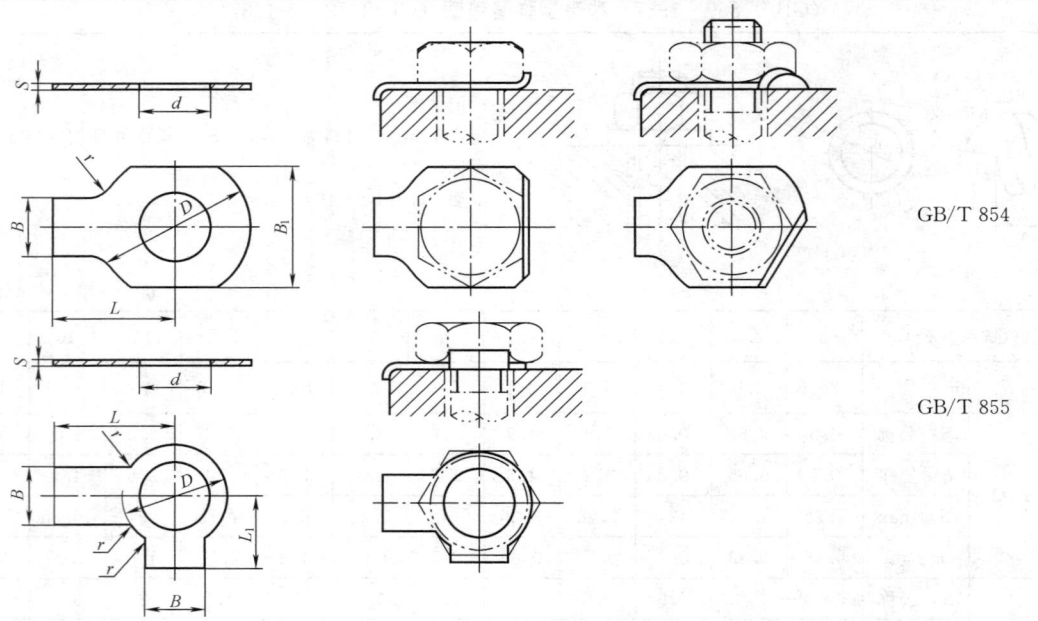

GB/T 854

GB/T 855

标记示例
规格 10mm、材料为 Q235、经退火处理、表面氧化处理的单耳止动垫圈标记为
垫圈 GB/T 854 10

（单位：mm）

规格（螺纹大径）		2.5	3	4	5	6	8	10	12	(14)	16
d min		2.7	3.2	4.2	5.3	6.4	8.4	10.5	13	15	17
L 公称		10	12	14	16	18	20	22	28		
L_1 公称		4	5	7	8	9	11	13	16		
S		0.4				0.5			1		
B		3	4	5	6	7	8	10	12		15
B_1		6	7	9	11	12	16	19	21	25	32
r	GB/T 854	2.5				4		6	10		
	GB/T 855	1						2			
D max	GB/T 854	8	10	14	17	19	22	26	32		40
	GB/T 855	5		8	9	11	14	17	22		27

规格（螺纹大径）		(18)	20	(22)	24	(27)	30	36	42	48
d min		19	21	23	25	28	31	37	43	50
L 公称		36		42		48	52	62	70	80
L_1 公称		22		25		30	32	38	44	50
S		1						1.5		
B		18		20		24	26	30	35	40
B_1		38		39	42	48	55	65	78	90
r	GB/T 854	10					15			
	GB/T 855	3							4	
D max	GB/T 854	45		50		58	63	75	88	100
	GB/T 855	32		36		41	46	55	65	75
材料及热处理		Q215、Q235、10、15、退火								

注：尽可能不采用括号内的规格。

表 6-104 外舌止动垫圈（GB/T 856—1988）

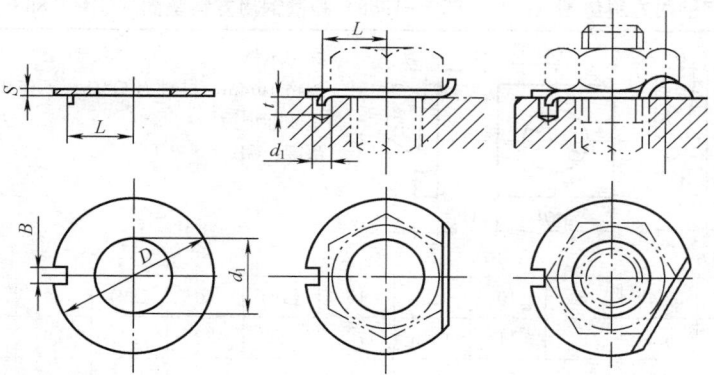

标记示例

规格 10mm、材料为 Q215、经退火处理、表面氧化处理的外舌止动垫圈标记为

  垫圈　GB/T 856 10

（单位：mm）

规格（螺纹大径）	2.5	3	4	5	6	8	10	12	(14)	16
d min	2.7	3.2	4.2	5.3	6.4	8.4	10.5	13	15	17
D max	10	12	14	17	19	22	26	32		40
b max	2	2.5			3.5			4.5		5.5
L 公称	3.5	4.5	5.5	7	7.5	8.5	10	12		15
S		0.4				0.5			1	
d_1	2.5	3			4			5		6
t		3			4		5		6	

规格（螺纹大径）	(18)	20	(22)	24	(27)	30	36	42	48
d min	19	21	23	25	28	31	37	43	50
D max	45		50		58	63	75	88	100
b max	6		7		8		11		13
L 公称	18		20		23	25	31	36	40
S	1					1.5			
d_1	7		8		9		12		14
t	7					10		12	13
材料及热处理	Q215、Q235、10、15、退火								

注：尽可能不采用括号内的规格。

4. 方斜垫圈（见表 6-105 和表 6-106）

表 6-105 **工字钢用方斜垫圈**（GB/T 852—1988）**和槽钢用方斜垫圈**（GB/T 853—1988）

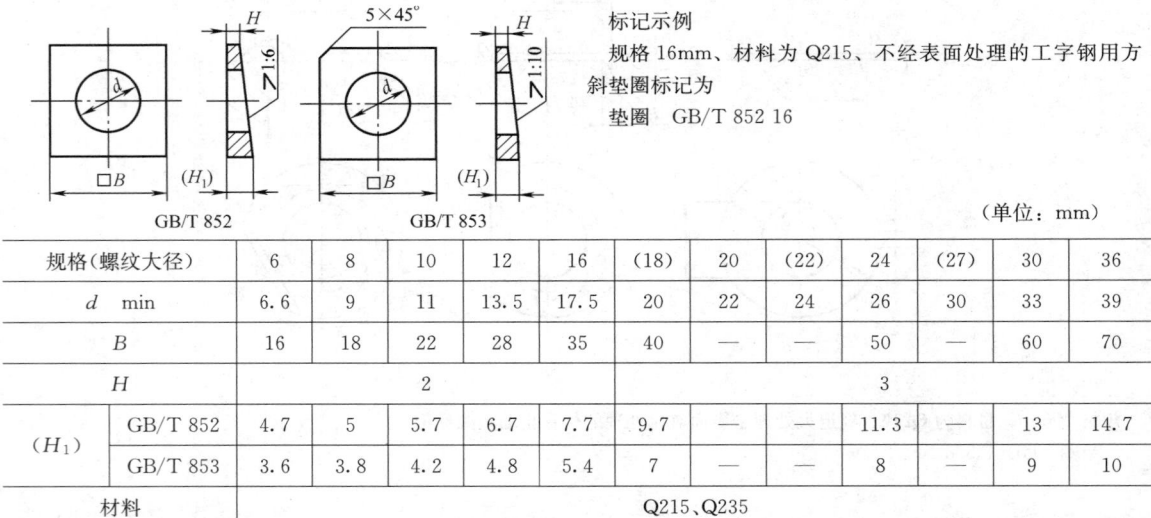

标记示例

规格 16mm、材料为 Q215、不经表面处理的工字钢用方斜垫圈标记为

垫圈 GB/T 852 16

（单位：mm）

规格（螺纹大径）		6	8	10	12	16	(18)	20	(22)	24	(27)	30	36
d min		6.6	9	11	13.5	17.5	20	22	24	26	30	33	39
B		16	18	22	28	35	40	—	—	50	—	60	70
H		2					3						
(H_1)	GB/T 852	4.7	5	5.7	6.7	7.7	9.7	—	—	11.3	—	13	14.7
	GB/T 853	3.6	3.8	4.2	4.8	5.4	7	—	—	8	—	9	10
材料		Q215、Q235											

注：尽可能不采用括号内的规格。

表 6-106 **球面垫圈**（GB/T 849—1988）**和锥面垫圈**（GB/T 850—1988）

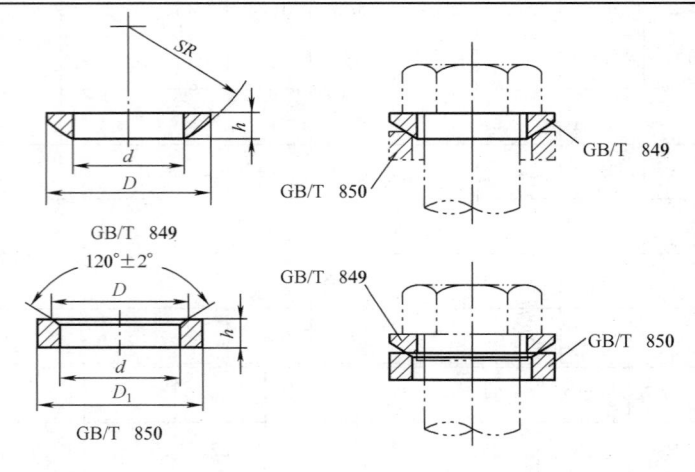

标记示例

规格 16mm、材料为 45 钢、热处理硬度 40～48HRC、表面氧化处理的球面垫圈标记为

垫圈 GB/T 849 16

（单位：mm）

规格（螺纹大径）			6	8	10	12	16	20	24	30	36	42	48
GB/T 849	d	min	6.40	8.40	10.50	13.00	17.00	21.00	25.00	31.00	37.00	43.00	50.00
	D	max	12.5	17.00	21.00	24.00	30.00	37.00	44.00	56.00	66.00	78.00	92.00
	h	max	3.00	4.00		5.00	6.00	6.60	9.60	9.80	12.00	16.00	20.00
	R		10	12	16	20	25	32	36	40	50	63	70
GB/T 850	d	min	8	10	12.5	16	20	25	30	36	43	50	60
	D	max	12.5	17	21	24	30	37	44	56	66	78	92
	h	max	2.6	3.2	4	4.7	5.1	6.6	6.8	9.9	14.3	14.4	17.4
	D_1		12	16	18	23.5	29	34	38.5	45.2	64	69	78.6
$H\approx$			4	5	6	7	8	10	13	16	19	24	30
材料及热处理			45 钢,热处理硬度:40～48HRC										

6.4 螺纹零件的结构要素

6.4.1 螺纹收尾、肩距、退刀槽、倒角（见表 6-107）

表 6-107　　　　普通螺纹收尾、肩距、退刀槽、倒角（GB/T 3—1997）

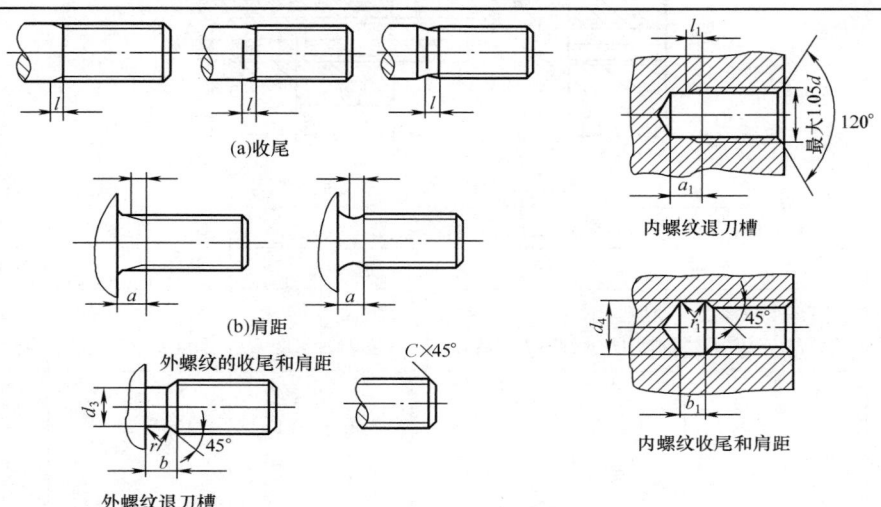

(a)收尾

(b)肩距

外螺纹的收尾和肩距

$C×45°$

外螺纹退刀槽

内螺纹退刀槽

内螺纹收尾和肩距

外螺纹的收尾、肩距和退刀槽　　　　　　　　　　（单位：mm）

螺距 P	收尾 x　max		肩距 a　max			退刀槽			
	一般	短的	一般	长的	短的	g_1　min	g_2　max	d_g	$r≈$
0.25	0.6	0.3	0.75	1	0.5	0.4	0.75	d-0.4	0.12
0.3	0.75	0.4	0.9	1.2	0.6	0.5	0.9	d-0.5	0.16
0.35	0.9	0.45	1.05	1.4	0.7	0.6	1.05	d-0.6	0.16
0.4	1	0.5	1.2	1.6	0.8	0.6	1.2	d-0.7	0.2
0.45	1.1	0.6	1.35	1.8	0.9	0.7	1.35	d-0.7	0.2
0.5	1.25	0.7	1.5	2	1	0.8	1.5	d-0.8	0.2
0.6	1.5	0.75	1.8	2.4	1.2	0.9	1.8	d-1	0.4
0.7	1.75	0.9	2.1	2.8	1.4	1.1	2.1	d-1.1	0.4
0.75	1.9	1	2.25	3	1.5	1.2	2.25	d-1.2	0.4
0.8	2	1	2.4	3.2	1.6	1.3	2.4	d-1.3	0.4
1	2.5	1.25	3	4	2	1.6	3	d-1.6	0.6
1.25	3.2	1.6	4	5	2.5	2	3.75	d-2	0.6
1.5	3.8	1.9	4.5	6	3	2.5	4.5	d-2.3	0.8
1.75	4.3	2.2	5.3	7	3.5	3	5.25	d-2.6	1
2	5	2.5	6	8	4	3.4	6	d-3	1
2.5	6.3	3.2	7.5	10	5	4.4	7.5	d-3.6	1.2
3	7.5	3.8	9	12	6	5.2	9	d-4.4	1.6
3.5	9	4.5	10.5	14	7	6.2	10.5	d-5	1.6
4	10	5	12	16	8	7	12	d-5.7	2
4.5	11	5.5	13.5	18	9	8	13.5	d-6.4	2.5
5	12.5	6.3	15	20	10	9	15	d-7	2.5
5.5	14	7	16.5	22	11	11	17.5	d-7.7	3.2
6	15	7.5	18	24	12	11	18	d-8.3	3.2
参考值	≈2.5P	≈1.25P	≈3P	≈4P	≈2P	—	≈3P	—	—

注：1. 应优先选用"一般"长度的收尾和肩距；"短"收尾和"短"肩距仅用于结构受限制的螺纹件上；产品等级为 B 或 C 级的螺纹　紧固件可采用"长"肩距。

2. d 为螺纹公称直径(大径)代号。

3. d_g 公差为 h13(d>3mm)、h12(d≤3mm)。

6.4.2   螺钉拧入深度和钻孔深度（见表 6-108 和表 6-109）

表 6-108   粗牙螺栓、螺钉的拧入深度、攻螺纹深度和钻孔深度

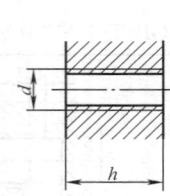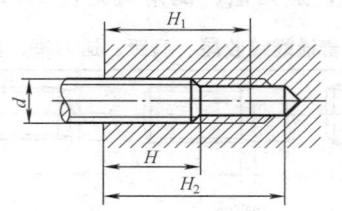

（单位：mm）

公称直径 d	钢和青铜				铸铁				铝			
	通孔	不通孔			通孔	不通孔			通孔	不通孔		
	拧入深度 h	拧入深度 H	攻螺纹深度 H_1	钻孔深度 H_2	拧入深度 h	拧入深度 H	攻螺纹深度 H_1	钻孔深度 H_2	拧入深度 h	拧入深度 H	攻螺纹深度 H_1	钻孔深度 H_2
3	4	3	4	7	6	5	6	9	8	6	7	10
4	5.5	4	5.5	9	8	6	7.5	11	10	8	10	14
5	7	5	7	11	10	8	10	14	12	10	12	16
6	8	6	8	13	12	10	12	17	15	12	15	20
8	10	8	10	16	15	12	14	20	20	16	18	24
10	12	10	13	20	18	15	18	25	24	20	23	30
12	15	12	15	24	22	18	21	30	28	24	27	36
16	20	16	20	30	28	24	28	33	36	32	36	46
20	25	20	24	36	35	30	35	47	45	40	45	57
24	30	24	30	44	42	35	42	55	55	48	54	68
30	36	30	36	52	50	45	52	68	70	60	67	84
36	45	36	44	62	65	55	64	82	80	72	80	98
42	50	42	50	72	75	65	74	95	95	85	94	115
48	60	48	58	82	85	75	85	108	105	95	105	128

表 6-109   普通螺纹的内、外螺纹余留长度、钻孔余留深度

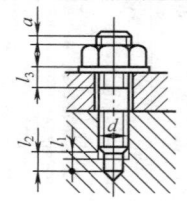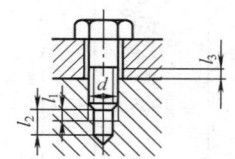

（单位：mm）

	螺距 P	0.5	0.7	0.75	0.8	1	1.25	1.5	1.75	2	2.5	3	3.5	4	4.5	5	5.5	6
余留长度	内螺纹 l_1	1	1.5	1.5	1.5	2	2.5	3	3.5	4	5	6	7	8	9	10	11	12
	钻孔 l_2	4	5	6	6	7	9	10	13	14	17	20	23	26	30	33	36	40
	外螺纹 l_3	2	2.5	2.5	2.5	3.5	4	4.5	5.5	6	7	8	9	10	11	13	16	18
末端长度 a		1~2	2~3			2.5~4		3.5~5		4.5~6.5		5.5~8		7~11		10~15		

6.4.3 螺栓钻孔直径和沉孔尺寸（见表6-110～表6-114）

表6-110 　　　　　　螺栓和螺钉通孔（GB/T 5277—1985）　　　　　（单位：mm）

螺纹规格 d		M1	M1.2	M1.4	M1.6	M1.8	M2	M2.5	M3	M3.5	M4	M4.5	M5	M6	M7	M8	M10	M12	M14
螺孔直径 (GB/T 5277 —1985)	精装配	1.1	1.7	1.5	1.7	2	2.2	2.7	3.2	3.7	4.3	4.8	5.3	6.4	7.4	8.4	10.5	13	15
	中等装配	1.2	1.8	1.6	2	2.1	2.4	3.2	3.4	3.9	4.5	5	5.5	6.6	7.6	9	11	13.5	15.5
	粗装配	1.3	2	1.8	2.2	2.4	2.6	3.7	3.6	4.2	4.8	5.3	5.8	7	8	10	12	14.5	16.5
螺纹规格 d		M16	M18	M20	M22	M24	M27	M30	M33	M36	M39	M42	M45	M48	M52	M56	M60	M64	
螺孔直径 (GB/T 5277 —1985)	精装配	17	19	21	23	25	28	31	34	37	40	43	46	50	54	58	62	66	
	中等装配	17.5	20	22	24	26	30	33	36	39	42	45	48	52	56	62	66	70	
	粗装配	18.5	21	24	26	28	32	35	38	42	45	48	52	56	62	66	70	74	

表6-111 　　　　　六角螺栓和六角螺母用沉孔（GB/T 152.4—1988）　　　　（单位：mm）

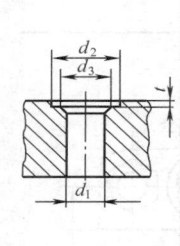

螺纹规格 d	M1.6	M2	M2.5	M3	M4	M5	M6	M8	M10	M12
d_2(H15)	5	6	8	9	10	11	13	18	22	26
d_3	—	—	—	—	—	—	—	—	—	16
d_1(H13)	1.8	2.4	2.9	3.4	4.5	5.5	6.6	9.0	11.0	13.5
螺纹规格 d	M14	M16	M20	M24	M27	M30	M36	M39	M42	M48	M56	M64
d_2(H15)	30	33	40	48	53	61	71	76	82	98	112	125
d_3	18	20	24	28	33	36	42	45	48	56	68	76
d_1(H13)	15.5	17.5	22	26	30	33	39	42	45	52	62	70

表6-112 　　　　　　　圆柱头用沉孔（GB/T 152.3—1988）　　　　　（单位：mm）

螺纹规格 d	适用于 GB/T 70 的圆柱头沉孔尺寸											
	M4	M5	M6	M8	M10	M12	M14	M16	M20	M24	M30	M36
d_2(H13)	8.0	10.0	11.0	15.0	18.0	20.0	24.0	26.0	33.0	40.0	48.0	57.0
t(H13)	4.6	5.7	6.8	9.0	11.0	13.0	15.0	17.5	21.5	25.5	32.0	38.0
d_3	—	—	—	—	—	16	18	20	24	28	36	42
d_1(H13)	4.5	5.5	6.6	9.0	11.0	13.5	15.5	17.5	22.0	26.0	33.0	39.0
	适用于 GB/T 2671.1、GB/T 2671.2、GB/T 65 的圆柱头沉孔尺寸											
d_2(H13)	8	10	11	15	18	20	24	26	33			
t(H13)	3.2	4.0	4.7	6.7	7.0	8.0	9.0	10.5	12.5			
d_3	—	—	—	—	—	16	18	20	24			
d_1(H13)	4.5	5.5	6.6	9.0	11.0	13.5	15.5	17.5	22			

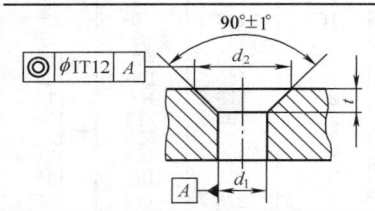

表6-113 　　　　　　沉头螺钉用沉孔（GB/T 152.2—2014）　　　　　（单位：mm）

螺纹规格 d	适用于沉头螺钉及半沉头螺钉									
	M1.6	M2	M2.5	M3	M3.5	M4	M5	M6	M8	M10
d_2(H13)	3.6	4.4	5.5	6.3	8.2	9.4	10.4	12.6	17.3	20.0
$t\approx$	0.95	1.05	1.35	1.55	2.25	2.55	2.58	3.13	4.28	4.65
d_1(H13)	1.8	2.4	2.9	3.4	3.9	4.5	5.5	6.6	9	11

表 6-114 地脚螺栓孔和凸缘 （单位：mm）

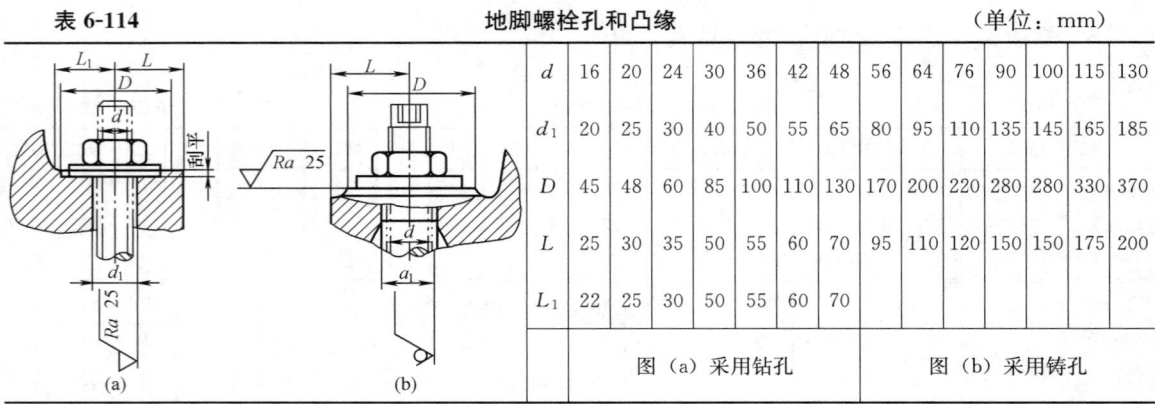

d	16	20	24	30	36	42	48	56	64	76	90	100	115	130
d_1	20	25	30	40	50	55	65	80	95	110	135	145	165	185
D	45	48	60	85	100	110	130	170	200	220	280	280	330	370
L	25	30	35	50	55	60	70	95	110	120	150	150	175	200
L_1	22	25	30	50	55	60	70							

图 （a） 采用钻孔 ／ 图 （b） 采用铸孔

注：根据结构和工艺要求，必要时尺寸 L 及 L_1 可以变动。

6.4.4 扳手空间 （见表 6-115）

表 6-115 扳 手 空 间

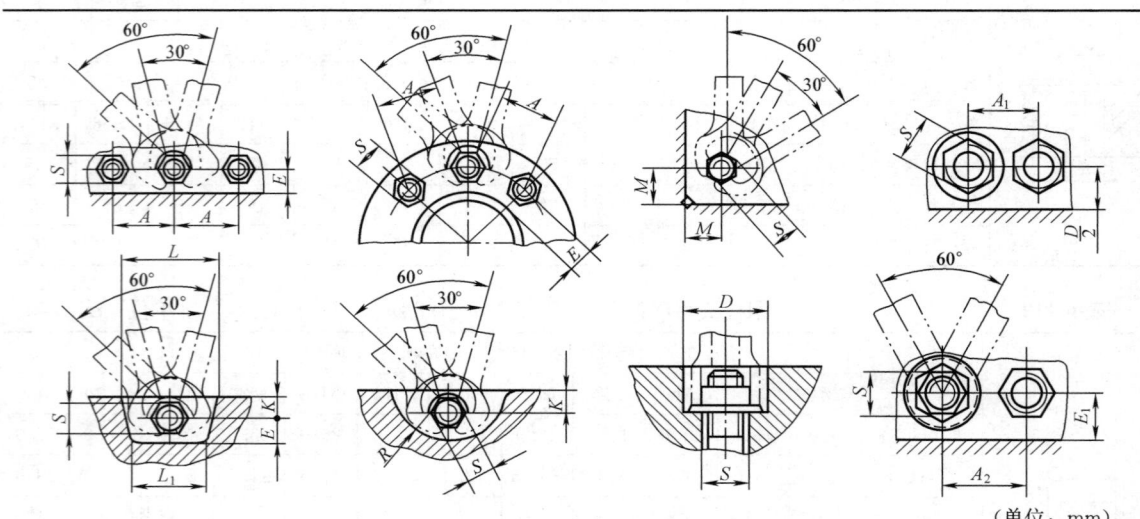

（单位：mm）

螺纹直径 d	S	A	A_1	A_2	E	E_1	M	L	L_1	R	D
3	5.5	18	12	12	5	7	11	30	24	15	14
4	7	20	16	14	6	7	12	34	28	16	16
5	8	22	16	15	7	10	13	36	30	18	20
6	10	26	18	18	8	12	15	46	38	20	24
8	13	32	24	22	11	14	18	55	44	25	28
10	16	38	28	26	13	16	22	62	50	30	30
12	18	42	—	30	14	18	24	70	55	32	—
14	21	48	36	34	15	20	26	80	65	36	40
16	24	55	38	38	16	24	30	85	70	42	45
18	27	62	45	42	19	25	32	95	75	46	52
20	30	68	48	46	20	28	35	105	85	50	56
22	34	76	55	52	24	32	40	120	95	58	60
24	36	80	58	55	24	34	42	125	100	60	70
27	41	90	65	62	26	36	46	135	110	65	76
30	46	100	72	70	30	40	50	155	125	75	82
33	50	108	76	75	32	44	55	165	130	80	88
36	55	118	85	82	36	48	60	180	145	88	95
39	60	125	90	88	38	52	65	190	155	92	100
42	65	135	96	96	42	55	70	205	165	100	106
45	70	145	105	102	45	60	75	220	175	105	112
48	75	160	115	112	48	65	80	235	185	115	126
52	80	170	120	120	48	70	84	245	195	125	132
56	85	180	126	—	52	—	90	260	205	130	138
60	90	185	134	—	58	—	95	275	215	135	145
64	95	195	140	—	58		100	285	225	140	152

6.5　轴系零件的紧固件（见表 6-116～表 6-121）

表 6-116　螺钉紧固轴端挡圈（GB/T 891—1986）、螺栓紧固轴端挡圈（GB/T 892—1986）

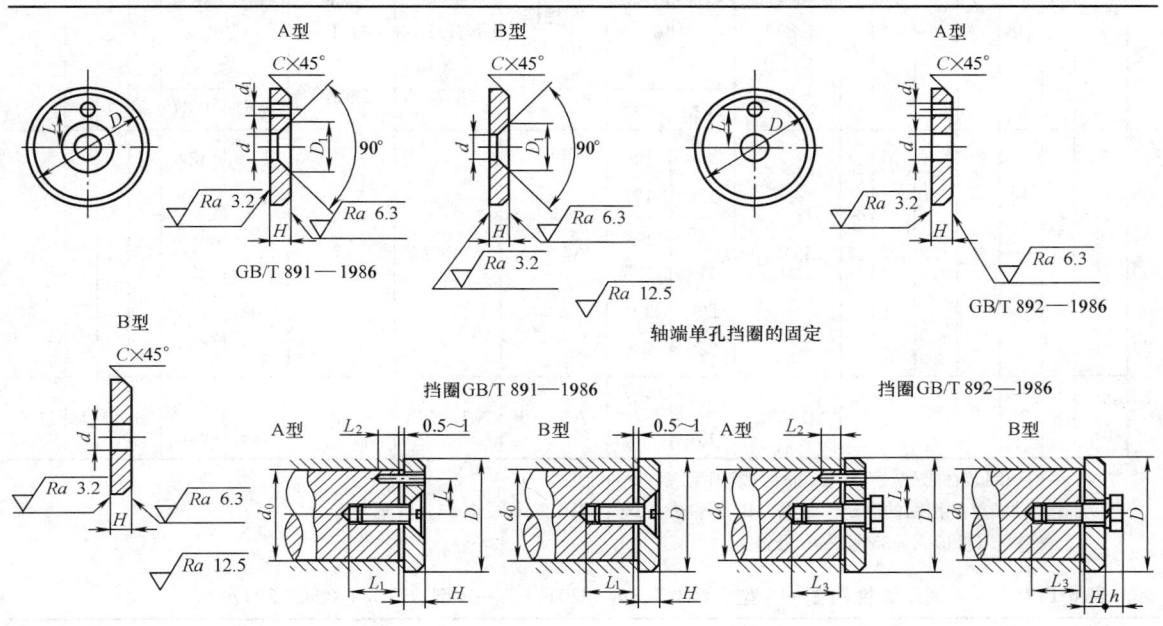

标记示例

挡圈　GB/T 891　45（公直径 D＝45mm、材料 Q235-A、不经表面处理的 A 型螺钉紧固轴端挡圈）

挡圈　GB/T 891　B45（公直径 D＝45mm、材料 Q235-A、不经表面处理的 B 型螺钉紧固轴端挡圈）

（单位：mm）

轴径 d_0 ≤	公差直径 D	H	L	d	d_1	C	螺钉紧固轴端挡圈				螺栓紧固轴端挡圈				安装尺寸（参考）			
							螺钉 D_1 GB/T 819.1—2016	1000 个质量 /kg ≈		圆柱销 GB/T 119.1—2000	螺栓 GB/T 5783—2016（推荐）	垫圈 GB/T 93—1987（推荐）	1000 个质量 /kg ≈		L_1	L_2	L_3	h
								A 型	B 型				A 型	B 型				
16	22	4	—	5.5	2.1	0.5	11	M5×12	—	10.7	—	M5×16	5	—	11.2	14	6	16	4.8
18	25		—						—	14.2				—	14.7				
20	28		7.5						17.9	18.1	A2×10			18.4	18.6				
22	30								20.8	21.0				21.3	21.5				
25	32	5	10	6.6	3.2	1	13	M6×16	28.7	29.2	A3×12	M6×20	6	29.7	30.2	18	7	20	5.6
28	35								34.8	35.3				35.8	36.3				
30	38								41.5	42.0				42.5	43.0				
32	40								46.3	46.8				47.3	47.8				
35	45		12						59.5	59.9				60.5	60.9				
40	50								74.0	74.5				75.0	75.5				

续表

轴径 d_0 ≤	公差直径 D	H	L	d	d_1	C	螺钉紧固轴端挡圈					螺栓紧固轴端挡圈				安装尺寸（参考）			
							D_1	螺钉 GB/T 819.1—2016	1000 个质量/kg ≈ A 型	B 型	圆柱销 GB/T 119.1—2000	螺栓 GB/T 5783—2016（推荐）	垫圈 GB/T 93—1987（推荐）	1000 个质量/kg ≈ A 型	B 型	L_1	L_2	L_3	h
45	55								108	109				110	111				
50	60		16						126	127				128	129				
55	65	6		9	4.2	1.5	17	M8×20	149	150	A4×14	M8×25	8	151	152	22	8	24	7.4
60	70								174	175				176	177				
65	75		20						200	201				202	203				
70	80								229	230				231	232				
75	90	8	25				—	M12×25	381	383	A5×16	M12×30	12	383	390	26	10	28	11.5
85	100								427	429				434	436				

注：1. 当挡圈装在带螺纹孔的轴端时，紧固用螺钉允许加长。
　　2. "轴端单孔挡圈的固定"不属 GB/T 891—1986、GB/T 892—1986，供参考。
　　3. 材料：Q235-A、35 号、45 号钢。

表 6-117　轴用弹性挡圈—A 型（GB/T 894—2017）、—B 型（GB/T 894—2017）

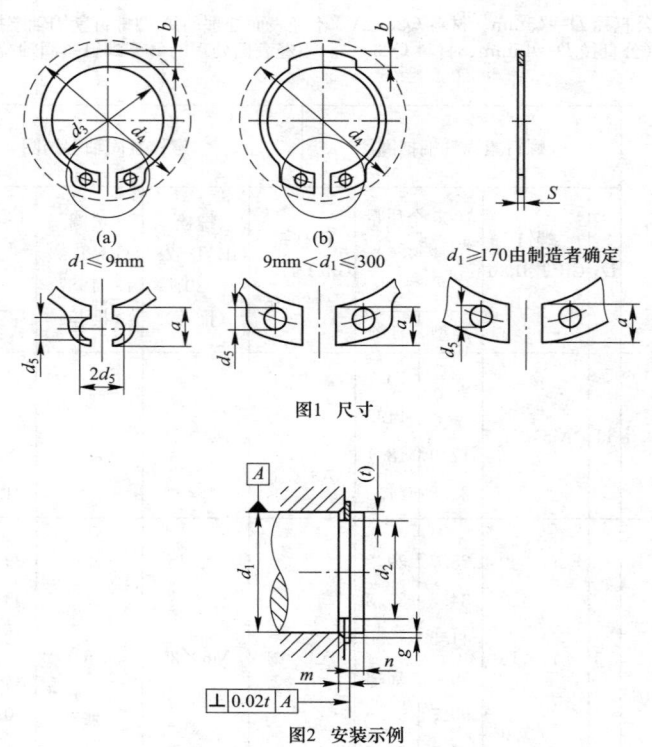

图1　尺寸

图2　安装示例

续表

标准型（A型）　　　　　　　　　　　　　　　　　　　　（单位：mm）

公称规格 d_1	挡 圈								沟 槽					d_4
	d_3		S		a	b	d_5	千件质量	d_2		m	t	n	
	基本尺寸	极限偏差	基本尺寸	极限偏差	max	≈	min	≈ kg	基本尺寸	极限偏差	H13		min	
3	2.7	+0.04 −0.15	0.4	0 −0.05	1.9	0.8	1.0	0.017	2.8	0 −0.04	0.5	0.10	0.3	7.0
4	3.7		0.4		2.2	0.9	1.0	0.022	3.8	0 −0.05	0.5	0.10	0.3	8.6
5	4.7		0.6		2.5	1.1	1.0	0.066	4.8		0.7	0.10	0.3	10.3
6	5.6		0.7		2.7	1.3	1.2	0.084	5.7		0.8	0.15	0.5	11.7
7	6.5	+0.06 −0.13	0.8		3.1	1.4	1.2	0.121	6.7	0 −0.06	0.9	0.15	0.5	13.5
8	7.4		0.8		3.2	1.5	1.2	0.158	7.6		0.9			14.7
9	8.4		1.0		3.3	1.7	1.2	0.300	8.6			0.20	0.6	16.0
10	9.3				3.3	1.8	1.5	0.340	9.6					17.0
11	10.2				3.3	1.8	1.5	0.410	10.5			0.25	0.8	18.0
12	11.0				3.3	1.8	1.7	0.500	11.5					19.0
13	11.9	+0.10 −0.36	1.0		3.4	2.0	1.7	0.530	12.4	0 −0.11	1.1	0.30	0.9	20.2
14	12.9				3.5	2.1	1.7	0.640	13.4					21.4
15	13.8				3.6	2.2	1.7	0.670	14.3			0.35	1.1	22.6
16	14.7				3.7	2.2	1.7	0.700	15.2					23.8
17	15.7				3.8	2.3	1.7	0.820	16.2			0.40	1.2	25.0
18	16.5			0 −0.06	3.9	2.4	2.0	1.11	17.0					26.2
19	17.5				3.9	2.5	2.0	1.22	18.0					27.2
20	18.5	+0.13 −0.42	1.2		4.0	2.6	2.0	1.30	19.0	0 −1.3	1.3	0.50	1.5	28.4
21	19.5				4.1	2.7	2.0	1.42	20.0					29.6
22	20.5				4.2	2.8	2.0	1.50	21.0					30.8
24	22.2				4.4	3.0	2.0	1.77	22.9			0.55	1.7	33.2
25	23.2				4.4	3.0	2.0	1.90	23.9					34.2
26	24.2	+0.21 −0.42			4.5	3.1	2.0	1.96	24.9	0 −0.21				35.5
28	25.9		1.5		4.7	3.2	2.0	2.92	26.6			0.70	2.1	37.9
29	26.9				4.8	3.4	2.0	3.20	27.6					39.1
30	27.9				5.0	3.5	2.0	3.31	28.6		1.6			40.5
32	29.6				5.2	3.6	2.5	3.54	30.3			0.85	2.6	43.0
34	31.5	+0.25 −0.50			5.4	3.8	2.5	3.80	32.3					45.4
35	32.2				5.6	3.9	2.5	4.00	33.0					46.8
36	33.2				5.6	4.0	2.5	5.00	34.0			1.00	3.0	47.8
38	35.2				5.8	4.2	2.5	5.62	36.0					50.2
40	36.5		1.75		6.0	4.4	2.5	6.03	37.0	0 −0.25	1.85			52.6
42	38.5				6.5	4.5	2.5	6.5	39.5			1.25	3.8	55.7
45	41.5	+0.39 −0.90			6.7	4.7	2.5	7.5	42.5					59.1
48	44.5				6.9	5.0	2.5	7.9	45.5					62.5
50	45.8				6.9	5.1	2.5	10.2	47.0					64.5
52	47.8				7.0	5.2	2.5	11.1	49.0					66.7
55	50.8		2	0 −0.07	7.2	5.4	2.5	11.4	52.0		2.15	1.50	4.5	70.2
56	51.8				7.3	5.5	2.5	11.8	53.0					71.6
58	53.8	+0.46 −1.10			7.3	5.6	2.5	12.6	55.0	0 −0.30				73.6
60	55.8				7.4	5.8	2.5	12.9	57.0					75.6
62	57.8				7.5	6.0	2.5	14.3	59.0					77.8
63	58.8				7.6	6.2	2.5	15.9	60.0					79.0

续表

| | 标准型（A 型） | | | | | | | | | | | | (单位：mm) |

| 公称规格 d_1 | 挡　圈 | | | | | | | | 沟　槽 | | | | | d_4 |
| | d_3 | | S | | a max | b ≈ | d_5 min | 千件质量 ≈ kg | d_2 | | m H13 | t | n min | |
	基本尺寸	极限偏差	基本尺寸	极限偏差					基本尺寸	极限偏差				
65	60.8				7.8	6.3	3.0	18.2	62.0					81.4
68	63.5				8.0	6.5	3.0	21.3	65.0					84.8
70	65.5				8.1	6.6	3.0	22.0	67.0			1.50	4.5	87.0
72	67.5	+0.46 −1.10	2.5	0 −0.07	8.2	6.8	3.0	22.5	69.0	0 −0.30	2.65			89.2
75	70.5				8.4	7.0	3.0	24.6	72.0					92.7
78	73.5				8.6	7.3	3.0	26.2	75.0					96.1
80	74.5				8.6	7.4	3.0	27.3	76.5					98.1
82	76.5				8.7	7.6	3.0	31.2	78.5					100.3
85	79.5				8.7	7.8	3.5	36.4	81.5			1.75	5.3	103.3
88	82.5				8.8	8.0	3.5	41.2	84.5					106.5
90	84.5		3	0 −0.08	8.8	8.2	3.5	44.5	86.5	0 −0.35	3.15			108.5
95	89.5				9.4	8.6	3.5	49.0	91.5					114.8
100	94.5				9.6	9.0	3.5	53.7	96.5					120.2
105	98.0	+0.54 −1.30			9.9	9.3	3.5	80.0	101.0					125.8
110	103.0				10.1	9.6	3.5	82.0	106.0	0 −0.54				131.2
115	108.0				10.6	9.8	3.5	84.0	111.0					137.3
120	113.0				11.0	10.2	3.5	86.0	116.0					143.1
125	118.0				11.4	10.2	4.0	90.0	121.0			2.00	6.0	149.0
130	123.0				11.6	10.7	4.0	100.0	126.0					154.4
135	128.0				11.8	11.0	4.0	104.0	131.0					159.8
140	133.0				12.0	11.2	4.0	110.0	136.0					165.2
145	138.0				12.2	11.5	4.0	115.0	141.0					170.6
150	142.0		4	0 −0.10	13.0	11.8	4.0	120.0	145.0	0 −0.63	4.15			177.3
155	146.0	+0.63 −1.50			13.0	12.0	4.0	135.0	150.0					182.3
160	151.0				13.3	12.2	4.0	150.0	155.0					188.0
165	155.5				13.6	12.5	4.0	160.0	160.0					193.4
170	160.5				13.8	12.9	4.0	170.0	165.0					198.4
175	165.5				13.5	13.5	4.0	180.0	170.0			2.50	7.5	203.4
180	170.5				14.2	13.5	4.0	190.0	175.0					210.0
185	175.5				14.2	14.0	4.0	200.0	180.0					215.0
190	180.5				14.2	14.0	4.0	210.0	185.0					220.0
195	185.5				14.2	14.0	4.0	220.0	190.0					225.0
200	190.5	+0.72 −1.70			14.2	14.0	4.0	230.0	195.0					230.0
210	198.0				14.2	14.0	4.0	248.0	204.0	0 −0.72				240.0
220	208.0				14.2	14.0	4.0	265.0	214.0					250.0
230	218.0				14.2	14.0	4.0	290.0	224.0			3.00	9.0	260.0
240	228.0				14.2	14.0	4.0	310.0	234.0					270.0
250	238.0		5	0 −0.12	14.2	14.0	4.0	335.0	244.0		5.15			280
260	245.0				16.2	16.0	5.0	355.0	252.0					294
270	255.0	+0.81 −2.00			16.2	16.0	5.0	375.0	262.0					304
280	265.0				16.2	16.0	5.0	398.0	272.0	0 −0.81		4.00	12.0	314
290	275.0				16.2	16.0	5.0	418.0	282.0					324
300	285.0				16.2	16.0	5.0	440.0	292.0					334

重型（B型）　　　　　　　　　　　　　　　　　　（单位：mm）

公称规格 d_1	挡圈 d_3 基本尺寸	d_3 极限偏差	S 基本尺寸	S 极限偏差	a max	b ≈	d_5 min	千件质量 ≈ kg	沟槽 d_2 基本尺寸	d_2 极限偏差	m H13	t	n min	d_4
15	13.8		1.50		4.8	2.4	2.0	1.10	14.3		1.6	0.35	1.1	25.1
16	14.7	+0.10 −0.36			5.0	2.5	2.0	1.19	15.2	0 −0.11	1.6	0.40	1.2	26.5
17	15.7				5.0	2.6	2.0	1.39	16.2					27.5
18	16.5			0 −0.06	5.1	2.7	2.0	1.56	17.0					28.7
20	18.5	+0.13 −0.42	1.75		5.5	3.0	2.0	2.19	19.0	0 −0.13	1.85	0.50	1.5	31.6
22	20.5				6.0	3.1	2.0	2.42	21.0					34.6
24	22.2	+0.21			6.3	3.2	2.0	2.76	22.9			0.55	1.7	37.3
25	23.2				6.4	3.4	2.0	3.59	23.9	0 −0.21				38.5
28	25.9	−0.42	2.00		6.5	3.5	2.0	4.25	26.6		2.15			41.7
30	27.9				6.5	4.1	2.0	5.35	28.6			0.70	2.1	43.7
32	29.6				6.5	4.1	2.5	5.85	30.3					45.7
34	31.5				6.6	4.2	2.5	7.05	32.3			0.85	2.6	47.9
35	32.2	+0.25 −0.50		0 −0.07	6.7	4.2	2.5	7.20	33.0			1.00	3.0	49.1
38	35.2				6.8	4.3	2.5	8.30	36.0					52.3
40	36.5		2.50		7.0	4.4	2.5	8.60	37.5	0 −0.25	2.65			54.7
42	38.5				7.2	4.5	2.5	9.30	39.5			1.25	3.8	57.2
45	41.5	+0.39 −0.90			7.5	4.7	2.5	10.7	42.5					60.8
48	44.5				7.8	5.0	2.5	11.3	45.5					64.4
50	45.8				8.0	5.1	2.5	15.3	47.0					66.8
52	47.8				8.2	5.2	2.5	16.6	49.0					69.3
55	50.8		3.00	0 −0.08	8.5	5.4	2.5	17.1	52.0		3.15	1.50	4.5	72.9
58	53.8				8.8	5.6	2.5	18.9	55.0					76.5
60	55.8				9.0	5.8	2.5	19.4	57.0					78.9
65	60.8	+0.46 −1.10			9.3	6.3	3.0	29.1	62.0	0 −0.30				84.6
70	65.5				9.5	6.6	3.0	35.3	67.0					90.0
75	70.5				9.7	7.0	3.0	39.3	72.0					95.4
80	74.5		4.00	0 −0.10	9.8	7.4	3.0	43.7	76.5		4.15			100.6
85	79.5				10.0	7.8	3.5	48.5	81.5			1.75	5.3	106.0
90	84.5	+0.54 −1.30			10.2	8.2	3.5	59.4	86.5	0 −0.35				111.5
100	94.5				10.5	9.0	3.5	71.6	96.5					122.1

表 6-118　　　　　　孔用弹性挡圈—A 型（GB/T 893—2017）
孔用弹性挡圈—B 型（GB/T 893—2017）

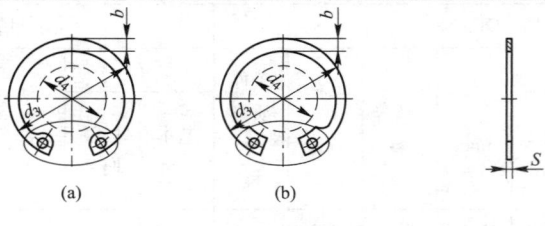

$d_1 \leqslant 300mm$　　　$d_1 \geqslant 170mm$ 由制造者确定　　　$d_1 \geqslant 25mm$ 由制造者确定

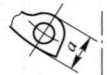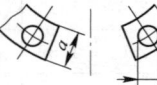

图1　尺寸

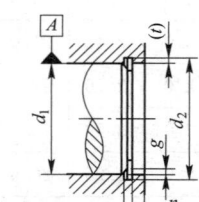

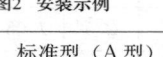

⊥ | 0.02t | A

图2　安装示例

标准型（A 型）　　　　　　　　　　　　　　　　　　（单位：mm）

| 公称规格 d_1 | 挡　圈 | | | | | | | | 沟　槽 | | | | | d_4 |
| | d_3 | | S | | a max | b ≈ | d_5 min | 千件质量 ≈ kg | d_2 | | m H13 | t | n min | |
	基本尺寸	极限偏差	基本尺寸	极限偏差					基本尺寸	极限偏差				
8	8.7	+0.36 −0.10	0.8	0 −0.05	2.4	1.1	1.0	0.14	8.4	+0.09 0	0.9	0.20	0.6	3.0
9	9.8				2.5	1.3	1.0	0.15	9.4					3.7
10	10.8				3.2	1.4	1.2	0.18	10.4					3.3
11	11.8				3.3	1.5	1.2	0.31	11.4					4.1
12	13				3.4	1.7	1.5	0.37	12.5	+0.11 0		0.25	0.8	4.9
13	14.1				3.6	1.8	1.5	0.42	13.6			0.30	0.9	5.4
14	15.1				3.7	1.9	1.7	0.52	14.6					6.2
15	16.2		1	0 −0.06	3.7	2.0	1.7	0.56	15.7		1.1	0.35	1.1	7.2
16	17.3				3.8	2.0	1.7	0.60	16.8			0.40	1.2	8.0
17	18.3				3.9	2.1	1.7	0.65	17.8					8.8
18	19.5	+0.42 −0.13			4.1	2.2	2.0	0.74	19	+0.13 0				9.4
19	20.5				4.1	2.2	2.0	0.83	20			0.50	1.5	10.4
20	21.5				4.2	2.3	2.0	0.90	21					11.2
21	22.5				4.2	2.4	2.0	1.00	22					12.2
22	23.5				4.2	2.5	2.0	1.10	23					13.2

续表

标准型（A型）　　　　　　　　　　　　　　　　（单位：mm）

公称规格 d_1	挡圈 d_3 基本尺寸	d_3 极限偏差	S 基本尺寸	S 极限偏差	a max	b ≈	d_5 min	千件质量 ≈ kg	沟槽 d_2 基本尺寸	d_2 极限偏差	m H13	t	n min	d_4
24	25.9	+0.42 −0.21			4.4	2.6	2.0	1.42	25.2					14.8
25	26.9				4.5	2.7	2.0	1.50	26.2	+0.21 0		0.60	1.8	15.5
26	27.9				4.7	2.8	2.0	1.60	27.2					16.1
28	30.1		1.2		4.8	2.9	2.0	1.80	29.4		1.3	0.70	2.1	17.9
30	32.1				4.8	3.0	2.0	2.06	31.4					19.9
31	33.4				5.2	3.2	2.5	2.10	32.7					20.0
32	34.4				5.4	3.2	2.5	2.21	33.7			0.85	2.6	20.6
34	36.5	+0.50 −0.25		0 −0.06	5.4	3.3	2.5	3.20	35.7					22.6
35	37.8				5.4	3.4	2.5	3.54	37		1.6			23.6
36	38.8		1.5		5.4	3.5	2.5	3.70	38			1.00	3	24.6
37	39.8				5.5	3.6	2.5	3.74	39	+0.25 0				25.4
38	40.8				5.5	3.7	2.5	3.90	40					26.4
40	43.5				5.8	3.9	2.5	4.70	42.5		1.85			27.8
42	45.5	+0.90 −0.39			5.9	4.1	2.5	5.40	44.5					29.6
45	48.5		1.75		6.2	4.3	2.5	6.00	47.5			1.25	3.8	32.0
47	50.5				6.4	4.4	2.5	6.10	49.5					33.5
48	51.5				6.4	4.5	2.5	6.70	50.5					34.5
50	54.2				6.5	4.6	2.5	7.30	53					36.3
52	56.2				6.7	4.7	2.5	8.20	55					37.9
55	59.2				6.8	5.0	2.5	8.30	58					40.7
56	60.2		2		6.8	5.1	2.5	8.70	59		2.15			41.7
58	62.2	+1.10 −0.46			6.9	5.2	2.5	10.50	61					43.5
60	64.2				7.3	5.4	2.5	11.10	63	+0.30 0		1.50	4.5	44.7
62	66.2				7.3	5.5	2.5	11.20	65					46.7
63	67.2			0 −0.07	7.3	5.6	2.5	12.40	66					47.7
65	69.2				7.6	5.8	3.0	14.30	68					49.0
68	72.5				7.8	6.1	3.0	16.00	71					51.6
70	74.5				7.8	6.2	3.0	16.50	73					53.6
72	76.5				7.8	6.4	3.0	18.10	75		2.65			55.6
75	79.5		2.5		7.8	6.6	3.0	18.80	78					58.6
78	82.5				8.5	6.6	3.0	20.4	81					60.1
80	85.5				8.5	6.8	3.0	22.0	83.5					62.1
82	87.5				8.5	7.0	3.0	24.0	85.5					64.1
85	90.5				8.6	7.0	3.5	25.3	88.5					66.9
88	93.5	+1.30 −0.54			8.6	7.2	3.5	28.0	91.5	+0.35 0				69.9
90	95.5				8.6	7.6	3.5	31.0	93.5			1.75	5.3	71.9
92	97.5		3	0 −0.08	8.7	7.8	3.5	32.0	95.5		3.15			73.7
95	100.5				8.8	8.1	3.5	35.0	98.5					76.5
98	103.5				9.0	8.3	3.5	37.0	101.5					79.0
100	105.5				9.2	8.4	3.5	38.0	103.5					80.6

续表

	标准型（A型）											（单位：mm）

公称规格 d_1	挡圈				a max	b ≈	d_5 min	千件质量 ≈ kg	沟槽		m H13	t	n min	d_4
	d_3		S						d_2					
	基本尺寸	极限偏差	基本尺寸	极限偏差					基本尺寸	极限偏差				
102	108	+1.30 −0.54			9.5	8.5	3.5	55.0	106	+0.54 0				82.0
105	112				9.5	8.7	3.5	56.0	109					85.0
108	115				9.5	8.9	3.5	60.0	112					88.0
110	117				10.4	9.0	3.5	64.5	114					88.2
112	119				10.5	9.1	3.5	72.0	116					90.0
115	122				10.5	9.3	3.5	74.5	119		2.00		6	93.0
120	127				11.0	9.7	3.5	77.0	124					96.9
125	132				11.0	10.0	4.0	79.0	129					101.9
130	137				11.0	10.2	4.0	82.0	134					106.9
135	142	+1.50 −0.63			11.2	10.5	4.0	84.0	139					111.5
140	147				11.2	10.7	4.0	87.5	144					116.5
145	152		4	0 −0.10	11.4	10.9	4.0	93.0	149	+0.63 0	4.15			121.0
150	158				12.0	11.2	4.0	105.0	155					124.8
155	164				12.0	11.4	4.0	107.0	160					129.8
160	169				13.0	11.6	4.0	110.0	165					132.7
165	174.5				13.0	11.8	4.0	125.0	170					137.7
170	179.5				13.5	12.2	4.0	140.0	175					141.6
175	184.5				13.5	12.7	4.0	150.0	180			2.50	7.5	146.6
180	189.5				14.2	13.2	4.0	165.0	185					150.2
185	194.5				14.2	13.7	4.0	170.0	190					155.2
190	199.5				14.2	13.8	4.0	175.0	195					160.2
195	204.5	+1.70 −0.72			14.2	14.0	4.0	183.0	200					165.2
200	209.5				14.2	14.0	4.0	195.0	205	+0.72 0				170.2
210	222				14.2	14.0	4.0	270.0	216					180.2
220	232				14.2	14.0	4.0	315.0	226					190.2
230	242				14.2	14.0	4.0	330.0	236			3.00	9.0	200.2
240	252				14.2	14.0	4.0	345.0	246					210.2
250	262		5	0 −0.12	16.2	16.0	5.0	360.0	256		5.15			220.2
260	275				16.2	16.0	5.0	375.0	268					226.0
270	285	+2.00 −0.81			16.2	16.0	5.0	388.0	278	+0.81 0				236.0
280	295				16.2	16.0	5.0	400.0	288			4.00	12.0	246.0
290	305				16.2	16.0	5.0	415.0	298					256.0
300	315				16.2	16.0	5.0	435.0	308					266.0

续表

| 重型（B型） | | | | | | | | | | | | | （单位：mm） |

	挡　圈								沟　槽				
公称规格 d_1	d_3		S		a max	b ≈	d_5 min	千件质量 ≈ kg	d_2		m H13	t	n min	d_4
	基本尺寸	极限偏差	基本尺寸	极限偏差					基本尺寸	极限偏差				
20	21.5	+0.42 −0.21	1.5	0 −0.06	4.5	2.4	2.0	1.41	21	+0.13 0	1.6	0.50	1.5	10.5
22	23.5				4.7	2.8	2.0	1.85	23					12.1
24	25.9				4.9	3.0	2.0	1.98	25.2	+0.21 0		0.60	1.8	13.7
25	26.9				5.0	3.1	2.0	2.16	26.2					14.5
26	27.9				5.1	3.1	2.0	2.25	27.2					15.3
28	30.1				5.3	3.2	2.0	2.48	29.4			0.70	2.1	16.9
30	32.1				5.5	3.3	2.0	2.84	31.4					18.4
32	34.4	+0.50 −0.25	1.75		5.7	3.4	2.0	2.94	33.7			0.85	2.6	20.0
34	36.5				5.9	3.7	2.5	4.20	35.7					21.6
35	37.8				6.0	3.8	2.5	4.62	37		1.85			22.4
37	39.8				6.2	3.9	2.5	4.73	39	+0.25 0		1.00	3.0	24.0
38	40.8				6.3	3.9	2.5	4.80	40					24.7
40	43.5	+0.90 −0.39	2.00		6.5	3.9	2.5	5.38	42.5					26.3
42	45.5				6.7	4.1	2.5	6.18	44.5		2.15	1.25	3.8	27.9
45	48.5				7.0	4.3	2.5	6.86	47.5					30.3
47	50.5			0 −0.07	7.2	4.4	2.5	7.00	49.5					31.9
50	54.2				7.5	4.6	2.5	9.15	53					34.2
52	56.2		2.50		7.7	4.7	2.5	10.20	55		2.65			35.8
55	59.2				8.0	5.0	2.5	10.40	58					38.2
60	64.2	+1.10 −0.46			8.5	5.4	2.5	16.60	63					42.1
62	66.2				8.6	5.5	2.5	16.80	65	+0.30 0		1.50	4.5	43.9
65	69.2				8.7	5.8	3.0	17.20	68					46.7
68	72.5		3.00	0 −0.08	8.8	6.1	3.0	19.20	71		3.15			49.5
70	74.5				9.0	6.2	3.0	19.80	73					51.1
72	76.5				9.2	6.4	3.0	21.70	75					52.7
75	79.5				9.3	6.6	3.0	22.60	78					55.5
80	85.5	+1.30 −0.54	4.00	0 −0.10	9.5	7.0	3.0	35.20	83.5					60.0
85	90.5				9.7	7.2	3.5	38.80	88.5					64.6
90	95.5				10.0	7.6	3.5	41.50	93.5	+0.35 0	4.15	1.75	5.3	69.0
95	100.5				10.3	8.1	3.5	46.70	98.5					73.4
100	105.5				10.5	8.4	3.5	50.70	103.5					78.0

表 6-119　锥销锁紧挡圈（GB/T 883—1986）、螺钉锁紧挡圈（GB/T 884—1986）、
带锁圈的螺钉锁紧挡圈（GB/T 885—1986）钢丝锁圈（GB/T 921—1986）

（单位：mm）

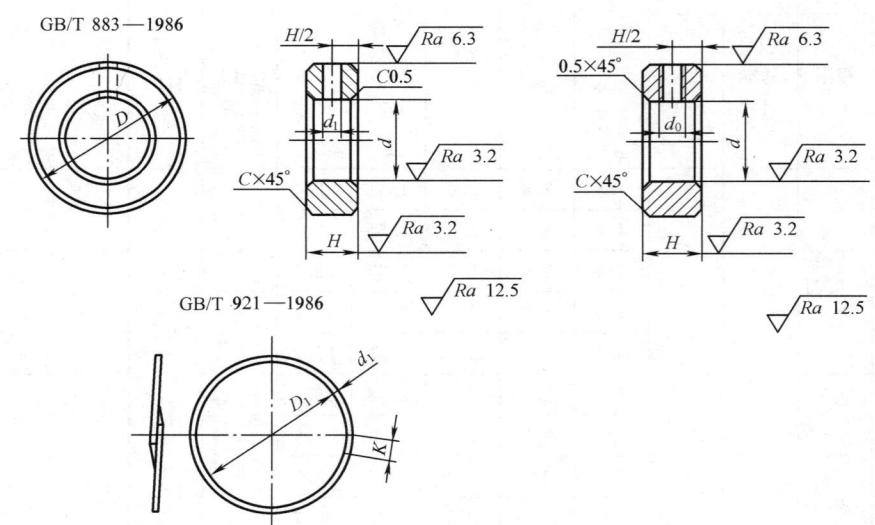

GB/T 883—1986　　GB/T 884—1986　　GB/T 921—1986

标记示例

公称直径 $d=20$mm、材料为 Q235—A、不经表面处理的锥销紧挡圈、螺钉锁紧挡圈和带锁圈的螺钉锁紧挡圈

挡圈　GB/T 883　20

挡圈　GB/T 884　20

挡圈　GB/T 885　20

GB/T 885 —1986

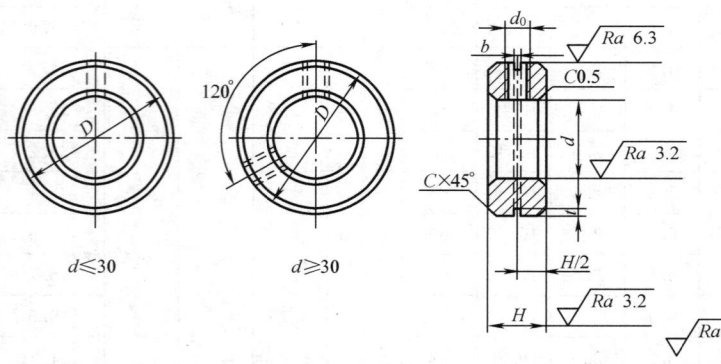

$d \leqslant 30$　　$d \geqslant 30$

标记示例

公称直径 $D=30$mm、材料为碳素弹簧钢
丝、经低温回火及表面氧化处理的锁圈

锁圈　GB/T 921　30

公称直径 d		H			c				b		t		圆锥销	螺钉	钢丝锁圈		
基本尺寸	极限偏差	基本尺寸	极限偏差	D	GB/T 883	GB/T 884 GB/T 885	d_t	d_0	基本尺寸	极限偏差	基本尺寸	极限偏差	GB/T 117 —2000	GB/T 71 —1985	公称直径 D_1	d_1	K
8	+0.036 0	10	0 −0.36	20	0.5	0.5	3	M5	1	+0.20 +0.06	1.8	±0.18	3×22	M5×8	15	0.7	0
(9)				22											17		
10																	

续表

公称直径 d 基本尺寸	公称直径 d 极限偏差	H 基本尺寸	H 极限偏差	D	c GB/T 883	c GB/T 884 GB/T 885	d_t	d_0	b 基本尺寸	b 极限偏差	t 基本尺寸	t 极限偏差	圆锥销 GB/T 117—2000	螺钉 GB/T 71—1985	钢丝锁圈 公称直径 D_1	d_1	K
12		10	0 −0.36	25		0.5	3	M5			1.8	±0.18	3×25	M5×8	20	0.7	0
(13)																	
14	+0.043 0		0 −0.43	28									4×28		23		
15				30			4								25		
16		12			0.5			M6	1	+0.20 +0.06	2	±0.20	4×32	M6×10			
17				32											27	0.8	3
18																	
(19)	+0.052 0			35			5						4×35		30		
20																	
22				38									5×40		32		
25				42									5×45		35		
28		14		45							2.5	25	6×50	M8×12	38	1	6
30				48			6	M8	1.2				6×55		41		
32	+0.062 0			52											44		
35				56		1							6×60	M10×20	47		
40		16		62									6×70	M10×16	54		
45				70					1.6						62		
50		18		80	1			M10			3	±0.30	8×80		71		
55				85			8						8×90		76		
60				90										M10×20	81		
65	+0.074 0	20		95											86	1.4	9
70				100									10×100		91		
75				110											100		
80				115											105		
85		22		120											110		
90				125			10						10×120		115		
95				130							3.6	±0.36			120		
100	+0.087 0	25		135									10×130	M12×25	124		
105				140											129		
110			0 −0.52	150	1.5								10×140		136		
115				155						+0.31 +0.06					142		
120				160			12		2				12×150		147		
(125)				165				M12							152		
130				170			1.2						12×160		156		
(135)				175		1.5									162	1.8	
140	+0.10 0			180							4.5	±0.45			166		
(145)				190											176		12
150		30		200									12×180		186		
160				210	—									M12×30	196		
170				220											206		
180				230											216		
190	+0.0115 0			240											226		
200				250											236		

注：1. 尽可能不采用括号内的规格。

2. d_1 孔在加工时，只钻一面；在装配时钻透并铰孔。

3. 挡圈按 GB/T 959.2—1986 技术规定，材料为 35.45，Q235—A，Y12。35，45 钢淬火并回火及表面氧化处理。

4. 钢丝锁圈应进行低温回火及表面氧化处理。

表 6-120   圆螺母（GB/T 812—1988）和圆螺母用止动垫圈（GB/T 858—1988）

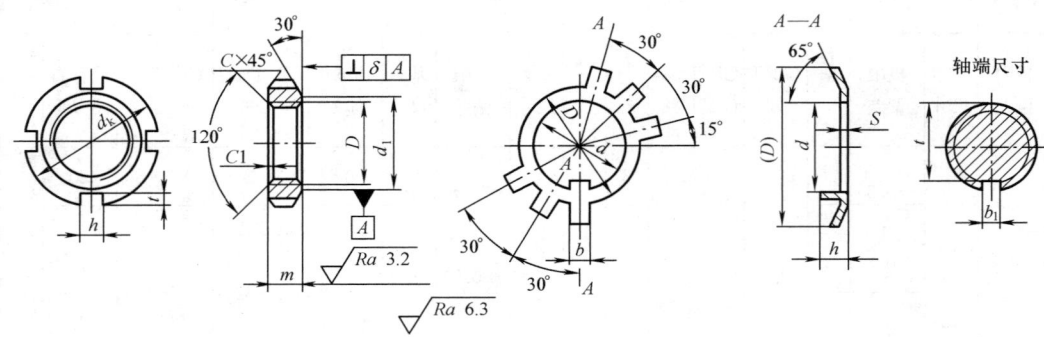

标记示例：螺母 GB/T 812 M16×1.5

（螺纹规格 D＝M16×1.5、材料为 45 钢、槽或全部热处理硬度 35～45HRC、表面氧化的圆螺母）

标记示例：垫圈 GB/T 858 16

（规格为 16mm、材料为 Q235、经退火、表面氧化的圆螺母用止动垫圈）

（单位：mm）

圆 螺 母										圆螺母用止动垫圈									
螺纹规格 $D×P$	d_k	d_1	m	h		t		C	C_1	螺纹规格	d	D（参考）	D_1	S	b	a	h	轴端	
				max	min	max	min											b_1	t
M10×1	22	16	8	4.3	4	2.6	2	0.5	0.5	10	10.5	25	16	3.8		8	3	4	7
M12×1.25	25	19								12	12.5	28	19		9				8
M14×1.5	28	20								14	14.5	32	20			11			10
M16×1.5	30	22								16	16.5	34	22			13			12
M18×1.5	32	24								18	18.5	35	24			15			14
M20×1.5	35	27		5.3	5	3.1	2.5			20	20.5	38	27	1		17			16
M22×1.5	38	30								22	22.5	42	30		4.8	19	4	5	18
M24×1.5	42	34						1		24	24.5	45	34			21			20
M25×1.5*										25*	25.5					22			—
M27×1.5	45	37								27	27.5	48	37			24			23
M30×1.5	48	40								30	30.5	52	40			27			26
M33×1.5	52	43	10							33	33.5	56	43			30			29
M35×1.5*										35*	35.5					32			—
M36×1.5	55	46								36	36.5	60	46			33			32
M39×1.5	58	49		6.3	6	3.6	3			39	39.5	62	49		5.7	36	5	6	35
M40×1.5*										40*	40.5					37			—
M42×1.5	62	53								42	42.5	66	53			39			38
M45×1.5	68	59								45	45.5	72	59	1.5		42			41
M48×1.5	72	61						1.5		48	48.5	76	61			45			44
M50×1.5*										50*	50.5					47			—
M52×1.5	78	67	12	8.36	8	4.25	3.5			52	52.5	82	67		7.7	49		8	48
M55×2*										55*	56					52	6		—
M56×2	85	74						1		56	57	90	74			53			52

续表

圆螺母									圆螺母用止动垫圈									
螺纹规格 $D \times P$	d_k	d_1	m	h		t		C	C_1	螺纹规格	d	D(参考)	D_1	S	b	a	h	轴端
				max	min	max	min											b_1	t

螺纹规格 $D \times P$	d_k	d_1	m	max	min	max	min	C	C_1	螺纹规格	d	D(参考)	D_1	S	b	a	h	b_1	t
M60×2	90	79	12	8.36	8	4.25	3.5			60	61	94	79			57	6		56
M64×2	95	84	12	8.36	8	4.25	3.5			64	65	100	84	7.7	61		6	8	60
M65×2*	95	84	12	8.36	8	4.25	3.5			65*	66	100	84	7.7		62	6	8	
M68×2	100	88	12	8.36	8	4.25	3.5			68	69	105	88			65	6		64
M72×2	105	93	15	10.36	10	4.75	4	1.5	1	72	73	110	93	1.5	9.6	69	7	10	68
M75×2*	105	93	15	10.36	10	4.75	4			75*	76	110	93			71		10	
M76×2	110	98	15	10.36	10	4.75	4			76	77	115	98			72	7		70
M30×2	115	103	15	10.36	10	4.75	4			80	81	120	103			76			74
M85×2	120	108	15	10.36	10	4.75	4			85	86	125	108			81			79
M90×2	125	112	18	12.43	12	5.75	5			90	91	130	112	2	11.6	86	12		84
M95×2	130	117	18	12.43	12	5.75	5			95	96	135	117	2	11.6	91	12		89
M100×2	135	122	18	12.43	12	5.75	5			100	101	140	122			96			94

注：1. 圆螺母槽数 $n=4$。

2. *仅用于滚动轴承锁紧装置。

表 6-121 孔用钢丝挡圈（GB/T 895.1—1986）、轴用钢丝挡圈（GB/T 895.2—1986）

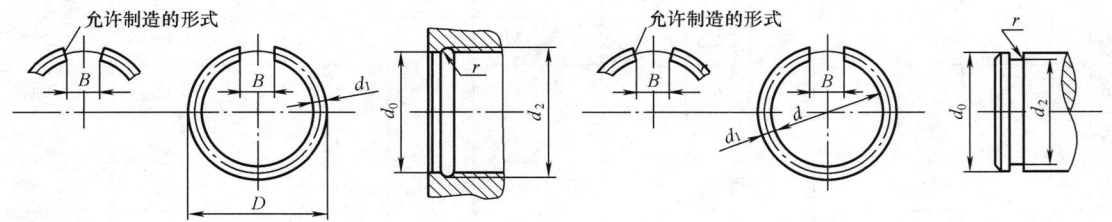

标记示例

孔径 $d_0=40$mm、材料为碳素弹簧钢丝、经低温回火及表面氧化处理的孔用钢丝挡圈：挡圈 GB/T 895.1—1986 40

（单位：mm）

孔径轴径 d_0	挡圈						沟槽（推荐）				1000 个质量 /kg≈	
			GB/T 895.1—1986		GB/T 895.2—1986			GB/T 895.1—1986	GB/T 895.2—1986			
	d_1	r	D		d		B	d_2		d_2		GB/T 895.1—1986	GB/T 895.2—1986
			基本尺寸	极限偏差	基本尺寸	极限偏差		基本尺寸	极限偏差	基本尺寸	极限偏差		
4	0.6	0.4	—	—	3	0 −0.18	1	3.4	±0.037	3.4	±0.037	—	0.03
5	0.6	0.4	—	—	4	0 −0.18	1	4.4	±0.037	4.4	±0.037	—	0.03
6	0.6	0.4	—	—	5	0 −0.18	1	5.4	±0.037	5.4	±0.037	—	0.037
7	0.8	0.5	8.0	+0.22 0	6	0 −0.22	2	7.8	±0.045	6.2	±0.045	0.073 5	0.076
8	0.8	0.5	9.0	+0.22 0	7	0 −0.22	2	8.8	±0.045	7.2	±0.045	0.085 9	0.089
10	0.8	0.5	11.0	+0.22 0	9	0 −0.22	2	10.8	±0.055	9.2	±0.045	0.093 4	0.114

孔径轴径 d_0	d_1	r	挡 圈						沟 槽（推荐）				1000 个质量 /kg≈	
			GB/T 895.1—1986			GB/T 895.2—1986			GB/T 895.1 —1986		GB/T 895.2 —1986		GB/T 895.1 —1986	GB/T 895.2 —1986
			D		B	d		B	d_2		d_2			
			基本尺寸	极限偏差		基本尺寸	极限偏差		基本尺寸	极限偏差	基本尺寸	极限偏差		
12	1.0	0.6	13.5	+0.43 0	6	10.5	0 −0.47		13.0	±0.055	11.0	±0.055	0.205	0.204
14			15.5			12.5			15.0		13.0		0.244	0.243
16	1.6		18.0		8	14.0	0 −0.47		17.6	±0.065	14.4		0.705	0.726
18			20.0			16.0			19.6		16.4		0.804	0.825
20	2.0	1.1	22.5	+0.52 0	10	17.5	0 −0.52	3	22.0	±0.105	18.0	±0.09	1.32	1.437
22			24.5			19.5			24.0		20.0		1.47	1.592
24			26.5			21.5			26.0		22.0	±0.105	1.63	1.747
25			27.5			22.5			27.0		23.0		1.70	1.824
26			28.5			23.5			28.0		24.0		1.79	1.902
28			30.5	+0.62 0		25.5			30.0		26.0		1.94	2.057
30			32.5			27.5			32.0		28.0		2.10	2.212
32	2.5	1.4	35.0		12	29.0	0 −1.00	4	34.5	±0.125	29.5	±0.125	3.47	3.659
35			38.0			32.0			37.6		32.5		3.85	4.022
38			41.0	+1.00 0		35.0			40.6		35.5		4.20	4.386
40			43.0			37.0			42.6		37.5		4.43	4.628
42			45.0			39.0			44.5		39.5		4.54	4.87
45			48.0		16	42.0			47.5		42.5		4.89	5.233
48			51.0			45.0			50.5		45.5		5.24	5.596
50			53.0			47.0			52.5		47.5		5.51	5.838
55	3.2	1.8	59.0	+1.20 0	20	51.0	0 −1.20	5	58.2	±0.150	51.8	±0.15	9.805	10.42
60			64.0			56.0			63.2		56.8		10.80	11.43
65			69.0			61.0			68.2		61.8		11.79	12.22
70			74.0			66.0			73.2		66.8		12.46	13.41
75			79.0			71.0			78.2		71.8		13.47	14.40
80			84.0	+1.40 0	25	76.0			83.2	±0.175	76.8	±0.175	14.45	15.39
85			89.0			81.0	0 −1.40		88.2		81.8		15.44	16.39
90			94.0			86.0			93.2		86.8		16.43	17.38

第7章 轴 毂 连 接

7.1 键连接

7.1.1 键连接的类型、尺寸、公差配合和表面粗糙度

1. 平键（见表 7.1～表 7.3）

表 7-1   普通平键（GB/T 1095—2003，GB/T 1096—2003）

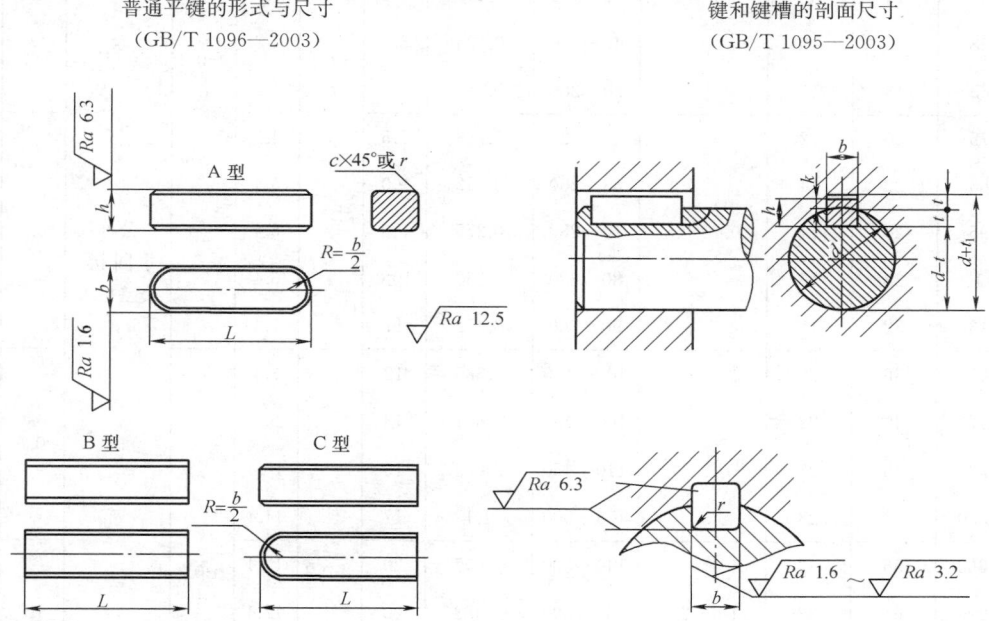

| |
| 普通平键的形式与尺寸
（GB/T 1096—2003） |
| 键和键槽的剖面尺寸
（GB/T 1095—2003） |

标记示例:圆头普通平键(A 型),b=10mm,h=8mm,L=25mm

GB/T 1096 键 10×8×25

对于同一尺寸的平头普通平键(B 型)或单圆头普通平键(C 型),标记为

GB/T 1096 键 B 10×8×25

GB/T 1096 键 C 10×8×25

（单位:mm）

轴 径 d	键的公称尺寸				每 100mm 重量 /kg	键槽尺寸						
	b(h9)	h(h11)	c 或 r	L(h14)		轴槽深 t		毂槽深 t_1		b	圆角半径 r	
						公称	偏差	公称	偏差		min	max
自 6～8	2	2		6～20	0.003	1.2		1		公称尺寸同键,公差见表7-6	0.08	0.16
>8～10	3	3	0.16～0.25	6～36	0.007	1.8	+0.10	1.4	+0.10			
>10～12	4	4		8～45	0.013	2.3		1.8				

轴 径 d	键的公称尺寸				每100mm 重量 /kg	键槽尺寸						
	b(h9)	h(h11)	c 或 r	L(h14)		轴槽深 t		毂槽深 t₁		b	圆角半径 r	
						公称	偏差	公称	偏差		min	max
>12~17	5	5		14~56	0.02	3.0	+0.10	2.3	+0.10		0.16	0.25
>17~22	6	6	0.25~0.4	14~70	0.028	3.5		2.8				
>22~30	8	7		18~90	0.044	4.0		3.3				
>30~38	10	8		22~110	0.063	5.0		3.3			0.25	0.4
>38~44	12	8		28~140	0.075	5.0		3.3				
>44~50	14	9	0.4~0.6	36~160	0.099	5.5		3.8				
>50~58	16	10		45~180	0.126	6.0	+0.20	4.3	+0.20			
>58~65	18	11		50~200	0.155	7.0		4.4				
>65~75	20	12		56~220	0.188	7.5		4.9			0.4	0.6
>75~85	22	14		63~250	0.242	9.0		5.4				
>85~95	25	14	0.6~0.8	70~280	0.275	9.0		5.4		公称尺寸同键，公差见表7-6		
>95~110	28	16		80~320	0.352	10.0		6.4				
>110~130	32	18		90~360	0.452	11		7.4				
>130~150	36	20		100~400	0.565	12		8.4			0.7	1.0
>150~170	40	22		100~400	0.691	13		9.4				
>170~200	45	25	1~1.2	110~450	0.883	15		10.4				
>200~230	50	28		125~500	1.1	17		11.4				
>230~260	56	32		140~500	1.407	20	+0.30	12.4	+0.30		1.2	1.6
>260~290	63	32	1.6~2.0	160~500	1.583	20		12.4				
290~330	70	36		180~500	1.978	22		14.4				
>330~380	80	40		200~500	2.512	25		15.4			2	2.5
>380~440	90	45	2.5~3	220~500	3.179	28		17.4				
>440~500	100	50		250~500	3.925	31		19.5				
L 系列	6，8，10，12，14，16，18，20，22，25，28，32，36，40，45，50，56，63，70，80，90，100，110，125，140，160，180，200，220，250，280，320，360，400，450，500											

注：1. 在工作图中，轴槽深用 d-t 或 t 标注，毂槽深用 d+t₁ 标注。(d-t) 和 (d+t₁) 尺寸偏差按相应的 t 和 t₁ 的偏差选取，但 (d-t) 偏差取负号 (—)。

2. 当键长大于 500mm 时，其长度应按 GB/T 321—2005 优先数和优先数系的 R20 系列选取。

3. 表中每 100mm 长的质量系指 B 型键。

4. 键高偏差对于 B 型应为 h9。

5. 当需要时，键允许带起键螺孔，起键螺孔的尺寸按键宽参考表 5-6 中的 d₀ 选取。螺孔的位置距键端为 b~2b，较长的键可以采用两个对称的起键螺孔。

表 7-2　　　　　　　　薄型平键（GB/T 1566—2003、GB/T 1567—2003）

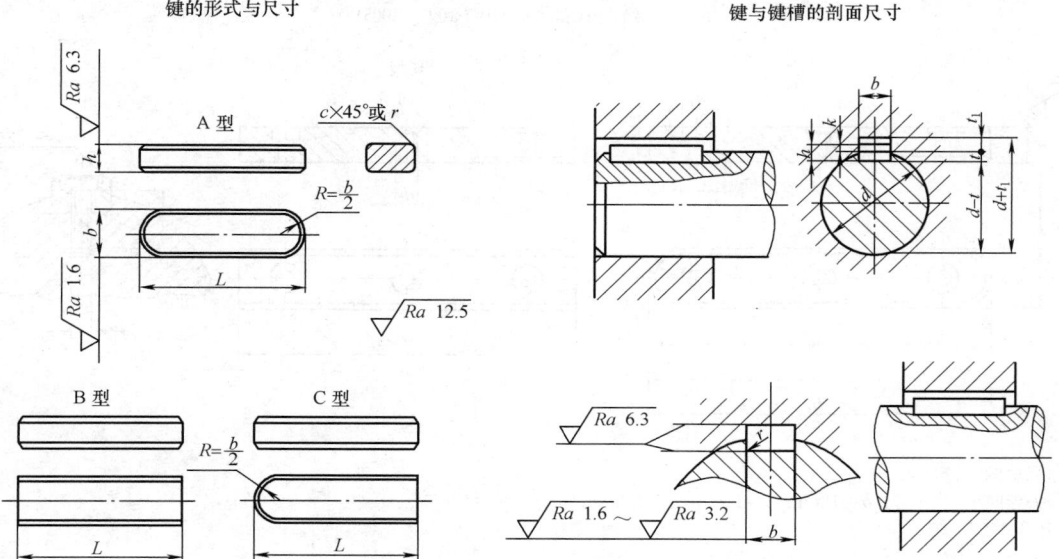

标记示例：圆头薄型平键（A 型），$b=18$mm，$h=7$mm，$L=110$mm
GB/T 1567　键　$18\times7\times110$
对于同一尺寸的平头薄型平键（B 型）或单圆头薄型平键（C 型），标记为
GB/T 1567　键 B　$18\times7\times110$
GB/T 1567　键 C　$18\times7\times110$

（单位：mm）

轴　径	键的公称尺寸				每 100mm 质量 /kg	键槽尺寸					
						轴槽深 t		毂槽深 t_1		b	圆角半径 r
d	b(h9)	h(h11)	c 或 r	L(h14)		公称尺寸	偏差	公称尺寸	偏差		
自 12～17	5	3		10～56	0.012	1.8	+0.1 0	1.4	+0.1 0		0.16～0.25
>17～22	6	4	0.25～0.4	14～70	0.019	2.5		1.8			
>22～30	8	5		18～90	0.031	3		2.3			
>30～38	10	6		22～110	0.047	3.5	+0.1 0	2.8	+0.1 0		0.25～0.4
>38～44	12	6		28～140	0.056 5	3.5		2.8		公称尺寸同键，公差见表 7-6	
>44～50	14	6	0.4～0.6	36～160	0.066	3.5		2.8			
>50～58	16	7		45～180	0.088	4		3.3			
>58～65	18	7		50～200	0.099	4		3.3			
>65～75	20	8		56～220	0.126	5	+0.2 0	3.3	+0.2 0		0.4～0.6
>75～85	22	9		63～250	0.155	5.5		3.8			
>85～95	25	9	0.6～0.8	70～280	0.177	5.5		3.8			
>95～110	28	10		80～320	0.22	6		4.3			
>110～130	32	11		90～360	0.276	7		4.4			
>130～150	36	12	1.0～1.2	100～400	0.339	7.5		4.9			0.70～1.0
L 系列	10、12、14、16、18、20、22、25、28、32、36、40、45、50、56、63、70、80、90、100、110、125、140、160、180、200、220、250、280、320、360、400										

注：表中每 100mm 长的质量系指 B 型键。

表 7-3   **导向平键**（GB/T 1097—2003）

键的形式和尺寸（GB/T 1097—2003）

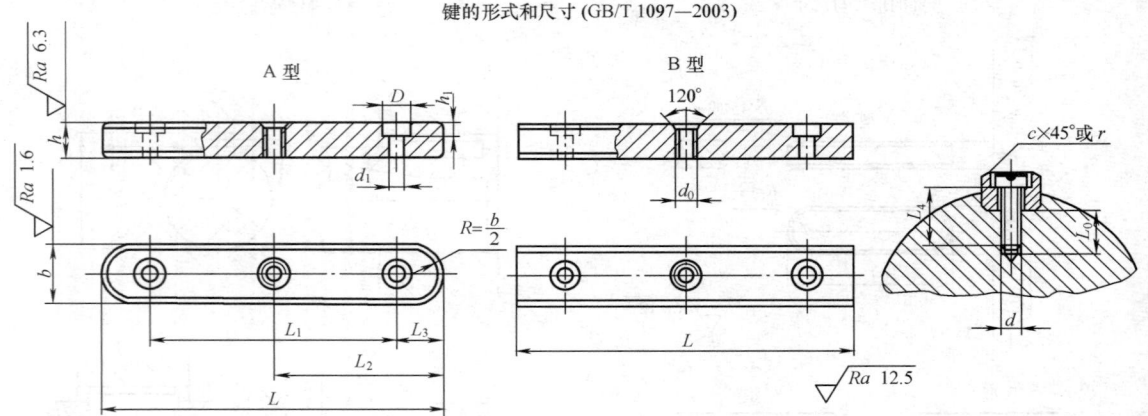

标记示例

圆头导向平键（A 型），$b=16\text{mm}, h=10\text{mm}, L=100\text{mm}$

GB/T 1097   键   16×100

方头导向平键（B 型），$b=16\text{mm}, h=10\text{mm}, L=100\text{mm}$

GB/T 1097   键   B16×100

（单位：mm）

b(h9)	8	10	12	14	16	18	20	22	25	28	32	36	40	45
h(h11)	7	8	8	9	10	11	12	14	14	16	18	20	22	25
c 或 r	0.25~0.4	0.4~0.6					0.6~0.8					1.0~1.2		
h_1		2.4		3.0		3.5		4.5		6		7		8
d_0		M3		M4		M5		M6		M8		M10		M12
d_1		3.4		4.5		5.5		6.5		9		11		14
D		6		8.5		10		12		15		18		22
c_1		0.3					0.5					1.0		
L_0		7		8		10		12		15		18		22
螺钉 ($d_0×L_4$)	M3×8	M3×10	M4×10	M5×10	M5×10	M6×12	M6×12	M6×16	M8×16	M8×16	M10×20	M12×25		
L 范围	25~90	25~110	28~140	36~160	45~180	50~200	56~220	63~250	70~280	80~320	90~360	100~400	100~400	110~450
每 100mm 长质量/kg	0.039 2	0.06	0.071	0.091	0.114	0.143	0.175	0.228	0.25	0.324	0.402	0.515	0.602	0.837

L 与 L_1、L_2、L_3 的对应长度系列

L	25	28	32	36	40	45	50	56	63	70	80	90	100	110	125	140	160	180	200	220	250	280	320	360	400	450
L_1	13	14	16	18	20	23	26	30	36	40	48	54	60	66	75	80	90	100	110	120	140	160	180	200	220	250
L_2	12.5	14	16	18	20	22.5	25	28	31.5	35	40	45	50	55	62	70	80	90	100	110	125	140	160	180	200	225
L_3	6	7	8	9	10	11	12	13	14	15	20	25	20	25	35	40	45	50	55	60	70	80	90	100		

注：1. b 和 h 根据轴径 d 由表 9-4 选取。
    2. 固定螺钉按 GB/T 65—2016 "开槽圆柱头螺钉" 的规定。
    3. 键槽的尺寸应符合 GB/T 1095—2003 "键和键槽的剖面尺寸" 的规定，见表 7-1。
    4. 当键长大于 450mm 时，其长度按 GB/T 321—2005 "优先数和优先数系" 的 R20 系列选取。
    5. 每 100mm 长质量系指 B 型键。

2. 半圆键（见表 7-4）

表 7-4 半 圆 键 (GB/T 1099.1—2003、GB/T 1098—2003)

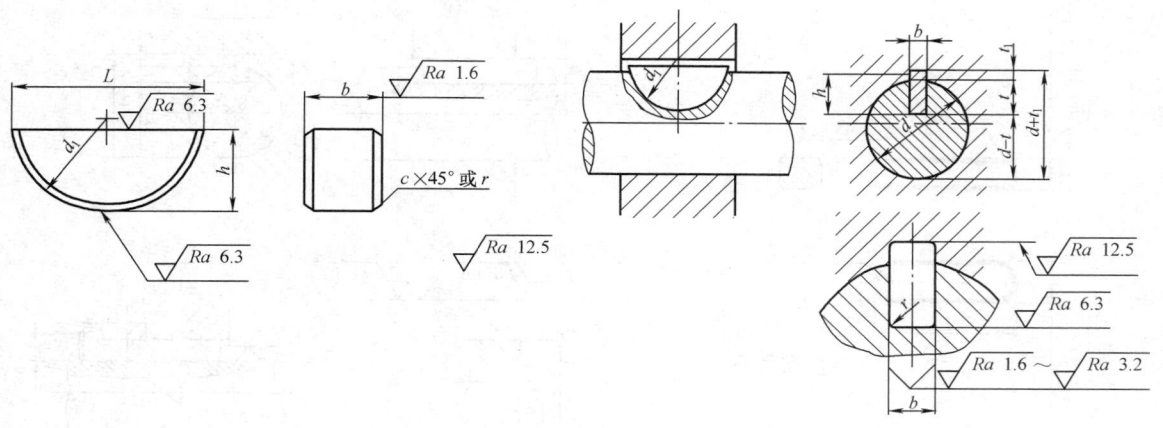

键的尺寸
(GB/T 1099.1 —2003)

键和键槽的剖面尺寸
(GB/T 1098—2003)

标记示例
半圆键 $b=8mm$, $h=11mm$, $d_1=28mm$
GB/T 1099 键 8×11×28

（单位：mm）

轴 径 d		键的公称尺寸						键槽尺寸						
传递转矩用	定位用	b (h9)	h (h11)	d_1 (h12)	$L\approx$	c	每1000件的质量/kg	轴 t		轮毂 t_1		k	圆角半径 r	b
								公称	偏差	公称	偏差			
自 3～4	自 3～4	1.0	1.4	4	3.9		0.031	1.0		0.6		0.4		
>4～5	>4～6	1.5	2.6	7	6.8		0.153	2.0		0.8		0.72		
>5～6	>6～8	2.0	2.6	7	6.8		0.204	1.8	+0.1 0	1.0		0.97	0.08～0.16	
>6～7	>8～10	2.0	3.7	10	9.7	0.16～0.25	0.414	2.9		1.0		0.95		
>7～8	>10～12	2.5	3.7	10	9.7		0.518	2.7		1.2		1.2		
>8～10	>12～15	3.0	5.0	13	12.7		1.10	3.8		1.4	+0.1 0	1.43		
>10～12	>15～18	3.0	6.5	16	15.7		1.8	5.3		1.4		1.4		公称尺寸同键，公差见表5～9
>12～14	>18～20	4.0	6.5	16	15.7		2.4	5.0		1.8		1.8		
>14～16	>20～22	4.0	7.5	19	18.6		3.27	6.0	+0.2 0	1.8		1.75		
>16～18	>22～25	5.0	6.5	16	15.7	0.25～0.4	3.01	4.5		2.3		2.35	0.16～0.25	
>18～20	>25～28	5.0	7.5	19	18.6		4.09	5.5		2.3		2.32		
>20～22	>28～32	5.0	9.0	22	21.6		5.73	7.0		2.3		2.29		
>22～25	>32～36	6.0	9.0	22	21.6		6.88	6.5		2.8		2.87		
>25～28	>36～40	6.0	10	25	24.5		8.64	7.5	+0.3 0	2.8	+0.2 0	2.83	0.25～0.4	
>28～32	40	8.0	11	28	27.4	0.4～0.6	14.1	8		3.3		3.51		
>32～38	—	10	13	32	31.4		19.3	10		3.3		3.67		

注：轴和毂键槽宽度 b 极限偏差按表 7-6 中一般连接或较紧连接。

3. 楔键（见表 7-5）

表 7-5 楔键（GB/T 1563—2017、GB/T 1565—2003、GB/T 1564—2003）

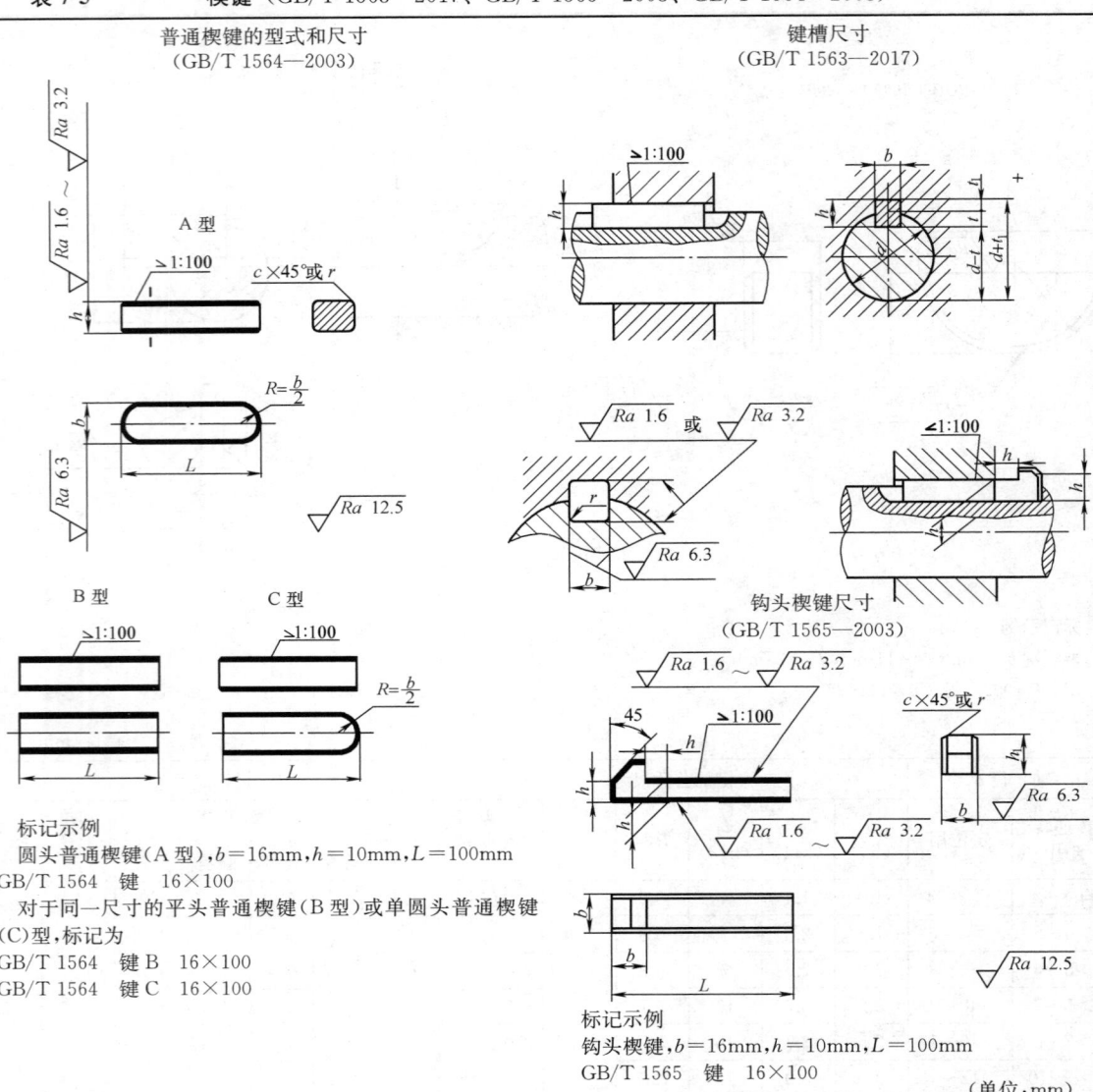

普通楔键的型式和尺寸
（GB/T 1564—2003）

键槽尺寸
（GB/T 1563—2017）

A 型

B 型　　　　　C 型

标记示例
圆头普通楔键（A 型），b=16mm, h=10mm, L=100mm
GB/T 1564　键　16×100
对于同一尺寸的平头普通楔键（B 型）或单圆头普通楔键
（C）型，标记为
GB/T 1564　键 B　16×100
GB/T 1564　键 C　16×100

钩头楔键尺寸
（GB/T 1565—2003）

标记示例
钩头楔键，b=16mm, h=10mm, L=100mm
GB/T 1565　键　16×100

（单位：mm）

轴径	键的公称尺寸								键槽				
					L(h14)		每 100mm 长质量/kg		轴 t		轮毂 t_1		圆角半径 r
d	b (h9)	h (h11)	c 或 r	h_1	GB/T 1564 —2003	GB/T 1565 —2003	GB/T 1564 —2003(B)	GB/T 1565 —2003	公称	偏差	公称	偏差	
自 6~8	2	2	0.16		6~20	—	0.003	—	1.2		0.5		0.08
>8~10	3	3	~		6~36	—	0.007	—	1.8	+0.1 0	0.9	+0.1 0	~
>10~12	4	4	0.25	7	8~45	14~45	0.012	0.013	2.5		1.2		0.16
>12~17	5	5	0.25	8	10~56	14~56	0.019	0.02	3.0		1.7		0.16
>17~22	6	6	~	10	14~70		0.027	0.03	3.5		2.2		~
>22~30	8	7	0.4	11	18~90		0.042	0.047	4.0		2.4		0.25
>30~38	10	8		12	22~110		0.059	0.068	5.0		2.4		0.25
>38~44	12	8	0.4	12	28~140		0.071	0.084	5.0	+0.2 0	2.4	+0.2 0	
>44~50	14	9	~	14	36~160		0.093	0.114	5.5		2.9		~
>50~58	16	10	0.6	16	46~180		0.12	0.15	6.0		3.4		0.40
>58~65	18	11		18	50~200		0.148	0.19	7.0		3.4		

续表

轴径	键的公称尺寸								键槽				
	b	h	c 或 r	h_1	L(h14)		每100mm 长质量/kg		轴 t		轮毂 t_1		圆角半径 r
d	(h9)	(h11)			GB/T 1564 —2003	GB/T 1565 —2003	GB/T 1564 —2003(B)	GB/T 1565 —2003	公称	偏差	公称	偏差	
>65~75	20	12		20	56~220		0.18	0.238	7.5		3.9		
>75~85	22	14	0.6	22	63~250		0.233	0.311	9.0	+0.2 0	4.4	+0.2 0	0.40 ~
>85~95	25	14	~	22	70~280		0.264	0.366	9.0		4.4		
>95~110	28	16	0.8	25	80~320		0.341	0.486	10.0		5.4		0.60
>110~130	32	18		28	90~360		0.439	0.651	11.0		6.4		
>130~150	36	20		32	100~400		0.551	0.856	12		7.1		
>150~170	40	22	1.0	36	100~400		0.675	1.096	13		8.1		0.70 ~ 1.00
>170~200	45	25	~1.2	40	110~450	110~400	0.85	1.447	15		9.1		
>200~230	50	28		45	125~500		1.03	1.856	17		10.1		
>230~260	56	32	1.6	50	140~500		1.33	2.49	20	+0.3 0	11.1	+0.3 0	1.2 ~ 1.6
>260~290	63	32	~	50	160~500		1.49	2.967	20		11.1		
>290~330	70	36	2.0	56	180~500		1.88	3.924	22		13.1		
>330~380	80	40	2.5	63	200~500		2.38	5.379	25		14.1		2.0 ~ 2.5
>380~440	90	45	~	70	220~500		3.03	7.26	28		16.1		
>440~500	100	50	3.0	80	250~500		3.76	9.686	31		18.1		
L系列	6, 8, 10, 12, 14, 16, 18, 20, 22, 25, 28, 32, 36, 40, 45, 50, 56, 63, 70, 80, 90, 100, 110, 125, 140, 160, 180, 200, 220, 250, 280, 320, 360, 400, 450, 500												

注：1. 安装时，键的斜面与轮毂槽的斜面紧密配合。

    2. 键槽宽 b（轴和毂）尺寸公差 D10。

4. 键和键槽的形位公差、配合及尺寸标注（见表 7-6）

表 7-6   **键和键槽尺寸公差带**（GB/T 1095—2003，GB/T 1096—2003）   （单位：μm）

键的公称尺寸 /mm	键的公差带				键槽尺寸公差带					
	b	h	L	d_1	槽宽 b					槽长 L
					较松连接		一般连接		较紧连接	
	h9	h11	h14	h12	轴 H9	毂 D10	轴 N9	毂 Js9	轴与毂 P9	H14
≤3	0 −25	0 −60 ($\binom{0}{-25}$)	—	0 −100	+25 0	+60 +20	−4 −29	±12.5	−6 −31	+250 0
>3~6	0 −30	0 −75 ($\binom{0}{-30}$)	—	0 −120	+30 0	+78 +30	0 −30	±15	−12 −42	+300 0

续表

键的公称 尺寸 /mm	键的公差带				键槽尺寸公差带					
	b	h	L	d_1	槽宽 b					槽长 L
					较松连接		一般连接		较紧连接	
	h9	h11	h14	h12	轴 H9	毂 D10	轴 N9	毂 S9	轴与毂 P9	H14
>6～10	0 −36	0 −90	0 −360	0 −150	+36 0	+98 +40	0 −36	±18	−15 −51	+360 0
>10～18	0 −43	0 −110	0 −430	0 −180	+43 0	+120 +50	0 −43	±21	−18 −61	+430 0
>18～30	0 −52	0 −130	0 −520	0 −210	+52 0	+149 +65	0 −52	±26	−22 −74	+52 0
>30～50	0 −62	0 −160	0 −620	0 −250	+62 0	+180 +80	0 −62	±31	−26 −88	+620 0
>50～80	0 −74	0 −190	0 −740	0 −300	+74 0	+220 +100	0 −74	±37	−32 −106	+740 0
>80～120	0 −87	0 −220	0 −870	0 −350	+87 0	+260 +120	0 −87	±43	−37 −124	+870 0
>120～180	0 −100	0 −250	0 −1000	0 −400	+100 0	+305 +145	0 −100	±50	−43 −143	+1000 0
>180～250	0 −115	0 −290	0 −1150	0 −460	+115 0	+355 +170	0 −115	±57	−50 −165	+1150 0

注:1. 括号内值为 h9 值,适用于 B 型普通平键。
　　2. 半圆键无较松连接形式。
　　3. 楔键槽宽轴和毂都取 D10。

5. 切向键 (见表 7-7)

表 7-7 　　　　　　　　**切向键及其键槽** (GB/T 1974—2003)

普通切向键、强力切向键及键槽尺寸(GB/T 1974—2003)

标记示例
　一对切向键,厚度 $t=$
8mm,计算宽度 $b=$
24mm,长度 $L=100$mm
GB/T 1974
切向键 24×8×100

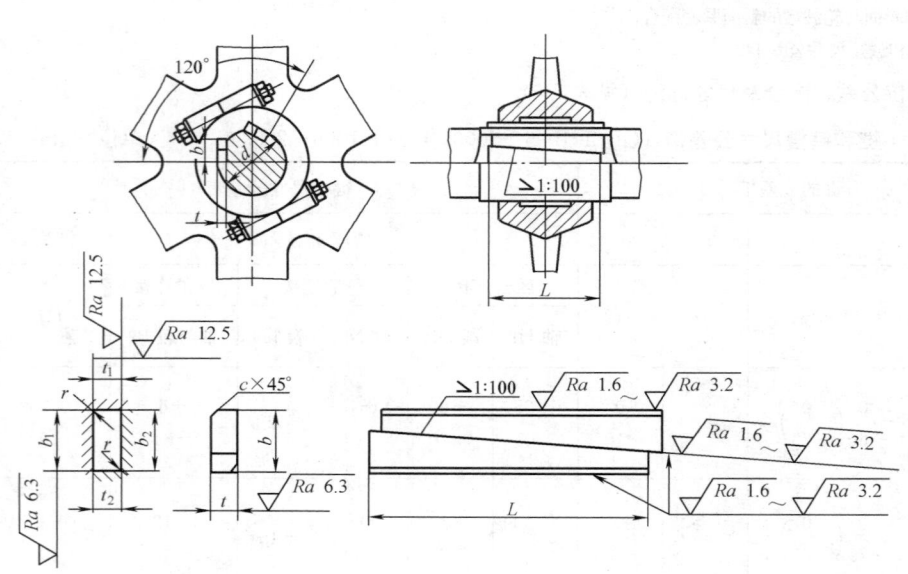

(单位:mm)

续表

轴径 d	普通切向键 t	c	轮毂 t₁ 尺寸	偏差	轴 t₂ 尺寸	偏差	计算宽度 轮毂 b₁	轴 b₂	半径 r 最小	最大	强力切向键 t	c	轮毂 t₁ 尺寸	偏差	轴 t₂ 尺寸	偏差	计算宽度 轮毂 b₁	轴 b₂	半径 r 最小	最大
60							19.3	19.6												
65	7		7		7.3		20.1	20.5												
70							21.0	21.4												
75							23.2	23.5			—	—	—	—	—	—	—	—	—	—
80		0.6~0.8					24.0	24.4	0.4	0.6										
85	8		8		8.3		24.8	25.2												
90				0 −0.2		+0.2 0	25.6	26.0												
95							27.8	28.2												
100	9		9		9.3		28.6	29.0			10		10	0 −0.2	10.3	+0.2 0	30	30.4		
110							30.1	30.6			11		11		11.4		33	33.5		
120	10		10		10.3		33.2	33.6			12	1~1.2	12		12.4		36	36.5	0.7	1.0
130							34.6	35.1			13		13		13.4		39	39.5		
140	11		11		11.4		37.7	38.3			14		14		14.4		42	42.5		
150		1~1.2					39.1	39.7			15		15		15.4		45	45.5		
160							42.1	42.8	0.7	1.0	16	1.6~2	16		16.4		48	48.5		
170	12		12		12.4		43.5	44.2			17		17		17.4		51	51.5	1.2	1.6
180							44.9	45.6			18		18		18.4		54	54.5		
190							49.6	50.3			19		19		19.4		57	57.5		
200	14		14		14.4		51.0	51.7			20		20		20.4		60	60.5		
220							57.1	57.8			22	2.5~3	22		22.4		66	66.5		
240	16	1.6~2.0	16		16.4		59.9	60.6	1.2	1.6	24		24	0 −0.3	24.4	+0.3 0	72	72.5	2.0	2.5
250							64.6	65.3			25		25		25.4		75	75.5		
260	18		18	0 −0.3	18.4	+0.3 0	66.0	66.7			26		26		26.4		78	78.5		
280							72.1	72.8			28		28		28.4		84	84.5		
300	20		20		20.4		74.8	75.5			30		30		30.4		90	90.5		
320		2.5~3					81.0	81.6			32		32		32.4		96	96.5		
340	22		22		22.4		83.6	84.3	2.0	2.5	34	3~4	34		34.4		102	102.5	2.5	3.0
360							93.2	93.8			36		36		36.4		108	108.5		
380	26		26		26.4		95.9	96.6			38		38		38.4		114	114.5		
400							98.6	99.3			40		40		40.4		120	120.5		
420	30	3~4	30		30.4		108.2	108.8	2.5	3.0	42		42		42.4		126	126.5		
450							112.3	112.9			45	4~5	45		45.4		135	135.5	3.0	4.0

轴径 d	普通-键 t	普通-键 c	普通-轮毂t1 尺寸	普通-轮毂t1 偏差	普通-轴t2 尺寸	普通-轴t2 偏差	普通-计算宽度 轮毂b1	普通-计算宽度 轴b2	普通-半径r 最小	普通-半径r 最大	强力-键 t	强力-键 c	强力-轮毂t1 尺寸	强力-轮毂t1 偏差	强力-轴t2 尺寸	强力-轴t2 偏差	强力-计算宽度 轮毂b1	强力-计算宽度 轴b2	强力-半径r 最小	强力-半径r 最大
480	34		34		34.4		123.1	123.8			48	4~5	48	0	48.5		144	144.7		
500							125.9	126.6			50		50	−0.3	50.5		150	150.7	3.0	4.0
530	38		38				136.7	137.4			53		53		53.5		159	159.7		
560					38.4		40.8	141.5			56		56		56.5		68	168.7		
600	42	3~4	0				153.1	153.8	2.5	3.0	60	5~6	60	0	60.5	+0.3	180	180.7	4.0	5.0
630			−0.3			0	157.1	157.8			63		63	−0.3	63.5	0	189	189.7		
710			42	+0.3	40.4						71	6~7	71		71.5		213	213.7	4.0	5.0
800											80		80		80.5		240	240.7		
900											90	7~9	90		90.5		270	270.7	5.0	7.0
1000											100		100		100.5		300	300.7		

注：1. 键的厚度 t、计算宽度 b 分别与轮毂槽的 t_1、计算宽度 b_1 相同。

2. 对普通切向键，若轴径位于表列尺寸 d 的中间数值时，采用与它最接近的稍大轴径的 t、t_1 和 t_2，但 b 和 b_1、b_2 须用以下公式计算：$b=b_1=\sqrt{t(d-t)}$　$b_2=\sqrt{t_2(d-t_2)}$。

3. 强力切向键，若轴径位于表列尺寸 d 的中间数时，或者轴径超过 630mm 时，键与键槽的尺寸用以下公式计算：$t=t_1=0.1d$；$b=b_1=0.3d$；$t_2=t+0.3$mm（当 $t\leq10$mm）；$t_2=t+0.4$mm（当 10mm$<t\leq45$mm）。$t_2=t+0.5$mm（当 $t>45$mm）；$b_2=\sqrt{t_2(d-t_2)}$。

4. 键厚度 t 的偏差为 h11。

5. 键的抗拉强度不低于 600MPa。

6. 键长 L 按实际结构定，一般建议取比轮毂宽度长 10%~15%。

7.1.2　键的选择和键连接的强度校核计算

键连接的强度校核可按表 7-8 中所列公式进行。如强度不够，可采用双键，这时应考虑键的合理布置：两个平键最好相隔 180°；两个半圆键则应沿轴布置在同一条直线上；两个楔键夹角一般为 90°~120°。双键连接的强度按 1.5 个键计算。如果轮毂允许适当加长，也可相应地增加键的长度，以提高单键连接的承载能力。但一般采用的键长不宜超过 $(1.6\sim1.8)d$。

表 7-8　　　　　　　　　　　　　　　　键连接的强度校核公式

键的类型		计算内容	强度校核公式	说　　明
半圆键		连接工作面挤压	$\sigma_p=\dfrac{2T}{dkl}\leq[\sigma_p]$	T—传递的转矩(N·mm) d—轴的直径(mm) l—键的工作长度(mm)，A 型，$l=L-b$；B 型 $l=L$；C 型 $l=L-b/2$ k—键与轮毂的接触高度(mm)；平键 $k=0.4h$；半圆键 k 查表 7-4 b—键的宽度(mm) t—切向键工作宽度(mm) c—切向键倒角的宽度(mm) μ—摩擦因数，对钢和铸铁 $\mu=0.12\sim0.17$ $[\sigma_p]$—键、轴、轮毂三者中最弱材料的许用挤压应力(MPa)，见表 7-9 $[p]$—键、轴、轮毂三者中最弱材料的许用压强(MPa)见表 7-9
平键	静连接	连接工作面挤压	$\sigma_p=\dfrac{2T}{dkl}\leq[\sigma_p]$	
平键	动连接	连接工作面压强	$p=\dfrac{2T}{dkl}\leq[p]$	
楔键		连接工作面挤压	$\sigma_p=\dfrac{12T}{bl(6\mu b+b)}\leq[\sigma_p]$	
切向键		连接工作面挤压	$\sigma_p=\dfrac{T}{(0.5\mu+0.45)dl(t-c)}\leq[\sigma_p]$	

表 7-9		键连接的许用应力（单位：MPa）			
许用应力	连接工作方式	键或毂，轴的材料	载荷性质		
			静载荷	轻微冲击	冲击
许用挤压应力 $[\sigma_p]$	静连接	钢	125～150	100～120	60～90
		铸铁	70～80	50～60	30～45
许用压强 $[p]$	动连接	钢	50	40	30

注：如与键有相对滑动的键槽经表面硬化处理，$[p]$ 可提高 2～3 倍。

键材料采用抗拉强度不低于 590MPa 的键用钢，通常为 45 钢；如轮毂系非铁金属或非金属材料，键可用 20，Q235-A 钢等。

7.2 花键连接

7.2.1 花键连接的强度校核计算

为避免键齿工作表面压溃（静连接）或过度磨损（动连接），应进行必要的强度校核计算，计算公式如下：

静连接
$$\sigma_p = \frac{2T}{\psi Zhld_m} \leqslant [\sigma_p]$$

动连接
$$p = \frac{2T}{\psi Zhld_m} \leqslant [p]$$

式中　T——传递转矩（N·mm）；

ψ——各齿间载荷不均匀系数，一般取 $\psi = 0.7～0.8$，齿数多时取偏小值；

Z——花键的齿数；

l——齿的工作长度（mm）；

h——键齿工作高度（mm）；

d_m——平均直径（mm）；

$[\sigma_p]$——花键连接许用挤压应力（MPa），见表 7-10；

$[p]$——许用压强（MPa），见表 7-10。

矩形花键　$h = \dfrac{D-d}{2} - 2C; \quad D_m = \dfrac{D+d}{2}$

渐开线花键　$h = \begin{cases} m & \alpha_D = 30° \\ 0.8m & \alpha_D = 45° \end{cases}; \quad D_m = D;$

式中　C——倒角尺寸（mm）；

m——模数（mm）。

表 7-10　花键连接的许用挤压应力，许用压强

（单位：MPa）

连接工作方式		许用值	使用和制造情况	齿面未经热处理	齿面经热处理
静连接		许用挤压应力 $[\sigma_p]$	不良	35～50	40～70
			中等	60～100	100～140
			良好	80～120	120～200
动连接	空载下移动	许用压强 $[p]$	不良	15～20	20～35
			中等	20～30	30～60
			良好	25～40	40～70
	载荷作用下移动	许用压强 $[p]$	不良	—	3～10
			中等	—	5～15
			良好	—	10～20

注：1. 使用和制造不良，系指受变载，有双向冲击、振动频率高和振幅大，润滑不好（对动连接）、材料硬度不高和精度不高等。

2. 同一情况下，$[\sigma_p]$ 或 $[p]$ 的较小值用于工作时间长和较重要的场合。

3. 内、外花键材料的抗拉强度不低于 590MPa。

7.2.2 矩形花键连接

1. 矩形花键基本尺寸系列（见表 7-11 和表 7-12）

表 7-11　　　矩形花键基本尺寸系列（GB/T 1144—2001）

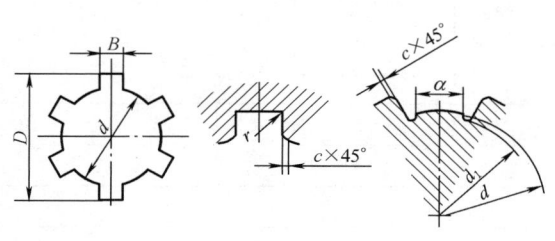

标记示例	
花键规格	$N \times d \times D \times B$　例如 $6 \times 23 \times 26 \times 6$
花键副	$6 \times 23 \dfrac{H7}{f7} \times 26 \dfrac{H10}{a11} \times 6 \dfrac{H11}{d10}$　GB/T 1144—2001
内花键	$6 \times 23H7 \times 26H10 \times 6H11$　GB/T 1144—2001
外花键	$6 \times 23f7 \times 26a11 \times 6d10$　GB/T 1144—2001

（单位：mm）

续表

小径 d	轻 系 列 规格 $N \times d \times D \times B$	c	r	参考 d_{1min}	参考 a_{min}	中 系 列 规格 $N \times d \times D \times B$	c	r	参考 d_{1min}	参考 a_{min}
11						6×11×14×3	0.2	0.1		
13						6×13×16×3.5				
16						6×16×20×4			14.4	1.0
18						6×18×22×5	0.3	0.2	16.6	1.0
21						6×21×25×5			19.5	2.0
23	6×23×26×6	0.2	0.1	22	3.5	6×23×28×6			21.2	1.2
26	6×26×30×6			24.5	3.8	6×26×32×6			23.6	1.2
28	6×28×32×7			26.6	4.0	6×28×34×7			25.8	1.4
32	6×32×36×6			30.3	2.7	8×32×38×6	0.4	0.3	29.4	1.0
36	8×36×40×7	0.3	0.2	34.4	3.5	8×36×42×7			33.4	1.0
42	8×42×46×8			40.5	5.0	8×42×48×8			39.4	2.5
46	8×46×50×9			44.6	5.7	8×46×54×9			42.6	1.4
52	8×52×58×10			49.6	4.8	8×52×60×10	0.5	0.4	48.6	2.5
56	8×56×62×10			53.5	6.5	8×56×65×10			52.0	2.5
62	8×62×68×12			59.7	7.3	8×62×72×12			57.7	2.4
72	10×72×78×12	0.4	0.3	69.6	5.4	10×72×82×12			67.7	1.0
82	10×82×88×12			79.3	8.5	10×82×92×12			77.0	2.9
92	10×92×98×11			89.6	9.9	10×92×102×14	0.6	0.5	87.3	4.5
102	10×102×108×16			99.6	11.3	10×102×112×16			97.7	6.2
112	10×112×120×18	0.5	0.4	108.8	10.5	10×112×125×18			106.2	4.1

注：1. N—齿数；D—大径；B—键宽或键槽宽。

　　2. d_1 和 a 值仅适用于展成法加工。

表 7-12　　　　　　　矩形内花键形式及长度系列（GB/T 10081—2005）

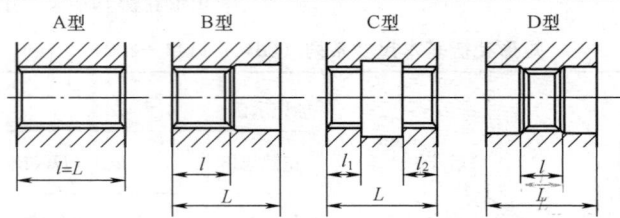

花键小径 d	11	13	16~21	23~32	36~52	56~62	72	82~112
花键长度 l 或 l_1+l_2	10~50			10~80		22~120		32~200
孔的最大长度 L	50	80		120	200	250		300
花键长度 l 或 l_1+l_2 系列	10, 12, 15, 18, 22, 25, 28, 30, 32, 36, 38, 42, 45, 48, 50, 56, 60, 63, 71, 75, 80, 85, 90, 95, 100, 110, 120, 130, 140, 160, 180, 200							

2. 矩形花键的公差与配合(见表 7-13 和表 7-14)

表 7-13　　矩形花键的尺寸公差带和表面粗糙度 *Ra*（GB/T 1144—2001）　　（单位：µm）

内花键						外花键						装配形式
d		*D*		*B*			*d*		*D*		*B*	
				公差带								
公差带	*Ra*	公差带	*Ra*	拉削后不热处理	拉削后热处理	*Ra*	公差带	*Ra*	公差带	*Ra*	公差带	*Ra*	
一般用												
H7	0.8~1.6	H10	3.2	H9	H11	3.2	f7	0.8~1.6	a11	3.2	d10	1.6	滑动
							g7				f9		紧滑动
							h7				h10		固定
精密传动用												
H5	0.4	H10	3.2	H7,H9		3.2	f5	0.4	a11	3.2	d8	0.8	滑动
							g5				f7		紧滑动
							h5				h8		固定
H6	0.8						f6	0.8			d8		滑动
							g6				f7		紧滑动
							h6				h8		固定

注：1. 精密传动用的内花键，当需要控制键侧配合间隙时，槽宽可选用 H7，一般情况下可选用 H9。
　　2. *d* 为 H6 和 H7 的内花键允许与高一级的外花键配合。

表 7-14　　　　矩形花键的位置度、对称度公差（GB/T 1144—2001）

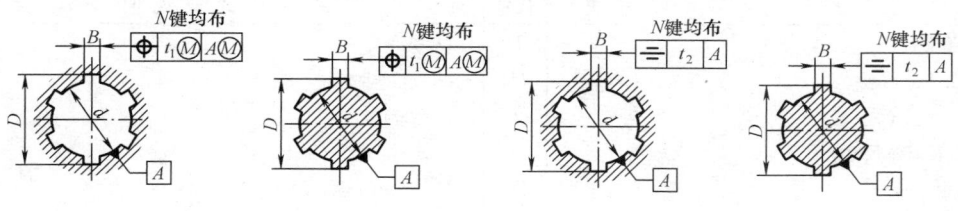

（单位：mm）

键槽宽或键宽 *B*		3	3.5~6	7~10	12~18
		位置度公差 t_1			
键槽		0.010	0.015	0.020	0.025
键	滑动、固定	0.010	0.015	0.020	0.025
	紧滑动	0.006	0.010	0.013	0.016
键槽宽或键宽 *B*		对称度公差 t_2			
一般用		0.010	0.012	0.015	0.018
精密传动用		0.006	0.008	0.009	0.011

注：花键的等分度公差值等于键宽的对称度公差。

7.2.3 渐开线花键连接

渐开线花键的模数和基本尺寸计算（见表 7-15 和表 7-16）

表 7-15 渐开线花键模数 m（GB/T 3478.1—2008）（单位：mm）

0.25	0.5	(0.75)	1	(1.25)	1.5	(1.75)	2
2.5	3	(4)	5	(6)	(8)		10

注：1. 括号内为第二系列，优先采用第一系列。

2. 30°，37.5°压力角花键无 $m=0.25$mm。

表 7-16 渐开线花键的基本尺寸计算

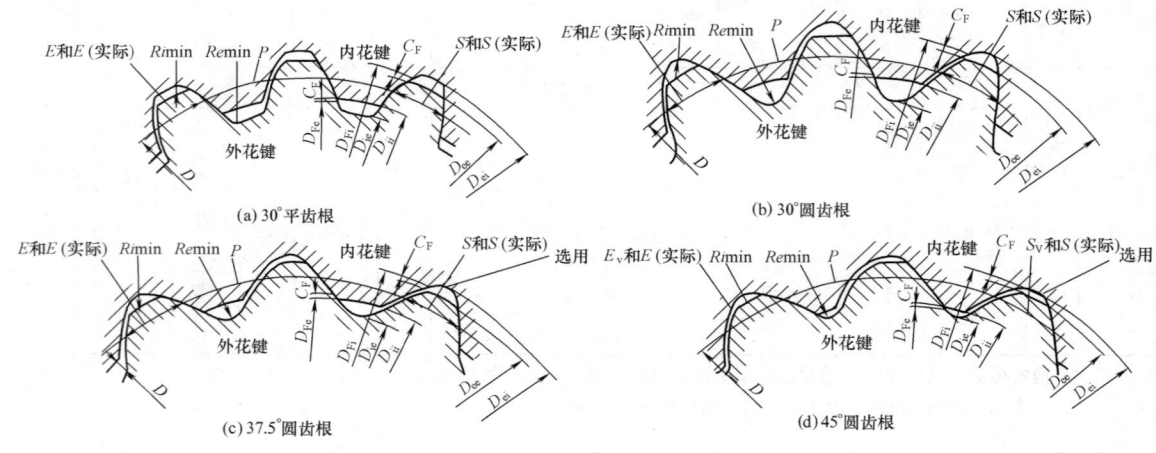

(a) 30°平齿根   (b) 30°圆齿根   (c) 37.5°圆齿根   (d) 45°圆齿根

项　　目	代号	公 式 或 说 明
分度圆直径	D	$D = mz$
基圆直径	D_b	$D_b = mz\cos\alpha_D$
周节	p	$p = \pi m$
内花键大径基本尺寸		
30°平齿根	D_{ei}	$D_{ei} = m(z+1.5)$
30°圆齿根	D_{ei}	$D_{ei} = m(z+1.8)$
37.5°圆齿根	D_{ei}	$D_{ei} = m(z+1.4)$
45°圆齿根	D_{ei}	$D_{ei} = m(z+1.2)$（见注 1)
内花键大径下偏差		0
内花键大径公差		从 IT12、IT13 或 IT14 选取
内花键渐开线终止圆直径最小值		
30°平齿根和圆齿根	D_{Fimin}	$D_{Fimin} = m(z+1) + 2C_F$
37.5°圆齿根	D_{Fmin}	$D_{Fmin} = m(z+0.9) + 2C_F$
45°圆齿根	D_{Fimin}	$D_{Fimin} = m(z+0.8) + 2C_F$
内花键小径基本尺寸	D_{ii}	$D_{ii} = D_{Feimax} + 2C_F$（见注 2)
基本齿槽宽（内花键分度圆上弧齿槽宽）	E	$E = 0.5\pi m$
作用齿槽宽（理想全齿外花键分度圆上弦齿厚）	E_V	
作用齿槽宽最小值	E_{Vmin}	$E_{Vmin} = 0.5\pi m$
实际齿槽宽最大值（实测单个齿槽弧齿宽）	E_{max}	$E_{max} = E_{Vmin} + (T+\lambda)$

项　　目	代号	公 式 或 说 明
实际齿槽宽最小值	E_{min}	$E_{min} = E_{Vmin} + \lambda$
作用齿槽宽最大值	E_{Vmax}	$E_{Vmax} = E_{max} - \lambda$
外花键大径基本尺寸		
30°平齿根和圆齿根	D_{ee}	$D_{ee} = m(z+1)$
37.5°圆齿根	D_{ee}	$D_{ee} = m(z+0.9)$
45°圆齿根	D_{ee}	$D_{ee} = m(z+0.8)$
外花键渐开线起始圆直径最大值	D_{Femax}	$D_{Femax} = 2\sqrt{(0.5D_b)^2 + \left(0.5D\sin\alpha_D - \dfrac{h_s - \dfrac{0.5es_V}{\tan\alpha_D}}{\sin\alpha_D}\right)^2}$ （见注 3）式中 $h_s = 0.6m$
外花键小径基本尺寸		
30°平齿根	D_{ie}	$D_{ie} = m(z-1.5)$
30°圆齿根	D_{ie}	$D_{ie} = m(z-1.8)$
37.5°圆齿根	D_{ie}	$D_{ie} = m(z-1.4)$
45°圆齿根	D_{ie}	$D_{ie} = m(z-1.2)$
外花键小径公差		从 IT12、IT13 和 IT14 中选取
基本齿厚（外花键分度圆上弧齿厚）	S	$S = 0.5\pi m$
作用齿厚最大值	S_{Vmax}	$S_{Vmax} = S + es_V$
实际齿厚最小值	S_{min}	$S_{min} = S_{Vmax} - (T + \lambda)$
实际齿厚最大值	S_{max}	$S_{max} = S_{Vmax} - \lambda$
作用齿厚最小值	S_{Vmin}	$S_{Vmin} = S_{min} + \lambda$
齿形裕度	C_F	$C_F = 0.1m$（见注 4）
内、外花键齿根圆弧最小曲率半径	R_{imin}	
	R_{emin}	
30°平齿根		$R_{imin} = R_{emin} = 0.2m$
30°圆齿根		$R_{imin} = R_{emin} = 0.4m$
37.5°圆齿根		$R_{imin} = R_{emin} = 0.3m$
45°圆齿根		$R_{imin} = R_{emin} = 0.25m$

注：1. 45°圆齿根内花键允许选用平齿根，此时，内花键大径基本尺寸 D_{ei} 应大于内花键渐开线终止圆直径最小值 D_{Fimin}。
2. 对所有花键齿侧配合类别，均按 H/h 配合类别取 D_{Femax} 值。
3. 本公式是按齿条形刀具加工原理推导的。
4. 对基准齿形，齿形裕度 C_F 均等于 $0.1m$；对花键，除 H/h 配合类别外，其他各种配合类别的齿形裕度均有变化。m 为模数。
5. 内花键基准齿形的齿根圆弧半径 ρ_{Fi} 和外花键基准齿形的齿根圆弧半径 ρ_{Fe} 均为定值。工作中允许平齿根和圆齿根的基准齿形在内、外花键上混合使用。

7.3 圆柱面过盈连接计算 （见图 7-1、表 7-17～表 7-20）

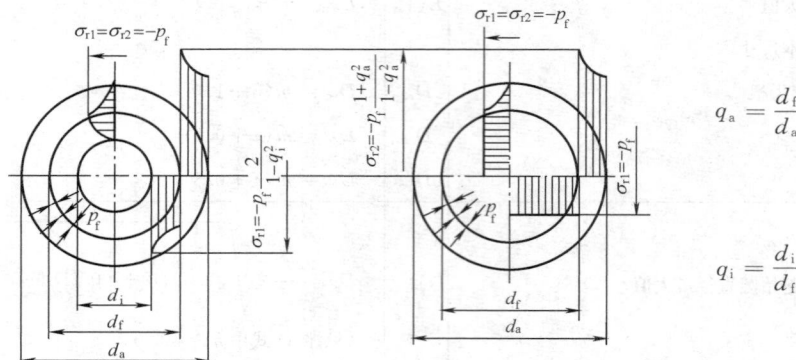

$$q_a = \frac{d_f}{d_a}$$

$$q_i = \frac{d_i}{d_f}$$

图 7-1 过盈连接配合面应力分布

表 7-17   圆柱面过盈连接的计算 （GB/T 5371—2004）

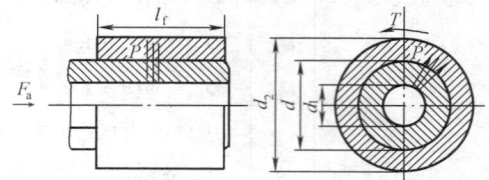

计算内容		计算公式	说 明
按传递载荷计算所需的最小结合面压强 p_{fmin}	传递转矩 T	$p_{fmin} = \dfrac{2T}{\pi d_f^2 l_f \mu}$	
	传递轴向力 F_a	$p_{fmin} = \dfrac{F_a}{\pi d_f l_f \mu}$	
	传递 T 和 F_a	$p_{fmin} = \dfrac{F_t}{\pi d_f l_f \mu}$	$F_t = \sqrt{F_a^2 + \left(\dfrac{2T}{d_f}\right)^2}$
包围件传递载荷所需的最小直径变化量		$e_{amin} = p_{fmin} \dfrac{d_f}{E_a} C_a$	$C_a = \dfrac{1 + q_a^2}{1 - q_a^2} + \nu_a$
被包围件传递载荷所需的最小直径变化量		$e_{imin} = p_{fmin} \dfrac{d_f}{E_i} C_i$	$C_i = \dfrac{1 + q_i^2}{1 - q_i^2} - \nu_i$
传递载荷所需的最小有效过盈量		$\delta_{cmin} = e_{amin} + e_{imin}$	
考虑压平量的所需最小有效过盈量		$\delta_{min} = \delta_{cmin} + 2(S_a + S_i)$	对纵向过盈连接取 $S_a = 1.6 Ra_a$ $S_i = 1.6 Ra_i$
包容件不产生塑性变形（塑性材料）或断裂（脆性材料）所允许的最大结合压力		塑性材料 $p_{famax} = a\sigma_{sa}$ 脆性材料 $p_{famax} = b\dfrac{\sigma_{ba}}{2 \sim 3}$	$a = \dfrac{1 - q_a^2}{\sqrt{3 + q_a^4}}$ $b = \dfrac{1 - q_a^2}{1 + q_a^2}$

续表

计算内容	计算公式	说　明
被包容件不产生塑性变形（塑性材料）或断裂（脆性材料）所允许的最大结合压力	塑性材料 $p_{fimax}=c\sigma_{si}$ 脆性材料 $p_{fimax}=c\dfrac{\sigma_{bi}}{2\sim3}$	$c=\dfrac{1-q_i^2}{2}$ 实心轴 $q_i=0,c=0.5$
连接零件不产生塑性变形（或断裂）的最大结合压力	p_{fmax} 取 p_{famax} 和 p_{fimax} 中的较小者	
连接零件不产生塑性变形（或断裂）的传递力	$F_t=p_{fmax}\pi d_f l_f \mu$	
包容件不产生塑性变形（或断裂）允许的最大直径变化量	$e_{amax}=\dfrac{p_{fmax}d_f}{E_a}C_a$	$C_a=\dfrac{1+q_a^2}{1-q_i^2}+\nu_a$
被包容件不产生塑性变形（或断裂）允许的最大直径变化量	$E_{imax}=\dfrac{p_{fmax}d_f}{E_i}C_i$	$C_i=\dfrac{1+q_i^2}{1-q_i^2}-\nu_i$
连接件不产生塑性变形（或断裂）允许的最大有效过盈量	$\delta_{cmax}=e_{amax}+e_{imax}$	

按 δ_{cmax} 和 δ_{cmin} 选择标准的配合，其最大过盈为 $[\delta_{max}]$，最小过盈为 $[\delta_{min}]$，要求最大过盈为 $[\delta_{max}]\leqslant\delta_{cmax}$，$[\delta_{min}]\geqslant\delta_{cmin}$，然后作以下校核计算

最小传递力	$F_{tmin}=[p_{fmin}]\pi d_f l_f \mu$	$[p_{fmin}]=\dfrac{[\delta_{min}]-2(S_a+S_i)}{d_f\left(\dfrac{C_a}{E_a}+\dfrac{C_i}{E_i}\right)}$
包容件的最大应力	塑性材料 $\sigma_{amax}=\dfrac{[p_{fmax}]}{a}$ 脆性材料 $\sigma_{amax}=\dfrac{[p_{fmax}]}{b}$	$[p_{fmax}]=\dfrac{[\delta_{max}]}{d_f\left(\dfrac{C_a}{E_a}+\dfrac{C_i}{E_i}\right)}$
被包容件的最大应力	$\sigma_{imax}=\dfrac{[p_{fmax}]}{c}$	
包容件的外径扩大量	$\Delta d_a=\dfrac{2p_f d_a q_a^2}{E_a(1-q_i^2)}$	p_f 取 (p_{fmax}) 或 (p_{fmin})
被包容件的内径缩小量	$\Delta d_i=\dfrac{2p_f d_i}{E_i(1-q_i^2)}$	p_f 取 (p_{fmax}) 或 (p_{fmin})

注：E—材料的弹性模量（见表 7-20）；ν—材料的泊松比（见表 7-20）；μ—摩擦因数（见表 7-18、表 7-19）。下标：a—包围件，i—被包围件。

表 7-18　　　　　纵向过盈连接的摩擦因数（用压入法实现的过盈连接）

材　料	摩 擦 系 数 μ		材　料	摩 擦 系 数 μ	
	无润滑	有润滑		无润滑	有润滑
钢-钢	0.07～0.16	0.05～0.13	钢-青铜	0.15～0.2	0.03～0.06
钢-铸钢	0.11	0.08	钢-铸铁	0.12～0.15	0.05～0.10
钢-结构钢	0.10	0.07	铸铁-铸铁	0.15～0.25	0.05～0.10
钢-优质结构钢	0.11	0.08			

表 7-19　　　　　横向过盈连接的摩擦因数（用胀缩法实现的过盈连接）

材　料	结合方式、润滑	摩擦系数 μ
钢-钢	油压扩径，压力油为矿物油	0.125
	油压扩径，压力油为甘油，结合面排油干净	0.18
	在电炉中加热包容件至 300℃	0.14
	在电炉中加热包容件至 300℃ 以后，结合面脱脂	0.2
钢-铸铁	油压扩径，压力油为矿物油	0.1
钢-铝镁合金	无润滑	0.10～0.15

表 7-20　　　　　弹性模量、泊松比和线膨胀系数

材　料	弹性模量 E/(MPa) ≈	泊松比 ν ≈	线膨胀系数 α/$(10^{-6}/℃)$	
			加热≈	冷却≈
碳钢、低合金钢、合金结构钢	200 000～235 000	0.3～0.31	11	−8.5
灰铸铁 HT150 HT200	70 000～80 000	0.24～0.25	10	−8
灰铸铁 HT250 HT300	105 000～130 000	0.24～0.26	10	−8
可锻铸铁	90 000～100 000	0.25	10	−8
非合金球墨铸铁	160 000～180 000	0.28～0.29	10	−8
青铜	85 000	0.35	17	−15
黄铜	80 000	0.36～0.37	18	−16
铝合金	69 000	0.32～0.36	21	−20
镁合金	40 000	0.25～0.3	25.5	−25

7.4　胀紧连接套（GB/T 28701—2012）

7.4.1　概述

胀紧连接套的结构如图 7-2 所示。在轴与毂孔之间装入一对或数对以内、外锥面贴合的胀套。在轴向压力作用下，内套缩小，外套胀大，形成过盈配合，靠摩擦力传递转矩或轴向力，或二者的复合作用。

胀套连接主要有以下特点：

（1）定心精度好。

（2）制造和安装简单，安装胀套的轴和孔的加工不像过盈配合那样要求高精度的制造公差。安装只需按规定的力矩拧紧螺钉即可，并且调整方便。

（3）有良好的互换性，且拆卸方便。

（4）胀套连接是靠摩擦传动，对被连接件没有键槽削弱，胀套在胀紧后，无正反转的运动误差，适用于精密的运动链传动。

（5）有安全保护作用。

按 GB/T 28701—2012 胀紧连接套分为 19 种（ZJ1～ZJ19）。本书介绍 8 种。胀紧连接套的型号标

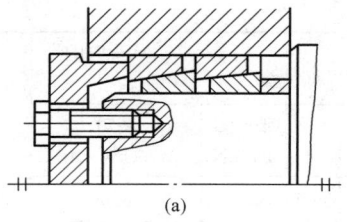

(a)

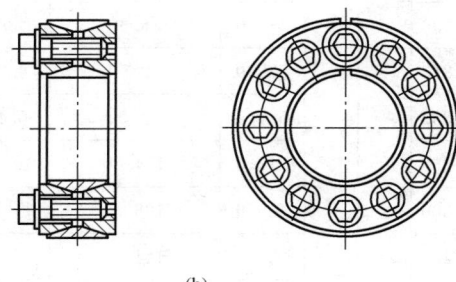

(b)

图 7-2 胀紧套连接

记示例

内径 $d=100\text{mm}$，外径 $D=145\text{mm}$ 的 ZJ2 型胀紧联结套：

胀紧套 ZJ2-100×145 GB/T 28701—2012

7.4.2 基本参数和主要尺寸（见表 7-21～表 7-28）

表 7-21 ZJ1 型胀紧连接套的基本参数和主要尺寸。

表 7-21 ZJ1 型胀紧连接套的基本参数和主要尺寸

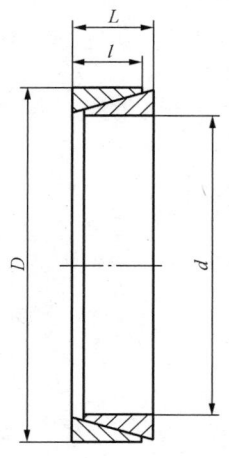

续表

基本尺寸/mm				当 $p_f=100\text{MPa}$ 时的额定负荷		质量/kg
d	D	L	l	轴向力 F_t/kN	转矩 M_t/(kN·m)	
8	11	4.5	3.7	1.2	0.005	0.001
9	12			1.3	0.006	0.001
10	13			1.6	0.008	0.002
12	15			2.0	0.012	0.002
13	16			2.4	0.016	0.002
14	18			2.8	0.020	0.004
15	19			3.0	0.022	0.004
16	20			3.2	0.025	0.005
17	21			3.3	0.028	0.005
18	22			3.6	0.032	0.005
19	24			3.8	0.036	0.007
20	25	6.3	5.3	4.0	0.040	0.007
22	26			4.5	0.050	0.007
24	28			4.8	0.055	0.007
25	30			5.0	0.060	0.009
28	32			5.6	0.080	0.009
30	35			6.0	0.09	0.01
32	36			6.4	0.10	0.01
35	40			8.5	0.15	0.02
36	42	7.0	6.0	9.0	0.16	0.02
38	44			9.4	0.18	0.02
40	45	8.0	6.6	10.0	0.20	0.02
42	48			10.5	0.22	0.03
45	52			14.6	0.33	0.04
48	55			15.4	0.37	0.05
50	57	10.0	8.6	16.2	0.40	0.05
55	62			17.8	0.49	0.05
56	64			21.7	0.61	0.06
60	68	12.0	10.4	23.5	0.70	0.07
65	73			25.6	0.83	0.08
70	79	14.0	12.2	32.0	1.12	0.11
75	84			34.4	1.29	0.12
80	91			45.0	1.81	0.19
85	96			48.0	2.04	0.20
90	101	17.0	15	51.0	2.29	0.22
95	106			54.0	2.55	0.23

续表

| 基本尺寸/mm | | | | 当 p_f=100MPa 时的额定负荷 | | 质量/kg |
d	D	L	l	轴向力 F_t/kN	转矩 M_t/(kN·m)	
100	114			70.0	3.50	0.38
105	119			73.2	3.82	0.40
110	124	21.0	18.7	77.0	4.25	0.41
120	134			84.0	5.05	0.45
125	139			92.0	5.75	0.62
130	148			124.0	8.05	0.85
140	158			134.0	9.35	0.91
150	168	28.0	25.3	143.0	10.70	0.97
160	178			152.5	12.20	1.02
170	191			192.0	16.30	1.50
180	201	33.0	30.0	204.0	18.30	1.58
190	211			214.0	20.40	1.68
200	224			262.0	26.20	2.32
210	234	38.0	34.8	275.0	28.90	2.45
220	244			288.0	37.70	2.49

续表

| 基本尺寸/mm | | | | 当 p_f=100MPa 时的额定负荷 | | 质量/kg |
d	D	L	l	轴向力 F_t/kN	转矩 M_t/(kN·m)	
240	267	42.0	39.5	358.0	43.00	3.52
250	280			415.0	52.00	4.68
260	290	53.0	49.0	435.0	56.50	4.82
280	313			520.0	72.50	6.27
300	333			555.0	83.00	6.47
320	360			710.0	114.00	10.90
340	380			755.0	128.50	11.50
360	400			800.0	144.00	12.20
380	420	65.0	59.0	845.0	160.50	12.80
400	440			890.0	178.00	13.50
420	460			935.0	196.00	14.10
450	490			998.0	224.50	15.20
480	520			1070.0	256.00	16.00
500	540			1110.0	278.0	16.50

注：p_f 为胀紧连接套与轴结合面上的压力。

| 表 7-22 | ZJ2 型胀紧连接套的基本参数和主要尺寸 |

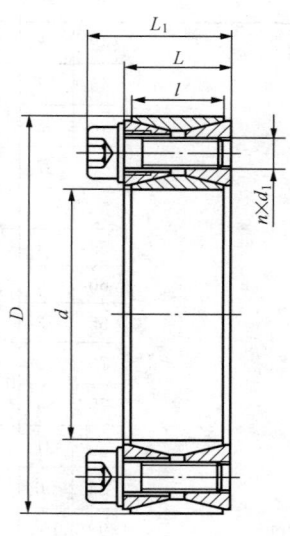

续表

基本尺寸/mm					螺钉		额定负荷		胀紧套与轴结合面上的压力 p_f/MPa	胀紧套与轮毂结合面上的压力 p'_f/MPa	螺钉的拧紧力矩 M_a/(N·m)	质量/kg
d	D	l	L	L_1	d_1/mm	n	轴向力 F_t/kN	转矩 M_t/(kN·m)				
19	47	17	20	27.5	M6	8	27	0.25	215	85	14	0.24
20								0.27	210	90		0.23
22								0.30	195			0.20
24	50					9	30	0.36		95		0.26
25								0.38	190			0.25
28	55					10	33	0.47	185			0.30
30								0.50	175			0.29
35	60					12	40	0.70	180	105		0.32
38	63					14	46	0.88	190	115		0.33
38	65							0.88		110		0.34
40								0.92	180			0.34
42	72	20	24	33.5	M8	12	65	1.36	205	120	35	0.48
45	75						72	1.62	210	125		0.57
50	80						71	1.77	190	115		0.60
55	85					14	83	2.27	200	130		0.63
60	90							2.47	180	120		0.69
65	95					16	93	3.04	190	130		0.73
70	110	24	28	39	M10	14	132	4.60	210	130	70	1.26
75	115						131	4.90	195	125		1.33
80	120							5.20	180	120		1.40
85	125					16	148	6.30	195	130		1.49
90	130						147	6.60	180	125		1.53
95	135					18	167	7.90	195	135		1.62
100	145	29	33	47	M12	14	192	9.60			125	2.01
105	150						190	9.98	165	115		2.10
110	155						191	10.50	180	125		2.15
120	165					16	218	13.10	185	135		2.35
125	170					18	220	13.78	160	118		2.95
130	180					20	272	17.60	165	120		3.51
140	190	34	38	52		22	298	20.90		125		3.85
150	200					24	324	24.20	170			4.07
160	210					26	350	28.00		130		4.30

基本尺寸/mm					螺钉		额定负荷		胀紧套与轴结合面上的压力 p_f/MPa	胀紧套与轮毂结合面上的压力 p'_f/MPa	螺钉的拧紧力矩 M_a/(N·m)	质量/kg
d	D	l	L	L_1	d_1/mm	n	轴向力 F_t/kN	转矩 M_t/(kN·m)				
170	225	38	44	60	M14	22	386	32.80	160	120	190	5.78
180	235					24	420	37.80	165	125		6.05
190	250	46	52	68		28	490	46.50	150	115		8.25
220	260					30	525	52.50				8.65
210	275	50	56	74	M16	24	599	62.89			295	10.10
220	285					26	620	68.00				11.22
240	305					30	715	85.50	160	125		12.20
250	315					32	768	96.00	165	130		12.70
260	325					34	800	104.00				13.20
280	355	60	66	86.5	M18	32	915	128.00	145	115	405	19.20
300	375						1020	153.00	150	120		20.50
320	405	72	78	100.5	M20	36	1310	210.00			580	29.60
340	425							224.00	145	115		31.10
360	455	84	90	116	M22	40	1630	294.00			780	42.20
380	475						1620	308.00	135	110		44.00
400	495						1610	322.00	130	105		46.00
420	515						1780	374.00	135	110		50.00
450	555	96	102	130	M24	40	2050	461.25	125		1000	65.00
480	585					42	2160	518.40		100		71.00
500	605					44	2240	560.00				72.60
530	640					45	2330	617.00				83.60
560	670					48	2440	680.00	120			85.00
600	710					50	2580	775.00				91.00
630	740					52	2680	844.00		105		94.00
670	780					56	2820	944.00				101.00
710	820					60	2970	1054.00				106.00
750	860					62	3130	1173.00				112.00
800	910					66	3260	1300.00	115			118.00
850	960					70	3500	1487.00		100		125.00
900	1010					75	3680	1650.00				132.00
950	1060					80	3870	1838.00				139.00
1000	1110					82	4000	2000.00	110			146.00

表 7-23　　　　　　　　　　ZJ3 型胀紧连接套的基本参数和主要尺寸

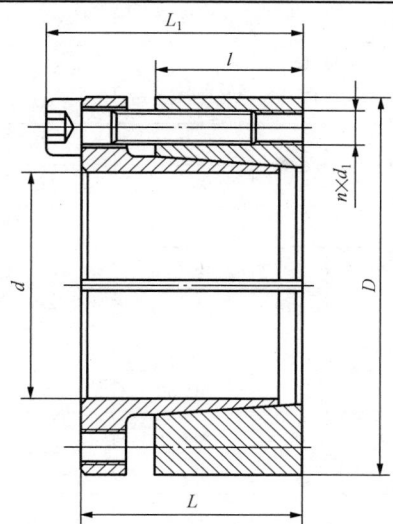

基本尺寸/mm					螺钉		额定负荷		胀紧套与轴结合面上的压力 p_f/MPa	胀紧套与轮毂结合面上的压力 p'_f/MPa	螺钉的拧紧力矩 M_a/(N·m)	质量/kg
d	D	l	L	L_1	d_1/mm	n	轴向力 F_t/kN	转矩 M_t/(kN·m)				
20	47							0.377	286			0.25
22						5	37	0.416		124		0.25
24	50							0.481	260			0.27
25								0.585	279			0.27
28	55	17	28	34	M6	6	47	0.650	260	143		0.32
30								0.702	247	130	14	0.35
32	60							1.001	279	150		0.37
35						8	62	1.092	247	143		0.34
38	65							1.183	254	150		0.40
40								1.248	247	137		0.38
45	75					7	100	2.275	299	176		0.63
50	80							2.500	273	169		0.68
55	85	20	33	41	M8	8	114	3.185	280	176	35	0.73
60	90							3.510	247	163		0.78
63	95					9	130	4.134	267	182		0.89
65								4.225	260	180		0.83
70	110							6.500	286	182		1.33
75	115					8	183	6.825	260	169		1.40
80	120	24	40	50	M10			7.280	247	163	70	1.48
85	125					9	207	8.775	260	176		1.55
90	130							9.230	247	169		1.63
95	135					10	229	10.855	260	182		1.70

续表

基本尺寸/mm					螺钉		额定负荷		胀紧套与轴结合面上的压力 p_f/MPa	胀紧套与轮毂结合面上的压力 p_f'/MPa	螺钉的拧紧力矩 M_a/(N·m)	质量/kg
d	D	l	L	L_1	d_1/mm	n	轴向力 F_t/kN	转矩 M_t/(kN·m)				
100	145	26	44	56	M12	8	267	13.380	273	189	125	2.60
110	155							14.625	247	176		2.80
120	165					9	277	18.070	273	189		3.00
130	180	34	54	68		12	400	26.000	247	182		4.60
140	190				M14	9	412	28.925	234	169	190	4.90
150	200					10	458	34.19	247	182		5.20
160	210					11	504	40.30		189		5.50
170	225	44	64	78		12	549	46.67	195	149		7.75
180	235							49.40	189	143		8.15
190	250					15	686	65.13	221	169		9.50
200	260							68.64	208	163		9.90
220	285	50	72	88	M16	12	763	83.85	189	143	295	13.40
240	305					15	945	114.40	215	169		14.30
260	325					18	1144	148.72	234	189		15.50
280	355	60	84	102	M18	16	1232	171.60	195	156	405	22.90
300	375					18	1376	206.70	208	163		24.40
320	405	74	101	121	M20	18	1786	286.00	195	156	580	36.10
340	425					21	2084	354.25	228	176		38.40
360	455	86	116	138	M22	18	2223	400.4	182	143	780	46.20
380	475					21	2594	492.7	202	163		55.00
400	495							518.7	195	156		61.00

表 7-24　ZJ4 型胀紧连接套的基本参数和主要尺寸

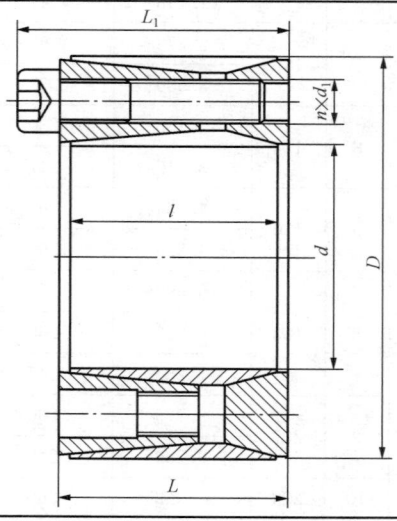

续表

基本尺寸/mm					螺钉		额定负荷		胀紧套与轴结合面上的压力 p_f/MPa	胀紧套与轮毂结合面上的压力 p_f'/MPa	螺钉的拧紧力矩 M_a/(N·m)	质量/kg
d	D	l	L	L_1	d_1/mm	n	轴向力 F_t/kN	转矩 M_t/(kN·m)				
70	120	56	62	74	M12	8	197	6.85	201	117	145	3.3
80	130					12	291	11.65	263	162		3.7
90	140						290	13.00	234	150		4.0
100	160	74	80	94	M14	15	389	19.70	213	133	230	7.2
110	170						483	22.60	242	157		7.7
120	180						482	28.90	222	148		8.3
125	185						480	30.00	212	143		8.5
130	190							31.20	205	140		8.8
140	200					18	574	40.20	227	159		9.3
150	210						572	42.90	212	152		10.0
160	230	88	94	110	M16		800	64.00	227	158	355	14.9
170	240						795	67.80	214	152		15.7
180	250					21	923	83.00	235	170		16.4
190	260						921	88.00	223	163		17.2
200	270					24	1050	105.00	242	179		18.8
210	290	110	116	134	M18	20	1118	117.30	197	143	485	23.0
220	300					21	1120	123.00	189	138		27.7
240	320					24	1280	153.00	198	148		29.8
250	330					27	1282	160.20	205	157		31.0
260	340						1430	186.00	205	157		32.0
280	370	130	136	156	M20	24	1650	230.00	192	145	690	46.0
300	390							245.00	179	138		49.0

表 7-25   **ZJ5 型胀紧连接套的基本参数和主要尺寸**

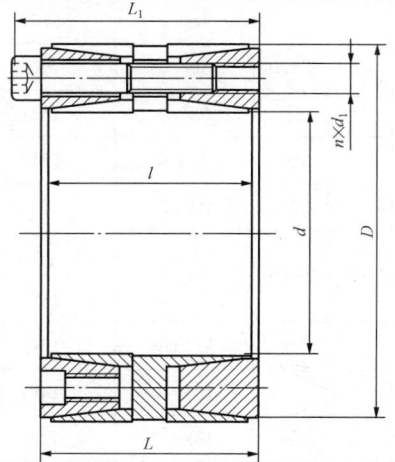

续表

基本尺寸/mm					螺钉		额定负荷		胀紧套与轴结合面上的压力 p_f/MPa	胀紧套与轮毂结合面上的压力 p_f'/MPa	螺钉的拧紧力矩 M_a/(N·m)	质量/kg
d	D	l	L	L_1	d_1/mm	n	轴向力 F_t/kN	转矩 M_t/(kN·m)				
100	145	60	65	77		10	288	14.4	192	132		4.1
110	155							15.8	175	123		4.4
120	165					12	346	20.8	192	139	145	4.8
130	180				M12	15	433	28.1	193	139		6.5
140	190	68	74	86		18	519	36.3	214	157		7.0
150	200							39.0	200	150		7.4
160	210					21	606	48.5	219	167		7.8
170	225	75	81	95		18	712	60.6	215	162		10.0
180	235				M14			64.1	203	155	230	10.6
190	250	88	94	108		20	792	75.2	178	135		14.3
200	260					24	950	95.0	203	156		15.0
210	275					18	970	102.0	187	142		17.5
220	285						990	109.0	183	141		19.8
240	305	98	104	120	M16	24	1318	158.0	222	176	355	21.4
250	315						1340	167.5	215	170		22.0
260	325					25	1370	178.0		172		23.0
280	355	120	126	144	M18	24	1590	222.5	188	149	485	35.2
300	375						1650	248.0	183	146		37.4
320	405	135	142	162	M20	25	2140	344.0	192	152	690	51.3
340	425							365.0	181	144		54.1
360	455					25	2670	480.0	176	139		75.4
380	475	158	165	187	M22			508.0	166	133	930	79.0
400	495							535.0	158	128		82.8
420	515					30	3200	673.0	181	147		86.5
450	555						3700	832.5	175	142		112.0
480	585	172	180	204	M24	32	3950	948.0		143	1200	119.0
500	605							988.0	168	139		123.0
530	640					30	4320	1145.0	157	130		151.0
560	670	190	200	227	M27			1210.0	148	124	1600	160.0
600	710					32	4610	1380.0	147			170.0

表 7-26   **ZJ6 型胀紧连接套的基本参数和主要尺寸**

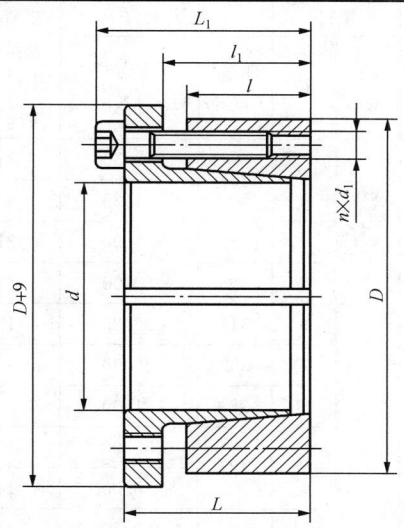

基本尺寸/mm						螺钉		额定负荷		胀紧套与轴结合面上的压力 p_f/MPa	胀紧套与轮毂结合面上的压力 p_f'/MPa	螺钉的拧紧力矩 M_a/(N·m)	质量/kg
d	D	l	l_1	L	L_1	d_1/mm	n	轴向力 F_t/kN	转矩 M_t/(kN·m)				
20	47					5	30		0.29	220	95		0.25
22	47					5	30		0.32	200	95		0.25
24	50								0.37	200			0.27
25	50					6	36		0.45	215	10		0.27
28	55	17	22	28	34	M6	6	36	0.50	200	100	17	0.32
30	55								0.54	190	100		0.35
32	60								0.77	215	115		0.37
35	60					8	48		0.84	190	110		0.34
38	65								0.91	195	115		0.40
40	65								0.96	190	105		0.38
45	75					7	77		1.75	230	135		0.63
50	80								1.93	210	130		0.68
55	85	20	25	33	41	M8	8	88	2.45	215	135	41	0.73
60	90								2.70	190	125		0.78
63	95					9	100		3.18	205	140		0.89
65	95								3.25	200	135		0.83
70	110								5.00	220	140		1.33
75	115					8	141		5.25	200	130		1.40
80	120	24	30	40	50	M10			5.60	190	125	83	1.48
85	125					9	159		6.75	200	135		1.55
90	130								7.10	190	130		1.63
95	135					10	176		8.35	200	140		1.70

续表

基本尺寸/mm						螺钉		额定负荷		胀紧套与轴结合面上的压力 p_f/MPa	胀紧套与轮毂结合面上的压力 p_f'/MPa	螺钉的拧紧力矩 M_a/(N·m)	质量/kg
d	D	l	l_1	L	L_1	d_1/mm	n	轴向力 F_t/kN	转矩 M_t/(kN·m)				
100	145	26	32	44	56	M12	8	205	10.30	210	145	230	2.60
110	155								11.25	190	135		2.80
120	165						9	231	13.90	210	145		3.00
130	180	34	40	54	68		12	308	20.00	190	140		4.60
140	190						9	317	22.25	180	130		4.90
150	200						10	352	26.30	190	140		5.20
160	210						11	387	31.00		145		5.50
170	225	44	50	64	78	M14	12	422	35.90	150	115		7.75
180	235								38.00	145	110		8.15
190	250						15	528	50.10	170	130		9.50
200	260								52.80	160	125		9.90
220	285	50	56	72	88	M16	12	587	64.50	145	110	335	13.40
240	305						15	734	88.00	165	130		14.30
260	325						18	880	114.00	180	145		15.50
280	355	60	66	84	102	M18	16	948	132.00	150	120	485	22.90
300	375						18	1059	159.00	160	125		24.40
320	405	74	81	101	121	M20	18	1374	220.00	150	120	690	36.10
340	425						21	1603	272.50	175	135		38.40
360	455	86	94	116	138	M22	18	1710	308.00	140	110	930	46.20
380	475						21	1995	379.00	155	125		55.00
400	495								399.00	150	120		61.00

表 7-27	ZJ7 型胀紧连接套的基本参数和主要尺寸

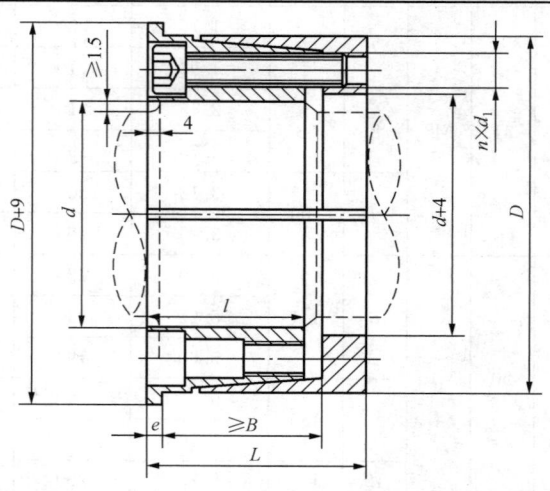

基本尺寸/mm						螺钉		额定负荷		胀紧套与轴结合面上的压力 p_f/MPa	胀紧套与轮毂结合面上的压力 p_f'/MPa	螺钉的拧紧力矩 M_a/(N·m)	质量/kg
d	D	l	L	e	B	d_1/mm	n	轴向力 F_t/kN	转矩 M_t/(kN·m)				
100	145	54	75	5	65		8	192	9.6	102	70		4.7
110	155							191	10.5	92	65		5.1
120	165						9	216	13.0	96	70		5.5
130	180	63	84	6	72	M12	12	287	17.8	100	72	145	7.5
140	190								20.2	95	70		7.9
150	200								21.6	86	65		8.4
160	210						15	360	28.8	101	77		8.9
170	225						16	383	32.6		76		10.5
180	235						18	431	38.8	108	83		11.0
190	250	69	94		81	M14	15	493	46.8	106	81	230	14.3
200	260						16	526	52.8	108	83		15.0
220	285					M16	14	640	70.0	118	91	355	17.8
240	305	86	112	7	98		16	731	88.0	99	78		23.2
260	325						18	822	107.0	102	82		24.8
280	355	94	120		106		20	914	128.0	96	76		33.0
300	375						22	1000	151.0	99	79		36.0
320	405	109	142	8	125	M20	18	1280	206.0	102	81	690	52.0
340	425						20	1420	242.0	106	85		54.0
360	455	120	159		140	M22	20	1770	319.0	113	89	930	72.0
380	475								337.0	107	86		75.0
400	495								355.0	101	82		78.0
420	515						22	1980	410.0	106	86		82.0

表 7-28   **ZJ8 型胀紧连接套的基本参数和主要尺寸**

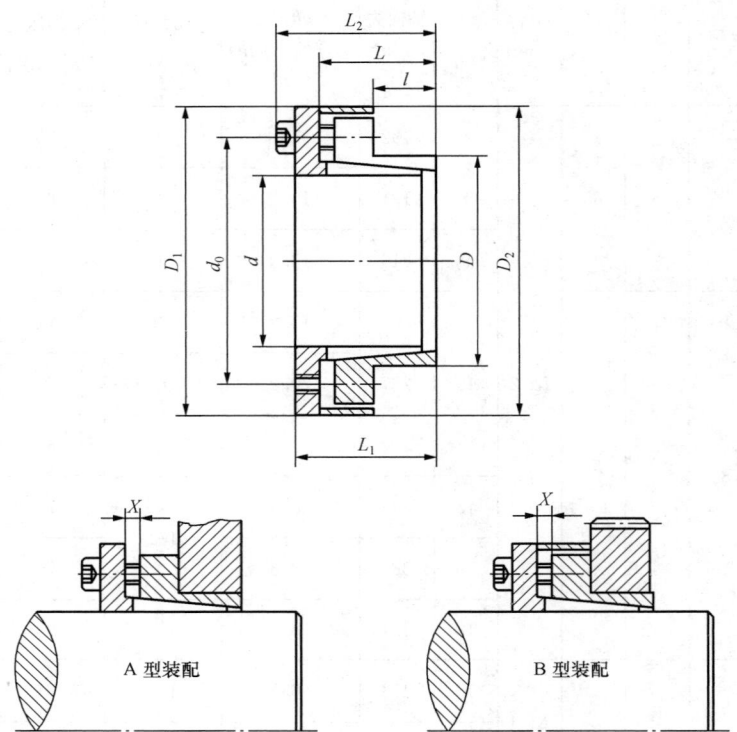

基本尺寸/mm									螺纹		额定负荷				胀紧套与轴结合面上的压力 p_t/MPa		胀紧套与轮毂结合面上的压力 p_t'/MPa		螺钉的拧紧力矩 M_a/(N·m)	质量/kg
d	D	d_0	l	L	L_1	L_2	D_1	D_2	d_1/mm	n	轴向力 F_t/kN		转矩 M_t/(kN·m)							
装配形式											A	B	A	B	A	B	A	B		
6	14	19	10	19.8	22.3	25.3	25	23	M3	3	6.7	4.2	20	13	297	186	127	80	4.9	0.08
8	15	20	12	21.8	24.8	28.8	27	24		3			46	29	321	202	171	107		0.10
9	16	21		22.8	25.8	29.8	28	25	M4		11.6	7.3	50	32	243	153	138	87		0.12
10	16	21		22.8	25.8	29.8	28	25	M4				57	36	220	138	138	87		0.12
11	18	23	14	23	26	30	32	28		4	15.5	9.7	85	53	267	167	163	102	4.9	0.14
12	18	23		23	26	30	32	28		4	15.5	9.7	93	58	245	154	163	102		0.14
14	23	28.5					38	33					108	68	210	132	128	80		0.15

续表

| 基本尺寸/mm | | | | | | | | | 螺纹 | | 额定负荷 | | | | 胀紧套与轴结合面上的压力 p_t/MPa | | 胀紧套与轮毂结合面上的压力 p_t'/MPa | | 螺钉的拧紧力矩 M_a/(N·m) | 质量/kg |
d	D	d_0	l	L	L_1	L_2	D_1	D_2	d_1/mm	n	轴向力 F_t/kN A	B	转矩 M_t/(kN·m) A	B	A	B	A	B		
15	24	32	16	29	36	42	45	40	M6	4	35.5	22.4	285	179	307	193	219	138	17	0.26
16															328	206				0.25
18	26	34	18	34	41	47	47	42					320	200	290	184	202	127		0.27
19	27	35					49	43					335	212	276	174	195	122		0.30
20	28	36					50	44					350	224	262	165	187	118		0.30
22	32	40					54	48					353	231	155	101	106	69		0.38
24	37	42	25	41	48	54	56	50		6	53.4	33.6	636	400	237	149	167	105		0.40
25													665	420	228	143				0.39
28	39	47					61	55					745	470	204	128	146	92		0.47
30	41	49					62	57					795	500	189	119	139	87		0.48
32	43	51	32	45	52	58	65	59		8	71.3	44.8	1136	715	237	149	177	111		0.52
35	47	54					69	62					1160	735	152	99	117	74		0.63
38	50	58					72	66					1223	797	140	92	106	70		0.67
40	53	61					75	69					1287	840	133	87	100	66		0.74
42	55	63					78	71					1352	881	127	82	102	66		0.78
45	59	69.5	45	64	72	80	86	80	M8		119	77.6	2677	1745	155	102	119	78	41	1.23
48	62	71.5					87	81					2855	1860	145	95	113	74		1.24
50	65	75.5					92	86					2975	1940	140	92	108	70		1.40
55	71	81.5	55	74	82	90	98	92		9	133	87.2	3680	2400	117	77	91	60		1.70
60	77	87.5					104	98					4015	2620	107	70	84	55		1.90
65	84	94.5					111	105					4350	2840	100	65	77	55		2.20
70	90	101.5					119	113			212	139	7440	4850	123	81	96	63		3.05
75	95	107					126	119					7970	5200	114	75	91	59		3.32
80	100	112.5	65	87	97	107	131	125	M10	12	283	184	11335	7390	144	94	115	75	83	3.50
85	106	118.5					137	131					12040	7850	138	88	108	71		3.81
90	112	124.5					144	137					12750	8320	128	83	102	67		4.20

注：基本尺寸栏内含装配形式。

7.4.3　胀紧连接套的材料（见表 7-29）

表 7-29　　　　　　　　　胀紧连接套的材料

胀紧套型式	选 用 材 料		
	普通机械	重型机械	精密机械
ZJ1	45、40Cr	42CrMo、60Si2Mn	42CrMo、60Si2Mn
ZJ2	40Cr、42CrMo、65Mn	40Cr、42CrMo、60Si2Mn	40Cr、42CrMn

胀紧套型式	选 用 材 料		
	普通机械	重型机械	精密机械
ZJ3	45、42CrMo	42CrMo、65Mn	42CrMo
ZJ4、ZJ5	40Cr、42CrMo、65Mo	40Cr、42CrMo、60Si2Mo	40Cr、42CrMo
ZJ6、ZJ7	40Cr、42CrMo	42CrMo、65Mn	42CrMo
ZJ8	45、40Cr	40Cr、42CrMo	

7.4.4 按传递负荷选择胀套的计算 （见表 7-30）

表 7-30 按传递负荷选择胀套的计算

项目	计 算 式	说 明					
选择胀套应满足的条件	传递转矩：$M_t \geqslant M$ 承受轴向力：$F_t \geqslant F_x$ 传递力：$F_t \geqslant \sqrt{F_x^2 + \left(M\dfrac{d}{2} \times 10^{-3}\right)^2}$ 承受径向力：$p_f \geqslant \dfrac{F_t}{dl} \times 10^3$	M_t—胀套的额定转矩，kN·m M—需传递的转矩，kN·m F_x—需承受的轴向力，kN F_t—胀套的额定轴向力，kN F_r—需承受的径向力，kN d，l—胀套内径和内环宽度，mm p_f—胀套与轴结合面上的压强，MPa					
一个连接采用数个胀套时的额定载荷	一个胀套的额定载荷小于需传递的载荷时，可用两个以上的胀套串联使用，其总额定载荷为 $M_{tn} = mM_1$	M_{tn}—n 个胀套总额定载荷 m—载荷系数					
		连接中胀套的数量 n	1	2	3	4	
		m ZJ1 型胀套	1.0	1.56	1.86	2.03	
		ZJ2~ZJ5 型胀套	1.0	1.8	2.7	—	

7.4.5 结合面公差及表面粗糙度 （见表 7-31）

表 7-31 结合面公差及表面粗糙度

胀套型式	结合面公差			结合面表面粗糙度 $Ra/\mu m$	
	胀套内径 d/mm	与胀套结合的轴的公差带	与胀套结合的孔的公差带	与胀套结合的轴	与胀套结合的孔
ZJ1	所有直径	h8	H8	≤1.6	≤1.6
其他型式	所有直径	h8	H8	≤3.2	≤3.2

第 8 章　销 和 铆 钉 连 接

8.1　销连接

8.1.1　销的选择和销连接的强度校核计算（见表 8-1）

定位销通常不受载荷或只受很小载荷，其直径可按结构确定，数目一般用 2 个。销在每一被连接件内的长度，约为销直径的 1～2 倍。

销的材料通常为 35、45 钢，并进行硬化处理，其许用切应力 $[\tau]=80\sim100\text{MPa}$，许用弯曲应力 $[\sigma_b]=120\sim150\text{MPa}$；弹性圆柱销多采用 65Mn，其许用切应力 $[\tau]=120\sim130\text{MPa}$，根据工作需要

和重要性还可选用 30CrMnSiA、1Cr13、2Cr13、H63、1Cr18Ni9Ti 等。

安全销的材料，可选用 35、45、50 或 T8A、T10A，热处理后硬度为 30～36HRC，销套材料可用 45、35SiMn、40Cr 等，热处理后硬度为 40～50HRC，安全销的强度按销材料的抗剪强度 τ_b 计算，一般可取 $\tau_b=(0.6\sim0.7)R_m$（R_m—销材料的抗拉强度）。

表 8-1　　　　　　　　　　　　　　销的强度校核计算

销的类型	受力情况图	计算内容	计算公式
圆柱销	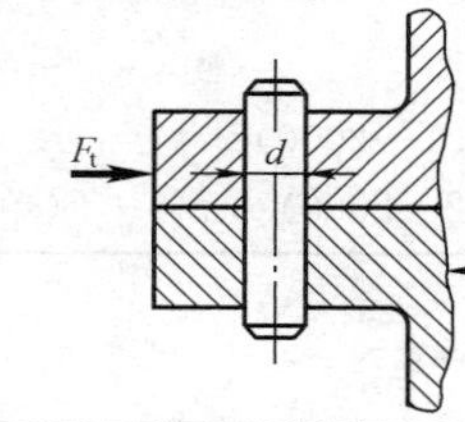	销的抗剪强度	$\tau=\dfrac{4F_t}{\pi d^2 z}\leqslant[\tau]$
	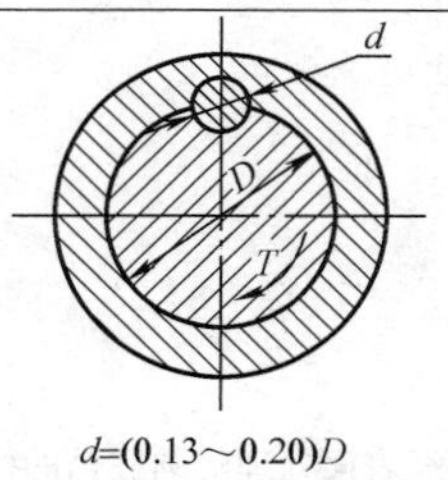 　$d=(0.13\sim0.20)D$　$l=(1.0\sim1.5)D$	销或被连接零件工作面的抗压强度	$\sigma_p=\dfrac{4T}{Ddl}\leqslant[\sigma_p]$
		销的抗剪强度	$\tau=\dfrac{2T}{Ddl}\leqslant[\tau]$
圆锥销	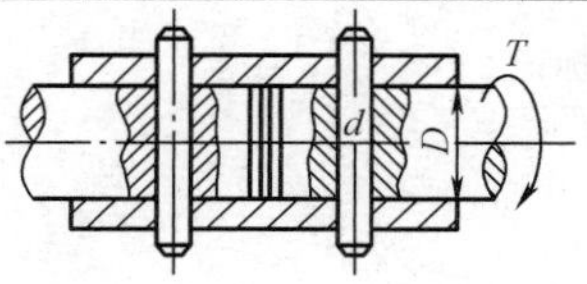 　$d=(0.2\sim0.3)D$	销的抗剪强度	$\tau=\dfrac{4T}{\pi d^2 D}\leqslant[\tau]$
销轴	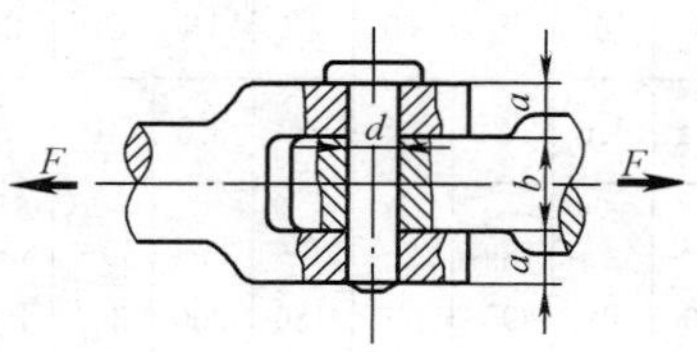 　$a=(1.5\sim1.7)d$　$b=(2.0\sim3.5)d$	销或拉杆工作面的抗压强度	$\sigma_p=\dfrac{F}{2ad}\leqslant[\sigma_p]$ 或 $\sigma_p=\dfrac{F}{bd}\leqslant[\sigma_p]$
		销轴的抗剪强度	$\tau=\dfrac{F}{2\times\dfrac{\pi d^2}{4}}\leqslant[\tau]$
		销轴的抗弯强度	$\sigma_b\approx\dfrac{F(a+b)}{4\times0.1d^3}\leqslant[\sigma_b]$

续表

销的类型	受力情况图	计算内容	计算公式
安全销	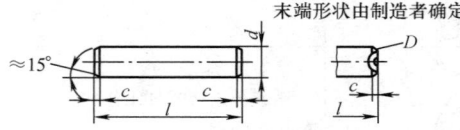	销的直径	$d = 1.6\sqrt{\dfrac{T}{D_0 z \tau_\mathrm{b}}}$
说明	F_t—横向力（N） T—转矩（N·mm） z—销的数量 d—销的直径（mm），对于圆锥销，d 为平均直径 l—销的长度（mm） D—轴径（mm）		D_0—安全销中心圆直径（mm） $[\tau]$—销的许用切应力（MPa） $[\sigma_\mathrm{p}]$—销连接的许用挤压应力（MPa）， 　可参照表 5-3 选取 $[\sigma_\mathrm{b}]$—许用弯曲应力（MPa） τ_b—销材料的抗剪强度（MPa）

注：若用两个弹性圆柱销套在一起使用时，其剪切强度可取两个销抗剪强度之和。

8.1.2　销连接的标准元件

1. 圆柱销（见表 8-2～表 8-5）

表 8-2　　　　　　圆柱销　不淬硬钢和奥氏体不锈钢（GB/T 119.1—2000）

　　　　　　　　　　圆柱销　淬硬钢和马氏体不锈钢（GB/T 119.2—2000）　　　　　（单位：mm）

末端形状由制造者确定

允许倒圆或凹穴

标记示例：

公称直径 $d=8$mm、公差为 m6、公称长度 $l=30$、材料为钢、不经淬火、不经表面处理的圆柱销的标记

　　　　销 GB/T 119.1　8×30

尺寸公差同上，材料为钢、普通淬火（A 型）、表面氧化处理的圆柱销的标记

　　　　销 GB/T 119.2　8×30

尺寸公差同上，材料为 C1 组马氏体不锈钢表面氧化处理的圆柱销的标记

　　　　销 GB/T 119.2　8×30-C1

50	d	0.6	0.8	1	1.2	1.5	2	2.5	3	4	5	6	8	10	12	16	20	25	30	40
	c	0.12	0.16	0.2	0.25	0.3	0.35	0.4	0.5	0.63	0.8	1.2	1.6	2	2.5	3	3.5	4	5	6.3	8
GB/T 119.1	l	2～6	2～8	4～10	4～12	4～16	6～20	6～24	8～30	8～40	10～50	12～60	14～80	18～95	22～140	26～180	35～200	50～200	60～200	80～200	95～200

1. 钢硬度 125～245HV30,奥氏体不锈钢 Al 硬度 210～280HV30

2. 表面粗糙度公差 m6：$Ra \leqslant 0.8\mu m$,公差 h8：$Ra \leqslant 1.6\mu m$

续表

d	1	1.5	2	2.5	3	4	5	6	8	10	12	16	20
c	0.2	0.3	0.35	0.4	0.5	0.63	0.8	1.2	1.6	2	2.5	3	3.5
GB/T 119.2 l	3-10	4-16	5-20	6-24	8-30	10-40	12-50	14-60	18-80	22-100	26-100	40-100	50-100

1. 钢 A 型，普通淬火，硬度 550～650HV30，B 型表面淬火，表面硬度 600～700HV1，渗碳深度 0.25～0.4mm，550HV1，马氏体不锈钢 C1 淬火并回火硬度 460～560HV30

2. 表面粗糙度 $Ra \leqslant 0.8\mu m$

注: l 系列（公称尺寸，单位 mm）：2，3，4，5，6，8，10，12，14，16，18，20，22，24，26，28，30，32，35，40，45，50，55，60，65，70，75，80，85，90，100，公称长度大于100mm，按20mm递增。

表 8-3　　　内螺纹圆柱销　不淬硬钢和奥氏体不锈钢（GB/T 120.1—2000）

内螺纹圆柱销　淬硬钢和马氏体不锈钢（GB/T 120.2—2000）

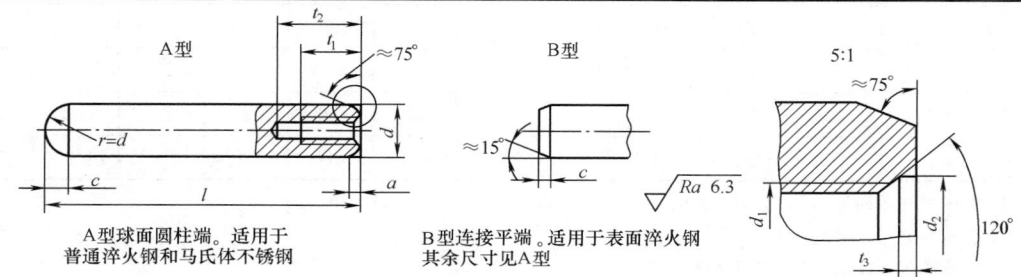

A 型—球面圆柱端，适用于普通淬火钢和马氏体不锈钢

B 型—平端，适用于表面淬火钢，其余尺寸见 A 型

标记示例：

公称直径 $d = 10mm$、公差为 m6、公称长度 $l = 60mm$、材料为 A1 组奥氏体不锈钢，表面简单处理的内螺纹圆柱销：

销 GB/T 120.1—2000　10×60-A1

（单位：mm）

d（公称）m6	6	8	10	12	16	20	25	30	40	50
a	0.8	1	1.2	1.6	2	2.5	3	4	5	6.3
c_1	1.2	1.6	2	2.5	3	3.5	4	5	6.3	8
d_1	M4	M5	M6	M6	M8	M10	M16	M20	M20	M24
t_1	6	8	10	12	16	18	24	30	30	36
t_2　min	10	12	16	20	25	28	35	40	40	50
c	2.1	2.6	3	3.8	4.6	6	6	7	8	10
l（商品规格范围）	16～60	18～80	22～100	26～120	32～160	40～200	50～200	60～200	80～200	100～200
l 系列（公称尺寸）	16，18，20，22，24，26，28，30，32，35，40，45，50，55，60，65，70，75，80，85，90，95，100，120，140，160，180，200，公称长度大于200mm，按20mm递增									

表 8-4　　　　　　　　　　　　开槽无头螺钉（GB/T 878—2007）

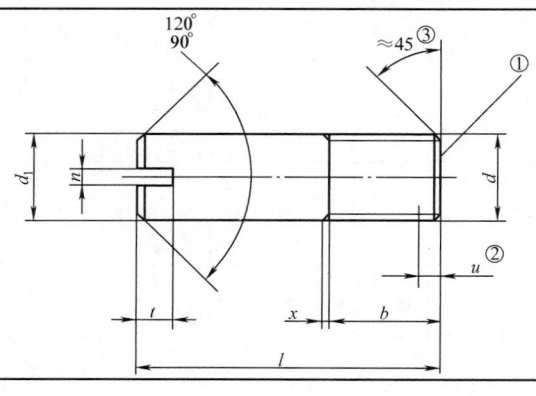

①平端（GB/T2）

②不完整螺纹的长度 $u \leqslant 2P$

③45°仅适用于螺纹小径以内的末端部分

续表

螺纹规格 d		M1	M1.2	M1.6	M2	M2.5	M3	(M3.5)[a]	M4	M5	M6	M8	M10
P		0.25	0.25	0.35	0.4	0.45	0.5	0.6	0.7	0.8	1	1.25	1.5
b_0^{+2p}		1.2	1.4	1.9	2.4	3	3.6	4.2	4.8	6	7.2	9.6	12
d_1	min	0.86	1.06	1.46	1.86	2.36	2.85	3.32	3.82	4.82	5.82	7.78	9.78
	max	1.0	1.2	1.6	2.0	2.5	3.0	3.5	4.0	5.0	6.0	8.0	10.0
n	公称	0.2	0.25	0.3	0.3	0.4	0.5	0.5	0.6	0.8	1	1.2	1.6
	min	0.26	0.31	0.36	0.36	0.46	0.56	0.56	0.66	0.86	1.06	1.25	1.66
	max	0.40	0.45	0.50	0.50	0.60	0.70	0.70	0.80	1.0	1.2	1.51	1.91
t	min	0.63	0.63	0.88	1.0	1.10	1.25	1.5	1.75	2.0	2.5	3.1	3.75
	max	0.78	0.79	1.06	1.2	1.33	1.5	1.78	2.05	2.35	2.9	3.6	4.25
x	max	0.6	0.6	0.9	1	1.1	1.25	1.5	1.75	2	2.5	3.1	3.8
长度 l		2.5～4	3～5	4～6	5～8	5～10	6～12	8～(14)	8～(14)	10～20	12～25	14～30	16～35

注：1. 长度尺寸系列为 2.5、3、4.5、6、8、10、12、(14)、16、20、25、30、35。

　　2. 括号内的尺寸尽量不用。

　　3. 代替螺纹圆柱销标准 GB/T 878—2000。

表 8-5　　　　　　　　　　弹性圆柱销　直槽　轻型（GB/T 879.2—2000）

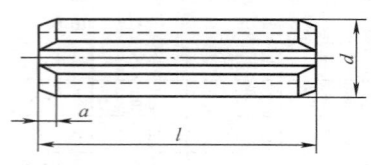
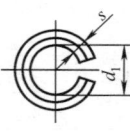

标记示例

公称直径 d＝12mm、公称长度 l＝50mm、材料为钢（st）、热处理硬度 500～560HV30 表面氧化处理、直槽轻型弹性圆柱销的标记

销　GB/T 879.2　12×50

对 d≥10mm 的弹性销，也可由制造者选用单面倒角的形式

d	公称	2	2.5	3	3.5	4	4.5	5	6	8	10	12	13	14	16	18	20	21	25
d 装配前	max	2.4	2.9	3.5	4.0	4.6	5.1	5.6	6.7	8.8	10.8	12.8	13.8	14.8	16.8	18.9	20.9	21.9	25.9
	min	2.3	2.8	3.3	3.8	4.4	4.9	5.4	6.4	8.5	10.5	12.5	13.5	14.5	16.5	18.5	20.5	21.5	25.5
d_1 装配前		1.9	2.3	2.7	3.1	3.4	3.9	4.4	4.9	7	8.5	10.5	11	11.5	13.5	15	16.5	17.5	21.5
a	max	0.4	0.45	0.45	0.5	0.7	0.7	0.7	1.8	2.4	2.4	2.4	2.4	2.4	2.4	2.4	2.4	2.4	3.4
	min	0.2	0.25	0.25	0.3	0.5	0.5	0.5	0.7	1.5	2.0	2.0	2.0	2.0	2.0	2.0	2.0	2.0	3.0
s		0.2	0.25	0.3	0.35	0.5	0.5	0.5	0.75	0.75	1	1	1.2	1.5	1.5	1.7	2	2	2
最小剪切载荷/kN 双面剪		1.5	2.4	3.5	4.6	8	8.8	10.4	18	24	40	48	66	84	98	126	158	168	202
公称长度 l		4～30	4～30	4～40	4～40	4～50	6～50	6～85	10-120	10-140	10-180	10-200	10-200	10-200	10-200	10-200	10-200	10-200	10-200

续表

公称尺寸 l 系列：4，5，6，8，10，12，14，16，18，20，22，24，26，28，30，32，35，40，45，50，55，60，65，70，75，80，85，90，95，100，公称尺寸大于100mm，按20mm递增。

注：1. 材料：钢（st）由制造者任选，可用优质碳素钢（淬火并回火硬度 420～520HV30 或奥氏体回火硬度 500～560HV30）或硅锰钢（淬火并回火硬度 420～560HV30）。
　　　奥氏体不锈钢（A）
　　　马氏体不锈钢（C，淬火并回火硬度 440～560HV30）
　　2. 最小剪切载荷数字仅适用于钢和马氏体不锈钢产品，对奥氏体不锈钢弹性销，不规定双面剪切载荷值。
　　3. 销孔的公称直径等于弹性销的公称直径（$d_{公称}$），公差带为 H12。
　　4. 当弹性销装入允许的最小销孔时，槽口也不得完全闭合。

2. 圆锥销（见表 8-6～表 8-9）

表 8-6　　　　　　　　　　　圆锥销（GB/T 117—2000）

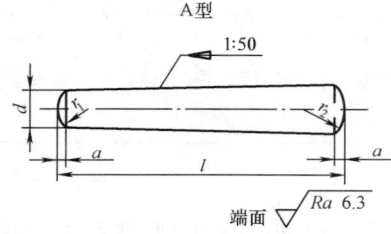

A型

$r_1 \approx d$

$$r_2 \approx \frac{a}{2} + d + \frac{(0.021)^2}{8a}$$

标记示例
　　公称直径 $d = 10$mm，长度 $l = 60$mm，材料 35 钢，热处理硬度 28～38HRC，表面氧化处理的 A 型圆锥销
　　销　GB/T 117　10×60

（单位：mm）

d（公称）h10	0.6	0.8	1	1.2	1.5	2	2.5	3	4	5
$a \approx$	0.08	0.1	0.12	0.16	0.2	0.25	0.3	0.4	0.5	0.63
l（商品规格范围）	4～8	5～12	6～16	6～20	8～24	10～35	10～35	12～45	14～55	18～60
100mm 长重量/kg≈	0.000 3	0.000 5	0.000 7	0.001	0.015	0.003	0.004 4	0.006 2	0.010 7	0.018
d（公称）h10	6	8	10	12	16	20	25	30	40	50
$a \approx$	0.8	1	1.2	1.6	2	2.5	3	4	5	6.3
l（商品规格范围）	22～90	22～120	26～160	32～180	40～200	45～200	50～200	55～200	60～200	65～200
l 系列（公称尺寸）	2，3，4，5，6，8，10，12，14，16，18，20，22，24，26，28，30，32，35，40，45，50，55，60，65，70，75，80，85，90，95，100，公称长度大于100mm，按20mm递增									

注：1. A 型（磨削）：锥面表面粗糙度 $Ra = 0.8\mu$m；B 型（切削或冷镦）：锥面表面粗糙度 $Ra = 3.2\mu$m。
　　2. 材料：钢、易切钢（Y12、Y15），碳素钢（35，28～38HRC，45，38～46HRC）合金钢（30CrMnSiA35～41HRC）不锈钢（1Cr13、2Cr13、Cr17Ni2、0Cr18Ni9Ti）。

表 8-7　　　　　　　　　　内螺纹圆锥销（GB/T 118—2000）

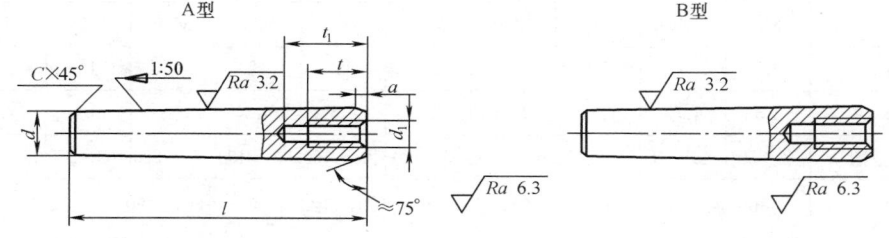

A型　　　　　　　　　　　　　　　　　B型

续表

标记示例

公称直径 $d=10$mm、长度 $l=60$mm、材料为 35 钢、热处理硬度 28~38HRC、表面氧化处理的 A 型内螺纹圆锥销

销 GB/T 118　10×60

(单位：mm)

d(公称)h10	6	8	10	12	16	20	25	30	40	50
a	0.8	1	1.2	1.6	2	2.5	3	4	5	6.3
d_1	M4	M5	M6	M8	M10	M12	M16	M20	M20	M24
t_1	6	8	10	12	16	18	24	30	30	36
t_2 min	10	12	16	20	25	28	35	40	40	50
d_2	4.3	5.3	6.4	8.4	10.5	13	17	21	21	25
l(商品规格范围)	16~60	18~80	22~100	26~120	32~160	40~200	50~200	60~200	80~200	120~200
l 系列(公称尺寸)	16,18,20,22,24,26,28,30,32,35,40,45,50,55,60,65,70,75,80,85,90,95,100,公称长度大于100mm,按 20mm 递增									

注：1. A 型(磨削)：锥面表面粗糙度 $Ra=0.8\mu$m；

　　　B 型(切削或冷镦)：锥面表面粗糙度 $Ra=3.2\mu$m。

　　2. 材料：钢、易切钢(Y12、Y15)，碳素钢(35，28~38HRC、45，38~46HRC)合金钢(30CrMnSiA35~41HRC)
　　　不锈钢（1Cr13、2Cr13、Cr17Ni2、0Cr18Ni9Ti)。

表 8-8　　　　　　　　　　　　**螺尾锥销**（GB/T 881—2000）

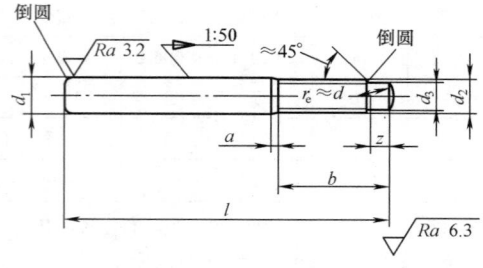

标记示例

公称直径 $d_1=8$mm、公称长度 $l=60$mm、材料为 Y12 或 Y15 不经热处理、不经表面氧化处理的螺尾锥销

销　GB/T 881　8×60

(单位：mm)

d_1(公称)h10	5	6	8	10	12	16	20	25	30	40	50
a max	2.4	3	4	4.5	5.3	6	6	7.5	9	10.5	12
b max	15.6	20	24.5	27	30.5	39	39	45	52	65	78
d_2	M5	M6	M8	M10	M12	M16	M16	M20	M24	M30	M36
d_3 max	3.5	4	5.5	7	8.5	12	12	15	18	23	28
z max	1.5	1.75	2.25	2.75	3.25	4.3	4.3	5.3	6.3	7.5	9.4
l(商品规格范围)	40~50	45~60	55~75	65~100	85~120	100~160	120~190	140~250	160~280	190~320	220~400
l 系列(公称尺寸)	40, 45, 50, 55, 60, 65, 75, 85, 100, 120, 140, 160, 190, 220, 250, 280, 320, 360, 400										

表 8-9 　　　　　　　　　　　　开尾圆锥销（GB/T 877—1986）

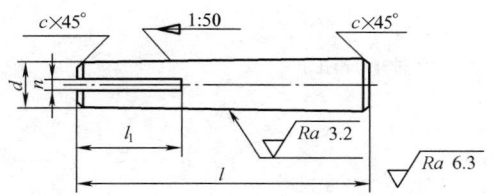

标记示例

公称直径 $d=10$mm、长度 $l=60$mm、材料为 35 钢、不经热处理及表面处理的开尾锥销

销　GB/T 877　10×60

（单位：mm）

d（公称）h10	3	4	5	6	8	10	12	16
n（公称）	0.8		1		1.6		2	
l_1		10	12	15	20	25	30	40
$c\approx$	0.5		1			1.5		
l（商品规格范围）	30～55	35～60	40～80	50～100	60～120	70～160	80～120	100～200
l 系列（公称尺寸）	30, 32, 35, 40, 45, 50, 55, 60, 65, 70, 75, 80, 85, 90, 95, 100, 120, 140, 160, 180, 200							

3. 开口销和销轴（表 8-10 和表 8-11）

表 8-10　　　　　　　　开口销（GB/T 91—2000 等效采用 ISO 1234—1997）

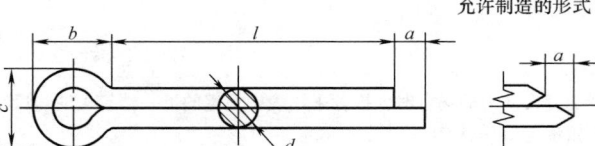

允许制造的形式

标记示例

公称直径 $d=5$mm、长度 $l=50$mm、材料为 Q215 或 Q235 不经表面处理的开口销

销　GB/T 91　5×50

（单位：mm）

d（公称）	0.6	0.8	1	1.2	1.6	2	2.5	3.2	4	5	6.3	8	10	13	16	20
c　max	1	1.4	1.8	2	2.8	3.6	4.6	5.8	7.4	9.2	11.8	15	19	24.8	30.8	38.5
$b\approx$	2	2.4	3	3	3.2	4	5	6.4	8	10	12.6	16	20	26	32	40
a　max		1.6			2.5			3.2		4			6.3			
l（商品长度规格范围）	4～12	5～16	6～20	8～25	8～32	10～40	12～50	14～63	18～80	22～100	32～125	40～160	45～200	71～250	112～280	160～280
l 系列（公称尺寸）	4, 5, 6, 8, 10, 12, 14, 16, 18, 20, 22, 25, 28, 32, 36, 40, 45, 50, 56, 63, 71, 80, 90, 100, 112, 120, 125, 140, 160, 180, 200, 224, 250, 280															

注：1. 销孔的公称直径等于 d（公称）。

　　2. $a_{min}=\dfrac{1}{2}a_{max}$。

　　3. 根据使用需要，由供需双方协议，可采用 d（公称）为 3.6mm 或 12mm 的规格。

表 8-11　无头销轴（GB/T 880—2008）、销轴（GB/T 882—2008）

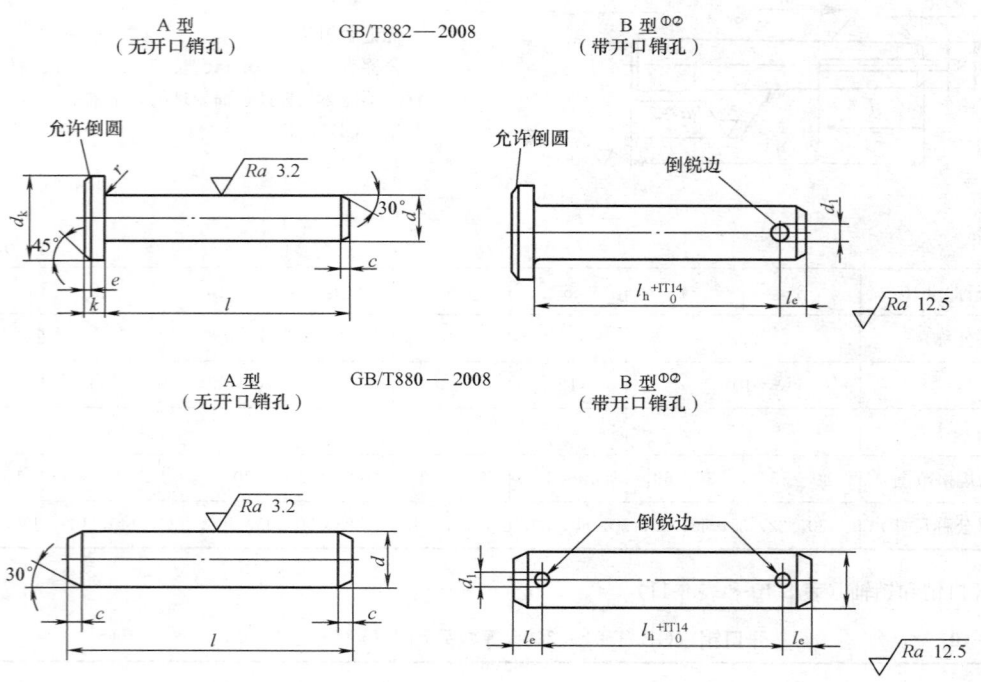

注：用于铁路和开口销承受交变横向力的场合时，推荐采用表中规定的下一档较大的开口销及相应的孔径

① 其余尺寸、角度和表面粗糙度值见 A 型

② 某些情况下，不能按 $l-l_e$ 计算 l_h 尺寸，所需的尺寸应在标记中注明，但不允许 l_h 尺寸小于表中规定的数值

d	h11	3	4	5	6	8	10	12	14	16	18	20	22	24	27	30	33	36	40	45	50	55	60	70	80	90	100
d_1	h13	0.8	1	1.2	1.6	2		3.2		4			5		6.3			8				10			13	
c	max		1			2			3					4									6				
GB/T 882	d_k	5	6	8	10	14	18	20	22	25	28	30	33	36	40	44	47	50	55	60	66	72	78	90	100	110	120
	k		1		1.6	2		3		4		4.5		5	5.5		6			8			9	11	12		13
	r				0.6											1											
	e		0.5			1			1.6					2									3				
l_e	min	1.6	2.2	2.9	3.2	3.5	4.5	5.5		6		7		8		9			10			12		14		16	
l		6~30	8~40	10~50	12~60	16~80	20~100	24~120	28~140	32~160	35~180	40~200	45~200	50~200	55~200	60~200	65~200	70~200	80~200	90~200	100~200	120~200	120~200	140~200	160~200	180~200	200

注：长度 l 系列为 6～32（2 进位），35～100（5 进位），120～200（20 进位）。

4. 槽销（见表 8-12～表 8-16）

按我国的国家标准规定，槽销的形式有 9 种，

见表 7-58～表 7-63，按使用要求参照表 7-44 选择。

表 8-12　　　　　槽销　带导杆及全长平行沟槽（GB/T 13829.1—2004）
　　　　　　　　　　槽销　带倒角及全长平行沟槽（GB/T 13829.2—2004）

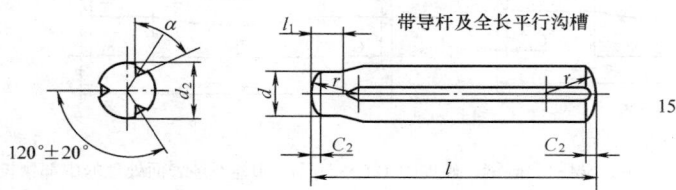 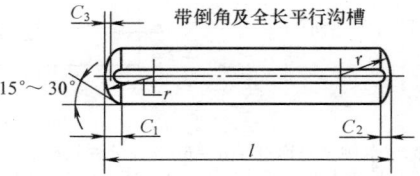

标记示例：公称直径 $d=6$mm、公称长度 $l=50$mm、材料为碳钢、硬度为 125～245HV30、不经表面处理的带导杆及全长平行沟槽或带倒角及全长平行沟槽的槽销，标记为

销　GB/T 13829.1　6×50

销　GB/T 13829.2　6×50

公称直径 $d=6$mm、公称长度 $l=50$mm、材料为 A1 组奥氏体不锈钢、硬度为 210～280HV30、表面简单处理的带导杆及全长平行沟槽的槽销，标记为

销　GB/T 13829.1　6×50-A1

（单位：mm）

d/（公称）	1.5	2	2.5	3	4	5	6	8	10	12	16	20	25
d 公差		h9							h11				
l_{1max}	2	2	2.5	2.5	3	3	4	4	4	5	5	7	7
l_{1min}	1	1	1.5	1.5	2	2	3	3	4	4	4	6	6
$C_2\approx$	0.2	0.25	0.3	0.4	0.5	0.63	0.8	1	1.2	1.6	2	2.5	3
$C_3\approx$	0.12	0.18	0.25	0.3	0.4	0.5	0.6	0.8	1	1.2	1.6	2	2.5
C_1	0.6	0.8	1	1.2	1.4	1.7	2.1	2.6	3	3.8	4.6	6	7.5
d_2	1.60	2.15	2.65	3.20	4.25	5.25	6.30	8.30	10.35	12.35	16.40	20.50	25.50
d_2 的偏差	+0.05 0		±0.05							±0.10			
最小抗剪力（双剪）/kN	1.6	2.84	4.4	6.4	11.3	17.6	25.4	45.2	70.4	101.8	181	283	444
l（商品规格范围）	8～20	8～30	10～30	10～40	10～60	14～60	14～80	14～100	14～100	18～100	22～100	26～100	26～100

注：1. 最小抗剪力仅适用于由碳钢制成的槽销。

　　2. 扩展直径 d_2 仅适用于由碳钢制成的槽销。对于其他材料，由供需双方协议。

　　3. 扩展直径 d_2 应使用光滑通、止环规进行检验。

　　4. l 系列（公称尺寸）为 8±0.25、10±0.25、12±0.5、14±0.5、16±0.5、18±0.5、20±0.5、22±0.5、24±0.5、26±0.5、28±0.5、30±0.5、32±0.5、35±0.5、40±0.5、45±0.5、50±0.5、55±0.75、60±0.75、65±0.75、70±0.75、75±0.75、80±0.75、85±0.75、90±0.75、95±0.75、100±0.75。

表 8-13　　　　　　　　槽销　中部槽长为 **1/3 全长**（GB/T 13829.3—2004）
　　　　　　　　　　　　　槽销　中部槽长为 **1/2 全长**（GB/T 13829.4—2004）

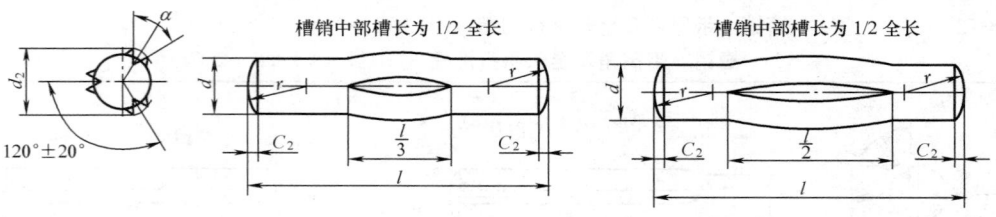

标记示例：公称直径 $d=6$mm、公称长度 $l=50$mm、材料为碳钢、硬度为 125～245HV30、不经表面处理的中部槽长为 1/3 全长或中部槽长为 1/2 全长的槽销，标记为

销　GB/T 13829.3　6×50
销　GB/T 13829.4　6×50

公称直径 $d=6$mm、公称长度 $l=50$mm、材料为 A1 组奥氏体不锈钢、硬度为 210～280HV30、表面简单处理的中部槽长为 1/3 全长的槽销，标记为

销　GB/T 13829.3　6×50-A1

（单位：mm）

d（公称）	1.5	2	2.5	3	4	5	6	8	10	12	16	20	25
d 公差	h9				h11								
$C_2\approx$	0.2	0.25	0.3	0.4	0.5	0.63	0.8	1	1.2	1.6	2	2.5	3
d_2	1.60 1.63	2.10 2.15	2.60 2.65	3.10 3.15 3.20	4.15 4.20 4.25 4.30	5.15 5.20 5.25 5.30	6.15 6.25 6.30 6.35	8.20 8.25 8.30 8.35 8.40	10.20 10.30 10.40 10.45 10.40	12.25 12.30 12.40 12.50	16.25 16.30 16.40 16.50	20.25 20.30 20.40 20.50	25.25 25.30 25.40 25.50
d_2 的偏差	+0.05 0			±0.05						±0.10			
最小抗剪力（双剪）/kN	1.6	2.84	4.4	6.4	11.3	17.6	25.4	45.2	70.4	101.8	181	283	444
l（商品规格范围）	8～20	8～30	10～30	10～40	10～60	14～60	14～80	14～100	14～100	18～100	22～100	26～100	26～100
d_2	1.60	1.63	2.10	2.15	2.60	2.65	3.10	3.15	3.20	4.15	4.20	4.25	4.30
l（商品规格范围）	8～12	14～20	12～20	22～30	12～16	18～30	12～16	18～24	26～40	18～20	22～30	32～45	50～60
d_2	5.15	5.20	5.25	5.30	6.15	6.25	6.30	6.35	8.20	8.25	8.30	8.35	8.40
l（商品规格范围）	18～20	22～30	32～55	60	22～24	26～30	40～60	65～80	32～35	40～45	50～65	70～100	
d_2	10.20	10.30	10.40	10.45	10.40	12.25	12.30	12.40	12.50	16.25	16.30	16.40	16.50
l（商品规格范围）	32～40	45～55	60～75	80～100	120～160	40～45	50～60	65～80	85～200	45	50～60	65～80	85～200
d_2	20.25	20.30	20.40	20.50	25.25	25.30	25.40	25.50					
l（商品规格范围）	45～50	55～65	70～90	95～200	45～500	55～65	70～90	95～200					

注：1. 最小抗剪力仅适用于由碳钢制成的槽销。

　　2. 扩展直径 d_2 仅适用于由碳钢制成的槽销。对于其他材料，由供需双方协议。

　　3. 扩展直径 d_2 应使用光滑通、止环规进行检验。

　　4. l 系列（公称尺寸）为 8±0.25、10±0.25、12±0.5、14±0.5、16±0.5、18±0.5、20±0.5、22±0.5、24±0.5、26±0.5、28±0.5、30±0.5、32±0.5、35±0.5、40±0.5、45±0.5、50±0.5、55±0.75、60±0.75、65±0.75、70±0.75、75±0.75、80±0.75、85±0.75、90±0.75、95±0.75、100±0.75、120±0.75、140±0.75、160±0.75、180±0.75、200±0.75。

表 8-14　　　　槽销　全长锥槽（GB/T 13829.5—2004）

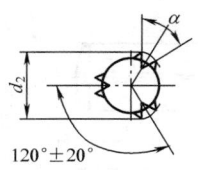 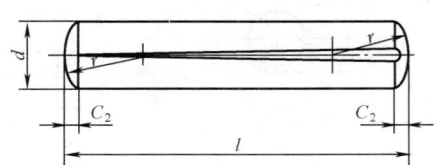

标记示例：公称直径 $d＝6mm$、公称长度 $l＝50mm$、材料为碳钢、硬度为 125～245HV30、不经表面处理的全长锥槽的槽销，标记为

销　GB/T 13829.5　6×50

公称直径 $d＝6mm$、公称长度 $l＝50mm$、材料为 A1 组奥氏体不锈钢、硬度为 210～280HV30、表面简单处理的全长锥槽的槽销，标记为

销　GB/T 13829.5　6×50-A1

（单位：mm）

d（公称）	1.5	2	2.5	3	4	5	6	8	10	12	16	20	25
d 公差	h8				h11								
$C_2≈$	0.2	0.25	0.3	0.4	0.5	0.63	0.8	1	1.2	1.6	2	2.5	3
d_2	1.63 1.6	2.15	2.7 2.65	3.25 3.3 3.25 3.2	4.3 4.35 4.3 4.25	5.3 5.35 5.3 5.25	6.3 6.35 6.3 6.25	8.35 8.4 8.55 8.3 8.25	10.4 10.45 10.4 10.35 10.3	12.4 12.45 12.4 12.3	16.65 16.6 16.55 16.5	20.6	25.6
d_2 的偏差	$+0.05$ 0		$±0.05$							$±0.10$			
最小抗剪力（双剪）/kN	1.6	2.84	4.4	6.4	11.3	17.6	25.4	45.2	70.4	101.8	181	283	444
l（商品规格范围）	8～20	8～30	10～30	10～40	10～60	14～60	14～80	14～100	14～100	18～100	22～100	26～100	26～100
d_2	1.63	1.6	2.15	2.7	2.65	3.25	3.3	3.25	3.2	4.3	4.35	4.3	4.25
l（商品规格范围）	8～10	12～20	80～30	8～16	18～30	8	10～16	18～24	26～40	18～10	12～20	22～35	40～60
d_2	5.3	5.35	5.3	5.25	6.3	6.35	6.3	6.25	8.35	8.4	8.55	8.3	8.25
l（商品规格范围）	8～12	14～20	22～40	45～60	10～12	14～30	32～50	55～80	12～16	18～30	32～55	60～80	85～100
d_2	10.4	10.45	10.4	10.35	10.3	12.4	12.45	12.4	12.3	16.65	16.6	16.55	16.5
l（商品规格范围）	14～20	22～40	45～60	65～100	120	14～20	22～40	45～65	70～120	24	26～50	55～90	95～120
d_2	20.6	25.6											
l（商品规格范围）	26～120	26～120											

注：1. 最小抗剪力仅适用于由碳钢制成的槽销。

　　2. 扩展直径 d_2 仅适用于由碳钢制成的槽销。对于其他材料，由供需双方协议。

　　3. 扩展直径 d_2 应使用光滑通、止环规进行检验。

　　4. l 系列（公称尺寸）为 8±0.25、10±0.25、12±0.5、14±0.5、16±0.5、18±0.5、20±0.5、22±0.5、24±0.5、26±0.5、28±0.5、30±0.5、32±0.5、35±0.5、40±0.5、45±0.5、50±0.5、55±0.75、60±0.75、65±0.75、70±0.75、75±0.75、80±0.75、85±0.75、90±0.75、95±0.75、100±0.75、120±0.75。

表 8-15　　　　　　　　槽销　半长锥槽（GB/T 13829.6—2004）

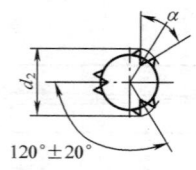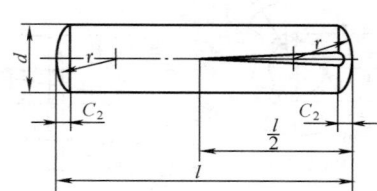

标记示例：公称直径 $d=6mm$、公称长度 $l=50mm$、材料为碳钢、硬度为 125～245HV30、不经表面处理的半长锥槽的槽销：

销　GB/T 13829.6　6×50

公称直径 $d=6mm$、公称长度 $l=50mm$、材料为 A1 组奥氏体不锈钢、硬度为 210～280HV30、表面简单处理的半长锥槽的槽销：

销　GB/T 13829.6　6×50-A1

（单位：mm）

d（公称）	1.5	2	2.5	3	4	5	6	8	10	12	16	20	25
d 公差	h9							h11					
$C_2\approx$	0.2	0.25	0.3	0.4	0.5	0.63	0.8	1	1.2	1.6	2	2.5	3
d_2	1.63	2.15	2.65 2.70	3.2 3.25 3.3 3.25	4.25 4.3 4.35 4.3	5.25 5.3 5.35 5.3	6.25 6.30 6.35 6.30	8.25 8.3 8.35 8.4 8.35	10.3 10.35 10.4 10.45 10.4 10.35	12.3 12.35 12.4 12.45 12.4 12.35	16.5 16.55 16.6 16.55	20.55 20.6	25.5 25.6
d_2 的偏差	+0.05 0		±0.05								±0.10		
最小抗剪力（双剪）/kN	1.6	2.84	4.4	6.4	11.3	17.6	25.4	45.2	70.4	101.8	181	283	444
l（商品规格范围）	8～20	8～30	10～30	10～40	10～60	14～60	14～80	14～100	14～100	18～100	22～100	26～100	26～100
d_2	1.63	2.15	2.65	2.7	3.2	3.25	3.3	3.25	4.25	4.30	4.35	4.30	5.25
l（商品规格范围）	8～20	8～30	8～10	12～30	8～10	12～16	18～30	32～40	10～12	14～20	22～40	45～60	10～12
d_2	5.30	5.35	5.30	6.25	6.30	6.35	6.30	8.25	8.3	8.35	8.4	8.35	10.30
l（商品规格范围）	14～20	22～50	55～60	10～16	18～24	26～60	65～80	14～16	18～20	22～40	45～75	80～100	14～20
d_2	10.35	10.40	10.40	10.40	10.35	12.30	12.35	12.40	12.45	12.40	12.35	16.50	16.55
l（商品规格范围）	22～24	26～45	50～80	85～120	140～200	18～20	22～24	26～45	50～80	85～120	140～200	26～30	32～55
d_2	16.60	16.55	20.55	20.60	25.50	25.60							
l（商品规格范围）	60～100	120～200	26～50	55～200	26～50	55～200							

注：1. 最小抗剪力仅适用于由碳钢制成的槽销。

　　2. 扩展直径 d_2 仅适用于由碳钢制成的槽销。对于其他材料，由供需双方协议。

　　3. 扩展直径 d_2 应使用光滑通、止环规进行检验。

　　4. l 系列（公称尺寸）为 8±0.25、10±0.25、12±0.5、14±0.5、16±0.5、18±0.5、20±0.5、22±0.5、24±0.5、26±0.5、28±0.5、30±0.5、32±0.5、35±0.5、40±0.5、45±0.5、50±0.5、55±0.75、60±0.75、65±0.75、70±0.75、75±0.75、80±0.75、85±0.75、90±0.75、95±0.75、100±0.75、120±0.75、140±0.75、160±0.75、180±0.75、200±0.75。

表 8-16　　　　　　　槽销　半长倒锥槽（GB/T 13829.7—2004）

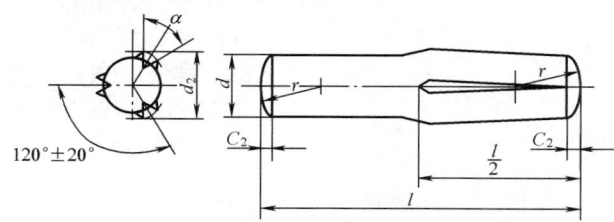

标记示例：公称直径 $d=6$mm、公称长度 $l=50$mm、材料为碳钢、硬度为 125～245HV30、不经表面处理的半长倒锥槽的槽销，标记为

　　销　GB/T 13829.7　6×50

公称直径 $d=6$mm、公称长度 $l=50$mm、材料为 A1 组奥氏体不锈钢、硬度为 210～280HV30、表面简单处理的半长倒锥槽的槽销，标记为

　　销　GB/T 13829.7　6×50-A1

（单位：mm）

d（公称）	1.5	2	2.5	3	4	5	6	8	10	12	16	20	25
d 公差	h9				h11								
$C_2\approx$	0.2	0.25	0.3	0.4	0.5	0.63	0.8	1	1.2	1.6	2	2.5	3
d_2	1.6 1.63	2.1 2.15	2.6 2.65 2.70	3.1 3.15 3.2 3.25	4.15 4.2 4.25 4.30	5.15 5.2 5.25 5.30	6.15 6.25 6.3 6.35	8.2 8.25 8.3 8.35 8.4 8.35	10.2 10.3 10.4 10.45 10.4	12.25 12.3 12.4 12.5 12.45	16.25 16.3 16.4 16.5 16.45	20.25 20.3 20.4 20.5 20.45	25.25 25.3 25.4 25.5 25.45
d_2 的偏差	+0.05 0		±0.05							±0.10			
最小抗剪力（双剪）/kN	1.6	2.84	4.4	6.4	11.3	17.6	25.4	45.2	70.4	101.8	181	283	444
l（商品规格范围）	8～20	8～30	8～30	8～40	10～60	10～60	12～80	14～100	18～160	26～200	26～200	26～200	26～200
d_2	1.6	1.63	2.1	2.15	2.6	2.65	2.7	3.1	3.15	3.2	3.25	4.15	4.2
l（商品规格范围）	8～10	12～20	8～16	18～30	8～12	14～20	22～30	8～12	14～16	18～24	26～40	10～12	14～20
d_2	4.25	4.3	5.15	5.2	5.25	5.3	6.15	6.25	6.3	6.35	8.2	8.25	8.3
l（商品规格范围）	22～35	40～60	10～12	14～20	22～35	40～60	12～16	18～24	26～40	45～80	14～20	22～24	26～30
d_2	8.35	8.4	8.35	10.2	10.3	10.4	10.45	10.4	12.25	12.3	12.4	12.5	12.45
l（商品规格范围）	32～45	50～75	80～100	18～24	26～35	40～50	55～90	95～160	26～30	32～40	45～55	60～100	120～200
d_2	16.25	16.3	16.40	16.5	16.45	20.25	20.3	20.4	20.5	20.45	25.25	25.3	25.4
l（商品规格范围）	26～30	32～40	45～55	60～100	120～200	26～35	40～45	50～55	60～120	140～200	26～35	40～45	50～55
d_2	25.5	25.45											

8.2 铆接

8.2.1 铆缝的设计

1. 确定钢结构铆缝的结构参数

(1) 钉孔直径 d_0。（见表 8-17）。

(2) 铆钉间的距离（见表 8-18）。

(3) 铆钉长度的计算（见表 8-19）。

2. 受拉（压）构件的铆缝计算（见表 8-20 和表 8-21）

3. 构件受力矩的铆缝计算（见表 8-22）

表 8-17   铆钉用通孔直径 d_0（GB/T 152.1—1988）   （单位：mm）

d—铆钉公称直径
d_0—铆钉孔直径

d	0.6	0.7	0.8	1	1.2	1.4	1.6	2	2.5	3	3.5	4	5
d_0 精装配	0.7	0.8	0.9	1.1	1.3	1.5	1.7	2.1	2.6	3.1	3.6	4.1	5.2
d	6	8	10	12	14	16	18	20	22	24	27	30	36

		6	8	10	12	14	16	18	20	22	24	27	30	36
d_0	精装配	6.2	8.2	10.3	12.4	14.5	16.5							
	粗装配	—	—	11	13	15	17	19	21.5	23.5	25.5	28.5	32	38

注：1. 钉孔尽量采用钻孔，尤其是受变载荷的铆缝。也可以先冲（留 3～5mm 余量）后钻，既经济又能保证孔的质量。冲孔的孔壁有冲剪的痕迹及硬化裂纹，故只用于不重要的铆接中。

2. 铆钉直径 d 小于 8mm 时一般只进行精装配。

表 8-18   铆钉间的距离（GB 50017—2017）

名称	位置与方向		最大允许距离 （取两者之小值）	最小允许距离	
间距 t	外排		$8d_0$ 或 12δ	钉并列	$3d_0$
	中间排	构件受压	$12d_0$ 或 18δ		
		构件受拉	$16d_0$ 或 24δ	钉错列	
边距	平行于载荷的方向 e_1			$2d_0$	
	垂直于载荷的方向 e_2	切割边	$4d_0$ 或 8δ	$1.5d_0$	
		轧制边		$1.2d_0$	

注：1. 表中 d_0 为铆钉孔的直径，δ 为较薄板件的厚度。

2. 钢板边缘与刚性构件（如角钢、槽钢等）相连的铆钉的最大间距，可按中间排确定。

3. 有色金属或异种材料（如石棉制动带与铸铁制动瓦）铆缝的结构参数推荐：铆钉直径 $d=1.5\delta+2$mm；间距 $t=$ $(2.5～3)d$，边距 $e_1 \geqslant d$，$e_2 \geqslant (1.8～2)d$。

表 8-19 铆钉长度推荐计算式

种 类	推荐计算式	说 明
钢制半圆头铆钉	$l = 1.1\Sigma\delta + 1.4d$	l—铆钉未铆合前钉材长度
有色金属半圆头铆钉	$l = \Sigma\delta + 1.4d$	d—铆钉直径 $\Sigma\delta$—被连接件的总厚度。为使铆钉胀满，铆钉孔一般取 $\Sigma\delta \leqslant 5d$

表 8-20 受拉（压）构件的铆缝计算

计算内容	计 算 公 式	公式中符号说明
被铆件的横剖面面积 A/mm	受拉构件 $A^{①} = \dfrac{F}{\psi[\sigma]}$ 受压构件 $A = \dfrac{F}{\zeta[\sigma]}$	
铆钉直径 d/mm	当 $\delta \geqslant 5\text{mm}$ 时，$d \approx 2\delta$ 当 $\delta = 6 \sim 20\text{mm}$ 时，$d \approx (1.1 \sim 1.6)\delta$ 被连接件的厚度较大时，δ 前面的系数取较小值	F—作用于构件上的拉(压)外载荷(N) ψ—铆缝的强度系数 $\psi = \dfrac{t-a}{t}$，初算时可取 $\psi = 0.6 \sim 0.8$ ζ—压杆纵弯曲系数(见表 8-21) δ—被铆件中较薄板的厚度。对于双盖板，两盖板厚度之和为一个被铆件(mm) d_0—铆钉孔直径(mm)(见表 8-17) m—每个铆钉的抗剪面数量 $[\sigma]$—被铆件的许用拉(压)应力(MPa)(见表 8-23，表 8-24) $[\tau]$—铆钉许用切应力(MPa)(见表 8-23，表 8-24)
铆钉数量 Z	铆钉抗剪强度 $Z^{②} = \dfrac{4F}{m\pi d_0^2[\tau]}$ 被铆件抗压强度 $Z = \dfrac{F}{d_0\delta[\sigma]}$	

① 按计算面积 A，确定被铆件厚度 δ 或构件尺寸选色后再定 δ 值。

② 铆钉数量 Z，取两式中计算得到的大值，但不少于两个。

表 8-21 系 数

λ	10	20	30	40	50	60	70	80	90	100	110	120	140	160	180	200
ζ	0.99	0.96	0.94	0.92	0.89	0.86	0.81	0.75	0.69	0.6	0.52	0.45	0.36	0.29	0.23	0.19
说明	表中：柔度 $\lambda = \dfrac{\mu l}{i_{\min}}$ 式中：μ—柱端系数；l—构件的计算长度，m；$i_{\min}$—被铆件截入面最小惯量半径，mm															

表 8-22 受力矩铆缝的铆钉最大载荷的计算

受 力 简 图	铆钉的最大载荷	受 力 简 图	铆钉的最大载荷
受旋转力矩作用 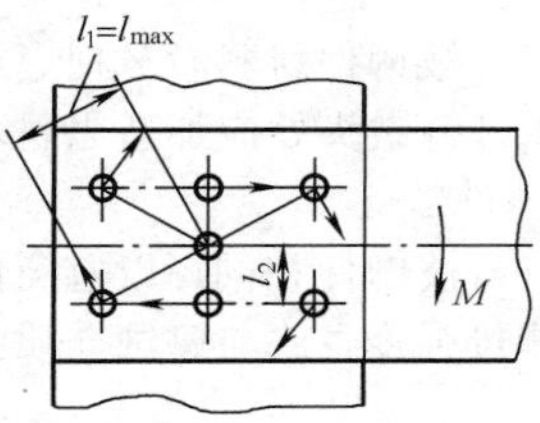 	$F_{\max} = \dfrac{Ml_{\max}}{l_1^2 + l_2^2 + \cdots + l_i^2}$	受偏心力作用 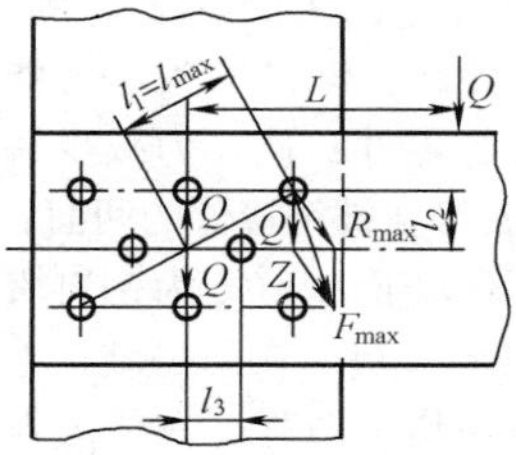 	$F_{\max} = R_{\max} + \dfrac{Q}{Z}$ $R_{\max} = \dfrac{ml_{\max}}{l_1^2 + l_2^2 + \cdots + l_z^2}$ $M = QL$

表 8-23		铆钉材料及其应用	

铆 钉 材 料		应 用
钢和合金钢	Q215-A、Q235-A、ML2、ML3	一般钢结构
	10、15、ML10、ML15	受力较大的钢结构
	ML20MnA	受力很大的钢结构
	1Cr18Ni9Ti	不锈钢、钛合金等耐热耐蚀结构
铜及其合金	T3、H62、HPb59-1	导电结构
	H62 防磁	有防磁要求的结构
铝及其合金	1050A（L3）、1035（L4）	非金属结构、标牌
	2A01（LY1）	受力较小或薄壁构件
	2A10（LY10）	一般结构件
	5B05（LF10）	镁合金结构件
	3A21（LF21）	铝合金及非金属结构

表 8-24			钢结构连接的许用应力			（单位：MPa）

被铆件	材　料		Q215-A	Q235-A	16Mn
	$[\sigma]$		140～155	155～170	215～240
	$[\sigma_p]$	钻孔	280～310	310～340	430～480
		冲孔	240～265	265～290	365～410
铆钉	材　料		10、15、ML10，ML15		1Cr18Ni9Ti
	$[\tau]$	钻孔	145		230
		冲孔	115		
	$[\sigma_p]$		240～320		

注：1. 被铆件之一厚度大于 16mm 时，许用应力取小值。
　　2. 受变载荷时，表中数值应减小 10%～20%。

8.2.2　铆接结构设计中应注意的几个问题

（1）铆接结构应具有良好的开敞性，以方便操作。进行结构设计时，应尽量为机械化铆接创造条件。

（2）强度高的零件不应夹在强度低的零件之间，厚的、刚性大的零件布置在外侧，铆钉镦头尽可能安排在材料强度大或厚度大的零件一侧；为减少铆件变形，铆钉镦头可以交替安排在被铆接件的两面。

（3）铆接厚度一般规定不大于 $5d$（d 为铆钉直径）；被铆接件的零件不应多于 4 层。在同一结构上铆钉种类不宜太多，一般不要超过两种。在传力铆接中，排在力作用方向的铆钉数不宜超过 6 个，但不应少于 2 个。

（4）冲孔铆接的承载能力比钻孔铆接的承载能力约小 20%，因此，冲孔的方法只可用于不受力或受力较小的构件。

（5）铆钉材料强度高或被铆件材料较软时、或镦头可能损伤构件时，在铆钉镦头处应加适当材料的薄垫圈。

（6）铆钉材料一般应与被铆件相同，以避免因线膨胀系数不同而影响铆接强度，或与腐蚀介质接触而产生电化腐蚀。

8.2.3 铆钉（见表8-25）

表8-25　一般机械铆钉的主要类型及其参数和用途

（单位：mm）

标准	简图		d	10	12	14	16	18	20	22	24	27	30	36	用途
GB/T 863.1—1986 半圆头铆钉（粗制）			l		20~90	22~100	26~110	32~150	32~150	38~180	52~180	55~180	55~180	58~200	用于承受较大剪力的铆缝，如金属结构中桥梁、桁架等
			d_k		22	25	30	33.4	36.4	40.0	44.4	49.4	54.8	63.8	
			K		8.5	9.5	10.5	13.3	14.8	16.3	17.8	20.2	22.2	26.2	
			R		11	12.5	15.5	16.5	18	20	22	26	27	32	
			r			0.5		0.5		0.8					
GB/T 864—1986 平锥头铆钉（粗制）			l		20~100	20~110	24~110	30~150	30~150	38~180	50~180	58~180	65~180	70~200	用于承受较大剪力
			d_k		21	25	29	32.4	35.4	39.9	41.4	46.4	51.4	61.8	
			K		10.5	12.8	14.8	16.8	17.8	20.2	22.7	24.7	28.2	34.6	
			r_1		2	2	2	2	3	3	3	3	3	3	
GB/T 865—1986 沉头铆钉（粗制）			l		20~75	20~100	24~100	28~150	30~150	38~180	50~180	55~180	60~200	65~200	用于表面要求平滑但受力不大的结构
			d_k		19.6	22.5	25.7	29	33.4	37.4	40.4	44.4	51.4	59.8	
			$R\approx$		6	7	8	9	11	12	13	14	17	19	
			b		0.6	0.6	0.6	0.6	0.6	0.6	0.8	0.8	0.8	0.8	

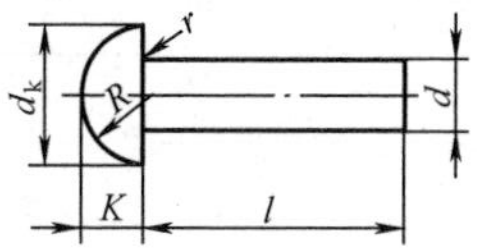

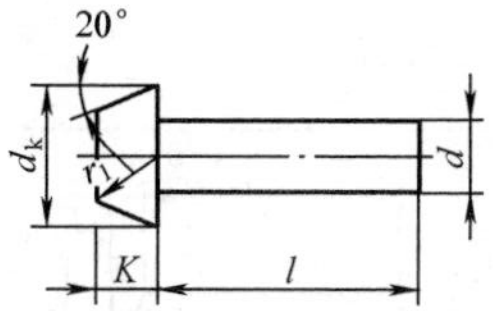

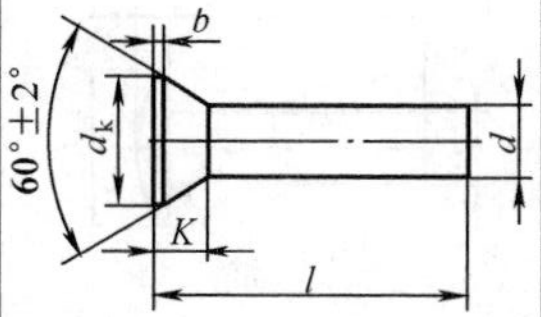

续表

标准	简图		1	1.2	1.4	1.6	2	2.5	3	3.5	4	5	6	8	10	12	14	16	用途
GB/T 867—1986 半圆头铆钉		d	1	1.2	1.4	1.6	2	2.5	3	3.5	4	5	6	8	10	12	14	16	
		l	2~8	2.5~8	3~12	3~12	3~16	5~20	5~26	7~26	7~50	7~55	8~60	16~65	16~85	20~90	22~100	26~110	同 GB/T 863.1—1986
		d_k	2	2.3	2.7	3.2	3.74	4.84	5.54	6.59	7.39	9.09	11.35	14.35	17.35	21.42	21.42	29.12	
		K	0.7	0.8	0.9	1.2	1.4	1.8	2.2	2.3	2.6	3.2	3.84	5.04	6.24	8.29	9.20	10.29	
		$R\approx$	1	1.2	1.4	1.6	1.9	2.5	2.9	3.4	3.8	4.7	6	8	9	11	12.5	15.5	
		r	0.1	0.1	0.1	0.1	0.1	0.1	0.1	0.3	0.3	0.3	0.3	0.3	0.3	0.4	0.4	0.4	
GB/T 868—1986 平锥头铆钉	15°	l					3~16	4~20	6~24	6~28	8~32	10~40	12~10	16~60	16~60	18~110	18~110	24~110	
		d_k					3.84	4.74	5.64	6.59	7.49	9.29	11.15	14.75	18.35	20.12	24.42	28.42	
		K					1.2	1.5	1.7	2	2.2	2.7	3.2	4.24	5.24	6.24	7.29	8.29	
		r_1					0.7	0.7	0.7	1	1	1				1.5	1.5	1.5	
GB/T 109—1986 平头铆钉		l		1.5~6	2~7	2~8	4~8	5~10	6~14	6~18	8~22	10~26	12~30	16~30	20~30				用于金属薄板或皮革、帆布、木材、塑料
		d_k		2.4	2.7	3.2	4.24	5.24	6.24	7.29	8.29	10.29	12.35	16.35	20.42				
		K		0.58	0.58	0.58	1.2	1.4	1.6	1.8	2	2.2	2.6	3	3.44				
		r		0.1	0.1	0.1	0.1	0.1	0.1	0.3	0.3	0.3	0.3	0.5	0.5				
GB/T 872—1986 扁平头铆钉		l		2.5~8	3~12	3~12	3.5~16	5~18	5~22	6~24	6~30	6~50	7~50	9~50	10~50				
		d_k		2.4	2.7	3.03	3.74	4.74	5.74	6.79	7.79	9.79	11.85	15.85	19.42				
		K		0.58	0.58	0.58	0.63	0.68	0.88	0.88	1.13	1.13	1.33	1.33	1.63				
		r		0.1	0.1	0.1	0.1	0.1	0.1	0.3	0.3	0.3	0.3	0.3	0.3				
GB/T 869—1986 沉头铆钉	α±2°	l		1.5~6	2.5~8	2.5~10	3.5~16	4~15	5~20	5~22	6~36	6~42	6~50	12~60	16~75	18~75	20~100	24~100	表面须平滑受载不大的铆缝
		d_k		2.83	3.45	3.96	4.05	4.75	5.35	6.28	7.18	8.98	10.62	14.22	17.82	18.86	21.76	24.96	
		K		0.83			1	1.1	1.2	1.4	1.6	2	2.4	3.2	4	6	7	8	
		r																	
GB/T 954—1986 120°沉头铆钉		l	2~8	2.5~8	2.5~8	2.5~10	3~10	4~15	5~20	6~24	6~42	7~50	8~50	10~50	10~50	18~75	20~100	24~100	
		d_k	2.03	2.83	3.45	3.96	4.75	5.35	6.28	7.08	7.98	9.68	11.72	15.32	21.76	21.76	24.96		
		K	0.5	0.5	0.6	0.7	0.8	0.9	1	1.1	1.2	1.4	1.7	2.3			8		

GB/T 869: $d \leqslant 10\text{mm}$, α 为 90°；$d > 10\text{mm}$, α 为 60°
GB/T 854: α 为 120°

标准	简图	d	1	1.2	1.4	1.6	2	2.5	3	3.5	4	5	6	8	10	12	14	16	用途
GB/T 871—1986 扁圆头铆钉		l		1.5~6	2~8	2~8	2~18	3~16	3.5~30	5~36	5~40	6~50	7~50	9~50	10~50				用于受力不大的结构
		d_k		2.6	3	3.44	4.24	5.24	6.24	7.29	8.29	10.29	12.35	16.35	20.42				
		K		0.6	0.7	0.8	0.9	0.9	1.2	1.4	1.5	1.9	2.4	3.2	4.24				
		$R\approx$		1.7	1.9	2.2	2.9	4.3	5	5.7	6.8	8.7	9.3	12.2	14.5				
GB/T 870—1986 半沉头铆钉 (870: $d\leqslant10$mm, α 为 $90°$; $d>10$mm, α 为 $60°$; $\alpha\pm2°$)		l	2~8	2.5~8	3~12	3~12	3.5~16	5~18	5~22	6~24	6~30	6~50	6~50	12~60	16~75	18~75	20~100	24~100	用于表面要求光滑但受力不大的结构
		d_k	2.03	2.23	2.83	3.03	4.05	4.75	5.35	6.28	7.18	8.98	10.62	14.22	17.82	18.86	21.76	24.96	
		K	0.8	0.85	1.1	1.15	1.55	1.8	2.05	2.4	2.7	3.4	4	5.2	6.6	8.8	10.4	11.4	
		$R\approx$	1.8	1.8	2.5	2.6	3.8	4.2	4.5	5.3	6.3	7.6	9.5	13.6	17	17.5	19.5	24.7	
GB/T 1013—1986 平锥头半空心铆钉 ($15°$)		l			3~8	3~10	4~14	5~16	6~18	8~20	8~24	10~40	12~40	14~50	18~50				用于内部非金属材料结构
		d_k			2.7	3.2	3.84	4.74	5.64	6.59	7.49	9.29	11.15	14.75	18.35				
		K			0.9	0.9	1.2	1.5	1.7	2	2.2	2.7	3.2	4.24	5.24				
		r_1			0.7	0.7	0.7	0.7	0.7	1	1	1	1	1	1				
		d_t			0.77	0.87	1.12	1.62	2.12	2.32	2.62	3.66	4.66	6.16	7.7				
		t			1.64	1.84	2.24	2.74	3.24	3.79	4.29	5.29	6.29	8.35	10.35				
GB/T 875—1986 平头半空心铆钉 ($15°$)		l		1.5~6	2~7	2~8	2~13	3~15	3.5~30	5~36	5~40	6~50	7~50	9~50	10~50				用于内部非金属材料结构
		d_k		2.4	2.7	3.2	3.74	4.74	5.74	6.79	7.79	9.79	11.85	15.85	19.42				
		K		0.58	0.58	0.58	0.68	0.68	0.88	0.88	1.13	1.13	1.33	1.33	1.63				
		d_t		0.66	0.77	0.87	1.12	1.62	2.12	2.32	2.62	3.66	4.66	6.16	7.7				
		t		1.44	1.64	1.84	2.21	2.74	3.24	3.79	4.29	5.29	6.29	8.35	10.35				
											2.52	3.46	4.16	4.66					

续表

标准	简图	d	1	1.2	1.4	1.6	2	2.5	3	3.5	4	5	6	8	10	用途
GB/T 873—1986 扁圆头半空心铆钉		l		1.5~6	2~8	2~8	2~13	3~16	3.5~30	5~36	5~40	6~50	7~50	9~50	10~50	铆接方便，用于受力不大的结构
		d_k		2.6	3	3.44	4.24	5.24	6.24	7.29	8.29	10.29	12.35	16.35	20.42	
		K		0.6	0.7	0.8	0.9	0.9	1.2	1.4	1.5	1.9	2.4	3.2	4.24	
		R		1.7	1.9	2.2	2.9	4.3	5	5.7	6.8	8.7	9.3	12.2	14.5	
		d_1		0.66	0.77	0.87	1.12	1.62	2.12	2.32	2.62	3.66	4.66	6.16	7.7	
		t		1.44	1.64	1.84	2.24	2.74	3.24	3.79	4.29	5.29	6.29	8.35	10.35	
		$d_1^①$									2.52	3.46	4.16	4.66		
GB/T 876—1986 空心铆钉		l			1.5~5	2~5	2~6	2~8	2~10	2.5~10	3~12	3~15	3~15			用于受力大的金属和非金属的结构
		d_k			2.6	2.8	3.5	4	5	5.5	6	8	10			
		K			0.5	0.5	0.6	0.6	0.7	0.7	0.82	1.12	1.12			
		r			0.15	0.2	0.25	0.25	0.25	0.3	0.3	0.5	0.7			
		d_1			0.8	0.9	1.2	1.7	2	2.5	2.9	4	5			
		t			0.2	0.22	0.25	0.25	0.3	0.3	0.35	0.35	0.35			
GB/T 827—1986 标牌铆钉		l				3~6	3~8	3~10	4~12	6~18	8~12					用于铆标牌
		d_k				3.2	3.74	4.84	5.54	7.39	9.09					
		K				1.2	1.4	1.8	2	2.6	3.2					
		R				1.6	1.9	2.5	2.9	3.8	4.7					
		d_1				1.75	2.15	2.65	3.15	4.15	5.15					
		P				0.72	0.7	0.72	0.72	0.84	0.92					
		h				1.56	1.96	2.46	2.96	3.96	4.96					

$d \leqslant 3\text{mm}, l_1=1$
$d > 3\text{mm}, l_1=1.5$

① 仅 d=4、5、6、8mm 规定的非铁合金铆钉尺寸 d_1 与钢制材料铆钉不同，其他相同。

第9章 滚 动 轴 承

9.1 滚动轴承的代号 (GB/T 272—2017)

滚动轴承代号是用字母加数字表示其结构、尺寸、公差等级、技术性能等特征的产品符号。

滚动轴承的代号见表9-1。

9.1.1 基本代号

基本代号由轴承类型代号、尺寸系列代号和内径代号依次排列组成。

滚动轴承类型代号见表9-2。

尺寸系列代号由轴承的宽（高）度系列代号和

直径系列代号组合而成，表示轴承的外形尺寸。直径系列指对应同样轴承内径变化的外径尺寸系列。宽度系列指同样轴承外径变化的宽度尺寸系列。滚动轴承的尺寸系列代号见表9-3。

表 9-1　　滚动轴承的代号

轴承代号					
前置代号	基本代号				后置代号
	轴承系列			内径代号	
	类型代号	尺寸系列代号			
		宽度（或高度）系列代号	直径系列代号		

表 9-2　　　　　　　　　　　　　　　滚动轴承类型代号

代号	轴承类型	代号	轴承类型
0	双列角接触球轴承	N	圆柱滚子轴承
1	调心球轴承		双列或多列用字母 NN 表示
2	调心滚子轴承和推力调心滚子轴承	U	外球面球轴承
3	圆锥滚子轴承	QJ	四点接触球轴承
4	双列深沟球轴承	C	长弧面滚子轴承（圆环轴承）
5	推力球轴承		
6	深沟球轴承		
7	角接触球轴承		
8	推力圆柱滚子轴承		

注：在代号后或前加字母或数字表示该类轴承中的不同结构。

　　符合 GB/T 273.1 的圆锥滚子轴承代号按附录 A 的规定。

表 9-3　　　　　　　　　　　　　　　滚动轴承的尺寸系列代号

直径系列代号	向心轴承							推力轴承			
	宽度系列代号							高度系列代号			
	8	0	1	2	3	4	5	6	7	9	1	2
	尺寸系列代号										
7	—	—	17	—	37	—	—	—	—	—	—	—
8	—	08	18	28	38	48	58	68	—	—	—	—
9	—	09	19	29	39	49	59	69	—	—	—	—
0	—	00	10	20	30	40	50	60	70	90	10	—
1	—	01	11	21	31	41	51	61	71	91	11	—
2	82	02	12	22	32	42	52	62	72	92	12	22
3	83	03	13	23	33	—	—	—	73	93	13	23
4	—	04	—	24	—	—	—	—	74	94	14	24
5	—	—	—	—	—	—	—	—	—	95	—	—

滚动轴承的内径代号表示其公称内径的大小　　（见表9-4）。滚针轴承的基本代号见表9-5。

表 9-4　　　　　　　　　　　滚动轴承的内径代号

轴承公称内径/mm		内径代号	示例
0.6～10（非整数）		用公称内径毫米数直接表示，在其与尺寸系列代号之间用"/"分开	深沟球轴承 617/0.6 $d=0.6$mm 深沟球轴承 618/2.5 $d=2.5$mm
1～9（整数）		用公称内径毫米数直接表示，对深沟及角接触球轴承直径系列 7、8、9，内径与尺寸系列代号之间用"/"分开	深沟球轴承 625 $d=5$mm 深沟球轴承 618/5 $d=5$mm 角接触球轴承 707 $d=7$mm 角接触球轴承 719/7 $d=7$mm
10～17	10	00	深沟球轴承 6200 $d=10$mm
	12	01	调心球轴承 1201 $d=12$mm
	15	02	圆柱滚子轴承 NU 202 $d=15$mm
	17	03	推力球轴承 51103 $d=17$mm
20～480（22，28，32 除外）		公称内径除以 5 的商数，商数为个位数，需在商数左边加"0"，如 08	调心滚子轴承 22308 $d=40$mm 圆柱滚子轴承 NU 1096 $d=480$mm
≥500 以及 22，28，32		用公称内径毫米数直接表示，但在与尺寸系列之间用"/"分开	调心滚子轴承 230/500 $d=500$mm 深沟球轴承 62/22 $d=22$mm

表 9-5　　　　　　　　　　　滚针轴承基本代号

轴承类型		简图	类型代号	配合安装特征尺寸表示		轴承基本代号	标准号
滚针和保持架组件	向心滚针和保持架组件	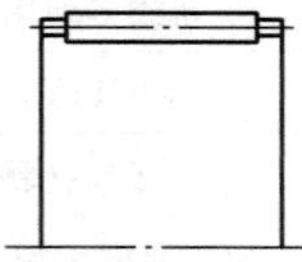	K	$F_w \times E_w \times B_c$		K $F_w \times E_w \times B_e$	GB/T 20056
	推力滚针和保持架组件	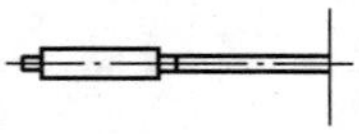	AXK	$d_c D_c$[①]		AXK $d_e D_e$	GB/T 4605
滚针轴承	滚针轴承	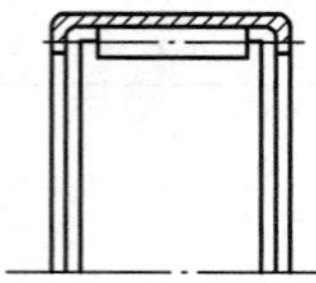	NA	用尺寸系列代号和内径代号表示 尺寸系列代号：48、49、69　内径代号按表 5[②] 的规定		NA 4800 NA 4900 NA 6900	GB/T 5801
	开口型冲压外圈滚针轴承	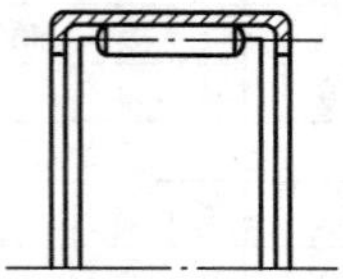	HK	$F_w C$[①]		HK $F_w C$	GB/T 290
	封口型冲压外圈滚针轴承	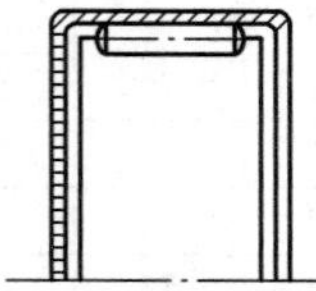	BK	$F_w C$[①]		BK $F_w C$	

①　尺寸直接用毫米数表示时，如是个位数，需在其左边加"0"，如 8mm 用 08 表示。
②　内径代号除 $d<10$mm 用"/实际公称毫米数"表示外，其余按表 9-4。

9.1.2 前置代号 （见表 9-6）

表 9-6 **轴承前置代号**

代号	含义	示例
L	可分离轴承的可分离内圈或外圈	LNU 207，表示 NU 207 轴承的内圈 LN 207，表示 N 207 轴承的外圈
LR	带可分离内圈或外圈与滚动体的组件	—
R	不带可分离内圈或外圈的组件 （滚针轴承仅适用于 NA 型）	RNU 207，表示 NU 207 轴承的外圈和滚子组件 RNA 6904，表示无内圈的 NA 6904 滚针轴承
K	滚子和保持架组件	K 81107，表示无内圈和外圈的 81107 轴承
WS	推力圆柱滚子轴承轴圈	WS 81107
GS	推力圆柱滚子轴承座圈	GS 81107
F	带凸缘外圈的向心球轴承（仅适用于 $d \leqslant 10\text{mm}$）	F 618/4
FSN	凸缘外圈分离型微型角接触球轴承（仅适用于 $d \leqslant 10\text{mm}$）	FSN 719/5-Z
KIW-	无座圈的推力轴承组件	KIW-51108
KOW-	无轴圈的推力轴承组件	KOW-51108

9.1.3 后置代号

后置代号用字母（或加数字）表示，后置代号所表示轴承的特性及排列顺序按表 9-7 的规定。

表 9-7 **后置代号的排列顺序**

组别	1	2	3	4	5	6	7	8	9
含义	内部结构	密封与防尘与外部形状	保持架及其材料	轴承零件材料	公差等级	游隙	配置	振动及噪声	其他

后置代号置于基本代号的右边并与基本代号空半个汉字距（代号中有符号"—""/"除外）。当改变项目多，具有多组后置代号，按表 9-7 所列从左至右的顺序排列。

内部结构代号见表 9-8。

表 9-8 **内部结构代号**

代号	含 义	示例
A	无装球缺口的双列角接触或深沟球轴承	3205A
	滚针轴承外圈带双锁圈（$d>9\text{mm}$，$F_\text{w}>12\text{mm}$）	—
	套圈直滚道的深沟球轴承	—
AC	角接触球轴承 公称接触角 $\alpha=25°$	7210 AC
B	角接触球轴承 公称接触角 $\alpha=40°$	7210B
	圆锥滚子轴承 接触角加大	32310 B
C	角接触球轴承 公称接触角 $\alpha=15°$	7005C
	调心滚子轴承 C 型 调心滚子轴承设计改变，内圈无挡边，活动中挡圈，冲压保持架，对称型滚子，加强型	23122 C
CA	C 型调心滚子轴承，内圈带挡边，活动中挡圈，实体保持架	23084 CA/W33
CAB	CA 型调心滚子轴承，滚子中部穿孔，带柱销式保持架	—
CABC	CAB 型调心滚子轴承，滚子引导方式有改进	—

续表

代号	含 义	示例
CAC	CA 型调心滚子轴承，滚子引导方式有改进	22252 CACK
CC	C 型调心滚子轴承，滚子引导方式有改进	22205 CC
D	剖分式轴承	K 50×55×20 D
E	加强型①	NU 207 E
ZW	滚针保持架组件 双列	K 20×25×40 ZW

① 加强型，即内部结构设计改进，增大轴承承载能力。

密封、防尘与外部形状变化代号及含义按表 9-9 的规定。

表 9-9 **密封、防尘与外部形状变化代号**

代号	含 义	示例
D	双列角接触球轴承，双内圈	3307D
	双列圆锥滚子轴承，无内隔圈，端面不修磨	
DI	双列圆锥滚子轴承，无内隔圈，端面修磨	—
DC	双列角接触球轴承，双外圈	3924-2KDC
DH	有两个座圈的单向推力轴承	—
DS	有两个轴圈的单向推力轴承	—
—FS	轴承一面带毡圈密封	6203-FS
—2FS	轴承两面带毡圈密封	6206-2FSWB
K	圆锥孔轴承　锥度为 1∶12（外球面球轴承除外）	1210K，锥度为 1∶12 代号为 1210 的圆锥孔调心球轴承
K30	圆锥孔轴承　锥度为 1∶30	24122 K30，锥度为 1∶30 代号为 24122 的圆锥孔调心滚子轴承
—2K	双圆锥孔轴承，锥度为 1∶12	QF2308-2K
L	组合轴承带加长阶梯形轴圈	ZARN 1545L
—LS	轴承一面带骨架式橡胶密封圈（接触式，套圈不开槽）	—
—2LS	轴承两面带骨架式橡胶密封圈（接触式，套圈不开槽）	NNF 5012-2LSNV
N	轴承外圈上有止动槽	6210 N
NR	轴承外圈上有止动槽，并带止动环	6210 NR
N1	轴承外圈有一个定位槽口	—
N2	轴承外圈有两个或两个以上的定位槽口	—
N4	N+N2　定位槽口和止动槽不在同一侧	—
N6	N+N2　定位槽口和止动槽在同一侧	—
P	双半外圈的调心滚子轴承	—
PP	轴承两面带软质橡胶密封圈	NATR 8 PP

代号	含 义	示 例
PR	同 P，两半外圈间有隔圈	—
—2PS	滚轮轴承，滚轮两端为多片卡簧式密封	—
R	轴承外圈有止动挡边（凸缘外圈）（不适用于内径小于 10mm 的向心球轴承）	30307R
—RS	轴承一面带骨架式橡胶密封圈（接触式）	6210-RS
—2RS	轴承两面带骨架式橡胶密封圈（接触式）	6210-2RS
—RSL	轴承一面带骨架式橡胶密封圈（轻接触式）	6210-RSL
—2RSL	轴承两面带骨架式橡胶密封圈（轻接触式）	6210-2RSL
—RSZ	轴承一面带骨架式橡胶密封圈（接触式）、一面带防尘盖	6210-RSZ
—RZZ	轴承一面带骨架式橡胶密封圈（非接触式）、一面带防尘盖	6210-RZZ
—RZ	轴承一面带骨架式橡胶密封圈（非接触式）	6210-RZ
—2RZ	轴承两面带骨架式橡胶密封圈（非接触式）	6210-2RZ
S	轴承外圈表面为球面（外球面球轴承和滚轮轴承除外）	—
	游隙可调（滚针轴承）	NA 4906 S
SC	带外罩向心轴承	
SK	螺栓型滚轮轴承，螺栓轴端部有内六角盲孔 注：对螺栓型滚轮轴承，滚轮两端为多片卡簧式密封，螺栓轴端部有内六角盲孔，后置代号可简化为—2PSK	—
U	推力球轴承 带调心座垫圈	53210U
WB	宽内圈轴承（双面宽）	
WB1	宽内圈轴承（单面宽）	
WC	宽外圈轴承	
X	滚轮轴承外圈表面为圆柱面	KR 30 X NUTR 30 X
Z	带防尘罩的滚针组合轴承	NK 25 Z
	带外罩的滚针和满装推力球组合轴承（脂润滑）	—
—Z	轴承一面带防尘盖	6210-Z
—2Z	轴承两面带防尘盖	6210-2Z
—ZN	轴承一面带防尘盖，另一面外圈有止动槽	6210-ZN
—2ZN	轴承两面带防尘盖，外圈有止动槽	6210-2ZN
—ZNB	轴承一面带防尘盖，同一面外圈有止动槽	6210-ZNB
—ZNR	轴承一面带防尘盖，另一面外圈有止动槽并带止动环	6210-ZNR
ZH	推力轴承，座圈带防尘罩	—
ZS	推力轴承，轴圈带防尘罩	—

注：密封圈代号与防尘盖代号同样可以与止动槽代号进行多种组合。

保持架代号见表 9-10。

表 9-10 <center>保持架代号</center>

代号		含义	代号		含义
保持架材料	F	钢、球墨铸铁或粉末冶金实体保持架	保持架结构形式及表面处理	A	外圈引导
	J	钢板冲压保持架		B	内圈引导
	L	轻合金实体保持架		C	有镀层的保持架（C1—镀银）
	M	黄铜实体保持架		D	碳氮共渗保持架
	Q	青铜实体保持架		D1	渗碳保持架
	SZ	保持架由弹簧丝或弹簧制造		D2	渗氮保持架
	T	酚醛层压布管实体保持架		D3	低温碳氮共渗保持架
	TH	玻璃纤维增强酚醛树脂保持架（管型）		E	磷化处理保持架
	TN	工程塑料模注保持架		H	自锁兜孔保持架
	Y	铜板冲压保持架		P	由内圈或外圈引导的拉孔或冲孔的窗形保持架
	ZA	锌铝合金保持架		R	铆接保持架（用于大型轴承）
无保持架	V	满装滚动体		S	引导面有润滑槽
				W	焊接保持架

注：保持架结构形式及表面处理的代号只能与保持架材料代号结合使用。

轴承零件材料改变，其代号按表 9-11 的规定。

表 9-11 <center>轴承零件材料代号</center>

代号	含义	示例
/CS	轴承零件采用碳素结构钢制造	—
/HC	套圈和滚动体或仅是套圈由渗碳轴承钢（/HC-G20Cr2Ni4A；/HC1-G20Cr2Mn2MoA；/HC2-15Mn）制造	—
/HE	套圈和滚动体由电渣重熔轴承钢 GCr15Z 制造	6204/HE
/HG	套圈和滚动体或仅是套圈由其他轴承钢（/HG-5CrMnMo；/HGl-55SiMoVA）制造	—
/HN	套圈、滚动体由高温轴承钢（/HN-Cr4Mo4V；/HN1-Cr14Mo4；/HN2-Cr15Mo4V；/HN3-W18Cr4V）制造	NU208/HN
/HNC	套圈和滚动体由高温渗碳轴承钢 G13Cr4Mo4 Ni4V 制造	—
/HP	套圈和滚动体由镀青铜或其他防磁材料制造	—
/HQ	套圈和滚动体由非金属材料（/HQ-塑料；/HQ1-陶瓷）制造	—
/HU	套圈和滚动体由 1Cr18Ni9Ti 不锈钢制造	6004/HU
/HV	套圈和滚动体由可淬硬不锈钢（/HV-G95Cr18；/HV1-G102Cr18Mo）制造	6014/HV

公差等级代号及含义按表 9-12 的规定。

表 9-12 <center>公差等级代号</center>

代号	含义	示例
/PN	公差等级符合标准规定的普通级，代号中省略不表示	6203
/P6	公差等级符合标准规定的 6 级	6203/P6
/P6X	公差等级符合标准规定的 6X 级	30210/P6X
/P5	公差等级符合标准规定的 5 级	6203/P5
/P4	公差等级符合标准规定的 4 级	6203/P4
/P2	公差等级符合标准规定的 2 级	6203/P2
/SP	尺寸精度相当于 5 级，旋转精度相当于 4 级	234420/SP
/UP	尺寸精度相当于 4 级，旋转精度高于 4 级	234730/UP

游隙代号见表 9-13。

表 9-13 游隙代号

代号	含义	示例
/C2	游隙符合标准规定的 2 组	6210/C2
/CN	游隙符合标准规定的 N 组，代号中省略不表示	6210
/C3	游隙符合标准规定的 3 组	6210/C3
/C4	游隙符合标准规定的 4 组	NN 3006 K/C4
/C5	游隙符合标准规定的 5 组	NNU 4920 K/C5
/CA	公差等级为 SP 和 UP 的机床主轴用圆柱滚子轴承径向游隙	—
/CM	电机深沟球轴承游隙	6204-2RZ/P6CM
/CN	N 组游隙。/CN 与字母 H、M 和 L 组合，表示游隙范围减半，或与 P 组合，表示游隙范围偏移，如： /CNH—N 组游隙减半，相当于 N 组游隙范围的上半部 /CNL—N 组游隙减半，相当于 N 组游隙范围的下半部 /CNM—N 组游隙减半，相当于 N 组游隙范围的中部 /CNP—偏移的游隙范围，相当于 N 组游隙范围的上半部及 3 组游隙范围的下半部组成	—
/C9	轴承游隙不同于现标准	6205-2RS/C9

公差等级代号与游隙代号需同时表示时，可进行简化，取公差等级代号加上游隙组号（N 组不表示）组合表示。

示例 1：/P63 表示轴承公差等级 6 级，径向游隙 3 组。

示例 2：/P52 表示轴承公差等级 5 级，径向游隙 2 组。

配置代号见表 9-14。

表 9-14 配置代号

代号		含义	示例
/DB		成对背靠背安装	7210 C/DB
/DF		成对面对面安装	32208/DF
/DT		成对串联安装	7210C/DT
配置组中轴承数目	/D	两套轴承	配置组中轴承数目和配置中轴承排列可以组合成多种配置方式，如 （1）成对配置的/DB、/DF、/DT （2）三套配置的/TBT、/TFT、/TT （3）四套配置的/QBC、/QFC、/QT、/QBT、/QFT 等 7210 C/TFT：接触角 $\alpha=15°$ 的角接触球轴承 7210 C，三套配置，两套串联和一套面对面 7210 C/PT：接触角 $\alpha=15°$ 的角接触球轴承 7210 C，五套串联配置 7210 AC/QBT：接触角 $\alpha=25°$ 的角接触球轴承 7210 AC，四套成组配置，三套串联和一套背对背
	/T	三套轴承	
	/Q	四套轴承	
	/P	五套轴承	
	/S	六轴承	
配置中轴承排列	B	背对背	
	F	面对面	
	T	串联	
	G	万能组配	
	BT	背对背和串联	
	FT	面对面和串联	
	BC	成对串联的背对背	
	FC	成对串联的面对面	

续表

代　号		含　义	示　例
预载荷	G	特殊预紧，附加数字直接表示预紧的大小（单位为 N）用于角接触球轴承时，"G"可省略	7210 C/G325：接触角 $\alpha=15°$的角接触球轴承 7210 C，特殊预载荷为 325N
	GA	轻预紧，预紧值较小（深沟及角接触球轴承）	7210 C/DBGA：接触角 $\alpha=15°$的角接触球轴承 7210 C，成对背对背配置，有轻预紧
	GB	中预紧，预紧值大于 GA（深沟及角接触球轴承）	—
	GC	重预紧，预紧值大于 GB（深沟及角接触球轴承）	—
	R	径向载荷均匀分配	NU 210/QTR：圆柱滚子轴承 NU 210，四套配置，均匀预紧
轴向游隙	CA	轴向游隙较小（深沟及角接触球轴承）	—
	CB	轴向游隙大于 CA（深沟及角接触球轴承）	—
	CC	轴向游隙大于 CB（深沟及角接触球轴承）	—
	CG	轴向游隙为零（圆锥滚子轴承）	—

振动及噪声代号及含义按表 9-15 的规定。

表 9-15 **振动及噪声代号**

代号	含　义	示例
/Z	轴承的振动加速度等级值组别。附加数字表示极值不同 Z1—轴承的振动加速度级极值符合有关标准中规定的 Z1 组 Z2—轴承的振动加速度级极值符合有关标准中规定的 Z2 组 Z3—轴承的振动加速度级极值符合有关标准中规定的 Z3 组 Z4—轴承的振动加速度级极值符合有关标准中规定的 Z4 组	6204/Zl 6205-2RS/Z2 — —
/ZF3	振动加速度级达到 Z3 组，且振动加速度级峰值与振动加速度级之差不大于 15dB	—
/ZF4	振动加速度级达到 Z4 组，且振动加速度级峰值与振动加速度级之差不大于 15dB	—
/V	轴承的振动速度级极值组别。附加数字表示极值不同： V1—轴承的振动速度级极值符合有关标准中规定的 V1 组 V2—轴承的振动速度级极值符合有关标准中规定的 V2 组 V3—轴承的振动速度级极值符合有关标准中规定的 V3 组 V4—轴承的振动速度级极值符合有关标准中规定的 V4 组	6306/V1 6304/V2 — —
/VF3	振动速度达到 V3 组且振动速度波峰因数达到 F 组[①]	—
/VF4	振动速度达到 V4 组且振动速度波峰因数达到 F 组[①]	—
/ZC	轴承噪声值有规定，附加数字表示限值不同	—

① F 为低频振动速度波峰因数不大于 4，中、高频振动速度波峰因数不大于 6。

在轴承摩擦力矩、工作温度、润滑等要求特殊　时，其代号按表 9-16 的规定。

表 9-16 **其他特性代号**

代号		含　义	示例
工作温度	/S0	轴承套圈经过高温回火处理，工作温度可达 150℃	N 210/S0
	/S1	轴承套圈经过高温回火处理，工作温度可达 200℃	NUP 212/S1
	/S2	轴承套圈经过高温回火处理，工作温度可达 250℃	NU 214/S2
	/S3	轴承套圈经过高温回火处理，工作温度可达 300℃	NU 308/S3
	/S4	轴承套圈经过高温回火处理，工作温度可达 350℃	NU 214/S4

续表

代号		含　义	示例
摩擦力矩	/T	对启动力矩有要求的轴承，后接数字表示启动力矩	—
	/RT	对转动力矩有要求的轴承，后接数字表示转动力矩	—
润滑	/W20	轴承外圈上有三个润滑油孔	—
	/W26	轴承内圈上有六个润滑油孔	—
	/W33	轴承外圈上有润滑油槽和三个润滑油孔	23120 CC/W33
	/W33X	轴承外圈上有润滑油槽和六个润滑油孔	—
	/W513	W26＋W33	—
	/W518	W20＋W26	—
	/AS	外圈有油孔，附加数字表示油孔数（滚针轴承）	HK 2020/AS1
	/IS	内圈有油孔，附加数字表示油孔数（滚针轴承）	NAO 17×30×13/IS1
	/ASR	外圈有润滑油孔和沟槽	NAO 15×28×13/ASR
	/ISR	内圈有润滑油孔和沟槽	—
润滑脂	/HT	轴承内充特殊高温润滑脂，当轴承内润滑脂的装填量和标准值不同时附加字母表示 A—润滑脂的装填量少于标准值 B—润滑脂的装填量多于标准值 C—润滑脂的装填量多于 B（充满）	NA 6909/ISR/HT
	/LT	轴承内充特殊低温润滑脂	
	/MT	轴承内充特殊中温润滑脂	
	/LHT	轴承内充特殊高、低温润滑脂	
表面涂层	/VL	套圈表面带涂层	
其他	/Y	Y 和另一个字母（如 YA、YB）组合用来识别无法用现有后置代号表达的非成系列的改变，凡轴承代号中有 Y 的后置代号，应查阅图纸或补充技术条件以便了解其改变的具体内容 YA—结构改变（综合表达） YB—技术条件改变（综合表达）	—

带附件轴承见表 9-17。

表 9-17　　　　　　　　　**带附件轴承代号**

所带附件名称[①]	带附件轴承代号[②]	示例
带紧定套	轴承代号＋紧定套代号	22208K＋H308
带退卸衬套	轴承代号＋退卸衬套代号	22208K＋AH308
带内圈	适用于无内圈的滚针轴承、滚针组合轴承 轴承代号＋内圈代号 IR	NKX30＋IR
带斜挡圈	适用于圆柱滚子轴承 轴承代号＋斜挡圈代号 HJ[③]	NJ210＋HJ210

① 紧定套、退卸衬套代号按 GB/T 9160.1 的规定。
② 仅适用于带附件轴承的包装及图纸、设计文件、手册的标记，不适用于轴承标志。
③ 可组合简化 NJ…＋HJ…＝NH…，例：NH210。

滚动轴承代号示例：

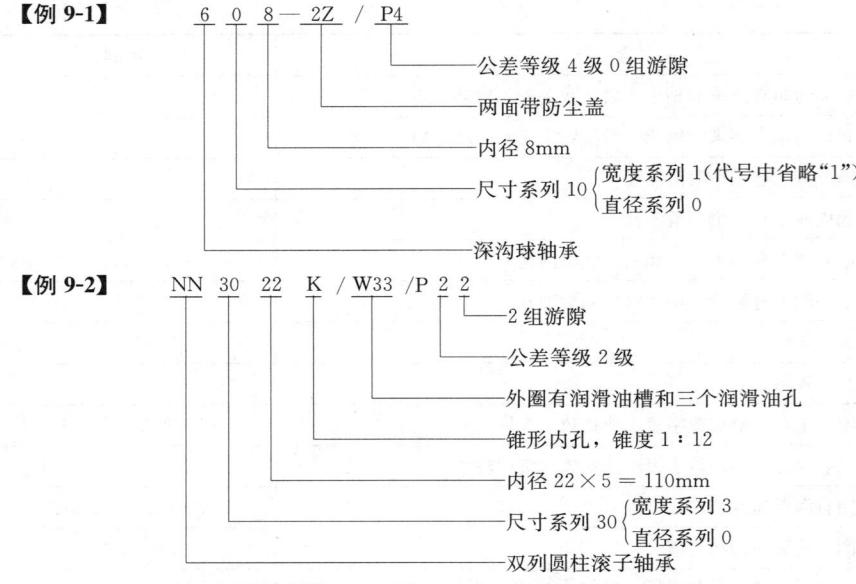

【例 9-1】　6 0 8 - 2Z / P4

公差等级 4 级 0 组游隙
两面带防尘盖
内径 8mm
尺寸系列 10 $\left\{\begin{array}{l}宽度系列 1（代号中省略“1”）\\直径系列 0\end{array}\right.$
深沟球轴承

【例 9-2】　NN 30 22 K / W33 / P 2 2

2 组游隙
公差等级 2 级
外圈有润滑油槽和三个润滑油孔
锥形内孔，锥度 1∶12
内径 22×5 = 110mm
尺寸系列 30 $\left\{\begin{array}{l}宽度系列 3\\直径系列 0\end{array}\right.$
双列圆柱滚子轴承

（注：旧标准型号 3182122）

9.1.4　常用汽车变速箱滚动轴承分类及代号

（1）球轴承。常用汽车变速箱球轴承有深沟球轴承和双列角接触球轴承两类，轴承的类型代号为 TM，后置代号 C9 表示特殊游隙，其他代号与一般通用轴承的规定相同。

【例 9-3】　TM6306-2RS/Pb3——变速箱用 6306 型深沟球轴承，两面带橡胶密封圈，公差等级 6 级，径向游隙 3 组。

【例 9-4】　TM5207.NR/Pb——变速箱用 5207 型双列角接触球轴承，带止动环，公差等级 6 级。

（2）滚子轴承。汽车变速箱用滚子轴承分为圆柱滚子轴承和圆锥滚子轴承两类，轴承的代号由类型代号、尺寸系列代号或表示配合安装特征的尺寸代号和后置代号组成。

常用的圆柱滚子轴承中，NU、NJ、NUP、RNU 和 RN 等型号的轴承，代号方法符合一般通用轴承的规定；RND、KN 和 HKN 型号的轴承，其代号由类型代号和配合安装特征的尺寸代号组成。

【例 9-5】　RND30×50×32——无外圈、内圈单锁紧圈的圆柱滚子轴承，内圈直径 30mm、滚子总体外径 50mm、内圈宽度 32mm。

【例 9-6】　KN45×75×28——向心滚子与保持架组件，滚子总体内径 45mm、滚子总体外径 75mm、保持架宽度 28mm。

【例 9-7】　HKN35×47×17——冲压外圈圆柱滚子轴承，滚子总体内径 35mm、外圈外径 47mm、轴承宽度 17mm。

常用的圆锥滚子轴承有 30000 型、R30000 型和 350000R 型三类。30000 型是通用轴承，R30000 型为圆锥滚子轴承内组件，350000R 型为凸缘外圈双列圆锥滚子轴承。

（3）滚针轴承。汽车变速箱用滚针轴承的代号由类型代号、尺寸系列代号和后置代号组成。

常用的滚针轴承中，实体套圈滚针轴承（NA、NAI、RNA 型）、冲压外圈滚针轴承（HK、BK 型）、向心滚针和保持架组件（K 型）等轴承，其类型代号、尺寸系列代号方法符合一般通用滚针轴承的规定。带内圈的向心滚针和保持架组件（KIRD、KIR 型）由组件代号和轴承安装配合尺寸组成。

【例 9-8】　KIRD304928——带有挡边内圈的向心滚针和保持架组件，内圈内径 30mm、滚针总体外径 49mm、内圈宽度 28mm。

【例 9-9】　KIR304924——带无挡边内圈的内心滚针和保持架组件，内圈内径 30mm、滚针总体外径 49mm、内圈宽度 24mm。

汽车变速箱用滚针轴承的后置代号一般表示内部结构及保持架等结构变形。常用后置代号：B—保持架窗口不等距；D—双剖分保持架；DS—单剖分保持架。

9.2　滚动轴承的选用

9.2.1　滚动轴承的类型选择（见表 9-18～表 9-20）

表 9-18 各类滚动轴承性能和价格比较

轴承类型	径向承载	轴向承载		高速性	调心性	调隙性	价格比
		单向	双向				
深沟球轴承	良		差	良	中	中	1
圆柱滚子轴承（外圈无挡边）	优	无	无	差	无	无	2
调心球轴承	中		中	中	优	差	1.8
调心滚子轴承	良		良	差	优	差	4.4
角接触球轴承	良	良	无	良	中	良	2.1
圆锥滚子轴承	良	良	无	差	无	优	1.7
推力调心滚子轴承	差	良	无	中	优	差	
推力球轴承	无	优	无	差	无	无	1.1
双向推力球轴承	无		优	差	无	无	1.8
推力圆柱滚子轴承	无	优	无	差	无	无	3.8

表 9-19 轴承摩擦力矩 M

轴承载荷约为 $0.1C$，润滑良好，工作状态正常时，其摩擦力矩可按下式计算

$$M = 0.5\mu F d$$

式中 μ——摩擦因数；

F——轴承载荷（N），对向心轴承是径向载荷，对推力轴承是轴承的轴向载荷；

d——轴承内径（mm）。

轴承类型		摩擦因数 μ
深沟球轴承		0.001 5[①]
调心球轴承		0.001 0[①]
角接触球轴承	单列	0.002 0
	双列	0.002 4[①]
圆柱滚子轴承	四点接触	0.002 4
	有保持架	0.001 1[②]
	满滚子	0.002 0[②]
滚针轴承		0.002 5[①]
调心滚子轴承		0.001 8
圆锥滚子轴承		0.001 8
推力球轴承		0.001 3
推力圆柱滚子轴承		0.005 0
推力滚针轴承		0.005 0
推力调心滚子轴承		0.001 8

① 适用于非密封轴承。

② 无轴向载荷。

表 9-20 轴承容许的调心范围

轴承类型	调心范围
带座外球面球轴承	2°～5°
调心球轴承	1.5°～3°
调心滚子轴承	1°～2.5°

续表

轴承类型	调心范围
推力调心滚子轴承	
$F_a + 2.7F_r \leqslant 0.05C_0$	2°～3°
$F_a + 2.7F_r > 0.05C_0$	$<2°$
深沟球轴承	2′～10′
圆柱滚子轴承	3′～4′
圆锥滚子轴承	$<3′$
滚针轴承	极小

9.2.2 滚动轴承的精度与游隙选择

滚动轴承的精度按公差等级分级，公差中包括尺寸公差和旋转精度的允许偏差。尺寸公差规定了轴承内径、外径和宽度等尺寸的加工精度；旋转精度则指轴承套圈的径向和端面圆跳动、套圈表面对基准面的垂直度、内外圈端面的平行度等。

各类轴承的公差等级分级略有不同，向心轴承公差等级有/P0、/P6、/P5、/P4、/P2 五个等级，圆锥滚子轴承分为/P0、/P6x、/P5、/P4 四个等级，而推力轴承则为/P0、/P6、/P5、/P4 四个等级，精度等级依次由低到高。

/P0 级为普通级，各类轴承都有产品，应用最广泛。表 9-21 列出了部分设备使用高精度轴承的实例，供选择时参考。

滚动轴承出厂时未安装前的游隙，按照标准列为 0、1、2、3、4、5 六组，数值依次由小到大，0 组游隙为基本组。

一般情况下应优先选用基本游隙组。当温差较大、配合过盈量较大、要求低摩擦力矩或改善调心性能以及承受较大轴向力时，宜采用较大的游隙组。当运转精度较高或需要严格限制轴向位移时，宜选用较小的游隙组。

表 9-21   高精度轴承选用参考

设备类型	轴 承 公 差 等 级				
	深沟球轴承	圆柱滚子轴承	角接触球轴承	圆锥滚子轴承	推力与角接触推力球轴承
普通车床主轴		/P5、/P4	/P5	/P5	/P5、/P4
精密车床主轴		/P4	/P5、/P4	/P5、/P4	/P5、/P4
铣床主轴		/P5、/P4	/P5	/P5	/P5、/P4
镗床主轴		/P5、/P4	/P5、/P4	/P5、/P4	/P5、/P4
坐标镗床主轴		/P4、/P2	/P4、/P2	/P4	/P4
机械磨头			/P5、/P4	/P4	/P5
高速磨头			/P4、/P2	/P4	
精密仪表	/P5、/P4		/P5、/P4		
增压器	/P5		/P5		
航空发动机主轴	/P5	/P5	/P5、/P4		

角接触轴承和内圈带锥孔的轴承,其工作游隙可在安装过程中调整。

9.3 滚动轴承的计算

针对工作性能要求滚动轴承有三个基本性能参数:满足一定疲劳寿命要求的基本额定动载荷 C、满足一定静强度要求的基本额定静载荷 C_0 和控制轴承因温升引起的回火、胶合所限制的额定热转速 $n_{\theta r}$。选择轴承尺寸时要进行与之相应的计算。

9.3.1 滚动轴承的寿命计算

一般工作条件下的滚动轴承往往因疲劳点蚀而失效,滚动轴承尺寸主要取决于疲劳寿命。

1. 基本额定寿命

轴承的寿命是指单套轴承,其中一个套圈或一个滚动体的材料上首次出现疲劳点蚀迹象之前,一个套圈相对于另一套圈旋转的转数,也可表示为给定转速下运转的小时数。

轴承的基本额定寿命是与 90% 可靠度关联的、以基本额定动载荷为基础的寿命值。对于一组采用优质材料和具有良好加工质量的轴承,是指在相同运转条件下,其中 10% 的轴承在发生疲劳点蚀之前的寿命,用 L_{10} 表示(10^6 r),或用一定转速下运转的小时数 L_{10h} (h) 表示。

2. 基本额定的载荷

轴承的基本额定动载荷是指轴承在理论上能承受的恒定载荷,在该载荷作用下的基本额定寿命的

一百万转。对向心轴承是指承受恒定纯径向载荷的能力,称为径向基本额定动载荷,用 C_r 表示。对推力轴承则指承受恒定纯轴向载荷的能力,称为轴向基本额定动载荷,用 C_a 表示。各类轴承的基本额定动载荷可查阅本书或有关手册。

3. 当量动载荷

不同载荷下的各类轴承的寿命,均可按当量动载荷进行计算。当量动载荷是指一恒定的载荷,在该载荷的作用下,滚动轴承具有与实际条件下相同的寿命。

轴承的当量动载荷可按下列公式计算:

(1)向心轴承。同时承受径向载荷 F_r 和轴向载荷 F_a 的向心轴承(深沟球轴承、角接触轴承、调心轴承等),其径向额定动载荷为

$$P_r = XF_r + YF_a \qquad (9-1)$$

式中的 X、Y 是径向系数和轴向系数,见表 9-22。

对 $\alpha = 0°$ 的向心滚子轴承(圆柱滚子轴承、滚针轴承),只能承受径向载荷 F_r,其径向额定动载荷为

$$P_r = F_r \qquad (9-2)$$

(2)推力轴承。对 $\alpha = 90°$ 的推力轴承(推力球轴承、推力圆柱滚子轴承等),只能承受轴向载荷 F_a,其轴向当量动载荷为

$$P_a = F_a \qquad (9-3)$$

$\alpha \neq 90°$ 的推力滚子轴承(推力调心滚子轴承等),轴向当量动载荷为

$$P_a = XF_r + YF_a \qquad (9-4)$$

式中的 X、Y 系数见表 9-23。

表 9-22 向心轴承的径向系数和轴向系数 X、Y

轴承类型		相对轴向载荷 F_a/C_{0r}	e	单 列 轴 承				双 列 轴 承			
				$F_a/F_r \leqslant e$		$F_a/F_r \leqslant e$		$F_a/F_r \leqslant e$		$F_a/F_r \leqslant e$	
				X	Y	X	Y	X	Y	X	Y
深沟球轴承		0.014	0.19	1	0	0.56	2.30	1	0	0.56	2.30
		0.028	0.22				1.99				1.99
		0.056	0.26				1.71				1.71
		0.084	0.28				1.55				1.55
		0.11	0.30				1.45				1.45
		0.17	0.34				1.31				1.31
		0.28	0.38				1.15				1.15
		0.42	0.42				1.04				1.04
		0.56	0.44				1.00				1.00
角接触球轴承	$\alpha = 5°$	0.014	0.23	1	0	0.56	2.30	1	2.78	0.78	3.74
		0.028	0.26				1.99		2.40		3.23
		0.056	0.30				1.71		2.07		2.78
		0.084	0.34				1.55		1.87		2.52
		0.11	0.36				1.45		1.75		2.36
		0.17	0.40				1.31		1.58		2.13
		0.28	0.45				1.15		1.39		1.87
		0.42	0.50				1.04		1.26		1.69
		0.56	0.52				1.00		1.21		1.63
	$\alpha = 10°$	0.014	0.29	1	0	0.46	1.88	1	2.18	0.75	3.06
		0.028	0.32				1.71		1.98		2.78
		0.056	0.36				1.52		1.76		2.47
		0.084	0.38				1.41		1.63		2.29
		0.11	0.40				1.34		1.55		2.18
		0.17	0.44				1.23		1.42		2.00
		0.28	0.49				1.10		1.27		1.79
		0.42	0.54				1.01		1.17		1.64
		0.56	0.54				1.00		1.16		1.63
	$\alpha = 15°$	0.014	0.38	1	0	0.44	1.47	1	1.65	0.72	2.39
		0.028	0.40				1.40		1.57		2.28
		0.056	0.43				1.30		1.46		2.11
		0.084	0.46				1.23		1.38		2.00
		0.11	0.47				1.19		1.34		1.93
		0.17	0.50				1.12		1.26		1.82
		0.28	0.55				1.02		1.14		1.66
		0.42	0.56				1.00		1.12		1.63
		0.56	0.56				1.00		1.12		1.63

续表

轴承类型		相对轴向载荷 F_a/C_{0r}	e	单列轴承				双列轴承			
				$F_a/F_r \leqslant e$		$F_a/F_r \leqslant e$		$F_a/F_r \leqslant e$		$F_a/F_r \leqslant e$	
				X	Y	X	Y	X	Y	X	Y
角接触球轴承	$\alpha = 20°$	—	0.57	1	0	0.43	1.00	1	1.09	0.70	1.63
	$\alpha = 25°$	—	0.68	1	0	0.41	0.87	1	0.92	0.67	1.41
	$\alpha = 30°$	—	0.80	1	0	0.39	0.76	1	0.78	0.63	1.24
	$\alpha = 35°$	—	0.95	1	0	0.37	0.66	1	0.66	0.60	1.07
	$\alpha = 40°$	—	1.14	1	0	0.35	0.57	1	0.55	0.57	0.93
	$\alpha = 45°$	—	1.34	1	0	0.33	0.50	1	0.47	0.54	0.81
调心球轴承		$1.5\tan\alpha$	$1.5\tan\alpha$	1	0	0.4	$0.4\cot\alpha$	1	$0.42\cot\alpha$	0.65	$0.65\cot\alpha$
磁电机轴承		—	0.2	1	0	0.5	2.5	—	—	—	—
向心滚子轴承		—	$1.5\tan\alpha$	1	0	0.4	$0.4\cot\alpha$	1	$0.45\cot\alpha$	0.67	$0.67\cot\alpha$

注：1. 相对轴向载荷 F_a/C_{0r} 中的 C_{0r} 为轴承的径向基本额定静载荷，由手册查取。与 F_a/C_{0r} 中间值相应的 e、Y 值可用线性内插法求得。

2. 由接触角 α 确定的各项 e、Y 值也可根据轴承型号在手册中直接查取。

表 9-23   推力滚子轴承的系数 X、Y

轴承类型	e	$\dfrac{F_a}{F_r} \leqslant e$		$\dfrac{F_a}{F_r} > e$	
		X	Y	X	Y
单向轴承 ($\alpha \neq 90°$)	$1.5\tan\alpha$	1.5$\tan\alpha$		$\tan\alpha$	1
双向轴承 ($\alpha \neq 90°$)	$1.5\tan\alpha$	$1.5\tan\alpha$	0.67	$\tan\alpha$	1

4. 角接触轴承的载荷计算

(1) 载荷作用中心。角接触轴承的支承反力作用在载荷作用中心 O 处，它的位置为各滚动体载荷矢量与轴的轴线的交点，如图 9-1 所示。

各接触轴承载荷作用中心与轴承外侧端面的距离 a 的数值可查阅本章的轴承主要尺寸和性能表。对于跨距较大的轴，有时可简化处理，假设载荷作用在轴承宽度的中点。

(2) 内部轴向力。角接触轴承受径向载荷 F_r 时，由于结构原因会产生附加轴向力 F_s，其方向由轴承外圈宽边指向窄边，通过内圈作用于轴上。

各种角接触轴承内部轴向力的计算公式可查表 9-24。表中 F_r 为轴承的径向载荷，e 为判断系数，Y 为圆锥滚子轴承的轴向系数，其数值应按 $F_s/F_r > e$ 选取（见表 9-22）。

(3) 轴向载荷 F_s 的计算。成对安装的角接触轴承，在计算轴向载荷时要同时考虑作用于轴上的轴向工作载荷 F_a 和由径向载荷引起的内部轴向力 F_s，通过力的平衡关系进行计算。

角接触轴承轴向载荷计算公式列于表 9-25 中。

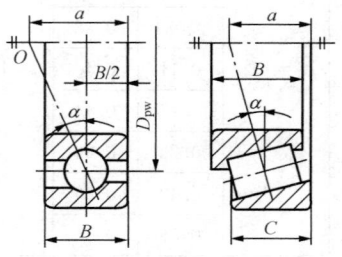

图 9-1   角接触轴承的载荷中心

表 9-24   角接触轴承的内部轴向力的计算公式

轴承类型	角接触球轴承			圆锥滚子轴承 30000
	70000C ($\alpha = 15°$)	70000AC ($\alpha = 25°$)	70000B ($\alpha = 40°$)	
$F_s =$	eF_r	$0.68F_r$	$1.14F_r$	$F_r/(2Y)$

表 9-25 角接触轴承轴向载荷计算公式

安装简图	载荷条件	F_{aI}	F_{aII}
轴承I，轴承II	$F_{sI} \leqslant F_{sII}$，$F_a \geqslant 0$ ／ $F_{sI} > F_{sII}$，$F_a \geqslant F_{sI} - F_{sII}$	$F_{sII} + F_a$	F_{sII}
轴承II，轴承I	$F_{sI} > F_{sII}$，$F_a < F_{sI} - F_{sII}$	F_{sI}	$F_{sI} - F_a$
轴承I，轴承II	$F_{sI} \geqslant F_{sII}$，$F_a \geqslant 0$ ／ $F_{sI} < F_{sII}$，$F_a \geqslant F_{sII} - F_{sI}$	F_{sI}	$F_{sI} + F_a$
轴承II，轴承I	$F_{sI} < F_{sII}$，$F_a < F_{sII} - F_{sI}$	$F_{sII} - F_a$	F_{sII}

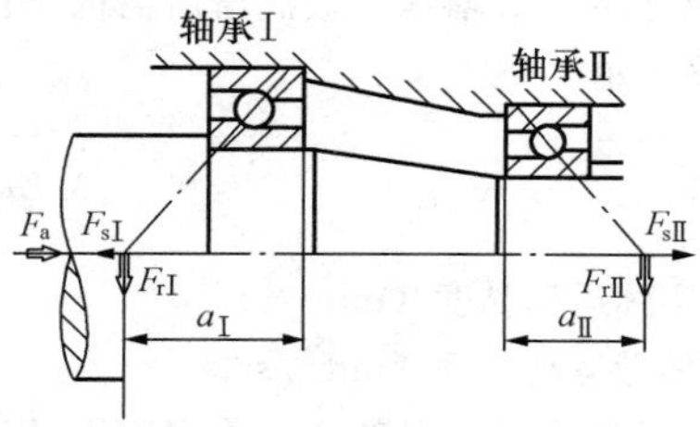

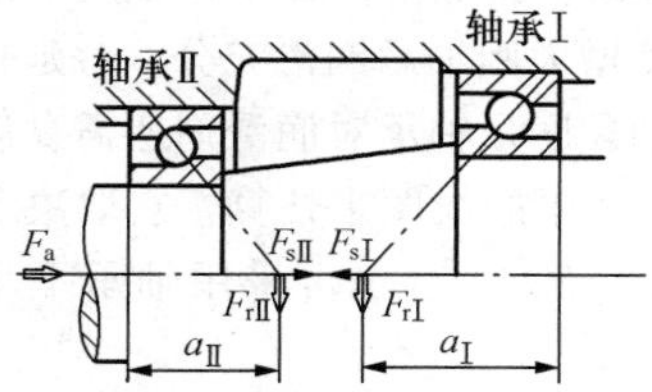

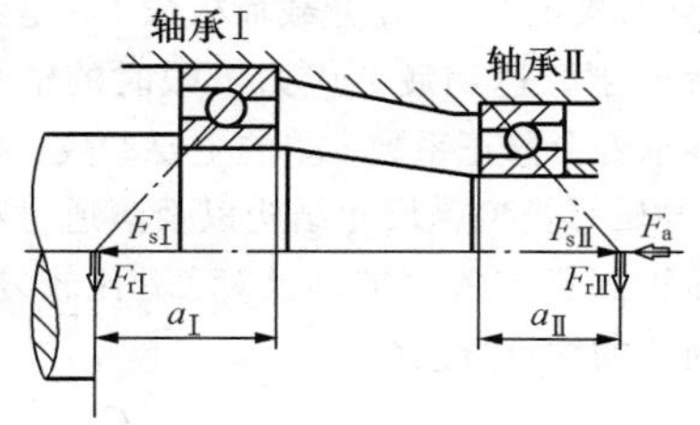

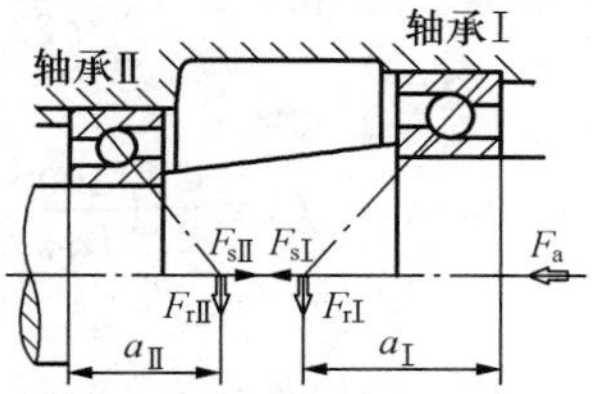

5. 滚动轴承寿命计算公式

计算滚动轴承基本额定寿命的公式是

$$L_{10} = \left(\frac{C}{P} \right)^{\varepsilon} \tag{9-5}$$

式中 L_{10}——失效率 10%（可靠度 90%）的基本额定寿命（10^6 r）；

C——基本额定动载荷（N）；

P——当量动载荷（N）；

ε——寿命指数，对球轴承 $\varepsilon = 3$，滚子轴承 $\varepsilon = 10/3$。

若轴承工作转速为 n（r/min），以小时数为单位的基本额定寿命公式为

$$L_{10h} = \frac{10^6}{60n} \left(\frac{C}{P} \right)^{\varepsilon} = \frac{16\,667}{n} \left(\frac{C}{P} \right)^{\varepsilon} \tag{9-6}$$

设计中应保证

$$L_h \geqslant [L_h] \tag{9-7}$$

式中，$[L_h]$ 为要求的滚动轴承额定寿命。

若已知轴承的当量动载荷 P 和额定寿命 $[L_h]$，可按式（9-8）选择轴承的 C 值。

$$C \geqslant C' = P\varepsilon \sqrt{\frac{60n}{10^6}[L_h]} \tag{9-8}$$

6. 寿命计算的修正

（1）修正额定寿命。对于非常规材料、特定润滑和污染条件或可靠度不是 90% 的滚动轴承，其寿命由修正额定寿命公式计算

$$L_{nm} = a_1 a_{ISO} L_{10} \tag{9-9}$$

式中 L_{nm}——修正额定寿命，10^6 r；下标 n 为失效概率，%；

a_1——可靠度寿命修正系数，见表 9-26。

a_{ISO}——反映材料、载荷和特定运转条件的寿命修正系数。

（2）寿命修正系数 a_{ISO}。系数 a_{ISO} 与轴承类型、尺寸结构和载荷相关，也与轴承的润滑条件和环境

表 9-26 **可靠度寿命修正系数 a_1**

(GB/T 6391—2010)

可靠度 （％）	额定寿命 L_{nm}	a_1	可靠度 （％）	额定寿命 L_{nm}	a_1
90	L_{10m}	1	99.4	$L_{0.6m}$	0.19
95	L_{5m}	0.64	99.6	$L_{0.4m}$	0.16
96	L_{4m}	0.55	99.8	$L_{0.2m}$	0.12
97	L_{3m}	0.47	99.9	$L_{0.1m}$	0.093
98	L_{2m}	0.37	99.92	$L_{0.08m}$	0.087
99	L_{1m}	0.25	99.94	$L_{0.06m}$	0.080
99.2	$L_{0.8m}$	0.22	99.95	$L_{0.05m}$	0.077

污染状况有关，a_{ISO} 可表达为上述相关参数的函数式

$$a_{ISO}=f\left(\frac{e_c C_u}{p},\kappa\right) \qquad (9\text{-}10)$$

式中：系数 e_c 和 κ 考虑了污染和润滑的影响；C_u 为轴承疲劳载荷极限值；p 为当量动载荷。在获取上述参数值后，各类轴承的寿命修正系数 a_{ISO} 值可以图 9-3～图 9-6 中查得。

1) 污染系数 e_c。如果润滑剂被污染，其中的固体颗粒被滚碾时，滚道上会产生永久性压迹，这将导致轴承寿命降低。润滑油膜的污染程度可通过污染系数 e_c 来表示，其参考值见表 9-27。

表 9-27 **污染系数 e_c**

(GB/T 6391—2010)

污染级别		e_c	
		$D_{PW}<100mm$	$D_{PW}>100mm$
极度清洁	颗粒尺寸约为润滑油膜厚度实验室条件	1	1
高度清洁	油经过极精细过滤器过滤密封型脂润滑轴承	0.8～0.6	0.9～0.8
一般清洁	油经过精细的过滤器滤防尘型脂润滑轴承	0.6～0.5	0.8～0.6
轻度污染	润滑剂轻度污染	0.5～0.3	0.6～0.4
常见污染	非整体密封轴承，一般过滤有磨损颗粒并从周围侵入	0.3～0.1	0.4～0.2
严重污染	轴承环境被严重污染，且轴承配置密封不合适	0.1～0	0.1～0
极严重污染		0	0

注：1. 严重污染时轴承将产生磨损失效，寿命会远低于计算的修正额定寿命。

2. 更精确的 e_c 参考值可查阅 GB/T 6391—2010 的附录 A。

2) 黏度比 κ。在轴承的滚动接触表面上，若要形成充分的润滑油膜，则润滑剂处于工作温度下应保持一定的最小黏度。轴承有效润滑所需的条件可用黏度比 κ 来表示。

$$\kappa=\frac{\nu}{\nu_1} \qquad (9\text{-}11)$$

式中 ν——实际运动黏度（mm^2/s）；

ν_1——参考运动黏度（mm^2/s）。

实际运动黏度是指润滑剂在工作温度下的运动黏度，工作黏度增大则轴承润滑充分，对延长寿命有利。参考运动黏度是轴承对润滑剂所需黏度的参照值，可用图 9-2 中的线图来估算，它取决于轴承转速 n 和节圆直径 D_{PW}（也可采用轴承平均直径 d_m）。

3) 疲劳载荷极限 C_u。疲劳载荷极限 C_u 是滚道最大承载接触处刚好达到疲劳应力极限时的轴承载荷，是估算轴承寿命修正系数 a_{ISO} 的主要参数。疲劳载荷极限 C_u 与轴承类型、尺寸结构以及滚道材料的疲劳极限等多种因素有关，准确计算 C_u 比较复杂，但也可采用简化的估算方法：

对于球轴承 $\quad D_{PW}\leqslant100mm \quad C_u=\dfrac{C_o}{22}$

$(9\text{-}12)$

$D_{PW}>100mm \quad C_u=\dfrac{C_o}{22}\left(\dfrac{100}{D_{PW}}\right)^{0.5}$

$(9\text{-}13)$

对于滚子轴承 $\quad D_{PW}\leqslant100mm \quad C_u=\dfrac{C_o}{8.2}$

$(9\text{-}14)$

$D_{PW}>100mm \quad C_u=\dfrac{C_o}{8.2}\left(\dfrac{100}{D_{PW}}\right)^{0.3}$

$(9\text{-}15)$

式中 D_{PW}——轴承的节圆直径（mm）；

C_o——基本额定静载荷（N）。

4) 寿命修正系数的计算。在 e_c、κ 和 C_u 确定之后，寿命修正系数 a_{ISO} 可利用图 9-3～图 9-6 很方便地查得。

根据实际情况，黏度比 κ 的取值范围应在 $0.1\leqslant\kappa\leqslant4$，当 $\kappa>4$ 时按 $\kappa=4$ 计算，而 $\kappa<0.1$ 时的 a_{ISO} 值则超出了线图的范围。寿命修正系数 a_{ISO} 应限制在 $a_{ISO}\leqslant50$ 的范围内，即使 $\dfrac{e_c C_u}{p}>5$ 时，该极限值也适用。

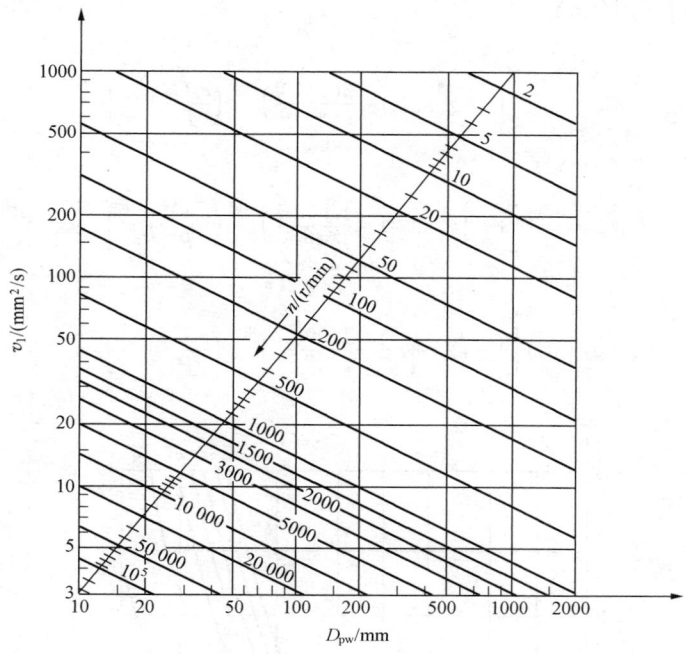

图 9-2　参考运动黏度 ν_1（GB/T 6391—2010）

注：1. 线图也适用于润滑脂的基础油黏度，但应考虑润滑脂析油能力不是导致轴承乏油的风险。

　　2. 在黏度比 $\kappa < 1$，污染系数 $e_c \geqslant 0.2$ 时，如果润滑剂中加入了有效的极压添加剂，则可在 a_{ISO} 的计算中采用 $\kappa = 1$。但应将计算值限制在 $a_{ISO} \leqslant 3$ 的范围内。

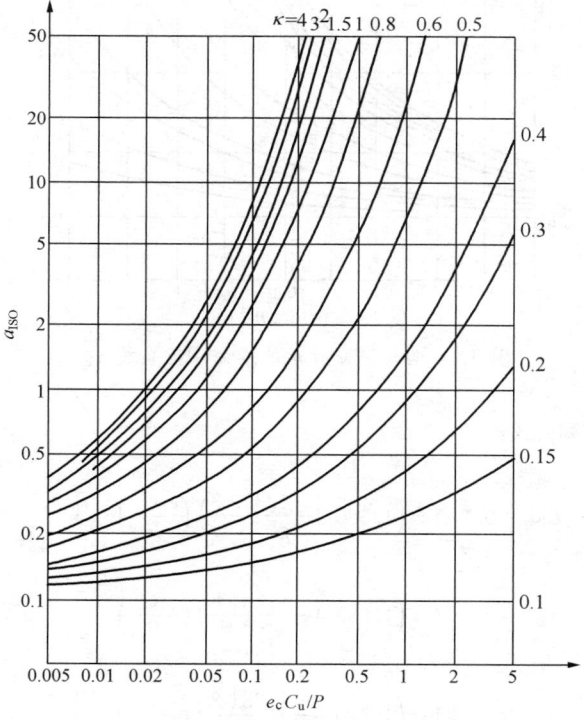

图 9-3　向心球轴承的寿命修正系数 a_{ISO}

图 9-3 中的曲线基于下列公式：

0.1≤κ<0.4 时

$$a_{\mathrm{ISO}}=0.1\left[1-\left(2.567\ 1-\frac{2.264\ 9}{\kappa^{0.054\ 381}}\right)^{0.83}\left(\frac{e_{\mathrm{c}}C_{\mathrm{u}}}{P}\right)^{1/3}\right]^{-9.3}$$

0.4≤κ<1 时

$$a_{\mathrm{ISO}}=0.1\left[1-\left(2.567\ 1-\frac{1.998\ 7}{\kappa^{0.190\ 87}}\right)^{0.83}\left(\frac{e_{\mathrm{c}}C_{\mathrm{u}}}{P}\right)^{1/3}\right]^{-9.3}$$

1≤κ<4 时

$$a_{\mathrm{ISO}}=0.1\left[1-\left(2.567\ 1-\frac{1.998\ 7}{\kappa^{0.071\ 739}}\right)^{0.83}\left(\frac{e_{\mathrm{c}}C_{\mathrm{u}}}{P}\right)^{1/3}\right]^{-9.3}$$

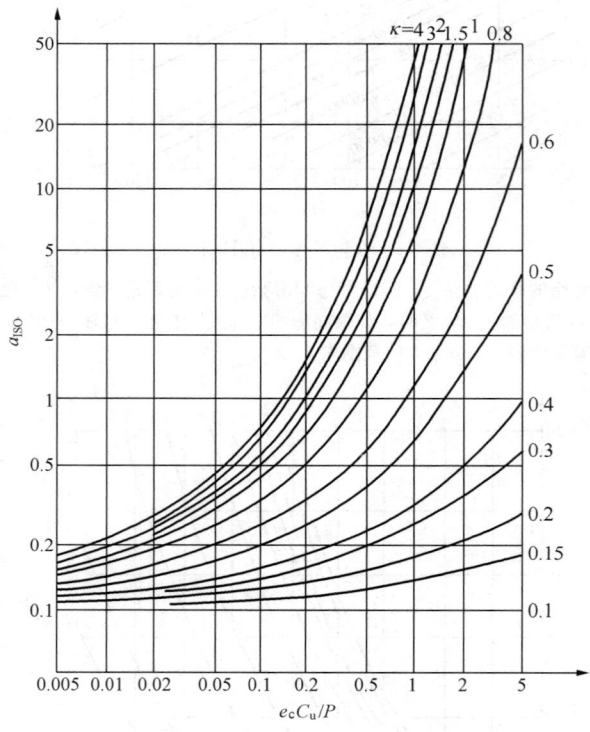

图 9-4　向心滚子轴承的寿命修正系数 a_{ISO}

图 9-4 中的曲线基于下列公式：

0.1≤κ<0.4 时

$$a_{\mathrm{ISO}}=0.1\left[1-\left(1.585\ 9-\frac{1.399\ 3}{\kappa^{0.054\ 381}}\right)\left(\frac{e_{\mathrm{c}}C_{\mathrm{u}}}{P}\right)^{0.4}\right]^{-9.185}$$

0.4≤κ<1 时

$$a_{\mathrm{ISO}}=0.1\left[1-\left(1.585\ 9-\frac{1.234\ 8}{\kappa^{0.190\ 87}}\right)\left(\frac{e_{\mathrm{c}}C_{\mathrm{u}}}{P}\right)^{0.4}\right]^{-9.185}$$

1≤κ≤4 时

$$a_{\mathrm{ISO}}=0.1\left[1-\left(1.585\ 9-\frac{1.234\ 8}{\kappa^{0.071\ 739}}\right)\left(\frac{e_{\mathrm{c}}C_{\mathrm{u}}}{P}\right)^{0.4}\right]^{-9.185}$$

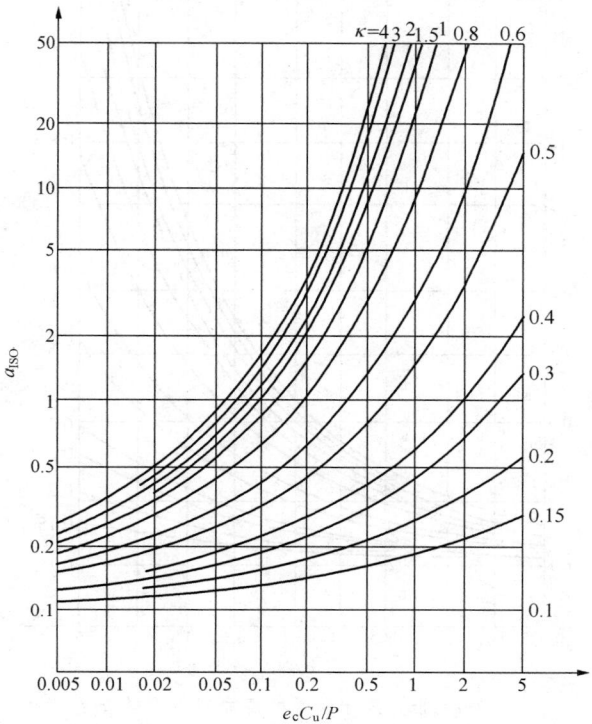

图 9-5 推力球轴承的寿命修正系数 a_{ISO}

图 9-5 中的曲线基于下列公式：

$0.1 \leqslant \kappa < 0.4$ 时

$$a_{\text{ISO}} = 0.1 \left[1 - \left(2.567\,1 - \frac{2.264\,9}{\kappa^{0.054\,381}} \right)^{0.83} \left(\frac{e_c C_u}{3P} \right)^{1/3} \right]^{-9.3}$$

$0.4 \leqslant \kappa < 1$ 时

$$a_{\text{ISO}} = 0.1 \left[1 - \left(2.567\,1 - \frac{1.998\,7}{\kappa^{0.190\,87}} \right)^{0.83} \left(\frac{e_c C_u}{3P} \right)^{1/3} \right]^{-9.3}$$

$1 \leqslant \kappa \leqslant 4$ 时

$$a_{\text{ISO}} = 0.1 \left[1 - \left(2.567\,1 - \frac{1.998\,7}{\kappa^{0.071\,739}} \right)^{0.83} \left(\frac{e_c C_u}{3P} \right)^{1/3} \right]^{-9.3}$$

图 9-6 中的曲线基于下列公式：

$0.1 \leqslant \kappa < 0.4$ 时

$$a_{\text{ISO}} = 0.1 \left[1 - \left(1.585\,9 - \frac{1.399\,3}{\kappa^{0.054\,381}} \right) \left(\frac{e_c C_u}{2.5P} \right)^{0.4} \right]^{-9.185}$$

$0.4 \leqslant \kappa < 1$ 时

$$a_{\text{ISO}} = 0.1 \left[1 - \left(1.585\,9 - \frac{1.234\,8}{\kappa^{0.190\,87}} \right) \left(\frac{e_c C_u}{2.5P} \right)^{0.4} \right]^{-9.185}$$

$1 \leqslant \kappa \leqslant 4$ 时

$$a_{\text{ISO}} = 0.1 \left[1 - \left(1.585\,9 - \frac{1.234\,8}{\kappa^{0.071\,739}} \right) \left(\frac{e_c C_u}{2.5P} \right)^{0.4} \right]^{-9.185}$$

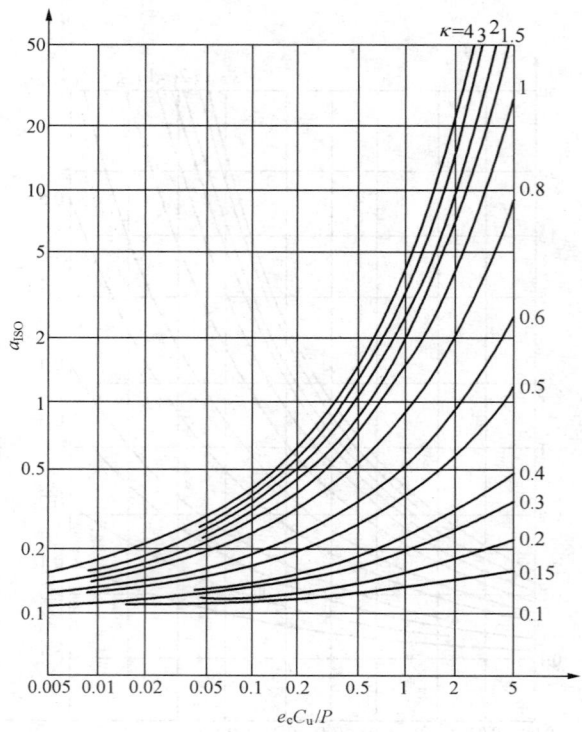

图 9-6   推力滚子轴承的寿命修正系数 a_{ISO}

9.3.2   滚动轴承的静载荷计算

对于在低速回转或摆动工作的轴承，主要应限制轴承在载荷下产生过大的接触应力和永久变形，按静载荷计算确定轴承尺寸。对于一般回转工作的轴承，若载荷较大也应进行静载荷验算。

1. 基本额定静载荷

经验证明，一般情况下轴承最大载荷滚动体和滚道接触中心处允许有相当于滚动体直径万分之一的总永久变形量，而不会对轴承的正常运转产生有害影响。因此，将引起如此变形量的轴承静载荷规定为轴承的基本额定静载荷。对于向心轴承，称为径向基本额定静载荷，用 C_{0r} 表示；对于推力轴承，称为轴向基本额定静载荷，用 C_{0a} 表示。在 C_{0r} 或 C_{0a} 的作用下，各类轴承受载最大的滚动体与滚道接触中心处的接触应力分别为：

调心球轴承：4600MPa。

所有其他的球轴承：4200MPa。

所有滚子轴承：4000MPa。

基本额定静载荷是反映轴承对静载荷承受能力的基本参数。常用轴承的基本额定静载荷可查阅本章滚动轴承主要尺寸和性能表。

2. 当量静载荷

不同载荷条件下的各类轴承，均可按当量静载荷进行计算。在当量静载荷的作用下，轴承最大载荷滚动体与滚道接触中心处引起的接触应力与实际载荷作用时相同。

轴承的当量静载荷 P_0 按下列公式计算：

（1）向心轴承。

$\alpha = 0°$ 且仅承受径向载荷的轴承（圆柱滚子轴承、滚针轴承等）

$$P_{0r} = F_r \qquad (9\text{-}16)$$

$\alpha \neq 0°$ 的各类向心轴承（深沟球轴承、角接触轴承、调心轴承等）

$$\left.\begin{array}{l} P_{0r} = X_0 F_r + Y_0 F_a \\ P_{0r} = F_r \end{array}\right\} \text{取两式中之大值} \quad (9\text{-}17)$$

式中 X_0、Y_0——径向静载荷系数和轴向静载荷系数，见表 9-28。

（2）推力轴承。

$\alpha = 90°$ 只能承受轴向载荷的推力轴承（推力球轴承、推力滚子轴承等）

$$P_{0a} = F_a \qquad (9\text{-}18)$$

$\alpha \neq 90°$ 的各类推力角接触轴承（推力调心滚子轴承等）

$$P_{0a} = 2.3 F_r \tan\alpha + F_a \qquad (9\text{-}19)$$

表 9-28　径向静载荷系数 X_0 和轴向静载荷系数 Y_0

轴承类型		单列轴承		双列轴承	
		X_0	Y_0	X_0	Y_0
深沟球轴承		0.6	0.5	0.6	0.5
解接触球轴承	$\alpha=5°$	0.5	0.52	1	1.04
	$\alpha=10°$	0.5	0.5	1	1
	$\alpha=15°$	0.5	0.46	1	0.92
	$\alpha=20°$	0.5	0.42	1	0.84
	$\alpha=25°$	0.5	0.38	1	0.76
	$\alpha=30°$	0.5	0.33	1	0.66
	$\alpha=35°$	0.5	0.29	1	0.58
	$\alpha=40°$	0.5	0.26	1	0.52
	$\alpha=45°$	0.5	0.22	1	0.44
调心球轴承		0.5	$0.22\cot\alpha$	1	$0.44\cot\alpha$
向心滚子轴承		0.5	$0.22\cot\alpha$	1	$0.44\cot\alpha$

3. 静载荷计算

按额定静载荷选择轴承的公式为

$$C_0 \geqslant S_0 P_0 \tag{9-20}$$

式中　C_0——基本额定静载荷（N）；

　　　P_0——当量静载荷（N）；

　　　S_0——静安全系数，可参照表 9-29 选取。

表 9-29　静安全系数 S_0

工　作　条　件	S_0/mm	
	球轴承	滚子轴承
工作平稳、无振动，旋转精度高	2	3
运转平稳、无振动，正常旋转精度	1	1.5
有振动、显著的冲击载荷	1.5	3

注：1. 未知载荷大小时，对球轴承 S_0 值至少取 1.5，对滚子轴承 S_0 值至少取 3；当冲击载荷大小可精确得到时，可采用较小的 S_0 值。

　　2. 推力调心滚子轴承，所有工作条件下 S_0 的最小推荐值为 4。

9.3.3　额定热转速

滚动轴承转速过高时会使摩擦表面产生高温，破坏润滑油膜，导致元件回火或胶合失效。因而常用轴承温度作为限制准则未判定轴承的转速能力。

额定热转速是指在参照条件下由轴承摩擦产生的热量与通过轴承（轴和座孔）散发的热量达到平衡时的内圈或轴圈的转速。利用额定热转速可衡量

不同类型和尺寸的轴承对高速运转的适应能力，这里所提参照条件是要求在评定轴承转速能力时，其工作条件必须设定为统一的参照标准。

1. 参照条件

参照条件涉及轴承发热和散热两方面的因素，是根据最常用的类型和尺寸的轴承在常规工作条件下确定的。

（1）参照温度。轴承载止的外圈或座圈的参照温度为 $\theta_r = 70℃$；轴承的环境参照温度为 $\theta_{Ar} = 20℃$。

（2）参照载荷 P_{1r}。是指引起与载荷有关的摩擦力矩 M_{1r} 的轴承载荷。

向心轴承：$P_{1r} = 0.05C_{0r}$

推力滚子轴承：$P_{1r} = 0.02C_{0a}$

（3）润滑。包括润滑方式、润滑剂类型及黏度等条件，是由轴承黏滞摩擦而产生与载荷无关的摩擦力矩 M_{0r} 的影响因素。

在参照温度下，不含极压添加剂的矿物油应具有的运动黏度：

向心轴承：$\nu_r = 12\text{mm}^2/\text{s}$

推力滚子轴承：$\nu_r = 24\text{mm}^2/\text{s}$

润滑方式采用油浴润滑，油位应达到最低位滚动体的中心。

（4）散热参照表面积 A_r　是指轴承向外散发热量的总接触面积。

向心轴承：$A_r = \pi B(D+d)$　(mm^2)　(9-21)

式中　d——轴承内径（mm）；

　　　D——轴承外径（mm）；

　　　B——轴承宽度（mm）。若为圆锥滚子轴承，应采用轴承的总宽度 T 进行计算。

推力滚子轴承　$A_r = 0.5\pi(D^2 - d^2)$　(mm^2)

(9-22)

式中符号意义同前，此式也可用于推力滚针轴承。

（5）参照热流量 ϕ_r 与参照热流密度 q_r　参照条件下运转的轴承，以热传导方式通过散热参照表面散发的热量称为参照热流量 ϕ_r，计算单位为 W；单位散热表面积通过的参照热流量即为参照热流密度 q_r，根据定义有

$$q_r = \frac{\phi_r}{A_r} \quad (\text{W/mm}^2) \tag{9-23}$$

对于正常应用的场合，在参照温度下轴承热流密度 q_r 的设定值可由图 9-7 查得，由图线可知，当 $A_r \leqslant 50000\text{mm}^2$ 时，向心轴承 $q_r = 0.016\text{W/mm}^2$，推力轴承 $q_r = 0.020\text{W/mm}^2$。

（6）脂润滑轴承的参照条件　脂润滑轴承以运转 10～20h 后的温度规定为轴承的参照温度，且润滑脂应满足如下条件：

润滑脂类型为矿物油锂基脂，基油的运动黏度在 $40℃$ 时为 $100\sim200mm^2/s$，填脂量约为轴承有效空间的 30%。

满足上述条件的脂润滑轴承，其额定热转速与采用油浴润滑时相同。

2. 额定热转速计算

额定热转速 $n_{\theta r}$ 的计算是基于参照条件下轴承的摩擦热 N_r 和散热量 ϕ_r 的热平衡。

（1）摩擦热 N_r。引起轴承摩擦热的摩擦力矩由 M_{0r} 和 M_{1r} 两部分构成，可分别计算如下

$$M_{0r}=f_{0r}(\nu_r\times n_{\theta r})^{2/3}\times d_m^3\times10^7 \qquad (9\text{-}24)$$

式中 f_{0r}——油浴润滑轴承黏滞损失的计算系数，见表 9-30；

ν_r——参照温度下润滑剂的运动黏度（mm^2/s）；

d_m——轴承平均直径（mm）。

$$M_{1r}=f_{1r}P_{1r}d_m \qquad (9\text{-}25)$$

式中 f_{1r}——参照载荷下轴承摩擦损失的计算系数，见表 9-30；

P_{1r}——参照载荷（N）。

摩擦热 N_r 的计算公式为

$$N_r=\frac{\pi n_{\theta r}}{30\times10^3}(M_{0r}+M_{1r})$$

$$=\frac{\pi n_{\theta r}}{30\times10^3}\big[f_{0r}(\nu_r n_{\theta r})^{2/3}\times d_m\times10^7+f_{1r}p_{1r}d_m\big] \qquad (9\text{-}26)$$

（2）散热量 ϕ_r。在参照条件下，轴承的散热量 ϕ_r 由热流密度 q_r 和散热表面积 A_r 计算。

$$\phi_r=q_rA_r \qquad (9\text{-}27)$$

（3）额定热转速 $n_{\theta r}$。根据额定热转速下轴承摩擦热 N_r 和散热量 ϕ_r 的平衡关系，由摩擦热公式（9-26）和散热量公式（9-27）可得到额定热转速 $n_{\theta r}$ 的计算公式：

$$\frac{\pi n_{\theta r}}{30\times10^3}\big[f_{0r}(\nu_r n_{\theta r})^{2/3}d_m^3\times10^7+f_{1r}p_{1r}d_m\big]=q_rA_r \qquad (9\text{-}28)$$

通过此式运用迭式法可确定额定热转速 $n_{\theta r}$。

【例 9-10】 试计算 6310 轴承的额定热转速。

解 （1）轴承的主要尺寸、参数 由表 9-34 查得 $d=50mm$，$D=110mm$，$B=27mm$；$C_{0r}=38kN$。

（2）按参照条件列出数据。

平均直径：$d_m=\frac{1}{2}(D+d)=\frac{1}{2}(110+50)=80mm$

参照载荷：$P_{1r}=0.05C_{0r}=0.05\times38\times10^3N=1900N$

润滑油黏度：$\nu_r=12mm^2/s$ （$\theta_r=70℃$）

散热表面积：$A_r=\pi B(D+d)=27\pi(110+50)mm^2=13\,571.7mm^2$

热流密度：$q_r=0.016W/mm^2$ （$A_r\leqslant50000mm^2$）

计算系数：$f_{0r}=2.3$，$f_{1r}=0.0002$（表 9-30）

以上数据代入额定热转速公式（9-28），通过迭代法可确定 6310 轴承的额定热转速 $n_{\theta r}=7670r/min$。

表 9-30 系数 f_{0r} 和 f_{1r} （GB/T 24609—2009）

轴承类型	尺寸系列	f_{0r}	f_{1r}	轴承类型	尺寸系列	f_{0r}	f_{1r}
深沟球轴承	18	1.7	0.000 10	圆柱滚子轴承	10	2	0.000 20
	28	1.7	0.000 10		02	2	0.000 30
	38	1.7	0.000 10		22	3	0.000 40
	19	1.7	0.000 15		03	2	0.000 35
	39	1.7	0.000 15		23	4	0.000 40
	00	1.7	0.000 15		04	4	0.000 40
	10	1.7	0.000 15	滚针轴承	48	5	0.000 50
	02	2	0.000 20		49	5.5	0.000 50
	03	2.3	0.000 20		69	10	0.000 50
	04	2.3	0.000 20	调心滚子轴承	39	4.5	0.000 17
调心球轴承	02	2.5	0.000 08		30	4.5	0.000 17
	22	3	0.000 08		40	6.5	0.000 27
	03	3.5	0.000 08		31	5.5	0.000 27
	23	4	0.000 08		41	7	0.000 49

续表

轴承类型	尺寸系列	f_{0r}	f_{1r}	轴承类型	尺寸系列	f_{0r}	f_{1r}
调心滚子轴承	22	4	0.000 19	圆锥滚子轴承	29	3	0.000 40
	32	6	0.000 36		20	3	0.000 40
	03	3.5	0.000 19		22	4.5	0.000 40
	23	4.5	0.000 30		23	4.5	0.000 40
角接触球轴承	02	2	0.000 25		13	4.5	0.000 40
	03	3	0.000 35		31	4.5	0.000 40
圆锥滚子轴承	02	3	0.000 40		32	4.5	0.000 40
	03	3	0.000 40	推力圆柱滚子轴承	11	3	0.001 50
	30	3	0.000 40		12	4	0.001 50

9.4　滚动轴承的配合

9.4.1　滚动轴承公差

　　滚动轴承的内圈与轴的配合采用基孔制，外圈与座孔的配合采用基轴制。与一般的圆柱面配合不同，滚动轴承具有特殊的标准公差，其内外径的上偏差均为零值，在配合种类相同的条件下，内圈与轴颈的配合较紧，与内圈配合的轴和与外圈配合的孔选用标准的圆柱体极限偏差和配合（图 9-7）。

　　选定轴颈和座孔的公差等级与轴承精度有关。与 P0 级精度轴承配合的轴，其公差等级一般为 IT6，座孔一般为 IT7。P0 级公差滚动轴承常用配合及轴和轴承座的公差带如图 9-7 所示。

9.4.2　滚动轴承的配合选择（见表 9-31～表 9-37）

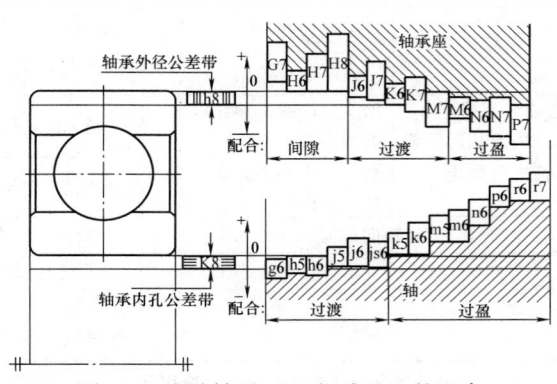

图 9-7　滚动轴承（P0 级公差）的配合

表 9-31　　　　滚动轴承的载荷分类

P_r	球轴承	滚子轴承（圆锥轴承除外）	圆锥滚子轴承
轻载荷	$P_r \leqslant 0.07C_r$	$P_r \leqslant 0.08C_r$	$P_r \leqslant 0.13C_r$
正常载荷	$0.07C_r < P_r \leqslant 0.15C_r$	$0.08C_r < P_r \leqslant 0.18C_r$	$0.13C_r < P_r \leqslant 0.26C_r$
重载荷	$P_r > 0.15C_r$	$P_r > 0.18C_r$	$P_r > 0.26C_r$

表 9-32　　　　　　　　　　　安装向心轴承的轴公差带

内圈工作条件		应用举例	深沟球轴承、调心球轴承和角接触球轴承	圆柱滚子轴承和圆锥滚子轴承	调心滚子轴承	公差带
旋转状态	载荷		轴承公称内径 d/mm			
内圈相对于载荷方向旋转或载荷方向摆动	轻载荷	电器仪表、机床（主轴）、精密机械泵、通风机传送带	$d \leqslant 18$ $18 < d \leqslant 100$ $100 < d \leqslant 200$	— $d \leqslant 40$ $40 < d \leqslant 140$ $140 < d \leqslant 200$	— $d \leqslant 40$ $40 < d \leqslant 100$ $100 < d \leqslant 200$	h5 j6[①] k6[①] m6[①]

续表

内圈工作条件		应用举例	深沟球轴承、调心球轴承和角接触球轴承	圆柱滚子轴承和圆锥滚子轴承	调心滚子轴承	公差带
旋转状态	载荷		轴承公称内径 d/mm			
内圈相对于载荷方向旋转或载荷方向摆动	正常载荷	一般通用机械、电动机、涡轮机、泵、内燃机、变速箱、木工机械	$d\leqslant18$ $18<d\leqslant100$ $100<d\leqslant140$ $140<d\leqslant200$ $200<d\leqslant280$ — —	— $d\leqslant40$ $40<d\leqslant100$ $100<d\leqslant140$ $140<d\leqslant200$ $200<d\leqslant400$ —	— $d<40$ $40<d\leqslant65$ $65<d\leqslant100$ $100<d\leqslant140$ $140<d\leqslant280$ $280<d\leqslant500$	j5 js5 k5② m5② m6 n6 p6 r6
	重载荷	铁路车辆和电车的轴箱、牵引电动机、轧机、破碎机等重型机械		$50<d\leqslant140$ $140<d\leqslant200$ $d>200$	$50<d\leqslant100$ $100<d\leqslant140$ $140<d\leqslant200$ $d>200$	n6③ p6③ r6③ r7③
内圈相对于载荷方向静止	所有载荷 — 内圈必须在轴向容易移动	静止轴上的各种轮子	所有尺寸			f6① g6①
	所有载荷 — 内圈不必要在轴向移动	张紧滑轮、绳索轮	所有尺寸			h6① j6①
纯轴向载荷		所有应用场合	所有尺寸			j6 或 js6
圆锥孔轴承（带锥形套）						
所有荷载		火车和电车的轴箱	装在退卸衬套上的所有尺寸			h8（IT6④⑤）
		一般机械或传动轴	装在紧定套上的所有尺寸			h9（IT7④⑤）

①　凡对精度有较高要求的场合，应用 j5、k5、…代替 j6、k6、…。
②　圆锥滚子轴承、角接触球轴承配合对游隙影响不大，可用 k6、m6 代替 k5、m5。
③　重载荷下轴承游隙应选大于 0 组。
④　凡有较高精度或转速要求的场合，应选用 h7（IT5）代替 h8（IT6）等。
⑤　IT6、IT7 表示圆柱度精度公差数值。

表 9-33　　　　　　　　　安装向心轴承的外壳孔公差带

外圈工作条件				应用举例	公差带①	
旋转状态	载荷	轴向位移的限度	其他情况		球轴承	滚子轴承
外圈相对于载荷方向静止	轻、正常和重载荷	轴向容易移动	轴处于高温场合	烘干筒、有调心滚子轴承的大电动机	G7②	
			剖分式外壳	一般机械、铁路车辆油箱	H7	
	冲击载荷	轴向能移动	整体式或剖分式外壳	铁路车辆油箱轴承	J7、Js7	
外圈相对于载荷方向摆动	轻和正常载荷			电动机、泵、曲轴主轴承		
	正常和重载荷	轴向不移动	整体式外壳	电动机、泵、曲轴主轴承	K7	
	重冲击载荷			牵引电动机	M7	
外圈相对于载荷方向旋转	轻载荷			张紧滑轮	J7	K7
	正常和重载荷			装用球轴承的轮毂	K7、M7	—
	重冲击载荷		薄壁、整体式外壳	装用滚子轴承的轮毂	—	N7、P7

①　并列公差带随尺寸的增大从左至右选择。对旋转精度有较高要求时，可相应提高一个公差等级。
②　不适用于剖分式外壳。

表 9-34　　　　　　　　　　　　　　　安装推力轴承的轴公差带

轴圈工作条件		推力球轴承和推力滚子轴承	推力调心滚子轴承	公差带
		轴承公称内径 d/mm		
纯轴向载荷		所有尺寸	所有尺寸	j6 或 js6
径向和轴向联合载荷	轴圈相对于载荷方向静止	—	$d \leqslant 250$	j6
		—	$d > 250$	js6
	轴圈相对于载荷方向旋转或载荷方向摆动	—	$d \leqslant 200$	k6[①]
		—	$200 < d \leqslant 400$	m6[①]
		—	$d > 400$	n6[①]

①　要求较小过盈时，可分别用 j6、k6、m6 代替 k6、m6、n6。

表 9-35　　　　　　　　　　　　　　　安装推力轴承的外壳孔公差带

座圈工作条件		轴承类型	公差带	备　注
纯轴向载荷		推力球轴承	H8	
		推力圆柱、滚针轴承	H7	
		推力调心滚子轴承	—	外壳孔与座圈间的配合间隙 0.001D（轴承外径）
径向和轴向联合载荷	座圈相对于载荷方向静止	推力调心滚子轴承	H7	
	座圈相对于载荷方向旋转或摆动		K7	正常荷载
			M7	重载荷

表 9-36　　　　　　　　通用轴承轴和外壳孔的形位公差　　　　　　　（单位：μm）

基本尺寸/mm		圆柱度 t				端面圆跳动 t_1			
		轴颈		外壳孔		轴肩		外壳孔肩	
		轴承公差等级							
		P0	P6 (P6x)	P0	P6 (P6x)	P0	P6 (P6x)	P0	P6 (P6x)
超过	到	公差值/μm							
	6	2.5	1.5	4	2.5	5	3	8	5
6	10	2.5	1.5	4	2.5	6	4	10	6
10	18	3.0	2.0	5	3.0	8	5	12	8
18	30	4.0	2.5	6	4.0	10	6	15	10
30	50	4.0	2.5	7	4.0	12	8	20	12
50	80	5.0	3.0	8	5.0	15	10	25	15
80	120	6.0	4.0	10	6.0	15	10	25	15
120	180	8.0	5.0	12	8.0	20	12	30	20
180	250	10.0	7.0	14	10.0	20	12	30	20
250	315	12.0	8.0	16	12.0	25	15	40	25
315	400	13.0	9.0	18	13.0	25	15	40	25
400	500	15.0	10.0	20	15.0	25	15	40	25

表 9-37　　　　　　　　　通用轴承配合面的表面粗糙度　　　　　　　（单位：μm）

轴或轴承座直径 mm		轴或外壳配合表面直径公差等级								
		IT7			IT6			IT5		
		表面粗糙度								
超过	到	Rz	Ra		Rz	Ra		Rz	Ra	
			磨	车		磨	车		磨	车
	80	10	1.6	3.2	6.3	0.8	1.6	4	0.4	0.8
80	500	16	1.6	3.2	10	1.6	3.2	6.3	0.8	1.6
端面		25	3.2	6.3	25	3.2	6.3	10	1.6	3.2

9.5   滚动轴承的润滑

滚动轴承运转时，应通过润滑避免元件表面金属直接接触。润滑除降低摩擦和减轻磨损外，也有吸振、冷却、防锈和密封等作用，合理润滑对提高轴承性能、延长轴承使用寿命有重要意义。

滚动轴承通常采用脂润滑，高速重载或高温时需用油润滑，某些特殊情况如高温，恶劣环境或真空条件下可采用固体润滑。一般情况下滚动轴承润滑方式可根据速度因数 d_n 值参考表9-38选取。

表 9-38   滚动轴承润滑方式的选择

轴承类型	$d_n/[mm \cdot (r/min)]$				
	浸油飞溅润滑	滴油润滑	喷油润滑	油雾润滑	脂润滑
深沟球轴承 角接触球轴承 圆柱滚子轴承	$\leqslant 2.5 \times 10^5$	$\leqslant 4 \times 10^5$	$\leqslant 6 \times 10^5$	$> 6 \times 10^5$	$\leqslant (2 \sim 3) \times 10^5$
圆锥滚子轴承	$\leqslant 1.6 \times 10^5$	$\leqslant 2.3 \times 10^5$	$\leqslant 3 \times 10^5$	—	
推力球轴承	$\leqslant 0.6 \times 10^5$	$\leqslant 1.2 \times 10^5$	$\leqslant 1.5 \times 10^5$	—	

9.5.1   脂润滑

(1) 润滑脂选用。润滑脂是用基础油、稠化剂及添加剂制成的半固体状润滑剂。按稠化剂不同可分为钙基、钠基、铝基、锂基等种类。常用润滑脂的性质和用途可参考表9-39。

一般工作和密封条件下的轴承常选锥入度($295 \times 1/10 \sim 265 \times 1/10$)mm 的 2 号脂，高温或要求泵送性好的情况下则选锥入度大的润滑脂。

(2) 润滑脂的使用。润滑脂的填充量一般应以轴承和轴承壳体空间的 $1/3 \sim 1/2$ 为宜。若加脂过多，由于搅拌发热，会使润滑脂变质，高速时填充至 1/3 或更少。

图 9-8 所示为几种轴承的润滑脂补充周期曲线(工作温度 70℃)，可根据轴承内径和转速，查出润滑脂更换的大致时间。若工作温度超过 70℃，每上升 15℃，补充周期应减半。

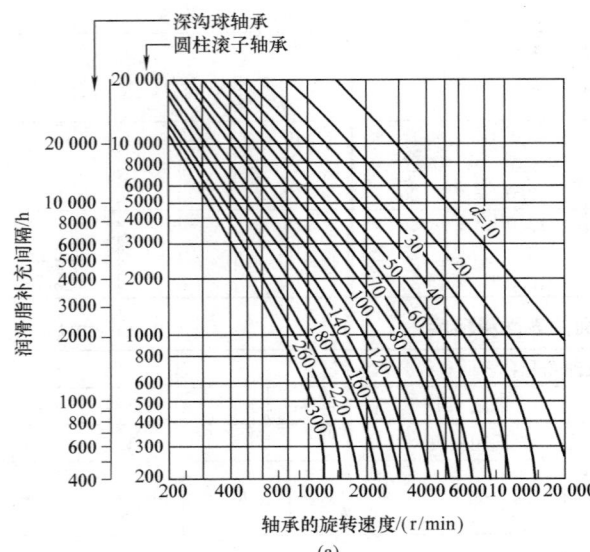

(a)

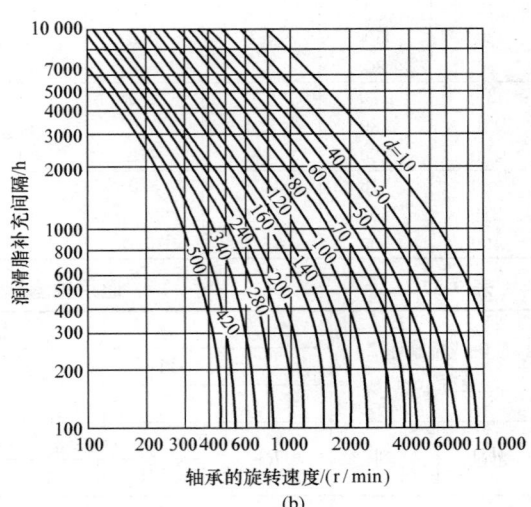

(b)

图 9-8   润滑脂补充周期

(a) 深沟球轴承和圆柱滚子轴承；(b) 圆锥滚子轴承和调心球轴承

表 9-39 常用轴承润滑脂

润滑脂		锥入度 1/10mm	滴点/℃ ≥	组 成	特性与用途
名 称	牌 号				
钙基	钙基润滑脂	ZG-1 310～340 ZG-2 265～295 ZG-3 220～250 ZG-4 175～205 ZG-5 130～160	75 80 85 90 95	脂肪酸钙皂稠化中黏度矿物润滑油	具有良好的抗水性，用于工业、农业和交通运输等机械设备。使用温度：1号和2号润滑脂不高于55℃；3号和4号脂不高于60℃；5号脂不高于65℃
	合成复合钙基润滑脂	ZFG-1H 310～340 ZFG-2H 265～295 ZFG-3H 220～250 ZFG-4H 175～205	180 200 220 240		机械安定性和胶体安定性较好，适用于较高使用温度
	复合钙基润滑脂	ZFG-1 310～340 ZFG-2 265～295 ZFG-3 210～250 ZFG-4 175～205	180 200 224 240	醋酸钙复合的脂肪酸钙皂稠化润滑油	分别适用于120～180℃的使用温度，如轧钢机前设备，染色、造纸、塑料、橡胶加热滚筒
钠基	钠基润滑脂	ZN-2 265～295 ZN-3 220～250 ZN-4 175～205	140 140 150	天然脂肪酸钠皂稠化润滑油	适用于各种机械，耐热不耐水。使用温度：2号、3号不超过120℃；4号不超过135℃
钙钠基	滚动轴承润滑脂	250～290	120	蓖麻油钙钠皂稠化6号合成汽油机油	有良好的机械和胶体安定性。适用于温度小于90℃的球轴承，如机车导杆、汽车和电动机轴承
铝基	铝基润滑脂	ZU 230～280	75	脂肪酸铝皂稠化润滑油	具有极好的耐水性，适用于航运机械润滑及金属表面防锈
	合成复合铝基润滑脂	ZFU-1H 310～350 ZFU-2H 260～300 ZFU-3H ZFU-4H	180 200 220 240	低分子有机酸或苯甲酸和合成脂肪酸复合铝皂稠化润滑油	滴点高，机械和胶体安定性好，适用于铁路机车、汽车、水泵、电动机等各种轴承润滑，分别于150～180℃的工作温度
锂基	通用锂基润滑脂	ZL-1 310～340 ZL-2 265～295 ZL-3 265～295	170 175 180	天然脂肪酸锂皂稠化中等黏度润滑油加抗氧剂	良好的抗水性、机械安定性、防锈性和氧化安定性。适用于(-20～120)℃宽温度范围内各种机械设备的滚动轴承和滑动轴承及其他摩擦部位

续表

润滑脂		锥入度	滴点/℃	组　成	特性与用途
名　称	牌　号	$l/10mm$	≥		
锂基 极压锂基润滑脂	0	355～385	170	同通用锂基润滑脂	良好的机械安定性、抗水性、防锈性、极压抗磨性和泵送性。适用温度范围−20℃～120℃，用于压延机、锻造机、减速机等重载机械设备及齿轮、轴承
	1	310～340			
	2	265～295			
精密机床主轴润滑脂		265～295	180	锂皂稠化低黏度、低凝点润滑脂	具有抗氧化安定性、胶体安定性和机械安定性。适用于各种精密机床
		220～250	180		
精密仪表脂	ZT53-7	35	160	硬脂酸锂皂地蜡稠化仪表油	适用于精密仪器、仪表轴承。使用范围：特7号为−70℃～120℃，特75号为−70℃～80℃
	ZT53-75	45	140		
烃基 仪表润滑脂	ZT53-3	230～265	60	地蜡稠化仪表油	适用于−60℃～55℃温度范围内工作的仪器
精密仪表脂	ZT53	30	70		

9.5.2　油润滑

　　滚动轴承一般采用矿物油润滑。

　　润滑油在工作温度下必须保持一定黏度以维持滚动元件间有足够的润滑油膜。在轴承的工作温度下，润滑油黏度对球轴承不应低于 $13mm^2/s$，滚子轴承不低于 $20mm^2/s$，而推力调心滚子轴承不低于 $32mm^2/s$。载荷大，工作温度高时选用高黏度油，容易形成油膜；而 dn 值大或喷雾润滑时选用低黏度油，搅油损失小，冷却效果好。轴承运转时润滑油所需的动力黏度可根据其平均直径 d_m 和工作转速 n 参考图 9-9 选取。考虑到润滑油黏度随温度的变化。如果已知运行温度 θ、可通过图 9-9 右侧图的关系线由工作黏度查找国际标准参考温度 40℃时润滑油黏度的对应值，以便准确地选择润滑油牌号。

9.5.3　固体润滑

　　轴承用的固体润滑剂有二硫化钼、石墨、氟化硼、聚四氟乙烯等，使用方法有以下几种：

　　把固体润滑剂加入润滑脂中。如在润滑脂中加入 3%～5% 的二硫化钼（质量分数），润滑效果会有较大提高。

　　把固体润滑剂加入粉末冶金或工程塑料材料中，制成有自润滑性能的轴承元件。

　　用电镀、高频溅射、离子镀层等技术使固体润滑剂在轴承元件摩擦面上形成一层均匀致密的薄膜，或用黏结剂将固体润滑剂粘接在滚动轴承元件上，形成固体润滑膜。

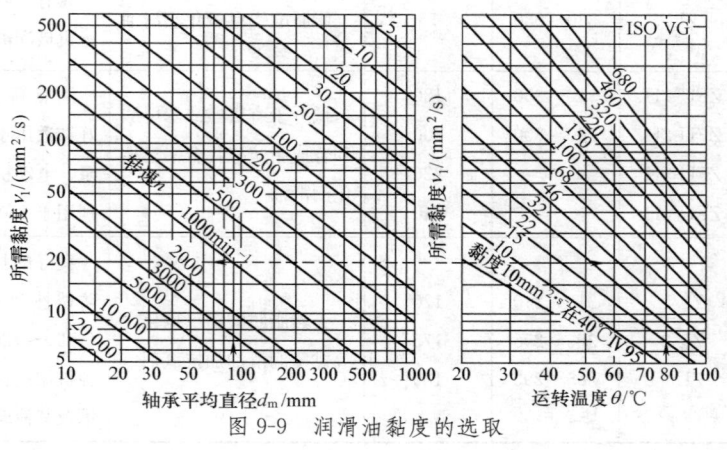

图 9-9　润滑油黏度的选取

9.6 滚动轴承的主要尺寸和性能

9.6.1 深沟球轴承（一）（见表 9-40）

表 9-40 深沟球轴承（一）（GB/T 276—2013）

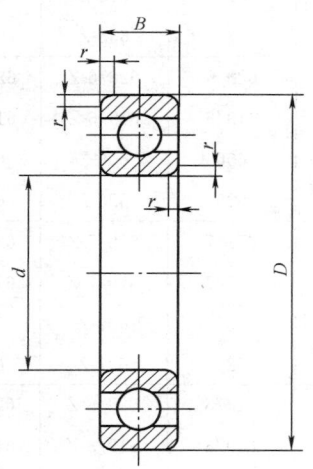

(a) 深沟球轴承 60000 型

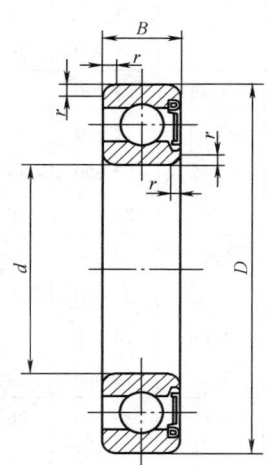

(b) 一面带防尘盖的深沟球轴承 60000-Z 型

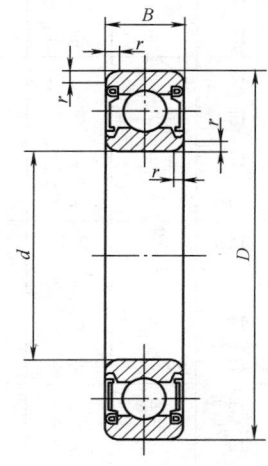

(c) 两面带防尘盖的深沟球轴承 60000-2Z 型

基本尺寸				基本额定载荷		极限转速		轴承代号		
d	D	B	r_{min}	C_r	C_{0r}	脂润滑	油润滑	60000 型	60000-Z 型	60000-2Z 型
mm				kN		r/min		—	—	—
1	3	1	0.05	0.08	0.02	38 000	48 000	618/1	—	—
	4	1.6	0.1	0.15	0.05	38 000	48 000	619/1	619/1-Z	619/1-2Z
1.5	4	1.2	0.05	0.15	0.05	38 000	48 000	618/1.5	—	—
	5	2	0.15	0.18	0.05	38 000	48 000	619/1.5	619/1.5-Z	619/1.5-2Z
2	5	1.5	0.08	0.18	0.05	38 000	48 000	618/2	—	—
	6	2.3	0.15	0.28	0.08	38 000	48 000	619/2	619/2-Z	619/2-2Z
2.5	6	1.8	0.08	0.20	0.08	38 000	48 000	618/2.5	—	—
	7	2.5	0.15	0.30	0.10	38 000	48 000	619/2.5	619/2.5-Z	619/2.5-2Z
3	8	3	0.15	0.45	0.15	38 000	48 000	619/3	619/3-Z	619/3-2Z
	10	4	0.15	0.65	0.22	38 000	48 000	623	623-Z	623-2Z
4	9	2.5	0.2	0.55	0.18	38 000	48 000	628/4	—	—
	11	4	0.2	0.95	0.35	36 000	45 000	619/4	619/4-Z	619/4-2Z
	13	5	0.3	1.15	0.40	36 000	45 000	624	624-Z	624-2Z
	16	5	0.3	1.88	0.68	32 000	40 000	634	634-Z	634-2Z

基本尺寸				基本额定载荷		极限转速		轴承代号		
d	D	B	r_{min}	C_r	C_{0r}	脂润滑	油润滑	60000 型	60000-Z 型	60000-2Z 型
mm				kN		r/min		—	—	—
5	13	5	0.2	1.08	0.42	34 000	43 000	619/5	619/5-Z	619/5-2Z
	14	5	0.2	1.05	0.50	30 000	38 000	605	605-Z	605-2Z
	16	5	0.3	1.88	0.68	32 000	40 000	625	625-Z	625-2Z
	19	6	0.3	2.80	1.02	28 000	36 000	635	635-Z	635-2Z
6	13	5	0.15	1.08	0.45	34 000	43 000	628/6	628/6-Z	628/6-2Z
	15	5	0.2	1.48	0.60	32 000	40 000	619/6	619/6-Z	619/6-2Z
	17	6	0.3	1.95	0.72	30 000	38 000	606	606-Z	606-2Z
	19	6	0.3	2.80	1.05	28 000	36 000	626	626-Z	626-2Z
7	14	3.5	0.15	1.18	0.50	32 000	40 000	618/7	628/7-Z	628/7-2Z
	17	5	0.15	2.02	0.80	30 000	38 000	619/7	619/7-Z	619/7-2Z
	19	6	0.3	2.88	1.08	28 000	36 000	607	607-Z	607-2Z
	22	7	0.3	3.28	1.35	26 000	34 000	627	627-Z	627-2Z
8	16	4	0.2	1.32	0.65	30 000	38 000	618/8	628/8-Z	628/8-2Z
	19	6	0.3	2.25	0.92	28 000	36 000	619/8	619/8-Z	619/8-2Z
	22	7	0.3	3.32	1.38	26 000	34 000	608	608-Z	608-2Z
	24	8	0.3	3.35	1.40	24 000	32 000	628	628-Z	628-2Z
9	17	5	0.2	1.60	0.72	28 000	36 000	628/9	628/9-Z	628/9-2Z
	20	6	0.3	2.48	1.08	27 000	34 000	619/9	619/9-Z	619/9-2Z
	24	7	0.3	3.35	1.40	22 000	30 000	609	609-Z	609-2Z
	26	8	0.3	4.45	1.95	22 000	30 000	629	629-Z	629-2Z
10	19	5	0.3	1.80	0.75	26 000	36 000	61800	61800-Z	61800-2Z
	22	6	0.3	2.70	1.30	25 000	32 000	61900	61900-Z	61900-2Z
	26	8	0.3	4.58	1.98	20 000	28 000	6000	6000-Z	6000-2Z
	30	9	0.6	5.10	2.38	19 000	26 000	6200	6200-Z	6200-2Z
	35	11	0.6	7.65	3.48	18 000	24 000	6300	6300-Z	6300-2Z
12	21	5	0.3	1.90	1.00	32 000	32 000	61801	61801-Z	61801-2Z
	24	6	0.3	2.90	1.50	20 000	28 000	61901	61901-Z	61901-2Z
	28	7	0.3	5.10	2.40	26 000	26 000	16001	—	—
	28	8	0.3	5.10	2.38	20 000	26 000	6001	6001-Z	6001-2Z
	32	10	0.6	6.82	3.05	19 000	24 000	6201	6201-Z	6201-2Z
	37	12	1	9.72	5.08	17 000	22 000	6301	6301-Z	6301-2Z
15	24	5	0.3	2.10	1.30	20 000	28 000	61802	61802-Z	60802-2Z
	28	7	0.3	4.30	2.30	19 000	26 000	61902	61902-Z	61902-2Z
	32	8	0.3	5.60	2.80	18 000	24 000	16002	—	—
	32	9	0.3	5.58	2.85	18 000	24 000	6002	6002-Z	6002-2Z
	35	11	0.6	7.65	3.72	17 000	22 000	6202	6202-Z	6202-2Z
	42	13	1	11.5	5.42	16 000	20 000	6302	6302-Z	6302-2Z

续表

基本尺寸				基本额定载荷		极限转速		轴承代号		
d	D	B	r_{min}	C_r	C_{0r}	脂润滑	油润滑	60000 型	60000-Z 型	60000-2Z 型
mm				kN		r/min		—	—	—
17	26	5	0.3	2.20	1.5	20 000	28 000	61803	61803-Z	61803-2Z
	30	7	0.3	4.60	2.6	19 000	24 000	61903	61903-Z	61903-2Z
	35	8	0.3	6.82	3.38	18 000	22 000	16003	—	—
	35	10	0.3	6.00	3.3	17 000	22 000	6003	6003-Z	6003-2Z
	40	12	0.6	9.58	4.78	16 000	20 000	6203	6203-Z	6203-2Z
	47	14	1	13.5	6.58	15 000	19 000	6303	6303-Z	6303-2Z
	62	17	1.1	22.5	10.8	11 000	15 000	6403	—	—
20	32	7	0.3	3.50	2.20	18 000	24 000	61804	61804-Z	61804-2Z
	37	9	0.3	6.40	3.70	17 000	22 000	61904	61904-Z	61904-2Z
	42	8	0.3	7.90	4.50	16 000	19 000	16004	—	—
	42	12	0.6	9.38	5.02	16 000	19 000	6004	6004-Z	6004-2Z
	47	14	1	12.8	6.65	14 000	18 000	6204	6204-Z	6204-2Z
	52	15	1	15.8	7.88	13 000	17 000	6304	6304-Z	6304-2Z
	72	19	1	31.0	15.2	9500	13 000	6404	—	—
25	37	7	0.3	4.30	2.90	16 000	20 000	61805	61805-Z	61805-2Z
	42	9	0.3	7.0	4.5	14 000	18 000	61905	61905-Z	61905-2Z
	47	8	0.3	8.0	5.6	13 000	17 000	16005	—	—
	47	12	0.6	10.0	5.85	13 000	17 000	6005	6005-Z	6005-2Z
	52	15	1	14.0	7.88	12 000	16 000	6205	6205-Z	6205-2Z
	62	17	1.1	22.2	11.5	10 000	14 000	6305	6305-Z	6305-2Z
	80	21	1.5	38.2	19.2	8500	11 000	6405	—	—
30	42	7	0.3	4.70	3.15	13 000	17 000	61806	61806-Z	61806-2Z
	47	9	0.3	7.20	5.08	12 000	16 000	61906	61906-Z	61906-2Z
	55	9	0.3	11.2	6.25	11 000	14 000	16006	—	—
	55	13	1	13.2	8.30	11 000	14 000	6006	6006-Z	6006-2Z
	62	16	1	19.5	11.5	9500	13 000	6206	6206-Z	6206-2Z
	72	19	1.1	27.0	15.2	9000	11 000	6306	6306-Z	6306-2Z
	90	23	1.5	47.5	24.5	8000	10 000	6406	—	—
35	47	7	0.3	4.90	4.00	11 000	15 000	61807	61807-Z	61807-2Z
	55	10	0.6	9.50	6.80	10 000	13 000	61907	61907-Z	61907-2Z
	62	9	0.3	12.2	8.80	9500	12 000	16007	—	—
	62	14	1	16.2	10.5	9500	12 000	6007	6007-Z	6007-2Z
	72	17	1.1	25.5	15.2	8500	11 000	6207	6207-Z	6207-2Z
	80	21	1.5	33.4	19.2	8000	9500	6307	6307-Z	6307-2Z
	100	25	1.5	56.8	29.5	6700	8500	6407	—	—

基本尺寸				基本额定载荷		极限转速		轴承代号		
d	D	B	r_{min}	C_r	C_{0r}	脂润滑	油润滑	60000 型	60000-Z 型	60000-2Z 型
mm				kN		r/min		—	—	—
40	52	7	0.3	4.40	4.40	10 000	13 000	61808	61808-Z	61808-2Z
	62	12	0.6	13.7	9.90	9500	12 000	61908	61908-Z	61908-2Z
	68	9	0.3	12.6	9.60	9000	11 000	16008	—	—
	68	15	1	17.0	11.8	9000	11 000	6008	6008-Z	6008-2Z
	80	18	1.1	29.5	18.0	8000	10 000	6208	6208-Z	6208-2Z
	90	23	1.5	40.8	24.0	7000	8500	6308	6308-Z	6308-2Z
	110	27	2	65.5	37.5	6300	8000	6408	—	—
45	58	7	0.3	6.40	5.60	9000	12 000	61809	61809-Z	61809-2Z
	68	12	0.6	14.1	10.9	8500	11 000	61909	61909-Z	61909-2Z
	75	10	0.6	15.6	12.2	8000	10 000	16 009	—	—
	75	16	1	21.0	14.8	8000	10 000	6009	6009-Z	6009-2Z
	85	19	1.1	31.5	20.5	7000	9000	6209	6209-Z	6209-2Z
	100	25	1.5	52.8	31.8	6300	7500	6309	6309-Z	6309-2Z
	120	29	2	77.5	45.5	5600	7000	6409	—	—
50	65	7	0.3	6.60	6.10	8500	10 000	61810	61810-Z	61810-2Z
	75	12	0.6	14.5	11.7	8000	9500	61910	61910-Z	61910-2Z
	80	10	0.6	16.1	13.1	8000	9500	16010	—	—
	80	16	1	22.0	16.2	7000	9000	6010	6010-Z	6010-2Z
	90	20	1.1	35.0	23.2	6700	8500	6210	6210-Z	6210-2Z
	110	27	2	61.8	38.0	6000	7000	6310	6310-Z	6310-2Z
	130	31	2.1	92.2	55.2	5300	6300	6410	—	—
55	72	9	0.3	9.1	8.4	8000	9500	61811	61811-Z	61811-2Z
	80	13	1	15.9	13.2	7500	9000	61911	61911-Z	61911-2Z
	90	11	0.6	19.4	16.2	7000	8500	16011	—	—
	90	18	1.1	30.2	21.8	7000	8500	6011	6011-Z	6011-2Z
	100	21	1.5	43.2	29.2	6000	7500	6211	6211-Z	6211-2Z
	120	29	2	71.5	44.8	5600	6700	6311	6311-Z	6311-2Z
	140	33	2.1	100	62.5	4800	6000	6411	—	—
60	78	10	0.3	9.13	8.7	7000	8500	61812	61812-Z	61812-2Z
	85	13	1	16.4	14.2	6700	8000	61912	61912-Z	61912-2Z
	95	11	0.6	19.9	17.5	6300	7500	16012	—	—
	95	18	1.1	31.5	24.2	6300	7500	6012	6012-Z	6012-2Z
	110	22	1.5	47.8	32.8	5600	7000	6212	6212-Z	6212-2Z
	130	31	2.1	81.8	51.8	5000	6300	6312	6312-Z	6312-2Z
	150	35	2.1	10.9	70.0	4500	5600	6412	6412-Z	6412-2Z

续表

基本尺寸				基本额定载荷		极限转速		轴承代号		
d	D	B	r_{min}	C_r	C_{0r}	脂润滑	油润滑	60000 型	60000-Z 型	60000-2Z 型
mm				kN		r/min		—	—	—
65	85	10	0.6	11.9	11.5	6700	8000	61813	61813-Z	61813-2Z
	90	13	1	17.4	16.0	6300	7500	61913	61913-Z	61913-2Z
	100	11	0.6	20.5	18.6	6000	7000	16013	—	—
	100	18	1.1	32.0	24.8	6000	7000	6013	6013-Z	6013-2Z
	120	23	1.5	57.2	40.0	5000	6300	6213	6213-Z	6213-2Z
	140	33	2.1	93.8	60.5	4500	5600	6313	6313-2Z	6313-2Z
	160	37	2.1	118	78.5	4300	5300	6413	—	—
70	90	10	0.6	50.1	11.9	6300	7500	61814	61814-Z	61814-2Z
	100	16	1	23.7	21.1	6000	7000	61914	61914-Z	61914-2Z
	110	13	0.6	27.9	25.0	5600	6700	16014	—	—
	110	20	1.1	38.5	30.5	5600	6700	6014	6014-Z	6014-2Z
	125	24	1.5	60.8	45.0	4800	6000	6214	6214-Z	6214-2Z
	150	35	2.1	105	68.0	4300	5000	6314	6314-Z	6314-2Z
	180	42	3	140	99.5	3800	4500	6414	—	—
75	95	10	0.6	12.5	17.8	6000	7000	61815	61815-Z	61815-2Z
	105	16	1	24.7	22.5	5600	6700	61915	61915-Z	61915-2Z
	115	13	0.6	28.1	26.8	5300	6300	16015	—	—
	115	20	1.1	40.2	33.2	5300	6300	6015	6015-Z	6015-2Z
	130	25	1.5	66.0	49.5	4500	5600	6215	6215-Z	6215-2Z
	160	37	2.1	113	76.8	4000	4800	6315	6315-Z	6315-2Z
	190	45	3	154	115	3600	4300	6415	—	—
80	100	10	0.6	12.7	13.3	5600	6700	61816	61816-Z	61816-2Z
	110	16	1	24.9	23.9	5300	6300	61916	61916-Z	61916-2Z
	125	14	0.6	33.1	31.4	5000	6000	16016	—	—
	125	22	1.1	47.5	39.8	5000	6000	6016	6016-Z	6016-2Z
	140	26	2	71.5	54.2	4300	5300	6216	6216-Z	6216-2Z
	170	39	2.1	123	86.5	3800	4500	6316	6316-Z	6316-2Z
	200	48	3	163	125	3400	4000	6416	—	—
85	110	13	1	19.2	19.8	5000	6300	61817	61817-Z	61817-2Z
	120	18	1.1	31.9	29.7	4800	6000	61917	61917-Z	61917-2Z
	130	14	0.6	34.0	33.3	4500	5600	16017	—	—
	130	22	1.1	50.8	42.8	4500	5600	6017	6017-Z	6017-2Z
	150	28	2	83.2	63.8	4000	5000	6217	6217-Z	6217-2Z
	180	41	3	132	96.5	3600	4300	6317	6317-Z	6317-2Z
	210	52	4	175	138	3200	3800	6417	—	—

续表

基本尺寸				基本额定载荷		极限转速		轴承代号		
d	D	B	$r_{\min}$	C_r	C_{0r}	脂润滑	油润滑	60000 型	60000-Z 型	60000-2Z 型
mm				kN		r/min		—	—	—
90	115	13	1	19.5	20.5	4500	6000	61818	61818-Z	61818-2Z
	125	18	1.1	32.8	31.5	4500	5600	61918	61918-Z	61918-2Z
	140	16	1	41.5	39.3	4300	5300	16018	—	—
	140	24	1.5	58.0	49.8	4300	5300	6018	6018-Z	6018-2Z
	160	30	2	95.8	71.5	3800	4800	6218	6218-Z	6218-2Z
	190	43	3	145	108	3400	4000	6318	—	—
	225	54	4	192	158	2800	3600	6418	—	—
95	120	13	1	19.8	21.3	4300	5000	61819	61819-Z	61819-2Z
	130	18	1.1	33.7	33.3	4300	5300	61919	61919-Z	61919-2Z
	145	16	1	42.7	41.9	4000	5000	16019	—	—
	145	24	1.5	57.8	50.0	4000	5000	6019	6019-Z	6019-2Z
	170	32	2.1	110	82.8	3600	4500	6219	6219-Z	6219-2Z
	200	45	3	157	122	3200	3800	6319	—	—
100	125	13	1	20.1	22.0	4300	5300	61820	61820-Z	61820-2Z
	140	20	1.1	42.7	41.9	4000	5000	61920	61920-Z	61920-2Z
	150	16	1	43.8	44.3	3800	4800	16020	—	—
	150	24	1.5	64.5	56.2	3800	4800	6020	6020-Z	6020-2Z
	180	34	2.1	122	92.8	3400	4300	6220	6220-Z	6220-2Z
	215	47	3	173	140	2800	3600	6320	—	—
	250	58	4	223	195	2400	3200	6420	—	—
105	130	13	1	20.3	22.7	4000	5000	61821	61821-Z	61821-2Z
	145	20	1.1	43.9	44.3	3800	4800	61921	61921-Z	61921-2Z
	160	18	1	51.8	50.6	3600	4500	16021	—	—
	160	26	2	71.8	63.2	3600	4500	6021	6021-Z	6021-2Z
	190	36	2.1	133	105	3200	4000	6221	—	—
	225	49	3	184	153	2600	3200	6321	—	—
110	140	16	1	28.1	30.7	3800	5000	61822	61822-Z	61822-2Z
	150	20	1.1	43.6	44.4	3600	4500	61922	61922-Z	61922-2Z
	170	19	1	57.4	56.7	3400	4300	16022	—	—
	170	28	2	81.8	72.8	3400	4300	6022	6022-Z	6022-2Z
	200	38	2.1	144	117	3000	3800	6222	—	—
	240	50	3	205	178	2400	3000	6322	—	—
	280	65	4	225	238	2000	2800	6422	—	—

续表

基本尺寸				基本额定载荷		极限转速		轴承代号		
d	D	B	r_{min}	C_r	C_{0r}	脂润滑	油润滑	60000 型	60000-Z 型	60000-2Z 型
mm				kN		r/min		—		
120	150	16	1	28.9	32.9	3400	4300	61824	61824-Z	61824-2Z
	165	22	1.1	55.0	56.9	3200	4000	61924	61924-Z	61924-2Z
	180	19	1	58.8	60.4	3000	3800	16024	—	—
	180	28	2	87.5	79.2	3000	3800	6024	6024-Z	6024-2Z
	215	40	2.1	155	131	2600	3400	6224		
	260	55	3	228	208	2200	2800	6324		
130	165	18	1.1	37.9	42.9	3200	4000	61826	61826-Z	61826-2Z
	180	24	1.5	65.1	67.2	3200	3800	61926	61926-Z	61926-2Z
	200	22	1.1	79.7	79.2	2800	3600	16026	—	—
	200	33	2	105	96.8	2800	3600	6026	—	—
	230	40	3	165	148.0	2400	3200	6226	—	—
	280	58	4	253	242	1900	2600	6326	—	—
140	175	18	1.1	38.2	44.3	3000	3800	61828	61828-Z	61828-2Z
	190	24	1.5	66.5	71.2	2800	3600	61928		
	210	22	1.1	81.1	85	2400	3200	16028		
	210	33	2	115	108	2400	3200	6028		
	250	42	3	179	167	2000	2800	6228		
	300	62	4	275	272	1800	2400	6328		
150	190	20	1.1	49.1	57.1	2800	3400	61830	—	—
	210	28	2	84.7	90.2	2600	3200	61930		
	225	24	1.1	91.9	98.5	2200	3000	16030		
	225	35	2.1	132	125	2200	3000	6030	—	—

9.6.2 深沟球轴承（二）（见表 9-41）

表 9-41 　　　　　　　**深沟球轴承（二）**（GB/T 276—2013）

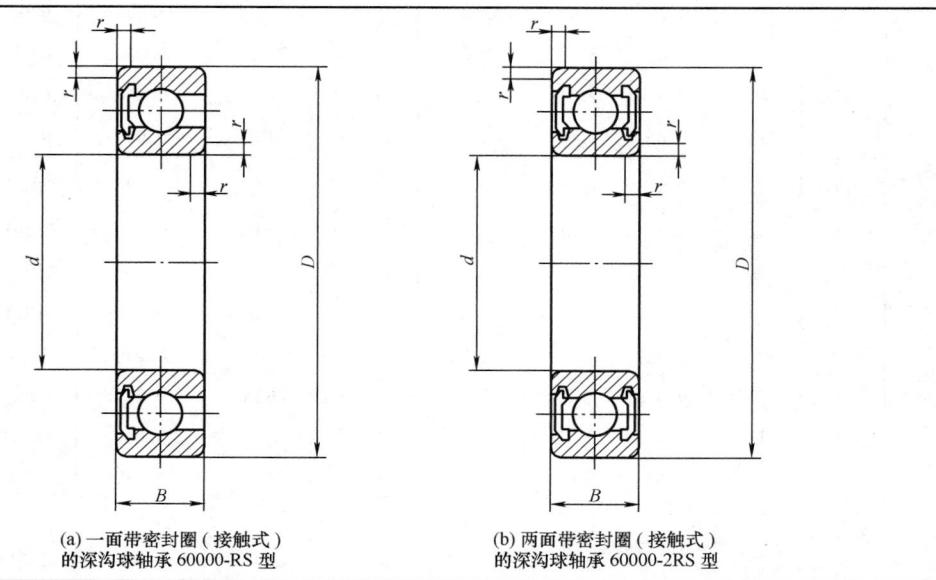

(a) 一面带密封圈（接触式）
的深沟球轴承 60000-RS 型

(b) 两面带密封圈（接触式）
的深沟球轴承 60000-2RS 型

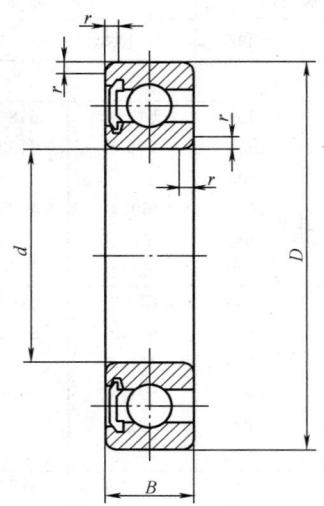

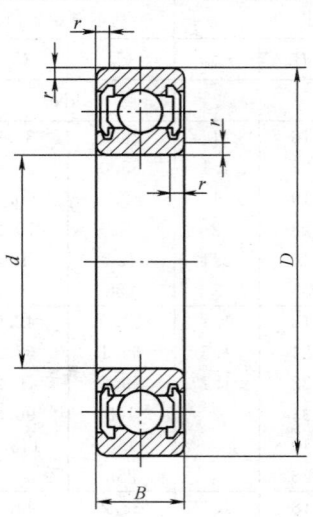

(c) 一面带密封圈（非接触式）
的深沟球轴承 60000-RZ 型

(d) 两面带密封圈（非接触式）
的深沟球轴承 60000-2RZ 型

基本尺寸/mm				基本额定载荷/kN		极限转速/(r/min)		质量/kg	轴承代号	
d	D	B	r_{min}	C_r	C_{0r}	脂	油	$W \approx$	60000-RZ 型 60000-RS 型	60000-2RZ 型 60000-2RS 型
10	19	5	0.3	1.8	0.93	21 000		0.005	61800-RS	61800-2RS
	19	5	0.3	1.8	0.93	28 000	36 000	0.005	61800-RZ	61800-2RZ
	22	6	0.3	2.7	1.3	19 000		0.008	61900-RS	61900-2RS
	22	6	0.3	2.7	1.3	25 000	32 000	0.008	61900-RZ	61900-2RZ
	26	8	0.3	4.58	1.98	15 000		0.019	6000-RS	6000-2RS
	26	8	0.3	4.58	1.98	22 000	30 000	0.019	6000-RZ	6000-2RZ
	30	9	0.6	5.10	2.38	1400		0.030	6200-RS	6200-2RS
	30	9	0.6	5.10	2.38	20 000	26 000	0.030	6200-RZ	6200-2RZ
	35	11	0.6	7.65	3.48	12 000		0.050	6300-RS	6300-2RS
	35	11	0.6	7.65	3.48	18 000	24 000	0.050	6300-RZ	6300-2RZ
12	21	5	0.3	1.9	1.0	18 000		0.005	61801-RS	61801-2RS
	21	5	0.3	1.9	1.0	24 000	32 000	0.005	61801-RZ	61801-2RZ
	24	6	0.3	2.9	1.5	17 000		0.008	61901-RS	61901-2RS
	24	6	0.3	2.9	1.5	22 000	28 000	0.008	61901-RZ	61901-2RZ
	28	8	0.3	5.10	2.38	14 000		0.020	6001-RS	6001-2RS
	28	8	0.3	5.10	2.38	20 000	26 000	0.020	6001-RZ	6001-2RZ
	32	10	0.6	6.82	3.05	13 000		0.040	6201-RS	6201-2RS
	32	10	0.6	6.82	3.05	19 000	24 000	0.040	6201-RZ	6201-2RZ
	37	12	1	9.72	5.08	12 000		0.060	6301-RS	6301-2RS
	37	12	1	9.72	5.08	17 000	22 000	0.060	6301-RZ	6301-2RZ

续表

基本尺寸/mm				基本额定载荷/kN		极限转速/(r/min)		质量/kg	轴承代号	
									60000-RZ 型 60000-RS 型	60000-2RZ 型 60000-2RS 型
d	D	B	r_{min}	C_r	C_{0r}	脂	油	$W \approx$		
15	24	5	0.3	2.1	1.3	17 000		0.005	61802-RS	61802-2RS
	24	5	0.3	2.1	1.3	22 000	30 000	0.005	61802-RZ	61802-2RZ
	28	7	0.3	4.3	2.3	15 000		0.012	61902-RS	61902-2RS
	28	7	0.3	4.3	2.3	20 000	26 000	0.012	61902-RZ	61902-2RZ
	32	9	0.3	5.58	2.85	13 000		0.030	6002-RS	6002-2RS
	32	9	0.3	5.58	2.85	19 000	24 000	0.030	6002-RZ	6002-2RZ
	35	11	0.6	7.65	3.72	12 000		0.040	6202-RS	6202-2RS
	35	11	0.6	7.65	3.72	18 000	22 000	0.040	6202-RZ	6202-2RZ
	42	13	1	11.5	5.42	11 000		0.080	6302-RS	6302-2RS
	42	13	1	11.5	5.42	16 000	20 000	0.080	6302-RZ	6302-2RZ
17	26	5	0.3	2.2	1.5	15 000		0.007	61803-RS	61803-2RS
	26	5	0.3	2.2	1.5	20 000	28 000	0.007	61803-RZ	61803-2RZ
	30	7	0.3	4.6	2.6	14000		0.014	61903-RS	61903-2RS
	30	7	0.3	4.6	2.6	19 000	24 000	0.014	61903-RZ	61903-2RZ
	35	10	0.3	6.00	3.25	12 000		0.040	6003-RS	6003-2RS
	35	10	0.3	6.00	3.25	17 000	21 000	0.040	6003-RZ	6003-2RZ
	40	12	0.6	9.58	4.78	11 000		0.060	6203-RS	6203-2RS
	40	12	0.6	9.58	4.78	16 000	20 000	0.060	6203-RZ	6203-2RZ
	47	14	1	13.5	6.58	10 000		0.110	6303-RS	6303-2RS
	47	14	1	13.5	6.58	15 000	18 000	0.110	6303-RZ	6303-2RZ
20	32	7	0.3	3.5	2.2	14 000		0.015	61804-RS	61804-2RS
	32	7	0.3	3.5	2.2	18 000	24 000	0.015	61804-RZ	61804-2RZ
	37	9	0.3	6.4	3.7	13 000		0.031	61904-RS	61904-2RS
	37	9	0.3	6.4	3.7	17 000	22 000	0.031	61904-RZ	61904-2RZ
	42	12	0.6	9.38	5.02	11 000		0.070	6004-RS	6004-2RS
	42	12	0.6	9.38	5.02	16 000	19 000	0.070	6004-RZ	6004-2RZ
	47	14	1	12.8	6.65	9500		0.100	6204-RS	6204-2RS
	47	14	1	12.8	6.65	14 000	18 000	0.100	6204-RZ	6204-2RZ
	52	15	1.1	15.8	7.88	9000		0.140	6304-RS	6304-2RS
	52	15	1.1	15	7.88	13 000	16 000	—	6304-RZ	6304-2RZ
25	37	7	0.3	4.3	2.9	12 000		0.017	61805-RS	61805-2RS
	37	7	0.3	4.3	2.9	16 000	20 000	0.017	61805-RZ	61805-2RZ
	42	9	0.3	7.0	4.5	11 000		0.038	61905-RS	61905-2RS
	42	9	0.3	7.0	4.5	14 000	18 000	0.038	61905-RZ	61905-2RZ
	47	12	0.6	10.0	5.85	9000		0.080	6005-RS	6005-2RS
	47	12	0.6	10.0	5.85	13 000	17 000	0.080	6005-RZ	6005-2RZ
	52	15	1	14.0	7.88	8000		0.120	6205-RS	6205-2RS
	52	15	1	14.0	7.88	12 000	15 000	0.120	6205-RZ	6205-2RZ
	62	17	1.1	22.2	11.5	6800		0.220	6305-RS	6305-2RS
	62	17	1.1	22.2	11.5	10 000	14 000	0.220	6305-RZ	6305-2RZ

基本尺寸/mm				基本额定载荷/kN		极限转速/(r/min)		质量/kg	轴承代号	
									60000-RZ 型 60000-RS 型	60000-2RZ 型 60000-2RS 型
d	D	B	$r_{\min}$	C_r	C_{0r}	脂	油	$W\approx$		
30	42	7	0.3	4.7	3.6	11 000		0.019	61806-RS	61806-2RS
	42	7	0.3	4.7	3.6	13 000	17 000	0.019	61806-RZ	61806-2RZ
	47	9	0.3	7.2	5.0	9000		0.043	61906-RS	61906-2RS
	47	9	0.3	7.2	5.0	12 000	16 000	0.043	61906-RZ	61906-2RZ
	55	13	1	13.2	8.30	7500		0.120	6006-RS	6006-2RS
	55	13	1	13.2	8.30	11 000	14 000	0.120	6006-RZ	6006-2RZ
	62	16	1	19.5	11.5	6700		0.190	6206-RS	6206-2RS
	62	16	1	19.5	11.5	9500	13 000	0.190	6206-RZ	6206-2RZ
	72	19	1.1	27.0	15.2	6000		0.350	6306-RS	6306-2RS
	72	19	1.1	27.0	15.2	9000	11 000	0.350	6306-RZ	6306-2RZ
35	47	7	0.3	4.9	4.0	9000		0.023	61807-RS	61807-2RS
	47	7	0.3	4.9	4.0	11 000	15 000	0.023	61807-RZ	61807-2RZ
	55	10	0.6	9.5	6.8	7500		0.078	61907-RS	61907-2RS
	55	10	0.6	9.5	6.8	10 000	13 000	0.078	61907-RZ	61907-2RZ
	62	14	1	16.2	10.5	6500		0.160	6007-RS	6007-2RS
	62	14	1	16.2	10.5	9500	12 000	0.160	6007-RZ	6007-2RZ
	72	17	1.1	25.5	15.2	5800		0.270	6207-RS	6207-2RS
	72	17	1.1	25.5	15.2	8500	11 000	0.270	6207-RZ	6207-2RZ
	80	21	1.5	33.4	19.2	5400		0.420	6307-RS	6307-2RS
	80	21	1.5	33.4	19.2	8000	9500	0.420	6307-RZ	6307-2RZ
40	52	7	0.3	5.1	4.4	7500		0.026	61808-RS	61808-2RS
	52	7	0.3	5.1	4.4	10 000	13 000	0.026	61808-RZ	61808-2RZ
	62	12	0.6	13.7	9.9	7000		0.103	61908-RS	61908-2RS
	62	12	0.6	13.7	9.9	9500	12 000	0.103	61908-RZ	61908-2RZ
	68	15	1	17.0	11.8	6000		0.190	6008-RS	6008-2RS
	68	15	1	17.0	11.8	9000	11 000	0.190	6008-RZ	6008-2RZ
	80	18	1.1	29.5	18.0	5400		0.370	6208-RS	6208-2RS
	80	18	1.1	29.5	18.0	8000	10 000	0.370	6208-RZ	6208-2RZ
	90	23	1.5	40.8	24.0	4800		0.630	6308-RS	6308-2RS
	90	23	1.5	40.8	24.0	7000	8500	0.630	6308-RZ	6308-2RZ
45	58	7	0.3	6.4	5.6	6800		0.030	61809-RS	61809-2RS
	58	7	0.3	6.4	5.6	9000	12 000	0.030	61809-RZ	61809-2RZ
	68	12	0.6	14.1	10.9	6400		0.123	61909-RS	61909-2RS
	68	12	0.6	14.1	10.9	8500	11 000	0.123	61909-RZ	61909-2RZ
	75	16	1	21.0	14.8	5400		0.240	6009-RS	6009-2RS
	75	16	1	21.0	14.8	8000	10 000	0.240	6009-RZ	6009-2RZ
	85	19	1.1	31.5	20.5	4800		0.420	6209-RS	6209-2RS
	85	19	1.1	31.5	20.5	7000	9000	0.420	6209-RZ	6209-2RZ
	100	25	1.5	52.8	31.8	4300		0.830	6309-RS	6309-2RS
	100	25	1.5	52.8	31.8	6300	7500	0.830	6309-RZ	6309-2RZ

续表

基本尺寸/mm				基本额定载荷/kN		极限转速/(r/min)		质量/kg	轴承代号	
									60000-RZ 型	60000-2RZ 型
d	D	B	r_{min}	C_r	C_{0r}	脂	油	$W\approx$	60000-RS 型	60000-2RS 型
50	65	7	0.3	6.6	6.1	6400		0.043	61810-RS	61810-2RS
	65	7	0.3	6.6	6.1	8500	10 000	0.043	61810-RZ	61810-2RZ
	72	12	0.6	14.5	11.7	6000		0.122	61910-RS	61910-2RS
	72	12	0.6	14.5	11.7	8000	9500	0.122	61910-RZ	61910-2RZ
	80	16	1	22.0	16.2	4800		0.280	6010-RS	6010-2RS
	80	16	1	22.0	16.2	7000	9000	0.280	6010-RZ	6010-2RZ
	90	20	1.1	35.0	23.2	4600		0.470	6210-RS	6210-2RS
	90	20	1.1	35.0	23.2	6700	8500	0.470	6210-RZ	6210-2RZ
	110	27	2	61.8	38.0	4100		1.080	6310-RS	6310-2RS
	110	27	2	61.8	38.0	6000	7000	1.080	6310-RZ	6310-2RZ
55	72	9	0.3	9.1	8.4	6000		0.070	61811-RS	61811-2RS
	72	9	0.3	9.1	8.4	8000	9500	0.070	61811-RZ	61811-2RZ
	80	13	1	15.9	13.2	5600		0.170	61911-RS	61911-2RS
	80	13	1	15.9	13.2	7500	9000	0.170	61911-RZ	61911-2RZ
	90	18	1.1	30.2	21.8	4800		0.380	6011-RS	6011-2RS
	90	18	1.1	30.2	21.8	7000	8500	0.380	6011-RZ	6011-2RZ
	100	21	1.5	43.2	29.2	4100		0.580	6211-RS	6211-2RS
	100	21	1.5	43.2	29.2	6000	7500	0.580	6211-RZ	6211-2RZ
	120	29	2	71.5	44.8	3800		1.370	6311-RS	6311-2RS
	120	29	2	71.5	44.8	5600	6700	1.370	6311-RZ	6311-2RZ
60	78	10	0.3	9.1	8.7	5300		0.093	61812-RS	61812-2RS
	78	10	0.3	9.1	8.7	7000	8500	0.093	61812-RZ	61812-2RZ
	85	13	1	16.4	14.2	5000		0.181	61912-RS	61912-2RS
	85	13	1	16.4	14.2	6700	8000	0.181	61912-RZ	61912-2RZ
	95	18	1.1	31.5	24.2	4300		0.410	6012-RS	6012-2RS
	95	18	1.1	31.5	24.2	6300	7500	0.410	6012-RZ	6012-2RZ
	110	22	1.5	47.8	32.8	3800		0.770	6212-RS	6212-2RS
	110	22	1.5	47.8	32.8	5600	7000	0.770	6212-RZ	6212-2RZ
	130	31	2.1	81.8	51.8	3400		1.710	6312-RS	6312-2RS
	130	31	2.1	81.8	51.8	5000	6000	1.710	6312-RZ	6312-2RZ
65	85	10	0.6	11.9	11.5	5000		0.130	61813-RS	61813-2RS
	85	10	0.6	11.9	11.5	6700	8000	0.130	61813-RZ	61813-2RZ
	90	13	1	17.4	16.0	4700		0.196	61913-RS	61913-2RS
	90	13	1	17.4	16.0	6300	7500	0.196	61913-RZ	61913-2RZ
	100	18	1.1	32.0	24.8	4100		0.410	6013-RS	6013-2RS
	100	18	1.1	32.0	24.8	6000	7000	0.410	6013-RZ	6013-2RZ
	120	23	1.5	57.2	40.0	3400		0.980	6213-RS	6213-2RS
	120	23	1.5	57.2	40.0	5000	6300	0.980	6213-RZ	6213-2RZ
	140	33	2.1	93.8	60.5	3000		2.090	6313-RS	6313-2RS
	140	33	2.1	93.8	60.5	4500	5300	2.090	6313-RZ	6313-2RZ

基本尺寸/mm				基本额定载荷/kN		极限转速/(r/min)		质量/kg	轴承代号	
									60000-RZ 型	60000-2RZ 型
d	D	B	r_{min}	C_r	C_{0r}	脂	油	$W \approx$	60000-RS 型	60000-2RS 型
70	90	10	0.6	12.1	11.9	4700		0.138	61814-RS	61814-2RS
	90	10	0.6	12.1	11.9	6300	7500	0.138	61814-RZ	61814-2RZ
	100	16	1	23.7	21.1	4500		0.336	61914-RS	61914-2RS
	100	16	1	23.7	21.1	6000	7000	0.336	61914-RZ	61914-2RZ
	110	20	1.1	38.5	30.5	3800		0.60	6014-RS	6014-2RS
	110	20	1.1	38.5	30.5	5600	6700	0.60	6014-RZ	6014-2RZ
	125	24	1.5	60.8	45.0	3300		1.04	6214-RS	6214-2RS
	125	24	1.5	60.8	45.0	4800	6000	1.04	6214-RZ	6214-2RZ
	150	35	2.1	105	68.0	2900		2.60	6314-RS	6314-2RS
	150	35	2.1	105	68.0	4300	5000	2.60	6314-RZ	6314-2RZ
75	95	10	0.6	12.5	12.8	4500		0.147	61815-RS	61815-2RS
	95	10	0.6	12.5	12.8	6000	7000	0.147	61815-RZ	61815-2RZ
	105	16	1	24.3	22.5	4200		0.355	61915-RS	61915-2RS
	105	16	1	24.3	22.5	5600	6700	0.335	61915-RZ	61915-2RZ
	115	20	1.1	40.2	33.2	3600		0.64	6015-RS	6015-2RS
	115	20	1.1	40.2	33.2	5300	6300	0.64	6015-RZ	6015-2RZ
	130	25	1.5	66.0	49.5	3000		1.18	6215-RS	6215-2RS
	130	25	1.5	66.0	49.5	4500	5600	1.18	6215-RZ	6215-2RZ
	160	37	2.1	113	76.8	2800		3	6315-RS	6315-2RS
	160	37	2.1	113	76.8	4000	4800	3	6315-RZ	6315-2RZ
80	100	10	0.6	12.7	13.1	4200		0.155	61816-RS	61816-2RS
	100	10	0.6	12.7	13.3	5600	6700	0.155	61816-RZ	61816-2RZ
	110	16	1	24.9	23.9	4000		0.375	61916-RS	61916-2RS
	110	16	1	24.9	23.9	5300	6300	0.375	61916-RZ	61916-2RZ
	125	22	1.1	47.5	39.8	3400		1.05	6016-RS	6016-2RS
	125	22	1.1	47.5	39.8	5000	6000	1.05	6016-RZ	6016-2RZ
	140	26	2	71.5	54.2	2900		1.38	6216-RS	6216-2RS
	140	26	2	71.5	54.2	4300	5300	1.38	6216-RZ	6216-2RZ
	170	39	2.1	123	86.5	2600		3.62	6316-RS	6316-2RS
	170	39	2.1	123	86.5	3800	4500	3.62	6316-RZ	6316-2RZ
85	110	13	1	19.2	19.8	3800		0.245	61817-RS	61817-2RS
	110	13	1	19.2	19.8	5000	6300	0.245	61817-RZ	61817-2RZ
	120	18	1.1	31.9	29.7	3600		0.507	61917-RS	61917-2RS
	120	18	1.1	31.9	29.7	4800	6000	0.507	61917-RZ	61917-2RZ
	130	22	1.1	50.8	42.8	3200		1.10	6017-RS	6017-2RS
	130	22	1.1	50.8	42.8	4500	5600	1.10	6017-RZ	6017-2RZ
	150	28	2	83.2	63.8	2800		1.75	6217-RS	6217-2RS
	150	28	2	83.2	63.8	4000	5000	1.75	6217-RZ	6217-2RZ
	180	41	3	132	96.5	2400		4.27	6317-RS	6317-2RS
	180	41	3	132	96.5	3600	4300	4.27	6317-RZ	6317-2RZ

基本尺寸/mm				基本额定载荷/kN		极限转速/(r/min)		质量/kg	轴承代号	
d	D	B	r_{min}	C_r	C_{0r}	脂	油	$W \approx$	60000-RZ 型 60000-RS 型	60000-2RZ 型 60000-2RS 型
90	115	13	1	19.5	20.5	3600		0.258	61818-RS	61818-2RS
	115	13	1	19.5	20.5	4800	6000	0.258	61818-RZ	61818-2RZ
	125	18	1.1	32.8	31.5	3400		0.533	61918-RS	61918-2RS
	125	18	1.1	32.8	31.5	4500	5600	0.533	61918-RZ	61918-2RZ
	140	24	1.5	58.0	49.8	3000		1.16	6018-RS	6018-2RS
	140	24	1.5	58.0	49.8	4300	5300	1.16	6018-RZ	6018-2RZ
	160	30	2.0	95.8	71.5	2600		2.18	6218-RS	6218-2RS
	160	30	2.0	95.8	71.5	3800	4800	2.18	6218-RZ	6218-2RZ
	190	43	3	145	108	2200		4.96	6318-RS	6318-2RS
	190	43	3	145	108	3400	4000	4.96	6318-RZ	6318-2RZ
95	120	13	1	19.8	21.3	3400		0.27	61819-RS	61819-2RS
	120	13	1	19.8	21.3	4500	5600	0.27	61819-RZ	61819-2RZ
	130	18	1.1	33.7	33.2	3200		0.558	61919-RS	61919-2RS
	130	18	1.1	33.7	33.2	4300	5300	0.558	61919-RZ	61919-2RZ
	145	24	1.5	57.8	50.0	2800		1.21	6019-RS	6019-2RS
	145	24	1.5	57.8	50.0	4000	5000	1.21	6019-RZ	6019-2RZ
	170	32	2.1	110	82.8	2400		2.62	6219-RS	6219-2RS
	170	32	2.1	110	82.8	3600	4500	2.62	6219-RZ	6219-2RZ
100	125	13	1	20.1	22.0	3200		0.283	61820-RS	61820-2RS
	125	13	1	20.1	22.0	4300	5300	0.283	61820-RZ	61820-2RZ
	140	20	1.1	42.7	41.9	3000		0.774	61920-RS	61920-2RS
	140	20	1.1	42.7	41.9	4000	5000	0.774	61920-RZ	61920-2RZ
	150	24	1.5	64.5	56.2	2600		1.25	6020-RS	6020-2RS
	150	24	1.5	64.5	56.2	3800	4800	1.25	6020-RZ	6020-2RZ
	180	34	2.1	122	92.8	2200		3.2	6220-RS	6220-2RS
	180	34	2.1	122	92.8	3400	4300	3.2	6220-RZ	6220-2RZ
105	130	13	1	20.3	22.7	3000		0.295	61821-RS	61821-2RS
	130	13	1	20.3	22.7	4000	5000	0.295	61821-RZ	61821-2RZ
	145	20	1.1	43.9	44.3	2900		0.808	61921-RS	61921-2RS
	145	20	1.1	43.9	44.3	3800	4800	0.808	61921-RZ	61921-2RZ
	160	26	2	71.8	63.2	2400		1.52	6021-RS	6021-2RS
	160	26	2	71.8	63.2	3600	4500	1.52	6021-RZ	6021-2RZ
110	140	16	1	28.1	30.7	2900		0.496	61822-RS	61822-2RS
	140	16	1	28.1	30.7	3800	5000	0.496	61822-RZ	61822-2RZ
	150	20	1.1	43.6	44.4	2700		0.835	61922-RS	61922-2RS
	150	20	1.1	43.6	44.4	3600	4500	0.835	61922-RZ	61922-2RZ
	170	28	2	81.8	72.8	2200		1.87	6022-RS	6022-2RS
	170	28	2	81.8	72.8	3400	4300	1.87	6022-RZ	6022-2RZ
120	150	16	1	28.9	32.9	2600		0.536	61824-RS	61824-2RS
	150	16	1	28.9	32.9	3400	4300	0.536	61824-RZ	61824-2RZ
	165	22	1.1	55	56.9	2400		1.131	61924-RS	61924-2RS
	165	22	1.1	55	56.9	3200	4000	1.131	61924-RZ	61924-2RZ
	180	28	2	87.5	79.2	2000		2	6024-RS	6024-2RS
	180	28	2	87.5	79.2	3000	3800	2	6024-RS	6024-2RZ

9.6.3　圆柱滚子轴承（见表9-42）

表 9-42　　圆柱滚子轴承（GB/T 283—2007）

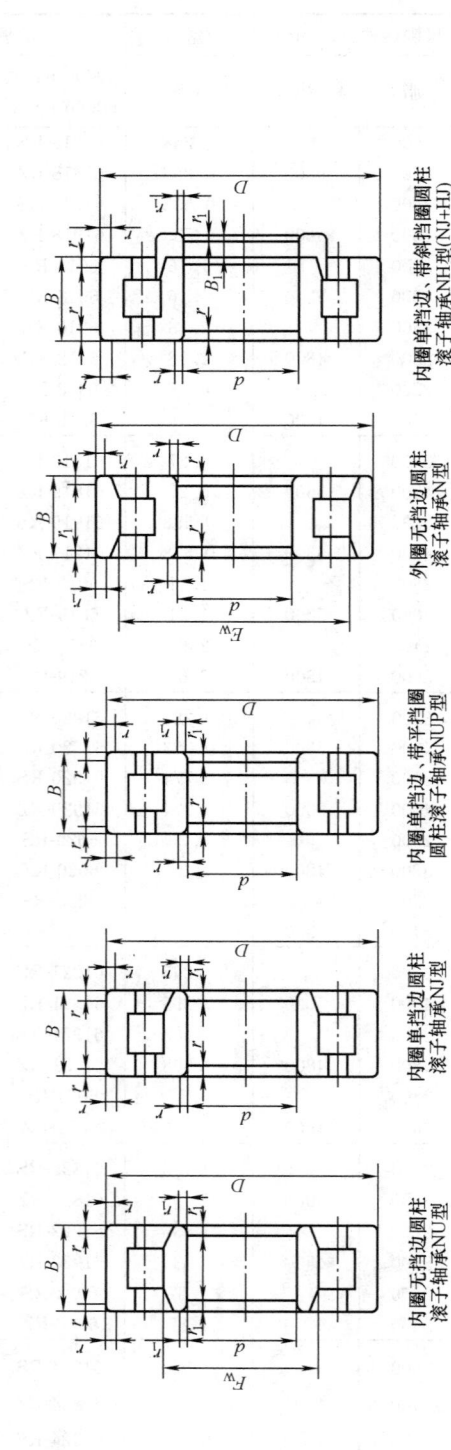

内圈无挡边圆柱滚子轴承NU型　内圈单挡边圆柱滚子轴承NJ型　内圈单挡边、带平挡圈圆柱滚子轴承NUP型　外圈无挡边圆柱滚子轴承N型　内圈单挡边、带斜挡圈圆柱滚子轴承NH型(NJ+HJ)

| 轴承型号 ||||| 外形尺寸 ||||||| 斜挡圈 型号 | 基本额定载荷/kN || 极限转速/(r/min) || 质量 W/kg |
NU型	NJ型	NUP型	N型	NH型	d	D	B	F_w	E_w	r_{smin}	r_{1smin}		C_r	C_{0r}	脂润滑	油润滑	≈
NU202E	NJ202E	—	N202E	NH202E	15	35	11	19.3	30.3	0.6	0.3	HJ202E	7.98	5.5	15 000	19 000	—
NU203E	NJ203E	NUP203E	N203E	NH203E	17	40	12	22.1	35.1	0.6	0.3	HJ203E	9.12	7.0	14 000	18 000	—
NU204E	NJ204E	NUP204E	N204E	NH204E	20	47	14	26.5	41.5	1	0.6	HJ204E	25.8	24.0	12 000	16 000	0.117
NU205E	NJ205E	NUP205E	N205E	NH205E	25	52	15	31.5	46.5	1	0.6	HJ205E	27.5	26.8	11 000	14 000	0.14
NU206E	NJ206E	NUP206E	N206E	NH206E	30	62	16	37.5	55.5	1	0.6	HJ206E	36.0	35.5	8500	11 000	0.214
NU207E	NJ207E	NUP207E	N207E	NH207E	35	72	17	44	64	1.1	0.6	HJ207E	46.5	48.0	7500	9500	0.311
NU208E	NJ208E	NUP208E	N208E	NH208E	40	80	18	49.5	71.5	1.1	1.1	HJ208E	51.5	53.0	7000	9000	0.394
NU209E	NJ209E	NUP209E	N209E	NH209E	45	85	19	54.5	76.5	1.1	1.1	HJ209E	58.5	63.8	6300	8000	0.45
NU210E	NJ210E	NUP210E	N210E	NH210E	50	90	20	59.5	81.5	1.1	1.1	HJ210E	61.2	69.2	6000	7500	0.505
NU211E	NJ211E	NUP211E	N211E	NH211E	55	100	21	66	90	1.5	1.1	HJ211E	80.2	95.5	5300	6700	0.68

续表

轴承型号					外形尺寸							斜挡圈型号	基本额定载荷/kN		极限转速/(r/min)		质量 W/kg
NU 型	NJ 型	NUP 型	N 型	NH 型	d	D	B	F_w	E_w	r_{smin}	r_{1smin}		C_r	C_{0r}	脂润滑	油润滑	$\approx$
NU212E	NJ212E	NUP212E	N212E	NH212E	60	110	22	72	100	1.5	1.5	HJ212E	89.8	102	5000	6300	0.86
NU213E	NJ213E	NUP213E	N213E	NH213E	65	120	23	78.5	108.5	1.5	1.5	HJ213E	102	118	4500	5600	1.08
NU214E	NJ214E	NUP214E	N214E	NH214E	70	125	24	83.5	113.5	1.5	1.5	HJ214E	112	135	4300	5300	1.2
NU215E	NJ215E	NUP215E	N215E	NH215E	75	130	25	88.5	118.5	1.5	1.5	HJ215E	125	155	4000	5000	1.32
NU216E	NJ216E	NUP216E	N216E	NH216E	80	140	26	95.3	127.3	2	2	HJ216E	132	165	3800	4800	1.58
NU217E	NJ217E	NUP217E	N217E	NH217E	85	150	28	100.5	136.5	2	2	HJ217E	158	192	3600	4500	2
NU218E	NJ218E	NUP218E	N218E	NH218E	90	160	30	107	145	2	2	HJ218E	172	215	3400	4300	2.44
NU219E	NJ219E	NUP219E	N219E	NH219E	95	170	32	112.5	154.5	2.1	2.1	HJ219E	208	262	3200	4000	2.96
NU220E	NJ220E	NUP220E	N220E	NH220E	100	180	34	119	163	2.1	2.1	HJ220E	235	302	3000	3800	3.58
NU221E	NJ221E	NUP221E	N221E	NH221E	105	190	36	125	173	2.1	2.1	HJ221E	260	334	2800	3600	4.15
NU222E	NJ222E	NUP222E	N222E	NH222E	110	200	38	132.5	180.5	2.1	2.1	HJ222E	278	360	2600	3400	5.02
NU224E	NJ224E	NUP224E	N224E	NH224E	120	215	40	143.5	195.5	2.1	2.1	HJ224E	322	422	2200	3000	6.11
NU226E	NJ226E	NUP226E	N226E	NH226E	130	230	40	153.5	209.5	3	3	HJ226E					
NU228E	NJ228E	NUP228E	N228E	NH228E	140	250	42	169	225	3	3	HJ228E					
NU230E	NJ230E	NUP230E	N230E	NH230E	150	270	45	182	242	3	3	HJ230E					
NU232E	NJ232E	NUP232E	N232E	NH232E	160	290	48	195	259	3	3	HJ232E					
NU234E	NJ234E	NUP234E	N234E	NH234E	170	310	52	207	279	4	4	HJ234E					
NU236E	NJ236E	NUP236E	N236E	NH236E	180	320	52	217	289	4	4	HJ236E					
NU238E	NJ238E	NUP238E	N238E	NH238E	190	340	55	230	306	4	4	HJ238E					
NU240E	NJ240E	NUP240E	N240E	NH240E	200	360	58	243	323	4	4	HJ240E					
NU2203E	NJ2203E	NUP2203E	N2203E	NH2203E	17	40	16	22.1	35.1	0.6	0.6	HJ2203E	30.8	30.0	12 000	16 000	0.149
NU2204E	NJ2204E	NUP2204E	N2204E	NH2204E	20	47	18	26.5	41.5	1	0.6	HJ2204E	32.8	33.8	11 000	14 000	0.168
NU2205E	NJ2205E	NUP2205E	N2205E	NH2205E	25	52	18	31.5	46.5	1	0.6	HJ2205E	45.5	48.0	8500	11 000	0.268
NU2206E	NJ2206E	NUP2206E	N2206E	NH2206E	30	62	20	37.5	55.5	1	0.6	HJ2206E	57.5	63.0	7500	9500	0.414
NU2207E	NJ2207E	NUP2207E	N2207E	NH2207E	35	72	23	44	64	1.1	0.6	HJ2207E					
NU2208E	NJ2208E	NUP2208E	N2208E	NH2208E	40	80	23	49.5	71.5	1.1	1.1	HJ2208E	67.5	75.2	7000	9000	0.507
NU2209E	NJ2209E	NUP2209E	N2209E	NH2209E	45	85	23	54.5	76.5	1.1	1.1	HJ2209E	71.0	82.0	6300	8000	0.55
NU2210E	NJ2210E	NUP2210E	N2210E	NH2210E	50	90	23	59.5	81.5	1.1	1.1	HJ2210E	74.2	88.8	6000	7500	0.59
NU2211E	NJ2211E	NUP2211E	N2211E	NH2211E	55	100	25	66	90	1.5	1.1	HJ2211E	94.8	118	5300	6700	0.81
NU2212E	NJ2212E	NUP2212E	N2212E	NH2212E	60	110	28	72	100	1.5	1.5	HJ2212E	122	152	5000	6300	1.12

续表

轴承型号					外形尺寸							斜挡圈型号	基本额定载荷/kN		极限转速/(r/min)		质量 W/kg
NU 型	NJ 型	NUP 型	N 型	NH 型	d	D	B	F_w	E_w	$r_{s\min}$	$r_{1s\min}$	型号	C_r	C_{0r}	脂润滑	油润滑	≈
NU2213E	NJ2213E	NUP2213E	N2213E	NH2213E	65	120	31	78.5	108.5	1.5	1.5	HJ2213E	142	180	4500	5600	1.48
NU2214E	NJ2214E	NUP2214E	N2214E	NH2214E	70	125	31	83.5	113.5	1.5	1.5	HJ2214E	148	192	4300	5300	1.56
NU2215E	NJ2215E	NUP2215E	N2215E	NH2215E	75	130	31	88.5	118.5	1.5	1.5	HJ2215E	155	205	4000	5000	1.64
NU2216E	NJ2216E	NUP2216E	N2216E	NH2216E	80	140	33	95.3	127.3	2	2	HJ2216E	178	242	3800	4800	2.05
NU2217E	NJ2217E	NUP2217E	N2217E	NH2217E	85	150	36	100.5	136.5	2	2	HJ2217E	205	272	3600	4500	2.58
NU2218E	NJ2218E	NUP2218E	N2218E	NH2218E	90	160	40	107	145	2	2	HJ2218E	230	312	3400	4300	3.26
NU2219E	NJ2219E	NUP2219E	N2219E	NH2219E	95	170	43	112.5	154.5	2.1	2.1	HJ2219E	275	368	3200	4000	3.97
NU2220E	NJ2220E	NUP2220E	N2220E	NH2220E	100	180	46	119	163	2.1	2.1	HJ2220E	318	440	3000	3800	4.86
NU2222E	NJ2222E	NUP2222E	N2222E	NH2222E	110	200	53	132.5	180.5	2.1	2.1	HJ2222E					
NU2224E	NJ2224E	NUP2224E	N2224E	NH2224E	120	215	58	143.5	195.5	2.1	2.1	HJ2224E					
NU2226E	NJ2226E	NUP2226E	N2226E	NH2226E	130	230	64	153.5	209.5	3	3	HJ2226E					
NU2228E	NJ2228E	NUP2228E	N2228E	NH2228E	140	250	68	169	225	3	3	HJ2228E					
NU2230E	NJ2230E	NUP2230E	N2230E	NH2230E	150	270	73	182	242	3	3	HJ2230E					
NU2232E	NJ2232E	NUP2232E	N2232E	NH2232E	160	290	80	193	259	3	3	HJ2232E					
NU2234E	NJ2234E	NUP2234E	N2234E	NH2234E	170	310	86	205	279	4	4	HJ2234E					
NU2236E	NJ2236E	NUP2236E	N2236E	NH2236E	180	320	86	215	289	4	4	HJ2236E					
NU2238E	NJ2238E	NUP2238E	N2238E	NH2238E	190	340	92	228	306	4	4	HJ2238E					
NU2240E	NJ2240E	NUP2240E	N2240E	NH2240E	200	360	98	241	323	4	4	HJ2240E					
NU303E	NJ303E	NUP303E	N303E	NH303E	17	47	14	24.2	40.2	1	0.6	HJ303E	—	—			
NU304E	NJ304E	NUP304E	N304E	NH304E	20	52	15	27.5	45.5	1.1	0.6	HJ304E	29.0	25.5	11 000	15 000	0.155
NU305E	NJ305E	NUP305E	N305E	NH305E	25	62	17	34	54	1.1	1.1	HJ305E	38.5	35.8	9000	12 000	0.2
NU306E	NJ306E	NUP306E	N306E	NH306E	30	72	19	40.5	62.5	1.1	1.1	HJ306E	49.2	48.2	8000	10 000	0.377
NU307E	NJ307E	NUP307E	N307E	NH307E	35	80	21	46.2	70.2	1.5	1.1	HJ307E	62.4	62.6	7000	9000	0.56

轴承型号					外形尺寸							斜挡圈型号	基本额定载荷/kN		极限转速/(r/min)		质量 W/kg
NU型	NJ型	NUP型	N型	NH型	d	D	B	F_w	E_w	r_{smin}	r_{1smin}		C_r	C_{0r}	脂润滑	油润滑	≈
NU308E	NJ308E	NUP308E	N308E	NH308E	40	90	23	52	80	1.5	1.5	HJ308E	76.8	77.8	6300	8000	0.68
NU309E	NJ309E	NUP309E	N309E	NH309E	45	100	25	58.5	88.5	1.5	1.5	HJ309E	93.0	98.0	5600	7000	0.93
NU310E	NJ310E	NUP310E	N310E	NH310E	50	110	27	65	97	2	2	HJ310E	105	112	5300	6700	1.2
NU311E	NJ311E	NUP311E	N311E	NH311E	55	120	29	70.5	106.5	2	2	HJ311E	128	138	4800	6000	1.53
NU312E	NJ312E	NUP312E	N312E	NH312E	60	130	31	77	115	2.1	2.1	HJ312E	142	155	4500	5600	1.87
NU313E	NJ313E	NUP313E	N313E	NH313E	65	140	33	82.5	124.5	2.1	2.1	HJ313E	170	188	4000	5000	2.31
NU314E	NJ314E	NUP314E	N314E	NH314E	70	150	35	89	133	2.1	2.1	HJ314E	195	220	3800	4800	2.86
NU315E	NJ315E	NUP315E	N315E	NH315E	75	160	37	95	143	2.1	2.1	HJ315E	228	260	3600	4500	3.43
NU316E	NJ316E	NUP316E	N316E	NH316E	80	170	39	101	151	2.1	2.1	HJ316E	245	282	3400	4300	4.05
NU317E	NJ317E	NUP317E	N317E	NH317E	85	180	41	108	160	3	3	HJ317E	280	332	3200	4000	4.82
NU318E	NJ318E	NUP318E	N318E	NH318E	90	190	43	113.5	169.5	3	3	HJ318E	298	348	3000	3800	5.59
NU319E	NJ319E	NUP319E	N319E	NH319E	95	200	45	121.5	177.5	3	3	HJ319E	315	380	2800	3600	6.52
NU320E	NJ320E	NUP320E	N320E	NH320E	100	215	47	127.5	191.5	3	3	HJ320E	365	425	2600	3200	7.89
NU321E	NJ321E	NUP321E	N321E	NH321E	105	225	49	133	201	3	3	HJ321E					
NU322E	NJ322E	NUP322E	N322E	NH322E	110	240	50	143	211	3	3	HJ322E					
NU324E	NJ324E	NUP324E	N324E	NH324E	120	260	55	154	230	3	3	HJ324E					
NU326E	NJ326E	NUP326E	N326E	NH326E	130	280	58	167	247	4	4	HJ326E					
NU328E	NJ328E	NUP328E	N328E	NH328E	140	300	62	180	260	4	4	HJ328E					
NU330E	NJ330E	NUP330E	N330E	NH330E	150	320	65	193	283	4	4	HJ330E					
NU332E	NJ332E	NUP332E	N332E	NH332E	160	340	68	204	300	4	4	HJ332E					
NU334E	NJ334E	—	N334E	NH334E	170	360	72	218	318	4	4	HJ334E					
NU336E	NJ336E	—	—	NH336E	180	380	75	231	—	4	4	HJ336E					
NU338E	—	—	—	—	190	400	78	245	—	5	5	—					
NU340E	NJ340E	—	—	—	200	420	80	258	—	5	5	—					

续表

NU型	NJ型	NUP型	N型	NH型	外形尺寸 d	D	B	F_w	E_w	r_{smin}	r_{1smin}	斜挡圈型号	C_r	C_{0r}	脂润滑	油润滑	质量 W/kg ≈
NU2304E	NJ2304E	NUP2304E	N2304E	NH2304E	20	52	21	27.5	45.5	1.1	0.6	HJ2304E	29.0	37.5	10 000	14 000	0.216
NU2305E	NJ2305E	NUP2305E	N2305E	NH2305E	25	62	24	34	54	1.1	1.1	HJ2305E	53.2	54.5	9000	12 000	0.355
NU2306E	NJ2306E	NUP2306E	N2306E	NH2306E	30	72	27	40.5	62.5	1.1	1.1	HJ2306E	70.0	75.5	8000	10 000	0.538
NU2307E	NJ2307E	NUP2307E	N2307E	NH2307E	35	80	31	46.2	70.2	1.5	1.1	HJ2307E	87.5	98.2	7000	9000	0.738
NU2308E	NJ2308E	NUP2308E	N2308E	NH2308E	40	90	33	52	80	1.5	1.5	HJ2308E	105	118	6300	8000	0.974
NU2309E	NJ2309E	NUP2309E	N2309E	NH2309E	45	100	36	58.5	88.5	1.5	1.5	HJ2309E	130	152	5600	7000	1.34
NU2310E	NJ2310E	NUP2310E	N2310E	NH2310E	50	110	40	65	97	2	2	HJ2310E	155	185	5300	6700	1.79
NU2311E	NJ2311E	NUP2311E	N2311E	NH2311E	55	120	43	70.5	106.5	2	2	HJ2311E	190	228	4800	6000	2.28
NU2312E	NJ2312E	NUP2312E	N2312E	NH2312E	60	130	46	77	115	2.1	2.1	HJ2312E	212	260	4500	5600	2.81
NU2313E	NJ2313E	NUP2313E	N2313E	NH2313E	65	140	48	82.5	124.5	2.1	2.1	HJ2313E	235	285	4000	5000	3.34
NU2314E	NJ2314E	NUP2314E	N2314E	NH2314E	70	150	51	89	133	2.1	2.1	HJ2314E	260	320	3800	4800	4.1
NU2315E	NJ2315E	NUP2315E	N2315E	NH2315E	75	160	55	95	143	2.1	2.1	HJ2315E					
NU2316E	NJ2316E	NUP2316E	N2316E	NH2316E	80	170	58	101	151	2.1	2.1	HJ2316E					
NU2317E	NJ2317E	NUP2317E	N2317E	NH2317E	85	180	60	108	160	3	3	HJ2317E					
NU2318E	NJ2318E	NUP2318E	N2318E	NH2318E	90	190	64	113.5	169.5	3	3	HJ2318E					
NU2319E	NJ2319E	NUP2319E	N2319E	NH2319E	95	200	67	121.5	177.5	3	3	HJ2319E					
NU2320E	NJ2320E	NUP2320E	N2320E	NH2320E	100	215	73	127.5	191.5	3	3	HJ2320E					
NU2322E	NJ2322E	NUP2322E	N2322E	NH2322E	110	240	80	143	211	3	3	HJ2322E					
NU2324E	NJ2324E	NUP2324E	N2324E	NH2324E	120	260	86	154	230	3	3	HJ2324E					
NU2326E	NJ2326E	NUP2326E	N2326E	NH2326E	130	280	93	167	247	4	4	HJ2326E					
NU2328E	NJ2328E	NUP2328E	N2328E	—	140	300	102	180	260	4	4	HJ2328E					
NU2330E	NJ2330E	NUP2330E	N2330E	—	150	320	108	193	283	4	4	HJ2330E					
NU2332E	NJ2332E	NUP2332E	N2332E	—	160	340	114	204	300	4	4	HJ2332E					
NU2334E	NJ2334E	—	—	—	170	360	120	216	—	4	4	—					
NU2336E	NJ2336E	—	—	—	180	380	126	227	—	4	4	—					
NU2338E	NJ2338E	—	—	—	190	400	132	240	—	5	5	—					
NU2340E	NJ2340E	—	—	—	200	420	138	253	—	5	5	—					

续表

轴承型号		外形尺寸							基本额定载荷/kN		极限转速/(r/min)		质量 W/kg
NU型	N型	d	D	B	F_w	E_w	r_{smin}	r_{1smin}	C_r	C_{0r}	脂润滑	油润滑	≈
NU1005	N1005	25	47	12	30.5	41.5	1	0.3	11.0	10.2	11 000	15 000	0.1
NU1006	N1006	30	55	13	36.5	48.5	1	0.6					
NU1007	N1007	35	62	14	42	55	1	0.6					
NU1008	N1008	40	68	15	47	61	1	0.6	21.2	22.0	7500	9500	0.22
NU1009	N1009	45	75	16	52.5	67.5	1	0.6	22.8	23.5	7000	9000	—
NU1010	N1010	50	80	16	57.5	72.5	1	0.6	25.0	27.5	6300	8000	—
NU1011	N1011	55	90	18	64.5	80.5	1.1	1	35.8	40.0	5600	7000	0.45
NU1012	N1012	60	95	18	69.5	85.5	1.1	1	38.5	45.0	5300	6700	0.48
NU1013	N1013	65	100	18	74.5	90.5	1.1	1					
NU1014	N1014	70	110	20	80	100	1.1	1	47.5	57.0	4800	6000	0.71
NU1015	N1015	75	115	20	85	105	1.1	1					
NU1016	N1016	80	125	22	91.5	113.5	1.1	1	59.2	77.8	4300	5300	1
NU1017	N1017	85	130	22	96.5	118.5	1.1	1					
NU1018	N1018	90	140	24	103	127	1.5	1.1	74.0	94.8	3800	4800	1.36
NU1019	N1019	95	145	24	108	132	1.5	1.1					
NU1020	N1020	100	150	24	113	137	1.5	1.1	78.0	102	3400	4300	1.5
NU1021	N1021	105	160	26	119.5	145.5	2	1.1	91.5	122	3200	4200	1.9
NU1022	N1022	110	170	28	125	155	2	1.1	115	155	3000	3800	2.3
NU1024	N1024	120	180	28	135	165	2	1.1	130	168	2600	3400	2.96
NU1026	N1026	130	200	33	148	182	2	1.1	152	212	2400	3200	3.7
NU1028	N1028	140	210	33	158	192	2	1.1	158	220	2000	2800	4
NU1030	N1030	150	225	35	169.5	205.5	2.1	1.5	188	268	1900	2600	4.8
NU1032	N1032	160	240	38	180	220	2.1	1.5	212	302	1800	2400	6
NU1034	N1034	170	260	42	193	237	2.1	2.1	255	365	1700	2200	8.14
NU1036	N1036	180	280	46	205	255	2.1	2.1	300	438	1600	2000	10.1
NU1038	N1038	190	290	46	215	265	2.1	2.1	335	495	1500	1900	12.0
NU1040	N1040	200	310	51	229	281	2.1	2.1	408	615	1400	1800	14.3

9.6.4 双列圆柱滚子轴承 (见表 9-43)

表 9-43 双列圆柱滚子轴承 (GB/T 285—2013)

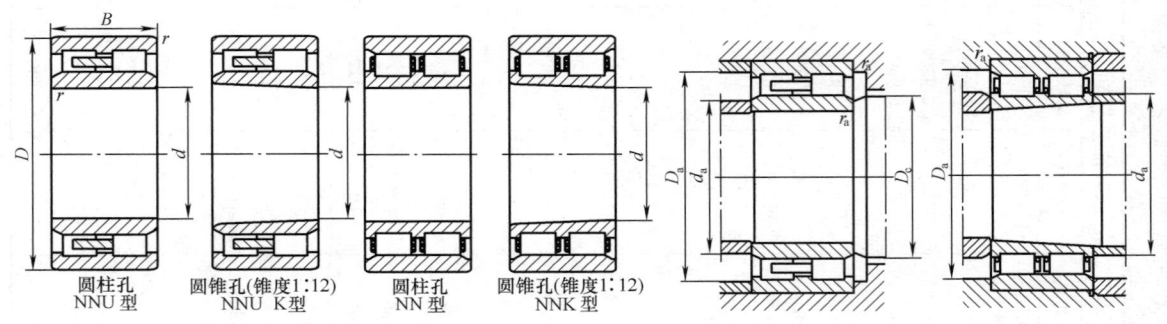

圆柱孔　　圆锥孔(锥度1:12)　　圆柱孔　　圆锥孔(锥度1:12)
NNU 型　　NNU K型　　　　　NN 型　　　NNK 型

基 本 尺 寸			安 装 尺 寸			基本额定载荷		极 限 转 速		轴 承 代 号	
			d_a min	D_a min	r_a max	C_r	C_{0r}	脂润滑	油润滑	圆柱孔 NN0000 型 NNU0000 型	圆锥孔 NN0000K 型 NNU0000K 型
d	D	B									
mm			mm			kN		r/min		—	
25	47	16	29	42	0.6	24.8	28.5	13 000	16 000	—	NN3005K
30	55	19	35	49	1	29.2	35.5	11 000	14 000	NN3006	NN3006K
35	62	20	40	56	1	37.2	47.5	10 000	13 000	NN3007	NN3007K
40	68	21	45	62	1	40.8	53.2	9000	12 000	NN3008	NN3008K
45	75	23	50	69	1	47.5	62.2	8000	10 000	NN3009	NN3009K
50	80	23	55	74	1	50.2	69.8	7500	9000	NN3010	NN3010K
55	90	26	61.5	82	1	65.8	91.8	6700	8000	NN3011	NN3011K
60	95	26	66.5	87	1	70.0	100	6300	7500	NN3012	NN3012K
65	100	26	71.5	92	1	72.5	110	6000	7000	NN3013	NN3013K
70	110	30	76.5	101	1	92.0	142	5300	6700	NN3014	NN3014K
75	115	30	81.5	106	1	92.0	142	5000	6000	NN3015	NN3015K
80	125	34	86.5	114	1	112	175	4800	5600	NN3016	NN3016K
85	130	34	91.5	119	1	118	195	4500	5300	NN3017	NN3017K
90	140	37	98	129	1.5	132	205	4300	5000	NN3018	NN3018K
95	145	37	103	134	1.5	135	220	4000	4800	NN3019	NN3019K
100	140	40	106.5	—	1	122	242	4000	4800	NNU4920	NNU4920K
	150	37	108	139	1.5	142	238	3800	4500	NN3020	NN3020K
105	145	40	111.5	—	1	122	248	3800	4500	NNU4921	NNU4921K
	160	41	114	148	2	180	290	3600	4300	NN3021	NN3021K
110	150	40	116.5	—	1	125	258	3800	4500	NNU4922	NNU4922K
	170	45	119	157	2	208	342	3400	4000	NN3022	NN3022K
120	165	45	126.5	—	1	168	322	3400	4000	NNU4924	NNU4924K
	180	46	129	167	2	218	370	3200	3800	NN3024	NN3024K
130	180	50	138	—	1.5	178	370	3000	3600	NNU4926K	NNU4926K
	200	52	139	183	2	272	452	2800	3400	NN3026	NN3026K
140	190	50	148	—	1.5	180	380	2800	3400	NNU4928K	NNU4928K
	210	53	149	194	2	282	495	2600	3200	NN3028	NN3028K
150	210	60	159	—	2	312	622	2600	3200	NNU4930	NNU4930K
	225	56	161	208	2.1	312	542	2400	3000	NN3030	NN3030K
160	220	60	169	—	2	312	645	2400	3000	NNU4932	NNU4932K
	240	60	171	221	2.1	350	622	2200	2800		NN3032K
170	230	60	179	—	2	320	660	2200	2800	NNU4934	NNU4934K

9.6.5　调心球轴承（见表 9-44）

表 9-44　　　　　　　　　　　　调心球轴承（GB/T 281—2013）

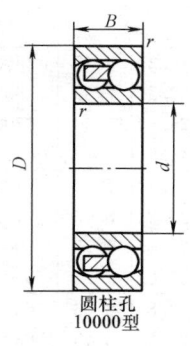
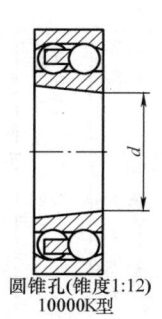
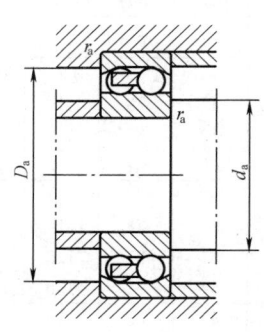

圆柱孔
10000型　　　　　圆锥孔(锥度1:12)
10000K型

基本尺寸			安装尺寸			计算系数				基本额定载荷		极限转速		轴承代号
d	D	B	d_a max	D_a max	r_a max	e	Y_1	Y_2	Y_0	C_r	C_{0r}	脂润滑	油润滑	圆柱孔 10000
mm			mm			—				kN		r/min		—
10	30	9	15	25	0.6	0.32	2.0	3.0	2.0	5.48	1.20	24 000	28 000	1200
	30	14	15	25	0.6	0.62	1.0	1.6	1.1	7.12	1.58	24 000	28 000	2200
	35	11	15	30	0.6	0.33	1.9	3.0	2.0	7.22	1.62	20 000	24 000	1300
	35	17	15	30	0.6	0.66	0.95	1.5	1.0	11.0	2.45	18 000	22 000	2300
12	32	10	17	27	0.6	0.33	1.9	2.9	2.0	5.55	1.25	22 000	26 000	1201
	32	14	17	27	0.6	—	—	—	—	8.80	1.80	22 000	26 000	2201
	37	12	18	31	1	0.35	1.8	2.8	1.9	9.42	2.12	18 000	22 000	1301
	37	17	18	31	1	—	—	—	—	12.5	2.72	17 000	22 000	2301
15	35	11	20	30	0.6	0.33	1.9	3.0	2.0	7.48	1.75	18 000	22 000	1202
	35	14	20	30	0.6	0.50	1.3	2.0	1.3	7.65	1.80	18 000	22 000	2202
	42	13	21	36	1	0.33	1.9	2.9	2.0	9.50	2.28	16 000	20 000	1302
	42	17	21	36	1	0.51	1.2	1.9	1.3	12.0	2.88	14 000	18 000	2302
17	40	12	22	35	0.6	0.31	2.0	3.2	2.1	7.90	2.02	16 000	20 000	1203
	40	16	22	35	0.6	0.50	1.2	1.9	1.3	9.00	2.45	16 000	20 000	2203
	47	14	23	41	1	0.33	1.9	3.0	2.0	12.5	3.18	14 000	17 000	1303
	47	19	23	41	1	0.52	1.2	1.9	1.3	14.5	3.58	13 000	16 000	2303
20	47	14	26	41	1	0.27	2.3	3.6	2.4	9.95	2.65	14 000	17 000	1204
	47	18	26	41	1	0.48	1.3	2.0	1.4	12.5	3.28	14 000	17 000	2204
	52	15	27	45	1	0.29	2.2	3.4	2.3	12.5	3.38	12 000	15 000	1304
	52	21	27	45	1	0.51	1.2	1.9	1.3	17.8	4.75	11 000	14 000	2304
25	52	15	31	46	1	0.27	2.3	3.6	2.4	12.0	3.30	12 000	14 000	1205
	52	18	31	46	1	0.41	1.5	2.3	1.5	12.5	3.40	12 000	14 000	2205
	62	17	32	55	1	0.27	2.3	3.5	2.4	17.8	5.05	10 000	13 000	1305
	62	24	32	55	1	0.47	1.3	2.1	1.4	24.5	6.48	9500	12 000	2305
30	62	16	36	56	1	0.24	2.6	4.0	2.7	15.8	4.70	10 000	12 000	1206
	62	20	36	56	1	0.39	1.6	2.4	1.7	15.2	4.60	10 000	12 000	2206
	72	19	37	65	1	0.26	2.4	3.8	2.6	21.5	6.28	8500	11 000	1306
	72	27	37	65	1	0.44	1.4	2.2	1.5	31.5	8.68	8000	10 000	2306
35	72	17	42	65	1	0.23	2.7	4.2	2.9	15.8	5.08	8500	10 000	1207
	72	23	42	65	1	0.38	1.7	2.6	1.8	21.8	6.65	8500	10 000	2207
	80	21	44	71	1.5	0.25	2.6	4.0	2.7	25.0	7.95	7500	9500	1307
	80	31	44	71	1.5	0.46	1.4	2.1	1.4	39.2	11.0	7100	9000	2307

基本尺寸			安装尺寸			计算系数				基本额定载荷		极限转速		轴承代号
d	D	B	d_a max	D_a max	r_a max	e	Y_1	Y_2	Y_0	C_r	C_{0r}	脂润滑	油润滑	圆柱孔 10000
mm			mm			—				kN		r/min		—
40	80	18	47	73	1	0.22	2.9	4.4	3.0	19.2	6.40	7500	9000	1208
	80	23	47	73	1	0.24	1.9	2.9	2.0	22.5	7.38	7500	9000	2208
	90	23	49	81	1.5	0.24	2.6	4.0	2.7	29.5	9.50	6700	8500	1308
	90	33	49	81	1.5	0.43	1.5	2.3	1.5	44.8	13.2	6300	8000	2308
45	85	19	52	78	1	0.21	2.9	4.6	3.1	21.8	7.32	7100	8500	1209
	85	23	52	78	1	0.31	2.1	3.2	2.2	23.2	8.00	7100	8500	2209
	100	25	54	91	1.5	0.25	2.5	3.9	2.6	38.0	12.8	6000	7500	1309
	100	36	54	91	1.5	0.42	1.5	2.3	1.6	55.0	16.2	5600	7100	2309
50	90	20	57	83	1	0.20	3.1	4.8	3.3	22.8	8.08	6300	8000	1210
	90	23	57	83	1	0.29	2.2	3.4	2.3	23.2	8.45	6300	8000	2210
	110	27	60	100	2	0.24	2.7	4.1	2.8	43.2	14.2	5600	6700	1310
	110	40	60	100	2	0.43	1.5	2.3	1.6	64.5	19.8	5000	6300	2310
55	100	21	64	91	1.5	0.20	3.2	5.0	3.4	26.8	10.0	6000	7100	1211
	100	25	64	91	1.5	0.28	2.3	3.5	2.4	26.8	9.95	6000	7100	2211
	120	29	65	110	2	0.23	2.7	4.2	2.8	51.5	18.2	5000	6300	1311
	120	43	65	110	2	0.41	1.5	2.4	1.6	75.2	23.5	4800	6000	2311
60	110	22	69	101	1.5	0.19	3.4	5.3	3.6	30.2	11.5	5300	6300	1212
	110	28	69	101	1.5	0.28	2.3	3.5	2.4	34.0	12.5	5300	6300	2212
	130	31	72	118	2.1	0.23	2.8	4.3	2.9	57.2	20.8	4500	5600	1312
	130	46	72	118	2.1	0.41	1.6	2.5	1.6	86.8	27.5	4300	5300	2312
65	120	23	74	111	1.5	0.17	3.7	5.7	3.9	31.0	12.5	4800	6000	1213
	120	31	74	111	1.5	0.28	2.3	3.5	2.4	43.5	16.2	4800	6000	2213
	140	33	77	128	2.1	0.23	2.8	4.3	2.9	61.8	22.8	4300	5300	1313
	140	48	77	128	2.1	0.38	1.6	2.6	1.7	96.0	32.5	3800	4800	2313
70	125	24	79	116	1.5	0.18	3.5	5.4	3.7	34.5	13.5	4800	5600	1214
	125	31	79	116	1.5	0.27	2.4	3.7	2.5	44.0	17.0	4500	5600	2214
	150	35	82	138	2.1	0.22	2.8	4.4	2.9	74.5	27.5	4000	5000	1314
	150	51	82	138	2.1	0.38	1.7	2.6	1.8	110	37.5	3600	4500	2314
75	130	25	84	121	1.5	0.17	3.6	5.6	3.8	38.8	15.2	4300	5300	1215
	130	31	84	121	1.5	0.25	2.5	3.9	2.6	44.2	18.0	4300	5300	2215
	160	37	87	148	2.1	0.22	2.8	4.4	3.0	79.0	29.8	3800	4500	1315
	160	55	87	148	2.1	0.38	1.7	2.6	1.7	122	42.8	3400	4300	2315
80	140	26	90	130	2	0.18	3.6	5.5	3.7	39.5	16.8	4000	5000	1216
	140	33	90	130	2	0.25	2.5	3.9	2.6	48.8	20.2	4000	5000	2216
	170	39	92	158	2.1	0.22	2.9	4.5	3.1	88.5	32.8	3600	4300	1316
	170	58	92	158	2.1	0.39	1.6	2.5	1.7	128	45.5	3200	4000	2316
85	150	28	95	140	2	0.17	3.7	5.7	3.9	48.8	20.5	3800	4500	1217
	150	36	95	140	2	0.25	2.5	3.8	2.6	58.2	23.5	3800	4500	2217
	180	41	99	166	2.5	0.22	2.9	4.5	3.0	97.8	37.8	3400	4000	1317
	180	60	99	166	2.5	0.38	1.7	2.6	1.7	140	51.0	3000	2800	2317
90	160	30	100	150	2	0.17	3.8	5.7	4.0	56.5	23.2	3600	4300	1218
	160	40	100	150	2	0.27	2.4	3.7	2.5	70.0	28.5	3600	4300	2218
	190	43	104	176	2.5	0.22	2.8	4.4	2.9	115	44.5	3200	3800	1318
	190	64	104	176	2.5	0.39	1.6	2.5	1.7	142	57.2	2800	3600	2318
95	170	32	107	158	2.1	0.17	3.7	5.7	3.9	63.5	27.0	3400	4000	1219
	170	43	107	158	2.1	0.26	2.4	3.7	2.5	82.8	33.8	3400	4000	2219

续表

基本尺寸			安装尺寸			计算系数				基本额定载荷		极限转速		轴承代号
d	D	B	d_a max	D_a max	r_a max	e	Y_1	Y_2	Y_0	C_r	C_{0r}	脂润滑	油润滑	圆柱孔 10000
mm			mm			—				kN		r/min		—
95	200	45	109	186	2.5	0.23	2.8	4.3	2.9	132	50.8	3000	3600	1319
	200	67	109	186	2.5	0.38	1.7	2.6	1.8	162	64.2	2800	3400	2319
100	180	34	112	168	2.1	0.18	3.5	5.4	3.7	68.5	29.2	3200	3800	1220
	180	46	112	168	2.1	0.27	2.3	3.6	2.5	97.2	40.5	3200	3800	2220
	215	47	114	201	2.5	0.24	2.7	4.1	2.8	142	57.2	2800	3400	1320
	215	73	114	201	2.5	0.37	1.7	2.6	1.8	192	78.5	2400	3200	2320

注：圆锥孔轴承的尺寸、性能与圆柱孔轴承相同，只在其相应轴承代号后加"K"字，如 1213 改作 1213K。

9.6.6 调心滚子轴承（见表 9-45）

表 9-45　　　　　　　　　　　调心滚子轴承（摘自 GB/T 288—2013）

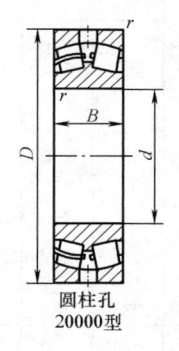
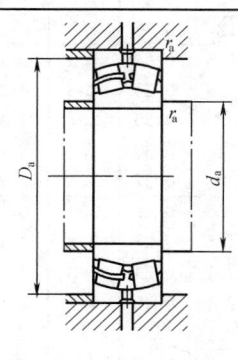

圆柱孔
20000型

基本尺寸			安装尺寸			计算系数				基本额定载荷		极限转速		轴承代号
d	D	B	d_a min	D_a max	r_a max	e	Y_1	Y_2	Y_0	C_r	C_{0r}	脂润滑	油润滑	圆柱孔
mm			mm			—				kN		r/min		
20	52	15	27	45	1.1	0.31	2.2	3.3	2.2	30.8	31.2	6000	7500	21304
25	52	18	30	46	1	0.35	1.9	2.9	1.9	35.8	36.8	8000	10 000	22205
	62	17	32	55	1.1	0.29	2.4	3.5	2.3	41.5	44.2	5300	6700	21305
30	62	20	36	56	1	0.35	1.9	2.8	1.9	30.5	38.2	5300	6700	22206
	62	20	36	56	1	0.33	2.0	3.0	2.0	51.8	56.8	6300		
	62	20	36	56	1	0.32	2.1	3.1	2.1	50.5	55.0	6700		
	72	19	37	65	1.1	0.27	2.5	3.7	2.4	55.8	62.0	4500	6000	21306
35	72	23	42	65	1.1	0.36	1.9	2.8	1.8	45.2	59.5	4800	6000	22207
	72	23	42	65	1	0.31	2.1	3.2	2.1	66.5	76.0	5300		
	72	23	42	65	1	0.32	2.1	3.2	2.1	68.5	79.0	5600		
	80	21	44	71	1.5	0.27	2.5	3.8	2.5	63.5	73.2	4000	5300	21307
40	80	23	47	73	1.1	0.32	2.1	3.1	2.1	49.8	68.5	4500	5600	22208
	80	23	47	73	1	0.28	2.4	3.6	2.3	78.5	90.8	5000		
	80	23	47	73	1	0.28	2.4	3.6	2.4	77.0	88.5	5000		
	90	23	49	81	1.5	0.26	2.6	3.8	2.5	85.0	96.2	3600	4500	21308
	90	33	49	81	1.5	0.42	1.6	2.4	1.6	73.5	90.5	4000	5000	22308
	90	33	49	81	1.5	0.38	1.8	2.6	1.7	120	138	4300		

基本尺寸			安装尺寸			计算系数				基本额定载荷		极限转速		轴承代号
d	D	B	d_a min	D_a max	r_a max	e	Y_1	Y_2	Y_0	C_r	C_{0r}	脂润滑	油润滑	圆柱孔
mm			mm			—				kN		r/min		—
40	90	33	49	81	1.5	0.38	1.8	2.7	1.8	120	138	4500	6000	22308
45	85	23	52	78	1.1	0.30	2.3	3.4	2.2	52.2	73.2	4000	5000	22209
	85	23	52	78	1	0.27	2.5	3.8	2.5	82.0	97.5	4500		
	85	23	52	78	1	0.26	2.6	3.8	2.5	80.5	95.2	4500		
	100	25	54	91	1.5	0.25	2.7	4.0	2.6	100	115	3200	4000	21309
	100	36	54	91	1.5	0.41	1.6	2.4	1.6	108	140	3600	4500	22309
	100	36	54	91	1.5	0.38	1.8	2.6	1.7	142	170	3800		
	100	36	54	91	1.5	0.37	1.8	2.7	1.8	142	170	4000		
50	90	23	57	83	1.1	0.30	2.4	3.6	2.4	52.2	73.2	3800	4800	22210
	90	23	57	83	1	0.24	2.8	4.1	2.7	84.5	105	4000		
	110	27	60	100	2	0.25	2.7	4.0	2.6	120	140	2800	3800	21310
	110	40	60	100	2	0.41	1.6	2.4	1.6	128	170	3400	4300	22310
	110	40	60	100	2	0.37	1.8	2.7	1.8	175	210	3400		
55	100	25	64	91	1.5	0.28	2.5	3.7	2.4	60	87.2	3400	4300	22211
	100	25	64	91	1.5	0.24	2.8	4.1	2.7	102	125	3600		
	120	29	65	110	2	0.25	2.7	4.1	2.7	142	170	2600	3400	21311
	120	43	65	110	2	0.39	1.7	2.6	1.7	155	198	3000	3800	22311
	120	43	65	110	2	0.37	1.8	2.7	1.8	208	250	3000		
60	110	28	69	101	1.5	0.28	2.4	3.6	2.4	81.8	122	3200	4000	22212
	110	28	69	101	1.5	0.24	2.8	4.1	2.7	122	155	3200		
	130	31	72	118	2.1	0.24	2.8	4.2	2.7	162	195	2400	3200	21312
	130	46	72	118	2.1	0.40	1.7	2.5	1.6	168	225	2800	3600	22312
	130	46	72	118	2.1	0.37	1.8	2.7	1.8	238	285	2800		
65	120	31	74	111	1.5	0.28	2.4	3.6	2.4	88.5	128	2800	3600	22213
	120	31	74	111	1.5	0.25	2.7	4.0	2.6	150	195	2800		
	140	33	77	128	2.1	0.24	2.9	4.3	2.8	182	228	2200	3000	21313
	140	48	77	128	2.1	0.39	1.7	2.6	1.7	188	252	2400	3200	22313
70	125	31	79	116	1.5	0.27	2.4	3.7	2.4	95	142	2600	3400	22214
	125	31	79	116	1.5	0.23	2.9	4.3	2.8	158	205	2600		
	150	35	82	138	2.1	0.23	2.9	4.3	2.8	212	268	2000	2800	21314
	150	51	82	138	2.1	0.37	1.8	2.7	1.8	230	315	2200	3000	22314
75	130	31	84	121	1.5	0.26	2.6	3.9	2.6	95	142	2400	3200	22215
	130	31	84	121	1.5	0.22	3.0	4.5	2.9	162	215	2400		
	160	37	87	148	2.1	0.23	3.0	4.4	2.9	238	302	1900	2600	21315
	160	55	87	148	2.1	0.36	1.7	2.6	1.7	262	388	2000	2800	22315
80	140	33	90	130	2	0.25	2.7	4.0	2.6	115	180	2200	3000	22216
	140	33	90	130	2	0.22	3.0	4.5	2.9	175	238	2200		
	170	39	92	158	2.1	0.23	3.0	4.4	2.9	260	332	1800	2400	21316
	170	58	92	158	2.1	0.37	1.8	2.7	1.8	288	405	1900	2600	22316
85	150	36	95	140	2	0.26	2.6	3.9	2.5	145	228	2000	2800	22217
	150	36	95	140	2	0.22	3.0	4.4	2.9	210	278	2000		
	180	41	99	166	2.5	0.23	3.0	4.4	2.9	298	385	1700	2200	21317
	180	60	99	166	2.5	0.37	1.8	2.7	1.8	308	440	1800	2400	22317
90	160	40	100	150	2	0.27	2.5	3.8	2.5	168	272	1900	2600	22218
	160	40	100	150	2	0.23	2.9	4.4	2.8	240	322	1900		
	160	52.4	100	150	2	0.31	2.1	3.2	2.1	325	478	1700	2200	23218

基本尺寸			安装尺寸			计算系数				基本额定载荷		极限转速		轴承代号
d	D	B	d_a min	D_a max	r_a max	e	Y_1	Y_2	Y_0	C_r	C_{0r}	脂润滑	油润滑	圆柱孔
mm			mm			—				kN		r/min		—
90	190	43	104	176	2.5	0.23	3.0	4.5	2.9	320	420	1600	2200	21318
	190	64	104	176	2.5	0.37	1.8	2.7	1.8	365	542	1700	2200	22318
95	170	43	107	158	2.1	0.27	2.5	3.7	2.4	212	322	1800	2400	22219
	170	43	107	158	2.1	0.24	2.9	4.4	2.7	278	380	1900		22319
	200	67	109	186	2.5	0.38	1.8	2.7	1.8	385	570	1600	2000	
	200	67	109	186	2.5	0.34	2.0	3.0	2.0	568	728	2000	2600	
100	165	52	110	155	2	0.30	2.3	3.4	2.2	320	505	1600	2000	23120
	180	46	112	168	2.1	0.27	2.5	3.7	2.4	222	358	1700	2200	22220
	180	46	112	168	2.1	0.23	2.9	4.3	2.8	310	425	1800		
	215	73	114	201	2.5	0.37	1.8	2.7	1.8	450	668	1400	1800	22320
105	175	56	119	161	2.5	0.32	2.1	3.1	2.1	242	480	1400	1800	23121
110	170	45	120	160	2	0.26	2.6	3.9	2.6	195	410	1400	1800	23022
	180	56	120	170	2	0.32	2.1	3.1	2.1	262	475	1300	1700	23122
	200	53	122	188	2.1	0.28	2.4	3.6	2.3	288	465	1500	1900	22222
	200	80	124	226	2.5	0.37	1.9	2.7	1.8	545	832	1200	1600	22322
120	180	46	130	170	2	0.25	2.7	4.0	2.6	212	470	1200	1600	23024
	200	62	130	190	2	0.32	2.1	3.1	2.0	290	572	1100	1500	23124
	215	58	132	203	2.1	0.29	2.4	3.5	2.3	342	565	1300	1700	22224
	260	86	134	246	2.5	0.37	1.9	2.7	1.8	645	992	1100	1500	22324
130	200	52	140	190	2	0.26	2.6	3.8	2.5	270	608	1100	1500	23026
	230	64	144	216	2.5	0.29	2.3	3.4	2.3	408	708	1200	1600	22226
	280	93	148	262	3	0.39	1.7	2.6	1.7	722	1140	950	1300	22326
140	210	53	150	200	2	0.25	2.7	4.0	2.6	285	635	950	1300	23028
	225	68	152	213	2.1	0.29	2.3	3.4	2.3	398	605	950	1300	23128
	250	68	154	236	2.5	0.29	2.3	3.5	2.3	478	805	1000	1400	22228
	300	102	158	282	3	0.38	1.8	2.6	1.7	825	1340	900	1200	22328
150	225	56	162	213	2.1	0.25	2.7	4.0	2.5	328	768	900	1200	23030
	250	80	162	238	2.1	0.33	2.0	3.0	2.0	512	1080	850	1100	23130
	270	73	164	256	2.5	0.29	2.3	3.5	2.3	508	875	950	1300	22230
	320	108	168	302	3	0.36	1.9	2.8	1.8	1020	1740	850	1100	22330
160	240	60	172	228	2.1	0.25	2.7	4.0	2.6	368	825	850	1100	23032
	270	86	172	258	2.1	0.34	2.0	2.9	2.0	520	1110	800	1000	23132
	290	80	174	276	2.5	0.30	2.3	3.4	2.2	642	1140	900	1200	22232
	340	114	178	322	3	0.38	1.8	2.7	1.8	1040	1770	800	1000	22332
170	260	67	182	248	2.1	0.26	2.6	3.8	2.5	445	1010	800	1000	23034
	310	86	188	292	3	0.30	2.3	3.4	2.2	720	1300	850	1100	22234
	360	120	188	342	3	0.39	1.7	2.6	1.7	1150	2060	750	950	22334
180	280	74	192	268	2.1	0.26	2.6	3.8	2.5	540	1230	750	950	23036
	300	96	194	286	2.5	0.32	2.1	3.1	2.1	695	1480	750	900	23136
	320	86	198	302	3	0.29	2.3	3.5	2.3	735	1370	800	1000	22236
	380	120	198	362	3	0.38	1.8	2.6	1.7	1260	2270	700	900	22336
190	290	75	202	278	2.1	0.25	2.7	4.0	2.6	555	1230	700	900	23038
	320	104	204	306	2.5	0.33	2.0	3.0	2.0	788	1830	670	850	23138
	340	92	208	322	3	0.29	2.3	3.5	2.3	818	1510	750	950	22238
	400	132	212	378	4	0.36	1.8	2.7	1.8	1390	2530	670	850	22338
200	310	82	212	298	2.1	0.25	2.7	4.0	2.6	580	1310	670	850	23040

基本尺寸			安装尺寸			计算系数				基本额定载荷		极限转速		轴承代号
d	D	B	d_a min	D_a max	r_a max	e	Y_1	Y_2	Y_0	C_r	C_{0r}	脂润滑	油润滑	圆柱孔
mm			mm			—				kN		r/min		—
200	340	112	214	326	2.5	0.34	2.0	3.0	2.0	910	2010	630	800	23140
	360	98	218	342	3	0.29	2.3	3.4	2.3	920	1740	700	900	22240
	420	138	222	398	4	0.38	1.8	2.7	1.7	1490	2720	630	800	22340
220	340	90	234	326	2.5	0.25	2.7	4.0	2.6	760	1810	600	750	23044
	370	120	238	352	3	0.34	2.0	3.0	2.0	1030	2350	600	750	23144
	400	108	238	382	3	0.29	2.3	3.4	2.2	1170	2220	630	800	22244
	460	145	242	438	4	0.35	1.9	2.8	1.9	1690	3200	560	700	22344
240	360	92	254	346	2.5	0.25	2.7	4.1	2.7	792	2060	530	670	23048
	400	128	258	382	3	0.32	2.1	3.1	2.1	1200	2830	500	630	23148
	500	155	262	478	4	0.35	1.9	2.8	1.9	1730	3250	500	630	22348
260	400	104	278	382	3	0.26	2.6	3.8	2.5	1000	2450	500	630	23052
	440	144	278	422	3	0.34	2.0	2.9	1.9	1430	3320	450	560	23152
	540	165	288	512	4	0.34	2.0	2.9	1.9	2200	4190	480	600	22352
280	420	106	298	402	3	0.25	2.7	4.0	2.6	1080	2680	450	560	23056
	460	146	302	438	4	0.33	2.0	3.0	2.0	1590	3630	430	530	23156
	500	130	302	478	4	0.28	2.4	3.6	2.4	1690	3380	500	630	22256
	580	175	308	552	5	0.34	2.0	3.0	1.9	2420	4650	450	560	22356
300	460	118	318	442	3	0.26	2.6	3.9	2.6	1260	3070	430	530	23060
	500	160	322	478	4	0.32	2.1	3.1	2.0	1940	4420	400	500	23160
	540	140	322	518	4	0.28	2.4	3.6	2.4	1840	3450	450	560	22260
320	480	121	338	462	3	0.26	2.6	3.8	2.5	1380	3260	400	500	23064
340	520	133	362	498	4	0.25	2.7	4.0	2.6	1580	3810	380	480	23068
360	540	134	382	518	4	0.25	2.7	4.0	2.6	1710	4180	360	450	23072
380	560	135	402	538	4	0.24	2.8	4.1	2.7	1710	4240	340	430	23076
	620	194	402	598	4	0.24	2.0	3.0	2.0	2620	6240	300	380	23176
400	600	148	422	578	4	0.25	2.6	3.8	2.5	2060	5110	300	380	23080
	820	243	436	784	6	0.33	2.1	3.1	2.0	4530	9290	240	320	22380
420	620	150	442	598	4	0.24	2.8	4.3	2.8	2060	5110	280	360	23084
440	650	157	468	622	5	0.24	2.8	4.2	2.8	2170	5740	260	340	23088
460	680	163	488	652	5	0.23	2.9	4.4	2.9	2460	6670	220	300	23092
	760	240	496	724	6	0.33	2.0	3.0	2.0	3920	9190	190	260	23192
480	700	165	508	672	5	0.24	2.8	4.2	2.8	2500	6440	200	280	23096
500	720	167	528	692	5	0.23	3.0	4.4	2.9	2700	7180	190	260	230/500
530	780	185	558	752	5	0.23	2.9	4.3	2.8	3180	8310	170	220	230/530
560	820	195	588	792	5	0.23	2.9	4.3	2.8	3490	9950	160	200	230/560
600	870	200	628	842	5	0.22	3.0	4.5	2.9	3760	10 400	130	170	230/600
630	920	212	666	884	6	0.23	3.0	4.4	2.9	4170	11 500	120	160	230/630
630	1220	272	886	1184	6	0.28	2.4	3.5	2.3	7760	22 200	75	95	230/850

9.6.7 角接触球轴承(见表 9-46)

表 9-46　　　　　　　　　　角接触球轴承(GB/T 292—2007)

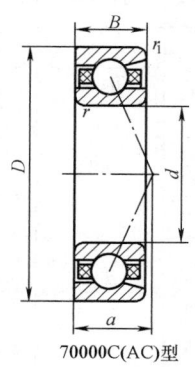 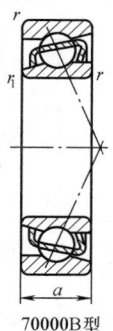 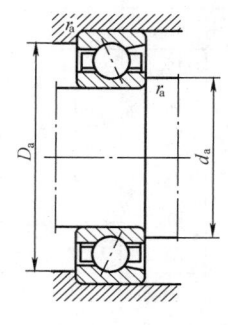

70000C(AC)型　　　　　70000B型

基本尺寸			a	安装尺寸			基本额定载荷		极限转速		轴承代号
d	D	B		d_a min	D_a max	r_a max	C_r	C_{0r}	脂润滑	油润滑	70000C (AC，B)型
mm			mm	mm			kN		r/min		—
10	26	8	6.4	12.4	23.6	0.3	4.92	2.25	19 000	28 000	7000C
	26	8	8.2	12.4	23.6	0.3	4.75	2.12	19 000	28 000	7000AC
	30	9	7.2	15	25	0.6	5.82	2.95	18 000	26 000	7200C
	30	9	9.2	15	25	0.6	5.58	2.82	18 000	26 000	7200AC
12	28	8	6.7	14.4	25.6	0.3	5.42	2.65	18 000	26 000	7001C
	28	8	8.7	14.4	25.6	0.3	5.20	2.55	18 000	26 000	7001AC
	32	10	8	17	27	0.6	7.35	3.52	17 000	24 000	7201C
	32	10	10.2	17	27	0.6	7.10	3.35	17 000	24 000	7201AC
15	32	9	7.6	17.4	29.6	0.3	6.25	3.42	17 000	24 000	7002C
	32	9	10	17.4	29.6	0.3	5.95	3.25	17 000	24 000	7002AC
	35	11	8.9	20	30	0.6	8.68	4.62	16 000	22 000	7202C
	35	11	11.4	20	30	0.6	8.35	4.40	16 000	22 000	7202AC
17	35	10	8.5	19.4	32.6	0.3	6.60	3.85	16 000	22 000	7003C
	35	10	11.1	19.4	32.6	0.3	6.30	3.68	16 000	22 000	7003AC
	40	12	9.9	22	35	0.6	10.8	5.95	15 000	20 000	7203C
	40	12	12.8	22	35	0.6	10.5	5.65	15 000	20 000	7203AC
20	42	12	10.2	25	37	0.6	10.5	6.08	14 000	19 000	7004C
	42	12	13.2	25	37	0.6	10.0	5.78	14 000	19 000	7004AC
	47	14	11.5	26	41	1	14.5	8.22	13 000	18 000	7204C
	47	14	14.9	26	41	1	14.0	7.82	13 000	18 000	7204AC
	47	14	21.1	26	41	1	14.0	7.85	13 000	18 000	7204B
25	47	12	10.8	30	42	0.6	11.5	7.45	12 000	17 000	7005C
	47	12	14.4	30	42	0.6	11.2	7.08	12 000	17 000	7005AC
	52	15	12.7	31	46	1	16.5	10.5	11 000	16 000	7205C
	52	15	16.4	31	46	1	15.8	9.88	11 000	16 000	7205AC
	52	15	23.7	31	46	1	15.8	9.45	9500	14 000	7205B
	62	17	26.8	32	55	1	26.2	15.2	8500	12 000	7305B

续表

基本尺寸			a	安装尺寸			基本额定载荷		极限转速		轴承代号
d	D	B		d_a min	D_a max	r_a max	C_r	C_{0r}	脂润滑	油润滑	70000C (AC，B) 型
mm			mm	mm			kN		r/min		—
30	55	13	12.2	36	49	1	15.2	10.2	9500	14 000	7006C
	55	13	16.4	36	49	1	14.5	9.85	9500	14 000	7006AC
	62	16	14.2	36	56	1	23.0	15.0	9000	13 000	7206C
	62	16	18.7	36	56	1	22.0	14.2	9000	13 000	7206AC
	62	16	27.4	36	56	1	20.5	13.8	8500	12 000	7206B
	72	19	31.1	37	65	1	31.0	19.2	7500	10 000	7306B
35	62	14	13.5	41	56	1	19.5	14.2	8500	12 000	7007C
	62	14	18.3	41	56	1	18.5	13.5	8500	12 000	7007AC
	72	17	15.7	42	65	1	30.5	20.0	8000	11 000	7207C
	72	17	21	42	65	1	29.0	19.2	8000	11 000	7207AC
	72	17	30.9	42	65	1	27.0	18.8	7500	10 000	7207B
	80	21	34.6	44	71	1.5	38.2	24.5	7000	9500	7307B
40	68	15	14.7	46	62	1	20.0	15.2	8000	11 000	7008C
	68	15	20.1	46	62	1	19.0	14.5	8000	11 000	7008AC
	80	18	17	47	73	1	36.8	25.8	7500	10 000	7208C
	80	18	23	47	73	1	35.2	24.5	7500	10 000	7208AC
	80	18	34.5	47	73	1	32.5	23.5	6700	9000	7208B
	90	23	38.8	49	81	1.5	46.2	30.5	6300	8500	7308B
	110	27	38.7	50	100	2	67.0	47.5	6000	8000	7408B
45	75	16	16	51	69	1	25.8	20.5	7500	10 000	7009C
	75	16	21.9	51	69	1	25.8	19.5	7500	10 000	7009AC
	85	19	18.2	52	78	1	38.5	28.5	6700	9000	7209C
	85	19	24.7	52	78	1	36.8	27.2	6700	9000	7209AC
	85	19	36.8	52	78	1	36.0	26.2	6300	8500	7209B
	100	25	42.0	54	91	1.5	59.5	39.8	6000	8000	7309B
50	80	16	16.7	56	74	1	26.5	22.0	6700	9000	7010C
	80	16	23.2	56	74	1	25.2	21.0	6700	9000	7010AC
	90	20	19.4	57	83	1	42.8	32.0	6300	8500	7210C
	90	20	26.3	57	83	1	40.8	30.5	6300	8500	7210AC
	90	20	39.4	57	83	1	37.5	29.0	5600	7500	7210B
	110	27	47.5	60	100	2	68.2	48.0	5000	6700	7310B
	130	31	46.2	62	118	2.1	95.2	64.2	5000	6700	7410B
55	90	18	18.7	62	83	1	37.2	30.5	6000	8000	7011C
	90	18	25.9	62	83	1	35.2	29.2	6000	8000	7011AC
	100	21	20.9	64	91	1.5	52.8	40.5	5600	7500	7211C
	100	21	28.6	64	91	1.5	50.5	38.5	5600	7500	7211AC
	100	21	43	64	91	1.5	46.2	36.0	5300	7000	7211B
	120	29	51.4	65	110	2	78.8	56.5	4500	6000	7311B

基本尺寸			a	安装尺寸			基本额定载荷		极限转速		轴承代号
d	D	B		d_a min	D_a max	r_a max	C_r	C_{0r}	脂润滑	油润滑	70000C (AC, B) 型
mm			mm	mm			kN		r/min		—
60	95	18	19.4	67	88	1	38.2	32.8	5600	7500	7012C
	95	18	27.1	67	88	1	36.2	31.5	5600	7500	7012AC
	110	22	22.4	69	101	1.5	61.0	48.5	5300	7000	7212C
	110	22	30.8	69	101	1.5	58.2	46.2	5300	7000	7212AC
	110	22	46.7	69	101	1.5	56.0	44.5	4800	6300	7212B
	130	31	55.4	72	118	2.1	90.0	66.3	4300	5600	7312B
	150	35	55.7	72	138	2.1	118	85.5	4300	5600	7412B
65	100	18	20.1	72	93	1	40.0	35.5	5300	7000	7013C
	100	18	28.2	72	93	1	38.0	33.8	5300	7000	7013AC
	120	23	24.2	74	111	1.5	69.8	55.2	4800	6300	7213C
	120	23	33.5	74	111	1.5	66.5	52.5	4800	6300	7213AC
	120	23	51.1	74	111	1.5	62.5	53.2	4300	5600	7213B
	140	33	59.5	77	128	2.1	102	77.8	4000	5300	7313B
70	110	20	22.1	77	103	1	48.2	43.5	5000	6700	7014C
	110	20	30.9	77	103	1	45.8	41.5	5000	6700	7014AC
	125	24	25.3	79	116	1.5	70.2	60.0	4500	6700	7214C
	125	24	35.1	79	116	1.5	69.2	57.5	4500	6700	7214AC
	125	24	52.9	79	116	1.5	70.2	57.2	4300	5600	7214B
	150	35	63.7	82	138	2.1	115	87.2	3600	4800	7314B
75	115	20	22.7	82	108	1	49.5	46.5	4800	6300	7015C
	115	20	32.2	82	108	1	46.8	44.2	4800	6300	7015AC
	130	25	26.4	84	121	1.5	79.2	65.8	4300	5600	7215C
	130	25	36.6	84	121	1.5	75.2	63.0	4300	5600	7215AC
	130	25	55.5	84	121	1.5	72.8	62.0	4000	5300	7215B
	160	37	68.4	87	148	2.1	125	98.5	3400	4500	7315B
80	125	22	24.7	89	116	1.5	58.5	55.8	4500	6000	7016C
	125	22	34.9	89	116	1.5	55.5	53.2	4500	6000	7016AC
	140	26	27.7	90	130	2	89.5	78.2	4000	5300	7216C
	140	26	38.9	90	130	2	85.0	74.5	4000	5300	7216AC
	140	26	59.2	90	130	2	80.2	69.5	3600	4800	7216B
	170	39	71.9	92	158	2.1	135	110	3600	4800	7316B
85	130	22	25.4	94	121	1.5	62.5	60.2	4300	5600	7017C
	130	22	36.1	94	121	1.5	59.2	57.2	4300	5600	7017AC
	150	28	29.9	95	140	2	99.8	85.0	3800	5000	7217C
	150	28	41.6	95	140	2	94.8	81.5	3800	5000	7217AC
	150	28	63.6	95	140	2	93.0	81.5	3400	4500	7217B
	180	41	76.1	99	166	2.5	148	122	3000	4000	7317B

基 本 尺 寸			a	安 装 尺 寸			基本额定载荷		极 限 转 速		轴承代号
d	D	B		d_a min	D_a max	r_a max	C_r	C_{0r}	脂润滑	油润滑	70000C (AC，B) 型
mm			mm	mm			kN		r/min		—
90	140	24	27.4	99	131	1.5	71.5	69.8	4000	5300	7018C
	140	24	38.8	99	131	1.5	67.5	66.5	4000	5300	7018AC
	160	30	31.7	100	150	2	122	105	3600	4800	7218C
	160	30	44.2	100	150	2	118	100	3600	4800	7218AC
	160	30	67.9	100	150	2	105	94.5	3200	4300	7218B
	190	43	80.2	104	176	2.5	158	138	2800	3800	7318B
95	145	24	28.1	104	136	1.5	73.5	73.2	3800	5000	7019C
	145	24	40	104	136	1.5	69.5	69.8	3800	5000	7019AC
	170	32	33.8	107	158	2.1	135	115	3400	4500	7219C
	170	32	46.9	107	158	2.1	128	108	3400	4500	7219AC
	170	32	72.5	107	158	2.1	120	108	3000	4000	7219B
	200	45	84.4	109	186	2.5	172	155	2800	3800	7319B
100	150	24	28.7	109	141	1.5	79.2	78.5	3800	5000	7020C
	150	24	41.2	109	141	1.5	75	74.8	3800	5000	7020AC
	180	34	35.8	112	168	2.1	148	128	3200	4300	7220C
	180	34	49.7	112	168	2.1	142	122	3200	4300	7220AC
	180	34	75.7	112	168	2.1	130	115	2600	3600	7220B
	215	47	89.6	114	201	2.5	188	180	2400	3400	7320B
105	160	26	30.8	115	150	2	88.5	88.8	3600	4800	7021C
	160	26	43.9	115	150	2	83.8	84.2	3600	4800	7021AC
	190	36	37.8	117	178	2.1	162	145	3000	4000	7221C
	190	36	52.4	117	178	2.1	155	138	3000	4000	7221AC
	190	36	79.9	117	178	2.1	142	130	2600	3600	7221B
	225	49	93.7	119	211	2.5	202	195	2200	3200	7321B
110	170	28	32.8	120	160	2	100	102	3600	4800	7022C
	170	28	46.7	120	160	2	95.5	97.2	3600	4800	7022AC
	200	38	39.8	122	188	2.1	175	162	2800	3800	7222C
	200	38	55.2	122	188	2.1	168	155	2800	3800	7222AC
	200	38	84	122	188	2.1	155	145	2400	3400	7222B
	240	50	98.4	124	226	2.5	225	225	2000	3000	7322B
120	180	28	34.1	130	170	2	108	110	2800	3800	7024C
	180	28	48.9	130	170	2	102	105	2800	3800	7024AC
	215	40	42.4	132	203	2.1	188	180	2400	3400	7224C
	215	40	59.1	132	203	2.1	180	172	2400	3400	7224AC

续表

基本尺寸			a	安装尺寸			基本额定载荷		极限转速		轴承代号
d	D	B		d_a min	D_a max	r_a max	C_r	C_{0r}	脂润滑	油润滑	70000C (AC, B) 型
mm			mm	mm			kN		r/min		—
130	200	33	38.6	140	190	2	128	135	2600	3600	7026C
	200	33	54.9	140	190	2	122	128	2600	3600	7026AC
	230	40	44.3	144	216	2.5	205	210	2200	3200	7226C
	230	40	62.2	144	216	2.5	195	200	2200	3200	7226AC
140	210	33	40	150	200	2	140	145	2400	3400	7028C
	210	33	59.2	150	200	2	140	150	2200	3200	7028AC
	250	42	41.7	154	236	2.5	230	245	1900	2800	7228C
	250	42	68.6	154	236	2.5	230	235	1900	2800	7228AC
	300	62	111	158	282	3	288	315	1700	2400	7328B
150	225	35	43	162	213	2.1	160	155	2200	3200	7030C
	225	35	63.2	162	213	2.1	152	168	2000	3000	7030AC
160	290	48	47.9	174	276	2.5	262	298	1700	2400	7232C
	290	48	78.9	174	276	2.5	248	278	1700	2400	7232AC
170	260	42	73.4	182	248	2.1	192	222	1800	2600	7034AC
	310	52	51.5	188	292	3	322	390	1600	2200	7234C
	310	52	84.5	188	292	3	305	368	1600	2200	7234AC
180	320	52	52.6	198	302	3	335	415	1500	2000	7236C
	320	52	87	198	302	3	315	388	1500	2000	7236AC
190	290	46	81.5	202	278	2.1	215	262	1600	2200	7038AC
200	310	51	87.7	212	298	2.1	252	325	1500	2000	7040AC
	360	58	58.8	218	342	3	360	475	1300	1800	7240C
	360	58	97.3	218	342	3	345	448	1300	1800	7240AC
220	400	65	108.1	238	382	3	358	482	1100	1600	7244AC

9.6.8 圆锥滚子轴承（见表9-47）

表 9-47 圆锥滚子轴承（GB/T 297—2015）

圆锥滚子轴承
d=15～360mm
GB/T 297—2015

d	D	T	B	C	a ≈	r min	r_1 min	d_a min	d_b max	D_a min	D_a max	D_b min	a_1 min	a_2 min	r_a max	r_b max	C_r	C_{0r}	脂润滑	油润滑	W ≈	e	Y	Y_0	轴承代号 30000型
基本尺寸 mm						其他尺寸 mm		安装尺寸 mm									基本额定载荷 kN		极限转速 r/min		kg	计算系数			
15	42	14.25	13	11	9.6	1	1	21	22	36	36	38	2	3.5	1	1	22.8	21.5	9000	12 000	0.094	0.29	2.1	1.2	30302
17	40	13.25	12	11	9.9	1	1	23	23	34	34	37	2	2.5	1	1	20.8	21.8	9000	12 000	0.079	0.35	1.7	1	30203
	47	15.25	14	12	10.4	1	1	23	25	40	41	43	3	3.5	1	1	28.2	27.2	8500	11 000	0.129	0.29	2.1	1.2	30303
	47	20.25	19	16	12.3	1	1	23	24	39	41	43	3	4.5	1	1	35.2	36.2	8500	11 000	0.173	0.29	2.1	1.2	32303
20	37	12	12	9	8.2	0.3	0.3	—	—	—	—	—	—	—	0.3	0.3	13.2	17.5	9500	13 000	0.056	0.32	1.9	1	32904
	42	15	15	12	10.3	0.6	0.6	25	25	36	37	39	3	3	0.6	0.6	25.0	28.2	8500	11 000	0.095	0.37	1.6	0.9	32004
	47	15.25	14	12	11.2	1	1	26	27	40	41	43	2	3.5	1	1	28.2	30.5	8000	10 000	0.126	0.35	1.7	1	30204
	52	16.25	15	13	11.1	1.5	1.5	27	28	44	45	48	3	3.5	1.5	1.5	33.0	33.2	7500	9500	0.165	0.3	2	1.1	30304
	52	22.25	21	18	13.6	1.5	1.5	27	26	43	45	48	3	4.5	1.5	1.5	42.8	46.2	7500	9500	0.230	0.3	2	1.1	32304
22	40	12	12	9	8.5	0.3	0.3	—	—	38	39	41	—	—	0.3	0.3	15.0	20.0	8500	11 000	0.065	0.32	1.9	1	329/22
	44	15	15	11.5	10.8	0.6	0.6	27	27	39	41	41	3	3.5	0.6	0.6	26.0	30.2	8000	10 000	0.100	0.40	1.5	0.8	320/22

续表

基本尺寸					其他尺寸			安装尺寸									基本额定载荷		极限转速		质量	计算系数			轴承代号
d	D	T	B	C	a ≈	r min	r_1 min	d_a min	d_b max	D_a min	D_a max	D_b min	a_1 min	a_2 min	r_a max	r_b max	C_r	C_{0r}	脂润滑	油润滑	W ≈	e	Y	Y_0	30000型
mm					mm			mm									kN		r/min		kg				—
25	42	12	12	9	8.7	0.3	0.3	—	—	—	—	—	—	—	0.3	0.3	16.0	21.0	6300	10 000	0.064	0.32	—	1	32905
	47	15	15	11.5	11.6	0.6	0.6	30	30	40	42	44	3	3.5	0.6	0.6	28.0	34.0	7500	9500	0.11	0.43	1.9	0.8	32005
	47	17	17	14	11.1	0.6	0.6	30	30	40	42	45	3	3	0.6	0.6	32.5	42.5	7500	9500	0.129	0.29	1.4	1.1	33005
	52	16.25	15	13	12.5	1	1	31	31	44	46	48	2	3.5	1	1	32.2	37.0	7000	9000	0.154	0.37	2.1	0.9	30205
	52	22	22	18	13.0	1.5	1.5	32	34	54	55	58	3	3.5	1.5	1.5	47.0	55.8	7000	9000	0.216	0.35	1.6	0.9	33205
	62	18.25	17	15	20.1	1.5	1.5	32	31	47	55	59	3	5.5	1.5	1.5	46.8	48.0	6300	8000	0.263	0.3	1.7	1.1	30305
	62	18.25	17	13	15.9	1.5	1.5	32	32	52	55	58	3	5.5	1.5	1.5	40.5	46.0	6300	8000	0.262	0.83	2	0.4	31305
	62	25.25	24	20	14.0	1	1	31	30	43	46	49	4	4	1	1	61.5	68.8	6300	8000	0.368	0.3	0.7	1.1	32305
28	45	12	12	9	9.0	0.3	0.3	—	—	—	—	—	—	—	0.3	0.3	16.8	22.8	7500	9500	0.069	0.32	2	1	329/28
	52	16	16	12	12.6	1	1	34	33	45	46	49	3	4	1	1	31.5	40.5	6700	8500	0.142	0.43	1.9	0.8	320/28
	58	24	24	19	15.0	1	1	34	33	49	52	55	4	5	1	1	58.0	68.2	6300	8000	0.286	0.34	1.4	1.1	332/28
30	47	12	12	9	9.2	0.3	0.3	—	—	—	—	—	—	—	0.3	0.3	17.0	23.2	7000	9000	0.072	0.32	1.8	1	32906
	55	17	17	13	13.3	1	1	36	35	48	49	52	3	4	1	1	35.8	46.8	6300	8000	0.170	0.43	1.9	0.8	32006
	55	20	20	16	12.8	1	1	36	35	48	49	52	3	4	1	1	43.8	58.3	6300	8000	0.201	0.29	1.4	1.1	33006
	62	17.25	16	14	13.8	1.5	1	36	37	53	56	58	2	3.5	1.5	1.5	43.2	50.5	6000	7500	0.231	0.37	2.1	0.9	30206
	62	21.25	20	17	15.6	1.5	1	36	36	52	56	58	3	4.5	1.5	1.5	51.8	63.8	6000	7500	0.287	0.37	1.6	0.9	32206
	62	25	25	19.5	15.7	1.5	1	36	36	53	56	59	5	5.5	1	1	63.8	75.5	6000	7000	0.342	0.34	1.6	1	33206
	72	20.75	19	16	15.3	1.5	1.5	37	40	62	65	66	5	5	1.5	1.5	59.0	63.0	5600	7000	0.387	0.31	1.8	1.1	30306
	72	20.75	19	14	23.1	1.5	1.5	37	37	55	65	68	3	7	1.5	1.5	52.5	60.5	5600	7000	0.392	0.83	1.9	0.4	31306
	72	28.75	17	23	18.9	1.5	1.5	37	38	59	65	66	4	6	1.5	1.5	81.5	96.5	5600	7000	0.562	0.31	0.7	1.1	32306
32	52	14	15	10	10.2	0.6	0.6	37	37	46	47	49	3	4	0.6	0.6	23.8	32.5	6300	8000	0.106	0.32	1.9	1	329/32
	58	17	17	13	14.0	1	1	38	38	50	52	55	3	4	1	1	36.5	49.2	6000	7500	0.187	0.45	1.3	0.7	320/32
	65	26	26	20.5	16.6	1	1	38	38	55	59	62	5	5.5	1	1	68.8	82.2	5600	7000	0.385	0.35	1.7	1	332/32

续表

基本尺寸 d	D	T	B	C	其他尺寸 a≈	r min	r₁ min	安装尺寸 dₐ min	d_b max	Dₐ min	Dₐ max	D_b min	a₁ min	a₂ min	rₐ max	r_b max	基本额定载荷 Cᵣ (kN)	C₀ᵣ	极限转速 脂润滑 (r/min)	油润滑	质量 W≈ (kg)	计算系数 e	Y	Y₀	轴承代号 30000型
35	55	14	14	11.5	10.1	0.6	0.6	40	40	49	50	52	3	2.5	0.6	0.6	25.8	34.8	6000	7500	0.114	0.29	2.1	1.1	32907
	62	18	18	14	15.1	1	1	41	40	54	56	59	4	4	1	1	43.2	59.2	5600	7000	0.224	0.44	1.4	0.8	32007
	62	21	21	17	13.5	1	1	41	41	54	56	59	3	4	1	1	46.8	63.2	5600	7000	0.254	0.31	2	1.1	33007
	72	18.25	17	15	15.3	1.5	1.5	42	44	62	65	67	3	3.5	1.5	1.5	54.2	63.5	5300	6700	0.331	0.37	1.6	0.9	30207
	72	24.25	23	19	17.9	1.5	1.5	42	42	61	65	68	3	5.5	1.5	1.5	70.5	89.5	5300	6700	0.445	0.37	1.6	0.9	32207
	72	28	28	22	18.2	1.5	1.5	42	42	61	65	68	5	6	1.5	1.5	82.5	102	5300	6700	0.515	0.35	1.7	0.9	33207
	80	22.75	21	18	16.8	2	1.5	44	45	70	71	74	3	5	2	1.5	75.2	82.5	5000	6300	0.515	0.31	1.9	1.1	30307
	80	22.75	21	15	25.8	2	1.5	44	42	62	71	76	4	8	2	1.5	65.8	76.8	5000	6300	0.514	0.83	0.7	0.4	31307
	80	32.75	31	25	20.4	2	1.5	44	43	66	71	74	4	8.5	2	1.5	99.0	118	5000	6300	0.763	0.31	1.9	1.1	32307
40	62	15	15	12	11.1	0.6	0.6	45	45	55	57	59	3	3	0.6	0.6	31.5	46.0	5600	7000	0.155	0.29	2.1	1.1	32908
	68	19	19	14.5	14.9	1	1	46	46	60	62	65	4	4.5	1	1	51.8	71.0	5300	6700	0.267	0.38	1.6	0.9	32008
	68	22	22	18	14.1	1	1	46	46	60	62	64	3	4	1	1	60.2	79.5	5300	6700	0.306	0.28	2.1	1.2	33008
	75	26	26	20.5	18.0	1.5	1.5	47	47	65	68	71	4	5.5	1.5	1.5	84.8	110	5000	6300	0.496	0.36	1.7	0.9	33108
	80	19.75	18	16	16.9	1.5	1.5	47	49	69	73	75	3	4	1.5	1.5	63.0	74.0	5000	6300	0.422	0.37	1.6	0.9	30208
	80	24.75	23	19	18.9	1.5	1.5	47	48	68	73	75	4	6	1.5	1.5	77.8	97.2	5000	6300	0.532	0.37	1.6	0.9	32208
	80	32	32	25	20.8	1.5	1.5	47	47	67	73	76	5	7	1.5	1.5	105	135	5000	6300	0.715	0.36	1.7	0.9	33208
	90	25.25	23	20	19.5	2	1.5	49	52	77	81	84	3	5.5	2	1.5	90.8	108	4500	5600	0.747	0.35	1.7	1	30308
	90	25.25	23	17	29.0	2	1.5	49	48	71	81	87	4	8.5	2	1.5	81.5	96.5	4500	5600	0.727	0.83	0.7	0.4	31308
	90	35.25	33	27	23.3	2	1.5	49	49	73	81	83	4	8.5	2	1.5	115	148	4500	5600	1.04	0.35	1.7	1	32308
45	68	15	15	12	12.2	0.6	0.6	50	50	61	63	65	3	3	0.6	0.6	32.0	48.5	5300	6700	0.180	0.32	1.9	1	32909
	75	20	20	15.5	16.5	1	1	51	51	67	69	72	4	4.5	1	1	58.5	81.5	5000	6300	0.337	0.39	1.5	0.8	32009
	75	24	24	19	15.9	1	1	51	51	67	69	72	4	5	1	1	72.5	100	5000	6300	0.398	0.32	1.9	1	33009
	80	26	26	20.5	19.1	1.5	1.5	52	52	69	73	77	4	5.5	1.5	1.5	87.0	118	4500	5600	0.535	0.38	1.6	1	33109
	85	20.75	19	16	18.6	1.5	1.5	52	53	74	78	80	3	5	1.5	1.5	67.8	83.5	4500	5600	0.474	0.4	1.5	0.8	30209
	85	24.75	23	19	20.1	1.5	1.5	52	53	73	78	81	3	6	1.5	1.5	80.8	105	4500	5600	0.573	0.4	1.5	0.8	32209
	85	32	32	25	21.9	1.5	1.5	52	52	72	78	81	5	7	1.5	1.5	110	145	4500	5600	0.771	0.39	1.5	0.9	33209
	100	27.25	25	22	21.3	2	1.5	54	59	86	91	94	3	5.5	2	1.5	108	130	4000	5000	0.984	0.35	1.7	1	30309
	100	27.25	25	18	31.7	2	1.5	54	54	79	91	96	4	9.5	2.0	1.5	95.5	115	4000	5000	0.944	0.83	0.7	0.4	31309
	100	38.25	36	30	25.6	2	1.5	54	56	82	91	93	4	8.5	2.0	1.5	145	188	4000	5000	1.40	0.35	1.7	1	32309

续表

\(d\)	\(D\)	\(T\)	\(B\)	\(C\)	\(a\)≈	\(r\) min	\(r_1\) min	\(d_a\) min	\(d_b\) max	\(D_a\) min	\(D_a\) max	\(D_b\) min	\(a_1\) min	\(a_2\) min	\(r_a\) max	\(r_b\) max	\(C_r\)	\(C_{0r}\)	脂润滑	油润滑	\(W\)≈	\(e\)	\(Y\)	\(Y_0\)	轴承代号 30000型
		mm				mm		mm									kN		r/min		kg				
50	72	15	15	12	13.0	0.6	0.6	55	55	64	67	69	3	3	0.6	0.6	36.8	56.0	5000	6300	0.181	0.34	1.8	1	32910
	80	20	20	15.5	17.8	1	1	56	55	72	74	77	4	4.5	1	1	61.0	89.0	4500	5600	0.366	0.42	1.4	0.8	32010
	80	24	24	19	17.0	1	1	56	55	72	74	76	4	5	1	1	76.8	110	4500	5600	0.433	0.32	1.9	1	33010
	85	26	26	20	20.4	1.5	1.5	57	56	74	78	82	4	6	1.5	1.5	89.2	125	4300	5300	0.572	0.41	1.5	0.8	33110
	90	21.75	20	17	20.0	1.5	1.5	57	58	79	83	86	3	5	1.5	1.5	73.2	92.0	4300	5300	0.529	0.42	1.4	0.8	30210
	90	24.75	23	19	21.0	1.5	1.5	57	57	78	83	86	3	6	1.5	1.5	82.8	108	4300	5300	0.626	0.42	1.4	0.8	32210
	90	32	32	24.5	23.2	1.5	1.5	57	57	77	83	87	5	7.5	2	1.5	112	155	4300	5300	0.825	0.41	1.5	0.8	33210
	110	29.25	27	23	23.0	2	2	60	65	95	100	103	4	6.5	2.5	2	130	158	3800	4800	1.28	0.35	1.7	1	30310
	110	29.75	27	19	34.8	2.5	2	60	58	87	100	105	4	10.5	2.5	2	108	128	3800	4800	1.21	0.83	0.7	0.4	31310
	110	42.25	40	33	28.2	2.5	2	60	61	90	100	102	5	9.5	2.5	2	178	235	3800	4800	1.89	0.35	1.7	1	32310
55	80	17	17	14	14.3	1	1	61	60	71	74	77	3	3	1	1	41.5	66.8	4800	6000	0.262	0.31	1.9	1.1	32911
	90	23	23	17.5	19.8	1.5	1.5	62	63	81	83	86	4	5.5	1.5	1.5	80.2	118	4000	5000	0.551	0.41	1.4	0.8	32011
	90	27	27	21	19.0	1.5	1.5	62	63	81	83	86	5	6	1.5	1.5	94.8	145	4000	5000	0.651	0.31	1.9	1.1	33011
	95	30	30	23	21.9	1.5	1.5	62	62	83	88	91	5	7	2	1.5	115	165	3800	4800	0.843	0.37	1.6	0.9	33111
	100	22.75	21	18	21.0	2	1.5	64	64	88	91	95	4	5	2	1.5	90.8	115	3800	4800	0.713	0.4	1.5	0.8	30211
	100	26.75	25	21	22.8	2	1.5	64	62	87	91	96	4	6	2	1.5	108	142	3800	4800	0.853	0.4	1.5	0.8	32211
	100	35	35	27	25.1	2	1.5	64	62	85	91	96	6	8	2	1.5	142	198	3400	4300	1.15	0.4	1.5	0.8	33211
	120	31.5	29	25	24.9	2.5	2	65	70	104	110	112	4	6.5	2.5	2	152	188	3400	4300	1.63	0.35	1.7	1	30311
	120	31.5	29	21	37.5	2.5	2	65	63	94	110	114	4	10.5	2.5	2	130	158	3400	4300	1.56	0.83	0.7	0.4	31311
	120	45.5	43	35	30.4	2.5	2	65	66	99	110	111	5	10	2.5	2	202	270	3400	4300	2.37	0.35	1.7	1	32311
60	85	17	17	14	15.1	1	1	66	65	75	79	82	3	3	1	1	46.0	73.0	4000	5000	0.279	0.33	1.8	1	32912
	95	23	23	17.5	20.9	1.5	1.5	67	67	85	88	91	4	5.5	1.5	1.5	81.8	122	3800	4800	0.584	0.43	1.4	0.8	32012
	95	27	27	21	19.8	1.5	1.5	67	67	85	88	90	5	6	1.5	1.5	96.8	150	3800	4800	0.691	0.33	1.8	1	33012
	100	30	30	23	23.1	2	1.5	67	67	88	93	96	5	7	2	1.5	118	172	3600	4500	0.895	0.4	1.5	0.9	33112
	110	23.75	22	19	22.3	2	1.5	69	69	96	101	103	4	5	2	1.5	102	130	3600	4500	0.904	0.4	1.5	0.8	30212
	110	29.75	28	24	25.0	2	1.5	69	68	95	101	105	4	6	2	1.5	132	180	3600	4500	1.17	0.4	1.5	0.8	32212
	110	38	38	29	27.5	2	1.5	69	69	93	101	105	6	9	2	1.5	165	230	3600	4500	1.51	0.4	1.5	0.8	33212
	130	33.5	31	26	26.6	3	2.5	72	76	112	118	121	5	7.5	2.5	2.1	170	210	3200	4000	1.99	0.35	1.7	1	30312
	130	33.5	31	22	40.4	3	2.5	72	69	103	118	124	5	11.5	2.5	2.1	145	178	3200	4000	1.90	0.83	0.7	0.4	31312
	130	48.5	46	37	32.0	3	2.5	72	72	107	118	122	6	11.5	2.5	2.1	228	302	3200	4000	2.90	0.35	1.7	1	32312

续表

d	D	T	B	C	a ≈	r min	r_1 min	d_a min	d_b max	D_a min	D_a max	D_b min	a_1 min	a_2 min	r_a max	r_b max	C_r	C_{0r}	脂润滑	油润滑	W ≈	e	Y	Y_0	轴承代号
		mm			mm			mm									kN		r/min		kg				30000 型
																							—		—
65	90	17	17	14	16.2	1	1	71	70	80	84	87	3	3	1	1	45.5	73.2	3800	4800	0.295	0.35	1.7	0.9	32913
	100	23	23	17.5	22.4	1.5	1.5	72	72	90	93	97	4	5.5	1.5	1.5	82.8	128	3600	4500	0.620	0.46	1.3	0.7	32013
	100	27	27	21	20.9	1.5	1.5	72	72	89	93	96	5	6	1.5	1.5	98.0	158	3600	4500	0.732	0.35	1.7	1	33013
	110	34	34	26.5	26.0	1.5	1.5	72	73	96	103	106	6	7.5	1.5	1.5	142	220	3400	4300	1.30	0.39	1.6	0.9	33113
	120	24.75	23	20	23.8	2	1.5	74	77	106	111	114	4	5	2	1.5	120	152	3200	4000	1.13	0.4	1.5	0.8	30213
	120	32.75	31	27	27.3	2	1.5	74	75	104	111	115	4	6	2	1.5	160	222	3200	4000	1.55	0.4	1.5	0.8	32213
	120	41	41	32	29.5	2	1.5	74	74	102	111	115	7	9	2	1.5	202	282	3200	4000	1.99	0.39	1.5	0.9	33213
	140	36	33	28	28.7	3	2.5	77	83	122	128	131	5	8	2.5	2.1	195	242	2800	3600	2.44	0.35	1.7	1	30313
	140	36	33	23	44.2	3	2.5	77	75	111	128	134	5	13	2.5	2.1	165	202	2800	3600	2.37	0.83	0.7	0.4	31313
	140	51	48	39	34.3	3	2.5	77	79	117	128	131	6	12	2.5	2.1	260	350	2800	3600	3.51	0.35	1.7	1	32313
70	100	20	20	16	17.6	1	1	76	76	90	94	96	4	4	1	1	70.8	115	3600	4500	0.471	0.32	1.9	1	32914
	110	25	25	19	23.8	1.5	1.5	77	78	98	103	105	5	6	1.5	1.5	105	160	3400	4300	0.839	0.43	1.4	0.8	32014
	110	31	31	25.5	22.0	1.5	1.5	77	79	99	103	105	5	5.5	1.5	1.5	135	220	3400	4300	1.07	0.28	2	1	33014
	120	37	37	29	28.2	2	1.5	79	79	104	111	115	6	8	2	1.5	172	268	3200	4000	1.70	0.39	1.5	1.2	33114
	125	26.25	24	21	25.8	2	1.5	79	81	110	116	119	4	5.5	2	1.5	132	175	3000	3800	1.26	0.42	1.4	0.8	30214
	125	33.25	31	27	28.8	2	1.5	79	79	108	116	120	4	6.5	2	1.5	168	238	3000	3800	1.64	0.42	1.4	0.8	32214
	125	41	41	32	30.7	2	1.5	79	79	107	116	120	7	9	2	1.5	208	298	3000	3800	2.10	0.41	1.5	0.8	33214
	150	38	35	30	30.7	2.5	2.5	82	89	130	138	141	5	8	2.5	2.1	218	272	2600	3400	2.98	0.35	1.7	1	30314
	150	38	35	25	46.8	2.5	2.5	82	80	118	138	143	5	13	2.5	2.1	188	230	2600	3400	2.86	0.83	0.7	0.4	31314
	150	54	51	42	36.5	3	2.5	82	84	125	138	141	6	12	2.5	2.1	298	408	2600	3400	4.34	0.35	1.7	1	32314
75	105	20	20	16	18.5	1	1	81	81	94	99	102	4	4	1	1	78.2	125	3400	4300	0.490	0.33	1.8	1	32915
	115	25	25	19	25.2	1.5	1.5	82	83	103	108	110	5	6	1.5	1.5	102	160	3200	4000	0.875	0.46	1.3	0.7	32015
	115	31	31	25.5	22.8	1.5	1.5	82	83	103	108	110	6	5.5	1.5	1.5	132	220	3200	4000	1.12	0.3	2	1	33015
	125	37	37	29	29.4	2	1.5	84	84	109	116	120	6	8	2	1.5	175	280	3000	3800	1.78	0.4	1.5	0.8	33115
	130	27.25	25	22	27.4	2	1.5	84	85	115	121	125	4	5.5	2	1.5	138	185	2800	3600	1.36	0.44	1.4	0.8	30215
	130	33.25	31	27	30.0	2	1.5	84	84	115	121	126	4	6.5	2	1.5	170	242	2800	3600	1.74	0.44	1.4	0.8	32215
	130	41	41	31	31.9	2	1.5	84	83	111	121	125	7	10	2	1.5	208	300	2800	3600	2.17	0.43	1.4	0.8	33215
	160	40	37	31	32.0	3	2.5	87	95	139	148	150	5	9	2.5	2.1	252	318	2400	3200	3.57	0.35	1.7	1	30315
	160	40	37	26	49.7	3	2.5	87	86	127	148	153	6	14	2.5	2.1	208	258	2400	3200	3.38	0.83	0.7	0.4	31315
	160	58	55	45	39.4	3	2.5	87	91	133	148	150	7	13	2.5	2.1	348	482	2400	3200	5.37	0.35	1.7	1	32315

基本尺寸 | 其他尺寸 | 安装尺寸 | 基本额定载荷 | 极限转速 | 质量 | 计算系数

续表

d	D	T	B	C	a ≈	r min	r₁ min	d_a min	d_b max	D_a min	D_a max	D_b min	a₁ min	a₂ min	r_a max	r_b max	C_r	C_0r	脂润滑	油润滑	W ≈	e	Y	Y₀	轴承代号 30000型
	mm	mm	mm	mm	mm	mm	mm	mm	mm	mm	mm	mm	mm	mm	mm	mm	kN	kN	r/min	r/min	kg	—	—	—	
80	110	20	20	16	19.6	1	1	86	85	99	104	107	4	4	1	1	79.2	128	3200	4000	0.514	0.35	1.7	0.9	32916
	125	29	29	22	26.8	1.5	1.5	87	89	112	117	120	6	7	1.5	1.5	140	220	3000	3800	1.27	0.42	1.4	0.8	32016
	125	36	36	29.5	25.2	1.5	1.5	87	90	112	117	119	6	7	1.5	1.5	182	305	3000	3800	1.63	0.28	2.2	1.2	33016
	130	37	37	29	30.7	2	1.5	89	89	114	121	126	6	8	2	1.5	180	292	2800	3600	1.87	0.42	1.4	0.8	33116
	140	28.25	26	22	28.1	2.5	2	90	90	124	130	133	4	6	2.1	2	160	212	2600	3400	1.67	0.42	1.4	0.8	30216
	140	35.25	33	28	31.4	2.5	2	90	89	122	130	135	5	7.5	2.1	2	198	278	2600	3400	2.13	0.42	1.4	0.8	32216
	140	42.5	46	35	35.1	2.5	2	90	89	119	130	135	7	11	2.5	2	245	362	2600	3400	2.83	0.43	1.4	0.8	33216
	170	42.5	39	33	34.4	2.5	2.5	92	102	148	158	160	5	9.5	2.5	2.1	278	352	2200	3000	4.27	0.35	1.7	1	30316
	170	42.5	39	33	52.8	2.5	2.5	92	91	134	158	161	6	15.5	2.5	2.1	230	288	2200	3000	4.05	0.83	0.7	0.4	31316
	170	61.5	58	48	42.1	3	2.5	92	97	142	158	160	7	13.5	2.5	2.1	388	542	2200	3000	6.38	0.35	1.7	1	32316
85	120	23	23	18	21.1	1.5	1.5	92	92	111	113	115	4	5	1.5	1.5	96.8	165	3400	3800	0.767	0.33	1.8	1	32917
	130	29	29	22	28.1	1.5	1.5	92	94	117	122	125	6	7	1.5	1.5	140	220	2800	3600	1.32	0.44	1.4	0.8	32017
	130	36	36	29.5	26.2	1.5	1.5	92	94	118	122	125	6	6.5	1.5	1.5	180	305	2800	3600	1.69	0.29	2.1	1.1	33017
	140	41	41	32	33.1	2.5	2	95	95	122	130	135	7	9	2.1	2	215	355	2600	3400	2.43	0.41	1.5	0.8	33117
	150	30.5	28	24	30.3	2.5	2	95	96	132	140	142	5	6.5	2.1	2	178	238	2400	3200	2.06	0.42	1.4	0.8	30217
	150	38.5	36	30	33.9	2.5	2	95	95	130	140	143	5	8.5	2.1	2	228	325	2400	3200	2.68	0.42	1.4	0.8	32217
	150	49	49	37	36.9	2.5	2	100	95	128	140	144	7	12	2.1	2	282	415	2400	3200	3.52	0.42	1.4	0.8	33217
	180	44.5	41	34	35.9	3	3	99	107	156	166	168	6	10.5	3	2.5	305	388	2000	2800	4.96	0.35	1.7	1	30317
	180	44.5	41	28	55.6	3	3	99	96	143	166	171	6	16.5	3	2.5	255	318	2000	2800	4.69	0.83	0.7	0.4	31317
	180	63.5	60	49	43.5	3	3	99	102	150	166	168	8	14.5	3	2.5	422	592	2000	2800	7.31	0.35	1.7	1	32317
90	125	23	23	18	22.2	1.5	1.5	97	96	113	117	121	4	5	1.5	1.5	95.8	165	3200	3600	0.796	0.34	1.8	1	32918
	140	32	32	24	30.0	2	1.5	99	100	125	131	134	6	8	2	1.5	170	270	2600	3400	1.72	0.42	1.4	0.8	32018
	140	39	39	32.5	27.2	2	1.5	99	100	127	131	135	7	6.5	2	1.5	232	388	2600	3400	2.20	0.27	2.2	1.2	33018
	150	45	45	35	34.9	2.5	2	100	102	130	140	144	7	10	2.1	2	252	415	2400	3200	3.13	0.4	1.5	0.8	33118
	160	32.5	30	26	32.3	2.5	2	100	101	140	150	151	5	6.5	2.1	2	200	270	2200	3000	2.54	0.42	1.4	0.8	30218
	160	42.5	40	34	36.8	2.5	2	100	100	138	150	153	5	8.5	2.1	2	270	395	2200	3000	3.44	0.42	1.4	0.8	32218
	160	55	55	42	40.8	2.5	2	100	100	134	150	154	8	13	2.1	2	330	500	2200	3000	4.55	0.4	1.5	0.8	33218
	190	46.5	43	36	37.5	4	3	104	113	165	176	178	6	10.5	3	2.5	342	440	1900	2600	5.80	0.35	1.7	1	30318
	190	46.5	43	30	58.5	4	3	104	102	151	176	181	6	16.5	3	2.5	282	358	1900	2600	5.46	0.83	0.7	0.4	31318
	190	67.5	64	53	46.2	4	3	104	107	157	176	178	8	14.5	3	2.5	478	682	1900	2600	8.81	0.35	1.7	1	32318

续表

d	D	T	B	C	a≈	r min	r_1 min	d_a min	d_b max	D_a min	D_a max	D_b min	a_1 min	a_2 min	r_a max	r_b max	C_r	C_{0r}	脂润滑	油润滑	W ≈	e	Y	Y_0	轴承代号 30000型
						mm					mm						kN		r/min		kg				—
95	130	23	23	18	23.4	1.5	1.5	102	101	117	122	126	4	5	1.5	1.5	97.2	170	2600	3400	0.831	0.36	1.7	0.9	32919
	145	32	32	24	31.4	2	1.5	104	105	130	136	140	6	8	2	1.5	175	280	2400	3200	1.79	0.44	1.4	0.8	32019
	145	39	39	32.5	28.4	2	1.5	104	104	131	136	139	7	6.5	2	1.5	230	390	2400	3200	2.26	0.28	2.2	1.2	33019
	160	49	49	38	37.3	2.5	2	105	105	138	150	154	7	11	2.1	2	298	498	2200	3000	3.94	0.39	1.5	0.8	33119
	170	34.5	32	27	34.2	3	2.5	107	108	149	158	160	5	7.5	2.5	2.1	228	308	2000	2800	3.04	0.42	1.4	0.8	30219
	170	45.5	43	37	39.2	3	2.5	107	106	145	158	163	5	8.5	2.5	2.1	302	448	2000	2800	4.24	0.42	1.4	0.8	32219
	170	58	58	44	42.7	3	2.5	107	105	144	158	163	9	14	2.5	2.1	378	568	2000	2800	5.48	0.41	1.5	0.8	33219
	200	49.5	45	38	40.1	4	3	109	118	172	186	185	6	11.5	3	2.5	370	478	1800	2400	6.80	0.35	1.7	1	30319
	200	49.5	45	32	61.2	4	3	109	107	157	186	189	6	17.5	3	2.5	310	400	1800	2400	6.46	0.83	0.7	0.4	31319
	200	71.5	67	55	49.0	4	3	109	114	166	186	187	8	16.5	3	2.5	515	738	1800	2400	10.1	0.35	1.7	1	32319
100	140	25	25	20	24.3	1.5	1.5	107	108	128	132	136	4	5	1.5	1.5	128	218	2400	3200	1.12	0.33	1.8	1	32920
	150	32	32	24	32.8	2	2	109	109	134	141	144	6	8	2	1.5	172	282	2200	3000	1.85	0.46	1.3	0.7	32020
	150	39	39	32.5	29.1	2	1.5	109	108	135	141	143	7	6.5	2	1.5	230	390	2200	3000	2.33	0.29	2.1	1.2	33020
	165	52	52	40	40.3	2.5	2	110	110	142	155	159	8	12	2.1	2	308	528	2000	2800	4.31	0.41	1.5	0.8	33120
	180	37	34	29	36.4	3	2.5	112	114	157	168	169	5	8	2.5	2.1	255	350	1900	2600	3.72	0.42	1.4	0.8	30220
	180	49	46	39	41.9	3	2.5	112	113	154	168	172	5	10	2.5	2.1	340	512	1900	2600	5.10	0.42	1.4	0.8	32220
	180	63	63	48	45.5	3	2.5	112	112	151	168	172	10	15	2.5	2.1	438	665	1900	2600	6.71	0.4	1.5	0.8	33220
	215	51.5	47	39	42.2	4	3	114	127	184	201	199	6	12.5	3	2.5	405	525	1600	2000	8.22	0.35	1.7	1	30320
	215	56.5	51	35	68.4	4	3	114	115	168	201	204	7	21.5	3	2.5	372	488	1600	2000	8.59	0.83	0.7	0.4	31320
	215	77.5	73	60	52.9	4	3	114	122	177	201	201	8	17.5	3	2.5	600	872	1600	2000	13.0	0.35	1.7	1	32320
105	145	25	25	20	25.4	1.5	1.5	112	112	132	137	141	5	5	1.5	1.5	128	225	2200	3000	1.16	0.34	1.8	1	32921
	160	35	35	26	34.6	2.5	2	115	116	143	150	154	6	9	2.1	2	205	335	2000	2800	2.40	0.44	1.4	0.7	32021
	160	43	43	34	30.8	2.5	2	115	116	145	150	153	7	9	2.1	2	258	438	2000	2800	2.97	0.28	2.1	1.2	33021
	175	56	56	44	42.9	2.5	2.5	115	115	149	165	170	8	12	2.1	2	352	608	1900	2600	5.29	0.4	1.5	0.8	33121
	190	39	36	30	38.5	3	2.5	117	121	165	178	178	6	9	2.5	2.1	285	398	1800	2400	4.38	0.42	1.4	0.8	30221
	190	53	50	43	45.0	3	2.5	117	118	161	178	182	5	10	2.5	2.1	380	578	1800	2400	6.26	0.42	1.4	0.8	32221
	190	68	68	52	48.6	3	2.5	117	117	159	178	182	12	16	2.5	2.1	498	770	1800	2400	8.12	0.4	1.5	0.8	33221
	225	53.5	49	41	43.6	4	3	119	133	193	211	208	7	12.5	3	2.5	432	562	1500	1900	9.38	0.35	1.7	1	30321
	225	58	53	36	70.0	4	3	119	121	176	211	213	7	22	3	2.5	398	525	1500	1900	9.58	0.83	0.7	0.4	31321
	225	81.5	77	63	55.1	4	3	119	128	185	211	210	8	18.5	3	2.5	648	945	1500	1900	14.8	0.35	1.7	1	32321

基本尺寸 其他尺寸 安装尺寸 基本额定载荷 极限转速 质量 计算系数

基本尺寸					其他尺寸			安装尺寸									基本额定载荷		极限转速		质量	计算系数			轴承代号
d	D	T	B	C	a ≈	r min	r_1 min	d_a min	d_b max	D_a min	D_a max	D_b min	a_1 min	a_2 min	r_a max	r_b max	C_r	C_{0r}	脂润滑	油润滑	W ≈	e	Y	Y_0	30000型
mm					mm			mm									kN		r/min		kg	—	—		
110	150	25	25	20	26.5	1.5	1.5	117	117	137	142	146	5	5	1.5	1.5	130	232	2000	2800	1.20	0.36	1.7	0.9	32922
	170	38	38	29	36.6	2.5	2	120	122	152	160	163	7	9	2.1	2	245	402	1900	2600	3.02	0.43	1.4	0.8	32022
	170	47	47	37	33.2	2.5	2	120	123	152	160	161	7	10	2.1	2	288	502	1900	2600	3.74	0.29	2.1	1.2	33022
	180	56	56	43	44.0	2.5	2	120	121	155	170	174	9	13	2.1	2	372	638	1800	2400	5.50	0.42	1.4	0.8	33122
	200	41	38	32	40.4	3	2.5	122	128	174	188	189	6	9	2.5	2.1	315	445	1700	2200	5.21	0.42	1.4	0.8	30222
	200	56	53	46	47.3	3	2.5	122	124	170	188	192	6	10	2.5	2.1	430	665	1700	2200	7.43	0.42	1.4	0.8	32222
	240	54.5	50	42	45.1	4	3	124	142	206	226	222	8	12.5	3	2.5	472	612	1400	1800	11.0	0.35	1.7	1	30322
	240	63	57	38	75.3	4	3	124	129	188	226	226	7	25	3	2.5	458	610	1400	1800	12.1	0.83	0.7	0.4	31322
	240	84.5	80	65	57.8	4	3	124	137	198	226	224	9	19.5	3	2.5	725	1060	1400	1800	17.8	0.35	1.7	1	32322
120	165	29	29	23	29.3	1.5	1.5	127	128	150	157	160	6	6	1.5	1.5	172	318	1800	2400	1.78	0.35	1.7	1	32924
	180	38	38	29	39.3	2.5	2	130	131	161	170	173	7	9	2.1	2	242	405	1700	2200	3.18	0.46	1.3	0.7	32024
	180	48	48	38	35.5	2.5	2	130	132	160	170	171	6	10	2.1	2	298	535	1700	2200	4.07	0.31	2	1.1	33024
	200	62	62	48	47.6	3	2.5	130	130	172	190	192	10	14	2.1	2	448	778	1600	2000	7.68	0.40	1.5	0.8	33124
	215	43.5	40	34	44.1	3	2.5	132	139	187	203	203	6	9.5	2.5	2.1	338	482	1500	1900	6.20	0.44	1.4	0.8	30224
	215	61.5	58	50	52.3	3	3	132	134	181	203	206	7	11.5	2.5	2.1	478	758	1500	1900	9.26	0.44	1.4	0.8	32224
	260	59.5	55	46	49.0	4	3	134	153	221	246	238	8	13.5	3	2.5	562	745	1300	1700	14.2	0.35	1.7	1	30324
	260	68	62	42	81.8	4	3	134	140	203	246	246	9	26	3	2.5	535	725	1300	1700	15.3	0.83	0.7	0.4	31324
	260	90.5	86	69	61.6	4	3	134	147	213	246	240	9	21.5	3	2.5	825	1230	1300	1700	22.1	0.35	1.7	1	32324
130	180	32	32	25	31.6	2	1.5	140	139	164	171	174	6	7	2	1.5	205	380	1700	2200	2.34	0.34	1.8	1	32926
	200	45	45	34	43.3	2.5	2	140	144	178	190	192	8	11	2.1	2	335	568	1600	2000	4.94	0.43	1.4	0.8	32026
	200	55	55	43	42.0	2.5	2	140	140	178	190	192	8	12	2.1	2	400	728	1600	2000	6.14	0.34	1.8	1	33026
	230	43.75	40	34	46.1	4	3	144	150	203	216	219	7	10	3	2.5	365	520	1400	1800	6.94	0.44	1.4	0.8	30226
	230	67.75	64	54	56.6	4	3	144	143	193	216	221	7	14	3	2.5	552	888	1400	1800	11.4	0.44	1.4	0.8	32226
	280	67.75	58	49	53.2	5	4	145	165	239	262	258	8	15	4	3	640	855	1100	1500	17.3	0.35	1.7	1	30326
	280	72	66	44	87.2	5	4	147	150	218	262	263	9	28	4	3	592	805	1100	1500	18.4	0.83	0.7	0.4	31326

续表

基本尺寸					其他尺寸			安装尺寸									基本额定载荷		极限转速		质量	计算系数			轴承代号
d	D	T	B	C	$a\approx$	r min	r_1 min	d_a min	d_b max	D_a min	D_a max	D_b min	a_1 min	a_2 min	r_a max	r_b max	C_r	C_{0r}	脂润滑	油润滑	$W\approx$	e	Y	Y_0	30000型
mm					mm			mm									kN		r/min		kg				—
140	190	32	32	25	33.8	2	1.5	150	150	177	181	184	6	6	2	1.5	208	392	1600	2000	2.47	0.36	1.7	0.9	32928
	210	45	45	34	46.0	2.5	2	150	153	187	200	202	8	11	2.1	2	330	568	1400	1800	5.15	0.46	1.3	0.7	32028
	210	56	56	44	45.1	2.5	2	150	150	186	200	202	8	12	2.1	2	408	755	1400	1800	6.57	0.36	1.7	0.9	33028
	250	45.75	42	36	49.0	4	3	154	162	219	236	236	9	11	3	2.5	408	585	1200	1600	8.73	0.44	1.4	0.8	30228
	250	71.75	68	58	60.7	4	3	154	156	210	236	240	8	14	3	2.5	645	1050	1200	1600	14.4	0.44	1.4	0.8	32228
	300	67.75	62	53	56.5	5	4	155	176	255	282	275	9	15	4	3	722	975	1000	1400	21.4	0.35	1.7	1	30328
	300	77	70	47	94.1	5	4	157	162	235	282	283	9	30	4	3	678	928	1000	1400	22.8	0.83	0.7	0.4	31328
150	210	38	38	30	36.4	2.5	2	160	162	192	200	202	7	8	2.1	2	260	510	1400	1800	3.87	0.33	1.8	1	32930
	225	48	48	36	49.2	3	2.5	162	164	200	213	216	8	12	2.5	2.1	368	635	1300	1700	6.25	0.46	1.3	0.7	32030
	225	59	59	46	48.2	3	2.5	162	162	200	213	218	9	13	2.5	2.1	460	875	1300	1700	7.98	0.36	1.7	0.9	33030
	270	49	45	38	52.4	4	3	164	174	234	256	252	9	11	3	2.5	450	645	1100	1500	10.8	0.44	1.4	0.8	30230
	270	77	73	60	65.4	4	3	164	168	226	256	256	8	17	3	2.5	720	1180	1100	1500	18.2	0.44	1.4	0.8	32230
	320	72	62	55	60.6	5	4	165	190	273	302	294	9	17	4	3	802	1090	950	1300	25.2	0.35	1.7	1	30330
	320	82	75	50	100.1	5	4	167	173	251	302	302	9	32	4	3	772	1070	950	1300	27.4	0.83	0.7	0.4	31330
160	220	38	38	30	38.7	2.5	2	170	170	199	210	214	7	8	2.1	2	262	525	1300	1700	4.07	0.35	1.7	1	32932
	240	51	51	38	52.6	3	2.5	172	175	213	228	231	8	13	2.5	2.1	420	735	1200	1600	7.66	0.46	1.3	0.7	32032
	290	52	48	40	55.5	4	3	174	189	252	276	271	9	12	3	2.5	512	738	1000	1400	13.3	0.44	1.4	0.8	30232
	290	84	80	67	70.9	4	3	174	180	242	276	276	10	17	3	2.5	858	1430	1000	1400	23.3	0.44	1.4	0.8	32232
	340	75	68	58	63.3	5	4	175	202	290	320	312	9	17	4	3	878	1190	900	1200	29.5	0.35	1.7	1	30332
170	230	38	38	30	41.9	2.5	2	180	183	213	220	222	7	8	2.1	2	280	560	1200	1600	4.33	0.38	1.6	0.9	32934
	260	57	57	43	56.4	3	2.5	182	187	230	248	249	10	14	2.5	2.1	520	920	1100	1500	10.4	0.44	1.4	0.7	32034
	310	57	52	43	60.4	4	3	188	201	269	292	290	9	14	4	3	590	865	1000	1300	16.6	0.44	1.4	0.8	30234
	310	91	86	71	76.3	5	4	188	194	259	292	296	10	20	4	3	968	1640	1000	1300	28.6	0.44	1.4	0.8	32234
	360	80	72	62	68.0	5	4	185	214	307	342	331	10	18	4	3	995	1370	850	1100	35.6	0.35	1.7	1	30334

9.6.9 推力球轴承（见表9-48）

表 9-48 推力球轴承（摘自 GB/T 301—2015）

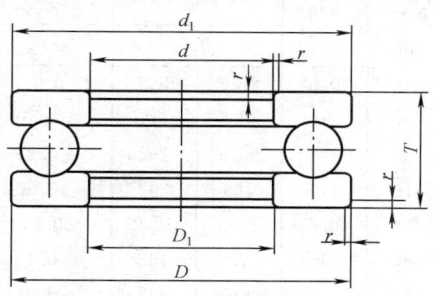

基本尺寸						基本额定载荷		最小载荷常数	极限转速		轴承代号
d	D	T	D_1 min	d_1 max	r min	C_a	C_{0a}	A	脂润滑	油润滑	51000型
mm			mm			kN		—	r/min		—
10	24	9	11	24	0.3	10.0	14.0	0.001	6300	9000	51100
	26	11	12	26	0.6	12.5	17.0	0.002	6000	8000	51200
12	26	9	13	26	0.3	10.2	15.2	0.001	6000	8500	51101
	28	11	14	28	0.6	13.2	19.0	0.002	5300	7500	51201
15	28	9	16	28	0.3	10.5	16.8	0.002	5600	8000	51102
	32	12	17	32	0.6	16.5	24.8	0.003	4800	6700	51202
17	30	9	18	30	0.3	10.8	18.2	0.002	5300	7500	51103
	35	12	19	35	0.6	17.0	27.2	0.004	4500	6300	51203
20	35	10	21	35	0.3	14.2	24.5	0.004	4800	6700	51104
	40	14	22	40	0.6	22.2	37.5	0.007	3800	5300	51204
	47	18	22	47	1	35.0	55.8	0.016	3600	4500	51304
25	42	11	26	42	0.6	15.2	30.0	0.005	4300	6000	51105
	47	15	27	47	0.6	27.8	50.5	0.013	3400	4800	51205
	52	18	27	52	1	35.5	61.5	0.021	3000	4300	51305
	60	24	27	60	1	55.5	89.2	0.044	2200	3400	51405
30	47	11	32	47	0.6	16.0	34.2	0.007	4000	5600	51106
	52	16	32	52	0.6	28.0	54.2	0.016	3200	4500	51206
	60	21	32	60	1	42.8	78.5	0.033	2400	3600	51306
	70	28	32	70	1	72.5	125	0.082	1900	3000	51406
35	52	12	37	52	0.6	18.2	41.5	0.010	3800	5300	51107
	62	18	37	62	1	39.2	78.2	0.033	2800	4000	51207
	68	24	37	68	1	55.2	105	0.059	2000	3200	51307
	80	32	37	80	1.1	86.8	155	0.13	1700	2600	51407
40	60	13	42	60	0.6	26.8	62.8	0.021	3400	4800	51108
	68	19	42	68	1	47.0	98.2	0.050	2400	3600	51208
	78	26	42	78	1	69.2	135	0.096	1900	3000	51308
	90	36	42	90	1.1	112	205	0.22	1500	2200	51408
45	65	14	47	65	0.6	27.0	66.0	0.024	3200	4500	51109
	73	20	47	73	1	47.8	105	0.059	2200	3400	51209
	85	28	47	85	1	75.8	150	0.13	1700	2600	51309
	100	39	47	100	1.1	140	262	0.36	1400	2000	51409

基 本 尺 寸						基本额定载荷		最小载荷常数	极 限 转 速		轴承代号
d	D	T	D_1 min	d_1 max	r min	C_a	C_{0a}	A	脂润滑	油润滑	51000 型
mm				mm		kN		—	r/min		—
50	70	14	52	70	0.6	27.2	69.2	0.027	3000	4300	51110
	78	22	52	78	1	48.5	112	0.068	2000	3200	51210
	95	31	52	95	1.1	96.5	202	0.21	1600	2400	51310
	110	43	52	110	1.5	160	302	0.50	1300	1900	51410
55	78	16	57	78	0.6	33.8	89.2	0.043	2800	4000	51111
	90	25	57	90	1	67.5	158	0.13	1900	3000	51211
	105	35	57	105	1.1	115	242	0.31	1500	2200	51311
	120	48	57	120	1.5	182	355	0.68	1100	1700	51411
60	85	17	62	85	1	40.2	108	0.063	2600	3800	51112
	95	26	62	95	1	73.5	178	0.16	1800	2800	51212
	110	35	62	110	1.1	118	262	0.35	1400	2000	51312
	130	51	62	130	1.5	200	395	0.88	1000	1600	51412
65	90	18	67	90	1	40.5	112	0.07	2400	3600	51113
	100	27	67	100	1	74.8	188	0.18	1700	2600	51213
	115	36	67	115	1.1	115	262	0.38	1300	1900	51313
	140	56	68	140	2	215	448	1.14	900	1400	51413
70	95	18	72	95	1	40.8	115	0.078	2200	3400	51114
	105	27	72	105	1	73.5	188	0.19	1600	2400	51214
	125	40	72	125	1.1	148	340	0.60	1200	1800	51314
	150	60	73	150	2	255	560	1.71	850	1300	51414
75	100	19	77	100	1	48.2	140	0.11	2000	3200	51115
	110	27	77	110	1	74.8	198	0.21	1500	2200	51215
	135	44	77	135	1.5	162	380	0.77	1100	1700	51315
	160	65	78	160	2	268	615	2.00	800	1200	51415
80	105	19	80	105	1	48.5	145	0.12	1900	3000	51116
	115	28	82	115	1	83.8	222	0.27	1400	2000	51216
	140	44	82	140	1.5	160	380	0.81	1000	1600	51316
	170	68	83	170	2.1	292	692	2.55	750	1100	51416
85	110	19	87	110	1	49.2	150	0.13	1800	2800	51117
	125	31	88	125	1	102	280	0.41	1300	1900	51217
	150	49	88	150	1.5	208	495	1.28	950	1500	51317
	180	72	88	177	2.1	318	782	3.24	700	1000	51417
90	120	22	92	120	1	65.0	200	0.21	1700	2600	51118
	135	35	93	135	1.1	115	315	0.52	1200	1800	51218
	155	50	93	155	1.5	205	495	1.34	900	1400	51318
	190	77	93	187	2.1	325	825	3.71	670	950	51418
100	135	25	102	135	1	85.0	268	0.37	1600	2400	51120
	150	38	103	150	1.1	132	375	0.75	1100	1700	51220
	170	55	103	170	1.5	235	595	1.88	800	1200	51320
	210	85	103	205	3	400	1080	6.17	600	850	51420

9.6.10 双向推力球轴承（见表 9-49）

表 9-49　　　　　　　双向推力球轴承（摘自 GB/T 301—2015）

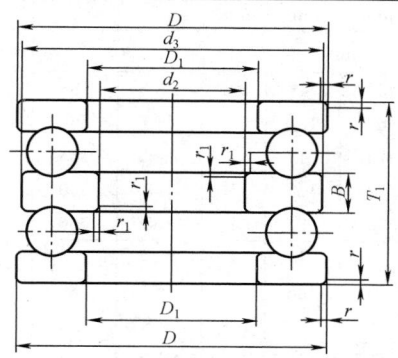

基本尺寸								基本额定载荷		最小载荷常数	极限转速		轴承代号
d_2	D	T_1	B	d_1 max	D_1 min	r min	r_1 min	C_a	C_{0a}	A	脂润滑	油润滑	52000 型
mm				mm				kN		—	r/min		—
10	32	22	5	32	17	0.6	0.3	16.5	24.8	0.003	4800	6700	52202
15	40	26	6	40	22	0.6	0.3	22.2	37.5	0.007	3800	5300	52204
	60	45	11	60	27	1	0.6	55.5	89.2	0.044	2200	3400	52405
20	47	28	7	47	27	0.6	0.3	27.8	50.5	0.013	3400	4800	52205
	52	34	8	52	27	1	0.3	35.5	61.5	0.021	3000	4300	52305
	70	52	12	70	32	1	0.6	72.5	125	0.082	1900	3000	52406
25	52	29	7	52	32	0.6	0.3	28.0	54.2	0.016	3200	4500	52206
	60	38	9	60	32	1	0.3	42.8	78.5	0.033	2400	3600	52306
	80	59	14	80	37	1.1	0.6	86.8	155	0.13	1700	2600	52407
30	62	34	8	62	37	1	0.3	39.2	78.2	0.033	2800	4000	52207
	68	44	10	68	37	1	0.3	55.2	105	0.059	2000	3200	52307
	68	36	9	68	42	1	0.6	47.0	98.2	0.050	2400	3600	52208
	78	49	12	78	42	1	0.6	69.2	135	0.098	1900	3000	52308
	90	65	15	90	42	1.1	0.6	112	205	0.22	1500	2200	52408
35	73	37	9	73	47	1	0.6	47.8	105	0.059	2200	3400	52209
	85	52	12	85	47	1	0.6	75.8	150	0.13	1700	2600	52309
	100	72	17	100	47	1.1	0.6	140	262	0.36	1400	2000	52409
40	78	39	9	78	52	1	0.6	48.5	112	0.068	2000	3200	52210
	95	58	14	95	52	1.1	0.6	96.5	202	0.21	1600	2400	52310
	110	78	18	110	52	1.5	0.6	160	302	0.50	1300	1900	52410
45	90	45	10	90	57	1	0.6	67.5	158	0.13	1900	3000	52211
	105	64	15	105	57	1.1	0.6	115	242	0.31	1500	2200	52311
	120	87	20	120	57	1.5	0.6	182	355	0.68	1100	1700	52411
50	95	46	10	95	62	1	0.6	73.5	178	0.16	1800	2800	52212
	110	64	15	110	62	1.1	0.6	118	262	0.35	1400	2000	52312
	130	93	21	130	62	1.5	0.6	200	395	0.88	1000	1600	52412
	140	101	23	140	68	2	1	215	448	1.14	900	1400	52413

续表

基 本 尺 寸								基本额定载荷		最小载荷常数	极 限 转 速		轴承代号
d_2	D	T_1	B	d_1 max	D_1 min	r min	r_1 min	C_a	C_{0a}	A	脂润滑	油润滑	52000 型
mm				mm				kN		—	r/min		—
55	100	47	10	100	67	1	0.6	74.8	188	0.18	1700	2600	52213
	115	65	15	115	67	1.1	0.6	115	262	0.38	1300	1900	52313
	105	47	10	105	72	1	1	73.5	188	0.19	1600	2400	52214
	125	72	16	125	72	1.1	1	148	340	0.60	1200	1800	52314
	150	107	24	150	73	2	1	255	560	1.71	850	1300	52414
60	110	47	10	100	77	1	1	74.8	198	0.21	1500	2200	52215
	135	79	18	135	77	1.5	1	162	380	0.77	1100	1700	52315
	160	115	26	160	78	2	1	268	615	2.00	800	1200	52415
65	115	48	10	115	82	1	1	83.8	222	0.27	1400	2000	52216
	140	79	18	140	82	1.5	1	160	380	0.81	1000	1600	52316
	180	128	29	179.5	88	2.1	1.1	318	782	3.24	700	1000	52417
70	125	55	12	125	88	1	1	102	280	0.41	1300	1900	52217
	150	87	19	150	88	1.5	1	208	495	1.28	950	1500	52317
	190	135	30	189.5	93	2.1	1.1	325	825	3.71	670	950	52418
75	135	62	14	135	93	1.1	1	115	315	0.52	1200	1800	52218
	155	88	19	155	93	1.5	1	205	495	1.34	900	1400	52318
80	210	150	33	209.5	103	3	1.1	400	1080	6.17	600	850	52420
85	150	67	15	150	103	1.1	1	132	375	0.75	1100	1700	52220
	170	97	21	170	103	1.5	1	235	595	1.88	800	1200	52320
90	230	166	37	229	113	3	1.1	490	1390	10.4	530	750	52422
95	160	67	15	160	113	1.1	1	138	412	0.89	1000	1600	52222
	190	24	110	189.5	113	2	1	278	755	2.97	700	1100	52322
100	170	68	15	170	123	1.1	1.1	135	412	0.96	950	1500	52224
	210	123	27	209.5	123	2.1	1.1	330	945	4.58	670	950	52324
	270	192	42	269	134	4	2	630	2010	21.1	430	600	52426
110	190	80	18	189.5	133	1.5	1.1	188	575	1.75	900	1400	52226
	225	130	30	224	134	2.1	1.1	358	1070	5.91	600	850	52326
	280	196	44	279	144	4	2	630	2010	22.2	400	560	52428
120	200	81	18	199.5	143	1.5	1.1	190	598	1.96	850	1300	52228
	240	140	31	239	144	2.1	1.1	395	1230	7.84	560	800	52328
	300	209	46	299	212	4	2	670	2240	27.9	380	530	52430
130	215	89	20	214.5	153	1.5	1.1	242	768	3.06	800	1200	52230
	250	140	31	249	154	2.1	1.1	405	1310	8.80	530	750	52330
140	225	90	20	224.5	163	1.5	1.1	240	768	3.23	750	1100	52232
	270	153	33	269	164	3	1.1	470	1570	12.8	500	700	52332
150	240	97	21	239.5	173	1.5	1.1	280	915	4.48	700	1000	52234
	280	153	33	279	174	3	1.1	470	1580	13.8	480	670	52334
	250	98	21	249	183	1.5	2	285	958	4.91	670	950	52236
	300	165	37	299	184	3	2	518	1820	17.9	430	600	52336
160	270	190	24	269	194	2	2	328	1160	6.97	630	900	52238
170	280	109	24	299	224	2	2	332	1210	7.59	500	850	52240

注：d_a 对应于单向推力球轴承圈内径。

9.7 钢球（见表 9-50）

表 9-50		优先采用的钢球公称直径（GB/T 308.1—2013）		［单位：mm（in）］
球公称直径 D_w/mm(in)	球公称直径 D_w/mm(in)	球公称直径 D_w/mm(in)	球公称直径 D_w/mm(in)	球公称直径 D_w/mm(in)
0.3	5.556 25(7/32)	12.5	24.606 25(31/32)	50
0.396 88(1/64)	5.953 12(15/64)	12.7(1/2)	25	50.8(2)
0.4	6	13	25.4(1)	53.975($2\frac{1}{8}$)
0.5	6.35(1/4)	13.493 75(17/32)	26	55
0.508(0.020)	6.5	14	26.193 75($1\frac{1}{32}$)	57.15($2\frac{1}{4}$)
0.6	6.746 88(17/64)	14.287 5(9/16)	26.987 5($1\frac{1}{16}$)	60
0.635(0.025)	7	15	28	60.325($2\frac{3}{8}$)
0.68	7.143 75(9/32)	15.081 25(19/32)	28.575($1\frac{1}{8}$)	63.5($2\frac{1}{2}$)
0.7	7.5	15.875(5/8)	30	65
0.793 75(1/32)	7.540 62(19/64)	16	30.162 5($1\frac{3}{16}$)	66.675($2\frac{5}{8}$)
0.8	7.937 5(5/16)	16.668 75(21/32)	31.75($1\frac{1}{4}$)	69.85($2\frac{3}{4}$)
1	8	17	32	70
1.196 2(3/64)	8.334 38(21/64)	17.462 5(11/16)	33	73.025($2\frac{7}{8}$)
1.2	8.5	18	33.337 5($1\frac{5}{16}$)	75
1.5	8.731 25(11/32)	18.256 25(23/32)	34	76.2(3)
1.587 5(1/16)	9	19	34.925($1\frac{3}{8}$)	79.375($3\frac{1}{8}$)
1.984 38(5/64)	9.128 12(23/64)	19.05(3/4)	35	80
2	9.5	19.843 75(25/32)	36	82.55($3\frac{1}{4}$)
2.381 25(3/32)	9.525(3/8)	20	36.512 5($1\frac{7}{16}$)	85
2.5	9.921 88(25/64)	20.5	38	85.725($3\frac{3}{8}$)
2.778 12(7/64)	10	20.637 5(13/16)	38.1($1\frac{1}{2}$)	88.9($3\frac{1}{2}$)
3	10.318 75(13/32)	21	39.687 5($1\frac{9}{16}$)	90
3.175(1/8)	10.5	21.431 25(27/32)	40	92.075($3\frac{5}{8}$)
3.5	11	22	41.275($1\frac{5}{8}$)	95
3.571 88(9/64)	11.112 5(7/16)	22.225(7/8)	42.862 5($1\frac{11}{16}$)	95.25($3\frac{3}{4}$)
3.968 75(5/32)	11.5	22.5	44.45($1\frac{3}{4}$)	98.425($3\frac{7}{8}$)
4	11.509 38(29/64)	23	45	100
4.355 62(11/64)	11.906 25(15/32)	23.018 75(29/32)	46.03 75($1\frac{13}{16}$)	101.6(4)
4.5	12	23.812 5(15/16)	47.625($1\frac{7}{8}$)	104.775($4\frac{1}{8}$)
4.762 5(3/16)	12.303 12(31/64)	24	49.212 5($1\frac{15}{16}$)	
5				
5.159 38(13/64)				
5.5				

注：1. 括号内为相应的英制尺寸，仅作参考。

2. 成品球硬度：高碳铬钢球轴承 $D_w \leqslant 30$mm—61～66HRC，$D_w > 30 \sim 50$mm—60～65HRC，$D_w > 50$mm—58～64HRC。

3. 直径 3～50.8mm 成品钢球的压碎载荷 F，可由下式估算其近似值：$F = 578D_w^{1.942}$，式中 F 单位 N，D_w 单位 mm（本书作者按 GB/T 308.1—2013 附录 B 导出，供参考）。

第10章 滑 动 轴 承

10.1 混合润滑轴承

滑动轴承中采用非连续供油方式的轴承,其相对运动表面间得不到充足润滑剂,或者采用连续低压供油方式的轴承,其运行参数不足以形成完全液体润滑,这时只能处在边界润滑状态或还伴有部分液体润滑状态,即处于混合润滑状态下运转,称为混合润滑轴承。

10.1.1 径向滑动轴承座

1. 滑动轴承座尺寸(见表10-1~表10-4)

表10-1　　　　　　　　　　　整体有衬正滑动轴承座(JB/T 2560—2007)

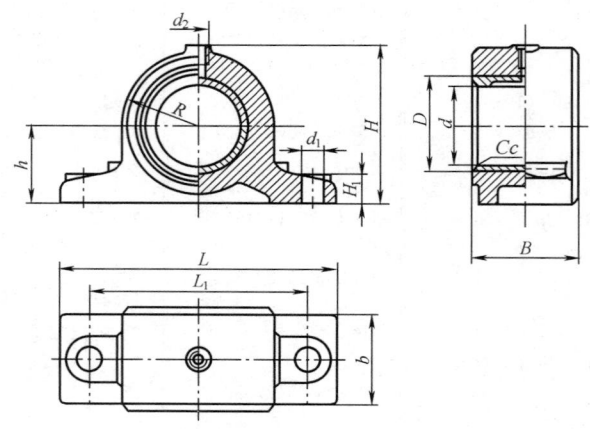

标记示例:$d=30$mm 的轴承座:HZ030 轴承座　JB/T 2560—2007

(单位:mm)

型号	d (H8)	D	R	B	b	L	L_1	H ≈	h (h12)	H_1	d_1	d_2	c	质量 /kg≈
HZ020	20	28	26	30	25	105	80	50	30	14	12			0.6
HZ025	25	32	30	40	35	125	95	60	35	16	14.5		1.5	0.9
HZ030	30	38		50	40	150	110	70		20	18.5			1.7
HZ035	35	45	38	55	45	160	120	84	42	20	18.5	M10×1		1.9
HZ040	40	50	40	60	50	165	125	88	45	20	18.5		2	2.4
HZ045	45	55	45	70	60	185	140	90	50	25	24			3.6
HZ050	50	60	45	75	65	185	140	100	50	25	24			3.8
HZ060	60	70	55	80	70	225	170	120	60	30	28		2.5	6.5
HZ070	70	85	65	100	80	245	190	140	70	30	28			9.0
HZ080	80	95	70	100	80	255	200	155	80	30	28			10.0
HZ090	90	105	75	120	90	285	220	165	85	40	35	M14×1.5		13.2
HZ100	100	115	85	120	90	305	240	180	90	40	35			15.5
HZ110	110	125	90	140	100	315	250	190	95	40	35		3	21.0
HZ120	120	135	100	150	110	370	290	210	105	45	42			27.0
HZ140	140	160	115	170	130	400	320	240	120	45	42			38.0

注:1. 轴承座壳体和轴套可单独订货,但在订货时必须说明。
　　2. 工作环境温度(-20~80)℃。

表 10-2　　　　　　　　　　对开式二螺柱正滑动轴承座（JB/T 2561—2007）

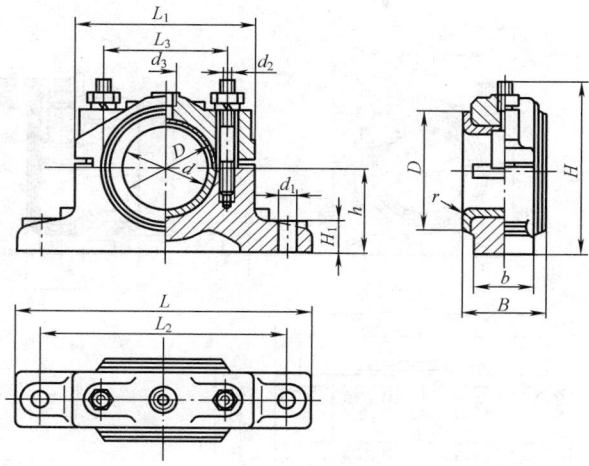

标记示例：$d=50$mm 的对开式二螺柱正滑动轴承座：H2050　轴承座　JB/T 2561—2007

（单位：mm）

型号	d (H8)	D	D_1	B	b	H $\approx$	h (h12)	H_1	L	L_1	L_2	L_3	d_1	d_2	r	质量 /kg$\approx$
H2030	30	38	48	34	22	70	35	15	140	85	115	60	10		1.5	0.8
H2035	35	45	55	45	28	87	42	18	165	100	135	75	12			1.2
H2040	40	50	60	50	35	90	45	20	170	110	140	80	14.5	M10×1	2	1.8
H2045	45	55	65	55	40	100	50	20	175	110	145	85	14.5			2.3
H2050	50	60	70	60	40	105	50	25	200	120	160	90	18.5			2.9
H2060	60	70	80	70	50	125	60	25	240	140	190	100	24			4.6
H2070	70	85	95	80	60	140	70	30	260	160	210	120	24		2.5	7.0
H2080	80	95	110	95	70	160	75	35	290	180	240	140	28			10.5
H2090	90	105	120	105	80	170	85	35	300	190	250	150	28			12.5
H2100	100	115	130	115	90	185	90	40	340	210	280	160	35	M14×1.5	3	17.5
H2110	110	125	140	125	100	190	95	40	350	220	290	170	35			19.5
H2120	120	135	150	140	110	205	105	45	370	240	310	190	35			25.0
H2140	140	160	175	160	120	230	120	50	390	260	330	210	35		4	33.5
H2160	160	180	200	180	140	250	130	50	410	280	350	230	35			45.5

注：1. 工作环境温度(—20～80)℃。
　　2. 轴肩直径不小于轴瓦肩部外径时，允许承受的轴向载荷不大于径向载荷30%。
　　3. 与轴承座配合的轴颈表面应进行硬化处理。

表 10-3 　　　　　　　　　　对开式四螺柱正滑动轴承座（JB/T 2562—2007）

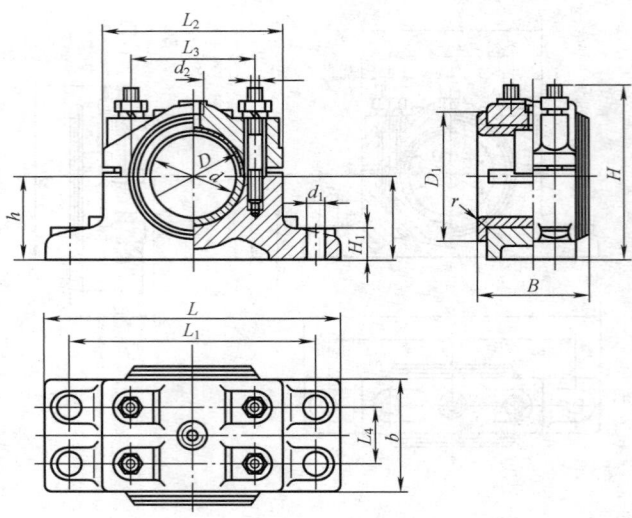

标记示例：$d=80$mm 的对开式四螺柱正滑动轴承座：H4080　轴承座　JB/T 2562—2007

（单位：mm）

型号	d (H8)	D	D_1	B	b	H ≈	h (h12)	H_1	L	L_1	L_2	L_3	L_4	d_1	d_2	r	质量 /kg≈
H4050	50	60	70	75	60	105	50	25	200	160	120	90	30	14.5	M10×1	2.5	4.2
H4060	60	70	80	90	75	125	60	25	240	190	140	100	40	18.5			6.5
H4070	70	85	95	105	90	135	70	30	260	210	160	120	45	18.5			9.5
H4080	80	95	110	120	100	160	80	35	290	240	180	140	55	24			14.5
H4090	90	105	120	135	115	165	85	35	300	250	190	150	70	24		3	18.0
H4100	100	115	130	150	130	175	90	40	340	280	210	160	80	24			23.0
H4110	110	125	140	165	140	185	95	40	350	290	220	170	85	24			30.0
H4120	120	135	150	180	155	200	105	40	370	310	240	190	90	28	M14×1.5		41.5
H4140	140	160	175	210	170	230	120	45	390	330	260	210	100	28			51.0
H4160	160	180	200	240	200	250	130	50	410	350	280	230	120	28		4	59.5
H4180	180	200	220	270	220	260	140	50	460	400	320	260	140	35			73.0
H4200	200	230	250	300	245	295	160	55	520	440	360	300	160	42		5	98.0
H4220	220	250	270	320	265	360	170	60	550	470	390	330	180	42			125.0

注：1. 工作环境温度（−20～80）℃。

　　2. 轴肩直径不小于轴瓦肩部外径时，允许承受的轴向载荷不大于径向载荷 30%。

　　3. 与轴承座配合的轴颈表面应进行硬化处理。

表 10-4 　　　　　　　　　　　对开式四螺柱斜滑动轴承座（JB/T 2563—2007）

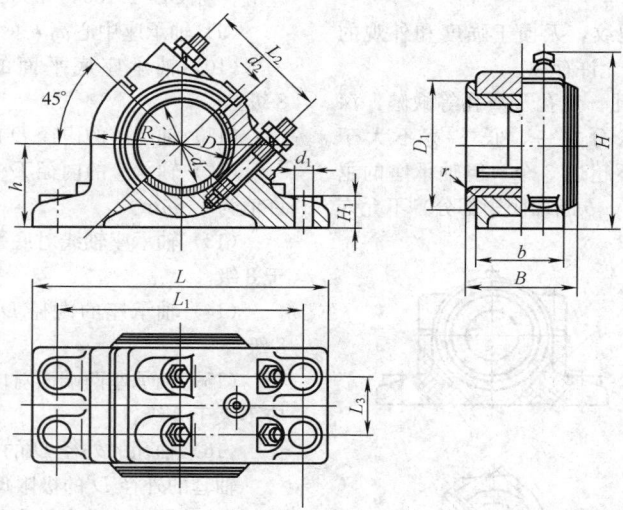

标记示例：$d=80$mm 的对开式四螺柱斜滑动轴承座：HX080　轴承座　JB/T 2563—2007

（单位：mm）

型号	d (H8)	D	D_1	B	b	H ≈	h (h12)	H_1	L	L_1	L_2	L_3	R	d_1	d_2	r	质量 /kg≈
HX050	50	60	70	75	60	140	65	25	200	160	90	30	60	14.5	M10×1	2.5	5.1
HX060	60	70	80	90	75	160	75	25	240	190	100	40	70	18.5			8.1
HX070	70	85	95	105	90	185	90	30	260	210	120	45	80	18.5			12.5
HX080	80	95	110	120	100	215	100	35	290	240	140	55	90	24			17.5
HX090	90	105	120	135	115	225	105	35	300	250	150	70	95	24		3	21.0
HX100	100	115	130	150	130	175	115	40	340	280	160	80	105	24			29.5
HX110	110	125	140	165	140	250	120	40	350	290	170	85	110	24			32.5
HX120	120	135	150	180	155	275	130	40	370	310	190	90	120	28	M14×1.5		40.5
HX140	140	160	175	210	170	260	140	45	390	330	210	100	130	28			53.5
HX160	160	180	200	240	200	300	150	50	410	350	230	120	140	35		4	76.5
HX180	180	200	220	270	220	375	170	50	460	400	260	140	160	35			94.0
HX200	200	230	250	300	245	425	190	55	520	440	300	160	180	42		5	120.0
HX220	220	250	270	320	265	440	205	60	550	470	330	180	195	42			140.0

注：1. 工作环境温度（−20～80）℃。
　　2. 轴肩直径不小于轴瓦肩部外径时，允许承受的轴向载荷不大于径向载荷 30%。
　　3. 与轴承座配合的轴颈表面应进行硬化处理。

2. 滑动轴承座技术要求（JB/T 2564—2007）

（1）轴承座的材料采用 HT200 灰铸铁或 ZG200～ZG400 铸钢制造，其力学性能应符合 GB/T 9439—2010 或 GB/T 11352—2009 的规定。

（2）轴瓦和轴套采用 ZCuA10Fe3 铝青铜制造，轴套也可采用 ZCuSn6Zn6Pb3 锡青铜制造，其力学性能和化学成分应符合 GB/T 1176 的规定。

（3）铸件上的型砂应清除干净，浇口、冒口、结疤及夹砂等均应铲除或打磨掉，清理后，毛坯表面应平整、光洁。

（4）铸件不允许有裂纹，无损于强度和外观的其他缺陷，在下列范围内允许存在。

1) 非加工表面的缩孔、气孔及渣孔等缺陷，深度不超过铸件壁厚的八分之一、长×宽不大于 5mm×5mm，缺陷总数不超过 3 个，但轴承座的主要受力断面（图 10-1 中 a、b 断面阴影部分）不允许有铸造缺陷。

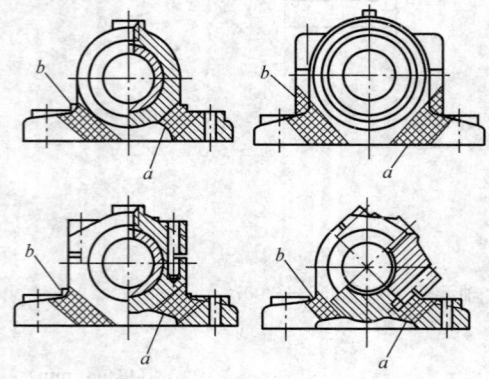

图 10-1 轴承座主要受力处

2) 加工后的表面不允许有砂眼等铸造缺陷。

（5）轴承座上铸出的字体（如轴承座型号、制造厂代号或商标）应保证完整、清晰和光洁。

（6）轴承座毛坯应在机械加工前进行时效处理。

（7）加工后的轴承座上盖与底座在自由状态下分合面应贴合良好，分合面对轴承座内径 D 的轴线位置度公差为 0.05mm。

（8）对开式斜滑动轴承座的 45°分合面的角度公差应符合 GB/T 1804—2000 中 v 级精度的规定。

（9）轴承座中心高 h 的公差为 h12。

（10）轴承座底平面的平面度公差应不大于 8 级。

（11）轴承座的内径 D 的公差为 H7。

（12）轴承座的内径 D 的表面粗糙度 Ra 最大允许值为 $1.6\mu m$。

（13）轴承座轴线对底平面的平行度公差应不大于 8 级。

（14）轴承座的内径 D 的圆柱度公差应不大于 8 级。

（15）轴承座两端面对内径 D 轴线的垂直度公差应不大于 8 级。

（16）轴瓦的外径 D 的极限偏差为 m6。

轴套的外径 D 的极限偏差为 S7。

（17）轴瓦和轴套的内径 d 的极限偏差为 H8。

（18）轴瓦和轴套的内径 d、外径 D 的表面粗糙度 Ra 最大允许值为 $1.6\mu m$。

（19）轴瓦和轴套外径 D 的圆柱度公差应不大于 8 级。

（20）轴瓦油槽棱边应倒钝、圆滑，内径 d 两端的圆角部位应圆滑，其圆角半径 R 应符合图样要求。

10.1.2 金属轴套与轴瓦

1. 轴套（见表 10-5～表 10-9）

铜合金轴套标准 GB/T 18324—2001 适用于带或不带有油孔、油槽的单层铜合金轴套。C 型为普通整体铜合金轴套（见表 10-5），F 型为翻边整体铜合金轴套（见表 10-6）。

表 10-5 　　　　　　　　　　铜合金轴套（C 型）（GB/T 18324—2001）

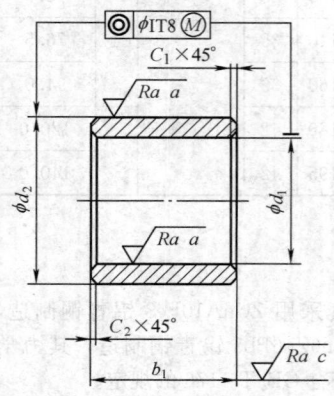

表面粗糙度数值
a：$Ra=1.6\mu m$
b：$Ra=3.2\mu m$
c：$Ra=6.3\mu m$
d：$Ra=2.5\mu m$
标记示例：
C 型轴套内径 $d_1=20mm$，外径 $d_2=24mm$，宽度 $b_1=20mm$，外圆倒角 C_2 为 15°（加标记 Y，若为 45°不标），材料为 CuSn8P，其标记为：
轴套 GB/T 18324—2001—C20×24×20Y-CuSn8P

内 径 d_1	外 径 d_2			宽 度 b_1			倒 角	
							45° C_1，C_2 max	15° C_2 max
6	8	10	12	6	10	—	0.3	1
8	10	12	14	6	10	—	0.3	1
10	12	14	16	6	10	—	0.3	1
12	14	16	18	10	15	20	0.5	2
14	16	18	20	10	15	20	0.5	2
15	17	19	21	10	15	20	0.5	2
16	18	20	22	12	15	20	0.5	2
18	20	22	24	12	20	30	0.5	2
20	23	24	26	15	20	30	0.5	2
22	25	26	28	15	20	30	0.5	2
(24)	27	28	30	15	20	30	0.5	2
25	28	30	32	20	30	40	0.5	2
(27)	30	32	34	20	30	40	0.5	2
28	32	34	36	20	30	40	0.5	2
30	34	36	38	20	30	40	0.5	2
32	36	38	40	20	30	40	0.8	3
(33)	37	40	42	20	30	40	0.8	3
35	39	41	45	30	40	50	0.8	3
(36)	40	42	46	30	40	50	0.8	3
38	42	45	48	30	40	50	0.8	3
40	44	48	50	30	40	60	0.8	3
42	46	50	52	30	40	60	0.8	3
45	50	53	55	30	40	60	0.8	3
48	53	56	58	40	50	60	0.8	3
50	55	58	60	40	50	60	0.8	3
55	60	63	65	40	50	70	0.8	3
60	65	70	75	40	60	80	0.8	3
65	70	75	80	50	60	80	1	4
70	75	80	85	50	70	90	1	4
75	80	85	90	50	70	90	1	4
80	85	90	95	60	80	100	1	4
85	90	95	100	60	80	100	1	4
90	100	105	110	60	80	120	1	4
95	105	110	115	60	100	120	1	4
100	110	115	120	80	100	120	1	4

续表

内 径 d_1	外 径 d_2			宽 度 b_1			倒 角	
							45° C_1，C_2 max	15° C_2 max
105	115	120	125	80	100	120	1	4
110	120	125	130	80	100	120	1	4
120	130	135	140	100	120	150	1	4
130	140	145	150	100	120	150	2	5
140	150	155	160	100	150	180	2	5
150	160	165	170	120	150	180	2	5
160	170	180	185	120	150	180	2	5
170	180	190	195	120	180	200	2	5
180	190	200	210	150	180	250	2	5
190	200	210	220	150	180	250	2	5
200	210	220	230	180	200	250	2	5

注：括号内的值仅作特殊用途，应尽可能避免使用。

表 10-6   **铜合金轴套**（F 型）（GB/T 18324—2001）

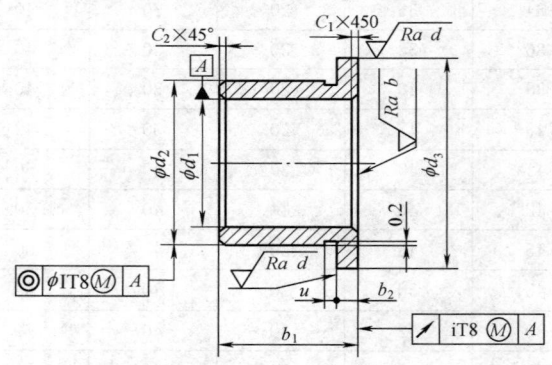

其他尺寸和说明见 C 型

内径 d_1	外径 d_2	翻边 外径 d_3	翻边 宽度 b_2	外径 d_2	翻边 外径 d_3	翻边 宽度 b_2	宽 度 b_1			倒 角		退刀槽 宽度 u
	第一系列			第二系列						45° C_1，C_2 max	15° C_2 max	
6	8	10	1	12	14	3	—	10	—	0.3	1	1
8	10	12	1	14	18	3	—	10	—	0.3	1	1
10	12	14	1	16	20	3	—	10	—	0.3	1	1
12	14	16	1	18	22	3	10	15	20	0.5	2	1
14	16	18	1	20	25	3	10	15	20	0.5	2	1
15	17	19	1	21	27	3	10	15	20	0.5	2	1
16	18	20	1	22	28	3	12	15	20	0.5	2	1.5
18	20	22	1	24	30	3	12	20	30	0.5	2	1.5
20	23	26	1.5	26	32	3	15	20	30	0.5	2	1.5
22	25	28	1.5	28	34	3	15	20	30	0.5	2	1.5
(24)	27	30	1.5	30	36	3	15	20	30	0.5	2	1.5

续表

内径 d_1	外径 d_2	翻边外径 d_3	翻边宽度 b_2	外径 d_2	翻边外径 d_3	翻边宽度 b_2	宽度 b_1			倒角 45° C_1, C_2 max	倒角 15° C_2 max	退刀槽宽度 u
	第一系列			第二系列								
25	28	31	1.5	32	38	4	20	30	40	0.5	2	1.5
(27)	30	33	1.5	34	40	4	20	30	40	0.5	2	1.5
28	32	36	2	36	42	4	20	30	40	0.5	2	1.5
30	34	38	2	38	44	4	20	30	40	0.5	2	2
32	36	40	2	40	46	4	20	30	40	0.8	3	2
(33)	37	41	2	42	48	5	20	30	40	0.8	3	2
35	39	43	2	45	50	5	30	40	50	0.8	3	2
(36)	40	44	2	46	52	5	30	40	50	0.8	3	2
38	42	46	2	48	54	5	30	40	50	0.8	3	2
40	44	48	2	50	58	5	30	40	60	0.8	3	2
42	46	50	2	52	60	5	30	40	60	0.8	3	2
45	50	55	2.5	55	63	5	30	40	60	0.8	3	2
48	53	58	2.5	58	66	5	40	50	60	0.8	3	2
50	55	60	2.5	60	68	5	40	50	60	0.8	3	2
55	60	65	2.5	65	73	5	40	50	70	0.8	3	2
60	65	70	2.5	75	83	7.5	40	60	80	0.8	3	2
65	70	75	2.5	80	88	7.5	50	60	80	1	4	2
70	75	80	2.5	85	95	7.5	50	70	90	1	4	2
75	80	85	2.5	90	100	7.5	50	70	90	1	4	3
80	85	90	2.5	95	105	7.5	60	80	100	1	4	3
85	90	95	2.5	100	110	7.5	60	80	100	1	4	3
90	100	110	5	110	120	10	60	80	120	1	4	3
95	105	115	5	115	125	10	60	100	120	1	4	3
100	110	120	5	120	130	10	80	100	120	1	4	3
105	115	125	5	125	135	10	80	100	120	1	4	3
110	120	130	5	130	140	10	80	100	120	1	4	3
120	130	140	5	140	150	10	100	120	150	1	4	3
130	140	150	5	150	160	10	100	120	150	2	5	4
140	150	160	5	160	170	10	100	150	180	2	5	4
150	160	170	5	170	180	10	120	150	180	2	5	4
160	170	180	5	185	200	12.5	120	150	180	2	5	4
170	180	190	5	195	210	12.5	120	180	200	2	5	4
180	190	200	5	210	220	15	150	180	250	2	5	4
190	200	210	5	220	230	15	150	180	250	2	5	4
200	210	220	5	230	240	15	180	200	250	2	5	4

注：括号内的值仅作特殊用途，应尽可能避免使用。

表 10-7   铜合金轴套公差（GB/T 18324—2001）

内径 d_1	外径 d_2		翻边外径 d_3	宽度 b_1	轴承座孔	轴径 d
E6①	≤120	s6	d11	h13	H7	e7 或 g7②
	>120	r6				

① 冲压后，d_1 通常可达到公差位置 H，公差等级大约为 IT8。

② 根据使用情况来推荐所用的公差：

    如果轴套与公差位置 h 的精密磨削轴制成品相配合，内径 d_1 的公差应为 D6，它装配后的概率公差为 F8。

    如果轴套内孔是装配后加工，内径 d_1 的尺寸和公差应由供需双方协议而定。

表 10-8   轴套的尺寸（JB/ZQ 4613—2006）

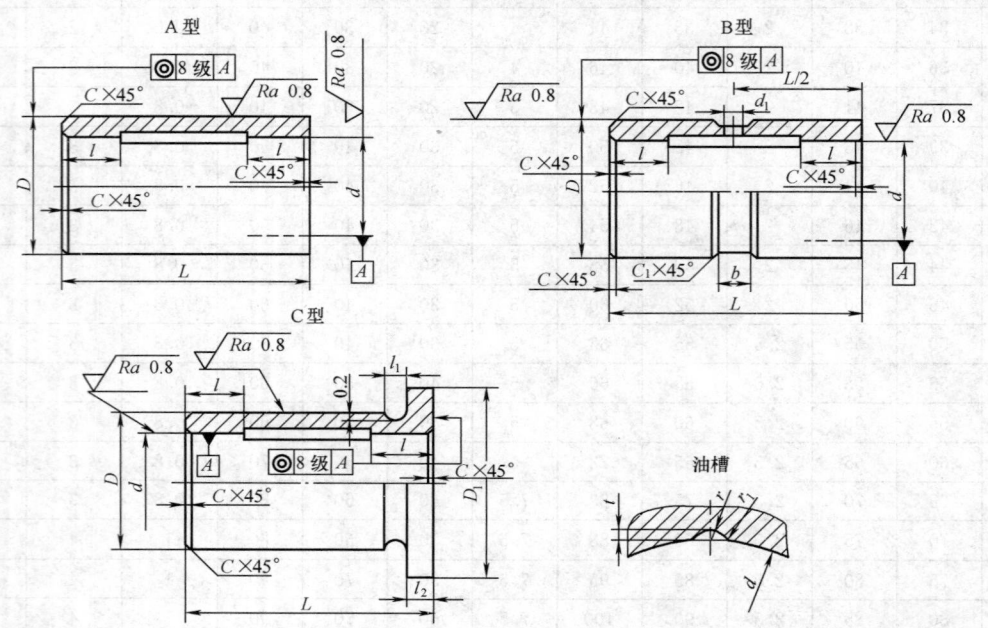

d	D	D_1	L 1	L 2	L 3	L 4	d_1	l_1	l_2 (h12)	t ($^{+0.2}_{0}$)	b	r	r_1	C	C_1
20	26	32	15	20	30	30			3	1.2		2.5	6		
22	28	34	15	20	30	30	6	1.5	3	1.2	12	2.5	6	0.5	1
25	32	38				40									
28	36	42	20	30	40	50	6		4	1.6		3	9		
30	38	44													
32	40	46				55									
35	45	50			50										
(36)	46	52													
40	50	58	30	40		60									
45	55	63			60	70	8	2	5	2	16	4	12	0.8	1.5
50	60	68				75									
55	65	73	40	50	70	80									
60	75	83													
65	80	88		60	80										
70	85	95	50	70	90	100			7.5	2.5		5	15	1	1.5
75	90	100													
80	95	105	60	80	100		10	3			20			1	
90	110	120			120	120			10	3.2		7	21		1.5
100	120	130	80	100	120	120									

续表

d	D	D_1	L 1	L 2	L 3	L 4	d_1	l_1	l_2 (h12)	t ($^{+0.2}_{0}$)	b	r	r_1	C	C_1
110	130	140	80	100	120	140	10	3			20			1	1.5
120	140	150		120		150									1
130	150	160	100		120	170	12	10	3.2	25	7	21			2
140	160	170				170									
150	170	180			150	180									
160	185	200	120			—	4	12.5	1				2		
170	195	210				200									
180	210	220			180	180					9	27			
190	220	230	150			250	15	4							
200	230	240	180	200	—	—									

注：1. 当 L 为 15～30mm 时 l=3mm；当 L>30～60mm 时 l=4mm；当 L>60～100mm 时 l=6mm；当 L>100mm 时 l=10mm。
　　2. 轴套的材料：CuAl10Fe5Ni5（ZQA19—4）。
　　3. B 型轴套适用于 JB/T 2560—2007《整体有衬正滑动轴承座形式与尺寸》规定的轴承座。

表 10-9　　　　　　　　　　**轴套的公差配合**（JB/ZQ 4613—2006）

尺寸	装配形式	压　入			黏　合		
d	装入前	G7	E9	D10	H7	H8	E9
	装入后	H7	H8	E9			
	相配轴的公差	g6, f7, e9		h9, h11	g6, f7, e9		h9, h11
D	≤120mm	s6			g6		
	>120mm	r6					
轴承座孔的公差		H7					

2. 卷制轴套

卷制轴套标准 GB/T 12613—2011 适用于内径为 2～300mm 的单层和多层轴承材料的卷制轴套。

卷制轴套的公称尺寸及宽度极限偏差见表 10-10。

卷制轴套的制造精度分为 A、B、C、D 和 W 五个系列。A、B、C、D 系列控制轴套壁厚的公差，其中 C 系列轴套以留有加工余量的形式提供，其余的以无加工余量的形式提供。W 系列控制轴套内外直径的公差。安装卷制轴套的轴承座孔直径公差推荐为 H7。

3. 轴瓦

轴瓦有厚壁轴瓦和薄壁轴瓦两种。

（1）厚壁轴瓦（见图 10-2）。厚壁轴瓦壁厚 δ 与外径的比值大于 0.05，一般用铸造法制成，常浇铸一层减摩材料的轴承衬。浇铸用槽的尺寸和结构见

表 10-11。

（2）薄壁轴瓦（见图 10-3）。薄壁轴瓦是将轴承合金粘附在低碳钢带上，再经冲裁、弯曲成形及精加工制成双金属轴瓦。

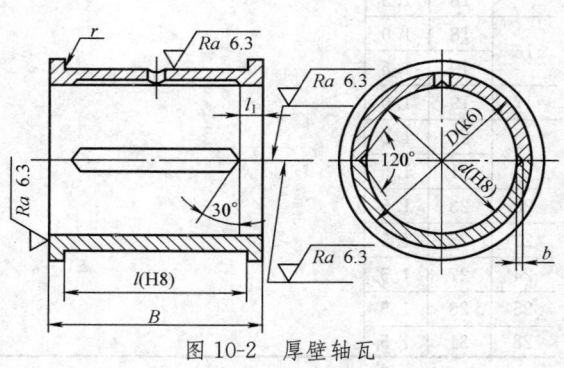

图 10-2　厚壁轴瓦

表 10-10　　　　卷制轴套的公称尺寸及宽度极限偏差（GB/T 12613.1—2011）

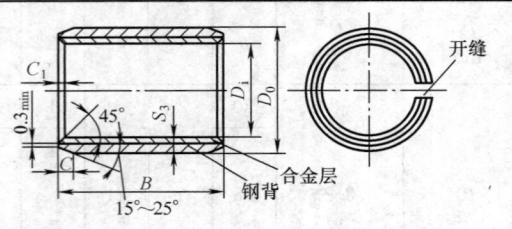

标记示例

轴套 GB/T 12613.1—2011-30A34×20-S5-M1N1-A　A 系列、内径 $D_i = 30\text{mm}$、外径 $D_0 = 34\text{mm}$、宽度 $B = 20\text{mm}$，符合 GB/T 12613.4—2011 材料编码 S5、符合 GB/T 12613.3—2011 润滑油孔和环形油槽的结构 M1、油穴结构 N1 和符合 GB/T 12613.2—2011 检验方法 A 的卷制轴套

D_i	D_0	S_3	B											
			3	4	5	6	7	8	10	12	15	20	25	30
2	3	0.5	a	×	a									
	3.5	0.75												
3	4	0.5	a	×	a	a								
	4.5	0.75												
	5	1.0	a	a	a	a								
4	5	0.5	a	a	×	a								
	5.5	0.75	a	a	×	a	×	×	a					
	6	1.0	a	a	×	a	×	×	×					
5	6	0.5		×	a	×	×	a	a					
6	7	0.5		a	×	a	×	a	a					
	8	1.0			a	a	a	a	a					
7	9	1.0			a	×	a	×	a	a				
8	9	0.5			×	a	×	a	a					
	10	1.0			a	a	a	a	a					
	11	1.5				×	×	×	b	b				
10	11	0.5				×	×	a	a					
	12	1.0				a	a	a	a	a	b	b		
	13	1.5				×	×	×	a	a	a	a		
12	14	1.0				a	a	a	a	a	b	b	b	
	15	1.5							b	b	b	×	×	
13	15	1.0							a	×	b	b	×	
	16	1.5							b	b	b	b	×	
14	16	1.0							a	a	b	b	b	
	17	1.5							b	b	b	b	×	
15	17	1.0							a	a	b	b	b	
	18	1.5							a	a	a	a	a	
16	18	1.0							a	a	b	b	b	
	19	1.5							a	a	a	a	a	
17	19	1.0							×	×	b	b	×	
18	20	1.0							a	×	b	b	b	
	21	1.5								×	a	b	b	
20	23	1.5								a	a	b	b	b
22	25	1.5									a	b	b	b
24	27	1.5								a		b		b
25	28	1.5												
28	31	1.5										b	b	b

续表

D_i	D_0	S_3	15	20	25	30	40	50	60	70	80	100	115
28	32	2.0	a	a	a	b	×	b					
30	34		a	a	a	b	b	×					
32	36			a	×	b	b	×					
35	39			a	×	b	b	b					
37	41			a	×	b	b	×					
38	42												
40	44			a	×	b	b	b					
45	50			a	×	a	b	b					
50	55	2.5		a	a	a	b	b					
55	60			a	×	a	b	×	b				
60	65			a	×	a	b	b	×				
65	70				a		×	b	×	c			
70	75												
75	80						b	×	b	×	c		
80	85						b	×	b	×	c	c	
85	90												
90	95						b	×	b	×	×	c	
95	100							×	b	×	×	c	
100	105							b	b	×	×	c	c
105	110							×	b	×	×	c	c
110	115												
115	120							b	b	b	×	c	
120	125							b	b	×	×	c	
125	130								b	×	×	c	
130	135												
135	140								b	×	b	c	
140	145								b	×	×	c	
150	155								b	×	b	c	
160	165												
170	175											c	
180	185												
200	205												
220	225												
250	255												
300	305												

注：宽度 B 的极限偏差 a—±0.25，b—±0.50，c—±0.75。

轴套宽度的极限偏差超出 a、b 或 c 的范围时，制造者应与用户协商一致，并在公称尺寸的标注后面给出。如需要使用非标准轴套宽度，则当 $D_i \leqslant 50$mm 时，应使宽度尾数为 2、5 或者 8；当 $D_i > 50$mm 时，应使宽度尾数为 5。

轴套宽度 B 的检测应按 ISO12301 规定。

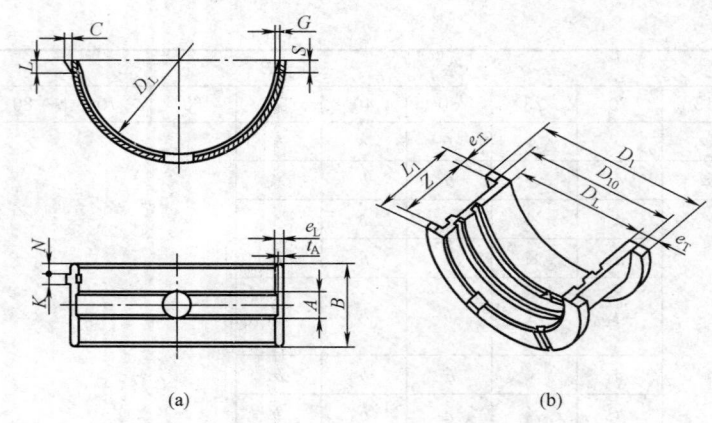

图 10-3 薄壁轴瓦

（a）薄壁不翻边轴瓦；（b）薄壁翻边轴瓦

| 表 10-11 | 轴承合金浇铸用槽 | （单位：mm） |

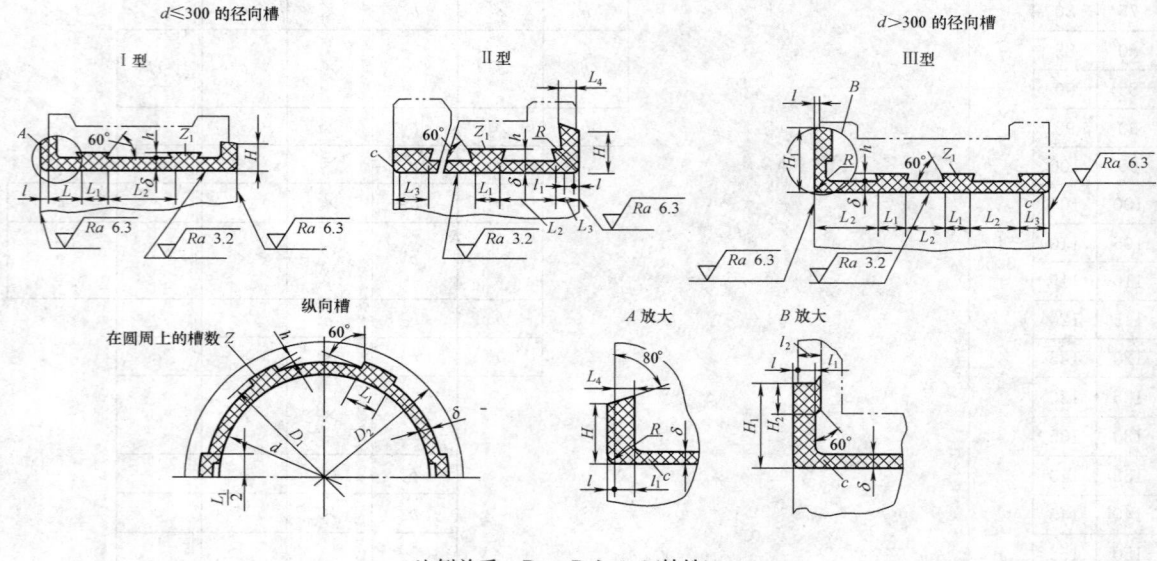

比例关系：$D_2 : D_1 \geqslant 1.2$（铸铁）

$D_2 : D_1 \approx 1.1 \sim 1.14$（钢）

轴 径 d	浇 铸 尺 寸																纵、径向槽数 Z、Z_1
	δ		h	H	H_1	H_2	L	L_1	L_2	L_3	L_4	l	l_1	l_2	R	c	
	铸铁	铜															
30~50	2.5	2	—	6	—	—	—	—	—	—	3	1	2	—	3	1	—
>50~80	3	2.5	2	8	—	—	20	9	50	10	4	1	3	—	4	1	2
>80~100	3.5	3	2	10	—	—	25	10	60	12	5	1.5	4	—	4	2	2
>100~150	3.5	3	2.5	12	—	—	30	10	80	14	6	1.5	5	—	6	2	3
>150~200	4	3.5	2.5	16	—	—	35	15	90	16	7	1.5	5	—	8	3	3

续表

轴 径 d	浇 铸 尺 寸																纵、径向槽数 Z、Z_1
	δ		h	H	H_1	H_2	L	L_1	L_2	L_3	L_4	l	l_1	l_2	R	c	
	铸铁	铜															
>200~300	5	4	3	20	—	—	40	18	100	18	8	2	6	—	12	5	3
>300~400	6	4	3	25	35	15	—	20	110	20	8	2	6	11	15	5	3
>400~500	7	5	3	30	40	15	—	25	150	22	10	2	8	12	20	6	3
>500~650	7	5	3	35	45	15	—	30	150	22	10	2.5	8	13	25	7	3
>650~800	7	5	3	40	50	20	—	30	160	22	12	2.5	8	13	30	10	3
>800~1000	8	6	4	45	55	20	—	35	160	24	12	3	8	15	30	10	4
>1000~1300	8	6	4	50	60	20	—	40	170	24	15	3	12	17	40	15	4

注: 1. 纵向槽数 Z 平均分布于圆周上。
  2. 本标准所规定的纵向槽数 Z 是必要的最少数量,但径向槽数 Z_1 在轴衬全长上不允许大于 4 个。
  3. 轴衬材料为铸铁时,径向槽和纵向槽的数量应按表内的规定增加 1.5~2 倍。
  4. 对重要的轴承,受有相当的轴向力和冲击等的情况下,为取得较大的支承面,轴端结构形式应按 II、III 型选择,如无轴向力,可不带支承面。
  5. 燕尾槽全部按表面粗糙度 Ra 的最大允许值为 25μm 加工。
  6. 轴承合金层不应有气泡、气孔、杂质等缺陷。

4. 止推垫圈 (见表 10-12)

表 10-12　　　　　整圆止推垫圈的主要尺寸和公差 (GB/T 10446—2008)

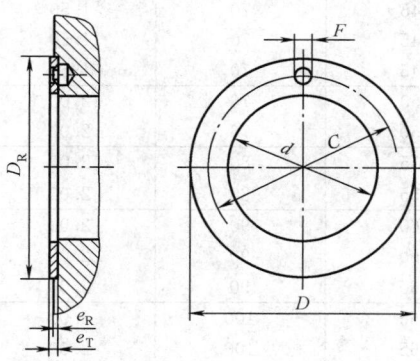

(单位: mm)

卷制轴套外径		d $\left(\begin{smallmatrix}+0.25\\0\end{smallmatrix}\right)$	D $\left(\begin{smallmatrix}0\\-0.25\end{smallmatrix}\right)$	e_T $\left(\begin{smallmatrix}0\\-0.05\end{smallmatrix}\right)$	C (± 0.15)	F $\left(\begin{smallmatrix}+0.40\\-0.10\end{smallmatrix}\right)$
优选系列	非优选系列					
6		6	16	1.00	11	1.5
7		7	17	1.00	12	1.5
8		8	18	1.00	13	1.5
9		9	19	1.00	14	1.5
10		10	22	1.00	16	1.5
11		12	24	1.50	18	1.5
12		12	24	1.50	18	1.5
13		14	26	1.50	20	2.0
14		14	26	1.50	20	2.0
15		16	30	1.50	23	2.0
16		16	30	1.50	23	2.0

卷制轴套外径		d $\left(\begin{array}{c}+0.25\\0\end{array}\right)$	D $\left(\begin{array}{c}0\\-0.25\end{array}\right)$	e_T $\left(\begin{array}{c}0\\-0.05\end{array}\right)$	C (±0.15)	F $\left(\begin{array}{c}+0.40\\-0.10\end{array}\right)$
优选系列	非优选系列					
17		18	32	1.50	25	2.0
18		18	32	1.50	25	2.0
19		20	36	1.50	28	3.0
20		20	36	1.50	28	3.0
21		22	38	1.50	30	3.0
22		22	38	1.50	30	3.0
	23	24	42	1.50	33	3.0
24		24	42	1.50	33	3.0
25		26	44	1.50	35	3.0
26		26	44	1.50	35	3.0
27		28	48	1.50	39	4.0
	28	28	48	1.50	39	4.0
30		32	54	1.50	43	4.0
32		32	54	1.50	43	4.0
34		36	60	1.50	48	4.0
36		36	60	1.50	48	4.0
38		40	64	1.50	52	4.0
	39	40	64	1.50	52	4.0
40		40	64	1.50	52	4.0
42		45	70	1.50	57.5	4.0
	44	45	70	1.50	57.5	4.0
45		45	70	1.50	57.5	4.0
48		50	76	2.00	63	4.0
50		50	76	2.00	63	4.0
53		55	80	2.00	67.5	5.0
	55	55	80	2.00	67.5	5.0
56		60	90	2.00	75	5.0
	57	60	90	2.00	75	5.0
60		60	90	2.00	75	5.0
63		65	100	2.00	83.5	5.0
	65	65	100	2.00	83.5	5.0
67		70	105	2.00	88	5.0
	70	70	105	2.00	88	5.0
71		75	110	2.00	92.5	5.0
75		75	110	2.00	92.5	5.0
80		80	120	2.00	100	5.0

注：1. 轴承座上凹座直径 D_R 等于止推垫圈外径 D，其公差为 G10。e_R 为轴承座上的凹座深度。

2. 油槽形式见图 10-4。

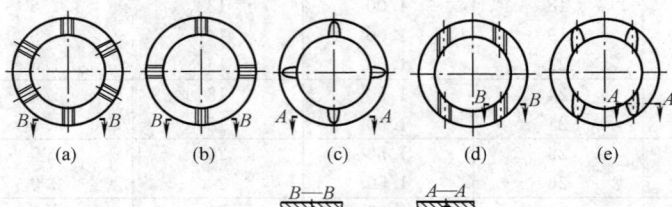

(a) (b) (c) (d) (e)

$B—B$ $A—A$

技术要求：
1. 油槽深度一般不超过减磨合金层厚度。
2. 油槽均应去毛刺。

图 10-4 油槽形式

10.1.3 混合润滑轴承的选用与验算

1. 径向滑动轴承选用与验算

滑动轴承配合的选择示例见表 10-13。

选定滑动轴承规格尺寸和轴承材料后，可按以下步骤进行验算：

（1）验算轴承的平均压力

$$p = \frac{F}{dB} \leqslant [p] \qquad (10\text{-}1)$$

式中　F——轴承承受的最大径向载荷（N）；

　　　d——轴颈直径（mm）；

　　　B——轴承宽度（mm）；

　　　$[p]$——轴承材料的许用压力（MPa），见表 10-14～表 10-16。

轴承滑动速度 $v<0.1\text{m/s}$ 或对间歇工作的轴承，每次较短持续运转后伴随较长停歇时间，轴承温升不高，则仅验算该项即可。

（2）验算轴承的 pv 值

$$pv = \frac{Fn}{19\ 100B} \leqslant [pv] \qquad (10\text{-}2)$$

式中　v——轴承滑动速度（m/s）；

n——轴颈转速（r/min）；

$[pv]$——轴承材料的 pv 许用值 [MPa·(m/s)]，见表 10-14～表 10-16。

（3）验算滑动速度

$$v \leqslant [v] \qquad (10\text{-}3)$$

式中　$[v]$——轴承许用滑动速度（m/s），见表 10-14～表 10-16。

当轴肩直径不小于轴瓦肩部的外径时，允许轴承承受的轴向载荷不大于最大径向载荷的 30%。

表 10-13　几种机床及通用设备滑动轴承的配合

设备类别	配合
磨床与车床分度头主轴承	H7/g6
铣床、钻床及车床的轴承，汽车发动机曲轴的主轴承及连杆轴承，齿轮减速器及蜗杆减速器轴承	H7/f7
电动机、离心泵、风扇及惰齿轮轴的轴承，蒸汽机与内燃机曲轴的主轴承和连杆轴承	H9/f9
农业机械用的轴承	H11/b11，H11/d11
汽轮发电机轴、内燃机凸轮轴、高速转轴、刀架丝杠、机车多支点轴等的轴承	H7/e8

表 10-14　常用金属轴瓦材料的性能和许用值

轴瓦材料		许用值[①]			最高工作温度 t/℃	硬度[②] HBW	性能比较[③]				备注
		$[p]$/MPa	$[v]$/(m/s)	$[pv]$/[MPa·(m/s)]			抗胶合性	顺应性嵌藏性	耐蚀性	抗疲劳强度	
锡基轴承合金	ZSnSb12Pb10Cu4 ZSnSb11Cu6 ZSnSb8Cu4 ZSnSb4Cu4	平稳载荷			150	20～30 (150)	1	1	1	5	用于高速、重载下工作的重要轴承。变载下易疲劳，价贵
		25(40)	80	20(100)							
		冲击载荷									
		20	60	15							
铅基轴承合金	ZPbSb16Sn16Cu2 ZPbSb15Sn5Cu3Cd2 ZPbSb15Sn10	12	12	10(50)	150	15～30 (150)	1	1	3	5	用于中速、中载轴承。不宜受显著冲击，可作为锡基轴承合金的代用品
		5	8	5							
		20	15	15							
铸造铜合金	ZCuSn10P1	15	10	15(25)	280	50～100 (200)	5	3	1	1	用于中速、重载及受变载的轴承
	ZCuPb5Sn5Zn5	8	3	15							用于中速、中载轴承
	ZCuPb10Sn10 ZCuPb30	平稳载荷			280	40～280 (300)	3	4	4	2	用于高速、重载轴承，能承受变载和冲击载荷
		25	12	30(90)							
		冲击载荷									
		15	8	60							
	ZCuAl10Fe5Ni5	15(30)	4(10)	12(60)	280	100～120 (200)	5	5	5	2	最宜用于润滑充分的低速重载轴承

续表

轴瓦材料		许用值[1]			最高工作温度 t/℃	硬度[2] HBW	性能比较[3]				备　注
		$[p]$ /MPa	$[v]$ /(m/s)	$[pv]$ /[MPa·(m/s)]			抗胶合性	顺应性、嵌藏性	耐蚀性	抗疲劳强度	
黄铜	ZCuZn38Mn2Pb2 ZCuZn16Si4	10 12	1 2	10 10	200	80～150 (200)	3	5	1	1	用于低速中载轴承，耐蚀、耐热
铝基轴承合金	20 高锡铝合金铝硅合金	28～35	14		140	45～50 (300)	4	3	1	2	用于高速中载的变载荷轴承
三元电镀合金	如铝-硅-镉镀层	14～35			170	(200～300)	1	2	2	2	在钢背上镀铅锡青铜作中间层，再镀 10～30μm 三元减摩层。疲劳强度高，顺应性、嵌藏性好
银	银-铟镀层	28～35			180	(300～400)	2	3	1	1	在钢背上镀银，上附薄层铅，再镀铟。常用于飞机发动机、柴油机轴承
铸铁	HT150、HT200 HT250	2～4	0.5～1	1～4	150	160～180 (200～250)	4	5	1	1	用于低速轻载的不重要轴承，价廉

① 括号内的数值为极限值，其余为一般值(润滑良好)。对于液体动压轴承，限制$[pv]$值没有什么意义(因其与散热等条件关系很大)。
② 括号外的数值为合金硬度，括号内的数值为最小轴颈硬度。
③ 性能比较：1—最佳；2—良好；3—较好；4—一般；5—最差。

表 10-15　　　　　　　　　　**常用非金属轴承材料的许用值**

轴瓦材料	许　用　值			最高工作温度 t /℃	备　注
	$[p]$ /MPa	$[v]$ /(m/s)	$[pv]$ /[MPa·(m/s)]		
酚醛树脂	41	13	0.18	120	由棉织物、石棉等填料经酚醛树脂粘结而成。抗咬合性好，强度、抗振性也极好，能耐酸碱，导热性差，重载时需用水或油充分润滑，易膨胀，轴承间隙宜取大些
尼龙	14	3	0.11 (0.05m/s) 0.09 (0.5m/s) <0.09 (5m/s)	90	摩擦因数低，耐磨性好，无噪声。金属瓦上覆以尼龙薄层，能受中等载荷，加入石墨、二硫化钼等填料可提高其力学性能、刚性和耐磨性，加入耐热成分的尼龙可提高工作温度
聚碳酸酯	7	5	0.03 (0.05m/s) 0.01 (0.5m/s) <0.01 (5m/s)	105	聚碳酸酯、醛缩醇、聚酰亚胺等都是较新的塑料。物理性能好，易于喷射成形，比较经济，醛缩醇和聚碳酸酯稳定性好，填充石墨的聚酰亚胺温度可达280℃
醛缩醇	14	3	0.1	100	
聚酰亚胺	—		4 (0.05m/s)	260	

续表

轴瓦材料	许 用 值			最高工作温度 t /℃	备 注
	$[p]$ /MPa	$[v]$ /(m/s)	$[pv]$ /[MPa·(m/s)]		
聚四氟乙烯 (PTFE)	3	1.3	0.04(0.05m/s) 0.06(0.5m/s) <0.09(5m/s)	250	摩擦因数很低,自润滑性能好,能耐任何化学药品的侵蚀,适用温度范围宽(>280℃时,有少量有害气体放出)。但成本高,承载能力低,用玻璃丝、石墨及其他惰性材料为填料,则承载能力和 pv 值可大为提高
PTFE 织物	400	0.8	0.9	250	
填充 PTFE	17	5	0.5	250	
碳-石墨	4	13	0.5(干) 5.25(润滑)	400	有自润滑性,高温稳定性好,耐蚀能力强,常用于要求清洁的机器中
木材	14	10	0.5	70	有自润滑性。能耐酸、油及其他强化学药品。用于要求清洁工作的轴承
橡胶	0.34	5	0.53	65	橡胶能隔振、降低噪声、减小动载、补偿误差。导热性差,需加强冷却,常用于水、泥浆等工业设备中,温度高易老化

表 10-16   **粉末冶金含油轴承的主要性能**

性能 \ 材料	自润滑许用值				允许工作温度 t /℃	备 注
	$[p]$/MPa		$[v]$ /(m/s)	$[pv]$ /[MPa·(m/s)]		
	静载	动载				
多孔铁基含油轴承	68	20	2	1	80	成本低、耐磨
多孔铜铁基含油轴承	140	27.5	1.1	1.2	80	可用于冲击及重载,需要用较硬的轴
多孔锡青铜基含油轴承	55	14	6	1.8	80	含锡10%(质量分数)。耐腐蚀耐磨,便宜,用量大,适宜轻载高速
多孔铅青铜基含油轴承	24	5	7.5	2.2	80	含铅14%~16%(质量分数)。抗胶合性好。摩擦因数小
多孔铝基含油轴承	27.5	14	6	1.8	80	质量轻、散热好、寿命长、价格低

2. 平面推力滑动轴承选用与验算

平面推力滑动轴承承受轴向载荷,常与径向滑动轴承一起使用。常用形式与结构见表 10-17。

平面推力滑动轴承的验算:

(1) 验算轴承平均压力

$$p = \frac{F_a}{z \frac{\pi}{4}(d_2^2 - d_1^2)} \leqslant [p] \qquad (10\text{-}4)$$

式中 F_a——轴向载荷(N);

z——环形接触面的数目;

$[p]$——轴承材料的许用平均压力(MPa)。

平面推力滑动轴承接触面上压力分布不均匀,润滑条件较差,故轴承压力等许用值较低,见表 10-18。

(2) 验算轴承 pv_m 值

$$pv_m = \frac{F_a n}{60\,000 bz} \leqslant [pv] \qquad (10\text{-}5)$$

式中 b——轴颈环形接触面工作宽度(mm);

v_m——平均直径 $d_m = (d_1 + d_2)/2$ 处的速度;

$[pv]$——轴承 pv 许用值[MPa·(m/s)],如表 10-18 所示。

表 10-17 推力滑动轴承的常用形式

实心推力轴承	空心推力轴承	环形推力轴承

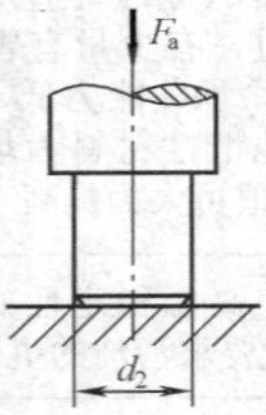

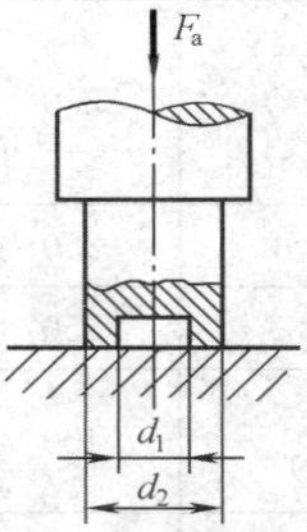

d_2 由轴结构决定
$d_1 = (0.4 \sim 0.6) d_2$

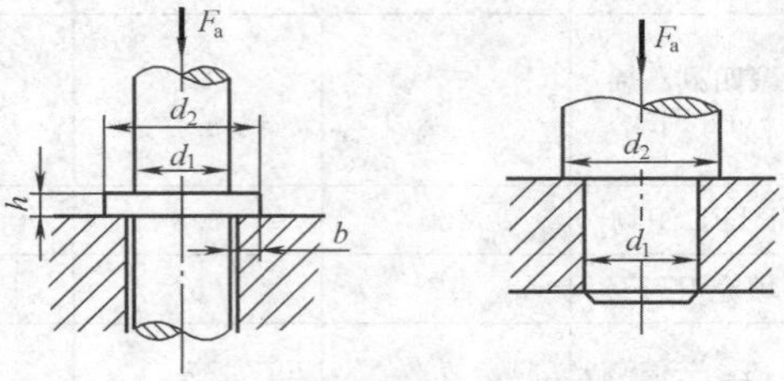

d_1 由结构设计拟定
$b = (0.1 \sim 0.3) d_1$
$h = (0.2 \sim 0.15) d_1$
$d_2 = (1.2 \sim 1.6) d_1$

表 10-18 推力滑动轴承的 $[p]$、$[pv]$ 值

轴 (轴环端面、凸缘)	轴承	$[p]$ /MPa	$[pv]$ /[MPa · (m/s)]
未淬火钢	铸　　铁 青　　铜 轴承合金	2.0～2.5 4.0～5.0 5.0～6.0	1～2.5
淬火钢	青　　铜 轴承合金 淬火钢	7.5～8.0 8.0～9.0 12～15	1～2.5

10.1.4 润滑方式和润滑剂的选择

滑动轴承的润滑设计优劣,在很大程度上影响轴承性能的好坏。

(1) 润滑方式的选择。

轴承润滑方式可通过计算下式 k 值确定

$$k = \sqrt{pv^3} \qquad (10\text{-}6)$$

当 $k \leqslant 2$,可用润滑脂润滑(可采用黄油杯);$k > 2 \sim 15$,用润滑油润滑(可采用针阀式油杯等);$k > 15 \sim 30$,用油环、飞溅润滑,并需用水或循环油冷却;$k > 30$,必须用压力循环润滑。

(2) 润滑剂的选择(见表 10-19 和表 10-20)。原则上说,转速高、压力小,应选黏度较低的油。反之,转速低、压力大,应选黏度较高的油。

(3) 润滑油孔和润滑槽。为了把润滑油导入轴承整个摩擦表面间,在轴瓦或轴颈上须开设润滑油孔和润滑槽。

润滑槽形式见表 10-21,滑动轴承的加脂周期见表 10-22。

表 10-19 滑动轴承润滑油选择
(不完全液体润滑、工作温度<60℃)

轴颈圆周速度 v/(m/s)	平均压力 $p < 3$MPa
<0.1	L-AN68、100、150
0.1～0.3	L-AN68、100
0.3～2.5	L-AN46、68
2.5～5.0	L-AN32、46
5.0～9.0	L-AN15、22、32
>9.0	L-AN7、10、15
轴颈圆周速度 v/(m/s)	平均压力 $p = 3 \sim 7.5$MPa
<0.1	L-AN150
0.1～0.3	L-AN100、150
0.3～0.6	L-AN100
0.6～1.2	L-AN68、100
1.2～2.0	L-AN68

注:表中润滑油是以 40℃时运动黏度为基础的牌号。

表 10-20 滑动轴承润滑脂的选择

选 择 原 则	平均压力/MPa	圆周速度/(m/s)	最高工作温度/℃	选用润滑脂
1. 轴承的载荷大，转速低时，润滑脂的针入度应该小些，反之，针入度应该大些	1≤	1<	75	3号钙基脂
	1～6.5	0.5～5	55	2号钙基脂
2. 润滑脂的滴点一般应高于工作温度20～30℃以上	≥6.5	0.5<	75	3号钙基脂
3. 滑动轴承如在水淋或潮湿环境里工作时，应选用钙基或铝基润滑脂，如在环境温度较高的条件下，可选用钙-钠基润滑脂	6.5≤	0.5～5	120	2号钠基脂
	≥6.5	0.5<	110	1号钙-钠基脂
4. 具有较好的粘附性能	1～6.5	1<	50～100	锂基脂
	≥6.5	0.5	60	2号压延机脂

注：1. 在潮湿环境，温度在75～120℃的条件下，应考虑用钙-钠基润滑脂。
　　2. 在潮湿环境，工作温度在75℃以下，没有3号钙基脂也可以用铝基脂。
　　3. 工作温度在110～120℃可用锂基脂或钡基脂。
　　4. 集中润滑时，稠度要小些。

表 10-21 润滑槽形式(GB/T 6403.2—2008)

滑动轴承上用的润滑槽形式	平面上用的润滑槽形式
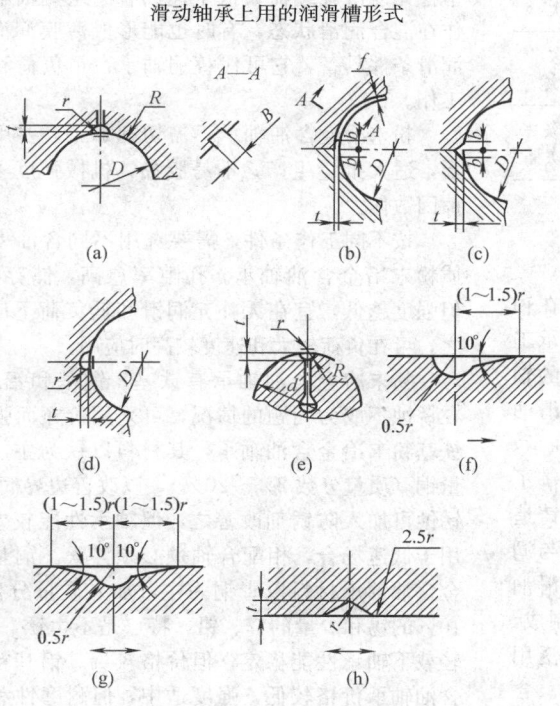	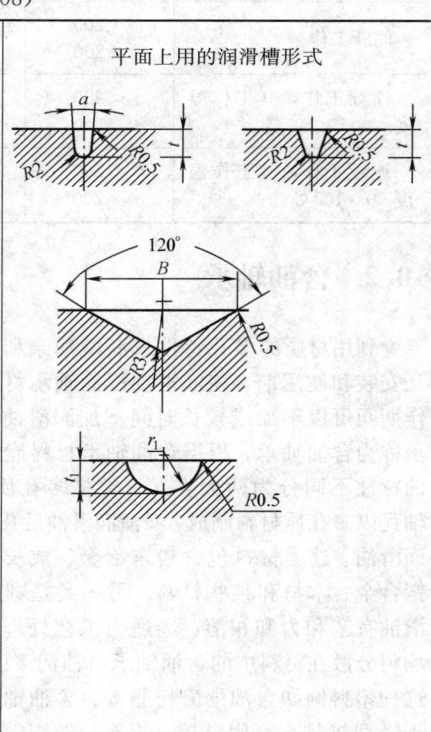

　　图(a)、图(b)、图(c)、图(d)用于径向轴承的轴瓦上；图(e)用于径向轴承的轴上；图(f)、图(g)用于推力轴承上；图(h)用于推力轴承的轴端上

续表

直　径		t	r	R	B	f	b
D	d						
<50		0.8	1.0	1.0	—	—	—
		1.0	1.6	1.6	—	—	—
		1.6	3.0	6.0	5.0	1.6	4.0
$>50\sim120$		2.0	4.0	10	8.0	2.0	6.0
		2.5	5.0	16	10	2.0	8.0
		3.0	6.0	20	12	2.5	10
>120		4.0	8.0	25	16	3.0	12
		5.0	10	32	20	3.0	16
		6.0	12	40	25	4.0	20

B：4mm，6mm，10mm，12mm，16mm
α：15°，30°，45°
t：3mm，4mm，5mm
t_1：1mm，1.6mm，2mm
r_1：1.6mm，2.5mm，4.0mm

注：1. 标准中未注明尺寸的棱边，按小于 0.5mm 倒圆。
    2. 图中→表示单向运动，↔表示双向运动。

表 10-22　　　　滑动轴承的加脂周期

工作条件	轴的转速 /(r/min)	加脂周期
偶然工作，不重要的零件	<200	5 天一次
	>200	3 天一次
间断工作	<200	2 天一次
	>200	1 天一次
连续工作，其工作温度$<40℃$	<200	1 天一次
	>200	每班一次
连续工作，其工作温度 $40\sim100℃$	<200	每班一次
	>200	每班二次

10.2　含油轴承

利用材质的多孔特性或润滑油亲和特性，在轴瓦安装和使用前，使润滑油浸润轴承材料，轴承工作期间可以不加或较长时间不加润滑油，这样的轴承称为含油轴承。根据含油轴承材料能浸渍润滑油的特性不同分为两大类。一类是多孔质含油轴承，轴瓦以多孔质材料制成，浸渍润滑油后孔隙中充满了润滑油。这类材料包含粉末冶金、成长铸铁、铸造铜合金、木材和某些材料。另一类是利用材料与润滑油有亲和力和相溶，经适当工艺处理，使润滑油均匀分散在材料中的含油轴承，轴瓦多由塑料制成，这种塑料例如含油酚醛树脂等。含油轴承已广泛用于轻型机械、家用电器、汽车、纺织等机械中。含油轴承中目前用得最多的是粉末冶金含油轴承。

粉末冶金含油轴承是用金属粉末和减摩材料粉末，经压制、烧结、整形和浸油制成，孔隙约占体积的 10%～35%。使用前将它置热油中数小时，浸透后孔隙中充满了润滑油。工作时，由于轴颈转动的抽吸作用及轴承发热时膨胀作用，孔隙减小，油便进入摩擦表面间起润滑作用；不工作时，因毛细管作用，油便被吸回到轴承内部，因而在相当长时间内，即使不加润滑油仍能很好地工作，特别适用于加油不易或密封器件之内。它韧性较小，宜用于平稳无冲击轻载荷及低中速场合。这类轴承通常工作在混合润滑状态，有时也能形成薄膜润滑。如果润滑条件具备，它可代替铜轴承在重负荷和高速下工作。

粉末冶金含油轴承不需切削加工，要用模具成形，适大批量生产，不易胶黏，机械强度不高，摩擦因数偏大。

按不同工作条件，需要选用不同含油率的多孔质粉末冶金含油轴承。孔隙率愈高，储存油越多，但强度越低，宜在无补充润滑和低负荷下应用，反之，可在负荷较大和速度较高时应用。

粉末冶金含油轴承有铁基、铜基和铝基三种。在锈蚀不成为问题的情况，可采用价廉而强度高的铁基粉末冶金含油轴承，其材料以铁为主，加入少量铜（质量分数 2%～20%），以改善边界润滑性能，锈蚀可加入防锈剂改善之，但轴承性能较差，仅适用于低速场合，相配合轴颈必须淬火。铜基粉末冶金含油轴承材料以青铜为主，加入质量分数 6%～10% 的锡和少量的锌、铅，特点是不生锈，在中速、轻载下轴承性能稳定，但价格较贵。铝基粉末冶金含油轴承价格较低，强度适中，但耐磨性和抗胶黏性较差。粉末冶金含油轴承在材料中加入适量的石墨、二硫化钼、聚四氟乙烯等固体润滑剂，缺油时仍有自润滑效果，可提高轴承安全性，如含石墨的青铜基粉末冶金含油轴承，但影响强度。

10.2.1　轴承材料的物理、力学性能（见表10-23）

表10-23　常用含油轴承材料的物理、力学性能

轴承材料			牌号	含油密度 /(g/cm³)	含油率 (%)	线胀系数 (10⁻⁶/K)	热导率 [W/(m·K)]	弹性模量 /GPa	径向压溃强度 /MPa	表观硬度 HBW	最大压强 p/MPa 线速度 v/(m/s)						最大速度 v/(m/s) p<0.5MPa	最大 pv 值 [MPa·(m/s)] v>1m/s时
											间断运行 ≈0.125	>0.125 ~0.25	>0.25 ~0.5	>0.5 ~0.75	>0.75 ~1.0	>1.0		
粉末冶金	铁基	铁	FZ1160	5.7~6.2	≥18	11~12	41.9~125.6	80~100	200	30~70	23	13	3.2	2.1	1.6	0.5/v	3	自润滑 1.0 适当补充润滑 2.0 充分 4.0
			FZ1165	>6.2~6.6	≥12				250	40~80								
		铁碳	FZ1260	5.7~6.2	≥18				250	50~100								
			FZ1265	>6.2~6.6	≥12				300	60~110								
		铁碳铜	FZ1360	5.7~6.2	≥18				350	60~110								
			FZ1365	>6.2~6.5	≥12				400	70~120								
		铁铜	FZ1460	5.7~6.3	≥18				300	50~100								
			FZ1465	>6.3~6.7	≥12				350	60~110								
	铜基	铜锡铅锌	FZ2170	6.6~7.2	≥18	16~18	41.9~58.6	60~70	150	20~50	22.5	14	3.9	2.6	2.0	0.3/v	4	自润滑 1.75 适当补充润滑 3.5
			FZ2175	>7.2~7.8	≥12				200	30~60								
		铜锡	FZ2265	6.2~6.8	≥18				150	25~55								
			FZ2270	>6.8~7.4	≥12				200	35~65								
		铜锡铅	FZ2365	6.3~6.9	≥18				150	20~50								
成长铸铁				6.0~7.0	5~20	10~12	41.9~54.4	60~100	300~600	100~400	10						1.67/v	
含油酚醛树脂						84	0.13	2.5~2.6		20~40	10						1/v	
铸铜合金					3~6				540	60~80								

10.2.2 轴承的形式与尺寸

标准的粉末冶金烧结轴承轴套有筒形、带挡边 筒形和球形三种形式，见表 10-24～表 10-28。

表 10-24 粉末冶金筒形轴套的形式与尺寸（GB/T 18323—2001）

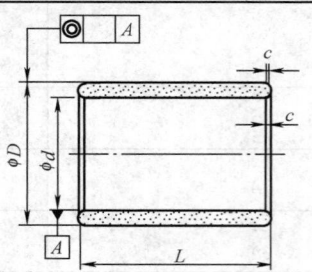

（单位：mm）

d	D		L
	普通系列	薄壁系列	
1	3	—	1, 2
1.5	4	—	1, 2
2	5	—	2, 3
2.5	6	—	3, 3
3	6	5	3, 4
4	8	7	3-4-6
5	9	8	4-5-8
6	10	9	4-6-10
7	11	10	5-8-10
8	12	11	6-8-12
9	14	12	6-10-14
10	16	14	8-10-16
12	18	16	8-12-20
14	20	18	10-14-20
15	21	19	10-10-25
16	22	20	12-16-25
18	24	22	12-18-30
20	26	24	15-20-25-30
22	28	26	15-20-25-30
25	32	30	20-25-30-35
28	36	33(34)	20-25-30-40
30	38	35(36)	20-25-30-40
32	40	38	20-25-30-40
35	45	41	25-35-40-50
38	48	44	25-35-45-55
40	50	46	30-40-50-60
42	52	48	30-40-50-60
45	55	51	35-45-55-65
48	58	55	35-50-70
50	60	58	35-50-70
55	65	63	40-55-60
60	72	68	50-60-70

注：1. 内径≥20mm 时，长度的最后一个值不能用于轻系列。
2. 括号中尺寸应用作第二系列。
3. 倒角 c 最大值见下表：

$\dfrac{D-d}{2}$	>	—	1	2	3	4	5
	≤	1	2	3	4	5	—
c		0.2	0.3	0.4	0.6	0.7	0.8

表 10-25	粉末冶金带挡边筒形轴承的形式与尺寸 (GB/T 18323—2001)

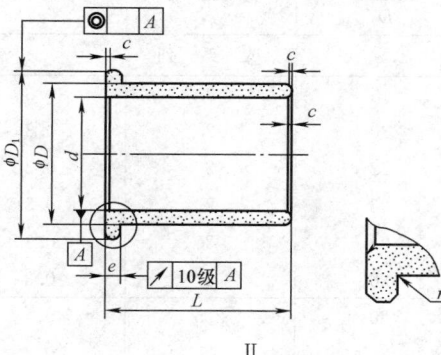

II

标记示例
内径 20mm，外径 26mm，挡边直径 32mm，长度 25mm 的 7 级轴承
轴承 20G7×26×25

(单位：mm)

内 径 d	外 径 D	翻边直径 D_1	翻边厚度 e	倒 角 c	长 度 L
常 用 系 列					
1	3	5	1	0.2	2
1.5	4	6	1	0.3	2
2	5	8	1.5	0.3	3
2.5	6	9	1.5	0.3	3
3	6	9	1.5	0.3	4
4	8	12	2	0.3	3-4-6
5	9	13	2	0.3	4-5-8
6	10	14	2	0.3	4-6-10
7	11	15	2	0.3	5-8-10
8	12	16	2	0.3	6-8-12
9	14	19	2.5	0.4	6-10-14
10	16	22	3	0.4	8-10-16
12	18	24	3	0.4	8-12-20
14	20	26	3	0.4	10-14-20
15	21	27	3	0.4	10-15-25
16	22	28	3	0.4	12-16-25
18	24	30	3	0.4	12-18-30
20	26	32	3	0.4	15-20-25-30
22	28	34	3	0.4	15-20-25-30
25	32	39	3.5	0.6	20-25-30
28	36	44	4	0.6	20-25-30
30	38	46	4	0.6	20-25-30
32	40	48	4	0.6	20-25-30
35	45	55	5	0.7	25-35-40
38	48	58	5	0.7	25-35-45
40	50	60	5	0.7	30-40-50
42	52	62	5	0.7	30-40-50
45	55	65	5	0.7	35-45-55
48	58	68	5	0.7	35-50
50	60	70	5	0.7	35-50
55	65	75	5	0.7	40-55
60	72	84	6	0.8	50-60

续表

内　径 d	外　径 D	翻边直径 D_1	翻边厚度 e	倒　角 c	长　度 L
薄 壁 系 列					
10	14	18	2	0.3	8-10-16
12	16	20	2	0.3	8-12-20
14	18	22	2	0.3	10-14-20
15	19	23	2	0.3	10-15-25
16	20	24	2	0.3	12-16-25
18	22	26	2	0.3	12-18-30
20	25	30	2.5	0.4	15-20-25
22	27	32	25	0.4	15-20-25
25	30	35	25	0.4	20-25-30

表 10-26　　　　**粉末冶金球形轴承的形式与尺寸**（GB/T 18323—2001）

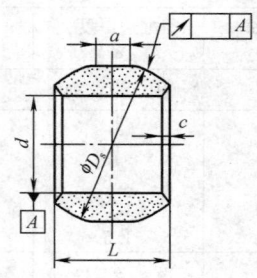

（单位：mm）

内　径 d(H7)	球　径 D_s(h11)	长　度 L(js13)	倒角（最大） c
1	3	2	
1.5	4.5	3	
2	5	3	0.3
2.5	6	4	
3	8	6	
4	10	8	
5	12	9	
6	14	10	
7	16	11	
8	16	11	
9	18	12	
10	20	13	
10	22	14	0.5
12	22	15	
14	24	17	
15	27	20	
16	28	20	
18	30	20	
20	36	25	

注：在轴承长度的中心部位允许有一段圆柱形表面，其长度（最大）为 a。

表 10-27			烧结轴套公差			
外径尺寸	外径 D 公差	内径 d 公差	轴 h 长度 L 公差	外径对内表面直径的同轴度公差	翻边厚度 e 公差	球面直径 D_s 公差
$D \leqslant 50mm$	r_6 至 S_7	F7 至 G7	js13	IT9	js13	h11
$D > 50mm$	r_7 至 S_8	F8 至 G8	js13	IT10	js13	

表 10-28	轴承座孔公差	
外径尺寸	圆筒形轴套、翻边轴套	球面轴套
$D \leqslant 50mm$	H7	H10(G10)
$D > 50mm$	H8	

10.2.3 参数选择

（1）宽径比。因轴套两端孔隙度一般比中间小，故轴套不宜过窄，但也不宜过宽，当宽径比大于 2～3 时，会出现压粉不均匀，最好宽径比接近 1。

（2）压入过盈量。轴套压入轴承座内的平均过盈量为：

$$\delta = 0.025 + 0.007\ 5\sqrt{D} \qquad (10\text{-}7)$$

式中　D——轴套外径（mm）。

选择轴承座孔直径公差时，应使最大过盈不大于 2 倍平均过盈，最小过盈不小于平均过盈的 1/2。

应该用压力机将轴套压入轴承座，不许用锤击打。轴套压入轴承座后，轴套孔会收缩变小，确定轴颈尺寸时应考虑到该收缩量。

轴套外径过盈量 ΔD 与内径收缩量 Δd 的关系见表 10-29。

表 10-29　轴套外径过盈量 ΔD 与内径收缩量 Δd 的关系

轴承座材料	轴套壁厚/mm	
	$\leqslant 3$	>3
一般铸铁	$\Delta d = (1{\sim}1.2)\Delta D$	$\Delta d = (0.8{\sim}1)\Delta D$
铝合金薄壁铸铁、钢	$\Delta d = (0.5{\sim}0.6)\Delta D$	$\Delta d = (0.4{\sim}0.5)\Delta D$

（3）轴承间隙。间隙过大，在循环载荷作用下运转会出现过大噪声；间隙过小，摩擦力增大，轴承温度升高，材料热胀导致间隙进一步缩小，很易损坏轴承。所以尤应注意高速轴承间隙的选取。根据轴径和速度从图 10-5 选相对间隙 $\varphi = \Delta/d$，Δ 为轴承孔径与轴颈直径 d 之间的工作间隙。此时，亦可参照表 10-30 选取。

（4）对偶轴颈表面硬度和粗糙度。轴颈表面硬度推荐不低于 250HBW，表面粗糙度不大于 $1.6\mu m$。

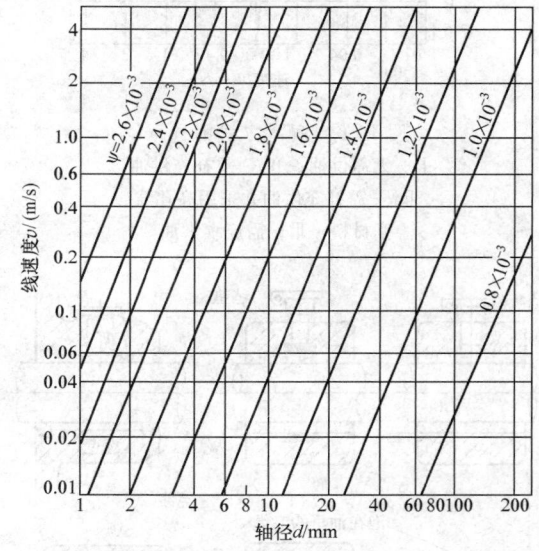

图 10-5　相对间隙的选择线图

表 10-30　推荐的最小轴承间隙值

（单位：mm）

轴直径	推荐的最小轴承间隙值
$\leqslant 6$	0.008
$>6{\sim}10$	0.010
$>10{\sim}18$	0.012
$>18{\sim}30$	0.025
$>30{\sim}50$	0.040
$>50{\sim}60$	0.050

10.2.4 润滑

（1）润滑方式。含油轴承也可在连续或间歇供油下运转，以提高其承载能力和许用滑动速度。润滑方式的选取如图 10-6 所示。粉末冶金含油轴承的供油方法如图 10-7 所示。

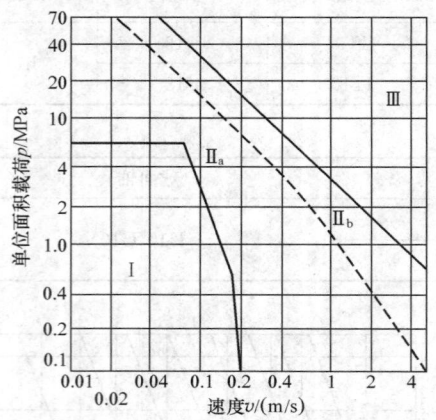

图 10-6　润滑方式的选取

Ⅰ—无需供油；Ⅱ$_a$—需补充供油；

Ⅱ$_b$—需补充供油并采用高孔隙

率材料；Ⅲ—需连续供油

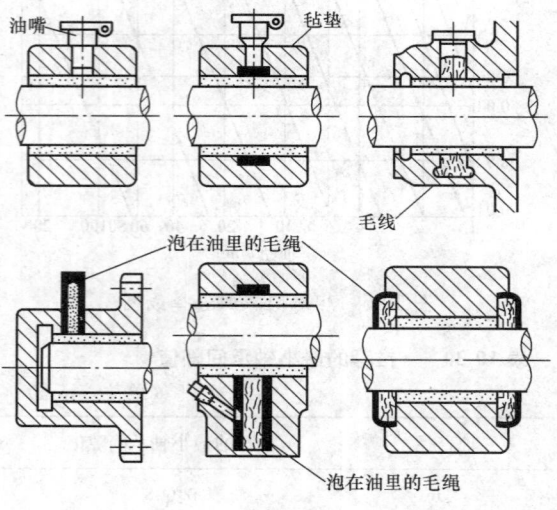

图 10-7　粉末冶金含油轴承的供油方法

（2）润滑油选择。粉末冶金含油轴承轴套在使用前需浸入 80～120℃ 的润滑油中约 1h，浸透后装入轴承座内使用。润滑油必须有高的氧化安定性、油膜强度和黏温指数，千万不能采用悬浮有固体颗粒的润滑油或润滑脂。粉末冶金含油轴承常用的润滑油是汽油机油，高速轻载时也可以用主轴油（F类）。润滑油黏度可按图 10-8 选用。

（3）重新浸油时间。鉴于油损耗和变质情况，每工作较长时间后，需拆下轴套重新浸一次油。

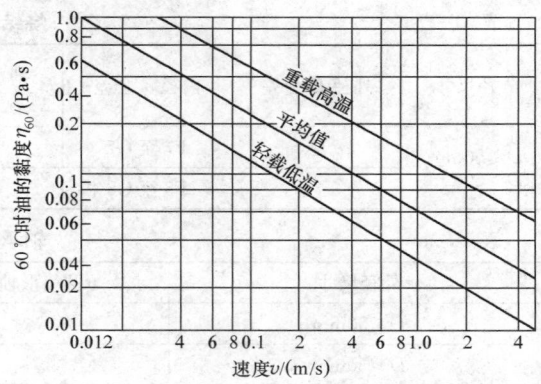

图 10-8　含油轴承适宜的油黏度

重新浸油时间可按图 10-9 根据线速度和工作温度确定。采用真空浸渍或热油浸渍。热油浸渍一般是将油加热到 80～120℃，将轴套放入，并随油冷却到室温。

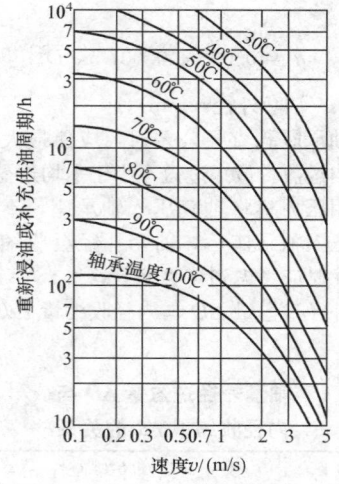

图 10-9　重新浸油时间

10.2.5　使用安装（GB/T 2688—2012）

（1）轴承成品工作表面一般应尽可能不切削加工，必要时非工作表面可进行切削加工。

（2）轴承压入座孔后，若内径收缩过大，可采用光轴或钢球、无齿铰刀、无齿锥刀等以无切削加工方法进行扩孔。若内径必须切削加工，宜采用车、镗等方法，而不宜采用磨削等方法，以免细屑堵塞孔隙降低供油能力。

（3）轴承装配前，轴承须在规定的油中浸泡和清洗，但切忌用煤油，汽油以及能溶解所浸渍润滑油的其他溶剂等清洗。

10.3 无润滑轴承

无润滑轴承用自润滑材料制成，或预先向基体材料中或其摩擦表面提供减摩材料制成，它在工作时可以不加或长期不必加入润滑剂，以干摩擦状态运转，亦称干摩擦轴承。

10.3.1 轴承材料与性能

无润滑轴承的材料主要有各种工程塑料（聚合物）、碳石墨和特种陶瓷等。无润滑轴承材料的性能见表10-31～表10-35。

（1）工程塑料。即作为机械工程材料使用的聚合物。聚合物具有质轻、绝缘、减摩、耐磨、自润滑、耐腐蚀、成型工艺简单、生产效率高等特点。但导热性能差、线胀系数大、摩擦因数随湿度增加而增大，且机械强度低、弹性模量小。

无润滑轴承常使用加入填充料的聚合物，又称增强聚合物。

（2）石墨材料。碳-石墨一般导电性好、耐热、耐磨、有自润滑性、高温稳定性好、耐化学腐蚀能力强、热导率比聚合物高、线胀系数小。在大气和室温条件下与镀铬表面的摩擦因数和磨损率都很低。但在湿度很低时会丧失润滑性。涂覆耐磨涂层能提高碳-石墨的耐磨性。石墨材料多用于高温轴承、忌油污染场所的轴承。

（3）陶瓷。陶瓷是一种较新的无润滑轴承材料，特别是 SiC 和 Si_3N_4，其强度、耐热性和耐蚀性都很好，摩擦学特性也很好。

10.3.2 设计参数

（1）宽径比 B/d 与大小径比 D_2/D_1 径向轴承宽径比在 0.35～1.5，推力轴承通常取外径与内径比 $D_2/D_1 \leqslant 2$。取大值，轴承承载能力大，但径向轴承中轴的变形和两轴承孔不同轴度的敏感性亦高。取小值，便于排出磨屑，利于散热。因此，若有可能宜选较小值。

（2）轴承间隙。轴承间隙对轴承工作性能影响很大。间隙过大，磨损加剧，运转精度低；间隙过小，轴承过热，温升过高。工程塑料轴承的尺寸稳定性较差，会吸收液体而膨胀，浸入水中尺寸变化可达 0.3%～2.0%，而且聚四氟乙烯在 20～25℃时因相变体积将增大 1%。同时塑料线胀系数比金属的大（聚四氟乙烯除外），还要顾及排出磨屑。因此，工程塑料轴承要留有足够大的配合间隙。碳石墨轴承线胀系数较小，浸渍金属的石墨线胀系数与金属接近，故轴承间隙可比塑料轴瓦取的小。为排屑方便，无润滑轴承的直径间隙最好不小于 0.075mm。通常轴承间隙由经验确定，表 10-36～表 10-38 供参考。

（3）轴瓦壁厚。工程塑料热导率比金属低很多，而且尺寸变化对运转性能的影响随轴瓦体积的增加愈明显，故在保证强度和注塑许可下，计及轴套张紧力与压配合后内孔的变形，壁厚应尽可能小。工程塑料整体轴套壁厚推荐值见表 10-39。又鉴于工程塑料强度也比金属低，常用金属作轴瓦衬背，然后压入较薄的塑料衬套。若在金属衬背上涂附一层塑料减摩层，则该层厚度可很薄，但大于 0.2～0.3mm，否则对轴的刚度和轴承孔的同轴度要求将很高。

碳石墨轴瓦壁厚由于强度原因比金属大些，其推荐值见表 10-38。

尼龙轴套见表 10-40。

（4）表面粗糙度。为使无润滑轴承在运转中磨损主要发生在轴瓦上，通常轴颈表面硬度都高于轴瓦（陶瓷轴瓦除外）。兼顾轴承寿命和经济性，建议取轴颈表面粗糙度 $Ra = 0.2～0.4\mu m$。

10.3.3 承载能力

无润滑轴承的使用寿命取决于轴瓦的磨损率。为了减小磨损率，轴颈材料用不锈钢或镀硬铬碳钢最佳。轴颈表面硬度应大于轴瓦表面硬度，表面粗糙度愈低愈好。

在稳定的非磨粒磨损状态下，采用表 10-15 给出若干材料的无润滑轴承 pv 等值确定承载能力过于简化。目前磨损率尚不能准确预测，但可以通过实验，求得一定条件下在给定磨损率不超过给定值的极限 pv 曲线。图 10-10～图 10-13 给出若干材料的无润滑轴承 pv 曲线。它是在室温，表面粗糙度 $Ra = 0.2～0.4\mu m$，承受单向载荷时给定磨损率为 $0.25\mu m/h$，承受旋转载荷时给定磨损率为 $0.125\mu m/h$ 时得出。设计时轴承 pv 值应在曲线左下方。对于推力轴承，要将纵坐标值增大一倍。若允许的磨损率比给定的高，则允许更高的载荷或/和速度，反之亦然。当轴承工况正处于 pv 曲线中部直线部分，则可近似认为磨损率与 pv 值成正比，由此可推算其他磨损率下允许的 pv 值。在较高的环境温度下工作，应适当降低允许的载荷和速度。pv 曲线与纵坐标交点反映轴承静承载能力，它是受材料塑性流动或蠕变限制。pv 曲线与横坐标交点表明轴承温度可能超出允许值。

表10-31　无润滑轴承用聚合物及其物理、力学性能

轴瓦（衬层）材料	表观密度/(g/cm³)	线胀系数/(10⁻⁶/K)	热导率/[W/(m·K)]	硬度 HBW	抗压强度/MPa	压缩弹性模量/GPa	摩擦因数	最大静载荷/MPa	最高工作温度/℃	说　明
增强热固性塑料　含石墨或二硫化钼固体层压材　石棉织物和酚醛树脂层压材	1.6			30~45					150~170	强度高、坚硬耐磨，抗振性、耐磨性好。但在高温能和弱酸碱下使用时会产生腐蚀性气体
棉织物和酚醛树脂层压材	1.3~1.4	80/25①	0.38	30~35	150~250	7.0	0.10~0.40	35	85	耐油、耐酸碱，摩擦因数低，无噪声。但易吸湿，蠕变大
有PTFE表面层的织物和酚醛树脂层压材									150	
聚酰胺（尼龙）　单层轴瓦（轴套）	1.03~1.15	140~170	0.04~0.16	7.8~17.2	73.6~98.1		0.10~0.43	10	85~120	耐冲击、耐疲劳，耐油和耐磨性较好
聚酰胺　多层轴瓦减摩层（金属衬背）		99	0.24				0.17~0.43	10	120	
均聚甲醛　单层轴瓦（轴套）	1.42~1.54	58	0.23	11.4	82	2.8	0.25~0.35		104	耐疲劳性优异、自润滑性能好，磨损率低于一般工程塑料
均聚甲醛　多层轴瓦减摩层（金属衬背）										
聚对苯二甲酸丁二酯	1.32~1.55	20~90		132~151	95~119		0.30~0.33		150	性能比聚甲醛和聚酰胺稍差，但成本低
聚苯硫醚	1.34	54	0.29		183		0.34		200	耐冲击性差。可在高温下工作
聚酰亚胺	1.43	45~52	0.33~0.37	92~102④	276	3.1①	0.29			长期耐热性好，适于高温工作
聚醚醚酮　单层轴瓦（轴套）　多层轴瓦减摩层（金属衬背）	1.32					1.0②	0.1~0.15	140	260	耐热性、耐药品性、耐冲击性、耐疲劳性、耐磨性和成型加工性均好
含填充物的热塑性塑料　二硫化钼填充　聚酰胺	1.6~1.7	80	0.26		86.2~175		0.2~0.42	14	90~100	加入石墨和二硫化钼提高了力学性能和耐磨性
石墨填充						2.8			120~158	
固体润滑剂填充　聚醚醚酮	1.43~1.47	9~15		100~118④			0.107		260	自润滑性、耐磨性优，强度高
纤维填充	1.40~1.44									

续表

轴瓦(衬层)材料		表观密度/(g/cm³)	线胀系数/(10⁻⁶/K)	热导率/[W/(m·K)]	硬度 HBW	抗压强度/MPa	压缩弹性模量/GPa	摩擦因数	最大静载荷/MPa	最高工作温度/℃	说明
含填充物的热塑性塑料	15% PTFE 填充均聚甲醛		14			80.6③				91	
	石墨填充聚苯硫醚					127		0.26			
	石墨填充聚酰亚胺		23~63	0.35~2.22	68~94④	124~221		0.03~0.25	2	250	
氟塑料	聚四氟乙烯(PTFE)	2.18	103~128	0.26	5.6~6.9	4.9~5.8	0.4	0.05~0.20			摩擦因数低，自润滑性能好，适用温度范围宽，能耐化学药品的侵蚀，但成本高，刚性和尺寸稳定性差。用玻璃纤维、石墨等作填充料，则耐磨性可成百倍提高，热导率、抗压强度、压缩弹性模量均有增加
含聚四氟乙烯的填充物	玻璃纤维填充	2.26	13~14		8.1	16.0~16.6	0.9~1.0	0.20~0.24			
	锡青铜粉填充	3.92	13			20.9		0.18~0.20			
	石墨填充		14		5.1~5.3	14.7~15.3	1.1	0.16			
	碳纤维填充	2.07	17	0.33	5.8	20.3		0.19	7	250	
	锡青铜粉、玻璃纤维和石墨共同填充		14								
氟塑料 聚四氟乙烯	玻璃纤维和石墨共同填充	2.22~2.24	12~13		5.2~5.9	16.3~18.1	1.0	0.15~0.17			
	聚四氟乙烯		12	0.24	6.4	22.6	4.8	0.11	700	120	
聚四氟乙烯织物	聚四氟乙烯-帆织物衬层									250	
	聚四氟乙烯-玻璃丝织物衬层							0.05~0.25			

① 分子为垂直瓦面方向之值，分母为沿瓦面方向之值。
② 拉伸弹性模量。
③ 压缩屈服强度。
④ 洛氏硬度 HRM。

表 10-32 增强聚四氟乙烯的摩擦学性能

性能		充填材料						
		玻璃纤维	玻璃纤维	石墨	石墨	青铜	玻璃纤维、石墨	玻璃纤维、MoS₂
		质量分数 w(%)						
		15	25	15	60	60	20,5	15,5
极限 pv /[MPa·(m/s)]	v/(m/s) 0.05	0.43	0.34			0.52	0.38	0.38
	0.5	0.52	0.45		0.59	0.64	0.52	0.48
	5.0		0.55		0.96	1.02	0.76	0.60
寿命/10³h①		0.11	0.18		0.05	0.28	0.12	0.19
磨损系数 K_m/[10⁻⁶·(m²/N)]		3.11	1.93		6.59	1.17	2.89	1.74
静摩擦因数 μ_s②		0.10~0.13				0.08~0.10		

续表

性能		充填材料				
		玻璃纤维	石墨	玻璃纤维、石墨	青铜	玻璃纤维、MoS₂
	质量分数 w(%)	15	15	20，5	60	15，5
动摩擦因数 μ_d	v/(m/s)					
	0.05	0.20~0.22	0.12~0.16	0.12~0.15	0.08~0.10	0.12~0.13
	0.5	0.27~0.40	0.20~0.26	0.24~0.50	0.20~0.26	0.32~0.35
	5.0	0.37~0.50	0.30~0.31	0.24~0.37	0.30~0.31	0.19~0.24

① 磨损量为0.13mm时的寿命。
② 试验载荷226N。

表 10-33　无润滑轴承用碳石墨及其物理、力学性能

轴瓦材料	表观密度/(g/cm³)	线胀系数/(10⁻⁶/K)	热导率/[W/(m·K)]	硬度 HS	抗压强度/MPa	压缩弹性模量/GPa	摩擦因数	最大静载荷/MPa	最高工作温度/℃	说明
碳石墨	1.50~1.56	1.4	11	40~65	45~80	9.6	0.15~0.35	2	350~450	自润滑性，高温稳定性好、耐化学腐蚀能力强。热导率比塑料高、线胀系数小。在大气和室温条件下与镀层表面摩擦因数和磨损率都很低。涂覆耐磨涂层能提高其耐磨性。但是在湿度很低时，会丧失润滑性
电化石墨	1.55~1.80	2~5.1	55	30~55	40~100	4~8		1.4	500	
铜粉混合碳石墨		4.9	23			15.8	0.15~0.32	4	350	
铜粉、铝粉混合碳石墨										
轴承合金混合碳石墨	2.36~2.40	5.5	15	55~60	150~200	7	0.15~0.32	3	200	
浸渍热固性树脂碳石墨	1.6~1.8	2.7	40	50~70	100~160	11.7	0.13~0.49	3	300	
浸渍金属和二硫化铜碳石墨		12~20	126			28	0.10~0.15	70	350~500	

表 10-34　无润滑轴承用陶瓷及其性能

陶瓷材料	SiC	Si₃N₄	Al₂O₃
密度/(g/cm³)	3.1	3.2	3.83~3.93
抗弯强度/MPa	785	785	295~440
弹性模量/GPa	390	295	375
硬度 HV	2600	1400	90~95HRA
热导率/[W/(m·K)]	79.5	16.7	19.3
线胀系数/(10⁻⁶/K)	3.9	3.0	7.9~8.26
最高工作温度/℃	1400~1500	1100~1400	1700~1750

表 10-35　各种无润滑轴承材料的环境适应性

轴承材料	环境特征							
	高温	低温	真空	辐射	湿气	油	磨粒	酸碱
增强热固性塑料	见表10-31	好	大多数可用，但不能用石墨作填充剂	部分尚好	是，特别注意配合间隙	通常是好的	有的差，有的尚好	部分好
含填料的热塑性塑料		通常是好的		通常是差的				尚好或好
含填料的氟塑料		很好		很差	通常是好的	不好	不好	极好
碳石墨	见表10-33	很好	极差	好，但不能填充塑料	尚好	好	好	好(强酸除外)
陶瓷	见表10-34	好	好	很差	好	好	好	很好

表 10-36　　几种塑料轴承的配合间隙

（单位：mm）

轴径	尼龙 6 和 66	聚四氟乙烯	酚醛布层压塑料
6	0.050～0.075	0.050～0.100	0.030～0.075
12	0.075～0.100	0.100～0.200	0.040～0.085
20	0.100～0.125	0.150～0.300	0.060～0.120
25	0.125～0.150	0.200～0.375	0.080～0.150
38	0.150～0.200	0.250～0.450	0.100～0.180
50	0.200～0.250	0.300～0.525	0.130～0.240

表 10-37　　聚甲醛轴承的配合间隙

（单位：mm）

轴径	室温～60℃	室温～120℃	(−45～120)℃
6	0.076	0.100	0.150
13	0.100	0.200	0.250
19	0.150	0.310	0.380
25	0.200	0.380	0.510
31	0.250	0.460	0.640
38	0.310	0.530	0.710

表 10-38　　碳石墨轴承间隙和壁厚的推荐值　　（单位：mm）

直径 D	～10	10～20	20～35	35～70	70～100	100～150	150～200
直径间隙 2c	0.01～0.03	0.02～0.06	0.06～0.10	0.08～0.15	0.12～0.16	0.2～0.4	0.4～0.6
壁厚 s	2	3～4	4～5	6～8	10～12	12～18	18～25

表 10-39　　塑料轴瓦壁厚推荐值　　（单位：mm）

轴瓦直径 D	10～18	18～30	30～40	40～50	50～65	65～80
壁厚 t	0.8～1.0	1.0～1.5	1.5～2.0	2.5～3.0	3.0～3.5	3.5～4.0

表 10-40　　　　　　　　　　尼龙轴套的结构尺寸及公差

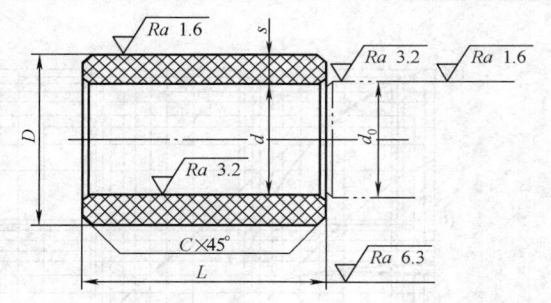

硬度 15～18HBW
D—轴承座内径
h—由于外径的过盈配合使内径缩小的量
d_0—轴径，公差为 f9，d11，或 h8，h9，h11（基轴制）

（单位：mm）

项　　目		尺寸及极限偏差					
轴套	d	<30		30～50		>50	
	s	1.5～2		2.5～3		3.5～4	
	C	0.3		0.4		0.5	
轴套座	D	≤6	>6～12	>12～22	>22～40	>40	
	C	0.3	0.4	0.5	0.8	1	
轴套长度 $L>1.5d$	L	≤6	>6～10	>10～18	>18		
	极限偏差	+0 −0.15	+0 −0.25	+0 −0.40	+0 −0.50		
D 对轴承座孔的过盈量		$h \approx 0.008D + (0.05 \sim 0.08)$ 尼龙 6 采用下限值 0.05，尼龙 1010 采用上限值 0.08					
轴套在压配合前的内径 d'		$d' \approx d + h' = d + h + h\dfrac{s}{d}$					
保证轴颈在轴套内孔中正常运转时的间隙（平均值）		$\delta \approx (0.005 \sim 0.01)d$					
轴套直径	d、D	≤6	>6～12	>12～18	>18～30	>30～50	>50～80
	极限偏差	+0.045 +0	+0.050 +0	+0.055 +0	+0.065 +0	+0.070 +0	+0.080 +0

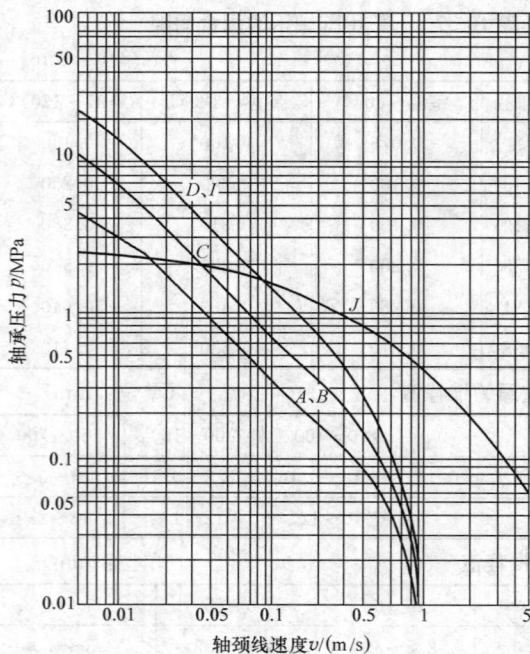

图 10-10 热塑性和热固性塑料轴承的 pv 曲线

A—无填料热塑性塑料；B—金属瓦无填料热塑性塑料；

C—有填料热塑性塑料；D—金属瓦有填料热塑性塑料；

I—增强热固性塑料；J—碳石墨填料热固性塑料

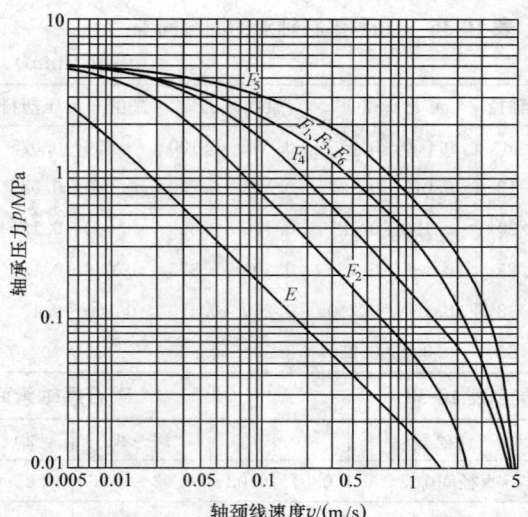

图 10-12 经切削加工的聚四氟乙烯轴承的 pv 曲线

F_1—玻璃纤维填料的聚四氟乙烯；F_2—云母填料；

的聚四氟乙烯；F_3—青铜石墨填料的聚四氟乙烯；

F_4—石墨填料的聚四氟乙烯；F_5—青铜和铅填

料的聚四氟乙烯；F_6—陶瓷填料的聚四氟乙烯；

E—无填料聚四氟乙烯

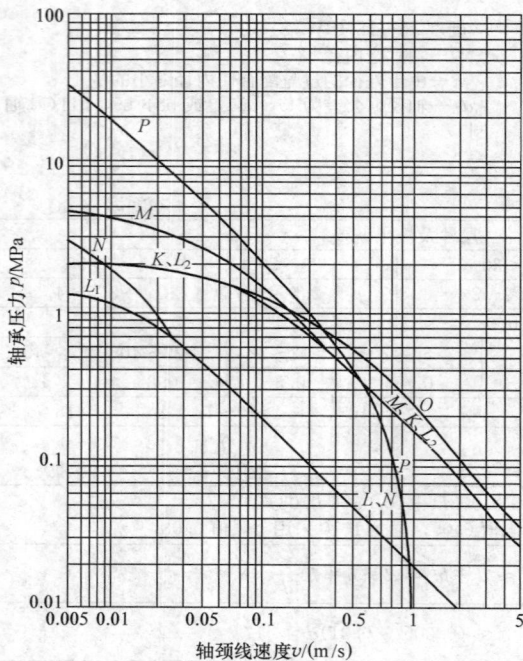

图 10-11 碳石墨轴承的 pv 曲线

L_1—碳极石墨；L_2—碳石墨；

K—碳石墨（高碳）；L—碳石墨（低碳）；

M—加铜和铅的碳石墨；N—加轴承合金的碳石墨；

O—浸渍热固性塑料的碳石墨；P—浸渍金属的石墨

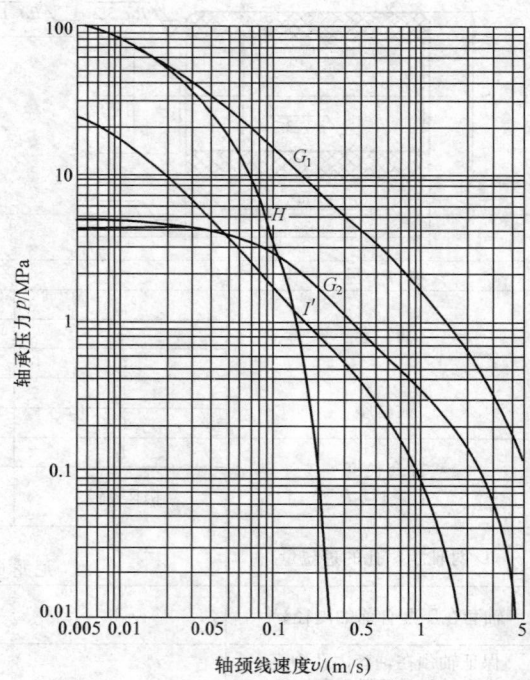

图 10-13 不经切削加工的聚四氟

乙烯轴承的 pv 曲线

I'—织物增强热固性塑料瓦聚四氟乙烯衬；H—织

物增强聚四氟乙烯；G_1—金属瓦有填料聚四氟乙烯

衬；G_2—金属瓦有填料聚四氟乙烯套

第 11 章 联轴器、离合器

11.1 联轴器

11.1.1 联轴器的选择计算

联轴器的计算转矩 T_c 由下式求得，然后从联轴器标准中，按公称转矩 T_n 选定联轴器型号。

$$T_c = KT = K \times 9550 \frac{P}{n} \leqslant T_n$$

式中　T——理论转矩（N·m）；

K——工况系数，见表 11-1；

P——联轴器传递功率（kW）；

n——联轴器转速（r/min）。

表 11-1　联轴器工况系数 K

序号	工作机		原动机			
	工作情况及举例		电动机汽轮机	内燃机气缸数		
				$\geqslant 4$	2	1
1	转速变化很小，如发电机、小型通风机、小型离心泵、液体搅拌设备		1~1.3	1.5	1.8	2.2
2	转矩变化小，如透平压缩机、轻型木工机床、带式输送机、小型金属切削机床		1.5	1.7	2.0	2.4
3	转矩变化中等，如搅拌机、增压泵、冲床、木工刨床		1.7	1.9	2.2	2.6
4	转矩变化和冲击载荷中等，如织布机、水泥搅拌机、拖拉机、矿井通风机、链式输送机		1.9	2.1	2.4	2.8
5	转矩变化和冲击载荷大，如挖掘机、起重机、碎石机、造纸机		2.3	2.5	2.8	3.2
6	转矩变化大并有极强烈冲击载荷，如压延机、无飞轮的活塞泵、重型初轧机		3.1	3.3	3.6	4.0

注：对有非金属弹性元件的联轴器，应考虑环境影响，对上列表值再乘以下列系数：

环境温度	弹性元件材料		
	天然橡胶	聚氨基甲酸乙酯	丁腈橡胶
31~40℃	1.1	1.2	
41~60℃	1.4	1.5	
61~80℃	1.8		1.2

11.1.2 常用联轴器性能（见表 11-2）

表 11-2　常用联轴器及性能比较

类别或组别	名称（标准号）	性能、特点及应用场合
刚性联轴器	凸缘联轴器（GB/T 5843—2003）	$T_n = 25 \sim 100\,000$N·m；$[n] = 12\,000 \sim 1600$r/min；$d = 12 \sim 250$mm。无补偿性能，不能减震、缓冲；结构简单，制造方便，成本较低，装拆、维护简便；可传递大转矩。需保证两轴具有较高的对中精度。适用于载荷平稳、高速或传动精度要求较高的传动轴系

类别或组别	名称（标准号）	性能、特点及应用场合
刚性联轴器	夹壳联轴器	靠两半联轴器与轴的摩擦传递转矩。用平键做辅助连接。安装和拆卸时不需轴向移动。缺点是对中精度低，形状复杂，只适用于低速、载荷平稳的场合
无弹性元件挠性联轴器	滚子链联轴器（GB/T 6069—2017）	$T_n = 40 \sim 25\,000\mathrm{N \cdot m}$；$[n] = 200 \sim 4500\mathrm{r/min}$；$d = 16 \sim 190\mathrm{mm}$。具有少量补偿两轴相对偏移的能力，结构简单，装拆方便，尺寸紧凑，质量轻，工作可靠，寿命长。可用于潮湿、多尘、高温、耐腐蚀的工况环境，不适用于高速、较剧烈冲击载荷和扭振的工况条件，不宜用于起动频繁，正反转多变的工作部位
	滑块联轴器 JB/ZQ 4384—2006	$T_n = 16 \sim 5000\mathrm{N \cdot m}$；$[n] = 1500 \sim 10\,000\mathrm{r/min}$；$d = 10 \sim 100\mathrm{mm}$。不能减震、缓冲，径向尺寸小，转动惯量小，适用于转矩不大、载荷变化较小、无剧烈冲击的两轴连接
	鼓形齿式联轴器（JB/T 8854.2—2001）（JB/T 8854.3—2001）	具有少量轴线偏移补偿性能，不能缓冲、减震；外形尺寸小；理论上传递转矩大，需要润滑、密封；精度较低时，噪声较大；工艺性差，价格贵。常用于低速、重载工况条件下连接两同轴线（其中 GCLD 型适用于连接电动机轴伸，如冶金机械、重型机械。制造精度低，不适用于高速、高精度的轴系传动。起动频繁，正反转多变的工况也不宜选用
	球铰式万向联轴器（JB/T 6139—2007）	$T_n = 6.3 \sim 1120\mathrm{N \cdot m}$；$[n] = 1000 \sim 500\mathrm{r/min}$；$d = 25 \sim 160\mathrm{mm}$。许用补偿量 $\beta \leqslant 40°$，不能缓冲、减振；结构简单，体积小，运转灵活，易于维护，适用于小功率以传递运动为主的传动轴系
	球笼式万向联轴器（GB/T 7549—2008）	主、从动端连接为球笼结构，同步性好、不能缓冲、减振工艺性差，可在 $\beta \leqslant 14° \sim 18°$ 工况下工作，适用于中等载荷、要求同步性好的轴系传动，例如汽车传动轴、部分冶金设备等
非金属弹性元件挠性联轴器	弹性套柱销联轴器（GB/T 4323—2017）	$T_n = 6.3 \sim 16\,000\mathrm{N \cdot m}$；$[n] = 8800 \sim 1150\mathrm{r/min}$；$d = 9 \sim 170\mathrm{mm}$，具有一定补偿两轴相对偏移和减振、缓冲性能，结构简单、制造容易、不需要润滑、维修方便、径向尺寸较大。适用于安装底座刚性好，对中精度较高，冲击载荷不大，对减振要求不高的轴系传动，不适用于高速和低速重载工况条件
	弹性柱销联轴器（GB/T 5014—2017）	有微量补偿性能，结构简单、容易制造，更换柱销方便，可靠性差。适用于有少量轴向窜动，起动较频繁，有正反转的轴系传动。不适用于工作可靠性要求高的部位，不适用于高速、重载及有强烈冲击、振动的轴系传动，可靠性要求高的场合及安装精度低的轴系亦不应选用
	梅花形弹性联轴器（GB/T 5272—2017）	具有补偿两轴相对偏移、减振、缓冲的性能，径向尺寸小，结构简单，不用润滑，承载能力较强，维护方便，更换弹性元件需轴向移动。适用于连接两同轴线、起动频繁、正反转变化、中速、中等转矩的传动轴系和要求工作可靠性高的部位
	弹性柱销齿式联轴器（GB/T 5015—2017）	可补偿两轴相对偏移减振功能差，传动精度低，传递转矩大。与齿式联轴器相比，结构简单，质量轻，制造方便，维护简单，不用润滑，可部分代替齿式联轴器，噪声大。适用于大、中转矩轴系传动，不适用于对减震效果要求高和对噪声需加控制的部位

续表

类别或组别	名称（标准号）	性能、特点及应用场合
非金属弹性元件挠性联轴器	轮胎式联轴器 (GB/T 5844—2002)	有较高弹性，扭转刚度小，减震能力较大，补偿量较大，有良好的阻尼，结构简单，不用润滑，装拆维护方便，噪声小，径向尺寸大，承载能力低，过载时产生较大轴向附加载荷，使用寿命取决于橡胶产品质量。适用于起动频繁，正反转多变，冲击、震动较大的轴系传动。可在粉尘、水分工况环境下工作。不适用于高温、高速、大转矩和低速重载工况条件
	整圈橡胶弹性联轴器	$T_n = 710 \sim 90\,000\text{N} \cdot \text{m}$；$[n] = 1000 \sim 4000\text{r/min}$。具有较高弹性，承受公称转矩时扭转角达 $10°$，可以降低轴系固有频率。有较好的阻尼特性，能吸振和绝缘。结构紧凑，安装方便，维修简单。但加工较复杂，价格贵，适用于船用柴油机
	芯型弹性联轴器 GB/T 10614—2008	结构简单，制造容易，成本低廉，不用润滑，维修方便，但更换弹性件时需移动一端半联轴器和主动轴。具有补偿两轴相对偏移和减振性能，适用于中小功率、要求不高、轴线对中比较方便的传动轴系，例如农用泵等
	弹性活销联轴器	是由我国研制的新型高性能联轴器，具有良好的补偿轴向、径向和角向轴向偏移性能，减振性能较好，结构简单，工作平稳可靠，无噪声，维护简便，装拆方便，工艺性好，成本低，通用性好，除了高温、高速特殊工况外，各种机械产品均可选用
金属弹性元件挠性联轴器	膜片联轴器 (JB/T 9147—1999)	承载能力大，质量轻，传动效率和传动精度高，装拆方便，无噪声，不用润滑，不受温度和油污影响，具有耐酸、耐碱、耐腐蚀，使用寿命长、可用于高温、高速、低温和有油、水及腐蚀介质的工况环境。适用于各种机械装置载荷变化不大的轴系传动，通用性极强，适用范围广，是高性能挠性联轴器，高精度经动平衡的膜片联轴器可用于高速工况
	蛇形弹簧联轴器	具有齿式联轴器承载能力大，弹性联轴器挠性好（补偿性能）的综合优点，需润滑，高温工况选用最合适
	簧片联轴器 (GB/T 12922—2008)	具有较好的阻尼特性，减振性能好，结构紧凑，安全可靠，价格较贵，适用于载荷变化大，有扭振的轴系。多用于船舶、内燃机车，柴油发电机组，重型车辆及工业用柴油机动力机组，用以调节轴系传动系统扭转振动的自振频率，降低共振时的振幅
	波纹管联轴器	结构简单，加工、安装方便，外形尺寸小，质量轻，传动精度高，小转矩。主要用于传递运动，适用于要求结构紧凑，传动精度较高的小功率、精密机械传动机构

11.1.3　联轴器轴孔和连接形式与尺寸（GB/T 3852—2017）（见表 11-3～表 11-6）

表 11-3　　　　　　　　　　　联轴器轴孔和连接形式

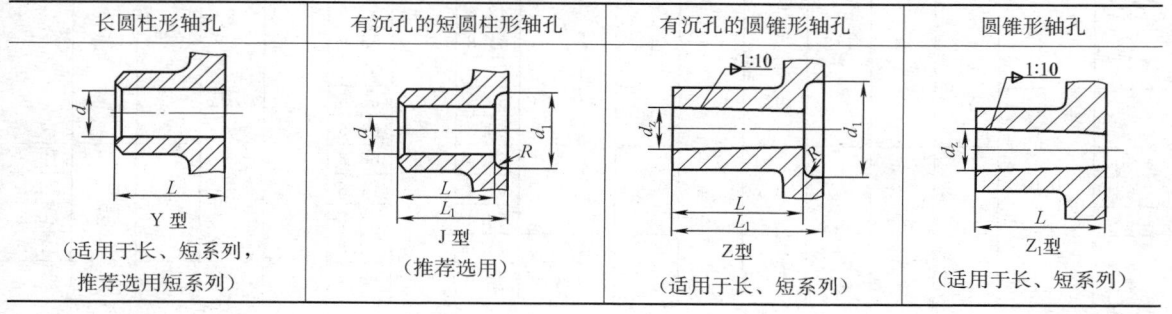

长圆柱形轴孔	有沉孔的短圆柱形轴孔	有沉孔的圆锥形轴孔	圆锥形轴孔
Y 型 （适用于长、短系列，推荐选用短系列）	J 型 （推荐选用）	Z 型 （适用于长、短系列）	Z_1 型 （适用于长、短系列）

续表

平键单键槽	120°布置平键双键槽	180°布置平键双键槽	普通切向键键槽	圆锥形轴孔平键单键槽
A 型	B 型	B₁ 型	D 型	C 型

注：矩形花键按 GB/T 1144—2001；圆柱直齿渐开线花键按 GB/T 3478.1—2008。

表 11-4　　圆柱形轴孔和键槽尺寸（GB/T 3852—2017）　　（单位：mm）

直径 d 公称尺寸	极限偏差 H7	长度 L 长系列	长度 L 短系列	L_1	沉孔 d_1	沉孔 R	A/B/B₁ 键槽 b 公称尺寸	b 极限偏差 P9	t 公称尺寸	t 极限偏差	t_1 公称尺寸	t_1 极限偏差	B型键槽 t 位置度公差	D型 t_3 公称尺寸	D型 t_3 极限偏差	b_1
6	+0.012 0	16					2		7.0		8.0					
7			—						8.0		9.0					
8	+0.015 0	20		—	—	—		−0.006 −0.031	9.0		10.0		—			—
9							3		10.4		11.8					
10		25	22						11.4		12.8					
11							4		12.8	+0.1 0	14.6	+0.2 0				
12	+0.018 0	32	27						13.8		15.6					
14							5		16.3		18.6					
16								−0.012 −0.042	18.3		20.6		0.03			
18		42	30	42					20.8		23.6					
19					38		6		21.8		24.6					
20									22.8		25.6					
22	+0.021 0	52	38	52		1.5			24.8		27.6					
24									27.3		30.6					
25							8		28.3		31.6					
28		62	44	62	48				31.3		34.6					
30								−0.015 −0.051	33.3		36.6		0.04			
32					55				35.3		38.6					
35		82	60	82			10		38.3		41.6					
38									41.3		44.6					
40	+0.025 0				65		12		43.3		46.6					
42						2.0			45.3		48.6					
45					80				48.8	+0.2 0	52.6	+0.4 0				
48		112	84	112			14		51.8		55.6					
50									53.8		57.6					
55					95			−0.018 −0.061	59.3		63.6		0.05			
56							16		60.3		64.6					
60	+0.030 0						18		64.4		68.8					19.3
63					105				67.4		71.8					19.8
65		142	107	142		2.5			69.4		73.8			7	0 −0.2	20.1
70					120				74.9	−0.022	79.8					21.0
71							20	−0.074	75.9		80.8		0.06	8		22.4

续表

直径 d 公称尺寸	极限偏差 H7	L 长系列	L 短系列	L1	沉孔 d1	R	b 公称尺寸	b 极限偏差 P9	t 公称尺寸	t 极限偏差	t1 公称尺寸	t1 极限偏差	T 位置度公差	t3 公称尺寸	t3 极限偏差	b1
75	+0.030 0	142	107	142	120	2.5	20	−0.022 −0.074	79.9	+0.2 0	84.8	+0.4 0	0.06	8	0 −0.2	23.2
80									85.4		90.8					24.0
85	+0.035 0	172	132	172	140	3.0	22		90.4		95.8					24.8
90									95.4		100.8					25.6
95					160		25		100.4		105.8					27.8
100		212	167	212					106.4		112.8			9		28.6
110							28		116.4		122.8					30.1
120	+0.040 0				180				127.4		134.8					33.2
125		252	202	252			32	−0.026 −0.088	132.4		139.8			10		33.9
130					210				137.4		144.8					34.6
140					235	4.0	36		148.4		156.8			11		37.7
150									158.4		166.8					39.1
160		302	242	302	265		40		169.4		178.8		0.08	12		42.1
170									179.4		188.8					43.5
180					330		45		190.4		200.8					44.9
190	+0.046 0	352	282	352		5.0			200.4		210.8			14		49.6
200									210.4		220.8					51.0
220				—	—	—	50		231.4		242.8					57.1
240	+0.052 0	410	330	—			56	−0.032 −0.106	252.4		264.8			18		59.9
250									262.4		274.8					64.6
260									272.4		284.8					66.0
280		470	380				63		292.4		304.8			20		72.1
300							70		314.4		328.8					74.8
320	+0.057 0								334.4		348.8		0.10	22	0 −0.3	81.0
340		550	450				80		355.4	+0.3 0	370.8	+0.6 0				83.6
360									375.4		390.8					93.2
380									395.4		410.8			26		95.9
400	+0.063 0	650	540				90	−0.037 −0.124	417.4		434.8					98.6
420									437.4		454.8			30		108.2
440									457.4		474.8					110.9
450							100		469.5		489.0					112.3
460									479.5		499.0					120.1
480									499.5		519.0		0.12	34		123.1
500									519.5		539.0					125.9
530	+0.070 0	800	680				110		552.2		574.4			38		136.7
560									582.2		604.4					140.8
600							120		624.5		649.0			42		153.1
630									654.8		679.0					157.1
670	+0.080 0		780				—		—		—			67		201.0
710														71		213.0
750														75		225.0
800			880											80		240.0

注：1. b 的极限偏差，也可采用 GB/T 1095—2003《平键　键槽的剖面尺寸》中规定的 Js9。

2. 直径大于 1000mm 的键连接尺寸由设计者选定（直径大于 800～1250mm 的尺寸未编入本表中）。

3. 沉孔亦可制成 d_1 为小端直径，锥度为 30° 的锥形孔。

表 11-5　Z 型、Z_1 型圆锥形轴孔的直径与长度及键槽尺寸（GB/T 3852—2017）（单位：mm）

直径 d_z 公称尺寸	极限偏差 H8	长系列 L	长系列 L_1	短系列 L	短系列 L_1	沉孔 d_1	R	C型键槽 b 公称尺寸	b 极限偏差 P9	t_2 长系列	t_2 短系列	t_2 极限偏差
6	+0.022 / 0	12	18	—	—	16	1.5	—	—	—		—
7												
8		14	22			24						
9												
10												
11	+0.027 / 0	17	25					2	−0.006 / −0.031	6.1		+0.1 / 0
12		20	32			28				6.5		
14								3		7.9		
16		30	42							8.7	9.0	
18				18	30	38		4	−0.012 / −0.042	10.1	10.4	
19	+0.033 / 0									10.6	10.9	
20										10.9	11.2	
22		38	52	24	38					11.9	12.2	
24								5		13.4	13.7	
25		44	62	26	44	48				13.7	14.2	
28										15.2	15.7	
30										15.8	16.4	
32	+0.039 / 0	60	82	38	60	55		6		17.3	17.9	
35										18.8	19.4	
38										20.3	20.9	
40		84	112	56	84	65	2.0	10	−0.015 / −0.051	21.2	21.9	
42										22.2	22.9	
45						80		12		23.7	24.4	
48										25.2	25.9	
50										26.2	26.9	
55	+0.046 / 0	107	142	72	107	95	2.5	14	−0.018 / −0.061	29.2	29.9	+0.2 / 0
56										29.7	30.4	
60						105		16		31.7	32.5	
63										33.2	34.0	
65										34.2	35.0	
70						120				36.8	37.6	
71								18		37.3	38.1	
75										39.3	40.1	
80		132	172	92	132	140	3.0	20	−0.022 / −0.074	41.6	42.6	
85										44.1	45.1	
90	+0.054 / 0					160		22		47.1	48.1	
95										49.6	50.6	
100		167	212	122	167	180		25		51.3	52.4	
110										56.3	57.4	
120						210		28		62.3	63.4	
125										64.7	65.9	
130	+0.063 / 0	202	252	152	202	235	4.0	32	−0.026 / −0.088	66.4	67.6	
140										72.4	73.6	
150						265				77.4	78.6	

续表

直径 d_z		长 度				沉孔尺寸		C 型键槽				
		长系列		短系列					b		t_2	
公称尺寸	极限偏差 H8	L	L_1	L	L_1	d_1	R	公称尺寸	极限偏差 P9	长系列	短系列	极限偏差
160	+0.063 0	242	302	182	242	265	4.0	36	−0.026 −0.088	82.4	83.9	+0.3 0
170										87.4	88.9	
180										93.4	94.9	
190	+0.072 0	282	352	212	282	330	5.0	40		97.4	99.9	
200										102.4	104.1	
220								45		113.4	115.1	

注：键槽宽度 b 的极限偏差，也可采用 GB/T 1095 中规定的 JS9。

表 11-6a　　　　　　　　　　　　**圆柱形轴孔与轴伸的配合**

直径 d/mm	配 合 代 号	
>6～30	H7/j6	根据使用要求，也可采用 H7/n6，H7/p6，H7/r6
>30～50	H7/k6	
>50	H7/m6	

表 11-6b　　　　　**圆锥形轴孔直径及轴孔长度的极限偏差**　　　　（单位：mm）

圆锥孔直径 d_z	孔 d_z 极限偏差	长度 L 极限偏差	圆锥孔直径 d_z	孔 d_z 极限偏差	长度 L 极限偏差
>6～10	+0.058 0	0 −0.220	>50～80	+0.120 0	0 −0.460
>10～18	+0.070 0	0 −0.270	>80～120	+0.140 0	0 −0.540
>18～30	+0.084 0	0 −0.330	>120～180	+0.160 0	0 −0.630
>30～50	+0.100 0	0 −0.390	>180～250	+0.185 0	0 −0.720

注：孔 d_z 的极限偏差值按 IT10 选取，长度 L 的极限偏差值按 IT13 选取。

11.1.4　刚性联轴器（见表 11-7 和表 11-8）

表 11-7　　　**GY、GYS、GYH 型凸缘联轴器基本参数和主要尺寸**（GB/T 5843—2003）　　（单位：mm）

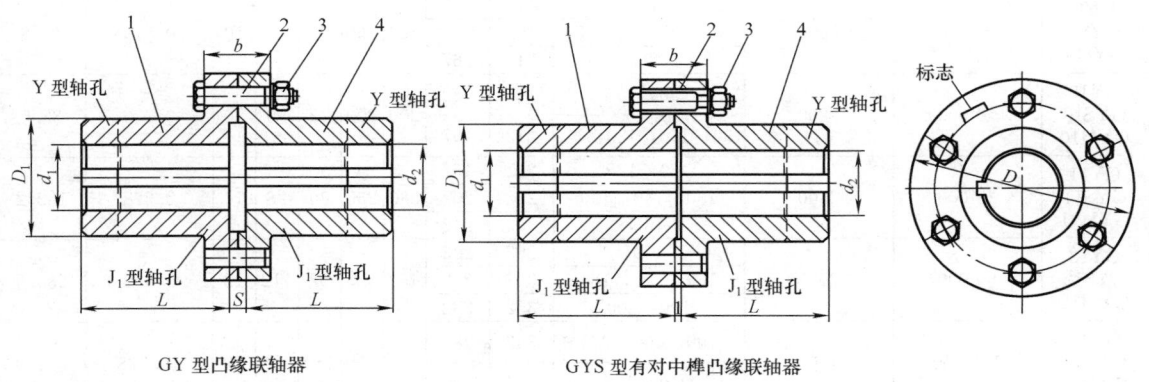

GY 型凸缘联轴器　　　　　　　　　GYS 型有对中榫凸缘联轴器

1、4—半联轴器；2—螺栓；3—螺母

续表

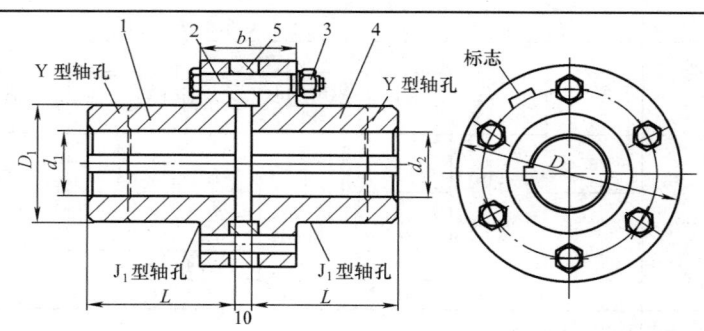

标记示例

GY5 凸缘联轴器 $\dfrac{Y30\times82}{J_130\times60}$ GB/T 5843—2003

主动端：Y 型轴孔，A 型键槽，$d_1 = 30mm$，$L = 82mm$

从动端：J_1 型轴孔，A 型键槽，$d_1 = 30mm$，$L = 60mm$

1、4—半联轴器；2—螺栓；3—螺母；5—对中环

GYH型有对中环凸缘联轴器

型号	公称转矩 T_n /(N·m)	许用转速[n] /(r/min)	轴孔直径 d_1、d_2	轴孔长度 Y 型	轴孔长度 J_1 型	D	D_1	b	b_1	s	转动惯量 /(kg·m²)	质量 /kg
GY1 GYS1 GYH1	25	12 000	12，14	32	27	80	30	26	42	6	0.000 8	1.16
			16，18，19	42	30							
GY2 GYS2 GYH2	63	10 000	16，18，19	42	30	90	40	28	44	6	0.001 5	1.72
			20，22，24	52	38							
			25	62	44							
GY3 GYS3 GYH3	112	9500	20，22，24	52	38	100	45	30	46	6	0.002 5	2.38
			25，28	62	44							
GY4 GYS4 GYH4	224	9000	25，28	62	44	105	55	32	48	6	0.003	3.15
			30，32，35	82	60							
GY5 GYS5 GYH5	400	8000	30，32，35，38	82	60	120	68	36	52	6	0.007	5.43
			40，42	112	84							
GY6 GYS6 GYH6	900	6800	38	82	60	140	80	40	56	8	0.015	7.59
			40，42，45，48，50	112	84							
GY7 GYS7 GYH7	1600	6000	48，50，55，56	112	84	160	100	40	56	8	0.031	13.1
			60，63	142	107							
GY8 GYS8 GYH8	3150	4800	60，63，65，70，71，75	142	107	200	130	50	68	10	0.103	27.5
			80	172	132							
GY9 GYS9 GYH9	6300	3600	75	142	107	260	160	66	84	10	0.319	47.8
			80，85，90，95	172	132							
			100	212	167							
GY10 GYS10 GYH10	10 000	3200	90，95	172	132	300	200	72	90	10	0.720	82.0
			100，110，120，125	212	167							
GY11 GYS11 GYH11	25 000	2500	120，125	212	167	380	260	80	98	10	2.278	162.2
			130，140，150	252	202							
			160	302	242							
GY12 GYS12 GYH12	50 000	2000	150	252	202	460	320	92	112	12	5.923	285.6
			160，170，180	302	242							
			190，200	352	282							
GY13 GYS13 GYH13	100 000	1600	190，200，220	352	282	590	400	110	130	12	19.978	611.9
			240，250	410	330							

注：1. 质量、转动惯量是按 GY 型联轴器 Y/J_1 轴孔组合形式和最小轴孔直径计算值。

2. 凸缘联轴器分三种类型，GY 型、GYS 型(有对中榫)、GYH 型(有对中环)各种尺寸都有此三种形式。

| 表 11-8 | GJ 型夹壳联轴器主要尺寸 | （单位：mm） |

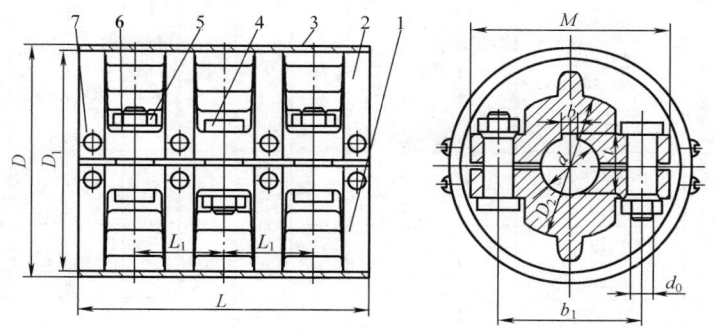

1、2—壳体；3—防护罩；4—螺栓；5—螺母；6—垫圈；7—螺钉

型号	d		D	D_1	D_2	L	L_1	M	b_1	b		t		d_0	件数	
	公称尺寸	极限偏差								公称尺寸	极限偏差	公称尺寸	极限偏差		n_1	n_2
GJ1	30	+0.05 0	130	127	75	160	49	112	85	8	+0.03 0	33.1	+0.17 0	M12	6	16
GJ2	35									10		38.6				
GJ3	40									12		43.6				
GJ4	45		145	142	90	190	58	122	95	14	+0.035 0	49.1				
GJ5	50									16		55.1				
GJ6	55	+0.06 0	170	167	100	220	68	144	110	16		60.1	+0.2 0	M16		
GJ7	60											65.6				
GJ8	65		185	182	115	250	77	158	125	18		70.6				
GJ9	70											76.1				
GJ10	75		205	202	130	360	85	180	140	20	+0.045 0	81.1	+0.023 0	M20	8	20
GJ11	80											87.2				
GJ12	90	±0.07 0	245	242		390	92	215	175	24		97.2				
GJ13	100		260	257	160	440	104	230	185	28		108.2		M24		

11.1.5 无弹性元件挠性联轴器（见表 11-9～表 11-16）

| 表 11-9 | 滚子链联轴器基本参数和主要尺寸（GB/T 6069—2017） | （单位：mm） |

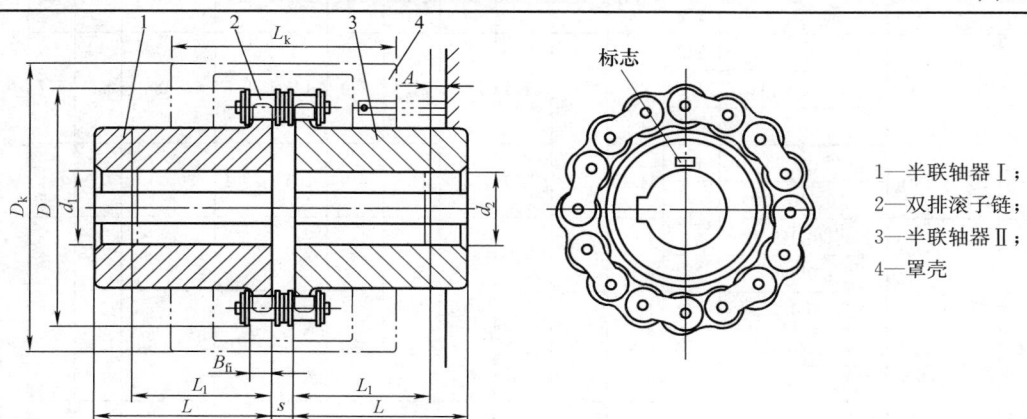

1—半联轴器Ⅰ；

2—双排滚子链；

3—半联轴器Ⅱ；

4—罩壳

标记示例：GL7 联轴器 $\dfrac{J_1 B45 \times 84}{J_1 B_1 45 \times 84}$ GB/T 6069—2017

主动端：J_1 型轴孔，B 型键槽，$d_1=45mm$，$L_1=84mm$

从动端：J_1 型轴孔，B_1 型键槽，$d_2=45mm$，$L_1=84mm$

型号	公称转矩 T_n /(N·m)	许用转速[n]/(r/min)		轴孔直径 d_1、d_2	轴孔长度 L	链条节距 P	齿数 Z	D	B_{fl}	S	D_k(最大)	L_k(最大)	质量 m/kg	转动惯量 I/(kg·m²)	许用补偿量		
		不装罩壳	安装罩壳												径向 ΔY	轴向 ΔX	角向 Δα
GL1	40	1400	4500	16,18,19	42	9.525	14	51.06	5.3	4.9	70	70	0.4	0.000 1	0.19	1.4	1°
				20	52												
GL2	63	1250		19	42		16	57.08			75	75	0.7	0.000 2			
				20,22,24	52												
GL3	100		4000	20,22,24			14	68.88			85	80	1.1	0.000 38			
		1000		25	62	12.7			7.2	6.7						1.9	
GL4	160			24	52			76.91			95	88	1.8	0.000 86	0.25		
				25,28	62		16										
				30,32	82												
GL5	250	800	3150	28	62			94.46			112	100	3.2	0.002 5			
				30,32,35,38	82											2.3	
				40	112	15.875			8.9	9.2							
GL6	400		2500	32,35,38	82		20	116.57			140	105	5	0.005 8	0.32		
		630		40,42,45,48,50	112											2.8	
GL7	630			40,42,45,48,50,55		19.05	18	127.78	11.9	10.9	150	122	7.4	0.012			
				60	142												
GL8	1000	500	2240	45,48,50,55	112		16	154.33			180	135	11.1	0.025	0.38		
				60,65,70	142												
GL9	1600	400	2000	50,55	112	25.4		186.5	15	14.3	215	145	20	0.061		3.8	
				60,65,70,75	142		20								0.50		
				80	172												
GL10	2500	315	1600	60,65,70,75	142	31.75	18	213.02	18	17.8	245	165	26.1	0.079		4.7	
				80,85,90	172												
GL11	4000		1500	75	142			231.49		21.5	270	195	39.2	0.188	0.63	5.7	
		250		80,85,90,95	172	38.1			24								
				100	212		16										
GL12	6300		1250	85,90,95	172	44.45		270.08		24.9	310	205	59.4	0.38	0.76	6.6	
				100,110,120	212												
GL13	10 000		1120	100,110,120,125			18	340.8			380	230	86.5	0.869	0.88		
				130,140	252												
GL14	16 000		1000	120,125	212	50.8		405.22	30	28.6	450	250	150.8	2.06	1.00	7.6	
		200		130,140,150	252		22										
				160	302												
GL15	25 000		900	140,150	252			466.25			510	285	234.4	4.37	1.27	9.5	
				160,170,180	302	63.5	20		36	35.6							
				190	352												

注: 1. 有罩壳时,在型号后加 "F",例 GL5 型联轴器,有罩壳时改为 GL5F。

2. 表中联轴器质量和转动惯量是近似值。

表 11-10　　　**WH 型滑块联轴器基本参数和主要尺寸**（JB/ZQ 4384—2006）　　　（单位：mm）

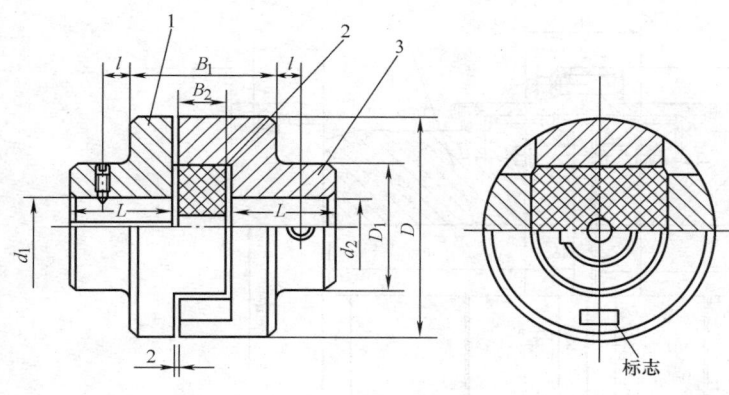

标记示例

WH6 联轴器 $\dfrac{35\times82}{J_1 38\times60}$ JB/ZQ 4384—2006

主动端：Y 型轴孔，A 型键槽，$d_1=$ 35mm，$L=$82mm

从动端：J_1 型轴孔，A 型键槽，$d_2=$ 38mm，$L=$60mm

1、3—半联轴器；2—滑块

型号	公称转矩 T_n /(N·m)	许用转速 $[n]$ /(r/min)	轴孔直径 d_1、d_2	轴孔长度 Y	轴孔长度 J_1	D	D_1	B_1	B_2	l	质量 m /kg	转动惯量 I /(kg·m²)
				L								
WH1	16	10 000	10、11	25	22	40	30	52	13	5	0.6	0.000 7
			12、14	32	27							
WH2	31.5	8200	12、14	32	27	50	32	56	18	5	1.5	0.003 8
			16、18	42	30							
WH3	63	7000	18、19	42	30	70	40	60	18	5	1.8	0.006 3
			20、22	52	38							
WH4	160	5700	20、22、24	52	38	80	50	64	18	8	2.5	0.013
			25、28	62	44							
WH5	280	4700	25、28	62	44	100	70	75	23	10	5.8	0.045
			30、32、35	82	60							
WH6	500	3300	30、32、35、38	82	60	120	80	90	33	15	9.5	0.12
			40、42、45	112	84							
WH7	900	3200	40、42、45、48	112	84	150	100	120	38	25	25	0.43
			50、55									
WH8	1800	2400	50、55	112	84	190	120	150	48	25	55	1.98
			60、63、65、70	142	107							
WH9	3550	1800	65、70、75	142	107	250	150	180	58	25	85	4.9
			80、85	172	132							
WH10	5000	1500	80、85、90、95	172	132	330	190	180	58	40	120	73.5
			100	212	167							

注：1. 表中 I、m 是按最小轴孔和最大轴孔长度计算的近似值。

　　2. 工作环境温度 $-20\sim70℃$。

　　3. 许用补偿量：轴向 $\Delta x=1\sim2$mm，径向 $\Delta y\leqslant0.2$mm，角向 $\Delta\alpha\leqslant40'$。

表 **11-11**　　　　CⅡCL 型鼓形齿式联轴器主要尺寸（GB/T 26103.1—2010）　　　（单位：mm）

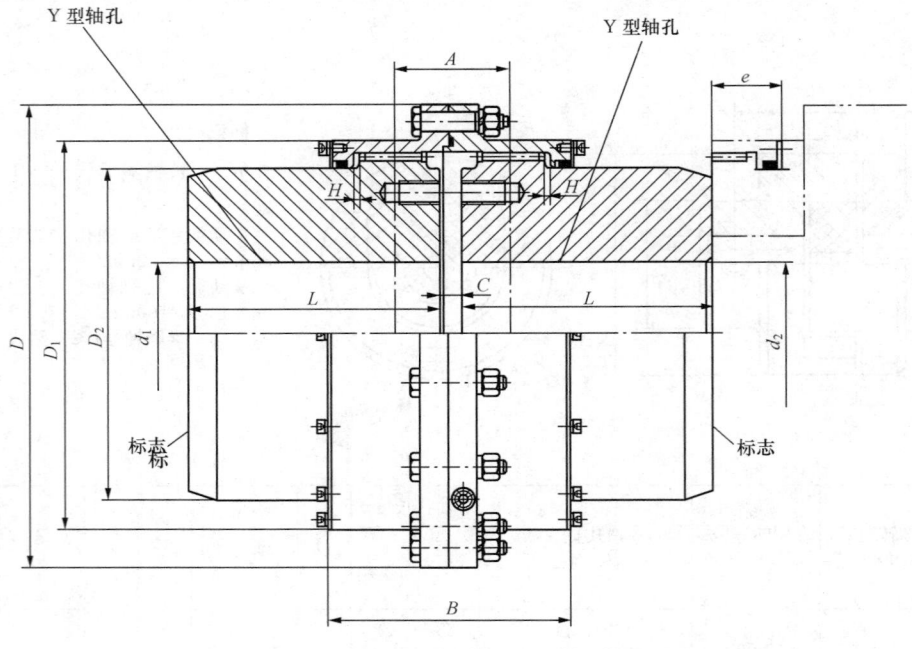

适用于 GⅡCL1～GⅡCL13

标记示例

【示例 11-1】　主动端：Y 型轴孔（短系列），A 型键槽，d_1＝55mm，L＝84mm；从动端：Y 型轴孔（短系列），A 型键槽，d_2＝60mm，L＝107mm 的 GⅡGL4 型鼓形齿联轴器，其标记为：

GⅡCL4 联轴器 $\dfrac{55\times84}{60\times107}$ GB/T 26103.1—2010

【示例 11-2】　主动端：Y 型轴孔（长系列），A 型键槽，d_1＝50mm，L＝112mm；从动端：Y 型轴孔（长系列），A 型键槽，d_2＝50mm，L＝112mm 的 GⅡCL4 型鼓形齿联轴器，其标记为：

GⅡCL4 联轴器　50×112　GB/T 26103.1—2010

型号	公称转矩 T_n/(kN·m)	许用转速 $[n]$/(r/min)	轴孔直径 d_1, d_2	轴孔长度 L Y(长系列)	Y(短系列)	D	D_1	D_2	C	H	A	B	e	转动惯量/(kg·m²)	润滑脂用量/mL	质量/kg
GⅡCL1	0.63	6500	16,18,19	42	—	103	71	50	8	2.0	36	76	38	0.001 6	51	3.4
			20,22,24	52	38									0.003 0		3.2
			25,28	62	44									0.003 1		3.3
			30,32,35	82	60									0.003 2		3.5
GⅡCL2	1.00	6000	20,22,24	52	—	115	83	60	8	2.0	42	88	42	0.002 4	70	4.6
			25,28	62	44									0.002 3		4.1
			30,32,35,38	82	60									0.002 4		4.5
			40,42,45	112	84									0.002 5		4.6
GⅡCL3	1.60	5600	22,24	52	—	127	95	75	8	2.0	44	90	42	0.004 4	68	6.1
			25,28	62	44									0.004 2		5.5
			30,32,35,38	82	60									0.004 5		6.3
			40,42,45,48,50,55,56	112	84									0.010 1		6.9

续表

型号	公称转矩 T_n/(kN·m)	许用转速 $[n]$/(r/min)	轴孔直径 d_1,d_2	轴孔长度 L Y(长系列)	Y(短系列)	D	D_1	D_2	C	H	A	B	e	转动惯量/(kg·m²)	润滑脂用量/mL	质量/kg
GⅡCL4	2.80	5100	38	82	60	149	116	90	8	2.0	49	98	42	0.020 5	87	9.5
			40,42,45,48,50,55,56	112	84									0.022 8		11.3
			60,63,65	142	107									0.023 4		10.5
GⅡCL5	4.50	4600	40,42,45,48,50,55,56	112	84	167	134	105	10	2.5	55	108	42	0.041 8	125	15.9
			60,63,65,70,71,75	142	107									0.044 4		16.0
GⅡCL6	6.30	4300	45,48,50,55,56	112	84	187	153	125	10	2.5	56	110	42	0.070 6	148	21.2
			60,63,65,70,71,75	142	107									0.077 7		23.0
			80,85,90	172	132									0.080 9		22.1
GⅡCL7	8.00	4000	50,55,56	112	84	204	170	140	10	2.5	60	118	42	0.103	175	27.6
			60,63,65,70,71,75	142	107									0.115		33.1
			80,85,90,95	172	132									0.129 8		39.2
			100,(105)	212	167									0.151		47.5
GⅡCL8	11.20	3700	55,56	112	84	230	186	155	12	3.0	67	142	47	0.167	268	35.5
			60,63,65,70,71,75	142	107									0.188		42.3
			80,85,90,95	172	132									0.210		49.7
			100,110,(115)	212	167									0.241		60.2
GⅡCL9	18.00	3350	60,63,65,70,71,75	142	107	256	212	180	12	3.0	69	146	47	0.316	310	55.6
			80,85,90,95	172	132									0.356		65.6
			100,110,120,125	212	167									0.413		79.6
			130,(135)	252	202									0.470		95.8
GⅡCL10	25.00	3000	65,70,71,75	142	107	287	239	200	14	3.5	78	164	47	0.511	472	72.0
			80,85,90,95	172	132									0.573		84.4
			100,110,120,125	212	167									0.659		101
			130,140,150	252	202									0.745		119
GⅡCL11	35.50	2700	70,71,75	142	107	325	276	235	14	3.5	81	170	47	1.454	550	97
			80,85,90,95	172	132									1.096		114
			100,110,120,125	212	167									1.235		138
			130,140,150	252	202									1.340		161
			160,170,(175)	302	242									1.588		189
GⅡCL12	56	2450	75	142	107	362	313	270	16	4.0	89	190	49	1.623	695	128
			80,85,90,95	172	132									1.828		150
			100,110,120,125	212	167									2.113		205
			130,140,150	252	202									2.400		213
			160,170,180	302	242									2.728		248
			190,200	352	282									3.055		285

续表

型号	公称转矩 T_n/(kN·m)	许用转速 $[n]$/(r/min)	轴孔直径 d_1, d_2	轴孔长度 L Y(长系列)	Y(短系列)	D	D_1	D_2	C	H	A	B	e	转动惯量/(kg·m²)	润滑脂用量/mL	质量/kg
G II CL13	80	2200	150	252	202									3.951		222
			160,170,180,(185)	302	242	412	350	300	18	4.5	98	208	49	4.363	1019	246
			190,200,220,(225)	352	282									4.541		242

注: 1. 此表未收入 G II CL14~G II CL25。

2. 联轴器用润滑油可采用 GB/T 3141 中规定的 N320、N460 或 GB/T 7324 中规定的 ZL-4 润滑脂。联轴器在正常工作条件下，每 6 个月换一次润滑油，每半个月检查一次油耗情况，并及时补充。

3. 联轴器许用径向补偿量

联轴器型号	G II CL1	G II CL2	G II CL3 GCLD1	G II CL4 GCLD2	G II CL5 GCLD3	G II CL6 GCLD4	G II CL7 GCLD5
许用径向补偿量 ΔY	0.63	0.72	0.76	0.86	0.96	0.98	1.05

联轴器型号	G II CL8 GCLD6	G II CL9 GCLD7	G II CL10 GCLD8	G II CL11 GCLD9	G II CL12 GCLD10	G II CL13
许用径向补偿量 ΔY	1.16	1.20	1.30	1.40	1.60	1.70

鼓形齿式联轴器的选用计算

联轴器根据工况条件，驱动功率，工作转速、轴伸直径等综合因素进行选择。

计算转矩由下式求出

$$T_c = KT = K \times 9.55 \times \frac{P_w}{n} < K_1 T_n$$

式中 T_c——计算转矩（kN·m）；

  T——理论转矩（kN·m）；

  T_n——公称转矩（kN·m），见表 11-11；

  P_w——驱动功率（kW）；

  n——工作转速（r/min）；

  K——工况系数，见表 11-12；

  K_1——转矩修正系数，考虑转速与角补偿量对传递转矩的影响由图 11-1 查得。

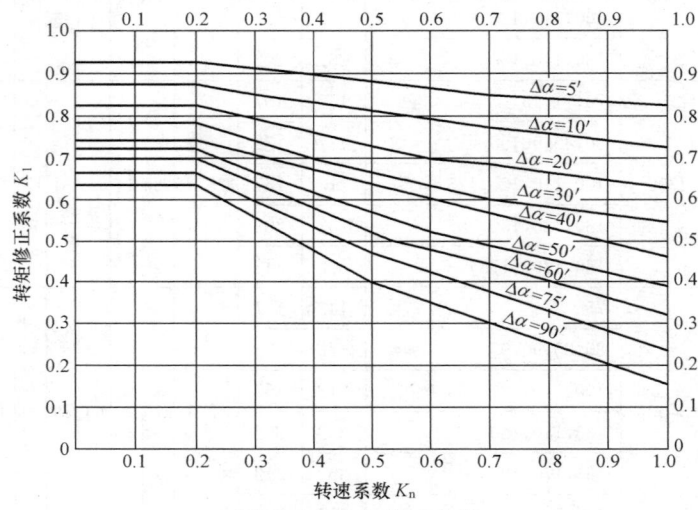

图 11-1 转矩修正系数

图 11-1 中转速系数 K_n 按下式求得

$$K_n = \frac{n}{[n]}$$

式中　K_n——转速系数；

　　　$[n]$——许用转速（r/min），见表 11-13。

表 11-12　　　　　　　　　　　　　　　　**联轴器的工况系数**

工作机械	工况系数 K	工作机械	工况系数 K	工作机械	工况系数 K
挖掘设备		压光机	1.6	锻造压力机	2.25
斗轮式挖掘机	2.0	混合机	1.8	泵类	
复带式移动链	1.8	木材加工设备		离心泵（稀液体）	1.25
轨道式移动链	1.6	剥皮机	1.8	离心泵（黏液体）	1.4
回转齿轮机构	1.4	刨床	1.4	往复式活塞泵	1.8
采矿、碎石设备		锯床	1.4	柱塞泵	2.0
破碎机	2.75	炼钢设备		泥浆泵	1.4
回转窑	2.0	高炉鼓风机	1.4	真空泵	1.5
矿井通风机	2.0	转炉	2.5	纺织机械	
化工设备		倾斜式高炉升降机	2.0	绕线机	1.6
搅拌机（稀液体）	1.25	炉渣破碎机	2.0	印花及烘干机	1.6
搅拌机（黏液体）	1.6	起重设备		织布机	1.6
离心机（轻载）	1.4	行走机构	1.75	轧制设备	
离心机（重载）	1.8	提升机构	1.75	板材剪断机	2.0
输送设备		回转机构	1.75	坯料输送机	1.8
输送机	1.8	卷扬机	2.0	板坯推料机	2.0
带式输送机（散装材料）	1.4	金属加工设备		带材及线材卷取机	1.4
小型带式输送机	1.25	板材矫直机	2.0	薄板轧机	1.8
斗链式输送机	1.4	锻锤	2.0	中厚板轧机	2.5
升降机	1.4	剪切机	2.0	冷轧机	2.0
螺旋输送机	1.4	锻造机	1.8	复带式牵引机	1.6
鼓风、通用设备		研磨、粉碎设备		钢坯剪断机	2.5
螺旋活塞式鼓风机	1.4	锤式粉碎机	2.0	输送导辊	1.4
鼓风机（轴向和径向）	1.5	球磨机	2.0	辊道（轻载）	1.5
冷却塔风扇	1.4	棒磨机	2.0	辊道（重载）	2.0
发电机及转换器		食品加工机械		辊式矫直机	2.0
变频器	2.25	装罐机	1.25	切边机	1.5
发电机	2.0	搅拌机	1.4	切头机	2.0
焊接发动机	2.25	包装机	1.25	初轧机	3.0
橡胶及塑料加工设备		压力机械		中厚板轧机（可逆式）	3.0
挤压机	1.6	曲柄压力机	2.0		

表 11-13 GCLD 型鼓形齿式联轴器的基本参数和主要尺寸

(GB/T 26103.3—2010) （单位：mm）

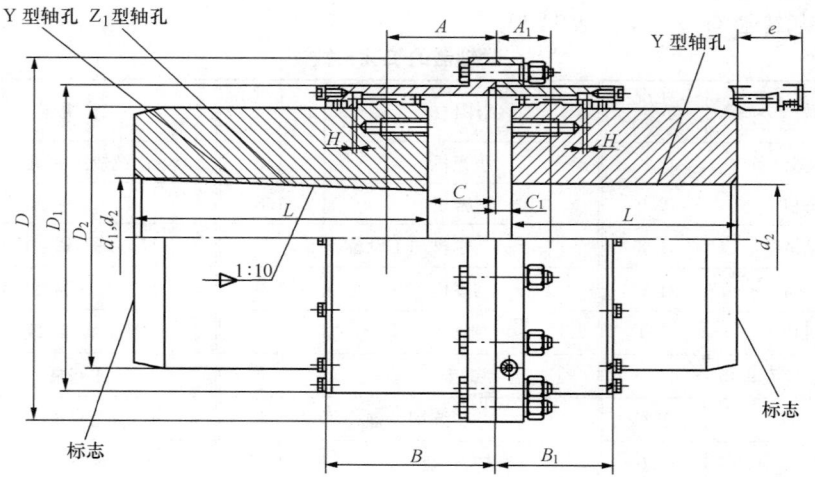

标记示例

【示例 11-3】 主动端：Y 型轴孔（长系列），A 型键槽，$d_1=55$mm，$L=112$mm；从动端：Y 型轴孔（短系列），B_1 型键槽 $d_2=60$mm，$L=107$mm 的 GCLD5 型鼓形齿式联轴器，其标记为：

GCLD5 联轴器 $\dfrac{55\times112}{B_1\,60\times107}$ GB/T 26103.3—2010

【示例 11-4】 主动端：Z_1 型轴孔，C 型键槽，$d_z=100$mm，$L=167$mm；从动端：Y 型轴孔（短系列），A 型键槽，$d_2=120$mm，$L=167$mm 的 GCLD9 型鼓形齿式联轴器，其标记为：

GCLD9 联轴器 $\dfrac{Z_1 C100\times167}{120\times167}$ GB/T 20103.3—2010

型号	公称转矩 T_n /(kN·m)	许用转速 $[n]$/ (r/min)	轴孔直径 d_1, d_2	轴孔长度 L		D	D_1	D_2	C	C_1	H	A	A_1	B	B_1	e	转动惯量/ (kg·m²)	润滑脂用量/mL	质量/kg
				Y	Z_1、 Y（短系列）														
GCLD1	1.60	5600	22,24	52	38	127	95	75	27	4	2.0	43	22	66	45	42	0.008 75	107	6.2
			25,28	62	44												0.010 25		7.2
			30,32,35,38	82	60												0.011		7.8
			40,42,45,48, 50,55,56	112	84												0.011 75		9.6
GCLD2	2.80	5100	38	82	60	149	116	90	26.5	4	2.0	49.5	24.5	70	49	42	0.021 25	137	11.2
			40,42,45,48, 50,55,56	112	84												0.024 25		14.0
			60,63,65	142	107				33								0.021 5		16.4
GCLD3	4.50	4600	40,42,45,48, 50,55,56	112	84	167	134	105	33	5	2.5	53.5	27.5	80	54	42	0.040 0	201	17.2
			60,63,65,70, 71,75	142	107												0.047 5		22.4

型号	公称转矩 T_n/(kN·m)	许用转速 $[n]$/(r/min)	轴孔直径 d_1,d_2	轴孔长度 L — Y	轴孔长度 L — Z_1、Y(短系列)	D	D_1	D_2	C	C_1	H	A	A_1	B	B_1	e	转动惯量/(kg·m²)	润滑脂用量/mL	质量/kg
GCLD4	6.30	4300	45,48,50,55,56	112	84												0.072 5		25.2
			60,63,65,70,71,75	142	107	187	153	125	33.5	5	2.5	54	28	81	55	42	0.082 5	238	26.4
			80,85,90	172	132				38								0.095		35.6
GCLD5	8.00	4000	50,55,56	112	84												0.112 5		31.6
			60,63,65,70,71,75	142	107	204	170	140	37.5	5	2.5	60	30	89	59	42	0.117 5	298	38.0
			80,85,90,95	172	132												0.145 0		44.6
			100,(105)	212	167				43.5								0.167 4		53.9
GCLD6	11.20	3700	55,56	112	84												0.187 5		40.5
			60,63,65,70,71,75	142	107	230	186	155	43.5	6	3.0	68.5	33.5	106	71	47	0.21	465	49.8
			80,85,90,95	172	132												0.235		56.3
			100,110,(115)	212	167												0.267 5		67.5
GCLD7	18.00	3350	60,63,65,70,71,75	142	107												0.135 75		63.9
			80,85,90,95	172	132	256	212	180	48	6	3.0	73.5	34.5	112	73	47	0.40	561	74.7
			100,110,120,125	212	167												0.462 5		88.0
			130,(135)	252	202												0.527 5		106.7
GCLD8	25.00	3000	65,70,71,75	142	107				40.5								0.560		81.7
			80,85,90,95	172	132												0.627 5		95.5
			100,110,120,125	212	167	287	239	200	48	7	3.5	75	39	118	82	47	0.72	734	114
			130,140,150	252	202												0.812 5		123
GCLD9	35.50	2700	70,71,75	142	107												1.077 5		112
			80,85,90,95	172	132				49.5								1.207 5		130
			100,110,120,125	212	167	325	276	235		7	3.5	87.5	40.5	132	85	47	1.382 5	956	156
			130,140,150	252	202												1.56		181
			160,170,(175)	302	242				58								1.77		212
GCLD10	56.00	2450	75	142	107												1.97		161
			80,85,90,95	172	132												2.072 5		172
			100,110,120,125	212	167				65								2.38		206
			130,140,150	252	202	362	313	270		8	4.0	98.5	44.5	149	95	49	2.562 5	1320	239
			160,170,180	302	242												3.055		280
			190,200,220	352	282				68								3.422 5		319

注：1. 表中转动惯量与质量是按 Y（短系列）型轴孔的最小轴径计算的。

2. e 为更换密封所需要的尺寸。

3. 带括号的轴孔直径新设计时，建议不选用。

4. 联轴器的轴孔和键槽形式及尺寸应符合 GB/T 3852 的规定。其键槽形式有 A、B、B_1、C、D 型；轴孔组合形式有 $\dfrac{Z_1}{Y}$、$\dfrac{Y}{Y}$。

表 11-14　　　　　　　　**NGCL 型带制动轮鼓形齿式联轴器的基本参数和主要尺寸**
(GB/T 26103.4—2010)　　　　　　　　　　　　　　（单位：mm）

NGCL 型带制动轮鼓形齿式联轴器有两种结构形式：A 型和 B 型（本书只摘录 A 型）。

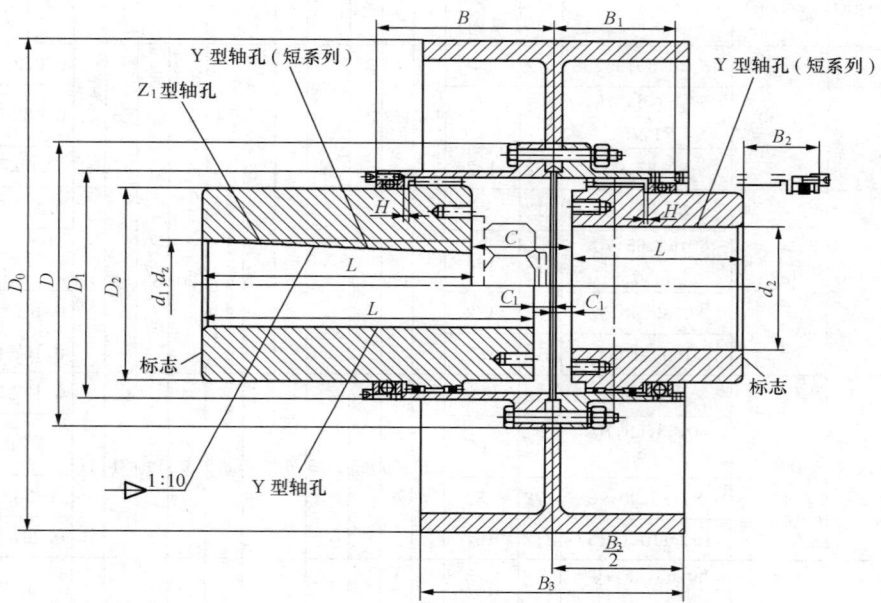

A 型（适用于 NGCL1～NGCL13 型）

【示例 11-5】　$L=107$mm 的 NGCL6 型带制动轮鼓形齿式联轴器，其标记为：

NGCL6 联轴器　$\dfrac{Z_1C60\times107}{60\times107}$　GB/T 26103.4—2010

【示例 11-6】　主动端：Y 型轴孔，B 型键槽，$d_1=190$mm，$L=352$mm；从动端：Y 型轴孔（短系列），B_1 型键槽，$d_2=190$mm，$L=282$mm 的 NGCL14 型的带制动轮鼓形齿式联轴器，其标记为：

NGCL 14 联轴器　$\dfrac{B190\times352}{B_1190\times282}$　GB/T 26103.4—2010

【示例 11-7】　主动端：Z_1 型轴孔，B 型键槽，$d_1=100$mm，$L=167$mm；从动端：Y 型轴孔（短系列），B_1 型键槽，$d_2=130$mm，$L=202$mm　制动轮 $D_0=\phi700$mm 的 NGCL12 型的带制动轮鼓形齿式联轴器，其标记为：

NGCL 12 联轴器　$\dfrac{Z_1B100\times167}{B_1130\times202}\times\phi700$　GB/T 26103.4—2010

型号	公称转矩 T_n /(kN·m)	许用转速 $[n]$ /(r/min)	轴孔直径 d_1, d_2, d_z	轴孔长度 L Y	轴孔长度 L Z_1、Y（短系列）	D_0	D	D_1	D_2	C	C_1	H	B	B_1	B_2	B_3	转动惯量 /(kg·m²)	润滑脂用量/mL	质量/kg
NGCL1	0.63	4000	20，22，24	52	38	160	103	71	50	22	8	2.0	56	42	38	68	0.070	51	7.0
			25，28	62	44					26							0.070		7.3
			30，32，35	82	60					30							0.071		8.0
NGCL2	1.00	4000	25，28	62	44	160	115	83	30	26	8	2.0	68	48	42	68	0.079	70	9.0
			30，32，35，38	82	60					30							0.080		9.7
			40，42，45	112	84					36							0.083		11.0

型号	公称转矩 T_n /(kN·m)	许用转速 [n]/(r/min)	轴孔直径 d_1, d_2, d_z	轴孔长度 L Y	Z_1、Y(短系列)	D_0	D	D_1	D_2	C	C_1	H	B	B_1	B_2	B_3	转动惯量/(kg·m²)	润滑脂用量/mL	质量/kg
NGCL3	1.60	3800	28	62	44	200	127	95	75	26	8	2.0	70	49	42	85	0.181	107	14.6
			30, 32, 35, 38	82	60					30							0.184		15.2
			40, 42, 45, 48, 50, 55, 56	112	84					36							0.187		17.0
NGCL4	2.80	3800	38	82	60	200	149	116	90	30	8	2.0	74	53	42	85	0.225	137	18.4
			40, 42, 45, 48, 50, 55, 56	112	84					36							0.237		21.4
			60, 63, 65	142	107					43							0.246		23.8
NGCL5	4.50	3000	40, 42, 45, 48, 50, 55, 56	112	84	250	167	134	105	38	10	2.5	84	59	42	105	0.58	201	31.8
			60, 63, 65, 70, 71, 55	142	107					45							0.609		34.4
NGCL6	6.30	3000	45, 48, 50, 55, 46	112	84	250	187	153	125	38	10	2.5	85	60	42	105	0.714	238	37.2
			60, 63, 65, 70, 71, 75	142	107					45							0.754		38.5
			80, 85, 90	172	132					50							0.795		47.6
NGCL7	8.00	2400	50, 55, 56	112	84	315 (300)	204	170	140	38	10	2.5	93	64	42	132	1.170	298	48.8
			60, 63, 65, 70, 71, 75	142	107					45							1.234		55.2
			80, 85, 90, 95	172	132					50							1.299		61.8
			100	212	167					55							1.388		71.1
NGCL8	11.20	1900	55, 56	112	84	400	230	186	155	40	12	3.0	112	77	47	168	3.747	465	80.7
			60, 63, 65, 70, 71, 75	142	107					47							3.841		90.0
			80, 85, 90, 95	172	132					52							3.939		96.5
			100, 110	212	167					57							4.072		108
NGCL9	18.00	1500	60, 63, 65, 70, 71, 75	142	107	500	256	212	180	48	13	3.0	119	80	47	210	9.427	561	128
			80, 85, 90, 95	172	132					53							9.605		138
			100, 110, 120, 125	212	167					58							9.847		151
			130	252	202					63							10.109		167
NGCL10	25.00	1200	65, 70, 71, 75	142	107	630 (600)	287	239	200	50	15	3.5	120	90	47	265	28.238	734	176
			80, 85, 90, 95	172	132					55							28.509		190
			100, 110, 120, 125	212	167					60							28.879		209
			130, 140, 150	252	202					65							29.248		237

型号	公称转矩 T_n /(kN·m)	许用转速 $[n]$ /(r/min)	轴孔直径 d_1, d_2, d_z Y	轴孔长度 L Y	轴孔长度 L Z_1、Y (短系列)	D_0	D	D_1	D_2	C	C_1	H	B	B_1	B_2	B_3	转动惯量/ (kg·m²)	润滑脂用量/mL	质量/kg
NGCL11	35.50	1050	70, 71, 75	142	107	710 (700)	325	276	235	51	16	3.5	134	94	47	298	44.309	956	257
			80, 85, 90, 95	172	132					56							44.825		275
			100, 110, 120, 125	212	167					61							45.530		300
			130, 140, 150	252	202					66							46.235		326
			160, 170	302	242					76							47.080		357
NGCL12	56.00	1050	75	142	107	710 (700)	362	313	270	52	17	4.0	164	104	49	298	47.880	1320	306
			80, 85, 90, 95	172	132					57							48.290		317
			100, 110, 120, 125	212	167					62							49.520		351
			130, 140, 150	252	202					67							50.250		384
			160, 170, 180	302	242					77							52.220		425
			190, 200	352	282					87							53.690		464
NGCL13	80.00	950	150	252	202	800	412	350	300	68	18	4.5	165	113	49	335	82.700	1600	490
			160, 170, 180	302	242					78							84.700		544
			190, 200, 220	352	282					88							86.670		596

注：1. 表中转动惯量与质量是按 Y 型轴孔（短系列）的最小直径计算的。

2. 当选用 NGCL7、NGCL10、NGCL11、NGCL12 四种型号的带制动轮鼓形齿式联轴器时，需标记制动轮直径。

3. B_2 为更换密封所需要的尺寸。

4. 圆锥轴孔的最大直径至 220mm。

5. 制动轮材料应采用 ZG270-500，轮缘表面淬火硬度 35～45HRC，硬化层深度为 2～3mm。

6. 联轴器的选用计算按 GB/T 26103.1—2010 中的规定。

表 11-15　WQL 型球笼式万向联轴器基本参数和主要尺寸（GB/T 7549—2008）　（单位：mm）

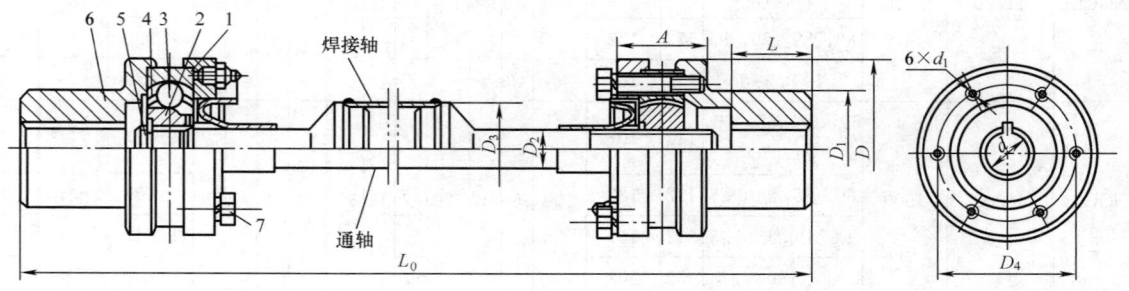

标记示例
WQL 4 联轴器 75×142 GB/T 7549—2008
主动端：Y 型轴孔，A 型键槽，d_1=75mm，L_1=142mm
从动端：Y 型轴孔，A 型键槽，d_2=75mm，L_2=142mm

1—外环；2—内环；3—钢球；4—球笼；
5—中间轴；6—半联轴器；7—螺栓

型号	公称转矩 T_n/(N·m)	许用最大轴倾角 β_{max}/(°) 静止时	工作时	轴孔直径 d (H7)	轴孔径度 L Y	J	D	L_{0min} 通轴	焊接轴	总长伸缩量 ΔL_0	A	D_1	D_2	D_3	D_4	螺栓 d_1	质量 m/kg L_{0min} 通轴	焊接轴	转动惯量 I/(kg·m²) L_{0min} 通轴	焊接轴
WQL1	180	16	14	25,28	62	44	85	284	392	24	48	55	20	50	66	M8	3.94	4.68	1.9×10^{-3}	2.16×10^{-3}
				30,32,35	82	60														
WQL2	355	16	14	32,35	82	60	100	394	478	32	56	65	30	50	80	M8	7.21	7.92	5.11×10^{-3}	5.36×10^{-3}
				38,40,45	122	84														
WQL3	800	18	16	45,48,50,55,56	122	84	130	443	561	40	68	90	31.5	60	106	M10	14.69	16.2	18.99×10^{-3}	19.64×10^{-3}
				60,63,65,70	142	107														
WQL4	1400	18	16	55,56	112	84	150	537	643	48	80	105	44.5	76	124	M12	25.08	27.42	44.38×10^{-3}	46.38×10^{-3}
				60,63,65,70,71,75	142	107														
WQL5	2240	18	16	63,65,70,71,75	142	107	175	574	714	54	92	120	50	89	140	M1	36.32	40.17	112.4×10^{-3}	116.6×10^{-3}
				80,85,90	172	132														
WQL6	3150	18	16	71,75	142	107	200	675	805	54	103	140	57.5	102	159	M12	55.11	59.95	216.4×10^{-3}	223×10^{-3}
				80,85,90,95	172	132														
				100,110	212	167														
WQL7	4500	18	16	80,85,90,95	172	132	220	701	840	54	110	160	63	102	180	M12	72.34	77.54	348×10^{-3}	355.5×10^{-3}
				100,110,120	212	167														
WQL8	6300	20	18	90,95	172	132	245	710	910	60	124	180	76	140	197	M16	96.97	110	584×10^{-3}	618×10^{-3}
				100,110,120,125	212	167														
				130,140	252	202														
WQL9	10 000	20	18	100,110,120,125	212	167	275	842	1065	70	173	205	81	140	226	M16	148.4	162.8	1262.3×10^{-3}	1298×10^{-3}
				130,140,150	252	202														
				160	302	242														

注：1. 公称转矩为转速 $n=100$r/min、0°轴倾角时的计算值。不同转速、轴倾角下的转矩按 GB/T 7549 附录 A 选用。

2. 在起动、制动时产生的短时过大转矩的允许值为 $[T_{max}]=3T_n$，时间不得超过 15s。

表 11-16　WJ 型、WJS 型球铰式万向联轴器的基本参数和主要尺寸（JB/T 6139—2007）

（单位：mm）

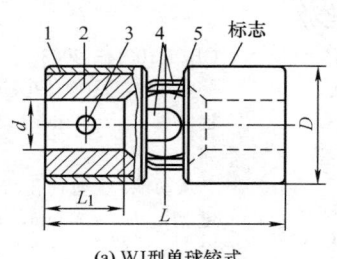

(a) WJ型单球铰式

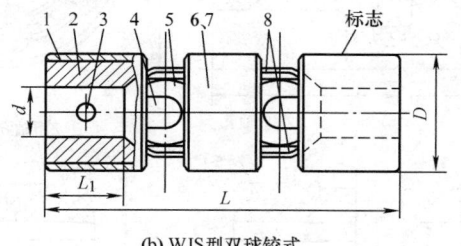

(b) WJS型双球铰式

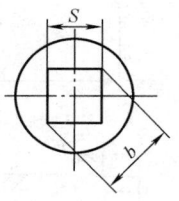

标记示例：WJ4 联轴器 $\dfrac{12 \times 13}{A12 \times 13}$ JB/T 6139—2007

主动端：$d=12$mm，$L_1=13$mm

从动端：A 型键槽，$d=12$mm，$L_1=13$mm

1—外套；2—内套；3—沉头铆钉；
4—耳爪；5—空心球；6—中间外套；
7—中间内套；8—长耳爪

续表

型 号		公称转矩 T_n /(N·m)	许用转速 $[n]$ /(r/min)	D	轴孔尺寸			L_1	L	质量 m /kg	转动惯量 I /(kg·m²)
					圆柱孔 d	方 孔					
						S	b				
WJ 型单球铰式	WJ1	6.3	1000	16	6	—	—	9	34	0.05	0.000 05
	WJ2	12.5	1000	18	8	—	—	11	40	0.06	0.000 05
	WJ3	25	980	22	10	—	—	12	45	0.1	0.000 05
	WJ4	40	900	26	12	10	13	13	50	0.15	0.000 08
	WJ5	63	820	29	14	—	—	16	56	0.2	0.000 1
	WJ6	100	780	32	16	14	18	18	65	0.3	0.000 1
	WJ7	140	720	37	18	—	—	20	72	0.45	0.000 3
	WJ8	224	680	42	20	19	25	23	82	0.67	0.000 5
	WJ9	280	650	47	22	—	—	25	95	1	0.000 8
	WJ10	355	620	52	25	24	32	29	108	1.35	0.001
	WJ11	450	600	58	30	—	—	34	122	1.85	0.003
	WJ12	560	570	70	35	30	40	39	140	3.15	0.005
	WJ13	710	550	80	40	36	48	44	160	4.6	0.03
	WJ14	1120	500	95	50	46	60	54	190	7.6	0.1
WJS 型双球铰式	WJS1	100	780	32	16	14	18	18	100	0.45	0.000 8
	WJS2	140	720	37	18	—	—	20	112	0.7	0.000 8
	WJS3	224	680	42	20	19	25	23	127	1	0.001 5
	WJS4	280	650	47	22	—	—	25	145	1.56	0.003
	WJS5	355	620	52	25	24	32	29	163	2.1	0.005
	WJS6	450	600	58	30	—	—	34	182	2.75	0.009
	WJS7	560	570	70	35	30	40	39	212	4.75	0.01
	WJS8	710	550	80	40	36	48	44	245	7.2	0.01
	WJS9	1120	500	95	50	46	60	54	290	12	0.07

注：小转矩万向联轴器可选用十字轴式万向联轴器，见 JB/T 5901—1991。

11.1.6 非金属弹性元件挠性联轴器（见表 11-17～表 11-25）

表 11-17　　　　LN 型芯型弹性联轴器的基本参数和主要尺寸（GB/T 10614—2008）　　（单位：mm）

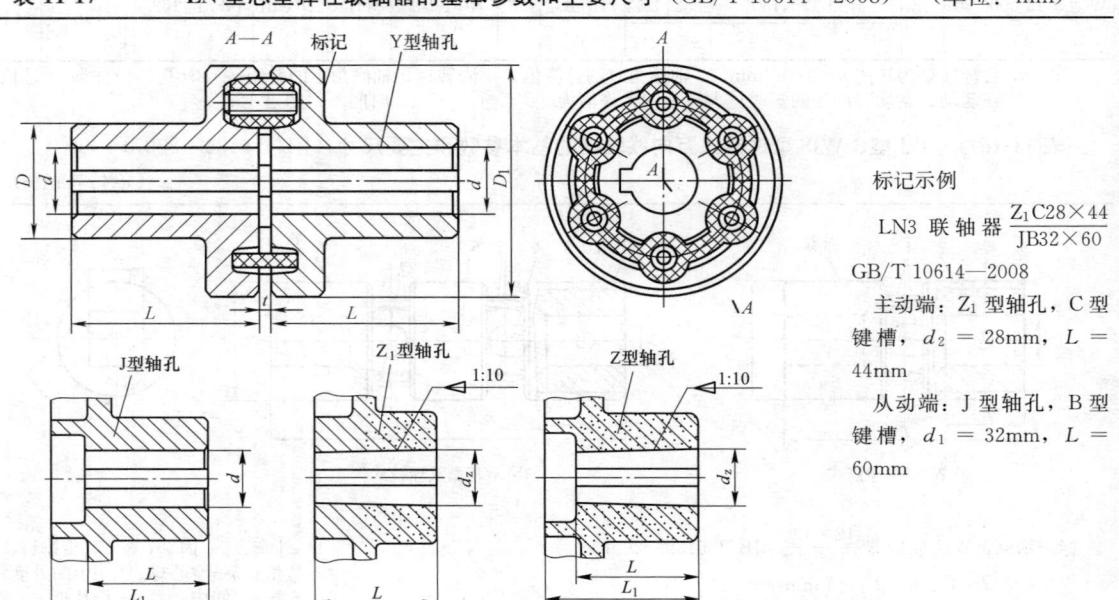

标记示例

LN3 联轴器 $\dfrac{Z_1 C28 \times 44}{JB32 \times 60}$

GB/T 10614—2008

主动端：Z_1 型轴孔，C 型键槽，$d_2 = 28$mm，$L = 44$mm

从动端：J 型轴孔，B 型键槽，$d_1 = 32$mm，$L = 60$mm

续表

型号	公称转矩 T_n /(N·m)	瞬时最大转矩 T_{max} /(N·m)	许用转速 $[n]$ /(r/min)	轴孔直径 d、d_z	轴孔长度 Y型 L	J、Z、Z_1型 L_1	L	D	D_1	t	转动惯量 I /(kg·m²)	质量 m /kg	许用补偿量 轴向 Δx	径向 Δy	角向 $\Delta \alpha$
LN1	6.3	20	4000	10、11	25	—	17*	33	70	3	0.000 6	1.1	0.5		
				12、14	32		20*								
				16、18、19	42		30								
				20、22	52		38								
LN2	25	80	3500	16、18、19	42	42	30	42	85	3	0.001 5	2			
				20、22、24	52	52	38								
				25、28	62	—	44								
LN3	63	180	3000	20、22、24	52	52	38	52.5	105	3	0.003 9	3.7			1.5°
				25、28	62	62	44								
				30、32、35	82		60								
LN4	100	315	3000	24	52	52	38	63	120	3	0.008 7	6	0.5		
				25、28	62	62	44								
				30、32、35	82	82	60								
				38											
				40、42	112		84								
LN5	160	500	3000	28	62	62	44	72	140	3	0.016 9	9.0	0.8		
				30、32、35、38	82	82	60								
				40、42	112	112	84								
				45、48											
LN6	250	710	2500	32、35、38	82	82	60	84	160	3	0.035 4	14.1			
				40、42	112	112	84								
				45、48、50、55、56											
LN7	400	1120	2500	38	82	82	60	90	180	4	0.057 5	16.8			1°
				40、42、45	112	112	84								
				48、50、55、56											
				60	142		107								
LN8	630	1800	2000	45、48	112	112	84	105	240	4	0.097 1	24.1			
				50、55、56											
				60、63、65、70	142		107								
LN9	900	2240	2000	48、50、55、56	112	112	84	112.5	220	4	0.141 2	30.7	1.2		
				60、63、65	142	142	107								
				70、71、75		—									
LN10	1250	3150	1600	55、56	112	112	84	120	240	5	0.230 4	38.5		1.0	
				60、63、65	142	142	107								
				70、71、75											
				80	172		132								
LN11	1600	4000	1600	60、63、65	142	142	107	135	250	5	0.288 9	45.2			
				70、71、75											
				80、85、90	172		132								0.5°
LN12	2500	6300	1600	70、71、75	142	142	107	142.5	320	6	0.790 2	76.2			
				80、85、90、95	172	172	132						2.0		
LN13	4000	10 000	1600	80、85、90、95	172	172	132	180	360	7	1.471 1	118			
				100、110	212	212	167								
				120											
LN14	8000	16 000	1400	100、110、120、125	212	212	167	210	420	7	2.931 2	171.6	3.0		
				130、140	252	—	202								

注：1. 带 * 的轴孔长度仅适用于 Z_1 型轴孔。

2. 质量和转动惯量是按 Y/Y 轴孔组合形式和最小轴孔直径计算的。

表 11-18   **LT 型弹性套柱销联轴器（GB/T 4323—2017）**   （单位：mm）

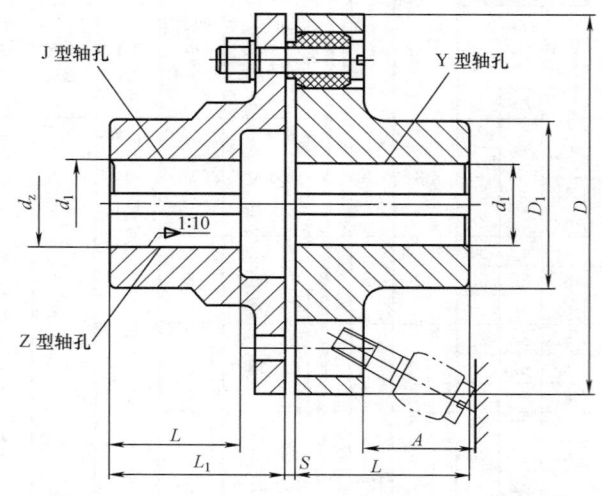

标记示例

联轴器的标记方法按 GB/T 3852 的规定。

【示例 11-8】 LT6 联轴器

主动端：Y-型轴孔，A 型键槽，$d_1 = 38$mm，$L = 82$mm

从动端：Y 型轴孔，A 型键槽，$d_2 = 38$mm，$L = 82$mm

LT6 联轴器 38×82 GB/T 4323—2017

【示例 11-9】 LT8 联轴器

主动端：Z 型轴孔，C 型键槽，$d_2 = 50$mm，$L = 84$mm

从动端：Y 型轴孔，A 型键槽，$d_1 = 60$mm，$L = 142$mm

LT8 联轴器 $\dfrac{ZC50\times84}{60\times142}$ GB/T 4323—2017

型号	公称转矩 T_n/N·m	许用转速 [n] /(r/min)	轴孔直径 d_1, d_2, d_z	轴孔长度 Y 型 L	轴孔长度 J、Z 型 L_1	轴孔长度 J、Z 型 L	D	D_1	S	A	转动惯量 /(kg·m²)	质量 /kg	许用补偿量 ΔY	许用补偿量 $\Delta\alpha$ /(°)
LT1	16	8800	10, 11	22	25	22	71	22	3	18	0.000 4	0.7		
			12, 14	27	32	27								
LT2	25	7600	12, 14	27	32	27	80	30	3	18	0.001	1.0	0.2	1.5
			16, 18, 19	30	42	30								
LT3	63	6 300	16, 18, 19	30	42	30	95	35	4	35	0.002	2.2		
			20, 22	38	52	38								
LT4	100	5700	20, 22, 24	38	52	38	106	42	4	35	0.004	3.2		
			25, 28	44	62	44								
LT5	224	4600	25, 28	44	62	44	130	56	5	45	0.011	5.5	0.3	
			30, 32, 35	60	82	60								
LT6	355	3800	32, 35, 38	60	82	60	160	71	5	45	0.026	9.6		
			40, 42	84	112	84								
LT7	560	3600	40, 42, 45, 48	84	112	84	190	80	5	45	0.06	15.7		
LT8	1120	3000	40, 42, 45, 48, 50, 55	84	112	84	224	95	6	65	0.13	24.0		1
			60, 63, 65	107	142	107								
LT9	1600	2850	50, 55	84	112	84	250	110	6	65	0.20	31.0	0.4	
			60, 63, 65, 70	107	142	107								
LT10	3150	2300	63, 65, 70, 75	107	142	107	315	150	8	80	0.64	60.2		
			80, 85, 90, 95	132	172	132								
LT11	6300	1800	80, 85, 90, 95	132	172	132	400	190	10	100	2.06	114		
			100, 110	167	212	167							0.5	
LT12	12 500	450	100, 110, 120, 125	167	212	167	475	220	12	130	5.00	212		0.5
			130	202	252	202								
LT13	22 400	1150	120, 125	167	212	167	600	280	14	180	16.0	416	0.6	
			130, 140, 150	202	252	202								
			160, 170	242	302	242								

注：1. 转动惯量和质量是按 Y 型最大轴孔长度、最小轴孔直径计算的数值。

2. 轴孔形式组合为 Y/Y、J/Y、Z/Y。

表 11-19　LTZ 型-带制动轮弹性套柱销联轴器的基本参数和主要尺寸（GB/T 4323—2017）

（单位：mm）

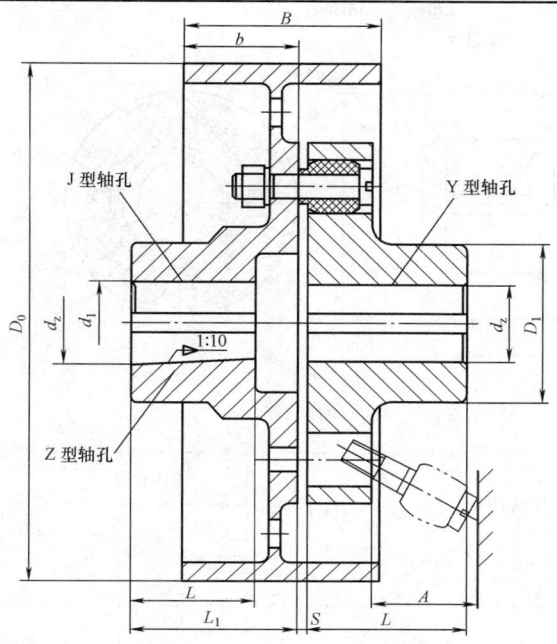

标记示例

半联轴器端：J 型轴孔，A 型键槽，$d_1 = 55$mm，$L = 84$mm

带制动轮端：Y 型轴孔，A 型键槽，$d_2 = 60$mm，$L = 142$mm

LTZ5 联轴器 $\dfrac{J55 \times 84}{60 \times 142}$　GB/T 4323—2017

型号	公称转矩 T_n /(N·m)	许用转速 $[n]$ /(r/min)	轴孔直径 d_1, d_2, d_z	轴孔长度			D_0	D_1	B	b	S	A	转动惯量 /(kg·m²)	质量 /kg	许用补偿量	
				Y型	J、Z型										ΔY	$\Delta\alpha$ /(°)
				L	L_1	L										
LTZ1	224	3800	25，28	44	62	44	200	56	85	40	5	45	0.05	8.3	6.3	1.5
			30，32，35	60	82	60										
LTZ2	355	3000	32，35，38	60	82	60	250	71	105	50	5	45	0.15	15.3		
			40，42	84	112	84										
LTZ3	560	2400	40，42，45，48	84	112	84	315	80	135	65	5	45	0.45	30.3		
LTZ4	1120	2400	45，48，50，55	84	112	84	315	95	135	65	5	65	0.50	40.0		1
			60，63	107	142	107									0.4	
LTZ5	1600	2400	50，55	84	112	84	315	110	135	65	6	65	1.26	47.3		
			60，63，65，70	107	142	107										
LTZ6	3150	1900	63，65，70，75	107	142	107	400	150	170	81	8	80	1.63	93.0		
			80，85，90，95	132	172	132										
LTZ7	6300	1500	80，85，90，95	132	172	132	500	190	210	100	10	100	4.04	172		
			100，110	167	212	167										
LTZ8	12 500	1200	100，110，120，125	167	212	167	630	220	265	127	12	130	15.0	304	0.5	0.5
			130	202	252	202										
LTZ9	22 400	1000	120，125	167	212	167	710	280	300	143	14	180	33.0	577	0.6	
			130，140，150	202	252	202										
			160，170	242	302	242										

注：1. 转动惯量和质量是按 Y 型最大轴孔长度、最小轴孔直径计算的数值。

　　2. 轴孔形式组合为 Y/Y、J/Y、Z/Y。

表 11-20   **LM 型梅花形弹性联轴器基本参数和主要尺寸**（GB/T 5272—2017）   （单位：mm）

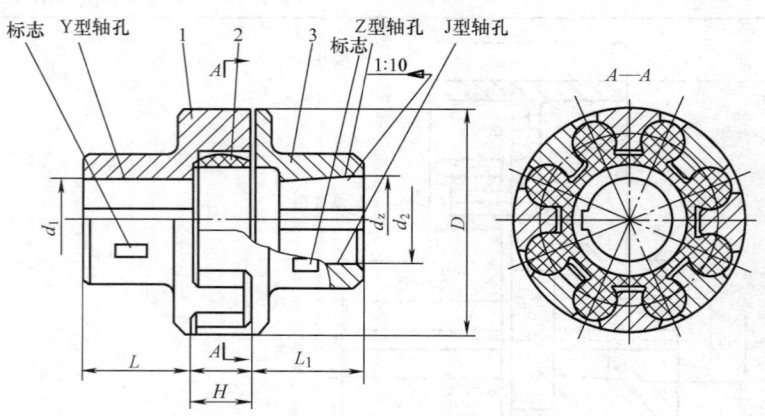

标志 Y型轴孔   1   2   3   标志   Z型轴孔   J型轴孔

标记示例
联轴器的标记方法按 GB/T 3852 的规定。
【示例 11-10】 LM145 联轴器
主动端：Y 型轴孔，A 型键槽，$d_1=45$mm，$L=112$mm
从动端：Y 型轴孔，A 型键槽，$d_2=45$mm，$L=112$mm
LM145 联轴器 45×112 GB/T 5272—2017

1、3—半联轴器；2—梅花型弹性件

型号	公称转矩 T_n /(N·m)	最大转矩 T_{max} /(N·m)	许用转速 $[n]$/ (r/min)	轴孔直径 d_1, d_2, d_z	轴孔长度			D_1	D_2	H	转动惯量 /(kg·m²)	质量 /kg
					Y 型	J、Z 型						
					L	L_1	L					
LM50	28	50	15 000	10，11	22			50	42	16	0.000 2	1.00
				12，14	27	—	—					
				16，18，19	30							
				20，22，24	38	—	—					
LM70	112	200	11 000	12，14	27			70	55	23	0.001 1	2.50
				16，18，19	30	—	—					
				20，22，24	38	—						
				25，28	44	—	—					
				30，32，35，38	60							
LM85	160	288	9000	16，18，19	30			85	60	24	0.002 2	3.42
				20，22，24	38							
				25，28	44							
				30，32，35，38	60							
LM105	355	640	7250	18，19	30			105	65	27	0.000 51	5.15
				20，22，24	38							
				25，28	44							
				30，32，35，38	60							
				40，42	84							
LM125	450	810	6000	20，22，24	38	52	38	125	85	33	0.014	10.1
				25，28	44	62	44					
				30，32，35，38*	60	82	60					
				40，42，45，48，50，55	84	—	—					

续表

型号	公称转矩 T_n /(N·m)	最大转矩 T_{max} /(N·m)	许用转速 $[n]$ /(r/min)	轴孔直径 d_1、d_2、d_z	轴孔长度 Y型 L	轴孔长度 J、Z型 L_1	轴孔长度 J、Z型 L	D_1	D_2	H	转动惯量 /(kg·m²)	质量 /kg
LM145	710	1280	5250	25, 28	44	62	44	145	95	39	0.025	13.1
				30, 32, 35, 38	60	82	60					
				40,42,45*,48*,50*,55*	84	112	84					
				60, 63, 65	107	—						
LM170	1250	2250	4500	30, 32, 35, 38	60	82	60	170	120	41	0.055	21.2
				40, 42, 45, 48, 50, 55	84	112	84					
				60, 63, 65, 70, 75	107	—						
				80, 85	132	—						
LM200	2000	3600	3750	35, 38	60	82	60	200	135	48	0.119	33.0
				40, 42, 45, 48, 50, 55	84	112	84					
				60, 63, 65, 70*, 75*	107	142	107					
				80, 85, 90, 95	132							
LM230	3150	5670	3250	40, 42, 45, 48, 50, 55	84	112	84	230	150	50	0.217	45.5
				60, 63, 65, 70, 75	107	142	107					
				80, 85, 90, 95	132	—						
LM260	5000	9000	3000	45, 48, 50, 55	84	112	84	260	180	60	0.458	75.2
				60, 63, 65, 70, 75	107	142	107					
				80, 85, 90*, 95*	132	172	132					
				100, 110, 120, 125	167	—						
LM300	7100	12 780	2500	60, 63, 65, 70, 75	107	142	107	300	200	67	0.804	99.2
				80, 85, 90, 95	132	172	132					
				100, 110, 120, 125	167	—						
				130, 140	202	—						
LM360	12 500	22 500	2150	60, 63, 65, 70, 75	107	142	107	360	225	73	1.73	148.1
				80, 85, 90, 95	132	172	132					
				100, 110, 120*, 125*	167	212	167					
				130, 140, 150	202	—	—					
LM400	14 000	25 200	1900	80, 85, 90, 95	132	172	132	400	250	73	2.84	197.5
				100, 110, 120, 125	167	212	167					
				130, 140, 150	202	—	—					
				160	242							

注：1. 无 J、Z 型轴孔形式。
　　2. 转动惯量和质量是按 Y 型最大轴孔长度、最小轴孔直径计算的数值。

表 11-21   **LX 型弹性柱销联轴器基本参数和主要尺寸**（GB/T 5014—2017）   （单位：mm）

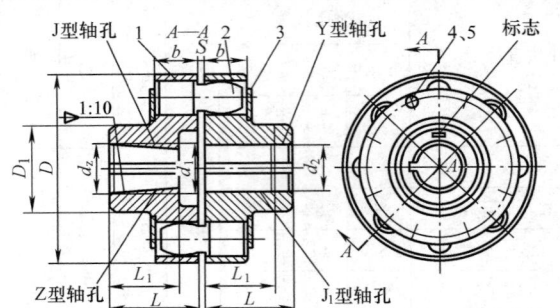

标记示例

LX7 联轴器 $\dfrac{ZC75\times107}{JB\,70\times107}$ GB/T 5014—2017

主动端：Z 型轴孔，C 型键槽，$d_z=75$mm，$L_1=107$mm

从动端：J 型轴孔，B 型键槽，$d_z=70$mm，$L_1=107$mm

1—半联轴器；2—柱销；3—挡板；
4—螺栓；5—垫圈

型号	公称转矩 T_n /(N·m)	许用转速 $[n]$ /(r/min)	轴孔直径 d_1,d_2,d_z	轴孔长度			D	D_1	S	b	转动惯量 I /(kg·m²)	质量 m /kg	许用补偿量		
				Y 型	J、Z 型								轴向 Δx	径向 Δy	角向 $\Delta\alpha$
				L	L_1	L									
LX1	250	8500	12、14	32	27		90	40	2.5	20	0.002	2	±0.5	0.15	
			16、18、19	42	30	42									
			20、22、24	52	38	52									
LX2	560	6300	20、22、24				120	55		28	0.009	5	±1		
			25、28	62	44	62									
			30、32、35	82	60	82									
LX3	1250	4750	30、32、35、38				160	75		36	0.026	8			
			40、42、45、48	112	84	112									
LX4	2500	3850	40、42、45、48、50、55、56				195	100	3	45	0.109	22	±1.5		
			60、63	142	107	142									
LX5	3150	3450	50、55、56	112	84	112	220	120			0.191	30			
			60、63、65、70、71、75	142	107	142									
LX6	6300	2720	60、63、65、70、71、75				280	140			0.543	53			
			80、85	172	132	172									
LX7	11 200	2360	70、71、75	142	107	142	320	170	4	56	1.314	98	±2	0.2	≤30′
			80、85、90、95	172	132	172									
			100、110	212	167	212									
LX8	16 000	2120	80、85、90、95	172	132	172	360	200			2.023	119			
			100、110、120、125	212	167	212			5						
LX9	22 400	1850	100、110、120、125				410	230		65	4.386	197			
			130、140	252	202	252									
LX10	35 500	1600	110、120、125	212	167	212	480	280			9.760	322			
			130、140、150	252	202	252									
			160、170、180	302	242	302			6	75					
LX11	50 000	1400	130、140、150	252	202	252	540	340			20.05	520	±2.5		
			160、170、180	302	242	302									
			190、200、220	352	282	352									
LX12	80 000	1220	160、170、180	302	242	302	630	400	7	90	37.71	714		0.25	
			190、200、220	352	282	352									
			240、250、260	410	330	—									
LX13	125 000	1060	190、200、220	352	282	352	710	465		100	71.37	1057	±3		
			240、250、260	410	330	—									
			280、300	470	380	—			8						
LX14	180 000	950	240、250、260	410	330	—	800	530		110	170.6	1956			
			280、300、320	470	380	—									
			340	550	450	—									

注：转动惯量、质量是按 J/Y 轴孔组合型式和最小轴孔直径计算的。

表 11-22　　　　**UL 型轮胎式联轴器基本参数和主要尺寸**（GB/T 5844—2002）　　　　（单位：mm）

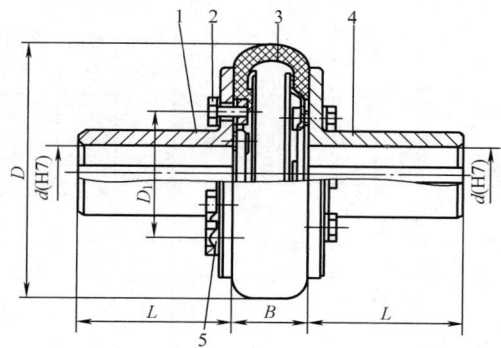

标记示例

【示例 11-11】　UL5 联轴器 $\dfrac{28\times62}{J_1 B32\times60}$　GB/T 5844—2002

主动端：Y 型轴孔，A 型键槽，$d=28$mm，$L=62$mm
从动端：J_1 型轴孔，B 型键槽，$d=32$mm，$L=60$mm

【示例 11-12】　UL8 联轴器 40×112　GB/T 5844—2002

主动端：Y 型轴孔，A 型键槽，$d=40$mm，$L=112$mm
从动端：Y 型轴孔，A 型键槽，$d=40$mm，$L=112$mm

1，4—半联轴器；2—螺栓；3—轮胎环；5—止退垫板

型号	公称转矩 T_n /(N·m)	瞬时最大转矩 T_{max} /(N·m)	许用转速 $[n]$ /(r/min)	轴孔直径 d(H7)	轴孔长度 L		D	B	D_1	转动惯量 I /(kg·m²)	质量 m /kg	许用补偿量		
					J、J_1 型	Y 型						径向 Δy	轴向 Δx	角向 $\Delta \alpha$
UL1	10	31.5	5000	11	22	25	80	20	42	0.000 3	0.7	1	1	
				12、14	27	32								
				16、18	30	42								
UL2	25	80		14	27	32	100	26	51	0.000 8	1.2			
				16、18、19	30	42								
				20、22	38	52								
UL3	63	180	4500	18、19	30	42	120	32	62	0.002 2	1.8			1°
				20、22、24	38	52								
				25	44	62								
UL4	100	315	4300	20、22、24	38	52	140	38	69	0.004 4	3	1.6	2	
				25、28	44	62								
				30	60	82								
UL5	160	500	4000	24	38	52	160	45	80	0.008 4	4.6			
				25、28	44	62								
				30、32、35	60	82								
UL6	250	710	3600	28	44	62	180	50	90	0.016 4	7.1			
				30、32、35、38	60	82								
				40	84	112								
UL7	315	900	3200	32、35、38	60	82	200	56	104	0.029	10.9	2	2.5	
				40、42、45、48	84	112								
UL8	400	1250	3000	38	60	82	220	63	110	0.044 8	13	2.5	3	
				40、42、45、48、50	84	112								
UL9	630	1800	2800	42、45、48、50、55、56	84	112	250	71	130	0.089 8	20			
				60	107	142								
UL10	800	2240	2400	45*、48*、50、55、56	84	112	280	80	148	0.159 6	30.6	3	3.6	
				60、63、65、70	107	142								
UL11	1000	2500	2100	50*、55*、56*	84	112	320	90	165	0.279 2	39			1°30′
				60、63、65、70、71、75	107	142								
UL12	1600	4000	2000	55*、56*	84	112	360	100	188	0.535 6	59	3.6	4	
				60*、63*、65*、70、71、75	107	142								
				80、85	132	172								
UL13	2500	6300	1800	63*、65*、70*、71*、75*	107	142	400	110	210	0.896	81	4	4.5	
				80、85、90、95	132	172								

型号	公称转矩 T_n /(N·m)	瞬时最大转矩 T_{max} /(N·m)	许用转速 $[n]$ /(r/min)	轴孔直径 d(H7)	轴孔长度 L J、J_1 型	轴孔长度 L Y 型	D	B	D_1	转动惯量 I /(kg·m²)	质量 m /kg	许用补偿量 径向 Δy	许用补偿量 轴向 Δx	许用补偿量 角向 $\Delta \alpha$
UL14	4000	10 000	1600	75*	107	142	480	130	254	2.261 6	145	4	5	
				80*、85*、90*、95*	132	172								
				100、110	167	212								
UL15	6300	14 000	1200	85*、90*、95*	132	172	560	150	300	4.645 6	222		5.6	
				100*、110*、120*、125*	167	212								
UL16	10 000	20 000	1000	100*、110*、120*、125*	167	212	630	180	335	8.092 4	302	5	6	1°30′
				130、140	202	252								
UL17	16 000	31 500	900	120*、125*	167	212	750	210	405	20.017 6	561		6.7	
				130*、140*、150*	202	252								
				160*	242	302								
UL18	25 000	59 000	800	140*、150*	202	252	900	250	490	43.053	818		8	
				160*、170*、180*	242	302								

注: 1. 轴孔长度栏中的 Y 型为长圆柱形轴孔，J 型为有沉孔的短圆柱形轴孔，J_1 型为无沉孔的短圆柱形轴孔。
　　2. 轴孔直径有 * 号者为结构允许制成 J 型轴孔（按 GB 3852）。
　　3. 联轴器转动惯量和质量是各型号中最大值的计算近似值。

表 11-23　LZ 型弹性柱销齿式联轴器（基本型）的基本参数和主要尺寸（GB/T 5015—2017）

（单位：mm）

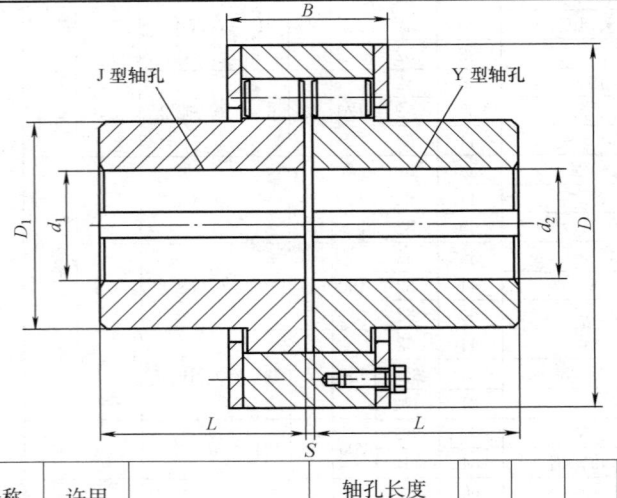

标记示例

LZ3 联轴器

主动端：Y 型轴孔，B 型键槽，轴孔直径 d_1 = 40mm，轴孔长度 L = 112mm

从动端：Y 型轴孔，B 型键槽，轴孔直径 d_2 = 40mm，轴孔长度 L = 112mm

LZ3 联轴器 B40×112　GB/T 5015—2017

型号	公称转矩 T_n /(N·m)	许用转速 $[n]$ /(r/min)	轴孔直径 d_1, d_2	轴孔长度 L Y型 长系列	轴孔长度 L Y型 短系列	D	D_1	B	S	转动惯量 /(kg·m²)	质量 /kg	许用补偿量 径向 Δy	许用补偿量 轴向 Δx	许用补偿量 角向 $\Delta \alpha$
LZ1	112	5000	12, 14	32	27	78	40	42	2.5	0.001	1.53	0.30	+1.5	0°30′
			16, 18, 19	42	30						1.60			
			20, 22, 24	52	38						1.67			
LZ2	250	5000	16, 18, 19	42	30	90	50	50	2.5	0.002	2.70			
			20, 22, 24	52	38						2.76			
			25, 28	62	44					0.003	2.79			
			30, 32	82	60						3.00			

续表

型号	公称转矩 T_n /(N·m)	许用转速 $[n]$ /(r/min)	轴孔直径 d_1，d_2	轴孔长度 L Y型 长系列	短系列	D	D_1	B	S	转动惯量 /(kg·m²)	质量 /kg	许用补偿量 径向 ΔY	轴向 ΔX	角向 $\Delta\alpha$
LZ3	630	4500	25，28	62	44	118	65	70	3	0.011	6.49	0.30		
			30，32，35，38	82	60						7.05			
			40，42	112	84					0.012	7.31			
LZ4	1800	4200	40,42,45,48,50,55	112	84	158	90	90	4	0.044	16.20			
			60	142	107					0.045	15.25			
LZ5	4500	4000	50，55	112	84	192	120	90	4	0.100	24.82		+1.5	
			50,63,65,70,75	142	107					0.107	27.02			
			80	172	132					0.108	25.44	0.40		
LZ6	8000	3300	60,63,65,70,75	142	107	230	130	112	5	0.238	40.89			
			80，85，90，95	172	132					0.242	40.15			
LZ7	11 200	2900	70，75	142	107	260	160	112	5	0.406	54.93			
			80，85，90，95	172	132					0.428	59.14			
			100，110	212	167					0.443	59.60			
LZ8	18 000	2500	80，85，90，95	172	132	300	190	128	6	0.860	89.35			
			100,110,120,125	212	167					0.911	94.67			
			130	252	202					0.908	87.43			
LZ9	25 000	2300	90，95	172	132	335	220	150	7	1.559	113.9			0°30′
			100,110,120,125	212	167					1.678	138.1			
			130，140，150	252	202					1.733	136.6			
LZ10	31 500	2100	100,110,120,125	212	167	355	245	152	8	2.236	165.5			
			130，140，150	252	202					2.362	169.3			
			160，170	302	242					2.422	164.0			
LZ11	40 000	2000	110，120，125	212	167	380	260	172	8	3.054	190.9	0.60	+2.5	
			130，140，150	252	202					3.249	203.1			
			160，170，180	302	242					3.369	202.1			
LZ12	63 000	1700	130，140，150	252	202	445	290	182	8	6.146	288.5			
			160，170，180	302	242					6.432	296.6			
			190，200	352	282					6.524	288.0			
LZ13	100 000	1500	150	252	202	515	345	218	8	12.76	413.6			
			160，170，180	302	242					13.62	469.2			
			190，200，220	352	282					14.19	480.0			
			240	410	330					13.98	436.1			

续表

型号	公称转矩 T_n /(N·m)	许用转速 $[n]$ /(r/min)	轴孔直径 d_1, d_2	轴孔长度 L Y型 长系列	短系列	D	D_1	B	S	转动惯量 /(kg·m²)	质量 /kg	许用补偿量 径向 ΔY	轴向 ΔX	角向 $\Delta \alpha$
LZ14	125 000	1400	170, 180	302	242	560	390	218	8	19.90	581.5		+2.5	
			190, 200, 220	352	282					21.17	621.7			
			240, 250, 160	410	330					21.67	599.4			
LZ15	160 000	1300	190, 200, 220	352	282	590	420	240	10	28.08	736.9			
			240, 250, 260	410	330					29.18	730.5			
			280, 300	470	380					29.52	702.1			
LZ16	250 000	1000	220	352	282	695	490	265	10	56.21	1045	1.0		0°30′
			240, 250, 260	410	330					60.05	1129			
			280, 300, 320	470	380					60.56	1144			
			340	550	450					62.47	1064			
LZ17	355 000	950	240, 250, 260	410	330	770	550	285	10	105.5	1500			
			280, 300, 320	470	380					102.3	1557			
			340, 360, 380	550	450					106.0	1535			
LZ18	450 000	850	250, 260	410	330	860	605	300	13	152.3	1902		+5.0	
			280, 300, 320	470	380					161.5	2025			
			340, 360, 380	550	450					169.9	2062			
			400, 420	650	540					175.4	2029			

注：1. LZ19～LZ23 型未编入本表。

2. 短时过载不得超过公称转矩 T_n 的 2 倍。

3. 转动惯量、质量是按 Y/Y 轴孔的组合型式、最大轴孔长度和最小直径计算的。

表 11-24　　　　　　**LZZ 型联轴器（带制动轮型）的基本参数和主要尺寸**　　　　　（单位：mm）

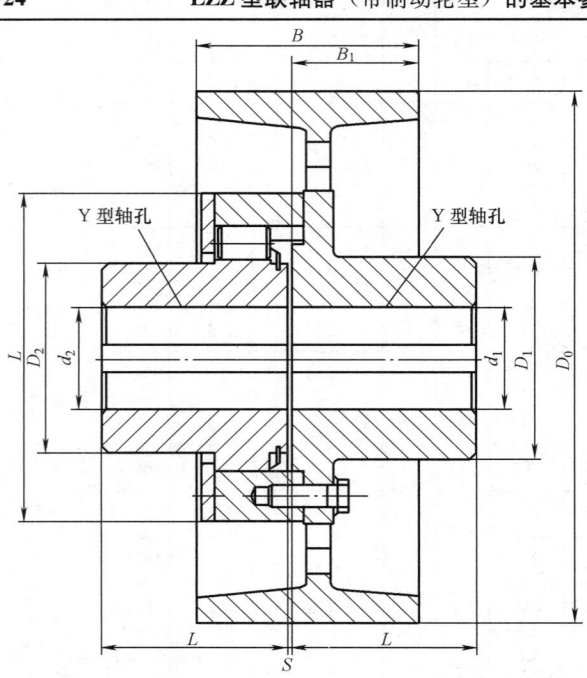

标记示例

半联轴器端：Y 型轴孔，A 型键槽，轴孔直径 $d_1 = 70$mm，轴孔长度 $L = 142$mm

带制动轮端：Y 型轴孔，B 型键槽，轴孔直径 $d_2 = 80$mm，轴孔长度 $L = 132$mm

LZZ5 联轴器 70×142/B80×132 GB/T 5015—2017

续表

型号	公称转矩 T_n /(N·m)	许用转速 $[n]$ /(r/min)	轴孔直径 d_1、d_2	轴孔长度 L Y型 长系列	Y型 短系列	D_0	D	D_1	D_2	B	B_1	S	转动惯量 /(kg·m²)	质量 /kg	许用补偿量 径向 ΔY	轴向 ΔX	角向 $\Delta\alpha$
LZZ1	250	4500	16, 18, 19	42	—	160	98	50	56	70	33	2	0.018	5.82	0.10	+1	
			20, 22, 24	52	38									6.05			
			25, 28	62	44									6.17			
			30,32,35*,38*	82	60									6.64			
LZZ2	630	3800	25, 28	62	—	200	124	65	70	85	32	2	0.053	11.15			
			30,32,35,38	82	60									11.77			
			40,42,45*,48*	112	84									12.04			
LZZ3	1800	3000	40,42,45,48,50,55	112	84	250	166	90	105	105	63.5	3	0.181	28.09			
			60,63*,65*,70	142	107									0.183	27.54			
LZZ4	4500	2450	50, 55	112	84	315	214	120	130	135	72	3	0.534	48.75		+3	
			50,63,65,70,75	142	107									0.543	51.69			
			80,85*,90*	172	132									0.547	50.21			
LZZ5	8000	1900	60,63,65,70,75	142	107	400	240	130	145	170	98	3	1.404	76.51	0.20		0°30′
			80,85,90,95*	172	132									1.413	76.25			
LZZ6	11 200	1500	70, 75	142	107	500	280	160	170	210	102	4	3.812	124.7			
			80,85,90,95	172	132									3.841	129.7			
			100,110,120*	212	167									3.865	130.6			
LZZ7	18 000	1200	80,85,90,95	172	132	630	330	190	200	265	130	4	10.67	216.4		+5	
			100,110,120,125	212	167									10.74	222.6			
			130	252	202									10.75	215.0			
LZZ8	25 000	1050	90, 95	172	—	710	380	220	220	300	167	4	18.96	293.0			
			100,110,120,125	212	167									19.09	307.9			
			130,140,150	252	202									19.16	305.4	0.30	+10	
LZZ9	31 500	950	100,110,120,125	212	—	800	400	245	245	340	172	5	33.26	403.8			
			130,140,150	252	202									33.39	405.9			
			160, 170	302	242									33.45	398.6			

注：1. 转动惯量、质量是按 Y/Y 轴孔组合形式、最大轴孔长度和最小轴孔直径计算的值。

2. 短时过载不得超过许用转矩的 2 倍。

3. 带（*）的轴孔直径不适用于 d_2。

| 表 11-25 | | LF 型弹性活销联轴器基本参数和主要尺寸 | | | | | | (单位：mm) |

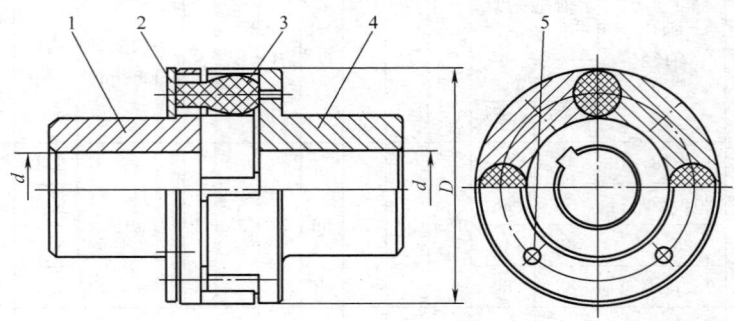

1、4—半联轴器；2—挡板；3—弹性活销；5—螺钉

型 号	公称转矩 T_n /(N·m)	许用转速 $[n]$ /(r/min)		轴孔直径 d	外径 D	转动惯量 I /(kg·m²)	质量 m/kg	许用补偿量		
		铁	钢					轴向 ΔX	径向 ΔY	角向 $\Delta\alpha$
LF1	16	10 230	13 640	12~19	56	0.000 2	0.39	1.8	0.5	3.5°
LF2	25	10 000	12 130	16~22	63	0.000 4	0.51			
LF3	40	7640	10 190	20~28	75	0.000 8	0.88	2	0.8	
LF4	63	6740	8990	24~32	85	0.002 7	2.7			
LF5	90	5700	7600	28~38	100	0.003 7	3.66	2.5		
LF6	140	4770	6360	32~42	120	0.009 6	7.01	3		
LF7	250	4090	5450	38~48	140	0.017 3	8.83	3.5		3°
LF8	400	3580	4770	42~55	160	0.033 3	12.9	4	1	
LF9	710	3180	4240	50~65	180	0.059	19.1	5		
LF10	1120	2720	3630	63~75	210	0.118 6	27.1	6		
LF11	1800	2290	3050	75~95	250	0.281	45.9	7	1.5	
LF12	2800	2040	2720	85~110	280	0.618 9	79.1			
LF13	4000	1790	2380	90~120	320	0.956 8	94.8			2.5°
LF14	7100	1500	2010	100~130	380	1.993 4	147	8		
LF15	8000	1360	1810	120~150	420	3.215	189		2	
LF16	10 000	1240	1660	130~170	460	5.643 3	280	9		2°
LF17	16 000	1100	1460	160~200	520	9.929	392			
LF18	25 000	950	1270	170~220	600	17.62	530	11	2.5	
LF19	31 500	850	1140	180~240	670	30.61	760			1.5°
LF20	63 000	630	840	190~250	900	84.9	1136	14	3	

注：弹性活销联轴器是由我国研制的新型高性能联轴器，它集中现有标准弹性联轴器不同结构的优点（其性能见表 11-1 中介绍）。适用范围极其广泛，各种机械产品轴系传动均可选用，可逐步取代目前使用广泛的各种非金属弹性联轴器中的相应规格。

11.1.7 金属弹性元件挠性联轴器（见表 11-26～表 11-28）

表 11-26 JMI 型膜片联轴器的基本参数和主要尺寸（JB/T 9147—1999）　　　　　（单位：mm）

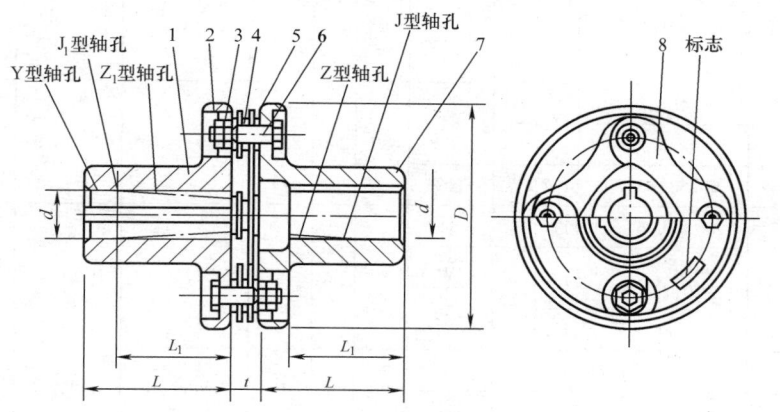

标记示例

JMI3 联轴器 $\dfrac{Z_1 C28\times44}{J_1 B30\times60}$

JB/T 9147—1999

主动端：Z_1 型轴孔，C 型键槽，$d = 28$mm，$L = 44$mm

从动端：J_1 型轴孔，B 型键槽，$d = 30$mm，$L = 60$mm

1、7—半联轴器；2—扣紧螺母；3—六角螺母；4—隔圈；
5—支承圈；6—六角头铰制孔用螺栓；8—膜片

型号	公称转矩 T_n /(N·m)	瞬时最大转矩 T_{max} /(N·m)	许用转速 $[n]$ /(r/min)	轴孔直径 d (H7)	轴孔长度 Y 型 L	轴孔长度 J、J_1、Z、Z_1 型 L	轴孔长度 J、J_1、Z、Z_1 型 L_1	$L_{推荐}$	D	t	扭转刚度 C /[N·(m/rad)]	转动惯量 I /(kg·m²) ≈	质量 m /kg ≈
JMI1	25	80	6000	14	32	—	J_1 型为 27 Z_1 型为 20	35	90	8.8	1×10^4	0.000 7	1
				16、18、19	42		30						
				20、22	52		38						
JMI2	63	180	5000	18、19	42	—	30	45	100	9.5	1.4×10^4	0.001	1.3
				20、22、24	52		38						
				25	62		44						
JMI3	100	315	5000	20、22、24	52	—	38	50	120	11	1.87×10^4	0.002 4	2.3
				25、28	62		44						
				30	82		60						
JMI4	160	500	4500	24	52	—	38	55	130	12.5	3.12×10^4	0.003 7	3.3
				25、28	62		44						
				30、32、35	82		60						
JMI5	250	710	4000	28	62	—	44	60	150	14	4.32×10^4	0.008 3	5.3
				30、32、35、38	82		60						
				40	112		84						
JMI6	400	1120	3600	32、35、38	82	82	60	65	170	15.5	6.88×10^4	0.015 9	8.7
				40、42、45、48、50	112	—	84						
JMI7	630	1800	3000	40、42	112	112	84	70	210	19	10.35×10^4	0.043 2	14.3
				45、48、50、55、56		—							
				60	142		107						

续表

型号	公称转矩 T_n /(N·m)	瞬时最大转矩 T_{max} /(N·m)	许用转速 $[n]$ /(r/min)	轴孔直径 d (H7)	轴孔长度 Y型 L	J、J_1、Z型 L	L_1	$L_{推荐}$	D	t	扭转刚度 C /[N·(m/ rad)]	转动惯量 I /(kg·m²) ≈	质量 m /kg ≈
JMI8	1000	2500	2800	45、48	112	112	84	80	240	22.5	$16.11×10^4$	0.087 9	22
				50、55、56		—	84						
				60、63、65、70	142		107						
JMI9	1600	4000	2500	55、56	112	112	84	85	260	24	$26.17×10^4$	0.141 5	29
				60、63、65、70、71、75	142	—	107						
				80	172		132						
JMI10	2500	6300	2000	63、65、70、71、75	142	142	107	90	280	17	$7.88×10^4$	0.297 4	52
				80、85、90、95	172	—	132						
JMI11	4000	9000	1800	75	142	142	107	95	300	19.5	$10.49×10^4$	0.478 2	69
				80、85、90、95	172		132						
				100、110	212		167						
JMI12	6300	12 500	1600	90、95	172		132	120	340	23	$14.07×10^4$	0.806 7	94
				100、110、120、125	212		167						
JMI13	10 000	18 000	1400	100、110、120、125	212	—	167	135	380	28	$19.23×10^4$	1.705 3	128
				130、140	252		202						
JMI14	16 000	28 000	1200	120、125	212		167	150	420	31	$30.01×10^4$	2.683 2	184
				130、140、150	252	—	202						
				160	302		242						
JMI15	25 000	40 000	1120	140、150	252		202	180	480	37.5	$47.46×10^4$	4.801 5	263
				160、170、180	302		242						
JMI16	40 000	56 000	1000	160、170、180	302		242	200	560	41	$68.09×10^4$	9.411 8	384
				190、200	352		282						
JMI17	63 000	80 000	900	190、200、220	352		282	220	630	47	$101.3×10^4$	18.375 3	561
				240	410		330						
JMI18	100 000	125 000	800	220	352		282	250	710	54.5	$161.4×10^4$	28.203 3	723
				240、250、260	410		330						
JMI19	160 000	200 000	710	250、260	410		330	280	800	48	$79.8×10^4$	66.581 3	1267
				280、300、320	470		380						

许用补偿量	型　号	JMI1～JMI6	JMI7～JMI10	JMI11～JMI19
	轴向 Δx	1	1.5	2
	角向 $\Delta \alpha$	1°		30′

注：1. 轴孔和键槽形式及尺寸应符合 GB/T 3852—2008 的规定，轴孔形式及长度 L、L_1 根据需要选取。
　　2. 各规格的轮毂直径不小于规格中最大孔径的 1.6 倍。

表 11-27 **JS 型（基本型）水平方向安装罩壳联轴器的基本参数和主要尺寸（供参考）**

（单位：mm）

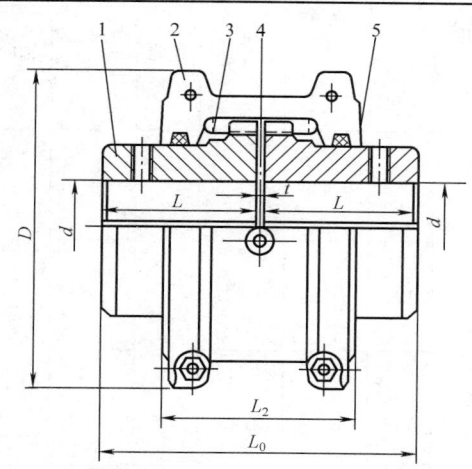

1、5—半联轴器；2—罩壳；3—蛇形弹簧；4—润滑孔

水平方向安装罩壳形式

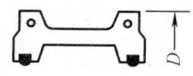

JS1型～JS13型

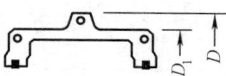

JS14型～JS19型

JS1型～JS22型的罩壳用铝合金制造
JS23型～JS25型的罩壳用钢制造

标记示例

JS5 联轴器 $\dfrac{J55\times63}{ZC50\times63}$

主动端：J 型轴孔，C 型键槽，$d=55\,\text{mm}$，$L=63\,\text{mm}$
从动端：Z 型轴孔，C 型键槽，$d_2=50\,\text{mm}$，$L=63\,\text{mm}$

型号	公称转矩 T_n /(N·m)	许用转速 $[n]$ /(r/min)	轴孔直径 d	L	L_0	L_2	D	D_1	间隙 t	质量 m（无孔）/kg	转动惯量 I /(kg·m²)	润滑油 /kg	最大运转补偿量 径向 ΔY	最大运转补偿量 角向 $\Delta\alpha$ $\Delta\alpha=0.5°$ 时 $A\text{-}A_1$	最大运转补偿量 轴向 ΔX
JS1	45		18、19	47	97	66	95			1.91	0.001 41	0.027 2		0.25	
JS1	45		20、22、24	47	97	66	95			1.91	0.001 41	0.027 2		0.25	
JS1	45		25、28	47	97	66	95			1.91	0.001 41	0.027 2		0.25	
JS2	140	4500	22、24	47	97	68	105			2.59	0.002 23	0.040 8	0.31	0.31	
JS2	140	4500	25、28	47	97	68	105			2.59	0.002 23	0.040 8	0.31	0.31	
JS2	140	4500	30、32、35	47	97	68	105			2.59	0.002 23	0.040 8	0.31	0.31	
JS3	224		25、28	50	103	70	115			3.36	0.003 27	0.054 4		0.33	
JS3	224		30、32、35、38	50	103	70	115			3.36	0.003 27	0.054 4		0.33	
JS3	224		40、42	50	103	70	115			3.36	0.003 27	0.054 4		0.33	
JS4	400		32、35、38	60	123	81	130		3	5.44	0.007 27	0.068		0.4	±0.3
JS4	400		40、42、45、48、50	60	123	81	130		3	5.44	0.007 27	0.068		0.4	±0.3
JS5	630	4350	40、42、45、48、50、55、56	63	129	94	150			7.26	0.011 9	0.086 2		0.45	
JS6	900	4125	48、50、55、56	76	155	97	160			10.4	0.018 5	0.113		0.5	
JS6	900	4125	60、63、65	76	155	97	160			10.4	0.018 5	0.113	0.41	0.5	
JS7	1800		55、56	89	181	115	190			17.7	0.045 1	0.172		0.6	
JS7	1800	3600	60、63、65、70、71、75	89	181	115	190			17.7	0.045 1	0.172		0.6	
JS7	1800		80	89	181	115	190			17.7	0.045 1	0.172		0.6	
JS8	3150		65、70、71、75	98	199	122	210			25.4	0.078 7	0.254		0.7	
JS8	3150		80、85、90、95	98	199	122	210			25.4	0.078 7	0.254		0.7	
JS9	5600	2440	75	120	245	155	250			42.2	0.178	0.426		0.84	
JS9	5600	2440	80、85、90、95	120	245	155	250		5	42.2	0.178	0.426	0.51	0.84	±0.5
JS9	5600	2440	100、110	120	245	155	250			42.2	0.178	0.426		0.84	
JS10	8000	2250	85、90、95	127	259	162	270			54.4	0.27	0.508		0.9	
JS10	8000	2250	100、110、120	127	259	162	270			54.4	0.27	0.508		0.9	

续表

型号	公称转矩 T_n /(N·m)	许用转速 $[n]$ /(r/min)	轴孔直径 d	L	L_0	L_2	D	D_1	间隙 t	质量 m (无孔)/kg	转动惯量 I /(kg·m²)	润滑油 /kg	径向 ΔY	角向 $\Delta\alpha$ $\Delta\alpha=0.5°$ 时 $A\text{-}A_1$	轴向 ΔX
														最大运转补偿量	
JS11	12 500	2025	90、95 100、110、120、125 130、140	149	304	191	310		6	81.2	0.514	0.735	0.56	1	±0.6
JS12	18 000	1800	110、120、125 130、140、(150) 160、170	162	330	195	346			121	0.989	0.907	0.56	1.2	
JS13	25 000	1600	120、125 130、140、150 160、170、180 190、200	184	374	201	384		—	178	1.85	1.13		1.35	
JS14	35 500	1500	140、150 160、170、180 190、200	183	372	271	450	391		227	3.49	1.95		1.57	
JS15	50 000	1300	160、170、180 190、200、220 240	198	402	278	500	431	6	309	5.82	2.81	0.61	1.78	
JS16	63 000	1200	180 190、200、220 240、250、260 280	216	438	307	566	487		448	10.4	3.49		2	
JS17	90 000	1100	200、220 240、250、260 280、300	239	484	321	630	555		619	18.3	3.76	0.76	2.26	

注：1. JS18～JS25 型未编入本表。

2. 若轴孔形式按 GB/T 3852—2008，应与制造厂协商。

3. 质量、转动惯量是无孔计算值。

4. 角向补偿量 $\Delta\alpha＝A－A_1$（参见右图）。

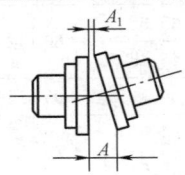

表 11-28　　　　BL 型波纹管联轴器的基本参数和主要尺寸（SJ 2126—1982）

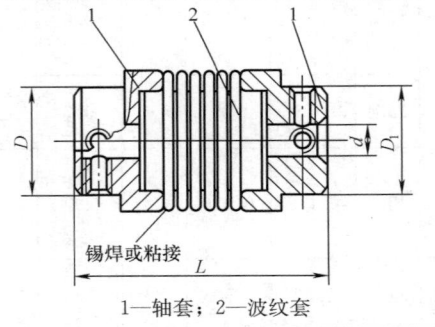

1—轴套；2—波纹套

型　号	基　本　参　数				主　要　尺　寸			
	转矩 T_n/(g·cm)				孔径	直径	外径	长度
	5	50	100	150	d	D_1	D	L
	弹性回差/(°)				mm			
BL-10-02	0.60	6.0	12	18	2H7	8	10h12	21.65
BL-12-025	0.25	2.5	5	7.5	2.5H7	9	12h12	22.75
BL-15-03	0.13	1.3	2.6	3.9	3H7	9	15h12	30.1
BL-18-04	0.06	0.6	1.2	1.8	4H7	12	18h12	31.15
BL-20-15	0.04	0.4	0.8	1.05	5H7	12	20h12	31.1
BL-22-06	0.02	0.2	0.4	0.65	6H7	14	22h12	32.32

11.2　离合器

11.2.1　常用离合器的类型及特点（见表 11-29）

表 11-29 常用离合器的类型、特点和应用

操纵方式	名　称	特　点	应　用
机械式	牙嵌离合器	通常用手动杠杆操纵，靠啮合的牙面来传递转矩，结构简单，外形尺寸小，两个半离合器之间没有相对滑动。传动比固定不变，其缺点是结合时有冲击，只可在静止或相对速度很低的情况下结合	用于要求传动准确，无相对转速差，不希望有空转转矩，在机械、电磁、超越及安全离合器中有广泛的应用
	齿形离合器	与牙嵌离合器相似，结构简单紧凑，外形尺寸小，为一对内啮合齿轮副，为提高接合概率，齿端要经修整倒圆	适用于大转矩，有微量径向和角向位移的场合
	摩擦离合器（单盘、多盘、锥盘）	靠机械操纵压紧摩擦件，由摩擦件间产生的摩擦力传递转矩。可在运转中接合，接合平稳无冲击，过载时摩擦件打滑，有安全保护作用。但结构复杂，需较大的轴向压紧力，且需定期调整磨损产生的间隙。摩擦面间有相对滑动	用于主动与从动件间需要经常离合，且需在运转中接合，以及工作机一端转动惯量很大或起动速度要求快而传动比要求不严、传动平稳的场合，常应用于汽车、拖拉机、工程机械和齿轮箱等机械中
电磁式	牙嵌式电磁离合器　无滑环单盘摩擦电磁离合器　带滑环多片摩擦电磁离合器　磁粉离合器	可远距离操纵，且操纵方便，动作灵活、迅速。牙嵌式传动比恒定，无空转转矩，不发热，使用寿命长。摩擦式能吸收冲击、预防过载；能适应惯性很大的工作机起动，但脱开时间较长　磁粉式具有定力矩特点。转矩调节范围大	用于需要在低转速差下接合，接合频率高，离、合迅速和远距离控制及自动控制的场合，可用于机床、数控机床、包装机械、起重运输机械、纺织机械等。磁粉离合器可用于离合、过载保护、调速、张力控制、换向或伺服机械、测试加载等
气动式	气动双锥体摩擦离合器（高弹性摩擦离合器）　气胎离合器（船用）　气动盘式离合器	以压缩空气为操纵动力源，接合平稳，维护方便，不用调整磨损间隙、寿命长，能传递大转矩，离合迅速，便于自控和遥控，操纵系统简单，工作安全。缺点是必须配备压缩空气系统以保证气源，配套的设备占地大，质量大，成本高	常用于船舶、石油钻井机械、大型机械压力机、挖掘机、球磨机、橡塑机械等
离心式	闸块式　钢球式	靠运转离心力的作用，达到主、从动部分自动接合来传递转矩。其接合是逐渐进行的，故工作十分平稳，过载时能起保护作用	用于原动机功率较小而起动惯性大的机械，以及转速较高、接合频率不高的场合
超越式	滚柱式　楔块式	以传递单向转矩为主，体积小，接合平稳，工作无噪声，可在高速下接合，楔块式传递转矩能力大。但制造精度要求高	常用于传递单向转矩以及速度转换、防止逆转、间歇运动等场合
安全式	剪销式　嵌合式（牙嵌、钢球）　摩擦式	通过限制接合件能传递转矩的值来达到离合器的分离，防止过载。剪销式结构简单，制造容易，尺寸紧凑。钢球式、摩擦式灵敏度高，可反复离合，维修容易	用于机械有可能过载而需保护其重要元件不致损坏的场合。其中嵌合式和摩擦式用于过载较频繁、动作要灵敏的场合

11. 2. 2 牙嵌离合器 (见表 11-30～表 11-33)

表 11-30 牙嵌离合器的牙型及特点

牙 型	特 点	牙 型	特 点
矩形 $z=3\sim15$	制造容易，传递转矩大，可正反转传动，但接合和分离较困难，无自动脱开的轴向分力，只能在静止或相对转速差不大于 10r/min 的条件下接合，适宜于不经常接合的传动。为了容易接合，可采用较大的牙侧间隙，或将牙端倒成较大的斜角或圆弧	锯齿形牙 $\alpha=1°\sim1.5°$ $z=3\sim15$	强度高，接合容易，可传递较大转矩，只能单向传动
正梯形牙 $\alpha=2°\sim8°$ $z=3\sim15$	牙的强度高，传递转矩大，结合时冲击比矩形牙小，并可消除牙侧间隙，分离时容易脱开，工作时有轴向分力，当工作面的倾斜角 $\alpha=2°\sim8°$，产生的轴向分力不会自动脱开，当 $\alpha=15°\sim20°$ 时，需加轴向压力防止轴向分力使牙自动退出，常用于电磁或液压操纵离合器	正三角形牙 $\alpha=30°、45°$ $z=15\sim60$	牙数较多，牙的接合容易，嵌入快，但牙的强度较弱，只有当牙数多并加大轴向压力时，才能传递较大的转矩，适宜于从动部分惯性较小，接合频率较高的传动。在有载荷或相对转速差较大时进行接合，容易损坏牙尖
斜梯形牙 $\alpha=2°\sim8°$ $\beta=50°\sim70°$ $z=3\sim15$	斜梯形牙适用于单向传动，可使牙的接合更加容易些	斜三角形牙 $\alpha=2°\sim8°$ $\beta=50°\sim70°$ $z=15\sim60$	采用不对称的斜三角形牙可增加牙的强度，但只适用于单向传动
尖梯形牙 $\sim120°$ $\alpha=2°\sim8°$ $z=3\sim15$	牙尖倒角的尖梯形牙可使双向传动的接合容易些，适用于需在转速差较高的条件下进行接合的传动轴系	螺旋形牙 $z=2\sim30$	强度高，接合平稳，可以传递较大转矩，接合迅速而且不用精确对中，可以在较低速转动过程中接合。螺旋齿的数量取决于接合前的转差。转差大，齿的数量要增加。只能单向传递转矩

注：z—牙数。

表 11-31 正三角形牙型爪齿结构尺寸 (单位：mm)

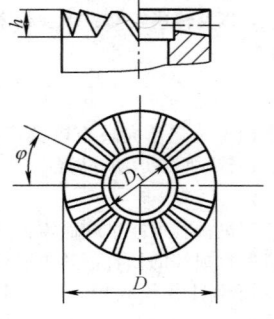
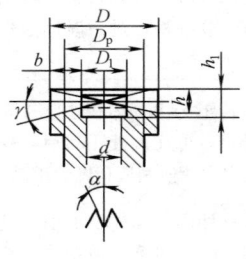
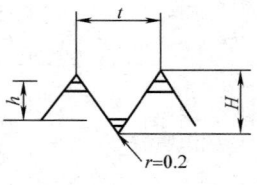

牙齿平均直径 $D_{\mathrm{p}}=\dfrac{D+D_1}{2}$

续表

牙型角	D	D_1	h_1	齿数 z	γ	t	H	h	许用转矩 /(N·m)	齿数 z	γ	t	H	h	许用转矩 /(N·m)
	32	22				4.19	3.62	3.12	45			2.10	1.81	1.31	36
	40	28		24	6°31′	5.24	4.53	4.03	90	48	3°15′	2.62	2.27	1.77	76
	45	32	5			5.89	5.10	4.60	120			2.95	2.55	2.05	108
	55	40				4.80	4.15	3.65	210			2.40	2.07	1.57	150
	60	45		36	4°20′	5.24	4.53	4.03	250	72	2°10′	2.62	2.27	1.77	190
	65	50				5.67	4.91	4.51	305			2.84	2.45	1.95	227
	75	55				4.91	4.25	3.75	520			2.45	2.12	1.62	377
	85	60				5.56	4.81	4.31	830			2.78	2.40	1.90	620
$\alpha=30°$	90	65		48	3°15′	5.89	5.10	4.60	950	96	1°37′	2.95	2.55	2.05	720
$(r=0.2)$	100	70				6.54	5.66	5.16	1400			3.27	2.83	2.33	1070
	110	80				7.20	6.23	5.73	1440			3.60	3.12	2.62	1350
	120	90				5.24	4.53	4.03	1350			2.62	2.27	1.77	1000
	125	90	8			5.45	4.72	4.52	2170			2.73	2.36	1.86	1570
	140	100				6.11	5.28	4.78	3140			3.05	2.64	2.14	2320
	145	100		72	2°10′	6.33	5.47	4.97	3750	144	1°05′	3.16	2.74	2.24	2790
	160	120				6.98	6.05	5.55	4260			3.49	3.03	2.53	3200
	180	140				7.85	6.80	6.30	5540			3.93	3.39	2.89	4200
	200	150				6.54	5.66	5.16	8250			3.27	2.83	2.33	6140
	220	170		96	1°37′	7.20	6.23	5.73	10 220	192	0°50′	3.60	3.12	2.92	7710
	250	190				8.18	7.08	6.58	15 900			4.09	3.54	3.14	12 140
	280	220				9.16	7.93	7.43	20 440			4.58	3.97	3.47	15 780
	32	22				4.19	2.10	1.88	26			2.10	1.05	0.83	20
	40	28		24	3°45′	5.24	2.62	2.40	50	48	1°52′	2.62	1.31	1.09	45
	45	32	5			5.89	2.92	2.73	72			2.95	1.48	1.26	60
	55	40				4.80	2.40	2.18	120			2.40	1.20	0.98	90
	60	45		36	2°30′	5.24	2.62	2.40	150	72	1°15′	2.62	1.31	1.09	110
	65	50				5.67	2.84	2.62	180			2.84	1.42	1.20	135
	75	55				4.91	2.46	2.24	305			2.16	1.23	1.01	225
	85	60				5.56	2.78	2.56	480			2.78	1.39	1.17	370
$\alpha=45°$	90	65		48	1°52′	5.89	2.95	2.73	560	96	0°57′	2.95	1.48	1.26	430
$(r=0.2)$	100	70				6.54	3.27	3.05	820			3.27	1.64	1.42	640
	110	80				7.20	3.60	3.38	1020			3.60	1.80	1.58	800
	120	90				5.24	2.62	2.40	790			2.62	1.31	1.09	600
	125	90	8			5.45	2.73	2.51	1270			2.73	1.37	1.15	940
	140	100				6.11	3.06	2.84	1840			3.06	1.53	1.31	1380
	145	100		72	1°15′	6.33	3.17	2.95	2200	144	0°37′	3.17	1.58	1.35	1640
	160	120				6.98	3.49	3.27	2480			3.49	1.75	1.53	1890
	180	140				7.85	3.93	3.71	3230			3.93	1.97	1.75	2480
	200	150				6.54	3.27	3.05	4820			3.27	1.64	1.42	3640
	220	170		96	0°57′	7.20	3.60	3.38	5960	192	0°28′	3.60	1.80	1.58	4530
	250	190				8.18	4.09	3.87	9260			4.09	2.15	1.93	1150
	280	220				9.16	4.58	4.36	11 880			4.58	2.29	2.07	9230

表 11-32   **梯形、矩形牙型齿爪结构尺寸**   （单位：mm）

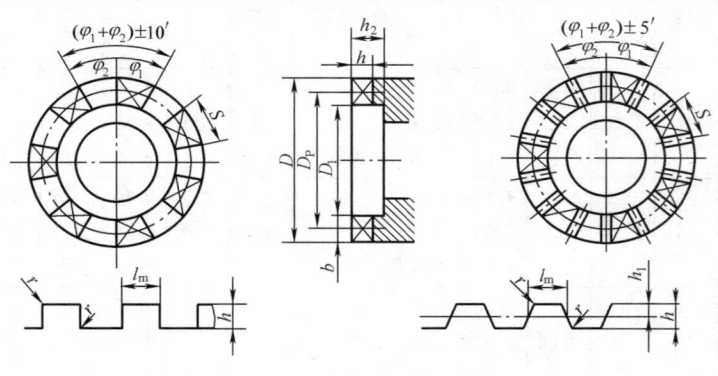

牙齿平均直径

$$D_p = \frac{D + D_1}{2}$$

D	D_1	齿数 z	矩形牙			梯形牙			h	h_2	h_1	r
			φ_2	φ_1	S	$\varphi_2\,{}^{-40'}_{-20'}$	φ_1	S				
40	28	5	37°	35°	12.03	36°	36°	12.36	5	6	2.1	0.5
50	35				15.04			15.45				
60	45	7	26°43′	24°43′	12.84	25°43′	25°43′	13.35	6	8	2.6	0.8
70	50				14.98			13.57				
80	60				17.12			17.80				
90	65				19.26			20.03				
100	75				21.40			22.25				
120	90	9	21°30′	18°30′	19.29	20°	20°	20.84				
140	100				22.50			24.31				
160	120	11	18°22′	14°22′	20.01	16°22′	16°22′	22.77	8	10	3.6	1.0
180	130				22.51			25.62				
200	150				25.01			28.47				

表 11-33   **牙嵌离合器的材料与许用应力**

材　　料	热处理规范	应用范围	许用应力/MPa			
			接合情况	静止时接合	运转中接合	
					低速	高速
HT200 HT300	170～240HBW	低速轻载牙嵌的牙及齿轮离合器的齿轮				
45	淬火 38～46HRC 高频淬火 48～55HRC	载荷不大、转数不高的离合器	许用挤压应力 σ_{pp}	88～117	49～68	34～44
20Cr，20MnV 20Mn2B	渗碳 0.5～1.0mm 淬火、回火 56～62HRC	中等尺寸的高速元件和中等压强的元件	许用弯曲应力 σ_{bp}	$\sigma_s/1.5$	$\sigma_s/5.9～4.5$	
40Cr，45MnB	高频淬火回火 48～58HRC	重载、压强高、冲击不大的牙嵌的牙及齿轮	说明：1. 齿数多，许用应力值取小值；齿数少，取大值 2. 表中许用挤压应力适用于渗碳淬火钢，硬度 56～62HRC 3. 表中高、低速是指许用接合圆周速度差（Δv）。低速 $\Delta v \leqslant 0.7～0.8$m/s；高速 $\Delta v = 0.8～1.5$m/s			
18CrMnTi，12CrNi4A 12CrNi3	渗碳 0.8～1.2mm 淬火回火 58～62HRC	高速冲击、大压强的牙嵌的牙及齿轮				

11.2.3 摩擦离合器（见表 11-34～表 11-41）

表 11-34   常用摩擦元件的结构形式和特点

结 构 形 式	特 点 和 应 用
摩擦（盘）片式	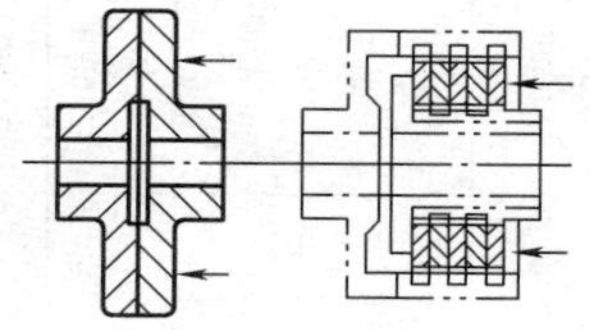 摩擦副的两摩擦元件都制成圆形，通过轴向压紧产生摩擦，当厚度较大（>5mm）时称为摩擦盘，厚度较薄时称摩擦片，其结构有光片式和带衬面的复合材料。根据传递转矩的大小，可制成单盘或多片的结构，片的数目可达 15 对，片的形状有多种形式。目前这种结构应用最广泛
摩擦块式	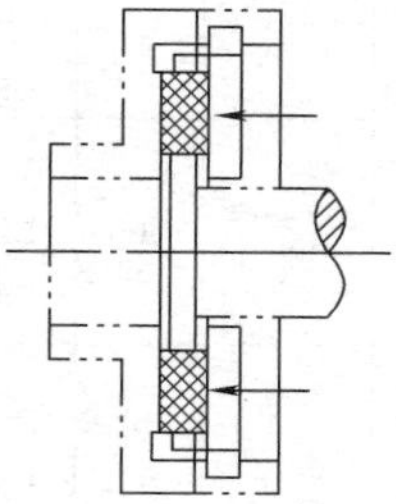 其中一个摩擦元件制成厚度较大的摩擦块，分布在一个摩擦元件的端面或嵌在钢盘上，组成一种在轴向浮动的结构形式，以改善表面磨损的均匀性，增加承载能力。摩擦块的形状一般有圆形、椭圆形和半圆形等若干种，其特点是制造容易，更换方便，维修容易
摩擦锥式	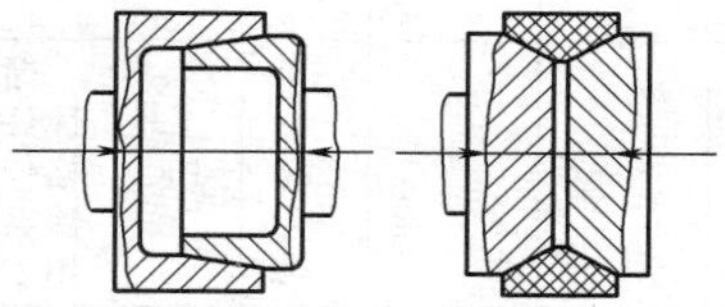 将一对摩擦元件制成在圆锥面上接触，锥面的结构有单锥、双锥、正锥和倒锥等多种，这种结构可以用小的轴向力压紧产生大的摩擦力，而且脱开可靠，能保证有一定的分离间隙，结构也较简单、接合平稳，但起动时惯性大。主要用于中小功率的传动轴系
闸块式	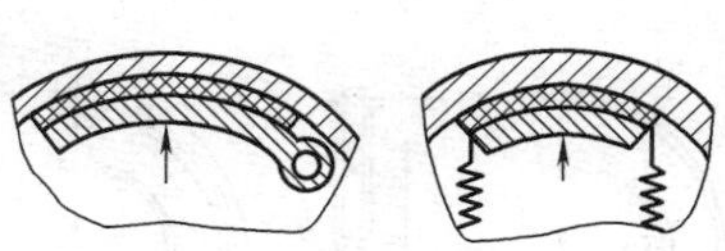 这种结构是利用主从动摩擦元件相对径向压紧产生的摩擦力来传递转矩，一般以内闸块式较常用，这种结构可以容许主从动部分有一定的偏移量，而不影响其工作性能，但外形尺寸较大，需要较大的锁紧力。主要用于轴与轮毂的相对离合
胀圈式	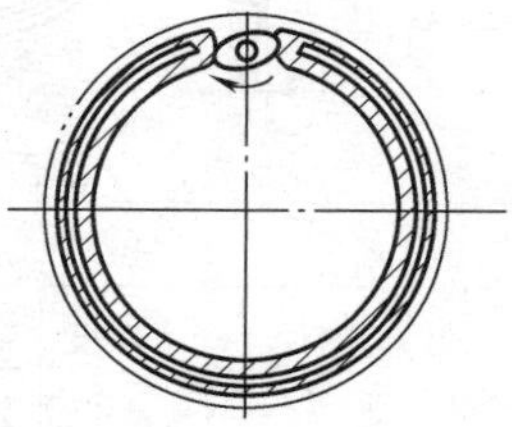 利用内圈径向张开与收缩以实现与外毂形成摩擦接合或脱开，其内部胀圈为一开口的弹性环，这种结构的接合平稳，散热好，接合力小，但磨损后调整或更换不容易。主要用于转速不高，转矩不大的传动，如轴与轴毂的接合与分离
闸带式	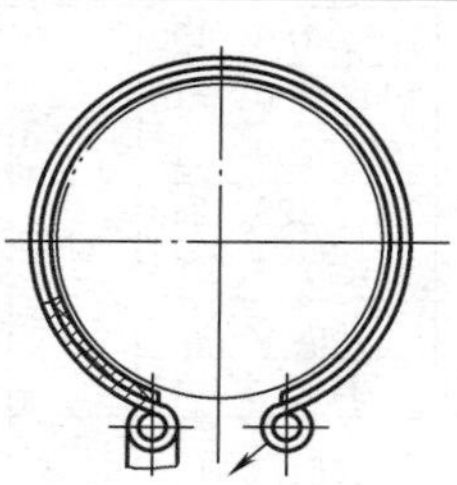 利用环状闸带抱紧或放开从动轮，从而实现离合动作，其特点是接合平稳，散热性好，但接合力小，只能传递单向转矩，不过调整维修方便，可用于转速不高的轴与轮毂的接合与分离，如用于挖掘机的主卷扬机上

表 11-35　　　　　　　　　　　　　**常用摩擦副性能和应用**

摩擦副		静摩擦因数		动摩擦因数		许用比压 $[p]/(\text{N/cm}^2)$		许用温度 /℃		性能特点和应用
摩擦材料	材料组合	干式	湿式	干式	湿式	干式	湿式	干式	湿式	
10 或 15 钢渗碳 0.5mm，淬火 56~62HRC，65Mn 淬火，35~45 钢	钢—钢	0.15~0.2	0.05~0.1	0.12~0.16	0.04~0.08	19.6~39.2	58.9~98.1	250	120	贴合紧密，耐磨性好，导热性好，热变形小。常用于湿式多片离合器
钢：同上 青铜：ZCuSn5Pb5Zn5 钢—青铜：ZCuSn10P1、ZCuAl10Fe3	钢—青铜	0.15~0.2	0.06~0.12	0.12~0.16	0.05~0.1	19.6~39.2	58.9~98.1	150	120	动、静摩擦系数差较小，成本较高。多用于湿式离合器
钢：同上 铜基粉末冶金	钢—铜基粉末冶金	0.25~0.45	0.1~0.12	0.2~0.3	0.05~0.1	39.2~58.9	117.7~392.4	560	120	耐磨性好，抗胶合能力强，成本高，比重大。适用于重载荷，如工程机械、重型汽车等离合器
45 钢高频淬火 42~48HRC 或 20MnB 渗碳淬火 53~58HRC，HT200	钢—铸铁	0.15~0.2	0.05~0.1	0.12~0.16	0.04~0.08	19.6~39.2	58.9~98.1	250	120	铸铁具有较好的耐磨性和抗胶合能力，但不能承受冲击。常用于圆锥式摩擦离合器
石棉有机摩擦材料	钢—石棉基材料	0.25~0.4	0.08~0.12	14.7~29.4	78.5~98.1			260	100	摩擦系数较大，耐热性好，导热性较差，价格便宜，制造容易，摩擦系数随温度变化。常用于干式离合器

表 11-36　　　　　　　　　　　　　**摩擦片的尺寸系列**　　　　　　　　　（单位：mm）

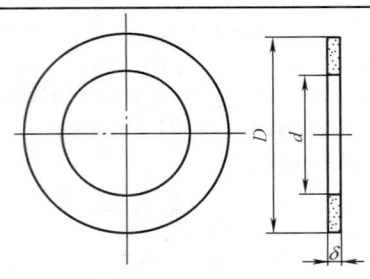

干式离合器面片

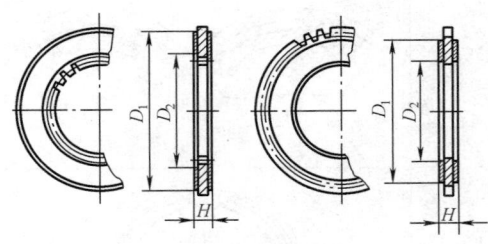

湿式离合器面片

干式离合器面片

外径 D	内径 d	厚度 δ	极限偏差 外径	极限偏差 内径	极限偏差 厚度	每片的厚薄差	外径 D	内径 d	厚度 δ	极限偏差 外径	极限偏差 内径	极限偏差 厚度	每片的厚薄差
160	110（76）						300	175、180、190		−1	+0.8	±0.12	<0.12
170	110、120						325	190、200、210					
180	125	2.5 3 3.2 3.5	−1	+0.8	±0.12	<0.12	350	195、200、210	3.5 4 4.5 5	−1.2	+1	±0.15	<0.15
190	132、140						380	200、220、240					
200	130、140						400	235、240、250					
225	150、160						410	260、270					
250	150、155、160						430	240、250					
280（279）	165、180	3.5、4 4.5、5					450	265、290	5、5.5				

湿式离合器面片

外径 D_1	内径 D_2	厚度 H	模数 m	压力角	外径 D_1	内径 D_2	厚度 H	模数 m	压力角
60	30	2.5	2, 2.5, 3	20° (30°)	260	180、182	4, 5、5.5	2.5, 3, 3.5, 4.0, 5.0	20° (30°)
70	40				270	225			
80					(275)	(188)			
90	30，45，55	2.5, 2.8, 3			280	165，220			
100	45				290	220，240			
110	50，60				305	235、245、254			
125	80，88				315	248			
135	88				320	250			
145	100（105）				330	255			
155	108				340	260			
160	100				360	270			
(165)	(92) 95	3, 3.8, 4	2.5, 3, 3.5		370	276			
170	100				380	280，323			
(175)	(90)				390	298，300			
180	116				400	309，314			
(185)	(122)				410	320，340			
190	92，100，112				420	320			
200	136，140				(425)	(325)	8		
210	145，150				430	240			
220	125				455	280			
230	140				475	372			
240	162				495	325			
(245)	(182)				630	510			
250	160				710	470		5、5.5	
(255)	(175)				990	690			

注：括号内的尺寸只适用于原生产的少数型号的离合器面片。

表 11-37 **摩擦片参数和尺寸选择** （供参考）

项　　目	湿　式　片	干　式　片
摩擦片数量 z（片）	5～16（一般） 25～30（最大）	2～10
摩擦片厚度 b/mm	1～2（冲压钢片） 3～5（青铜片） 4～8（夹布胶木片）	3～6（冲压钢片） 10～15（厚钢片） 5～20（铸铁片）
片间间隙（空转时）δ/mm	0.2～1（无衬面） 0.4～1.2（有衬面）	0.4～1.2（无衬面） 0.6～1.5（有衬面）
衬面层厚度 h/mm	石棉基材料：3～10 粉末冶金材料：0.25～2（薄层）；2～6（厚层） 夹布胶木、皮革：3～5	
最大圆周速度 v/(m/s)	20～30（机床类）；50～70（汽车类）	
金属表面粗糙度/μm	一般 Ra 不小于 1.6，对于平均圆周速度大于 5m/s，接合速度超过每小时 60 次的钢质片，Ra 为 0.2～0.4	

表 11-38 圆盘摩擦片的结构形式和特点

形式		简图	特点	形式		简图	特点
内盘	矩形齿内盘	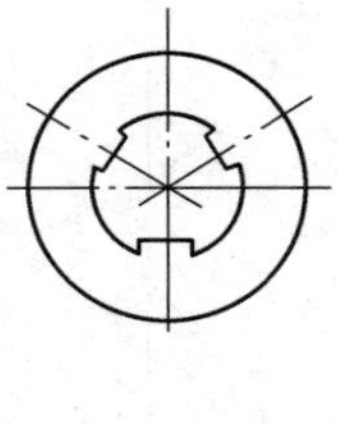	齿数 3～6，用于低转矩或用于中型套装或轴装离合器	内盘	带扭转减振器的弹性片	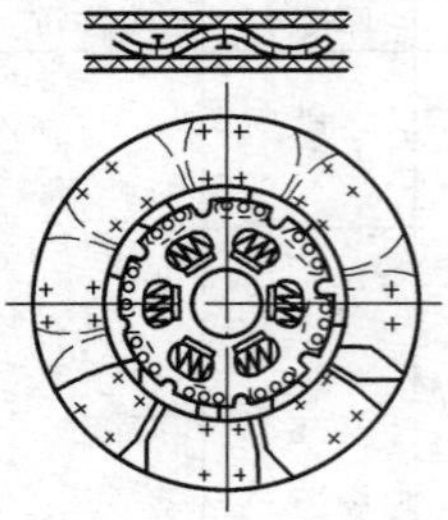	用于汽车主离合器
	花键孔内盘	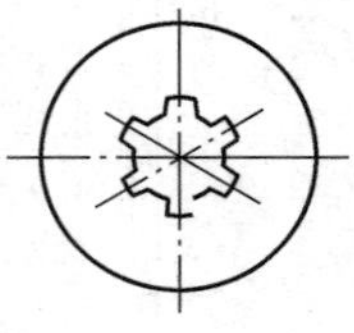	加工方便，多用于中小型套装或轴装离合器	外盘	矩形齿外盘	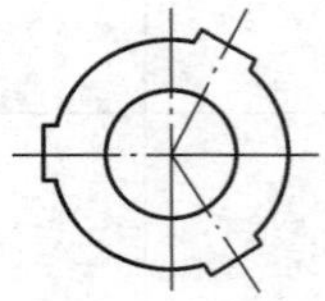	齿数 3～6。可与矩形齿内片或花键孔内盘配合
	渐开线齿内盘	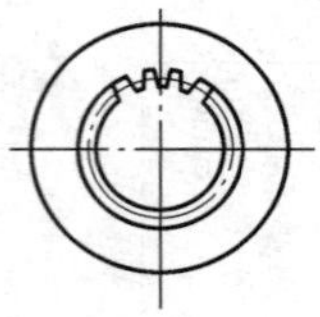	能传递较大转矩，用于中型离合器		键槽式外盘	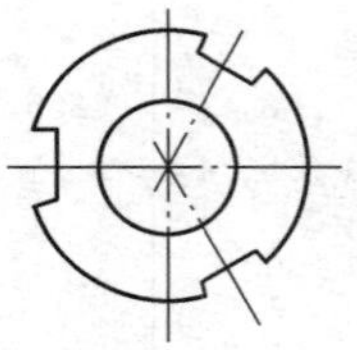	槽数 3～6。可与矩形齿片或花键孔内盘配对
	卷边开槽内盘	 外片　内片	多用于电磁离合器		渐开线齿外盘	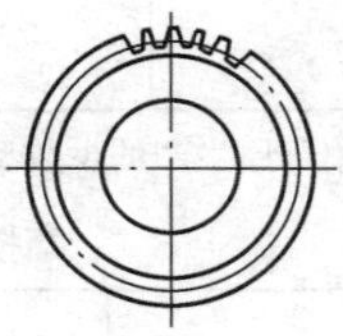	能传递较大转矩，与渐开线齿内盘配对

表 11-39 常用沟槽的形式和特点

形式	简图	特点	形式	简图	特点
同心圆或螺旋槽	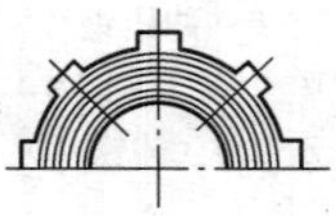	有利于排油，有利于破坏油膜层，使摩擦系数值提高，但冷却性能差	棱状	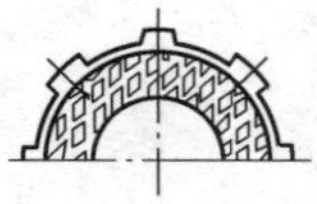	加工方便、能通过足够的冷却油
辐射状	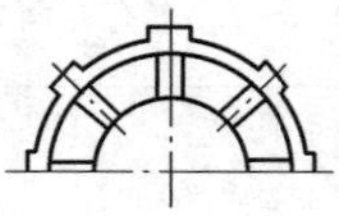	向摩擦表面供油好，冷却效果好，磨损减小，能促使摩擦盘分离，但多形成液体润滑，使摩擦系数值降低	放射棱状		有较高的摩擦系数，能通过足够的油流，冷却效果好，制造也较简单
同心辐射状	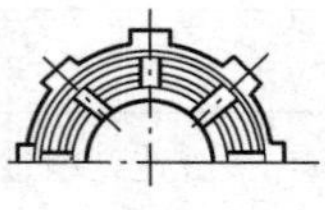	摩擦系数较高，冷却效果好，制造较复杂	方格状		加工方便，能保证足够的冷却油通过

表 11-40   径向杠杆式多片摩擦离合器的尺寸系列   （单位：mm）

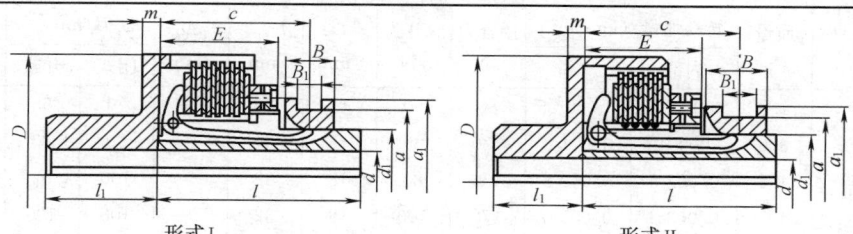

形式 I   形式 II

转 矩 /(N·m)		形 式 I								形 式 II		
		20	40	80	160	200	320	450	640	900	1400	2300
轴径 d（max）		15	22	32	45	45	48	60	68	70	80	100
尺 寸	D	70	90	100	125	135	150	170	195	210	260	315
	d_1	35	50	60	72	72	72	102	102	102	120	153
	a	45	60	70	85	85	85	120	120	120	145	175
	a_1	55	75	85	100	100	100	140	140	140	170	205
	l	56	83	83	98	98	108	148	148	175	205	230
	l_1	25	35	35	50	50	50	70	70	80	80	90
	c	37	60	60	70	70	76	103	103	125	148	160
	E	28	46	46	52.5	52.5	58	77.5	76	94	111	119
	m	4	6	6	10	10	10	13	13	15	15	20
	B	18	24	24	32	32	32	50	50	50	55	70
	B_1	10	10	10	15	15	15	26	26	26	26	30
摩擦面对数 z		6	10	10	10	8	10	10	8	10	6	6
摩擦面直径	外径	54	67	78	98	108	123	141	162	178	225	270
	内径	34	50	60	72	78	84	102	118	132	155	189
接合力/N		100	120	180	250	250	300	300	350	400	700	900
压紧力/N		1260	1430	1940	3250	9000	6250	6900	10 400	10 800	20 500	27 600

表 11-41a   带滚动轴承的多片摩擦离合器技术参数（供参考）

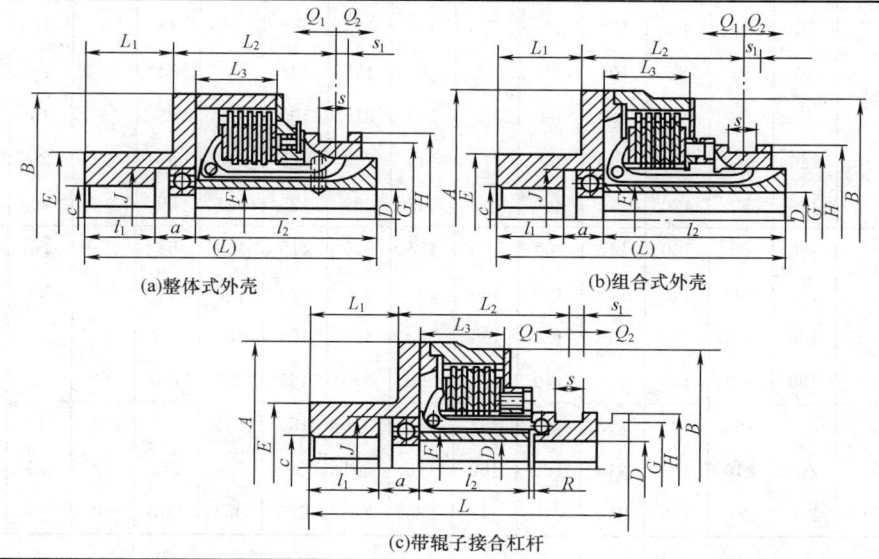

(a)整体式外壳   (b)组合式外壳

(c)带辊子接合杠杆

	许用转矩 T_p /(N·m)	质量 /kg	转动惯量/(kg·m²) 内部	外部	接合力 /N	脱开力 /N	D /mm	D_{max} /mm	A /mm	B/mm 闭式	开式	c /mm	c_{max} /mm
图 (a)	20	1.6	0.000 25	0.000 25	80	50	12	20	—	70	65	12	18
	60	3.0	0.001	0.001 8	130	80	15	24	—	90	80	15	24
	80	4.2	0.002 5	0.002 8	130	80	18	32	—	100	92	18	32
	120	4.7	0.003 5	0.005 0	170	100	18	32	—	108	100	18	32
	160	6.5	0.004 3	0.006 8	200	120	20	45	—	125	115	20	45
	200	7.2	0.004 8	0.010	250	150	20	45	—	135	125	20	45
	320	10.4	0.007 5	0.018	300	180	20	48	—	150	140	20	50
	450	22.5	0.027 5	0.043	400	250	28	60	—	170	170	28	50
	600	29.5	0.035 0	0.072 5	500	300	30	70	—	195	195	30	70
图 (b)	900	38.5	0.060	0.078	600	360	30	70	225	210	210	30	70
	1400	64	0.160	0.230	800	500	50	80	285	260	260	50	80
	2350	94	0.375	0.550	1200	750	70	100	335	315	315	70	100
	3600	157	0.680	1.250	1500	900	70	100	395	370	370	70	100
图 (c)	5400	247	1.350	2.750	2000	1200	70	130	460	435	435	70	130
	7500	325	2.45	4.50	2800	1700	85	140	515	490	490	85	140
	16 000	495	9.13	19.75	3750	2250	100	175	700	650	650	100	175

表 11-41b　带滚动轴承的多片摩擦离合器主要尺寸系列（供参考）　（单位：mm）

	许用转矩 T_p/(N·m)	E	F	G	H	J	l_1	l_2	L	L_1	L_2	L_3	R	s	a	s_1
图 (a)	20	40	26	45	55	28	22	55	89	30	40	21	—	10	12	9
	60	55	35	60	75	35	40	81	137	50	64	35	—	10	16	10
	80	60	45	70	85	47	51	81	152	65	64	35	—	10	20	11
	120	60	45	70	85	47	51	81	152	65	64	35	—	10	20	11
	160	70	55	85	100	55	75	95	195	90	77	38	—	15	25	12
	200	70	55	85	100	55	75	95	195	90	77	38	—	15	25	12
	320	80	58	85	100	62	85	105	215	100	83	43	—	15	25	16
	450	120	75	120	140	50	110	145	283	125	113	57	—	26	28	20
	600	120	80	120	140	90	110	145	283	125	113	59	—	26	28	20
图 (b)	900	130	80	120	140	100	140	175	305	115	140	68	—	26	30	25
	1400	130	100	145	170	100	160	205	395	175	163	94	—	26	30	30
	2350	160	110	175	205	125	180	230	445	195	180	102	—	30	35	35
	3600	190	145	175	170	140	170	295	510	195	252	123	—	26	45	40
图 (c)	5400	230	160	175	205	140	155	165	525	195	255	145	20	30	60	50
	7500	260	210	190	240	160	162	175	601	200	300	155	52	45	60	70
	16 000	300	260	190	240	215	215	230	725	250	353	207	50	45	60	90

11.2.4 电磁离合器（见表 11-42～表 11-46）

表 11-42   DLY5 系列牙嵌式有滑环电磁离合器的性能参数和主要尺寸

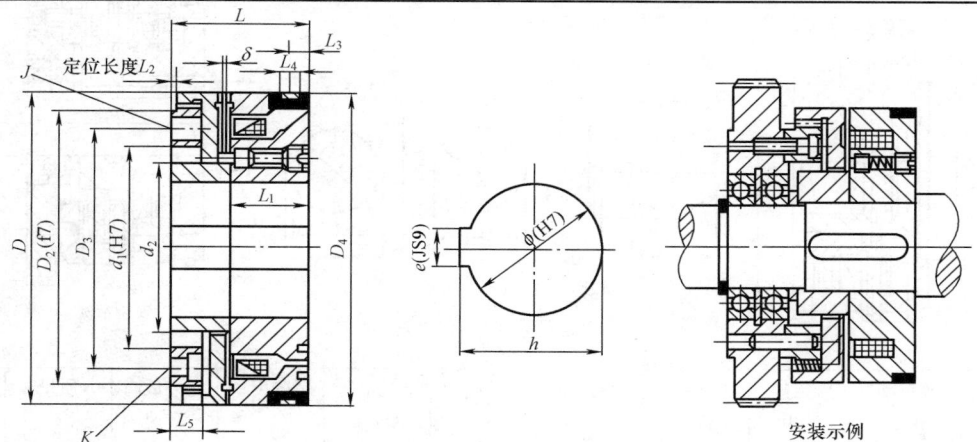

安装示例

规格	额定转矩 /(N·m)	额定电压（DC） /V	线圈消耗功率 （20℃）/W	允许最高结合转速 /(r/min)	允许最高转速 /(r/min)	质 量 /kg
2A	20	24	17	60	5500	0.9
5A	50	24	22	50	4500	1.5
10A	100	24	28	30	4000	2.3
16A	160	24	32	30	3500	3.0
25A	250	24	44	20	3300	4.3
40A	400	24	58	10	3000	6.2
63A	630	24	60	相对静止	2500	8.9
100A	1000	24	73	相对静止	2200	14.0
160A	1600	24	87	相对静止	2000	20.0
250A	2500	24	85	相对静止	1700	34.0

规格	D_1	D_2	D_3	D_4	d_1	d_2	ϕ	h	e	J	K	L	L_1	L_2	L_3	L_4	L_5	δ	电刷型号
								mm											
2A	75	65	55	75	45	39.5	25	$27.6^{+0.14}_{0}$	8	2×4	4-M4	33	18.6	1.5	6.5	8	8	0.4	
5A	90	75	64	90	53	49	30	$32.6^{+0.17}_{0}$	8	2×5	4-M5	40	24.1	2	6.5	8	9	0.5	
10A	105	85	75	105	65	57	40	$42.9^{+0.17}_{0}$	12	2×5	4-M5	45	26.6	2	6.5	8	10.5	0.5	湿式使用 DS-005
16A	115	100	85	115	70	62	45	$43.8^{+0.17}_{0}$	14	2×6	4-M6	50	29.6	2	6.5	8	12.5	0.5	
25A	125	105	90	125	75	65	50	$53.6^{+0.2}_{0}$	16	2×8	4-M6	58	33.9	2.5	6.5	8	15.5	0.6	干式使用 DS-006
40A	140	115	100	140	85	74	50	$64^{+0.2}_{0}$	18	2×10	6-M6	67	40	2.5	7.5	10	17.5	0.6	
63A	160	130	115	160	95	85	70	$74.3^{+0.2}_{0}$	20	2×10	6-M8	75	42	3	7.5	10	19.5	0.7	
100A	185	155	135	182	115	97	70	$74.3^{+0.2}_{0}$	20	2×12	6-M8	85	49	3	7.5	10	21	0.7	
160A	215	180	158	215	130	114	85	$95.8^{+0.4}_{0}$	22	2×12	6-M10	100	58	3.5	8.5	10	25.5	0.9	DS-010
250A	250	210	190	250	150	130	85	$95.8^{+0.4}_{0}$	22	2×12	6-M12	115	66	3.5	8.5	10	26	0.9	

注：1. 离合器可水平安装也可垂直安装。

    2. 离合器可同轴安装，也可分轴安装，其同轴度不大于 0.04～0.06mm。

    3. 离合器主、从动侧均不得有轴向窜动。

    4. 安装时，端面牙间隙 δ 应保持表中规定值。

表 11-43   DLM5 系列有滑环湿式多片电磁离合器的性能参数和主要尺寸

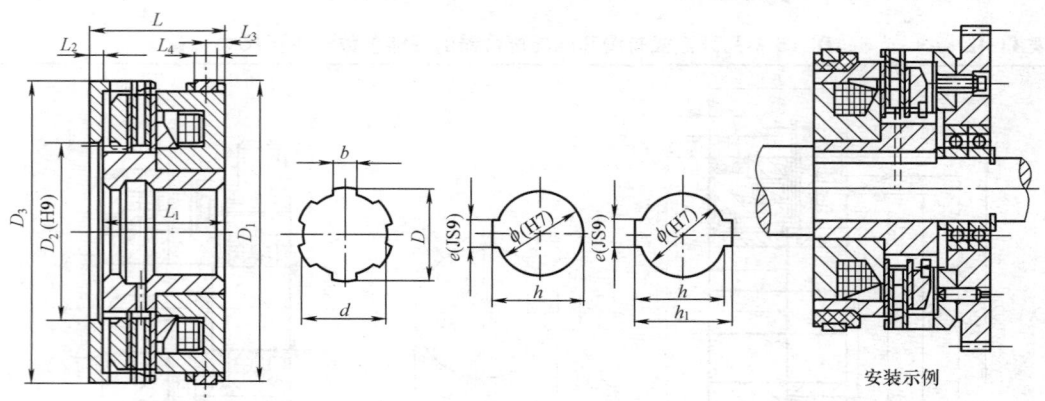

安装示例

规 格	额定动转矩 /(N·m)	额定静转矩 /(N·m)	空载转矩 /(N·m)	接通时间 /s ≤	断开时间 /s ≤	额定电压 (DC) /V	线圈消耗功率 (20℃) /W	允许最高转速 /(r/min)	质量 /kg	供油量 /(L/min)
1.2/1.2C	12	20	0.39	0.28	0.09	24	10	3500	1.3	0.20
2.5	25	40	0.40	0.30	0.09	24	17	3500	1.73	0.25
5/5C	50	80	0.90	0.32	0.10	24	17	3000	2.9	0.40
10/10C	100	160	1.80	0.35	0.14	24	19	3000	4.3	0.65
16	160	250	2.40	0.37	0.14	24	26	2500	5.8	0.65
25/25C	250	400	3.50	0.40	0.18	24	39	2200	7.7	1.00
40	400	630	5.60	0.42	0.20	24	45	2000	12.2	1.00
63	630	1000	9.00	0.45	0.25	24	66	1800	16.2	1.2
100	1000	1600	15.0	0.65	0.35	24	81	1600	23.2	1.2
160	1600	2500	24.0	0.90	0.45	24	87	1600	31.7	1.5
250	2500	4000	37.5	1.20	0.60	24	100	1200	47.1	2.0
400	4000	6300	60.0	1.50	0.80	24	134	1000	100.9	3.0

规格	主要尺寸/mm															电刷型号
	D_1	D_2	D_3	D	d	b	ϕ	e	h	h_1	L	L_1	L_2	L_3	L_4	
1.2	86	50	86	$20^{+0.023}_{0}$	$17^{+0.12}_{0}$	$6^{+0.065}_{0.025}$	20	6	$22.8^{+0.1}_{0}$		43.5	38		5		
2.5	96	56	96	$25^{+0.023}_{0}$	$21^{+0.14}_{0}$	$6^{+0.065}_{0.025}$	25		$28.3^{+0.2}_{0}$		48.5	43	5.5		7	DS-002
5	113	65	113	$30^{+0.023}_{0}$	$26^{+0.14}_{0}$	$6^{+0.065}_{0.025}$	30		$33.3^{+0.2}_{0}$		55.5	50		7	8	
10	133	75	133	$40^{+0.027}_{0}$	$35^{+0.17}_{0}$	$10^{+0.085}_{0.035}$	40	12	$43.3^{+0.2}_{0}$		61	54.5	6.5	8		
16	145	85	145	$45^{+0.027}_{0}$	$40^{+0.17}_{0}$	$12^{+0.105}_{0.045}$	45	14	$48.8^{+0.2}_{0}$		63.5	57				
25	166	95	166	$50^{+0.027}_{0}$	$45^{+0.17}_{0}$		50		$53.8^{+0.2}_{0}$		72	64.5	7.5	10	10	
40	192	120	192	$60^{+0.03}_{0}$	$54^{+0.2}_{0}$	$14^{+0.105}_{0.045}$	60	18	$64.4^{+0.2}_{0}$		82.5	74.5	8			
63	212	125	212	$70^{+0.03}_{0}$	$62^{+0.2}_{0}$	$16^{+0.105}_{0.045}$			$74.9^{+0.2}_{0}$		91.5	82	9.5	12		DS-001
100	235	150	235				70	20			105	96	10			
160	270	180	270	—	—	—	100	28	$106.4^{+0.2}_{0}$		118	104		15		
250	310	220	310				110		$116.4^{+0.2}_{0}$	$122.8^{+0.4}_{0}$	130	116	14		12	
400	415	235	415				120	32	$127.4^{+0.2}_{0}$	$134.8^{+0.4}_{0}$	150	132	18	10		

续表

规格	主要尺寸/mm															电刷型号
	D_1	D_2	D_3	D	d	b	ϕ	e	h	h_1	L	L_1	L_2	L_3	L_4	
1.2C	94	50	86	$30^{+0.023}_{0}$	$26^{+0.14}_{0}$	$8^{+0.085}_{0.035}$	—	—	—	—	56	50.5	5.5	19	10	DS-001
5C	116	65	113	$40^{+0.027}_{0}$	$35^{+0.17}_{0}$	$10^{+0.085}_{0.035}$	—	—	—	—	59.5	54	5.5	19	10	DS-001
10C	142	85	133	$50^{+0.027}_{0}$	$45^{+0.17}_{0}$	$12^{+0.105}_{0.045}$	—	—	—	—	64.5	58	6.5	19	10	DS-001
25C	176	105	166	$65^{+0.03}_{0}$	$58^{+0.2}_{0}$	$16^{+0.105}_{0.045}$	—	—	—	—	81	73.5	7.5	21	10	DS-001

注：1. 带有"C"字的规格为 DLM5 系列的派生产品，外形和安装尺寸与 DLM0（参见下表）系列相同，可作为 DLM0 系列的替代品。

2. 摩擦片需在油中工作，供油方式为外浇油或油浴式，浸入油中部分深度为离合器外径的 1/5～1/4，高速或频繁动作时，宜用轴心供油，供油量见表中。

3. 离合器可同轴或分轴安装，分轴安装的同轴度为 9 级，安装好后，主、从动部分都应轴向固定，不得有窜动。

表 11-44　　　　　DLM0 系列有滑环湿式多片电磁离合器的性能参数和主要尺寸

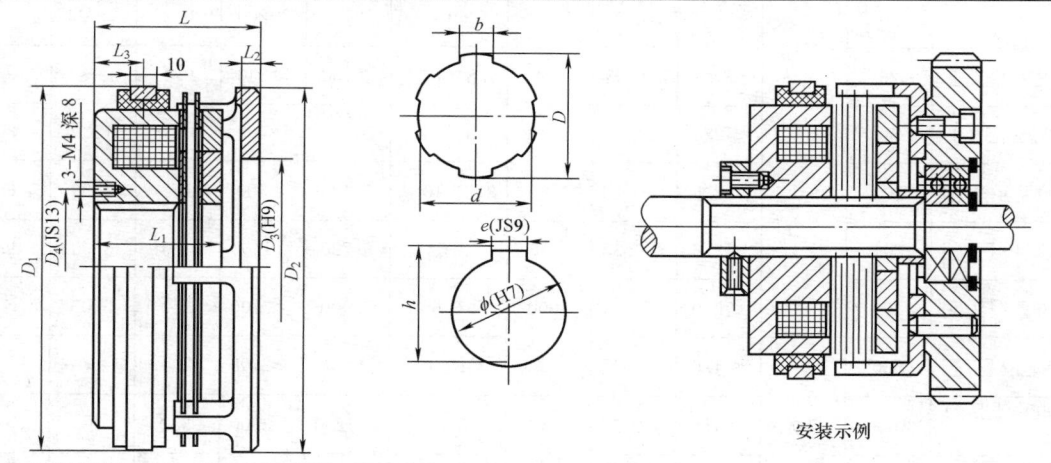

安装示例

规格	额定动转矩/(N·m)	额定静转矩/(N·m)	空载转矩/(N·m)≤	接通时间/s≤	断开时间/s≤	额定电压(DC)/V	线圈消耗功率(20℃)/W	允许最高转速/(r/min)	重量/kg	供油量/(L/min)	电刷型号
2.5	12	25	0.4	0.28	0.10	24	13	3500	1.78	0.25	DS-0.01
6.3	50	100	1	0.32	0.10	24	19	3000	2.8	0.40	DS-0.01
16	100	200	2	0.35	0.15	24	23	3000	4.66	0.65	DS-0.01
40	250	500	5	0.40	0.20	24	51	2000	9.0	1.00	DS-0.01

规格	D_1	D_2	D_3	D_4	D	d	b	L	L_1	L_2	L_3	衔铁行程	e	h
							mm							
2.5	94	92	50	42	$30^{+0.023}_{0}$	$26^{+0.28}_{0}$	$8^{+0.085}_{0.035}$	56	46.6	5	18.5	2.2	8	$32.3^{+0.1}_{0}$
6.3	116	113	65	52	$40^{+0.027}_{0}$	$35^{+0.34}_{0}$	$10^{+0.085}_{0.035}$	60	48.2	5	18.5	2.8	12	$42.3^{+0.1}_{0}$
16	142	142	85	60	$50^{+0.027}_{0}$	$45^{+0.34}_{0}$	$12^{+0.105}_{0.045}$	65	49.2	7.5	18.5	3.5	14	$52.4^{+0.2}_{0}$
40	176	178	105	86	$65^{+0.03}_{0}$	$58^{+0.4}_{0}$	$16^{+0.105}_{0.045}$	80	62	10	22	4	18	$69.4^{+0.2}_{0}$

注：1. 离合器摩擦片需在油中工作，供油方式为外浇油或油浴式，但浸入油中部分深度为离合器外径的 1/4～1/5。高速或频繁动作时，宜采用轴心供油。供油量见表中。

2. 离合器可同轴或分轴安装，分轴安装的同轴度为 9 级，安装好后，主从动部分都应轴向固定，不得有窜动。

表 11-45　　　　　　　　　　磁粉离合器基本性能参数（JB/T 5988—1992）

型　号	公称转矩 T_n /(N·m)	75℃时线圈			许用同步转速 n_p /(r/min)	飞轮矩 GD^2 /(N·m²)	自冷式	风冷式		液冷式	
		最大电压 U_m /V	最大电流 I_m /A	时间常数 T_{ir} /s			许用转差功率 P_p /W	许用转差功率 P_p /W	风量 /(m³/min)	许用转差功率 P_p /W	液量 /(L/min)
FL0.5□	0.5	24	≤0.40	≤0.035	1500	$4×10^{-4}$	≥8	—	—	—	—
FL1□	1		≤0.54	≤0.040		$1.7×10^{-3}$	≥15	—	—	—	—
FL2.5□	2.5		≤0.64	≤0.052		$4.4×10^{-3}$	≥40	—	—	—	—
FL5□	5		≤1.2	≤0.066		$10.8×10^{-3}$	≥70	—	—	—	—
FL10□	10		≤1.4	≤0.11		$2×10^{-2}$	≥110	≥200	0.2	—	—
FL25□·□/□	25		≤1.9	≤0.11		$7.8×10^{-2}$	≥150	≥340	0.4	—	—
FL50□·□/□	50		≤2.8	≤0.12		$2.3×10^{-1}$	≥260	≥400	0.7	1200	3.0
FL100□·□/□	100		≤3.6	≤0.23		$8.2×10^{-1}$	≥420	≥800	1.2	2500	6.0
FL200□·□/□	200		≤3.8	≤0.33		2.53	≥720	≥1400	1.6	3800	9.0
FL400□·□/□	400		≤5.0	≤0.44	1000	6.6	≥900	≥2100	2.0	5200	15
FL630□·□/□	630		≤1.6	≤0.47		15.4	≥1000	≥2300	2.4	—	—
FL1000 □·□/□	1000	80	≤1.8	≤0.57	750	31.9	≥1200	≥3900	3.2	—	—
FL2000 □·□/□	2000		≤2.2	≤0.80		94.6	≥2000	≥8300	5.0	—	—

注：磁粉离合器型号表示方法及其分类和代号见下面所述。

型号表示法：

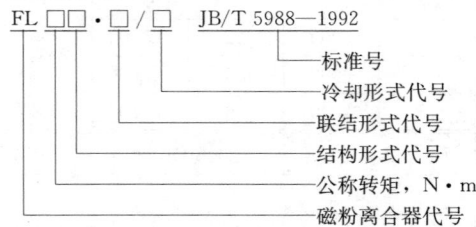

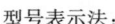

FL □□ · □/□　JB/T 5988—1992

- 标准号
- 冷却形式代号
- 联结形式代号
- 结构形式代号
- 公称转矩，N·m
- 磁粉离合器代号

型号示例：

【例 11-1】公称转矩 50N·m，柱形转子，轴输入、轴输出，双止口支撑，自冷式离合器型号为：FL50

【例 11-2】公称转矩 100N·m，柱形转子，轴输入、轴输出，双止口支撑，风冷式离合器型号为：FL100/F

【例 11-3】公称转矩 200N·m，筒形转子，轴输入、轴输出，机座支撑，液冷式离合器型号为：

FL200T·J/Y

磁粉离合器分类代号。

按从动转子结构形式分可分为柱形转子（代号省略）；杯形转子（代号：B）；筒形转子（代号：T）；盘形转子（代号：P）；按连接安装型式分：轴输入、轴输出，单面或双面止口支撑式（代号省略）；轴输入、轴输出，机座支撑式（代号：J）；轴输入、轴输出，单面直角板支撑式（代号：M）；法兰盘输入、空心轴输出，空心轴（或单止口）支撑式（代号：K）；法兰盘输入、单侧或双侧轴输出，单面止口支撑式（代号：D）；齿轮或带轮、链轮输入、轴输出，单面止口支撑式（代号 C）。按冷却方式分，可分为自然冷却式（代号省略）；强迫通风冷却式（代号：F）；液（水或油）冷却式（代号：Y）；电风扇冷却式（代号：S）。以上三种区分在型号表示法中用三个字母表示。

表 11-46　　　　　轴输入、轴输出，单侧或双侧止口支撑式、机座支撑式、

直角板支撑式磁粉离合器的主要尺寸　　　　　（单位：mm）

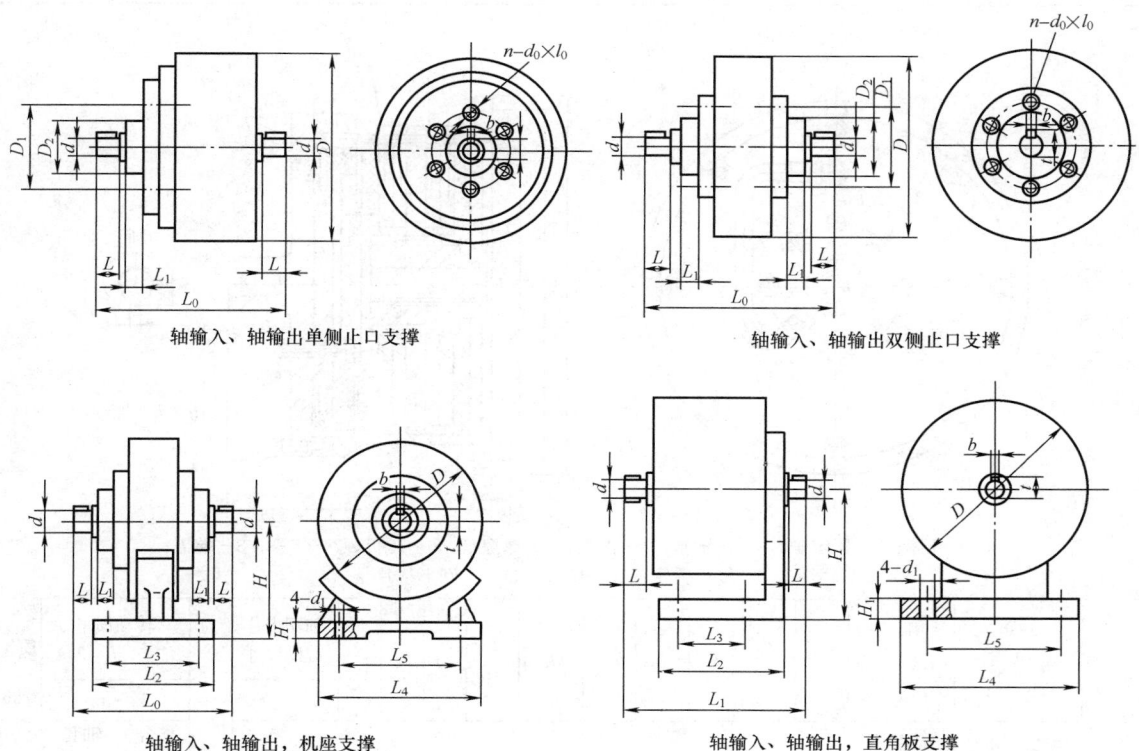

轴输入、轴输出单侧止口支撑　　　　　　　　　　轴输入、轴输出双侧止口支撑

轴输入、轴输出，机座支撑　　　　　　　　　　轴输入、轴输出，直角板支撑

型　号		外形尺寸			连接尺寸				止口支撑式安装尺寸						机座支撑式、直角板支撑式安装尺寸						
		L_0	L_6	$D^{①}$	d (h7)	L	b (p7)	t	D_1	L_1	D_2 (g7)	n	d_0	l_0	L_2	L_3	L_4	L_5	H	$H_1^{①}$	d_1
FL2.5□	FL2.5□·J	150	—	120	10	20	3	11.2	64	8	42	6	M5	10	70	50	120	100	80	8	7
FL5□	FL5□·J	162	—	134	12	25	4	13.5	64	10	42	6	M5	10	70	50	140	120	90	10	7
FL10□·/□	FL10□·J/F	184	—	152	14	25	5	16	64	13	42	6×2	M6	10	90	60	150	120	100	13	10
FL25□·/□	FL25□·J/F	216	—	182	20	36	6	22.5	78	15	55	6×2	M6	10	100	70	180	150	120	15	12
FL50□·/□	FL50□·J/F	268	120	219	25	42	8	28	100	23	74	6×2	M6	10	110	80	210	180	145	15	12
FL100□·/□	FL100□·J/F	346	120	290	30	58	8	33	140	25	100	6×2	M10	15	140	100	290	250	185	20	12
FL200□·/□	FL200□·J/F	386	130	335	35	58	10	38	150	25	110	6×2	M10	15	160	110	330	280	210	22	15
FL400□·/□	FL400□·J/F	480	130	398	45	82	14	48.5	200	33	130	8×2	M12	20	180	130	390	330	250	27	19
FL630□·/□	FL630□·J/F	620	140	480	60	105	18	64	410	35	460	8×2	M12	25	210	150	480	410	290	33	24
FL1000□·/□	FL1000□·J/F	680	150	540	70	105	20	74.5	460	40	510	8×2	M12	25	220	160	540	470	330	38	24
FL2000□·/□	FL2000□·J/F	820	150	660	80	130	22	85	560	40	630	8×2	M16	30	230	180	660	580	390	45	24

注：对于液冷式（水冷或油冷式）产品在总长 L_0 中可以增加小于 L_6 的冷却液进出装置的长度。

① D、H_1 为推荐尺寸。

11.2.5 气动离合器（见表 11-47）

表 11-47   **QPL 型气动盘式离合器性能参数**（JB/T 7005—2007）

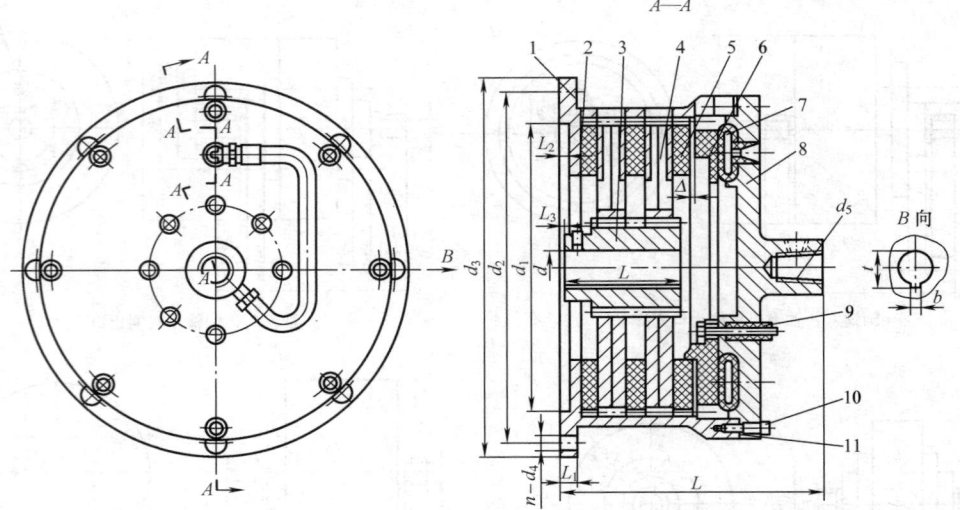

1—壳体；2—紧定螺钉；3—轴套；4—内盘；5—摩擦盘；6—压板；7—气囊；8—端盖；
9—复位弹簧；10—螺钉；11—半圆形垫片

型号	转矩 T /(N·m) 额定	转矩 T /(N·m) 动态	许用转速 [n] r/min	d (H7)	l	d₁ (H8)	d₂	d₃	d₄	d₅	L ≈	L₁	L₂	L₃	轴套内孔键槽尺寸 b	轴套内孔键槽尺寸 t	n	转动惯量 I kg·m² 离合器	转动惯量 I kg·m² 轴套和内盘	质量 m /kg ≈
	额定	动态	r/min												b	t		离合器	轴套和内盘	
								mm												
QPL1	312	520	1800	45	82	190	203	220	9	Rc½	178	6	1.5	2	14	48.8	4	0.138	0.014 1	20
QPL2	660	1100	1750	55		220	280	310	13.5		192	13	6	8	16	59.3	6	0.357	0.040 9	32
QPL3	1540	2560	1400	63	110	295	375	400		Rc¾	235			6	18	67.4		1.42	0.175	75
QPL4	2680	4420	1200	80	114	370	445	470			248	16	10	10	22	85.4	8	2.85	0.446	105
QPL5	4160	6900	1100	100	120	410	510	540			260				28	106.4		5.25	0.761	148
QPL6	6320	10 400	1000	120		470	560	590	17.5	Rc1	280			11	32	127.4	12	7.6	1.216	171
QPL7	8600	14 300	900	130	130	540	648	685			305		8			137.4		14.6	2.385	264
QPL8	15 100	25 000	700	150		620	730	760		Rc1¼	315	19		19	36	158.4		26.8	3.961	365
QPL9	16 800	28 000	650	160	175	700	800	830			350		6		40	169.4	16	35	6.95	426
QPL10	32 000	53 000	600	180	180	775	900	940	22	Rc1½	366				45	190.4		62.5	10.261	640
QPL11	49 600	82 000	500	220	230	925	1065	1105			404	22	5	16	50	231.4	18	133	26.471	905

注：1. 动态转矩为离合器的全部传动能力，选用时按照额定转矩直接选用。
    2. 平键只能传递部分转矩，对于平键不能传递的转矩应由过盈配合传递。
    3. T 系指气囊进口处压力为 0.5MPa 时的转矩。

11.2.6　超越离合器（见表11-48）

表 11-48　　　　　**CKA 型（基本型）单向楔块式超越离合器的基本参数和主要尺寸**

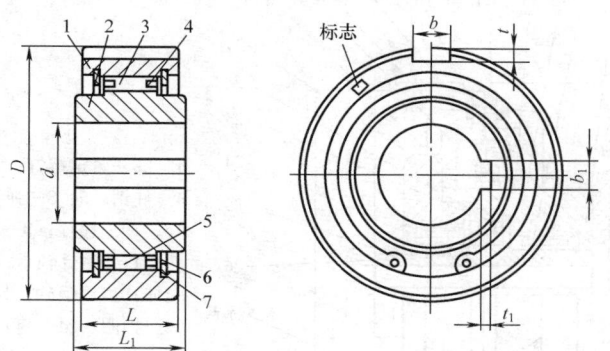

1—外环；2—内环；3—楔块；4—弹簧；5—滚柱；6—端盖；7—挡圈

型　号	代　号	公称转矩 T_n /(N·m)	超越时的极限转速 n /(r/min)	外　环			内　环			质量 m /kg
				D (h7)	键槽 $b \times t$	L	d (H7)	键槽 $b_1 \times t_1$	L_1	
				mm						
CKA1	CKA1-50×24-12	31.5	2500	50	3×1.8	22	12	3×1.4	24	0.24
CKA2	CKA2-55×24-18	50	2250	55	4×2.5		18	4×1.8		0.28
CKA3	CKA3-60×24-20	63	2000	60			20			0.33
CKA4	CKA4-65×26-24	100	1800	65	6×3.5	24	24	6×2.8	26	0.38
CKA5	CKA5-65×32-24	140		65			24			0.48
CKA6	CKA6-70×32-25	80	1500	70	8×4.0	30	25	8×3.3	32	0.63
CKA7	CKA7-70×32-28	80		70			28			0.60
CKA8	CKA8-80×32-25	200		80			25			0.90
CKA9	CKA9-80×32-30	200		80			30			0.87
CKA10	CKA10-100×34-35	315	1250	100	10×5.0	32	35	10×3.3	34	1.34
CKA11	CKA11-100×34-38	315		100			38			1.28
CKA12	CKA12-100×34-40	315		100			40			1.20
CKA13	CKA13-110×34-35	400	1000	110			35			1.81
CKA14	CKA14-110×34-40	400		110			40			1.94
CKA15	CKA15-130×38-45	630		130	14×5.5	36	45	14×3.8	38	3.11
CKA16	CKA16-130×38-50	630		130			50			3.02
CKA17	CKA17-140×55-50	1250		140	16×6.0	52	50	16×4.3	55	5.27
CKA18	CKA18-140×55-55	1250		140			55			5.10
CKA19	CKA19-160×55-55	2000	800	160			55			6.96
CKA20	CKA20-160×55-60	2000		160			60			6.78
CKA21	CKA21-170×55-60	2200		170	18×7.0		60	18×4.4		7.80
CKA22	CKA22-170×55-65	2200		170			65			7.61
CKA23	CKA23-180×55-60	2500		180			60			8.87
CKA24	CKA24-180×55-65	2500		180			65			8.69
CKA25	CKA25-200×55-65	2800		200			65			11.02
CKA26	CKA26-200×55-70	2800		200	20×7.5		70	20×4.9		10.82

注：1. 离合器的安装方向，应与主机要求的运转方向一致。

　　2. 离合器的内、外环与轴和机壳的配合均为动配合。

　　3. 组装离合器时，应保证楔块的正确装配方向，并注入适量润滑油或2号锂基润滑脂。

　　4. 长期在高速状态下运行时，应有相应冷却措施。

11.2.7 离心离合器（见表 11-49）

表 11-49 　　　AS 型钢砂式离心离合器的基本参数和主要尺寸（JB/T 5986—1992）

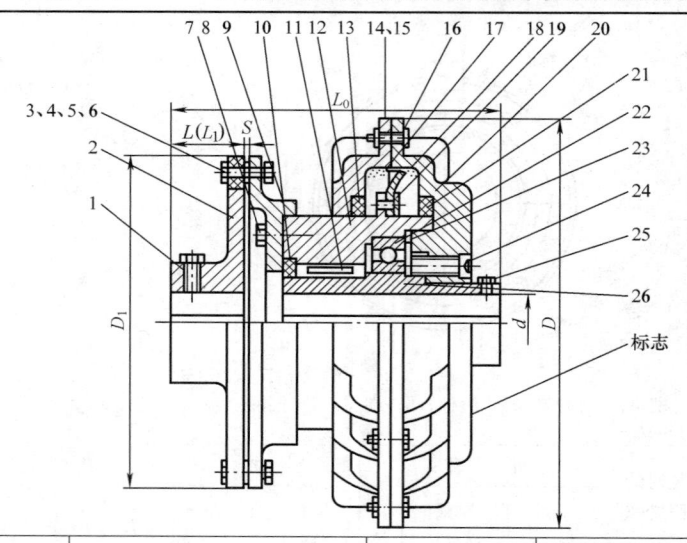

1、25—紧定螺钉；2—半联轴器；3—弹性套；4—柱销；5、8—弹簧垫圈；6、16—螺母；7、15、19—螺栓；9—法兰；10、13、21—密封圈；11—滚针轴承；12—从动转子；14、20—壳体；17—钢砂；18—叶轮；22—滚动轴承；23—挡圈；24—内六角螺栓；26—主动轴套

型　号	各种转速下的传递功率/kW				轴孔直径 d (H7)	轴孔长度			L_0	D_1	D	许用转速 $[n]$ /(r/min)	
	750	1000	1500	3000		Y 型	J、J_1、Z、Z_1 型						
						L	L	L_1				铸铁	铸钢
	r/min					mm							
AS1	—	0.075	0.185	1.5	14	32	20	32	100	80	105	5700	7600
					16				110				
AS2	0.2	0.48	1.1	4	19	42	30	42	126	95	160	3500	5000
					20、22、24	52	38	52	136				
					24				180		194	2860	3800
AS3	0.5	1.3	3.5	8 *	25				190	106			
					28	62	44	62					
AS4	0.8	1.5	5.5	20 *	28						214	2600	3470
					30、32					130			
AS5	2	3.7	10	28	32、35	82	60	82	218		240	2290	3060
					38					160			
					40、42				248				
AS6	4	7.5	22	—	42、45	112	84	112	262	190	293	1830	2240
					48、50、55					224			
AS7	10	15	55		55、56				295		340	1600	2240
					60、63、65				325	250			
AS8	30	45	100	—	65、70、71	142	107	142	317		432	1270	1600
					75				315				
					80、85	172	132	172	347				
AS9	100	170	260		85、90、95				393	400	560	1000	1300
					100	212	167	212					

注：带 * 号的离合器材料为锻钢。

11.2.8 安全离合器（见表 11-50）

表 11-50 常用安全离合器的形式与特点

分 类	结 构 简 图	特 点
破断式	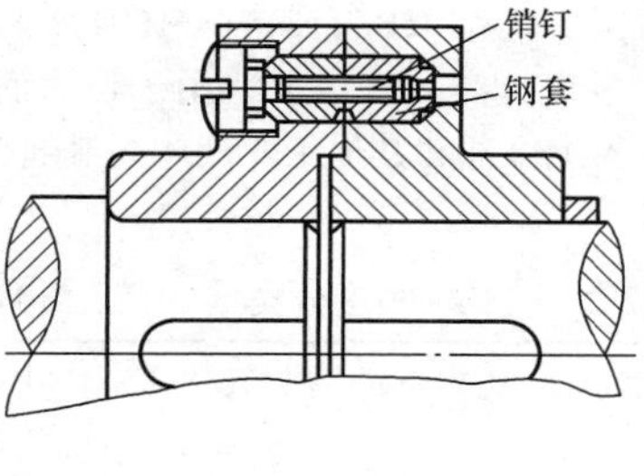 剪销安全离合器 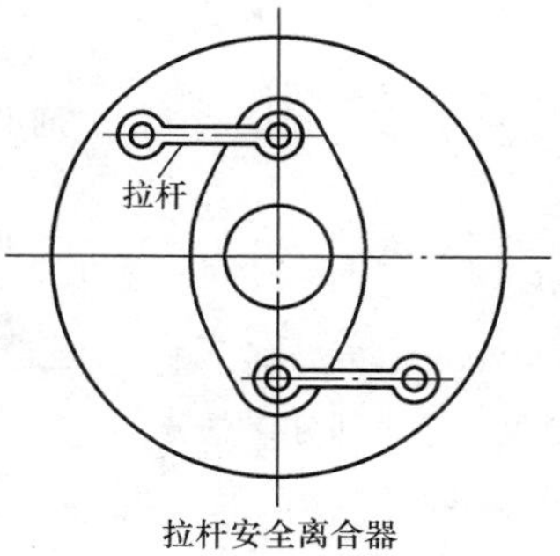　　　　　　拉杆安全离合器	过载时，销钉被剪断或拉杆被拉断。销钉和拉杆的尺寸由强度决定。结构简单，制造容易，尺寸紧凑，但工作精度不高，用于不经常过载的传动装置
牙嵌式	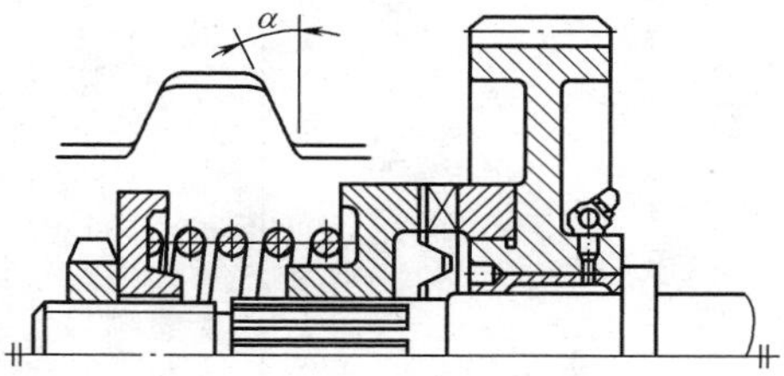	过载离合极限转矩靠弹簧控制，可以调节，过载打滑时有冲击磨损较大，不宜用于过载后转差大的场合
钢珠式	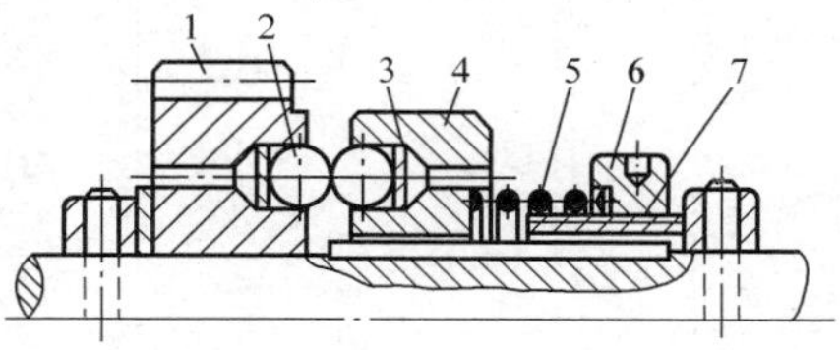 1、4—半离合器；2—钢珠；3—垫；5—压缩弹簧；6—螺母；7—轴套（珠对珠） 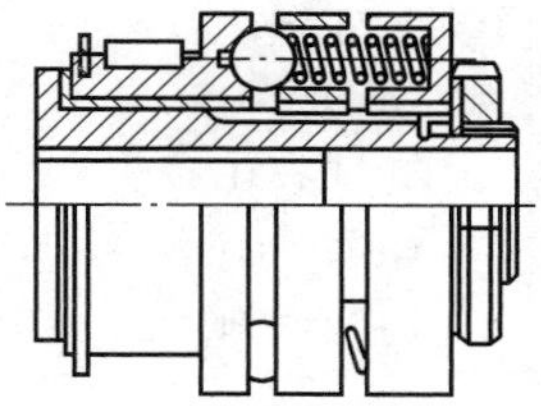　　　珠对槽	过载离合极限转矩靠弹簧控制，可以调节，过载打滑时有振动和噪声，不宜用于过载后转差很大的场合，一般只用于传递较小转矩的装置中
摩擦式	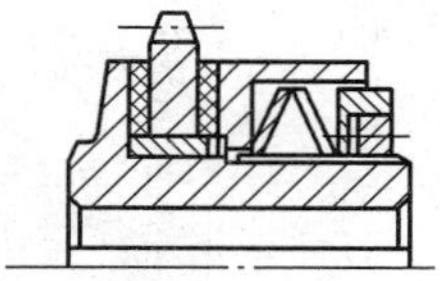 单片式 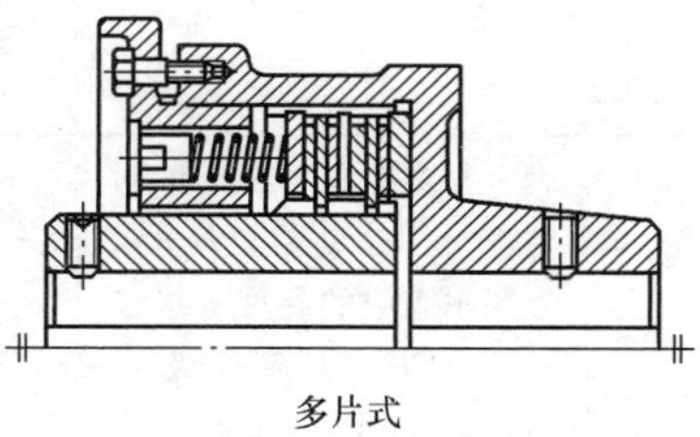　　多片式 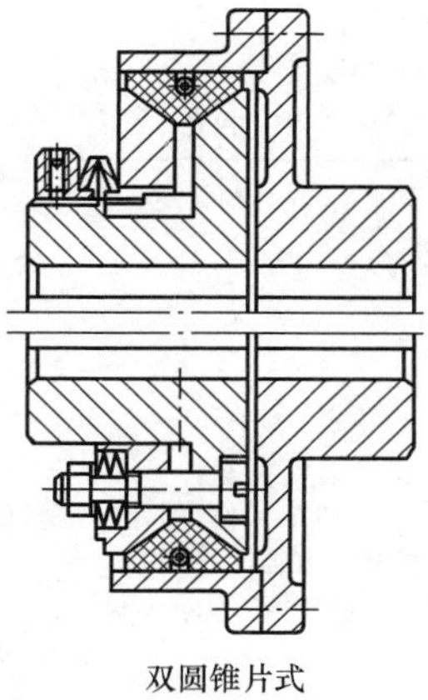　　双圆锥片式	过载离合极限转矩可用弹簧调整。当载荷超过弹簧限定的极限转矩时，离合器主从动部分摩擦元件间即出现相对滑动，并因摩擦而耗掉一部分能量。工作平稳，如果散热性好，可以用于离合器过载后转差大的场合 双锥安全离合器有两种推力弹簧，Ⅰ式用于传递中、小转矩，Ⅱ式用于传递较大转矩

第12章 润滑与密封

12.1 润滑剂

12.1.1 液体润滑剂

1. 润滑油的分类和表示方法

按国家标准 GB/T 7631.1—2008《润滑剂、工业用油和相关产品（L 类）的分类 第 1 部分：总分组》润滑剂的分类和有关标准见表 12-1。

表 12-1 润滑剂、工业用油和相关产品（L 类）的分类

（GB/T 7631.1—2008）

组别	应用场合	各组分类标准
A	全损耗系统	GB/T 7631.13
B	脱模	
C	齿轮	GB/T 7631.7
D	压缩机	GB/T 7631.9
E	内燃机油	GB/T 7631.17
F	主轴、轴承、离合器	GB/T 7631.4
G	导轨	GB/T 7631.11
H	液压系统	GB/T 7631.2
M	金属加工	GB/T 7631.5
N	绝缘液体	GB/T 7631.15
P	气动工具	GB/T 7631.16
Q	热传导液	GB/T 7631.12
R	暂时保护防腐蚀	GB/T 7631.6
T	汽轮机	GB/T 7631.10
U	热处理	GB/T 7631.14
X	润滑脂	GB/T 7631.8

注：标准 GB/T 7631.1—2008 等效采用 ISO 6743-99：2002，而表中 S 组别在 ISO 中没有。

润滑油表示方法

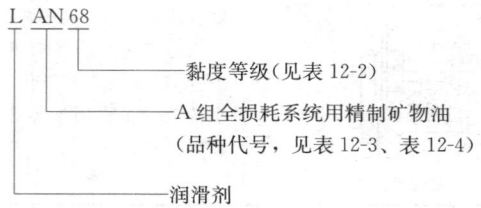

L AN 68

黏度等级（见表 12-2）

A 组全损耗系统用精制矿物油（品种代号，见表 12-3、表 12-4）

润滑剂

2. 黏度分类

按国家标准 GB/T 3141—1994《工业液体润滑剂 ISO 黏度分类》规定了适用于作为润滑剂、液压液、电器绝缘油和其他工业液体润滑剂。ISO 黏度分类见表 12-2。

表 12-2 ISO 黏度分类（GB/T 3141—1994）

ISO 黏度等级	中间点运动黏度 /(mm²/s)	运动黏度范围 /(mm²/s)
2	2.2	1.98～2.42
3	3.2	2.88～3.52
5	4.6	4.14～5.06
7	6.8	6.12～7.48
10	10	9.00～11.00
15	15	13.5～16.5
22	22	19.8～24.2
32	32	28.8～35.2
46	46	41.4～50.6
68	68	61.2～74.8
100	100	90.0～110
150	150	135～165
220	220	198～242
320	320	288～352
460	460	414～506
680	680	612～748
1000	1000	900～1100
1500	1500	1350～1650
2200	2200	1980～2420
3200	3200	2880～3520

注：1. 表中黏度在润滑油温度为 40℃下测量。

2. 对于 40℃ 运动黏度大于 3200mm²/s 的产品，可参照本表中的黏度等级设计，把测定温度改为 100℃，并在黏度等级后加后缀符号"H"即可，如 15H。

3. 常用润滑油选择（见表 12-3 和表 12-4）

表 12-3 常用润滑油主要质量指标和用途

名　称	黏度等级或牌号	倾点/℃ ≤	闪点（开口）/℃ ≥	酸值/mg KOH/g ≤	机械杂质（质量分数）（%）≤	主要用途
汽油机油 （GB 11121—2006） 质量等级 SE、SF	0W-20	-40	200	—	0.01	适用于轻型卡车、客车及皮卡的汽油发动机，如解放轻卡、江铃汽车等小功率汽油机的润滑。也可用于小型面包车和经济型轿车，如哈飞、五菱和吉利、奥拓汽车
	0W-30					
	5W-20	-35	200			
	5W-30					
	5W-40					
	5W-50					
	10W-30	-30	205			
	10W-40					
	10W-50					
	15W-30	-23	215			
	15W-40					
	15W-50					
	20W-40	-18	215			
	20W-50					
	30	-15	220			
	40	-10	225			
	50	-5	230			
汽油机油 （GB 11121—2006） 质量等级 SG、SH、GF-1、SJ、GF-2、SL、GF-3	0W-20	-40	200	—	0.01	SG、SH 级机油常用于中低档轿车，如捷达、桑塔纳、伊兰特等车型。SJ 以上级别多用于中高档轿车，如本田、丰田、帕萨物、别克系列。SL 级主要用于高级轿车，如奥迪 A8、雷克萨斯 GX350、奔驰 S600 等车型
	0W-30					
	5W-20	-35	200			
	5W-30					
	5W-40					
	5W-50					
	10W-30	-30	205			
	10W-40					
	10W-50					
	15W-30	-25	215			
	15W-40					
	15W-50					
	20W-40	-20	215			
	20W-50					
	30	-15	220			
	40	-10	225			
	50	-5	230			

（汽油机油）

续表

名 称	黏度等级或牌号	倾点 /℃ ≤	闪点（开口）/℃ ≥	酸值 /mg KOH/g ≤	机械杂质（质量分数）（%）≤	主 要 用 途
柴油机油（GB 11122—2006）质量等级 CC、CD	0W-20	−40	200	—	0.01	适用于低增压柴油机及要求使用 APICC 级油的进口和国产新型柴油机
	0W-30					
	0W-40					
	5W-20	−35	200			
	5W-30					
	5W-40					
	5W-50					
	10W-30	−30	205			
	10W-40					
	10W-50					
	15W-30	−23	215			
	15W-40					
	15W-50					
	20W-40	−18	215			
	20W-50					
	20W-60					
	30	−15	220			
	40	−10	225			
	50	−5	230			
	60	−5	240			
柴油机油（GB 11122—2006）质量等级 CF、CF-4、CH-4、CI-4	0W-20	−40	200	—	0.01	适用于进口的高转速、重载荷、大功率柴油机和中增压柴油机以及要求使用 ECD 级的柴油机
	0W-30					
	0W-40					
	5W-20	−35	200			
	5W-30					
	5W-40					
	5W-50					
	10W-30	−30	205			
	10W-40					
	10W-50					
	15W-30	−25	215			
	15W-40					
	15W-50					
	20W-40	−20	215			
	20W-50					
	20W-60					
	30	−15	220			
	40	−10	225			
	50	−5	230			
	60	−5	240			

（名称栏左侧竖排）柴 油 机 油

续表

名　称	黏度等级或牌号	倾点/℃ ≤	闪点（开口）/℃ ≥	酸值/mg KOH/g ≤	机械杂质（质量分数）(%) ≤	主 要 用 途
L-CLC 普通车辆齿轮油（SH/T 0475—1992）	80W/90	−28	170	报告	0.05	选用于解放 CA10B (C)、CA30、黄河 JN150 (1) 和跃进 NJ130 等采用螺旋伞齿轮传动的汽车后桥及变速器的润滑
	85W/90	−18	180		0.02	
L-CLE 重负荷车辆齿轮油（GB 13895—1992）	75W	报告	150	—	—	适用于采用双曲齿线齿轮传动的重载荷或高速冲击作业条件下要求用 GL-5 齿轮油的进口或国产后桥的润滑
	80W/90		165			
	85W/90		165			
	85W/140		180			
	90		180			
	140		200			
L-CKB 工业闭式齿轮油（GB 5903—2011）	100	−8	180	—	0.01	适用于齿面接触应力小于 500MPa 的中、轻载荷的闭式直齿轮、斜齿轮和直齿锥齿轮
	150					
	220		200			
	320					
L-CKC 工业闭式齿轮油（GB 5903—2011）	32、46、68	−12	180	—	0.02	适用于齿面接触应力小于 1.1×10^9 Pa 的齿轮润滑，如冶金、矿山、化纤、化肥等工业的闭式齿轮装置
	100					
	150、220	−9				
	320、460		200			
	680					
	1000	−5				
	1500					
L-CKD 工业闭式齿轮油（GB 5903—2011）	68	−12	180	—	0.02	适用于齿面接触应力大于 1.1×10^9 Pa 的齿轮及具有冲击载荷、高温或要求优良抗乳化性能的齿轮装置的润滑，如石油、冶金、煤矿、化纤、化肥等引进设备的齿轮装置
	100					
	150、220	−9				
	320、460		200			
	680					
	1000	−5				

齿轮油

名 称	黏度等级或牌号	倾点/℃ ≤	闪点（开口）/℃ ≥	酸值/mg KOH/g ≤	机械杂质（质量分数）（%）≤	主 要 用 途
齿轮油 普通开式齿轮油 (SH/T 0363—1992)	68	—	200	—	—	主要用于润滑开式工业用齿轮箱、半封闭式齿轮箱和低速重载荷齿轮箱等齿轮传动装置
	100					
	150					
	220		210			
	320					
蜗轮蜗杆油 (SH/T 0094—1991)	220	−6	90	—	—	适用于滑动速度大，铜-钢蜗轮传动装置
	320					
	460					
	680					
	1000					
液压油 L-HL 液压油 (GB 11118.1—2011)	15	—	—	—	0.005	适用于机床和其他设备的低压齿轮泵，也可用于使用其他抗氧防锈型润滑油的机械设备
	22					
	32					
	46					
	68					
	100					
	150					
L-HM 液压油 (GB 11118.1—2011)	32	−15	175	—	无	适用于重载荷、中压、高压的叶片泵，柱塞泵和齿轮泵的液压系统，适用于中压、高压工程机械，引进设备、车辆的液压系统，如三辊弯管机、卧式铝挤压机、采煤机、履带式起重机等
	46	−9	185			
	68	−9	195			
L-HV. HS 低温液压油（草案）	HV15	−36	100	—	无	HV、HS 为低温液压油 HV 型用于低温（−5～−25℃）范围的寒冷地区工程机械的液压系统。HS 型使用温度（−15～−40℃），低温性能优于 HV 型，适用严寒地区工程机械的液压系统
	22		140			
	32		160			
	46					
	68	−30	180			
	100	−21				
	HS15	−45	100			
	22		140			
	32		160			
	46					
L-HG 液压油	32	−6	168	—	无	又称液压—导轨油。适用于各种机床液压和导轨合用的润滑系统、机床导轨系统或机床液压系统。注意不适用于高压液压系统
	68		180			
L-DAA 轻载荷往复式压缩机油 (GB 12691—1990)	32	−9	175	—	0.01	适用于轻载荷空气压缩机。其中 N150 用于排气温度在 160℃ 以下，排气压力低于 4000kPa 的往复式压缩机以及排气压力在 700kPa 以下的水冷滑片式压缩机
	46		185			
	68		195			
	100		205			
	150	−3	215			

续表

名　称	黏度等级或牌号	倾点/℃ ≤	闪点（开口）/℃ ≥	酸值/mg KOH/g ≤	机械杂质（质量分数，%）≤	主　要　用　途
液压油 L-DAB 中载荷往复式压缩机油（GB 12691—1990）	32	−9	175	—	0.01	其中 68 号用于排气压力为 1000kPa 以下的 1～2 级压缩机，100 号、150 号用于排气压力为 1000～10000kPa 的多级中压压缩机
	46		185			
	68		195			
	100		205			
	150	−3	215			
L-DAC 重载荷往复式压缩机油	32	−30	—	—	—	用于高压压缩机
	46					
	68					
	100					
	150					
回转式压缩机油（GB 5904—1986）	N15	−9	165	—	0.01	其中 N32 号适用于排气压力小于或等于 686.5kPa 的一、二级螺杆式及二级滑片式空压机使用，N100 适用于排气温度低于 100℃，有效工作压力小于 800kPa 的一级或二级滑片式空气压缩机的润滑
	N22		175			
	N32		190			
	N46		200			
	N68		210			
	N100		220			

表 12-4　　　　　　　　　**其他油品的主要质量指标与用途**

类　别	黏度代号或牌号	倾点/℃ ≤	闪点（开口）/℃ ≥	水溶性酸或碱	酸值/mg KOH/g ≤	机械杂质（质量分数，%）≤	用　途
L-AN 全损耗系统用油（GB 443—1989）	5	−5	80	无	—	0.005	对润滑油无特殊要求的锭子、轴承、齿轮和其他低载荷机械不适合于循环润滑系统
	7		110				
	10		130				
	15		150				
	22						
	32						
	46		160			0.007	
	68						
	100		180				
	150						
涡轮机油（GB 11120—2011）	32	−6	186	—	0.2	无	用于电力、船舶及其他工业汽轮机组，水轮机组的润滑和密封
	46		186				
	68		195				
	100（B 级）		195				

续表

类　别	黏度代号或牌号	倾点/℃ ≤	闪点(开口)/℃ ≥	水溶性酸或碱	酸值/mg KOH/g ≤	机械杂质(质量分数,%) ≤	用　途
矿物绝缘油 (GB 2536—2011)	变压器油(最)低冷态投运温度 -30℃	-40	135	无	0.01	—	用于油浸式变压器、低温开关和其他油渍设备
	低温开关油	-60	100				
冷冻机油	N15	-40	150	无	0.02	无	用于冷冻机缸体及轴承的润滑
	N22		160				
	N32		160				
	N46		170		0.03		
	N68	-35	180		0.05		
真空泵油	1 号	-15	206	无	0.2	—	在真空技术领域中广泛应用。可用来抽气产生一定的真空度,也可辅助各种扩散泵达到高真空条件
导轨油 SH/T 0361—1998	N32	-10	170	无	—		适用于精密机床导轨的润滑
	N68	-10	190				
	N100	-10	190				
	N150	-5	190				
主轴油	N2	-15	60	无	—	无	适用于精密机床高精度高转速机床主轴的润滑。注意主轴油不能用其他油品代用,不能在高温或曝晒区存放,防止油中混入杂质、水分等
	N3		70				
	N5		80				
	N7		90				
	N10		100				
	N15		110				
	N22		120				
过热气缸油	38 号	10	290	无	—	无	使用蒸汽温度为280~400℃的往复泵式蒸汽机的蒸汽往复汽缸和活塞间的润滑
	52 号	10	300			0.01	
饱和气缸油	11 号	5	215	无	0.025	0.007	用于蒸汽温度120~200℃,压力0.2~1.5MPa的往复式蒸汽机的润滑
	24 号	15	240			0.1	
10 号仪表油 (SH/T 0138—1994)	9~11	-50	125	无	0.05	无	用于各种仪器仪表、自动控制仪的轴承传动件,微型齿轮等部位的润滑

12.1.2 润滑脂（见表 12-5）

表 12-5　　　　　　　　　　　　　　常用润滑脂的主要质量指标及用途

名　称	牌号	锥入度/ (1/10mm)	滴点 /℃ ≥	水分 (%) ≤	灰分 (%) ≤	蒸发量 (99℃，22h) (%)≤	机械杂质 /(个/cm³) ≤	特性与用途
钙基润滑脂 (GB/T 491—2008)	1 号	310～340	80	1.5	3.0	—		温度低于 55℃、轻载荷和有自动给脂的轴承，以及汽车底盘和气温较低地区的小型机械
	2 号	265～295	85	2.0	3.5			中小型滚动轴承，以及冶金、运输、采矿设备中温度不高于 55℃的轻载荷、高速机械的摩擦部位
	3 号	220～250	90	2.5	4.0			中型电动机的滚动轴承，发电机及其他温度在 60℃以下中等载荷中等转速的其他机械摩擦部位
	4 号	175～205	95	3.0	4.5			汽车、水泵的轴承、重载荷自动机械的轴承，发电机、纺织机及其他 60℃以下重载荷、低速机械
钠基润滑脂 (GB/T 492—1989)	ZN-2 ZN-3	265～295 220～250	140			2.0	—	使用温度不高于 110℃，且无水分及湿气的工、农业机械
	ZN-4	175～205	150					使用温度不高于 120℃，且无水分及湿气的工、农业机械
极压锂基润滑脂 (GB/T 7323—2008)	00 号	400～430	165			2.0	显微镜杂质 25μm 以上 3000 75μm 以上 500 125μm 以上 0	具有良好的机械安定性、抗水性、防锈性，极压抗磨性和泵送性，适用温度为（−20～120）℃。用于压延机、锻造机、减速机等高载荷机械设备及轴承、齿轮润滑。其中 0 号、1 号可用于集中润滑系统
	0 号	355～385	170					
	1 号	310～340	175					
	2 号	265～295	175					
通用锂基润滑脂 (GB/T 7324—2010)	1 号	310～340	170			2.0	显微镜杂质 10μm 以上 不大于 2000 25μm 以上 不大于 1000 75μm 以上 不大于 200～ 125μm 以上 不大于 0	用于（−20～120）℃温度范围内的各种机械设备的滚动轴承和滑动轴承及其他摩擦部位润滑
	2 号	265～295	175					
	3 号	220～250	180					
7014—1 号 高温润滑脂	—	1/4 锥入度 62～75	280	—	—	200℃，1h 5 204℃，22h 10	直径 25～74μm 5000 直径 75～124μm 1000	用于高温下工作的滚动轴承、一般滑动轴承、齿轮润滑。使用温度范围（−40～200）℃

续表

名　　称	牌号	锥入度/ (1/10mm) ≥	滴点 /℃ ≥	水分 (%) ≤	灰分 (%) ≤	蒸发量 (99℃，22h) (%)≤	机械杂质 /(个/cm³) ≤	特性与用途
汽车通用锂 基润滑脂 (GB/T 5671—2014)	—	265～295	180	—	—	2.0	10μm 以上 5000 25μm 以上 3000 75μm 以上 500	具有良好的机械安定性、胶体安定性、防锈性、氧化安定性、抗水性，用于温度为（−30～120）℃汽车轮毂轴承、底盘、水泵和发电机等摩擦部位
钙钠基润滑脂	ZGN-1	250～290	120	0.7	—	—	无	耐溶、耐水、适用温度范围为 80～100℃。用于铁路机车和列车，小型电动机和发电机以及高温轴承
	ZGN-2	200～240	135					
铝基润滑脂	—	230～280	75	—	皂含量 不低于 14	—	无	具有高度的耐水性，用于航空机器的摩擦部位及金属表面防腐蚀
复合钙基润滑油	ZFG-1	310～340	180	—	—	—	无	又名高温润滑脂。具有较好的耐温性、机械安定性、胶体安定性、抗湿性，故用于高温及潮湿条件下摩擦部位
	ZFG-2	265～295	200					
	ZFG-3	220～250	220					
	ZFG-4	175～205	240					
合成钙基润滑脂	ZG-2H	265～310	80	3	皂分 18	—	无	具有良好的润滑性能和抗水性，适用于工业、农业、交通运输等的润滑，使用温度不超过 60℃
	ZG-3H	220～365	90		皂分 23			
合成复合钙 基润滑脂	ZFG-1H	310～340	180				无	具有较好的胶体安定性和机械安定性，用于较高温条件下摩擦部位的润滑
	ZFG-2H	265～295	200					
	ZFG-3H	220～250	220					
	ZFG-4H	175～205	240					
合成锂基润滑脂	ZL-1H	310～340	170				无	具有较好的机械安定性和抗水性能。适用于温度为（−20～120）℃的机械设备滚动和滑动部位的润滑
	ZL-2H	265～295	175					
	ZL-3H	220～250	180					
	ZL-4H	175～205	185					

续表

名 称	牌号	锥入度/ (1/10mm)	滴点 /℃ ≥	水分 (%) ≤	灰分 (%) ≤	蒸发量 (99℃，22h) (%)≤	机械杂质 /(个/cm³) ≤	特性与用途
精密机床主 轴润滑脂	2 号	265～295	180	—	—	—	无	具有良好的机械安定性，胶体安定性，抗氧化性能。适用于精密机床和磨床的高速磨头主轴的长期润滑
	3 号	220～250	180					
3 号仪表润滑脂	—	230～265	60				无	用于温度范围（－60～55)℃内工作的仪器
滚珠轴承润滑脂	—	250～290	120	0.75			无	用于货车、机车的导杆滚珠轴承等高温摩擦交点和电动机滚动轴承的润滑
真空封脂	KZ-1	40～65 （微）	45	—	—	—	—	用于真空系统的玻璃活塞和磨口接头的润滑。1、2、3号工作温度为常温，4号高于135℃
	KZ-2	30～55	50					
	KZ-3	25～50	55					
	KZ-4	50～80	200					

12.1.3 固体润滑剂（见表 12-6～表 12-10）

表 12-6　　　　　　　　　二硫化钼粉剂的主要质量指标及用途

项 目		质量指标			检验方法	特点及主要用途
		0 号	1 号	2 号		
二硫化钼质量分数（%）	≥	99	99	98	醋酸铅法	摩擦因数很低，一般为 0.03～0.2，载荷越大，摩擦因数越小，在超高压下，摩擦因数可达 0.017。具有较强的抗压性能，在 3200MPa 压力下，两金属面仍不熔接，有较好的耐酸性，耐高温性低，最高工作温度 350℃，在真空中可达 1000℃。纯度高、杂质少。可制作各种固体润滑膜，代替油脂。可添加到各种润滑油中，改善润滑性能，也可添加到工程塑料制品和粉末冶金中，起到自润滑作用
二氧化硅质量分数（%）	≤	0.02	0.02	0.05	硅钼黄比色法	
铁质量分数（%）	≤	0.06	0.04	0.1	硫氢酸盐比色法	
腐蚀，黄铜片（100℃，3h）		合格	合格	合格		
粒度					显微镜计数法	
≤1μm（%）	≤	80				
>1～2μm（%）	≥	10	90	25		
>2～5μm（%）	≥	7	7.2	55		
>5～7μm（%）	≥	3	2	15		
>7μm（%）	≥	无	0.8	5		

注：生产厂：辽宁本溪市润滑材料厂。

表 12-7   **二硫化钨粉剂的质量指标和用途**

项　目	质量指标			检验方法	特点及主要用途
	1 号	2 号	3 号		
外观	黑灰色胶体粉末			目测	WS_2 不溶于水、油等有机溶剂，一般情况下也不溶于酸、碱。在大气中分解温度为 510℃、593℃，氧化迅速，最高工作温度 425℃，真空中可达 1150℃。摩擦因数较低，一般为 0.025~0.06，有较强的抗辐射性，抗极压强度为 21.00MPa
二硫化钨（WS_2）质量分数（%） ≥	98	97	96	辛可宁重量法	
二氧化硅（SiO_2）质量分数（%） ≤	0.1	0.12	0.15	硅钼黄比色法	
铁（Fe）质量分数（%） ≤	0.04	0.08	0.1	硫氰酸盐比色法	可制成各种固体润滑膜，可添加到各种油、脂、水中制成各种润滑剂，提高润滑性能，也可以添加到工程塑料制品和粉末冶金中，制成自润滑剂，还可直接涂抹在螺纹连接件上，防止锈死，便于拆卸
粒度 ≤2μm（%） ≥ >2~10μm（%） ≤ >10μm（%）	显微镜计数法 90 10 无	90 10 无	90 10 无		

表 12-8   **胶体石墨粉的质量指标和用途**

项　目	质量指标				特点及主要用途
	1 号	2 号	3 号	特 2 号	
颗粒度/μm	4	15	30	8~10	石墨与各种金属表面都有良好的黏附能力，尤其对金属氧化膜，因此适用于钢与铜。具有良好的导热性、导电性、热稳定性。摩擦因数为 0.05~0.15，载荷越大，摩擦因数越小。在空气中最高工作温度 540℃
石墨灰分（%） ≤	1.0	1.5	2	1.5	
灰分中不溶于盐酸的质量分数（%） ≤	0.8	1	1.5	1.5	
通过 250 目上的筛余（%） ≤	0.5	1.5	—	0.5	
通过 230 目上的筛余（%） ≤	—	—	5	—	可用做耐高温和耐蚀润滑剂基料，也可用作橡胶，塑料的填充料，以提高其耐磨抗压性能，还可以分散到液体中使用
水分质量分数（%） ≥	0.5				
研磨性能	符合规定				

表 12-9   **二硫化钼 P 型成膜剂的质量指标及用途**

项　目	质量指标	检验方法	特性及主要用途
外观	灰色软膏	目测	具有良好的反应成膜、抗压减磨润滑等性能。适用于轻载荷、低转数、冲击力小、单向运转的齿轮，可实现无油润滑，如纺织行业和食品行业的小型齿轮以及低转数轻载荷的润滑部位。亦可以用在重负荷，冲击力大的齿轮上，做极压成膜的底膜用，其特点是成膜快、膜牢固、寿命长
附着性	合格	擦涂法	
MoS_2 粒度≤2μm（%） ≥	90	显微镜计数法	

表 12-10   **二硫化钼重型机床油膏的质量指标和用途**

项　目	质量指标	检验方法	特性及主要用途
外观	灰黑色均匀软膏	目测	具有优良的抗极压（PB 值为 85N），抗摩减磨、消振润滑等性能，并有良好的机械安定性和氧化安定性。使用温度 20~80℃
锥入度(25℃,150g,60 次)/(1/10mm)	300~350	GB/T 269—1991	
腐蚀，钢片、黄铜片（100℃，3h）	合格		适用于各式大型车床、镗床、铣床、磨床等设备的导轨上，立式或卧式的水压机柱塞。安装机车大轴时，涂上本品，可防止拉毛，抹在机床丝杠上，能使机件运动灵活
游离碱，NaOH 质量分数（%） ≤	0.15		
水分质量分数（%） ≤	痕迹	GB/T 512—1965	

注：生产厂：辽宁本溪市润滑材料厂。

12.2 润滑方式

正确选用润滑方式、润滑系统对保证润滑剂的输送、分配、调节和检查，以及提高机械设备的工作性能和使用寿命起着重要作用。

对小型、简单及低速轻载的机械，或所需油量少、无回油价值时，可采用手工加油、滴油、油垫等简单润滑方式。对大型、复杂或高速重载的机械，并要求连续供油时，可采用飞溅润滑、油环润滑或循环润滑；对更高速的轴承或齿轮则多采用油雾润滑；对需油量较大的重要部件上最好采用压力循环润滑。表 12-11 为润滑油的各种润滑方式及优缺点比较，可供选择润滑方式参考。

表 12-11 润滑油的各种润滑方式及优缺点

润滑方式	油壶或油枪润滑	油杯滴油润滑	流失式集中润滑	油雾润滑	油绳与油垫润滑	油环与油链润滑	飞溅润滑	循环润滑
优点	初始成本低、简单、易检查	初始成本低、人工费用低	人工费用低、可靠性高、无用错油的可能	人工费用低、可靠性高、耗油量小、冷却效果好	初始成本低、人工费用低	人工费用低、较可靠、略有冷却作用、废油可回收	初始成本低、人工费用低、废油可回收	应用范围广、较可靠、冷却效果好、废油可回收
缺点	人工费用高、可靠性取决于操作人员、易加错油、要求靠近机器操作、无冷却作用、废油不能回收	操作时要求接近机器、要求仔细检查油量、无冷却作用、废油不能回收	初始成本高、维护费用高、无冷却作用、废油不能回收	初始成本高、要求仔细控制流量、废油不能回收	无冷却作用、有可能阻塞	初始成本相当高、速度范围有限制	速度范围有限制	初始成本高、维护费用高

12.3 润滑件

12.3.1 油杯（见表 12-12～表 12-16）

表 12-12 直通式和接头式压注油杯的形式与尺寸（JB/T 7940.1—1995，JB/T 7940.2—1995）

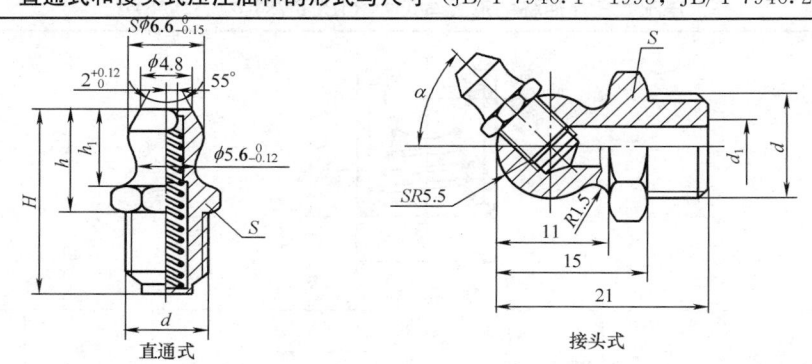

直通式

接头式

（单位：mm）

d	直 通 式					钢球 GB/T 308.1—2013	接 头 式				直通式压注油杯 JB/T 7940.1—1995
	H	h	h_1	基本尺寸 (S)	极限偏差 (S)		d_1	α	基本尺寸 (S)	极限偏差 (S)	
M6	13	8	6	8	0 −0.22	3	3	45° 90°	11	0 −0.22	M6
M8×1	16	9	6.5	10			4				
M10×1	18	10	7	11			5				

注：标记，连接螺纹 M10×1，直通式（45°接头式）压注油杯标记为油杯 M10×1（45°M10×1）（JB/T 7940.1—1995、JB/T 7940.2—1995）。

表 12-13 旋盖式油杯的形式与尺寸（JB/T 7940.3—1995）

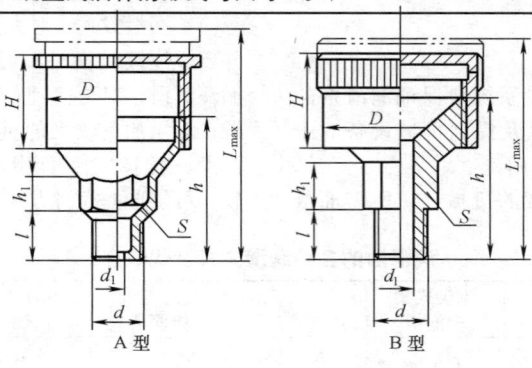

A 型　　　　　　B 型

（单位：mm）

最小容量 /cm³	d	l	H	h	h_1	d_1	D		L max	S	
							A 型	B 型		基本尺寸	极限偏差
1.5	M8×1	8	14	22	7	3	16	18	33	10	0 −0.22
3	M10×1		15	23	8	4	20	22	35	13	
6			17	26			26	28	40		
12	M14×1.5	12	20	30	10	5	32	34	47	18	0 −0.27
18			22	32			36	40	50		
25			24	34			41	44	55		
50	M16×1.5		30	44			51	54	70	21	0 −0.33
100			38	52			68	68	85		
200	M24×1.5	16	48	64	16	6	—	86	105	30	—

注：标记，最小容量 25cm³，A 型旋盖式油杯标记为油杯 A25（JB/T 7940.3—1995）。

表 12-14 压配式压注油杯的形式与尺寸（JB/T 7940.4—1995）

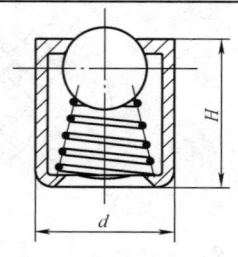

（单位：mm）

d		H	钢球 GB/T 308.1—2013	d		H	钢球 GB/T 308.1—2013
基本尺寸	极限偏差			基本尺寸	极限偏差		
6	+0.040 +0.028	6	4	16	+0.063 +0.045	20	11
8	+0.049 +0.034	10	5	25	+0.085 +0.064	30	13
10	+0.058 +0.040	12	6				

注：1. 与 d 相配孔的极限偏差按 H8。

　　2. 标记 d＝6mm，压配式压注油杯标记为：油杯 6（JB/T 7940.4—1995）。

表 12-15　　　　　　　　弹簧盖油杯的形式与尺寸（JB/T 7940.5—1995）

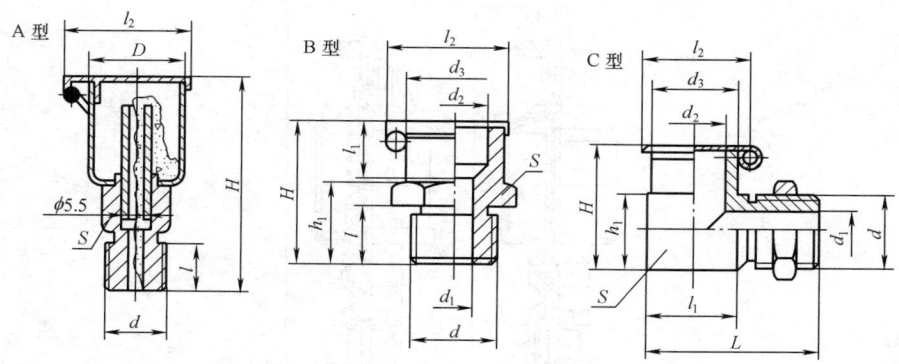

最小容量 /cm³	d	H ≤	D	l₂ ≈	l	S	
						基本尺寸	极限偏差
1	M8×1	38	16	21	10	10	0 −0.22
2		40	18	23			
3	M10×1	42	20	25		11	
6		45	25	30			
12	M14×1.5	55	30	36	12	18	0 −0.27
18		60	32	38			
25		65	35	41			
50		68	45	51			

A 型 table header: l_2 (≈), l, S (基本尺寸 / 极限偏差)

				B 型							C 型							
d	d₁	d₂	d₃	H	h₁	l	l₁	l₂	S 基本尺寸	S 极限偏差	H	h₁	L	l₁	l₂	六角薄螺母 GB/T 6172.1 —2016	S 基本尺寸	S 极限偏差
M6	3	6	10	18	9	6	8	15	10	0 −0.22	18	9	25	12	15	M6	13	0 −0.27
M8×1	4	8	12	24	12	8	10	17	13	0 −0.27	24	12	28	14	17	M8×1		
M10×1	5												30	16		M10×1		
M12×1.5	6	10	14	26	14	10	12	19	16		26	14	34	19	19	M12×1.5	16	
M16×1.5	8	12	18	28				23	21	0 −0.33	30	18	37	23	23	M16×1.5	21	0 −0.33

注：标记，最小容量 3cm³，A 型弹簧盖油杯标记为油杯 A3（JB/T 7940.5—1995）；连接螺纹 M10×1；B 型弹簧盖油杯标记为油杯 BM10×1（JB/T 7940.5—1995）。

表 12-16 针阀式注油杯的形式与尺寸（JB/T 7940.6—1995）

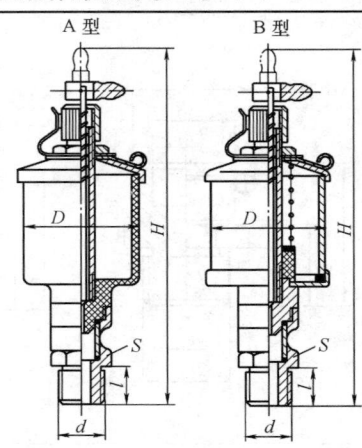

最小容量 /cm³	d	l	H	D	S		六角薄螺母 GB/T 6172.1 —2016
					基本尺寸	极限偏差	
16	M10×1		105	32	13		M8
25		12	115	36		0	
50	M14×1.5		130	45	18	−0.27	
100			140	55			M10
200	M16×1.5	14	170	70	21	0	
400			190	85		−0.33	

注：标记，最小容量 25cm³，A 型针阀式油杯标记为油杯 A25（JB/T 7940.6—1995）。

12.3.2 油标（见表 12-17～表 12-20）

表 12-17 压配式圆形油标的形式与尺寸（JB/T 7941.1—1995）

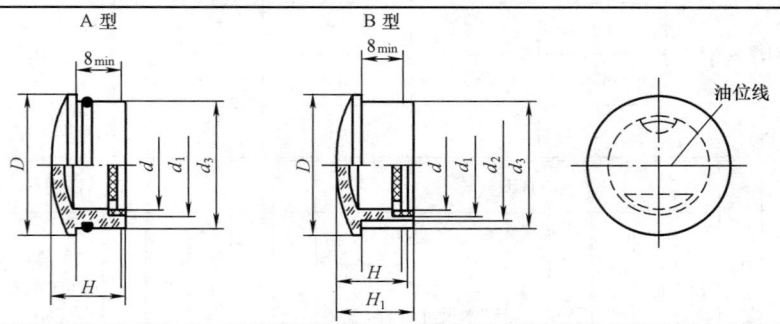

d	D	d_1		d_2		d_3		H	H_1	O 形橡胶密封圈 GB/T 3452.1—2005
		基本尺寸	极限偏差	基本尺寸	极限偏差	基本尺寸	极限偏差			
12	22	12	−0.050 −0.160	17	−0.050 −0.160	20	−0.065 −0.195	14	16	15×2.65
16	27	18		22	−0.065	25				20×2.65
20	34	22	−0.065 −0.195	28	−0.195	32	−0.080 −0.240	16	18	25×3.55
25	40	28		34	−0.080	38				31.5×3.55
32	48	35	−0.080 −0.240	41	−0.240	45		18	20	38.7×3.55
40	58	45		51	−0.100	55	−0.100			48.7×3.55
50	70	55	−0.100 −0.290	61	−0.290	65	−0.290	22	24	—
63	85	70		76		80				

注：1. 与 d_1 相配合的孔极限偏差按 H11。
　　2. A 型用 O 形橡胶密封圈沟槽尺寸按 GB/T 3452.3—2005，B 型用密封圈由制造厂设计选用。
　　3. 标记，视孔 d=32，A 型压配式圆形油标标记为油标 A32（JB/T 7941.1—1995）。

表 12-18 旋入式圆形油标的形式与尺寸 （JB/T 7941.2—1995）

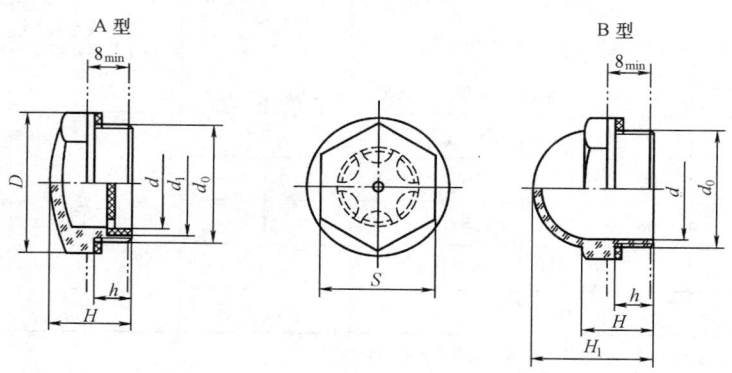

（单位：mm）

d	d_0	D		d_1		S		H	H_1	h
		基本尺寸	极限偏差	基本尺寸	极限偏差	基本尺寸	极限偏差			
10	M16×1.5	22	−0.065 −0.195	12	−0.050 −0.160	21	0 −0.33	15	22	8
20	M27×1.5	36	−0.080 −0.240	22	−0.065 −0.195	32	0 −1.00	18	30	10
32	M42×1.5	52	−0.100 −0.290	35	−0.080 −0.024	46		22	40	12
50	M60×2	72		55	−0.100 −0.290	65	0 −1.20	26	—	14

注：1. A 型用作油位指示器，B 型用作窥视油液工作状况。

2. 标记，视孔 $d=32$，A 型旋入式圆形油标标记为：油标 A32 （JB/T 7941.2—1995）。

3. 螺纹公差按 GB/T 197—2018 中 6H/6g 规定。

表 12-19 长形油标的形式与尺寸 （JB/T 7941.3—1995）

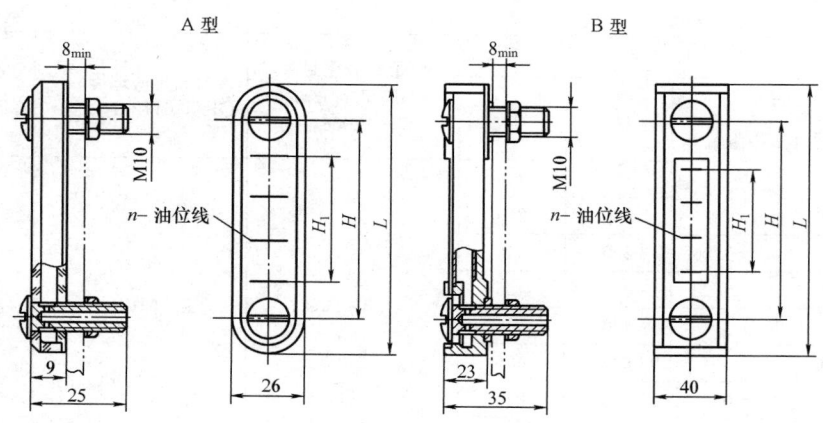

（单位：mm）

续表

H			H_1		L		n（条数）		O形橡胶密封圈 GB/T 3452.1 —2005	六角薄螺母 GB/T 6172.1 —2016	弹性垫圈 GB/T 93 —1987
基本尺寸		极限偏差	A型	B型	A型	B型	A型	B型			
A型	B型										
80		±0.17	40		110		2		10×1.8	M10	10
100	—		60	—	130	—	3	—			
125		±0.20	80		155		4				
160			120		190		6				
	250	±0.23	—	210	—	280	—	8			

注：1. O形橡胶密封圈沟槽尺寸按 GB/T 3452.3—2005 的规定。

2. 标记，$H=80$，A型长形油标标记为油标 A80（JB/T 7941.3—1995）。

表 12-20　　　　　　　　管状油标的形式与尺寸（JB/T 7941.4—1995）

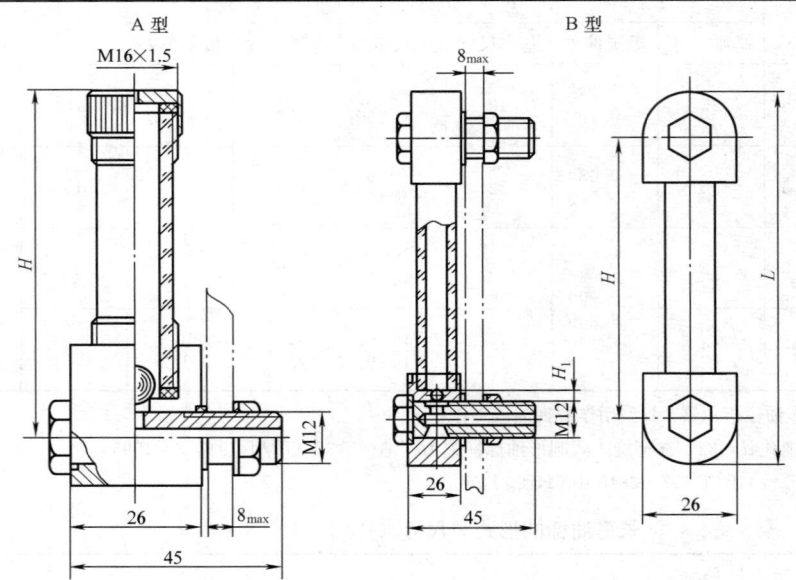

（单位：mm）

A型	B型				O形橡胶密封圈 GB/T 3452.1 —2005	六角薄螺母 GB/T 6172.1—2016	弹性垫圈 GB/T 861.1—1987
H	H		H_1	L			
	基本尺寸	极限偏差					
80	200	±0.23	175	226	11.8×2.65	M12	12
100	250		225	276			
125	320	±0.26	295	346			
160	400	±0.28	375	426			
200	500	±0.35	475	526			
—	630		605	656			
—	800	±0.40	775	826			
—	1000	±0.45	975	1026			

注：1. O形橡胶密封圈沟槽尺寸按 GB/T 3452.3—2005 规定。

2. 标记，$H=200$，A型管状油标标记为油标 A200（JB/T 7941.4—1995）。

12.3.3 油枪（见表 12-21 和表 12-22）

表 12-21　　　压杆式油枪油嘴的形式、参数与尺寸（JB/T 7942.1—1995）　　（单位：mm）

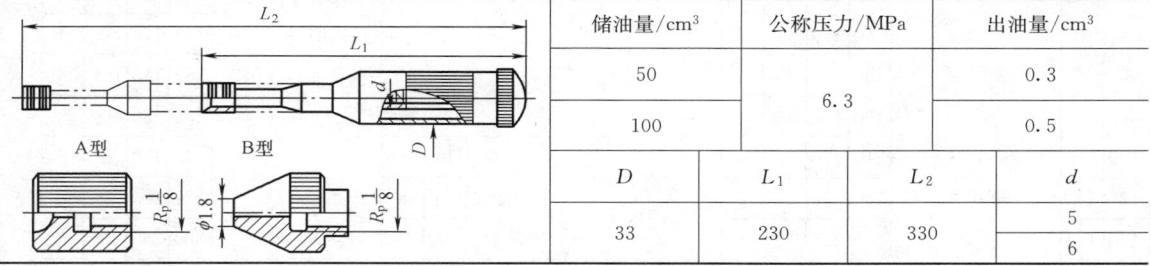

储油量/cm³	公称压力/MPa	出油量/cm³	D
100		0.6	35
200	16	0.7	42
400		0.8	53
L	B	b	d
255	90		
310	96	30	8
385	125		9

注：1. 表中 D、L、B、d 为推荐尺寸。

2. A 型油嘴仅用于 JB/T 7940.1—1995，JB/T 7940.2—1995 规定的油杯。

3. $R_p \frac{1}{8}$ 尺寸允许采用 M10×1。

4. 标记，储油量为 200cm³，带 A 型注油嘴的压杆式油枪标记为：油枪 A200 （JB/T 7942.1—1995）。

表 12-22　　　手推式油枪油嘴的形式、参数与尺寸（JB/T 7942.2—1995）　　（单位：mm）

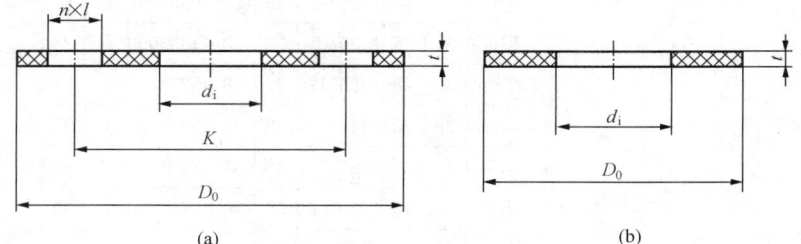

储油量/cm³	公称压力/MPa	出油量/cm³
50		0.3
100	6.3	0.5
D	L_1	L_2	d
33	230	330	5
			6

注：1. 公称压力指压注润滑脂的给定压力。

2. 表中 D、L_1、L_2、d 为推荐尺寸。

3. A 型油嘴仅用于压注润滑脂。

4. $R_p \frac{1}{8}$ 尺寸允许采用 M10×1 或 M8×1。

5. 标记，储油量为 50cm³，带 A 型注油嘴的手推式油枪标记为油枪 A50 （JB/T 7942.2—1995）。

12.4 密封件

12.4.1 管法兰用非金属平垫片

管法兰用非金属平垫片是常用的标准垫片，其尺寸见 GB/T 9126—2008，如图 12-1 所示。其中平面密封

图 12-1 管法兰用非金属平垫片

（a）平面密封面用平垫片（代号 FF）；（b）实面密封面用平垫片（代号 RF、MF、TG）

面用垫片（代号 FF）见表 12-23，突面密封面（代号 RF）、凹凸密封面（代号 MF）及榫槽密封面（代号 TG）用垫片见表 12-24～表 12-26。

表 12-23　　　　　　　全平面管法兰用垫片尺寸（GB/T 9126—2008）　　　　　　（单位：mm）

公称压力

公称尺寸 DN	垫片内径 d_i	PN2.5				PN6				PN10				PN16				PN25				PN40				垫片厚度 t
		垫片外径 D_o	螺栓孔中心圆直径 K	螺栓孔径 L	螺栓孔数 n	垫片外径 D_o	螺栓孔中心圆直径 K	螺栓孔径 L	螺栓孔数 n	垫片外径 D_o	螺栓孔中心圆直径 K	螺栓孔径 L	螺栓孔数 n	垫片外径 D_o	螺栓孔中心圆直径 K	螺栓孔径 L	螺栓孔数 n	垫片外径 D_o	螺栓孔中心圆直径 K	螺栓孔径 L	螺栓孔数 n	垫片外径 D_o	螺栓孔中心圆直径 K	螺栓孔径 L	螺栓孔数 n	
10	18					75	50	11	4													90	60	14	4	
15	22					80	55	11	4													95	65	14	4	
20	27					90	65	11	4													105	75	14	4	
25	34					100	75	11	4													115	85	14	4	
32	43					120	90	14	4	使用PN40的尺寸				使用PN40的尺寸								140	100	18	4	
40	49					130	100	14	4									使用PN40的尺寸				150	110	18	4	
50	61					140	110	14	4													165	125	18	4	
65	77					160	130	14	4													185	145	18	8	
80	89					190	150	18	4													200	160	18	8	
100	115	使用PN6的尺寸				210	170	18	4					220	180	18	8					235	190	22	8	
125	141					240	200	18	8	使用PN16的尺寸				250	210	18	8					270	220	26	8	
150	169					265	225	18	8					285	240	22	8					300	250	26	8	
200	220					320	280	18	8	340	295	22	8	340	295	22	12	360	310	26	12	375	320	30	12	
250	273					375	335	18	12	395	350	22	12	405	355	26	12	425	370	30	16	450	385	33	16	0.8 ~ 3.0
300	324					440	395	22	12	445	400	22	12	460	410	26	12	485	430	30	16	515	450	33	16	
350	356					490	445	22	12	505	460	22	16	520	470	33	16	555	490	33	16	580	510	36	16	
400	407					540	495	22	16	565	515	26	16	580	525	30	16	620	550	36	16	660	585	39	16	
450	458					595	550	22	16	615	565	26	20	640	585	30	20	670	600	36	20	685	610	39	20	
500	508					645	600	22	20	670	620	26	20	715	650	33	20	730	660	36	20	755	670	42	20	
600	610	755	705	26	20	780	725	30	20	840	770	36	20	840	770	36	20	845	770	39	20	890	795	48	20	
700	712									895	840	30	24	910	840	36	24	960	875	42	24					
800	813									1015	950	33	24	1025	950	39	24	1085	990	48	24					
900	915									1115	1050	33	28	1125	1050	39	28	1185	1090	48	28					
1000	1016									1230	1160	36	28	1255	1170	42	28	1320	1210	56	28					
1200	1220	—				—				1455	1380	39	32	1485	1390	48	32	1530	1420	56	32	—				
1400	1420									1675	1590	42	36	1685	1590	48	36	1755	1640	62	36					
1600	1620									1915	1820	48	40	1930	1820	56	40	1975	1860	62	40					
1800	1820									2115	2020	48	44	2130	2020	56	44	2195	2070	70	44					
2000	2020									2325	2230	48	48	2345	2230	62	48	2425	2300	70	48					

表 12-24 　　　　　突面管法兰用垫片尺寸（GB/T 9126—2008）　　　　（单位：mm）

公称尺寸 DN	垫片内径 d_i	公称压力 垫片外径 D_o PN2.5	PN6	PN10	PN16	PN25	PN40	垫片厚度 t
10	18		39				46	
15	22		44				51	
20	27		54				61	
25	34		64	使用 PN40 的尺寸	使用 PN40 的尺寸	使用 PN40 的尺寸	71	
32	43		76				82	
40	49		86				92	
50	61		96				107	
65	77		116				127	
80	89		132				142	
100	115		152	162	162		168	
125	141		182	192	192		194	
150	169	使用 PN6 的尺寸	207	218	218		224	
(175)①	141		182	192	192	194	—	
200	220		262	273	273	284	290	
(225)①	194		237	248	248	254	—	
250	273		317	328	329	340	352	
300	324		373	378	384	400	417	
350	356		423	438	444	457	474	
400	407		473	489	495	514	546	
450	458		528	539	555	564	571	
500	508		578	594	617	624	628	0.8～3.0
600	610		679	695	734	731	747	
700	712		784	810	804	833		
800	813		890	917	911	942		
900	915		990	1017	1011	1042		
1000	1016		1090	1124	1128	1154		
1200	1220	1290	1307	1341	1342	1364		
1400	1420	1490	1524	1548	1542	1578		
1600	1620	1700	1724	1772	1764	1798		
1800	1820	1900	1931	1972	1964	2000		
2000	2020	2100	2138	2182	2168	2230		
2200	2220	2307	2348	2384		—		
2400	2420	2507	2558	2594				
2600	2620	2707	2762	2794				
2800	2820	2924	2972	3014				
3000	3020	3124	3172	3228				
3200	3220	3324	3382	—	—	—		
3400	3420	3524	3592	—				
3600	3620	3734	3804	—				
3800	3820	3931	—					
4000	4020	4131	—					

① 为船舶法兰专用垫片尺寸。

表 12-25 凹凸面管法兰用垫片尺寸（GB/T 9126—2008） （单位：mm）

公称尺寸 DN	垫片内径 d_i	公称压力					垫片厚度 t
		PN10	PN16	PN25	PN40	PN63	
		垫片外径 D_o					
10	18	34	34	34	34	34	
15	22	39	39	39	39	39	
20	27	50	50	50	50	50	
25	34	57	57	57	57	57	
32	43	65	65	65	65	65	
40	49	75	75	75	75	75	
50	61	87	87	87	87	87	
65	77	109	109	109	109	109	
80	89	120	120	120	120	120	
100	115	149	149	149	149	149	
125	141	175	175	175	175	175	
150	169	203	203	203	203	203	0.8~3.0
(175)[1]	194	—	—	—	—	233	
200	220	259	259	259	259	259	
(225)[1]	245	—	—	—	—	286	
250	273	312	312	312	312	312	
300	324	363	363	363	363	363	
350	356	421	421	421	421	421	
400	407	473	473	473	473	473	
450	458	523	523	523	523	523	
500	508	575	575	575	575	575	
600	610	675	675	675	675		
700	712	777	777	777			
800	813	882	882	882	—	—	1.5~3.0
900	915	987	987	987			
1000	1016	1092	1092	1092			

① 为船舶法兰专用垫片尺寸。

表 12-26 榫槽面管法兰用垫片尺寸（GB/T 9126—2008） （单位：mm）

公称尺寸 DN	垫片内径 d_i	公称压力					垫片厚度 t
		PN10	PN16	PN25	PN40	PN63	
		垫片外径 D_o					
10	24	34	34	34	34	34	
15	29	39	39	39	39	39	
20	36	50	50	50	50	50	
25	43	57	57	57	57	57	
32	51	65	65	65	65	65	
40	61	75	75	75	75	75	
50	73	87	87	87	87	87	
65	95	109	109	109	109	109	0.8~3.0
80	106	120	120	120	120	120	
100	129	149	149	149	149	149	
125	155	175	175	175	175	175	
150	183	203	203	203	203	203	
200	239	259	259	259	259	259	
250	292	312	312	312	312	312	
300	343	363	363	363	363	363	

续表

公称尺寸 DN	垫片内径 d_i	公 称 压 力					垫片厚度 t
		PN10	PN16	PN25	PN40	PN63	
		垫 片 外 径 D_o					
350	395	421	421	421	421	421	0.8～3.0
400	447	473	473	473	473	473	
450	497	523	523	523	523		
500	549	575	575	575	575		
600	649	675	675	675	675		
700	751	777	777	777		—	
800	856	882	882	882			1.5～3.0
900	961	987	987	987			
1000	1061	1092	1092	1092			

12.4.2 O形橡胶圈（见表12-27～表12-32）

表 12-27 O形圈的材料和使用范围

材料	适用介质	使用温度/℃		注意事项
		运动状态	静止状态	
丁腈橡胶	矿物油、汽油、苯	80	−30～120	
氯丁橡胶	空气、氧、水	80	−40～120	运动状态使用应注意
丁基橡胶	动植物油、弱酸、碱	80	−30～110	不适用矿物油、永久变形大
丁苯橡胶	空气、水、动植物油、碱	80	−30～110	不适用矿物油
天然橡胶	水、弱酸、弱碱	60	−30～90	不适用矿物油
硅橡胶	矿物油、动植物油、高、低温油，弱酸、弱碱	−60～260	−60～260	运动部件避免使用，不适用蒸汽
氯磺化聚乙烯	氧、臭氧、高温油	100	−10～150	运动部位避免使用
聚氨酯橡胶	油、水	60	−30～80	耐磨、避免高温使用
氟橡胶	蒸汽、空气、热油、无机酸、卤素类溶剂	150	−20～200	
聚四氟乙烯	酸、碱、各种溶剂		−100～260	不适用运动部位

表 12-28 一般应用的和航空及类似应用的O形密封圈尺寸和公差（GB/T 3452.1—2005）

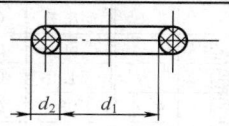

（单位：mm）

内径	d_1 极限偏差±		d_2			内径	d_1 极限偏差±		d_2		
	通用	宇航用	1.80 ±0.08	2.65 ±0.09	3.55 ±0.10		通用	宇航用	1.80 ±0.08	2.65 ±0.09	3.55 ±0.10
1.8	0.13	0.10	○			4	0.14	0.12	○		
2	0.13	0.10	○			4.5	0.15	0.12	○	○	
2.24	0.13	0.11	○			4.75	0.15	—	×		
2.5	0.13	0.11	○			4.87	0.15	0.12	○		
2.8	0.13	0.11	○			5	0.15	0.12	○		
3.15	0.14	0.11	○			5.15	0.15	0.12	○		
3.56	0.14	0.11	○			5.3	0.15	0.12	○	○	
3.75	0.14	0.11	○			5.6	0.16	0.13	○		

内径	极限偏差± 通用	极限偏差± 宇航用	1.80 ±0.08	2.65 ±0.09	3.55 ±0.10	内径	极限偏差± 通用	极限偏差± 宇航用	1.80 ±0.08	2.65 ±0.09	3.55 ±0.10
6	0.16	0.13	○	○		10	0.19	0.15	○	○	
6.3	0.16	0.13	○			10.6	0.19	0.16	○	○	
6.7	0.16	0.13	○			11.2	0.20	0.16	○	○	
6.9	0.16	0.13	○	○		11.6	0.20	—	×	×	
7.1	0.16	0.14	○			11.8	0.19	0.16	⊗	⊗	
7.5	0.17	0.14	○			12.1	0.21	—	×	×	
8	0.17	0.14	○	○		12.5	0.21	0.17	⊗	⊗	
8.5	0.17	0.14	○			12.8	0.21	—	×	×	
8.75	0.18	0.15	○			13.2	0.21	0.17	⊗	⊗	
9	0.18	0.15	○	○		14	0.22	0.18	⊗	⊗	○
9.5	0.18	0.15	○	○		14.5	0.22	—	×	×	—
9.75	0.18	—	×								

内径	极限偏差± 通用	极限偏差± 宇航用	1.80 ±0.08	2.65 ±0.09	3.55 ±0.10	5.3 ±0.13	内径	极限偏差± 通用	极限偏差± 宇航用	1.80 ±0.08	2.65 ±0.09	3.55 ±0.10	5.3 ±0.13
15	0.22	0.18	⊗	⊗			31.5	0.35	0.28	⊗	⊗	⊗	
15.5	0.22	—	×	⊗			32.5	0.36	0.29	⊗	⊗	⊗	
16	0.23	0.19	⊗	⊗			33.5	0.36	0.29	⊗	⊗	⊗	
17	0.24	0.20	⊗	⊗			34.5	0.37	0.30	⊗	⊗	⊗	
18	0.25	0.20	⊗	⊗	⊗		35.5	0.38	0.31	⊗	⊗	⊗	
19	0.25	0.21	⊗	⊗	⊗		36.5	0.38	0.31	⊗	⊗	⊗	
20	0.26	0.21	⊗	⊗	⊗		37.5	0.39	0.32	⊗	⊗	⊗	
20.6	0.26	—	×	⊗	⊗		38.7	0.40	0.32	⊗	⊗	⊗	
21.2	0.27	0.22	⊗	⊗	⊗		40	0.41	0.33	⊗	⊗	⊗	⊗
22.4	0.28	0.23	⊗	⊗	⊗		41.2	0.42	0.34	⊗	⊗	⊗	⊗
23	0.29	—	×	⊗	⊗		42.5	0.43	0.35	⊗	⊗	⊗	⊗
23.6	0.29	0.24	⊗	⊗	⊗		43.7	0.44	0.35	⊗	⊗	⊗	⊗
24.3	0.30	—	×	⊗	⊗		45	0.44	0.36	⊗	⊗	⊗	⊗
25	0.30	0.24	⊗	⊗	⊗		46.2	0.45	0.37	×	⊗	⊗	⊗
25.8	0.31	0.25	⊗	⊗	⊗		47.5	0.46	0.37	⊗	⊗	⊗	⊗
26.5	0.31	0.25	⊗	⊗	⊗		48.7	0.47	0.38	×	⊗	⊗	⊗
27.3	0.32	—	×	⊗	⊗		50	0.48	0.39	⊗	⊗	⊗	⊗
28	0.32	0.26	×	⊗	⊗		51.5	0.49	0.40		⊗	⊗	⊗
29	0.33	—	×	⊗	⊗		53	0.50	0.41		⊗	⊗	⊗
30	0.34	0.27	⊗	⊗	⊗								

内径	极限偏差± 通用	极限偏差± 宇航用	1.80 ±0.08	2.65 ±0.09	3.55 ±0.10	5.3 ±0.13	7± 0.15	内径	极限偏差± 通用	极限偏差± 宇航用	1.80 ±0.08	2.65 ±0.09	3.55 ±0.10	5.3 ±0.13	7± 0.15
54.5	0.51	0.42		⊗	⊗	⊗		63	0.57	0.46	○	⊗	⊗	⊗	
56	0.52	0.42	○	⊗	⊗	⊗		65	0.58	0.48		⊗	⊗	⊗	
58	0.54	0.44		⊗	⊗	⊗		67	0.60	0.48	○	⊗	⊗	⊗	
60	0.55	0.45	○	⊗	⊗	⊗		69	0.61	0.50		⊗	⊗	⊗	
61.5	0.56	0.46		⊗	⊗	⊗		71	0.63	0.51	○	⊗	⊗	⊗	

续表

d1			d2					d1			d2				
内径	极限偏差±		1.80	2.65	3.55	5.3	7±	内径	极限偏差±		1.80	2.65	3.55	5.3	7±
	通用	宇航用	±0.08	±0.09	±0.10	±0.13	0.15		通用	宇航用	±0.08	±0.09	±0.10	±0.13	0.15
73	0.64	0.52		⊗	⊗	⊗		170	1.29	1.06		○	⊗	⊗	⊗
75	0.65	0.53	○	⊗	⊗	⊗		172.5	1.31	—			×	×	×
77.5	0.67	0.55		×	⊗	⊗		175	1.33	1.09		○	⊗	⊗	⊗
80	0.69	0.56	○	⊗	⊗	⊗		177.5	1.34	—			×	×	×
82.5	0.71	0.57		×	⊗	⊗		180	1.36	1.11		○	⊗	⊗	⊗
85	0.72	0.59	○	⊗	⊗	⊗		182.5	1.38	—			×	×	×
87.5	0.74	0.60		×	⊗	⊗		185	1.39	1.14		○	⊗	⊗	⊗
90	0.76	0.62	○	⊗	⊗	⊗		187.5	1.41	—			×	×	×
92.5	0.77	0.63		×	⊗	⊗		190	1.43	1.17		○	⊗	⊗	⊗
95	0.79	0.64	○	⊗	⊗	⊗		195	1.46	1.20		○	⊗	⊗	⊗
97.5	0.81	0.66		×	⊗	⊗		200	1.49	1.22		○	⊗	⊗	⊗
100	0.82	0.67	○	⊗	⊗	⊗		203	1.51	1.26				×	
103	0.85	0.69		×	⊗	⊗		206	1.53	1.26				⊗	⊗
106	0.87	0.71	○	×	⊗	⊗		212	1.57	1.29		○		⊗	⊗
109	0.89	0.72		×	⊗	⊗	⊗	218	1.61	1.32				×	×
112	0.91	0.74	○	⊗	⊗	⊗	⊗	224	1.65	1.35		○		⊗	⊗
115	0.93	0.76		×	⊗	⊗	⊗	227	1.67	—				×	×
118	0.95	0.77	○	⊗	⊗	⊗	⊗	230	1.69	1.39		○		⊗	⊗
122	0.97	0.80		×	⊗	⊗	⊗	236	1.73	1.42		○		⊗	⊗
125	0.99	0.81	○	⊗	⊗	⊗	⊗	239	1.75	—				×	×
128	1.01	0.83		×	⊗	⊗	⊗	243	1.77	1.46				×	×
132	1.04	0.85		⊗	⊗	⊗	⊗	250	1.82	1.49		○		⊗	⊗
136	1.07	0.87		×	⊗	⊗	⊗	254	1.84	—				×	×
140	1.09	0.89		⊗	⊗	⊗	⊗	258	1.87	1.54		○		⊗	⊗
142.5	1.11	—		×	⊗	⊗	⊗	261	1.89	—				×	×
145	1.13	0.92		⊗	⊗	⊗	⊗	265	1.91	1.57		○		⊗	⊗
147.5	1.14	—		×	⊗	⊗	⊗	268	1.92	—				×	×
150	1.16	0.95		⊗	⊗	⊗	⊗	272	1.96	1.61		○		⊗	⊗
152.5	1.18	—			⊗	⊗	⊗	276	1.98	—				×	×
155	1.19	0.98		○	⊗	⊗	⊗	280	2.01	1.65		○		⊗	⊗
157.5	1.21	—			×	×	×	283	2.03	—				×	×
160	1.23	1.00		○	⊗	⊗	○	286	2.05	—				×	×
162.5	1.24	—			×	×	×	290	2.08	1.71		○		⊗	⊗
165	1.26	1.03		○	⊗	⊗	⊗	295	2.11	—				×	×
167.5	1.28	—			×	×	×	300	2.14	1.76		○		⊗	⊗

续表

内径	极限偏差±		d_2					内径	极限偏差±		d_2				
d_1	通用	宇航用	1.80 ±0.08	2.65 ±0.09	3.55 ±0.10	5.3 ±0.13	7± 0.15	d_1	通用	宇航用	1.80 ±0.08	2.65 ±0.09	3.55 ±0.10	5.3 ±0.13	7± 0.15
303	2.16	—				×	×	456	3.13						×
307	2.19	1.80		○		⊗	⊗	462	3.17						×
311	2.21	—				×	×	466	3.19						×
315	2.24	1.84		○		⊗	⊗	470	3.22						×
320	2.27	—				×	×	475	3.25						×
325	2.30	1.90		○		⊗	⊗	479	3.28						×
330	2.33	—				×	×	483	3.30						×
335	2.36	1.95		○		⊗	⊗	487	3.33						×
340	2.40	—				×	×	493	3.36						×
345	2.43	2.00		○		⊗	⊗	500	3.41						×
350	2.46	—				×	×	508	3.46						×
355	2.49	2.05		○		⊗	⊗	515	3.50						×
360	2.52	—				×	×	523	3.55						×
365	2.56	2.11		○		⊗	⊗	530	3.60						×
370	2.59	—				×	×	538	3.65						×
375	2.62	2.16		○		⊗	⊗	545	3.69						×
379	2.64	—				×	×	553	3.74						×
383	2.67					×	×	560	3.78						×
387	2.70	2.22		○		⊗	⊗	570	3.85						×
391	2.72	—				×	×	580	3.91						×
395	2.75	—				×	×	590	3.97						×
400	2.78	2.29		○		⊗	⊗	600	4.03						×
406	2.82						×	608	4.08						×
412	2.85						×	615	4.12						×
418	2.89						×	623	4.17						×
425	2.93						×	630	4.22						×
429	2.96						×	640	4.28						×
433	2.99						×	650	4.34						×
437	3.01						×	660	4.40						×
443	3.05						×	670	4.47						×
450	3.09						×								

注：×表示仅一般应用的O形圈规格。

○表示仅航空及类似应用的O形圈规格。

⊗表示一般、航空及类似共同应用的O形圈规格。

—表示宇航用无此内径尺寸。

表 12-29 液压气动用 O 形橡胶密封圈沟槽的形式及尺寸计算（GB/T 3452.3—2005）

密封类别	沟槽形式	尺寸计算
径向密封 — 活塞密封沟槽		$d_{3max} = d_{4min} - 2t$ 式中 d_{3max}—d_3 的基本尺寸加上偏差（mm） d_{4min}—d_4 的基本尺寸加下偏差（mm） 注：根据 d_4 的基本尺寸查表 12-28 得到适用的 O 形圈规格
径向密封 — 活塞杆密封沟槽		$d_{6min} = d_{5max} + 2t$ 式中 d_{6min}—d_6 的基本尺寸加下偏差（mm） d_{5max}—d_5 的基本尺寸加上偏差（mm） 注：根据 d_5 的基本尺寸查表 12-28，得到适用的 O 形圈规格；查表 12-31 确定 t，再按公式计算 d_{6min}
径向密封 — 带挡圈的沟槽	压力　交替压力	工作压力超过 10MPa 时需采用带挡圈的结构形式 径向密封沟槽尺寸应符合表 12-31 的规定
轴向密封 — 受内部压力的沟槽		轴向密封沟槽尺寸应符合表 12-31 的规定 d_7(基本尺寸) $\leqslant d_1$(基本尺寸) $+ 2d_2$(基本尺寸) 式中 d_1—O 形圈内径（mm） d_2—O 形圈截面直径（mm）
轴向密封 — 受外部压力的沟槽		d_8(基本尺寸) $\geqslant d_1$(基本尺寸) 式中 d_1—O 形圈内径（mm）

表 12-30 沟槽和配合偶件表面的表面粗糙度（GB/T 3452.3—2005）　　　　（单位：μm）

表面	应用情况	压力状况	表面粗糙度	
			Ra	Rz
沟槽的底面和侧面	静密封	无交变、无脉冲	3.2 (1.6)	12.5 (6.3)
		交变或脉冲	1.6	6.3
	动密封		1.6 (0.8)	6.3 (3.2)
配合表面	静密封	无交变、无脉冲	1.6 (0.8)	6.3 (3.2)
		交变或脉冲	0.8	3.2
	动密封		0.4	1.6
	导角表面		3.2	12.5

注：括号内的数值为要求精度较高的场合应用。

表 12-31   **径向和轴向密封沟槽尺寸**（GB/T 3452.3—2005）   （单位：mm）

O 形圈截面直径 d_2			1.80		2.65		3.55		5.30		7.00	
			径向	轴向	径向	轴向	径向	轴向	径向	轴向	径向	轴向
沟槽宽度	气动密封		2.2	2.6	3.4	3.8	4.6	5.0	6.9	7.3	9.3	9.7
	液压动密封或静密封	b	2.4		3.6		4.8		7.1		9.5	
		b_1	3.8		5.0		6.2		9.0		12.3	
		b_2	5.2		6.4		7.6		10.9		15.1	
沟槽深度 $t(h)$	活塞密封（计算 d_3 用）	液压动密封	1.35	1.28	2.10	1.97	2.85	2.75	4.35	4.24	5.85	5.72
		气动密封	1.40		2.15		2.95		4.5		6.1	
		静密封	1.32		2.0		2.9		4.31		5.85	
	活塞杆密封（计算 d_6 用）	液压动密封	1.35		2.10		2.85		4.35		5.85	
		气动密封	1.40		2.15		2.95		4.5		6.1	
		静密封	1.32		2.0		2.9		4.31		5.85	
最小导角长度 Z_{min}			1.1	—	1.5	—	1.8	—	2.7	—	3.6	—
槽底圆角半径 r_1			0.2～0.4				0.4～0.8				0.8～1.2		
槽棱圆角半径 r_2							0.1～0.3					

表 12-32   **径向和轴向密封沟槽尺寸公差**（GB/T 3452.3—2005）   （单位：mm）

O 形圈截面直径 d_2	1.8	2.65	3.55	5.30	7.00
轴向密封时沟槽深度 h	$\begin{array}{c}+0.05\\0\end{array}$			$\begin{array}{c}+0.10\\0\end{array}$	
缸内径 d_4	H8				
沟槽槽底直径（活塞密封）d_3	h9				
活塞直径 d_9	f7				
活塞杆直径 d_5	f7				
沟槽槽底直径（活塞杆密封）d_6	H9				
活塞杆配合孔直径 d_{10}	H8				
轴向密封时沟槽外径 d_7	H11				
轴向密封时沟槽内径 d_8	H11				
O 形圈沟槽宽度 b、b_1、b_2	$\begin{array}{c}+0.25\\0\end{array}$				

注：1. 为适应特殊应用需要，d_3、d_4、d_5、d_6 的公差范围可以改变。

    2. 沟槽的同轴度公差。

       直径 d_{10} 和 d_6，d_9 和 d_3 之间的同轴度公差应满足下列要求：

       直径小于或等于 50mm 时，不得大于 $\phi0.025$mm；直径大于 50mm 时，不得大于 $\phi0.050$mm。

12.4.3 毡圈密封（见表12-33）

表12-33　　　　　毡封圈及槽的形式及尺寸（JB/ZQ 4606—1997）　　　　　（单位：mm）

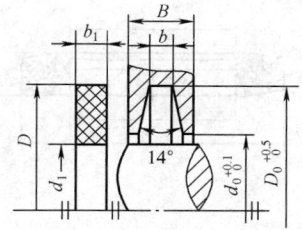

标记示例
轴径 $d=40$mm 的毡圈记为毡圈 40

轴径 d	毡封圈 D	d_1	b_1	槽 D_0	d_0	b	B_{min} 钢	B_{min} 铸铁
16	29	14	6	28	16	5	10	12
20	33	19	6	32	21	5	10	12
25	39	24	7	38	26	6	12	15
30	45	29	7	44	31	6	12	15
35	49	34	7	48	36	6	12	15
40	53	39	7	52	41	6	12	15
45	61	44	8	60	46	7	12	15
50	69	49	8	68	51	7	12	15
55	74	53	8	72	56	7	12	15
60	80	58	8	78	61	7	12	15
65	84	63	8	85	66	7	12	15
70	90	68	8	88	71	7	12	15
75	94	73	8	92	77	7	12	15
80	102	78	9	100	82	8	15	18
85	107	83	9	105	87	8	15	18
90	112	88	9	110	92	8	15	18
95	117	93	10	115	97	8	15	18
100	122	98	10	120	102	8	15	18
105	127	103	10	125	107	8	15	18
110	132	108	10	130	112	8	15	18
115	137	113	10	135	117	8	15	18
120	142	118	10	140	122	8	15	18
125	147	123	10	145	127	8	15	18
130	152	128	12	150	132	10	18	20
135	157	133	12	155	137	10	18	20
140	162	138	12	160	143	10	18	20
145	167	143	12	165	148	10	18	20
150	172	148	12	170	153	10	18	20
155	177	153	12	175	158	10	18	20
160	182	158	12	180	163	10	18	20
165	187	163	12	185	168	10	18	20
170	192	168	12	190	173	10	18	20
175	197	173	12	195	178	10	18	20
180	202	178	12	200	183	10	18	20
185	207	183	12	205	188	10	18	20
190	212	188	12	210	193	10	18	20
195	217	193	14	215	198	12	20	22
200	222	198	14	220	203	12	20	22
210	232	208	14	230	213	12	20	22
220	242	213	14	240	223	12	20	22
230	252	223	14	250	233	12	20	22
240	262	238	14	260	243	12	20	22

注：毡圈材料有半粗羊毛毡和细羊毛毡，粗毛毡适用于速度 $v \leqslant 3$m/s，优质细毛毡适用于速度 $v \leqslant 10$m/s。

12.4.4　J形和U形无骨架橡胶油封（见表12-34）

表12-34　　　　　　　　　　J形和U形无骨架橡胶油封尺寸　　　　　　　　　（单位：mm）

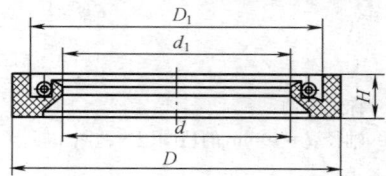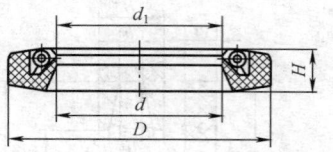

标记示例

$d=50$mm，$D=75$mm，$H=12$mm 耐油橡胶 I-1，J形无骨架橡胶油封

　　J形油封 50×75×12 橡胶 I-1

$d=50$mm，$D=75$mm，$H=12.5$mm，耐油橡胶 I-1，U形无骨架橡胶油封

　　U形油封 50×75×12.5 橡胶 I-1

轴径 d	D	H		d1	D1	轴径 d	D	H		d1	D1	轴径 d	D	H		d1	D1
		J形	U形					J形	U形					J形	U形		
30	55			29	46	190	225			189	210	420	470			419	442
35	60			34	51	200	235			199	220	430	480			429	452
40	65			39	56	210	245			209	230	440	490			439	462
45	70			44	61	220	255	18	16	219	240	450	500			449	472
50	75			49	66	230	265			229	250	460	510			459	482
55	80			54	71	240	275			239	260	470	520			469	492
60	85	12	12.5	59	75	250	285			249	270	480	530			479	502
65	90			64	81	260	300			259	280	490	540			489	512
70	95			69	86	270	310			269	290	500	550			499	522
75	100			74	91	280	320			279	300	510	560		22.5	509	532
80	105			79	96	290	330			289	310	520	570			519	542
85	110			84	101	300	340			299	320	530	580	25		529	552
90	115			89	106	310	350			309	330	540	590			539	562
95	120			94	111	320	360			319	340	550	600			549	572
100	130			99	120	330	370	20	18	329	350	560	610			559	582
110	140			109	130	340	380			339	360	570	620			569	592
120	150			119	140	350	390			349	370	580	630			579	602
130	160	16	14	129	150	360	400			359	380	590	640			589	612
140	170			139	160	370	410			369	390	600	650			599	622
150	180			149	170	380	420			379	400	630	680	无规格		629	652
160	190			159	180	390	430			389	410	710	760			709	732
170	200			169	190	400	440			399	420	800	850			799	822
180	215	18	16	179	200	410	460	25	22.5	409	430						

12.4.5 唇形密封圈（见表12-35～表12-64）

表 12-35 唇形密封圈的基本形式及代号 （GB/T 13871.1—2007）

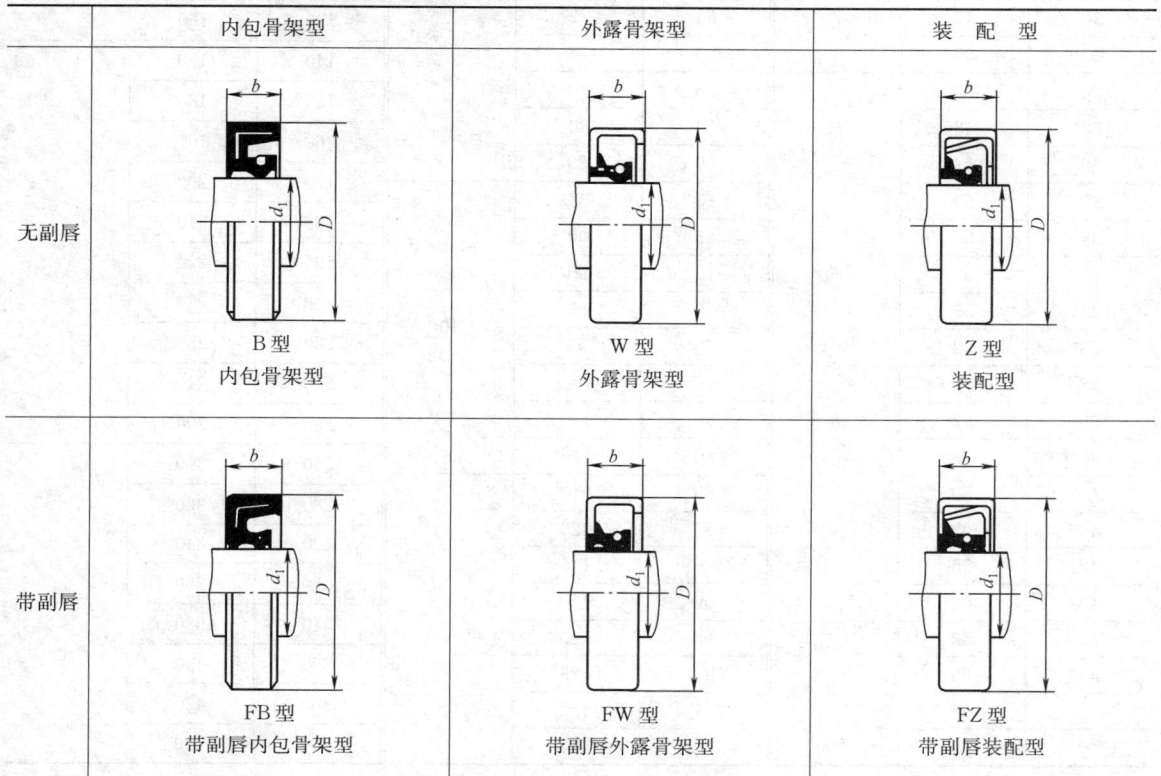

	内包骨架型	外露骨架型	装配型
无副唇	B 型 内包骨架型	W 型 外露骨架型	Z 型 装配型
带副唇	FB 型 带副唇内包骨架型	FW 型 带副唇外露骨架型	FZ 型 带副唇装配型

密封圈标记由形式代号、尺寸代码和标准号组成。形式代号见表12-35，尺寸代码见表12-36。例如带副唇外露骨架型密封圈，基本内径 $d_1 = 22$mm，基本外径 $D = 35$mm，则其标记为 FW 022035 （GB/T 9877—2008）。

表 12-36 尺寸代码

d_1/mm	D/mm	尺寸代码
6	16	006016
70	90	070090
400	440	400440

表 12-37 唇形密封圈的基本尺寸 （GB/T 13871.1—2007） （单位：mm）

d_1	D	b	d_1	D	b	d_1	D	b
6	16		12	30		(20)[1]	45	
6	22		15	26		22	35	
7	22		15	30		22	40	
8	22		15	35		22	47	
8	24		16	30		25	40	
9	22	7	(16)[1]	35	7	25	47	7
10	22		18	30		25	52	
10	25		18	35		28	40	
12	24		20	35		28	47	
12	25		20	40		28	52	

续表

d_1	D	b	d_1	D	b	d_1	D	b
30	42		50	72		120	150	12
30	47	7	55	72		130	160	
(30)①	50		(55)①	75	8	140	170	
30	52		55	80		150	180	
32	45		60	80		160	190	
32	47		60	85		170	200	15
32	52		65	85		180	210	
35	50		65	90		190	220	
35	52		70	90		200	230	
35	55		70	95	10	220	250	
38	52		75	95		240	270	
38	58		75	100		250	290	
38	62	8	80	100		260	300	
40	55		80	110		280	320	
(40)①	60		85	110		300	340	
40	62		85	120		320	360	20
42	55		(90)①	115		340	380	
42	62		90	120		360	400	
45	62		95	120	12	380	420	
45	65		100	125		400	440	
50	68		(105)①	130				
(50)①	70		110	140				

注：密封圈材料见图 12-2，截面结构见图 12-3～图 12-5，有关尺寸、公差、表面粗糙度见表 12-38～表 12-64。

① 考虑到国内实际情况，除全部采用国际标准的基本尺寸外，还补充了若干种国内常用的规格，并加括号以示区别。

表 12-38 　　　　　　　　　　　　　唇形密封圈的宽度公差 　　　　　　　　　（单位：mm）

宽度 b	公　差
$b \leqslant 10$	±0.3
$b > 10$	±0.4

表 12-39 　　　　　　　　　　　　　唇形密封圈的外径公差 　　　　　　　　　（单位：mm）

基本外径 D	外径公差		圆度公差	
	外露骨架型	内包骨架型	外露骨架型	内包骨架型
$D \leqslant 50$	+0.20 +0.08	+0.30 +0.15	0.18	0.25
$50 < D \leqslant 80$	+0.23 +0.09	+0.35 +0.20	0.25	0.35

续表

基本外径 D	外径公差		圆度公差	
	外露骨架型	内包骨架型	外露骨架型	内包骨架型
80<D≤120	+0.25 +0.10	+0.35 (0.45) +0.20	0.30	0.50
120<D≤180	+0.28 +0.12	+0.45 (0.50) +0.25	0.40	0.65
180<D≤300	+0.35 +0.15	+0.45 (0.55) +0.25	外径的 0.25%	0.80
300<D≤440	+0.45 +0.20	+0.55 (0.65) +0.30	外径的 0.25%	1.00

注：1. 圆度公差等于三等分或多等分测得的最大直径与最小直径之差。

2. 密封圈外径表面的橡胶部分，允许为波浪形，但其外径公差应由用户和生产厂商定。

3. 内包骨架型密封圈的外径公差，是以丁腈橡胶材料的收缩率为基础的，当采用其他橡胶材料时，也可采用 ISO 6194 未规定的括号内的公差值。

表 12-40　　　　　　　　　　　**轴导入倒角**　　　　　　　　（单位：mm）

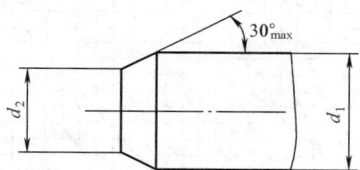

轴直径 d_1	d_1-d_2[①]	轴直径 d_1	d_1-d_2[①]
$d_1≤10$	1.5	$50<d_1≤70$	4.0
$10<d_1≤20$	2.0	$70<d_1≤95$	4.5
$20<d_1≤30$	2.5	$95<d_1≤130$	5.5
$30<d_1≤40$	3.0	$130<d_1≤240$	7.0
$40<d_1≤50$	3.5	$240<d_1≤400$	11.0

注：倒角上不应有毛刺、尖角和粗糙的机加工痕迹。

① 若轴端采用倒圆倒入导角，则倒圆的圆角半径不小于表中的 d_1-d_2 之值。

表 12-41　　　　　　　　　　**轴公差、表面粗糙度**

项　目	内　容
轴直径公差	不得超过 h_{11}
表面粗糙度	与密封圈接触的轴表面粗糙度 $Ra=0.2\sim0.63\mu m$，$Rz=0.8\sim2.5\mu m$。不允许有螺旋形机加工痕迹

| 表 12-42 | 腔体内孔尺寸 | | （单位：mm） |

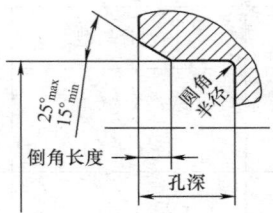

基本宽度 b	最小内孔深度	倒角长度	最大圆角半径
≤10	$b+0.9$	0.70~1.00	0.50
>10	$b+1.2$	1.20~1.50	0.75

注：1. 如果腔体不是由黑色金属整体加工成刚性件时，腔体尺寸、公差和倒角形状应由有关方面协商而定。

2. 内孔表面粗糙度 $Ra \leqslant 3.2\mu m$，$Rz \leqslant 12.5\mu m$，当采用外露骨架密封圈时，内孔表面粗糙度的参数值可选用更小一些。

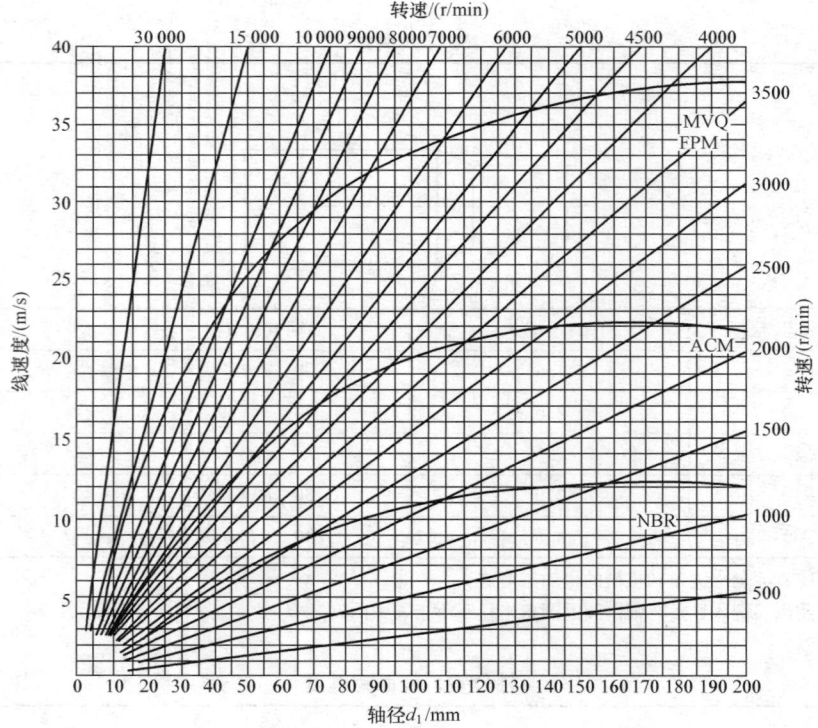

图 12-2　胶种选用图

胶种代号：D—丁腈橡胶（NBR）；B—丙烯酸酯橡胶（ACM）；

F—氟橡胶（FPM）；G—硅橡胶（MVQ）

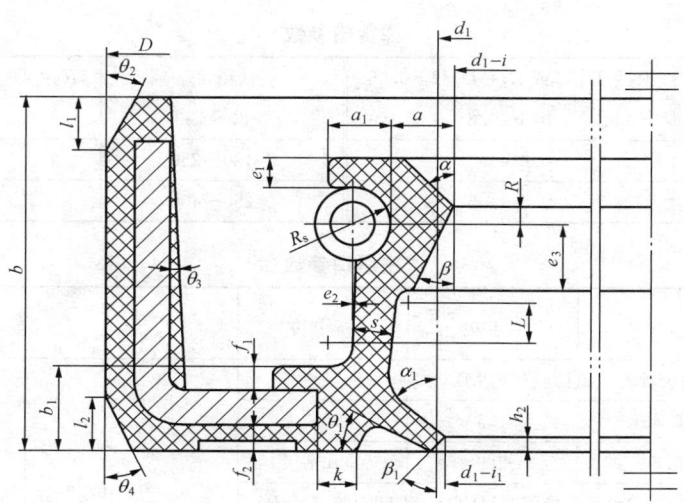

图 12-3　唇形密封圈截面各部位参数

表 12-43　　　　　　　　　包胶层厚度参数　　　　　　　　　（单位：mm）

公称直径 D	t_2	公称直径 D	t_2
$D \leqslant 50$	0.55~1.0	$120 < D \leqslant 200$	0.55~1.5
$50 < D \leqslant 80$	0.55~1.3	$200 < D \leqslant 300$	0.75~1.5
$80 < D \leqslant 120$	0.55~1.3	$300 < D \leqslant 440$	1.20~1.50

表 12-44　　　　　　　　　倒角宽度及角度参数

密封圈公称宽度 b/mm	l_1/mm	l_2/mm	θ_2	θ_4
$b \leqslant 4$	0.4~0.6	0.4~0.6		
$4 < b \leqslant 8$	0.6~1.2	0.6~1.2		
$8 < b \leqslant 11$	1.0~2.0	1.0~2.0	$15° \sim 30°$	$15° \sim 30°$
$11 < b \leqslant 13$	1.5~2.5	1.5~2.5		
$13 < b \leqslant 15$	2.0~3.0	2.0~3.0		
$b > 15$	2.5~3.5	2.5~3.5		

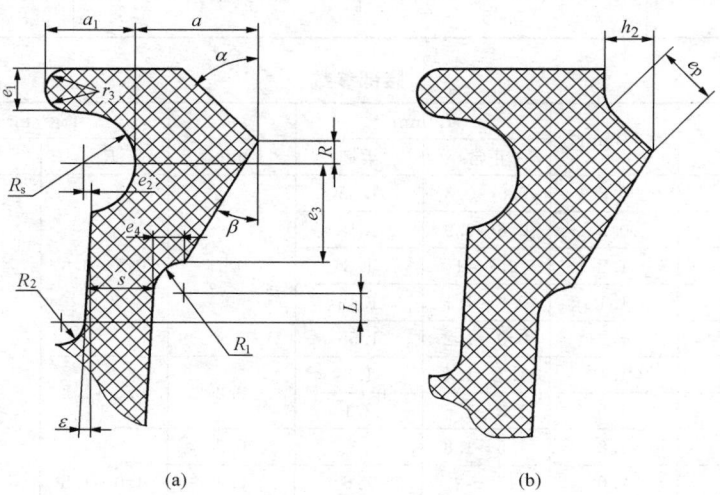

(a)　　　　　　　　　　　(b)

图 12-4　主唇形式

（a）切削唇口；（b）模压唇口

表 12-45 弹簧槽参数 （单位：mm）

轴径 d_1	$R_3=D_3/2$ 或 $R_s=D_s/2+0.05$	轴径 d_1	$R_3=D_3/2$ 或 $R_s=D_s/2+0.05$
>5~30	0.6~0.8	>80~130	0.9~1.5
>30~60	0.6~1.0	>130~250	1.0~1.8
>60~80	0.8~1.5	>250~400	1.5~3.0

表 12-46 主唇口参数

轴径 d_1/mm	h_1/mm	a/mm	e_p/mm	e_3	α	β
橡胶种类：氟橡胶（FPM）				$e_3=0.51\times$ $(D_s+a+0.05)$ 倒角到 0.05	45°±5°	25°±5°
$d_1\leqslant70$	0.45	1.5	0.5			
$d_1>70$	0.60	2.0	0.7			
橡胶种类：丙烯酸酯胶（ACM），硅橡胶（MVQ），丁腈橡胶（NBR）						
$d_1\leqslant30$	0.60	2.0	0.7			
$30<d_1\leqslant50$	0.70	2.35	0.8			
$50<d_1\leqslant120$	0.75	2.5	0.9			
$d_1>120$	0.80	2.7	1.0			

表 12-47 弹簧中心相对主唇口位置 R 参数 （单位：mm）

轴径 d_1	R	轴径 d_1	R
5~30	0.3~0.6	80~130	0.5~1.0
30~60	0.3~0.7	130~250	0.6~1.1
60~80	0.4~0.8	250~400	0.7~1.2

表 12-48 弹簧壁厚度及参数 （单位：mm）

a	e_1	a_1	r_3
$a\geqslant1$	$0.39\times a+0.07$	$0.72\times D_s+0.2$	$0\sim e_1/2$（$r_3=0$ 为直角）
$a<1$	0.45		

表 12-49 腰部参数

唇口到弹簧槽底部距离 a/mm	s/mm	L/mm		e_2/mm	半径/mm		ε
		正常	柔韧		R_2	R_1	
$a<1.3$	0.8	0.5~0.8	1.05	0.1	0.5~0.8	≤1.2e_4	≤10°
$1.3\leqslant a<1.6$	0.9	0.6~0.9	1.15				
$1.6\leqslant a<1.9$	1.0	0.7~1	1.3				
$1.9\leqslant a<2.2$	1.1	0.8~1.1	1.45				
$2.2\leqslant a<2.5$	1.2	0.9~1.2	1.55				
$2.5\leqslant a<2.8$	1.4	1.1~1.4	1.8	0.2	0.8~1.2		
$2.8\leqslant a<3.3$	1.6	1.3~1.6	2.1				
$3.3\leqslant a<3.8$	1.8	1.5~1.8	2.35	0.3	1.0~1.5		
$3.8\leqslant a<4.3$	2.0	1.7~2	2.6	0.4			
$a\geqslant4.3$	2.2	1.9~2.2	2.85	0.5			

注：正常指较小的径向轴运动，$L\geqslant1.3S$；柔韧指较大的径向轴运动，$L\geqslant1.8S$。

表 12-50　　　　　　　　　　唇口过盈量及极限偏差　　　　　　　　（单位：mm）

轴径 d_1	i	极限偏差	轴径 d_1	i	极限偏差
5～30	0.7～1.0	+0.2 −0.3	80～130	1.4～1.8	+0.2 −0.8
30～60	1.0～1.2	+0.2 −0.6	130～250	1.8～2.4	+0.3 −0.9
60～80	1.2～1.4	+0.2 −0.6	250～400	2.4～3.0	+0.4 −1.0

表 12-51　　　　　　　　　　底部厚度参数　　　　　　　　　　（单位：mm）

f_1	0.4～0.8
f_2	0.6～1
b_1	$d_1+f_1+f_2$

表 12-52　　　　　　　　　　副唇口的过盈量及极限偏差

轴径 d_1/mm	h_2/mm	α_1	θ_1	i_1/mm	极限偏差/mm
5～30	0.2～0.3			0.3	±0.15
30～60	0.3～0.4			0.4	±0.20
60～80	0.3～0.4	40°～50°	30°～40°	0.5	±0.25
80～130	0.4～0.5			0.6	±0.30
130～250	0.5～0.6			0.7	±0.35
250～400	0.6～0.7			0.9	±0.40
r_1、r_2、k		$r_1=0.5～2.5$，$r_2=0.25～0.8$，$k=0.3～0.8$			

表 12-53　　　　　　　　　　副唇直径参考值　　　　　　　　（单位：mm）

橡胶种类	轴 径 d_1	副唇直径
ACM	$d_1\leqslant25$	$(d_1+0.25)\pm0.20$
	$25<d_1\leqslant80$	$(d_1+0.35)\pm0.30$
	$80<d_1\leqslant100$	$(d_1+0.40)\pm0.35$
	$d_1>100$	$(d_1+0.45)\pm0.40$
FPM	$d_1\leqslant25$	$(d_1+0.30)\pm0.20$
	$25<d_1\leqslant80$	$(d_1+0.40)\pm0.30$
	$80<d_1\leqslant100$	$(d_1+0.45)\pm0.35$
	$d_1>100$	$(d_1+0.50)\pm0.40$

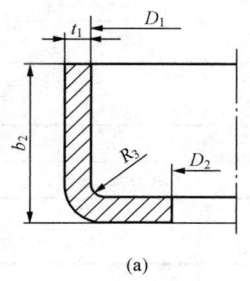 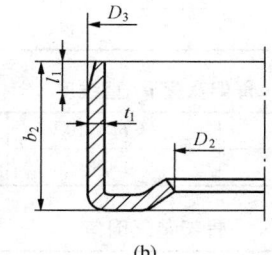 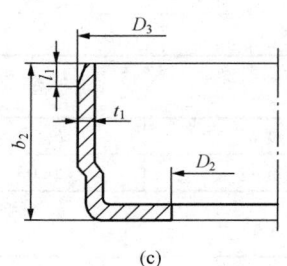

（a）　　　　　　　（b）　　　　　　　（c）

图 12-5　骨架基本形式

（a）内包骨架型；（b）外露骨架型；（c）半包骨架型

内包骨架型参数按表 12-54～表 12-59 选取。

表 12-54 　　　　　　　　　　　　　骨架材料厚度 t_1 　　　　　　　　　　　　（单位：mm）

公称直径 D	$D \leqslant 30$	$30 < D \leqslant 60$	$60 < D \leqslant 120$	$120 < D \leqslant 180$	$180 < D \leqslant 250$	$D > 250$
材料厚度 t_1	0.5～0.8	0.8～1.0	1.0～1.2	1.2～1.5	1.5～1.8	2～2.2
厚度公差			$\pm t_1 \times 0.1$			

弯角 $R_3 = 0.3 \sim 0.5$

表 12-55 　　　　　　　　　　　　　骨架内径 D_1 尺寸 　　　　　　　　　　　　（单位：mm）

公称直径 D	$D \leqslant 19$	$19 < D \leqslant 30$	$30 < D \leqslant 60$	$60 < D \leqslant 120$	$120 < D \leqslant 180$	$D > 180$
骨架内壁直径 D_1	$D-2.5$	$D-3.0$	$D-3.5$	$D-4.0$	$D-5.0$	$D-6.0$

表 12-56 　　　　　　　　　　　　骨架内径 D_1 尺寸公差 　　　　　　　　　　　（单位：mm）

内径 D_1	$D_1 \leqslant 10$	$10 < D_1 \leqslant 50$	$50 < D_1 \leqslant 180$	$D_1 > 180$
公差	$+0.05$ 0	$+0.1$ 0	$+0.15$ 0	$+0.2$ 0

表 12-57 　　　　　　　　　　　　　骨架 D_2 尺寸 　　　　　　　　　　　　（单位：mm）

轴径 d_1	$d_1 \leqslant 7$	$7 < d_1 \leqslant 25$	$25 < d_1 \leqslant 64$	$64 < d_1 \leqslant 100$	$100 < d_1 \leqslant 150$	$d_1 > 150$
内径 D_2	$d_1+3.5$	d_1+4	d_1+5	$d_1+5.5$	$d_1+6.5$	$d_1+7.5$

表 12-58 　　　　　　　　　　　　骨架 D_2 尺寸公差 　　　　　　　　　　　（单位：mm）

内径 D_2	$D_2 \leqslant 10$	$10 < D_2 \leqslant 50$	$50 < D_2 \leqslant 180$	$D_2 > 180$
公差	$+0.10$ -0.05	$+0.2$ -0.1	$+0.30$ -0.15	$+0.4$ -0.2

表 12-59 　　　　　　　　　　　骨架宽度 b_2 尺寸及公差 　　　　　　　　　　（单位：mm）

密封圈公称宽度 b	4	5	6	7	8	9	10	11	12	13	14	15～20	>20
骨架宽度 b_2	2.5	3.5	4.0	5.0	6.0	7.0	8.0	8.5	9.5	10.5	11.5	$b-3$	$b-4$
直线度允差	0.08				0.10					0.12			
骨架宽度公差	0 -0.2				0 -0.3					0 -0.4			

外露骨架型参数按表 12-60～表 12-64 选取。

表 12-60 　　　　　　　　　　　　　骨架材料厚度 t_1 　　　　　　　　　　　　（单位：mm）

公称直径 D	$D \leqslant 30$	$30 < D \leqslant 80$	$80 < D \leqslant 100$	$100 < D \leqslant 120$	$120 < D \leqslant 150$	$150 < D \leqslant 200$
材料厚度 t_1	0.8～1.0	1～1.2	1.2～1.8	1.2～2.0	1.5～2.5	2.0～3.0
材料厚度公差			$\pm t_1 \times 0.1$			

表 12-61 　　　　　　　　　　　　骨架宽度 b_2 直线度 　　　　　　　　　　　（单位：mm）

骨架宽度 b_2	$b_2 \leqslant 8$	$8 < b_2 \leqslant 10$	$10 < b_2 \leqslant 16$	$16 < b_2 \leqslant 20$
直线度允差	0.05	0.08	0.1	0.12

表 12-62 　　　　　　　　　　　　　骨架装配倒角 　　　　　　　　　　　　（单位：mm）

骨架宽度 b_2	$b_2 \leqslant 6$	$6 < b_2 \leqslant 8$	$8 < b_2 \leqslant 12$	$b_2 > 12$
倒角 l_1	1.35～1.5	1.5～1.8	2～2.5	2.5～3.0

表 12-63	骨架宽度 b_2 公差	（单位：mm）
骨架宽度 b_2	$b_2 \leqslant 10$	$b_2 > 10$
公差	$+0.3$ 0	$+0.4$ 0

表 12-64	骨架内径 D_2、外径 D_3 的圆度及同轴度		（单位：mm）
公称直径 D	圆　度	同　轴　度	
$D < 18$	0.08	0.1	
$18 \leqslant D < 30$			
$30 \leqslant D < 50$	0.1	0.15	
$50 \leqslant D < 80$			
$80 \leqslant D < 120$	0.2	0.2	
$120 \leqslant D < 180$			
$180 \leqslant D < 250$	0.3	0.25	
$250 \leqslant D < 315$			
$315 \leqslant D < 400$	0.4	0.3	
$400 \leqslant D < 500$			

半包骨架型参数可根据工况，由制造商与用户协商确定。

12.4.6 V_D 形橡胶密封圈（见表 12-65～表 12-67）

表 12-65	S 形密封圈的形式和尺寸（JB/T 6994—2007）

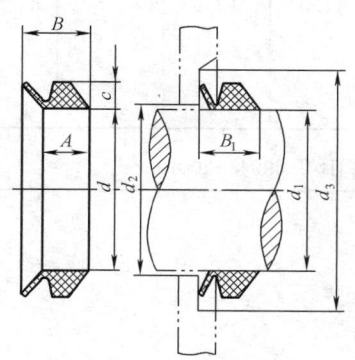

标记示例

公称轴径 110mm 密封圈内径 $d = 99$mm

材料为丁腈橡胶的 S 形密封圈标记为

V_D110S 密封圈丁腈橡胶 JB/T 6994—2007

（单位：mm）

密封圈 代号	公称 轴径	轴径 d_1	d	c	A	B	d_{2max}	d_{3min}	安装宽度 B_1
V_D5S	5	4.5～5.5	4	2	3.9	5.2	d_1+1	d_1+6	4.5±0.4
V_D6S	6	5.5～6.5	5						
V_D7S	7	6.5～8.0	6						
V_D8S	8	8.0～9.5	7						

续表

密封圈代号	公称轴径	轴径 d_1	d	c	A	B	d_{2max}	d_{3min}	安装宽度 B_1
V_D10S	10	9.5～11.5	9						
V_D12S	12	11.5～13.5	10.5						
V_D14S	14	13.5～15.5	12.5	3	5.6	7.7		d_1+9	6.7±0.6
V_D16S	16	15.5～17.5	14				d_1+2		
V_D18S	18	17.5～19.0	16						
V_D20S	20	19～21	18						
V_D22S	22	21～24	20						
V_D25S	25	24～27	22						
V_D28S	28	27～29	25	4	7.9	10.5		d_1+12	9.0±0.8
V_D30S	30	29～31	27						
V_D32S	32	31～33	29				d_1+3		
V_D36S	36	33～36	31						
V_D38S	38	36～38	34						
V_D40S	40	38～43	36						
V_D45S	45	43～48	40						
V_D50S	50	48～53	45	5	9.5	13.0	d_1+3	d_1+15	11.0±1.0
V_D56S	56	53～58	49						
V_D60S	60	58～63	54						
V_D63S	63	63～68	58						
V_D71S	71	68～73	63						
V_D75S	75	73～78	67						
V_D80S	80	78～83	72						
V_D85S	85	83～88	76	6	11.3	15.5	d_1+4	d_1+18	13.5±1.2
V_D90S	90	88～93	81						
V_D95S	95	93～98	85						
V_D100S	100	98～105	90						

表 12-66　　　　　　**A 形密封圈的形式和尺寸**（JB/T 6994—2007）

材料：丁腈橡胶
　　　氟橡胶

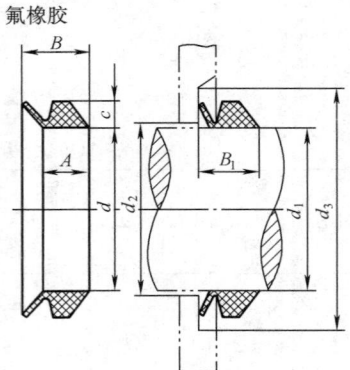

标记示例

公称轴径 120mm，密封圈内径 $d=108$mm，材料为氟橡胶标记为

V_D120A 密封圈氟橡胶 JB/T 6994—2007

续表

密封圈代号	公称轴径	轴径 d_1	d	c	A	B	d_{2max}	d_{3min}	安装宽度 B_1
V_D3A	3	2.5~3.5	2.5	1.5	2.1	3.0		d_1+4	2.5±0.3
V_D4A	4	3.5~4.5	3.2						
V_D5A	5	4.5~5.5	4						
V_D6A	6	5.5~6.5	5	2	2.4	3.7	d_1+1	d_1+6	3.0±0.4
V_D7A	7	6.5~8.0	6						
V_D8A	8	8.0~9.5	7						
V_D10A	10	9.5~11.5	9						
V_D12A	12	11.5~12.5	10.5						
V_D13A	13	12.5~13.5	11.7	3	3.4	5.5		d_1+9	4.5±0.6
V_D14A	14	13.5~15.5	12.5						
V_D16A	16	15.5~17.5	14						
V_D18A	18	17.5~19	16				d_1+2		
V_D20A	20	19~21	18						
V_D22A	22	21~24	20						
V_D25A	25	24~27	22						
V_D28A	28	27~29	25						
V_D30A	30	29~31	27	4	4.7	7.5		d_1+12	6.0±0.8
V_D32A	32	31~33	29						
V_D36A	36	33~36	31						
V_D38A	38	36~38	34						
V_D40A	40	38~43	36				d_1+3		
V_D45A	45	43~48	40						
V_D50A	50	48~53	45						
V_D56A	56	53~58	49	5	5.5	9.0		d_1+15	7.0±1.0
V_D60A	60	58~63	54						
V_D67A	67	63~68	58						
V_D71A	71	68~73	63						
V_D75A	75	73~78	67						
V_D80A	80	78~83	72						
V_D85A	85	83~88	76	6	6.8	11.0	d_1+4	d_1+18	9.0±1.2
V_D90A	90	88~93	81						
V_D95A	95	93~98	85						
V_D100A	100	98~105	90						

表 12-67　　　　　胶料与工作条件 (JB/T 6994—2007)

胶料名称代号	胶料特性	圆周速度/(m/s)	工作温度/℃	工作介质
丁腈橡胶　XA7453	耐油	<19	−40~+100	油、水、空气
氟橡胶　XD7433	耐油 耐高温		−25~+200	

第13章 齿轮传动

13.1 渐开线圆柱齿轮传动

13.1.1 基本齿廓与模数系列

1. 基本齿廓

表 13-1 为通用机械和重型机械用圆柱齿轮的标准基本齿廓。由于齿轮使用场合差别很大，因此表中的某些参数可做适当变动，以非标准齿廓的齿轮来满足某些特殊要求。例如：

（1）可以适当增大齿根圆角半径 ρ_f，也可以将齿根做成单圆弧。

（2）可以采用长齿（如取 $h_a = 1.2m$）或短齿（如取 $h_a = 0.8m$）。

（3）可以改变齿形角，如取 $\alpha = 15°、25°、28°$等。

（4）可以采用齿廓修形，如修缘、修根等。

表 13-1　　　　　渐开线圆柱齿轮基本齿廓（GB/T 1356—2001）

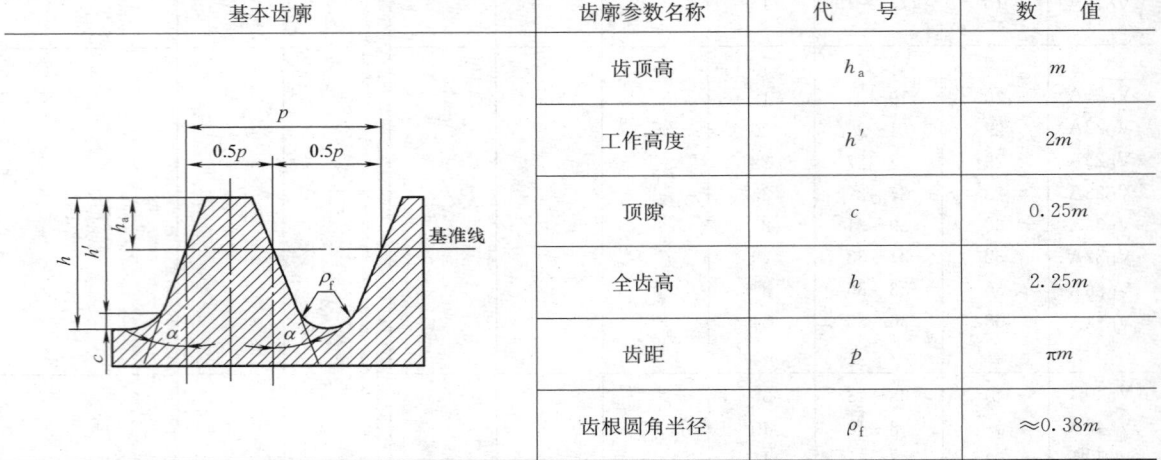

基本齿廓	齿廓参数名称	代　号	数　　值
	齿顶高	h_a	m
	工作高度	h'	$2m$
	顶隙	c	$0.25m$
	全齿高	h	$2.25m$
	齿距	p	πm
	齿根圆角半径	ρ_f	$\approx 0.38m$

注：1. 渐开线圆柱齿轮的基本齿廓是指基本齿条的法向齿廓。

2. 本标准适用于模数 $m > 1$mm，齿形角 $\alpha = 20°$的渐开线圆柱齿轮。

2. 模数系列

渐开线圆柱齿轮的模数系列列于表 13-2。

英制的齿轮传动，还有的用径节制的齿轮；径节 $P = z/d\,\text{in}^{-1}$，与模数的关系为 $m = 25.4/P$mm。

表 13-2　　　　通用机械和重型机械用圆柱齿轮模数（GB/T 1357—2008）

第一系列	1		1.25		1.5		2		2.5		3	
第二系列		1.125		1.375		1.75		2.25		2.75		3.5
第一系列	4		5		6			8		10		12
第二系列		4.5		5.5		(6.5)	7		9		11	
第一系列		16		20		25		32		40		50
第二系列	14		18		22		28		36		45	

注：1. 对于斜齿圆柱齿轮是指法向模数 m_n。

2. 优先选用第一系列，括号内的数值尽可能不用。

3. 1in = 2.54cm。

13.1.2 渐开线圆柱齿轮的几何尺寸

1. 外啮合标准圆柱齿轮传动几何尺寸计算（见表 13-3）

表 13-3 外啮合标准圆柱齿轮传动几何尺寸计算式

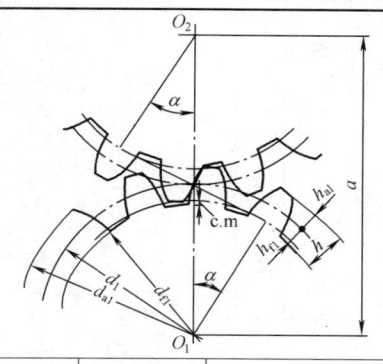

$\alpha = \alpha_n = 20°$（分度圆压力角）

$\tan\alpha_t = \tan\alpha_n / \cos\beta$

$h_a^* = h_{an}^* = 1$（齿顶高系数）

$h_{at}^* = h_{an}^* \cos\beta$

$c^* = c_n^* = 0.25$（径向间隙系数）

$c_t^* = c_n^* \cos\beta$

名 称	代 号	直 齿 轮	斜齿（人字齿）轮
模数	$m(m_n)$	由强度计算或结构设计确定，并按表 13-2 取标准值	由强度计算或结构设计确定，并按表 13-2 取标准值。$m_t = m_n / \cos\beta$
齿数	z	用齿条形刀具加工标准齿轮，通常要求 $z \geqslant z_{min} = \dfrac{2h_a^*}{\sin^2\alpha}$	用齿条形刀具加工标准齿轮，通常要求 $z \geqslant z_{min} = \dfrac{2h_{at}^*}{\sin^2\alpha_t}$
分度圆柱螺旋角	β	$\beta = 0°$	按推荐用的范围或按中心距要求等条件确定 β 值。一对齿轮的 β 角相等，螺旋角方向相反。$\cos\beta_b = \cos\beta \dfrac{\cos\alpha_n}{\cos\alpha_t}$
齿顶圆压力角	$\alpha_a(\alpha_{at})$	$\alpha_a = \arccos\dfrac{d_b}{d_a}$	$\alpha_{at} = \arccos\dfrac{d_b}{d_a}$
分度圆直径	d	$d = zm$	$d = zm_t = zm_n / \cos\beta$
基圆直径	d_b	$d_b = d\cos\alpha$	$d_b = d\cos\alpha_t$
齿距	p	$p = \pi m$	$p_n = \pi m_n,\ p_t = \pi m_t$
基圆齿距	p_b	$p_b = p\cos\alpha$	$p_{bt} = p_t\cos\alpha_t$
齿顶高	h_a	$h_a = h_a^* m$	$h_a = h_{an}^* m_n = h_{at}^* m_t$
齿根高	h_f	$h_f = (h_a^* + c^*)m$	$h_f = (h_{an}^* + c_n^*)m_n = (h_{at}^* + c_t^*)m_t$
齿高	h	$h = h_a + h_f$	$h = h_a + h_f$
齿顶圆直径	d_a	$d_a = d + 2h_a = (z + 2h_a^*)m$	$d_a = d + 2h_a = \left(\dfrac{z}{\cos\beta} + 2h_{an}^*\right)m_n$
齿根圆直径	d_f	$d_f = d - 2h_f = (z - 2h_a^* - 2c^*)m$	$d_f = d - 2h_f = \left(\dfrac{z}{\cos\beta} - 2h_{an}^* - 2c_n^*\right)m_n$
中心距	a	$a = \dfrac{d_1 + d_2}{2} = \dfrac{z_1 + z_2}{2}m$	$a = \dfrac{d_1 + d_2}{2} = \dfrac{(z_1 + z_2)m_n}{2\cos\beta}$
齿数比	u	$u = \dfrac{z_2}{z_1}$	$u = \dfrac{z_2}{z_1}$

2. 外啮合变位圆柱齿轮传动几何尺寸计算（见表 13-4）

表 13-4 外啮合变位圆柱齿轮传动几何尺寸计算式

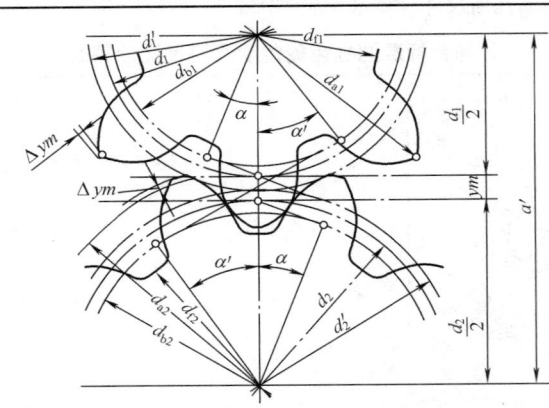

名 称	代 号	直 齿 轮	斜齿（人字齿）轮
主要几何参数的计算			
已知条件及要求		已知：z_1、z_2、m、a' 求：x_Σ 及 Δy	已知：z_1、z_2、m_n、β、a' 求：$x_{n\Sigma}$
未变位时中心距	a	$a = \dfrac{1}{2}m(z_1 + z_2)$	$a = \dfrac{1}{2}m_t(z_1 + z_2) = \dfrac{m_n}{2\cos\beta}(z_1 + z_2)$
中心距变动系数	$y(y_n)$	$y = \dfrac{a'-a}{m}$	$y_n = \dfrac{a'-a}{m_n}$
分度圆压力角	$\alpha(\alpha_t)$	$\alpha = 20°$	$\tan\alpha_t = \dfrac{\tan\alpha_n}{\cos\beta}$,　$\alpha_n = 20°$
啮 合 角	$\alpha'(\alpha_t')$	$\cos\alpha' = \dfrac{a}{a'}\cos\alpha$	$\cos\alpha_t' = \dfrac{a}{a'}\cos\alpha_t$
总变位系数	$x_\Sigma(x_{n\Sigma})$	$x_\Sigma = \dfrac{z_1 + z_2}{2\tan\alpha}(\mathrm{inv}\alpha' - \mathrm{inv}\alpha)$ $\mathrm{inv}\alpha'$ 及 $\mathrm{inv}\alpha$ 按 α' 及 α 查表 13-15 $x_\Sigma = x_1 + x_2$，x_1 和 x_2 可利用图 13-2 分配确定	$x_{n\Sigma} = \dfrac{z_1 + z_2}{2\tan\alpha_n}(\mathrm{inv}\alpha_t' - \mathrm{inv}\alpha_t)$ $\mathrm{inv}\alpha_t'$ 及 $\mathrm{inv}\alpha_t$ 按 α_t' 及 α_t 查表 13-15 $x_{n\Sigma} = x_{n1} + x_{n2}$，$x_{n1}$ 和 x_{n2} 可利用图 13-2 分配确定
齿高变动系数	$\Delta y(\Delta y_n)$	$\Delta y = x_\Sigma - y$	$\Delta y_n = x_{n\Sigma} - y_n$
已知条件及要求		已知：z_1、z_2、m、x_Σ 求：a' 及 Δy	已知：z_1、z_2、m_n、β、$x_{n\Sigma}$ 求：a' 及 Δy_n
分度圆压力角	$\alpha(\alpha_t)$	$\alpha = 20°$	$\alpha_n = 20°$，$\tan\alpha_t = \dfrac{\tan\alpha_n}{\cos\beta}$
啮 合 角	$\alpha'(\alpha_t')$	$\mathrm{inv}\alpha' = \dfrac{2(x_1 + x_2)}{z_1 + z_2}\tan\alpha + \mathrm{inv}\alpha$	$\mathrm{inv}\alpha_t' = \dfrac{2(x_{n1} + x_{n2})}{z_1 + z_2}\tan\alpha_n + \mathrm{inv}\alpha_t$
中心距变动系数	$y(y_n)$	$y = \dfrac{z_1 + z_2}{2}\left(\dfrac{\cos\alpha}{\cos\alpha'} - 1\right)$	$y_n = \dfrac{z_1 + z_2}{2\cos\beta}\left(\dfrac{\cos\alpha_t}{\cos\alpha_t'} - 1\right)$
中心距	a'	$a' = a + ym$	$a' = a + y_n m_n$
齿高变动系数	$\Delta y(\Delta y_n)$	$\Delta y = x_\Sigma - y$	$\Delta y_n = x_{n\Sigma} - y_n$
主要几何尺寸计算			
模 数	$m(m_n)$	由强度计算或结构设计确定，并按表 13-2 取标准值	由强度计算或结构设计确定，并按表 13-2 取标准值，$m_t = m_n/\cos\beta$
分度圆直径	d	$d = zm$	$d = zm_n/\cos\beta$
节圆直径	d'	$d_1' = \dfrac{2a'}{u+1}$,　$d_2' = ud_1'$	$d_1' = \dfrac{2a'}{u+1}$,　$d_2' = ud_1'$

续表

名 称	代 号	直 齿 轮	斜齿（人字齿）轮
齿 顶 高	h_a	$h_a = (h_a^* + x - \Delta y)m$	$h_a = (h_{an}^* + x_n - \Delta y_n)m_n$
齿 根 高	h_f	$h_f = (h_a^* + c^* - x)m$	$h_f = (h_{an}^* + c_n^* - x_n)m_n$
全 齿 高	h	$h = (2h_a^* + c^* - \Delta y)m$	$h = (2h_{an}^* + c_n^* - \Delta y_n)m_n$
齿顶圆直径	d_a	$d_a = d + 2(h_a^* + x - \Delta y)m$	$d_a = d + 2(h_{an}^* + x_n - \Delta y_n)m_n$
齿根圆直径	d_f	$d_f = d - 2(h_a^* + c^* - x)m$	$d_f = d - 2(h_{an}^* + c_n^* - x_n)m_n$
齿数比	u	$u = z_2/z_1$	$u = z_2/z_1$

注：1. 对于 $x < 1.5$ 的插齿齿轮，使用本表计算，可满足一般要求；对于 $x \geqslant 1.5$ 的插齿齿轮，如果精确计算齿高尺寸参数，可参阅参考文献 [16]。
  2. 表内算式中的 x、x_n 应带本身的正负号代入；而 Δy、Δy_n 永为正号。
  3. 对于高变位圆柱齿轮，算式中的 y、y_n、Δy、Δy_n 均为零。

3. 内啮合标准圆柱齿轮传动几何尺寸计算（见表 13-5）

表 13-5   **内啮合标准圆柱齿轮传动几何尺寸计算式**

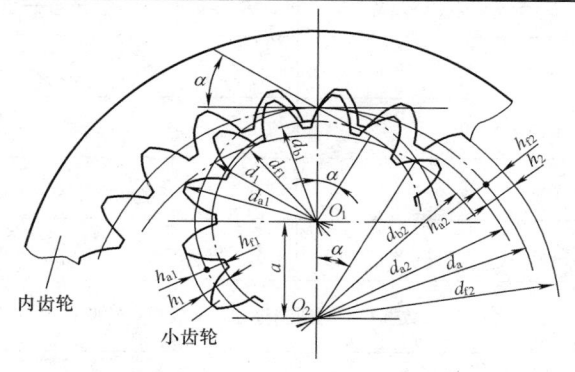

$\alpha = \alpha_n = 20°$（分度圆压力角）

$\tan\alpha_1 = \tan\alpha_n / \cos\beta$

$h_a^* = h_{an}^* = 1$（齿顶高系数）

$h_{at}^* = h_{an}^* \cos\beta$

$c^* = c_n^* = 0.25$（径向间隙系数）

$c_t^* = c_n^* \cos\beta$

名 称	代 号	直齿内齿轮	斜齿（人字齿）内齿轮
模 数	m	由强度计算或结构设计确定，并按表 13-2 取标准值 m	$m_t = \dfrac{m_n}{\cos\beta}$ m_n 取标准值，其确定方法与直齿相同
齿 数	z_2	一般取 $z_2 - z_1 > 9$	
当量齿数	z_v	$z_v = z$	$z_v = \dfrac{z}{\cos^3\beta}$
分度圆柱螺旋角	β	$\beta = 0°$	按推荐用数值或按中心距等条件决定。一对内啮合斜齿（人字齿）圆柱齿轮的螺旋角相等，方向相同
齿顶圆压力角	α_a, α_{at}	$\alpha_a = \arccos\dfrac{d_b}{d_a}$	$\alpha_{at} = \arccos\dfrac{d_b}{d_a}$
分度圆直径	d_2	$d_2 = z_2 m$	$d_2 = z_2 m_t = \dfrac{z_2 m_n}{\cos\beta}$
基圆直径	d_{b2}	$d_{b2} = d_2 \cos\alpha$	$d_{b2} = d_2 \cos\alpha_t$
齿顶圆直径	d_{a2}	$d_{a2} = d_2 - 2h_a^* m + \Delta d_a$ $\Delta d_a = \dfrac{2h_a^* m}{z_2 \tan^2\alpha}$ 当 $h_a^* = 1$，$\alpha = 20°$ 时 $\Delta d_a = \dfrac{15.1 m}{z_2}$	$d_{a2} = d_2 - 2h_{an}^* m_n + \Delta d_a$ $\Delta d_a = \dfrac{2h_{an}^* m_n \cos^3\beta}{z_2 \tan^2\alpha_n}$ 当 $h_{an}^* = 1$，$\alpha_n = 20°$ 时 $\Delta d_a = \dfrac{15.1 m_n \cos^3\beta}{z_2}$

图中标注：内齿轮，小齿轮，α，d_{b1}，d_{a1}，d_{f1}，d_1，O_1，h_{a1}，h_{f1}，h_1，a，O_2，h_{f2}，h_2，d_{a2}，d_{b2}，d_2，d_{f2}

续表

名　称	代号	直齿内齿轮	斜齿（人字齿）内齿轮
齿根圆直径	d_{f2}	$d_{f2} = d_2 + 2(h_a^* + c^*)m$	$d_{f2} = d_2 + 2(h_{an}^* + c_n^*)m_n$
全齿高	h_2	$h_2 = \dfrac{1}{2}(d_{f2} - d_{a2})$	
中心距	a	$a = \dfrac{1}{2}(z_2 - z_1)m$	$a = \dfrac{1}{2}(z_2 - z_1)\dfrac{m_n}{\cos\beta}$

注：同内齿轮相啮合的小齿轮的几何尺寸按表 13-3。

4. 内啮合变位圆柱齿轮传动几何尺寸计算（见表 13-6）

表 13-6 内啮合变位圆柱齿轮传动几何计算式

名　称	代号	直齿轮	斜齿（人字齿）轮
		主要几何参数计算	
已知条件		z_1，z_2，m，a'	z_1，z_2，$m_n(m_t)$，β，a'
未变位中心距	a	$a = \dfrac{1}{2}m(z_2 - z_1)$	$a = \dfrac{1}{2}m_t(z_2 - z_1) = \dfrac{m_n}{2\cos\beta}(z_2 - z_1)$
中心距变动系数	$y(y_n)$	$y = \dfrac{a' - a}{m}$	$y_n = \dfrac{a' - a}{m_n}$
分度圆压力角	$\alpha(\alpha_n)$	$\alpha = 20°$	$\alpha_n = 20°$，$\tan\alpha_t = \dfrac{\tan\alpha_n}{\cos\beta}$
啮合角	$\alpha'(\alpha_t')$	$\cos\alpha' = \dfrac{a}{a'}\cos\alpha$	$\cos\alpha_t' = \dfrac{a}{a'}\cos\alpha_t$
总变位系数	$x_\Sigma(x_{n\Sigma})$	$x_\Sigma = x_2 - x_1 = \dfrac{z_2 - z_1}{2\tan\alpha}(\mathrm{inv}\alpha' - \mathrm{inv}\alpha)$	$x_{n\Sigma} = x_{n2} - x_{n1} = \dfrac{z_2 - z_1}{2\tan\alpha_n}(\mathrm{inv}\alpha_t' - \mathrm{inv}\alpha_t)$
变位系数的分配	x_1，x_2 $(x_{n1}$，$x_{n2})$	按变位系数选择原则适当分配，而后再进行验算	
插内齿轮时的啮合角	α_{02}' (α_{t02}')	$\mathrm{inv}\alpha_{02}' = \mathrm{inv}\alpha + \dfrac{2(x_2 - x_{02})}{z_2 - z_{02}}\tan\alpha$ 当 $\alpha = 20°$ 时 $\mathrm{inv}\alpha_{02}' = 0.014904 + 0.728\dfrac{x_2 - x_{02}}{z_2 - z_{02}}$	$\mathrm{inv}\alpha_{t02}' = \mathrm{inv}\alpha_t + \dfrac{2(x_{n2} - x_{02})}{z_2 - z_{02}}\tan\alpha_n$
插内齿轮时的中心距	a_{02}	$a_{02} = \dfrac{m}{2}(z_2 - z_{02})\dfrac{\cos\alpha}{\cos\alpha_{02}'}$ 当 $\alpha = 20°$ 时 $a_{02} = 0.46985\dfrac{m(z_2 - z_{02})}{\cos\alpha_{02}'}$	$a_{02} = \dfrac{m_n(z_2 - z_{02})}{2\cos\beta}\dfrac{\cos\alpha_t}{\cos\alpha_{t02}'}$
齿高变动系数	$\Delta y(\Delta y_n)$	$\Delta y = x_\Sigma - y$	$\Delta y_n = x_{n\Sigma} - y_n$
已知条件		z_1，z_2，m，x_Σ	z_1，z_2，$m_n(m_t)$，$x_{n\Sigma}(x_{t\Sigma})$
啮合角	$\alpha'(\alpha_t')$	$\mathrm{inv}\alpha' = \mathrm{inv}\alpha + \dfrac{2(x_2 - x_1)}{z_2 - z_1}\tan\alpha$	$\mathrm{inv}\alpha_t' = \mathrm{inv}\alpha_t + \dfrac{2(x_{n2} - x_{n1})}{z_2 - z_1}\tan\alpha_n$
中心距变动系数	$y(y_n)$	$y = \dfrac{z_2 - z_1}{2}\left(\dfrac{\cos\alpha}{\cos\alpha'} - 1\right)$	$y_n = \dfrac{z_2 - z_1}{2\cos\beta}\left(\dfrac{\cos\alpha_t}{\cos\alpha_t'} - 1\right)$
中心距	a'	$a' = a + ym = \dfrac{1}{2}m(z_2 - z_1)\dfrac{\cos\alpha}{\cos\alpha'}$	$a' = a + y_n m_n = \dfrac{m_n}{2\cos\beta}(z_2 - z_1)\dfrac{\cos\alpha_t}{\cos\alpha_t'}$
齿高变动系数	$\Delta y(\Delta y_n)$	$\Delta y = x_\Sigma - y$	$\Delta y_n = x_{n\Sigma} - y_n$
		主要几何尺寸计算	
模数	$m(m_n)$	由强度计算或结构设计确定，并取标准值（见表 13-2）	
分度圆直径	d	$d_1 = z_1 m$ $d_2 = z_2 m$	$d_1 = \dfrac{z_1 m_n}{\cos\beta}$ $d_2 = \dfrac{z_2 m_n}{\cos\beta}$

名　称	代　号	直 齿 轮	斜齿（人字齿）轮
齿根圆直径	d_f	滚齿 $d_{f1} = d_1 - 2(h_a^* + c^* - x_1)m$	滚齿　$d_{f1} = d_1 - 2(h_{an}^* + c_n^* - x_{n1})m_n$
齿顶圆直径	d_a	$d_{a1} = d_{f2} - 2a' - 2c^*m$ $d_{a2} = d_{f1} + 2a' + 2c^*m$	$d_{a1} = d_{f2} - 2a' - 2c_n^*m_n$ $d_{a2} = d_{f1} + 2a' + 2c_n^*m_n$
全 齿 高	h	$h_1 = \frac{1}{2}(d_{a1} - d_{f1})$, $h_2 = \frac{1}{2}(d_{f2} - d_{a2})$	
齿 顶 高	h_a	$h_{a1} = \frac{1}{2}(d_{a1} - d_1)$, $h_{a2} = \frac{1}{2}(d_2 - d_{a2})$	

5. 齿轮齿条传动的几何尺寸计算（见表 13-7）

表 13-7　　　　　　　　　　**齿轮齿条传动的几何尺寸计算式**

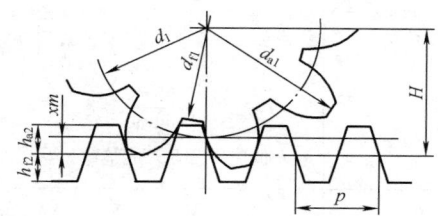

齿条运动速度

$$v = \frac{\pi d_1 n_1}{60 \times 1000}$$

d_1—齿轮分度圆直径（mm）

n_1—齿轮转速（r/min）

名　称	代号	直 齿	斜 齿	名　称	代号	直 齿	斜 齿
分度圆直径	d	$d_1 = mz_1$	$d_1 = \frac{m_n z_1}{\cos\beta}$	齿根圆直径	d_f	$d_{f1} = d_1 - 2h_{f1}$	$d_{f1} = d_1 - 2h_{f1}$
齿顶高	h_a	$h_{a1} = (h_a^* + x_1)m$ $h_{a2} = h_a^*m$	$h_{a1} = (h_{an}^* + x_{n1})m_n$ $h_{a2} = h_{an}^*m_n$	齿距	p	$p = \pi m$	$p_n = \pi m_n$ $p_t = \pi m_t$
齿根高	h_f	$h_{f1} = (h_a^* + c^* - x_1)m$ $h_{f2} = (h_a^* + c^*)m$	$h_{f1} = (h_{an}^* + c_n^* - x_{n1})m_n$ $h_{f2} = (h_{an}^* + c_n^*)m_n$	齿轮中心到齿条基准线距离	H	$H = \frac{d_1}{2} + xm$	$H = \frac{d_1}{2} + x_n m_n$
全齿高	h	$h_1 = h_{a1} + h_{f1}$ $h_2 = h_{a2} + h_{f2}$	$h_1 = h_{a1} + h_{f1}$ $h_2 = h_{a2} + h_{f2}$	基圆直径	d_b	$d_{b1} = d_1\cos\alpha$	$d_{b1} = d_1\cos\alpha_t$
齿顶圆直径	d_a	$d_{a1} = d_1 + 2h_{a1}$	$d_{a1} = d_1 + 2h_{a1}$	齿顶圆压力角	α_a	$\alpha_{a1} = \arccos\dfrac{d_{b1}}{d_{a1}}$	$\alpha_{at1} = \arccos\dfrac{d_{b1}}{d_{a1}}$

13.1.3　渐开线圆柱齿轮的测量尺寸

1. 公法线长度（见表 13-8）

2. 分度圆弦齿厚（见表 13-9）

3. 固定弦齿厚（见表 13-10）

4. 量柱（球）测量距（见表 13-11）

表 13-8　　　　　　　　　　**公法线长度（外齿轮、内齿轮）**

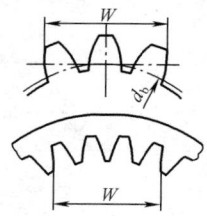

测量时不以齿顶圆为基准，对齿顶圆的精度要求不高。测量方便应用较多。但对齿宽 $b <$ $W_n\sin\beta$ 的斜齿轮和受量具尺寸限制的大型齿轮不适用

续表

项　目		代号	直　齿　轮	斜　齿　轮
标准齿轮	跨测齿数 （对内齿轮为 跨测齿槽数）	k	$k = \dfrac{\alpha z}{180°} + 0.5$ 4 舍 5 入成整数	$k = \dfrac{\alpha_n z'}{180°} + 0.5$ 式中　$z' = z\dfrac{\mathrm{inv}\alpha_t}{\mathrm{inv}\alpha_n}$ k 值应 4 舍 5 入成整数
	公法线长度	W	$W = W^* m$ $W^* = \cos\alpha\left[\pi(k-0.5) + z\,\mathrm{inv}\alpha\right]$	$W_n = W^* m_n$ $W^* = \cos\alpha_n\left[\pi(k-0.5) + z'\mathrm{inv}\alpha_n\right]$ 式中　$z' = z\dfrac{\mathrm{inv}\alpha_t}{\mathrm{inv}\alpha_n}$
变位齿轮	跨测齿数 （对内齿轮为 跨测齿槽数）	k	$k = \dfrac{z}{\pi}\left[\dfrac{1}{\cos\alpha}\sqrt{\left(1+\dfrac{2x}{z}\right)^2 - \cos^2\alpha} - \dfrac{2x}{z}\tan\alpha - \mathrm{inv}\alpha\right] + 0.5$ 4 舍 5 入成整数	$k = \dfrac{z'}{\pi}\left[\dfrac{1}{\cos\alpha_n}\sqrt{\left(1+\dfrac{2x_n}{z'}\right)^2 - \cos^2\alpha_n} - \dfrac{2x_n}{z'}\tan\alpha_n - \mathrm{inv}\alpha_n\right] + 0.5$ 式中　$z' = z\dfrac{\mathrm{inv}\alpha_t}{\mathrm{inv}\alpha_n}$ k 值应 4 舍 5 入成整数
	公法线长度	W	$W = (W^* + \Delta W^*)m$ $W^* = \cos\alpha\left[\pi(k-0.5) + z\,\mathrm{inv}\alpha\right]$ $\Delta W^* = 2x\sin\alpha$	$W_n = (W^* + \Delta W^*)m_n$ $W^* = \cos\alpha_n\left[\pi(k-0.5) + z'\mathrm{inv}\alpha_n\right]$ $z' = z\dfrac{\mathrm{inv}\alpha_t}{\mathrm{inv}\alpha_n}$ $\Delta W^* = 2x_n\sin\alpha_n$

表 13-9　　　　　　　　　　　　　　**分度圆弦齿厚**（外齿轮、内齿轮）

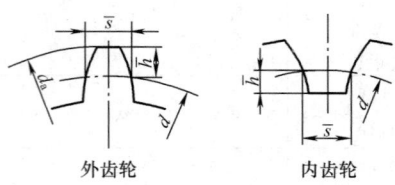

外齿轮　　　　内齿轮

测量时以齿顶圆为基准，对齿顶圆的尺寸精度要求高。齿数较少时测量方便。常用于大型齿轮和精度要求不高的小型齿轮测量

名　称			直　齿　轮	斜　齿　轮
标准齿轮	分度圆弦齿高	外齿轮	$\bar{h} = h_a + \dfrac{mz}{2}\left(1 - \cos\dfrac{\pi}{2z}\right)$	$\bar{h}_n = h_a + \dfrac{m_n z_v}{2}\left(1 - \cos\dfrac{\pi}{2z_v}\right)$
		内齿轮	$\bar{h}_2 = h_{a2} - \dfrac{mz_2}{2}\left(1 - \cos\dfrac{\pi}{2z_2}\right) + \Delta\bar{h}_2$ 式中　$\Delta\bar{h}_2 = \dfrac{d_{a2}}{2}(1 - \cos\delta_{a2})$ $\delta_{a2} = \dfrac{\pi}{2z_2} - \mathrm{inv}\alpha + \mathrm{inv}\alpha_{a2}$	$\bar{h}_{n2} = h_{a2} + \dfrac{m_n z_{v2}}{2}\left(1 - \cos\dfrac{\pi}{2z_{v2}}\right) + \Delta\bar{h}_2$ 式中　$\Delta\bar{h}_2 = \dfrac{d_{a2}}{2}(1 - \cos\delta_{a2})$ $\delta_{a2} = \dfrac{\pi}{2z_2} - \mathrm{inv}\alpha_t + \mathrm{inv}\alpha_{at2}$
	分度圆弦齿厚		$\bar{s} = mz\sin\dfrac{\pi}{2z}$	$\bar{s}_n = m_n z_v\sin\dfrac{\pi}{2z_v}$

名　称		直 齿 轮	斜 齿 轮
变位齿轮	分度圆弦齿高（外齿轮）	$\bar{h}=h_a+\dfrac{mz}{2}\left[1-\cos\left(\dfrac{\pi}{2z}+\dfrac{2x\tan\alpha}{z}\right)\right]$	$\bar{h}_n=h_a+\dfrac{m_n z_v}{2}\left[1-\cos\left(\dfrac{\pi}{2z_v}+\dfrac{2x_n\tan\alpha_n}{z_v}\right)\right]$
	内齿轮	$\bar{h}_2=h_{a2}-\dfrac{mz_2}{2}\left[1-\cos\left(\dfrac{\pi}{2z_2}-\right.\right.$ $\left.\left.\dfrac{2x_2\tan\alpha}{z_2}\right)\right]+\Delta\bar{h}_2$ 式中　$\Delta\bar{h}_2=\dfrac{d_{a2}}{2}(1-\cos\delta_{a2})$ $\delta_{a2}=\dfrac{\pi}{2z_2}-\mathrm{inv}\alpha-\dfrac{2x_2\tan\alpha}{z_2}+\mathrm{inv}\alpha_{a2}$	$\bar{h}_{n2}=h_{a2}-\dfrac{m_n z_{v2}}{2}\left[1-\cos\left(\dfrac{\pi}{2z_{v2}}-\right.\right.$ $\left.\left.\dfrac{2x_{n2}\tan\alpha_n}{z_{v2}}\right)\right]+\Delta\bar{h}_2$ 式中　$\Delta\bar{h}_2=\dfrac{d_{a2}}{2}(1-\cos\delta_{a2})$ $\delta_{a2}=\dfrac{\pi}{2z_2}-\mathrm{inv}\alpha_t-\dfrac{2x_{n2}\tan\alpha_t}{z_2}+\mathrm{inv}\alpha_{at2}$
	分度圆弦齿厚	$\bar{s}=mz\sin\left(\dfrac{\pi}{2z}\pm\dfrac{2x\tan\alpha}{z}\right)$	$\bar{s}_n=m_n z_v\sin\left(\dfrac{\pi}{2z_v}\pm\dfrac{2x_{n2}\tan\alpha_n}{z_v}\right)$

注：有"±"号处，"＋"号用于外齿轮，"－"号用于内齿轮。

表 13-10　　　　　　　　　　　　**固定弦齿厚**（外齿轮、内齿轮）

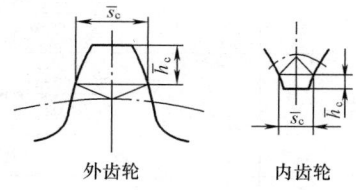

外齿轮　　　　　内齿轮

测量时以齿顶圆为基准，对齿顶圆精度要求高。计算简单，对斜齿轮不需用 z_v。对模数较小的齿轮，测量不够方便，常用于大型齿轮的测量

名　称		直 齿 轮	斜 齿 轮
标准齿轮	固定弦齿高（外齿轮）	$\bar{h}_c=h_a-\dfrac{\pi m}{8}\sin^2\alpha$	$\bar{h}_{cn}=h_a-\dfrac{\pi m_n}{8}\sin^2\alpha_n$
	内齿轮	$\bar{h}_{c2}=h_{a2}-\dfrac{\pi m}{8}\sin^2\alpha+\Delta\bar{h}_2$ 式中　$\Delta\bar{h}_2=\dfrac{d_{a2}}{2}(1-\cos\delta_{a2})$ $\delta_{a2}=\dfrac{\pi}{2z_2}-\mathrm{inv}\alpha+\mathrm{inv}\alpha_{a2}$	$\bar{h}_{cn2}=h_{a2}-\dfrac{\pi m_n}{8}\sin^2\alpha_n+\Delta\bar{h}_2$ 式中　$\Delta\bar{h}_2=\dfrac{d_{a2}}{2}(1-\cos\delta_{a2})$ $\delta_{a2}=\dfrac{\pi}{2z_2}-\mathrm{inv}\alpha_t+\mathrm{inv}\alpha_{at2}$
	固定弦齿厚	$\bar{s}_c=\dfrac{\pi m}{2}\cos^2\alpha$	$\bar{s}_{cn}=\dfrac{\pi m_n}{2}\cos^2\alpha_n$
变位齿轮	固定弦齿高（外齿轮）	$\bar{h}_c=h_a-m\left(\dfrac{\pi}{8}\sin^2\alpha+x\sin^2\alpha\right)$	$\bar{h}_{cn}=h_a-m_n\left(\dfrac{\pi}{8}\sin^2\alpha_n+x_n\sin^2\alpha_n\right)$
	内齿轮	$\bar{h}_{c2}=h_{a2}-m\left(\dfrac{\pi}{8}\sin^2\alpha-x_2\sin^2\alpha\right)+\Delta\bar{h}_2$ 式中　$\Delta\bar{h}_2=\dfrac{d_{a2}}{2}(1-\cos\delta_{a2})$ $\delta_{a2}=\dfrac{\pi}{2z_2}-\mathrm{inv}\alpha+\mathrm{inv}\alpha_{a2}-\dfrac{2x_2\tan\alpha}{z_2}$	$\bar{h}_{cn2}=h_{a2}-m_n\left(\dfrac{\pi}{8}\sin^2\alpha_n-x_{n2}\sin^2\alpha_n\right)+\Delta\bar{h}_2$ 式中　$\Delta\bar{h}_2=\dfrac{d_{a2}}{2}(1-\cos\delta_{a2})$ $\delta_{a2}=\dfrac{\pi}{2z_2}-\mathrm{inv}\alpha_t+\mathrm{inv}\alpha_{at2}-\dfrac{2x_{n2}\tan\alpha_t}{z_2}$
	固定弦齿厚	$\bar{s}_c=m\left(\dfrac{\pi}{2}\cos\alpha\pm x\sin^2\alpha\right)$	$\bar{s}_{cn}=m_n\left(\dfrac{\pi}{2}\cos\alpha_n\pm x_n\sin^2\alpha_n\right)$

注：有"±"号处，"＋"号用于外齿轮，"－"号用于内齿轮。

表 13-11　　　　　　　　　　　　　　量柱（球）测量距（外齿轮、内齿轮）

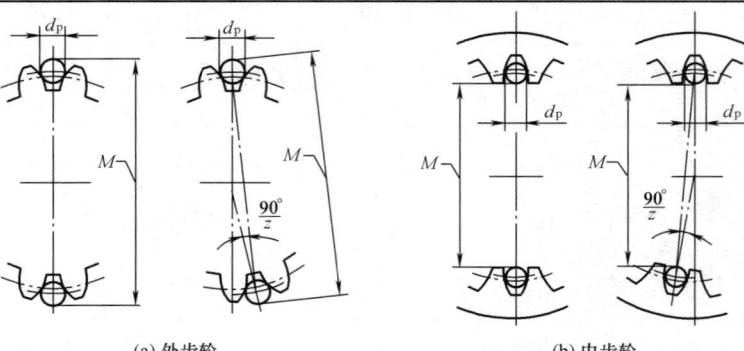

测量时不以齿顶圆为基准，对齿顶圆精度要求不高。对大型齿轮测量不方便，多用于内齿轮的测量

(a) 外齿轮　　　　　　　　　　(b) 内齿轮

名　　称		直 齿 轮	斜 齿 轮
标准齿轮	量柱（球）直径 d_p　外齿轮	按 z 和 $x=0$ 查图 13-1	按 z_v 和 $x_n=0$ 查图 13-1
	量柱（球）直径 d_p　内齿轮	$d_p=1.44m$ 或 $d_p=1.68m$	$d_p=1.44m_n$ 或 $d_p=1.6m_n$
	量柱（球）中心所在圆的压力角 α_M	$\mathrm{inv}\,\alpha_M=\mathrm{inv}\,\alpha\pm\dfrac{d_p}{mz\cos\alpha}\mp\dfrac{\pi}{2z}$	$\mathrm{inv}\,\alpha_{Mt}=\mathrm{inv}\,\alpha_t\pm\dfrac{d_p}{m_n z\cos\alpha_n}\mp\dfrac{\pi}{2z}$
	量柱（球）测量距 M　偶数齿	$M=\dfrac{mz\cos\alpha}{\cos\alpha_M}\pm d_p$	$M=\dfrac{m_t z\cos\alpha_t}{\cos\alpha_{Mt}}\pm d_p$
	量柱（球）测量距 M　奇数齿	$M=\dfrac{mz\cos\alpha}{\cos\alpha_M}\cos\dfrac{90°}{z}\pm d_p$	$M=\dfrac{m_t z\cos\alpha_t}{\cos\alpha_{Mt}}\cos\dfrac{90°}{z}\pm d_p$
变位齿轮	量柱（球）直径 d_p　外齿轮	按 z 和 x 查图 13-1	按 z_v 和 x_n 查图 13-1
	量柱（球）直径 d_p　内齿轮	$d_p=1.65m$	$d_p=1.65m_n$
	量柱（球）中心所在圆的压力角 α_M	$\mathrm{inv}\,\alpha_M=\mathrm{inv}\,\alpha\pm\dfrac{d_p}{mz\cos\alpha}\mp\dfrac{\pi}{2z}+\dfrac{2x\tan\alpha}{z}$	$\mathrm{inv}\,\alpha_{Mt}=\mathrm{inv}\,\alpha_t\pm\dfrac{d_p}{m_n z\cos\alpha_n}\mp\dfrac{\pi}{2z}+\dfrac{2x_n\tan\alpha_n}{z}$
	量柱（球）测量距 M　偶数齿	$M=\dfrac{mz\cos\alpha}{\cos\alpha_M}\pm d_p$	$M=\dfrac{m_t z\cos\alpha_t}{\cos\alpha_{Mt}}\pm d_p$
	量柱（球）测量距 M　奇数齿	$M=\dfrac{mz\cos\alpha}{\cos\alpha_M}\cos\dfrac{90°}{z}\pm d_p$	$M=\dfrac{m_t z\cos\alpha_t}{\cos\alpha_{Mt}}\cos\dfrac{90°}{z}\pm d_p$

注：1. 有"±"或"∓"号处，上面的符号用于外齿轮，下面的符号用于内齿轮。
　　2. 量柱（球）直径 d_p 按本表的方法确定后，推荐圆整成接近的标准钢球的直径，以便使用标准钢球测量。
　　3. 直齿轮可以使用圆棒或圆球，斜齿轮使用圆球。

13.1.4　渐开线圆柱齿轮传动的重合度和齿轮齿条传动的重合度（见表 13-12）

表 13-12　　　　　　　　　　圆柱齿轮传动、齿轮齿条传动的重合度

项　目		直 齿	斜 齿
端面重合度 ε_α	圆柱齿轮传动	$\varepsilon_\alpha=\dfrac{1}{2\pi}\big[z_1(\tan\alpha_{a1}-\tan\alpha)$ $\pm z_2(\tan\alpha_{a2}-\tan\alpha)\big]$	$\varepsilon_\alpha=\dfrac{1}{2\pi}\big[z_1(\tan\alpha_{at1}-\tan\alpha_t)$ $\pm z_2(\tan\alpha_{at2}-\tan\alpha_t)\big]$
	齿轮齿条传动	$\varepsilon_\alpha=\dfrac{1}{2\pi}\Big[z_1(\tan\alpha_{a1}-\tan\alpha)+\dfrac{4(h_a^*-x_1)}{\sin^2\alpha}\Big]$	$\varepsilon_\alpha=\dfrac{1}{2\pi}\Big[z_1(\tan\alpha_{at1}-\tan\alpha_t)+\dfrac{4(h_{an}^*-x_{n1})\cos\beta}{\sin^2\alpha_t}\Big]$
纵向重合度 ε_β		$\varepsilon_\beta=0$	$\varepsilon_\beta=\dfrac{b\sin\beta}{\pi m_n}$
总重合度 ε_γ		$\varepsilon_\gamma=\varepsilon_\alpha$	$\varepsilon_\gamma=\varepsilon_\alpha+\varepsilon_\beta$

注：式中有"±"号处，"+"号用于外啮合，"－"号用于内啮合。

测量外齿轮用的量柱径模比如图 13-1 所示。表中所列端面重合度也可用查图法求得，标准齿轮和高变位齿轮传动查图 13-4，角变位齿轮传动查图 13-5。

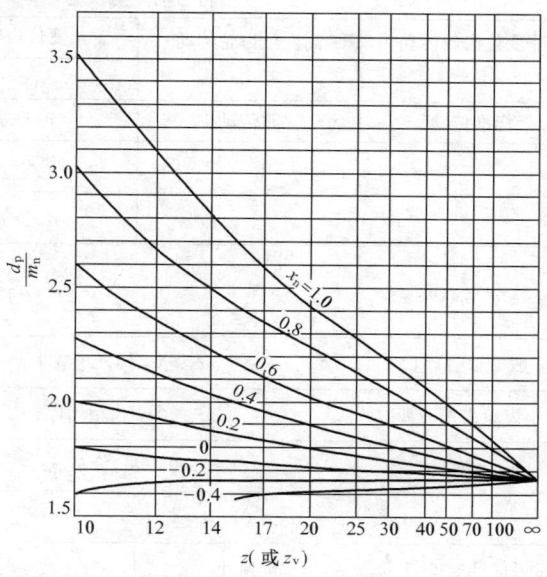

图 13-1　测量外齿轮用的量柱（球）径模比 d_p/m_n （$\alpha = \alpha_n = 20°$）

13.1.5　变位齿轮的应用和变位系数的选择

1. 变位齿轮的功用和限制条件（见表 13-13）

表 13-13　　　　　　　　　　　变位齿轮的功用与限制条件

功　用	限　制　条　件	
	外　齿　轮	内　齿　轮
1. 在 $z < z_{min}$ 时避免根切	1. 保证加工时不根切	1. 保证加工时不产生范成顶切
2. 提高齿面接触强度和齿根弯曲强度	2. 保证加工时不顶切	2. 保证加工时不产生径向切入顶切
3. 提高齿面的抗胶合能力和耐磨性	3. 保证必要的齿顶厚，要求 $s_a > (0.25 \sim 0.4)m$	3. 保证不产生过渡曲线的干涉
4. 配凑中心距	4. 保证必要的重合度，一般要求 $\varepsilon_a \geqslant 1.2$	4. 保证不产生重叠干涉
5. 修复被磨损的旧齿轮	5. 保证啮合时不干涉	

注：表中的限制条件均可以用计算式表示；对内齿轮详见表 13-6。

2. 变位齿轮的类型、比较与主要应用（见表 13-14）

表 13-14　　　　　　　　　　　变位齿轮的类型、比较与主要应用

名　称	代号	传　动　类　型			
		非变位齿轮传动 $x_\Sigma = x_1 = x_2 = 0$	高变位齿轮传动 $x_\Sigma = x_1 + x_2 = 0$	角变位齿轮传动 $x_\Sigma = x_1 + x_2 \neq 0$	
				$x_\Sigma = x_1 + x_2 > 0$	$x_\Sigma = x_1 + x_2 < 0$
		标准传动	零传动	正传动	负传动
分度圆直径	d	$d = mz$			
基圆直径	d_b	$d_b = mz\cos\alpha$			
分度圆齿距	p	$p = \pi m$			
中心距	a	$a = \dfrac{1}{2}m(z_1 + z_2)$		$a' > a$	$a' < a$

续表

名　称	代号	传　动　类　型			
		非变位齿轮传动 $x_\Sigma = x_1 = x_2 = 0$	高变位齿轮传动 $x_\Sigma = x_1 + x_2 = 0$	角变位齿轮传动 $x_\Sigma = x_1 + x_2 \neq 0$	
				$x_\Sigma = x_1 + x_2 > 0$	$x_\Sigma = x_1 + x_2 < 0$
		标准传动	零传动	正传动	负传动
啮合角	α'	$\alpha' = \alpha' = \alpha_0$		$\alpha' > \alpha$	$\alpha' < \alpha$
节圆直径	d'	$d' = d$		$d' > d$	$d' < d$
分度圆齿厚	s	$s = \frac{1}{2}\pi m$		$x > 0,\ s > \frac{\pi}{2}m$；$x < 0,\ s < \frac{\pi}{2}m$	
齿顶圆齿厚	s_a	一般 $s_a > [s_a]_{min}$		$x > 0,\ s_a$ 减小；$x < 0,\ s_a$ 增大	
齿根厚	s_f	小齿轮齿根较薄		$x > 0$，齿根增厚；$x < 0$，齿根减薄	
齿顶高	h_a	$h_a = h_a^* m$		$x > 0,\ h_a > h_a^* m$；$x < 0,\ h_a < h_a^* m$	
齿根高	h_f	$h_f = (h_a^* + c^*)m$		$x > 0,\ h_f < (h_a^* + c^*)m$；$x < 0,\ h_f > (h_a^* + c^*)m$	
重合度	ε	通常可保证 $\varepsilon > [\varepsilon]_{min}$	略减小	减　小	增　大
滑动率	η		η_{max} 减小 可使 $\eta_1 = \eta_2$	η_{max} 减小 可使 $\eta_1 = \eta_2$	增　大
效　率			提　高	提　高	降　低
齿数限制		$z_1 > z_{min}$　$z_2 > z_{min}$	$z_\Sigma \geqslant 2z_{min}$	z_Σ 可小于 $2z_{min}$	$z_\Sigma > 2z_{min}$
主要应用		无特别要求的一般传动	取 $x_1 > 0$，避免根切，提高齿根弯曲强度，提高齿面抗胶合、耐磨损能力	提高齿面接触强度；取 $x > 0$，提高齿根弯曲强度，避免根切；提高抗胶合、耐磨损能力；凑配中心距	修复被磨损的旧齿轮；配凑中心距

3. 变位系数的选择

图 13-2 中阴影线以内为变位许用区。该区内各射线为同一啮合角（如 $20°$，$22°$，…，$26°31'$）时总变位系数 x_Σ 与齿数和 z_Σ 的函数关系。根据 z_Σ 和对变位齿轮的具体要求，可在许用区内选择 x_Σ。对同一 z_Σ，所选 x_Σ 越大，α' 越大，虽能提高承载能力，但重合度相应减小。因此，在选择 x_Σ 时需综合考虑。

确定 x_Σ 后，再按该图左侧的五条斜线分配变位系数 x_1 和 x_2。该部分线图纵坐标仍表示 x_Σ，而横坐标表示变位系数 x_1（从坐标原点 O 向左 x_1 为正值，反之为负值）。根据 x_Σ 及齿数比 u，即可确定 x_1，而 $x_2 = x_\Sigma - x_1$。

【例 13-1】 已知某机床变速箱中的一对齿轮，$z_1 = 21$，$z_2 = 33$，$m = 2.5$mm，中心距 $a' = 70$mm，试确定变位系数。

(1) 根据确定的中心距 a' 求啮合角 α'。

$$\cos\alpha' = \frac{m}{2a'}(z_1 + z_2)\cos\alpha$$
$$= \frac{2.5}{2 \times 70} \times (21 + 33) \times 0.93969$$
$$= 0.90613$$

所以 $\alpha' = 25°01'25''$。

(2) 在图 13-2 中，由 O 点按 $\alpha' = 25°01'25''$ 作射线，与 $z_\Sigma = z_1 + z_2 = 21 + 33 = 54$ 处向上引垂线相交于 A_1 点，A_1 点纵坐标即为所求点变位系数 x_Σ（见图中例 1，$x_\Sigma = 1.12$），A_1 点在线图的许用区内，故可用。

(3) 根据齿数比 $u = z_2/z_1 = 33/21 = 1.57$，

故应按线图左侧的斜线②分配 x_1。自 A_1 点作水平线与斜线②交于 C_1 点，C_1 点横坐标即为 x_1，图中的 $x_1 = 0.55$。所以 $x_2 = x_\Sigma - x_1 = 1.12 - 0.55 = 0.57$。

【**例 13-2**】　齿轮的齿数 $z_1 = 17$，$z_2 = 100$，要求尽可能提高接触强度，试选择变位系数。

为了提高接触强度，应按最大啮合角选总变位系数。在图 13-2 中，自 $z_\Sigma = z_1 + z_2 = 17 + 100 = 117$ 处向上引垂线，与线图上边界线交于 A_2 点，A_2

点处的啮合角值，即为 $z_\Sigma = 117$ 时的最大许用啮合角。

A_2 点的纵坐标值即为所求的 $x_\Sigma = 2.54$。若需圆整中心距，可以适当调整此 x_Σ 值。

齿数比 $u = z_2/z_1 = 100/17 = 5.9 > 3.0$，所以应按斜线⑤分配变位系数。自 A_2 点做水平线与线⑤交于 C_2 点，C_2 点的横坐标值即为 x_1，$x_1 = 0.77$。所以 $x_2 = x_\Sigma - x_1 = 2.54 - 0.77 = 1.77$。

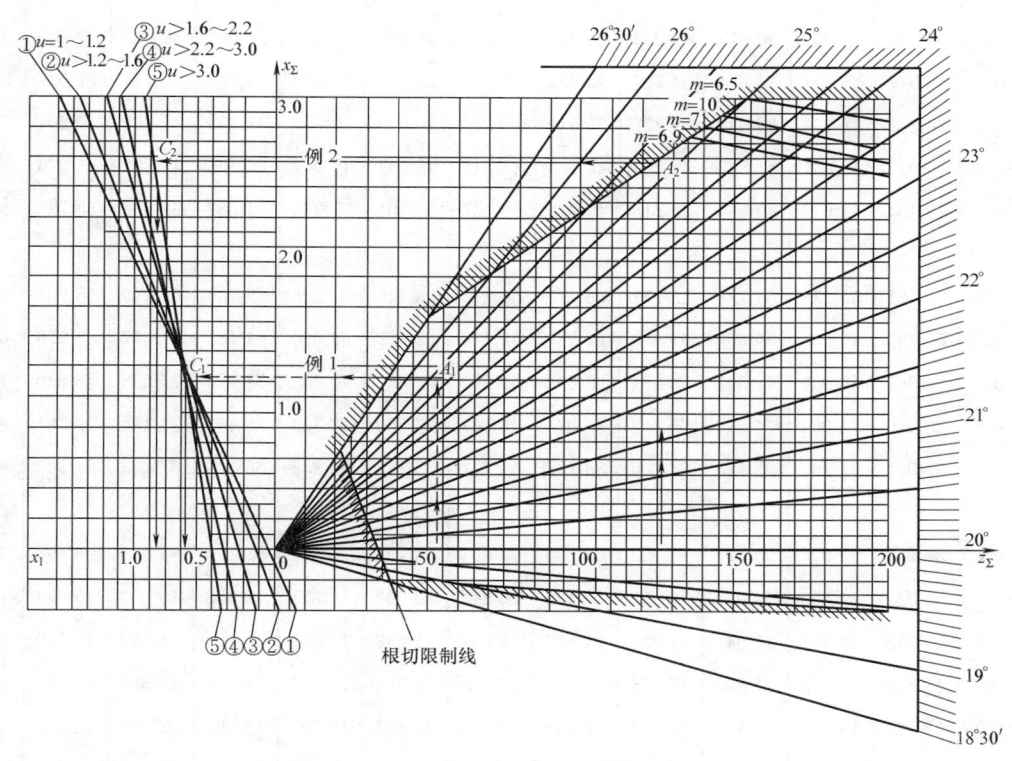

图 13-2　选择变位系数线图（$\alpha = 20°$、$h^* = 1$）

13.1.6　齿轮几何计算用图表（见表 13-15，图 13-3～图 13-5）

表 13-15　　　　　　　　　渐开线函数 $\mathrm{inv}\alpha = \tan\alpha - \alpha$

$\alpha/(°)$		0′	5′	10′	15′	20′	25′	30′	35′	40′	45′	50′	55′
10	0.00	17 941	18 397	18 860	19 332	19 812	20 299	20 795	21 299	21 810	22 330	22 859	23 396
11	0.00	23 941	24 495	25 057	25 628	26 208	26 797	27 394	28 001	28 616	29 241	29 875	30 518
12	0.00	31 171	31 832	32 504	33 185	33 875	34 575	35 285	36 005	36 735	37 474	38 224	38 984
13	0.00	39 754	40 534	41 325	42 126	42 938	43 760	44 593	45 437	46 291	47 157	48 033	48 921
14	0.00	49 819	50 729	51 650	52 582	53 526	54 482	55 448	56 427	57 417	58 420	59 434	60 460
15	0.00	61 498	62 548	63 611	64 686	65 773	66 873	67 985	69 110	70 248	71 398	72 561	73 738
16	0.0	07 493	07 613	07 735	07 857	07 982	08 107	08 234	08 362	08 492	08 623	08 756	08 889
17	0.0	09 025	09 161	09 299	09 439	09 580	09 722	09 866	10 012	10 158	10 307	10 456	10 608
18	0.0	10 760	10 915	11 071	11 228	11 387	11 547	11 709	11 873	12 038	12 205	12 373	12 543
19	0.0	12 715	12 888	13 063	13 240	13 418	13 598	13 779	13 963	14 148	14 334	14 523	14 713

续表

α/(°)		0′	5′	10′	15′	20′	25′	30′	35′	40′	45′	50′	55′
20	0.0	14 904	15 098	15 293	15 490	15 689	15 890	16 092	16 296	16 502	16 710	16 920	17 132
21	0.0	17 345	17 560	17 777	17 996	18 217	18 440	18 665	18 891	19 120	19 350	19 583	19 817
22	0.0	20 054	20 292	20 533	20 775	21 019	21 266	21 514	21 765	22 018	22 272	22 529	22 788
23	0.0	23 049	23 312	23 577	23 845	24 114	24 386	24 660	24 936	25 214	25 495	25 778	26 062
24	0.0	26 350	26 639	26 931	27 225	27 521	27 820	28 121	28 424	28 729	29 037	29 348	29 660
25	0.0	29 975	30 293	30 613	30 935	31 260	31 587	31 917	32 249	32 583	32 920	33 260	33 602
26	0.0	33 947	34 294	34 644	34 997	35 352	35 709	36 069	36 432	36 798	37 166	37 537	37 910
27	0.0	38 287	38 666	39 047	39 432	39 819	40 209	40 602	40 997	41 395	41 797	42 201	42 607
28	0.0	43 017	43 430	43 845	44 264	44 685	45 110	45 537	45 967	46 400	46 837	47 376	47 718
29	0.0	48 164	48 612	49 064	49 518	49 976	50 437	50 901	51 368	51 833	52 312	52 788	53 268
30	0.0	53 751	54 238	54 728	55 221	55 717	56 217	56 720	57 226	57 736	58 249	58 765	59 285
31	0.0	59 809	60 336	60 866	61 400	61 937	62 478	63 022	63 570	64 122	61 677	65 236	65 799
32	0.0	66 364	66 934	67 507	68 084	68 665	69 250	69 838	70 430	71 026	71 626	72 230	72 838
33	0.0	73 449	74 064	74 684	75 307	75 934	76 565	77 200	77 839	78 483	79 130	79 781	80 437
34	0.0	81 097	81 760	82 428	83 100	83 777	84 457	85 142	85 832	86 525	87 223	87 925	88 631
35	0.0	89 342	90 058	90 777	91 502	92 230	92 963	93 701	94 443	95 190	95 942	96 698	97 459
36	0.0	09 822	09 899	09 977	10 055	10 133	10 212	10 292	10 371	10 452	10 533	10 614	10 696
37	0.0	10 778	10 861	10 944	11 028	11 113	11 197	11 283	11 369	11 455	11 542	11 630	11 718
38	0.0	11 806	11 895	11 895	12 075	12 165	12 257	12 348	12 441	12 534	12 627	12 721	12 815
39	0.0	12 911	13 006	13 102	13 199	13 297	13 395	13 493	13 592	13 692	13 792	13 893	13 995
40	0.0	14 097	14 200	14 303	14 407	14 511	14 616	14 722	14 829	14 936	15 043	15 152	15 261
41	0.0	15 370	15 480	15 591	15 703	15 815	15 928	16 041	16 156	16 270	16 386	16 502	16 619
42	0.0	16 737	16 855	16 974	17 093	17 214	17 336	17 457	17 579	17 702	17 826	17 951	18 076
43	0.0	18 202	18 329	18 457	18 585	18 714	18 844	18 975	19 106	19 238	19 371	19 505	19 639
44	0.0	19 774	19 910	20 047	20 185	20 323	20 463	20 603	20 743	20 885	21 028	21 171	21 315
45	0.0	21 460	21 606	21 753	21 900	22 049	22 198	22 348	22 499	22 651	22 804	22 958	23 112
46	0.0	23 268	23 424	23 582	23 740	23 899	24 059	24 220	24 382	24 545	24 709	24 874	25 040
47	0.0	25 206	25 374	25 543	25 713	25 883	26 055	26 228	26 401	26 576	26 752	26 929	27 107
48	0.0	27 285	27 465	27 646	27 828	28 012	28 196	28 381	28 567	28 755	28 943	29 133	29 324
49	0.0	29 516	29 709	29 903	30 098	30 295	30 492	30 691	30 891	31 092	31 295	31 498	31 703

续表

$\alpha/(°)$		0′	5′	10′	15′	20′	25′	30′	35′	40′	45′	50′	55′
50	0.0	31 909	32 116	32 324	32 534	32 745	32 957	33 171	33 385	33 601	33 818	34 037	34 257
51	0.0	34 478	34 700	34 924	35 149	35 376	35 604	35 833	36 063	36 295	36 529	36 763	36 999
52	0.0	37 237	37 476	37 716	37 958	38 202	38 446	38 693	39 441	39 190	39 441	39 693	39 947
53	0.0	40 202	40 459	40 717	40 977	41 239	41 502	41 767	42 034	42 302	42 571	42 843	43 116
54	0.0	43 390	43 667	43 945	44 225	44 506	44 789	45 074	45 361	45 650	45 940	46 232	46 526
55	0.0	46 822	47 119	47 419	47 720	48 023	48 328	48 635	48 944	49 255	49 568	49 882	50 199
56	0.0	50 518	50 838	51 161	51 486	51 813	52 141	52 472	52 805	53 141	53 478	53 817	54 159
57	0.0	54 503	54 849	55 197	55 547	55 900	56 255	56 612	56 972	57 333	57 698	58 064	58 433
58	0.0	58 804	59 178	59 554	59 933	60 314	60 697	61 083	61 472	61 863	62 257	62 653	63 052
59	0.0	63 454	63 858	64 265	64 674	65 086	65 501	65 919	66 340	66 763	67 189	67 618	68 050

【例 13-3】 $\mathrm{inv}27°15' = 0.039\ 432$

$$\mathrm{inv}27°17' = 0.039\ 432 + \frac{2}{5} \times$$
$$(0.039\ 819 - 0.039\ 432)$$
$$= 0.039\ 587$$

【例 13-4】 $\mathrm{inv}\alpha = 0.006\ 046\ 0$，由表求得 $\alpha = 14°55'$。

【例 13-5】 外啮合标准斜齿圆柱齿轮传动，已知：$z_1 = 25$，$z_2 = 81$，$\beta = 8°06'34''$，试确定 ε_α 值。

由图 13-4，按 z_1、z_2 分别查得 $\varepsilon_{\alpha1} = 0.8$，$\varepsilon_{\alpha2} = 0.9$，则 $\varepsilon_\alpha = \varepsilon_{\alpha1} + \varepsilon_{\alpha2} = 0.8 + 0.9 = 1.7$。

【例 13-6】 外啮合高变位斜齿圆柱齿轮传动，

已知：$z_1 = 21$，$z_2 = 74$，$\beta = 12°$，$x_{n1} = 0.5$，$x_{n2} = -0.5$，试确定 ε_α 值。

根据 $\dfrac{z_1}{1+x_{n1}} = \dfrac{21}{1+0.5} = 14$ 和 $\dfrac{z_2}{1-x_{n2}} = \dfrac{74}{1-0.5} = 148$，从图 13-4 中分别查得 $\varepsilon_{\alpha1} = 0.705$，$\varepsilon_{\alpha2} = 0.915$，则

$$\varepsilon_\alpha = (1+x_{n1})\varepsilon_{\alpha1} + (1-x_{n2})\varepsilon_{\alpha2}$$
$$= (1+0.5) \times 0.705 + (1-0.5) \times 0.915$$
$$= 1.52$$

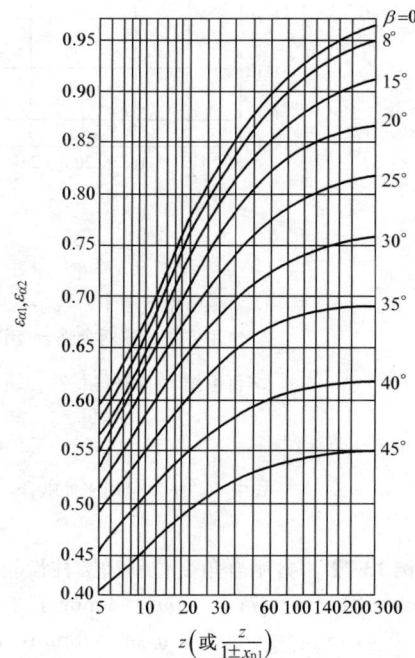

图 13-4　外啮合标准齿轮传动和高变位齿轮传动的端面重合度 ε_α

注：1. 本图适用于 $\alpha = \alpha_n = 20°$、$h_a^* = h_{an}^* = 1$ 的圆柱齿轮传动。
　　2. 使用方法：按已知的 z、x_{n1} 和 β 值查图，确定 ε_α 值。

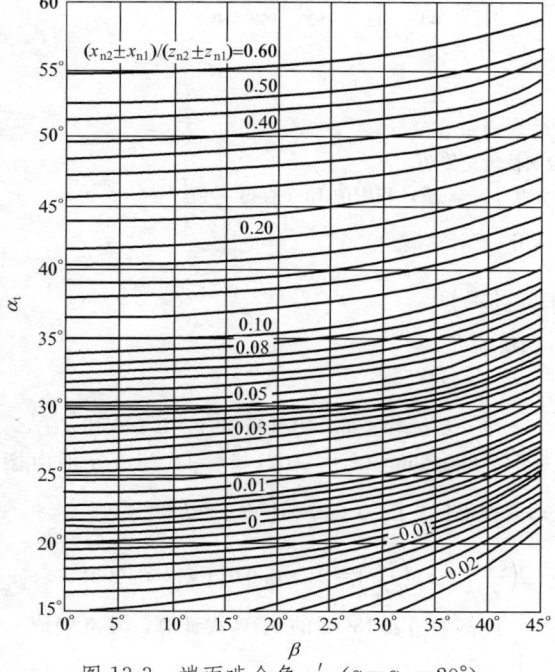

图 13-3　端面啮合角 α_t'　$(\alpha = \alpha_n = 20°)$

注：图中"+"号用于外啮合，"-"号用于内啮合。

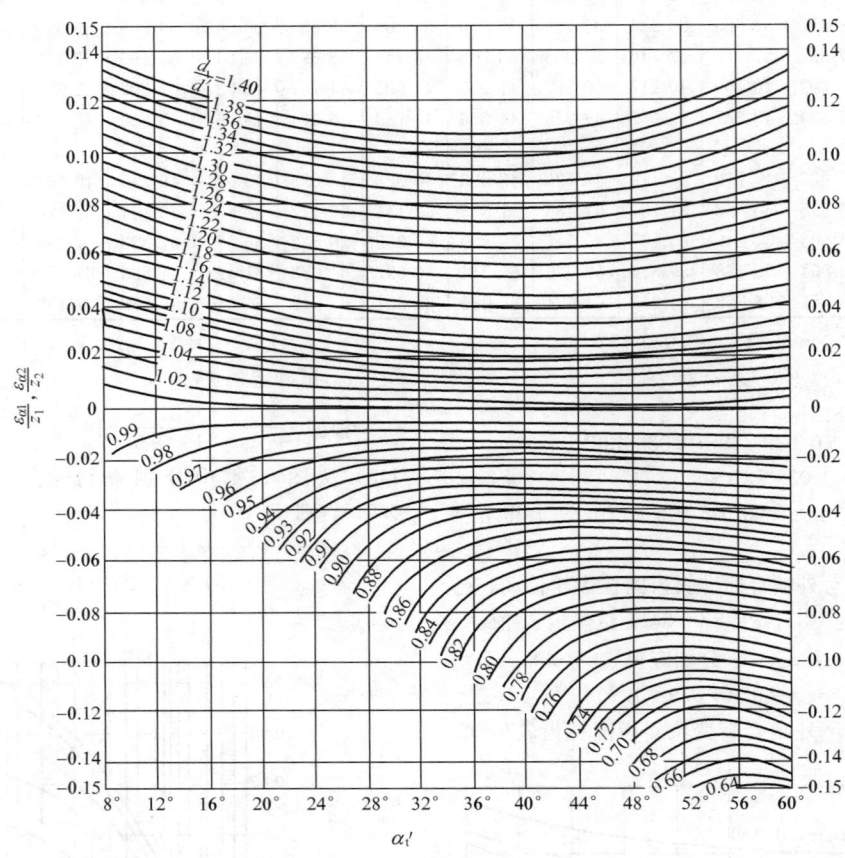

图 13-5 圆柱齿轮的端面重合度

注: 1. 本图特别适用于 $\alpha=\alpha_n=20°$的角度变位圆柱齿轮传动。

  2. 使用方法: 按两个啮合齿轮的 z、x_n、β 和 d_a、d' 值,利用图 13-3 查得 α_t' 值,

再由图 13-5 查得 $\left(\dfrac{\varepsilon_{a1}}{z_1}\right)$、$\left(\dfrac{\varepsilon_{a2}}{z_2}\right)$ 值,然后用下式计算 ε_α。

$$\varepsilon_\alpha=z_1\left(\frac{\varepsilon_{a1}}{z_1}\right)\pm z_2\left(\frac{\varepsilon_{a2}}{z_2}\right)$$

式中 "+" 号用于外啮合,"-" 号用于内啮合。

【例 13-7】 外啮合角变位斜齿圆柱齿轮传动,已知: $z_1=21$, $z_2=71$, ($m_n=9mm$),$\beta=10°$,$x_{n1}=+0.4$, $x_{n2}=+0.5$, $a'=428mm$, $d_{a1}=216.140mm$, $d_{a2}=674.880mm$, $d_1'=195.391mm$,$d_2'=666.609mm$,试确定 ε_α 值。

根据 $\dfrac{x_{n2}+x_{n1}}{z_2+z_1}=\dfrac{0.5+0.4}{71+21}=0.00978\approx0.01$

由图 13-3 查得 $a_t'\approx22.8°$

按 $d_{a1}/d_1'=216.140/195.391=1.106$ 和 d_{a2}/d_2' $=674.880/660.609=1.021\,6\approx1.022$,分别由图 13-5 查得 $\left(\dfrac{\varepsilon_{a1}}{z_1}\right)=0.040$ 和 $\left(\dfrac{\varepsilon_{a2}}{z_2}\right)=0.009$,则

$z_1\left(\dfrac{\varepsilon_{a1}}{z_1}\right)+z_2\left(\dfrac{\varepsilon_{a2}}{z_2}\right)=21\times0.040+71\times0.009=1.479$

此例如用表 13-12 的 ε_α 算式计算,其准确值 ε_α $=1.456$。

13.1.7　齿轮的材料

1. 齿轮常用材料及其力学性能（见表 13-16）

表 **13-16**　　　　　　　　　　齿轮常用材料及其力学性能

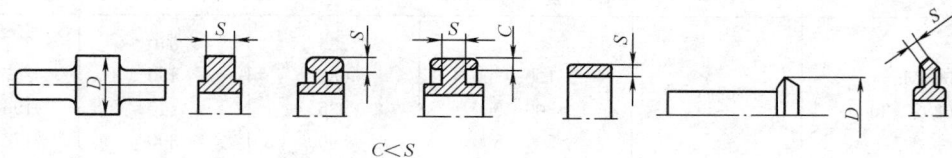

$C<S$

材料牌号	热处理状态	截面尺寸 （直径 D 或厚度 S） /mm	R_{m}/MPa	R_{eL}/MPa	HBW
		调质钢			
45 或 50 (JB/T 6397—2006)	正火	≤100	580~770	305	163~217
		>100~250	560~750	275	163~217
		>250~500	560~720	275	163~217
		>500~1000	560~720	275	163~217
	调质	≤16	700~850	500	—
		>16~40	650~800	430	—
		>40~100	630~780	370	207~302
		>100~250	590~740	345	197~269
		>250~500	590~740	345	187~255
20SiMn (JB/T 6396—2005)	调质	≤600	470	265	143~187
		>600~900	450	255	135~179
		>900~1200	440	245	135~179
35SiMn (JB/T 6396—2005)	调质	≤100	785	510	235~286
		>100~300	735	440	217~269
		>300~400	685	390	207~255
		>400~500	635	375	196~255
40SiMn (JB/T 6396—2005)	调质	≤100	784	509	235~286
		>100~200	735	461	217~269
		>200~300	686	441	207~255
		>300~500	637	372	196~255
40Cr (JB/T 6396—2005)	调质	≤100	735	540	217~269
		>100~300	685	490	207~255
		>300~500	635	440	196~255
		>500~800	590	345	176~241

续表

材料牌号	热处理状态	截面尺寸 （直径 D 或厚度 S） /mm	R_m/MPa	R_{eL}/MPa	HBW
调质钢					
35CrMo (JB/T 6397—2006)	调质	≤100 >100~300 >300~500 >500~800	735 685 635 590	540 490 440 390	217~269 207~255 196~255 176~241
42CrMo (JB/T 6397—2006)	调质	≤100 >100~160 >160~250 >250~500 >500~750	900~1100 800~950 750~900 690~840 590~740	650 550 500 460 390	269~322 241~302 225~269 207~255 176~241
40CrMnMo (JB/T 6397—2006)	调质	≤100 >100~300 >300~500 >500~800	885 835 785 735	735 640 570 490	269~321 250~302 235~286 217~269
34Cr2Ni2Mo (JB/T 6396—2005)	调质	≤100 >100~160 >160~250 >250~500 >500~1000	1000~1200 900~1100 800~950 740~890 690~840	800 700 600 540 490	302~341 269~321 241~302 225~269 207~255
40CrNiMo (JB/T 6396—2005)	调质	≤100 >100~300 >300~500 >500~800	885 835 785 735	735 640 570 490	269~321 250~302 235~286 217~269
渗碳钢、渗氮钢					
20Cr (JB/T 6396—2005)	渗碳+淬火+ 低温回火	15 30 ≤60	835 635 635	540 390 390	250 190 190
20CrMnTi (JB/T 6396—2005)	渗碳+淬火+ 低温回火	15	1080	785	320
20CrMnMo (JB/T 6396—2005)	渗碳+淬火+回火 二次淬火+回火	≤30 ≤100	1080 835	785 490	320 250
38CrMoAl (JB/T 6396—2005)	调质渗氮	30	980	835	295~341
40CrNiMo (JB/T 6396—2005)	淬火+回火	≤80 >80~100 >100~150 >150~250	980 980 980 980	835 835 835 835	295~341 295~341 295~341 295~341

材料牌号	热处理状态	截面尺寸 (直径 D 或厚度 S) /mm	R_m/MPa	R_{eL}/MPa	HBW
铸钢、合金铸钢					
ZG 310~570 (GB/T 11352—2009)			570	310	
ZG 340~640 (GB/T 11352—2009)			640	340	
ZG 40Mn2 (JB/T 6402—2018)	回火+正火 调质		590 835	395 685	179 269~302
ZG35SiMnMo (JB/T 6402—2018)	回火+正火 调质		640 690	395 490	
ZG 40Cr1 (JB/T 6402—2018)	回火+正火		630	345	212
ZG 35Cr1Mo (JB/T 6402—2018)	回火+正火 调质		588 686	392 510	— 201
ZG 35CrMnSi (JB/T 6402—2018)	回火+正火		690	345	217
灰铸铁 (GB/T 9439—2010)、球墨铸铁 (GB/T 1348—2009)					
HT225			>5~10 >10~20 >20~40 >40~80	230 200 170 150	
HT250			>5~10 >10~20 >20~40 >40~80	250 225 195 170	
HT275			>10~20 >20~40 >40~80	250 220 190	
HT300			>10~20 >20~40 >40~80	270 240 210	
HT350			>10~20 >20~40 >40~80	315 280 250	

续表

材料牌号和标准号	热处理状态	截面尺寸	R_{m}/MPa	R_{eL}/MPa	HBW
		直径 D 或厚度 S/mm			
灰铸铁 (GB/T 9439—2010)、球墨铸铁 (GB/T 1348—2009)					
QT500-7			500	320	170~230
QT600-3			600	370	190~270
QT700-2			700	420	225~305
QT800-2			800	480	245~335
QT900-2			900	600	280~360

① 由于调质的珠光体使齿面加工后的表面粗糙度很差,极易产生点蚀,因此45钢调质最好不使用。

2. 配对齿轮齿面硬度及其组合(见表13-17)

表 13-17 齿轮齿面硬度及其组合

硬度组合类型	齿轮种类	热处理		两轮工作齿面硬度差	工作齿面硬度举例		一般应用
		小齿轮	大齿轮		小齿轮	大齿轮	
软齿面 $H_{\mathrm{d1}} \leqslant 350\mathrm{HBW}$ $H_{\mathrm{d2}} \leqslant 350\mathrm{HBW}$	直齿	调质	正火 调质 调质 调质	$0 < H_{\mathrm{d1min}}$ $-H_{\mathrm{d2max}}$ $\leqslant (20\sim25)\mathrm{HBW}$	240~270HBW 260~290HBW 280~310HBW 300~330HBW	180~220HBW 220~240HBW 240~260HBW 260~280HBW	质量和尺寸不受严格限制的齿轮;热处理困难的大型齿轮;要求成本不高的齿轮;要求跑合性能良好的齿轮
	斜齿及人字齿	调质	正火 正火 调质 调质	H_{d1min} $-H_{\mathrm{d2min}}$ $> (40\sim50)\mathrm{HBW}$	240~270HBW 260~290HBW 270~300HBW 300~330HBW	160~190HBW 180~210HBW 200~230HBW 230~260HBW	
软硬组合齿面 $H_{\mathrm{d1}} > 350\mathrm{HBW}$ $H_{\mathrm{d2}} \leqslant 350\mathrm{HBW}$	斜齿及人字齿	表面淬火	调质	齿面硬度差很大	45~50HRC	200~230HBW 230~260HBW 270~300HBW 300~330HBW	是软齿面齿轮的一种改进(能使大齿轮齿面工作硬化);用于无大磨齿机磨大齿轮时;要求抗冲击性能好时
		渗碳	调质		56~62HRC		
硬齿面 $H_{\mathrm{d1}} > 350\mathrm{HBW}$ $H_{\mathrm{d2}} > 350\mathrm{HBW}$	直齿、斜齿及人字齿	表面淬火	表面淬火	齿面硬度大致相同	45~50HRC		质量和尺寸受严格限制的齿轮;移动式机器上的齿轮;要求制造精度高的齿轮(磨齿)
		渗碳	渗碳		56~62HRC		

注:1. 表中 H_{d2}、H_{d1} 分别表示大小齿轮齿面硬度。

2. 重要齿轮的表面淬火,应采用高频或中频感应淬火;模数较大时,应沿齿沟加热和淬火。

3. 通常渗碳后的齿轮要进行磨齿。

4. 为了提高抗胶合性能,建议小轮和大轮采用不同牌号的钢来制造。

13.1.8 渐开线圆柱齿轮承载能力计算

1. 主要尺寸参数的初步确定

在缺乏经验和条件时，可采用齿轮设计的简化公式来初步确定齿轮传动的主要尺寸参数。对于渐开线（直齿、斜齿、人字齿）圆柱齿轮（外啮合、内啮合）的主要尺寸参数可用以下公式来初步确定。

按齿面接触强度计算

$$a = J_a(u \pm 1)\sqrt[3]{\frac{KT_1}{\phi_a u \, \sigma_{HP}^2}} \qquad (13\text{-}1)$$

或

$$d_1 = J_d\sqrt[3]{\frac{KT_1}{\phi_d \sigma_{HP}^2} \cdot \frac{u \pm 1}{u}} \qquad (13\text{-}2)$$

按齿根弯曲强度计算

$$m = 12.5\sqrt[3]{\frac{KT_1}{\phi_m z_1} \cdot \frac{Y_{FS}}{\sigma_{FP}}} \qquad (13\text{-}3)$$

式中　　a——齿轮传动中心距（mm）；

d_1——小齿轮分度圆直径（mm）；

m——端面模数，对斜齿轮和人字齿轮为法向模数（mm）；

T_1——小齿轮的额定转矩（N·m）；

z_1——小齿轮的齿数；

ϕ_a、ϕ_d、ϕ_m——齿宽系数，$\phi_a = b/a$，$\phi_d = b/d_1$，$\phi_m = b/m$；

σ_{HP}——许用接触应力（MPa），可取 $\sigma_{HP} \approx \sigma_{Hlim}/S_{Hmin}$，$\sigma_{Hlim}$ 是试验齿轮的接触疲劳极限应力（MPa），由表 13-27 计算，或从图 13-14（a）～图 13-20（a）中查取。可取接触强度计算的最小安全系数 $S_{Hmin} \geqslant 1.1$；

σ_{FP}——许用弯曲应力（MPa），可取 $\sigma_{FP} = 1.6\sigma_{Flim}$（轮齿单向受力）$\sigma_{FP} = 1.1\sigma_{Flim}$（轮齿双向受力）$\sigma_{Flim}$ 是试验

齿轮的弯曲疲劳极限，由表 13-27 计算，或从图 13-14（b）～图 13-20（b）中查取；

Y_{FS}——力作用于齿顶时的复合齿形系数，按实际齿数 z 查图 13-11 或图 13-12；

K——载荷系数，常取 $K = 1.2 \sim 2.2$，原动机出力均匀，工作机载荷平稳、齿宽系数小、轴承对称布置、轴刚性大、齿轮精度高、圆周速度低时取小值，反之，取大值；

J_a、J_d——计算系数，查表 13-18。

计算时，σ_{HP} 应取两齿轮中的小值；比值 Y_{FS}/σ_{FP} 应取两齿轮中的大值。式中的 "＋" 号用于外啮合，"－" 号用于内啮合。

2. 渐开线圆柱齿轮抗疲劳承载能力校核计算

齿轮抗疲劳承载能力计算包括齿面接触疲劳强度计算和齿根弯曲疲劳强度计算两大部分，本章推荐的计算方法，主要根据 GB/T 3480 而编制（简化），适用于钢、铸铁制造的，基本齿廓符合 GB 1356—2001 的内、外啮合直齿、斜齿和人字齿（双斜齿）圆柱齿轮。

（1）校核计算公式（见表 13-19 和表 13-20）。

（2）计算公式中各参数和系数的确定。

1）齿数比 u、小齿轮分度圆直径 d_1、模数 m 和齿宽 b 等。通常由校核计算任务书给出，或者由本章所述方法初步确定。

2）分度圆上的名义切向力 F_t。一般由齿轮传递的名义功率或名义转矩来确定。名义切向力作用于端面内并切于分度圆。这里认为 F_t 是一个稳定的载荷；对于不稳定载荷情况下，F_t 的确定见本章有关内容。

表 13-18 　　　　　　　　　　　齿面接触强度计算系数

材　料	小齿轮	钢			球墨铸铁		灰铸铁
	大齿轮	钢	球墨铸铁	灰铸铁	球墨铸铁	灰铸铁	灰铸铁
系　数	J_a	480	466	435	453	422	401
	J_d	761	738	689	718	670	636

注：1. 表中钢材料包括铸钢。

2. 本表适用于 $\beta = 0° \sim 15°$ 的直齿和斜齿轮。对于 $\beta = 25° \sim 35°$ 的人字齿轮，表中的 J_a 和 J_d 分别乘 0.93。

表 13-19 　　　　　　　　齿轮接触疲劳强度和弯曲疲劳强度校核计算公式

项　　　目	齿面接触疲劳强度	齿根弯曲疲劳强度
强度条件	$\sigma_H \leqslant \sigma_{HP}$　　或　　$S_H \geqslant S_{Hmin}$	$\sigma_F \leqslant \sigma_{FP}$　　或　　$S_F \geqslant S_{Fmin}$

项　　目	齿面接触疲劳强度	齿根弯曲疲劳强度
计算应力 /MPa	$\sigma_H = Z_{BD} Z_H Z_E Z_\varepsilon Z_\beta \times \sqrt{\dfrac{F_t}{d_1 b}\left(\dfrac{u \pm 1}{u}\right) K_A K_v K_{H\beta} K_{H\alpha}}$	$\sigma_F = \dfrac{F_t}{b m_n} K_A K_v K_{F\beta} K_{F\alpha} Y_{FS} Y_\varepsilon Y_\beta$
许用应力 /MPa	$\sigma_{HP} = \dfrac{\sigma_{Hmin} Z_{NT} Z_{LVR} Z_W Z_X}{S_{Hmin}}$	$\sigma_{FP} = \dfrac{\sigma_{Fmin} Y_{ST} Y_{NT} Y_{\delta relT} Y_{RrelT} Y_X}{S_{Fmin}}$
安全系数	$S_H = \dfrac{\sigma_{Hlim} Z_{NT} Z_{LVR} Z_W Z_X}{\sigma_H}$	$S_F = \dfrac{\sigma_{Flim} Y_{ST} Y_{NT} Y_{\delta relT} Y_{RrelT} Y_X}{\sigma_F}$

注：式中"＋"用于外啮合，"－"号用于内啮合。

表 13-20　　　　　　　　　**表 13-19 中各符号的意义**

类　别	符　号	意　　义	单　位	确定方法
	σ_H、σ_F	计算接触应力和计算弯曲应力	MPa	表 13-19
	σ_{HP}、σ_{FP}	许用接触应力和许用弯曲应力	MPa	表 13-19
	S_H、S_F	接触强度和弯曲强度的计算安全系数		表 13-19
	S_{Hmin}、S_{Fmin}	接触强度和弯曲强度的最小安全系数		表 13-32
	F_t	分度圆上的名义切向力	N	
基本参数	d_1	小齿轮分度圆直径	mm	
	b	齿宽（人字齿轮为两个斜齿圈宽度之和）	mm	
	m_n	法向模数	mm	
	u	齿数比，$u = z_2/z_1 \geqslant 1$		
	σ_{Hlim}	试验齿轮的接触疲劳极限	MPa	表 13-27、图 13-14(a)～图 13-20(a)
	σ_{Flim}	试验齿轮的弯曲疲劳极限	MPa	表 13-27、图 13-14(b)～图 13-20(b)
	K_A	使用系数		表 13-21
	K_v	动载系数		式（13-4）
修正载荷 的系数	$K_{H\beta}$	接触强度计算的齿面载荷分布系数		表 13-23 或表 13-24
	$K_{F\beta}$	弯曲强度计算的齿面载荷分布系数		图 13-7
	$K_{H\alpha}$	接触强度计算的齿间载荷分配系数		表 13-25
	$K_{F\alpha}$	弯曲强度计算的齿间载荷分配系数		表 13-25
	Z_H	节点区域系数		图 13-8
	Z_E	材料弹性系数	$\sqrt{MPa}$	表 13-26
	Z_ε	接触强度计算的重合度系数		图 13-9
修正计算 应力的 系数	Z_β	接触强度计算的螺旋角系数		图 13-10
	Z_{BD}	单对齿啮合系数		本小节 11) 款
	Y_{FS}	复合齿形系数		图 13-11 或图 13-12
	Y_ε	弯曲强度计算的重合度系数		式（13-11）
	Y_β	弯曲强度计算的螺旋角系数		图 13-13

续表

类 别	符 号	意 义	单 位	确定方法
修正疲劳极限的系数	Z_{NT}	接触强度计算的寿命系数		图 13-21
	Y_{NT}	弯曲强度计算的寿命系数		图 13-22
	Z_{LVR}	润滑油膜影响系数		表 13-30
	Z_W	齿面工作硬化系数		图 13-23
	Z_X	接触强度计算的尺寸系数		图 13-24
	Y_X	弯曲强度计算的尺寸系数		图 13-25
	$Y_{\delta relT}$	相对齿根圆角敏感系数		表 13-31
	Y_{RrelT}	相对齿根表面状况系数		图 13-26
	Y_{ST}	应力修正系数		$Y_{ST}=2$

3) 使用系数 K_A。是考虑由于齿轮啮合外部因素引起附加动载荷影响的系数。这种外部附加动载荷取决于原动机和工作机的特性、轴和联轴器系统的质量和刚度以及运行状态。如有可能，K_A 可通过实测或对传动系统的全面分析来确定。当上述方法不能实现，齿轮只能按名义载荷计算强度时，K_A 可参考表 13-21 查取。

表 13-21 使用系数 K_A

原动机工作特性及其示例	工作机工作特性及其示例			
	均匀平稳	轻微冲击	中等冲击	强烈冲击
	发电机，均匀传送的带式运输机或板式运输机，轻型升降机，包装机，通风机，轻型离心机，轻质液态物质或均匀密度材料搅拌器，剪切机、冲压机①，车床	不均匀传动（如包装件）的带运输机或板式运输机，机床主传动，重型升降机，起重机旋转机构，工业和矿用通风机，稠黏液体或变密度材料搅拌机，多缸活塞泵，普通挤压机，压光机，转炉	橡胶挤压机。橡胶和塑料搅拌机，球磨机（轻型），木工机械（锯片、木车床），锯坯初轧机，提升机构，单缸活塞泵	挖掘机（铲斗传动装置、多斗传动装置、筛分传动装置，动力铲），球磨机（重型），橡胶搓揉机，破碎机（石块、矿石），冶金机械
均匀平稳：如电动机（例如直流电动机）	1.00	1.25	1.50	1.75
轻微冲击：如液压马达、电动机（较大、经常出现较大的起动转矩）	1.10	1.35	1.60	1.85
中等冲击：如多缸内燃机	1.25	1.50	1.75	2.0
强烈冲击：如单缸内燃机	1.50	1.75	2.0	2.25

注：1. 表中数值仅适用于在非共振速度区运转的齿轮装置，对于在重载运转，起动转矩大，间歇运行以及有反复振动载荷等情况，就需要校核静强度和有限寿命强度。
2. 对于增速传动，根据经验建议取上表值的 1.1 倍。
3. 当外部机械与齿轮装置之间有挠性连接时，通常 K_A 值可适当减小。

① 额定转矩＝最大切削、压制、冲击转矩。

4）动载系数 K_v。是考虑齿轮制造精度、运转速度对轮齿内部附加动载荷影响的系数。影响动载荷系数的主要因素有基节和齿形误差、节线速度、转动件的惯量和刚度、轮齿载荷、啮合刚度在啮合循环中的变化，以及跑合效果、润滑油特性等。如能通过实测或对所有影响因素作全面的动力分析来确定包括内部动载荷在内的切向载荷，则可取 $K_v=1$。在一般计算中（齿轮在亚临界区工作），K_v 可按下式计算：

$$K_v = 1 + \left[\frac{K_1}{\dfrac{K_A F_t}{b}} + K_2\right] \frac{z_1 v}{100} \sqrt{\frac{u^2}{u^2+1}}$$

$$(13-4)$$

式中，K_1 和 K_2 查表 13-22。

一种基于经验数据的确定 K_v 值的线图如图 13-6 所示。此图没有考虑其振区的影响。图中 6，7，…，12 为齿轮传动精度系数 C，用下式计算确定：

$$C = 2.852\ln(f_{pt}) - 0.5048\ln(z) - 1.1441(m_n) + 3.32$$

式中　z——大、小齿轮中计算得 C 值大者的齿数；

　　　m_n——法向模数；

　　　f_{pt}——大小齿轮中最大的单个齿距偏差值。

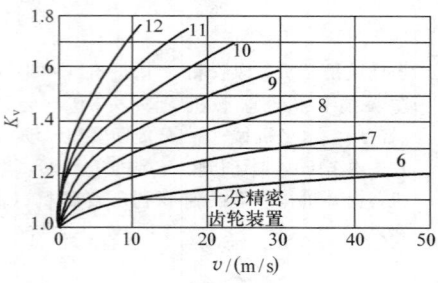

图 13-6　动载系数 K_v

5）齿向载荷分布系数 $K_{H\beta}$、$K_{F\beta}$。是分别考虑沿齿宽方向载荷分布不均匀对齿面接触应力和齿根弯曲应力影响的系数。影响 $K_{H\beta}$ 和 $K_{F\beta}$ 的主要因素有齿轮副的接触精度、啮合刚度、支承件的刚度、轴系的附加载荷、热变形和齿向修形等。精确确定 $K_{H\beta}$ 和 $K_{F\beta}$ 是可能的，但比较困难，在一般计算中，可利用表 13-23 和表 13-24 的简化公式计算 $K_{H\beta}$ 值。

在一般的计算中，可取 $K_{F\beta}=K_{H\beta}$；如需要较精确确定 $K_{F\beta}$ 时，可查图 13-7。图中 b 是齿宽（mm），对人字齿轮或双斜齿齿轮，用单个斜齿轮的宽度。图中 h 是齿高（mm）。

6）齿间载荷分配系数 $K_{H\alpha}$、$K_{F\alpha}$。分别考虑同时啮合的各对轮齿间载荷分配不均匀对齿面接触强度和弯曲强度影响的系数。影响齿间载荷分配系数的主要因素有：轮齿受载变形、制造误差、齿廓修形和跑合效果等。

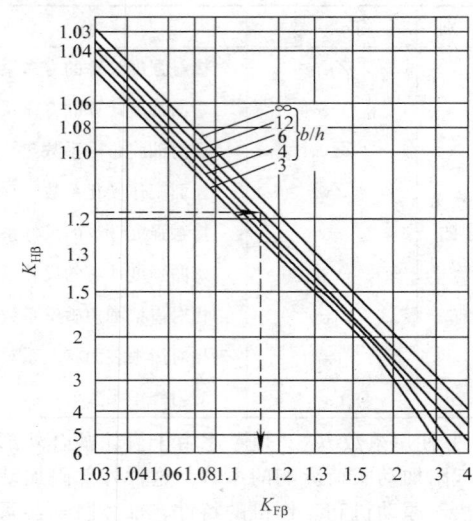

图 13-7　弯曲强度计算的载荷分布系数 $K_{F\beta}$

在一般的计算中，可查表 13-25 来确定 $K_{H\alpha}$ 和 $K_{F\alpha}$ 值。

7）节点区域系数 Z_H。是考虑节点处齿廓曲率对接触应力的影响，并将分度圆上的切向力折算为节圆上的法向力的系数。Z_H 值可由式（13-5）计算而得。对法向齿形角 $\alpha_n=20°$ 的外啮合齿轮，Z_H 值也可从图 13-8 中查得：

$$Z_H = \sqrt{\frac{2\cos\beta_b}{\cos^2\alpha_t \tan\alpha_t'}} \qquad (13-5)$$

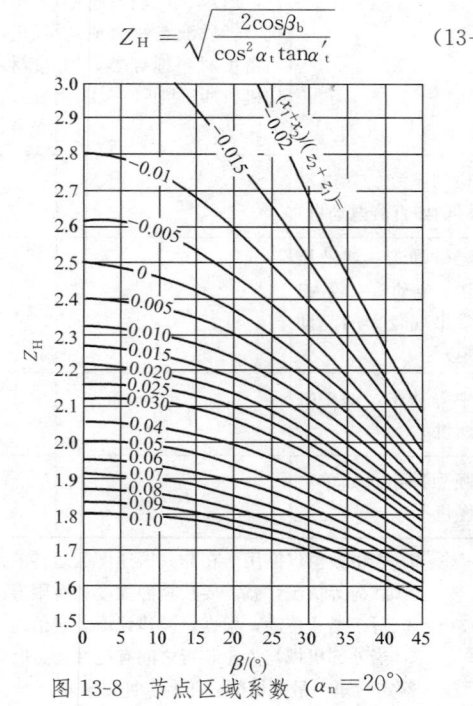

图 13-8　节点区域系数（$\alpha_n=20°$）

表 13-22 系数 K_1、K_2

齿轮种类	K_1					K_2
	精度级（GB/T 10095.1—2008）					各种精度级
	5	6	7	8	9	
直齿轮	7.5	14.9	26.8	39.1	52.8	0.0193
斜齿轮	6.7	13.3	23.9	34.8	47.0	0.0087

表 13-23 软齿面齿轮 $K_{H\beta}$ 的简化计算式

装配时是否检验调整	精度级 (GB/T 10095.1 —2008)	结构布局及限制条件		
		$s/l<0.1$ 近于对称支承	$0.1<s/l<0.3$ 非对称支承	$s/l<0.3$ 悬臂支承
不做检验调整	5	$1.14+0.18\phi_d^2+2.3\times10^{-4}\,b$ (A)	式(A)$+0.108\phi_d^4$	式(A)$+1.206\phi_d^4$
	6	$1.15+0.18\phi_d^2+3\times10^{-4}\,b$ (B)	式(B)$+0.108\phi_d^4$	式(B)$+1.206\phi_d^4$
	7	$1.17+0.18\phi_d^2+4.7\times10^{-4}\,b$ (C)	式(C)$+0.108\phi_d^4$	式(C)$+1.206\phi_d^4$
	8	$1.23+0.18\phi_d^2+6.1\times10^{-4}\,b$ (D)	式(D)$+0.108\phi_d^4$	式(D)$+1.206\phi_d^4$
检验调整或对研跑合	5	$1.10+0.18\phi_d^2+1.2\times10^{-4}\,b$ (E)	式(E)$+0.108\phi_d^4$	式(E)$+1.206\phi_d^4$
	6	$1.11+0.18\phi_d^2+1.5\times10^{-4}\,b$ (F)	式(F)$+0.108\phi_d^4$	式(F)$+1.206\phi_d^4$
	7	$1.12+0.18\phi_d^2+2.3\times10^{-4}\,b$ (G)	式(G)$+0.108\phi_d^4$	式(G)$+1.206\phi_d^4$
	8	$1.15+0.18\phi_d^2+3.1\times10^{-4}\,b$ (H)	式(H)$+0.108\phi_d^4$	式(H)$+1.206\phi_d^4$

注：1. 本表适用于结构钢（正火）、调质钢和球墨铸铁齿轮。

2. 对于经过齿向修形的齿轮，$K_{H\beta}=1.2\sim1.3$。

3. 表中齿宽 b 的单位为 mm。

4. 当 $K_{H\beta}\geqslant1.5$ 时，通常应采取措施降低 $K_{H\beta}$ 值。

式中 α_t——端面分度圆压力角；

β_b——基圆螺旋角；

α_t'——节圆端面啮合角。

8）材料弹性系数 Z_E。是用来考虑材料弹性模量 E 和泊松比 ν 对接触应力的影响，其值可用下式计算而得：

$$Z_E=\sqrt{\frac{1}{\pi\left(\dfrac{1-\nu_1^2}{E_1}+\dfrac{1-\nu_2^2}{E_2}\right)}} \quad (13\text{-}6)$$

对于某些常用材料组合的 Z_E 值，可从表 13-26 中查得。

9）接触强度计算的重合度系数 Z_ε。齿轮重合度对单位齿宽载荷的影响用重合度系数 Z_ε 来考虑。Z_ε 可按 ε_α 和 ε_β 的大小，用下式计算而得：

当 $0\leqslant\varepsilon_\beta<1$ 时，Z_ε 用下式计算：

$$Z_\varepsilon=\sqrt{\frac{4-\varepsilon_\alpha}{3}(1-\varepsilon_\beta)+\frac{\varepsilon_\beta}{\varepsilon_\alpha}} \quad (13\text{-}7)$$

当 $\varepsilon_\beta\geqslant1$ 时，按 $\varepsilon_\beta=1$ 代入上式计算 Z_ε。

在计算 ε_β 时，应采用工作齿宽 b。对于人字齿轮，b 应为两个斜齿轮的工作齿宽之和。

Z_ε 也可由图 13-9 查得。

10）接触强度计算的螺旋角系数 Z_β。是考虑螺旋角造成接触线倾斜对接触应力影响的系数。Z_β 值可用下式计算，也可查图 13-10：

$$Z_\beta=\sqrt{\cos\beta} \quad (13\text{-}8)$$

表 13-24 硬齿面齿轮 $K_{H\beta}$ 的简化计算式

装配时是否检验调整	精度级 (GB/T 10095.1 —2008)	$K_{H\beta}$值 可用 范围	结构布局及限制条件		
			$s/l<0.1$ 近于对称支承	$0.1<s/l<0.3$ 非对称支承	$s/l<0.3$ 悬臂支承
不做检验调整	5	$\leqslant 1.34$	$1.09+0.26\phi_d^2+2\times10^{-4}b$ (I)	式(I)$+0.156\phi_d^4$	式(I)$+1.742\phi_d^4$
		>1.34	$1.05+0.31\phi_d^2+2.3\times10^{-4}b$ (J)	式(J)$+0.186\phi_d^4$	式(J)$+2.077\phi_d^4$
	6	$\leqslant 1.34$	$1.09+0.26\phi_d^2+3.3\times10^{-4}b$ (K)	式(K)$+0.156\phi_d^4$	式(K)$+1.742\phi_d^4$
		>1.34	$1.05+0.31\phi_d^2+2.3\times10^{-4}b$ (M)	式(M)$+0.186\phi_d^4$	式(M)$+2.077\phi_d^4$
做检验调整	5	$\leqslant 1.34$	$1.05+0.26\phi_d^2+10^{-4}b$ (N)	式(N)$+0.156\phi_d^4$	式(N)$+1.742\phi_d^4$
		>1.34	$0.99+0.31\phi_d^2+1.2\times10^{-4}b$ (P)	式(P)$+0.186\phi_d^4$	式(P)$+2.077\phi_d^4$
	6	$\leqslant 1.34$	$1.05+0.26\phi_d^2+1.6\times10^{-4}b$ (Q)	式(Q)$+0.156\phi_d^4$	式(Q)$+1.742\phi_d^4$
		>1.34	$1.0+0.31\phi_d^2+1.9\times10^{-4}b$ (R)	式(R)$+0.186\phi_d^4$	式(R)$+2.077\phi_d^4$

注：1. 对于经过齿向修形的齿轮，$K_{H\beta}=1.2\sim1.3$。

2. 表中齿宽 b 的单位为 mm。

3. 当 $K_{H\beta}>1.5$ 时，通常应采取措施降低 $K_{H\beta}$ 值。

表 13-25 齿间载荷分配系数 $K_{H\alpha}$、$K_{F\alpha}$

K_AF_t/b		$\geqslant100\text{N/mm}$					$<100\text{N/mm}$
精度级(GB/T 10095.1—2008)		5	6	7	8	9	6 级及更低
经表面硬化的直齿轮	$K_{H\alpha}$	1.0		1.1	1.2		$1/Z_\varepsilon^2\geqslant1.2$
	$K_{F\alpha}$						$1/Y_\varepsilon^2\geqslant1.2$
经表面硬化的斜齿轮	$K_{H\alpha}$	1.0	1.1①	1.2	1.4		$\varepsilon_\alpha/\cos^2\beta_b\geqslant1.4$②
	$K_{F\alpha}$						
未经表面硬化的直齿轮	$K_{H\alpha}$	1.0			1.1	1.2	$1/Z_\varepsilon^2\geqslant1.2$
	$K_{F\alpha}$						$1/Y_\varepsilon^2\geqslant1.2$
未经表面硬化的斜齿轮	$K_{H\alpha}$	1.0		1.1	1.2	1.4	$\varepsilon_\alpha/\cos^2\beta_b\geqslant1.4$②
	$K_{F\alpha}$						

① 对修形的 6 级或高精度硬齿面齿轮 $K_{H\alpha}=K_{F\alpha}=1$。

② 如果 $K_{F\alpha}>\dfrac{\varepsilon_\gamma}{\varepsilon_\alpha Y_\varepsilon}$，则取 $K_{F\alpha}=\varepsilon_\gamma/\varepsilon_\alpha Y_\varepsilon$。

表 13-26　　**材料弹性系数 Z_E**

（单位：$\sqrt{MPa}$）

齿轮 1 材料	齿轮 2 材料	Z_E
钢	钢	189.8
	铸钢	188.9
	球墨铸铁	181.4
	灰铸铁	162.0~165.4
铸钢	铸钢	188.0
	球墨铸铁	180.5
	灰铸铁	161.4
球墨铸铁	球墨铸铁	173.9
	灰铸铁	156.6
灰铸铁	灰铸铁	143.7~146.7

注：表中取全部材料的 $v=0.3$；取钢 $E=2.06\times 10^5 MPa$，铸钢 $E=2.02\times 10^5 MPa$，球墨铸铁 $E=1.73\times 10^5 MPa$，灰铸铁 $E=(1.18\sim 1.26)\times 10^5 MPa$。

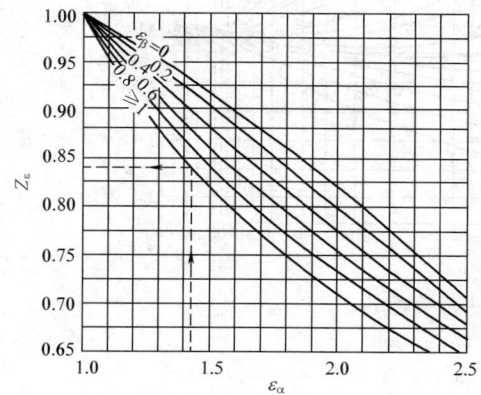

图 13-9　接触强度计算的重合度系数 Z_ε

11）单对齿啮合系数 $Z_{BD}=\max(Z_B,Z_D)$，即取 Z_B、Z_D 两者之中的大值代入表 13-19 中 σ_H 计算式，计算齿面接触应力值。

Z_B 是把小齿轮节点处的接触应力折算到小齿轮单对齿啮合区内界点处的接触应力的系数。

Z_D 是把大齿轮节点处的接触应力折算到大齿轮单对齿啮合区内界点处的接触应力的系数。

① 引入系数 Z_{BD} 的根据。分析计算表明，在任何啮合瞬间，大小齿轮的接触应力是相等的。啮合时齿面最大接触应力总是出现在小轮单对齿啮合区

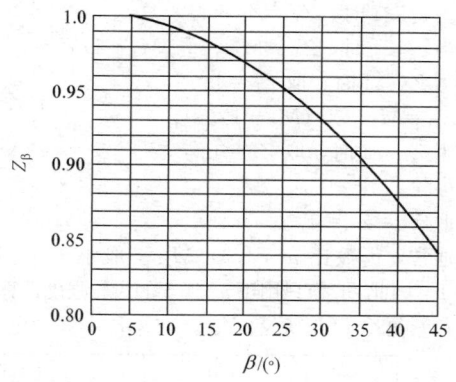

图 13-10　接触强度计算的螺旋角系数 Z_β

内界点 B、节点 C 和大轮单对齿啮合区内界点 D 这三个特殊点之一处上，应取其最大值进行强度核算。表 13-19 中的 σ_H 计算式，是基于节点区域系数 Z_H 计算得节点 C 处的接触应力，当单对齿啮合区内界点处的应力超过节点处的应力时，即 Z_B 或 Z_D 大于 1 时，在确定计算应力 σ_H 时应乘以其中的大值予以修正。对于齿数 $z<20$ 的齿轮，如需精确计算接触强度，这种修正更有必要。如果 Z_B、Z_D 均不大于 1，就可以取节点 C 处的接触应力作为计算接触应力，即取 $Z_B=Z_D=1$。

② Z_B、Z_D 的确定方法：先计算参数 M_1 和 M_2：

$$M_1=\frac{\tan\alpha'_t}{\sqrt{\left[\sqrt{\dfrac{d_{a1}^2}{d_{b1}^2}-1}-\dfrac{2\pi}{z_1}\right]\left[\sqrt{\dfrac{d_{a2}^2}{d_{b2}^2}-1}-(\varepsilon_\alpha-1)\dfrac{2\pi}{z_2}\right]}} \tag{13-9}$$

$$M_2=\frac{\tan\alpha'_t}{\sqrt{\left[\sqrt{\dfrac{d_{a2}^2}{d_{b2}^2}-1}-\dfrac{2\pi}{z_2}\right]\left[\sqrt{\dfrac{d_{a1}^2}{d_{b1}^2}-1}-(\varepsilon_\alpha-1)\dfrac{2\pi}{z_1}\right]}} \tag{13-10}$$

式中　d_{a1}、d_{a2}——小齿轮、大齿轮的顶圆直径（mm）；

d_{b1}、d_{b2}——小齿轮、大齿轮的基圆直径（mm）；

z_1、z_2——小齿轮、大齿轮的齿数；

α'_t——端面节圆啮合角；

ε_α——端面重合度。

对直齿轮：

当 $M_1>1$ 时，$Z_B=M_1$；当 $M_1\leqslant 1$ 时，$Z_B=1$。

当 $M_2>1$ 时，$Z_D=M_2$；当 $M_2\leqslant 1$ 时，$Z_D=1$。

对斜齿轮：

当 $\varepsilon_\beta \geqslant 1$ 时，$Z_B = Z_D = 1$。

当 $\varepsilon_\beta < 1$ 时，$Z_B = M_1 - \varepsilon_\beta (M_1 - 1)$。

当 $Z_B < 1$ 时，取 $Z_B = 1$。

$Z_D = M_2 - \varepsilon_\beta (M_2 - 1)$。

当 $Z_D < 1$ 时，取 $Z_D = 1$。

对内齿轮：

取 $Z_B = Z_D = 1$。

通常，齿数比 $u > 1.5$，M_2 一般小于 1，所以 $Z_D = 1$。因此 Z_D 值只用于 $u < 1.5$ 的齿轮强度计算中。

12) 复合齿形系数 Y_{FS}。在 GB/T 3480—1997 中，力作用于齿顶时的齿形系数和应力修正系数分别用 Y_{Fa} 和 Y_{Sa} 表示。现在为了简化计算，用复合齿形系数 Y_{FS}（$= Y_{Fa} Y_{Sa}$）来综合考虑齿形、齿根应力集中、压应力和切应力等对齿根应力的影响。

Y_{FS} 可根据齿数 z（z_v）、变位系数 x，从图13-11或图13-12 中查得。图13-12 用于刀具有凸台量的齿轮。图中 q_s 为齿根圆角参数。

内齿轮的 Y_{FS}，用替代齿条（$z = \infty$）来确定，如图13-11 所示的图注。

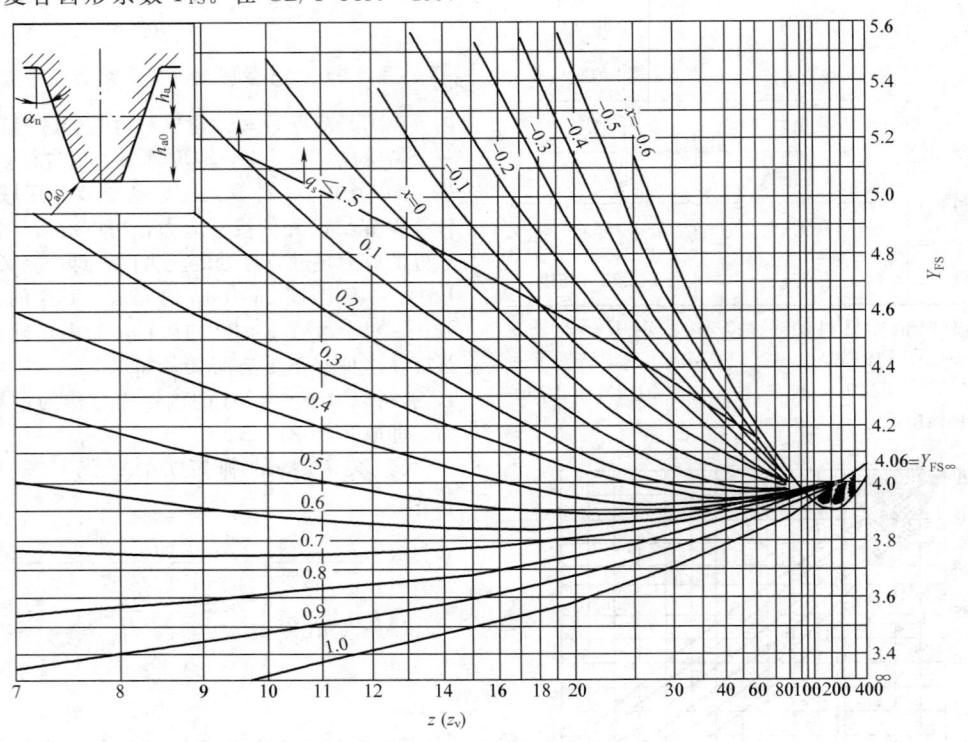

图 13-11　外齿轮的复合齿形系数 Y_{FS}

$\alpha_n = 20°$；$h_a/m_n = 1$；$h_{a0}/m_n = 1.25$；$\rho_{a0}/m_n = 0.38$

对 $\rho_f = \rho_{a0}/2$，齿高 $h = h_{a0} + h_a$ 的内齿轮，$Y_{FS} = 5.10$，当 $\rho_f = \rho_{a0}$ 时，$Y_{FS} = Y_{FS\infty}$

13) 抗弯强度计算的重合度系数 Y_ε，是将载荷由齿顶转换到单对齿啮合区外界点的系数。Y_ε 可用下式计算而得

$$Y_\varepsilon = 0.25 + \frac{0.75}{\varepsilon_{\alpha n}} \tag{13-11}$$

当量齿轮端面重合度

$$\varepsilon_{\alpha n} = \varepsilon_\alpha / \cos^2 \beta_b \tag{13-12}$$

式中　β_b——基圆柱上螺旋角。

$$\cos\beta_b = \cos\beta \cos\alpha_n / \cos\alpha_t \tag{13-13}$$

14) 抗弯强度计算的螺旋角系数 Y_β，是考虑螺旋角造成接触线倾斜对齿根应力产生影响的系数。其数值可用下式计算：

$$Y_\beta = 1 - \varepsilon_\beta \frac{\beta}{120°} \geqslant Y_{\beta min} \tag{13-14}$$

$$Y_{\beta min} = 1 - 0.25\varepsilon_\beta \geqslant 0.75 \tag{13-15}$$

以上式中：当 $\varepsilon_\beta > 1$ 时，取 $\varepsilon_\beta = 1$；当 $Y_\beta < 0.75$ 时，取 $Y_\beta = 0.75$；当 $\beta > 30°$ 时，取 $\beta = 30°$。

Y_β 值也可从图13-13 中直接查得。

15) 试验齿轮的疲劳极限 σ_{Hlim} 和 σ_{Flim}，是指某种材料的齿轮经长期持续的重复载荷作用后轮齿保持不失效时的极限应力。影响 σ_{Hlim} 和 σ_{Flim} 的主要因素有：材料的成分和力学性能，热处理及硬化层深度、硬化梯度，残余应力、以及材料的纯度和缺陷等。

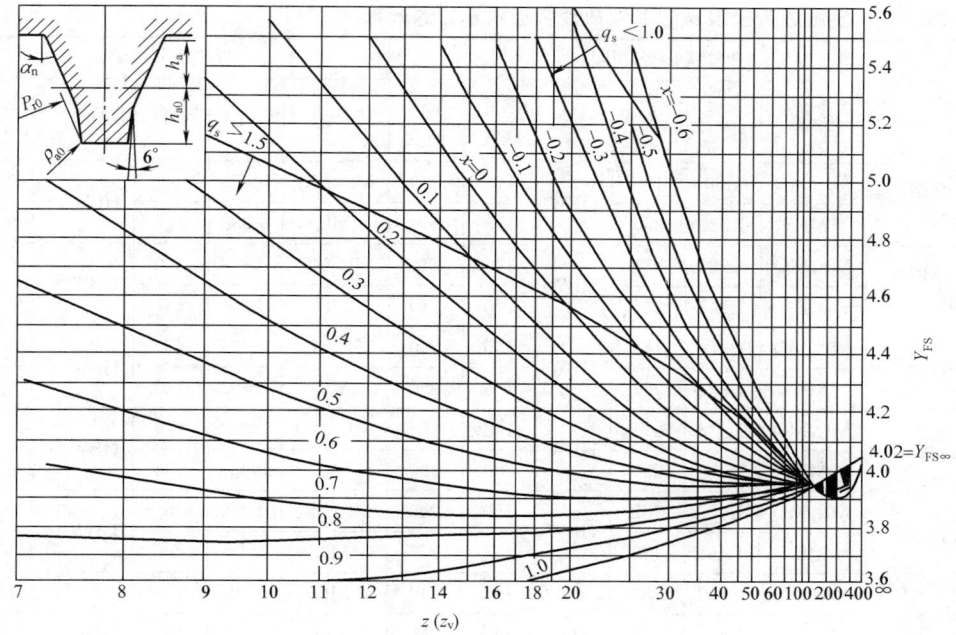

图 13-12　外齿轮的复合齿形系数 Y_{FS}

$\alpha=20°$；$h_a/m_n=1$；$h_{a0}/m_n=1.4$；$\rho_{a0}/m_n=0.4$；剩余凸台量 $0.02m_n$。

刀具凸台量 $P_{r0}=0.02m_n+q$，$q=$磨削量

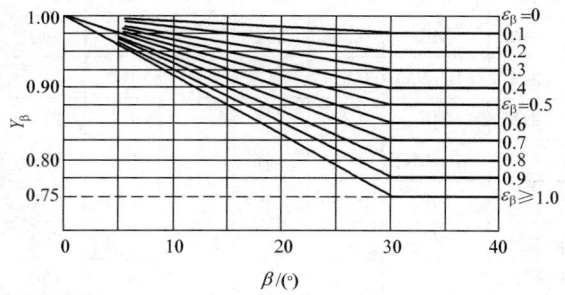

图 13-13　抗弯强度计算的螺旋角系数 Y_β

σ_{Hlim} 和 σ_{Flim} 可由齿轮负荷试验或经验的统计数据得出。在无这方面资料时，可根据材料（热处理）和齿面硬度按式 13-16、表 13-27 或图 13-14～图 13-20 计算选取相应的 σ_{Hlim} 和 σ_{Flim} 值（失效概率为 1%）。

在关于 σ_{Hlim} 和 σ_{Flim} 的图、表中，给出了代表材料质量的三个等级，其对应的材料质量及热处理工艺要求见 GB/T 3480.5—2008。其中：

ML——材料质量和热处理达到最低要求时的疲劳极限取值线。

MQ——齿轮材料质量和热处理质量达到中等要求时的疲劳极限取值线。此中等要求是有经验的工业齿轮制造者以合理的生产成本能达到的。

ME——齿轮材料质量和热处理质量达到很高要求时的疲劳极限取值线。这种要求只有在具有高水平的制造过程可控能力时才能达到。

对于一般的工业齿轮可按 MQ 级质量选用。

σ_{Hlim} 和 σ_{Flim} 可按下列公式计算：

$$\left.\begin{array}{r}\sigma_{Hlim}\\[6pt]\sigma_{Flim}\end{array}\right\}=Ax+B \qquad (13\text{-}16)$$

式中　x——齿面硬度 HBW 或 HV；

A、B——常数（见表 13-27）。

材料的表面硬度范围必须严格控制在表中最低和最高硬度值之间。

表 13-27 和图 13-14～图 13-20 中提供的 σ_{Flim} 值是在标准运转条件下得到的，可供选用。这些图中的 σ_{Flim} 值适用于轮齿单向弯曲的受载情况；对于受对称双向弯曲的齿轮（如中间轮、行星轮，见表 13-28），应将图中查得的 σ_{Flim} 值乘上系数 0.7；对于双向运转工作的齿轮，其 σ_{Flim} 值所乘的系数可稍大于 0.7。

我国的试验数据。ISO/DP 6336.1～3 公布后，我国有关单位曾对国产材料齿轮的极限应力 σ_{Hlim} 和 σ_{Flim} 进行过大量的试验研究。试验符合 ISO 6336 规定的标准运转条件。各种材料齿轮的 σ_{Hlim} 和 σ_{Flim} 试验结果列于表 13-29，其数据可供参考。值得注意的是所有材料的 σ_{Flim} 试验数据都偏低，因此建议在计算齿轮弯曲强度时取较大的最小安全系数 S_{Flim} 值。

表 13-27　　接触疲劳极限 σ_{Hlim} 和弯曲疲劳极限 σ_{Flim} 的计算（GB/T 3480.5—2008）

材　料	接触疲劳极限 σ_{Hlim}						弯曲疲劳极限 σ_{Flim}					
	等级	A	B	硬度	最低硬度	最高硬度	等级	A	B	硬度	最低硬度	最高硬度
正火低碳钢（锻钢）	ML，MQ	1.00	190	HBW	110	210	ML，MQ	0.455	69	HBW	110	210
	ME	1.520	250		110	210	ME	0.386	147		110	210
正火低碳钢（铸钢）	ML，MQ	0.986	131	HBW	140	210	ML，MQ	0.313	62	HBW	140	210
	ME	1.143	237		140	210	ME	0.254	137		140	210
可锻铸铁	ML，MQ	1.371	143	HBW	135	250	ML，MQ	0.345	77	HBW	135	250
	ME	1.333	267		175	250	ME	0.403	128		175	250
球墨铸铁	ML，MQ	1.434	211	HBW	175	300	ML，MQ	0.350	119	HBW	175	300
	ME	1.50	250		200	300	ME	0.380	134		200	300
灰铸铁	ML，MQ	1.033	132	HBW	150	240	ML，MQ	0.256	8	HBW	150	240
	ME	1.465	122		175	275	ME	0.20	53		175	275
调质锻钢（碳钢）	ML	0.963	283	HV	135	210	ML	0.25	108	HV	115	215
	MQ	0.925	360		135	210	MQ	0.24	163		115	215
	ME	0.838	432		135	210	ME	0.283	202		115	215
调质锻钢（合金钢）	ML	1.313	188	HV	200	360	ML	0.423	104	HV	200	360
	MQ	1.313	373		200	360	MQ	0.425	187		200	360
	ME	2.213	260		200	390	ME	0.358	231		200	390
调质铸钢（碳钢）	ML，MQ	0.831	300	HV	130	215	ML，MQ	0.224	117	HV	130	215
	ME	0.951	345		130	215	ME	0.286	167		130	215
调质铸钢（合金钢）	ML，MQ	1.276	298	HV	200	360	ML，MQ	0.364	161	HV	200	360
	ME	1.350	356		200	360	ME	0.356	186		200	360
渗碳钢	ML	0.00	1300	HV	600	800	ML	0.00	312	HV	600	800
	MQ	0.00	1500		660	800	MQ	0.00	425		660	800
								0.00	461		660	800
								0.00	500		660	800
	ME	0.00	1650		660	800	ME	0.00	525		660	800
火焰及感应淬火锻钢和铸钢	ML	0.740	602	HV	485	615	ML	0.305	76	HV	485	615
	MQ	0.541	882		500	615	MQ	0.138	290		500	570
								0.00	369		570	615
	ME	0.505	1013		500	615	ME	0.271	237		500	615
调质氮化钢（不含铝）	ML	0.00	1125	HV	650	900	ML	0.00	270	HV	650	900
	MQ	0.00	1250		650	900	MQ	0.00	420		650	900
	ME	0.00	1450		650	900	ME	0.00	468		650	900
碳氮共渗调质钢	ML	0.00	650	HV	300	650	ML	0.00	224	HV	300	650
	MQ ME	1.167	425		300	450	MQ、ME	0.653	94		300	450
		0.00	950		450	650		0.00	388		450	650

表 13-28		齿轮每一转内同一齿侧面的啮合次数 j		
齿轮副 组合情况		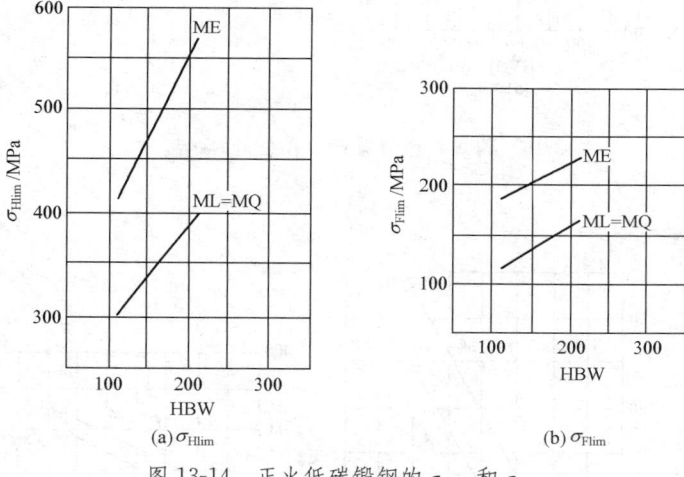 (a)	(b)	(c)
齿面接触	j_1	1	2	1
	j_2	1	1	1
	j_3		1	1
齿根弯曲	j_1	1（单向）	2（单向）	1（单向）
	j_2	1（单向）	1（单向）	2（双向）
	j_3		1（单向）	1（单向）

注：1. 表中主动轮 1 的转向均不变。

2. 表中"单向"表示齿根受单向弯曲应力作用；"双向"表示齿根受双向弯曲应力作用。

3. 表中 j 的下角标 1、2、3 分别代表齿轮 1、2、3。

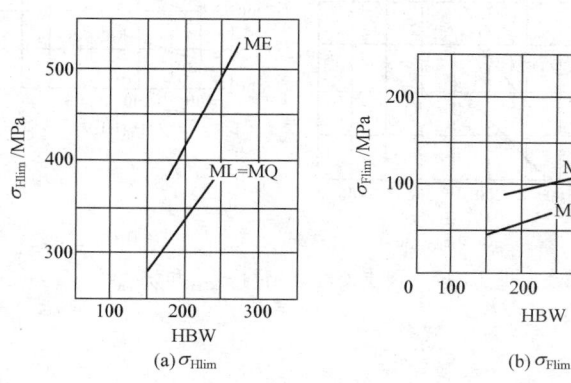

图 13-14 正火低碳锻钢的 σ_{Hlim} 和 σ_{Flim}

图 13-15 灰铸铁的 σ_{Hlim} 和 σ_{Flim} [①]

①对于铸铁材料，当硬度<180HBW 时，表明金属组织中铁素体成分过多，不宜做齿轮。

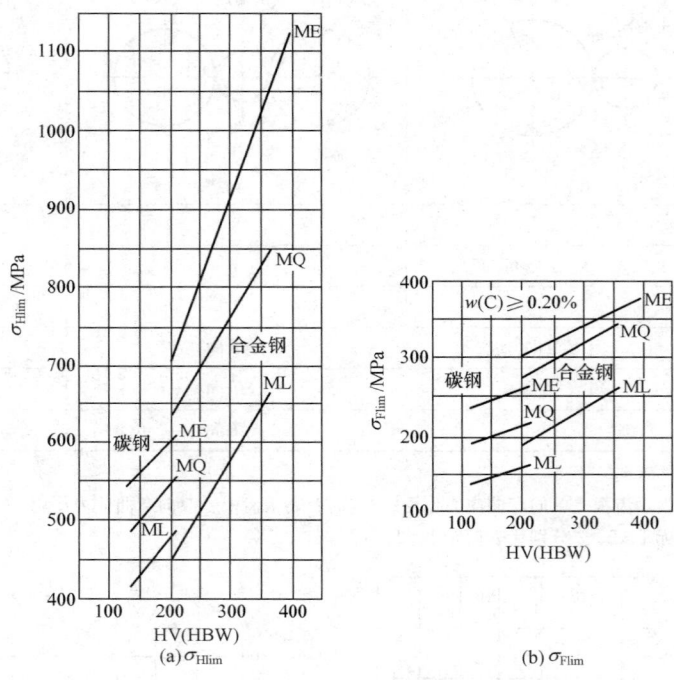

图 13-16 调质处理的碳钢、合金钢的 σ_{Hlim} 和 σ_{Flim}

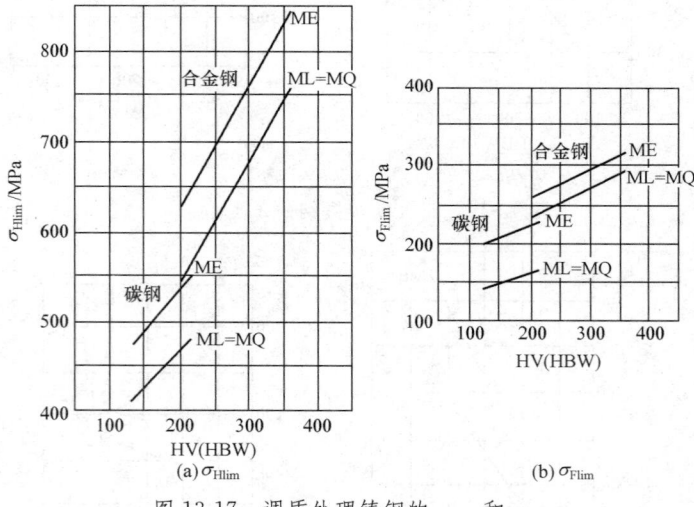

图 13-17 调质处理铸钢的 σ_{Hlim} 和 σ_{Flim}

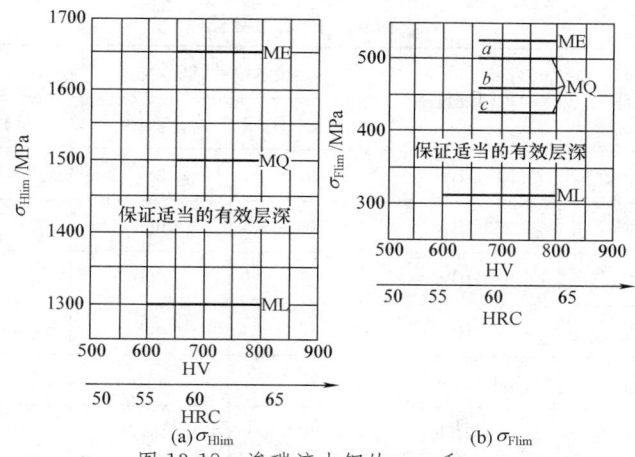

(a) σ_{Hlim} 　　(b) σ_{Flim}

图 13-18　渗碳淬火钢的 σ_{Hlim} 和 σ_{Flim}

a—心部硬度≥30HRC；

b—心部硬度≥25HRC，Jominy 淬透性 $J=12$mm 时，硬度≥28HRC；

c—心部硬度≥25HRC，Jominy 淬透性 $J=12$mm 时，硬度<25HRC

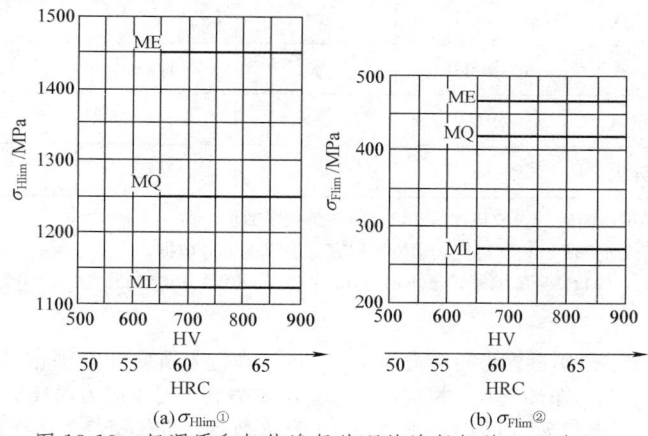

(a) σ_{Hlim}[1] 　　(b) σ_{Flim}[2]

图 13-19　经调质和气体渗氮处理的渗氮钢的 σ_{Hlim} 和 σ_{Flim}

①建议做工艺可靠性试验，保证适当的有效层深。

②建议做工艺可靠性试验，当表面硬度 HV1>750、白亮层厚度>10μm 时，由于表面变脆，其 σ_{Flim} 要有所降低。

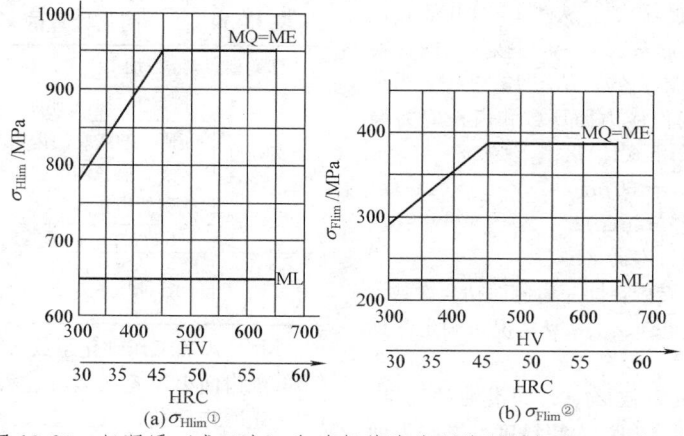

(a) σ_{Hlim}[1] 　　(b) σ_{Flim}[2]

图 13-20　经调质（或正火）和碳氮共渗处理的调质钢的 σ_{Hlim} 和 σ_{Flim}

①建议做工艺可靠性试验，保证适当的有效渗层深。

②建议做工艺可靠性试验，当表面硬度 HV1>750、白亮层厚度>10μm 时，由于表面变脆，其 σ_{Flim} 要有所降低。

表 13-29　　　　　　　　　　σ_{Hlim} 和 σ_{Flim} 的试验数据

齿轮材料	热处理	齿面硬度	接触疲劳试验		弯曲疲劳试验	
			试验点数	σ_{Hlim}/MPa	试验点数	σ_{Flim}/MPa
钒钛球铁①	等温淬火	318HBW	26	847	20	137
38SiMnMo	调质	250HBW	60	693		
40Cr	调质	270HBW	17	600	30	207
35CrMo	调质	270HBW	16	658	31	214
40CrNi2Mo	调质	330HBW	20	776	26	256
20CrMnMo	渗碳淬火	60～62HRC	30	1572	26	330
20Cr2Ni4	渗碳淬火	58～62HRC	22	1352	29	276
20CrNi2Mo	渗碳淬火	58～62HRC	21	1415	33	216
15CrNi3Mo	渗碳淬火	58～62HRC	23	1326	25	380
17CrNiMo6	渗碳淬火	58～62HRC	20	1497	27	324
25Cr2MoV	离子渗氮	760HV5	24	1648	30	323
16NCD13②	渗碳淬火	59～62HRC	33	1475		

注：1. σ_{Hlim} 和 σ_{Flim} 值是试验齿轮的失效概率为1%时的疲劳极限数值。

2. 本表引用郑州机械研究所、北京科技大学齿轮研究课题组的部分数据。

① $w(Ti)=0.111\%$，$w(Mg)=0.04\%$，$w(Re)=0.067\%$，$w(V)=0.38\%$。

② 法国牌号的材料。

16）寿命系数 Z_{NT}、Y_{NT} 分别考虑齿轮寿命小于或大于持久寿命循环次数 N_C（循环基数，相应的极限应力为 σ_{Hlim} 或 σ_{Flim}）时，其可承受的接触应力和弯曲应力作相应变化的系数。

接触强度计算的寿命系数 Z_{NT}，可按齿轮的材料和寿命 N_L（齿面应力循环数），从图13-21中查得。

抗弯强度计算的寿命系数 Y_{NT}，可按齿轮的材料和寿命 N_L（齿根应力循环数），从图13-22中查得。

齿轮使用期内的齿面应力循环数和齿根应力循环数（寿命）N_L，可用下式计算：

$$N_L = 60jnt \qquad (13\text{-}17)$$

式中　n ——齿轮转速（r/min）；

t ——齿轮的设计寿命（h）；

j ——齿轮每一转内，同一齿侧面啮合次数。

j 可根据齿轮副的组合、主从动情况来确定（见表13-28）。

17）润滑油膜影响系数 Z_{LVR}。润滑油的黏度、相啮合齿面间的相对速度和齿面粗糙度都影响齿面承载能力（通过油膜作用），这种影响用润滑油膜影响系数 Z_{LVR} 来考虑。

在持久强度和静强度计算时的 Z_{LVR} 值可由表13-30查得。对于应力循环次数 N_L 小于持久寿命循环次数 N_C 的有限寿命计算，其中 Z_{LVR} 值可按持久强度 Z_{LVR} 值与静强度 Z_{LVR} 值，利用寿命系数曲线（见图13-21），按线性插值确定。

表 13-30　　简化计算的 Z_{LVR} 值

计算类型	加工工艺及齿面粗糙度 Rz	Z_{LVR}
持久强度 $(N_L \geqslant N_C)$	经滚、插或刨削加工的齿轮副	0.85
	研、磨或剃的齿轮副（$Rz > 4\mu m$）；滚、插或刨的齿轮与 $Rz \leqslant 4\mu m$ 的磨或剃的齿轮副	0.92
	$Rz < 4\mu m$ 的磨或剃的齿轮副	1.00
静强度 $(N_L \leqslant N_O)$	各种加工方法	1.00

18）齿面工作硬化系数 Z_W 是用来考虑经光整加工的硬齿面小齿轮在运转过程中对调质钢大齿轮齿面产生冷作硬化，从而使大齿轮的许用接触应力得以提高的系数。Z_W 值可根据大齿轮齿面硬度（130～470HBW）从图13-23中查得。

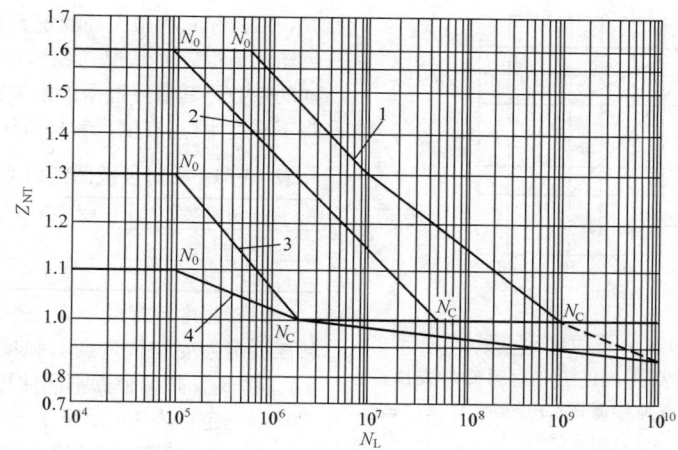

图 13-21　接触强度计算的寿命系数 Z_{NT}

1—允许有一定程度点蚀：结构钢、硬质钢、球墨铸铁（珠光体、贝氏体）、火焰或感应淬火的钢、
　珠光体可锻铸铁、渗碳淬火的渗碳钢；2—不允许有点蚀：结构钢、调质钢、球墨铸铁（球光体、
　贝氏体）、火焰或感应淬火的钢、珠光体可锻铸铁、渗碳淬火的渗碳钢；3—灰铸铁、球墨铸铁（铁
　素体），渗氮处理的渗氮钢、调质钢和渗碳钢；4—碳氮共渗处理的调质钢和渗碳钢

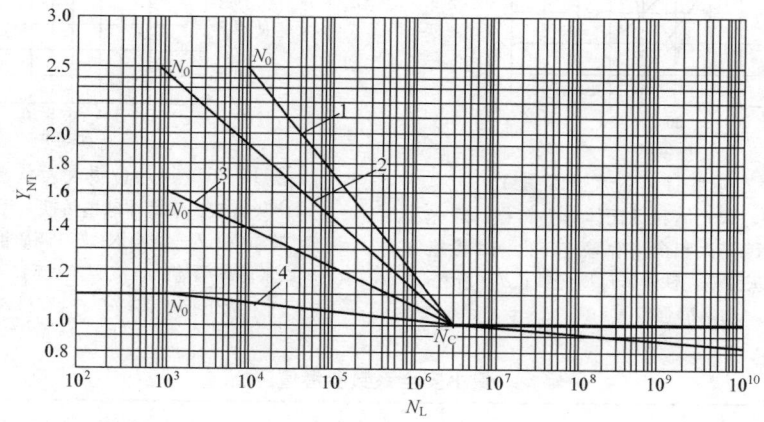

图 13-22　抗弯强度计算的寿命系数 Y_{NT}

1—$R_m<800MPa$ 的钢、调质钢、球墨铸铁（珠光体、贝氏体）、珠光体可锻铸铁；2—渗碳淬火的渗碳钢、
　全齿廓火焰或感应淬火的钢和球墨铸铁；3—$R_m\geqslant800MPa$ 的钢和铸钢、渗氮处理的渗氮钢、球墨铸铁（铁
　素体）、灰铸铁、渗氮处理的调质钢与表面硬化钢；4—碳氮共渗处理的调质钢和渗碳钢

19）尺寸系数 Z_X、Y_X 是分别考虑尺寸增大使齿
轮接触强度和抗弯强度有所降低的系数。

接触强度计算的尺寸系数 Z_X 可根据材料和 m_n
从图 13-24 中查得。

抗弯强度计算的尺寸系数 Y_X 可根据材料和 m_n
从图 13-25 中查得。

20）相对齿根圆角敏感系数 $Y_{\delta relT}$ 是考虑所计算齿
轮的材料、几何尺寸等对齿根应力的敏感度与试验齿
轮不同而引进的系数。其值可根据齿根圆角参数 q_s 从
表 13-31 中查得。q_s 的取值见图 13-11 或图 13-12。

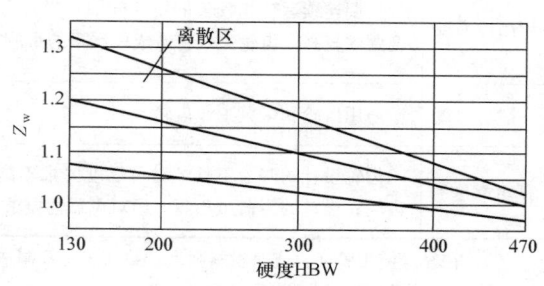

图 13-23　齿面工作硬化系数

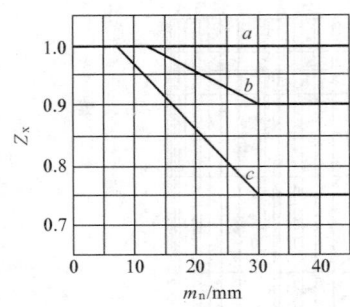

图 13-24 接触强度计算的尺寸系数 Z_x
a—结构钢和调质钢的持久强度;所有材料的静强度;
b—短时间液体渗氮钢、气体渗氮钢;c—渗碳淬火、感
应或火焰淬火表面硬化钢

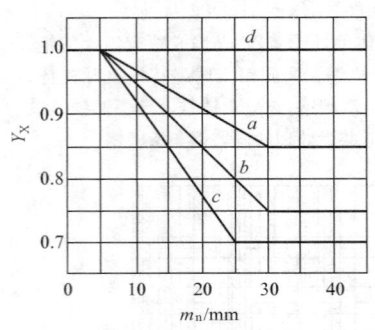

图 13-25 抗弯强度计算的尺寸系数 Y_X
a—结构钢、调质钢、珠光体和贝氏体球墨铸铁、珠光
体可锻铸铁;b—渗碳淬火和全齿廓感应淬火钢、渗氮
或氮碳共渗钢;c—灰铸铁、铁素体球墨铸铁;d—所有
材料静强度

21) 相对齿根表面状况系数 Y_{RrelT} 是考虑所计算
齿轮的齿根表面状况与试验齿轮的齿根表面状况不
同的系数。其值可根据齿根表面粗糙度 Rz（表面微
观不平度10点高度）和材料从图 13-26 中查得。

表 13-31 相对齿根圆角敏感系数 $Y_{\delta relT}$

齿根圆角参数	疲劳强度计算	静强度计算
$q_s \geq 1.5$	1	1
$q_s < 1.5$	0.95	0.7

22) 强度计算最小安全系数 S_{Hmin}、S_{Fmin}。齿轮
接触疲劳强度和抗弯疲劳强度计算的最小安全系数
S_{Hmin} 和 S_{Fmin},可根据不同使用场合对齿轮可靠度的
要求来选定。表 13-32 可作选用时的参考。

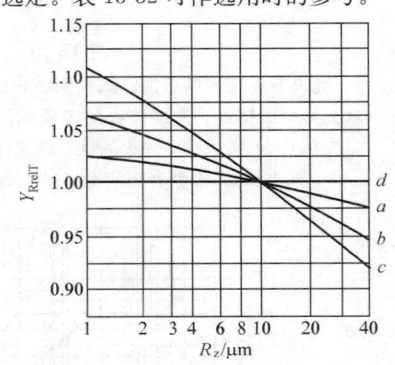

图 13-26 相对齿根表面状况系数 Y_{RrelT}
a—灰铸铁、铁素体球墨铸铁、渗氮的渗氮钢和
调质钢;b—结构钢;c—调质钢、珠光体和
铁素体球墨铸铁、渗碳淬火钢、全齿廓感应或
火焰淬火钢;d—所有材料静强度

表 13-32 最小安全系数参考值

可靠度要求	齿轮使用场合	失效概率	最小安全系数	
			S_{Fmin}	S_{Hmin}[①]
高可靠度	特殊工作条件下要求可靠度很高的齿轮	$\dfrac{1}{10\ 000}$	2.00	1.50~1.60
较高可靠度	长期连续运转和较长的维修间隔;设计寿命虽不很长,但可靠度要求较高;齿轮失效将造成较严重的事故和损失	$\dfrac{1}{1000}$	1.60	1.25~1.30
一般可靠度	通用齿轮和多数工业齿轮	$\dfrac{1}{100}$	1.25	1.00~1.10
低可靠度[②]	齿轮设计的寿命不长,对可靠度要求不高,易于更换的不重要齿轮;设计的寿命虽不短,但对可靠性要求不高	$\dfrac{1}{10}$	1.00	0.85[③]

① 在经过使用验证,或对材料强度、载荷工况及制造精度拥有较准确的数据时,可取下限值。

② 一般齿轮传动不推荐采用此栏数值。

③ 采用此值时,可能在点蚀前先出现齿面塑性变形。

3. 在不稳定载荷下工作的齿轮强度核算

通常,齿轮传动都是在不稳定载荷下运转的。此不稳定载荷如果缺乏载荷图谱可用时,可近似地用常规的方法,即用名义载荷乘以使用系数 K_A 来确定计算载荷(前述)。如果通过测试,已整理出齿轮的不稳定载荷图谱(见图13-27),则可利用 Miner 定则,计算出当量转矩 T_{eq} 代替名义转矩 T 来校核齿轮的疲劳强度。这时,取 $K_A = 1$。

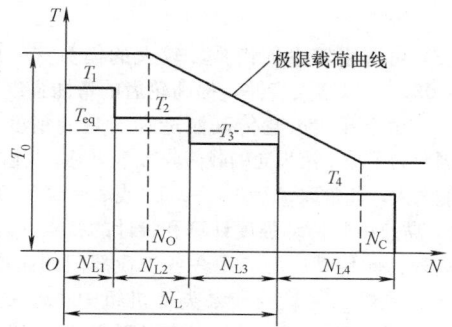

图 13-27 极限载荷曲线与载荷谱(对数坐标)

图13-27中,齿轮的转矩为 T_1,T_2,T_3,…,其相应的应力循环数为 N_{L1},N_{L2},N_{L3},…。在计算中,由转矩 T 产生的应力明显小于齿轮疲劳极限的转矩(如 T_4)可略去不计。

则计算用的应力循环次数(齿轮寿命)为:
$$N_L = N_{L1} + N_{L2} + N_{L3} \qquad (13-18)$$
齿轮的当量载荷为:

$$T_{eq} = \left(\frac{N_{L1} T_1^p + N_{L2} T_2^p + N_{L3} T_3^p}{N_L} \right)^{\frac{1}{p}}$$
$$(13-19)$$

式中,p 为材料的试验指数,是指极限载荷曲线(见图13-27),从 N_O 到 N_C 之间直线(即有限寿命段)斜率的倒数。

常用齿轮材料的 p 值列于表13-33。

在计算 T_{eq} 时,如果 $N_L < N_O$,则取 $N_L = N_O$;如果 $N_L > N_C$,则取 $N_L = N_C$。

将式(13-19)计算得的 T_{eq} 替换 $K_A T_1$ 代入表13-19计算 σ_H 和 σ_F,并用式(13-18)计算所得的 N_L 查寿命系数 Z_{NT}(见图13-21)或 Y_{NT}(见图13-22)值,即可进行疲劳强度校核。这种计算方法是粗略的。

4. 齿轮静强度校核计算

当齿轮工作中轮齿上出现短时间、少次数($N_L < N_O$,表13-33)超过额定工况的大载荷(如使用大起动转矩电动机,在运行中出现异常的重载荷和冲击等)时,应进行静强度核算。作用次数超过 N_O 的载荷应纳入疲劳强度计算。

(1)载荷的确定。应取载荷谱中或实测的最大载荷来确定计算切向力。当无上述数据时,可取预期的最大载荷 T_{max}(如起动转矩、堵转转矩、短路或其他最大过载转矩)为静强度计算载荷。

最大计算切向力:

$$F_{tmax} = \frac{2000 T_{max}}{d} \qquad (13-20)$$

式中 T_{max}——齿轮最大转矩(N·m);

d——齿轮分度圆直径(mm)。

(2)校核计算公式。齿轮静强度校核计算式列于表13-34。

(3)各参数和系数的确定。

Z_{NT}——不同材料齿轮接触强度计算的寿命系数最大值(相应于图13-21中纵坐标的1.1、1.3和1.6);

Y_{NT}——不同材料齿轮抗弯强度计算的寿命系数最大值(相应于图13-22中纵坐标的1.1、1.6和2.5);

$Y_{\delta relT}$——静强度计算的相对齿根圆角敏感系数,查表13-31;

S_{Hminst}、S_{Fminst}——齿轮接触和弯曲静强度计算的最小安全系数,参考表13-32选用。

表13-34中其他各参数和系数的确定方法与疲劳强度校核计算相同(见表13-20)。

表 13-33 材料的试验指数 p

计算类别	材料及其热处理		N_O	N_C	$p^{②}$
接触强度	结构钢;调质钢;球墨铸铁(珠光体、贝氏体);珠光体可锻铸铁;渗碳淬火的渗碳钢;感应淬火或火焰淬火的钢和球墨铸铁	允许有一定点蚀时	6×10^5	3×10^{8①}	6.77
		不允许出现点蚀	10^5	5×10^7	6.61
	灰铸铁、铁素体球墨铸铁;渗氮的氮化钢、调质钢和渗碳钢		10^5	2×10^6	5.71
	氮碳共渗的调质钢、渗碳钢		10^5	2×10^6	15.72
抗弯强度	球墨铸铁(珠光体、贝氏体);珠光体黑色可锻铸铁;调质钢		10^4	3×10^6	6.23
	渗碳淬火的渗碳钢;火焰淬火、全齿廓感应淬火的钢和球墨铸铁		10^3	3×10^6	8.74
	灰铸铁、铁素体球墨铸铁;结构钢;渗氮的氮化钢、调质钢和渗碳钢		10^3	3×10^6	17.03
	氮碳共渗的调质钢		10^3	3×10^6	84.00

① 按寿命系数曲线(见图13-21),N_C 应为 10^9,此处做了偏向安全的简化。

② 不列入寿命系数小于1的 p 值。

表 13-34　　　　　　　　　　**齿面静强度和齿根静强度校核计算公式**

项　目	齿面静强度	齿根弯曲静强度
强度条件/MPa	$\sigma_{Hst} \leqslant \sigma_{Hpst}$ 或 $S_{Hst} \geqslant S_{Hminst}$	$\sigma_{Fst} \leqslant \sigma_{Fpst}$ 或 $S_{Fst} \geqslant S_{Fminst}$
最大计算应力/MPa	$\sigma_{Hst} = Z_H Z_E Z_\epsilon Z_\beta Z_{BD} \sqrt{\dfrac{F_{tmax}}{d_1 b}\left(\dfrac{u \pm 1}{u}\right) K_v K_{H\beta} K_{H\alpha}}$	$\sigma_{Fst} = K_v K_{F\beta} K_{F\alpha} \dfrac{F_{tmax}}{bmn} Y_{FS} Y_\epsilon Y_\beta$
许用应力/MPa	$\sigma_{Hpst} = \dfrac{\sigma_{Hlim} Z_{NT}}{S_{Hminst}} Z_W$	$\sigma_{Fpst} = \dfrac{\sigma_{Flim} Y_{ST} Y_{NT}}{S_{Fminst}} Y_{\delta relT}$
安全系数	$S_{Hst} = \dfrac{\sigma_{Hlim} Z_{NT} Z_W}{\sigma_{Hst}}$	$S_{Fst} = \dfrac{\sigma_{Flim} Y_{SY} Y_{NT} Y_{\delta relT}}{\sigma_{Fst}}$

注：式中"＋"号用于外啮合，"－"号用于内啮合。

5. 开式齿轮传动强度计算和设计的特点

通常，开式齿轮的润滑条件和封盖条件都很差，运转的速度也不高，因此轮齿间不能形成完整的油膜，并且有较严重的磨粒磨损，其结果是轮齿齿厚的减薄造成轮齿折断失效。按理说，开式齿轮应计算磨损寿命，但目前尚无这方面公认可行的计算方法，因此实用上都以计算轮齿磨损后的抗弯强度来保证开式齿轮的承载能力。这是一种近似的条件性计算。计算时，可根据齿厚允许磨损量的指标（决定于设备维修规范和经验），由表 13-35 查得磨损系数 K_m 值，将此 K_m 乘在表 13-19 的计算弯曲应力 σ_F 上，即可按一般方法进行强度校核。

表 13-35　　　　　**磨损系数 K_m**

允许磨损的齿厚占原齿厚的百分数(%)	K_m
10	1.25
15	1.40
20	1.60
25	1.80
30	2.00

由于开式齿轮的磨损速度较快，润滑油楔的作用也不明显，因此齿面不易产生点蚀。在一般情况下，对开式齿轮只计算轮齿抗弯强度即可；对于某些低速重载的开式齿轮，除计算轮齿抗弯强度外，也可进行齿面接触强度计算，但这时的齿面接触疲劳极限应力 σ_{Hlim} 应提高 5%～10%。

此外，在开式齿轮传动参数选择方面尚需注意：

(1) 开式齿轮传动的齿数比 u，允许选用较大值，有时可达 8～12。

(2) 可选用较少的齿数，较大的模数（一般取 $m \approx 0.02a$），以增大齿厚，提高轮齿的弯曲强度。

(3) 由于开式齿轮传动制造和安装的精度都较低，因此为了减小沿齿向的载荷分布不均匀，其齿宽系数不能太大，通常取 $\phi_d = 0.3 \sim 0.5$（或 $\phi_a = 0.1 \sim 0.3$）。

6. 高速齿轮传动强度计算和设计的特点

高速齿轮传动广泛应用在各工业部门的涡轮机、压缩机、风机、制氧机和泵类等机组中；通常，可将节圆圆周速度 $v \geqslant 40$m/s（有的认为 $v \geqslant 25$m/s）的称为高速齿轮传动。

高速齿轮传动的圆周速度高（常用的 $v = 70 \sim 120$r/min），转速高（一般 $n = 5000 \sim 20\,000$r/min），功率大（一般是数千千瓦），并长期持续运转，因此要求齿轮传动具有很高的可靠度，并要求运转平稳，噪声小，振动小。为了满足这些基本要求，在设计上要采取一系列措施，如：

(1) 采用高精度齿轮。表 13-36 的数据可供参考。

表 13-36　　　　**推荐的高速齿轮精度等级**

齿轮圆周速度 v/(m/s)	齿轮精度等级 (GB/T 10095—2008)
≤（30）50	6
50～110	5
110～150	4～5
>150	高于 4 级

(2) 选用优质高强度合金钢做齿轮材料及严格的热处理工艺来保证齿轮的内在质量。表 13-37 是配对齿轮材料的实例。

表 13-37　　　　　　**高速齿轮配对齿轮的材料和热处理实例**

小齿轮			大齿轮		
材料	热处理	硬度	材料	热处理	硬度
25Cr2MoV	调质	262～295HBW	35CrMo	调质	234～285HBW
34CrNi3Mo	调质	285～341HBW	25Cr2MoV	调质	262～295HBW
30Cr2Ni2WV	调质	302～341HBW	34CrNi3Mo	调质	285～341HBW
25Cr2MoV	渗氮	650HV	35CrMo	调质	234～285HBW
25Cr2MoV	渗氮	650HV	25Cr2MoV	渗氮	650HV
30Cr2Ni2WV	渗氮	650HV	34CrNi3Mo	渗氮	285～341HBW
20CrMnMo	渗碳淬火	56～62HRC	34CrNi3Mo	调质	285～341HBW
20CrMnMo	渗碳淬火	56～62HRC	20CrMnMo	渗碳淬火	56～62HBC

（3）合理选用齿轮参数。

1）压力角 α_n。过去常采用 14.5°、15° 和 16° 的压力角，目的是使重合度较大。目前，大多采用 20° 的标准压力角；对硬齿面齿轮，可取 $\alpha_n = 22.5° \sim 25°$，以提高轮齿的弯曲强度。

2）模数和齿数。在原则上说，高速齿轮在轮齿抗弯强度满足的条件下，应尽量选用较小的模数，较多的齿数（见表 13-38），以增加齿轮传动运转的平稳性，降低噪声，提高抗胶合的能力。

表 13-38　高速齿轮传动的模数和齿数范围（推荐）

推荐模数		推荐齿数
传递功率/kW	模数/mm	
<3000	2～6	一般 $z_1 \geqslant 28$，涡轮机齿轮 $z_1 > 30$。应尽量使 z_1 和 z_2 互为质数
3000～6000	5～7	
6000～10 000	6～10	

3）齿宽系数 ϕ_d。通常取较大的 ϕ_d，以减小齿轮直径，降低圆周速度。对于轴承对称布置的传动，ϕ_d 的一般推荐值见表 13-39。

表 13-39　ϕ_d 的推荐值（$\phi_d = b/d_1$）

齿面情况	单斜齿	人字齿
软齿面	1.5～1.8	2.0～2.4
硬齿面	1.3～1.4	1.6～1.9

注：对人字齿轮，齿宽 b 为包括退刀槽在内的全齿宽。

4）重合度 ε_α、ε_β 和螺旋角 β。一般要求端面重合度 $\varepsilon_\alpha \geqslant 1.3 \sim 1.4$。螺旋角 β 与对轴向重合度 ε_β 的要求有直接的关系。

当要求单斜齿的 $\varepsilon_\beta \geqslant 2.2$ 时，取 $\beta = 8° \sim 12°$；

当要求人字齿每半边的 $\varepsilon_\beta \geqslant 3.3$ 时，取 $\beta = 25° \sim 35°$。

5）变位系数 x_n。在高速齿轮中，采用变位齿轮的目的也同一般齿轮传动一样，是为了提高齿轮的强度和改善齿轮的传动质量。因此，x_n 的选择方法与一般齿轮相同（见本章 1.5 节）。

（4）采用齿廓和齿向修形。高速齿轮的啮合频率高达 $50 \sim 250$ 次/s，轴系和箱体中存在复杂的弹性变形，传动件上还存在热变形，因此，只有对轮齿采取齿廓修形和齿向修形才能使运转平稳，使轮齿上的载荷分布均匀，改善传动的质量。

（5）进行较可靠的齿轮承载能力计算。高速齿轮的齿面接触疲劳强度和齿根弯曲疲劳强度可用 GB/T 3480 中的"一般方法"，或者用 ZB/T 17006《高速渐开线圆柱齿轮承载能力计算方法》进行计算。计算时，通常把原动机的最大功率作为齿轮的名义功率。使用系数 K_A 值可参考 GB/T 8542《透平齿轮传动装置技术条件》的附录选取。取最小安全系数 $S_{Hmin} = 1.3$，$S_{Fmin} = 1.6$。在某些情况下，还要验算齿轮的静强度。

13.1.9　圆柱齿轮的结构

1. 齿轮轮坯结构形式的选择（见表 13-40）

表 13-40　齿轮轮坯结构形式的选择

齿轮尺寸		结构形式	加　工	件　　数
d_a/mm	b/mm			
<500	<150	齿轮轴、单辐板齿轮	模锻	成批（如车辆齿轮）
<700	<150	齿轮轴、实心轮、单辐板齿轮	由锻成的圆料车削[1]	单件、小批
700～1200	>150 ≤25m	单辐板、实心轮	自由锻	单件、小批
>700	>80	单辐板或多辐板[2]	焊接	单件、小批
任何尺寸		单辐板或多辐板	铸造[3]	至少三件、小批
>700	>150		过盈压装齿圈[4]	单件
>1000	>1500		螺栓连接齿轮[5]	单件

[1] 当不考虑采用焊接和自由锻时。

[2] 斜齿轮（$\beta < 10°$）齿宽可达 600mm。

[3] 由于铸件的缺陷而补换轮坯的可能性大，易增大加工费用和拖延交货时间。

[4] 用于齿圈材料难以焊接的场合。

[5] 用于需要避免由过盈引起额外应力，或缺少压装设备和经验，或焊接困难的场合。

2. 齿轮结构设计通用数据（见表 13-41）

表 **13-41** 齿轮结构设计通用数据

齿 轮 结 构	尺寸、数据及说明
 （a） （b） （c）	1. 为了消除轮齿端部的载荷；$b>10m$ 时，$h_A \approx m$；$b<10m$ 时，$h_A = 1 + 0.1m$ 2. 齿轮基准面 P_1 适用于不能装在轴上或心棒上切齿的齿轮（约从直径 700mm 起），$h_p \approx 0.1$mm，$b_p \approx 10$mm；$b>500$mm 时，用两个基准面 P_1、P_2 3. 端面跳动 N 用于 $v \leqslant 25$m/s，T 用于 $v>25$m/s 4. 用于搬运、夹紧和减轻质量的孔 | d_a/mm	孔数 n | |---|---|
<300	用轴孔装卡
300~500	4
500~1500	5
1500~3000	6
>3000	8 | 高速齿轮没有上述诸孔；实心轮质量大于 15kg 时，采用搬运螺纹孔 G 5. 轮毂直径 $d_N = (1.2 \sim 1.6) d_{sh}$，$d_{sh}$ 大时取小值；轮毂宽度 $b_N \geqslant d_{sh}$，而且 $b_N \geqslant d_a/6$；应避免轮毂突出部分 V 6. 为防止搬运时损坏齿轮，取边缘倒角：$a \approx 0.5 + 0.01d_{sh}$，$k \approx 0.2 + 0.045m$，$t \approx 3k$。棱角处圆角半径 $\approx k$ 或 t（渗氮用） 7. 轮毂剩余厚度 h_R： 不淬火或渗氮：$h_R>2.5m$ 渗碳、火焰、感应淬火：$h_R>3.5m$ 火焰或感应回转淬火：$h_R>6m$

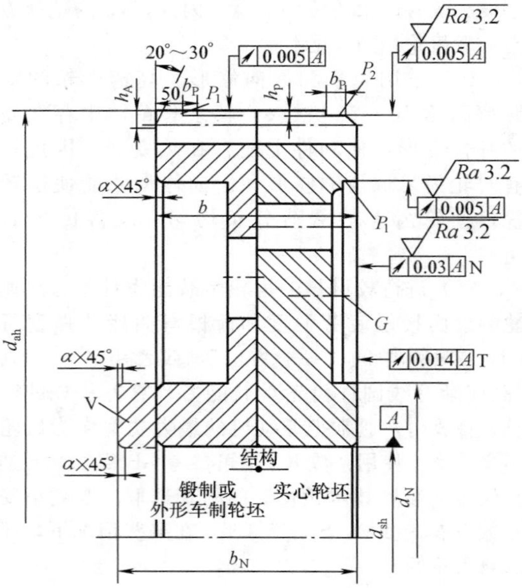

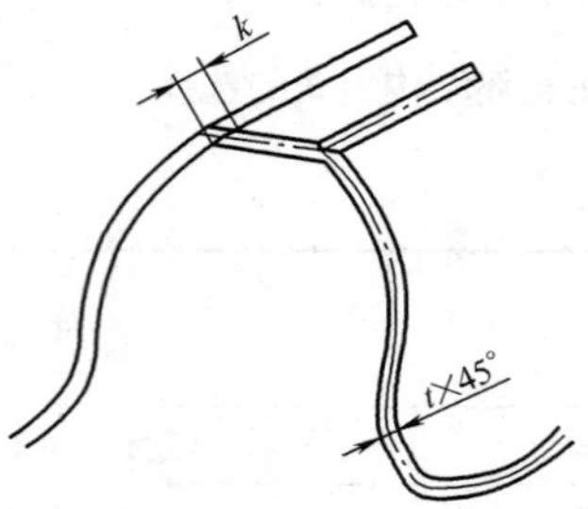

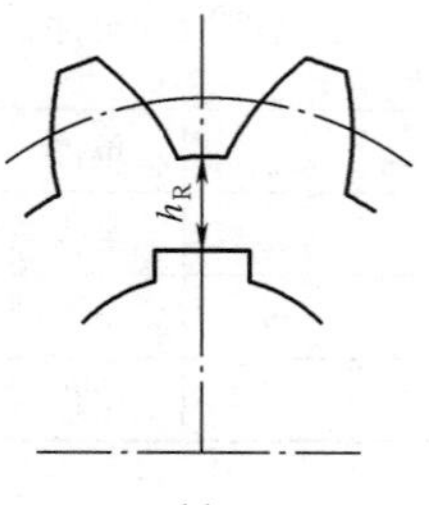

3. 锻造齿轮结构尺寸（见表 13-42）

表 13-42　　　　　　　　　　**锻造齿轮结构尺寸**

齿轮结构	尺寸、数据及说明
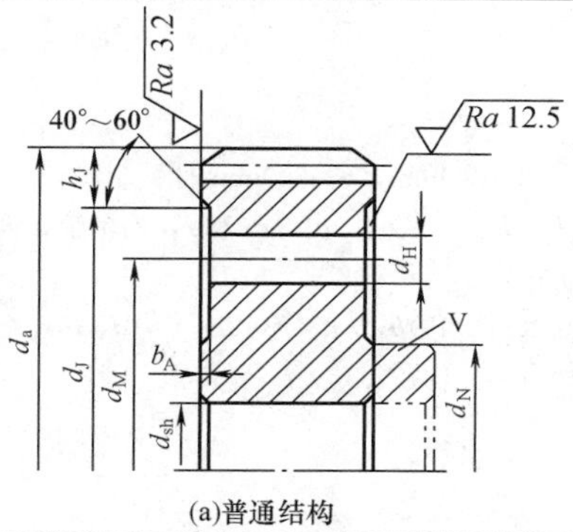 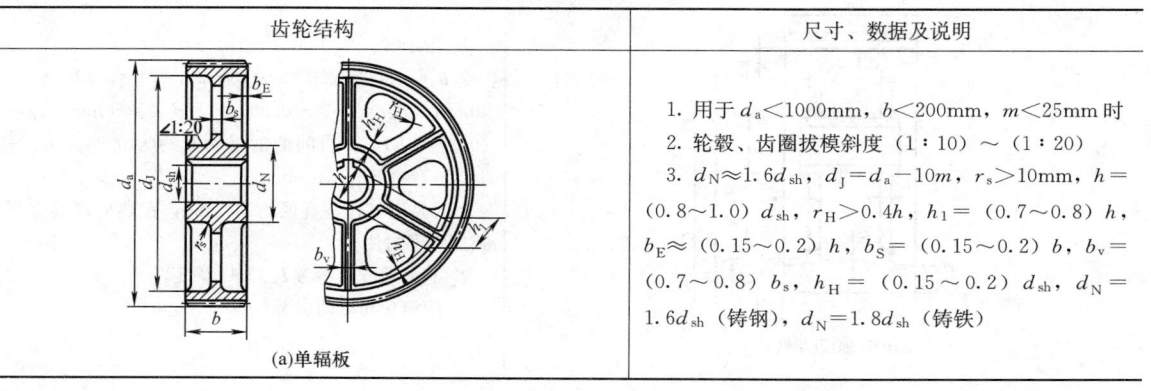(a)普通结构	1. 如无质量限制，对中小尺寸齿轮是最经济的结构 2. 应避免轮毂凸出部分 V 3. 当 $d_J-d_N>25$mm 时，单端面车光；对于实心轮则双端面车光 4. $h_J\geqslant3m$，$b_A=0.5+0.1m\leqslant2$mm，$d_M\approx0.55$ (d_N+d_J)，$d_H\approx d_a/20\geqslant30$mm，孔壁间距离$\geqslant0.8d_H$ 5. 孔数 n 和 d_N 值见表 13-41
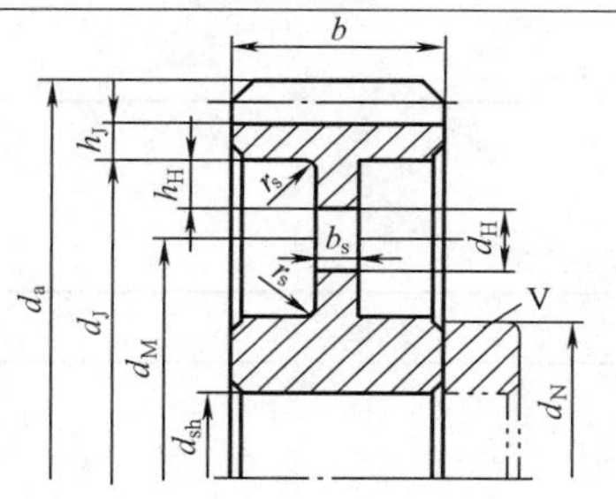 (b)轻型结构	1. 用于飞机和其他飞行器上 2. $d_H=(0.1\sim0.2)$ d_a，$h_J=h_R\geqslant1m$，$r_s\approx t$，$b_s=1.5m+0.1b$，$d_M\approx0.55$ (d_N+d_J)，$h_H>2r_s$ 3. h_R、孔数 n 和 t 值见表 13-41 4. 应避免轮毂凸出部分 V
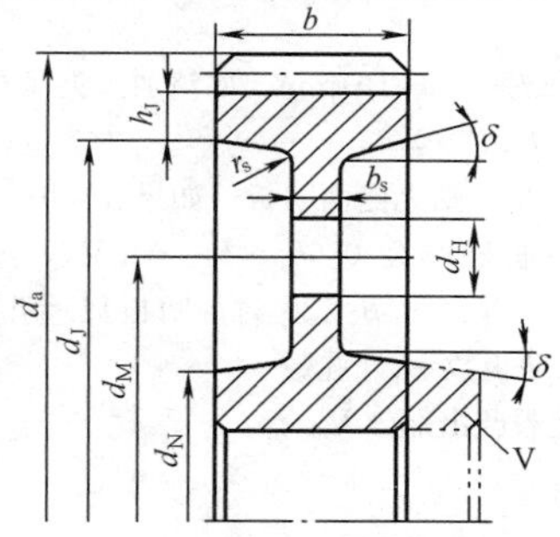 (c)模锻或自由锻	1. $h_J\approx h_R$，$d_H=(0.1\sim0.2)$ d_a，$d_M\approx0.55$ (d_N+d_J)，$b_s=2m+0.15b>15$mm，$r_s=(0.5\sim1.3)$ b_s 2. 模锻 $\delta=5°\sim10°$视深度而定 3. h_R 和孔数 n 见表 13-41 4. 应避免轮毂凸出部分 V

4. 铸造齿轮结构尺寸（见表 13-43）

表 13-43　　　　　　　　　　**铸造齿轮结构尺寸**

齿轮结构	尺寸、数据及说明
(a)单辐板	1. 用于 $d_a<1000$mm，$b<200$mm，$m<25$mm 时 2. 轮毂、齿圈拔模斜度（1∶10）～（1∶20） 3. $d_N\approx1.6d_{sh}$，$d_J=d_a-10m$，$r_s>10$mm，$h=(0.8\sim1.0)$ d_{sh}，$r_H>0.4h$，$h_1=(0.7\sim0.8)$ h，$b_E\approx(0.15\sim0.2)$ h，$b_S=(0.15\sim0.2)$ b，$b_v=(0.7\sim0.8)$ b_s，$h_H=(0.15\sim0.2)$ d_{sh}，$d_N=1.6d_{sh}$（铸钢），$d_N=1.8d_{sh}$（铸铁）

齿 轮 结 构	尺寸、数据及说明
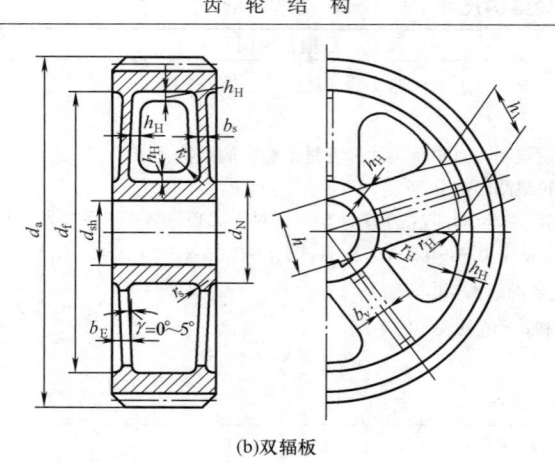 (b)双辐板	1. 用于 d_a>1000mm，b>200mm 时 2. d_N、d_J、h、h_1、b_E、b_r、r_s 和 r_H 同单辐板齿轮（十字肋） 3. b_s=(0.12~0.15)b，h_H=(0.1~0.8)d_{sh}，r_V≈r_s，h_H=(0.1~0.18)d_{sh}

5. 焊接齿轮结构（见表 13-44）

表 13-44 　　　　　　　　　　　　　　　焊接齿轮结构

齿 轮 结 构	尺寸、数据及说明
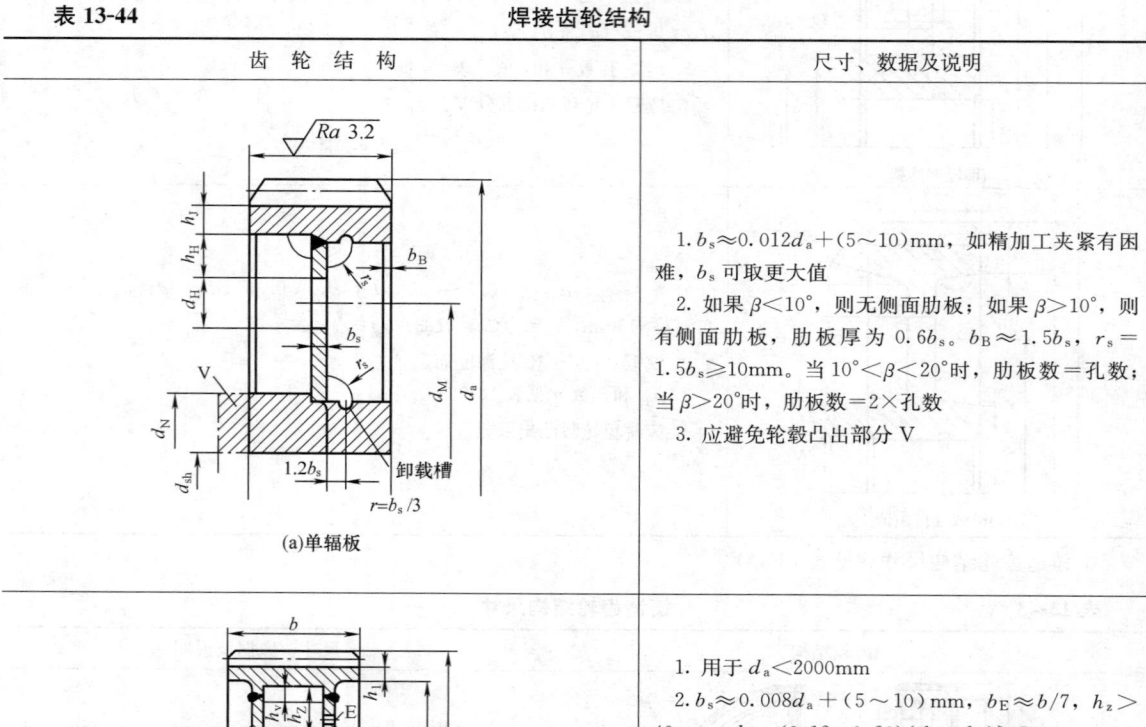 (a)单辐板	1. b_s≈0.012d_a+(5~10)mm，如精加工夹紧有困难，b_s 可取更大值 2. 如果 $β$<10°，则无侧面肋板；如果 $β$>10°，则有侧面肋板，肋板厚为 0.6b_s。b_B≈1.5b_s，r_s=1.5b_s≥10mm。当 10°<$β$<20°时，肋板数=孔数；当 $β$>20°时，肋板数=2×孔数 3. 应避免轮毂凸出部分 V
(b)双辐板(单管)	1. 用于 d_a<2000mm 2. b_s≈0.008d_a+(5~10)mm，b_E≈b/7，h_z>40mm，d_R=(0.12~0.20)(d_J-d_N)≥50mm，s_R=(0.3~0.5)b_s，管间的加强肋厚约为 0.8b_s，h_V≈2b_s，r_s=1.5b_s≥10mm 3. E 是通气孔，直径约为 6mm，在热处理后焊死或用螺塞封住 4. 其他尺寸可参考表 13-41 确定 5. 应避免轮毂凸出部分 V

续表

齿轮结构	尺寸、数据及说明
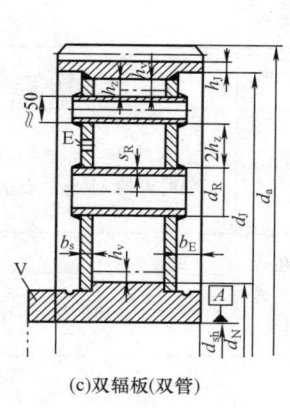 (c)双辐板(双管)	1. 用于 $d_a>2000$mm 2. $h_z\approx40$mm，尽可能小 3. 其余尺寸同双辐板(单管) 4. 齿圈附近的小管用于穿过夹紧螺栓；较大的管则用于穿过夹板

注：1. 焊缝坡口形式根据应力及加工条件确定，见表13-45。
    2. $h_J=h_R$ 按表 13-41；d_H、d_M、d_H 按表 13-42 确定。
    3. 孔或管数 n 按表 13-41 确定。

表 13-45   **辐板的焊接结构设计**

焊口结构	说明	焊口结构	说明
轮缘 20° 40° 0.5b_s 5 min1 1 轮辐 b_s (a)角焊	用于轮缘材料焊接性好，载荷不大，损伤危险性不严重(安全度要求不高)的场合	30° 堆焊外形车削 b_s (c)中介堆焊	用于含碳量较高或高合金成分、高强度的轮缘材料(如 35、45、35CrMo、42CrMo、40CrNiMo 等钢材)采用中介材料 用于载荷较大的齿轮
拼合环圈 b_s b_s/2 b_s (b)拼合环焊	用途同上 轮缘厚度可减少 5mm	$2b_s$ b_s (d)双Y形坡口	缺口效应小，焊接性及可检验性(X射线穿透性)好 制造成本较图(a)～(c)高 用于载荷较大的齿轮

13.1.10 齿轮传动的润滑

1. 润滑剂种类和润滑方式的选择(见表13-46)

表 13-46 润滑剂种类和润滑方式的选择

圆周速度 /(m/s)	传动结构形式	润滑剂种类	润滑方式	特 点
≤2.5	开式	黏附性润滑剂①	涂抹	密封简单,不易漏油、散热性能差。必要时可加 MoS_2、石墨或 EP 添加剂
≤4 (有时 8)		流动性润滑剂②	喷射	
≤15	闭式	润滑油	油浴润滑。在大型齿轮和立式齿轮传动也用喷油润滑	带薄油盆和散热片的油浴润滑
≤25 (有时 30)				
>25 (有时 30)			喷油润滑	
≤40			油雾润滑	用于轻载、间歇工作

① 黏附性润滑剂一般在润滑部位不能流动,通称炭黑明齿轮脂。

② 也可用油浴(浅油盘)润滑,但尽可能加防护罩。

2. 润滑油种类和黏度的选择

(1) 开式齿轮传动。开式齿轮传动对润滑油的基本要求是要有好的黏附性,适当的油性和较高的黏度,一般可用 100℃ 运动黏度 60~250cSt 的开式齿轮油。

(2) 闭式齿轮传动。工业闭式齿轮油适用于齿轮节圆圆周速度不超过 25m/s 的闭式齿轮传动的润滑。按 GB/T 7631.7 的规定。我国常用的工业闭式齿轮油有抗氧防锈工业齿轮油(L-CKB)、中负荷工业齿轮油(L-CKC)和重负荷工业齿轮油(L-CKD)三种。此外还有极温工业齿轮油(L-CKS)和极温重负荷工业齿轮油(L-CKT),可用于极端温度条件下运转的齿轮。对于齿轮节圆圆周速度大于 25m/s 的高速齿轮传动,通常使用各种汽轮机油来润滑,主要有防锈汽轮机油(L-TSA)、抗氨汽轮机油和极压汽轮机油(L-TSE)三种。

JB/T 8831—2001 规定的工业闭式齿轮润滑油的选用方法如下:

1) 润滑油种类的选择 根据齿轮的齿面接触应力 σ_H(按表 13-19 公式计算)和齿轮使用工况参考表 13-47 即可确定工业闭式齿轮油的种类。

2) 润滑油黏度的选择 根据齿轮传动装置中低速级齿轮节圆圆周速度和环境温度,参考表 13-48 即可确定所用润滑油的黏度等级。

表 13-47 工业闭式齿轮润滑油种类的选择

齿面接触应力 σ_H N/mm^2	齿轮使用工况	推荐使用的工业闭式齿轮润滑油
<350	一般齿轮传动	抗氧防锈工业齿轮油(L-CKB)
350~500 (轻负荷齿轮)	一般齿轮传动	抗氧防锈工业齿轮油(L-CKB)
	有冲击的齿轮传动	中负荷工业齿轮油(L-CKC)
500~1100① (中负荷齿轮)	矿井提升机、露天采掘机、水泥磨、化工机械、水力电力机械、冶金矿山机械、船舶海港机械等的齿轮传动	中负荷工业齿轮油(L-CKC)

齿面接触应力 σ_H /(N/mm²)	齿轮使用工况	推荐使用的工业闭式齿轮润滑油
>1100 (重负荷齿轮)	冶金轧钢、井下采掘、高温有冲击、含水部位的齿轮传动等	重负荷工业齿轮油(L-CKD)
<500	在更低的、低的或更高的环境温度和轻负荷下运转的齿轮传动	极温工业齿轮油(L-CKS)
≥500	在更低的、低的或更高的环境温度和重负荷下运转的齿轮传动	极温重负荷工业齿轮油(L-CKT)

① 在计算出的齿面接触应力略小于 1100N/mm² 时，若齿轮工况为高温、有冲击或含水等，为安全计应选用重负荷工业齿轮油。

表 13-48   **工业闭式齿轮装置润滑油黏度等级的选择**

平行轴及锥齿轮传动	环 境 温 度/℃			
低速级齿轮节圆圆周速度② /(m/s)	−40～−10	−10～+10	10～35	35～55
	润滑油黏度等级① $\nu_{40℃}$ /(mm²/s)			
≤5	100(合成型)	150	320	680
>5～15	100(合成型)	100	220	460
>15～25	68(合成型)	68	150	320
>25～80③	32(合成型)	46	68	100

① 当齿轮节圆圆周速度≤25m/s时，表中所选润滑油黏度等级为工业闭式齿轮油；当齿轮节圆圆周速度>25m/s时，表中所选润滑油为汽轮机油；当齿轮承受较严重冲击负荷时，可适当增加一个黏度等级。

② 锥齿轮传动节圆圆周速度是指锥齿轮齿宽中点的节圆圆周速度。

③ 当齿轮节圆圆周速度>80m/s时，应由齿轮装置制造者特殊考虑并具体推荐一合适的润滑油。

3)工业闭式齿轮润滑的使用要求 一般情况下齿轮装置可在环境温度(−40～+55)℃范围条件下工作，所用润滑油的具体种类和黏度等级与环境温度密切相关。

矿物基工业齿轮油的油池温度最高上限为95℃，合成型工业齿轮油的油池温度最高上限为107℃。当齿轮传动装置长期连续运转以至引起润滑油的工作温度超过上述规定的油池最高温度时，为保证润滑油的稳定性，就必须采取措施冷却润滑油。

在寒冷地区工作的齿轮传动装置必须保证润滑油能自由循环流动及不引起过大的起动力矩。这时可选择适合低温环境工作的极温工业齿轮油或极温重负荷工业齿轮油，所选用的润滑油的倾点至少要比预期的环境温度最低值低5℃。如果环境温度与所选润滑油的倾点接近，齿轮传动装置应配备油池加热器，用以把润滑油加热到起动时油能自由循环流动的温度值。

13.1.11 渐开线圆柱齿轮的精度

1. 齿轮偏差的定义和代号(见表 13-49)

表 13-49   **齿轮偏差的定义及代号**

序号	名 称	代号	定 义	标准号和检验辅助值
1	齿距偏差			
1.1	单 个 齿 距偏差	$\pm f_{pt}$	在端平面上，在接近齿高中部的一个与齿轮轴线同心的圆上，实际齿距与理论齿距的代数差(见图 13-28)	GB/T 10095.1—2008
1.2	齿距累积偏差	F_{pk}	任意 k 个齿距的实际弧长与理论弧长的代数差(见图 13-28)。理论上它等于这 k 个齿距的各单个齿距偏差的代数和	
1.3	齿距累积总偏差	F_p	齿轮同侧齿面任意弧段($k=1$ 至 $k=z$)内的最大齿距累积偏差，它表现为齿距累积偏差曲线的总幅值	
2	齿廓偏差		实际齿廓偏离设计齿廓的量，该量在端平面内沿垂直于渐开线齿廓的方向计值	GB/T 10095.1—2008 L_α—齿廓计算范围 L_{AF}—可用长度 L_{AE}—有效长度 $f_{f\alpha}$ 和 $f_{H\alpha}$ 不是标准的必检项目
2.1	齿廓总偏差	F_α	在计值范围(L_α)内，包容实际齿廓迹线的两条设计齿廓迹线间的距离(见图 13-29a)	
2.2	齿 廓 形 状偏差	$f_{f\alpha}$	在计算范围(L_α)内，包容实际齿廓迹线的两条与平均齿廓迹线完全相同的曲线间的距离，且两条曲线与平均齿廓迹线的距离为常数(见图 13-29b)	
2.3	齿 廓 倾 斜偏差	$\pm f_{H\alpha}$	在计值范围(L_α)的两端与平均齿廓迹线相交的两条设计齿廓迹线间的距离(见图 13-29c)	
3	螺旋线偏差		在端面基圆切线方向上测得的实际螺旋线偏离设计螺旋线的量	GB/T 10095.1—2008 L_β—螺旋线计值范围 $f_{f\beta}$ 和 $f_{H\beta}$ 不是标准的必检项目
3.1	螺 旋 线 总偏差	F_β	在计值范围(L_β)内，包容实际螺旋线迹线的两条设计螺旋线迹线间的距离(见图 13-30a)	
3.2	螺 旋 线 形 状偏差	$f_{f\beta}$	在计值范围(L_β)内，包容实际螺旋线迹线的两条与平均螺旋线迹线完全相同的曲线间的距离，且两条曲线与平均螺旋线迹线的距离为常数(见图 13-30b)	
3.3	螺 旋 线 倾 斜偏差	$\pm f_{H\beta}$	在计值范围(L_β)的两端与平均螺旋线迹线相交的设计螺旋线迹线间的距离(见图 13-30c)	
4	切 向 综 合偏差			GB/T 10095.1—2008 F_i' 和 f_i' 不是标准的必检项目
4.1	切 向 综 合 总偏差	F_i'	被测齿轮与测量齿轮单面啮合检验时，被测齿轮一转内，齿轮分度圆上实际圆周位移与理论圆周位移的最大差值(见图 13-31)	
4.2	一 齿 切 向 综合偏差	f_i'	在一个齿距内的切向综合偏差(见图 13-31)	

序号	名　　称	代号	定　　义	标准号和检验辅助值
5	径向综合偏差			
5.1	径向综合总偏差	F_i''	在径向（双面）综合检验时，产品齿轮的左、右齿面同时与测量齿轮接触，并转过一整圈，出现的中心距最大值和最小值之差（见图 13-32）	GB/T 10095.2—2008
5.2	一齿径向综合偏差	f_i''	当产品齿轮啮合一整圈时，对应一个齿距（360°/z）的径向综合偏差值（见图 13-32）	
6	径向跳动公差	F_r	测头（球形、圆柱形、砧形）相继置于每个齿槽内时，从它到齿轮轴线的最大和最小径向距离之差。检查中，测头在近似齿高中部与左右齿面接触（见图 13-33）	GB/T 10095.2—2008

2. 关于齿轮偏差各项术语的说明

（1）齿距偏差（见图 13-28）。对于齿距累积偏差 F_{pk}，除非另有规定，F_{pk} 的计值仅限于不超过圆周 1/8 的弧段内评定。因此，偏差 F_{pk} 的允许值适用于齿距数 k 为 2 到 $z/8$ 的弧段内。通常，F_{pk} 取 $k \approx z/8$ 就足够了，如果对于特殊的应用（如高速齿轮），还需检验较小弧段，并规定相应的 k 值。

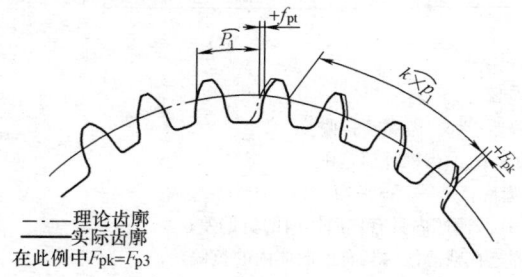

— — 理论齿廓
—— 实际齿廓
在此例中 $F_{pk}=F_{p3}$

图 13-28　齿距偏差与齿距累积偏差

（2）齿廓偏差（见图 13-29）。实际齿廓偏离设计齿廓的量，该量在端平面内且垂直于渐开线齿廓的方向计值。

1）可用长度（L_{AF}）。等于两条端面基圆切线之差。其中一条是从基圆到可用齿廓的外界限点，另一条是从基圆到可用齿廓的内界限点。

依据设计，可用长度外界限点被齿顶、齿顶倒棱或齿顶倒圆的起始点（点 A）限定，在朝齿根方向上，可用长度的内界限点被齿根圆角或挖根的起始点（点 F）所限定。

2）有效长度（L_{AE}）。可用长度对应于有效齿廓的那部分。对于齿顶，其有与可用长度同样的限定（A 点）。对于齿根，有效长度延伸到与之配对齿轮有效啮合的终止点 E（即有效齿廓的起始点）。如不知道配对齿轮，则 E 点为与基本齿条相啮合的有效齿廓的起始点。

3）齿廓计值范围（L_α）。可用长度中的一部分，在 L_α 内应遵照规定精度等级的公差。除另有规定外，其长度等于从 E 点开始延伸的有效长度 L_{AE} 的 92%（见图 13-29）。

注 1：齿轮设计者应确保适用的齿廓计值范围。

对于 L_{AE} 剩下的 8% 为靠近齿顶处的 L_{AE} 与 L_α 之差。在评定齿廓总偏差和齿廓形状偏差时，按以下规则计值：

① 使偏差量增加的偏向齿体外的正偏差必须计入偏差值。

② 除另有规定外，对于负偏差，其公差为计值范围 L_α 规定公差的 3 倍。

注 2：在分析齿廓形状偏差时，规则① 和② 以 5）中定义的平均齿廓迹线为基准。

4）设计齿廓。符合设计规定的齿廓，当无其他限定时，是指端面齿廓。

注 3：在齿廓曲线图中，未经修形的渐开线齿廓迹线一般为直线。在图 13-29 中，设计齿廓迹线用点划线表示。

5）被测齿面的平均齿廓。设计齿廓迹线的纵坐标减去一条斜直线的纵坐标后得到的一条迹线。这条斜直线使得在计值范围内，实际齿廓迹线对平均齿廓迹线偏差的平方和最小，因此，平均齿廓迹线的位置和倾斜可以用"最小二乘法"求得。

注 4：平均齿廓是用来确定 $f_{f\alpha}$［见图 13-29（b）］和 $f_{H\alpha}$［见图 13-29（c）］的一条辅助齿廓迹线。

（3）螺旋线偏差（见图 13-30）。

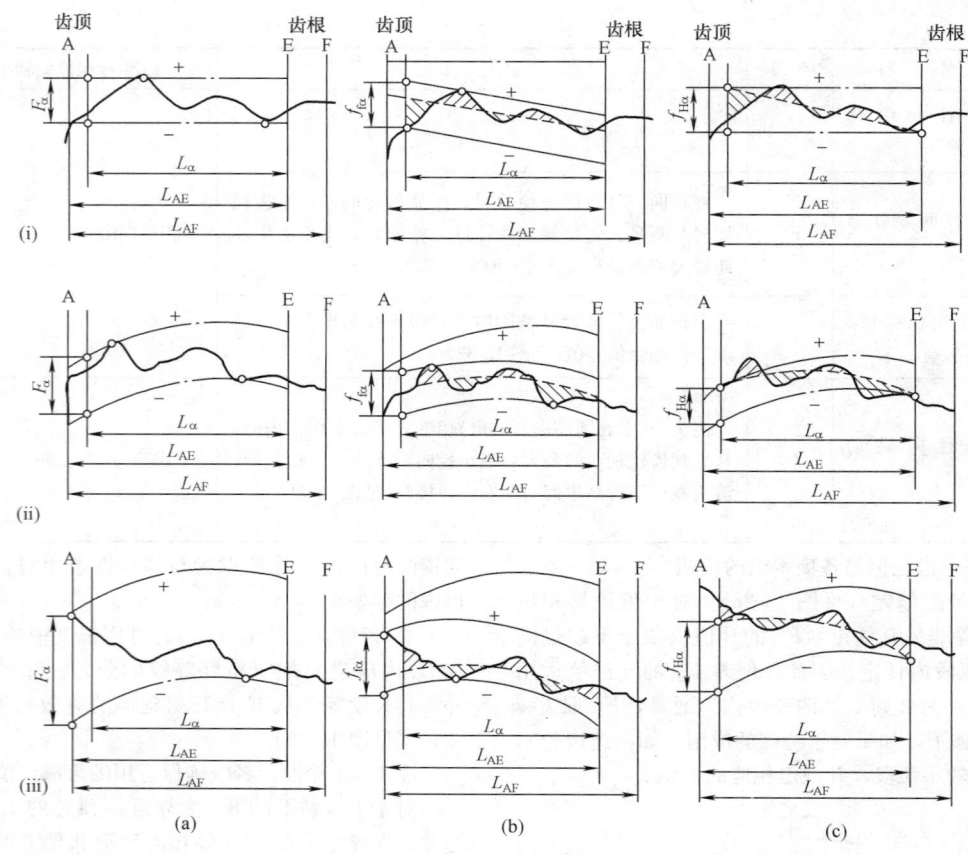

图 13-29　齿 廓 偏 差

（a）齿廓总偏差；（b）齿廓形状偏差；（c）齿廓倾斜偏差
L_{AF}—可用长度；L_{AE}—有效长度；L_α—齿廓计值范围；
-·-·-·—设计齿廓；——实际齿廓；- - - - -—平均齿廓
（ⅰ）设计齿廓—未修形的渐开线，实际齿廓—在减薄区内具有偏向体内的负偏差；
（ⅱ）设计齿廓—修形的渐开线（举例），实际齿廓—在减薄区内具有偏向体内的负偏差；
（ⅲ）设计齿廓—修形的渐开线（举例），实际齿廓—在减薄区内具有偏向体外的正偏差

在端面基圆切线方向上测得的实际螺旋线偏离设计螺旋线的量。

1）迹线长度。与齿宽成正比而不包括齿端倒角或修圆在内的长度。

2）螺旋线计值范围（L_β）。除另有规定外，在轮齿两端处各减去下面两个数值中较小的一个后的"迹线长度"，即5％的齿宽或等于一个模数的长度。

注1：齿轮设计者应确保适用的螺旋线计值范围。

在两端缩减的区域中，螺旋线总偏差和螺旋线形状偏差，按以下规则计值：

①使偏差量增加的偏向齿体外的正偏差，必须计入偏差值。

②除另有规定外，对于负偏差，其允许值为计值范围 L_β 规定公差的3倍。

注2：在分析螺旋线形状偏差时，规则①和②以4）中定义的平均螺旋线迹线为基准。

3）设计螺旋线。符合设计规定的螺旋线。

注3：在螺旋线曲线图中，未经修形的螺旋线的迹线一般为直线。在图 13-30 中，设计螺旋迹线用点画线表示。

4）被测齿面的平均螺旋线。设计螺旋线迹线的纵坐标减去一条斜直线的纵坐标后得到的一条迹线。这条斜直线使得在计值范围内，实际螺旋线迹线对平均螺旋线迹线偏差的平方和最小，因此，平均螺旋线迹线的位置和倾斜可以用"最小二乘法"求得。

注4：平均螺旋线是用来确定 $f_{f\beta}$ ［见图 13-30（b）］和 $f_{H\beta}$ ［见图 13-30（c）］的一条辅助螺旋线。

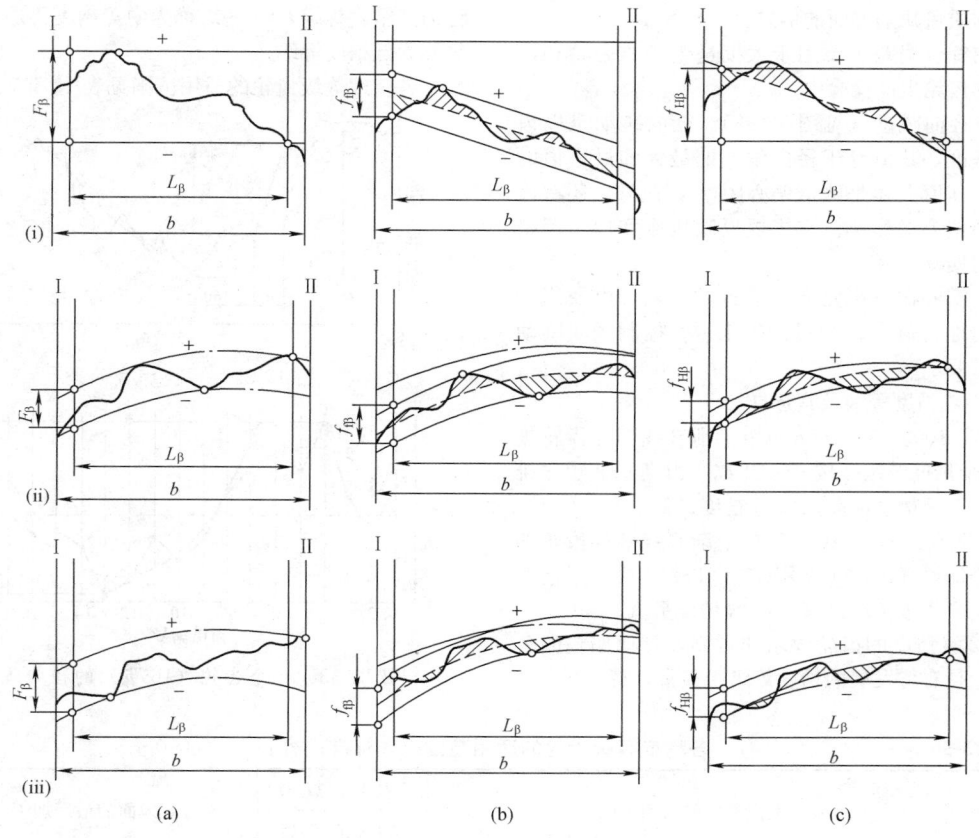

图 13-30　螺旋线偏差

（a）螺旋总偏差；（b）螺旋线形状偏差；（c）螺旋线倾斜偏差
b—齿轮螺旋线长度（与齿宽成正比）；L_β—螺旋线计值范围

—·—·—设计螺旋线；———实际螺旋线；—————平均螺旋线

（i）设计螺旋线—未修形的螺旋线，实际螺旋线—在减薄区内具有偏向体内的负偏差；

（ii）设计螺旋线—修形的螺旋线（举例），实际螺旋线—在减薄区内具有偏向体内的负偏差；

（iii）设计螺旋线—修形的螺旋线（举例），实际螺旋线—在减薄区内具有偏向体外的正偏差

（4）切向综合偏差。如图 13-31 所示，切向综合偏差是被测齿轮与测量齿轮单面啮合，旋转一圈得到的偏差曲线中的取值，它反映了一对齿轮轮齿要素偏差的综合影响（即齿距、齿廓、螺旋线等）。测量齿轮比被测的齿轮的精度至少高 4 级时，其测量齿轮的不精确性可忽略不计；达不到时，则要考虑测量齿轮的不精确程度。

除在采购文件中另有规定外，切向综合偏差的测量不是强制性的，其公差值不包括在 GB/T 10095.1—2008 的正文中，而放在附录 A 中。其中：

一齿切向综合偏差 f_i' 的公差值，可由表 13-55 中给出的 f_i'/K 数值乘以系数 K 求得（K 见表下的说明）。

切向综合总偏差 F_i' 的计算公式为

$$F_i' = F_p + f_i' \qquad (13\text{-}21)$$

（5）径向综合偏差（见图 13-32）。径向综合偏差是被测齿轮与测量齿轮双面啮合，旋转一圈得到的中心距变化曲线中的取值。径向综合偏差能简便、快捷地提供齿轮加工机床、刀具和加工时齿轮装夹

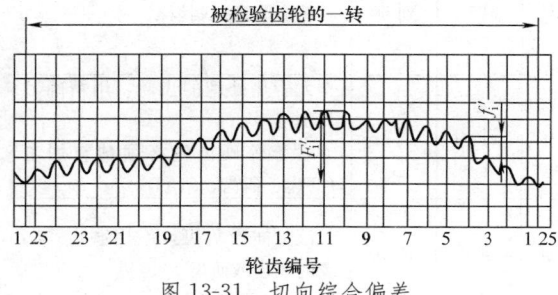

图 13-31　切向综合偏差

而导致的质量缺陷方面的信息。

径向综合偏差主要用于大批量生产的齿轮和模数较小的齿轮生产检验中。

（6）径向跳动（见图 13-33）。径向跳动是以齿轮轴为基准，其值等于径向偏差的最大和最小值的代数差，其值大体是两倍偏心距 f_e，此外，还有齿距和齿廓偏差的影响。它主要反映机床和加工调整中存在的偏差。

对于需要在最小侧隙下运行的齿轮，以及用于测量径向综合偏差的测量齿轮来说，控制径向跳动就十分重要。

3. 齿轮精度等级及其选择

GB/T 10095.1—2008 对单个渐开线圆柱齿轮规定了 13 个精度等级，按 0～12 数字由高到低顺序排列，其中 0 级精度最高，12 级精度最低。

GB/T 10095.2—2008 对单个渐开线圆柱齿轮的径向综合偏差（F_i''、f_i''）规定了 4～12 共 9 个精度等级，其中 4 级精度最高，12 级精度最低。

0～2 级精度的齿轮要求非常高，各项偏差的公差很小，是有待发展的精度等级。通常，将 3～5 级

称为高精度等级，6～8 级称为中等精度等级，9～12 级称为低精度等级。

各精度等级齿轮的适用范围见表 13-50。

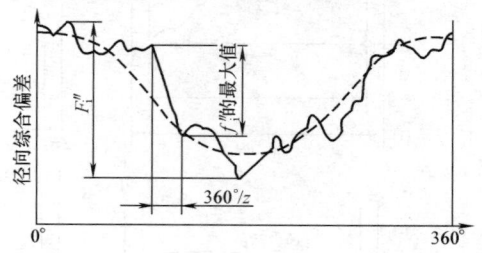

图 13-32　径向综合偏差

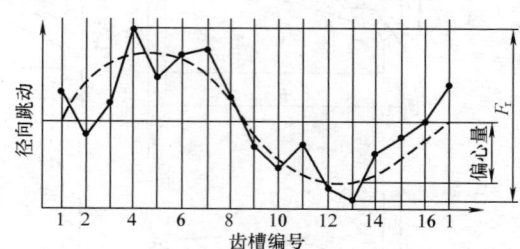

图 13-33　一个齿轮（16 齿）的径向跳动

表 13-50　　　　　　**各精度等级齿轮的适用范围**（非标准内容）

精度等级	工作条件与适用范围	圆周速度/(m/s)		齿面的最后加工
		直齿	斜齿	
3	用于最平稳且无噪声的极高速下工作的齿轮；特别精密的分度机构齿轮；特别精密机械中的齿轮；控制机构齿轮；检测 5、6 级的测量齿轮	>50	>75	特精密的磨齿和珩磨；用精密滚刀滚齿或单边剃齿后的大多数不经淬火的齿轮
4	用于精密分度机构的齿轮；特别精密机械中的齿轮；高速涡轮机齿轮；控制机构齿轮；检测 7 级的测量齿轮	>40	>70	精密磨齿；大多数用精密滚刀滚齿和珩齿或单边剃齿
5	用于高平稳且低噪声的高速传动中的齿轮；精密机构中的齿轮；涡轮机传动的齿轮；检测 8、9 级的测量齿轮；风力发电机增速箱齿轮　重要的航空、船用齿轮箱齿轮	>20	>40	精密磨齿；大多数用精密滚刀加工，进而研齿或剃齿
6	用于高速下平稳工作，需要高效率及低噪声的齿轮；航空，汽车用齿轮；读数装置中的精密齿轮；机床传动链齿轮；机床传动齿轮	到 15	到 30	精密磨齿或剃齿
7	在中速或大功率下工作的齿轮；机床变速箱进给齿轮；减速器齿轮；起重机齿轮；汽车以及读数装置中的齿轮	到 10	到 15	无需热处理的齿轮，用精确刀具加工　对于淬硬齿轮必须精整加工（磨齿、研齿、珩磨）
8	一般机器中无特殊精度要求的齿轮；机床变速齿轮；汽车制造业中不重要齿轮；冶金，起重机械齿轮；通用减速器的齿轮；农业机械中的重要齿轮	到 6	到 10	滚、插齿均可，不用磨齿；必要时剃齿或研齿

精度等级	工作条件与适用范围	圆周速度/(m/s)		齿面的最后加工
		直齿	斜齿	
9	用于不提出精度要求的粗糙工作的齿轮；因结构上考虑，受载低于计算载荷的传动用齿轮；低速不重要工作机械的动力齿轮；农机齿轮	到 2	到 4	不需要特殊的精加工工序

4. 齿轮偏差数值表（见表 13-51～表 13-61）

表 13-51 单个齿距偏差 $\pm f_{pt}$

分度圆直径 d/mm	模数 m/mm	精度等级					
		4	5	6	7	8	9
		$\pm f_{pt}$/μm					
$5 \leqslant d \leqslant 20$	$0.5 \leqslant m \leqslant 2$	3.3	4.7	6.5	9.5	13.0	19.0
	$2 < m \leqslant 3.5$	3.7	5.0	7.5	10.0	15.0	21.0
$20 < d \leqslant 50$	$0.5 \leqslant m \leqslant 2$	3.5	5.0	7.0	10.0	14.0	20.0
	$2 < m \leqslant 3.5$	3.9	5.5	7.5	11.0	15.0	22.0
	$3.5 < m \leqslant 6$	4.3	6.0	8.5	12.0	17.0	24.0
	$6 < m \leqslant 10$	4.9	7.0	10.0	14.0	20.0	28.0
$50 < d \leqslant 125$	$0.5 \leqslant m \leqslant 2$	3.8	5.5	7.5	11.0	15.0	21.0
	$2 < m \leqslant 3.5$	4.1	6.0	8.5	12.0	17.0	23.0
	$3.5 < m \leqslant 6$	4.6	6.5	9.0	13.0	18.0	26.0
	$6 < m \leqslant 10$	5.0	7.5	10.0	15.0	21.0	30.0
	$10 < m \leqslant 16$	6.5	9.0	13.0	18.0	25.0	35.0
	$16 < m \leqslant 25$	8.0	11.0	16.0	22.0	31.0	44.0
$125 < d \leqslant 280$	$0.5 \leqslant m \leqslant 2$	4.2	6.0	8.5	12.0	17.0	24.0
	$2 < m \leqslant 3.5$	4.6	6.5	9.0	13.0	18.0	26.0
	$3.5 < m \leqslant 6$	5.0	7.0	10.0	14.0	20.0	28.0
	$6 < m \leqslant 10$	5.5	8.0	11.0	16.0	23.0	32.0
	$10 < m \leqslant 16$	6.5	9.5	13.0	19.0	27.0	38.0
	$16 < m \leqslant 25$	8.0	12.0	16.0	23.0	33.0	47.0
	$25 < m \leqslant 40$	11.0	15.0	21.0	30.0	43.0	61.0
$280 < d \leqslant 560$	$0.5 \leqslant m \leqslant 2$	4.7	6.5	9.5	13.0	19.0	27.0
	$2 < m \leqslant 3.5$	5.0	7.0	10.0	14.0	20.0	29.0
	$3.5 < m \leqslant 6$	5.5	8.0	11.0	16.0	22.0	31.0
	$6 < m \leqslant 10$	6.0	8.5	12.0	17.0	25.0	35.0
	$10 < m \leqslant 16$	7.0	10.0	14.0	20.0	29.0	41.0
	$16 < m \leqslant 25$	9.0	12.0	18.0	25.0	35.0	50.0
	$25 < m \leqslant 40$	11.0	16.0	22.0	32.0	45.0	63.0
	$40 < m \leqslant 70$	16.0	22.0	31.0	45.0	63.0	89.0

续表

分度圆直径 d/mm	模数 m/mm	精度等级					
		4	5	6	7	8	9
		$\pm f_{pt}$/μm					
560<d≤1000	0.5≤m≤2	5.5	7.5	11.0	15.0	21.0	30.0
	2<m≤3.5	5.5	8.0	11.0	16.0	23.0	32.0
	3.5<m≤6	6.0	8.5	12.0	17.0	24.0	35.0
	6<m≤10	7.0	9.5	14.0	19.0	27.0	38.0
	10<m≤16	8.0	11.0	16.0	22.0	31.0	44.0
	16<m≤25	9.5	13.0	19.0	27.0	38.0	53.0
	25<m≤40	12.0	17.0	24.0	34.0	47.0	67.0
	40<m≤70	16.0	23.0	33.0	46.0	65.0	93.0
1000<d≤1600	2≤m≤3.5	6.5	9.0	13.0	18.0	26.0	36.0
	3.5<m≤6	7.0	9.5	14.0	19.0	27.0	39.0
	6<m≤10	7.5	11.0	15.0	21.0	30.0	42.0
	10<m≤16	8.5	12.0	17.0	24.0	34.0	48.0
	16<m≤25	10.0	14.0	20.0	29.0	40.0	57.0
	25<m≤40	13.0	18.0	25.0	36.0	50.0	71.0
	40<m≤70	17.0	24.0	34.0	48.0	68.0	97.0

表 13-52　　　　　　　　　　　　　齿距累积总偏差 F_p

分度圆直径 d/mm	模数 m/mm	精 度 等 级					
		4	5	6	7	8	9
		F_p/μm					
5≤d≤20	0.5≤m≤2	8.0	11.0	16.0	23.0	32.0	45.0
	2<m≤3.5	8.5	12.0	17.0	23.0	33.0	47.0
20<d≤50	0.5≤m≤2	10.0	14.0	20.0	29.0	41.0	57.0
	2<m≤3.5	10.0	15.0	21.0	30.0	42.0	59.0
	3.5<m≤6	11.0	15.0	22.0	31.0	44.0	62.0
	6<m≤10	12.0	16.0	23.0	33.0	46.0	65.0
50<d≤125	0.5≤m≤2	13.0	18.0	26.0	37.0	52.0	74.0
	2<m≤3.5	13.0	19.0	27.0	38.0	53.0	76.0
	3.5<m≤6	14.0	19.0	28.0	39.0	55.0	78.0
	6<m≤10	14.0	20.0	29.0	41.0	58.0	82.0
	10<m≤16	15.0	22.0	31.0	44.0	62.0	88.0
	16<m≤25	17.0	24.0	34.0	48.0	68.0	96.0
125<d≤280	0.5≤m≤2	17.0	24.0	35.0	49.0	69.0	98.0
	2<m≤3.5	18.0	25.0	35.0	50.0	70.0	100.0
	3.5<m≤6	18.0	25.0	36.0	51.0	72.0	102.0

续表

分度圆直径 d/mm	模数 m/mm	精 度 等 级					
		4	5	6	7	8	9
		$F_p/\mu m$					
125<d≤280	6<m≤10	19.0	26.0	37.0	53.0	75.0	106.0
	10<m≤16	20.0	28.0	39.0	56.0	79.0	112.0
	16<m≤25	21.0	30.0	43.0	60.0	85.0	120.0
	25<m≤40	24.0	34.0	47.0	67.0	95.0	134.0
280<d≤560	0.5≤m≤2	23.0	32.0	46.0	64.0	91.0	129.0
	2<m≤3.5	23.0	33.0	46.0	65.0	92.0	131.0
	3.5<m≤6	24.0	33.0	47.0	66.0	94.0	133.0
	6<m≤10	24.0	34.0	48.0	68.0	97.0	137.0
	10<m≤16	25.0	36.0	50.0	71.0	101.0	143.0
	16<m≤25	27.0	38.0	54.0	76.0	107.0	151.0
	25<m≤40	29.0	41.0	58.0	83.0	117.0	165.0
	40<m≤70	34.0	48.0	68.0	95.0	135.0	191.0
560<d≤1000	0.5≤m≤2	29.0	41.0	59.0	83.0	117.0	166.0
	2<m≤3.5	30.0	42.0	59.0	84.0	119.0	168.0
	3.5<m≤6	30.0	43.0	60.0	85.0	120.0	170.0
	6<m≤10	31.0	44.0	62.0	87.0	123.0	174.0
	10<m≤16	32.0	45.0	64.0	90.0	127.0	180.0
	16<m≤25	33.0	47.0	67.0	94.0	133.0	189.0
	25<m≤40	36.0	51.0	72.0	101.0	143.0	203.0
	40<m≤70	40.0	57.0	81.0	114.0	161.0	228.0
1000<d≤1600	2≤m≤3.5	37.0	52.0	74.0	105.0	148.0	209.0
	3.5<m≤6	37.0	53.0	75.0	105.0	149.0	211.0
	6<m≤10	38.0	54.0	76.0	108.0	152.0	215.0
	10<m≤16	39.0	55.0	78.0	111.0	156.0	221.0
	16<m≤25	41.0	57.0	81.0	115.0	163.0	230.0
	25<m≤40	43.0	61.0	86.0	122.0	172.0	244.0
	40<m≤70	48.0	67.0	95.0	135.0	190.0	269.0

表 13-53 齿廓总偏差 F_α

分度圆直径 d/mm	模数 m/mm	精 度 等 级					
		4	5	6	7	8	9
		$F_\alpha/\mu m$					
5≤d≤20	0.5≤m≤2	3.2	4.6	6.5	9.0	13.0	18.0
	2<m≤3.5	4.7	6.5	9.5	13.0	19.0	26.0
20<d≤50	0.5≤m≤2	3.6	5.0	7.5	10.0	15.0	21.0
	2<m≤3.5	5.0	7.0	10.0	14.0	20.0	29.0

分度圆直径 d/mm	模数 m/mm	精 度 等 级					
		4	5	6	7	8	9
		F_a/μm					
$20{<}d{\leqslant}50$	$3.5{<}m{\leqslant}6$	6.0	9.0	12.0	18.0	25.0	35.0
	$6{<}m{\leqslant}10$	7.5	11.0	15.0	22.0	31.0	43.0
$50{<}d{\leqslant}125$	$0.5{\leqslant}m{\leqslant}2$	4.1	6.0	8.5	12.0	17.0	23.0
	$2{<}m{\leqslant}3.5$	5.5	8.0	11.0	16.0	22.0	31.0
	$3.5{<}m{\leqslant}6$	6.5	9.5	13.0	19.0	27.0	38.0
	$6{<}m{\leqslant}10$	8.0	12.0	16.0	23.0	33.0	46.0
	$10{<}m{\leqslant}16$	10.0	14.0	20.0	28.0	40.0	56.0
	$16{<}m{\leqslant}25$	12.0	17.0	24.0	34.0	48.0	68.0
$125{<}d{\leqslant}280$	$0.5{\leqslant}m{\leqslant}2$	4.9	7.0	10.0	14.0	20.0	28.0
	$2{<}m{\leqslant}3.5$	6.5	9.0	13.0	18.0	25.0	36.0
	$3.5{<}m{\leqslant}6$	7.5	11.0	15.0	21.0	30.0	42.0
	$6{<}m{\leqslant}10$	9.0	13.0	18.0	25.0	36.0	50.0
	$10{<}m{\leqslant}16$	11.0	15.0	21.0	30.0	43.0	60.0
	$16{<}m{\leqslant}25$	13.0	18.0	25.0	36.0	51.0	72.0
	$25{<}m{\leqslant}40$	15.0	22.0	31.0	43.0	61.0	87.0
$280{<}d{\leqslant}560$	$0.5{\leqslant}m{\leqslant}2$	6.0	8.5	12.0	17.0	23.0	33.0
	$2{<}m{\leqslant}3.5$	7.5	10.0	15.0	21.0	29.0	41.0
	$3.5{<}m{\leqslant}6$	8.5	12.0	17.0	24.0	34.0	48.0
	$6{<}m{\leqslant}10$	10.0	14.0	20.0	28.0	40.0	56.0
	$10{<}m{\leqslant}16$	12.0	16.0	23.0	33.0	47.0	66.0
	$16{<}m{\leqslant}25$	14.0	19.0	27.0	39.0	55.0	78.0
	$25{<}m{\leqslant}40$	16.0	23.0	33.0	46.0	65.0	92.0
	$40{<}m{\leqslant}70$	20.0	28.0	40.0	57.0	80.0	113.0
$560{<}d{\leqslant}1000$	$0.5{\leqslant}m{\leqslant}2$	7.0	10.0	14.0	20.0	28.0	40.0
	$2{<}m{\leqslant}3.5$	8.5	12.0	17.0	24.0	34.0	48.0
	$3.5{<}m{\leqslant}6$	9.5	14.0	19.0	27.0	38.0	54.0
	$6{<}m{\leqslant}10$	11.0	16.0	22.0	31.0	44.0	62.0
	$10{<}m{\leqslant}16$	13.0	18.0	26.0	36.0	51.0	72.0
	$16{<}m{\leqslant}25$	15.0	21.0	30.0	42.0	59.0	84.0
	$25{<}m{\leqslant}40$	17.0	25.0	35.0	49.0	70.0	99.0
	$40{<}m{\leqslant}70$	21.0	30.0	42.0	60.0	85.0	120.0
$1000{<}d{\leqslant}1600$	$2{\leqslant}m{\leqslant}3.5$	9.5	14.0	19.0	27.0	39.0	55.0
	$3.5{<}m{\leqslant}6$	11.0	15.0	22.0	31.0	43.0	61.0
	$6{<}m{\leqslant}10$	12.0	17.0	25.0	35.0	49.0	70.0
	$10{<}m{\leqslant}16$	14.0	20.0	28.0	40.0	56.0	80.0
	$16{<}m{\leqslant}25$	16.0	23.0	32.0	46.0	65.0	91.0
	$25{<}m{\leqslant}40$	19.0	27.0	38.0	53.0	75.0	106.0
	$40{<}m{\leqslant}70$	22.0	32.0	45.0	64.0	90.0	127.0

表 13-54 螺旋线总偏差 F_β

分度圆直径 d/mm	齿宽 b/mm	精 度 等 级 $F_\beta/\mu m$					
		4	5	6	7	8	9
$5 \leqslant d \leqslant 20$	$4 \leqslant b \leqslant 10$	4.3	6.0	8.5	12.0	17.0	24.0
	$10 < b \leqslant 20$	4.9	7.0	9.5	14.0	19.0	28.0
	$20 < b \leqslant 40$	5.5	8.0	11.0	16.0	22.0	31.0
	$40 < b \leqslant 80$	6.5	9.5	13.0	19.0	26.0	37.0
$20 < d \leqslant 50$	$4 \leqslant b \leqslant 10$	4.5	6.5	9.0	13.0	18.0	25.0
	$10 < b \leqslant 20$	5.0	7.0	10.0	14.0	20.0	29.0
	$20 < b \leqslant 40$	5.5	8.0	11.0	16.0	23.0	32.0
	$40 < b \leqslant 80$	6.5	9.5	13.0	19.0	27.0	38.0
	$80 < b \leqslant 160$	8.0	11.0	16.0	23.0	32.0	46.0
$50 < d \leqslant 125$	$4 \leqslant b \leqslant 10$	4.7	6.5	9.5	13.0	19.0	27.0
	$10 < b \leqslant 20$	5.5	7.5	11.0	15.0	21.0	30.0
	$20 < b \leqslant 40$	6.0	8.5	12.0	17.0	24.0	34.0
	$40 < b \leqslant 80$	7.0	10.0	14.0	20.0	28.0	39.0
	$80 < b \leqslant 160$	8.5	12.0	17.0	24.0	33.0	47.0
	$160 < b \leqslant 250$	10.0	14.0	20.0	28.0	40.0	56.0
	$250 < b \leqslant 400$	12.0	16.0	23.0	33.0	46.0	65.0
$125 < d \leqslant 280$	$4 \leqslant b \leqslant 10$	5.0	7.0	10.0	14.0	20.0	29.0
	$10 < b \leqslant 20$	5.5	8.0	11.0	16.0	22.0	32.0
	$20 < b \leqslant 40$	6.5	9.0	13.0	18.0	25.0	36.0
	$40 < b \leqslant 80$	7.5	10.0	15.0	21.0	29.0	41.0
	$80 < b \leqslant 160$	8.5	12.0	17.0	25.0	35.0	49.0
	$160 < b \leqslant 250$	10.0	14.0	20.0	29.0	41.0	58.0
	$250 < b \leqslant 400$	12.0	17.0	24.0	34.0	47.0	67.0
	$400 < b \leqslant 650$	14.0	20.0	28.0	40.0	56.0	79.0
$280 < b \leqslant 560$	$10 \leqslant b \leqslant 20$	6.0	8.5	12.0	17.0	24.0	34.0
	$20 < b \leqslant 40$	6.5	9.5	13.0	19.0	27.0	38.0
	$40 < b \leqslant 80$	7.5	11.0	15.0	22.0	31.0	44.0
	$80 < b \leqslant 160$	9.0	13.0	18.0	26.0	36.0	52.0
	$160 < b \leqslant 250$	11.0	15.0	21.0	30.0	43.0	60.0
	$250 < b \leqslant 400$	12.0	17.0	25.0	35.0	49.0	70.0
	$400 < b \leqslant 650$	14.0	20.0	29.0	41.0	58.0	82.0
	$650 < b \leqslant 1000$	17.0	24.0	34.0	48.0	68.0	96.0
$560 < d \leqslant 1000$	$10 \leqslant b \leqslant 20$	6.5	9.5	13.0	19.0	26.0	37.0
	$20 < b \leqslant 40$	7.5	10.0	15.0	21.0	29.0	41.0
	$40 < b \leqslant 80$	8.5	12.0	17.0	23.0	33.0	47.0

分度圆直径 d/mm	齿宽 b/mm	精 度 等 级					
		4	5	6	7	8	9
		F_β/μm					
$560 < d \leqslant 1000$	$80 < b \leqslant 160$	9.5	14.0	19.0	27.0	39.0	55.0
	$160 < b \leqslant 250$	11.0	16.0	22.0	32.0	45.0	63.0
	$250 < b \leqslant 400$	13.0	18.0	26.0	36.0	51.0	73.0
	$400 < b \leqslant 650$	15.0	21.0	30.0	42.0	60.0	85.0
	$650 < b \leqslant 1000$	18.0	25.0	35.0	50.0	70.0	99.0
$1000 < d \leqslant 1600$	$20 \leqslant b \leqslant 40$	8.0	11.0	16.0	22.0	31.0	44.0
	$40 < b \leqslant 80$	9.0	12.0	18.0	25.0	35.0	50.0
	$80 < b \leqslant 160$	10.0	14.0	20.0	29.0	41.0	58.0
	$160 < b \leqslant 250$	12.0	17.0	24.0	33.0	47.0	67.0
	$250 < b \leqslant 400$	13.0	19.0	27.0	38.0	54.0	76.0
	$400 < b \leqslant 650$	16.0	22.0	31.0	44.0	62.0	88.0
	$650 < b \leqslant 1000$	18.0	26.0	36.0	51.0	73.0	103.0

表 13-55   比值 f_i'/K

分度圆直径 d/mm	模数 m/mm	精 度 等 级					
		4	5	6	7	8	9
		(f_i'/K)/μm					
$5 \leqslant d \leqslant 20$	$0.5 \leqslant m \leqslant 2$	9.5	14.0	19.0	27.0	38.0	54.0
	$2 < m \leqslant 3.5$	11.0	16.0	23.0	32.0	45.0	64.0
$20 < d \leqslant 50$	$0.5 \leqslant m \leqslant 2$	10.0	14.0	20.0	29.0	41.0	58.0
	$2 < m \leqslant 3.5$	12.0	17.0	24.0	34.0	48.0	68.0
	$3.5 < m \leqslant 6$	14.0	19.0	27.0	38.0	54.0	77.0
	$6 < m \leqslant 10$	16.0	22.0	31.0	44.0	63.0	89.0
$50 < d \leqslant 125$	$0.5 \leqslant m \leqslant 2$	11.0	16.0	22.0	31.0	44.0	62.0
	$2 < m \leqslant 3.5$	13.0	18.0	25.0	36.0	51.0	72.0
	$3.5 < m \leqslant 6$	14.0	20.0	29.0	40.0	57.0	81.0
	$6 < m \leqslant 10$	16.0	23.0	33.0	47.0	66.0	93.0
	$10 < m \leqslant 16$	19.0	27.0	38.0	54.0	77.0	109.0
	$16 < m \leqslant 25$	23.0	32.0	46.0	65.0	91.0	129.0
$125 < d \leqslant 280$	$0.5 \leqslant m \leqslant 2$	12.0	17.0	24.0	34.0	49.0	69.0
	$2 < m \leqslant 3.5$	14.0	20.0	28.0	39.0	56.0	79.0
	$3.5 < m \leqslant 6$	15.0	22.0	31.0	44.0	62.0	88.0
	$6 < m \leqslant 10$	18.0	25.0	35.0	50.0	70.0	100.0
	$10 < m \leqslant 16$	20.0	29.0	41.0	58.0	82.0	115.0
	$16 < m \leqslant 25$	24.0	34.0	48.0	68.0	96.0	136.0
	$25 < m \leqslant 40$	29.0	41.0	58.0	82.0	116.0	165.0

续表

分度圆直径 d/mm	模数 m/mm	精 度 等 级					
		4	5	6	7	8	9
		(f'_i/K) /μm					
280<d≤560	0.5≤m≤2	14.0	19.0	27.0	39.0	54.0	77.0
	2<m≤3.5	15.0	22.0	31.0	44.0	62.0	87.0
	3.5<m≤6	17.0	24.0	34.0	48.0	68.0	96.0
	6<m≤10	19.0	27.0	38.0	54.0	76.0	108.0
	10<m≤16	22.0	31.0	44.0	62.0	88.0	124.0
	16<m≤25	26.0	36.0	51.0	72.0	102.0	144.0
	25<m≤40	31.0	43.0	61.0	86.0	122.0	173.0
	40<m≤70	39.0	55.0	78.0	110.0	155.0	220.0
560<d≤1000	0.5≤m≤2	15.0	22.0	31.0	44.0	62.0	87.0
	2<m≤3.5	17.0	24.0	34.0	49.0	69.0	97.0
	3.5<m≤6	19.0	27.0	38.0	53.0	75.0	106.0
	6<m≤10	21.0	30.0	42.0	59.0	84.0	118.0
	10<m≤16	24.0	33.0	47.0	67.0	95.0	134.0
	16<m≤25	27.0	39.0	55.0	77.0	109.0	154.0
	25<m≤40	32.0	46.0	65.0	92.0	129.0	183.0
	40<m≤70	41.0	57.0	81.0	115.0	163.0	230.0
1000<d≤1600	2≤m≤3.5	19.0	27.0	38.0	54.0	77.0	108.0
	3.5<m≤6	21.0	29.0	41.0	59.0	83.0	117.0
	6<m≤10	23.0	32.0	46.0	65.0	91.0	129.0
	10<m≤16	26.0	36.0	51.0	73.0	103.0	145.0
	16<m≤25	29.0	41.0	59.0	83.0	117.0	166.0
	25<m≤40	34.0	49.0	69.0	97.0	137.0	194.0
	40<m≤70	43.0	60.0	85.0	120.0	170.0	241.0

注：测量一齿切向综合偏差 f'_i 时，其值受总重合度 ε_γ 的影响，故标准给出了 f'_i/K 值。

当 $\varepsilon_\gamma<4$ 时，$K=0.2\left(\dfrac{\varepsilon_\gamma+4}{\varepsilon_\gamma}\right)$；

当 $\varepsilon_\gamma\geqslant4$ 时，$K=0.4$；

f'_i 的公差值＝表中查出的比值 (f'_i/K) K。

表 13-56 齿廓形状偏差 $f_{f\alpha}$

分度圆直径 d/mm	模数 m/mm	精 度 等 级					
		4	5	6	7	8	9
		$f_{f\alpha}$/μm					
5≤d≤20	0.5≤m≤2	2.5	3.5	5.0	7.0	10.0	14.0
	2<m≤3.5	3.6	5.0	7.0	10.0	14.0	20.0
20<d≤50	0.5≤m≤2	2.8	4.0	5.5	8.0	11.0	16.0
	2<m≤3.5	3.9	5.5	8.0	11.0	16.0	22.0

分度圆直径 d/mm	模数 m/mm	精 度 等 级					
		4	5	6	7	8	9
		f_{fa}/μm					
20<d≤50	3.5<m≤6	4.8	7.0	9.5	14.0	19.0	27.0
	6<m≤10	6.0	8.5	12.0	17.0	24.0	34.0
50<d≤125	0.5≤m≤2	3.2	4.5	6.5	9.0	13.0	18.0
	2<m≤3.5	4.3	6.0	8.5	12.0	17.0	24.0
	3.5<m≤6	5.0	7.5	10.0	15.0	21.0	29.0
	6<m≤10	6.5	9.0	13.0	18.0	25.0	36.0
	10<m≤16	7.5	11.0	15.0	22.0	31.0	44.0
	16<m≤25	9.5	13.0	19.0	26.0	37.0	53.0
125<d≤280	0.5≤m≤2	3.8	5.5	7.5	11.0	15.0	21.0
	2<m≤3.5	4.9	7.0	9.5	14.0	19.0	28.0
	3.5<m≤6	6.0	8.0	12.0	16.0	23.0	33.0
	6<m≤10	7.0	10.0	14.0	20.0	28.0	39.0
	10<m≤16	8.5	12.0	17.0	23.0	33.0	47.0
	16<m≤25	10.0	14.0	20.0	28.0	40.0	56.0
	25<m≤40	12.0	17.0	24.0	34.0	48.0	68.0
280<d≤560	0.5≤m≤2	4.5	6.5	9.0	13.0	18.0	26.0
	2<m≤3.5	5.5	8.0	11.0	16.0	22.0	32.0
	3.5<m≤6	6.5	9.0	13.0	18.0	26.0	37.0
	6<m≤10	7.5	11.0	15.0	22.0	31.0	43.0
	10<m≤16	9.0	13.0	18.0	28.0	36.0	51.0
	16<m≤25	11.0	15.0	21.0	30.0	43.0	60.0
	25<m≤40	13.0	18.0	25.0	36.0	51.0	72.0
	40<m≤70	16.0	22.0	31.0	44.0	62.0	88.0
560<d≤1000	0.5≤m≤2	5.5	7.5	11.0	15.0	22.0	31.0
	2<m≤3.5	6.5	9.0	13.0	18.0	26.0	37.0
	3.5<m≤6	7.5	11.0	15.0	21.0	30.0	42.0
	6<m≤10	8.5	12.0	17.0	24.0	34.0	48.0
	10<m≤16	10.0	14.0	20.0	28.0	40.0	56.0
	16<m≤25	12.0	16.0	23.0	33.0	46.0	65.0
	25<m≤40	14.0	19.0	27.0	38.0	54.0	77.0
	40<m≤70	17.0	23.0	33.0	47.0	66.0	93.0
1000<d≤1600	2≤m≤3.5	7.5	11.0	15.5	21.0	30.0	42.0
	3.5<m≤6	8.5	12.0	17.0	24.0	34.0	48.0
	6<m≤10	9.5	14.0	19.0	27.0	38.0	54.0
	10<m≤16	11.0	15.0	22.0	31.0	44.0	62.0
	16<m≤25	13.0	18.0	25.0	35.0	50.0	71.0
	25<m≤40	15.0	21.0	29.0	41.0	58.0	82.0
	40<m≤70	17.0	25.0	35.0	49.0	70.0	99.0

表 13-57 齿廓倾斜偏差±$f_{H\alpha}$

分度圆直径 d/mm	模数 m/mm	精度 等 级					
		4	5	6	7	8	9
		±$f_{H\alpha}$/μm					
$5 \leqslant d \leqslant 20$	$0.5 \leqslant m \leqslant 2$	2.1	2.9	4.2	6.0	8.5	12.0
	$2 < m \leqslant 3.5$	3.0	4.2	6.0	8.5	12.0	17.0
$20 < d \leqslant 50$	$0.5 \leqslant m \leqslant 2$	2.3	3.3	4.6	6.5	9.5	13.0
	$2 < m \leqslant 3.5$	3.2	4.5	6.5	9.0	13.0	18.0
	$3.5 < m \leqslant 6$	3.9	5.5	8.0	11.0	16.0	22.0
	$6 < m \leqslant 10$	4.8	7.0	9.5	14.0	19.0	27.0
$50 < d \leqslant 125$	$0.5 \leqslant m \leqslant 2$	2.6	3.7	5.5	7.5	11.0	15.0
	$2 < m \leqslant 3.5$	3.5	5.0	7.0	10.0	14.0	20.0
	$3.5 < m \leqslant 6$	4.3	6.0	8.5	12.0	17.0	24.0
	$6 < m \leqslant 10$	5.0	7.5	10.0	15.0	21.0	29.0
	$10 < m \leqslant 16$	6.5	9.0	13.0	18.0	25.0	35.0
	$16 < m \leqslant 25$	7.5	11.0	15.0	21.0	30.0	43.0
$125 < d \leqslant 280$	$0.5 \leqslant m \leqslant 2$	3.1	4.4	6.0	9.0	12.0	18.0
	$2 < m \leqslant 3.5$	4.0	5.5	8.0	11.0	16.0	23.0
	$3.5 < m \leqslant 6$	4.7	6.5	9.5	13.0	19.0	27.0
	$6 < m \leqslant 10$	5.5	8.0	11.0	16.0	23.0	32.0
	$10 < m \leqslant 16$	6.5	9.0	13.0	19.0	27.0	38.0
	$16 < m \leqslant 25$	8.0	11.0	16.0	23.0	32.0	45.0
	$25 < m \leqslant 40$	9.5	14.0	19.0	27.0	39.0	55.0
$280 < d \leqslant 560$	$0.5 \leqslant m \leqslant 2$	3.7	5.5	7.5	11.0	15.0	21.0
	$2 < m \leqslant 3.5$	4.6	6.5	9.0	13.0	18.0	26.0
	$3.5 < m \leqslant 6$	5.5	7.5	11.0	15.0	21.0	30.0
	$6 < m \leqslant 10$	6.5	9.0	13.0	18.0	25.0	35.0
	$10 < m \leqslant 16$	7.5	10.0	15.0	21.0	29.0	42.0
	$16 < m \leqslant 25$	8.5	12.0	17.0	24.0	35.0	49.0
	$25 < m \leqslant 40$	10.0	15.0	21.0	29.0	41.0	58.0
	$40 < m \leqslant 70$	13.0	18.0	25.0	36.0	50.0	71.0
$560 < d \leqslant 1000$	$0.5 \leqslant m \leqslant 2$	4.5	6.5	9.0	13.0	18.0	25.0
	$2 < m \leqslant 3.5$	5.5	7.5	11.0	15.0	21.0	30.0
	$3.5 < m \leqslant 6$	6.0	8.5	12.0	17.0	24.0	34.0
	$6 < m \leqslant 10$	7.0	10.0	14.0	20.0	28.0	40.0
	$10 < m \leqslant 16$	8.0	11.0	16.0	23.0	32.0	46.0
	$16 < m \leqslant 25$	9.5	13.0	19.0	27.0	38.0	53.0
	$25 < m \leqslant 40$	11.0	16.0	22.0	31.0	44.0	62.0
	$40 < m \leqslant 70$	13.0	19.0	27.0	38.0	53.0	76.0

续表

分度圆直径 d/mm	模数 m/mm	精 度 等 级					
		4	5	6	7	8	9
		$\pm f_{H\alpha}/\mu m$					
1000<d≤1600	2≤m≤3.5	6.0	8.5	12.0	17.0	25.0	35.0
	3.5<m≤6	7.0	10.0	14.0	20.0	28.0	39.0
	6<m≤10	8.0	11.0	16.0	22.0	31.0	44.0
	10<m≤16	9.0	13.0	18.0	25.0	36.0	50.0
	16<m≤25	10.0	14.0	20.0	29.0	41.0	58.0
	25<m≤40	12.0	17.0	24.0	33.0	47.0	67.0
	40<m≤70	14.0	20.0	28.0	40.0	57.0	80.0

表 13-58　　　　　螺旋线形状偏差 $f_{f\beta}$ 和螺旋线倾斜偏差 $\pm f_{H\beta}$

分度圆直径 d/mm	齿宽 b/mm	精 度 等 级					
		4	5	6	7	8	9
		$f_{f\beta}$，$\pm f_{H\beta}/\mu m$					
5≤d≤20	4≤b≤10	3.1	4.4	6.0	8.5	12.0	17.0
	10<b≤20	3.5	4.9	7.0	10.0	14.0	20.0
	20<b≤40	4.0	5.5	8.0	11.0	16.0	22.0
	40<b≤80	4.7	6.5	9.5	13.0	19.0	26.0
20<d≤50	4≤b≤10	3.2	4.5	6.5	9.0	13.0	18.0
	10<b≤20	3.6	5.0	7.0	10.0	14.0	20.0
	20<b≤40	4.1	6.0	8.0	12.0	16.0	23.0
	40<b≤80	4.8	7.0	9.5	14.0	19.0	27.0
	80<b≤160	6.0	8.0	12.0	16.0	23.0	33.0
50<d≤125	4≤b≤10	3.4	4.8	6.5	9.5	13.0	19.0
	10<b≤20	3.8	5.5	7.5	11.0	15.0	21.0
	20<b≤40	4.3	6.0	8.5	12.0	17.0	24.0
	40<b≤80	5.0	7.0	10.0	14.0	20.0	28.0
	80<b≤160	6.0	8.5	12.0	17.0	24.0	34.0
	160<b≤250	7.0	10.0	14.0	20.0	28.0	40.0
	250<b≤400	8.0	12.0	16.0	23.0	33.0	46.0
125<d≤280	4≤b≤10	3.6	5.0	7.0	10.0	14.0	20.0
	10<b≤20	4.0	5.5	8.0	11.0	16.0	23.0
	20<b≤40	4.5	6.5	9.0	13.0	18.0	25.0
	40<b≤80	5.0	7.5	10.0	15.0	21.0	29.0
	80<b≤160	6.0	8.5	12.0	17.0	25.0	35.0
	160<b≤250	7.5	10.0	15.0	21.0	29.0	41.0
	250<b≤400	8.5	12.0	17.0	24.0	34.0	48.0
	400<b≤650	10.0	14.0	20.0	28.0	40.0	56.0

分度圆直径 d/mm	齿宽 b/mm	精度等级					
		4	5	6	7	8	9
		$f_{f\beta}$，$\pm f_{H\beta}$/μm					
280<b≤560	10≤b≤20	4.3	6.0	8.5	12.0	17.0	24.0
	20<b≤40	4.8	7.0	9.5	14.0	19.0	27.0
	40<b≤80	5.5	8.0	11.0	16.0	22.0	31.0
	80<b≤160	6.5	9.0	13.0	18.0	26.0	37.0
	160<b≤250	7.5	11.0	15.0	22.0	30.0	43.0
	250<b≤400	9.0	12.0	18.0	25.0	35.0	50.0
	400<b≤650	10.0	15.0	21.0	29.0	41.0	58.0
	650<b≤1000	12.0	17.0	24.0	34.0	49.0	69.0
560<d≤1000	10≤b≤20	4.7	6.5	9.5	13.0	19.0	26.0
	20<b≤40	5.0	7.5	10.0	15.0	21.0	29.0
	40<b≤80	6.0	8.5	12.0	17.0	23.0	33.0
	80<b≤160	7.0	9.5	14.0	19.0	27.0	39.0
	160<b≤250	8.0	11.0	16.0	23.0	32.0	45.0
	250<b≤400	9.0	13.0	18.0	26.0	37.0	52.0
	400<b≤650	11.0	15.0	21.0	30.0	43.0	60.0
	650<b≤1000	13.0	18.0	25.0	35.0	50.0	71.0
1000<d≤1600	20≤b≤40	5.5	8.0	11.0	16.0	22.0	32.0
	40<b≤80	6.5	9.0	13.0	18.0	25.0	35.0
	80<b≤160	7.5	10.0	15.0	21.0	29.0	41.0
	160<b≤250	8.5	12.0	17.0	24.0	34.0	47.0
	250<b≤400	9.5	13.0	19.0	27.0	38.0	54.0
	400<b≤650	11.0	16.0	22.0	31.0	44.0	63.0
	650<b≤1000	13.0	18.0	26.0	37.0	52.0	73.0

表 13-59　　　　　　　　　　**径向综合总偏差 F_i''**

分度圆直径 d/mm	法向模数 m_n/mm	精度等级					
		4	5	6	7	8	9
		F_i''/μm					
5≤d≤20	0.2≤m_n≤0.5	7.5	11	15	21	30	42
	0.5<m_n≤0.8	8.0	12	16	23	33	46
	0.8<m_n≤1.0	9.0	12	18	25	35	50
	1.0<m_n≤1.5	10	14	19	27	38	54
	1.5<m_n≤2.5	11	16	22	32	45	63
	2.5<m_n≤4.0	14	20	28	39	56	79

分度圆直径 d/mm	法向模数 m_n/mm	精 度 等 级					
		4	5	6	7	8	9
		F''_i/μm					
20<d≤50	0.2≤m_n≤0.5	9.0	13	19	26	37	52
	0.5<m_n≤0.8	10	14	20	28	40	56
	0.8<m_n≤1.0	11	15	21	30	42	60
	1.0<m_n≤1.5	11	16	23	32	45	64
	1.5<m_n≤2.5	13	18	26	37	52	73
	2.5<m_n≤4.0	16	22	31	44	63	89
	4.0<m_n≤6.0	20	28	39	56	79	111
	6.0<m_n≤10	26	37	52	74	104	147
50<d≤125	0.2≤m_n≤0.5	12	16	23	33	46	66
	0.5<m_n≤0.8	12	17	25	35	49	70
	0.8<m_n≤1.0	13	18	26	36	52	73
	1.0<m_n≤1.5	14	19	27	39	55	77
	1.5<m_n≤2.5	15	22	31	43	61	86
	2.5<m_n≤4.0	18	25	36	51	72	102
	4.0<m_n≤6.0	22	31	44	62	88	124
	6.0<m_n≤10	28	40	57	80	114	161
125<d≤280	0.2≤m_n≤0.5	15	21	30	42	60	85
	0.5<m_n≤0.8	16	22	31	44	63	89
	0.8<m_n≤1.0	16	23	33	46	65	92
	1.0<m_n≤1.5	17	24	34	48	68	97
	1.5<m_n≤2.5	19	26	37	53	75	106
	2.5<m_n≤4.0	21	30	43	61	86	121
	4.0<m_n≤6.0	25	36	51	72	102	144
	6.0<m_n≤10	32	45	64	90	127	180
280<d≤560	0.2≤m_n≤0.5	19	28	39	55	78	110
	0.5<m_n≤0.8	20	29	40	57	81	114
	0.8<m_n≤1.0	21	29	42	59	83	117
	1.0<m_n≤1.5	22	30	43	61	86	122
	1.5<m_n≤2.5	23	33	46	65	92	131
	2.5<m_n≤4.0	26	37	52	73	104	146
	4.0<m_n≤6.0	30	42	60	84	119	169
	6.0<m_n≤10	36	51	73	103	145	205
560<d≤1000	0.2≤m_n≤0.5	25	35	50	70	99	140
	0.5<m_n≤0.8	25	36	51	72	102	144
	0.8<m_n≤1.0	26	37	52	74	104	148
	1.0<m_n≤1.5	27	38	54	76	107	152
	1.5<m_n≤2.5	28	40	57	80	114	161
	2.5<m_n≤4.0	31	44	62	88	125	177
	4.0<m_n≤6.0	35	50	70	99	141	199
	6.0<m_n≤10	42	59	83	118	166	235

注：此表仅用于供需双方协商一致时。

表 13-60 一齿径向综合偏差 f_i''

分度圆直径 d/mm	法向模数 m_n/mm	精度等级					
		4	5	6	7	8	9
		$f_i''/\mu m$					
$5\leqslant d\leqslant 20$	$0.2\leqslant m_n\leqslant 0.5$	1.0	2.0	2.5	3.5	5.0	7.0
	$0.5<m_n\leqslant 0.8$	2.0	2.5	4.0	5.5	7.5	11
	$0.8<m_n\leqslant 1.0$	2.5	3.5	5.0	7.0	10	14
	$1.0<m_n\leqslant 1.5$	3.0	4.5	6.5	9.0	13	18
	$1.5<m_n\leqslant 2.5$	4.5	6.5	9.5	13	19	26
	$2.5<m_n\leqslant 4.0$	7.0	10	14	20	29	41
$20<d\leqslant 50$	$0.2\leqslant m_n\leqslant 0.5$	1.5	2.0	2.5	3.5	5.0	7.0
	$0.5<m_n\leqslant 0.8$	2.0	2.5	4.0	5.5	7.5	11
	$0.8<m_n\leqslant 1.0$	2.5	3.5	5.0	7.0	10	14
	$1.0<m_n\leqslant 1.5$	3.0	4.5	6.5	9.0	13	18
	$1.5<m_n\leqslant 2.5$	4.5	6.5	9.5	13	19	26
	$2.5<m_n\leqslant 4.0$	7.0	10	14	20	29	41
	$4.0<m_n\leqslant 6.0$	11	15	22	31	43	61
	$6.0<m_n\leqslant 10$	17	24	34	48	67	95
$50<d\leqslant 125$	$0.2\leqslant m_n\leqslant 0.5$	1.5	2.0	2.5	3.5	5.0	7.5
	$0.5<m_n\leqslant 0.8$	2.0	3.0	4.0	5.5	8.0	11
	$0.8<m_n\leqslant 1.0$	2.5	3.5	5.0	7.0	10	14
	$1.0<m_n\leqslant 1.5$	3.0	4.5	6.5	9.0	13	18
	$1.5<m_n\leqslant 2.5$	4.5	6.5	9.5	13	19	26
	$2.5<m_n\leqslant 4.0$	7.0	10	14	20	29	41
	$4.0<m_n\leqslant 6.0$	11	15	22	31	44	62
	$6.0<m_n\leqslant 10$	17	24	34	48	67	95
$125<d\leqslant 280$	$0.2\leqslant m_n\leqslant 0.5$	1.5	2.0	2.5	3.5	5.5	7.5
	$0.5<m_n\leqslant 0.8$	2.0	3.0	4.0	5.5	8.0	11
	$0.8<m_n\leqslant 1.0$	2.5	3.5	5.0	7.0	10	14
	$1.0<m_n\leqslant 1.5$	3.0	4.5	6.5	9.0	13	18
	$1.5<m_n\leqslant 2.5$	4.5	6.5	9.5	13	19	27
	$2.5<m_n\leqslant 4.0$	7.5	10	15	21	29	41
	$4.0<m_n\leqslant 6.0$	11	15	22	31	44	62
	$6.0<m_n\leqslant 10$	17	24	34	48	67	95
$280<d\leqslant 560$	$0.2\leqslant m_n\leqslant 0.5$	1.5	2.0	2.5	4.0	5.5	7.5
	$0.5<m_n\leqslant 0.8$	2.0	3.0	4.0	5.5	8.0	11
	$0.8<m_n\leqslant 1.0$	2.5	3.5	5.0	7.5	10	15
	$1.0<m_n\leqslant 1.5$	3.5	4.5	6.5	9.0	13	18
	$1.5<m_n\leqslant 2.5$	5.0	6.5	9.5	13	19	27
	$2.5<m_n\leqslant 4.0$	7.5	10	15	21	29	41
	$4.0<m_n\leqslant 6.0$	11	15	22	31	44	62
	$6.0<m_n\leqslant 10$	17	24	34	48	68	96

续表

分度圆直径 d/mm	法向模数 m_n/mm	精度等级					
		4	5	6	7	8	9
		f''_i/μm					
560<d≤1000	0.2≤m_n≤0.5	1.5	2.0	3.0	4.0	5.5	8.0
	0.5<m_n≤0.8	2.0	3.0	4.0	6.0	8.5	12
	0.8<m_n≤1.0	2.5	3.5	5.5	7.5	11	15
	1.0<m_n≤1.5	3.5	4.5	6.5	9.5	13	19
	1.5<m_n≤2.5	5.0	7.0	9.5	14	19	27
	2.5<m_n≤4.0	7.5	10	15	21	30	42
	4.0<m_n≤6.0	11	16	22	31	44	62
	6.0<m_n≤10	17	24	34	48	68	96

注：此表仅用于供需双方协商一致时。

表 13-61 径向跳动公差 F_r

分度圆直径 d/mm	法向模数 m_n/mm	精度等级					
		4	5	6	7	8	9
		F_r/μm					
5≤d≤20	0.5≤m_n≤2.0	6.5	9.0	13	18	25	36
	2.0<m_n≤3.5	6.5	9.5	13	19	27	38
20<d≤50	0.5≤m_n≤2.0	8.0	11	16	23	32	46
	2.0<m_n≤3.5	8.5	12	17	24	34	47
	3.5<m_n≤6.0	8.5	12	17	25	35	49
	6.0<m_n≤10	9.5	13	19	26	37	52
50<d≤125	0.5≤m_n≤2.0	10	15	21	29	42	59
	2.0<m_n≤3.5	11	15	21	30	43	61
	3.5<m_n≤6.0	11	16	22	31	44	62
	6.0<m_n≤10	12	16	23	33	46	65
	10<m_n≤16	12	18	25	35	50	70
	16<m_n≤25	14	19	27	39	55	77
125<d≤280	0.5≤m_n≤2.0	14	20	28	39	55	78
	2.0<m_n≤3.5	14	20	28	40	56	80
	3.5<m_n≤6.0	14	20	29	41	58	82
	6.0<m_n≤10	15	21	30	42	60	85
	10<m_n≤16	16	22	32	45	63	89
	16<m_n≤25	17	24	34	48	68	96
	25<m_n≤40	19	27	38	54	76	107
280<d≤560	0.5≤m_n≤2.0	18	26	36	51	73	103
	2.0<m_n≤3.5	18	26	37	52	74	105
	3.5<m_n≤6.0	19	27	38	53	75	106
	6.0<m_n≤10	19	27	39	55	77	109
	10<m_n≤16	20	29	40	57	81	114
	16<m_n≤25	21	30	43	61	86	121
	25<m_n≤40	23	33	47	66	94	132
	40<m_n≤70	27	38	54	76	108	153

续表

分度圆直径 d/mm	法向模数 m_n/mm	精 度 等 级					
		4	5	6	7	8	9
		F_r/μm					
560<d≤1000	0.5≤m_n≤2.0	23	33	47	66	94	133
	2.0<m_n≤3.5	24	34	48	67	95	134
	3.5<m_n≤6.0	24	34	48	68	96	136
	6.0<m_n≤10	25	35	49	70	98	139
	10<m_n≤16	25	36	51	72	102	144
	16<m_n≤25	27	38	53	76	107	151
	25<m_n≤40	29	41	57	81	115	162
	40<m_n≤70	32	46	65	91	129	183
1000<d≤1600	2.0≤m_n≤3.5	30	42	59	84	118	167
	3.5<m_n≤6.0	30	42	60	85	120	169
	6.0<m_n≤10	30	43	61	86	122	172
	10<m_n≤16	31	44	63	88	125	177
	16<m_n≤25	33	46	65	92	130	184
	25<m_n≤40	34	49	69	98	138	195
	40<m_n≤70	38	54	76	108	152	215

注：此表仅用于供需双方协商一致时。

13.1.12　渐开线圆栓齿轮设计示例及零件工作图

【例 13-8】　一冷轧轧机传动箱，其高速级齿轮传动机构简图如图 13-34 所示。

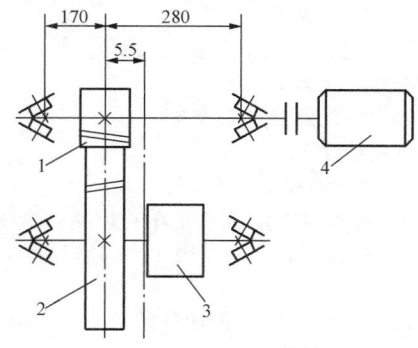

图 13-34　齿轮传动机构简图
1、2—高速级传动齿轮；3—中间传动齿轮；
4—电动机

已知：主动轴传递的额定功率 $P_1=250$kW，转速 $n_1=1480$r/min，传动比 $i=5.4$。小齿轮轴承支点的尺寸如图 13-34 所示。单向运转，有轻微冲击，要求结构较为紧凑，满载寿命 45 000h，单件生产，一般可靠度要求。试设计此高速级齿轮传动。

解：（1）选择齿轮材料及热处理方法。

由于要求结构紧凑，故大小齿轮均选用合金钢硬齿面齿轮。

小齿轮：20CrMnMo，渗碳淬火，齿面硬度58～62HRC，心部硬度≥32HRC。

大齿轮：20CrMnMo，渗碳淬火，齿面硬度56～60HRC，心部硬度≥332HRC。

大小齿轮渗碳层深度均为 1.2mm。

齿轮的疲劳极限应力按中等质量要求，从表13-27 及式（13-16）可得：

$$\sigma_{Hlim1}=\sigma_{Hlim2}=1500MPa$$

$$\sigma_{Flim1}=\sigma_{Flim2}=461MPa$$

（2）初定齿轮主要参数。

按齿面接触疲劳强度估算齿轮尺寸，即按式（13-1）计算中心距：

$$a=J_a(u+1)\sqrt[3]{\frac{KT_1}{\phi_a u\sigma_{HP}^2}}$$

式中，$u=i=5.4$，$J_a=480$（表 13-18）。

由于载荷有经微冲击，非对称轴承布置，取载荷系数 $K=2$。按闭式齿轮取 $\phi_a=0.3$。$\sigma_{HP}=\sigma_{Hlim}/S_{Hlim}$，取 $S_{Hlim}=1.1$，则

$$\sigma_{HP}=1500/1.1=1363.6MPa$$

小齿轮传递的转矩：

$$T_1=9550\frac{P_1}{n_1}=9550\times\frac{250}{1480}N\cdot m=1613.2N\cdot m$$

以上数据代入中心距 a 的计算式中：

$$a = 480 \times (5.4+1) \sqrt[3]{\frac{2 \times 1613.2}{0.3 \times 5.4 \times 1363.6^2}} \text{mm}$$

$$= 314.31 \text{mm}$$

考虑传动比较大，又是硬齿面齿轮，选用小齿轮齿数 $z_1=16$。大齿轮齿数 $z_2=iz_1=5.4 \times 16=86.4$，取 $z_2=87$。实际传动比 $i=z_2/z_1=87/16=5.438$，与要求的传动比相差不大，完全符合要求。

初取齿轮螺旋角 $\beta=12°$，齿轮模数：

$$m_n = \frac{2a\cos\beta}{z_1+z_2} = \frac{2 \times 314.31 \times \cos12°}{16+87} \text{mm} = 5.970\text{mm}$$

取标准模数 $m_n=6\text{mm}$，则齿轮中心距：

$$a = \frac{z_1+z_2}{2\cos\beta} = \frac{(16+87) \times 6}{2\cos12°} \text{mm}$$

$$= 315.903\text{mm}$$

由于单件生产，不必取标准中心距，取 $a=316\text{mm}$。此值与估算值接近。

准确的螺旋角：

$$\beta = \arccos\frac{(z_1+z_2)m_n}{2a} = \arccos\frac{(16+87) \times 6}{2 \times 316}$$

$$= 12°04'56''$$

齿轮分度圆直径：

$$d_1 = z_1 m_n/\cos\beta = 16 \times 6/\cos12°04'56'' = 98.175\text{mm}$$
$$d_2 = z_2 m_n/\cos\beta = 87 \times 6/\cos12°04'56'' = 533.825\text{mm}$$

齿轮宽度：

为取 $\phi_d=0.9$，$b=\varphi_d d_1 = 0.9 \times 98.175\text{mm} = 88.358\text{mm}$，为满足 $\varepsilon_\beta>1$，取 $b=100\text{mm}$。实际齿宽系数 $\phi_d=1.02$。

齿轮圆周速度：

$$v = \frac{\pi d_1 n_1}{60 \times 1000} = \frac{\pi \times 98.175 \times 1480}{60 \times 1000} \text{m/s} = 7.7\text{m/s}$$

按此速度查表 13-50，齿轮精度可选用 7 级，但为提高传动质量，采用渗碳淬火后磨齿工艺，取齿轮精度 6 级。

校核重合度：

纵向重合度（表 13-12）$\varepsilon_\beta = \frac{b\sin\beta}{\pi m n} = \frac{100\sin12°04'56''}{\pi \times 6}$
$=1.11$

端面重合度（见图 13-4）$\varepsilon_\alpha = 0.725+0.875 = 1.6$
总重合度 $\varepsilon_r = \varepsilon_\alpha+\varepsilon_\beta = 1.6+1.11 = 2.71$

（3）校核齿面接触疲劳强度。

根据表 13-19 公式：

$$\sigma_H = Z_{BD}Z_H Z_E Z_\varepsilon Z_\beta \sqrt{\frac{F_t}{d_1 b} \frac{u+1}{u} K_A K_v K_{H\beta} K_{H\alpha}}$$

确定式中各参数：

分度圆上的切向力：

$$F_t = 2000T_1/d_1 = 2000 \times 1613.2/98.175\text{N} = 32\,872\text{N}$$

使用系数（见表 13-21）取 $K_A=1.25$

动载系数按式（13-4）计算：

$$K_V = 1+\left(\frac{K_1}{\frac{K_A F_t}{b}}+K_2\right)\frac{z_1 u}{100}\sqrt{\frac{u^2}{u^2+1}}$$

式中 $K_1=13.3$，$K_2=0.0087$（见表 13-22）

齿数比 $u=z_2/z_1=87/16=5.438$

将上述数据代入 K_V 计算式：

$$K_V = 1+\left(\frac{13.3}{\frac{1.25 \times 32\,872}{100}}+0.0087\right) \times \frac{16 \times 7.7}{100} \times$$

$$\sqrt{\frac{5.438^2}{5.438^2+1}} = 1.05$$

齿向载荷分布系数 $K_{H\beta}$ 按表 13-24 中公式计算

$$s/l = 55/(170+280) = 0.122$$

非对称支承布置，装配时不做检验调整。

$$K_{H\beta} = 1.09+0.26\phi_d^2+3.3 \times 10^{-4}b+0.156\phi_d^4$$
$$= 1.09+0.26 \times 1.02^2+3.3 \times 10^{-4} \times 100+$$
$$0.156 \times 1.02^4 = 1.56 > 1.34$$

超出表列数值可用范围，改用下式计算：

$$K_{H\beta} = 1.05+0.31\phi_d^2+2.3 \times 10^{-4}b+0.186\phi_d^4$$
$$= 1.05+0.31 \times 1.02^2+2.3 \times 10^{-4} \times$$
$$100+0.186 \times 1.02^4 = 1.6$$

确定 $K_{H\beta}=1.6$。

齿间载荷分配系数 $K_{H\alpha}$：

由 $K_4 F_t/b = 1.25 \times 32\,872/100\text{N/mm} = 410.9\text{N/mm} > 100\text{N/mm}$，查表 13-25 可得 $K_{H\alpha}=1.1$。

带点区域系数 Z_H：

按 $\beta=12°04'56''$，查图 13-8 得 $Z_H=2.45$。

材料弹性系数 Z_E：

查表 13-26，得 $Z_E=189.8\sqrt{\text{MPa}}$。

重合度系数 Z_ε：

查图 13-9，得 $Z_\varepsilon=0.78$。

螺旋角系数 Z_β

查图 13-10，得 $Z_\beta=0.99$。

由于 $z_1=16<20$，需考虑单对齿啮合系数 Z_{BD}，$Z_{BD} = \max(Z_B、Z_D)$，但因 $\varepsilon_\beta=1.11>1$，可取 $Z_{BD}=1$。

将以上数据代入 σ_H 的计算式：
$$\sigma_H = 1 \times 2.45 \times 189.8 \times 0.78 \times 0.99$$

$$\sqrt{\frac{32\,872}{98.175 \times 100} \times \frac{5.438+1}{5.438} \times 1.25 \times 1.05 \times 1.6 \times 1.1}\text{MPa}$$

$$= 1087\text{MPa}$$

计算接触强度安全系数（见表 13-19）：

$$S_H = \frac{\sigma_{Hlim}Z_{NT}Z_{LVR}Z_W Z_X}{\sigma_H}$$

式中各系数的确定：

寿命系数 Z_{NT}：

按式（13-17）计算齿面应力循环数

$N_{L1}=60jn_1t=60\times1\times1480\times45\,000=4.0\times10^9$
$N_{L2}=N_{L1}/u=4.0\times10^9/5.438=7.35\times10^8$

按齿面允许有一定点蚀，查图 13-21 得寿命系数 $Z_{NT1}=0.90$，$Z_{NT2}=1.02$。

润滑油膜影响系数 Z_{LVR}：

查表 13-30，$Z_{LVR}=0.92$。

齿面工作硬化系数 Z_W：

查图 13-23，得 $Z_W=1$。

尺寸系数 Z_x：

按模数 $m_n=6mm$，查图 13-24 得 $Z_x=1$。

将以上数据代入 S_H 计算式：

$$S_{H1}=\frac{1480\times0.90\times0.92\times1\times1}{1087}=1.13$$

$$S_{H2}=\frac{1480\times1.02\times0.92\times1\times1}{1087}=1.28$$

由表 13-32，按一般可靠度要求，选用最小安全系数 $S_{Hlim}=1.1$。S_{H1} 和 S_{H2} 均大于 S_{Hlim}，故安全。

(4) 校核齿根弯曲疲劳强度。

根据表 13-19 公式：

$$\sigma_F=\frac{F_t}{bm_n}K_AK_VK_{F\beta}K_{F\alpha}Y_{FS}Y_\varepsilon Y_\beta$$

确定式中各参数：

齿向载荷分布系数 $K_{F\beta}$：

按一般的计算，取 $K_{F\beta}=K_{H\beta}=1.6$。

齿间载荷分配系数 $K_{F\alpha}$：

查表 13-25，得 $K_{F\alpha}=1.1$。

重合度系数 Y_ε：

根据式 (13-11) 有 $Y_\varepsilon=0.25+\dfrac{0.75}{\varepsilon_{an}}$。

端面压力角：

$\alpha_t=\arctan\left(\dfrac{\tan\alpha_n}{\cos\beta}\right)=\arctan\left(\dfrac{\tan20°}{\cos12°04'56''}\right)$
$=20°24'57''$

基圆柱上螺旋角：

$\beta_b=\arccos\left(\dfrac{\sin\alpha_n}{\sin\alpha_t}\right)=\arccos\left(\dfrac{\sin20°}{\sin20°24'57''}\right)$
$=11°20'26''$

当量齿轮端面重合度

$\varepsilon_{an}=\varepsilon_\alpha/\cos^2\beta_b=1.6/\cos^211°20'26''=1.664$

代入 Y_ε 计算式：

$$Y_\varepsilon=0.25+\frac{0.75}{1.664}=0.7$$

螺旋角系数 Y_β：

查图 13-13，得 $Y_\beta=0.9$。

复合齿形系数 Y_{FS}：

根据当量齿数：

$Z_{V1}=z_1/\cos^3\beta=16/\cos^312°04'56''=17.1$
$Z_{V2}=z_2/\cos^3\beta=87/\cos^312°04'56''=93.0$

查图 13-11 得 $Y_{FS1}=4.60$，$Y_{FS2}=3.95$。

将以上数据代入 Q_F 计算式：

$\sigma_{F1}=\dfrac{32\,872}{100\times6}\times1.25\times1.05\times1.6\times1.1\times4.60\times$
$0.7\times0.9MPa=366.8MPa$

$\sigma_{F2}=\sigma_F\dfrac{Y_{FS2}}{Y_{FS1}}=366.8\times\dfrac{3.95}{4.60}MPa=315.0MPa$

计算弯曲疲劳安全系数（见表 13-19）：

$$S_F=\frac{\sigma_{Flim}Y_{ST}Y_{NT}Y_{\delta relT}Y_{RrelT}Y_x}{\sigma_F}$$

式中各系数的确定：

应力修正系数 $Y_{ST}=2$（见表 13-20）

由于弯曲应力循环数 $N_{L1}=4.0\times10^9$，$N_{L2}=7.35\times10^8$ 均大于循环基数 3×10^6，查图 13-22 得齿轮寿命系数 $Y_{NT1}=Y_{NT2}=1$。

相对齿根圆角敏感系数 $Y_{\delta relT}$：

由图 13-11 得齿根圆角参数 $q_{S1}<1.5$，$q_{S2}>1.5$，查表 13-31 得 $Y_{\delta relT1}=0.95$，$Y_{\delta relT2}=1$。

相对齿根表面状况系数 Y_{RrelT}：

取齿根表面粗糙度 $R_z=6.3\mu m$，查图 13-26 得 $Y_{RrelT}=1.025$。

尺寸系数 Y_x：

查图 13-25，得 $Y_x=0.99$。

将以上数据代入 S_F 计算式：

$$S_{F1}=\frac{461\times2\times1\times0.95\times1.025\times0.99}{366.8}=2.42$$

$$S_{F2}=\frac{461\times2\times1\times1\times1.025\times0.99}{315.0}=2.97$$

由表 13-32，按一般可靠度要求，选用最小安全系数 $S_{Fmin}=1.25$。S_{F1} 和 F_{F2} 均大于 S_{Fmin}，故安全可靠。

(5) 最后确认的几何尺寸和参数。

$m_n=6mm$，$z_1=16$、$z_2=87$，$u=5.438$，$\beta=12°04'56''$，$d_1=98.175mm$，$d_2=533.825mm$，$a=316mm$，$b_2=b=100mm$，$b_1=110mm$。$h_{an}^*=1.0$，$c_n^*=0.25$。

$d_{a1}=d_1+2h_{an}^*m_n=(98.175+2\times1\times6)mm$
$=110.175mm$

$d_{a2}=d_2+2h_{an}^*m_n=(533.825+2\times1\times6)mm$
$=545.825mm$

$d_{f1}=d_1-2(h_{an}^*+C_n^*)m_n=[98.175-2(1+0.25)\times6]mm=83.175mm$

$d_{f2}=d_2-2(h_{an}^*+C_n^*)m_n=[533.825-2(1+0.25)\times6]mm=518.825mm$

(6) 齿轮的零件工作图。

根据确认的齿轮几何尺寸和参数，并按 6 级精度查取齿轮公差数值，所绘制的齿轮零件工作图如图 13-35 和图 13-36 所示。

齿廓	齿数	z	16	渐开线		齿顶高系数	h_{an}^*	1
	法向模数	m_n	6			顶隙系数	c_n^*	0.25
	螺旋角	β	12°04′56″			径向变位系数	x_n	0
	螺旋方向	右				中心距	$\alpha \pm f_a$	316 ± 0.028
	压力角	α_n	20°			相配齿轮	图号	13-36
齿厚	公法线跨距尺寸 W	E_{bns} E_{bmi}					齿数	87
	跨球(圆柱)尺寸 W	E_{yns} E_{ymi}		$27.918^{-0.098}_{-0.122}$		跨齿数	k	2
	精度等级	6 GB/T 10095.1—2008				球(圆柱)直径	D_m	
检测项目								
允许值	单个齿距偏差	$\pm f_{pt}$						± 0.009
	齿距累积总偏差	F_p						0.028
	齿廓总偏差	F_α						0.013
	螺旋线总偏差	F_β						0.017
	径向跳动公差	F_r						0.022
材料								20CrMnMo
标题栏								

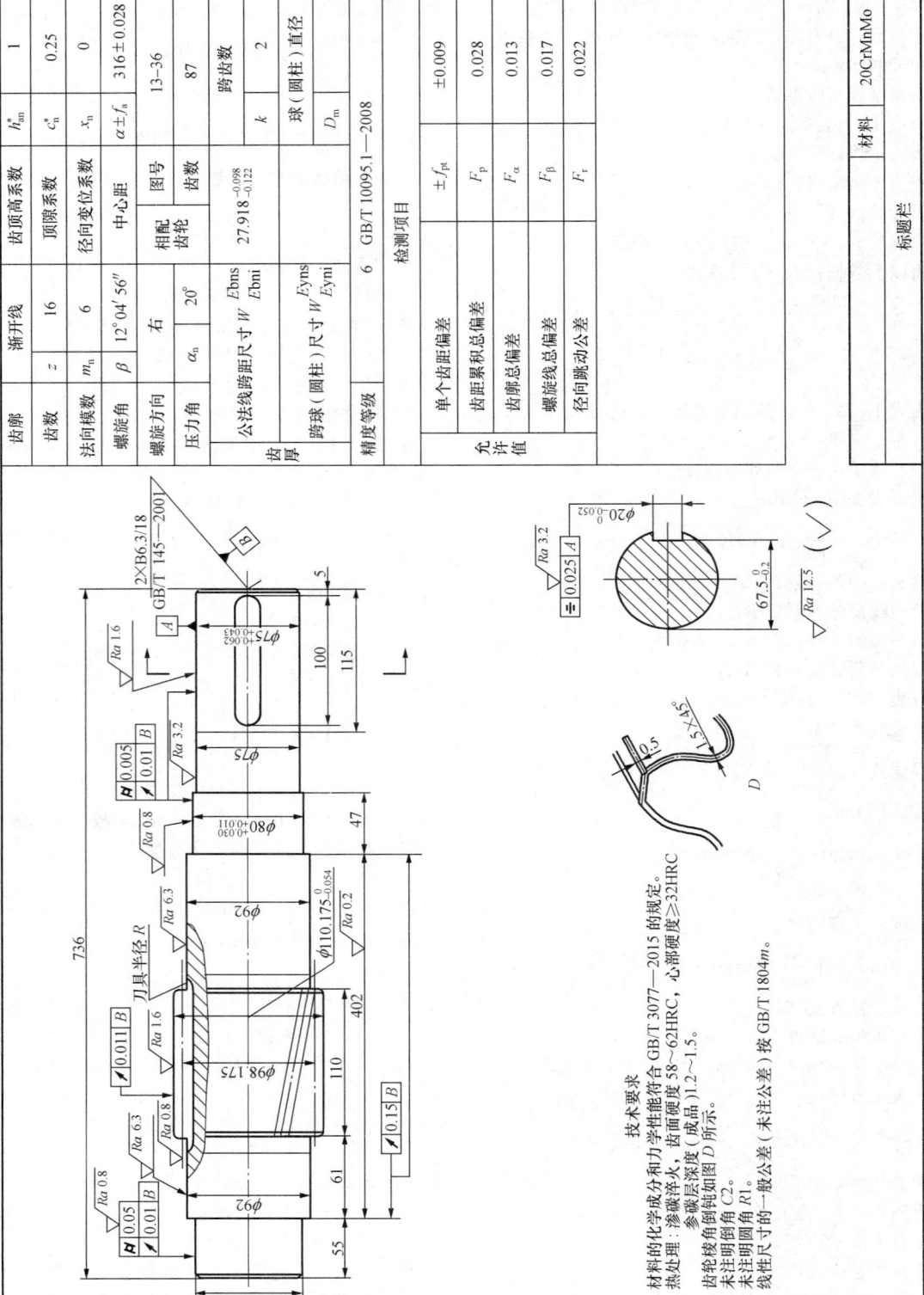

技术要求

1. 材料的化学成分和力学性能符合 GB/T 3077—2015 的规定。
2. 热处理：渗碳淬火，齿面硬度 58～62HRC，心部硬度≥32HRC，渗碳层深度（成品）1.2～1.5。
3. 齿轮棱角的倒角 C2。
4. 未注明圆角 R1。
5. 未注明尺寸的一般公差（未注公差）按 GB/T 1804m。

图 13-35 小齿轮零件工作图

齿廓		渐开线		
齿数	z	87	齿顶高系数	h_{an}^*	1
法向模数	m_n	6	顶隙系数	c_n^*	0.25
螺旋角	β	12°04′56″	径向变位系数	x_n	0
螺旋方向		左	中心距	$a\pm f_a$	316±0.028
压力角	α_n	20°	相配齿轮	图号	
				齿数	13–35
公法线跨距尺寸 W	E_{bns} / E_{bni}		跨齿数	k	11
跨球(圆柱)尺寸 W	E_{sns} / E_{sni}		球(圆柱)直径	D_m	
齿厚					
精度等级		6 GB/T 10095.1—2008			

检测项目		允许值
单个齿距偏差	$\pm f_{pt}$	±0.011
齿距累积总偏差	F_p	0.047
齿廓总偏差	F_α	0.017
螺旋线总偏差	F_β	0.018
径向跳动公差	F_r	0.038

	材料	20CrMnMo
标题栏		

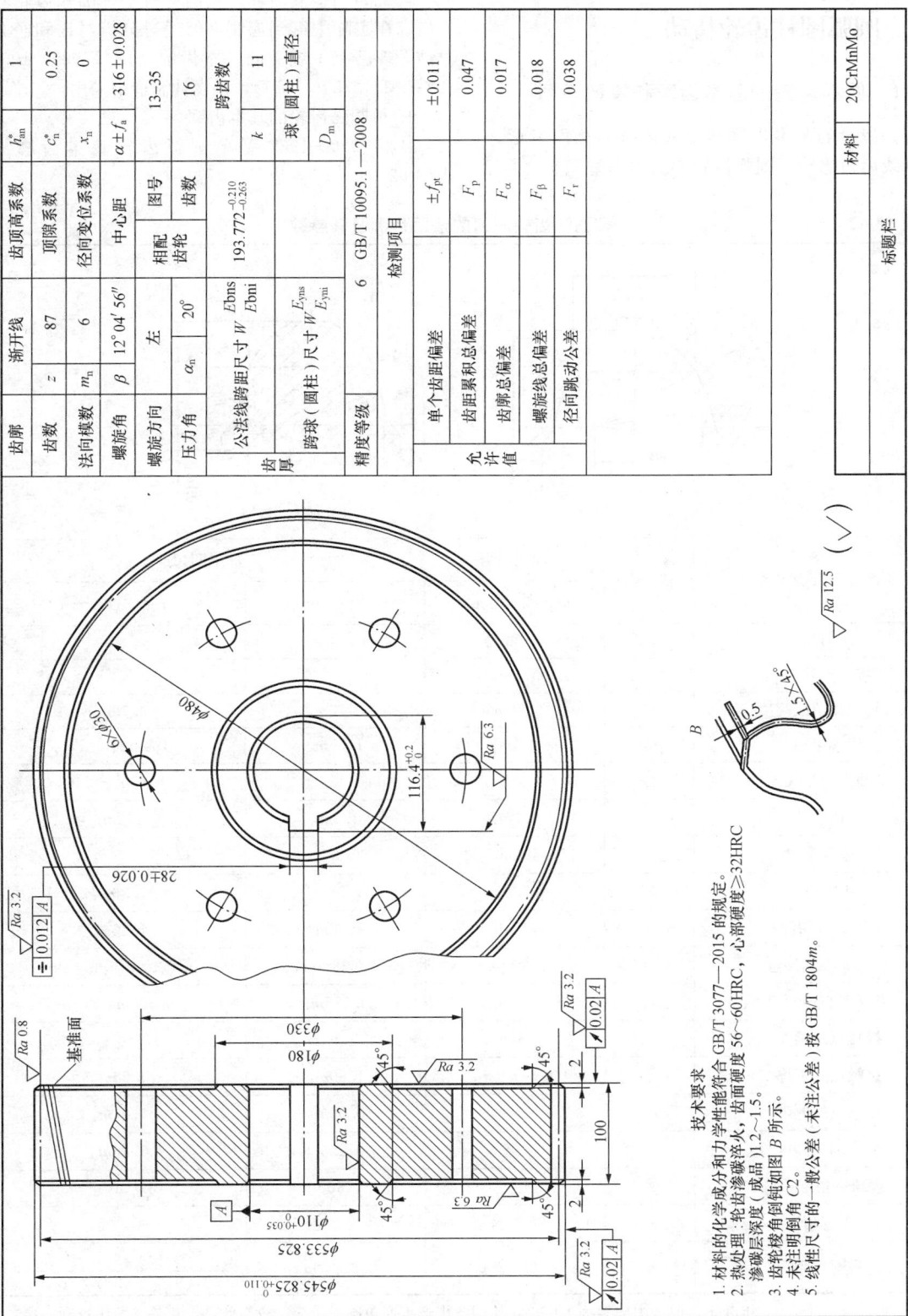

$$\sqrt{}\ Ra\ 12.5\quad (\sqrt{\ })$$

技术要求

1. 材料的化学成分和力学性能符合 GB/T 3077—2015 的规定。
2. 热处理:轮齿渗碳淬火,齿面硬度 56~60HRC,心部硬度≥32HRC 渗碳层深度(成品)1.2~1.5。
3. 齿轮棱角倒钝如图 B 所示。
4. 未注明倒角 C2。
5. 线性尺寸的一般公差(未注公差)按 GB/T 1804m。

图 13-36 小齿轮零件工作图

13.2   圆弧圆柱齿轮传动

13.2.1   圆弧齿轮的基本齿廓和模数系列

圆弧齿轮的基本齿廓是指基齿条的法面齿形。同渐开线齿轮比较，圆弧齿轮的齿形参数较多，因此有较大的调整灵活性。我国曾有多种圆弧齿轮基本齿廓在实际中得到应用，但经过分析对比和经验总结，现已有了统一的基本齿廓（JB/T 929—1967 和 GB/T 12759—1991），供设计制造中采用。

1. 单圆弧齿轮的基本齿廓

JB/T 929—1967 型单圆弧齿轮基本齿廓见表13-62。

表 13-62　　　　　　"67"型圆弧齿轮滚刀的法面齿廓及其参数

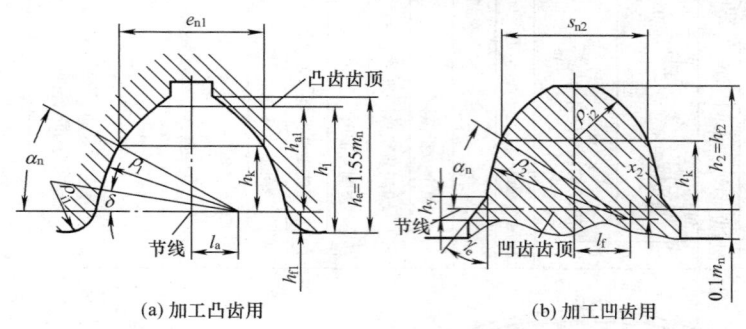

(a) 加工凸齿用　　　　　　　(b) 加工凹齿用

原始齿廓参数名称	代 号	加工凸齿	加工凹齿	
		$m_n=2\sim32$mm	$m_n=2\sim6$mm	$m_n=7\sim32$mm
压力角	$\alpha_n/(°)$	30	30	30
接触点移距	l	$1.5m_n$		
接触点离节线高度	h_k	$0.75m_n$	$0.75m_n$	$0.75m_n$
齿廓半径	ρ	$1.5m_n$	$1.65m_n$	$1.55m_n+0.6$
凹凸齿廓半径差	$\Delta\rho$		$0.15m_n$	$0.05m_n+0.6$
工作齿高	h'	$1.2m_n$	$1.2m_n$	$1.2m_n$
齿顶高	h_a	$1.2m_n$	0	0
齿根高	h_f	$0.3m_n$	$1.36m_n$	$1.36m_n$
全齿高（切深）	h	$1.5m_n$	$1.36m_n$	$1.36m_n$
齿廓圆心偏移量	l_a、l_f	$0.529\,0m_n$	$0.628\,9m_n$	$0.552\,3m_n+0.519\,6$
齿廓圆心移距量	x_2	0	$0.075m_n$	$0.025m_n+0.3$
接触点处槽宽	e_{n1}	$1.54m_n$	$1.541\,6m_n$	$1.561\,6m_n$
接触点处齿厚	s_{n2}	$1.601\,6m_n$	$1.60m_n$	$1.58m_n$
接触点处侧隙	c_y		$0.06m_n$	$0.04m_n$
齿顶倒角高度	h_y		$0.26m_n$	$0.26m_n$
齿顶倒角/（°）	γ_e		30	30
工艺角	δ	$8°47'34''$		
齿根圆角半径	ρ_i	$0.624\,8m_n$	$0.622\,7m_n$	$\dfrac{\rho_2+h_2+x_2}{2}-\dfrac{l_f^2}{2\,(\rho_2-h_2-x_2)}$

注：本标准已于1994年废止，但考虑到某些工厂仍在使用此齿形生产单圆弧齿轮，故在此列出相关参数供查阅、参考。

2. 双圆弧齿轮的基本齿廓（见表 13-63）

表 13-63 　　　　**双圆弧齿轮的基本齿廓及其参数**（GB/T 12759—1991）　　　　（单位：mm）

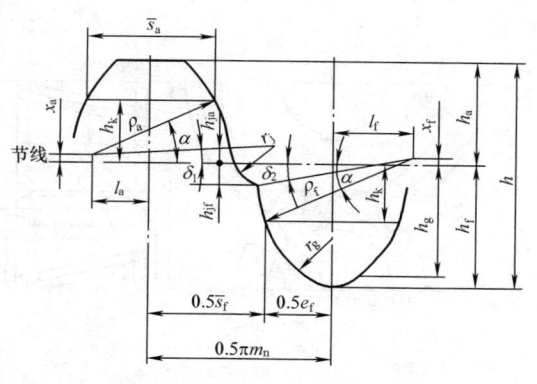

代号：α—压力角；h—全齿高；h_a—齿顶高；h_f—齿根高；ρ_a—凸齿齿廓圆弧半径；ρ_f—凹齿齿廓圆弧半径；x_a—凸齿齿廓圆心移距量；x_f—凹齿齿廓圆心移距量；$\overline{s}_a$—凸齿接触点处弦齿厚；h_k—接触点到节线的距离；l_a—凸齿齿廓圆心偏移量；l_f—凹齿齿廓圆心偏移量；h_{ja}—过渡圆弧和凸齿圆弧的切点到节线的距离；h_{jf}—过渡圆弧和凹齿圆弧的交点到节线的距离；e_f—凹齿接触点处齿槽宽；$\overline{s}_f$—凹齿接触点处弦齿厚；δ_1—凸齿工艺角；δ_2—凹齿工艺角；r_j—过渡圆弧半径；r_g—齿根圆弧半径；h_g—齿根圆弧和凹齿圆弧的切点到节线的距离；j—侧向间隙

法向模数 m_n	基本齿廓的参数										
	α	h^*	h_a^*	h_f^*	ρ_a^*	ρ_f^*	x_a^*	x_f^*	$\overline{s}_a^*$	h_k^*	l_a^*
1.5~3	24°	2	0.9	1.1	1.3	1.420	0.016 3	0.032 5	1.117 3	0.545 0	0.628 9
>3~6	24°	2	0.9	1.1	1.3	1.410	0.016 3	0.028 5	1.117 3	0.545 0	0.628 9
>6~10	24°	2	0.9	1.1	1.3	1.395	0.016 3	0.022 4	1.117 3	0.545 0	0.628 9
>10~16	24°	2	0.9	1.1	1.3	1.380	0.016 3	0.016 3	1.117 3	0.545 0	0.628 9
>16~32	24°	2	0.9	1.1	1.3	1.360	0.016 3	0.008 1	1.117 3	0.545 0	0.628 9
>32~50	24°	2	0.9	1.1	1.3	1.340	0.016 3	0.000 0	1.117 3	0.545 0	0.628 9

法向模数 m_n	基本齿廓的参数									
	l_f^*	h_{ja}^*	h_{jf}^*	e_f^*	$\overline{s}_f^*$	δ_1	δ_2	r_j^*	r_g^*	h_g^*	j^*
1.5~3	0.708 6	0.16	0.20	1.177 3	1.964 3	6°20′52″	9°25′31″	0.504 9	0.403 0	1.018 6	$0.06m_n$
>3~6	0.699 4	0.16	0.20	1.177 3	1.964 3	6°20′52″	9°19′30″	0.504 3	0.400 4	1.016 8	$0.06m_n$
>6~10	0.695 7	0.16	0.20	1.157 3	1.984 3	6°20′52″	9°10′21″	0.488 4	0.371 0	1.023 6	$0.04m_n$
>10~16	0.682 0	0.16	0.20	1.157 3	1.984 3	6°20′52″	9°0′59″	0.487 7	0.366 3	1.021 0	$0.04m_n$
>16~32	0.663 8	0.16	0.20	1.157 3	1.984 3	6°20′52″	8°48′11″	0.486 8	0.359 5	1.017 6	$0.04m_n$
>32~50	0.645 5	0.16	0.20	1.157 3	1.984 3	6°20′52″	8°35′01″	0.485 8	0.352 0	1.014 5	$0.04m_n$

注：表中带 * 号的尺寸参数，是指该尺寸与法向模数 m_n 的比值，用这些比值，乘以法向模数 m_n 即得该尺寸值，如 $h^* \times m_n = h$，$\rho_a^* m_n = \rho_a$ 等。

3. 圆弧齿轮的模数系列（见表 13-64）

表 13-64 　　　　**圆弧齿轮模数**（m_n）**系列**（GB/T 1840—1989）

第一系列	1.5	2		2.5		3		4	5
第二系列			2.25		2.75		3.5	4.5	
第一系列		6		8		10	12		16
第二系列	5.5		7		9			14	
第一系列		20		25	32		40		50
第二系列	18		22	28		36		45	

13.2.2　圆弧齿轮传动的几何尺寸计算

JB/T 929—1967 型单圆弧齿轮传动（见图 13-37）和 GB/T 12759—1991 型双圆弧齿轮传动（见图 13-38）的几何尺寸计算式列于表 13-65 中。

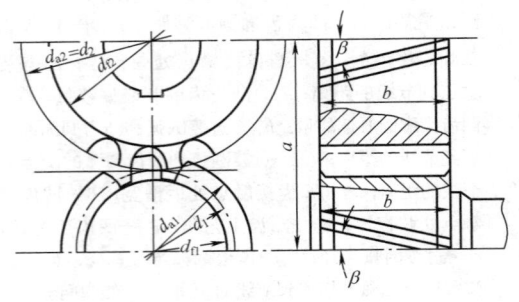

图 13-37　单圆弧齿轮传动

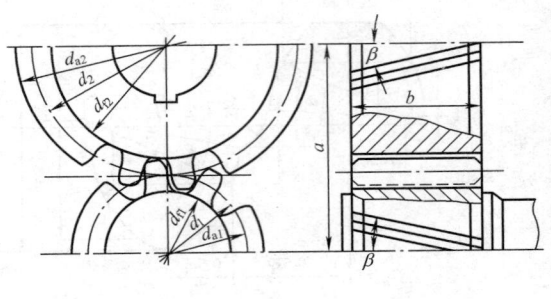

图 13-38　双圆弧齿轮传动

表 13-65　　　　　　　　　　　　　圆弧齿轮传动的几何尺寸计算

名　称	代　号	计　算　公　式	
		"67"型单圆弧齿轮	"91"型双圆弧齿轮
齿数	z	$z=d\cos\beta/m_n$	
当量齿数	z_v	$z_v=z/\cos^3\beta$	
法向模数	m_n	由轮齿弯曲强度计算或结构设计确定，应取为标准值（见表 13-64）	
端面模数	m_t	$m_t=\dfrac{m_n}{\cos\beta}$	
螺旋角	β	$\cos\beta=\dfrac{m_n}{m_t}=\dfrac{m_n(z_1+z_2)}{2a}$	
中心距	a	$a=\dfrac{1}{2}(d_1+d_2)=\dfrac{m_t(z_1+z_2)}{2}=\dfrac{m_n(z_1+z_2)}{2\cos\beta}$ 由强度计算或结构设计确定，减速器 a 应取标准值	
轴向齿距	p_x	$p_x=\pi m_n/\sin\beta$	
齿宽	b	$b=\phi_a a=\phi_d d_1=\pi m_n\varepsilon_\beta/\sin\beta$	
纵向重合度	ε_β	$\varepsilon_\beta=\dfrac{b}{p_x}=\dfrac{b\sin\beta}{\pi m_n}$	
接触点距离系数	λ	$\lambda=\dfrac{q_{TA}}{p_x}$	
总重合度	ε_γ	$\varepsilon_\gamma=\varepsilon_\beta$	$\varepsilon_\gamma=\varepsilon_\beta+\lambda$
同一齿上凸齿和凹齿两接触点的距离	q_{TA}	$q_{TA}=\dfrac{0.5(\pi m_n-j_n)+2(l_a+x_a\cot\alpha_n)}{\sin\beta}-2\left(\rho_a+\dfrac{x_a}{\sin\alpha_n}\right)\cos\alpha_n\sin\beta$ [①]	
齿顶高	h_{a1}	$1.2m_n$	$0.9m_n$

名 称	代 号	计 算 公 式	
		"67"型单圆弧齿轮	"91"型双圆弧齿轮
齿根高	h_{f1}	$0.3m_n$	$1.1m_n$
	h_{f2}	$1.36m_n$	
全齿高	h_1	$1.5m_n$	$2m_n$
	h_2	$1.36m_n$	
分度圆直径	d_1	$m_n z_1/\cos\beta = m_t z_1$	
	d_2	$m_n z_2/\cos\beta = m_t z_2$	
齿顶圆直径	d_{a1}	$d_1+2.4m_n$	$d_1+1.8m_n$
	d_{a2}	d_2	$d_2+1.8m_n$
齿根圆直径	d_{f1}	$d_1-0.6m_n$	$d_1-2.2m_n$
	d_{f2}	$d_2-2.72m_n$	$d_2-2.2m_n$
齿端修薄量 修薄宽度[2]	Δs b_{end}	$\Delta s=(0.01\sim0.03)m_n$，对于高精度或大模数齿轮取小值，反之取大值。$b_{end}=(0.1\sim0.2)p_x$ $\varepsilon_\beta\geqslant3$ 时小齿轮齿端必须修薄，修薄量和修薄宽度啮入端稍大；螺旋角大时取较大系数。不修薄的有效齿宽应保证总重合度稍大于某一整数	

① 式中各参数见表13-63。
② 齿端修薄量和修薄宽度如图13-39所示。

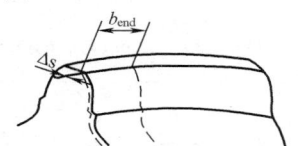

图 13-39 齿端修薄量及修薄宽度

13.2.3 圆弧齿轮测量尺寸计算

圆弧齿轮测量尺寸计算式列于表13-66。

表 13-66 　　　　　　　　　　　**圆弧齿轮测量尺寸计算**

名 称	代号	计 算 公 式	
		"67"型单圆弧齿轮	"91"型双圆弧齿轮
接触点处弦齿厚 接触点处弦齿高	$\overline{s}_k$	凸齿　$\overline{s}_{ak}=2\rho_a\cos(\alpha+\delta_{ak})-(z_v m_n+2x_a)\sin\delta_{ak}$ 凹齿　$\overline{s}_{fk}=z_v m_n\sin\left(\dfrac{\pi}{z_v}+\delta_{fk}\right)-2\left(\rho_f-\dfrac{x_f}{\sin\alpha}\right)\cos\left(\alpha+\dfrac{\pi}{z_v}-\delta_{fk}\right)$ 式中　$\delta_{ak}=\dfrac{2l_a}{z_v m_n+2x_a}$　$\delta_{fk}=\dfrac{2(l_f-x_f\cot\alpha)}{z_v m_n}$ 以上公式对于单、双圆弧齿轮均适用	
	h_k	凸齿　　　　　　　$\overline{h}_{ak}=h_a-h_k+\dfrac{(0.5\overline{s}_{ak})^2}{z_v m_n+2h_k}$ $h_k=\left(0.75+\dfrac{1.688}{z_v+1.5}\right)m_n$ ┃ $h_k=\left(0.545+\dfrac{1.498}{z_v+1.09}\right)m_n$ 凹齿　　　　　　　$\overline{h}_{fk}=h_a+h_k+\dfrac{(0.5\overline{s}_{fk})^2}{z_v m_n-2h_k}$ $h_k=\left(0.75-\dfrac{1.688}{z_v-1.5}\right)m_n$ ┃ $h_k=\left(0.545-\dfrac{1.498}{z_v-1.09}\right)m_n$	

名　　称	代号	计　算　公　式	
		"67"型单圆弧齿轮	"91"型双圆弧齿轮

名　　称	代号	计　算　公　式
弦齿深（法面） 	$\overline{h}$	$$\overline{h}=h-h_{\mathrm{g}}+\frac{1}{2}(d'_{\mathrm{a}}-d_{\mathrm{a}})$$ 式中　h——全齿高 　　　d_{a}、d'_{a}——齿顶圆直径及其实测值 　　　　h_{g}——弓高对于单圆弧齿轮凸齿和双圆弧齿轮，$h_{\mathrm{g}}=\frac{1}{4}(z_{\mathrm{v}}m_{\mathrm{n}}+2h_{\mathrm{a}})\times$ 　　　　$\left(\dfrac{\pi}{z_{\mathrm{v}}}-\dfrac{s_{\mathrm{a}}}{z_{\mathrm{v}}m_{\mathrm{n}}+2h_{\mathrm{a}}}\right)^{2}$ 　　　　s_{a}——齿顶厚，随齿数减少而变窄，可拟合如下： 　　　　单圆弧齿轮凸齿　$s_{\mathrm{a}}=\left(0.742-\dfrac{0.43}{z_{\mathrm{v}}}\right)m_{\mathrm{n}}$ 　　　　双圆弧齿轮　$s_{\mathrm{a}}=\left(0.649\ 1-\dfrac{0.61}{z_{\mathrm{v}}}\right)m_{\mathrm{n}}$ 　　　　h_{a}——凸齿齿顶高 　　　　对于单圆弧齿轮凹齿　$h_{\mathrm{g2}}=\left(\sqrt{\rho_{\mathrm{f}}^{2}-(h_{\mathrm{y}}+x_{\mathrm{f}})^{2}}+h_{\mathrm{y}}\tan\gamma_{\mathrm{e}}-l_{\mathrm{f}}\right)^{2}\dfrac{1}{z_{\mathrm{v}}m_{\mathrm{n}}}$ 　　　　当 $m_{\mathrm{n}}=2\sim6\mathrm{mm}$ 时　$h_{\mathrm{g2}}=\dfrac{1.285m_{\mathrm{n}}\cos^{3}\beta}{z_{2}}$ 　　　　当 $m_{\mathrm{n}}=7\sim32\mathrm{mm}$ 时　$h_{\mathrm{g2}}=\dfrac{(1.25m_{\mathrm{n}}+0.08)\cos^{3}\beta}{z_{1}}$
公法线跨齿数	k	凸齿　$k_{\mathrm{a}}=\dfrac{z}{\pi}\left[\alpha_{\mathrm{t}}(\mathrm{rad})+\dfrac{1}{2}\tan^{2}\beta\sin2\alpha_{\mathrm{t}}\right]+\dfrac{2}{\pi}\left(\dfrac{l_{\mathrm{a}}}{m_{\mathrm{n}}}+\dfrac{x_{\mathrm{a}}\cot\alpha}{m_{\mathrm{n}}}\right)+1$　取整数 凹齿　$k_{\mathrm{f}}=\dfrac{z}{\pi}\left[\alpha_{\mathrm{t}}(\mathrm{rad})+\dfrac{1}{2}\tan^{2}\beta\sin2\alpha_{\mathrm{t}}\right]-\dfrac{2}{\pi}\left(\dfrac{l_{\mathrm{f}}}{m_{\mathrm{n}}}-\dfrac{x_{\mathrm{f}}\cot\alpha}{m_{\mathrm{n}}}\right)$　取整数 式中，α_{t} 为理论接触点处的端面压力角，$\tan\alpha_{\mathrm{t}}=\dfrac{\tan\alpha}{\cos\beta}$
公法线长度 	W_{k}	凸齿　　　　　　$W_{\mathrm{ka}}=\dfrac{d\sin^{2}\alpha_{\mathrm{ta}}+2x_{\mathrm{a}}}{\sin\alpha_{\mathrm{n}}}+2\rho_{\mathrm{a}}$ 凹齿　　　　　　$W_{\mathrm{kf}}=\dfrac{d\sin^{2}\alpha_{\mathrm{tf}}+2x_{\mathrm{f}}}{\sin\alpha_{\mathrm{n}}}-2\rho_{\mathrm{f}}$ 式中　α_{n}——测点法向压力角，$\tan\alpha_{\mathrm{n}}=\tan\alpha_{\mathrm{t}}\cos\beta$ 　　　α_{t}——测点端面压力角，求解超越方程 凸齿　$\alpha_{\mathrm{ta}}=M_{\mathrm{a}}-B\sin^{2}\alpha_{\mathrm{ta}}-Q_{\mathrm{a}}\cot\alpha_{\mathrm{ta}}$ 凹齿　$\alpha_{\mathrm{tf}}=M_{\mathrm{f}}-B\sin^{2}\alpha_{\mathrm{tf}}-Q_{\mathrm{f}}\cot\alpha_{\mathrm{tf}}$ 式中　$M_{\mathrm{a}}=\dfrac{1}{z}\left[(k_{\mathrm{a}}-1)\pi-\dfrac{2l_{\mathrm{a}}}{m_{\mathrm{n}}}\right]$　　　$M_{\mathrm{f}}=\dfrac{1}{z}\left(k_{\mathrm{f}}\pi+\dfrac{2l_{\mathrm{f}}}{m_{\mathrm{n}}}\right)$ 　　　$B=\dfrac{1}{2}\tan^{2}\beta$　　　$Q_{\mathrm{a}}=\dfrac{2x_{\mathrm{a}}}{zm_{\mathrm{n}}\cos\beta}$　　　$Q_{\mathrm{f}}=\dfrac{2x_{\mathrm{f}}}{zm_{\mathrm{n}}\cos\beta}$ 用迭代法解上述超越方程时，可取公式右边的 α_{t} 的初值为 α_{t0}。计算出公式左边的 α_{t}，再取做公式右边 α_{t} 的值，重复计算，直到误差在 $1''$ 以内为止，计算精度应为小数第五位 公法线长度测量时，工作齿宽 b 应大于 $b_{\min}$ 　　　$b_{\min}=\dfrac{1}{2}d\sin2\alpha_{\mathrm{t}}\tan\beta+5\mathrm{mm}$

名　称	代号	计　算　公　式	
		"67"型单圆弧齿轮	"91"型双圆弧齿轮
齿根圆斜径	L_f	当齿数为奇数时，测量齿根圆斜径 L_f $$L_f = d_f \cos \frac{90°}{z}$$ 当齿数为偶数时，可直接测量齿根圆直径 d_f	
螺旋线坡度的波长	l	沿螺旋线测量螺旋线坡度时，按下式计算波长 $$l = \frac{\pi d}{z_k \sin\beta} = \frac{2\pi m_n z}{z_k \sin^2\beta}$$ 式中　z_k—滚齿机分度蜗轮齿数 　　　　d—工作分度圆直径	

注：表中诸式中的参数见表 13-63 和表 13-65。

13.2.4　圆弧齿轮传动主要参数的选择

齿数 z、模数 m_n、纵向重合度 ε_β、螺旋角 β 和齿宽（或齿宽系数 ϕ_a、ϕ_d）是圆弧齿轮的主要参数。它们关系密切，相互制约（见以下算式），并且对传动的承载性能影响很大，在设计时可能有多种选择，因此要特别注意。

$$d_1 = z_1 m_n / \cos\beta \tag{13-22}$$

$$\varepsilon_\beta = \frac{b \sin\beta}{\pi m_n} = \frac{\phi_a (z_1 + z_2) \tan\beta}{2\pi} \tag{13-23}$$

$$\phi_d = b / d_1 = \frac{\pi \varepsilon_\beta}{z_1 \tan\beta} = 0.5 \phi_a (1 + u) \tag{13-24}$$

$$\phi_a = b / a = \frac{2\pi \varepsilon_\beta}{(z_1 + z_2) \tan\beta} \tag{13-25}$$

主要参数的具体选择原则见表 13-67。

在具体设计时，可采用以下几种方法和步骤，来确定圆弧齿轮的主要参数：

（1）先选定 ϕ_a，再用式（13-25）来调整 z_1、β 和 ε_β。

（2）先选定 z_1、β 和 ε_β，再用式（13-24）或式（13-28）来校核 ϕ_d 或 ϕ_a。

（3）对于常用的 ε_β 值（1.25、2.25 和 3.25），可用图 13-40 来选取一组合适的 ϕ_d、z_1 和 β 值。

（4）采用优化方法，选定目标函数，用计算机计算，获得最合适的参数值。

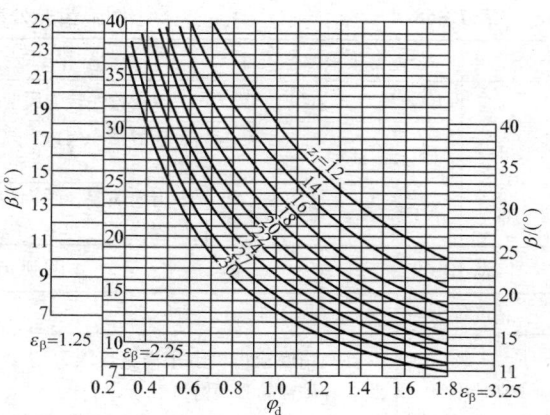

图 13-40　β、ε_β、φ_d、z_1 之间的关系

表 13-67　　　　　　　　　　　　　**圆弧齿轮主要参数选择**

主要参数	选 择 原 则
小齿轮齿数 z_1	圆弧齿轮没有根切现象，z_1 不受根切齿数的限制，但受到轴的强度和刚度的制约，z_1 不能太少。在满足抗弯强度的条件下，取较多的 z_1 为好。对中低速传动，可取 $z_1=20\sim35$，对高速传动，可取 $z_1=30\sim50$
法向模数 m_n	m_n 通常决定于齿轮的抗弯强度或结构条件，并按表 13-64 取标准值。当 d、b 一定时，取较小的 m_n，能使 ε_β 增加，有利于提高传动的平稳性，并且能减小齿面的滑动，提高抗胶合的能力。一般工业齿轮可取 $m_n=(0.01\sim0.02)a$；通用减速器常取 $m_n=(0.0133\sim0.016)a$；有冲击载荷的传动，如轧机齿轮座等，常取 $m_n=(0.025\sim0.04)a$。对于大中心距 a、载荷平稳、单向运转，或者高速传动，应取较小的 m_n；反之，取大值
纵向重合度 ε_β	ε_β 由整数部分 μ_ε 和尾数 $\Delta\varepsilon$ 组成，即 $\varepsilon_\beta=\mu_\varepsilon+\Delta\varepsilon$。当 ε_β 为整数倍时噪声有所下降。一般取 $\mu_\varepsilon=1\sim6$；对于精度高，β 大的齿轮，可取较大的 μ_ε 值，以提高传动的平稳性和承载能力，但必须严格控制齿轮误差、齿向误差、轴线平行度误差和轴变形量。$\Delta\varepsilon$ 不能太小，否则啮入冲击大，齿端部齿根应力大，易崩角；但当 $\Delta\varepsilon>0.4$ 以后，作用就不大了。通常可取 $\Delta\varepsilon=0.2\sim0.4$。双圆弧齿轮的 ε_β 与单圆弧齿轮同样取。当 $\varepsilon_\beta\geqslant3$ 时，应采用修端，以避免崩角。齿宽的非修薄部分是 ε_β 的整数部分 μ_ε
螺旋角 β	当 ε_β 一定时，增大 β，齿面瞬时接触迹宽度减小，接触应力增大，对接触强度不利。在齿轮圆周速度一定的条件下，β 增大，齿面滚动速度减小，不利于动压润滑，同时轴承所受的轴向力也大。但当 b 和 m_n 一定时，β 增大，ε_β 也增大，能使传动平稳，并能提高抗弯强度和接触强度，特别对抗弯强度更有利。一般的推荐值：单斜齿 $\beta=10°\sim20°$；人字齿 $\beta=25°\sim35°$
齿宽系数 ϕ_a、ϕ_d	推荐的 ϕ_a 值为：0.2、0.25、0.3、0.4、0.5、0.6、0.8、1.0、1.2。通常减速器采用 $\phi_a=0.4\sim0.8$，对人字齿轮单侧 $\phi_a=0.3\sim0.6$

13.2.5　精度等级及其选择

GB/T 15753—1995 中规定，圆弧齿轮和齿轮副有 5 个精度等级，按精度高低依次定为 4、5、6、7、8 级。齿轮副中两个齿轮的精度等级一般取成相同，也允许取成不同。

按照误差的特性及它们对传动性能的主要影响，将齿轮的各项公差和极限偏差分成三个组（见表 13-68）。

齿轮的精度等级应根据齿轮的工作情况、圆周速度和可能采用的加工方法等来选定。表 13-69 可作为选择精度等级的参考。

根据使用要求不同，允许各公差组选用不同的精度等级；但在同一公差组内，各项公差与极限偏差应保持相同的精度等级。

表 13-68　　　　　　　　　　　　**圆弧齿轮公差与极限偏差分组**

公差组	公差与极限偏差项目	误 差 特 性	对传动性能的主要影响
Ⅰ	F_i', F_p, F_{pk}, F_r, F_w	以齿轮一转为周期的误差	传递运动的准确性
Ⅱ	f_i', f_{pt}, f_β, $f_{f\beta}$, f_{px}	在齿轮一周内，多次周期地重复出现的误差	传动的平稳性、噪声、振动
Ⅲ	F_β, F_{px}, E_{df}, E_h	齿向误差，轴向齿距偏差，齿形的径向位置误差	载荷沿齿宽分布的均匀性，齿高方向的接触部位和承载能力

表 13-69　　　　　　　　　　　　　**圆弧齿轮精度选择**

精度等级	加 工 方 法	工 作 情 况	圆周速度/(m/s)
5 级 （高精度级）	在高精度滚齿机上用高精度滚刀切齿。淬硬齿轮必须磨齿	要求工作平稳，振动、噪声小、速度高及载荷较大的齿轮。例如，透平齿轮	超过 75
6 级 （精密级）	在精密滚齿机上，用精密滚刀切齿。淬硬齿轮必须磨齿。渗氮处理齿轮允许研齿	对于工作平稳性有一定要求，转速高或载荷较大的齿轮。例如中小型汽轮机、透平机械用齿轮	至 75

续表

精度等级	加 工 方 法	工 作 情 况	圆周速度/(m/s)
7级 (中等精度级)	在较精密滚齿机上，用较精密滚刀切齿。表面硬化处理齿轮，应作适当研齿	速度较高的中等载荷齿轮。例如轧钢机齿轮	至25
8级 (低精度级)	在普通滚齿机上，用普通级滚刀切齿	普通机器制造业中精度要求一般的齿轮。例如，标准减速器，矿山、冶金设备用齿轮	至10

注：本表不属于 GB/T 15753—1995，仅供参考。

13.3　渐开线锥齿轮传动

13.3.1　标准模数系列

锥齿轮模数标准(GB 12368—1990)见表13-70。

表 13-70　　　　　　　　**锥齿轮模数**(GB 12368—1990)

1	1.125	1.25	1.375	1.5	1.75	2	2.25
2.5	2.75	3	3.25	3.5	3.75	4	4.5
5	5.5	6	6.5	7	8	9	10
11	12	14	16	18	20	22	25
28	30	32	36	40	45	50	

注：1. 锥齿轮模数指大端端面模数。
　　2. 本标准适用于直齿、斜齿及曲线齿(圆弧齿、摆线齿)锥齿轮。

13.3.2　直齿锥齿轮传动的几何尺寸计算(见表13-71)

表 13-71　　　　　　　　**标准直齿锥齿轮传动的几何尺寸计算**

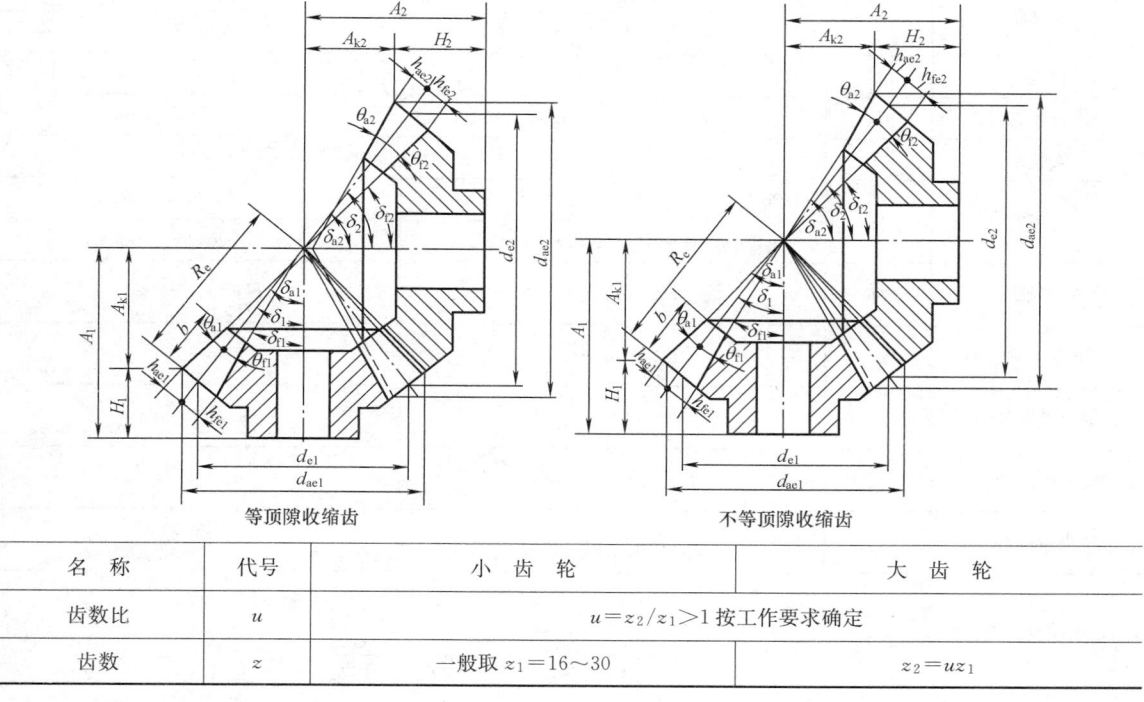

等顶隙收缩齿　　　　　　　　　不等顶隙收缩齿

名　称	代号	小　齿　轮	大　齿　轮
齿数比	u	$u=z_2/z_1>1$ 按工作要求确定	
齿数	z	一般取 $z_1=16\sim30$	$z_2=uz_1$

续表

名　称	代号	小 齿 轮	大 齿 轮
大端模数	m_e	$m_e = \dfrac{d_{e1}}{z_1}$	$m_e = \dfrac{d_{e2}}{z_2}$
		由结构或强度计算确定，大小齿轮模数相等	
大端分度圆直径	d_e	$d_{e1} = m_e z_1$	$d_{e2} = m_e z_2$
分锥角	δ	当 $\Sigma = 90°$时，$\delta_1 = \arctan \dfrac{z_1}{z_2} = \arctan u$ 当 $\Sigma \neq 90°$时，$\delta_1 = \arctan \dfrac{\sin\Sigma}{u + \cos\Sigma}$	当 $\Sigma = 90°$时，$\delta_2 = \arctan \dfrac{z_2}{z_1} = \arctan u$ 当 $\Sigma \neq 90°$时，$\delta_2 = \arctan \dfrac{u\sin\Sigma}{1 + u\cos\Sigma}$ 或 $\delta_2 = \Sigma - \delta_1$
外锥距	R_e	$R_e = d_{e1}/2\sin\delta_1 = d_{e2}/2\sin\delta_2$	
齿宽	b	$b = \phi_R R_e$	
齿宽系数	ϕ_R	$\phi_R = \dfrac{b}{R_e}$ 一般 $\phi_R = \dfrac{1}{4} \sim \dfrac{1}{3}$，常用 0.3	
平均分度圆直径	d_m	$d_{m1} = d_{e1}(1 - 0.5\phi_R)$	$d_{m2} = d_{e2}(1 - 0.5\phi_R)$
中锥距	R_m	$R_m = R_e(1 - 0.5\phi_R)$	
平均模数	m_m	$m_m = m_e(1 - 0.5\phi_R)$	
齿顶高	h_a	$h_{a1} = m_e$	$h_{a2} = m_e$
齿根高	h_f	$h_{f1} = m_e(1 + c^*)$，$c^* = 0.2$	$h_{f2} = (1 + c^*)m_e$
顶隙	c	$c = c^* m$	
齿顶角	θ_a	不等顶隙收缩齿 $\theta_{a1} = \arctan h_{a1}/R_e$ 等顶隙收缩齿 $\theta_{a1} = \theta_{f2}$	$\theta_{a2} = \arctan h_{a2}/R_e$ $\theta_{a2} = \theta_{f1}$
齿根角	θ_f	$\theta_{f1} = \arctan h_{f1}/R_e$	$\theta_{f2} = \arctan h_{f2}/R_e$
顶锥角	δ_a	不等顶隙收缩齿 $\delta_{a1} = \delta_1 + \theta_{a1}$ 等顶隙收缩齿 $\delta_{a1} = \delta_1 + \theta_{f2}$	$\delta_{a2} = \delta_2 + \theta_{a2}$ $\delta_{a2} = \delta_2 + \theta_{f1}$
根锥角	δ_f	$\delta_{f1} = \delta_1 - \theta_{f1}$	$\delta_{f2} = \delta_2 - \theta_{f2}$
齿顶圆直径	d_a	$d_{a1} = d_{e1} + 2h_{a1}\cos\delta_1$	$d_{a2} = d_{e2} + 2h_{a2}\cos\delta_2$
安装距	A	根据结构确定	
冠顶距	A_K	当 $\Sigma = 90°$时　$A_{K1} = d_{e2}/2 - h_{a1}\sin\delta_1$ 当 $\Sigma \neq 90°$时　$A_{K1} = R_e\cos\delta_1 - h_{a1}\sin\delta_1$	$A_{k2} = d_{e1}/2 - h_{a2}\sin\delta_2$ $A_{K2} = R_e\cos\delta_2 - h_{a2}\sin\delta_2$
轮冠距	H	$H_1 = A_1 - A_{K1}$	$H_2 = A_2 - A_{K2}$
大端分度圆齿厚	s	$s_1 = m_e\dfrac{\pi}{2}$	$s_2 = m_e\dfrac{\pi}{2}$
大端分度圆弦齿厚	$\bar{s}$	$\bar{s}_1 = s_1\left(1 - \dfrac{s_1^2}{6d_{e1}^2}\right)$	$\bar{s}_2 = s_2\left(1 - \dfrac{s_2^2}{6d_{e2}^2}\right)$
大端分度圆弦齿高	$\bar{h}_a$	$\bar{h}_{a1} = h_{a1} + \dfrac{s_1^2\cos\delta_1}{4d_{e1}}$	$\bar{h}_{a2} = h_{a2} + \dfrac{s_2^2\cos\delta_2}{4d_{e2}}$
当量齿数	z_v	$z_{v1} = \dfrac{z_1}{\cos\delta_1}$	$z_{v2} = \dfrac{z_2}{\cos\delta_2}$
端面重合度	$\varepsilon_{v\alpha}$	$\varepsilon_{v\alpha} = \dfrac{1}{2\pi}\left[z_{v1}(\tan\alpha_{va1} - \tan\alpha) + z_{v2}(\tan\alpha_{va2} - \tan\alpha)\right]$ 式中　$\alpha_{va1} = \arccos\dfrac{z_{v1}\cos\alpha}{z_{v1} + 2h_a^*}$，$\alpha_{va2} = \arccos\dfrac{z_{v2}\cos\alpha}{z_{v2} + 2h_a^*}$	

13.3.3 正交斜齿锥齿轮传动的几何尺寸计算（见表 13-72）

表 13-72 正交斜齿锥齿轮传动的几何尺寸计算

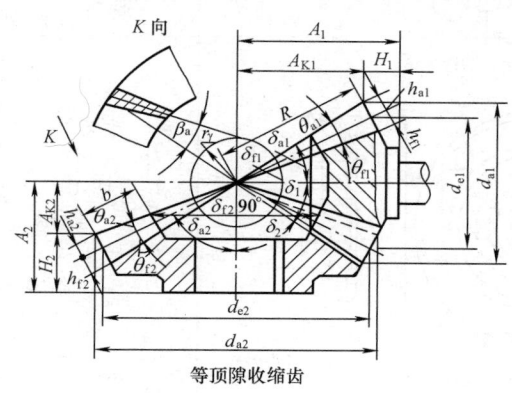

等顶隙收缩齿

名　称	代号	小 齿 轮	大 齿 轮
主要参数及尺寸		根据强度计算或结构要求初定 d_{e1}，然后按表 13-71 方法确定 z，m_e，d_e，δ，R_e，b，R_m 等	
大端螺旋角	β_e	$\tan\beta_e \geq \dfrac{\pi(R_e-b)m_e}{R_e b}$ 1. 齿旋向的规定：由锥顶看齿轮齿线从小端到大端顺时针为右旋；反之为左旋 2. 齿旋向的选用：大小齿轮齿旋向相反；应使小轮上的轴向分力向大端	
齿根角	θ_f	$\theta_{f1}=\arctan\dfrac{h_{f1}}{R_e\cos^2\beta_e}$	$\theta_{f2}=\arctan\dfrac{h_{f2}}{R_e\cos^2\beta_e}$
导圆半径	r_τ	$r_\tau=R_e\sin\beta_e$	
大端分度圆齿厚	s	$s_1=\dfrac{\pi}{2}m_e$	$s_2=\dfrac{\pi}{2}m_e$
大端分度圆法向弦齿厚	$\overline{s}_n$	$\overline{s}_{n1}=\left(1-\dfrac{s_1\sin2\beta_e}{4R_e}\right)\left(s_1-\dfrac{s_1^3\cos^2\delta_1}{6d_{e1}^2}\right)\cos\beta_e$	$\overline{s}_{n2}=\left(1-\dfrac{s_2\sin2\beta_e}{4R_e}\right)\left(s_2-\dfrac{s_2^3\cos^2\delta_2}{6d_{e2}^2}\right)\cos\beta_e$
弦齿高	$\overline{h}_n$	$\overline{h}_{n1}=\left(1-\dfrac{s_1\sin2\beta_e}{4R_e}\right)\left(\overline{h}_{a1}+\dfrac{s_1^2}{4d_1}\cos\delta_1\right)$	$\overline{h}_{n2}=\left(1-\dfrac{s_2\sin2\beta_e}{4R_e}\right)\left(\overline{h}_{a2}+\dfrac{s_2^2}{4d_2}\cos\delta_2\right)$
当量齿数	z_v	$z_{v1}=\dfrac{z_1}{\cos\delta_1\cos^3\beta_m}$	$z_{v2}=\dfrac{z_2}{\cos\delta_2\cos^3\beta_m}$
齿宽中点的螺旋角	β_m	$\beta_m=\arcsin\dfrac{R_e\sin\beta_e}{R_m}$	
端面重合度	$\varepsilon_{v\alpha}$	$\varepsilon_{v\alpha}=\dfrac{1}{2\pi}\left[\dfrac{z_1}{\cos\delta_2}(\tan\alpha_{v\alpha t1}-\tan\alpha_t)+\dfrac{z_2}{\cos\delta_2}(\tan\alpha_{v\alpha t2}-\tan\alpha_t)\right]$ 式中　$\alpha_t=\arctan\left(\dfrac{\tan\alpha_n}{\cos\beta_e}\right)$，$\alpha_{v\alpha t1}=\arccos\dfrac{z_1\cos\alpha_t}{z_1+2\cdot h_a^*\cos\delta_1}$ $\alpha_{v\alpha t2}=\arccos\dfrac{z_2\cos\alpha_t}{z_2+2\cdot h_a^*\cos\delta_2}$	
纵向重合度	$\varepsilon_{v\beta}$	$\varepsilon_{v\beta}=\dfrac{b\sin\beta_m}{m_{nm}\pi}$	
法向重合度	$\varepsilon_{v\alpha n}$	$\varepsilon_{v\alpha n}=\varepsilon_{v\alpha}/\cos\beta_{vb}$ $\beta_{vb}=\arcsin(\sin\beta_m\cdot\cos\alpha_n)$	

13.3.4　锥齿轮结构(见表 13-73)

表 13-73　　　　　　　　　　　　　　　　　　锥 齿 轮 结 构

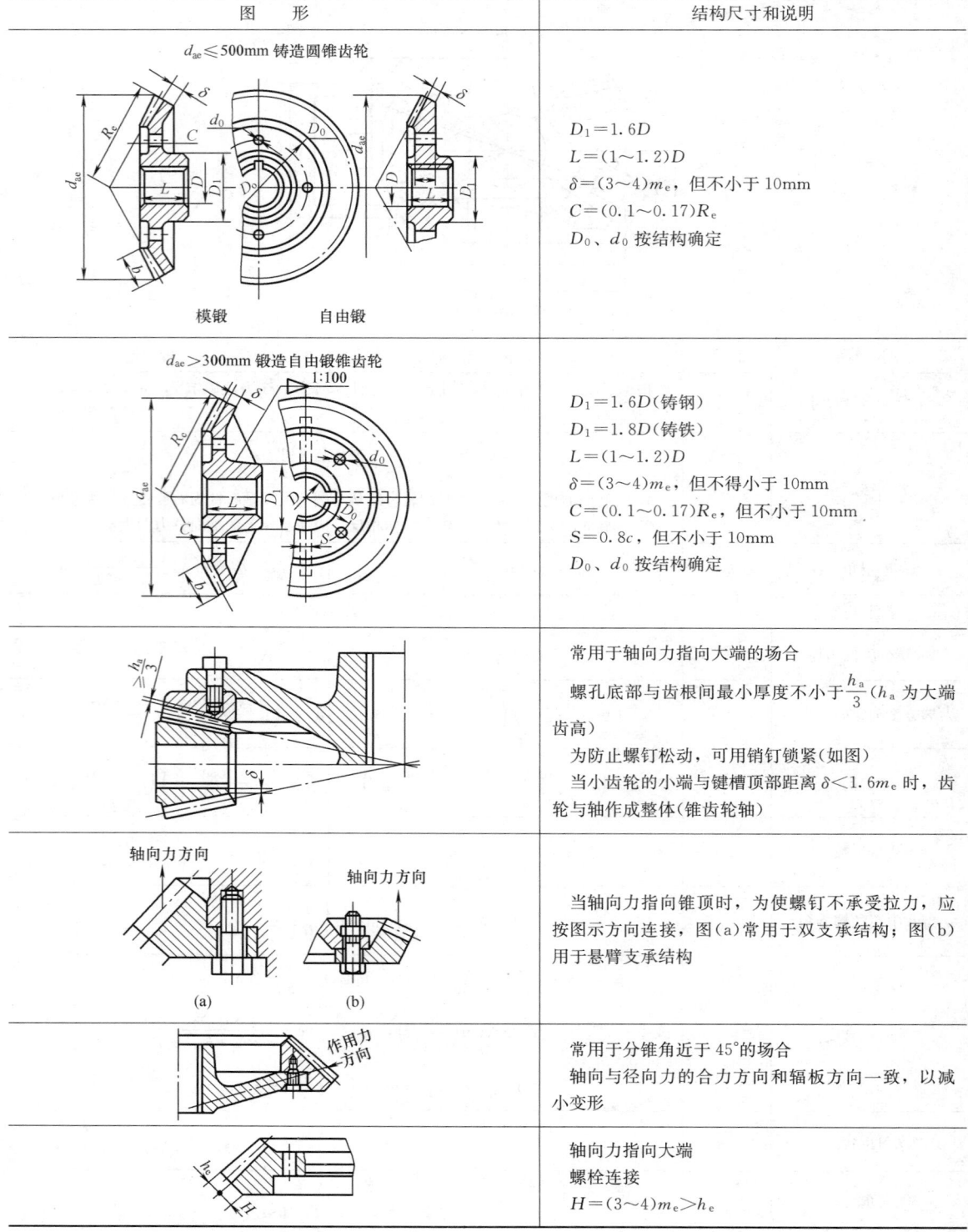

图　形	结构尺寸和说明
$d_{ae} \leqslant 500mm$ 铸造圆锥齿轮 模锻　　自由锻	$D_1 = 1.6D$ $L = (1 \sim 1.2)D$ $\delta = (3 \sim 4)m_e$, 但不小于 10mm $C = (0.1 \sim 0.17)R_e$ D_0、d_0 按结构确定
$d_{ae} > 300mm$ 锻造自由锻锥齿轮 1:100	$D_1 = 1.6D$(铸钢) $D_1 = 1.8D$(铸铁) $L = (1 \sim 1.2)D$ $\delta = (3 \sim 4)m_e$, 但不得小于 10mm $C = (0.1 \sim 0.17)R_e$, 但不小于 10mm $S = 0.8c$, 但不小于 10mm D_0、d_0 按结构确定
	常用于轴向力指向大端的场合 螺孔底部与齿根间最小厚度不小于 $\frac{h_a}{3}$(h_a 为大端齿高) 为防止螺钉松动, 可用销钉锁紧(如图) 当小齿轮的小端与键槽顶部距离 $\delta < 1.6m_e$ 时, 齿轮与轴作成整体(锥齿轮轴)
轴向力方向　　　轴向力方向 (a)　　　(b)	当轴向力指向锥顶时, 为使螺钉不承受拉力, 应按图示方向连接, 图(a)常用于双支承结构; 图(b)用于悬臂支承结构
作用力方向	常用于分锥角近于 45° 的场合 轴向与径向力的合力方向和辐板方向一致, 以减小变形
	轴向力指向大端 螺栓连接 $H = (3 \sim 4)m_e > h_e$

13.3.5 锥齿轮的精度

1. 锥齿轮精度选择(见表 13-74)

表 13-74 锥齿轮精度(Ⅱ组)的选择

精度等级 (Ⅱ组)	直 齿		斜齿、曲线齿		应 用 举 例
	齿宽中心线速度 $v_m/(m/s)$				
	齿面硬度				
	≤350HBW	>350HBW	≤350HBW	>350HBW	
5	>10	>9	>24	>19	运动精度要求高的锥齿轮传动、对传动平稳性、噪声等要求较高的锥齿轮传动。如分度传动链中的锥齿轮,高速锥齿轮
6	>7~10	>6~9	>16~24	>13~19	
7	>4~7	>3~6	>9~16	>7~13	机床主运动链齿轮
8	>3~4	>2.5~3	>6~9	>5~7	机床用一般齿轮
9	>0.8~3	>0.8~2.5	>1.5~6	>1.5~5	低速、传递动力用齿轮
10	≤0.8	≤0.8	≤1.5	≤1.5	手动机构用齿轮

2. 齿轮副侧隙

齿轮副的最小法向侧隙分为 6 种:a、b、c、d、e 和 h。最小法向侧隙值 a 为最大,依次递减,h 为零(见图 13-41)。最小法向侧隙种类与精度等级无关。

齿轮副的法向侧隙公差有 5 种:A、B、C、D 和 H。推荐法向侧隙公差种类与最小侧隙种类的对应关系如图 13-41 所示。

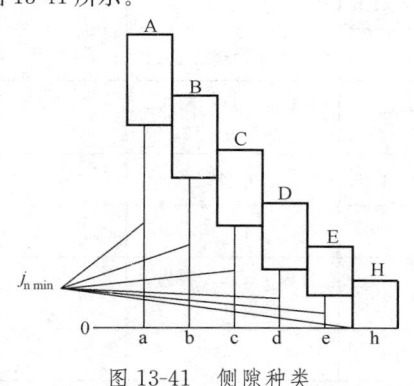

图 13-41 侧隙种类

3. 图样标注

在齿轮工作图上应标注齿轮的精度等级和最小法向侧隙种类及法向侧隙公差种类的数字、代号。

标注示例如下:

(1)齿轮的三个公差组精度同为 7 级,最小法向侧隙种类为 b,法向侧隙公差种类为 B:

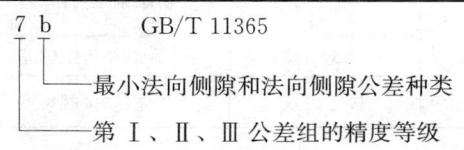

(2)齿轮的三个公差组精度同为 7 级,最小法向侧隙为 $400\mu m$,法向侧隙公差种类为 B:

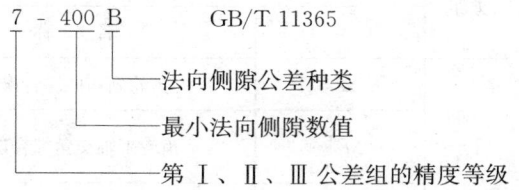

(3)齿轮的第 Ⅰ 公差组精度为 8 级,第 Ⅱ、Ⅲ 公差组精度为 7 级,最小法向侧隙种类为 c、法向侧隙公差种类为 B:

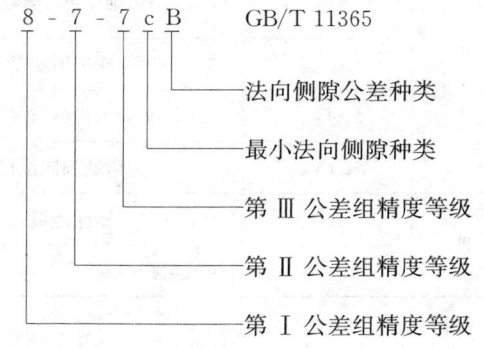

4. 锥齿轮公差和检验项目(见表 13-75 和表 13-76)

表 **13-75** 锥齿轮精度的公差组和检验项目

公差组	检 验 项 目			适用精度等级	计算公式
	代号	名 称	公差数值		
I	$\Delta F'_i$	切向综合误差		4～8	$F_i = F_p + 1.15 f_c$
	$\Delta F''_{i\Sigma}$	轴交角综合误差		直齿 7～12, 斜齿,曲线齿 9～12	$F''_{i\Sigma} = 0.7 f''_{i\Sigma c}$
	ΔF_p	齿距累积误差	表 13-80	7～8	
	ΔF_p 与 ΔF_{pk}	齿距累积误差与 k 个齿距累积误差	表 13-80	4～6	
	ΔF_r	齿圈跳动公差	表 13-81	7～12(7、8 级用于 $d_m > 1600$ 的锥齿轮)	
II	$\Delta f'_i$	一齿切向综合误差		4～8	$f'_i = 0.8(f_{pt} + 1.15 f_c)$
	$\Delta f''_{i\Sigma}$	轴交角综合误差		直齿 7～12,斜齿, 曲线齿 9～12	$f''_{i\Sigma} = 0.7 f''_{i\Sigma c}$
	$\Delta f'_{zk}$	周期误差	表 13-82	4～8	
	Δf_{pt} 与 Δf_c	齿距偏差与齿形相对误差	表 13-83 表 13-84	4～6	
	Δf_{pt}	齿距偏差	表 13-83	4～12	
III	接触斑点	接触斑点	表 13-88	4～12	

表 **13-76** 锥齿轮副精度的公差组和检验项目

公差组	检 验 项 目			适用精度等级	计算公式
	代 号	名 称	公差数值		
I	$\Delta F'_{ic}$	齿轮副切向综合误差		4～8	$F'_{ic} = F'_{i1} + F'_{i2}$
	$\Delta F''_{i\Sigma c}$	齿轮副轴交角综合误差	表 13-85	直齿 7～12,斜齿、 曲齿 9～12	
	ΔF_{vj}	侧隙变动量	表 13-86	9～12	
II	$\Delta f'_{ic}$	齿向综合误差		4～8	$f'_{ic} = f_{i1} + f_{i2}$
	$\Delta f''_{i\Sigma c}$	齿轴交角综合误差	表 13-87	直齿 7～12,斜齿、 曲齿 9～12	
	$\Delta f'_{zkc}$	齿轮副周期误差	表 13-82	4～8	
	Δf_{zzc}	齿轮副齿频周期误差	表 13-89	4～8	
	Δf_{AM}	齿圈轴向位移	表 13-94		
III	Δf_a	轴间距偏差	表 13-95		
	接触斑点		表 13-88	4～12	

5. 锥齿轮精度数值（见表 13-77～表 13-96）

表 13-77 齿坯尺寸公差

精度等级	5	6	7	8	9	10	11	12
轴径尺寸公差	IT5		IT6			IT7		
孔径尺寸公差	IT6		IT7			IT8		
外径尺寸极限偏差	0				0			
	−IT8				−IT9			

注：1. IT 为标准公差，按 GB/T 1800—2009《公差与配合 总论 标准公差与基本偏差》。

2. 当三个公差精度等级不同时，公差值按最高的精度等级查取。

表 13-78 齿坯顶锥母线跳动和基准端面跳动公差 （单位：μm）

		大于	到	精度等级[①]		
				5～6	7～8	9～12
顶锥母线跳动公差	外径		30	15	25	50
		30	50	20	30	60
		50	120	25	40	80
		120	250	30	50	100
		250	500	40	60	120
		500	800	50	80	150
		800	1250	60	100	200
		1250	2000	80	120	250
基准端面跳动公差	基准端面直径		30	6	10	15
		30	50	8	12	20
		50	120	10	15	25
		120	250	12	20	30
		250	500	15	25	40
		500	800	20	30	50
		800	1250	25	40	60
		1250	2000	30	50	80

[①] 当三个公差组精度等级不同时，按最高的精度等级确定公差值。

表 13-79 齿坯轮冠距和顶锥角极限偏差

中点法向模数/mm	轮冠距极限偏差/μm	顶锥角极限偏差（′）
≤1.2	0 −50	+50 0
>1.2～10	0 −75	+8 0
>10	0 −100	+8 0

表 13-80 齿距累积总偏差 F_p 和 K 个齿距累积偏差 F_{pK} 值

（单位：μm）

L/mm		精度等级							
大于	到	5	6	7	8	9	10	11	12
	11.2	7	11	16	22	32	45	63	90
11.2	20	10	16	22	32	45	63	90	125
20	32	12	20	28	40	56	80	112	160
32	50	14	22	32	45	63	90	125	180
50	80	16	25	36	50	71	100	140	200
80	160	20	32	45	63	90	125	180	250
160	315	28	45	63	90	125	180	250	355
315	630	40	63	90	125	180	250	355	500
630	1000	50	80	112	160	224	315	450	630
1000	1600	63	100	140	200	280	400	560	800

注：F_p 和 P_{pK} 按中点分度圆弧长 L 查表。查 F_p 时，取 $L=\dfrac{1}{2}\pi d_m=\dfrac{\pi m_{nm}z}{2\cos\beta_m}$；查 F_{pK} 时，取 $L=\dfrac{K\pi m_m}{\cos\beta_m}$（没有特殊要求时，$K$ 值取 $z/6$ 或最接近的整齿数）。

表 13-81 径向跳动公差 F_r 值 （单位：μm）

中点分度圆直径/mm		中点法向模数/mm	精度等级					
大于	到		7	8	9	10	11	12
	125	≥1～3.5	36	45	56	71	90	112
		>3.5～6.3	40	50	63	80	100	125
		>6.3～10	45	56	71	90	112	140
		>10～16	50	63	80	100	120	150

续表

中点分度圆直径/mm		中点法向模数/mm	精度等级					
大于	到		7	8	9	10	11	12
125	400	≥1~3.5	50	63	80	100	125	160
		>3.5~6.3	56	71	90	112	140	180
		>6.3~10	63	80	100	125	160	200
		>10~16	71	90	112	140	180	224
		>16~25	80	100	125	160	200	250
400	800	≥1~3.5	63	80	100	125	160	200
		>3.5~6.3	71	90	112	140	180	224
		>6.3~10	80	100	125	160	200	250
		>10~16	90	112	140	180	224	280
		>16~25	100	125	160	200	250	315
800	1600	≥1~3.5						
		>3.5~6.3	80	100	125	160	200	250
		>6.3~10	90	112	140	180	224	280
		>10~16	100	125	160	200	250	315
		>16~25	112	140	180	224	280	360

表 13-82　　周期误差的公差 f'_{zK} 值（齿轮副周期误差的公差 f'_{zKc} 值）　　（单位：μm）

中点分度圆直径/mm		中点法向模数/mm	精度等级 5　齿轮在一转（齿轮副在大轮一转）内的周期数									精度等级 6　齿轮在一转（齿轮副在大轮一转）内的周期数									精度等级 7		
大于	到		≥2~4	>4~8	>8~16	>16~32	>32~63	>63~125	>125~250	>250~500	>500	≥2~4	>4~8	>8~16	>16~32	>32~63	>63~125	>125~250	>250~500	>500	≥2~4	>4~8	>8~16
	125	≥1~6.3	7.1	5	3.8	3	2.5	2.1	1.9	1.7	1.6	11	8	6	4.8	3.8	3.2	3	2.6	2.5	17	13	10
		>6.3~10	8.5	6	4.5	3.6	2.8	2.5	2.1	1.9	1.8	13	9.5	7.1	5.6	4.5	3.8	3.4	3	2.8	21	15	11
125	400	≥1~6.3	10	7.1	5.6	4.5	3.4	3	2.8	2.4	2.2	16	11	8.5	6.7	5.6	4.8	4.2	3.8	3.6	25	18	13
		>6.3~10	11	8	6.5	4.8	4	3.2	3	2.6	2.5	18	13	10	7.5	6	5.3	4.5	4.2	4	28	20	16
400	800	≥1~6.3	13	9.5	7.1	5.6	4.5	4	3.4	3	2.8	21	15	11	9	7.1	6	5.3	5	4.8	32	24	18
		>6.3~10	14	10.5	8	6	5	4.2	3.6	3.2	3	22	17	12	9.5	7.5	6.7	6	5.3	5	36	26	19
800	1600	≥1~6.3	14	10.5	8	6.3	5	4.2	3.8	3.4	3.2	24	17	15	10	8	7.5	7	6.3	6	36	26	20
		>6.3~10	16	15	10	7.5	6.3	5.3	4.8	4.2	4	27	20	15	12	9.5	8	7.1	6.7	6.3	42	30	22

中点分度圆直径/mm		中点法向模数/mm	精度等级														
			7						8								
			齿轮在一转(齿轮副在大轮一转)内的周期数														
大于	到	/mm	>16~32	>32~63	>63~125	>125~250	>250~500	>500	≥2~4	>4~8	>8~16	>16~32	>32~63	>63~125	>125~250	>250~500	>500
	125	≥1~6.3	8	6	5.3	4.5	4.2	4	25	18	13	10	8.5	7.5	6.7	6	5.6
	125	>6.3~10	9	7.1	6	5.3	5	4.5	28	21	16	12	10	8.5	7.5	7	6.7
125	400	≥1~6.3	10	9	7.5	6.7	6	5.6	36	26	19	15	12	10	9	8.5	8
125	400	>6.3~10	12	10	8	7.5	6.7	6.3	40	30	22	17	14	12	10.5	10	8.5
400	800	≥1~6.3	14	11	10	8.5	8	7.5	45	32	25	19	16	13	12	11	10
400	800	>6.3~10	15	12	10	9.5	8.5	8	50	36	28	21	17	15	13	12	11
800	1600	≥1~6.3	16	13	11	10	8.5	8	53	38	28	22	18	15	14	12	11
800	1600	>6.3~10	18	15	12	11	10	9.5	63	44	32	26	22	18	16	14	13

表 13-83   单个齿距极限偏差±f_{pt}值   (单位：μm)

中点分度圆直径/mm		中点法向模数/mm	精度等级								
大于	到		4	5	6	7	8	9	10	11	12
	125	≥1~3.5	4	6	10	14	20	28	40	56	80
	125	>3.5~6.3	5	8	13	18	25	36	50	71	100
	125	>6.3~10	5.5	9	14	20	28	40	56	80	112
	125	>10~16		11	17	24	34	48	67	100	130
125	400	≥1~3.5	4.5	7	11	16	22	32	45	63	90
125	400	>3.5~6.3	5.5	9	14	20	28	40	56	80	112
125	400	>6.3~10	6	10	16	22	32	45	63	90	125
125	400	>10~16		11	18	25	36	50	71	100	140
125	400	>16~25			32	45	63	90	125	180	
400	800	≥1~3.5	5	8	13	18	25	36	50	71	100
400	800	>3.5~6.3	5.5	9	14	20	28	40	56	80	112
400	800	>6.3~10	7	11	18	25	36	50	71	100	140
400	800	>10~16		12	20	28	40	56	80	112	160
400	800	>16~25			36	50	71	100	140	200	
800	1600	≥1~3.5									
800	1600	>3.5~6.3		10	16	22	32	45	63	90	125
800	1600	>6.3~10	7	11	18	25	36	50	71	100	140
800	1600	>10~16		13	20	28	40	56	80	112	160
800	1600	>16~25			36	50	71	100	140	200	

表 13-84　齿形相对误差的公差 f_c 值

（单位：μm）

中点分度圆直径/mm 大于	到	中点法向模数/mm	精度等级 5	6	7	8
	125	≥1~3.5	4	5	8	10
		>3.5~6.3	5	6	9	13
		>6.3~10	6	8	11	17
		>10~16	7	10	15	22
125	400	≥1~3.5	5	7	9	13
		>3.5~6.3	6	8	11	15
		>6.3~10	7	9	13	19
		>10~16	8	11	17	25
		>16~25			22	34
400	800	≥1~3.5	6		12	18
		>3.5~6.3	7	10	14	20
		>6.3~10	8	11	16	24
		>10~16		13	20	30
		>16~25			25	38
800	1600	≥1~3.5				
		>3.5~6.3	9	13	19	28
		>6.3~10	10	14	21	32
		>10~16	11	16	25	38
		>16~25			30	48

注：表中数值用于测量齿轮加工机床滚切传动链误差的方法，当采用选择基准齿面的方法时，表中数值乘以 1.1。

表 13-85　齿轮副轴交角综合偏差 $F''_{i\Sigma c}$

（单位：μm）

中点分度圆直径/mm 大于	到	中点法向模数/mm	精度等级 7	8	9	10	11	12
	125	≥1~3.5	67	85	110	130	170	200
		>3.5~6.3	75	95	120	150	190	240
		>6.3~10	85	105	130	170	220	260
		>10~16	100	120	150	190	240	300
125	400	≥1~3.5	100	125	160	190	250	300
		>3.6~6.3	105	130	170	200	260	340
		>6.3~10	120	150	180	220	280	360
		>10~16	130	160	200	250	320	400
		>16~25	150	190	220	280	375	450
400	800	≥1~3.5	130	160	200	260	320	400
		>3.5~6.3	140	170	220	280	340	420
		>6.3~10	150	190	240	300	360	450
		>10~16	160	200	260	320	400	500
		>16~25	180	240	280	360	450	560
800	1600	≥1~3.5	150	180	240	280	360	450
		>3.5~6.3	160	200	250	320	400	500
		>6.3~10	180	220	280	360	450	560
		>10~16	200	250	320	400	500	600
		>16~25	280	340	450	560	670	

表 13-86　侧隙变动公差 F_{vj} 值

（单位：μm）

直径/mm 大于	到	中点法向模数/mm	精度等级 9	10	11	12
	125	≥1~3.5	75	90	120	150
		>3.5~6.3	80	100	130	160
		>6.3~10	90	120	150	180
		>10~16	105	130	170	200
125	400	≥1~3.5	110	140	170	200
		>3.5~6.3	120	150	180	220
		>6.3~10	130	160	200	250
		>10~16	140	170	220	280
		>16~25	160	200	250	320
400	800	≥1~3.5	140	180	220	280
		>3.5~6.3	150	190	240	300
		>6.3~10	160	200	260	320
		>10~16	180	220	280	340
		>16~25	200	250	300	380
800	1600	≥1~3.5				
		>3.5~6.3	170	220	280	360
		>6.3~10	200	250	320	400
		>10~16	200	270	340	440
		>16~25	240	300	380	480

注：1. 取大小轮中点分度圆直径之和的一半作为查表直径。

2. 对于齿数比为整数，且不大于 3（1、2、3）的齿轮副，当采用选配时，可将侧隙变动公差 F_{vj} 值减小 25% 或更多些。

表 13-87　齿轮副-齿轴交角综合偏差 $F''_{i\Sigma c}$ 值

（单位：μm）

中点分度圆直径/mm 大于	到	中点法向模数/mm	精度等级 7	8	9	10	11	12
	125	≥1~3.5	28	40	53	67	85	100
		>3.5~6.3	36	50	60	75	95	120
		>6.3~10	40	56	71	90	110	140
		>10~16	48	67	85	105	140	170
125	400	≥1~3.5	32	45	60	75	95	120
		>3.5~6.3	40	56	67	80	105	130
		>6.3~10	45	63	80	100	125	150
		>10~16	50	71	90	120	150	190
400	800	≥1~3.5	36	50	67	80	105	130
		>3.5~6.3	40	56	75	90	120	150
		>6.3~10	50	71	85	105	140	170
		>10~16	56	80	100	130	160	200
800	1600	≥1~3.5						
		>3.5~6.3	45	63	80	105	130	160
		>6.3~10	50	71	90	120	150	180
		>10~16	56	80	110	140	170	210

表 13-88 　　　　　　　　　　接触斑点大小与精度等级的关系

精度等级	4～5	6～7	8～9	10～12	精度等级	4～5	6～7	8～9	10～12
沿齿长方向（%）	60～80	50～70	36～65	25～55	沿齿高方向（%）	65～85	55～75	40～70	36～60

注：表中数值范围用于齿面修形的齿轮。对齿面不作修形的齿轮，其接触斑点大小不大于其平均值。

表 13-89 　　　　　　　齿轮副齿频周期误差的公差 f'_{zzc} 值 　　　　　　　（单位：μm）

齿数 大于	齿数 到	中点法向模数 /mm	精度等级 5	6	7	8	齿数 大于	齿数 到	中点法向模数 /mm	精度等级 5	6	7	8
	16	≥1～3.5	6.7	10	15	22	63	125	>10～16	15	22	34	48
		>3.5～6.3	8	12	18	28			≥1～3.5	8.5	13	19	28
		>6.3～10	10	14	22	32	125	250	>3.5～6.3	11	16	24	34
16	32	≥1～3.5	7.1	10	16	24			>6.3～10	13	19	30	42
		>3.5～6.3	8.5	13	19	28			>10～16	16	24	36	53
		>6.3～10	11	16	24	34			≥1～3.5	9.5	14	21	30
		>10～16	13	19	28	42	250	500	>3.5～6.3	12	18	28	40
32	63	≥1～3.5	7.5	11	17	24			>6.3～10	15	22	34	48
		>3.5～6.3	9	14	20	30			>10～16	18	28	42	60
		>6.3～10	11	17	24	36			≥1～3.5	11	16	24	34
		>10～16	14	20	30	45	500		>3.5～6.3	14	21	30	45
63	125	≥1～3.5	8	12	18	25			>6.3～10	14	25	38	56
		>3.5～6.3	10	15	22	32			>10～16	21	32	48	71
		>6.3～10	12	18	26	38							

注：1. 表中齿数为齿轮副中大轮齿数。

2. 表中数值用于纵向有效重合度 $\varepsilon_{\beta e} \leqslant 0.45$ 的齿轮副。对 $\varepsilon_{\beta e} > 0.45$ 的齿轮副，表中的 f'_{zzc} 值按以下规定减小：$\varepsilon_{\beta e} > 0.45～0.58$，表中值乘以 0.6；$\varepsilon_{\beta e} > 0.58～0.67$，乘以 0.4；$\varepsilon_{\beta e} > 0.67$，乘以 0.3。纵向有效重合度 $\varepsilon_{\beta e}$，等于名义纵向重合度 ε_{β} 乘以齿长方向接触斑点大小百分比的平均值。

表 13-90 　　　　　　　　　　最小法向侧隙 j_{nmin} 值 　　　　　　　（单位：μm）

中点锥距 /mm 大于	中点锥距 /mm 到	小轮分锥角 /(°) 大于	小轮分锥角 /(°) 到	最小法向侧隙种类 h	e	d	c	b	a	中点锥距 /mm 大于	中点锥距 /mm 到	小轮分锥角 /(°) 大于	小轮分锥角 /(°) 到	最小法向侧隙种类 h	e	d	c	b	a
	50		15	0	15	22	36	58	90	200	400	25		0	52	81	130	210	320
		15	25	0	21	33	52	84	130				15	0	40	63	100	160	250
		25		0	25	39	62	100	160	400	800	15	25	0	57	89	140	230	360
50	100		15	0	21	33	52	84	130			25		0	70	110	175	280	440
		15	25	0	25	39	62	100	160				15	0	52	81	130	210	320
		25		0	30	46	74	120	190	800	1600	15	25	0	80	125	200	320	500
100	200		15	0	25	39	62	100	160			25		0	105	165	260	420	660
		15	25	0	35	54	87	140	220				15	0	70	110	175	280	440
		25		0	40	63	100	160	250	1600		15	25	0	125	195	310	500	780
200	400		15	0	30	46	74	120	190			25		0	175	280	440	710	1100
		15	25	0	46	72	115	185	290										

注：1. 正交齿轮副按中点锥距 R_m 查表。非正交齿轮副按下式算出的 R' 查表：

$$R' = \frac{R_m}{2}(\sin 2\delta_1 - \sin 2\delta_2)，或中 \delta_1 和 \delta_2 为大、小轮分锥角。$$

2. 准双曲面齿轮副按大轮中点锥距查表。

表 13-91　　　　　　　　　　　齿厚上偏差 E_{ss}^- 值的求法　　　　　　　　（单位：μm）

	中点法向模数 /mm	中点分度圆直径/mm										
		125			>125~400			>400~800			>800~1600		
		分锥角/(°)											
		≤20	>20~45	>45	≤20	>20~45	>45	≤20	>20~45	>45	≤20	>20~45	>45
基本值	≥1~3.5	−20	−20	−22	−28	−32	−30	−36	−50	−45			
	>3.5~6.3	−22	−22	−25	−32	−32	−30	−38	−55	−45	−75	85	−80
	>6.3~10	−25	−25	−28	−36	−36	−34	−40	−55	−50	−80	−90	−85
	>10~16	−28	−28	−30	−36	−38	−36	−48	−60	−55	−80	−100	−85
	>16~25				−40	−40	−40	−50	−65	−60	−80	−100	−90

	最小法向侧隙种类	第Ⅱ公差组精度等级						
		4~6	7	8	9	10	11	12
系数	h	0.9	1.0					
	e	1.45	1.6					
	d	1.8	2.0	2.2				

	最小法向侧隙种类	第Ⅱ公差组精度等级						
		4~6	7	8	9	10	11	12
系数	c	2.4	2.7	3.0	3.2			
	b	3.4	3.8	4.2	4.6	4.9		
	a	5.0	5.5	6.0	6.6	7.0	7.8	9.0

注：1. 各最小法向侧隙种类和各精度等级齿轮的 E_{ss}^- 值，由基本值栏查出的数值乘以系数得到。

2. 当轴交角公差带相对零线不对称时，E_{ss}^- 值应作修正：当增大轴交角上偏差时，E_{ss}^- 加上 $(E_{\Sigma s}-|E_{\Sigma}|)\tan\alpha$；当减小轴交角上偏差时，$E_{ss}^-$ 减去 $(|E_{\Sigma i}|-|E_{\Sigma}|)\tan\alpha$。$E_{\Sigma s}$、$E_{\Sigma i}$ 分别为修改后的轴交角上、下偏差；E_{Σ} 见表 13-96。

3. 允许把大、小轮齿厚上偏差(E_{ss1}^-、E_{ss2}^-)之和，重新分配在两个齿轮上。

表 13-92　　　　　　　　　　　齿厚公差 T_s^- 值　　　　　　　　　　　（单位：μm）

齿圈跳动公差		法向侧隙公差种类				
大于	到	H	D	C	B	A
	8	21	25	30	40	52
8	10	22	28	34	45	55
10	12	24	30	36	48	60
12	16	26	32	40	52	65
16	20	28	36	45	58	75
20	25	32	42	52	65	85
25	32	38	48	60	75	95
32	40	42	55	70	85	110
40	50	50	65	80	100	130
50	60	60	75	95	120	150
60	80	70	90	110	130	180
80	100	90	110	140	170	220
100	125	110	130	170	200	260
125	160	130	160	200	250	320
160	200	160	200	260	320	400
200	250	200	250	320	380	500
250	320	240	300	400	480	630
320	400	300	380	500	600	750
400	500	380	480	600	750	950
500	630	450	500	750	950	1180

表 13-93 最大法向侧隙(j_{nmax})的制造误差补偿部分 E_{sA}^-值 （单位：μm）

第Ⅱ公差组精度等级	中点法向模数/mm	中点分度圆直径/mm											
		≤125			>125～400			>400～800			>800～1600		
		分锥角/(°)											
		≤20	>20～45	>45	≤20	>20～45	>45	≤20	>20～45	>45	≤20	>20～45	>45
4～6	≥1～3.5	18	18	20	25	28	28	32	45	40			
	>3.5～6.3	20	20	22	28	28	28	34	50	40	67	75	72
	>6.3～10	22	22	25	32	32	30	36	50	45	72	80	75
	>10～16	25	25	28	32	34	32	45	55	50	72	90	75
	>16～25				36	36	36	45	56	55	72	90	85
7	≥1～3.5	20	20	22	28	32	30	36	50	45			
	>3.5～6.3	22	22	25	32	32	30	38	55	45	75	85	80
	>6.3～10	25	25	28	36	36	34	40	55	50	80	90	85
	>10～16	28	28	30	36	38	36	48	60	55	80	100	85
	>16～25				40	40	40	50	65	60	80	100	95
8	≥1～3.5	22	22	24	30	36	32	40	55	50			
	>3.5～6.3	24	24	28	36	36	32	42	60	50	80	90	85
	>6.3～10	28	28	30	40	40	38	45	60	55	85	100	95
	>10～16	30	30	32	40	42	40	55	65	60	85	110	95
	>16～25				45	45	45	55	72	65	85	110	105
9	≥1～3.5	24	24	25	32	38	36	45	65	55			
	>3.5～6.3	25	25	30	38	38	36	45	65	55	90	100	95
	>6.3～10	30	30	32	45	45	40	48	65	60	95	110	100
	>10～16	32	32	36	45	45	45	48	70	65	95	120	100
	>16～45				48	48	48	60	75	70	95	120	115
10	≥1～3.5	25	25	28	36	42	40	48	65	60			
	>3.5～6.3	28	28	32	42	42	40	50	70	60	95	110	105
	>6.3～10	32	32	36	48	48	45	50	70	65	105	115	110
	>10～16	36	36	40	48	50	48	60	80	70	105	130	110
	>16～25				50	50	50	65	85	80	105	130	125
11	≥1～3.5	30	30	32	40	45	45	50	70	65			
	>3.5～6.3	32	32	36	45	45	45	55	80	65	110	125	115
	>6.3～10	36	36	40	50	50	50	60	80	70	115	130	125
	>10～16	40	40	45	50	55	50	70	85	80	115	145	125
	>16～25				60	60	60	70	95	85	115	145	140
12	≥1～3.5	32	32	35	45	50	48	60	80	70			
	>3.5～6.3	35	35	40	50	50	48	60	90	70	120	135	130
	>6.3～10	40	40	45	60	60	55	65	90	80	130	145	135
	>10～16	45	45	48	60	60	60	75	95	90	130	160	135
	>16～25				65	65	65	80	105	95	130	160	150

表 13-94　齿圈轴向位移极限偏差 ±f_{AM} 值 (单位：μm)

中点锥距/mm		分锥角/(°)		精度等级 5				精度等级 6				精度等级 7					精度等级 8				
大于	到	大于	到	≥1~3.5	>3.5~6.3	>6.3~10	>10~16	≥1~3.5	>3.5~6.3	>6.3~10	>10~16	≥1~3.5	>3.5~6.3	>6.3~10	>10~16	>16~25	≥1~3.5	>3.5~6.3	>6.3~10	>10~16	>16~25
	50		20	5	9			8	14			11	20				16	28			
	50	20	45	4.2	7.5			6.7	12			9.5	17				13	24			
50	100		20	11	16	30		17	26	48		24	38	67			34	53	95		
50	100	20	45	9	14	25		15	22	40		21	32	56			30	45	80		
100	200		20	21	36	63		34	60	100		48	85	140			67	120	200		
100	200	20	45	18	30	53		30	50	85		42	71	120			60	100	170		
200	400		20		75	130			120	210			170	300				250	420		
200	400	20	45		63	110			105	180			150	250				210	360		
400	800		20		160	300			250	480			340	630				480	900		
400	800	20	45		140	250			220	400			280	530				400	760		
800	1600		20			530				750				1050							
800	1600	20	45			450				630				900							
1600			20											220	530	630			320	760	900
1600		20	45											200	480	560					

续表

中点法向模数/mm

中点锥距/mm 大于	到	分锥角/(°) 大于	到	精度等级 9 ≥1~3.5	9 >3.5~6.3	9 >6.3~10	9 >10~16	9 >16~25	10 ≥1~3.5	10 >3.5~6.3	10 >6.3~10	10 >10~16	10 >16~25	11 ≥1~3.5	11 >3.5~6.3	11 >6.3~10	11 >10~16	11 >16~25	12 ≥1~3.5	12 >3.5~6.3	12 >6.3~10	12 >10~16	12 >16~25
	50		20	40	22				56	32				80	45				110	63			
	50	20	45	34	19				48	26				67	38				95	53			
	50	45		14	8				20	11				28	16				40	22			
50	100		20	140	75	38			190	105	50			280	150	75			380	210	105		
50	100	20	45	120	63	30			160	90	45			220	130	63			320	180	90		
50	100	45		48	26	13			67	38	18			95	53	26			130	75	36		
100	200		20	300	160	80	85		420	240	110	120		600	320	160	170		850	450	220	300	
100	200	20	45	260	140	67	75		360	190	95	105		500	280	130	150		710	380	190	250	
100	200	45		105	60	28	30		150	80	40	45		210	120	56	60		300	160	80	105	
200	400		20	670	360	170	190	240	950	500	240	260	340	1300	750	340	380	560	1900	1000	480	670	
200	400	20	45	560	300	150	160	200	800	420	200	220	280	1100	600	280	300	480	1600	850	400	560	
200	400	45		240	130	60	67	85	340	180	85	95	120	500	260	120	130	200	670	360	170	240	
400	800		20	1500	800	380	400	500	2100	1100	500	560	750	3000	1600	750	800	1200	4200	2200	1000	1400	
400	800	20	45	1300	670	300	340	440	1700	950	440	480	630	2500	1400	630	670	1000	3600	1900	850	1200	
400	800	45		530	280	130	140	180	750	400	180	200	260	1050	560	260	280	420	1500	800	360	600	
800	1600		20		1100	800	800	1100		1500	1100	1200	1600		2200	1600	1700	2500		3000	2200	3000	
800	1600	20	45			670	670	950			950	1000	1300			1300	1400	2100			1900	2500	
800	1600	45				280	280	400			400	420	560			560	600	900			800	1050	
1600			20			1200	1700	2200			1700	2500				2500	3600				3600		
1600		20	50			1050	1500	1900			1500	2100				2100	3000				3000		
1600		45				450	630	800			630	900				900	1300				1300		

注: 1. 表中数值用于非修形齿轮。对修形齿轮允许采用低 1 级的 $\pm f_{AM}$ 值。
2. 表中数值用于 $\alpha=20°$ 的齿轮。对 $\alpha\neq20°$ 的齿轮，将表中数值乘以 $\sin20°/\sin\alpha$。

表 13-95　　　　　　　　　　　　　轴间距极限偏差±f_a 值　　　　　　　　　　　（单位：μm）

中点锥距/mm		精度等级							
大于	到	5	6	7	8	9	10	11	12
	50	10	12	18	28	36	67	105	180
50	100	12	15	20	30	45	75	120	200
100	200	15	18	25	36	55	90	150	240
200	400	18	25	30	45	75	120	190	300
400	800	25	30	36	60	90	150	250	360
800	1600	36	40	50	85	130	200	300	450
1600		45	56	67	100	160	280	420	630

注：1. 表中数值用于无纵向修形的齿轮副。对纵向修形的齿轮副，允许采用低 1 级的±f_a 值。

　　2. 对准双曲面齿轮副，按大轮中点锥距查表。

表 13-96　　　　　　　　　　　　　轴交角极限偏差±E_Σ 值　　　　　　　　　　　（单位：μm）

中点锥距/mm		小轮分锥角/(°)		最小法向侧隙种类					中点锥距/mm		小轮分锥角/(°)		最小法向侧隙种类				
大于	到	大于	到	h	e	d	c	b	a	大于	到	大于	到	h	e	d	c	b	a

中点锥距/mm		小轮分锥角/(°)		h	e	d	c	b	a
	50		15	7.5	11	18	30	45
		15	25	10	16	26	42	63
		25		12	19	30	50	80
50	100		15	10	16	26	42	63
		15	25	12	19	30	50	80
		25		15	22	32	60	95
100	200		15	12	19	30	50	80
		15	25	17	26	45	71	110
		25		20	32	50	80	125
200	400		15	15	22	32	60	95
		12	25	24	36	56	90	140

中点锥距/mm		小轮分锥角/(°)		h	e	d	c	b	a
200	400	25		26	40	63	100	160
400	800		15	20	32	50	80	125
		15	25	28	45	71	110	180
		25		34	56	85	140	220
800	1600		15	26	40	63	100	160
		15	25	40	63	100	160	250
		25		53	85	130	210	320
1600			15	34	66	85	140	222
		15	25	63	95	160	250	380
		25		85	140	220	340	530

注：1. ±E_Σ 的公差带位置相对于零线，可以不对称或取在一侧。

　　2. 准双曲面齿轮副按大轮中点锥距查表。

　　3. 表中数值用于正交齿轮副。对非正交齿轮副的±E_Σ 值为±$j_{nmin}/2$。

　　4. 表中数值用于 $\alpha = 20°$ 的齿轮副。对 $\alpha \neq 20°$ 的齿轮副，要将表中数值乘以 $\sin20°/\sin\alpha$。

第 14 章 蜗 杆 传 动

14.1 概述

14.1.1 蜗杆传动的类型

根据蜗杆分度曲面形状，蜗杆传动可以分为圆柱蜗杆传动、环面蜗杆传动和锥面蜗杆传动三类（见图 14-1），按其齿廓形状及形成原理，还可细分如下：

其中，ZA、ZI、ZN、ZK 统称普通圆柱蜗杆传动。

$$
蜗杆传动
\begin{cases}
圆柱蜗杆传动
\begin{cases}
阿基米德圆柱蜗杆传动（ZA 型）\\
渐开线圆柱蜗杆传动（ZI 型）\\
法向直廓蜗杆传动（ZN 型）\\
锥面包络蜗杆传动（ZK 型）\\
圆弧圆柱蜗杆传动（ZC 型）
\end{cases}\\
环面蜗杆传动
\begin{cases}
直廓环面蜗杆传动（TA 型）\\
曲齿廓环面蜗杆传动\\
平面包络环面蜗杆传动（TP 型）\\
锥面包络环面蜗杆传动（TK 型）\\
渐开面包络环面蜗杆传动（TI 型）
\end{cases}\\
锥面蜗杆传动
\end{cases}
$$

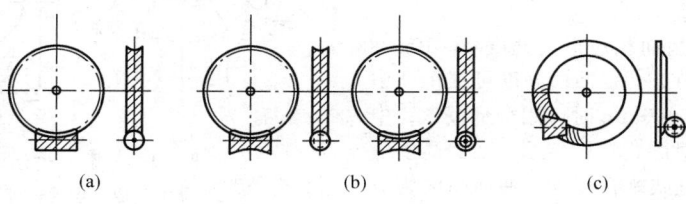

图 14-1　蜗杆传动类型

（a）圆柱蜗杆传动；（b）环面蜗杆传动；（c）锥面蜗杆传动

14.1.2 蜗杆与蜗轮材料

蜗杆和蜗轮的材料不仅要求有足够的强度，更重要的是使配对材料具有良好的减摩性、耐磨性和跑合性能。为此，蜗杆传动常采用淬硬的钢制蜗杆与青铜蜗轮（低速时可用铸铁）相匹配。

（1）蜗杆材料。蜗杆一般用优质碳钢或合金钢制成，毛坯应采用锻件。蜗杆的齿面经热处理后有很高的硬度，而心部要有良好的韧性。蜗杆常用材料及热处理列于表 14-1，热处理齿表面硬化层厚度见表 14-2。

表 14-1　　　　　　　　　　　　　　　蜗杆常用材料及热处理

材 料 牌 号	热处理方法	齿面硬度	齿面粗糙度 $Ra/\mu m$
45、35SiMn、40Cr、40CrNi、35CrMo、42CrMo	调质	≤350HBW	1.6～3.2
45、40Cr、40CrNi、35CrMo	表面淬火	45～55HRC	≤0.8
20Cr、20CrV、20CrMnTi、12CrNi3A、20CrMnMo	渗碳淬火	58～63HRC	≤0.8
38CrMoAl、42CrMo、50CrVA	氮化	63～69HRC	≤0.8

表 14-2 蜗杆齿表面硬化层厚度 （单位：mm）

模　数	≤1.25	>1.25～2.5	>2.5～4	>4～5	>5
公称厚度	0.3	0.5	0.9	1.3	1.5
深度范围	0.2～0.4	0.4～0.7	0.7～1.1	1.1～1.5	1.3～1.6

（2）蜗轮材料。蜗轮齿圈毛坯为铸件，可用金属模、砂模或离心铸造。常用材料有：

1）铸锡青铜。性能优良，可用于较高速度的场合，是理想的蜗轮材料。常用牌号有 ZCuSn10P1、ZCuSn10Zn2、ZCuSn5Pb5Zn5 等。

2）铸铝铁青铜。跑合性能和抗胶合能力较差，可用于 $v_s \leqslant 4\text{m/s}$ 的传动。常用牌号有 ZCuAl10Fe3、ZCuAl10Fe3Mn2 等。

3）灰铸铁及球墨铸铁。可用于 $v_s \leqslant 2\text{m/s}$、不重要的传动。常用牌号有 HT150、HT200、HT250、QT700-2 等 [v_s 为滑动速度，见式（10-3）]。

（3）蜗杆与蜗轮材料的匹配。蜗杆与蜗轮材料的匹配列于表 14-3。

表 14-3 蜗杆与蜗轮材料的匹配

蜗轮材料	ZCuSn10Zn2	ZCuSn10P1	ZCuAl10Fe3	灰铸铁	备　注
蜗杆材料	20CrMnTi、40Cr 等	20CrMnTi、40Cr 等	40Cr 等	45、40Cr 等	
特性	$v_s \geqslant 8 \sim 26\text{m/s}$	$v_s \geqslant 5 \sim 10\text{m/s}$	$v_s \leqslant 4\text{m/s}$	$v_s \leqslant 2\text{m/s}$	

14.1.3 蜗杆传动的润滑

蜗杆传动过程中，齿面相对滑动速度大，导致传动效率低、损耗功率大，易使油温升高，从而限制蜗杆传动的承载能力。为此，需要合理选择润滑方法和润滑油，以改善齿面间的润滑条件。

（1）润滑方法的选择。

1）浸油润滑。当齿面相对滑动速度 $v \leqslant 10\text{m/s}$ 时多采用油池浸油润滑方式，油面高度可视传动中心距而定；中心距 $a < 100\text{mm}$ 时可用全部浸入；中心距 $a \geqslant 100\text{mm}$ 时，对卧式蜗杆传动，油面高度应与蜗杆轴线一致；对立式蜗杆传动，油面高度则应与蜗轮轴线一致。

2）压力喷油润滑。当齿面相对滑动速度 $v > 10\text{m/s}$ 时多采用压力喷油润滑，一般为集中油站供油，用泵将润滑油通过油嘴喷在蜗杆传动齿面的啮合区处。若蜗杆双向运行，应设两个喷油嘴，如图 14-2（a）所示。喷油润滑时油的循环过程如图 14-2（b）所示。

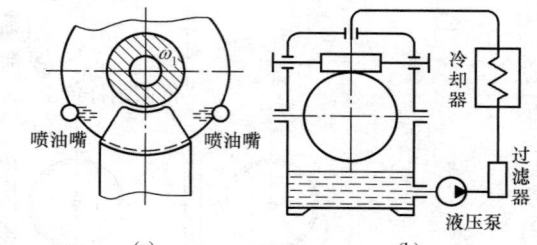

图 14-2　压力喷油润滑示意图
（a）喷油嘴放置位置；（b）油循环示意图

喷油润滑油的黏度取 160～170cSt/40℃（1cSt = $10^{-6}\text{m}^2/\text{s}$），喷油压力取 0.15～0.25MPa，每分钟的注油量列于表 14-4 中。

表 14-4 压力喷油润滑注油量

中心距 a/mm	100	125	(140)	160	(180)	200	(225)	250	(280)	315	(355)	400	(450)	500
注油量/(L/min)	2	3	3	4	4	6	6	10	10	15	15	20	20	20

（2）润滑油的选择。

1）润滑油应具有良好的油性、极压性及在高温下的抗氧化性。

2）润滑油应具有较高的黏度、良好的安定性。

3）应选用油脂性添加剂，其次选用磷型极压添加剂，最后选用铅型添加剂，不宜用氯型添加剂。

蜗杆传动通常使用矿物油和极性矿物油，常用的润滑油的黏度和牌号列在表 14-5 中。

表 14-5 润滑油的选择

速度 v_s/(m/s)	≤2.2	>2.2～5	>5～12	>12
油黏度/cSt (40℃)	612～748	414～506	288～352	198～242
油的牌号	680	460	320	220

注：1cSt = $10^{-6}\text{m}^2/\text{s}$。

14.2　普通圆柱蜗杆传动

14.2.1　普通圆柱蜗杆传动的参数及尺寸

1. 基本参数

（1）基本齿廓。圆柱蜗杆以其轴向平面内的参数为基本齿廓的尺寸参数，GB/T 10087—2018 所规定的基本齿形适用于 $m \geqslant 1$mm、轴交角 $\Sigma = 90°$、齿形角 $\alpha = 20°$ 的普通圆柱蜗杆传动（见图 14-3）。基本齿廓在蜗杆轴向平面内的参数值为：

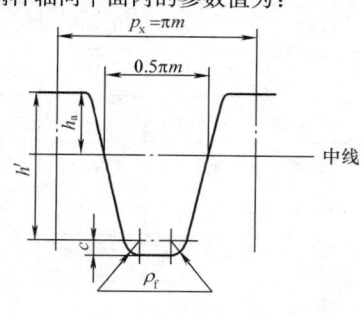

图 14-3　基本齿廓

1）正常齿高时齿顶高 $h_a = 1m$，工作齿高 $h' = 2m$；短齿时齿顶高 $h_a = 0.8m$，工作齿高 $h' = 1.6m$。

2）轴向齿距 $p_x = \pi m$，中线上的齿厚和齿槽相等。

3）顶隙 $c = 0.2m$，必要时允许采用 $c = 0.15m$ 和 $c = 0.35m$。

4）齿根圆角半径 $\rho_f = 0.3m$，必要时允许采用 $\rho_f = 0.2m$、$0.4m$ 或加工成圆弧。

5）允许齿顶倒圆，圆角半径 $\leqslant 0.2m$。

（2）模数 m。对于 $\Sigma = 90°$ 的蜗杆传动，蜗杆的轴向模数 m_x 与蜗轮的端面模数 m_t 相等，均用 m 表示。蜗杆模数 m 的标准值列于表 14-6。

（3）蜗杆头数和蜗轮齿数。蜗杆常用头数为 1，2，4，6。根据传动比和对传动效率的要求而定。单头蜗杆一般用于分度传动或有自锁要求的场合；动力传动蜗杆头数 z_1 一般可取为 2～4。蜗轮齿数一般在 $z_2 = 27 \sim 80$ 范围选取。

（4）蜗杆分度圆直径 d_1。为减少切制蜗轮所用滚刀的规格数量，蜗杆分度圆直径 d_1 也已标准化，其值见表 14-7。

表 14-6　　　　　　　　　**蜗杆模数 m 值**（GB/T 10088—2018）

第一系列	1	1.25	1.6	2	2.5	3.15	4	5	6.3
	8	10	12.5	16	20	25	31.5	40	
第二系列	1.5	3	3.5	4.5	5.5	6	7	12	14

表 14-7　　　　　　　**蜗杆分度圆直径 d_1 值**（GB/T 10088—2018）　　　　　（单位：mm）

第一系列	4	4.5	5	5.6	6.3	7.1	8	9	10	11.2	12.5	14	16	18	20
	22.4	25	28	31.5	35.5	40	45	50	56	63	71	80	90	100	112
	125	140	160	180	200	224	250	280	315	355	400				
第二系列	6	7.5	8.5	15	30	38	48	53	60	67	75	95	106	118	132
	144	170	190	300											

（5）蜗杆导程角 γ。蜗杆导程角 γ 与模数 m 及分度圆直径 d_1 有如下关系：

$$\tan \gamma = \frac{z_1 m}{d_1} \tag{14-1}$$

$$d_1 = \frac{z_1}{\tan \gamma} m = qm$$

$$q = \frac{z_1}{\tan \gamma} = \frac{d_1}{m} \tag{14-2}$$

q 称为蜗杆直径系数，也是蜗杆传动的重要参数之一。

在动力系统中，为提高传动效率，应在保证蜗杆强度和刚度的条件下尽量选取较大的 γ 值，即应选用多头数、小分度圆直径 d_1 的蜗杆传动。对于要求有自锁性能的传动，γ 取值应小于 $3°30'$。

（6）中心距 a。蜗杆传动中心距 a 的标准值见表 14-8。其中，$a \leqslant 125$mm 的中心距按 R10 系列确定，对较大的中心距按 R20 系列确定。

表 14-8　**圆柱蜗杆传动中心距 a 值**
（GB/T 19935—2005）
（单位：mm）

25	32	40	50	63	80	100	125	140	160
180	200	225	250	280	315	355	400	450	500

（7）传动比 i。普通圆柱蜗杆蜗轮的传动比 i 的荐用值见表 14-9。

普通圆柱蜗杆的主要传动参数见表 14-10。

表 14-9　　　　　　　　　　　　　传动比 i 的荐用值

z_1	1	2	4	6
i	30～80	15～32	7～16	5～8

表 14-10　　　　　　　　　　　　普通圆柱蜗杆传动参数

模数 m/mm	分度圆直径 d_1/mm	蜗杆头数 z_1	直径系数 q	m^2d_1/mm³	模数 m/mm	分度圆直径 d_1/mm	蜗杆头数 z_1	直径系数 q	m^2d_1/mm³
1	18*	1	18	18	6.3	(80)	1,2,4	12.698	3175.2
1.25	20		16	31.25		112*	1	17.778	4445.28
	22.4*	1	17.93	35	8	(63)	1,2,4	7.875	4032
1.6	20	1,2,4	12.5	51.2		80	1,2,4,6	10	5120
	28*	1	17.5	71.68		(100)	1,2,4,	12.5	6400
2	(18)	1,2,4	9	72		140*	1	17.5	8960
	22.4	1,2,4,6	11.2	89.6	10	(71)	1,2,4	7.1	7100
	(28)	1,2,4	14	112		90	1,2,4,6	9	9000
	35.5*	1	17.75	142		(112)	1,2,4	11.2	11 200
2.5	(22.4)	1,2,4	8.96	140		160	1	16	16 000
	28	1,2,4,6	11.2	175	12.5	(90)	1,2,4	7.2	14 062.5
	(35.5)	1,2,4	14.2	221.875		112	1,2,4	8.96	17 500
	45*	1	18	281.25		(140)	1,2,4	11.2	21 875
3.15	(28)	1,2,4	8.889	277.83		200	1	16	31 250
	35.5	1,2,4,6	11.27	352.25	16	(112)	1,2,4	7	28 672
	(45)	1,2,4	14.286	446.51		140	1,2,4	8.75	35 840
	56*	1	17.778	555.66		(180)	1,2,4	11.25	46 080
4	(31.5)	1,2,4	7.875	504		250	1	15.625	64 000
	40	1,2,4,6	10	640	20	(140)	1,2,4	7	56 000
	(50)	1,2,4	12.5	800		160	1,2,4	8	64 000
	71*	1	17.75	1136		(224)	1,2,4	11.2	89 600
5	(40)	1,2,4	8	1000		315	1	15.75	126 000
	50	1,2,4,6	10	1250	25	(180)	1,2,4	7.2	112 500
	(63)	1,2,4	12.6	1575		200	1,2,4	8	12 5000
	90*	1	18	2250		(280)	1,2,4	11.2	175 000
6.3	(50)	1,2,4	7.936	1984.5		400	1	16	250 000
	63	1,2,4,6	10	2500.47					

注：1. 括号内的数字尽量不采用。

　　　2. 带 * 的是导程角 $\gamma < 3°30'$ 的圆柱蜗杆。

2. 基本几何关系式

基本几何尺寸计算见表 14-11。

表 14-11 普通圆柱蜗杆传动几何计算

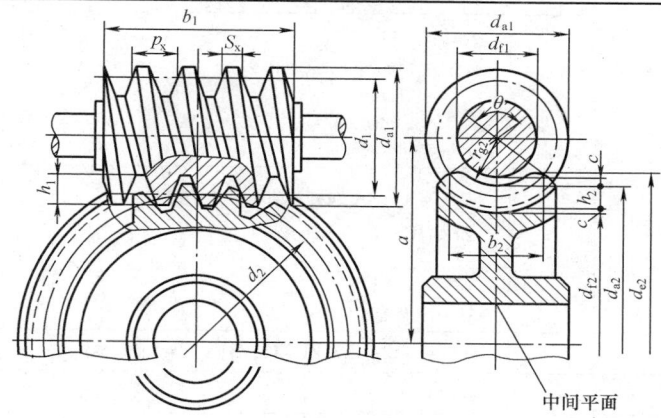

蜗杆副尺寸关系

序号	名　　称	代号	关　系　式	说　明
1	轴交角	Σ	$\Sigma = 90°$	通常用值
2	中心距/mm (取标准值)	a	$a = \dfrac{1}{2}(d'_1 + d'_2) = \dfrac{1}{2}d_1 + \dfrac{1}{2}d_2 = 0.5m(z_2 + q)$	标准传动
		a'	$a' = \dfrac{1}{2}(d'_1 + d'_2) = \dfrac{m}{2}(q + 2x) + \dfrac{d_2}{2} = 0.5m(z_2 + q + 2x)$	变位传动
3	传动比 多用 i_{12}	i_{12}	$i_{12} = \dfrac{n_1}{n_2} = \dfrac{z_2}{z_1} = \dfrac{d_2}{d_1 \tan\gamma_1} > 1$	减速传动
		i_{21}	$i_{21} = \dfrac{n_2}{n_1} = \dfrac{1}{i_{12}} \leqslant 1$	增速传动
4	齿数比	u	$u = \dfrac{z_2}{z_1} > 1 \quad i_{12} = u$	总大于 1
5	蜗杆齿数	z_1	$z_1 = 1 \sim 10 \quad$ 通常用 $z_1 = 1,2,4,6$	
6	蜗轮齿数	z_2	由传动比确定通常 $z_2 \geqslant 25$	
7	齿形角	α	ZA 蜗杆 $\alpha_{x1} = 20°$ 标准值 ZN、ZI、ZK 蜗杆 $\alpha_{n1} = 20°$ 标准值 $\gamma_1 > 30°$ 时允许取 $\alpha = 25°$	
8	模数 /mm	m	$m_{x1}\ m_{t2}$ 取为标准值	按标准值取
9	变位系数	x	$x = \dfrac{a'}{m} - 0.5(q + z_2) = \dfrac{a' - a}{m} = \dfrac{a'}{m} - \dfrac{d_1 + d_2}{2m}$ 一般应用范围 $-1 \leqslant x \leqslant 0.5$	尽量取负值
10	法向模数 /mm	m_n	$m_n = m_x \cos\gamma_1$	不取标准值
11	蜗杆直径系数	q	$q = \dfrac{d_1}{m} = \dfrac{z_1}{\tan\gamma_1}$	
12	蜗杆轴向齿距 /mm	p_{x1}	$p_{x1} = \pi m_x$	
13	蜗杆导程 /mm	p_{z1}	$p_{z1} = p_{x1} z_1 = \pi m z_1$	
14	蜗杆导程角	γ_1	$\gamma_1 = \arctan\left(\dfrac{z_1}{q}\right) = \arctan(m z_1 / d_1)$	

序号	名　称	代号	关　系　式	说　明
15	蜗杆节圆柱导程角	γ_1'	$\gamma_1' = \arctan\left(\dfrac{z_1}{q+2x}\right)$	
16	渐开线蜗杆： 基圆柱导程角 基圆直径 /mm 法向基节	γ_{b1} d_{b1} p_{bn}	$\gamma_{b1} = \arccos(\cos\alpha_n\cos\gamma_1)$ $d_{b1} = \dfrac{d_1\tan\gamma_1}{\tan\gamma_{b1}}$ $p_{bn} = \pi m\cos\gamma_{b1}$	
17	齿顶高系数	h_a^*	$h_{a1}^* = 1$ ZA 蜗杆 $h_{a1}^* = h_{a2}^* = 1$ ZI 蜗杆 $h_{a2} = \cos\gamma_1$ ZN、ZK 蜗杆 $\begin{cases} z_1 = 1\sim 3 & h_{a2} = 1 \\ z_1 > 3 & h_{a2}^* = \cos\gamma_1 \end{cases}$	
18	顶隙系数	c^*	$c^* = 0.2$ ZN、ZI、ZK 蜗杆 $c^* = 0.2\cos\gamma_1$	
19	蜗杆分度圆直径 /mm	d_1	$d_1 = mq$	取标准
20	蜗杆节圆直径 /mm	d_1'	$d_1' = m(q+2x) = d_1 + 2mx$	
21	蜗杆顶圆直径 /mm	d_{a1}	$d_{a1} = d_1 + 2mh_a^*$	
22	蜗杆齿根圆直径 /mm	d_{f1}	$d_{f1} = d_1 - 2(h_a^* + c^*)m$	
23	蜗杆齿顶高 /mm	h_{a1}	$h_{a1} = mh_{a1}^*$	
24	蜗杆齿根高 /mm	h_{f1}	$h_{f1} = m(h_{a1}^* + c^*)$	
25	蜗杆全齿高 /mm	h_1	$h_1 = h_{a1} + h_{f1} = (2h_a^* + c^*)m = 0.5(d_{a1} - d_{f1})$	
26	蜗杆齿宽 /mm	b_1	$b_1 = (12.5 + 0.1z_2)m$ 取优先整数磨齿蜗杆 $m \leqslant 6$ 时增 20mm　$m > 6$ 时增长 25mm	
27	蜗轮分度圆直径 /mm	d_2	$d_2 = mz_2$	
28	蜗轮节圆直径 /mm	d_2'	$d_2' = d_2$	
29	蜗轮喉圆直径 /mm	d_{a2}	$d_{a2} = d_2 + 2h_{a2}^*m + 2mx = m(z_2 + 2h_{a2}^* + 2x)$	
30	蜗轮根圆直径 /mm	d_{f2}	$d_{f2} = d_{a2} - 2h = d_2 - 2(h_{a2}^* + c^*)m + 2mx$	
31	蜗轮齿顶圆直径 /mm	d_{e2}	$d_{e2} = d_{a2} + (1\sim1.5)m$	取整数
32	蜗轮咽喉圆半径 /mm	r_{g2}	$r_{g2} = a' - 0.5d_{a2} = 0.5d_{a1} + c$	
33	蜗轮齿宽 /mm	b_2	$b_2 \approx 0.7d_{a1}$	取整数
34	蜗轮齿宽角	θ	$\theta = 2\arcsin\dfrac{b_2}{d_1}$	
35	顶隙 /mm	c	$c = 0.2m$	
36	蜗轮齿顶高 /mm	h_{a2}	$h_{a2} = h_{a2}^*m - mx = m(h_{a2} - x)$	
37	蜗轮齿根高 /mm	h_{f2}	$h_{f2} = (c^* + h_{a2}^*)m + mx = m(c^* + h_{a2}^* + x)$	
38	蜗轮中径 /mm	d_{m2}	$d_m = 2(a' - r_1) = d_2 + mx$	和蜗杆分度线相切的圆
39	蜗杆轴向齿厚 /mm	$\bar{s}_{x1}$	$s_x = 0.5\pi m_x$	
40	蜗杆法向齿厚 /mm	$\bar{s}_{n1}$	$s_{n1} = s_x\cos\gamma_1 = 0.5\pi m\cos\gamma_1$	
41	蜗杆轮齿法向测量齿高 /mm	$\bar{h}_{an1}$	$\bar{h}_{an1} = h_{am}^* + 0.5\bar{s}_{n1}\tan\left(0.5\arcsin\dfrac{\bar{s}_{n1}\sin^2\gamma_1}{d_1}\right)$	
42	测棒直径 /mm	D_m	$D_m \approx 1.67m$	选标准值

序号	名　称	代号	关　系　式	说　明
43	蜗杆跨棒距/mm	M_{d1}	$M_{d1}=d_1-(p_{x1}-0.5\pi m)\dfrac{\cos\gamma_1}{\tan\alpha_n}+D\left(\dfrac{1}{\sin\alpha_n}+1\right)$	
44	蜗杆传动重合度	ε_a	$\varepsilon_a\approx\dfrac{0.5\sqrt{d_{a2}^2+d_{b2}^2}+m(1-x_2)/\sin\alpha_x-0.5d_2\sin\alpha_x}{\pi m\cos\alpha_x}$ $d_{b2}=d_2\cos\alpha_x$	

14.2.2　普通圆柱蜗杆传动的承载能力计算

1. 蜗杆传动的滑动速度和效率

(1) 蜗杆传动的齿面滑动速度。蜗杆副工作时，蜗杆和蜗轮的啮合齿面间会产生相当大的相对滑动速度 v_s，由于滑动速度 v_s 大于蜗杆的圆周速度 v_1，所以对传动效率有很大影响，v_s 的数值可由下式求出：

$$v_s=\frac{v_1}{\cos\gamma}=\frac{\pi d_1 n_1}{6\times10^4\cos\gamma}\qquad(14\text{-}3)$$

式中　d_1——蜗杆分度圆直径(mm)；

$\qquad n_1$——蜗杆转速(r/min)；

$\qquad\gamma$——蜗杆分度圆导程角(°)。

(2) 蜗杆传动的效率。蜗杆传动的功率损耗包括啮合摩擦损耗、轴承摩擦损耗和搅油损耗三部分。因此总功率为：

$$\eta=\eta_1\eta_2\eta_3\qquad(14\text{-}4)$$

式中　η_1——齿面啮合效率；

$\qquad\eta_2$——轴承效率，滚动轴承 $\eta_1=0.98\sim0.99$，滑动轴承 $\eta_1=0.97\sim0.98$；

$\qquad\eta_3$——搅油效率，$\eta_3=0.95\sim0.99$。

蜗杆为主动件时　$\eta_1=\dfrac{\tan\gamma}{\tan(\gamma+\rho')}\qquad(14\text{-}5)$

蜗轮为主动件时　$\eta_1=\dfrac{\tan(\gamma-\rho')}{\tan\gamma}\qquad(14\text{-}6)$

式中，当量摩擦角 $\rho'=\arctan f'$，其实验值见表 14-12。

表 14-12　　　　　**普通圆柱蜗杆传动的当量摩擦因数和摩擦角**

蜗轮材料	锡青铜				无锡青铜		灰铸铁			
蜗杆硬度	≥45HRC		其　他		≥45HRC		≥45HRC		其　他	
滑动速度 $v/(\text{m/s})$	f_v'	ρ'	f_v'	ρ'	f_v'	ρ'	f_v'	ρ'	f_v'	ρ'
0.01	0.110	6°17′	0.120	6°51′	0.180	10°12′	0.180	10°12′	0.190	10°45′
0.05	0.090	5°09′	0.100	5°43′	0.140	7°58′	0.140	7°58′	0.160	9°05′
0.10	0.080	4°34′	0.090	5°09′	0.130	7°24′	0.130	7°24′	0.140	7°58′
0.25	0.065	3°43′	0.075	4°17′	0.100	5°43′	0.100	5°43′	0.120	6°51′
0.50	0.055	3°09′	0.065	3°43′	0.090	5°09′	0.090	5°09′	0.100	5°43′
1.0	0.045	2°35′	0.055	3°09′	0.070	4°00′	0.070	4°00′	0.090	5°09′
1.5	0.040	2°17′	0.050	2°52′	0.065	3°43′	0.065	3°43′	0.080	4°34′
2.0	0.035	2°00′	0.045	2°35′	0.055	3°09′	0.055	3°09′	0.070	4°00′
2.5	0.030	1°43′	0.040	2°17′	0.050	2°52′				
3.0	0.028	1°36′	0.035	2°00′	0.045	2°35′				
4	0.024	1°22′	0.031	1°47′	0.040	2°17′				
5	0.022	1°16′	0.029	1°40′	0.035	2°00′				
8	0.018	1°02′	0.026	1°29′	0.030	1°43′				
10	0.016	0°55′	0.024	1°22′						
15	0.014	0°48′	0.020	1°09′						
24	0.013	0°45′								

在传动尺寸未确定之前，蜗杆传动的总效率可按表 14-13 估取。

表 14-13　蜗杆传动总效率的近似值

蜗杆头数 z_1	1	2	3	4
总效率 η	0.7～0.75	0.75～0.82	0.82～0.87	0.87～0.92

2. 蜗杆传动的强度和刚度计算

（1）计算准则。蜗杆传动的失效形式主要是蜗轮齿面的点蚀、磨损和胶合，有时也可能发生蜗轮齿根的折断。

对于闭式传动，一般先按齿面接触强度设计，再按齿根抗弯强度进行校核，计算时要条件性地考虑胶合和磨损的影响。对连续工作的蜗杆传动还需要进行热平衡计算，避免过高的温升引起润滑失效而导致胶合。

对于开式传动，一般按齿根抗弯强度设计，并用增大模数（或降低许用应力）的方法加大齿厚，以补偿磨损对轮齿强度的削弱。

此外，蜗杆轴的刚度对传动的啮合性能也会产生较大影响，因此应进行校核计算。

（2）蜗轮齿面强度计算。强度计算公式如下：

设计公式　$m^2 d_1 \geqslant \left(\dfrac{480}{Z_2\,[\sigma]_H}\right)^2 KT_2$　(14-7)

校核公式　$\sigma_H = 480\sqrt{\dfrac{KT_2}{d_1 d_2^2}} \leqslant [\sigma]_H$　(14-8)

式中，各参数的含义及计算方法如下：

1）载荷系数 K：

$$K = K_A K_v K_\beta \qquad (14-9)$$

式中　K_A——使用系数，查表 14-14；
　　　K_v——动载系数，当 $v_2 \leqslant 3\text{m/s}$ 时，取 $K_v = 1.0 \sim 1.1$；当 $v_2 > 3\text{m/s}$ 时，取 $K_v = 1.1 \sim 1.2$；
　　　K_β——载荷分布系数，当载荷平稳时，取 $K_\beta = 1$；变载荷下取 $K_\beta = 1.1 \sim 1.3$。

初步设计时可取 $K = 1.1 \sim 1.4$，校核时再精确计算。

表 14-14　使用系数 K_A

原动机	工作特点		
	平　稳	中等冲击	严重冲击
电动机、汽轮机	0.8～1.25	0.9～1.5	1～1.75
多缸内燃机	0.9～1.5	1～1.75	1.25～2
单缸内燃机	1～1.75	1.25～2	1.5～2.25

2）许用接触应力。蜗杆传动的许用接触应力与蜗轮齿圈的材料有关。对于锡青铜蜗轮，许用接触应力 $[\sigma]_H$ 取决于疲劳点蚀，其值为：

$$[\sigma]_H = Z_N Z_{vs} [\sigma]_{OH} \qquad (14-10)$$

式中　$[\sigma]_{OH}$——基本许用接触应力，见表 14-15；
　　　Z_{vs}——滑动速度影响系数，如图 14-4 所示；
　　　Z_N——寿命系数，如图 14-5 所示。

N 为应力循环次数，载荷稳定时：

$$N = 60 \sum n_i t_i \left(\dfrac{T_{2i}}{T_{2max}}\right)^4 \qquad (14-11)$$

式中　n_i——某载荷下的蜗轮转速（r/min）；
　　　t_i——某载荷下的工作时间（h）；
　　　T_{2i}——某载荷下的输出转矩（N·mm）；
　　　T_{2max}——传动的最大输出转矩（N·mm）。

对于无锡青铜、黄铜或铸铁蜗轮，$[\sigma]_H$ 取决于齿面胶合，其值列于表 14-16。

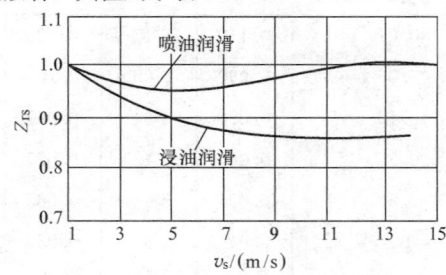

图 14-4　滑动速度影响系数

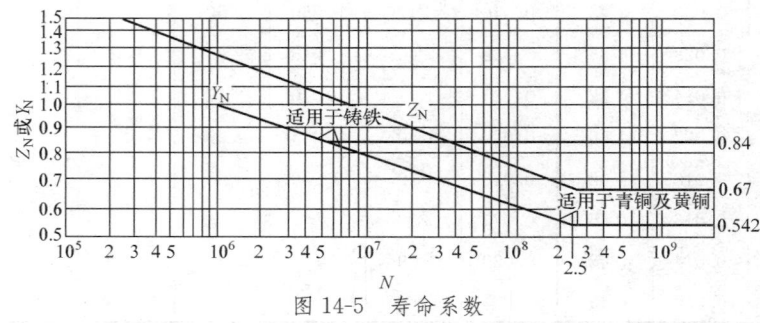

图 14-5　寿命系数

表 14-15 含锡青铜蜗轮材料的基本许用接触应力 $[\sigma]_{OH}$

蜗轮材料	铸造方法	适用的滑动速度 $v_s/(m/s)$	力学性能		σ_H/MPa	
			σ_s/MPa	σ_b/MPa	蜗杆齿面硬度	
					<350HBW	>45HRC
ZCuSn10Pb1	砂模	≤12	137	220	180	200
	金属模	≤25	196	310	200	220
ZCuSnPb5Zn5	砂模	≤10	78	200	110	125
	金属模	≤12			135	150

表 14-16 无锡青铜、黄铜或铸铁的基本许用接触应力 $[\sigma]_{OH}$

材　料		滑动速度/(m/s)							
蜗轮	蜗杆	0.25	0.5	1	2	3	4	6	8
ZCuAl10Fe3 ZCuAl10Fe3Mn2	钢(淬火)	—	250	230	210	180	160	120	90
ZCuZn38Mn2Pb2	钢(淬火)		215	200	180	150	135	95	75
HT150　HT200 (120~150HBW)	渗碳钢	160	130	115	90				
HT150 (120~150HBW)	钢(调质 或正火)	140	110	90	70	—	—	—	—

通过初步强度计算得到 m^2d_1 后，可参考表 14-10确定 m 和 d_1。

(3) 蜗轮齿根强度计算。强度计算公式如下：

设计公式 $\qquad m^2d_1 \geqslant \dfrac{1.53KT_2\cos\gamma}{Z_2\,[\sigma]_F}Y_F$ (14-12)

校核公式 $\qquad [\sigma]_F = \dfrac{1.53KT_2\cos\gamma}{d_1d_2m}Y_F$ (14-13)

式中 Y_F——蜗轮齿形系数，按当量齿数 $Z_v = \dfrac{Z_2}{\cos^3\gamma}$，查表 14-17。

许用弯曲应力 $\qquad [\sigma]_F = Y_N[\sigma]_{0F}$ (14-14)

式中 $[\sigma]_{0F}$——蜗轮在 $N=10^6$ 时的基本许用弯曲应力，查表 14-18；

Y_N——寿命系数，查图 14-5。

应力循环次数 N，载荷稳定时：

$$N = 60\sum n_i t_i \left(\dfrac{T_{2i}}{T_{2\max}}\right)^8 \qquad (14\text{-}15)$$

式中，各符号意义同前。

(4) 蜗杆刚度校核计算。通常把蜗杆螺旋部分看作以蜗杆齿根圆直径为直径的轴段，进行刚度校核。其最大挠度 y 可按下式作近似计算：

表 14-17 蜗轮齿形系数

z_v	20	24	26	28	30	32	35	37
Y_F	1.98	1.88	1.85	1.80	1.76	1.71	1.64	1.61
z_v	40	45	50	60	80	100	150	300
Y_F	1.55	1.48	1.45	1.40	1.34	1.30	1.27	1.24

表 14-18   基本许用弯曲应力 $[\sigma]_{OF}$

材料组	蜗轮材料	铸造方法	适用的滑动速度 $v_s/(\text{m/s})$	力学性能		σ_F/MPa	
				R_{eL}/MPa	R_m/MPa	一侧受载	两侧受载
锡青铜	ZCuSn10Pb1	砂磨	$\leqslant 12$	130	220	50	30
		金属模	$\leqslant 25$	170	310	70	40
	ZCuSn5Pb5Zn5	砂磨	$\leqslant 10$			32	24
		金属模	$\leqslant 12$	90	200	40	28
铝青铜	ZCuAl10Fe3	砂磨	$\leqslant 10$	180	490	80	63
		金属模		200	540	90	80
	ZCuAl10Fe3Mn2	砂磨	$\leqslant 10$	—	490	—	—
		金属模			540	100	90
锰黄铜	ZCuZn38Mn2Pb2	砂磨	$\leqslant 10$	—	245	60	55
		金属模			345		
铸铁	HT150	砂磨	$\leqslant 2$	—	150	40	25
	HT200	砂磨	$\leqslant 2\sim 5$	—	200	47	30
	HT250	砂磨	$\leqslant 2\sim 5$	—	250	55	35

$$y = \frac{\sqrt{F_{t1}^2 + F_{r1}^2}\, l^3}{48EI} \leqslant [y] \qquad (14\text{-}16)$$

式中 F_{t1}——蜗杆所受的圆周力（N）；

F_{r1}——蜗杆所受的径向力（N）；

E——蜗杆材料的弹性模量（MPa）；

I——蜗杆危险截面的惯性矩（mm^4），$I = \dfrac{\pi d_n^4}{64}$；

d_n——蜗杆齿根圆直径（mm）；

l——蜗杆两端支承间的跨距（mm），按具体结构要求而定，初步计算时可取 $l = 0.9d_2$，d_2 为蜗轮分度圆直径（mm）；

$[y]$——许用最大挠度，一般可取 $[y] = 0.001 \sim 0.0025d_1$，$d_1$ 为蜗杆分度圆直径（mm）。

3. 蜗杆传动的热平衡

（1）热平衡计算。对于连续工作的闭式蜗杆传动，如果产生的热量不能及时散出，将因油温不断升高而使传动失效，所以要进行热平衡计算，以保证油温在规定范围内。

单位时间内发热量：

$$H_1 = 1000P(1-\eta) \qquad (14\text{-}17)$$

式中 P——蜗杆传递的功率（kW）；

η——蜗杆传动的总效率。

单位时间内散热量：

$$H_2 = K_s A(t_1 - t_0) \qquad (14\text{-}18)$$

式中 K_s——箱体散热系数，没有循环空气流动时 $K_s = 8.15 \sim 10.5 \text{W}/(\text{m}^2 \cdot \text{K})$，通风良好时 $K_s = 14 \sim 17.45 \text{W}/(\text{m}^2 \cdot \text{K})$；

A——散热面积（内表面被油所飞溅到，外表面又为周围空气所冷却的箱体表面积，凸缘及散热片的面积按 50% 计算）（m^2）；

t_0——周围空气的温度，一般取 $t_0 = 20\text{℃}$；

t_1——达到热平衡时的油温，一般限制在 $60 \sim 70\text{℃}$，最高不超过 90℃。

根据热平衡条件 $H_1 = H_2$ 时，可得：

$$t_1 = t_0 + \frac{1000P(1-\eta)}{K_s A} \qquad (14\text{-}19)$$

如果 t_1 超过允许值，必须采取有效降温措施。

（2）降低油温、提高承载能力的措施。

1）提高传动效率。合理选择蜗杆传动的几何参数，提高蜗杆齿面硬度和制造精度、改善传动的润滑条件，以及采用新型的蜗杆传动都能有效地提高蜗杆传动效率，减小功率损耗和发热。

2）提高散热能力。提高散热能力的方法有：在箱体外壁加散热片以增大散热面积 A；在蜗杆轴上安装风扇进行人工通风，以增大散热系数 K_s；还可以在箱体油池内装蛇形水管用循环水冷却；采用压力喷油循环润滑等。

14.2.3 圆柱蜗杆与蜗轮的结构

1. 圆柱蜗杆的结构

蜗杆多用整体式结构，称轴蜗杆，如图 14-6 所示,在设计蜗杆结构时,要给出退刀槽和越程槽,要尽量增大蜗杆刚度,并保证轴承安装方便。没有退刀槽的结构很少应用,只有采用铣齿时才采用。

2. 蜗轮的结构

蜗轮多为组装式,传递转矩很小,尺寸也很小时也可用整体式;铸铁或球墨铸铁蜗轮用整体式。当轮缘用铜合金,蜗轮轮芯用铸铁时用组装结构,如图 14-7 所示,轮缘和轮芯过盈配合然后用螺钉或铰制孔螺栓固定。

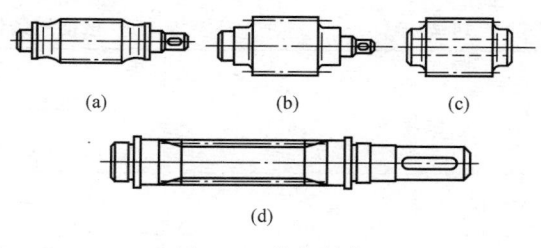

图 14-6 蜗杆结构

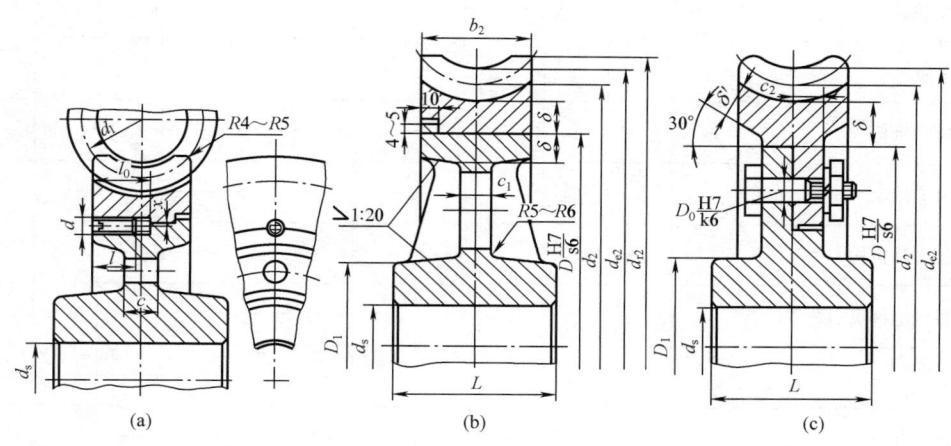

图 14-7 蜗轮结构

14.2.4 圆柱蜗杆传动的精度

GB/T 10089—2018《圆柱蜗杆、蜗轮精度》规定了精度等级;蜗杆、蜗杆的检验与公差;传动检验与公差;侧隙规定;其他等内容。它适用于轴交角 $\Sigma = 90°$,模数 $m \leqslant 40\text{mm}$,分度圆直径 $d \leqslant 2500\text{mm}$ 的圆柱蜗杆传动。

1. 精度等级及选择

GB/T 10089—2018 将蜗杆、蜗轮及蜗杆传动精度分为12级,第1级的精度最高,第12级的精度最低。按蜗轮周速大小选择的精度等级列于表 14-19 中,按应用场合、工作条件、技术要求选择的精度等级列于表 14-20 中。

2. 各种误差及公差的定义和代号(见表 14-21)

表 14-19   **按蜗轮周速 v_2 选择精度等级**

项 目		蜗轮圆周速度 v_2/(m/s)			
		>7.5	$<7.5\sim3$	$\leqslant3$	<1.5 或手动
精度等级		6	7	8	9
齿工作表面粗糙度 $Ra/\mu m$	蜗杆	0.8	1.6	3.2	6.3
	蜗轮	1.6	1.6	3.2	6.3

表 14-20　　　　　　　　　按使用条件选择精度等级

用　途	精 度 等 级											
	1	2	3	4	5	6	7	8	9	10	11	12
测量蜗杆	▭	▭	▭	▭	▭							
分度蜗轮母机的分度传动	▭	▭	▭									
齿轮机床的分度传动			▭	▭	▭	▭	▭					
高精度分度装置		▭	▭	▭								
一般分度装置				▭	▭	▭	▭					
机床进给操纵机构					▭	▭	▭	▭	▭			
化工机械调速传动					▭	▭	▭	▭				
冶金机械的升降机构						▭	▭	▭	▭			
起重运输机械电梯曳引装置						▭	▭	▭	▭			
通用减速机						▭	▭	▭	▭			
纺织机械传动装置						▭	▭	▭	▭			
舞台升降装置									▭	▭	▭	▭
煤气发生炉调速装置								▭	▭	▭	▭	▭
塑料蜗杆蜗轮								▭	▭	▭	▭	▭
精密铸造蜗轮									▭	▭	▭	▭

表 14-21　　　　　　　　　定 义 及 代 号

序号	名　称	代号	定　义
	蜗杆偏差		
1	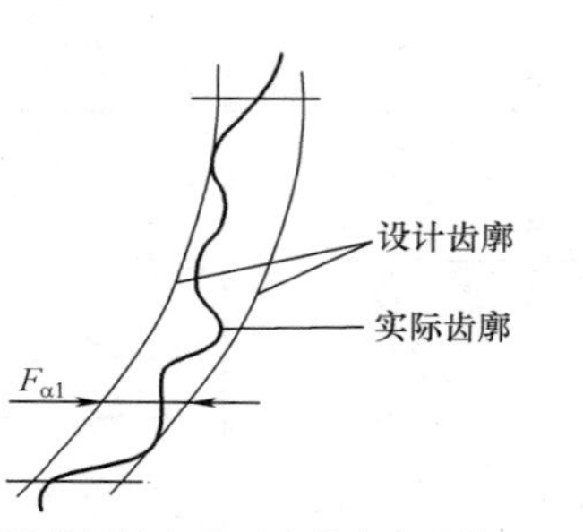 　设计齿廓 实际齿廓 $F_{\alpha 1}$ ZC 蜗杆轴向截面内的齿廓总偏差	$F_{\alpha 1}$	在轴向截面的计值范围/$L_{\alpha 1}$（齿廓的工作范围）内，包容实际齿廓迹线的两条设计齿廓迹线间的轴向距离

序号	名　称	代号	定　义
2	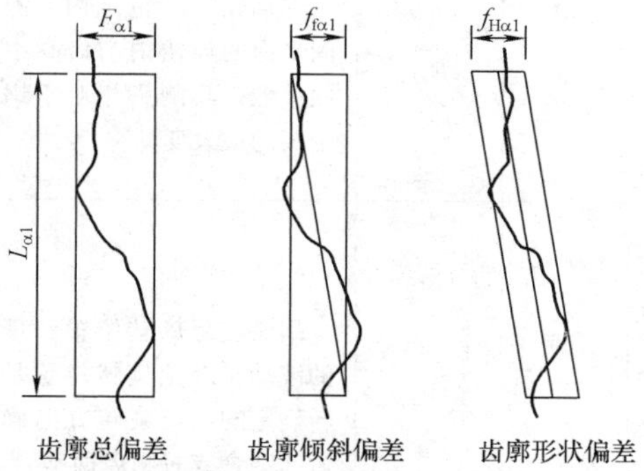 齿廓总偏差　齿廓倾斜偏差　齿廓形状偏差 计值范围 $L_{\alpha 1}$ 内的齿廓检验图	$f_{f\alpha 1}$ $f_{H\alpha 1}$	在轴向截面的计值范围 $L_{\alpha 1}$ 内，包容实际齿廓迹线的，与平均齿廓迹线平行的两条辅助线间的距离（垂直于设计齿廓迹线测量） 在轴向截面的计值范围 $L_{\alpha 1}$ 内，与平均齿廓迹线相交的两条平行于设计齿廓迹线的辅助线间的距离
3	轴向齿距偏差	f_{px}	在蜗杆轴向截面内实际齿距和公称齿距之差
4	相邻轴向齿距偏差	f_{ux}	在蜗杆轴向截面内两相邻齿距之差
5	径向跳动偏差	F_{r1}	在蜗杆任意一转范围内，测头在齿槽内与齿高中部的齿面双面接触，其测头相对于蜗杆主导轴线的径向最大变动量
6	导程偏差	F_{pz}	蜗杆导程的实际尺寸和公称尺寸之差
	蜗轮偏差		
7	单个齿距偏差	f_{p2}	在蜗轮分度圆上，实际齿距与公称齿距之差 在相对法测量时，公称齿距是所有实际齿距的平均值
8	齿距累积总偏差	F_{p2}	在蜗轮分度圆上，任意两个同侧齿面间的实际弧长与公称弧长之差的最大绝对值
9	相对齿距偏差	f_{u2}	蜗轮右齿面或左齿面两个相邻齿距的实际尺寸之差
10	齿廓总偏差	$F_{\alpha 2}$	在轮齿给定截面的计值范围内，包容实际齿廓迹线的两条设计齿廓迹线间的距离

序号	名　称	代号	定　义
11	径向跳动偏差	F_{r2}	在蜗轮一转范围内，测头在靠近中间平面的齿槽内与齿高中部的齿面双面接触，其测头相对于蜗轮轴线径向距离的最大变动量
12	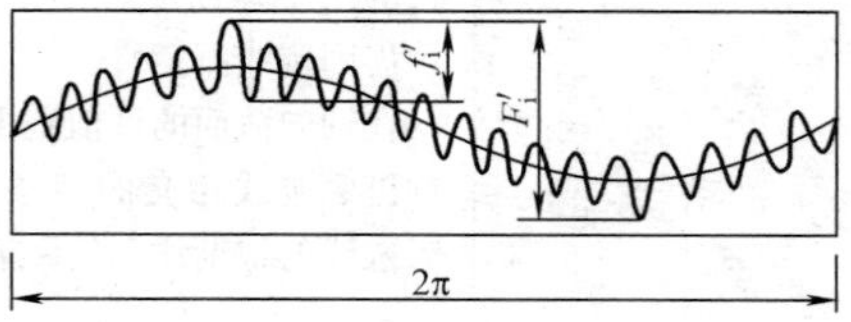 2π 注：单面啮合偏差 F'_{i1} 和 F'_{i2} 是用标准蜗轮或者标准蜗杆测量得到的。如果没有标准蜗轮和标准蜗杆，则使用配对的蜗杆蜗轮副，其单面啮合偏差为 F'_{i12}。 蜗轮旋转时单面啮合偏差 F'_{i} 和单面—齿啮合偏差 f'_{i}	F'_{i}	蜗轮实际旋转位置和理论旋转位置的波动。理论旋转位置是由蜗杆的旋转确定的。当旋转方向确定时（左侧齿面啮合或右侧齿面啮合），单面啮合偏差等于蜗轮旋转一周范围内相对于起始位置的最大偏差之和
13	单面—齿啮合偏差 注：单面—齿啮合偏差 f'_{i1} 和 f'_{i2} 是用标准蜗轮或者标准蜗杆测量得到的。如果没有标准蜗轮和标准蜗杆，则使用配对的蜗杆蜗轮副，其单面—齿啮合偏差为 f'_{i12}	f'_{i}	一个齿啮合过程中旋转位置的偏差
14	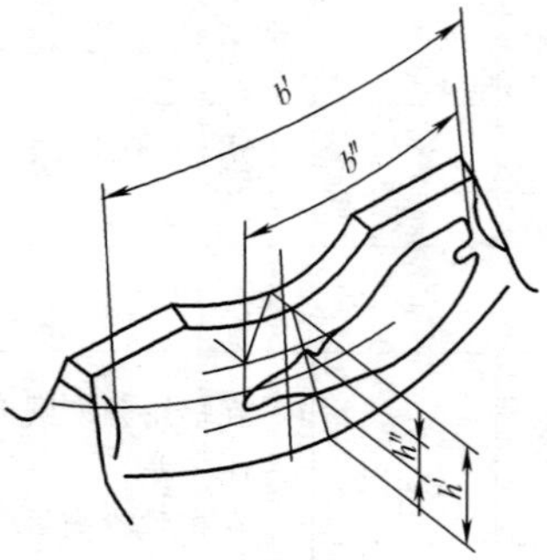 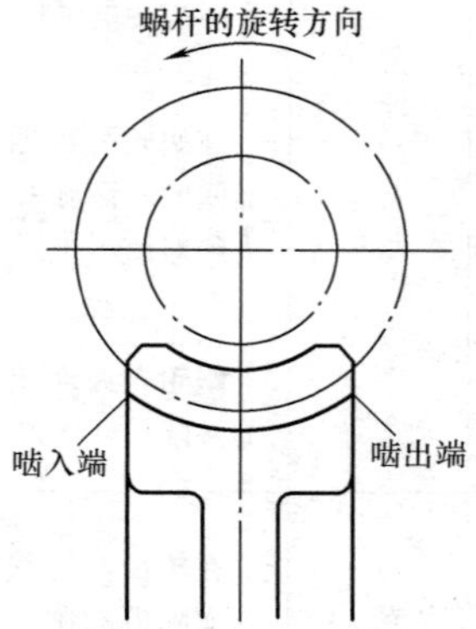 蜗杆的旋转方向 啮入端　　啮出端 蜗杆副接触斑点		安装好的蜗杆副中，在轻微力的制动下，蜗杆与蜗轮啮合运转后在蜗轮齿面上分布的接触痕迹。 注：接触斑点以接触面积大小、形状和分布位置表示。 接触面积大小按接触痕迹的百分比计算确定： 沿齿长方向—接触痕迹的长度 b'' 与工作长度 b' 之比的百分数，即 $(b''/b') \times 100\%$（在确定接触痕迹长度 b'' 时，应扣除超过模数值得断开部分）； 沿齿高方向—接触痕迹的平均高度 h'' 和工作高度 h' 之比的百分数，即 $(h''/h') \times 100\%$。 接触形状以齿面接触痕迹总的几何形状的状态确定。 接触位置以接触痕迹离齿面啮入、啮出端或齿顶、齿根的位置确定

序号	名　称	代号	定　义
15	蜗杆副的中间平面偏差 蜗杆副的中间平面极限偏差　上偏差 　　　　　　　　　　　　下偏差	Δf_x $+f_x$ $-f_x$	在安装好的蜗杆副中，蜗轮中间平面与传动中间平面之间的距离
16	蜗杆副的轴交角偏差 蜗杆副的轴交角极限偏差　上偏差 　　　　　　　　　　　　下偏差	Δf_Σ $+f_\Sigma$ $-f_\Sigma$	在安装好的蜗杆副中，实际轴交角与公称轴交角之差 偏差值按蜗杆齿宽确定，以其线性值计
17	蜗杆副的圆周侧隙 法向侧隙 最小圆周侧隙 最大圆周侧隙 最小法向侧隙 最大法向侧隙	j_t j_n j_{tmin} j_{tmax} j_{nmin} j_{nmax}	在安装好的蜗杆副中，蜗杆固定不动时，蜗轮从工作齿面接触到非工作齿面接触所转过的分度圆弧长 在安装好的蜗杆副中，蜗杆和蜗轮的工作齿面接触时，两非工作齿面间的最小距离

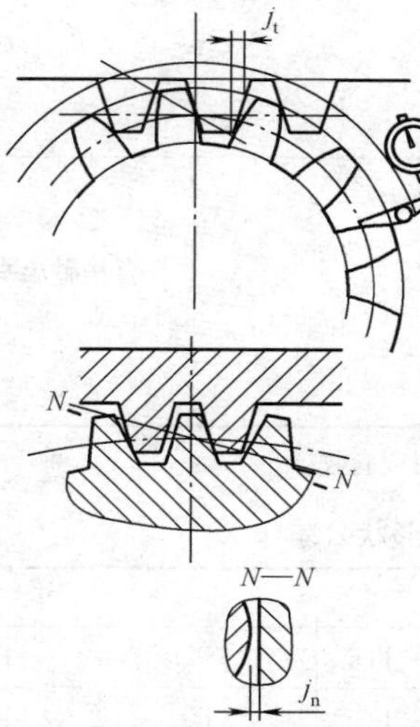

注：新标准未定义蜗杆副中心距偏差、蜗杆副中心平面偏差、蜗杆副轴交角偏差、蜗杆副的侧隙及对齿坯的要求。关于这些项目的定义和要求摘自 GB/T 10089—1988。

3. 公差组的规定与选择

不同工作条件下的圆柱蜗杆传动，应具备不同的工作技术特性，主要表现在：传动的准确性，传动的平稳性，载荷分布的均匀性三个方面，为保证实现不同的工作特性，规定了三个公差组。列于表14-22。

依据工作要求，允许各公差组选用不同的精度等级组合，但在同一公差组中应选相同的精度。蜗杆与相配蜗轮的精度等级一般应选相同的精度，也可选用不同精度。

4. 齿坯的要求

蜗杆、蜗轮在加工、检验、安装时的径向轴向基准面应尽可能一致，并应在相应零件工作图上标注。

齿坯的公差包括蜗杆、蜗轮轴、孔的尺寸、形状及位置公差及基准面的圆跳动。

蜗杆、蜗轮齿坯的尺寸、形状公差及其基准面的径向和端面圆跳动列于表14-23及表14-24中。

5. 蜗杆、蜗轮公差值

蜗杆、蜗轮检验项目的公差列于表14-25～表14-31中。

表 14-22 公差分组及检测项目

公差组及其意义	检 测 项 目	备　注
第 I 公差组 蜗杆、蜗轮一转为 1 周期的误差（保证传动准确性）	蜗杆：— 蜗轮：F'_i（用于 5 级以上） 　　　F_{p2}（用于 5～12 级） 　　　F_{r2}（用于 9～12 级） 传动：F'_i	
第 II 公差组 蜗杆、蜗轮一转内多次周期性出现的误差（保证传动平稳性）	蜗杆：f_{px}（用于单头蜗杆） 　　　f_{px}，F_{pz}（用于多头蜗杆） 　　　f_{px}，F_{r1}（用于 5～8 级） 　　　f_{px}（用于 7～12 级） 蜗轮：f_{pz}（用于 5～12 级） 传动：f'_i	
第 III 公差组 以轮齿全长范围内与共轭齿接触有关的误差，影响载荷的均匀性（保证载荷分布均匀性）	蜗杆：F_{a1} 蜗轮：F_{a2} 传动：接触斑点 　　　Δf_a、Δf_Σ、Δf_x	有接触斑点要求时 F_{a1} 和 F_{a2} 可不检查

注：当检验组中，要求 2 项或 2 项以上的误差时，应按最低一项精度验收。

表 14-23 蜗杆、蜗轮齿坯尺寸和形状公差

精度等级		1	2	3	4	5	6	7	8	9	10	11	12
孔	尺寸公差	IT4	IT4	IT4		IT5	IT6	IT7		IT8		IT8	
	形状公差	IT1	IT2	IT3		IT4	IT5	IT6		IT7		—	
轴	尺寸公差	IT4	IT4	IT4		IT5		IT6		IT7		IT8	
	形状公差	IT1	IT2	IT3		IT4		IT5		IT6		—	
齿顶圆直径公差		IT6			IT7			IT8			IT9	IT11	

注：1. 当三个公差组的精度等级不同时，按最高精度等级确定公差。

2. 当齿顶圆不作测量齿厚基准时，尺寸公差按 IT11 确定，但不得大于 0.1mm。

3. IT 为标准公差。

表 14-24 蜗杆、蜗轮齿坯基准面径向和端面圆跳动公差 （单位：μm）

基准面直径 d/mm	精 度 等 级					
	1～2	3～4	5～6	7～8	9～10	11～12
≤31.5	1.2	2.8	4	7	10	10
>31.5～63	1.6	4	6	10	16	16
>63～125	2.2	5.5	8.5	14	22	22
>125～400	2.8	7	11	18	28	28
>400～800	3.6	9	14	22	36	36
>800～1600	5.0	12	20	32	50	50
>1600～2500	7.0	18	28	45	71	71

注：1. 当三个公差组的精度等级不同时，按最高精度等级确定公差。

2. 当以齿顶圆作为测量基准时，也即为蜗杆、蜗轮的齿坯基准面。

表 14-25　　　　　　　　　　　**4 级精度轮齿偏差的允许值**　　　　　　　　　　（单位：μm）

模数 $m(m_t, m_x)$/mm	偏差 F_α		分度圆直径 d/mm						
			>10~50	>50~125	>125~280	>280~560	>560~1000	>1000~1600	>1600~2500
>0.5~2.0	4.0	f_u	4.5	4.5	5.0	5.5	5.5	6.5	7.0
		f_p	3.0	3.5	4.0	4.5	4.5	5.0	5.5
		F_{p2}	9.5	12.0	15.0	17.0	19.0	21.0	24.0
		F_r	6.5	8.0	8.5	10.0	11.0	13.0	14.0
		F'_i	11.0	13.0	15.0	17.0	19.0	21.0	22.0
		f'_i	5.0	5.5	5.5	5.5	6.0	6.5	7.0
>2.0~3.55	5.5	f_u	4.5	5.0	5.5	5.5	6.5	7.0	8.0
		f_p	3.5	4.0	4.5	4.5	5.0	5.5	6.0
		F_{p2}	11.0	14.0	17.0	20.0	22.0	25.0	27.0
		F_r	8.0	10.0	11.0	13.0	14.0	16.0	17.0
		F'_i	13.0	16.0	18.0	20.0	22.0	24.0	26.0
		f'_i	6.5	6.5	7.0	7.0	7.0	8.0	8.0
>3.55~6.0	7.0	f_u	5.5	5.5	5.5	6.5	7.0	7.0	8.0
		f_p	4.5	4.5	4.5	5.0	5.5	6.0	6.5
		F_{p2}	12.0	16.0	19.0	21.0	24.0	27.0	29.0
		F_r	9.5	11.0	13.0	14.0	16.0	18.0	19.0
		F'_i	15.0	18.0	20.0	22.0	25.0	27.0	29.0
		f'_i	8.0	8.0	8.0	8.5	8.5	9.5	9.5
>6.0~10	8.5	f_u	6.0	6.5	7.0	7.0	8.0	8.5	9.5
		f_p	5.0	5.0	5.5	5.5	6.0	6.5	7.0
		F_{p2}	13.0	16.0	20.0	23.0	26.0	29.0	31.0
		F_r	11.0	13.0	14.0	16.0	18.0	20.0	21.0
		F'_i	17.0	20.0	23.0	25.0	28.0	30.0	32.0
		f'_i	9.5	9.5	10.0	10.0	10.0	11.0	11.0
>10~16	11.0	f_u	8.0	8.0	8.0	8.5	9.5	10.0	11.0
		f_p	6.0	6.0	6.5	7.0	7.0	8.0	8.5
		F_{p2}	14.0	18.0	21.0	24.0	28.0	31.0	34.0
		F_r	12.0	14.0	16.0	19.0	20.0	22.0	24.0
		F'_i	20.0	24.0	26.0	29.0	31.0	34.0	36.0
		f'_i	12.0	12.0	13.0	13.0	13.0	14.0	14.0
>16~25	14.0	f_u	9.5	10.0	10.0	11.0	11.0	12.0	12.0
		f_p	8.0	8.0	8.0	8.5	8.5	9.5	10.0
		F_{p2}	15.0	19.0	23.0	26.0	30.0	33.0	36.0
		F_r	14.0	16.0	19.0	21.0	23.0	24.0	26.0
		F'_i	24.0	26.0	29.0	32.0	35.0	38.0	41.0
		f'_i	16.0	16.0	16.0	16.0	16.0	16.0	17.0
>25~40	19.0	f_u	13.0	14.0	14.0	14.0	14.0	15.0	16.0
		f_p	10.0	11.0	11.0	11.0	11.0	12.0	12.0
		F_{p2}	16.0	20.0	24.0	28.0	32.0	36.0	39.0
		F_r	16.0	19.0	21.0	23.0	25.0	27.0	29.0
		F'_i	28.0	31.0	35.0	38.0	41.0	44.0	46.0
		f'_i	21.0	21.0	21.0	21.0	21.0	22.0	22.0

偏差 F_{pz}								
测量长度/mm		15	25	45	75	125	200	300
轴向模数 m_x/mm		>0.5~2	>2~3.55	>3.55~6	>6~10	>10~16	>16~25	>25~40
蜗杆头数 z_1	1	3.0	4.0	4.5	6.0	8.0	9.5	11.0
	2	3.5	4.5	5.5	7.0	9.5	11.0	14.0
	3 和 4	4.0	5.0	6.5	8.5	11.0	14.0	16.0
	5 和 6	4.5	6.0	8.0	10.0	12.0	16.0	19.0
	>6	6.0	7.0	9.5	11.0	15.0	19.0	22.0

表 14-26　　5 级精度轮齿偏差的允许值　　（单位：μm）

模数 $m(m_t, m_x)$/mm	偏差 F_α		分度圆直径 d/mm						
			>10 ~50	>50 ~125	>125 ~280	>280 ~560	>560 ~1000	>1000 ~1600	>1600 ~2500
>0.5~2.0	5.5	f_u	6.0	6.5	7.0	7.5	8.0	9.0	10.0
		f_p	4.5	5.0	5.5	6.0	6.5	7.0	8.0
		F_{p2}	13.0	17.0	21.0	24.0	27.0	30.0	33.0
		F_r	9.0	11.0	12.0	14.0	16.0	18.0	19.0
		F_i'	15.0	18.0	21.0	24.0	26.0	29.0	31.0
		f_i'	7.0	7.5	7.5	8.0	8.5	9.0	9.5
>2.0~3.55	7.5	f_u	6.5	7.0	7.5	8.0	9.0	9.5	11.0
		f_p	5.0	5.5	6.0	6.5	7.0	7.5	8.5
		F_{p2}	16.0	20.0	24.0	28.0	31.0	35.0	38.0
		F_r	11.0	14.0	16.0	18.0	20.0	22.0	24.0
		F_i'	18.0	22.0	25.0	28.0	31.0	34.0	37.0
		f_i'	9.0	9.0	9.5	10.0	10.0	11.0	11.0
>3.55~6.0	9.5	f_u	7.5	7.5	8.0	9.0	9.5	10.0	11.0
		f_p	6.0	6.0	6.5	7.0	7.5	8.5	9.0
		F_{p2}	17.0	22.0	26.0	30.0	34.0	38.0	41.0
		F_r	13.0	16.0	18.0	20.0	23.0	25.0	27.0
		F_i'	21.0	25.0	28.0	31.0	35.0	38.0	41.0
		f_i'	11.0	11.0	11.0	12.0	12.0	13.0	13.0
>6.0~10	12.0	f_u	8.5	9.0	9.5	10.0	11.0	12.0	13.0
		f_p	7.0	7.0	7.5	8.0	8.5	9.0	10.0
		F_{p2}	18.0	23.0	28.0	32.0	36.0	41.0	44.0
		F_r	15.0	18.0	20.0	23.0	25.0	28.0	30.0
		F_i'	24.0	28.0	32.0	35.0	39.0	42.0	45.0
		f_i'	13.0	13.0	14.0	14.0	14.0	15.0	15.0
>10~16	16.0	f_u	11.0	11.0	11.0	12.0	13.0	14.0	15.0
		f_p	8.5	8.5	9.0	9.5	10.0	11.0	12.0
		F_{p2}	19.0	25.0	30.0	34.0	39.0	43.0	48.0
		F_r	17.0	20.0	23.0	26.0	28.0	31.0	34.0
		F_i'	28.0	33.0	37.0	40.0	44.0	48.0	51.0
		f_i'	17.0	17.0	18.0	18.0	18.0	19.0	20.0
>16~25	20.0	f_u	13.0	14.0	14.0	15.0	16.0	17.0	17.0
		f_p	11.0	11.0	11.0	12.0	12.0	14.0	14.0
		F_{p2}	21.0	27.0	32.0	37.0	42.0	46.0	51.0
		F_r	20.0	23.0	26.0	29.0	32.0	34.0	37.0
		F_i'	33.0	37.0	41.0	45.0	49.0	53.0	57.0
		f_i'	22.0	22.0	22.0	22.0	22.0	23.0	24.0
>25~40	27.0	f_u	18.0	19.0	19.0	20.0	20.0	21.0	22.0
		f_p	14.0	15.0	15.0	16.0	16.0	17.0	17.0
		F_{p2}	22.0	28.0	34.0	39.0	45.0	50.0	54.0
		F_r	23.0	26.0	29.0	32.0	35.0	38.0	41.0
		F_i'	39.0	44.0	49.0	53.0	57.0	61.0	65.0
		f_i'	29.0	29.0	29.0	30.0	30.0	31.0	31.0

偏差 F_{pz}								
测量长度/mm		15	25	45	75	125	200	300
轴向模数 m_x/mm		>0.5 ~2	>2 ~3.55	>3.55 ~6	>6 ~10	>10 ~16	>16 ~25	>25 ~40
蜗杆头数 z_1	1	4.5	5.5	6.5	8.5	11.0	13.0	16.0
	2	5.0	6.0	8.0	10.0	13.0	16.0	19.0
	3 和 4	5.5	7.0	9.0	12.0	15.0	19.0	23.0
	5 和 6	6.5	8.5	11.0	14.0	17.0	22.0	27.0
	>6	8.5	10.0	13.0	16.0	21.0	26.0	31.0

表 14-27　　　　　　　　　　　　　**6 级精度轮齿偏差的允许值**　　　　　　　　　　（单位：μm）

模数 $m(m_t, m_x)$/mm	偏差 F_α	偏差	分度圆直径 d/mm						
			>10 ~ 50	>50 ~ 125	>125 ~ 280	>280 ~ 560	>560 ~ 1000	>1000 ~ 1600	>1600 ~ 2500
$>0.5\sim2.0$	7.5	f_u	8.5	9.0	10.0	11.0	11.0	13.0	14.0
		f_p	6.5	7.0	7.5	8.5	9.0	10.0	11.0
		F_{p2}	18.0	24.0	29.0	34.0	38.0	42.0	46.0
		F_r	13.0	15.0	17.0	20.0	22.0	25.0	27.0
		F_i'	21.0	25.0	29.0	34.0	36.0	41.0	43.0
		f_i'	10.0	11.0	11.0	11.0	12.0	13.0	13.0
$>2.0\sim3.55$	11.0	f_u	9.0	10.0	11.0	11.0	13.0	13.0	15.0
		f_p	7.0	7.5	8.5	9.0	10.0	11.0	12.0
		F_{p2}	22.0	28.0	34.0	39.0	43.0	49.0	53.0
		F_r	15.0	20.0	22.0	25.0	28.0	31.0	34.0
		F_i'	25.0	31.0	35.0	39.0	43.0	48.0	52.0
		f_i'	13.0	13.0	13.0	14.0	14.0	15.0	15.0
$>3.55\sim6.0$	13.0	f_u	11.0	11.0	11.0	13.0	13.0	14.0	15.0
		f_p	8.5	8.5	9.0	10.0	11.0	12.0	13.0
		F_{p2}	24.0	31.0	36.0	42.0	48.0	53.0	57.0
		F_r	18.0	22.0	25.0	28.0	32.0	35.0	38.0
		F_i'	29.0	35.0	39.0	43.0	49.0	53.0	57.0
		f_i'	15.0	15.0	15.0	17.0	17.0	18.0	18.0
$>6.0\sim10$	17.0	f_u	12.0	13.0	13.0	14.0	15.0	17.0	18.0
		f_p	10.0	10.0	11.0	11.0	12.0	13.0	14.0
		F_{p2}	25.0	32.0	39.0	45.0	50.0	57.0	62.0
		F_r	21.0	25.0	28.0	32.0	35.0	39.0	42.0
		F_i'	34.0	39.0	45.0	49.0	55.0	59.0	63.0
		f_i'	18.0	18.0	20.0	20.0	20.0	21.0	21.0
$>10\sim16$	22.0	f_u	15.0	15.0	15.0	18.0	18.0	20.0	21.0
		f_p	12.0	12.0	13.0	13.0	14.0	15.0	17.0
		F_{p2}	27.0	35.0	42.0	48.0	55.0	60.0	67.0
		F_r	24.0	28.0	32.0	36.0	39.0	43.0	48.0
		F_i'	39.0	46.0	52.0	56.0	62.0	67.0	71.0
		f_i'	24.0	24.0	25.0	25.0	25.0	27.0	28.0
$>16\sim25$	28.0	f_u	18.0	20.0	20.0	21.0	22.0	24.0	24.0
		f_p	15.0	15.0	15.0	17.0	17.0	18.0	20.0
		F_{p2}	29.0	38.0	45.0	52.0	59.0	64.0	71.0
		F_r	28.0	32.0	36.0	41.0	45.0	48.0	52.0
		F_i'	46.0	52.0	57.0	63.0	69.0	74.0	80.0
		f_i'	31.0	31.0	31.0	31.0	31.0	32.0	34.0
$>25\sim40$	38.0	f_u	25.0	27.0	27.0	28.0	28.0	29.0	31.0
		f_p	20.0	21.0	21.0	22.0	22.0	24.0	24.0
		F_{p2}	31.0	39.0	48.0	55.0	63.0	70.0	76.0
		F_r	32.0	36.0	41.0	45.0	49.0	53.0	57.0
		F_i'	55.0	62.0	69.0	74.0	80.0	85.0	91.0
		f_i'	41.0	41.0	41.0	42.0	42.0	43.0	43.0

偏差 F_{pz}							
测量长度/mm		15	25	45	75	125	200	300
轴向模数 m_x/mm		>0.5 ~2	>2 ~3.55	>3.55 ~6	>6 ~10	>10 ~16	>16 ~25	>25 ~40
蜗杆头数 z_1	1	6.5	7.5	9.0	12.0	15.0	18.0	22.0
	2	7.0	8.5	11.0	14.0	18.0	22.0	27.0
	3 和 4	7.5	10.0	13.0	17.0	21.0	27.0	32.0
	5 和 6	9.0	12.0	15.0	20.0	24.0	31.0	38.0
	>6	12.0	14.0	18.0	22.0	29.0	36.0	43.0

表 14-28   7 级精度轮齿偏差的允许值   （单位：μm）

模数 $m(m_t, m_x)$/mm	偏差 F_α		分度圆直径 d/mm						
			>10 ~50	>50 ~125	>125 ~280	>280 ~560	>560 ~1000	>1000 ~1600	>1600 ~2500
>0.5~2.0	11.0	f_u	12.0	13.0	14.0	15.0	16.0	18.0	20.0
		f_p	9.0	10.0	11.0	12.0	13.0	14.0	16.0
		F_{p2}	25.0	33.0	41.0	47.0	53.0	59.0	65.0
		F_r	18.0	22.0	24.0	27.0	31.0	35.0	37.0
		F_i'	29.0	35.0	41.0	47.0	51.0	57.0	61.0
		f_i'	14.0	15.0	15.0	16.0	17.0	18.0	19.0
>2.0~3.55	15.0	f_u	13.0	14.0	15.0	16.0	18.0	19.0	22.0
		f_p	10.0	11.0	12.0	13.0	14.0	15.0	17.0
		F_{p2}	31.0	39.0	47.0	55.0	61.0	69.0	74.0
		F_r	22.0	27.0	31.0	35.0	39.0	43.0	47.0
		F_i'	35.0	43.0	49.0	55.0	61.0	67.0	73.0
		f_i'	18.0	18.0	19.0	20.0	20.0	22.0	22.0
>3.55~6.0	19.0	f_u	15.0	15.0	16.0	18.0	19.0	20.0	22.0
		f_p	12.0	12.0	13.0	14.0	15.0	17.0	18.0
		F_{p2}	33.0	43.0	51.0	59.0	67.0	74.0	80.0
		F_r	25.0	31.0	35.0	39.0	45.0	49.0	53.0
		F_i'	41.0	49.0	55.0	61.0	69.0	74.0	80.0
		f_i'	22.0	22.0	22.0	24.0	24.0	25.0	25.0
>6.0~10	24.0	f_u	17.0	18.0	19.0	20.0	22.0	24.0	25.0
		f_p	14.0	14.0	15.0	16.0	17.0	18.0	20.0
		F_{p2}	35.0	45.0	55.0	63.0	71.0	80.0	86.0
		F_r	29.0	35.0	39.0	45.0	49.0	55.0	59.0
		F_i'	47.0	55.0	63.0	69.0	76.0	82.0	88.0
		f_i'	25.0	25.0	27.0	27.0	27.0	29.0	29.0
>10~16	31.0	f_u	22.0	22.0	22.0	24.0	25.0	27.0	29.0
		f_p	17.0	17.0	18.0	19.0	20.0	22.0	24.0
		F_{p2}	37.0	49.0	59.0	67.0	76.0	84.0	94.0
		F_r	33.0	39.0	45.0	51.0	55.0	61.0	67.0
		F_i'	55.0	65.0	73.0	78.0	86.0	94.0	100.0
		f_i'	33.0	33.0	35.0	35.0	35.0	37.0	39.0
>16~25	39.0	f_u	25.0	25.0	27.0	29.0	31.0	33.0	33.0
		f_p	22.0	22.0	22.0	24.0	24.0	25.0	27.0
		F_{p2}	41.0	53.0	63.0	73.0	82.0	90.0	100.0
		F_r	39.0	45.0	51.0	57.0	63.0	67.0	73.0
		F_i'	65.0	73.0	80.0	88.0	96.0	104.0	112.0
		f_i'	43.0	43.0	43.0	43.0	43.0	45.0	47.0
>25~40	63.0	f_u	35.0	37.0	37.0	39.0	39.0	41.0	43.0
		f_p	27.0	29.0	29.0	31.0	31.0	33.0	33.0
		F_{p2}	43.0	55.0	67.0	76.0	88.0	98.0	106.0
		F_r	45.0	51.0	57.0	63.0	69.0	74.0	80.0
		F_i'	76.0	86.0	96.0	104.0	112.0	120.0	127.0
		f_i'	57.0	57.0	57.0	59.0	59.0	61.0	61.0

偏差 F_{pz}								
测量长度/mm		15	25	45	75	125	200	300
轴向模数 m_x/mm		>0.5 ~2	>2 ~3.55	>3.55 ~6	>6 ~10	>10 ~16	>16 ~25	>25 ~40
蜗杆头数 z_1	1	9.0	11.0	13.0	17.0	22.0	25.0	31.0
	2	10.0	12.0	16.0	20.0	25.0	31.0	37.0
	3 和 4	11.0	14.0	18.0	24.0	29.0	37.0	45.0
	5 和 6	13.0	17.0	22.0	27.0	33.0	43.0	53.0
	>6	17.0	20.0	25.0	30.0	41.0	51.0	61.0

表 14-29   **8 级精度轮齿偏差的允许值**   （单位：μm）

模数 $m(m_t, m_x)$/mm	偏差 F_α		分度圆直径 d/mm						
			>10 ~ 50	>50 ~ 125	>125 ~ 280	>280 ~ 560	>560 ~ 1000	>1000 ~ 1600	>1600 ~ 2500
$>0.5\sim 2.0$	15.0	f_u	16.0	18.0	19.0	21.0	22.0	25.0	27.0
		f_p	12.0	14.0	15.0	16.0	18.0	19.0	22.0
		F_{p2}	36.0	47.0	58.0	66.0	74.0	82.0	91.0
		F_r	25.0	30.0	33.0	38.0	44.0	49.0	52.0
		F_i'	41.0	49.0	58.0	66.0	71.0	80.0	85.0
		f_i'	19.0	21.0	21.0	22.0	23.0	25.0	26.0
$>2.0\sim 3.55$	21.0	f_u	18.0	19.0	21.0	22.0	25.0	26.0	30.0
		f_p	14.0	15.0	16.0	18.0	19.0	21.0	23.0
		F_{p2}	44.0	55.0	66.0	77.0	85.0	96.0	104.0
		F_r	30.0	38.0	44.0	49.0	55.0	60.0	66.0
		F_i'	49.0	60.0	69.0	77.0	85.0	93.0	102.0
		f_i'	25.0	25.0	26.0	27.0	27.0	30.0	30.0
$>3.55\sim 6.0$	26.0	f_u	21.0	21.0	22.0	25.0	26.0	27.0	30.0
		f_p	16.0	16.0	18.0	19.0	21.0	23.0	25.0
		F_{p2}	47.0	61.0	71.0	82.0	93.0	104.0	113.0
		F_r	36.0	44.0	49.0	55.0	63.0	69.0	74.0
		F_i'	58.0	69.0	77.0	85.0	96.0	104.0	113.0
		f_i'	30.0	30.0	30.0	33.0	33.0	36.0	36.0
$>6.0\sim 10$	33.0	f_u	23.0	25.0	26.0	27.0	30.0	33.0	36.0
		f_p	19.0	19.0	21.0	22.0	23.0	25.0	27.0
		F_{p2}	49.0	63.0	77.0	88.0	99.0	113.0	121.0
		F_r	41.0	49.0	55.0	63.0	69.0	77.0	82.0
		F_i'	66.0	77.0	88.0	96.0	107.0	115.0	123.0
		f_i'	36.0	36.0	38.0	38.0	38.0	41.0	41.0
$>10\sim 16$	44.0	f_u	30.0	30.0	30.0	33.0	36.0	38.0	41.0
		f_p	23.0	23.0	25.0	26.0	27.0	30.0	33.0
		F_{p2}	52.0	69.0	82.0	93.0	107.0	118.0	132.0
		F_r	47.0	55.0	63.0	71.0	77.0	85.0	93.0
		F_i'	77.0	91.0	102.0	110.0	112.0	132.0	140.0
		f_i'	47.0	47.0	49.0	49.0	49.0	52.0	55.0
$>16\sim 25$	55.0	f_u	36.0	38.0	38.0	41.0	44.0	47.0	47.0
		f_p	30.0	30.0	30.0	33.0	33.0	36.0	38.0
		F_{p2}	58.0	74.0	88.0	102.0	115.0	126.0	140.0
		F_r	55.0	63.0	71.0	80.0	88.0	93.0	102.0
		F_i'	91.0	102.0	113.0	123.0	134.0	145.0	156.0
		f_i'	60.0	60.0	60.0	60.0	60.0	63.0	66.0
$>25\sim 40$	74.0	f_u	49.0	52.0	52.0	55.0	55.0	58.0	60.0
		f_p	38.0	41.0	41.0	44.0	44.0	47.0	47.0
		F_{p2}	60.0	77.0	93.0	107.0	123.0	137.0	148.0
		F_r	63.0	71.0	80.0	88.0	96.0	104.0	113.0
		F_i'	107.0	121.0	134.0	145.0	156.0	167.0	178.0
		f_i'	80.0	80.0	80.0	82.0	82.0	85.0	85.0

偏差 F_{pz}								
测量长度/mm		15	25	45	75	125	200	300
轴向模数 m_x/mm		>0.5 ~ 2	>2 ~ 3.55	>3.55 ~ 6	>6 ~ 10	>10 ~ 16	>16 ~ 25	>25 ~ 40
蜗杆头数 z_1	1	12.0	15.0	18.0	23.0	30.0	36.0	44.0
	2	14.0	16.0	22.0	27.0	36.0	44.0	52.0
	3 和 4	15.0	19.0	25.0	33.0	41.0	52.0	63.0
	5 和 6	18.0	23.0	30.0	38.0	47.0	60.0	74.0
	>6	23.0	27.0	36.0	44.0	58.0	71.0	85.0

表 14-30 　　　　　　　　　　**9 级精度轮齿偏差的允许值** 　　　　　　　　　（单位：μm）

模数 $m(m_t, m_x)/$mm	偏差 F_α		分度圆直径 d/mm						
			>10 ~50	>50 ~125	>125 ~280	>280 ~560	>560 ~1000	>1000 ~1600	>1600 ~2500
>0.5~2.0	21.0	f_u	23.0	25.0	27.0	29.0	31.0	35.0	38.0
		f_p	50.0	65.0	81.0	92.0	104.0	115.0	127.0
		F_{p2}	50.0	65.0	81.0	92.0	104.0	115.0	127.0
		F_r	35.0	42.0	46.0	54.0	61.0	69.0	73.0
		F_i'	58.0	69.0	81.0	92.0	100.0	111.0	119.0
		f_i'	27.0	29.0	29.0	31.0	33.0	35.0	36.0
>2.0~3.55	29.0	f_u	25.0	27.0	29.0	31.0	35.0	36.0	42.0
		f_p	19.0	21.0	23.0	25.0	27.0	29.0	33.0
		F_{p2}	61.0	77.0	92.0	108.0	119.0	134.0	146.0
		F_r	42.0	54.0	61.0	69.0	77.0	85.0	92.0
		F_i'	69.0	85.0	96.0	108.0	119.0	131.0	142.0
		f_i'	35.0	35.0	36.0	38.0	38.0	42.0	42.0
>3.55~6.0	36.0	f_u	29.0	29.0	31.0	35.0	36.0	38.0	42.0
		f_p	23.0	23.0	25.0	27.0	29.0	33.0	35.0
		F_{p2}	65.0	85.0	100.0	115.0	131.0	146.0	158.0
		F_r	50.0	61.0	69.0	77.0	88.0	96.0	104.0
		F_i'	81.0	96.0	108.0	119.0	134.0	146.0	158.0
		f_i'	42.0	42.0	42.0	46.0	46.0	50.0	50.0
>6.0~10	46.0	f_u	33.0	35.0	36.0	38.0	42.0	46.0	50.0
		f_p	27.0	27.0	29.0	31.0	33.0	35.0	38.0
		F_{p2}	69.0	88.0	108.0	123.0	138.0	158.0	169.0
		F_r	58.0	69.0	77.0	88.0	96.0	108.0	115.0
		F_i'	92.0	108.0	123.0	134.0	150.0	161.0	173.0
		f_i'	50.0	50.0	54.0	54.0	54.0	58.0	58.0
>10~16	61.0	f_u	42.0	42.0	42.0	46.0	50.0	54.0	58.0
		f_p	33.0	33.0	35.0	36.0	38.0	42.0	46.0
		F_{p2}	73.0	96.0	115.0	131.0	150.0	165.0	184.0
		F_r	65.0	77.0	88.0	100.0	108.0	119.0	131.0
		F_i'	108.0	127.0	142.0	154.0	169.0	184.0	196.0
		f_i'	65.0	65.0	69.0	69.0	69.0	73.0	77.0
>16~25	77.0	f_u	50.0	54.0	54.0	58.0	61.0	65.0	65.0
		f_p	42.0	42.0	42.0	46.0	46.0	50.0	54.0
		F_{p2}	81.0	104.0	123.0	142.0	161.0	177.0	196.0
		F_r	77.0	88.0	100.0	111.0	123.0	131.0	142.0
		F_i'	127.0	142.0	158.0	173.0	188.0	204.0	219.0
		f_i'	85.0	85.0	85.0	85.0	85.0	88.0	92.0
>25~40	104.0	f_u	69.0	73.0	73.0	77.0	77.0	81.0	85.0
		f_p	54.0	58.0	58.0	61.0	61.0	65.0	65.0
		F_{p2}	85.0	108.0	131.0	150.0	173.0	192.0	207.0
		F_r	88.0	100.0	111.0	123.0	134.0	146.0	158.0
		F_i'	150.0	169.0	188.0	204.0	219.0	234.0	250.0
		f_i'	111.0	111.0	111.0	115.0	115.0	119.0	119.0

偏差 F_{pz}

测量长度/mm		15	25	45	75	125	200	300
轴向模数 m_x/mm		>0.5 ~2	>2 ~3.55	>3.55 ~6	>6 ~10	>10 ~16	>16 ~25	>25 ~40
蜗杆头数 z_1	1	17.0	21.0	25.0	33.0	42.0	50.0	61.0
	2	19.0	23.0	31.0	38.0	50.0	61.0	73.0
	3 和 4	21.0	27.0	35.0	46.0	58.0	73.0	88.0
	5 和 6	25.0	33.0	42.0	54.0	65.0	85.0	104.0
	>6	33.0	38.0	50.0	61.0	81.0	100.0	119.0

表 14-31   **10 级精度轮齿偏差的允许值**   （单位：μm）

模数 $m(m_t, m_x)$/mm	偏差 F_α		分度圆直径 d/mm						
			>10 ~ 50	>50 ~ 125	>125 ~ 280	>280 ~ 560	>560 ~ 1000	>1000 ~ 1600	>1600 ~ 2500
$>0.5\sim 2.0$	34.0	f_u	37.0	40.0	43.0	46.0	49.0	55.0	61.0
		f_p	28.0	31.0	34.0	37.0	40.0	43.0	49.0
		F_{p2}	80.0	104.0	129.0	148.0	166.0	184.0	203.0
		F_r	48.0	59.0	65.0	75.0	86.0	97.0	102.0
		F_i'	92.0	111.0	129.0	148.0	160.0	178.0	191.0
		f_i'	43.0	46.0	46.0	49.0	52.0	55.0	58.0
$>2.0\sim 3.55$	46.0	f_u	40.0	43.0	46.0	49.0	55.0	58.0	68.0
		f_p	31.0	34.0	37.0	40.0	43.0	46.0	52.0
		F_{p2}	98.0	123.0	148.0	172.0	191.0	215.0	234.0
		F_r	59.0	75.0	86.0	97.0	108.0	118.0	129.0
		F_i'	111.0	135.0	154.0	172.0	191.0	209.0	227.0
		f_i'	55.0	55.0	58.0	61.0	61.0	68.0	68.0
$>3.55\sim 6.0$	58.0	f_u	46.0	46.0	49.0	55.0	58.0	61.0	68.0
		f_p	37.0	37.0	40.0	43.0	46.0	52.0	55.0
		F_{p2}	104.0	135.0	160.0	184.0	209.0	234.0	252.0
		F_r	70.0	86.0	97.0	108.0	124.0	134.0	145.0
		F_i'	129.0	154.0	172.0	191.0	215.0	234.0	252.0
		f_i'	68.0	68.0	68.0	74.0	74.0	80.0	80.0
$>6.0\sim 10$	74.0	f_u	52.0	55.0	58.0	61.0	68.0	74.0	80.0
		f_p	43.0	43.0	46.0	49.0	52.0	55.0	61.0
		F_{p2}	111.0	141.0	172.0	197.0	221.0	252.0	270.0
		F_r	81.0	97.0	108.0	124.0	134.0	151.0	161.0
		F_i'	148.0	172.0	197.0	215.0	240.0	258.0	277.0
		f_i'	80.0	80.0	86.0	86.0	86.0	92.0	92.0
$>10\sim 16$	98.0	f_u	68.0	68.0	68.0	74.0	80.0	86.0	92.0
		f_p	52.0	52.0	55.0	58.0	61.0	68.0	74.0
		F_{p2}	117.0	154.0	184.0	209.0	240.0	264.0	295.0
		F_r	91.0	108.0	124.0	140.0	151.0	167.0	183.0
		F_i'	172.0	203.0	227.0	246.0	270.0	295.0	313.0
		f_i'	104.0	104.0	111.0	111.0	111.0	117.0	123.0
$>16\sim 25$	123.0	f_u	80.0	86.0	86.0	92.0	98.0	104.0	104.0
		f_p	68.0	68.0	68.0	74.0	74.0	80.0	86.0
		F_{p2}	129.0	166.0	197.0	227.0	258.0	283.0	313.0
		F_r	108.0	124.0	140.0	156.0	172.0	183.0	199.0
		F_i'	203.0	227.0	252.0	277.0	301.0	326.0	350.0
		f_i'	135.0	135.0	135.0	135.0	135.0	141.0	148.0
$>25\sim 40$	166.0	f_u	111.0	117.0	117.0	123.0	123.0	129.0	135.0
		f_p	86.0	92.0	92.0	98.0	98.0	104.0	104.0
		F_{p2}	135.0	172.0	209.0	240.0	277.0	307.0	332.0
		F_r	124.0	140.0	156.0	172.0	188.0	204.0	221.0
		F_i'	240.0	270.0	301.0	326.0	350.0	375.0	400.0
		f_i'	178.0	178.0	178.0	184.0	184.0	191.0	191.0

偏差 F_{pz}								
测量长度/mm		15	25	45	75	125	200	300
轴向模数 m_x/mm		>0.5 ~ 2	>2 ~ 3.55	>3.55 ~ 6	>6 ~ 10	>10 ~ 16	>16 ~ 25	>25 ~ 40
蜗杆头数 z_1	1	28.0	34.0	40.0	52.0	68.0	80.0	98.0
	2	31.0	37.0	49.0	61.0	80.0	98.0	117.0
	3 和 4	34.0	43.0	55.0	74.0	92.0	117.0	141.0
	5 和 6	40.0	52.0	68.0	86.0	104.0	135.0	166.0
	>6	52.0	61.0	80.0	98.0	129.0	160.0	191.0

6. 蜗杆传动的检验与公差

（1）圆柱蜗杆传动的精度。主要以 F_i'、f_i' 和蜗轮齿面接触斑点的形状、位置与面积大小来评定；对于 5 级和 5 级以下精度的蜗杆传动，允许用蜗杆副的 F_{p2} 来代替 F_i'、f_i' 的检验，或以蜗杆、蜗轮相应公差组的检验组中最低结果来评定传动的第 I、II 公差组的精度等级。

对于不可调中心距的蜗杆传动，检验接触斑点的同时，还应检查 Δf_a、Δf_Σ、Δf_x。极限偏差 f_a、f_Σ、f_x 分别列于表 14-32～表 14-34 中。

进行 F_i'、f_i' 和接触斑点检验的蜗杆传动，允许相应的第 I、II、III 公差组的蜗杆、蜗轮检验组和

Δf_a、Δf_Σ、Δf_x 中任意一项超差。

（2）蜗杆副的齿侧间隙。

1）圆柱蜗杆传动的齿侧间隙以最小法向侧隙 j_{nmin} 来保证，对于不可调中心距的蜗杆传动，j_{nmin} 由控制蜗杆齿厚的上偏差和下偏差来实现即：

$$\begin{cases} E_{ss1} = -(j_{nmin}/\cos\alpha_n + E_{s\Delta}) \\ E_{si1} = E_{ss1} - T_{s1} \end{cases} \quad (14\text{-}20)$$

式中，$E_{s\Delta}$ 为制造误差的补偿部分。最大法向侧隙由蜗杆、蜗轮的齿厚公差 T_{s1}、T_{s2} 来确定。蜗轮齿厚上偏差 $T_{ss2} = 0$，下偏差 $T_{si2} = -T_{s2}$。T_{s1}、$E_{s\Delta}$、T_{s2} 由表 14-35～表 14-37 查得。j_{nmin} 由表 14-38 查取。

表 14-32					传动中心距极限偏差（$\pm f_a$）的 f_a 值							（单位：μm）
传动中心距	精 度 等 级											
a/mm	1	2	3	4	5	6	7	8	9	10	11	12
≤30	3	5	7	11	17		26		42		65	
>30～50	3.5	6	8	13	20		31		50		80	
>50～80	4	7	10	15	23		37		60		90	
>80～120	5	8	11	18	27		44		70		110	
>120～180	6	9	13	20	32		50		80		125	
>180～250	7	10	15	23	36		58		92		145	
>250～315	8	12	16	26	40		65		105		160	
>315～400	9	13	18	28	45		70		115		180	
>400～500	10	14	20	32	50		78		125		200	
>500～630	11	15	22	35	55		87		140		220	
>630～800	13	18	25	40	62		100		160		250	
>800～1000	15	20	28	45	70		115		180		280	
>1000～1250	17	23	33	52	82		130		210		330	
>1250～1600	20	27	39	62	97		155		250		390	

表 14-33					传动轴交角极限偏差（$\pm f_\Sigma$）的 f_Σ 值							（单位：μm）
蜗轮齿宽	精 度 等 级											
b_2/mm	1	2	3	4	5	6	7	8	9	10	11	12
≤30	—	—	5	6	8	10	12	17	24	34	48	67
>30～50	—	—	5.6	7.1	9	11	14	19	28	38	56	75
>50～80	—	—	6.5	8	10	13	16	22	32	45	63	90
>80～120	—	—	7.5	9	12	15	19	24	36	53	71	105
>120～180	—	—	9	11	14	17	22	28	42	60	85	120
>180～250	—	—	—	13	16	20	25	32	48	67	95	135
>250	—	—	—	—	—	22	28	36	53	75	105	150

表 14-34　　　　　　　传动中间平面极限偏差（±f_x）的 f_x 值　　　　　（单位：μm）

传动中心距 a/mm	精 度 等 级											
	1	2	3	4	5	6	7	8	9	10	11	12
≤30	—	—	5.6	9	14		21		34		52	
>30~50	—	—	6.5	10.5	16		25		40		64	
>50~80	—	—	8	12	18.5		30		48		72	
>80~120	—	—	9	14.5	22		36		56		88	
>120~180	—	—	10.5	16	27		40		64		100	
>180~250	—	—	12	18.5	29		47		74		120	
>250~315	—	—	13	21	32		52		85		130	
>315~400	—	—	14.5	23	36		56		92		145	
>400~500	—	—	16	26	40		63		100		160	
>500~630	—	—	18	28	44		70		112		180	
>630~800	—	—	20	32	50		80		130		200	
>800~1000	—	—	23	36	56		92		145		230	
>1000~1250	—	—	27	42	66		105		170		270	
>1250~1600	—	—	32	50	78		125		200		315	

表 14-35　　　　　　　　　　蜗杆齿厚公差 T_{s1} 值　　　　　　　　（单位：μm）

模数 m/mm	精 度 等 级											
	1	2	3	4	5	6	7	8	9	10	11	12
≥1~3.5	12	15	20	25	30	36	45	53	67	95	130	190
>3.5~6.3	15	20	25	32	38	45	56	71	90	130	180	240
>6.3~10	20	25	30	40	48	60	71	90	110	160	220	310
>10~16	25	30	40	50	60	80	95	120	150	210	290	400
>16~25	—	—	—	—	85	110	130	160	200	280	400	550

注：1. 精度等级按蜗杆第Ⅱ公差组确定。

　　2. 对传动最大法向侧隙 j_{nmax} 无要求时，允许蜗杆齿厚公差 T_{s1} 增大，最大不超过两倍。

表 14-36　　　　蜗杆齿厚上偏差（E_{ss1}）中的误差补偿部分 $E_{s\Delta}$ 值　　　　（单位：μm）

精度等级	模数 m/mm	传动中心距 a/mm																	
		≤30	>30~50	>50~80	>80~120	>120~180	>180~250	>250~315	>315~400	>400~500	>500~630	>630~800	>800~1000	>1000~1250	>1250~1600	>1600~2000	>2000~2500	>2500~3150	>3150~4000
5	≥1~3.5	25	25	28	32	36	40	45	48	51	56	63	71	85	100	115	140	165	190
	>3.5~6.3	28	28	30	36	38	40	45	50	53	58	65	75	85	100	120	140	165	190
	>6.3~10	—	—	38	40	45	48	50	56	60	68	75	85	100	120	145	170	190
	>10~16	—	—	—	45	48	50	56	60	65	71	80	90	105	120	145	170	195

精度等级	模数 m /mm	≤30	>30~50	>50~80	>80~120	>120~180	>180~250	>250~315	>315~400	>400~500	>500~630	>630~800	>800~1000	>1000~1250	>1250~1600	>1600~2000	>2000~2500	>2500~3150	>3150~4000
6	>1~3.5	30	30	32	36	40	45	48	50	56	60	65	75	85	100	120	140	165	190
	>3.5~6.3	32	36	38	40	45	48	50	56	60	63	70	75	90	100	120	140	165	190
	>6.3~10	42	45	45	48	50	52	56	60	63	68	75	80	90	105	120	145	170	200
	>10~16	—	—	—	58	60	63	65	68	71	75	80	85	95	110	125	150	175	200
	>16~25	—	—	—	—	75	78	80	85	85	90	95	100	110	120	135	160	180	200
7	≥1~3.5	45	48	50	56	60	71	75	80	85	95	105	120	135	160	190	225	270	330
	>3.5~6.3	50	56	58	63	68	75	80	85	90	100	110	125	140	160	190	225	275	335
	>6.3~10	60	63	65	71	75	80	85	90	95	105	115	130	140	165	195	225	275	335
	>10~16	—	—	—	80	85	90	95	100	105	110	125	135	150	170	200	230	280	340
	>16~25	—	—	—	—	115	120	120	125	130	135	145	155	165	185	210	240	290	345
8	>1~3.5	50	56	58	63	68	75	80	85	90	100	110	125	140	160	190	225	275	330
	>3.5~6.3	68	71	75	78	80	85	90	95	100	110	120	130	145	170	195	230	280	340
	>6.3~10	80	85	90	90	95	100	100	105	110	120	130	140	150	175	200	235	280	340
	>10~16	—	—	—	110	115	115	120	125	130	135	140	155	165	185	210	240	290	350
	>16~25	—	—	—	—	150	155	155	160	160	170	175	180	190	210	230	260	310	360
9	≥1~3.5	75	80	90	95	100	110	120	130	140	155	170	190	220	260	310	360	440	530
	>3.5~6.3	90	95	100	105	110	120	130	140	150	160	180	200	225	260	310	360	440	530
	>6.3~10	110	115	120	125	130	140	145	155	160	170	190	210	235	270	320	370	440	530
	>10~16	—	—	—	160	165	170	180	185	190	200	220	230	255	290	335	380	450	540
	>16~25	—	—	—	—	215	220	225	230	235	245	255	270	290	320	360	400	470	560
10	≥1~3.5	100	105	110	115	120	130	140	145	155	165	185	200	230	270	310	360	440	530
	>3.5~6.3	120	125	130	135	140	145	155	160	170	180	200	210	240	280	320	370	450	540
	>6.3~10	155	160	165	170	175	180	185	190	200	205	220	240	260	290	340	380	460	550
	>10~16	—	—	—	210	215	220	225	230	235	240	260	270	290	320	360	400	480	560
	>16~25	—	—	—	—	280	285	290	295	300	305	310	320	340	370	400	440	510	590

表 14-37　　蜗轮齿厚公差 T_{s2} 值　　（单位：μm）

分度圆直径 d_2/mm	模数 m /mm	精 度 等 级											
		1	2	3	4	5	6	7	8	9	10	11	12
≤125	≥1~3.5	30	32	36	45	56	71	90	110	130	160	190	230
	>3.5~6.3	32	36	40	48	63	85	110	130	160	190	230	290
	>6.3~10	32	36	45	50	67	90	120	140	170	210	260	320

续表

分度圆直径 d_2/mm	模数 m /mm	精　度　等　级											
		1	2	3	4	5	6	7	8	9	10	11	12
>125~400	≥1~3.5	30	32	38	48	60	80	100	120	140	170	210	260
	>3.5~6.3	32	36	45	50	67	90	120	140	170	210	260	320
	>6.3~10	32	36	45	56	71	100	130	160	190	230	290	350
	>10~16	—	—	—	—	80	110	140	170	210	260	320	390
	>16~25	—	—	—	—	—	130	170	210	260	320	390	470
>400~800	≥1~3.5	32	36	40	48	63	85	110	130	160	190	230	290
	>3.5~6.3	32	36	45	50	67	90	120	140	170	210	260	320
	>6.3~10	32	36	45	56	71	100	130	160	190	230	290	350
	>10~16	—	—	—	—	85	120	160	190	230	290	350	430
	>16~25	—	—	—	—	—	140	190	230	290	350	430	550
>800~1600	≥1~3.5	32	36	45	50	67	90	120	140	170	210	260	320
	>3.5~6.3	32	36	45	56	71	100	130	160	190	230	290	350
	>6.3~10	32	36	48	60	80	110	140	170	210	260	320	390
	>10~16	—	—	—	—	85	120	160	190	230	290	350	430
	>16~25	—	—	—	—	—	140	190	230	290	350	430	550

注：1. 精度等级按蜗轮第Ⅱ公差组确定。

2. 在最小侧隙能保证的条件下，T_{s2}公差带允许采用对称分布。

表 14-38　　　　　　传动的最小法向侧隙 j_{nmin} 值　　　　　（单位：μm）

传动中心距 a /mm	侧　隙　种　类							
	h	g	f	e	d	c	b	a
≤30	0	9	13	21	33	52	84	130
>30~50	0	11	16	25	39	62	100	160
>50~80	0	13	19	30	46	74	120	190
>80~120	0	15	22	35	54	87	140	220
>120~180	0	18	25	40	63	100	160	250
>180~250	0	20	29	46	72	115	185	290
>250~315	0	23	32	52	81	130	210	320
>315~400	0	25	36	57	89	140	230	360
>400~500	0	27	40	63	97	155	250	400
>500~630	0	30	44	70	110	175	280	440
>630~800	0	35	50	80	125	200	320	500
>800~1000	0	40	56	90	140	230	360	560
>1000~1250	0	46	66	105	165	260	420	660
>1250~1600	0	54	78	125	195	310	500	780
>1600~2000	0	65	92	150	230	370	600	920
>2000~2500	0	77	110	175	280	440	700	1100
>2500~3150	0	93	135	210	330	540	860	1350
>3150~4000	0	115	165	260	380	660	1050	1650

2）侧隙的选择。j_{nmin}是蜗杆副不承受载荷，环境温度为20℃，测量出来的齿廓非工作面的距离，通常测量圆周侧隙j_{tmin}：

$$j_{nmin} = j_{tmin}\cos\gamma_1\cos\alpha_n \qquad (14-21)$$

中心距a一定的情况下，把蜗轮齿厚作为基准，用减薄蜗杆齿厚获得最小侧隙j_{nmin}。蜗轮齿厚上偏差为零，公差带为负值，所以最大侧隙j_{nmax}由蜗杆、蜗轮的齿厚公差T_{s1}和T_{s2}来确定。

蜗杆齿厚上偏差E_{ss1}主要包括两部分：

$$E_{ss1} = E_{ss1(1)} + E_{s\Delta}$$
$$= -(j_{nmin}/\cos\alpha_x + \sqrt{f_a^2 + 10f_{px}^2}) \qquad (14-22)$$

侧隙种类的选择　在选择齿侧间隙时，应首先考虑：蜗杆传动的工作温度高低；润滑方式和蜗轮周速；蜗杆传动的起动次数；蜗杆传动的精度等级；转向变化的频率大小。

按经验选择侧隙j_{nmin}，列下表：

侧隙种类	a	b	c	d	$e\ f\ g\ h$
第I公差组精度等级	5~12	5~12	3~9	3~8	1~6

考虑各种因素计算可得为储存润滑油所必需的最小侧隙值：

蜗轮周速$v_2 \leqslant 3\text{m/s}$，$j_{nmin1} \leqslant 10\mu\text{m}$

$v_2 \leqslant 5\text{m/s}$，$j_{nmin1} \leqslant 20\mu\text{m}$

$v_2 > 5\text{m/s}$，$j_{nmin1} \leqslant 30\mu\text{m}$

分度传动$j_{nmin} = 10~30\mu\text{m}$

由热变形所需的j_{nmin}由下式计算：

$$j_{nmin2} = [(\alpha_1 d_1 + \alpha_2 d_2)(t_1 - 20) - 2a\alpha_3(t_2 - 20)]\sin\alpha_{x1}\cos\gamma_1$$

式中　α_1、α_2、α_3——蜗杆、蜗轮和箱体热膨胀系数，一般钢$\alpha_1 = 11.5\times10^{-6}$；青铜$\alpha_2 = 17.5\times10^{-6}$；铸铁$\alpha_3 = 10.5\times10^{-6}$；

t_1——工作温度（℃）；

t_2——箱体工作温度（℃）。

上式是在环境温度$t_0 = 20$℃时计算的。

轮齿弹性变形必需的侧隙：

$$j_{nmin3} = -2\Delta E\sin\alpha$$

中心距镗孔误差必需的侧隙：

$$j_{nmin4} = \sqrt{f_a^2 + 10f_{pi}^2} = E_{s\Delta}$$

该值已含在齿厚上偏差中。

总的齿侧间隙值为：

$$j_{nmin} = j_{nmin1} + j_{nmin2} + j_{nmin3} \qquad (14-23)$$

由式（14-23）计算出的j_{nmin}查表14-43选择侧隙种类中与其相近的值。侧隙选好后，可计算出蜗杆齿厚上偏差：

$$E_{ss1} = -[j_{nmin}/\cos\alpha_x + E_{s\Delta}(j_{nmin})] \quad (14-24)$$

蜗杆传动的最大侧隙：

$$j_{nmax} \approx (E_{ss1} + T_{s1} + T_{s2})\cos\alpha_n + 2\sin\alpha_n\sqrt{\frac{F_r^2}{4} + f_a^2}$$

式中，E_{ss1}、T_{s1}、T_{s2}、F_r按其最大绝对值代入。

3）精度等级。侧隙种类在图样上的标注：

在蜗杆、蜗轮的工作图样上应分别标注其精度等级、齿厚极限偏差或相应的侧隙种类代号和标准代号，标注规格为：

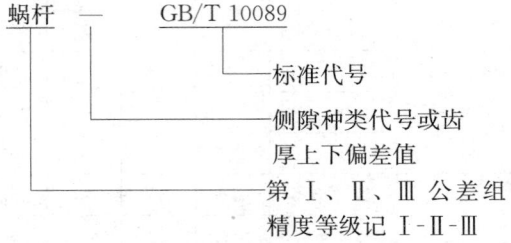

【例14-1】　蜗杆第I、II、III精度等级为5，齿厚极限偏差为标准值，侧隙种类为f，记作：

蜗杆　5f　GB/T 10089

【例14-2】　蜗轮第I公差组为5级，第II、III公差组为6级，齿厚极限偏差是标准值，相配的侧隙种类为f，则标记为：

5—6—6fGB/T 10089

若蜗轮的齿厚极限偏差不是标准值，如上偏差为+0.10mm，下偏差为−0.10mm，则标记为：

5—6—6(±0.10)　GB/T 10089

【例14-3】　蜗杆传动的三个公差组都为5级精度，侧隙种类为f，标注为：

传动5fGB/T 10089

14.2.5　圆柱蜗杆传动的计算实例

【例14-4】　设计一冶金升降机用的闭式蜗杆传动。已知：蜗杆输入功率$P_1 = 13\text{kW}$，转速$n_1 = 1460\text{r/min}$，传动比$i = 20$，单向传动，载荷稳定，环境温度30℃，蜗杆减速器每天工作8h，每年工作250天，工作寿命5年。

解：（1）选择传动类型和材料。由于传递功率不大，转速较低，可选用普通圆柱蜗杆传动。

蜗杆采用40Cr，表面淬火，硬度45~55HRC；蜗轮齿圈选用铸锡青铜ZCuSn10Pb1，金属模铸造。

（2）选择蜗杆头数和蜗轮齿数。

已知公称传动比$i = 20$，取$Z_1 = 2$，则：

$$Z_2 = iZ_1 = 20\times2 = 40$$

（3）按蜗轮齿面接触强度设计。

1）确定蜗轮转矩T_2。按表14-13，暂取

$\eta = 0.82$。

$$T_2 = 9.55 \times 10^6 \frac{P_2}{n_2} = 9.55 \times 10^6 \frac{P_1 \eta}{n_1/i}$$

$$= 9.55 \times 10^6 \frac{13 \times 0.82}{1460/20} \text{N} \cdot \text{mm}$$

$$= 1.395 \times 10^6 \text{N} \cdot \text{mm}$$

2) 确定载荷系数。由载荷稳定，可取载荷系数 $K = 1.2$。

3) 确定许用应力。查表 14-15，基本许用应力 $[\sigma]_{OH} = 220\text{MPa}$。

设 $v_s = 6\text{m/s}$，由图 14-4，取 $Z_{vs} = 0.88$

应力循环次数：

$$N = 60 n_2 t_n = 60 \times \frac{1460}{20} \times 8 \times 250 \times 5 = 4.38 \times 10^7$$

查图 14-5 得 $Z_N = 0.83$

$$[\sigma]_H = Z_N Z_{vs} [\sigma]_{OH} = (0.83 \times 0.88 \times 220)\text{MPa}$$
$$= 160.7\text{MPa}$$

4) 计算模数 m 及蜗杆分度圆直径 d_1。

由

$$m^2 d_1 \geqslant \left(\frac{480}{z_2 [\sigma]_H}\right)^2 K T_2$$

$$= \left[\left(\frac{480}{40 \times 160.7}\right)^2 \times 1.2 \times 1.395 \times 10^6\right] \text{mm}^3$$

$$= 9334 \text{mm}^3$$

查表 14-10，取 $m = 10\text{mm}$，$d_1 = 90\text{mm}$（$m^2 d_1 = 9000\text{mm}^3$，接近计算值）

查表 14-8，取中心距 $a = 250\text{mm}$，可得 $z_2 = 41$，实际传动比 $i = z_2/z_1 = 41/2 = 20.5$。

5) 验算蜗轮圆周速度。

蜗轮分度圆直径 $\quad d_2 = m z_2 = (10 \times 41)\text{mm}$
$$= 410\text{mm}$$

蜗轮转速 $\quad n_2 = \dfrac{n_1}{i} = \dfrac{1460}{20.5} = 71.2\text{r/min}$

蜗轮圆周速度 $\quad v_2 = \dfrac{\pi d_2 n_2}{60 \times 1000} = \dfrac{\pi \times 410 \times 71.2}{60 \times 1000}$
$$= 1.53\text{m/s}$$

6) 计算啮合效率。

蜗杆导程角 $\quad \gamma = \arctan \dfrac{z_1 m}{d_1} = \arctan \dfrac{2 \times 10}{90}$
$$= 12.529° = 12°31'44''$$

滑动速度 $\quad v_s = \dfrac{v_1}{\cos\gamma} = \dfrac{\pi d_1 n_1}{60 \times 1000 \cos\gamma}$

$$= \dfrac{\pi \times 90 \times 1460}{60 \times 1000 \times \cos 12.529°}\text{m/s}$$

$$= 7.05\text{m/s}$$

查表 14-12 得 $\rho' = 1°07' = 1.117°$

啮合效率 $\quad \eta_1 = \dfrac{\tan\gamma}{\tan(\gamma + \rho')}$

$$= \dfrac{\tan 12.529°}{\tan(12.529° + 1.117°)} = 0.915$$

取 $\eta_2 = 0.96$，$\eta_3 = 0.98$，则 $\eta = 0.915 \times 0.96 \times 0.98 = 0.86$

(4) 校核蜗轮齿面接触强度。

蜗轮实际传递转矩：

$$T_2 = \left(9.55 \times 10^6 \frac{13 \times 0.86}{71.2}\right)\text{N} \cdot \text{mm}$$

$$= 1.50 \times 10^6 \text{N} \cdot \text{mm}$$

由 $v_s = 7.05\text{m/s}$，查图 14-4 得 $Z_{vs} = 0.875$

$$[\sigma]_H = (0.83 \times 0.875 \times 220)\text{MPa} = 159.8\text{MPa}$$

按表 14-14 取 $K_A = 0.9$（间歇工作）；$K_\beta = 1.0$，$K_V = 1.05$。

$$K = 0.9 \times 1.0 \times 1.05 = 0.945$$

$$m^2 d_1 = \left(\frac{480}{Z_2 [\sigma]_N}\right)^2 K T_2$$

$$= \left[\left(\frac{480}{41 \times 159.8}\right)^2 \times 0.945 \times 1.50 \times 10^6\right]\text{mm}^3$$

$$= 7608 \text{mm}^3 < 9000 \text{mm}^3$$

蜗轮齿面接触强度合格。

(5) 校核蜗轮齿根抗弯强度。

许用弯曲应力：

$$N = 60 n_2 t_h = 60 \times 71.2 \times 8 \times 250 \times 5 = 4.27 \times 10^7$$

查图 14-5 得 $Y_N = 0.67$，查表 14-18 得 $[\sigma]_{OF} = 70\text{MPa}$。

$$[\sigma]_F = Y_N [\sigma]_{OF} = (0.67 \times 70)\text{MPa} = 46.9\text{MPa}$$

当量齿数 $\quad z_v = \dfrac{z_2}{\cos^3\gamma} = \dfrac{41}{\cos^3 12.529°} = 44.07$

查表 14-17 得蜗轮齿形系数 $Y_F = 1.494$

$$\sigma_F = \frac{1.53 K T_2 \cos\gamma}{d_1 d_2 m} Y_F$$

$$= \frac{1.53 \times 0.945 \times 1.50 \times 10^6 \times \cos 12.529°}{90 \times 410 \times 10} \times$$

$$1.494\text{MPa} = 8.57\text{MPa} < 46.9\text{MPa}$$

蜗轮齿根抗弯强度合格。

(6) 几何尺寸计算。

已知：$a = 200\text{mm}$，$z_1 = 2$，$z_2 = 41$，$\alpha = 20°$，$d_1 = 90\text{mm}$，$d_2 = 410\text{mm}$。

1) 蜗杆。

齿顶圆直径 $\quad d_{a1} = d_1 + 2 m h_a^*$
$$= (90 + 2 \times 10 \times 1)\text{mm}$$
$$= 110\text{mm}$$

齿根圆直径 $\quad d_{f1} = d_1 - 2 m (h_a^* + c^*)$
$$= [90 - 2 \times 10(1 + 0.2)]\text{mm}$$
$$= 66\text{mm}$$

蜗杆齿宽 $\quad b_1 \geqslant (12.5 + 0.1 z_2) m$
$$= [(12.5 + 0.1 \times 41) \times 10]\text{mm}$$
$$= 166\text{mm}$$

取 $b_1 = 180\text{mm}$

2）蜗轮。

喉圆直径 $d_{a2}=d_2+2mh_a^*$
$=(410+2\times10\times1)mm$
$=430mm$

顶圆直径 $d_{e2}=d_{a2}+1.5m$
$=(430+1.5\times10)mm$
$=445mm$

蜗轮齿宽 $b_2\leqslant0.7d_{a1}=(0.7\times110)mm$
$=77mm$

取 $b_2=75mm$

咽喉圆半径 $\gamma_{g2}=0.5d_{a1}+c=0.5d_{a1}+c_m^*$
$=(0.5\times110+0.2\times10)mm$
$=60mm$

蜗轮齿宽角 $\theta=2\arcsin\dfrac{b_2}{d_1}=2\arcsin\dfrac{75}{90}$
$=112°53'07''$

（7）热平衡计算。

由 $t_1=t_0+\dfrac{1000P(1-\eta)}{K_sA}$

取 $t_0=30℃$，$t_1=80℃$，$K_s=14W/(m^2\cdot K)$，
则

传动效率 $\eta=0.86$

所需散热面积：

$A=\dfrac{1000P(1-\eta)}{K_s(t_1-t_0)}=\dfrac{1000\times13\times(1-0.86)}{14\times(80-30)}m^2$
$=2.6m^2$

可考虑加装散热片或进行人工通风，以增强散热能力。

（8）精度选择。本蜗杆减速器为一般动力传动。按表 14-19，选择精度等级为 8 级（GB/T 10089—1988），蜗杆、蜗轮齿面粗糙度均取为 $Ra\leqslant3.2\mu m$。

14.3 圆弧圆柱蜗杆传动

14.3.1 圆弧圆柱蜗杆传动的类型

一个圆柱蜗杆，其轴向平面或法向齿廓为圆弧，或蜗杆齿面为圆环面的包络面时称圆弧圆柱蜗杆。它与用直接展成法加工的蜗轮组成的蜗杆传动称圆弧圆柱蜗杆传动。

圆弧圆柱蜗杆传动可分为环面包络圆弧圆柱蜗杆传动和轴向圆弧齿圆柱蜗杆传动两类。

（1）环面包络圆弧圆柱蜗杆传动。

1）ZC_1 蜗杆传动。如图 14-8 所示，加工蜗杆的刀具是圆环面砂轮（或铣刀），在刀具的轴向平面内，产形线是圆环面母圆的一段凸圆弧。刀具与毛坯间有如下几何尺寸关系：

$$C=\rho\cos\alpha$$
$$b=r_1+\rho\sin\alpha$$
$$d_0=a_0-b=a_0-(r_1+\rho\sin\alpha)$$
$$a_0=d_0+b=d_0+(r_1+\rho\sin\alpha)$$

ZC_1 蜗杆的轴向、法向齿廓是近似圆弧的凹形齿，蜗轮则呈凸形齿廓。

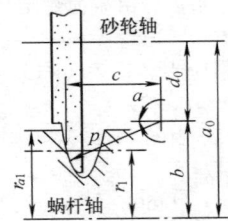

图 14-8 ZC_1 蜗杆几何尺寸

2）ZC_2 蜗杆传动。ZC_2 蜗杆传动，加工蜗杆的刀具和齿面形成的方法与 ZC_1 蜗杆相同，所不同的是砂轮轴线与蜗杆轴线的轴交角不等于蜗杆分度圆导程角，而是某一角度 γ_0。

（2）轴向圆弧齿圆柱蜗杆传动（ZC_3）。ZC_3 蜗杆在车床上加工，将凸圆弧刃廓车刀的刃面置于蜗杆的轴向平面内，车刀刃面除径向进给运动外，还相对蜗杆做螺旋运动，车刀刃廓的轨迹面即蜗杆螺旋面。在蜗杆的轴向平面上，齿廓是凹形圆弧。

14.3.2 圆弧圆柱蜗杆传动的主要特点

（1）共轭齿面接触线形状有利于液体动压油膜的形成，改善了齿面间的润滑条件。

（2）共轭齿面呈凸凹啮合，当量曲率半径 ρ 大，因而齿面接触应力小。

（3）ZC 蜗杆传动的几何参数：变位系数 x、齿廓曲率半径 ρ、齿形角 α、齿数 z_1，分度圆直径 d_1 等对蜗杆传动的啮合特性有明显影响，可通过合理的参数选择提高传动质量。

总之，ZC 蜗杆传动具有良好的润滑特性，功率耗损小，传动效率高（比普通蜗杆传动提高 5%～15%）；齿面接触应力小，齿面强度高，承载能力大（比普通蜗杆传动可提高 50%～100%），使用寿命长；并具有工作平稳，噪声小等特点。成本和普通圆柱蜗杆传动相比较基本相当。因此，ZC 蜗杆传动是目前圆柱蜗杆传动中最有推广应用价值的新型蜗杆传动。

14.3.3 圆弧圆柱蜗杆传动的参数

（1）轴向圆弧齿圆柱蜗杆传动的齿廓参数。轴向圆弧齿圆柱蜗杆传动的基本齿廓如图 14-9 所示，并规定在蜗杆轴向平面内的参数为标准值。

1）齿廓曲率半径：$\rho_0=(5.0～5.5)m$，当 z_1

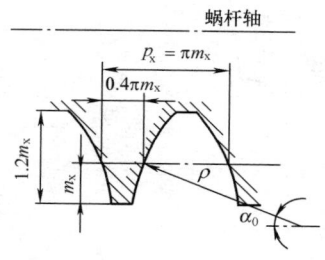

图 14-9 ZC₃ 的基本齿廓

1，2 时，$\rho_0=5m$；$z_1=3$ 时，$\rho_0=5.3m$；$z_1=4$ 时，

$\rho_0=5.5m$。

2）齿形角 $\alpha=22°\sim23°$，通常取 23°。

3）顶隙 $c=0.2m$。

4）齿顶高 $h_{a1}=m$ 全齿高 $h_1=2h_a+c$。

5）轴向齿距 $p_{x1}=\pi m$，轴向齿厚 $S_{x1}=0.4\pi m$。

6）变位系数。ZC₃ 蜗杆传动必须采取正的径向变位。推荐：$x_2=0.5\sim1.5$，多用 $x_2=0.7\sim0.12$，建议在这个范围内尽量取大值，低速或多头（$z_1>2$）蜗杆可取较小值。不产生根切和齿顶变尖的齿数 z_2 和变位系数的关系曲线如图 14-10 所示。变位系数是对 ZC₃ 蜗杆传动性能影响最敏感的参数，应合理选用。

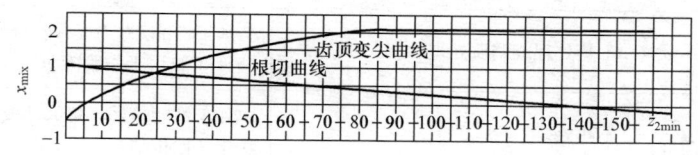

图 14-10 z_2-x 曲线

（2）环面包络圆柱蜗杆的齿廓参数。按 JB/T 7935—1995，蜗杆法向平面内的齿廓为基本齿廓，蜗杆用环面砂轮包络成形，在法向平面和轴向平面的尺寸要符合以下规定（见图 14-11）。

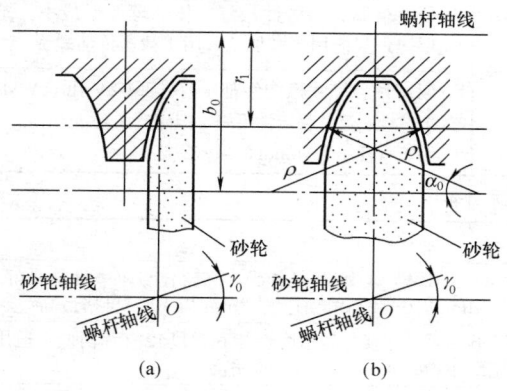

（a）   （b）

图 14-11 ZC₁ 蜗杆基本齿廓

（a）单面砂轮单面磨齿；（b）双面砂轮两面依次磨齿

1）砂轮轴线与蜗杆轴线的公垂线，单面砂轮单面磨齿时通过蜗杆齿廓分圆点（蜗杆分度圆柱上的螺纹线与砂轮轴平面的交点）；双面砂轮两面依次磨削时位于砂轮对称中心平面。

2）砂轮轴线与蜗杆轴线的轴交角 γ_0 等于蜗杆分圆柱上齿线的导程角 γ。

3）砂轮轴向平面圆弧半径 ρ_0 为：

当 $m\le10$mm 时，$\rho_0=(5.5\sim6.0)m^*$；

当 $m>10$mm 时，$\rho_0=(5.0\sim5.5)m^*$。

* 小模数时取较大系数。

4）砂轮轴向平面齿形角 $\alpha_0=23°\pm0.5°$。

5）其他齿廓参数为：

齿顶高：当蜗杆齿数 $z_1\le3$ 时 $h_a=1.0m$；

当蜗杆齿数 $z_1>3$ 时 $h_a=(0.85\sim0.95)m$；

顶隙 $c\approx0.16m$；

轴向齿厚 $S_{x1}=0.4\pi m$，法向齿厚 $S_{n1}=S_{x1}\cos\gamma$；

砂轮圆弧中心坐标 $a_0=\rho\cos\alpha_0$，$b_0=0.5d_1+\rho\sin\alpha_0$；

齿顶倒圆，圆角半径不大于 $0.2m$。

第 15 章　螺　旋　传　动

15.1　滑动螺旋

15.1.1　螺杆与螺母材料（见表 15-1～表 15-4）

表 15-1　　　　　　　　　　　　　　　　螺杆常用材料及热处理

精度	材　料	热　处　理	特　点　与　用　途
8 级和 8 级以下	45，50	不热处理或调质处理	加工性能好。轴颈处可局部淬火，淬硬至 40～45HRC。用于一般传动
	易切削钢 Y40Mn	不热处理	加工性能最好，耐磨性较差，不能局部热处理。用于一般传动
	合金结构钢 40Cr	淬火后回火或高频淬火后回火。硬度 40～45HRC 或 50～55HRC	具有一定的耐磨性，用于载荷较大，工作不频繁的传动
7 级和 7 级以上	碳素工具钢 T10、T10A、T12、T12A	球化调质，硬度 200～230HBW	具有一定的耐磨性，球化调质后，耐磨性提高近 30%，有良好的切削性能。用于重要传动
	合金结构钢 38CrMoAlA	氮化。氮化层深度 0.45～0.6mm，硬度>850HV	硬度最高、耐磨性最好、热处理变形最小。氮化层浅，只能用研磨加工。用于精密传动螺旋
	冷作模具钢 9Mn2V，CrWMn	淬火，回火。硬度 54～59HRC	耐磨性、尺寸稳定性都很好。9Mn2V 比 CrWMn 的工艺性、尺寸稳定性更好，但淬透性较差。用于直径小于 50mm 的精密螺旋

表 15-2　　　　　　　　　　　　　　　　螺　母　常　用　材　料

材　料	适用精度	特　点　与　用　途
铸造锡青铜 ZCuSn10Pb1	5、6 级	摩擦因数低 0.06～0.1，硬度 88.5HBW，为锡青铜之首，抗胶合与耐磨性能最好，但强度低，适用于轻、中载荷（20MPa 以下）和高滑动速度（8m/s 以下），价格最高
铸造锡青铜 ZCuSn5Pb5Zn5	5、6 级	摩擦因数低 0.08～0.1，硬度 59HBW，抗胶合与耐磨性能和强度较前者稍低，适用于轻、中载荷（20MPa 以下）和高滑动速度（8m/s 以下），价格高
铸造铝青铜 ZCuAl10Fe3	5、6 级	摩擦因数较低，耐磨、耐腐蚀性好，抗胶合能力差，力学性能高，强度比锡青铜高一倍多，适用于重载、低速，价格比前两者低
铸造铝黄铜 ZCuZn25Al6Fe3Mn3	5、6、7 级	摩擦因数较低，硬度 166HBW，为铸造铜合金之首，耐磨性能好，耐腐蚀性较好，抗胶合能力差，力学性能高，强度比铝青铜高。适用于重载、低速。价格比锡青铜低
耐磨铸铁	7 级以下	摩擦因数较高 0.1～0.12，强度高。适用于轻载、低速。价格便宜
灰铸铁	7 级以下	摩擦因数较高 0.12～0.15，强度高。适用于轻载、低速。价格便宜
球墨铸铁或 35 钢	7 级以下	摩擦因数较高 0.13～0.17，强度高。适用于重载的调整螺旋
加铜或渗铜的铁基粉末冶金材料		加铜铁基含锡磷青铜 12%（质量分数）、石墨 1%（质量分数），其余为铁粉，密度 6.4～6.7 渗铜铁基含锡磷青铜 20%（质量分数）、石墨 0.8%（质量分数），其余为铁粉，密度 6.9～7.3 适用于轻载的调整螺旋

表 15-3 滑动螺旋副材料的摩擦因数 f 和许用比压 $[p]$

螺杆材料	螺母材料	摩擦因数 f（定期润滑）	许用比压 $[p]$/MPa		
			速度(m/min)	8～10 级精度	5～7 级精度
钢	钢	0.11～0.17	低速	7.5～13	3.8～6.5
钢	铸铁	0.12～0.15	<2.4	13～18	6.5～9
			6～12	4～7	2.0～3.5
	耐磨铸铁	0.10～0.12	6～12	6～8	3～4
钢	青铜	0.08～0.10	<3.0	11～18	5.5～9
			6～12	7～10	3.5～5
			>15	1～2	0.5～1
淬火钢	青铜	0.06～0.08	6～12	10～13	5.0～6.5

注：1. 起动时摩擦因数取大值，运转中最小值。

2. 如结构的空间受限制，需减小螺杆直径，可适当增大 $[p]$，但耐磨性降低。

表 15-4 滑动螺旋副材料的许用应力 （单位：MPa）

螺杆强度	许用拉应力 $[\sigma]=(0.2\sim0.33)R_{eL}$				螺牙强度	材料	许用切应力 $[\tau]$	许用弯曲应力 $[\sigma_b]$
	材料及热处理	屈服强度 R_{eL}	材料及热处理	屈服强度 R_{eL}		钢	$0.6[\sigma]$	$(1.0\sim1.2)[\sigma]$
	40、50 钢，不热处理	280～320	CrWMn 淬火	480～500		青铜	30～40	40～60
	45 钢调质	340～360	38CrMoAlA	780～820		灰铸铁	40	45～55
	50Mn、60Mn、65Mn 表面淬火后回火	400～450	T10、T12 淬火回火 20CrMnTi 渗碳淬火	800～840		耐磨铸铁	40	50～60
	40Cr 调质	440～500						

注：静载时许用应力取大值。

15.1.2 滑动螺旋传动的计算

滑动螺旋的计算有两种，一是已知螺旋传动的载荷、运动参数和工作条件，选择螺旋副材料并设计其尺寸的设计计算；二是已知螺旋传动的载荷、运动参数、螺旋尺寸及材料，校核螺旋工作是否安全可靠的校核计算。

下面介绍这两种计算的步骤及有关公式：

1. 校核计算

校核计算的步骤及公式如下：

已知：工作载荷 F(N)，螺纹类型，螺杆大径 d(mm)，螺母高或旋合长度 H(mm)，螺母旋合圈数 n，螺旋副材料，螺杆转速 n_1(r/min)等。

(1) 耐磨性校核：

1) 根据螺旋副材料，从表 15-3 查取许用比压 $[p]$。

2) 根据螺纹类型，从标准中查取螺杆的中径 d_2、小径 d_3。

3) 计算螺距 $P=H/n$，取标准值。

4) 计算螺纹工作高度 H_1，梯形、矩形的 $H_1=0.5P$，锯齿形 $H_1=0.75P$。

5) 计算螺旋副压强 $p=\dfrac{F}{\pi d_2 H_1 n}$。如果 $p>[p]$ 则耐磨性能不够，如果 $p\leqslant[p]$ 耐磨性能通过，再计算下一步。

(2) 螺杆强度校核：

1) 根据螺旋副材料，从表 15-4 查取许用拉应力 $[\sigma]$。

2) 根据给定的条件和传动方式绘制载荷图(力图和转矩图)，并确定危险断面。

3) 计算危险断面的当量应力 $\sigma_d=\sqrt{\left(\dfrac{4F}{\pi d_3^2}\right)^2+3\left(\dfrac{T}{0.2d_3^2}\right)^2}$，如 $\sigma_d\leqslant[\sigma]$ 螺杆强度通过，再作下一计算。

(3) 螺母螺牙强度校核：

1) 根据螺旋副材料，从表 15-4 查取许用弯曲应力 $[\sigma_b]$、许用切应力 $[\tau]$。

2) 根据螺纹类型，从标准中查取螺母的大

径 D_4。

3) 计算螺牙根部宽度 b：矩形 $b=0.5P$，梯形 $b=0.55P$，锯齿形 $b=0.74P$。

4) 计算螺牙切应力 τ：螺杆 $\tau=\dfrac{F}{\pi d_3 bn}$，螺母 $\tau=\dfrac{F}{\pi D_4 bn}$。

5) 计算螺牙弯曲应力 σ_b：螺杆 $\sigma_b=\dfrac{3FH_1}{\pi d_3 b^2 n}$，螺母 $\sigma_b=\dfrac{3FH_1}{\pi D_4 b^2 n}$。

6) 如 $\tau \leqslant [\tau]$，$\sigma_b \leqslant [\sigma_b]$ 螺牙强度通过。

(4)稳定性校核。如果螺杆的细长比 $\lambda > 90$，还需作稳定性校核。校核的步骤及公式如下：

已知：工作载荷 $F(\text{N})$，螺杆受压的长度 $l(\text{mm})$，螺杆小径 $d_3(\text{mm})$，螺杆的弹性模量 $E(\text{N/mm}^2)$。

1) 根据给定的支承条件，从表 15-5 查长度系数 μ。

2) 计算细长比 $\lambda=4\mu l/d_3$。

3) 如果 $\lambda < 40$，则无需校核稳定性；如果 $\lambda \geqslant 40$，则需作以下计算。

4) 计算螺杆惯性矩 $I_a=\pi d_3^4/64$。

5) 计算临界载荷 F_c：

如果螺杆是淬火钢，$\lambda < 85$，$F_c=\dfrac{490}{1+0.0002 \times \lambda^2} \times \dfrac{\pi d_3^2}{4}$，若 $\lambda \geqslant 85$，$F_c=\dfrac{\pi E I_a}{(\mu l)^2}$；

如果是非淬火钢，$\lambda \geqslant 90$，$F_c=\dfrac{\pi E I_a}{(\mu l)^2}$，若 $\lambda < 90$，$F_c=\dfrac{340}{1+0.00\,013 \times \lambda^2} \times \dfrac{\pi d_3^2}{4}$。

表 15-5   滑动螺旋的支承方式和系数

支承方式	简　图	滑 动 螺 旋	
		μ	μ_1
一端固定 一端自由		2.0	1.875
两端铰支		1.0	3.142
一端固定 一端铰支		0.7	3.927
一端固定 一端不完全固定		0.6	4.730
两端固定		0.5	4.730

注：1. 滑动螺旋整体螺母的高径比 $H/d_2 < 1.5$ 为铰支；$H/d_2=1.5 \sim 3$ 为不完全固定；$H/d_2 > 3$ 为固定支承；开合螺母为铰支。

2. 滑动轴承的宽径比 $B/d < 1.5$ 为铰支；$B/d=1.5 \sim 3$ 为不完全固定；$B/d > 3$ 为固定支承。

3. 滚动轴承一个深沟球轴承或者角接触轴承或者一个深沟球轴承与一个推力球轴承的组合为铰支；两个深沟球轴承与两个推力球轴承的组合为固定支承。

6) 若 $F_c/F > 2.5 \sim 4$ 稳定校核通过。否则会发生失稳，需加大小径或改变支承方式，直至满足稳定条件。

(5)临界转速校核。如果是高速螺旋还需校核横

向振动的临界转速，其步骤及公式如下：

1) 由使用要求和结构确定螺杆两支承间的最大距离 $l_c(\text{mm})$。

2) 根据螺杆的支承方式，由表 15-5 确定系

数 μ_1。

3）钢制螺杆的临界转速，$n_c = 12 \times 10^6 \dfrac{\mu_1^2 d_3}{l_c^2}$。

4）应使螺杆最大工作转速 $n_{max} \leqslant 0.8 n_c$，如果不满足，可改变支承方式，以提高临界转速。

2. 设计计算

设计步骤及公式：

已知工作载荷 F(N)及螺杆或螺母转速 n(r/m)。

（1）选定螺纹类型、相应的牙形半角 β 及高径比 ψ，整体螺母 $\psi = 1.2 \sim 2.5$，剖分螺母 $\psi = 2.5 \sim 3.5$。

（2）选定螺旋副材料，由表 15-3 查取许用比压 $[p]$ 和摩擦因数 f。

（3）从耐磨观点计算所需的中径 d_2：梯形、矩形螺旋 $d_2 \geqslant 0.8 \sqrt{F/(\psi[p])}$；锯齿形螺旋 $d_2 \geqslant 0.65 \times \sqrt{F/(\psi[p])}$。

（4）根据计算值，选取标准的 d_2 以及相应的大径 d 和小径 d_3。

（5）如果该直径大于结构要求，则需改变材料提高 $[p]$ 重新计算中径，直至等于或小于为止；如果小于或等于结构要求值，耐磨强度满足，再取结构要求的直径作下面计算。

（6）计算当量摩擦角 $\rho' = \arctan (f/\cos\beta)$ (°)。

（7）f 由表 15-3 查取。

（8）选取与直径配伍的螺距 P (mm)：要求自锁时，$P \leqslant \pi d \tan\rho'$；不要求自锁时，$P > \pi d \tan\rho'$。

（9）计算螺母高度 $H = \psi d_2$，需满足旋合长度要求，并圆整成整数。

（10）计算螺母旋合圈数 $n = H/P$，如果 $n > 10 \sim 12$，则加大一级螺距 P 后，重新计算圈数，直至 $n < 10 \sim 12$。

（11）用前述办法校核螺杆及螺牙强度，如果强度不能满足要求，可增大一级螺距 P，重新计算螺母旋合圈数和校核强度；也可加大一级中径 d_2，重新计算螺母高度、旋合圈数和校核强度，直到满足为止，如果是受压螺杆，或高速螺旋，还需校核压杆稳定和临界转速。

15.1.3 螺旋的尺寸系列、精度与公差

1. 梯形、锯齿形螺纹的尺寸系列与有关尺寸

梯形、锯齿形螺纹的尺寸系列与有关尺寸见第6章表 6-5 和表 6-8。

2. 梯形螺纹的精度与公差

一般用途或精度要求不高的梯形传力螺旋的公差按 GB/T 12359—2008《梯形螺纹极限尺寸》的规定选取，其精度分为中等和粗糙两种，标准规定了内、外螺纹的公差等级和公差带，见表 15-6。设计时根据应用场合按表 15-7 选取精度种类并标记中径公差带，以代表螺纹的精度。内、外螺纹的公差带、公差值及计算公式，见图 15-1 和表 15-9、表 15-10。

表 15-6 　　　　　　梯形、锯齿形螺纹的公差等级及公差带位置

螺纹种类	内 螺 纹			外 螺 纹		
直径	大径 D_4、D	中径 D_2	小径 D_1	大径 d	中径 d_2	小径 d_3
梯形公差等级	7，8，9	7，8，9	7，8，9	7，8，9	7，8	8，9	7，8，9
锯齿形公差等级	10	7，8，9	4	9	7，8	8，9	7，8，9
公差带位置	H	H	H	h	e	c	h

注：外螺纹小径的公差等级必须与中径的等级相同。

表 15-7 　　　　　　梯形螺纹公差带的选用及标注

精度	内螺旋（中径）		外螺旋（中径）		应用场合
中等	7H	8H	7e	8e	一般用途
粗糙	8H	9H	8c	9c	精度要求不高时
旋合长	中等旋合长度 N	长旋合长度 L	中等旋合长度 N	长旋合长度 L	
标注	单个螺纹：螺纹特征代号 Tr、尺寸代号（公称直径大小×多线螺纹导程大小，单线不注、螺距代号 P 及大小、多线时加括号）、旋向代号（右旋不注，左旋注 LH）—公差代号（只注中径的公差等级的数字及其公差带位置的字母，内径大写，外径小写）—旋合长度代号（中等旋合长度不注，长旋合长度注 L） 螺纹副：与单个螺纹相同，但公差代号将内外螺纹都标出，内螺纹在前外螺纹在后，中间用/隔开 标注示例：Tr36×6-7H 为公称直径 36，螺距 6，右旋、中径公差为 7 级，公差带位置为 H、中等旋合长度的梯形内螺纹 Tr36×6LH-8c-L 为公称直径 36，螺距 6，左旋、中径公差为 8 级、公差带位置为 c、长旋合长度的梯形外螺纹 Tr36×12 (P6)-7H/7e 为公称直径 36，导程 12，螺距 6、右旋、中径公差 7 级，内螺纹公差带位置为 H，外螺纹公差带位置为 e、中等旋合长度的双线梯形螺纹副					

3. 锯齿形螺纹的精度与公差

一般用途的锯齿形螺旋其公差按 GB/T 13576.4—2008《锯齿形（3°、30°）螺纹公差》的规定选取，其精度分为中等和粗糙两种，标准规定了内、外螺纹的公差等级和公差带，见表 15-6。设计时根据应用场合按表 15-8 选取精度种类并标记中径公差带，以代表螺纹的精度。

内、外螺纹有关尺寸的计算公式及公差带、公差值，见图 15-2 和表 15-9 和表 15-10。

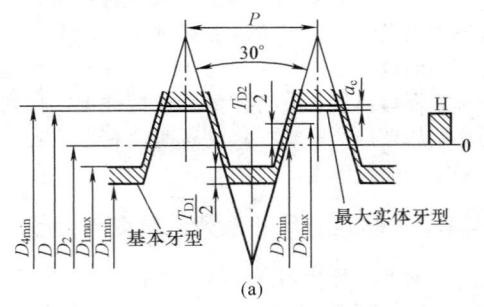
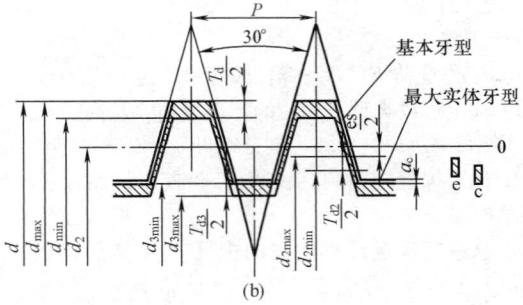

图 15-1　梯形螺纹公差带
（a）内螺纹公差带；（b）外螺纹公差带

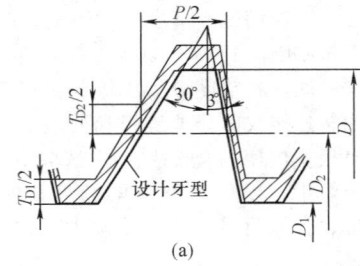
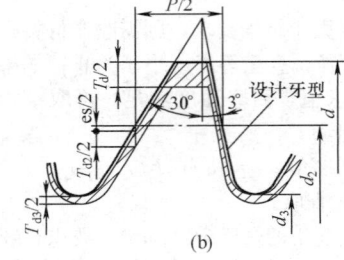

图 15-2　锯齿型螺纹公差带
（a）内螺纹公差带；（b）外螺纹公差带

表 15-8　　　　　　　　　　　　　　　　　锯齿形螺纹公差带的选用及标注

精度	内螺旋（中径）		外螺旋（中径）		应用场合
中等	7H	8H	7e	8e	一般用途
粗糙	8H	9H	8c	9c	精度要求不高时
旋合长	中等旋合长度 N	长旋合长度 L	中等旋合长度 N	长旋合长度 L	

标注	单个螺纹：螺纹特征代号 B、尺寸代号（公称直径大小×多线螺纹导程大小，单线不注、螺距代号 P 及大小，多线时加括号）、旋向代号（右旋不注，左旋注 LH）—公差代号（只注中径的公差等级的数字及其公差带位置的字母，内径大写，外径小写）—旋合长度代号（中等旋合长度不注，长旋合长度注 L） 螺纹副：与单个螺纹相同，但公差代号需将内外螺纹都标出，内螺纹在前外螺纹在后，中间用/隔开 标注示例：B36×6-7H 为公称直径 36，螺距 6、右旋、中径公差为 7 级，公差带位置为 H、中等旋合长度的锯齿形内螺纹 　　　　　B36×6LH-8c-L 为公称直径 36，螺距 6、左旋、中径公差为 8 级公差带位置为 c，长旋合长度的锯齿形外螺纹 　　　　　B36×12(P6)-7H/7e 为公称直径 36，导程 12，螺距 6、右旋、中径公差为 7 级，内螺纹公差带位置为 H，外螺纹公差带位置为 e、中等旋合长度的锯齿形双线螺纹副

表 15-9 **梯形、锯齿形螺纹有关尺寸的计算式**

种类		梯 形 螺 纹	锯 齿 形 螺 纹
内螺纹	基本尺寸	公称直径 D 大径 $D_4 = D + 2a_c$ 中径 $D_2 = d_2 = D - 0.5P$ 小径 $D_1 = D - P$ 螺距 P 牙顶与牙底的间隙 a_c，见表 15-10 基本牙型高 $H_1 = 0.5P$，牙高 $H_4 = H_1 + a_c$ 牙底圆弧半径 $R_{2max} = a_c$	公称直径 D 大径 $D = d$ 中径 $D_2 = d_2 = D - H_1 = D - 0.75P$ 小径 $D_1 = D - 2H_1 = D - 1.5P$ 螺距 P 牙顶与牙底的间隙 $a_c = 0.117\,767P$，见表 15-10 基本牙型高 $H_1 = 0.75P$ 牙底圆弧半径 $R = 0.124\,271P$
	极限尺寸	大径最小值 $D_{4min} = D_4 + EI_H = D + 2a_c + EI_H$ 中径最大值 $D_{2max} = D_2 + EI_H + T_{D2}$ 中径最小值 $D_{2min} = D_2 + EI_H$ 小径最大值 $D_{1max} = D_1 + EI_H + T_{D1}$ 小径最小值 $D_{1min} = D_1 + EI_H$	大径最大值 $D_{min} = D + EI_H$ 中径最大值 $D_{2max} = D_2 + EI_H + T_{D2}$ 中径最小值 $D_{2min} = D_2 + EI_H$ 小径最大值 $D_{1max} = D_1 + EI_H + T_{D1}$ 小径最小值 $D_{1min} = D_1 + EI_H$
外螺纹	基本尺寸	大径(公称直径)$d = D$ 中径 $d_2 = D_2 = d - 0.5P$ 小径 $d_3 = d - P - 2a_c$ 牙高 $h_3 = H_1 + a_c$	大径(公称直径)$d = D$ 中径 $d_2 = D_2 = d - 0.75P$ 小径 $d_3 = d - 2h_3 = d - 1.735\,534P$ 牙高 $h_3 = H_1 + a_c = 0.867\,767P$
	极限尺寸	大径最大值 $d_{max} = d + es_h$ 大径最小值 $d_{min} = d + es_h - T_d$ 中径最大值 $d_{2max} = d_2 + es_e$ 中径最小值 $d_{2min} = d_2 + es_e - T_{d2}$ 小径最大值 $d_{3max} = d_3 + es_h$ 小径最小值 $d_{3min} = d_3 + es_h - T_{d3}$	大径最大值 $d_{max} = d + es_h$ 大径最小值 $d_{min} = d + es_h - T_d$ 中径最大值 $d_{2max} = d_2 + es_c$ 中径最小值 $d_{2min} = d_2 + es_c - T_{d2}$ 小径最大值 $d_{3max} = d_3 + es_h$ 小径最小值 $d_{3min} = d_3 + es_h - T_{d3}$

注：EI_H—公差带位置为 H 的基本偏差；es_c—公差带位置为 c 的基本偏差；es_e—公差带位置为 e 的基本偏差，es_h—公差带位置为 h 的基本偏差；T_{D1}，T_{D2}—内螺纹小径、中径的公差；T_d，T_{d2}，T_{d3}—外螺纹大径、中径和小径的公差。其数值见表 15-10。

表 15-10 **梯形、锯齿形传力螺旋，牙顶底间隙、基本偏差、公差及旋合长度**

公称直径 d/mm		螺距 P/mm	牙顶与牙底的间隙 a_c/mm		基本偏差/μm					公差/μm			
					内螺纹		外螺纹			内螺纹			
					中径	大小径	中径	中径	大小径	中径			小径
$>$	$\leqslant$		Tr	B	Tr, B EI_H	Tr, B EI_H	Tr, B es_c	Tr, B es_e	Tr, B es_h	Tr, B 7 级 T_{D2}	Tr, B 8 级 T_{D2}	Tr, B 9 级 T_{D2}	Tr, B T_{D1}
5.6	11.2	1.5	0.15	—	0	0	Tr−140	−67	0	Tr224	Tr280	Tr355	Tr190
		2	0.25	0.236	0	0	−150	−71	0	250	315	400	236
		3	0.25	0.353	0	0	−170	−85	0	280	355	450	315

公称直径 d/mm >	≤	螺距 P/mm	牙顶与牙底的间隙 a_c/mm Tr	B	内螺纹 中径 EI_H	大小径 EI_H	外螺纹 中径 es_c	中径 es_e	大小径 es_h	内螺纹中径 Tr,B 7级 T_{D2}	Tr,B 8级 T_{D2}	Tr,B 9级 T_{D2}	小径 Tr,B T_{D1}
11.2	22.4	2	0.25	0.236	0	0	−150	−71	0	265	335	425	236
		3	0.25	0.353	0	0	−170	−85	0	300	375	475	315
		4	0.25	0.471	0	0	−190	−95	0	355	450	560	375
		5	0.25	0.589	0	0	−212	−106	0	375	475	600	450
		8	0.5	0.942	0	0	−265	−132	0	475	600	750	630
22.4	45	3	0.25	0.353	0	0	−170	−85	0	335	425	530	315
		5	0.25	0.589	0	0	−212	−106	0	400	500	630	450
		6	0.5	0.70	0	0	−236	−118	0	450	560	710	500
		7	0.5	0.824	0	0	−250	−125	0	475	600	750	560
		8	0.5	0.942	0	0	−265	−132	0	500	630	800	630
		10	0.5	1.178	0	0	−300	−150	0	530	670	850	710
		12	0.5	1.413	0	0	−335	−160	0	560	710	900	800
45	90	3	0.25	0.353	0	0	−170	−85	0	355	450	560	315
		4	0.25	0.471	0	0	−190	−95	0	400	500	630	375
		8	0.5	0.942	0	0	−265	−132	0	530	670	850	630
		9	0.5	1.060	0	0	−280	−140	0	560	710	900	670
		10	0.5	1.178	0	0	−300	−150	0	560	710	900	710
		12	0.5	1.413	0	0	−335	−160	0	630	800	1000	800
		14	1.0	1.649	0	0	−355	−180	0	670	850	1060	900
		16	1.0	1.884	0	0	−375	−190	0	710	900	1120	1000
		18	1.0	2.120	0	0	−400	−200	0	750	950	1180	1120
90	180	4	0.25	0.471	0	0	−190	−95	0	425	530	670	375
		6	0.5	0.707	0	0	−236	−118	0	500	630	800	500
		8	0.5	0.902	0	0	−265	−132	0	560	710	900	630
		12	0.5	1.413	0	0	−335	−160	0	670	850	1060	800
		14	1.0	1.649	0	0	−355	−180	0	710	900	1120	900
		16	1.0	1.884	0	0	−375	−190	0	750	950	1180	1000
		18	1.0	2.120	0	0	−400	−200	0	800	1000	1250	1120
		20	1.0	2.355	0	0	−425	−212	0	800	1000	1250	1180
		22	1.0	2.591	0	0	−450	−224	0	850	1060	1320	1250
		24	1.0	2.826	0	0	−475	−236	0	900	1120	1400	1320
		28	1.0	3.297	0	0	−500	−250	0	950	1180	1500	1500

续表

公称直径 d/mm		公差/μm 外螺纹										旋合长度/mm		
		大径	中径			小径								
						中径公差带位置为 c			中径公差带位置为 e					
>	≤	Tr T_d	Tr,B 7级 T_{d2}	Tr,B 8级 T_{d2}	Tr,B 9级 T_{d2}	Tr,B 7级 T_{d3}	Tr,B 8级 T_{d3}	Tr,B 9级 T_{d3}	Tr,B 7级 T_{d3}	Tr,B 8级 T_{d3}	Tr,B 9级 T_{d3}	N >	≤	L >
5.6	11.2	150	Tr170	Tr212	Tr265	Tr352	405	471	279	332	398	5	15	15
		180	190	236	300	388	445	525	309	366	446	6	19	19
		236	212	265	335	435	501	589	350	416	504	10	28	28
11.2	22.4	180	200	250	315	400	462	544	321	383	465	8	24	24
		236	224	280	355	450	520	614	365	435	529	11	32	32
		300	265	335	425	521	609	690	426	514	595	15	43	43
		335	280	355	450	562	656	775	456	550	669	18	53	53
		450	355	450	560	709	828	965	576	695	832	30	85	85
22.4	45	236	250	315	400	482	564	670	397	479	585	12	36	36
		335	300	375	475	587	681	806	481	575	700	21	63	63
		375	335	425	530	655	767	899	537	649	781	25	75	75
		425	355	450	560	694	813	950	569	688	825	30	85	85
		450	375	475	600	734	859	1015	601	726	882	34	100	100
		530	400	500	630	800	925	1087	650	775	937	42	125	125
		600	425	530	670	866	998	1223	691	823	1048	50	150	150
45	90	236	265	335	425	501	589	701	416	504	616	15	45	45
		300	300	375	475	565	659	784	470	564	689	19	56	56
		450	400	500	630	765	890	1052	632	757	919	38	118	118
		500	425	530	670	811	943	1118	671	803	978	43	132	132
		530	425	530	670	831	963	1138	681	813	988	50	140	140
		600	475	600	750	929	1085	1273	754	910	1098	60	170	170
		670	500	630	800	970	1142	1355	805	967	1180	67	200	200
		710	530	670	850	1038	1213	1438	853	1028	1253	75	236	236
		800	560	710	900	1100	1288	1525	900	1088	1320	85	265	265
90	180	300	315	400	500	584	690	815	489	595	720	24	71	71
		375	375	475	600	705	830	986	587	712	868	36	106	106
		450	425	530	670	796	928	1103	663	795	970	45	132	132
		600	500	630	800	960	1122	1335	785	974	1160	67	200	200
		670	530	670	850	1018	1193	1418	843	1018	1243	75	236	236
		710	560	710	900	1075	1263	1500	890	1078	1315	90	265	265
		800	600	750	950	1150	1338	1588	950	1138	1388	100	300	300
		850	600	750	950	1175	1363	1613	962	1150	1400	112	335	335
		900	630	800	1000	1232	1450	1700	1011	1224	1474	118	355	355
		950	670	850	1060	1313	1538	1800	1074	1299	1561	132	400	400
		1060	710	900	1120	1388	1625	1900	1138	1375	1650	150	450	450

4. 旋合长度

国标规定按公称直径和螺距的大小将旋合长度分为 N、L 两组。N 组表示中等旋合长度，L 表示长旋合长度。其数值可从表 15-10 查取。

5. 多线螺旋公差

多线螺旋的大径公差和小径公差与单线相同。其中径公差是在单线中径公差的基础上，按线数不同分别乘以修正系数。不同线数的系数见表15-11。

表 15-11   梯形、锯齿形多线螺旋的修正系数

线　数	2	3	4	≥5
修正系数	1.12	1.25	1.4	1.6

15.1.4   预拉伸螺旋设计的有关问题

采用预拉伸螺旋可以提高传动的刚度与精度，减少因自重引起的挠度。尤其在螺杆因温度升高而伸长时，可以保持其精度。预拉伸螺旋的典型结构如图 15-3 所示。

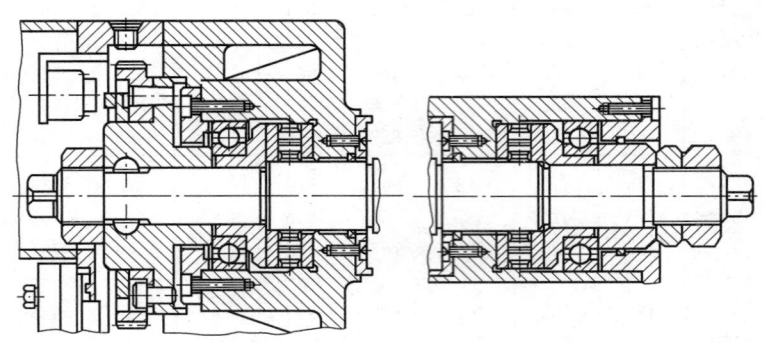

图 15-3   预拉伸螺旋的典型结构

预拉力是通过两端的螺母加上去的，因而螺纹部分的直径应稍粗些，螺距必须小于名义尺寸，在预拉伸后，螺距加大到准确的名义值。预拉力 F(N) 应满足下面关系：

$$F > 1.81 d_3^2 \theta$$

式中　 d_3 ——螺杆小径（mm）；

　　　 θ ——预计螺杆的温升（℃）。

螺杆受力后的变形量可用前节的 δ_1 计算。

螺杆端部应为方头，最好使用六角螺母。

15.2   滚动螺旋

滚动螺旋的滚动体有球和滚子两大类，本节介绍应用最广的以球为滚动体的滚动螺旋，俗称滚珠丝杠。

滚珠丝杠副是由滚珠丝杠（包括螺纹部分和支承轴颈等）、滚珠螺母（包括螺母体、滚珠循环装置、密封件、润滑剂、预紧元件等）和滚珠（包括负荷滚珠和间隔滚珠）组成的部件。它可将旋转运动转变为直线运动，也可将直线运动转变为旋转运动。

我国已有十余家专业工厂按有关标准的规定批量生产滚珠丝杠。用户可根据使用工况按本节介绍的内容选择所需的结构，再根据载荷、转速等条件选定合适的型号尺寸，向有关生产厂家订货即可，这样可获得更佳的技术经济效果。国内主要生产滚珠丝杠的厂家及其产品种类可查有关资料或通过互联网查找。

15.2.1   滚珠丝杠副的结构、性能与类型

各种类型的滚珠丝杠副，其结构都与螺纹滚道的形状、滚珠循环方式、丝杠副的预紧方式有关，从而形成了不同的滚珠丝杠副。现将丝杠副主要部位的结构、性能、适用场合和类型列于表 15-12，供选用时参考。

表 15-12 滚珠丝杠副主要部位的结构、性能、适用场合和类型

类型		简 图	结构特点	性 能	适用场合
螺纹滚道法向截面形状	单圆弧	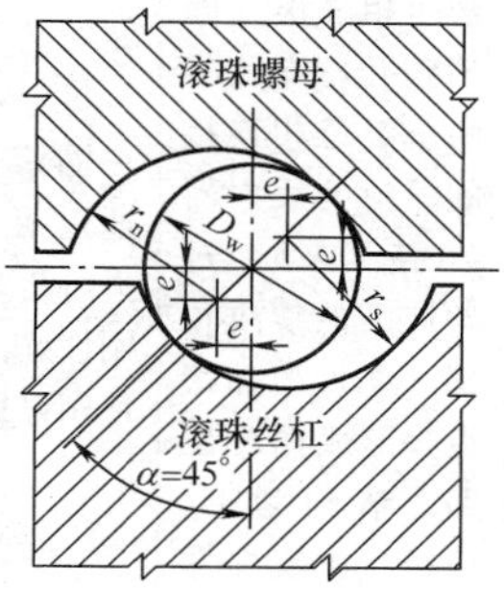	滚道型面较容易磨削，能获得较高的精度	接触角 α 随初始间隙和轴向力大小而变，传动效率、承载能力和轴向刚度均不稳定	适用于单螺母变位导程预紧结构的丝杠
	双面弧	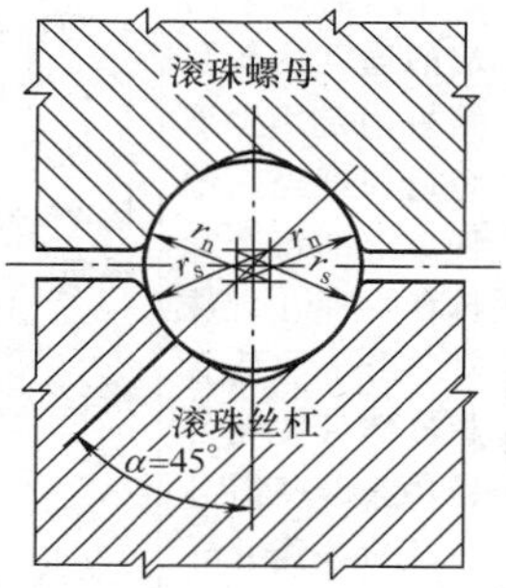	螺旋槽底不与滚珠接触，可存少许润滑油 滚道型面的磨削较困难	能保持一定的接触角，理论上径向和轴向间隙为零，故传动效率、承载能力和轴向刚度比较稳定	适用于双螺母预紧和单螺母增大滚珠预紧结构的丝杠
滚珠循环方式	内循环浮动式	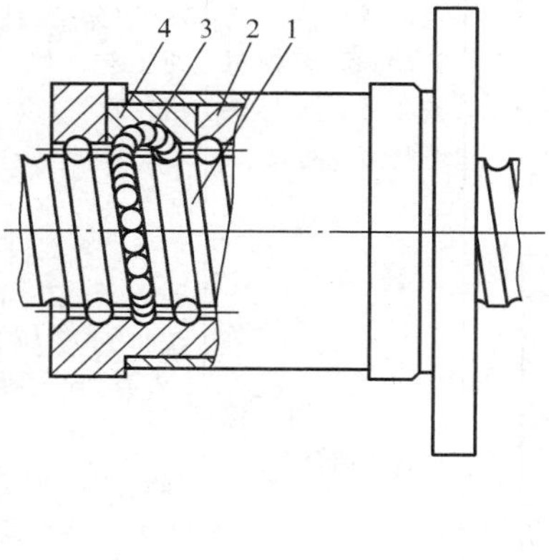	沿螺母 2 的周向均布 2～4 个位于两相邻滚道间的侧孔，安装将两条滚道相连接的可浮动的反向器 4，使滚珠 3 越过丝杠 1 的螺纹顶部，进入相邻滚道，形成循环回路。结构紧凑，外径小，反向器加工较复杂	每一循环只有一圈滚珠，返回通道短，摩擦损失小，效率高，刚性好，寿命长，使用可靠	各种高灵敏度、高精度、高刚度的定位丝杠副

类型	简　图	结构特点	性　能	适用场合
滚珠循环方式 内循环固定式	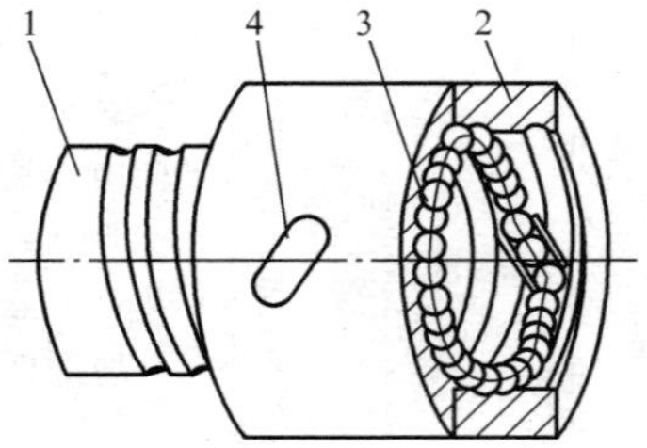	沿螺母 2 的周向均布 2～4 个位于两相邻滚道间的侧孔，安装将两条滚道相连接的固定的反向器 4，使滚珠 3 越过丝杠 1 的螺纹顶部，进入相邻滚道，形成循环回路。结构紧凑，外径小，反向器加工较复杂	每一循环只有一圈滚珠，返回通道短，摩擦损失小，效率高，刚性好，寿命长，使用可靠	各种高灵敏度、高精度、高刚度的定位丝杠副
外循环导珠管凸出式	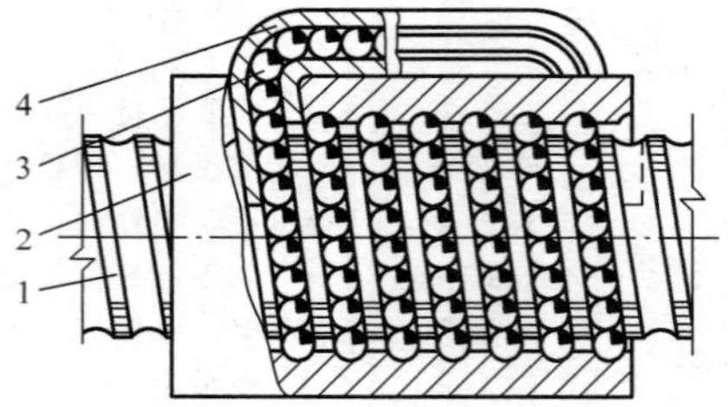	导珠管 4 是滚珠 3 的返回通道，插在螺母 2 螺纹工作圈的始末两端的通孔内，用压板固定。为缩短返回通道，螺杆 1 上的每个螺母有 2～3 个导珠管。由于导珠管超过螺母安装外径，螺母座需开一缺口，让开导珠管	滚珠循环链较长，摩擦损失较内循环大，但流畅性好，灵活轻便工艺性好，价格较低	适用于高速、中载需精密定位的场合
外循环导珠管埋入式	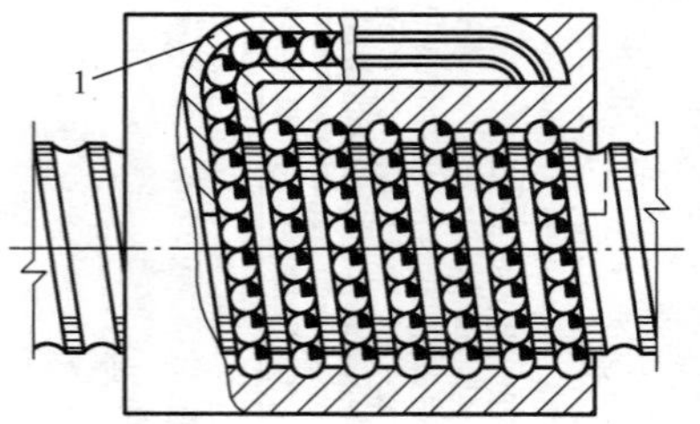	与导珠管凸出式相同，区别仅在于导珠管高不超过螺母安装外径，螺母座不需开缺口，但螺母安装外径比导珠管凸出式的大	滚珠循环链较长，摩擦损失较内循环大，但流畅性好，灵活轻便工艺性好，价格较低	适用于高速、中载需精密定位的场合，对大导程丝杠副尤为适宜
预紧方式 单螺母变位导程式	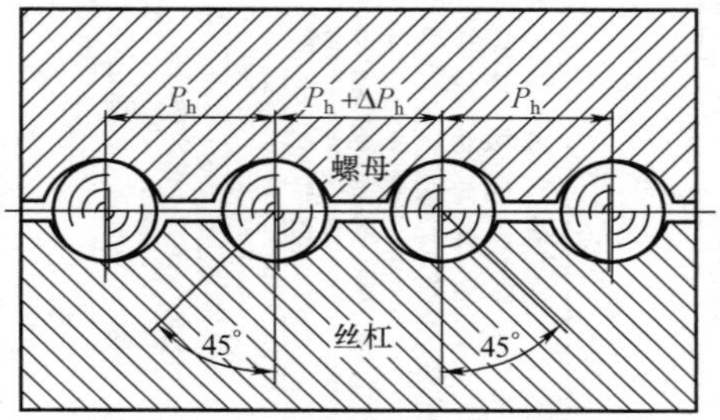	螺母采用变位（$\pm\Delta P_h$）的导程	在 $+\Delta P_h$ 时，螺母可受拉力，$-\Delta P_h$ 时，螺母可受压力，ΔP_h 确定后，间隙不可调，结构简单紧凑	用于中小载荷，且对预加载荷有要求的精密定位传动系统

类型	简　图	结构特点	性　能	适用场合
预紧方式 单螺母增大滚珠式	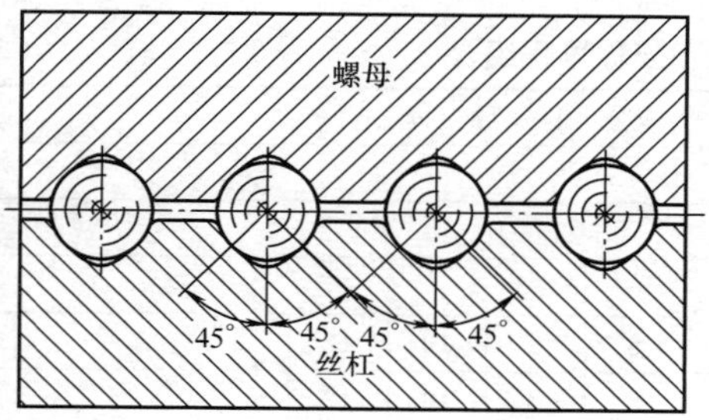	在双圆弧截面的滚道中，安装比正常直径大数个微米（μm）的滚珠来达到预紧目的	滚珠直径确定后，间隙不可调，结构最简单、紧凑，轴向尺寸最小	用于预加载荷不宜过大的中小载荷及轴向尺寸受限的场合
双螺母垫片式	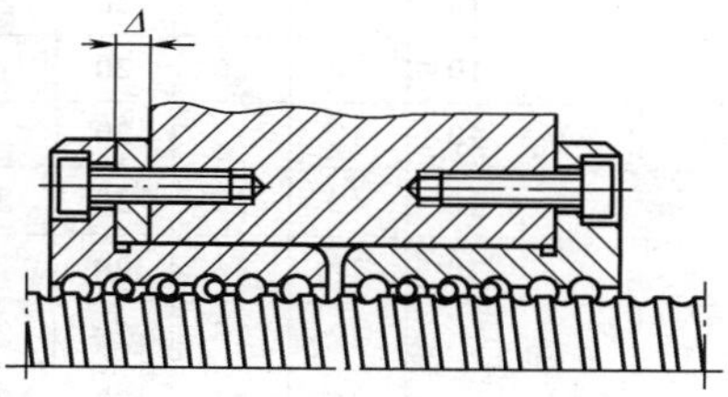	通过改变垫片Δ的厚度调整两螺母轴向间隙来达到预紧目的	螺母可承受拉力或压力，预紧可靠，轴向刚性好，轴向尺寸适中，使用中不可调整，结构简单，价格低	用于高刚度、重载的传动，应用广泛
双螺母螺纹式	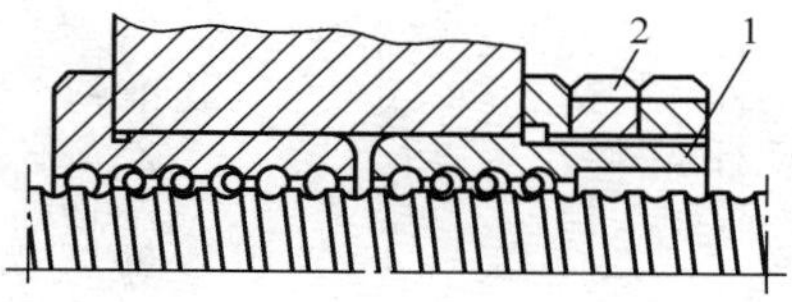	其中螺母1切有外螺纹，旋转圆螺母2可改变两两螺母的轴向间隙以达到预紧目的	螺母承受拉力，使用中滚道磨损时，可随时调整预加载荷（两螺母的间隙），但难以定量调整，轴向尺寸较大	用于不需准确确定预加载荷，且使用中需调整间隙的场合
双螺母齿差式	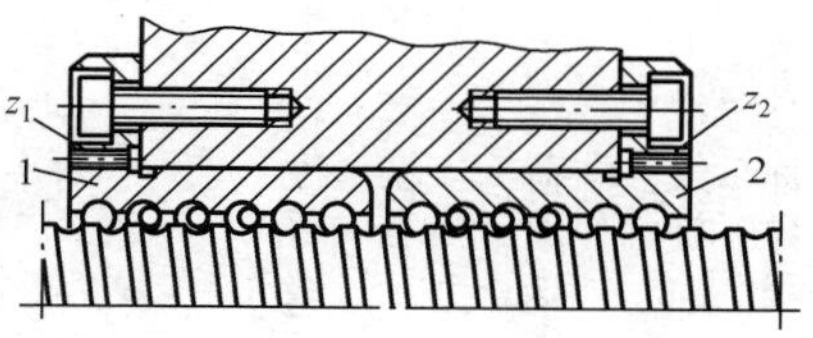	螺母1、2的凸缘切有外齿z_1、z_2，但两者相差一个齿，分别与内齿圈啮合，两螺母同向转一个齿，轴向移动$P_\text{h}/(z_1 \times z_2)$	螺母承受拉力，可实现2μm以下的精密调整，调整方便可靠，但结构复杂，轴向尺寸较大，价格高	用于需准确确定预加载荷的精密定位系统

15.2.2　滚珠丝杠副的公称直径、公称导程和标识符号

1. 滚珠丝杆副的公称直径和公称导程

GB/T 17587.2—1998 规定的滚珠丝杠副的公称直径和公称导程的组合，见表 15-13。

表 15-13　公称直径和公称导程组合 （单位：μm）

公称直径	公称导程														
	1	2	**2.5**	3	4	**5**	6	8	**10**	12	16	**20**	25	32	**40**
6	1	2	**2.5**												
8	1	2	**2.5**	3											
10	1	2	**2.5**	3	4	**5**	6								
12		2	**2.5**	3	4	**5**	6	8	**10**	12					
16		2	**2.5**	3	4	**5**	6	8	**10**	12	16				
20				3	4	**5**	6	8	**10**	12	16	**20**			
25					4	**5**	6	8	**10**	12	16	**20**	25		
32					4	**5**	6	8	**10**	12	16	**20**	25	32	
40						**5**	6	8	**10**	12	16	**20**	25	32	**40**
50						**5**	6	8	**10**	12	16	**20**	25	32	**40**
63						**5**	6	8	**10**	12	16	**20**	25	32	**40**
80							6	8	**10**	12	16	**20**	25	32	**40**
100									**10**	12	16	**20**	25	32	**40**
125									**10**	12	16	**20**	25	32	**40**
160										12	16	**20**	25	32	**40**
200										12	16	**20**	25	32	**40**

注：黑体字为优先组合，当优先组合不够用时，可选用非优先组合的数据。

2. 滚珠丝杠副的标识符号

GB/T 17587.1—2017 规定滚珠丝杠副的标识符号包括下列按给定顺序排列的内容：

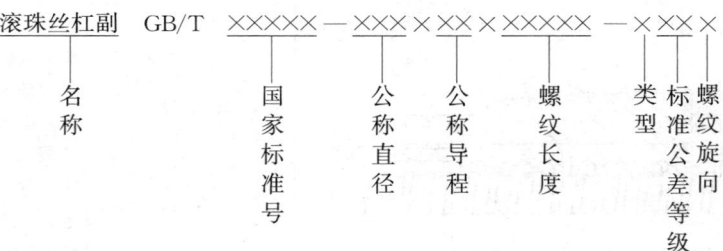

在此基础上，各生产厂家又制定了自己的型号标识符号，下面仅介绍北京机床所精密机电有限公司精密滚珠丝杠厂（JCS）和汉江机床有限公司丝杠导轨厂（HJG-S）的标识符号。

北京机床所精密机电有限公司精密滚珠丝杠厂（JCS）的型号标识符：

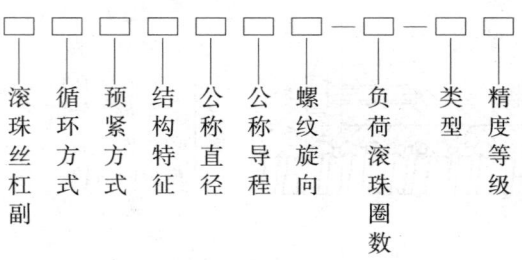

汉江机床有限公司丝杠导轨厂（HJG-S）的型号标识符：

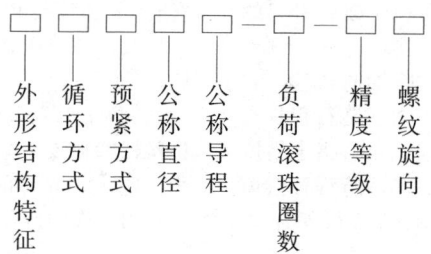

外形结构特征　循环方式　预紧方式　公称直径　公称导程　负荷滚珠圈数　精度等级　螺纹旋向

北京机床所精密机电有限公司精密滚珠丝杠厂（JCS）和汉江机床有限公司丝杠导轨厂（HJG-S）的滚珠丝杠副标识符号的代号列于表 15-14。

表 15-14　滚珠丝杠副标识符号的代号

项目	名称	代号 JCS	代号 HJG-S	项目	名称	代号 GB	代号 JCS	代号 HJG-S	项目	名称	代号 GB	代号 JCS	代号 HJG-S
循环方式	内循环浮动反向器式	NF	N	预紧方式	无预紧			△	旋向	右旋螺纹	R	不标	不标
	外循环插管式	C	C		垫片式预紧	D	D			左旋螺纹	L	LH	L
	外循环凸出式插管		C_1		变位导程（螺距）预紧	B	B		类型	定位丝杠	P	P	P
	外循环内包式插管		C_2		增大滚珠预紧	Z	Z			传动丝杠	T	T	T
结构特点	导珠管埋入式	M		精度等级	1 级		1		负荷滚珠圈数	1.5 圈		1.5	
	导珠管凸出式	T			2 级		2			2 圈		2	
	圆柱形		Y		3 级		3			2.5 圈		2.5	
	法兰形		F		4 级		4			3 圈		3	
	双螺母法兰、圆柱形		FY		5 级		5			3.5 圈		3.5	
	微型	W	V		7 级		7			4 圈		4	
	大导程型	D	FDL		10 级		10			4.5 圈		4.5	

标注举例：

GB 的标注：滚珠丝杠副 GB/T 17587-50×10×1000-T7R　国标号为 17587，公称直径 50mm，公称导程 10mm，丝杠长 1000mm，7 级精度，右旋传动丝杠。

JCS 的标注：CDM5010-5-P2　外循环插管垫片预紧导珠管埋入式，公称直径 50mm，公称导程 10mm，右旋螺纹，5 圈负荷钢球，二级精度的定位丝杠。

HJG-S 的标注：FC_1B 506-5-2L　法兰凸出导管式，变位螺距预紧，公称直径 50mm，公称导程 6mm，5 圈负荷钢球，二级精度，左旋螺纹的丝杠。

15.2.3　滚珠丝杠副的精度

GB/T 17587.1—2017 规定滚珠丝杠副分为无间隙（预紧）和有间隙两种，前者需精确定位，称为定位滚珠丝杠副；后者用于传递动力，称为传动滚珠丝杠副。并设定有八个标准公差等级，即 0、1、2、3、4、5、7 级和 10 级。一般 0、1、2、3、4、5 级用于定位滚珠丝杠副，并采用预紧形式；7 级和 10 级用于传动滚珠丝杠副，且不预紧，但传动滚珠丝杠副如要求扭矩变化非常小（旋转平稳）时，也可采用 0、1、2、3、4、5 级的标准公差等级。

滚珠丝杠副的行程有公称行程 l_0（公称导程与

旋转圈数的乘积)、目标行程 l_s（目标导程与旋转圈数的乘积。为补偿工作时温度升高和受载后引起的伸长，目标导程略小于公称导程）、实际行程 l_a（给定旋转圈数下，螺母相对丝杠的实际轴向位移，它是一条曲折线）、实际平均行程 l_m（对实际行程具有最小直线度偏差的直线）、有效行程 l_u（有指定精度要求的行程，即行程加螺母体的长度）、行程补偿值 c（在有效行程 l_u 内，目标行程 l_s 与公称行程 l_0 之差）。

滚珠丝杠副的行程公差有目标行程公差 e_p（允许的平均实际行程最大与最小值之差 $2e_p$ 的一半）、实际平均行程偏差 e_{sa}（在有效行程内，实际平均行程 l_m 与目标行程 l_s 之差）。

滚珠丝杠副允许的，"行程变动量 V"是平行于

实际平均行程 l_m，且包容实际行程曲线的带宽值。它有 2π 弧度行程允许的带宽值 $V_{2\pi p}$、任意 300mm 行程允许的带宽值 V_{300P} 和有效行程 l_u 允许的带宽值 V_{up} 三种。

GB/T 17587.3—2017 给出了不同精度等级的定位丝杠副和传动丝杠副，在有效行程 l_u 内的目标行程公差 e_p、允许的行程变动量 V_{up}，及任意 300mm 行程内允许的行程变动量 V_{300P} 和定位丝杠副在 2π 弧度内允许的行程变动量 $V_{2\pi P}$。现将它们列于表 15-15～表 15-17，以便根据设计要求的行程变动量确定丝杠副的精度等级。

GB/T 17587.3—2017 还规定了滚珠丝杠副的验收条件，检验项目及相应允差。

表 15-15 　　　　定位丝杠有效行程 l_u 内的目标行程公差 e_p 和行程变动量 V_{uP} 　　　　（单位：μm）

有效行程 l_u/mm		精 度 等 级									
		1		2		3		4		5	
大于	至	e_p	V_{up}	e_p	V_{up}	e_p	V_{up}	e_p	V_{up}	e_p	V_{up}
	315	6	6	8	8	12	12	16	16	23	23
315	400	7	6	9	9	13	12	18	18	25	25
400	500	8	7	10	9	15	13	20	19	27	26
500	630	9	7	11	10	16	14	22	20	32	29
630	800	10	8	13	11	18	16	25	22	36	31
800	1000	11	9	15	12	21	17	29	24	40	34
1000	1250	13	10	18	14	24	19	34	27	47	39
1250	1600	15	11	21	16	29	22	40	31	55	44
1600	2000	18	13	25	18	35	25	48	36	65	51
2000	2500	22	15	30	21	41	29	57	41	78	59
2500	3150	26	17	36	24	50	34	69	49	96	69
3150	4000	32	21	45	29	62	41	86	58	115	82
4000	5000					76	49	110	70	140	99
5000	6300									170	119

表 15-16 　　　　定位丝杠，任意 300mm 行程内的行程变动量 V_{300P}
和 2π 弧度内允许的行程变动量 $V_{2\pi p}$ 　　　　（单位：μm）

精度等级	1	2	3	4	5	7	10
V_{300P}	6	8	12	16	23	52	210
$V_{2\pi p}$	4	5	6	7	8	—	—

表 15-17 　　　　传动丝杠，任意 300mm 行程内的行程变动量 V_{300P}
和有效行程 l_u 内的目标行程公差 e_p 　　　　（单位：μm）

精度等级	1	2	3	4	5	7	10
V_{300P}	6	8	12	16	23	52	210
l_u 内的 e_p	$2 \times l_u \times V_{300P}/300$, $c=0$						

第16章 带 传 动

16.1 V带传动

16.1.1 基准宽度制和有效宽度制

基准宽度制是以基准线的位置和基准宽度 b_d
[见图 16-1（a）] 是带轮与带标准化的基本尺寸。

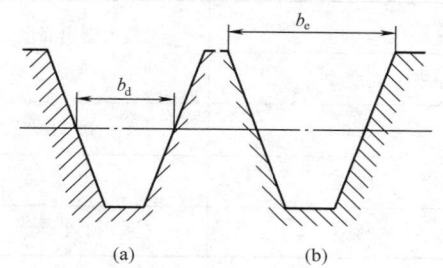

(a)　　　　　　　(b)

图 16-1　V 带的两种宽度制

有效宽度制规定轮槽两侧边的最外端宽度为有

效宽度 b_e。[见图 16-1（b）]。在轮槽有效宽度处的直径是有效直径。

由于尺寸制的不同，带的长度分别以基准长度和有效长度来表示。基准长度是在规定的张紧力下，V 带位于测量带轮基准直径处的周长；有效长度则是在规定的张紧力下，位于测量带轮有效直径处的周长。

普通 V 带是用基准宽度制，窄 V 带则由于尺寸制的不同，有两种尺寸系列。在设计计算时，基本原理和计算公式是相同的，尺寸则有差别。

16.1.2 尺寸规格

普通 V 带和窄 V 带（基准宽度制）的截面尺寸和露出高度见表 16-1，有效宽度制窄 V 带截面尺寸见表 16-2。普通 V 带的基准长度系列见表 16-3，当表中数系不能满足要求时，可按表 16-4 选取普通 V 带基准长度。窄 V 带基准长度见表 16-5，V 带的配合公差见表 16-6。

表 16-1　　　　　　　　　　　V 带（基准宽度制）的截面尺寸

（GB/T 11544—2012 及 GB/T 13575.1—2008）　　　　　　　　（单位：mm）

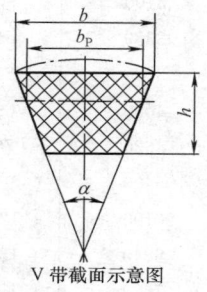 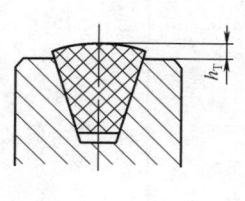

V 带截面示意图

规定标记：
型号为 SPA 型基准长度为 1250mm 的窄 V 带
标记示例：
SPA1250　GB/T 11544—2012

型　号		节宽 b_P	顶宽 b	高度 h	楔角 α	露出高度 h_T		适用槽形的基准宽度
						最大	最小	
普通 V 带	Y	5.3	6	4	40°	+0.8	−0.8	5.3
	Z	8.5	10	6		+1.6	−1.6	8.5
	A	11.0	13	8		+1.6	−1.6	11
	B	14.0	17	11		+1.6	−1.6	14
	C	19.0	22	14		+1.5	−2.0	19
	D	27.0	32	19		+1.6	−3.2	27
	E	32.0	38	23		+1.6	−3.2	32

续表

型　　号		节宽 b_P	顶宽 b	高度 h	楔角 α	露出高度 h_T		适用槽形的基准宽度
						最大	最小	
窄 V 带	SPZ	8.5	10	8	40°	+1.1	−0.4	8.5
	SPA	11.0	13	10		+1.3	−0.6	11
	SPB	14.0	17	14		+1.4	−0.7	14
	SPC	19.0	22	18		+1.5	−1.0	19

表 16-2　　　　有效宽度制窄 V 带截面尺寸（GB/T 13575.1—2008）　　　（单位：mm）

型　号	截　面　尺　寸		最大露出高度 h_r
	顶宽 b	高度 h	
9N（3V）	9.5	8.0	2.5
15N（5V）	16.0	13.5	3.0
25N（8V）	25.5	23.0	4.1

表 16-3　　　　普通 V 带的基准长度系列（GB/T 11544—2012）　　　（单位：mm）

截面型号						
Y	Z	A	B	C	D	E
200	406	630	930	1565	2740	4660
224	475	700	1000	1760	3100	5040
250	530	790	1100	1950	3330	5420
280	625	890	1210	2195	3730	6100
315	700	990	1370	2420	4080	6850
355	780	1100	1560	2715	4620	7650
400	920	1250	1760	2880	5400	9150
450	1080	1430	1950	3080	6100	12230
500	1330	1550	2180	3520	6840	13750
	1420	1640	2300	4060	7620	15280
	1540	1750	2500	4600	9140	16800
		1940	2700	5380	10700	
		2050	2870	6100	12200	
		2200	3200	6815	13700	
		2300	3600	7600	15200	
		2480	4060	9100		
		2700	4430	10700		
			4820			
			5370			
			6070			

表 16-4　　　　　　　　　　**基准宽度制窄 V 带的基准长度系列**

（GB/T 11544—2012 及 GB/T 13575.1—2008）　　　　　　（单位：mm）

基本尺寸	极限偏差	SPZ	SPA	SPB	SPC	基本尺寸	极限偏差	SPZ	SPA	SPB	SPC
630	±6	○				2800	±32	○	○	○	○
710	±8	○				3150	±32	○	○	○	○
800	±8	○	○			3550	±40	○	○	○	○
900	±10	○	○			4000	±40		○	○	○
1000	±10	○	○			4500	±50		○	○	○
1120	±13	○	○			5000	±50			○	○
1250	±13	○	○	○		5600	±63			○	○
1400	±16	○	○	○		6300	±63			○	○
1600	±16	○	○	○		7100	±80			○	○
1800	±20	○	○	○		8000	±80			○	○
2000	±20	○	○	○	○	9000	±100				○
2240	±25	○	○	○	○	10 000	±100				○
2500	±25	○	○	○	○	11 200	±125				○
						12 500	±125				○

表 16-5　　　　　　　　　　**有效宽度制窄 V 带长度系列**

（GB/T 13575.1—2008）　　　　　　（单位：mm）

公称有效长度

9N	15N	25N	极限偏差
630			±8
670			±8
710			±8
760			±8
800			±8
850			±8
900			±8
950			±8
1015			±8
1080			±8
1145			±8
1205			±8
1270	1270		±8
1345	1345		±10
1420	1420		±10
1525	1525		±10
1600	1600		±10
1700	1700		±10
1800	1800		±10
1900	1900		±10
2030	2030		±10
2160	2160		±13
2290	2290		±13
2410	2410		±13
2540	2540	2540	±13
2690	2690	2690	±15
2840	2840	2840	±15
3000	3000	3000	±15
3180	3180	3180	±15
3550	3350	3350	±15
	3550	3550	±15
	3810	3810	±20
	4060	4060	±20
	4320	4320	±20
	4570	4570	±20
	4830	4830	±20
5080	5080		±20
5380	5380		±20
5690	5690		±20
6000	6000		±20
6350	6350		±20
6730	6730		±20
7100	7100		±20
7620	7620		±20
8000	8000		±25
8500	8500		±25
9000	9000		±25
	9500		±25
	10 160		±25
	10 800		±30
	11 430		±30
	12 060		±30
	12 700		±30

表 16-6　　　　　　　　**V 带的配组公差**（GB/T 11544—2012）　　　　　　（单位：mm）

基准长度 L_d	配组差	
	Y、Z、A、B、C、D、E	SPZ、SPA、SPB、SPC
$L_d \leqslant 1250$	2	2
$1250 < L_d \leqslant 2000$	4	2
$2000 < L_d \leqslant 3150$	8	4
$3150 < L_d \leqslant 5000$	12	6
$5000 < L_d \leqslant 8000$	20	10
$8000 < L_d \leqslant 12500$	32	16
$12500 < L_d \leqslant 20000$	48	—

16.2　V带传动的设计

V带传动的设计准则是：

保证 V 带在工作中不打滑，并具有一定的疲劳寿命。

V 带传动的设计计算见表 16-7。

表 16-7 **V 带传动的设计计算**

序号	计算项目	符号	单位	计算公式和参数选定	说　　明
1	设计功率	P_d	kW	$P_d = K_A P$	P—传递的功率（kW） K_A—工况系数，查表 16-8
2	选定带型			根据 P_d 和 n_1 由图 16-2、图 16-3 或图 16-4 选取	n_1—小带轮转速（r/min）
3	传动比	i		$i = \dfrac{n_1}{n_2} = \dfrac{d_{p2}}{d_{p1}}$ 若计入滑动率 $i = \dfrac{n_1}{n_2} = \dfrac{d_{p2}}{(1-\varepsilon)\,d_{p1}}$ 通常 $\varepsilon = 0.01 \sim 0.02$	n_2—大带轮转速（r/min） d_{p1}—小带轮的节圆直径（mm） d_{p2}—大带轮的节圆直径（mm） ε—弹性滑动率 通常带轮的节圆直径可视为基准直径
4	小带轮的基准直径	d_{d1}	mm	按表 16-13～表 16-15 选定	为提高 V 带的寿命，宜选取较大的直径
5	大带轮的基准直径	d_{d2}	mm	$d_{d2} = i d_{d1} (1-\varepsilon)$	d_{d2} 应按表 16-14、表 16-15 选取标准值
6	带速	v	m/s	$v = \dfrac{\pi d_{p1} n_1}{60 \times 1000} \leqslant v_{max}$ 普通 V 带　$v_{max} = 25 \sim 30$ 窄 V 带　$v_{max} = 35 \sim 40$	一般 v 不得低于 5m/s 为充分发挥 V 带的传动能力，应使 $v \approx 20$m/s
7	初定轴间距	a_0	mm	$0.7(d_{d1}+d_{d2}) \leqslant a_0 < 2(d_{d1}+d_{d2})$	或根据结构要求定
8	所需基准长度	L_{d0}	mm	$L_{d0} = 2a_0 + \dfrac{\pi}{2}(d_{d1}+d_{d2}) + \dfrac{(d_{d2}-d_{d1})^2}{4a_0}$	由表 16-3～表 16-5 选取相近的 L_d 对有效宽度制 V 带，按有效直径计算所需带长度由表 16-6 选相近带长
9	实际轴间距	a	mm	$a \approx a_0 + \dfrac{L_d - L_{d0}}{2}$	安装时所需最小轴间距 $a_{min} = a - (b_d + 0.009 L_d)$ 张紧或补偿伸长所需最大轴间距 $a_{max} = a + 0.02 L_d$
10	小带轮包角	α_1	(°)	$\alpha_1 = 180° - \dfrac{d_{d2}-d_{d1}}{a} \times 57.3$	如 α_1 较小，应增大 a 或用张紧轮
11	单根 V 带传递的额定功率	P_1	kW	根据带型、d_{d1} 和 n_1 查表 16-13 (a) ～ (n)	P_1 是 $\alpha = 180°$、载荷平稳时，特定基准长度的单根 V 带基本额定功率
12	传动比 $i \neq 1$ 的额定功率增量	ΔP_1	kW	根据带型、n_1 和 i 查表 16-13(a)～ (n)	
13	V 带的根数	z		$z = \dfrac{P_d}{(P_1 + \Delta P_1)\,K_a K_L}$	K_a—小带轮包角修正系数，查表 16-9 K_L—带长修正系数，查表 16-11、表 16-12
14	单根 V 带的预紧力	F_0	N	$F_0 = 500\left(\dfrac{2.5}{K_a}-1\right)\dfrac{P_d}{zv} + mv^2$	m—V 带每米长的质量（查表 16-10）（kg/m）
15	作用在轴上的力	F_r	N	$F_r = 2F_0 z \sin\dfrac{\alpha_1}{2}$	
16	带轮的结构和尺寸				见本章 16.3

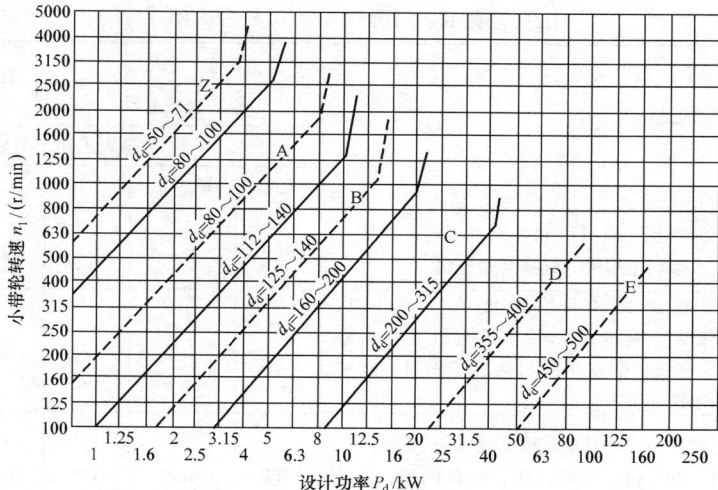

图 16-2　普通 V 带选型图 （GB/T 13575.1—2008）

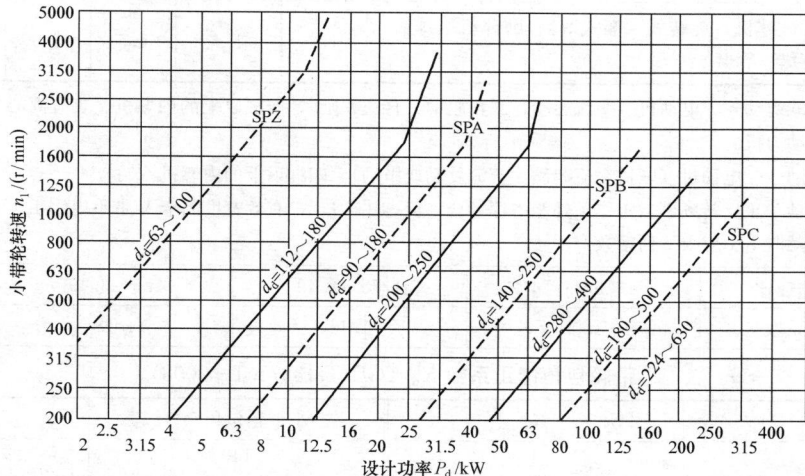

图 16-3　窄 V 带（基准宽度制）选型图 （GB/T 13575.1—2008）

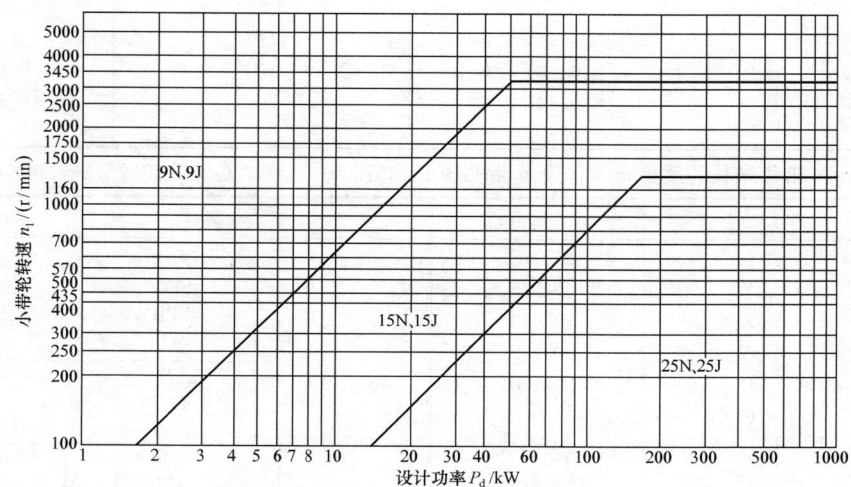

图 16-4　窄 V 带（有效宽度制）选型图 （GB/T 13575.2—2008）

表 16-8 工况系数 K_A（GB/T 13575.1—2008）

工 况		K_A					
		空、轻载起动			重载起动		
		每天工作小时数/h					
		<10	10~16	>16	<10	10~16	>16
载荷变动最小	液体搅拌机、通风机和鼓风机（≤7.5kW）、离心式水泵和压缩机、轻载荷输送机	1.0	1.1	1.2	1.1	1.2	1.3
载荷变动小	带式输送机（不均匀负荷）、通风机（>7.5kW）、旋转式水泵和压缩机（非离心式）、发电机、金属切削机床、印刷机、旋转筛、锯木机和木工机械	1.1	1.2	1.3	1.2	1.3	1.4
载荷变动较大	制砖机、斗式提升机、往复式水泵和压缩机、起重机、磨粉机、冲剪机床、橡胶机械、振动筛、纺织机械、重载输送机	1.2	1.3	1.4	1.4	1.5	1.6
载荷变动很大	破碎机（旋转式、颚式等）、磨碎机（球磨、棒磨、管磨）	1.3	1.4	1.5	1.5	1.6	1.8

注：1. 空、轻载起动——电动机（交流起动、三角起动、直流并励）、四缸以上的内燃机、装有离心式离合器、液力联轴器的动力机。

2. 重载起动——电动机（联机交流起动、直流复励或串励）、四缸以下的内燃机。

3. 反复起动、正反转频繁、工作条件恶劣等场合，K_A 应乘 1.2，有效宽度制窄 V 带乘以 1.1。

4. 增速传动时 K_A 应乘下列系数：

增速比	1.25~1.74	1.75~2.49	2.5~3.49	≥3.5
系数	1.05	1.11	1.18	1.28

表 16-9 小带轮包角修正系数 K_α（GB/T 13575.1—2008）

小带轮包角/(°)	K_α	小带轮包角/(°)	K_α
180	1	140	0.89
175	0.99	135	0.88
170	0.98	130	0.86
165	0.96	120	0.82
160	0.95	110	0.78
155	0.93	100	0.74
150	0.92	95	0.72
145	0.91	90	0.69

表 16-10 V 带每米长的质量 m（普通 V 带 GB/T 13575.1—2008，GB/T 13575.2—2008）

带 型		m/(kg/m)	带 型		m/(kg/m)
普通 V 带	Y	0.023	窄 V 带	SPZ	0.072
	Z	0.060		SPA	0.112
	A	0.105		SPB	0.192
	B	0.170		SPC	0.370
	C	0.300		9N	0.08
	D	0.630		15N	0.20
	E	0.970		25N	0.57
				9J	0.122
				15J	0.252
				25J	0.693

表 16-11 普通 V 带和窄 V 带的带长修正系数 K_L（GB/T 13575.1—2008）

普通 V 带														窄 V 带				
Y		Z		A		B		C		D		E		L_d	K_L			
L_d	K_L	L_d	K_L	L_d	K_L	L_d	K_L	L_d	K_L	L_d	K_L	L_d	K_L		SPZ	SPA	SPB	SPC
200	0.81	405	0.87	630	0.81	930	0.83	1565	0.82	2740	0.82	4660	0.91	630	0.82			
224	0.82	475	0.90	700	0.83	1000	0.84	1760	0.85	3100	0.86	5040	0.92	710	0.84			
250	0.84	530	0.93	790	0.85	1100	0.86	1950	0.87	3330	0.87	5420	0.94	800	0.86	0.81		
280	0.87	625	0.96	890	0.87	1210	0.87	2195	0.90	3730	0.90	6100	0.96	900	0.88	0.83		
315	0.89	700	0.99	990	0.89	1370	0.90	2420	0.92	4080	0.91	6850	0.99	1000	0.90	0.85		
355	0.92	780	1.00	1100	0.91	1560	0.92	2715	0.94	4620	0.94	7650	1.01	1120	0.93	0.87		
400	0.96	920	1.04	1250	0.93	1760	0.94	2880	0.95	5400	0.97	9150	1.05	1250	0.94	0.89	0.82	
450	1.00	1080	1.07	1430	0.96	1950	0.97	3080	0.97	6100	0.99	12 230	1.11	1400	0.96	0.91	0.84	
500	1.02	1330	1.13	1550	0.98	2180	0.99	3520	0.99	6840	1.02	13 750	1.15	1600	1.00	0.93	0.86	
		1420	1.14	1640	0.99	2300	1.01	4060	1.02	7620	1.05	15 280	1.17	1800	1.01	0.95	0.88	
		1540	1.54	1750	1.00	2500	1.03	4600	1.05	9140	1.08	16 800	1.19	2000	1.02	0.96	0.90	0.81
				1940	1.02	2700	1.04	5380	1.08	10 700	1.13			2240	1.05	0.98	0.92	0.83
				2050	1.04	2870	1.05	6100	1.11	12 200	1.16			2500	1.07	1.00	0.94	0.86
				2200	1.06	3200	1.07	6815	1.14	13 700	1.19			2800	1.09	1.02	0.96	0.88
				2300	1.07	3600	1.09	7600	1.17	15 200	1.21			3150	1.11	1.04	0.98	0.90
				2480	1.09	4060	1.13	9100	1.21					3550	1.13	1.06	1.00	0.92
				2700	1.10	4430	1.15	10 700	1.24					4000		1.08	1.02	0.94
						4820	1.17							4500		1.09	1.04	0.96
						5370	1.20							5000			1.06	0.98
						6070	1.24							5600			1.08	1.00
														6300			1.10	1.02
														7100			1.12	1.04
														8000			1.14	1.06
														9000				1.08
														10 000				1.10
														11 200				1.12
														12 500				1.14

表 16-12 带长修正系数 K_L（用于有效宽度制窄 V 带）（GB/T 13575.2—2008）

L_e/mm	带 型			L_e/mm	带 型		
	9N、9J	15N、15J	25N、25J		9N、9J	15N、15J	25N、25J
630	0.83			2690	1.10	0.97	0.88
670	0.84			2840	1.11	0.98	0.88
710	0.85			3000	1.12	0.99	0.89
760	0.86			3180	1.13	1.00	0.90
800	0.87			3350	1.14	1.01	0.91
850	0.88			3550	1.15	1.02	0.92
900	0.89			3810		1.03	0.93
950	0.90			4060		1.04	0.94
1050	0.92			4320		1.05	0.94
1080	0.93			4570		1.06	0.95
1145	0.94			4830		1.07	0.96
1205	0.95			5080		1.08	0.97
1270	0.96	0.85		5380		1.09	0.98
1345	0.97	0.86		5690		1.09	0.98
1420	0.98	0.87		6000		1.10	0.99
1525	0.99	0.88		6350		1.11	1.00
1600	1.00	0.89		6730		1.12	1.01
1700	1.01	0.90		7100		1.13	1.02
1800	1.02	0.91		7620		1.14	1.03
1900	1.03	0.92		8000		1.15	1.03
2030	1.04	0.93		8500		1.16	1.04
2160	1.06	0.94		9000		1.17	1.05
2290	1.07	0.95		9500			1.06
2410	1.08	0.96		10 160			1.07
2540	1.09	0.96	0.87	10 800			1.08
				11 430			1.09
				12 060			1.09
				12 700			1.10

表 16-13a   **Y 型 V 带的额定功率**（GB/T 13575.1—2008）   （单位：kW）

$n_1/$ (r/min)	小带轮基准直径 d_{d1}/mm								传动比 i									
	20	25	28	31.5	35.5	40	45	50	1.00~1.02	1.03~1.04	1.05~1.08	1.09~1.12	1.13~1.18	1.19~1.24	1.25~1.34	1.35~1.50	1.51~1.99	≥2.00
	单根 V 带的基本额定功率 P_1								$i\neq1$ 时额定功率的增量 ΔP_1									
200	—	—	—	—	—	—	—	0.04										
400	—	—	—	—	—	—	0.04	0.05										
700	—	—	—	0.03	0.04	0.04	0.05	0.06										
800	—	0.03	0.03	0.04	0.05	0.05	0.06	0.07										
950	0.01	0.03	0.04	0.04	0.05	0.06	0.07	0.08						0.00				
1200	0.02	0.03	0.04	0.05	0.06	0.07	0.08	0.09										
1450	0.02	0.04	0.05	0.06	0.06	0.08	0.09	0.11										
1600	0.03	0.05	0.05	0.06	0.07	0.09	0.11	0.12										
2000	0.03	0.05	0.06	0.07	0.08	0.11	0.12	0.14							0.01			
2400	0.04	0.06	0.07	0.09	0.09	0.12	0.14	0.16										
2800	0.04	0.07	0.08	0.10	0.11	0.14	0.16	0.18										
3200	0.05	0.08	0.09	0.11	0.12	0.15	0.17	0.20										
3600	0.06	0.08	0.10	0.12	0.13	0.16	0.19	0.22									0.02	
4000	0.06	0.09	0.11	0.13	0.14	0.18	0.20	0.23										
4500	0.07	0.10	0.12	0.14	0.16	0.19	0.21	0.24										
5000	0.08	0.11	0.13	0.15	0.18	0.20	0.23	0.25									0.03	
5500	0.09	0.12	0.14	0.16	0.19	0.22	0.24	0.26										
6000	0.10	0.13	0.15	0.17	0.20	0.24	0.26	0.27										

表 16-13b   **Z 型 V 带的额定功率**（GB/T 13575.1—2008）   （单位：kW）

$n_1/$ (r/min)	小带轮基准直径 d_{d1}/mm						传动比 i									
	50	56	63	71	80	90	1.00~1.01	1.02~1.04	1.05~1.08	1.09~1.12	1.13~1.18	1.19~1.24	1.25~1.34	1.35~1.50	1.51~1.99	≥2.00
	单根 V 带的基本额定功率 P_1						$i\neq1$ 时额定功率的增量 ΔP_1									
200	0.04	0.04	0.05	0.06	0.10	0.10										
400	0.06	0.06	0.08	0.09	0.14	0.14										
700	0.09	0.11	0.13	0.17	0.20	0.22	0.00									
800	0.10	0.12	0.15	0.20	0.22	0.24										
960	0.12	0.14	0.18	0.23	0.26	0.28			0.01							
1200	0.14	0.17	0.22	0.27	0.30	0.33										
1450	0.16	0.19	0.25	0.30	0.35	0.36										
1600	0.17	0.20	0.27	0.33	0.39	0.40					0.02					
2000	0.20	0.25	1.32	0.39	0.44	0.48										
2400	0.22	0.30	0.37	0.46	0.50	0.54										
2800	0.26	0.33	0.41	0.50	0.56	0.60				0.03						
3200	0.28	0.35	0.45	0.54	0.61	0.64										
3600	0.30	0.37	0.47	0.58	0.64	0.68										
4000	0.32	0.39	0.49	0.61	0.67	0.72				0.04						
4500	0.33	0.40	0.50	0.62	0.67	0.73					0.05					
5000	0.34	0.41	0.50	0.62	0.66	0.73										
5500	0.33	0.41	0.49	0.61	0.64	0.65	0.02					0.06				
6000	0.31	0.40	0.48	0.56	0.61	0.56										

表 16-13c　　**A 型 V 带的额定功率**（GB/T 13575.1—2008）　　（单位：kW）

n_1/(r/min)	小带轮基准直径 d_{d1}/mm								传动比 i									
	75	90	100	112	125	140	160	180	1.00~1.01	1.02~1.04	1.05~1.08	1.09~1.12	1.13~1.18	1.19~1.24	1.25~1.34	1.35~1.51	1.52~1.99	≥2.00
	单根 V 带的基本额定功率 P_1								$i\neq1$ 时额定功率的增量 ΔP_1									
200	0.15	0.22	0.26	0.31	0.37	0.43	0.51	0.59	0.00	0.00	0.01	0.01	0.01	0.01	0.02	0.02	0.02	0.03
400	0.26	0.39	0.47	0.56	0.67	0.78	0.94	1.09	0.00	0.01	0.01	0.02	0.02	0.03	0.03	0.04	0.04	0.05
700	0.40	0.61	0.74	0.90	1.07	1.26	1.51	1.76	0.00	0.01	0.02	0.03	0.04	0.05	0.06	0.07	0.08	0.09
800	0.45	0.68	0.83	1.00	1.19	1.41	1.69	1.97	0.00	0.01	0.02	0.03	0.04	0.05	0.06	0.08	0.09	0.10
950	0.51	0.77	0.95	1.15	1.37	1.62	1.95	2.27	0.00	0.01	0.03	0.04	0.05	0.06	0.07	0.08	0.10	0.11
1200	0.60	0.93	1.14	1.39	1.66	1.96	2.36	2.74	0.00	0.02	0.03	0.05	0.07	0.08	0.10	0.11	0.13	0.15
1450	0.68	1.07	1.32	1.61	1.92	2.28	2.73	3.16	0.00	0.02	0.04	0.06	0.08	0.09	0.11	0.13	0.15	0.17
1600	0.73	1.15	1.42	1.74	2.07	2.45	2.54	3.40	0.00	0.02	0.04	0.06	0.09	0.11	0.13	0.15	0.17	0.19
2000	0.84	1.34	1.66	2.04	2.44	2.87	3.42	3.93	0.00	0.03	0.06	0.08	0.11	0.13	0.16	0.19	0.22	0.24
2400	0.92	1.50	1.87	2.30	2.74	3.22	3.80	4.32	0.00	0.03	0.07	0.10	0.13	0.16	0.19	0.23	0.26	0.29
2800	1.00	1.64	2.05	2.51	2.98	3.48	4.06	4.54	0.00	0.04	0.08	0.11	0.15	0.19	0.23	0.26	0.30	0.34
3200	1.04	1.75	2.19	2.68	3.16	3.65	4.19	4.58	0.00	0.04	0.09	0.13	0.17	0.22	0.26	0.30	0.34	0.39
3600	1.08	1.83	2.28	2.78	3.26	3.72	4.17	4.40	0.00	0.05	0.10	0.15	0.19	0.24	0.29	0.34	0.39	0.44
4000	1.09	1.87	2.34	2.83	3.28	3.67	3.98	4.00	0.00	0.05	0.11	0.16	0.22	0.27	0.32	0.38	0.43	0.48
4500	1.07	1.83	2.33	2.79	3.17	3.44	3.48	3.13	0.00	0.06	0.12	0.18	0.24	0.30	0.36	0.42	0.48	0.54
5000	1.02	1.82	2.25	2.64	2.91	2.99	2.67	1.81	0.00	0.07	0.14	0.20	0.27	0.34	0.40	0.47	0.54	0.60
5500	0.96	1.70	2.07	2.37	2.48	2.31	1.51	—	0.00	0.08	0.15	0.23	0.30	0.38	0.46	0.53	0.60	0.68
6000	0.80	1.50	1.80	1.96	1.87	1.37			0.00	0.08	0.16	0.24	0.32	0.40	0.49	0.57	0.65	0.73

表 16-13d　　**B 型 V 带的额定功率**（GB/T 13575.1—2008）　　（单位：kW）

n_1/(r/min)	小带轮基准直径 d_{d1}/mm								传动比 i									
	125	140	160	180	200	224	250	280	1.00~1.01	1.02~1.04	1.05~1.08	1.09~1.12	1.13~1.18	1.19~1.24	1.25~1.34	1.35~1.51	1.52~1.99	≥2.00
	单根 V 带的基本额定功率 P_1								$i\neq1$ 时额定功率的增量 ΔP_1									
200	0.48	0.59	0.74	0.88	1.02	1.19	1.37	1.58	0.00	0.01	0.01	0.02	0.03	0.04	0.04	0.05	0.06	0.06
400	0.84	1.05	1.32	1.59	1.85	2.17	2.50	2.89	0.00	0.01	0.03	0.04	0.06	0.07	0.08	0.10	0.11	0.13
700	1.30	1.64	2.09	2.53	2.96	3.47	4.00	4.61	0.00	0.02	0.05	0.07	0.10	0.12	0.15	0.17	0.20	0.22
800	1.44	1.82	2.32	2.81	3.30	3.86	4.46	5.13	0.00	0.03	0.06	0.08	0.11	0.14	0.17	0.20	0.23	0.25
950	1.64	2.08	2.66	3.22	3.77	4.42	5.10	5.85	0.00	0.03	0.07	0.10	0.13	0.17	0.20	0.23	0.26	0.30
1200	1.93	2.47	3.17	3.85	4.50	5.26	6.04	6.90	0.00	0.04	0.08	0.13	0.17	0.21	0.25	0.30	0.34	0.38
1450	2.19	2.82	3.62	4.39	5.13	5.97	6.82	7.76	0.00	0.05	0.10	0.15	0.20	0.25	0.31	0.36	0.40	0.46
1600	2.33	3.00	3.86	4.68	5.46	6.33	7.20	8.13	0.00	0.06	0.11	0.17	0.23	0.28	0.34	0.39	0.45	0.51
1800	2.50	3.23	4.15	5.02	5.83	6.73	7.63	8.46	0.00	0.06	0.13	0.19	0.25	0.32	0.38	0.44	0.51	0.57
2000	2.64	3.42	4.40	5.30	6.13	7.02	7.87	8.60	0.00	0.07	0.14	0.21	0.28	0.35	0.42	0.49	0.56	0.63
2200	2.76	3.58	4.60	5.52	6.35	7.19	7.97	8.53	0.00	0.08	0.16	0.23	0.31	0.39	0.46	0.54	0.62	0.70
2400	2.85	3.70	4.75	5.67	6.47	7.25	7.89	8.22	0.00	0.09	0.17	0.25	0.34	0.42	0.51	0.59	0.68	0.76
2800	2.96	3.85	4.89	5.76	6.43	6.95	7.14	6.80	0.00	0.10	0.20	0.29	0.39	0.49	0.59	0.69	0.79	0.89
3200	2.94	3.83	4.80	5.52	5.95	6.05	5.60	4.26	0.00	0.11	0.23	0.34	0.45	0.56	0.68	0.79	0.90	1.01
3600	2.80	3.63	4.46	4.92	4.98	4.47	5.12	—	0.00	0.13	0.25	0.38	0.51	0.63	0.76	0.89	1.01	1.14
4000	2.51	3.24	3.82	3.92	3.47	2.14	—	—	0.00	0.14	0.28	0.42	0.56	0.70	0.84	0.99	1.13	1.27
4500	1.93	2.45	2.59	2.04	0.73	—	—	—	0.00	0.16	0.32	0.48	0.63	0.79	0.95	1.11	1.27	1.43
5000	1.09	1.29	0.81	—	—	—	—	—	0.00	0.18	0.36	0.53	0.71	0.89	1.07	1.24	1.42	1.60

表 16-13e　　　　　　　C 型 V 带的额定功率（GB/T 13575.1—2008）　　　　　　（单位：kW）

$n_1/$ (r/min)	小带轮基准直径 d_{d1}/mm								传动比 i									
	200	224	250	280	315	355	400	450	1.00~1.01	1.02~1.04	1.05~1.08	1.09~1.12	1.13~1.18	1.19~1.24	1.25~1.34	1.35~1.51	1.52~1.99	≥2.00
	单根 V 带的基本额定功率 P_1								$i\neq1$ 时额定功率的增量 ΔP_1									
200	1.39	1.70	2.03	2.42	2.84	3.36	3.91	4.51	0.00	0.02	0.04	0.06	0.08	0.10	0.12	0.14	0.16	0.18
300	1.92	2.37	2.85	3.40	4.04	4.75	5.54	6.40	0.00	0.03	0.06	0.09	0.12	0.15	0.18	0.21	0.24	0.26
400	2.41	2.99	3.62	4.32	5.14	6.05	7.06	8.20	0.00	0.04	0.08	0.12	0.16	0.20	0.23	0.27	0.31	0.35
500	2.87	3.58	4.33	5.19	6.17	7.27	8.52	9.81	0.00	0.05	0.10	0.15	0.20	0.24	0.29	0.34	0.39	0.44
600	3.30	4.12	5.00	6.00	7.14	8.45	9.82	11.29	0.00	0.06	0.12	0.18	0.24	0.29	0.35	0.41	0.47	0.53
700	3.69	4.64	5.64	6.76	8.09	9.50	11.02	12.63	0.00	0.07	0.14	0.21	0.27	0.34	0.41	0.48	0.55	0.62
800	4.07	5.12	6.23	7.52	8.92	10.46	12.10	13.80	0.00	0.08	0.16	0.23	0.31	0.39	0.47	0.55	0.63	0.71
950	4.58	5.78	7.04	8.49	10.05	11.73	13.48	13.23	0.00	0.09	0.19	0.27	0.37	0.47	0.56	0.65	0.74	0.83
1200	5.29	6.71	8.21	9.81	11.53	13.31	15.04	16.59	0.00	0.12	0.24	0.35	0.47	0.59	0.70	0.82	0.94	1.06
1450	5.84	7.45	9.04	10.72	12.46	14.12	15.53	16.47	0.00	0.14	0.28	0.42	0.58	0.71	0.85	0.99	1.14	1.27
1600	6.07	7.75	9.38	11.06	12.72	14.19	15.24	15.57	0.00	0.16	0.31	0.47	0.63	0.78	0.94	1.10	1.25	1.41
1800	6.28	8.00	9.63	11.22	12.67	13.73	14.08	13.29	0.00	0.18	0.35	0.53	0.71	0.88	1.06	1.23	1.41	1.59
2000	6.34	8.06	9.62	11.04	12.14	12.59	11.95	9.64	0.00	0.20	0.39	0.59	0.78	0.98	1.17	1.37	1.57	1.76
2200	6.26	7.92	9.34	10.48	11.08	10.70	8.75	4.44	0.00	0.22	0.43	0.65	0.86	1.08	1.29	1.51	1.72	1.94
2400	6.02	7.57	8.75	9.50	9.43	7.98	4.34	—	0.00	0.23	0.47	0.70	0.94	1.18	1.41	1.65	1.88	2.12
2600	5.61	6.93	7.85	8.08	7.11	4.32	—	—	0.00	0.25	0.51	0.76	1.02	1.27	1.53	1.78	2.04	2.29
2800	5.01	6.08	6.56	6.13	4.16	—	—	—	0.00	0.27	0.55	0.82	1.10	1.37	1.64	1.92	2.19	2.47
3200	3.23	3.57	2.93	—	—	—	—	—	0.00	0.31	0.61	0.91	1.22	1.53	1.63	2.14	2.44	2.75

表 16-13f　　　　　　　D 型 V 带的额定功率（GB/T 13575.1—2008）　　　　　　（单位：kW）

$n_1/$ (r/min)	小带轮基准直径 d_{d1}/mm								传动比 i									
	355	400	450	500	560	630	710	800	1.00~1.01	1.02~1.04	1.05~1.08	1.09~1.12	1.13~1.18	1.19~1.24	1.25~1.34	1.35~1.51	1.52~1.99	≥2.00
	单根 V 带的基本额定功率 P_1								$i\neq1$ 时额定功率的增量 ΔP_1									
100	3.01	3.66	4.37	5.08	5.91	6.88	8.01	9.22	0.00	0.03	0.07	0.10	0.14	0.17	0.21	0.24	0.28	0.31
150	4.20	5.14	6.17	7.18	8.43	9.82	11.38	13.11	0.00	0.05	0.11	0.15	0.21	0.26	0.31	0.36	0.42	0.47
200	5.31	6.52	7.90	9.21	10.76	12.54	14.55	16.76	0.00	0.07	0.14	0.21	0.28	0.35	0.42	0.49	0.56	0.63
250	6.36	7.88	9.50	11.09	12.97	15.13	17.54	20.18	0.00	0.09	0.18	0.26	0.35	0.44	0.57	0.61	0.70	0.78
300	7.35	9.13	11.02	12.88	15.07	17.57	20.35	23.39	0.00	0.10	0.21	0.31	0.42	0.52	0.62	0.73	0.83	0.94
400	9.24	11.45	13.85	16.20	18.95	22.05	25.45	29.08	0.00	0.14	0.28	0.42	0.56	0.70	0.83	0.97	1.11	1.25
500	10.90	13.55	16.40	19.17	22.38	25.94	29.76	33.72	0.00	0.17	0.35	0.52	0.70	0.87	1.04	1.22	1.39	1.56
600	12.39	15.42	18.67	21.78	25.32	29.18	33.18	37.13	0.00	0.21	0.42	0.62	0.83	1.04	1.25	1.46	1.67	1.88
700	13.70	17.07	20.63	23.99	27.73	31.68	35.59	39.14	0.00	0.24	0.49	0.73	0.97	1.22	1.46	1.70	1.95	2.19
800	14.83	18.46	22.25	25.76	29.55	33.38	36.87	39.55	0.00	0.28	0.56	0.83	1.11	1.39	1.67	1.95	2.22	2.50
950	16.15	20.06	24.01	27.50	31.04	34.19	36.35	36.76	0.00	0.33	0.66	0.99	1.32	1.60	1.92	2.31	2.64	2.97
1100	16.98	20.99	24.84	28.02	30.85	32.65	32.52	29.26	0.00	0.38	0.77	1.15	1.53	1.91	2.29	2.68	3.06	3.44
1200	17.25	21.20	24.84	26.71	29.67	30.15	27.88	21.32	0.00	0.42	0.84	1.25	1.67	2.09	2.50	2.92	3.34	3.75
1300	17.26	21.06	24.35	26.54	27.58	26.37	21.42	10.73	0.00	0.45	0.91	1.35	1.81	2.26	2.71	3.16	3.61	4.06
1450	16.77	20.15	22.02	23.59	22.58	18.06	7.99	—	0.00	0.51	1.01	1.51	2.02	2.52	3.02	3.52	4.03	4.53
1600	15.63	18.31	19.59	18.88	15.13	6.25	—	—	0.00	0.56	1.11	1.67	2.23	2.78	3.33	3.89	4.45	5.00
1800	12.97	14.28	13.34	9.59	—	—	—	—	0.00	0.63	1.24	1.88	2.51	3.13	3.74	4.38	5.01	5.62

表 16-13g 　　　　　**E 型 V 带的额定功率**（GB/T 13575.1—2008）　　　　　（单位：kW）

n_1/(r/min)	小带轮基准直径 d_{d1}/mm								传动比 i									
	500	560	630	710	800	900	1000	1120	1.00~1.01	1.02~1.04	1.05~1.08	1.09~1.12	1.13~1.18	1.19~1.24	1.25~1.34	1.35~1.51	1.52~1.99	≥2.00
	单根 V 带的基本额定功率 P_1								$i\neq1$ 时额定功率的增量 ΔP_1									
100	6.21	7.32	8.75	10.31	12.05	13.96	15.64	18.07	0.00	0.07	0.14	0.21	0.28	0.34	0.41	0.48	0.55	0.62
150	8.60	10.33	12.32	14.56	17.05	19.76	22.14	25.58	0.00	0.10	0.20	0.31	0.41	0.52	0.62	0.72	0.83	0.93
200	10.86	13.09	15.63	18.52	21.70	25.15	28.52	32.47	0.00	0.14	0.28	0.41	0.55	0.69	0.83	0.96	1.10	1.24
250	12.97	15.67	18.77	22.23	26.03	30.14	34.11	38.71	0.00	0.17	0.34	0.52	0.69	0.86	1.03	1.20	1.37	1.55
300	14.96	18.10	21.69	25.69	30.05	34.71	39.17	44.26	0.00	0.21	0.41	0.62	0.83	1.03	1.24	1.45	1.65	1.86
350	16.81	20.38	24.42	28.89	33.73	38.64	43.66	49.04	0.00	0.24	0.48	0.72	0.96	1.20	1.45	1.69	1.92	2.17
400	18.55	22.49	26.95	31.83	37.05	42.49	47.52	52.98	0.00	0.28	0.55	0.83	1.00	1.38	1.65	1.93	2.20	2.48
500	21.65	26.25	31.36	36.85	42.53	48.20	53.12	57.94	0.00	0.34	0.64	1.03	1.38	1.72	2.07	2.41	2.75	3.10
600	24.21	29.30	34.83	40.58	46.26	51.48	55.45	58.42	0.00	0.41	0.83	1.24	1.65	2.07	2.48	2.89	3.31	3.72
700	26.21	31.59	37.26	42.87	47.96	51.95	54.00	53.62	0.00	0.48	0.97	1.45	1.93	2.41	2.89	3.38	3.86	4.34
800	27.57	33.03	38.52	43.52	47.38	49.21	48.19	42.77	0.00	0.55	1.10	1.65	2.21	2.76	3.31	3.86	4.41	4.96
950	28.32	33.40	37.92	41.02	41.59	38.19	30.08	—	0.00	0.65	1.29	1.95	2.62	3.27	3.92	4.58	5.23	5.89
1100	27.30	31.35	33.94	33.74	29.06	17.65	—	—	0.00	0.76	1.52	2.27	3.03	3.79	4.40	5.30	6.06	6.82
1200	25.53	28.49	29.17	25.91	16.46	—	—	—										
1300	22.82	24.31	22.56	15.44	—	—	—	—										
1450	16.82	15.35	8.85	—	—	—	—	—										

表 16-13h 　　　　　**SPZ 型窄 V 带的额定功率**（GB/T 13575.1—2008）

d_{d1}/mm	i 或 $\frac{1}{i}$	小轮转速 n_k/(r/min)															
		200	400	700	800	950	1200	1450	1600	2000	2400	2800	3200	3600	4000	4500	5000
		额定功率 P_N/kW															
63	1	0.20	0.35	0.54	0.60	0.68	0.81	0.93	1.00	1.17	1.32	1.45	1.56	1.66	1.74	1.81	1.85
	1.5	0.23	0.41	0.65	0.72	0.83	1.00	1.16	1.25	1.48	1.69	1.88	2.06	2.21	2.35	2.50	2.63
	≥3	0.24	0.43	0.68	0.76	0.88	1.06	1.23	1.33	1.58	1.81	2.03	2.22	2.40	2.56	2.74	2.88
71	1	0.25	0.44	0.70	0.78	0.90	1.08	1.25	1.35	1.59	1.81	2.00	2.18	2.33	2.46	2.59	2.68
	1.5	0.28	0.51	0.81	0.91	1.04	1.26	1.47	1.59	1.90	2.18	2.43	2.67	2.88	3.08	3.28	3.43
	≥3	0.29	0.53	0.85	0.95	1.09	1.33	1.55	1.68	2.00	2.30	2.58	2.83	3.07	3.28	3.51	3.71
80	1	0.31	0.55	0.88	0.99	1.14	1.38	1.60	1.73	2.05	2.34	2.61	2.85	3.06	3.24	3.42	3.56
	1.5	0.34	0.61	0.99	1.11	1.28	1.56	1.82	1.97	2.36	2.71	3.04	3.34	3.61	3.86	4.12	4.33
	≥3	0.35	0.64	1.03	1.15	1.33	1.62	1.90	2.06	2.46	2.84	3.18	3.51	3.80	4.06	4.35	4.58
90	1	0.37	0.67	1.09	1.21	1.40	1.70	1.98	2.14	2.55	2.93	3.26	3.57	3.84	4.07	4.30	4.46
	1.5	0.40	0.74	1.19	1.34	1.55	1.88	2.20	2.39	2.86	3.30	3.70	4.06	4.39	4.68	4.99	5.23
	≥3	0.41	0.76	1.23	1.38	1.60	1.95	2.28	2.47	2.96	3.42	3.84	4.23	4.58	4.89	5.22	5.48
100	1	0.43	0.79	1.28	1.44	1.66	2.02	2.36	2.55	3.05	3.49	3.90	4.26	4.58	4.85	5.10	5.27
	1.5	0.46	0.85	1.39	1.56	1.81	2.20	2.58	2.80	3.35	3.86	4.33	4.76	5.13	5.46	5.80	6.05
	≥3	0.47	0.87	1.43	1.60	1.86	2.27	2.66	2.88	3.46	3.99	4.48	4.92	5.32	5.67	6.03	6.30
112	1	0.51	0.93	1.52	1.70	1.97	2.40	2.80	3.04	3.62	4.16	4.64	5.06	5.42	5.72	5.99	6.14
	1.5	0.54	1.00	1.63	1.83	2.12	2.58	3.03	3.28	3.93	4.53	5.07	5.55	5.98	6.33	6.68	6.91
	≥3	0.55	1.02	1.66	1.87	2.17	2.65	3.10	3.37	4.04	4.65	5.21	5.72	6.16	6.54	6.91	7.17
125	1	0.59	1.09	1.77	1.99	2.30	2.80	3.28	3.55	4.24	4.85	5.40	5.88	6.27	6.58	6.83	6.92
	1.5	0.62	1.15	1.88	2.11	2.45	2.99	3.50	3.80	4.54	5.22	5.83	6.37	6.83	7.19	7.52	7.69
	≥3	0.63	1.17	1.91	2.15	2.50	3.05	3.58	3.88	4.65	5.35	5.98	6.53	7.01	7.40	7.75	7.95

d_{d1}/mm	i 或 $\frac{1}{i}$	小轮转速 n_k/(r/min)															
		200	400	700	800	950	1200	1450	1600	2000	2400	2800	3200	3600	4000	4500	5000
		额定功率 P_N/kW															
140	1	0.68	1.26	2.06	2.31	2.68	3.26	3.82	4.13	4.92	5.63	6.24	6.75	7.16	7.45	7.64	7.60
	1.5	0.71	1.32	2.17	2.43	2.82	3.45	4.04	4.38	5.23	6.00	6.67	7.25	7.72	8.07	8.33	8.37
	≥3	0.72	1.34	2.20	2.47	2.87	3.51	4.11	4.46	5.33	6.12	6.81	7.41	7.90	8.27	8.56	8.63
160	1	0.80	1.49	2.44	2.73	3.17	3.86	4.51	4.88	5.80	6.60	7.27	7.81	8.19	8.40	8.41	8.11
	1.5	0.83	1.55	2.54	2.86	3.32	4.05	4.74	5.13	6.11	6.97	7.70	8.30	8.74	9.02	9.11	8.88
	≥3	0.84	1.57	2.58	2.90	3.37	4.11	4.81	5.21	6.21	7.09	7.85	8.46	8.93	9.22	9.34	9.14

表 16-13i　　　　　　　SPA 型窄 V 带的额定功率（GB/T 13575.1—2008）

d_{d1}/mm	i 或 $\frac{1}{i}$	小轮转速 n_k/(r/min)															
		200	400	700	800	950	1200	1450	1600	2000	2400	2800	3200	3600	4000	4500	5000
		额定功率 P_N/kW															
90	1	0.43	0.75	1.17	1.30	1.48	1.76	2.02	2.16	2.49	2.77	3.00	3.16	3.26	3.29	3.24	3.07
	1.5	0.50	0.89	1.42	1.58	1.81	2.18	2.52	2.71	3.19	3.60	3.96	4.27	4.50	4.68	4.80	4.80
	≥3	0.52	0.94	1.50	1.67	1.92	2.32	2.69	2.90	3.42	3.88	4.29	4.63	4.92	5.14	5.32	5.37
100	1	0.53	0.94	1.49	1.65	1.89	2.27	2.61	2.80	3.27	3.67	3.99	4.25	4.42	4.50	4.48	4.31
	1.5	0.60	1.08	1.73	1.93	2.22	2.68	3.11	3.36	3.96	4.50	4.96	5.35	5.66	5.89	6.04	6.04
	≥3	0.62	1.13	1.81	2.02	2.33	2.82	3.28	3.54	4.19	4.78	5.29	5.72	6.08	6.35	6.56	6.62
112	1	0.64	1.16	1.86	2.07	2.38	2.86	3.31	3.57	4.18	4.71	5.15	5.49	5.72	5.85	5.83	5.61
	1.5	0.71	1.30	2.10	2.35	2.71	3.28	3.82	4.12	4.87	5.54	6.12	6.60	6.97	7.23	7.39	7.34
	≥3	0.74	1.35	2.18	2.44	2.82	3.42	3.98	4.30	5.11	5.82	6.44	6.96	7.38	7.69	7.91	7.91
125	1	0.77	1.40	2.25	2.52	2.90	3.50	4.06	4.38	5.15	5.80	6.34	6.76	7.03	7.16	7.09	6.75
	1.5	0.84	1.54	2.50	2.80	3.23	3.92	4.56	4.93	5.84	6.63	7.31	7.86	8.28	8.54	8.65	8.48
	≥3	0.86	1.59	2.58	2.89	3.34	4.06	4.73	5.12	6.07	6.91	7.63	8.23	8.69	9.01	9.17	9.06
140	1	0.92	1.66	2.71	3.03	3.49	4.23	4.91	5.29	6.22	7.01	7.64	8.11	8.39	8.48	8.27	7.69
	1.5	0.99	1.82	2.95	3.31	3.82	4.64	5.41	5.84	6.91	7.84	8.61	9.22	9.64	9.85	9.83	9.42
	≥3	1.01	1.86	3.03	3.40	3.93	4.78	5.58	6.03	7.14	8.12	8.94	9.59	10.05	10.32	10.35	10.00
160	1	1.11	2.04	3.30	3.70	4.27	5.17	6.01	6.47	7.60	8.53	9.24	9.72	9.94	9.87	9.34	8.28
	1.5	1.18	2.18	3.55	3.98	4.60	5.59	6.51	7.03	8.29	9.36	10.21	10.83	11.18	11.25	10.90	10.01
	≥3	1.20	2.22	3.63	4.07	4.71	5.73	6.68	7.21	8.52	9.63	10.53	11.20	11.60	11.72	11.42	10.58
180	1	1.30	2.39	3.89	4.36	5.04	6.10	7.07	7.62	8.90	9.93	10.67	11.09	11.15	10.81	9.78	7.99
	1.5	1.37	2.53	4.13	4.64	5.36	6.51	7.57	8.17	9.60	10.76	11.64	12.20	12.39	12.19	11.33	9.72
	≥3	1.39	2.58	4.21	4.73	5.47	6.65	7.74	8.35	9.83	11.04	11.96	12.56	12.81	12.65	11.85	10.30
200	1	1.49	2.75	4.47	5.01	5.79	7.00	8.10	8.72	10.13	11.22	11.92	12.19	11.98	11.25	9.50	6.75
	1.5	1.55	2.89	4.71	5.29	6.11	7.41	8.61	9.27	10.83	12.05	12.89	13.00	13.23	12.63	11.06	8.43
	≥3	1.58	2.93	4.79	5.38	6.22	7.55	8.77	9.45	11.06	12.32	13.21	13.67	13.64	13.09	11.58	9.06
224	1	1.71	3.17	5.16	5.77	6.67	8.05	9.30	9.97	11.51	12.59	13.15	13.13	12.45	11.04	8.15	3.87
	1.5	1.78	3.30	5.40	6.05	6.99	8.46	9.80	10.53	12.20	13.42	14.12	14.23	13.69	12.42	9.71	5.60
	≥3	1.80	3.35	5.48	6.14	7.10	8.60	9.96	10.71	12.43	13.69	14.44	14.60	14.11	12.89	10.23	6.17

表 16-13j　　　　　　　　　　　SPB 型窄 V 带的额定功率（GB/T 13575. 1—2008）

d_{d1} /mm	i 或 $\frac{1}{i}$	小轮转速 n_k/(r/min)														
		200	400	700	800	950	1200	1450	1600	1800	2000	2200	2400	2800	3200	3600
		额定功率 P_N/kW														
140	1	1.08	1.92	3.02	3.35	3.83	4.55	5.19	5.54	5.95	6.31	6.62	6.86	7.15	7.17	6.89
	1.5	1.22	2.21	3.53	3.94	4.52	5.43	6.25	6.71	7.27	7.70	8.23	8.61	9.20	9.51	9.52
	≥3	1.27	2.31	3.70	4.13	4.76	5.72	6.61	7.40	7.71	8.26	8.76	9.20	9.89	10.29	10.40
160	1	1.37	2.47	3.92	4.37	5.01	5.98	6.86	7.33	7.89	8.38	8.80	9.13	9.52	9.53	9.10
	1.5	1.51	2.76	4.44	4.96	5.70	6.86	7.92	8.50	9.21	9.85	10.41	10.88	11.57	11.87	11.74
	≥3	1.56	2.86	4.61	5.15	5.93	7.15	8.27	8.89	9.65	10.33	10.94	11.47	12.25	12.65	12.61
180	1	1.65	3.01	4.82	5.37	6.16	7.38	8.46	9.05	9.74	10.34	10.83	11.21	11.62	11.49	10.77
	1.5	1.80	3.30	5.33	5.96	6.86	8.26	9.53	10.22	11.06	11.80	12.44	12.97	13.66	13.83	13.40
	≥3	1.85	3.40	5.50	6.15	7.09	8.55	9.88	10.61	11.50	12.29	12.98	13.56	14.35	14.61	14.28
200	1	1.94	3.54	5.96	6.35	7.30	8.74	10.02	10.70	11.50	12.18	12.72	13.11	13.41	13.01	11.83
	1.5	2.08	3.84	6.21	6.94	7.99	9.62	11.03	11.87	12.82	13.64	14.33	14.86	15.46	15.36	14.46
	≥3	2.13	3.93	6.38	7.14	8.23	9.91	11.43	12.26	13.26	14.13	14.86	15.45	16.14	16.14	15.34
224	1	2.28	4.18	6.73	7.52	8.63	10.33	11.81	12.59	13.49	14.21	14.76	15.10	15.14	14.22	12.23
	1.5	2.42	4.47	7.24	8.10	9.33	11.21	12.87	13.76	14.80	15.68	16.37	16.86	17.19	16.57	14.86
	≥3	2.47	4.57	7.41	8.30	9.56	11.50	13.23	14.15	15.24	16.16	16.90	17.44	17.87	17.35	15.74
250	1	2.64	4.86	7.84	8.75	10.04	11.99	13.66	14.51	15.47	16.19	16.68	16.89	16.44	14.69	11.48
	1.5	2.79	5.15	8.35	9.33	10.74	12.87	14.72	15.68	16.78	17.66	18.28	18.65	18.49	17.03	14.11
	≥3	2.83	5.25	8.52	9.53	10.97	13.16	15.07	16.07	17.22	18.15	18.82	19.23	19.17	17.81	14.99
280	1	3.05	5.63	9.09	10.14	11.62	13.82	15.65	16.56	17.52	18.17	18.48	18.43	17.13	14.04	8.92
	1.5	3.20	5.93	9.60	10.72	12.32	14.70	16.72	17.73	18.83	19.63	20.09	20.18	19.18	16.38	11.56
	≥3	3.25	6.02	9.77	10.92	12.55	14.99	17.07	18.12	19.27	20.12	20.62	20.77	19.86	17.16	12.43
315	1	3.53	6.53	10.51	11.71	13.40	15.84	17.79	18.70	19.55	20.00	19.97	19.44	16.71	11.47	3.40
	1.5	3.68	6.82	11.02	12.30	14.09	16.72	18.85	19.87	20.88	21.46	21.58	21.20	18.76	13.81	6.04
	≥3	3.73	6.92	11.19	12.50	14.32	17.01	19.21	20.26	21.32	21.95	22.12	21.78	19.44	14.59	6.91
355	1	4.08	7.53	12.10	13.46	15.33	17.99	19.96	20.78	21.39	21.42	20.79	19.46	14.45	5.91	
	1.5	4.22	7.82	12.61	14.04	16.03	18.86	21.02	21.95	22.71	22.88	22.40	21.22	16.50	8.25	
	≥3	4.27	7.92	12.78	14.24	16.26	19.16	21.37	22.34	23.15	23.37	22.94	21.80	17.18	9.03	

表 16-13k SPC 型窄 V 带的额定功率 (GB/T 13575.1—2008)

d_{d1} /mm	i 或 $\frac{1}{i}$	200	300	400	500	600	700	800	950	1200	1450	1600	1800	2000	2200	2400
								额定功率 P_N/kW								
224	1	2.90	4.08	5.19	6.23	7.21	8.13	8.99	10.19	11.89	13.22	13.81	14.35	14.58	14.47	14.01
	1.5	3.26	4.62	5.91	7.13	8.28	8.39	10.43	11.90	14.05	15.82	16.69	17.59	18.17	18.43	18.32
	≥3	3.38	4.80	6.15	7.43	8.64	9.81	10.91	12.47	14.77	16.69	17.65	18.66	19.37	19.75	19.75
250	1	3.50	4.95	6.31	7.60	8.81	9.95	11.02	12.51	14.61	16.21	16.52	17.52	17.70	17.44	16.69
	1.5	3.86	5.49	7.03	8.49	9.89	11.21	12.46	14.21	16.77	18.82	19.79	20.75	21.30	21.40	21.01
	≥3	3.98	5.67	7.27	8.79	10.25	11.63	12.94	14.78	17.49	19.69	20.75	21.83	22.50	22.72	22.45
280	1	4.18	5.94	7.59	9.15	10.62	12.01	13.31	15.10	17.60	19.44	20.20	20.75	20.75	20.13	18.86
	1.5	4.54	6.48	8.31	10.05	11.70	13.27	14.75	16.81	19.76	22.05	23.07	23.99	24.34	24.09	23.17
	≥3	4.66	6.66	8.55	10.35	12.06	13.69	15.23	17.38	20.48	22.92	24.03	25.07	25.54	25.41	24.61
315	1	4.97	7.08	9.07	10.94	12.70	14.36	15.90	18.01	20.88	22.87	23.58	23.91	23.47	22.18	19.98
	1.5	5.33	7.62	9.79	11.84	13.73	15.62	17.34	19.72	23.04	25.47	26.46	27.15	27.07	26.14	24.30
	≥3	5.45	7.80	10.03	12.14	14.14	16.04	17.82	20.29	23.76	26.34	27.42	28.23	28.26	27.46	25.74
355	1	5.87	8.37	10.72	12.94	15.02	16.96	18.76	21.17	23.34	26.29	26.80	26.62	25.37	22.94	19.22
	1.5	6.23	8.91	11.44	13.84	16.10	18.22	20.20	22.88	26.50	28.90	29.68	29.86	28.97	26.90	23.54
	≥3	6.35	9.09	11.68	14.14	16.46	18.64	20.68	23.45	27.22	29.77	30.64	30.94	30.17	28.22	24.98
400	1	6.86	9.80	12.56	15.15	17.56	19.79	21.84	24.52	27.83	29.46	29.53	28.42	25.81	21.54	15.48
	1.5	7.22	10.34	13.28	16.04	18.64	21.05	23.28	26.23	29.99	32.07	32.41	31.66	29.41	25.50	19.79
	≥3	7.34	10.52	13.52	16.34	19.00	21.47	23.76	26.80	30.70	32.94	33.37	32.74	30.60	26.82	21.23
450	1	7.96	11.37	14.56	17.54	20.29	22.81	25.07	27.94	31.15	32.06	31.33	28.69	23.95	16.89	
	1.5	8.32	11.91	15.28	18.43	21.37	24.07	26.51	29.65	33.31	34.67	34.21	31.92	27.54	20.85	
	≥3	8.44	12.09	15.52	18.73	21.73	24.48	26.99	30.22	34.03	35.54	35.16	33.00	28.74	22.17	
500	1	9.04	12.91	16.52	19.86	22.92	25.67	28.09	31.04	33.85	33.58	31.07	26.94	19.35		
	1.5	9.40	13.45	17.24	20.76	24.00	26.93	29.53	32.75	36.01	36.18	34.57	30.18	22.94		
	≥3	9.52	13.63	17.48	21.06	24.35	27.35	30.01	33.32	36.73	37.05	35.53	31.26	24.14		
560	1	10.32	14.74	18.82	22.56	25.93	28.90	31.43	34.29	36.18	33.83	30.05	21.90			
	1.5	10.68	15.27	19.54	23.46	27.01	30.16	32.87	36.00	38.34	36.44	32.93	25.14			
	≥3	10.80	15.45	19.78	23.76	27.37	30.58	33.35	36.57	39.06	37.31	33.89	26.22			

表 16-131　　　　　9N、9J 型窄 V 带的额定功率（GB/T 13575.2—2008）　　　　（单位：kW）

n_1/(r/min)	d_{e1}/mm													i				
	67	71	75	80	90	100	112	125	140	160	180	200	250	1.27~1.38	1.39~1.57	1.58~1.94	1.95~3.38	3.39~以上
	P_1													ΔP_1				
100	0.12	0.13	0.15	0.17	0.21	0.24	0.29	0.34	0.39	0.47	0.54	0.61	0.79	0.01	0.01	0.02	0.02	0.02
200	0.21	0.24	0.27	0.31	0.38	0.46	0.54	0.64	0.74	0.88	1.02	1.16	1.50	0.02	0.03	0.03	0.03	0.03
300	0.30	0.35	0.39	0.44	0.55	0.66	0.78	0.92	1.07	1.28	1.48	1.68	2.18	0.03	0.04	0.05	0.05	0.05
400	0.38	0.44	0.50	0.57	0.71	0.85	1.01	1.19	1.39	1.66	1.92	2.18	2.83	0.05	0.05	0.06	0.07	0.07
500	0.46	0.53	0.60	0.69	0.86	1.03	1.23	1.45	1.70	2.03	2.35	2.67	3.46	0.06	0.07	0.08	0.08	0.09
600	0.54	0.62	0.70	0.80	1.01	1.21	1.45	1.71	2.00	2.39	2.77	3.15	4.08	0.07	0.08	0.09	0.10	0.10
700	0.61	0.70	0.80	0.92	1.15	1.38	1.66	1.96	2.29	2.74	3.18	3.61	4.68	0.08	0.09	0.11	0.11	0.12
725	0.63	0.73	0.82	0.95	1.19	1.43	1.71	2.02	2.37	2.83	3.28	3.73	4.83	0.08	0.10	0.11	0.12	0.13
800	0.68	9.79	0.89	1.03	1.29	1.55	1.87	2.20	2.58	3.08	3.58	4.07	5.26	0.09	0.11	0.12	0.13	0.14
900	0.75	0.87	0.99	1.13	1.43	1.72	2.07	2.44	2.86	3.42	3.97	4.51	5.83	0.10	0.12	0.14	0.15	0.16
950	0.78	0.91	1.03	1.19	1.50	1.80	2.17	2.56	3.00	3.59	4.17	4.73	6.11	0.11	0.13	0.14	0.16	0.17
1000	0.81	0.94	1.08	1.24	1.56	1.89	2.27	2.68	3.14	3.75	4.36	4.95	6.39	0.11	0.13	0.15	0.16	0.17
1200	0.94	1.09	1.25	1.44	1.83	2.21	2.66	3.14	3.68	4.40	5.10	5.79	7.46	0.14	0.16	0.18	0.20	0.21
1400	1.06	1.24	1.42	1.64	2.08	2.51	3.03	3.58	4.21	5.02	5.82	6.60	8.46	0.16	0.19	0.21	0.23	0.24
1425	1.07	1.26	1.44	1.66	2.11	2.55	3.08	3.63	4.27	5.10	5.91	6.70	8.58	0.16	0.19	0.21	0.23	0.25
1500	1.12	1.31	1.50	1.73	2.20	2.67	3.21	3.80	4.46	5.32	6.17	6.99	8.93	0.17	0.20	0.23	0.25	0.26
1600	1.17	1.38	1.58	1.83	2.32	2.81	3.39	4.01	4.71	5.62	6.50	7.36	9.39	0.18	0.21	0.24	0.26	0.28
1800	1.28	1.51	1.73	2.01	2.56	3.10	3.74	4.42	5.19	6.19	7.16	8.09	10.25	0.21	0.24	0.27	0.30	0.31
2000	1.39	1.63	1.88	2.19	2.79	3.38	4.08	4.82	5.66	6.74	7.77	8.77	11.03	0.23	0.27	0.30	0.33	0.35
2200	1.49	1.76	2.02	2.35	3.01	3.65	4.41	5.21	6.11	7.26	8.36	9.40	11.73	0.25	0.29	0.33	0.36	0.38
2400	1.58	1.87	2.16	2.52	3.22	3.91	4.72	5.58	6.53	7.75	8.90	9.98	12.33	0.27	0.32	0.36	0.39	0.42
2600	1.67	1.98	2.29	2.68	3.43	4.16	5.03	5.93	6.94	8.21	9.41	10.51	12.84	0.30	0.35	0.39	0.43	0.45
2800	1.76	2.09	2.42	2.83	3.63	4.41	5.32	6.27	7.32	8.64	9.87	10.98	13.24	0.32	0.37	0.42	0.46	0.49
3000	1.84	2.19	2.54	2.97	3.82	4.64	5.59	6.59	7.68	9.04	10.29	11.40	13.53	0.34	0.40	0.45	0.49	0.52

表 16-13m　　　　　15N、15J 型窄 V 带的额定功率（GB/T 13575.2—2008）　　　　　（单位：kW）

$n_1/$ (r/min)	d_{e1}/mm												i				
	180	190	200	212	224	236	250	280	315	355	400	450	1.27 ~ 1.38	1.39 ~ 1.57	1.58 ~ 1.94	1.95 ~ 3.38	3.39 ~ 以上
	P_1												ΔP_1				
100	1.15	1.26	1.36	1.49	1.62	1.74	1.89	2.20	2.56	2.97	3.43	3.93	0.06	0.08	0.09	0.09	0.10
200	2.13	2.33	2.54	2.78	3.02	3.26	3.54	4.14	4.83	5.61	6.47	7.43	0.13	0.15	0.17	0.19	0.20
300	3.05	3.34	3.64	3.99	4.34	4.69	5.10	5.97	6.97	8.10	9.35	10.73	0.19	0.23	0.26	0.28	0.30
400	3.92	4.30	4.69	5.15	5.61	6.06	6.59	7.72	9.02	10.48	12.11	13.89	0.26	0.30	0.34	0.37	0.39
500	4.75	5.23	5.70	6.26	6.83	7.38	8.03	9.41	10.99	12.77	14.75	16.89	0.32	0.38	0.43	0.46	0.49
600	5.56	6.12	6.68	7.34	8.00	8.66	9.42	11.04	12.90	14.98	17.27	19.76	0.39	0.45	0.51	0.56	0.59
700	6.34	6.98	7.62	8.39	9.15	9.90	10.77	12.62	14.73	17.10	19.69	22.48	0.45	0.53	0.60	0.65	0.69
725	6.53	7.20	7.86	8.64	9.43	10.20	11.10	13.00	15.18	17.61	20.27	23.13	0.47	0.55	0.62	0.67	0.71
800	7.10	7.82	8.54	9.40	10.25	11.10	12.07	14.14	16.50	19.12	21.98	25.04	0.52	0.61	0.68	0.74	0.79
900	7.83	8.63	9.43	10.38	11.32	12.26	13.33	15.61	18.19	21.05	24.15	27.43	0.58	0.68	0.77	0.84	0.89
950	8.19	9.03	9.87	10.86	11.85	12.82	13.95	16.32	19.01	21.99	25.19	28.56	0.61	0.72	0.81	0.88	0.93
1000	8.54	9.42	10.29	11.33	12.36	13.38	14.55	17.02	19.81	22.89	26.19	29.65	0.65	0.76	0.85	0.93	0.98
1200	9.89	10.92	11.93	13.14	14.33	15.50	16.85	19.67	22.82	26.24	29.83	33.48	0.78	0.91	1.02	1.11	1.18
1400	11.16	12.32	13.46	14.82	16.15	17.46	18.96	22.07	25.50	29.14	32.84	36.43	0.91	1.06	1.19	1.30	1.38
1425	11.31	12.49	13.65	15.02	16.37	17.69	19.21	22.35	25.81	29.46	33.17	36.73	0.92	1.08	1.21	1.32	1.40
1500	11.76	12.98	14.19	15.61	17.01	18.38	19.94	23.17	26.70	30.39	34.08	37.54	0.97	1.14	1.28	1.39	1.48
1600	12.33	13.61	14.88	16.36	17.82	19.25	20.87	24.20	27.80	31.52	35.13	38.38	1.03	1.21	1.36	1.49	1.57
1800	13.41	14.80	16.17	17.77	19.33	20.85	22.56	26.03	29.70	33.33	36.63		1.16	1.36	1.53	1.67	1.77
2000	14.39	15.88	17.33	19.02	20.66	22.24	24.02	27.55	31.15	34.52			1.29	1.51	1.70	1.86	1.97
2200	15.27	16.83	18.35	20.11	21.80	23.42	25.22	28.71	32.11				1.42	1.67	1.88	2.04	2.16
2400	16.03	17.65	19.22	21.03	22.74	24.37	26.15	29.51	32.56				1.55	1.82	2.05	2.23	2.36
2600	16.67	18.34	19.94	21.76	23.47	25.07	26.79	29.89					1.68	1.97	2.22	2.41	2.56
2800	17.19	18.88	20.49	22.30	23.97	25.51	27.12						1.81	2.12	2.39	2.60	2.75
3000	17.59	19.28	20.87	22.63	24.23	25.67	27.11						1.94	2.27	2.56	2.79	2.95

表 16-13n   **25N、25J 型窄 V 带的额定功率**（GB/T 13575.2—2008）   （单位：kW）

$n_1/$ (r/min)	d_{e1}/mm												i				
	315	335	355	375	400	425	450	475	500	560	630	710	1.27 ～ 1.38	1.39 ～ 1.57	1.58 ～ 1.94	1.95 ～ 3.38	3.39 ～ 以上
	P_1												ΔP_1				
80	4.02	4.48	4.93	5.39	5.95	6.51	7.08	7.63	8.19	9.52	11.06	12.80	0.26	0.31	0.35	0.38	0.40
100	4.90	5.46	6.02	6.58	7.28	7.97	8.66	9.35	10.04	11.67	13.57	15.71	0.33	0.39	0.43	0.47	0.50
120	5.76	6.43	7.09	7.75	8.58	9.40	10.22	11.03	11.85	13.78	16.02	18.56	0.39	0.46	0.52	0.57	0.60
140	6.60	7.37	8.14	8.90	9.85	10.80	11.75	12.69	13.62	15.86	18.44	21.36	0.46	0.54	0.61	0.66	0.70
160	7.42	8.29	9.16	10.03	11.11	12.18	13.25	14.31	15.37	17.90	20.82	24.12	0.53	0.62	0.69	0.76	0.80
180	8.22	9.20	10.17	11.14	12.34	13.54	14.73	15.91	17.09	19.91	23.16	26.83	0.59	0.69	0.78	0.85	0.90
200	9.02	10.09	11.16	12.23	13.55	14.87	16.18	17.49	18.79	21.89	25.46	29.50	0.66	0.77	0.87	0.94	1.00
300	12.82	14.38	15.93	17.48	19.40	21.30	23.20	25.09	26.96	31.42	36.53	42.28	0.99	1.16	1.30	1.42	1.50
400	16.38	18.41	20.42	22.42	24.91	27.37	29.82	32.24	34.65	40.35	46.86	54.12	1.32	1.54	1.73	1.89	2.00
500	19.75	22.22	24.67	27.10	30.12	33.10	36.06	38.98	41.88	48.70	56.43	64.94	1.64	1.93	2.17	2.36	2.50
600	22.93	25.82	28.69	31.53	35.03	38.50	41.92	45.29	48.62	56.42	65.16	74.64	1.97	2.31	2.60	2.83	3.00
700	25.93	29.22	32.47	35.69	39.65	43.55	47.38	51.15	54.86	63.47	72.98	83.08	2.30	2.70	3.03	3.30	3.50
725	26.66	30.04	33.38	36.68	40.75	44.75	48.68	52.55	56.33	65.12	74.78	84.98	2.38	2.79	3.14	3.42	3.63
800	28.75	32.41	36.02	39.58	43.95	48.23	52.43	56.54	60.55	69.78	79.79	90.13	2.63	3.08	3.47	3.78	4.00
900	31.38	35.38	39.32	43.18	47.91	52.53	57.03	61.40	65.65	75.29	85.49	95.63	2.96	3.47	3.90	4.25	4.50
950	32.62	36.79	40.87	44.87	49.76	54.52	59.15	63.63	67.96	77.72	87.89	97.75	3.12	3.66	4.12	4.49	4.75
1000	33.82	38.13	42.35	46.49	51.52	56.41	61.14	65.71	70.10	79.93	89.98	99.42	3.29	3.85	4.33	4.72	5.00
1100	36.05	40.64	45.11	49.48	54.76	59.85	64.74	69.41	73.87	83.61	93.14		3.62	4.24	4.77	5.19	5.50
1200	38.07	42.90	47.59	52.13	57.60	62.82	67.78	72.48	76.90	86.28	94.87		3.95	4.62	5.20	5.67	6.00
1300	39.87	44.89	49.75	54.42	60.01	65.28	70.24	74.86	79.12	87.84			4.27	5.01	5.63	6.14	6.50
1400	41.43	46.61	51.59	56.34	61.96	67.21	72.06	76.50	80.50				4.60	5.39	6.07	6.61	7.00
1425	41.78	47.00	51.99	56.76	62.38	67.60	72.41	76.79	80.71				4.68	5.49	6.18	6.73	7.13
1500	42.74	48.04	53.08	57.86	63.44	68.57	73.22	77.36	80.98				4.93	5.78	6.50	7.08	7.50
1600	43.80	49.16	54.22	58.96	64.42	69.33	73.66	77.39					5.26	6.16	6.93	7.55	8.00
1700	44.58	49.96	54.97	59.61	64.86	69.45	73.36						5.59	6.55	7.37	8.03	8.50
1800	45.08	50.42	55.33	59.80	64.74	68.91							5.92	6.93	7.80	8.50	9.00
1900	45.29	50.52	55.27	59.50	64.03								6.25	7.32	8.23	8.97	9.50

16.3　带轮

16.3.1　带轮材料

带轮材料常采用灰铸铁、钢、铝合金或工程塑料等。灰铸铁应用最广，当 $v \leqslant 30\text{m/s}$ 时用 HT200，$v \geqslant 25 \sim 45\text{m/s}$，则宜采用孕育铸铁或铸钢，也可用钢板冲压—焊接带轮。

小功率传动可用铸铝或塑料。

16.3.2　带轮的结构

带轮由轮缘、轮辐和轮毂三部分组成。

V 带轮的直径系列见表 16-14、表 16-15；轮缘尺寸见表 16-16 和表 16-17。

轮辐部分有实心、辐板（或孔板）和椭圆轮辐三种，可根据带轮的基准直径参照表 16-19 决定。

V 带轮的典型结构见图 16-5 和图 16-6。

表 16-14　　**普通和窄 V 带轮（基准宽度制）直径系列**（GB/T 13575.1—2008）　　（单位：mm）

基准直径	Y	Z SPZ	A SPA	B SPB	C SPC	D	E	圆跳动公差 t
20	+							0.2
22.4	+							0.2
25	+							0.2
28	+							0.2
31.5	+							0.2
35.5	+							0.2
40	+							0.2
45	+							0.2
50	+	+						0.2
56	+	+						0.2
63		⊕						0.2
71		⊕						0.2
75		⊕	+					0.2
80		⊕	+					0.2
85	+		+					0.2
90	+	⊕	⊕					0.2
95		⊕	⊕					0.2
100	+	⊕	⊕					0.2
106		⊕	⊕					0.2
112	+	⊕	⊕					0.2
118		⊕	⊕					0.3
125	+	⊕	⊕	+				0.3
132		⊕	⊕	+				0.3
140		⊕	⊕	⊕				0.3
150		⊕	⊕	⊕				0.3
160		⊕	⊕	⊕				0.3
170		⊕	⊕	⊕				0.3
180		⊕	⊕	⊕				0.3
200		⊕	⊕	⊕	+			0.3
212					+			0.3
224		⊕	⊕	⊕	⊕			0.4
236		⊕	⊕	⊕	⊕			0.4
250		⊕	⊕	⊕	⊕			0.4
265					⊕			0.5
280		⊕	⊕	⊕	⊕			0.5
300					⊕			0.5
315		⊕	⊕	⊕	⊕			0.5
335					⊕			0.5
355		⊕	⊕	⊕	⊕	+		0.6
375						+		0.6
400						+		0.6
425						+		0.6
450						+		0.6
475						+	+	0.6
500						+	+	0.6
530						+	+	0.6
560						+	+	0.6
600						+	+	0.6
630		⊕	⊕	⊕	⊕	+	+	0.8
670						+	+	0.8
710						+	+	0.8
750						+	+	0.8
800						+	+	0.8
900				⊕	⊕	+	+	1
1000				⊕	⊕	+	+	1
1060						+	+	1
1120						+	+	1
1250						+	+	1
1400						+	+	1.2
1500						+	+	1.2
1600						+	+	1.2
1800						+	+	1.2
1900						+	+	1.2
2000					⊕	+	+	1.2
2240							+	1.2
2500							+	1.2

注：1. 有＋号的只用于普通 V 带，有⊕号的用于普通 V 带和窄 V 带。
　　2. 基准直径的极限偏差为 ±0.8%。
　　3. 轮槽基准直径间的最大偏差，Y 型—0.3mm，Z、A、B、SPZ、SPA、SPB 型—0.4mm，C、D、E、SPC 型—0.5mm。

表 16-15　　　　　窄 V 带轮（有效宽度制）**直径系列**（GB/T 10413—2002）　　　　（单位：mm）

有效直径 d_e	9N/9J 选用情况	2Δd	15N/15J 选用情况	2Δd	25N/25J 选用情况	2Δd
67	○	4				
71	◎	4				
75	○	4				
80	◎	4				
85	○	4				
90	◎	4				
95	○	4				
100	◎	4				
106	○	4				
112	◎	4				
118	○	4				
125	◎	4				
132	○	4				
140	◎	4				
150	○	4				
160	◎	4				
180	○	4	◎	7		
190			○	7		
200	◎	4	◎	7		
212			○	7		
224	○	4	◎	7		
236			○	7		
250	◎	4	◎	7		
265			○	7		
280	○	4.5	◎	7		
300			○	7		
315	◎	5	◎	7	◎	5
335					○	5.4
355	○	5.7	○	7	○	5.7
375						6
400	◎	6.4	◎	7	◎	6.4
425					○	6.8
450	○	7.2	○	7.2	◎	7.2
475					○	7.6
500	◎	8	◎	8		8
530					○	
560	○	9	○	9	◎	9
600					○	9.6
630	○	10.1	◎	10.1	◎	10.1
710	○	11.4	◎	11.4	◎	11.4
800	○	12.8	◎	12.8	◎	12.8
900			○	14.4	○	14.4
1000			◎	16	◎	16
1120			○	17.9	○	17.9
1250			◎	20	◎	20
1400			○	22.4	○	22.4
1600			○	25.6	◎	25.6
1800			○	28.8	○	28.8
2000					◎	32
2240					○	35.8
2500					◎	40

注：1. 有效直径 d_e 为其最小值，最大值 $d_{emax} = d_e + 2\Delta d$，公差见表 16-18。

　　2. 选用情况：◎—优先选用；○—可以选用。

表 16-16　　　　　　　**V 带轮轮缘尺寸**（基准宽度制）（GB/T 10412—2002）　　　　（单位：mm）

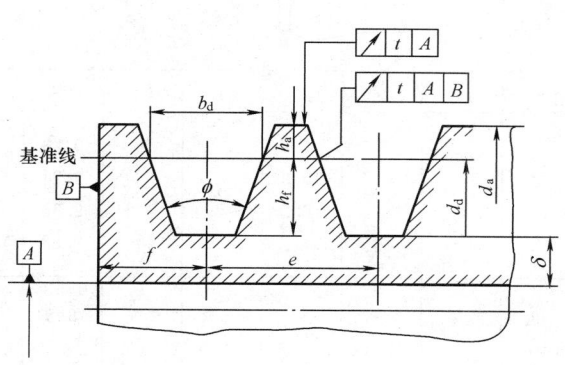

续表

项　　目		符号	槽　型						
			Y	Z SPZ	A SPA	B SPB	C SPC	D	E
基准宽度		b_d	5.3	8.5	11.0	14.0	19.0	27.0	32.0
基准线上槽深		h_{amin}	1.6	2.0	2.75	3.5	4.8	8.1	9.6
基准线下槽深		h_{fmin}	4.7	7.0 9.0	8.7 11.0	10.8 14.0	14.3 19.0	19.9	23.4
槽间距		e	8±0.3	12±0.3	15±0.3	19±0.4	25.5±0.5	37±0.6	44.5±0.7
第一槽对称面至端面的最小距离		f_{min}	6	7	9	11.5	16	23	28
槽间距累积极限偏差			±0.6	±0.6	±0.6	±0.8	±1.0	±1.2	±1.4
带轮宽		B	$B=(z-1)e+2f$　z—轮槽数						
外径		d_a	$d_a=d_d+2h_a$						
轮槽角 φ	32°	相应的 基准直 径 d_d	≤60	—	—	—	—	—	—
	34°		—	≤80	≤118	≤190	≤315	—	—
	36°		>60	—	—	—	—	≤475	≤600
	38°		—	>80	>118	>190	>315	>475	>600
	极限偏差		±0.5°						

表 16-17　　窄 V 带轮（有效宽度制）轮槽截面及尺寸（GB/T 13575.2—2008）　（单位：mm）

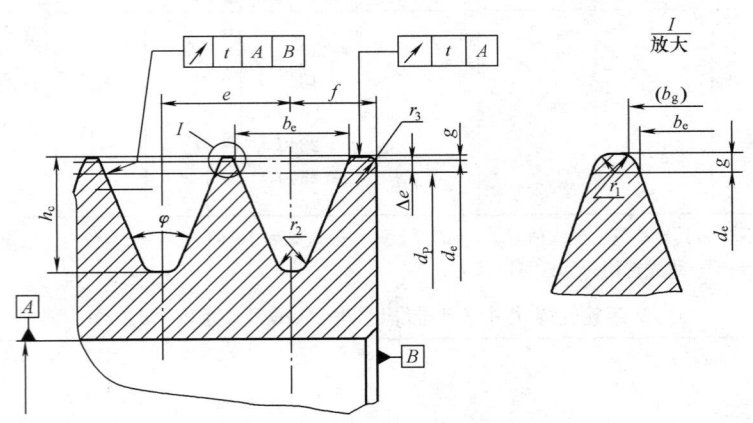

槽　型	d_e	$\varphi/(°)$	b_e	Δe	e	f_{min}	h_c	(b_g)	g	r_1	r_2	r_3
9N、9J	≤90 >90~150 >150~305 >305	36 38 40 42	8.9	0.6	10.3 ±0.25	9	$9.5^{+0.5}_{0}$	9.23 9.24 9.26 9.28	0.5	0.2~ 0.5	0.5~ 1.0	1~2
15N、15J	≤255 >255~405 >405	38 40 42	15.2	1.3	17.5 ±0.25	13	$15.5^{+0.5}_{0}$	15.54 15.56 15.58	0.5	0.2~ 0.5	0.5~ 1.0	2~3

续表

槽 型	d_e	$\varphi/(°)$	b_e	Δe	e	f_{min}	h_c	(b_g)	g	r_1	r_2	r_3
25N、25J	≤405 >405~570 >570	38 40 42	25.4	2.5	28.6 ±0.25	19	$25.5^{+0.5}_{0}$	25.74 25.76 25.78	0.5	0.2~ 0.5	0.5~ 1.0	3~5

表 16-18　　有效宽度制窄 V 带轮的径向和轴向圆跳动公差（GB/T 10413—2002）　（单位：mm）

有效直径基本值 d_e	径向圆跳动 t_1	轴向圆跳动 t_2	有效直径基本值 d_e	径向圆跳动 t_1	轴向圆跳动 t_2
$d_e≤125$	0.2	0.3	$1000<d_e≤1250$	0.8	1
$125<d_e≤315$	0.3	0.4	$1250<d_e≤1600$	1	1.2
$315<d_e≤710$	0.4	0.6	$1600<d_e≤2500$	1.2	1.2
$710<d_e≤1000$	0.6	0.8			

表 16-19　　　　　　　　　　V 带轮的结构形式和辐板厚度　　　　　　　　（单位：mm）

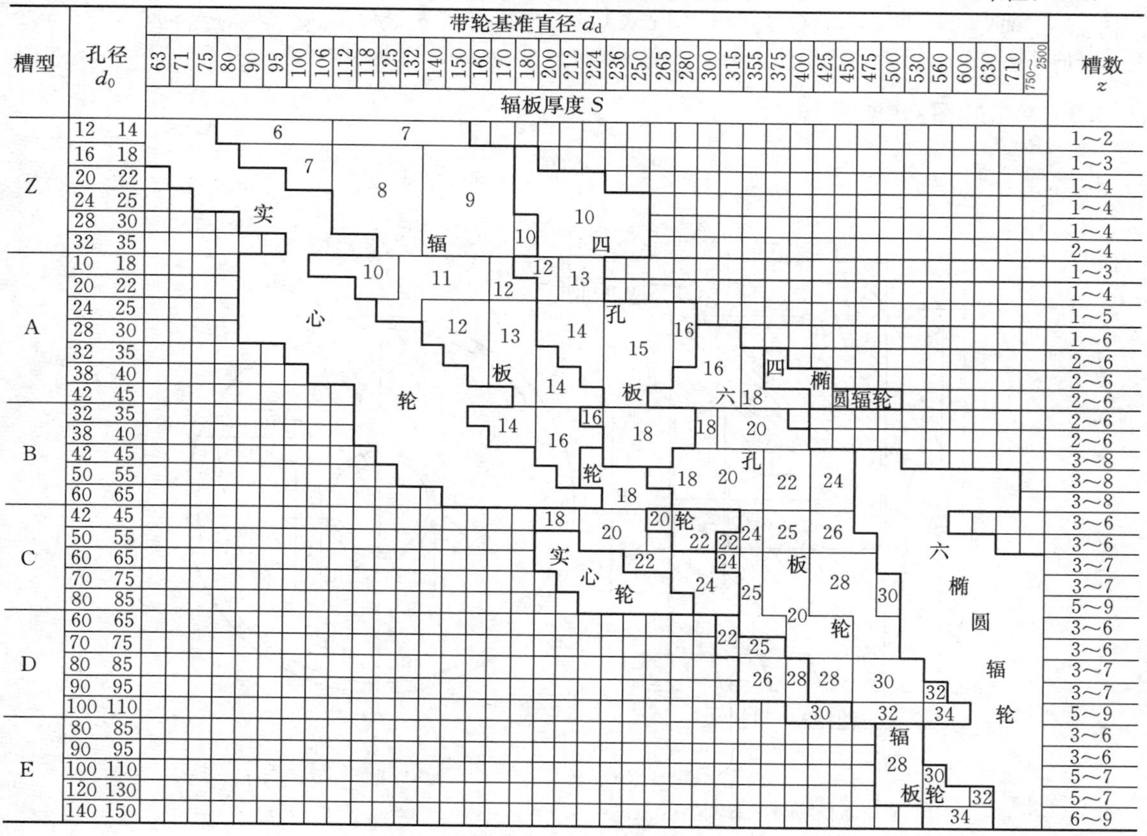

带轮基准直径 d_d：63 71 75 80 90 95 100 106 112 118 125 132 140 150 160 170 180 200 212 224 236 250 265 280 300 315 355 375 400 425 450 475 500 530 560 600 630 710 750~2500

辐板厚度 S

槽型	孔径 d_0	槽数 z
Z	12 14	1~2
	16 18	1~3
	20 22	1~4
	24 25	1~4
	28 30	1~4
	32 35	2~4
A	10 18	1~3
	20 22	1~4
	24 25	1~5
	28 30	1~6
	32 35	2~6
	38 40	2~6
	42 45	2~6
B	32 35	2~6
	38 40	3~8
	42 45	3~8
	50 55	3~8
	60 65	3~8
C	42 45	3~6
	50 55	3~6
	60 65	3~7
	70 75	3~7
	80 85	5~9
D	60 65	3~6
	70 75	3~6
	80 85	3~7
	90 95	3~7
	100 110	5~9
E	80 85	3~6
	90 95	3~6
	100 110	5~7
	120 130	5~7
	140 150	6~9

辐板厚度 S 值（按基准直径区段）：6　7　7　8　9　10　10　10　11　12　12　13　12　13　14　14　15　16　16　16　14　16　16　18　18　18　18　18　20　20　22　24　20　22　22　24　24　25　24　25　25　26　28　30　20　22　25　26　28　28　30　32　30　32　34　28　30　32　34

（图中区段分别标注：实心轮、辐板轮、四孔板、六椭圆辐轮 等结构形式）

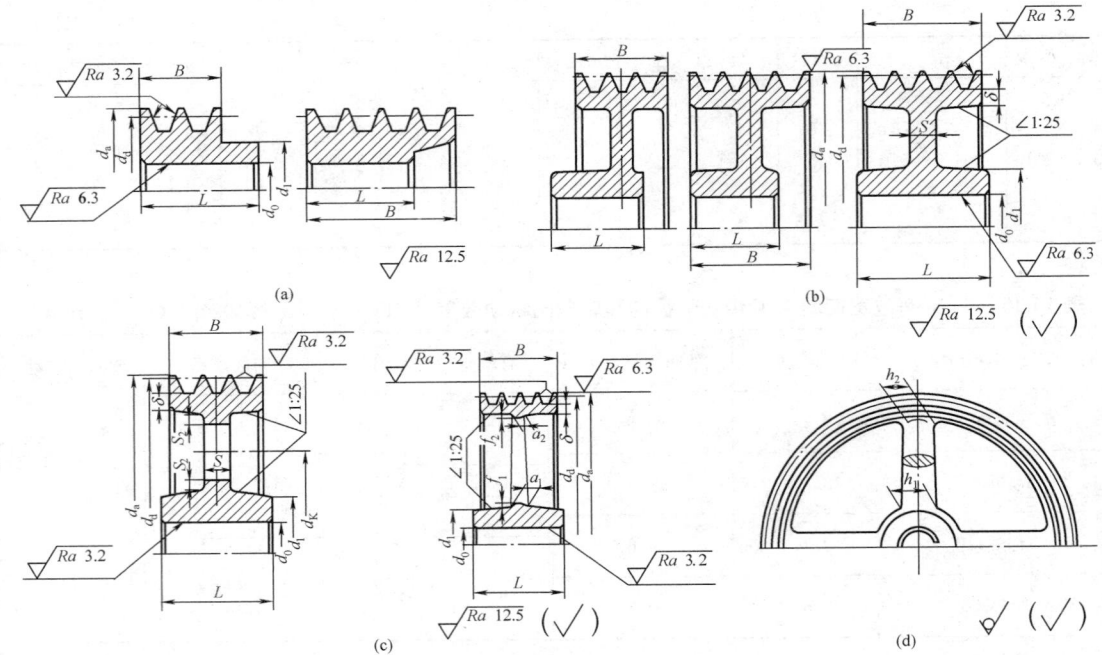

图 16-5 V 带轮的典型结构
(a) 实心轮；(b) 辐板轮；(c) 孔板轮；(d) 椭圆辐轮

$d_1=(1.8\sim2)d_0$，$L=(1.5\sim2)d_\theta$，S 查表 16-19，$S_1 \geqslant 1.5S$，$S_2 \geqslant 0.5S$，$h_1=290\sqrt[3]{\dfrac{P}{nA}}$ mm，

P—传递的功率(kW)，n—带轮的转速(r/min)，A—轮辐数，$h_2=0.8h_1$，$a_1=0.4h_1$，$a_2=0.8a_1$，$f_1=0.2h_1$，$f_2=0.2h_2$

16.3.3 V 带轮图例(见图 16-6)

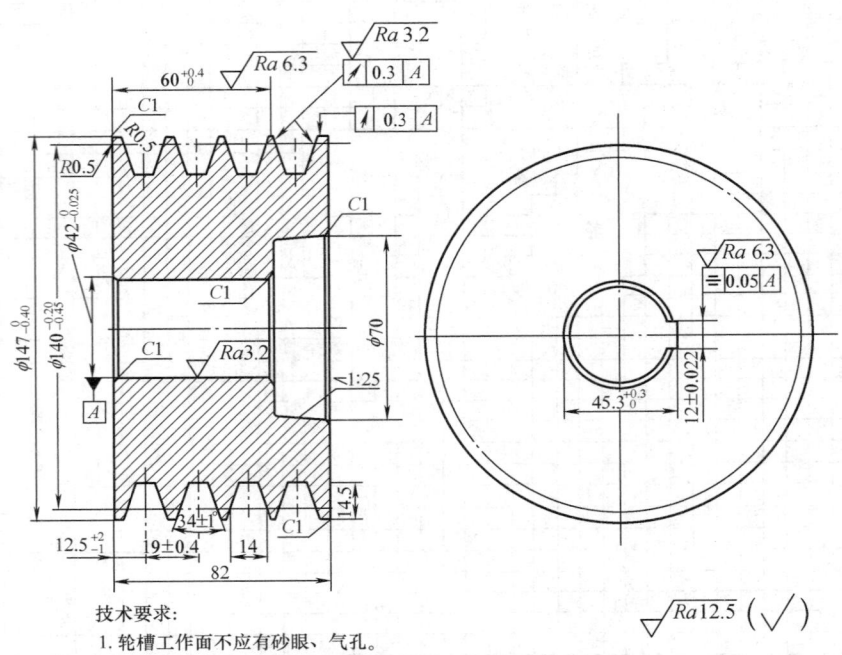

技术要求:
1. 轮槽工作面不应有砂眼、气孔。
2. 各轮槽间距的累积误差不得超过±0.8, 材料：HT200。

图 16-6 普通 V 带轮工作图

16.3.4 带轮的技术要求

（1）V带轮轮槽工作表面粗糙度 Ra 为 1.6 或 3.2μm，轴孔表面为 3.2μm，轴孔端面为 6.3μm，其余表面 12.5μm。轮槽的棱边要倒圆或倒钝。

（2）带轮外圆的径向圆跳动和基准圆的斜向圆跳动公差 t 不得大于表 16-18 的规定。

（3）轮槽对称平面与带轮轴线垂直度允差±30′。

（4）带轮的平衡。

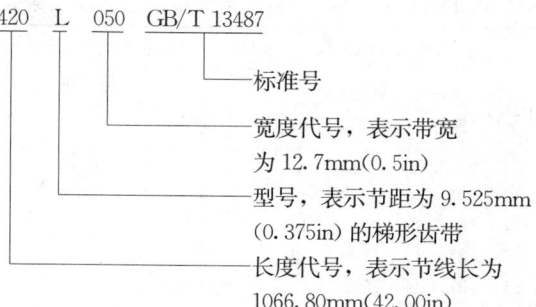

16.4 同步带

16.4.1 同步带的类型和标记

常用的同步带有梯形齿和圆弧形齿两类。按齿在带上的布置有单面齿和双面齿两种。单面齿的标记示例：

对称式双面齿同步带用 DA 表示，交叉式双面齿同步带用 DB 表示，图 16-7 表示符号加在单面齿同步带型号之前，其余标记表示方法不变。如 420DB L050 GB/T 13487。

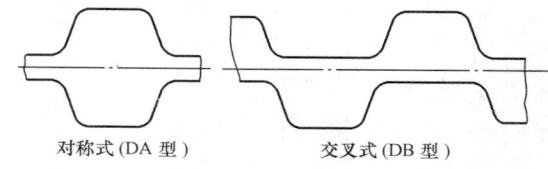

图 16-7 双面齿同步带

16.4.2 梯形同步带的规格（见表 16-20～表 16-22）

表 16-20　　　　　梯形齿标准同步带的齿形尺寸（GB/T 11616—2013）　　　　（单位：mm）

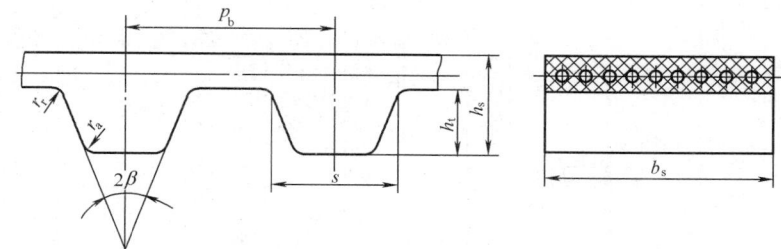

带型[①]	节距 p_b	齿形角 $2\beta/(°)$	齿根厚 s	齿高 h_t	带高[②] h_s	齿根圆角半径 r_r	齿顶圆角半径 r_a
MXL	2.032	40	1.14	0.51	1.14	0.13	0.13
XXL	3.175	50	1.73	0.76	1.52	0.20	0.30
XL	5.080	50	2.57	1.27	2.3	0.38	0.38
L	9.525	40	4.65	1.91	3.6	0.51	0.51
H	12.700	40	6.12	2.29	4.3	1.02	1.02
XH	22.225	40	12.57	6.35	11.2	1.57	1.19
XXH	31.750	40	19.05	9.53	15.7	2.29	1.52

① 带型即节距代号，MXL—最轻型；XXL—超轻型；XL—特轻型；L—轻型；H—重型；XH—特重型；XXH—超重型。

② 系单面带的带高。

表 16-21　梯形齿同步带的节线长系列及极限偏差（GB/T 11616—2013）

（左半部分）

带长代号	节约长 L_p/mm		节线长上的齿数						
	基本尺寸	极限偏差	MXL	XXL	XL	L	H	XH	XXH
36	91.44		45						
40	101.60		50						
44	111.76		55	—					
48	121.92		60	—					
50	127.00		—	40					
56	142.24		70						
60	152.40		75	48	30				
64	162.56	±0.41	80	—					
70	177.80		—	56	35				
72	182.88		90						
80	203.20		100	64	40				
88	223.52		110	—					
90	228.60		—	72	45				
100	254.00		125	80	50				
110	279.40		—	88	55				
112	284.48		140						
120	304.80		—	96	60	—			
124	314.33		—	—	—	33			
124	314.96	±0.46	155	—					
130	330.20		—	104	65				
140	355.60		175	112	70				
150	381.00			120	75	40			
160	406.40		200	128	80				
170	431.80		—	—	85				
180	457.20		225	144	90				
187	476.25	±0.51	—	—	—	50			
190	482.60		—	—	95	—			
200	508.00		250	160	100				
210	533.40		—	—	105	56			
220	558.80		—	176	110				
225	571.50			—	—	60			
230	584.20				115				
240	609.60				120	64	48		
250	635.00	±0.61			125				
255	647.70				—	68	—		
260	660.40				130				
270	685.80					72	54		
285	723.90					76			
300	762.00					80	60		
322	819.15					86			
330	838.20	±0.66				—	66		

（右半部分）

带长代号	节约长 L_p/mm		节线长上的齿数						
	基本尺寸	极限偏差	MXL	XXL	XL	L	H	XH	XXH
345	876.30					92	—		
360	914.40	±0.66				—	72		
367	933.45					98			
390	990.60					104	78		
420	1066.80					112	84		
450	1143.00	±0.76				120	90	—	
480	1219.20					128	96		
507	1289.05					—	—	58	
510	1295.40					136	102		
540	1371.60					144	108		
560	1422.40	±0.81				—	—	64	
570	1447.80					—	114		
600	1524.00					160	120		
630	1600.20					—	126	72	
660	1676.40					—	132		
700	1778.00	±0.86					140	80	56
750	1905.00						150	—	
770	1955.80	±0.91					—	88	
800	2032.00						160	—	64
840	2133.60						—	96	—
850	2159.00	±0.97					170	—	
900	2286.00						180	—	72
980	2489.20	±1.02					—	112	
1000	2540.00						200	—	80
1100	2794.00	±1.07					220	—	
1120	2844.80	±1.12					—	128	
1200	3048.00						—	—	96
1250	3175.00	±1.17					250	—	
1260	3200.40						—	144	
1400	3556.00	±1.22					280	160	112
1540	3911.60	±1.32					—	176	
1600	4064.00						—	—	128
1700	4318.00	±1.37					340	—	
1750	4445.00	±1.42					—	200	—
1800	4572.00						—	—	144

表 16-22 梯形齿同步带宽度 b_s 系列 （单位：mm）

带 宽		极 限 偏 差			带 型						
代号	尺寸系列	$L_p<838.20$	$L_p>838.20\sim1676.40$	$L_p>1676.40$	MXL	XXL	XL	L	H	XH	XXH
012	3.0										
019	4.8										
025	6.4	+0.5 −0.8	—	—	MXL	XXL					
031	7.9						XL				
037	9.5										
050	12.7										
075	19.1	±0.8	+0.8 −1.3	+0.8 −1.3				L			
100	25.4										
150	38.1										
200	50.8	+0.8 −1.3 (H) ①	±1.3 (H)	+1.3 −1.5 (H)					H		
300	76.2	+1.3 −1.5 (H)	±1.5 (H)	±0.48	+1.5 −2.0 (H) ±0.48					XH	XXH
400	101.6	—									
500	127.00										

① 极限偏差只适用于括号内的带型。

16.4.3 梯形同步齿形带的性能 （GB/T 11362—2008）（见图 16-8，表 16-23～表 16-25）

表 16-23 同步带允许最大线速度

带 型	MXL、XXL、XL	L、H	XH、XXH
$v_{max}/(m/s)$	40～50	35～40	25～30

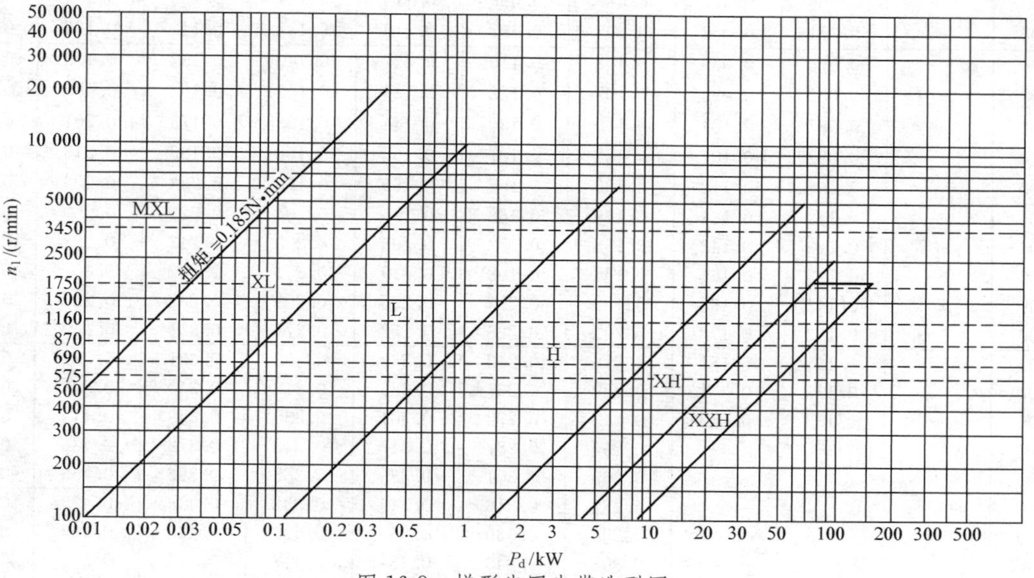

图 16-8 梯形齿同步带选型图

表 16-24　　　　　　　　　　带的许用工作张力 T_a 及单位长度质量 m

带　　型	T_a/N	m/(kg/m)
MXL	27	0.007
XXL	31	0.010
XL	50.17	0.022
L	244.46	0.095
H	2100.85	0.448
XH	4048.90	1.484
XXH	6398.03	2.473

表 16-25a　　　　XL 型带（节距 5.080mm，基准宽度 9.5mm）基准额定功率 P_0　　　（单位：kW）

小带轮转速 n_1/(r/min)	小带轮齿数和节圆直径/mm									
	10	12	14	16	18	20	22	24	28	30
	16.17	19.40	22.64	25.87	29.11	32.34	35.57	38.81	45.28	48.51
950	0.040	0.048	0.057	0.065	0.073	0.081	0.089	0.097	0.113	0.121
1160	0.049	0.059	0.069	0.079	0.089	0.098	0.108	0.118	0.138	0.147
1425	—	0.073	0.085	0.097	0.109	0.121	0.133	0.145	0.169	0.181
1750	—	0.089	0.104	0.119	0.134	0.148	0.163	0.178	0.207	0.221
2850	—	0.145	0.169	0.193	0.216	0.240	0.263	0.287	0.333	0.355
3450	—	0.175	0.204	0.232	0.261	0.289	0.317	0.345	0.399	0.425
100	0.004	0.005	0.006	0.007	0.008	0.009	0.009	0.010	0.012	0.013
200	0.009	0.010	0.012	0.014	0.015	0.017	0.019	0.020	0.024	0.026
300	0.013	0.015	0.018	0.020	0.023	0.026	0.028	0.031	0.036	0.038
400	0.017	0.020	0.024	0.027	0.031	0.034	0.037	0.041	0.048	0.051
500	0.021	0.026	0.030	0.034	0.038	0.043	0.047	0.051	0.060	0.064
600	0.026	0.031	0.036	0.041	0.046	0.051	0.056	0.061	0.071	0.076
700	0.030	0.036	0.042	0.048	0.054	0.060	0.065	0.071	0.083	0.089
800	0.034	0.041	0.048	0.054	0.061	0.068	0.075	0.082	0.095	0.102
900	0.038	0.046	0.054	0.061	0.069	0.076	0.084	0.092	0.107	0.115
1000	0.043	0.051	0.060	0.068	0.076	0.085	0.093	0.102	0.119	0.127
1100	0.047	0.056	0.065	0.075	0.084	0.093	0.103	0.112	0.131	0.140
1200	—	0.061	0.071	0.082	0.092	0.102	0.112	0.122	0.142	0.152
1300	—	0.066	0.077	0.088	0.099	0.110	0.121	0.132	0.154	0.165
1400	—	0.071	0.083	0.095	0.107	0.119	0.131	0.142	0.166	0.178
1500	—	0.076	0.089	0.102	0.115	0.127	0.140	0.152	0.178	0.190
1600	—	0.082	0.095	0.109	0.122	0.136	0.149	0.163	0.189	0.203
1700	—	0.087	0.101	0.115	0.130	0.144	0.158	0.173	0.201	0.215
1800	—	0.092	0.107	0.122	0.137	0.152	0.168	0.183	0.213	0.228
2000	—	0.102	0.119	0.136	0.152	0.169	0.186	0.203	0.236	0.252
2200	—	0.112	0.131	0.149	0.168	0.186	0.204	0.223	0.259	0.277
2400	—	0.122	0.142	0.163	0.183	0.203	0.223	0.242	0.282	0.301
2600	—	0.132	0.154	0.176	50.198	0.219	0.241	0.262	0.304	0.325
2800	—	0.142	0.166	0.189	0.213	0.236	0.259	0.282	0.327	0.349
3000	—	0.152	0.178	0.203	0.228	0.252	0.277	0.301	0.349	0.373
3200	—	0.163	0.189	0.216	0.242	0.269	0.295	0.321	0.371	0.396
3400	—	0.173	0.201	0.229	0.257	0.285	0.312	0.340	0.393	0.420
3600	—	0.183	0.213	0.242	0.272	0.301	0.330	0.359	0.415	0.443
3800	—	—	—	0.256	0.287	0.317	0.348	0.378	0.436	0.465
4000	—	—	—	0.269	0.301	0.333	0.365	0.396	0.458	0.487
4200	—	—	—	0.282	0.316	0.349	0.382	0.415	0.478	0.509
4400	—	—	—	0.295	0.330	0.365	0.400	0.433	0.499	0.531
4600	—	—	—	0.308	0.345	0.381	0.417	0.452	0.519	0.552
4800	—	—	—	0.321	0.359	0.396	0.433	0.470	0.539	0.573

表 16-25b　　　　**L 型带**（节距 9.525mm，基准宽度 25.4mm）**基准额定功率 P_0**　　　（单位：kW）

小带轮转速 $n_1/(r/min)$	小带轮齿数和节圆直径/mm														
	12 36.38	14 42.45	16 48.51	18 54.57	20 60.64	22 66.70	24 72.77	26 78.38	28 84.89	30 90.90	32 97.02	36 109.15	40 121.28	44 133.40	48 145.53
725	0.34	0.39	0.45	0.51	0.56	0.62	0.67	0.73	0.78	0.84	0.90	1.01	1.12	1.23	1.33
870	0.40	0.47	0.54	0.61	0.67	0.74	0.81	0.87	0.94	1.01	1.07	1.20	1.33	1.46	1.59
950	0.44	0.52	0.59	0.66	0.73	0.81	0.88	0.95	1.03	1.10	1.17	1.31	1.45	1.59	1.73
1160	0.54	0.63	0.72	0.81	0.90	0.98	1.07	1.16	1.25	1.33	1.42	1.59	1.76	1.93	2.09
1425	—	0.77	0.88	0.99	1.10	1.20	1.31	1.42	1.52	1.63	1.73	1.94	2.14	2.34	2.53
1750	—	0.95	1.08	1.21	1.34	1.47	1.60	1.73	1.86	1.98	2.11	2.35	2.59	2.81	3.03
2850	—	—	1.73	1.94	2.14	2.34	2.53	2.72	2.90	3.08	3.25	3.57	3.86	4.11	4.33
3450	—	—	2.08	2.32	2.55	2.78	3.00	3.21	3.40	3.59	3.77	4.09	4.35	4.56	4.69
100	0.05	0.05	0.06	0.07	0.08	0.09	0.09	0.10	0.11	0.12	0.12	0.14	0.16	0.17	0.19
200	0.09	0.11	0.12	0.14	0.16	0.17	0.19	0.20	0.22	0.23	0.25	0.28	0.31	0.34	0.37
300	0.14	0.16	0.19	0.21	0.23	0.26	0.28	0.30	0.33	0.35	0.37	0.42	0.47	0.51	0.56
400	0.19	0.22	0.25	0.28	0.31	0.34	0.37	0.40	0.43	0.47	0.50	0.56	0.62	0.68	0.74
500	0.23	0.27	0.31	0.35	0.39	0.43	0.47	0.50	0.54	0.58	0.62	0.70	0.77	0.85	0.93
600	0.28	0.33	0.37	0.42	0.47	0.51	0.56	0.60	0.65	0.70	0.74	0.83	0.93	1.02	1.11
700	0.33	0.38	0.43	0.49	0.54	0.60	0.65	0.70	0.76	0.81	0.87	0.97	1.08	1.18	1.29
800	0.37	0.43	0.50	0.56	0.62	0.68	0.74	0.80	0.86	0.93	0.99	1.11	1.23	1.35	1.47
900	0.42	0.49	0.56	0.63	0.70	0.77	0.83	0.90	0.97	1.04	1.11	1.24	1.38	1.51	1.65
1000	0.47	0.54	0.62	0.70	0.77	0.85	0.93	1.00	1.08	1.15	1.23	1.38	1.53	1.67	1.82
1100	0.51	0.60	0.68	0.77	0.85	0.93	1.02	1.10	1.18	1.27	1.35	1.51	1.68	1.83	1.99
1200	0.56	0.65	0.74	0.83	0.93	1.02	1.11	1.20	1.29	1.38	1.47	1.65	1.82	1.99	2.16
1300	0.60	0.70	0.80	0.90	1.00	1.10	1.20	1.30	1.39	1.49	1.59	1.78	1.96	2.15	2.33
1400	0.65	0.76	0.87	0.97	1.08	1.18	1.29	1.39	1.50	1.60	1.70	1.91	2.11	2.30	2.49
1500	0.70	0.81	0.93	1.04	1.15	1.27	1.38	1.49	1.60	1.71	1.82	2.04	2.25	2.45	2.65
1600	0.74	0.87	0.99	1.11	1.23	1.35	1.47	1.59	1.70	1.82	1.94	2.16	2.38	2.60	2.81
1700	0.79	0.92	1.05	1.18	1.30	1.43	1.56	1.68	1.81	1.93	2.05	2.29	2.52	2.74	2.96
1800	0.83	0.97	1.11	1.24	1.38	1.51	1.65	1.78	1.91	2.04	2.16	2.41	2.65	2.88	3.11
1900	0.88	1.03	1.17	1.31	1.45	1.59	1.73	1.87	2.01	2.14	2.27	2.53	2.78	3.02	3.25
2000	0.93	1.08	1.23	1.38	1.53	1.67	1.82	1.96	2.11	2.25	2.38	2.65	2.91	3.15	3.39
2200	1.02	1.18	1.35	1.51	1.68	1.83	1.99	2.15	2.30	2.45	2.60	2.88	3.16	3.41	3.65
2400	1.11	1.29	1.47	1.65	1.82	1.99	2.16	2.33	2.49	2.65	2.81	3.11	3.39	3.65	3.89
2600	1.20	1.39	1.59	1.78	1.96	2.15	2.33	2.51	2.68	2.85	3.01	3.32	3.61	3.87	4.10
2800	1.29	1.50	1.70	1.91	2.11	2.30	2.49	2.68	2.86	3.03	3.20	3.52	3.81	4.07	4.29
3000	1.38	1.60	1.82	2.04	2.25	2.45	2.65	2.85	3.03	3.21	3.39	3.71	4.00	4.24	4.45
3200	—	1.70	1.94	2.16	2.38	2.60	2.81	3.01	3.20	3.39	3.56	3.89	4.17	4.40	4.58
3400	—	1.81	2.05	2.29	2.52	2.74	2.96	3.17	3.37	3.55	3.73	4.05	4.32	4.53	4.67
3600	—	1.91	2.16	2.41	2.65	2.88	3.11	3.32	3.52	3.71	3.89	4.20	4.45	4.63	4.74
3800	—	2.01	2.27	2.53	2.78	3.02	3.25	3.47	3.67	3.86	4.03	4.33	4.56	4.70	4.76
4000	—	2.11	2.38	2.65	2.91	3.15	3.39	3.61	3.81	4.00	4.17	4.45	4.65	4.75	4.75
4200	—	—	2.49	2.77	3.03	3.28	3.52	3.74	3.94	4.13	4.29	4.55	4.71	4.76	4.70
4400	—	—	2.60	2.88	3.16	3.41	3.65	3.87	4.07	4.24	4.40	4.63	4.75	4.74	4.60
4600	—	—	2.70	3.00	3.27	3.53	3.77	3.99	4.18	4.35	4.49	4.69	4.76	4.69	4.46
4800	—	—	2.81	3.11	3.39	3.65	3.89	4.10	4.29	4.45	4.58	4.74	4.75	4.60	4.27

注：▯ 为带轮圆周速度在 33m/s 以上时的功率值，设计时带轮用碳素钢或铸钢。

表 16-25c　　　　　H 型带（节距 12.7mm，基准宽度 76.2mm）基准额定功率 P_0　　　（单位：kW）

小带轮转速 n_1/(r/min)	小带轮齿数和节圆直径/mm													
	14 56.60	16 64.68	18 72.77	20 80.85	22 88.94	24 97.02	26 105.11	28 113.19	30 121.28	32 129.36	36 145.53	40 161.70	44 177.87	48 194.04
725	4.51	5.15	5.79	6.43	7.08	7.71	8.35	8.99	9.63	10.26	11.53	12.79	14.05	15.30
870	5.41	6.18	6.95	7.71	8.48	9.25	10.01	10.77	11.53	12.29	13.80	15.30	16.78	18.26
950	—	6.74	7.58	8.42	9.26	10.09	10.92	11.75	12.58	13.40	15.04	16.66	18.28	19.87
1160	—	8.23	9.25	10.26	11.28	12.29	13.30	14.30	15.30	16.29	18.26	20.21	22.13	24.03
1425	—	—	11.33	12.57	13.81	15.04	16.26	17.47	18.68	19.87	22.24	24.56	26.83	29.06
1750	—	—	13.88	15.38	16.88	18.36	19.83	21.29	22.73	24.16	26.95	29.67	32.30	34.84
2850	—	—	—	24.56	26.84	29.06	31.22	33.33	35.37	37.33	41.04	44.40	47.39	49.96
3450	—	—	—	29.29	31.90	34.41	36.82	39.13	41.32	43.38	47.09	50.20	52.64	54.35
100	0.62	0.71	0.80	0.89	0.98	1.07	1.16	1.24	1.33	1.42	1.60	1.78	1.96	2.13
200	1.25	1.42	1.60	1.78	1.96	2.13	2.31	2.49	2.67	2.84	3.20	3.56	3.91	4.27
300	1.87	2.13	2.40	2.67	2.93	3.20	3.47	3.73	4.00	4.27	4.80	5.33	5.86	6.39
400	2.49	2.84	3.20	3.56	3.91	4.27	4.62	4.97	5.33	5.68	6.39	7.10	7.80	8.51
500	3.11	3.56	4.00	4.44	4.89	5.33	5.77	6.21	6.66	7.10	7.98	8.86	9.74	10.61
600	3.73	4.27	4.80	5.33	5.86	6.39	6.92	7.45	7.98	8.51	9.55	10.61	11.66	12.71
700	4.35	4.97	5.59	6.21	6.83	7.45	8.07	8.68	9.30	9.91	11.14	12.36	13.57	14.78
800	4.97	5.68	6.39	7.10	7.80	8.51	9.21	9.91	10.61	11.31	12.71	14.09	15.47	16.83
900	—	6.39	7.19	7.98	8.77	9.56	10.35	11.14	11.92	12.71	14.26	15.81	17.35	18.87
1000	—	7.10	7.98	8.86	9.74	10.61	11.49	12.36	13.23	14.09	15.81	17.52	19.20	20.87
1100	—	7.80	8.77	9.74	10.70	11.66	12.62	13.57	14.52	15.47	17.35	19.20	21.04	22.85
1200	—	8.51	9.56	10.61	11.66	12.71	13.75	14.78	15.81	16.83	18.87	20.87	22.85	24.80
1300	—	9.21	10.35	11.49	12.62	13.74	14.87	15.98	17.09	18.19	20.38	22.53	24.64	26.72
1400	—	9.91	11.14	12.36	13.57	14.78	15.98	17.18	18.36	19.54	21.87	24.16	26.40	28.59
1500	—	10.61	11.92	13.23	14.52	15.81	17.09	18.36	19.62	20.87	23.34	25.76	28.13	30.43
1600	—	11.31	12.71	14.09	15.47	16.83	18.19	19.54	20.88	22.20	24.80	27.35	29.82	32.23
1700	—	12.01	13.49	14.95	16.41	17.85	19.29	20.71	22.12	23.51	26.24	28.90	31.48	33.98
1800	—	12.71	14.26	15.81	17.35	18.87	20.38	21.87	23.34	24.80	27.65	30.43	33.11	35.68
1900	—	13.40	15.04	16.66	18.28	19.87	21.46	23.02	24.56	26.08	29.06	31.93	34.69	37.33
2000	—	14.09	15.81	17.52	19.20	20.87	22.53	24.16	25.76	27.35	30.43	33.40	36.24	38.93
2100	—	—	16.58	18.36	20.13	21.87	23.59	25.28	26.95	28.59	31.78	34.84	37.74	40.47
2200	—	—	17.35	19.20	21.04	22.85	24.64	26.40	28.13	29.82	33.11	36.24	39.19	41.96
2300	—	—	18.11	20.04	21.95	23.83	25.68	27.50	29.29	31.03	34.41	37.60	40.60	43.38
2400	—	—	18.87	20.87	22.85	24.80	26.72	28.59	30.43	32.23	35.68	38.93	41.96	44.73
2500	—	—	19.62	21.70	23.75	25.76	27.74	29.67	31.56	33.40	36.92	40.22	43.26	46.02
2600	—	—	20.38	22.53	24.64	26.72	28.75	30.73	32.67	34.54	38.14	41.47	44.51	47.24
2800	—	—	21.87	24.16	26.40	28.59	30.73	32.82	34.84	36.79	40.47	43.84	46.84	49.45
3000	—	—	23.35	25.76	28.13	30.43	32.67	34.84	36.93	38.93	42.67	46.02	48.93	51.35
3200	—	—	24.80	27.35	29.82	32.23	34.55	36.79	38.93	40.97	44.73	48.01	50.75	52.91
3400	—	—	26.24	28.90	31.49	33.98	36.38	38.67	40.85	42.91	46.64	49.79	52.30	54.11
3600	—	—	—	30.43	33.11	35.68	38.14	40.47	42.68	44.73	48.38	51.35	53.55	54.92
3800	—	—	—	31.93	34.69	37.33	39.84	42.20	44.40	46.43	49.96	52.67	54.49	55.33
4000	—	—	—	33.40	36.24	38.93	41.47	43.84	46.02	48.01	51.35	53.75	55.10	55.31
4200	—	—	—	34.84	37.74	40.47	43.03	45.39	47.53	49.45	52.55	54.56	55.37	54.84
4400	—	—	—	36.24	39.19	41.96	44.51	46.84	48.93	50.75	53.55	55.10	55.27	53.90
4600	—	—	—	37.60	40.60	43.38	45.92	48.20	50.20	51.91	54.35	55.36	54.78	52.46
4800	—	—	—	38.93	41.96	44.73	47.24	49.45	51.35	52.91	54.92	55.31	53.90	50.50

注：□为带轮圆周速度在 33m/s 以上时的功率值，设计时带轮用碳素钢或铸钢。

表 16-25d　　**XH 型带**（节距 22.225mm，基准宽度 101.6mm）**基准额定功率 P_0**　　（单位：kW）

小带轮 转速 n_1/ (r/min)	小带轮齿数和节圆直径/mm						
	22 155.64	24 169.79	26 183.94	28 198.08	30 212.23	32 226.38	40 282.98
575	18.82	20.50	22.17	23.83	25.48	27.13	33.58
585	19.14	20.85	22.55	24.23	25.91	27.58	34.13
690	22.50	24.49	26.47	28.43	30.38	32.30	39.81
725	23.62	25.70	27.77	29.81	31.84	33.85	41.65
870	28.18	30.63	33.05	35.44	37.80	40.13	49.01
950	30.66	33.30	35.91	38.47	41.00	43.47	52.85
1160	37.02	40.13	43.17	46.13	49.01	51.81	62.06
1425	44.70	48.28	51.73	55.05	58.22	61.24	71.52
1750	53.44	57.40	61.14	64.62	67.83	70.74	79.12
2850	—	78.45	80.45	81.36	81.10	79.57	—
3450	—	81.37	80.10	78.90	71.62	64.10	—
100	3.30	3.60	3.90	4.20	4.50	4.80	5.99
200	6.59	7.19	7.79	8.39	8.98	9.58	11.96
300	9.98	10.77	11.66	12.55	13.44	14.33	17.87
400	13.15	14.33	15.51	16.69	17.87	19.04	23.69
500	16.40	17.87	19.33	20.79	22.24	23.69	29.39
600	19.62	21.37	23.11	24.84	26.56	28.26	34.95
700	22.82	24.84	26.84	28.83	30.80	32.75	40.34
800	25.99	28.26	30.52	32.75	34.95	37.13	45.52
900	29.11	31.64	34.13	36.59	39.01	41.39	50.47
1000	32.19	34.95	37.67	40.34	42.96	45.52	55.17
1100	35.23	38.21	41.13	43.99	46.78	49.50	59.57
1200	38.21	41.39	44.50	47.53	50.47	53.32	63.65
1300	41.13	44.50	47.78	50.95	54.02	56.96	67.39
1400	43.99	47.53	50.96	54.25	57.40	60.41	70.74
1500	46.78	50.47	54.02	57.40	60.62	63.65	73.70
1600	49.50	53.32	56.96	60.41	63.65	66.67	76.22
1700	52.15	56.07	59.78	63.26	66.48	69.45	78.27
1800	54.71	58.71	62.46	65.93	69.11	71.98	79.84
1900	57.18	61.24	65.00	68.43	71.52	74.24	80.88
2000	59.57	63.65	67.39	70.74	73.70	76.22	81.37
2100	61.85	65.94	69.61	72.85	75.63	77.90	81.28
2200	64.04	68.09	71.67	74.76	77.30	79.27	80.59
2300	66.12	70.10	73.56	76.44	78.71	80.32	79.26
2400	68.09	71.98	75.26	77.90	79.84	81.02	77.26
2500	—	73.70	76.78	79.12	80.67	81.37	74.56
2600	—	75.26	78.09	80.09	81.19	81.35	71.15
2800	—	77.90	80.09	81.24	81.28	80.13	
3000	—	79.84	81.19	81.28	80.00	77.26	—
3200	—	81.02	81.35	80.13	77.26	72.60	—
3400	—	81.41	80.48	77.11	72.95	66.05	—
3600	—	80.94	78.24	73.94	66.98	—	—

注：🔲 为带轮圆周速度在 33m/s 以上时的功率值，设计时带轮用碳素钢或铸钢。

表 16-25e   **XXH 型带**（节距 31.75mm，基准宽度 127mm）**基准额定功率 P_0**   （单位：kW）

小带轮转速 n_1/(r/min)	小带轮齿数和节圆直径/mm					
	22 222.34	24 242.55	26 262.76	30 303.19	34 343.62	40 404.25
575	42.09	45.76	49.39	56.52	63.45	73.41
585	42.79	46.52	50.21	57.44	64.46	74.53
690	50.11	54.40	58.62	66.83	74.70	85.74
725	52.51	56.98	61.36	69.87	77.97	89.25
870	62.23	67.36	72.34	81.85	90.66	102.38
950	67.41	72.85	78.10	88.01	97.01	108.55
1160	80.31	86.35	92.06	102.38	111.05	120.49
1425	94.85	101.13	106.80	116.11	122.36	125.12
1750	109.43	115.05	119.53	124.72	124.25	⟨111.30⟩
100	7.44	8.122	8.80	10.15	11.50	13.52
200	14.87	16.21	17.55	20.23	22.91	26.90
300	22.24	24.24	26.23	30.20	34.14	39.99
400	29.54	32.18	34.80	39.99	45.12	52.67
500	36.75	39.99	43.21	49.55	55.76	64.78
600	43.85	47.66	51.42	58.80	65.96	76.19
700	50.80	55.14	59.41	67.70	75.64	86.75
800	57.59	62.41	67.12	76.19	84.72	96.33
900	64.19	69.44	74.53	84.20	93.10	104.78
1000	70.58	76.19	81.58	91.67	100.71	111.97
1100	76.74	82.64	88.26	98.56	107.45	117.75
1200	82.64	88.75	94.50	104.79	113.25	121.98
1300	88.26	94.50	100.28	110.30	118.00	124.53
1400	93.57	99.86	105.56	115.05	121.63	125.24
1500	98.56	104.78	110.30	118.96	124.06	123.99
1600	103.19	109.26	114.46	121.98	125.18	⟨120.62⟩
1700	107.45	113.24	118.00	124.06	124.93	⟨115.00⟩
1800	111.31	116.71	120.88	125.12	123.20	⟨106.99⟩

注：⟨□⟩为带轮圆周速度在 33m/s 以上时的功率值，设计时带轮用碳素钢或铸钢。

16.4.4 梯形齿同步带设计计算

同步带传动的主要失效形式是同步带疲劳断裂，带齿的剪切和压馈以及同步带两侧边、带齿的磨损。

同步带传动设计时主要是限制单位齿宽的拉力；必要时才校核工作齿面的压力。

同步带传动的设计计算见图 16-9 和表 16-26。

表 16-26   **同步带传动的设计计算**（参照 GB/T 11362—2008 编制）

计算项目	符号	单位	计算公式和参数选定	说　　明
设计功率	P_d	kW	$P_d = K_A P$	P—传递的功率（kW） K_A—载荷修正系数，查表 16-28
选定带型、节距	p_b	mm	根据 P_d 和 n_1 由图 16-8 选取	n_1—小带轮转速（r/min）
小带轮齿数	z_1		$z_1 \geqslant z_{min}$ z_{min} 见表 16-27	带速 v 和安装尺寸允许时，z_1 尽可能选取较大值
小带轮节圆直径	d_1	mm	$d_1 = \dfrac{z_1 p_b}{\pi}$	可由表 16-25 查得

续表

计算项目	符号	单位	计算公式和参数选定	说　明
大带轮齿数	z_2		$z_2 = iz_1 = \dfrac{n_1}{n_2}z_1$	i—传动比 n_2—大带轮转速（r/min）
大带轮节圆直径	d_2	mm	$d_2 = \dfrac{z_2 p_b}{\pi}$	有些可由表16-25查得
带速	v	m/s	$v = \dfrac{\pi d_1 n_1}{60 \times 1000} \leqslant v_{max}$	通常 XL、L—$v_{max}=50$ H—$v_{max}=40$ HX、XXH—$v_{max}=30$
初定轴间距	a_0	mm	$0.7(d_1+d_2) \leqslant a_0 \leqslant 2(d_1+d_2)$	或根据结构要求定
带节线长	L_p	mm	$L_p = 2a_0\cos\phi + \dfrac{\pi(d_2+d_1)}{2} + \dfrac{\pi\phi(d_2-d_1)}{180}$	$\phi = \arcsin\left(\dfrac{d_2-d_1}{2a_0}\right)$
计算中心距	a	mm	1. 近似公式（用于 z_2/z_1 接近1） $a \approx M + \sqrt{M^2 - \dfrac{1}{8}\left[\dfrac{P_b(z_2-z_1)}{\pi}\right]}$ 2. 精确公式（用于 z_2/z_1 较大） $a = \dfrac{P_b(z_b-z_1)}{2\pi\cos\theta}$ $\mathrm{inv}\theta = \pi\dfrac{z_b-z_2}{z_2-z_1}$	$M = \dfrac{P_b}{8}(2z_b - z_1 - z_2)$ z_b—带的齿数 θ（见图16-9）的数值可用逐步逼近法求得 $\mathrm{inv}\theta = \tan\theta - \theta$
小带轮啮合齿数	z_m		$z_m = ent\left[\dfrac{z_1}{2} - \dfrac{p_b z_1}{2\pi^2 a}(z_2-z_1)\right]$	$ent\ [\ ]$—取括号内的整数部分
基准额定功率	P_0	kW	按下列公式计算 $P_0 = \dfrac{(T_a - mv^2)\,v}{1000}$ 或由表16-25查得	T_a—带宽b_{s0}的许用工作张力（见表16-24）（N） m—带宽b_{s0}的单位长度质量（见表16-24）（kg/m） v—带的速度（m/s）
啮合齿数系数	k_z		$z_m \geqslant 6$ 时，$k_z = 1$ $z_m < 6$ 时，$k_z = 1 - 0.6\,(6-z_m)$	
额定功率	P_r	kW	$P_r = \left(k_z k_w T_a - \dfrac{b_s mv^2}{b_{s0}}\right) \times v \times 10^{-3}$ $P_r \approx k_z k_w P_0$	k_w—宽度系数 $k_w = \left(\dfrac{b_s}{b_{s0}}\right)^{1.14}$
带宽	b_s	mm	根据设计要求，$P_d \leqslant P_r$ 故带宽 $b_s \geqslant b_{s0}\left(\dfrac{p_d}{k_z p_0}\right)^{1/1.14}$	b_{s0}—带的基准宽度（见表16-25） 计算结果按 GB/T 11616 确定带宽 一般应使 $b_s < d_1$
验算工作能力	P	kW	$P_r = \left(k_z k_w T_s - \dfrac{b_s mv^2}{b_{s0}}\right) \times v \times 10^{-3} > P_d$ 时，传递能力足够	T_s 和 m 查表16-24 $v = \dfrac{P_b d_1 n_1}{60 \times 1000}$

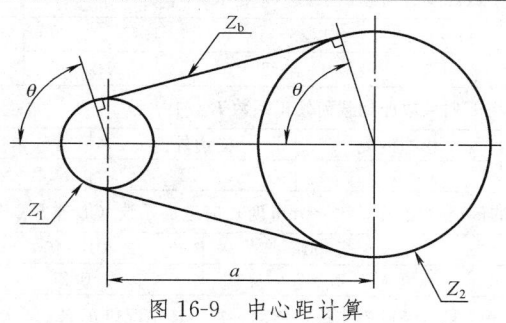

图 16-9　中心距计算

带轮最少许用齿数见表 16-27。载荷修正系数 K_A 见表 16-28。

表 16-27 **带轮最少许用齿数**

小带轮转速 n_1/ (r/min)	带 型						
	MXL	XXL	XL	L	H	XH	XXH
	带轮最少许用齿数/z_{min}						
<900	10	10	10	12	14	22	22
900~<1200	12	12	10	12	16	24	24
1200~<1800	14	14	12	14	18	26	26
1800~<3600	16	16	12	16	20	30	—
3600~<4800	18	18	15	18	22	—	—

表 16-28 **载荷修正系数 K_A**（GB/T 11362—2008）

工 作 机	原 动 机					
	交流电动机（普通转矩笼型、同步电动机），直流电动机（并励），多缸内燃机			交流电动机（大转矩、大滑差率、单相、滑环），直流电动机（复励、串励），单缸内燃机		
	运 转 时 间			运 转 时 间		
	断续使用每日 3~5h	普通使用每日 8~10h	连续使用每日 16~24h	断续使用每日 3~5h	普通使用每日 8~10h	连续使用每日 16~24h
	K_A					
复印机、计算机、医疗器械	1.0	1.2	1.4	1.2	1.4	1.6
清扫机、缝纫机、办公机械、带锯盘	1.2	1.4	1.6	1.4	1.6	1.8
轻载荷传送带、包装机、筛子	1.3	1.5	1.7	1.5	1.7	1.9
液体搅拌机、圆形带锯、平碾盘、洗涤机、造纸机、印刷机械	1.4	1.6	1.8	1.6	1.8	2.0
搅拌机（水泥、黏性体）、带式输送机（矿石、煤、砂）、牛头刨床、中型挖掘机、离心压缩机、振动筛、纺织机械（整经机、绕线机）、回转压缩机、往复式发动机	1.5	1.7	1.9	1.7	1.9	2.1
输送机（盘式、吊式、升降式）、抽水泵、洗涤机、鼓风机（离心式、引风、排风）、发动机、激励机、卷扬机、起重机、橡胶加工机（压延、滚轧压出机）、纺织机械（纺纱、精纺、捻纱机、绕纱机）	1.6	1.8	2.0	1.8	2.0	2.2
离心分离机、输送机（货物、螺旋）、锤击式粉碎机、造纸机（碎浆）	1.7	1.9	2.1	1.9	2.1	2.3
陶土机械（硅、黏土搅拌）、矿山用混料机、强制送风机	1.8	2.0	2.2	2.0	2.2	2.4

注：1. 当增速传动时，将下列系数加到载荷修正系数 K_A 中去：

增速比	1.00~1.24	1.25~1.74	1.75~2.49	2.50~3.49	≥3.50
系数	0	0.1	0.2	0.3	0.4

2. 当使用张紧轮时，还要将下列系数加到载荷修正系数 K_A 中去：

张紧轮的位置	松边内侧	松边外侧	紧边内侧	紧边外侧
系数	0	0.1	0.1	0.2

3. 对带型为 14M 和 20M 的传动，当 $n_1 \le 600$r/min 时，应追加系数（加进 K_A 中）

n_1/(r/min)	≤200	201~400	401~600
K_A 增加值	0.3	0.2	0.1

4. 对频繁正反转、严重冲击、紧急停机等非正常传动，视具体情况修正 K_A。

16.4.5 梯形齿带轮（见表16-29～表16-33）

表 16-29 　　　　　　直边齿带轮的尺寸和公差（GB/T 11361—2008）　　　　　（单位：mm）

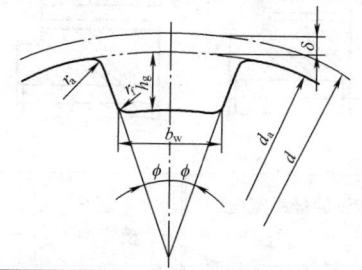

项　目	符　号	槽　　型						
		MXL	XXL	XL	L	H	XH	XXH
齿槽底宽	b_w	0.84 ± 0.05	0.96 ± 0.05	1.32 ± 0.05	3.05 ± 0.10	4.19 ± 0.13	7.90 ± 0.15	12.17 ± 0.18
齿高	h_g	$0.69_{-0.05}^{0}$	$0.84_{-0.05}^{0}$	$1.65_{-0.08}^{0}$	$2.67_{-0.10}^{0}$	$3.05_{-0.13}^{0}$	$7.14_{-0.13}^{0}$	$10.31_{-0.13}^{0}$
槽半角	$\phi\pm1.5°$	20	25	25	20	20	20	20
齿根圆角半径	r_f	0.25	0.35	0.41	1.19	1.60	1.98	3.96
齿顶圆角半径	r_a	$0.13_{0}^{+0.05}$	$0.30_{0}^{+0.05}$	$0.64_{0}^{+0.05}$	$1.17_{0}^{+0.13}$	$1.60_{0}^{+0.13}$	$2.39_{0}^{+0.13}$	$3.18_{0}^{+0.13}$
两倍节顶距	2δ	0.508	0.508	0.508	0.762	1.372	2.794	3.048
外圆直径	d_a	$d_a=d-2\delta$						
外圆节距	p_a	$p_a=\dfrac{\pi d_a}{z}$ （z—带轮齿数）						
根圆直径	d_f	$d_f=d_a-2h_g$						

表 16-30 　　　　　　标准同步带轮的直径（GB/T 11361—2008）　　　　　（单位：mm）

带轮齿数 $z_{1,2}$	标　准　直　径												
	MXL		XXL		XL		L		H		XH		XXH	
	d	d_a	d	d_a	d	d_a	d	d_a	d	d_a	d	d_a	d	d_a
10	6.47	5.96	10.11	9.60	16.17	15.66								
11	7.11	6.61	11.12	10.61	17.79	17.28								
12	7.76	7.25	12.13	11.62	19.40	18.90	36.38	35.62						
13	8.41	7.90	13.14	12.63	21.02	20.51	39.41	38.65						
14	9.06	8.55	14.15	13.64	22.64	22.13	42.45	41.69	56.60	55.23				
15	9.70	9.19	15.16	14.65	24.26	23.75	45.48	44.72	60.64	59.27				
16	10.35	9.84	16.17	15.66	25.87	25.36	48.51	47.75	64.68	63.31				
17	11.00	10.49	17.18	16.67	27.49	26.98	51.54	50.78	68.72	67.35				
18	11.64	11.13	18.19	17.68	29.11	28.60	54.57	53.81	72.77	71.39	127.34	124.55	181.91	178.86
19	12.29	11.78	19.20	18.69	30.72	30.22	57.61	56.84	76.81	75.44	134.41	131.62	192.02	188.97
20	12.94	12.43	20.21	19.70	32.34	31.83	60.64	59.88	80.85	79.48	141.49	138.69	202.13	199.08
(21)	13.58	13.07	21.22	20.72	33.96	33.45	63.67	62.91	84.89	83.52	148.56	145.77	212.23	209.18
22	14.23	13.72	22.23	21.73	35.57	35.07	66.70	65.94	88.94	87.56	155.64	152.84	222.34	219.29
(23)	14.88	14.37	23.24	22.74	37.19	36.68	69.73	68.97	92.98	91.61	162.71	159.92	232.45	229.40
(24)	15.52	15.02	24.26	23.75	38.81	38.30	72.77	72.00	97.02	95.65	169.79	166.99	242.55	239.50
25	16.17	15.66	25.27	24.76	40.43	39.92	75.80	75.04	101.06	99.69	176.86	174.07	252.66	249.61
(26)	16.82	16.31	26.28	25.77	42.04	41.53	78.83	78.07	105.11	103.73	183.94	181.14	262.76	259.72
(27)	17.46	16.96	27.29	26.78	43.66	43.15	81.86	81.10	109.15	107.78	191.01	188.22	272.87	269.82
28	18.11	17.60	28.30	27.79	45.28	44.77	84.89	84.13	113.19	111.82	198.08	195.29	282.98	279.93
(30)	19.40	18.90	30.32	29.81	48.51	48.00	90.96	90.20	121.28	119.20	212.23	209.44	303.19	300.14
32	20.70	20.19	32.34	31.83	51.74	51.24	97.02	96.26	129.36	127.99	226.38	223.59	323.40	320.35
36	23.29	22.78	36.38	35.87	58.21	57.70	109.15	108.39	145.53	144.16	254.68	251.89	363.83	360.78
40	25.37	25.36	40.43	39.92	64.68	64.17	121.28	120.51	161.70	160.33	282.98	280.18	404.25	401.21
48	31.05	30.54	48.51	48.00	77.62	77.11	145.53	144.77	194.04	192.67	339.57	336.78	485.10	482.06
60	38.81	38.30	60.64	60.13	97.02	96.51	181.91	181.15	242.55	241.18	424.47	421.67	606.38	603.33
72	46.57	46.06	72.77	72.26	116.43	115.92	218.30	217.53	291.06	289.69	509.36	506.57	727.66	724.61
84							254.68	253.92	339.57	338.20	594.25	591.46	848.93	845.88
96							291.06	290.30	388.08	386.71	679.15	676.35	970.21	967.16
120							363.83	363.07	485.10	483.73	848.93	846.14	1212.76	1209.71
156							630.64	629.26						

注：括号中的齿数为非优先的直径尺寸。

表 16-31　　　　　　　　　　同步带轮的宽度（GB/T 11361—2008）　　　　　　　（单位：mm）

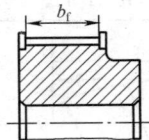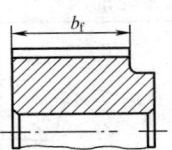

槽型	轮 宽		带轮的最小宽度 b_f		槽型	轮 宽		带轮的最小宽度 b_f	
	代号	基本尺寸	双边挡圈	无挡圈		代号	基本尺寸	双边挡圈	无挡圈
MXL XXL	012	3.0	3.8	5.6	H	075	19.1	20.3	24.8
	019	4.8	5.3	7.1		100	25.4	26.7	31.2
	025	6.4	7.1	8.9		150	38.1	39.4	43.9
						200	50.8	52.8	57.3
						300	76.2	79.0	83.5
XL	025	6.4	7.1	8.9	XH	200	50.8	56.6	62.6
	031	7.9	8.6	10.4		300	76.2	83.8	89.8
	037	9.5	10.4	12.2		400	101.6	110.7	116.7
L	050	12.7	14.0	17.0	XXH	200	50.8	56.6	64.1
	075	19.1	20.3	23.3		300	76.2	83.8	91.3
	100	25.4	26.7	29.7		400	101.6	110.7	118.2
						500	127.0	137.7	145.2

表 16-32　　　　　　　　　　同步带轮的挡圈尺寸（GB/T 11361—2008）

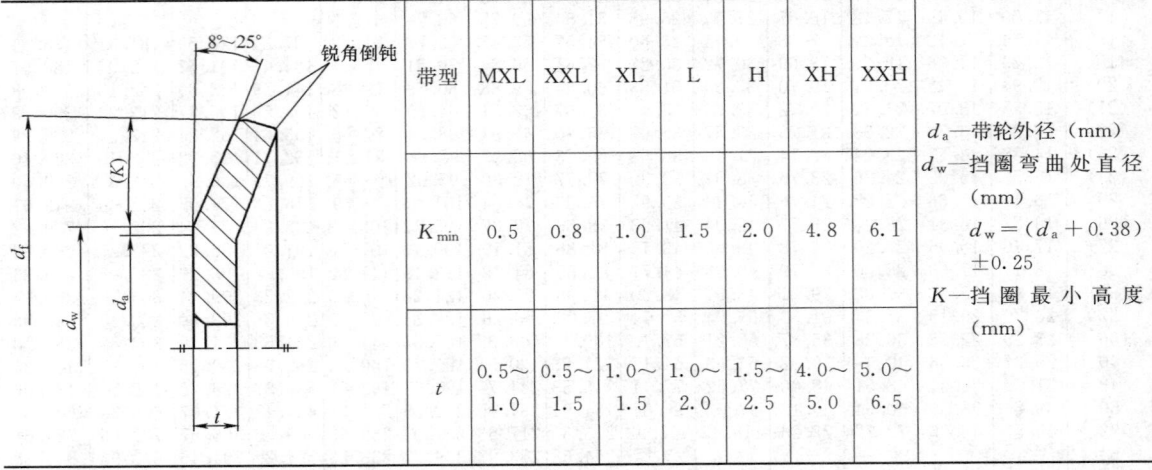

带型	MXL	XXL	XL	L	H	XH	XXH
K_{min}	0.5	0.8	1.0	1.5	2.0	4.8	6.1
t	0.5～ 1.0	0.5～ 1.5	1.0～ 1.5	1.0～ 2.0	1.5～ 2.5	4.0～ 5.0	5.0～ 6.5

d_a—带轮外径（mm）

d_w—挡圈弯曲处直径（mm）

$d_w = (d_a + 0.38) \pm 0.25$

K—挡 圈 最 小 高 度（mm）

注：1. 一般小带轮均装双边挡圈，或大、小轮的不同侧各装单边挡圈。

2. 轴间距 $a > 8d_1$（d_1—小带轮节径），两轮均装双边挡圈。

3. 轮轴垂直水平面时，两轮均应装双边挡圈；或至少主动轮装双边挡圈，从动轮下侧装单边挡圈。

表 16-33 同步带轮的公差和表面粗糙度（GB/T 11361—2008） （单位：mm）

项　目		符号	带 轮 外 径 d_a							
			≤25.4	>25.4 ~ 50.8	>50.8 ~ 101.6	>101.6 ~ 177.8	>177.8 ~ 203.2	>203.2 ~ 254.0	>254.0 ~ 304.8	>304.8 ~ 508.0	>508.0
外径极限偏差		Δd_a	+0.05 0	+0.08 0	+0.10 0	+0.13 0	+0.15 0		+0.18 0	+0.20 0
节距偏差	任意两相邻齿	Δp	±0.03								
	90°弧内累积	Δp_Σ	±0.05	±0.08	±0.10	±0.13	±0.15		±0.18	±0.20
外圆径向圆跳动		δt_2	0.13				0.13+(d_a−203.2)×0.000 5			
端面圆跳动		δt_1	0.10		0.001d_a		0.25+(d_a−254.0)×0.000 5			
轮齿与轴孔平行度			<0.001B（B—轮宽度，B<10mm 时，按10mm 计算）								
外圆锥度			<0.001B（B<10mm 时，按10mm 计算）								
轴孔直径极限偏差		Δd_0	H7 或 H8								
外圆、齿面的表面粗糙度			Ra3.2~6.3								

16.5 曲线齿同步带传动（GB/T 24619—2009）

16.5.1 型号和标记

曲线齿同步带和带轮分为 H、S、R 三种齿型，8mm、14mm 两种节距共六种型号：

H 齿型：H8M 型、H14M 型。

S 齿型：S8M 型、S14M 型。

R 齿型：R8M 型、R14M 型。

带的标记由带节线长（mm）、带型号（包括齿型和节距）和带宽 mm（对于 S 齿型为实际带宽的 10 倍）组成，双面齿带还应在型号前加字母 D。

示例：节线长 1400mm，节距 14mm，宽 40mm 的曲线齿同步带标记为：

H 齿型（单面）：1400H14M40，H 齿型（双面）：1400DH14M40。

S 齿型（单面）：1400S14M400，S 齿型（双面）：1400DS14M400。

R 齿型（单面）：1400R14M40，R 齿型（双面）：1400DR14M40。

带轮标记由带轮代号 P、带轮齿数、带轮槽型和带轮宽度 mm（对于 S 齿型为实际带轮宽度的 10 倍）组成。

示例：齿数 30，节距 14mm，宽度 40mm 的曲线齿同步带轮标记为：

H 齿型：P30H14M40。

S 齿型：P30S14M400。

R 齿型：P30R14M40。

16.5.2 曲线齿同步带和带轮

（1）H 型带和带轮（见表 16-34~表 16-39）

表 16-34 H 型带齿尺寸 （单位：mm）

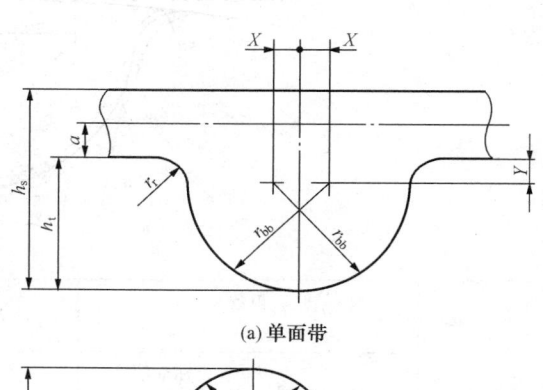

(a) 单面带

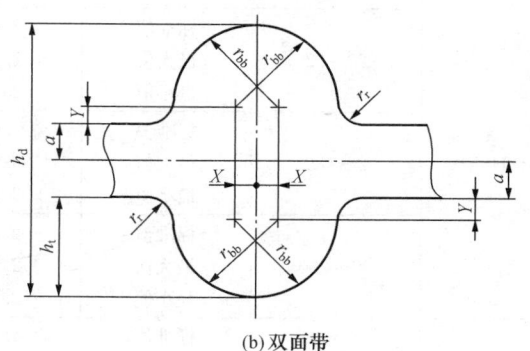

(b) 双面带

续表

齿型	节距 P_b	带高 h_s	带高 h_d	齿高 h_t	根部半径 r_r	顶部半径 r_{bb}	节线差 a	X	Y
H8M	8	6	—	3.38	0.76	2.59	0.686	0.089	0.787
DH8M	8	—	8.1	3.38	0.76	2.59	0.686	0.089	0.787
H14M	14	10	—	6.02	1.35	4.55	1.397	0.152	1.470
DH14M	14	—	14.8	6.02	1.35	4.55	1.397	0.152	1.470

表 16-35 **H型**（包括 R 型和 S 型）**带宽度和极限偏差** （单位：mm）

带型	带宽 b_s	带宽极限偏差		
		$L_P \leqslant 840$	$840 < L_P \leqslant 1680$	$L_P > 1680$
H8M DH8M R8M DR8M	20 30	+0.8 −0.8	+0.8 −1.3	+0.8 −1.3
	50	+1.3 −1.3	+1.3 −1.3	+1.3 −1.5
	85	+1.5 −1.5	+1.5 −2.0	+2 −2

续表

带型	带宽 b_s	带宽极限偏差		
		$L_P \leqslant 840$	$840 < L_P \leqslant 1680$	$L_P > 1680$
H14M DH14M R14M DR14M	40	+0.8 −1.3	+0.8 −1.3	+1.3 −1.5
	55	+1.3 −1.3	+1.5 −1.5	+1.5 −1.5
	85	+1.5 −1.5	+1.5 −2.0	+2.0 −2.0
	115 170	+2.3 −2.3	+2.3 −2.8	+2.3 −3.3
S8M DS8M	15 25	+0.8 −0.8	+0.8 −1.3	+0.8 −0.8
	60	+1.3 −1.5	+1.5 −1.5	+1.5 −2.0
S14M DS14M	40	+0.8 −1.3	+0.8 −1.3	+1.3 −1.5
	60	+1.3 −1.5	+1.5 −1.5	+1.5 −2.0
	80 100	+1.5 −1.5	+1.5 −2.0	+2.0 −2.0
	120	+2.3 −2.3	+2.3 −2.8	+2.3 −3.3

注：L_P 为节线长。

表 16-36 **H型带轮齿槽形状和尺寸** （单位：mm）

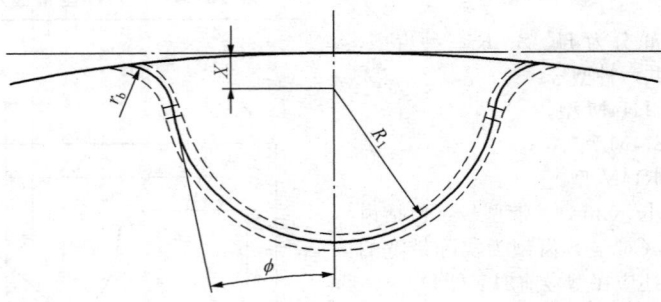

齿型	齿数 z		R_1	r_b	X	$\phi/(°)$
H8M	22~27	标准值	2.675	0.874	0.620	11.3
		最大值	2.764	1.052		
		最小值	2.598	0.798		
	28~89	标准值	2.629	1.024	0.975	7
		最大值	2.718	1.201		
		最小值	2.553	0.947		
	90~200	标准值	2.639	1.008	0.991	6.6
		最大值	2.728	1.186		
		最小值	2.563	0.932		
H14M	28~32	标准值	4.859	1.544	1.468	7.1
		最大值	4.948	1.722		
		最小值	4.783	1.468		

续表

齿型	齿数 z		R_1	r_b	X	$\phi/(°)$
H14M	33~36	标准值	4.834	1.613	1.494	5.2
		最大值	4.923	1.791		
		最小值	4.757	1.537		
	37~57	标准值	4.737	1.654	1.461	9.3
		最大值	4.826	1.831		
		最小值	4.661	1.577		
	58~89	标准值	4.669	1.902	1.529	8.9
		最大值	4.757	2.080		
		最小值	4.592	1.826		
	90~153	标准值	4.636	1.704	1.692	6.9
		最大值	4.724	1.882		
		最小值	4.559	1.628		
	154~216	标准值	4.597	1.770	1.730	8.6
		最大值	4.686	1.948		
		最小值	4.521	1.694		

表 16-37　　　　　**H 型带轮直径**（包括 R 型和 S 型）　　　　　（单位：mm）

带轮节径 $d = ZP_b/\pi$。

带轮外径 $d_o = d - 2a + N'$，节线差 a 见表 16-34，N' 值见表 16-38

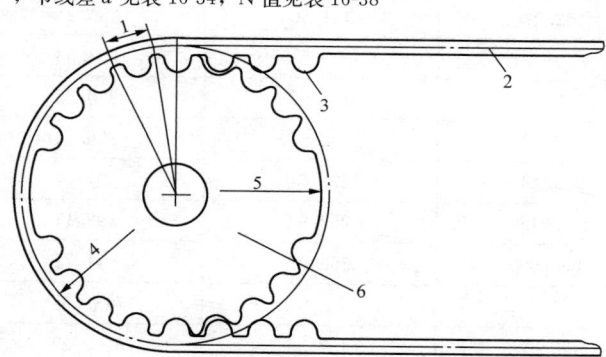

1—节距；
2—同步带节线；
3—带齿；
4—节圆直径；
5—外径；
6—带轮。

齿　数	带　轮　槽　型			
	H8M		H14M	
	节径 d	外径 d_o	节径 d	外径 d_o
22	56.02①	54.65	—	—
24	61.12①	59.74	—	—
26	66.21①	64.84	—	—

齿 数	带 轮 槽 型			
	H8M		H14M	
	节径 d	外径 d_o	节径 d	外径 d_o
28	71.30[1]	70.08	124.78[1]	122.12
29	—	—	129.23[1]	126.57
30	76.39[1]	75.13	133.69[1]	130.99
32	81.49	80.11	142.60[1]	139.88
34	86.58	85.21	151.52[1]	148.79
36	91.67	90.30	160.43	157.68
38	96.77	95.39	169.34	166.60
40	101.86	100.49	178.25	175.49
44	112.05	110.67	196.08	193.28
48	122.23	120.86	213.90	211.11
52	—	—	231.73	228.94
56	142.60	141.23	249.55	246.76
60	—	—	267.38	264.59
64	162.97	161.60	285.21	282.41
68	—	—	303.03	300.24
72	183.35	181.97	320.86	318.06
80	203.72	202.35	356.51	353.71
90	229.18	227.81	401.07	398.28
112	285.21[1]	283.83	499.11	496.32
144	366.69[1]	365.32	641.71	638.92
168	—	—	748.66[1]	745.87
192	488.92[a]	487.55	855.62[1]	852.82
216	—	—	962.57[1]	959.78

[1] 通常不是适用所有宽度。

表 16-38 （单位：mm） **N′值**

齿数 z	带 轮 槽 型		齿数 z	带 轮 槽 型	
	H8M	H14M		H8M	H14M
28	0.15	0.13	35	—	0.05
29	0.14	0.13	36	—	0.04
30	0.11	0.09	37	—	0.04
31	0.08	0.09	38	—	0.05
32	0.04	0.07	39	—	0.04
33	0.02	0.08	40	—	0.03
34	—	0.06			

表 16-39	**H 型**（包括 R 型和 S 型）**带轮宽度**	（单位：mm）

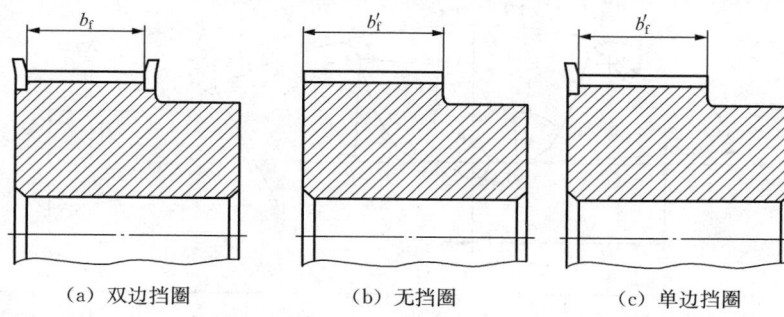

（a）双边挡圈　　　　　（b）无挡圈　　　　　（c）单边挡圈

带轮槽型	带轮标准宽度	最 小 宽 度	
		双边挡圈 b_f	无或单边挡圈 b'_f
H8M R8M	20	22	30
	30	32	40
	50	53	60
	85	89	96
H14M R14M	40	42	55
	55	58	70
	85	89	101
	115	120	131
	170	175	186

（2）R 型带和带轮（见表 16-40～表 16-42）

表 16-40	**R 型带齿尺寸**	（单位：mm）

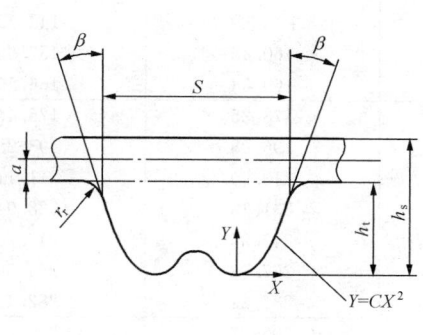

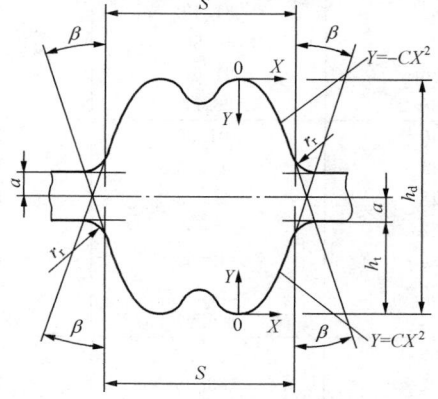

（a）单面带　　　　　　　　　　　　　（b）双面带

齿 型	节距 P_b	齿形角 β	齿根厚 S	带高 h_s	带高 h_d	齿高 h_t	根部半径 r_r	节线差 a	C
R8M	8	16°	5.50	5.40	—	3.2	1	0.686	1.228
DR8M	8	16°	5.50	—	7.80	3.2	1	0.686	1.228
R14M	14	16°	9.50	9.70	—	6	1.75	1.397	0.643
DR14M	14	16°	9.50	—	14.50	6	1.75	1.397	0.643

表 16-41   **R 型带轮齿槽尺寸**   （单位：mm）

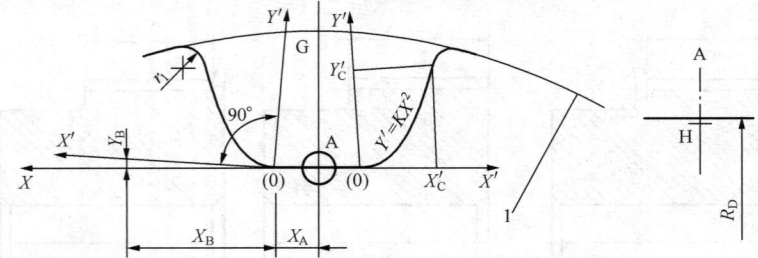

1—带轮外径。

齿型	齿数	GH	X_A	X_B	Y_B	X'_C	Y'_C	K	r_t ±0.15	R_D
R8M	22～27	3.47	1.00	4.00	0.11	1.75	2.61	0.847 67	0.83	22.00
	≥28	3.47	0.92	4.00	0.00	1.75	2.61	0.847 67	0.95	22.00
R14M	≥28	6.04	1.64	4.00	0.00	3.21	4.93	0.479 9	1.60	32.00

表 16-42   **R 型带轮直径**

带轮节径 $d = ZP_b/\pi$。

带轮外径 $d_o = d - 2a$，节线差 a 见表 16-40。   （单位：mm）

齿数 Z	带 轮 槽 型			
	R8M		R14M	
	节径 d	外径 d_o	节径 d	外径 d_o
22	56.02[a]	54.65	—	—
24	61.12[a]	59.74	—	—
26	66.21[a]	64.84	—	—
28	71.30[a]	69.93	124.78[a]	121.98
29	—	—	129.23[a]	126.44
30	76.39[a]	75.02	133.69[a]	130.90
32	81.49	80.12	142.60[a]	139.81
34	86.58	85.21	151.52[a]	148.72
36	91.67	90.30	160.43	157.63
38	96.77	95.39	169.34	166.55
40	101.86	100.49	178.25	175.46
44	112.05	110.67	196.08	193.28
48	122.23	120.86	213.90	211.11
52	—	—	231.73	228.94
56	142.60	141.23	249.55	246.76
60	—	—	267.38	264.59
64	162.97	161.60	285.21	282.41
68	—	—	303.03	300.24
72	183.35	181.97	320.86	318.06
80	203.72	202.35	356.51	353.71
90	229.18	227.81	401.07	398.28
112	285.21[①]	283.83	499.11	496.32
144	366.69[①]	365.32	641.71	638.92
168	—	—	748.66[a]	745.87
192	488.92[①]	487.55	855.62[a]	852.82
216	—	—	962.57[a]	959.78

① 通常不是适用所有宽度。

R型带轮宽度见表16-39。

（3）S型带和带轮（见表16-43～表16-46）

表 16-43 S型带齿尺寸 （单位：mm）

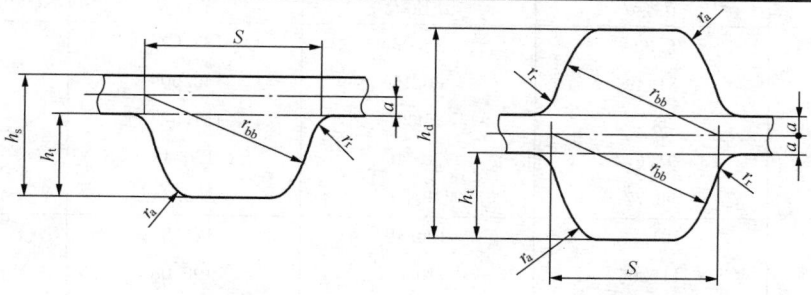

(a) 单面带 (b) 双面带

齿 型	节距 P_b	带高 h_s	带高 h_d	齿高 h_t	根部半径 r_r	顶部半径 r_{bb}	节线差 a	S	r_a
S8M	8	5.3	—	3.05	0.8	5.2	0.686	5.2	0.8
DS8M	8	—	7.5	3.05	0.8	5.2	0.686	5.2	0.8
S14M	14	10.2	—	5.3	1.4	9.1	1.397	9.1	1.4
DS14M	14	—	13.4	5.3	1.4	9.1	1.397	9.1	1.4

表 16-44 S型带轮齿槽尺寸和极限偏差 （单位：mm）

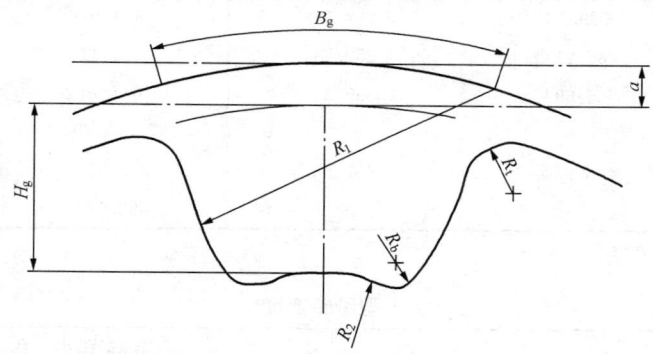

齿 型	齿数	$B_g{}^{+0.10}_{-0.00}$	$H_g\pm0.03$	$R_2\pm0.1$	$R_b\pm0.1$	$R_t{}^{+0.10}_{-0.00}$	a	$R_1{}^{+0.10}_{-0.00}$
S8M	≥22	5.20	2.83	4.04	0.40	0.75	0.686	5.30
S14M	≥28	9.10	4.95	7.07	0.70	1.31	1.397	9.28

表 16-45 S型带轮直径 （单位：mm）

带轮节径 $d=zP_b/\pi$。

带轮外径 $d_o=d-2a$，节线差 a 值见表16-43。

齿数 z	带 轮 槽 型			
	S8M		S14M	
	节径 d	外径 d_o	节径 d	外径 d_o
22	56.02[①]	54.65	—	—
24	61.12[①]	59.74	—	—
26	66.21[①]	64.84	—	—
28	71.30[①]	69.93	124.78[①]	121.98
29	—	—	129.23[①]	126.44

续表

齿数 z	带 轮 槽 型			
	S8M		S14M	
	节径 d	外径 d_o	节径 d	外径 d_o
30	76.39①	75.02	133.69①	130.90
32	81.49	80.16	142.60①	139.81
34	86.58	85.21	151.52①	148.72
36	91.67	90.30	160.43	157.63
38	96.77	95.39	169.34	166.55
40	101.86	100.49	178.25	175.46
44	112.05	110.67	196.08	193.28
48	122.23	120.86	213.90	211.11
52	—	—	231.73	228.94
56	142.60	141.23	249.55	246.76
60	—		267.38	264.59
64	162.97	161.60	285.21	282.41
68	—		303.03	300.24
72	183.35	181.97	320.86	318.06
80	203.72	202.35	356.51	353.71
90	229.18	227.81	401.07	398.28
112	285.21①	283.83	499.11	496.32
144	366.69①	365.32	641.71	638.92
168	—	—	748.66①	745.87
192	488.92①	487.55	855.62①	852.82
216	—	—	962.57①	959.78

① 通常不是适用所有宽度。

表 16-46　　　　　　　　　**S 型带轮宽度**　　　　　　　（单位：mm）

带轮槽型	带轮标准宽度	最 小 宽 度	
		双边挡圈 b_f	无或单边挡圈 b'_f
S8M	15	16.3	25
	25	26.6	35
	40	42.1	50
	60	62.7	70
S14M	40	41.8	55
	60	62.9	76
	80	83.4	96
	100	103.8	116
	120	124.3	136

注：如果传动中带轮的找正可控制时，无挡圈带轮的宽度可适当减小，但不能小于双边挡圈带轮的最小宽度。

（4）各型号曲线齿同步带节线长和极限偏差（见表 16-47）

表 16-47 　　　　　　　各型号曲线齿同步带节线长和极限偏差　　　　　　　（单位：mm）

长度代号	节线长	节线长极限偏差				齿　数	
		8M	14M	D8M	D14M	8M	14M
480	480	±0.51	—	+1.02/−0.76	—	60	—
560	560	±0.61	—	+1.22/−0.91	—	70	—
640	640	±0.61	—	+1.22/−0.91	—	80	—
720	720	±0.61	—	+1.22/−0.91	—	90	—
800	800	±0.66	—	+1.32/−0.99	—	100	—
880	880	±0.66	—	+1.32/−0.99	—	110	—
960	960	±0.66	—	+1.32/−0.99	—	120	—
966	966	—	±0.66	—	+1.32/−0.99	—	69
1040	1040	±0.76	—	+1.52/−1.14	—	130	—
1120	1120	±0.76	—	+1.52/−1.14	—	140	—
1190	1190	—	±0.76	—	+1.52/−1.14	—	85
1200	1200	±0.76	—	+1.52/−1.14	—	150	—
1280	1280	±0.81	—	+1.62/−1.21	—	160	—
1400	1400	—	±0.81	—	+1.62/−1.21	—	100
1440	1440	±0.81	—	+1.62/−1.21	—	180	—
1600	1600	±0.86	—	+1.73/−1.29	—	200	—
1610	1610	—	±0.86	—	+1.73/−1.29	—	115
1760	1760	±0.86	—	+1.73/−1.29	—	220	—
1778	1778	—	±0.91	—	+1.82/−1.36	—	127
1800	1800	±0.91	—	+1.82/−1.36	—	225	—
1890	1890	—	±0.91	—	+1.82/−1.36	—	135
2000	2000	±0.91	—	+1.82/−1.36	—	250	—
2100	2100	—	±0.97	—	+1.94/−1.45	—	150
2310	2310	—	±1.02	—	+2.04/−1.53	—	165
2400	2400	±1.02	—	+2.04/−1.53	—	300	—
2450	2450	—	±1.02	—	+2.04/−1.53	—	175
2590	2590	—	±1.07	—	+2.14/−1.60	—	185
2600	2600	±1.07	—	+2.14/−1.60	—	325	—
2800	2800	±1.12	±1.12	+2.24/−1.68	+2.24/−1.68	350	200
3150	3150	—	±1.17	—	+2.34/−1.75	—	225
3360	3360	—	±1.22	—	+2.44/−1.83	—	240
3500	3500	—	±1.22	—	+2.44/−1.83	—	250
3600	3600	±1.28	—	+2.56/−1.92	—	450	—
3850	3850	—	±1.32	—	+2.64/−1.98	—	275
4326	4326	—	±1.42	—	+2.84/−2.13	—	309
4400	4400	±1.42	—	+2.84/−2.13	—	550	—
4578	4578	—	±1.46	—	+2.92/−2.19	—	327
4956	4956	—	±1.52	—	+3.04/−2.28	—	354
5320	5320	—	±1.58	—	+3.16/−2.37	—	380
5740	5740	—	±1.70	—	+3.40/−2.55	—	410
6160	6160	—	±1.82	—	+3.64/−2.73	—	440
6860	6860	—	±2.00	—	+4.00/−3.00	—	490

（5）各型号带轮尺寸极限偏差和形位公差

1）节距偏差。

相邻两齿同侧间和90°弧内累积的节距偏差见表16-48。当90°弧所含齿数不是整数时，按大于90°弧取最小整数齿。

表 16-48 　　　节距偏差 　　（单位：mm）

外径 d_o	节 距 偏 差	
	任意两相邻齿间	90°弧内累积[①]
$50.8 < d_o \leqslant 101.6$	±0.03	±0.10
$101.6 < d_o \leqslant 177.8$		±0.13
$177.8 < d_o \leqslant 304.8$		±0.15
$304.8 < d_o \leqslant 508$		±0.18
$d_o > 508$		±0.20

① 包括大于90°弧所取最小整数齿。

2）带轮外径极限偏差（见表16-49）。

表 16-49 　　带轮外径极限偏差

（单位：mm）

带轮外径 d_o	极 限 偏 差
$50.8 < d_o \leqslant 101.6$	+0.10 0
$101.6 < d_o \leqslant 177.8$	+0.13 0
$177.8 < d_o \leqslant 304.8$	+0.15 0
$304.8 < d_o \leqslant 508$	+0.18 0
$508 < d_o \leqslant 762$	+0.20 0
$762 < d_o \leqslant 1016$	+0.23 0
$d_o > 1016$	+0.25 0

3）端面圆跳动（见表16-50）。

表 16-50 　　　端面圆跳动 　（单位：mm）

外径 d_o	最大跳动量
$d_o \leqslant 101.6$	0.10
$101.6 < d_o \leqslant 254$	$0.001 d_o$
$d_o > 254$	$0.25 + 0.0005 (d_o - 254)$

4）径向圆跳动（见表16-51）。

表 16-51 　　　径向圆跳动 　（单位：mm）

外径 d_o	最大跳动量
$d_o \leqslant 203.2$	0.13
$d_o > 203.2$	$0.13 + 0.0005 (d_o - 203.2)$

5）平行度。

齿槽应与轮孔的轴线平行，其平行度$\leqslant 0.001b$（mm）。b 为轮宽，b_f、b_f' 的总称。

6）圆柱度。

带轮外径在表16-49所给极限偏差范围内时，圆柱度$\leqslant 0.001b$（mm）。b 为轮宽，b_f、b_f' 的总称。

7）带轮材质、表面粗糙度及平衡。

带轮材质、表面粗糙度及平衡应符合GB/T 11357。

8）曲线齿同步带节线长度计算。

曲线齿同步带节线长和中心距的关系见下列公式和图16-10。

$$L_p = 2a\cos\phi + \frac{\pi(d_2 + d_1)}{2} + \frac{\pi\phi(d_2 - d_1)}{180}$$

式中　L_p——带节线长（mm）；

　　　a——中心距（mm）；

　　　d_2——大带轮节径（mm）；

　　　d_1——小带轮节径（mm）；

　　　ϕ——$\arcsin(d_2 - d_1)/2a$（°）。

中心距近似值可由下式计算：

$$a = \frac{K + \sqrt{K^2 - 32(d_2 - d_1)^2}}{16}$$

式中　　　$K = 4L_p - 6.28(d_2 + d_1)$

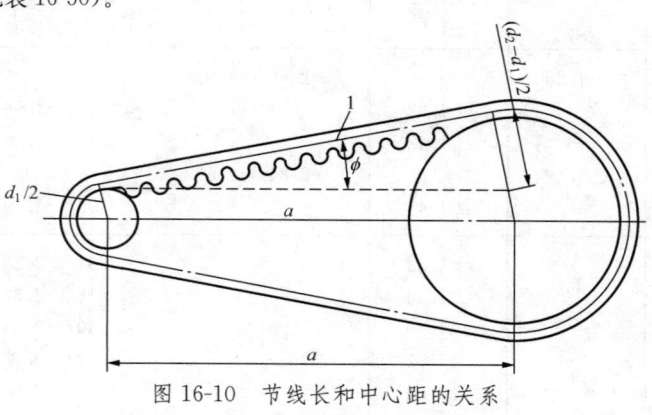

图 16-10　节线长和中心距的关系

1—节线。

16.6　圆弧齿同步带传动设计

16.6.1　尺寸规格（见表 16-52～表 16-54 和图 16-11）

表 16-52　　　　　　　　　圆弧齿同步带带齿和带宽尺寸（JB/T 7512.1—2014）　　　　（单位：mm）

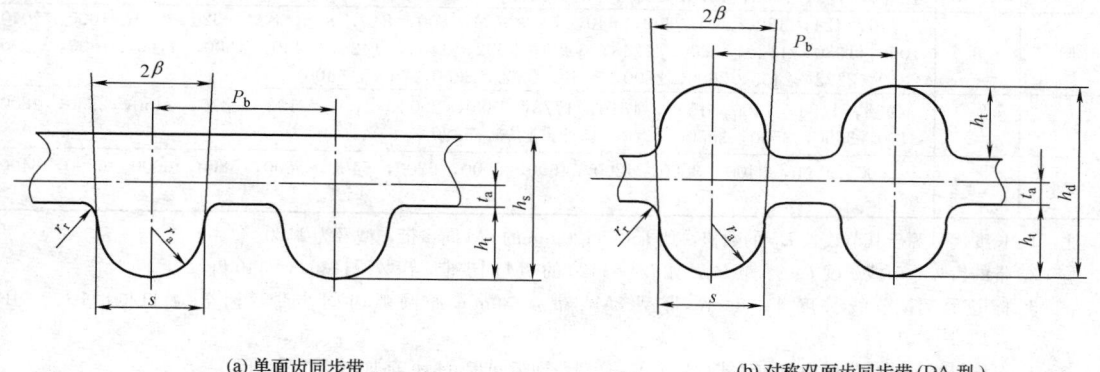

(a) 单面齿同步带　　　　　　　　　　　　　　　(b) 对称双面齿同步带 (DA 型)

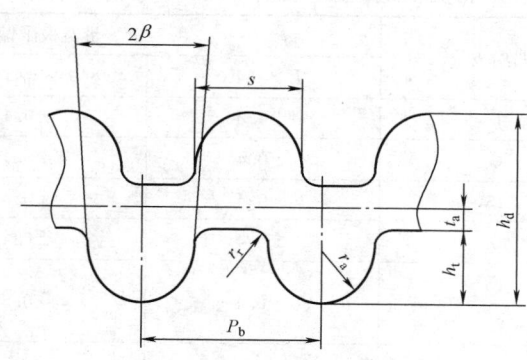

(c) 交错双面齿同步带 (DB 型)

型号	节距 P_b	齿高 h_t	齿顶圆角半径 r_a	齿根圆角半径 r_r	齿根厚 s	齿形角 2β	带高（单面）h_s	带高（双面）h_d	节线差 t_a
3M	3	1.22	0.87	0.30	1.78	≈14°	2.4	3.2	0.381
5M	5	2.06	1.49	0.41	3.05	≈14°	3.8	5.3	0.572
8M	8	3.38	2.46	0.76	5.15	≈14°	6.0	8.1	0.686
14M	14	6.02	4.50	1.35	9.40	≈14°	10.0	14.8	1.397
20M	20	8.40	6.50	2.03	14	≈14°	13.2	—	2.159

表 **16-53**　　　　　圆弧齿同步带长度系列（JB/T 7512.1—2014）　　　　（单位：mm）

带的型号	节距 P_b	带节线长度 L_P 系列
3M	3	120, 144, 150, 177, 192, 201, 207, 225, 252, 264, 276, 300, 339, 384, 420, 459, 486, 501, 537, 564, 633, 750, 936, 1800
5M	5	295, 300, 320, 350, 375, 400, 420, 450, 475, 500, 520, 550, 560, 565, 600, 615, 635, 645, 670, 695, 710, 740, 830, 845, 860, 870, 890, 900, 920, 930, 940, 950, 975, 1000, 1025, 1050, 1125, 1145, 1270, 1295, 1350, 1380, 1420, 1595, 1800, 1870, 2350
8M	8	416, 424, 480, 560, 600, 640, 720, 760, 800, 840, 856, 880, 920, 960, 1000, 1040, 1056, 1080, 1120, 1200, 1248, 1280, 1392, 1400, 1424, 1440, 1600, 1760, 1800, 2000, 2240, 2272, 2400, 2600, 2800, 3048, 3200, 3280, 3600, 4400
14M	14	966, 1196, 1400, 1540, 1610, 1778, 1890, 2002, 2100, 2198, 2310, 2450, 2590, 2800, 3150, 3360, 3500, 3850, 4326, 4578, 4956, 5320
20M	20	2000, 2500, 3400, 3800, 4200, 4600, 5000, 5200, 5400, 5600, 5800, 6000, 6200, 6400, 6600

注：1. 长度代号等于其节线长 L_P 的数值，如 L_P=1120mm 的 8M 同步带，型号为 1120。

　　2. 带的齿数＝节线长度 L_P/节距 P_b，如 L_P=1120 的 8M 同步带，齿数＝1120/8=140 齿。

　　3. 标记示例：节线长度 1120mm，带型 8M，带宽 30mm 的圆弧齿同步带，标记为 1120-8M-30　JB/T 7512.1—2014。

　　4. 对称双面齿同步带标记前加型式代号 DA，交错双面齿同步带标记前加形式代号 DB。

表 **16-54**　　　　　　　带宽和极限偏差（JB/T 7512.1—2014）　　　　（单位：mm）

型号	带宽 b_s	带宽极限偏差		
		$L_p \leqslant 840$	$840 < L_p \leqslant 1680$	$L_p > 1680$
3M	6	±0.3	±0.4	—
	9	±0.4	±0.4	±0.6
	15	±0.4	±0.6	±0.8
5M	9	±0.4	±0.4	±0.6
	15	±0.4	±0.6	±0.8
	25			
8M	20	±0.6	±0.8	±0.8
	30			
	50	±1.0	±1.2	±1.2
	85	±1.5	±1.5	±2.0
14M	40	±0.8	±0.8	±1.2
	55	±1.0	±1.2	±1.2
	85	±1.2	±1.2	±1.5
	115	±1.5	±1.5	±1.8
	170			
20M	115	±1.8	±1.8	±2.2
	170			
	230			
	290	—	—	±4.8
	340			

注：L_p—节线长。

16.6.2　选型和额定功率（见表 16-55 和图 16-11）

表 16-55a　　　　　　**3M（6mm 宽）基本额定功率 P_0**（JB/T 7512.3—2014）　　　　　（单位：kW）

z_1		10	12	14	16	18	20	24	28	32	40	48	56	64	72	80
d_1/mm		9.55	11.46	13.37	15.28	17.19	19.10	22.92	26.74	30.56	38.20	45.48	53.48	61.12	68.75	76.39
	20	0.001	0.001	0.001	0.001	0.002	0.002	0.002	0.003	0.003	0.004	0.006	0.007	0.008	0.008	0.008
	40	0.002	0.002	0.002	0.003	0.003	0.003	0.004	0.005	0.006	0.009	0.011	0.013	0.015	0.017	0.019
	60	0.002	0.003	0.003	0.004	0.005	0.005	0.007	0.008	0.010	0.013	0.017	0.020	0.023	0.025	0.028
	100	0.004	0.005	0.006	0.007	0.008	0.009	0.011	0.013	0.016	0.021	0.028	0.033	0.038	0.042	0.047
	200	0.008	0.010	0.011	0.013	0.015	0.017	0.022	0.027	0.032	0.043	0.055	0.066	0.075	0.084	0.094
	300	0.011	0.013	0.016	0.018	0.021	0.024	0.030	0.036	0.043	0.058	0.074	0.087	0.100	0.112	0.125
	400	0.013	0.016	0.019	0.023	0.026	0.030	0.037	0.045	0.053	0.071	0.090	0.107	0.122	0.138	0.153
	500	0.016	0.019	0.023	0.027	0.031	0.035	0.044	0.053	0.062	0.083	0.106	0.125	0.143	0.161	0.179
	600	0.018	0.022	0.027	0.031	0.035	0.040	0.050	0.060	0.071	0.095	0.120	0.142	0.163	0.183	0.203
	700	0.020	0.025	0.030	0.035	0.040	0.045	0.056	0.068	0.080	0.106	0.134	0.159	0.181	0.204	0.227
	800	0.023	0.028	0.033	0.039	0.044	0.050	0.062	0.075	0.088	0.117	0.148	0.174	0.199	0.224	0.249
	870	0.024	0.030	0.035	0.041	0.047	0.053	0.066	0.080	0.094	0.124	0.157	0.185	0.211	0.238	0.264
	900	0.025	0.030	0.036	0.042	0.048	0.055	0.068	0.082	0.096	0.127	0.160	0.189	0.216	0.243	0.270
	1000	0.027	0.033	0.039	0.046	0.052	0.059	0.073	0.088	0.104	0.137	0.173	0.204	0.233	0.262	0.291
	1160	0.030	0.037	0.044	0.051	0.059	0.066	0.082	0.099	0.116	0.153	0.192	0.226	0.258	0.291	0.323
小带 轮转 速/ (r/min)	1200	0.031	0.038	0.045	0.052	0.060	0.068	0.084	0.101	0.119	0.156	0.197	0.232	0.265	0.298	0.330
	1400	0.035	0.043	0.051	0.059	0.068	0.076	0.094	0.113	0.133	0.175	0.219	0.258	0.295	0.331	0.368
	1450	0.036	0.044	0.052	0.061	0.069	0.078	0.097	0.116	0.137	0.179	0.225	0.264	0.302	0.339	0.377
	1600	0.039	0.047	0.056	0.065	0.075	0.084	0.104	0.125	0.147	0.192	0.241	0.283	0.323	0.363	0.403
	1750	0.042	0.051	0.060	0.070	0.080	0.090	0.112	0.134	0.157	0.205	0.256	0.301	0.344	0.386	0.429
	1800	0.042	0.052	0.062	0.072	0.082	0.092	0.114	0.136	0.160	0.209	0.261	0.307	0.351	0.394	0.437
	2000	0.046	0.056	0.067	0.077	0.089	0.100	0.123	0.148	0.173	0.226	0.281	0.331	0.377	0.423	0.469
	2400	0.053	0.065	0.077	0.089	0.102	0.115	0.141	0.169	0.197	0.257	0.319	0.375	0.427	0.479	0.530
	2800	0.060	0.073	0.086	0.100	0.114	0.129	0.158	0.189	0.221	0.287	0.355	0.416	0.474	0.530	0.586
	3200	0.066	0.081	0.096	0.111	0.126	0.142	0.175	0.209	0.243	0.315	0.389	0.455	0.517	0.578	0.638
	3600	0.073	0.088	0.105	0.121	0.138	0.155	0.191	0.227	0.265	0.342	0.421	0.492	0.558	0.622	0.685
	4000	0.079	0.096	0.113	0.131	0.150	0.168	0.206	0.245	0.285	0.368	0.451	0.526	0.596	0.663	0.727
	5000	0.094	0.114	0.134	0.155	0.177	0.198	0.243	0.288	0.334	0.427	0.521	0.603	0.678	0.749	0.814
	6000	0.108	0.131	0.154	0.178	0.202	0.227	0.227	0.327	0.378	0.481	0.581	0.667	0.743	0.812	0.871
	7000	0.121	0.147	0.173	0.200	0.227	0.254	0.309	0.364	0.419	0.528	0.631	0.718	0.790	0.850	0.896
	8000	0.134	0.163	0.191	0.221	0.250	0.279	0.339	0.398	0.456	0.569	0.673	0.754	0.816	0.861	0.885
	10 000	0.159	0.192	0.226	0.259	0.293	0.326	0.393	0.457	0.519	0.631	0.724	0.781	0.804	0.792	0.729
	12 000	0.182	0.220	0.257	0.295	0.332	0.368	0.438	0.505	0.566	0.666	0.729	0.739	0.691	0.582	—
	14 000	0.204	0.245	0.286	0.327	0.366	0.404	0.476	0.541	0.596	0.670	0.683	0.616	—	—	—

表 16-55b　　　　　**5M（9mm 宽）基本额定功率 P_0**（JB/T 7512.3—2014）　　　　　（单位：kW）

z_1	14	16	18	20	24	28	32	36	40	44	48	56	64	72	80
d_1/mm	22.28	25.46	28.65	31.83	38.20	44.56	50.93	57.30	63.66	70.03	76.39	89.13	101.86	114.59	127.32
20	0.004	0.005	0.006	0.007	0.009	0.011	0.013	0.015	0.017	0.020	0.023	0.027	0.031	0.034	0.038
40	0.009	0.011	0.012	0.014	0.018	0.021	0.026	0.030	0.035	0.040	0.045	0.054	0.061	0.069	0.077
60	0.013	0.016	0.018	0.021	0.026	0.032	0.038	0.045	0.052	0.060	0.068	0.080	0.092	0.103	0.115
100	0.022	0.026	0.030	0.035	0.044	0.054	0.064	0.075	0.087	0.100	0.113	0.134	0.153	0.172	0.192
200	0.045	0.053	0.061	0.069	0.088	0.107	0.128	0.150	0.174	0.199	0.226	0.268	0.306	0.345	0.383
300	0.061	0.072	0.83	0.094	0.119	0.145	0.172	0.202	0.233	0.266	0.300	0.356	0.407	0.458	0.509
400	0.076	0.090	0.103	0.117	0.147	0.179	0.213	0.249	0.286	0.326	0.368	0.436	0.498	0.561	0.623
500	0.091	0.106	0.122	0.139	0.174	0.211	0.251	0.292	0.336	0.382	0.430	0.510	0.583	0.656	0.728
600	0.104	0.122	0.140	0.159	0.199	0.241	0.286	0.334	0.383	0.435	0.489	0.580	0.662	0.745	0.827
700	0.117	0.137	0.158	0.179	0.223	0.271	0.321	0.373	0.428	0.485	0.545	0.646	0.738	0.829	0.921
800	0.130	0.152	0.174	0.198	0.247	0.299	0.353	0.411	0.471	0.533	0.598	0.709	0.809	0.910	1.010
870	0.139	0.162	0.186	0.211	0.263	0.318	0.376	0.437	0.500	0.566	0.634	0.751	0.858	0.965	1.071
900	0.142	0.166	0.191	0.216	0.269	0.326	0.385	0.447	0.512	0.580	0.650	0.769	0.879	0.987	1.096
1000	0.154	0.180	0.206	0.234	0.291	0.352	0.416	0.483	0.552	0.625	0.699	0.828	0.945	1.062	1.178
1160	0.173	0.201	0.231	0.262	0.326	0.393	0.464	0.537	0.614	0.694	0.776	0.918	1.047	1.176	1.304
1200	0.177	0.207	0.237	0.268	0.334	0.403	0.475	0.551	0.629	0.710	0.794	0.939	1.072	1.204	1.334
1400	0.199	0.232	0.266	0.301	0.375	0.451	0.532	0.615	0.702	0.791	0.884	1.044	1.119	1.336	1.480
1450	0.205	0.239	0.274	0.309	0.384	0.463	0.545	0.631	0.720	0.811	0.905	0.071	1.220	1.368	1.515
1600	0.221	0.257	0.295	0.333	0.414	0.498	0.586	0.677	0.771	0.869	0.969	1.144	1.303	1.461	1.617
1750	0.236	0.275	0.315	0.356	0.442	0.532	0.625	0.722	0.822	0.925	1.030	1.215	1.384	1.550	1.713
1800	0.242	0.281	0.322	0.364	0.451	0.543	0.638	0.736	0.838	0.943	1.050	1.239	1.410	1.578	1.745
2000	0.262	0.305	0.349	0.394	0.488	0.586	0.688	0.794	0.902	1.014	1.128	1.329	1.511	1.689	1.864
2400	0.301	0.350	0.400	0.451	0.558	0.669	0.784	0.902	1.024	1.148	1.274	1.479	1.697	1.891	2.079
2800	0.338	0.393	0.449	0.506	0.625	0.748	0.874	1.004	1.137	1.272	1.408	1.649	1.863	2.067	2.262
3200	0.374	0.434	0.496	0.559	0.688	0.822	0.960	1.100	1.242	1.386	1.531	1.786	2.008	2.217	2.411
3600	0.409	0.474	0.541	0.609	0.749	0.893	1.040	1.190	1.340	1.492	1.644	1.908	2.134	2.340	2.526
4000	0.443	0.513	0.585	0.658	0.808	0.961	1.116	1.274	1.431	1.589	1.745	2.015	2.238	2.436	2.604
5000	0.523	0.605	0.688	0.772	0.943	1.115	1.288	1.459	1.628	1.792	1.951	2.212	2.402	2.541	2.623
6000	0.598	0.690	0.783	0.877	1.064	1.250	1.433	1.610	1.778	1.973	2.084	2.301	2.411	2.434	2.358
7000	0.669	0.769	0.870	0.971	1.171	1.365	1.550	1.722	1.880	2.019	2.137	2.268	2.245	2.084	1.766
8000	0.735	0.843	0.950	1.057	1.264	1.459	1.637	1.794	1.927	2.031	2.101	2.100	1.882	—	—
10 000	0.854	0.972	1.088	1.199	1.403	1.577	1.714	1.804	1.842	1.819	1.729	—	—	—	—
12 000	0.956	1.078	1.193	1.299	1.476	1.594	1.643	1.609	—	—	—	—	—	—	—
14 000	1.039	1.158	1.354	1.473	1.495	1.403	—	—	—	—	—	—	—	—	—

小带轮转速/(r/min)

表 16-55c　　　　　8M（20mm 宽）**基本额定功率 P_0**（JB/T 7512.3—2014）　　　　（单位：kW）

z_1	22	24	26	28	30	32	34	36	38	40	44	48	56	64	72	80
d_1/mm	56.02	61.12	66.21	71.30	76.38	81.49	86.58	91.67	96.77	101.86	112.05	122.23	142.60	162.97	183.35	203.72
小带轮转速 /(r/min) 10	0.02	0.02	0.02	0.03	0.04	0.04	0.07	0.08	0.08	0.09	0.10	0.10	0.12	0.14	0.16	0.18
20	0.04	0.04	0.05	0.06	0.07	0.08	0.14	0.14	0.16	0.17	0.19	0.19	0.22	0.26	0.30	0.33
40	0.07	0.09	0.10	0.12	0.14	0.16	0.25	0.27	0.29	0.13	0.34	0.37	0.42	0.48	0.54	0.60
60	0.12	0.13	0.15	0.17	0.21	0.25	0.36	0.38	0.41	0.44	0.48	0.51	0.59	0.68	0.76	0.85
100	0.19	0.22	0.25	0.28	0.34	0.41	0.54	0.58	0.63	0.68	0.74	0.79	0.92	1.04	1.18	1.31
200	0.37	0.41	0.47	0.55	0.66	0.78	0.96	1.04	1.12	1.21	1.31	1.42	1.63	1.86	2.08	2.31
300	0.53	0.59	0.67	0.79	0.94	1.13	1.33	1.44	1.56	1.67	1.82	1.96	2.28	2.57	2.87	3.18
400	0.69	0.76	0.87	1.01	1.20	1.45	1.66	1.81	1.95	2.10	2.28	2.47	2.86	3.22	3.59	3.96
500	0.83	0.92	1.04	1.20	1.43	1.73	1.96	2.15	2.33	2.50	2.72	2.94	3.39	3.82	4.24	4.67
600	0.98	1.07	1.20	1.38	1.64	1.99	2.25	2.47	2.68	2.87	3.13	3.37	3.90	4.37	4.85	5.32
700	1.14	1.25	1.35	1.54	1.83	2.22	2.51	2.77	3.01	3.23	3.51	3.79	4.37	4.89	5.41	5.92
800	1.31	1.42	1.54	1.69	1.99	2.41	2.75	3.05	3.32	3.56	3.86	4.18	4.82	5.38	5.92	6.46
900	1.42	1.54	1.68	1.81	2.10	2.54	2.92	3.24	3.54	3.78	4.11	4.44	5.12	5.70	6.27	6.81
1000	1.63	1.78	1.92	2.07	2.26	2.73	3.21	3.57	3.90	4.18	4.54	4.89	5.63	6.25	6.85	7.42
1160	1.89	2.06	2.33	2.40	2.57	2.95	3.54	3.95	4.33	4.63	5.03	5.42	6.22	6.87	7.48	8.04
1200	1.95	2.13	2.31	2.48	2.66	3.02	3.61	4.04	4.43	4.74	5.14	5.54	6.36	7.01	7.62	8.18
1400	2.28	2.48	2.69	2.89	3.10	3.23	3.97	4.46	4.92	5.26	5.69	6.12	7.00	7.66	8.25	8.76
1600	2.60	2.83	3.07	3.30	3.54	3.77	4.28	4.83	5.36	5.72	6.18	6.65	7.56	8.20	8.72	9.06
1750	2.84	3.10	3.36	3.61	3.86	4.11	4.48	5.09	5.65	6.05	6.53	7.00	7.92	8.51	8.89	9.71
2000	3.25	3.54	3.83	4.11	4.40	4.68	4.97	5.43	6.11	6.53	7.02	7.50	8.39	8.97	9.94	10.85
2400	3.88	4.23	4.57	4.91	5.25	5.59	5.92	6.25	6.68	7.15	7.62	8.17	9.37	10.50	11.53	12.48
2800	4.51	4.91	5.30	5.70	6.09	6.47	6.85	7.23	7.59	7.96	8.68	9.37	10.68	11.86	12.91	13.82
3200	—	—	6.03	6.47	6.90	7.33	7.75	8.17	8.58	8.97	9.75	10.50	11.86	13.05	14.05	14.81
3500	—	—	—	7.50	7.96	8.41	8.86	9.28	9.71	10.52	11.29	12.67	13.82	—	—	—
4000	—	—	—	—	8.97	9.47	9.94	10.41	10.85	11.70	12.48	13.82	—	—	—	—
4500	—	—	—	—	—	10.46	10.96	11.44	11.91	12.76	13.51	—	—	—	—	—
5000	—	—	—	—	—	—	11.91	12.39	12.85	—	—	—	—	—	—	—
5500	—	—	—	—	—	—	—	13.23	13.67	—	—	—	—	—	—	—

注：与粗黑线框内功率对应的使用寿命将会降低。

表 16-55d　　　　　14M（40mm 宽）**基本额定功率 P_0**（JB/T 7512.3—2014）　　　　（单位：kW）

z_1	28	29	30	32	34	36	38	40	44	48	56	64	72	80
d_1/mm	124.78	129.23	133.69	142.60	151.52	160.43	169.34	178.25	196.08	213.90	249.55	285.21	320.86	365.51
小带轮转速 /(r/min) 10	0.18	0.19	0.19	0.21	0.23	0.27	0.32	0.377	0.41	0.45	0.52	0.60	0.68	0.78
20	0.37	0.38	0.39	0.42	0.46	0.53	0.63	0.75	0.83	0.90	1.05	1.20	1.35	1.57
40	0.73	0.75	0.78	0.84	0.93	1.06	1.27	1.50	1.65	1.81	2.10	2.40	2.70	3.13
60	1.10	1.13	1.17	1.25	1.39	1.59	1.91	2.25	2.48	2.70	3.16	3.60	4.05	4.70

续表

z_1	28	29	30	32	34	36	38	40	44	48	56	64	72	80
d_1/mm	124.78	129.23	133.69	142.60	151.52	160.43	169.34	178.25	196.08	213.90	249.55	285.21	320.86	365.51
小带轮转速/(r/min) 100	1.83	1.89	1.95	2.08	2.31	2.65	3.18	3.75	4.13	4.51	5.25	6.01	6.75	7.83
200	3.65	3.77	3.91	4.12	4.63	5.30	6.36	7.34	8.25	9.00	10.50	12.00	13.50	15.64
300	5.01	5.25	5.54	5.74	6.87	7.94	9.12	9.86	11.28	13.07	15.73	17.97	20.21	22.89
400	6.14	6.51	6.90	7.24	8.57	10.44	11.21	12.09	13.71	15.73	19.36	22.29	24.63	27.04
500	7.19	7.67	8.17	8.65	10.15	12.23	13.11	14.10	15.88	18.05	22.13	25.24	27.83	30.50
600	8.16	8.76	9.36	9.98	11.63	13.89	14.85	15.94	17.84	20.13	24.56	27.76	30.54	33.40
700	9.08	9.78	10.48	11.25	13.02	15.43	16.46	17.64	19.64	22.01	26.71	29.93	32.85	35.83
800	9.95	10.75	11.56	12.46	14.33	16.85	17.97	19.22	21.29	23.71	28.60	31.79	34.79	37.84
870	10.54	11.41	12.27	13.27	15.21	17.80	18.96	20.25	22.37	24.80	29.80	32.94	35.96	39.16
1000	11.59	12.57	13.55	14.72	16.76	19.64	20.69	22.05	24.21	26.65	31.76	34.73	37.73	40.72
1160	12.81	13.92	15.02	16.40	18.54	21.31	22.63	24.06	26.23	28.63	33.75	36.37	39.25	42.01
1200	13.11	14.25	15.37	16.80	21.75	23.08	24.53	26.69	29.08	34.17	36.73	39.52	42.19	—
1400	14.53	15.79	17.05	18.70	20.94	23.77	25.17	26.67	28.79	31.06	35.90	37.87	40.21	42.28
1600	15.78	17.24	18.59	20.45	22.72	25.54	26.98	28.51	30.53	32.60	37.00	38.20	39.84	—
1750	16.84	18.25	19.66	21.65	23.92	26.71	28.17	29.70	31.60	33.49	37.40	37.91	—	—
2000	18.40	19.84	21.29	23.46	25.69	28.38	29.83	31.32	32.97	34.47	37.31	36.44	—	—
2400	20.82	22.08	23.52	25.83	27.91	30.30	31.66	33.00	34.72	35.14	—	—	—	—
2800	23.48	24.11	25.30	27.52	29.34	31.31	32.47	33.53	33.72	33.33	—	—	—	—
3200	—	26.36	26.91	28.51	29.97	31.41	32.24	32.88	—	—	—	—	—	—
3500	—	—	28.25	29.07	29.94	30.92	31.40	—	—	—	—	—	—	—
4000	—	—	—	30.17	29.27	—	—	—	—	—	—	—	—	—

注：与粗实线左下方的功率值会影响同步带的寿命。

表16-55e　　　　20M（115mm 宽）基本额定功率 P_0（JB/T 7512.3—2014）　　　（单位：kW）

z_1	34	36	38	40	44	48	52	56	60	64	68	72	80	90
d_1/mm	216.45	229.18	241.92	254.65	280.11	305.58	331.04	356.51	381.97	407.44	432.90	458.37	509.30	572.96
小带轮转速/(r/min) 10	2.01	2.16	2.31	2.46	2.69	2.98	3.21	3.43	3.66	3.80	4.03	4.18	4.55	5.00
20	4.03	4.33	4.55	4.85	5.45	5.89	6.42	6.86	7.31	7.68	8.06	8.18	9.17	10.00
30	6.04	6.49	6.86	7.31	8.13	8.88	9.62	10.29	10.97	11.49	12.09	12.61	13.73	15.07
40	7.98	8.58	9.18	9.77	10.82	11.79	12.70	13.80	14.55	15.37	17.11	16.86	18.28	20.07
50	10.00	10.74	11.41	12.16	13.50	14.77	15.96	17.23	18.20	19.17	20.14	21.04	22.90	25.06
60	12.01	12.91	13.73	14.62	16.26	17.68	19.17	20.14	21.86	22.97	24.17	25.29	27.45	30.06
80	16.04	17.23	18.28	19.47	21.63	23.57	25.59	27.53	29.17	30.66	32.15	33.64	36.55	40.06
100	19.99	21.48	22.90	24.32	27.08	29.54	31.93	34.39	36.40	38.34	40.21	42.07	45.73	50.06
150	30.06	32.23	34.32	36.48	40.58	44.24	47.89	51.62	54.61	57.44	60.28	63.04	68.48	74.97
200	40.06	41.78	45.73	48.64	54.01	58.93	63.80	68.71	72.66	76.47	80.20	83.93	91.09	99.67
300	57.96	62.29	66.17	70.35	78.93	87.80	93.53	99.14	104.66	110.04	115.26	120.40	130.40	142.34
400	73.03	78.33	83.15	88.40	98.99	110.04	116.97	123.76	130.40	136.82	143.08	149.20	160.99	174.79
500	87.06	93.25	98.99	105.11	117.57	130.40	138.35	146.14	153.68	160.99	168.00	174.79	187.69	202.46

续表

z_1	34	36	38	40	44	48	52	56	60	64	68	72	80	90
d_1/mm	216.45	229.18	241.92	254.65	280.11	305.58	331.04	356.51	381.97	407.44	432.90	458.37	509.30	572.96
600	100.19	107.27	113.77	120.70	134.73	149.20	—	166.58	174.79	182.62	190.16	197.32	210.75	225.67
730	116.15	124.21	131.59	139.43	155.32	171.58	—	190.38	199.11	207.31	215.00	222.23	235.21	248.57
800	124.28	132.86	140.62	148.83	165.54	182.62	192.62	201.94	210.75	218.95	226.56	233.57	245.73	257.37
870	132.04	141.07	149.20	157.85	175.31	193.06	203.21	212.61	221.26	229.40	236.78	243.35	254.31	263.64
970	142.64	152.18	160.76	169.94	188.29	206.87	—	226.34	234.77	242.30	248.94	254.61	263.04	—
1170	161.88	172.33	181.58	191.42	210.97	230.51	—	248.27	255.13	260.58	264.61	267.07	267.44	—
1200	164.57	175.09	184.49	194.33	214.03	233.57	—	250.88	257.37	262.37	265.87	267.74	266.47	—
1460	185.46	196.57	206.19	216.27	235.96	254.98	261.55	265.95	267.96	267.52	264.46	—	—	—
1600	194.93	206.12	215.59	225.52	244.54	262.37	266.70	268.04	266.47	—	—	—	—	—
1750	203.66	214.70	223.60	223.27	251.03	266.99	267.96	265.35	—	—	—	—	—	—
2000	214.92	225.14	233.13	241.26	225.36	266.47	—	—	—	—	—	—	—	—

小带轮转速/(r/min)

注：粗实线左下方的功率值会影响同步带的寿命。

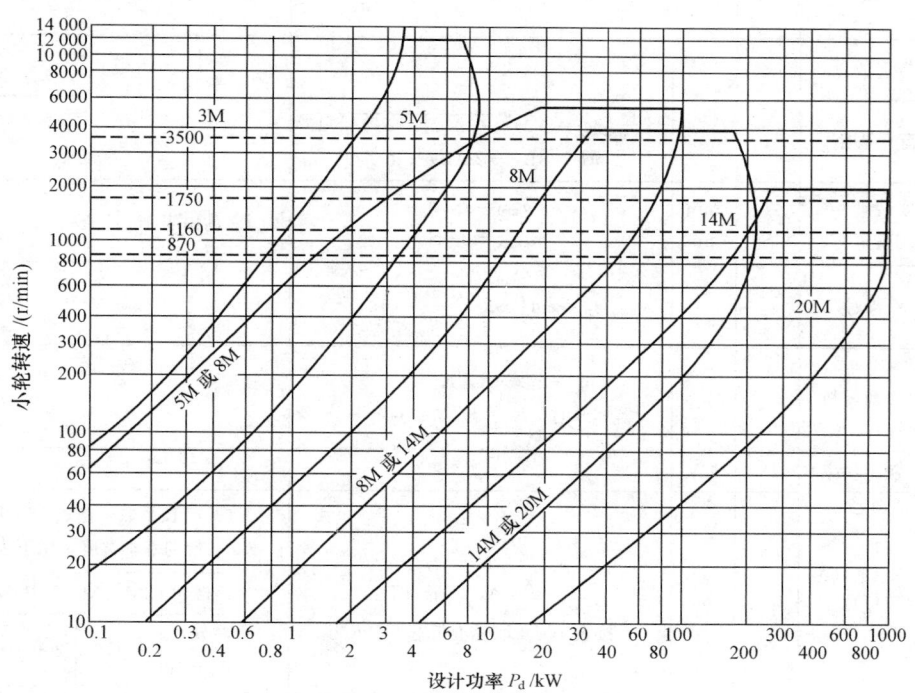

图 16-11　圆弧齿同步带选型图（JB/T 7512.3—2014）

16.6.3　圆弧齿同步带传动设计计算

圆弧齿同步带传动的设计计算见表 16-56。

表 16-56a 　　　　　　　　　　**圆弧齿同步带传动设计计算**（JB/T 7512.2—2014）

序号	计算项目	符号	单位	计算公式和参数选定	说　明
1	设计功率	P_d	kW	$P_d = K_A P$	P—传递的功率（kW） K_A—工作情况系数，查表 16-56b
2	选定带型节距 p_b	p_b	mm	根据 P_d 和 n_1 由图 16-11 选取	n_1—小带轮转速（r/min）
3	小带轮齿数	z_1		$z_1 \geqslant z_{1min}$ z_{1min} 见表 16-58	带速 v 和安装尺寸允许时，z_1 应取较大的值
4	小带轮节圆直径	d_1	mm	$d_1 = \dfrac{z_1 p_b}{\pi}$	
5	大带轮齿数	z_2		$z_2 = i z_1 = \dfrac{n_1}{n_2} z_1$	i—传动比 n_2—大带轮转速（r/min）
6	大带轮节圆直径	d_2	mm	$d_2 = \dfrac{z_2 p_b}{\pi}$	大小带轮外径 d_{01}、d_{02} 计算公式 $d_{01} = d_1 - 2\delta$，$d_{02} = d_2 - 2\delta$，2δ 由表 16-57 查得
7	带速	v	m/s	$v = \dfrac{\pi d_1 n_1}{60 \times 1000}$	
8	初定中心距	a_0	mm	$0.7(d_1 + d_2) \leqslant a_0 \leqslant 2(d_1 + d_2)$	或根据结构要求确定
9	带长（节线长度）	L_0	mm	$L_0 = 2a_0 + \dfrac{\pi(d_1 + d_2)}{2} + \dfrac{(d_2 - d_1)^2}{4a_0}$	按表 16-53 选取标准节线长 L_P
10	带齿数	Z		$Z = \dfrac{L_P}{P_b}$	
11	实际中心距	a	mm	$a = [M + \sqrt{M^2 - 32(d_2 - d_1)^2}]/16$ $M = 4L_P - 2\pi(d_2 + d_1)$	
12	安装量 调整量	I S	mm mm	$a_{min} = a - I$ $a_{max} = a + S$	I、S 由表 16-60 查得
13	啮合齿数	z_m		$z_m = \text{ent}\left(0.5 - \dfrac{d_2 - d_1}{6a}\right) z_1$	
14	啮合齿数系数	K_z		$z_m \geqslant 6$ 时，$K_z = 1$ $z_m < 6$ 时，$K_s = 1 - 0.2(6 - z_m)$	
15	基本额定功率	P_0	kW		表 16-55
16	要求带宽	b_s	mm	$b_s \geqslant b_{s0} \sqrt[1.14]{\dfrac{P_d}{K_L K_s P_0}}$ 按表 16-54 取标准带宽 $b_f \geqslant b_s$	K_L—带长系数，由表 16-59 查得 b_{s0}—带的基本宽度，由下表查得 | 带型	3M	5M	8M	14M	20M | |---|---|---|---|---|---|
b_{s0}/mm	6	9	20	40	115	
17	紧边张力 松边张力	F_1 F_2	N N	$F_1 = 1250 P_d / v$ $F_2 = 250 P_d / v$	
18	压轴力	F_Q	N	$F_Q = K_F(F_1 + F_2)$	K_F—矢量相加修正系数，查图 16-12
19	带轮设计				参考表 10-57～表 10-67

表 16-56b 工作情况系数 K_A（JB/T 7512.3—2014）

工作机	原动机					
	交流电动机（普通转矩笼形、同步电动机），直流电动机（并励），多缸内燃机			交流电动机（大转矩、大转差率、单相、集电环），直流电动机（复励、串励），单缸内燃机		
	运转时间			运转时间		
	断续使用每日 3～5h	普通使用每日 8～10h	连续使用每日 16～24h	断续使用每日 3～5h	普通使用每日 8～10h	连续使用每日 16～24h
复印机，配油装置，测量仪表，放映机，医疗器械	1.0	1.2	1.4	1.2	1.4	1.6
清扫机，缝纫机，办公机械	1.2	1.4	1.6	1.4	1.6	1.8
带式输送机，轻型包装机，烘干箱，筛选机，绕线机，圆锥成形机，木工车床，带锯	1.3	1.5	1.7	1.5	1.7	1.9
液体搅拌机，混面机，钻床，冲床，车床，螺纹加工机，接缝机，圆盘锯床，龙门刨床，洗衣机，选纸机，印刷机	1.4	1.6	1.8	1.6	1.8	2.0
半液体搅拌机，带式输送机（矿石、煤、砂），天轴，磨床，牛头刨床，钻镗床，铣床，离心泵，齿轮泵，旋转式供给系统，凸轮式振动筛，纺织机械（整经机），离心压缩泵	1.5	1.7	1.9	1.7	1.9	2.1
制砖机（除混泥机），输送机（平板式、盘式）斗式提升机，升降机，脱水机，清洗机，离心排风扇，离心鼓风机，吸风机，发电机，励磁机，起重机，重型升降机，橡胶机械，锯木机，纺织机械	1.6	1.8	2.0	1.8	2.0	2.2
离心机，刮板输送机，螺旋输送机，锤击式粉碎机，造纸制浆机	1.7	1.9	2.1	1.9	2.1	2.3
黏土搅拌机，矿山用风扇，鼓风机，强制送风机	1.8	2.0	2.2	2.0	2.2	2.4
往复压缩机，球磨机，棒磨机，往复泵	1.9	2.1	2.3	2.1	2.3	2.5

注：1. 对增速传动，宜将下列数字加进本表的 K_A 中（R 为增速的传动比）：
$R=1～1.24$， 0； $R=1.25～1.74$， 0.10； $R=1.75～2.49$， 0.20；
$R=2.50～3.49$， 0.30； $R\geqslant3.50$， 0.40。

2. 对带型为 14M 和 20M 的传动，当 $n_1\leqslant600$r/min 时，宜将下列数字加进本表的 K_A 中：
$n_1\leqslant200$r/min， 0.3； $n_1=201～400$r/min， 0.2；$n_1=401～600$r/min， 0.1。

3. 对频繁正反转、冲击严重、紧急停机等非正常传动，可视具体情况修正工作情况系数。

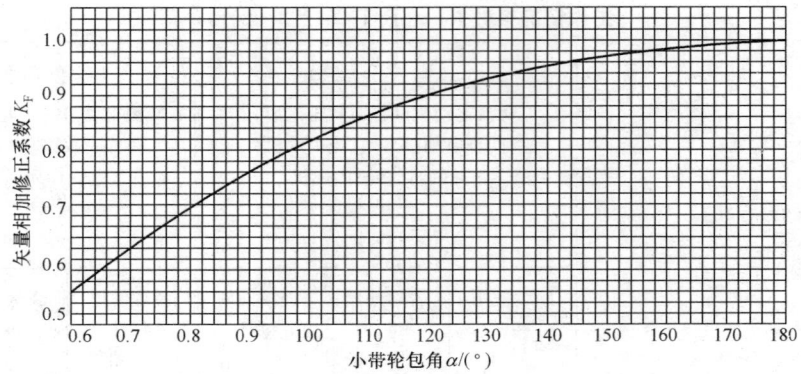

图 16-12　矢量相加修正系数 (JB/T 7512.3—2014)

注：小轮包角 $a_1 = 180° - \left(\dfrac{d_2 - d_1}{a}\right) \times 57.3°$。

16.6.4　带轮（见表 16-57～表 16-66）

表 16-57　　　　　　　　圆弧齿同步带轮齿 (JB/T 7512.2—2014)　　　　　　　　（单位：mm）

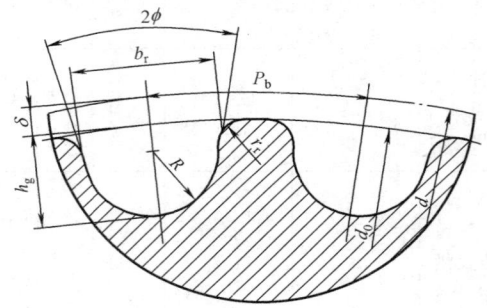

型号	节距 P_b	齿槽深 h_g	底圆半径 R	齿顶圆角半径 r_t	齿槽顶宽 b_r	两倍节顶距 2δ	齿槽角 2ϕ
3M	3±0.03	1.28±0.05	0.91±0.05	0.26～0.35	1.90±0.05	0.762	≈14°
5M	5±0.03	2.16±0.05	1.56±0.05	0.48～0.52	3.25±0.05	1.144	≈14°
8M	8±0.04	3.54±0.05	2.57±0.05	0.78～0.84	5.35±0.10	1.372	≈14°
14M	14±0.04	6.20±0.07	4.65±0.08	1.36～1.50	9.80±0.13	2.794	≈14°
20M	20±0.05	8.60±0.09	6.84±0.13	1.95～2.25	14.80±0.18	4.320	≈14°

表 16-58　　　　　　　　最少齿数 Z_{min} (JB/T 7512.2—2014)

带轮转速 n_1 /(r/min)	带　型				
	3M	5M	8M	14M	20M
	Z_{min}				
≤900	10	14	22	28	34
>900～1200	14	20	28	28	34
>1200～1800	16	24	32	32	38
>1800～3600	20	28	36	—	—
>3600～4800	22	30	—	—	—

表 16-59 　　　　　　　　带长系数 K_L （JB/T 7512.2—2014）　　　　　　　（单位：mm）

型号							
3M	L_P	≤190	191~260	261~400	401~600	>600	
	K_L	0.80	0.90	1.00	1.10	1.20	
5M	L_P	≤440	441~550	551~800	801~1100	>1100	
	K_L	0.80	0.90	1.00	1.10	1.20	
8M	L_P	≤600	601~900	901~1250	1251~1800	>1800	
	K_L	0.80	0.90	1.00	1.10	1.20	
14M	L_P	≤1400	1401~1700	1701~2000	2001~2500	2501~3400	>3400
	K_L	0.80	0.90	0.95	1.00	1.05	1.10
20M	L_P	≤2000	2001~2500	2501~3400	3401~4600	4601~5600	>5600
	K_L	0.80	0.85	0.95	1.00	1.05	1.10

表 16-60 　　　　　　中心距安装量 I 和调整量 S （JB/T 7512.2—2014）　　　　　（单位：mm）

L_P	I	S	L_P	I	S
≤500	1.02	0.76	>2260~3020	2.79	1.27
>500~1000	1.27	0.76	>3020~4020	3.56	1.27
>1000~1500	1.78	1.02	>4020~4780	4.32	1.27
>1500~2260	2.29	1.27	>4780~6860	5.33	1.27

注：当带轮加挡圈时，安装量 I 还应加下表数值（mm）:

带型	单轮加挡圈	两轮均加挡圈	带型	单轮加挡圈	两轮均加挡圈
3M	3.0	6.0	14M	35.6	58.2
5M	13.5	19.1	20M	47.0	77.5
8M	21.6	32.8			

表 16-61 　　　　　　圆弧齿同步带轮宽度 （JB/T 7512.2—2014）　　　　　　（单位：mm）

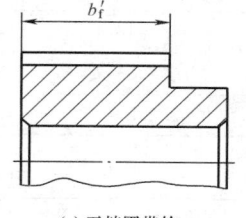
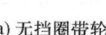

(a) 无挡圈带轮

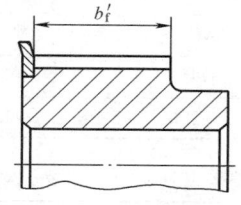

(b) 单边挡圈带轮

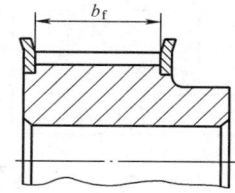

(c) 双边挡圈带轮

型号	带轮基本宽度	最小允许实际轮宽	
		双边挡圈 b_f	无挡圈或单边挡圈 b_f'
3M	6	8	11
	9	11	14
	15	17	20
5M	9	11	15
	15	17	21
	25	27	31
8M	20	22	30
	30	32	40
	50	53	60
	85	89	96

续表

型号	带轮基本宽度	最小允许实际轮宽	
		双边挡圈 b_f	无挡圈或单边挡圈 b_f'
14M	40	42	55
	55	58	70
	85	89	101
	115	120	131
	170	175	186
20M	115	120	134
	170	175	189
	230	235	251
	290	300	311
	340	350	361

表 16-62　　　　　带轮挡圈尺寸（JB/T 7512.2—2014）　　　（单位：mm）

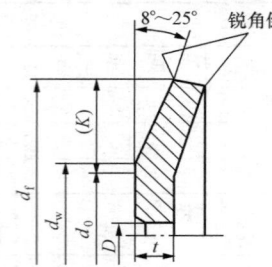

d_0—带轮外径

d_w—挡圈弯曲处直径，$d_w = (d_0 + 0.38) \pm 0.25$ (mm)

d_f—挡圈外径，$d_f = d_w + 2K$

D—挡圈与带轮配合孔直径

槽型	3M	5M	8M	14M	20M
挡圈最小高度 K	2.0～2.5	2.5～3.5	4.0～5.5	7.0～7.5	8.0～8.5
挡圈厚度 t	1.5～2.0	1.5～2.0	1.5～2.5	2.5～3.0	3.0～3.5

表 16-63　　　　　节距偏差（JB/T 7512.2—2014）　　　（单位：mm）

带轮外径 d_0	节距偏差	
	任意两相邻齿	90°弧内累积
≤25.40	±0.03	±0.05
>25.40～50.08		±0.08
>50.08～101.60		±0.10
>101.60～177.80		±0.13
>177.80～304.80		±0.15
>304.80～508.00		±0.18
>508.00		±0.20

表 16-64　　　　　带轮外径极限偏差（JB/T 7512.2—2014）　　　（单位：mm）

外径 d_0	≤25.4	>25.4～50.8	>50.8～101.6	>101.6～177.8	>177.8～304.8	>304.8～508.0	>508.0
极限偏差	+0.05 0	+0.08 0	+0.10 0	+0.13 0	+0.15 0	+0.18 0	+0.20 0

表 16-65	带轮轴向和径向圆跳动公差 （JB/T 7512.2—2014）	（单位：mm）

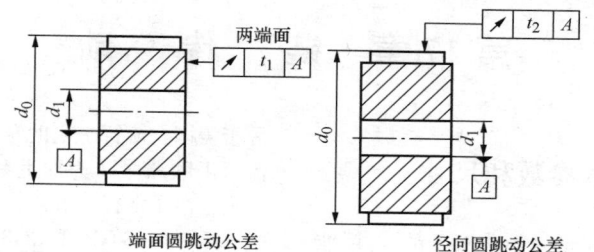

端面圆跳动公差　　　　　　径向圆跳动公差

外径 d_0	$\leqslant 101.6$	$>101.6 \sim 254.0$	>254.0	
轴向圆跳动公差 t_1	0.1	$d_0 \times 0.001$	$0.25 + (d_0 - 254) \times 0.0005$	
外径 d_0		$\leqslant 203.20$	>203.20	
径向圆跳动公差 t_2	铣刀法	0.13	$0.13 + (d_0 - 203.20) \times 0.0005$	
	成型刀铣切法	0.05	$0.05 + (d_0 - 203.20) \times 0.0005$	

表 16-66	带轮平行度、圆柱度公差 （JB/T 7512.2—2014）	（单位：mm）

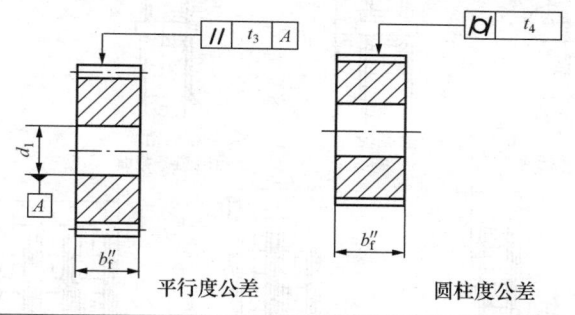

平行度公差　　　　　　　　圆柱度公差

带轮宽度 b_f （b_f''）	$\leqslant 10$		>10		
平行度公差 t_3	<0.01		$<b_f (b_f'') \times 0.001$		
带轮宽度 b_f''	$\leqslant 12.7$	$>12.7 \sim 38.1$	$>38.1 \sim 76.2$	$>76.2 \sim 127$	>127
圆柱度公差 t_4	0.01	0.02	0.04	0.05	0.06

第 17 章　链　传　动

17.1　滚子链的基本参数和尺寸

短节距传动用精密滚子链（简称滚子链），标准见 GB/T 1243—2006，见图 17-1～图 17-4 和表 17-1。内链号为用英制单位表示的节距，以 1in/16 为 1 个单位，将链号乘以 25.4mm/16，即为该型号链条的米制节距值。链号后缀有 A、B、H 三种，A 系列起源于美国，流行于全世界，B 系列起源于英国，主要流行于欧洲。H 为加重系列。按 GB/T 1243—2006 规定，滚子链标记方法：

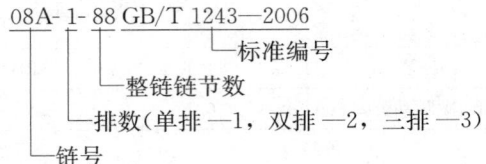

08A- 1- 88 GB/T 1243—2006
—— 标准编号
—— 整链链节数
—— 排数（单排—1，双排—2，三排—3）
—— 链号

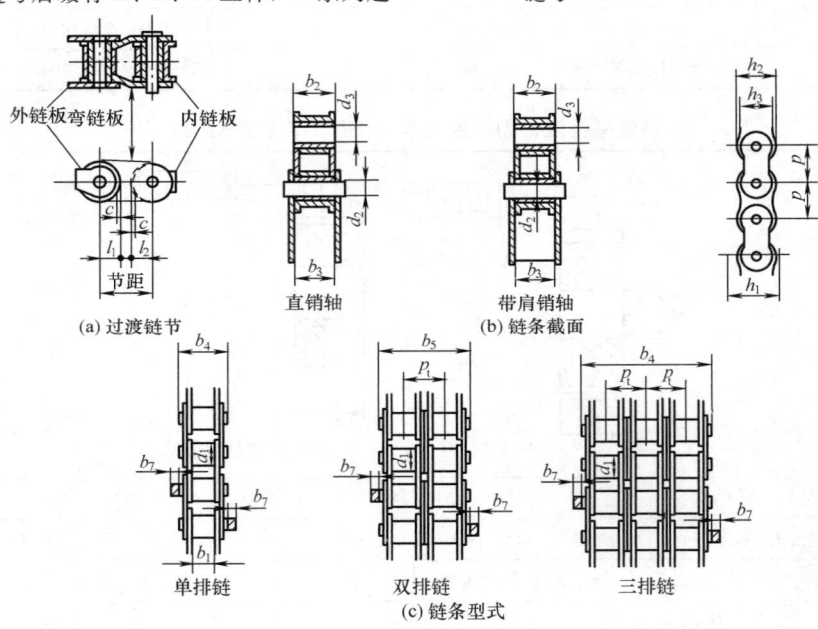

图 17-1　滚子链的基本参数和尺寸（GB/T 1243—2006）

尺寸 c 表示弯链板与直链板之间回转间隙。

链条通道高度 h_1 是装配好的链条要通过的通道最小高度。

用止锁零件接头的链条全宽是：当一端有带止锁件的接头时，对端部铆头销轴长度为 b_4、b_5 或 b_6 再加上 b_7（或带头销轴的加 $1.6b_7$），当两端都有止锁件时加 $2b_7$。

对三排以上的链条，其链条全宽为 b_4+p_1（链条排数-1）。

表 17-1　　　　链条主要尺寸、测量力、抗拉强度及动载强度

链号[1]	节距 p	滚子直径 d_1 max	内节内宽 b_1 min	销轴直径 d_2 max	套筒孔径 d_3 min	链条通道高度 h_1 min	排距 p	内节外宽 b_2 max	外节内宽 b_3 min	销轴长度			止锁件附加宽度[2] b_7 max	抗拉强度 F_u			动载强度[3][4][5] 单排 F_d min
										单排 b_4 max	双排 b_5 max	三排 b_6 max		单排 min	双排 min	三排 min	
	mm													kN			N
04C	6.35	3.30ᵍ	3.10	2.31	2.34	6.27	6.40	4.80	4.85	9.1	15.5	21.8	2.5	3.5	7.0	10.5	630
06C	9.525	5.08ᵍ	4.68	3.60	3.62	9.30	10.13	7.46	7.52	13.2	23.4	33.5	3	7.9	15.8	23.7	1410

续表

链号①	节距 p	滚子 直径 d_1 max	内节 内宽 b_1 min	销轴 直径 d_2 max	套筒 孔径 d_3 min	链条 通道 高度 h_1 min	排距 p	内节 外宽 b_2 max	外节 内宽 b_3 min	销轴长度			止锁件 附加 宽度② b_7 max	抗拉强度 F_u			动载 强度③④⑤ 单排 F_d min
										单排 b_4 max	双排 b_5 max	三排 b_6 max		单排 min	双排 min	三排 min	
						mm								kN			N
05B	8.00	5.00	3.00	2.31	2.36	7.37	5.64	4.77	4.90	8.6	14.3	19.9	3.1	4.4	7.8	11.1	820
06B	9.525	6.35	5.72	3.28	8.33	8.52	10.24	8.53	8.66	13.5	23.8	84.0	3.3	8.9	16.9	24.9	1290
08A	12.70	7.92	7.85	3.98	4.00	12.33	14.38	11.17	11.23	17.8	32.3	46.7	3.9	13.9	27.8	41.7	2480
08B	12.70	8.51	7.75	4.45	4.50	12.07	13.92	11.30	11.43	17.0	31.0	44.9	3.9	17.8	31.1	44.5	2480
081	12.70	7.75	3.30	3.66	3.71	10.17	—	5.80	5.93	10.2	—	—	1.5	8.0	—	—	
083	12.70	7.75	4.88	4.09	4.14	10.56	—	7.90	8.03	12.9	—	—	1.5	11.6	—	—	
084	12.70	7.75	4.88	4.09	4.14	11.41	—	8.80	8.93	14.8	—	—	1.5	15.6	—	—	
085	12.70	7.77	6.25	3.60	3.62	10.17	—	9.06	9.12	14.0	—	—	2.0	6.7	—	—	1340
10A	15.875	10.16	9.40	5.09	5.12	15.35	18.11	13.84	13.89	21.8	39.9	57.9	4.1	21.8	43.6	65.4	3850
10B	15.875	10.16	9.65	5.08	5.13	14.99	16.59	13.28	13.41	19.6	36.2	52.8	4.1	22.2	44.5	66.7	3330
12A	19.05	11.91	12.57	5.96	5.98	18.34	22.78	17.75	17.81	26.9	49.8	72.6	4.6	31.3	62.6	93.9	5490
12B	19.05	12.07	11.68	5.72	5.77	16.39	19.46	15.62	15.75	22.7	42.2	61.7	4.6	28.9	57.8	86.7	3720
16A	25.40	15.88	15.75	7.94	7.96	24.39	29.29	22.60	22.66	33.5	62.7	91.9	5.4	55.6	111.2	166.8	9550
16B	25.40	15.88	17.02	8.28	8.33	21.34	31.88	25.45	25.58	36.1	68.0	99.9	5.4	60.0	106.0	160.0	9530
20A	31.75	19.05	18.90	9.54	9.56	30.48	35.76	27.45	27.51	41.1	77.0	113.0	6.1	87.0	174.0	261.0	14 600
20B	31.75	19.05	19.56	10.19	10.24	26.68	36.45	29.01	29.14	43.2	79.7	116.1	6.1	95.0	170.0	250.0	13 500
24A	38.10	22.23	25.22	11.11	11.14	36.55	45.44	35.45	35.51	50.8	96.3	141.7	6.6	125.0	250.0	375.0	20 500
24B	38.10	25.40	25.40	14.63	14.68	33.73	48.36	37.92	38.05	53.4	101.8	150.2	6.6	160.0	280.0	425.0	19 700
28A	44.45	25.40	25.22	12.71	12.74	42.67	48.87	37.18	37.24	54.9	103.6	152.4	7.4	170.0	340.0	510.0	27 200
28B	44.45	27.94	30.99	15.90	15.95	37.46	59.56	46.58	46.71	65.1	124.7	184.3	7.4	200.0	360.0	530.0	27 100
32A	50.80	28.58	31.55	14.29	14.31	48.74	58.55	45.21	45.26	65.5	124.2	182.9	7.9	223.0	446.0	669.0	34 800
32B	50.80	29.21	30.99	17.81	17.86	42.72	58.55	45.57	45.70	67.4	126.0	184.5	7.9	250.0	450.0	670.0	29 900
36A	57.15	35.71	35.48	17.46	17.49	54.86	65.84	50.85	50.90	73.9	140.0	206.0	9.1	281.0	562.0	843.0	44 500
40A	63.50	39.68	37.85	19.85	19.87	60.93	71.55	54.88	54.94	80.3	151.9	223.5	10.2	347.0	694.0	1041.0	53 600
40B	63.50	39.37	38.10	22.89	22.94	53.49	72.29	55.75	55.88	82.6	154.9	227.2	10.2	355.0	630.0	950.0	41 800
48A	76.20	47.63	47.35	23.81	23.84	73.13	87.83	67.81	67.87	95.5	183.4	271.3	10.5	500.0	1000.0	1500.0	73 100
48B	76.20	48.26	45.72	29.24	29.29	64.52	91.21	70.56	70.69	99.1	190.4	281.6	10.5	560.0	1000.0	1500.0	63 600
56B	88.90	53.98	53.34	34.32	34.37	78.64	106.60	81.33	81.46	114.6	221.2	327.8	11.7	850.0	1600.0	2240.0	88 900
64B	101.60	63.50	60.96	39.40	39.45	91.08	119.89	92.02	92.15	130.9	250.8	370.7	14.3	1120.0	2000.0	3000.0	106 900
72B	114.30	72.39	68.58	44.48	44.53	104.67	136.27	103.81	103.94	147.4	283.7	420.0	14.3	1400.0	2500.0	3750.0	132 700
60H	19.05	11.91	12.57	5.96	5.98	18.34	26.11	19.43	19.48	30.2	56.3	82.4	4.6	31.3	62.6	93.9	6330
80H	25.40	15.88	15.75	7.94	7.96	24.39	32.59	24.28	24.33	37.4	70.0	102.6	5.4	55.6	112.2	166.8	10 700
100H	31.75	19.05	18.90	9.54	9.56	30.48	39.09	29.10	29.16	44.5	83.6	122.7	6.1	87.0	174.0	261.0	16 000
120H	38.10	22.23	25.22	11.11	11.14	36.55	48.87	37.18	37.24	55.0	103.9	152.9	6.6	125.0	250.0	375.0	22 200
140H	44.45	25.40	25.22	12.71	12.74	42.67	52.20	38.86	38.91	59.0	111.2	163.4	7.4	170.0	340.0	510.0	29 200
160H	50.80	28.58	31.55	14.29	14.31	48.74	61.90	46.88	46.94	69.4	131.3	193.2	7.9	223.0	446.0	669.0	36 900
180H	57.15	35.71	35.48	17.46	17.49	54.86	69.16	52.50	52.55	77.3	146.5	215.7	9.1	281.0	562.0	843.0	46 900
200H	63.50	39.68	37.85	19.85	19.87	60.93	78.31	58.29	58.34	87.1	165.4	243.7	10.2	347.0	694.0	1041.0	58 700
240H	76.20	47.63	47.35	23.81	23.84	73.13	101.22	74.54	74.60	111.4	212.6	313.8	10.5	500.0	1000.0	1500.0	84 400

① 对于高应力使用场合，不推荐使用过渡链节。

② 止锁件的实际尺寸取决于其类型，但都不应超过规定尺寸，使用者应从制造商处获取详细资料。

③ 动载强度值不适用于过渡链节、连接链节或带有附件的链条。

④ 双排链和三排链的动载试验不能用单排链的值按比例套用。

⑤ 动载强度值是基于5个链节的试样，不含 36A、40A、40B、48A、48B、56B、64B、72B、180H、200H 和 240H，这些链条是基于 3 个链节的试样。

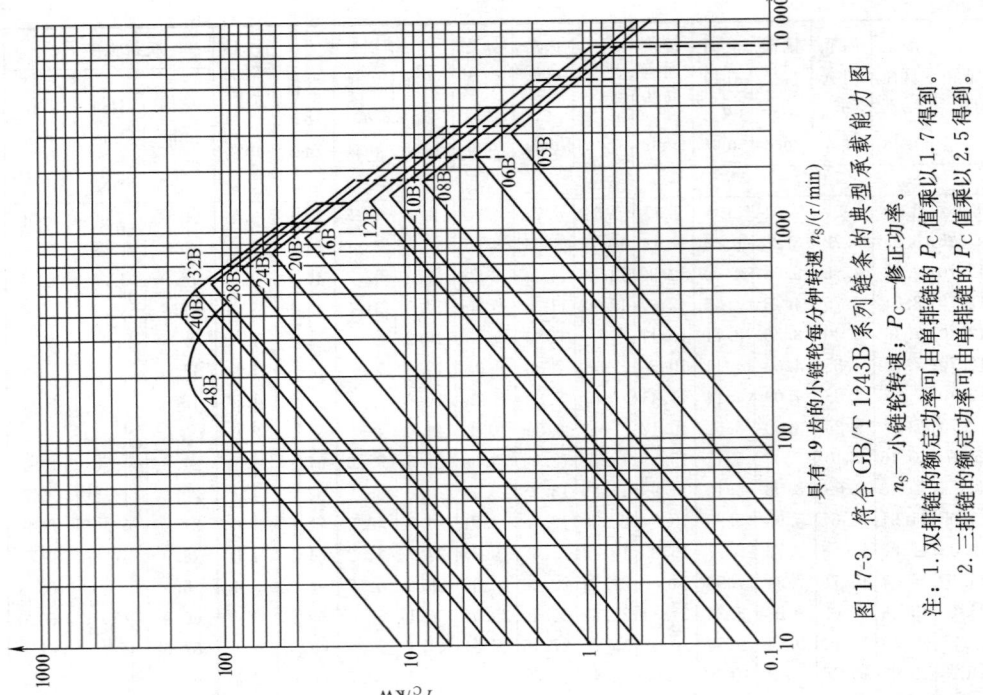

图 17-3 符合 GB/T 1243B 系列链条的典型承载能力图

n_s—小链轮转速；P_C—修正功率。

注：1. 双排链的额定功率可由单排链的 P_C 值乘以 1.7 得到。

2. 三排链的额定功率可由单排链的 P_C 值乘以 2.5 得到。

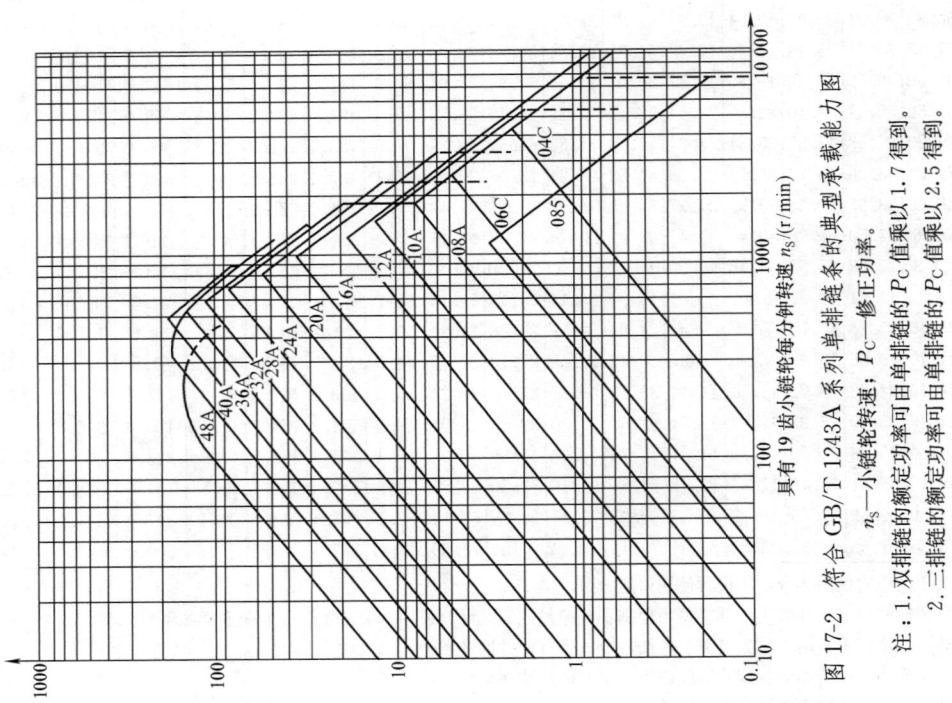

图 17-2 符合 GB/T 1243A 系列单排链条的典型承载能力图

n_s—小链轮转速；P_C—修正功率。

注：1. 双排链的额定功率可由单排链的 P_C 值乘以 1.7 得到。

2. 三排链的额定功率可由单排链的 P_C 值乘以 2.5 得到。

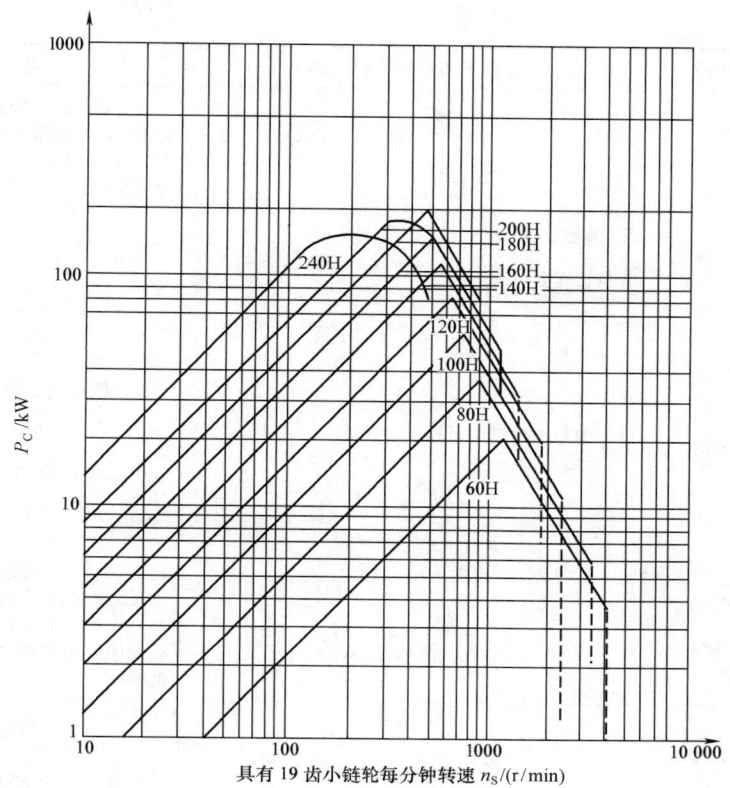

图 17-4 符合 GB/T 1243H 系列重载单排链条的典型承载能力图

n_S—小链轮转速；P_C—修正功率。

注 1：双排链的额定功率可由单排链的 P_c 值乘以 1.7 得到。

注 2：三排链的额定功率可由单排链的 P_c 值乘以 2.5 得到。

17.2 滚子链传动设计计算（见表 17-2）

表 17-2 滚子链传动的设计计算（GB/T 18150—2006）

项目	符号	单位	公式和参数选定			说 明
小链轮齿数 大链轮齿数	z_1 z_2		传动比 $i = \dfrac{n_1}{n_2} = \dfrac{z_2}{z_1}$ $z_{min} = 17$，$z_{max} = 114$			为传动平稳，链速增高时，应选较大 z_1，高速或受冲击载荷的链传动，z_1 至少选 25 齿，且链轮齿应淬硬
修正 功率	P_c	kW	$P_c = Pf_1f_2$ 计算 f_2 的公式：$f_2 = \left(\dfrac{19}{z_1}\right)^{1.08}$			P—输入功率（kW） f_1—工况系数（见表 17-3） f_2—小链轮齿数（z_1）系数
链条节距	p	mm	根据修正功率 P_c 和小链轮转速由图 17-2～图 17-4 选用合理的节距 p			为使传动平稳，在高速下，宜选用节距较小的双排或多排链。但应注意多排链传动对脏污和误差比较敏感
初定中心距	a_0	mm	推荐 $a_0 = (30 \sim 50)p$ 脉动载荷无张紧装置时，$a_0 < 25p$ $a_{0max} = 80p$			首先考虑结构要求定中心距 a_0，有张紧装置或托板时，a_0 可大于 $80p$；对中心距不能调整的传动，$a_{0min} = 30p$ 采用左边推荐的 a_{0min} 计算式，可保证小链轮的包角不小于 $120°$，且大小链轮不会相碰
			i	<4	$\geqslant 4$	
			a_{0min}	$0.2z_1(i+1)p$	$0.33z_1(i-1)p$	

项目	符号	单位	公式和参数选定	说　明
链长节数	X_0		$$X_0 = \frac{2a_0}{p} + \frac{z_1+z_2}{2} + \frac{f_3 p}{a_0}$$ 式中 $f_3 = \left(\dfrac{z_2-z_1}{2\pi}\right)^2$	X_0 应圆整成整数 X，宜取偶数，以避免过渡链节。有过渡链节的链条（X_0 为奇数时），其极限拉伸载荷为正常值的 80%
实际链条节数	X		X_0 圆整成 X 链条长度 $L = \dfrac{Xp}{1000} m$	说明见上
最大中心距（理论中心距）	a	mm	$$a = \frac{P}{4}\left(c + \sqrt{c^2 - 8f_3}\right)$$ 式中 $c = X - \dfrac{z_1+z_2}{2}$ 最大中心距也可用下列方法计算 $z_1 = z_2 = z$ 时（$i=1$） $$a = p\left(\frac{X-z}{2}\right)$$ $z_1 \neq z_2$ 时（$i \neq 1$） $$a = f_4 \times p[2X - (z_1+z_2)]$$	X—圆整成整数的链节数 f_4 的计算值见表 17-4，当 $\dfrac{X-z_1}{z_1-z_2}$ 在表中二相邻值之间时可采用线性插值计算
实际中心距	a'	mm	$$a' = a - \Delta a$$ $\Delta a = (0.002 \sim 0.004)a$	Δa 应保证链条松边有合适的垂度 $f = (0.01 \sim 0.03)a$ 对中心距可调的传动，Δa 可取较大的值
链速	v	m/s	$$v = \frac{z_1 n_1 p}{60 \times 1000} = \frac{z_2 n_2 p}{60 \times 1000}$$	$v \leqslant 0.6$ m/s 低速传动 $v > 0.6 \sim 8$ m/s 中速传动 $v > 8$ m/s 高速传动
有效圆周力	F	N	$$F = \frac{1000P}{v}$$	
作用于轴上的拉力	F_Q	N	对水平传动和倾斜传动 $$F_Q = (1.15 \sim 1.20)f_1 F$$ 对接近垂直布置的传动 $$F_Q = 1.05 f_1 F$$	
润滑				见图 17-5 和表 17-5
小链轮包角	α_1	(°)	$$\alpha_1 = 180° - \frac{(z_2-z_1)p}{\pi a} \times 57.3°$$	要求 $\alpha_1 \geqslant 120°$

表 17-3 　　　　　　**工况系数 f_1**（GB/T 18150—2006）

从动机运动特性		主动机械特性		
		平稳运转 例：电动机、汽轮机和燃气轮机、带有液力变矩器的内燃机	轻微冲击 例：汽缸数≥6 带机械式联轴器的内燃机，频繁起动的电动机（一日两次以上）	中等冲击 例：汽缸数<6 带机械式联轴器的内燃机
运动平稳	离心泵、压缩机、印刷机、平稳载荷的带式输送机、自动扶梯	1.0	1.1	1.3
轻微冲击	三缸或三缸以上往复式泵和压缩机，混凝土搅拌机、载荷不均匀的输送机	1.4	1.5	1.7
中等冲击	电铲、轧机和球磨机、单缸或双缸泵和压缩机、橡胶加工机械、石油钻采设备	1.8	1.9	2.1

表 17-4　f_4 的计算值（GB/T 18150—2006）

$\dfrac{X-z_1}{z_2-z_1}$	f_4	$\dfrac{X-z_1}{z_2-z_1}$	f_4	$\dfrac{X-z_1}{z_2-z_1}$	f_4
13	0.249 91	2.00	0.244 21	1.33	0.229 68
12	0.249 90	1.95	0.243 80	1.32	0.229 12
11	0.249 88	1.90	0.243 33	1.31	0.228 54
10	0.249 86	1.85	0.242 81	1.30	0.227 93
9	0.249 83	1.80	0.242 22	1.29	0.227 29
8	0.249 78	1.75	0.241 56	1.28	0.226 62
7	0.249 70	1.70	0.240 81	1.27	0.225 93
6	0.249 58	1.68	0.240 48	1.26	0.225 20
5	0.249 37	1.66	0.240 13	1.25	0.224 43
4.8	0.249 31	1.64	0.239 77	1.24	0.223 61
4.6	0.249 25	1.62	0.239 38	1.23	0.222 75
4.4	0.249 17	1.60	0.238 97	1.22	0.221 85
4.2	0.249 07	1.58	0.238 54	1.21	0.220 90
4.0	0.248 96	1.56	0.238 07	1.20	0.219 90
3.8	0.248 83	1.54	0.237 58	1.19	0.218 84
3.6	0.248 68	1.52	0.237 05	1.18	0.217 71
3.4	0.248 49	1.50	0.236 48	1.17	0.216 52
3.2	0.248 25	1.48	0.235 88	1.16	0.215 26
3.0	0.247 95	1.46	0.235 24	1.15	0.213 90
2.9	0.247 78	1.44	0.234 55	1.14	0.212 45
2.8	0.247 58	1.42	0.233 81	1.13	0.210 90
2.7	0.247 35	1.40	0.233 01	1.12	0.209 23
2.6	0.247 08	1.39	0.232 59	1.11	0.207 44
2.5	0.246 78	1.38	0.232 15	1.10	0.205 49
2.4	0.246 43	1.37	0.231 70	1.09	0.203 36
2.3	0.246 02	1.36	0.231 23	1.08	0.201 04
2.2	0.245 52	1.35	0.230 73	1.07	0.198 48
2.1	0.244 93	1.34	0.230 22	1.06	0.195 64

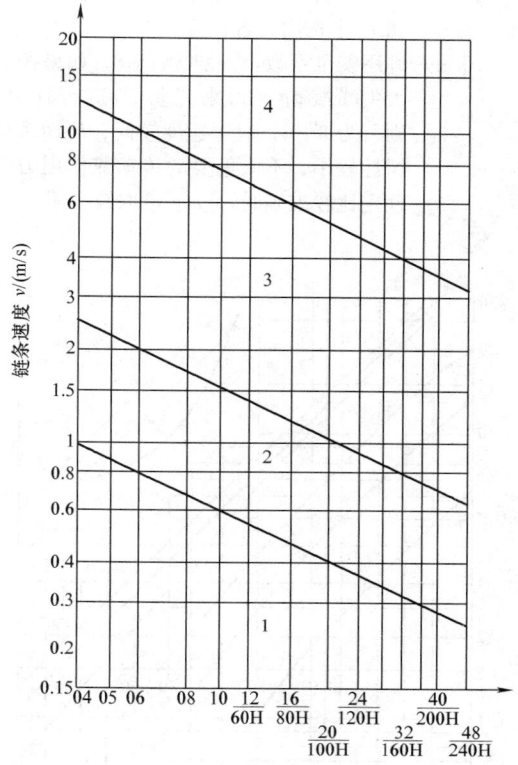

图 17-5　润滑范围选择图（GB/T 18150—2006）
A 系列/H 加重系列或 B 系列链号

17.3　润滑范围选择（见图 17-5）

范围 1：用油壶或油刷定期人工润滑。
范围 2：滴油润滑。
范围 3：油池润滑或油盘飞溅润滑。
范围 4：油泵压力供油润滑，带过滤器；必要时带油冷却器。

注：当链传动为密闭传动，并做高速、大功率传动时，则有必要使用油冷却器。

不同工作环境温度下的链传动用润滑油黏度等级见表 17-5。

表 17-5　滚子链传动用润滑油的黏度等级
（GB/T 18150—2006）

环境温度	$\geqslant-5℃$ $\leqslant+5℃$	$>+5℃$ $\leqslant+25℃$	$>+25℃$ $\leqslant+45℃$	$>+45℃$ $\leqslant+70℃$
润滑油的黏度级别	VG68 (SAE20)	VG100 (SAE30)	VG150 (SAE40)	VG220 (SAE50)

注：应保证润滑油不被污染，特别不能有磨料性微粒存在。

17.4　滚子链的静强度计算

在低速重载链传动中，链条的静强度占有主要地位。通常 $v<0.6$m/s 视为低速传动。如果低速链也按疲劳考虑，用额定功率曲线选择和计算，结果常不经济。因为额定功率曲线上各点其相应的条件性安全系数 n 大于 $8\sim20$，比静强度安全系数为大。

链条的静强度计算式为：

$$n=\frac{F_u}{f_1F+F_c+F_f}\geqslant[n]$$

式中　n——静强度安全系数；

　　F_u——链条抗拉强度（N），查表 17-1；

　　f_1——工况系数，查表 17-3；

　　F——有效拉力（即有效圆周力）(N)，查表 17-2；

　　F_c——离心力引起的拉力（N），其计算式为 $F_c=qv^2$；q 为链条每米质量（kg/m），见表 17-6；v 为链速（m/s）；当 $v<4$m/s 时，F_c 可忽略不计；

F_f——悬垂拉力（N），如图 17-6 所示，在 F_f' 和 F_f'' 中选用大者；

$[n]$——许用安全系数，一般为 4～8；如果按最大尖峰载荷 F_{max} 来代替 F 进行计算，则可为 3～6；对于速度较低、从动系统惯性较小、不太重要的传动或作用力的确定比较准确时，$[n]$ 可取较小值。

表 17-6		滚子链每米质量		
节距 p/mm	8.00	9.525	12.7	15.875
单排每米重量 q/(kg/m)	0.18	0.40	0.65	1.00
节距 p/mm	19.05	25.40	31.75	38.10
单排每米重量 q/(kg/m)	1.50	2.60	3.80	5.60
节距 p/mm	44.45	50.80	63.50	76.20
单排每米重量 q/(kg/m)	7.50	10.10	16.10	22.60

17.5　滚子链链轮

17.5.1　基本参数和主要尺寸（见表 17-7）

17.5.2　齿槽形状

　　滚子链与链轮的啮合属非共轭啮合，其链轮齿形的设计可以有较大的灵活性。GB/T 1243—2006 中没有规定具体的链轮齿形，仅仅规定了最大齿槽形状和最小齿槽形状及其极限参数，见表 17-8。凡在两个极限齿槽形状之间的各种标准齿形均可采用。试验和使用表明，齿槽形状在一定范围内变动，在一般工况下对链传动的性能不会有很大影响。这样安排不仅为不同使用要求情况时选择齿形参数留有较大的余地，也为研究发展更为理想的新齿形创造了条件，各种标准齿形的链轮之间也可以进行互换。

　　本书推荐一种三圆弧一直线齿形（或称凹齿形），其几何计算见表 17-9。这种齿形与滚子啮合时接触应力较小，作用角随齿数增加而增大，性能较好。它的缺点之一是切齿滚刀的制造比较麻烦。链轮也可用渐开线齿形。可用 GB/T 1243—2006 附录规定的刀具进行加工。

图 17-6　悬垂拉力的确定

表 17-7			滚子链链轮的基本参数和主要尺寸（GB/T 1243—2006）		（单位：mm）

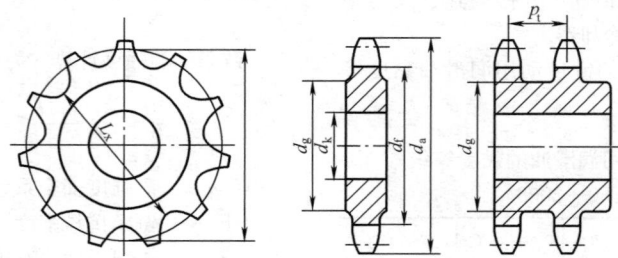

名　称		符号	计　算　公　式	说　明
基本参数	链轮齿数	z		设计计算结果（见表 17-2）
	配用链条的节距	p		设计计算结果（见表 17-1 和表 17-2）
	配用链条的滚子外径	d_1		
	配用链条的排距	p_t		

续表

名　　称	符号	计　算　公　式	说　　　明
分度圆直径	d	$$d=\dfrac{p}{\sin\dfrac{180°}{z}}$$	
齿顶圆直径	d_a	$$d_{a\max}=d+1.25p-d_1$$ $$d_{a\min}=d+\left(1-\dfrac{1.6}{z}\right)p-d_1$$ 若为三圆弧一直线齿形，则 $$d_a=p\left(0.54+\cot\dfrac{180°}{z}\right)$$	可在 $d_{a\max}$ 与 $d_{a\min}$ 范围内选取，但当选用 $d_{a\max}$ 时，应注意用展成法加工时有可能发生顶切
齿根圆直径	d_f	$$d_f=d-d_1$$	
分度圆弦齿高	h_a	$$h_{a\max}=0.625p-0.5d_1+\dfrac{0.8p}{z}$$ $$h_{a\min}=0.5\,(p-d_1)$$ 若为三圆弧一直线齿形，则 $$h_a=0.27p$$	h_a 查表 17-9 插图 h_a 是为简化放大齿形图的绘制而引入的辅助尺寸，$h_{a\max}$ 相应于 $d_{a\max}$，$h_{a\min}$ 相应于 $d_{a\min}$
最大齿根距离	L_x	奇数齿　$L_x=d\cos\dfrac{90°}{z}-d_1$ 偶数齿　$L_x=d_f=d-d_1$	
齿侧凸缘（或排间槽）直径	d_g	对链号为 04C 和 06C 的链条 $$d_g=p\cot\dfrac{180°}{z}-1.05h_2-1.00-2r_a$$ 对所有其他的链条 $$d_g<p\cot\dfrac{180°}{z}-1.04h_2-0.76\text{mm}$$	h_2——内链板高度 r_a——齿侧肩部圆角，查表 17-10

（主要尺寸）

注：d_a、d_g 计算值舍小数取整数，其他尺寸精确到 0.01mm。

表 17-8　　　　　**最大和最小齿槽形状**（GB/T 1243—2006）　　　　　（单位：mm）

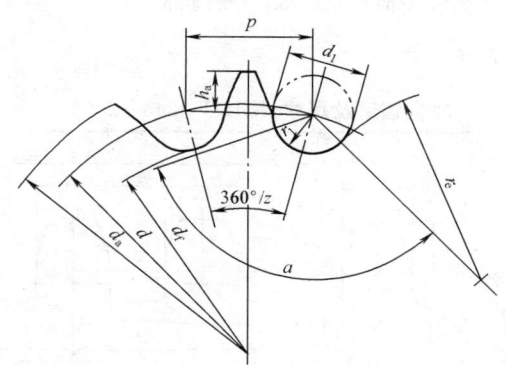

名　　称	符号	计　　算　　公　　式	
		最大齿槽形状	最小齿槽形状
齿侧圆弧半径	r_e	$r_{e\min}=0.008d_1\,(z^2+180)$	$r_{e\max}=0.12d_1\,(z+2)$
滚子定位圆弧半径	r_i	$r_{i\max}=0.505d_1+0.069\sqrt[3]{d_1}$	$r_{i\min}=0.505d_1$
滚子定位角	α	$\alpha_{\min}=120°-\dfrac{90°}{z}$	$\alpha_{\max}=140°-\dfrac{90°}{z}$

表 17-9 三圆弧—直线齿槽形状 （单位：mm）

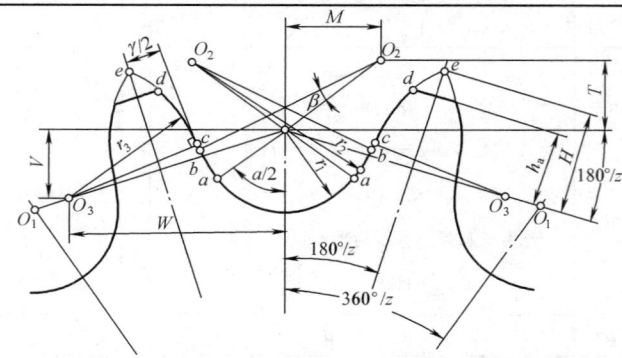

名 称	符 号	计 算 公 式
齿沟圆弧半径	r_1	$r_1 = 0.502\,5d_1 + 0.05$
齿沟半角/（°）	$\dfrac{\alpha}{2}$	$\dfrac{\alpha}{2} = 55° - \dfrac{60°}{z}$
工作段圆弧中心 O_2 的坐标	M	$M = 0.8d_1 \sin\dfrac{\alpha}{2}$
	T	$T = 0.8d_1 \cos\dfrac{\alpha}{2}$
工作段圆弧半径	r_2	$r_2 = 1.302\,5d_1 + 0.05$
工作段圆弧中心角/（°）	β	$\beta = 18° - \dfrac{56°}{z}$
齿顶圆弧中心 O_3 的坐标	W	$W = 1.3d_1 \cos\dfrac{180°}{z}$
	V	$V = 1.3d_1 \sin\dfrac{180°}{z}$
齿形半角	$\dfrac{\gamma}{2}$	$\dfrac{\gamma}{2} = 17° - \dfrac{64°}{z}$
齿顶圆弧半径	r_3	$r_3 = d_1\left(1.3\cos\dfrac{\gamma}{2} + 0.8\cos\beta - 1.302\,5\right) - 0.05$
工作段直线部分长度	bc	$bc = d_1\left(1.3\sin\dfrac{\gamma}{2} - 0.8\sin\beta\right)$
e 点至齿沟圆弧中心连线的距离	H	$H = \sqrt{r_3^2 - \left(1.3d_1 - \dfrac{p_0}{2}\right)^2}$、$p_0 = p\left(1 + \dfrac{2r_1 - d_1}{d}\right)$

注：齿沟圆弧半径 r_1 允许比表中公式计算的大 $0.001\,5d_1 + 0.06$mm。

17.5.3 轴向齿廓 （见表 17-10）

表 17-10 轴向齿廓及尺寸 （GB/T 1243—2006） （单位：mm）

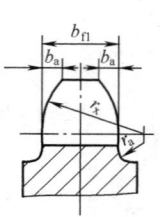 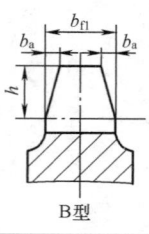 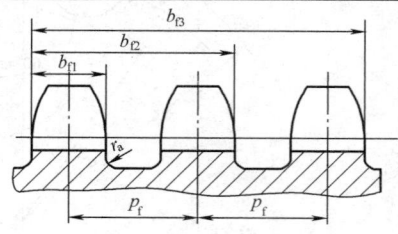

B 型

名 称		符 号	计 算 公 式		备 注
			$p \leqslant 12.7$	$p > 12.7$	
齿宽	单排	b_{f1}	$0.93b_1$	$0.95b_1$	$p > 12.7$ 时，经制造厂同意，亦可使用 $p \leqslant 12.7$ 时的齿
	双排、三排		$0.91b_1$	$0.93b_1$	宽。b_1—内链节内宽，查表 17-1，公差为 $h14$
	四排以上		$0.88b_1$		
齿侧倒角		b_a	$b_{a公称} = 0.06p$		适用于 081、083、084 规格链条
			$b_{a公称} = 0.13p$		适用于其余链条
齿侧半径		r_x	$r_{x公称} = p$		
齿全宽		b_{fm}	$b_{fm} = (m-1)p_t + b_{f1}$		m—排数

17.5.4 链轮公差（见表 17-11～表 17-13）

对一般用途的滚子链链轮，其轮齿经机械加工后，齿表面粗糙度 Ra 为 $6.3\mu m$。

表 17-11 滚子链链轮齿根圆直径极限偏差及量柱测量距极限偏差（GB/T 1243—2006）

项　　目	尺寸段	上偏差	下偏差	备　　注
齿根圆极限偏差量柱测量距极限偏差	$d_f\leqslant127$	0	-0.25	链轮齿根圆直径下偏差为负值。它可以用量柱法间接测量，量柱测量距 M_R 的公称尺寸值见表 17-12
	$127<d_f\leqslant250$	0	-0.30	
	$250<d_f$	0	h11	

表 17-12 滚子链链轮的量柱测量距 M_R（GB/T 1243—2006）

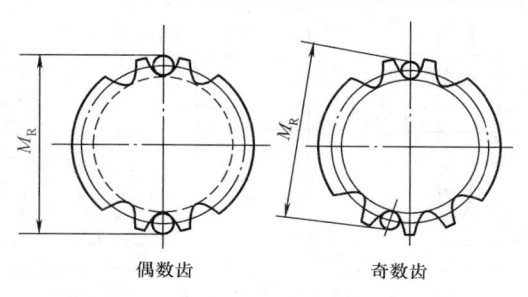

偶数齿　　　　　　奇数齿

项　　目	符　　号
量柱测量距	M_R
量柱直径	d_R
M_R 计 算 公 式	
偶数齿	$M_R=d+d_{Rmin}$
奇数齿	$M_R=d\cos\dfrac{90°}{z}+d_{Rmin}$

注：量柱直径 d_R＝滚子外径 d_1。量柱的技术要求为：极限偏差为 $^{+0.01}_{0}$。

表 17-13 滚子链链轮齿根圆径向圆跳动和端面圆跳动（GB/T 1243—2006）

项　　目	要　　求
链轮孔和根圆直径之间的径向圆跳动量	不应超过下列两数值中的较大值（0.000 8d_f+0.08）mm 或 0.15mm 最大到 0.76mm
轴孔到链轮齿侧平直部分的端面圆跳动量	不应超过下列计算值（0.000 9d_f+0.08）mm 最大到 1.14mm 对焊接链轮，如果上式计算值小，可采用 0.25mm

17.5.5 链轮材料及热处理（见表 17-14）

表 17-14 链轮材料及热处理

材　　料	热处理	齿面硬度	应 用 范 围
15、20	渗碳、淬火、回火	50～60HRC	$z\leqslant25$ 有冲击载荷的链轮
35	正火	160～200HBW	$z>25$ 的主、从动链轮
45、50 45Mn、ZG310-570	淬火、回火	40～50HRC	无剧烈冲击振动和要求耐磨损的主、从动链轮
15Cr、20Cr	渗碳、淬火、回火	55～60HRC	$z<30$ 传递较大功率的重要链轮
40Cr、35SiMn、35CrMo	淬火、回火	40～50HRC	要求强度较高和耐磨损的重要链轮
Q235、Q275	焊接后退火	≈140HBW	中低速、功率不大的较大链轮
不低于 HT200 的灰铸铁	淬火、回火	260～280HBW	$z>50$ 的从动链轮以及外形复杂或强度要求一般的链轮
夹布胶木			$P<6kW$，速度较高，要求传动平稳、噪声小的链轮

17.5.6　链轮结构

　　小尺寸的链轮采用表 17-15 所列的整体式结构，大链轮可做成板式齿圈的焊接结构或装配结构，见图 17-7。

　　大型链轮除按表 17-16 和表 17-17 外，也可采用轮辐式铸造结构，轮辐剖面可用椭圆形或十字形，可参考铸造齿轮结构。

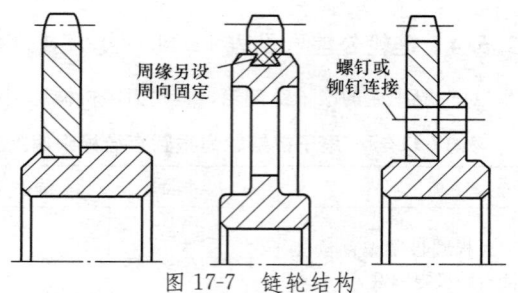

图 17-7　链轮结构

表 17-15　　　　　整体式钢制小链轮主要结构尺寸　　　　　　（单位：mm）

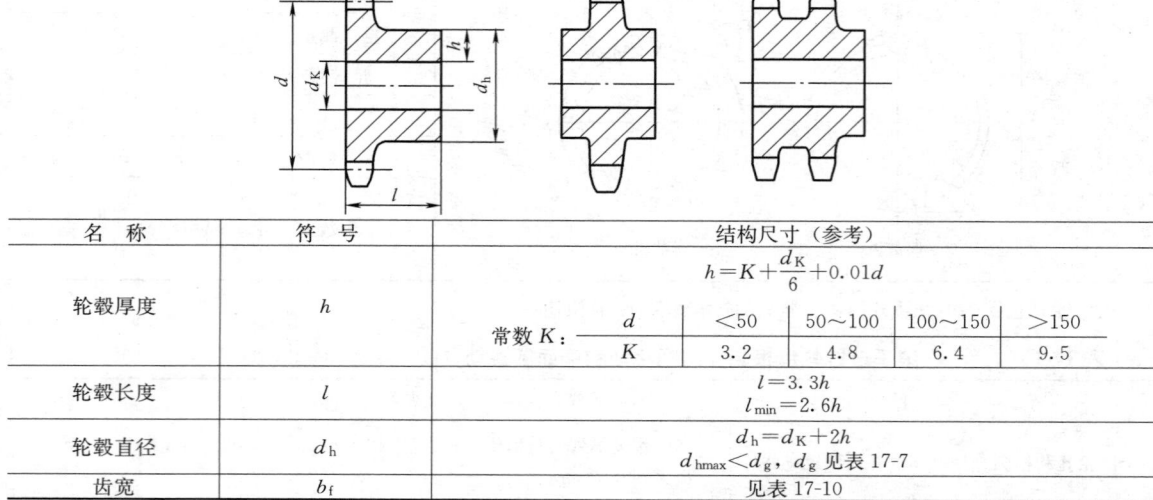

名　称	符　号	结构尺寸（参考）			
轮毂厚度	h	$h=K+\dfrac{d_K}{6}+0.01d$			
		常数 K： $\begin{array}{c\|cccc} d & <50 & 50\sim100 & 100\sim150 & >150 \\ \hline K & 3.2 & 4.8 & 6.4 & 9.5 \end{array}$			
轮毂长度	l	$l=3.3h$ $l_{min}=2.6h$			
轮毂直径	d_h	$d_h=d_K+2h$ $d_{hmax}<d_g$，d_g 见表 17-7			
齿宽	b_f	见表 17-10			

表 17-16　　　　　腹板式、单排铸造链轮主要结构尺寸　　　　　　（单位：mm）

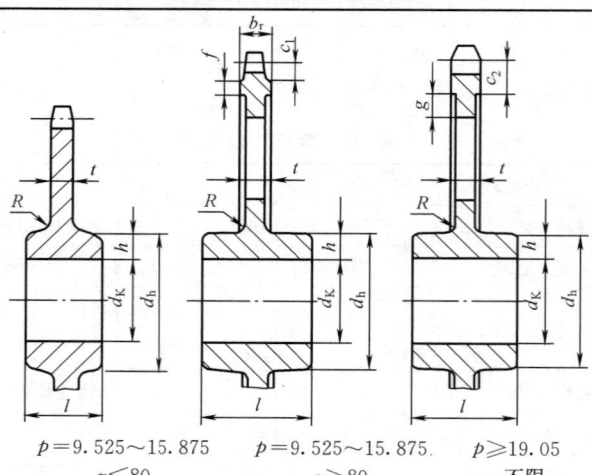

$p=9.525\sim15.875$　　　　$p=9.525\sim15.875$　　　　$p\geqslant19.05$
$z\leqslant80$　　　　　　　　　$z>80$　　　　　　　　　　z 不限

名　称	符　号	结构尺寸（参考）
轮毂厚度	h	$h=9.5+\dfrac{d_K}{6}+0.01d$
轮毂长度	l	$l=4h$
轮毂直径	d_h	$d_h=d_K+2h$，$d_{hmax}<d_g$，d_g 查表 17-7
齿侧凸缘宽度	b_r	$b_r=0.625p+0.93b_1$，b_1—内链节内宽，查表 17-1

名　称	符　号	结构尺寸（参考）					
轮缘部分尺寸	c_1	$c_1 = 0.5p$					
	c_2	$c_2 = 0.9p$					
	f	$f = 4 + 0.25p$					
	g	$g = 2t$					
圆角半径	R	$R = 0.04p$					
腹板厚度	t	p	9.525 12.7	15.875 19.05	25.4 31.75	38.1 44.45	50.8 63.5	76.2
		t	7.9 9.5	10.3 11.1	12.7 14.3	15.9 19.1	22.2 28.6	31.8

表 17-17　　　　　　　　腹板式多排铸造链轮主要结构尺寸　　　　　　（单位：mm）

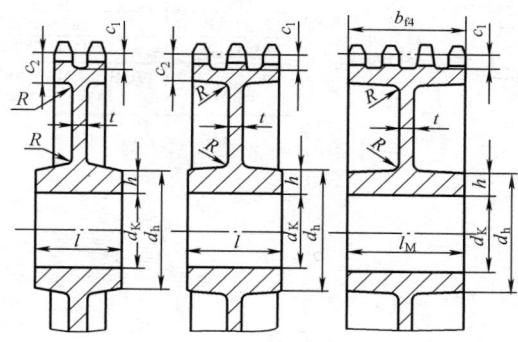

名　称	符　号	结构尺寸（参考）					
圆角半径	R	$R = 0.5t$					
轮毂长度	l	$l = 4h$ 对四排链，$l_M = b_{f4}$，b_{f4} 见表 17-1					
腹板厚度	t	p	9.525	12.7	15.585	19.05	25.4	31.75
		t	9.5	10.3	11.1	12.7	14.3	15.9
		p	38.1	44.45	50.8	63.5	76.2	
		t	19.1	22.2	25.4	31.8	38.1	
其余结构尺寸		同表 17-16					

17.5.7　链轮图例（见图 17-8）

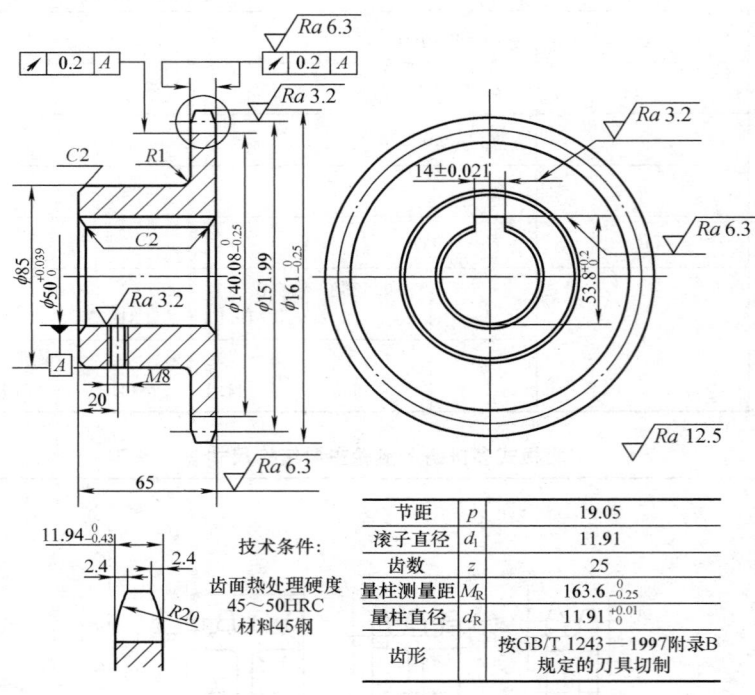

技术条件：
齿面热处理硬度
45～50HRC
材料45钢

节距	p	19.05
滚子直径	d_1	11.91
齿数	z	25
量柱测量距	M_R	$163.6^{\ 0}_{-0.25}$
量柱直径	d_R	$11.91^{+0.01}_{\ 0}$
齿形		按GB/T 1243—1997附录B 规定的刀具切制

图 17-8　小链轮工作图示例

第18章 减 速 器

18.1 减速器的主要类型及特点（见表18-1）

表 18-1   减速器的主要类型及特点

类别	齿形	级数和布置形式	传动简图	传动比	特点及应用
圆柱齿轮减速器	渐开线齿廓（有直齿、斜齿和人字齿）、圆弧齿廓（有斜齿和人字齿）	单级水平轴	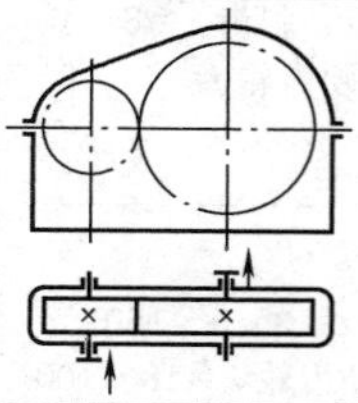	调质齿轮 $i \leqslant 7.1$；淬硬齿轮 $i \leqslant 6.3$（$i \leqslant 5.6$ 较好）	效率高，工艺简单，精度容易保证。轴线可作成水平布置、上下布置或铅垂布置 直齿用于 $v \leqslant 8m/s$ 的低速传动或轻载传动中；斜齿可用于高速（v 可达 $50m/s$）传动中；人字齿用于大型重载减速器中
		单级立轴	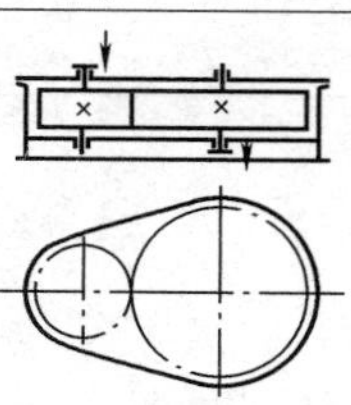		
		二级展开式	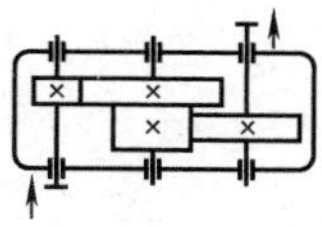	$i = 7.1 \sim 31.5$ （$i = 6.3 \sim 20$ 较好）	齿轮相对于轴承位置不对称，因此当轴产生弯曲变形时，载荷沿齿宽分布不均，则要求轴有较大刚度 它是二级减速器中结构最简单、应用最广泛的一种
		二级分流式	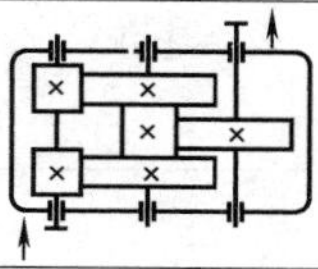	$i = 7.1 \sim 50$	高速级为对称布置的左、右旋斜齿轮，低速级可采用人字齿或直齿。载荷沿齿宽分布均匀。用于较大功率、变载场合
		二级同轴式	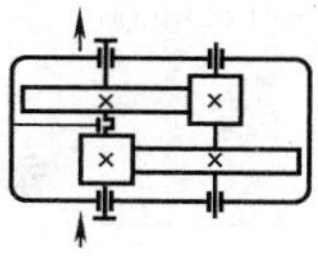	$i = 7.1 \sim 31.5$	输入轴和输出轴布置在同一轴线上，长度方向尺寸减小，轴向尺寸加大，中间轴较长，刚性较差。当传动比分配适当时，二级大齿轮浸油深度大致相同 轴线可以水平、上下、铅垂布置
		三级展开式	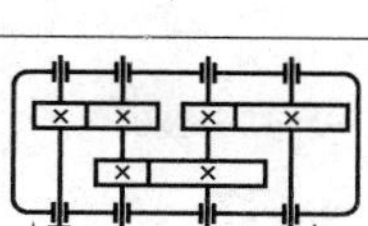	$i = 28 \sim 180$ （$i = 22.5 \sim 100$ 较好）	同两级展开式
		三级分流式	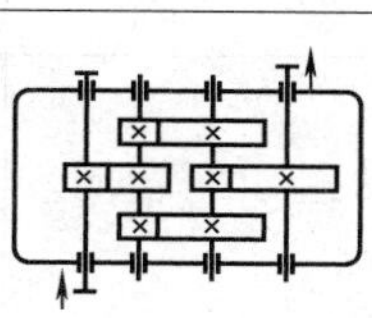	$i = 28 \sim 315$	同两级分流式

类别	齿 形	级数和布置形式	传 动 简 图	传 动 比	特 点 及 应 用
圆锥、圆锥—圆柱齿轮减速器	直齿、斜齿、曲齿	单级		直齿 $i \leqslant 5$ 曲齿、斜齿 $i \leqslant 8$ 淬硬齿轮 $i \leqslant 5$	输入轴与输出轴轴线垂直相交，制造、安装复杂，成本高，仅在设备布置需要时才选用 有水平式和立式
		二级		直齿 $i = 6.3 \sim 31.5$ 曲齿、斜齿 $i = 8 \sim 40$ 淬硬齿轮 $i = 5 \sim 16$	特点同单级。锥齿轮应放高速级，否则加工困难。圆柱齿轮可为直齿或斜齿
		三级		$i = 35.5 \sim 160$ 淬硬齿轮 $i = 18 \sim 100$	同两级圆锥—圆柱齿轮减速器
蜗杆、蜗杆—圆柱齿轮减速器	圆柱蜗杆 阿基米德螺旋线蜗杆（已被淘汰）、圆弧齿圆柱蜗杆（尼曼蜗杆）、锥面包络圆柱蜗杆	蜗杆下置式		$i = 10 \sim 80$	蜗杆布置在蜗轮的下边，有利于啮合处及蜗杆轴承处的润滑，但当蜗杆圆周速度较高时，搅油损失大，一般用于蜗杆圆周速度 $v < 5\text{m/s}$ 的场合
		蜗杆上置式			蜗杆布置在蜗轮的上边，装拆方便，但蜗杆轴承润滑不方便。一般用于蜗杆圆周速度 $v > 5\text{m/s}$ 的场合
		蜗杆侧置式		$i = 5 \sim 100$	蜗杆放在蜗轮侧面，蜗轮轴是竖直的。对蜗轮输出轴处密封要求高。一般用于水平旋转机构的传动
	环面蜗杆 直廓环面蜗杆、平面包络环面蜗杆（含平面二次包络环面蜗杆）	二级蜗杆减速器		$i = 43 \sim 3600$	传动比大，结构紧凑，但效率低，为使高速级和低速级传动的浸油深度大致相等，可取 $$a_1 \approx \frac{a_2}{2}$$ 式中 a_1—高速级中心距 a_2—低速级中心距
		齿轮—蜗杆减速器		$i = 15 \sim 480$	齿轮在高速级，结构紧凑。为使高速级和低速级传动浸油深度大致相等，可取 $$a_1 \approx \frac{a_2}{2}$$ 式中 a_1—高速级中心距 a_2—低速级中心距
		蜗杆—齿轮减速器		$i = 50 \sim 250$	蜗杆在高速级，传动效率比齿轮在高速级时高

续表

类别	齿形	级数和布置形式		传 动 简 图	传动比	特 点 及 应 用
NGW型行星齿轮减速器	渐开线齿廓，多为直齿，有时用人字齿	单级		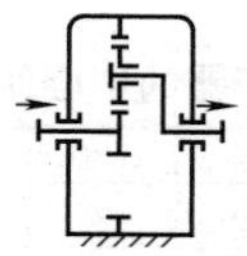	$i=2.8\sim12.5$	与普通圆柱齿轮减速器比较，体积和质量可减少50%左右，效率提高3%，但结构较复杂，制造精度要求高。广泛用于要求结构紧凑的动力传动中
		二级		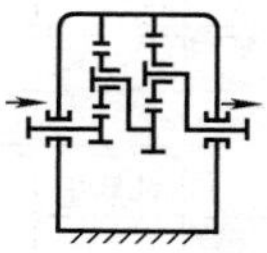	$i=14\sim160$	
少齿差行星减速器	渐开线	单级	Z型少齿差	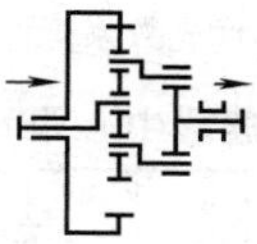	$i=10\sim160$	传动比范围大，结构紧凑；齿形易加工，装拆方便；平均效率90% 行星轮的中心轴承受径向力较大
			三环减速器	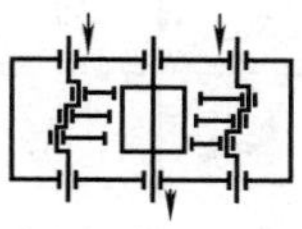	$i=11\sim99$	传动比范围大，若组合为二级三环减速器传动比可达9801；结构紧凑、体积小；噪声低；过载能力强；承载能力高，输出转矩可达400kN·m；使用寿命长；零件类型少，造价低；派生系列多，适用性强
摆线针轮行星减速器	短幅外摆线	单级		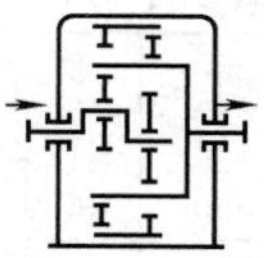	$i=11\sim87$	传动比大，若两级$i=121\sim7500$；传动效率高，$\eta=0.9\sim0.94$；传动平稳，噪声小；结构紧凑，体积小，是普通减速器的50%～80%；过载和耐冲击力强，寿命长；制造工艺复杂，需用专门机床加工
谐波传动行星减速器	渐开线	单级	刚轮固定，波发生器主动，柔轮输出	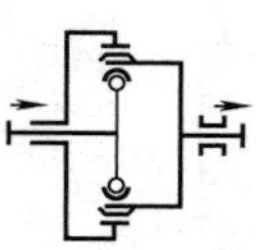	$i=50\sim500$ （含柔轮固定，波发生器主动，刚轮输出）	传动比范围大；零件少，体积小，比一般齿轮减速器体积和质量减少20%～25%；承载能力大；传动效率高，当$i=100$时，$\eta=90\%$；$i=400$时，$\eta=80\%$；制造工艺复杂
			波发生器固定，柔轮主动，刚轮输出	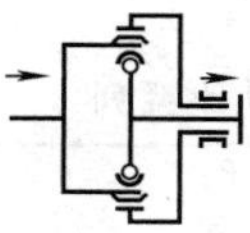	$i=1.00\sim1.02$	

18.2　圆柱齿轮减速器的基本参数

18.2.1　中心距（见表18-2～表18-4）

表 18-2　　　　　　　　一级减速器和二级同轴线式减速器的中心距 a　　　　　　（单位：mm）

系列1	63	—	71	—	80	—	90	—	100	—	112	—	125	—
系列2	—	67	—	75	—	85	—	95	—	106	—	118	—	132
系列1	140	—	160	—	180	—	200	—	224	—	250	—	280	—
系列2	—	150	—	170	—	190	—	212	—	236	—	265	—	300
系列1	315	—	355	—	400	—	450	—	500	—	560	—	630	—
系列2	—	335	—	375	—	425	—	475	—	530	—	600	—	670
系列1	710	—	800	—	900	—	1000	—	1120	—	1250	—	1400	—
系列2	—	750	—	850	—	950	—	1060	—	1180	—	1320	—	1500

注：1. 优先选用系列1。

　　2. 当表中数值不够选用时，允许系列1按R20、系列2按R40优先数系延伸。

表 18-3　　　　　　　二级减速器的总中心距 a 与高、低速级中心距 a_1、a_2　　　　　（单位：mm）

系列1	a_2	100	112	125	140	160	180	200	224	250	280	315	355
	a_1	71	80	90	100	112	125	140	160	180	200	224	250
	a	171	192	215	240	272	305	340	384	430	480	539	605
系列2	a_2	106	118	132	150	170	190	212	236	265	300	335	375
	a_1	75	85	95	106	118	132	150	170	190	212	236	265
	a	181	203	227	256	288	322	362	406	455	512	571	640
系列1	a_2	400	450	500	560	630	710	800	900	1000	1120	1250	1400
	a_1	280	315	355	400	450	500	560	630	710	800	900	1000
	a	680	765	855	960	1080	1210	1360	1530	1710	1920	2150	2400
系列2	a_2	425	475	530	600	670	750	850	950	1060	1180	1320	
	a_1	300	353	375	425	475	530	600	670	750	850	950	
	a	725	810	905	1025	1145	1280	1450	1620	1810	2030	2270	

表 18-4　　　　　三级减速器的总中心距 a 与高、中、低速级中心距 a_1、a_2、a_3　　　　（单位：mm）

系列1	a_3	140	160	180	200	224	250	280	315	355	400	450
	a_2	100	112	125	140	160	180	200	224	250	280	315
	a_1	71	80	90	100	112	125	140	160	180	200	224
	a	311	352	395	440	496	555	620	699	785	880	989
系列2	a_3	150	170	190	212	236	265	300	335	275	425	475
	a_2	106	118	132	150	170	190	212	236	265	300	335
	a_1	75	85	95	106	118	132	150	170	190	212	236
	a	331	373	417	468	524	587	662	741	830	937	1046
系列1	a_3	500	560	630	710	800	900	1000	1120	1250	1400	
	a_2	355	400	450	500	560	630	710	800	900	1000	
	a_1	250	280	315	355	400	450	500	560	630	710	
	a	1105	1240	1395	1565	1760	1980	2210	2480	2780	3110	
系列2	a_3	530	600	670	750	850	950	1060	1180	1320		
	a_2	375	425	475	530	600	670	750	850	950		
	a_1	265	300	335	375	425	475	530	600	670		
	a	1170	1325	1480	1655	1875	2095	2340	2630	2940		

18.2.2　传动比（见表18-5和表18-6）

表 18-5　　　　　　　　　　　　圆柱齿轮减速器公称传动比系列

1.25	1.4	1.6	1.8	2	2.24	2.5	2.8	3.15	3.55	4	4.5	5
5.6	6.3	7.1	8	9	10	11.2	12.5	14	16	18	20	22.4
25	28	31.5	35.5	40	45	50	56	63	71	80	90	100
112	125	140	160	180	200	224	250	280	315			

表 18-6　　　　　　　　　　　减速器实际传动比允许偏差 $|\Delta i|$

减速器级数	1	2	3
传动比范围	1.25～7.1	6.3～56	22.4～315
传动比允许偏差	≤3%	≤4%	≤5%

18.2.3　齿宽系数 ϕ_a（见表 18-7）

表 18-7　　　　　　　　　　　齿宽系数 ϕ_a 系列

0.2	0.25	0.3	0.35	0.4	0.45	0.5	0.6

注：$\phi_a = \dfrac{b}{a}$；a—本齿轮副传动中心距；b—工作齿宽，对人字齿轮（双斜齿轮）为一个斜齿轮的工作齿宽。

18.2.4　减速器的传动比分配（见表 18-8）

表 18-8　　　　　　　　　确定多级减速器传动比的推荐方法

减速器型式	分配传动比的基本原则	传动比分配计算
二级展开式圆柱齿轮减速器	使二级齿轮传动的承载能力接近相等（一般指出面接触强度）使减速器获得最小的外形尺寸和重量及有利润滑条件	$i_1 = \dfrac{i - C\sqrt[3]{i}}{C\sqrt[3]{i} - 1}$ $C = \dfrac{a_2}{a_1}\sqrt[3]{\left(\dfrac{[\sigma_{H2}]}{[\sigma_{H1}]}\right)^2 \dfrac{\phi_2}{\phi_1}}$ 式中　$[\sigma_{H1}]$、$[\sigma_{H2}]$—小、大齿轮许用接触应力； 　ϕ_1、ϕ_2—高低速级齿宽系数，$\phi_1 = b_1/a_1$，$\phi_2 = b_2/a_2$，b_1、b_2 为高、低速级齿宽
	使二级传动的大齿轮浸入油中深度大致相等，润滑简便	$i_1 = (1.14 \sim 1.23)\sqrt{i}$
同轴式二级圆柱齿轮减速器	使二级大齿轮直径相接近，浸油深度相等	$i_1 \approx i_2$，或 $i_1 = \sqrt{i} - (0.01 \sim 0.05)i$
二级圆锥-圆柱齿轮减速器	避免大锥齿轮尺寸过大，制造困难	$i_1 \approx 0.25i \leqslant 3$
	要求二级传动大齿轮浸油深度大致相等	$i_1 = 3.5 \sim 4$
二级蜗杆传动减速器	使 $a_1 \approx a_2/2$	$i_1 = i_2 = \sqrt{i}$
齿轮-蜗杆减速器	使箱体结构紧凑和便于润滑	$i_1 \leqslant 2 \sim 2.5$
蜗杆-齿轮减速器	使高速级传动有较高效率	$i_2 = (0.03 \sim 0.06)i$
三级圆柱齿轮减速器	按各级齿轮齿面接触强度相等，较小的外形尺寸和重量	i_1、i_2 由图（a）确定
三级圆锥-圆柱齿轮减速器		i_1、i_2 由图（b）确定

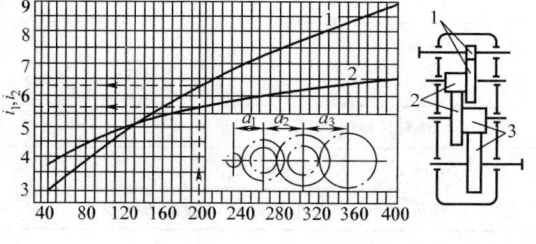

(a)

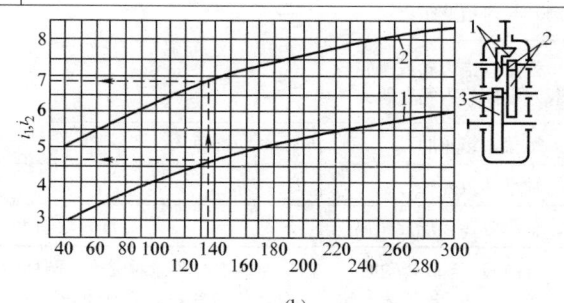

(b)

注：i—减速器总传动比；i_1、i_2、i_3—分别为由高速级至低速级的各级传动比。

18.3 减速器结构设计资料

18.3.1 铸铁箱体的结构和尺寸（见表 18-9）

表 18-9　　　　　铸铁减速器箱体的主要结构和尺寸（见图 18-1 和图 18-2）

名　称	符号		减速器的形式及尺寸关系/mm		
			齿轮减速器	锥齿轮减速器	蜗杆减速器
箱座壁厚	δ	一级	$0.025a+1 \geqslant 8$	$0.0125(d_{1m}+d_{2m})+1 \geqslant 8$ 或 $0.01(d_1+d_2)+1 \geqslant 8$	$0.04a+3 \geqslant 8$
		二级	$0.025a+3 \geqslant 8$	d_1、d_2— 小、大锥齿轮的大端直径	
		三级	$0.025a+5 \geqslant 8$	d_{1m}、d_{2m}— 小、大锥齿轮的平均直径	
箱盖壁厚	δ_1	一级	$0.02a+1 \geqslant 8$	$0.01(d_{1m}+d_{2m})+1 \geqslant 8$ 或 $0.0085(d_1+d_2)+1 \geqslant 8$	蜗杆在上：$\approx \delta$ 蜗杆在下：$=0.85\delta$ $\geqslant 8$
		二级	$0.02a+3 \geqslant 8$		
		三级	$0.02a+5 \geqslant 8$		
箱盖凸缘厚度	b_1		$1.5\delta_1$		
箱座凸缘厚度	b		1.5δ		
箱座底凸缘厚度	b_2		2.5δ		
地脚螺钉直径	d_f		$0.036a+12$	$0.018(d_{1m}+d_{2m})+1 \geqslant 12$ 或 $0.015(d_1+d_2)+1 \geqslant 12$	$0.36a+12$
地脚螺钉数目	n		$a \leqslant 250$ 时，$n=4$ $a>250 \sim 500$ 时，$n=6$ $a>500$ 时，$n=8$	$n=\dfrac{\text{底凸缘周长之半}}{200 \sim 300} \geqslant 4$	4
轴承旁连接螺栓直径	d_1		$0.75d_f$		
盖与座连接螺栓直径	d_2		$(0.5 \sim 0.6)\,d_f$		
连接螺栓 d_2 的间距	l		$150 \sim 200$		
轴承端盖螺钉直径	d_3		$(0.4 \sim 0.5)\,d_f$		
视孔盖螺钉直径	d_4		$(0.3 \sim 0.4)\,d_f$		
定位销直径	d		$(0.7 \sim 0.8)\,d_2$		
凸台高度	h		根据低速级轴承座外径确定		
外箱壁至轴承座端面距离	l_1		$C_1+C_2+(5 \sim 10)$		
大齿轮顶圆（蜗轮外圆）与内箱壁距离	Δ_1		$>1.2\delta$		
齿轮（锥齿轮或蜗轮轮毂）端面与内箱壁距离	Δ_2		$>\delta$		
箱盖、箱座肋厚	m_1、m		$m_1 \approx 0.85\delta_1$；$m \approx 0.85\delta$		
轴承端盖外径	D_2		$D+(5 \sim 5.5)\,d_3$；D—轴承外径		
轴承旁连接螺栓距离	S		尽量靠近轴承，注意保证 Md_1 和 Md_3 互不干涉，一般取 $S \approx D_2$		

注：1. 多级传动时，a 取低速级中心距。对圆锥—圆柱齿轮减速器，按圆柱齿轮传动中心距取值。

2. 焊接箱体的箱壁厚度约为铸造箱体壁厚的 0.7～0.8 倍。

3. C_1，C_2，R_1 见表 18-10。

4. 几种常见的齿轮减速器结构见表 18-11。

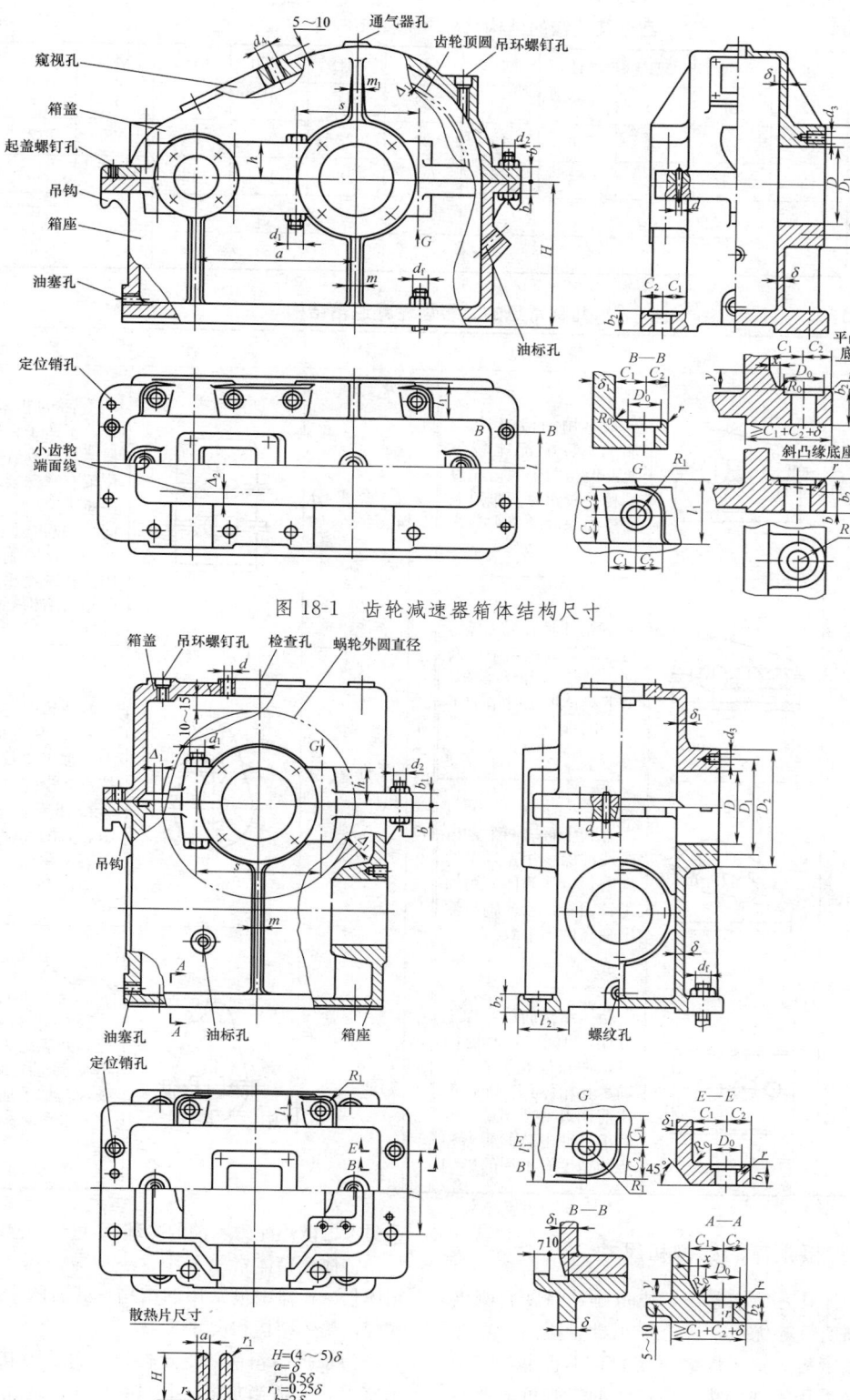

图 18-1 齿轮减速器箱体结构尺寸

图 18-2 蜗杆减速器箱体结构尺寸

表 18-10　　　　凸台及凸缘的结构尺寸（见图 18-1 和图 18-2）　　　　（单位：mm）

螺栓直径	M6	M8	M10	M12	M14	M16	M18	M20	M22	M24	M27	M30
C_{1min}	12	14	16	18	20	22	24	26	30	34	38	40
C_{2min}	10	12	14	16	18	20	22	24	26	28	32	35
D_0	13	18	22	26	30	33	36	40	43	48	53	61
R_{0max}	5					8				10		
r_{max}	3					5				8		

表 18-11　　　　几种常见的二级齿轮减速箱结构

结构特点	简图	特点	结构特点	简图	特点
卧式减速箱 展开式，水平分箱面	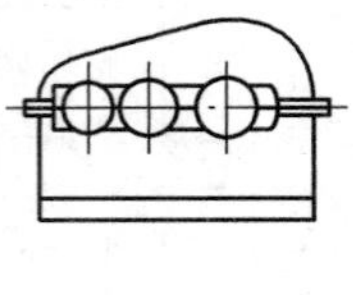	最常用的结构型式、加工、装配都比较方便，但当两个大齿轮直径相差较大时，难以兼顾浸油深度的要求	立式减速箱 水平分箱面	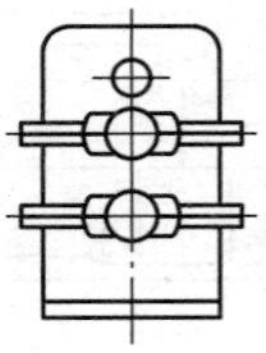	上面的齿轮润滑困难，不适于采用油浴润滑。只当输入、输出轴位置有特殊要求（在同一垂直线上而高度不同），或占地面积要求受到严格限制时，才采用这种减速箱。有两个分箱面结构复杂
展开式，水平分箱面，下体箱底凸缘抬高	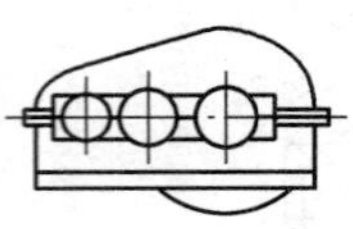	下箱体底凸缘抬高，可以降低减速箱中心高度，减小了油池容积，但下箱加工时增加了一些困难	垂直分箱面	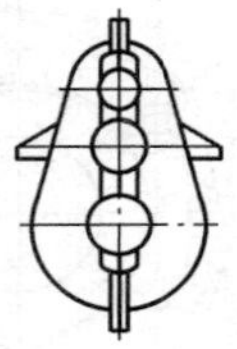	减速箱的各轴承位于同一个垂直的分箱面上，加工比较容易，支持点在中间，可以满足有特殊安装基面的要求，装配方便，但分箱面容易漏油
展开式，倾斜分箱面	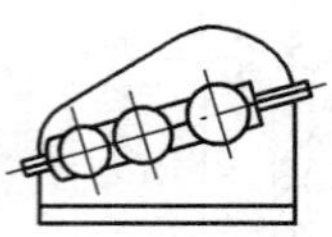	有利于解决两个大齿轮浸油深度相差过多的问题，但下箱体分箱加工较困难，输入轴与输出轴高度不一致	水平、垂直组合分箱面	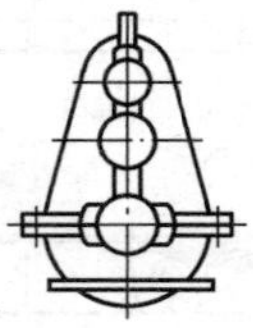	箱体由三块组合而成，既满足装配方便又不易漏油，但结构复杂，增加了加工的难度
整体式箱体	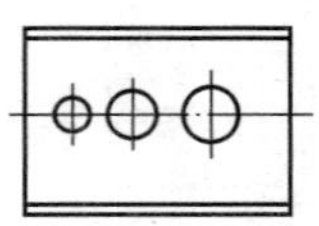	箱体结构简单，加工方便，但装配比较困难，轴和齿轮的配合、轴承和箱体孔的配合都比前面几种要松一些，对承受冲击载荷能力和传动精度有不利的影响			

18.3.2　焊接箱体的结构和尺寸

焊接箱体具有结构紧凑，质量小，强度和刚度大，生产周期短等优点，适合于小批量生产。箱体一般用低碳钢板焊成，焊缝要密封，不得漏油。通常焊缝不必采用等强接头，角焊缝的焊脚可取壁板厚度的 1/3～1/2，加强肋和隔板角焊缝可更小或用间断焊。焊后一般需要消除内应力处理。箱体设计还要考虑散热能力和油的冷却。

整体式箱体常用于中、小型减速器上。剖分式箱体是减速器中最常用的结构形式。图 18-3 是剖分式焊接箱体结构和尺寸图。

为了提高箱壁的稳定性，改善受力状况，在轴承座上，应适当加肋。图 18-4（a）适用于轴承座受力较小的情况。图 18-4（b）、（c）适用于受重载荷的轴承座。

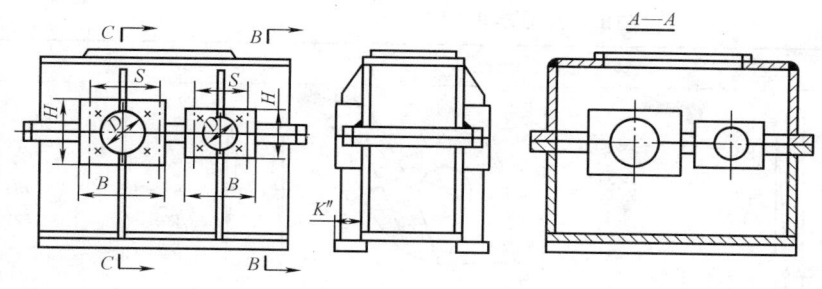

箱壁厚度约为铸造箱体的 0.7 倍左右
$H = D + (5 \sim 5.5) d_3$
$B = S + 2C_2$
d_3—轴承端盖螺钉直径
K，K'，K'' 按相应螺栓的扳手空间，由 $(C_1 + C_2)$ 确定
C_1、C_2 由表 18-10 确定

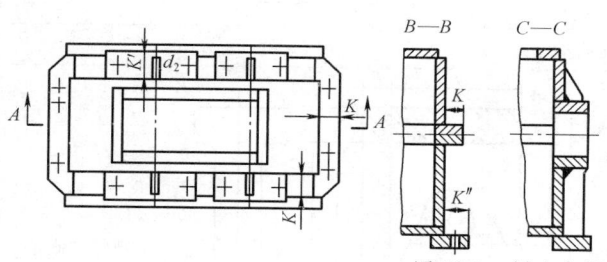

图 18-3 剖分式焊接箱体结构

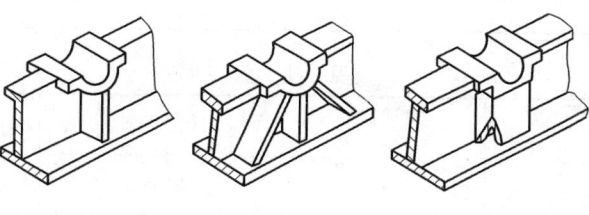

(a)   (b)   (c)

图 18-4 单壁极剖分式轴承座加肋形式

18.3.3 减速器附件（见表 18-12～表 18-19）

表 18-12	杆 式 油 标	（单位：mm）

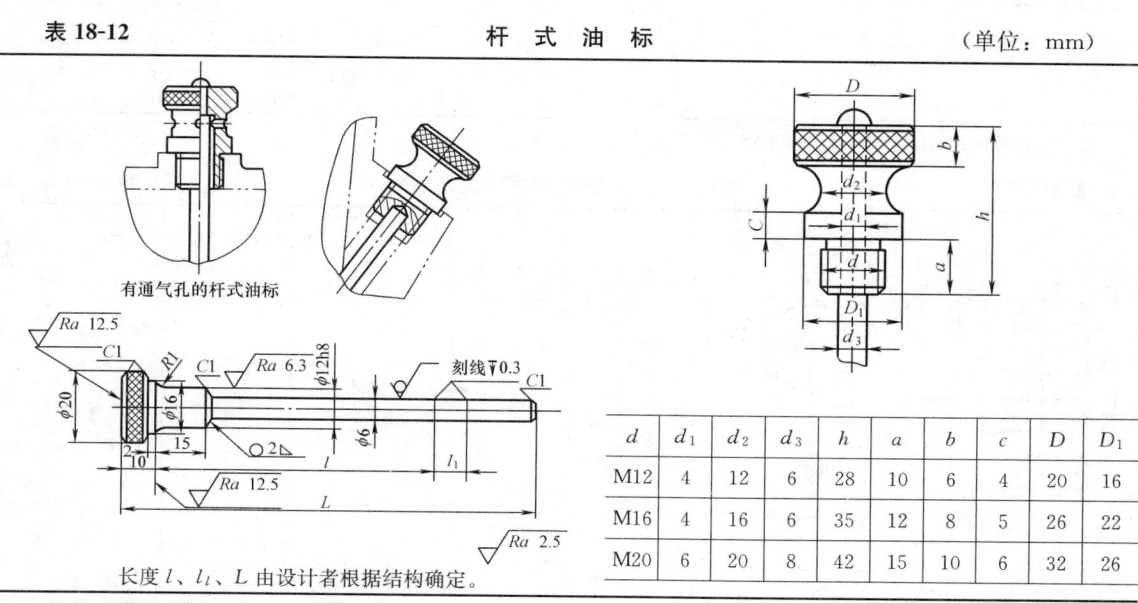

有通气孔的杆式油标

长度 l、l_1、L 由设计者根据结构确定。

d	d_1	d_2	d_3	h	a	b	c	D	D_1
M12	4	12	6	28	10	6	4	20	16
M16	4	16	6	35	12	8	5	26	22
M20	6	20	8	42	15	10	6	32	26

注：杆式油标是一种结构简单的油面指示器，通过杆上两条刻线来检查油面的合适位置。减速器的其他油标形式可查第 12 章有关内容。

表 18-13   **起重吊耳和吊钩**

吊耳（在箱盖上铸出）

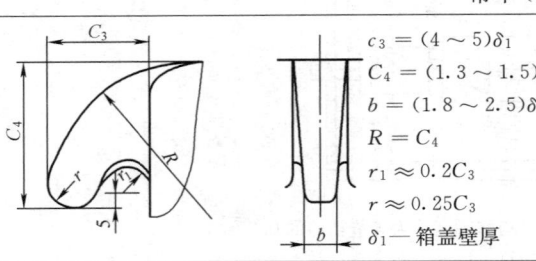

$c_3 = (4 \sim 5)\delta_1$
$C_4 = (1.3 \sim 1.5)C_3$
$b = (1.8 \sim 2.5)\delta_1$
$R = C_4$
$r_1 \approx 0.2C_3$
$r \approx 0.25C_3$
δ_1 —箱盖壁厚

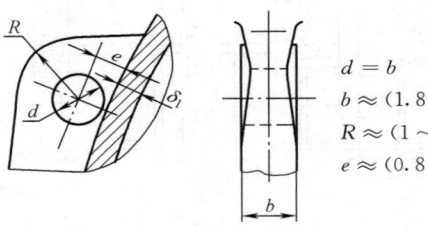

$d = b$
$b \approx (1.8 \sim 2.5)\delta_1$
$R \approx (1 \sim 1.2)d$
$e \approx (0.8 \sim 1)d$

吊钩（在箱座上铸出）

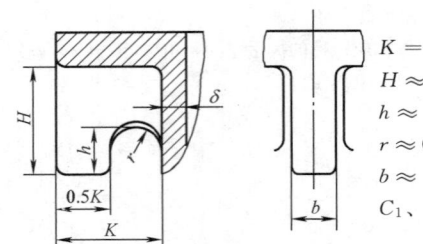

$K = C_1 + C_2$
$H \approx 0.8K$
$h \approx 0.5H$
$r \approx 0.25K$
$b \approx (1.8 \sim 2.5)\delta$
C_1、C_2—见表 18-12

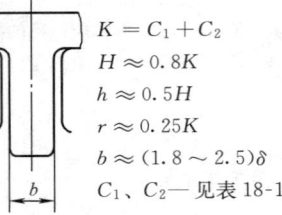

$K = C_1 + C_2$
$H \approx 0.8K$
$h \approx 0.5H$
$r \approx K/6$
$b \approx (1.8 \sim 2.5)\delta$
H_1—按结构确定
C_1、C_2— 见 表 18-12

表 18-14   **视 孔 盖**   （单位：mm）

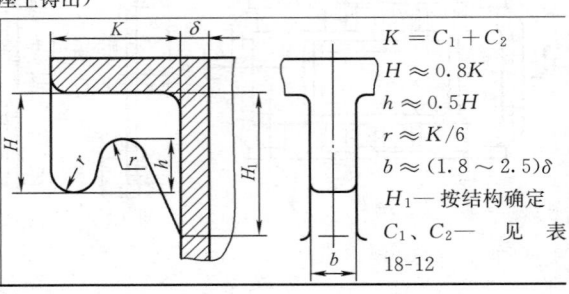

减速器中心距 a、a_Σ			l_1	l_2	b_1	b_2	d 直径	d 孔数	δ	R
单级 $a \leqslant$		150	90	75	70	55	7	4	4	5
		250	120	105	90	75	7	4	4	5
		350	180	163	140	125	7	8	4	5
		450	200	180	180	160	11	8	4	10
		500	220	200	200	180	11	8	4	10
		700	270	240	220	190	11	8	6	15
二级 $a_\Sigma \leqslant$	三级 $a_\Sigma \leqslant$									
250	350		140	125	120	105	8	4	4	5
425	500		180	165	140	125	7	8	4	5
500	650		220	190	160	130	11	8	4	15
650	825		270	240	180	150	11	6	15	15
850	1100		350	320	220	190	11	10	10	15
1100	1250		420	390	260	230	13	10	10	15

注：视孔和视孔盖用于检查传动件的啮合情况及向箱中注油之用。

表 18-15   **外六角螺塞、纸封油圈、皮封油圈**   （单位：mm）

外六角螺塞

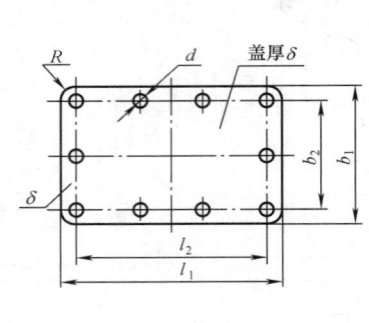

油圈

d	d_1	D	e	s	L	h	b	b_1	R	C	D_0	H 纸圈	H 皮圈
M10×1	8.5	18	12.7	11	20	10				0.7	18		
M12×1.25	10.2	22	15	13	24		3				22		
M14×1.5	11.8	23	20.8	18	25	12		3		1.0		2	2
M18×1.5	15.8	28			27						25		
M20×1.5	17.8	30	24.2	21		15			1		30		
M22×1.5	19.8	32	27.7	24	30						32		
M24×2	21	34	31.2	27	32	16	4				35		
M27×2	24	38	34.6	30	35	17		4		1.5	40	3	2.5
M30×2	27	42	39.3	34	38	18					45		

标记示例：螺塞 M20×1.5   JB/ZQ 4450—1997
        油圈 30×20   （D_0=30、d=20 的纸封油圈）
        油圈 30×20   （D_0=30、d=20 的皮封油圈）

$\sqrt{Ra\ 25}$

材料：纸封油圈—石棉橡胶纸；皮封油圈—工业用革；螺塞—Q235

表 18-16 通气器的结构形式及其尺寸 （单位：mm）

提手式通气器	通 气 塞

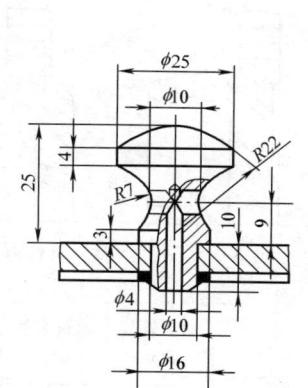

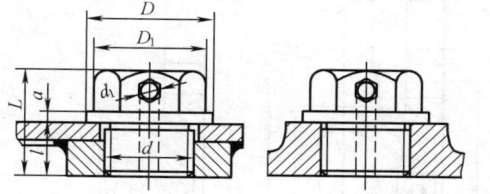

s—螺母扳手宽度

d	D	D_1	s	L	l	a	d_1
M12×1.25	18	16.5	14	19	10	2	4
M16×1.5	22	19.6	17	23	12	2	5
M20×1.5	30	25.4	22	28	15	4	6
M22×1.5	32	25.4	22	29	15	4	7
M27×1.5	38	31.2	27	34	18	4	8
M30×2	42	36.9	32	36	18	4	8
M33×2	45	36.9	32	38	20	4	8
M36×3	50	41.6	36	46	25	5	8

通 气 帽

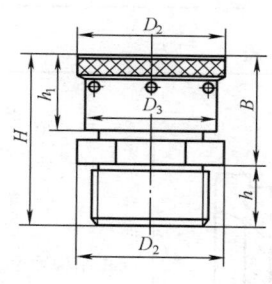

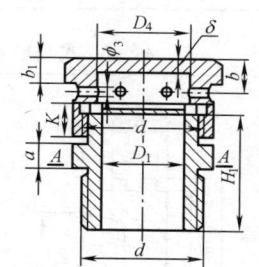

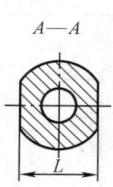

d	D_1	B	h	H	D_2	H_1	a	δ	K	b	h_1	b_1	D_3	D_4	L	孔数
M27×1.5	15	≈30	15	≈45	36	32	6	4	10	8	22	6	32	18	32	6
M36×2	20	≈40	20	≈60	48	42	8	4	12	11	29	8	42	24	41	6
M48×3	30	≈45	25	≈70	62	52	10	5	15	13	32	10	56	36	55	8

通 气 罩

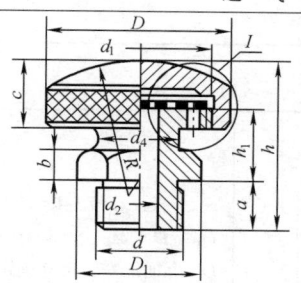

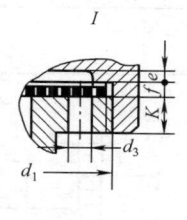

s—螺母扳手宽度

d	d_1	d_2	d_3	d_4	D	h	a	b	c	h_1	R	D_1	s	K	e	f
M18×1.5	M33×1.5	8	3	16	40	40	12	7	16	18	40	25.4	22	6	2	2
M27×1.5	M48×1.5	12	4.5	24	60	54	15	10	22	24	60	36.9	32	7	2	2
M36×1.5	M64×1.5	16	6	30	80	70	20	13	28	32	80	53.1	41	10	3	3

注：通气器用于通气，使箱内外气压一致，以避免运转时箱内温度升高，内压增大，而引起箱内润滑油的渗漏。通气塞
　一般适用于小型、环境比较清洁及发热较少的减速器。通气帽、通气罩一般用在较大或环境较差的减速器上。

表 18-17 凸 缘 式 轴 承 盖 （单位：mm）

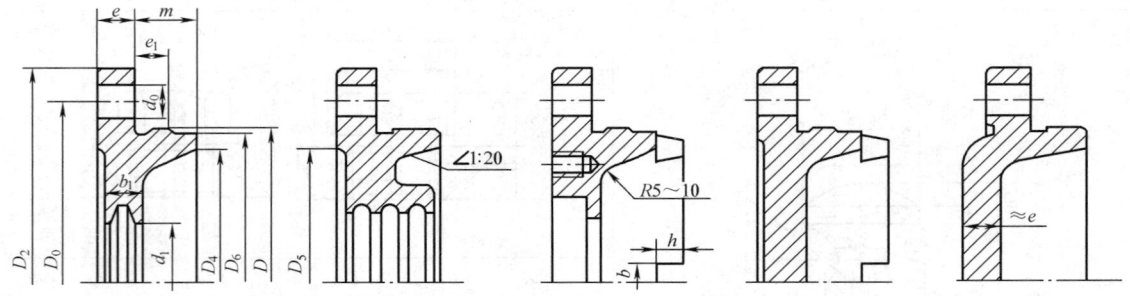

注：材料为 HT150

$d_0 = d_3 + 1$

d_3—轴承盖连接螺栓直径，尺寸见右表

$D_0 = D + 2.5d_3$

$D_2 = D_0 + 2.5d_3$

$e = 1.2d_3$

$e_1 \geqslant e$

m 由结构确定

$D_4 = D - (10 \sim 15)$

$D_5 = D_0 - 3d_3$

$D_6 = D - (2 \sim 4)$

b_1、d_1 由密封件尺寸确定

$b = 5 \sim 10$

$h = (0.8 \sim 1)b$

轴承外径 D	螺钉直径 d_3	螺钉数
45~65	6	4
70~100	8	4
110~140	10	6
150~230	12~16	6

表 18-18 嵌 入 式 轴 承 盖 （单位：mm）

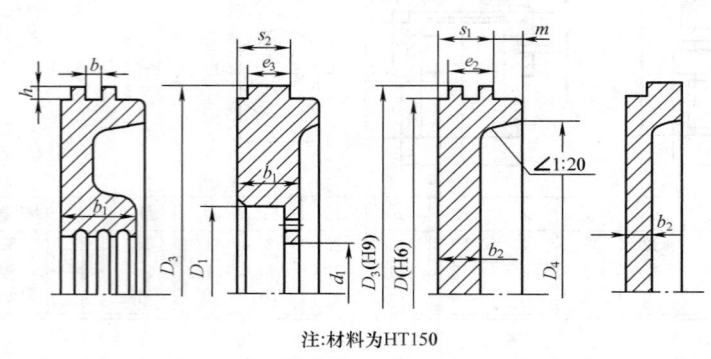

注:材料为HT150

$s_1 = 15 \sim 20$

$s_2 = 10 \sim 15$

$e_2 = 8 \sim 12$

$e_3 = 5 \sim 8$

m 由结构确定

$D_3 = D + e_2$，装有 O 形密封圈时，接 O 形密封圈外径取整（见表 12-24）

b、h 尺寸可取 4~8（见表 12-27）

$b_2 = 8 \sim 10$

其余尺寸由密封尺寸确定

表 18-19 套 杯 （单位：mm）

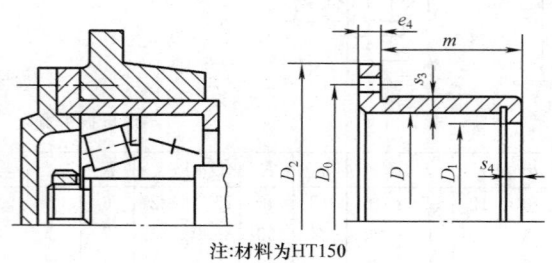

注:材料为HT150

s_3、s_4、$e_4 = 7 \sim 12$

$D_0 = D + 2s_3 + 2.5d_3$

D_1 由轴承安装尺寸确定

$D_2 = D_0 + 2.5d_3$

m 由结构确定

d_3 见表 18-19

注：套杯是放置和固定轴承位置用的。

18.3.4 减速器结构设计应注意的问题（见表 18-20）

表 18-20 减速器结构设计应注意的若干问题

注意问题	图 示	说 明
不对称齿轮轴系中，宜将小齿轮安排在远离转矩输入端	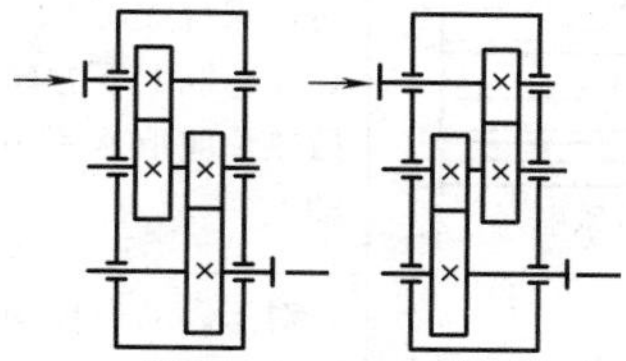 较差 　　 较好	齿轮在轴承间不对称布置，当轴弯曲和扭转变形后，会使轮齿沿齿宽载荷分布不均匀。当将小齿轮安排在远离转矩输入端，则由于扭转变形可以抵消一部分由轴的弯曲变形而引起的齿宽载荷不均匀现象，因而改善了齿面接触，提高了承载能力
传动功率很大时，宜采用双驱动式或中心驱动式减速器	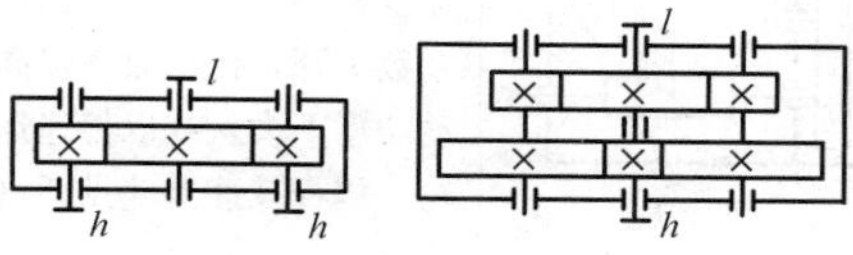 (a) 双驱动式 　 (b) 中心驱动式 （h—高速轴；l—低速轴）	传动功率很大时，除可采用分流式减速器（见表 18-1），还宜采用双驱动式或中心驱动式减速器，这类减速器的布置方式是由两对齿轮副分担载荷，因此有利于改善受力状况和降低传动尺寸。设计这种减速器时应设法采取自动平衡装置使各对齿轮副的载荷均匀分配，如采用滑动轴承或弹性支承
一级传动的传动比不可过大	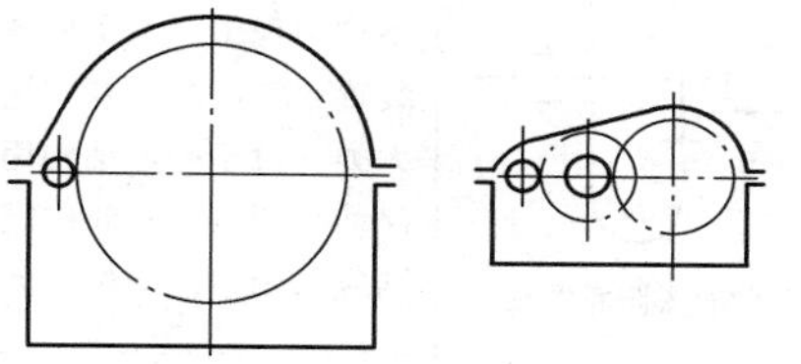 较差 　　 较好	一级传动比如果过大，大小齿轮相差悬殊，外廓尺寸就会很大，反而不如用两级传动合理，其尺寸和重量小很多。所以当传动比 $i \geqslant 8 \sim 10$ 时，一般应设计成二级传动；$i > 40$ 时，应设计成三级或三级以上的齿轮传动
各级传动大齿轮浸油深度大致相等，润滑简便	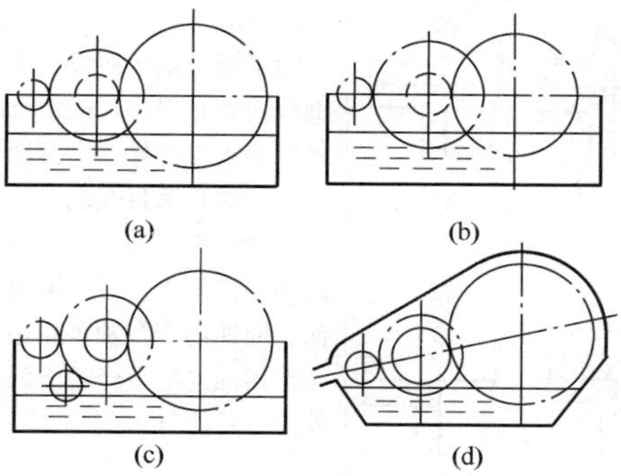 (a) 　 (b) 　 (c) 　 (d)	在二级或多级齿轮减速器中，为保证良好的润滑状况，通常应使各级传动大齿轮浸入油中深度近于相等，如果发生某一级大齿轮浸不到油，而另一级大齿轮又浸油过深［见图(a)］而增加搅油损失时，应采取措施改进 1）合理分配传动比（见表 18-6）可使两级大齿轮直径近于相等［见图(b)］ 2）将高速级采用惰轮蘸油润滑［见图(c)］ 3）将减速器箱盖和箱座的剖分面做成倾斜的，从而使高速级和低速级传动的浸油深度大致相等［见图(d)］
尽量避免采用立式减速器；立式减速器应注意防止剖分面漏油	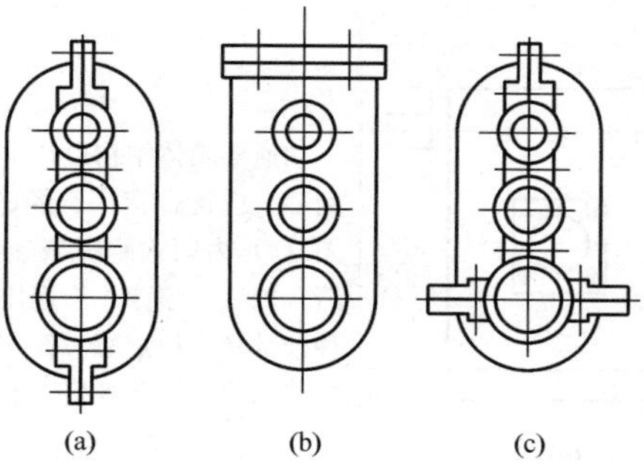 (a) 　 (b) 　 (c)	立式减速器［见图(a)］主要缺点是最上面的传动齿轮润滑困难，分箱面容易漏油。在无特殊要求时，应采用卧式减速器较好 立式减速器的最下部分的分箱面处是最容易漏油的部分，如改为整体式箱体结构［见图(b)］，不易漏油，但安装困难，改为三部分组成箱体结构［见图(c)］，安装方便又不易漏油

注意问题	图　示	说　明
蜗杆减速器外面散热片的方向与冷却方法有关冷却用风扇宜装在蜗杆轴上	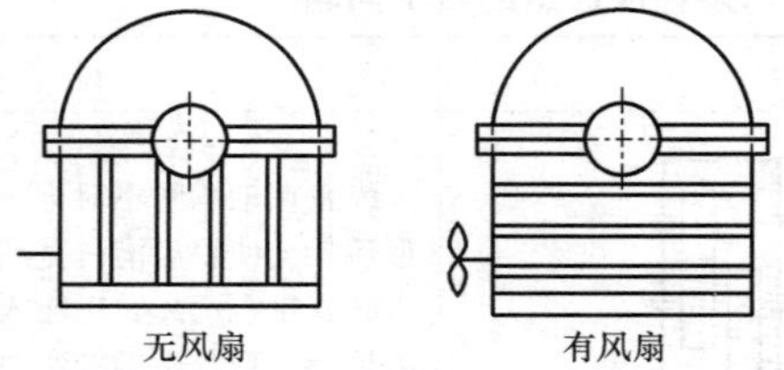 无风扇　　　有风扇	蜗杆减速器表面面积不能满足散热要求时，要在表面加散热片以增加散热面积。当没有风扇时，靠自然通风冷却，因为空气受热后上浮，散热片应取上下方向。有风扇时，风扇向后吹风，散热片应取水平方向。应注意风扇宜装在蜗杆轴上
蜗杆—齿轮减速器宜用于以动力传动主的传动	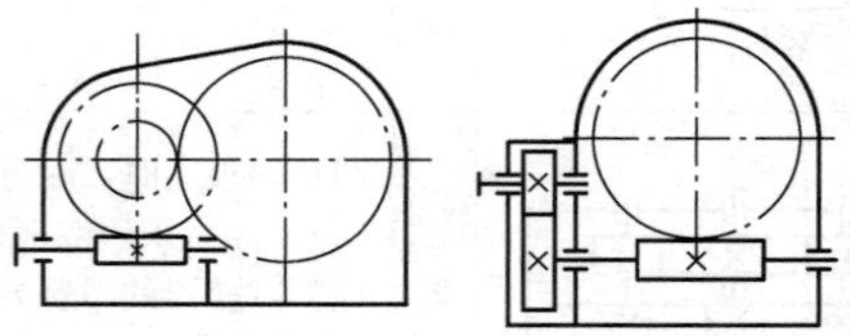 (a)　　　　(b)	对于以动力传动为主，尤其是长期连续运转，功率较大的传动，宜采用蜗杆—齿轮减速器［见图 (a)］，这是因为蜗杆传动在高速级时，滑动速度 v_s 高，有利于齿面油膜形成，从而使摩擦系数下降，传动效率提高，降低功率损耗。若传动功率不大，或以传递运动为主，则可以采用齿轮—蜗杆减速器［见图 (b)］，这可以使结构较紧凑
行星齿轮减速器应有均载装置	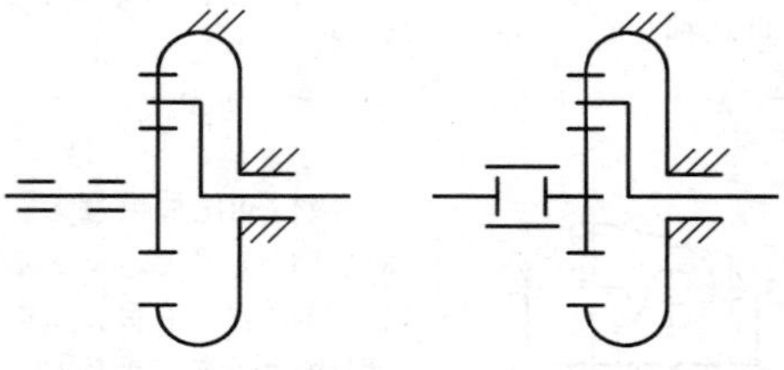 较差(无均载装置)　较好(太阳轮浮动)	行星齿轮减速器一般用 3～5 个行星轮。由于制造误差等这些行星轮之间的载荷分配常会出现不均匀现象。为了使各行星轮均载，有各种均载装置。常用的有基本构件浮动和采用柔性结构两大类。对于静定结构用基本构件浮动（如太阳轮浮动）即可。对非静定结构（如有四个行星轮），则应采用柔性结构，如行星轮用弹性支承
注意导油沟与回油沟结构的不同	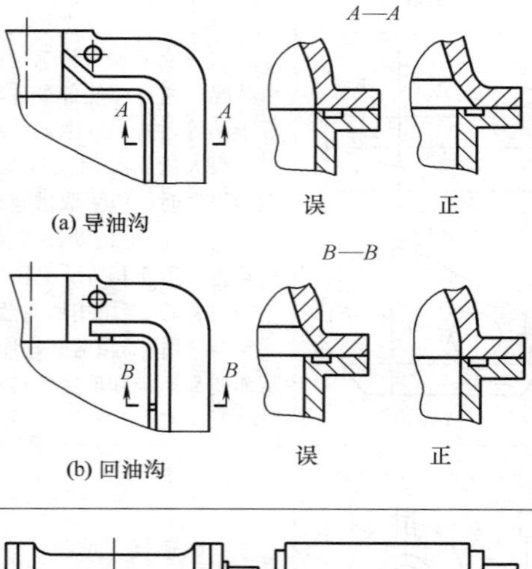 (a) 导油沟　　误　正 (b) 回油沟　　误　正	为了润滑轴承而设的油沟称导油沟。在箱盖的剖分面处有斜边，能使飞溅至箱盖上的油顺利流入导油沟再经导油沟流至轴承内［见图 (a)］ 为了提高密封性能，防止油从剖分面处渗出而设的油沟称回油沟。与导油沟不同的是箱盖剖分面处不做斜边，使飞溅至箱盖上的油直接流回油池。回油沟不与轴承相通，从剖分面处渗出的油流至回油沟后再经若干斜槽流回油池，从而防止外渗［见图 (b)］
减速器箱体结构设计应符合实用、经济、美观三原则	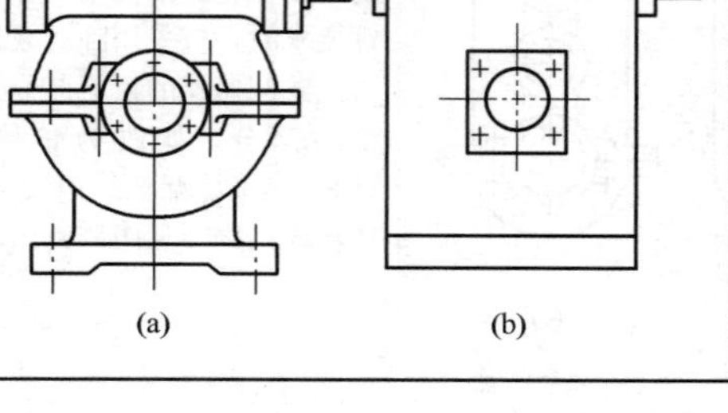 (a)　　　　(b)	减速器箱体结构设计，必须综合考虑各方面的问题，应符合实用、经济、美观三项基本原则。图 (a) 为旧式蜗杆减速器箱体，形状复杂，铸造、加工、喷漆、清理比较费力，其造型给人一种杂乱和不稳定感。图 (b) 为新式结构，造型简洁明快，工艺性好，经济实用

18.4 减速器典型结构图例

（1）一级圆柱齿轮减速器（轴承脂润滑）（见图 18-5）。

（2）一级圆柱齿轮减速器（轴承油润滑）（见图 18-6）。

（3）一级圆柱齿轮减速器（通用箱体）（见图 18-7）。

（4）二级展开式圆柱齿轮减速器（见图 18-8）。

（5）二级展开式圆柱齿轮减速器（见图 18-9）。

（6）二级同轴式圆柱齿轮减速器（焊接箱体）（见图 18-10）。

（7）二级悬挂轴装式圆柱齿轮减速器（见图 18-11）。

（8）二级圆柱齿轮电机减速器（见图 18-12）。

（9）二级分流式圆柱齿轮减速器（见图 18-13）。

（10）二级行星圆柱齿轮减速器（见图 18-14）。

（11）一级圆锥齿轮减速器（见图 18-15）。

（12）二级圆锥—圆柱齿轮减速器（见图 18-16）。

（13）蜗杆减速器（蜗杆上置式）（见图 18-17）。

（14）蜗杆减速器（蜗杆下置式）（见图 18-18）。

（15）蜗杆减速器（蜗杆下置、大端盖式）（见图 18-19）。

（16）立式蜗杆减速器（见图 18-20）。

（17）齿轮—蜗杆减速器（见图 18-21）。

（18）蜗杆—齿轮减速器（见图 18-22）。

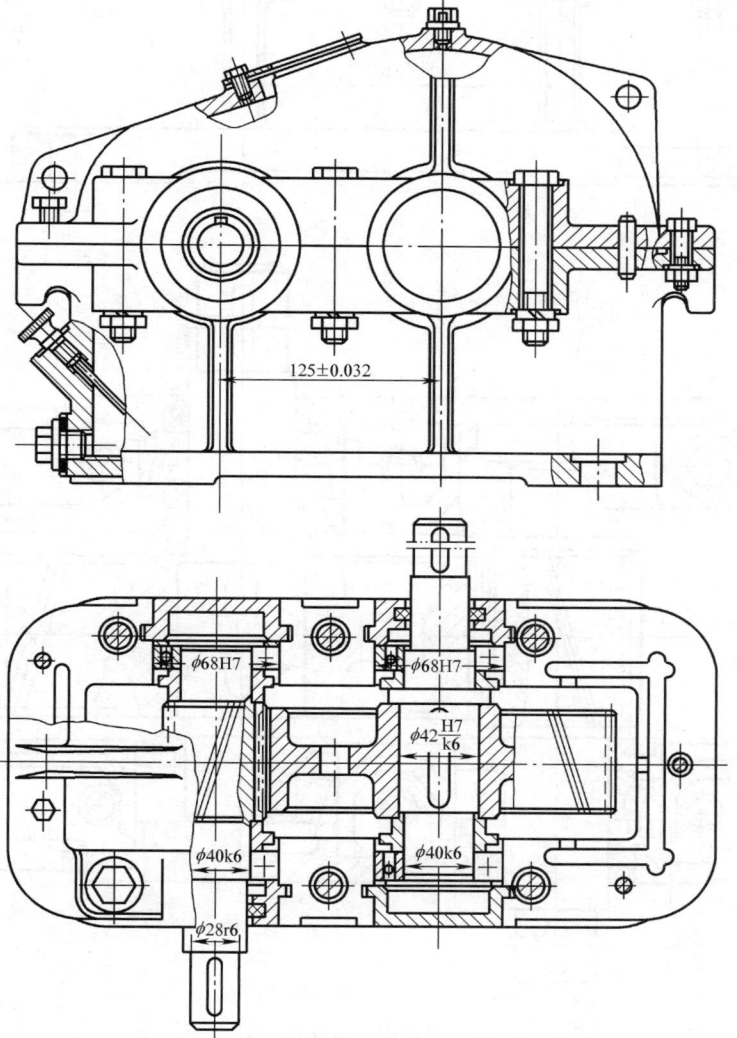

图 18-5 一级圆柱齿轮减速器（轴承脂润滑）

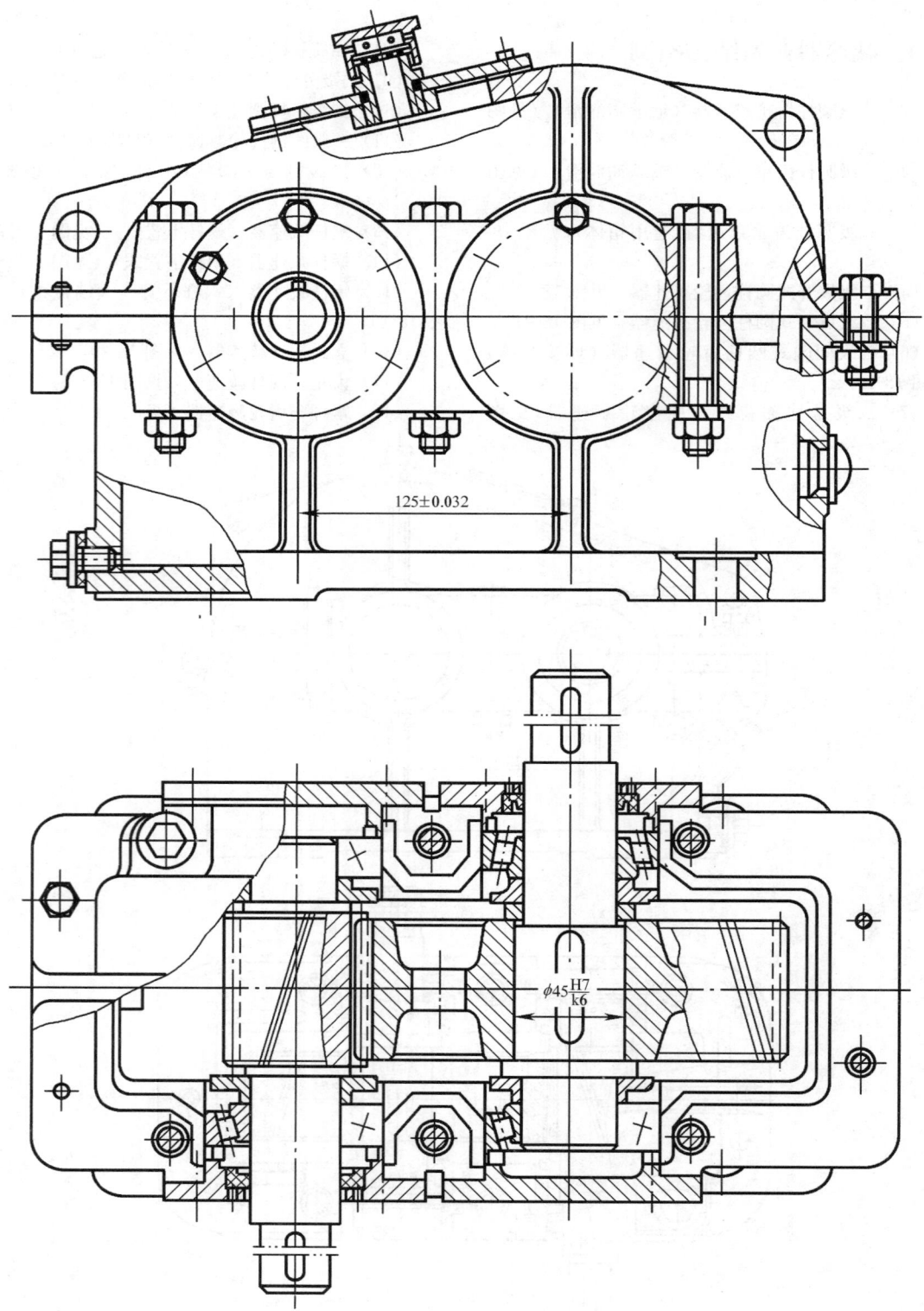

图 18-6 一级圆柱齿轮减速器（轴承油润滑）

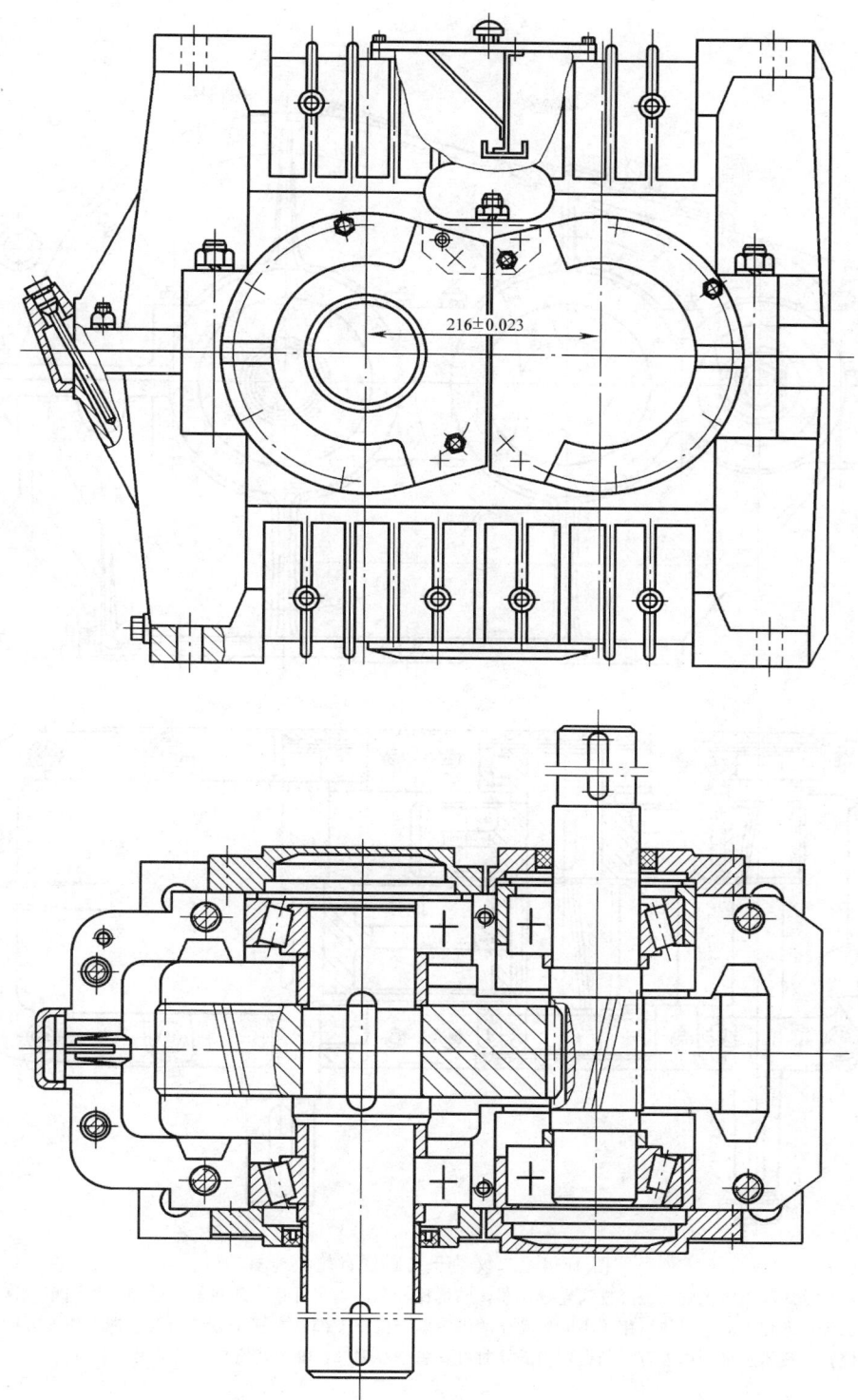

图 18-7 一级圆柱齿轮减速器（通用箱体）

注：图为剖分式多安装面结构减速器，可正装也可倒装，油针可相应改变安装方向。为适应同一系列，不同轴承型号和不同轴长的要求，采用了多个不同宽度的定位环和轴承套杯。为改善齿轮润滑情况，采用了挂架式润滑装置。采用 B 型键，齿部渗碳淬火，齿轮为实心轮，加工简单，热处理变形小。

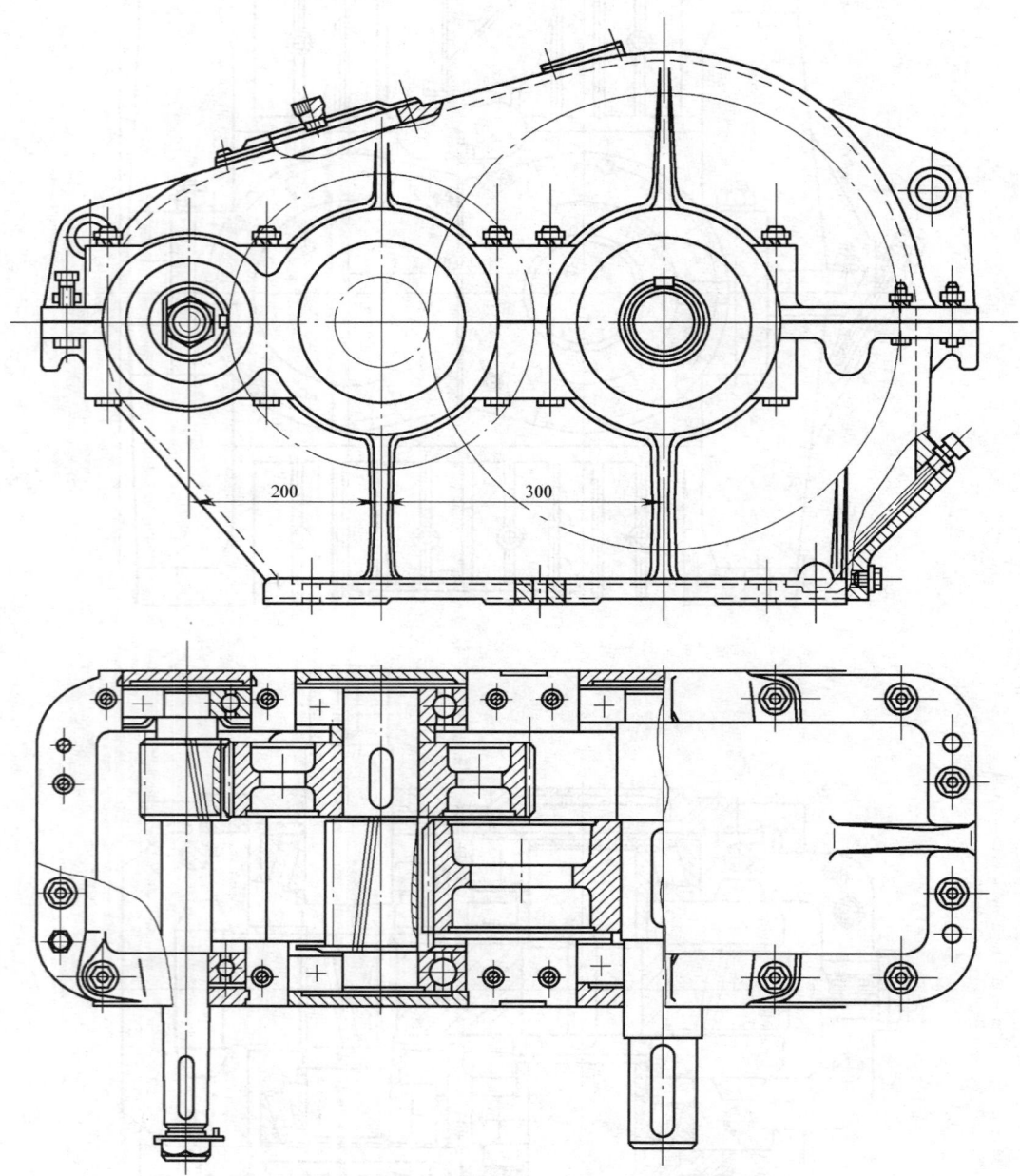

200   300

图 18-8   二级展开式圆柱齿轮减速器

注：图示为桥式起重机上的二级圆柱齿轮减速器，结构比较紧凑，尺寸小、质量轻，端盖结构简单。这种减速
   器已经标准化。同一机体可用于不同传动比的齿轮副。机座下部备有三个放油位置，视工作的方便确定放
   油位置。在机座剖分面处有一凸台，当需要时可安装一心轴，在轴上装惰轮以驱动另一装置。

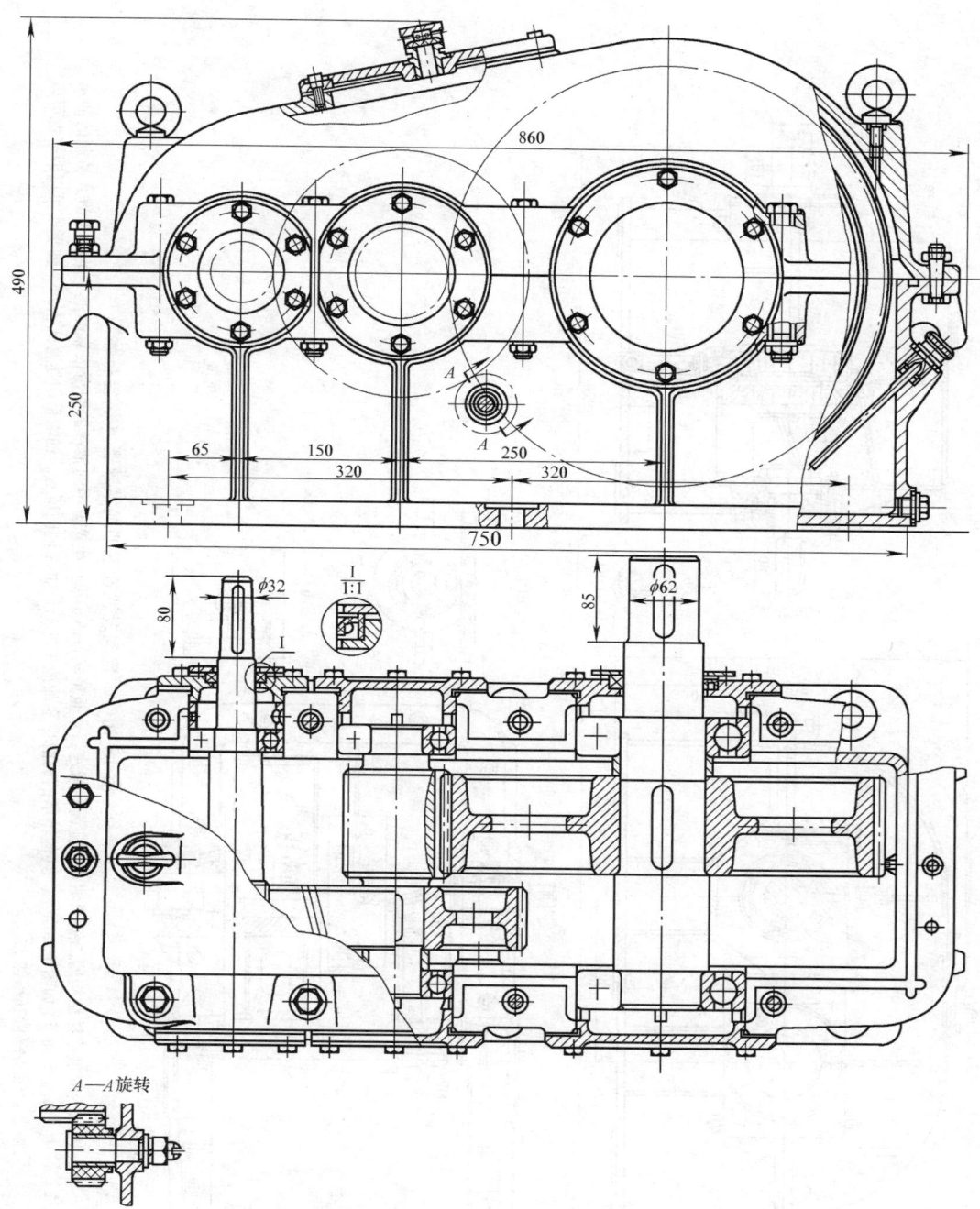

图 18-9 二级展开式圆柱齿轮减速器

注：图示减速器采用了深沟球轴承，稀油润滑，润滑油由油沟经端盖上的孔流入轴承。为了防止端盖缺口或套
    筒上的孔与油沟错位，堵住油的通路，所以将其相应外圆部分直径设计得小一些。由于高速级大齿轮较小，
    浸入油中有困难，所以设置了如 A—A 剖视图上所示的带油轮，带油润滑高速级齿轮。

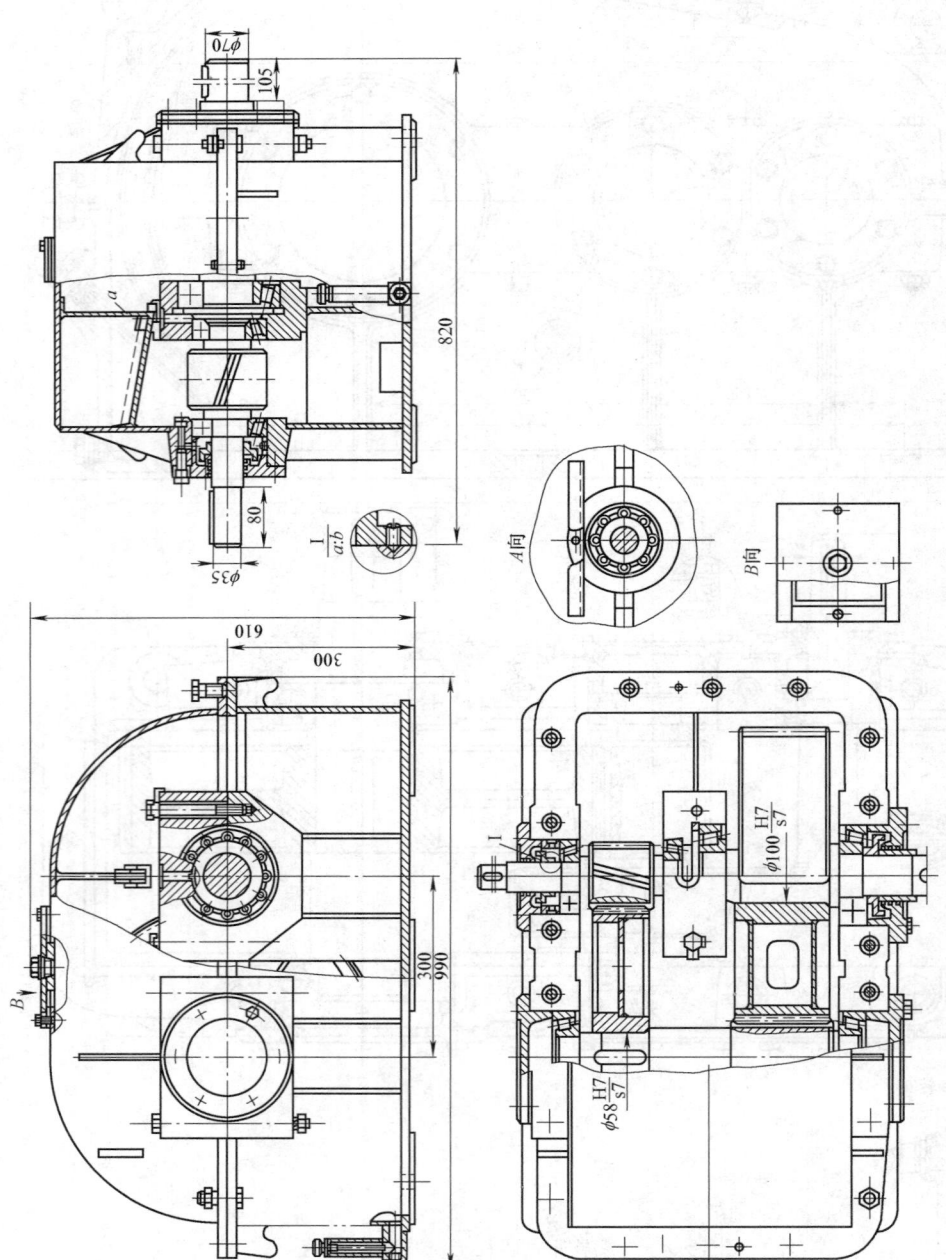

图 18-10 二级同轴式圆柱齿轮减速器（焊接箱体）

注：图示为焊接箱体结构的二级同轴式圆柱齿轮减速器。重量轻，适于单件生产。中间轴承的润滑依靠油池中的油飞溅入特制的油槽中，再流入轴承，如图中 a 所示。其他轴承的润滑也靠油池中的油，如 A 向图所示。轴端采用迷宫式密封。轴承座可以锻造也可以铸造，然后焊接在箱体上。

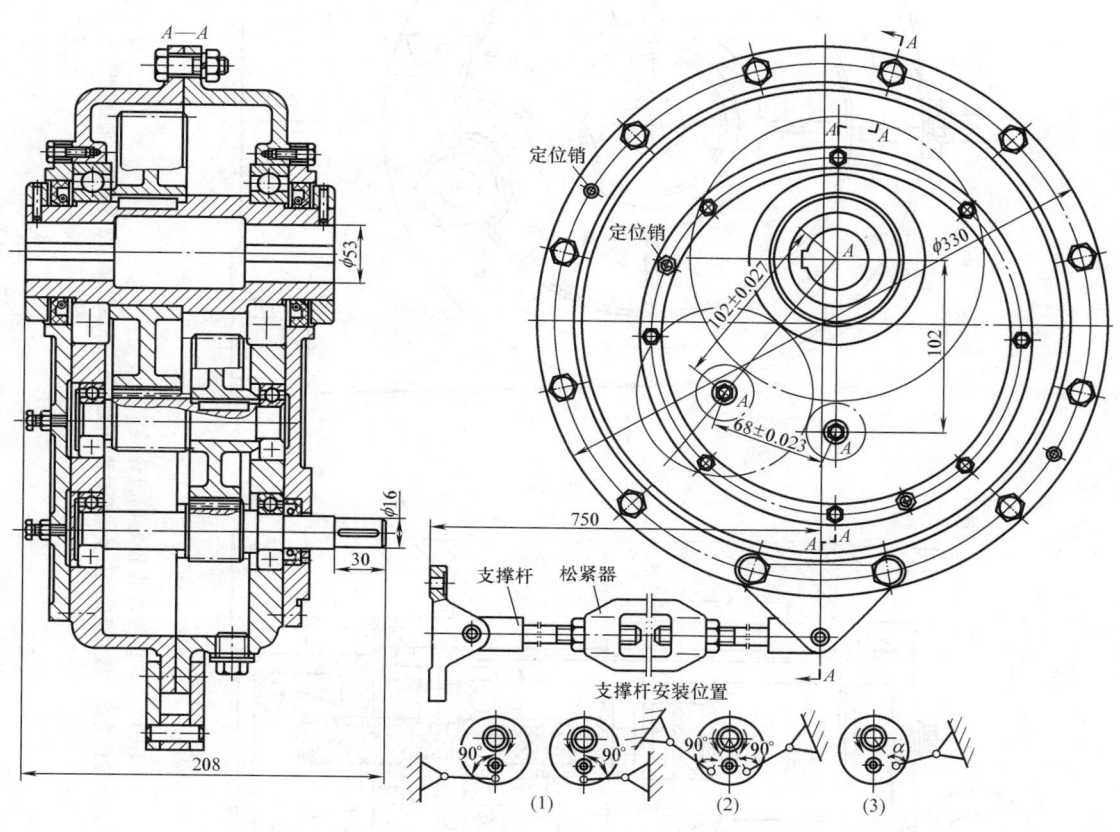

图 18-11 二级悬挂轴装式圆柱齿轮减速器

注：轴装式齿轮减速器不需要底座，结构紧凑，装配方便，输出轴为空心轴，可直接套在被传动的轴上。为防止减
速器绕空心轴回转，用支撑杆固定。支撑杆安装位置与空心轴转向有关，务使支撑杆受拉力。图（1）～图（3）
为支撑杆的几种安装方式，安装角度 $\alpha = 90° \sim 150°$，一般常用 90°。

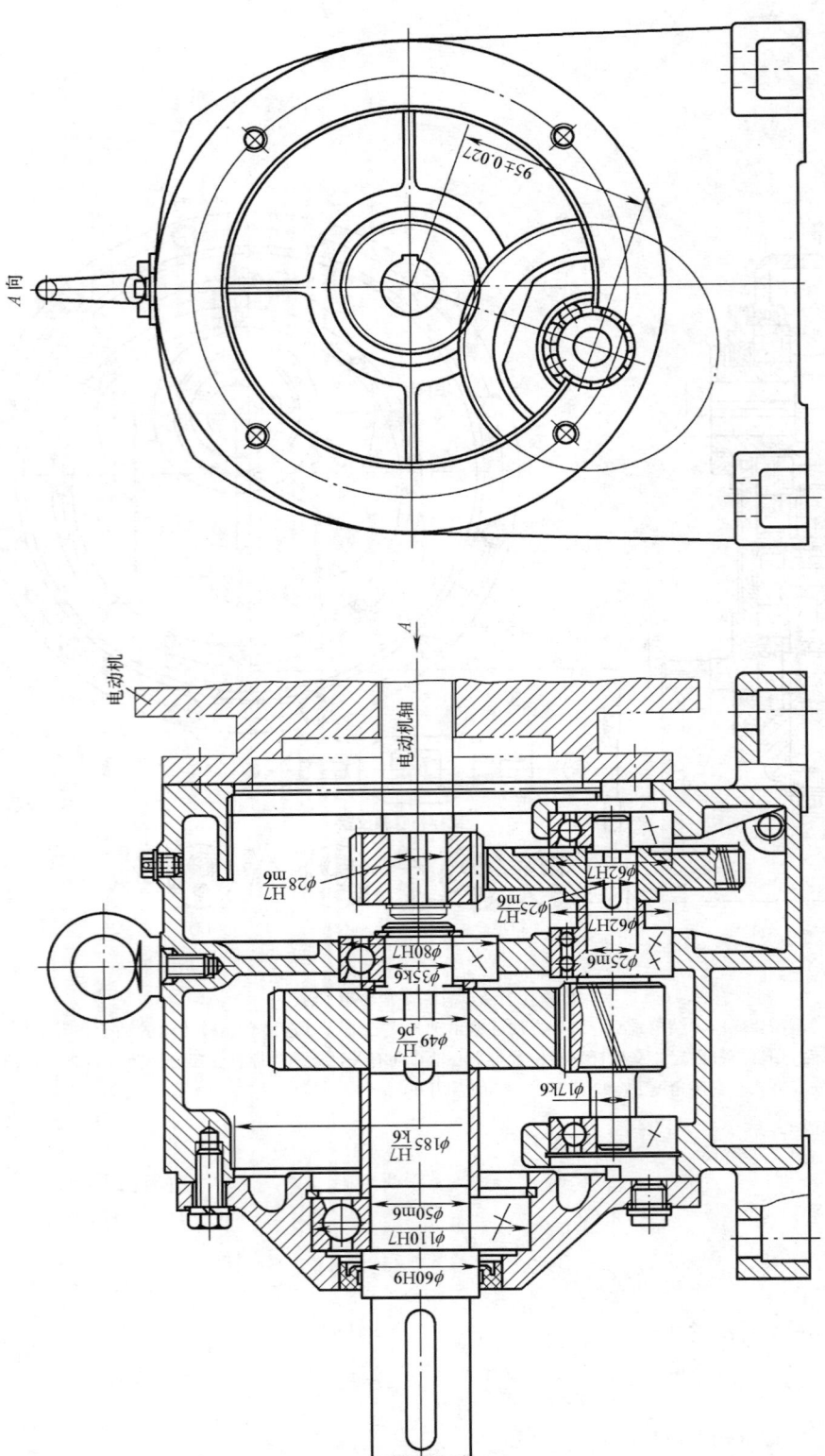

图 18-12 二级圆柱齿轮电机减速器

注: 齿轮电机, 是由电动机转子轴端的齿轮作为第一级主动齿轮的同轴式圆柱齿轮减速器、外形美观、结构简单、重量轻。

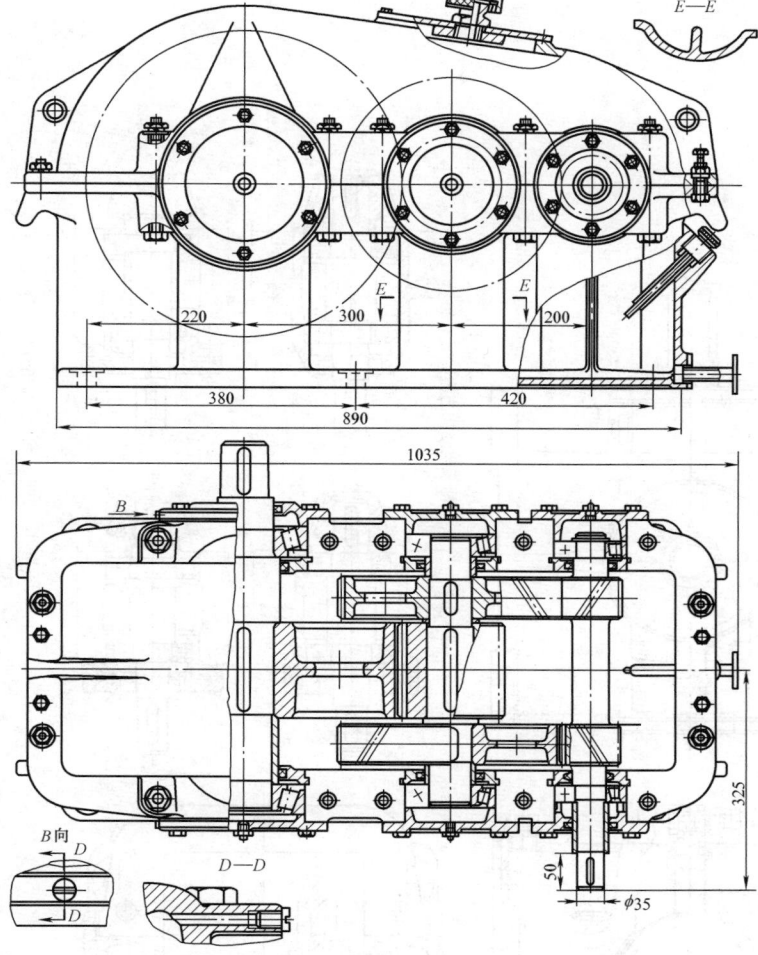

图 18-13　二级分流式圆柱齿轮减速器

注：图为分流式人字齿轮传动。轴向力互相抵消，受力情况好。这种传动的
　　第一级（高速级）齿轮，只能将一根轴上的轴承作轴向固定，另一轴的
　　轴承做成游动支点，以保证轮齿的正确啮合位置，一般都是将低速轴的
　　轴承固定。

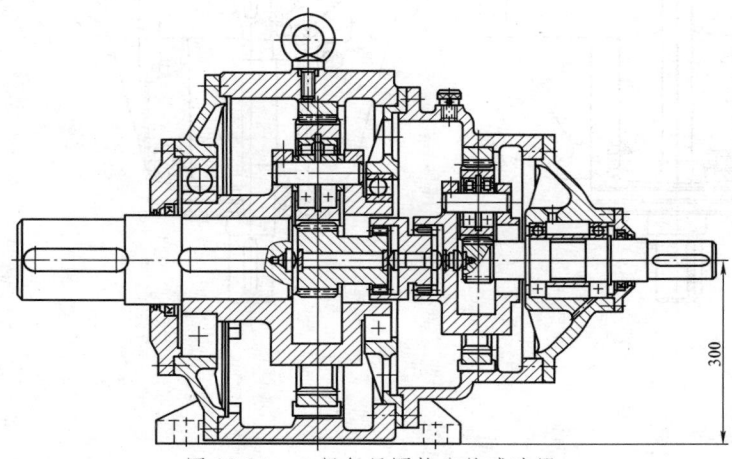

图 18-14　二级行星圆柱齿轮减速器

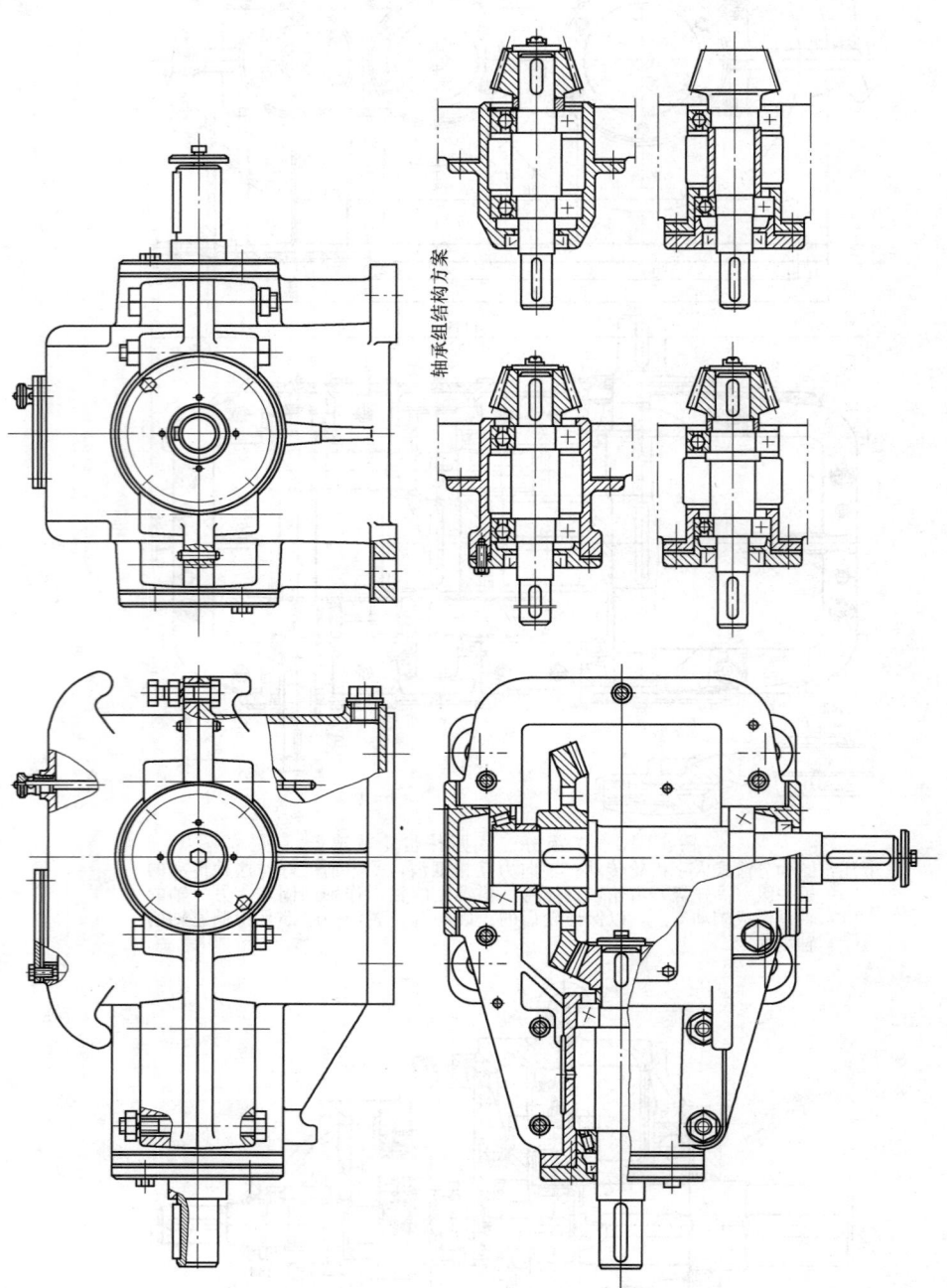

轴承组结构方案

图 18-15 一级圆锥齿轮减速器

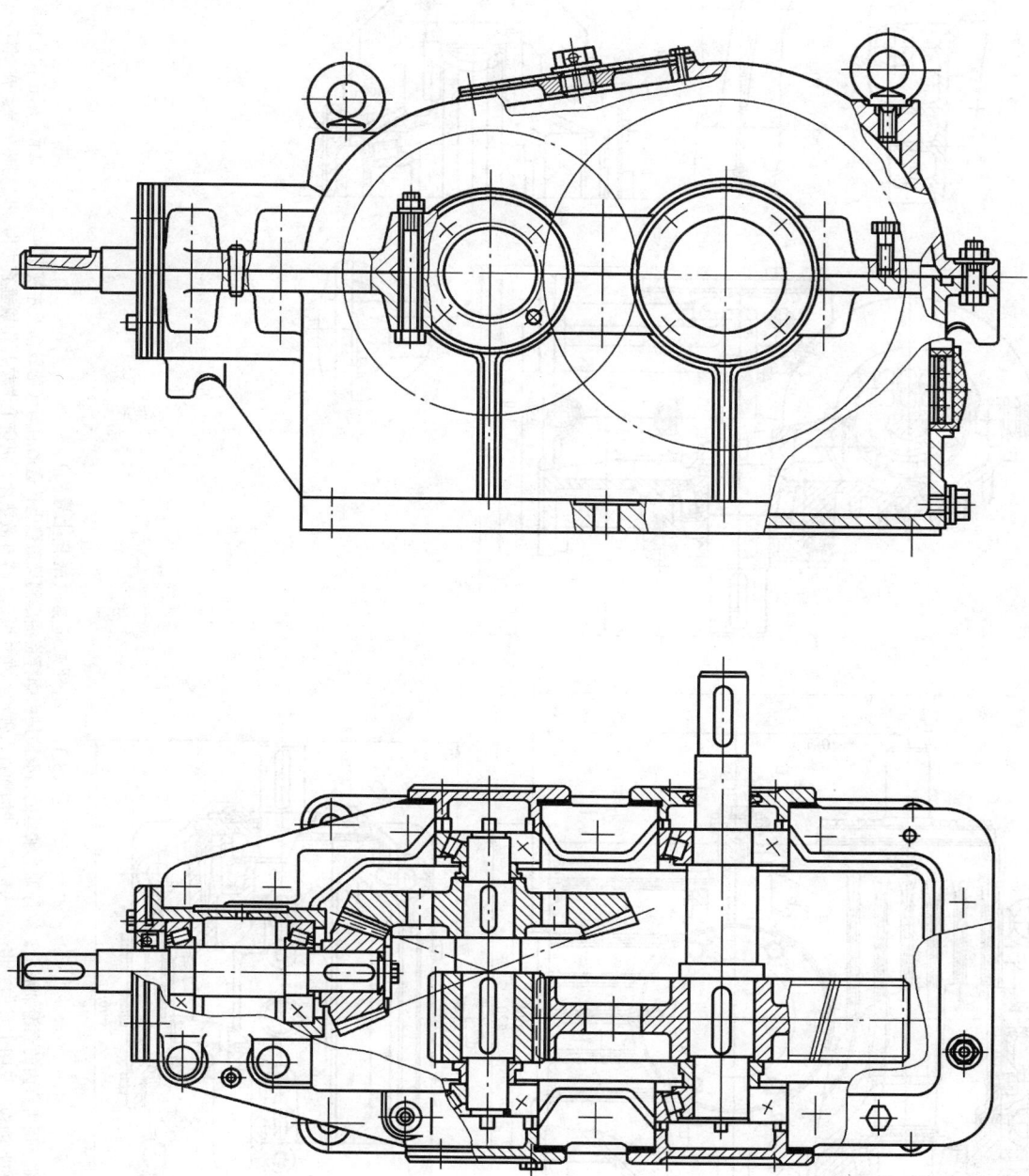

图 18-16　二级圆锥—圆柱齿轮减速器

注：箱体是铸造的剖分式结构。齿轮和轴承都用稀油润滑。小锥齿轮的轴用一对正装于套杯中的圆锥滚子轴承支
　　承。由于齿轮的顶圆直径比套杯的最小直径大，所以齿轮和轴做成分体式。油面通过圆形油标观察。

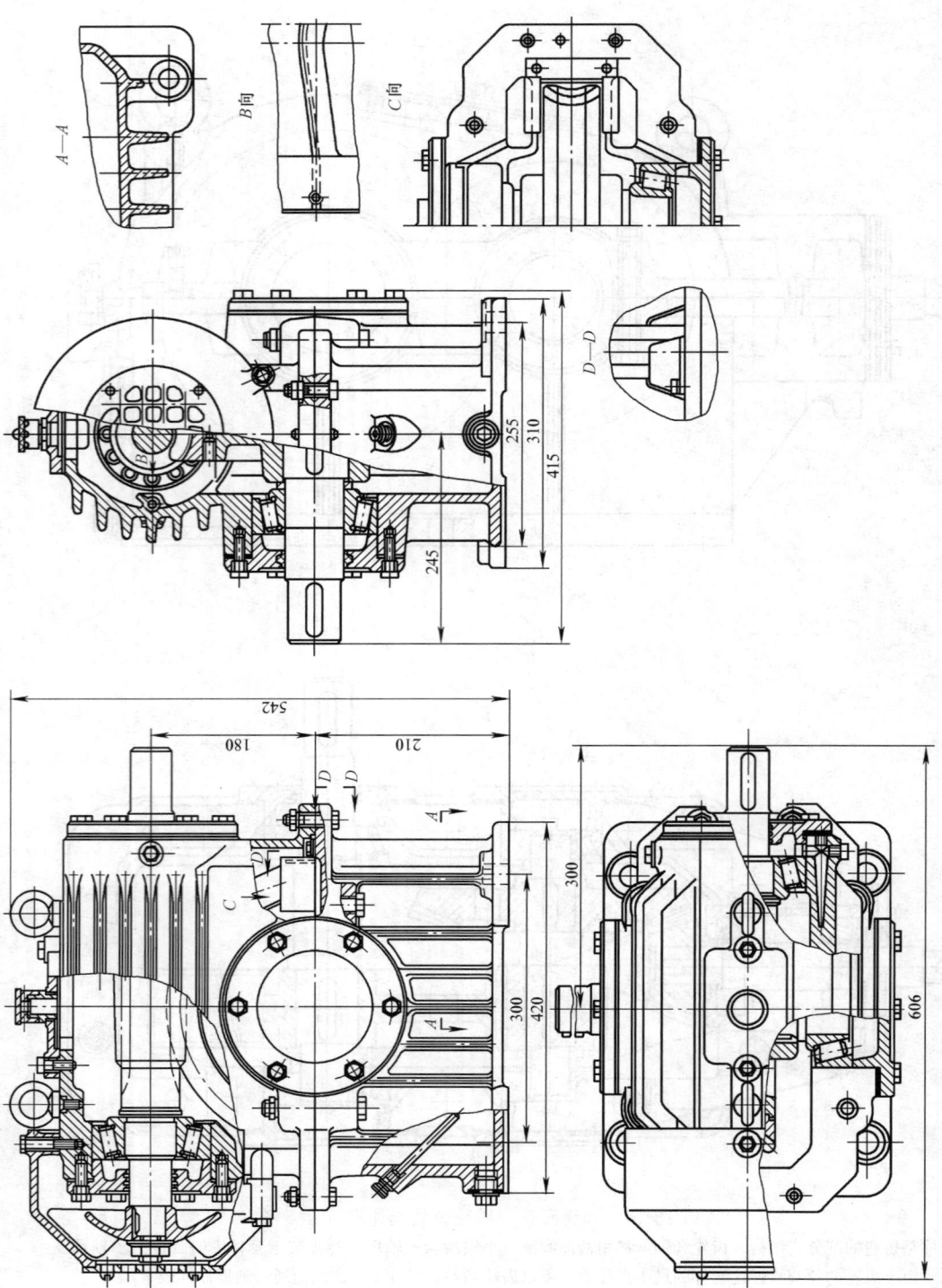

图 18-17 蜗杆减速器（蜗杆上置式）

注：蜗杆、蜗轮及轴承都是用机座内的润滑油润滑。蜗杆轴上轴承是由机座用的润滑油甩到机盖壁上铸造的油沟，而进入轴承。蜗轮轴上轴承的润滑油则靠安装在蜗轮两端面的刮油板（见图中 C 向）将油导入机座上油沟而进入油沟而进入轴承。机盖上散热片作成垂直方向，以利热传导。在蜗杆一端装有风扇，靠安装在蜗轮两端面的刮油板（见图中 C 向）将油导入机座上油沟而进入轴承。机盖上散热片作成水平方向，便于空气流动。在外机壁上铸有散热片。机盖上散热片作成垂直方向则用以冷却机盖。

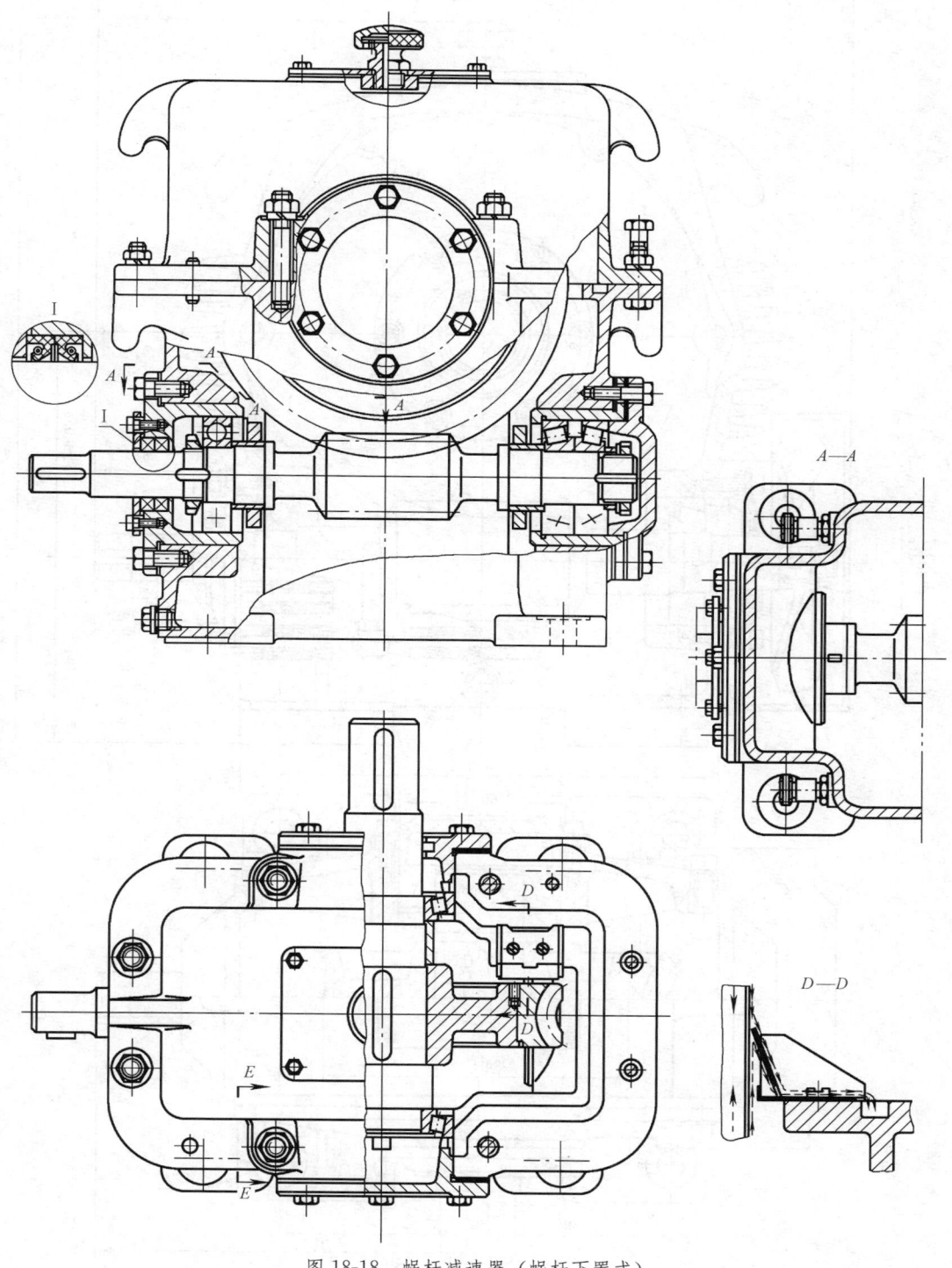

图 18-18 蜗杆减速器（蜗杆下置式）

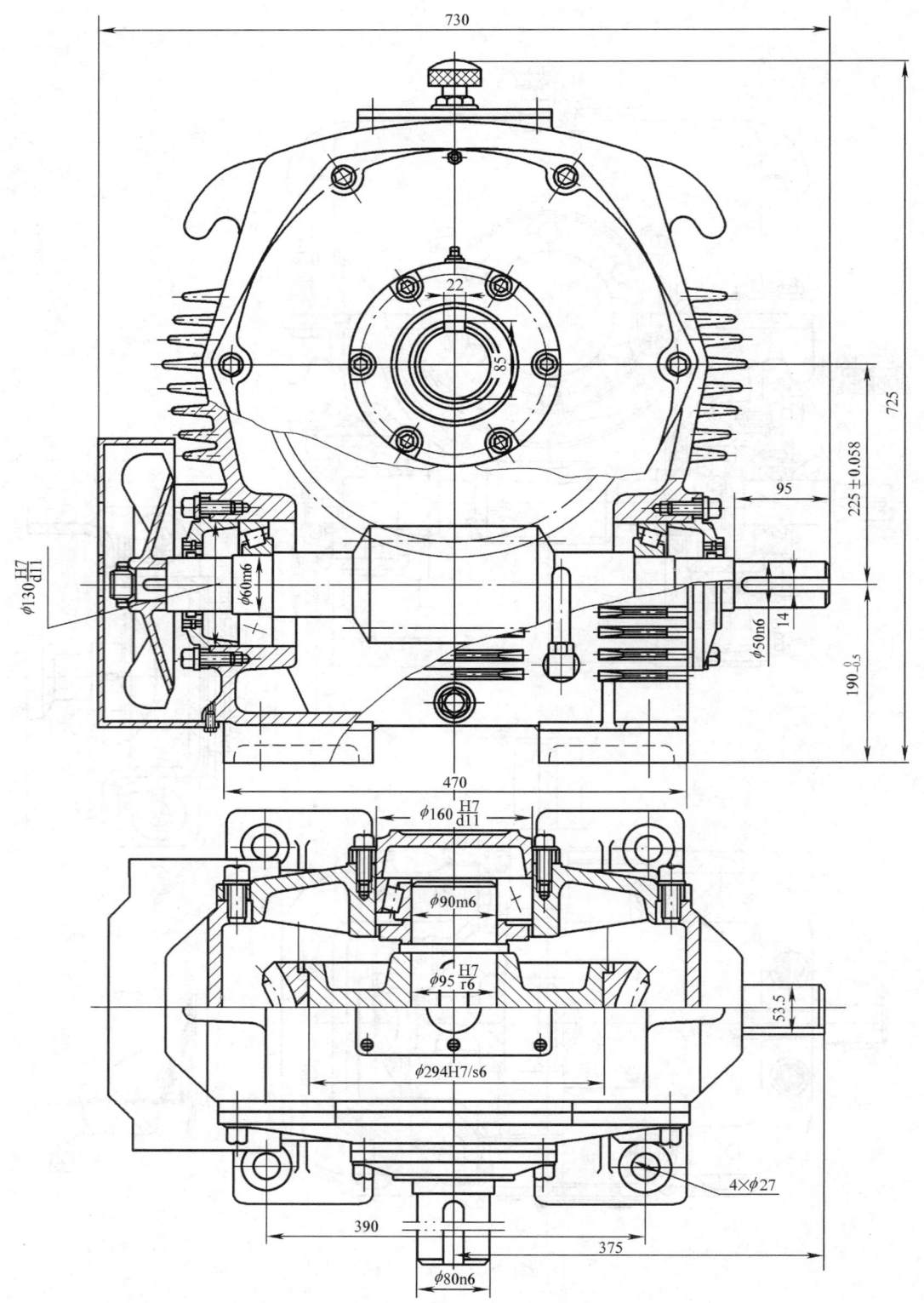

图 18-19　蜗杆减速器（蜗杆下置、大端盖式）

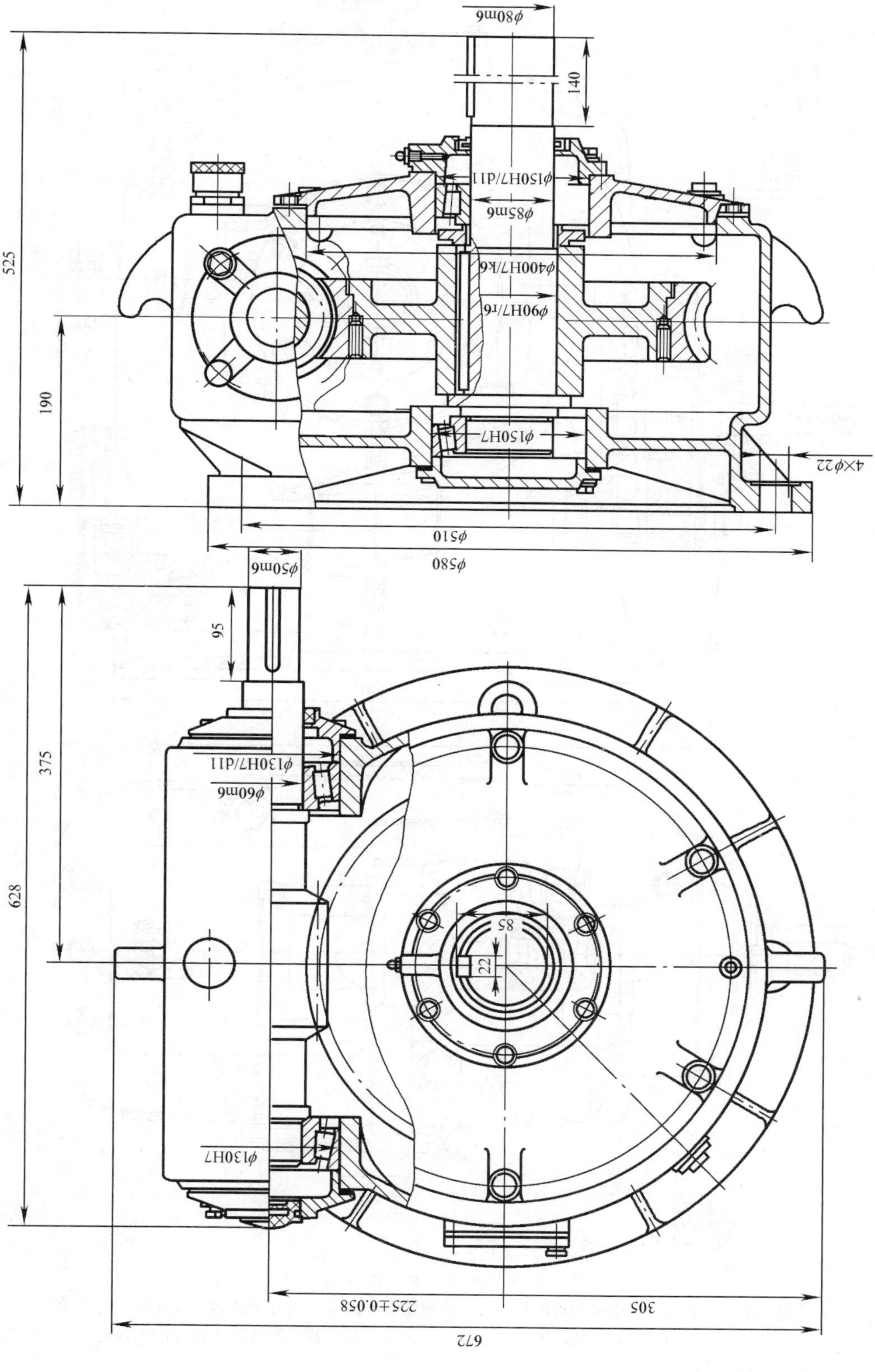

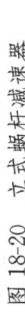

图 18-20 立式蜗杆减速器

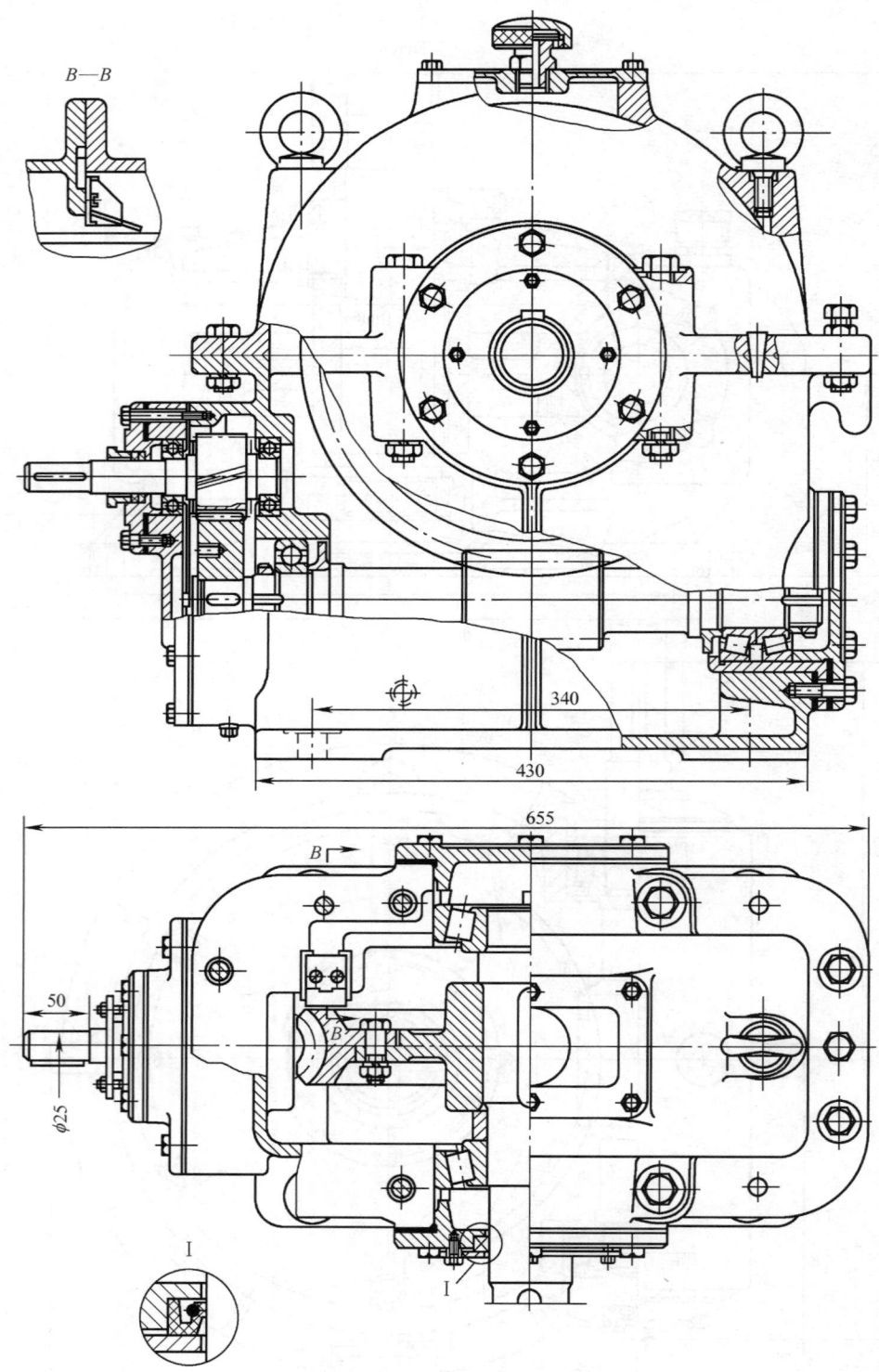

$B—B$

340

430

655

50

$\phi25$

I

I

图 18-21　齿轮—蜗杆减速器

注：齿轮—蜗杆减速器高速级采用斜齿轮，大齿轮螺旋线方向应与蜗杆螺旋线方向相同，可抵消
　　一部分轴向力。为了装卸方便，大齿轮与轴配合不宜太紧，其上制有用以拆卸的螺纹孔。这
　　种减速器结构比较紧凑。

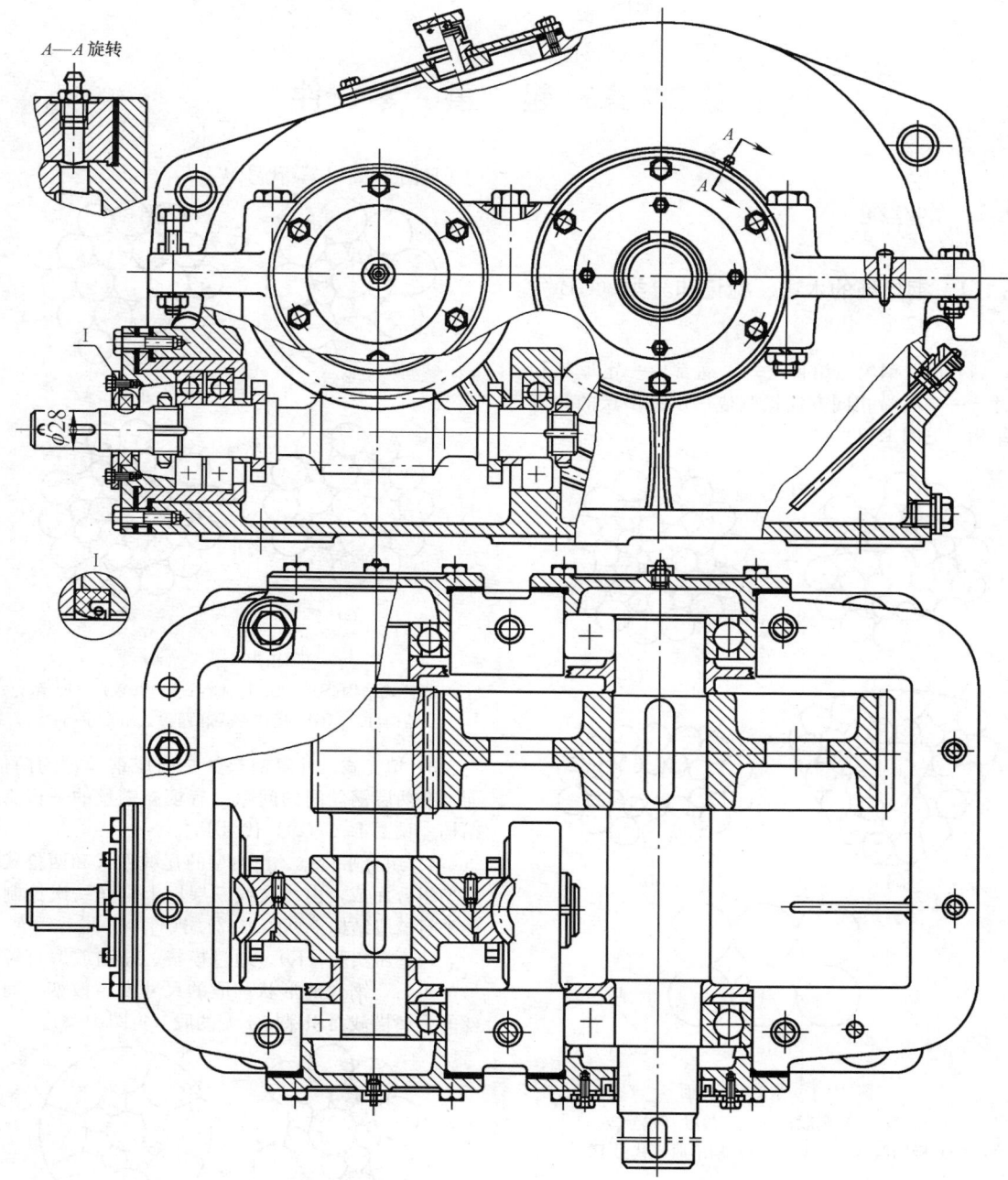

$A—A$ 旋转

$\phi 28$

图 18-22 蜗杆—齿轮减速器

注：蜗杆—齿轮减速器高速级采用蜗杆传动，有利于在啮合处形成油膜，提高效率。低速级采用齿轮传动，齿轮制造精度可以低些。这种减速器结构不如齿轮—蜗杆减速器结构紧凑。图中的蜗杆轴承采用一端固定，一端游动。固定端可采用两个角接触球轴承，在两个轴承内环之间必须垫一套筒，保证两轴承外环端面互不接触，以便调整轴承间隙。

第 19 章　起　重　零　件

19.1　钢丝绳

19.1.1　钢丝绳的术语、标记和分类（GB/T 8706—2006）

(1) 股。钢丝绳组件之一。通常由一定形状和尺寸绕一中心沿相同方向捻制成一层或多层的螺旋状结构（见图 19-1）。

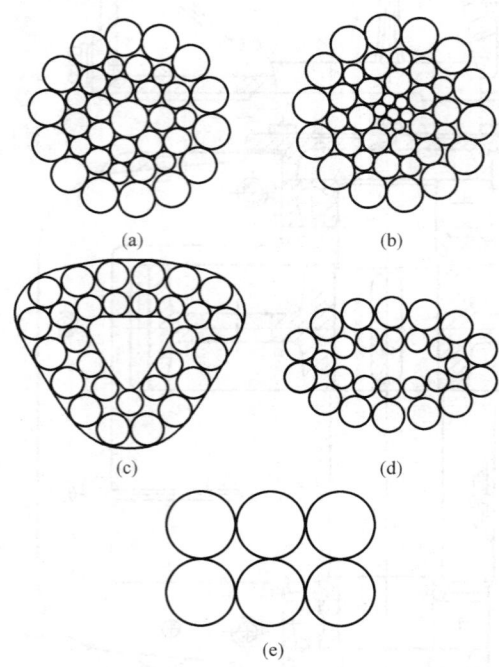

图 19-1　股的横截面

(a) 圆股；(b) 圆股；(c) 三角股（代号 V）；
(d) 椭圆股（代号 Q）；(e) 扁形股（代号 P）

(2) 单捻股。仅由一层钢丝捻制的股。

(3) 平行捻股。至少包括两层钢丝，所有的钢丝沿同一个方向一次捻制而成的股。股中所有的钢丝具有相同的捻距。钢丝间为线接触。

(4) 捻股结构。

1) 西鲁式。两层具有相同钢丝数的平行捻股结构［见图 19-2 (a)，代号 S］。

2) 瓦林吞式。外层包含粗细两种交替排列的钢丝，而外层钢丝数是内层钢丝数的两倍的平行捻结构［见图 19-2 (b)，代号 W］。

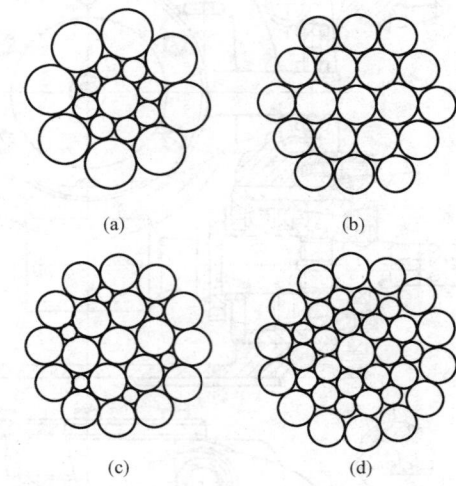

图 19-2　捻股结构

(a) 西鲁式结构(S)；(b) 瓦林吞式结构(W)；(c) 填充式结构(Fi)；(d) 瓦林吞式和西鲁式组合平行捻

3) 填充式。外层钢丝数是内层钢丝数的两倍，而且在两层钢丝间的间隙中有填充钢丝的平行捻股结构［见图 19-2 (c)，代号 Fi］。

4) 组合平行捻。由典型的瓦林吞式和西鲁式股类型组合而成，由二层或三层以上钢丝一次捻制成的平行捻股结构［见图 19-2 (d)］。

(5) 压实股（K）。通过模拔、轧制或煅打等变形加工后，钢丝的形状和股的尺寸发生改变，而钢丝的金属横截面积保持不变的股（见图 19-3）。

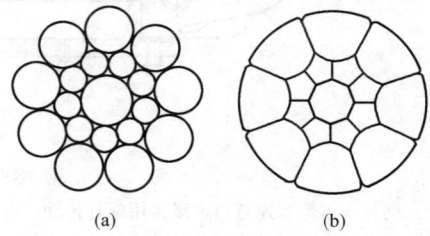

图 19-3　压实股（K）

(a) 压实前的股；(b) 压实后的股

(6) 芯及芯的类型（芯的代号 C，代号见表 19-1）。

(7) 多股钢丝绳。围绕一个芯（单层股钢丝绳）或一个中心（阻旋转或平行捻密实钢丝绳）螺旋捻制一层或多层的钢丝绳（由三个或四个股组成的钢丝绳可能没有绳芯）。

(8) 股的捻距 (h)。股的外层钢丝围绕股轴线转一周（或螺旋）且平行于股轴线的对应两点间的距离 h [见图 19-4 (a)]。

(9) 钢丝绳的捻距 (H)。单股钢丝绳的外层钢丝，多股钢丝绳的外层股围绕钢丝绳轴线旋转一周（或螺旋）且平行于钢丝绳轴线的对应两点间的距离 H [见图 19-4 (b)]。

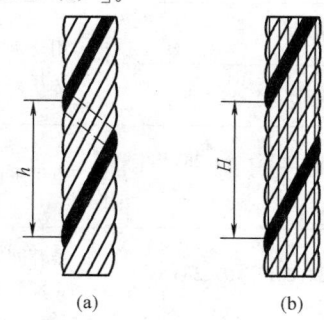

图 19-4 股和钢丝绳的捻距

(a) 股的捻距 h；(b) 钢丝绳的捻距 H

(10) 股的捻向（右捻 Z，左捻 S）。

1) 交互捻（SZ，ZS）：钢丝在外层股中的捻制方向与外层股在钢丝绳中的捻制方向相反的多股钢丝绳 [见图 19-5 (a)、图 (b)]。

2) 同向捻（ZZ，SS）：钢丝在外层股中的捻制方向与外层股在钢丝绳中的捻制方向相同的多股钢丝绳 [见图 19-5 (c)、图 (d)]。

3) 混合捻（aZ，aS）：钢丝绳外层股捻制类型为交互捻与同向捻的股交替排列，如外层一半为交互捻而另一半为同向捻。

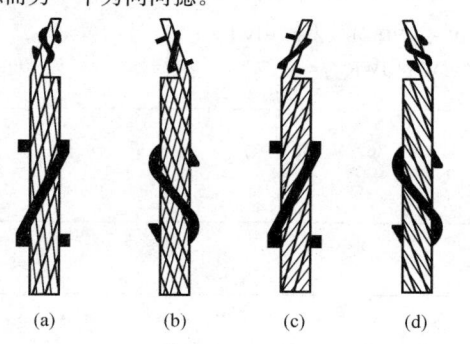

图 19-5 股的捻向

(a) 右交互捻（ZS）；(b) 左交互捻（SZ）；

(c) 右同向捻（ZZ）；(d) 左同向捻（SS）

(11) 钢丝的表面状态（外层钢丝）用下列字母代号标记：

光面或无镀层——U

B 级镀锌——B

A 级镀锌——A

B 级锌合金镀层——B（Zn/Al）

A 级锌合金镀层——A（Zn/Al）

表 19-1 芯、平行捻密实钢丝绳中心和阻旋转钢丝绳中心组件代号

（GB/T 8706—2006）

项目或组件	代 号
单层钢丝绳	
纤维芯	FC
天然纤维芯	NFC
合成纤维芯	SFC
固态聚合物芯	SPC
钢芯	WC
钢丝股芯	WSC
独立钢丝绳芯	IWRC
压实股独立钢丝绳芯	IWRC（K）
聚合物包覆独立绳芯	EPIWRC
平行捻密实钢丝绳	
平行捻钢丝绳芯	PWRC
压实股平行捻钢丝绳芯	PWRC（K）
填充聚合物的平行捻钢丝绳芯	PWRC（EP）
阻旋转钢丝绳	
中心构件	
纤维芯	FC
钢丝股芯	WSC
密实钢丝股芯	KWSC

钢丝绳标记示例

注：本示例其他部分各特性之间的间隔在实际应用中通常不留空间。

19.1.2 一般用途钢丝绳（GB/T 20118—2006）

这类钢丝绳适用于机械、建筑、船舶、渔业、林业、矿业、货运索道等行业。与之相应的有重要用途钢丝绳见 GB 8918—2006。二者有一部分结构和力学性能是相同的。表 19-2 给出重要用途钢丝绳主要用途推荐，可供设计时参考。钢丝绳的规格和力学性能见表 19-3～表 19-17。

表 19-2   **钢丝绳主要用途推荐表** （GB 8918—2006）

用 途	名 称	结 构	备 注
立井提升	三角股钢丝绳	6V×37S 6V×37 6V×34 6V×30 6V×43 6V×21	
	线接触钢丝绳	6×19S 6×19W 6×25Fi 6×29Fi；6×26WS 6×31WS 6×36WS 6×41WS	推荐同向捻
	多层股钢丝绳	18×7 17×7 35W×7 24W×7	用于钢丝绳罐道 的立井
		6Q×19+6V×21 6Q×33+6V×21	
石油钻井	线接触钢丝绳	6×19S 6×19W 6×25Fi 6×29Fi 6×26WS 6×31WS 6×36WS	也可采用钢芯
钢绳牵引胶带运输机、 索道及地面缆车	线接触钢丝绳	6×19S 6×19W 6×25Fi 6×29Fi 6×26WS 6×31WS 6×36WS 6×41WS	推荐同向捻 6×19W 不适合 索道
挖掘机（电铲卷扬）	线接触钢丝绳	6×19S+IWR 6×25Fi+IWR 6×19W+IWR 6×29Fi+IWR 6×26WS+IWR 6×31WS+IWR 6×36WS+IWR 6×55SWS+IWR 6×49SWS+IWR 35W×7 24W×7	推荐同向捻
	三角股钢丝绳	6V×30 6V×34 6V×37 6V×37S 6V×43	
高炉卷扬	三角股钢丝绳	6V×37S 6V×37 6V×30 6V×34 6V×43	
	线接触钢丝绳	6×19S 6×25Fi 6×29Fi 6×26WS 6×31WS 6×36WS 6×41WS	
大型浇铸起重机	线接触钢丝绳	6×19S+IWR 6×19W+IWR 6×25Fi+IWR 6×36WS+IWR 6×41WS+IWR	
港口装卸、水利工程 及建筑用塔式起重机	多层股钢丝绳	18×19S 18×19W 34×7 36×7 35W×7 24W×7	
	四股扇形股钢丝绳	4V×39S 4V×48S	
繁忙起重及 其他重要用途	线接触钢丝绳	6×19S 6×19W 6×25Fi 6×29Fi 6×26WS 6×31WS 6×36WS 6×37S 6×41WS 6×49SWS 6×55SWS 8×19S 8×19W 8×25Fi 8×26WS 8×31WS 8×36WS 8×41WS 8×49SWS 8×55SWS	

表 19-3　　钢丝绳第 1 组单股绳的规格和力学性能 （GB/T 20118—2006）

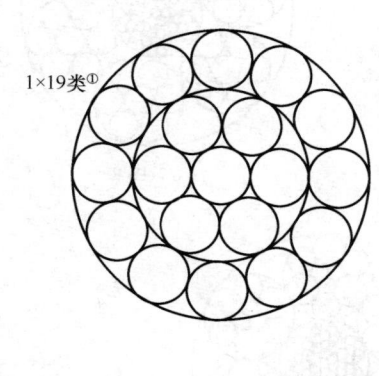

1×7类①

钢丝绳公称直径/mm	参考重量/[kg/(100m)]	钢丝绳公称抗拉强度/MPa			
		1570	1670	1770	1870
		钢丝绳最小破断拉力/kN			
0.6	0.19	0.31	0.32	0.34	0.36
1.2	0.75	1.22	1.30	1.38	1.45
1.5	1.17	1.91	2.03	2.15	2.27
1.8	1.69	2.75	2.92	3.10	3.27
2.1	2.30	3.74	3.98	4.22	4.45
2.4	3.01	4.88	5.19	5.51	5.82
2.7	3.80	6.18	6.57	6.97	7.36
3	4.70	7.63	8.12	8.60	9.09
3.3	5.68	9.23	9.82	10.4	11.0
3.6	6.77	11.0	11.7	12.4	13.1
3.9	7.94	12.9	13.7	14.5	15.4
4.2	9.21	15.0	15.9	16.9	17.8
4.5	10.6	17.2	18.3	19.4	20.4
4.8	12.0	19.5	20.8	22.0	23.3
5.1	13.6	22.1	23.5	24.9	26.3
5.4	15.2	24.7	26.3	27.9	29.4
6	18.8	30.5	32.5	34.4	36.4
6.6	22.7	36.9	39.3	41.6	44.0
7.2	27.1	43.9	46.7	49.5	52.3
7.8	31.8	51.6	54.9	58.1	61.4
8.4	36.8	59.8	63.6	67.4	71.3
9	42.3	68.7	73.0	77.4	81.8
9.6	48.1	78.1	83.1	88.1	93.1
10.5	57.6	93.5	99.4	105	111
11.5	69.0	112	119	126	134
12	75.2	122	130	138	145

1×19类①

钢丝绳公称直径/mm	参考重量/[kg/(100m)]	钢丝绳公称抗拉强度/MPa			
		1570	1670	1770	1870
		钢丝绳最小破断拉力/kN			
1	0.51	0.83	0.89	0.94	0.99
1.5	1.14	1.87	1.99	2.11	2.23
2	2.03	3.33	3.54	3.75	3.96
2.5	3.17	5.20	5.53	5.86	6.19
3	4.56	7.49	7.97	8.44	8.92
3.5	6.21	10.2	10.8	11.5	12.1
4	8.11	13.3	14.2	15.0	15.9
4.5	10.3	16.9	17.9	19.0	20.1
5	12.7	20.8	22.1	23.5	24.8
5.5	15.3	25.2	26.8	28.4	30.0
6	18.3	30.0	31.9	33.8	35.7
6.5	21.5	35.2	37.4	39.6	41.9
7	24.8	40.8	43.4	46.0	48.6
7.5	28.5	46.8	49.8	52.8	55.7
8	32.4	56.6	56.6	60.0	63.4
8.5	36.6	60.1	63.9	67.8	71.6
9	41.1	67.4	71.7	76.0	80.3
10	50.7	83.2	88.6	93.8	99.1
11	61.3	101	107	114	120
12	73.0	120	127	135	143
13	85.7	141	150	159	167
14	99.4	163	173	184	194
15	114	187	199	211	223
16	130	213	227	240	254

续表

钢丝绳公称直径 /mm	参考重量 /[kg/(100m)]	钢丝绳公称抗拉强度/MPa			
		1570	1670	1770	1870
		钢丝绳最小破断拉力/kN			
1.4	0.98	1.51	1.60	1.70	1.80
2.1	2.21	3.39	3.61	3.82	4.04
2.8	3.93	6.03	6.42	6.80	7.18
3.5	6.14	9.42	10.0	10.6	11.2
4.2	8.84	13.6	14.4	15.3	16.2
4.9	12.0	18.5	19.6	20.8	22.0
5.6	15.7	24.1	25.7	27.2	28.7
6.3	19.9	30.5	32.5	34.4	36.4
7	24.5	37.7	40.1	42.5	44.9
7.7	29.7	45.6	48.5	51.4	54.3
8.4	35.4	54.3	57.7	61.2	64.7
9.1	41.5	63.7	67.8	71.8	75.9
9.8	48.1	73.9	78.6	83.3	88.0
10.5	55.2	84.8	90.2	95.6	101
11	60.6	93.1	99.0	105	111
12	72.1	111	118	125	132
12.5	78.3	120	128	136	143
14	98.2	151	160	170	180
15.5	120	185	197	208	220
17	145	222	236	251	265
18	162	249	265	281	297
19.5	191	292	311	330	348
21	221	339	361	382	404
22.5	254	389	414	439	464

1×37类[2]

① 最小钢丝破断拉力总和＝钢丝绳最小破断拉力×1.111。

② 最小钢丝破断拉力总和＝钢丝绳最小破断拉力×1.176。

表 19-4　　钢丝绳第 2 组的规格和力学性能（GB/T 20118—2006）

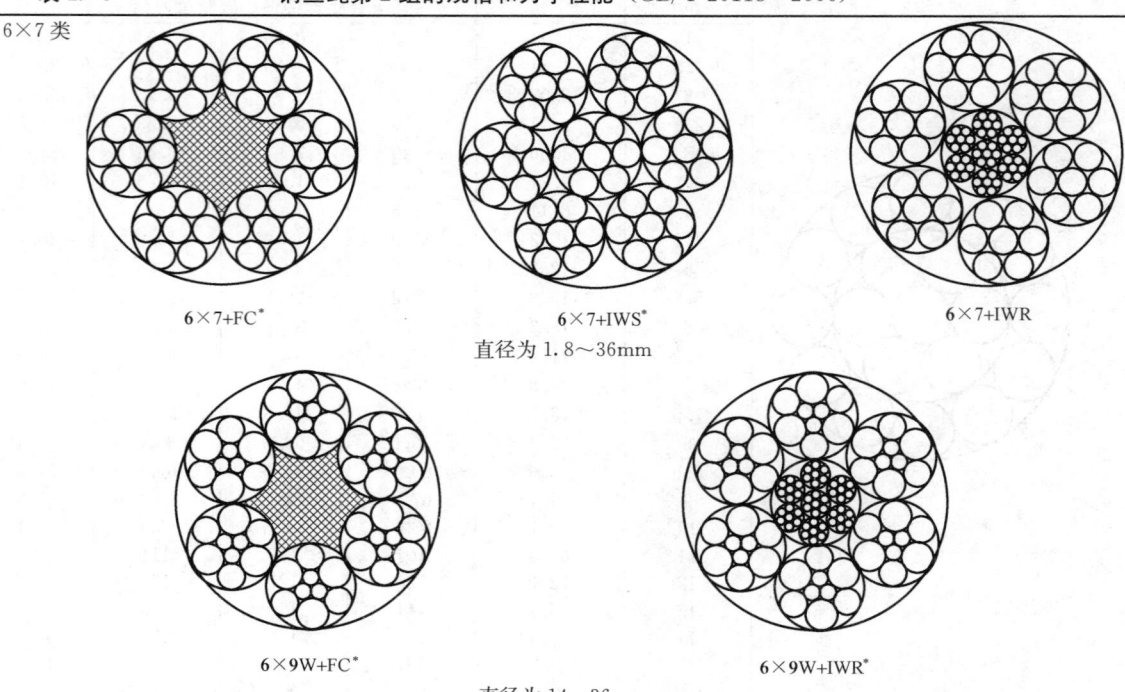

6×7类

6×7+FC*　　　　6×7+IWS*　　　　6×7+IWR

直径为 1.8～36mm

6×9W+FC*　　　　6×9W+IWR*

直径为 14～36mm

续表

钢丝绳公称直径/mm	参考重量/[kg/(100m)]			钢丝绳公称抗拉强度/MPa							
				1570		1670		1770		1870	
				钢丝绳最小破断拉力/kN							
	天然纤维芯钢丝绳	合成纤维芯钢丝绳	钢芯钢丝绳	纤维芯钢丝绳	钢芯钢丝绳	纤维芯钢丝绳	钢芯钢丝绳	纤维芯钢丝绳	钢芯钢丝绳	纤维芯钢丝绳	钢芯钢丝绳
1.8	1.14	1.11	1.25	1.69	1.83	1.80	1.94	1.90	2.06	2.01	2.18
2	1.40	1.38	1.55	2.08	2.25	2.22	2.40	2.35	2.54	2.48	2.69
3	3.16	3.10	3.48	4.69	5.07	4.99	5.40	5.29	5.72	5.59	6.04
4	5.62	5.50	6.19	8.34	9.02	8.87	9.59	9.40	10.2	9.93	10.7
5	8.78	8.60	9.68	13.0	14.1	13.9	15.0	14.7	15.9	15.5	16.8
6	12.6	12.4	13.9	18.8	20.3	20.0	21.6	21.2	22.9	22.4	24.2
7	17.2	16.9	19.0	25.5	27.6	27.2	29.4	28.8	31.1	30.4	32.9
8	22.5	22.0	24.8	33.4	36.1	35.5	38.4	37.6	40.7	39.7	43.0
9	28.4	27.9	31.3	42.2	45.7	44.9	48.6	47.6	51.5	50.3	54.4
10	35.1	34.4	38.7	52.1	56.4	55.4	60.0	58.8	63.5	62.1	67.1
11	42.5	41.6	46.8	63.1	68.2	67.1	72.5	71.1	76.9	75.1	81.2
12	50.5	49.5	55.7	75.1	81.2	79.8	86.3	84.6	91.5	89.4	96.7
13	59.3	58.1	65.4	88.1	95.3	93.7	101	99.3	107	105	113
14	68.8	67.4	75.9	102	110	109	118	115	125	122	132
16	89.9	88.1	99.1	133	144	142	153	150	163	159	172
18	114	111	125	169	183	180	194	190	206	201	218
20	140	138	155	208	225	222	240	235	254	248	269
22	170	166	187	252	273	268	290	284	308	300	325
24	202	198	223	300	325	319	345	338	366	358	387
26	237	233	262	352	381	375	405	397	430	420	454
28	275	270	303	409	442	435	470	461	498	487	526
30	316	310	348	469	507	499	540	529	572	559	604
32	359	352	396	534	577	568	614	602	651	636	687
34	406	398	447	603	652	641	693	679	735	718	776
36	455	446	502	676	730	719	777	762	824	805	870

注：1. 最小钢丝破断拉力总和＝钢丝绳最小破断拉力×1.134（纤维芯）或 1.214（钢芯）。

　　2. 带 * 的截面形状和黑框内的性能数据同 GB/T 8918—2006 第 1 组。

表 19-5　　　　钢丝绳第 3 组（一）的规格和力学性能（GB/T 20118—2008）

6×19（a）类

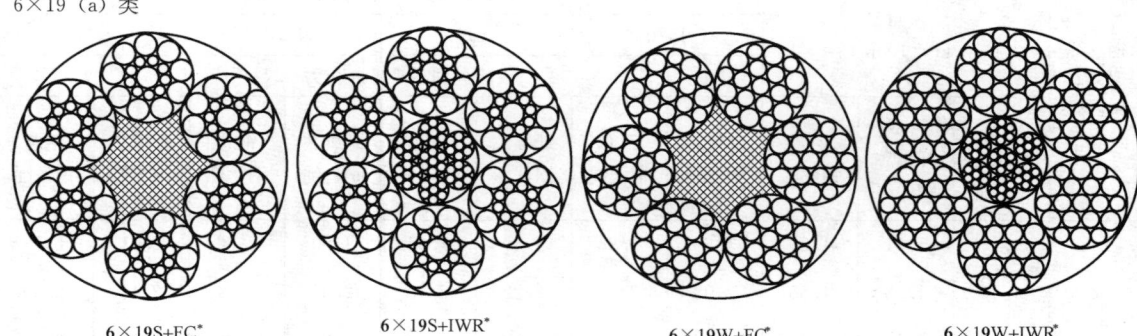

6×19S+FC*　　　　6×19S+IWR*　　　　6×19W+FC*　　　　6×19W+IWR*

直径为 6 ～ 36mm　　　　　　　　　　　　　直径为 6 ～ 40mm

钢丝绳公称直径/mm	参考重量/[kg/(100m)]			钢丝绳公称抗拉强度/MPa											
				1570		1670		1770		1870		1960		2160	
				钢丝绳最小破断拉力/kN											
	天然纤维芯钢丝绳	合成纤维芯钢丝绳	钢芯钢丝绳	纤维芯钢丝绳	钢芯钢丝绳	纤维芯钢丝绳	钢芯钢丝绳	纤维芯钢丝绳	钢芯钢丝绳	纤维芯钢丝绳	钢芯钢丝绳	纤维芯钢丝绳	钢芯钢丝绳	纤维芯钢丝绳	钢芯钢丝绳
6	13.3	13.0	14.6	18.7	20.1	19.8	21.4	21.0	22.7	22.2	24.0	23.3	25.1	25.7	27.7
7	18.1	17.6	19.9	25.4	27.4	27.0	29.1	28.6	30.9	30.2	32.6	31.7	34.2	34.9	37.7
8	23.6	23.0	25.9	33.2	35.8	35.3	38.0	37.4	40.3	39.5	42.6	41.4	44.6	45.6	49.2
9	29.9	29.1	32.8	42.0	45.3	44.6	48.2	47.3	51.0	50.0	53.9	52.4	56.5	57.7	62.3
10	36.9	36.0	40.6	51.8	55.9	55.1	59.5	58.4	63.0	61.7	66.6	64.7	69.8	71.3	76.9
11	44.6	43.5	49.1	62.7	67.6	66.7	71.9	70.7	76.2	74.7	80.6	78.3	84.4	86.2	93.0
12	53.1	51.8	58.4	74.6	80.5	79.4	85.6	84.1	90.7	88.9	95.9	93.1	100	103	111
13	62.3	60.8	68.5	87.6	94.5	93.1	100	98.7	106	104	113	109	118	120	130
14	72.2	70.5	79.5	102	110	108	117	114	124	121	130	127	137	140	151
16	94.4	92.1	104	133	143	141	152	150	161	158	170	166	179	182	197
18	119	117	131	168	181	179	193	189	204	200	216	210	226	231	249
20	147	144	162	207	224	220	238	234	252	247	266	259	279	285	308
22	178	174	196	251	271	267	288	283	305	299	322	313	338	345	372
24	212	207	234	298	322	317	342	336	363	355	383	373	402	411	443
26	249	243	274	350	378	373	402	395	426	417	450	437	472	482	520
28	289	282	318	406	438	432	466	458	494	484	522	507	547	559	603
30	332	324	365	466	503	496	535	526	567	555	599	582	628	642	692
32	377	369	415	531	572	564	609	598	645	632	682	662	715	730	787
34	426	416	469	599	646	637	687	675	728	713	770	748	807	824	889
36	478	466	525	671	724	714	770	757	817	800	863	838	904	924	997
38	532	520	585	748	807	796	858	843	910	891	961	934	1010	1030	1110
40	590	576	649	829	894	882	951	935	1010	987	1070	1030	1120	1140	1230

注：1. 最小钢丝破断拉力总和＝钢丝绳最小破断拉力×1.214（纤维芯）或 1.308（钢芯）。

　　2. 带 * 的截面形状和黑框内的性能数据同 GB/T 8918—2006 第 2 组。

表 19-6   **钢丝绳第 3 组（二）的规格和力学性能**（GB/T 20118—2006）

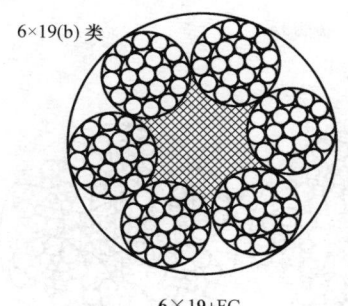

6×19(b) 类   6×19+FC   6×19+IWS   6×19+IWR

直径为 3~46mm

钢丝绳公称直径/mm	参考重量/[kg/(100m)]			钢丝绳公称抗拉强度/MPa							
				1570		1670		1770		1870	
				钢丝绳最小破断拉力/kN							
	天然纤维芯钢丝绳	合成纤维芯钢丝绳	钢芯钢丝绳	纤维芯钢丝绳	钢芯钢丝绳	纤维芯钢丝绳	钢芯钢丝绳	纤维芯钢丝绳	钢芯钢丝绳	纤维芯钢丝绳	钢芯钢丝绳
3	3.16	3.10	3.60	4.34	4.69	4.61	4.99	4.89	5.29	5.17	5.59
4	5.62	5.50	6.40	7.71	8.34	8.20	8.87	8.69	9.40	9.19	9.93
5	8.78	8.60	10.0	12.0	13.0	12.8	13.9	13.6	14.7	14.4	15.5
6	12.6	12.4	14.4	17.4	18.8	18.5	20.0	19.6	21.2	20.7	22.4
7	17.2	16.9	19.6	23.6	25.5	25.1	27.2	26.6	28.8	28.1	30.4
8	22.5	22.0	25.6	30.8	33.4	32.8	35.5	34.8	37.6	36.7	39.7
9	28.4	27.9	32.4	39.0	42.2	41.6	44.9	44.0	47.6	46.5	50.3
10	35.1	34.4	40.0	48.2	52.1	51.3	55.4	54.4	58.8	57.4	62.1
11	42.5	41.6	48.4	58.3	63.1	62.0	67.1	65.8	71.1	69.5	75.1
12	50.5	50.0	57.6	69.4	75.1	73.8	79.8	78.2	84.6	82.7	89.4
13	59.3	58.1	67.6	81.5	88.1	86.6	93.7	91.8	99.3	97.0	105
14	68.8	67.4	78.4	94.5	102	100	109	107	115	113	122
16	89.9	88.1	102	123	133	131	142	139	150	147	159
18	114	111	130	156	169	166	180	176	190	186	201
20	140	138	160	193	208	205	222	217	235	230	248
22	170	166	194	233	252	248	268	263	284	278	300
24	202	198	230	278	300	295	319	313	338	331	358
26	237	233	270	326	352	346	375	367	397	388	420
28	275	270	314	378	409	402	435	426	461	450	487
30	316	310	360	434	469	461	499	489	529	517	559
32	359	352	410	494	534	525	568	557	602	588	636
34	406	398	462	557	603	593	641	628	679	664	718
36	455	446	518	625	676	664	719	704	762	744	805
38	507	497	578	696	753	740	801	785	849	829	896
40	562	550	640	771	834	820	887	869	940	919	993
42	619	607	706	850	919	904	978	959	1040	1010	1100
44	680	666	774	933	1010	993	1070	1050	1140	1110	1200
46	743	728	846	1020	1100	1080	1170	1150	1240	1210	1310

注：最小钢丝破断拉力总和=钢丝绳最小破断拉力×1.226（纤维芯）或 1.321（钢芯）。

表 19-7   钢丝绳第 3 组（三）和第 4 组的规格和力学性能（GB/T 20118—2006）

6×19（a）类和 6×37（a）类

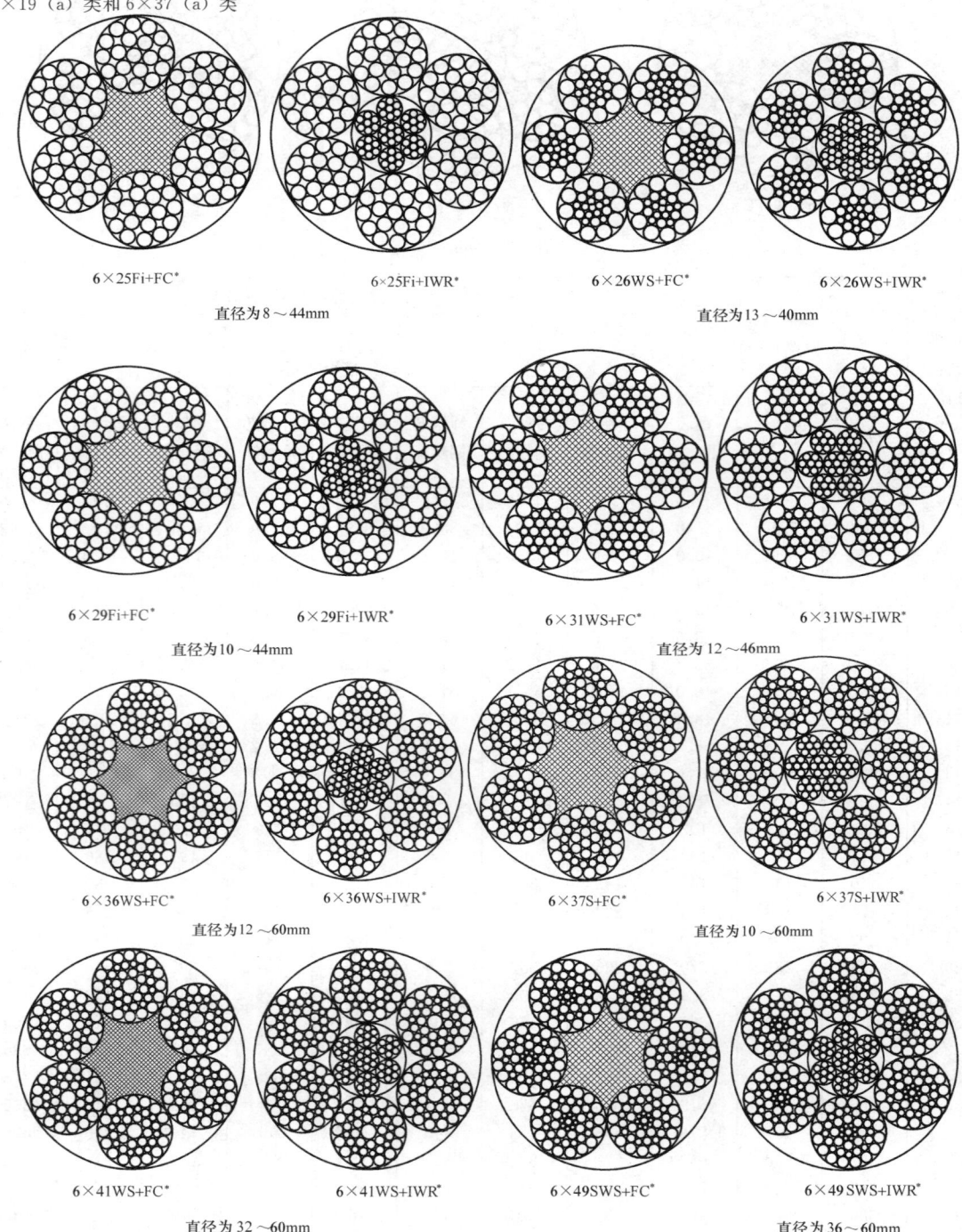

6×25Fi+FC*   6×25Fi+IWR*   6×26WS+FC*   6×26WS+IWR*

直径为 8～44mm   直径为 13～40mm

6×29Fi+FC*   6×29Fi+IWR*   6×31WS+FC*   6×31WS+IWR*

直径为 10～44mm   直径为 12～46mm

6×36WS+FC*   6×36WS+IWR*   6×37S+FC*   6×37S+IWR*

直径为 12～60mm   直径为 10～60mm

6×41WS+FC*   6×41WS+IWR*   6×49SWS+FC*   6×49SWS+IWR*

直径为 32～60mm   直径为 36～60mm

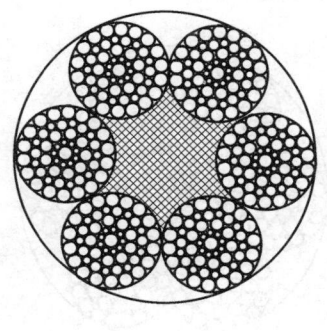

6×55SWS+FC*

6×55SWS+IWR*

直径为36～60mm

钢丝绳公称直径/mm	参考重量/[kg/(100m)]			钢丝绳公称抗拉强度/MPa											
				1570		1670		1770		1870		1960		2160	
				钢丝绳最小破断拉力/kN											
	天然纤维芯钢丝绳	合成纤维芯钢丝绳	钢芯钢丝绳	纤维芯钢丝绳	钢芯钢丝绳	纤维芯钢丝绳	钢芯钢丝绳	纤维芯钢丝绳	钢芯钢丝绳	纤维芯钢丝绳	钢芯钢丝绳	纤维芯钢丝绳	钢芯钢丝绳	纤维芯钢丝绳	钢芯钢丝绳
8	24.3	23.7	26.8	33.2	35.8	35.3	38.0	37.4	40.3	39.5	42.6	41.4	44.7	45.6	49.2
10	38.0	37.1	41.8	51.8	55.9	55.1	59.5	58.4	63.0	61.7	66.6	64.7	69.8	71.3	76.9
12	54.7	53.4	60.2	74.6	80.5	79.4	85.6	84.1	90.7	88.9	95.9	93.1	100	103	111
13	64.2	62.7	70.6	87.6	94.5	93.1	100	98.7	106	104	113	109	118	120	130
14	74.5	72.7	81.9	102	110	108	117	114	124	121	130	127	137	140	151
16	97.3	95.0	107	133	143	141	152	150	161	158	170	166	179	182	197
18	123	120	135	168	181	179	193	189	204	200	216	210	226	231	249
20	152	148	167	207	224	220	238	234	252	247	266	259	279	285	308
22	184	180	202	251	271	267	288	283	305	299	322	313	338	345	372
24	219	214	241	298	322	317	342	336	363	355	383	373	402	411	443
26	257	251	283	350	378	373	402	395	426	417	450	437	472	482	520
28	298	291	328	406	438	432	466	458	494	484	522	507	547	559	603
30	342	334	376	466	503	496	535	526	567	555	599	582	628	642	692
32	389	380	428	531	572	564	609	598	645	632	682	662	715	730	787
34	439	429	483	599	646	637	687	675	728	713	770	748	807	824	889
36	492	481	542	671	724	714	770	757	817	800	863	838	904	924	997
38	549	536	604	748	807	796	858	843	910	891	961	934	1010	1030	1110
40	608	594	669	829	894	882	951	935	1010	987	1070	1030	1120	1140	1230
42	670	654	737	914	986	972	1050	1030	1110	1090	1170	1140	1230	1260	1360
44	736	718	809	1000	1080	1070	1150	1130	1220	1190	1290	1250	1350	1380	1490
46	804	785	884	1100	1180	1170	1260	1240	1330	1310	1410	1370	1480	1510	1630
48	876	855	963	1190	1290	1270	1370	1350	1450	1420	1530	1490	1610	1640	1770
50	950	928	1040	1300	1400	1380	1490	1460	1580	1540	1660	1620	1740	1780	1920
52	1030	1000	1130	1400	1510	1490	1610	1580	1700	1670	1800	1750	1890	1930	2080
54	1110	1080	1220	1510	1630	1610	1730	1700	1840	1800	1940	1890	2030	2080	2240
56	1190	1160	1310	1620	1750	1730	1860	1830	1980	1940	2090	2030	2190	2240	2410
58	1280	1250	1410	1740	1880	1850	2000	1960	2120	2080	2240	2180	2350	2400	2590
60	1370	1340	1500	1870	2010	1980	2140	2100	2270	2220	2400	2330	2510	2570	2770

注：1. 最小钢丝破断拉力总和＝钢丝绳最小破断拉力×1.226（纤维芯）或 1.321（钢芯），其中 6×37S 纤维芯为 1.191，钢芯为 1.283。

2. 带 * 的截面形状和黑框内的性能数据同 GB/T 8918—2006 第 2、3 组。

表 19-8 钢丝绳第 4 组的规格和力学性能（GB/T 20118—2006）

6×37（b）类

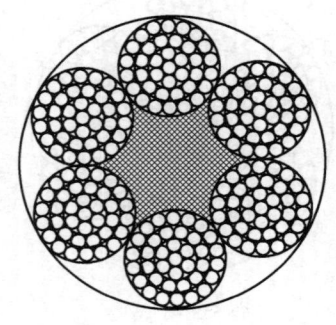

6×37+FC

直径为 5～60mm

6×37+IWR

钢丝绳公称直径/mm	参考重量/[kg/(100m)]			钢丝绳公称抗拉强度/MPa							
				1570		1670		1770		1870	
				钢丝绳最小破断拉力/kN							
	天然纤维芯钢丝绳	合成纤维芯钢丝绳	钢芯钢丝绳	纤维芯钢丝绳	钢芯钢丝绳	纤维芯钢丝绳	钢芯钢丝绳	纤维芯钢丝绳	钢芯钢丝绳	纤维芯钢丝绳	钢芯钢丝绳
5	8.65	8.43	10.0	11.6	12.5	12.3	13.3	13.1	14.1	13.8	14.9
6	12.5	12.1	14.4	16.7	18.0	17.7	19.2	18.8	20.3	19.9	21.5
7	17.0	16.5	19.6	22.7	24.5	24.1	26.1	25.6	27.7	27.0	29.2
8	22.1	21.6	25.6	29.6	32.1	31.5	34.1	33.4	36.1	35.3	38.2
9	28.0	27.3	32.4	37.5	40.6	39.9	43.2	42.3	45.7	44.7	48.3
10	34.6	33.7	40.0	46.3	50.1	49.3	53.3	52.2	56.5	55.2	59.7
11	41.9	40.8	48.4	56.0	60.6	59.6	64.5	63.2	68.3	66.7	72.2
12	49.8	48.5	57.6	66.7	72.1	70.9	76.7	75.2	81.3	79.4	85.9
13	58.5	57.0	67.6	78.3	84.6	83.3	90.0	88.2	95.4	93.2	101
14	67.8	66.1	78.4	90.8	98.2	96.6	104	102	111	108	117
16	88.6	86.3	102	119	128	126	136	134	145	141	153
18	112	109	130	150	162	160	173	169	183	179	193
20	138	135	160	185	200	197	213	209	226	221	239
22	167	163	194	224	242	238	258	253	273	267	289
24	199	194	230	267	288	284	307	301	325	318	344
26	234	228	270	313	339	333	360	353	382	373	403
28	271	264	314	363	393	386	418	409	443	432	468
30	311	303	360	417	451	443	479	470	508	496	537
32	354	345	410	474	513	504	546	535	578	565	611
34	400	390	462	535	579	570	616	604	653	638	690
36	448	437	518	600	649	638	690	677	732	715	773
38	500	487	578	669	723	711	769	754	815	797	861
40	554	539	640	741	801	788	852	835	903	883	954
42	610	594	706	817	883	869	940	921	996	973	1050
44	670	652	774	897	970	954	1030	1010	1090	1070	1150
46	732	713	846	980	1060	1040	1130	1100	1190	1170	1260
48	797	776	922	1070	1150	1140	1230	1200	1300	1270	1370
50	865	843	1000	1160	1250	1230	1330	1300	1410	1380	1490
52	936	911	1080	1250	1350	1330	1440	1410	1530	1490	1610
54	1010	983	1170	1350	1460	1440	1550	1520	1650	1610	1740
56	1090	1060	1250	1450	1570	1540	1670	1640	1770	1730	1870
58	1160	1130	1350	1560	1680	1660	1790	1760	1900	1860	2010
60	1250	1210	1440	1670	1800	1770	1920	1880	2030	1990	2150

注：最小钢丝破断拉力总和＝钢丝绳最小破断拉力×1.249（纤维芯）或 1.336（钢芯）。

表 19-9　　　　　　钢丝绳第 5 组的规格和力学性能 (GB/T 20118—2006)

6×61类

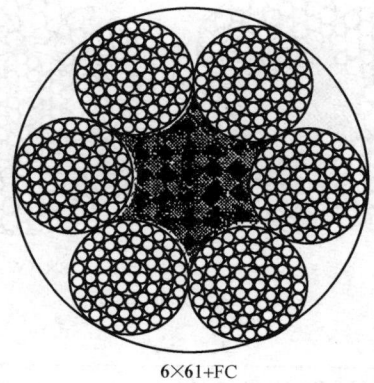

6×61+FC

6×61+IWR

钢丝绳公称直径/mm	参考重量/[kg/(100m)]			钢丝绳公称抗拉强度/MPa							
				1570		1670		1770		1870	
				钢丝绳最小破断拉力/kN							
	天然纤维芯钢丝绳	合成纤维芯钢丝绳	钢芯钢丝绳	纤维芯钢丝绳	钢芯钢丝绳	纤维芯钢丝绳	钢芯钢丝绳	纤维芯钢丝绳	钢芯钢丝绳	纤维芯钢丝绳	钢芯钢丝绳
40	578	566	637	711	769	756	818	801	867	847	916
42	637	624	702	784	847	834	901	884	955	934	1010
44	699	685	771	860	930	915	989	970	1050	1020	1110
46	764	749	842	940	1020	1000	1080	1060	1150	1120	1210
48	832	816	917	1020	1110	1090	1180	1150	1250	1220	1320
50	903	885	995	1110	1200	1180	1280	1250	1350	1320	1430
52	976	957	1080	1200	1300	1280	1380	1350	1460	1430	1550
54	1050	1030	1160	1300	1400	1380	1490	1460	1580	1540	1670
56	1130	1110	1250	1390	1510	1480	1600	1570	1700	1660	1790
58	1210	1190	1340	1490	1620	1590	1720	1690	1820	1780	1920
60	1300	1270	1430	1600	1730	1700	1840	1800	1950	1910	2060

注：最小钢丝破断拉力总和＝钢丝绳最小破断拉力×1.301（纤维芯）或 1.392（钢芯）。

表 19-10　　　　钢丝绳第 6 组的规格和力学性能（GB/T 20118—2006）

6×19类

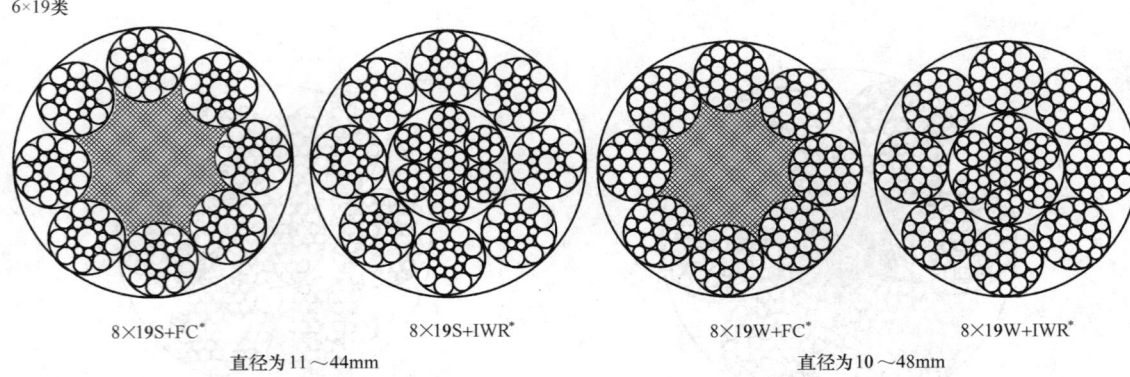

8×19S+FC*　　　　8×19S+IWR*　　　　8×19W+FC*　　　　8×19W+IWR*

直径为 11～44mm　　　　　　　　　　　　直径为 10～48mm

钢丝绳公称直径/mm	参考重量/[kg/(100m)]			钢丝绳公称抗拉强度/MPa										
				1570		1670		1770		1870		1960		2160	
				钢丝绳最小破断拉力/kN											
	天然纤维芯钢丝绳	合成纤维芯钢丝绳	钢芯钢丝绳	纤维芯钢丝绳	钢芯钢丝绳	纤维芯钢丝绳	钢芯钢丝绳	纤维芯钢丝绳	钢芯钢丝绳	纤维芯钢丝绳	钢芯钢丝绳	纤维芯钢丝绳	钢芯钢丝绳	纤维芯钢丝绳	钢芯钢丝绳
10	34.6	33.4	42.2	46.0	54.3	48.9	57.8	51.9	61.2	54.8	64.7	57.4	67.8	63.3	74.7
11	41.9	40.4	51.1	55.7	65.7	59.2	69.9	62.8	74.1	66.3	78.3	69.5	82.1	76.6	90.4
12	49.9	48.0	60.8	66.2	78.2	70.5	83.2	74.7	88.2	78.9	93.2	82.7	97.7	91.1	108
13	58.5	56.4	71.3	77.7	91.8	82.7	97.7	87.6	103	92.6	109	97.1	115	107	126
14	67.9	65.4	82.7	90.2	106	95.9	113	102	120	107	127	113	133	124	146
16	88.7	85.4	108	118	139	125	148	133	157	140	166	147	174	162	191
18	112	108	137	149	176	159	187	168	198	178	210	186	220	205	242
20	139	133	169	184	217	196	231	207	245	219	259	230	271	253	299
22	168	162	204	223	263	237	280	251	296	265	313	278	328	306	362
24	199	192	243	265	313	282	333	299	353	316	373	331	391	365	430
26	234	226	285	311	367	331	391	351	414	370	437	388	458	428	505
28	271	262	331	361	426	384	453	407	480	430	507	450	532	496	586
30	312	300	380	414	489	440	520	467	551	493	582	517	610	570	673
32	355	342	432	471	556	501	592	531	627	561	663	588	694	648	765
34	400	386	488	532	628	566	668	600	708	633	748	664	784	732	864
36	449	432	547	596	704	634	749	672	794	710	839	744	879	820	969
38	500	482	609	664	784	707	834	749	884	791	934	829	979	914	1080
40	554	534	675	736	869	783	925	830	980	877	1040	919	1090	1010	1200
42	611	589	744	811	958	863	1020	915	1080	967	1140	1010	1200	1120	1320
44	670	646	817	891	1050	947	1120	1000	1190	1060	1250	1110	1310	1230	1450
46	733	706	893	973	1150	1040	1220	1100	1300	1160	1370	1220	1430	1340	1580
48	798	769	972	1060	1250	1130	1330	1190	1410	1260	1490	1320	1560	1460	1720

注：1. 最小钢丝破断拉力总和＝钢丝绳最小破断拉力×1.214（纤维芯）或 1.360（钢芯）。

2. 带 * 的截面形状和黑框内的性能数据同 GB/T 8918—2006 第 4 组。

表 19-11　　钢丝绳第 6 组和第 7 组的规格和力学性能（GB/T 20118—2006）

8×19 类和 8×37 类

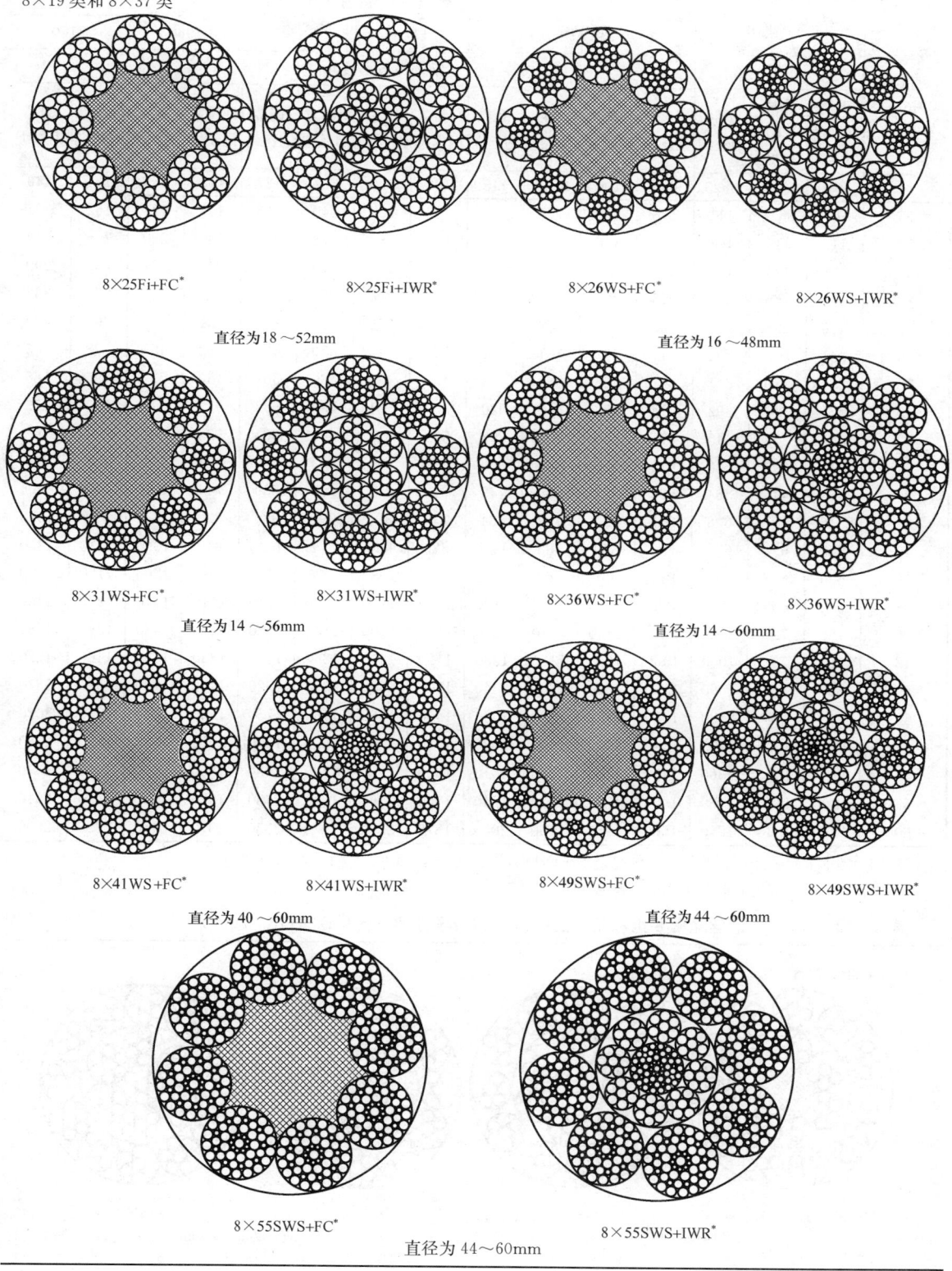

8×25Fi+FC*　　　　8×25Fi+IWR*　　　　8×26WS+FC*　　　　8×26WS+IWR*

直径为18～52mm　　　　　　　　　直径为16～48mm

8×31WS+FC*　　　　8×31WS+IWR*　　　　8×36WS+FC*　　　　8×36WS+IWR*

直径为14～56mm　　　　　　　　　直径为14～60mm

8×41WS+FC*　　　　8×41WS+IWR*　　　　8×49SWS+FC*　　　　8×49SWS+IWR*

直径为40～60mm　　　　　　　　　直径为44～60mm

8×55SWS+FC*　　　　　　　　　8×55SWS+IWR*

直径为44～60mm

续表

钢丝绳公称直径/mm	参考重量/[kg/(100m)]			钢丝绳公称抗拉强度/MPa											
				1570		1670		1770		1870		1960		2160	
				钢丝绳最小破断拉力/kN											
	天然纤维芯钢丝绳	合成纤维芯钢丝绳	钢芯钢丝绳	纤维芯钢丝绳	钢芯钢丝绳	纤维芯钢丝绳	钢芯钢丝绳	纤维芯钢丝绳	钢芯钢丝绳	纤维芯钢丝绳	钢芯钢丝绳	纤维芯钢丝绳	钢芯钢丝绳	纤维芯钢丝绳	钢芯钢丝绳
14	70.0	67.4	85.3	90.2	106	95.9	113	102	120	107	127	113	133	124	146
16	91.4	88.1	111	118	139	125	148	133	157	140	166	147	174	162	191
18	116	111	141	149	176	159	187	168	198	178	210	186	220	205	242
20	143	138	174	184	217	196	231	207	245	219	259	230	271	253	299
22	173	166	211	223	263	237	280	251	296	265	313	278	328	306	362
24	206	198	251	265	313	282	333	299	353	316	373	331	391	365	430
26	241	233	294	311	367	331	391	351	414	370	437	388	458	428	505
28	280	270	341	361	426	384	453	407	480	430	507	450	532	496	586
30	321	310	392	414	489	440	520	467	551	493	582	517	610	570	673
32	366	352	445	471	556	501	592	531	627	561	663	588	694	648	765
34	413	398	503	532	628	566	668	600	708	633	748	664	784	732	864
36	463	446	564	596	704	634	749	672	794	710	839	744	879	820	969
38	516	497	628	664	784	707	834	749	884	791	934	829	979	914	1080
40	571	550	696	736	869	783	925	830	980	877	1040	919	1090	1010	1230
42	630	607	767	811	958	863	1020	915	1080	967	1140	1010	1200	1120	1320
44	691	666	842	890	1050	947	1120	1000	1190	1060	1250	1110	1310	1230	1450
46	755	728	920	973	1150	1040	1220	1100	1300	1160	1370	1220	1430	1340	1580
48	823	793	1000	1060	1250	1130	1330	1190	1410	1260	1490	1320	1560	1460	1720
50	892	860	1090	1150	1360	1220	1440	1300	1530	1370	1620	1440	1700	1580	1870
52	965	930	1180	1240	1470	1320	1560	1400	1660	1480	1750	1550	1830	1710	2020
54	1040	1000	1270	1340	1580	1430	1680	1510	1790	1600	1890	1670	1980	1850	2180
56	1120	1080	1360	1440	1700	1530	1810	1630	1920	1720	2030	1800	2130	1980	2340
58	1200	1160	1460	1550	1830	1650	1940	1740	2060	1840	2180	1930	2280	2130	2510
60	1290	1240	1570	1660	1960	1760	2080	1870	2200	1970	2330	2070	2440	2280	2690

注：1. 最小钢丝破断拉力总和＝钢丝绳最小破断拉力×1.226（纤维芯）或1.374（钢芯）。

2. 带 * 的截面形状和黑框内的性能数据同 GB/T 8918—2006 第 4 组。

表 19-12　　钢丝绳第 8 组和第 9 组的规格和力学性能（GB/T 20118—2006）

18×7类和18×19类

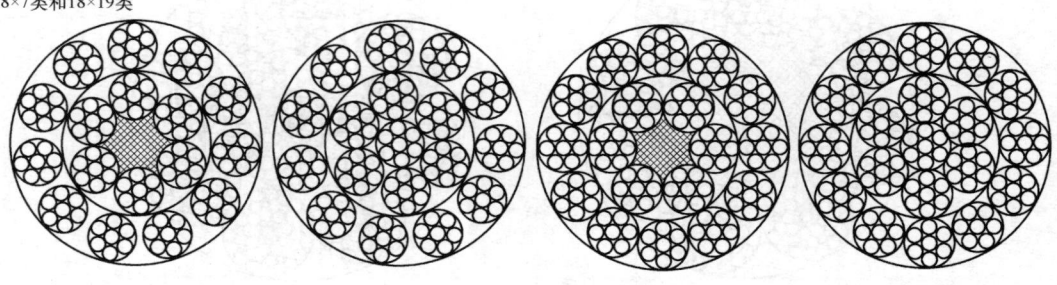

17×7+FC*　　　　　17×7+IWS*　　　　　18×7+FC*　　　　　18×7+IWS*

直径为 6～44mm　　　　　　　　　　　直径为 6～44mm

续表

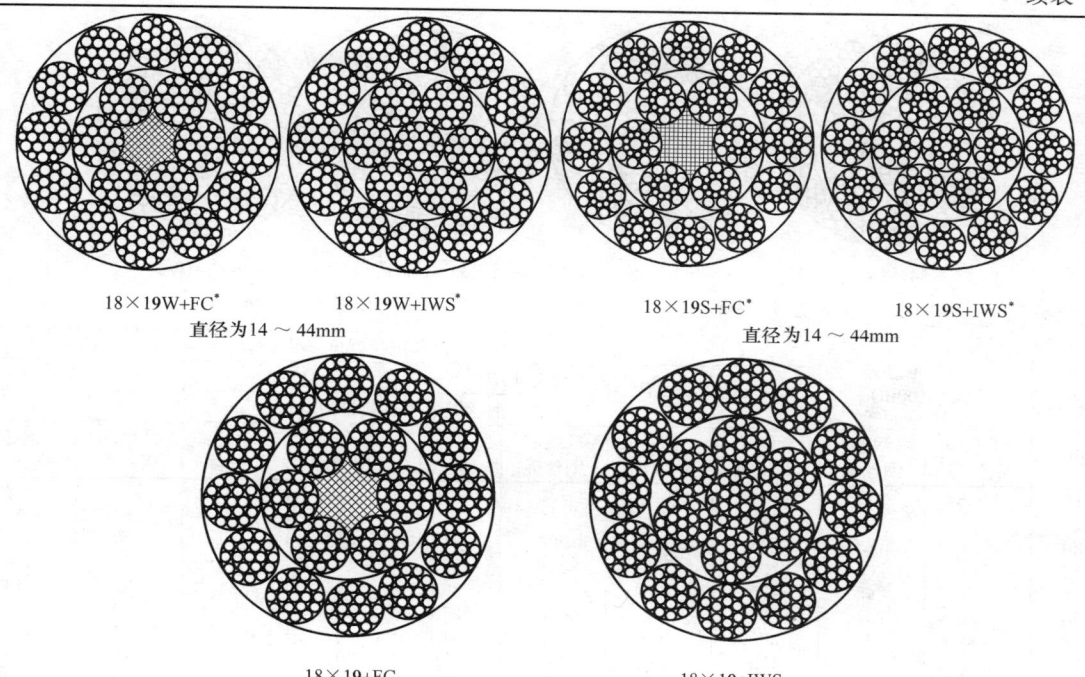

18×19W+FC*   18×19W+IWS*   18×19S+FC*   18×19S+IWS*
直径为14～44mm   直径为14～44mm

18×19+FC   直径为10～44mm   18×19+IWS

钢丝绳公称直径/mm	参考重量/[kg/(100m)]		钢丝绳公称抗拉强度/MPa										
			1570		1670		1770		1870		1960		2160	
			钢丝绳最小破断拉力/kN											
	纤维芯钢丝绳	钢芯钢丝绳	纤维芯钢丝绳	钢芯钢丝绳	纤维芯钢丝绳	钢芯钢丝绳	纤维芯钢丝绳	钢芯钢丝绳	纤维芯钢丝绳	钢芯钢丝绳	纤维芯钢丝绳	钢芯钢丝绳	纤维芯钢丝绳	钢芯钢丝绳
6	14.0	15.5	17.5	18.5	18.6	19.7	19.8	20.9	20.9	22.1	21.9	23.1	24.1	25.5
7	19.1	21.1	23.8	25.2	25.4	26.8	26.9	28.4	28.4	30.1	29.8	31.5	32.8	34.7
8	25.0	27.5	31.1	33.0	33.1	35.1	35.1	37.2	37.1	39.3	38.9	41.1	42.9	45.3
9	31.6	34.8	39.4	41.7	41.9	44.4	44.4	47.0	47.0	49.7	49.2	52.1	54.2	57.4
10	39.0	43.0	48.7	51.5	51.8	54.8	54.9	58.1	58.0	61.3	60.8	64.3	67.0	70.8
11	47.2	52.0	58.9	62.3	62.6	66.3	66.4	70.2	70.1	74.2	73.5	77.8	81.0	85.7
12	56.2	61.9	70.1	74.2	74.5	78.9	79.0	83.6	83.5	88.3	87.5	92.6	96.4	102
13	65.9	72.7	82.3	87.0	87.5	92.6	92.7	98.1	98.0	104	103	109	113	120
14	76.4	84.3	95.4	101	101	107	108	114	114	120	119	126	131	139
16	99.8	110	125	132	133	140	140	149	148	157	156	165	171	181
18	126	139	158	167	168	177	178	188	188	199	197	208	217	230
20	156	172	195	206	207	219	219	232	232	245	243	257	268	283
22	189	208	236	249	251	265	266	281	281	297	294	311	324	343
24	225	248	280	297	298	316	316	334	334	353	350	370	386	408
26	264	291	329	348	350	370	371	392	392	415	411	435	453	479
28	306	337	382	404	406	429	430	455	454	481	476	504	525	555
30	351	387	438	463	466	493	494	523	522	552	547	579	603	638
32	399	440	498	527	530	561	562	594	594	628	622	658	686	725
34	451	497	563	595	598	633	634	671	670	709	702	743	774	819
36	505	557	631	667	671	710	711	752	751	795	787	833	868	918
38	563	621	703	744	748	791	792	838	837	886	877	928	967	1020
40	624	688	779	824	828	876	878	929	928	981	972	1030	1070	1130
42	688	759	859	908	913	966	968	1020	1020	1080	1070	1130	1180	1250
44	755	832	942	997	1000	1060	1060	1120	1120	1190	1180	1240	1300	1370

注：1. 最小钢丝破断拉力总和＝钢丝绳最小破断拉力×1.283，其中17×7为1.250。
    2. 带＊的截面形状和黑框内的性能数据同 GB/T 8918—2006 第6、7组。

表 19-13 　　　　　　　钢丝绳第 10 组的规格和力学性能（GB/T 20118—2006）

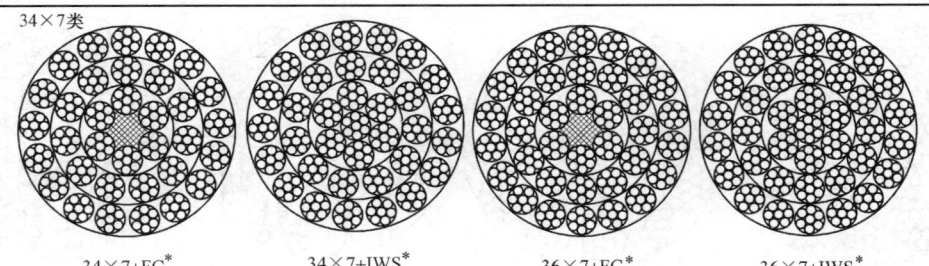

34×7 类

34×7+FC*　　　34×7+IWS*　　　36×7+FC*　　　36×7+IWS*

直径为 16～44mm　　　　　　　　　　　直径为 16～44mm

钢丝绳公称直径/mm	参考重量/[kg/(100m)]		钢丝绳公称抗拉强度/MPa							
			1570		1670		1770		1870	
			钢丝绳最小破断拉力/kN							
	纤维芯钢丝绳	钢芯钢丝绳	纤维芯钢丝绳	钢芯钢丝绳	纤维芯钢丝绳	钢芯钢丝绳	纤维芯钢丝绳	钢芯钢丝绳	纤维芯钢丝绳	钢芯钢丝绳
16	99.8	110	124	128	132	136	140	144	147	152
18	126	139	157	162	167	172	177	182	187	193
20	156	172	193	200	206	212	218	225	230	238
22	189	208	234	242	249	257	264	272	279	288
24	225	248	279	288	296	306	314	324	332	343
26	264	291	327	337	348	359	369	380	389	402
28	306	337	379	391	403	416	427	441	452	466
30	351	387	435	449	463	478	491	507	518	535
32	399	440	495	511	527	544	558	576	590	609
34	451	497	559	577	595	614	630	651	666	687
36	505	557	627	647	667	688	707	729	746	771
38	563	621	698	721	743	767	787	813	832	859
40	624	688	774	799	823	850	872	901	922	951
42	688	759	853	881	907	937	962	993	1020	1050
44	755	832	936	967	996	1030	1060	1090	1120	1150

注：1. 最小钢丝破断拉力总和＝钢丝绳最小破断拉力×1.334，其中 34×7 为 1.300。

　　2. 带 * 的截面形状和黑框内的性能数据同 GB/T 8918—2006 第 8 组。

表 19-14 　　　　　　　钢丝绳第 11 组的规格和力学性能（GB/T 20118—2006）

35W×7 类

35W×7*

24W×7*

直径为 12～50mm

钢丝绳公称直径/mm	参考重量/[kg/(100m)]	钢丝绳公称抗拉强度/MPa					
		1570	1670	1770	1870	1960	2160
		钢丝绳最小破断拉力/kN					
12	66.2	81.4	86.6	91.8	96.9	102	112
14	90.2	111	118	125	132	138	152
16	118	145	154	163	172	181	199
18	149	183	195	206	218	229	252
20	184	226	240	255	269	282	311
22	223	274	291	308	326	342	376
24	265	326	346	367	388	406	448
26	311	382	406	431	455	477	526
28	361	443	471	500	528	553	610
30	414	509	541	573	606	635	700
32	471	579	616	652	689	723	796
34	532	653	695	737	778	816	899
36	596	732	779	826	872	914	1010
38	664	816	868	920	972	1020	1120
40	736	904	962	1020	1080	1130	1240
42	811	997	1060	1120	1190	1240	1370
44	891	1090	1160	1230	1300	1370	1510
46	973	1200	1270	1350	1420	1490	1650
48	1060	1300	1390	1470	1550	1630	1790
50	1150	1410	1500	1590	1680	1760	1940

注：1. 最小钢丝破断拉力总和＝钢丝绳最小破断拉力×1.287。

　　2. 带 * 的截面形状和黑框内的性能数据同 GB/T 8918—2006 第 9 组。

表 19-15 　　　　　 **钢丝绳第 12 组的规格和力学性能**（GB/T 20118—2006）

钢丝绳公称直径/mm	参考重量 /[kg/(100m)]		钢丝绳公称抗拉强度/MPa			
			1470	1570	1670	1770
	天然纤维芯钢丝绳	合成纤维芯钢丝绳	钢丝绳最小破断拉力/kN			
8	16.1	14.8	19.7	21.0	22.3	23.7
9	20.3	18.7	24.9	26.6	28.3	30.0
9.3	21.7	20.0	26.6	28.4	30.2	32.0
10	25.1	23.1	30.7	32.8	34.9	37.0
11	30.4	28.0	37.2	39.7	42.2	44.8
12	36.1	33.3	44.2	47.3	50.3	53.3
12.5	39.2	36.1	48.0	51.3	54.5	57.8
13	42.4	39.0	51.9	55.5	59.0	62.5
14	49.2	45.3	60.2	64.3	68.4	72.5
15.5	60.3	55.5	73.8	78.8	83.9	88.9
16	64.3	59.1	78.7	84.0	89.4	94.7
17	72.5	66.8	88.8	94.8	101	107
18	81.3	74.8	99.5	106	113	120
18.5	85.9	79.1	105	112	119	127
20	100	92.4	123	131	140	148
21.5	116	107	142	152	161	171
22	121	112	149	159	169	179
24	145	133	177	189	201	213
24.5	151	139	184	197	210	222
26	170	156	208	222	236	250
28	197	181	241	257	274	290
32	257	237	315	336	357	379

6×12 类①

6×12+7FC
直径为 8~32mm

钢丝绳公称直径/mm	参考重量 /[kg/(100m)]		钢丝绳公称抗拉强度/MPa			
			1470	1570	1670	1770
	天然纤维芯钢丝绳	合成纤维芯钢丝绳	钢丝绳最小破断拉力/kN			
8	20.4	19.5	26.3	28.1	29.9	31.7
9	25.8	24.6	33.3	35.6	37.9	40.1
10	31.8	30.4	41.2	44.0	46.8	49.6
11	38.5	36.8	49.8	53.2	56.6	60.0
12	45.8	43.8	59.3	63.3	67.3	71.4
13	53.7	51.4	69.6	74.3	79.0	83.8
14	62.3	59.6	80.7	86.2	91.6	97.1
16	81.4	77.8	105	113	120	127
18	103	98.5	133	142	152	161
20	127	122	165	176	187	198
22	154	147	199	213	226	240
24	183	175	237	253	269	285
26	215	206	278	297	316	335
28	249	238	323	345	367	389
30	286	274	370	396	421	446
32	326	311	421	450	479	507
34	368	351	476	508	541	573
36	412	394	533	570	606	642
38	459	439	594	635	675	716
40	509	486	659	703	748	793

8×24 类②

6×24+7FC
直径为 8~40mm

① 最小钢丝破断拉力总和＝钢丝绳最小破断拉力×1.136。

② 最小钢丝破断拉力总和＝钢丝绳最小破断拉力×1.150（纤维芯）。

表 19-16　钢丝绳第 13、14 组的规格和力学性能 (GB/T 20118—2006)

第 13 组　6×24 类[1]

6×24S+7FC

6×24W+7FC
直径为 10～44mm

钢丝绳公称直径/mm	参考重量 /[kg/(100m)]		钢丝绳公称抗拉强度/MPa			
			1470	1570	1670	1770
	天然纤维芯钢丝绳	合成纤维芯钢丝绳	钢丝绳最小破断拉力/kN			
10	33.1	31.6	42.8	45.7	48.6	51.5
11	40.0	38.2	51.8	55.3	58.8	62.3
12	47.7	45.5	61.6	65.8	70.0	74.2
13	55.9	53.4	72.3	77.2	82.1	87.0
14	64.9	61.9	83.8	90.0	95.3	101
16	84.7	80.9	110	117	124	132
18	107	102	139	148	157	167
20	132	126	171	183	194	206
22	160	153	207	221	235	249
24	191	182	246	263	280	297
26	224	214	289	309	329	348
28	260	248	335	358	381	404
30	298	284	385	411	437	464
32	339	324	438	468	498	527
34	383	365	495	528	562	595
36	429	410	554	592	630	668
38	478	456	618	660	702	744
40	530	506	684	731	778	824
42	584	557	755	806	857	909
44	641	612	828	885	941	997

第 14 组 6×15 类[2]

6×15+7FC
直径为 10～32mm

钢丝绳公称直径/mm	参考重量 /[kg/(100m)]		钢丝绳公称抗拉强度/MPa			
			1470	1570	1670	1770
	天然纤维芯钢丝绳	合成纤维芯钢丝绳	钢丝绳最小破断拉力/kN			
10	20.0	18.5	26.5	28.3	30.1	31.9
12	28.8	26.6	38.1	40.7	43.3	45.9
14	39.2	36.3	51.9	55.4	58.9	62.4
16	51.2	47.4	67.7	72.3	77.0	81.6
18	64.8	59.9	85.7	91.6	97.4	103
20	80.0	74.0	106	113	120	127
22	96.8	89.5	128	137	145	154
24	115	107	152	163	173	184
26	135	125	179	191	203	215
28	157	145	207	222	236	250
30	180	166	238	254	271	287
32	205	189	271	289	308	326

① 最小钢丝破断拉力总和=钢丝绳最小破断拉力×1.150（纤维芯）。

② 最小钢丝破断拉力总和=钢丝绳最小破断拉力×1.136。

表 19-17　　钢丝绳第 15、16 组的规格和力学性能（GB/T 20118—2006）

4×19 类和 4×37 类

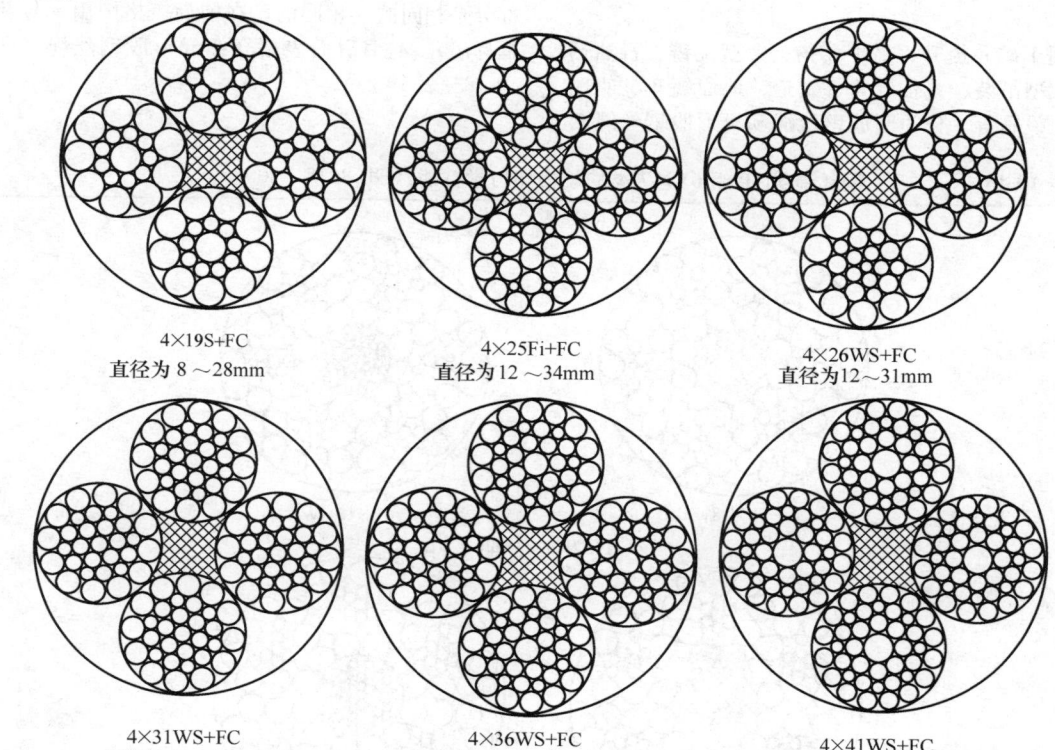

4×19S+FC
直径为 8～28mm

4×25Fi+FC
直径为 12～34mm

4×26WS+FC
直径为 12～31mm

4×31WS+FC
直径为 12～36mm

4×36WS+FC
直径为 14～42mm

4×41WS+FC
直径为 26～46mm

钢丝绳公称直径 /mm	参考重量 /[kg/(100m)]	钢丝绳公称抗拉强度/MPa					
		1570	1670	1770	1870	1960	2160
		钢丝绳最小破断拉力/kN					
8	26.2	36.2	38.5	40.8	43.1	45.2	49.8
10	41.0	56.5	60.1	63.7	67.3	70.6	77.8
12	59.0	81.4	86.6	91.8	96.9	102	112
14	80.4	111	118	125	132	138	152
16	105	145	154	163	172	181	199
18	133	183	195	206	218	229	252
20	164	226	240	255	269	282	311
22	198	274	291	308	326	342	376
24	236	326	346	367	388	406	448
26	277	382	406	431	455	477	526
28	321	443	471	500	528	553	610
30	369	509	541	573	606	635	700
32	420	579	616	652	689	723	796
34	474	653	695	737	778	816	899
36	531	732	779	826	872	914	1010
38	592	816	868	920	972	1020	1120
40	656	904	962	1020	1080	1130	1240
42	723	997	1060	1120	1190	1240	1370
44	794	1090	1160	1230	1300	1370	1510
46	868	1200	1270	1350	1420	1490	1650

注：最小钢丝破断拉力总和＝钢丝绳最小破断拉力×1.191。

19.1.3 重要用途钢丝绳（GB 8918—2006）

用于矿井提升、高炉卷扬、大型浇铸、石油钻井、大型吊装、繁忙起重、索道、地面缆车、船舶和海上设施等。分为圆股钢丝绳和异形股钢丝绳两大类。其中 GB 8918—2006 圆股钢丝绳的结构和力学性能与一般用途钢丝绳（GB/T 20118—2006）大部分是相同的（相同的已在前面表格中用 ＊ 号及黑框标出）。本书后面表格介绍异形股钢丝绳（见表 19-18～表 19-24）。

表 19-18   钢丝绳第 10 组 6V×7 类的规格和力学性能（GB 8918—2006）

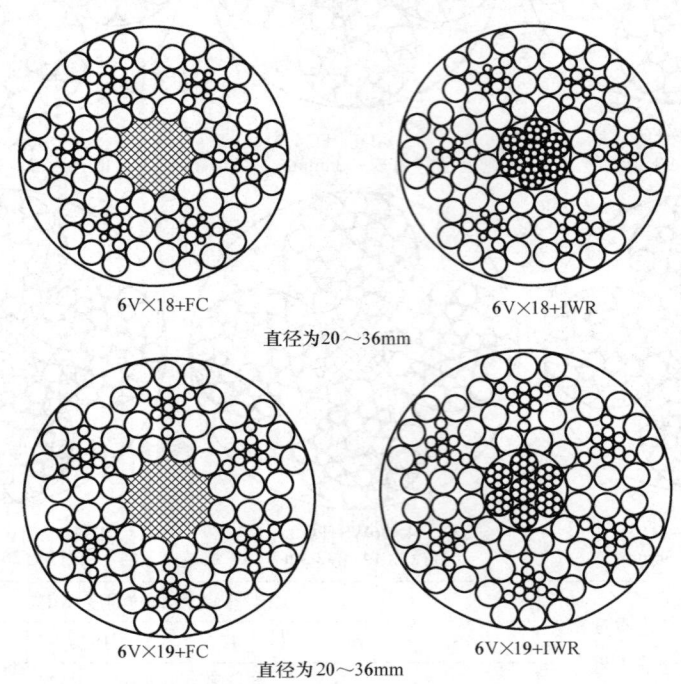

钢丝绳公称直径		钢丝绳参考质量 /[kg/(100m)]			钢丝绳公称抗拉强度/MPa										
					1570		1670		1770		1870		1960		
					钢丝绳最小破断拉力/kN										
D/mm	允许偏差（%）	天然纤维芯钢丝绳	合成纤维芯钢丝绳	钢芯钢丝绳	纤维芯钢丝绳	钢芯钢丝绳	纤维芯钢丝绳	钢芯钢丝绳	纤维芯钢丝绳	钢芯钢丝绳	纤维芯钢丝绳	钢芯钢丝绳	纤维芯钢丝绳	钢芯钢丝绳	
20		165	162	175	236	250	250	266	266	282	280	298	294	312	
22		199	196	212	285	302	303	322	321	341	339	360	356	378	
24		237	233	252	339	360	361	383	382	406	404	429	423	449	
26		279	273	295	398	422	423	449	449	476	474	503	497	527	
28	+6 0	323	317	343	462	490	491	521	520	552	550	583	576	612	
30		371	364	393	530	562	564	598	597	634	631	670	662	702	
32		422	414	447	603	640	641	681	680	721	718	762	753	799	
34		476	467	505	681	722	724	768	767	814	811	860	850	902	
36		534	524	566	763	810	812	861	860	913	909	965	953	1010	

表 19-19　**钢丝绳第 11 组 6V×19 类的规格和力学性能**（GB 8918—2006）

钢丝绳公称直径		钢丝绳参考质量/[kg/(100m)]		钢丝绳公称抗拉强度/MPa				
				1570	1670	1770	1870	1960
D/mm	允许偏差(%)	天然纤维芯钢丝绳	合成纤维芯钢丝绳	钢丝绳最小破断拉力/kN				
18		121	118	168	179	190	201	210
20		149	146	208	221	234	248	260
22		180	177	252	268	284	300	314
24		215	210	300	319	338	357	374
26	+6 / 0	252	247	352	374	396	419	439
28		292	286	408	434	460	486	509
30		335	329	468	498	528	557	584
32		382	374	532	566	600	634	665
34		431	422	601	639	678	716	750
36		483	473	674	717	760	803	841

图：6V×21+7FC　直径为18～36mm
图：6V×24+7FC　直径为18～36mm

表 19-20　**钢丝绳第 11 组 6V×19 类的规格和力学性能**（GB 8918—2006）

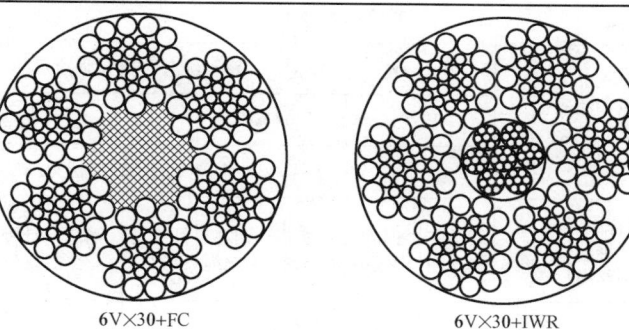

6V×30+FC　　　　　6V×30+IWR

直径为 20～38mm

钢丝绳公称直径		钢丝绳参考质量/[kg/(100m)]			钢丝绳公称抗拉强度/MPa									
					1570		1670		1770		1870		1960	
					钢丝绳最小破断拉力/kN									
D/mm	允许偏差(%)	天然纤维芯钢丝绳	合成纤维芯钢丝绳	钢芯钢丝绳	纤维芯钢丝绳	钢芯钢丝绳	纤维芯钢丝绳	钢芯钢丝绳	纤维芯钢丝绳	钢芯钢丝绳	纤维芯钢丝绳	钢芯钢丝绳	纤维芯钢丝绳	钢芯钢丝绳
20		162	159	172	203	216	216	230	229	243	242	257	254	270
22		196	192	208	246	261	262	278	278	295	293	311	307	326
24		233	229	247	293	311	312	331	330	351	349	370	365	388
26		274	268	290	344	365	366	388	388	411	410	435	429	456
28	+6 / 0	318	311	336	399	423	424	450	450	477	475	504	498	528
30		365	357	386	458	486	487	517	516	548	545	579	572	606
32		415	407	439	521	553	554	588	587	623	620	658	650	690
34		468	459	496	588	624	625	664	663	703	700	743	734	779
36		525	515	556	659	700	701	744	743	789	785	833	823	873
38		585	573	619	735	779	781	829	828	879	875	928	917	973

表 19-21　钢丝绳第 11 组 6V×19 类和第 12 组 6V×37 类的规格和力学性能（GB 8918—2006）

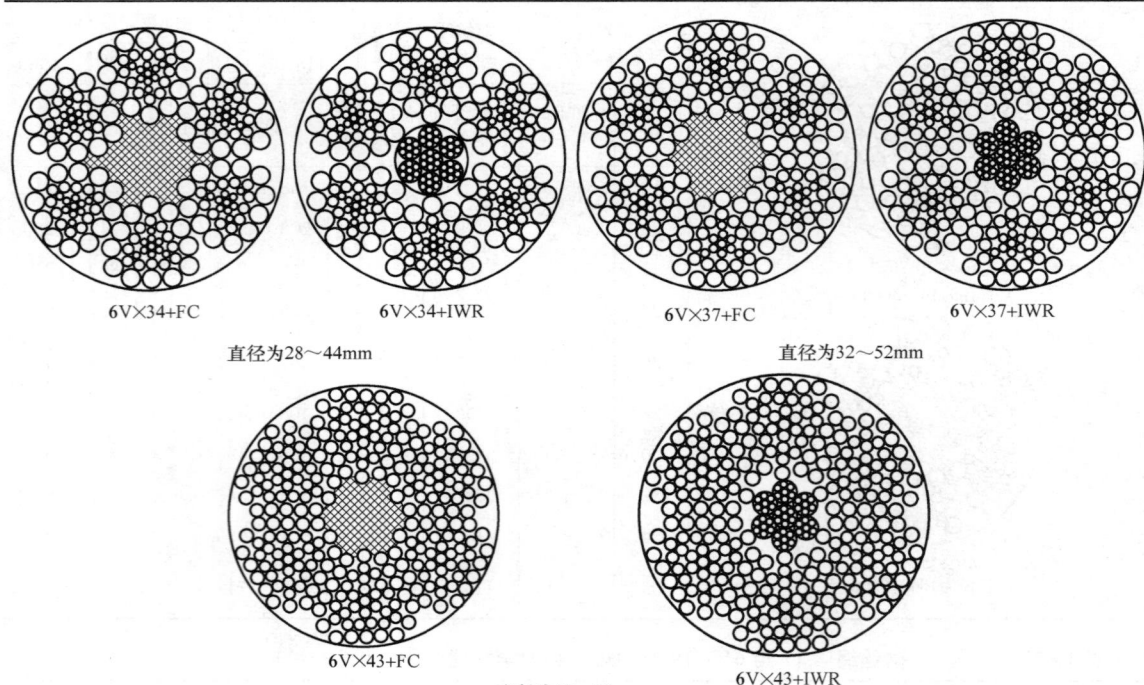

6V×34+FC　　6V×34+IWR　　6V×37+FC　　6V×37+IWR

直径为28～44mm　　　　　　直径为32～52mm

6V×43+FC　　6V×43+IWR

直径为38～58mm

钢丝绳公称直径		钢丝绳参考质量 /[kg/(100m)]			钢丝绳公称抗拉强度/MPa									
					1570		1670		1770		1870		1960	
					钢丝绳最小破断拉力/kN									
D/mm	允许偏差(%)	天然纤维芯钢丝绳	合成纤维芯钢丝绳	钢芯钢丝绳	纤维芯钢丝绳	钢芯钢丝绳	纤维芯钢丝绳	钢芯钢丝绳	纤维芯钢丝绳	钢芯钢丝绳	纤维芯钢丝绳	钢芯钢丝绳	纤维芯钢丝绳	钢芯钢丝绳
28		318	311	336	443	470	471	500	500	530	528	560	553	587
30		364	357	386	509	540	541	574	573	609	606	643	635	674
32		415	407	439	579	614	616	653	652	692	689	731	723	767
34		468	459	496	653	693	695	737	737	782	778	826	816	866
36		525	515	556	732	777	779	827	826	876	872	926	914	970
38		585	573	619	816	866	868	921	920	976	972	1030	1020	1080
40		648	635	686	904	960	962	1020	1020	1080	1080	1140	1130	1200
42	+6 0	714	700	757	997	1060	1060	1130	1120	1190	1190	1260	1240	1320
44		784	769	831	1090	1160	1160	1240	1230	1310	1300	1380	1370	1450
46		857	840	908	1200	1270	1270	1350	1350	1430	1420	1510	1490	1580
48		933	915	988	1300	1380	1390	1470	1470	1560	1550	1650	1630	1730
50		1010	993	1070	1410	1500	1500	1590	1590	1690	1680	1790	1760	1870
52		1100	1070	1160	1530	1620	1630	1720	1720	1830	1820	1930	1910	2020
54		1180	1160	1250	1650	1750	1750	1860	1860	1970	1960	2080	2060	2180
56		1270	1240	1350	1770	1880	1890	2000	2000	2120	2110	2240	2210	2350
58		1360	1340	1440	1900	2020	2020	2150	2140	2270	2260	2400	2370	2520

表 19-22   钢丝绳第 12 组 6V×37 类的规格和力学性能（GB 8918—2006）

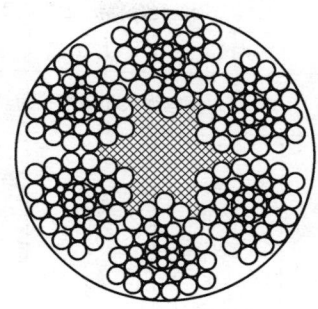
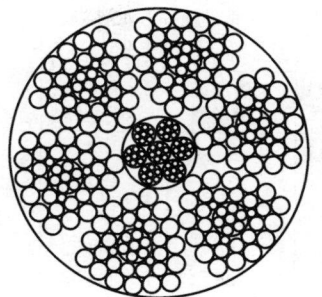

6V×37S+FC   直径为 32 ～ 52mm   6V×37S+IWR

钢丝绳公称直径		钢丝绳参考质量 /[kg/(100m)]			钢丝绳公称抗拉强度/MPa									
					1570		1670		1770		1870		1960	
					钢丝绳最小破断拉力/kN									
D/mm	允许偏差（%）	天然纤维芯钢丝绳	合成纤维芯钢丝绳	钢芯钢丝绳	纤维芯钢丝绳	钢芯钢丝绳	纤维芯钢丝绳	钢芯钢丝绳	纤维芯钢丝绳	钢芯钢丝绳	纤维芯钢丝绳	钢芯钢丝绳	纤维芯钢丝绳	钢芯钢丝绳
32		427	419	452	596	633	634	673	672	713	710	753	744	790
34		482	473	511	673	714	716	760	759	805	802	851	840	891
36		541	530	573	754	801	803	852	851	903	899	954	942	999
38		602	590	638	841	892	894	949	948	1010	1000	1060	1050	1110
40		667	654	707	931	988	991	1050	1050	1110	1110	1180	1160	1230
42	+6 / 0	736	721	779	1030	1090	1090	1160	1160	1230	1220	1300	1280	1360
44		808	792	855	1130	1200	1200	1270	1270	1350	1340	1420	1410	1490
46		883	865	935	1230	1310	1310	1390	1390	1470	1470	1560	1540	1630
48		961	942	1020	1340	1420	1430	1510	1510	1600	1600	1700	1670	1780
50		1040	1020	1100	1460	1540	1550	1640	1640	1740	1730	1840	1820	1930
52		1130	1110	1190	1570	1670	1670	1780	1770	1880	1870	1990	1970	2090

表 19-23   钢丝绳第 13 组 4V×39 类的规格和力学性能（GB 8918—2006）

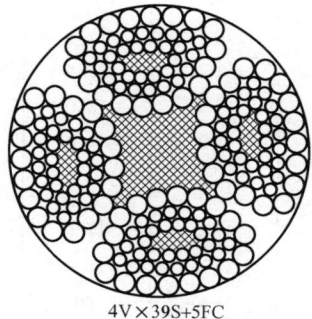
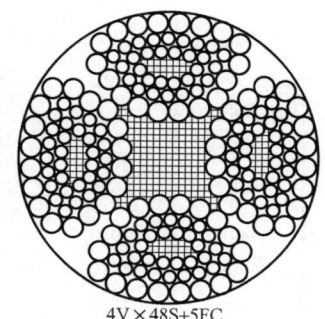

4V×39S+5FC   直径为 16 ～ 36mm

4V×48S+5FC   直径为 20 ～ 40mm

钢丝绳公称直径		钢丝绳参考质量 /[kg/(100m)]		钢丝绳公称抗拉强度/MPa				
				1570	1670	1770	1870	1960
D/mm	允许偏差 (%)	天然纤维芯钢丝绳	合成纤维芯钢丝绳	钢丝绳最小破断拉力/kN				
16		105	103	145	154	163	172	181
18		133	130	183	195	206	218	229
20		164	161	226	240	255	269	282
22		198	195	274	291	308	326	342
24		236	232	326	346	367	388	406
26		277	272	382	406	431	455	477
28	+6 0	321	315	443	471	500	528	553
30		369	362	509	541	573	606	635
32		420	412	579	616	652	689	723
34		474	465	653	695	737	778	816
36		531	521	732	779	826	872	914
38		592	580	816	868	920	972	1020
40		656	643	904	962	1020	1080	1130

表 19-24　钢丝绳第 14 组 6Q×19＋6V×21 类的规格和力学性能（GB 8918—2006）

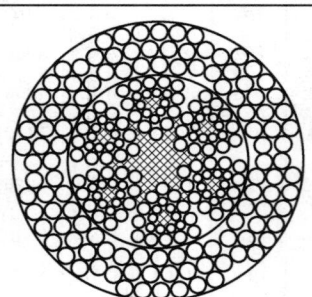

6Q×19+6V×21+7FC
直径为 40 ～ 52mm

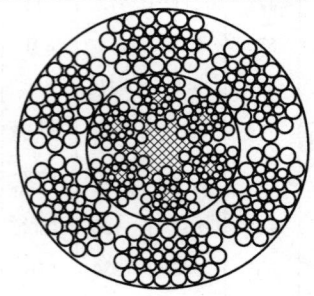

6Q×33+6V×21+7FC
直径为 40 ～ 60mm

钢丝绳公称直径		钢丝绳参考质量 /[kg/(100m)]		钢丝绳公称抗拉强度/MPa				
				1570	1670	1770	1870	1960
D/mm	允许偏差 (%)	天然纤维芯钢丝绳	合成纤维芯钢丝绳	钢丝绳最小破断拉力/kN				
40		656	643	904	962	1020	1080	1130
42		723	709	997	1060	1120	1190	1240
44		794	778	1090	1160	1230	1300	1370
46		868	851	1200	1270	1350	1420	1490
48		945	926	1300	1390	1470	1550	1630
50	+6 0	1030	1010	1410	1500	1590	1680	1760
52		1110	1090	1530	1630	1720	1820	1910
54		1200	1170	1650	1750	1860	1960	2060
56		1290	1260	1770	1890	2000	2110	2210
58		1380	1350	1900	2020	2140	2260	2370
60		1480	1450	2030	2160	2290	2420	2540

19.1.4 电梯用钢丝绳（GB 8903—2005）

国家标准 GB 8903—2005《电梯用钢丝绳》适用于载客电梯或载货电梯的曳引用钢丝绳、补偿用钢丝绳和限速器用钢丝绳，以及在导轨中运行的人力升降机等。不适用于建筑工地升降机、矿井升降机以及不在永久性导轨中间运行的临时升降机用钢丝绳。

单强度钢丝绳指外层绳股的外层钢丝具有和内层钢丝相同的抗拉强度。双强度钢丝绳指外层绳股的外层钢丝的抗拉强度比内层钢丝低，如外层钢丝为1570MPa，内层钢丝为1770MPa。

标记示例：结构为 8×19 西鲁式、绳芯为纤维芯，公称直径为13mm，钢丝公称抗拉强度为1370/1770（1500）MPa，表面状态光面，双强度配制，捻制方法为右交互捻的电梯用钢丝绳，写作：

电梯用钢丝绳：13NAT8×19S＋FC-1500（双)-GB 8903—2005。

表 19-25 给出表 19-26～表 19-30 五种电梯用钢丝绳的适用场合。

表 19-25 　　　　几种电梯用钢丝绳的适用场合（GB 8903—2005）

钢丝绳种类	表 19-26	表 19-27	表 19-28	表 19-29	表 19-30
曳引用钢丝绳和液压电梯用悬挂钢丝绳	△	△	△		
限速器用钢丝绳	△	△			
补偿用钢丝绳	△	△		△	△

注：有△的表示推荐使用。

电梯钢丝绳的公称长度参考质量 $m[\text{kg}/(100\text{m})]$ 按下式计算

$$m = Wd^2$$

公称金属截面积 A（mm^2）按下式计算

$$A = Cd^2$$

式中　W——经润滑的钢丝绳的单位长度参考质量系数；

C——公称金属截面积系数；

d——钢丝绳的公称直径（mm）。

W、C 的下标1表示纤维芯钢丝绳，下标2表示钢芯钢丝绳，W、C 的值由表 19-26～表 19-30 中查得。

表 19-26～表 19-30 为普通类别、直径和抗拉强度级别钢丝绳的最小破断拉力值表。

表 19-26 　　　光面钢丝、纤维芯、结构为 6×19 类别的电梯用钢丝绳（GB 8903—2005）

截面结构实例	钢丝绳结构		股结构	
	项目	数量	项目	数量
6×19S+FC	股数 外股 股的层数	6 6 1	钢丝 外层钢丝 钢丝层数	19～25 9～12 2
6×19W+FC	钢丝绳钢丝		114～150	

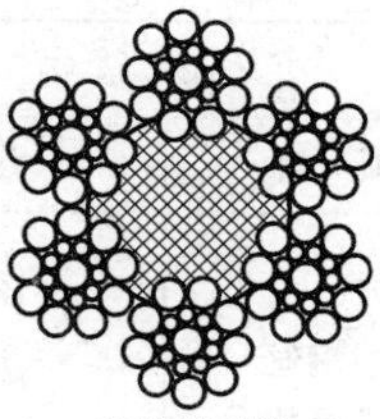

	典型例子		外层钢丝的数量		外层钢丝系数[①]
	钢丝绳	股	总数	每股	a
	6×19S	1+9+9	54	9		0.080
	6×19W	1+6+6/6	72	12　6		0.073 8
				6		0.055 6
	6×25Fi	1+6+6F+12	72	12		0.064

最小破断拉力系数　$K_1 = 0.330$

单位重量系数[①]　$W_1 = 0.359$

金属截面积系数[①]　$C_1 = 0.384$

6×25Fi+FC

钢丝绳公称直径 /mm	参考质量[1] /[kg/(100m)]	最小破断拉力/kN						
		双强度/MPa				单强度/MPa		
		1180/1770 等级	1320/1620 等级	1370/1770 等级	1570/1770 等级	1570 等级	1620 等级	1770 等级
6	12.9	16.3	16.8	17.8	19.5	18.7	19.2	21.0
6.3	14.2	17.9	—	—	21.5	—	21.2	23.2
6.5[2]	15.2	19.1	19.7	20.9	22.9	21.9	22.6	24.7
8[2]	23.0	28.9	29.8	31.7	34.6	33.2	34.2	37.4
9	29.1	36.6	37.7	40.1	43.8	42.0	43.3	47.3
9.5	32.4	40.8	42.0	44.7	48.8	46.8	48.2	52.7
10[2]	35.9	45.2	46.5	49.5	54.1	51.8	53.5	58.4
11[2]	43.4	54.7	54.3	59.9	65.5	62.7	64.7	70.7
12	51.7	65.1	67.0	71.3	77.9	74.6	77.0	84.1
12.7	57.9	72.9	75.0	79.8	87.3	83.6	86.2	94.2
13[2]	60.7	76.4	78.6	83.7	91.5	87.6	90.3	98.7
14	70.4	88.6	91.2	97.0	106	102	105	114
14.3	73.4	92.4	—	—	111	—	—	119
15	80.8	102	—	111	122	117	—	131
16[2]	91.9	116	119	127	139	133	137	150
17.5	110	138	—	—	166	—	—	179
18	116	146	151	160	175	168	173	189
19[2]	130	163	168	179	195	187	193	211
20	144	181	186	198	216	207	214	234
20.6	152	192	—	—	230	—	—	248
22[2]	174	219	225	240	262	251	259	283

① 只作为参考。

② 对新电梯的优先尺寸。

表 19-27   光面钢丝、纤维芯、结构为 8×19 类别的电梯用钢丝绳（GB 8903—2005）

截面结构实例	钢 丝 绳 结 构		绳 股 结 构	
	项 目	数 量	项 目	数 量
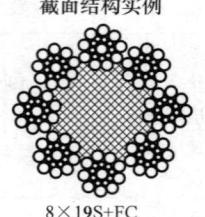 8×19S+FC	股数	8	钢丝	19～25
	外股	8	外层钢丝	9～12
	股的层数	1	钢丝层数	2
	钢丝绳钢丝		152～200	

典 型 例 子		外层钢丝的数量		外层钢丝系数①
钢丝绳	股	总数	每股	a
 8×19W+FC				
8×19S	1+9+9	72	9	0.065 5
8×19W	1+6+6/6	96	12 6	0.060 6
			6	0.045 0
8×25Fi	1+6+6F+12	96	12	0.052 5

最小破断拉力系数 $K_1=0.293$
单位重量系数① $W_1=0.340$
金属截面积系数① $C_1=0.349$

8×25Fi+FC

续表

钢丝绳公称直径 /mm	参考质量① /[kg/(100m)]	最小破断拉力/kN						
		双强度/MPa				单强度/MPa		
		1180/1770 等级	1320/1620 等级	1370/1770 等级	1570/1770 等级	1570 等级	1620 等级	1770 等级
8②	21.8	25.7	26.5	28.1	30.8	29.4	30.4	33.2
9	27.5	32.5	—	35.6	38.9	37.3	—	42.0
9.5	30.7	36.2	37.3	39.7	43.6	41.5	42.8	46.8
10②	34.0	40.1	41.3	44.0	48.1	46.0	47.5	51.9
11②	41.1	48.6	50.0	53.2	58.1	55.7	57.4	62.8
12	49.0	57.8	59.5	63.3	69.2	66.2	68.4	74.7
12.7	54.8	64.7	66.6	70.9	77.5	74.2	76.6	83.6
13②	57.5	67.8	69.8	74.3	81.2	77.7	80.2	87.6
14	66.6	78.7	81.0	86.1	94.2	90.2	93.0	102
14.3	69.5	82.1	—	—	98.3	—	—	—
15	76.5	90.3	—	98.9	108	104	—	117
16②	87.0	103	106	113	123	118	122	133
17.5	104	123	—	—	147	—	—	—
18	110	130	134	142	156	149	154	168
19②	123	145	149	159	173	166	171	187
20	136	161	165	176	192	184	190	207
20.6	144	170	—	—	204	—	—	—
22②	165	194	200	213	233	223	230	251

① 只作为参考。

② 对新电梯的优先尺寸。

表 19-28 光面钢丝、钢芯、8×19 结构类别的电梯用钢丝绳（GB 8903—2005）

截面结构实例

8×19S+IWR③

8×19W+IWR③

8×25Fi+IWR③

钢丝绳结构		股 结 构	
项 目	数 量	项 目	数 量
股数	8	钢丝	19~25
外股	8	外层钢丝	9~12
股的层数	1	钢丝层数	2
外股钢丝数		152~200	

典 型 例 子		外层钢丝的数量		外层钢丝系数①
钢丝绳	股	总数	每股	a
8×19S	1+9+9	72	9	0.065 5
8×19W	1+6+6/6	96	12 6	0.060 6
			6	0.045 0
8×25Fi	1+6+6F+12	96	12	0.052 5
最小破断拉力系数 $K_2=0.356$				
单位质量系数① $W_2=0.407$				
金属截面积系数① $C_2=0.457$				

续表

钢丝绳公称直径 /mm	参考质量[1] /[kg/(100m)]	最小破断拉力/kN				
		双强度/MPa			单强度/MPa	
		1180/1770 等级	1370/1770 等级	1570/1770 等级	1570 等级	1770 等级
8[2]	26.0	33.6	35.8	38.0	35.8	40.3
9	33.0	42.5	45.3	48.2	45.3	51.0
9.5	36.7	47.4	50.4	53.7	50.4	56.9
10[2]	40.7	52.5	55.9	59.5	55.9	63.0
11[2]	49.2	63.5	67.6	79.1	67.6	76.2
12	58.6	75.6	80.5	85.6	80.5	90.7
12.7	65.6	84.7	90.1	95.9	90.1	102
13[2]	68.8	88.7	94.5	100	94.5	106
14	79.8	102	110	117	110	124
15	91.6	118	126	134	126	142
16[2]	104	134	143	152	143	161
18	132	170	181	193	181	204
19[2]	147	190	202	215	202	227
20	163	210	224	238	224	252
22[2]	197	254	271	288	271	305

① 只作为参考。

② 对新电梯的优先尺寸。

③ 钢丝绳外股与钢丝绳芯分层捻制。

表 19-29　　　光面钢丝、钢芯、8×19 结构类别的钢丝绳（GB 8903—2005）

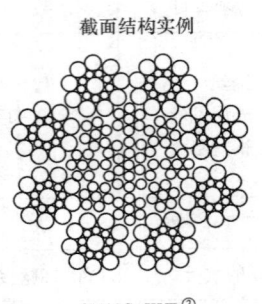

截面结构实例

8×19S+IWR③

8×19W+IWR③

钢丝绳结构		股结构	
项　目	数　量	项　目	数　量
股数	8	钢丝	19～25
外股	8	外层钢丝	9～12
股的层数	1	钢丝层数	2
外股钢丝数		152～200	

典型例子		外层钢丝的数量		外层钢丝系数[1]
钢丝绳	股	总数	每股	a
8×19S	1+9+9	72	9	0.065 5
8×19W	1+6+6/6	96	12　6	0.060 6
			6	0.045 0
8×25Fi	1+6+6F+12	96	12	0.052 5
最小破断拉力系数　$K_2=0.405$				
单位重量系数[1]　$W_2=0.457$				
金属截面积系数[1]　$C_2=0.488$				

续表

钢丝绳公称直径 /mm	参考质量[1] /[kg/(100m)]	最小破断拉力/kN				
		双强度/MPa			单强度/MPa	
		1180/1770 等级	1370/1770 等级	1570/1770 等级	1570 等级	1770 等级
8	29.2	38.2	40.7	43.3	40.7	45.9
9	37.0	48.4	51.5	54.8	51.5	58.1
9.5	41.2	53.9	57.4	61.0	57.4	64.7
10[2]	45.7	59.7	63.6	67.6	63.6	71.7
11[2]	55.3	72.3	76.9	81.8	76.9	86.7
12	65.8	86.0	91.6	97.4	91.6	103
12.7	73.7	96.4	103	109	103	116
13[2]	77.2	101	107	114	107	121
14	89.6	117	125	133	125	141
15	103	134	143	152	143	161
16[2]	117	153	163	173	163	184
18	148	194	206	219	206	232
19[2]	165	216	230	244	230	259
20	183	239	254	271	254	287
22[2]	221	289	308	327	308	347

[1] 只作为参考。

[2] 对新电梯的优先尺寸。

[3] 钢丝绳外股与钢丝绳芯一次平行捻制。

表 19-30   光面钢丝、大直径的补偿用钢丝绳 （GB 8903—2005）

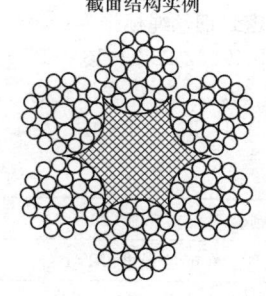

截面结构实例

6×29Fi+FC

6×36WS+FC

钢丝绳结构		股 结 构	
项 目	数 量	项 目	数 量
股数	6	钢丝	25～41
外股	6	外层钢丝	12～16
股的层数	1	钢丝层数	2～3
钢丝绳钢丝数		150～246	

典型例子		外层钢丝的数量		外层钢丝系数[1]
钢丝绳	股	总数	每股	a
6×29Fi 6×36WS	1+7+7F+14 1+7+7/7+14	84	14	0.056
钢丝绳类别：6×36				
最小破断拉力系数　$K_1 = 0.330$				
单位质量系数[1]　$W_1 = 0.367$				
金属截面积系数[1]　$C_1 = 0.393$				

续表

钢丝绳公称直径 /mm	参考质量① /[kg/(100m)]	钢丝绳类别	最小破断拉力/kN		
			1570MPa 等级	1770MPa 等级	1960MPa 等级
24	211		298	336	373
25	229		324	365	404
26	248		350	395	437
27	268		378	426	472
28	288		406	458	507
29	309		436	491	544
30	330	6×36 类别（包括	466	526	582
31	353	6×36WS 和 6×29Fi）	498	561	622
32	376		531	598	662
33	400		564	636	704
34	424		599	675	748
35	450		635	716	792
36	476		671	757	838
37	502		709	800	885
38	530		748	843	934

① 仅作为参考。

19.1.5 密封钢丝绳（YB/T 5295—2010）

该标准适用于客运索道、矿井罐道、塔式起重机主索、挖掘机绷绳、吊桥主索等场合用密封钢丝绳（以下简称密封绳），见表 19-31 和表 19-32。

标记示例：

（1）公称直径为 20mm，由一层 Z 型钢丝和线接触绳芯构成的，强度级别为 1470MPa，密封绳韧性为特级的右捻镀锌密封钢丝绳标记为：

密封钢丝绳 20 Zn-18 Z＋6/6＋6＋1-1470 特级 Z YB/T 5295—2010 或简化标记为：20 Zn-Z-1 470 特级 Z YB/T 5295—2010。

（2）公称直径为 60mm，由三层 Z 型钢丝和点接触绳芯构成的，强度级别为 1370MPa，密封绳韧性为普通级的左捻光面密封钢丝绳标记为：

密封钢丝绳 60-33Z-26Z-22Z＋18＋12＋6＋1-1370 普通级 S YB/T 5295—2010 或简化标记为 60-ZZZ-1370 普通级 S YB/T 5295—2010。

表 19-31 　　　　　　　　客运索道密封绳结构及破断力

钢丝绳 公称直径 /mm	参考质量 /[kg/(100m)]	钢丝实测破断拉力总和/kN ≥					
		钢丝绳公称抗拉强度/MPa					
		1370	1470	1570	1670	1770	1870
22	278	463	497	531	564	605	639
24	331	511	598	639	679	720	761
26	388	647	694	741	788	835	883
28	451	751	806	860	915	970	1025
30	518	862	925	988	1050	1113	1176
32	589	980	1051	1123	1194	1266	1337
34	664	1107	1188	1269	1349	1430	1511
36	745	1240	1330	1421	1511	1602	1693

钢丝绳公称直径/mm	参考质量/[kg/(100m)]	钢丝实测破断拉力总和/kN ≥					
		钢丝绳公称抗拉强度/MPa					
		1370	1470	1570	1670	1770	1870
28	470	767	823	879	935	991	1047
30	538	881	945	1010	1074	1138	1202
32	609	1001	1075	1148	1221	1294	1367
34	692	1132	1214	1297	1397	1462	1545
36	782	1269	1361	1454	1546	1639	1732
38	871	1311	1517	1620	1723	1827	1930
40	958	1566	1680	1795	1909	2023	2137
42	1040	1726	1852	1978	2104	2230	2356
44	1140	1852	1987	2122	2258	2393	2528
46	1240	2082	2234	2386	2538	2690	2842
48	1360	2267	2433	2598	2764	2929	3095
50	1460	2461	2640	2820	2999	3179	3359
52	1640	2661	2855	3049	3243	3437	3632
54	1750	2869	3078	3288	3497	3706	3916
56	1870	3087	3312	3547	3763	3988	4213
58	2010	3278	3518	3757	3996	4236	4475
60	2130	3507	3763	4019	4275	4531	4787
62	2270	3746	4019	4292	4566	4839	5113
64	2430	3991	4282	4573	4865	5156	5447
66	2570	4244	4554	4864	5174	5484	5793
68	2710	4506	4835	5164	5493	5822	6150
70	2860	4774	5123	5471	5820	6168	6517

注：表中密封绳最小破断拉力＝钢丝实测破断拉力总和×0.86。

表 19-32 其他用途密封绳结构及破断力

钢丝绳公称直径 /mm	参考质量 /[kg/(100m)]	钢丝实测破断拉力总和/kN ⩾				
		钢丝绳公称抗拉强度/MPa				
		1180	1270	1370	1470	1570
16	141	202	217	234	251	268
18	178	255	274	296	318	339
20	220	315	339	366	392	419
22	266	381	410	443	475	507
24	316	454	488	526	564	603
26	371	532	573	618	663	708
28	430	617	664	717	769	821
30	494	709	763	823	883	944
32	562	806	867	936	1004	1072
34	634	910	979	1056	1133	1210
36	712	1020	1099	1185	1272	1358
24	322	462	496	536	575	614
26	378	542	583	629	675	721
28	438	628	676	729	782	835
30	503	721	776	837	898	959
32	572	820	883	952	1022	1091
34	646	926	997	1075	1154	1232
36	724	1038	1118	1206	1294	1382
38	807	1157	1246	1344	1442	1540
40	894	1282	1379	1488	1596	1705
42	985	1413	1521	1641	1761	1881
45	1131	1623	1746	1884	2021	2159
48	1310	1878	2022	2180	2340	2499
50	1421	2038	2193	2366	2539	2711
52	1538	2204	2372	2559	2746	2933
54	1657	2377	2558	2759	2961	3162
56	1782	2566	2751	2967	3184	3401
58	1912	2742	2951	3184	3416	3649
60	2046	2935	3158	3407	3656	3905
62	2184	3133	3372	3637	3903	4168
64	2328	3339	3594	3877	4160	4443
56	1803	2574	2751	2968	3185	3401
58	1934	2761	2951	3184	3416	3648
60	2069	2954	3158	3407	3656	3904
62	2210	3155	3372	3638	3903	4169
64	2354	3361	3593	3876	4159	4442
66	2504	3575	3822	4123	4423	4724
68	2658	3795	4057	4376	4696	5015
70	2817	4021	4299	4637	4976	5314

19.2　绳具

19.2.1　钢丝绳夹（GB/T 5976—2006）

1. 钢丝绳夹的布置

钢丝绳夹应按图 19-6 所示把夹座扣在钢丝绳的工作段上，U 形螺栓扣在钢丝绳的尾段上。钢丝绳夹不得在钢丝绳上交替布置。

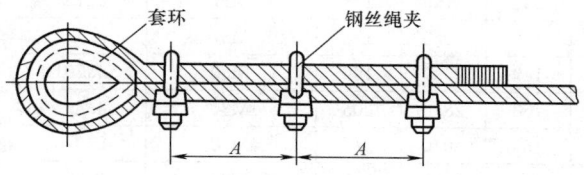

图 19-6　钢丝绳夹的正确布置方法

2. 钢丝绳夹的数量（见表 19-33）

钢丝绳夹间的距离 A 等于 6～7 倍钢丝绳直径。

表 19-33　推荐使用的钢丝绳夹数量

绳夹规格 （钢丝绳公称直径）d_r/mm	钢丝绳夹的 最少数量/组
≤18	3
>18～26	4
>26～36	5
>36～44	6
>44～60	7

3. 影响钢丝绳夹固定处强度的因素

不恰当的紧固螺母或钢丝绳夹数量不足就可能使绳端在承载时，一开始就产生滑动。

如果绳夹按推荐数量，正确布置和夹紧，并且所有的绳夹将夹座置于钢丝绳的较长部分，而 U 形螺栓置于钢丝绳的较短部分或尾段，那么，固定处的强度至少为钢丝绳自身强度的 80%。

绳夹在实际使用中，受载一、二次以后应做检查，在多数情况下，螺母需要进一步拧紧。

钢丝绳夹的结构和尺寸见表 19-34。

表 19-34　　　　钢丝绳夹的结构和尺寸（GB/T 5976—2006）

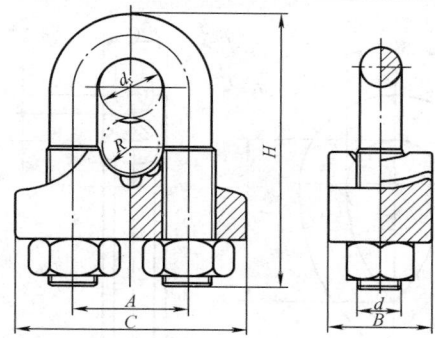

标记示例

钢丝绳为右捻 6 股，规格为 20（钢丝绳公称直径 d_r >18～20mm），夹座材料为 KTH 350-10 的钢丝绳夹，标记为：

绳夹　GB/T 5976-20 KTH

钢丝绳为左捻 6 股时：

绳夹　GB/T 5976-20 左 KTH

绳夹规格 （钢丝绳公称直径）d_r/mm	尺寸/mm						螺母 (GB/T 41—2016) d	单组质量 /kg
	适用钢丝绳 公称直径 d_r	A	B	C	R	H		
6	6	13.0	14	27	3.5	31	M6	0.034
8	>6～8	17.0	19	36	4.5	41	M8	0.073
10	>8～10	21.0	23	44	5.5	51	M10	0.140
12	>10～12	25.0	28	53	6.5	62	M12	0.243
14	>12～14	29.0	32	61	7.5	72	M14	0.372
16	>14～16	31.0	32	63	8.5	77	M14	0.402
18	>16～18	35.0	37	72	9.5	87	M16	0.601
20	>18～20	37.0	37	74	10.5	92	M16	0.624
22	>20～22	43.0	46	89	12.0	108	M20	1.122
24	>22～24	45.5	46	91	13.0	113	M20	1.205

绳夹规格 （钢丝绳公称直径）d_r/mm	尺寸/mm							螺母 （GB/T 41—2016） d	单组质量 /kg
	适用钢丝绳 公称直径 d_r	A	B	C	R	H			
26	>24~26	47.5	46	93	14.0	117	M20	1.244
28	>26~28	51.5	51	102	15.0	127	M22	1.605
32	>28~32	55.5	51	106	17.0	136	M22	1.727
36	>32~36	61.5	55	116	19.5	151	M24	2.286
40	>36~40	69.0	62	131	21.5	168	M27	3.133
44	>40~44	73.0	62	135	23.5	178	M27	3.470
48	>44~48	80.0	69	149	25.5	196	M30	4.701
52	>48~52	84.5	69	153	28.0	205	M30	4.897
56	>52~56	88.5	69	157	30.0	214	M30	5.075
60	>56~60	98.5	83	181	32.0	237	M36	7.921

19.2.2 钢丝绳用套环（GB/T 5974.1—2006）

钢丝绳用套环见表 19-35。

表 19-35 钢丝绳用普通套环（GB/T 5974.1—2006）

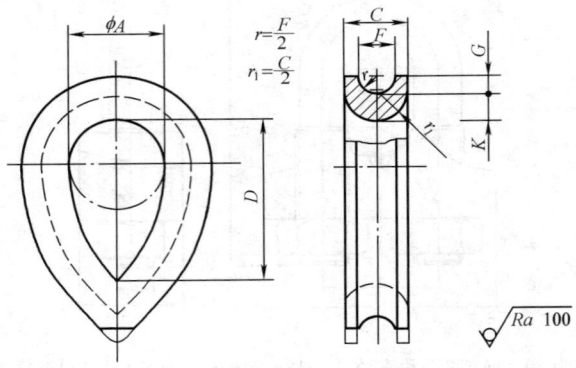

套环规格 （钢丝绳公称 直径）d/mm	尺寸/mm									单件 质量 /kg
	F	C		A		D		G min	K	
		基本尺寸	极限偏差	基本尺寸	极限偏差	基本尺寸	极限偏差		基本尺寸	极限偏差	
6	6.7±0.2	10.5	0 −1.0	15	+1.5 0	27	+2.7 0	3.3	4.2	0 −0.1	0.032
8	8.9±0.3	14.0		20		36		4.4	5.6		0.075
10	11.2±0.3	17.5	0 −1.4	25	+2.0 0	45	+3.6 0	5.5	7.0	0 −0.2	0.150
12	13.4±0.4	21.0		30		54		6.6	8.4		0.250
14	15.6±0.5	24.5		35		63		7.7	9.8		0.393
16	17.8±0.6	28.0		40		72		8.8	11.2		0.605
18	20.1±0.6	31.5	0 −2.8	45	+4.0 0	81	+7.2 0	9.9	12.6	0 −0.4	0.867
20	22.3±0.7	35.0		50		90		11.0	14.0		1.205
22	24.5±0.8	38.5		55		99		12.1	15.4		1.563

套环规格 （钢丝绳公称 直径）d/mm	尺寸/mm											单件 质量 /kg
	F	C		A		D		G min	K			
		基本尺寸	极限偏差	基本尺寸	极限偏差	基本尺寸	极限偏差		基本尺寸	极限偏差		
24	26.7±0.9	42.0	0 −3.4	60	+4.8 0	108	+8.6 0	13.2	16.8	0 −0.6		2.045
26	29.0±0.9	45.5		65		117		14.3	18.2			2.620
28	31.2±1.0	49.0		70		126		15.4	19.6			3.290
32	35.6±1.2	56.0		80		144		17.6	22.4			4.854
36	40.1±1.3	63.0	0 −4.4	90	+6.0 0	162	+11.3 0	19.8	25.2	0 −0.8		6.972
40	44.5±1.5	70.0		100		180		22.0	28.0			9.624
44	49.0±1.6	77.0		110		198		24.2	30.8			12.808
48	53.4±1.8	84.0		120		216		26.4	33.6			16.595
52	57.9±1.9	91.0	0 −5.5	130	+7.8 0	234	+14.0 0	28.6	36.4	0 −1.1		20.945
56	62.3±2.1	98.0		140		252		30.8	39.2			26.310
60	66.8±2.2	105.0		150		270		33.0	42.0			31.396

注：套环材料的抗拉强度应不低于375～530MPa，伸长率不低于20%。

标记示例：

规格为16（钢丝绳公称直径>14～16mm）的普通套环标记为：

套环 GB/T 5974.1—2006。

19.3 滑轮的主要尺寸（见表19-36和表19-37）

表 19-36　　　　　　滑轮绳槽断面形状和尺寸（JB/T 9005.1—1999）

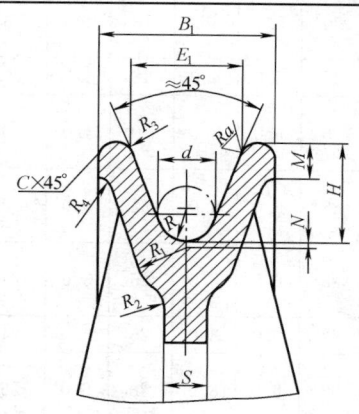

标记示例

滑轮绳槽半径 R=13.5mm，表面粗糙度为2级的绳槽断面，标记为

绳槽断面 13.5-2 JB/T 9005.1—1999

（单位：mm）

钢丝绳直径 d	基 本 尺 寸							参 考 尺 寸						
	R			H	B_1	E_1	C	R_1	R_2	R_3	R_4	M	N	S
	尺寸	极限偏差												
		1级	2级											
5～6	3.3	+0.1 0	+0.2 0	12.5	22	15	0.5	7	5	1.5	2.0	4	0	6
>6～7	3.8			15.0	26	17	0.5	8	6	2.0	2.5	5	0	7
>7～8	4.3					18								
>8～9	5.0			17.5	32	21	1.0	10	8	2.0	2.5	6	0	8
>9～10	5.5					22								

续表

钢丝绳直径 d	基本尺寸							参考尺寸						
	R			H	B_1	E_1	C	R_1	R_2	R_3	R_4	M	N	S
	尺寸	极限偏差												
		1级	2级											
>10~11	6.0			20.0	36	25	1.0	12	10	2.5	3.0	8	0	9
>11~12	6.5	+0.30		22.5	40	28	1.0	13	11	2.5	3.0	8	0	10
>12~13	7.0	0												
>13~14	7.5			25.0	45	31	1.0	15	12	3.0	4.0	10	0	11
>14~15	8.2													
>15~16	9.0			27.5	50	35	1.5	16	13	3.0	4.0	10	0	12
>16~17	9.5			30.0	53	38	1.5	18	15	3.0	5.0	12	0	12
>17~18	10.0	+0.20												
>18~19	10.5	0		32.5	56	41	1.5	18	15	3.0	5.0	12	0	12
>19~20	11.0			35.0	60	44	1.5	20	16	3.0	5.0	14	0	14
>20~21	11.5		+0.40											
>21~22	12.0		0		63	45	1.5	20	16	3.0	5.0	14	2.0	14
>22~23	12.5					46								
>23~24	13.0			37.5	67	48	1.5	20	16	4.0	6.0	16	2.5	16
>24~25	13.5			40.0	71	51	1.5	22	18	4.0	6.0	16	3.0	16
>25~26	14.0					52								
>26~28	15.0				75	53	1.5	25	20	4.0	6.0	16	3.0	18
>28~30	16.0			45.0	85	59	2.0	25	20	5.0	6.0	18	4.0	18
>30~32	17.0					61								
>32~34	18.0			50.0	90	66	2.0	28	22	5.0	6.0	18	4.0	20
>34~36	19.0			55.0	100	72	2.5	32	25	5.0	8.0	20	4.0	20
>36~38	20.0					73								
>38~40	21.0			60.0	105	78	2.5	36	28	5.0	8.0	22	5.0	22
>40~41	22.0					79								
>41~43	23.0			65.0	115	84	2.5	36	28	6.0	8.0	25	5.0	24
>43~45	24.0	+0.40	+0.80			86								
>45~46	25.0	0	0	67.5	120	90	2.5	40	32	6.0	8.0	25	5.0	24
>46~47	25.0			70.0	125	92	3.0	40	32	6.0	8.0	28	6.0	26
>47~48.5	26.0					94								
>48.5~50	27.0			72.5	130	96	3.0	45	36	6.0	10.0	28	6.0	26
>50~52	28.0			75.0		99								
>52~54.5	29.0			77.5	140	103	4.0	45	36	6.0	10.0	32	6.0	28
>54.5~56	30.0			80.0		106								
>56~58	31.0			82.5	150	110	4.0	50	40	8.0	10.0	32	8.0	30
>58~60.5	32.0			85.0		114								

注：1. 对于冶金起重机推荐用1级精度。
　　2. 绳槽断面允许按JB/T 9005.2—1999匹配，将同一直径的滑轮按最大绳径做成一种。
　　3. 参考尺寸是按铸铁滑轮提出的。
　　4. 滑轮绳槽表面粗糙度分为两级：1级：$Ra=6.3\mu m$；2级：$Ra=12.5\mu m$。
　　5. 本标准已废止，但考虑到某些工厂仍在用此参数，故在此列出，仅供参考。

表 19-37　　滑轮直径与钢丝绳直径匹配关系（JB/T 9005.2—1999）　　（单位：mm）

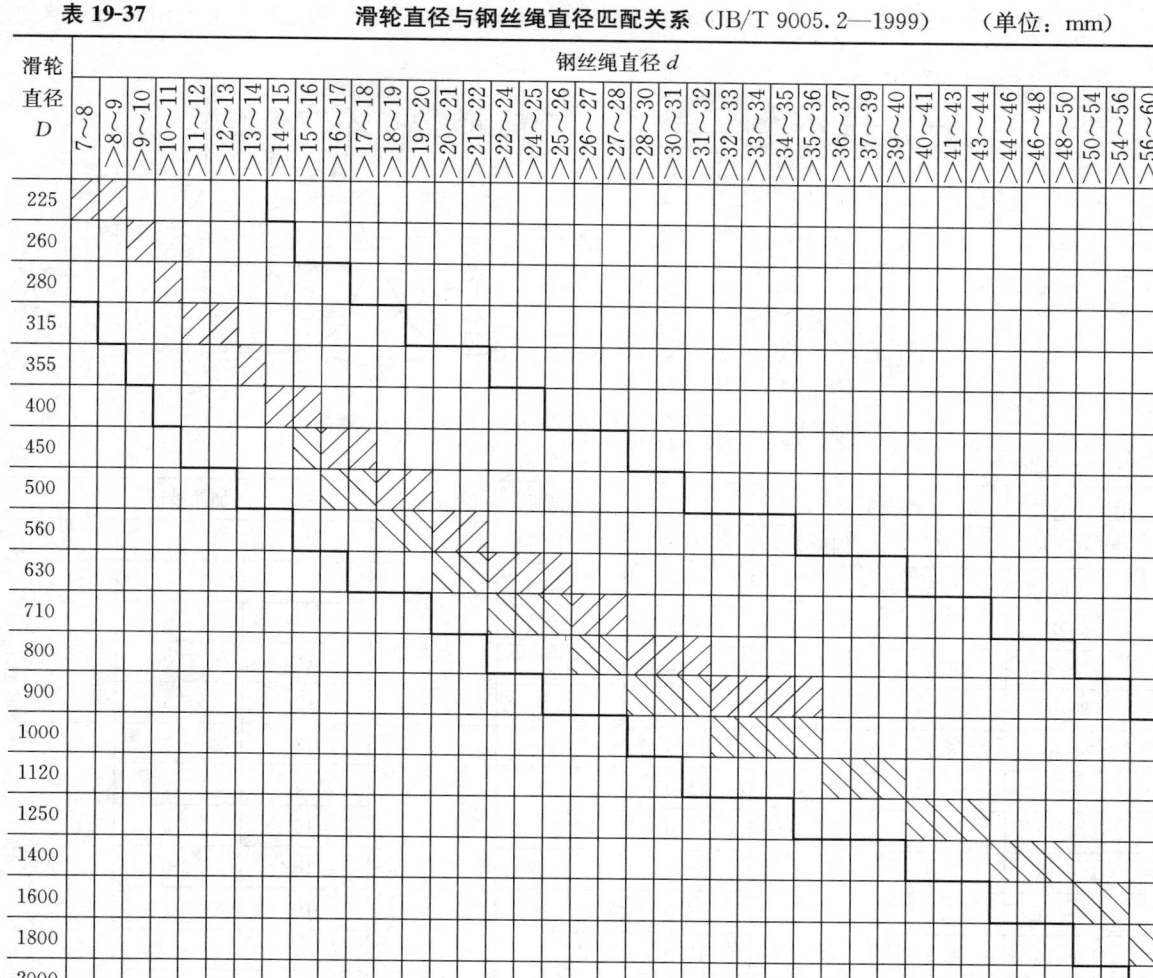

注：1. 在滑轮轴上并列安装 2 个滑轮时，推荐按阴影区 ▨ 选用；当并列安装 4 个和 4 个以上滑轮，以及用于冶金起重机的滑轮时，推荐按阴影区 ▨ 选用。

　　2. 此标准已废止，但为考虑设计者使用方便，保留此表，供设计人员参考。

19.4　卷筒

19.4.1　起重机卷筒直径和槽形（见表19-38 和表19-39）

卷筒直径 D 一般采用表 19-38 的数值。

表 19-38　卷筒直径系列（JB/T 9006—2013）

（单位：mm）

D								
100	125	160	200	250	280	315	355	400
450	500	560	630	710	800	900	1000	1120
1250	1320	1400	1500	1600	1700	1800	1900	2000

标准 JB/T 9006—2013 规定的槽形除多层缠绕和电动葫芦用卷筒外，适用于所有起重机的钢丝绳铸造卷筒和焊接卷筒（以下简称卷筒）。

标准规定的槽底半径 R 是根据钢丝绳公称直径 d 的最大允许偏差为 +7% 确定的。钢丝绳绕进或绕出卷筒时，其偏离螺旋槽每一侧的角度应不大于 4°。

卷筒槽形分为标准槽形和加深槽形两种，其尺寸见表 19-39。

标记示例：

卷筒槽形的槽底半径 $R = 10\text{mm}$，槽距 $P_1 = 20\text{mm}$，表面精度为 1 级的标准槽形，标记为：

槽形　10×20-1　JB/T 9006—2013

卷筒槽形的槽底半径 $R = 10\text{mm}$，槽距 $P_2 = 24\text{mm}$，表面精度为 2 级的加深槽形，标记为：

深槽形　10×24-2　JB/T 9006—2013

表 19-39　　　　　　　卷筒槽形（JB/T 9006—2013）　　　　　　　（单位：mm）

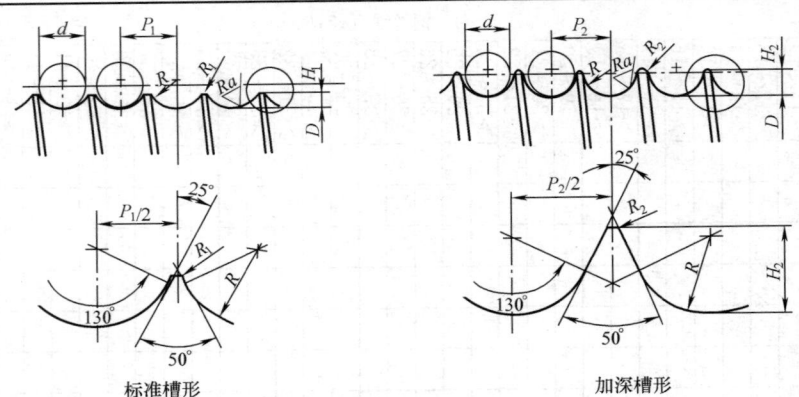

标准槽形　　　　　　　　　　　加深槽形

钢丝绳直径	槽底半径		标准槽形			加深槽形		
d	R	极限偏差	P_1	H_1	R_1	P_2	H_2	R_2
5~6	3.3	+0.1 0	7.0	2.3	0.5	—	—	0.3
>6~7	3.8		8.0	2.7		—	—	
>7~8	4.3		9.0	3.0		11	5.0	
>8~9	5.0		10.5	3.5		12	5.5	
>9~10	5.5		11.5	4.0		13	6.0	
>10~11	6.0		13.0	4.5		15	7.0	
>11~12	6.5		14.0			16	7.5	
>12~13	7.0		15.0	5.0		18	8.0	
>13~14	7.5		16.0	5.5		19	8.5	
>14~15	8.2		17.0	6.0		20	9.0	
>15~16	9.0		18.0			21	9.5	
>16~17	9.5		19.0	6.5		23	10.5	
>17~18	10.0		20.0	7.0		24	11.0	
>18~19	10.5	+0.2 0	21.0	7.5	0.8	25	11.5	0.5
>19~20	11.0		22.0			26	12.0	
>20~21	11.5		24.0	8.0		28	13.0	
>21~22	12.0		25.0	8.5		29	13.5	
>22~23	12.5		26.0	9.0		31	14.0	
>23~24	13.0		27.0			32	14.5	
>24~25	13.5		28.0	9.5		33	15.0	
>25~26	14.0		29.0	10.0		34	16.0	
>26~27	15.0		30.0	10.5		36	16.5	
>27~28			31.0			37	17.0	
>28~29	16.0		33.0	11.0	1.3	38	17.5	
>29~30			34.0	11.5		39	18.0	

续表

钢丝绳直径 d	槽底半径		标准槽形			加深槽形		
	R	极限偏差	P_1	H_1	R_1	P_2	H_2	R_2
>30~31	17.0	+0.4 / 0	35.0	12.0	1.3	41	18.5	0.8
>31~32			36.0			42	19.0	
>32~33	18.0		37.0	12.5		44	20.0	
>33~34			38.0	13.0				
>34~35	19.0		39.0	13.5		46	21.0	
>35~36			40.0			47		
>36~37	20.0		41.0	14.0		48	22.0	
>37~38			42.0	14.5		50	23.0	
>38~39	21.0		44.0	15.0		52	24.0	
>39~40								
>40~41	22.0		45.0	15.5	1.6	54		1.3
>41~42	23.0		47.0	16.0		55	25.0	
>42~43			48.0			56	26.0	
>43~44	24.0		49.0	16.5		58		
>44~45			50.0	17.0		60	27.0	
>45~46	25.0		52.0	17.5		62	28.0	
>46~47			53.0			63		
>47~48	26.0		54.0	18.5	2	64	29.0	1.6
>48~50	27.0		56.0	19.0		65	30.0	
>50~52	28.0		58.0	19.5		—	—	—
>52~54	29.0		60.0	21.0				
>54~56	30.0		63.0		2.5			
>56~58	31.0		65.0	22.0				
>58~60	32.0		67.0	23.0	3.0			

注：槽形表面粗糙度 Ra 值分为二级：1 级为 6.3μm；2 级为 12.5μm。

19.4.2 起重机用铸造卷筒形式和尺寸（见表 19-40 和表 19-41）

卷筒的结构形式分 A、B、C、D 型 4 种。推荐优先采用 A、B 型。卷筒组装结构示例见图 19-7。卷筒长度 L 值推荐采用 R40 系列。

表 19-40　　　　　　　A 型卷筒（JB/T 9006—2013）

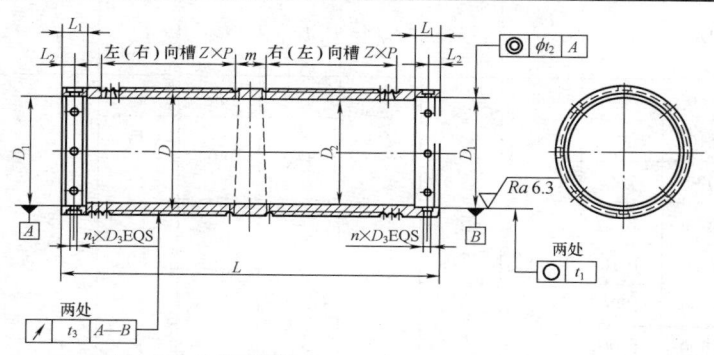

标记示例

卷筒直径 $D=500$mm，长度 $L=1500$mm；槽底半径 $R=10$mm，标准槽形槽距 $P_1=20$mm；起升高度 $H=12$m，滑轮倍率 $a=4$；靠近减速器一端的卷筒槽向为左的 A 型卷筒，标记为：

卷筒　A500×1500-10×20-12×4-左
　　　JB/T 9006—2013

注：图中"Z"为卷筒槽数。

（单位：mm）续表

D h12	D₁ H8	D₂	D₃ H8	n/个	n₁/个	L₁	L₂
315	290	285	17	6	6	60	20
400	370	360				70	28
500	465	455				90	40
630	580	570	25			100	45
710	660	650				120	50
800	740	730	28	8	8		
900	830	820				160	70
1000	925	915	32			180	80
1120	1050	1040					
1250	1170	1160				200	100

注：D_2 按铸铁材料确定，根据起重量和材料的变化允许做适当变动。

表 19-41　　　　**B 型卷筒**（JB/T 9006—2013）

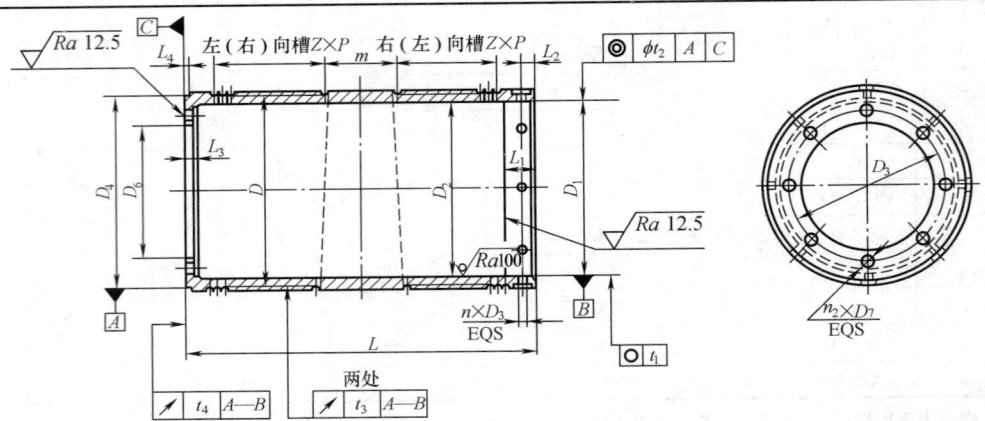

标记示例

卷筒直径 $D=800\text{mm}$，长度 $L=3000\text{mm}$；槽底半径 $R=15\text{mm}$，标准槽形槽距 $P_1=31\text{mm}$；起升高度 $H=16\text{m}$，滑轮倍率 $a=5$；靠近减速器一端的卷筒槽向为右的 B 型卷筒，标记为：

卷筒　B800×3000-15×31-16×5-右　JB/T 9006—2013

（单位：mm）

D h12	D₁ H8	D₂	D₃ H8	D₄ h8	D₅	D₆	D₇ H7	n/个	n₂/个	L₁	L₂	L₃	L₄
800	740	730	28	810	660	550	50			120	50	40	
1000	925	915		1015	810	660	56			180	80	45	
1120	1050	1040		1135	920	750							
1250	1170	1160	32	1265	1050	870		8	8	200	100	50	30
1400	1320	1310		1415	1200	1010	60						
1600	1520	1510		1615	1400	1200				220	120		
1800	1720	1710		1815	1600	1400							

注：D_2 按铸铁材料确定，根据起重量和材料的变化允许做适当变动。

19.4.3 起重机卷筒组装结构示例 （JB/T 9006—2013）（见图 19-7）

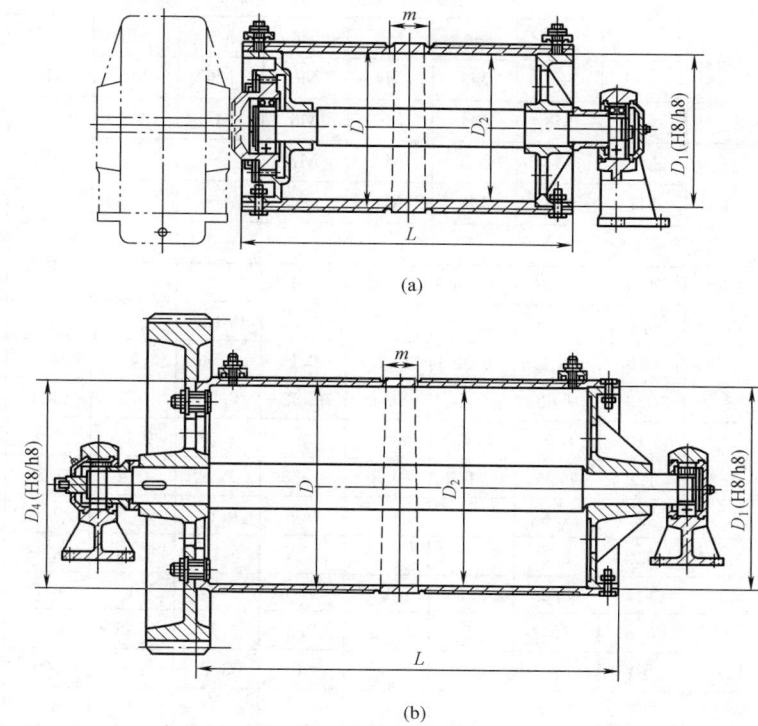

(a)

(b)

图 19-7 卷筒典型结构

（a）A 型卷筒典型结构；（b）B 型卷筒典型结构

19.5 起重吊钩

（1）力学性能。

锻造吊钩按其力学性能分为 5 个强度等级，见表 19-42。

（2）起重量。

在不同的强度等级和机械工作级别下，各吊钩的起重量见表 19-43。

按 GB/T 3811 的规定表中未列入小于 0.1t 和大于 500t 的起重量，如需要可按 R10 优先数系延伸。

表 19-42 　　　　吊钩的力学性能和强度等级（GB/T 10051.1—2010）

强度等级	结构钢					合金钢		
	上屈服强度 R_{eH} 或延伸强度 $R_{p0.2}$ /MPa	冲击吸收能 KU (ISO-V) /J				上屈服强度 R_{eH} 或延伸强度 $R_{p0.2}$ /MPa	冲击吸收能 KU (ISO-V) /J	
		+20℃		−20℃			+20℃	−20℃
		纵向	横向	纵向	横向		纵向	纵向
M	235	(55)	(31)	39	21	—	—	—
P	315					—	—	—
(S)	390					390	(35)	27
T	—					490	(35)	27
(V)	—					620	(30)	27

注：1. 尽量避免采用括号内的强度等级。

　　2. 冲击功试验应在−20℃下进行，括号中所给的冲击吸收功值仅供参考。

表 19-43　　　　　　　　　　　　　　　**吊钩的起重量**

强度等级	机构工作级别（GB/T 3811）										强度等级
M	—	—	—	—	M3	M4	M5	M6	M7	M8	M
P	—	—	—	M3	M4	M5	M6	M7	M8	—	P
(S)	—	—	M3	M4	M5	M6	M7	M8	—	—	(S)
T	—	M3	M4	M5	M6	M7	—	—	—	—	T
(V)	M3	M4	M5	M6	M7	—	—	—	—	—	(V)
钩号	起重量/t										钩号
006	0.32	0.25	0.2	0.16	0.125	0.1	—	—	—	—	006
010	0.5	0.4	0.32	0.25	0.2	0.16	0.125	0.1	—	—	010
012	0.63	0.5	0.4	0.32	0.25	0.2	0.16	0.125	0.1	—	012
020	1	0.8	0.63	0.5	0.4	0.32	0.25	0.2	0.16	0.125	020
025	1.25	1	0.8	0.63	0.5	0.4	0.32	0.25	0.2	0.16	025
04	2	1.6	1.25	1	0.8	0.63	0.5	0.4	0.32	0.25	04
05	2.5	2	1.6	1.25	1	0.8	0.63	0.5	0.4	0.32	05
08	4	3.2	2.5	2	1.6	1.25	1	0.8	0.63	0.5	08
1	5	4	3.2	2.5	2	1.6	1.25	1	0.8	0.63	1
1.6	8	6.3	5	4	3.2	2.5	2	1.6	1.25	1	1.6
2.5	12.5	10	8	6.3	5	4	3.2	2.5	2	1.6	2.5
4	20	16	12.5	10	8	6.3	5	4	3.2	2.5	4
5	25	20	16	12.5	10	8	6.3	5	4	3.2	5
6	32	25	20	16	12.5	10	8	6.3	5	4	6
8	40	32	25	20	16	12.5	10	8	6.3	5	8
10	50	40	32	25	20	16	12.5	10	8	6.3	10
12	63	50	40	32	25	20	16	12.5	10	8	12
16	80	63	50	40	32	25	20	16	12.5	10	16
20	100	80	63	50	40	32	25	20	16	12.5	20
25	125	100	80	63	50	40	32	25	20	16	25
32	160	125	100	80	63	50	40	32	25	20	32
40	200	160	125	100	80	63	50	40	32	25	40
50	250	200	160	125	100	80	63	50	40	32	50
63	320	250	200	160	125	100	80	63	50	40	63
80	400	320	250	200	160	125	100	80	63	50	80
100	500	400	320	250	200	160	125	100	80	63	100
125	—	500	400	320	250	200	160	125	100	80	125
160	—	—	500	400	320	250	200	160	125	100	160
200	—	—	—	500	400	320	250	200	160	125	200
250	—	—	—	—	500	400	320	250	200	160	250

注：1. 机构工作级别低于 M3 的按 M3 考虑。

　　2. T、V 级强度等级的吊钩不推荐用于冶金起重机。

　　3. 起重机机械分级举例见表 19-46。

（3）应力计算。

1）吊钩结构形状。直柄单钩（以下简称单钩）

如图 19-8 所示，直柄双钩（以下简称双钩）如图 19-9 所示。

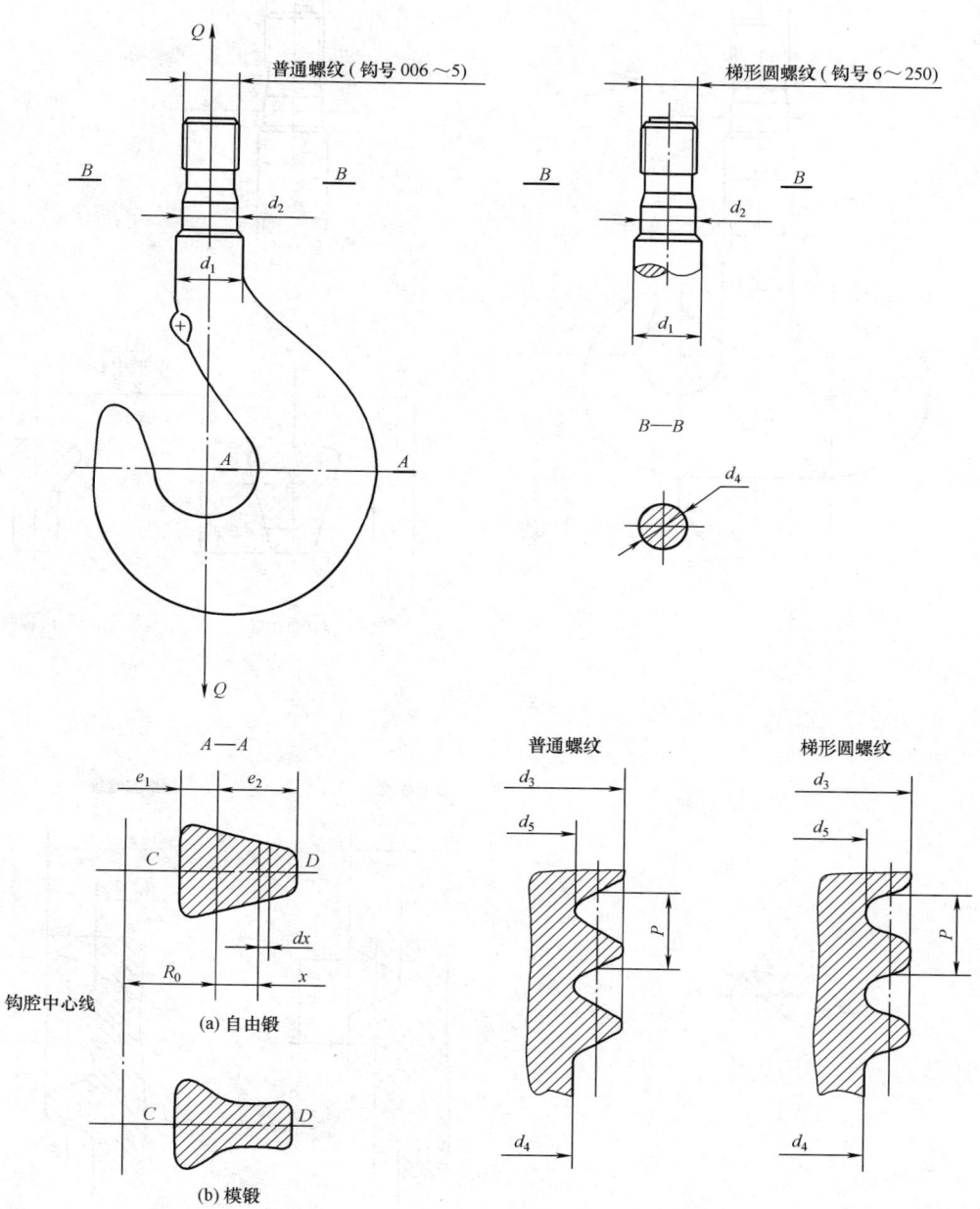

图 19-8　直柄单钩

d_1—毛坯直径；d_2—配合直径；d_3—外螺纹大径；

d_4—颈部直径；d_5—外螺纹小径；P—螺距

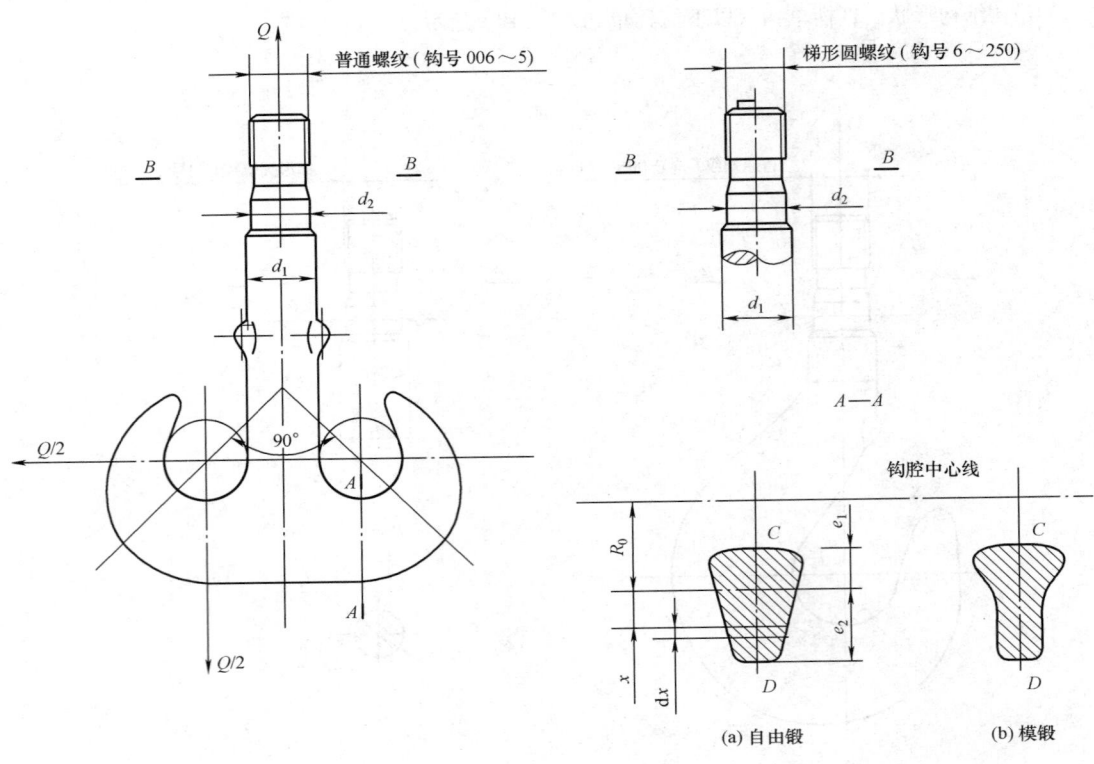

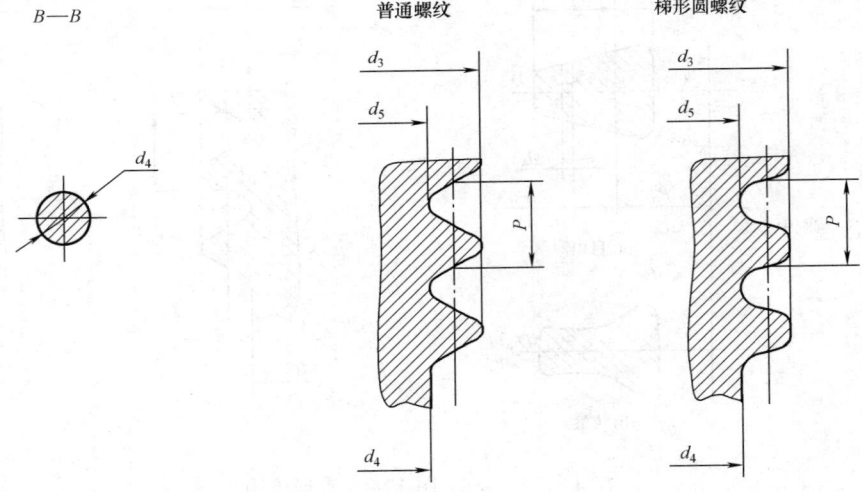

图 19-9 直柄双钩

d_1—毛坯直径；d_2—配合直径；d_3—外螺纹大径；

d_4—颈部直径；d_5—外螺纹小径；P—螺距

2）主弯曲截面 A—A 的边界应力。计算主弯曲截面的边界应力时，假定载荷作用于一根铅垂的钢丝绳上，作用线通过吊钩截面形心连线的曲率中心，如图 19-1 所示；对于双钩，载荷作用于两根成 90°角的钢丝绳上，如图 19-9 所示。

在此前提下，按式（19-1）～式（19-4）计算边界应力：

单钩：
$$\sigma_C \equiv \frac{Q}{FK_B} \cdot \frac{e_1}{R_0 - e_1} \qquad (19\text{-}1)$$

$$\sigma_D \equiv \left| -\frac{Q}{FK_B} \cdot \frac{e_2}{R_0 + e_2} \right| \qquad (19\text{-}2)$$

双钩：
$$\sigma_C \equiv \frac{Q}{2FK_B} \cdot \frac{e_1}{R_0 - e_1} \qquad (19\text{-}3)$$

$$\sigma_D \equiv \left| -\frac{Q}{2FK_B} \cdot \frac{e_2}{R_0 + e_2} \right| \qquad (19\text{-}4)$$

式中　σ_C——C 点拉应力（MPa）；

σ_D——D 点压应力（MPa）；

Q——按表 19-43 的起重量换算出的起升力（N）；

F——截面面积（mm^2）；

e_1——截面重心至内缘距离（mm）；

e_2——截面重心至外缘距离（mm）；

K_B——依截面形状定的曲梁系数，

$$K_B = -\frac{1}{F} \int_{-e_1}^{e_2} \frac{x}{R_0 + x} dF ;$$

x——计算 K_B 值的自变量；

dF——微分面积；

R_0——截面重心轴线至钩腔中心线距离（mm）。

按上述公式计算的拉应力 σ_C 值和压应力 σ_D 值如图 19-10 和图 19-11 所示。图 19-10 用于按 GB/T 10051.4 和 GB/T 10051.5 规定尺寸的单钩，图 19-11 用于按 GB/T 10051.6 和 GB/T 10051.7 规定尺寸的双钩。

3）单、双钩柄部的最小截面 B—B 的拉应力。在忽略各种缺口应力集中的前提下，按式（19-5）计算拉应力：

$$\sigma_E \equiv \frac{4Q}{\pi d_4^2} \qquad (19\text{-}5)$$

式中　σ_E——拉应力（MPa）。

按上述公式计算的拉应力值如图 19-12 所示。该图用于按 GB/T 10051.4 和 GB/T 10051.5 规定尺寸的单钩，以及按 GB/T 10051.6 和 GB/T 10051.7 规定尺寸的双钩。

4）单、双钩柄部螺纹的剪切应力。假定第一圈螺纹承受有效载荷的一半，剪切面的高度为螺距的一半。此时，按式（19-6）计算剪切应力：

$$\tau \equiv \frac{Q}{\pi d_5 P} \qquad (19\text{-}6)$$

式中　τ——剪切应力（MPa）；

P——螺距（mm）。

按上述公式计算的剪切应力值如图 19-12 所示。

（4）材料。吊钩材料的牌号见表 19-44。

机　构　工　作　级　别										强度等级
—	—	—	M3	M4	M5	M6	M7	M8		M
—	—	—	M3	M4	M5	M6	M7	M8		P
—	—	M3	M4	M5	M6	M7	M8	—		(S)
—	M3	M4	M5	M6	M7	—	—	—		T
M3	M4	M5	M6	M7	—	—	—	—		(V)

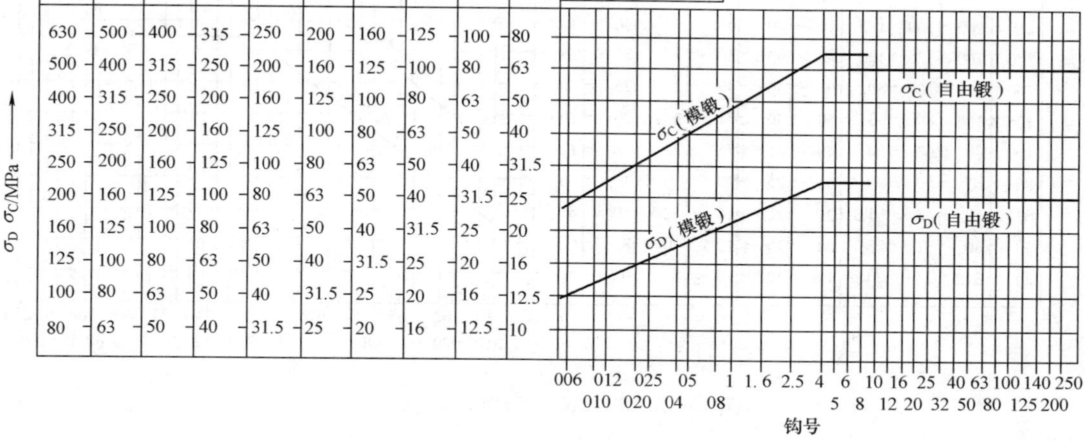

图 19-10　单钩应力值 σ_C 和 σ_D

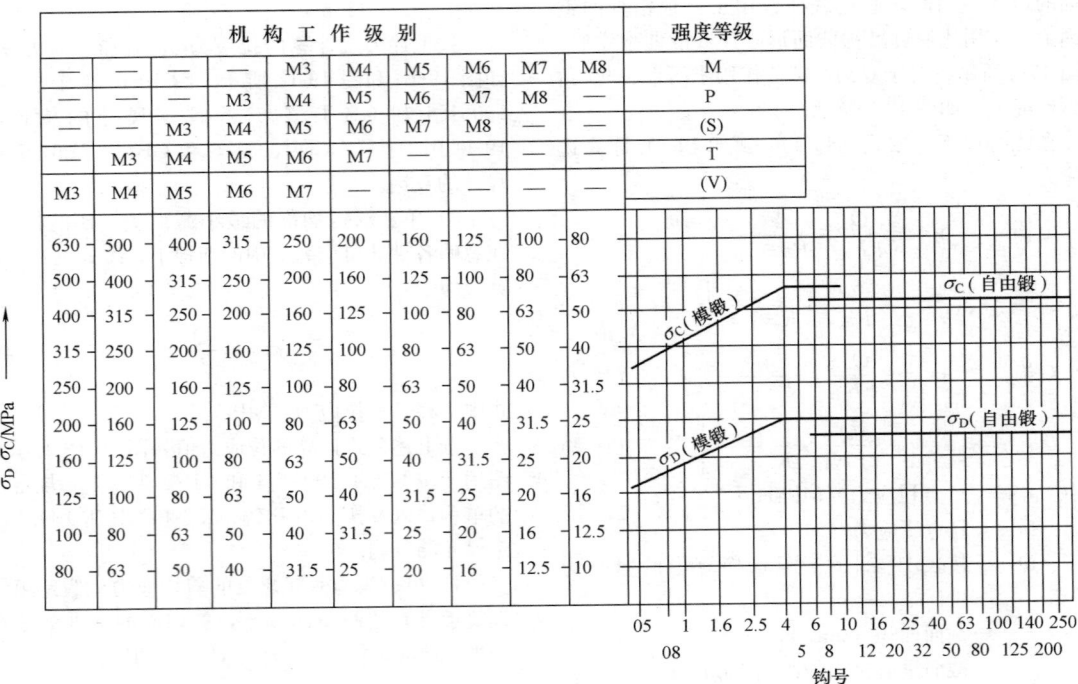

图 19-11   双钩应力值 σ_C 和 σ_D

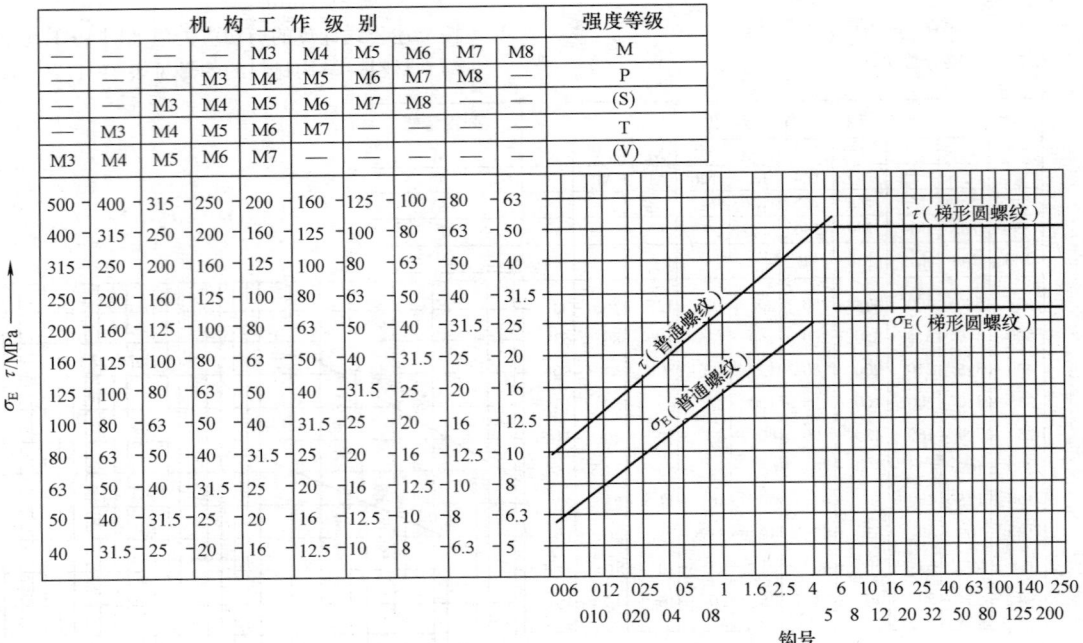

图 19-12   单、双钩柄部应力值 σ_E 和 τ

表 19-44   吊钩材料（GB/T 10051.1—2010）

钩号	柄部直径 d_1 /mm	强度等级				
		M	P	(S)	T	(V)
006	14	Q345qD	Q345qD	Q420qD 或 35CrMo	35CrMo	35CrMo
010	16					
012	16					
020	20					
025	20					
04	24					
05	24					
08	30					
1	30					
1.6	36					
2.5	42					
4	48					34Cr2Ni2Mo
5	53					
6	60					
8	67					
10	75					
12	85					
16	95					
20	106					
25	118					
32	132					
40	150					
50	170	Q420qD	35CrMo	34Cr2Ni2Mo	30Cr2Ni2Mo	
63	190					
80	212					
100	236					
125	265					
160	300					
200	335					
250	375					

注：当采用 JB/T 6396 中规定的材料时，推荐材料中 ALt 的含量≥0.020%，或用其他形式证明材料中的氮被固化。

（5）直柄吊钩用梯形圆螺纹（见表 19-45。）

（6）形式与尺寸表示方法。

单钩的结构形式和锻造方式分为 LM 型、LMD 型、LY 型及 LYD 型四种。

型号表示方法如下：

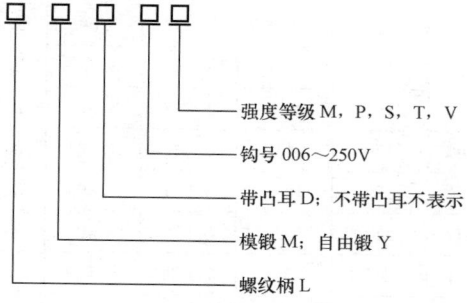

强度等级 M，P，S，T，V

钩号 006～250V

带凸耳 D；不带凸耳不表示

模锻 M；自由锻 Y

螺纹柄 L

标记示例如下：

钩号 006、强度等级为 M 的不带凸耳模锻单钩：

单钩 LM006-M GB/T 10051.5；

钩号 250、强度等级为 T 的带凸耳自由锻单钩：

单钩 LYD250-T GB/T 10051.5。

表 19-45　　　　　直柄吊钩用梯形圆螺纹尺寸及轴向间隙（GB/T 10051.5—2010）　　　　（单位：mm）

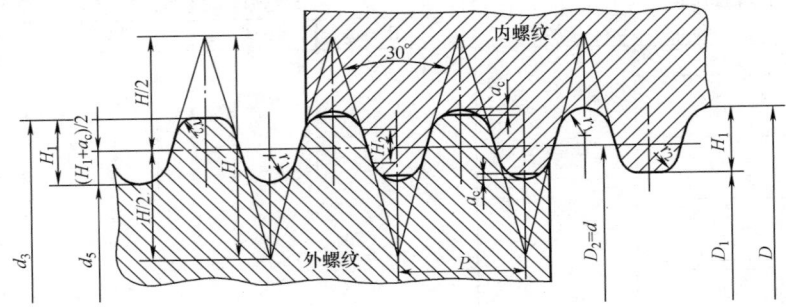

$P \approx d_3/9$——螺距；　　　　　　H_1——基本牙型高度；　　　　　　a_c——允许最大径向间隙；

　　d_5——外螺纹外径；　　　　　　H_2——接触高度；　　　　　　　d_3——外螺纹大径；

　d（D_2）——螺纹中径；　　　　　　D——内螺纹大径；　　　　　　W——螺纹心部截面积。

　　　　H——原始三角形高度；　　　D_1——内螺纹小径；

$H = 1.866P$；　　　　$a_c = 0.05P$；

$H_1 = 0.55P$；　　　　$r_1 = 0.221\,04P$；

$H_2 = 0.272\,34P$；　　$r_2 = 0.153\,59P$。

标记示例

公称直径 80mm，螺距 10mm 的梯形圆螺纹：

TY 80×10

钩　柄				钩柄与螺母					螺　母		轴向间隙
d_3 c11	P	d_5 c11	W/mm^2	d（D_2）	H_1	H_2	r_1	r_2	D C11	D_1 C11	
50	6	43.4	1479	47	3.3	1.634	1.326	0.922	50.6	44	≤0.1
56		49.4	1917	53					56.6	50	
64	8	55.2	2393	60	4.4	2.179	1.768	1.229	64.8	56	
72		63.2	3137	68					72.8	64	
80	10	69	3739	75	5.5	2.723	2.210	1.536	81	70	≤0.2
90		79	4902	85					91	80	
100	12	86.8	5917	94	6.6	3.268	2.652	1.843	101.2	88	
110		96.8	7359	104					111.2	98	
125	14	109.6	9434	118	7.7	3.813	3.095	2.150	126.4	111	
140	16	122.4	11 767	132	8.8	4.357	3.537	2.457	141.6	124	
160	18	140.2	15 438	151	9.9	4.902	3.979	2.765	161.8	142	
180	20	158	19 607	170	11	5.447	4.421	3.072	182	160	≤0.3
200	22	175.8	24 273	189	12.1	5.991	4.863	3.379	202.2	178	
225	24	198.6	30 977	213	13.2	6.536	5.305	3.686	227.4	201	
250	28	219.2	37 737	236	15.4	7.626	6.189	4.301	252.8	222	
280	32	244.8	47 067	264	17.6	8.715	7.073	4.915	283.2	248	
320	36	280.4	61 751	302	19.8	9.804	7.957	5.529	323.6	284	

（7）起重机机构分级举例（见表19-46）。

表 19-46　　　**桥式和门式起重机各机构单独作为整体分级举例**（GB/T 3811—2008）

序　号	起重机的类别	起重机的使用情况	机构工作级别		
			H	D	T
1	人力驱动的起重机（含手动葫芦起重机）	很少使用	M1	M1	M1
2	车间装配用起重机	较少使用	M2	M1	M2
3（a）	电站用起重机	很少使用	M2	M1	M3
3（b）	维修用起重机	较少使用	M2	M1	M2
4（a）	车间用起重机（含车间用电动葫芦起重机）	较少使用	M3	M2	M3
4（b）	车间用起重机（含车间用电动葫芦起重机）	不频繁、较轻载使用	M4	M3	M4
4（c）	较繁忙车间用起重机（含车间用电动葫芦起重机）	不频繁、中等载荷使用	M5	M3	M5
5（a）	货物用吊钩起重机（含货场用电动葫芦起重机）	较少使用	M3	M3	M3
5（b）	货场用抓斗或电磁盘起重机	较频繁中等载荷使用	M6	M6	M6
6（a）	废料场吊钩起重机	较少使用	M4	M4	M4
6（b）	废料场抓斗或电磁盘起重机	较频繁中等载荷使用	M6	M6	M6
7	桥式抓斗卸船机	频繁重载使用	M8	M7	M6
8（a）	集装箱搬运起重机	较频繁中等载荷使用	M6	M6	M6
8（b）	岸边集装箱起重机	较频繁重载使用	M7	M7	M6
9	冶金用起重机				
9（a）	换轧辊起重机	很少使用	M4	M3	M4
9（b）	料箱起重机	频繁重载使用	M8	M7	M8
9（c）	加热炉起重机	频繁重载使用	M7	M8	M7
9（d）	炉前兑铁水铸造起重机	较频繁重载使用	M7～M8	M6	M6
9（e）	炉后出钢水铸造起重机	较频繁重载使用	M8	M7	M6～M7

注：1. 未列入举例表中的起重机机构工作级别可参照接近的起重机工作级别选择。

　　2. 精确计算请参考参考文献［2］。

19.6　制动器

起重机使用的制动器有多种类型，在此介绍一种 MW 型电磁块式制动器。

MW 型电磁块式制动器（JB/T 7685—2006）的电磁铁采用外接交流或直流，内用直流结构，且强励磁启动，弱励磁维持的控制方式，具有体积小，成本低，节能，动作速度快，结构简单紧凑，稳定可靠，耐用性较好等特点。可用于频繁操作，要求工作可靠性高，连续点动和工作环境较恶劣的场合，例如轧钢机械、起重机起升机构等设备。

（1）型号与标记。

1）型号。

2）标记。

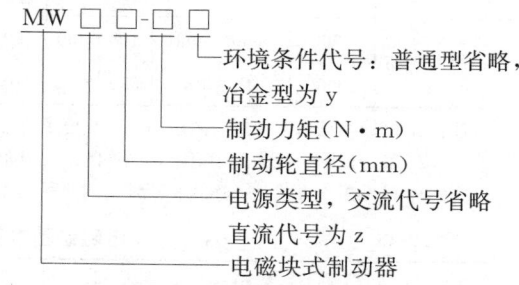

示例：制动轮直径为 400mm，额定制动力矩为 1250N·m，供电电源为交流的普通型制动器标记：

制动器 MW400-1250　JB/T 7685—2006

（2）工作条件。

1）制动器的供电电源为交流和直流两种。交流电源的电压等级一般为额定频率 50Hz，额定电压为

380V，直流电源的电压等级一般为 220V。允许的电压波动为：上限不超过额定电压的 10%，下限（尖峰电流时）不低于额定电压的 85%。

2）制动器中电磁铁的基准工作方式为连续工作制和断续周期工作制两种。断续周期工作制时的负载持续率为 40%，额定操作频率为 1200 次/h（$D \leq$ 250mm）、900 次/h（250mm $< D \leq$ 500mm）、600 次/h（500mm$<D \leq$800mm）。D 为制动轮直径。

3）制动器使用地点的海拔高度不应超过 2000m。

4）制动器正常使用时，适合的环境温度为：普通型（−25～40）℃、冶金型（−5～55）℃。

5）制动器使用地点的最潮湿月份的月平均相对湿度不超过 90%，同时该月月平均最低温度不高于 25℃。

6）制动器周围工作环境中不得有易燃、易爆及腐蚀性气体（防爆制动器除外）。

（3）形式、基本参数和主要尺寸。

1）形式。

① MW 型电磁块式制动器根据供电电源的不同分为：

a. 交流型常闭式块式制动器。

b. 直流型常闭式块式制动器。

② MW 型电磁块式制动器根据应用场所环境条件的不同分为：

a. 普通型电磁块式制动器。

b. 冶金型电磁块式制动器。

③ 电磁铁。

MW 型电磁块式制动器的电磁铁一般设在制动器的上部，如图 19-8（a）所示；也可装设在中部，如图 19-8（b）所示。

2）基本参数和主要尺寸。

MW 型电磁块式制动器基本参数和主要尺寸见图 19-13 和表 19-47。电磁铁基本参数见表 19-48。

表 19-47　　　　MW 型电磁块式制动器基本参数和主要尺寸（JB/T 7685—2006）

制动器规格	退距 δ/mm	在基准工作方式下		主 要 尺 寸/mm															
		额定制动力矩 T_f/(N·m)	额定操作频率/(次/h)	D	h_1	K	i	d	$n \geq$	e_1	e_2	b	F	G	$B\leq$	$E\leq$	$H\leq$	$A\leq$	$M\leq$
160	0.6	80	1200	160	132	130	55	14	6	115	88	65	90	150	125	150	380	280	135
200		160		200	160	145			8	140	108	70		165		180	455	325	160
250		315		250	190	180	65	18	10	170	133	90	100	150	215	180	530	370	185
315	0.8	630	900	315	230	220	80			212	168	110	115	245	190	265	630	410	240
400		1250		400	280	270	100	22	12	260	210	140	140	300	220	320	780	535	310
500	1	2500		500	340	325	130		16	320	262	180	180	365	270	390	890	630	380
630		5000		630	420	400	170	27	20	390	327	225	220	450	320	470	1000	725	450
710	1.25	8000	600	710	470	450	190			440	370	255	240	450	355	530	1120	815	530
800		10000		800	530	520	210		22	510	422	280	280	570	410	600	1230	890	615

注：1. 制动器结构不一定与图示相符，只要求符合给定的尺寸。

2. 额定退距一般为最小退距，允许的最大退距由生产厂自行确定，但应有明确的规定。

3. 基准工作方式为：连续和断续周期两种工作制，断续周期工作制的负载持续率为 40%。

表 19-48　　　　电磁铁基本参数（JB/T 7685—2006）

电磁铁基本参数	制动器规格		160	200	250	315	400	500	630	710	800
	额定吸持力 F/N	装设在上部时	800	1250	2000	3150	5000	8000	12 500	16 000	20 000
		装设在中部时	2000	3150	5000	8000	12 500	20 000	31 500	40 000	50 000
	额定工作行程 δ/mm	装设在上部时	3.55			4.25		5		6	
		装设在中部时	1.25			1.8		2.24		2.8	

注：1. 额定吸持力为基准工作方式时的吸持力。

2. 额定工作行程指最小行程，允许的最大行程由生产厂家自行确定。

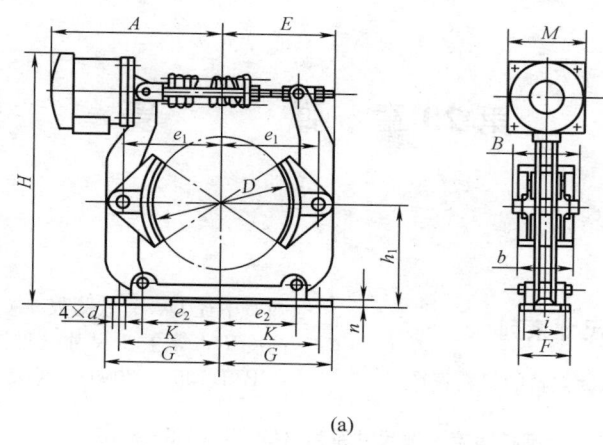

(a)

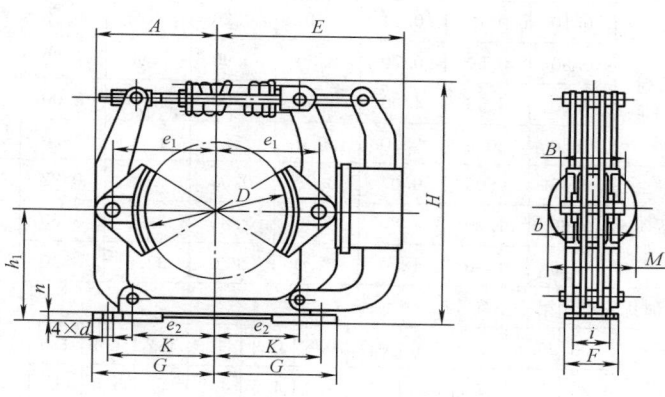

(b)

图 19-13 MW 型电磁块式制动器

（a）电磁铁在制动器上部；（b）电磁铁在制动器中部

第 20 章 弹 簧

20.1 圆柱螺旋弹簧

20.1.1 圆柱螺旋弹簧尺寸系列

一般用途圆截面圆柱螺旋弹簧的材料直径 d、弹簧中径 D、有效圈数 n（拉伸、压缩弹簧）和自由高度 H_0 等主要尺寸（见图 20-1），均有标准系列（GB/T 1358—2009），见表 20-1。

表 20-1　　　　　　　　　　　圆柱螺旋弹簧尺寸系列（GB/T 1358—2009）

项　　目		数　　　　据													
弹簧材料截面直径 d/mm	第一系列	0.10	0.12	0.14	0.16	0.20	0.25	0.30	0.35	0.40	0.45				
		0.50	0.60	0.70	0.80	0.90	1.00	1.20	1.60	2.00	2.50				
		3.00	3.50	4.00	4.50	5.00	6.00	8.00	10.0	12.0	15.0				
		16.0	20.0	25.0	30.0	35.0	40.0	45.0	50.0	60.0					
	第二系列	0.05	0.06	0.07	0.08	0.09	0.18	0.22	0.28	0.32	0.55				
		0.65	1.40	1.80	2.20	2.80	3.20	5.50	6.50	7.00	9.00				
		11.0	14.0	18.0	22.0	28.0	32.0	38.0	42.0	55.0					
	设计时优先选用第一系列														
弹簧中径 D/mm		0.3	0.4	0.5	0.6	0.7	0.8	0.9	1	1.2	1.4	1.6	1.8	2	2.2	2.5	2.8
		3	3.2	3.5	3.8	4	4.2	4.5	4.8	5	5.5	6	6.5	7	7.5	8	8.5
		9	10	12	14	16	18	20	22	25	28	30	32	38	42	45	48
		50	52	55	58	60	65	70	75	80	85	90	95	100	105	110	115
		120	125	130	135	140	145	150	160	170	180	190	200	210	220	230	240
		250	260	270	280	290	300	320	340	360	380	400	450	500	550	600	
弹簧有效圈数 n/圈	压缩弹簧	2	2.25	2.5	2.75	3	3.25	3.5	3.75	4	4.25	4.5	4.75			
		5	5.5	6	6.5	7	7.5	8	8.5	9	9.5	10	10.5			
		11.5	12.5	13.5	14.5	15	16	18	20	22	25	28	30			
	拉伸弹簧	2	3	4	5	6	7	8	9	10	11	12	13	14	15	16	17	18
		19	20	22	25	28	30	35	40	45	50	55	60	65	70	80	90	100
	拉伸弹簧有效圈数除按表中规定外，由于两勾环相对位置不同，其尾数还可为 0.25、0.5、0.75。															
压缩弹簧自由高度 H_0/mm		2	3	4	5	6	7	8	9	10	11	12	13	14	15
		16	17	18	19	20	22	24	26	28	30	32	35	38	40
		42	45	48	50	52	55	58	60	65	70	75	80	85	90
		95	100	105	110	115	120	130	140	150	160	170	180	190	200
		220	240	260	280	300	320	340	360	380	400	420	450	480	500
		520	550	580	600	620	650	680	700	720	750	780	800	850	900
		950	1000												

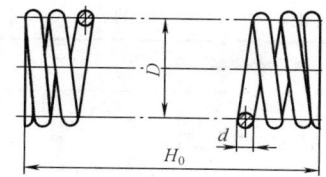

图 20-1　圆柱螺旋弹簧主要尺寸

20.1.2　圆柱螺旋压缩弹簧

1. 圆柱螺旋压缩弹簧的结构形式

圆柱螺旋压缩弹簧的结构形式见表 20-2。

2. 圆柱螺旋压缩弹簧的设计计算

（1）强度和变形的基本计算公式。圆截面圆柱螺旋压缩弹簧的结构参数见图 20-2。强度和变形的基本计算公式见表 20-3。

（2）许用切应力（见表 20-6 和表 20-7）。

（3）几何尺寸及参数计算（见表 20-8）。

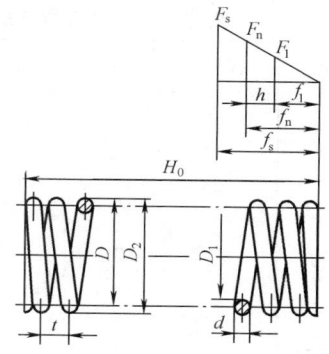

图 20-2　圆柱螺旋压缩弹簧结构参数
F_1—预加工作负荷；F_n—最大工作负荷；
F_s—试验负荷；f_1—预加变形；
f_n—最大变形；f_s—试验负荷下变形量；
h—工作行程；H_0—自由高度；
D_2—弹簧外径；D_1—弹簧内径

表 **20-2**　　　　　　　　圆柱螺旋压缩弹簧的结构形式（GB/T 23935—2009）

类　型	代号	简　　图	端部结构形式
冷卷压缩弹簧（Y）	Y Ⅰ		两端圈并紧并磨平 $n_z \geqslant 2$
	Y Ⅱ		两端圈并紧不磨 $n_z \geqslant 2$
	Y Ⅲ		两端圈不并紧 $n_z < 2$
热卷压缩弹簧（RY）	RY Ⅰ		两端圈并紧并磨平 $n_z \geqslant 1.5$
	RY Ⅱ		两端圈并紧不磨 $n_z \geqslant 1.5$

表 20-3　　　圆柱螺旋压缩弹簧强度和变形的基本计算公式（GB/T 23935—2009）

名　　称	代号	单位	计　算　公　式
材料切应力	τ	MPa	$$\tau = K\frac{8D}{\pi d^3}F \text{ 或 } \tau = K\frac{Gdf}{\pi D^2 n}$$ 式中　F—工作载荷（N） 　　　D—弹簧中径（mm） 　　　d—材料直径（mm） 　　　K—曲度系数 $$K = \frac{4C-1}{4C-4} + \frac{0.615}{C}$$ C—旋绕比，$C = \dfrac{D}{d} = 4 \sim 12$ 荐用值见表 20-4
弹簧变形量	f	mm	$$f = \frac{8D^3 n}{Gd^4}F$$ 式中　n—有效圈数，圈 　　　G—材料切变模量（MPa），工作温度超过 60℃时，工作温度下的切变模量 $G_t = K_t G$，K_t 为温度修正系数，见表 20-5
弹簧刚度	F'	N/mm	$$F' = \frac{F}{f} = \frac{Gd^4}{8D^3 n}$$
弹簧变形能	U	N·mm	$$U = \frac{Ff}{2}$$
弹簧材料截面直径	d	mm	$$d \geqslant \sqrt[3]{\frac{8KDF}{\pi[\tau]}} \text{ 或 } d \geqslant \sqrt{\frac{8KCF}{\pi[\tau]}}$$ 式中　$[\tau]$—许用切应力（MPa），按载荷类型在表 20-6 中选取
弹簧有效圈数	n	圈	$$n = \frac{Gd^4 f}{8D^3 F}$$
试验载荷	F_s	N	$$F_s = \frac{\pi d^3}{8D}\tau_s$$ 式中　τ_s—试验切应力（MPa），其最大值取表 20-6 中的静负荷下的许用切应力值。动负荷，有时取 $\tau_s = (1.1 \sim 1.3)[\tau]$
试验载荷下变形量	f_s	mm	$$f_s = \frac{8D^3 n}{Gd^4}F_s$$ 弹簧变形量应满足 $0.2f_s \leqslant f_{1,2,3,\cdots,n} \leqslant 0.8f_s$
压并载荷	F_b	N	$$F_b = \frac{Gd^4}{8D^3 n}f_b$$ 式中　f_b—压并变形量（mm），由压并高度 H_b 求得，见表 20-8

表 20-4   **旋绕比 C 的荐用值**（GB/T 23935—2009）

d/mm	0.2~0.4	>0.5~1.0	>1.1~2.2	2.5~6.0	7.0~16	≥18
C	7~14	5~12	5~10	4~9	4~8	4~16

表 20-5   **切变模量 G 与温度修正系数 K_t**

材　料	切变模量 G /MPa	工　作　温　度/℃			
		≤60	150	200	250
		K_t			
铬钒钢	$79×10^3$	1	0.96	0.95	0.94
硅锰钢	$78×10^3$	1	0.99	0.98	0.98
不锈钢	$71×10^3$	1	0.95	0.94	0.92
青　铜	$(40~44)×10^3$	1	0.95	0.94	0.92

表 20-6   **许用切应力 $[\tau]$**（GB/T 23935—2009）   （单位：MPa）

材　料		冷 卷 弹 簧				热 卷 弹 簧
		油淬火-退火弹簧钢丝	碳素弹簧钢丝、重要用途碳素弹簧钢丝	弹簧用不锈钢丝	铜及铜合金线材、铍青铜线	60Si2Mn、 60Si2MnA、 50CrVA、 55CrSiA、 60CrMnA、 60CrMnBA、 60Si2CrA、 60Si2CrVA
静负荷许用切应力		$0.5R_m$	$0.45R_m$	$0.38R_m$	$0.36R_m$	710~890
动负荷许用切应力	有限疲劳寿命	$(0.4~0.5)R_m$	$(0.38~0.45)R_m$	$(0.34~0.38)R_m$	$(0.33~0.36)R_m$	568~712
	无限疲劳寿命	$(0.35~0.4)R_m$	$(0.33~0.38)R_m$	$(0.3~0.34)R_m$	$(0.3~0.33)R_m$	426~534

注：1. 抗拉强度 R_m 的值见表 20-7。

    2. 对重要的弹簧，许用切应力应适当降低；经强压处理、喷丸处理能提高疲劳强度。

    3. 静负荷—恒定不变的负荷或循环次数 $N<10^4$ 次的动负荷；有限疲劳寿命—冷卷弹簧负荷循环次数 $N≥$ $10^4~10^6$ 次、热卷弹簧负荷循环次数 $N≥10^4~10^5$ 次的动负荷；无限疲劳寿命—冷卷弹簧负荷循环次数 $N≥10^7$ 次、热卷弹簧负荷循环次数 $N≥2×10^6$ 次的动负荷。

表 20-7a   **材料抗拉强度 R_m**（GB/T 23935—2009）   （单位：MPa）

直径范围 /mm	油淬火-退火弹簧钢丝　R_m/MPa							
	静态级、中疲劳级				高疲劳级			
	碳素钢	铬钒合金 A	铬钒合金 B	硅锰合金	铬硅合金	碳素钢	铬钒合金 A	铬钒合金 B	铬硅合金
0.5~0.8	1800	1800	1900	1850	2000	1700	1750	1910	2030
>0.8~1.0	1800	1780	1860	1850	2000	1700	1730	1880	2030
>1.0~1.3	1800	1750	1850	1850	2000	1700	1700	1860	2030
>1.3~1.4	1750	1750	1840	1850	2000	1700	1680	1840	2030
>1.4~1.6	1740	1710	1820	1850	2000	1670	1660	1820	2000

直径范围 /mm	油淬火-退火弹簧钢丝　R_m/MPa								
	静态级、中疲劳级					高疲劳级			
	碳素钢	铬钒合金 A	铬钒合金 B	硅锰合金	铬硅合金	碳素钢	铬钒合金 A	铬钒合金 B	铬硅合金
>1.6~2.0	1720	1710	1790	1820	2000	1650	1640	1770	1950
>2.0~2.5	1670	1670	1750	1800	1970	1630	1620	1720	1900
>2.5~2.7	1640	1660	1720	1780	1950	1610	1610	1690	1890
>2.7~3.0	1620	1630	1700	1760	1930	1590	1600	1660	1880
>3.0~3.2	1600	1610	1680	1740	1910	1570	1580	1640	1870
>3.2~3.5	1580	1600	1660	1720	1900	1550	1560	1620	1860
>3.5~4.0	1550	1560	1620	1710	1870	1530	1540	1570	1840
>4.0~4.2	1540	1540	1610	1700	1860	—	—	—	—
>4.2~4.5	1520	1520	1590	1690	1850	1510	1520	1540	1810
>4.5~4.7	1510	1510	1580	1680	1840	—	—	—	—
>4.7~5.0	1500	1500	1560	1670	1830	1490	1500	1520	1780
>5.0~5.6	1470	1460	1540	1660	1800	1470	1480	1490	1750
>5.6~6.0	1460	1440	1520	1650	1780	1450	1470	1470	1730
>6.0~6.5	1440	1420	1510	1640	1760	1420	1440	1440	1710
>6.5~7.0	1430	1400	1500	1630	1740	1400	1420	1420	1690
>7.0~8.0	1400	1380	1480	1620	1710	1370	1410	1390	1660
>8.0~9.0	1380	1370	1470	1610	1700	1350	1390	1370	1640
>9.0~10.0	1360	1350	1450	1600	1660	1340	1370	1340	1620
>10.0~12.0	1320	1320	1430	1580	1660	—	—	—	—
>12.0~14.0	1280	1300	1420	1560	1620	—	—	—	—
>14.0~15.0	1270	1290	1410	1550	1620	—	—	—	—
>15.0~17.0	1250	1270	1400	1540	1580	—	—	—	—

注：1. 静态级钢丝适用于一般用途弹簧，中疲劳级钢丝用于离合器、悬架弹簧等，高疲劳级适用于阀门弹簧等。

　　2. 表列抗拉强度 R_m 为材料标准的下限值。

表 20-7b　　　　　　　　　**材料抗拉强度 R_m**（GB/T 23935—2009）　　　　　　（单位：MPa）

直径 /mm	碳素弹簧钢丝			YB/T 5311 重要用途 碳素弹簧钢丝			直径 /mm	碳素弹簧钢丝			YB/T 5311 重要用途 碳素弹簧钢丝		
	B 级	C 级	D 级	E 组	F 组	G 组		B 级	C 级	D 级	E 组	F 组	G 组
0.20	2150	2400	2690	2260	2640	—	0.30	2010	2300	2640	2210	2600	—
0.22	2110	2350	2690	2240	2620	—	0.32	1960	2250	2600	2210	2590	—
0.25	2060	2300	2640	2220	2600	—	0.35	1960	2250	2600	2210	2590	—
0.28	2010	2300	2640	2220	2600	—	0.40	1910	2250	2600	2200	2580	—

续表

直径/mm	碳素弹簧钢丝			YB/T 5311 重要用途碳素弹簧钢丝			直径/mm	碳素弹簧钢丝			YB/T 5311 重要用途碳素弹簧钢丝		
	B级	C级	D级	E组	F组	G组		B级	C级	D级	E组	F组	G组
0.45	1860	2200	2550	2190	2570	—	2.2	1420	1660	1810	1720	1870	1620
0.50	1860	2200	2550	2180	2560	—	2.5	1420	1660	1760	1680	1770	1620
0.55	1810	2150	2500	2170	2550	—	2.8	1370	1620	1710	1630	1720	1570
0.60	1760	2110	2450	2160	2540	—	3.0	1370	1570	1710	1610	1690	1570
0.63	1760	2110	2450	2140	2520	—	3.2	1320	1570	1660	1560	1670	1570
0.70	1710	2060	2450	2120	2500	—	3.5	1320	1570	1660	1520	1620	1470
0.80	1710	2010	2400	2110	2490	—	4.0	1320	1520	1620	1480	1570	1470
0.90	1710	2010	2350	2060	2390	—	4.5	1320	1520	1620	1410	1500	1470
1.0	1660	1960	2300	2020	2350	1850	5.0	1320	1470	1570	1380	1480	1420
1.2	1620	1910	2250	1920	2270	1820	5.5	1270	1470	1570	1330	1440	1400
1.4	1620	1860	2150	1870	2200	1780	6.0	1220	1420	1520	1320	1420	1350
1.6	1570	1810	2110	1830	2160	1750	6.3	1220	1420	—	—	—	—
1.8	1520	1760	2010	1800	2060	1700	7.0	1170	1370	—	—	—	—
2.0	1470	1710	1910	1760	1970	1670	8.0	1170	1370	—	—	—	—

注：表列抗拉强度 R_m 为材料标准的下限值。

表 20-7c　　　　　　材料抗拉强度 R_m（GB/T 23935—2009）　　　（单位：MPa）

直径/mm	弹簧用不锈钢丝			直径/mm	弹簧用不锈钢丝			直径/mm	弹簧用不锈钢丝		
	A组	B组	C组		A组	B组	C组		A组	B组	C组
0.08	1618	2157	—	0.55	1569	1961	1814	2.9	1177	1569	1373
0.09	1618	2157	—	0.60	1569	1961	1814	3.0	—	1471	—
0.10	1618	2157	—	0.65	1569	1961	1814	3.2	1177	—	1373
0.12	1618	2157	1961	0.70	1569	1961	1814	3.5	1177	1471	1373
0.14	1618	2157	1961	0.80	1471	1863	1765	4.0	1177	1471	1373
0.16	1618	2157	1961	0.90	1471	1863	1765	4.5	1079	1471	1275
0.18	1618	2157	1961	1.0	1471	1863	1765	5.0	1079	1373	1275
0.20	1618	2157	1961	1.2	1373	1765	1667	5.5	1079	1373	1275
0.23	1569	2157	1961	1.4	1373	1765	1667	6.0	1079	1373	1275
0.26	1569	2059	1912	1.6	1324	1765	1569	6.5	981	1373	—
0.29	1569	2059	1912	1.8	1324	1667	1569	7.0	981	1275	—
0.32	1569	2059	1912	2.0	1324	1667	1569	8.0	981	1275	—
0.35	1569	2059	1912	2.2	—	1667	—	9.0	—	1275	—
0.40	1569	2059	1912	2.3	1275	—	1471	10.0	—	1128	—
0.45	1569	1961	1814	2.5	—	1569	—	11.0	—	981	—
0.50	1569	1961	1814	2.6	1275	—	1471	12.0	—	883	—

注：表列抗拉强度 R_m 为材料标准的下限值。

表 20-7d　　　　　材料抗拉强度 R_m（GB/T 23935—2009）　　　　（单位：MPa）

铜及铜合金线材（GB 21652）	材料状态	线材直径/mm	R_m/MPa
QCd1	软	0.1～6.0	≥275
QCd1	硬	0.1～0.5	590～880
QCd1	硬	＞0.5～4.0	490～735
QCd1	硬	＞4.0～6.0	470～685
QSn6.5-0.1、QSn6.5-0.4、QSn7-0.2	软	0.1～6.0	≥350
QSi3-1、QSn4-3、QSn6.5-0.1、QSn6.5-0.4、QSn7-0.2	硬	0.1～1.0	880～1130
QSi3-1、QSn4-3、QSn6.5-0.1、QSn6.5-0.4、QSn7-0.2	硬	＞1.0～2.0	860～1060
QSi3-1、QSn4-3、QSn6.5-0.1、QSn6.5-0.4、QSn7-0.2	硬	＞2.0～4.0	830～1030
QSi3-1、QSn4-3、QSn6.5-0.1、QSn6.5-0.4、QSn7-0.2	硬	＞4.0～6.0	780～980

铍青铜线（YS571）QBe2	材料状态	时效前的拉力试验	时效后的拉力试验
铍青铜线（YS571）QBe2	软	345～568	＞1029
铍青铜线（YS571）QBe2	1/2 硬	579～784	＞1176
铍青铜线（YS571）QBe2	硬	＞598	＞1274

表 20-8　　　　圆柱螺旋压缩弹簧的几何尺寸及参数计算（GB/T 23935—2009）

名　称		代　号	单 位	计 算 公 式 及 确 定 方 法
弹簧材料直径		d	mm	由表 20-3 公式计算，并由表 20-1 GB 1358 标准选取
弹簧簧圈直径	弹簧中径	D	mm	$D=Cd$，$D=\dfrac{D_1+D_2}{2}$，由表 20-1 GB 1358 按结构要求选取
弹簧簧圈直径	弹簧内径	D_1	mm	$D_1=D-d$
弹簧簧圈直径	弹簧外径	D_2	mm	$D_2=D+d$
弹簧簧圈直径	弹簧受负荷后，中径增大值	ΔD	mm	两端固定　$\Delta D=0.05\dfrac{t^2-d^2}{D}$ 两端回转　$\Delta D=0.1\dfrac{t^2-0.8td-0.2d^2}{D}$
弹簧圈数	有效圈数	n		由表 20-3 公式计算，并由表 20-1 GB 1358 标准选取，一般不少于 3 圈，最少不少于 2 圈
弹簧圈数	支承圈数	n_z		由表 20-2 按端圈结构形式确定
弹簧圈数	总圈数	n_1		$n_1=n+n_z$ 尾数应为 1/4、1/2、3/4 或整圈，荐用 1/2 圈

弹簧高度	自由高度	H_0	mm					
				n_1	$n+1.5$	$n+2$	$n+2.5$	$n+2$	$n+2.5$

表内分栏见下：

n_1	$n+1.5$	$n+2$	$n+2.5$	$n+2$	$n+2.5$
H_0	$nt+d$	$nt+1.5d$	$nt+2d$	$nt+3d$	$nt+3.5d$
端部结构形式	两端圈磨平			两端圈不磨	

t 为节距，H_0 推荐按表 20-1 GB 1358 选取

弹簧高度	工作高度	$H_{1,2,3,\cdots,n}$	mm	$H_{1,2,3,\cdots,n}=H_0-f_{1,2,3,\cdots,n}$
弹簧高度	试验高度	H_s	mm	$H_s=H_0-f_s$
弹簧高度	压并高度	H_b	mm	端面磨削 3/4 圈　$H_b\leqslant n_1 d_{max}$ 端面不磨削　$H_b\leqslant (n_1+1.5)d_{max}$ d_{max} 材料直径最大值

续表

名 称	代 号	单 位	计 算 公 式 及 确 定 方 法
弹簧节距	t	mm	$t=d+\dfrac{f_n}{n}+\delta_1=(0.28\sim0.5)D$ 式中 f_n——最大工作载荷 F_n 作用下的弹簧变形量 δ_1——余隙，一般取 $\delta_1\geqslant0.1d$
间 距	δ	mm	$\delta=t-d$
螺旋角	α	(°)	$\alpha=\arctan\dfrac{t}{\pi D}$，荐用值 $5°\sim9°$ 旋向一般为右旋
材料展开长度	L	mm	$L=\dfrac{\pi Dn_1}{\cos\alpha}\approx\pi Dn_1$

3. 圆柱螺旋压缩弹簧的校核计算

(1) 稳定性校核。弹簧的高径比 $b=H_0/D$ 应满足以下要求：

两端固定 $\qquad\qquad b\leqslant5.3$

一端固定、一端回转 $\quad b\leqslant3.7$

两端回转 $\qquad\qquad b\leqslant2.6$

不符合上述要求时，要进行稳定性校核：

最大工作载荷 F_n 应满足 $F_n<F_C$，式中 F_C 为稳定性临界载荷，$F_C=C_B F'H_0$，C_B 为不稳定系数，查图 20-3。当不满足要求时，可重新改变参数，或设置导杆或导套，导杆或导套与弹簧圈的间隙值见表 20-9。

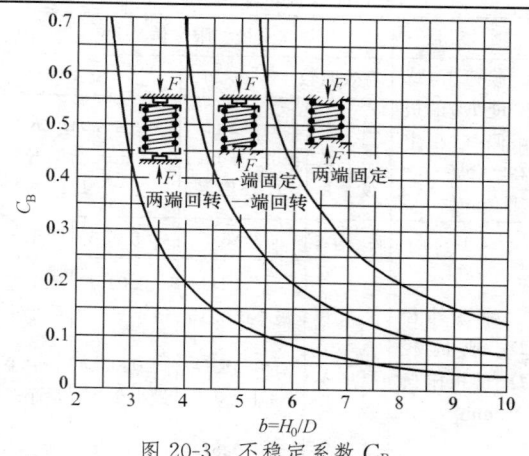

图 20-3 不稳定系数 C_B

表 20-9 　　　　　　**导杆或导套与弹簧圈的间隙值**（GB/T 23935—2009）　　　　　（单位：mm）

D	$\leqslant5$	$>5\sim10$	$>10\sim18$	$>18\sim30$	$>30\sim50$	$>50\sim80$	$>80\sim120$	$>120\sim150$
间隙	0.6	1	2	3	4	5	6	7

(2) 共振验算。受变载荷并高频率变化的弹簧，应进行共振验算。对于两端固定的钢制弹簧，其一次固有自振频率为

$$f_e=\frac{3.56d}{\pi D^2}\sqrt{\frac{G}{\rho}} \qquad (20\text{-}1)$$

式中 ρ——材料密度（kg/mm）；

f_e 与强迫振动频率 f_r 之比应大于 10，即

$$\frac{f_e}{f_r}>10 \qquad (20\text{-}2)$$

4. 典型工作图

弹簧零件工作图如图 20-4 所示，图中应注明的

技术要求有以下数项：

(1) 弹簧端部形式。

(2) 总圈数 n_1。

(3) 有效圈数 n。

(4) 旋向。

(5) 表面处理。

(6) 制造技术条件。

有必要时可注明立定处理、强化处理等要求，以及使用条件如温度、载荷性质等。

5. 圆柱螺旋压缩弹簧的技术要求及检验（见表 20-10）

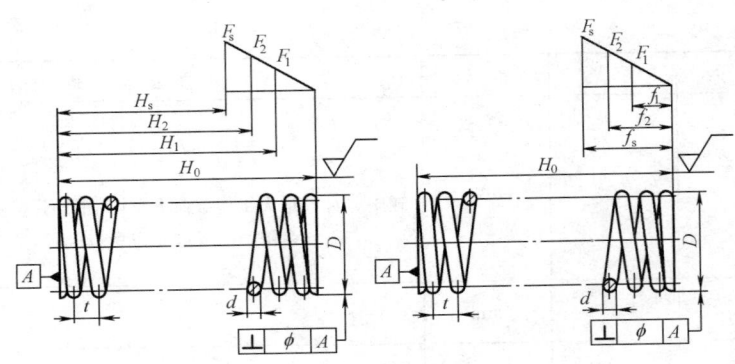

图 20-4 弹簧零件工作图

表 20-10 冷卷及热卷圆柱螺旋压缩弹簧的尺寸及载荷公差

冷卷圆柱螺旋压缩弹簧(0.5mm≤d<14mm，GB 1239.2—2009)				热卷圆柱螺旋压缩弹簧(d>12mm，GB 23934—2009)		
项 目		极 限 偏 差		项 目	极 限 偏 差	
载荷 F（或刚度 K）的极限偏差（指定高度）N/(N/mm)	有效圈数	3≤n<10	n≥10	指定载荷时高度的极限偏差/mm	$\pm(1.5\pm0.03f)$ 最小值$\pm0.01H_0$	
	精度等级 1	$\pm0.05F(K)$	$\pm0.04F(K)$			
	精度等级 2	$\pm0.10F(K)$	$\pm0.08F(K)$	指定高度时载荷的极限偏差/N	$\pm(1.5\pm0.03f)K$ 最小值$\pm0.01H_0K$	
	精度等级 3	$\pm0.15F(K)$	$\pm0.12F(K)$			
弹簧外径 D_2 或内径 D_1 的极限偏差/mm	旋绕比 C	3~8	>8~15	>15~22	弹簧特性	弹簧刚度的极限偏差	一般$\pm10\%$ 精度要求较高时 $\pm5\%$
	精度等级 1	$\pm0.01D$ 最小±0.15	$\pm0.015D$ 最小±0.2	$\pm0.02D$ 最小±0.3		
	精度等级 2	$\pm0.015D$ 最小±0.2	$\pm0.02D$ 最小±0.3	$\pm0.03D$ 最小±0.5	f—指定载荷时的变形量(mm) K—弹簧刚度(N/mm)	
	精度等级 3	$\pm0.025D$ 最小±0.4	$\pm0.03D$ 最小±0.5	$\pm0.04D$ 最小±0.7		
弹簧自由高度 H_0 的极限偏差/mm	旋绕比 C	3~8	>8~15	>15~22	弹簧外径 D_2（或内径 D_1）的极限偏差/mm	H_0≤250 250≤H_0<500 H_0>500	$\pm0.01D$, 最小±1.5 $\pm0.015D$, 最小±1.5 供需双方协议规定
	精度等级 1	$\pm0.01H_0$ 最小±0.2	$\pm0.015H_0$ 最小±0.5	$\pm0.02H_0$ 最小±0.6		
	精度等级 2	$\pm0.02H_0$ 最小±0.5	$\pm0.03H_0$ 最小±0.7	$\pm0.04H_0$ 最小±0.8	自由高度 H_0 的极限偏差/mm	对弹簧特性有规定要求时$\pm0.02H_0$	
	精度等级 3	$\pm0.03H_0$ 最小±0.7	$\pm0.04H_0$ 最小±0.8	$\pm0.06H_0$ 最小±1		对弹簧特性没有规定要求时 H_0 为参考值	
					总圈数的极限偏差	对弹簧特性有要求时圈数为参考值 对弹簧特性没有要求时$\pm1/4$圈	
垂直度极限偏差	精度等级 1	0.02H_0(1°09′)			垂直度极限偏差	两端圈制扁或磨平$\pm0.05H_0$(2°52′) 有特殊要求时$\pm0.02H_0$(1°08′45″)	
	精度等级 2	0.05H_0(2°54′)				
	精度等级 3	0.08H_0(4°36′)			节距	在全变形量的80%时，正常节距圈不得接触	
其 他	1. 总圈数的极限偏差$\pm1/4$圈 2. 两端面并紧磨平的弹簧，支承圈磨平部分约 3/4 圈，端头厚度不少于 1/8d，表面粗糙度 Ra 不大于 12.5μm				压并高度	原则上不作规定 要求规定时，最大值为 $H_b=n_1\times d_{max}$ 式中 n_1—总圈数 d_{max}—材料最大直径	

20.1.3　圆柱螺旋拉伸弹簧

1. 圆柱螺旋拉伸弹簧的结构形式（见表 20-11）

表 20-11　　　　　　圆柱螺旋拉伸弹簧的端部结构形式（GB/T 23935—2009）

代号	简 图	端部结构形式	代号	简 图	端部结构形式
LⅠ		半圆钩环	LⅥ		圆钩环压中心
LⅡ		长臂半圆钩环	LⅦ		可调式拉簧
LⅢ		圆钩环扭中心（圆钩环）	LⅧ		具有可转钩环
LⅤ		偏心圆钩环	LⅨ		长臂小圆钩环

2. 圆柱螺旋拉伸弹簧的设计计算

用不需淬火回火材料制成的密圈拉伸弹簧，在簧圈之间形成了轴向压力称为初拉力 F_0，当所加负荷超过初拉力后，弹簧才开始变形。卷绕成形后，需要淬火的弹簧没有初拉力。初拉力按下式计算

$$F_0 = \frac{\pi d^3}{8D}\tau_0 \qquad (20\text{-}3)$$

式中，τ_0 为初切应力，对钢制弹簧，可由图 20-5 阴影线内选取，一般取偏下值。也可由下式计算

$$\tau_0 = \frac{G}{100C} \qquad (20\text{-}4)$$

圆柱螺旋拉伸弹簧设计计算公式与压缩弹簧基本相同（见表 20-3）。考虑初拉力 F_0 的影响，计算弹簧有效圈数 n，弹簧变形量 F 和弹簧刚度 F' 时，负荷均应以 $(F-F_0)$ 代入计算公式。

圆柱螺旋拉伸弹簧的许用切应力 $[\tau]$ 按表 20-12 选取。

圆柱螺旋拉伸弹簧的几何尺寸及参数计算见表 20-13。

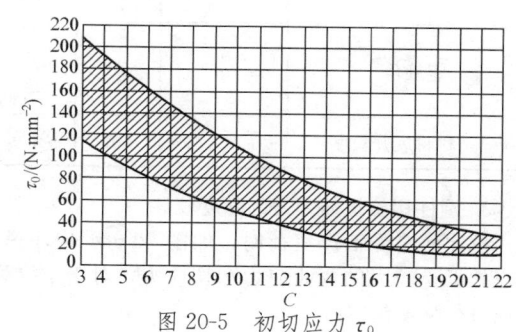

图 20-5　初切应力 τ_0

表 20-12 　　　　　　　　圆柱螺旋拉伸弹簧的许用切应力 [τ] 　　　　　　　（单位：MPa）

材　料	冷 卷 弹 簧				热 卷 弹 簧 60Si2Mn、60Si2MnA、50CrVA、55CrSiA、60CrMnA、60CrMnBA、60Si2CrA、60Si2CrVA
	油淬火-退火弹簧钢丝	碳素弹簧钢丝、重要用途碳素弹簧钢丝	弹簧用不锈钢丝	铜及铜合金线材、铍青铜线	
静负荷许用切应力	$0.4R_m$	$0.36R_m$	$0.30R_m$	$0.28R_m$	475～596
动负荷许用切应力　有限疲劳寿命	$(0.32\sim0.4)R_m$	$(0.30\sim0.36)R_m$	$(0.27\sim0.30)R_m$	$(0.26\sim0.28)R_m$	405～507
动负荷许用切应力　无限疲劳寿命	$(0.28\sim0.32)R_m$	$(0.26\sim0.30)R_m$	$(0.24\sim0.27)R_m$	$(0.24\sim0.26)R_m$	356～447

表 20-13 　　　　圆柱螺旋拉伸弹簧的几何尺寸及参数计算 （GB/T 23935—2009）

名　称		代号	单位	计 算 公 式 及 确 定 方 法
弹簧材料截面直径		d	mm	由表 20-3 公式计算，并由表 20-1 GB 1358 标准选取
弹簧簧圈直径	弹簧中径	D	mm	$D=Cd$，$D=\dfrac{D_1+D_2}{2}$，由表 20-1 GB 1358，按结构要求选取
	弹簧内径	D_1		$D_1=D-d$
	弹簧外径	D_2		$D_2=D+d$
弹簧有效圈数		n	圈	$n=\dfrac{Gd^4f}{8D^3(F-F_0)}$ 由表 20-1 GB 1358 选取标准值，一般不少于 3 圈，最少不少于 2 圈。当 $n>20$ 时，一般圆整为整圈；$n\leqslant20$ 时圆整为半圈
弹簧长度	自由长度	H_0	mm	端部结构类型　　　　　　　　　自由长度 H_0 半圆钩环　　　　　　　　　　　$(n+1)\,d+D_1$ 圆钩环　　　　　　　　　　　　$(n+1)\,d+2D_1$ 圆钩环压中心　　　　　　　　　$(n+1.5)\,d+2D_1$
	工作长度试验长度	$H_{1,2,3,\cdots,n}$ H_s	mm	$H_{1,2,3,\cdots,n}=H_0+f_{1,2,3,\cdots,n}$ $H_s=H_0+f_s$
弹簧节距		t	mm	$t=d+\delta$ 对密卷拉伸弹簧，取 $\delta=0$
螺旋角		α	(°)	$\alpha=\arctan\dfrac{t}{\pi D}$ 旋向一般为右旋
弹簧材料展开长度		L	mm	$L\approx\pi Dn+$ 钩环展开部分

3. 圆柱螺旋拉伸弹簧的强度校核

拉伸弹簧受工作负荷时，如图 20-6 示钩环 A、B 点处承受较大的弯曲应力和切应力，对于重要弹簧应进行强度校核：

弹簧材料的弯曲应力　$\sigma=\dfrac{32FRr_1}{\pi d^3 r_2}$ 　　　(20-5)

弹簧材料的切应力　$\tau=\dfrac{16FRr_3}{\pi d^3 r_4}$ 　　　(20-6)

许用弯曲应力：$[\sigma] = (0.50 \sim 0.60)\,\sigma_b$

式中，$R\ (=D/2)$，r_1，r_2，r_3，r_4 如图 20-6 所示。

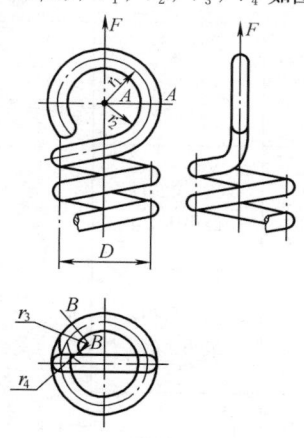

图 20-6　钩环结构图

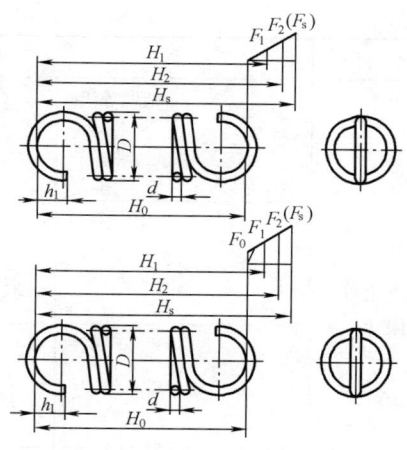

图 20-7　弹簧零件工作图

4. 典型工作图

弹簧零件工作图如图 20-7 所示，图中应注明的技术要求有以下数项：

(1) 端部形式。

(2) 圈数 n。

(3) 旋向。

(4) 表面处理。

(5) 制造技术条件。

在需要时可注明强扭处理等要求，以及使用条件如温度、负荷性质等。

工作图中还应注出设计计算数据。

5. 尺寸及负荷公差

表 20-14 为冷卷圆柱螺旋拉伸弹簧的尺寸及负荷公差。热卷圆柱螺旋拉伸弹簧的尺寸及负荷公差参见表 20-10。

表 20-14　　　　　　　**冷卷圆柱螺旋拉伸弹簧的尺寸及负荷公差**（GB/T 1239.1—2009）

项　　目			极　限　偏　差			备　注
弹簧特性	指定长度下的负荷极限偏差	有效圈数大于 3 圈，极限偏差：±［（初拉力×α）＋（指定长度时负荷－初拉力×β）］。α（初拉力的极限偏差）和 β（与变形量对应的负荷偏差）按下表查出				
		精度等级	1 级	2 级	3 级	
		α	0.10	0.15	0.20	
		β　$n \geqslant 3 \sim 10$	0.05	0.10	0.15	
		$n > 10$	0.04	0.08	0.12	
		弹簧变形量应在试验负荷下变形量的 20%～80% 之间 要求 1 级精度时，指定长度时的变形量应在 4mm 以上				
	弹簧刚度极限偏差	极限偏差　　精度等级 有效圈数 n	1	2	3	在特殊需要时采用
		$\geqslant 3 \sim 10$	$\pm 0.05F'$	$\pm 0.10F'$	$\pm 0.15F'$	
		> 10	$\pm 0.04F'$	$\pm 0.08F'$	$\pm 0.12F'$	
		其变形量应在试验负荷下变形量的 30%～70% 之间				

项　目	极　限　偏　差				备　注
弹簧外径 D_2 的极限偏差 /mm	极限偏差　精度等级 旋绕比 C	1	2	3	
	$\geqslant 4 \sim 8$	$\pm 0.010D$ 最小 ± 0.15	$\pm 0.015D$ 最小 ± 0.2	$\pm 0.025D$ 最小 ± 0.4	
	$> 8 \sim 15$	$\pm 0.015D$ 最小 ± 0.2	$\pm 0.020D$ 最小 ± 0.3	$\pm 0.030D$ 最小 ± 0.5	
	$> 15 \sim 22$	$\pm 0.020D$ 最小 ± 0.3	$\pm 0.030D$ 最小 ± 0.5	$\pm 0.040D$ 最小 ± 0.7	
自由长度 H_0（两钩环内侧之间的长度）的极限偏差/mm	极限偏差　精度等级 旋绕比 C	1	2	3	有特性要求时，自由长度作为参考
	$\geqslant 4 \sim 8$	$\pm 0.010H_0$ 最小 ± 0.2	$\pm 0.02H_0$ 最小 ± 0.5	$\pm 0.03H_0$ 最小 ± 0.6	
	$> 8 \sim 15$	$\pm 0.015H_0$ 最小 ± 0.5	$\pm 0.03H_0$ 最小 ± 0.7	$\pm 0.04H_0$ 最小 ± 0.8	
	$> 15 \sim 22$	$\pm 0.020H_0$ 最小 ± 0.6	$\pm 0.04H_0$ 最小 ± 0.8	$\pm 0.06H_0$ 最小 ± 1.0	
	无初拉力的弹簧，由供需双方协议规定				

总圈数和钩环相对角度偏差	总圈数为参考值。钩环相对角度公差按下表				
	弹簧中径 D/mm	$\leqslant 10$	$> 10 \sim 25$	$> 25 \sim 55$	> 55
	角度偏差 Δ/(°)	35	25	20	15

钩环中心面与弹簧轴心线位置度/mm	弹簧中径 D	$> 3 \sim 6$	$> 6 \sim 10$	$> 10 \sim 18$	$> 18 \sim 30$	$> 30 \sim 50$	$> 50 \sim 120$
	极限偏差	0.5	1	1.5	2	2.5	3

续表

项　目	极　限　偏　差					备　注
弹簧钩环钩 部长度极限偏 差/mm	钩环钩长度 h_l	≤15	>15～30	>30～50	>50	
	极限偏差	±1	±2	±3	±4	

20.1.4　圆柱螺旋扭转弹簧

1. 圆柱螺旋扭转弹簧的结构形式（见表 20-15）

表 20-15　　　　　　　**圆柱螺旋扭转弹簧的结构形式**（GB/T 23935—2009）

代号	简　　图	端部结构形式	代号	简　　图	端部结构形式
NⅠ		外臂扭转弹簧	NⅣ		平列双扭转弹簧
NⅡ		内臂扭转弹簧	NⅤ		直臂扭转弹簧
NⅢ		中心臂扭转弹簧	NⅥ		单臂弯曲扭转弹簧

注：弹簧结构形式推荐用外臂扭转弹簧、内臂扭转弹簧、直臂扭转弹簧。
　　弹簧端部扭臂结构形式根据安装方法、安装条件的要求，可做成特殊的形式。

2. 圆柱螺旋扭转弹簧的设计计算

图 20-8 为短扭臂弹簧 [见图 20-8（a）] 和长扭臂弹簧 [见图 20-8（b）] 受力简图，基本计算公式见表 20-16。

许用弯曲应力 $[\sigma]$ 见表 20-17。

经强扭处理的弹簧，可提高疲劳极限。对变负荷下的松弛有明显效果。对重要的，其损坏对整个机械有重大影响的弹簧，许用弯曲应力应取允许范围内的低值。

圆柱螺旋扭转弹簧的几何尺寸及参数计算见表 20-18。

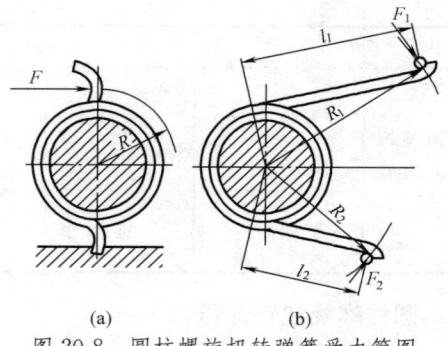

图 20-8 圆柱螺旋扭转弹簧受力简图
（a）短扭臂弹簧；（b）长扭臂弹簧

表 20-16　　　圆柱螺旋扭转弹簧基本计算公式（GB/T 23935—2009）

名　称	代号	单　位	计　算　公　式
材料弯曲应力	σ	MPa	$\sigma = K_b \dfrac{32T}{\pi d^3}$ 式中　T—扭矩（N·mm） 短扭臂：$T = FR$ 长扭臂：$T = F_1 R_1 = F_2 R_2$ F，F_1，F_2—弹簧受力（N），如图 20-8 所示 R，R_1，R_2—力臂（mm），如图 20-8 所示 K_b—曲度系数 $K_b = \dfrac{4C^2 - C - 1}{4C^2 (C-1)}$ 当扭转方向为顺向时，$K_b = 1$。旋绕比 $C = \dfrac{D}{d}$，见表 20-4
材料直径	d	mm	$d \geqslant \sqrt[3]{\dfrac{10.2 K_b T}{[\sigma]}}$ 式中　$[\sigma]$—许用弯曲应力（MPa）见表 20-17
弹簧中径	D	mm	$D = Cd$
扭转变形角	ϕ	rad	短扭臂：$\phi = \dfrac{64TDn}{Ed^4}$，长扭臂：$\phi = \dfrac{64T}{\pi E d^4}\left[\pi Dn + \dfrac{1}{3}(l_1 + l_2)\right]$ 式中　E—材料弹性模量（MPa） l_1，l_2—臂长（见图 20-8b）（mm） 　　　n—有效圈数
扭转变形角	$\phi°$	(°)	短扭臂：$\phi° = \dfrac{3670TDn}{Ed^4}$，长扭臂：$\phi° = \dfrac{3670T}{\pi E d^4}\left[\pi Dn + \dfrac{1}{3}(l_1 + l_2)\right]$
扭转刚度	T'	N·mm/rad N·mm/(°)	短扭臂 $T' = \dfrac{T}{\phi} = \dfrac{Ed^4}{64Dn}$ $T' = \dfrac{T}{\phi°} = \dfrac{Ed^4}{3670Dn}$　　　长扭臂 $T' = \dfrac{\pi Ed^4}{64\left[\pi Dn + \dfrac{1}{3}(l_1 + l_2)\right]}$ $T' = \dfrac{\pi Ed^4}{3670\left[\pi Dn + \dfrac{1}{3}(l_1 + l_2)\right]}$
有效圈数	n	圈	$n = \dfrac{Ed^4 \phi}{64TD} = \dfrac{Ed^4 \phi°}{3670TD}$

名　称	代号	单位	计　算　公　式
试验扭矩	T_s	N·mm	$T_s = \dfrac{\pi d^3}{32}\sigma_s$ 式中　σ_s——试验弯曲应力，MPa，其最大值查表 20-17。动负荷在有些情况下可取 $\sigma_s = (1.1\sim1.3)\,[\sigma]$ 或取 $T_s = (1.1\sim1.3)\,T_n$ 有特性要求时，工作扭矩应满足：$0.2T_s \leqslant T_{1,2,3,\cdots,n} \leqslant 0.8T_s$
试验扭矩下 的变形角	ϕ_s ϕ_s°	rad (°)	$\phi_s = \dfrac{64T_s Dn}{Ed^4}$ $\phi_s^{\circ} = \dfrac{3670T_s Dn}{Ed^4}$ 有特殊要求时，应满足：$0.2\phi_s \leqslant \phi_{1,2,3,\cdots,n} \leqslant 0.8\phi_s$

表 20-17　　　　　　　　　　许用弯曲应力 $[\sigma]$　　　　　　　　　　（单位：MPa）

材　　料		冷　卷　弹　簧				热　卷　弹　簧
		油淬火-退火 弹簧钢丝	碳素弹簧钢丝、 重要用途碳素 弹簧钢丝	弹簧用 不锈钢丝	铜及铜合金 线材、铍青铜线	60Si2Mn、60Si2MnA、 50CrVA、55CrSiA、 60CrMnA、60CrMnBA、 60Si2CrA、60Si2CrVA
静负荷许用弯曲应力		$0.72R_m$	$0.70R_m$	$0.68R_m$	$0.68R_m$	994～1232
动负荷许用 弯曲应力	有限疲劳寿命	$(0.6\sim$ $0.68)R_m$	$(0.58\sim$ $0.66)R_m$	$(0.55\sim$ $0.65)R_m$	$(0.55\sim$ $0.65)R_m$	795～986
	无限疲劳寿命	$(0.5\sim$ $0.6)R_m$	$(0.49\sim$ $0.58)R_m$	$(0.45\sim$ $0.55)R_m$	$(0.45\sim$ $0.55)R_m$	636～788

注：R_m 值见表 20-7。

表 20-18　　　　　圆柱螺旋扭转弹簧的几何尺寸及参数计算（GB/T 23935—2009）

名　　称		代号	单位	计算公式及确定方法
弹簧材料直径		d	mm	由表 20-16 公式计算，并由表 20-1 GB/T 1358—2009 标准选取
弹 簧 簧 圈 直 径	弹簧中径	D	mm	$D = Cd$，$D = \dfrac{D_1 + D_2}{2}$，由表 20-1 选取标准值
	弹簧内径	D_1		$D_1 = D - d$
	弹簧外径	D_2		$D_2 = D + d$
	弹簧受扭矩后 直径减少值	ΔD_s		$\Delta D_s = \dfrac{\phi_s D}{2\pi n} = \dfrac{\phi_s^{\circ} D}{360n}$ 导杆直径可取为：$D' = 0.9\,(D_1 - \Delta D_s)$
弹簧圈数		n	圈	由表 20-16 公式计算应不少于 3 圈，并应按表 20-1 查标准值
节　距		t	min	$t = d + \delta$ 密圈弹簧间距 $\delta = 0$
自由长度		H_0	mm	$H_0 = (nt + d) +$ 扭臂在弹簧轴线上的长度
螺旋角		α	(°)	$\alpha = \arctan \dfrac{t}{\pi D}$ 一般旋向为右旋

20.2 平面涡卷弹簧

20.2.1 平面涡卷弹簧的类型、结构和特性

平面涡卷弹簧按簧圈接触与否分为非接触型平面涡卷弹簧[A 型，见图 20-9(a)]，常用来产生反作用转矩，接触型平面涡卷弹簧[B 型，见图 20-9(b)]，常用作储存能量。

非接触型平面涡卷弹簧的结构分外端固定[见图 20-10(a)]和外端回转[见图 20-10(b)]两种。其特性线为直线[见图 20-10(c)]。

接触型平面涡卷弹簧的结构和特性如图 20-11 所示，图中横坐标为弹簧转数，纵坐标为弹簧转矩，T_2 为最大输出转矩，T_j 为极限转矩。图中 AJ 为弹簧的理论特性线，BEF 为输出转矩特性曲线。

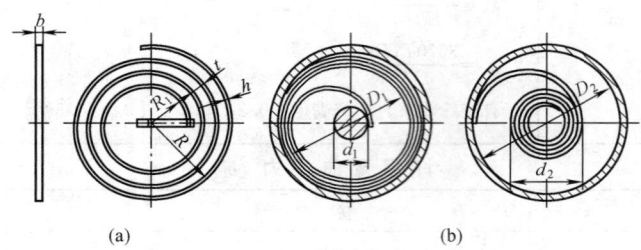

图 20-9 平面涡卷弹簧
（a）非接触型；（b）接触型

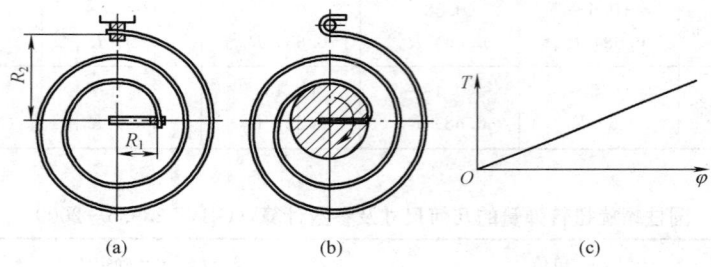

图 20-10 非接触型平面涡卷弹簧的外端固定形式及特性线
（a）外端固定；（b）外端回转；（c）特性线

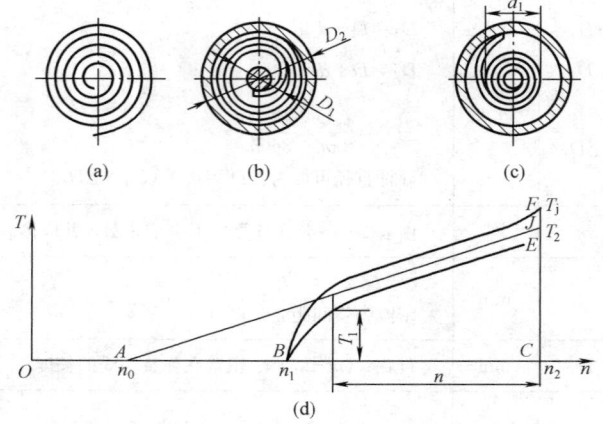

图 20-11 接触型平面涡卷弹簧的结构及特性线
（a）自由状态；（b）松卷状态；（c）卷紧状态；（d）特性线

20.2.2　平面涡卷弹簧的材料和许用应力

平面涡卷弹簧一般选用表 20-19 所列材料。

表 20-19　平面涡卷弹簧的材料

标准号	材料名称	牌　　号
GB 3525	弹簧钢、工具钢冷轧钢带	65Mn、50CrVA、60Si2MnA、60Si2Mn
GB 3530	热处理弹簧钢带Ⅰ、Ⅱ、Ⅲ级	65Mn、T7A、T8A、T9A、60Si2MnA、70Si2Cr
GB 8708	汽车车身附件用异形钢丝	65Mn、50CrVA

弹簧材料的厚度和宽度尺寸系列见表 20-20。

表 20-20　弹簧材料的厚度和宽度尺寸系列
（JB/T 7366—1994）

名　　称	尺　寸　系　列							
材料厚度 h/mm	0.5	0.55	0.60	0.70	0.80	0.90	1.00	1.10
	1.20	1.40	1.50	1.60	1.80	2.0	2.2	2.5
	2.8	3.0	3.2	3.5	3.8	4.0		

续表

名　　称	尺　寸　系　列						
材料宽度 b/mm	5	5.5	6	7	8	9	10	12
	14	16	18	20	22	25	28	30
	32	35	40	45	50	60	70	80

热处理弹簧钢带的硬度和强度见表 20-21。

表 20-21　热处理弹簧钢带的硬度和强度

钢带的强度级别	硬　　　度		抗拉强度 R_m/MPa
	HV	HRC	
Ⅰ	375～485	40～48	1275～1600
Ⅱ	486～600	48～55	1579～1863
Ⅲ	>600	>55	>1863

注：1. Ⅱ级强度钢带厚度不大于 1.0mm。
　　2. Ⅲ级强度钢带厚度不大于 0.8mm。

弹簧材料的许用应力，可参照圆柱螺旋扭转弹簧的许用应力给值选取。对于碳素钢带和合金钢带，当转矩作用次数小于 10^3 时，取 $[\sigma]=0.8R_m$，大于 10^3 次时，取 $[\sigma]=(0.60\sim0.80)R_m$，大于 10^5 次时，取 $[\sigma]=(0.50\sim0.60)R_m$。

20.2.3　平面涡卷弹簧的技术要求

平面涡卷弹簧的主要技术要求见表 20-22。

表 20-22　平面涡卷弹簧的主要技术要求（JB/T 6654—1993）

项　　目	技　术　要　求			
弹簧各圈平面度	弹簧外径/mm	≤50	>50～100	>100～200	>200
	平面度公差/mm	1	2	3	协议
弹簧外径 D_2 和内径 D_1 的极限偏差/mm	精度等级	1 级		2 级	
	极限偏差	±0.03D_2 最小±0.5		±0.04D_2 最小±0.7	
		±0.03D_1 最小±0.3		±0.04D_1 最小±0.4	
非接触型平面涡卷弹簧圈数的极限偏差/圈	精度等级	1 级		2 级	
	极限偏差	±0.125		±0.25	
弹簧弯钩钩部长度的极限偏差/mm	弯钩部长度	≤10		>10～30	>30
	极限偏差	±1		±1.5	±2

20.3　碟形弹簧

20.3.1　碟形弹簧的类型和结构

碟形弹簧按截面厚度大小分为三类（见表 20-23），结构形式见图 20-12。

表 20-23　碟形弹簧的分类

类　别	碟簧厚度 t/mm	支承面和减薄厚度
1	<1.25	无
2	1.25~6.0	无
3	>6.0~14.0	有

20.3.2　碟形弹簧的尺寸系列

GB/T 1972—2005 规定，碟簧尺寸和参数分为

A、B、C 三个系列，在相同的外径尺寸下，A 系列承载大，刚度大。三个系列碟簧的尺寸和参数见表 20-24～表 20-26。表中尺寸代号意义参见图 20-12。弹簧的材质为 60Si2MnA 或 50CrVA，碟形弹簧的标记示例如下：

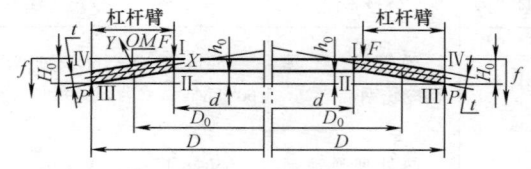

图 20-12　碟形弹簧的结构形式

一级精度，系列 A，外径 $D=80$mm 的第 2 类碟簧：碟簧 A 80-1 GB/T 1972。

二级精度，系列 B，外径 $D=80$mm 的第 2 类碟簧：碟簧 B 80 GB/T 1972。

表 20-24　系列 A $\left(\dfrac{D}{t}\approx18; \dfrac{h_0}{t}\approx0.4; E=206000\text{MPa}; \mu=0.3\right)$ 碟簧尺寸和参数

（GB/T 1972—2005）

类别	外径 D /mm	内径 d /mm	厚度 t $(t')^{①}$ /mm	内锥高 h_0 /mm	自由高度 H_0 /mm	$f\approx0.75h_0$ 载荷 F /N	变形量 f /mm	受载后高度 H_0-f /mm	中性径处应力 $\sigma_{\text{OM}}^{②}$ /MPa	应力 $\sigma_{\text{III}}^{③}$ /MPa	质量 m /[kg/ (1000 件)]
1	8	4.2	0.4	0.20	0.60	210	0.15	0.45	−1200	1220*	0.114
	10	5.2	0.5	0.25	0.75	329	0.19	0.56	−1210	1240*	0.225
	12.5	6.2	0.7	0.30	1.00	673	0.23	0.77	−1280	1420*	0.508
	14	7.2	0.8	0.30	1.10	813	0.23	0.87	−1190	1340*	0.711
	16	8.2	0.9	0.35	1.25	1000	0.26	0.99	−1160	1290*	1.050
	18	9.2	1.0	0.40	1.40	1250	0.30	1.10	−1170	1300*	1.480
	20	10.2	1.1	0.45	1.55	1530	0.34	1.21	−1180	1300*	2.010
2	22.5	11.2	1.25	0.50	1.75	1950	0.38	1.37	−1170	1320*	2.940
	25	12.2	1.5	0.55	2.05	2910	0.41	1.64	−1210	1410*	4.400
	28	14.2	1.5	0.65	2.15	2850	0.49	1.66	−1180	1280*	5.390
	31.5	16.3	1.75	0.70	2.45	3900	0.53	1.92	−1190	1310*	7.840
	35.5	18.3	2.0	0.80	2.80	5190	0.60	2.20	−1210	1330*	11.40
	40	20.4	2.25	0.90	3.15	6540	0.68	2.47	−1210	1340*	16.40
	45	22.4	2.5	1.00	3.50	7720	0.75	2.75	−1150	1390*	23.50
	50	25.4	3.0	1.10	4.10	12 000	0.83	3.27	−1250	1430*	34.30
	56	28.5	3.0	1.30	4.30	11 400	0.98	3.32	−1180	1280*	43.00

续表

类别	外径 D /mm	内径 d /mm	厚度 t $(t')^{①}$ /mm	内锥高 h_0 /mm	自由高度 H_0 /mm	$f≈0.75h_0$					质 量 m /[kg/ (1000件)]
						载荷 F /N	变形量 f /mm	受载后高度 H_0-f /mm	中性径处应力 $\sigma_{OM}^{②}$ /MPa	应力 $\sigma_{Ⅱ}^{③}$ $\sigma_{Ⅲ}$ /MPa	
2	63	31	3.5	1.40	4.90	15 000	1.05	3.85	−1140	1300*	64.90
	71	36	4	1.60	5.60	20 500	1.20	4.40	−1200	1330*	91.80
	80	41	5	1.70	6.70	33 700	1.28	5.42	−1260	1460*	145.00
	90	46	5	2.00	7.0	31 400	1.50	5.50	−1170	1300*	184.5
	100	51	6	2.20	8.2	48 000	1.65	6.55	−1250	1420*	273.7
	112	57	6	2.50	8.5	43 800	1.88	6.62	−1130	1240*	343.8
3	125	64	8 (7.5)	2.6	10.6	85 900	1.95	8.65	−1280	1330*	533.0
	140	72	8 (7.5)	3.2	11.2	85 300	2.40	8.80	−1260	1280*	666.6
	160	82	10 (9.4)	3.5	13.5	139 000	2.63	10.87	−1320	1340*	1094
	180	92	10 (9.4)	4.0	14.0	125 000	3.00	11.00	−1180	1200	1387
	200	102	12 (11.25)	4.2	16.2	183 000	3.15	13.05	−1210	1230*	2100
	225	112	12 (11.25)	5.0	17.0	171 000	3.75	13.25	−1120	1140	2640
	250	127	14 (13.1)	5.6	19.6	249 000	4.20	15.40	−1200	1220	3750

① 碟簧厚度 t 是基本尺寸，第3类中碟簧厚度减薄为 t'。

② σ_{OM} 是 OM 点（见图 20-12）的计算应力（压应力）。

③ 有"＊"的是位置Ⅱ处算出的最大计算拉应力 $\sigma_{Ⅱ}$ 的值，无"＊"的是位置Ⅲ处算出的最大计算拉应力 $\sigma_{Ⅲ}$ 的值。

表 20-25 **系列 B $\left(\dfrac{D}{t}≈28；\dfrac{h_0}{t}≈0.75；E=206\ 000\text{MPa}；\mu=0.3\right)$ 碟簧尺寸和参数**

(GB/T 1972—2005)

类别	外径 D /mm	内径 d /mm	厚度 t $(t')^{①}$ /mm	内锥高 h_0 /mm	自由高度 H_0 /mm	$f≈0.75h_0$					质 量 m /[kg/ (1000件)]
						载荷 F /N	变形量 f /mm	受载后高度 H_0-f /mm	中性径处应力 $\sigma_{OM}^{②}$ /MPa	应力 $\sigma_{Ⅲ}$ /MPa	
1	8	4.2	0.3	0.25	0.55	119	0.19	0.36	−1114	1330	0.086
	10	5.2	0.4	0.30	0.70	213	0.23	0.47	−1170	1300	0.180
	12.5	6.2	0.5	0.35	0.85	291	0.26	0.59	−1000	1110	0.363
	14	7.2	0.5	0.40	0.90	279	0.30	0.60	−970	1100	0.444
	16	8.2	0.6	0.45	1.05	412	0.34	0.71	−1010	1120	0.698
	18	9.2	0.7	0.50	1.20	572	0.38	0.82	−1040	1130	1.030
	20	10.2	0.8	0.55	1.35	745	0.41	0.94	−1030	1110	1.460
	22.5	11.2	0.8	0.65	1.45	710	0.49	0.96	−962	1080	1.880
	25	12.2	0.9	0.70	1.60	868	0.53	1.07	−938	1030	2.640
	28	14.2	1.0	0.80	1.80	1110	0.60	1.20	−961	1090	3.590
2	31.5	16.3	1.25	0.90	2.15	1920	0.68	1.47	−1090	1190	5.600
	35.5	18.3	1.25	1.00	2.25	1700	0.75	1.50	−944	1070	7.130
	40	20.4	1.5	1.15	2.65	2620	0.86	1.79	−1020	1130	10.95

续表

类别	外径 D /mm	内径 d /mm	厚度 $t(t')$[①] /mm	内锥高 h_0 /mm	自由高度 H_0 /mm	$f \approx 0.75h_0$					质　量 m /[kg/ (1000 件)]
						载荷 F /N	变形量 f /mm	受载后高度 $H_0 - f$ /mm	中性径处应力 σ_{OM}[②] /MPa	应力 σ_{III} /MPa	
2	45	22.4	1.75	1.30	3.05	3660	0.98	2.07	−1050	1150	16.40
	50	25.4	2.0	1.40	3.40	4760	1.05	2.35	−1060	1140	22.90
	56	28.5	2.0	1.60	3.60	4440	1.20	2.40	−963	1090	28.70
	63	31.0	2.5	1.75	4.25	7180	1.31	2.94	−1020	1090	46.40
	71	36.0	2.5	2.00	4.50	6730	1.50	3.00	−934	1060	57.70
	80	41.0	3.0	2.30	5.30	10 500	1.73	3.57	−1030	1140	87.30
	90	46.0	3.5	2.50	6.00	14 200	1.88	4.12	−1030	1120	129.1
	100	51.0	3.5	2.80	6.30	13 100	2.10	4.2	−926	1050	159.7
	112	57.0	4.0	3.20	7.20	17 800	2.40	4.8	−963	1090	229.2
	125	64.0	5.0	3.50	8.50	30 000	2.63	5.87	−1060	1150	355.4
	140	72.0	5.0	4.0	9.0	27 900	3.00	6.0	−970	1110	444.4
	160	82.0	6.0	4.5	10.5	41 100	3.38	7.12	−1000	1110	698.3
	180	92.0	6.0	5.1	11.1	37 500	3.83	7.27	−895	1040	885.4
3	200	102	8 (7.5)	5.6	13.6	76 400	4.20	9.40	−1060	1250	1369
	225	112	8 (7.5)	6.5	14.5	70 800	4.88	9.62	−951	1180	1761
	250	127	10 (9.4)	7.0	17.0	119 000	5.25	11.75	−1050	1240	2687

① 碟簧厚度 t 是基本尺寸，第3类中碟簧厚度减薄为 t'。

② σ_{OM} 是 OM 点（见图 20-12）的计算应力（压应力）。

表 20-26　　系列 C $\left(\dfrac{D}{t} \approx 40;\ \dfrac{h_0}{t} \approx 1.3;\ E = 206000\mathrm{MPa};\ \mu = 0.3\right)$ 碟簧尺寸和参数

(GB/T 1972—2005)

类别	外径 D /mm	内径 d /mm	厚度 $t\ (t')$[①] /mm	内锥高 h_0 /mm	自由高度 H_0 /mm	$f \approx 0.75h_0$					质　量 m /[kg/ (1000 件)]
						载荷 F /N	变形量 f /mm	受载后高度 $H_0 - f$ /mm	中性径处应力 σ_{OM}[②] /MPa	应力 σ_{III} /MPa	
1	8	4.2	0.20	0.25	0.45	39	0.19	0.26	−762	1040	0.057
	10	5.2	0.25	0.30	0.55	58	0.23	0.32	−734	980	0.112
	12.5	6.2	0.35	0.45	0.80	152	0.34	0.46	−944	1280	0.251
	14	7.2	0.35	0.45	0.80	123	0.34	0.46	−769	1060	0.311
	16	8.2	0.40	0.50	0.90	155	0.38	0.52	−751	1020	0.466
	18	9.2	0.45	0.60	1.05	214	0.45	0.60	−789	1110	0.661
	20	10.2	0.50	0.65	1.15	254	0.49	0.66	−772	1070	0.912
	22.5	11.2	0.60	0.80	1.40	425	0.60	0.80	−883	1230	1.410
	25	12.2	0.70	0.90	1.60	601	0.68	0.92	−936	1270	2.060
	28	14.2	0.80	1.00	1.80	801	0.75	1.05	−961	1300	2.870
	31.5	16.3	0.80	1.05	1.85	687	0.79	1.06	−810	1130	3.580
	35.5	18.3	0.90	1.15	2.05	831	0.86	1.19	−779	1080	5.140
	40	20.4	1.00	1.30	2.30	1020	0.98	1.32	−772	1070	7.300

续表

类别	外径 D /mm	内径 d /mm	厚度 t (t')[①] /mm	内锥高 h_0 /mm	自由高度 H_0 /mm	$f \approx 0.75 h_0$					质量 m /[kg/ (1000件)]
						载荷 F /N	变形量 f /mm	受载后高度 H_0-f /mm	中性径处应力 σ_{OM}[②] /MPa	应力 σ_{III} /MPa	
2	45	22.4	1.25	1.60	2.85	1890	1.20	1.65	−920	1250	11.70
	50	25.4	1.25	1.60	2.85	1550	1.20	1.65	−754	1040	14.30
	56	28.5	1.50	1.95	3.45	2620	1.46	1.99	−879	1220	21.50
	63	31.0	1.80	2.35	4.15	4240	1.76	2.39	−985	1350	33.40
	71	36.0	2.00	2.60	4.60	5140	1.95	2.65	−971	1340	46.20
	80	41.0	2.25	2.95	5.20	6610	2.21	2.99	−982	1370	65.50
	90	46.0	2.50	3.20	5.70	7680	2.40	3.30	−935	1290	92.20
	100	51.0	2.70	3.50	6.20	8610	2.63	3.57	−895	1240	123.2
	112	57.0	3.00	3.90	6.90	10 500	2.93	3.97	−882	1220	171.9
	125	64.0	3.50	4.50	8.00	15 100	3.38	4.62	−956	1320	248.9
	140	72.0	3.80	4.90	8.70	17 200	3.68	5.02	−904	1250	337.7
	160	82.0	4.30	5.60	9.90	21 800	4.20	5.70	−892	1240	500.4
	180	92.0	4.80	6.20	11.00	26 400	4.65	6.35	−869	1200	708.4
	200	102.0	5.50	7.00	12.50	36 100	5.25	7.25	−910	1250	1004.0
3	225	112	6.5 (6.2)	7.1	13.6	44 600	5.33	8.27	−840	1140	1456
	250	127	7.0 (6.7)	7.8	14.8	50 500	5.85	8.95	−814	1120	1915

① 碟簧厚度 t 是基本尺寸，第 3 类中碟簧厚度减薄为 t'。

② σ_{OM} 是 OM 点（见图 20-12）的计算应力（压应力）。

20.3.3　碟形弹簧的技术要求

碟形弹簧的尺寸极限偏差见表 20-27。

碟簧表面不允许有毛刺、裂纹、斑疤等缺陷。

碟簧成型后，必须进行热处理，即淬火、回火处理。淬火次数不得超过二次。淬火、回火后的硬度必须在 42～52HRC 范围内。经热处理后的碟簧，其单面脱炭层的深度，对于 $t<1.25$mm 碟簧，不得超过其厚度的 5%；对于 $t\geqslant 1.25$mm 的碟簧，不得超过其厚度的 3%（其最小值允许为 0.06mm）。

碟簧应全部进行强压处理，处理方法为：一次压平，持续时间不少于 12h，或短时压平，压平次数不少于五次，压平力不少于二倍 $P_{f=0.75h}$。经强压处理后，自由高度应稳定，并符合表 20-27 要求。

对承受变负荷的碟簧，内锥表面推荐进行表面强化处理，例如喷丸处理。根据需要碟簧表面可进行防腐处理（如磷化、氧化、镀锌等），经电镀处理后的碟簧必须进行去氢处理。承受变负荷的碟簧应避免电镀。

碟簧组常采用导向件（导杆或导套），导向件表面硬度应不小于 55HRC，表面粗糙度 $Ra<3.2\mu$m。导向件与碟簧间的间隙可取为导杆直径的 0.01～0.02 倍，应优先采用导杆。

表 20-27　碟形弹簧的尺寸偏差
（GB/T 1972—2005）

名　　称			极限偏差/mm	
			一级精度	二级精度
外径 D			h12	h13
内径 d			H12	H13
厚度 t (t')	1 类	0.2～0.6	+0.02 −0.06	
		>0.6～1.25	+0.03 −0.09	
	2 类	1.25～3.8	+0.04 −0.12	
		>3.8～6	+0.05 −0.15	
	3 类	>6～14	±0.10	
自由高度 H_0	1 类	<1.25	+0.10 −0.05	
	2 类	1.25～2	+0.15 −0.08	
		>2～3	+0.20 −0.10	
		>3～6	+0.30 −0.15	
	3 类	>6～14	±0.30	

20.3.4　碟形弹簧的典型工作图

碟形弹簧典型工作图如图 20-13 所示。

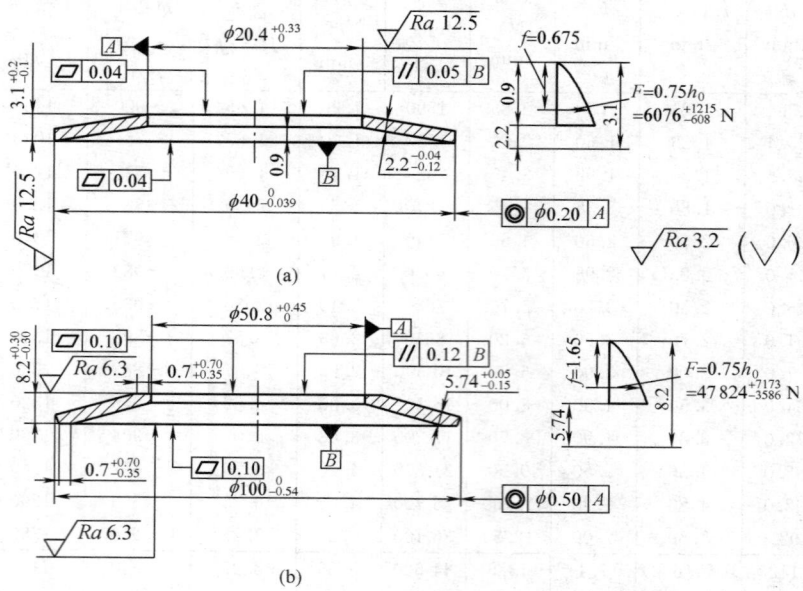

图 20-13　碟形弹簧典型工作图
(a) 无支承面碟形弹簧；(b) 有支承面碟形弹簧

第 21 章 常用电动机

21.1 概述

中小型电动机广泛用于工业、农业、国防、商业等领域，其用电量占工业系统用电量 75％左右，占全国发电量的 50％以上，具有很大的节能潜力。我国于 2000 年颁布了 GB 18613—2000《中小型三相异步电动机能效限定值及节能评价值》明确规定了我国中小型异步电动机的能效限定值和评价值的量化技术指标。以后，参照 IEC（国际电工委员会）60034-30 于 2012 年发布了 GB 18613—2012，规定于 2012 年 9 月 1 日强制实施。适用于 0.75～375kW 极数为 2、4 极，单速自扇冷式、连续工作的一般用途的电动机或防爆电动机。GB 18613—2012 与 IEC 60034-30 的对应关系和 GB 18613—2012 的技术指标见表 21-1 和表 21-2。

表 21-1　GB 18613 与 IEC 60034-30 的对应关系

GB 18613—2012 新标准	GB 18613—2006 老标准	IEC 60034-30	平均效率（％）	效率提高幅度（％）
1 级效率标准	无	IE4 超超高效率等级（目前为讨论稿）	93.1	1.6
2 级效率标准（节能评价值）	超高效率标准（1 级）	IE3 超高效率等级	91.5	1.5
3 级效率标准（能效限定值）	节能评价值或高效率标准（2 级）	IE2 高效率等级	90.0	3.0
无（已废止）	能效限定值标准（3 级）	IE1 普通效率等级	87.0	—

表 21-2　　电动机能效等级

额定功率/kW	效率（％）								
	1 级			2 级			3 级		
	2 极	4 极	6 极	2 极	4 极	6 极	2 极	4 极	6 极
0.75	84.9	85.6	83.1	80.7	82.5	78.9	77.4	79.6	75.9
1.1	86.7	87.4	84.1	82.7	84.1	81.0	79.6	81.4	78.1
1.5	87.5	88.1	86.2	84.2	85.3	82.5	81.3	82.8	79.8
2.2	89.1	89.7	87.1	85.9	86.7	84.3	83.2	84.3	81.8

续表

额定功率/kW	效率（％）								
	1 级			2 级			3 级		
	2 极	4 极	6 极	2 极	4 极	6 极	2 极	4 极	6 极
3	89.7	90.3	88.7	87.1	87.7	85.6	84.6	85.5	83.3
4	90.3	90.9	89.7	88.1	88.6	86.8	85.8	86.6	84.6
5.5	91.5	92.1	89.5	89.2	89.6	88.0	87.0	87.7	86.0
7.5	92.1	92.6	90.2	90.1	90.4	89.1	88.1	88.7	87.2
11	93.0	93.6	91.5	91.2	91.4	90.3	89.4	89.8	88.7
15	93.4	94.0	91.9	91.9	92.1	91.2	90.3	90.6	89.7
18.5	93.8	94.3	93.1	92.4	92.6	91.7	90.9	91.2	90.4
22	94.4	94.7	93.9	92.7	93.0	92.2	91.3	91.6	90.9
30	94.5	95.0	94.3	93.3	93.6	92.9	92.0	92.3	91.7
37	94.8	95.3	94.6	93.7	93.9	93.3	92.5	92.7	92.2
45	95.1	95.4	94.9	94.0	94.2	93.7	92.9	93.1	92.7
50	95.4	95.8	95.2	94.3	94.6	94.1	93.2	93.5	93.1
75	95.6	96.0	95.4	94.7	95.0	94.6	93.8	94.0	93.7
90	95.8	96.2	95.6	95.0	95.2	94.9	94.1	94.2	94.0
110	96.0	96.4	95.6	95.2	95.4	95.1	94.3	94.5	94.3
132	96.0	96.5	95.8	95.4	95.6	95.4	94.6	94.7	94.6
160	96.2	96.5	96.0	95.6	95.8	95.6	94.8	94.9	94.8
200	96.3	96.6	96.1	95.8	96.0	95.6	95.0	95.1	95.0
250	96.4	96.7	96.1	95.8	96.0	95.6	95.0	95.1	95.0
315	96.5	96.8	96.1	95.8	96.0	95.6	95.0	95.1	95.0
355、375	96.6	96.8	96.1	95.8	96.0	95.6	95.0	95.1	95.0

Y2 系列电动机在国内首次提出考核电动机噪声的要求，并有效地降低了电动机的噪声。Y3、YX3 系列电动机是 2001 年推出的第四代系列产品，Y3 系列三相异步电动机是我国第一个完整的全系列采用冷轧硅钢片为导磁材料的低压笼型三相异步电动机基本系列。

按照 GB 18613—2012 的规定，自 2013 年 9 月 1 日新国标 GB 18613—2012 开始执行，Y、Y2、Y3 系列和 JO2 等系列全部停止生产，用 YE2、YX3、YE3 系列产品替代。几种产品的相对关系见表 21-3。

表 21-3 GB 18613 相对应的产品

GB 18613—2012 新产品	IEC-60034-30	平均效率（%）	相对应的产品
1 级效率标准	IE4 超超高效率等级	93.1	
2 级效率标准 （节能评价值）	IE3 超高效率等级	91.5	YT3、YZTE3 等系列产品
3 级效率标准 （能效限定值）	IE2 高效率等级	90.0	YE2、YX3 等系列产品
无（已废止）	IE1 普通效率等级	87.0	Y、Y2、Y3 等系列产品

本书考虑到目前处于过渡时期，对新旧国家标准都有介绍。

21.2 电动机选择

21.2.1 电动机型号（见图 21-1）

产品代号	规格代号	特殊环境代号	补充代号
	见表 21-4	G—高原用 H—船（海）用 W—户外用 F—化工防腐用 T—热带用 TH—湿热带用 TA—干热带用	对于有补充要求的电动机，用汉语拼音字母或阿拉伯数字表示

电动机类型代号	电动机特点代号	设计序号	励磁方式代号
Y—异步电动机 YF—异步发电机 T—同步电动机 TF—同步发电机 Z—直流电动机 ZF—直流发电机 QF—汽轮发电机 SF—水轮发电机 C—测功机 Q—潜水电泵 H—交流换向器电动机 F—纺织用电动机	表征电动机的性能、结构或用途对于防爆电动机 A—增安型 B—隔爆型 ZY—正压型 W—无火花型	指电动机产品的设计顺序，用阿拉伯数字表示。第一次设计的产品不注设计序号	S—三次谐波励磁 X—相度励磁 J—晶闸管励磁 W—无刷励磁

图 21-1 电动机型号表示方法

表 21-4 主要系列电机产品规格代号（GB/T 4831—2016）

序号	系 列 产 品	规 格 代 号
1	小型异步电动机	中心高（mm）-机座长度（字母代号）-铁心长度（数字代号）-极数
2	中大型异步电动机	中心高（mm）-铁心长度（数字代号）-极数
3	异步发电机	中心高（mm）-极数

续表

序号	系 列 产 品	规 格 代 号
4	小型同步电机	中心高（mm）-机座长度（字母代号）-铁心长度（数字代号）-极数
5	大、中型同步电机	中心高（mm）-铁心长度（数字代号）-极数 （或）功率（kW）-极数-铁心外径（mm）
6	小型直流电机	中心高（mm）-铁心长度（数字代号）
7	中型直流电机	中心高（mm）或机座号（数字代号）-铁心长度（数字代号）-电流等级（数字代号）
8	大型直流电机	电枢铁心外径（mm）-铁心长度（mm）
9	汽轮发电机	功率（MW）-极数
10	中、小型水轮发电机	功率（kW）-极数/定子铁心外径（mm）
11	大型水轮发电机	功率（MW）-极数/定子铁心外径（mm）
12	测功机	功率（kW）-转速（仅对直流测功机）
13	分马力电动机（小功率电动机）	中心高或机壳外径（mm）-（或/）机座长度（字母代号）-铁心长度、电压、转速（均用数字代号）
14	交流换向器电动机	中心高或机壳外径（mm）-（或/）铁心长度、转速（均用数字代号）

注：1. 关于大、中小交流电机（同步电机和异步电机）的划分：
　　——中、小型交流电机，即中心高为630mm及以下或定子铁心外径为990mm及以下的电机。
　　——大型交流电机，即定子铁心外径为990mm以上的电机。
　　2. 关于大、中、小型直流电机的划分：
　　——小型直流电机，即中心高为400mm及以下或电枢铁心外径为368mm及以下的电机。
　　——中型直流电机，即电枢铁心外径大于368～990mm的电机。
　　——大型直流电机，即电枢铁心外径为990mm以上的电机。
　　3. 关于大、中、小型水轮发电机的划分：
　　——中、小型水轮发电机，即功率为10 000kW及以下的电机。
　　——大型水轮发电机，即功率为10 000kW以上的电机。
　　4. 分马力电动机和小功率电动机：
　　——分马力电动机，折算至1000r/min时连续额定功率不超过1马力的电动机。
　　——小功率电动机，拆算至1500r/min时连续额定功率不超过1.1kW的电动机。
　　5. 对分马力电动机，如规格代号不用中心高而用机壳外径表示时，其后面的分隔符号"－"应改用"/"表示。

产品型号示例：
小型异步电动机

Y 112S-6

　　规格代号，表示中心高112mm，短机座，6级
　　产品代号，表示异步电动机，第一次设计（不标出）

21.2.2　选择电动机的基本原则和方法

1. 选择电动机的基本原则

（1）考虑电动机的主要性能（起动、过载及调速等）、额定功率大小、额定转速及结构形式等方面要满足生产机械的要求。

（2）在以上前提下优先选用结构简单、运行可靠、维护方便又价格合理的电动机。

2. 电动机类型的选择

（1）根据电动机的工作环境选择电动机类型。

1）安装方式的选择。电动机安装方式有卧式和立式两种，卧式电动机的价格较立式的便宜，通常情况下多选用卧式电动机，一般只在为简化传动装置且必须垂直运转时才选用立式电动机。

2）防护形式的选择。电动机防护形式有开启式、封闭式、防护式和防爆式四种。

① 开启式电动机在定子两侧与端盖上有较大的通风口，散热条件好，价格便宜，但水气、尘埃等杂物容易进入，只在清洁、干燥的环境下使用。

② 封闭式电动机又可分为自扇冷式、他扇冷式和密封式三种。前两种可在潮湿、多尘埃、高温、有腐蚀性气体或易受风雨的环境中工作。第三种可浸入液体中使用。

③ 防护式电动机在机座下方开有通风口，散热较好，能防止水滴铁屑等杂物从上方落入电动机，但不能防止尘埃和潮气入侵，所以适宜于较清洁干净的环境中。

④ 防爆式电动机适用于有爆炸危险的环境中，如油库、矿井等。

（2）根据机械设备的负载性质选择电动机类型。

1）一般调速要求不高的生产机械应优先选用交流电动机。负载平稳、长期稳定工作的设备，如切削机床、水泵、通风机、轻工业用器械及其他一般机械设备，应采用一般笼型三相异步电动机。

2）起动、制动较频繁及起动、制动转矩要求较大的生产机械，如起重机、矿井提升机、不可逆轧钢机等，一般选用绕线转子异步电动机。

3）对要求调速不连续的生产机械，可选用多速笼型电动机。

4）要求调速范围大、调速平滑、位置控制准确、功率较大的机械设备，如龙门刨床、高精度数控机床、可逆轧钢机、造纸机等，多选用他励直流电动机。

5）要求起动转矩大、恒功率调速的生产机械，应选用串励或复励直流电动机。

6）要求恒定转速或改善功率因数的生产机械，如大中容量空气压缩机、各种泵等，可选用同步电动机。

7）特殊场合下使用的电动机，如有易燃易爆气体存在或尘埃较多时，宜选用防护等级相宜的电动机。

8）要求调速范围很宽，调速平滑性不高时，选用机电结合的调速方式比较经济合理。

3. 电动机额定电压的选择

电动机额定电压一般选择与供电电压一致。普通工厂的供电电压为 380V 或 220V，中小型交流电动机的额定电压大都是 380V 或 220V。大中容量的交流电动机可以选用 3kV 或 6kV 的高压电源供电，可以减小电动机体积并可以节省铜材。

直流电动机无论是由直流发电机供电，还是由晶闸管变流装置直接供电，其额定电压都应与供电电压相匹配。普通直流电动机的额定电压有 440V、220V、110V 三种，新型直流电动机增设了 1600V 的电压等级。

4. 电动机额定转速的选择

电动机的额定转速要根据生产机械的具体情况来选择。

（1）不要求调速的中高转速生产机械应尽量不采用减速装置，而应选用与生产机械相应转速的电动机直接传递转矩。

（2）要求调速的生产机械上使用的电动机额定转速的选择应结合生产机械转速的要求，选取合适传动比的减速装置。

（3）低转速的生产机械一般选用适当偏低转速的电动机，再经过减速装置传动；大功率的生产机械中需要低速传动时，注意不要选择高速电动机，以减少减速器的能量损耗。

（4）一些低速重复、短时工作的生产机械应尽量选用低速电动机直接传动，而不用减速器。

（5）要求重复、短时、正反转工作的生产机械，除应选择满足工艺要求的电动机额定转速外，还要保证生产机械达到最大的加、减速度的要求而选择最恰当的传动装置，以达到最大生产率或最小损耗的目标。

5. 电动机容量的选择

确定电动机额定功率的方法和步骤如下：

（1）根据生产机械的静负载功率或负载图或其他给定条件计算负载功率 P_L。

（2）参照电动机的技术数据表预选电动机型号，使其额定功率 $P_N \geqslant P_L$，并且使 P_N 尽量接近于 P_L。

（3）校核预选电动机的发热情况、过载能力及启动能力，直到合适为止。

1）按生产机械的工作方式预选电动机额定功率计算出负载功率后，电动机额定功率的计算方法见表 21-5。

2）电动机的过载能力校核。电动机的过载能力一般可按下式进行校核：

$$T_m \leqslant \lambda_m T_N$$

式中 T_m——电动机运行时承受的最大转矩；

λ_m——允许过载倍数，$\lambda_m = T_{max}/T_N$，λ_m 值见表 21-6；

T_{max}、T_N——电动机的允许最大转矩和额定转矩。

3）电动机起动能力校核。对于笼型异步电动机，有时需要进行起动能力的校核。一般应保证电机起动时起动转矩 T_{st} 大于负载转矩 T_L，如果 T_{st} 小于 T_L，则应另选起动转矩较大的异步电动机或加大电动机的额定功率来满足。

4）电动机的发热计算。电动机发热校核的具体方法见有关资料。

表 21-5 　　　　　　　　　　　　　　电动机额定功率的计算方法

序号	工作方式及负载性质	计 算 公 式	校核情况
1	长期工作方式恒定负载	$P_N \geqslant P_L$	实际运行条件符合标准散热条件和标准环境温度时，不进行发热校核
2	长期工作方式周期性变化负载	$P_N \geqslant (1.1 \sim 1.6) P_{Lav}$ P_{Lav}—平均负载功率	进行发热校核
3	短时工作方式短时工作制	$P_N \geqslant P_L \sqrt{\dfrac{t_g}{t_{gb}}}$ t_g—电动机实际工作时间，下同 t_{gb}—电动机标准工作时间（30min、60min、90min）	不用发热校核
4	短时工作方式长期工作制	$P_N \geqslant P_L \sqrt{\dfrac{1 - e^{-\frac{t_g}{T_\theta}}}{1 + \alpha e^{-\frac{t_g}{T_\theta}}}}$ T_θ—电动机发热时间常数 α—电动机额定运行时的比值 普通直流电动机 $\alpha = 1.0 \sim 1.5$ 普通三相笼型电动机 $\alpha = 0.5 \sim 0.7$ 小型三相绕线转子异步电动机 $\alpha = 0.45 \sim 0.6$ 当 $t_g < (0.3 \sim 0.4) T_\theta$ 时，需按过载能力选择 P_N $P_N \geqslant P_L / \lambda_m$ λ_m—电动机允许过载倍数，见表 21-3	进行过载能力和起动能力校核
5	周期性断续工作方式周期性断续工作制	$P_N = (1.1 \sim 1.6) \dfrac{\sum\limits_{i=1}^{n} P_{Li} t_i}{t_g} \sqrt{\dfrac{FC(\%)}{FCB(\%)}}$ t_i—每段工作周期 P_{Li}—每段工作周期内的负载功率 $FC(\%)$—负载持续率 $FCB(\%)$—标准负载持续率	进行发热校核

表 21-6 　　　　　　　　　　　　　　各种电动机的转矩过载倍数 λ_m

电动机类型	直流电动机	绕线转子异步电动机	笼型异步电动机	同步电动机
转矩过载倍数 λ_m	1.5~2 （特殊型 3~4）	2~2.5 （特殊型 3~4）	1.8~2 （双笼型 2.7）	2~2.5 （特殊型 3~4）

21.3 交流电动机

21.3.1 异步电动机

1. 异步电动机的分类

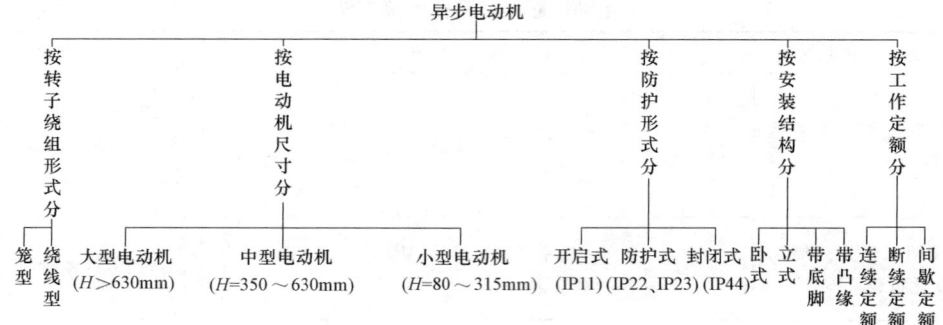

2. 异步电动机基本系列产品

异步电动机结构简单、维修方便、效率较高、重量较轻、成本较低、负载特性较硬，能满足大多数工业生产机械的需要。因而得到广泛的应用，作为各种机床、水泵、液压装置、鼓风机、起重运输机械、冶金轧钢机械、轻工业和农副产品加工设备的动力源。它是各类电动机中应用最广的一类。

(1) YE3 系列（IP55）超高效率三相异步电动机（摘自 GB/T 28575—2012）见表 21-7。

表 21-7a 　　　　　　　　　电动机的结构及安装形式

机座号	结构及安装代号（IM）
80～112	B14、B34、V18、V19
80～160	B3、B5、B6、B7、B8、B35、V1、V3、V5、V6、V15、V17、V35、V37
180～280	B3、B5、B35、V1
315～355	B3、B35、V1

表 21-7b 　　　　　　　　　机座号与转速及功率的对应关系

机座号	同步转速/(r/min)		
	3000	1500	1000
	功率/kW		
80M1	0.75	—	—
80M2	1.1	0.75	—
90S	1.5	1.1	0.75
90L	2.2	1.5	1.1
100L1	3	2.2	1.5
100L2		3	
112M	4	4	2.2
132S1	5.5	5.5	3
132S2	7.5		
132M1	—	7.5	4
132M2			5.5
160M1	11	11	7.5
160M2	15		
160L	18.5	15	11
180M	22	18.5	—
180L	—	22	15
200L1	30	30	18.5
200L2	37		22

续表

机座号	同步转速/(r/min)		
	3000	1500	1000
	功率/kW		
225S	—	37	—
225M	45	45	30
250M	55	55	37
280S	75	75	45
280M	90	90	55
315S	110	110	75
315M	132	132	90
315L1	160	160	110
315L2	200	200	132
355M1	250	250	160
355M2	250	250	200
355L	315	315	250
355	355	355	—
3552	375	375	315

表 21-7c　YE3 型异步电动机最小转矩和最大转矩对额定转矩之比

功率/kW	最小转矩对额定转矩之比			最大转矩对额定转矩之比		
	同步转速/(r/min)			同步转速/(r/min)		
	3000	1500	1000	3000	1500	1000
0.75			1.5	2.3	2.3	2.1
1.1	1.5	1.6	1.5	2.3	2.3	2.1
1.5	1.5	1.6	1.5	2.3	2.3	2.1
2.2	1.4	1.5	1.3	2.3	2.3	2.1
3	1.4	1.5	1.3	2.3	2.3	2.1
4	1.4	1.5	1.3	2.3	2.3	2.1
5.5	1.2	1.4	1.3	2.3	2.3	2.1
7.5	1.2	1.4	1.2	2.3	2.3	2.1
11	1.2	1.4	1.2	2.3	2.3	2.1
15	1.2	1.4	1.2	2.3	2.3	2.1
18.5	1.1	1.2	1.2	2.3	2.3	2.1
22	1.1	1.2	1.2	2.3	2.3	2.1
30	1.1	1.2	1.2	2.3	2.3	2.1
37	1.1	1.2	1.2	2.3	2.3	2.1
45	1.0	1.1	1.1	2.3	2.3	2.1
55	1.0	1.1	1.1	2.3	2.3	2.1
75	0.9	1.0	1.0	2.3	2.3	2.0
90	0.9	1.0	1.0	2.3	2.3	2.0
110	0.9	1.0	1.0	2.3	2.2	2.0
132	0.9	1.0	1.0	2.3	2.2	2.0
160	0.9	1.0	1.0	2.3	2.2	2.0
200	0.8	0.9	0.9	2.2	2.2	2.0
250	0.8	0.9	0.9	2.2	2.2	2.0
315	0.8	0.8	0.8	2.2	2.2	2.0
355	0.7	0.8	—	2.2	2.2	2.0
375	0.7	0.8	—	2.2	2.2	2.0

表 21-7d　　机座带底脚，端盖上无凸缘的 YE3（IP55）电动机（GB/T 28575—2012）

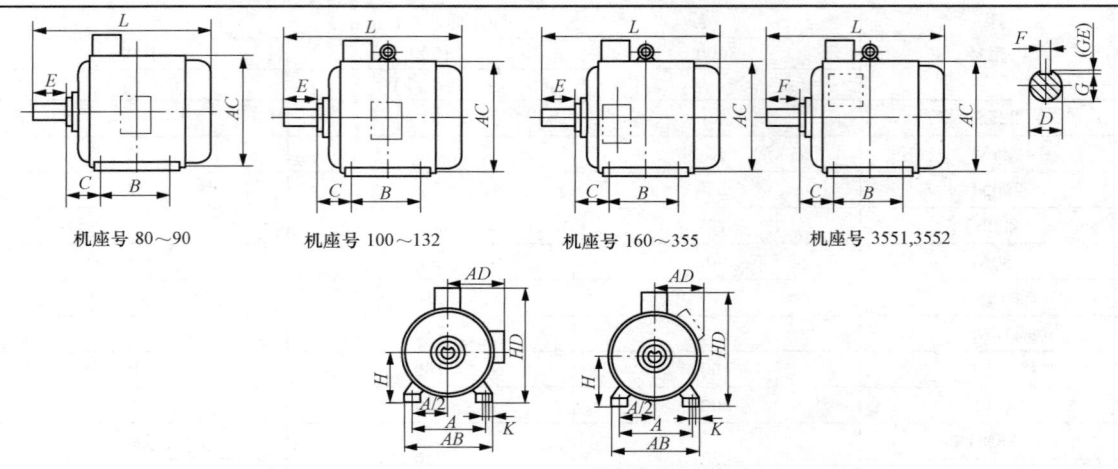

机座号 80～90　　　机座号 100～132　　　机座号 160～355　　　机座号 3551,3552

机座号 80～355　　　机座号 3551,3552

机座号	极数	安装尺寸/mm									外形尺寸/mm				
		A	B	C	D	E	F	G	H	K	AB	AC	AD	HD	L
80M	2、4、6	125	100	50	19	40	6	15.5	80	10	165	175	145	220	305
90S	2、4、6	140	100	56	24	50	8	20	90	10	180	205	170	265	360
90L	2、4、6	140	125	56	24	50	8	20	90	10	180	205	170	265	390
100L	2、4、6	160	140	63	28	60	8	24	100	12	205	215	180	270	435
112M	2、4、6	190	140	70	28	60	8	24	112	12	230	255	200	310	440
132S	2、4、6	216	178	89	38	80	10	33	132	12	270	310	230	365	510
132M	2、4、6	216	178	89	38	80	10	33	132	12	270	310	230	365	550
160M	2、4、6	254	210	108	42	110	12	37	160	14.5	320	340	260	425	730
160L	2、4、6	254	254	108	42	110	12	37	160	14.5	320	340	260	425	760
180M	2、4、6	279	241	121	48	110	14	42.5	180	14.5	355	390	285	460	770
180L	2、4、6	279	279	121	48	110	14	42.5	180	14.5	355	390	285	460	800
200L	2、4、6	318	305	133	55	110	16	49	200	14.5	395	445	320	520	860
225S	4	356	286	149	60	140	18	53	225	18.5	435	495	350	575	830
225M	2	356	311	149	55	110	16	49	225	18.5	435	495	350	575	830
225M	4、6	356	311	149	60	140	18	53	225	18.5	435	495	350	575	860
250M	2	406	349	168	60	140	18	53	250	24	490	550	390	635	990
250M	4、6	406	349	168	65	140	18	58	250	24	490	550	390	635	990
280S	4、6	457	368	190	75	140	20	67.5	280	24	550	630	435	705	990
280M	2	457	419	190	65	140	18	58	280	24	550	630	435	705	1040
280M	4、6	457	419	190	75	140	20	67.5	280	24	550	630	435	705	1040
315S	2	508	406	216	65	140	18	58	315	28	635	645	530	845	1180
315S	4、6	508	406	216	80	170	22	71	315	28	635	645	530	845	1290
315M	2	508	457	216	65	140	18	58	315	28	635	645	530	845	1210
315M	4、6	508	457	216	80	170	22	71	315	28	635	645	530	845	1320
315L	2	508	508	216	65	140	18	58	315	28	635	645	530	845	1210
315L	4、6	508	508	216	80	170	22	71	315	28	635	645	530	845	1320
355M	2	610	560	254	75	140	20	67.5	355	28	730	710	655	1010	1500
355M	4、6	610	560	254	95	170	25	86	355	28	730	710	655	1010	1530
355L	2	610	630	254	75	140	20	67.5	355	28	730	710	655	1010	1500
355L	4、6	610	630	254	95	170	25	86	355	28	730	710	655	1010	1530
3551	2	630	800	224	80	170	22	71	355	35	760	770	760	1130	1870
3552	4、6	630	800	224	110	210	28	100	355	35	760	770	760	1130	1920

表 21-7e   **YE3 型（IP55）机座带底脚，端盖上有凸缘（带通孔）的电动机**

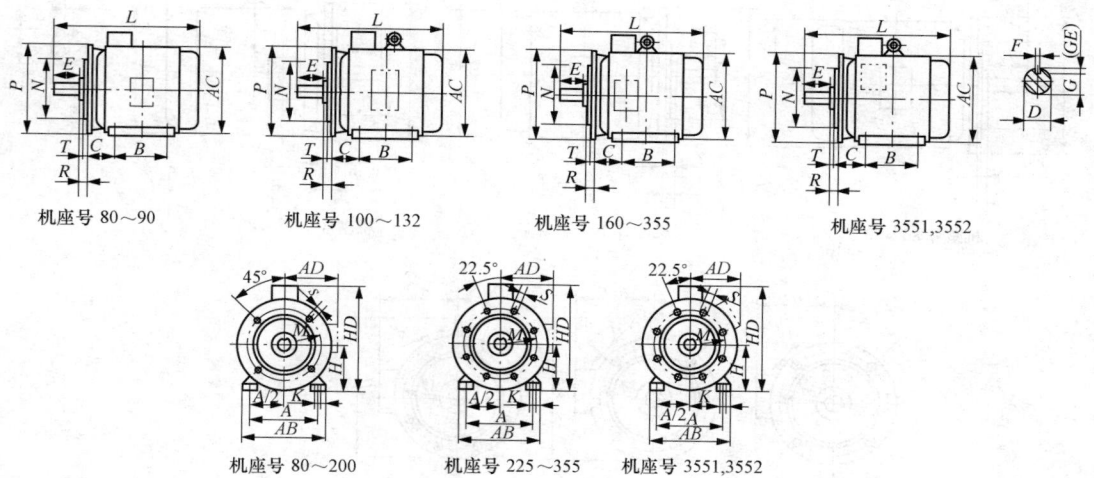

机座号 80～90   机座号 100～132   机座号 160～355   机座号 3551,3552

机座号 80～200   机座号 225～355   机座号 3551,3552

机座号	凸缘号	极数	安装尺寸/mm														凸缘孔数	外形尺寸/mm				
			A	B	C	D	E	F	G	H	K	M	N	P	S	T		AB	AC	AD	HD	L
80M	FF165	2, 4, 6	125	100	50	19	40	6	15.5	80	10	165	130	200	12	3.5	4	165	175	145	220	305
90S	FF165	2, 4, 6	140	100	56	24	50	8	20	90	10	165	130	200	12	3.5	4	180	205	170	265	395
90L	FF165	2, 4, 6	140	125	56	24	50	8	20	90	10	165	130	200	12	3.5	4	180	205	170	265	425
100L	FF215	2, 4, 6	160	140	63	28	60	8	24	100	12	215	180	250	14.5	4	4	205	215	180	270	435
112M	FF215	2, 4, 6	190	140	70	28	60	8	24	112	12	215	180	250	14.5	4	4	230	255	200	310	475
132S	FF265	2, 4, 6	216	178	89	38	80	10	33	132	12	265	230	300	14.5	4	4	270	310	230	365	535
132M	FF265	2, 4, 6	216	178	89	38	80	10	33	132	12	265	230	300	14.5	4	4	270	310	230	365	550
160M	FF300	2, 4, 6	254	210	108	42	110	12	37	160	14.5	300	250	350	14.5	4	4	320	340	260	425	730
160L	FF300	2, 4, 6	254	254	108	42	110	12	37	160	14.5	300	250	350	14.5	4	4	320	340	260	425	760
180M	FF300	2, 4, 6	279	241	121	48	110	14	42	180	14.5	300	250	350	14.5	4	4	355	390	285	460	805
180L	FF300	2, 4, 6	279	279	121	48	110	14	42	180	14.5	300	250	350	14.5	4	4	355	390	285	460	835
200L	FF350	2, 4, 6	318	305	133	55	110	16	49	200	14.5	350	300	400	14.5	4	4	395	445	320	520	890
225S	FF400	4	356	286	149	60	140	18	53	225	18.5	400	350	450	18.5	5	8	435	495	350	575	865
225M	FF400	2	356	311	149	55	110	16	49	225	18.5	400	350	450	18.5	5	8	435	495	350	575	865
225M	FF400	4, 6	356	311	149	60	140	18	53	225	18.5	400	350	450	18.5	5	8	435	495	350	575	895
250M	FF500	2	406	349	168	60	140	18	53	250	18.5	500	450	550	18.5	5	8	490	550	390	635	995
250M	FF500	4, 6	406	349	168	65	140	18	58	250	18.5	500	450	550	18.5	5	8	490	550	390	635	995
280S	FF500	2	457	368	190	65	140	18	58	280	24	500	450	550	18.5	5	8	550	630	435	705	1030
280S	FF500	4, 6	457	368	190	75	140	20	67.5	280	24	500	450	550	18.5	5	8	550	630	435	705	1030
280M	FF500	2	457	419	190	65	140	18	58	280	24	500	450	550	18.5	5	8	550	630	435	705	1080
280M	FF500	4, 6	457	419	190	75	140	20	67.5	280	24	500	450	550	18.5	5	8	550	630	435	705	1080
315S	FF600	2	508	406	216	65	140	18	58	315	28	600	550	660	24	6	8	635	645	530	845	1180
315S	FF600	4, 6	508	406	216	80	170	22	71	315	28	600	550	660	24	6	8	635	645	530	845	1290
315M	FF600	2	508	457	216	65	140	18	58	315	28	600	550	660	24	6	8	635	645	530	845	1210
315M	FF600	4, 6	508	457	216	80	170	22	71	315	28	600	550	660	24	6	8	635	645	530	845	1320
315L	FF600	2	508	508	216	65	140	18	58	315	28	600	550	660	24	6	8	635	645	530	845	1210
315L	FF600	4, 6	508	508	216	80	170	22	71	315	28	600	550	660	24	6	8	635	645	530	845	1320
355M	FF740	2	610	560	254	75	140	20	67.5	355	28	740	680	800	24	6	8	730	710	655	1010	1500
355M	FF740	4, 6	610	560	254	95	170	25	86	355	28	740	680	800	24	6	8	730	710	655	1010	1530
355L	FF740	2	610	630	254	75	140	20	67.5	355	28	740	680	800	24	6	8	730	710	655	1010	1500
355L	FF740	4, 6	610	630	254	95	170	25	86	355	28	740	680	800	24	6	8	730	710	655	1010	1530
3551	FF840	2	630	800	224	80	170	22	71		35	840	780	900	24	6	8	760	900	760	1130	1870
3552	FF840	4, 6	630	800	224	110	210	28	100		35	840	780	900	24	6	8	760	900	760	1130	1920

表 21-7f　　机座不带底脚，端盖上有凸缘（带通孔）的电动机

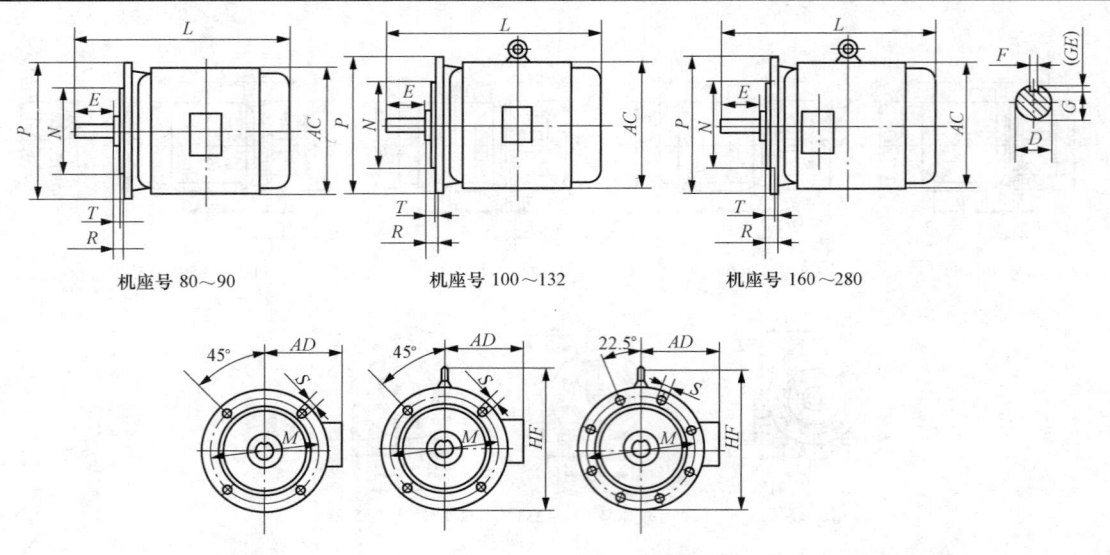

机座号 80～90　　　机座号 100～132　　　机座号 160～280

机座号 80～90　　　机座号 100～200　　　机座号 225～280

机座号	凸缘号	极数	安装尺寸/mm									凸缘孔数	外形尺寸/mm			
			D	E	F	G	M	N	P	S	T		AC	AD	HF	L
80M	FF165		19	40	6	15.5							175	145		305
90S			24	50		20	165	130	200	12	3.5		205	170		395
90L																425
100L	FF125		28	60	8	24	215	180	250				215	180	240	435
112M										14.5	4		255	200	275	475
132S	FF265	2、4、6	38	80	10	33	265	230	300			4	310	230	335	535
132M																550
160M	FF300		42		12	37							340	260	390	730
160L							300	250	350							760
180M			48	110	14	42.5							390	285	435	805
180L																835
200L	FF350		55		16	49	350	300	400				445	320	495	890
225S	FF400	4	60	140	18	53	400	350	450	18.5	5	8	495	350	550	865
225M		2	55	110	16	49										865
		4、6	60			53										895
250M		2	60		18	53							550	390	615	995
		4、6	65	140		58										
280S	FF500	2	65		18	58	500	450	550				630	435	675	1030
		4、6	75		20	67.5										
280M		2	65		18	58										1080
		4、6	75		20	67.5										

表 21-7g 机座带底脚，端盖上有凸缘（带螺孔）的电动机

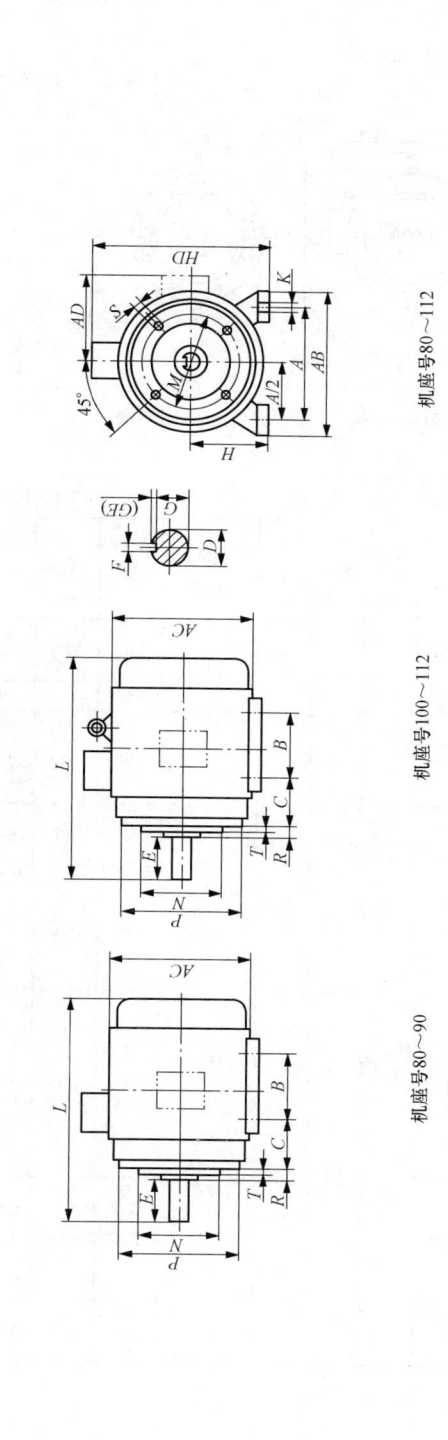

机座号80～112

机座号100～112

机座号80～90

机座号	凸缘号	极数	安装尺寸/mm																	凸缘孔数	外形尺寸/mm				
			A	B	C	D	E	F	G	H	R②	M	N	K	M	N	P①	S	T		AB	AC	AD	HD	L
80M	FT100	2,4,6	125	100	50	19	40	6	15.5	80	10	100	80	10	100	80	120	M6	3.0	4	165	175	145	220	305
90S	FT115		140	100	56	24	50	8	20	90	10	115	95	10	115	95	140	M8	3.0	4	180	205	170	265	360
90L	FT115		140	125	56	24	50	8	20	90	10	115	95	10	115	95	140	M8	3.0	4	180	205	170	265	390
100L	FT130		160	140	63	28	60	8	24	100	12	130	110	12	130	110	160	M8	3.5	4	205	215	180	270	435
112M	FT130		190	140	70	28	60	8	24	112	12	130	110	12	130	110	160	M8	3.5	4	230	255	200	310	440

注：① P 尺寸为最大极限值。
　　② R 为凸缘配合面至轴伸肩的距离，$R = 0 \pm 1.5$。

表 21-7h　　立式安装，机座不带底脚，端盖上有凸缘（带通孔），轴伸向下的电动机

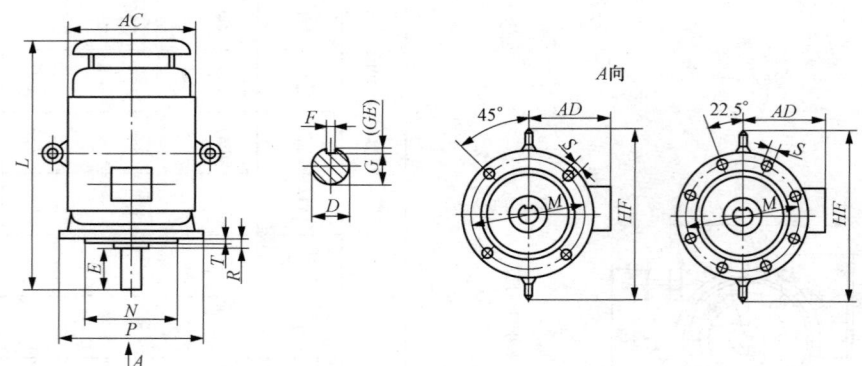

机座号180～200　　　　　　机座号225～355

机座号	凸缘号	极数	安装尺寸/mm											外形尺寸/mm			
			D	E	F	G①	M	N	P③	R④	S②	T	凸缘孔数	AC	AD	HD	L
180M	FF300	2, 4, 6	48	110	14	42.5	300	250	350	0	18.5	5	4	390	285	505	825
180L																	845
200L	FF350		55		16	49	350	300	400					445	320	565	940
225S	FF400	4	60	140	18	53	400	350	450					495	350	625	945
225M	FF400	2	55	110	16	49											945
		4, 6	60			53											975
250M	FF500	2	60	140	18	53	500	450	550					550	390	670	1095
		4, 6	65			58											
280S	FF500	2	65	140	18	58								630	435	745	1155
		4, 6	75		20	67.5											
280M		2	65		18	58											1195
		4, 6	75		20	67.5											
315S	FF600	2	65	140	18	58	600	550	660		24	6	8	645	530	900	1280
		4, 6	80	170	22	71											1400
315M	FF600	2	65	140	18	58											1310
		4, 6	80	170	22	71											1430
315L		2	65	140	18	58											1310
		4, 6	80	170	22	71											1430
355M	FF740	2	75	140	20	67.5	740	680	800					710	655	1010	1640
		4, 6	95	170	25	86											1670
355L	FF740	2	75	140	20	67.5											1640
		4, 6	95	170	25	86											1670
3551	FF840	2	80	170	22	71	840	780	900					900	760	1220	1920
3552		4, 6	110	210	28	100											1970

① $G = D - GE$，GE 极限偏差为 $\binom{+0.20}{0}$。

② S 孔的位置度公差以轴伸的轴线为基准。

③ P 尺寸为最大极限值。

④ R 为凸缘配合面至轴伸肩的距离。

（2）YZTE3 系列（IP55）铸铜转子超高效率三相异步电动机（JB/T 11712—2013）见表 21-8。

表 21-8a   **电动机的结构及安装形式**

机 座 号	结构及安装形式代号（IM）
80～112	B14、B34、V18、V19
80～160	B3、B5、B6、B7、B8、B35、V1、V3、V5、V6、V15、V17、V35、V37
180～200	B3，B5、B35、V1

表 21-8b   **机座号与转速及功率的对应关系**

机 座 号	同步转速/(r/min)		
	3000	1500	1000
	功率/kW		
80M1	0.75	0.55	—
80M2	1.1	0.75	—
90S	1.5	1.1	0.75
90L	2.2	1.5	1.1
100L1	3	2.2	1.5
100L2		3	
112M	4	4	2.2
132S1	5.5	5.5	3
132S2	7.5		
132M1		7.5	4
132M2			5.5
160M1	11	11	7.5
160M2	15		
160L	18.5	15	11
180M	22	18.5	—
180L	—	22	15
200L1	30	30	18.5
200L2	37		22

注：S、M、L 后面的数字 1、2 分别代表同一机座号和转速下的不同功率。

表 21-8c   机座带底脚、端盖上无凸缘的电动机

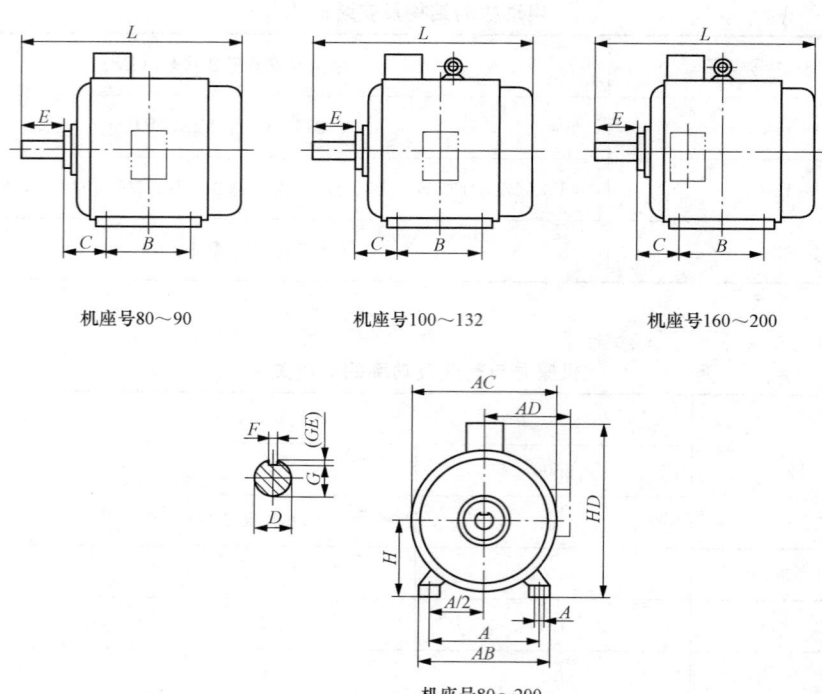

机座号80～90   机座号100～132   机座号160～200

机座号80～200

机座号	极数	安装尺寸/mm									外形尺寸/mm				
		A	B	C	D	E	F	G	H	K	AB	AC	AD	HD	L
80M	2, 4	125	100	50	19	40	6	15.5	80	10	165	175	145	220	305
90S		140		56	24	50		20	90		180	195	165	260	360
90L		140	125	56	24	50		20	90		180	195	165	260	390
100L		160		63	28	60	8	24	100		205	215	180	270	435
112M		190	140	70	28	60		24	112	12	230	240	190	300	470
132S	2, 4, 6	216		89	38	80	10	33	132		270	275	210	345	510
132M		216	178	89	38	80	10	33	132		270	275	210	345	560
160M		254	210	108	42		12	37	160		320	330	255	420	670
160L		254	254	108	42		12	37	160	14.5	320	330	255	420	700
180M		279	241	121	48	110	14	42.5	180		355	380	280	455	740
180L		279	279	121	48	110	14	42.5	180		355	380	280	455	790
200L		318	305	133	55		16	49	200	18.5	395	420	305	505	790

表 21-8d 　　　　　　　　机座带底脚、端盖上有凸缘（带通孔）的电动机

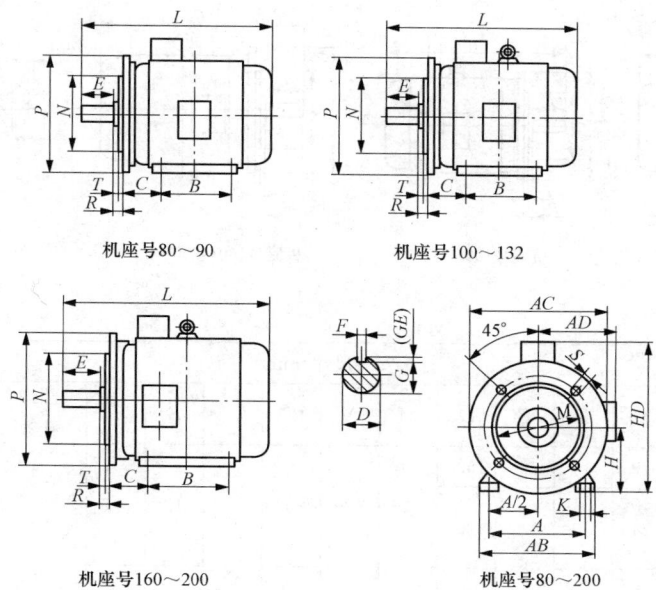

机座号80～90　　　　　　　　　　　机座号100～132

机座号160～200　　　　　　　　　　机座号80～200

机座号	凸缘号	极数	安装尺寸/mm														凸缘孔数	外形尺寸/mm				
			A	B	C	D	E	F	G	H	K	M	N	P①	R②	S	T		AB	AC	AD	HD	L
80M		2, 4	125		50	19	40	6	15.5	80									165	175	145	220	305
90S	FF165		140	100	56	24	50		20	90	10	165	130	200		12	3.5		180	195	165	260	360
90L				125				8															390
100L	FF215		160		63	28	60		24	100		215	180	250					205	215	180	270	435
112M			190	140	70					112	12					14.5	4		230	240	190	300	470
132S	FF265	2, 4, 6	216		89	38	80	10	33	132		265	230	300	0			4	270	275	210	345	510
132M				178																			560
160M			254	210	108	42		12	37	160									320	330	255	420	670
160L	FF300			254							14.5	300	250	350		18.5	5						700
180M			279	241	121	48	110	14	42.5	180									355	380	280	455	740
180L				279																			790
200L	FF350		318	305	133	55		16	49	200	18.5	350	300	400					395	420	305	505	790

① P 尺寸为最大极限值。

② R 为凸缘配合面至轴伸肩的距离。

表 21-8e　　　　　　　　机座不带底脚、端盖上有凸缘（带通孔）的电动机

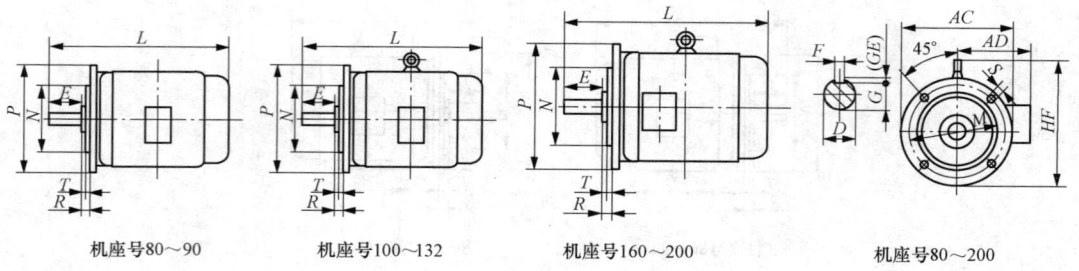

机座号80～90　　　　机座号100～132　　　　机座号160～200　　　　机座号80～200

机座号	凸缘号	极数	安装尺寸/mm										凸缘孔数	外形尺寸/mm			
			D	E	F	G	M	N	P①	R②	S	T		AC	AD	HF	L
80M		2、4	19	40	6	15.5								175	145	—	305
90S	FF165						165	130	200		12	3.5				—	360
90L			24	50		20								195	165		390
100L	FF215		28	60	8	24	215	180	250					215	180	245	435
112M											14.5	4		240	190	165	470
132S	FF263	2、4、6	38	80	10	33	265	230	300	0			4	275	210	315	510
132M																	560
160M	FF300		42		12	37	300	250	350					330	255	385	670
160L																	700
180M			48	110	14	42.5					18.5	5		380	280	430	740
180L																	790
200L	FF350		55		16	49	350	300	400					420	305	480	790

①　P 尺寸为最大极限值。

②　R 为凸缘配合面至轴伸肩的距离。

表 21-8f　　　　　　　　机座不带底脚、端盖上有凸缘（带螺孔）的电动机

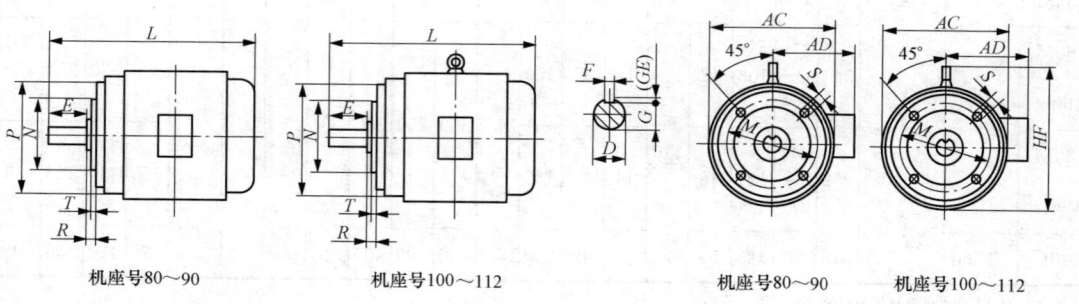

机座号80～90　　　　机座号100～112　　　　机座号80～90　　机座号100～112

机座号	凸缘号	极数	安装尺寸/mm										凸缘孔数	外形尺寸/mm			
			D	E	F	G	M	N	P[①]	R[②]	S	T		AC	AD	HF	L
80M	FT100	2、4	19	40	6	15.5	100	80	120		M6			175	145	—	305
90S	FT115		24	50		20	115	95	140			3.0		195	165	—	360
90L		2、4、6								0	M8		4			—	390
100L	FT130		28	60	8	24	130	110	160			3.5		215	180	245	435
112M														240	190	265	470

① P 尺寸为最大极限值。

② R 为凸缘配合面至轴伸肩的距离。

表 21-8g　　立式安装、机座不带底脚、端盖上有凸缘（带通孔）、轴伸向下的电动机

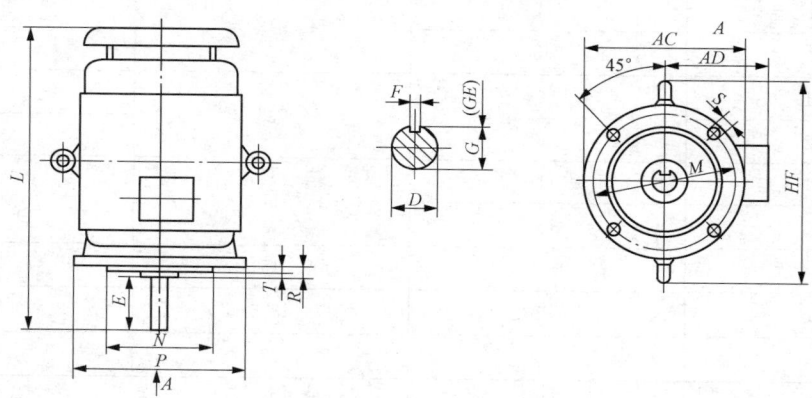

机座号 180、200

机座号	凸缘号	极数	安装尺寸/mm										凸缘孔数	外形尺寸/mm			
			D	E	F	G	M	N	P[①]	R[②]	S	T		AC	AD	HF	L
180M	FF300		48	110	14	42.5	300	250	350					380	280	500	800
180L		2、4、6								0	18.5	5	4				850
200L	FF350		55		16	49	350	300	400					420	305	550	860

① P 尺寸为最大极限值。

② R 为凸缘配合面至轴伸肩的距离。

（3）YE2 系列（IP55）高效率三相异步电动机（JB/T 11707—2013）见表 21-9。

表 21-9a　　　　　　　　　　　　**电动机的结构及安装形式**

机 座 号	结构及安装型式代号（IM）
80～112	B14、B34、V18、V19
80～160	B3、B5、B6、B7、B8、B35、V1、V3、V5、V6、V15、V17、V35、V37
180～280	B3、B5、B35、V1
315～355	B3、B35、V1

表 21-9b　　　　　　　　　　　　　　机座号与转速及功率的对应关系

机　座　号	同步转速/(r/min)		
	3000	1500	1000
	功率/kW		
80M1	0.75	—	—
80M2	1.1	0.75	—
90S	1.5	1.1	0.75
90L	2.2	1.5	1.1
100L1	3	2.2	1.5
100L2		3	
112M	4	4	2.2
132S1	5.5	5.5	3
132S2	7.5		
132M1	—	7.5	4
132M2			5.5
160M1	11	11	7.5
160M2	15		
160L	18.5	15	11
180M	22	18.5	—
180L	—	22	15
200L1	30	30	18.5
200L2	37		22
225S	—	37	—
225M	45	45	30
250M	55	55	37
280S	75	75	45
280M	90	90	55
315S	110	110	75
315M	132	132	90
315L1	160	160	110
315L2	200	200	132
355M1	250	250	160
355M2			200
355L	315	315	250
3551	355	355	—
3552	375	375	315

表 21-9c 机座带底脚、端盖上无凸缘的电动机

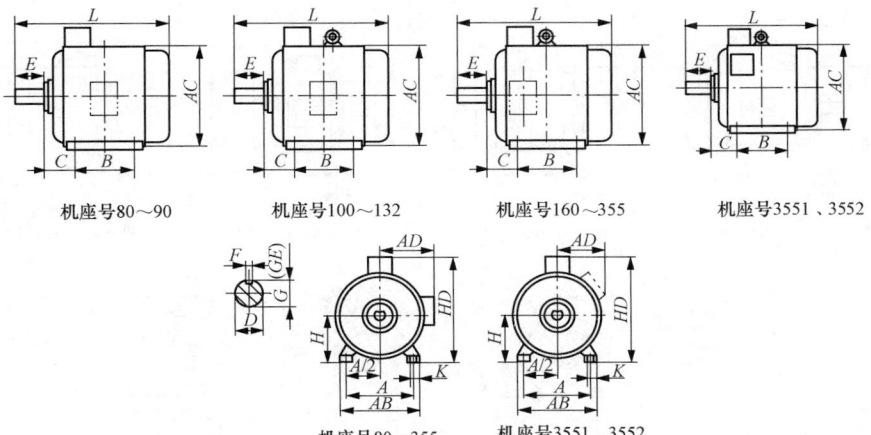

机座号80～90　　机座号100～132　　机座号160～355　　机座号3551、3552

机座号80～355　　机座号3551、3552

机座号	极数	安装尺寸/mm							H	K	外形尺寸/mm				
		A	B	C	D	E	F	G			AB	AC	AD	HD	L
80M	2, 4, 6	125	100	50	19	40	6	15.5	80	10	165	175	145	220	305
90S		140		56	24	50	8	20	90		180	195	165	260	360
90L			125												390
100L		160	140	63	28	60		24	100	12	205	215	180	275	435
112M		190		70					112		230	240	190	300	470
132S		216		89	38	80	10	33	132		270	275	210	345	510
132M			178												560
160M		254	210	108	42	110	12	37	160	14.5	320	330	255	420	700
160L			254												740
180M		279	241	121	48		14	42.5	180		355	380	280	455	790
180L			279												790
200L		318	305	133	55		16	49	200		395	420	305	505	830
225S	4	356	286	149	60	140	18	53	225	18.5	435	470	335	560	830
225M	2		311		55	110	16	49							825
225M	4, 6				60	140	18	53							855
250M	2	406	349	168	60	140	18	53	250	24	490	510	370	615	915
250M	4, 6				65			58							
280S	2	457	368	190	65	140	18	58	280		550	580	410	680	985
280S	4, 6				75		20	67.5							
280M	2		419		65		18	58							1035
280M	4, 6				75		20	67.5							
315S	2	508	406	216	65	140	18	58	315	28	635	645	530	845	1180
315S	4, 6				80	170	22	71							1290
315M	2		457		65	140	18	58							1210
315M	4, 6				80	170	22	71							1320
315L	2		508		65	140	18	58							1210
315L	4, 6				80	170	22	71							1320
355M	2	610	560	254	75	140	20	67.5	355		730	710	655	1010	1500
355M	4, 6				95	170	25	86							1530
355L	2		630		75	140	20	67.5							1500
355L	4, 6				95	170	25	86							1530
3551	2	630	800	224	80	170	22	71		35	760	770	760	1130	1870
3552	4, 6				110	210	28	100							1920

表 21-9d　　　　　机座带底脚、端盖上有凸缘（带通孔）的电动机

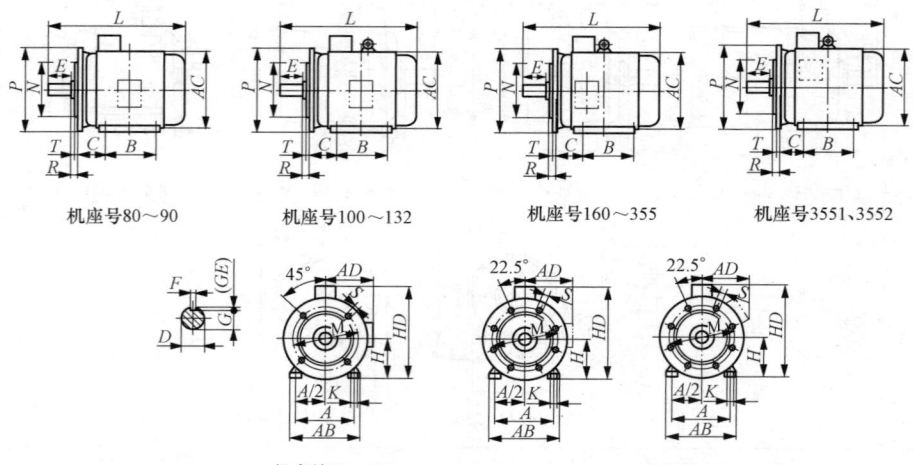

机座号80～90　　　机座号100～132　　　机座号160～355　　　机座号3551、3552

机座号80～200　　　机座号225～355　　　机座号3551、3552

机座号	凸缘号	极数	安装尺寸/mm																外形尺寸/mm				
			A	B	C	D	E	F	G	H	K	M	N	P①	R②	S	T	凸缘孔数	AB	AC	AD	HD	L
80M	FF165	2、4、6	125	100	50	19	40	6	15.5	80	10	165	130	200		12	3.5	4	165	175	145	220	305
90S			140	100	56	24	50	6	20	90	10	165	130	200		12	3.5	4	180	195	165	260	360
90L			140	125	56	24	50	6	20	90	10	165	130	200		12	3.5	4	180	195	165	260	390
100L	FF215	2、4、6	160	140	63	28	60	8	24	100	12	215	180	250		14.5	4	4	205	215	180	270	435
112M			190	140	70	28	60	8	24	112	12	215	180	250		14.5	4	4	230	240	190	300	470
132S	FF265	2、4、6	216	178	89	38	80	10	33	132	12	265	230	300		14.5	4	4	270	275	210	345	510
132M			216	178	89	38	80	10	33	132	12	265	230	300		14.5	4	4	270	275	210	345	560
160M	FF300	2、4、6	254	210	108	42	110	12	37	160	14.5	300	250	350		14.5	4	4	320	330	255	420	670
160L			254	254	108	42	110	12	37	160	14.5	300	250	350		14.5	4	4	320	330	255	420	700
180M			279	241	121	48	110	14	42.5	180	14.5	300	250	350		14.5	4	4	355	380	280	455	740
180L			279	279	121	48	110	14	42.5	180	14.5	300	250	350		14.5	4	4	355	380	280	455	790
200L	FF350	2、4、6	318	305	133	55	110	16	49	200	14.5	350	300	400		14.5	4	4	395	420	305	505	790
225S	FF400	4		286		60	140	18	53	225	18.5	400	350	450		18.5	5	8	435	470	335	560	830
225M		2	356	311	149	55	110	16	49														825
225M		4、6		311		60	140	18	53														855
250M	FF500	2	406	349	168	60	140	18	53	250	18.5	500	450	550	0	18.5	5	8	490	510	370	615	915
250M		4、6				65			58														
280S		2	457	368	190	75	140	20	67.5	280	24	500	450	550		18.5	5	8	550	580	410	680	985
280S		4、6				65		18	58														
280M		2		419		65		18	58														1035
280M		4、6				75		20	67.5														
315S	FF600	2	508	406	216	80	170	22	58	315	28	600	550	660		18.5	5	8	635	645	530	845	1180
315S		4、6				65	140	18	71														1290
315M		2		457		80	170	22	58														1210
315M		4、6				65	140	18	71														1320
315L		2		508		80	170	22	58														1210
315L		4、6				75	140	20	71														1320
355M	FF740	2	610	560	254	95	170	25	67.5	355	28	740	680	800		24	6	8	730	710	655	1010	1500
355M		4、6				75	140	20	86														1530
355L		2		630		95	170	25	67.5														1500
355L		4、6				80	170	22	86														1530
3551	FF840	2	630	800	224	110	210	28	71		35	840	780	900		24	6	8	760	900	760	1130	1870
3552		4、6							100														1920

① P 尺寸为最大极限值。

② R 为凸缘配合面至轴伸肩的距离。

表 21-9e 　　　　　　　机座带底脚、端盖上有凸缘（带螺孔）的电动机

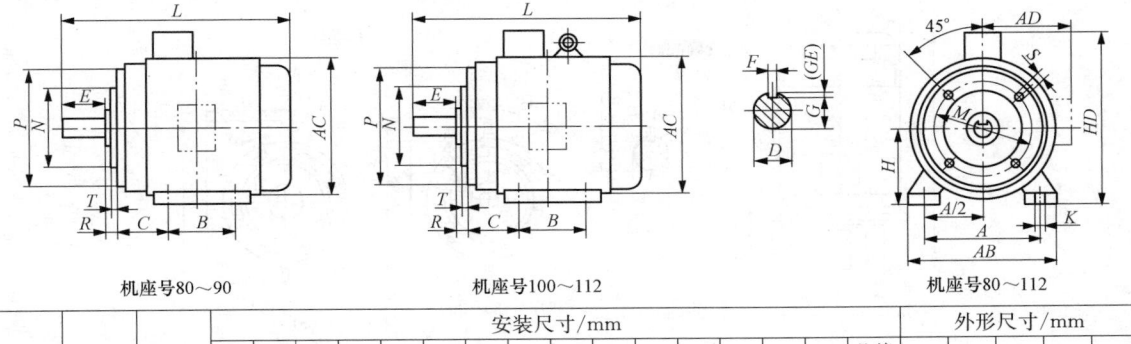

机座号80～90　　　　　　　　机座号100～112　　　　　　　　机座号80～112

机座号	凸缘号	极数	安装尺寸/mm														外形尺寸/mm				
			A	B	C	D	E	F	G	H	K	M	N	P[1]	R[2]	S	T	凸缘孔数	AB	AC	AD	HD	L
80M	FT100	2，4，6	125	100	50	19	40	6	15.5	80	10	100	80	120	0	M6	3.0	4	165	175	145	220	305
90S	FT115		140	100	56	24	50		20	90		115	95	140		M8			180	195	165	250	360
90L			140	125	56	24	50	8	20	90		115	95	140		M8			180	195	165	250	390
100L	FT130		160	140	63	28	60		24	100	12	130	110	160			3.5		205	215	180	270	435
112M			190	140	70	28	60		24	112	12	130	110	160			3.5		230	240	190	300	470

① 　P 尺寸为最大极限值。

② 　R 为凸缘配合面至轴伸肩的距离。

表 21-9f 　　　　　　　机座不带底脚、端盖上有凸缘（带螺孔）的电动机

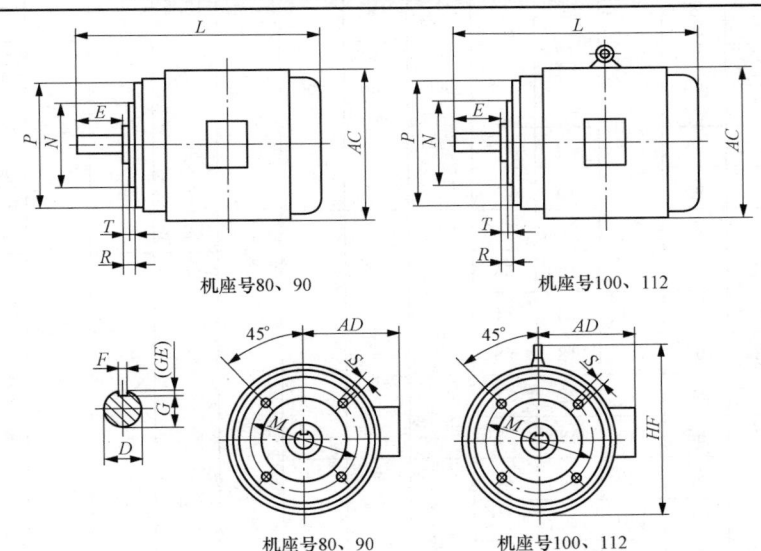

机座号80、90　　　　　　　　机座号100、112

机座号80、90　　　　　　　　机座号100、112

机座号	凸缘号	极数	安装尺寸/mm										外形尺寸/mm			
			D	E	F	G	M	N	P[1]	R[2]	S	T	凸缘孔数	AC	AD	HF	L
80M	FT100	2，4，6	19	40	6	15.5	100	80	120	0	M6	3.0	4	175	145	—	305
90S	FT115		24	50		20	115	95	140		M8			195	165	—	360
90L			24	50	8	20	115	95	140		M8			195	165	—	390
100L	FT130		28	60		24	130	110	160			3.5		215	180	245	435
112M			28	60		24	130	110	160			3.5		240	190	265	470

① 　P 尺寸为最大极限值。

② 　R 为凸缘配合面至轴伸肩的距离。

表 21-9g　　立式安装、机座不带底脚、端盖上有凸缘（带通孔）、轴伸向下的电动机

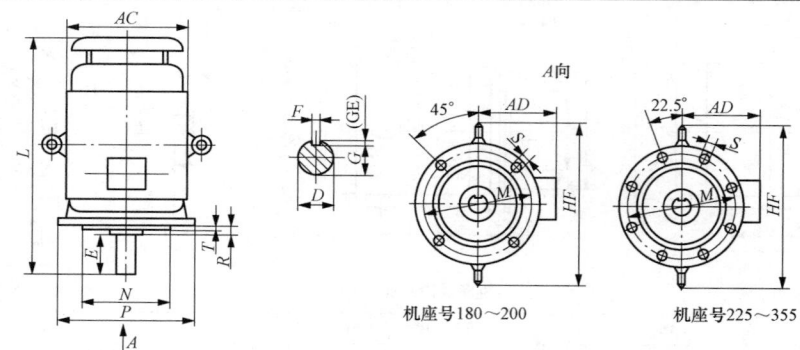

机座号180～200　　　　　机座号225～355

机座号	凸缘号	极数	安装尺寸/mm											外形尺寸/mm			
			D	E	F	G①	M	N	P③	R④	S②	T	凸缘孔数	AC	AD	HF	L
180M	FF300	2，4，6	48	110	14	42.5	300	250	350				4	380	280	500	760
180L																	800
200L	FF350		55		16	49	350	300	400					420	305	550	840
225S	FF400	4	60	140	18	53	400	350	450				8	470	335	610	910
225M		2	55	110	16	49											905
		4，6	60			53											935
250M	FF500	2	60	140	18	53	500	450	550		18.5	5		510	370	650	1015
		4，6	65			58											
280S		2	65	140	18	58	500	450	550					580	410	720	1110
		4，6	75		20	67.5											
280M		2	65		18	58				0							1150
		4，6	75		20	67.5											
315S	FF600	2	65	140	18	58	600	550	660			8		645	530	900	1280
		4，6	80	170	22	71											1400
315M		2	65	140	18	58											1310
		4，6	80	170	22	71											1430
315L		2	65	140	18	58											1310
		4，6	80	170	22	71											1430
355M	FF740	2	75	140	20	67.5	740	680	800		24	6		710	655	1010	1640
		4，6	95	170	25	86											1670
355L		2	75	140	20	67.5											1640
		4，6		170	25	86											1670
355$\frac{1}{2}$	FF840	2	80	170	22	71	840	780	900					900	760	1220	1920
		4，6	110	210	28	100											1970

① $G = D - GE$，GE 极限偏差为 $^{+0.20}_{0}$。
② S 孔的位置度公差以轴伸的轴线为基准。
③ P 尺寸为最大极限值。
④ R 为凸缘配合面至轴伸肩的距离。

（4）YX3 系列（IP55）高效三相异步电动机（GB/T 22722—2008）（表 21-10）

表 21-10a **结构及安装代码**

机座号	结构及安装代码（IM）
80～112	B14、B34、V18、V19
80～160	B3、B5、B6、B7、B8、B35、V1、V3、V5、V6、V15、V17、V35、V37
180～280	B3、B5、B35、V1
315～355	B3、B35、V1

表 21-10b **机座号与转速及功率的对应关系**

机座号	同步转速/(r/min)		
	3000	1500	1000
	功率/kW		
80M1	0.75	0.55	—
80M2	1.1	0.75	—
90S	1.5	1.1	0.75
90L	2.2	1.5	1.1
100L1	3	2.2	1.5
100L2		3	
112M	4	4	2.2
132S1	5.5	5.5	3
132S2	7.5		
132M1	—	7.5	4
132M2			5.5
160M1	11	11	7.5
160M2	15		
160L	18.5	15	11
180M	22	18.5	—
180L	—	22	15
200L1	30	30	18.5
200L2	37	30	22
225S	—	37	—
225M	45	45	30
250M	55	55	37
280S	75	75	45
280M	90	90	55
315S	110	110	75
315M	132	132	90
315L1	160	160	110
315L2	200	200	132
355M1	250	250	160
355M2			200
355L	315	315	250

注：S、M、L 后面的数字 1、2 分别代表同一机座号和转速下的不同功率。

表 21-10c 机座带底脚、端盖上无凸缘的电动机

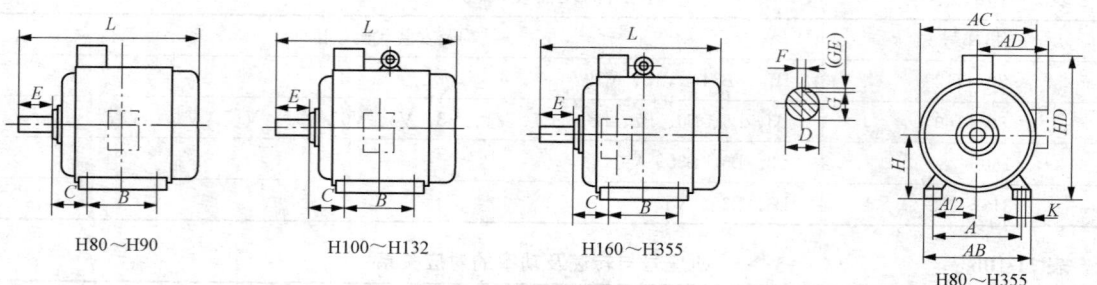

H80～H90　　　H100～H132　　　H160～H355　　　H80～H355

机座号	极数	A	B	C	D	E	F	G	H	K	AB	AC	AD	HD	L
		安装尺寸/mm									外形尺寸/mm				
80M	2、4、6	125	100	50	19	40	6	15.5	80	10	165	175	145	220	305
90S		140		56	24	50	8	20	90		180	195	165	260	360
90L			125												390
100L		160	140	63	28	60		24	100	12	205	215	180	270	435
112M		190		70					112		230	240	190	300	470
132S		216		89	38	80	10	33	132		270	275	210	345	510
132M			178												560
160M		254	210	108	42	110	12	37	160	14.5	320	330	255	420	670
160L			254												700
180M		279	241	121	48		14	42.5	180		355	380	280	455	740
180L			279												790
200L		318	305	133	55		16	49	200		395	420	305	505	790
225S	4	356	286	149	60	140	18	53	225	18.5	435	470	335	560	830
225M	2		311		55	110	16	49							825
225M	4、6				60	140	18	53							855
250M	2	406	349	168	60	140	18	53	250		490	510	370	615	915
250M	4、6				65	140	18	58							915
280S	2	457	368	190	65	140	18	58	280	24	550	580	410	680	985
280S	4、6				75	140	20	67.5							985
280M	2		419		65	140	18	58							1035
280M	4、6				75	140	20	67.5							1035
315S	2	508	406	216	65	140	18	58	315	24	635	645	530	845	1180
315S	4、6				80	170	22	71							1290
315M	2		457		65	140	18	58							1210
315M	4、6				80	170	22	71							1320
315L	2		508		65	140	18	58		28					1210
315L	4、6				80	170	22	71							1320
355M	2	610	560	254	75	140	20	67.5	355	28	730	710	655	1010	1500
355M	4、6				95	170	25	86							1530
355L	2		630		75	140	20	67.5							1500
355L	4、6				95	170	25	86							1530

表 21-10d　　机座带底脚、端盖上有凸缘（带通孔）的电动机

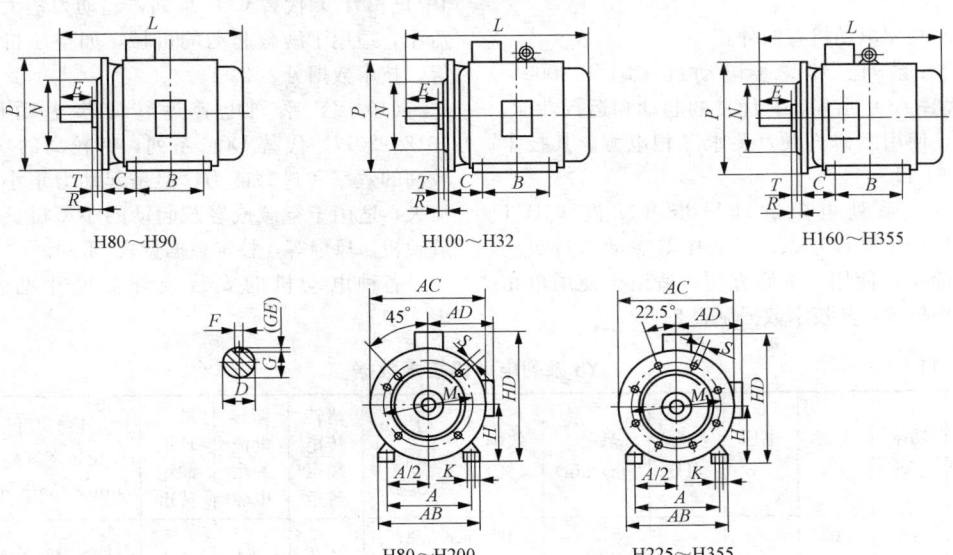

H80～H90　　　　　　　H100～H32　　　　　　　H160～H355

H80～H200　　　　　　　H225～H355

机座号	凸缘号	极数	安装尺寸/mm															凸缘孔数	外形尺寸/mm				
			A	B	C	D	E	F	G	H	K	M	N	P①	R②	S	T		AB	AC	AD	HD	L
80M	FF165	2、4、6	125	100	50	19	40	6	15.5	80	10	165	130	200		12	3.5	4	165	175	145	220	305
90S			140	100	56	24	50	8	20	90	10	165	130	200		12	3.5	4	180	195	165	260	360
90L			140	125	56	24	50	8	20	90	10	165	130	200		12	3.5	4	180	195	165	260	390
100L	FF215		160	140	63	28	60	8	24	100	12	215	180	250		14.5	4	4	205	215	180	270	435
112M			190	140	70	28	60	8	24	112	12	215	180	250		14.5	4	4	230	240	190	300	470
132S	FF265		216	178	89	38	80	10	33	132	12	265	230	300		14.5	4	4	270	275	210	345	510
132M			216	178	89	38	80	10	33	132	12	265	230	300		14.5	4	4	270	275	210	345	560
160M	FF300		254	210	108	42	110	12	37	160	14.5	300	250	350		14.5	4	4	320	330	255	420	670
160L			254	254	108	42	110	12	37	160	14.5	300	250	350		14.5	4	4	320	330	255	420	700
180M			279	241	121	48	110	14	42.5	180	14.5	300	250	350		14.5	4	4	355	380	280	455	740
180L			279	279	121	48	110	14	42.5	180	14.5	300	250	350		14.5	4	4	355	380	280	455	790
200L	FF350		318	305	133	55	110	16	49	200	18.5	350	300	400		14.5	4	4	395	420	305	505	790
225S	FF400	4	356	286	149	60	140	18	53	225	18.5	400	350	450		18.5	5	8	435	470	335	560	830
225M		2	356	311	149	55	110	16	49	225	18.5	400	350	450		18.5	5	8	435	470	335	560	825
		4、6	356	311	149	60	140	18	53	225	18.5	400	350	450		18.5	5	8	435	470	335	560	855
250M	FF500	2	406	349	168	60	140	18	53	250	18.5	500	450	550	0	18.5	5	8	490	510	370	615	915
		4、6	406	349	168	65	140	18	58	250	18.5	500	450	550	0	18.5	5	8	490	510	370	615	915
280S		2	457	368	190	65	140	18	58	280	24	500	450	550		18.5	5	8	550	580	410	680	985
		4、6	457	368	190	75	140	20	67.5	280	24	500	450	550		18.5	5	8	550	580	410	680	985
280M		2	457	419	190	65	140	18	58	280	24	500	450	550		18.5	5	8	550	580	410	680	1035
		4、6	457	419	190	75	140	20	67.5	280	24	500	450	550		18.5	5	8	550	580	410	680	1035
315S	FF600	2	508	406	216	65	140	18	58	315	28	600	550	660		24	6	8	635	645	530	845	1180
		4、6	508	406	216	80	170	22	71	315	28	600	550	660		24	6	8	635	645	530	845	1290
315M		2	508	457	216	65	140	18	58	315	28	600	550	660		24	6	8	635	645	530	845	1210
		4、6	508	457	216	80	170	22	71	315	28	600	550	660		24	6	8	635	645	530	845	1320
315L		2	508	508	216	65	140	18	58	315	28	600	550	660		24	6	8	635	645	530	845	1210
		4、6	508	508	216	80	170	22	71	315	28	600	550	660		24	6	8	635	645	530	845	1320
335M	FF740	2	610	560	254	75	140	20	67.5	355	28	740	680	800		24	6	8	730	710	655	1010	1500
		4、6	610	560	254	95	170	25	86	355	28	740	680	800		24	6	8	730	710	655	1010	1530
355L		2	610	630	254	75	140	20	67.5	355	28	740	680	800		24	6	8	730	710	655	1010	1500
		4、6	610	630	254	95	170	25	86	355	28	740	680	800		24	6	8	730	710	655	1010	1530

① P 尺寸为最大极限值。

② R 为凸缘配合面至轴伸肩的距离。

21.3.2 小功率异步电动机

常用小功率电动机有四种:

(1) YS 系列三相异步电动机 (JB/T 1009—2016),代替 AO₂ 系列,有优良的起动和运行性能,结构简单,使用维修方便,要求三相电源。其技术数据见表 21-11。

(2) YU 系列电阻起动异步电动机 (JB/T 1010—2017) 代替 BO₂ 系列,有中等起动和过载能力,结构简单,使用、维修方便,适用于使用单相电源的小型机械,其技术数据见表 21-12。

(3) YC 系列电容起动异步电动机 (JB/T 1011—2017) 代替 CO₂ 系列,起动力矩大,起动电流小,适用于满载起动的机械,如空压机、磨粉机等。技术数据见表 21-13。

(4) YY 系列电容运转异步电动机 (JB/T 1012—2017) 代替 DO₂ 系列,有较高的功率因数、较高的效率和过载能力,但是起动力矩小,空载电流大,适用于空载或轻载起动的小型机械,如电影放映机、风扇等,技术数据见表 21-14。

各种电动机的安装及外形尺寸见表 21-15~表 21-17。

表 21-11   **YS 系列电动机技术数据**

型号	功率/W	电流/A	电压/V	频率/Hz	转速/(r/min)	效率(%)	功率因数 $\cos\varphi$	堵转转矩额定转矩	堵转电流额定电流	最大转矩额定转矩	外形尺寸(长×宽×高)/mm×mm×mm	质量/kg
YS4512 YS4522	16 25	0.085 0.12	380	50	2800	46 52	0.57 0.6	2.2	6	2.4	150×100×115	
YS4514 YS4524	10 16	0.12 0.15	380	50	1400	28 32	0.45 0.49	2.2	6	2.4	150×100×115	
YS5012 YS5022	40 60	0.17 0.23	380	50	2800	55 60	0.65 0.66	2.2	6	2.4	155×110×125	
YS5014 YS5024	25 40	0.17 0.22	380	50	1400	42 50	0.53 0.54	2.2	6	2.4	155×110×125	
YS5612 YS5622	90 120	0.32 0.38	380	50	2800	62 67	0.68 0.71	2.2	6	2.4	170×120×135	
YS5614 YS5624	60 90	0.28 0.39	380	50	1400	56 58	0.58 0.61	2.2	6	2.4	170×120×135	
YS6312 YS6322	180 250	0.53 0.67	380	50	2800	69 72	0.75 0.78	2.2	6	2.4	230×130×165	77.5
YS6314 YS6324	120 180	0.48 0.64	380	50	1400	60 64	0.63 0.66	2.2	6	2.4	230×130×165	77.5
YS7112 YS7122	370 550	0.95 1.34	380	50	2800	73.5 75.5	0.8 0.82	2.2	6	2.4	255×145×180	9 9.5
YS7114 YS7124	250 370	0.83 1.12	380	50	1400	67 69.5	0.68 0.72	2.2	6	2.4	255×145×180	9 9.5
YS8012 YS8022	750 1100	1.74 2.6	380	50	2800	76.5 77	0.85 0.85	2.2	6	2.4	295×165×200	14 15
YS8014 YS8024	550 750	1.6 2	380	50	1400	73.5 75.5	0.73 0.75	2.2	6	2.4	295×165×200	14 15
YS90S2 YS90L2	1500 2000	3.44 4.83	380 380	50 50	2800 2800	78 80.5	0.85 0.86	2.2 2.2	7 7	2.3 2.3	325×225×184	20
YS90S4 YS90L4	1100 1500	2.75 3.65	380 380	50 50	1400 1400	78 79	0.78 0.79	2.3 2.3	6.5 6.5	2.3 2.3	325×225×184	20

表 21-12　　　　　　　　　　　YU 系列电动机技术数据

型号	功率/W	电流/A	电压/V	频率/Hz	转速/(r/min)	效率(%)	功率因数 $\cos\varphi$	堵转转矩额定转矩	堵转电流/A	最大转矩额定转矩	外形尺寸（长×宽×高）/mm×mm×mm	质量/kg
YU7112	180	1.89	220	50	2800	60	0.72	1.3	17	1.8	247×140×178	9.2
YU7122	250	2.40				64	0.74	1.1	22			9.8
YU7114	120	1.88	220	50	1400	50	0.58	1.5	14	1.8	247×140×178	9.05
YU7124	180	2.49				53	0.62	1.4	17			9.6
YU8012	370	3.36	220	50	2800	65	0.77	1.1	30	1.87	286×156×187	12.9
YU8022	550	4.65				68	0.79	1.0	42			14.05
YU8014	250	3.11	220	50	1400	58	0.63	1.2	22	1.8	286×156×187	12.7
YU8024	370	4.24				62	0.64	1.2	30			14
YU90S2	750	6.09	220	50	2800	70	0.80	0.8	55	1.8	300×176×205	18
YU90L2	1100	8.68				72	0.80	0.8	90			21
YU90S4	550	5.49	220	50	1400	66	0.69	1.0	42	1.8	300×176×205	17.6
YU90L4	750	6.87				68	0.73	1.0	17			20.2

表 21-13　　　　　　　　　　　YC 系列电动机技术数据

型号	功率/W	电流/A	电压/V	频率/Hz	转速/(r/min)	效率(%)	功率因数 $\cos\varphi$	堵转转矩额定转矩	堵转电流/A	最大转矩额定转矩	外形尺寸（长×宽×高）/mm×mm×mm	质量/kg
YC7112	180	3.8/1.9	110/220		2800	60	0.70	2.8	24/12	1.8	252×161×176	6.4
YC7122	250	5/2.5				63	0.72		30/15			6.6
YC7114	120	4/2	110/220		1400	48	0.58	2.8	18/9	1.8	252×161×176	6.4
YC7124	180	5.4/2.7				52	0.59		24/12			6.6
YC7112	180	1.9	220		2800	60	0.70	2.8	12	1.8	252×161×176	6.4
YC7122	250	2.5				63	0.72		15			6.6
YC7114	120	2	220		1400	48	0.58	2.8	9	1.8	252×161×176	6.4
YC7124	180	2.7				52	0.59		12			6.6
YC8012	370	7/3.5	110/220	50	2800	65	0.74	2.5	42/21	1.8	286×187×192	14
YC8022	550	9.6/4.8				68	0.76	2.5	58/29			14.5
YC8014	250	6.4/3.2	110/220		1400	58	0.61	2.8	30/15	1.8	286×187×192	14
YC8024	370	8.6/4.3				62	0.63	2.5	42/21			14.5
YC8012	370	3.5	220		2800	65	0.74	2.5	21	1.8	286×187×192	14
YC8022	550	4.8				68	0.76	2.5	29			14.5
YC8014	250	3.2	220		1400	58	0.61	2.5	15	1.8	286×187×192	14
YC8024	370	4.3				62	0.63		21			14.5
YC90S4	550	11.6/5.8	110/220		1400	65	0.66	2.5/2.2	58/29	1.8	309×205×213	22
YC90L4	750	14.6/7.3				68	0.69		74/37			329×205×213	23

型号	功率 /W	电流 /A	电压 /V	频率 /Hz	转速 /(r/min)	效率 (%)	功率因数 cosφ	堵转转矩 额定转矩	堵转电流 /A	最大转矩 额定转矩	外形尺寸（长×宽×高）/mm×mm×mm	质量 /kg
YC90S2	750	12.6/6.3	110/220		2800	70	0.78	2.5/2.2	74/37	1.8	309×205×213	22
YC90L2	1100	17.4/8.7				72	0.80		94/47		329×205×213	23
YC100L1-4	1100	10.1			1450	71	0.70	2.5	70	1.8	430×260×260	32
YC100L2-4	1500	12.9			1450	72	0.73	2.5	89		430×260×260	36
YC100L1-2	1500	11.8			2880	74	0.78	2.5	80		430×260×260	32
YC100L2-2	2200	16.9		50		75	0.79	2.5	110		430×260×260	37
YC112M-2	3000	22.4			1450	76	0.80	2.2	150	1.8	455×280×300	46
YC112M-4	2200	18.3				73	0.75	2.5	119		455×280×300	46
YC132S-4	3000	24	220		1450	74	0.77	2.2	156	1.8	520×310×350	61
YC132M1-4	3700	28.4			1450	76	0.79	2.2	176		560×310×350	71
YC160M-4	5500	38.7			1450	78	0.80	2.2	201		645×320×385	128

表 21-14　　　　　　　　　　　　　YY 系列电动机技术数据

型号	功率 /W	电流 /A	电压 /V	频率 /Hz	转速 /(r/min)	效率 (%)	功率因数 cosφ	堵转转矩 额定转矩	堵转电流 /A	最大转矩 额定转矩	外形尺寸（长×宽×高）/mm×mm×mm	质量 /kg
YY7112	370	2.73	220	50	2800	67	0.92	0.35	10	1.7	247×140×178	9.1
YY7122	550	3.88				70			15			9.27
YY7114	250	2.02	220	50	1400	61	0.92	0.35	7	1.7	247×140×178	9.05
YY7124	370	2.95				62			10			9.65
YY8012	750	5.15	220	50	2800	72	0.95	0.32	20	1.7	286×156×187	12.8
YY8022	1100	7.02				75			30			14.05
YY8014	550	4.25	220	50	1400	64	0.92	0.35	15	1.7	286×156×187	12.6
YY8024	750	5.45				68		0.32	20			14
YY90S2	1500	9.44	220	50	2800	76	0.95	0.30	45	1.7	300×176×205	18
YY90L2	2200	13.67				77			65			21
YY90S4	1100	7.41	220	50	1400	71	0.95	0.32	30	1.7	300×176×205	17.5
YY90L4	1500	9.83				73		0.30	45			20.1

表 21-15　　　　YS、YU、YY系列电动机的安装尺寸及外形尺寸　　　　（单位：mm）

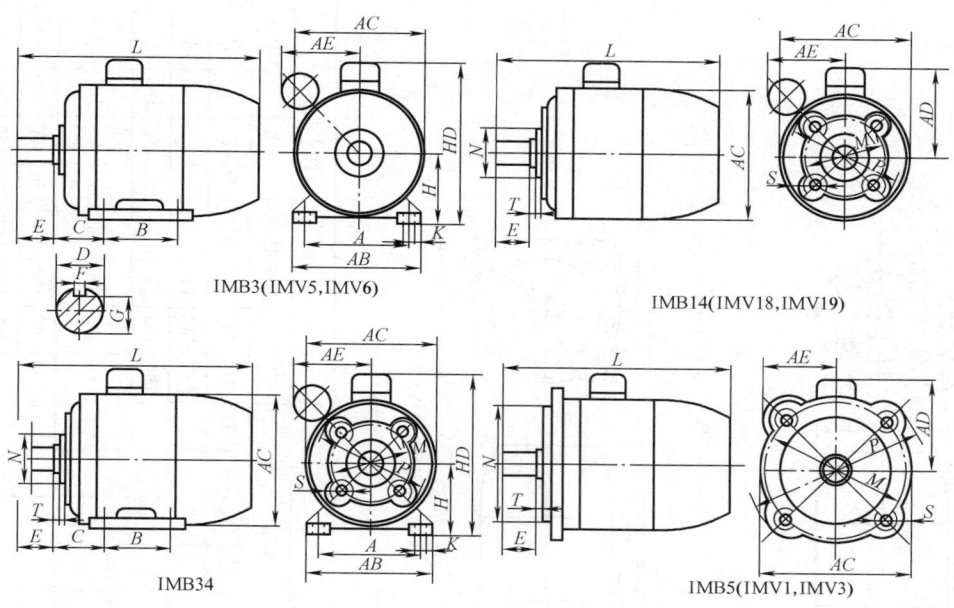

IMB3(IMV5,IMV6)　　　　　　　IMB14(IMV18,IMV19)

IMB34　　　　　　　　　　IMB5(IMV1,IMV3)

机座号	安装尺寸									安装尺寸												外形尺寸						
										IMB3，IMB34，IMB14						IMB5						IMB3，IMB34，IMB14				IMB5		
	A	B	C	D	E	F	G	H	K	M	N	P	R	S	T	M	N	P	R	S	T	AB	AC	AD	HD	L	AC	AD	L
45	71	56	28	9	20	3	7.2	45	4.8	45	32	60	0	M5	2.5							90	100	90	115	150			
50	80	63	32	9	20	3	7.2	50	5.8	55	40	70	0	M5	2.5							100	110	100	125	155			
56	90	71	36	9	20	3	7.2	56	5.8	65	50	80	0	M5	2.5							115	120	110	135	170			
63	100	80	40	11	23	4	8.5	63	7	75	60	90	0	M5	2.5	115	95	140	0	10	3.0	130	130	125	165	230	130	125	250
71	112	90	45	14	30	5	11	71	7	85	70	105	0	M6	2.5	130	110	160	0	10	3.5	145	145	140	180	255	145	140	275
80	125	100	50	19	40	6	15.5	80	10	100	80	120	0	M6	3.0	165	130	200	0	12	3.5	160	165	150	200	295	165	150	300
90S	140	125	56	24	50	8	20	90	10	115	95	140	0	M8	3.0	165	130	200	0	12	3.5	180	185	160	220	310	185	160	335
90L																										335			360

表 21-16　YC系列电动机的安装尺寸及外形尺寸　（单位：mm）

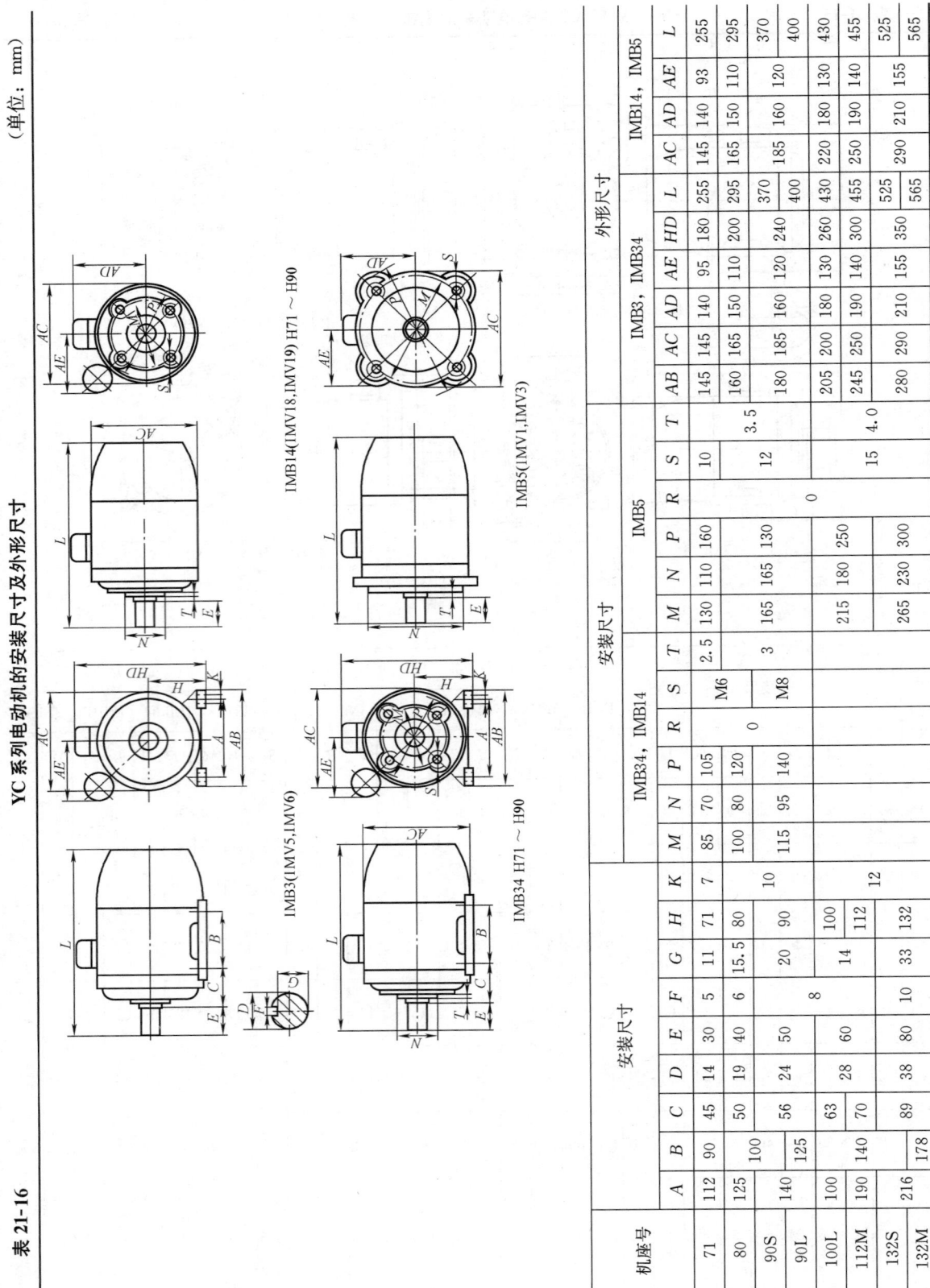

IMB14(IMV18,IMV19) H71～H90　　IMB5(IMV1,IMV3)　　IMB3(IMV5,IMV6)　　IMB34 H71～H90

安装尺寸

机座号	A	B	C	D	E	F	G	H	K	IMB34, IMB14						IMB5					
										M	N	P	R	S	T	M	N	P	R	S	T
71	112	90	45	14	30	5	11	71	7	85	70	105	0	M6	2.5	130	110	160	0	10	3.5
80	125	100	50	19	40	6	15.5	80	10	100	80	120	0	M6	3	165	130	200	0	12	3.5
90S	140	100	56	24	50	8	20	90	10	115	95	140	0	M8	3	165	130	200	0	12	3.5
90L	140	125	56	24	50	8	20	90	10	115	95	140	0	M8	3	165	130	200	0	12	3.5
100L	160	140	63	28	60	8	24	100	12							215	180	250	0	15	4.0
112M	190	140	70	28	60	8	24	112	12							215	180	250	0	15	4.0
132S	216	178	89	38	80	10	33	132	12							265	230	300	0	15	4.0
132M	216	178	89	38	80	10	33	132	12							265	230	300	0	15	4.0

外形尺寸

机座号	AB	IMB3, IMB34					IMB14, IMB5			
		AC	AD	AE	HD	L	AC	AD	AE	L
71	145	145	140	95	180	255	145	140	93	255
80	160	165	150	110	200	295	165	150	110	295
90S	180	185	160	120	240	370	185	160	120	370
90L	180	185	160	120	240	400	185	160	120	400
100L	205	200	180	130	260	430	220	180	130	430
112M	245	250	190	140	300	455	250	190	140	455
132S	280	290	210	155	350	525	290	210	155	525
132M	280	290	210	155	350	565	290	210	155	565

表 21-17　　　**YS、YU、YC、YY 系列 IMB35**（IMB36）**型电动机的安装尺寸及外形尺寸**（单位：mm）

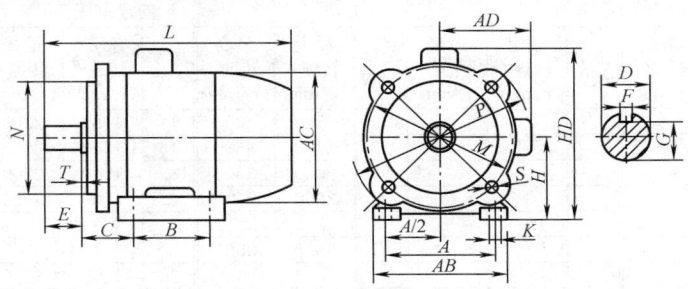

机座号	凸缘号	安 装 尺 寸															外 形 尺 寸					
		A	B	C	D	E	F	G	H	K	M	N	P	R	S	T	AB	AC	AD	AE	HD	L
90S	FF165	140	100	56	24	50	8	20	90	10	165	130	200	0	12	3.5	180	185	160	120	220 (240)	335 (370)
90L			125																			360 (400)
100L	FF215	160	190	63	28	60		24	100	12	215	180	250		15	4.0	205	220	180	130	260	430
112M		190	140	70					112								245	250	190	140	300	455
132S	FF265	216	178	89	38	80	10	33	132		265	230	300				280	290	210	155	350	525
132M																						565

注：1. YS、YU、YY 系列仅有机座号 90。

　　2.（　）中 L 值系 YC 系列的值。

21.4　直流电动机

21.4.1　直流电动机常用防护形式（见表 21-18）

表 21-18　　　　　　　　　　**直流电动机常用防护形式**

防护等级	防护形式	防　护　范　围
00	开户式	除必要的支撑结构外，对传动部分和带电部分不设专门的防护装置
01	防滴式	可防止垂直下落的固体异物和液体进入电动机内部
21		可防止直径大于 12mm 的固体异物和垂直下落的液体进入电动机内部
22		可防止直径大于 12mm 的固体异物和与垂直线成 15°方向的滴水进入电动机内
54	全封闭式	可防止灰尘和任何方向的溅水进入电动机内部或不致产生有害的影响
56	封闭防水式	可防止灰尘和猛烈的海浪或强力喷水进入电动机内部

21.4.2　Z4 系列直流电动机（见表 21-19～表 21-22）

表 21-19　　　　　　　　**Z4 系列直流电动机技术特性**（JB/T 6316—2006）

机座号	额定电压 160V						额定电压 440V											
	功率/kW	额定转速/(r/min)	最高转速/(r/min)	功率/kW	额定转速/(r/min)	最高转速/(r/min)	功率/kW	额定转速/(r/min)	最高转速/(r/min)	功率/kW	额定转速/(r/min)	最高转速/(r/min)	功率/kW	额定转速/(r/min)	最高转速/(r/min)	功率/kW	额定转速/(r/min)	最高转速/(r/min)
100-1	2.2	1490	3000	1.5	955	2000	4	2960	4000	2.2	1480	3000	1.5	990	2000			
112/2-1	3	1540	3000	2.2	975	2000	5.5	2940	4000	3	1500	3000	2.2	960	2000			
112/2-2	4	1450	3000	3	1070	2000	7.5	2980	4000	4	1500	3000	3	1010	2000			
112/4-1	5.5	1520	3000	4	990	2000	11	2950	3500	5.5	1480	1800	4	980	1100			
112/4-2				5.5	1090	2000	15	3035	3600	7.5	1460	1800	5.5	1025	1200			

续表

机座号	额定电压 160V			额定电压 440V								
	功率/kW	额定转速/(r/min)	最高转速/(r/min)	功率/kW	额定转速/(r/min)	最高转速/(r/min)	功率/kW	额定转速/(r/min)	最高转速/(r/min)	功率/kW	额定转速/(r/min)	最高转速/(r/min)
132-1				18.5	2850	4000	11	1480	2200	7.5	975	1600
132-2				22	3090	3600	15	1510	2500	11	995	1400
132-3				30	3000	3600	18.5	1540	2200	15	1050	1600
160-11				37	3000	3500	22	1500	3000			
160-21										18.5	1000	2000
160-22				45	3000	3500						
160-31							30	1500	3000	22	1000	2000
160-32				55	3010	3500						

表 21-20　　**Z4 系列直流电动机技术特性**（JB/T 6316—2006）

额定电压 440V

机座号	3000/(r/min)		1500/(r/min)		1000/(r/min)		750/(r/min)		600/(r/min)		500/(r/min)		400/(r/min)	
	功率/kW	最高转速/(r/min)	功率/kW	最高转速/(r/min)	功率/kW	最高转速/(r/min)	功率/kW	最高转速/(r/min)	功率/kW	最高转速/(r/min)	功率/kW	最高转速/(r/min)	功率/kW	最高转速/(r/min)
180-11			37	3000			18.5	1900	15	2000				
180-21			45	2800			22	1400	18.5	1600				
180-22	75	3400			30	2000								
180-31					37	2000			22	1250				
180-41			55	3000			30	2000						
180-42	90	3200												
200-11					45	2000	37	1600			22	1000		
200-12	110	3000												
200-21			75	3000					30	1000				
200-31			90	2800	55	2000	45	1400	37	1200	30	750		
200-32	132	3200												
225-11			110	3000	75	2000	55	1300	45	1200	37	1000		
225-21									55	1000	45	1000		
225-31			132	2400	90	2000	75	2250						
250-11					110	2000								
250-12			160	2100										
250-21			185	2200			90	2250						
250-31			200	2400	132	2000			75	2000	55	1500		
250-41			220	2400			110	1600	90	1600	75	1500		
250-42					160	2000								
280-11			250	2000										
280-21					200	2000	132	1600	110	1500				
280-22			280	1800										
280-31					220	2000			132	1000	90	1400		
280-32			315	1800			160	1700						
280-41							185	1900			110	1000		
280-42					250	1800								
315-11									160	1900	132	1600	110	1200
315-12			355	1800	280	1600	200	1900						
315-21									185	1600	160	1500		
315-22					315	1600	250	1600						
315-31													132	1200
315-32					355	1600	280	1600	200	1500				
315-41											185	1500	160	1200
315-42					400	1400	315	1600	250	1600				
355-11									280	1500	200	1500	185	1200
355-12			450	1500	355	1500								
355-21													200	1200
355-22					400	1600	315	1500			250	1600		
355-31													220	1200
355-32					450	1100	355	1600	315	1500				
355-42							400	1300	355	1600	355	1200	250	1200

注：机座号 315-11～355-42 带有补偿绕组。

表 21-21　Z4 系列直流电动机的安装尺寸和外形尺寸（JB/T 6316—2006）（一）

（单位：mm）

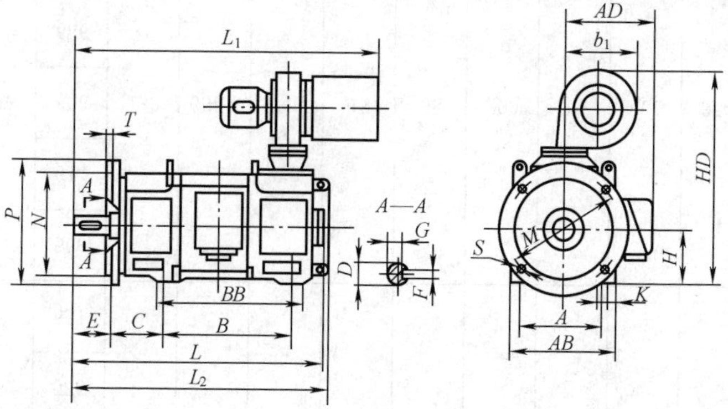

Z4-100～160

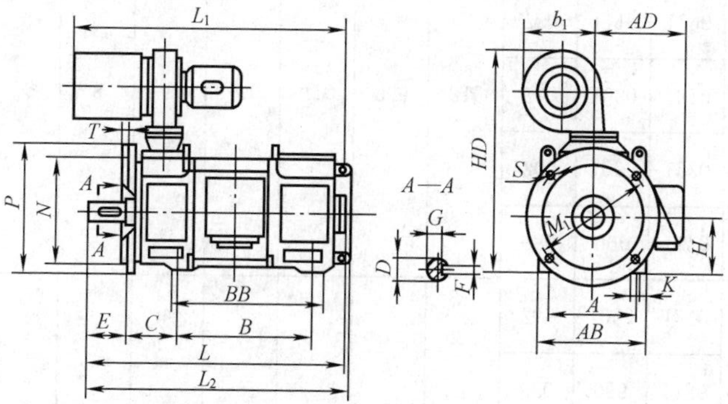

Z4-180～280

IMB35,IMB5,IMV1,IMV15

机座号	安装尺寸														外形尺寸								
	A	B	C	D	E	F	G	H	K	M	N	S	孔数	T	P	AB	AD	b₁	BB	L	L₁	HD	L₂
100-1	160	318	63	24j6	50	8	20	100	12	215	180	15	4	4	250	210	190	165	380	510	590	420	530
112/2-1	190	337.5	70	28j6	60	8	24	112	12	215	180	15	4	4	250	235	210	180	410	555	615	475	575
112/2-2	190	367.5	70	28j6	60	8	24	112	12	215	180	15	4	4	250	235	210	180	440	585	645	475	605
112/4-1	190	347.5	70	32k6	80	10	27	112	12	215	180	15	4	4	250	235	210	220	420	585	645	510	605
112/4-2	190	387.5	70	32k6	80	10	27	112	12	215	180	15	4	4	250	235	210	220	460	625	685	510	645
132-1	216	355	89	38k6	80	10	33	132	12	265	230	15	4	4	300	270	245	220	435	630	825	550	650
132/2	216	405	89	38k6	80	10	33	132	12	265	230	15	4	4	300	270	245	220	485	690	875	550	710
132-3	216	465	89	38k6	80	10	33	132	12	265	230	15	4	4	300	270	245	220	545	740	935	550	760

续表

机座号	安装尺寸															外形尺寸							
	A	B	C	D	E	F	G	H	K	M	N	S	孔数	T	P	AB	AD	b_1	BB	L	L_1	HD	L_2
160-11	254	411	108	48k6	110	14	42.5	160	15	300	250	19	4	5	350	330	295	240	495	755	965	640	795
160-21		451																	535	795	1005		835
160-22		516																	600	860	1040		900
160-31		501																	585	845	1055		885
160-32		566																	650	910	1090		950
180-11	279	436	121	55m6	110	16	49	180	15	350	300	19	4	5	400	370	300	310	530	805	1035	750	855
180-21		476																	570	845	1075		895
180-22		541																	635	910	1140		960
180-31		526																	620	895	1125		945
180-41		586																	680	955	1185		1005
180-42		651																	745	1020	1250		1070
200-11	318	566	133	65m6	140	18	58	200	19	400	350	19	8	5	450	410	365	310	660	990	1170	830	1040
200-12		614																	705	1035	1220		1085
200-21		606																	700	1030	1210		1080
200-31		686																	780	1110	1290		1160
200-32		734																	825	1155	1340		1205

续表

机座号	安装尺寸															外形尺寸							
	A	B	C	D	E	F	G	H	K	M	N	S	孔数	T	P	AB	AD	b_1	BB	L	L_1	HD	L_2
225-11	356	701	149	75m6	140	20	67.5	225	19	500	450	19	8	5	550	450	410	370	795	1150	1615	1000	1200
225-21		751																	845	1200	1665		1250
225-31		811																	905	1260	1725		1310
250-11	406	715	168	85m6	170	22	76	250	24	600	550	24	8	6	660	500	440	370	815	1235	1650	1040	1295
250-12		775																	875	1295	1710		1355
250-21		765																	865	1285	1700		1345
250-31		825																	925	1345	1760		1405
250-41		895																	995	1455	1830		1515
250-42		955																	1055	1475	1890		1535
280-11	457	762	190	95m6	170	25	86	280	24	600	550	24	8	6	660	560	465	420	875	1325	1740	1140	1390
280-21		822																	935	1385	1800		1450
280-22		912																	1025	1475	1890		1540
280-31		892																	1005	1455	1870		1520
280-32		982																	1095	1545	1960		1610
280-41		972																	1085	1535	1950		1600
280-42		1062																	1175	1625	2040		1690

注：1. L_2 尺寸为立式安装 IMV1 及 IMV15 型的电机总长（不包括外鼓风机）。

2. IMB5 型制造到机座号 200mm。

表 21-22　**Z4 系列直流电动机的安装尺寸和外形尺寸**（JB/T 6316—2006）（二）

（单位：mm）

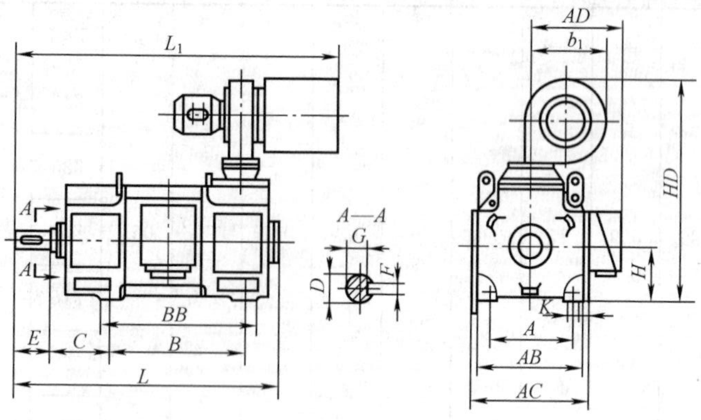

Z4-100~160

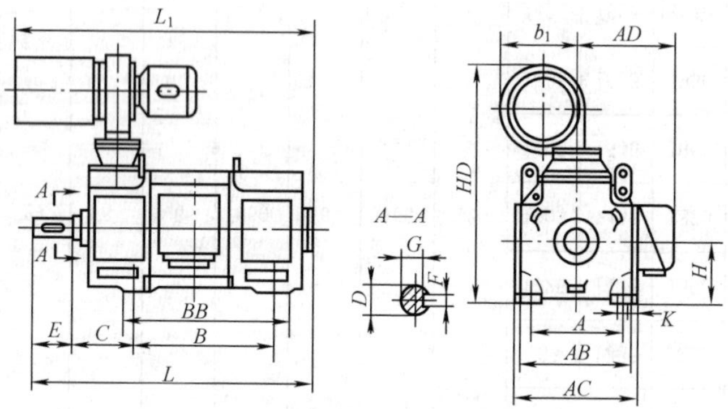

Z4-180~355

IMB3

机座号	安装尺寸												外形尺寸				
	A	B	C	D	E	F	G	H	K	AB	AC	AD	b_1	BB	L	L_1	HD
100-1	150	318	63	24j6	50	8	20	100	12	210	245	190	165	380	510	590	420
112/2-1	190	337.5	70	28j6	60	8	24	112	12	235	265	210	180	410	555	615	475
112/2-2		367.5												440	585	645	
112/4-1		347.5		32k6	80	10	27						220	420	585	645	510
112/4-2		387.5												460	625	685	
132-1	216	355	89	38k6	80	10	33	132	12	270	305	245	220	435	630	825	550
132-2		405												485	690	875	
132-3		465												545	740	935	

续表

机座号	安装尺寸									外形尺寸							
	A	B	C	D	E	F	G	H	K	AB	AC	AD	b_1	BB	L	L_1	HD
160-11	254	411	108	48k6	110	14	42.5	160	15	330	360	295	240	495	755	965	640
160-21		451												535	795	1005	
160-22		516												600	860	1040	
160-31		501												585	845	1055	
160-32		566												650	910	1090	
180-11	279	436	121	55m6	110	16	49	180	15	370	400	300	310	530	805	1035	750
180-21		476												570	845	1075	
180-22		541												635	910	1140	
180-31		526												620	895	1125	
180-41		586												680	955	1185	
180-42		651												745	1020	1250	
200-11	318	566	133	65m6	140	18	58	200	19	410	440	365	310	660	990	1170	790
200-12		614												705	1035	1220	
200-21		606												700	1030	1210	
200-31		686												780	1110	1290	
200-32		734												825	1155	1340	
225-11	356	701	149	75m6	140	20	67	225	19	450	485	410	370	795	1150	1615	1000
225-21		751												845	1200	1665	
225-31		811												905	1260	1725	
250-11	406	715	168	85m6	170	22	76	250	24	500	535	440	370	815	1235	1650	1040
250-12		775												875	1295	1710	
250-21		765												865	1285	1700	
250-31		825												925	1345	1760	
250-41		895												995	1455	1830	
250-42		955												1055	1475	1890	

续表

机座号	安装尺寸									外形尺寸							
	A	B	C	D	E	F	G	H	K	AB	AC	AD	b_1	BB	L	L_1	HD
280-11	457	762	190	95m6	170	25	86	280	24	560	595	465	420	875	1325	1740	1140
280-21		822												935	1385	1800	
280-22		912												1025	1475	1890	
280-31		892												1005	1455	1870	
280-32		982												1095	1545	1960	
280-41		972												1085	1535	1950	
280-42		1062												1175	1625	2040	
315-11	508	887	216	100m6	210	28	90	315	28	630	665	500	430	1010	1545	1705	1310
315-12		977												1100	1635	1795	
315-21		967												1090	1625	1785	
315-22		1057												1180	1715	1875	
315-31		1057												1180	1715	1875	
315-32		1147												1270	1805	1965	
315-41		1157												1280	1815	1975	
315-42		1247												1370	1905	2065	
355-11	610	968	254	110m6	210	28	100	355	28	710	745	715	430	1105	1700	1815	1390
355-12		1058												1195	1790	1905	
355-21		1058												1195	1790	1905	
355-22		1148												1285	1880	1995	
355-31		1158												1295	1890	2005	
355-32		1248												1385	1980	2095	
355-42		1358												1495	2090	2205	

参 考 文 献

[1] 吴宗泽，等．简明机械零件设计手册 [M]．北京：中国电力出版社，2011．

[2] 吴宗泽，冼建生．机械零件设计手册 [M]．2 版．北京：机械工业出版社，2013．

[3] 吴宗泽．机械设计师手册（上、下册）[M]．3 版．北京：机械工业出版社，2016．

[4] 吴宗泽，等．机械设计实用手册 [M]．3 版．北京：化学工业出版社，2010．

[5] 全国紧固件标准化技术委员会秘书处．紧固件标准实施指南 [M]．北京：中国标准出版社，2006．

[6] 闻邦椿．机械设计手册 [M]．5 版．北京：机械工业出版社，2010．

[7] 文斌．联轴器设计选用手册 [M]．北京：机械工业出版社，2009．

[8] 成大先．机械设计手册 [M]．5 版．北京：化学工业出版社，1993．

[9] VDI Richtlinie 2230 Systematische Berechnung hochbeanspruhter Schraubenverbindungen Zylindrische Ein-schraubenverbindungen．Blat 1．2003 Feb．

[10] 余梦生，吴宗泽．机械零部件手册选型设计指南 [M]．北京：机械工业出版社，1996．

[11] 全国链传动标准化技术委员会，杭州东华链条集团有限公司，译．ISO/TC100 链传动 国际标准译文集．2 版．中国标准出版社，2006．

[12] 《装备制造业节能减排技术手册》编辑委员会编著．装备制造业节能减排技术手册（上、下册）[M]．北京：机械工业出版社，2013．

[13] 王成焘．现代机械设计－思想与方法 [M]．上海：上海科学技术文献出版社，1999．

[14] 陈乐怡．合成树脂及塑料速查手册 [M]．北京：机械工业出版社，2006．

[15] 程乃士．减速器和变速器设计与选用手册 [M]．北京：机械工业出版社，2007．

[16] 文斌．联轴器设计选用手册 [M]．北京：机械工业出版社，2009．

[17] 朱孝录．机械传动设计手册 [M]．北京：电子工业出版社，2007．

[18] 汪德涛，林亨耀．设备润滑手册 [M]．北京：机械工业出版社，2009．

[19] 张英会，等．弹簧手册 [M]．2 版．北京：机械工业出版社，2010．

[20] 手册编写组．机械工业材料选用手册 [M]．北京：机械工业出版社，2009．

[21] [德] D. 穆斯，等．孔建益译．机械设计 [M]．16 版．北京：机械工业出版社，2012．

[22] 莫会成，等．微特电机 [M]．北京：中国电力出版社，2015．

[23] 黄国治，傅丰礼．中小旋转电机设计手册 [M]．2 版．北京：中国电力出版社，2014．